国家出版基金项目
NATIONAL PUBLICATION FOUNDATION

"十三五"国家重点出版物出版规划项目

长江三峡工程
关键技术研究与实践

RESEARCH AND PRACTICE ON KEY TECHNOLOGIES OF THE THREE GORGES PROJECT OF THE YANGTZE RIVER

郑守仁 钮新强 王小毛／著

上

长江出版社
CHANGJIANG PRESS

图书在版编目（CIP）数据

长江三峡工程关键技术研究与实践 / 郑守仁，钮新强，王小毛著．-- 武汉 ：长江出版社，2023.12

ISBN 978-7-5492-7183-2

Ⅰ．①长… Ⅱ．①郑… ②钮… ③王… Ⅲ．①三峡水利工程－研究 Ⅳ．① TV632

中国版本图书馆 CIP 数据核字 (2020) 第 170699 号

长江三峡工程关键技术研究与实践

CHANGJIANGSANXIAGONGCHENGGUANJIANJISHUYANJIUYUSHIJIAN

郑守仁 钮新强 王小毛 著

责任编辑： 郭利娜 高婕妤 闫彬 张晓璐

装帧设计： 刘斯佳

出版发行： 长江出版社

地　　址： 武汉市江岸区解放大道 1863 号

邮　　编： 430010

网　　址： https://www.cjpress.cn

电　　话： 027-82926557（总编室）

027-82926806（市场营销部）

经　　销： 各地新华书店

印　　刷： 长江空间信息技术工程有限公司（武汉）航测信息制印分公司

规　　格： 787mm×1092mm

开　　本： 16

印　　张： 94.25

彩　　页： 24

字　　数： 2520 千字

版　　次： 2023 年 12 月第 1 版

印　　次： 2023 年 12 月第 1 次

书　　号： ISBN 978-7-5492-7183-2

定　　价： 680.00 元（上、下册）

序

举世瞩目的长江三峡工程，是治理、开发和保护长江的关键性骨干工程，也是迄今为止世界上规模最大的水利水电工程。在中国共产党的坚强领导和全国人民的大力支持下，三峡工程于1994年开工建设；1997年大江成功截流；2003年如期实现蓄水135m、船闸试通航、首批机组发电的三大目标，进入围堰挡水发电期；2006年三峡大坝全线建成，水库蓄水至156m，进入初期运行期；2008年左、右岸电站26台机组全部投入运行，开始实施正常蓄水位175m试验性蓄水；2010年首次成功蓄水至175m水位；2012年地下电站全部投产发电；2016年升船机工程进入试通航阶段；2019年升船机工程完成通航及竣工验收；2020年三峡工程完成整体竣工验收，转入正常运行期。

自2003年蓄水以来，三峡工程运行情况良好，大坝工作性态正常，电站机组运行安全稳定，船闸持续保持安全高效运行，防洪、航运、发电、水资源利用、生态环保等综合效益显著。20年来，通过削峰、错峰及防洪联合调度，三峡工程累计拦洪运用51次，拦洪总量2005亿m^3，极大减轻了长江中下游地区的防洪压力。截至2023年底，三峡电站累计发电量超16000亿kW·h，有力支持了长江经济带华中、华东和广东等地区的电力供应。三峡船闸累计运行超19.3万闸次，累计过闸货运量超19.1亿t，使三峡库区干流通航条件得到根本性改善。三峡水库水资源调度持续优化，累计向下游补水超2400天，补水总量超3300亿m^3，为长江流域供水安全提供了坚强保障。三峡工程作为国家能源发展转型典范，投产以来累计发电量相当于替代标准煤4.8亿多吨，减少二氧化碳排放量13.2亿多吨，为实现“双碳”目标贡献了坚实力量。

序

在三峡工程研究论证和建设运行的过程中，党中央、国务院始终坚持实事求是，广泛听取不同意见和建议，做到了决策科学化、民主化。全国各地区各部门、广大建设者和库区人民以高度的责任感、使命感和主人翁精神，承担起兴建三峡工程的历史重任，社会主义制度集中力量办大事的优越性充分彰显。面对无数困难与挑战，三峡工程建设者以自强不息的民族精神勇攀科技新高峰，攻克了大江截流及深水围堰施工、高坝筑坝技术、大型通航建筑物技术、巨型水轮发电机组制造和超高压输变电装备等一系列世界级技术难题，创造并牢牢掌握了一大批关键核心技术，极大提高了我国水利水电建设技术水平，实现了从跟跑到领跑的跨越式发展。中国工程院为三峡工程建设保驾护航，开展的三次评估认为：三峡工程规模宏大，效益显著，影响深远，利多弊少，是我国在中国特色社会主义建设道路上成功建设的杰出工程的代表作之一，是中华民族的骄傲，将可持续地发挥其巨大效益，造福子孙后代。

三峡工程从设想、勘测、规划、论证、设计、建设到现在全面建成运行，已经历一个世纪。三峡工程能够取得今天的巨大成绩，是几代中国人不懈探索、不断增进认识并最终克服困难的结果。这其中，长江水利委员会（以下简称“长江委”）作为三峡工程的设计总成单位，几十年如一日，以担当负责的奋斗精神、勇于创新的科学态度，致力于研究和解决工程中的技术难题。在论证阶段为建设决策提供了科学依据；在工程建设过程中，密切配合中国长江三峡工程开发总公司（现为中国长江三峡集团有限公司），通过动态设计和优化设计，及时解决工程问题，为三峡工程建设和蓄水运行提供了强有力的技术支撑，为大国重器的铸造发挥了关键性作用。

在三峡工程蓄水20周年之际，长江委编写了这部《长江三峡工程关键技术研究与实践》。全书共13章，全面回顾了三峡工程的研究论证、勘测设计和建设历程，介绍了枢纽工程布置和运行情况，总结了各建筑物、机电设备和施工方面的重大技术问题的研究、实践和运行检验，对水库移民、生态环保、地质灾害、泥沙、工程防护以及优化调度等备受关注的问题进行了评述。该书是一部三峡工程设计史记，可使读者深入了解三峡工程的重点问题及其解决过程，同时也是重大水利水电工程的技术典范，为水利水电行业提供了可资借鉴的技术经验。

三峡工程的竣工只是万里长征的第一步，管理好、运行好三峡工程的任务仍然十分艰巨。如何保证三峡工程安全运行和更有效地利用长江水资源，还需要继续加深认识。期望长江委从事三峡工程的科技人员在总结经验的基础上，从长江流域可持续发展的角度，针对三峡工程的运行开展深化研究，为三峡工程的管理提供科学依据，进一步拓展三峡工程综合效益，在长江生态环境保护和长江经济带发展中发挥更大作用，使三峡工程更好地造福人民，为实现中华民族伟大复兴的中国梦不懈奋斗。

是为序。

陸佑楣

中国工程院院士

原中国长江三峡工程开发总公司总经理

2023年12月

百年梦想

坝址原始地貌

1993年 施工准备

1994年 主体工程开工

1997年 大江截流前

2002年 明渠截流后

2003年 蓄水135m

2006年 蓄水156m

2008年后 试验性蓄水175m

邱忠恩、邹幼汉、汪安华、宋志忠、宋维邦、陈坪、陈际唐、陈剑池、陈珙新、陈德基、林光兵、季学武、金辽、周良景、周述达、赵克全、胡向阳、胡进华、敖昕、袁达夫、徐年丰、翁永红、高黛安、黄孝全、覃利明、程卫民、傅萌、舒华波、童迪、谢向荣、谢修发、廖仁强、熊焰、薛果夫、魏文伟，长江委水文局张明波、郭一兵，长江科学院邬爱清、刘思君、杨文俊、杨华全、林绍忠、黄国兵、潘庆燊，水利部仲志余等领导和科技人员为本书提供了相关资料，并给予了大力帮助和指导。本书初稿完成后，承长江委科技委文伏波、张小斤、张荣国、陈济生、陈德基、林文亮、季昌化、郑允中、夏仲平、徐麟祥、蒋乃明、傅秀堂，中国长江三峡集团有限公司丁琦华、王忠诚、邓景龙、李文伟、吴小云、张超然、张曙光、陆佑楣、陈文斌、於三大、胡兴娥、彭启友、蒋养成、潘大中、薛砺生，中国葛洲坝集团有限公司周厚贵，中国华能集团有限公司樊启祥，中国南水北调集团有限公司孙志禹等专家参与审稿或指导工作，提出了很多宝贵意见；长江设计集团有限公司刘茂祥、阳义琼、陈磊、陈鸿丽、林光兵、殷鸣、龚国文、熊堃和熊艳桃参与了书稿整理和打印校对工作，谨此一并表示衷心感谢（排名不分先后，按姓氏笔画排序）。限于作者的水平和经验，本书的错误和疏漏之处在所难免，恳请读者批评指正。

作　者

2023年8月

目　录

上册

第1章　综　述

1.1　三峡工程概况 …… 1
1.2　研究论证与勘测设计历程 …… 4
1.2.1　孙中山先生提出兴建三峡工程的设想与三峡工程早期研究 …… 4
1.2.2　毛泽东主席“高峡出平湖”宏图与三峡工程前期勘测设计科研工作 …… 6
1.2.3　三峡工程正常蓄水位150m方案相关工作 …… 16
1.2.4　三峡工程重新论证与决策 …… 19
1.2.5　三峡水利枢纽初步设计和单项工程技术设计 …… 22
1.3　坝址选择和正常蓄水位的选定 …… 24
1.3.1　坝址选择 …… 24
1.3.2　正常蓄水位的选定 …… 28
1.4　枢纽工程布置与建筑物 …… 31
1.4.1　枢纽工程布置研究 …… 31
1.4.2　枢纽建筑物 …… 36
1.5　工程建设历程及运行概况 …… 48
1.5.1　工程建设历程 …… 48
1.5.2　工程运行概况 …… 51
1.6　三峡工程在治理开发及保护长江中的地位 …… 61
1.6.1　长江流域规划明确三峡工程在治理开发及保护长江中的关键地位 …… 61
1.6.2　三峡工程是长江中下游防洪体系中的关键工程 …… 62
1.6.3　三峡工程是我国重要的水电生产基地 …… 64

1.6.4 三峡工程是促进长江航运发展的关键工程 …… 65
1.6.5 三峡工程是我国具有战略性的淡水资源库 …… 66
1.7 三峡工程技术难点与关键技术问题 …… 68
1.7.1 大坝关键技术问题 …… 69
1.7.2 电站建筑物关键技术问题 …… 70
1.7.3 通航建筑物关键技术问题 …… 71
1.7.4 巨型水轮发电机组及电气关键技术问题 …… 73
1.7.5 大流量深水河道截流及修筑围堰关键技术问题 …… 74
1.7.6 水库淹没及移民安置 …… 76
1.7.7 对生态与环境影响及对策 …… 77
1.7.8 区域地震活动性及坝址建筑物抗震安全性 …… 77
1.7.9 库区地质环境与地质灾害防治 …… 78
1.7.10 工程泥沙问题及工程长期运用 …… 78
1.7.11 人防安全问题及减免灾害对策 …… 79
1.7.12 三峡工程优化调度 …… 79
1.8 三峡枢纽工程加强监测、科学调度、优化运行，全面发挥综合效益 …… 79

第2章 大坝关键技术研究与实践

2.1 重力坝坝基岩体质量评价标准与可利用岩面 …… 90
2.1.1 大坝坝基岩体质量评价标准以及评价方法 …… 90
2.1.2 坝基可利用岩体的研究及利用 …… 99
2.1.3 坝基岩面开挖高差控制及地质缺陷处理 …… 103
2.1.4 坝基可利用岩体实践检验 …… 105
2.2 重力坝岸坡厂房坝段深层抗滑稳定 …… 109
2.2.1 左岸厂房1～5号坝段深层抗滑稳定 …… 109
2.2.2 右岸厂房24～26号坝段深层抗滑稳定 …… 160
2.3 重力坝高水头超大泄量泄洪消能技术 …… 168
2.3.1 大坝大泄量泄洪消能布置 …… 168
2.3.2 泄洪深孔水力学设计及运行检验 …… 175

2.3.3 泄洪表孔水力学设计及运行检验 …… 190
2.3.4 导流底孔水力学设计及运行检验 …… 194
2.3.5 泄洪排漂孔水力学设计及运行检验 …… 203
2.3.6 泄洪建筑物下游消能防冲设计及运行检验 …… 206
2.3.7 大坝大泄量泄洪消能设计问题探讨 …… 209
2.4 重力坝坝内多层泄流大孔口结构设计技术 …… 211
2.4.1 坝内多层泄流大孔口结构布置 …… 211
2.4.2 泄洪深孔孔口应力分析及孔口配筋 …… 213
2.4.3 导流底孔应力分析及孔口配筋 …… 219
2.4.4 泄洪排漂孔应力分析及孔口配筋 …… 220
2.4.5 泄洪表孔配筋及结构措施 …… 221
2.4.6 大坝坝内多层泄流大孔口应力分析及配筋设计问题探讨 …… 222
2.5 重力坝预留通航航道结构设计及封堵技术 …… 225
2.5.1 预留通航航道结构设计 …… 226
2.5.2 预留通航孔道封堵闸门及启闭设备 …… 233
2.5.3 预留通航孔道封堵施工技术 …… 239
2.5.4 预留通航孔道封堵实施及运行验证 …… 241
2.5.5 预留通航孔道结构及封堵技术的突破 …… 243
2.6 重力坝混凝土设计及温控防裂技术 …… 244
2.6.1 大坝混凝土设计 …… 244
2.6.2 大坝混凝土温度控制标准 …… 268
2.6.3 大坝混凝土温控防裂措施 …… 279
2.6.4 大坝混凝土温控防裂实施效果 …… 285
2.6.5 重力坝混凝土设计及施工技术问题探讨 …… 286
2.7 茅坪溪沥青混凝土心墙土石坝设计及施工技术 …… 296
2.7.1 沥青混凝土心墙土石坝设计及施工技术进展 …… 296
2.7.2 沥青混凝土心墙土石坝设计及施工技术 …… 298
2.7.3 茅坪溪防护坝 175.0m 水位试验性蓄水运行期坝体应力变形反馈分析 … 301
2.7.4 茅坪溪沥青混凝土心墙土石坝运行实践检验 …… 330

第3章 电站建筑物关键技术研究与实践

3.1 电站进水口型式及结构设计 …… 335

3.1.1 进水口型式比较 …… 335

3.1.2 进水口型式选定 …… 344

3.1.3 进水口结构设计 …… 345

3.2 引水压力管道型式及结构设计 …… 349

3.2.1 引水压力管道布置 …… 349

3.2.2 引水压力管道结构 …… 351

3.2.3 引水压力管道伸缩节 …… 365

3.3 蜗壳埋设方式及结构设计 …… 377

3.3.1 蜗壳埋设方式研究 …… 377

3.3.2 蜗壳埋设结构特性分析比较 …… 394

3.3.3 蜗壳埋设结构疲劳强度分析 …… 404

3.3.4 蜗壳各埋设方式实测成果与计算值的对比分析 …… 405

3.3.5 蜗壳埋设方式的综合分析 …… 414

3.3.6 巨型水轮机蜗壳组合埋设技术 …… 419

3.4 坝后式电站厂房预留大二期坑施工技术 …… 421

3.4.1 厂房预留大二期坑方案研究 …… 421

3.4.2 厂房预留大二期坑施工存在的问题及对策 …… 424

3.4.3 厂房大二期坑回填混凝土施工技术研究 …… 425

3.4.4 厂房大二期坑宽槽回填混凝土施工技术研究 …… 432

3.4.5 厂房大二期坑施工实况 …… 437

3.5 地下电站浅埋大型洞室群围岩稳定拱分析及加固与稳定控制技术 …… 441

3.5.1 地下电站大型洞室群围岩地质条件 …… 441

3.5.2 地下电站浅埋大型洞室围岩稳定拱研究 …… 442

3.5.3 地下电站浅埋洞室群围岩加固及稳定控制技术 …… 446

3.6 地下电站主厂房围岩不利块体稳定分析及加固与稳定控制技术 …… 450

3.6.1 地下电站主厂房围岩不利块体的地质条件 …… 450

3.6.2 地下电站主厂房围岩大型不利块体稳定分析 …… 453

3.6.3 地下电站主厂房围岩不利块体加固与稳定控制技术 …… 456
3.6.4 地下电站浅埋大型洞室开挖施工过程围岩及块体稳定控制与效果检验 … 457
3.7 地下电站变顶高尾水洞设计技术 …… 464
3.7.1 地下电站变顶高尾水洞工作原理及其体型设计研究 …… 464
3.7.2 变顶高尾水洞应用条件研究 …… 469
3.7.3 地下电站调节保证计算及机组制造厂家调节保证值 …… 470
3.7.4 地下电站变顶高尾水洞运行检验 …… 475

第4章 通航建筑物关键技术研究与实践

4.1 船闸总体布置及结构型式 …… 477
4.1.1 船闸总体布置 …… 477
4.1.2 深切岩槽中的船闸结构型式 …… 488
4.2 超高水头大型船闸输水技术 …… 494
4.2.1 船闸输水技术及对输水系统基本要求 …… 494
4.2.2 船闸水级划分 …… 495
4.2.3 船闸输水技术 …… 499
4.2.4 输水系统防止泥沙淤积技术 …… 505
4.2.5 船闸输水系统运行检验 …… 509
4.3 船闸高陡边坡加固与变形控制技术 …… 510
4.3.1 船闸高陡边坡特点 …… 510
4.3.2 船闸高陡边坡地质条件 …… 510
4.3.3 船闸高陡边坡加固及变形控制 …… 519
4.3.4 中隔墩裂缝处理 …… 526
4.3.5 船闸高边坡监测资料分析 …… 527
4.4 船闸闸墙与岩体共同作用的衬砌式结构 …… 532
4.4.1 衬砌式结构技术特点 …… 532
4.4.2 直立岩坡加固技术 …… 533
4.4.3 船闸闸墙衬砌式结构设计理论研究 …… 534
4.4.4 衬砌式闸首关键技术 …… 536

4.4.5 衬砌式闸室关键技术 …… 540
4.4.6 衬砌墙锚固技术 …… 543
4.4.7 船闸衬砌式结构运行检验 …… 551
4.5 船闸闸门、阀门及启闭机技术 …… 553
4.5.1 人字闸门 …… 553
4.5.2 人字闸门启闭机 …… 555
4.5.3 输水廊道反向弧形阀门及启闭机 …… 559
4.5.4 船闸闸门、阀门及启闭机运行检验 …… 561
4.6 船闸整体运行及自动监控技术 …… 561
4.6.1 船闸整体运行特点 …… 561
4.6.2 船闸运行控制的关键技术难点 …… 561
4.6.3 监控系统关键技术 …… 562
4.6.4 船闸整体运行及自动监控实践检验评价 …… 566
4.7 船闸施工关键技术 …… 567
4.7.1 岩石开挖 …… 567
4.7.2 衬砌混凝土浇筑 …… 575
4.7.3 大型人字闸门安装 …… 576
4.8 升船机船厢垂直升降的驱动机构及安全机构设计与设备制造技术 …… 578
4.8.1 升船机船厢垂直升降的驱动机构 …… 578
4.8.2 升船机船厢垂直升降的安全机构 …… 588
4.8.3 升船机船厢驱动机构及安全机构的组成设备制造质量控制 …… 592
4.9 升船机塔柱与船厢相应金属结构及其埋件安装埋设质量控制技术 …… 593
4.9.1 塔柱金属结构及其埋件安装质量控制技术难点 …… 593
4.9.2 塔柱主要金属结构埋件安装埋设技术 …… 595
4.9.3 塔柱施工和金属结构及其埋件安装质量控制技术 …… 597
4.9.4 塔柱与船厢相应的金属结构及其埋件安装埋设质量检验 …… 598
4.10 升船机船厢运行机构与埋设在塔柱相应部位的埋件及设备变形协调控制技术 …… 601
4.10.1 变形协调控制的重要性及难点 …… 601

4.10.2 变形协调控制指标研究 …… 602
4.10.3 变形协调控制技术措施 …… 610
4.10.4 变形协调控制效果检验 …… 613

第5章 巨型水轮发电机组及电气关键技术研究与实践

5.1 三峡电站巨型水轮发电机组设计 …… 614
5.1.1 技术难点及设计原则 …… 614
5.1.2 水轮机 …… 619
5.1.3 发电机 …… 656
5.1.4 电站机电设备的安装 …… 686
5.1.5 水轮发电机组调试 …… 693
5.2 电气设备设计 …… 700
5.2.1 电站与电力系统的连接 …… 700
5.2.2 电气主接线 …… 702
5.2.3 主要电气设备 …… 705
5.2.4 监控、继电保护及通信 …… 714
5.3 700MW 水轮发电机组及其电气设备试验与运行实践 …… 722
5.3.1 700MW 水轮发电机组及其电气设备试验检验 …… 722
5.3.2 700MW 水轮发电机组及其电气设备运行 …… 729
5.4 700MW 水轮发电机组稳定运行技术 …… 731
5.4.1 700MW 水轮发电机组提高运行稳定性研究 …… 731
5.4.2 三峡电站 700MW 机组运行稳定性实践检验 …… 739
5.4.3 正常蓄水位 175m 试验性蓄水机组运行试验研究 …… 740
5.5 掌握并突破 700MW 水轮发电机组研制核心技术，实现我国水电机组跨越式发展 …… 756
5.5.1 三峡电站水轮发电机组水力设计技术突破 …… 757
5.5.2 840MVA 水轮发电机冷却技术突破 …… 760
5.5.3 研制世界最大容量 840MVA 蒸发冷却水轮发电机 …… 763

下册

第6章 大流量深水河道截流及修筑围堰关键技术研究与实践

6.1 大江截流关键技术 …… 771
6.1.1 主要技术特点及难点 …… 771
6.1.2 大江截流设计主要技术问题研究及实施分析 …… 773
6.1.3 大江截流施工技术 …… 802
6.1.4 大江截流设计和实施分析及其与葛洲坝工程大江截流比较 …… 813
6.1.5 大江截流设计和施工主要经验及其关键技术突破 …… 814
6.2 明渠截流关键技术 …… 822
6.2.1 特点及难点 …… 822
6.2.2 明渠截流设计技术问题研究 …… 823
6.2.3 明渠截流施工技术 …… 840
6.2.4 明渠截流的主要经验及截流关键技术突破 …… 847
6.3 深水土石围堰关键技术 …… 848
6.3.1 深水土石围堰的功能及特点 …… 848
6.3.2 深水土石围堰布置及堰基主要地质问题 …… 850
6.3.3 深水土石围堰型式与断面结构及填料设计 …… 851
6.3.4 深水土石围堰填筑材料试验研究 …… 860
6.3.5 深水土石围堰堰体及堰基防渗设计 …… 869
6.3.6 深水土石围堰监测及围堰拆除取样试验验证分析 …… 888
6.3.7 深水土石围堰设计及施工技术问题探讨 …… 896
6.3.8 深水土石围堰设计和施工技术突破 …… 914
6.4 碾压混凝土围堰技术 …… 916
6.4.1 碾压混凝土围堰功能及布置 …… 916
6.4.2 碾压混凝土围堰结构设计 …… 918
6.4.3 碾压混凝土围堰堰基处理及渗流控制 …… 929

6.4.4 碾压混凝土围堰施工 …… 931
6.4.5 碾压混凝土围堰运行渗漏水处理与安全监测成果分析 …… 937
6.4.6 碾压混凝土围堰拆除爆破实施效果与安全监测成果分析 …… 939
6.4.7 碾压混凝土围堰设计及施工技术问题探讨 …… 948

第7章 三峡工程水库淹没及移民安置

7.1 移民概况 …… 952
7.1.1 移民安置是三峡工程建设成败的关键 …… 952
7.1.2 三峡工程移民概况 …… 953
7.2 三峡移民问题研究与论证 …… 956
7.2.1 早期三峡移民问题研究 …… 956
7.2.2 三峡工程 150m 水位方案移民问题研究 …… 957
7.2.3 三峡工程重新论证及可行性研究 …… 958
7.2.4 移民试点 …… 961
7.3 淹没范围、特点及影响 …… 962
7.3.1 实物指标调查 …… 962
7.3.2 淹没范围 …… 962
7.3.3 淹没实物指标及淹没特点 …… 963
7.3.4 水库淹没对库区经济社会影响 …… 965
7.4 移民安置规划、调整与完善 …… 968
7.4.1 规划总体要求 …… 968
7.4.2 移民安置规划 …… 969
7.4.3 移民安置规划调整与完善 …… 1009
7.5 规划实施与分期移民验收 …… 1014
7.5.1 规划实施 …… 1014
7.5.2 分期移民验收 …… 1023
7.6 第三方独立评估与竣工验收 …… 1027
7.6.1 第三方独立评估 …… 1027

7.6.2 移民工程竣工验收 …… 1030
7.6.3 国家宣布三峡工程竣工 …… 1037
7.7 三峡工程移民重大理论创新和关键技术 …… 1037
7.7.1 建立并丰富了开发性移民理论 …… 1037
7.7.2 建立了移民环境容量理论 …… 1043
7.7.3 建立了完整的建设征地移民安置规划技术体系 …… 1046
7.7.4 妥善处理了补偿与发展关系 …… 1051

第8章 三峡工程对生态与环境影响及对策

8.1 三峡工程对生态与环境影响问题研究历程 …… 1060
8.1.1 水利水电工程引起的生态与环境问题 …… 1060
8.1.2 三峡工程对生态与环境影响问题研究 …… 1062
8.2 三峡库区水环境保护问题研究及对策措施 …… 1068
8.2.1 三峡工程对水质水温影响研究 …… 1068
8.2.2 三峡工程对水质水温影响评价及对策措施 …… 1086
8.2.3 三峡工程建设期间水环境保护措施 …… 1090
8.2.4 三峡水库蓄水运行以来对水环境影响监测分析 …… 1095
8.3 三峡工程对生态与环境影响问题论证及评价 …… 1122
8.3.1 三峡工程对生态与环境影响问题论证 …… 1122
8.3.2 三峡工程环境影响评价 …… 1131
8.3.3 三峡工程生态环境保护设计与实施 …… 1144
8.3.4 正常蓄水位175m试验性蓄水运行对生态与环境影响分析 …… 1171
8.3.5 三峡工程竣工环境保护专项验收 …… 1211

第9章 三峡工程区域地震活动性及水库诱发地震分析

9.1 区域地壳稳定性及地震活动性 …… 1225
9.1.1 区域地壳稳定性及地震活动性研究历程 …… 1225

9.1.2 三峡区域地震活动性 …… 1232
9.1.3 三峡工程坝址地震构造环境 …… 1238
9.2 三峡水库诱发地震预测 …… 1241
9.2.1 可能发震地段及震级预测 …… 1241
9.2.2 三峡工程水库诱发地震监测 …… 1246
9.2.3 三峡水库诱发地震的监测验证 …… 1249
9.2.4 三峡工程正常蓄水位175m运行后水库地震预测 …… 1268

第10章 三峡工程库区地质环境与地质灾害防治

10.1 区域地质环境构造发育历史与地质灾害 …… 1270
10.1.1 区域地层的沉积建造与地质灾害 …… 1270
10.1.2 区域构造运动内动力作用与地质灾害 …… 1271
10.1.3 区域新构造运动与地质灾害 …… 1271
10.2 三峡库区地质灾害特点 …… 1272
10.2.1 库区地质灾害主要为崩塌、滑坡 …… 1272
10.2.2 库区地质灾害前期以自然地质灾害为主,近期以人为工程活动为主 …… 1273
10.3 三峡库区地质灾害代表典型区概况 …… 1273
10.3.1 万州—奉节滑坡崩塌强烈发育区 …… 1273
10.3.2 巴东—秭归崩塌滑坡强烈发育区 …… 1274
10.4 三峡水库库岸稳定性 …… 1275
10.4.1 库岸稳定性研究历程 …… 1275
10.4.2 库岸类型及稳定条件评价 …… 1277
10.4.3 库岸崩塌、滑坡及危岩体 …… 1280
10.4.4 库岸稳定性潜在危害分析与评价 …… 1287
10.5 三峡库区地质灾害防治 …… 1289
10.5.1 三峡库区地质灾害治理分期实施 …… 1289
10.5.2 三峡库区地质灾害预防设施 …… 1290
10.5.3 三峡库区地质灾害防治效果评价 …… 1291

10.5.4 三峡工程 175m 试验性蓄水运行以来库区地质灾害成因规律分析 …… 1291
10.5.5 三峡工程 175m 试验性蓄水运行以来库区地质灾害趋势分析 ………… 1298

第 11 章 三峡工程泥沙问题及工程长期运用

11.1 三峡工程泥沙问题 …… 1305
11.1.1 重要性及研究历程 …… 1305
11.1.2 三峡工程水库泥沙来源及数量 …… 1312
11.2 水库泥沙问题及其对策 …… 1326
11.2.1 三峡工程水库是典型的河道型水库 …… 1326
11.2.2 三峡工程水库泥沙问题研究 …… 1331
11.2.3 三峡水库减少泥沙淤积对策研究 …… 1341
11.3 坝区泥沙问题及其对策 …… 1348
11.3.1 坝区河势特征与泥沙问题研究 …… 1348
11.3.2 通航建筑物引航道泥沙淤积与防淤措施 …… 1350
11.3.3 三峡电站前缘泥沙淤积与引水防沙措施 …… 1354
11.4 三峡大坝下游河道冲刷问题及其对策 …… 1356
11.4.1 三峡大坝下游河道冲刷问题研究 …… 1356
11.4.2 坝下游河道冲刷对航运的影响及其对策 …… 1361
11.4.3 三峡水库坝下游河道冲刷对河势和防洪影响及其对策 …… 1367
11.4.4 三峡水库下游河床冲刷对荆江与洞庭湖关系影响 …… 1370
11.4.5 三峡工程对长江口的影响 …… 1371
11.4.6 三峡大坝下游河道冲刷观测资料分析 …… 1375
11.4.7 三峡工程泥沙问题观测检验分析 …… 1386

第 12 章 三峡工程人防安全问题及减免灾害对策

12.1 三峡工程人防安全问题研究历程 …… 1395
12.1.1 第一阶段(1959—1972 年) …… 1395

12.1.2 第二阶段(1978—1986 年) …… 1396
12.1.3 第三阶段(1988 年以后) …… 1396
12.2 三峡工程防护试验及设计研究 …… 1396
12.2.1 化爆模拟试验和石牌河段筑坝研究 …… 1396
12.2.2 核效应试验研究与工程防护方案 …… 1397
12.2.3 大坝溃坝模型试验研究 …… 1399
12.3 三峡工程人防论证结论与工程防护及减免灾害对策研究结论 …… 1409
12.3.1 三峡工程人防问题论证结论 …… 1409
12.3.2 三峡工程防护及减免灾害对策研究结论 …… 1411
12.4 茅坪溪防护坝遭受空炸溃坝的危害影响分析 …… 1412
12.4.1 茅坪溪流域概况及防护坝功能 …… 1412
12.4.2 茅坪溪防护坝遭受空炸溃坝的危害影响及其对策 …… 1413
12.5 三峡工程大坝人防安全关注的问题 …… 1414
12.5.1 三峡工程大坝在战争时防空炸防御的重点及其对策措施 …… 1414
12.5.2 三峡工程大坝在战争时遭核武器袭击溃坝洪水影响范围问题 …… 1414

第 13 章 三峡工程优化调度研究及初期运行检验

13.1 汛期运行水位上浮方式研究 …… 1416
13.1.1 汛期运行水位上浮对防洪的影响分析 …… 1416
13.1.2 汛期运行水位上浮对泥沙的影响分析 …… 1419
13.2 中小洪水滞洪调度研究 …… 1420
13.2.1 汛期中小洪水滞洪调度方式研究 …… 1420
13.2.2 2010 年和 2012 年中小洪水调度实例分析 …… 1424
13.2.3 中小洪水调度风险影响分析 …… 1431
13.3 汛末提前蓄水研究 …… 1433
13.3.1 汛末提前蓄水对防洪的影响分析 …… 1434
13.3.2 汛末提前蓄水对泥沙的影响分析 …… 1434
13.3.3 汛末提前蓄水对生态环境的影响分析 …… 1435

13.4 利用洪水资源减小风险的对策研究及实际运行检验 …… 1436

13.4.1 减小防洪风险的对策及实际运行检验 …… 1436

13.4.2 三峡工程科学调度优化运行在175m试验性蓄水运行期间的效益 …… 1444

13.5 长江流域防洪规划及三峡水库与干支流水库群联合调度研究 …… 1446

13.5.1 长江流域防洪减灾体系规划 …… 1446

13.5.2 三峡水库与长江干支流控制性水库群联合调度研究 …… 1457

13.5.3 三峡水库与上游干支流控制性水库群防洪库容联合运用科学调度 …… 1461

13.5.4 三峡水库与干支流控制性水库防洪库容联合运用科学调度实践分析 … 1475

主要参考文献 …… 1482

第1章 综 述

1.1 三峡工程概况

长江三峡水利枢纽工程简称三峡工程，因位于长江干流三峡河段而得名，其坝址位于西陵峡中的湖北省宜昌市三斗坪镇(图 1.1.1)，距下游长江葛洲坝水利枢纽和宜昌市约 40km。三峡工程是治理开发和保护长江的关键性骨干工程，也是目前世界上规模最大的水利枢纽工程，具有防洪、发电、航运、节能减排和水资源利用等巨大的综合效益。

图 1.1.1 三峡水利枢纽坝址位置

从孙中山先生首次提出三峡工程设想，到全国人民代表大会做出最后决策，三峡工程的研究论证历经了 70 余载。最终经国务院审查并报全国人民代表大会审议通过的三峡工程方案是：水库正常蓄水位 175m，初期蓄水位 156m，大坝坝顶高程 185m，采取“一级开发，一次建成，分期蓄水，连续移民”的建设方案。“一级开发”指从三峡坝址到重庆之间的长江干流上只修建三峡工程一级枢纽；“一次建成”指工程按合理工期一次连续建成，不采用有些大型工程初期先按较小规模建设以后扩建的方式；“分期蓄水”指工程建成后水库运行水位分期抬高，以缓和水库移民的难度，并通过初期蓄水运用时水库泥沙淤积的实际观测资料来验证泥沙试验研究的成果；“连续移民”则指移民分批不分期，连续搬迁。

三峡大坝按 1000 年一遇洪水流量 98800m^3/s 设计，相应设计洪水位

175.0m;按万年一遇洪水流量 113000m^3/s 加大 10%的洪水流量 124300m^3/s 校核，相应校核洪水位 180.4m，水库总库容 450.4 亿 m^3。工程正常蓄水位 175.0m，汛期防洪限制水位 145.0m，枯季消落最低水位 155.0m，相应的水库库容、防洪库容和兴利库容分别为 393.0 亿 m^3、221.5 亿 m^3 和 165.0 亿 m^3。工程建成后，在防洪方面将荆江河段的防洪标准由约 10 年一遇提高到 100 年一遇，遭遇大于 100 年一遇特大洪水时，辅以分洪措施可防止发生毁灭性灾害；在发电方面，三峡电站包括两岸坝后电站、右岸地下电站和左岸电源电站，总装机容量 22500MW，多年平均年发电量 882 亿 kW·h，向华东、华中、重庆、广东等地区送电，推动了全国统一电网的形成；在航运方面，改善了长江特别是川江重庆—宜昌的航道条件，对促进西南与华中、华东地区的物资交流和发展长江航运事业具有重要作用；此外，还具有巨大的养殖、旅游等方面的效益，是一座条件优越、效益显著的综合利用水利枢纽。

三峡坝址控制流域面积约 100 万 km^2，多年平均年径流量 4510 亿 m^3，多年平均流量 14300m^3/s。枢纽工程由大坝及茅坪溪防护坝、水电站厂房、通航建筑物（包括船闸及升船机）等主要建筑物组成。枢纽建筑物布置总体格局为：泄洪坝段位于河床中部，两侧分别为左、右岸厂房坝段和左、右非溢流坝段，电站厂房分列在左、右岸厂房坝段坝后，通航建筑物布置在左岸，右岸布置茅坪溪防护工程，在右岸白岩尖山体内布置地下厂房。

大坝为混凝土重力坝，坝顶长 2309.5m，坝顶高程 185m，最大坝高 181m。泄洪坝段居河床中部，两侧为厂房坝段和非溢流坝段。泄洪坝段设有 22 个表孔、23 个深孔和 22 个导流底孔。泄洪坝段左侧的左导墙坝段和右侧的纵向围堰坝段各设 1 个泄洪排漂孔，右岸非溢流坝段设 1 个排漂孔。左岸厂房坝段设 2 个排沙孔，左岸非溢流坝段设 1 个排沙孔；右岸厂房坝段设 4 个排沙孔。导流底孔从 2002 年汛后开始投入运用，参与导流和泄洪，已于 2005 年和 2006 年汛后分批完成封堵。

坝后式厂房由上游副厂房、主厂房、下游副厂房及尾水渠等建筑物组成。在左岸电站厂房安装 14 台、右岸电站厂房安装 12 台单机容量为 700MW 的水轮发电机组。500kV 开关站设置在厂坝之间的上游副厂房内。

由临时船闸改建的冲沙闸坝段布置在左岸 8 号、9 号非溢流坝段之间。临时船闸为单线一级船闸，与升船机共用下游引航道。2003 年 4 月，临时船闸停用后改建成设有 2 个冲沙孔的挡水坝。

通航建筑物包括升船机和船闸。升船机为单线一级垂直升船机，最大过船吨位为 3000 吨级客货轮。双线五级连续船闸主体结构段总长 1621m，闸室有效长 280m，宽 34m，过闸船队吨位为万吨级船队，年单向通过能力为 5000 万 t。

电源电站用于确保三峡水利枢纽厂用和坝区供电电源并兼顾坝区其他用电，装设 2×50MW 水轮发电机组。

茅坪溪防护工程是对水库右岸支流茅坪溪流域淹没区进行保护的工程，由防护大坝和茅坪溪泄水建筑物组成。

地下电站布置在右岸白岩尖山体内，装有 6 台单机容量为 700MW 的水轮发电机组。

主要建筑物由引水渠及进水塔、引水隧洞、排沙洞、主厂房、母线洞(井)、尾水洞及阻尼井、尾水平台及尾水渠、进厂交通洞、通风及管道洞、管线及交通廊道、地面 500kV 升压站和厂外排水系统等组成。

三峡工程分三期施工。一期围中堡岛以右的支汊,主河槽继续过流、通航。在一期土石围堰的保护下,开挖导流明渠,修建纵向围堰及三期碾压混凝土围堰的基础部分;同时在左岸修建临时船闸,并进行升船机上闸首、双线五级船闸、左岸 1~6 号厂房坝段与坝后厂房的施工。二期围左部河床、截断大江主河床,填筑二期上、下游横向土石围堰,在二期围堰的保护下修建河床泄洪坝段、左岸厂房坝段及电站厂房,继续修建双线五级船闸和升船机上闸首,江水改由右岸导流明渠宣泄,船舶由明渠和左岸临时船闸通过。二期工程具备挡水和发电、通航条件后,进行明渠截流,利用碾压混凝土围堰和左岸大坝及茅坪溪防护大坝挡水,蓄水至高程 135m 水位时,双线五级船闸及左岸部分机组开始投入运行。三期围右岸、截断明渠,先填筑三期上、下游土石围堰,在其保护下,浇筑三期上游碾压混凝土围堰至设计高程 140m,库水位由泄洪坝段的导流底孔及泄洪深孔调节;在三期碾压混凝土围堰保护下修建右岸厂房坝段、电站厂房及非溢流坝段,直至全部工程竣工。

三峡工程于 1993 年开始施工准备,1997 年 12 月大江截流,2003 年 6 月导流底孔下闸,水库蓄水至 135.0m 水位,双线五级船闸试通航,2003 年 7 月左岸首批机组投产。2006 年 9—10 月,蓄水位由 135.0m 逐渐抬升至 156.0m,右岸 12 台机组分批投产。2007 年 5 月,双线五级船闸完建,导流底孔封堵完成。2008 年汛后,水库开始 175.0m 试验性蓄水,当年蓄至 172.8m 水位,右岸 12 台机组投产,实现三峡工程左、右厂房 26 台机组投产发电。2010 年汛后首次蓄水至正常蓄水位 175.0m。三峡地下电站工程于 2004 年 12 月开工建设,2011 年 9 月,地下电站厂房工程及首批机组启动通过验收,2012 年 7 月,地下电站最后一台机组投产发电,除升船机工程安排于 2015 年完建外,三峡枢纽工程已全面建成。工程实际总工期为 16 年,较初步设计审定总工期缩短 1 年,其中施工准备和一期工程 5 年,二期工程 6 年,三期工程 5 年。

三峡工程是迄今为止世界上规模最大的水利枢纽工程和综合效益最广泛的水电工程。工程运行以来,拦河大坝及泄洪消能、引水发电、通航及茅坪溪防护工程等主要建筑物工作性态正常,机电系统及设备、金属结构设备运行安全稳定,防洪、发电、航运、水资源、生态环境等综合效益全面发挥。防洪方面,从开始蓄水至 2020 年底,三峡水库累计拦洪总量超过 1800 亿 m^3;2010 年、2012 年、2020 年入库最大洪峰流量均超过 70000m^3/s,经过水库拦蓄,削减洪峰流量约 40%,极大减轻了长江中下游地区防洪压力。发电方面,截至 2020 年底,三峡电站累计发电 1.4 万亿 kW·h,2020 年全年发电量达到 1118 亿 kW·h,创造了单座水电站年发电量世界纪录,有力支持了华东、华中、广东等地区的电力供应,成为我国重要的大型清洁能源生产基地。航运方面,船闸货运量 2011 年突破 1 亿 t,达到设计通过能力,2019 年创纪录达到 1.54 亿 t,有力推动了水运行业和长江经济带发展。水资源方面,2010—2020 年三峡水库已连续 11 年实现 175.0m 蓄水目标,每年枯水季节下泄流量提高到 5500m^3/s

以上，为长江中下游补水 200 多亿 m^3。截至 2020 年 8 月底，累计补水 2267 天，补水总量 2894 亿 m^3，有效缓解了长江中下游生产生活及航运用水紧张局面。生态环境方面，截至 2020 年 8 月底，三峡电站发出的优质清洁电力能源相当于节约标准煤 4.30 亿 t，减少二氧化碳排放 11.69 亿 t，节能减排效益显著。

三峡水利枢纽主要工程特性见附表 1。

1.2 研究论证与勘测设计历程

1.2.1 孙中山先生提出兴建三峡工程的设想与三峡工程早期研究

1.2.1.1 孙中山先生提出设想

1919 年 3 月，孙中山先生在上海用英文撰写了《国际共同发展中国实业计划》，首次提出在长江三峡河段修建闸坝"改善川江航运，开发三峡水力发电"的设想，并于 1919 年 6 月在上海英文报纸《远东时报》上发表。这是我国兴建三峡工程设想的最早记载。1919 年 8 月，廖仲恺、朱执信等将该文译成中文，在孙中山先生创办的《建设》杂志上陆续发表。这是我国关于兴建三峡工程设想的最早的中文文献。

孙中山先生在其著作《建国方略》中的"实业计划"(物质建设)的第二计划第四部分，提出改善川江航道、开发三峡水力发电的设想："自宜昌而上，入峡行，约一百英里而达四川之低地……急流与滩石，沿流皆是。改良此上游一段，当以水闸堰其水，使舟得溯流以行，而又可资其水力。其滩石应行爆开除去，于是水深十尺之航路，下起汉口，上达重庆，可得而致。"

1924 年 8 月，孙中山先生在广东高等师范学校礼堂作《三民主义》中的"民生主义"演讲，再次阐述了开发长江三峡水利电力资源的设想："又像扬子江上游夔峡的水力，更是很大。有人考察由宜昌到万县一带的水力，可以发生三千余万匹马力的电力，像这样大的电力，比现在各国所发生的电力都要大得多。不但是可以供给全国火车、电车和各种工厂之用，并且可以用来制造大宗的肥料……让这么大的电力来替我们做工，那便是很大的生产，中国一定是可以变贫为富的。"

1.2.1.2 三峡工程早期研究

(1)中国工程师提出的第一个开发长江三峡水力资源的初步计划

孙中山先生关于开发长江三峡水力资源的论著发表后，在国内外引起了广泛的关注。《国际共同发展中国实业计划》(英文版)发表后不久，1919 年 8—9 月，英国工程师波韦尔(S. J. Powell)对三峡河段进行了实地考察，于 1921 年提出《扬子江上游之开浚计划》。1929 年 1 月，民国政府内政部水利科科长陈湛恩在《扬子江水道月刊》上发表《扬子江最近之情势及整理意见》文章，提出"整治长江上游水道，建设水力发电厂的初步意见"。文章说："波氏计划实为整治上游具体之治本办法，其工程费用固大，惟近据川人赵君松森之电气建国，预算三峡之水力，平均以八十万马力计，则每年水力电气事业，可收纯利二万万元，即以半数计，尚可得纯利一万万元，是至多一年半，则全部工费，即可收回。"这是中国工程师提出的第一个开发长江三峡水力资源的初步计划。1930年,国民政府根据孙中山先生的设想,派工商部人员踏勘三峡,准备在三峡地区搞水力发电,但仅收集到一点有限的资料,便因难度大而停止。

(2)中国工程师为开发三峡水力资源提出的第一份勘测报告

1932年10月,由国民政府建设委员会技正恽震倡议,在国防设计委员会(后改为"资源委员会")副秘书长钱昌照支持下,组织了长江上游水力发电勘测队。恽震率领勘测队在长江三峡地区进行了两个月的勘察测量,并首次在三峡花岗岩地区选择了大坝坝址,于1933年初编写了《扬子江上游水力发电勘测报告》。但鉴于当时力量有限,对拟定的葛洲坝、黄陵庙两处坝址均未进行地质钻探。这份报告被呈报国民政府交通部,1933年5月获批复"所呈计划尚属详明,应予存案备查",即被束之高阁。

(3)美国高坝专家萨凡奇(J. L. Savage)的《扬子江三峡计划初步报告》

1944年,国民政府成立了战时生产局,聘请美国驻华使馆经济专员潘绥(G. R. Passhal)担任顾问,潘绥参照当时美国修建高坝开发水电的经验,提出由美国贷款在三峡修建一座水力发电厂,同时兴办化肥厂,这一计划被称为"潘绥计划"。

萨凡奇是美国垦务局设计总工程师、世界著名高坝专家,主持设计过世界上早期修建的几座高坝。1944年抗日战争期间,萨凡奇应国民政府资源委员会邀请,来华协助我国勘察西南地区大渡河、岷江等河流的水电资源。他在听取有关"潘绥计划"的介绍后,对三峡工程产生了极大兴趣,尤其对在三峡修建一座水力发电厂特别关注,要求去三峡实地勘察。1944年9月,萨凡奇在国民政府资源委员会人员的陪同下乘船前往三峡进行了实地勘察,编写了《扬子江三峡计划初步报告》(以下简称《三峡初步计划》)。在该计划中,萨凡奇首次提出三峡工程防洪问题,并称三峡大坝为"天下工程奇迹"。1946年4月,萨凡奇再次来到中国,又到三峡坝区勘察,同时向中美两国工程界热情宣传三峡工程的巨大综合效益和优越的地质地理条件。

(4)三峡工程早期开展的规划设计研究

萨凡奇提出《三峡初步计划》后即与中国政府讨论中美技术合作问题。1945年5月,国民政府资源委员会邀集有关单位组成三峡水力发电计划技术研究委员会,7月成立了全国水力发电工程总处(以下简称"水电总处"),统辖全国水力发电事宜,并聘请美国垦务局高级工程师柯登(Cotton)担任水电总处总工程师,张光斗任副总工程师。1946年7月,国民政府资源委员会决定设立扬子江三峡勘测处,直属水电总处,主要任务是进行实地测量及筹备坝基钻探等工作。

1946年春,国民政府资源委员会与美国垦务局签订了《中美三峡水力发电计划设计合约》,由该局进行三峡工程设计工作,中国派遣技术人员参加。合约执行期间,主要开展了部分地质勘探、地质调查、库区经济调查等工作。1947年8月,国民政府中止了合约,有关三峡工程的各项工作随即全部停止。

三峡工程的这一早期阶段只做了一些初步工作，没有取得对工程建设有重要意义的成果，但仍对中华人民共和国成立后开展三峡工程研究的决策起到一定的作用。

1.2.2 毛泽东主席"高峡出平湖"宏图与三峡工程前期勘测设计科研工作

1.2.2.1 中华人民共和国成立初期三峡工程的研究工作

1949年汛期，长江中下游洪水情势危急，干支流堤防多处溃决成灾，荆江大堤险象环生，揭示了长江中下游特别是荆江河段严峻的防洪形势，如再遭遇1931年、1935年那样的大洪水，荆江地区必将遭受毁灭性洪灾。1949年10月1日，中国共产党领导建立了中华人民共和国。1950年2月，长江水利委员会(1956年10月，国务院批准改名为长江流域规划办公室，以下简称"长办"；1989年6月恢复原名，以下简称"长江委")在武汉成立，林一山任主任。长江委面对1949年洪水造成的严重灾害局面和长江洪水的潜在威胁，在大力进行以工代赈、堵口复堤的同时，立即着手搜集整理历年水文资料和历史上几次大洪水灾害情况，并开始研究治理长江中下游平原的洪水问题。

长江委针对中华人民共和国成立初期长江中下游的防洪形势，研究明确了防洪任务及相应的治理措施，提出了以防洪为重点的治江三阶段战略计划：第一阶段长江中下游以加高加固堤防为主，恢复和提高已有堤防的防洪能力，以抗御1931年和1949年实际出现的最高洪水位；第二阶段利用长江中下游湖泊洼地多的特点，以建设平原蓄洪垦殖工程为主，继续加高加固堤防，提高防御能力，蓄纳1931年和1949年洪水超额洪水量；第三阶段结合兴利修建山谷水库，兼取综合利用水资源之利，逐步替代蓄洪垦殖区的任务，以减轻修堤防汛工作量。

通过深入研究荆江防洪方案，长江委进一步认识到荆江河道的泄洪能力与长江上游洪水来量极不适应，加高堤防或分洪都难以解决荆江地区的防洪问题。根据当时的财力、物力和技术条件，为缓解荆江严峻的防洪形势，长江委于1951年提出了《荆江分洪工程计划》，为长江防洪"治本工程"争取时间。毛泽东主席在批准《荆江分洪工程计划》时，曾询问了分洪工程的寿命问题，当得知至少可使用20～30年时，他表示"够了"，说明毛泽东主席当时考虑到二三十年后"治本"的三峡工程已可建成。西南水利部和长江委上游工程局在1952年就开始研究长江上游干支流兴建控制性水库的防洪作用，研究结果表明，控制长江上游四江(金沙江、岷江、嘉陵江、乌江)仍不能防止特大洪水造成荆江地区毁灭性洪灾。1952年10月，在水利部和长江委领导为研究解决汉江及长江中下游防洪问题查勘汉江丹江口及长江三峡大坝坝址时，水利部苏联专家布可夫建议三峡大坝可考虑先用来防洪。1953年2月，毛泽东主席视察长江，在听取了林一山关于长江问题和治江方案的汇报后，明确提出了在三峡修建大型水利枢纽工程以解决长江中下游防洪问题的"治本"方案。

1953年6月，长江委根据中央农林工作部部长邓子恢的指示，编报了第二次治江方案报告。该报告在远景计划中列入了三峡工程，同时安排长江委上游工程局研究三峡工程。1953年10月，上游工程局根据初步研究的成果，向西南局财政委员会报送了有关长江上游治理开发的设想，提出将来三峡水库蓄水位可能在190m左右，请西南局向库区沿江城市和建设单位行文，明确不要在高程190m以下设厂或建重要工程。西南局财政委员会同意了上游工程局的意见。1954年4月，上游工程局组织了三峡查勘，勘察了葛洲坝、南津关、黄陵庙、三斗坪、太平溪等坝址，认为包括三斗坪在内的黄陵庙坝区最为有利，并编写了《关于长江三峡水库情况的简要说明》，还提出了在葛洲坝修建航运梯级的建议。长江委通过这一阶段的研究，明确了防洪是长江治理开发的首要任务，三峡工程则是解除荆江地区毁灭性洪灾的关键措施。但受限于我国当时的技术条件和经济实力，未将三峡工程作为近期实施的项目。

1956年6月，长江委在全面开展长江流域规划编制工作和三峡工程研究工作时，毛泽东主席在武汉畅游长江，并乘兴书写《水调歌头·游泳》："更立西江石壁，截断巫山云雨，高峡出平湖。神女应无恙，当惊世界殊。"毛泽东主席"高峡出平湖"的雄心，进一步促进了三峡工程的研究工作。就在这首词发表后不久，毛泽东主席在武昌第三次会见林一山，询问了三峡工程相关的问题。

1.2.2.2 毛泽东主席指示三峡工程工作方针

(1)中央成都会议明确三峡工程需要修建而且可以修建

1957年，长江流域规划已取得初步成果，明确了三峡工程在综合开发治理长江中的主体地位，及其在长江中下游防洪中的关键作用；基本上完成了以三斗坪坝区为重点，正常蓄水位235m、210m、200m三种蓄水位的枢纽布置方案及其施工方法、工期、投资、重大技术问题的研究比较；此外还研究了三斗坪坝址至南津关河段天然河道的渠化梯级问题。这一年我国第一个五年计划已圆满完成，因此，长江治理开发和三峡工程建设问题随之提上了中央议事日程。1957年12月，周恩来总理为全国电力会议题词"为充分利用中国五亿四千万千瓦的水力资源和建设长江三峡水利枢纽的远大目标而奋斗"。

1958年1月，党中央在南宁召开政治局扩大会议(南宁会议)期间，毛泽东主席亲自主持讨论了三峡问题，长办主任林一山在会上作了三峡工程问题的汇报。毛泽东主席在会议上听取了电力部水电总局局长李锐对三峡工程的不同意见后，提出对三峡工程要采取"积极准备、充分可靠"的方针，并委托周恩来总理亲自抓长江流域规划和三峡工程。这次会议虽未明确兴建三峡工程的进程，但表明了中央领导对兴建三峡工程的积极态度。

南宁会议后，周恩来总理带队查勘了荆江大堤和三峡坝区及三峡库区。在查勘三峡途中，他听取了长办关于三峡工程的汇报和各方面的意见，并组织了讨论，到达重庆后召开了总结会。周恩来总理总结指出："大家一致肯定三峡工程必须搞，而且也能搞，在政治上经济上都具有伟大意义，技术上也是可能的，在不太长的时间15～20年可以完成三峡工程的兴建……取得这样一致的意见是很大的成功，说明两年来的争论是必要的，是有意义的。"这次会议结束了两年多的争论，肯定了三峡工程是治理长江的主体，明确了要积极准备兴建。根据这次会议的总结，周恩来总理在1958年3月召开的党中央成都会议上作了《关于三峡水利枢纽和长江流域规划》的报告，会议通过了《中共中央关于三峡水利枢纽和长江流域规划的意见》。4月经政治局会议批准的《关于三峡水利枢纽和长江流域规划的意见》(以下简称《意见》)指出："从国家长远的经济发展和技术条件两个方面考虑，三峡水利枢纽是需要修建而且可能修建的；但是最后下决心确定修建及何时开始修建，要待各个重要方面的准备工作基本完成之后，才能作出决定。估计三峡工程的整个勘测、设计和施工的时间需要15～20年。现在应当采取积极准备和充分可靠的方针，进行各项有关的工作。"《意见》对长江流域规划指出："长江流域规划的基本原则，应当是统一规划，全面发展，适当分工，分期进行。同时，需要正确地解决好以下七种关系：远景与近景，干流与支流，上中下游，大中小型，防洪、发电、灌溉与航运，水电与火电，发电与用电(即有销路)；这七种关系必须相互结合，根据实际情况，分轻重缓急和先后次序进行具体安排。"《意见》明确："三峡工程是长江规划的主体，但要防止在规划中集中一点、不及其他和以主体代替一切的思想。"《意见》充分反映了党中央对三峡工程积极而又十分慎重的态度。党中央成都会议掀起了筹建三峡工程的第一次高潮。

(2)加强三峡工程科研工作，组织全国科技研究大协作

中央成都会议肯定了三峡工程在技术上是可能的，但也明确在若干重大技术问题上还需要突破当时的世界水平，如深水围堰和大流量截流技术，超高压输变电技术，超巨型水轮发电机组及相应的电气设备的设计、制造技术，快速施工技术及高效率巨型施工机械、巨型升船机，电站及电力系统自动化，新型建筑材料，水库调度及泥沙淤积，经济规划等问题，均需深入研究。为了加速解决这些重大科技问题，成都会议结束后，中央即决定组织三峡工程重大科技问题的全国协作研究，成立了国家科学技术委员会(以下简称"国家科委")三峡水利枢纽科研领导小组(以下简称"国家科委三峡组")，由中国科学院副院长张劲夫任组长。1958年6月，在武汉召开了第一次三峡工程科研会议。会上，组成了经济、地质、水利、动力、机械5个专业大组和人防小组，5个专业大组下面，根据各方面分工研究的课题内容，又设立了一些专业小组。会议根据长办提出的在三峡工程枢纽建筑物设计和施工设计上需要集中力量重点研究的技术问题和与会专家的意见，讨论制定了三峡工程科研计划，并将该计划报送聂荣臻副总理、周恩来总理、毛泽东主席和党中央及国务院，以便组织实施。根据这个空前广泛的科研计划，全国先后共有200多个单位近万名科技人员参加了三峡工程科研工作。

1958年3月，毛泽东主席从重庆乘船顺水而下，视察长江，并察看了三斗坪坝址。1958年6月，在武昌召开党中央政治局扩大会议期间，毛泽东主席召见林一山，谈话的主要内容是三峡水库的寿命问题。因为黄河三门峡水库运行后发生了严重的泥沙淤积，水库变成"泥库"，这引起毛泽东主席对三峡工程的担心。当得知三峡水库至少可以运行两三百年时，毛泽东主席很惋惜地说："这样大的工程，千年大计的工程，两三百年就淤死了，很可惜。"但这是假设三峡水库以上的干支流上两三百年内不修建水库，所有的泥沙直接进入三峡水库的淤积水平，因此是最不利的情况。事实上，在两三百年内长江上游干流一定会建一批大中型水库蓄水拦沙，三峡水库的寿命会长得多。因此，在20世纪50年代的长江流域规划和三峡

水库的科研设计中，尚未认为三峡水库寿命是个大问题。毛泽东主席关心三峡水库寿命问题，林一山主任下决心集中精力，组织科技人员攻关，一定要解决三峡工程泥沙问题。

1958年8月，党中央北戴河会议期间，周恩来总理主持召开了长江三峡会议。林一山在会上作了有关三峡工程工作进展的汇报，会议具体研究了进一步加快三峡工程设计及准备工作的有关问题，并要求在1958年底完成三峡工程初步设计要点报告，代替成都会议要求完成的规划性设计。周恩来总理在会议总结时指出，三峡工程三斗坪和南津关两个坝区，还应当有更多的资料，目前实际力量可以放在三斗坪坝区，增加三斗坪坝区有价值的论证。这次会议加快了三峡工程的进程，并批准陆水蒲圻水利枢纽作为三峡工程试验坝。

1958年9月，毛泽东主席在武昌召见林一山，听取三峡工程泥沙问题的汇报。林一山汇报说："长办正集中力量研究三峡水库寿命问题，从理论上应当可以解决，因此，具体的防淤减沙措施也应当可以解决，只是还需要一些调查研究的时间。"毛泽东主席对林一山在三峡工程泥沙问题上能作出肯定的回答，表示了满意。毛泽东主席多次召见林一山询问三峡工程，两次在中共中央政治局扩大会议上主持研究三峡工程，且为三峡工程赋诗抒情，这在我国大型工程建设上是极少见的。

1959年10月，国家科委三峡组在武汉召开第二次三峡工程科研会议。这次会议检查一年来各单位承担的专题研究工作成果，了解存在的问题，并提出了需要进一步研究的课题。会上各单位提出研究成果700多份；经过讨论，又结合三峡工程设计，归纳为17个重大科技问题作为会后继续深入研究争取尽快解决的课题，并上报周恩来总理和聂荣臻、李先念副总理。三峡工程的全国科技研究大协作，取得了大量研究成果，各项研究报告、论文累计有1376份，解决了三峡工程建设中的一些重大技术问题，为20世纪50年代编制三峡工程初步设计要点报告及60年代编制三峡工程初步设计报告初稿提供了科学依据。

(3)三峡工程坝址选择的争论

美国高坝专家萨凡奇在20世纪40年代提出的《三峡初步计划》中，选择南津关坝区为三峡工程坝址。20世纪50年代，长江委工程技术人员在三峡坝区进行了大量的地质勘探调查研究，认为南津关坝区地质条件复杂，不仅石灰岩喀斯特(岩溶)发育，且有大的溶洞，可能成为漏库。美人沱坝区有20km的火成岩，地质条件优越，因此建议放弃南津关。苏联专家于1955年6月到长江委后，与长江委专家查勘了南津关的石灰岩坝区，选了石牌、黑石沟、下牢溪、南津关、何家咀共5个坝址，在美人沱火成岩坝区选了美人沱、偏窗子、太平溪、大沙湾、伍相庙、长木沱、茅坪、三斗坪、黄陵庙、南沱共10个坝址，进一步深入勘测研究比较。除研究一般地质问题外，还要求在火成岩花岗岩坝区特别注意风化壳的研究，在石灰岩坝区注意喀斯特问题。

通过对南津关坝区和美人沱坝区各个坝址的对比分析，苏联专家对长办(长江委)专家在三峡工程坝址选择上放弃南津关坝区发表了不同意见。他们认为萨凡奇是世界著名的坝工专家，若要放弃萨凡奇的南津关坝区，必须有充分的根据。他们还指出，世界上有许多大坝，包括中国的官厅水库都是建在石灰岩地基上，问题的关键是要进行细致的地质勘探研究。中国与苏联专家的争论反映到国务院，周恩来总理采取了十分慎重的态度，他要求对美人沱和南津关两坝区都要做深入的地质勘探研究比选工作。苏联政府十分支持专家组对三峡南津关石灰岩坝区的地质勘探研究工作。1957 年秋，应中国政府邀请，苏联政府派出喀斯特专家组，与中国地质专家联合组成中苏专家地质鉴定委员会。专家们深入三峡坝区实地查勘了美人沱和南津关，听取了两坝区地质、地貌、喀斯特研究和钻探及库区渗漏等调查报告以及成果汇报，对地质工作中出现的问题，指导进行补充勘测与调查研究工作，提出了工程地质的鉴定性意见。苏联专家认为，南津关坝区处于三峡的瓶颈口，具有极大的吸引力，在此建高坝，可以从根本上解除长江中下游的洪水灾害，并彻底解决长江川江的航运问题。坝址如果从南津关上移至美人沱坝区的三斗坪，不仅损失 20 多米水头，失去一座百万千瓦的电站，而且三斗坪至宜昌约 40km 的航道得不到改善，将成为沪渝航线上的一段"盲肠"。长办专家听取了苏联专家的意见后，研究提出了三斗坪—葛洲坝组合方案，即在三斗坪修建三峡水利枢纽的高坝，在葛洲坝修建低坝作为三峡工程的航运梯级，两座坝所需投资也比南津关一座坝经济。1958 年 3 月，周恩来总理听取了林一山的汇报并实地查勘后，赞同长办的方案，并指示要再多做地质勘探工作。

1.2.2.3 长江流域规划与三峡工程的研究

(1)长江流域规划明确了三峡工程的主体地位

考虑到三峡工程的建设涉及长江水资源的综合利用，而三峡工程在长江治理开发中的地位和作用以及建设方案均需通过长江流域规划进一步论证，1954 年大洪水后，党中央、国务院决定正式开展长江流域规划工作。长江委为了集中力量进行长江流域规划工作，1954 年即决定将下属的上、中、下游局撤销，人员调入长江委，1955 年人员陆续集中。国内 30 多个有关单位也相继派人参加了长江流域规划工作，三峡工程的研究工作也同时展开。为吸取苏联在水利水电建设方面的经验，1954 年 10 月，水利部、电力部组织在华帮助工作的苏联专家查勘了三峡。1954 年 12 月，毛泽东、刘少奇、周恩来在汉口北上的火车上，听取了林一山对三峡工程有关技术问题和坝址查勘情况的汇报，并详细询问了三斗坪火成岩坝区的花岗岩风化情况。毛泽东主席听取汇报后，决定由周恩来总理写信给苏联部长会议主席布尔加宁，商请苏方派遣专家来华帮助进行长江流域规划和三峡工程研究工作。苏方同意后，1955 年 3 月由中国技术进口公司与全苏技术工业出口公司正式签订聘请专家来华帮助工作的合同，1955 年 4 月苏联专家马林诺夫斯基等 12 人组成的专家组先期到达，7 月专家组长德米特列也夫斯基带领的专家来华。

1955 年下半年，长江委全面开展了流域规划工作。中国与苏联专家联合组成"长江查勘团"查勘了长江上游干流及主要支流，勘选水库坝址，历时近 3 个月。回到武汉后，苏联专家根据查勘了解的情况，从充分利用长江水资源的角度考虑，在分析长江的水文资料后，认为上游干流至少需要 1000 亿 m^3 的库容来调节径流，因此提出以干流上的猫儿峡枢纽(在重庆上游约 40km)作为流域规划中治江的战略重点工程，再配以修建嘉陵江下游的温塘峡枢纽、岷江下游的偏窗子枢纽等一批大中型水库，以解决长江中下游防洪问题，即猫儿峡工程方案。苏联专家认为，三峡工程规模太大，投资过多，技术复杂，不太现实；猫儿峡工程投资较少，工程比较容易建设。长江委深入研究了苏联专家所提方案，认为猫儿峡方案可使上游径流得到较充分的调节，并也有可能解决中下游防洪问题，但规划的猫儿峡、温塘峡等水库均位于四川盆地的主要经济区，淹没损失太大，特别是猫儿峡水库将四川省川中盆地淹没殆尽，显然不能采用。重庆至宜宾干流河段只宜采用低坝方案，高坝大库淹没面积太大，不适合我国国情，因此，长江委倾向于以三峡枢纽作为流域规划中治江的战略性工程。

苏联专家的猫儿峡枢纽方案和长江委的三峡枢纽方案的争论反映到国务院，周恩来总理于 1955 年底邀请德米特列也夫斯基和林一山到北京座谈，还特意请我国著名科学家竺可桢参加了讨论。周恩来总理在听取了两方的不同意见后，也认为猫儿峡枢纽高坝方案淹没面积太大。经周恩来总理亲自做工作，中苏专家统一了思想，全力以赴投入了三峡工程勘测设计工作。

在周恩来总理明确三峡工程在流域规划中的主体地位后，长江委继续深入开展流域规划工作，同时开始系统地进行三峡工程勘测研究工作，全面收集、整理水文、地质、地形及有关的社会经济资料。地质勘测方面，由于当时长江委地勘队伍尚处于初建阶段，技术力量不足，国家从地质部组织队伍进入三峡地区，承担了当时的主要地质勘探任务，从确定的 12 个比较坝址中选择了进一步研究的太平溪、三斗坪、南津关 3 个重点坝址。结合长江干流梯级方案比较，重点研究了正常蓄水位 200～235m 的方案，此外，还进行了利用围堰挡水发电、分期开发的初步研究。为解决三斗坪坝址下游至南津关一段天然航道的不利水流条件，还初步研究了渠化宜昌右岸卷桥河、开辟坝下新航道的方案和在下游古老背修建航运梯级的方案，经过初步研究分析，提出了在葛洲坝修建三峡工程航运梯级的方案。

(2)《长江流域综合利用规划要点报告》明确三峡工程是治理和开发长江的关键性骨干工程

1956 年 10 月，长江委改名为长办后，全面负责长江流域规划工作。交通部、铁道部、水产部、电力部、地质部、中国科学院、文化部派员到长办参与流域规划工作。从 1955 年 6 月起，聘请的苏联专家陆续到长办进行技术指导。在此之后，水利部领导、中苏专家多次组织对长江流域进行规模较大的综合调查和专业查勘，长办对长江干支流历年的水文资料进行了整编，并开展了大量的地形测量、地质测绘和勘探工作，同时集中力量进行长江流域规划编制工作，在全国有关部门和单位的协作下，于 1959 年编制完成了《长江流域综合利用规划要点报告》。

长办通过对长江流域规划要点阶段的研究，论证了三峡工程在防洪、发电、航运等方面的作用，是治理和开发长江的关键性骨干工程；同时也基本掌握了三峡坝区水文、地质、地形等方面的资料，论证了修建三峡工程的自然条件极为优越，并根据当时水利工程技术已达到的水平和当时世界上已建或在建的类似工程进行对比分析，从宏观上肯定了修建三峡工程的技术可行性和经济合理性，并提出了兴建三峡工程需要研究突破的一些关键性技术问题。

1.2.2.4 长办提出《长江三峡水利枢纽初步设计要点报告》及中央确定三峡工程的方针

(1)长办编制完成《长江三峡水利枢纽初步设计要点报告》

1958 年北戴河会议后，长办即按照会议要求，积极开展三峡工程初步设计要点报告的编制工作，并于 1959 年 3 月提出了《长江三峡水利枢纽初步设计要点报告》。该报告着重研究了坝址和正常蓄水位的选择问题，同时也进行了水工建筑物设计和施工规划，以及其他有关重大技术问题的研究，推荐三斗坪坝址和正常蓄水位 200m 方案。

1959 年 5 月，根据周恩来总理的指示，长办邀请有关单位和专家在武汉讨论《长江三峡水利枢纽初步设计要点报告》。讨论会后，长办即按三斗坪坝址和正常蓄水位 200m 方案开展初步设计工作。1960 年 3 月，完成了初步设计阶段各项主要工作，包括坝轴线选择、枢纽布置方案、主要建筑物型式选择、水电站厂房设计及电站主要设备选择、施工方案等。1960 年 3 月和 5 月，相继完成《三峡水利枢纽坝轴线选择报告》和《三峡水利枢纽施工准备工作计划》。4 月，水利电力部(以下简称“水电部”)组织了坝轴线选择的审查工作，但会议未取得一致意见。5 月，在武汉讨论了三峡工程的施工方案及相应的施工准备工作计划。

这一阶段，长办在有关科研单位和其他兄弟单位的大力协作配合下，完成了大量的勘测设计和科学试验工作，基本上解决了初步设计阶段的主要技术问题。虽然原计划 1961 年初提出的初步设计报告因中央于 1960 年决定放缓三峡工程的建设进程而未正式刊印，但初步设计阶段需要解决的技术问题和需要确定的技术方案已基本按要求完成。

(2)中央确定三峡工程“雄心不变、加强科研、加强人防”的方针

1960 年 8 月，中央北戴河会议期间，周恩来总理再次召开长江三峡工作会议。当时正值国家经济困难时期，国际形势发生变化，中苏关系破裂，苏方撤走全部专家，中央决定调整国民经济建设的步伐。周恩来总理在会上先谈了当时国家所面临的情况，以及中央准备采取的“调整、巩固、充实、提高”的国民经济八字方针，然后指出：“现在国家正处在困难时期，但对三峡工程应该是雄心不变、加强科研、加强人防。”

1)对三峡工程加强人防方面的研究。

中央北戴河会议之前，长办与军事部门已遵照周恩来总理的指示，对三峡工程的防护问题进行了初步研究。鉴于三峡工程已初步选定三斗坪坝址和常规的大坝型式，必须研究原子弹的轰炸以及其他军事手段对大坝的破坏，三峡工程要结合战争实际重新考虑防护要求。为此，周恩来总理指示成立了三峡工程防御小组，由长办会同解放军总参和国防部国防科学技术委员会组织专门力量进行研究。这一阶段长办在三峡工程加强人防方面进行了石牌“堆石坝防护方案”和重新研究太平溪坝址两项研究。

2)对三峡水库淤积问题的研究。

1959 年毛泽东主席指示修建三峡工程要“有利无弊”。这一指示有两方面的含义：一是防止核战争破坏大坝造成重大灾害，二是防止泥沙淤积使水库失去作用。前者在 1958 年即按周恩来总理的安排进行了专门研究；后者在传达毛泽东主席“有利无弊”指示后，长办即组

织研究三峡水库长期使用问题，1964 年又专门组织了对我国北方多沙河流上十几座水库淤积情况的调查，进一步掌握了水库淤积的规律。结合三峡水库的具体情况，提出三峡水库采用“蓄清排浑”的运行方式，使水库可以长期发挥综合利用效益。

3)关于分期开发方案的研究。

1960 年调整三峡工程建设进程以后，长办考虑当时国民经济的状况，深入研究了三峡工程分期开发方案，以尽量减少初期投入。1966 年 4 月，长办编写了《长江三峡水利枢纽分期开发方案研究情况》报告，该报告提出分三期开发的方案：第一期运行水位 115m，可开始发电；第二期运行水位 150m 左右，可在防洪、发电和航运方面发挥更大的综合效益；第三期完成最终规模，枢纽进入正常运行阶段。在研究三峡工程分期开发方式的同时，长办还研究了各种低坝方案，如蓄水位 128m、140m、150m、160m 等，以及重庆至三峡河段的多级开发方案。这些研究成果为 1982—1983 年编制 150m 蓄水位方案的可行性研究报告和 1986 年重新论证起到了重要作用。

(3)三峡工程科研列入《1963—1972 年科学技术发展规划纲要》

1960 年 6 月，国家科委三峡组在北京召开扩大会议，除三峡组成员外，各科研专业大组组长也都参加了会议。会议听取了有关专业大组的汇报，认为自第二次三峡工程科研会议以来，科研工作获得了重大进展，第三次科研会议应在总结经验的基础上，进一步明确主攻方向，并提出《三峡科学技术三年(1960—1962 年)规划纲要(草案)》。1960 年 8 月又在北京召开国家科委三峡组扩大会议，决定当年不再召开大会，改由各专业大组召开小型专业会议，总结工作。同年 9—12 月，各专业大组分别召开了会议，总结了科研工作进展成果，交流了经验，初步讨论了《三峡科研规划纲要(草案)》。与此同时，国际形势发生变化，苏联撤走全部专家。国家科委三峡组于 1961 年 2 月在北京召开扩大会议，除听取各专业大组科研工作汇报外，还传达了周恩来总理在北戴河会议上提出的“雄心不变、加强科研、加强人防”指示。会议研究确定了 1961—1962 年三峡科研规划，其主要内容有重大科研项目 26 个、试验 26 项、研究课题 74 个，并根据水利专业大组提出的意见，增设了施工专业大组，重点研究施工技术方面的问题。

1962 年国家科委编制《1963—1972 年科学技术发展规划纲要》，长办根据十年规划的要求提出《1963—1972 年三峡水利枢纽科研规划纲要(草案)》，报国家科委三峡枢纽科研领导小组。1962 年 12 月，国家科委三峡组在北京召开扩大会议，讨论了长办提出的《1963—1972 年三峡水利枢纽科研规划纲要(草案)》。这次提出的主要课题包括水库淤积问题、水库预报调度问题、双水内冷大型水轮发电机组问题、升船机问题、高水头深孔泄洪问题、高压输电技术问题、大跨度地下建筑物问题、人工骨料问题等。长办根据讨论会提出的意见进行了修改，于 1963 年 9 月报国家科委。1964 年国家科委在广州召开会议，讨论全国科技发展十年规划，其中也包括三峡科研规划。在此之后，三峡工程科研工作受各方面影响，又作了调整，重点研究人防问题、分期开发问题。三峡工程科研工作的开展方式改为主要由各专业大组和小组进行，国家科委三峡组的具体工作由长办负责联系。

1.2.2.5 兴建葛洲坝水利枢纽,为三峡工程做实战准备

(1)葛洲坝水利枢纽是三峡工程的配套工程

1954 年,长江委上游工程局研究三峡坝址时,即建议在葛洲坝修建一级枢纽,作为三峡工程下游的航运梯级。1955 年长江委开展长江流域规划和三峡工程研究时,着重研究了三峡坝址选择的南津关坝区和美人沱坝区,对比两个坝区在地质、水工、施工条件方面的优缺点,看法基本一致,但美人沱坝区在综合利用方面存在一些缺点,主要是从坝址以下至南津关的航道仍处于天然状态,将成为黄金水道的"瓶颈"制约长江航运事业的发展,因此主张选用南津关坝区。为了克服美人沱坝区的这一缺点,当时研究了 3 种方案:第一种是整治这一段河道,第二种是在南北两岸另辟航道,第三种是在三峡工程大坝下游修建一级航运梯级。经过方案比较,认为前两种方案工程浩大,投资过多,施工困难,很难成立。修建航运梯级,既可改善这一河段的航运条件,还可利用这一段水能发电,较为合理可行。航运梯级坝址比较过葛洲坝、西坝和古老背 3 种方案,认为葛洲坝较其他两种方案有利,即选用葛洲坝水利枢纽作为与美人沱坝区方案相配套的航运梯级。在后来研究电网规划和三峡水库调度时,明确三峡电站将负担电网调峰任务,调峰时电站日调节非恒定流将对坝下游航运产生不利影响。为解决这一不利的水流条件,不论三峡坝址选在南津关还是美人沱坝区的三斗坪,都需要在其坝下游修建一级反调节枢纽,从而使美人沱坝区更具有优势。经多次研究,最后推荐三峡工程选用三斗坪坝址,并在其下游修建葛洲坝水利枢纽作为其反调节枢纽。这是三峡工程的配套工程。

1959—1960 年,长办为配合三峡工程的设计研究,曾进行过葛洲坝工程的初步研究。1960 年 9 月长办编制完成了《葛洲坝水利枢纽初步设计简要报告》初稿,此后直至 1970 年均未再作深入研究。

(2)毛泽东主席亲自批示"赞成兴建此坝"

1970 年 4 月底,湖北省革命委员会和水电部将《葛洲坝工程初步设计要点报告》呈报国务院,要求修建葛洲坝工程,以满足华中地区用电的迫切需要。国务院业务组于 1970 年 5 月听取了汇报,基本上形成了同意兴建葛洲坝工程的一致意见。

鉴于葛洲坝工程是三峡工程的配套工程,原规划在三峡工程建成后再修建或与三峡工程同时建成。如先建葛洲坝工程,改变了原规划的建设程序,也改变了葛洲坝工程的建设条件和运行条件,将为葛洲坝工程带来一些不利条件,如泥沙淤积和泄洪条件等,从而增加了以后修建三峡工程围堰等的难度。因此,当时长办有不少技术人员对先建葛洲坝工程持不同意见,林一山也立即向中央反映了上述不同意见。1970 年 9 月,周恩来总理主持国务院会议讨论葛洲坝工程问题,听取了汇报和各方面意见后,周恩来总理要求对泥沙淤积和通航问题进行研究提出报告后再做决定。随后,湖北省组织长办和相关单位科技人员在葛洲坝进行了工程设计研究和试验工作,提出《葛洲坝水利枢纽初步设计报告》,修改了原设计方案。1970 年 10 月,湖北省革命委员会和武汉军区将此方案上报,并向中央呈报了《关于兴建宜昌

葛洲坝水利枢纽工程的请示报告》(以下简称《请示报告》)。该报告表明地方军政部门会同水电部和长办对葛洲坝工程建设问题进行了研究,均认为切实可行,可保证泥沙不淤塞、不断航,地质情况清楚,造价 13.58 亿元,预计 3 年半开始发电,5 年左右竣工,工程设计正在进行。1970 年 12 月初,又提出《葛洲坝水利枢纽补充设计简要报告》,修改了设计洪水流量和船闸布置。

1970 年 12 月,在周恩来总理主持的国务院审查葛洲坝工程讨论会上,林一山提出异议。周恩来总理在听取葛洲坝工程汇报,尤其是林一山的不同意见后,要求林一山将不同意见写成书面报告。12 月 25 日,周恩来总理主持拟定中央批复《请示报告》的送审稿时,明确写道:“修建葛洲坝水利枢纽,是有计划有步骤实现伟大领袖毛主席‘高峡出平湖’伟大理想的实战准备。”还要求“今年年内提出设计方案报国家建设委员会(以下简称‘国家建委’)审定”。周恩来总理又写了简短报告对批复稿作了扼要说明,再连同《请示报告》以及林一山的书面意见报告,一并呈报毛泽东主席终审。12 月 26 日,毛泽东主席对葛洲坝工程做出批示:“赞成兴建此坝。现在文件设想是一回事。兴建过程将要遇到一些现在想不到的困难问题,那又是一回事。那时,要准备修改设计。”12 月 30 日,葛洲坝工程正式开工,湖北省决定以毛泽东主席 1958 年 3 月 30 日乘“江峡”轮视察三峡为纪念,将葛洲坝工程定名为“三三〇工程”。

(3)葛洲坝工程的建设

葛洲坝工程于 1970 年 12 月 30 日开工建设。1971 年 11 月,周恩来总理主持会议,经汇报讨论,各部门都认识到“葛洲坝工程根据一个规划性的设计文件开工建设,不少重大技术问题没有解决的基本路径,造成了边施工、边设计、边勘测试验的被动局面,给设计和施工都带来了很多困难”,产生了工程“质量差、进度慢、浪费大”的恶果。周恩来总理在重温了毛泽东主席“赞成兴建此坝”的指示后,点明了召开此次会议的目的。“现在是修改设计的时候了,再不能等了。”周恩来总理指定由林一山主持开会进行深入讨论研究。1972 年 11 月,周恩来总理主持会议,听取林一山等 9 位同志讨论的汇报后,果断决定:葛洲坝主体工程暂停施工,由长办负责修改设计,并成立葛洲坝工程技术委员会(以下简称“技术委员会”)。

1972 年 12 月,葛洲坝主体工程停工,施工队伍整顿后,三三〇工程局作为主要施工力量,主要进行场内交通道路与房屋修建等工程。与此同时,修改初步设计和研究工作也在积极开展。技术委员会于 1973 年 1 月召开第二次会议,审查通过了葛洲坝水利枢纽修改初步设计进度计划,要求 3 月底提出坝线报告,年底前后提出修改初步设计报告。根据该计划安排和会议决定,各方面为修改初步设计进行了相关工作,长办先后编制报送了葛洲坝水利枢纽修改初步设计汇报提纲、修改初步设计报告(送审稿)。

国务院收到技术委员会的报告之后,于 1974 年 9 月召开了为期 14 天的葛洲坝工程座谈会,并扩大邀请了一些部门领导和专家,听取和协调对葛洲坝工程的认识问题。经过充分讨论,大家一致认为葛洲坝工程已经具备复工条件。1974 年 10 月,谷牧副总理亲赴工地,宣布葛洲坝主体工程复工。随后,长办继续完成修改初步设计报告,并随工程施工进度及时提供设计图纸。

1980 年 10 月，一期二江、三江工程具备挡水条件，国家建委组织进行了一期工程截流前验收。1981 年 1 月大江成功截流；6 月国家建委组织进行了一期工程通航发电蓄水前验收，三江船闸通航；7 月二江电站首台机组并网发电，葛洲坝工程开始发挥通航发电效益。1982 年二江电站 7 台机组全部投产，1985 年 4 月一期工程通过国家验收。

1982 年 12 月，二期大江工程基坑抽干，开始基础开挖。1982 年 3 月至 1983 年 12 月陆续完成基础开挖及处理，开始浇筑混凝土。1985 年 12 月，国家计划委员会(以下简称“国家计委”，现为国家发展和改革委员会)组织进行了大江工程挡水前验收。1986 年 1 月，大江各建筑物完工，具备挡水条件；3 月大坝全线挡水；5 月大江厂房首台机组发电。1988 年 14 台机组全部投产，大江船闸建成，葛洲坝工程全部完工，总工期较初步设计工期提前一年。1989 年 10 月二期工程通过国家验收。

1.2.3 三峡工程正常蓄水位 150m 方案相关工作

1.2.3.1 三峡工程蓄水位 150m 方案可行性研究报告的编制和审定

在 1974 年 10 月葛洲坝主体工程复工后，技术委员会于 12 月召开第六次会议，讨论了三峡工程与葛洲坝工程的关系问题，要求长办在 1976 年底以前完成三峡枢纽初步设计修改补充报告，重点是选定坝址，以便能在葛洲坝工程大江截流前预建三峡工程纵向围堰水下部分。1975 年 7 月，技术委员会第七次会议又讨论了三峡工程问题，该会议认为尽快选定三峡工程坝址是当前主要问题，建议召开三峡工程工作会议，讨论三峡选定坝址问题和今后三峡工程的工作原则。1975 年 8 月，国家建委根据技术委员会的建议，决定召开三峡工程工作会议，研究选择坝址和水库蓄水位问题。考虑到库区经济社会情况从 1958 年库区调查以来已有很大变化，国家建委指示长办在开会之前对三峡库区进行不同蓄水位的淹没实物指标调查。长办会同四川、湖北两省抽调人员组成调查组，主要调查了 1958 年以来库区工农业建设的变化，提出了三峡水库 170～200m 分级蓄水位以下的主要淹没实物指标。

长办于 1976 年 3 月编制完成《长江三峡水利枢纽初步设计要点补充报告(坝址补充研究)》。该报告提出：太平溪、三斗坪两个坝址都具有优良的工程地质条件，均能满足水工及施工布置的要求；在不考虑防御核武器而采用混凝土重力坝及坝后厂房的布置时，以三斗坪坝址为优，如考虑防御核武器而加大坝体剖面并采用以地下厂房为主的枢纽布置时，则以太平溪坝址较为有利，推荐选用太平溪坝址。

1978 年 2 月，水电部召开三峡工程坝址选择准备工作会议，着重讨论了太平溪、三斗坪两个坝址的比较，葛洲坝工程蓄水前的三峡工程预建项目，三峡工程选坝会议前需要补充的工作，李先念副主席提出的“高坝中用方案”等问题。1979 年 4 月，国务院召开会议听取了长办关于长江流域规划及三峡工程的汇报，讨论了三峡工程建设和召开坝址选择会议的问题，并决定由林一山主持召开三峡工程选址会议。

1979 年 5 月，三峡工程坝址选择会议在武汉举行。会议讨论中虽然认为两个坝址都具有建坝的优良条件，但对选用哪一个坝址有不同意见。多数代表建议长办对各种意见进行分析研究后报国务院及早确定坝址，为早日预建纵向围堰水下部分做好准备，但也有部分代表认为坝址选择条件尚不成熟，还有少数代表怀疑修建三峡工程的必要性和合理性。国务院根据坝址选择会议情况的报告，指示由水利部主持召开三峡工程坝址选择汇报会。1979年9月，水利部在北京召开三峡工程坝址选择汇报会，国务院有关部委及有关单位的负责人和代表40多人参加会议，听取了参加5月坝址选择会议的6个大组的组长关于会议讨论情况的汇报，并研究讨论了三峡工程坝址选择和建设问题。水利部于11月向国务院报送了《关于三峡水利枢纽的建议》，建议将三峡工程作为我国四个现代化建设中的一项重大战略性工程，争取在20世纪90年代建成，并按三斗坪坝址开展初步设计工作。长办随即将三峡工程勘测工作的重点再次转入三斗坪坝址。国务院未对三峡工程建设问题作出决策，从而纵向围堰预建工程未能实施。但通过这一阶段的研究，三峡工程大坝三斗坪坝址已基本确定。

1980年7月，邓小平同志考察三峡库区，在船上察看了三峡坝址，听取了长办有关三峡工程的汇报，并深入葛洲坝工地察看了工程施工情况，坚定了建设三峡工程的决心，指示国务院要研究三峡工程问题。国务院遵照这一指示，召开常务会议研究三峡工程问题。会议决定："关于三峡工程建设问题，由科委、建委负责，继续组织水利、电力及其他方面的专家进行论证，提出意见。"根据这一决定，科委、建委即筹备召开论证会，并要求长办编制一套论证材料。鉴于当时不同意修建三峡工程的主要理由之一是投资大、移民多，因此长办在汇编论证材料的同时，又在60年代研究三峡工程分期开发方案的基础上进一步研究了各种分期开发方案，于1981年初提出初期蓄水位128m、坝顶高程145m，最终蓄水位190～200m的分期开发方案，并将这一方案汇编于论证材料中。论证会因决定研究该方案的可行性而未能召开。

1982年，中国共产党第十二次代表大会制定了20世纪末实现国民经济"翻两番"的战略目标。中央考虑为实现这一目标，必须建设一批大型骨干项目，因此认为三峡工程有必要着手兴建，但要求缩小工程规模，以减少投资和移民。对初期低水位运行的分期开发方案，认为虽可减少初期投资和移民，但后期水位抬高将严重影响库区建设和发展，因此主张最终规模即采用低水位。为此，1982年11月，水电部领导和同志综合分析了长办20多年对三峡工程各种蓄水位方案研究的成果，指示长办研究正常蓄水位150m方案的可行性，并要求尽快提出可行性研究报告，以便中央决策。

根据水电部指示，长办立即在过去研究分期开发及各种蓄水位方案的工作基础上，研究论证蓄水位150m方案的可行性。1983年3月，编制完成了《长江三峡水利枢纽可行性研究报告》(以下称《长江三峡可行性研究报告(150m方案)》)。该报告论证了三峡工程兴建的必要性、技术可行性和经济合理性，并着重分析了三峡工程蓄水位150m方案的综合效益情况，以及对水库淹没、泥沙淤积等方面的影响。

三峡工程蓄水位150m方案的主要结论为：该方案的综合效益虽不如蓄水位较高的方案，但仍有很大的综合效益，在经济上仍然是合理的；有关重大的技术问题和资金筹集问题，也都可以解决，近期内有条件兴建。

国家计委于1983年5月主持审查《长江三峡可行性研究报告(150m方案)》，参加审查会有关方面的代表、专家350多人，是中华人民共和国成立以来规模最大的一次水利水电工程审查会议。审查会领导小组最终认为蓄水位150m方案可行性报告“基本上是可行的，建议国务院原则批准后，抓紧进行初步设计”。

1.2.3.2 三峡工程蓄水位150m方案开展筹建工作

《长江三峡可行性研究报告(150m方案)》审查后，长办立即开展了150m方案的初步设计准备工作。水电部召开部党组扩大会议对相关工作成果进行了讨论，讨论中对正常蓄水位仍有不同意见，但一致认为“三峡工程正常蓄水位的选择，涉及面广，影响深远，事关重大，是国家的一项重要战略布局，不是在一个局部范围内可以看得清楚的，必须由中央综观全局、权衡利弊作出决策”。水电部根据讨论意见向国家计委和国务院提出了《建议立即着手兴建三峡工程的报告》。

1984年2月，中央财经领导小组召开会议讨论了水电部的上述报告，决定三峡工程采用正常蓄水位150m、坝顶高程增至175m的方案，并决定立即开始施工前期准备工作，争取1986年正式开工。为加强对三峡工程建设的领导，会议决定成立三峡工程筹备领导小组。为有利于移民搬迁和安置，会议决定在与移民有关的地区筹备组建三峡行政特区(后经国务院研究决定筹备组建三峡省)，并决定成立三峡工程开发总公司。国务院于1984年4月颁布《国务院关于长江三峡工程可行性研究报告的批复》(〔1984〕国函字57号)，原则批准了《三峡工程可行性研究报告》，指示中明确“三峡工程按正常蓄水位150m、坝顶高程175m设计”“今明两年可先进行场外公路、部分码头、供电、通信、部分房屋建筑和施工征地等方面的前期准备工作”。

三峡工程蓄水位150m方案初步设计工作按照国家颁布的水利工程设计规程规范要求，进行了相应的勘测、设计、科研工作，并对可行性报告审查和批复中提出的有关施工通航问题、泥沙淤积问题、水库淹没核查及移民规划等进行了专题研究和落实。三峡工程蓄水位150m方案初步设计报告于1985年编制完成，并对水电部分专题组织了预审。后因中央决定重新论证，未组织对初步设计报告的正式审查。这一阶段取得的许多设计研究成果为重新论证提供了比较充分而可靠的依据。为吸取国外对大型水利水电工程的建设经验，这一阶段还配合设计开展了国外技术咨询和交流活动，使中方科技人员获得了有关资料，了解了国际上有关技术发展的动向，对高水平完成三峡工程设计有一定的借鉴作用。

国务院三峡工程筹备领导小组于1984年4月正式成立并召开了小组第一次会议，李鹏副总理任组长，宋平、杜星垣、钱正英任副组长。1985年2月，三峡省筹备组成立，李伯宁任组长，陆佑楣、王汉章、辛文任副组长。1984年12月，中国长江三峡工程开发总公司筹建处在宜昌市成立，国务院三峡工程筹备领导小组成员陈赓仪兼任主任，标志着三峡工程筹建工作全面开展。

为进行三峡工程施工前期准备工作，1984年5月葛洲坝工程局组成三峡工程施工准备指挥部，首批施工队伍于9月进入三峡坝区，开展场外交通、供电、通信、部分码头和施工场地平整等施工前期准备工作。水电部成立三峡工程重大装备领导小组，开展三峡工程重大装备的设计、科研、试制、技术引进、技术咨询等的协调和组织工作。长办积极进行初步设计的编制，有关科研单位和高等院校配合初步设计，积极开展了科研工作。随后的两年里，三峡工程筹备领导小组先后召开了3次（扩大）会议，讨论了有关筹建三峡工程的重大问题。中国长江三峡工程开发总公司筹建处组织了重大方案、资金筹措等方面的研究。三峡省筹备组除筹组三峡省外，还积极开展了库区移民试点工作。葛洲坝工程局进行了坝区的征地和“四通一平”工作。

在编制三峡工程蓄水位150m方案初步设计报告和进行施工前期准备工作期间，重庆市于1984年11月提出了将正常蓄水位提高至180m的意见，因此，初步设计又补充进行了正常蓄水位方案的比较研究。

1985年5—8月，三峡工程筹备领导小组第三次（扩大）会议讨论研究了三峡水库蓄水位问题，决定一方面继续进行施工前期准备工作，另一方面由国家计委会同国家科委组织蓄水位进一步论证。根据会议决定，国家计委和国家科委先后组织了生态与环境、防洪、库区淹没与移民、泥沙、航运、电力系统规划、地质与地震、综合评价等8个专题组，对三峡水库蓄水位问题进行论证。各专题组先后召开了论证会，意见仍不一致，综合评价组综合分析各专题组意见时，也未取得一致意见，后因中央决定重新论证而未继续进行。

1.2.4 三峡工程重新论证与决策

1.2.4.1 中共中央、国务院决定组织重新论证

1984年5月，国务院批准三峡工程150m方案可行性研究报告，三峡工程筹备领导小组开始组织进行施工前期准备工作。在此期间，一些政协委员和社会人士发表不同意兴建三峡工程的意见。1985年5—7月，全国政协经济建设组组织的调查组在四川、湖北两省进行了38天的调查，并编印了《关于三峡工程问题的调查报告》。该报告的基本论点是三峡工程不能兴建。中央十分重视这些不同意见。

1986年6月，中共中央、国务院下发了《关于长江三峡工程论证工作有关问题的通知》（中发〔1986〕15号）。该文件把三峡工程决策过程分为3个层次：一是水电部负责组织重新论证，为国家提供科学决策的依据；二是由国务院三峡工程审查委员会（以下简称“审查委员会”）审查重新提出的可行性研究报告，并提请中央和国务院批准；三是提请全国人民代表大会审议。通知发出后，三峡工程施工前期准备工作也同时停止，三峡省筹备组撤销，改组为三峡地区经济开发办公室，负责继续进行三峡库区移民试点工作。

根据中共中央、国务院15号文件通知精神，水电部成立三峡工程论证领导小组，对论证工作实行集体领导，钱正英部长任组长，陆佑楣副部长任副组长，潘家铮总工程师任副组长兼技术总负责人。领导小组根据各方面对三峡工程提出的问题和意见，决定在国家计委和科委组织正常蓄水位论证的基础上，扩充论证专题，增聘专家。在重新论证的组织上注意了

学术上的权威性、专业的广泛性和部门的代表性，参加重新论证实际工作的达数千人。此外，国家科委还组织了有关的科技攻关项目。为了保证专家论证工作能够充分发扬民主，严格尊重科学，在整个论证工作期间，中央和国务院对论证领导小组没有行政干预，领导小组对各专题专家组也没有行政干预。

重新论证工作从1986年6月开始，共历时2年8个月。三峡工程论证是一项巨大的系统工程，论证工作先分专题论证，再综合研究，采用专题与综合交叉的方法，从流域、地区和全国经济发展3个不同层次分别考虑。论证工作分两步进行：第一步先全面审查各专题的基本资料，制定专题论证纲要，进行初步论证工作，在初步论证的基础上，综合择优初选一个满足各部门基本要求，各方面可以接受的代表性蓄水位初步方案；第二步再围绕初步方案，由14个专家组分别深入论证其可行性和经济合理性，并研究相应的替代方案，分析比较不建、早建和晚建三峡工程的利弊得失，经过反复调查研究、充分讨论，而后提出专题论证报告，并由专家组专家签字负责。论证领导小组先后召开了5次领导小组扩大会议，分别审议通过了14个专题论证报告，并责成长办根据各专家组论证的成果重编可行性研究报告并报审。

1989年2月，长办根据1986—1988年论证成果重新编制完成了《长江三峡水利枢纽可行性研究报告(审议稿)》，并报送论证领导小组。1989年2月27日至3月7日，论证领导小组第十次(扩大)会议审议了可行性研究报告(审议稿)。审议中绝大多数同志原则同意可行性研究报告，论证领导小组要求长办根据审议中提出的意见，将可行性研究报告修改后报审查委员会。长办按要求完成了可行性报告的修改任务，还编写了专题报告12册，作为可行性报告的附件。三峡工程的重新论证工作至此全部完成。

1990年7月，国务院召开三峡工程论证汇报会，听取并讨论了关于三峡工程论证情况的汇报和关于重编三峡工程可行性研究报告的汇报。会议决定将《长江三峡水利枢纽可行性研究报告》提请审查委员会审查。审查委员会于1990年12月召开第一次会议，研究部署三峡工程审查工作，明确主要任务是负责审查根据论证成果重编的《长江三峡水利枢纽可行性研究报告》，提出审查意见报国务院。审查工作的主要内容是审查三峡工程在技术上是否可行，经济上是否合理，并对建设资金筹措、兴建时机及实施步骤提出意见。审查工作采取"分专题、分阶段"的方式进行。

《长江三峡水利枢纽可行性研究报告》审查工作于1991年春节前后全面展开，各专家组先后到库区、坝区和防洪保护区进行调查研究，广泛听取各方面的意见。各专家组先后召开30多次专题预审会议，为审核部分成果，还组织进行了大量的补充计算、分析工作。1991年5月底，10个专家组先后完成了各自的预审工作，并提出了预审意见。1991年7月，审查委员会召开第二次会议，听取了10个专家组预审意见的汇报，会议通过充分讨论，初步形成了审查委员会的审查意见，并决定作进一步修改后在下一次会议上讨论通过；同年8月，审查委员会召开了第三次会议，会议通过进一步讨论，一致通过了《关于对〈长江三峡水利枢纽可行性研究报告〉的审查意见》和呈党中央、国务院的报告。审查委员会最终的审查意见为：

"兴建三峡工程作为治理长江的综合措施之一是十分必要的，从解决长江中下游防洪问题的角度看更具有紧迫性。三峡工程技术上是可行的，经济上是合理的，国力是可以承担的。库区移民虽然规模较大，只要坚持开发性移民，科学规划，精心组织，经过努力是可以妥善安置的。对生态环境的一些不利影响，只要认真重视，采取对策并切实可行，可以将弊端减轻到最低程度，并可改善现在已经严重破坏了的生态环境。人防问题也不构成制约因素，经过近40年的工作，三峡工程已到了可以决策和应该决策的时候，再推迟下去，不仅在兴建时将付出更大的代价，效益也将相应推迟发挥。三峡工程的兴建，不仅不会影响20世纪内第二步战略的完成，而且有助于21世纪初国民经济发展打下坚实的基础。因此，审查委员会全体委员一致同意报告，建议党中央、国务院予以批准并提请全国人民代表大会审议。审查委员会也同意报告提出尽早开工兴建的意见，认为如果资金落实，三峡工程从1993年开始进行施工准备工作，1996年正式开工的建议是适当的。"审查意见由全体审查委员会委员签字后上报了国务院。

1.2.4.2 三峡工程最后的决策

1992年1月，国务院总理李鹏主持召开国务院常务会议，讨论审查委员会对《长江三峡水利枢纽可行性研究报告》的审查意见。审查委员会主任邹家华副总理汇报了对可行性研究报告的审查意见并作了补充说明，审查委员会办公室常务副主任、水利部副部长张春园汇报了全国人民代表大会常委会、全国政协和各省省长考察后对如何兴建三峡工程提出的一些意见和建议。会议经过认真讨论，一致原则同意兴建三峡工程。会议确定，将可行性研究报告、审查委员会的审查意见和这次国务院常务会议讨论的意见，报请党中央和全国人民代表大会审议。待党中央和全国人民代表大会原则上批准建设三峡工程后，建议将三峡工程列入国民经济和社会发展十年规划，并由全国人民代表大会授权国务院，根据国家的财力、物力等经济状况进行综合平衡后，选择恰当的时机开工。

1992年3月，第七届全国政协第五次会议和第七届全国人民代表大会第五次会议相继开幕；3月20日，李鹏总理向全国人民代表大会所作的政府工作报告中提到了关于提请审议兴建三峡工程的议案；3月21日邹家华副总理受国务院委托作《关于提请审议兴建三峡工程议案的说明》。邹家华副总理在该说明中讲了7个问题：①三峡工程审议过程；②三峡工程的重要性和必要性；③三峡工程的建设方案；④三峡工程的技术可行性；⑤建设资金筹集的可行性；⑥水库移民、生态环境和人防问题；⑦对三峡工程决策的建议。

1992年4月3日，第七届全国人民代表大会第五次会议执行主席、主席团常务主席万里主持大会，通过了《关于兴建长江三峡工程决议》，全文如下："第七届全国人民代表大会第五次会议，审议了国务院关于提请审议长江三峡工程的议案，并根据全国人民代表大会财政经济委员会的审查报告，决定批准将兴建长江三峡工程列入国民经济和社会发展十年规划，由国务院根据国民经济发展的实际情况和国家财力、物力的可能，选择适当时机组织实施。对已发现的问题要继续研究，妥善解决。"

至此，兴建长江三峡工程问题由全国人民代表大会作出最后的决策。

1.2.5 三峡水利枢纽初步设计和单项工程技术设计

1.2.5.1 初步设计

三峡水利枢纽工程可行性研究阶段尚未最后确定的重大技术方案及专题主要有：茅坪溪淹没区防护专题，三峡枢纽工程施工期临时通航方案，永久船闸型式及布置专题，施工对外交通方案等。鉴于上述重大技术方案及专题与初步设计密切相关，因此在全面开展三峡水利枢纽工程初步设计前，首先进行了这几个专题研究。在决定进行上述重大技术方案及专题研究时，国务院三峡工程建设委员会（以下简称“三峡建委”）和三峡工程可行性研究报告审查委员会尚未成立，经国务院决定，这些专题的审查仍由三峡工程论证领导小组负责。长江委于 1991 年先后提出《茅坪溪淹没区防护专题研究报告》《施工通航专题研究报告》《永久船闸布置方案选择专题报告》《对外交通运输方案专题报告》等 4 个专题报告。三峡工程论证领导小组委托能源部总工程师潘家铮和水利部总工程师何璟主持上述 4 个专题报告的技术讨论会，并提出会议纪要由论证小组审定，作为初步设计研究有关方案的依据。

全国人民代表大会于 1992 年 4 月 3 日批准兴建三峡工程后，初步设计工作全面展开。鉴于三峡工程规模特大，根据三峡工程论证领导小组的决定，三峡工程初步设计分为枢纽工程、移民工程、输变电工程三大部分，分别编报、分别审查。长江委在编制枢纽工程初步设计过程中，以可行性研究报告为基础，根据审查委员会的审查意见以及初步设计阶段以来补充进行的规划、勘测、设计和科研工作成果，按照国家有关规范编制初设报告。凡可行性研究阶段已经确定的原则和方案，除确有根据进行修正外，原则上均未改动，但作了进一步的论证和优化。长江委于 1992 年 12 月编制完成《长江三峡水利枢纽初步设计报告（枢纽工程）》（以下简称《三峡枢纽初设报告》）。该报告分综合说明书、水文、工程地质、综合利用规划、枢纽布置和建筑物设计、机电设计、施工组织设计、枢纽工程概算、工程泥沙问题研究、经济评价、环境保护等 11 篇，共 300 多万字。

三峡建委于 1993 年 4 月成立并召开第一次会议，国务院总理李鹏任主任委员，各部委局、中国长江三峡工程开发总公司（以下简称“三峡总公司”，现为中国长江三峡集团有限公司）、长江委为委员单位。三峡建委第一次会议决定三峡工程初步设计审查由国务院三峡工程建设委员会办公室（以下简称“三峡建委办公室”）先组织，三峡建委办公室聘请 19 位专家组成审查核心专家组负责初审工作，中国科学院张光斗院士任组长，严恺院士、潘家铮院士任副组长。初审分两个阶段进行：第一阶段按照《三峡枢纽初设报告》的 10 个篇章专题，核心专家组下设 10 个专家组，共聘请 126 位专家，于 5 月 13—23 日分别对相关篇章进行审查，提出了各专题的初审意见；第二阶段由核心专家组进行综合审查，提出初审意见，最后由三峡建委审查。

1993 年 7 月，三峡建委第二次会议审查批准了《三峡枢纽初设报告》，并下发了批准通知：同意核心专家组的审查意见，决定批准《三峡枢纽初设报告》作为下阶段设计和施工的依据。

在《三峡枢纽初设报告》审查过程中，三峡建委和初审核心专家组及各专题专家组提出了一些补充和修改具体意见，长江委据此进行了修改及补充，有些则需在下一阶段设计中继续研究落实。为较全面地反映审查意见和补充修改的成果，并作为今后设计、施工的依据，除将原第八篇“枢纽工程概算”修编重印外，将修改补充的主要内容编写为《长江三峡水利枢纽初步设计修改补充报告》。

1.2.5.2 单项工程技术设计

三峡建委在批准三峡枢纽工程初步设计的同时，责成长江委编制大坝、水电站建筑物、永久船闸（双线五级船闸）、垂直升船机、机电（含首端换流站）、二期上游横向围堰、建筑物安全监测、变动回水区航道及港口整治（含坝下游河道下切影响对策研究）等 8 个单项工程技术设计，并授权三峡总公司负责审查单项技术设计。

三峡枢纽工程初步设计批准后，长江委立即开展了各单项工程技术设计的准备工作，包括安排补充勘测、水文泥沙和科学试验研究工作，拟定各单项工程技术设计的工作大纲，进行专题研究等。1993 年 12 月完成了各单项工程技术设计工作大纲的编制。1994—1998 年，在三峡总公司的大力支持下，长江委根据单项工程技术设计工作的需要，对主体建筑物地基进行了补充勘探钻孔 500 个，进尺 31627.4m，勘探平洞进尺 220.5m，还采取了特殊勘探手段（钻孔取芯定位、孔内彩色录像等）查明缓倾角结构面产状等地质问题，提出地质报告 68 份；配合单项技术设计进行了泥沙、水工、土工、岩石力学、材料等科学试验研究工作，提出科研报告 391 份；认真收集、学习、借鉴国内外大型水利水电工程设计、施工、运行经验，以提高三峡工程设计技术水平。在各单项工程技术设计过程中，长江委与三峡总公司技术委员会及各单项工程技术设计审查专家组密切配合，采取多种方式把设计、科研和审查工作有机地结合起来，长江委各单项工程技术设计人员虚心听取专家组的审查意见，认真研究采纳落实，使各单项工程技术设计经过补充修改，不断地完善、优化。为保证各单项工程技术设计成果质量，长江委组织委内技术委员会的专家负责校审把关。在三峡总公司和全国有关高等院校及科研单位的大力支持、密切协作下，长江委按期完成了 7 个单项技术设计。第 8 项变动回水区航道及港口整治（含坝下游河床下切影响对策研究）技术设计分两阶段分别于 2006 年及 2008 年完成。长江委提供各单项工程技术设计报告 9 份 290 万字，图纸 600 张；各单项工程技术设计专题研究报告 160 份，计 1980 万字，附图 5600 张。

三峡总公司于 1994 年 2 月成立技术委员会（以下简称“技委会”），潘家铮院士任主任，程山、张津生任副主任，陈赓仪、李鹗鼎、张光斗、严恺、林秉南为顾问，并聘请 157 位专家组成 8 个专家组，负责审查 8 个单项工程技术设计。1994 年 2 月至 1999 年底，三峡枢纽 8 个单项工程技术设计除第 8 项外均已完成审查。第 8 专题分两阶段审查，于 2008 年 11 月完成审查。单项技术设计满足了三峡工程各施工阶段的招标设计及招标文件编制和施工详图设计的需要，为三峡工程建设提供了技术支撑，保障了工程建设顺利进行。

1.2.5.3 招标设计及施工详图设计

三峡水利枢纽单项工程技术设计审查是在一期工程已开工的情况下进行的。设计总成单位长江委密切配合各单项工程审查专家组认真做好审查工作，同时抓紧准备施工项目的招标设计，满足工程招标需要。枢纽工程各单项工程技术设计审查后，长江勘测规划设计研究院（以下简称“长江设计院”，现为长江设计集团有限公司）按三峡工程项目法人三峡总公司对各建筑物分标段的要求，编制招标设计。经三峡总公司组织审查批准后，编制招标文件，进行公开招标。

三峡枢纽工程（不含升船机续建工程）共划分为大坝工程、电站厂房工程、船闸工程、茅坪溪防护工程、地下电站工程和电源电站工程等 6 个单位工程，16 个分部工程，111 个分项工程，160646 个单元工程。枢纽工程各建筑物施工过程中，长江设计院按各建筑物分标段要求，提供各标段施工详图、设计文件及施工技术要求。在施工详图阶段，长江设计院共提供了 5 万多张施工图（含施工图册），并成立了三峡工程设计代表局，派设计人员驻工地解决工程施工中与设计有关的技术问题，为三峡工程建设提供了坚实的技术支撑。

1.3 坝址选择和正常蓄水位的选定

1.3.1 坝址选择

1.3.1.1 坝区比较及坝段比选

1944 年，国民党政府资源委员会全国水力发电工程总处和美国垦务局合作进行扬子江三峡工程规划，美国著名高坝专家萨凡奇在三峡出口的南津关至石牌长 13km 的石灰岩河段内选择了石牌、下牢溪口上游、下牢溪口下游、南津关上游、南津关下游共 5 个坝址进行比较，推荐南津关上游坝址。1949 年中华人民共和国成立后，长江委经多次查勘，决定将三峡大坝坝址研究范围从三峡南津关出口向上游延伸至庙河，总长 51km，这一河段的地形地质条件，可分为南津关坝区（又称“石灰岩坝区”）和美人沱坝区（又称“结晶岩坝区”）两个坝区。石灰岩坝区上起石牌，下至南津关，长 13km，河谷狭窄陡峻；结晶岩坝区上起美人沱，下至南沱（北岸为莲沱），长 25km，地基为花岗岩，河谷比较开阔。为坝区比较所进行的地质勘察历时 3 年（1956—1958 年），实测 1∶100000、1∶25000、1∶10000 比例尺的地质图，钻探进尺约 5.3 万 m，并进行了大量的水文地质、工程地质和岩石力学试验工作。在备选坝区，从地形、地质等要素考虑，将可能作为坝址的短小河段都列为研究对象，并命名为坝段。在每一坝段又拟定 1～3 条坝轴线。研究的程序是：首先在每个坝段选择一个代表性坝址，其次通过对地形、地质、水工、施工、工期和造价等主要因素进行综合比较后，在两坝区各选出一个较优越的代表性坝段，最后将坝区的比较归结为两个代表性坝段的比较。

（1）南津关坝区

1956 年 9 月，长办组织中苏地质专家鉴定委员会查勘三峡，除原拟定的石牌、南津关坝段外，又补充了黑石沟坝段。1958 年为减少隧洞导流工程量，又提出向家咀坝段。南津关坝区的 5 个比较坝段（图 1.3.1）为南Ⅰ（石牌）、南$Ⅱ_1$（黑石沟）、南Ⅱ（下牢溪）、南Ⅲ（南津关）、南Ⅳ（向家咀），与萨凡奇选的 5 个坝段不完全相同。经过比较，最后选定南津关坝段作为代表性坝段。

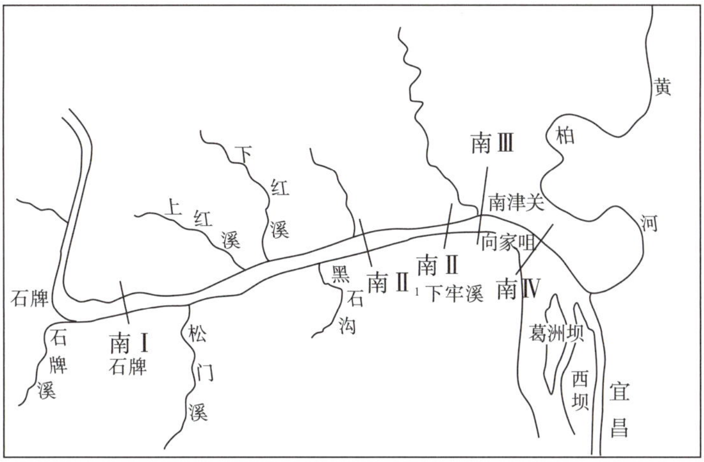

图 1.3.1　长江三峡工程南津关坝区各坝段位置

(2)美人沱坝区

1954 年 4 月,长江委组织进行了三峡坝址区的查勘后,提出美人沱坝区的黄陵庙、三斗坪、太平溪等坝段具有有利的建坝条件。1954 年 12 月,林一山向毛泽东主席汇报了南津关坝区和美人沱坝区的地质情况,毛泽东主席非常关心花岗岩的风化问题。当时,由于美人沱坝区只进行了一些坑探,尚未查清花岗岩风化层的厚度,但分析认为长 25km 的火成岩河谷中,总会选择到风化层较薄的坝址。1955 年春,长江委组织苏联专家查勘三峡,提出了在美人沱至南津关河段增加地质勘探工作,随后在美人沱、太平溪、黄陵庙、南沱(北岸为莲沱)4 个断面分别实钻 2～4 个岩芯钻孔。1956 年 2 月,长江委根据 1947 年实测地形图(1∶10000),就不同的地形条件在美人沱至三斗坪之间拟定了 8 个可能坝段,加上已研究的黄陵庙、南沱两个坝段,共 10 个比较坝段(图 1.3.2):美Ⅰ(美人沱)、美Ⅱ(偏岩子)、美Ⅲ(太平溪)、美Ⅳ(大沙湾)、美Ⅴ(伍相庙)、美Ⅵ(长木沱)、美Ⅶ(茅坪)、美Ⅷ(三斗坪)、美Ⅸ(黄陵庙)、美Ⅹ(南沱)。经过比较,选定三斗坪坝段作为代表性坝段。

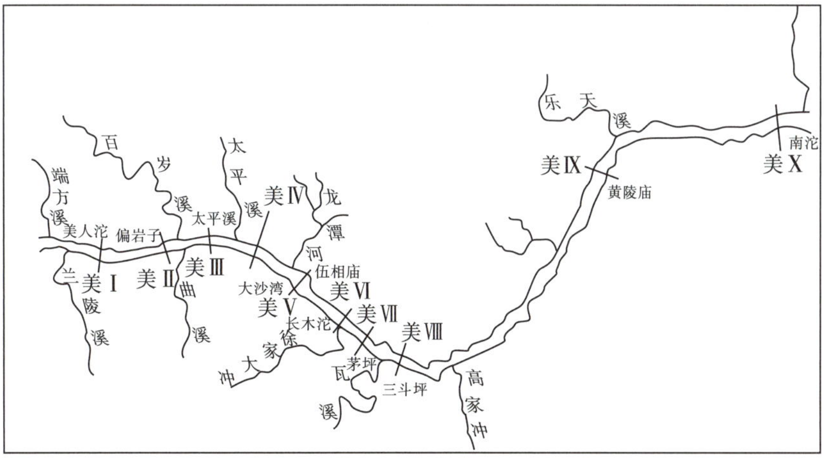

图 1.3.2　长江三峡工程美人沱坝区各坝段位置

长办和地质部的技术人员根据当时对三斗坪坝段与南津关坝段的初步比较结果，倾向于放弃南津关坝段，集中力量研究三斗坪坝段，但苏联专家则认为在现有的工程地质研究深度下，要想进行花岗岩与石灰岩两坝段的最后比较是不可能的。由于中方专家与苏联专家对坝段选择存在不同意见，1958 年 3 月，周恩来总理在重庆主持的"准备兴建三峡工程会议"上谈到坝址地质工作时指出：南津关与三斗坪两个坝区都要进行。遵照这一指示精神，长办继续围绕南津关坝区石灰岩的喀斯特问题和美人沱坝区花岗岩的风化壳等问题，进行了大规模的补充勘察工作，并于 1959 年 1 月完成了三峡工程初步设计要点报告的全部地质勘测任务。1959 年 3 月，长办提出了《长江三峡水利枢纽初步设计要点报告》，建议采用美人沱坝区三斗坪坝段作为进一步研究的坝段。1959 年 5 月在武汉召开的三峡工程初设要点报告讨论会，同意放弃南津关坝段，推荐三斗坪坝段。1959 年冬，长办又与交通部进一步探讨三峡工程坝址与通航问题，一致认为，下游修建一级反调节航运梯级是必要而又现实的，并选择了葛洲坝枢纽作为三峡水利枢纽的反调节枢纽。

1.3.1.2 坝址比选

长办于 1960 年开展三峡工程的初步设计工作，在选定的三斗坪坝段进行深入的坝线比较。三斗坪坝段上起茅坪溪出口，下迄东岳庙，全长约 4km。考虑河谷两岸地形、河流方向、花岗岩风化壳厚度、构造等不同的自然条件，拟定上、中、下 3 条坝线进行分析比较。

1960 年 3—4 月，水电部组织了三峡坝轴线选择的审查工作，邀请了在我国水利水电部门帮助工作的苏联专家 18 人及我国专家 100 多人，赴现场查勘并进行了研究。绝大多数专家同意长办推荐的上坝线，但少数苏联专家主张选用中坝线。苏联专家组经过讨论，建议对上、中两条坝线的河床工程地质进行更深入的研究，对枢纽布置进行相当于初步设计的补充研究工作，对下游水力学条件进行试验研究，以及对投资进行校核，并具体建议在比较坝线上开挖过江平洞，以论证有无顺河大断层通过河床部分。中国专家多数不同意这一建议，会议未取得一致认识。会后，水电部决定，为对三峡大坝坝址选线慎重，一方面继续按上坝线进行设计工作，另一方面按苏联专家建议，在上、中坝线各打一条过江平洞。长办遵照这一决定，分别在上、中坝线布置了打平洞的工作，过江平洞的进口竖井位置，上坝线位于中堡岛，中坝线位于左岸；同时分别在上、中坝线两岸各钻一对倾向河床方向的斜孔，要求每对斜孔能贯穿全河床，以探明有无顺河大断层存在。后因苏联专家撤回国，斜孔又未发现河床有顺河大断层，过江平洞只开挖了部分进口竖井即停止。在坝轴线选择审查会后，长办参照会议讨论的意见，对三斗坪坝段坝线比较进行了补充研究，在 1960 年编制的《三峡水利枢纽初步设计报告初稿》中进一步从地质、水工建筑物、施工、工程量及造价等方面进行综合比较，仍推荐上坝线（即现在采用的坝址位置）。

1960 年中央决定放缓三峡工程建设进程，并指示要加强人防研究。当时，考虑三峡工程的防护标准很高，大坝需加大剖面，电站厂房要由坝后式明厂房改为地下式厂房，使三斗坪坝址所具有的优势变为不利因素，因而需重新研究选择适宜工程防护的坝址。1960 年 8 月，中央北戴河会议期间，在周恩来总理召开的长江规划工作会议上，林一山在汇报有关三峡大坝防护研究工作的问题时，提出有可能从水工规划工作中寻找办法的设想，即在南津关坝区石牌坝段修建大体积的堆石坝，其他主要建筑物可设在两岸山体地下，以提高防护能力。这个设想方案在会议上被认为有研究价值。随即开始探索在石牌坝址采用定向爆破筑坝的技术可能性及相关问题，并拟定以广东省南水水电站定向爆破筑坝作为试验坝。

石牌坝址为高山峡谷地形，有条件采用定向爆破筑坝技术，电站厂房和通航建筑物可全部置于两岸山体地下，有利于防护。因此，从1961年2月开始，勘探力量由三斗坪坝址转向石牌坝址，主要是进行平洞的勘探工作，在坝型及水工布置方面也进行了研究。通过初步研究，认为石牌坝址灰岩地质条件复杂，洞挖工程量巨大，工程艰巨，定向爆破规模过大，造价高，工期长，又不利于分期建设。因此，1963年决定放弃石牌坝址方案，重新研究对人防较为有利的美人沱坝区的窄河谷坝段，通过对美人沱、偏岩子和太平溪3个坝段的研究比较，拟定有利于分期建设和工程防护的太平溪坝段作为加强人防研究的比选坝址。在坝段内研究了3条坝线，综合比较后，倾向于选择下坝线。鉴于当时对工程人防要求的认识不一致，对坝址的选择也有不同意见，因此，三斗坪坝址和太平溪坝址的比选问题被再次提出。

1970年12月，葛洲坝水利枢纽工程开工，对三峡工程提出了预建纵向围堰问题，需要首先确定三峡大坝坝址。为此，长办又深入进行了太平溪和三斗坪坝址的比较，考虑到当时三峡工程的设计条件发生变化，因而对两个坝址做了大量的补充研究工作。1976年3月，完成了《长江三峡水利枢纽初步设计要点补充报告(坝址补充研究)》并上报水电部。水电部于1977年11月提出《建议召开三峡工程汇报会的请示报告》上报国务院。报告中指出：经过20多年的勘探研究，一致认为太平溪、三斗坪两个坝址最好，当务之急是需要考虑人防和施工条件等因素选定一个坝址。1978年春节期间，水电部召开了三峡水利枢纽坝址选择准备工作讨论会，主要讨论三斗坪和太平溪两个坝址的选择问题，但未能取得一致意见。长办根据这次讨论会的不同意见，对两个坝址的水工和施工方面进一步作了补充研究，于1978年8月完成了《长江三峡水利枢纽坝址选择补充设计阶段报告》并上报水电部。报告认为，如三峡工程不考虑防护条件，三斗坪坝址较好；如考虑防护条件，则以太平溪坝址为优。

1978年11月，长办向中央上报了《关于召开长江三峡水利枢纽选坝会议》的专门报告。1979年5月召开了选坝会议，参加会议的有55个单位、200多位代表。会议分6个专业组进行了认真讨论，许多单位的代表将意见写成简报报中央参阅(会议共发简报59期)。但选坝会议没有取得一致意见，国务院指示水利部研究。为此，水电部于1979年9月召开了三峡工程选坝会议汇报会，邀请国家建设委员会、电力工业部、交通部、一机部、地质部等有关部委参加，共同听取了选坝会议6个专业组组长的汇报。根据汇报，多数同志认为：防护方案太平溪坝址比三斗坪坝址好，常规方案三斗坪坝址比太平溪坝址好；两个都是好坝址，各有利弊和优缺点，没有原则的差别。

根据1979年5月和9月关于三峡工程选坝的两次会议的讨论情况，并综合各部门的书面意见，水利部于1979年11月以《关于长江三峡水利枢纽工程坝址选择和做好前期工作的报告》向国务院作了汇报，并提出坝址选择的具体意见，建议以三斗坪坝址做初步设计。

1982年中央决定研究三峡工程正常蓄水位150m方案可行性时，水电部确定在150m方案可行性研究中采用三斗坪坝址。1983年国家计划委员会审查《长江三峡可行性研究报告(150m方案)》，同意大坝坝址选用三斗坪坝址。1986年三峡工程重新论证，1987年长办根据重新论证意见重编的《长江三峡水利枢纽可行性研究报告》(正常蓄水位175m)仍推荐三斗坪坝址，并经审查委员会审查通过。

1993年5月，三峡建委组织专家审查长江委报送的《长江三峡水利枢纽初步设计报告(枢纽工程)》，审查意见为"同意报告选定的三斗坪坝址"。

三峡工程坝址的选择，前后经历了半个世纪，进行了大量的地质勘测和科学研究工作，大量研究成果和地质资料为三峡工程坝址的选择提供了充分可靠的依据。

1.3.2 正常蓄水位的选定

1.3.2.1 150m方案批准之前的研究

1954年长江发生大洪水后，中央决定编制长江流域综合利用规划。在长江流域综合利用研究过程中，中央认识到三峡工程在治理开发长江中的关键作用，因此以三峡工程初期所必需的最小库容为基础，并考虑其他综合利用的要求，拟定不同的正常蓄水位方案，与相应的上游衔接梯级组合成几种方案，研究比选最优方案。曾从防洪、发电、航运等方面进行比较研究三峡工程正常蓄水位190m、200m、220m、236m、260m为基础的梯级开发方案，认为200m方案最为现实有利，因此，长办1957年完成的《长江流域规划要点报告》(讨论稿)中，推荐三峡工程正常蓄水位200m及相应的上游梯级开发方案。

1958年，中共中央成都会议《关于三峡水利枢纽和长江流域规划的意见》中指出："为了便于今后有关的工业、农业、交通等基本建设的安排，并尽可能地减少四川地区的淹没损失，大坝正常高水位的高程应控制在200m(吴淞基点以上)；同时，在规划设计中还应当研究190m和195m两个高程，提出有关的资料和论证。"长办根据成都会议的决定精神，在编制《三峡工程初步设计要点报告》时，比较了正常蓄水位190m、195m、200m、205m等方案，最终推荐采用正常蓄水位200m方案。

《三峡工程初步设计要点报告》完成后，各方面的情况有所变化，其中有些问题影响到正常蓄水位的论证，如三峡工程上游干支流水库总的有效库容有较大减少，中、长期气象水文预报精度存在问题，水利化的规模和速度与预测的相差较远，长江中下游堤防不断加高加固，三峡水库内工农业建设有了新的发展等。同时，考虑到水库淹没绝对值巨大，为了便于有计划地安排库区周边地区建设和移民安置工作，李先念副主席指示要研究"高坝中用"的问题，因此，20世纪70年代长办又对三峡工程初期蓄水位进行了补充研究，拟定了正常蓄水位185m、190m、195m、200m共4种方案。经综合分析，仍推荐正常蓄水位200m方案。

考虑到三峡工程规模巨大，一次投资大，移民总数大，施工工期长，特别是对移民安置问题需要慎重妥善处理，为此，长办研究了三峡工程分期蓄水的问题。分期抬高蓄水位，库区移民可根据蓄水位的抬升计划逐步分期安置。这样，既可使工程在移民数量不是很多的情况下就开始发挥效益，减少投资积压，还可在已发挥的工程效益中抽取一部分作为移民工程建设资金，因此分期蓄水运用对三峡工程是极其有利的。考虑水轮发电机组运转水头、防洪标准等因素，拟定了初期蓄水位 180m、171m、159m 3 种方案。3 种方案中，180m 方案防洪效益未减少，发电效益也较大，但迁移人口仍接近 90 万，没有达到减少初期移民的目的，不予考虑。159m 方案，初期移民最少，并有一定的发电量，但防洪效益较小，对城陵矶地区没有减轻洪灾效果，特别是对中、小洪水不起作用。171m 方案，可以达到防洪的基本要求，淹没损失大幅减少，因此，推荐初期运行水位 171m、防洪限制水位 150m 方案。此外，还研究了将防洪限制水位（提前发电水位）降低 10m 至高程 140m，适当降低发电要求的方案，对应推荐的初期蓄水位为 151m。该方案大坝修筑至高程 140m 即可开始发电，这是尽量减少工程发电时的移民、提前发挥效益的一种方案。

1.3.2.2 正常蓄水位 150m 方案研究

长办根据水电部的指示，在 1982—1983 年研究了三峡工程正常蓄水位 150m 方案的可行性，并编制了《长江三峡可行性研究报告（150m 方案）》。通过工程防洪、发电、航运等多方案的深入比较研究，确定了正常蓄水位 150m 方案的各项指标参数，分析了工程任务及效益。

国家计委于 1983 年 5 月主持对《长江三峡可行性研究报告（150m 方案）》进行了审查。审查分为综合规划、电力、航运、水工、机电设备、施工、库区与环境等 7 个专业组进行，最后由会议领导小组综合各专业组的意见提出审查意见。在审查会议中，对涉及三峡工程建设规模的正常蓄水位与坝顶高程讨论非常热烈，意见也不一致，大致可归纳为 3 类：第一类同意按报告提出的 150m 正常蓄水位、165m 坝顶高程方案，一次建成；第二类主张适当提高正常蓄水位，如将蓄水位提高为 170m，坝顶高程为 175m；第三类主张先按 150m 蓄水位、165m 坝顶高程修建，但要留有以后加高至 190～200m 的余地。通过讨论，多数代表、专家基本上统一了认识，同意报告提出的方案。1984 年 4 月，国务院原则批准了三峡工程可行性研究报告。随后，长办即按国务院批复的正常蓄水位 150m 和坝顶高程 175m 编制三峡工程初步设计。

长办在编制正常蓄水位 150m 方案初步设计期间，重庆市于 1984 年 11 月提出将正常蓄水位提高至 180m 的意见。因此，初步设计又补充进行了正常蓄水位方案的比较研究。主要补充研究了两种方案：一类是在原正常蓄水位 150m 方案的基础上，提高正常蓄水位至 160m 或 170m 运用；另一类是提高正常蓄水位至 180m，但考虑了不同的建设程序和运行方式，研究了按 180m 方案一次建成、分期抬高水位至 180m 和先按 150m 方案兴建、预留最终抬高正常蓄水位至 180m 的措施。根据不同蓄水位方案的比较，认为不论采用哪一种蓄水方案，均不影响前期工作。1985 年，国家计委和国家科委根据三峡工程筹备领导小组会议的决定，对三峡水库 150～180m 不同蓄水位方案进行分析研究，但未取得一致意见，后因中央决定组织重新论证而未继续进行。1985 年 7 月，长办提出三峡工程蓄水位补充论证报告，推荐正常蓄水位 170m、坝顶高程 175m 方案。

1.3.2.3 重新论证及正常蓄水位的选定

国务院在1984年4月批准三峡工程蓄水位150m方案可行性报告并开始进行施工前期准备工作后，一些政协委员和社会人士提出了不同意兴建三峡工程的意见。1986年6月，中共中央、国务院发出通知，要求对三峡工程重新论证。

根据对三峡工程多年研究的成果，重新论证的正常蓄水位范围为150～180m。综合各方面要求，拟定了150m、160m、170m、180m 4种正常蓄水位方案，另外考虑到减少移民、降低工程初期投资、减缓移民强度过于集中的压力等因素，还拟定了重庆至三峡坝址两级开发方案和一次建成分期蓄水方案，共6种方案。各水位方案中的正常蓄水位、防洪限制水位和死水位虽然都不相同，但是水库调度的原则是相同的。选择三峡工程正常蓄水位方案，除应充分考虑防洪、发电、航运等综合利用的要求外，还应关注水库泥沙淤积、生态与环境影响、水库淹没与移民和经济效益等因素，以及大坝人防及上游梯级衔接等问题。根据多年研究，最主要的制约因素是水库淹没与移民。

通过对各正常蓄水位方案的综合分析比较，认为一级开发、一次蓄水的各方案在技术、经济上是可行的，各有利弊。正常蓄水位150m及160m方案水库淹没和移民及工程投资较少，水库泥沙淤积问题对重庆市区影响较小，工程效益也有相当规模，但防洪库容主要利用超蓄取得，对环境影响不利，临时淹没难以处理，库区地县很难接受，万吨级船队不能直达重庆九龙坡，很难适应航运发展的需要。正常蓄水位170m及180m方案综合利用的效益增加显著，万吨级船队可直达重庆九龙坡；但水库淹没和移民数量大，如要一次集中搬迁难度很大；水库泥沙淤积已不同程度地影响重庆市区、港区和嘉陵江口，但可采取措施予以解决。为能充分利用上述各水位方案的优势，解决其存在的问题，进一步论证了二级开发和一级开发分期蓄水方案。

两级开发方案以三峡（三斗坪坝址）正常蓄水位160m接涪陵以上蔺市坝址正常蓄水位180m为代表。该方案可满足坝下游防洪的基本要求，有利于提高重庆河段通行万吨级船队的保证率，使发电有较大的灵活性，并可减少水库淹没。但与一级开发方案相比，存在建设条件差、经济不合理、影响部分地区建设发展、对发电调峰和坝下游航深改善不足等问题。经综合论证分析，两级开发方案不宜采用，重点研究了一级开发分期蓄水方案：初期正常蓄水位156m，最终正常蓄水位175m。

通过对上述各蓄水方案的研究分析认为：三峡工程从尽可能满足防洪、发电、航运三项任务要求出发，正常蓄水位选得高一些有利；但为减缓移民强度过于集中的压力，使工程初期少投入早产出，以减轻国家财政的负担，并使水库泥沙淤积有一个观测验证的时期，可采用较高蓄水位分期蓄水的方案。为此，在1987年4月召开的三峡工程论证领导小组第四次（扩大）会议上，提出了采用“一级开发，一次建成，分期蓄水，连续移民”的方案；并讨论通过了以坝顶高程185m、最终正常蓄水位175m、初期蓄水位156m作为初选方案，供进一步论证，以便优选正常蓄水位方案。

之后，三峡工程重新论证专家组针对初选蓄水位方案进行了深入分析论证。正常蓄水位175m分期蓄水方案，综合效益较好，可以满足防洪、发电、航运的基本要求；库区移民安置统一规划，按照分期蓄水位的要求分期实施移民搬迁，降低了移民搬迁安置强度和难度；初期运行水位156m回水未到铜锣峡口，水库淤积不会影响重庆市区、港口和嘉陵江口，并有一个对库区泥沙淤积进行观测验证的时期；工程施工期利用围堰挡水发电，也有利于少投入早产出。通过采取措施，可以解决该方案存在的泥沙淤积、船闸和水轮发电机组对前后期运行水位差的适应性等问题。因此，重新论证专家组推荐正常水位175m分期蓄水方案，论证领导小组责成长办根据各专家组论证的成果重编可行性研究报告并报审。三峡工程后续研究论证工作均针对该初选方案进行，长办重编了《长江三峡水利枢纽可行性研究报告》，并于1991年通过审查，于1992年通过全国人民代表大会审议。

1.4 枢纽工程布置与建筑物

1.4.1 枢纽工程布置研究

三峡水利枢纽主要建筑物由大坝、电站厂房和通航建筑物组成。从20世纪50年代起，长江委根据三峡工程的自然条件、工程规模、开发任务等，进行过多种不同枢纽布置方案和建筑物型式的研究和试验。在大量工作的基础上，对三峡工程枢纽布置总结出规律性的结论是：

1)枢纽泄洪流量大，防洪要求高，上游水位变幅大。拦河大坝采用混凝土重力式大坝，泄洪建筑物以在主河槽布置深孔结合表孔的河床泄洪坝段为宜。

2)机组容量大，台数多。电站厂房从土建工程量、结构、造价、施工运行条件等因素综合考虑，以充分利用两岸河滩布置坝后式厂房最为经济合理。

3)通航水头高、规模大，不能断航。根据坝址河势特点，从上、下游引航道进出口水力学条件和防止泥沙淤积碍航考虑，通航建筑物布置在左岸较为合理。从工程量和运行条件综合考虑，永久船闸采用双线五级连续梯级式，升船机采用单线一级垂直提升式。

4)枢纽工程施工导流流量大，施工期通航要求高，施工导流宜采用分期导流方式，利用坝址河床有中堡岛这一有利地形布置纵向围堰，并在其右侧天然汊河(后河)布置导流明渠。

5)枢纽排沙、排漂要求高。

1987年4月确定了三峡工程的开发建设方针："一级开发，一次建成，分期蓄水，连续移民"，并选定了正常蓄水位为175m。在此基础上，针对泄洪、电站、通航、排沙排漂、导流等建筑物布置开展了详细的研究比较工作。

1.4.1.1 泄洪建筑物布置研究

泄洪方案选择首先要满足防洪要求：按长江中游荆江河段的防洪要求，三峡水库洪水考虑与坝址下游区间洪水进行补偿调节，以保持荆江河段沙市水位和上荆江入口枝城水文站最大泄量不超过规定值。其次是考虑水库调度规划：为充分发挥三峡枢纽的防洪作用，要求枢纽在防洪限制水位145m时具有56700m^3/s的泄洪能力；在100年一遇洪水时，库水位的抬高控制在正常蓄水位以下；在 100 年一遇以上、1000 年一遇以下洪水时，库水位保持在 100 年一遇洪水相应水位的情况下要求枢纽具有 70000m^3/s 的泄洪能力；在 1000 年一遇设计洪水时，保持库水位为正常蓄水位 175m，不超蓄；在 1000 年一遇以上直至校核洪水(10000 年一遇加大 10%)时，要求枢纽具有 100000m^3/s 以上的泄流能力；校核洪水时库水位距坝顶高程(185m)应有必要的超高。

为满足上述防洪要求，汛前需将库水位降低至防洪限制水位 145m(初期 135m)，以腾出库容对洪水进行调蓄，发挥滞洪削峰作用。为此，枢纽泄洪设施布置上必须设置泄洪深孔。同时由于枢纽洪水流量大，当遇设计洪水直至校核洪水时，若全部采用泄洪深孔运行，则泄洪前缘较长，投资增加，因此还需要布置一定数量的泄洪表孔。

鉴于坝址洪水流量大，为有利于泄洪时消能，不改变下游河势，减小下游冲刷及避免对航运的影响，将泄洪设施集中布置在主河床，并研究了 3 种方案：①河床泄洪方案——混凝土重力坝的泄洪坝段设深、表孔，全部布置在河床中部。②右岸隧洞泄洪方案——坝址右岸白岩尖山体下布置 2 条有压隧洞，取代河床泄洪坝段的部分深孔。③厂房顶泄洪方案——在河床泄洪坝段左侧或右侧设置溢流式厂房，利用厂房顶溢流取代河床泄洪坝段的表孔。

通过技术经济研究，选用河床泄洪方案，并研究了泄洪设施的 3 种布置方式：①深、表孔相间布置。泄洪坝段每一坝段中央设置高程较低的深孔，相邻坝段顶部跨缝设置表孔，两者在平面上相间布置。②深、表孔分开布置。泄洪坝段分别设置深孔和表孔坝段。③高、低孔重叠布置。泄洪坝段每一坝段中央设置高程不同的高、低孔(低孔底高程较前述深孔低)，双层孔重叠布置。

各种泄洪孔口布置主要考虑三个方面因素：一是泄流能力应满足水库防洪调度和工程防洪要求，并留有必要的余地；二是水库排沙、工程防护，以及闸门、启闭机的制造和运用等；三是施工导截流及枢纽分期蓄水的相应要求。经调洪演算及水工模型试验，选定泄洪坝段设置 23 个 7m×9m(宽×高)、底高程 90m 的深孔和 22 个净宽 8m、堰顶高程 158m 的表孔，深、表孔相间布置。在表孔的正下方设置 22 个导流底孔。

1.4.1.2 水电站厂房布置研究

水电站厂房型式的选择主要根据坝址自然条件、枢纽布置的要求、电站厂房本身的运行特点进行统筹考虑。针对三斗坪坝址，结合枢纽泄洪建筑物的布置及分期导流的要求，着重对坝后式厂房方案、右岸溢流式厂房方案和 3 组厂房方案等 3 种厂房型式的布置进行了研究。

(1)坝后式厂房方案

大坝采用混凝土重力坝，河床中部布置前缘长度为 483m 的泄洪坝段，两侧布置坝后式电站厂房，14 台机组布置在左侧，12 台机组布置在右侧。

(2)右岸溢流式厂房方案

右岸厂房采用溢流式，河床中部的泄洪坝段由 483m 缩短至 391m，左岸坝后厂房相应右移。此方案机电设备尤其是电气布置复杂，且造价高，厂房结构亦较坝后式厂房复杂，泄洪时尾水波动对厂房及发电影响较大。

(3)3 组厂房方案

为了研究有更多机组在施工期提前安装多发电的可能性，从两岸坝后厂房各移少部分机组，布置在右岸临江山体位置，形成 3 组厂房。经初步比较，3 组厂房布置 6 台机组，采用地下式布置于右岸临江山体白岩尖下，两岸坝后式厂房各装机 10 台，共 26 台机组。

3 组厂房方案与全坝后式厂房方案相比较，在工期上，受泄洪坝段制约，首批机组投产时间仍需 11 年，但可提前完建，提前装机，到第 17 年工程竣工时累计可多发电 20 台年，多增加发电量 465 亿 kW・h，其静态投资多 11 亿元。厂房布置及电站出线、运行、施工等条件均较坝后式厂房差，且厂房布置恰好占用了三峡电站预留扩大装机最有利的位置，给今后扩大电站规模增加了困难。综合比较，地下厂房方案也不如坝后厂房有利。

综上所述，厂房型式最终采用两岸布置坝后式厂房方案，并在右岸预留 6 台地下厂房的位置，供后期扩机之用，进水口提前建设。

1.4.1.3 通航建筑物布置研究

三峡永久通航建筑物为船闸和升船机，是三峡枢纽的重要组成部分，要求年下水通过能力达 5000 万 t，且需能通过万吨级船队。

永久通航建筑物的位置选择在坝址河弯凸岸的左岸山坡地形较开阔地带，可自成体系，与河床泄洪坝段及电站厂房布置互不影响。

三峡垂直升船机的功能主要是配合双线五级船闸，以通过客轮及其他专用船舶为主，是三峡工程船舶过坝的一条快速通道。升船机布置在左岸，在双线五级船闸右侧，两者相距约 1km。升船机由上、下闸首和船厢室，上、下游引航道，上、下游导航墙和靠船建筑物等组成。升船机的上、下游引航道与永久船闸共用。升船机的规模按照沪渝间航行的 3000 吨级大型客轮或单个 3000t 货驳过坝的要求，采用与下游葛洲坝 3 号船闸相同的有效尺寸，为 120m×18m×3.5m(长×宽×水深)。

1.4.1.4 泥沙及排漂研究

(1)泥沙研究

三峡工程泥沙问题研究内容很多，与枢纽布置密切相关的是研究解决水库和坝区及有关建筑物防止泥沙淤积的工程措施。枢纽投入运行后的坝区泥沙问题，主要是在枢纽不同运行阶段泥沙淤积对通航建筑物上下游引航道、通航水流条件和电站进水口的影响，需采取排沙措施予以解决。因此在枢纽布置中也需一并研究。

1)水库排沙措施研究。

三峡水库来水量大，含沙量较小，来水量、来沙量大部分集中在汛期。由于三峡水库负有重要防洪任务，库水位在汛期 6—9 月一般维持在防洪汛限水位 145m 运行。这一运行方式对减缓水库淤积，长期保留水库有效库容非常有利。三峡水库采用“蓄清排浑”的运用方式，在汛期来沙多的季节降低库水位运用，汛末少沙时期水库充水，将坝前水位逐步抬高至正常蓄水位。研究成果表明，当不考虑上游水库的排沙作用时，水库运用100年左右已基本达到淤积平衡，此时水库可保留约86%的防洪库容，保留约92%的调节库容。又由于三峡水库以槽库容为主，滩库容所占比重较小，因此大坝设置低高程、大泄量的泄洪设备，对长期保留有效库容有利。

2)通航排沙措施研究。

永久通航双线连续五级船闸和垂直升船机分别设置在左岸远岸和临江位置。根据模型试验，当处于汛期最大通航流量相应的上游通航水位145m时，要满足船闸上下游引航道口门区、升船机上游引航道的流速流态和通航水流条件，需要在船闸上下游右侧设置较长的隔流堤，在升船机上游航道右侧设置一定长度的导航墙。利用与升船机相邻的临时船闸坝段改建的2个泄洪冲沙孔，在下游引航道出现碍航淤积时泄水冲沙。

3)电站排沙措施研究。

由于河床泄洪坝段设置了大量深孔，孔口高程低于两岸电站进水口18m，使得坝前淤积形成河床中部低、两侧高的大漏斗形，有利于减少两岸电站厂前淤积和进入厂前的粗颗粒泥沙，减少粗沙过机。排沙孔的设置研究了分散排沙和集中排沙两种方式。分散排沙是在每个机组段右侧下方设置1个直径较小的排沙管。集中排沙是在两岸电站的中间安装场和端部安装场坝段分别设置尺寸较大的排沙孔(左岸3孔、右岸9孔)，它充分利用了电站前缘长度，不增加工程量。试验表明，采用集中排沙方式对电站防淤和粗沙过机是必要的，其效果很好。

(2)排漂研究

三峡坝址下游葛洲坝水利枢纽的运行经验表明，当发生三峡区间暴雨时，汛期将有大量漂浮污物入库至坝前，漂物尺寸大、数量多、来势猛，排漂不畅时，曾造成电站前缘大量堆积，甚至堵塞拦污栅，影响正常发电。曾研究过先拦后清、坝前导漂以及排漂孔共3种排漂措施。先拦后清是在坝上游一定距离的库内建拦漂排，阻挡漂物进入厂前水域，再清除拦漂排前堆积漂物。坝前导漂是在坝上游一定距离的库边建造1个一端固定在岸边，另一端可自由摆动浮于水面的导漂结构(称作“承水挡”)，它将漂物拦于导漂挡板前，调节其角度，将漂物导向泄洪坝或排漂孔排放至下游。这两种措施都存在工程量大、过于复杂的缺点。排漂孔是在坝体专门设置高程较低的孔口排漂，同时也可利用泄洪坝段的表孔排漂。水力模型试验表明，在低水位运用时，这些排漂孔的排漂效果是较好的。设置排漂孔是必要的，但漂浮物仍难以彻底排至下游，对停留在厂前的少量漂浮物，由厂前拦污栅拦截，机械清污。

1.4.1.5 施工导流及施工通航研究

三斗坪坝址河床宽阔，坝址处江中有中堡岛，将河槽分为两支，形成了良好的分期导流条件。因此，基本的施工导流方案选定为分期导流方案。由于长江为我国水运交通动脉，施工期通航问题至关重要。分期导流的具体方案必须配合施工期通航方案一并研究。

(1)施工通航研究

三斗坪坝址的分期导流方案为一期先围右岸，扩宽后河作导流明渠。一期工程施工时，主河道仍可通航，二期工程末库水位蓄至135m，船闸即可启用。因此，施工期通航问题主要是解决一期末大江截断后至水库蓄水、船闸通航前的二期工程施工约6年的时间内的通航问题。据此主要研究了两种施工通航方案，即明渠通航方案和明渠不通航方案。

两种施工通航方案各有优缺点。明渠通航方案的通航保证率高；施工准备工程可大为简化，主体工程可提前开工，有利于缩短截流前和第一批机组发电的工期；二期深水围堰高度较明渠不通航方案低7.0～8.0m，工程量少，施工难度降低，使这一关键性工程更有把握。明渠不通航方案的导流明渠规模小；二期施工时，左、右岸可以连通，施工布置和调度较明渠通航方案有利；省去了三期碾压混凝土围堰，利用右岸坝体直接挡水，有利于尽快提高水库蓄水位；省去了泄洪坝段导流底孔，简化了该坝段结构布置。综合比较认为，从施工通航的可靠性，特别是尽量减少初期工程规模、缩短工期、提前发电等方面考虑，选用导流明渠结合临时船闸的施工通航方案。

(2)施工导流研究

由于下游葛洲坝枢纽建成蓄水后，三峡坝址水位较天然水位抬高，混凝土纵向围堰需在一期土石围堰保护下施工。为了尽量减少明渠开挖量和一期土石围堰填筑量以及降低施工难度，混凝土纵向围堰布置在中堡岛偏右位置，这使得河床泄洪坝段的布置受到制约而无法尽量利用深水河床，但对左岸电站增加机组台数、减少岸坡开挖却是有利的。三期导流期间，左岸电站已正式发电，运用水位135m，为控制发电水位和弥补深孔泄量不足，还需增加一定数量的设置闸门控制流量的临时导流底孔，以满足三期导流泄洪和三期工程截流的需要。考虑到不宜再增加枢纽布置的泄洪前缘长度或减少左岸电站布置前缘长度，将导流底孔设置在泄洪坝段。由于三期截流要求导流底孔的高程较低，因此可在表孔正下方跨缝布置，其数量与表孔数量相同。

1.4.1.6 选定的枢纽布置方案

三峡工程选定的枢纽布置总格局为：大坝泄洪坝段位于河床中部，两侧为左、右厂房坝段和非溢流坝；水电站厂房分设在左、右厂房坝段坝后；通航建筑物双线五级船闸和升船机均布置在左岸；右岸白岩尖山体下预留扩建的地下厂房位置；右岸上游茅坪溪出口处布置茅坪溪防护坝；另外在左岸坝后电站厂房附近布置电源电站地下厂房。三峡水利枢纽建筑物总体布置见图1.4.1。

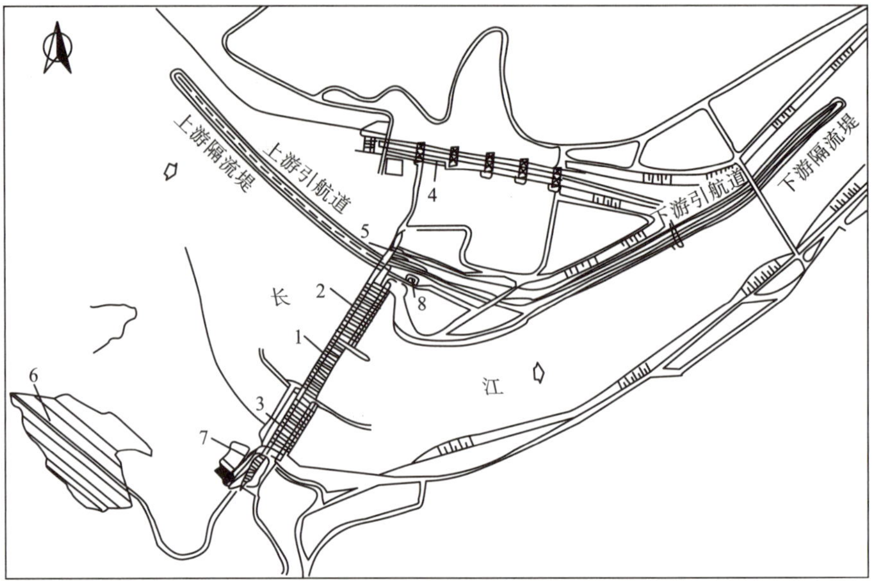

图 1.4.1 三峡水利枢纽建筑物总体布置

1—大坝;2—左岸坝后电站厂房;3—右岸坝后电站厂房;4—双线五级船闸;5—升船机;6—茅坪溪防护坝;7—右岸地下电站厂房;8—左岸地下电源电站厂房

1.4.2 枢纽建筑物

1.4.2.1 大坝

大坝为混凝土重力坝,坝顶高程 185m,最大坝高 181m。坝轴线方位 43.5°,临时船闸坝段坝轴线由河床坝段坝轴线向上游偏转 14°,升船机坝段坝轴线由临时船闸坝段坝轴线向下游偏转 4°,坝轴线长 2309.5m(不含左岸连接段)。大坝全貌见图 1.4.2,大坝主要布置情况见图 1.4.3、图 1.4.4。

图 1.4.2 三峡大坝全貌

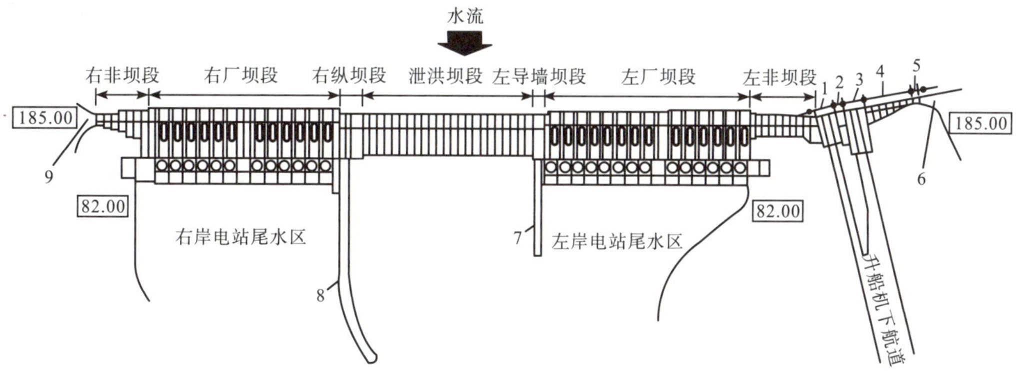

图 1.4.3 大坝平面布置(单位:m)

1—临船坝段(62m);2—左非坝段 8 号(23.07m);3—升船机坝段(62m);4—左非坝段 1～7 号(140m);5—左非连接段(15m);6—左岸上坝公路;7—左导墙;8—右导墙下游纵向围堰;9—右岸上坝公路

1)左岸非溢流坝 1～7 号坝段及左非连接段,共 8 个坝段,前缘总长 155m,除左非连接段长 15m 外,左非 1～7 号坝段长均为 20m。左非连接段与左岸高程 185m 平台山体相接。

2)升船机坝段为垂直升船机的上闸首,采用整体式“U”形结构,前缘长 62m,中间航槽长 18m,两侧边墩各为 22m。

3)左非 8 号坝段,前缘长 23.07m。

4)临时船闸坝段,前缘长 62m,分为 3 个坝段,即临船 1 号、2 号、3 号坝段,其坝后布置临时船闸。中间临船 2 号坝段长 24m,施工期为临时船闸闸前航道,在临时船闸停止使用后已改建两孔冲沙孔,孔口尺寸 5.5m×9.6m(宽×高,下同),孔底高程 102m。两侧临船 1 号及 3 号坝段长均为 19m,临船 3 号坝段设 1 号电梯井。临船 1 号坝段基础部位设有大坝渗漏集水井,泵房设在高程 84.5m。

5)左非 9～18 号坝段,前缘总长 192.82m。左非 9 号坝段长 12.82m,其余坝段长均为 20m。左非 11 号及 12 号坝段上游布置电源电站进水口,在大坝高程 122m 设有电源电站引水管;左非 16 号坝段布设水厂进水口结构;左非 17 号坝段布设 2 号观光电梯井;左非 18 号坝段设有 1 号排沙孔,尺寸为 5m×7m,进口底高程 90m。

6)左岸厂房坝段,前缘总长 581.5m,自左至右依次为左厂 1～6 号坝段、左安Ⅲ坝段、左厂 7～14 号坝段。左厂 1～14 号坝段除左厂 14 号坝段长 45.3m 外,其余坝段长均为 38.3m。每个坝段又分为两个坝段,左侧为钢管坝段,长 25m,右侧实体坝段长 13.3m,其中左厂 14 号坝实体坝段长 20.3m。左安Ⅲ坝段总长为 38.3m,分为左安Ⅲ-1 号和左安Ⅲ-2 号坝段,每个坝段长均为 19.15m。左厂 1～14 号坝段在上游面布设电站进水口,进口底高程为 108m。左岸电站装机 14 台,电站引水压力管道采用单机单管引水方式。引水压力管道布置在钢管坝段预留槽或坝后岩槽内,其轴线与坝段中心线重合。引水压力管道进口渐变段后接坝内埋管段,出坝面后接钢衬钢筋混凝土管,管道内径为 12.4m。左厂 7 号坝段实体坝段布设 3 号电梯井,基础部位设有大坝渗漏集水井,泵房设在高程 50m。左安Ⅲ-1 号及左安Ⅲ-2 号坝段高程 75m 分别布置 2 号及 3 号排沙孔,尺寸为 5m×7m。

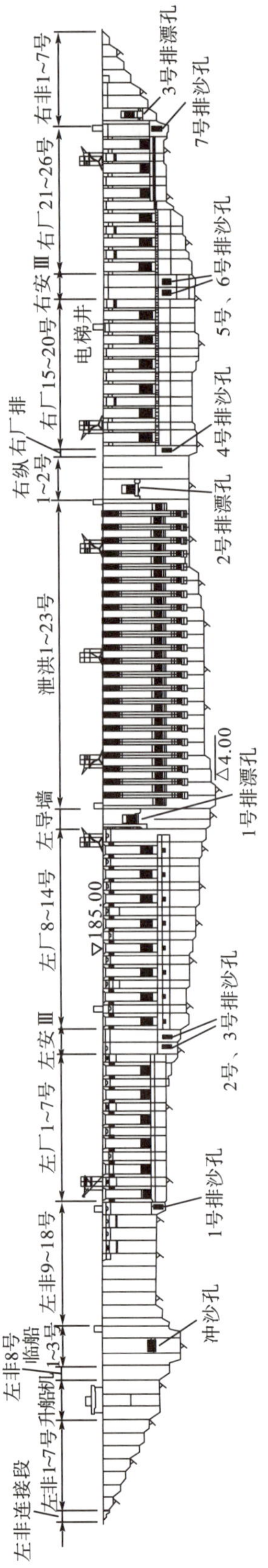

（a）大坝上游立视图

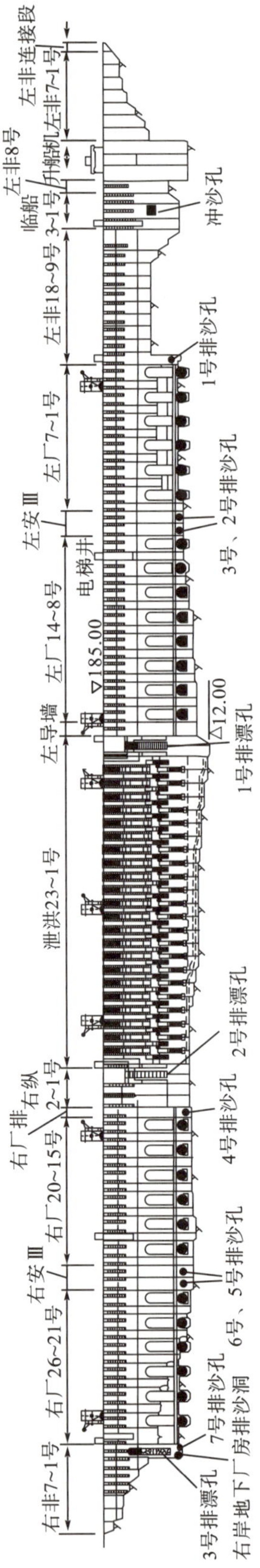

（b）大坝下游立视图

图1.4.4 大坝上、下游立视图

7)左导墙坝段及左导墙，其中左导墙坝段长 32m，布设 1 个排漂孔，孔口尺寸为 10m×12m，孔底高程 133m。左导墙坝段基础部位设有大坝渗漏集水井，泵房设在高程 50m。左导墙紧接左导墙坝段，其轴线垂直大坝轴线，顺流向总长 210m，左导墙顶部设宽为 10m 的排漂孔泄槽，泄槽尾部设有挑坎。

8)泄洪坝段，前缘总长 483m，分 23 个坝段(泄 1～23 号)，每个坝段长 21m，布置 23 个泄洪深孔和 22 个溢流表孔，相间布置。深孔孔口尺寸为 7m×9m，进口底高程为 90m；跨横缝布置的表孔净宽 8m，堰顶高程为 158m。为满足三期截流及导流泄洪要求，跨横缝布置 22 个导流底孔，孔口尺寸为 6m×8.5m，其中中间 16 孔进口底高程 56m，两侧各 3 孔进口底高程 57m。导流底孔在三期导流任务完成后回填混凝土封堵。泄 1 号及泄 23 号坝段分别设有 4 号及 5 号电梯井，并在坝段基础部位布设大坝渗漏集水井，泵房设在高程 50m 处。

9)右岸纵向围堰坝段(以下简称“右纵坝段”)，前缘长 68m，分为 2 个坝段，即右纵 1 号、2 号坝段。右纵 1 号坝段长 32m，布设 1 个泄洪排漂孔，孔口尺寸为 10m×12m，孔底高程为 133m；右纵 2 号坝段为实体坝段，长 36m。右纵坝段在高程 84.5m 以下采用碾压混凝土，分别与上、下游碾压混凝土纵向围堰相连。下游混凝土纵向围堰(以下简称“下纵”)紧接右纵 2 号坝段，总长为 585.49m，采用碾压混凝土。下纵泄洪消能区侧设置了一定范围的防冲墙。

10)右厂排沙孔坝段(以下简称“右厂排坝段”)，前缘长 16m，左邻右纵 2 号坝段，右接右厂 15 号坝段。右厂排坝段高程 75m 处布设 4 号排沙孔，尺寸为 5m×7m。

11)右厂 15～26 号坝段，前缘总长 509m。右厂 20 号与 21 号坝段之间为右安Ⅲ-1 及右安Ⅲ-2 坝段，每个坝段长均为 19.15m。右厂 15～26 号坝段除右厂 26 号坝段长 49.4m 外，其余坝段长均为 38.3m；每个坝段又分为两个坝段，即长 25m 的左侧钢管坝段，以及长 13.3m 的右侧实体坝段；右厂 26 号坝段实体坝段长 24.4m。右厂 15～26 号坝段上游面布设电站引水口，进口底高程为 108m。右岸电站装机 12 台，电站引水压力管道采用单机单管引水方式。引水压力管道的布置和管径同左厂坝段。右厂 19 号坝段和右厂 26 号坝段实体坝段分别布设 6 号电梯井、7 号观光电梯井。右厂 19 号钢管坝段基础部位设有大坝渗漏集水井，泵房设在高程 72.2m，右厂 22 号钢管坝段基础部位设有大坝渗漏集水井，泵房设在高程 50m。右安Ⅲ-1 号、右安Ⅲ-2 号坝段高程 75m 各布置 5 号、6 号排沙孔，右厂 26 号坝段实体坝段高程 90m 布置 7 号排沙孔，尺寸为 5m×7m。

12)右岸非溢流坝段，前缘长为 140m，分为 7 个坝段，每个坝段长 20m。右非 1 号坝段高程 133m 设有 3 号排漂孔，有压段出口断面尺寸为 7m×12m(宽×高)。右非 2 号坝段下游边坡与右岸副厂房之间设自动扶梯，经坝下游与右厂 26 号坝段 7 号电梯井相通，作为连接厂房与大坝的交通。

13)大坝坝顶布置。

坝顶下游侧设有公路贯穿全坝，分别在两端接对外交通公路，公路车道宽 11m，下游侧设 2m 宽人行道。大坝共设有 7 个电梯间，均位于公路下游侧，分别在临时船闸 3 号坝段(1 号)、左非 17 号坝段(2 号)、左厂 7 号坝段(3 号)、泄 1 号坝段(4 号)、泄 23 号坝段(5 号)、厂

19号坝段(6号)、厂26号坝段(7号)。除1号电梯间外,每个电梯间附近布置有卫生间及净化设备。在临时船闸坝段、厂房坝段及泄洪坝段均设有门机轨道。共布置8台门机,临时船闸坝段1台,左、右厂房坝段各2台,泄洪坝段3台。坝顶还设有门库、电站快速门液压启闭机泵房等,分别设在厂房坝段的实体坝段、非溢流坝段、临时船闸坝段。此外,坝顶还布置有变电所、观测室、消防设施等,消防栓设在人行道上游侧。

14)下游消能防冲设施和上游拦沙设施。

为保证大坝结构安全,在泄17号坝段以右设置顺水流向长46m的防冲护坦。在下游纵向围堰左侧布置两道防冲隔墙,墙高分别为10m和18.5m。三期导截流及围堰挡水发电期间,为了拦截推移质进入导流底孔,在泄洪坝段上游设置两道拦沙槽。

15)廊道布置。

根据大坝基础灌浆、排水、监测、电缆敷设、运行维护、交通、通风等要求,大坝内设置有基础灌浆廊道、坝面排水廊道、接缝灌浆廊道、电缆廊道、观测廊道、引风廊道、交通廊道等多种类型的廊道,或专用或共用。左厂1～5号坝段基岩内设置了两层坝基排水隧洞,右厂22号右非2号坝段基岩内设置一层坝基排水洞。

16)横缝灌浆。

根据三峡大坝结构布置及大坝专家组审查意见,为了加大坝体侧向刚度、改善孔口受力条件、加强大坝的整体作用,三峡大坝采用横缝灌浆。二期工程横缝灌浆的设计高程为:泄洪坝段110m,左岸厂房坝段125m,左非8～10号坝段95～100m以下。三期工程经研究部分取消,横缝灌浆的设计高程为:右厂24号右非1号坝段105.5m,右纵～右厂15号坝段48.50～109.50m,右厂22～24号坝段71.50～105.50m,其他坝段取消横缝灌浆。

1.4.2.2 电站厂房

三峡电站厂房型式为坝后式,安装26台700MW发电机组,装机容量18200MW。左岸厂房装机14台,右岸厂房装机12台,两岸厂房各设有3个安装场段。

左右岸电站厂房,均包括主厂房、安装场、上游副厂房及厂坝平台、下游副厂房及尾水平台、尾水渠及厂前区(图1.4.5)。

左岸厂房14台机组段长539.1m,3个安装场段长105.6m,厂房总长644.7m。上游副厂房宽17m,厂坝平台宽14.6m,尾水平台宽19.5m,尾水平台下部为下游副厂房。厂房右侧消防通道宽7m,左岸厂前区宽70m,长215m,主厂房四周平台高程82m。尾水渠宽370～577.4m,渠底高程29.9～50m,与下游纵向围堰拆除高程50m连接。

主厂房安装14台水轮发电机组及大、小桥式起重机各2台。尾水平台上设有2台门式起重机。上游副厂房内设有桥式起重机2台。主变压器设在上游副厂房内。机组的辅助设备分别布置在主厂房水轮机层、发电机层、上下游副厂房各层及安装场各层内。安Ⅱ、安Ⅲ段水下部位还设有排沙孔。

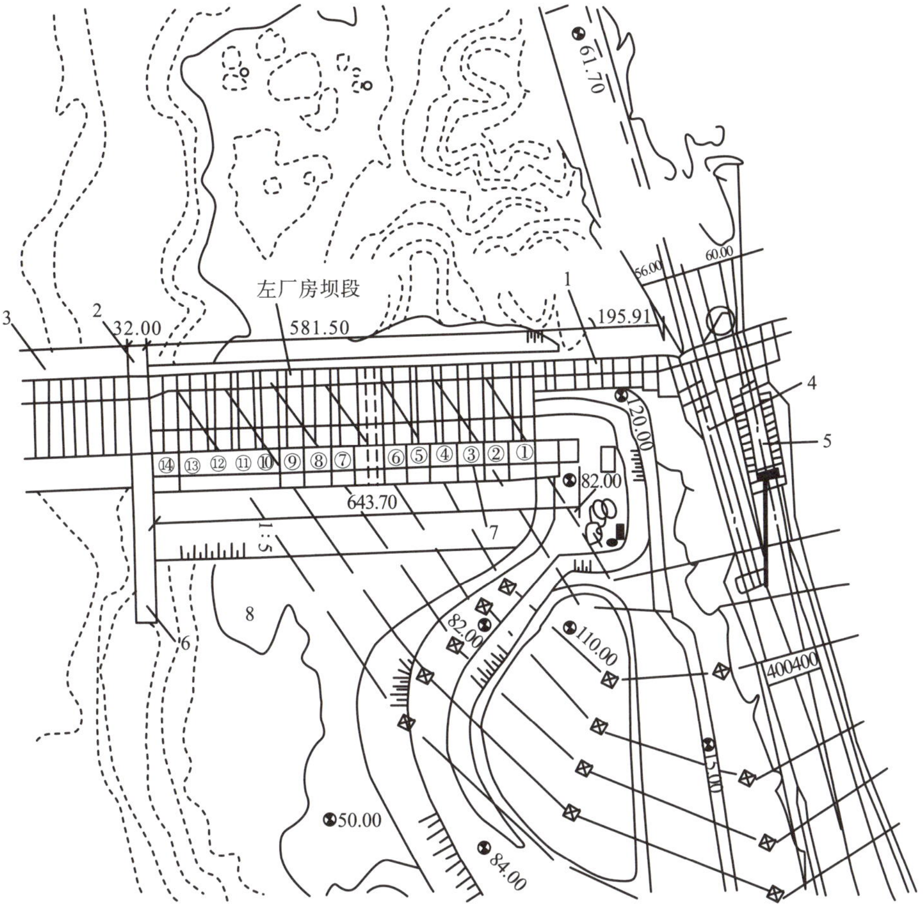

图 1.4.5 左岸电站平面布置(单位:m)

1—左岸非溢流坝段;2—左导墙坝段;3—泄洪坝段;4—临时船闸改建冲沙闸消力池;5—升船机;6—左导墙;7—电站引水渠;8—尾水渠

右岸厂房 12 台机组段长 463.7m,3 个安装场长 111.1m,厂房总长 574.8m。上游副厂房宽 16.7m,厂坝平台宽 14.9m,尾水平台宽 19.5m,尾水平台下部为下游副厂房。厂房左侧消防通道宽 34.5m,施工期用作临时安装场。临时安装场的上、下游墙各开一个宽 12m 的门洞,方便运输车辆通行,也可用作临时消防通道。运行期拆除临时安装场后,则可形成宽 34.5m 的消防通道。主厂房四周平台高程 82m。26 号机～安Ⅲ段尾水渠按 1∶5 坡比向上延至高程 56m,其后按该高程与导流明渠高渠相接,20～15 号机尾水渠按 1∶5 坡比向上延至高程 45m,其后按该高程与导流明渠低渠相接,见图 1.4.6 和图 1.4.7。

图 1.4.6　右岸电站实景

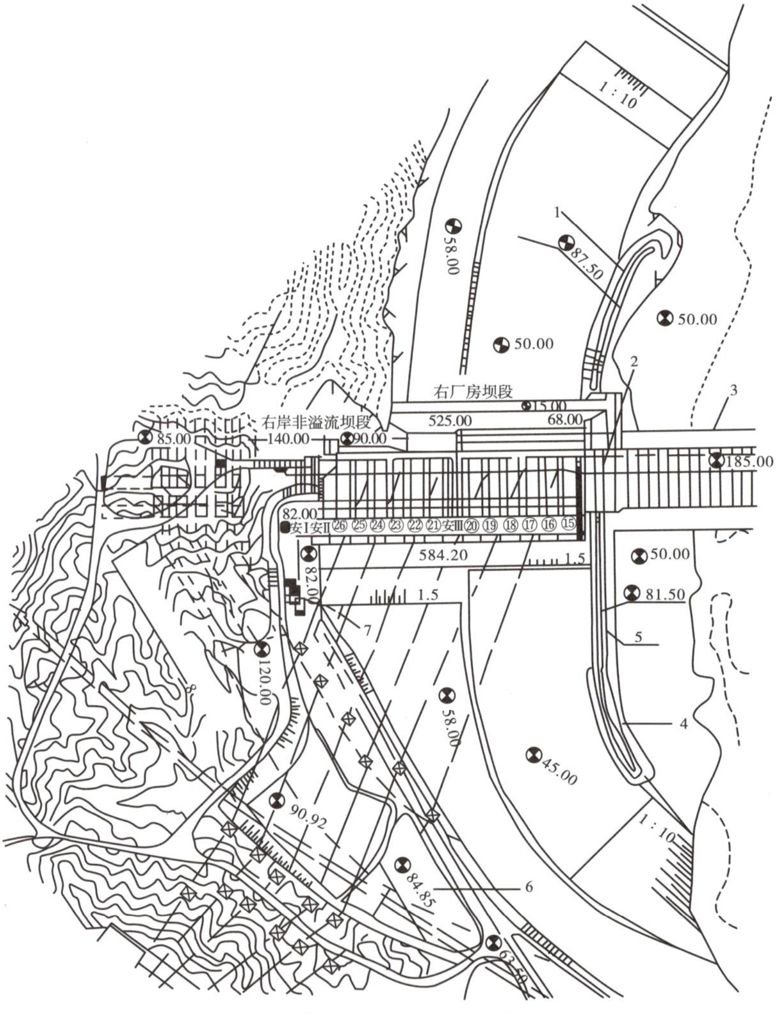

图 1.4.7　右岸电站平面布置(单位:m)

1—混凝土上游纵向围堰;2—纵向围堰坝段;3—泄洪坝段;4—下纵防冲护脚;5—混凝土下游纵向围堰;6—机电设备拼装厂;7—电站通信管理楼;8—远景扩机预留厂房位置

主厂房内安装有12台水轮发电机组及大、小桥式起重机各2台。尾水平台上设有2台门式起重机。上游副厂房内设有桥式起重机2台。主变压器设在上游副厂房内。机组的辅助设备分别布置在主厂房水轮机层、发电机层、上下游副厂房各层及安装场各层内。安Ⅱ、安Ⅲ段水下部位设有排沙孔，安Ⅱ段水下部位还设有排漂孔。

1.4.2.3 通航建筑物

双线五级船闸布置在左岸，船闸轴线与坝轴线延长线的夹角为67°25′20″，船闸主体段的方位角为110°58′08″。每线船闸有5个闸室、6个闸首，船闸主体结构段全长1621m，见图1.4.8和图1.4.9。

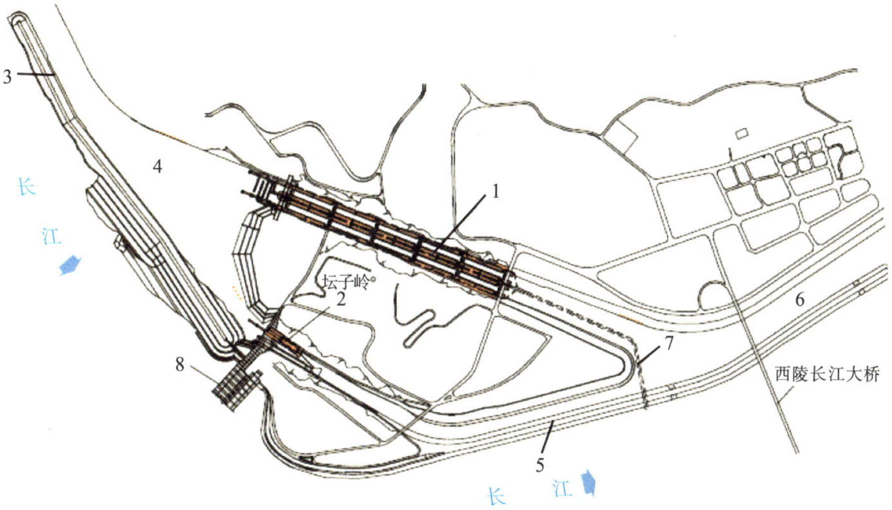

图1.4.8 双线五级船闸平面布置

1—双线五级连续船闸；2—升船机；3—上游隔流堤；4—上游引航道；5—下游隔流堤；6—下游引航道；7—船闸下游泄水箱涵；8—大坝左厂坝段及左厂房

图1.4.9 双线五级船闸下游立视图

升船机轴线与大坝轴线呈80°交角，主体结构由上、下闸首，塔柱及柱顶机房组成，全长

283.5m。上闸首左、右侧分别与左岸 7 号、8 号非溢流坝段毗邻，见图 1.4.10 和图 1.4.11。

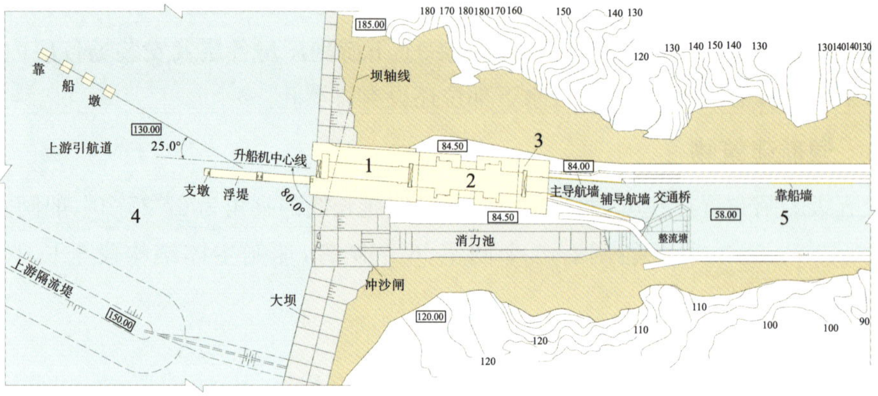

图 1.4.10　升船机平面布置

1—上闸首；2—船厢室段；3—下闸首；4—上游引航道；5—下游引航道

图 1.4.11　升船机承船厢过船

临时船闸布置在左岸 8 号、9 号非溢流坝段之间，临时船闸停用后改建成冲沙闸。临时船闸主体段由上、下闸首及闸室组成，全长 300.5m。

双线五级船闸上、下游引航道分别位于一闸首上游和六闸首下游，其中心线由一闸首和六闸首往上、下游分别先接 930m 直线段，和半径 1000m，圆心角为 42°、54°的弯段，再分别接 450m 和 850m 的直线段，全长 2113m 和 2708m，上、下游引航道口门区均为 530m。

升船机与双线五级船闸共用上游引航道。下游引航道的平面形状为“Y”形，临时船闸与升船机共用下游引航道，下段引航道汇合后，为双线五级船闸与升船机共用。

船闸上下游引航道右侧分别布置长度为 2720m 和 3700m 的土石隔流堤，船闸线路总长 6442m。

1.4.2.4　茅坪溪防护工程

茅坪溪防护工程位于陈家冲口到板桥和韩家咀之间，其主要功能是与三峡大坝共同挡蓄三峡水库库水，为三峡枢纽的组成部分，另一功能是保护茅坪溪流域内的居民耕地、房屋和设施等。其主要建筑物包括茅坪溪防护土石坝和泄水建筑物。大坝坝顶高程为185m，坝顶(含副坝)总长为1840m，其中坝身段889m，左岸820m，右岸131m。

茅坪溪防护土石坝为沥青混凝土心墙土石坝型式，大坝坝体及基础防渗系统主要由沥青混凝土心墙、混凝土防渗墙、帷幕灌浆等组成。防渗轴线与大坝轴线一致，防渗轴线总长1840m。

茅坪溪防护工程泄水建筑物主要排泄茅坪溪水流，分为进口明渠、隧洞、箱涵和出口明渠4部分。茅坪溪泄水建筑物轴线全长3104.12m，进口距防护大坝下游侧0.6km，在九里乡三溪电站与陈家屋场中间，轴线经小杨家湾、皮家沟、沙沟至三斗坪，见图1.4.12至图1.4.14。

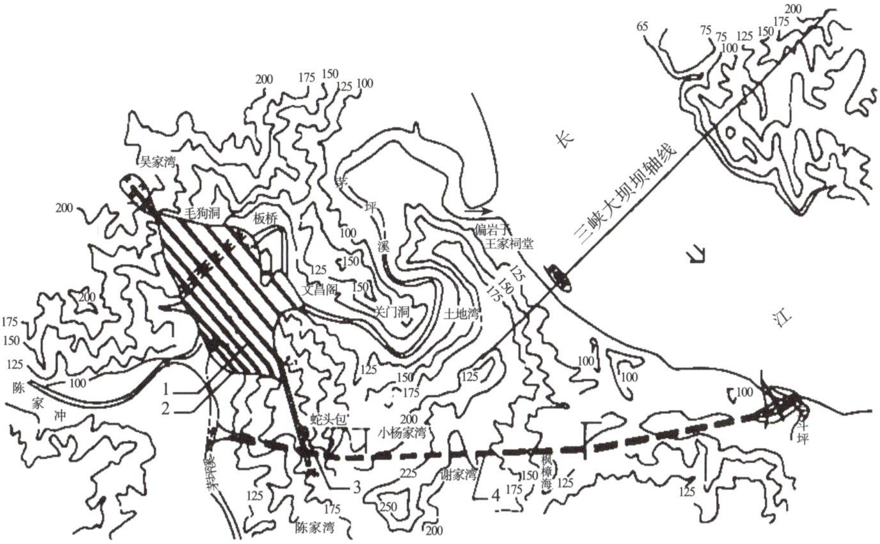

图1.4.12 茅坪溪防护工程平面布置

1—茅坪溪防护坝；2—茅坪溪上游围堰；3—副坝；4—茅坪溪泄水建筑物

图1.4.13 茅坪溪防护大坝全景

图 1.4.14 茅坪溪防护大坝平面布置

1—迎水坡与地面交线排水沟;2—坝顶;3—坝轴线;4—背水坡与地面交线排水沟;5—横向排水沟;6—台阶中心线;7—交通洞

1.4.2.5 地下电站

三峡地下电站位于长江右岸白岩尖山体中,与右岸电站相毗邻。其主要建筑物由引水渠及进水塔、引水隧洞、排沙洞、主厂房、母线洞(井)、尾水洞及阻尼井、尾水平台及尾水渠、进厂交通洞、通风及管道洞、管线及交通廊道、地面500kV升压站和厂外排水系统等组成(图1.4.15)。地下电站共安装6台单机容量为700MW的混流式水轮发电机组,总装机容量为4200MW。电站单机引用流量946.5m³/s,最大引用流量966.4m³/s。

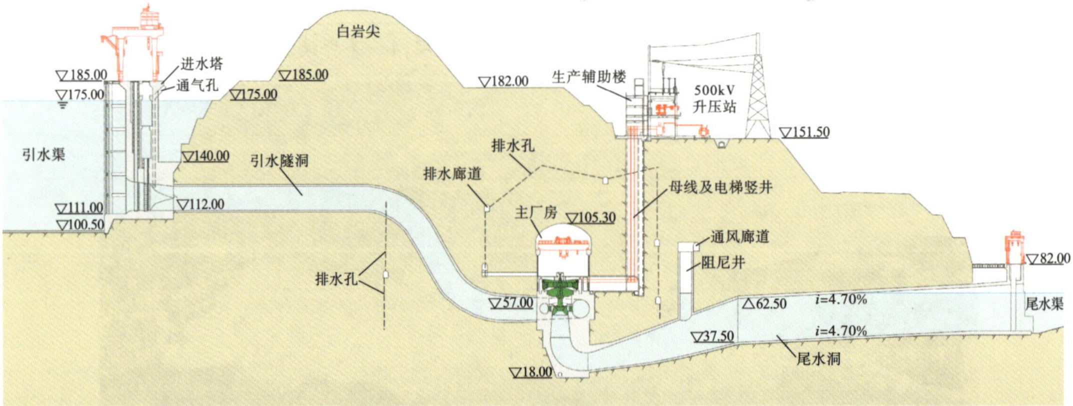

(a)地下电站流道纵剖面

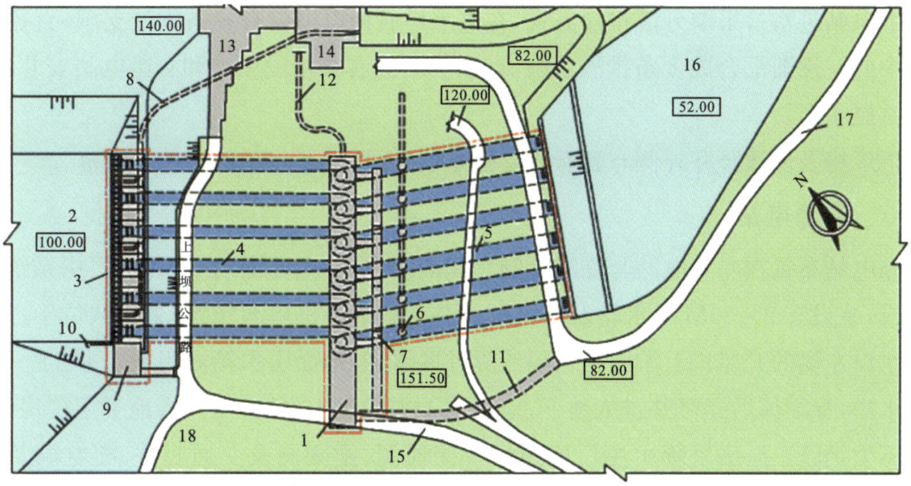

(b)地下电站平面布置

图 1.4.15 地下电站总体布置

1—地下厂房;2—引水渠;3—引水进水塔;4—引水隧洞;5—尾水洞;6—阻尼井;7—母线竖井;8—排沙洞;9—安装平台;10—自记水位计井;11—进厂交通洞;12—交通(电缆)廊道;13—大坝;14—右岸坝后厂房;15—右岸上坝公路;16—地下电站尾水渠;17—进厂公路;18—上坝公路至茅坪溪防护大坝公路

引水渠位于茅坪溪出口附近的弯道右侧,进水塔为岸塔式结构,尺寸为 216.5m×40m×77m(垂直水流向宽×顺水流向长×高)。

6 条引水隧洞平行布置,单机单洞引水,不设调压室,洞直径为 13.50m,单洞轴线长 244.64m。

主厂房内布置 6 台单机容量 700MW 的水轮发电机组,机组安装高程 57m。主厂房洞室断面为直墙曲顶拱形,主厂房尺寸为 311.30m×31.00m(32.60m)×87.30m(长×宽×高)。

主厂房的下游侧布置有 6 条母线洞、1 条母线廊道和 3 条母线竖井,将大电流封闭母线从 67m 高程引至地面 151.5m 高程的 500kV 升压站。升压站内布置有封闭母线竖井出口建筑物、500kV 主变压器、500kV GIS、20kV 厂用变压器及生产辅助楼等。3 个封闭母线竖井出口位于生产辅助楼的第一层,每个母线竖井引出 2 回封闭母线。

尾水隧洞为变顶高尾水洞,单机单洞平行布置,与厂房纵轴线夹角为 80°,并斜向河床侧,断面形式为城门洞,断面尺寸 15m×25m(宽×高),6 条尾水隧洞总长 1248.02m,平均长度约 208m。

尾水平台紧靠尾水隧洞出口洞脸直立边坡布置,为钢筋混凝土墩墙结构,尺寸为 205.6m×35m×40m(长×宽×高)。

尾水渠采取弧线—直线的布置方式,与右岸电站尾水渠相接,最小宽度 216m。

进厂交通洞布置在安装场下游侧,由安Ⅰ段高程 75.3m 至进厂公路高程 82m,长约 230.5m,断面为 12m×9.9m (宽×高)的城门洞形。

地下电站进水口采取分散排沙方式，在进水塔底板以下设有 3 条排沙支洞，直径 4m，在进水塔中向左逐渐汇合成 1 条排沙总洞，直径 5m，经右非坝段坝基和右岸电站安Ⅱ段，进入右岸电站尾水渠。

地下厂房及母线竖井外侧布置有 3 层排水洞，并形成了封闭的厂外排水幕。

1.4.2.6 电源电站

电源电站布置在左岸电站与临时船闸之间的山体中，主要由引水系统、厂房系统和尾水系统组成，装设有 2×50MW 水轮发电机组。引水系统单机单洞布置，采用从位于三峡左岸电站进水口左侧的升船机上游引航道隔流堤外取水，经地面引水箱涵引至左非 11～12 号坝段前进水塔，穿坝体后经竖井进入地下，引水洞下平段以 50°的夹角进入地下主厂房，引水洞全长为压力钢管。厂房系统由主厂房及进厂交通洞、主变洞及交通竖井、配电洞及电缆廊道、通风洞及厂外排水洞等组成。电站尾水布置为单机单洞，经竖井式尾水闸门井后进入三峡左岸电站大尾水渠。

1.5 工程建设历程及运行概况

1.5.1 工程建设历程

1.5.1.1 工程建设机构

(1)国务院三峡工程建设委员会

国务院于 1993 年 1 月 3 日以国务院国发〔1993〕1 号文成立国务院三峡工程建设委员会（以下简称“三峡建委”）。三峡建委是三峡工程高层次的决策机构，委员会下设办公室，具体负责三峡工程建设的日常工作。

(2)中国长江三峡工程开发总公司

中国长江三峡工程开发总公司（以下简称“三峡总公司”）是三峡工程项目的业主，是经国务院批准的独立核算、自主经营、自负盈亏、具有法人地位的国有企业，享有国务院批准的在三峡工程建设中计划、财务、科技、教育、人事、劳资、外事、外经贸、物资、国有资产管理、档案管理等方面的计划单列权。三峡总公司全面负责三峡工程资金筹集、工程建设和投产后的经营管理，以及长江水力资源开发、开展水利水电科学研究和技术咨询等多种经营活动。三峡总公司机构设立按决策层、管理层、实施层 3 个层次，分别定编定员定职责。总经理和副总经理组成最高决策层，并设总工程师、总经济师、总会计师在分管工作范围内参与决策。另设高层次技术委员会，在总经理领导下，负责重大工程技术问题的研究和咨询。

2009 年 9 月，经国务院国有资产监督管理委员会批准，中国长江三峡工程开发总公司名称变更为中国长江三峡集团公司（以下简称“三峡集团”）。

1.5.1.2 工程施工

(1)分期导流

三峡坝址河床宽阔,右侧有中堡岛顺江分布,将河槽分为两汊,左侧为主河槽,宽 700～900m,右侧为后河,宽约 300m,形成了良好的分期导流条件。经论证比较,枢纽工程建设采用“三期导流、明渠通航”的施工导流方案。

1)第一期导流。

第一期围河槽右侧。在后河上、下游及沿中堡岛左侧修筑一期土石围堰,形成一期基坑,在围堰保护下开挖导流明渠,修筑碾压混凝土纵向围堰,并预浇三期碾压混凝土围堰基础部分混凝土,同时施工左岸一期工程项目:左厂房 1～6 号坝段及其相应的坝后厂房、左岸非溢流坝段及临时船闸、升船机上闸首、永久船闸航槽开挖等。一期土石围堰束窄河床 30%,主河床承担泄流及通航任务。

2)第二期导流。

第二期围长江左侧主河槽。修筑二期上、下游土石横向围堰,与碾压混凝土纵向围堰共同形成二期基坑。在围堰保护下,修建泄洪坝段、左岸厂房坝段及电站厂房等。继续施工左岸一期工程未完项目及永久船闸。江水由导流明渠宣泄,船舶从导流明渠和左岸临时船闸通行。

3)第三期导流。

第三期再围河槽右侧。拆除二期上、下游土石围堰,截断导流明渠,长江水流改由泄洪坝段导流底孔和泄洪深孔宣泄。修筑三期上、下游土石围堰,在其保护下修建三期碾压混凝土围堰至设计高程 140m,三期碾压混凝土围堰与三期下游土石围堰和碾压混凝土纵向围堰共同形成三期基坑。在三期基坑内施工右岸厂房坝段及右岸电站厂房和右岸非溢流坝段,并封堵左岸临时船闸坝段,改建为冲沙闸,水库蓄水至 135m 水位,永久船闸通航,左岸电站首批水轮发电机组发电,枢纽工程进入围堰挡水发电期。

2007 年汛前导流底孔全部封堵,汛期江水全部从拦河大坝永久泄水建筑物宣泄,至此,导流工程全部完成。

(2)枢纽工程施工分期及各期施工任务

枢纽工程施工结合分期导流方案,分为 3 期,各施工期主要工程量及高峰年强度见表 1.5.1。各期施工任务及工期安排如下。

表 1.5.1 三峡枢纽各施工期主要工程量及高峰年强度

项目	一期工程		二期工程		三期工程		合计	
	计划完成量	高峰年强度	计划完成量	高峰年强度	计划完成量	高峰年强度	计划完成量	高峰年强度
土石方开挖(万 m^3)	7244.1	2250.8	2478.7	1080.8	148.4	78.4	9871.2	2250.8
土石方填筑(万 m^3)	1680.3	787.0	976.7	579.4	207.0	106.0	2864.0	787.0

续表

项目	一期工程		二期工程		三期工程		合计	
	计划完成量	高峰年强度	计划完成量	高峰年强度	计划完成量	高峰年强度	计划完成量	高峰年强度
围堰拆除(万 m^3)	166.3	166.3	842.6	650.1	152.2	115.2	1161.1	650.1
混凝土浇筑(万 m^3)	394.4	211.6	1658.2	410.9	590.7	219.0	2643.3	410.9
金属结构安装(万 t)	0.58	0.58	17.98	4.60	6.71	2.97	25.27	4.60
机组安装(台)			2	2	24	4	26	4

1)一期工程施工。

一期工程施工即准备工程和一期导流期间的工程施工,工期 5 年(1993—1997 年)。

①准备工程。

1993 年初开始主要完成工程区内外交通工程(包括宜昌至坝河口专用公路、场内公路以及西陵长江大桥、港区码头等)和施工供电、供水、供风、通信系统、场地平整、砂石料加工系统、混凝土生产系统及预冷系统、场地排水系统、施工工厂、仓储系统、房屋建筑等建设、施工征地以及茅坪溪改道工程等。准备工程从第 1 年第四季度起即与导流工程或主体工程土石方开挖填筑交叉进行,一直延续至三期的砂石混凝土生产系统投产运行,共历时 10 余年,但主要准备工作集中于准备期前 3 年。

②一期导流期间的工程施工。

以 1997 年 12 月上旬大江截流为完成标志。主要完成一期土石围堰修筑、纵向围堰混凝土浇筑、三期碾压混凝土围堰底部及两侧混凝土浇筑、导流明渠开挖和护底护岸工程、临时船闸工程(包括下游引航道和隔流堤的一部分)、茅坪溪防护工程、升船机上闸首、永久船闸航槽开挖、左岸非溢流坝段、左岸 1~6 号厂房坝段和相应的坝后厂房施工、一期土石围堰上下游横向段拆除(包括下压部位的明渠内岩石开挖)和大江截流等。

2)二期工程施工。

二期工程施工主要包括二期导流期间的工程施工,工期 6 年(1998—2003 年),以实现水库蓄水至 135m、双线五级船闸试通航及左岸电站首批机组发电为完成标志。主要完成二期上下游横向土石围堰、纵向围堰坝身段、河床泄洪坝段、左岸厂房坝段和左岸非溢流坝段、左岸电站厂房、升船机上闸首土建工程及相应的金属结构安装、左岸电站首批(2 台)机组发电、双线五级船闸及上下游引航道和隔流堤的修筑、右岸地下电站进水口预建工程、二期上下游横向围堰拆除、导流明渠截流、修筑三期围堰等。

3)三期工程施工。

三期工程施工即三期导流直至完工期间的工程施工,工期 5 年(2004—2008 年,较原计划工期提前一年),以枢纽工程全部完建为标志。主要完成右岸厂房坝段及右岸非溢流坝段、右岸电站厂房、泄洪坝段导流底孔封堵、永久船闸完建工程、临时船闸改建冲沙闸工程、三期下游土石围堰拆除、三期碾压混凝土围堰爆破拆除、左右岸电站全部机组发电。同时，完成电源电站和右岸地下电站部分项目。

1.5.2 工程运行概况

三峡水库蓄水运行阶段可划分为围堰挡水发电期、初期运行期、试验性蓄水运行期、正常运行期。

1.5.2.1 围堰挡水发电期(2003—2006年)

国务院长江三峡二期工程验收委员会移民工程验收组于2003年4月下旬对库区二期移民工程进行了终验，枢纽工程验收组于2003年5月中旬对枢纽二期工程进行了水库蓄水至135.0m水位蓄水验收。三峡建委于2003年5月底召开了第十二次全体会议，会议同意枢纽工程于6月1日下闸蓄水，6月16日双线五级船闸试通航，并力争从8月起首批4台机组陆续并网发电。

2003年6月，三峡水库蓄水至135.0m水位，进入围堰挡水发电期。2003年9月，三峡建委第十三次全体会议召开。会议讨论拟定在汛后将围堰挡水发电期的水位提高到139m运行，以利于更早更好地发挥三峡工程的综合效益，但在实施前需完成移民搬迁安置、地质灾害治理、导流底孔运行情况检查、三期挡水围堰和临时船闸坝段安全复核和加固等工作。在这些工作经枢纽工程验收组和移民工程验收组检查确认后，水库蓄水位于2003年11月抬高至139.0m，围堰挡水发电期运行水位为135.0m(汛期防洪限制水位)～139.0m(围堰最高挡水位)。

1.5.2.2 初期运行期(2006—2008年)

三峡建委第十五次全体会议于2006年5月12日在北京召开，会议同意在前期各项工作到位的情况下，于2006年汛后将三峡水库蓄水至156.0m水位，进入初期运行期。国务院长江三峡三期工程验收委员会(以下简称“三期工程验收委员会”)移民工程验收组于2006年8月下旬对库区三期移民工程进行了终验，枢纽工程验收组于2006年9月上旬对枢纽工程进行了初期156.0m水位蓄水验收。三峡枢纽工程和移民工程均已具备初期蓄水位156.0m的蓄水条件。经三峡建委批准，三峡工程于2006年汛后蓄水至初期蓄水位156.0m运行，较初步设计提前一年。

三峡工程于2006年9月20日开始蓄水，起蓄水位135.5m；9月30日，水库水位蓄至141.77m；10月27日，水库水位蓄至156.0m。初期运行期汛限水位在2007年汛期按144.0m控制，变幅为143.9～145.0m，防洪高水位为166.5m；在2008年汛期按145.0m控制，变幅为144.9～146.0m，防洪高水位为167.0m。枯水期最高运行水位不超过156.0m。

在围堰挡水发电期和初期运行期，三峡工程运行状态良好：大坝及茅坪溪防护坝、电站输水建筑物及厂房、船闸主体段及引航道各项监测指标均在设计允许范围内，外观检查无异常变化；各类闸门及启闭机设备的各项技术指标满足设计和规程规范要求；投产的水轮发电机组在额定水头下机组出力达到额定出力，效率满足要求；机组运行噪声，以及定子、转子温度均处于设计允许范围内。工程在防洪、发电、航运等方面发挥了初期效益：2004 年和 2007 年，削减洪峰流量分别为 3700m^3/s 和 5100m^3/s，拦蓄洪量 4.95 亿 m^3 和 10.43 亿 m^3；2003—2008 年，两岸电站累计发电 2884.4 亿 kW·h，航道平均扩宽至 1100m，改善航道里程 570km，提升了航道通行的安全性和大型船舶的营运条件。

1.5.2.3 试验性蓄水运行期(2008—2020 年)

(1)2008 年汛后实施 175.0m 水位试验性蓄水

2008 年 5 月，水电水利规划设计总院开展了三峡工程试验蓄水至 175.0m 水位的安全鉴定工作，提出了《长江三峡水利枢纽工程 175.0m 水位蓄水条件安全鉴定报告》，认为三峡枢纽工程具备 2008 年汛后 175.0m 水位蓄水的条件。

2008 年 7 月，三期工程验收委员会枢纽工程验收组委派专家组对枢纽工程蓄水至 175.0m 水位的条件进行了检查，经过讨论，提出了《长江三峡三期工程枢纽工程具备蓄水 175.0m 水位条件检查报告》，认为三期工程枢纽工程已具备蓄水至 175.0m 水位的条件，可以进行试验性蓄水。

为确保 2008 年汛后实现 175.0m 试验性蓄水条件，2008 年 6—8 月开展了四期移民工程的区县自验、省市初验、移民验收组专家组现场验收、移民验收组终验，以及有关部门组织的行业验收和检查。

2008 年 8 月，三峡建委召开第十六次全体会议，审查了关于 2008 年汛末 175.0m 试验性蓄水问题，要求在确保安全和环境要求的前提下，继续做好试验性蓄水条件的各项准备工作。2008 年 9 月，三期工程验收委员会召开会议，经过讨论，同意 2008 年汛末进行正常蓄水位试验性蓄水。三峡建委于 2008 年 9 月 26 日批复同意三峡工程汛末进行 175.0m 试验性蓄水，要求蓄水至 156.0m 水位后再报批。

三峡水库于 2008 年 9 月 28 日开始蓄水，10 月 5 日蓄至 156.0m。三峡建委于 10 月 16 日下发通知，同意在 156.0m 水位蓄水基础上，继续抬高水位至 160.0m 进行试验性蓄水，之后视上游来水情况，在确保安全的情况下再适当抬高蓄水位。10 月 19—24 日，日均入库流量 11100～12600m^3/s，日均出库流量 5990～6830m^3/s，坝前水位蓄至 160.26m；10 月 25—31 日，日均入库流量 12600～23400m^3/s，日均出库流量 6290～9000m^3/s，坝前水位蓄至 167.37m。11 月 1—3 日，坝址上游出现一次洪水过程，11 月 3 日实测最大入库流量 33000m^3/s，为 1877 年以来 11 月实测最大流量，超过 11 月 500 年一遇流量；11 月 4 日日均入库流量 32700m^3/s，日均出库流量 15200m^3/s，坝前蓄水位为 172.36m，达到 2008 年汛末试验性蓄水的目标。11 月 5—14 日，实测坝前水位 172.80～172.12m，最高蓄水位达 172.80m。

(2)2009 年汛末继续实施 175.0m 水位试验性蓄水

三峡建委于 2009 年 9 月 14 日下发《关于做好三峡工程 2009 年试验性蓄水有关工作的通知》，部署了相关要求。国家防汛抗旱总指挥部(以下简称“国家防总”)于 2009 年 9 月 14

日批复了长江防汛抗旱总指挥部(以下简称“长江防总”)报送的《三峡工程2009年试验性蓄水实施计划》。三峡总公司遵照三峡建委通知要求和国家防总的批复,于2009年9月15日开始蓄水,9月30日蓄水位为157.93m,10月31日蓄水至库水位170.87m。鉴于2009年长江中下游降雨量较多年平均值偏少53.6%,发生了旱灾,为满足中下游及洞庭湖、鄱阳湖地区抗旱供水需求,在试验性蓄水过程中,三峡集团执行长江防总下达的6次调度令,加大下泄流量。三峡水库最大日均下泄流量17400m^3/s(9月15日),最小日均下泄流量6110m^3/s(11月22日),11月24日,三峡水库最高蓄水位为171.43m。

(3)2010—2018年汛末试验性蓄水

在总结2008年和2009年试验性蓄水实践的基础上,为充分发挥三峡工程综合效益,协调三峡水库蓄水期间各方面用水的需求,充分利用汛末洪水资源,三峡集团提出《三峡工程2010年175.0m试验性蓄水实施计划》报长江防总,经长江防总组织技术审查后报国家防总审批。2010年9月9日,国家防总下达《关于三期工程2010年175.0m试验性蓄水实施计划的批复》(国汛〔2010〕10号),同意2010年三峡水库蓄水的起蓄时间为9月10日,9月30日三峡水库水位蓄至162.0m,10月底蓄至175.0m。

长江防总遵照国家防总的指示,采取分阶段控制三峡水库蓄水位的调度方式,于9月10日0时开始蓄水,起蓄水位承接前期防洪调度的实际库水位160.20m。9月30日20时,三峡水库水位蓄至162.75m。9月10日至9月底,三峡枢纽的平均出库流量为21800m^3/s,远大于国家防总批复要求的10000m^3/s,满足了下游用水需求。10月上旬,三峡枢纽入库流量13400~16600m^3/s,出库流量7270~8870m^3/s,蓄水位163.20~168.96m;10月中旬入库流量14000~16000m^3/s,出库流量7220~13900m^3/s,蓄水位169.60~174.19m;10月26日9时实测库水位175.0m,入库流量12200m^3/s,出库流量12200m^3/s,实现了2010年175.0m试验性蓄水目标。

2011—2018年,三峡工程汛末175.0m试验性蓄水实施计划经长江防总审查报国家防总批复,蓄水提前至9月10日开始(2014年因汛末入库流量较大、水库水位较高,蓄水从9月15日开始),起蓄水位采用前期防洪调度的实际库水位,并相应提高9月底蓄水位,在10月底和11月上半月蓄至175.0m水位(表1.5.2)。

表1.5.2　三峡工程175.0m水位试验性蓄水运行期各年蓄水资料汇总

年份	年径流量(亿m^3)	开始蓄水时间及起蓄水位			最高蓄水位及时间		备注
		开始蓄水时间	起蓄水位(m)	9月30日蓄水位(m)	最高蓄水位(m)	蓄至最高蓄水位时间	
2008	4290	9月28日	145.27	150.23	172.80	11月4日	
2009	3881	9月15日	145.87	157.50	171.43	11月24日	因坝下游抗旱供水停止蓄水
2010	4067	9月10日	160.20	162.84	175.00	10月26日	

续表

年份	年径流量（亿 m^3）	开始蓄水时间及起蓄水位			最高蓄水位及时间		备注
		开始蓄水时间	起蓄水位（m）	9月30日蓄水位(m)	最高蓄水位（m）	蓄至最高蓄水位时间	
2011	3395	9月10日	152.24	166.16	175.00	10月30日	
2012	4481	9月10日	158.92	169.40	175.00	10月30日	
2013	3678	9月10日	156.69	167.02	175.00	11月11日	
2014	4380	9月15日	164.63	168.58	175.00	10月31日	
2015	3777	9月10日	156.01	166.41	175.00	10月28日	
2016	4086	9月10日	145.96	161.97	175.00	11月1日	
2017	4214	9月10日	153.50	166.80	175.00	10月21日	
2018	4570	9月10日	152.63	165.93	175.00	10月31日	

175.0m试验性蓄水运行期间，在长江防总指导下，三峡集团组织进行了汛期中小洪水滞洪调度、沙峰排沙调度、消落期库尾减淤调度、生态调度等试验，试验成果为编制三峡水库正常运行期运行规程提供了技术支撑。

为监控三峡枢纽建筑物在施工期和运行期的安全性态，三峡工程布置了项目齐全的监测仪器，形成了较完整的安全监测系统。通过预埋仪器的人工观测、自动观测以及巡视检查，对枢纽建筑物的变形、渗流、应力应变等进行周期监测，并在围堰挡水位135.0m、初期运行水位156.0m以及正常蓄水位175.0m试验性蓄水运行期间加强了监测工作，取得了大量连续、准确、齐全的监测资料。安全监测资料综合分析表明，枢纽工程各建筑物的变形、渗流、应力应变等变化规律合理，测值均在设计允许范围内，各建筑物工作性态正常，运行安全。

1.5.2.4 试验性蓄水运行以来的工程效益

(1)防洪

国家防总和长江防总以国务院批准的《三峡水库优化调度方案》等法规文件为依据，对三峡工程进行防洪调度。三峡水库对城陵矶河段实施防洪补偿调度，对中下游拦洪削峰发挥了关键性控制作用(图1.5.1)。

图1.5.1 长江中下游主要控制站点位置及防洪控制水位

根据中下游防洪需求，三峡集团执行国家防总和长江防总的调度令，实施防洪调度，成功应对2010年、2012年、2016年、2017年、2018年的数次大洪水。2004—2018年，三峡水库累计拦洪运用38次，总蓄洪量1163.7亿m^3，有效保障了长江中下游防洪安全，减轻了下游干支流地区的防洪压力，节约了防汛成本。历年防洪调度情况统计见图1.5.2、表1.5.3。

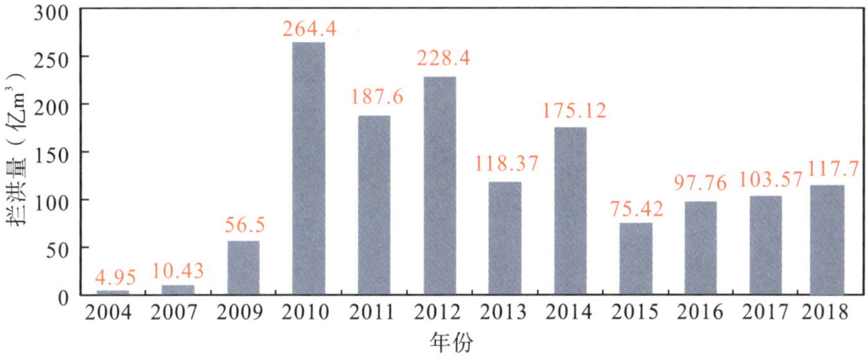

图1.5.2 三峡工程运行以来逐年拦洪量

表1.5.3 三峡工程175.0m水位试验性蓄水运行期水库防洪调度情况统计

年份	最大洪峰流量(m^3/s)	出现时间	最大下泄流量(m^3/s)	最大削洪峰量(m^3/s)	蓄洪次数	总蓄洪量(亿m^3)	6月10日至蓄水前最高调洪水位(m)
2009	55000	8月6日	39600	15400	2	56.50	152.89
2010	70000	7月20日	41400	28600	7	264.30	161.02
2011	46500	9月21日	21100	25400	5	187.60	153.84
2012	71200	7月24日	45800	25400	4	228.40	163.11
2013	49000	7月21日	35300	13700	5	118.37	156.04
2014	55000	9月20日	45700	9300	10	175.12	164.63
2015	39000	7月1日	31700	7300	3	75.42	156.01
2016	50000	7月1日	31600	18400	3	72.00	158.18
2017	38000	9月10日	18800	19200	3	103.57	157.10
2018	60000	7月14日	42000	18000	3	117.70	156.83

自2008年汛末实施175m水位试验性蓄水运行以来，汛期长江干流堤防没有发生一处重大险情，稳定了长江中下游沿江城市的人心，产生了巨大的社会效益。三峡工程按荆江补偿调度方案，多年平均年减淹耕地30.07万亩（1亩＝0.067hm^2），减少城镇受淹人口2.8万，工程防洪效益显著。

（2）发电

2009—2018年，三峡电站175.0m水位试验性蓄水运行期历年发电情况统计见表1.5.4，累计发电量9020.4亿kW·h。2012—2018年，32台700MW机组全部投产，年均发电量达 929.8 亿 kW·h，有效缓解了华中、华东地区及广东省的用电紧张局面，同时为节能减排作出了巨大贡献。2003 年 7 月至 2018 年 12 月，三峡电站累计发电量 1.19 万亿 kW·h，相当于节约标准煤 3.93 亿 t，减排二氧化碳约 10.4 亿 t、二氧化硫约 1081 万 t，减少了大量废水、废渣，增强了我国清洁能源的供应能力，节能减排及保护环境效益显著，减排效益相当于 3658 万亩阔叶林。

表 1.5.4 三峡电站 175.0m 水位试验性蓄水运行期历年发电情况统计

年份	机组运行台数(除电源电站外)	年发电量(亿 kW·h)	水能利用提高率(%)	节水增发电量(亿 kW·h)	中小洪水调度蓄洪效益(亿 kW·h)	年均耗水率[m^3/(kW·h)]	平均调峰量(MW)	最大调峰量(MW)
2009	26	798.5	5.23	39.6	4.40	4.61	1004	5240
2010	26	843.7	5.09	40.8	41.00	4.40	905	4520
2011	26～30	782.9	5.17	37.9	30.00	4.31	1642	5500
2012	30～32	981.1	6.97	65.3	64.70	4.27	1910	7080
2013	32	828.3	5.45	44.3	47.00	4.40	2006	5400
2014	32	988.2	5.47	51.1	37.50	4.31	1940	5990
2015	32	870.1	6.00	50.2	11.95	4.29	2210	7680
2016	32	935.3	5.56	48.6	26.54	4.36	2577	8377
2017	32	976.1	5.88	53.6	24.89	4.26	2835	13183
2018	32	1016.2	5.91	56.1	52.09	4.34	2808	8520

2014 年，三峡水电站全年发电 988 亿 kW·h，创单座水电站年发电量新的世界最高纪录。三峡工程发电扩大了国家电网的规模和供电能力，向华中、华东和南方电网送电，缓解了主要受电区的供电紧张局面，带动了这些地区经济社会的可持续发展，联网、调峰、调频效益显著。三峡工程建设提升了我国机电设备制造业的自主创新能力，促使国产大型水电设备达到了国际先进水平。

通过加强来水分析预报，向国家电网网调、华中网调提供及时准确的梯级电站出力预报，合理控制水库水位，及时清除拦污栅前漂浮物，重复利用库容，及时调整电站出力，使电站机组弃水期处于出力最大状态，枯水期处于效率最高状态等措施，梯级电站节水增发效益显著。2009—2018 年累计节水增发电量 487.5 亿 kW·h，其中汛期蓄洪增发效益 340.1 亿 kW·h。

此外，三峡电站具有快速启停机组、迅速自动调整负荷等良好调节性能，为电力系统的安全稳定运行提供了可靠的保障。三峡电站结合自身能力积极参与电网系统调峰运行，有效缓解了电力市场供需矛盾，改善了调峰容量紧张局面，促进了电网安全稳定运行。

(3)航运

三峡工程是长江航运发展规划的重要组成部分,工程的建设提高了长江航运重庆至宜昌段的运输能力,降低了船舶单位能耗,提升了运输质量和安全状况,改善了西南地区对外交通条件,使川江变为真正的"黄金水道",对推动西南腹地与东南沿海地区的经济交流、促进西南地区经济社会发展发挥了重要作用(图 1.5.3)。

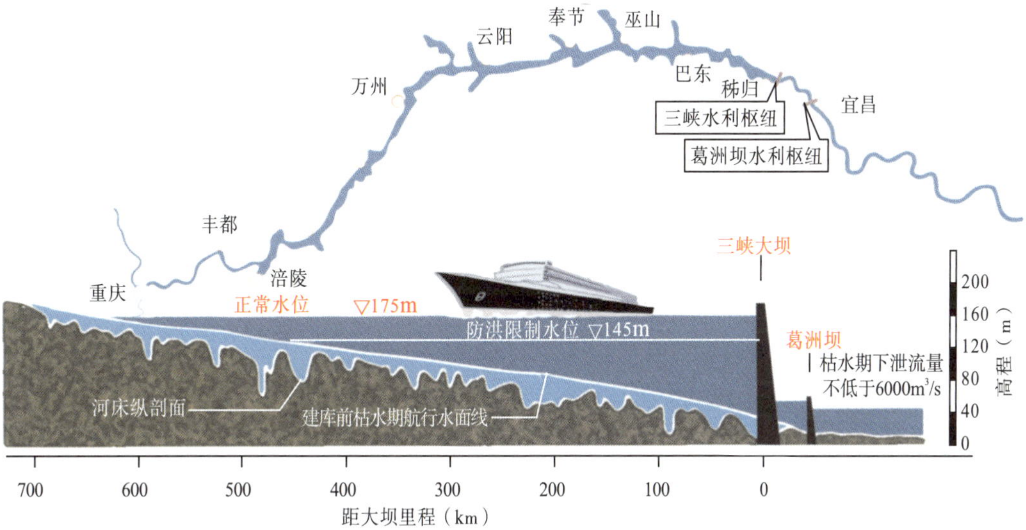

图 1.5.3 三峡库区使川江变为真正的"黄金水道"

175.0m 试验性蓄水运行极大地改善了三峡库区航道条件。三峡水库蓄水后,坝址上游江面明显变宽,水深大幅增加,消除了坝址至重庆间 139 处滩险、46 处单行控制河段和 25 处重载货轮需牵引段的不便;重庆至宜昌航道维护水深从 2.9m 提高到 3.5~4.5m,航行船舶吨位从 1000 吨级提高到 3000~5000 吨级,长江干流宜昌至重庆 660km 河段的航道等级从三级升级为一级,实现了全年全线昼夜通航。重庆朝天门至坝址河段,在一年中有半年以上时间具备行驶万吨级船队和 5000 吨级单船的通航条件。

进一步改善了长江中游宜昌至武汉的航道条件。葛洲坝枯水期出库最小通航流量由 $3200m^3/s$ 提高到 $5500m^3/s$ 以上,增加 $2000m^3/s$ 以上,葛洲坝下游最低通航水位提高到 39m。枯水期航道维护水深达到了 3.2m,比蓄水前提高了 0.3m。

1)三峡库区的船舶安全性显著提高。

三峡水库蓄水后(2003 年 6 月至 2013 年 12 月)与蓄水前(1999 年 1 月至 2003 年 5 月)相比,三峡库区年均事故件数、死亡人数、沉船数和直接经济损失分别下降了 72%、81%、65%、20%。

2)降低了航运成本。

试验性蓄水以来,由于库区水流流速减缓、流态稳定、比降减小,船舶载运能力明显提高,油耗明显下降。据测算,库区船舶单位千瓦拖带能力由建库前的 1.5t 提高到目前的 4~

7t，平均油耗由2002年的7.6kg/(kt·km)下降到2013年的2.0kg/(kt·km)左右，宜渝航线单位运输成本下降了37%左右。

3)促进了船舶标准化和大型化。

由于水库蓄水、地区经济发展、水运优势发挥等原因，库区船舶的标准化、大型化得到了快速发展。在水库试验性蓄水175.0m水位后，7000吨级货船、10000吨级船队和6000吨级自航船已经可从宜昌直达重庆港。

2011年通过船闸货运量突破1亿t，提前19年达到并超过2030年单向5000万t的设计通过能力指标，2018年三峡船闸过闸船舶货运量约1.4166亿t，再创历史新高。船闸运行以来逐年货运量见图1.5.4。截至2018年底，三峡船闸累计过闸货物12.594亿t，是三峡水库蓄水前葛洲坝船闸投入运行后22年(1981年6月至2003年6月)过闸货运量2.1亿t的6倍。其中，实施175m水位试验性蓄水运行的2009—2018年累计过闸货物10.385亿t，各年通航数据统计见表1.5.5。

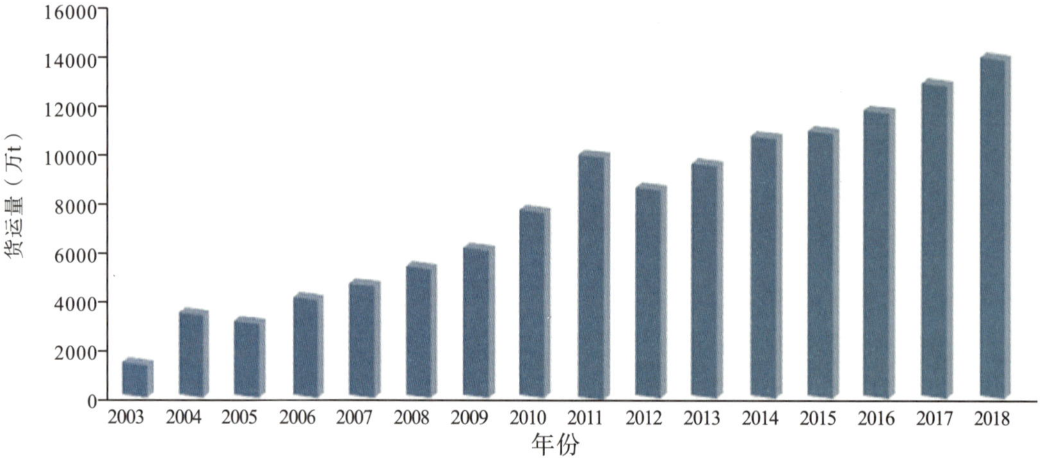

图1.5.4 船闸运行以来逐年货运量

表1.5.5 175.0m水位试验性蓄水运行期船闸通航数据统计

年份	2009	2010	2011	2012	2013	2014	2015	2016	2017	2018	累计
运行闸次（次）	8082	9407	10347	9713	10770	10794	10734	11063	10425	10198	101533
通过船舶（万艘）	5.2	5.8	5.6	4.4	4.6	4.4	4.4	4.3	4.3	4.3	47.3
通过货物（万t）	6089	7880	10033	8611	9707	10898	11507	12050	13000	14166	103941
通过旅客（万人次）	74	50.8	40	24.4	43.2	52.1	47.6	47.2	39.6	1.5	420.4

(4)水资源利用

2003 年三峡水库蓄水运行后，随着不同运行时期正常蓄水位逐步抬高，三峡水库消落期供水能力不断增强，供水效益进一步加大。初步设计要求三峡水库枯水期主要满足不低于电站保证出力(4990MW)及葛洲坝下游 39m 最低通航水位对应的流量(约 5500m^3/s)即可，但随着下游沿江经济社会的发展，各方需水要求不断提高。根据 2009 年国务院批准的《三峡水库优化调度方案》及 2010 年以后国家防总的有关批复，三峡水库逐步提高了枯水期的下游流量补偿标准，1—4 月水库下泄流量按 6000m^3/s 左右控制，有效满足了枯水期长江中下游沿江生产生活和生态用水需求。

三峡水库实施 175.0m 水位试验性蓄水运行以来，有效抬高下游航道水深 1.0m 以上，较好满足了下游航道畅通及沿江两岸生产生活等用水需求。同时，面对 2011 年我国长江中下游部分地区遭遇的 100 年一遇大面积干旱、下游载油船舶搁浅，以及 2014 年上海咸潮入侵等突发事件，三峡水库及时加大下泄，实施应急抢险调度，成功应对了此类突发事件。三峡水库水资源调度取得了较好的社会效益和生态效益。

三峡工程自 2003 年 6 月运行以来，截至 2018 年底，共向长江中下游补水 1956 天，补水总量 2465.7 亿 m^3(表 1.5.6)，发挥了国家战略淡水资源库的作用，为中下游两岸城乡居民生活、生产、生态供水提供了安全保障。实践证明，三峡工程是生态与环境保护工程。

表 1.5.6　　三峡工程运行以来水资源调配利用资料汇总

运行期	时间	补水天数(天)	补水总量(亿 m^3)	平均增加航道深(m)	节水增发电量		
					年份	水能利用提高率(%)	节水增发电量(亿 kW·h)
围堰挡水发电期	2003—2004	11	8.79	0.74	2003		0.8
	2004—2005	枯期来水较丰，没有实施补水调度			2004	4.60	17.2
	2005—2006	枯期来水较丰，没有实施补水调度			2005	4.00	18.7
	小计	11	8.79	0.74		4.00～4.60	36.7
初期运行期	2006—2007	80	35.80	0.38	2006	4.30	20.3
	2007—2008	63	22.50	0.33	2007	4.50	26.8
	小计	143	58.30	0.33～0.38		4.30～4.50	47.1
正常蓄水位175.0m试验性蓄水运行期	2008—2009	190	216.00	1.03	2008	4.96	37.8
	2009—2010	181	200.20	1.00	2009	5.23	39.6
	2010—2011	194	243.31	1.13	2010	5.09	40.8
	2011—2012	181	261.43	1.31	2011	5.17	37.9
	2012—2013	178	254.10	1.29	2012	6.97	65.3
	2013—2014	182	252.80	1.26	2013	5.45	44.3

续表

运行期	时间	补水天数（天）	补水总量（亿 m^3）	平均增加航道深（m）	节水增发电量		
					年份	水能利用提高率(%)	节水增发电量（亿 kW·h）
正常蓄水位175.0m试验性蓄水运行期	2014—2015	82	61.00	1.26	2014	5.47	51.1
	2015—2016	170	217.60	1.26	2015	6.00	50.2
	2016—2017	177	232.94	1.26	2016	5.56	48.6
	2017—2018	153	226.70	0.93	2017	5.88	53.6
	2018—2019	124	232.50	0.95	2018	5.91	56.1
	小计	1812	2398.58	0.93～1.31		4.96～6.97	525.3
合计		1966	2465.67	0.93～1.31		4.96～6.97	609.1

1.5.2.5 枢纽工程竣工验收

国务院长江三峡工程整体竣工验收委员会枢纽工程验收组于 2015 年 9 月 23—26 日在三峡坝区召开“长江三峡工程整体竣工验收枢纽工程验收会议”，进行三峡枢纽工程竣工验收。验收委员深入各枢纽建筑物检查运行情况，观看了枢纽工程竣工验收汇报专题片，听取了三峡集团关于三峡枢纽工程建设及运行管理报告、水电水利规划总院关于三峡枢纽工程安全鉴定报告、枢纽工程验收专家组关于三峡枢纽工程技术预验收报告，查阅了各参建单位提交的竣工验收报告及相关资料，经认真讨论，最后形成了《长江三峡工程整体竣工验收枢纽工程验收鉴定书》（以下简称《验收鉴定书》）。2015 年 9 月 26 日，三峡枢纽工程验收组全体验收委员会签字通过了《验收鉴定书》。验收结论如下：

1）三峡枢纽工程已按批准的设计内容（不含批准缓建的升船机续建工程）提前一年建设完成，无工程尾工；水工建筑物、金属结构、机电设备及安全监测设施的施工、制造、安装质量符合国家、行业有关技术标准和设计要求，工程质量合格。

2）三峡枢纽工程相关的环境保护、水土保持、消防、劳动安全与工业卫生、工程档案、网络安全等专项验收已通过，工程竣工财务决算审计已完成，遗留问题已处理或已落实。

3）三峡枢纽工程自 2003 年蓄水以来，经受了 2010—2014 年连续 5 年正常蓄水位 175.0m 的考验，运行正常；枢纽工程运行以来按有关规程和调度方案开展了防洪、发电、航运和水资源调度，发挥了显著的综合效益。

枢纽工程验收组同意通过长江三峡工程整体竣工验收枢纽工程验收。

1.5.2.6 整体竣工验收

2020 年 11 月 1 日，水利部、国家发展和改革委员会公布，三峡工程完成整体竣工验收全部程序。根据验收结论，三峡工程建设任务全面完成，工程质量满足规程规范和设计要求、总体优良，运行持续保持良好状态，防洪、发电、航运、水资源利用等综合效益全面发挥。

三峡工程是迄今为止世界上规模最大的水利枢纽工程和综合效益最广泛的水电工程。监测表明，拦河大坝及泄洪消能、引水发电、通航及茅坪溪防护工程等主要建筑物工作性态正常，机电系统及设备、金属结构设备运行安全稳定。

防洪方面，从蓄水至2020年8月底，三峡水库累计拦洪总量超过1800亿m^3。2010年、2012年、2020年入库最大洪峰均超过70000m^3/s，经过水库拦蓄，削减洪峰约40%，极大减轻了长江中下游地区防洪压力。

发电方面，三峡电站是世界上总装机容量最大的水电站，输变电工程承担着三峡电站全部机组电力送出任务。截至2020年8月底，三峡电站累计发电量达13541亿kW·h，有力支持了华东、华中、广东等地区电力供应，成为我国重要的大型清洁能源生产基地。

航运方面，三峡工程显著改善了川江航道通航条件，三峡船闸自2003年6月试通航以来，过闸货运量快速增长，2011年首次突破1亿t，2019年达到1.46亿t。截至2020年8月底，累计过闸货运量14.83亿t，有力推动了长江经济带发展。

水资源利用方面，三峡水库每年枯水季节下泄流量提高到5500m^3/s以上，为长江中下游补水200多亿m^3，截至2020年8月底累计补水2267天，补水总量2894亿m^3，改善了中下游地区生产、生活和生态用水条件。

生态与环境保护方面，至2020年8月底，三峡电站发出的优质清洁电力能源相当于节约标准煤4.30亿t，减少二氧化碳排放量11.69亿t，节能减排效益显著。

三峡工程建设中的移民工程共搬迁安置城乡移民131.03万人。验收结论显示，移民生产生活状况显著改善，库区基础设施、公共服务设施实现跨越式发展。移民迁建区地质环境总体安全，库区生态环境质量总体良好。

1.6 三峡工程在治理开发及保护长江中的地位

1.6.1 长江流域规划明确三峡工程在治理开发及保护长江中的关键地位

长江的治理开发及保护是在流域规划指导下进行的。1952年长江委成立后就着手长江流域规划的准备工作，1954年长江发生大洪水后，党中央决定编制长江流域综合利用规划。1956年10月，国务院将长江委改名为长办，全面负责长江流域综合利用规划工作。1959年长办编制完成了《长江流域综合利用规划要点报告》（以下简称《长江流域规划要点报告》）。经过综合分析论证，《长江流域规划要点报告》制定了以三峡工程为主体进行全面安排的总体治理开发方案。该规划要点报告对指导后续数年的长江治理开发及保护起到了重要作用。

1983年国家根据长江流域经济社会发展的新要求，决定对1959年编制的《长江流域规划要点报告》进行修改和补充，长江委于1990年编制完成《长江流域综合利用规划简要报告》（以下简称《长江流域规划简要报告》），并经国务院审查批准。《长江流域规划简要报告》继续肯定了三峡工程在治理开发及保护长江中的关键地位。

根据党中央提出的“统一规划，全面发展，适当分工，分期进行”的原则，对《长江流域规划要点报告》和《长江流域规划简要报告》的规划任务、目标、措施等方面的复杂关系进行综合分析后提出的总体规划方案，既抓住了规划主体，又进行了全面安排，明确了三峡工程是治理开发及保护长江的关键工程、战略工程。三峡工程在治理开发及保护长江中的地位是其他工程不可替代的，但与其他治理开发及保护措施相辅相成，互不排斥。

2007 年起，长江委根据《中共中央 国务院关于加快水利改革发展的决定》(中发〔2011〕1 号)和 2011 年 7 月中央水利工作会议精神，对《长江流域规划简要报告》再次进行了修改完善，于 2011 年 7 月形成了《长江流域综合规划(2012—2030 年)》(以下简称《规划》)。《规划》明确三峡水库是国家重要战略淡水资源库，已被列为国家水环境保护的重点区域。三峡水库在保护长江生态环境中具有关键地位，要加大三峡库区水资源与水生态环境保护力度；加强三峡库区水污染防治及饮用水水源地保护；加大支流沿岸城镇污水处理力度，实现污染物排放总量控制；优化调整库区及其上游地区农业产业结构，加快生态农业建设。2012 年 12 月，国务院对《规划》进行了批复。

三峡水库位于我国腹心地带，水量充沛，水质清洁，高程相对适宜，是我国最大的淡水资源库，是国家水环境保护的重点区域，具有重大的国家水安全战略意义。长江每年供水量超过 2000 亿 m^3，保障了沿江 4 亿人民生活和生产用水需求，还通过南水北调惠泽华北、苏北、山东半岛等广大地区。三峡水库库容大，能较好地调节长江上游来水，提高库区和长江中下游居民饮水安全保障能力，并可优化我国跨流域水资源配置，通过南水北调工程对缓解北方干旱缺水状况发挥重要作用。三峡工程的建成运行，大大提升了我国淡水资源的调控能力，是保障长江流域水安全的国家战略淡水资源库，在保护长江生态环境中具有关键地位。

1.6.2 三峡工程是长江中下游防洪体系中的关键工程

1.6.2.1 三峡工程兴建前长江中下游防洪面临的严峻形势

长江流域防洪的重点在中下游平原地区。这一地区经济发达、人口稠密，但地面高程普遍低于河道洪水位，主要依靠堤防保护，历史上该地区洪涝灾害频繁而严重。中华人民共和国成立后，经过数十年的防洪建设，长江流域的防洪能力有很大提高，但防洪标准仍然较低，特别是荆江河段，在三峡工程兴建前，防洪形势仍然十分严峻，主要存在如下问题。

1)长江洪水来量巨大与河道泄洪能力有限的基本矛盾依然存在，且难以依靠进一步扩大河道泄量来解决。

2)荆江河段遭遇特大洪水时，可能发生毁灭性灾害，尚缺乏可靠的对策，这是长江中下游防洪中最大的隐患。

3)长江中下游江湖演变和人类社会经济活动使湖面日趋萎缩，沿江平原地区防洪形势更加严峻。

总之，中华人民共和国成立后，长江中下游平原地区防御一般洪水的能力较中华人民共和国成立前大大提高，但防洪形势仍十分严峻。如再遭遇特大洪水，荆江地区仍可能发生毁灭性灾害，由于灾区广、损失重，将影响整个国民经济发展的部署。长江中下游的防洪问题若不进一步解决，对流域和全国的经济社会发展都会产生巨大的影响。

1.6.2.2 三峡工程在长江防洪中的重要作用

(1)三峡工程对长江洪水有特殊的控制作用

长江洪水主要由上游的金沙江、岷江、嘉陵江和中下游的汉江与洞庭湖及鄱阳湖两湖水系洪水组成。长江上游干流金沙江和支流岷江、沱江、嘉陵江、乌江汛期洪水的洪量一般占长江在宜昌以上洪量的1/3，洪水来量较稳定，是组成宜昌洪水的基底。四川盆地各主要江河如岷江、沱江、嘉陵江，汇流迅速，洪水涨势很猛，又常与寸滩至宜昌区间洪水遭遇，对宜昌站洪峰流量影响最大。因此，宜昌以上川江洪水是长江中下游洪水的主要来源，控制川江洪水对长江中下游防洪至关重要。三峡工程位于宜昌以上西陵峡口，扼川江洪水进入长江中下游平原的咽喉，能对川江洪水进行有效的控制与调节。因此，只有修建三峡工程，才能有效控制洪峰高、洪量大而集中的川江洪水，才能解除荆江河段洪水的严重威胁和减轻长江中下游平原的洪水灾害。

三峡工程由于其优越的地理位置及对长江洪水的特殊控制作用，是长江中下游防洪体系中的骨干工程，可以发挥多方面的重要作用。三峡水库有221.5亿m^3的防洪库容，荆江河段防洪标准可从20世纪末的10年一遇提高到100年一遇，即在遭遇不大于100年一遇的洪水时，经三峡水库调蓄后，可控制枝城站最大流量不超过56700m^3/s，不启用荆江分洪区，沙市水位不超过44.5m。经三峡水库调蓄，在一般洪水年份，可降低长江中下游洪水位，有利于两岸支流排洪和平原地区排涝；遇1931年、1935年和1954年同等的大洪水时，可大幅度减小中下游地区分洪量，减少洪灾损失。三峡水库对城陵矶洪水进行补偿调节，三峡水库可拦蓄洪水120亿～200亿m^3，减少长江中游分蓄洪淹没农田250万～300万亩，减少分蓄洪区临时撤退人口约200万。最重要的是遇1860年和1870年同等的特大洪水，可防止荆江河段发生毁灭性灾害。三峡工程建成后，对长江上游洪水有效控制，荆江大堤的安全得到保证，减轻了洪水对武汉市的威胁，提高了武汉市防洪设施的可靠性和调度运用的灵活性，便于应对各种意外的情况。

(2)三峡水库对长江防洪有着不可替代的作用

根据对长江历史洪水的分析研究，1860年和1870年特大洪水都是由长江宜昌以上普降暴雨形成的。为防止荆江地区遭遇类似特大洪水而发生毁灭性灾害，三峡工程论证阶段曾研究过多种方案，包括加高现有堤防、开辟分洪道以及修建上游干支流水库等。但由于1860年和1870年的洪水洪峰流量太大，1870年特大洪水又主要来源于嘉陵江和三峡区间，因此这些方案都解决不了防洪问题。而三峡水库可控制1860年和1870年型大洪水的主要来源，又有221.5亿m^3的防洪库容，经三峡水库调蓄，可将这两年特大洪水的洪峰流量从110000m^3/s削减至80000m^3/s以下，再结合分洪区和堤防，可保证荆江河段的行洪安全。

长江上游干支流修建有一批具有防洪作用的综合利用水库。如长江干流金沙江的乌东德、白鹤滩、溪洛渡、向家坝，支流岷江的双江口、瀑布沟、紫坪铺和嘉陵江的亭子口，乌江的构皮滩、彭水等。由于这些水库分布在干支流上，而这些河流上的洪水不是同步发生，因此水库的防洪库容不可能充分发挥作用。根据对不同典型洪水的分析计算结果，这些水库 1 亿 m^3 的防洪库容对长江中下游地区的防洪作用，约只相当于三峡水库 1/3 亿 m^3 库容的防洪作用。更重要的是，从这些河流最下游的控制水库至宜昌区间还有 29 万 km^2 的面积，约占宜昌以上流域面积的 30%，又是暴雨区，著名的川西、川北暴雨区都笼罩着这一区间，长江上游干支流水库对这一区间产生的洪水无法控制，而只有三峡水库才能控制与调节，因此长江上游干支流水库不能替代三峡工程控制洪水的作用。

(3)三峡工程减轻洞庭湖区的洪水威胁和泥沙淤积，有利于长期保持洞庭湖的调洪能力

洞庭湖是长江洪水重要的分洪通道和洪水泥沙调蓄场所。它不仅分泄与调蓄荆江洪水，而且是调蓄湘江、资水、沅江、澧水“四水”的洪水和洞庭湖区涝水的场所。长期保持洞庭湖的自然调蓄能力，对长江中游防洪及洞庭湖区防洪排涝具有十分重要的作用。三峡工程修建后，有效地控制和调蓄了上游洪水来量，并为荆江分流入洞庭湖的四口建闸控制创造了条件，既可以减轻洞庭湖区洪水威胁，又可以减少荆江分流入洞庭湖的泥沙，减缓湖区河湖的泥沙淤积速度，有利于长期保持江湖的行洪与调洪能力。

1.6.3 三峡工程是我国重要的水电生产基地

1.6.3.1 三峡工程在我国水电可持续发展中具有重要的战略地位

水能是清洁的可再生能源，是人类开发利用能源的重要组成部分。我国河流众多，水能资源理论蕴藏量 6.944 亿 kW，水能资源技术可开发量 5.4164 亿 kW，是世界上水能资源最丰富的国家。水能是我国实现可持续发展的战略优质能源，在发展低碳经济中占有重要地位。水电可持续发展是我国实现能源结构调整和节能减排目标的重要举措。截至 2022 年底，我国水电装机容量已达 4.135 亿 kW(含抽水蓄能电站装机容量)，占电力总装机容量的 16.1%；年发电量 1.35 万亿 kW·h，占年总发电量的 15.3%。

三峡电站总装机容量达 22500MW，多年平均年发电量 882 亿 kW·h，相当于每年 5000 万 t 原煤的发电量，也相当于每年 2500 万 t 原油的能量，是我国重要的清洁能源基地。三峡水库坝址控制流域面积大，地域之间相互补偿使入库水量变化较小，因此三峡电站的稳定性和持续性能优于一般水电站。而且，三峡工程地理位置适中，作为“西电东送”和“南北互供”的骨干电源，在促进全国各区电网形成联合电力系统和长江上游干支流水电开发中发挥了重要作用。三峡电站将华中、华东、华南和西南电网联成跨地区的电力系统，再与华北、西北、东北联网，形成全国联合电力系统，取得了巨大的电力联网效益，这是其他电站难以达到的。我国丰富的水能资源集中在西南地区，长江上游干流金沙江以及支流雅砻江、岷江的大渡河、乌江都是我国重要的水电基地，但其距经济发达的华东、华南、华中地区较远，存在功率、电能、电压损失大等远距离电力输送难题。三峡电站正位于

“西电东送”的中间地带，可以起到电压支撑作用，为西南地区的水电开发及大规模的“西电东送”创造有利条件，对电网的稳定运行起到很大作用，在我国水电可持续发展中具有重要的战略地位。

1.6.3.2 三峡工程是我国调整能源结构、节约化石能源消费最理想的水电生产基地

我国的能源资源条件决定了一次能源生产以煤炭为主，是电力发展的重要支柱。但我国煤炭资源分布极不均匀，且大规模长距离煤炭运输压力极大，也难以落实。针对这些情况，我国能源开发以煤炭为基础、电力为中心；优先发展水电，大力推进风电、核电、太阳能发电等新能源的开发建设，积极开发石油和天然气；大力节电、节油和节煤，推广热电联产，发展余热利用；调整能源结构，减少化石能源消耗，大力发展清洁能源，提高非化石能源占一次能源消费比重，努力提高能源利用效率，减轻环境污染。

三峡工程从能源和发电方面讲，是位于我国缺电的南方地区的重要能源生产基地，是位于长江流域丰富的西部水能资源基地最靠近中部和东部经济中心的巨型水电站。修建三峡工程不仅相当于在我国“三西”煤炭基地建设年生产 5000 万 t 煤炭的煤矿，还相当于建设一条从煤炭基地到沿海港口的铁路以及从沿海港口转运煤炭到华中、华东地区的交通运输设施。因此，三峡工程对华中和华东地区的能源和电力平衡有着举足轻重的作用，对解决华中和华东地区 21 世纪内的用电、减少从北方煤炭生产基地调入发电用煤、减轻运输压力、缓和煤炭供需矛盾具有重要作用。

1.6.4 三峡工程是促进长江航运发展的关键工程

1.6.4.1 三峡工程兴建前，川江航道制约了长江航运的发展

交通运输是发展国民经济的重要环节，长江历来是沟通我国东南沿海和西南腹地的交通大动脉，素有“黄金水道”之称。长江航运作为联系东部、中部、西部经济的纽带，在我国综合运输体系中占有重要地位。中华人民共和国成立后，长江航道、港口和船舶经过建设与改进，航运事业有了较大发展，为国民经济发展作出了重要贡献，但仍远不能满足国民经济发展的要求，且与发达国家类似大河的运力存在较大差距，巨大的潜力尚没有得到充分发挥。

三峡工程兴建之前，制约长江航运发展的主要问题之一是上游的航道条件、运力、运量和运输成本与中下游相差甚远。要根本改善长江航运条件，大幅度提高航道通航能力，形成上中下游相适应的航运条件，实现长江航运发展目标，关键是要改变川江航道的天然状况，同时增加中游航道的枯季流量以增加航深，并辅以整治措施避免浅滩碍航。为发展长江航运，交通部门对川江航道进行了大量的整治工作，使川江航道的通过能力得到了一定的提升，但远远满足不了货运量的增长要求。要想大幅度扩大川江航道的通过能力，单纯依靠整治措施难度很大，且无法降低运输成本。

1.6.4.2 三峡工程是长江航运工程的重要组成部分

根据西南地区经济社会发展形势和进出川江运量预测，必须彻底改善川江航道，大力发展长江航运。借鉴国内外改善山区航道的成功经验，只有采取筑坝壅水、渠化河道的工程措

施，淹没险滩，增加航道水深和航道宽度，改善水流流态和航行条件，并结合港口改造和船舶大型化、现代化，才能大幅度提高航运能力和船舶航运效益。

葛洲坝工程建成投入运行后，宜昌至重庆660km的河道减少险滩38处，改善通航里程约130km。葛洲坝工程的大江、三江两条航线建有3座船闸，投入运行后适应了川江货运和客运平均每年递增10%的需要。同时地方航运部门充分利用长年库区航道的优越条件，大力发展水运，取得明显效果，湖北省巴东、秭归两县航运部门在库区的运输成本比在天然河道情况下降低50%，社会效益及经济效益显著。葛洲坝工程属低坝，是三峡工程的反调节水库和航运梯级水库。只有修建三峡工程，才能渠化重庆以下的川江航道，根本性地改善航运条件，使万吨级船队可直达重庆。三峡水库通过水资源调配，枯水期增加下泄流量2000m^3/s左右，使宜昌以下航道水深增加0.6～1.0m，结合河势控制，改善了中游浅滩河段航道条件，并使位于三峡水库库区的万州、涪陵等港口成为深水港，重庆港水域条件大为改善。三峡工程和葛洲坝工程渠化了重庆以下的川江航道，是长江航运工程的组成部分。三峡工程的兴建使川江变为真正的“黄金水道”，在推动西南地区的经济发展、促进西南腹地与沿海地区的物资交流等方面发挥了经济纽带的重要作用。

1.6.4.3 三峡工程是长江航运发展中的关键性工程

三峡工程建成投入运行后，三峡水库使宜昌至重庆段660km河道上众多险滩被淹没，通航条件得到根本改善，航道通过能力由建库前的1000万t提高至6000万t以上，万吨级船队可由上海、武汉直达重庆，单位能耗下降46%；通过三峡水库调节，长江中游枯水期部分浅滩河段的航运条件得到改善，提升了航道通过能力和标准，促进了长江航运事业的发展，提高了船舶运输的安全性，三峡工程成为长江航运发展中的关键性工程。通过船型标准化、翻坝运输、改善库区干支流河段航运条件、建设物流基地、发展集装箱运输、优化铁路水路、陆路水路联运等综合运输体系，进一步拓展了三峡工程航运发展空间，增强了其在长江航运发展中的关键性工程地位，发挥了在黄金水道东西部交通大动脉中的枢纽作用，有力地促进了西南地区经济社会的快速发展。

1.6.5 三峡工程是我国具有战略性的淡水资源库

1.6.5.1 三峡库区是长江流域的重要生态屏障

(1)三峡库区自然条件和生态环境条件

三峡库区位于长江流域腹心地带，地跨湖北省西部和重庆市中东部，面积约5.8万km^2。三峡全库区地貌区划为板内隆升蚀余中低山地，地处我国第二阶梯的东缘，总体地势西高东低，地形复杂，大部分地区山高谷深，岭谷相间。主要地貌类型为山地、丘陵。

三峡库区地处我国亚热带湿润地区，气候具有冬暖、夏热、春早、秋凉、多雨、霜少、湿度大、云雾多、风力小等特点，水热条件优越，垂直气候带特征明显。库区水系发育，江河纵横，三峡坝址以上控制流域面积100万km^2，占流域总面积的56%。库区除长江干流和主要支流嘉陵江、乌江外，还有流域面积100km^2以上的支流152条，流域面积1000km^2以上的支流19条。

三峡库区植物种类繁多，林果种类齐全，农、林、土特产资源丰富。库区已发现矿产75种。库区土壤类型多样，农业用地约2843万亩，占库区土地总面积的32.84%；林业用地约4242万亩，占49.01%；其他用地约1571万亩，占18.15%。在农业用地中约有耕地2217万亩，占农业用地面积的78.0%，多分布在长江干、支流两岸。

三峡库区湖北省和重庆市的19个区(县)及重庆主城区共辖602个乡(镇、街道办事处)、7261个村(居)委会，2008年统计总人口2067万(其中农业人口1388万，占67.15%)。三峡库区移民安置任务重点区(县)共12个，涉及库区266个乡镇、1753个村。库区有11个区(县)为国家级扶贫重点县，是我国连片贫困区之一。三峡库区历史文化悠久，山川景色秀丽，尤以山、水、峡、洞著名，更有体现三峡地区人与自然关系的峡江文化。三峡工程建成投入运行后，水库改变了库周风貌和旅游资源的分布格局，为旅游资源的开发利用带来了更广阔的空间。

三峡库区生物多样性丰富，是长江流域乃至全国生物多样性保护备受关注的地区之一。三峡库区地层除缺失志留系上统、泥盆系下统、石炭系上统和第三系以外，自前震旦系至第四系均有出露。库区地形地貌与岸坡地质结构复杂，雨量丰沛且暴雨集中，历来是地质灾害多发地区。库区为弱地震环境，地震基本烈度Ⅵ度。坝址以上17～30km和50～110km处，有秭归—渔洋关和黔江—兴山两个小地震带穿越库区。

国家在三峡库区实施的退耕还林还草工程、天然林保护工程、长江上中游水土流失重点防治工程、长江防护林工程等，促进了库区生态环境建设，逐步恢复了森林植被，且在一定程度上控制了水土流失。

三峡库区多级环境监测网的监测成果表明，三峡工程建设以来，枢纽工程施工区和移民工程移民安置区环境质量总体良好，水土流失逐步得到了治理；库区长江干流水质总体稳定，总体以Ⅱ、Ⅲ类为主；水库诱发地震维持在论证预期的低强度水平；库区生物多样性保护取得一定成效。

(2)三峡库区建设生态屏障区，是保障长江生态环境安全的重大举措

三峡水库位于长江流域腹心地带，是全国重要的生态功能区之一，对保障国家生态安全具有重要意义。三峡水库回水末端紧邻长江上游珍稀特有鱼类国家自然保护区，下接长江中下游江湖复合生态系统，是流域生态环境保护和修复的主控节点，对于流域生态环境变化和江湖关系演变具有重要的调控作用。三峡工程对下泄流量的调节和控制，可大幅度减少洞庭湖泥沙淤积，延长洞庭湖寿命；枯水期坝下游河道流量增大，在一定程度上降低长江口高盐期盐度，冲淡河口咸潮。在三峡水库建设库区生态屏障区，是完善生态环境保护体系、保障长江生态环境安全的重大举措。

1.6.5.2 三峡水库是我国最大的淡水资源库

(1)三峡工程提升了国家战略淡水资源的调控能力

水资源短缺且时空分布不均是制约我国可持续发展的重要因素，水安全是我国未来

重大的国家安全问题之一。三峡水库地处我国腹心地带，水量充沛，水质清洁，高程相对适宜，是我国最大的淡水资源库。三峡坝址多年平均径流量4510亿m^3，三峡水库总库容450.4亿m^3，能较好地调节长江上游来水，提高库区和长江中下游居民饮水安全的保障能力，并可优化我国跨流域水资源配置，建设南水北调工程，对缓解北方干旱缺水状况发挥重要作用。三峡工程大大提升了我国淡水资源的调控能力，是保障长江流域水安全的国家战略性淡水资源库。

(2)构建三峡库区生态环境保护体系，保障战略性淡水资源库水质安全

三峡库区地质环境复杂、人多地少的基础性矛盾长期存在，是长江流域生态环境问题最为集中的区域。库区生态环境比较脆弱，是水环境敏感区、自然灾害多发区和水土流失重点防治区，也是直接受三峡工程影响的生态敏感区。三峡工程建设期间，三峡建委成立了三峡工程生态与环境保护协调小组，环保部会同国家发展和改革委员会编制和组织实施了《三峡库区及其上游水污染防治规划(2001—2010年)》及其修订本，三峡建委办公室建立了三峡工程生态与环境监测系统，组织有关单位开展监测工作，同时进行了一系列生态环境建设与保护的试点、示范工作。国家各有关部门和库区各级政府采取了一系列措施，使三峡工程相关的生态环境建设及保护工作取得了阶段性成果，主要包括工业点源污染治理、农村面源污染控制、饮用水水源保护、库底卫生清理、局部水域污染治理、水库清漂、船舶污染物排放控制、支流水华控制、库区生态和生物多样性保护、库区水土保持和植被恢复、水库消落区管理等方面。

水库周边区域人口密集，经济活动频繁，既是面源污染的源头，又是库周入库污染的必经之地，需要划定合适的区域，建设生态屏障区，采取综合措施，在削减面源污染负荷的同时，恢复和完善库区生态系统结构，使其功能继续发挥，提高库区生态环境承载力，形成库区污染入库前的最后一道生态防线，遏制三峡水库局部库湾、支流水体的富营养化和水华的发生，保障国家战略性淡水资源库水质安全。

1.7 三峡工程技术难点与关键技术问题

三峡工程是治理和开发长江的关键性骨干工程，是当今世界上最大的水利枢纽工程。其工程规模和综合效益巨大，工程技术复杂，设计综合难度超出了世界上已建水利水电工程，在工程设计研究过程中提出并运用了一系列新的设计理论和方法，攻克了高水头超大泄量泄水重力坝、巨型机组水电站、高水头大型连续多级船闸、大流量深水河道截流及修筑围堰、水库淹没与移民等众多关键技术难题，开展了生态环境影响与对策、区域地震、泥沙等问题的深入研究。三峡工程从构想、勘测、规划、论证、设计、施工到运行，经过了几代人的不懈努力，上万名科技人员参与了三峡工程的科技工作，取得了一系列重大突破。

1.7.1 大坝关键技术问题

(1)大坝坝基岩体质量评价标准及方法

三峡工程大坝坝基岩体的闪云斜长花岗岩及各种脉岩、包裹体,均是坚硬岩石,受到构造作用与风化作用,其完整性和强度有不同程度的降低。岩体质量评价主要是根据大坝对地基的要求,通过对地质与物理力学特性两方面多因素的分析,来评定各种岩体质量的优劣,为坝基岩体的选择提供基本依据。由于三峡工程大坝坝基岩体风化厚度较大、局部地质构造复杂,具有断层、岩体风化深、地下水分布不均等特征,如何进行大坝坝基岩体分级并合理利用成为勘测设计中的一项技术难题。需要研究制定相应的坝基岩体质量评价系统,以解决坝基可利用岩面的选择问题。

(2)大坝岸坡厂房坝段深层抗滑稳定问题

三峡大坝左厂1~5号坝段和右厂24~26号坝段位于左、右岸山体缓坡地段,大坝坝基岩体为微风化及新鲜的闪云斜长花岗岩,岩体虽坚硬,但坝基缓倾角结构面较为发育,有多条倾向下游偏左岸的长大缓倾角裂隙和少量倾向下游的中倾角裂隙,构成了高陡边坡沿缓(中)倾角结构面的滑动楔体,对坝基和高陡边坡稳定十分不利。其中,左厂3号坝段坝基断续节理裂隙最为发育,缓、中倾角结构面最大裂隙连通率83.1%,是左岸厂房坝段深层抗滑稳定的控制性坝段。此外,由于坝后布置有坝后式厂房,大坝建基面高程85~90m,厂房最低建基面高程22.2m,致使坝后形成坡度约54°、临时坡高67.8m、永久坡高39m的高陡边坡。高度近100m的混凝土重力坝修建在倾向下游的缓倾角裂隙发育的高陡岩台上,大坝沿坝基缓倾角结构面的深层抗滑稳定是左厂1~5号坝段和右厂24~26号坝段的关键技术问题。

(3)高水头超大泄量泄洪消能与坝内多层大孔口结构设计

三峡枢纽泄洪消能设施布置兼顾了水库防洪调度、工程防护、水库排沙和排漂等不同功能的要求。三峡大坝设计流量98800m^3/s、校核流量124300m^3/s;三期截流流量10300m^3/s;三期围堰挡水发电期设计流量72300m^3/s、校核流量83700m^3/s。泄洪建筑物具有泄洪流量大、运行水头高、目标任务多等特点,泄洪规模和复杂程度远超当今世界上已建水利水电工程。同时因电站装机容量大、机组台数多,能够布置泄洪坝段的长度极其有限。经多方案综合比较,创新提出了3层泄洪大孔口的立体交错布置方案:大坝永久泄洪设施采用23个深孔、22个表孔相间布置;表孔下部布置22个导流底孔。针对3层泄洪大孔口立体交错布置的特点,需结合坝下消能区实际情况,研究解决泄洪孔不同运行条件下的体型选择和高速水流下抗空化及防泥沙磨蚀问题,深孔与表孔联合泄洪和深孔与底孔联合泄流时下游水力衔接及消能防冲等关键技术问题。

泄洪坝段3层大孔口立体交错布置,结构受力复杂,深孔孔口尺寸大,孔内作用水头高、运用频繁、运用水位变幅大,泄洪坝段大孔口结构设计难度大,孔口应力大、配筋多、施工困难等问题突出。为此,需开展多层泄洪大孔口坝段结构分析优化和安全度分析设计工作,研究提高大坝的整体性、降低孔口应力和裂缝宽度、优化孔口配筋等工程措施，解决泄洪大孔口结构设计的关键技术问题。

(4)大坝混凝土设计及温控防裂

三峡大坝混凝土设计对耐久性和强度指标同等重视，大坝混凝土除满足强度要求外，还应满足抗渗、抗冻、抗裂、抗冲磨、抗碳化、抗侵蚀及防止碱骨料反应等耐久性方面的要求。为此，需要针对三峡大坝混凝土原材料的特点和对耐久性的要求，在优选混凝土原材料的基础上，通过对混凝土配合比进行力学、热学、变形等全面的性能试验，经技术经济比较，优选出大坝各部位混凝土配合比。

三峡大坝孔洞多，结构复杂，坝块尺寸大，设计允许大坝基础混凝土最高温度较严格，混凝土温控防裂难度大，需要对温控标准和各类温控防裂措施开展研究，以有效防止和控制大坝混凝土裂缝。

(5)茅坪溪沥青混凝土心墙土石坝设计及施工

茅坪溪防护坝曾比较了面板堆石坝、碾压混凝土坝、黏土心墙坝、刚性混凝土心墙坝、沥青混凝土心墙坝等方案。为充分利用拦河大坝坝基开挖的风化砂及其石渣混合料，根据料源情况、防渗要求与坝体变形性能等，最终选定坝型为沥青混凝土心墙风化砂石渣土石坝。因为缺少设计及施工经验，又无成熟的计算方法和配合的试验规程，这座最大坝高为104m、当时国内最高的直立型沥青心墙坝，在建筑时遇到了难题。为了准确地计算沥青混凝土心墙风化砂石渣土石坝应力和变形，需要对沥青混凝土心墙的本构模型及力学性能进行深入研究。在施工方面，需通过大量的试验研究，提出沥青混凝土心墙土石坝施工技术要求和沥青混凝土运输、入仓、摊铺碾压质量检测及评定标准，为茅坪溪防护坝施工提供技术支撑。

1.7.2 电站建筑物关键技术问题

(1)电站进水口体型设计

三峡电站单机引用流量为966m^3/s，压力管道直径为12.4m，管内流速达8.0m/s。进口水位变幅大，水头高。受大坝厂房坝段分缝限制，进水口布置在25m宽的坝段内，两侧坝体结构厚度仅约为管道直径的一半，边墩宽度比较单薄，传统大孔口、双孔口进水口型式存在坝体结构单薄、水头损失大等缺陷。需要针对工程特点，开展模型试验和结构体型优化研究，降低进水口水头损失，提高坝体结构的安全度，解决大流量进水口结构型式选择的技术难题。

(2)高HD值压力管道结构设计

三峡坝后电站压力管道内径达12.4m，管道HD值高达1730m^2，压力管道穿过拦河大坝坝体，单个坝段长25.0m，若采用坝内埋管，存在对坝体结构削弱大、施工干扰大等突出问题；若采用坝后全背管，高HD值压力管道侧向稳定，尤其是抗震稳定问题突出，结构安全难以保证。压力管道的结构型式选择是三峡坝后电站的一大技术难题，需要研究选择合适的结构型式，并解决限裂、温度荷载效应及侧向稳定等关键技术难题。

(3)巨型水轮机蜗壳埋设技术

金属蜗壳的埋设方式一般分为保压、垫层和直埋等3种埋设方式。三峡工程之前，世界上已建单机容量700MW级的电站仅大古力Ⅱ和伊泰普，其蜗壳埋设均采用保压方式，该方法具有工艺复杂、工期长、投资大，以及在地下电站难以应用的技术缺陷。为突破传统保压方式的技术缺陷，保障巨型机组蜗壳外围混凝土结构安全，需要对3种蜗壳埋设方式进行深入分析和比选，系统研究有关机组与厂房耦合振动、机组摆度、机组下机架基础不均匀变形、蜗壳外围混凝土开裂等关键技术问题。

(4)浅埋超大地下洞室围岩稳定控制

受枢纽布置和地形地质条件的限制，三峡工程地下厂房布置于右岸白岩尖山体中。该山体为伸入河道的孤山，三面环水，平面范围为500m×450m，地面高程为120～180m，山体单薄。三峡地下厂房机组蜗壳垂直水流向平面尺寸达34.105～34.429m、顺水流向尺寸达29.448～30.449m，为满足机电设备安装、布置及必要的运行通道要求，主厂房长度为311.3m、高度为87.3m、跨度为32.6m/31.0m，主厂房跨度达同期最高水平，而上覆岩体一般埋深50～75m，最薄处仅为32.0m，不足厂房跨度的1倍，远小于规范规定应大于2倍的设计要求，浅埋超大型地下厂房洞室围岩整体稳定面临极大挑战。为此，需对地下洞室围岩稳定拱形成条件和力学机制、大型洞室围岩稳定性的主控因素及影响规律等开展系统研究。

(5)地下电站尾水调压型式

三峡地下电站单机最大引用流量991.80m^3/s，额定水头85.0m，输水系统水流惯性时间较长，水流惯性时间常数T_w值为4.7～5.4s，按照传统设计方法，需要设置大规模的下游调压室(单室稳定面积约1200m^2)，但地下电站所在的白岩尖山体单薄、块体发育，高挖空率导致洞室群围岩稳定问题非常突出。为避免设置规模巨大的下游调压室、简化地下洞室群布置、提高围岩稳定性，需采用理论分析、数值仿真和模型试验等手段，对水轮机安装高程、尾水有压段长度及下游水位三者之间的关系进行深入研究，提出有别于传统的有压洞或无压洞的电站尾水洞型式。

1.7.3 通航建筑物关键技术问题

(1)超高水头大型船闸输水系统

三峡船闸最大水头113.0m，是目前世界上规模最大、水头最高的船闸。三峡船闸具有充、泄水工作水头高，闸室平面尺寸大，一次充泄水水体大，输水时间短，闸室水面上升速度快的特点。满足闸室高效平稳输水和防止输水系统发生空蚀破坏，是闸室输水的关键技术问题。为此，需在总体设计确定水头分级的基础上，根据船闸上游水位在年际基本稳定、在年内变化具有明显规律的特点，按照尽可能降低工程的技术难度、节省工程量和造价、方便运行管理、在安全可靠的前提下保持工程技术先进性等原则，对多种分级方式进行研究比较，选择合适的输水系统布置型式，并解决输水廊道防空蚀、声振，闸室快速、平稳输水以及上、下游引航道通航水流条件等关键技术问题。

(2)船闸高陡边坡加固与变形控制

三峡船闸是在坝址左岸开山劈岭，人工建设的一段新的长江航道。一闸首至六闸首为主体段，总长 1621m，全部是在山体中切岭深挖而成的岩质边坡。航槽最大开挖深度达 174.5m，形成的边坡最高达 170m。其中三闸首附近有长 400m、高 120～170m 的边坡，其余坡高一般为 50～120m。边坡下部为高 40～70m 的直立坡，在两线船闸之间，保留有最大宽度为 57m 的岩体中隔墩。在两侧边坡下部和中隔墩岩体内，开挖有输水隧洞和阀门竖井。闸首和闸室墙后的直立岩体为船闸结构的一部分，与衬砌结构协同工作，闸首两侧直立岩体的变形需控制在人字闸门运行允许的范围内。因此，保持开挖后岩体的完整性及稳定性，控制边坡的变形，直接影响到船闸运行安全和长江黄金水道的航运安全，是高陡边坡设计需要解决的关键性技术难题。

(3)高薄衬砌结构设计

三峡船闸闸首采用分离式衬砌结构，在国内外同类工程中尚无先例，三峡船闸采用这种结构是在经过对工程技术条件深思熟虑之后一种大胆的技术创新。衬砌式闸首边墩结构的体量相对于一般的重力式结构要小得多，自身不能满足结构的稳定性和变形控制要求，必须依靠墙后坚硬的岩体与边墩的混凝土结构联合受力。闸首边墩结构为衬砌结构—锚杆—岩体联合受力的空间结构体系，混凝土结构与岩体结合面具有非线性受力特点，由于三者之间相互约束，结构体系受力条件复杂。为此，需对结构与岩体联合工作体系、充分利用岩体抗压强度、支持墙抗倾稳定、岩体流变等技术问题进行深入研究。

(4)船闸闸门、阀门及启闭机设计

三峡船闸人字闸门的最大高度 38.5m，单扇门的宽度 20.2m，门重 850t，最大淹没水深 36m，启闭机的启门力 2700kN。闸门既要在频繁的反复荷载作用下启闭，保持门体足够的刚度和强度，防止产生裂缝，又要适应闸首的微量变形，以保证刚性止水的效果。巨大的门体自重，加大了保持底枢润滑的难度。巨大的启闭力，使采用常规的四连杆大齿轮启闭机不再具备可行性。合理设计大型人字闸门及其启闭机成为保证船闸正常运行的关键课题。解决闸门启闭运行要求的刚度和满足挡水时能适应变形的能力，闸门局部应力集中和闸门底枢采用加油润滑系统的不可靠，大跨度船闸人字闸门采用的卧缸直联式液压启闭机的能力矩曲线与闸门运行的阻力矩曲线相悖，闸门的细长推拉杆偏磨，都是大型船闸人字门的关键技术问题。高水头船闸由于工作水头高，输水廊道充、泄水时流速高，水力学条件复杂，易产生空化、气蚀，乃至造成建筑物破坏。选用何种工作门阀门的型式，以解决一系列水力学问题是保证船闸安全运行的关键技术问题。

(5)船闸整体运行及自动监控

三峡船闸的设备规模大、数量多，在世界上均属首位，船闸的运行工况和运行程序远较一般船闸复杂。三峡船闸整体运行监控系统必须能适应三峡工程“一次建成、分期蓄水”的建设要求，确保船闸在高水头、大变幅(水位)、多工况、高频度和高效率的条件下安全运行。三峡船闸具有单/双向运行、变级数运行、补水/不补水运行、单边/双边阀门输水运行、换向运行、船舶分组同步连续过闸运行、船舶逐级连续过闸运行等多种运行方式，且存在上述运行方式间的转换，其复杂程度大大超过了国内外已建船闸的运行要求。监控系统能否自动安全、可靠、灵活地操控船闸，是保证三峡船闸正常运行、船队安全过闸的关键。为了最大限度地发挥三峡船闸的航运作用、减少船闸技术性故障停航的时间，需对多级连续船闸自动化运行控制技术进行深入的研究。

(6)升船机关键技术问题

三峡升船机是目前世界上规模最大的升船机，其通航上游水位变幅大，下游水位变率快，且通航水位及引航道口门流速受船闸充泄水、机组调负、枢纽泄洪等影响较大。升船机设计通航船舶为客货轮，安全可靠性要求高，任何工况下都不允许发生承船厢坠落、冲顶等失控事故;各种工况下均须确保船上和运行人员的安全。三峡升船机需具有较强的防失衡事故能力，承船厢升降需具有较高的运行稳定性，且承船厢设备需适应埋件安装误差和塔柱变形。为此，需对垂直升降驱动机构及安全机构的设计与设备制造、升船机塔柱与船厢相应的金属结构及其埋件安装埋设质量控制、船厢运行机构与埋设在塔柱相应部位的埋件及设备变形协调控制等关键问题开展研究。

1.7.4 巨型水轮发电机组及电气关键技术问题

(1)巨型水轮发电机组设计

在700MW机组中，三峡电站特有的苛刻运行条件是首次遇到，要实现机组既能安全稳定运行又有较高的发电效率，需解决的技术难题无先例可循，超出已有的经验和技术。其主要难点包括:①三峡工程建设进行分期蓄水，水轮发电机组需适应围堰发电期(坝前水位135.0m)、初期(汛期坝前水位135.0m，枯水期坝前水位156.0m)、后期(汛期坝前水位145.0m，枯水期坝前水位175.0m)等多个不同水位运行，最小水头为61m，最大水头为113m，最大水头与最小水头的比值为1.85，在单机容量700MW的水轮机中堪称世界第一，不仅影响机组效率，对机组稳定运行也带来颇多不利。②三峡工程按最终设计水位长期运行时，汛期因防洪、排沙的需要，库水位按145.0m运行，致使三峡电站水轮机在低水头区($H\leqslant78.5$m)运行时间和高水头区($100.0<H\leqslant113.0$m)运行时间各占全年运行时间30%以上，水轮机将长时间偏离最优工况区运行。这与一般水电站水轮机通常在额定水头附近的最优运行区运行的情况有显著的不同。③三峡工程汛期入库泥沙虽通过大坝泄洪深孔和排沙孔排至坝下游，但仍有部分泥沙通过电站引水压力管道进入水轮机流道，造成水轮机过流部件受泥沙磨损。④三峡电站在电网中需承担基荷、腰荷、峰荷和事故备用，导致负荷变化剧烈、机组开停频繁，对机组的性能要求高。⑤三峡电站发电机主要有两种冷却方式:一是全空冷方案，二是定子水冷、转子空冷方案，即“半水冷”方案，两种冷却方式各有优缺点。

三峡机组推力轴承负载初步计算为65650t，推力负荷为世界之最，当时国内已生产过的最大推力轴承负载为3800t(葛洲坝17万kW机组)。据调查，在20世纪70—80年代，推力轴承的事故时有发生，危及机组安全运行。因此，推力轴承的支撑方式、冷却方式、瓦块材质和运行温度、推力轴承的布置等需设计研究解决。⑥在三峡工程开工建设之前，国内尚没有700MW水轮发电机组设计、制造以及工程实践经验。三峡工程700MW混流式机组要达到投入运行时的世界先进水平，必须突破水轮机流道、转轮、发电机冷却方式、推力轴承、线棒绝缘、材质等核心技术，国内尚没有先例可循。需通过消化吸收先进引进技术，在此基础上自主研发、创新，突破核心技术。

(2)700MW水轮发电机组稳定运行

国内外不少已建大型水电站的大容量混流式水轮发电机组投产发电后，在运行中都发生了不同程度的机组振动与叶片裂纹等问题。三峡电站700MW水轮发电机组是世界上已建电站巨型水轮发电机组之一，而兴建三峡工程将防洪效益放在第一位，造成了机组特有的苛刻运行条件，应对三峡电站水轮机的运行稳定性予以特别关注。为此，需要明确三峡电站混流式水轮机稳定运行指标，深入研究提高机组运行稳定性的各类技术措施，处理好结构设计、发电机冷却、推力轴承等问题，着力解决混流式水轮机运行水头变幅大、容量和尺寸大、过机水流含有泥沙所带来的运行稳定性问题。

1.7.5 大流量深水河道截流及修筑围堰关键技术问题

(1)大流量深水河道截流

三峡工程坝址位于葛洲坝水库内，主河道截流最大水深达60m，居世界上已建水利水电工程河道截流之最。截流设计流量14000～19400m^3/s，落差0.80～1.24m。截流施工与长江航运关系密切，截流合龙时机必须考虑明渠通航水流条件，不允许造成长江航运中断。截流河床地形地质条件复杂，花岗岩质河床上部为全强风化层，其上覆盖有砂卵石、残积块球体、淤积层，葛洲坝水库新淤沙在深槽处厚5～10m，深槽左侧呈陡峭岩壁状，对截流戗堤进占安全十分不利。大江截流采用上游围堰截流戗堤立堵方案，鉴于二期工程量巨大、工期紧，实施中要求下游围堰背水坡石渣堤同时尾随进占(但不分担截流落差)。两堤相应的围堰堰体也距堤头30～50m全断面尾随进占，以尽早形成围堰防渗墙施工平台，从而将呈现8～12个工作面同时高强度施工的浩大场面。设计上游围堰最高填筑强度将高达8万m^3/d。

因此，正确地选择截流时段，科学地建立施工组织和指挥系统，精细地制定施工技术方案，有效地组织使用先进的施工设备、监测仪器、管理手段及各项科研成果，充分发挥人、财、物的综合优势，最大限度地提高施工强度，是摆在工程技术人员和指挥决策人员面前的重要课题。

(2)明渠截流

明渠截流设计流量9010～10300m^3/s，截流最终落差3.27～4.06m，截流总功率为

288.7～410.2MW，超过巴西巴拉圭伊泰普工程截流总功率288.6MW，是葛洲坝工程大江截流总功率(151.9MW)的1.9～2.7倍，为三峡工程大江截流总功率(75.1MW)的3.8～5.5倍，是当今世界上截流综合难度最大的截流工程。明渠为三峡工程施工期客货运船舶的通道，截流施工需兼顾通航，尽量减小对长江航运的影响。导流明渠为人工开挖的河道，为提高泄流能力和满足通航水流条件的要求，对渠底为风化岩部位采用混凝土护底及护坡，渠底为微风化岩及新鲜岩部位，要求控制爆破，开挖岩面平整。明渠渠底面平整光滑，对截流抛投料稳定不利。明渠截流在葛洲坝水库内，渠内水深20～25m，截流戗堤进占过程中，堤头抛投料易出现坍塌，影响戗堤进占。明渠截流上游围堰戗堤设计龙口宽150m，工程量15.4万m^3；下游围堰戗堤设计龙口宽140m，工程量17.1万m^3。明渠左侧为纵向混凝土围堰，截流戗堤只能从右岸单向进占，单向堤头抛投强度高、难度大。

为此，需要选择合适的截流时段、截流设计流量和截流期分流条件，针对明渠截流的特点，对各类截流方案进行综合分析比选，对截流戗堤的布置、进占程序、抛投材料等开展设计，并不断研究优化施工技术，应用最新的科技手段，确保明渠截流的顺利实施。

(3)深水土石围堰设计

三峡工程二期围堰主要技术难点有：

1)二期上、下游围堰与纵向混凝土围堰共同形成二期基坑，为大坝泄洪坝段及左厂坝段和左岸电站厂房创造干地施工条件，保证二期工程安全施工。葛洲坝水库的兴建，抬高了三峡坝址水位，致使二期上、下游土石围堰施工水深最大达60m，围堰挡水头最大达82m。围堰堰体80%填料在水中抛填，堰体填料稳定性差，为当今世界上施工水深最大的深水围堰。

2)二期上、下游围堰轴线长达2515.5m，堰体填筑方量共达1032万m^3，防渗心墙截水面积13.53万m^2，其中混凝土防渗墙截水面积达8.21万m^2，均超过国内外已建的围堰工程规模，且按三峡工程施工控制性进度要求，必须在大江截流后5～6个月内将二期上、下游围堰修筑至度汛高程。围堰施工工期短、强度高、难度大。

3)二期上、下游围堰基础范围在葛洲坝工程蓄水后，淤积细砂层厚5～10m，最厚达18m，新淤积砂的静力、动力特性差，对围堰稳定不利；堰基覆盖层中有风化残留的块球体，叠置分布于岸滩或夹杂在砂卵石、细砂冲积层中，块径一般为1～3m，最大5～7m，岩质坚硬，隐伏着集中渗流，特别是防渗墙造孔难度很大，河床深槽岩面形态复杂，尤其在上游围堰深槽左侧有高差达30m、岩坡近80°的陡壁，防渗墙底嵌入基岩极为困难；堰基弱风化岩体上部存在张开的卸荷及风化裂隙，形成集中强透水带，须进行防渗处理。

4)与国内外大多数水利水电工程围堰施工条件不同，大江截流及二期上下游土石围堰施工初期，导流明渠尚未具备通航条件，因此大江截流戗堤进占和堰体填筑，必须同时考虑大江束窄河床口门的流速和水流条件要满足长江航运要求。

5)二期上、下游土石围堰填料只能取自一期工程左、右岸建筑物基础的开挖料，包括风化砂、石渣、块石和混合料等，制约了围堰断面型式选择，由于填筑材料种类多，料场分散，因此从料源查核、开采、运输到检验，任一环节的失控，都会影响二期上、下游土石围堰的施工进度和质量。

6)按二期工程主体建筑物施工进度安排,二期基坑施工时间为 1998 年 1 月至 2002 年 5 月,围堰运行 4 年多时间内,要确保围堰度汛安全,并考虑二期基坑内的大坝及电站厂房基础爆破开挖和高强度浇筑混凝土等因素对围堰正常运行的影响。

针对以上特点,需对堰基粉细砂、基础防渗处理问题作深入研究,结合填筑材料试验研究,开展围堰断面结构及填料设计,根据堰体填料及堰体覆盖层特性选择合适的防渗结构型式,研究防渗体材料及其嵌入基岩深度的问题,并对水下抛填、防渗墙造孔等施工技术进行研发,以提高施工质量,确保围堰运行安全。

(4)碾压混凝土围堰设计

三期碾压混凝土围堰与纵向围堰及其以左大坝共同挡 135m 水位,以保障双线五级船闸通航和左岸电站发电。因此,三期碾压混凝土围堰实属在长江上修建的一座碾压混凝土坝。三期碾压混凝土围堰和下游横向土石围堰与纵向混凝土围堰共同形成三期基坑,为右岸厂房坝段及电站厂房干地施工创造条件,保证三期工程安全施工。三期碾压混凝土围堰混凝土工程量 167.36 万 m^3,明渠截流后,第二阶段施工碾压混凝土 110.66 万 m^3,必须在一个枯水期内完建并挡水;明渠段宽 380m,堰体高度 90m,需在 2003 年 1—5 月完成,设计碾压混凝土最大月上升高度 23m,最大月浇筑强度 35 万～38 万 m^3。施工工期短、强度大,在一个枯水期内完建可谓"背水一战"。三期碾压混凝土围堰在上、下游土石围堰保护下干地施工,2003 年 1 月开始浇筑混凝土,5 月围堰浇筑至设计高程 140m,6 月 1 日水库开始蓄水,6 月中旬蓄水至 135m 水位,围堰长期挡高水位运行。因此,该围堰难以利用碾压混凝土后期强度,且温控难度增加。右岸电站引水管道进水口底高程 108m,电站运行要求三期碾压混凝土围堰拆除至高程 110m,为此,在围堰设计时应考虑便于后期拆除,以满足三峡枢纽工程运行要求。

针对以上特点,在碾压混凝土围堰设计中,需综合考虑地形地质条件、周边建筑物的影响、施工工期、施工难度等因素,合理选择围堰型式和防渗层材料。在施工技术方面,需着力解决碾压混凝土围堰分期施工、碾压混凝土拌和物工作度 V_c 值控制、加快施工进度技术措施、施工层面质量控制,以及爆破拆除实施效果和对主体建筑物的影响等问题。

1.7.6 水库淹没及移民安置

三峡工程是世界历史上移民人数最多的单一工程,其难度之大、复杂性之高、影响之深远,可谓"前无古人,后无来者"。三峡水库淹没涉及范围广,移民数量大。库区山高坡陡,人多地少,第二、三产业不发达,移民安置环境容量不足,移民安置难度很大。库区绝大多数城市和部分集镇需要重新布局,工矿企业需重组,农村移民、企业职工、城集镇个体工商户等需要重新就业,库区经济社会系统需重建。移民搬迁涉及国家、地方、企业、普通移民群众等多方面复杂的社会、经济和利益关系处理。同时,三峡移民为非自愿移民。相比以年轻人或有专门技能的中年人为主、为寻求新发展或生活质量提高机会自主进行人生选择的自愿移民,非自愿移民乃至移民迁建单位对国家的依赖性比较强,期望值较高,更增加了移民搬迁安置的难度。三峡工程移民实施过程正处于我国从计划经济向社会主义市场经济的转型时期，经济体制发生深刻变化，对库区的生产重组、经济结构调整、移民实施管理等，都带来了许多挑战和困难。

三峡移民工程是具有自然科学和社会科学双重属性的新兴边缘科学领域，有许多理论问题需要探讨，有许多实际问题需要解决，如移民安置环境容量的研究、新老居民关系的研究、补偿与发展关系的研究、移民工程施工总进度计划与分年投资研究、生态农业研究、农村移民生产安置方向研究、城镇迁建规划研究、工矿企业迁建研究、移民优惠政策研究、遥感和计算机在移民规划中的应用研究等。

1.7.7 对生态与环境影响及对策

三峡工程论证、决策、建设和运行过程，恰逢我国改革开放和经济社会快速发展、生态环境认识逐步加深和保护事业起步发展的时期，生态与环境一直是备受各方关注的重点。

三峡工程的有利影响主要是：可有效地控制上游洪水，提高长江中下游特别是荆江河段的防洪能力，有效地减免洪涝灾害带来的生态与环境的破坏，减缓洞庭湖的淤积和萎缩；能增加长江中下游枯水期流量，有利于改善枯水期水质，并可为南水北调提供水源条件；利用水能资源发电，与燃煤发电相比，可大量减少污染物的排放。

三峡工程的不利影响主要是：水库淹没耕地、移民和城镇迁建，会加剧本来就已十分突出的人地矛盾；建库前库区工业和生活废水年排放量已超 10 亿 t，沿江城镇的局部江段已形成了较严重的污染带，若不加强污染源治理，将加重局部水域污染；三峡工程将改变库区及长江中下游水生生态系统的结构和功能，一些珍稀、濒危物种的生存条件进一步恶化，对“四大家鱼”（青鱼、草鱼、鲢、鳙）的自然繁殖可能会带来不利影响；三峡工程运行后，对长江中游平原湖区低洼农田土壤潜育化、沼泽化有一定影响；三峡建坝后，库区沿江部分文物古迹将被淹没，部分自然景观也会受到影响；三峡工程对局地地质灾害和人群健康等也有一定影响。

总体来说，三峡工程会对生态与环境产生广泛而深远的影响，涉及的因素众多，地域广阔，时间长久。所涉及的问题相互渗透，关系复杂，利弊交织。三峡工程对生态与环境的影响有利有弊，必须予以高度重视，需要对不利影响从政策、工程措施、监督管理以及科研和投资等方面采取得力措施并切实执行，使不利影响减小到最低限度。

1.7.8 区域地震活动性及坝址建筑物抗震安全性

在三峡工程建设过程中，水库蓄水后是否会引发水库地震是社会关注的焦点问题之一。长期以来，针对三峡工程水库地震问题，大批研究者开展了大量研究工作。早在 20 世纪 50 年代，就开始研究论证三峡工程的区域构造稳定性和地震安全性，并从 1958 年起，在三峡坝址及周围地区建立了专用的地震监测台网。其后的半个世纪，构造稳定性和地震活动性的研究工作一直没有间断，从地质构造条件和地震活动性两个方面，得出了“三峡工程处于地质构造相对稳定的地区，属弱震环境，地震活动水平较低”的重要结论，也为水库地震问题的研究奠定了坚实的基础。20 世纪 80 年代，在三峡工程重新论证中，三峡工程水库地震问题是研究和论证的重点之一。关于水库地震问题的研究虽由多个单位分头平行进行，但研究结论基本一致。1989—1992 年，长办根据论证报告的主要结论及补充研究，在提交的《长江三峡水利枢纽可行性研究报告》和《长江三峡水利枢纽初步设计报告》中，均以专门篇章对水库地震危险性问题提出了分析预测意见。在随后的国家"七五""八五"重大科技攻关项目中，均就三峡工程水库地震问题提交了多项专题研究成果。三峡工程开工建设后，对水库诱发地震问题的研究也未中止，且该问题被列为施工期重大专题研究课题。2008 年和 2013 年，中国工程院受三峡建委委托，分别组织开展了"三峡工程阶段性评估"和"三峡工程试验性蓄水阶段评估"的工作，水库地震也都是这些评估中的专题之一。三峡水库蓄水以来，论证报告和前期勘察中有关三峡工程水库地震的结论得到初步检验，水库地震活动对库区环境的影响是局部和有限的。

1.7.9 库区地质环境与地质灾害防治

三峡库区是滑坡、崩岸等地质灾害频发地区，库区搬迁县城、集镇及居民点和工矿企业大部分在库岸边依山傍水兴建，在库岸边又布置公路、桥梁及大量的工业及民用建筑物，使库区出现开挖高切边坡及回填施工等新的地质灾害问题。对三峡库区滑坡、崩岸以及开挖高切边坡等地质灾害防治问题，国家已列专项投资分期进行治理。由三峡水库蓄水引起的诱发地震、滑坡、塌岸、开挖高切边坡等地质灾害，主管部门已建立监测预警系统，在三峡库区总体积 40 亿 m^3 的崩滑体、塌岸点设置专业监测 122 处、群测群防监测 1897 处，分布在库区 20 个县，保护 30 万潜在威胁人口。三峡水库正常运行水位变幅达 30m，将引起水库岸坡岩土体条件发生变化，导致一些老崩滑体复活和产生新的崩滑体。

鉴于三峡库区地质灾害防治工作直接关系到库区人民生命财产的安全，必须坚持以人为本，防患于未然，继续加强库区地质灾害防治，完善监测预警系统，做到万无一失。

1.7.10 工程泥沙问题及工程长期运用

三峡工程泥沙问题从水库末端变动回水区到库首坝区，直到坝下游整个长江中下游河道及与长江相通的洞庭湖、鄱阳湖，影响范围甚广。要解决泥沙问题，使三峡水库冲淤达到相对平衡，坝下游河道冲刷达到相对稳定，需历时数十年到几百年，泥沙问题不仅存在于三峡工程建设期，以及建成后的枢纽运行期，且泥沙问题的影响程度随枢纽运行年限的增长而逐渐加大。泥沙问题影响涉及水库使用寿命，水库末端变动回水区航道及港口库尾洪水位抬高，坝区船闸、升船机和电站正常运行，坝下游河道的航运畅通和堤防安全等方面。泥沙问题受流域地理位置、地形、地貌、地质、气候等自然因素，以及人为因素的影响，极其复杂。泥沙学科是涉及河流动力学、地理学和地质学等学科的交叉学科，是一门发展中的新学科。泥沙问题的复杂性增加了解决工程泥沙的难度，也说明了三峡工程泥沙问题的重要性。

对于三峡水库泥沙问题，需要基于三峡水库特征和泥沙特性的分析，对水库长期使用问题和变动回水区泥沙淤积问题开展研究，并提出减少泥沙淤积对策。对于三峡坝区泥沙问题，需要基于坝区河势特征和泥沙淤积过程的分析，对通航建筑物引航道泥沙淤积问题和电站前缘泥沙淤积问题开展研究，并提出相应的防淤措施。对于三峡大坝下游河道冲刷问题，需要基于长江中下游河道特性的分析，研究坝下游河道冲刷对航运的影响、坝下游河床冲刷对河势和防洪的影响，以及下游河床冲刷对荆江与洞庭湖关系、对长江口的影响等问题，并提出相应的整治措施和对策。

1.7.11 人防安全问题及减免灾害对策

三峡工程处于我国腹地，坝高库大，发生战争时可能成为敌人的战略破坏目标，应审慎对待。对此，党中央、国务院高度重视三峡工程的人防问题，早在 1958 年就开始进行相关研究。针对三峡工程的人防问题，主要开展两个方面的研究工作：一是研究核袭击对大坝的影响及其防护措施；二是研究溃坝洪水对大坝下游地区的影响及减免灾害的对策。

1.7.12 三峡工程优化调度

三峡工程是长江保护与治理的关键性骨干工程，2003 年 6 月开始蓄水运用，2006 年 9 月进入初期运行期，2008 年开始进行 175.0m 试验性蓄水，2010 年首次蓄水至正常蓄水位 175.0m，至 2023 年已连续 13 年完成蓄至 175.0m 蓄水目标。175.0m 试验性蓄水以来，三峡工程在防洪、供水、生态、发电、航运等方面发挥了显著的综合效益，特别是改善了长江中下游和两湖地区紧张的防洪形势，将荆江河段的防洪标准由原来的约 10 年一遇提高到 100 年一遇以上，同时大幅减少遇大洪水时长江中下游地区蓄滞洪区的运用概率和分蓄洪量。实践证明，三峡工程已成为长江流域重要的防洪工程、供水工程、能源工程、交通工程、生态工程，在长江经济带建设中发挥着越来越重要的作用。

1.8 三峡枢纽工程加强监测、科学调度、优化运行，全面发挥综合效益

三峡工程是我国水利水电建设史上的重要里程碑。工程设计中的关键技术问题，都已通过大量的科学试验研究和设计计算分析，以及借鉴国内外水利水电工程设计施工运行经验解决，并经过实践检验。三峡工程建设为我国大型水利水电工程培养和输送了一批高水平的设计、施工、监理、科研和运行管理人才，大大促进了我国水利水电科学技术的发展。

三峡工程自 2003 年 6 月投入运行以来，尤其是 2008 年汛末实施正常蓄水位 175.0m 试验性蓄水运行以来，已经过连续 10 余年 175.0m 水位的运行检验。各项监测资料表明：三峡枢纽各建筑物变形、渗流、应力应变测值均在设计允许范围内，各建筑物性态正常，安全可靠。库区滑坡、崩塌等地质灾害经过治理，并建立了监测预报预警，做到了科学防治，取得了良好的减灾防灾效果；库区各级政府重视生态环境保护，干流及一级支流水质良好，稳定在Ⅱ、Ⅲ类。今后仍应进一步加强三峡枢纽建筑物和库区地质地震监测及地质灾害防治的常态化管理，确保枢纽工程和移民工程安全。三峡工程移民安稳致富和库区经济社会发展直接关系到库区长治久安和三峡工程安全运行与综合效益的发挥，是一项长期艰巨而繁重的任务，需继续做好移民安稳致富工作，大力推进库区经济社会发展，加强水库和移民管理工作。

三峡水库的水质方面，由于加强了水污染防治工作，库区干流及一级支流水质保持良好，部分支流入库的库湾回水区由于流速变缓而出现富营养化现象，导致有的支流发生“水华”。由于长江的径流量大，稀释能力强，三峡枢纽以下的长江中下游整体水质在蓄水前后无明显变化，总体保持稳定在Ⅱ、Ⅲ类。但必须看到水污染防治仍面临严峻的形势，要持续加大环境治理和保护力度，加强长江水系的生态环境管理，进一步改善三峡水库特别是支流库湾的水质，遏制“水华”频发，保护长江优质水源。加强库区和坝下游生态系统状况的长期监测，定期开展生态影响阶段性评估，及时处置出现的问题，确保生态安全。当前，三峡工程以及长江上游干支流已形成梯级水库群，并在进一步建设中，这为最大限度地利用好长江水资源奠定了基础。对长江流域水资源进行科学调控，最大限度地减轻长江流域洪旱灾害，改善生态环境和充分利用水资源，对保障我国水安全、支撑国家可持续发展和实现中华民族伟大复兴的中国梦具有重要的作用，应尽快建立完善统一的调度机制，加强三峡水库与长江中上游干支流水库群联合调度，实现长江水资源利用效益的最大化。三峡工程转入正常运行后，仍应进一步研究优化调度方案，全面地发挥三峡工程的综合效益，为我国经济社会发展作出更大贡献。要加强各建筑物的安全监测，认真分析监测资料，以检验各建筑物设计，为保障工程安全运行提供可靠的技术支撑。对各建筑物应加强检查维修保护工作，防止混凝土面劣化、风化和碳化，延长工程使用寿命，使三峡工程长期使用。三峡工程规模巨大、效益显著，“利”多“弊”少。对于三峡工程运行中出现的问题，都要认真负责地逐个研究治理，三峡工程运行对上下游带来的生态环境问题要认真负责地逐个研究，并进行及时治理以防患于未然，将三峡工程的“利”拓展到最大，而“弊”控制到最小，使工程长治久安，全面发挥综合效益，成为千秋万代造福长江流域人民的工程，促进长江经济带和流域经济社会的持续发展。确保三峡水库和长江水质优良，要给子孙后代留下一条生态环境优良、清洁美丽的长江！

附表 1　　三峡水利枢纽主要工程特性

<table>
<tr><th colspan="4">项目</th><th>参数值或特征</th><th>备注</th></tr>
<tr><td rowspan="25">水文</td><td rowspan="2">流域面积</td><td colspan="2">全流域(万 km²)</td><td>180</td><td></td></tr>
<tr><td colspan="2">坝址以上(万 km²)</td><td>100</td><td></td></tr>
<tr><td colspan="3">利用的水文系列年限(年)</td><td>113</td><td>1878—1990 年</td></tr>
<tr><td colspan="3">多年、平均年径流量(亿 m³)</td><td>4510</td><td></td></tr>
<tr><td rowspan="4">代表性流量</td><td colspan="2">多年平均流量(m³/s)</td><td>14300</td><td></td></tr>
<tr><td colspan="2">实测最大流量(m³/s)</td><td>71100</td><td>1896 年</td></tr>
<tr><td colspan="2">实测最小流量(m³/s)</td><td>2770</td><td>1937 年</td></tr>
<tr><td colspan="2">调查历史最大流量(m³/s)</td><td>105000</td><td>1870 年</td></tr>
<tr><td colspan="3">20 年一遇洪水流量(P=5%,m³/s)</td><td>72300</td><td></td></tr>
<tr><td colspan="3">100 年一遇洪水流量(P=1%,m³/s)</td><td>83700</td><td></td></tr>
<tr><td colspan="3">设计洪水流量(P=0.1%,m³/s)</td><td>98800</td><td></td></tr>
<tr><td colspan="3">校核洪水流量(P=0.01%的 1.1 倍,m³/s)</td><td>124300</td><td></td></tr>
<tr><td rowspan="8">洪量</td><td rowspan="4">设计洪量</td><td>3 天(亿 m³)</td><td>247</td><td></td></tr>
<tr><td>7 天(亿 m³)</td><td>487</td><td></td></tr>
<tr><td>15 天(亿 m³)</td><td>912</td><td></td></tr>
<tr><td>30 天(亿 m³)</td><td>1590</td><td></td></tr>
<tr><td rowspan="4">校核洪量</td><td>3 天(亿 m³)</td><td>310</td><td></td></tr>
<tr><td>7 天(亿 m³)</td><td>602</td><td></td></tr>
<tr><td>15 天(亿 m³)</td><td>1124</td><td></td></tr>
<tr><td>30 天(亿 m³)</td><td>1944</td><td></td></tr>
<tr><td rowspan="5">泥沙</td><td colspan="2">多年平均年输沙量(亿 t)</td><td>5.3</td><td></td></tr>
<tr><td colspan="2">实测最大年输沙量(亿 t)</td><td>7.54</td><td>1954 年</td></tr>
<tr><td colspan="2">实测最小年输沙量(亿 t)</td><td>3.61</td><td>1986 年</td></tr>
<tr><td colspan="2">多年平均含沙量(kg/m³)</td><td>1.2</td><td></td></tr>
<tr><td colspan="2">实测最大含沙量(kg/m³)</td><td>10.5</td><td></td></tr>
<tr><td rowspan="8">水库</td><td rowspan="8">水库水位</td><td colspan="2">校核洪水位(m)</td><td>180.4</td><td></td></tr>
<tr><td colspan="2">设计洪水位(m)</td><td>175.0</td><td></td></tr>
<tr><td colspan="2">正常蓄水位(m)</td><td>175.0</td><td>初期 156.0</td></tr>
<tr><td colspan="2">防洪高水位(P=0.1%,m)</td><td>175.0</td><td>初期 170.0</td></tr>
<tr><td colspan="2">100 年一遇洪水位(m)</td><td>166.9</td><td>初期 162.3</td></tr>
<tr><td colspan="2">汛期限制水位(m)</td><td>145.0</td><td>初期 135.0</td></tr>
<tr><td colspan="2">枯季消落水位(m)</td><td>155.0</td><td>初期 140.0</td></tr>
<tr><td colspan="2">死水位(m)</td><td>145.0</td><td>初期 135.0</td></tr>
</table>

续表

项目			参数值或特征	备注
水库	水库面积(km^2)		1084	相应于正常蓄水位
	回水长度(km)		663	相应于正常蓄水位
	水库容积	总库容(校核洪水位以下,亿 m^3)	450.44	
		正常蓄水位以下库容(亿 m^3)	393.0	
		调洪库容(145~180.4m,亿 m^3)	279.0	
		防洪库容(145~175m,亿 m^3)	221.5	
		兴利调节库容(155~175m,亿 m^3)	165.0	
		死库容(145m 以下,亿 m^3)	171.5	
	库容系数(%)		3.7	
	调节特性		季调节	
	水量利用系数(%)		97	地下电站投入使用之后
下泄流量及相应下游水位	设计洪水时最大下泄流量(m^3/s)		69800	初期 71000
	相应下游水位(m)		76.4	初期 76.6
	校核洪水时最大下泄流量(m^3/s)		102500	
	相应下游水位(m)		83.1	
	枯水期调节流量($P=96\%$,m^3/s)		5860	初期 5130
	相应下游水位(m)		62.2	相应于葛洲坝库水位 62.0
工程效益指标	防洪效益	提高下游平原区防洪标准		
		原标准 P_0(%)	约 10	
		防护标准 P(%)	1	
		100 年一遇及以下洪水时沙市最高水位(m)	≤44.5	不启用荆江分洪区
		1000 年一遇洪水时沙市最高水位(m)	≤45.0	启用荆江分洪区
	减少耕地淹没面积	遇 1931 年洪水(万亩)	139	
		遇 1935 年洪水(万亩)	142	
		遇 1954 年洪水(万亩)	177	
		多年平均(万亩)	35	
	发电效益	装机容量(MW)	22500	含地下电站和电源电站
		保证出力(MW)	4990	不考虑上游水库调蓄
		多年平均年发电量(亿 kW·h)	882	含地下电站和电源电站
		年利用小时数(小时)	4650	不考虑地下电站和电源电站
	航运效益	改善航道里程(km)	570~650	初期 500~570
		库区航道年单向通过能力(万 t)	由 1000 提高到 5000	

续表

<table>
<tr><th colspan="4">项目</th><th>参数值或特征</th><th>备注</th></tr>
<tr><td rowspan="8">水库淹没实物</td><td colspan="3">淹没耕地(万亩)</td><td>25.73</td><td rowspan="8">1991—1992 年调查复核</td></tr>
<tr><td colspan="3">淹没区人口(万)</td><td>84.46</td></tr>
<tr><td colspan="3">淹没区房屋(万 m^2)</td><td>3468</td></tr>
<tr><td colspan="3">淹没矿山和企业数量(个)</td><td>1602</td></tr>
<tr><td colspan="3">淹没公路里程(km)</td><td>1107</td></tr>
<tr><td colspan="3">淹没输电线长度(km)</td><td>1964</td></tr>
<tr><td colspan="3">淹没通信线长度(km)</td><td>3850</td></tr>
<tr><td colspan="3">淹没广播线长度(km)</td><td>8805</td></tr>
<tr><td rowspan="20">主要建筑物</td><td rowspan="6">大坝</td><td colspan="2">坝型</td><td>混凝土重力坝</td><td></td></tr>
<tr><td colspan="2">地基特性</td><td>闪云斜长花岗岩</td><td></td></tr>
<tr><td colspan="2">地震基本烈度/设防烈度</td><td>Ⅵ/Ⅶ</td><td></td></tr>
<tr><td colspan="2">坝顶高程(m)</td><td>185.0</td><td></td></tr>
<tr><td colspan="2">最大坝高(m)</td><td>181.0</td><td></td></tr>
<tr><td colspan="2">坝轴线长(m)</td><td>2309.5</td><td></td></tr>
<tr><td rowspan="14">泄洪建筑物</td><td colspan="2">型式</td><td>坝身深孔结合坝身表孔</td><td></td></tr>
<tr><td colspan="2">前缘总长(m)</td><td>483.0</td><td></td></tr>
<tr><td colspan="2">设计泄洪能力(175m,m^3/s)</td><td>77600</td><td>含排漂孔泄洪量</td></tr>
<tr><td colspan="2">入水单宽流量[175m,$m^3/(s\cdot m)$]</td><td>150</td><td></td></tr>
<tr><td colspan="2">消能方式</td><td>挑流</td><td></td></tr>
<tr><td rowspan="5">泄洪深孔</td><td>型式</td><td>有压短管接明流泄槽跌坎掺气</td><td></td></tr>
<tr><td>孔数(孔)</td><td>23</td><td></td></tr>
<tr><td>孔口尺寸(宽×高,m×m)</td><td>7.0×9.0</td><td>有压段出口处</td></tr>
<tr><td>进口底高程(m)</td><td>90.0</td><td></td></tr>
<tr><td>最大流速(m/s)</td><td>39.5</td><td></td></tr>
<tr><td rowspan="4">泄洪表孔</td><td>孔数(孔)</td><td>22</td><td></td></tr>
<tr><td>堰项高程(m)</td><td>158.0</td><td></td></tr>
<tr><td>每孔净宽(m)</td><td>8</td><td></td></tr>
<tr><td>最大流速(m/s)</td><td>37.9</td><td></td></tr>
</table>

续表

项目					参数值或特征	备注
主要建筑物	水电站	水头	最大水头(m)		113.0	初期 94.0
			最小水头(m)		71.0	初期 61.0
			加权平均水头(m)		90.1	初期 77.1
		左、右岸电站	厂房型式		坝后式	
			进水口	型式	坝式单进口、小喇叭口	
				进口断面尺寸(宽×高,m×m)	9.2×13.24	工作门处
				进口底高程(m)	108.0	
			压力管道	型式	钢衬钢筋混凝土管	
				条数(条)	26	
				内径(m)	12.4	
				最大流速(m/s)	8.45	
			排沙孔	型式	有压长管	
				孔数(孔)	7	
				内径(m)	5.0	
				进口底高程(m)	75.0(中间 5 孔),90.0(两侧各 1 孔)	
				最大流速(m/s)	18.0	
			排漂孔	型式	无压孔	兼作泄洪用
				孔数(孔)	3	
				孔口尺寸(宽×高,m×m)	10.0×12.0(1 号、2 号),7.0×12.0(3 号)	有压段出口处
				进口底高程(m)	133.0	
			主厂房尺寸	长度(m)	643.7(左岸厂房),574.8(右岸厂房)	包括安装场
				宽度(m)	68.0	水下
				高度(m)	87.5	尾水管底板至屋面
				机组中心距(m)	38.3	
				水轮机安装高程(m)	57.0	

续表

<table>
<tr><th colspan="5">项目</th><th>参数值或特征</th><th>备注</th></tr>
<tr><td rowspan="28">主要建筑物</td><td rowspan="28">水电站</td><td rowspan="14">右岸地下电站</td><td colspan="2">厂房型式</td><td>全地下式</td><td></td></tr>
<tr><td rowspan="4">进水口</td><td>型式</td><td>岸塔式</td><td></td></tr>
<tr><td>进口断面尺寸（宽×高，m×m）</td><td>9.6×15.86</td><td>工作门处</td></tr>
<tr><td>进口底高程(m)</td><td>113.0</td><td></td></tr>
<tr><td>工作闸门及启闭机型式</td><td>平面闸门、液压启闭机</td><td></td></tr>
<tr><td rowspan="4">压力管道</td><td>型式</td><td>地下埋管</td><td></td></tr>
<tr><td>条数(条)</td><td>6</td><td></td></tr>
<tr><td>内径(m)</td><td>13.5</td><td>钢衬内径</td></tr>
<tr><td>最大流速(m/s)</td><td>6.75</td><td></td></tr>
<tr><td rowspan="5">主厂房尺寸</td><td>长度(m)</td><td>311.3</td><td>包括安装场</td></tr>
<tr><td>宽度(m)</td><td>32.6</td><td>吊车梁以上</td></tr>
<tr><td>高度(m)</td><td>83.48</td><td>尾水管底板至拱顶</td></tr>
<tr><td>机组中心距(m)</td><td>38.3</td><td></td></tr>
<tr><td>水轮机安装高程(m)</td><td>57.0</td><td></td></tr>
<tr><td rowspan="14">电源电站</td><td colspan="2">厂房型式</td><td>全地下式</td><td></td></tr>
<tr><td rowspan="4">进水口</td><td>型式</td><td>塔式</td><td></td></tr>
<tr><td>进口断面尺寸（宽×高，m×m）</td><td>4.5×6.9</td><td>工作门处</td></tr>
<tr><td>进口底高程(m)</td><td>122.0</td><td></td></tr>
<tr><td>工作闸门及启闭机型式</td><td>平面闸门、液压启闭机</td><td></td></tr>
<tr><td rowspan="4">压力管道</td><td>型式</td><td>地下埋管</td><td></td></tr>
<tr><td>条数(条)</td><td>2</td><td></td></tr>
<tr><td>内径(m)</td><td>4.5</td><td>钢衬内径</td></tr>
<tr><td>最大流速(m/s)</td><td>4.20</td><td></td></tr>
<tr><td rowspan="5">主厂房尺寸</td><td>长度(m)</td><td>60.0</td><td>包括安装场</td></tr>
<tr><td>宽度(m)</td><td>16.0</td><td>吊车梁以上</td></tr>
<tr><td>高度(m)</td><td>39.58</td><td>尾水管底板至拱顶</td></tr>
<tr><td>机组中心距(m)</td><td>17.0</td><td></td></tr>
<tr><td>水轮机安装高程(m)</td><td>55.0</td><td></td></tr>
</table>

续表

项目				参数值或特征	备注
主要建筑物	通航建筑物	船闸	型式	双线连续五级梯级船闸	
			总水头(m)	113.0	
			闸室有效尺寸(长×宽×槛上水深,m×m×m)	280.0×34.0×5.0	
			设计船队吨位(吨级)	10000	
			年单向通过能力(万 t)	5000	
		升船机	型式	单线单级垂直升船机	
			总提升高度(m)	113.0	
			承船厢有效尺寸(长×宽×水深,m×m×m)	120.0×18.0×3.5	
			最大过船吨位(吨级)	3000	
			年单向通过能力(万 t)	350	
		航道冲沙孔	型式	有压短管后接明流泄槽	
			孔数(孔)	2	
			孔口尺寸(宽×高,m×m)	5.5×9.6	有压段出口处
			进口底高程(m)	102.0	
	茅坪溪防护坝	型式		沥青混凝土心墙土石坝	
		坝顶高程(m)		185	
		最大坝高(m)		104	
		坝顶长度(m)		889	
		防渗轴线总长(m)		1840	
主要闸门及启闭机型式	泄洪深孔	上游检修门		平面反钩叠梁门、坝顶门机	
		事故门		平面定轮门、坝顶门机	
		工作门		弧门、液压启闭机	

续表

项目				参数值或特征	备注
主要闸门及启闭机型式	泄洪表孔	事故检修门		平面滑动门、坝顶门机	
		工作门		平面滑动门、坝顶门机	
	排漂孔	挡水事故检修门		平面定轮门、坝顶门机	
		工作门		弧门、液压启闭机	
	排沙孔	挡水事故门		平面定轮门、坝顶门机	
		工作门		平面定轮门、液压启闭机	
		出口检修门		平面反钩门、尾水门机	
	左、右岸电站	进水口检修门		平面反钩门、坝顶门机	
		进水口快速门		平面定轮门、液压启闭机	
		尾水闸门		平面滑动门、尾水门机	
	地下电站	进水口检修门		平面滑动门、塔顶门机	
		进水口快速门		平面定轮门、液压启闭机	
		尾水闸门		平面滑动叠梁门、尾水门机	
	电源电站	进水口检修门		平面滑动门、塔顶门机	
		进水口快速门		平面滑动门、液压启闭机	
		尾水闸门		平面滑动门、移动式起重机	
	船闸	一闸首事故检修门		平面滑动门+叠梁、桥机	
		各闸首工作门		人字门、液压启闭机	
		输水廊道工作门		反向弧门、液压启闭机	
		输水廊道检修门		平面滑动门、移动式起重机	
		辅助泄水工作门		平面定轮门、液压启闭机	
		辅助泄水检修门		平面滑动门、移动式起重机	
		六闸首检修门		浮式检修门	
	升船机	上闸首辅助门兼挡水门		平面滑动门+叠梁、桥机	
		上闸首工作门		平面双扉定轮门、桥机	
		下闸首工作门		平面双扉定轮门、桥机	
		下闸首检修门		平面滑动叠梁、桥机	
	航道冲沙孔	挡水事故检修门		平面定轮门、坝顶门机	
		工作门		弧门、液压启闭机	
电站主要机电设备	左、右岸电站	水轮机	型式	立轴混流式	
			台数(台)	26	
			额定出力(MW)	710	
			额定转速(r/min)	75 或 71.43	

续表

项目				参数值或特征	备注
电站主要机电设备	左、右岸电站	水轮机	吸出高度(m)	−5.0	
电站主要机电设备	左、右岸电站	水轮机	额定水头(m)	80.6(左岸机组), 85.0(右岸机组)	
电站主要机电设备	左、右岸电站	发电机	型式	半伞式	
电站主要机电设备	左、右岸电站	发电机	台数(台)	26	
电站主要机电设备	左、右岸电站	发电机	单机额定容量(MVA)	777.8	
电站主要机电设备	左、右岸电站	发电机	单机额定功率(MW)	700	
电站主要机电设备	左、右岸电站	发电机	功率因数	0.9	
电站主要机电设备	左、右岸电站	发电机	额定电压(kV)	20	
电站主要机电设备	左、右岸电站	主变压器	型号	三相双线圈强迫油循环水冷	
电站主要机电设备	左、右岸电站	主变压器	台数(台)	27	含1台备用
电站主要机电设备	左、右岸电站	主变压器	额定容量(MVA)	840	
电站主要机电设备	左、右岸电站	主变压器	高压额定电压(kV)	550−2×2.5%	
电站主要机电设备	左、右岸电站	主变压器	低压额定电压(kV)	20	
电站主要机电设备	左、右岸电站	输电线	电压等级(kV)	500	交流
电站主要机电设备	左、右岸电站	输电线	回路数(回)	15(其中三峡至万州区未启用)	
电站主要机电设备	左、右岸电站	输电线	输电线路长度 交流(500kV,km)	6519	
电站主要机电设备	左、右岸电站	输电线	输电线路长度 直流(500kV,km)	2965	
电站主要机电设备	右岸地下电站	水轮机	型式	立轴混流式	
电站主要机电设备	右岸地下电站	水轮机	台数(台)	6	
电站主要机电设备	右岸地下电站	水轮机	额定出力(MW)	710	
电站主要机电设备	右岸地下电站	水轮机	额定转速(r/min)	75 或 71.43	
电站主要机电设备	右岸地下电站	水轮机	吸出高度(m)	−5.0	
电站主要机电设备	右岸地下电站	水轮机	额定水头(m)	85.0	
电站主要机电设备	右岸地下电站	发电机	型式	半伞式	
电站主要机电设备	右岸地下电站	发电机	台数(台)	6	
电站主要机电设备	右岸地下电站	发电机	单机额定容量(MVA)	777.8	
电站主要机电设备	右岸地下电站	发电机	单机额定功率(MW)	700	
电站主要机电设备	右岸地下电站	发电机	功率因数	0.9	
电站主要机电设备	右岸地下电站	发电机	额定电压(kV)	20	

续表

项目				参数值或特征	备注
电站主要机电设备	右岸地下电站	主变压器	型号	三相双线圈强迫油循环风冷	
			台数(台)	6	
			额定容量(MVA)	840	
			高压额定电压(kV)	550－2×2.5%	
			低压额定电压(kV)	20	
		输电线	电压等级(kV)	500	交流
			回路数(回)	3	
	电源电站	水轮机	型式	立轴混流式	
			台数(台)	2	
			额定出力(MW)	51.55	
			额定转速(r/min)	272.7	
			吸出高度(m)	－10.0	
			额定水头(m)	85.0	
		发电机	型式	立轴悬式凸极同步发电机	
			台数(台)	2	
			单机额定容量(MVA)	58.82	
			单机额定功率(MW)	50	
			功率因数	0.85	
			额定电压(kV)	10.5	

第2章 大坝关键技术研究与实践

2.1 重力坝坝基岩体质量评价标准与可利用岩面

2.1.1 大坝坝基岩体质量评价标准以及评价方法

2.1.1.1 大坝坝基岩体质量评价体系研究

(1)大坝坝基岩体评价体系研究目的及特点

三峡工程大坝坝基岩体的闪云斜长花岗岩及各种脉岩、包裹体,均是坚硬岩石,受到构造作用与风化作用,其完整性和强度有不同程度的降低。岩体质量评价,主要根据大坝对地基的要求,通过对地质与物理力学特性两方面多因素的分析,来评定各种岩体质量的优劣,为坝基岩体的选择提供基本依据。由于三峡工程大坝坝基岩体风化厚度较大、局部地质构造复杂,具有断层发育、岩体风化深、地下水分布不均等特点,如何进行大坝坝基岩体分级并合理利用成为勘测设计中的一项技术难题。

三峡工程大坝坝基岩体质量评价体系应当具有下列特点:

1)横向可比性。

横向可比性,即与国内外通用的质量评价体系有较强的对应性和可比性。为此,所采用的主要评判因子和标准应与通用方案基本一致。

2)可靠性。

除了定性标准外,还应有一定的定量指标,以保证评价的客观可靠性。

3)可操作性。

坝基岩体质量评价涉及整体地基,因此所采用的因素必须是在各处均可以获取的。大坝坝基大部分处于水下,唯一可以广泛得到的资料来源于钻孔和两岸漫滩、山体的地质测绘,因此,判定评价体系时只能以钻孔资料为主要依据。从可操作性角度来看,评价因子的数量必定是十分有限的。三峡坝基大量采用了金刚石钻进、钻孔压水、声波测井等勘探手段,取得了比大多数水电工程更多且可靠的评价参数。

4)从施工前到施工期的延伸性。

质量评价体系制定于设计阶段,但需在施工期加以应用和检验。为此,选用的评价因子不仅要能在钻孔中得到,在开挖后的基坑里也应可以得到。

5)应用上的针对性。

岩体质量评价本身具有工程的针对性。一般来说,洞室、坝基及边坡岩体质量评价不可能有统一的标准。

坝基岩体质量评价只解决建基面的选择,以及岩体一般性力学特性评价和参数取值,而不能解决特定结构面控制的大坝抗滑稳定、不均匀变形及坝基防渗排水等问题。

质量评价隐含着方法本身的时空局限性,特别是对岩体可利用性的评价,实际是从现有的设计、施工技术水平和社会经济条件下进行考虑的,换言之,这些具体标准与结论是可以随时间有一定变化的。

自 20 世纪 80 年代以来,长江委综合勘测局与中国科学院地质研究所(现中国科学院地质与地球物理研究所)等单位合作,逐步制定了一套三峡坝基岩体质量评价系统,即三峡 YZP 法,并辅以模糊综合评判法、模糊集贴进度分析法,用作研究弱风化下带的利用和坝基可利用岩面的选择问题的技术途径之一(图 2.1.1)。

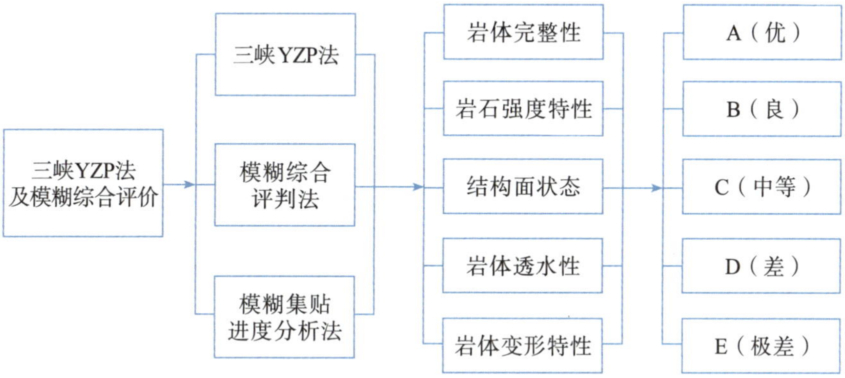

图 2.1.1　三峡坝基岩体质量评价体系研究

(2)三峡工程大坝坝基岩体质量评价方法——三峡 YZP 法研究

三峡 YZP 法是经多年实践建立的一种实用而简便的岩体质量评价方法。它是通过对 5 项基本因子的综合评判来确定岩体质量。

1)岩体完整性。

以岩体完整性系数 K_U 和 RQD 两项指标判定:

$$K_U=(V_m/V_C)^2$$

式中,V_m 为岩体弹性纵波波速,km/s;V_C 为岩体弹性横波速度,km/s。

岩体完整性分级见表 2.1.1。

表 2.1.1 岩体完整性分级主要参数

参数	完整	较完整	中等完整	完整性差	破碎
岩体完整性系数 K_U	>0.75	0.75~0.55	0.55~0.35	0.35~0.15	<0.15
体积节理数 J_U(条/m^3)	<3	3~5	5~10	10~30	>30
岩石质量指标 RQD(%)	>90	90~70	70~50	50~20	<20

2)岩石强度特性。

岩石强度的主要定量指标有岩石单轴抗压强度 R_C、点荷载强度 $I_{S(50)}$、回弹指数 N、岩体抗剪断强度(f'、c')。

据国内外试验研究结果表明,点荷载强度 $I_{S(50)}$、回弹指数 N 与岩块抗压强度 R 有着较好的相关性,可以通过点荷载强度或回弹指数间接计算出岩石抗压强度。

现将适于三峡工程大坝坝基岩石的主要经验公式列于表 2.1.2。

表 2.1.2 大坝坝基岩石抗压强度与点荷载强度或回弹指数相关公式

研究单位	相关公式	相关系数 γ
国际岩石力学试验方法委员会测定点荷载强度建议方法(1985 年修订)	$R_C=(20\sim50)I_{S(50)}$	
长江勘测技术研究所(1986),三峡工程坝址平硐实测资料	$R_C=3.63N^{1.3895}$ (样品容量 $N=25$, R_C 单位:kg/cm^2)	0.927
长江委三峡勘测研究院(1988),三峡工程坝址取样实验室研究	$R_C=6.5786e^{0.5949N}$ (公式适用:$N=13.7\sim52.4$, $R_C=12.7\sim170MPa$, 样品容量:$n=28$)	0.891

注:$I_{S(50)}$ 为直径 50mm 的标准试样的点荷载强度值,对非标准试样需换算成标准试样才能应用。

3)结构面状态及强度。

结构面状态系指结构面几何形态及性状特性,主要包括结构面起伏及粗糙度、充填物成分、胶结程度及性状等,这些因素是影响结构面抗剪强度的重要因素。

坝区结构面按其工程地质性状,划分为硬性结构面及软弱结构面两大类。硬性结构面又划分为平直光滑面、平直稍粗面、起伏粗糙面及极粗糙面 4 种类型;软弱结构面分为破碎结构面、软弱结构面及泥化面等 3 种。

为了研究结构面粗糙度与剪切性质的相关性,曾在平硐中采用国际岩石力学学会推荐的针梳仪进行结构面形态量测,运用模糊数学方法计算出反映结构面粗糙度的 JR 值,在此基础上给出不同粗糙度的各级结构面的摩擦系数建议值(表 2.1.3)。在岩体质量评价中,以其主要的、具有代表性的结构面摩擦系数作为评价依据。

表 2.1.3 大坝坝基岩体结构面粗糙度分级及摩擦系数建议值

结构面等级	Ⅰ	Ⅱ	Ⅲ	Ⅳ	Ⅴ	Ⅵ	Ⅶ	Ⅷ	Ⅸ	Ⅹ
JR 值范围	0.0～1.5	1.5～2.5	2.5～3.5	3.5～4.5	4.5～5.5	5.5～6.5	6.5～7.5	7.5～8.5	8.5～9.5	>9.5
摩擦系数建议值	0.000～0.616	0.616～0.660	0.660～0.704	0.704～0.748	0.748～0.792	0.792～0.836	0.836～0.880	0.880～0.924	0.924～0.968	>0.968
结构面工程地质分类	平直光滑面		平直稍粗面			起伏粗糙面				极粗糙面

4)岩石渗透性。

岩体渗透性,主要根据大量钻孔压水试验资料及平硐揭露的地下水水流状态来评价。以单位吸水量 $\omega<0.01L/(min \cdot m^2)$ 的岩体占试段总长度的百分率作为评价岩体透水性的指标(ω_n)。按统计规律,各类岩体透水性指标 ω_n 值与平硐中渗流状态的对应关系见表 2.1.4。

表 2.1.4 大坝坝基岩体透水性及渗流状态评价

岩体类型	整体—块状结构		块状结构	次块状结构	镶嵌结构	碎裂结构	
	新鲜岩体	微风化岩体	弱风化下带岩体	断层带旁侧微风化岩体	断层影响带裂隙密集带	弱风化上带岩体	软弱构造岩
ω_n(%)	80～90	70～80	40～50	30～40	30～40	5～10	
透水性分级	极微—微透水	以中等透水为主	以中等透水为主	中—较严重透水	中—较严重透水	较严重—严重透水	
平硐中渗流状态	干燥、无渗水	干燥、无渗水	少量滴水	滴水	滴水	不间断渗水(细水流)	

5)岩体变形特性。

岩体的变形特性采用现场变形试验求得的岩体变形模量(E_d)作为评价指标。

对上述5项基本因子按加权平均法综合评判确定岩体质量系数 M,其函数表达式及加权平均型模型为:

$$M=f(U_1,U_2,U_3,U_4,U_5) \tag{2.1.1}$$

式中,U_1 为岩体完整性;U_2 为岩石强度特性;U_3 为结构面状态及强度特性;U_4 为岩体透水性;U_5 为岩体变形特性。

$$M=\sum_{i=1}^{n}W_iS_i \tag{2.1.2}$$

式中，S_i 为比值系数，$S_i=X_i/\max X_i$，其中，X_i 为第 i 个因子的参数值，$\max X_i$ 为每项因子最大参数值，以新鲜岩体(石)均值为代表；W_i 为 i 因子的权重值，满足 $\sum_{i=1}^{n} W_i=1$ 根据经验判断及计算结果，给定 $W=[0.3, 0.25, 0.2, 0.1, 0.15]$。

将岩体质量系数 M 值转换为分值，则表达式为：

$$M_S=\left[\sum_{i=1}^{n} W_i \cdot S_i\right] \cdot 100 \tag{2.1.3}$$

用式(2.1.3)即可求出各类岩体质量评判的分值，见表 2.1.5。

坝基岩体质量按 5 级划分：

①优质岩体 A 级：$M_S \geqslant 85$，为新鲜、微风化的整体及块状结构岩体，是优质大坝基础。

②良质岩体 B 级：$M_S=70\sim85$，包括微风化、新鲜的次块状结构岩体及弱风化带下部的块状结构岩体，为良质坝基岩体，只需做常规处理。

③中等质量岩体 C 级：$M_S=45\sim65$，包括断层中胶结良好的构造岩，断层影响带，裂隙密集带等镶嵌结构岩体，以及部分较完整的弱风带上部岩体。前者在大坝基础出现时应适当开挖和加固处理，后者只能用作临时和次要建筑物地基。

④差岩体 D 级：$M_S=25\sim45$，为含软弱构造岩的碎裂结构岩体及含松散碎屑较多的弱风化带上部岩体。坝基不可利用，需挖除或加固处理。

⑤极差岩体 E 级：$M_S<25$，为 NE—NEE 向张性断层破碎带强烈风化岩体和软弱构造岩。坝基不能利用，需挖除。

应用巴顿(Barton)Q 法、比尼威斯基(L. T. Bieniawski)RMR 法、谷德振岩体质量系数 Z 法，对坝址区不同岩体结构类型进行了岩体质量评价，并与三峡 YZP 法评价结果作了对比研究，见表 2.1.6。

研究结果表明，三峡 YZP 法与 Q 法、岩体质量系数 Z 法的评价结果基本相近，RMR 法较严格，多数岩体质量计分偏低，有时甚至降低一个质量级别。

表 2.1.5　　**大坝坝基岩体质量分级及评价**

<table>
<tr><th rowspan="3" colspan="2">岩体质量分级及代号</th><th rowspan="3" colspan="2">岩体类型及结构</th><th colspan="3">①岩体完整性</th><th colspan="5">②岩石(体)强度特性</th><th colspan="2">③结构面状态及强度</th><th colspan="2">④岩体渗透性</th><th rowspan="3">⑤岩体变形特性 E_d (GPa)</th><th rowspan="3">岩体质量评价的总分值 M_S</th></tr>
<tr><th rowspan="2">V_p (km/s)</th><th rowspan="2">K_v</th><th rowspan="2">RQD (%)</th><th rowspan="2">R_C (MPa)</th><th colspan="2">混凝土与岩石</th><th colspan="2">岩石与岩石</th><th rowspan="2">状态</th><th rowspan="2">抗剪强度 f,c(MPa)</th><th rowspan="2">渗透性分级</th><th rowspan="2">ω_n (%)</th></tr>
<tr><th>f'</th><th>c' (MPa)</th><th>f'</th><th>c' (MPa)</th></tr>
<tr><td colspan="2">A(优)</td><td>新鲜及微风化闪云斜长花岗岩,闪长岩</td><td>以块状结构为主,少数为整体结构</td><td>5.10～5.80</td><td>0.80～0.85</td><td>90～95</td><td>90～110</td><td>1.2～1.3</td><td>1.4～1.5</td><td>1.7</td><td>2.0</td><td>裂面新鲜或轻微风化,以平直稍粗为主,闭合无充填,不连续</td><td>以平直稍粗面(裂隙)为主 $f=0.7\sim0.8$, $c=0.2\sim0.3$</td><td>极微透水</td><td>70～90</td><td>35～45</td><td>>85</td></tr>
<tr><td rowspan="3">B(良)</td><td>B_1</td><td>弱风化下带岩体</td><td>块状结构</td><td>4.30～5.50</td><td>0.70～0.80</td><td>70～90</td><td>75～90</td><td rowspan="3">1.0～1.2</td><td rowspan="3">1.2～1.4</td><td rowspan="3">1.5</td><td rowspan="3">1.6</td><td rowspan="3">裂面大部轻微风化,15%有蚀变,宽1～4cm,以平直稍粗为主,不连续</td><td>以平直稍粗面为主,$f=0.7\sim0.8$, $c=0.2\sim0.3$</td><td>微—弱透水</td><td>40～50</td><td>25～30</td><td>70～85</td></tr>
<tr><td>B_2</td><td>断层带两侧的微风化岩体</td><td>次块状结构</td><td rowspan="2">4.50～5.60</td><td rowspan="2">0.60～0.80</td><td rowspan="2">67～93</td><td rowspan="2">75～90</td><td rowspan="2">平直稍粗面,$f=0.7\sim0.8$, $c=0.2\sim0.3$;平直光滑面,$f=0.55\sim0.65$, $c=0.05\sim0.15$</td><td rowspan="2">以弱透水为主,河床部位较强</td><td rowspan="2">40～50</td><td rowspan="2">25～30</td><td rowspan="2">70～85</td></tr>
<tr><td>B_3</td><td>中堡岛花岗岩脉(微风化)</td><td>次块状结构</td></tr>
<tr><td colspan="2">C(中等)</td><td>①断层影响带、裂隙密集带②胶结较坚硬的构造岩</td><td>镶嵌结构</td><td>4.50～5.20</td><td>0.45～0.70</td><td>60～85</td><td>50～70</td><td></td><td></td><td></td><td></td><td>裂面平直稍粗、起伏粗糙均可见,连接性好</td><td>平直稍粗面,$f=0.7\sim0.8$, $c=0.2\sim0.3$</td><td>弱—较强透水</td><td>30～40</td><td>10～20</td><td>45～65</td></tr>
</table>

续表

岩体质量分级及代号	岩体类型及结构		①岩体完整性				②岩石(体)强度特性				③结构面状态及强度		④岩体渗透性		⑤岩体变形特性 E_d (GPa)	岩体质量评价的总分值 M_S
			V_p (km/s)	K_v	RQD (%)	R_C (MPa)	混凝土与岩石		岩石与岩石		状态	抗剪强度 f,c(MPa)	渗透性分级	ω_n (%)		
							f'	c' (MPa)	f'	c' (MPa)						
D(差)	含软弱构造岩的碎裂结构岩体	碎裂结构	3.20～4.20	0.25～0.45	0～48	30～50					碎块夹碎屑，性状较差	软弱结构面 f=0.25～0.40，c=0.05～0.1	中一较强透水（局部微弱）	5～10	0.5～1	25～45
C—D（差）	含松散碎屑较多的弱上岩体		2.60～5.10		20～50	40～70					疏松、半疏松碎屑，风化夹层			30～40	1～5	30～45
E(极差）	F_{215}，f_{548} 软弱带	碎裂—散体结构	＜3.00	＜0.25	＜20	＜30					碎屑夹泥，性状极差	软弱结构面 f=0.25～0.40，c=0.05～0.1	透水性，极不均一		0.5～1，最小小于0.1	＜25

注：R_C 为岩石单轴湿抗压强度；ω_n 为岩体透水性指标。

表 2.1.6 大坝坝基岩体质量不同方法对比研究评价

质量分级 结构分类		Ⅰ块状结构（为主），整体结构（少数）	Ⅱ、Ⅲ块状、次块状结构		Ⅳ镶嵌结构	Ⅴ碎裂—散体结构		
			Ⅱ	Ⅲ		碎裂结构	碎裂结构	散体结构
挪威巴顿Q法	$Q=(RQD/J_n)(JR/J_a)(J_\omega/SRE)$	新鲜 127～353，极好；微风化 60～90，很好	弱下 40～50 很好—好	12～29 好	1.0～12.5 一般—坏	弱上 0.5～1.2 很坏—坏	0.48 很坏	强风化 0.022 很坏
比尼威斯基RMR法	按5个因子评价	新鲜 85～92，极好；微风化 71～78，好	弱下 69～71 较好	53～60 较好	30～40 差	弱上 39～40 差	15～22 差—很差	强风化 17～21 差—很差
谷德振岩体质量系数Z法	$Z=IfS$	新鲜 4.5～6.6，微风化 4.1～6.1，特好	弱下 3～3.8 好	2.6～3.8 好	0.2～2 一般	弱上 0.79～0.86 一般	0.17～0.57 坏	强风化小于0.1 坏—极坏
长江委综合勘测局三峡YZP法	按5个因子计分评价 $M_S=[\sum_{i=1}^{n} w_iS_i]\cdot 100$	新鲜 95.9，微风化大于 85，优	弱下 72.4～80 良	微风化 70～78 良	微风化带 40～60.6 中等	弱上 30.6～49 中—差	微风化 20～38.4	强风化 8.4～17.3 极差

注：J_n 为岩石质量，%；JR 为节理面粗糙度系数；J_a 为节理面蚀变度系数；J_ω 为裂隙水影响系数。

2.1.1.2 大坝坝基岩体质量模糊综合评判及贴进度分析

三峡工程大坝坝基赋存于不同地质环境中的岩体，受多种地质因素的影响，岩体工程地质性质及分类复杂化，具有不确定的模糊性，这正好适合模糊综合评判的运用条件。

(1)模糊综合评判

应用3种不同的数学模型进行运算。

1)加权平均型。

$$\begin{cases} B=A\cdot R \\ b_i=\sum_{j=1}^{n} a_j r_{ij} \end{cases} \tag{2.1.4}$$

2)主因子决定型。

$$\begin{cases} B = A \cdot R \\ b_i = \bigvee_{j=1}^{n} a_j \wedge r_{ij} \end{cases} \tag{2.1.5}$$

3)主因子突出型。

$$\begin{cases} B = A \cdot R \\ b_i = \bigvee_{j=1}^{n} (a_j r_{ij}) \end{cases} \tag{2.1.6}$$

式中,B 为模糊评判指标矩阵;A 为权重集,满足 $\sum_{i=1}^{n} a_i = 1, a_i > 0$;$R$ 为多因子评判矩阵。

运用模糊加权平均型分别计算了新鲜至风化岩体分类、岩体结构分类等 10 种具有代表性的岩体单元,将评判指标 B 经规一化处理后,$b_1 = 0.306$(新鲜)、$b_2 = 0.297$(微风化)、$b_3 = 0.234$(弱下)、$b_4 = 0.125 \sim 0.142$(弱上)、$b_5 = 0.038$(强风化)。转换为分值:微新岩体大于 97、弱下岩体 76.51、弱上岩体 40.68～47.4、强风化岩体 12.5。整体及块状结构大于 96.17、次块状结构 76.69、镶嵌结构 57.25、碎裂结构 24.64。

运用主因子决定型、主因子突出型,分别对 22 种岩体单元进行模糊综合评判,按最大隶属原则确定属类,计算结果见表 2.1.7。

表 2.1.7　　模糊综合评判判别结果(主因子决定型)

样品	判别结果
整体结构	优
块状结构	优—良
次块状结构	良
镶嵌结构	良—中
碎裂结构	差
新鲜岩体	优
微风化带	优—良
弱风化下带	良—中
弱风化上带	中—差
强风化带	差—极差
新鲜花岗岩脉	优—良
F_{23} 破碎带	良—中
F_7 破碎带	中—差
断裂影响带	良
碎裂带	中—差
碎斑岩	差
碎斑糜棱岩	差

(2)贴进度分析

利用模糊子集之间的贴进度进行模式识别,有助于分析上述10类主要岩体单元的相互贴进程度。对于论域V上的模糊集A与B,采用$\bigvee\limits_{UEV}(u_A(u)\wedge u_B(u))$表达式,为$A$与$B$的内积,用$A\cdot B$表示;采用$\bigwedge\limits_{UEU}(u_A(u)\vee u_B(u))$为$A$与$B$的外积,用$A\otimes B$表示,则贴近度$(A,B)$计算公式为:

$$(A,B)=0.5[A\cdot B+(1-A\otimes B)] \tag{2.1.7}$$

计算结果见表2.1.8、表2.1.9。

表2.1.8　大坝坝基风化岩体分类贴进度计算成果

对象	新鲜岩体与微风化带	微风化与弱风化下带	微风化与弱风化上带	弱风化上带与弱风化下带	弱风化下带与强风化带
(A,B)	0.536	0.49	0.399	0.454	0.34
贴进度	贴进	较贴进	不贴进	不贴进	不贴进

表2.1.9　大坝坝基岩体结构分类贴进度计算成果

对象	整体与块状	块状与次块	次块状与镶嵌	镶嵌与碎裂
(A,B)	0.531	0.457	0.510	0.136
贴进度	贴进	不贴进	较贴进	不贴进

按岩体质量分级,各类岩体归属见表2.1.10。

表2.1.10　大坝坝基风化岩体分类与岩体结构分类的质量归属

质量	A(优)	B(良)	C(中等)	D(差)	E(极差)
风化类型	微、新岩体	弱风化下带	弱风化上带	弱风化上带	强风化带
结构类型	整体及块状	次块状	镶嵌	碎裂	碎裂

模糊综合评判所得结果与三峡YZP法评判所得结果基本一致,两种方法均为坝基岩体质量评价与归属划分提供了依据。

2.1.2　坝基可利用岩体的研究及利用

2.1.2.1　坝基弱风化岩体利用研究

大坝坝基闪云斜长花岗岩和闪长岩包裹体的全、强风化带岩体力学强度低,不宜作为三峡工程主体建筑物地基。微风化带岩体坚硬、完整、力学强度高,完全可以满足混凝土高坝对地基的要求。因此,大坝建基面选择的关键在于弱风化岩体利用的可能性。

弱风化岩体能否用作坝基岩体,需从岩体工程地质特性、岩体(石)力学性质、岩体质量、加固处理等5个方面进行综合研究,作出评价。

(1)弱风化带上部$Ⅱ_2$

弱风化带上部$Ⅱ_2$由坚硬、半坚硬岩石夹疏松、半疏松状岩石组成。其中疏松、半疏松状岩石占10%~30%,主要分布于断层、裂隙带中。据统计,弱风化带上部$Ⅱ_2$的结构面中含疏松、半疏松状岩石的占30%~70%,以夹层状、根系状、窝状等形式产出。

弱风化带上部$Ⅱ_2$岩体受到风化及卸荷等地质因素的影响,其工程地质及力学性质极不均一。岩体完整性中等至差,*RDQ*值一般为30%~50%,各项测试参数分散性较大。块状坚硬岩体变形模量为15~20GPa,次块状结构岩体为9.24GPa(试验值,下同),碎裂结构岩体(如碎屑状夹层)仅为0.7~2.65GPa。岩体纵波速度V_p=2600~5100m/s,均值3770m/s。回弹指数N=10~50,平均值34.2。视电阻率ρ_s=3~5kΩ·m。V_p随深度变化曲线呈波谷、波峰变化较大的长锯齿状,V_p、ρ_s的频率曲线呈双线或多峰型(图2.1.2)。钻孔压水试验表明,弱至较严重透水试段占56%。以上参数反映出本亚带岩体由软硬程度截然不同的两种介质组成,岩体遭受风化卸荷作用较强烈,岩体质量属于中等至差(C~D级)岩类。以弱风化带上部$Ⅱ_2$岩体作为利用岩面进行大坝抗滑稳定核算的结果,正常组合K_c不大于3,特殊组合K_c小于2.5,不能满足混凝土高坝对地基的要求,因此不能用作为主体工程地基。

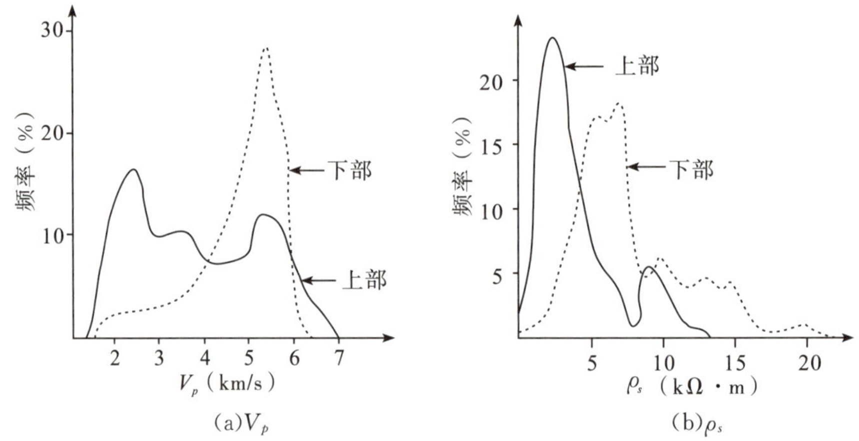

图2.1.2 坝基弱风化带上、下部岩体V_p、ρ_s测试参数对比

(2)弱风化带下部$Ⅱ_1$

以坚硬岩石为主体,夹少量半坚硬、半疏松状岩石。整个岩石风化程度较轻,一般沿结构面有1~4cm的风化色变,其中20%的结构面有风化加剧现象,表现为岩质呈疏松及半疏松状,厚度在1cm以内,碎屑含量多在1%以下,产出型式为根系状及囊袋状,展布范围从数十厘米至数米不等。

大量的测试参数统计表明,岩体工程地质及力学性质均一性较好,*RQD*值一般为70%~90%,完整性系数K_U=0.7~0.8,属于较完整岩体;岩体变形模量较高,且较均一,块状结构岩体变形模量为26.8~58.2GPa,次块状结构为12.3~14.3GPa;岩体纵波速V_p为

4300～5500m/s，平均值5040m/s；回弹指数30～60；视电阻率 $\rho_s=5.0\sim7.5\text{k}\Omega\cdot\text{m}$。据钻孔综合测井资料，$V_p$、$\rho_s$ 的频率曲线为对称的正态曲线（图2.1.2），V_p 随深度变化曲线呈短锯齿状，波幅变化小而均匀。极微透水试段[$\omega<0.01\text{L}/(\text{min}\cdot\text{m}^2)$]占38%～52%。以上表明，本亚带岩体工程地质及力学性质较均一、完整，各项测试指标与微风化带次块状结构岩体相当，综合质量与微风化带岩体较贴近（表2.1.8）。岩体质量属于良质岩体B级。以本亚带岩体作为利用岩面进行大坝抗滑稳定核算的结果，正常组合 K_c 大于3，特殊组合 K_c 大于2.5，满足了混凝土高坝对地基的要求。因此，从岩体的均一性与完整性、力学强度与变形特性、岩体质量级别及属性、抗滑稳定性等条件综合研究，弱风化带下部Ⅱ$_1$ 岩体可作为大坝坝基岩体加以利用。

关于岩体加固处理，曾于1978年在太平溪坝址5号平硐中选择3个试区对弱风化带上、下两个亚带分别进行了灌浆试验研究，选用了水泥、环氧树脂、甲凝等3种材料。试验结果表明，弱风化下带岩体通过灌浆加固处理后，岩体的纵波速度、变形模量及弹性模量均有提高，透水性明显降低，岩体的完整性得到进一步改善，岩体质量由良质B级提高到优质A级；弱风化上带岩体通过灌浆加固处理后，仍难达到作为混凝土高坝坝基岩体的质量指标。

2.1.2.2　坝基可利用岩面的确定

坝基可利用岩面系指能满足三峡工程混凝土高坝对地基要求的可利用岩体的优化建基岩面，除因工程结构要求及局部地质缺陷处理需要降低建基面外，所确定的坝基利用岩面可以直接作为大坝设计建基面。

三峡工程坝基利用岩面的确定，采用岩体质量标准分析法，即以工程地质判断与量化分析相结合，按岩体质量标准确定可利用岩体的具体部位及顶面高程，主要建基面必须达到良质岩体B级至优质岩体A级。

坝基可利用岩面的确定是一项综合性的工程地质勘察与试验研究工作。三峡大坝可利用岩面的选择摆脱了以往按单一风化界面的确定原则，采用岩体质量标准分析法，制定了定性与定量标准。

（1）大坝坝基岩体质量标准

根据三峡工程混凝土高坝对地基的要求，对坝基特力层的主要岩体——A级、B级质量标准要求见表2.1.11。同时采用三峡YZP法加权平均模型，逐一计算每一个钻孔利用岩体（弱风化下带及微风化岩体）的岩体质量系数，求取分值，参与坝基岩体选择和可利用岩面确定。此外，还拟定两条附加标准。

1）建基面以下5m深度内，不允许存在厚度大于5cm的平缓风化碎屑夹层及多层叠置的平缓风化夹层。

2）建基面以下5m深度内，不允许存在沿结构面交切部位分布且规模较大的风化囊槽及窝状松散碎屑岩体。

表 2.1.11　　大坝坝基利用岩体主要参数及标准值

质量级别	A级	B级		
		B_1	B_2	B_3
岩体类型	微风化及新鲜岩体	Ⅱ$_1$	Ⅰ(断层两侧)	Ⅰ(r)
	块状—整体结构	块状结构	次块状结构	
岩体纵波速度平均值 V_p(m/s)	≥5400	>5000		
岩体完整性系数 K_U	≥0.80(0.80～0.85)	≥0.70(0.70～0.80)		
岩体变形模量 E_d(GPa)	≥35	25～30		
岩石质量指标 RQD(%)	≥90(90～95)	≥70(70～90)		
岩石单轴饱和抗压强度 R_C(MPa)	90～110	75～90		
混凝土与基岩抗剪断强度 f'、c'(MPa)	f'=1.2～1.3，c'=1.4～1.5	f'=1.0～1.2，c'=1.2～1.4		

(2)大坝坝基可利用岩面岩体质量分区(分级)

A级——优质岩体分布区：微风化及新鲜的闪云斜长花岗岩及闪长岩包裹体，以块状结构为主，少部分为整体状结构。坝基范围内A级岩体占35.04%。

B级——良质岩体分布区，划分3个亚类(或亚区)。

B_1 亚类：弱风化带下亚带岩体，以块状结构为主。其分布面积占坝基面积的41.60%。

B_2 亚类：分布在规模较大断层两侧的微风化带岩体，次块状结构。其分布面积占坝基面积的20.13%。

B_3 亚类：中堡岛大花岗岩脉的微风化岩体，次块状结构。其分布面积占坝基面积的1.47%。

C级——中等岩体分布区：断层带(胶结良好构造岩)、断层影响带及裂隙密集带，呈镶嵌结构。

D级——差岩体分布区：软弱结构面的构造岩，如 F_{23} 核部片理化糜棱岩及NE—NEE组张性断层带，呈碎裂结构。

C级、D级岩体主要呈窄长带状沿断层核部分布，共占坝基面积的2%。

以上大坝坝基岩体以A级、B级为主，占坝基岩体的98.24%，其中微新岩体占坝基岩体的56.6%。

上述方法所选定的坝基可利用岩面的起伏形态，较仅采用微风化带顶面作为建基面趋于平整，没有大的凹槽出现，且微风化顶面上的起伏凹槽均由弱风化带下部岩体组成。由于部分弱下带岩体被利用，减少了深风化槽的开挖。

2.1.3 坝基岩面开挖高差控制及地质缺陷处理

2.1.3.1 坝基岩面开挖轮廓控制要求

大坝坝轴线长 2309.5m，分为 115 个坝段（含升船机上闸首），左岸最高建基岩面高程为 169.00m，右岸为 172.00m，河床建基岩面最低高程为 4.00m，最大底宽 126.73m，坝基开挖轮廓面积约 28.50 万 m^2。坝基开挖受地质地形条件的制约和相邻坝块开挖台阶高差控制。

根据大坝坝基利用岩体的工程地质特性和局部缺陷的处理方案以及各坝段的坝基轮廓要求，相应确定各坝段基岩面的开挖高程、水平尺寸和开口线，并据此进行建基面的开挖设计。从有利于大坝抗滑稳定考虑，建基面宜开挖成略倾向上游的斜面、台阶面或平面，不能开挖成倾向下游的斜面，不得有反坡。当坝基利用岩面向下游倾斜时，则应开挖成大的水平台阶，台阶的高差一般不大于 5m，以不陡于 1∶0.6 的缓坡连接。左、右岸非溢流坝段，在坝轴线方向采用爬坡台阶的开挖形式，台阶高差一般为 15m，水平段宽度按不小于坝段长度的 50%控制。

设计要求开挖前须做爆破试验，以确定控制的质点振动速度和相应起爆药量。开挖须自上而下、分层梯段爆破施工，梯段高度不大于 10.00m。设计边坡的施工，须按控制爆破开挖—修坡清理—支护加固—坡面排水的程序进行，并应随开挖高程下降及时支护。基面保护层（厚度不小于 1.50m）以手风钻钻孔，浅孔小炮爆破，逐层开挖至设计高程，当距设计开挖线或边线 0.20～0.30m 时，应用人工撬挖或风镐清除，或通过试验采用光面爆破技术开挖。基础最终开挖轮廓，不得欠挖，超挖不得超过表 2.1.12 中的规定值。

表 2.1.12　大坝坝基岩面开挖轮廓限差　（单位：cm）

尺寸类别	平面	高程
坝基	50	20
边坡	25	20

对于建基面松动岩块、孤立岩块和爆破炸裂的岩块应予以清除，尖锐棱角突出的岩石，应削成钝角或平滑形状，凡缓倾平直光滑的构造面或附有方解石、钙膜、水锈、黏土及其他软弱物的岩面，均应清除凿毛，并不得有反坡。

2.1.3.2 坝基岩面高差控制及其处理措施

对从地质考虑可加以利用的岩体实施建基面开挖，不可避免地会形成上、下游高差和岸坡高差。按照规范，若高差过大，应开挖成台阶以满足坝体应力方面的要求。一般规定台阶位置和高差应不致恶化坝块在施工期和运用期的稳定和应力条件。实际上，由于可利用岩面陡、缓不一，台阶位置和高差往往与坝段的分缝分块不能一一对应，否则，必须挖除数量可观的优良岩体，这一矛盾在三峡坝基开挖中颇为突出。为此，采取了下述措施：

1）尽可能调整大坝分缝分块，使其与实际开挖地形一致，减少应力集中。

2）难以调整坝块分缝的部位，根据实际情况除少部分扩大开挖外，大多对高台阶一侧先期进行填塘混凝土浇筑，并通水冷却使混凝土温度接近基岩温度(一般为18～20℃)，然后布设陡坡钢筋网以强化混凝土与岩体的接触，改善坝基应力状态。岩面与坝基混凝土间预埋测缝计的测量结果表明，这一措施是有效的。

3)若无法避免岩石凸体或台阶边缘造成的坝体应力集中，则尽可能削平尖锐部位的岩体，并在对应坝体部位一定范围内配置受力限裂钢筋，强化结构。

2.1.3.3 坝基地质缺陷处理

大坝河床部位坝段坝基岩体优质及良质岩体占93.8%，对局部地段有一定规模或性状较差的断层、裂隙密集带、大型破碎岩脉等较差质岩体的地质缺陷进行了处理。

(1)泄洪坝段第7～8号坝段下(第Ⅲ)块的 f_{34} 断层处理

泄7～8号坝段下(第Ⅲ)块的 f_{34} 断层由3～4个小断层组成，各断层带宽0.10～0.30m，倾角70°～75°；构造岩主要为碎裂岩，与NEE向 f^x_{33}、f^x_{50} 断层相交地段，最宽达6.50m，局部风化加剧；岩质呈半疏松—半坚硬状，宽1.50～3.00m，性状较差，声波 V_P 值多为3750～4800m/s，易产生压缩变形和不均匀变形。施工中将断层交汇地段的建基面下挖1.00～2.00m，再对各主断带软弱岩做抽槽处理(槽深0.50～0.60m)，回填混凝土塞，进行加强固结灌浆处理。

(2)泄洪坝段第10～11号坝段上(第Ⅰ)块 f_{361} 断层处理

泄10～11号坝段上(第Ⅰ)块的 f_{361} 断层，主断带宽0.20～0.50m，两侧为宽1.00～2.00m的断层影响带，其内裂隙发育，岩体破碎。构造岩主要为碎裂闪云斜长花岗岩。沿主断带风化加剧明显，构造岩胶结较差，遇水软化，为差—极差岩体，易产生不均匀变形。施工中沿断层做槽挖处理，槽宽3.00～5.00m，深1.10～1.70m，用混凝土塞回填，并沿断层带进行加强固结灌浆处理。

(3)泄洪坝段第5～17号坝段史经滩组断层(F_{410}～F_{413} 断层)处理

泄5～17号坝段史经滩组断层是泄洪坝段内规模最大的断层，断层宽0.20～1.50m，最宽达3.00～4.00m，构造岩胶结较好，属镶嵌结构中等质量(C级)岩体，岩体较坚硬、完整，沿断层带产生不均匀变形可能较小。但该组断层延伸较长，通过建基岩面不同高程的平台较多，各级平台临空陡坎受爆破影响，松动块或张开裂隙时有分布。且史经滩组断层与NE—NEE组断层(如 f^x_{33}、f^x_{34}、f_{361})交汇地段，构造岩性状明显变差，断层带两侧的裂隙相对较发育，岩体破碎、松弛，存在局部不均匀变形的可能。处理措施为清除各级平台临空陡坎爆破松动块石，与NE—NEE组断层交汇地段做槽挖及回填混凝土塞处理。

(4)泄洪坝段第17～22号坝段中堡花岗岩脉处理

中堡花岗岩脉一般为次块状—块状结构岩体，块与块嵌合较紧密，性状较好。局部地段裂隙密集发育，为镶嵌结构岩体，岩体破碎，性状稍差，有产生不均匀变形的可能。如泄18号上块裂隙密集带风化加剧明显，声波测试 V_P 值平均值为4724m/s，最小值仅2500m/s；泄

18 号下（第Ⅲ）块裂隙密集带旁侧存在一个地震波值小于 3500m/s 区。处理措施为将泄 18 号上（第Ⅰ）块建基面下挖 2.00～3.00m，使建基面置于较坚硬完整岩体上。为避免二次开挖带来的影响，要求泄 18 号下（第Ⅲ）块采用手风钻浅孔爆破逐层开挖低地震波区，开挖深 1.00～2.50m，并进行有盖重全面加强固结灌浆处理。

（5）泄洪坝段第 21 号坝段下（第Ⅲ）块卸荷裂隙处理

泄 21 号及泄 22 号坝段下（第Ⅲ）块中堡花岗岩脉及其附近，卸荷裂隙发育，据平台及下游齿槽边坡编录资料，卸荷裂隙结构面短小，可见长度多在 5.00～8.00m，且风化加剧，厚度一般为 5～20mm。

在对二次开挖处理的泄 21 号坝段下（第Ⅲ）块高程 45.00m 平台进行终验时，在平台中下部凹槽内发现一条卸荷裂隙 T_{46}，埋深 0.50～1.50m，最薄仅 0.20m，夹有厚 2～3cm 的风化碎屑，呈半疏松—半坚硬状，张开 5～10mm，往上、下两侧有延伸。通过注水试验，发现在下游齿槽 T_{22} 面流出。经在裂隙旁侧布置 3 个声波孔进行声波测试，未发现异常现象。孔内注水后，水位在较长时间稳定，未见下降，说明 T_{46} 张开裂隙侧向延伸不明显，推测 T_{46} 与下游齿槽 T_{22} 裂隙相通，出露面积约 $54m^2$。考虑到该地质缺陷下游侧基础廊道槽已浇筑混凝土，若将夹层顶部岩石爆破挖除会对已浇混凝土造成损伤，为此采取以固结灌浆为主的综合处理措施，即对风化加剧的裂隙采用有盖重固结灌浆处理，上覆岩体用锚杆锚固。锚杆为 1.50m×1.50m 梅花形布置，孔深 3.00m，锚杆长 4.50m。

（6）纵向围堰坝段地基的局部风化破碎带处理

右纵坝段坝基高程 38.00m 平台建基面平整度较差，实际建基高程为 37.50～38.60m，局部风化破碎，断层发育，坝基存在变形不均一问题。施工中对可能产生不均匀变形的地质缺陷进行了工程处理。规模最大、性状较差的断层 F_{12} 及其与 NEE 向小断层交汇部位进行了抽槽处理，并沿 F_{12} 普遍进行了加强固结灌浆；对其他性状较差的 NEE 向（f_{113}^{H}）、NWW 向（f_{92}^{H}）断层带及两侧爆破松动岩块和风化破碎岩体进行了挖除、抽槽掏挖处理；对高程 30.00m 平台下游的缓倾角风化夹层做挖除处理。

（7）左岸厂房坝段第 6～14 号坝段地基的局部地质缺陷处理

左厂 6～14 号坝段地基的局部地质缺陷主要有沿小断层、裂隙密集带的加剧风化带、胶结不良的断层破碎带及裂隙密集带、浅埋缓倾角裂隙密集带及其爆破松弛岩体、边坡不利组合块体及 F_7 断层等 20 余处。这些局部地质缺陷分布面积一般为数十平方米，大者数百平方米，方量一般为数十立方米，大者数百立方米。根据分布特点和性状，分别采取挖除、浅挖、槽挖、锚固及固结灌浆等处理措施。

2.1.4　坝基可利用岩体实践检验

2.1.4.1　大坝坝基利用弱风化带下部岩体的部位

鉴于三峡工程大坝的重要性，利用弱风化下部岩体作为坝基的坝段，主要是位于两岸滩地及岸坡部位的坝段。左岸升船机坝段、临时船闸坝段以及河床部位的坝段坝基岩体为微风化及新鲜岩石。为满足大坝建基面抗滑稳定和坝基变形等要求,在科学合理地选取坝基及坝基与混凝土面的各项力学参数的基础上,经大量的试验研究,综合确定利用弱风化带下部岩体应满足下列要求:弱风化带下部岩体 *RQD* 平均值大于 70%;岩体的纵波波速 V_P 的平均值达到 5000m/s;建基面以下 5m 深度内不存在厚度大于 5cm 的平缓松碎屑夹层或风化囊槽及碎屑岩体。

大坝两岸滩地及岸坡部位的坝段坝基岩体利用弱风化下带,使建基岩面提高 2.00~3.00m,减少岩石开挖 50.40 万 m^3,节省混凝土 43.20 万 m^3。

2.1.4.2 大坝坝基可利用岩体实践检验评价

河床左侧大坝坝段于 2003 年 6 月挡水;河床右侧大坝坝段于 2006 年 6 月浇筑至设计高程 185.00m;2006 年 6 月 6 日,碾压混凝土围堰爆破拆除,大坝全线挡水。

(1)河床左侧大坝安全监测资料分析

河床左侧大坝从左至右包括左非连接段、左非 1~18 号坝段(含升船机坝段及临时船闸坝段)、左厂 1~14 号坝段、左导墙坝段、泄洪坝段、右纵坝段。1997 年 4 月至 1999 年 4 月,先后开始监测左岸坝段至河床坝段沿上游坝基廊道的垂直变位,2002 年 5 月基坑进水后开始监测坝顶变形和坝基渗流、渗压。

1)变形监测。

①水平位移。

水平位移在−4.34(升左 1 号坝段)~22.29mm(泄 2 号坝段),蓄水前后坝顶位移变化在 0.50(左非 2 号坝段)~17.32mm(泄 2 号坝段)。2018 年 3 月坝基上下游方向水平位移在 0.40(左非 7 号坝段)~4.45mm(左非 2 号坝段),坝顶上下游方向水平位移在−1.81(升左 1 号坝段)~25.90mm(泄 2 号坝段)。大坝泄 2 号坝段坝基和坝顶水平位移过程线见图 2.1.3。

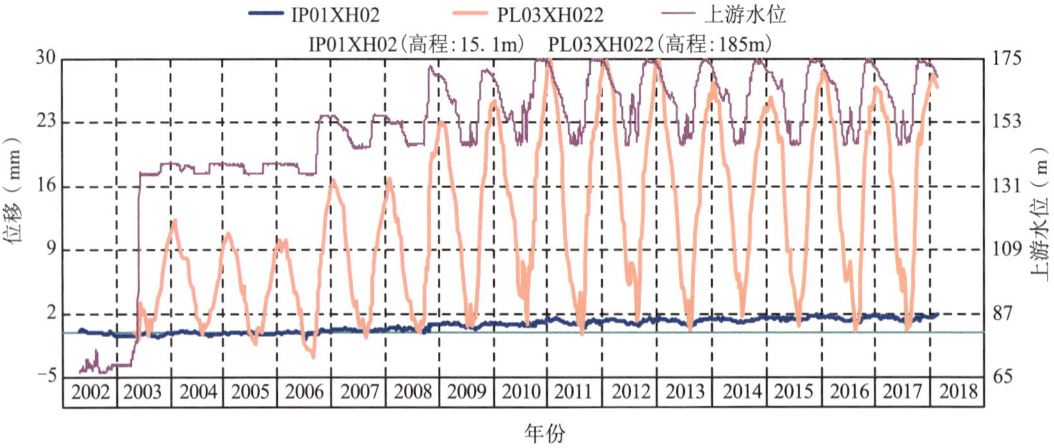

图 2.1.3 大坝泄 2 号坝段坝基和坝顶水平位移过程线

泄2号坝段历年坝顶位移变化相似，变化规律正常。过程线反映2011—2017年河床左侧大坝坝顶水平位移最大年变幅分别为30.22mm、28.81mm、29.45mm、25.43mm、26.90mm、28.53mm。

根据2010—2017年175m蓄水后坝顶水平位移情况可知，同为175m水位的坝顶累计位移不完全相同，相差0.66～3.37mm，如泄2号坝段2010年10月26日的位移为18.85mm，2011年11月1日的变形最大为20.91mm。经统计回归分析，影响位移因素有日平均、旬平均、月平均气温和水位，气温越低、水位越高，坝顶向下游位移越大。

②垂直位移。

河床左侧大坝基础廊道沉降量随上游库水位变化而增减。2017年8月中上旬，蓄水前库水位保持在140～147m，左岸大坝坝基累计垂直位移在5.37(左非1号坝段)～25.93mm(泄5号坝段)。11月中旬蓄水后库水位在174m左右，累计垂直位移在6.27～31.09mm，蓄水前后变化0.71～6.83mm。2018年3月基础累计沉降在6.60～30.02mm。

2)渗流监测。

①2008年汛末175m水位试验性蓄水后，2010—2017年河床左侧大坝的渗流量分别为275.46L/min、239.32L/min、216.87L/min、196.29L/min、184.35L/min、167.30L/min、149.20L/min、146.48L/min，渗流量总体呈逐年减小趋势。175m水位蓄水前后渗流量均有增加，2010—2017年175m水位试验性蓄水前后渗流量增量分别为13.71L/min、32.99L/min、20.98L/min、23.57L/min、10.62L/min、21.92L/min、20.64L/min、26.16L/min。蓄水前后渗流量增量大小与蓄水期间水位变幅有关：2011年蓄水前后水位增幅为22.91m，渗流量增量较大；而2014年蓄水前后水位增幅为9.98m，渗流量增量较小。

2017年蓄水前后河床左侧大坝坝基(含左岸电站厂房)渗流量分别为31L/min和146.48L/min，渗流量增加26.16L/min。2018年3月实测坝基渗流量为153.91L/min。坝基渗流量过程线见图2.1.4。

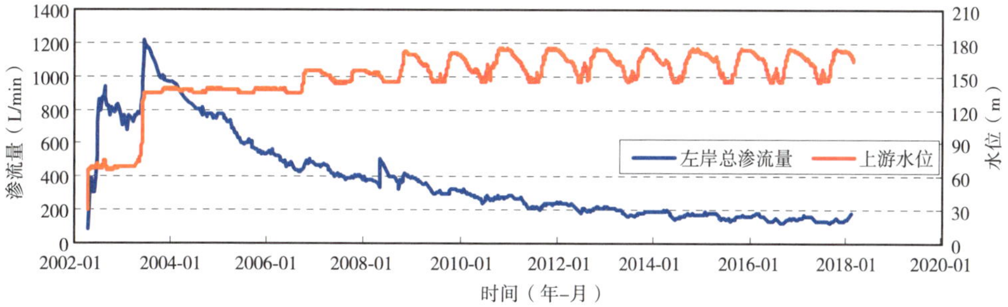

图2.1.4 河床左侧大坝坝基渗流量过程线

②2017年11月2日，河床左侧大坝上游基础灌浆廊道排水幕处扬压力折减系数：左非1～18号坝段最大为0.12(左非10号坝段)，左厂坝段最大为0.21(左厂5号坝段)，泄洪坝段最大为0.09(泄18号坝段)。扬压力折减系数均在设计允许值0.25以内。

2017年蓄水至175.0m水位时，泄2号坝段、左厂14号坝段坝基实测扬压力均小于设计扬压力，分别为设计扬压力的 71.76%和 49.87%，有利于大坝稳定。

(2)河床右侧大坝安全监测资料分析

河床右侧大坝从左至右包括右厂排沙孔坝段、右厂 15～20 号坝段、安Ⅲ坝段、右厂 21～26 号坝段、右非 1～7 号坝段等。自 2003 年 4 月至 2004 年 4 月，先后开始监测右岸坝段至河床坝段沿上游坝基廊道的垂直变位，2006 年 6 月基坑进水后开始监测坝顶变形和坝基渗流、渗压。

1)变形监测。

①水平位移。

2017 年 175m 蓄水前后，河床右侧大坝坝基水平位移变化在−0.14(右非 7 号坝段)～0.82mm(右厂 24 号坝段)，蓄水前后坝顶水平位移变化在−0.37(右非 7 号坝段)～13.65mm(右厂 17 号坝段)，2018 年 3 月坝顶累计水平位移在 0.00(右非 7 号坝段)～25.16mm(右厂 17 号坝段)。坝基和坝顶水平位移过程线见图 2.1.5。

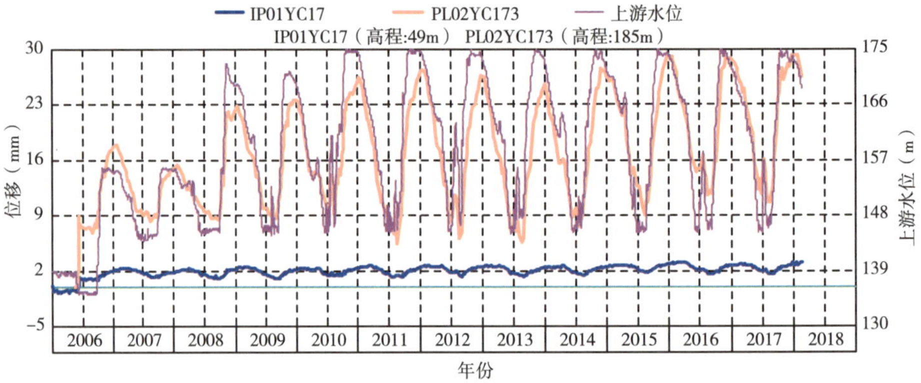

图 2.1.5 右厂 17 号坝段坝基和坝顶水平位移过程线

由 2008 年汛末 175.0m 水位试验性蓄水后坝顶位移变化情况可知：每年 175.0m 蓄水后，同一坝段坝顶位移最大相差 0.85(右非 7 号坝段)～4.35mm(右厂 17 号坝段)，产生这一差异的原因主要是气温不同。

②垂直位移。

2017 年 175.0m 蓄水前(8 月)，河床右侧大坝坝基累计垂直位移在 0.17～14.25mm，2017 年 11 月累计垂直位移在 1.06(右非 6 号坝段)～18.76mm(右厂 22 号坝段)。2018 年 3 月累计垂直位移在 3.48(右非 6 号坝段)～19.74mm(右厂 22 号坝段)。

2)渗流监测。

①2010—2017 年，河床右侧大坝及厂房蓄水后的渗流量分别为 351.33L/min、305.28L/min、263.76L/min、224.09L/min、201.83L/min、161.21L/min、134.86L/min、122.62L/min。上述成果表明，渗流量呈逐年减小趋势。2010—2017 年右岸大坝及厂房蓄水前后渗流量增量分别为 41.12L/min、47.23L/min、33.95L/min、40.55L/min、

18.55L/min、19.32L/min、30.08L/min、25.48L/min，分析认为渗流量变化与上下游水位、时效因素有关，渗流量增量大小与蓄水前后坝前库水位增幅大小有关。

2017年河床右侧大坝坝基渗流量(包含右岸厂房)在蓄水前后，渗流量分别为97.77L/min和122.62L/min，渗流量增加25.48L/min。2010—2017年175m蓄水后渗流量总趋势呈现逐年减小。渗流量过程线见图2.1.6。

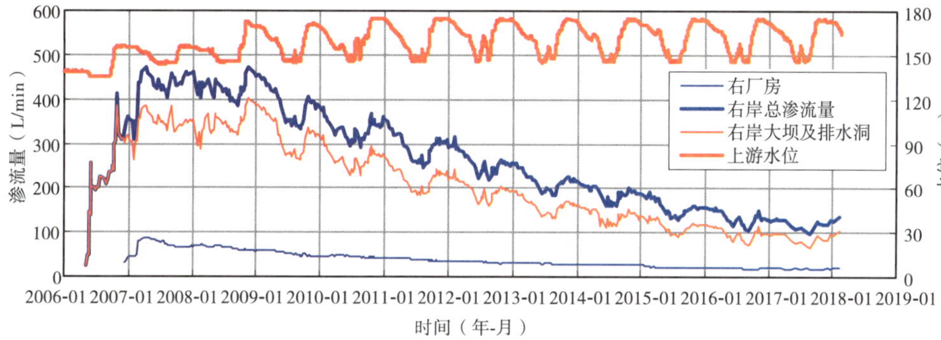

图2.1.6 河床右侧大坝坝基渗流量过程线

②2017年175.0m蓄水前后，河床右侧大坝上游帷幕前测压管水位最大上升19.39m，最高水位为159.05m，帷幕后水位变化−0.05～3.10m(右非4号坝段)。2017年蓄至175m水位时，右厂排～右非3号坝段排水幕处扬压力系数最大值为0.14(右厂18号坝段)，均在设计允许值范围内。

③2017年175.0m水位时，右厂17号坝段坝基实测扬压力为设计扬压力的60.02%，有利于大坝稳定。

2008年汛末实施175.0m水位试验性蓄水运行以来，左岸升船机坝段、左厂1～5号坝段、右岸右厂24～26号坝段和河床各坝段的水平位移和沉降没有增大趋势，坝基岩体稳定。

大坝已连续13年经过设计水位175.0m的检验，各项监测成果表明，坝基岩体稳定、坝体性态正常，大坝运行安全可靠。

2.2 重力坝岸坡厂房坝段深层抗滑稳定

2.2.1 左岸厂房1～5号坝段深层抗滑稳定

2.2.1.1 左岸厂房1～5号坝段坝基地质条件

(1)坝基岩体缓倾角结构面性状及其展布

三峡大坝左厂1～5号坝段位于坝址左岸山体及临江斜坡部位。前期勘察资料表明，坝基岩体为闪云斜长花岗岩，含少量小型花岗岩脉。坝基范围内断层发育，以NNE组为主，倾NW，倾角多大于60°(与坝轴线交角较小，倾向上游)；次为NNW组，倾SW，倾角多大于70°(与坝轴线交角小于90°，倾向上游)；极少数为NW向断层。坝基范围内的主要断层为F_7、f_{10}、f_{314}、f_{316}、f_{307}等，除F_7规模较小外，其余断层宽度为0.5～2.0m，且长度短，没有穿过坝基范围。断层构造岩大部胶结较好,局部胶结较差。坝基内小断层及盲断层较为发育,性状与前述断层一致。坝基岩体裂隙的优势方向为 NE50°～80°,NW330°～350°,与坝轴线斜交(交角分别为 7°～37°及 74°～54°),以陡倾角为主,中、缓倾角相对较少,就三峡坝址而言,左厂 1～5 号坝段坝基属缓倾角裂隙相对发育区,其发育密度和规模均比其他坝段大,长大缓倾角结构面的优势产状为:走向 NE0°～30°,倾向 SE,倾角 15°～30°。缓倾角结构面最大长度 48m,一般小于 5m。在微风化及新鲜岩体中,长大缓倾角裂隙均为硬性结构面,其充填物多为绿帘石及长英质等坚硬物,无泥质或较软物质充填,风化碎屑充填物极少见,且大多数为平直稍粗面,占 44.7%,加上波状稍粗面及粗糙面,共占 96.2%,平直光滑面仅占 3.8%。短小缓倾角结构面的连通率为 11.5%。

在前期勘察工作的基础上,大坝施工期通过特殊勘察,采用经多年研究与改进的金刚石小口径钻进设备和工艺,岩芯获得率达 100%,并防止了裂隙断开面磨损,地质人员进行岩芯鉴定,可以一条不漏地确定结构面的位置、倾角及特性;采用 ϕ53mm 小口径钻孔彩电摄像与解译设备,确定了结构面的产状;在坝基钻孔孔距 15～20m,对重要或有疑义的部位加密至 10m,辅以向勘探剖面两侧布孔追索,以控制缓倾角结构面的延伸范围,查明长度 10m 以上的长大结构面;根据在三峡坝区多年的地质调查资料和实践经验,鉴别确定钻孔岩芯及钻孔彩电中缓倾角裂隙的规模,判别长度大于 10m 的长大缓倾结构面,并根据在不同钻孔中结构面位置、产状、性质的对应性与相似性进行综合分析,判定长缓倾结构面在空间的延伸范围与终止边界。通过上述综合性的手段和方法,查明了左厂 1～5 号坝段坝基长大缓倾角结构面的确切位置、产状、展布范围与组合关系。

施工期特殊勘察共布置钻孔 29 个,查明与坝基抗滑稳定有关的长大缓倾结构面 158 条,集中在左厂 2～4 号坝段。从地质纵、横剖面图和控制性滑移面空间展布图可以看出,左厂 3 号坝段坝基长大缓倾角结构面延展性最好,最长可达 54m,左厂 2 号坝段的结构面长 30m,其他坝段均相对较短。地质勘察成果表明,缓倾角结构面分布具有明显不均匀性。如长大缓倾角结构面平均垂直线密度,左厂 3 号坝段为 0.12 条/m,相邻的左厂 2 号及 4 号坝段为 0.07 条/m。即使在左厂 3 号坝段,缓倾角结构面的分布也具有明显不均匀性,坝基下游部位缓倾角裂隙发育,上游部位不发育。左厂 1～5 号建基面开挖成形后揭示,在高程 85.00m 齿槽(位于坝踵部位)及高程 90.00m 平台范围内,基岩面缓倾角裂隙发育程度极不均一,以坝轴线下游 20m 为界进一步细分为疏区及密区,坝轴线下游 20m 的上游部位为缓倾角裂隙分布疏区,其下游部位为密区,实测资料统计疏区每 100m² 平均分布缓倾角裂隙 0.326 条,缓倾角裂隙长度 2.24m/100m²;密区每 100m² 平均出现缓倾角裂隙 1.02 条,缓倾角裂隙长度 7.84m/100m²。二者相比,密区单位面积内缓倾角裂隙条数及长度分别是疏区的 3.1 倍和 3.5 倍。

(2)坝基岩体结构面及岩体的物理力学参数

大坝坝基岩体结构面抗剪断强度试验进行了大剪 5 组、室内中剪 28 组。根据试验成果按结构面性状提出其抗剪强度值,见表 2.2.1。坝基稳定计算中将结构面抗剪断参数统一取用平直稍粗面的参数：$f'=0.7$，$c'=0.2$MPa。

表 2.2.1　　坝基岩体结构面抗剪强度地质建议值

<table>
<tr><th rowspan="2">岩石名称</th><th rowspan="2" colspan="2">结构面类型</th><th colspan="2">抗剪强度</th><th rowspan="2">结构面特征</th></tr>
<tr><th>f'</th><th>c'(MPa)</th></tr>
<tr><td rowspan="2">闪云斜长花岗岩与糜棱岩接触面</td><td rowspan="5">硬性结构面</td><td>平直光滑面</td><td>0.55～0.65</td><td>0.05～0.15</td><td>以 3001 平硐 f_{11} 为代表，面平直光滑，有时成镜面</td></tr>
<tr><td rowspan="2">平直稍粗面</td><td>0.65～0.70</td><td>0.15～0.20</td><td>小断层主断面，宏观起伏差数毫米至 1cm</td></tr>
<tr><td rowspan="7">闪云斜长花岗岩</td><td>0.70～0.80</td><td>0.20～0.30</td><td>一般裂隙面，宏观起伏差数毫米至 1cm，中型试件起伏差不小于 0.5cm</td></tr>
<tr><td>起伏粗糙面</td><td>0.80～0.90</td><td>0.30～0.50</td><td>粗糙裂隙面及擦痕断层面，宏观起伏差 1～2cm，中型试件起伏差 0.5～1.0cm</td></tr>
<tr><td>极粗糙面</td><td>0.90～1.00</td><td>0.50～0.70</td><td>卸荷裂隙面，宏观起伏差大于 2cm</td></tr>
<tr><td rowspan="4">软弱结构面</td><td>破碎结构面</td><td>0.60～0.70</td><td>0.07～0.10</td><td>弱风化带上部的疏松—半疏松夹层</td></tr>
<tr><td>夹软弱构造岩结构面</td><td>0.50～0.60</td><td>0.05～0.07</td><td>F_{23} 糜棱岩及 NE—NEE 向断层胶结不良构造岩</td></tr>
<tr><td>软弱构造岩</td><td>0.25～0.40</td><td>0.05～0.10</td><td>F_{215} 断层的软弱构造岩，强烈风化，松软</td></tr>
<tr><td>泥化面</td><td>0.25～0.32</td><td>0.03～0.05</td><td>NNW、NNE 较大断层主断面中的泥化面</td></tr>
</table>

坝基岩体抗剪强度试验进行了 12 组大型原位直剪试验和 8 组中剪试验，按岩体风化带提出其抗剪强度值(表 2.2.2)。左厂 1～5 号坝段坝基主要为微风化岩体，其抗剪断参数取 $f'=1.7$，$c'=2.0$MPa。计算中采用的其他有关抗剪断参数为混凝土/混凝土：$R200$ $f'=1.1$，$c'=3.0$MPa；$R300$ $f'=1.1$，$c'=4.0$MPa；混凝土/大坝坝基：$f'=1.1$，$c'=1.3$MPa；混凝土/厂房坝基：$f'=1.25$，$c'=1.5$MPa。

表 2.2.2　　左厂 1～5 号坝段基岩抗剪强度地质建议值

<table>
<tr><th rowspan="2">岩石名称</th><th rowspan="2">风化分带</th><th rowspan="2">岩体结构类型</th><th rowspan="2">容重(kN/m³)</th><th colspan="2">岩体抗剪强度</th></tr>
<tr><th>f'</th><th>c'(MPa)</th></tr>
<tr><td rowspan="5">闪云斜长花岗岩</td><td>新鲜</td><td>块状</td><td>27.0</td><td rowspan="2">1.7</td><td rowspan="2">2.0</td></tr>
<tr><td rowspan="2">微风化</td><td>块状</td><td>27.0</td></tr>
<tr><td>次块状</td><td>27.0</td><td>1.5</td><td>1.6</td></tr>
<tr><td rowspan="2">弱风化下部</td><td>块状</td><td>26.8</td><td>1.5</td><td>1.6</td></tr>
<tr><td>次块状</td><td>26.8</td><td>1.3</td><td>1.3</td></tr>
</table>

(3)坝基深层抗滑稳定边界条件分析

左厂 1～5 号坝段横缝分缝方向为 133.5°，因此，坝基深层抗滑稳定侧向切割面由此方向的陡倾角断层或裂隙组成。左厂3号坝段坝基左侧边界受裂隙性小断层 f_{10} 控制，该断层与水流向成2.5°夹角，倾向NE，倾角72°～78°；断层面波状弯曲，呈稍粗—粗糙状，构造岩一般宽10～50cm，主要为碎裂岩，一般胶结良好、坚硬；主断面局部充填厚3～5cm长英质脉，2～3cm厚的绿帘石或钙质，充填物局部受风化影响呈半坚硬状；在稳定分析中假定 f_{10} 断层将左厂3号坝段坝基左侧边界贯穿，按平直稍粗面取值，考虑到 f_{10} 断层的特点，其抗剪强度参数是偏于安全的。左厂3号坝段坝基右侧边界由裂隙控制，坝基岩体中与坝段分缝平行的裂隙仅占4%，二维裂隙网络模拟统计结果，坝区最发育的NNW向陡倾裂隙的连通率为15.8%～20.4%，为安全计取上限20.4%作为坝段分缝处坝基NW向陡倾裂隙连通率，顺流向的裂隙以起伏粗糙、无充填的硬性面为主，抗滑稳定分析中，左厂3号坝段坝基右侧裂隙面抗剪强度仍按平直稍粗面取值。

(4)左厂1～5号坝段坝基竣工地质条件验证

在左厂1～5号坝段坝基开挖过程中，施工地质工作除对坝基进行了详细的建基面常规地质编录外，对其中的重要部位进行了放大比例尺测绘，详细研究了作为抗滑稳定关键因素的长大缓倾角结构面及其他边界切割面的性状特征、组合切错规律、连通率等，并在此基础上与大坝设计采用的地质资料及分析成果进行了全面的对比验证。

1)坝基缓倾角结构面特征比较。

左厂1～5号坝段坝基竣工地质编录资料表明，坝基缓倾角结构面的性状形态、充填特征、优势方向及产状、分布规律及连通率等成果与大坝设计采用的地质资料基本一致。建基岩面缓倾角裂隙发育程度极不均一，以坝轴线下游20m为界，其上游部位单位面积内缓倾角裂隙条数及长度均低于下游部位，这种分布对左厂1～5号坝段坝基抗滑稳定是十分有利的条件。

长江委三峡勘测研究院(以下简称"长江委三峡院")通过剖面投影法和模拟网络法研究了三峡坝址短小缓倾角裂隙的连通率，建议值为11.5%。左厂1～5号坝段坝基竣工地质编录中，在高程85.00～90.00m建基面及排水洞连通洞部位，用剖面投影法对短小缓倾角裂隙作了10条剖面的统计计算。结果表明，短小缓倾角裂隙的连通率一般为6.96%～13.3%，平均为10.1%；左厂3号坝段的3条统计剖面线连通率平均值为11.04%，略小于设计采用的11.5%。

2)坝基深层抗滑稳定分析上游横向切割面。

左厂1～5号坝段坝基施工地质编录资料分析确认：F_7 断层及与之同方向 F_2、f_{314} 断层等NNE向陡(中)倾角断层，延伸较长，连续贯通，分别构成左厂5号、2号、1号坝段的后缘切割面。另外，走向NE、倾向SE的中倾角长大裂隙，如 T_{100} 等，产状为130°～152°∠42°～57°，分布于左厂3号及4号坝段坝基上游段，其走向与坝轴线近平行，延伸好，构成左厂3号及4号坝段后缘切割面。

3)坝基深层抗滑稳定分析侧面切割面。

左厂1～5号坝段分缝线方向为313.5°，与此方向近平行或小交角的NW向陡倾角结构面组成侧向切割面，其走向 303°～323°，与分缝线方向左右偏离量约 10°，倾角一般 65°以上，少数 60°。根据高程 90.00m 建基面地质编录资料，用剖面投影法求得各坝段分缝线处侧向切割面的连通率为 11.2%～22.6%(统计带宽 2m，未计 f_{10} 断层)，平均为 14.8%，小于特殊勘察阶段建议值 20.4%，为保证安全，左厂 1～5 号坝段分缝线处坝基侧向切割面的连通率(f_{10} 断层除外)取 20%。f_{10} 断层作为左厂 3 号坝段与 2 号坝段分块的侧向切割面，其连通率为 100%，力学参数按平直稍粗面取值，$f=0.7$，$c=0.2$MPa。左厂 2 号、3 号坝段范围内建基面上 f_{10} 贯穿于高程 90.00m 平台，分布于分缝线以左 3.0～6.0m，总体微弯，面稍粗至粗糙，构造岩及充填物一般胶结良好，岩质坚硬至半坚硬状；上游段出露于高程 85.00m 齿槽，分为 4 支，弯曲延伸，呈裂隙状紧密闭合，而走向大多偏离分缝线，f_{10} 中被 f_9 断层切错，错距约 3m；下段出露于高程 22.20m 建基面，呈紧密裂隙状分叉尖灭，f_{10} 断层特征表明，实际可提供的侧向约束力较大。从总体上看，f_{10} 断层性状比原预计的好。

4)坝基竣工地质条件综合评价。

①左厂 1～5 号坝段坝基抗滑稳定条件，经施工开挖揭示的实际地质资料检验，证明前期勘察研究成果，特别是特殊勘察成果与主要结论基本上是正确的，各类结构面的位置及发育规模、性状经竣工地质验证吻合，力学参数建议值合理，经施工地质检验的坝基抗滑稳定条件总体优于大坝技术设计阶段地质研究结论。

②左厂 1～5 号坝段坝基岩体新鲜完整，绝大部分属于优质岩体。建基高程 85.00m 齿槽及高程 90.00m 平台位于坝轴线下游 20m 及其上游部位岩体缓倾角裂隙不发育，在坝基抗滑稳定分析剖面的各潜在滑移路径上，均没有长大缓倾角结构面分布，构成了坚硬完整、有利于坝基抗滑稳定的前沿岩体。

③左厂 1～5 号坝段坝基岩体构成控制性滑移面的优势方向缓倾角裂隙均为硬性结构面，其形成年代较早，在走向及倾向上均被后期各向陡、中倾角结构面切错，降低了缓倾角裂隙的连续性及贯通性，特别是倾向上游切错，且大多数为“上楼式”错位，形成较多有利于抗滑稳定的“锁固点”。

④左厂 1～5 号坝段坝基开挖过程中，未发现贯穿两个坝段的大型缓倾角裂隙，故不存在统一的深层潜在滑移面，各坝段滑移路径是由若干条产状具有一定差异，且被各向陡、中倾角结构面所切错的缓倾角裂隙组成，故潜在滑移面在空间上呈高低错落扭曲起状，且与大坝所受水库水推力有一定交角，坝基滑移路径按二维平面问题概化，结构面力学参数按平直稍粗面取值，均有一定的安全裕度。

⑤左厂 1～5 号坝段坝基竣工地质资料中，对建基面及排水洞连通洞，采用剖面投影法统计短小缓倾角裂隙，连通率一般为 6.96%～13.3%，平均为 10.1%，左厂 3 号坝段短小缓倾角裂隙连通率平均值为 11.04%。因此认为，采用 11.5%作为短小缓倾角裂隙连通率建议值仍是合适的。

⑥左厂 2 号坝段与 3 号坝段接缝处偏向左厂 2 号坝段一侧有 1 条 f_{10} 断层，贯穿坝基岩面高程 90.00m 平台，产状 N40°～50°W/NE∠72°～78°，宽 10～50cm，为碎裂岩，胶结良好，断层

带内有岩脉充填。左厂 1～5 号坝段坝基竣工地质资料表明，f_{10} 断层总体性状明显变好。f_{10} 断层作为左厂 3 号坝段与 2 号坝段分块的侧向切割面，连通率按 100%计，其余各坝段分块线处的连通率按 20%计，结构力学参数按平直稍粗面取值（f＝0.7，c＝0.2MPa），均偏于安全。

综上所述，左厂 1～5 号坝段经施工开挖揭示的实际地质资料检验说明坝基抗滑稳定条件比原来预计的稍好。

2.2.1.2 左厂 1～5 号坝段的坝基深层滑移模式

(1)确定性滑移模式

1)特殊地质勘探概化的确定性滑移模式。

长江委三峡院受三峡总公司技术委员会委托，于 1995 年 7 月至 1997 年 4 月对左厂 1～5 号坝段基岩分两期进行特殊勘察研究工作，解决了查明坝基岩体内长大裂隙缓倾角结构面的空间位置、产状分布范围和组合方式这一关键技术难题，使坝基深层抗滑稳定研究取得了由假定统计概化模式向确定性模式的突破性进展。在左厂 1～5 号坝段坝基深层抗滑稳定专题研究中，长江委三峡院通过对特殊勘察资料的分析，建立了各坝段坝基深层抗滑稳定概化模式，包括分坝段给出控制滑移面的概化模型，控制性滑移面的空间展布特征，指定滑移路线的底滑面条件、侧向切割条件，厂坝联合作用的抗滑条件，以及岩石力学参数选择等。研究结果表明，除左厂 3 号坝段因控制性滑移面连通率较高、抗滑稳定安全裕度较小外，其余各坝段自身单独稳定安全系数均已满足规范要求。

①左厂 3 号坝段确定性滑移模式。

左厂 3 号坝段坝基及厂坝联合抗滑稳定分析地质剖面见图 2.2.1。

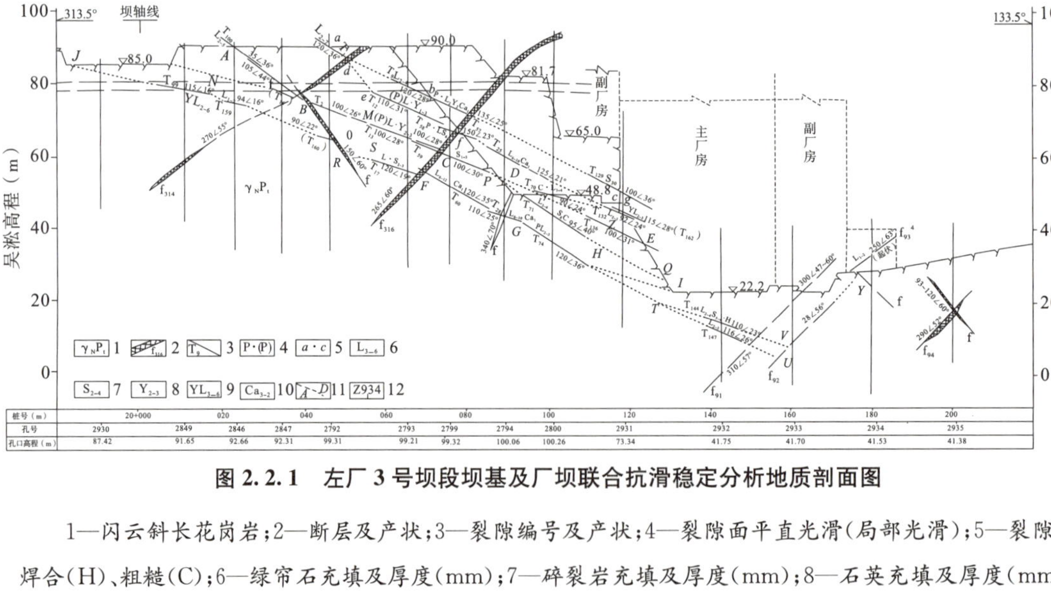

图 2.2.1 左厂 3 号坝段坝基及厂坝联合抗滑稳定分析地质剖面图

1—闪云斜长花岗岩；2—断层及产状；3—裂隙编号及产状；4—裂隙面平直光滑(局部光滑)；5—裂隙面焊合(H)、粗糙(C)；6—绿帘石充填及厚度(mm)；7—碎裂岩充填及厚度(mm)；8—石英充填及厚度(mm)；9—英帘充填及厚度(mm)；10—钙质充填及厚度(mm)；11—潜在滑移面(实线为确定部分、虚线为推测部分、点线为岩桥部分)；12—钻孔及编号左厂 3 号坝段坝基深层抗滑稳定分析的主要滑移面见图 2.2.2。坝基单独抗滑时的滑移面概化模式为 *ABCDE*、*LME*、*ABCFHI*、*ABDGHI*，其中 *ABCDE* 及 *LME* 滑移面为折线型，滑出点 *E* 在厂坝分界斜坡高程 38.00m 处，滑移面分段视倾角 17°～26°，后缘为 41°，滑移面线连通率为 67.9%～81.7%；*ABCFHI* 及 *ABDGHI* 滑移面为阶梯型，滑出点 *I* 位于厂坝分界斜坡坡脚高程 22.20m 处，滑移面分段视倾角 21°～32°，线连通率为 81.8%～83.1%。在左厂 3 号坝段坝后厂房范围内仅有 1 个钻孔揭露一条走向 10°、倾向上游、倾角 56°的中倾角断层，宽 10～40cm，构造岩为碎裂岩，胶结较好，岩性紧硬，在尾水渠首部出露于建基面，可构成厂坝联合作用下深层滑移时的滑出控制面。从左厂 3 号坝段厂坝地质剖面分析，厂坝联合作用通过厂房地基岩体内部且以上述断层为滑出边界的滑移面概化模式为 *ABCFHTVY* 及 *ABCFHTUY*，滑移面分段视倾角为 20°～50°，线连通率为 75.3%～76.8%。分析其滑移面在厂房地基下埋深较大，视倾角大于 20°，滑出控制面倾角较大，抗力体岩石厚度在 15.0m 以上，抗力较大，因此，厂坝联合作用可以提高坝基深层抗滑稳定的安全度。左厂 3 号坝段坝基深层确定性概化滑移模式特征值见表 2.2.3。

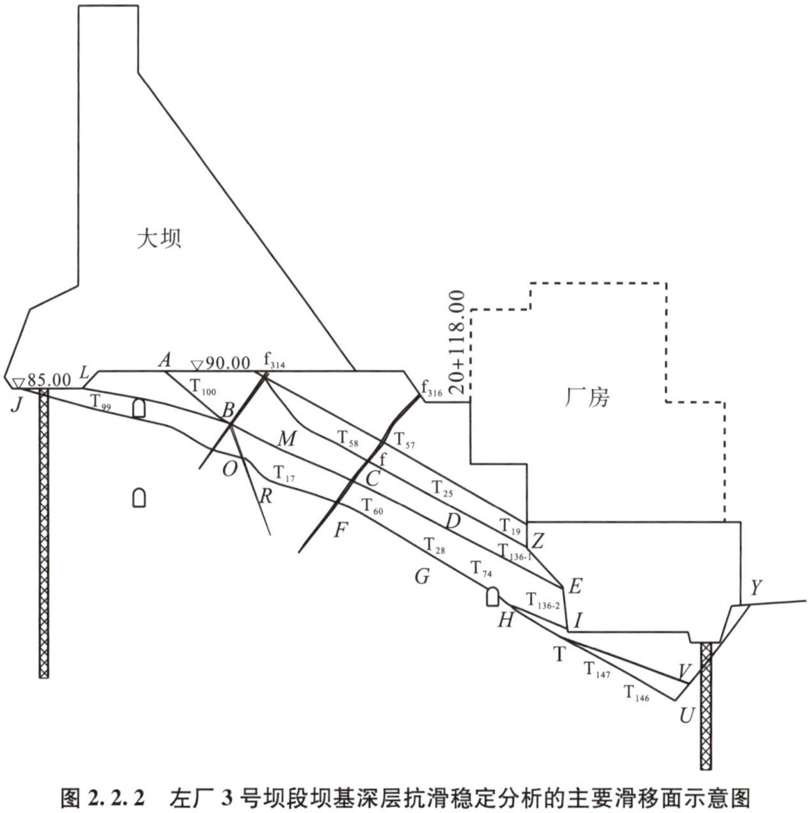

图 2.2.2　左厂 3 号坝段坝基深层抗滑稳定分析的主要滑移面示意图

表 2.2.3　　左厂 3 号坝段坝基概化的确定性滑移模式特征值

<table>
<tr><th rowspan="3">滑移路径</th><th colspan="2">视倾角</th><th colspan="5">滑移特征值</th></tr>
<tr><th rowspan="2">分段</th><th rowspan="2">倾角(°)</th><th rowspan="2">总长(m)</th><th rowspan="2">长大缓倾角面(m)</th><th rowspan="2">岩桥长(m)</th><th rowspan="2">岩桥段短小缓倾角裂隙长(m)</th><th rowspan="2">滑移面中裂隙所占比例(%)</th></tr>
<tr></tr>
<tr><td rowspan="2">ABDE</td><td>AB</td><td>41</td><td rowspan="2">113.4</td><td rowspan="2">90.0</td><td rowspan="2">23.40</td><td rowspan="2">2.69</td><td rowspan="2">81.7</td></tr>
<tr><td>DE</td><td>26</td></tr>
<tr><td rowspan="2">LME</td><td>LM</td><td>17</td><td rowspan="2">125.2</td><td rowspan="2">79.8</td><td rowspan="2">45.40</td><td rowspan="2">5.22</td><td rowspan="2">67.9</td></tr>
<tr><td>ME</td><td>26</td></tr>
<tr><td rowspan="5">ABCFHI</td><td>AB</td><td>41</td><td rowspan="5">129.6</td><td rowspan="5">104.4</td><td rowspan="5">24.60</td><td rowspan="5">2.83</td><td rowspan="5">83.1</td></tr>
<tr><td>BC</td><td>26</td></tr>
<tr><td>CF</td><td>52</td></tr>
<tr><td>FH</td><td>32</td></tr>
<tr><td>HI</td><td>21</td></tr>
<tr><td rowspan="5">ABDGHI</td><td>AB</td><td>41</td><td rowspan="5">126.4</td><td rowspan="5">100.4</td><td rowspan="5">26.00</td><td rowspan="5">2.99</td><td rowspan="5">81.8</td></tr>
<tr><td>BD</td><td>26</td></tr>
<tr><td>DG</td><td>68</td></tr>
<tr><td>GH</td><td>32</td></tr>
<tr><td>HI</td><td>21</td></tr>
<tr><td rowspan="3">ABCFHTUY</td><td>FT</td><td>32</td><td rowspan="3">162.0</td><td rowspan="3">119.6</td><td rowspan="3">37.52</td><td rowspan="3">4.88</td><td rowspan="3">76.8</td></tr>
<tr><td>TU</td><td>26</td></tr>
<tr><td>UY * *</td><td>50</td></tr>
<tr><td rowspan="3">ABCFHTVY *</td><td>FT</td><td>32</td><td rowspan="3">163.2</td><td rowspan="3">117.6</td><td rowspan="3">40.36</td><td rowspan="3">5.24</td><td rowspan="3">75.3</td></tr>
<tr><td>TV</td><td>20</td></tr>
<tr><td>VY * *</td><td>50</td></tr>
</table>

注：* 表示其中 *ABCF* 段特征值同 *ABCFHI* 路径中 *ABCF* 段；* * 表示该段长度不计入总长。

②左厂 2 号、4 号、5 号坝段确定性滑移模式。

左厂 2 号、4 号、5 号坝段坝基抗滑稳定分析地质剖面分别见图 2.2.3、图 2.2.4、图 2.2.5，确定性滑移模式分别见表 2.2.4、表 2.2.5、表 2.2.6。

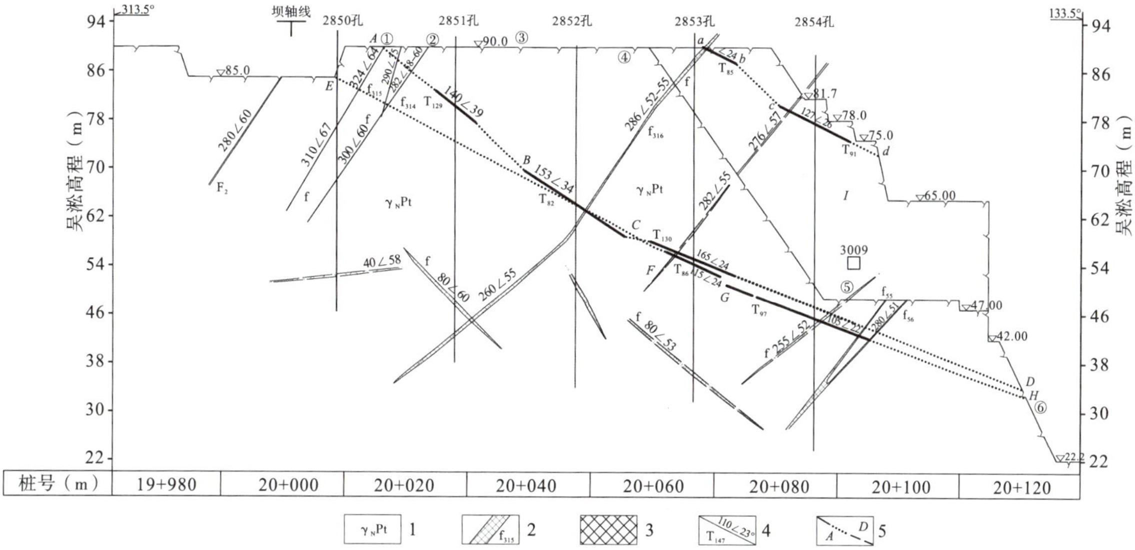

图 2.2.3 左厂 2 号坝段坝基抗滑稳定分析地质剖面图

1—闪云斜长花岗岩；2—断层及编号；3—碎裂闪云斜长花岗岩；4—裂隙编号及产状；5—潜在滑移面（实线为确定部分，虚线为推测部分，点线为岩桥部分）

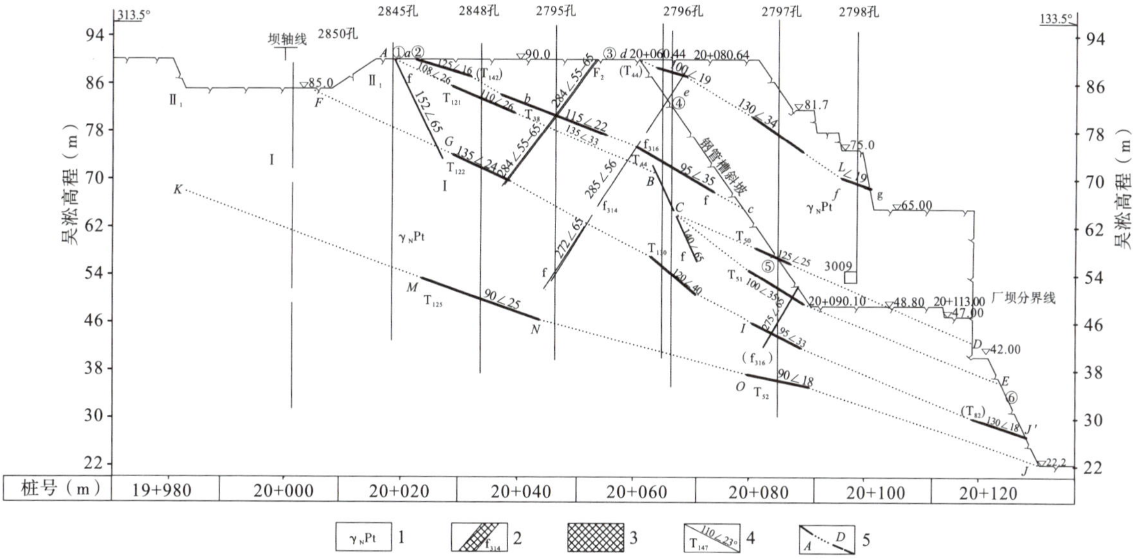

图 2.2.4 左厂 4 号坝段坝基抗滑稳定分析地质剖面图

1—闪云斜长花岗岩；2—断层及编号；3—碎裂闪云斜长花岗岩；4—裂隙编号及产状；5—潜在滑移面（实线为确定部分，虚线为推测部分，点线为岩桥部分）

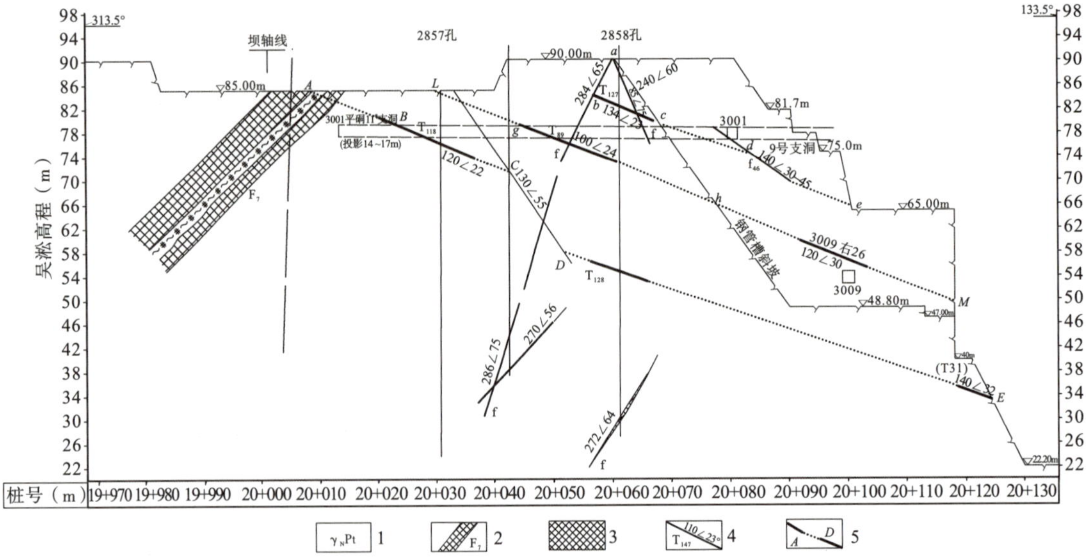

图 2.2.5　左厂 5 号坝段坝基抗滑稳定分析地质剖面图

1—闪云斜长花岗岩；2—断层及编号；3—碎裂闪云斜长花岗岩；4—裂隙编号及产状；5—潜在滑移面（实线为确定部分，虚线为推测部分，点线为岩桥部分）

表 2.2.4　　　左厂 2 号坝段坝基概化的确定性滑移模式特征

滑移路径	视倾角		滑移特征				
	分段	倾角（°）	总长（m）	长大缓倾角面（m）	岩桥长（m）	岩桥段短小缓倾角裂隙长（m）	滑移面中裂隙所占比例（%）
ABCD	*AC*	36.0	124.4	41.0	83.40	9.59	40.7
	CD	21.0					
EFGH	*EG*	21.0	129.4	37.0	92.40	10.63	36.8

表 2.2.5　　　左厂 4 号坝段坝基概化的确定性滑移模式特征

滑移路径	视倾角		滑移面特征				
	分段	倾角（°）	总长（m）	长大缓倾角面（m）	岩桥长（m）	岩桥段短小缓倾角裂隙长（m）	滑移面中裂隙所占比例（%）
ABDE	*AB*	23.0	102.2	28	74.20	8.53	35.7
	BC	62.0					
	CD	19.0					
ABCE	*AB*	23.0	109.4	28	81.40	9.36	34.2
	BC	62.0					
	CE	24.0					
FGHIJ	*FJ*	26.5	140.6	28	11.26	12.95	29.1

表 2.2.6　　左厂 5 号坝段坝基概化的确定性滑移模式特征

滑移路径	视倾角		滑移面特征				
	分段	倾角(°)	总长(m)	长大缓倾角面(m)	岩桥长(m)	岩桥段短小缓倾角裂隙长(m)	滑移面中裂隙所占比例(%)
ABCDE	*AC*	21.0	115.0	30.0	85.00	9.78	34.6
	CD	55.0					
	DE	18.5					
LM	*LM*	21.0	109.0	27.8	81.20	9.34	34.1

③各坝段确定性滑移模式的总体特点。

由表 2.2.3 至表 2.2.6 可以看出，左厂 2～5 号坝段坝基概化的确定性滑移模式有以下特点：

(a)各坝段滑移模式连通率为：左厂 2 号坝段 40.7%，左厂 3 号坝段 83.1%，左厂 4 号坝段 35.7%，左厂 5 号坝段 34.6%。左厂 3 号坝段的最大裂隙连通率高于两侧的坝段。

(b)各坝段最大连通率的滑移路径不在同一部位，不能相连，各坝段不存在统一的滑移面。

(c)各坝段平行于坝段分缝线的断层不发育，仅见一条 f_{10} 断层(位于左厂 2 号坝段内，靠近左厂 2 号及 3 号坝段横缝处)。陡倾角裂隙不发育，平行坝段横缝的裂隙仅占 4%，结构面连通率最高估计为 20%。

3)竣工地质检验的确定性滑移模式。

利用左厂 1～5 号坝段坝基施工地质编录实测资料及施工开挖跟踪调查资料，对左厂 2～5 号 4 个坝段的特殊勘察成果中各滑移路径上所有可能的出露点进行了对比检验，总共检验线路长约 900m，观测点 35 个，4 个坝段坝基竣工地质对深层抗滑稳定滑移模式的检验成果如下：

①各坝段坝基竣工地质对特殊勘察成果的分析评价。

(a)通过特殊勘察手段确定的将在建基面出露的缓倾角结构面，经施工开挖揭露，其出露部分大多准确吻合，少数裂隙分布部位略有偏离，个别偏离量较大或缺失，往往与其他方向结构面参与切割、错位有关。

(b)通过特殊勘察手段确定的长大缓倾角裂隙，经施工地质检验，其产状、性状基本吻合，少数裂隙的产状有些出入，也多在误差范围之内，不影响裂隙分组评价。特殊勘察对缓倾角裂隙长度的估计，经施工开挖实测，缓倾角裂隙长度判断基本准确的占 59%，有一定误差的占 41%；其中估计长度偏大者占 29%，偏小者占 12%，偏差量一般为 2～3m，少数达 7m 左右。

(c)在左厂 2 号、4 号、5 号坝段抗滑稳定分析剖面部位，建基面有极少数缓倾角裂隙不在确定性概化滑移路径上，但这些缓倾角裂隙不会生成新的滑移路径。局部地段个别遗漏的缓倾角裂隙对潜在滑移面有影响，使连通率有所提高，但其滑移路径上缓倾角裂隙的连通率远低于左厂 3 号坝段。

②各坝段坝基深层抗滑稳定分析竣工地质的概化滑移模式。

(a)左厂 2 号坝段。竣工地质资料表明：左厂 2 号坝段确定性的浅层和深层滑移路径的走势及组成符合实际情况，亦未发现新生成的潜在滑移面。*ABCD* 滑移面下游端附近新增中倾角裂隙 T_{39}(160°∠40°)，未计入滑移路径(表 2.2.7、图 2.2.3)。

表 2.2.7　左厂 2 号坝段坝基深层抗滑稳定分析地质剖面滑移面组成及连通率

潜在滑移面		主要组成结构面	滑移面组成			连通率(%)	连通率变动值	备注
			总长(m)	长大结构面(m)	短小结构面长(η=11.5)			
深层	*ABCD*	T_{129}、T_{130}、T_{82}	123.8	43.0	9.29	42.2	0	滑移面尾端新增中倾角裂隙 T_{39}(拉裂)
	EFGH	T_{86}、T_{97}	128.6	37.0	10.53	37.0	0	
浅层	*abcd*	T_{85}、T_{91}	35.6	18.8	1.93	58.2		开挖体型修改

(b)左厂 3 号坝段。在左厂 3 号坝段高程 85.00～90.00m 建基岩面、坝后高程 90.00～22.2m 斜坡、坝后厂房高程 22.2m 建基岩面和坝基岩体排水洞连接洞等部位，对特殊勘察确定的在上述建基面出露的缓倾角及少数中、陡倾角结构面，作了 21 个观测点的对比检验。结果表明：特殊勘察确定的缓倾角结构面，空间定位准确，产状、形状基本吻合，长度判断大多数相近，在长度约 340m 的研究分析路径上，未遗漏一条长大缓倾角裂隙，竣工地质剖面仅补充 1 条沿走向出露 6.4m、剖面上长 3.0m 的 T_{114}。由此可见，左厂 3 号坝段特殊勘察地质成果准确可靠，以此为依托而确定的各潜在滑移面的组成及走势符合实际情况，而各潜在滑移面的连通率比设计采用的地质建议值稍有降低，其中深层滑移面降低值一般为 0.4%～2.9%，个别达 3.8%；浅层潜在滑移面连通率降低值一般为 4.4%～7.9%(表 2.2.8、图 2.2.1)。对坝基深层抗滑稳定计算最不利滑移模式 *ABCFHI*，连通率与特殊勘察成果相比没有变化(竣工地质连通率 82.9%，设计采用连通率为 83.1%)。根据竣工地质建基面缓倾角裂隙专项调查资料分析，左厂 3 号坝段优势方向缓倾角裂隙的面连通率：一般地段为 16.05%，最发育地段为 30.44%；全部缓倾角裂隙的面连通率：一般地段为 23.56%，最发育地段为 39.17%，远低于特殊勘察阶段估算的 66.0%。这从另一个侧面说明左厂 3 号坝段坝基深层滑移面连通率取 83.1%是偏高的数值。

左厂 3 号坝段坝后厂房 3 号机组段及下游尾水护坦地基岩体为完整至块状结构优质岩体，结构面相对不发育，不存在深部软弱层带，具有作为抗力体的良好结构与力学强度条件。在厂房建基面上尚未发现缓倾上游的长大结构面。可构成反倾滑出的主要为 NNE 向中陡倾角结构面，其走向与坝轴线交角为 23.5°～43.5°，性状较好，为硬性结构面，无软弱物质充填。特殊勘察阶段确定的概化滑移模式下游反倾滑出面实际出露部位与地质推测结果吻合，为平直稍粗面，绿帘石充填，性状良好，因此，特殊勘察阶段，地质提供的厂坝联合抗滑稳定模式可靠，且有安全裕度。

表 2.2.8　　左厂 3 号坝段坝基抗滑稳定分析地质剖面滑移面组成及连通率

滑移面		主要组成结构面	滑移面组成				连通率（%）	连通率变动值	备注
类型	路径		总长（m）	长大结构面（m）	岩桥长（m）	短小结构面（η=11.5）			
浅层	*ab*	T_1、T_9	29.0	15.0	14.0	1.61	57.3	−4.4	缓倾角裂隙被陡、中倾角断层切断，长度减短
浅层	*abc*	T_1、T_9、T_{57}、T_{129}	82.2	39.2	43.0	4.95	53.7	−19	缓倾角裂隙被陡、中倾角断层切断，长度减短
浅层	*adef*	T_1、T_{121} T_{58}	41.0	26.6	14.4	1.66	68.9	−5.3	缓倾角裂隙被陡、中倾角断层切断，长度减短
浅层	*adefg*	T_1、T_{12}、T_{58}、T_{25}、T_{117}、T_{162}（硐）	85.8	47.4	38.4	4.42	60.4	−7.9	缓倾角裂隙被陡、中倾角断层切断，长度减短
深层	*ABCDZ*	T_{100}、T_7、T_{13}、T_{59}、T_{70}、T_{132}	106.8	81.0	25.8	2.97	78.6	+0.1	
深层	*ABCDE*	T_{100}、T_2、T_{13}、T_{59}、T_{135}	114.6	83.8	30.8	3.54	76.2	−3.8	缓倾角裂隙 T_{59} 长度减短
深层	*ABCDPQ*	T_{100}、T_2、T_{13}、T_{59}、T_{71}	124.0	88.8	35.2	4.05	74.9	−1.1	缓倾角裂隙 T_{59} 长度减短
深层	*ABCFHI*	T_{100}、T_2、T_{13}、T_{60}、T_{28}、T_{74}	129.2	104.2	25.0	2.88	82.9	0	概化连通率为 83.1%
深层	*ABPGHI*	T_{100}、T_2、T_{13}、T_{59}、T_{28}、T_{74}	126.9	93.7	33.2	3.82	76.8	−2.9	缓倾角裂隙 T_{59} 长度减短
深层	*ABRSHI*	T_{100}、T_2、T_{13}、T_{28}、T_{74}	113.6	81.2	32.4	3.73	74.8	−0.9	断层切错缓倾角面滑移面长度略有减短
深层	*LBCDE*	T_{161}、T_2、T_{13}、T_{59}、T_{135}	126.2	68.4	57.8	6.65	59.5	−2.1	T_{59} 长度减短
深层	*LBCFHI*	T_{161}、T_2、T_{13}、T_{60}、T_{28}、T_{74}	140.4	88.4	52.0	5.98	67.1	−0.4	
深层	*LBPGHI*	T_{161}、T_2、T_{13}、T_{59}、T_{28}、T_{74}	138.6	78.2	60.4	6.95	61.4	−1.9	T_{59} 长度减短
深层	*JNORSHI*	T_{99}、T_{159}、T_{160}、T_{17}、T_{60}、T_{28}、T_{74}	158.6	85.0	73.6	8.46	58.9	+0.4	

续表

滑移面		主要组成结构面	滑移面组成				连通率(%)	连通率变动值	备注
类型	路径		总长(m)	长大结构面(m)	岩桥长(m)	短小结构面(η=11.5)			
厂坝联合	*ABCFHIUY*	T_{100}、T_2、T_{13}、T_{60}、T_{28}、T_{74}、T_{147}	161.2	118.2	43.1	4.95	76.4	−0.4	
	ABCFHIVY	T_{100}、T_2、T_{13}、T_{59}、T_{28}、T_{74}、T_{144}	162.0	116.4	45.6	5.24	75.1	−0.2	
	ABCPGHIUY	T_{100}、T_2、T_{13}、T_{59}、T_{28}、T_{74}、T_{147}	159.4	108.0	51.4	5.91	71.5	−2.6	T_{59} 长度减短
	ABCPGHIVY	T_{100}、T_2、T_{13}、T_{59}、T_{28}、T_{74}、T_{144}	160.2	106.2	54.0	6.21	70.2	−2.3	

注：表中滑移路径与特殊勘察概化滑移模式基本一致，仅个别地段字母符号略有变化；滑移路径连通率与表 2.2.3 相比略有增减，表 2.2.3 仅列典型滑移路径。

(c)左厂 4 号坝段。左厂 4 号坝段根据坝基竣工地质实测资料补充了 3 条缓倾角裂隙及 4 条中、陡倾角裂隙结构面，对特殊勘察确定的滑移面形态及连通情况作了适当修改，见表 2.2.9 及图 2.2.4。补充修改后，左厂 4 号坝段坝基抗滑稳定竣工地质确定性滑移模式与设计采用的滑移模式比较：没有增加新的潜在滑移面；设计采用的滑移模式的滑移面组成及走势基本不变，仅滑移面 *FGHIJ*′走势在尾端稍有改变；由于原定缓倾角裂隙长度改变及新增缓倾角裂隙，使浅层潜在滑移面(*abc*)连通率由 60%提高至 73.9%，深层潜在滑移面 *ABCE*、*FGHIJ*′的连通率分别增加 2.9%及 7.6%，而滑移面 *ABCD* 连通率降低 0.4%。竣工地质实测资料检验确认，左厂 4 号坝段坝基抗滑稳定滑移模式各深层潜在滑移面的连通率为 29.3%～36.8%。

表 2.2.9　左厂 4 号坝段坝基深层抗滑稳定分析地质剖面滑移面组成及连通率

滑移面		主要组成结构面	滑移面组成				连通率(%)	备注
类型	路径		总长(m)	长大结构面(m)	岩桥长(m)	短小结构面(η=11.5%)		
浅层	*abc*	T_{142}、T_{38}、T_{44}	62.4	44	18.4	2.10	73.9	
	defg	T_{49} 等	47.0	20	27.0	3.11	49.2	

续表

滑移面		主要组成结构面	滑移面组成				连通率（%）	备注
类型	路径		总长（m）	长大结构面（m）	岩桥长（m）	短小结构面（η=11.5%）		
深层	*ABCD*	T_{121}、T_{50}	104.0	28	76.0	8.74	35.3	T_{121} 加长，T_{50} 减短
	ABCE	T_{121}、T_{51}、T_{81}	111.8	32	79.8	9.18	36.8	开挖揭示，T_{121} 加长 4m，使滑移面连通率由 33.9%提高至 36.8%
	FGHIJ′	T_{122}、T_{82}	136.4	38	98.4	11.32	36.2	滑出段增加 T_{82}，连通率由 29.1%提高至 36.2%
	KMNQJ′	T_{125}、T_{52}	154.2	31	123.2	14.17	29.3	

(d)左厂 5 号坝段。左厂 5 号坝段根据坝基竣工实测地质资料增补了 3 条缓倾角裂隙（T_{71}、T_{31}、T_{27} 等，其长度均不足 10m）及数条中、陡倾角结构面。经与设计采用的滑移模式对比分析得出：设计采用的深层潜在滑移路径组成及走势符合实际情况（图 2.2.5、表 2.2.10），其中滑移模式 *ABCDE* 因滑出段新增 T_{31}，连通率增加 4.7%，由 34.6%提高至 39.3%；而滑移面 *LM* 因开挖轮廓变更及 3009 平硐右$_{26}$ 裂隙实际长度减小，连通率减少 3.3%，由 41.9%减为 38.6%。

表 2.2.10　左厂 5 号坝段坝基深层抗滑稳定分析地质剖面滑移面组成及连通率

滑移面		主要组成结构面	滑移面组成				连通率（%）	备注
类型	路径		总长（m）	长大结构面（m）	岩桥长（m）	短小结构面（η=11.5%）		
浅层	*abc*	T_{49}、T_{127}	12.0	12.0		0	100	边坡上部构成不利块体
	abcde	T_{127}、f_{46}	48.6	20.0		3.3	47.9	拉裂段下移，底滑移面变短
	lgh	T_{89}	52.0	17.6		3.96	41.5	开挖轮廓变更

续表

滑移面		主要组成结构面	滑移面组成				连通率(%)	备注
类型	路径		总长(m)	长大结构面(m)	岩桥长(m)	短小结构面(η=11.5%)		
深层	*LM*	T_{89}、右$_{26}$	96.0	29.4		7.66	38.6	开挖轮廓变更及 3009 平硐右$_{26}$裂隙实际长度减短
	ABCDE	T_{118}、T_{128}、T_{31}	114.8	36.0		9.06	39.3	尾部新增缓倾裂隙 T_{31}

上述左厂 2～5 号坝段坝基抗滑稳定竣工地质分析剖面经验证比较，潜在深层滑移控制面的连通率，以左厂 3 号坝段最高，14 条深层滑移面中，连通率为 58.9%～67.1%的有 4 条，连通率为 70.2%～78.6%的有 9 条，最大连通率为 82.9%(1 条)。经竣工地质实测资料对照验证，左厂 3 号坝段最终确定的坝基深层抗滑稳定滑移模式与设计采用的成果吻合或接近，验证分析后深层潜在滑移面的实际连通率较设计值低 0.2%～2.6%，个别达 3.8%。对左厂 3 号坝段坝基深层抗滑稳定计算安全度影响最大的滑移模式 *ABCFHI* 滑移路径的连通率没有变化，设计采用概化的确定性滑移模式滑移面连通率为 83.1%，坝基竣工地质确定性滑移模式滑移面连通率为 82.9%。左厂 2 号、4 号、5 号坝段坝基深层滑移面的连通率分别为 37.0%～43.5%、29.3%～36.8%及 38.6%～39.3%。左厂 1 号坝段坝基深层滑移面连通率按已有地质资料与左厂 2 号坝段相近。左厂 2 号、4 号、5 号坝段坝基抗滑稳定分析设计采用的概化确定性滑移模式经各坝段坝基竣工地质实测资料验证，坝基滑移路径的组成及连通率与特殊勘察阶段提供设计采用成果基本一致，少数深层滑移面连通率略有增减，增加幅度为 2.9%～7.1%，减少幅度为 0.4%～3.3%，其最终实际连通率为 29.3%～43.5%，未超过地质建议设计采用值的 44%。

(2)设想的极端滑移模式

大坝技术设计审查专家组于 1995 年 1 月审查大坝地质及稳定专题时，提出了左厂 1～5 号坝段坝基深层抗滑稳定两种设想的极端滑移模式(图 2.2.6)：①从坝踵至坝后厂房建基面上游端点连一直线，沿厂房建基面滑出，假定该滑移面上的裂隙连通率为 100%；②从坝踵至坝后厂房与紧靠岩体高程 51.00m 处连一直线(厂房高程 51.00m 以下为大体积混凝土)，该滑移面的裂隙连通率假定为取一条长度为 80m 的长大型裂隙，再加上岩体部分的短小裂隙连通率为 11.5%，该滑移面的计算连通率为 61.5%。

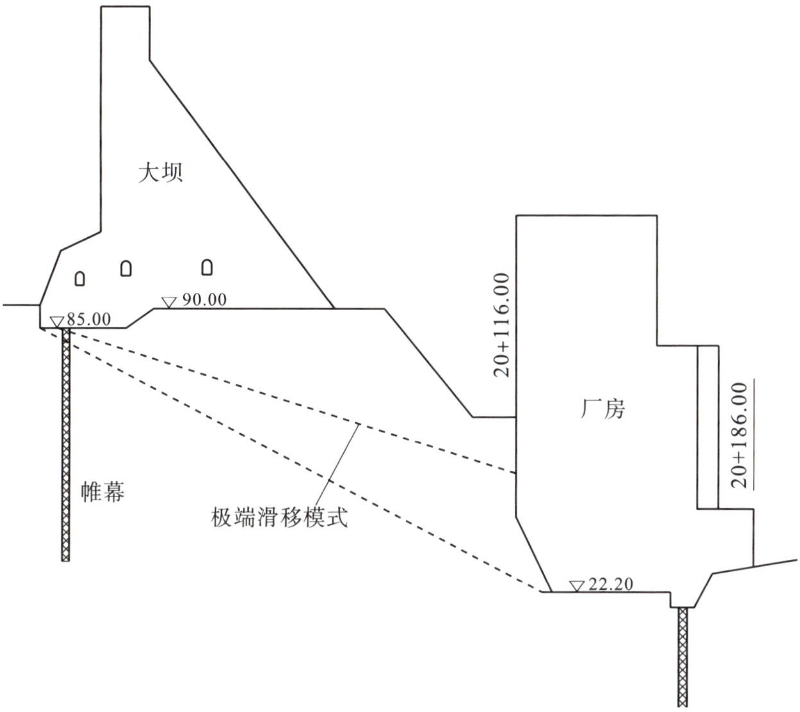

图 2.2.6　左厂 3 号坝段抗滑稳定极端滑移模式剖面示意图(单位:m)

2.2.1.3　左厂 1～5 号坝段的坝基深层抗滑稳定标准

对左厂 1～5 号坝段坝基深层抗滑稳定问题，设计采用平面刚体极限平衡法、地质力学模型试验方法和各种二维及三维有限元进行分析计算，以刚体极限平衡法计算成果作为设计判据。在采用不同方法进行研究及最终分析各种计算成果时，考虑以下两个方面因素：一是各坝段坝基深层的滑移控制面在空间上高低相错，极不一致，因此安全度不尽相同，分坝段核算抗滑稳定性是合理的；二是各坝段坝基深层抗滑稳定条件具有三维特性，作为平面问题分析计算，是偏于安全的。

(1)刚体极限平衡法(等 K 法)计算大坝坝基深层抗滑稳定

大坝坝基深层抗滑稳定的设计计算仍处于半理论半经验状态，对于三峡大坝左厂 1～5 号坝段复杂的工程布置特点及地质条件，其坝基深层抗滑稳定更为复杂。水利水电工程专家潘家铮院士在主持审查《长江三峡水利枢纽单项工程技术设计报告大坝设计》时指出："重力坝的设计理论至今还有待完善，很大程度上仍取决于经验和判断，尤其像复杂的深层抗滑稳定问题，连安全系数 K_c 定义也不够明确。因此，设计原则、计算方法、参数选择与安全判据必须根据以往经验相互配套。对左厂 1～5 号坝段深层抗滑稳定问题而言，所谓配套就是采用刚体极限平衡分析原理与方法(等 K 法)、常用的参数，以及规范中规定的 K_c 值来判断。"

关于左厂 1～5 号坝段深层抗滑稳定安全判据，对安全系数 K_c 值作出如下规定：①滑移面上缓倾角裂隙连通率采用地质资料中的连通率，要求 K_c 满足重力坝设计规范中规定的正常工况 $K_c \geqslant 3.0$；②设想的两种极端滑移模式滑移面上裂隙连通率按 100%计算，要求 $K_c = 2.3 \sim 2.5$，第二种极端滑移模式从坝踵至坝后厂房上游紧靠岩体高程 51.00m 处连一单斜滑移面，若裂隙连通率取 100%，很难满足 $K_c \geqslant 2.3$ 的要求，考虑此滑移面上裂隙节理面倾角已小于 15°，从地质资料看倾角 15°的平缓裂隙节理出现的概率很小，长大裂隙更极罕见，可按连通率 70%计算，要求 $K_c \geqslant 3.0$。

(2)有限元法分析坝基深层抗滑稳定

1)有限元法计算大坝抗滑稳定安全系数 K_c 采用的分析方法问题。

潘家铮院士在主持审查《三峡工程大坝左厂 1～5 号坝段深层抗滑稳定专题报告》时，对重力坝采用有限元法分析厂坝联合受力的应力及稳定问题作了精辟的阐述，指出有限元法(FEM 法)是一种分析厂坝联合受力大坝稳定和应力的手段，并不能直接计算出抗滑稳定安全系数 K_c，这与刚体极限平衡法直接求出 K_c 是不同的。如何利用有限元法的成果推求 K_c 有多种途径，其思路不同，成果也各异。大体上可分为两类：①利用有限元法求出正常(荷载、参数)情况下沿节理面及假设破坏面上的应力分布，分解为总剪力(下滑力)和总抗滑力，再按常规公式计算 K_c。这种方法对单滑移面而言无困难，而且其计算结果与刚体极限平衡法计算结果也不应有大的差异，但对双滑移面情况分析存在困难，目前设计单位和科研单位采用的方法尚不一致。总之，这类方法采用的手段不同，求出的 K_c 各异，也很难规定合理的安全判据。因此，只能从原则上讲，采用的分析方法愈合理，问题研究得愈深入，要求的 K_c 值应可以小一些。②逐步增加荷载(超载法)或降低抗剪断参数 f' 及 c' 值(强度储备法)，并用有限元法作追踪计算，一直达到极限状态为止，取相应的超载倍数或抗剪强度降低倍数作为安全度 K_c，这样求出的 K_c 是符合极限稳定概念的。但问题是计算工作量很大，且在接近失稳时，计算可能有困难。另一个问题是超载安全度与强度储备安全度可能相差较大，应力及应变状态更迥异，以何者为准则尚有分歧。许多学者认为，超载法不甚合理，因为大坝承受的主要荷载(水压力)恰恰是较明确而变异不大的，而采用超载法计算，当大坝达极限状态时，相应的应力及应变都非常大，脱离实际且不好衡量。因此，采用强度折减法较为合适。

2)有限元法在大坝坝基深层抗滑稳定计算中的应用问题。

目前，采用有限元法计算大坝坝基深层抗滑稳定问题尚无成熟的经验和规范，对坝基滑移体失稳破坏的判据及配套的安全系数均无统一规定。但有限元法的计算有许多明显的优点。例如：可以考虑坝基岩体节理面的非线性性质，可以研究结构面受力后从正常到破坏的发展过程及渐进破坏的部位和范围，可以求得坝基不同部位的应力分布及变位场，也可以求得不同块体间、建筑物结构接触面间的相互作用力的大小与方向。因此，采用非线性有限元法，特别是空间滑移体抗滑稳定的三维非线性有限元法分析大坝坝基深层抗滑稳定应是发展方向。在左厂 1～5 号坝段坝基深层抗滑稳定计算已做大量分析研究工作的基础上，若对有限元(包括非线性有限元)法进行进一步深入分析研究，明确采用有限元法分析计算大坝坝基深层抗滑稳定的准则；并将有限元法计算结果与采用刚体极限平衡法计算结果和地质结构力学模型试验成果相互印证，以取得更符合实际且精确的抗滑稳定计算模式、计算方法、力学指标和安全判据，推动大坝坝基深层抗滑稳定计算技术取得新的进展。

2.2.1.4　左厂 1～5 号坝段的坝基深层抗滑稳定分析

(1)刚体极限平衡法(等 K 法)计算分析

1)计算公式。

按平面刚体极限平衡原理等安全系数法(等 K 法)计算抗滑稳定安全系数 K_c，计算时首先确定失稳时的滑移面，当滑移面为单一直线滑移面(图 2.2.7)时，按式(2.2.1)计算：

$$K_c=\frac{f'N+c'A}{T} \tag{2.2.1}$$

式中，N 为作用在滑移面上的法向力，$N=W\cos\alpha-U-H\sin\alpha$，其中，$W$ 为作用于滑移体的垂直力，H 为作用于滑移体的水平力，U 为作用于滑移面上的扬压力，α 为滑移面与水平面的夹角；T 为作用在滑移面上的切向力，$T=H\cos\alpha+W\sin\alpha$；$A$ 为滑移面面积；f'为滑移面上介质的抗剪断摩擦系数；c'为滑移面上介质的黏聚力。

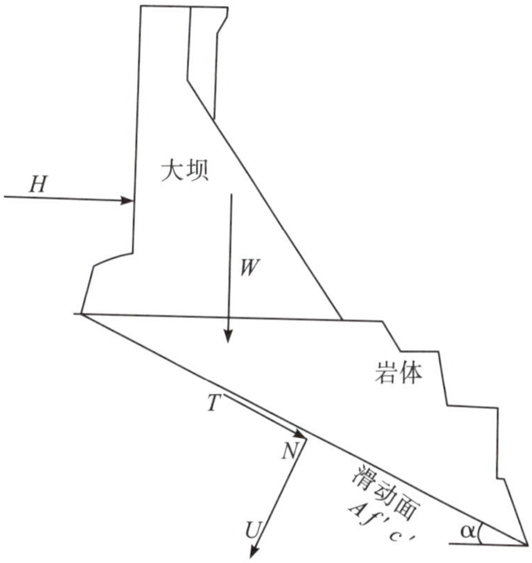

图 2.2.7　单一直线滑移面刚体抗滑稳定计算

当滑移面为多个滑移面组成的较复杂的滑移面时，采用等安全系数法(等 K 法)，见图 2.2.8。等 K 法计算时，首先要根据滑移面的形状及具体计算条件将滑移体划分成若干条块(通常采用垂直条分法)，对任一条块(如第 i 条块)计算出作用在其上的荷载(包括垂直力 W_i、水平力 H_i 和滑移面上的扬压力 U_i)。计算中调整各条块分界面上的相互作用(正压力 F_{ij} 和剪切力 τ_{ij}，其中 i、j 为相邻条块的编号)，使各条块的抗滑稳定安全系数 K_i 达到相同，即 $K_i=K_c$。

$$K_i=\frac{f'N_i+c'_iA_i}{T_i}\quad(i=1,2,\cdots,n) \tag{2.2.2}$$

式中，$N_i=(W_{i+}\tau_{ij-1}-\tau_{ij+1})\cos\alpha_i-U_i-(H_iF_{ij-1}-F_{ij+1}\sin\alpha_i)$；$T_i=(H_{i+}F_{ij-1}-F_{ij+1})+$

$\cos\alpha_i+(W_{i+}\tau_{ij-1}-\tau_{ij+1})\sin\alpha_i$。其中，$W_i$ 为作用于第 i 条块的垂直力；H_i 为作用于第 i 条块的水平力；F_{ij} 与 τ_{ij} 为第 j 条块作用于第 i 条块的正应力和剪应力，并有 $F_{ij}=F_{ji}$，$\tau_{ij}=\tau_{ji}$，$F_{1.0}=F_{n.n+1}=\tau_{1.0}=\tau_{n.n+1}=0$，$\alpha_i$ 为第 i 条块滑移面与水平面的夹角；f'_i、C'_i、A_i 为第 i 条块滑移面上材料抗剪断摩擦系数、黏聚力和滑移面面积；n 为划分的条块总数。

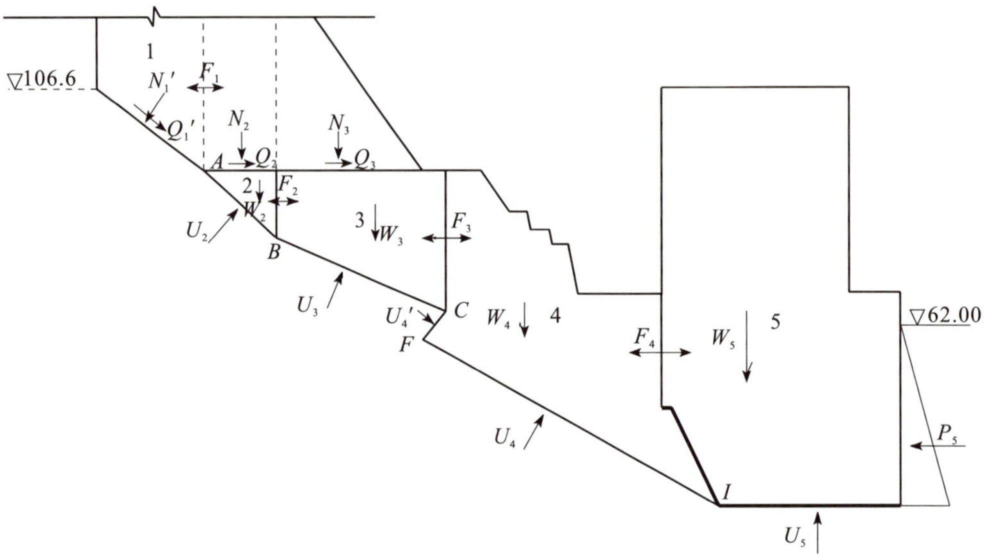

图 2.2.8 复杂滑移面抗滑稳定计算

由此求解沿剪切面整体抗滑稳定安全系数 K_c。考虑条块间的作用力时，有多种假定方法：

①传递系数法，假定条块间的作用力方向平行于上一条块的抗剪力或下滑力的方向。

②只计正压力 F_{ij}，而假定剪切力 $\tau_{ij}=0$。

③假定各条块间的作用力方向角均为一个定值。

④假定各条块间的作用力由条块分界面达到极限平衡确定，此时不计 c' 值，分界面安全系数为 1.0。

2)计算荷载及计算工况。

计算荷载包括坝体及岩体自重、水重、上下游水压力、扬压力、泥沙压力、地震荷载等。设计对多种工况的计算分析结果，控制工况是基本荷载组合(坝体及岩体自重＋正常蓄水位 175.0m 及下游水位 62.0m 时上下游水压力＋扬压力＋泥沙压力淤积高程 108.0m)，在考虑厂坝联合作用时，计入厂房重量。扬压力计算按坝基和厂房基础采用封闭抽排措施，扬压力折减系数：上游帷幕排水孔处 $\alpha_1=0.25$，排水廊道(洞)处 $\alpha_2=0.50$，厂房下游帷幕排水廊道处 $\alpha_3=0.30$。扬压力分布见图 2.2.9、图 2.2.10。

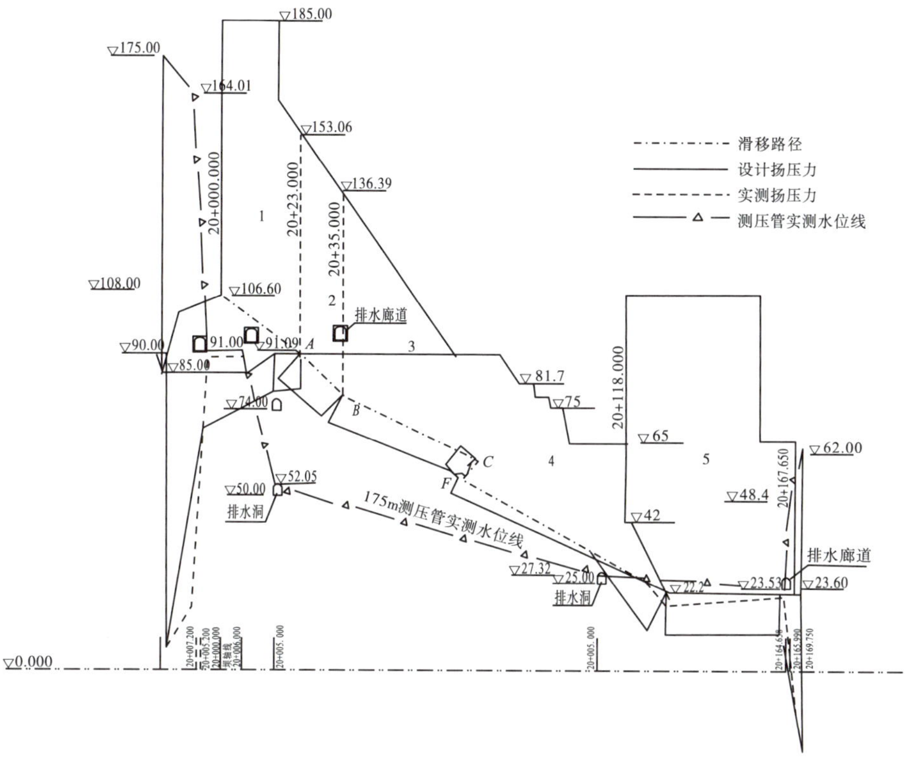

图 2.2.9　厂坝联合作用时大坝坝基的扬压力(单位:m)

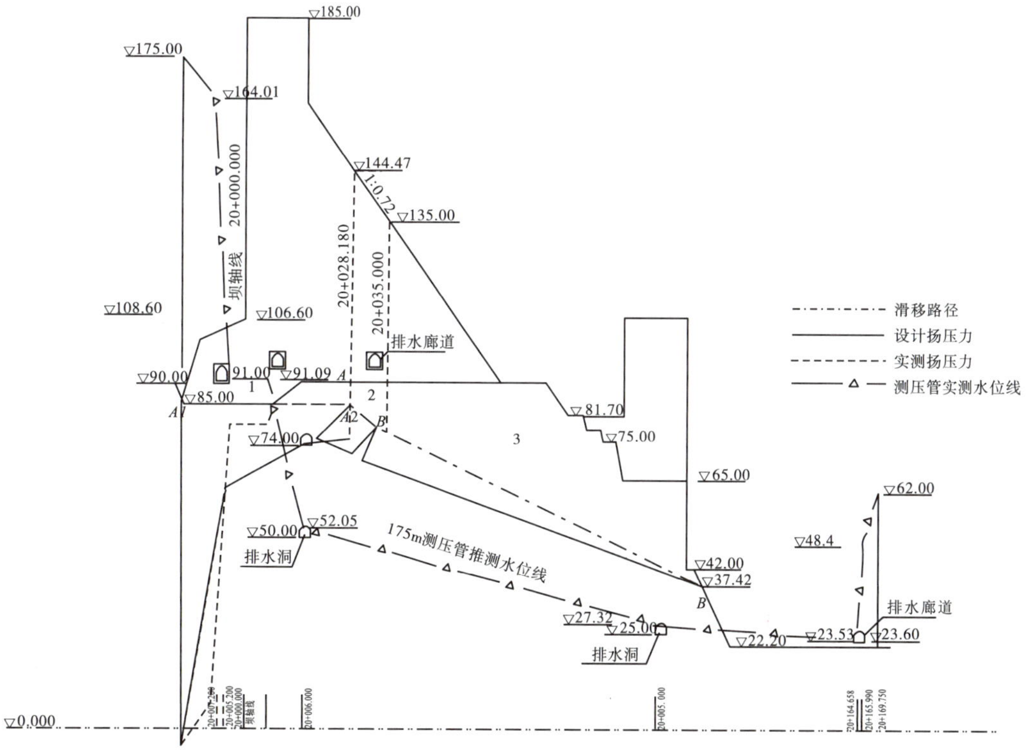

图 2.2.10　不计厂房作用时大坝坝基的扬压力(单位:m)

3)计算假定。

①左厂3号坝段取单个坝段计算,不计坝段两侧坝基岩体的抗剪作用,按平面等效单宽刚体极限平衡计算抗滑稳定安全系数。

②假定坝基滑移方向为顺水流向,沿缓倾角结构面滑动。

③滑移面抗剪强度参数计算。滑移面由长大缓倾角裂隙结构面和概化缓倾角及岩桥组成。有3种方法计算滑移面综合抗剪断参数,即面积加权法、应力加权法和变形相容法。综合研究比较分析结果表明,按面积加权法求得滑移面综合抗剪断参数的精度并不低于其他方法,因此,按面积加权法计算滑移面综合抗剪断参数。计算时,结构面抗剪断参数 $f'=0.7$,$c'=0.2$MPa;岩桥抗剪断参数 $f'=1.7$,$c'=2.0$MPa;混凝土抗剪断参数 $f'=1.1$,$c'=3.0$MPa。

4)滑移模式及计算结果。

①确定性概化滑移模式。

左厂3号坝段坝基深层确定性概化滑移模式,其滑移面上游在建基面的出露点均在坝体内。设计计算中有两种假定:一种是坝基如滑动,必须剪切坝体或齿槽;另一种是计算中不考虑坝体或齿槽的抗剪作用。在第一种假定的计算中,分别按平切齿槽和斜切坝体两种方式处理滑移面向上游延伸。对左厂3号坝段坝基深层确定性概化的4种滑移模式计算成果分析如下:

(a)*ABCFHI* 滑移面。

ABCFHI 滑移面由 *AB*、*BC*、*CF*、*FH*、*HI* 五个直线段滑移面组成阶梯型复合滑移面,该滑移面总长128.8m(未计 *CF* 段),其中 *AB*、*BC* 段为实际结构面,*FH* 段为概化结构面,*HI* 段为岩桥。计算中实际结构面和概化结构面裂隙连通率按100%计,岩桥段裂隙连通率按11.5%计。采用面积加权后,该滑移面总的裂隙连通率为83.2%,为确定性概化4种滑移模式中裂隙连通率最高的一个滑移面,计算结果见表2.2.11。

(b)*ABDGHI* 滑移面。

ABDGHI 滑移面由 *AB*、*BD*、*DG*、*GH*、*HI* 五个直线段滑移面组成阶梯型复合滑移面,与 *ABCFHI* 滑移面形态相似,仅拐点由 *C* 点改为 *D* 点,更靠近坝址。该滑移面总长126.6m,较 *ABCFHI* 滑移面短2.2m;结构面总长104.8m,较 *ABCFHI* 滑移面短2.38m,裂隙连通率为82.8%,计算结果见表2.2.11。

(c)*ABCFHIUY* 滑移面及 *ABCFHTVY* 滑移面。

ABCFHTUY 滑移面及 *ABCFHTVY* 滑移面为左厂3号坝段厂坝联合抗滑稳定确定性概化滑移模式,是在滑移模式 *ABCFHI* 坝基内 *ABCFH* 段不变的情况下,将 *FH* 段(倾角32°)向下游直线延伸至 *T* 点(*HT* 段长24.4m),并确定了厂房基岩下 *TUY* 段及 *TVY* 段的计算条件、裂隙连通率和材料参数。*TU* 及 *TV* 为倾向下游倾角分别为26°和20°的斜面,而 *UY* 及 *VY* 是厂房岩基下在同一方向上的反倾向断层面,倾角为50°。*ABCFHTUY* 滑移面总长161.6m(不计 *UY* 段长),滑移面上除 *HT* 段为岩桥外,*TU* 段含岩桥18m,其余全为结构面,滑移面裂隙连通率为76.9%;*ABCFHTVY* 滑移面总长162.8m(不含 *VY* 段长),滑

移面上除 *HT* 为岩桥外，*TV* 段含岩桥 21m，其余全为结构面，滑移面裂隙连通率为 75.3%。厂坝联合抗滑稳定计算假定反倾向断层面 *UY* 及 *VY* 上裂隙连通率为 100%，所用的计算方法和计算荷载及计算工况与计算 *ABCFHI* 滑移面相同。计算结果见表 2.2.11。

表 2.2.11　　左厂 3 号坝段坝基深层抗滑稳定确定性滑移模式计算成果

坝段	滑移路径	安全系数 K_c		备注
		大坝单独承载	厂坝联合作用	
左厂 3 号坝段	高程 85m—*ABE*	3.17		高程 85m 指滑移路径通过上游齿槽底面沿 *ABE* 滑移面或沿 *LME* 滑移面滑移
	高程 85m—*LME*	3.17		
	高程 85m—*ABCFHI*	2.79	4.26	沿厂房建基面滑动。高程 112m 指滑移面起点在上游坝面高程 112m 处；高程 106.6m 指滑移面起点在上游坝面高程 106.6m 处，通过剪切坝体滑移
	高程 112m—*ABCFI*	2.76	4.22	
	高程 106.6m—*ABCFI*	2.65	4.10	
	高程 106.6m—*ABCFHTUY*		5.46	从上游坝面高程 106.6m 处剪切坝体，沿高程 106.6m—*ABCFHTUY* 底面及 *ABCFHTVY* 底面滑移
	高程 106.6m—*ABCFHTVY*		4.53	

②设想的极端滑移模式。

左厂 3 号坝段抗滑稳定极端滑移模式计算简图见图 2.2.11。

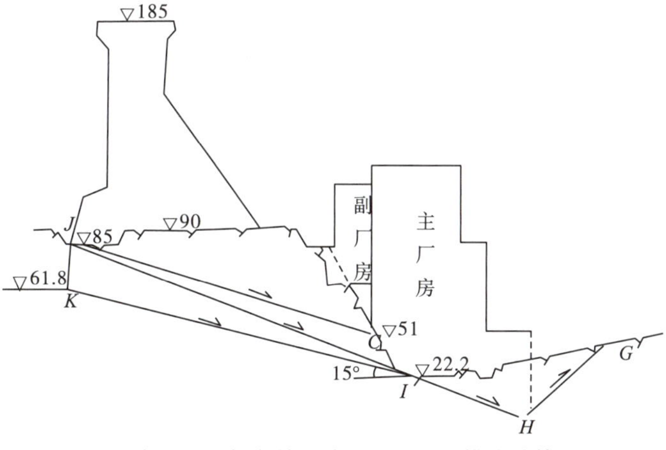

图 2.2.11　左厂 3 号坝段抗滑稳定极端滑移模式计算(单位:m)

(a)极端滑移模式 1——*JI* 滑移面。

从左厂 3 号坝段坝踵(高程 85.0m)*J* 点至坝后厂房上游端(高程 22.20m)I 点连一单斜滑移面(图 2.2.11)，滑移面倾角为 23°，滑移面总长 160.70m，沿 *JI* 滑移面及厂房建基面滑动。JI 滑移面上裂隙连通率按100%计算，滑移面抗剪断参数 $f'=0.7$，$c'=0.2$MPa；厂房建基面抗剪断参数 $f'=1.25$，$c'=1.5$MPa。在设计基本荷载组合工况下，抗滑稳定安全系数 $K_c=2.75$（规定安全系数 $K_c \geqslant 2.3 \sim 2.5$）。经对地质资料复核实际 JI 滑移面上裂隙连通率为35.9%，抗滑稳定安全系数 $K_c=3.55$（未计厂房作用）。

(b)极端滑移模式2——JC 滑移面。

从左厂3号坝段坝踵（高程85.00m）J 点至坝后厂房上游紧靠岩体高程51.00m处连一单斜滑移面（图2.2.11），滑移面倾角为14.08°，滑移面总长139.7m，滑移面裂隙连通率分别按100%及70%计算。按100%计算时，滑移面抗剪断参数 $f'=0.7$，$c'=0.2$MPa；按70%计算时，由面积加权法求得滑移面抗剪断参数 $f'=1.0$，$c'=0.74$MPa。在设计基本荷载组合工况下，在滑移面裂隙连通率取100%时，$K_c=1.6$；滑移面裂隙连通率取70%时，$K_c>3.0$；滑移面裂隙连通率取65%时，$K_c=3.14$。经对地质资料复核，坝址区岩体几乎没有倾角小于15°的长大缓倾角裂隙，实际 JC 滑移面上裂缝连通率为31.7%，抗滑稳定安全系数 $K_c=4.51$。

5)对计算中有关假定条件的敏感性分析。

在刚体极限平衡法计算中，虽多都用"等 K 法"计算，但由于在各块划分方法、条块间作用力方向及滑移面延伸处理方式等方面尚不一致，不同的假定将得出不同的计算结果，尤其对于由多个直线滑移面组成的折线型或阶梯型复合滑移面不确定性较多，现以左厂3号坝段的典型滑移模式：*ABCFHI*、*ABCFHIUY*、*ABCFHTVY* 滑移路径在不同假定条件下的计算成果进行分析。

①块间作用力方向角 α 的取值。

在刚体极限平衡法计算中，对条块间传递力方向采用下列假定：(a)传递力垂直条块分界面，即不计条块间剪力（包括摩擦力和黏聚力）作用，当条块分界面为铅直时，传递力方向水平，其方向角 $\alpha=0$；(b)传递力方向平行于上一条块的底滑移面，即平行于上一条块的滑移方向，此法通称传递系数法；(c)传递力方向采用固定方向角；(d)假定分界面上传递力的分力也符合规定的滑动稳定安全系数，由此求得传递力数值及方向。

ABCFHI 滑移模式，考虑大坝的整体抗剪作用，将滑移路径中的 A 点沿高程90.00m平切齿槽向上游延伸至坝踵0点；考虑厂坝联合作用，将Ⅰ点沿厂房建基面高程22.20m延伸，组成该滑移模式的各直线段滑移面都倾向下游（CF 段及延伸部分除外），在不改变其他计算条件下，仅改变条块间传递力的方向角（$\alpha=0°\sim40°$，按每10°递增），求得不同的 K_c 列于表2.2.12。计算结果表明：K_c 随传递力方向角 α 增大而增大；当方向角 $\alpha=0°$时（即条块间接触面上的传递力方向垂直于界面），K_c 值最小为3.92；若按传递系数计算，$K_c=4.31$。

表2.2.12　*ABCFHI* 滑移模式采用等 K 法计算条块间取不同传递方向角 α 的 K_c 值

按传递系数法	α 固定为0°	α 固定为10°	α 固定为20°	α 固定为30°	α 固定为35°	α 固定为40°
4.31	3.92	4.18	4.46	4.79	4.97	5.18

ABCFHTUY 及 *ABCFHTVY* 滑移模式在厂房基岩有两个倾向相反的正反坡滑移面，下游反坡段滑移面(*UY* 及 *VY*)是倾向断层面。计算中假定厂房基岩正反坡滑移面交界处传递力的方向角与该滑移模式的坝基下正坡 *ABCFHT* 段条块间传递力的方向角 α 为 0°～40°，按每 10°递增。从计算结果中发现，当方向角 α 增大至 30°时，K_c 值递增的速率加大；而当方向角 $\alpha=40°$时，K_c 为无穷大，这是由于厂房基岩 *UY* 及 *VY* 滑移面反倾向断层面的倾角 $\beta=50°$，当假定的正反坡交界处传递力的方向角 $\alpha=40°$时，传递力和断层面刚好正交。若不改变正坡段条块间传递力方向角变化规律（$\alpha=0°\sim40°$，按每 10°递增），而将正反坡交界处传递力方向角 α 递增速率减小，分别在对应求得的角度上乘 0.8～0 的系数，即 $\beta=(0.8\sim0)\alpha$，计算结果见表 2.2.13。这样对应求得的 K_c 值将减小，但减小的速率随正坡段条块间传递力方向角的假定值不同而有明显的差异。当假定正反坡交界处传递力的方向角 β 取正反坡角的平均值时，对应的 K_c 值最小。从表 2.2.13 可看出，*ABCFHTUY* 和 *ABCFHTVY* 整个滑移路径都用传递系数法计算，K_c 分别为 5.34 和 4.54；当传递力方向角 $\alpha=0°$时，K_c 分别为 3.51 和 3.60；当正反坡交界处传递力方向 β 取正反坡角平均值时，K_c 分别为 3.40 和 3.59。

表 2.2.13 *ABCFHIUY* 及 *ABCFHTVY* 滑移模式采用等 *K* 法计算时条块间取不同传递力方向角 α 的 K_c 值

滑移模式	计算假定		滑移面正反坡交界处传递力的方向角 β						
			$\beta=\alpha$	$\beta=0.8\alpha$	$\beta=0.6\alpha$	$\beta=0.4\alpha$	$\beta=0.2\alpha$	$\beta=0°$	β 取正反坡角平均值
ABCFHTUY	正坡段各条块间的传递力方向角 α	α 按传递系数取值	5.34	4.55	4.12	3.87	3.70	3.59	3.40
		α 固定为 0°	3.51	3.51	3.51	3.51	3.51	3.51	3.36
		α 固定为 10°	3.95	3.87	3.81	3.76	3.71	3.67	3.51
		α 固定为 20°	4.90	4.48	4.22	4.05	3.94	3.85	3.68
		α 固定为 30°	9.40	5.92	4.88	4.43	4.19	4.04	3.87
		α 固定为 35°	34.89	7.80	5.41	4.67	4.34	4.16	3.98
		α 固定为 40°	无穷大	13.26	6.20	4.96	4.51	4.29	4.11
ABCFHTVY	正坡段各条块间的传递力方向角 α	α 按传递系数取值	4.54	4.25	4.07	3.94	3.85	3.77	3.59
		α 固定为 0°	3.60	3.60	3.60	3.60	3.60	3.60	3.46
		α 固定为 10°	3.99	3.93	3.88	3.85	3.81	3.78	3.64
		α 固定为 20°	4.77	4.45	4.26	4.13	4.04	3.97	3.82
		α 固定为 30°	8.28	5.62	4.83	4.49	4.30	4.19	4.03
		α 固定为 35°	23.13	7.12	5.28	4.71	4.46	4.32	4.15
		α 固定为 40°	无穷大	11.20	5.94	4.98	4.63	4.46	4.28

滑移模式 *ABCFHI*、*ABCFHTUY* 和 *ABCFHTVY* 计算结果表明：

(a)由各个直线段滑移面组成的折线型或阶梯型复合滑移路径，K_c 值对传递力方向角 α

的假定十分敏感，左厂 3 号坝段 *ABCFHI* 滑移路径采用传递系数计算结果与假定条块间传递力方向角 α 为 0°的计算结果相比，$\alpha=0$ 的 K_c 要小 10%左右。左厂 1～5 号坝段滑移路径条块分界面均为微新岩体或坝体混凝土，具有较大的抗剪强度，即使分界面为岩体结构面（$f=0.7$，$c=0.2$MPa），当不计 c 值时，传递力的方向角 $\alpha=\arctan 0.7=35°$，但各条块滑动底面的倾角多小于 30°，因此，采用传递系数法求得的安全系数更符合滑动体的实际安全度，且还留有较大的裕度。

(b)对 *ABCFHTUY* 和 *ABCFHTVY* 滑出面是反倾向面的复合滑移路径，正反坡交界处传递力方向的假定对计算结果影响较为敏感，在某种假定条件下，甚至会出现 K_c 为无穷大的情况；当正反段采用传递系数法，正反坡交界处传力方向角 β 取正反坡角平均值，求得的安全系数最小，以此作为判定滑动稳定的安全标准，可以留有更大的裕度。

②典型滑移模式滑移面上材料抗剪参数的选用。

在刚体极限平衡法(等 K 法)计算中，滑移模式滑移面上材料的抗剪断参数(c、f)的取值将直接影响计算结果的安全性。而对于由多个滑移面组成的复合滑移路径，往往滑移面上有多种材料(混凝土、微新岩体、岩桥、裂隙结构面)，不同材料的 c 值变化幅度较 f 值变化幅度大，其中微新岩体岩桥 $c=2.0$MPa，而裂隙结构面 $c=0.2$MPa，两者之比为 10。因此，滑移面上材料定性的准确与否，对计算结果 K_c 值影响较大。典型滑移模式若假定滑移面上各种材料的 f 值采用规定值、$c=0$，其计算结果与 f、c 值均取规定值的计算结果对比列于表 2.2.14。

表 2.2.14　　典型滑移模式滑移面抗剪断参数 c 取不同值时的 K_c 计算汇总

滑移模式	计算方法	K_c		
		f、c 取规定值	$c=0$、f 取规定值	按纯摩计算
OABCFHI＋厂基	传递系数法	4.31	2.02	1.37
OABCFHTUY	传递系数法	5.34	3.66	3.18
OABCFHTVY	传递系数法	4.54	2.79	2.30

注：O 点在坝踵高程 90.00m 处。

从表 2.2.14 可以看出，典型滑移模式当假定滑移面上材料抗剪参数 c 取 0 时，K_c 值较 c 取规定值时的计算结果小，但不同滑移模式，减小的比例不一样；计算采用传递系数法，3 种典型滑移模式下，当假定滑移面上材料 $c=0$，即不计滑移面上材料黏聚力时，其抗剪滑动稳定安全系数 $K_c>2.0$；若按纯摩抗滑稳定复核，滑移面上材料摩擦系数取值为：混凝土/混凝土 $f=0.75$，混凝土/基岩 $f=0.75$，岩桥 $f=0.85$，裂隙硬性结构面 $f=0.64$，滑移面上材料黏聚力 $c=0$；按传递系数法计算，其最小 $K_c=1.37$，满足大坝抗滑稳定要求。

③多家研究单位的分析计算成果。

三峡总公司委托上海勘测设计研究院、西北勘测设计研究院、中国水利水电科学研究院、河海大学、清华大学等国内相关设计、科研单位及高校对左厂 3 号坝段开展了坝基深层抗滑稳定分析。计算结果（表 2.2.15、表 2.2.16）表明：设想的第一种极端滑移模式，从坝踵至坝后厂房上游端建基高程 22.2m 连一单斜滑移面，假定裂隙连通率为 100%时，考虑厂坝联合作用，沿厂房建基面滑移，在基本荷载组合下，K_c=2.33～2.75；设想的第二种极端滑移模式，假定裂隙连通率为 70%时，K_c=3.05～3.34。设想的两种极端滑移模式，若按地质提供的连通率，大坝单独承载时，K_c=3.24～3.81，表明大坝深层抗滑稳定满足安全判据的要求。刚体极限平衡法计算坝基深层抗滑稳定安全系数是一种以经验为基础的分析方法，已应用多年并列入《重力坝设计规范》。左厂 1～5 号坝段坝基深层抗滑稳定分析，采用刚体极限平衡法（等 K 法）计算，并用现行《重力坝设计规范》规定的 K_c 值和与之相配套的常用参数，作为主要安全判据是合理的，左厂 1～5 号坝段坝基深层抗滑稳定可以满足规范要求的安全判据。

表 2.2.15　　左厂 3 号坝段深层抗滑稳定计算极端滑移模式 1 的计算结果对比

计算条件		上海勘测设计研究院	西北勘测设计研究院	河海大学（夏颂佑教授）	河海大学（任青文教授）	中国水利水电科学研究院（耿克勤教授）	长江设计院
滑移面裂隙连通率 η=100%，f=0.7，c=0.2MPa	大坝单独承载（滑移面为 JI 单斜滑移面）	1.25	1.17	1.20	1.22		
	厂坝联合作用（滑移面为 JI+厂房建基面）	2.46	2.69	2.60	2.39	2.33	2.75
滑移面裂隙连通率 η=35.9%，f=1.341，c=1.35MPa	大坝单独承载（滑移面为 JI 单斜滑移面）	3.81	3.48	3.80	3.68		3.55
	厂坝联合作用（滑移面为 JI+厂房建基面）	4.89	4.93	5.00	5.02	4.69	
计算方法与计算假定		传递系数法，条块间作用力平行于上一滑移面	条块间水平传力	传递系数法，条块间作用力平行于上一滑移面	刚体极限平衡法，条块划分以 K 值最小优化法搜索确定	Sarma 法，是对滑坡体进行斜分条的极限平衡法，假定沿条块侧面也达到了极限平衡	条块间仅传递水平向作用力

表 2.2.16　　左厂 3 号坝段深层抗滑稳定计算极端滑移模式 2 计算成果对比

计算条件	上海勘测设计研究院	西北勘测设计研究院	河海大学（夏颂佑教授）	河海大学（任青文教授）	中国水利水电科学研究院（耿克勤教授）	长江设计院
滑移面裂隙连通率 $\eta=100\%$，$f=0.7$，$c=0.2$MPa，大坝单独承载（滑移面为 JC 单斜滑移面）	1.57	1.65		1.56		
滑移面裂隙连通率 $\eta=70\%$或 65%（已说明），$f=1.0$，$c=0.74$MPa，大坝单独承载（滑移面为 JC 单斜滑移面）	3.05	3.37		3.34（连通率 65%）	2.91	3.14（连通率 65%）
滑移面裂隙连通率 $\eta=30.1\%$，$f=1.399$，$c=1.458$MPa，大坝单独承载（滑移面为 JC 单斜滑移面）	4.99	5.43	5.20	5.11		4.51
计算方法与计算假定	传递系数法，条块间作用力平行于上一滑移面	条块间水平传力	传递系数法，条块间作用力平行于上一滑移面	刚体极限平衡法，条块划分以 K 值最小优化法搜索确定		条块间仅传递水平向作用力

6)计算结果分析。

左厂 3 号坝段坝基深层抗滑稳定确定性滑移模式计算结果表明：①$ABCFHI$ 滑移路径是计算结果中安全系数最小的一组，按设计计算条件、计算参数和裂隙连通率，若考虑大坝的整体作用（滑移面向坝体或沿建基面向坝踵延伸），在大坝单独承载时，K_c 达 2.79；厂坝联合作用，假定沿厂房建基面滑动，$K_c=4.26$，满足稳定要求。②假定厂房岩基反倾向断层面 UY、VY 上裂隙连通率为 100%，若按 $ABCFHTUY$ 滑移路径及 $ABCFHTVY$ 滑移路径计算，考虑厂坝联合作用时，K_c 值分别为 5.46 及 4.53，满足稳定要求。

(2)有限元法计算分析

1)非线性有限元法分析。

①有限元计算方法。

有限元法是用以分析建筑物在荷载作用下，结构内部应力和应变分布的一种数值计算方法。有限元法是目前用于计算各种复杂体型重力坝及其坝基的最有效的数值计算方法。在重力坝坝基深层抗滑稳定分析中，多采用非线性有限元法分析，计算中将坝体、基岩，尤其是软弱夹层（裂隙结构面）作为非线性材料处理。当单元应力小于屈服强度时，其应力应变关系是线性的；一旦达到屈服，材料的本构关系是非线性的。非线性分析的主要目的是了解坝基的实际应力和变形情况、缓倾角结构面对大坝坝体及坝基的影响以及沿滑移面的抗滑稳定强度储备系数。坝基岩体在坝体荷载和渗透压力作用下，当局部区域单元应力达到强度极限而破坏时，破坏单元满足极限平衡条件，破坏区应力降低，承载能力下降，应力向邻近岩体转移；若邻近岩体也达到了强度极限，则将出现新的破坏区域，一直到最终达到平衡，破坏区不再扩大。如破坏区不断扩展，出现贯穿性破裂带（或破坏面），而不能维持最终的平衡状态，就会产生坝基失稳。因此，利用有限元法不仅可以了解坝基岩体渐进破坏的过程，而且还可以了解坝基岩体在破坏过程中各部位应力应变的大小及变化。非线性有限元法计算大坝坝体及坝基的极限承载能力（或安全系数）通常采用强度折减法和荷载超载法。

(a)强度折减法。

在坝基抗滑稳定计算时，通过逐步降低坝基岩体介质的力学强度指标，使坝基内的塑性区不断扩展，研究坝基破坏面逐步发展直至坝基失稳的过程。当计算不再收敛，或特征点的位移急剧增加时，坝基内几乎全部达到了塑性区，坝基稳定处于临界状态。因此，强度折减法与刚体极限平衡法所研究的安全系数具有较好的可比性。计算时坝基岩体介质的力学强度降低的倍数称为强度储备系数。

(b)荷载超载法。

通过逐步加载，即将水荷载增加 k 倍，每取一个 k 值就进行一次弹塑性有限元分析，不断按比例加大引起坝基失稳破坏的主要荷载，得出相应的一系列位移、应力及塑性区分布的结果，依据能反映坝基失稳的特征点位移，绘制荷载—位移曲线，从曲线上可找出对应位移剧烈增加的荷载，该荷载即为坝基失稳破坏的荷载，相应的 k 值即为超载系数。

②非线性有限元计算成果分析。

设计采用 NOLM87 程序开展左厂 3 号坝段深层抗滑稳定非线性有限元计算，按平面弹塑性有限元变刚度准平面问题处理。计算范围：坝基以外上游取 90m，下游取 380m，基岩深度至高程－70.00m。边界条件：坝基底部按固端约束，上下游采用法向约束。计算荷载：坝体混凝土自重及坝基岩体重量、水荷载（正常荷载组合未考虑扬压力）。非线性单元：假定范围坝基内裂隙、岩桥、大坝混凝土/建基岩面，厂坝斜坡接缝面及厂房建基面。非线性参数：$k_N=90\text{MPa/cm}$，$k_s=25\text{MPa/cm}$。按非线性有限元计算，如逐步降低非线性单元 c、f 值，强度储备系数为 10；如逐步降低非线性单元 c、f 值，并降低 $k_N=90\text{MPa/cm}$ 及 $k_s=25\text{MPa/cm}$ 或降低结构面弹性模量 E 值，强度储备系数为 5。设计与各单位采用的计算条件及计算成果汇总见表 2.2.17。

表 2.2.17　　左厂 3 号坝段非线性有限元法计算结果汇总

计算条件及结果	上海勘测设计研究院	西北勘测设计研究院	河海大学（夏颂佑教授）	中国水利水电科学研究院（耿克勤教授）	清华大学（水利系）	长江设计院
计算采用程序	平面弹塑性有限元程序。按平面应变问题处理	NOLM87 程序。坝内钢管、厂内蜗壳等按平面应变问题处理	三维弹塑性有限元法		NOLM87 程序。水轮机层以下为等效实体混凝土排架，坝内钢管、厂内蜗壳、尾水管基岩按平面应变处理	NOLM87 程序。平面弹塑性有限元变刚度准平面问题处理
计算取用范围	上游取 1.5H（H 为坝高），下游取 2.5H，坝基取 2H	坝踵上游、尾水管出口下游、厂房下岩体内取 1 倍坝底宽	上下游及地基深度均取 2.0～2.5L（L 为坝底宽）	上下游方向取 8L，坝基取 2H（L 为坝底宽，H 为坝高）	坝踵向上游，尾水管出口向下游，坝体及厂房基岩向下均取 1 倍坝高	上游基岩取 90m，下游取 380m，基岩深度高程－70.00m
边界条件假定	底部全约束，上下游边界法向约束	基岩边界约束为法向约束	地基侧面和上下游界面取法向约束，地基底为固定约束		基础边界上下游两侧采用法向约束，底部固定	基础底部按固端约束，上下游采用法向约束
计算荷载	自重＋正常蓄水位（上游 175.0m，下游 62.0m）＋扬压力	自重＋上下游水压力＋扬压力	正常荷载（自重＋上游水位 175m 及下游水位 62m 的水压力）	岩体应力＋坝重＋厂房重（运行工况）＋水压力（设计工况）	坝体自重、上下游水压力、泥沙压力、基岩容量为 0	基岩和混凝土自重及水荷载（正常荷载组合没有考虑扬压力）
非线性单元假定范围	结构面、岩桥及大坝建基面和厂房建基面用夹层单元	缓倾角结构面及厂坝间接缝面	滑移面用夹层单元	滑移面用非线性单元	除坝体混凝土外，其余单元均为非线性单元	坝基内裂隙、岩桥、大坝混凝土/基岩面，厂坝斜坡接缝面及厂房建基面

续表

计算条件及结果		上海勘测设计研究院	西北勘测设计研究院	河海大学（夏颂佑教授）	中国水利水电科学研究院（耿克勤教授）	清华大学（水利系）	长江设计院
非线性参数		$k_N=90$MPa/cm，$k_s=25$MPa/cm	缓倾角面 $\mu=0.25$，缓倾角面弹性模量 5000t/m^{2}*	结构面 $E=1000$MPa，$\mu=0.2$，$f=0.7$，$c=0.2$MPa	按长江委 1996 年 4 月提供的资料取值	结构面泊松比 $\mu=0.25$，弹性模量 $E=50000$t/m^2	$k_N=90$MPa/cm，$k_s=25$MPa/cm
计算方案		逐步降低滑移面上非线性单元的 c、f 值	采用超载法，将水容重取正常情况 1.0～3.0 倍	逐步降低 c、f 值	按剪摩和纯摩两种方法，用材料强度储备法	降低结构面参数 c、f 及弹性模量 E	方案①降低非线性单元 c、f；方案②降低非线性单元 c、f 及 k_N、k_s 或 E 值
计算结果	推求的强度（安全）储备系数或超载系数	①高程 90m+*ABCFHI*+厂基裂隙连通率 $\eta=83.2\%$，安全储备系数>4；②*JI*+厂基裂隙连通率 $\eta=100\%$，安全储备系数>3.0	超载计算坝踵—高程 22.2m（*JI* 滑移模式）厂坝联合作用超载系数>3.0	高程 85m+*ABCFHI*+厂基，将滑移面上各单元的抗滑力和滑动力之比用代表和法求得安全系数 $k_N=4.56$；此滑移面采用逐步降低 f、c，如定义屈服率达 80%～90%为极限状态求得强度储备系数>5	①齿槽+*ABCFGHTWY*，$k_f{}'=2.6$（剪摩），$k_f=1.6$（纯摩）；②齿槽+*ABCFGHI*+厂基，$k_{f'}=3.5$（剪摩）	按长江委 1996 年 12 月前所提坝基及厂房下的节理弱面为依据，大坝及厂房在正常工作情况下，按屈服面发展和变形情况，抗滑稳定安全系数大致达 3.5	方案①强度储备系数为 10；方案②强度储备系数为 5。计算中模拟地质概化所有裂隙（而不是沿某一指定滑移面）
	厂坝间作用力	1300～2500t/m（弹性计算）	厂坝间作用力 1700t/m	弹性抗力 2120t/m		正常情况下 1100～800t/m	正常情况下 750～1300t/m

注：数据均取自各专题研究报告，* 代表结构面弹性模量取值差异较大。

从表 2.2.17 所列各单位对左厂 3 号坝段采用非线性有限元计算结果可以看出：

(a)按非线性有限元计算，各研究单位计算假定略有不同，且缓倾角结构面的弹性模量取值差异较大，但求得的材料强度储备系数和结构超载安全系数都在 3.0 以上，且与上述刚体极限平衡法(等 K 法)的计算结果都已满足坝基深层抗滑稳定安全判据的要求。

(b)按非线性有限元法计算在正常弹性工作状态下，厂坝间作用力为 1500t/m 左右，厂房高程 51.00m 以下实体部分对坝体稳定起到支撑作用，对厂房的结构安全和正常运行不会产生不利影响。

2)左厂 2 号、3 号、4 号坝段作整体空间有限元法分析。

左厂 1～5 号坝段地质资料表明，坝基岩体中缓倾角裂隙分布很不均匀，以左厂 3 号坝段坝基岩体中缓倾角裂隙最为发育，其余坝段明显减少。若分别单独计算各坝段的深层抗滑稳定安全系数，左厂 3 号坝段 K_c 为最小。实际上左厂 3 号坝段基岩与相邻坝段基岩是连在一起的，基岩之间存在一定的约束力，对坝基深层抗滑稳定有利。为了解相邻坝段基岩的约束作用对深层抗滑稳定安全度的影响，设计采用空间有限元法对左厂 3 号坝段及其相邻的 2 号坝段和 4 号坝段进行整体抗滑稳定分析。根据左厂 2 号、3 号、4 号坝段的地质资料，在坝基微新岩体中，共设置 4 个可能滑动面，其中左厂 3 号坝段控制性滑移面 2 个，其产状分别为 115∠29°和 115∠44°或 25°(倾向、视倾角)；左厂 2 号及 4 号坝段各 1 个滑移面，其产状分别为 153∠23.5°和 115∠26.8°。滑移面上缓倾角裂隙顺坝轴线方向的长度约为顺水流向的 1.5 倍，长大缓倾角裂隙与岩桥在各坝段呈相间布置，计算假定中除计算区域沿坝轴线方向取 114.9m 外，其余均同左厂 3 号坝段计算时所作的假定，计算中未计厂房的支撑作用。计算结果表明，在采用平面有限元对左厂 3 号坝段单独计算时，当抗剪断强度参数 f' 及 c' 降低 30%～40%时，裂隙结构面进入塑性状态；而采用空间有限元对左厂 2 号、3 号、4 号三个坝段整体计算结果，抗剪参数 f' 及 c' 降低 70%左右时，裂隙结构面才可能进入塑性状态，说明考虑侧向约束和结构面空间分布后，安全度将大幅提高。

3)有限元计算结果综合分析。

①按平面非线性有限元法计算，各研究单位采用的计算假定略有不同，且结构面弹性模量取值差异较大，但求得的材料储备系数或结构超载安全系数都在 3.0m 以上，均满足坝基深层抗滑稳定安全判据的要求；按平面非线性有限元计算在正常弹性工作状态下，厂坝间作用力在 1500t/m 左右，厂房对坝基稳定可起到支撑作用，对厂房的结构和正常运行不致产生不利影响。

②在左厂 2 号、3 号、4 号三个坝段联合作用的空间有限元法计算中均未计及厂房的支撑作用，由于左厂 2 号坝段及 4 号坝段坝基岩体裂隙连通率明显低于左厂 3 号坝段，各相邻坝段坝基岩体相互约束，致使左厂 3 号坝段深层抗滑稳定安全度大幅提高，整体稳定性更能满足要求。

(3)地质力学模型试验

长江科学院进行了左厂 3 号坝段和左厂 2 号、3 号、4 号坝段整体的坝基地质力学模型试验。

1)地质力学模型。

①左厂 3 号坝段坝基地质力学模型。

左厂 3 号坝段坝基地质力学模型模拟整个左厂 3 号坝段，基岩取与坝体等宽度，模型比尺 1∶150。模型两侧无约束，其上、下游侧施加法向约束，底部全约束；基岩模拟至高程 －60.00m，上、下游长度以坝轴线为基准，上游模拟原型长 95.0m，下游模拟原型长 345.0m，上、下游模拟原型总长 440.0m。坝基岩体根据地质勘探确定的长大缓倾角结构面和按统计规律确定的短小裂隙，按其性状、产状、长度在模型上进行模拟，模型按地质概化的滑移模式模拟。坝后厂房高程 51.00m 以下按实体混凝土模拟，高程 51.00m 以上简化为均布荷载模拟，厂房与坝下基岩坡紧密相连。

②左厂 2 号、3 号、4 号坝段整体坝基地质力学模型。

左厂 2 号、3 号、4 号坝段坝基地质力学模型是按地质资料中左厂 2～4 号 3 个坝段坝基深层抗滑稳定概化模式剖面图进行的，模拟坝基内所有主要的滑移通道，模型比尺 1∶120。基岩长大缓倾角裂隙按 1∶1.3 长方形考虑。左厂 3 号坝段平面地质力学试验成果显示，倾向上游的陡倾角裂隙 f_{314}、f_{316} 对抗滑稳定影响不大，因此在本地质模型中未模拟。左厂 2 号坝段模拟了顺水流向、倾向左厂 1 号坝段、倾角为 80°的 f_{10} 断层。厂房基岩内结构面连通率按 45%模拟。模拟范围：上游长度 74.0m，下游长度 250.0m，上、下游总长 324.0m，基岩深度至高程－50.00m；为施加帷幕前高程 61.80～85.00m 的水压力，坝前基岩未模拟；厂房只模拟高程 51.00m 以下混凝土实体部分。模型边界条件：左厂 2 号和 4 号坝段外侧为自由边界、基岩高程－50.00m 为固端约束，上、下游边界为法向约束；左厂 2 号、3 号、4 号坝段相邻坝段间设横缝紧密接触。考虑到模型中基岩长大缓倾角裂隙和滑移面较多，为保证模型试验精度要求，取模型几何相似常数 $c_L=120$。容重相似常数 $c_r=1$，根据相似关系，变形模量 E、应力 δ 和黏聚力 c' 的相似常数 $c_E=c_\delta=c_{c'}=c_L\cdot c_r=120$，$c_{f'}=1$。从表 2.2.18 可以看出模型材料的变形模量及容量与要求值很接近，满足相似要求；而抗剪强度指标与要求值存在差异，主要是模型材料难以做到 c'、f' 同时满足要求，一般情况下都是 f' 值偏低而 c' 值偏高，但对于抗剪强度 $\tau=f'\delta+c'$ 来说，在一定的正应力范围内，抗剪强度基本满足相似要求。根据对左厂 1～5 号坝段坝基在工作应力范围 1～3MPa 以内的抗剪强度分析，基岩和坝体混凝土原型与模型的 τ—δ 关系曲线的交点都在工作应力范围内，基岩在 2.4MPa，混凝土在 1.7MPa。当工作应力为 1.0MPa 时，基岩抗剪强度极限误差为 15%左右。对于超载试验，正应力一般都大于 1.0MPa，当工作应力在 1.5MPa 时，误差在 10%以内；随着工作应力增加，由 c'、f' 引起的误差趋于减小，一般都不超过 5%。由于混凝土 f' 值比基岩小，c' 值比基岩大，因此由混凝土 c'、f' 值引起的误差比基岩小。

表 2.2.18　　原型、模型物理力学参数

材料名称	变形模量(GPa)		容重(kN/m³)		抗压强度(MPa)		f'		c'(MPa)	
	要求值	采用值	要求值	采用值	要求值	采用值	要求值	采用值	要求值	采用值
混凝土	0.217	0.210	24.5	24.6	0.18	0.22	1.1	0.61	0.025	0.036
基岩	0.292	0.305	27.0	26.8	0.83	0.48	1.7	0.70	0.0167	0.038
岩桥							1.7	0.70	0.0167	0.038
裂隙面							0.7	0.68	0.00167	0.000
f_{10}断层							0.9	0.60	0.0142～0.0167	0.035

2)地质力学模型试验成果分析。

模型荷载由上游水压力、泥沙压力、帷幕前水压力、厂房上部荷载等组成。水压力按设计正常蓄水位 175.0m 计算至坝体建基面高程 85.00m;泥沙压力按淤沙高程 108.00m 计,泥沙浮容重取 0.5t/m³;帷幕前水压从高程 85.00m 至 61.80m,并按至高程 10.00m 处为 0.68H 折减(H=175.00－85.00)计算;厂房上部荷载计算高程 51.00m 以上厂房结构重量,按 33.1t/m² 均布荷载施加;模型荷载未计扬压力。超载试验只超载坝前水压力和泥沙压力,帷幕前水压不超载。

①左厂 3 号坝段地质力学模型试验成果。

在设计荷载 P_0(正常组合)下,坝体变形规律正常,结构处于弹性变形状态;在超载 1.8 倍设计荷载(1.8P_0)时,局部区域进入弹塑性变形状态;在 3.5P_0 时坝基失稳,结构整体破坏的超载系数为 3.5,而在坝基各种深层滑移路径中以 $ABCFHI$ 滑移模式最为不利。试验结果还表明,厂房对大坝坝基深层抗滑作用明显,特别对最不利的深层滑移路径有很大的抗滑稳定作用。

②左厂 2 号、3 号、4 号坝段整体地质力学模型试验成果。

左厂 2～4 号 3 个坝段的整体抗滑作用较好,左厂 2 号和 4 号坝段基岩对左厂 3 号坝段有侧向约束作用,3 个坝段的超载系数都为 4.2,在 2.4P_0 以前坝体和基岩处于弹性状态。试验还表明,主要的破坏模式是坝基岩体连通的长大缓倾角裂隙在超载情况下最先出现屈服并产生滑移,紧接着坝踵处岩桥被拉裂并剪断其余部位的岩桥,最后出现整体滑动破坏;而对各滑移路径而言,其抗滑稳定安全度取决于该滑移路径中长大缓倾角裂隙的长短、连通情况和位置等。

③地质力学模型试验成果评价。

两个地质力学模型基本按照左厂 2 号、3 号、4 号坝段坝基地质条件概化的滑移模式模拟;试验过程中坝体和基岩的自重保持不变,按照逐步增加坝前水压力和泥沙压力容重的超载方式施加荷载,求得坝基整体破坏时的超载安全系数。地质力学模型试验结果表明,左厂 3 号坝段深层抗滑移稳定超载系数为 3.5,考虑与两侧的左厂 2 号坝段及左厂 4 号坝段基岩

整体抗滑作用，其超载系数可达4.2。

左厂2号、3号、4号坝段地质力学模型试验结果与三维有限元计算成果表明，左厂3号坝段抗滑稳定，在考虑左厂2号和4号坝段坝基岩体的空间约束后，增大了坝基深层抗滑稳定安全度。地质力学模型试验结果与三维有限元分析计算成果相互印证，促进了大坝坝基深层抗滑稳定计算技术水平的提高。

(4)左厂1～5号坝段坝基深层抗滑稳定综合分析

对左厂1～5号坝段坝基深层抗滑稳定问题，设计采用平面刚体极限平衡法、地质力学模型试验方法和各种二维及三维有限元法进行分析计算，以刚体极限平衡法计算成果作为设计判据。在采用不同方法进行研究与最终分析各种计算成果时，考虑以下两方面因素：一是各坝段坝基深层的滑移控制面在空间上高低相错，极不一致，因此安全度不尽相同，分坝段核算抗滑稳定性是合理的；二是各坝段坝基深层抗滑稳定条件具有三维特性，作为平面问题分析计算，是偏于安全的。

左厂3号坝段坝基深层控制性滑移面连通率高于其他坝段，抗滑稳定安全裕度较其他坝段为小，以左厂3号坝段为例，对其坝基深层抗滑稳定条件进行分析。

1)坝基深层实际滑移控制结构面裂隙大小不同，倾向不一，与大坝挡库水的水推力方向有不同的夹角。左厂3号坝段坝基中构成最不利滑移路径的各长大裂隙倾向分别为100°、120°、135°，与库水作用方向的夹角分别为33.5°、13.5°、1.5°。因此实际滑移面是一个不连续的空间扭曲面，若要产生滑移，不可能完全顺其破坏，必须切断比岩桥更多的岩体。

2)坝基岩体裂隙面连通率小于线连通率。左厂3号坝段坝基岩体内最大面连通率为66.0%，相应路径上的线连通率为82.9%，面连通率仅为线连通率的80%，坝基深层抗滑稳定计算滑移模式滑移面采用线连通率是偏于安全的。

3)坝基深层滑移面存在可靠的而计算时被忽略的侧向约束力。左厂3号坝段由于坝基深层滑移面埋藏较深，潜在滑体两侧各有约1400m^2的面积，考虑滑移面左侧f_{10}断层完全贯通，右侧裂隙连通率为20%，不计摩擦系数，估算单纯由岩体和结构面的黏聚力所提供的抗剪力即可与该坝段的库水推力大体相当。由于左侧f_{10}断层倾角为70°～80°，右侧裂隙倾角一般为60°～70°，坝体及岩体自重产生的摩擦阻力，也应予考虑，且f_{10}断层走向与库水推力方向呈2.5°夹角，并与坝段分缝线不在一个平面上，若要产生滑移，必须克服f_{10}断层上盘岩体的阻挡。因此，总体上分析，提供设计计算的左厂3号坝段坝基深层概化控制性滑移面是留有较大安全裕度的。经坝基开挖过程中的专项地质调查验证，这一确定性概化滑移模式具有充分的可靠性。

4)左厂3号坝段坝基深层抗滑稳定分析采用刚体极限平衡法(等K法)的计算结果与有限元法和地质力学模型法的试验成果是相近的，说明在给定的概化滑移模式和计算条件下，正常情况下抗滑稳定安全系数可以满足$K_c \geqslant 3.0$的要求。

2.2.1.5 左厂1～5号坝段坝基深层抗滑稳定采取的综合工程措施

左厂1～5号坝段坝基岩体缓倾角裂隙发育，且开挖形态复杂，为提高坝基抗滑稳定安全度，设计采取了综合工程措施(图 2.2.12)。

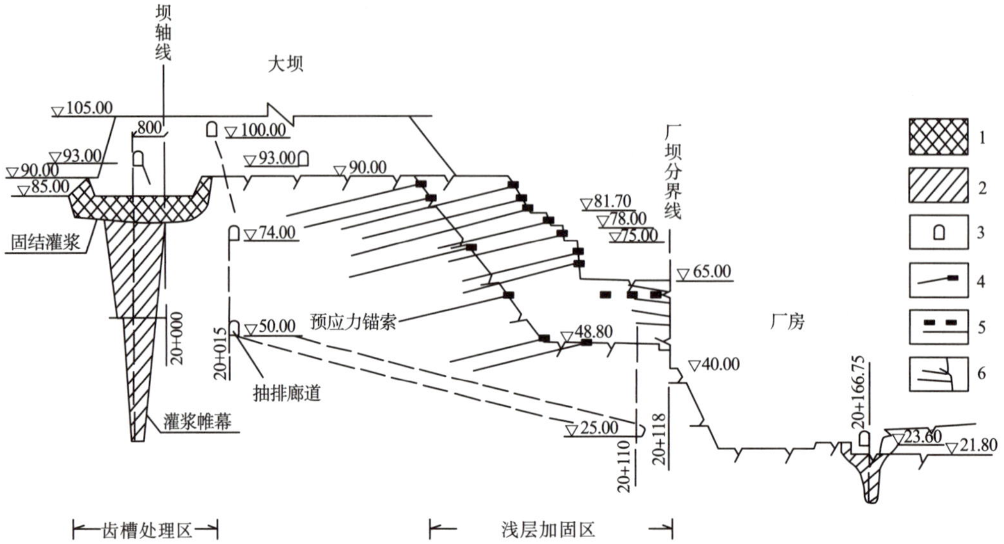

图 2.2.12　左厂 1～5 号坝段抗滑稳定工程处理措施(单位:m)

1—固结灌浆区;2—帷幕灌浆区;3—抽排廊道;4—预应力锚索;5—对穿锚索;6—系统锚杆

(1)降低建基面高程，坝踵设齿槽

左厂 1～6 号坝段建基面开挖高程由原 98.00m 降低至 90.00m。上游坝踵设 5m 深、20m 宽的齿槽，开挖高程至 85.00m。

(2)向上游加宽大坝底宽，帷幕排水前移

利用大坝上游坝面电站引水进口拦污栅支承结构，将坝踵向上游延伸 17.5m，使坝底宽在高程 90.00m 由 68.4m 增宽至 85.0m；将坝基主帷幕及其排水向上游移至坝轴线以上 8.0m 处，以利用坝前水重，提高抗滑稳定安全度。

(3)坝趾岩坡与厂房紧靠，厂坝联合受力

坝后电站引水管道底部高程为 50.8m，以下为厂房大体积混凝土部位，在坝后厂房与坝趾岩坡之间的分缝上设锚筋及接触灌浆系统，分缝张开进行接触灌浆，以保证厂房下部混凝土与岩坡结合良好，使厂坝联合受力；坝后电站尾水渠一定范围内进行固结灌浆，确保下游抗力体作用。

(4)相邻坝段横缝灌浆，增强整体作用

左厂 1～5 号坝段横缝设置键槽并进行接缝灌浆，以加强左厂 1～5 号坝段整体作用。

(5)大坝与厂房基础设封闭抽排系统，降低建基面扬压力

左非 17 号坝段至左厂 6 号坝段坝基岩体内在坝轴线上游 15.0m 处布设两层排水洞，其洞底高程分别为 73.00m 及 50.00m，两层排水洞以排水孔相连接成为上游排水幕；在坝轴线下游 110.0m 坝趾处，左非 17 号坝段至左厂 6 号坝段基岩内沿坝轴线方向在高程 25.00m

设一条排水洞，布置排水孔成为坝基下游排水幕；左非17号坝段基岩内在高程25.00～50.00m设一条顺水流向排水洞，布置排水孔成为坝基左侧封闭抽排边界；高程73.00m、50.00m和25.00m的3条排水洞与左厂7号坝段基础廊道相接，高程25.00m排水洞在左厂房安Ⅲ和安Ⅱ向上游延伸，形成大坝和厂房间的封闭抽排区。在左厂房底板末端（坝轴线下游166.0m）从左厂安Ⅱ至安Ⅲ段平行坝轴线方向增设一条高程23.60m灌浆帷幕排水廊道，在封闭帷幕后（上游侧）布置排水孔成为厂房下游封闭排水幕；在左厂安Ⅱ段和安Ⅲ段各设一条高程23.60m的顺水流向灌浆帷幕排水廊道，向上游延伸至厂房上游端（坝轴线下游133.0m），帷幕内侧布置排水孔，成为两侧封闭抽排边界，形成左厂1～6号机组封闭抽排区（图2.2.13）。左厂1～6号坝段与厂房形成封闭抽排系统，可以降低坝基及厂房基岩与岩体结构面的扬压力。

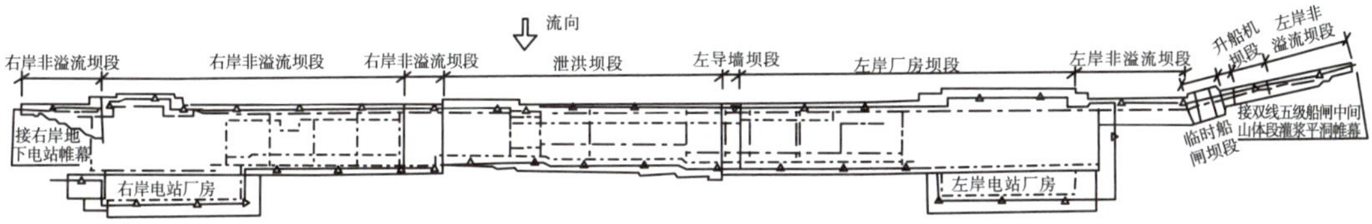

图2.2.13 大坝坝基和厂房基础封闭抽排布置

(6)坝趾下游边坡锚固支护，增强坝基岩体稳定性

对左厂1～5号坝段坝基岩体中的长大缓倾角裂隙，从坝趾下游岩坡增设预应力锚索加固，孔深30.0～50.0m；左厂1～3号坝段下游边坡高程48.80～79.50m，布置77束3000kN级预应力锚索。孔深30.0～50.0m。针对坝趾下游边坡中的钢管槽1号隔墩岩体和2号隔墩岩体中的不稳定块体，布设16束2000kN级对穿预应力锚索加固，对穿锚索孔深24.0m。对边坡表层分区进行锚杆支护和混凝土护面保护，锚杆长度5.0～8.0m，现浇混凝土厚度50cm，喷射混凝土厚7cm。

(7)坝基岩面出露的裂隙结构面及地质缺陷处理

左厂3号坝段抗滑稳定最不利的起始端结构面T_{100}于坝基岩面高程90.00m平台出露，采取挖槽（槽宽4.0m，深2.5m，长33.0m）回填混凝土置换，并加强固结灌浆处理。对左厂4号及5号坝段坝基岩面出露的T_2裂隙结构面采取局部挖槽回填混凝土、加强固结灌浆处理。

(8)预设廊道，为后期处理提供条件

在左厂1～5号坝段相关的钢管坝段，在高程93.00m预留纵向及横向廊道，为后期必要时进一步采取预应力锚索补强加固提供条件。非钢管坝段的加固处理可在坝后永久边坡上进行。

(9)加强施工管理，采取控制爆破技术，确保坝基岩体完整性

坝基开挖采用控制爆破技术，预留保护层浅层小炮逐层开挖或小梯段一次爆破成形；坝

趾下游岩坡采用预裂爆破；钢管槽侧壁采用逐层预裂爆破，槽底面采用光面爆破；对坝基岩体质量加强检测，掌握爆破造成的岩体损伤；加强坝基开挖施工管理，做好开挖面排水、预裂爆破、光面爆破、控制爆破等措施，确保坝基岩体完整性。

(10)将左厂1～5号坝段列为安全监测关键部位，加强安全监测

针对左厂1～5号坝段坝基岩体情况及结构特点，布设了变形、渗流及应力应变等安全监测项目，加强安全监测，根据监测成果，必要时进一步采取工程措施以确保大坝运行安全。

(11)在左厂3号坝段坝基岩体内增设一条顺水流向排水洞（高程约为26.00m）

提高坝基排水效果，减小坝基扬压力。

2.2.1.6 左厂1～5号坝段运行期坝基稳定情况

(1)左厂1～5号坝段初期蓄水期坝基稳定反演分析

根据三峡大坝运行水位135.0～156.0m条件下，左厂1～5号坝段坝体和坝基变形、坝基扬压力及其综合处理措施的实际监测成果，对坝基岩体的渗透性、变形及强度参数进行反演分析；并基于反演分析参数开展正演分析，预测大坝正常运行水位175.0m坝体和基岩位移、应力场和渗流场，进一步复核左厂1～5号坝段的深层抗滑稳定性。

1)反分析模型。

首先对坝基岩体参数进行反演分析，建立数值模型作为反演分析中的正分析模型。

①数值分析模型。

(a)模型地质条件概化。

根据左厂1～5号坝段工程地质条件，对坝基确定性滑移面进行概化：a)以特殊勘察确定的缓倾角结构面为依据概化坝基滑移路径；b)以长大缓倾角结构面作为滑移路径的控制因素，其滑移面由长大缓倾角结构面、概化缓倾角裂隙、岩桥等组成。选取左厂3号坝段建立二维平面数值分析模型，考虑到分布不均匀的长大缓倾结构面的三维空间效应，根据左厂3号坝段坝基抗滑稳定分析地质剖面图对深层滑移路径进行概化，取走向与大坝轴线方向夹角在±20°范围内（倾向113.5°～153.5°）的缓倾角长大裂隙作为概化结构面（图2.2.14），其力学参数取用结构面的力学参数；c)滑移路径上长大缓倾角结构面以外岩体（岩桥）中的短小缓倾角裂隙，其连通率概化为11.5%，力学参数按连通率折算，并综合考虑结构面和岩桥的作用；d)厂房下部岩体内的滑裂面根据实际裂隙按b)、c)中的方式概化成倾向下游的缓倾角结构面与反倾向裂隙。

(b)模型受力条件概化。

计算模型中主要考虑的荷载：坝体和坝基岩体的自重；坝体及坝基内水荷载，模拟坝面水压力、坝基内渗透压力；泥沙压力，采用面荷载模拟泥沙压力。

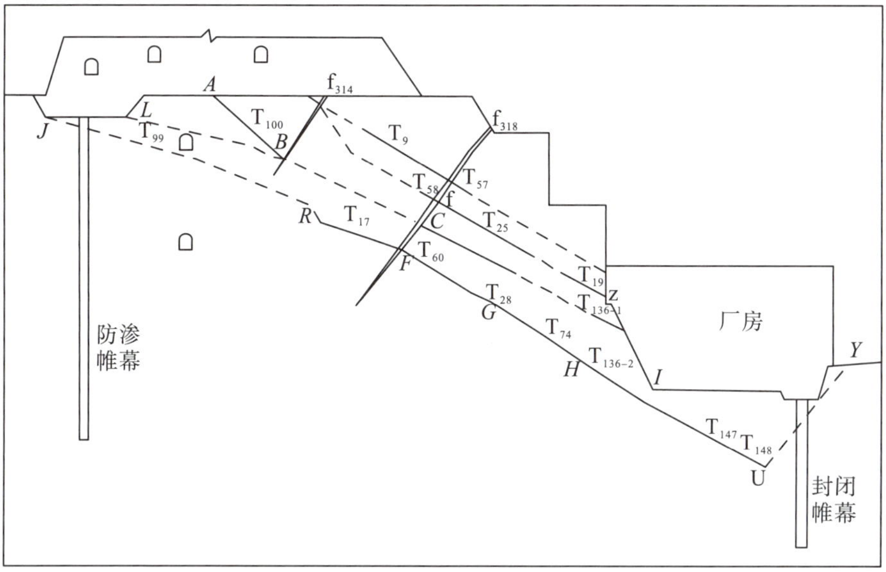

图 2.2.14　左厂 3 号坝段坝基深层抗滑稳定基岩结构面

②有限元计算模型。

根据左厂 3 号坝段地质条件，采用非线性有限元软件 ABAQUS 建立二维弹塑性渗流—应力耦合分析模型，对结构面发育区的坝基岩体采用各向异性渗流等效连续介质模拟。计算域内分别模拟了左厂 3 号坝段确定性长大结构面与短小裂隙可能构成的滑移路径、f_{314} 断层、f_{316} 断层等岩体结构面。计算模型中考虑了上游防渗帷幕和下游封闭帷幕，幕体厚度均取 2m，按实体单元处理；通过在排水洞施加流量边界条件的方式，模拟大坝和坝基内抽排系统的抽排作用（大坝高程 91.00m 的灌浆廊道，高程 95.00m 的上下游排水廊道；基岩中高程 74.00m 的 1 号排水洞和高程 50.00m 及 25.00m 的 2 号排水洞），根据实测测压管水位和渗漏量，控制坝基岩体渗流场自由水面在相应实测渗压、水位高程以下，采用各向异性渗透张量考虑岩体中裂隙发育的优势方向对岩体渗透特性的影响。厂房重量在高程 51.00m 以下按实体计算，高程 51.00m 以上按均布荷载 331kN/m^3 计算，计算模拟了实施 3000kN 级预应力锚索对坝趾下游边坡岩体及结构面的加固作用。对大坝上游正常运行水位 175.0m、下游水位 62.0m 进行预测分析时，坝前泥沙淤积高程 108.0m，泥沙浮容重取 5.0kN/m^3。计算模型见图 2.2.15，模型 x 轴与坝轴线垂直，指向下游为正，大坝坝踵位置为 $x=0$；y 为铅直方向，向上为正。模型范围沿 x 轴为 600m，y 轴从高程 90.00m 建基面至深部高程为 −120.00m。岩体本构模型采用 D—P 模型，计算所用材料及参数见表 2.2.19。

图 2.2.15 左厂 3 号坝段坝基岩体参数反演分析模型

表 2.2.19 **材料参数**

材料	变形模量 E(GPa)	容量 γ(kN/m^3)	泊松比 μ	抗剪强度 f	抗剪强度 c(MPa)	渗透系数 k(cm/s)
坝体混凝土	26	24.5	0.167	1.1	3.0	$1.00\times10^{-0.9}$
厂房混凝土	22	24.5	0.167	1.1	3.0	$1.00\times10^{-0.9}$
微新岩体上部裂隙发育相对透水区	* *	27.0	0.220	* *	* *	各向异性：透水层
结构面	* *	27.0	0.220	0.7	0.2	$k_s=1.56\times10^{-4}$，$k_y=5.19\times10^{-5}$
微新岩体下部裂隙不发育弱透水区	* *	27.0	0.220	* *	* *	$1.00\times10^{-0.5}$
断层	10	26.0	0.280	0.9	0.8	$5.00\times10^{-0.3}$
帷幕						$1.00\times10^{-0.7}$

注：* * 表示待反演的参数。

③监测数据的选取。

坝基岩体参数反演通常包括渗透参数和力学参数两部分。左厂 1～5 号坝段坝基内 1 号排水洞及 2 号排水洞的渗流监测成果分析表明，坝基防渗和排水设施达到了预期效果，坝基主排水幕后的岩体处于疏干状态。由于水库蓄水后各测压管水位没有明显变化，且不同蓄水期(水位 135.0m 及 156.0m)变化也不明显，因此很难依据渗流监测结果对坝基渗透系数进行反演。主要基于前期科研中对坝基渗透特性的研究成果，同时根据实测测压管水位通过调整浸润线位置以模拟水库蓄水后坝基内的渗流场分布。下面分为两种情况进行反演：

(a)通过调整坝基渗透系数和抽排水量，水库蓄水至 156.0m 水位及 175.0m 水位后，坝基渗流场自由水面上游侧在高程 52.00m 以下，同时下游侧在高程 31.00m 以下，以实现对渗流场的反演，即依据坝基渗流监测成果，左厂 3 号坝段上游高程 52m 排水洞处测压管

H_{13}CF 测值为 51.87～52.05m，浸润面控制水位取 52.0m；下游高程 25.00m 排水洞处测压管 H_{25}CF 测值为 26.42～27.32m，考虑相邻坝段测压管水位，浸润面控制水位取 31.0m。坝基反演及预测分析以该工况为主。

(b)通过调整坝基渗透系数和抽排水量，使水库蓄水至 156.0m 水位后，渗流场自由面在高程 74.00m 以下，以实现对渗流场的反演。

根据监测特征位移对坝基岩体力学参数进行反演。选取水库蓄水位由 135.0m 抬升至 156.0m 时段内的水压作用下，大坝及坝基不同高程的位移增量为特征位移进行反演分析。取两次蓄水状态差值进行反演分析的优点：一是可以忽略大坝施工过程中及运行初期比较复杂的非线性初始位移；二是可不考虑坝体和坝基自重的影响；三是通过选择水位急剧变化而温度场变化不大的两状态之差，以着重反映水压力影响。

三峡大坝为混凝土重力坝，温度荷载在大坝混凝土施工期影响显著，在运行期温度的影响相对减弱，水库蓄水期时间较短(2003 年 5—6 月，2006 年 9—10 月)，温度变化相对不大(两次温度变化分别 16～25℃，平均 22℃；15～23℃，平均 20℃)，同时利用监测统计模型分离温度荷载影响，在统计模型中提取库水位上升对大坝及坝基位移的影响。由于水库水荷载对库盘的压缩作用，坝前库内产生区域性沉降，监测成果表明沉降变形达到厘米级(大坝水平位移仅为毫米级)，沉降量大部分发生在坝体混凝土浇筑过程和初次蓄水过程中；同时考虑到大坝蓄水期主要的外荷载为水平向水压力，故在反演分析中未考虑沉降位移，而将由水库蓄水引起的水平位移增量作为特征位移进行反演。

根据左厂坝段基础及坝顶向下游的水平位移统计模型特征值，分离水压分量引起的水平位移。根据监测资料分析成果和监测统计模型，提取坝顶、高程 95.00m 坝基、坝基岩体 1 号排水洞(高程 75.00m 处)的垂线监测水平位移增量作为位移反分析的特征位移(选取 2006 年 9—10 月库水位从 135.0m 上升至 156.0m 的时段)。通过垂线监测资料分析，坝基岩体水平位移较小，且呈波动变化。坝基内垂线在库水位 135.0m 升至 156.0m 过程中监测的坝基岩体绝大部分长期处在库水位以下，岩体位移在蓄水期内受温度变化相对较小；由于利用短时间内库水位急剧变化过程的岩体位移变化量作为特征位移，可以不计时效变化对岩体填量变形的影响，即该部位监测的岩体增量变形主要是由库水位急剧上升引起的，从而得到该垂线在高程 74.00m 坝基的特征位移(表 2.2.20)。

表 2.2.20　实测位移与计算位移比较

测点	位置	实测相对位移增量(mm)	计算相对位移增量(mm)
1	坝顶	3.000	2.779
2	高程 95.00m 基础上游侧	0.780	0.803
3	高程 74.00m 坝基岩体	0.070	0.502
4	高程 95.00m 基础下游侧	0.580	0.585

2）坝基岩体参数反演分析。

①反演分析方法。

基于监测位移的反分析方法称为位移反分析法，根据数值方法实现反分析过程的不同可分为逆解法、直接法（优化反演法）、图谱法以及基于人工神经网络和遗传算法的智能反演方法等。鉴于坝基岩体具有高度的不确定性，采用传统的反分析方法很难得到满意的结果，故采用基于神经网络和遗传算法的位移反分析方法。其基本思路为：先采用数值方法建立工程岩体的计算模型，通过大量的数值分析获得神经网络的训练样本；再利用神经网络的学习和记忆功能对样本进行逆辨识学习，即训练网络；接着利用遗传算法的全局优化性能对神经网络初始权值进行优化；再由人工神经网络的非线性映射功能建立围岩位移与待反演参数之间的特征关系；最后将实测位移代入训练好的神经网络进行分析。

②参数反演结果。

通过有限元正分析计算，得到36组训练样本和12组测试样本相应的各特征测点的相对位移增量。根据训练样本、测试样本组成与其对应的位移计算结果样本对，通过遗传算法优化神经网络的初始权值并进行优化训练，得到岩体参数与特征点相对位移增量间的非线性映射关系，最后将实际监测得到的特征点相对位移增量输入训练好的神经网络，得到所要反演的岩体宏观等效力学参数：$E=36.59\text{GPa}$，$f=1.58$，$c=1.85\text{MPa}$。针对反演分析结果的正确性与可靠性，采用后验差检验方法对参数反演结果进行检验。把反演得到的参数输入有限元模型进行正分析预测计算，得到坝基岩体特征点的相对位移值，与实测位移值比较（表2.2.20）。其中，计算相对位移增量，亦为库水位从135.0m升至156.0m相对于坝基深部岩体不动点（倒垂线不动点）的位移。

由表2.2.20可以看出，利用反演的参数计算坝基相对位移增量与实测相对位移增量接近，说明参数反演结果是合理的。

3）大坝变形及稳定性预测。

①弹塑性模型。

采用反演得到的坝基岩体宏观等效力学参数进行二维弹塑性渗流—应力耦合分析，计算从水库蓄水前的初始水位70.0m蓄水至135.0m，再升至156.0m的过程中，大坝及坝基内应力、位移变化，预测库水位由156.0m升至175.0m时大坝及坝基的变形与稳定性。计算模型及力学参数选取与反分析模型中的有限元计算模型及力学参数相同。

根据监测资料分析结果，对下列两种工况的大坝变形及稳定性进行预测：第一种工况，水库蓄水至水位156.0m及175.0m时坝基岩体2号排水洞（高程52.00m）以上基本处于疏干状态，下游侧高程31.0m以上基本处于疏干状态；第二种工况，蓄水至水位156.0m时坝基岩体1号排水洞（高程74.00m）以上基本处于疏干状态。

（a）位移场。

水库水位从蓄水前70.0m至蓄水位135.0m时，大坝及坝基位移增加，坝顶向下游的最大水平绝对位移增量为0.44m，在大坝高程95.00m部位水平绝对位移增量为0.28mm，与垂线实测位移 0.22mm 较为接近。

a)水库水位从 135.0m 升至 156.0m 后，大坝及坝基位移增量变化如下。

顺水流向水平位移向下游，坝顶最大，其绝对位移增量为 3.15mm，最大水平相对位移增量(相对于深部倒垂线不动点)为 2.78mm。表 2.2.20 显示计算结果与实际监测值有较好的可比性，说明反演分析的参数是合理的。

水平位移增量(挠度增量)沿高程向下呈递减，大坝及基础挠度变形较小，偏转角度不大，从挠度曲线(图 2.2.16)可以看出，由于坝体与坝基变形模量不同，坝基岩体挠度曲线变化率明显小于坝体。

大坝基础垂直位移增量(沉降增量)呈现沉降趋势，其量值在毫米级，远小于监测值，主要因为监测沉降位移为坝上游库区在水压作用下产生的区域性压缩沉降位移。

沉降位移顺水流向呈现上游沉降大、下游沉降小的规律。

b)预测水库水位从 156.0m 升至 175.0m 后，坝体位移明显增加，坝基岩体位移增加较小，具体位移增量变化如下：

顺水流向水平位移向下游，坝顶下游侧最大水平相对位移增量为 5.63mm。

从图 2.2.16 可以看出，水平位移增量沿高程向下明显递减，大坝挠曲变形显著增大，由坝基与坝体变形模量不同造成的挠度曲线斜率变化明显。

沉降位移顺水流向仍呈现上游沉降大、下游沉降小的规律。

从库水位 156.0m 蓄至 175.0m 引起的垂直位移增量在建基面部位表现为坝踵附近产生向上的位移增量，最大上抬值为 0.32mm，沿下游方向沉降位移有增大趋势，坝趾部位的垂直位移增量为 0.36mm(图 2.2.17)。

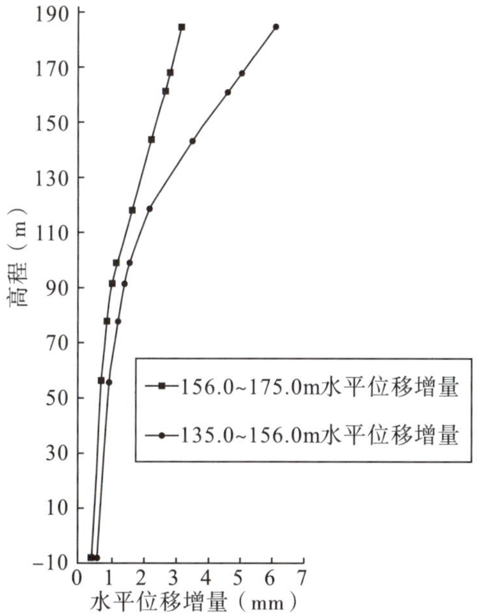

图 2.2.16　大坝及坝基不同蓄水期挠度增量分布曲线(坝轴线下游 15.0m 部位)(第一种工况)

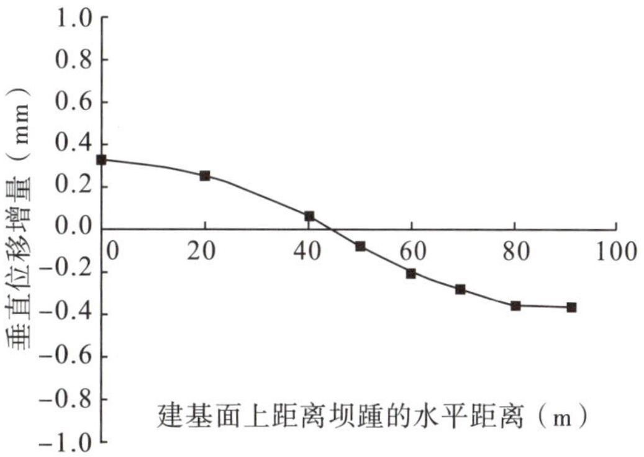

图 2.2.17　大坝建基面不同蓄水期沉降增量分布曲线(156.0～175.0m 水位)(第一种工况)

水库蓄水至 175.0m 水位时，坝基内缓倾角结构面无明显剪切错动位移，坝基位移等值云图无不连续位移，总体变形表现为坝基岩体的受力变形。

第二种工况采用与第一种工况相同的反演思路，得到大坝微新岩体宏观等效力学参数变形模量为 34.6GPa、内摩擦角为 58.2°、黏聚力为 1.80MPa。与第一种工况相同，根据反演得到的力学参数，预测水库水位从 156.0m 升至 175.0m 时的大坝及坝基变形(表 2.2.21)。计算结果表明，水库蓄水至 175.0m 水位后，大坝及坝基变形特征及量值与第一种工况基本一致，位移量稍大，水平位移增量沿高程方向向下递减(图 2.2.18)；沿建基面的垂直位移增量上游侧略有上抬，下游侧略有下沉，其量值均在 0.4mm 范围内(图 2.2.19)。

表 2.2.21　大坝左厂 1～5 号坝段典型部位特征位移增量　(单位：mm)

特征部位		水库蓄水位	
		135.0～156.0m	156.0～175.0m
坝顶	上游侧	2.76	5.60
	下游侧	2.78	5.63
坝踵		0.50	0.73
坝趾		0.56	0.71

注：水平位移向下游为正，向上游为负；表中位移均为相对于坝基深部不动点(倒垂线不动点)的相对位移。

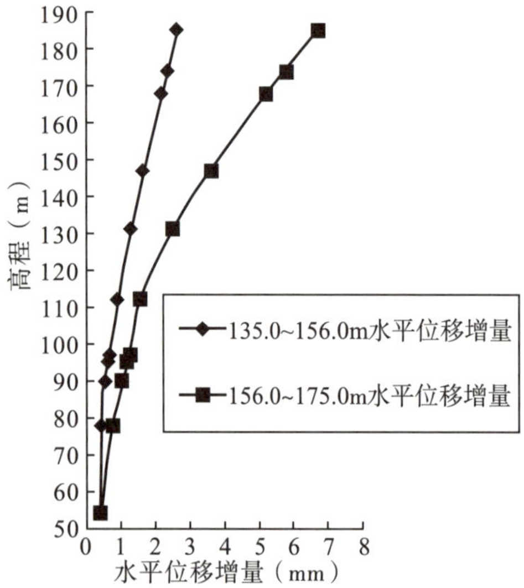

图 2.2.18　大坝及坝基不同蓄水期挠度增量分布曲线(第二种工况)

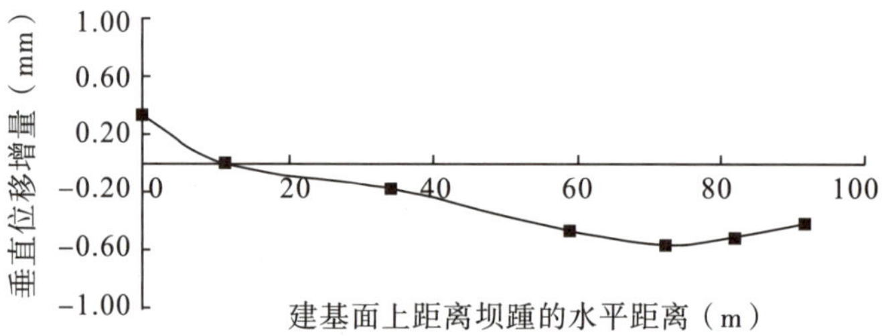

图 2.2.19　大坝建基面蓄水 156.0～175.0m 沉降增量分布曲线(第二种工况)

(b)应力场。

水库从蓄水前水位 70.0m 蓄水至水位 135.0m 后，大坝及坝基处于受压状态，无拉应力产生，压应力量值不大，坝基岩体处于双向受压状态，建基面坝趾附近有少量压应力集中，最大主压应力为 1.79～2.36MPa。

水库水位从 135.0m 升至 156.0m 后，大坝及上游库底受到水压力增加，坝体水平截面上垂直正应力受水位上升影响，靠上游侧应力随水位升高压应力减小，靠下游侧随水位升高压应力增大。大坝及基础压应力不大，基本处于双向受压状态，压应力值远小于材料的抗压强度。建基面坝趾附近压应力较大，最大主压应力为 2.6～3.0MPa。

水库水位升至 175.0m 时，大坝坝趾处于双向受压状态，出现压应力集中，最大主压应力为 3.5～3.9MPa，未超过混凝土的抗压强度；坝踵部位出现小范围的拉应力区，拉应力区延伸范围沿建基面自坝踵向大坝下游延伸，但未超过上游上帷幕，最大拉应力值小于 0.67MPa，尚未达到岩体和混凝土的抗拉强度。长大缓倾角结构面无明显剪应力集中现象，在部分长大缓倾结构面上选取特征点，得到特征点的主应力、剪应力与对应的抗剪强度。计算结果表明：当水库水位为 156.0m 时，坝基内缓倾角结构面的剪应力值为 0.55～0.67MPa，明显小于抗剪强度值 0.83～1.00MPa，结构面处于弹性工作状态；当水库水位升至 175.0m 时，结构面上特征点双向受压，剪应力值为 0.65～0.78MPa，抗剪强度为 0.88～1.04MPa，均有所增加，但特征点仍处于弹性状态；坝基岩体有少量塑性应变，但应变量值较小，在 10^{-5} 量级，沿坝基深部长大缓倾角结构面未出现塑性应力，说明大坝左厂 1～5 号坝段在正常蓄水位 175.0m 工况下坝基稳定性良好。

(c)渗流场。

坝基岩体渗流场与应力场耦合分析采用各向异性渗透张量的等效连续介质模型。

根据大坝左厂 1～5 号坝段坝体及坝基渗流、扬压力、渗漏量监测成果，坝基主排水幕后基岩渗流场自由水面上游侧在高程 52.00m 以上、下游侧在高程 31.00m 以上的坝基岩体处于疏干状态。据此对水库蓄水位由 135.0m 升至 156.0m 的坝基渗流场进行反演，在上下游水位差作用下，坝基渗流浸润面从上游 2 号排水洞附近通过，下游侧在下游 2 号排水洞洞顶约高程 31.00m 处通过，帷幕后建基面处于疏干状态。

通过调整基岩渗透系数和抽排水量，库水位蓄至 156.0m 后，坝基渗流场自由水面基本与 156.0m 水位监测情况相同。以此为基础，分析库水位上升至 175.0m 水位时的渗流场。通过计算，库水位升至 175.0m 后，由于上下游水位差变化较大，坝基浸润面与 156.0m 水位时基本相同，帷幕后坝基基本处于非承压状态。上游主防渗帷幕的防渗效果明显，在上游主防渗帷幕和下游封闭帷幕的共同作用下，加之缓倾角结构面各向异性渗流和排水洞抽排水，坝基内上下游两帷幕之间的区域等势线较稀疏，说明水力梯度较小。渗流分析表明，在正常蓄水位 175.0m 作用下，左厂 1～5 号坝段坝基受到的扬压力远小于设计计算值，大坝及坝基防渗系统和抽排系统工作正常。

②大坝及坝基稳定性评价。

在二维弹塑性渗流—应力耦合模型的基础上，采用降低岩体强度参数的方法对坝基的破坏过程进行模拟。通过不断降低岩体、长大缓倾角结构面、岩桥的抗剪强度参数，分析坝基渐进失稳过程，利用反演结果对水库蓄水至 175.0m 水位后的大坝及坝基稳定进行评价。

有限元强度折减法是在保持正常荷载不变的情况下逐渐降低材料的强度，直至系统处于临界失稳状态，强度降低的倍数即为强度储备安全度。将抗剪强度中的 f、c 值从材料实际强度起，连续降低到坝基整体失稳。其临界失稳判别标准为：特征点位移出现加速突变性增长；塑性区或者塑性应变贯通；计算不收敛。采用 3 种标准相结合的判别方法，即在满足计算收敛的前提下，判断是否出现位移突变或塑性贯通的情况。

通过计算分析，有限元强度折减在强度储备系数 F 超过 3.8 以后计算不能收敛。分别在坝趾、坝踵、坝顶典型部位选取特征点，分析其随强度参数降低，位移发展变化情况。结合特征位移及塑性应变计算结果，可以看出：

(a)坝趾、坝踵、坝顶水平位移在强度储备系数 $F=1.5\sim3.7$ 过程中不断增大，部分结构面之间的岩桥进入塑性。$F=3.6$ 之前位移量值均较小，坝顶位移在 20mm 以内；$F=3.6$ 时位移明显增大，坝顶位移达 33mm。$F=3.8$ 时位移出现跳跃性突变，坝踵和坝顶位移分别达到 177mm 及 234mm，说明在强度参数降低过程中，结构面、岩桥、断层不断变为塑性并发生塑性流动，$F=3.8$ 时各结构面之间的大量岩桥被剪断，下游边坡出现较大变形，形成沿结构面的整体滑移通道。

(b)坝基岩体屈服首先在结构面及其附近的岩桥发生，随着强度参数降低，结构面及岩桥进入塑性状态并不断扩大，塑性应变量值不断增加，在强度储备系数 $F=3.0$ 之前坝基岩体结构面和岩桥最大等效塑性应变在 10^{-3} 量级；$F=3.0\sim3.7$ 时坝基结构面及岩桥最大等效塑性应变在 10^{-2} 量级以下，此时位移量值有所增长但没有出现明显加速增长；在 $F=3.8$ 时最大等效塑性应变出现突变，达到 5.9×10^{-1}，贯通性塑性滑移通道已经形成。

综合分析各待征部位位移发展变化规律和坝基岩体塑性破坏的渐进过程，可以说明左厂 3 号坝段在水库蓄水至水位 175.0m 后大坝坝基强度储备系数为 3.7。按同样的方法，对第二种工况进行强度折减分析，得到大坝坝基岩体破坏规律与第一种工况有较好的可比性。大坝坝基强度储备系数为 3.3，小于第一种工况，主要原因为：一是反演得到坝基岩体力学参数小于第一种工况的反演成果；二是坝基岩体内渗流场分布不同，对坝基岩体应力场及位移场影响作用也不相同，除第一种工况坝基内的浸润面低于第二种工况外，水库蓄水至 175.0m 水位时其抽排条件也好于第二种工况。

综合大坝左厂 1～5 号坝段坝基安全稳定反演分析成果，利用坝基岩体强度储备安全系数的概念，水库蓄水至正常蓄水位 175.0m 后，对坝基深层抗滑稳定采用有限元强度折减法进行复核。计算结果表明，左厂 3 号坝段坝基的强度储备安全系数为 3.3～3.7，大坝深层抗滑稳定性满足设计要求。

(2)左厂 1～5 号坝段 175.0m 水位试验蓄水期安全监测成果分析

2008—2018 年三峡水库正常蓄水位 175.0m 试验性蓄水期间，对左厂 1～5 号坝段变形、渗流等监测成果的分析表明：正常蓄水位 175.0m 试验性蓄水运行后，大坝左厂 1～5 号坝段坝体及坝基的变形、渗流测值均在设计允许及安全范围内，未见危害工程安全的异常测值，大坝坝基稳定，安全可靠。主要安全监测成果如下：

1)变形。

①水平变形。

(a)观测设施布置。

左厂1～5号坝段坝基及坝体水平位移主要通过垂线和引张线观测。垂线布设在左厂1号－2坝段及左厂5号－2坝段(－2表示非钢管坝段)，垂线基点在建基面以下约93.0m处。左厂1号与左厂5号之间各坝段坝顶及坝基水平位移通过引张线观测；为观测坝基下游部位水平位移，在左厂1号－2坝段及左厂5号－2坝段高程94.50m廊道各布设了两条倒垂线。

(b)观测成果及分析。

左厂1号坝段及左厂5号坝段垂线观测的坝基岩体内2号排水洞在高程50.00m处向下游的位移为－0.69～1.22mm，基岩内1号排水洞在高程74.00m处向下游的位移为－1.29～2.14mm。各坝段上游基础廊道在高程95.00m处向下游的最大位移为1.45～4.58mm；各坝段坝顶向下游的最大位移为10.51～13.65mm。从总体看来，自2003年水库蓄水(135.0m水位)以来，左厂1～5号坝段坝基向下游水平位移较小，并呈收敛趋势，表明左厂1～5号坝段坝基岩体变形在坝体混凝土浇筑之后和水库蓄水后是稳定的。

左厂1～5号坝段坝基水平位移变化较小，2010—2018年175.0m水位试验性蓄水后，左厂1号坝段坝基(高程94.8m)水平位移分别为1.57mm、1.84mm、1.91mm、1.26mm、1.26mm、1.19mm、1.07mm、0.98mm、1.30mm，左厂5号坝段坝基(高程94.0m)水平位移分别为2.34mm、2.34mm、2.77mm、2.32mm、2.58mm、2.53mm、2.77mm、2.29mm、2.83mm。左厂5号坝段坝基水平位移比左厂1号坝段大，分析认为是地质岩体差异和左厂5号坝段右侧为临空面(陡坡段)所致。坝基水平位移与水位过程线见图2.2.20。由图2.2.20可知，左厂5号坝段坝体顶部上下游方向位移随水位升降而逐渐增减。2010年175.0m水位蓄水以后每年累计位移随上游水位呈周期性变化，无增加趋势，变化规律与其他坝段一致。

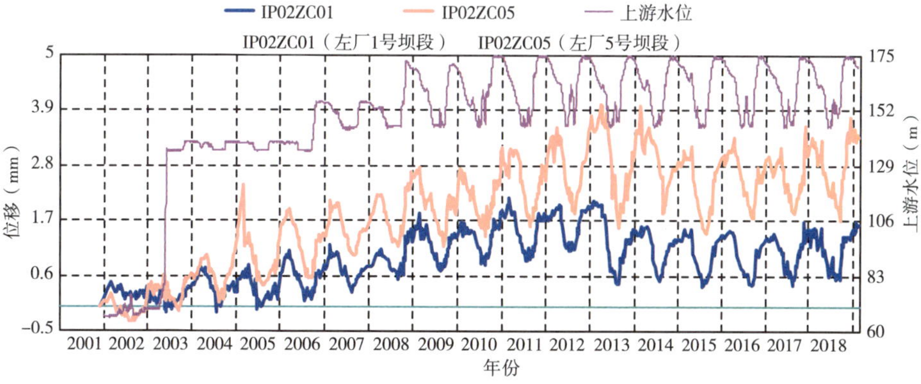

图2.2.20　左厂1号、5号坝段坝基水平位移与水位过程线

2010—2018 年 175.0m 水位试验性蓄水后，左厂 1 号坝段坝顶位移分别为 9.89mm、10.46mm、9.55mm、11.61mm、10.45mm、10.54mm、12.42mm、11.72mm、11.72mm，左厂 5 号坝段坝顶位移分别为 9.7mm、11.12mm、10.35mm、11.80mm、10.87mm、10.19mm、11.65mm、11.92mm、9.73mm、9.73mm，其中 2013 年 175m 蓄水后的坝顶位移最大，其原因同前泄 2 号坝段的分析结论。坝顶位移与水位过程线见图 2.2.21，图中反映左厂 1～5 号坝段坝顶变形基本一致，说明此部位坝体稳定。

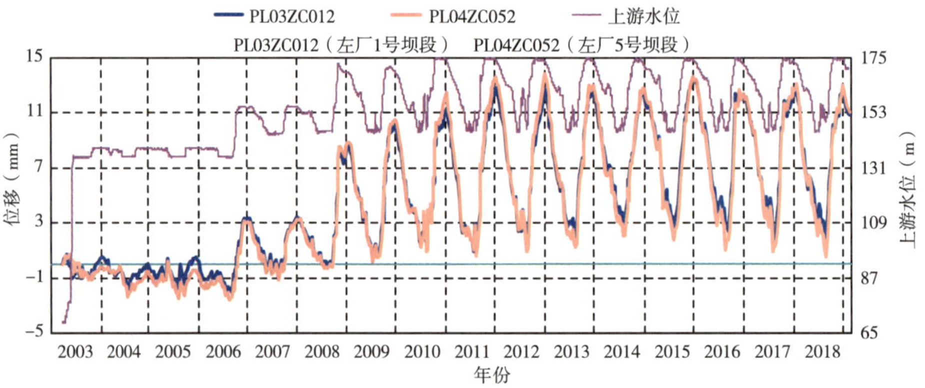

图 2.2.21 左厂 1 号、5 号坝段坝顶水平位移与水位过程线

②垂直位移。

(a)观测设施布置。

坝基垂直位移(沉降)通过水准法观测，在坝基廊道和坝顶均布设有精密水准线。

(b)观测成果及分析。

截至 2014 年 12 月，左厂 1～5 号坝段上游基础灌浆廊道处的沉降值在 16.1～19.0mm。2003 年 6 月水库蓄水过程中坝基各点沉降量增大 6.0～7.0mm，与邻近的左非 10 号坝段基础廊道处实测沉降量对比，其沉降大小及过程变化规律一致；与建基面高程相对较低的左厂 14 号坝段相比，水库蓄水后，沉降量增加了 6.0～9.0mm，变化规律一致。2018 年 12 月实测累计沉降量 19.0～22.0mm。因此，左厂 1～5 号坝段坝基沉降变化正常。坝顶沉降从 2003 年 3 月起测，实测沉降量−3.0～6.0mm，沉降量主要随气温变化，年变幅在 8.5mm 左右。模型分析表明，由水库蓄水造成的坝顶沉降量为 5.0mm，略小于坝基沉降量。

2)渗流。

①观测设施布置。

左厂 1～5 号坝段建基面处采用测压管观测渗压。各坝段在主帷幕轴线前、主排水幕前、上游基础廊道处及下游基础廊道处各布设 1 个测压管。左厂坝段坝基采用封闭抽排，基础廊道内主排水孔与 1 号排水洞连通，排水洞内布设铅直向上和向下的排水孔，使坝基渗漏水集中在排水洞内。坝基渗漏量采用排水孔单孔容积法对坝基排水洞内排水孔进行观测。左厂 1～5 号坝段坝基防渗、排水及测压管布置见图 2.2.22。

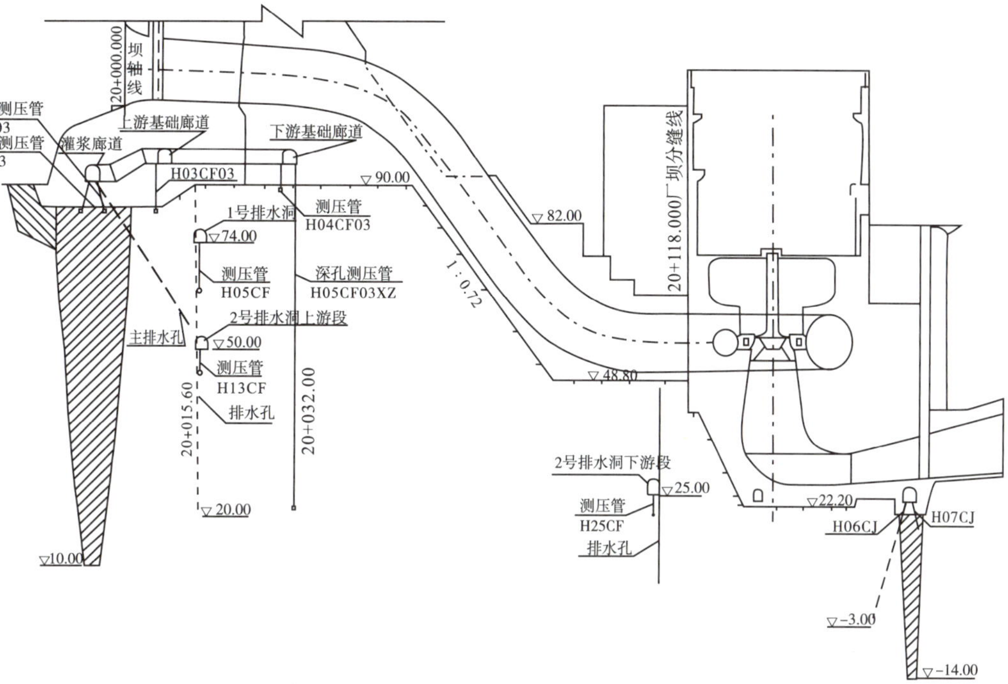

图 2.2.22　左厂 1～5 号坝段坝基防渗、排水及测压管布置(单位:m)

②观测成果及分析。

(a)左厂 1～5 号坝段坝基上、下游主防渗帷幕的防渗效果明显，实测坝基主排水幕后高程 53.00m 以上岩体处于疏干状态(表 2.2.22)，坝基及深部结构面处的渗透压力远小于设计值，实测坝基 1 号排水洞仰孔总渗漏量在 2.5L/min 以内，这对坝基深层抗滑稳定有利。坝基岩体内 1～2 号排水洞总渗流量呈逐年减小趋势，2010—2018 年 175.0m 水位试验性蓄水后，渗流量分别为 67.24L/min、61.55L/min、57.48L/min、57.17L/min、48.30L/min、45.97L/min、40.19L/min、44.08L/min、38.38L/min。左厂 1～5 号坝段坝基排水孔打至 2 号排水洞，2 号排水洞中仰孔渗流量可视为左厂 1～5 号坝段的坝基渗流量。2010—2018 年 175m 水位试验性蓄水后，坝基渗流量分别为 43.85L/min、41.78L/min、39.45L/min、41.24L/min、33.20L/min、31.43L/min、26.30L/min、31.04L/min、37.69L/min，渗流量总体呈减小趋势，渗流量过程线见图 2.2.23。

(b)左厂 1～5 号坝段坝基采用封闭抽排措施。监测资料表明，坝基岩体内地下水疏干条件较好，排水孔、排水洞的疏干降压效果明显，上下游排水洞之间的渗压水位低于最不利的滑移面，抗滑稳定控制滑移面的裂隙结构面位于疏干区，没有地下水渗流，不存在溶蚀析出作用，深层滑移面的力学强度不会受其影响而产生弱化，有利于坝基深层抗滑稳定。

(c)2018 年蓄水后左厂 1 号坝段和左厂 5 号坝段上游灌浆廊道排水幕处的扬压力折减系数分别为 0.11 和 0.07，在设计允许值范围内。

表 2.2.22　　左厂 1～5 号坝段坝基测压管水位　　（单位：m）

部位	坝段	测压管编号	测压管口高程(m)	2003-12-20 大坝上游水位 138.79m	2008-11-12 大坝上游水位 172.74m	2010-11-20 大坝上游水位 174.57m	2014-11-30 大坝上游水位 174.80m	2016-11-02 大坝上游水位 174.94m	2018-11-01 大坝上游水位 174.82m
2 号排水洞上游段，距坝轴线 15m，建基面高程 85.00m	左厂 1 号	$H_{11}CF$	52.80	52.50	52.50	52.48	52.5	52.48	52.47
	左厂 2 号	$H_{12}CF$	52.55	52.30	52.30	52.26	52.3	52.26	52.24
	左厂 3 号	$H_{13}CF$	52.18	52.10	51.90	51.88	51.9	51.88	51.87
	左厂 4 号	$H_{14}CF$	51.73	52.60	52.00	51.8	51.9	52.10	51.92
	左厂 5 号	$H_{15}CF$	51.34	53.50	52.20	52.08	51.5	51.47	51.41
2 号排水洞下游段，距坝轴线 110m，建基面高程 48.80m	左厂 1 号	$H_{23}CF$	27.65	31.50	30.70	29.39	28.5	28.76	28.78
	左厂 2 号	$H_{24}CF$	26.87	26.90	26.90	26.69	26.6	26.68	26.69
	左厂 3 号	$H_{25}CF$	26.51	27.30	26.50	26.35	26.3	26.33	26.32
	左厂 4 号	$H_{26}CF$	26.05	27.20	26.90	26.77	26.8	26.62	26.59
	左厂 5 号	$H_{27}CF$	25.67	40.90	27.20	28.12	28.7	28.92	29.13
坝基中部，距坝轴线 32m，建基面高程 90.00m，孔深 70m	左厂 3 号	$H_{05}CF$ 03XZ	94.00		51.10	49.62	46.90	46.39	46.89

表 2.2.23　　左厂 1～5 号坝段坝基 1 号及 2 号排水洞渗漏量汇总

项目	2003-07-20	2004-07-15	2005-07-20	2006-08-20	2007-01-20	2008-11-30	2010-10-30	2012-10-30	2014-11-30	2016-11-02	2018-11-01
大坝上游水位(m)	135.30	135.50	135.50	135.20	155.30	170.70	174.90	175.00	174.80	174.94	174.82
坝基 1 号及 2 号排水洞渗漏量(L/min)	145.30	116.50	103.20	85.40	100.60	85.10	66.90	57.50	45.85	40.19	38.38

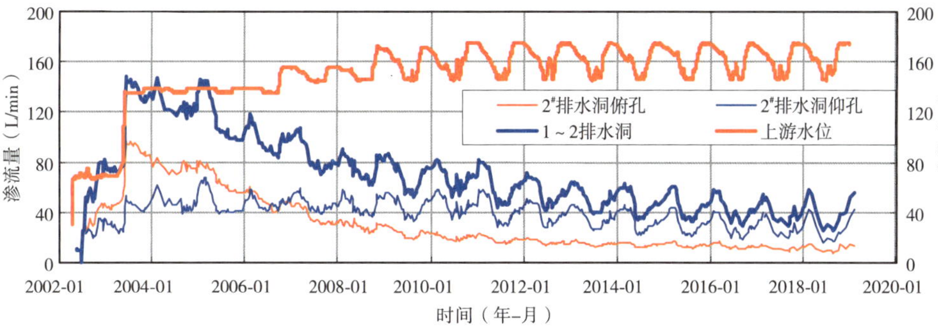

图 2.2.23 左厂 1～6 号坝段总渗流量及水位过程线

3)其他监测。

①左厂 1～5 号坝段坝基预应力锚索实测锁定损失率为 3.8%～9.9%，平均锁定损失率为 6.2%，终测的锁定后损失率为 8.0%～10.9%，从完好的预应力锚索测力计测值过程线来看，1999 年边坡支护后锚固力测值稳定，2003 年 6 月水库蓄水至今，左厂 1～5 号坝段坝趾下游岩坡加固锚索的锚固力测值均是稳定的，没有趋势性变化。

②实测资料表明，厂坝间接缝状态没有变化。由左厂 1～5 号坝段厂坝坡接触灌浆的钻孔取芯及孔内电视的检查结果分析可知，缝面混凝土与基岩绝大多数呈紧密结合状，厂坝坡接触灌浆满足设计要求，左厂 1～5 号坝段厂坝联合受力有保证。

(3)左厂 1～5 号坝段正常蓄水位 175.0m 下深层抗滑稳定复核

1)2008 年汛末实施 175.0m 水位试验性蓄水运行以来，根据对大坝左厂 1～5 号坝段在坝前水位 174.87m 时各测压管实测数据分析，大坝坝基上游防渗帷幕下游的主排水幕后高程 53.00m 以上岩基处于疏干状态，坝基及深部岩体缓倾角结构面上的扬压力折减系数小于设计值 0.25，下游帷幕后扬压力折减系数小于 0.3。坝基扬压力分析表明，防渗帷幕后的排水幕及基岩排水洞的排水降压效果明显，上下游排水洞之间的渗压水位远低于坝基深层滑移面，且渗压水位未随上游水位发生变化。在坝前水位 174.87m 时，左厂 3 号坝段坝基最不利的两种概化的确定性滑移模式的扬压力：高程 85m—*ABE* 滑移路径上的实测扬压力值为设计计算值的 58.4%；高程 106.6m—*ABCFI* 滑移路径上的实测扬压力值为设计计算值的 41.0%。

2)水库蓄水至 175.0m 水位试验性运行后，对左厂 3 号坝段坝基最不利的两种概化的确定滑移模式进行深层抗滑稳定复核。取左厂 3 号坝段单个坝段作为计算对象，不计坝段间两侧基岩的侧向作用力；按面加权法计算有关抗剪强度参数如下：结构面 $f'=0.7$，$c'=0.2$MPa；岩桥 $f'=1.7$，$c'=2.0$MPa；混凝土/混凝土 $R200^{\#}$ $f'=1.1$，$c'=3.0$MPa，$R300^{\#}$ $f'=1.1$，$c'=4.0$MPa；混凝土/坝基 $f'=1.1$，$c'=1.3$MPa；混凝土/厂房岩基 $f'=1.25$，$c'=1.5$MPa。计算荷载：坝体（岩体）自重、水重、上下游水压力、坝基扬压力、泥沙压力、厂房自重。基本荷载组合：自重＋正常蓄水位时的上、下游水压力＋相应扬压力＋泥沙压力。自重计算：坝体混凝土容重取 24.5kN/m^3、岩体容重取 27.0kN/m^3；上下游特征水位分别为

175.0m、62.0m。泥沙压力：坝前淤沙高程 108.0m，泥沙容重 $\gamma=5.0kN/m^3$。扬压力：坝基和厂房基础采用封闭抽排。设计扬压力折减系数：上游帷幕排水孔处 $\alpha_1=0.25$，排水廊道(洞)处 $\alpha_2=0.50$，厂房下游帷幕排水廊道处 $\alpha_3=0.30$。复核采用正常蓄水位 175.0m 左厂 3 号坝段各测压管实测数据分析，坝基深层滑移面上、下游帷幕后扬压力折减系数分别为 0 和 0.03，均小于设计的上、下游帷幕幕后扬压力折减系数 0.25 和 0.30。左厂 3 号坝段坝基深层抗滑复核采用刚体极限平衡法(等 *K* 法)，对坝基最不利的两种概化的确定性滑移模式按实测资料及参数进行计算：①坝基高程 85m—*ABE*(大坝单独挡水)滑移路径在基本荷载组合工况下抗滑稳定安全系数为 3.37；②坝基高程 106.6m—*ABCFI*(厂坝联合)在滑移路径基本荷载组合工况下抗滑稳定安全系数为 4.20，均较原计算安全系数有所提高，说明左厂 1～5 号坝段深层抗滑稳定满足设计要求，大坝在设计水位 175.0m 工况运行安全可靠。

2.2.2 右岸厂房 24～26 号坝段深层抗滑稳定

2.2.2.1 右岸厂房 24～26 号坝段坝基地质条件及概化的滑移模式

(1)基本地质条件

右厂 24～26 号坝段坝基岩体主要为闪云斜长花岗岩，分布少量花岗岩脉。花岗岩脉以 NE—NEE 和 NWW 向中缓角为主，一般宽 0.20～0.50m，最宽 1.50m，与围岩一般呈波状起伏的突变紧密接触为主，少数岩脉与围岩接触面较平直，以裂隙接触为主。对坝基抗滑稳定和不均匀变形有影响的岩脉为 γ_1、γ_2。花岗岩脉 γ_1 贯穿坝基，优势产状为 NW275°～NW290°SW∠30°～50°，一般宽 0.40～0.60m，面平直稍粗，局部呈微波状，与围岩呈裂隙接触为主，岩体一般较完整，岩质坚硬，局部沿接触面分布厚约 1.0cm 的风化碎屑。花岗岩脉 γ_2 在地面高程 80.00m 出露，宽度 3～8cm，产状 NW336°～NW342°NE∠34°～44°，以半坚硬为主，少量半疏松—疏松状，岩脉面平直稍粗，沿岩脉的上界面可见 10～30cm 厚的半疏松状风化夹层，其声波波速为 2660～3100m/s。

坝基岩体内断层较发育，按走向分为近 EW 向、近 SN 向及 NE 向 3 组，主要为陡倾角断层，多数以舒缓波状延伸，部分延伸平直。断层带宽度一般 0.10～0.50m，断层交汇处少量宽 1.0m。构造岩以碎裂岩为主，极少数断层内见碎斑岩和糜棱岩条带，一般胶结较好且坚硬，走向 NW—NWW 向的断层部分见风化加剧现象，构造岩胶结稍差，呈半坚硬—半疏松状。该部位断层规模一般较小，发育的主要断层有 f_{51}^{rf}、f_6^{rc}、f_5^{rf}。坝基裂隙总体不发育，陡倾角裂隙占总数的 51.4%，中倾角裂隙占总数的 37.1%，缓倾角裂隙占总数的 11.5%。对倾角小于 35°的裂隙进行了统计，其约占建基面裂隙的 19%，以走向 NNE—NE、倾向 SE 为主，优势倾向为 NE80°～SE130°，占缓倾角裂隙的 47.0%，其中倾向 NE90°～SE110°占 32.2%，对坝基抗滑稳定较为不利，倾角多大于 20°，少数小于 20°，延伸长度小于 10m 的占 82%，在延伸长度超过 10m 的长大缓倾角裂隙中其以不长于 30m 的为主。

坝基岩体透水性总体较弱，局部透水性较强，以极微透水岩体为主，微透水和中等—较严重透水岩体呈零星状分布。

(2)主要地质问题

右厂24～26号坝段位于缓倾角结构面相对发育部位，前期勘察已初步查明了缓倾角结构面的分布规律、结构面性状及连通率。在右岸厂坝地基开挖期间，采用特殊勘察方法，查明了长大缓倾角裂隙的位置、产状及其性状，并分析判定了分布范围。在施工期间对缓倾角结构面及其他结构面的性状、发育规律、连通率以及花岗岩脉 γ_1 对坝基抗滑稳定的影响进行了重点研究，主要勘察成果如下：

1)坝基缓倾角结构面以走向NNE、倾角SE为主；在微风化及新鲜岩体中，缓倾角结构面为硬性结构面；短小缓倾角结构面的连通率为11.5%。

2)上游切割面：坝基上游附近及坝基内存在多条与坝轴线平行或小角度斜交的小断层，可以认为坝基存在上游切割面。

3)侧向切割面：坝基范围内无贯通性断层构成侧向切割面，顺水流NW向裂隙发育程度相对较低，长度一般小于20m，可构成非连续的侧向切割面，其顺水流向连通率可按20%考虑，且是偏于安全的。

4)各坝段不存在统一的潜在滑动面，滑移路径上的长大结构面高低错落，且与水压推力方向有一定夹角，滑移路径按平面问题概化，结构面力学参数按平直稍粗面取值，有一定安全裕度。

5)分布于左厂25号、26号坝段建基面以下的缓倾下游的花岗岩脉 γ_1 贯穿整个坝基，优势产状为185°～200°∠30°～35°，厚度0.4～0.6m，岩脉面总体为平直稍粗面。γ_1 与围岩的接触面构成影响坝基抗滑稳定的潜在滑移面；在右厂26号坝段与围岩主要呈突变紧密接触或混熔接触(γ_{1d})，裂隙接触($T_{\gamma 1}$)部分所占比例在30%以下；在右厂25号坝段与围岩主要呈裂隙接触，占67.5%～72.6%。花岗岩脉 γ_1 对右厂26号坝段坝基抗滑稳定影响不大，主要是对右厂25号坝段的抗滑稳定不利。

(3)坝基抗滑稳定概化的确定性滑移模式

通过特殊勘察查明右厂24～26号坝段坝基岩体长大缓倾角结构面的位置、性状、分布范围及连通率，并结合前期勘察资料进行综合分析，提出右厂24～26号坝段坝基抗滑稳定概化的确定性滑移模式(图2.2.24至图2.2.26)，其滑移路径及几何参数见表2.2.24。

(4)坝基竣工地质条件验证

右厂24～26号坝段坝基开挖过程中，施工地质工作除对坝基进行详细的建基面常规地质编录外，对重要部位进行了放大比例尺测绘，研究分析了长大缓倾角结构面及其他边界切割面的特征、组合切错规律、连通率等，并对设计采用地质提出的概化的确定性滑移模式及力学参数等进行了全面对比验证，结果表明：

1)右厂24～26号坝段坝基抗滑稳定条件，经施工开挖揭示的实测地质资料检验，证明前期勘察研究成果，尤其是采用特殊勘察方式所得成果的主要结论基本上是正确的，各类结构面的位置及发育规模、性状验证吻合，力学参数的建议值合理。

2)右厂 24 号及 25 号坝段概化的深层滑移路径及滑移面连通率与坝基竣工地质成果基本一致。仅右厂 26 号坝段概化的深层滑移路径 *ABCD*，由于在大坝下游坡高程 26.7m 处新揭露 T_{16} 缓倾角裂隙，路径上的 *D* 点上抬至 *D′*(图 2.2.26)，结构面长度增加 14m，连通率由 36.84%增加至 47.3%。

3)花岗岩脉 γ_1 分布位置及发育规律、性状与施工期特殊勘察成果一致，由 $T\gamma_1$ 花岗岩脉界面裂隙单独构成的抗滑稳定模式边界条件亦与施工期成果吻合；地质提出的 $T\gamma_1$ 抗剪强度($f=0.70$，$c=0.2$MPa)与连通率(69%)建议值符合客观实际。

4)坝基中未发现贯穿两个坝段的缓倾角裂隙，故右厂 24～26 号坝段不存在统一的深层潜在滑移面。各坝段滑移路径是由若干条产状具有一定差异，且被各向陡、中倾角结构面所切错的缓倾角裂隙组成，故潜在滑移面在空间上呈高低错落，扭曲起伏，且与坝上游水压推力方向有一定交角，滑移路径按二维平面问题概化，忽略了坚硬岩体的侧向约束力、各结构面倾向的不一致性及与滑移方向的差异性，因此这一概化是偏于安全的。

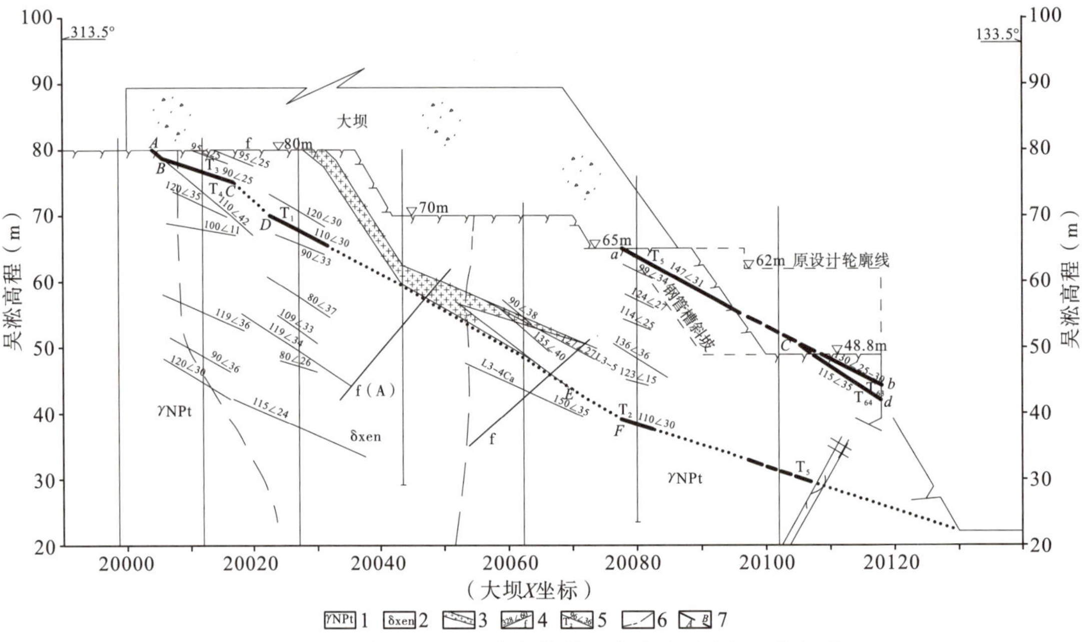

图 2.2.24 右厂 24 号坝段坝基抗滑稳定地质分析概化剖面

1—闪云斜长花岗岩；2—闪长岩；3—花岗岩脉；4—断层及产状；5—裂隙及产状；6—岩性分界线；7—潜在滑移面(实线为确定结构面，虚线为推测结构面，点线为岩桥部分)

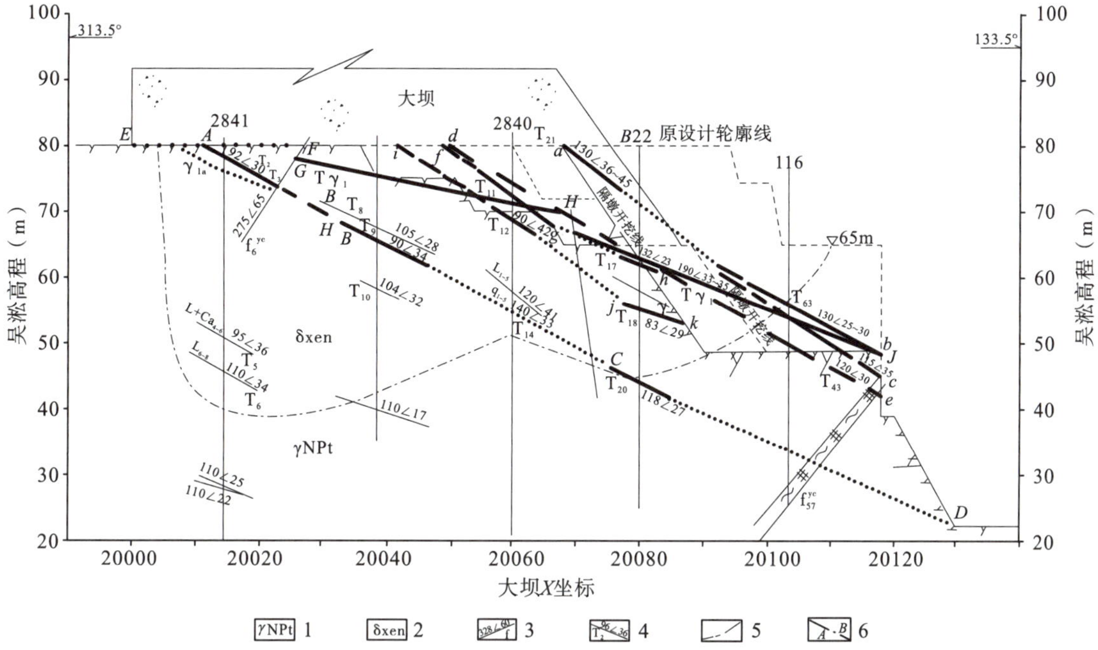

图 2.2.25 右厂 25 号坝段坝基抗滑稳定地质分析概化剖面

1—闪云斜长花岗岩；2—闪长岩；3—断层及产状；4—裂隙及产状；5—岩性分界线；6—潜在滑移面(实线为确定结构面，虚线为推测结构面，点线为岩桥部分)

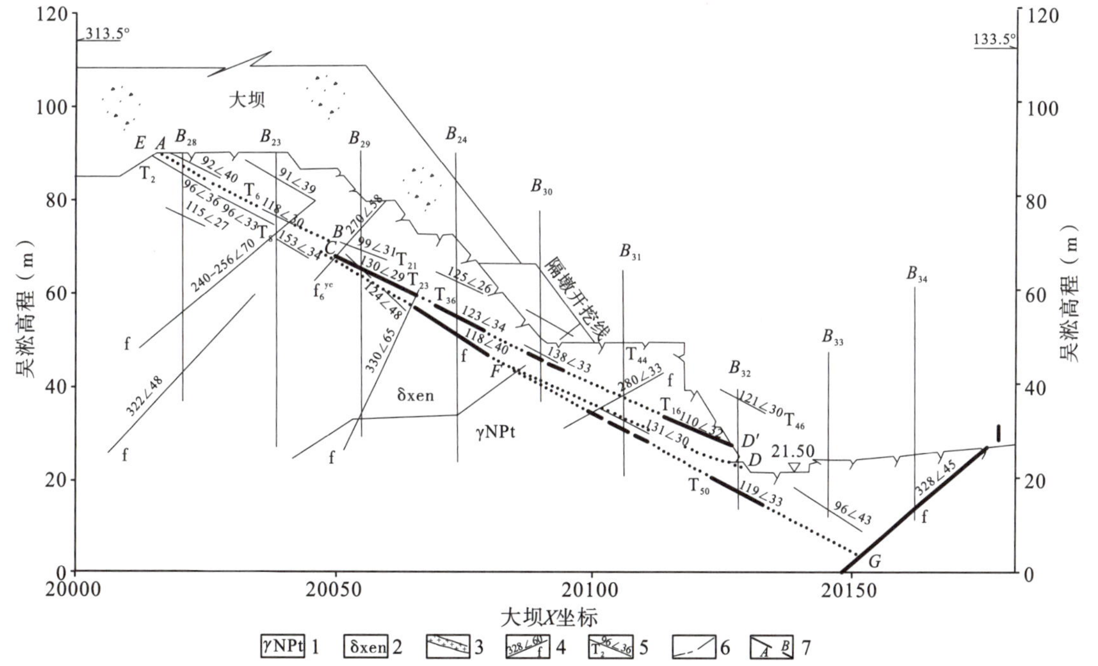

图 2.2.26 右厂 26 号坝段坝基抗滑稳定地质分析概化剖面

1—闪云斜长花岗岩；2—闪长岩；3—断层及产状；4—裂隙及产状；5—岩性分界线；6—潜在滑移面(实线为确定结构面，虚线为推测结构面，点线为岩桥部分)

表 2.2.24　　右厂 24～26 号坝段坝基抗滑稳定概化的确定滑移路径及几何参数

坝段	滑移路径		主要结构面及产状(倾向、倾角)	滑移面组成				连通率(%)	类型
				总长(m)	确定缓倾角面长(m)	岩桥长(m)	岩桥中短小缓倾角面长 11.5%(m)		
右厂 26 号	深层	*ABCD*	118°～130°∠29°～34°	132.0	37.8	94.2	10.80	36.84	直线阶梯型
		ABCD′	110°～130°∠27°～34°	128.0	51.8	76.2	8.80	47.30	直线阶梯型
		EFD	96°～118°∠33°～40°	135.8	48.2	87.6	10.10	42.90	折线型
	厂坝联合	*EFGI*	96°～119°∠33°～40°	164.0	68.2	95.8	11.00	48.30	折线型
右厂 25 号	浅层	*fgh*	97°～139°∠16°～42°	36.2	27.0	9.2	1.10	77.50	折线型
		ijk	83°～90°∠29°～42°	52.8	36.4	16.4	1.90	72.50	折线型
	深层	*ABCD*	90°～118°∠27°～34°	131.4	49.4	82.0	9.40	44.80	近直线型
右厂 24 号	浅层	*acb*	130°～147°∠25°～31°	46.0	46.0			100.00	直线型
		acd	115°～147°∠31°～35°	47.0	47.0			100.00	折线型
	深层	*ABCDEFG*	90°～110°∠25°～42°	140.0	29.0	111.0	12.77	29.80	折线型

2.2.2.2　右厂 24～26 号坝段坝基抗滑稳定分析

右厂 24～26 号坝段坝基深层抗滑稳定分析，主要采用刚体极限平衡法（等 K 法）。各坝段坝基抗滑稳定的滑移面，系根据实测的长大缓倾角结构面的分布概化出的确定性滑移模式，计算方法及力学参数与左厂 1～5 号坝段相同。大坝深层抗滑稳定控制工况为基本荷载组合（设计工况）：自重（坝体及岩体）＋正常蓄水位时的上下游水压力（上游水位 175. m、下游水位 62.0m）＋相应扬压力＋泥沙压力（坝前泥沙淤积高程 108.0m，泥沙浮容重 $\gamma=5.0\text{kN/m}^3$），右厂 24～26 号坝段典型深层、浅层滑移模式、连通率及分析计算结果见表 2.2.25。

表 2.2.25　右厂 24～26 号坝段典型滑移模式抗滑稳定分析计算结果汇总

坝段	滑移路径		连通率（%）	大坝单独受力安全系数 K_c'	厂坝联合作用安全系数 K_c'	说明
右厂 26 号	深层	$ABCD'$	47.3	2.90	4.18	地质概化的 $ABCD$、$ABCD'$ 和 EFD 三条滑移路径位移极为接近，计算时简化为一条代表路径，并在该路径中计入 T_{23} 结构面，实际采用连通率 51.3%；厂坝联合作用时，沿厂房底面滑动；未计锚索作用
		$EFGI$	48.3	3.02	3.28	计算中在该路径中计入 T_{23} 结构面，实际采用连通率 55.2%；厂坝联合作用时，沿厂房下部反翘结构面滑动；未计锚索作用
右厂 25 号	浅层	ijk	72.5		4.70	地质概化的 fgh 路径施工中其结构面均已挖除；厂坝联合作用时，沿厂房下部反翘结构面滑动；未计锚索作用，结构面 $f'=0.65$，$c'=0.1\text{MPa}$
	深层	$ABCD$	44.8	3.20		厂坝联合作用时，沿厂房底面滑动；未计锚索作用

续表

坝段	滑移路径		连通率(%)	大坝单独受力安全系数 K_c'	厂坝联合作用安全系数 K_c'	说明
右厂24号	浅层	*acd*	100	3.02	4.51	地质概化的 *acb* 和 *acd* 两条滑移路径位置较为接近，以 *acd* 控制；计入锚索作用，结构面 $f'=0.6$，$c'=0.1$MPa
	深层	*ABCDEFG*	29.8	3.20	4.45	厂坝联合作用时，沿厂房底面滑动；未计锚索作用

由表2.2.25可以看出，①右厂24号及25号坝段在大坝单独承载下(不计厂坝联合作用)，坝基深层抗滑稳定安全系数 K_c 均在3.2及以上。②右厂26号坝段各概化的深层滑移模式中，以沿结构面连通率最大(连通率为48.3%)的滑移路径 *EFGI* 最为危险，右厂26号坝段在大坝单独承载下，坝基深层抗滑稳定安全系数 K_c 为2.90～3.02；考虑厂坝联合作用，沿厂房建基面或厂房建基面以下裂隙面滑出，其计算的抗滑稳定安全系数 K_c 值分别为4.18及3.28。③右厂24号及25号坝段在厂坝联合作用下，坝基浅层抗滑稳定安全系数 $K_c'=4.51$～4.70。计算结果表明，右厂24～26号坝段坝基深层及浅层抗滑稳定满足要求。

2.2.2.3 右厂24～26号坝段坝基抗滑稳定采取的综合措施

针对右厂24～26号坝段坝基岩体地质条件和复杂的开挖形态，为提高坝基抗滑稳定安全度，设计采取了综合工程措施，对坝基岩体进行加固处理。

1)适当降低建基高程，坝基上游侧增设齿槽，上游侧建基面高程一般由90.00m降至85.00m，局部降至80.00m；挖除部分浅埋的花岗岩脉 γ_1 上覆岩体约3200m^3。

2)坝底向上游侧加宽17.5m，坝基灌浆帷幕和排水前移，由原位于坝轴线下游10m移至坝轴线上游5m。

3)坝趾下游岩坡与厂房混凝土之间设置接触灌浆系统，进行接触灌浆处理，确保厂房混凝土与岩坡结合良好，使厂坝联合受力；坝后电站尾水渠一定范围内固结灌浆，保证下游岩体的抗力作用。

4)坝段间横缝设置键槽并进行灌浆，以加强各坝段间的整体作用。

5)坝基与厂房地基在上游高程54.00～59.00m、下游高程25.00m设置排水洞，进行封闭抽排，并加强岩体固结灌浆。

6)坝基及厂房地基开挖严格控制爆破，以保证岩体的完整性。

7)对坝趾下游临空岩坡进行锚固支护，边坡高程48.80m以上部位，针对施工地质测绘的缓倾裂隙发育位置及其他地质缺陷，布置3～6排长30～50m的3000kN级预应力锚索(图2.2.27)，提高坝基浅层及深层抗滑稳定安全度。

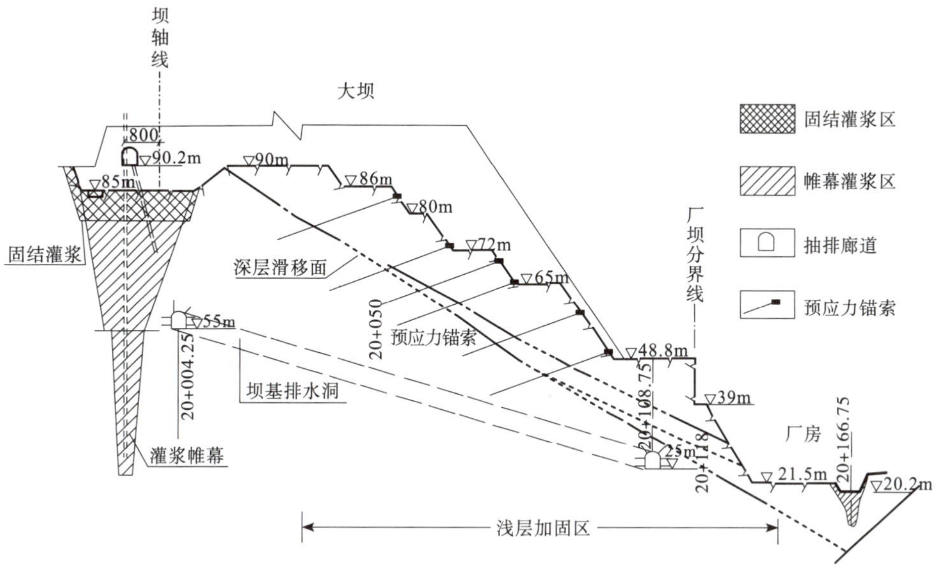

图 2.2.27　右厂 24～26 号坝段坝基抗滑稳定工程处理措施示意图(单位:m)

8)坝趾下游岩坡中的电站引水压力钢管槽间的岩墩体型复杂,加之受多条长大中缓倾角裂隙切割而稳定性较差,施工中设计按地质建议将原设计坡面后退 18.0m,将大部分影响浅层抗滑稳定的中缓倾角裂隙挖除,管槽间的岩墩整体稳定性明显提高;部分残留者构成不利块体为局部稳定问题,结合深层抗滑稳定采取了锚索及锚桩加固。

9)预设廊道为后期必要时采取预应力锚索加固提供条件。

10)加强坝基岩体变形的安全监测。

2.2.2.4　右厂 24～26 号坝段安全监测成果分析与坝基抗滑稳定评价

(1)安全监测成果分析

1)运行以来,右厂 24～26 号坝段坝体基础处水平位移主要以向下游位移为主,各倒垂线测点实测的向下游位移为－0.2～3.8mm,右厂 24 号—2 坝段向下游位移最大,2010 年之后位移没有趋势性变化,说明坝基变形是稳定的。右厂 24～26 号坝段坝顶实测的向下游位移均在－1.9～14.8mm,向下游水平位移主要受库水位和温度影响呈年周期变化,2010 年之后位移没有趋势性变化,变形正常。统计模型的分析结果表明,右厂 24 号—2 坝段、右厂 26 号—2 坝段的基础及坝顶向下游水平位移的时效分量均是收敛的,坝基是稳定的。垂直位移从 2004 年 11 月才开始观测。截至 2021 年 12 月,右厂 24～26 号坝基础处的最大沉降量为 15.3～16.63mm。坝顶在大坝挡水后实测沉降量为 1.11～12.97mm,沉降主要随气温变化,各年的年变幅在 7mm 左右。2008 年试验蓄水后基础沉降没有增加趋势。

2)右厂 24～26 号坝段坝基锚索实测锁定损失率为 3.6%～5.6%,平均锁定损失率 4.5%;终测时的锁定后损失率为 1.2%～5.6%,平均锁定后损失率为 3.0%。从目前完好的测力计测值过程线看,2003 年边坡支护后锚固力测值基本稳定,锚固力变化主要发生在第一年,此后锚固力变化较小。

3)右厂24～26号坝段坝基实测上游主排水幕处扬压力折减系数小于0.15，下游主排水幕处扬压力折减系数小于0.25，均小于设计允许值；测压管观测的右厂23～26号坝段坝基主排水幕后的岩体基本处于疏干状态，有利于坝基深层抗滑稳定。

(2)坝基抗滑稳定安全评价

右厂24～26号坝段坝基岩体缓倾角构造的性状及分布范围、连通率等总体上好于左厂1～5号坝段，设计上采取了与左厂1～5号坝段相同的工程措施。自2008年汛末实施正常蓄水位175.0m运行以来的监测成果分析表明，这些措施对坝基岩体处理加固是有效的，达到了预期的效果。右厂24～26号坝段坝基深层及浅层抗滑稳定满足规范和设计要求，大坝运行安全可靠。

2.3 重力坝高水头超大泄量泄洪消能技术

2.3.1 大坝大泄量泄洪消能布置

2.3.1.1 三峡大坝泄洪设施布置难点

(1)防洪任务重，泄洪流量大

三峡水利枢纽是治理开发和保护长江的关键性骨干工程，其首要任务是防御长江中下游，特别是荆江河段的洪水灾害。大坝为一级建筑物，按1000年一遇洪水流量98800m^3/s设计，相应挡水位175.00m，按10000年一遇加大10%后的洪水流量124300m^3/s校核，相应挡水位180.40m。大坝坝顶高程185.00m，设计正常蓄水位175.00m，防洪限制水位145.00m，防洪库容221.5亿m^3，约占1000年一遇设计洪水15天洪量的1/4，为了充分发挥三峡水库防洪库容的作用，泄洪运用方式采用泄蓄兼施。根据长江中下游地区防洪总体规划和三峡工程的防洪能力，当长江上游发生100年一遇洪水时，在荆江不分洪条件下，三峡水库下泄流量控制上荆江入口枝城站流量不超过56700m^3/s，沙市站水位不超过44.50m；当长江上游发生超过100年一遇至1000年一遇洪水时，三峡水库下泄流量，配合荆江分洪区和其他分蓄洪区运用，控制枝城站流量不超过80000m^3/s，沙市站水位不超过45.00m，防止荆江两岸发生干堤溃决的毁灭性灾害，减轻长江中下游地区遭受洪水淹没损失和对武汉市的洪水威胁。三峡水库担负的防洪任务，要求大坝泄洪设施具有较大的泄流能力，当防洪限制水位145.00m时，大坝泄洪设施泄洪流量为56700m^3/s(含电站18台机组引用流量)；当洪水位166.90m时，大坝泄洪设施泄洪流量为69800m^3/s(含电站18台机组引用流量)；当设计洪水位175.00m和校核洪水位180.40m时，按敞泄运用，大坝泄洪设施具有泄洪流量为100000m^3/s以上的泄洪能力，为当今世界上已建水利水电工程泄洪流量最大的泄洪设施(表2.3.1)。

表 2.3.1　国内外已建大坝孔口泄流量大于 50000m^3/s 的水利水电工程汇总

坝名	三峡	葛洲坝	萨尔达尔萨罗瓦尔	纳格尔久纳萨格尔	伊泰普	水丰	潘家口
所在国家	中国	中国	印度	印度	巴西、巴拉圭	中国、朝鲜	中国
所在河流	长江	长江	讷尔默达河(Narmada)	克里希纳河(Krishna)	巴拉那河(Parana)	鸭绿江	滦河
坝型	混凝土重力坝	混凝土重力坝	混凝土重力坝	圬工重力坝	混凝土双支墩坝	混凝土重力坝	混凝土宽缝重力坝
最大坝高(m)	181.0	53.8	163.0	124.6	196.0	106.6	107.5
坝址年均径流量(亿 m^3)	4510.0	4510.0		423.6	2860.0	256.0	
水库总库容(亿 m^3)	450.4	15.8	95.0		290.0	147.0	29.3
设计洪水流量(m^3/s)	98800	86000	84949	53487		50200	40400
校核洪水流量(m^3/s)	124300	110000		84900	72020	63100	54500
大坝孔口总泄量(m^3/s)	82450～110000	110000	90100	84900	62200	54696	53100
孔口型式	溢流坝设 22 个表孔、23 个深孔;另设 2 个泄洪排漂孔、7 个排沙孔	二江泄水闸 27 孔开敞式平底闸;大江泄水冲沙闸 9 孔;三江冲沙闸 6 孔	主河槽设 23 孔闸门的主溢洪道;其左侧设 7 孔闸门的斜槽式辅助溢洪道	坝中部溢流坝段设 26 孔	溢洪道的溢流堰为混凝土重力坝,15 个坝段设 14 个溢流孔陡槽	中部溢流坝设 26 个溢流孔;左岸备用溢洪道设 10 孔	中部溢流坝设 18 个表孔、4 个深孔

续表

孔口尺寸（宽×高）（m）	表孔宽 8m,深孔 7m×9m，泄洪排漂孔 10m×12m	二江泄水闸 12.0m×24m,大江泄水冲沙闸 12.0m×19.5m,三江冲沙闸 12.0m×10.5m	主溢洪道闸门尺寸 18.30m×16.76m;辅助溢洪道闸门尺寸 18.3m×18.3m	溢流孔弧门尺寸 13.7m×13.4m	右侧和中央陡槽各设 4 孔 20m×20m 闸门,左侧陡槽设 6 孔 20m×20m 闸门	溢流孔宽 12m、高 7.3m;溢洪道孔宽 10m、高 9m	表孔 15m×15m,深孔 4m×6m
孔口泄量（m^3/s）	表孔泄量 $36300m^3/s$,深孔泄量 $50420m^3/s$,排漂孔 2 个，泄量 $5730m^3/s$	二江泄水闸泄量 $83900m^3/s$；大江泄水冲沙闸泄量 $20000m^3/s$;三江冲沙闸泄量 $10500m^3/s$	主溢洪道泄量 $70394m^3/s$,辅助溢洪道泄量 $21597m^3/s$	泄量为 53487～$84900m^3/s$	右侧和中央陡槽闸孔泄量 $17706m^3/s$,左侧陡槽闸孔泄量 $25558m^3/s$	溢流坝泄量 $37650m^3/s$,溢洪道泄量 $17046m^3/s$	表孔泄量 $53100m^3/s$,深孔泄量 $3100m^3/s$
下游消能	挑流消能	底流消能	斜坡接水平护坦的消力池		挑流消能		挑流消能

（2）泄洪孔数量多，尺寸大，排泄任务多

三峡水利枢纽泄洪量大、上游水位变幅大，大坝泄洪坝段位于河床中部（图 2.3.1），全长 483m，分为 23 个坝段，泄洪设施需布置深孔以满足低水位时的泄洪要求，设置表孔满足设计洪水和校核洪水泄洪要求。从水库排沙考虑，要求深孔进口高程低于电站进水口高程（108.00m），并布置相应的排沙设施。综合防洪、排沙、工程防护、排漂等因素，经综合比较，泄洪坝段空间交叉布置 3 层泄洪孔口。大坝永久泄洪设施采用 23 个深孔（进口底高程 90.00m，有压段出口断面尺寸 7m×9m（宽×高））、22 个表孔（堰顶高程 158.00m，净宽 8m）相间布置；为三期施工导流及截流，布置 22 个导流底孔（底高程分别为 56.00m 和 57.00m，有压段出口断面尺寸均为 6.0m×8.5m（宽×高）），后期回填混凝土封堵。为满足排沙和冲沙要求，大坝布置 7 个排沙孔、1 个排沙洞和 2 个冲沙孔，在水位 150.00m 以下排沙兼顾泄洪使用；为满足排漂要求，布置 3 个排漂孔，其中 2 个兼顾泄洪使用。

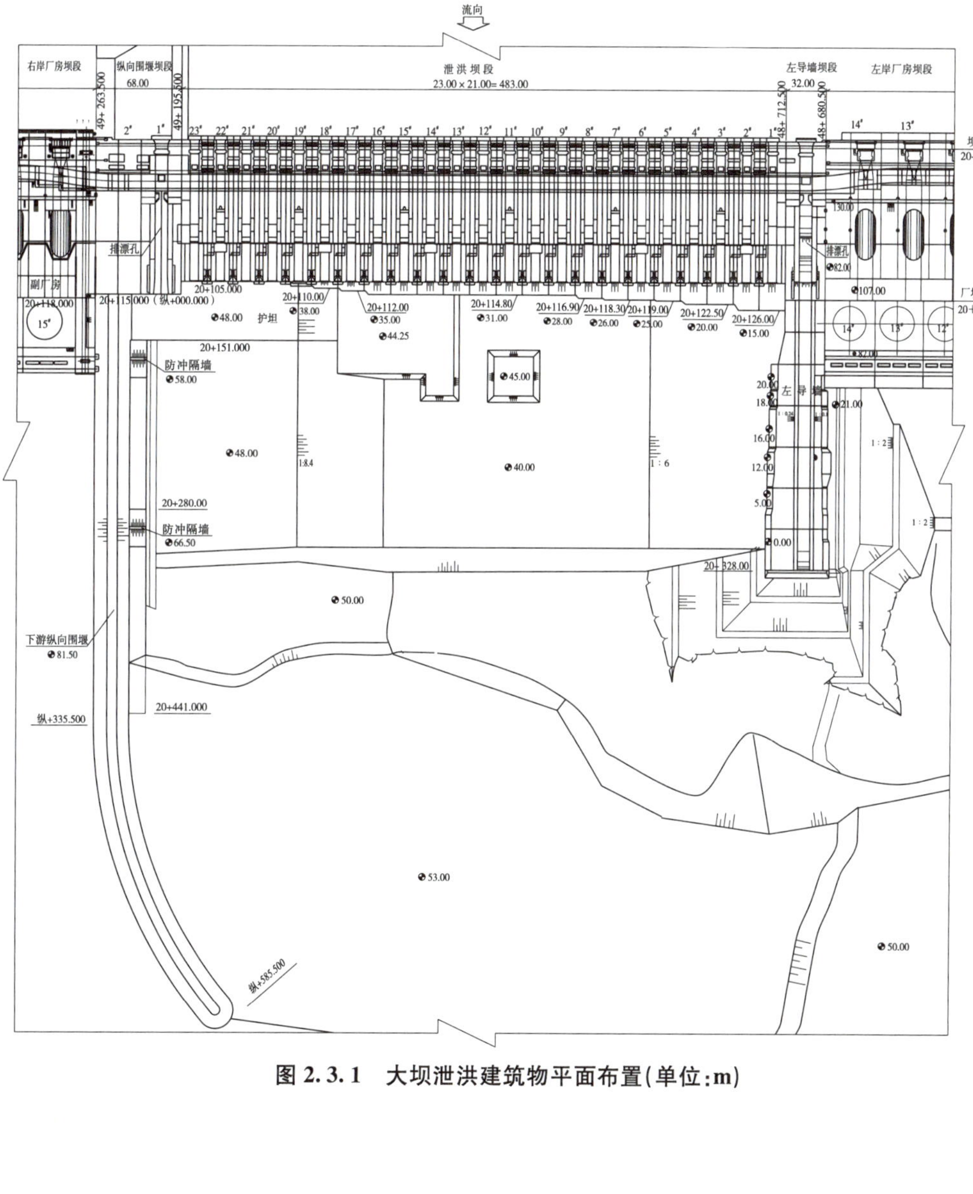

图 2.3.1　大坝泄洪建筑物平面布置（单位：m）

(3)大坝上游水位变幅大、排沙量大,泄洪坝段3层泄洪孔运行条件复杂

三峡大坝正常运行水位145.0～175.0m,水位变幅30.0m;校核水位180.4m,最大变幅达35.4m;深孔正常运用水头为55.0～85.0m,最大水头达90.4m。导流底孔运行水位为68.0～135.0m,校核水位为140.0m,底孔运用相应水头为12.0～79.0m,最大达84.0m。三峡水库坝址多年(1956—1990年)平均泥沙5.3亿t,平均含沙量1.19kg/m^3。大坝上游水位变幅大、排沙量大,3层泄洪孔口与排沙孔及排漂孔运行条件复杂,需综合研究大坝泄洪设施布置、结构型式和泄洪运用调度方式,以解决泄洪孔高速水流下空化及泥沙磨蚀问题、深孔与表孔联合泄洪和深孔与底孔联合泄洪时的下游水力衔接及消能防冲问题、排沙孔及排漂孔运用条件和提高排沙、排漂效果问题。

2.3.1.2 高水头超大泄量3层泄洪大孔口的立体交错布置

经多年研究论证,提出3层泄洪大孔口的立体交错布置方案,确定泄洪坝段前缘长度483m,分为23个坝段,23个深孔布置在坝段中间,进口底高程90m,孔口尺寸7m×9m(宽×高);22个表孔跨横缝布置,堰顶高程158m,孔宽8m;22个底孔跨横缝布置在表孔正下方,进口底高程56m或57m,孔口尺寸6.0m×8.5m(宽×高),3层孔口的布置见图2.3.2。应用该创新布置,不仅很好地满足了三期截流、围堰挡水发电期度汛,以及永久运行期泄洪排沙和降低库水位等多目标运行的要求,并且大大缩短了泄洪坝段长度,减少了两岸岸坡开挖,节省了工程投资。

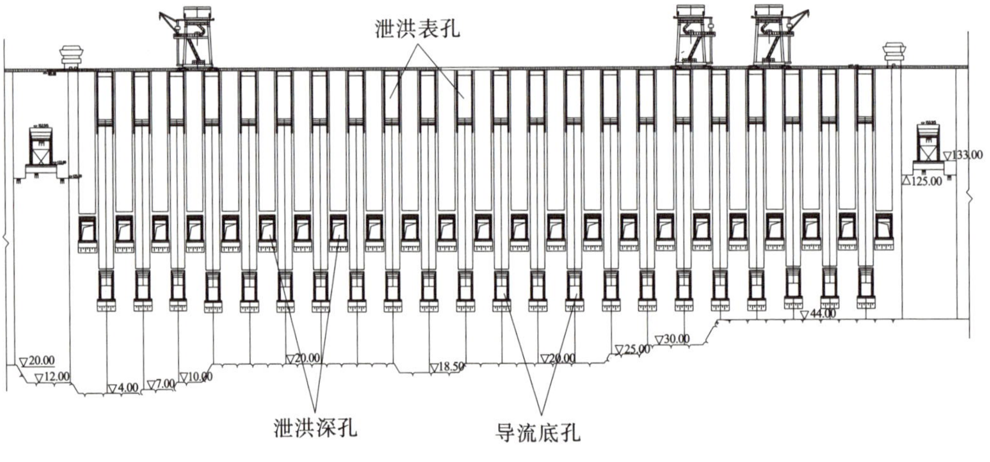

图2.3.2 泄洪坝段3层孔口布置

泄洪深孔运行水头高(90.4m)、水位变幅大(35m)、运用时间长。由于泄洪流速大、水中挟带泥沙,孔口过流面的空蚀空化、磨损问题突出。深孔水力学问题作为“七五”国家重点科技攻关项目,开展了有压短管和有压长管两种布置型式,以及明流段斜槽方案、跌坎掺气方案和突扩掺气方案等科研攻关,从孔口体型、闸门布置、高压止水设计、工程实践经验和运行安全等方面综合比较,首次提出坝身泄洪深孔采用有压短管跌坎掺气方案。跌坎掺气方案的设计难点在于运行水位变幅大、坝身明流泄槽短,既要保证低水位运行时形成稳定空腔,

又要避免高水位运行时水流直接挑入反弧段。通过一系列试验研究，掺气跌坎布置在距有压出口约 11m 处，跌坎型式采用跌坎高度 1.5m 与坎后底坡 1∶4 的组合，该创新技术为泄洪深孔长期安全运行提供了重要保障。

导流底孔高程低、运行水头高(85m)、孔口跨缝布置。由于泄洪流速大、过孔泥沙量大，孔口过流面的泥沙磨损和空蚀空化问题突出。通过大量的科学研究，首次提出有压长管、跨缝布置、设控制闸门的布置方案；首次提出减小孔内流速、设置跨缝板、预留拦沙槽等减小泥沙磨损的综合措施。

三峡泄洪建筑物泄量大、水头高、泄洪功率巨大。针对 3 层泄洪大孔口立体交错布置的特点，结合坝下消能区实际情况，表孔和深孔采用挑流消能，挑流鼻坎大差动布置，水舌落点前后错开，有效减小了下游冲刷深度。导流底孔运行水位变幅近 70m，采用挑面流消能，22 个底孔采用不同的进口高程与鼻坎体型的最优组合，并在消能区右侧设置隔流墩。

2.3.1.3　泄洪孔型式及其布置

(1)深孔型式及其布置

泄洪深孔共 23 个，布置在每个泄洪坝段的中部。深孔采用有压短管接明流泄槽跌坎掺气型式，进口底高程 90.00m，水平布置，进口顶板和两侧墙均采用 1/4 椭圆曲线，底板采用半径为 1.0m 的 1/4 圆弧与坝前进口相连。有压段出口断面尺寸为 7.0m×9.0m(宽×高)，有压段出口坡长 8.0m，坡度 1∶4。深孔布设 3 道闸门，进口设一道反钩叠梁检修门，尺寸为 9.60m×14.53m(宽×高)；有压段中部设平板事故检修门，尺寸为 7.0m×11.0m(宽×高)；有压段出口设弧形工作门，尺寸为 7.0m×9.0m(宽×高)。深孔明流段设跌坎型掺气设施，跌坎设在距坝轴线 25.0m 处(第 1 道纵缝处)，跌坎高 1.5m，两侧布置 2 个直径为 1.4m 的通气孔，跌坎下游采用坡度为 1∶4 的斜直坡，再接半径为 40.0m 的反弧段，反弧鼻坎高程 79.93m，挑角 27°(图 2.3.3)。坝体内明流泄槽采用矩形孔口，宽 7.0m，孔顶高程 102.00m；出坝体外泄槽宽 7.0m，两侧设厚度为 4.0m 的边墙，墙顶高程为 94.00m。

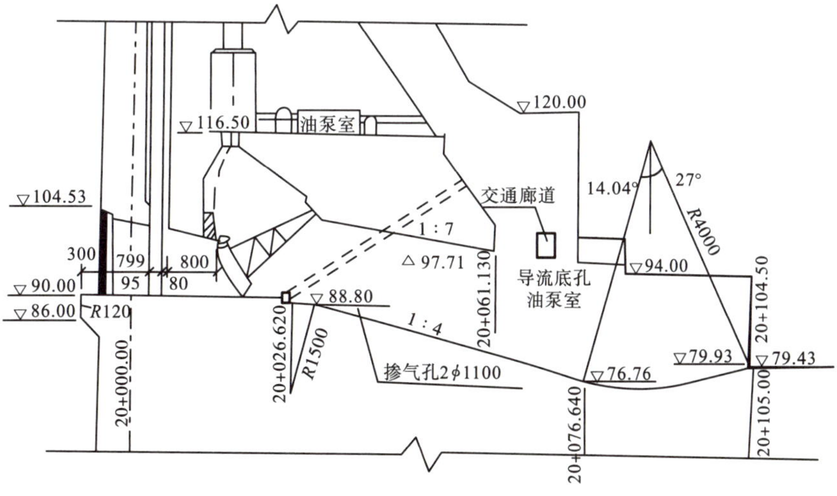

图 2.3.3　泄洪深孔体型(单位：高程、桩号以 m 计，尺寸以 cm 计)

(2)表孔型式及布置

泄洪坝段设 22 个表孔与 23 个深孔，相间跨横缝布置，每个表孔净宽 8.0m，堰顶高程 158.0m，堰顶位于坝轴线下游 3.6m，堰顶进口底板采用 1/4 椭圆曲线，椭圆曲线方程为 $\frac{X^2}{8.4^2}+\frac{(4.8-Y)^2}{4.8^2}=1$，表孔上游坝面在坝轴线上游 4.8m 处，与导流底孔反钩叠梁检修门之间留 0.2m 的间隙，以防止检修门止水损坏。进口两侧壁曲线受深孔反钩叠梁门制约，采用 $\frac{X^2}{3.2^2}+\frac{Y^2}{0.8^2}=1$ 的 1/4 椭圆曲线。堰顶下游 WES 曲线的定型设计水头取 22.0m，曲线方程为 $X^{1.85}=2\times22^{0.85}Y$，堰面下游接 1∶0.7 的斜坡段，再接半径 30.0m 的反弧段。为使表孔和深孔的挑流水舌入水位置前后错开，达到减轻下游冲刷目的，同时考虑导流底孔弧形工作门及启闭机室布置的需要等，表孔挑流鼻坎末端上移至距坝轴线 75.70m 处，鼻坎高程抬至 110.00m，挑角减小至 10°(图 2.3.4)。

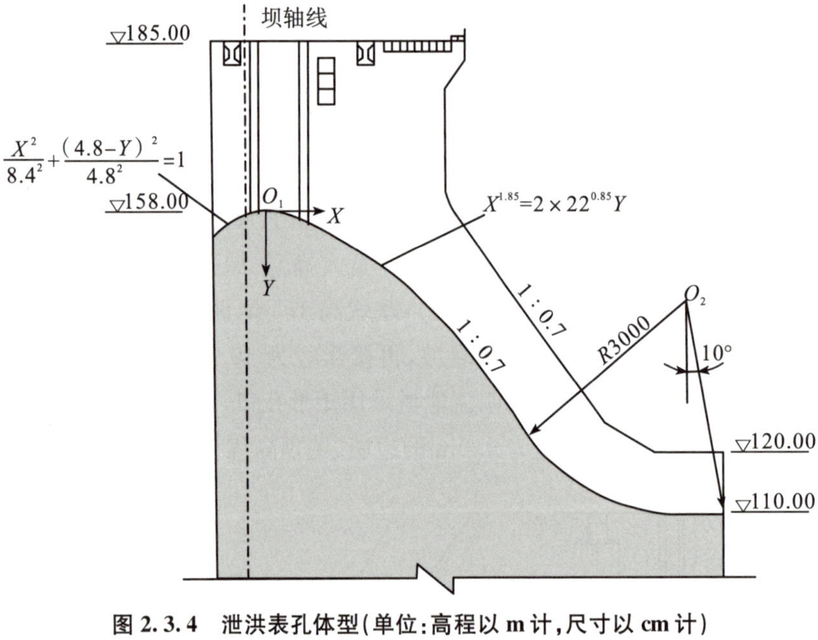

图 2.3.4 泄洪表孔体型(单位:高程以 m 计,尺寸以 cm 计)

(3)底孔型式及布置

泄洪坝段设 22 个导流底孔，相间跨横缝布置在表孔的下方，采用有压长管接明流泄槽，并设控制闸门的布置方案。为减小跨横缝孔内流速，采用设置跨缝板、预留拦沙槽等减小泥沙磨损的综合措施。中间 16 个底孔的进口底高程 56.00m，压力段出口底高程 55.00m；两侧各 3 个底孔的进口底高程 57.00m，压力段出口底高程 56.00m。进口段采用平顺的喇叭形，压力段长为 82.0m，出口孔尺寸为 6.0m×8.5m(宽×高)，出口设弧形工作闸门，其后为明流反弧段接挑流鼻坎(图 2.3.5)。

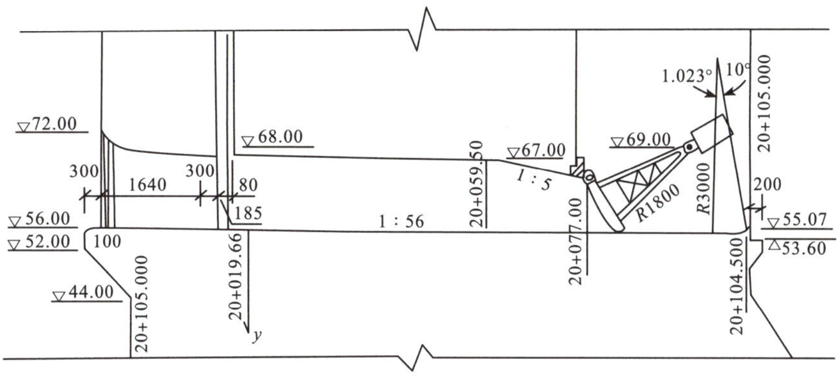

图2.3.5 导流底孔型式(中间16个底孔)(单位:高程、桩号以m计,尺寸以cm计)

2.3.2 泄洪深孔水力学设计及运行检验

2.3.2.1 深孔的功能及运用特点

(1)深孔的功能

深孔是三峡水利枢纽的主要泄洪建筑物。枢纽工程施工期,深孔与导流底孔共同承担三期导流和围堰挡水发电期工程度汛泄洪任务;枢纽工程完建后,深孔与表孔联合运用承担正常运行期泄洪、排沙和水库放空等任务。三峡水库防洪限制水位145.00m,汛期大多数年份(20年一遇以下洪水),库水位不超过158.00m,低于表孔堰顶高程,洪水主要通过深孔宣泄。深孔进口高程较低,泄流量大,可有效降低水库水位,具有良好的排沙效果和放空水库的功能。

(2)深孔的运行特点

1)泄洪历时长,运用频繁。

三峡水库蓄水分为围堰挡水发电期(蓄水位135.00m)、初期运行期(蓄水位156.00m)和正常运行期(蓄水位175.00m)。围堰挡水发电期,右岸三期工程在碾压混凝土围堰保护下施工,左岸已建大坝泄洪坝段和左岸厂房坝段及左岸非溢流坝段与三期碾压混凝土围堰共同挡水,水库蓄水至135m水位,左岸电站机组发电,船闸通航,深孔与导流底孔联合承担施工导流及度汛泄洪任务。初期运行期,水库蓄水至156.00m水位运行,汛期降至汛限水位135.0m,均低于表孔堰顶高程158.00m,主要由深孔泄洪。正常运行期,水库蓄水至175.00m水位,汛期降至汛限水位145.00m,汛期经常出现中、小洪水,上游水位低于158.00m,仍主要通过深孔泄流。因此,深孔是三峡枢纽的主要泄水建筑物,泄洪历时长,运用频繁。

2)运用水头变幅大。

深孔进口高程90.00m,围堰挡水发电期运行水位为135.00～140.00m,相应的运行水头45.0～50.0m;正常运行期的运行水位为145.00～180.40m,相应的运行水头为55.0～90.4m,其运用水头差高达45.4m。

2.3.2.2 深孔布置型式研究

深孔布置型式重点研究比较了有压长管方案(图 2.3.6)和有压短管方案(图 2.3.7)。

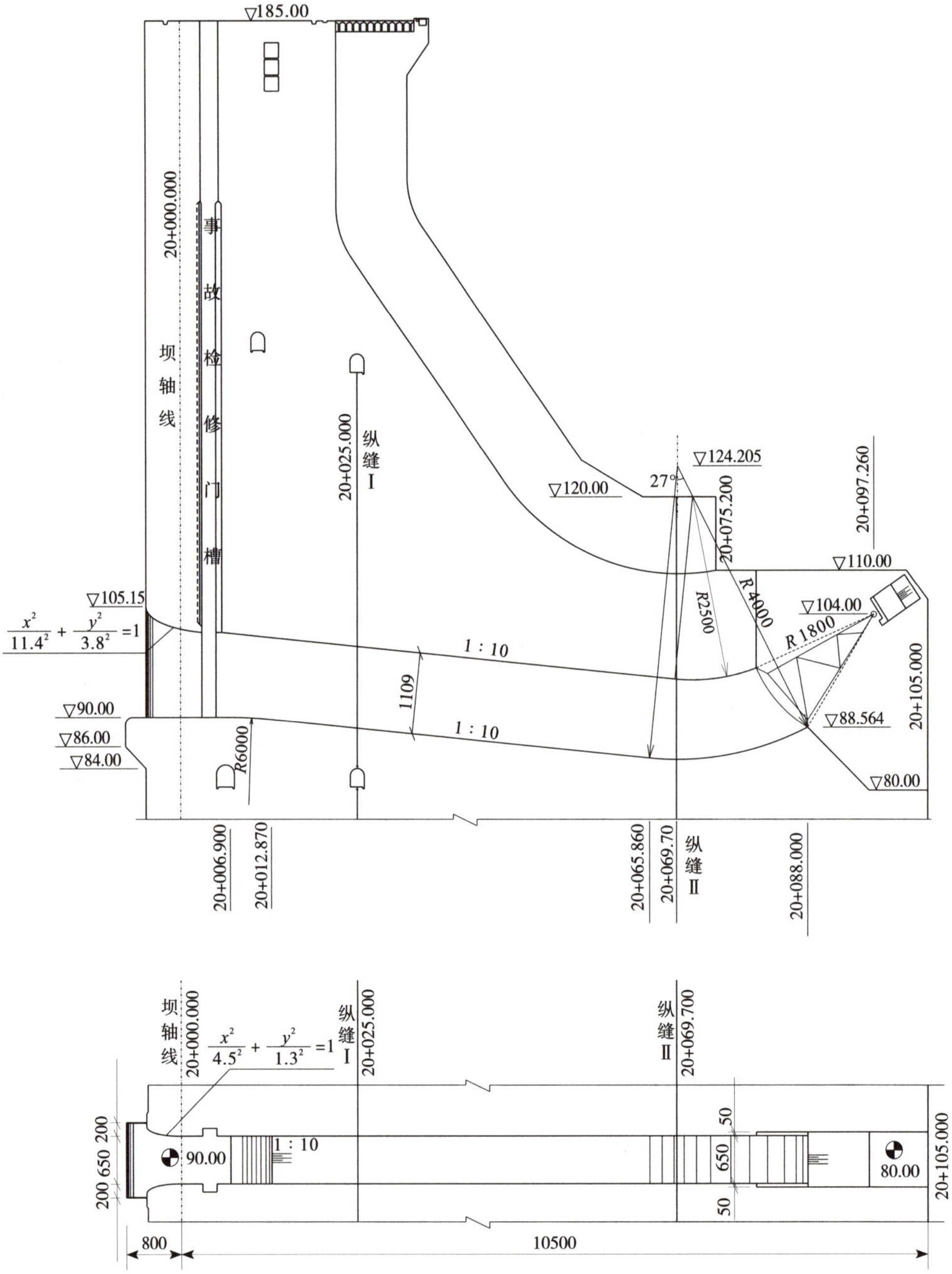

图 2.3.6 深孔有压长管方案体型(单位:高程、桩号以 m 计,尺寸以 cm 计)

1—进口段;2—有压管段;3—弧形工作闸门

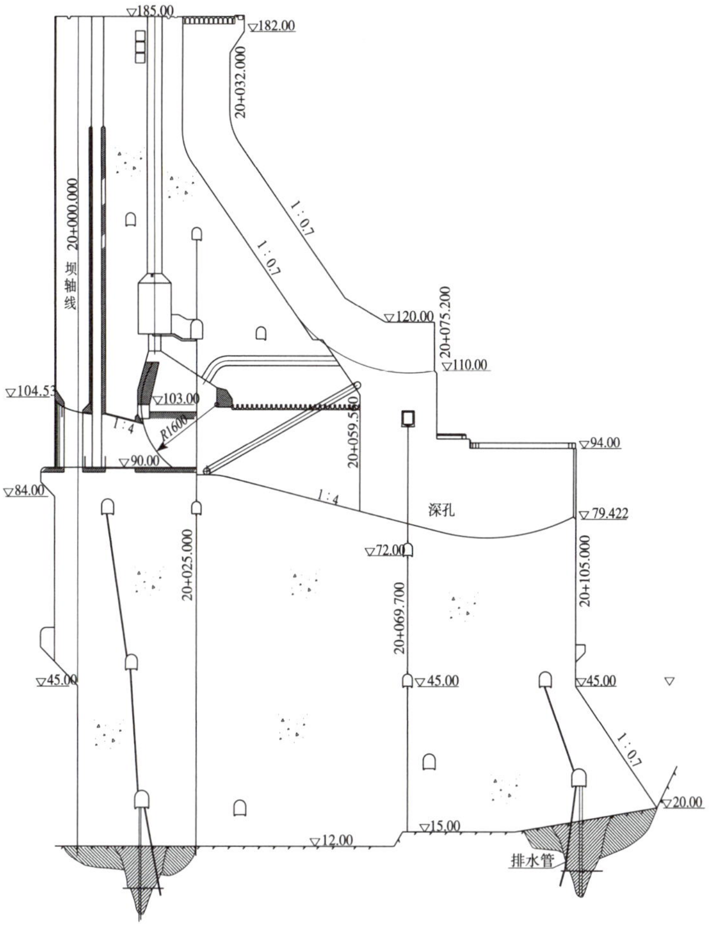

图 2.3.7 深孔有压短管接明流泄槽方案体型(单位:高程、桩号以 m 计,尺寸以 cm 计)

在《长江三峡水利枢纽初步设计报告(枢纽工程)》中,提出大坝为混凝土重力坝,河床中部布置泄洪坝段,其前缘总长 483m,共设 23 个 7.0m×9.0m(宽×高)的深孔(进口底高程 90.0m)和 22 个净宽 8m、堰顶高程 158m 的表孔。在《大坝单项技术设计报告》(1994 年 11 月)中,根据我国已建工程的大量深孔设计与运行的成功经验,经比较,进一步肯定了初设阶段深孔采用矩形有压短管,出口接坝内明流泄槽、鼻坎挑流的型式,并对深孔的有压短管体型、明流泄槽体型做了进一步修改。

进一步研究表明,该剖面体型泄槽抛物线段的水流空化数很低,高水位时该处最小水流空化数低于 0.15,故存在发生水流空化和空蚀的可能,需采用减蚀措施。因此,通过水工模型试验,又进一步研究比较了工作闸门后跌坎掺气设施、结合考虑闸门止水需要的突扩跌坎掺气设施等掺气减蚀方案。

(1)深孔有压短管和有压长管型式比较

1)有压短管接明流泄槽布置型式。

深孔进水口采用水流平顺的不完全喇叭型的进口形状,进口顶板和两侧边墙均采用 1/4

椭圆曲线，底板采用半径为 1.0m 的 1/4 圆弧与坝前进口相连。进口设反钩门，尺寸为 9.60m×14.53m(宽×高)，进口底板高程 90.00m。进口段末端设事故检修门槽，平板事故检修门尺寸为 7.00m×11.00m(宽×高)，门槽宽 1.95m，深 1.1m，错距 0.11m，角隅圆弧半径 0.10m，槽后退坡 1∶12，并与门槽前后一定范围内采用钢板衬护。

有压段出口断面尺寸为 7.0m×9.0m(宽×高)，布设弧形工作门。明流泄槽段最初采用抛物线接斜直段再接反弧段型，反弧半径为 40.0m，挑角 27°，抛物线段方程采用 $Y=X^2/A$，A 的取值加大至 460。模型试验和数值计算都表明，最小水流空化数仍小于 0.2，不能满足规范中不设掺气设施的要求，试验给出的抛物线段的最小水流空化数 $\delta_{min}=0.16$。试验表明，通过加大抛物线方程中 A 值使 $\delta_{min}>0.2$ 有一定难度，须调整底板的连接形式。为此，将有压短管水平段与泄槽直线段的连接移至有压短管内，避开竖向曲线离心力对明流段的影响，从而提高了沿泄槽底板的压强和水流空化数。具体方案是事故门槽及其上游进口段体形尺寸不变，在事故门槽下游 1m 处，底板采用半径 60.0m 的圆弧，下接 1∶10 斜坡段，再接半径 40.0m 的反弧段，鼻坎挑角 27°，顶高程 86.91m。有压段出口断面尺寸仍为 7.0m×9.0m(宽×高)，顶板压坡 1∶4，压坡段长 7.95m，压坡段末端高程 98.6m。从压力分布和水流空化数看，调整后的有压短管接明流泄槽布置型式的水流空化特性较优，当上游水位在 135.0～175.0m 变化时，明流段泄槽底板的最小压强为 8.5～9.0m 水柱，相应的 $\delta_{min}=0.62\sim0.30$，满足规范中不设掺气设施的条件，即水流空化数大于 0.2。

初步推荐深孔有压短管不设掺气设施，采用斜直泄槽方案。对于有压短管掺气方案的研究详见后述。

2)有压长管接明流泄槽布置型式。

深孔有压长管接短明流泄槽的型式，坝体内有压段长 75m，后接明流泄槽长 35m。孔数和进口底高程与有压短管方案一致，即在泄洪坝段共布置 23 个深孔，进口底高程为 90.0m；有压长管方案的泄流能力应与有压短管方案基本相同，故出口尺寸由有压短管方案的 7m×9m(宽×高)调整为 6.5m×9.7m(宽×高)，鼻坎末端高程不超过 90.0m(图 2.3.6)。

对有压长管方案也进行了弧门后不突扩和突扩两种方案的体型试验研究。主要进行了泄流能力、流态，压强分布、水面线的量测，并对有压段及明流段的空化特性进行了分析。

①有压长管不突扩方案体型的模型试验研究成果表明：泄流能力较有压短管方案减小 0.7%～2.0%，23 个深孔的泄流量减少 230～1000m³/s；库水位在 105m 以下时，深孔为明流；在 105～113m 范围时，前端为压力流，后端为明流；超过 113m 以后，有压段均为压力流；库水位在 135～175m 范围时，进口及有压段内压力平顺，事故门槽区水流空化数为 0.88～0.76，初步判断产生空化的可能性甚小。

②有压长管突扩方案体型，每边突扩 0.5m。模型试验结果表明：泄流能力与有压短管方案基本相同；库水位在 105.6m 以下时，孔内为明流；库水位在 105.6～111.5m 范围时，孔内前部为有压流，后部为明流；水位超过 111.5m 后，整个管道为有压流。在由明流过渡到满流的过程中，孔内水流稳定，未出现明满流交替的不利流态。水流出有压段后，扩散水流撞击侧墙形

成较小的水翅，一般不会冲击门铰；侧空腔虽能形成但较小，库水位在135～180m范围时，侧空腔水平长度仅为2.3～3.6m。有压段顶板、侧墙和底板的压力分布平顺；对应于库水位135～180m，门槽水流空化数为0.97～0.82，远大于该门槽体型的初生空化数。有压段后侧墙水流冲击区压力表现为：侧空腔内压力较低；射流冲击区压力分布呈尖峰状，压力峰值随水头增大而增高，在180m水位时，最大压力峰值为240kPa；其后压力单调下降，并出现负压，最大负压约20kPa。减压模型试验结果表明：进口侧缘、底板、门槽区域及门槽下游斜坡段等部位，均未有空化现象；有压段顶部压坡转折处在135m水位时，有初生阶段空化发生，但空化强度未随库水位升高而加剧；有压段后侧墙水流冲击区域，未有空化现象发生。

上述研究结果表明，深孔有压长管方案突扩体型是基本可行的。

(3)两种布置型式比较

结构方面，有压长管方案将弧形工作门移至坝面外，坝体结构简化，但弧门支承结构复杂，难度大，运行时存在振动、雾化等问题；水力学方面，弧门采用突扩止水，对有压长管方案有利，但下游冲刷情况稍有恶化；施工方面，有压长管方案在施工进度上稍有利，但钢衬和钢筋量增加较多，施工难度加大，造价增加。综合比较分析认为：从布置、结构、水力学和施工等方面比较，两种方案技术上都是可行的，有压短管方案较为稳妥可靠，相对投资少，设计推荐深孔采用有压短管接明流泄槽方案。

(4)深孔有压短管布设掺气方案研究

深孔有压短管布设掺气方案研究比较了突扩掺气和跌坎掺气方案。

1)深孔有压短管布设突扩掺气方案。

①突扩掺气方案体型。

深孔有压短管布设突扩掺气方案重点研究与掺气效果密切相关的掺气设施体型尺寸，即突扩宽度、侧向折流器、跌坎高度、挑坎高度和泄槽底坡。深孔突扩掺气方案研究，首先利用有关理论和经验公式进行计算分析，并结合实际工程经验拟定掺气设施的体型尺寸，再进行模型试验。通过试验，全面观测流速流态、泄流能力、压力分布、空腔特性和掺气浓度等，对不同体型分析比较，进一步调整优化。

深孔短有压段体型尺寸：进口底高程90.00m，进口顶板和两侧墙均为1/4椭圆曲线，顶板椭圆曲线$X^2/10.59^2+Y^2/3.53^2=1$，侧墙椭圆曲线$X^2/4.5^2+Y^2/1.3^2=1$，进口底板采用半径1.0m的1/4圆弧与坝前进口相连。有压段出口断面尺寸为7.0m×9.0m(宽×高)，有压段出口长8.0m，压坡坡度1∶4，反弧段圆弧半径40.0m，鼻坎末端距坝轴线105.0m，挑角27°，坎顶高程86.91m。

(a)突扩宽度。

侧向突扩宽度既要满足承受高水压的弧门止水布置要求，又要能形成稳定的侧空腔。由于突扩是形成水翅的根源，同时还会削弱坝体结构，因此突扩尺寸不宜过大，国内外工程采用的突扩宽度一般为0.4～0.5m。为满足深孔止水布置需要，突扩宽度不宜小于0.5m，考虑泄洪坝段孔洞较多，坝体结构比较单薄，设计采用突扩宽度为 0.5m，侧空腔大小通过侧向折流器进行调整。

(b)侧向折流器。

侧向折流器对侧空腔的形成有显著作用，同时还能增加底空腔的长度，减小水翅强度，但对泄流能力有一定影响。深孔有压段出口高度为 9.0m，采用弧门控制，侧向突扩宽度 0.5m，难以保证形成稳定畅通的侧空腔。参照实际工程经验和模型试验成果，在有压段出口设置侧向折流器，其宽度自孔顶到孔底，由 0m 渐变至 0.5m，侧收缩坡度取 1∶8，两侧对称布置。

(c)跌坎高度。

跌坎高度不仅要满足止水布置的要求，还需满足通气要求和便于设置通气孔。跌坎高度越大，射流与底板的冲击角就越大，导致回溯水流增强，影响有效空腔长度，同时冲击压力增大，泄槽流态变差。参照实际工程经验，并通过模型试验研究，深孔的跌坎高度取 2.00m。

(d)挑坎。

在跌坎顶部布置小挑坎，使水流向上挑射，对增大底空腔有明显效果。但挑坎太高或坡度过陡会导致水翅增强，流态变差，泄流能力减小，同时还会使射流和底板的冲击角增大，回溯水流增强，影响有效空腔长度。试验比较了 0m、0.10m、0.20m、0.30m、0.50m 五种挑坎高度，最后从流态和空腔长度等综合比较分析，推荐采用高度 0.10m、坡度 1∶8 的小挑坎。

(e)泄槽底坡。

泄槽底坡对底空腔特性的影响显著。在通常情况下，运用水头变幅大的泄水孔需要较大的泄槽底坡，坡度越大，底空腔越大，底部漩滚水流回溯的范围越小，这对降低临界通气水头特别有效。但底坡太大时，陡槽段可能形成较强的冲击波，流态变差。另外，深孔下游最高水位 83.10m，若底坡太大，鼻坎高程将低于下游水位，影响水流挑射，设计控制鼻坎高程在 80.00m。试验研究对 $i=20\%$、$i=20\%$接 $i=10\%$和 $i=15\%$三种坡度方案进行了比较。试验结果表明，当 $i=20\%$时，在设计应用水头范围内均能形成稳定空腔，空腔长度满足要求；当 $i=20\%$接 $i=10\%$时，虽然能形成稳定空腔，但空腔长度偏小；当 $i=15\%$时，不能在整个运用水头范围内形成稳定空腔。因此，推荐泄槽底板的底坡采用 $i=20\%$。

(f)泄槽边墙。

为尽量减小对坝体结构的削弱，初拟体型时，泄槽边墙从跌坎下游 3.00m 处以 1∶15 的坡度收缩，泄槽宽度由突扩后的 8.00m 收缩至 7.00m。试验发现，该收缩会引起较大的水翅和水花，流态较差。后取消边墙收缩，采用 8.00m 宽的等宽泄槽，流态大为改善，因此推荐采用 8.00m 等宽泄槽。

(g)反弧半径。

试验对 $R=40.0$m 和 $R=60.0$m 两种反弧半径进行比较，以观察反弧半径对反弧段底部掺气浓度的影响。试验结果显示，两种反弧半径条件下，反弧段气泡上逸速度均较快，反弧段底部掺气浓度都很小，反映不出反弧半径的影响。因此，仍保持反弧半径 $R=40.0$m。

(h)通气孔。

底空腔的通气量是由跌坎后的通气孔和侧空腔供给的，考虑到原型中侧空腔下部有可能被水流封堵，不能与底空腔连通，设计从安全考虑，假定底空腔的需气量全部由跌坎后的通气孔供给。参照实际工程经验，并结合深孔结构布置情况，在跌坎后布设 2 个直径为 1.00m 的通气孔，另在侧空腔中下部的两侧墙上各布设 1 个直径 0.50m 的辅助通气孔，以保证侧空腔下部充分通气。据有关文献，在泄流孔水流单宽流量变化较大的情况下，单宽需气量变化不大，为 7～10m³/(s·m)，深孔单宽通气量按 10m³/(s·m)考虑，则通风孔风速为 51m/s，相应的空腔负压值按经验公式计算约为 0.40m，满足规范通气孔风速不大于 60m/s、空腔负压值不大于 0.50m 的要求。

②突扩掺气方案模型试验成果。

深孔有压短管突扩掺气方案体型(图 2.3.8)的水工模型(1∶100)试验主要成果如下。

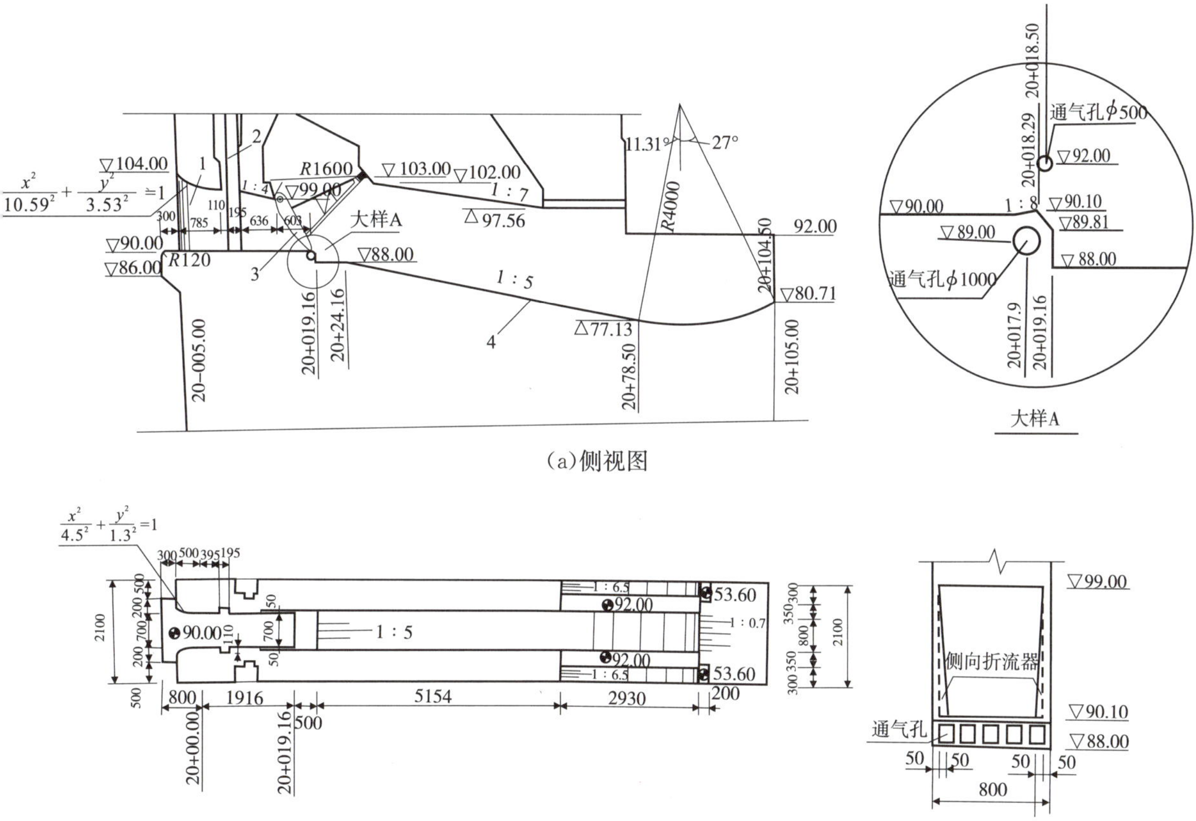

(b)俯视图

图 2.3.8　深孔有压短管突扩掺气方案体型(单位:高程、桩号以 m 计,尺寸以 cm 计)

1—深孔进口段;2—事故检修门槽;3—弧形工作闸门;4—明渠泄槽段

(a)流态。

水流出深孔有压段后，向四周扩散，由二维流态转变为较复杂的三维流态。侧扩流态比较复杂，扩散水流撞击侧墙后，向上扩散的水流形成水翅，水翅距弧门支铰约 3.00m。向下跌落的水流在空腔两侧形成水帘，水帘厚度很小，掺气浓度较高。水帘状水体落到空腔段泄槽底板上，形成清水流层，其厚度沿程增加。空腔末端为漩滚水流，低水位时漩滚水流长度较小，高水位时漩滚长度较大。

(b)泄流能力。

深孔设置挑坎和侧向折流器后，泄流能力约减少 4%，但不同库水位的流量系数均大于设计采用值 0.87，泄流能力可以满足设计要求。

(c)压力分布。

深孔在有压段出口设置突扩掺气设施后，由于侧向折流器和挑坎的作用，有压段的压力略有增加，压力分布正常，明流段压力分布亦无异常现象，空腔内最大负压值为 0.40～0.68m，基本合理，说明通气条件较好。另在空腔段底板上测到正压值，分析是由跌落水体在泄槽底板上形成的清水流层引起的。

(d)空腔特性。

深孔在各级水位(运行水位 135.0～180.4m)条件下，均能形成稳定贯通的侧空腔和底空腔。侧空腔平均长 4.00～6.00m，在立面上顶部长度较大，底部次之；底空腔特征长度随库水位的升高而增大，对应于库水位 135.0m 及 175.0m，有效空腔长度分别为 19.00m 及 35.90m，空腔长度满足掺气要求。

(e)掺气浓度。

深孔侧空腔和底空腔前部的掺气浓度高，在底空腔后部，由于有一层水体流动，掺气浓度较低。在反弧最低点之后，气泡上逸较快，底部边界间歇出现清水流层，掺气浓度较小；在鼻坎附近，掺气浓度值接近于 0，减蚀效果较差。

(f)空化特性。

深孔减压试验表明，有压段水流空化数较大，为免空化体型。斜直段底板大部分在底空腔内，小部分在空腔下游掺气浓度较高的水流中，无空化发生。反弧段水流空化数较大，且有一定的掺气浓度，亦为免空化体型。在侧空腔下游一定范围的侧墙上，掺气浓度低，对侧墙的减蚀作用不大。

③突扩掺气方案分析评价。

在深孔有压短管布设突扩掺气方案中，有压段出口设置侧向折流器，侧扩 0.5m，侧收缩坡度 1∶8，设跌坎高度 2.0m，泄槽底坡坡度 1∶5。长江科学院、中国水利水电科学研究院、清华大学等科研单位和高校进行了大比例尺(1∶100)模型试验研究。试验成果表明，在上游水位 135.0～180.4m 运行范围内，深孔有压短管设突扩体型后可形成稳定贯通的底空腔和侧空腔；侧扩流态比较复杂，紧邻水流冲击处下游，因水流分离在侧墙上形成低压区，近壁掺气浓度很低，若施工质量控制不严，易产生水流空化及空蚀破坏；设置侧向折流器，可增加侧空腔及底空腔长度并保证其贯通，也可适当减小侧扩宽度，但侧墙低压区和水流脉动压力会增大，而近壁区的掺气浓度仍很低，另外泄流能力稍有降低。研究分析突扩掺气方案优缺点，并结合工程实际应用的成败实例总结，总体认为：突扩掺气方案技术上是可行的，鉴于三峡大坝泄洪孔口多且尺寸大，结构复杂，突扩后将使深孔侧壁进一步减薄；而弧门在汛期运用的操作水头经常为55.0～70.0m，采用常规止水可以满足要求，鉴于突扩掺气方案空腔段流态复杂，工程应用实践经验不多，经综合分析，设计不推荐采用突扩掺气方案。

2)深孔有压短管布设跌坎掺气方案。

①跌坎掺气方案的体型。

深孔有压短管布设跌坎掺气方案重点研究与掺气效果密切相关的跌坎位置、跌坎高度、泄槽底坡和通气孔布置及其尺寸。该方案有压段与突扩掺气方案略有不同，一是增加了压坡段长度，可改善后胸墙结构；二是事故检修门改为前止水，可减小启闭力。修改后的体型：进口底高程90.00m，进口顶板和两侧墙为1/4椭圆曲线，顶板椭圆曲线$X^2/11^2+Y^2/3.67^2=1$，侧墙椭圆曲线$X^2/4.5^2+Y^2/1.3^2=1$，进口底板采用半径为1.0m的1/4圆弧与坝前进口相连，进口段末端设事故检修门(7.0m×11.0m，宽×高)。有压段出口断面尺寸为7.0m×9.0m(宽×高)，弧形工作门尺寸为7.0m×9.0m(宽×高)。斜直段底坡1∶4，反弧段圆弧半径40.0m，鼻坎末端距坝轴线105.0m，坎顶高程79.93m，挑角27°。跌坎掺气方案体型见图2.3.9。

(a)跌坎位置。

跌坎位置主要考虑纵缝位置、底板压力分布和弧门底钢衬范围。根据试验研究成果，在有压段出口下游约1倍孔高的位置内，受出口压坡的影响，其底板的压力大于按静水压力分布的压力值，跌坎位置宜避开该超压力段。金属结构设计要求在弧门底座下游3.0～5.0m范围内采用钢衬，以保证闸门安全。根据泄洪坝段混凝土温控要求，第1条纵缝设在距坝轴线25.0m处，距弧门底座约5.0m，可满足钢衬布置要求，又避开了超压力段，因此将跌坎位置确定在第1条纵缝处。

(b)跌坎高度。

跌坎高度需考虑在运用水位下能形成稳定的底空腔和通气孔的布置要求，并与底板坡度密切相关。但跌坎不宜过高，以防止射流对底板的冲击压力太大而出现不利流态，这对水流含沙浓度较高的深孔泄流尤为重要。通气孔直径取决于在正常运行水位下孔内风速不超过规范的限制值。由于跌坎高程与泄槽底坡及通气孔尺寸关系密切，为此进行了3种组合方案的模型试验研究：组合方案Ⅰ，跌坎高2.0m，泄槽底坡$i=1/5$，通气孔直径1.0m；组合方案Ⅱ，跌坎高1.2m，泄槽底坡$i=1/4$，通气孔直径1.1m；组合方案Ⅲ，跌坎高1.0m，泄槽底坡$i=1/3.5$，通气孔直径0.9m。

3种组合方案试验成果表明：3种方案在库水位135.00～180.40m范围内，均能形成稳定空腔，但在流态、空腔特性和压力特性等方面有一定的差异。在较低水位时，方案Ⅰ空腔漩滚水流进入通气孔底部，影响通气效果，而方案Ⅱ、方案Ⅲ均无此现象。在正常蓄水位175.00m时，方案Ⅲ射流底缘冲击点已进入反弧段内，反弧段内流态较差，鼻坎挑射水舌摆动较大，而方案Ⅰ

和方案Ⅱ的射流底缘冲击点在斜直段上，对流态影响较小。水位 175.00m 时冲击区最大脉动压力均方根值，方案Ⅱ为 5.3m，方案Ⅲ为 6.5m。由于深孔下游最高水位 83.10m，因此鼻坎的高程不能太低，根据模型试验结果，鼻坎高程不宜低于 80.00m。方案Ⅰ、Ⅱ、Ⅲ的鼻坎高程分别为 80.56m、79.93m、77.98m，故方案Ⅲ挑流水舌下部的补气条件较差。

综合考虑，采用组合方案Ⅱ的体型尺寸。

(c)挑坎。

进行组合方案Ⅰ的试验时，对挑坎体型进行了比较，挑坎坡度取 1∶8，高度分别取 0.00m、0.10m、0.20m。试验表明，随着挑坎高度的增高，射流底缘挑距即空腔长度明显加大，库水位 175.00m 时，空腔长度分别为 63.70m、74.20m、82.90m。而有效空腔长度随挑坎高度的增大，反而有减小的趋势。库水位 175.00m 时，有效空腔长度分别为 25.00m、25.00m 和 21.40m。因此，选取挑坎高度为 0，即不设挑坎。

②跌坎掺气方案模型试验成果。

深孔有压短管设跌坎掺气方案按图 2.3.9 体型进行水工模型试验，成果如下：

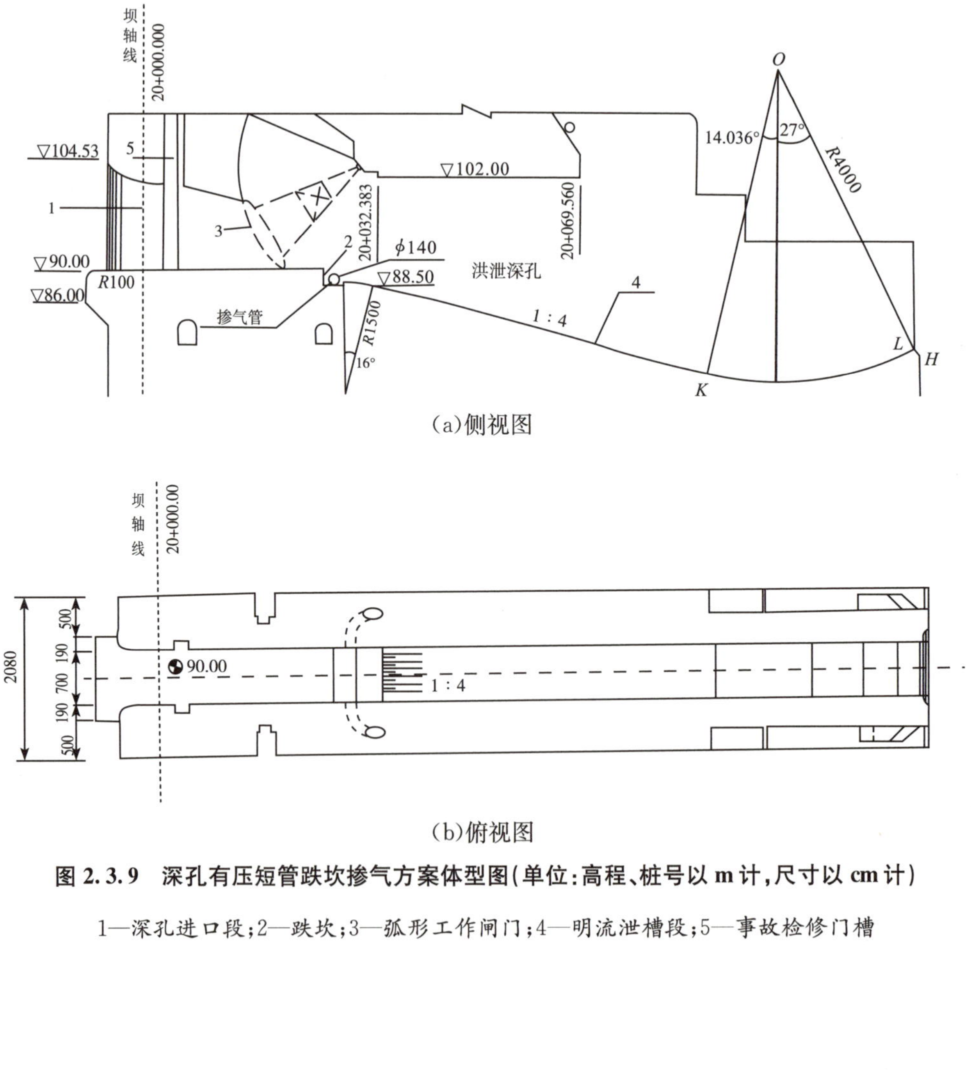

图 2.3.9　深孔有压短管跌坎掺气方案体型图(单位：高程、桩号以 m 计，尺寸以 cm 计)

1—深孔进口段；2—跌坎；3—弧形工作闸门；4—明流泄槽段；5—事故检修门槽

(a)泄流能力。

深孔有压短管设跌坎掺气方案在运行水位135.00～180.40m时，流量系数为0.90～0.88，均大于设计采用值0.87，泄流能力满足设计要求。

(b)压力分布。

跌坎掺气方案与突扩掺气方案相比，跌坎方案压坡段长度增加，事故检修门抬高，有压段内压力值普遍增大，压力分布正常。明流段底板的压力分布正常，空腔内最大负压值为0.00～1.60m，说明在低水位时，空腔漩滚已接近跌坎处，泄槽底板不宜再缓。模型测量了冲击区的脉动压力，属低频脉动，优势频率为0.10～0.25Hz。脉动压力幅值，随库水位升高而增大，库水位175.00m时，最大脉动压力均方根值为5.30m，属正常范围。

(c)空腔特性。

深孔在各级运行水位条件下，均能形成稳定的底空腔，其空腔长度为射流底缘与泄槽底板的交点至跌坎的距离，有效空腔长度为扣除空腔末漩滚水流影响的净空腔长度。空腔特征长度随库水位的升高而增大，对应于库水位135.00m及175.00m，有效空腔长度分别为14.40m及32.80m。泄流孔水流的单宽需气量q_a一般为7～10m^3/(s·m)，按水流挟气能力公式计算，库水位135.00m、175.00m时，q_a分别为8.4m^3/(s·m)及28.7m^3/(s·m)，因此，空腔长度满足掺气要求。

(d)掺气浓度。

模型所测掺气浓度在空腔内浓度较高，随库水位的抬升，掺气浓度随之升高；反弧段气泡上逸较快，底部掺气浓度较低，掺气减蚀效果较差。

(e)空化特性。

深孔减压试验表明，有压短管布置跌坎掺气的体型为免空化体型。跌坎及下游泄槽底面一定范围内在库水位高于135.00m时为空腔所覆盖；反弧段和鼻坎在各级运行水位下均无空化现象。

③跌坎掺气方案分析评价。

深孔有压短管布设跌坎掺气方案，在运行水位135.00～180.40m内均能形成稳定的底空腔，达到了掺气减蚀目的，泄槽侧壁水流平顺，较为安全可靠。该方案缺点是高水压弧门止水设计难度较大，但对工作弧门止水问题可采取措施解决。综合分析认为，深孔有压短管布设跌坎掺气方案对坝体结构影响较小，深孔各项水力学指标较优，能满足安全运行要求，较为稳妥可靠，因此，设计推荐采用跌坎掺气方案。

3)深孔有压短管布设掺气方案比选。

研究分析和模型试验成果表明，突扩掺气方案、跌坎掺气方案在泄流能力和空化特性等方面均可满足规范和设计要求，两种方案在技术上都是可靠的。但在施工难度、闸门止水和工程应用实践经验等方面存在差异。

①突扩掺气方案将高水压闸门止水布置与掺气减蚀措施有机结合，同时解决这两方面

的问题。该方案经过优化体型研究，在运行水位范围内均能形成稳定的侧空腔和底空腔，达到掺气减蚀目的；弧形工作门采用正向止水，止水效果较为可靠。大比例尺水工模型试验表明，在水位 135.00m 以上时，突扩空腔畅通，减压试验表明侧扩不是空化源，但由于侧扩水舌冲击处压强较低且掺气浓度低，此处的空化问题和由此导致的空蚀问题仍应高度重视。突扩掺气方案空腔段流态复杂，工程应用实践经验不足，国内外水利水电工程均有采用突扩掺气设施后仍发生空蚀破坏的工程实例，对其安全性和可靠性尚需进一步研究。

②跌坎掺气方案是国内外水利水电工程普遍采用的较为成熟的掺气设施，尚未发现采用此类掺气设施后发生严重破坏的实例。该方案经过优化体型研究，在运行水位范围内均能形成稳定的底空腔，达到掺气减蚀目的。由于其底部掺气效果好，侧壁水流平顺，较为安全可靠。跌坎掺气方案的缺点是高水压弧门止水布置难度较大。深孔弧门由水压力等引起的支壁压缩变形、温度变形和制作安装误差及挠度等总变形量达 18mm，而通常采用的常规预压式止水，由于预压量有限及顶侧角隅止水体型结构复杂等因素，一般难以满足高压弧门的密封要求，需深入研究。

目前，水利水电工程实践中常用 3 种止水布置形式来解决高水头弧门的止水问题，即偏心铰压紧式止水、液压伸缩式止水、门楣设转铰式及门周边设常规型预压式相结合的止水（亦称“带铰式止水的常规型止水”）。前两种止水元件均布置在沿闸门孔口弧状突扩门槽的背水面上，止水元件工作面基本上与弧门面板曲率面相吻合，并分别依靠偏心机械力或可控（充泄水）液压力使两个止水弧面挤紧接触达到止水目的。这两种止水布置形式先后在龙羊峡、东江、漫湾、宝珠寺、东风、天生桥一级、小浪底、二滩等工程应用，实践表明，止水效果较好。第三种止水布置形式采用止水元件布设在弧门周边，当弧门关闭时，可与孔口周边挤压密封；同时在门楣上设置一道转铰式止水，以防止弧门启闭过程或局部开启时门顶冒水，这种止水布置形式在乌江渡、鲁布革等工程应用。鉴于这种常规预压式止水角隅结构复杂，止水元件不易适应角隅体型。转铰式止水不仅要适应与弧门面板及侧止水的密封，同时还要满足其与侧墙间的密封，这就要求设计、制造、安装及运行等每个环节的质量都要达标，以保证止水效果。经分析研究，深孔弧门止水布置形式采用侧止水为预压式方头“P”形橡皮，底止水为“刀”形橡皮；顶止水埋件上设转铰式止水，门顶设盖压式“P”形橡皮；侧止水与顶止水及底止水连接角隅部位采用整体压模成型。

③深孔有压短管掺气方案的选择。

深孔有压短管布设掺气设施，通过对突扩掺气方案和跌坎掺气方案的研究比较，并进行大比例尺水工模型试验研究分析。综合各方面的研究成果认为，跌坎掺气方案对坝体结构影响较小，水力学指标较优，能满足深孔泄洪运行安全要求，该方案较为稳妥可靠，因此，推荐深孔采用有压短管接明流泄槽跌坎掺气方案（图 2.3.10）。

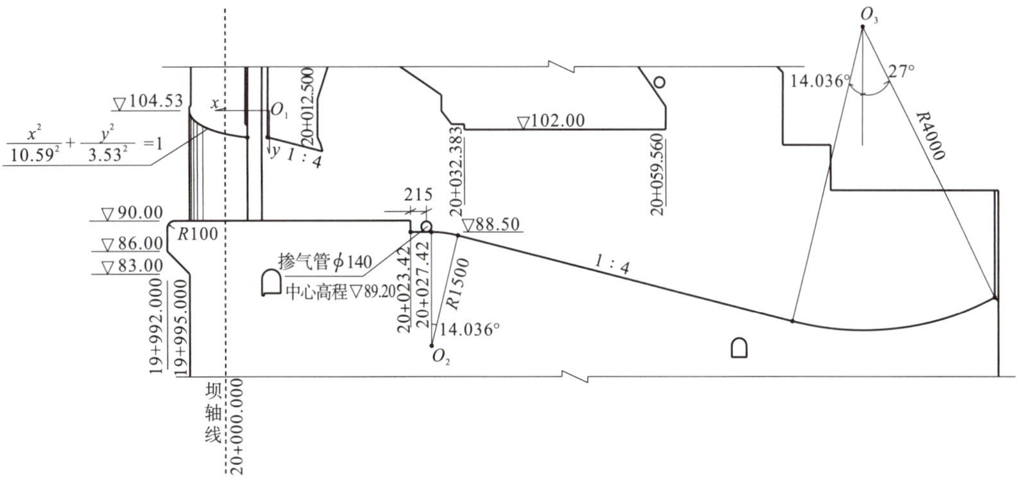

(a)侧视图

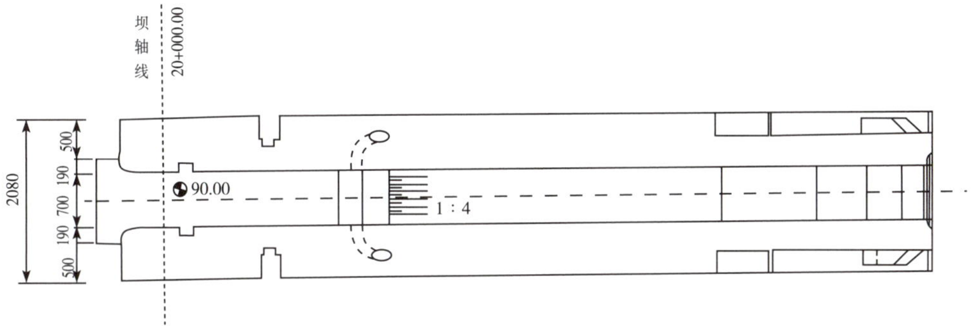

(b)俯视图

图 2.3.10　深孔有压短管跌坎掺气方案体型修改图(单位:高程、桩号以 m 计,尺寸以 cm 计)

4)深孔水工模型试验成果。

①在上游水位 135.0～180.4m 运行时,实测流量系数为 0.90～0.88,泄流能力满足设计要求。

②在上游水位 135.0～180.4m 运行时,能形成稳定的底空腔,相应的空腔长度为 17.0～56.0m。

③在上游水位 135.0～180.4m 泄洪时,通气孔的时均风速在 15～67m/s 变化;在 100 年一遇洪水位 166.90m 时,通气孔的时均风速小于 56m/s,基本满足原型时均风速一般不超过 60m/s 要求。闸室通风孔的时均风速较小,在 7～16m/s 变化。

④在各种运行水位下,底空腔下游的泄槽段与反弧段前端底部模型掺气浓度为 1%～5%,可对底板提供有效的掺气保护。

⑤时均压强分布:进口段顶板压强分布平顺,门井段压强梯度较大,施工时应对门井下游侧做圆化处理;有压段底板压强分布平顺,水舌冲击点位置与压强随上游水位而变化,当上游水位为 135.0～145.0m,冲击点位置在距坝轴线 51.0～58.0m 处,时均冲击压强为(11.7～

14.2)×9.8kPa,当水位升至166.9m以上时,水舌冲击点已进入反弧段内,从压强分布已难分辨出水舌冲击点位置;在跌坎方案中,侧墙的时均压强分布与底板压强分布有相似的特征。

⑥在上游水位135.0～166.9m泄洪时,底板水舌冲击区的脉动压强均方根值为(1.0～3.4)×9.8kPa,优势频率集中在6Hz以内的低频范围。

⑦空化特性:明流段跌坎下游的底板,部分被空腔所覆盖,其后水流空化数在0.3以上,最小水流空化数满足规范要求,又有掺气保护,不会发生空化与空蚀破坏,减压模型也证实了这一点,但仍应保证混凝土施工质量和过流面平整度要求,明流段侧墙水流空化数较小,也应注意施工质量和平整度控制。

上述试验成果表明,深孔有压短管接明流泄槽设跌坎掺气最终体型,各项水力学指标都较优,能满足安全泄洪运行要求。

2.3.2.3 深孔运行检验

(1)深孔泄洪运行时间及弧门启闭扇次统计

深孔于2003年5月30日开启泄流,至2018年底累计泄洪过流时间为138917.7小时,弧门累计启闭2840扇次,各年运行情况列入表2.3.2。

表2.3.2 深孔泄洪运行统计

年份	2003	2004	2005	2006	2007	2008	2009	2010	2011	2012	2013	2014	2015	1016	2017	2018
深孔过流时间(小时)	36829	33328	31530	4118	14938	3887.5	2515.5	3861.8	12.2	4044.2	171.7	1592.3	0	4	62.8	2022.7
弧门启闭扇次	604	772	656	146	198	178	37	36	6	88	4	10	0	1	16	88

注:弧门开启和关闭为1次启闭操作,启闭扇次不含闸门检修操作。

(2)175.00m水位运行期间深孔泄洪运行情况

从2008年至2020年8月,三峡水库累计拦洪总量超过1800亿m^3,其中2010年、2012年、2020年汛期洪水过程较常年多,入库最大洪峰流量均超过70000m^3/s。

2010年汛期,三峡入库洪峰流量大于30000m^3/s的洪水出现5次,洪峰流量大于50000m^3/s的洪水出现3次,最大入库洪峰流量为70000m^3/s。三峡水库先后进行了多次中小洪水调洪运用,对三次入库流量大于50000m^3/s的洪水,最大下泄流量均按40000m^3/s左右控制,最高库水位达161.02m,最多开启了泄2号、5号、8号、10号、13号、15号、17号、19号、22号深孔共9孔。泄洪设施运用正常。

2012年汛期,三峡入库洪峰流量大于40000m^3/s的出现5次,流量大于50000m^3/s的洪峰出现4次,最大入库洪峰流量为71200m^3/s。三峡水库实施中小洪水调度共4次,最大下泄流量45200m^3/s,最高蓄洪水位163.11m,最多开启了泄2号、4号、6号、8号、12号、18

号、20号、22号深孔共8孔和2个排漂孔。泄洪设施运用正常。

2020年汛期，三峡入库洪峰流量大于50000m³/s的洪峰出现5次，2020年8月20日三峡枢纽入库流量达到75000m³/s，最大下泄流量达49400m³/s，是三峡枢纽工程自2003年建库以来遭遇的最大洪峰，8月22日三峡水库出现入汛以来最高水位167.65m。最多开启了泄1号、3号、5号、7号、9号、12号、14号、17号、19号、21号、23号深孔共11孔(或开启10孔深孔+2号排漂孔、关23号深孔)。泄洪设施运用正常。

(3)深孔泄洪水力学监测成果分析

1)水流流态。

大坝上游水位172.60m时，深孔开启1号、2号、7号、10号和15号泄洪，深孔进口水面平稳，无明显不利流态。进口前偶尔出现游移的表面漩涡，水面凹陷不明显，且出现频率低，进口前未见漂浮物聚集。深孔泄洪时，检修门井中传出持续的较平稳的“隆隆”声响，经水听器噪声谱级分析，未发现该区域出现明显空化。在部分泄洪调度方式下，深孔泄洪时，在坝前出现间歇性的立轴小漩涡，但不致影响深孔运用安全。深孔泄洪时，泄槽内掺气充分，通气孔风速为80.6m/s。深孔水舌挑离鼻坎后，迅速向四周扩散，水舌外缘落点在距坝轴线220m处，下游主流消能区漩滚剧烈。15号深孔水舌落点以右和右导墙(下游纵向围堰)水域为大范围强回流区，波浪或涌浪大，波浪最大爬高可达10.0m，基本可与纵向围堰顶高程82.00m齐平。下游右岸高家溪岸坡有水流顶冲现象，涌浪较大，岸边波浪爬高3.0～5.0m。泄洪所形成的水雾区主要分布在高程150.00m以下空间，薄雾区弥散可超过坝顶高程185.00m以下空间。

2)时均压力。

深孔时均压力测点主要布设在明流段底板或底板附近的侧壁上。监测资料显示，以1号深孔为例，在大坝上游水位172.6m全开稳态条件下，泄槽斜坡段过流面压力均不大，最大值出现在反弧段后部，实测最大时均压力达40.2×9.81kPa；挑流鼻坎末端测点时均压力为16.5×9.81kPa。掺气跌坎下游有底空腔形成，空腔长度较上游水位135.00m运行时增长，实测空腔负压约－0.5×9.81kPa；时均压力沿程分布正常。

3)脉动压力及近壁流速。

大坝上游水位172.60m时，深孔启门过程中，弧形工作门前有压段压力随闸门开度增大而降低，压力脉动幅值不大；深孔跌坎后斜坡段在闸门开启初期约400s时间段内出现最大为－0.68×9.81kPa的负压，至闸门全开稳态时，该测点压力均值为4.0×9.81kPa；挑流鼻坎压力随闸门开度增大均呈单调增大趋势。关门过程线基本上与开门过程线相反。闸门全开稳态条件下，深孔进口侧缘和门槽区的脉动压力主频较高，但能量很低；明流斜直段近底及其挑坎的能量比闸门前要大，而主频较低。斜直段的水舌冲击及脉动压力强度不大，反弧及挑坎仍然是深孔脉动压力较大区域。稳态条件下，各部位动水压力均正常。深孔跌坎坎顶近底流速约30.5m/s，挑流鼻坎流速约28.3m/s。每年汛后对深孔过流面进行全面检查，流道冲刷磨蚀区域主要为侧墙，粗砂和小石露出，对磨面进行修补，底板无明显冲刷磨蚀,发现环氧胶泥对保护过流面效果较好。

4)水下噪声。

水下噪声的采集借助水听器和专用计算机采集分析系统进行。水下噪声的测量和分析主要在高频段,采集分析系统的频率上限为200kHz。

在工作弧门启闭过程中,深孔进口侧缘和检修门槽区的流速由进口逐渐增大,噪声谱级在启闭初即上升20～25dB,随闸门开度增大,噪声谱级变化不明显,高频段噪声谱级的跳跃均小于50dB。深孔进口段未出现明显空化。深孔跌坎水舌冲击区前后的过流面附近侧壁,自启门之初(开门第5s),高频段噪声谱级均较空气中背景升高约25dB,随着闸门开度进一步增大,噪声谱级无明显升高;在水舌内缘冲击点与回水间存在剪切水流,该区域可能发生剪切流空化,闸门全开后,稳态条件下噪声谱级较开门初期有所下降,其中高频段仅比背景高出2～3dB。挑流鼻坎上,启门之初高频段噪声谱级较空气中背景值上升15～25dB。在开门过程中,水流掺气现象有很大差别,启门初(开门第5s)水舌很薄,随着闸门开度增大,水体中含气量降低,实测该过程高频段起伏均小于10dB,该部位空化特征不明显。

5)水流掺气浓度。

深孔泄槽的过流面上设置了掺气坎,坎高1.5m,在掺气坎左右侧壁布设直径1.4m的通气孔。大坝上游水位172.60m深孔泄洪时,两个(1号和12号)深孔过流面掺气浓度分布规律一致,位于坝轴线下游45.00m的测点,处于底空腔浅层回水摆动区,水流掺气浓度较坝轴线下游54.50m的测点偏低,大部分测点的水流掺气浓度均沿程递减。最末端测点(坝轴线下游103.40m)的水流掺气浓度均值为2.0%～2.2%,处于水舌冲击区范围的测点的水流掺气浓度较高,为12.9%～13.6%。观测成果表明,深孔跌坎以下的过流壁面由于近壁水流掺气浓度均较高,可有效减缓由水流空化而产生的蚀损破坏。

(4)深孔泄洪安全评价

深孔自2003年5月投入运行到2022年已运用20年,并经受了设计水位175.00m的泄流检验。各项监测成果表明,深孔泄洪水力学条件良好,各项指标满足设计要求,泄流能力优于设计计算值,跌坎掺气效果明显,无空蚀现象;弧形工作门止水效果较好,闸门及启闭机运行正常,综合分析,深孔泄洪运行安全可靠。

2.3.3 泄洪表孔水力学设计及运行检验

2.3.3.1 表孔的运用条件

根据三峡水库调度规划,表孔仅在遭遇100年一遇以上大洪水时运用,是确保大坝安全、解决全流域大洪水的泄洪设施。当大坝上游水位超过161.00m时,为排除坝前漂浮物,也可开启部分表孔。

2.3.3.2 表孔布置型式研究

(1)门槽型式及布置

表孔最高工作水头25.0m,布设平板工作闸门和事故检修门各1道,事故检修门槽位于堰顶上游侧，靠近坝轴线，工作门位于堰顶下游侧。双门槽容易引起水流空化，因此门槽体型与布置是设计和模型试验研究的重点。长江科学院和中国水利水电科学院的模型试验研究表明，缩短两道门槽的布置间距，有利于消除或减弱门槽区发生的水流空化。但受深孔及底孔事故检修门布置的制约，两道门槽不可能相距很近。经研究取两道门槽间距为 5.80m，其体型尺寸相同，门槽宽 1.40m，深 0.85m，下游侧错距 0.11m，角隅圆弧半径 0.10m，按 1∶12 斜坡至隔墩边墙。溢流表孔体型尺寸见图 2.3.11。

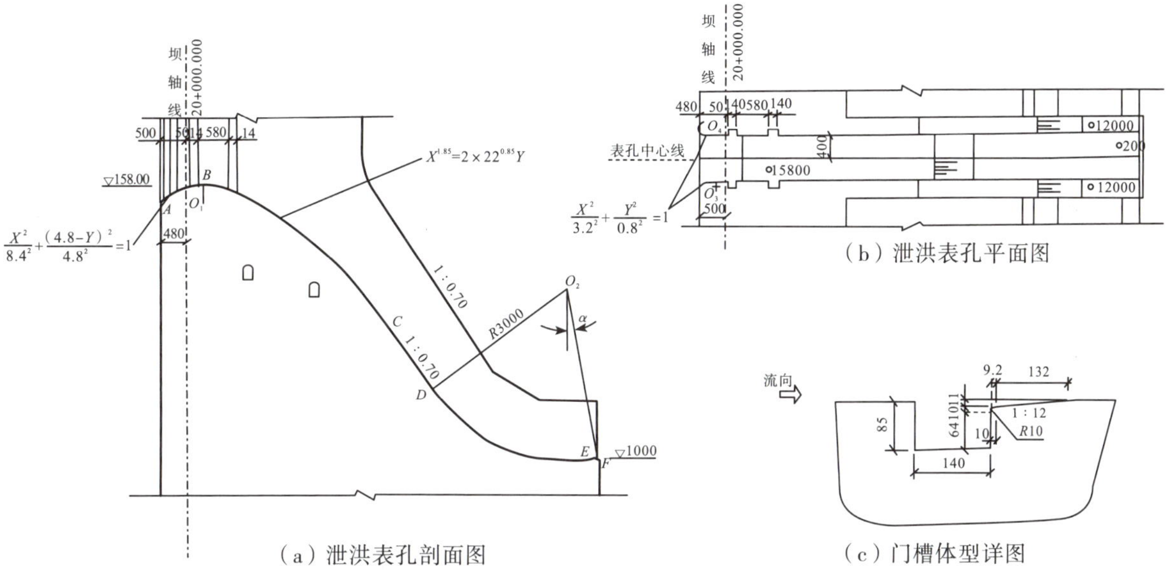

图 2.3.11　溢流表孔体型尺寸(单位:高程、桩号以 m 计,尺寸以 cm 计)

中国水利水电科学院对表孔体型尺寸进行了减压模型试验。门槽空化特性试验结果表明：在设计洪水位 175.00m 运行时，表孔上下游门槽两个水听器测得最大水流噪声频谱声压级增量 ΔSPL 分别为 4dB 和 5dB，相对噪声能量分别为 1.89 和 2.01；在校核洪水位 180.40m 运行时，ΔSPL 分别为 6dB 和 8dB，相对噪声能量分别为 2.78 和 4.78。按该科研院拟定最大 ΔSPL 达到 5～7dB，相对噪声能量达到 2 时作为空化初生的判别标准，则表孔下游门槽在设计水位和校核水位下运行时均发生水流空化，而上游门槽只在校核水位运行时发生水流空化。按长江科学院拟定的 ΔSPL 达到 5～10dB 为水流空化初生的判别标准，则表孔下游门槽在设计水位和校核水位下运行时均发生水流空化初生，而上游门槽只在校核水位运行时发生水流空化初生。试验研究表明，通过在表孔下游门槽前设小折流器（坎高 9cm，长 30cm），可避免在两门槽区发生空化水流。经综合分析，门槽区在设计水位 175.00m 时，噪声声级差约 5dB，接近空化初生；在校核水位 180.40m 时，声级差约 7dB，空化特性无明显恶化，因此，在表孔下游门槽前未设小折流器。

(2)隔墩型式及布置

表孔泄槽研究了长隔墩和短隔墩两种布置方案。长隔墩方案是指每个表孔均设置两道延伸至鼻坎末端的隔墩，保持宽 8.00m 的等宽泄槽；短隔墩方案的闸孔宽度、堰顶高程、堰面曲线、门槽布置均与长隔墩方案相同，仅将表孔长隔墩改为短闸墩，闸墩长 42.7m，墩尾采用流线型，其位置靠近斜直段末端，距坝轴线 37.74m，使表孔水流在坝面提前扩散，以减小出挑坎的单宽流量，其单宽流量约为长隔墩方案单宽流量的 1/3。表孔短隔墩方案的挑流鼻坎上移至距坝轴线 68.06m 处，挑坎末端高程 108.80m，反弧半径 10.0m，挑角 15°，形成表孔、深孔双层孔泄流，在空中碰撞消能的布置型式。

在 1∶100 整体水工模型上，对表孔长隔墩方案和短隔墩方案进行了试验研究。试验结果表明：长隔墩方案坝面水流比较平顺，挑射水舌稳定，流态优于短隔墩方案。在表孔与深孔联合运用时，长隔墩方案表孔水舌从深孔水舌之间进入下游河床，入水点前后错开，冲刷深度较小。而短隔墩方案表孔挑射水流连成一片，与深孔水舌相叠加，入水单宽流量增大，致使下游冲刷加剧。长隔墩方案的起挑堰上水头为 1.22m，而短隔墩方案相应于 3 孔区、5 孔区和 7 孔区全开时，起挑堰上水头分别为 9.60m、8.00m 和 6.7m。短隔墩方案调度运用不甚方便，开 1 孔或隔孔开启，无论坝上游水位多高，水舌内缘均会打击深孔和底孔的反弧段及边墙，在库水位较低时，即使一区表孔全开，也会出现类似情况。从施工方面考虑，长隔墩方案便于在坝后布置施工栈桥。短隔墩方案的优点是可以节省混凝土方量，以及在极少采用的表孔单独运行方式下，对下游的冲刷比长隔墩方案小。

因此，经综合比较，表孔泄槽采用长隔墩方案，溢流堰两侧闸墩从坝轴线上游 5.0m 至坝轴线下游 32.0m，下接厚 3.0m 的表孔隔水墙，从闸墩延伸至挑坎出口，坡度为 1∶0.7，在反弧段墙顶高程为 120.00m。

2.3.3.3 水工模型试验成果

(1)泄流能力

表孔闸墩较厚，进口两侧椭圆曲线短半轴偏小，且布设两道门槽，导致流量系数略小。模型试验结果表明，167～180m 不同库水位下的流量系数为 0.455～0.461，且随堰上水头增大而加大，表孔泄流能力满足设计要求。

(2)压力分布

表孔堰顶上游底板采用椭圆曲线的长半轴较大，致使压力值较高，压力梯度较小。WES 曲线段存在较大范围的低压区，压力值随水位的升高而减小，校核洪水位 180.40m 时，最大负压值约为 0.7m。反弧段首、末端有较大的升降压梯度。

(3)空化特性

表孔溢流面采用常规的 WES 曲线。减压试验表明，在库水位 180.00m 以下运行时，溢流面为免空化体型。出口鼻坎处在水位 175.00m 时有极微弱的空化现象，但因鼻坎下缘有良好的通气条件，不会导致空蚀危害。

2.3.3.4　表孔运行检验

(1)表孔泄洪运用情况

三峡水库于2008年9月28日开始正常蓄水位175.00m试验性蓄水;10月25—30日,日均入库流量12600～15600m^3/s,日均出库流量6229～9000m^3/s;10月25日,上游水位161.04m,表孔首次开启泄流;10月31日至11月4日,日均入库流量23400～32700m^3/s,日均出库流量8540～15200m^3/s;11月3日,水库蓄水位至172.36m,实测最大入库流量33000m^3/s,超过11月500年一遇流量。截至2018年底,表孔累计泄洪过流时间为2132.6小时,工作累计启闭158扇次,各年运行情况列入表2.3.3。

表2.3.3　表孔泄洪过流统计

年份	2008	2009	2010	2011	2012	2013	2014	2015	2016	2017	2018
表孔过流时间(小时)	356.8	0.6	369.1	0	1038.4	0	2.3	0	0	365.4	0
平板工作门启闭扇次	34	1	57	0	40	0	4	0	0	22	0

(2)表孔泄洪水力学监测成果

1)表孔自2008年10月投入运行以来,经过175.00m水位试验性蓄水运行期泄洪过流检验。表孔全开泄洪时,进口上游水面平稳,水流平顺。闸墩上游10.0m以内水面水流拉动明显,表孔基本呈对称进流,1号和22号表孔进流略有不均,但尚不明显。表孔泄流时排漂效果较好,漂浮物向下游排出顺利。表孔泄流时,泄槽两侧水面有小范围的掺气带,由边界扰动所致。水流经鼻坎挑射后抛入空中,水舌形态稳定,水舌外缘落点为距坝轴线190.0m附近,坝下消能区水流翻滚强烈,水体呈白色泡沫状,表孔泄洪引起的雾化现象较深孔泄洪轻,浓雾区主要分布在高程100.00m以下空间,薄雾区弥散主要分布在高程130.00m左右空间。

2)表孔时均压力测点主要布设在溢流面底板或底板附近的侧壁上。监测资料显示,以22号表孔为例,进口段时均压力较高,实测最大压力为18.6×9.81kPa,出现在表孔进口底缘处;WES曲线坝面存在较大范围低压区,但均为正压,测压管实测最小时均压力0.5×9.81kPa,符合一般明流坝面压力分布常见规律;泄槽下游反弧段压力明显升高,实测最大时均压力为18.2×9.81kPa;出口挑流鼻坎存在压力陡降,由水流即将脱离建筑物边界所致,实测压力仅为1.4×9.81kPa。水下噪声测量成果分析尚未反映出明显的空化现象。每年汛后检查过流面,表孔冲刷磨损较轻。

3)表孔脉动压力。

大坝上游水位172.60m时,表孔启门过程中,工作门前段压力值随闸门开度增大而降低,开门过程中压力脉动幅值不大,闸门全开后脉动幅值略有增大;工作门槽开门过程中压力由0逐渐增大，脉动幅值略有减小；挑流鼻坎部位压力也随闸门开度增加呈增大趋势。各测点关门过程的脉动压力过程线基本上与开门时相反。闸门全开稳态条件下，进口段工作门槽后侧墙测点压力脉动幅值较大，下游反弧段及挑流鼻坎部位仍然是表孔脉动压力较大区域，其他部位脉动压力主频均较低，能量也不高。

4)表孔工作闸门为平板钢闸门，启门时间约280s，关门时间与启门时间基本相当。表孔平板工作门、事故检修门及坝顶门机运行情况良好，闸门启闭平稳，各项指标满足规程规范和设计要求，现状良好，运行正常。

(3)表孔泄洪安全评价

表孔自2008年10月投入运行至2015年已运用8年，并经受设计水位175.0m的泄流检验。各项监测成果表明：表孔泄洪过流水力学条件良好，各项指标满足设计要求，过流面水力特性正常，无空蚀现象；闸门及启闭机运行情况良好，状态正常，综合分析表孔泄洪运行安全可靠。

2.3.4 导流底孔水力学设计及运行检验

2.3.4.1 底孔的功能及运用特点

(1)底孔的功能

1)承担枢纽工程施工期明渠截流时分流和三期导流任务。导流底孔是明渠截流时唯一的分流建筑物，设计明渠截流时间为2002年12月上旬，截流流量为20年一遇最大日平均流量9010m^3/s，截流落差3.50m。实际施工中，底孔于2002年10月开始分流，明渠在2002年11月6日截流合龙，实测截流流量10300～8600m^3/s，截流落差为2.26m。三期围堰施工期间，底孔承担导流任务，底孔下泄流量17600m^3/s时，上游水位不超过85.00m；底孔与深孔联合运用，下泄流量30100m^3/s时，上游水位为98.00m。

2)在水库蓄水至三期围堰挡水发电水位135.00m过程中，承担向下游供水的任务，下泄流量满足下游通航要求。

3)三期围堰挡水发电期间，底孔与深孔联合运用，承担安全度汛任务。

(2)底孔运用特点

1)水力学条件复杂。

底孔进口及出口高程均低于下游葛洲坝水库正常蓄水位66.00m。三峡坝址水位变化在65.80～66.80m。在三峡坝址上游水位不高的情况下，底孔可能出现淹没及半淹没流或明满流交替的不利水流流态。

2)运用水头高且变幅大。

从明渠截流及三期围堰施工开始，三峡坝址上游水位由69.50m抬升至三期围堰挡水发电水位135.00m，底孔运用水头变幅达65.50m，至设计最高挡水水位，水头变幅高达70.50m。底孔运用水头最高达84.00m，弧形工作门后槽内流速32.0m/s。

3)运行时间长,抗冲磨要求高。

底孔的运用期自2002年10月至2006年汛期,持续3年半时间,累计过水时间超过22000小时。由于底孔进口高程低于上游围堰拆除高程57.00m,当宣泄大洪水时,其行进流速将带动围堰内的大块石、小石和泥沙经底孔下泄,高速水流挟带粗颗粒砂石将造成底孔底板及边壁磨损破坏。因此,要求底孔具有较高的抗冲磨和抗空蚀性能。

4)孔口数量多,运行组合复杂。

底孔进口及出口高程较低,汛期闸门处于淹没状态,在淹没流态下开启或在动水中关闭闸门时,可能出现水跃冲击闸门支铰或诱发闸门振动问题。因此,需要优化闸门启闭程序,以避免下泄水流造成严重冲刷和水跃冲击闸门支铰现象。

2.3.4.2 底孔布置型式研究

底孔布置型式重点研究了有压短管方案和有压长管方案,分述如下:

(1)底孔有压短管布置方案

1)底孔有压短管布置方案的体型。

底孔布置在泄洪坝段表孔的下方,底孔和表孔均为跨坝段横缝布置。在大坝单项技术设计中,底孔布置方案采用有压短管接长明流泄槽型式,初拟有压短管进口底高程56.50m,有压段出口孔口尺寸6.0m×8.0m(宽×高),泄槽底板采用$Y^2=X^2/300$抛物线及1∶5.5陡坡,下接半径30.0m反弧段至挑坎,坎顶高程55.00m,挑角40°。经模型试验和设计优化,将有压短管压坡改为1∶4,压坡段水平长度5.64m,收缩比为0.85,以避免有压短管产生空化水流。压坡段上游事故门槽处底孔高9.41m,门槽宽1.85m,槽深1.00m,错距0.11,角隅(下游拐点)圆弧半径0.05m,槽右斜坡1∶12;门槽上游进口段长7.50m,进口顶板及两侧墙均为1/4椭圆曲线,为支撑进口反钩检修门,进口底板自坝面向上游伸出3.0m,设置半径1.2m的圆弧倒角。有压短管进口断面尺寸为8.40m×12.48m(宽×高),其进出口断面收缩比为2.18。有压短管下接明流泄槽,鉴于底孔进口及出口高程较低,工作水头变幅大,泄槽内最大流速超过35.0m/s,下游淹没大,流态复杂。为改善明流段流态,通过试验研究,减小斜直段底坡坡度和鼻坎挑角,使水流能直接冲出坝面以外。优化后泄槽坡度为1∶16,挑角25°。同时,为进一步防止水流漩滚封闭底孔出口造成明满流交替流态,结合泄洪坝段断面设计,将反弧段前移,挑坎末端从距坝轴线105.0m处移至距坝轴线72.0m处,使底孔有压短管下接泄槽有33.0m长的敞开明流段。底孔有压短管接明流泄槽体型见图2.3.12。

2)底孔有压短管方案水工模型试验成果。

①明渠截流落差。

明渠截流时底孔是唯一的分流建筑物,二期上、下游围堰拆除高程直接影响底孔分流能力。底孔有压短管方案的明渠截流试验是在二期上游围堰拆除高程57.00m、下游围堰拆除高程53.00m、下游葛洲坝水利枢纽正常蓄水位66.00m(±0.50m)、校核水位67.00m的条件下进行的。试验成果表明，设计截流流量为 9010m^3/s 时，采用底孔分流，在各种工况下的明渠截流落差均小于 3.50m，可满足设计要求。

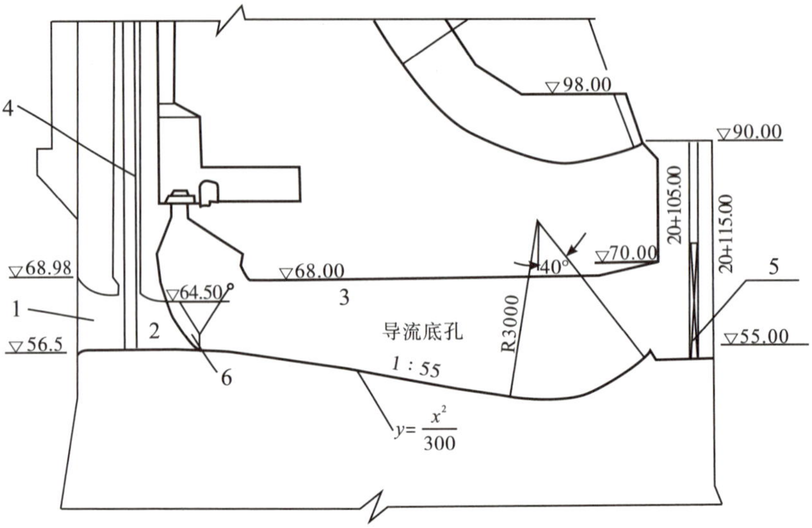

图 2.3.12 底孔有压短管接明流泄槽体型(单位:高程、桩号以 m 计,尺寸以 cm 计)

1—底孔进口;2—有压管段;3—明流泄槽段;4—事故门槽;5—下游反钩检修门兼封堵门;6—工作弧门

②底孔泄流能力。

模型试验表明，当上游水位低于 71.00m 时，底板的进口高程与下游水位对其泄流能力有较大影响。在上游高水位时，影响泄流能力的主要因素是孔口尺寸，有压短管接明流泄槽型式优化后的泄流能力可满足设计要求。当上游水位在 70.00m 以下时，底孔为淹没出流；当上游水位超过 75.00m 时为自由出流。

③水流流态。

导流底孔在运用过程中，工作水头变化大。底孔自 2002 年 10 月开始泄流，至 2003 年 5 月底一直处于敞开泄流，如遇 5 月 20 年一遇最大日平均流量 30100m^3/s，考虑与 23 个深孔联合泄流，相应的上、下游水位为 98.00m 和 68.70m。2003 年 6 月 1 日关闭闸门，水库蓄水至围堰挡水发电水位 135.00m，此间为了满足大坝下游通航要求，仍需控制下泄流量不小于 3410m^3/s。围堰挡水发电期，底孔运用水位为 135.00～140.00m，遭遇 5 年一遇和 100 年一遇洪水时，相应的下游水位为 74.50m 和 77.30m，均高于底孔出口顶高程。因此，明流段流态备受关注，特别是是否会发生水跃及漩滚水流而导致水流封孔顶。

为此，对底孔有压短管方案多种体型开展了试验研究。试验成果表明：低水位时，鼻坎挑角愈大，漩滚愈难推出坝面以外；当鼻坎挑角 25°、上游水位高于 79.00m 时，水跃跃头可以推出坝面以外；当上游水位低于 75.50m 时，在底孔坝内部位发生波状弱水跃，流速小于 15m/s；当上游水位为 135.00m 时，挑角愈大，漩滚愈易推出坝面以外。试验说明底孔在高、低水位运行时，对体型有不同要求。选择鼻坎挑角 25°、泄槽底坡 1∶16 是综合上述两方面因素确定的。

④两侧回流对底孔流态的影响。

整体模型试验表明，由于泄洪坝段下游两侧出现回流，造成紧邻底孔鼻坎的下游水位两侧略高而中间低，致使左、右两侧各有3～4个底孔的漩滚水流进入明流段，但未封住有压短管出口，仅右侧22号底孔的漩滚水流偶尔可达出口附近。

⑤下游衔接流态及冲刷情况。

底孔在上游低水位工况下运行时，与下游水流衔接为溺水段，水面波动及对下游的冲刷都很小。在水位135.00m运行时，下游衔接流态为挑流与面流混合流态，水舌入水区上游形成反向底滚流，并使冲刷掀动回淤堆积在坝趾下游。下游冲刷的控制工况是底孔与深孔联合全开泄洪。整体模型试验成果表明：冲刷坑最低高程12.30m，距坝趾约135.0m，位于泄洪坝段中部；右导墙（下游纵向围堰）附近有较大的回流区，最大回流流速达9.0m/s，冲坑最低高程为43.00m，距坝趾107.0m，不致危及大坝及右导墙安全。

(2)底孔有压长管布置方案

1)底孔有压长管布置方案的体型。

底孔有压长管布置方案采用有压长管接短明流泄槽型式，底孔进口位于坝轴线上游5.00m处，从进口至坝轴线下游77.00m的范围内为长82.00m的有压管段，均在坝体基本断面内，有压段出口断面尺寸6.0m×8.5m（宽×高），出口设弧形工作闸门，其后至坝下游面（距坝轴线105.00m）为明流反弧段，反弧半径30.0m，长28.00m。优化后的底孔有压长管体型见图2.3.13。

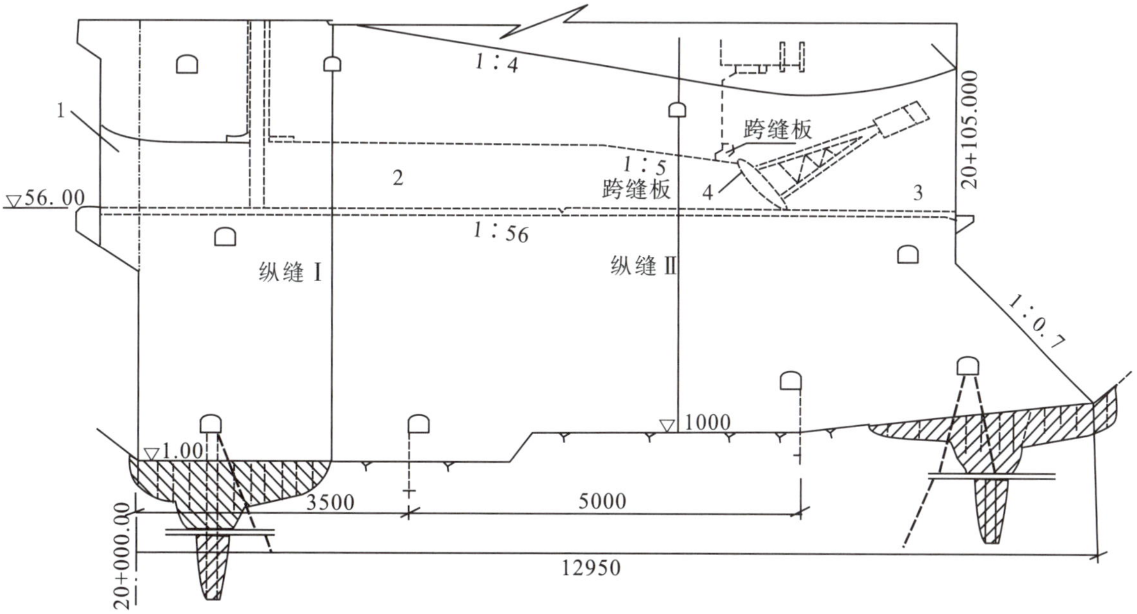

图2.3.13　底孔有压长管接短明流泄槽方案体型（单位：高程、桩号以m计，尺寸以cm计）

1—进口段；2—有压管段；3—明流泄槽段；4—弧形工作闸门

底孔进口高程在满足明渠截流落差小于3.50m的前提下，应尽量抬高，以减少泥沙和围堰拆除残留石渣进入底孔造成磨蚀，经设计优化确定中间4～19号共16个底孔的进口底高程取56.00m，压力段出口底高程取55.00m；两侧各3孔(1～3号、20～22号)的进口底高程取57.00m，压力段出口底高程取56.00m。导流底孔设检修封堵门(反钩门)、事故检修门、弧形工作门和出口封堵检修门(反钩门)共4道闸门。进口段采用比较平顺的不完全喇叭型，平直底板，为支撑反钩检修封堵门，底板伸出上游坝面3.00m，两侧边墙及顶板均采用1/4椭圆曲线，进口孔尺寸为8.40m×16.00m(宽×高)，事故检修门槽处孔口尺寸为6.00m×12.00m(宽×高)，进口至门槽下游处(距坝轴线19.66m)底板为水平，下接抛物线，采用1∶56的斜坡直线段与抛物线段及明槽反弧段相切，反弧半径30.0m，鼻坎高程55.06m，挑角10°。明流泄槽两侧边墙为直立墙面，顶板压坡分为1∶43.05的缓坡和1∶5的陡坡段，将底孔高度由门槽处的12.00m收缩至8.50m。坝前进口断面与出口控制断面及事故门槽断面的收缩比分别为2.63和1.87，事故门槽断面与出口控制断面的收缩比为1.41。采用较大的收缩比，有利于保证高速水流在底孔内的压力状态。明流泄槽段体型采用与孔内段相同的底坡和直立边墙，出口反弧半径30.0m，末端设小挑角，可在高水位情况下保持出口水流衔接基本呈面流状态。底孔1～3号和20～22号除进口及出口高程较4～19号中间16孔抬高1.00m外，体型尺寸相同。试验研究表明，鼻坎高程愈高，挑角愈大，明渠截流时水流漩滚对淹没度的影响就愈大，使底孔泄流能力降低，截流落差增大；但鼻坎高程降低，挑角减小，在上游水位135.00m度汛泄洪时，两侧边孔明流段的漩滚水流更难推出鼻坎，且下游两侧回流加强，回流淘刷更为严重。为解决上述矛盾，对两侧边孔分别针对性地选择鼻坎顶高程和挑角。两侧2号、3号和20号、21号共4孔的鼻坎挑角为17°，相应鼻坎高程为56.98m；1号及22号孔的鼻坎挑角为25°，相应鼻坎高程为58.55m。

2)底孔有压长管方案水工模型试验成果。

①底孔泄流能力及明渠截流落差。

底孔有压长管方案在低水位时泄流受下游淹没影响较大，为提高低水位时的泄流能力，将有压段出口断面尺寸加大为6.0m×8.2m，并将中间16个底孔进口底高程降低至56.00m，底孔泄流能力及明渠截流落差满足设计要求。上游高水位时，由于孔口尺寸稍大，泄流能力相应增加。

②压力分布及水流空化特性。

底孔有压长管方案经优化的体型，常压断面模型试验成果表明，底孔沿程压力分布正常，有压段压坡线变化均匀，未见不良的压力特性，明流反弧段压力分布正常；事故检修门槽前的水流空化数为1.77，远大于该门槽体型的初生空化数；在上游水位135.00m时，漩滚被推出坝面外，明流段最小水流空化数仍达0.35，大于规范所规定的最小空化数。从减压模型试验中，在上游水位128.00～140.00m时，根据量测到的噪声声级差判别，底孔主要部位都未达水流空化初生；在挑流鼻坎处，上游水位140.00m泄洪时，量测到的声级差为3～5dB，刚达水流空化初生。上述试验成果表明，底孔有压长管方案的优化体型，水力特性较理想，有力避免了空化现象。但必须严格控制底孔施工质量，防止各种运行工况下，因底孔流道施工质量问题而发生空蚀破坏。

③明流泄槽反弧段的流态。

经水工模型试验验证，底孔单独运行，当上游水位低于72.00m时，底孔内的水流呈部分明流、部分满流状态，有压段出口处为淹没孔流，反弧段内发生弱水跃；上游水位72.00～80.00m时，底孔水流为淹没孔流，反弧段内出现漩滚并前后摆动；随着上游水位升高，漩滚水流逐渐推出鼻坎。由于出口流速较小，出口下游水位为66.00～67.00m，低于弧门支铰高程，漩滚水流尚不会冲击弧门及其支铰而对其正常运行构成威胁。在水库蓄水至围堰挡水发电水位135.00m的过程中，无论是底孔单独泄洪还是底孔与深孔联合泄洪，由于泄流能量较大，在射出水流对坝后水流的推动作用下，紧邻鼻坎出口处的水位低于下游水位6.0～10.0m，漩滚水流有时会进入反弧段，但只在鼻坎附近摆动，不会冲击弧门支铰。位于泄洪坝段两侧的边孔，受到下游强烈回流的影响，漩滚水流可能进入反弧段内，对此，右导墙（下游纵向围堰）增设了防冲隔墩，大大减轻右侧的回流强度，加上两侧边孔鼻坎抬高，使得进入反弧段内的漩滚跃头不会冲击弧门支铰。上述成果表明，由于下游水位较高，对底孔出口反弧段内流态不利，但尚不会影响底孔安全运行。当底孔与深孔联合泄洪，并考虑电站机组发电过流时，下游水位抬高，部分底孔反弧段内出现表面水流漩滚冲击弧门支铰的现象，但只要合理调度底孔启闭孔数，可避免不利影响。经模型试验研究，优先均匀间隔对称开启两侧3个边孔，可基本避免表面漩滚进入反弧段冲击弧门支铰。

④自激振动与激流振动。

通过比例尺1∶150和1∶100整体水工模型试验，研究了水库蓄水至围堰发电水位135.00m和发电期间底孔与深孔泄洪闸门的运行调度，并在1∶20大比例尺断面模型上研究了底孔闸门自激振动问题。通过分析研究不同泄量和闸门调度时的下游流态、回流流速、冲刷情况，可以判断：在深孔均匀对称间隔全部开启运用的条件下，通过优先开启底孔右侧3个孔（22号、21号、20号底孔），均可避免漩滚水跃撞击弧门支铰现象，也可明显缩小坝下游右侧的回流范围，使得防冲隔墩充分发挥隔断回流的作用，减轻对护坦下游边和防冲墙地基的淘刷，保证建筑物安全。

断面模型试验表明，在底孔闸门侧止水不漏水的情况下，闸门仍会出现强振问题，但只有在闸门下水流从自由流态向淹没出流流态的过渡中，存在明显振动，且不会对闸门安全构成威胁；在淹没出流的情况下，一旦闸门侧止水漏水，将会引起闸门严重振动，甚至威胁闸门安全。因此，应加强观察，发现闸门止水损坏时应及时更换。

⑤底孔流道防止围堰残渣与泥沙磨损的研究。

底孔运行3年半时间，长江上游的推移质尚未输移到坝址，底孔流道受到的粗颗粒磨损主要是由围堰未拆除的残留堰体导致，上游围堰拆除至高程57.00m，略高于底孔进口高程

56.00m。整体模型试验测得底孔内及坝前各部位流速分布见表2.3.4。

表2.3.4 导流底孔内及坝前各部位流速分布

上游水位(m)		69.50	79.90	98.30	135.00
底孔泄量(m^3/s)		9010	16300	23980	34800
底孔与深孔联合泄量(m^3/s)				30000	69800
底孔各部位流速(m/s)	进口平均流速	3.10	5.80	8.50	12.20
	事故门槽处平均流速	5.80	10.80	15.90	22.80
	有压段出口平均流速	8.20	15.20	22.50	32.20
最大底部流速(m/s)	坝前350m断面	2.02	2.57	1.37	1.18
	坝前100m断面	0.84	1.44	1.42	1.42
	坝前50m断面	1.25	1.18	1.36	1.49
	坝前20m断面	1.31	1.17	1.29	1.78
最大垂线平均流速(m/s)	坝前350m断面	2.15	2.62	1.43	1.25
	坝前100m断面	1.01	1.60	1.28	1.42
	坝前50m断面	1.06	1.44	1.42	1.56
	坝前20m断面	1.34	1.31	1.31	1.56

由表2.3.4可以看出，在上游水位79.90m时，上游底部(坝前350m断面处)流速最大值达2.57m/s，随上游水位升高而减小；坝前20m处底部流速为1.17m/s，门槽处平均流速为10.80m/s，随上游水位升高而加大。当上游水位达135.00m时，坝前350m断面处最大流速为1.18m/s，坝前20m处最大底部流速为1.78m/s，门槽处平均流速达22.80m/s。参照经验公式估算，流速1.18～2.57m/s可启动粒径为5～15cm的砾石。因此，围堰拆除至顶高程57.00m残留的石渣有可能进入导流底孔造成流道磨损。为防止围堰残渣进入底孔造成磨损而影响底孔安全运行，采取下列工程措施：对围堰拆除高程57.00m以下保留的堰体顶部及下游坡面用块石保护，块石粒径大于40cm，护面砌石厚度不小于100cm；在泄洪坝段前预挖与坝轴线平行宽度40.0m的拦石槽，槽底与大坝建基面同高程，总拦渣容积超过60.0万m^3；底孔施工质量严格监控，鉴于底孔跨横缝，对底板和顶板的横缝要精心施工，保证流道平整度达到设计要求，以减少磨损破坏；底孔过流面优选抗冲耐磨材料，提高抗冲磨性能；底孔进口及出口设置检修反钩闸门，便于检查维修。

(3)底孔有压短管方案与有压长管方案对比分析

1)水力学方面。

①底孔泄流能力与明渠截流落差。

底孔有压短管方案进口底高程56.50m，有压段出口断面尺寸为6.0m×8.0m(宽×

高);有压长管方案进口底高程 56.00m,有压段出口断面尺寸为 6.0m×8.5m(宽×高)。两种方案的泄流能力和明渠截流落差均可满足设计要求。有压长管方案孔口尺寸稍大,在高水位时,泄流能力相应增加,为遭遇超标准洪水留有余地。

②明流段流态。

底孔有压长管方案由于有压段长度达 82.0m,避免了由于下游水位较高,漩滚逼近坝内底孔出口,以致可能封顶的不利流态。但有压长管方案弧形工作门距下游坝面较近,在某些运行工况下,进入反弧段的漩滚水流,有可能对弧门产生不利影响,而有压短管方案弧门在坝内,弧门所受影响相对较小。

③底孔各部位流速、压力分布及水流空化。

上游水位 135.00m 时,底孔有压短管方案位于坝内的明流段各部位流速均高达 34.0m/s,抛物线段又处于低压区,增加了防水流空化难度;底孔有压长管方案,在坝内有 82.00m 长的有压段,孔内平均流速降至 27.0m/s,压力显著提高,有利于防水流空化,但增加了顶缝处理工作量。有压长管方案明流段也有防水流空化问题,但明流段较短也不存在抛物线段低压区,防水流空化难度相对降低;有压长管方案门槽处平均流速 22.8m/s,较有压短管方案门槽处平均流速 28m/s 有明显改善。

④坝下水流衔接及消能防冲。

底孔有压长管方案有压段出口距下游坝面较近,水流调整段较短,鼻坎后下游衔接较有压短管方案不利,在右侧纵向围堰坝段下游形成较强回流区,对右导墙(下游纵向围堰)的侧淘刷较有压短管方案深。

⑤泥沙磨损。

底孔有压长管方案有压段内流速降低,明流段较短,有利于减小泥沙磨损,但进口底高程略低于有压短管方案,过沙量稍有增加。

2)抗磨损抗空蚀方面。

底孔有压短管方案在部分工况下,明流段反弧内存在表面漩滚、水流封顶现象,使流态恶化;明流段尾部因门槽及底平台影响可能导致水流发生空化;事故检修门处流速达 28.0m/s,上游围堰拆除后的残渣和泥沙进入孔内造成磨损,可能导致下闸封堵困难。有压长管方案调整了孔口高度,使有压段长度加长,门槽处流速降至 22.8m/s,明流泄槽相应缩短,从而提高了底孔抗磨损、抗水流空化空蚀性能,有压长管方案在抗沙石磨损和水流空化方面具有优势。

3)大坝坝体结构方面。

底孔有压长管方案弧形工作门及其操作室均位于下游坝面外,坝体结构简单,减少坝内孔洞,对坝体结构削弱相对较小。

4)施工方面。

底孔有压长管方案可减少施工干扰,便于弧门安装和弧门及启闭机的拆除。

(4)底孔布置型式选择

经对底孔有压短管方案和有压长管方案的对比分析，认为两种方案技术上都是可行的。底孔有压长管方案的主要问题是坝下游右侧河床淘刷较深，左右两侧几个孔存在漩滚水流击拍弧门支铰现象，但均可采取工程措施改善与解决，不影响底孔运行安全。从水力学、抗磨抗蚀、结构安全、施工等方面综合比较，推荐底孔采用有压长管接短明流泄槽的布置型式。

2.3.4.3 底孔运行检验

(1)底孔泄洪运用情况

底孔于2002年9月19日首次开启闸门过水；2004年12月至2005年4月对5号、18号底孔进行封堵，混凝土封堵段全长78.0m；2005年10月至2006年6月封堵2号、8号、11号、12号、15号及21号底孔；2006年9月至2007年3月封堵其余14个底孔。底孔运行至2005年底，2006年1月至2007年3月闸门挡水。底孔累计泄洪过流时间87917.4小时，弧形工作门累计启闭543次，各年运行情况列入表2.3.5。底孔运行最高水位为139.00m，最低水位66.45m。

表2.3.5　2002—2005年导流底孔泄洪过流统计

年份	2002	2003	2004	2005
底孔过流时间(小时)	47943	38927.4	888	159
弧形工作门启闭扇次	43	432	42	26

注：弧门开启和关闭合计为1次启闭操作，启闭扇次不含检修操作。

(2)底孔与深孔联合泄洪运用情况

2003年汛期，最大洪峰流量46000m³/s，底孔与深孔联合运用。坝前水流平缓顺直，当深孔均匀间隔开启，左右两边有2～3个深孔不开启时，下游水域总体上可分一个中央主流区和两侧导墙边的两个回流区，左导墙边回流流速3～5m/s，右导墙(下游纵向围堰)回流流速5m/s，最大涌浪可达右导墙顶部；底孔出流以面流形式与下游衔接，以波浪形式向下游传播，水下噪声测点测得的谱级表明相应区域未发生空化，位于挑坎附近下游侧壁测点测得的谱级表明可能有空化出现，但挑坎附近引起空蚀的可能性较小，汛后检查未发现空蚀冲刷。

2004年汛期，最大洪峰流量60500m³/s，出库最大流量56800m³/s。先开启深孔后，再开启底孔，其间深孔最多开启21个孔，底孔左单右双间隔对称开启，先开启两侧各3个边孔(1号、3号、5号和22号、20号、18号)运用，再开启7号、16号、9号、14号、12号底孔，最多开启11个底孔，深孔关闭8号及16号孔。坝前水流平顺，进流流态尚好，泄洪坝段前右侧有弱回流出现。由于底孔有压长管出口挑鼻坎高程较低，出流受下游水位影响，呈挑流与面流混合流态，水舌下有逆向水面漩滚，最大逆向流速4.0～5.0m/s。由于泄洪坝段右侧纵向围堰坝段的排漂孔尚未建成，底孔水流出鼻坎后突然扩散，左右侧形成较大回流区；底孔出流受深孔挑流水舌阻挡，回流区被压缩，但回流强度增大。

2005年汛期，最大洪峰流量43500m^3/s，底孔与深孔联合运用。底孔经过3个汛期泄洪的检验，泄洪流态正常，弧形工作门及启闭机运用良好，满足规范和设计要求。汛后，底孔关闭闸门对过流面进行检查，发现底孔过流面轻度冲磨，露出粗砂和小石，侧墙上修补的环氧胶泥未被冲走。

2.3.5 泄洪排漂孔水力学设计及运行检验

2.3.5.1 泄洪排漂孔的功能

泄洪排漂孔在大坝上游水位135.00～145.00m时，作泄洪排漂使用；在上游水位145.00～175.00m时，只作泄洪使用。

2.3.5.2 泄洪排漂孔布置及结构型式

(1)泄洪排漂孔布置

泄洪排漂孔两个孔分别布置在左导墙坝段和右纵1号坝段的中部，进口底高程均为133.00m，有压段出口断面尺寸10.0m×12.0m。左导墙坝段的1号泄洪排漂孔的出流沿左导墙顶部泄槽下泄，经左导墙末端挑流鼻坎挑入下游河槽；右纵1号坝段的2号泄洪排漂孔出口挑流消能，水流出坝体后挑入下游消能区。泄洪排漂孔设置平板事故检修门和弧形工作门。

(2)泄洪排漂孔结构型式

泄洪排漂孔采用斜进口有压短管接明流泄槽型式(图2.3.14)。进口底高程133.00m，长3.0m的水平进口段后接半径为10.0m的圆弧，下接1∶5的斜坡段，再与$Y=0.005X^2+0.2X$抛物线溢流面相接。进口孔顶高程153.00m，顶板曲线为二次曲线，两侧边墙曲线为1/4椭圆曲线。顶板曲线末端设事故检修门槽，门槽宽1.95m、深1.10m，门槽下接1∶1.8的压坡段。事故检修门槽止水为前止水型式，闸门井处孔口尺寸为10.00m×15.00m(宽×高，下同)，门井尺寸为12.20m×2.25m，门井前胸墙厚度7.50m。有压段出口断面尺寸为10.0m×12.0m，设弧形工作门为等宽矩形断面，出口接明流泄槽，泄槽宽10.0m，坝外两侧墙厚均为4.0m，泄槽底为$Y=0.005X^2+0.2X$的溢流面曲线，其后为1∶1.2的直线段，再与半径为45.0m的反弧相接。布置在左导墙坝段的泄洪排漂孔反弧段末端与左导墙(顺水流向长210.0m)墙顶泄槽相接，泄槽底高程80.782m，以1∶40斜坡再接半径45.0m反弧段至挑流鼻坎，鼻坎高程为77.455m。布置在右纵1号坝段的泄洪排漂孔反弧半径为35.0m，出口鼻坎高程85.954m。

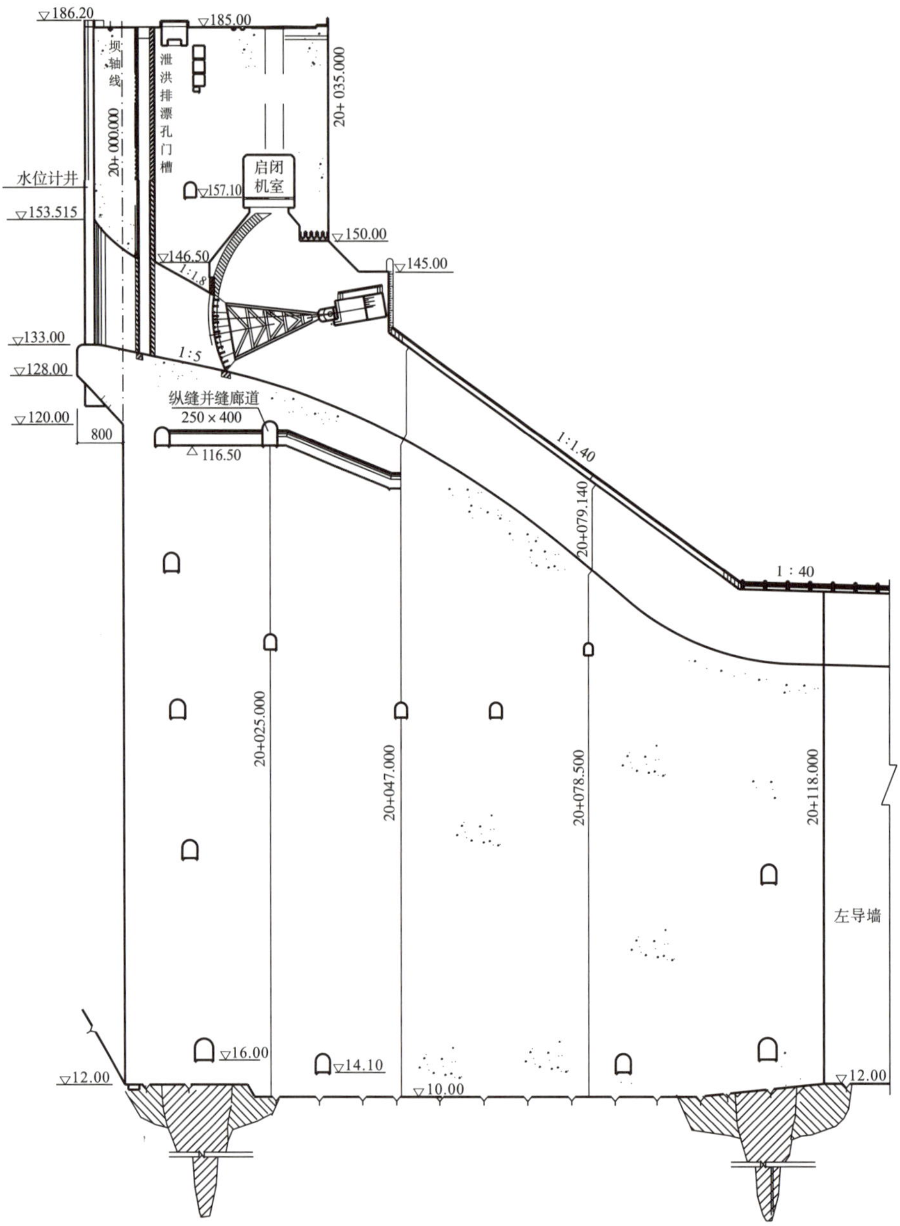

图 2.3.14 泄洪排漂孔体型(单位:高程、桩号以 m 计,尺寸以 cm 计)

2.3.5.3 泄洪排漂孔运行检验

1 号泄洪排漂孔于 2003 年 6 月 10 日首次开启排漂,2004 年汛期参与泄洪,至 2015 年累计泄洪过流时间 13622 小时,弧形工作门累计启闭 1146 次。2 号泄洪排漂孔 2006 年汛期参与泄洪,至 2015 年累计泄洪过流 168 小时,弧形工作门累计启闭 64 次。各年运行情况列入表 2.3.6。泄洪排漂孔弧形工作门及液压启闭机均运行正常,状态良好。

表 2.3.6　泄洪排漂孔泄洪过流统计

年份		2004	2005	2006	2007	2008	2009	2010	2011	2012	2013	2014	2015	2016	2017	2018
1号泄洪排漂孔	过流时间(小时)	4431	4028	1256	1960	973	620	303	0	46	5	0	0	0	0	
	弧形工作门启闭扇次	0	0	115	539	168	106	125	0	92	1	0	0	0	0	
2号泄洪排漂孔	过流时间(小时)	10	4	15	45	65	17	8	0	3	1	0	0	0	0	
	弧形工作门启闭扇次	0	0	4	6	31	15	5	0	2	1	0	0	0	0	

注:弧门开启和关闭合计为1次启闭操作,启闭扇次不含检修操作。

每年汛后，对泄洪排漂孔进行全面检查，发现流道运行情况总体良好，未出现大面积破损等情况，主要缺陷为水流中漂浮物、推移质、悬移质等造成的局部麻面。对裂缝及表面破损等均及时进行了修补，检查结果表明环氧胶泥对过流面保护效果较好。

2.3.6 泄洪建筑物下游消能防冲设计及运行检验

2.3.6.1 泄洪消能型式

三峡大坝在校核洪水工况下，枢纽下泄流量 102500m^3/s，通过泄洪坝段下泄的流量接近 90000m^3/s，鼻坎单宽流量达 330$m^3/(s \cdot m)$，泄洪功率约为 87000MW，下游消能和防冲问题十分突出。为确保枢纽工程安全，解决好下游消能防冲问题，成为大坝设计中的重要技术问题之一。

鉴于坝址河床泄洪坝段及其下游消能区的基岩为闪云斜长花岗岩，岩性坚硬完整，断层裂隙多为陡倾角且大多胶结良好，抗冲刷能力较强；坝址位于葛洲坝水库内，泄洪消能区水垫较深且相对稳定；挑流消能工体型简单并可节省工程投资。经综合研究比较和水工模型试验验证，推荐永久泄洪设施、深孔、泄洪排漂孔均采用挑流消能型式，大坝技术设计审查专家组审查认定了设计推荐的泄洪消能型式。

2.3.6.2 下游消能防冲设施设置

(1)护坦

泄洪坝段泄 18 号坝段以右的坝段坝趾下游基岩，因出露裂隙比较发育的花岗岩脉，抗冲能力较差。因此，在泄 17 号坝段以右至右导墙(下游纵向围堰，下同)设置护坦。护坦顺坝轴线方向长 165.0m，顺水流向宽 46.0m，平面面积 7590.0m^2；护坦板混凝土厚 3.0m，护坦顶部高程 43.00～48.00m，基岩面高程 40.00～45.00m。

(2)右导墙左侧设防冲墙

右导墙(下游纵向围堰)左侧设置防冲墙，以防止泄洪水流对其基础的淘刷。防冲墙从坝轴线下游 151.0～441.0m，总长 290.0m，最低建基面高程 30.00m，墙顶宽 14.0m，底宽 8.0m，混凝土(强度等级 R_{28}300)防冲墙顶高程 48.00m。靠右导墙基岩面布设锚筋以加强与墙基岩体的连接。

(3)防冲墙上设防冲隔墩

在防冲墙上设置两道防冲隔墩，以隔断回流、降低泄洪水流回流流速和减轻推移质磨损。防冲隔墩顺水流向中心线分别距坝轴线 158.0m 和 300.0m。防冲隔墩高分别为 10.0m 和 18.5m，墩顶宽 2.0m，两侧边坡坡度为 1∶0.75。

2.3.6.3 下游消能区冲刷试验研究

长江科学院在 1∶100 整体模型试验研究中，综合分析了丹江口水利枢纽大坝下游原型冲刷观测成果，结合三峡水利枢纽坝址地质情况，统一采用相当于原型 1.3～1.5m 块度的散粒体块石铺设河床地形，预测下游消能区的冲刷情况，并按冲坑上游坡缓于 1∶3 的安全标准控制。根据坝址下游消能区清挖要求及地质剖面图，用水力学动床试验的概化方式模拟下游消能防冲区地形。模型动床模拟范围：顺水流向至坝轴线下游700m，沿坝轴线方向为左导墙至右导墙。动床材料：粒径1.3～1.5cm白矾石模拟三峡坝址1.3～1.5m基岩岩块铺设坝基弱风化层顶板以下基岩地形；动床铺设地形高程概化为：右导墙至泄19号坝段中心线高程为48.00m，泄19号坝段中心线至泄16号坝段高程由48.00m降至40.00m，泄16～6号坝段高程为40.00m，泄5号坝段至左导墙右侧边高程由40.00m降至20.00m；动床冲刷时间3.6小时（相当于原型36小时）。

对整体模型进行了围堰挡水发电期、初期运行期及正常运行期的泄洪水力学试验。模型试验成果表明，围堰挡水发电期，深孔与底孔联合运用时，下游消能区及右导墙防冲墙附近冲坑高程较低，距坝趾较近；正常运行期，深孔与表孔联合运用，各种工况下，坝下游冲坑距坝趾较远，都不会危及大坝运行安全。因此，泄洪坝段下游消能防冲最不利的工况是围堰挡水发电期底孔与深孔联合泄洪的工况。正常运行期深孔与表孔联合运用，其挑流水舌入水位置前后错开，并在空中碰撞消能，下游冲刷明显减轻。正常运行期各种试验工况表明，坝下游冲刷坑最低高程发生在1000年一遇洪水，表孔、深孔和泄洪排漂孔联合泄洪工况，相应大坝上游水位175.0m，下泄总流量69800m^3/s，最深冲坑位于河床中部，冲坑底高程14.00m，距离坝趾约160.0m。按泄洪坝段最高建基面高程45.00m计算，冲坑上游坡度为1∶5.2，坝址基岩是安全的。右导墙左侧的最低冲坑高程也发生在宣泄1000年一遇洪水，表孔、深孔和泄洪排漂孔联合泄洪工况，冲坑底高程约26.00m，若不开启泄洪排漂孔而多开启深孔，则冲坑底高程可抬高至30.00～36.00m，说明泄洪孔运用组合方式对下游消能区冲刷影响较大。右导墙建基面高程45.00m，为确保安全，在其左侧冲坑范围设置混凝土防冲墙，墙底高程30.00m，并要求宣泄1000年一遇洪水时，不开启右纵坝段的2号泄洪排漂孔；左导墙建基面高程在15.00m以下，低于各种运行工况的冲坑底高程，无需设防冲保护设施。整体模型各种工况下的主要试验成果如下：

（1）上、下游水流流态

泄洪坝段位于河床中部，大坝上游水流进入泄洪坝段基本顺应河势，加之坝前水深比天然河道大大加深、来流行进流速较小。通常运行情况下，坝前流态比较平稳，不会出现大的回流漩涡和不利流态。但在库水位135.0m，深孔和底孔联合泄洪时，泄洪坝段右侧出现回流；泄21～23号坝段深孔前偶有回流和小漏斗漩涡出现。随着水库水位升高，孔口淹没深度加大，坝前回流和小漏斗漩涡现象也随之消失。在正常运行水位145.00～175.00m泄洪时，坝前水位比较平稳，没有大的回流和立轴漩涡现象。

泄洪坝段下游右侧与右导墙之间，约有50.0m宽的侧空静水区。各种泄洪组合下，在该区均出现较大回流。通过对泄洪坝段右侧边孔鼻坎体型进行优化，并在下游设置防冲隔墩后，大坝上游水位135.0m，底孔单独泄洪时，最大回流宽度由94.0m减至60.0m，最大回流流速由8.4m/s降至2.6m/s；深孔和底孔联合泄洪时，最大回流宽度由75.0m减至47.0m，回流流速由11.40m/s降至5.56m/s。在设计水位175.0m，深孔单独泄洪或深孔与表孔联合泄洪时，该回流区范围和回流强度减小，回流的最大宽度为 40.0～50.0m，回流流速约 5.0m/s。大坝上游水位 135.0m，底孔单独泄洪时，水跃跃头远离弧门支铰；底孔与深孔联合泄洪时，水跃跃头进入 1 号底孔鼻坎内 8.0～15.0m，进入 22 号底孔鼻坎内 7.0～15.0m，基本不影响弧门支铰，其余各底孔孔口水跃跃头均在弧门支座下游，对弧门运行安全影响较小。

(2)下游消能区冲刷状况

围堰挡水发电期，上游水位 135.0m，深孔全开和部分底孔联合运用，下泄流量 50700～56800m^3/s，坝轴线下游 180.0～260.00m 冲槽中形成两个相对独立的冲坑，泄 4～7 号坝段下游冲坑底高程为 17.50～20.00m，距坝趾 110.0～120.0m；泄 19～22 号坝段下游冲坑底高程为 20.95～25.00m，距坝趾 110.0～120.0m。右导墙下游防冲墙边冲刷最低高程为 35.00m 左右，位于坝轴线下游 220.00m，左导墙边未冲刷。

正常运行期，汛限水位 145.00m，深孔全开与泄洪排漂孔联合运行(左、右岸电站机组 18 台机组发电)，下泄流量 56840～57240m^3/s，坝下游冲刷形态基本一致，下游距坝轴线 200.0～280.00m，从左导墙至右侧泄 20 号坝段下游 48.00m 附近为长条形冲刷坑，坑底高程 23.4～33.9m。2 号泄洪排漂孔运用时，右导墙防冲墙边在坝轴线下游 180.0～260.0m 处的冲刷最低高程为 37.20m，2 号泄洪排漂孔不运用时，右导墙防冲墙未见冲刷；左导墙边均未冲刷。大坝上游水位 156.00m，由 23 个深孔和泄洪排漂孔联合泄洪时，下泄流量 56700m^3/s，泄洪坝段下游河床中部最低冲刷高程约 25.00m，距坝趾约 120.0m，不会危及大坝安全；右导墙左侧防冲墙附近的冲刷坑最低高程为 35.00m，高于防冲墙建基面高程。

2.3.6.4 下游消能防冲运行检验

大坝泄洪建筑物从 2003 年汛期投入运行以来，经过围堰挡水发电期 135.00m 水位，2006 年汛末至 2008 年汛期初期运行水位 156.00m 和 2008 年汛末至 2015 年正常蓄水位 175.00m 试验性蓄水运行检验。2004 年、2008 年、2009 年及 2012 年汛后实测泄洪坝段下游消能区冲刷地形资料表明：泄洪坝段下游冲刷坑分布和形态与模型试验成果略有不同，冲刷范围基本一致，靠近泄洪坝段坝趾部位冲刷较轻，冲坑最低高程为 23.5m，距坝趾距离均大于 100.0m，折算冲坑至坝趾坡度均缓于 1∶5，不会危及泄洪坝段安全；左导墙右侧冲坑高程均高于相应导墙段建基面高程，右导墙左侧冲坑高程均高于相应部位建基面高程，不会影响左导墙和右导墙及防冲墙安全。正常蓄水位 175.00m 运行期，汛期按汛限水位 145.00m 运行，1∶100 整体模型试验中，按 23 个深孔与排漂孔联合泄洪运用，并考虑左、右岸电站 18 台机组发电，枢纽总下泄流量 56840～57240m^3/s。试验结果表明：泄 18～6 号坝段下游高程 40.00m 部位的冲刷最低高程为 23.4～24.5m(图 2.3.15)，与 2009 年实测冲刷地形(图 2.3.16)中该部位最低冲刷高程 23.50～30.00m 接近，位置相当；泄 18 号坝段至右导墙高程 48.00m 部位的冲刷最低高程为 27.50～33.90m(图 2.3.15)，与 2009 年实测冲刷地形中该部位最低冲刷高程 27.50～35.00m(图 2.3.16)接近，位置相当；右导墙防冲墙边有局部冲刷，冲刷最低高程为37.2m(图2.3.15)，与2009年实测冲刷地形中该部位最低冲刷高程36.60～38.50m(图2.3.16)具有较好的吻合性。

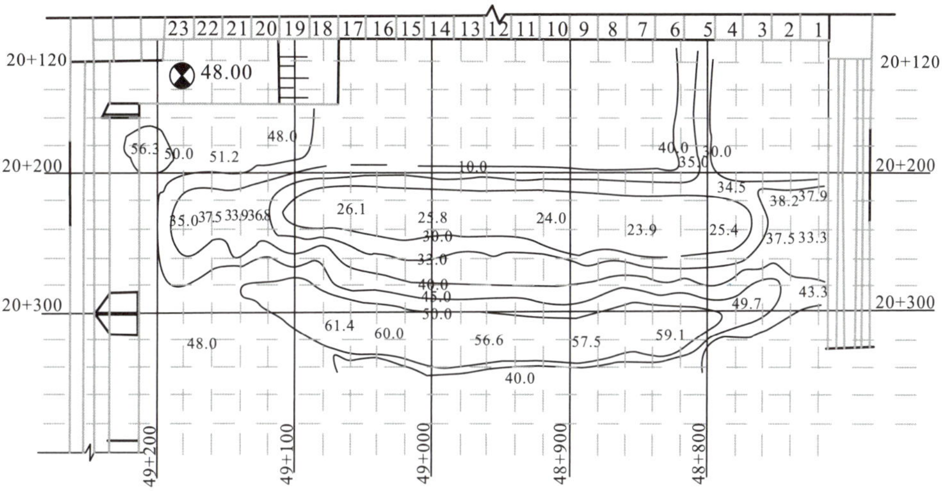

图2.3.15　水工模型试验下游冲刷地形(试验水位145m，泄量56680m^3/s)(单位：m)

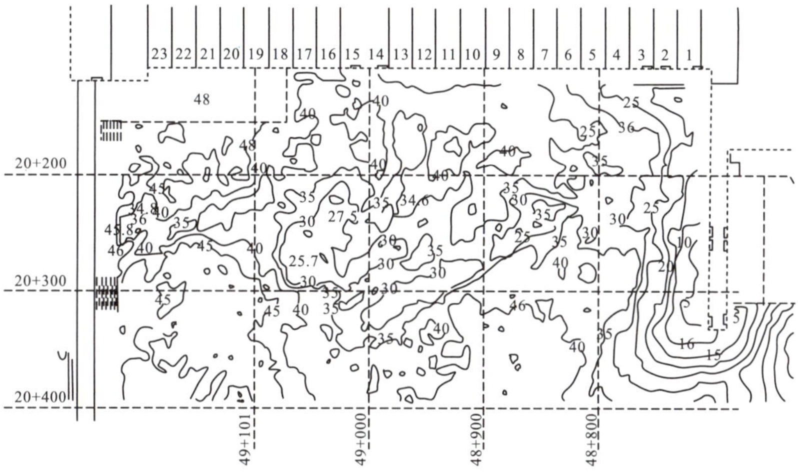

图2.3.16　2009年3月实测大坝泄洪坝段下游冲刷地形(单位：m)

从正常蓄水位175.00m试验性蓄水运行期2009年及2012年汛后泄洪坝段下游实测冲刷地形对比分析的结果来看，下游实测整体冲刷形态与模型试验冲刷特性基本一致，典型工况下的下游冲坑高程及位置具有较好的吻合性，表明模型试验与实际运行中的下游冲坑相似性高，基于模型试验成果采取的下游消能区防护措施是合适的，泄洪坝段下游消能防冲是安全的。

2.3.7　大坝大泄量泄洪消能设计问题探讨

(1)大泄量泄洪孔及导流底孔布置问题

进行三峡水利枢纽大坝泄洪和导流建筑物的布置，需研究分析泄洪和导流建筑物的特点及难点：泄洪流量及导流流量大，泄洪孔及导流孔孔口多、尺寸大、水头高、水位变幅大、运用条件复杂，泄洪和导流建筑物需考虑排沙、排漂浮物要求，以及三峡工程的特殊重要性等。设计经过多年的研究并通过水工模型试验验证，最终采用的布置方案为：大坝泄洪坝段布置在主河床中间，下泄水流顺应河势，对两岸岸坡不造成冲刷，泄洪坝段两侧布置厂房坝段及坝后式厂房，通航建筑物布置在左岸新挖渠道内，有利于船舶通航；泄洪坝段泄洪建筑物采用以深孔泄洪为主的布置，有利于适应水库“蓄清排浑”运行的要求，以减少水库及坝区泥沙淤积；泄洪表孔与泄洪深孔错层相间布置，并在泄洪表孔下方跨缝布置导流底孔，3 层泄洪孔口平面相向、立体交叉布置，充分利用了有限的泄水前缘。大坝泄洪和导流建筑物具有布置紧凑、选型较好、安全可靠、运行调度灵活和节省工程量的优点，经不同运行期的运行检验，大坝大泄量泄洪孔及导流底孔布置合理，设计是成功的。

(2)大泄量泄洪孔优选掺气减蚀型式问题

三峡泄洪深孔是主要的泄洪建筑物，运用频繁，采用有压短管接明流泄槽布置型式。明渠泄槽流速为 35m/s，按设计规范要求应采取掺气减蚀措施。在掺气设施型式选择上，综合考虑深孔水力学和闸门止水两方面条件，调查分析了国内外水利水电工程泄洪孔运用实例，并开展了大量的试验研究，对多种掺气减蚀型式进行了认真比较。研究表明：突扩掺气虽然能通过采用偏心铰变形止水或液压、伸缩式止水，较好地解决闸门转角密封止水问题，但在水力学上，要保证侧空腔和底空腔通气顺畅有一定难度，且侧墙出现低压区，容易形成空化源，掺气浓度较低，存在空蚀隐患。调查资料表明：该型式在国内外也有空蚀破坏的工程实例。因此，为保证安全可靠，推荐泄洪深孔优选跌坎掺气设施，且深孔通常运用水头为 55.0～70.0m，采用常规止水可以满足要求。为减少泥沙冲磨，同时保证通气效果，选择高度较低(1.5m)的跌坎和直径较大(1.4m)的通气孔。泄洪深孔自 2003 年 5 月投入运行以来，至 2018 年，已运用 16 年，经过设计水位 175.00m 的泄流检验，各项监测成果表明：深孔采用跌坎掺气效果明显，无空蚀现象；弧形工作门止水效果良好，深孔泄洪运行安全可靠。

(3)大泄量泄洪下游消能防冲问题

三峡水利枢纽大坝下游基岩为闪云斜长花岗岩，岩体坚硬紧密，抗冲能力较强；且因三峡坝址位于葛洲坝水库内，水垫较深，具有利于防冲的条件；泄洪深孔、泄洪表孔、泄洪排漂孔和导流底孔均采用了挑流消能型式，且深孔与表孔在平面上相间排列，在立面上挑流鼻坎前后错开，可达到减少入水单宽流量，分散消能的目的，有效地减少了下游冲刷和防护工程量。通过分析和水工模型试验研究，在围堰挡水发电运行期，导流底孔与泄洪深孔联合运用，可采取工程措施有效减轻下游冲刷：①调整导流底孔两侧各 3 个边孔的进口底高程、出口鼻坎挑角，既满足了明渠截流的分流要求，又改善了泄流漩滚拍击弧门牛腿和支铰的不利流态；②在右导墙左侧设置隔流堤，有效地减小了回流淘刷强度；③在泄洪坝段右部坝趾局部设置防冲护坦，防止坝趾基岩冲刷。在设计水位 175.00m 正常运行期，导流底孔全部封堵回填，下游消能防冲条件大为改善。大坝泄洪建筑物和下游消能区经过了运行检验，实测下游冲刷地形资料表明：基于水工模型试验成果采取的下游消能区防护措施是合适的，大坝泄洪坝段下游消能防冲是安全可靠的。

2.4 重力坝坝内多层泄流大孔口结构设计技术

2.4.1 坝内多层泄流大孔口结构布置

三峡大坝设计流量 98800m^3/s、校核流量 125000m^3/s；三期截流流量 10300m^3/s，三期围堰挡水发电期设计流量 72300m^3/s、校核流量 83700m^3/s。由于泄洪流量大、水头高、水位变幅大，且要兼顾排沙、排漂和施工导截流等多目标运行任务的要求，泄洪孔和导流设施的种类多，数量多达 77 孔，要求泄洪前缘总长达 547m，其中泄洪坝段长 483m；因电站装机容量大，机组台数多，需尽量缩短泄洪坝段长度；坝址处于河道弯段，泄洪时坝下需保证良好的流态，在规定的泄量下不影响通航，进一步增加了泄洪设施布置难度。研究优化泄洪布置方案、尽量减少泄洪前缘的宽度、创新多孔口泄洪设施结构布置，成为泄洪建筑物布置及设计的主要关键技术问题。

经多年研究论证，对流道体型结构和闸门设备布置进行了优化调整，创新提出了主河槽泄洪坝段 3 层泄洪大孔口的立体交错布置，成功解决了高水头（113m）、泄洪流量（102500m^3/s）居世界之首的泄洪布置难题。

泄洪坝段 3 层大孔口立体交错布置、结构受力复杂，深孔孔口尺寸大，孔内作用水头高、运用频繁、运用水位变幅大，泄洪坝段大孔口结构设计难度大，孔口应力大、配筋多、施工困难等问题突出。多层泄洪大孔口坝段结构分析优化和安全度分析设计作为“七五”国家重点科技攻关项目，由国内多家单位开展了大量的研究计算工作。采用多种计算分析方法，研究提高大坝的整体性、降低孔口应力和裂缝宽度、优化孔口配筋等工程措施，是泄洪大孔口结构设计的关键技术问题。

2.4.1.1 坝内多层泄流大孔口结构布置特点

（1）大坝坝内泄流孔数量多且尺寸大

三峡大坝坝内共布置泄流孔 67 个（其中泄洪表孔 22 个、泄洪深孔 23 个、导流底孔 22 个）、排漂孔 3 个（1 号、2 号排漂孔兼作泄洪用）、排沙孔 9 个（其中有 2 个冲沙闸孔）、电站引水孔 28 个（左岸电站引水孔 14 个、右岸电站引水孔 12 个、电源电站引水孔 2 个）。

泄洪表孔宽 8.0m，高 17.0m；泄洪深孔进口断面尺寸 9.60m×14.53m（宽×高，下同），有压段出口断面尺寸 7.00m×9.00m；导流底孔进口断面尺寸 8.40m×15.98m，有压段出口断面尺寸 6.00m×8.50m；泄洪排漂孔进口断面尺寸 10.0m×15.426m，有压段出口断面尺寸 10.00m×12.00m；排漂孔进口断面尺寸 7.00m×15.426m，有压段出口断面尺寸 7.00m×12.00m；排沙孔进口断面尺寸 5.00m×7.00m，渐变为直径 5.0m 的圆形孔；冲沙闸孔尺寸 5.50m×9.60m；左、右岸电站引水管进口断面尺寸 9.20m×13.24m，渐变为直径 12.40m 的圆形孔；电源电站进水管道尺寸 4.50m×6.90m，渐变为直径 6.20m 的圆形孔。

(2)大坝坝内泄流孔及闸门槽(井)挖空率大,结构受力复杂

泄洪深孔弧形工作门布置在坝体内部,在坝体中部形成大空腔结构,弧门操作室布设在坝体高程117.50m处,操作室尺寸为7.0m×5.5m×13.5m(长×宽×高)。操作室顶部设置吊物井(长3.0m、宽2.5m)直通坝顶。深孔弧门启闭机采用液压单吊点启闭机,每3～4台启闭机设一个油泵室,在泄3号、7号、11号、15号、22号坝段深孔启闭机室下游侧高程96.00m布设尺寸10.85m×5.5m(长×宽)的油泵室,泄12号坝段设置集控室、弧门工作室顶高程114.0m,顶部设启闭机吊物孔,上游侧以斜坡接侧壁高程106.00m,下游以1∶1.5坡接弧门支座。泄洪深孔事故门槽宽1.95m,深1.10m,闸门井尺寸9.20m×3.05m;导流底孔事故门槽宽1.85m,深1.00m,闸门井尺寸8.00m×3.25m;泄洪深孔门井与表孔工作门槽相距1.86m,泄洪表孔两道门槽间距5.80m,两道门槽尺寸相同,槽宽1.40m,深0.85m。大坝坝内过流孔及闸门槽(井)尺寸大,挖空率接近50%,结构较单薄,受力复杂。

2.4.1.2 坝内多层泄流大孔口结构布置

(1)泄洪深孔与导流底孔错层相间布置

泄洪坝段位于河床中部,前缘总长483.0m,分为23个坝段,每个坝段长21.0m,坝段中部共布设23个泄洪深孔,深孔进口高程90.00m,深孔长110.0m,采用有压短管接明流泄槽鼻坎挑流型式,进口喇叭口由14.53m渐变至9.0m,有压段长17.5m,出口孔口尺寸7.0m×9.0m,有压段设3道闸门,有压段出口设弧形工作门,由坝内启闭机室的液压启闭机操作;有压段中部设平板事故检修门,门槽直通坝顶;深孔进口设反钩平板检修门,反钩槽和支承轨道直通坝顶;事故检修门和反钩检修门均由坝顶门机操作。

22个导流底孔跨横缝布置在泄洪坝段两坝段之间,22个底孔采用有压长管接明流泄槽鼻坎挑流型式。底孔长115.0m,中间16个孔进口底高程56.00m,有压段出口高程55.00m;两侧各3个底孔进口高程57.00m,有压段出口高程56.00m。导流底孔设4道闸门,有压段出口设弧形工作门作为主要控制启闭孔口的设备,由布置在坝内的液压启闭机操作;在有压段中部设平板事故检修门,门槽轨道通至表孔堰顶(在底孔封堵回填门槽混凝土后浇筑表孔堰顶混凝土,形成溢流堰),事故检修门由坝顶门机操作;在上游坝面底孔进口处设反钩平板检修闸门,底孔回填封堵混凝土时兼作上游挡水门,由施工门塔机静水操作。

泄洪深孔与导流底孔错层相间布置,可合理利用有限的泄流前缘长度,缩短坝轴线长度,减少岸坡岩石开挖量,并能较好地适应不同库水位运行期的度汛泄洪要求。在明渠截流和三期围堰施工期,底孔单独运用,承担明渠截流分流和三期围堰施工导流任务;三期围堰施工期(11月至次年5月)遭遇较大洪水时,底孔和深孔联合运用泄洪;围堰挡水发电运行期,大坝上游水位135.00～140.00m,底孔和深孔联合运用度汛泄洪,保证发电和通航安全运行。

(2)泄洪深孔与泄洪表孔错层相间布置

在泄洪坝段导流底孔正上方,跨横缝布置22个泄洪表孔,每孔净宽8.0m,溢流堰顶在

坝轴线下游3.6m处，堰顶高程158.00m，采用挑流消能型式。表孔设2道闸门，事故检修门槽位于堰顶上游侧，工作门槽位于堰顶下游侧，两道闸门均为平板滑道门，两道门槽间距为5.80m。

泄洪深孔与泄洪表孔错层相间布置，能较好地适应正常运行时不同库水位下度汛泄洪要求。正常运行期导流底孔已全部回填封堵，泄洪深孔单独运用或深孔与表孔及泄洪排漂孔联合运用泄洪。泄洪深孔与泄洪表孔联合运用泄洪时，两层泄洪孔的挑流水舌在空间错开，并在空中碰撞消能，减轻了对下游河床的冲刷，保证大坝运行安全可靠。

大坝泄洪坝段层泄洪大孔口采用平面相间、立体交错布置型式，合理有效地利用了有限的泄水前缘长度，泄洪结构布置紧凑；3层泄洪孔均采用挑流消能工，通过两层泄洪孔联合运用的挑流水舌在空间错开，并在空中碰撞消能，保证了高水头、大泄量时下游防冲设施的安全，满足水库不同运行条件下导流截流、发电和通航的安全运行要求。

2.4.2　泄洪深孔孔口应力分析及孔口配筋

泄洪坝段在同一坝段布置表孔、深孔和导流底孔3层孔口，坝体开孔率高（平面33%，立面32%，体积31%）、孔口尺寸大、作用水头高（深孔设计水头85m）、运用频繁、运用水位变幅大、结构型式复杂，大坝孔口应力大、配筋多、施工困难等问题极为突出。在三峡多层大孔口结构设计中，在国内率先开展了钢筋混凝土非线性有限元裂缝分析和非线性配筋设计方法研究，系统分析了孔口配筋与裂缝性状的关系，并据此提出了减小孔口应力和裂缝宽度的有效综合措施。

2.4.2.1　深孔孔口应力分析

（1）计算模型

深孔孔口应力采用常用的坝内孔口公式、平面有限元法、三维有限元法进行计算，并进行三维光弹试验验证。经分析比较，将泄洪坝段单个坝段作为整体，采用较为精确的三维弹性有限元进行孔口应力计算。基于泄洪深孔结构的对称性，计算模型取半个坝段，对称面取法向约束，坝基取为刚性约束；深孔有压段（孔顶、孔底以外10.00m区域），取网格单元节点间距为1.0m。经与平面有限元0.50m×0.50m加密网格单元的验证对比，此网格密度的计算精度可满足要求。单元类型采用8节点非协调单元。

（2）计算荷载及荷载组合工况

计算考虑的主要荷载：坝体混凝土自重、水压力、弧门推力、泥沙压力。

分析计算工况：自重工况、围堰挡水发电工况、设计工况、检修工况、校核工况。

（3）深孔孔口应力计算结果分析

深孔孔口应力计算结果表明，不同部位孔口配筋应力的控制工况是自重工况和设计工况，深孔距坝轴线1.00m、2.69m、9.74m和11.99m，相应编号为Ⅱ、Ⅲ、Ⅴ和Ⅵ的4个剖面的控制应力特征值和相应的工况见表2.4.1。

表 2.4.1 泄洪深孔应力分析典型剖面孔口控制应力特征值

典型剖面(深孔与坝轴线距离)		Ⅱ(1.00m)		Ⅲ(2.69m)		Ⅴ(9.74m)		Ⅵ(11.99m)	
底孔位置		孔顶	孔底	孔顶	孔底	孔顶	孔底	孔顶	孔底
计算工况		自重	自重	设计	自重	设计	设计	设计	自重
特征值	表面 σ_2(MPa)	2.29	2.07	2.00	2.00	1.34	1.49	1.21	1.84
	配筋应力面积(MPa·m)	2.58	2.23	3.70	2.23	3.45	2.76	4.78	1.85
	配筋拉应力深度(m)	1.90	1.80	3.08	1.83	3.64	2.72	5.56	1.81

注:①自重工况为坝体混凝土自重。②设计工况为自重+175.00m水位水压力+相应的弧门推力+泥沙压力。③表中 σ_2 为孔顶或孔底沿坝轴线方向的正应力,拉应力为正;配筋应力面积指单位宽度内孔口剖面拉应力大于混凝土容许抗拉强度的拉应力面积。

深孔孔口应力计算成果显示,其孔口应力分布有如下特征:

1)坝体自重荷载在孔口表面中心产生的拉应力最大,且与孔口跨度有关,跨度越大,拉应力也越大,但配筋拉应力区深度较浅,约为2.0m。从有压段看,由坝体自重产生的孔口拉应力分布较均匀,平均为2.0MPa。

2)在仅有水荷载作用时,孔口拉应力值比自重荷载作用时小,但其拉应力区深度较大,总的配筋应力面积与自重荷载作用时相当。

3)在孔口内水压力、上游水压力、横缝侧水压力等水荷载中,孔口内水压力产生的孔口拉应力占主要部分,其大小与孔口高度有关,高度越高,孔口拉应力也越大,特别是拉应力深度也越深,约在7.0m以上;上游水压力对胸墙结构产生弯曲作用,使前胸墙上游面受压,下游面受拉,后胸墙上游面受拉,下游面受压;门井内水压力对孔口 σ_2 应力分布的作用与上游水压力相反,数值也较小;横缝止水前的侧水压力,对平衡孔口内水压力的作用较大,使前胸墙孔口拉应力大为减小,后胸墙孔口拉应力也有一定程度的降低。

4)在自重和水荷载共同作用下,随着水位的升高,孔口拉应力减小,而拉应力区深度增大,总的孔口拉应力(总的配筋量)在门井前的前胸墙由自重工况控制,门井后的后胸墙由设计工况控制。

2.4.2.2 深孔孔口配筋

(1)坝内孔口配筋计算方法

深孔为坝内大孔口结构,属于典型的非杆件体系的钢筋混凝土结构,无法按杆件体系的板、梁、柱等钢筋混凝土基本构件承载能力计算公式进行配筋计算,而只能按弹性理论方法(弹性有限元法或弹性模型试验),求出坝内孔口结构各点的应力进行配筋,对非杆件体系的钢筋混凝土结构,其配筋计算方法主要是按弹性应力图配筋或按钢筋混凝土结构有限元法配筋。

1)按弹性应力图配筋。

坝内孔口结构型式和受力状态比较复杂,采用弹性力学或实验力学方法计算拉应力,并按拉应力图进行配筋。

①当截面应力图形接近于线性分布时，可换算为截面内力，按内力进行配筋计算及裂缝控制验算。

②当截面应力图形偏离线性分布较大时，受拉钢筋截面面积 A，应满足式(2.4.1)要求。

$$T \leqslant 1/\gamma_d \times (0.6T_c + f_y A_s) \tag{2.4.1}$$

式中，T 为由荷载设计值(包含结构重要性系数 γ_0 及设计状况系数 ψ)确定的弹性总拉力 $T=Ab$，A 为弹性应力图形中主拉应力图形总面积(图 2.4.1)，b 为结构截面宽度；T_c 为混凝土承担的拉力，$T_c=A_{ct}b$，A_{ct} 为弹性应力图形中主拉应力小于混凝土轴心抗拉强度设计值 f_t 的图形面积(图 2.4.1 中的阴影部分)；A_s、f_y 分别为受拉钢筋面积及钢筋抗拉强度设计值；γ_d 为钢筋混凝土结构的结构系数，取 1.2。

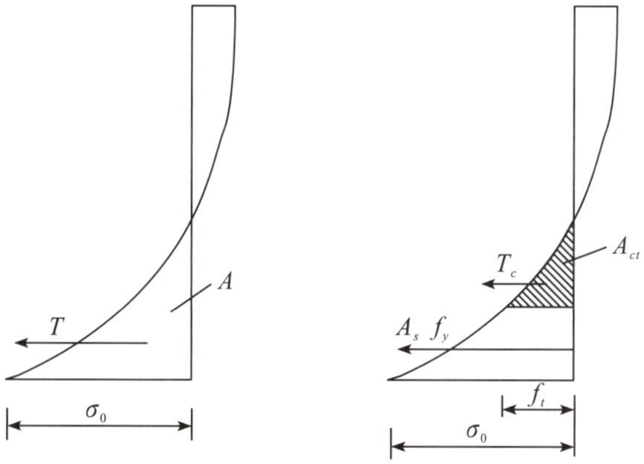

图 2.4.1 按弹性应力图形配筋

③按式(2.4.1)计算时，混凝土承担的拉力 T_c 不宜超过总拉力 T 的 30%。

④当弹性应力图形的受拉区高度大于结构截面高度的 2/3 时，式(2.4.1)中应取 $T_c=0$。

⑤当弹性应力图形的受拉区高度小于结构截面高度的 2/3，且截面边缘最大拉应力 δ_0 小于或等于 $0.5f_t$ 时，可不配置受拉钢筋或仅配置适量的构造钢筋。

2)按钢筋混凝土有限元法配筋。

钢筋混凝土有限元法配筋关键是确定混凝土材料的本构关系及初始开裂强度、钢筋与混凝土之间黏结关系的假定等。对特别重要的坝内大孔口结构配筋，需进行专门的模型试验，以与计算结果相互验证。

钢筋混凝土有限元法配筋考虑了混凝土的开裂、材料非线性、钢筋与混凝土之间的黏结、混凝土徐变等因素。特别对于结构抗震设计需要考虑结构进入塑性阶段时的材料滞回特性的情况，及其大体积混凝土结构温度配筋设计时，考虑混凝土裂缝开展及宽度对温度应力的影响，有不可替代的优势。

深孔采用钢筋混凝土非线性有限元法进行孔口裂缝分析，混凝土的本构关系采用正交各向异性非线性模型，受拉应力—应变曲线不考虑下降段，受压时弹性模量按式(2.4.2)计算：

$$E_i=\frac{d\sigma_i}{d\varepsilon_i}=\frac{E_0[1-(\varepsilon_{iu}/\varepsilon_{ic})^2]}{[1+(E_0/E_S-2)(\varepsilon_{iu}/\varepsilon_{ic})+(\varepsilon_{iu}/\varepsilon_{ic})^2]^2} \tag{2.4.2}$$

式中，σ_i 为 i 方向的主应力；ε_{iu} 为等效单轴应变；ε_{ic} 为相应于最大应力 σ_{ic} 的等效单轴应变；E_0 为原点切线弹性模量；E_S 为相应于最大应力 σ_{ic} 的割线模量，$E_S=\sigma_{ic}/\varepsilon_{ic}$。

混凝土裂缝采用片状裂缝模型，在某一增量荷载作用时，若主拉应力大于抗拉强度，则该方向混凝土开裂，同时弹性模量为零。以往认为基于片状裂缝模型的非线性分析无法得到裂缝宽度，但通过采用最大拉应力单元开裂判断准则和改进非线性迭代流程，可获得较真实的裂缝宽度。三峡大坝的非线性分析中，钢筋的本构关系采用带硬化段的弹塑性模型，钢筋与混凝土之间的黏结滑移关系采用双弹簧单元模拟。

根据计算结果，大坝深孔有压段拉应力达 2～3MPa，拉应力深度最大达 8.5m，即使配置 4～5 层直径 40mm 的钢筋，裂缝宽度也不能满足要求。依据孔口拉应力的形成机理，创新提出大坝横缝止水后移、利用缝间外水来平衡孔口内水，提高大坝横缝灌浆高程、增强侧向刚度、减小孔口应力。采用上述措施后，深孔有压段的孔口应力明显减小，孔周一般只需布置 3 排钢筋就能满足允许最大裂缝宽度 0.20mm 的裂缝控制要求。

3）监测资料分析及效果评价。

①监测资料分析。

在坝高最大的泄 2 号坝段深孔有压段事故门槽前后及深孔明流段孔口周围布置了 52 支钢筋计。根据水库试验蓄水期对深孔孔口钢筋应力的监测资料，截至 2014 年，实测泄 2 号坝段深孔事故门槽前和反弧段泄槽 20＋086m 处钢筋应力过程线分别见图 2.4.2 和图 2.4.3。从实测孔口钢筋应力监测值的过程线可见，深孔各部位钢筋应力均较小，应力测值为－65～50MPa，钢筋的应力主要受库水位变化影响。

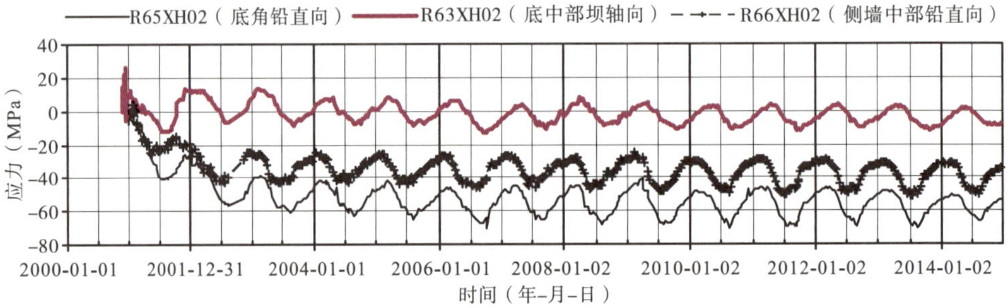

图 2.4.2　泄 2 号坝段深孔事故门槽前钢筋应力过程线

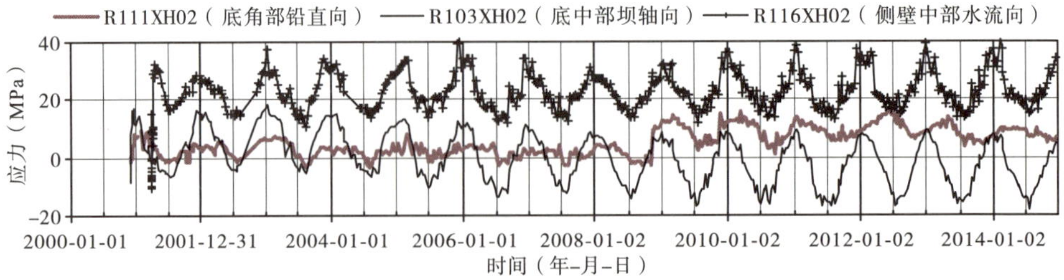

图 2.4.3　泄 2 号坝段深孔反弧段泄槽 20＋086m 处钢筋应力过程线

②运行效果评价。

三峡重力坝多层大孔口结构设计中所提出的以钢筋混凝土非线性有限元求得裂缝宽度满足设计要求的非线性配筋设计方法得到了成功应用，目前该方法已被《水工混凝土结构设计规范》(SL 191—2008)采用。

正常蓄水位175m试验性蓄水运行10年实践表明，泄洪孔口的结构设计合理，创新提出的横缝止水后移、横缝灌浆等综合措施，有效减小了孔口应力，泄洪孔口应力和变形指标均在设计控制范围内，且有一定的安全裕度，泄洪设施运行期的结构安全可以得到有效保证。

4)两种坝内孔口配筋计算方法的比较。

按弹性应力图形法配筋是工程设计中常用的方法，《水工混凝土结构设计规范》(SL 191—2008)中采用弹性应力图形法进行配筋计算，弹性应力图形法以三维有限元计算成果为准。但该方法尚存在着一些问题。

①弹性应力图形法不考虑混凝土开裂前后的应力变化，以开裂前的弹性应力状况作为开裂后配筋的依据，在理论上是不严密的。同时，该方法的配筋量是以满足承载力的容许应力法求出的，对配置钢筋后，结构的裂缝发生与发展性态仍然无法了解，而混凝土裂缝的存在与发展对大坝坝内孔口至关重要。

②拉应力图形是按尚未开裂的均质弹性体确定的，在混凝土开裂前，钢筋应力很小，混凝土开裂后，钢筋才发挥其强度保证作用，而此时坝内孔口结构的拉应力图形已完全改变。所以采用坝内孔口结构开裂前的拉应力图形作为开裂后钢筋强度计算依据与实际情况有较大差异。

③按弹性应力图形法配筋只能对坝内孔口结构的承载能力提供一定的保证，无法对孔口结构的正常使用状态(如裂缝开展及缝宽控制)作出应有的估计。

④按弹性应力图形法配筋不能对坝内孔口结构抗裂性能作出准确评判，因为在非杆件结构体系中，混凝土的截面抵抗力矩系数与一般受弯构件有所不同，目前对此尚未有成熟的研究成果。目前，按弹性应力图形法配筋计算求得的坝内孔口钢筋用量偏于安全。因此，坝内孔口配筋仍用此方法。

(2)深孔结构配筋

深孔有压段采用钢衬防护，以防止高速水流引起气蚀。钢衬顺水流向范围为：深孔进口段长3.50m，事故检修门前后段长11.00m，弧形门区段长13.01m。深孔孔口主要断面配筋如下：

①事故检修门槽上游：孔顶布置3排ϕ40@20受力钢筋，分布钢筋为ϕ28@25；孔底一期钢衬部位，布置2排ϕ36@20和3排ϕ32@20受力钢筋，分两个浇筑层，上浇筑层分布钢筋ϕ28@25，下浇筑层分布钢筋ϕ32@25；孔底二期钢衬部位，布置3排ϕ40@20受力钢筋，分布钢筋为ϕ32@25。

②事故检修门槽下游：孔顶布置5排受力钢筋，分两个浇筑层，下浇筑层布置3排ϕ40@20，

分布钢筋为 ϕ28@25，上浇筑层布置 2 排 ϕ36@20，分布钢筋为 ϕ25@25；孔底布置 4 排 ϕ40@20 受力钢筋，分两个浇筑层，下浇筑层布置 1 排 ϕ40@20，分布钢筋 ϕ25@25，上浇筑层布置 3 排 ϕ40@20，分布钢筋 ϕ32@25。侧墙根据温度应力按照构造配筋，顺水流向布置 2 排 ϕ32@20，垂直方向布置 2 排 ϕ28@20 钢筋。

2.4.2.3 深孔结构模型试验

在泄洪深孔结构设计中，为研究孔口结构在混凝土开裂前后的受力状态和破坏规律，长江科学院分别建立了小比例尺（1∶30）和大比例尺（1∶6）模型，采用接近实际材料参数的混凝土和钢筋进行试验，其试验结果为建立深孔孔口应力数值模型和配筋方法提供了重要依据。

（1）小比例尺模型试验

小比例尺模型根据泄洪深孔尺寸按 1∶30 的比例，采用不同钢筋量及布筋方式建立 7 个模型，模型平面尺寸相同，厚度为 10～15cm。试验主要考虑自重和内水压力两种荷载，重点研究配筋率、布筋方式和深孔孔口周边材料对孔口裂缝产生、承载能力和破坏规律的影响。

通过对试验成果分析得出如下结论：

1）钢筋沿深孔孔口边缘集中布置，虽然可以提高结构的抗裂能力，但是并不能提高其限裂能力，只有在拉应力区内均匀布设钢筋，才可以有效提高限裂能力。

2）坝体自重荷载主要引起深孔孔口顶部及底部范围较大的拉应力，孔内水压力主要引起角点拉应力集中，虽然范围不大，但是容易使结构从此处开裂，7 个模型都是从角点开裂，所以需在深孔孔口角点局部修圆和布设斜筋，以提高孔口抗裂能力。

3）试验中发现裂缝出现之前，混凝土拉应变普遍大于 200$\mu\varepsilon$，有的甚至大于 500$\mu\varepsilon$，高出单轴极限拉应变几倍；配置钢筋的孔口，其混凝土初裂荷载明显提高，极限拉应变增大。因此，仅用最大主拉应力作为判断孔口混凝土开裂的准则尚不够准确，布设钢筋的孔口结构比单轴受力的未布置钢筋的混凝土构件韧性提高，强化阶段延长，因此，深孔孔口结构的破坏准则应考虑这些特点。

（2）大比例尺模型试验

大比尺模型选择泄洪深孔事故检修门槽下游一个剖面按 1∶6 进行模拟，该处孔口尺寸为 7.00m×10.60m，孔顶和孔底以外取 15.00m 范围，模型厚度 60cm，采用与原型相同材料，并按与原型排数和配筋率一致的原则配置钢筋。试验模拟坝体混凝土自重、上游水压力、孔内水压力和孔内降温等荷载。研究这些荷载作用对混凝土和钢筋应力的影响以及裂缝开展和裂缝宽度的变化规律。

通过对试验成果分析得出如下结论：

1）深孔孔口结构在坝体自重和孔内水压力作用下没有出现可见裂缝；在没有其他荷载的情况下，8 小时内孔口边缘温度下降 15℃左右，也没有出现可见裂缝；继续加载，深孔孔口结构具有1.5倍内水压力正常使用的安全系数,2.4倍内水压力承载能力。

2)在坝体自重和设计内水压力作用下,由于混凝土没有开裂,钢筋应力很小,最大应力仅为34.2MPa,而在出现裂缝后,同样荷载下,钢筋最大拉应力达180.4MPa。这时钢筋起到限制裂缝扩展的作用。试验结果显示,即使孔口混凝土出现裂缝,在设计荷载作用下,已有裂缝没有进一步扩展,也没有发现新的裂缝,钢筋仍然在屈服极限以内,孔口结构可以正常安全运行。

3)试验结果表明,深孔孔口按拉应力图形法配筋可以保证深孔孔口结构强度要求,而且具有安全裕度。

2.4.2.4 深孔采取的结构措施

1)深孔明流泄槽穿越纵缝处,设置止水系统,在第一道纵缝高程80.50m处、第二道纵缝高程72.00m处设排水廊道,防止深孔泄流时高速水流渗入坝体纵缝。

2)调整深孔有压段范围内坝体横缝止水布置,局部止水后移,增加进水口胸墙厚度;对高程110.00m以下的横缝进行接缝灌浆,以改善孔口应力。

3)深孔有压短管段至弧门出口全部采用钢板衬护,并严格控制泄槽过流表面的光滑平整度要求,以提高过流边壁的抗冲蚀能力。在深孔流道的过流边壁约厚1.00m的范围内,采用抗冲耐磨高标号混凝土,底板及底板以上2.00m范围使用R_{28}450混凝土,2.00m以上的边墙使用R_{28}400混凝土。

4)在库水位145.00~175.00m运行时,深孔有压段、明流泄槽段和反弧段内为高速水流,在有压段出口设置跌坎掺气,从水舌底部向高速水流掺气,防止发生空蚀破坏。

2.4.2.5 深孔结构运行检验

深孔自2003年5月投入运行至2018年已运用15年,并经过设计水位175.0m的泄流检验。每年汛后,对深孔孔口过流面进行了全面检查,底板和侧墙已有的浅表层裂缝没有扩展,未发现新的裂缝,检查结果表明深孔结构运行安全可靠,满足设计水位175.00m运用要求。

2.4.3 导流底孔应力分析及孔口配筋

2.4.3.1 导流底孔应力分析

导流底孔应力分析采用三维线弹性有限元法,计算工况为设计工况和校核工况。计算分析表明,底孔孔口周围的大部分区域为压应力区,局部有拉应力区,但拉应力值较小,仅需要按照温度应力配置构造钢筋。

导流底孔采用弧形工作门,弧形门半径18.00m,弧门支铰中心高程为69.00m(两侧各3个边孔支铰高程为70.00m),位于坝轴线下游94.139m。弧门支承采用钢筋混凝土牛腿结构,牛腿宽4.0m、高6.5m,悬出底孔边墙2.3m。导流底孔是临时建筑物,设计水位135.00m时,弧门总推力为50568kN;校核水位140.00m时,弧门总推力为53606kN,与水平面夹角为29.7°。三维有限元计算分析表明,在单边弧门推力荷载作用下,闸墩深度方向断面拉应力分布近乎呈指数形式递减，只在表面产生拉应力集中，拉应力值达 4.0MPa 以上，但范围很小，且衰减很快，在深入闸墩 0.5m 处降至 2.4MPa。闸墩上弧门推力方向拉应力超过混凝土容许拉应力的区域：牛腿上游弧门推力方向约 4.0m，垂直弧门推力方向约 6.0m，闸墩深度方向 1.5m。

2.4.3.2 导流底孔孔口配筋

导流底孔孔口配筋按三维线弹性有限元法计算的应力图形进行配筋量计算。当最大拉应力超过混凝土容许抗裂强度时，导流底孔孔口结构按限裂设计，裂缝宽度满足规范限裂要求。底板顺水流向和垂直水流向分别布置 1 排 ϕ30@20 和 1 排 ϕ25@20 钢筋，顶板顺水流向和垂直水流向分别布置 2 排 ϕ30@20 和 1 排 ϕ25@20 钢筋，两侧墙均布置 2 排 ϕ30@20 钢筋，钢筋不过纵缝及横缝。底孔跨缝板内，双向各布置 2 排 ϕ30@20 钢筋，并与两侧边墙内预埋钢筋焊接，使其成为整体。弧门闸墩配筋，除在闸墩两侧的顺水流向和垂直水流向各布置 2 排 ϕ30@20 常规闸墩钢筋外，沿弧门主推力方向分 3 层布置 141 根 ϕ40 的辐射形钢筋，弧门支座布设纵向受力钢筋 41 根 ϕ36，分 2 排布置，牛腿两个方向均布置 ϕ25@20 的箍筋。

2.4.3.3 导流底孔采取的结构措施

1）导流底孔跨横缝部位预留 1.0m 厚的二期钢筋混凝土拉板槽，待坝体温度冷却到稳定温度并经过横缝灌浆后，再浇筑钢筋混凝土跨缝拉板，以满足过流边壁的光滑平整度要求，防止底孔顶板及底板接缝错台或由温度变化引起缝面张合，避免形成空蚀源。

2）底孔通过坝体纵缝及横缝的部位均设置完备的环形封闭止水系统，防止孔内水沿纵缝及横缝外渗。

3）优选事故检修门槽体型，并在门槽上游及下游一定范围采用钢板衬砌保护，弧形工作门闸墩也采用钢材衬砌，防止高速水流冲刷。

4）底孔过水断面四周，采用厚 1.0m、R_{28}400 抗冲磨混凝土，平整度要求严格并采取表面涂抹高强环氧基液保护，以提高底孔表面抗冲磨能力。

5）尽量降低二期上游围堰拆除高程，对未拆除的堰面要求适当保护；大坝上游预挖拦砂槽，防止较大颗粒的砂砾被带入导流底孔。

2.4.3.4 底孔结构运行检验

底孔自 2002 年 9 月投入运行至 2007 年 3 月全部封堵回填混凝土，底孔运行最高水位 139.00m，最低水位 66.45m。底孔运行期间，在汛后分批对底孔流道进行了检查，底孔孔内底板和侧墙已有浅表层裂缝没有发展，未发现新的裂缝。检查结果表明，底孔结构运行安全可靠，满足设计要求。

2.4.4 泄洪排漂孔应力分析及孔口配筋

2.4.4.1 泄洪排漂孔应力分析

泄洪排漂孔应力分析采用三维线弹性有限元法计算自重工况和设计工况下的孔口应

力。孔顶最大拉应力均发生在前胸墙及后胸墙末端。自重工况时，前胸墙末端孔顶拉应力为1.24MPa，后胸墙末端孔顶拉应力为1.79MPa；设计工况时，前胸墙末端孔底拉应力为0.93MPa，后胸墙末端孔底拉应力为2.22MPa。自重工况时，孔底最大拉应力发生在有压段中部，约为1.33MPa。有压段孔口典型剖面的孔顶最大拉应力为1.32MPa，拉应力深度5.5m；孔底最大拉应力为1.04MPa，拉应力深度2.0m。

2.4.4.2　泄洪排漂孔孔口配筋

泄洪排漂孔孔口配筋按三维线弹性有限元法计算孔口应力图形进行配筋量计算。当最大拉应力超过混凝土容许抗裂强度时，泄洪排漂孔结构按限裂设计，裂缝宽度应满足规范限裂要求。有压段钢筋按孔口拉应力计算面积并结合孔口特点布置。事故门槽前，孔顶和底板均布置受力钢筋2排ϕ36@20，分布钢筋ϕ25@25；门槽后孔顶布置受力钢筋3排ϕ40@20，分布钢筋ϕ25@25；门槽后孔底布置受力钢筋2排ϕ36@20和1排ϕ32@20，分布钢筋ϕ25@25；孔口侧墙内侧双向布置构造钢筋2排ϕ28@20。明流段按纵缝Ⅱ之前和纵缝Ⅱ之后两段配筋。纵缝Ⅱ之前的孔口周边受弧门推力的影响，孔底布置垂直流向钢筋2排ϕ36@20和2排ϕ32@20，顺水流向钢筋为ϕ25@20；两侧墙内侧布置竖向钢筋1排ϕ32@20和横向钢筋1排ϕ36@20，外侧的竖向及横向均布置1排ϕ25@20钢筋。纵缝Ⅱ之后孔底布置纵向钢筋1排ϕ36@20和横向钢筋1排ϕ32@20；两侧墙的内侧布置竖向钢筋及横向钢筋均为2排ϕ25@20；两侧墙外侧及孔顶布置纵向钢筋及横向钢筋均为1排ϕ25@20。

弧门支承结构采用钢筋混凝土牛腿，牛腿宽4.0m，高8.0m，悬出闸墩外3.2m。在设计水位175.00m时，弧门单腿推力为2920t，与水平面夹角呈9.7°，支铰中心高程为138.00m。弧门支承结构配筋按规范计算，并采取有限元法复核。牛腿配筋为2排ϕ40@17，伸入闸墩7.0m，牛腿两个方向均布置ϕ25@20的箍筋。闸墩布置一层ϕ36@20表层钢筋，表层钢筋以内分3层布置169根ϕ40扇形钢筋，钢筋长度为20.98～24.00m，分布钢筋为ϕ25@40。

2.4.4.3　泄洪排漂孔采取的结构措施

泄洪排漂孔有压段四周设置一层厚1.0m的R_{28}400抗冲耐磨混凝土，明流段底板及两侧墙过流范围内设厚1.0m的抗冲耐磨混凝土。

2.4.4.4　泄洪排漂孔运行检验

1号泄洪排漂孔于2003年6月至2023年已运用20年，2号泄洪排漂孔2006年汛期投入运行至2023年已运用17年，并经受设计水位175.00m的泄流检验。每年汛后对泄洪排漂孔进行全面检查，底板及侧墙已有浅表层裂缝没有发展，未发现新的裂缝。检查结果表明，泄洪排漂孔结构运行安全可靠，满足设计水位175.00m运用要求。

2.4.5　泄洪表孔配筋及结构措施

2.4.5.1　泄洪表孔配筋

泄洪表孔溢流面顺水流向布置1排ϕ28@20钢筋，坝轴线方向布置1排ϕ22@20钢筋；

表孔墩墙两个方向均布置 $\phi25@20$ 钢筋。

2.4.5.2 泄洪表孔采取的结构措施

1)严格控制泄洪表孔体型及过流面的不平整度，过流表面不允许有垂直升坎或跌坎。不平整高度控制：除门槽区应小于 3mm 外，其余应小于 5mm。过流表面纵坡不陡于 1∶30，横坡不陡于 1∶10。

2)泄洪表孔底板采用 $R_{28}400$ 抗冲磨混凝土，表孔两侧 3.0m 厚墩墙在高程 165.00m 以下采用 $R_{90}400$ 抗冲磨混凝土。

2.4.5.3 泄洪表孔运行检验

泄洪表孔自 2008 年 10 月运行以来，至 2018 年已运用 10 年。2014 年 10 月，水库蓄水达设计水位 175.00m，表孔经受泄流检验。每年泄流后，对表孔过流面进行全面检查，溢流面及墩墙已有表层裂缝没有扩展，未发现新的裂缝。检查结果表明，泄洪表孔结构运行安全可靠，满足设计水位 175.00m 运用要求。

2.4.6 大坝坝内多层泄流大孔口应力分析及配筋设计问题探讨

2.4.6.1 大坝多层泄流大孔口结构布置问题

三峡水利枢纽泄洪坝段，3 层泄流大孔口平面相间、空间交错布置，坝体开空率高(平面 33%，立面 32%，体积 31%)、孔口尺寸大，孔口结构单薄、受力复杂，因此，应对大孔口结构布置给予充分重视，要在坝内选择合适部位布置泄流孔；在拟定事故检修门槽、门井位置及尺寸时，应给胸墙留有一定的厚度，以避免在坝内形成薄弱部位；坝内孔口体型应有利于防止应力集中。设计对泄洪深孔结构布置作了调整，事故检修门井的宽度由 4.45m 缩窄至 3.05m，门槽位置向上游移动，增加了前后胸墙厚度，门井前胸墙厚度由 6.95m 增加至 7.69m，门井后厚度由 5.89m 增加到 6.25m；事故检修闸门采用上游水封，并将导流底孔事故检修门槽后移，距坝轴线 14.4m，与深孔事故检修门槽相距 9.46m。通过优化泄流孔口结构布置，减小了孔口应力。

2.4.6.2 坝内大孔口应力分析及配筋计算问题

大坝坝内大孔口为空间结构，理论上宜按钢筋混凝土空间非线性有限元法确定孔口配筋。但目前三维钢筋混凝土有限元计算经简化后仍按平面非线性有限元法进行分析。设计对泄洪深孔孔口应力进行空间弹塑性有限元分析，简化遵循“弹性应力状态等效”的原则，即采用三维有限元沿深孔轴线截取一系列剖面，厚度为 1m，作为平面非线性有限元的计算区域，将该区域周边的正应力(σ_x、σ_y)作为平面区域的面力边界条件，底部与基岩接触处按固接考虑。平面区域 1m 厚度方向两个面上的剪应力之差($\Delta\tau_{yx}$、$\Delta\tau_{yz}$)作为变密度的体力(γ_x、γ_y)考虑，忽略与该平面区域垂直的正应力(σ_x)和剪应力($\Delta\tau_{yx}$、$\Delta\tau_{yz}$)的影响。

计算结果显示：

1)深孔周边需配置钢筋,一旦混凝土出现裂缝,钢筋可起限裂作用。

2)受力钢筋在孔口周边一定范围内适当分散布置有利于限制裂缝开展。

3)孔口周边采用高强混凝土对孔口结构初始抗裂强度有一定提高,但混凝土开裂后,裂缝条数减少,裂缝宽度比普通混凝土大。

4)目前的非线性分析方法与按线弹性分析的应力图形配筋方法相比,两者的配筋量相近。

5)若考虑混凝土材料本构关系的"软化过程",则有可能不出现裂缝或裂缝深度较浅,缝宽很小。分析结果表明,平面计算与空间计算应力相差在10%左右,可以认为上述假定基本上是可行的。

因此,认为:"弹性应力状态等效"的原则,将空间结构转化为一系列的平面结构,采用钢筋混凝土平面非线性有限元法进行坝内大孔口配筋,在目前情况下从工程实用角度来讲是可行的。现阶段大坝坝内孔口钢筋一般都遵循现行的《水工混凝土结构设计规范》中建议的按弹性应力图形法进行配筋,并满足限制裂缝宽度的要求。但按弹性应力图形法配筋存在的问题是不考虑混凝土开裂前后的应力变化,以混凝土开裂前的弹性应力状况作为开裂后的配筋依据,在理论上是不严密的。混凝土开裂后钢筋承担了结构绝大部分的拉应力,开裂后结构应力分布与开裂前按线弹性确定的应力状态有差异,这种差异对合理配筋有较大影响。此外,该方法也无法反映混凝土裂缝的发生、发展、分布和裂缝的深度、宽度。采用钢筋混凝土平面问题非线性有限元法,能够反映配筋与混凝土裂缝的发生、发展、分布、缝深、缝宽等的关系,使孔口结构的配筋更为合理。分析成果是可信的,并已为大坝坝内大孔口应力分析及配筋设计优化提供了印证,但对混凝土的本构关系、破坏原则、钢筋与混凝土之间的黏结特性等仍需进一步研究。

设计对泄洪深孔孔口应力及配筋分别进行了线弹性有限元和钢筋混凝土非线性有限元分析计算。线弹性有限元计算结果表明,深孔矩形孔口角点处拉应力最大,应力集中明显,孔口外侧边缘混凝土最大主拉应力达7.2MPa,钢筋最大应力为140MPa。而非线性有限元计算结果表明,随着荷载的增加,孔口上方出现裂缝,孔顶中央部位的裂缝发展最深;在裂缝出现后,混凝土中的最大拉应力值不随着荷载的增加而增大,在裂缝附近拉应力接近为0,拉应力集中区由孔口边缘转移至裂缝尖端;由于裂缝的扩展,主拉应力图形范围扩大,最大主拉应力减小至1.5MPa,钢筋应力增加至120MPa。两者计算结果对比可知,如深孔孔口混凝土不开裂,钢筋起的作用很小,采用线弹性有限元计算的应力分布比较合理;但如孔口混凝土开裂,线弹性有限元计算和非线性有限元计算得到的主拉应力图形有着明显的差别,后者与前者相比,主拉应力量级减小,但拉应力区域增大。非线性有限元法能够比较真实地反映孔口受力的特性,得出混凝土裂缝的扩展范围,使孔口配筋更为合理,但在分析计算中尚未考虑裂缝出现后缝内水压力的作用。

目前,线弹性有限元法已广泛应用,坝内孔口拉应力图形配筋也主要依据此方法的计算成果;而非线性有限元计算仍处于发展之中,特别是对于钢筋混凝土结构,尚没有成熟和简便的通用程序。因此，对于一般的坝内孔口结构，采用线弹性有限元法计算弹性应力图形配筋已可以满足设计要求，但对于特别重要的大坝坝内孔口结构，需进行专门研究，按钢筋混凝土非线性有限元法进行复核。三峡工程重力坝坝内多层大孔口结构设计以应力图形法求得的钢筋用量为基础，通过调整钢筋布置和用量，满足以钢筋混凝土非线性有限元求得裂缝宽度的配筋要求。钢筋混凝土非线性配筋设计方法在三峡重力坝坝内大孔口成功应用，已被《水工混凝土结构设计规范》(SL 191—2008)采用。鉴于上述两种计算方法得出的配筋数量可能相差较大，因此坝内孔口实际配筋量宜在计算分析的基础上，参照已建工程的实践经验，综合研究分析后确定。

2.4.6.3 大坝坝内大孔口配筋量及钢筋布置问题

大坝坝内大孔口钢筋配置应根据应力图形及孔口结构受力特点确定。如配筋主要为满足承载能力要求，且孔口结构具有明显的弯曲破坏特征时，钢筋可集中布置在受拉区边缘；如配筋主要为控制混凝土裂缝宽度时，钢筋应在拉应力较大的范围内分层布置，各层钢筋的数量宜与拉应力图形分布相对应。

三峡大坝泄洪深孔按拉应力图形进行孔口配筋，钢筋量较大，层数较多，如将钢筋集中布置孔口边缘，将会影响混凝土施工质量，因此采取在一个浇筑层内布置的钢筋不超过3层的原则，对孔口配筋超过3层的部位，将钢筋分散布置在两个浇筑层内。对坝内大孔口施工期的混凝土温度应力，通常采取加强温控和混凝土表面保温措施解决，温度应力配筋主要考虑运行期孔口受气温和水温年变化产生的温度应力。泄洪深孔温度应力配筋采取将钢筋抗拉强度减小20～40MPa的近似处理办法，通过降低钢筋容许应力给予补偿。大坝混凝土施工期的温度应力，除在施工中采取严格的温控措施外，难免保留有残余的温度应力，在大坝运行期由于温差还会增加温度应力。温度应力配筋采用降低钢筋容许应力是一种粗略的经验方法，用此法会得出“坝内孔口结构受其他荷载产生的应力愈大，配置的钢筋量愈多，则为补偿温度应力而配的钢筋也愈多”的结论，反之亦然。而事实上温度作用与其他荷载产生的应力并不存在必然的正相关关系。采用降低钢筋容许应力的办法虽可起到一定的作用，但不能确切反映对温度应力补偿要求，对此需进一步研究解决。另外也应注意到，温度变化产生的应力与其他荷载产生的应力，由出现裂缝而引起的变化是不同的，温度应力会因裂缝的出现而改变约束条件，从而有可能使温度应力减小甚至消失，而其他荷载产生的应力将因裂缝的出现而转移到未开裂的部分来承担。此外在有水的情况下，还应考虑在裂缝内有水的劈力作用。所以深入研究温度应力及配筋量与裂缝开度的关系是十分必要的。

坝内大孔口钢筋布置方式对混凝土裂缝开度有影响，布置在孔口边缘能有效地减小表面裂缝宽度。但若拉应力区较深，为控制深部裂缝宽度，应考虑分散布置。承受拉应力的钢筋锚固长度按规范规定应适当加长，防止钢筋被拔出。对平面上布置的孔口，为防止角隅裂缝开展，宜布置对角线斜筋；对于立面上布置的孔口，考虑便于施工可采用水平钢筋和竖向钢筋代替对角线斜筋。

2.4.6.4　大坝坝内大孔口结构降低孔口应力及减少配筋的工程措施

三峡大坝泄洪深孔设计采取下列工程措施降低孔口应力，减少配筋数量：

1)泄洪深孔有压段设置钢衬，可提高深孔门槽区抗冲磨及防空蚀能力，并有利于控制混凝土裂缝宽度，对减少配筋量有一定作用，但钢筋仍需3排。钢衬与混凝土之间可能存在缝隙与滑移，并不完全符合计算假定中的两者完全结合，因此，为安全起见，深孔孔口配筋设计中未考虑钢衬的有利作用。

2)泄洪坝段横缝灌浆至高程110.00m。横缝灌浆对提高大坝侧向整体性作用明显，且可减小孔口拉应力，但其效果与横缝间隙及侧壁位移大小有关，而横缝间隙取决于接缝灌浆质量，并与坝体温度变化密切相关，侧壁位移与深孔内水压力有关。这些因素较难准确估计，因此，深孔孔口配筋未考虑横缝灌浆的有利作用，只作为安全裕度。

3)泄洪深孔将局部范围横缝止水由坝轴线下游1.0m调整至坝轴线下游3.0m，横缝止水后移带来的内外水压力平压作用，使深孔孔口配筋有所减少，一般控制在3排以内，对需配置4排钢筋的孔口段，可采用两个浇筑层分散布筋的方式，对限制裂缝宽度较为有利。

2.5　重力坝预留通航航道结构设计及封堵技术

三峡水利枢纽临时船闸位于左岸非溢流坝8号坝段和9号坝段之间，在三峡工程施工期间承担临时通航任务。临时船闸坝段长62m，分为3个坝段。中部临时船闸2号坝段(大孔口坝段)长24m，两侧为1号、3号坝段，长均为19m。临时船闸2号坝段24m长范围全部预留作临时船闸通航航道。待临时船闸停止使用后，下放叠梁门，并在叠梁门挡水条件下改建成冲沙孔，冲沙孔布置为2个5.5m×9.6m(宽×高)孔口，孔底高程102m。临时船闸1号、3号坝段初期施工至顶面高程为143m，为了临时船闸的通航及大孔口的封堵，在临时船闸1号、3号坝段高程143m上设有12m高的排架，排架顶面布置桥机轨道梁，以安装桥机，运输、起吊、下放叠梁门。

三峡水库蓄水至135m前，需完成大孔口封堵。2002年11月6日导流明渠截流后，临时船闸是三峡的唯一通航航道。为了尽量减少蓄水期间的断航时间，根据三峡工程施工总进度安排，于2003年4月10日开始临时船闸大孔口封堵；2003年6月15日水库蓄水至135m，船闸开始通航。临时大孔口封堵期间，长江断航67天。三峡大坝临时船闸大孔口封堵尺寸24m×78.5m(宽×高)，为目前世界上最大的封堵孔口，其相邻的临时船闸1号、3号坝段布置在高陡边坡基础上。

1)在临时船闸2号坝段封堵期间，临时船闸1号、3号直接承受封堵门传递的顺水流向荷载及封堵门收缩产生的横向摩擦力等巨大荷载，其最大线荷载分别为950×9.8kN/m及180×9.8kN/m。临时船闸1号、3号坝段基础位于高陡边坡上，高差达18m。与临时船闸1号、3号坝段类似的结构和受力情况以及封堵门槽承受的巨大作用力，在世界上已建工程中是前所未有的，没有成熟的计算方法和设计标准，更无现成的规程规范可遵循。当时大跨度闸门的设计尚无资料可查，无现成模式可循，仍处于设计经验积累阶段。

2)临时船闸2号坝段上块需在50天左右完成高程61.5～90m的混凝土浇筑,若按常规的混凝土浇筑层厚、温控手段等进行施工,满足不了三峡工程总工期要求,将影响水库按期蓄水和发电,延长长江断航时间。

3)大孔口封堵工程规模大,施工工期紧,许多技术指标都大大地超过了目前世界上已建水利水电工程的水平。临时船闸坝段结构及大孔口封堵研究是一个极具挑战性的课题。长江设计院在各有关部门、科研单位的支持与配合,以及有关专家的帮助下,在临时船闸坝段结构及大孔口封堵关键技术研究工作中,取得了大量研究成果,成功地解决了一系列高难度技术问题。

2.5.1 预留通航航道结构设计

2.5.1.1 大坝预留通航航道结构布置

(1)大坝预留通航航道运用时段

三峡大坝坝址江中有中堡岛,将河床分为大江主河槽和后河两部分,枢纽建筑物施工采用三期导流:一期沿中堡岛左侧修筑土石围堰围后河形成一期基坑,修建纵向混凝土围堰及坝段,开挖导流明渠,同时施工大坝左岸非溢流坝段、修建临时船闸及永久船闸(双线五级船闸),临时船闸位于左岸非溢流坝8号、9号坝段之间,在临时船闸坝段中间预留通航航道,江水由大江主河槽宣泄;二期进行大江截流,修筑上下游横向土石围堰,与纵向混凝土围堰形成二期基坑,修建泄洪坝段和左厂房坝段及左厂房,继续施工永久船闸,河水由导流明渠宣泄,临时船闸配合导流明渠通航;三期进行明渠截流,修筑上游碾压混凝土围堰及下游土石围堰,与纵向混凝土围堰形成三期基坑,修建右岸非溢流坝段和右厂房坝段及右厂房,封堵临时船闸坝段通航航道并改建两孔冲沙闸,水库蓄水至135.0m水位,三期碾压混凝土围堰、泄洪坝段、左岸厂房坝段及非溢流坝段挡水,永久船闸(双线五级船闸)通航及左岸电站首批机组发电,江水从泄洪坝段导流底孔及泄洪深孔宣泄。

三峡二期工程施工期间,船舶通过大坝预留通航缺口进出临时船闸,配合导流明渠通航,保障长江航运畅通。

(2)大坝预留通航航道结构布置

三峡大坝预留通航航道布置在左岸非溢流坝8号和9号坝段之间的临时船闸坝段,临时船闸坝段前缘总长62.00m,分为3个坝段(图2.5.1):临时船闸1号坝段(以下简称“临船1号坝段”)和临时船闸3号坝段(以下简称“临船3号坝段”)前缘长均为19.00m;临时船闸2号坝段(以下简称“临船2号坝段”)前缘长24.00m。临时船闸在三峡二期工程施工期间承担通航任务。临船2号坝段暂时不建,作为临时船闸上游引航道,临船1号坝段和临船3号坝段为通航航道的两侧坝段。

临船1号坝段和临船3号坝段沿坝轴线长均为19.00m,坝顶宽35.00m,其中实体部分宽18.00m;坝后设置两个桥墩,桥墩顶部宽17.00m。上游面为铅直面,下游坝坡在高程160.83m以下为1∶0.75。临船1号地段和临船3号坝段在坝轴线下游18.80m、43.80m

及63.80m处设置3条纵缝，纵缝Ⅰ分别在高程120.00m及129.00m设置并缝廊道进行并缝。临船1号坝段和临船3号坝段建基面侧向为台阶状，临船1号坝段左侧、临船3号坝段右侧建基面高程为79.0m，中间高程为61.50m，其间以1∶0.4坡度连接；高程143.00m平面在坝轴线下游宽度为31.53m，以1∶0.65坡度接至高程79.50m平台，再以直立坡与建基面连接。临船1号坝段和临船3号坝段混凝土在一期工程施工时浇筑至高程143.00m，在坝轴线上游侧，分别向上游布置长25.50m、宽4.50m的封堵叠梁门墩墙结构，在坝轴线上游5.30m处设1条永久缝，墩墙在坝轴线上游1.50m处设置宽4.80m、深1.25m的叠梁门槽；在墩墙顶部高程143.00m布设高12.00m的排架，排架顶面布置桥机轨道梁并安装桥机，用于起吊下放叠梁门封堵临船2号坝段孔道。

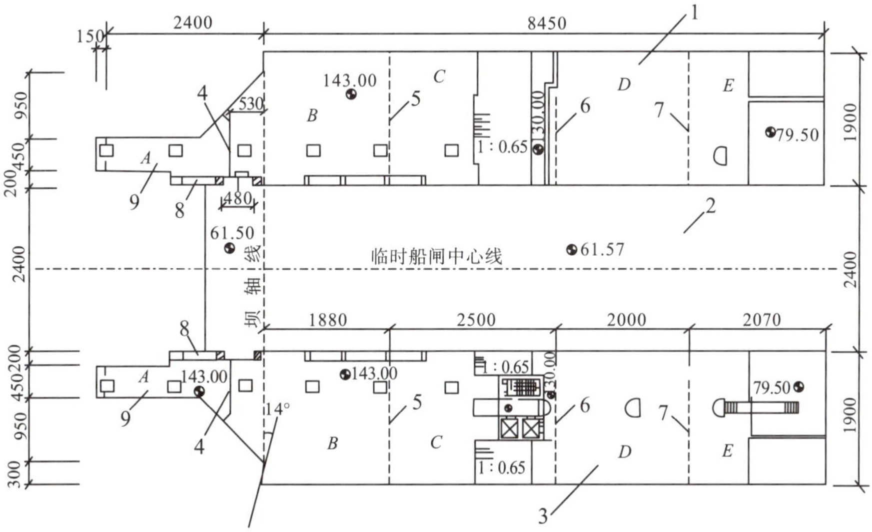

图2.5.1 大坝预留通航航道结构布置(单位:高程以m计,尺寸以cm计)

1—临时船闸1号坝段；2—临时船闸2号坝段；3—临时船闸3号坝段；4—永久缝；5—坝体纵缝Ⅰ；6—坝体纵缝Ⅱ；7—坝体纵缝Ⅲ；8—临时船闸封堵门槽

临船2号坝段建基面高程61.50m，坝高123.50m。在一期工程时开挖至建基面高程，并将低于高程61.50m的基岩坑槽浇筑找平混凝土，作为船舶进出临时船闸的通道，临时船闸停止运用后再续建坝体。临船2号坝段坝体内设2个5.50m×9.60m冲沙闸孔，进口底高程102.00m，冲沙流量大于1200m^3/s；冲沙闸孔消能建筑物(包括消力池、消力墩、挑坎、整流塘)设置在临时船闸闸室和下航道内，在临时船闸停止运用后改建施工。临船2号坝段沿坝轴线长24.00m，坝顶宽35.00m，其中实体部分宽23.50m；坝体中间设置1个桥墩，桥墩顶部宽11.50m。临船2号坝段坝体上游坝面为铅直面，下游坝坡在高程160.40m以下为1∶0.72。坝体2条纵缝设在坝轴线下游28.00m及56.00m处，纵缝缝面设三角形键槽；与临船1号坝段和临船3号坝段相连的横缝在高程90.00m以下设梯形键槽，进行接缝灌浆。

2.5.1.2 临时船闸坝段在通航航道封堵期的稳定及应力分析

(1)正常运行期稳定及应力分析

临船1号坝段和临船3号坝段建基面沿坝轴线方向开挖成台阶形,基岩面最低高程与临船2号坝段基岩面相同,均为61.50m,且在高程61.50m沿坝轴线方向设长8.00m的平段,再以陡坡升至高程79.50m,在高程79.50m沿坝轴线方向设长3.80m的平台(图2.5.2)。假定临船1号坝段和临船3号坝段单独坝段挡水,且建基面高程61.50~79.50m的陡坡混凝土与基岩脱开,临船2号坝段建基面为平段,计算临船坝段在设计、校核等各种工况下的坝基抗滑稳定安全系数和坝体应力,成果见表2.5.1。计算成果表明,正常运行期各工况下坝段抗滑稳定安全系数和坝体应力满足规范要求。

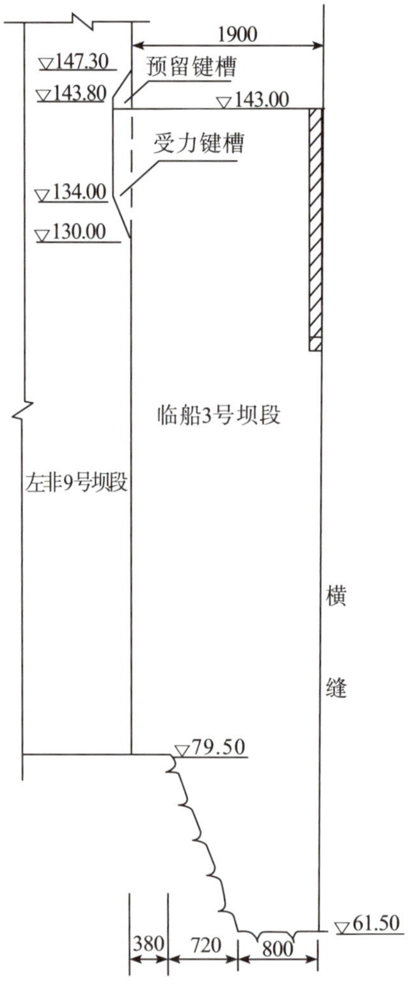

图2.5.2 临船3号坝段(对称为临船1号坝段)(单位:高程以m计,尺寸以cm计)

表 2.5.1 正常运行期临时船闸坝段抗滑稳定安全系数及坝体应力计算结果

计算结果	设计工况		特殊工况（校核洪水）		特殊工况（地震组合）		备注
	临船1号坝段、临船3号坝段	临船2号坝段	临船1号坝段、临船3号坝段	临船2号坝段	临船1号坝段、临船3号坝段	临船2号坝段	
稳定安全系数 K_c	3.28	3.78	2.93	3.48	2.91	3.40	$f'=1.1$，$c'=1.3$MPa
坝踵正应力 δ_y'(MPa)	0.49	0.64	0.22	0.38	0.14	0.34	
坝趾正应力 δ_y''(MPa)	2.85	2.19	3.02	2.24	3.20	2.50	

(2)临船1号和临船3号坝段在通航缺口封堵期的稳定及应力分析

三峡二期工程完工后，大坝临船通航孔道封堵，采用叠梁门封堵临船2号坝段，叠梁门挡水期间，临船1号坝段和临船3号坝段除承担自重、上下游水压力、坝基扬压力，还将承担叠梁门传来的水压力。封堵门挡水的设计水位135m，校核水位140m。

大坝建基面及坝体应力通常采用材料力学方法计算，临船1号坝段和临船3号坝段建基面在侧向呈台阶形，已超出材料力学方法计算的适用范围。坝基面高程79.50m及其以上坝体应力可以采用材料力学方法计算，高程79.50m以下的应力状态则需采用其他方法进行分析。临船1号坝段、临船3号坝段高程79.50m以上坝踵处正应力由以下两部分叠加形成：第一部分来自自重、上下游水压力、扬压力、封堵门的顺流向推力等荷载，计算时假定坝体是整体，未计纵缝影响；第二部分来自侧向水压力、叠梁门传递的坝轴线方向荷载，计算时假定纵缝I脱开，仅由上坝块承担，高程61.50～79.50m斜坡水压力作用在高程79.50m建基面上产生的应力未计入。研究结果表明，高程79.50m断面最大垂直压应力小于坝基允许压应力，满足要求，但拉应力为0.08MPa，校核工况下为0.56MPa，不能满足要求。设计工况下，在高程82.00m断面以上不会出现拉应力；校核工况下，在高程87.00m断面以上不会出现拉应力。

临船1号坝段、临船3号坝段高程79.50m以下采用三维有限元法进行分析。鉴于临船1号坝段、临船3号坝段结构布置相同，左非9号坝段比左非8号坝段前缘长度小(左非9号坝段上游面长仅12.82m)，因此，取临船3号坝段及左非9号坝段上(第Ⅰ)坝块作为计算对象进行有限元分析。

1)计算假定及模拟方法。

假定临船3号坝段建基面高程61.50～79.50m侧向边坡混凝土与基岩结合面脱开，只能承压，不能受拉，也不计抗剪力，用无间隙受压元模拟；临船3号坝段坝体顺流向受力按整体模拟，不计纵缝的影响；临船3号坝段上(第Ⅰ)坝块与左非9号坝段上(第Ⅰ)坝块间横缝在高程134.00～143.00m布置钢筋，钢筋用只能受拉的间隙元模拟。

2)有限元网格及边界约束条件。

临船3号坝段基岩上、下游及左、右侧为法向约束，底部为固接约束，坝体取自由边界；

左非 9 号坝段的上(第Ⅰ)坝块下游面即纵缝Ⅰ取法向约束。

3)计算荷载。

临船 3 号坝段,计算荷载包括坝体自重、上游水压力、侧向水压力、叠梁门传递的纵向及横向荷载等;左非 9 号坝段计算荷载包括坝体自重和上游水压力;坝体扬压力在有限元计算中不模拟,而将有限元垂直应力计算成果直接与该部位扬压力叠加,并计算主应力,作为该部位的最终应力。

4)计算方案。

研究 3 种计算方案:方案Ⅰ不采取抢浇临船 2 号坝段方案;方案Ⅱ采取抢浇临船 2 号坝段方案至 90.00m 高程,取消高程 90.00m 以下叠梁门侧向力,并将高程 72.00m 以下叠梁门的顺流向推力降低 60%;方案Ⅲ采取抢浇临船 2 号坝段方案,且要求横缝紧密结合,考虑高程 61.50～79.50m 坡面的扬压力,取消高程 72.00m 以下的闸门荷载。

5)临船 1 号坝段、临船 3 号坝段有限元法分析结果。

计算结果表明:

①钢筋传力在方案Ⅰ、方案Ⅱ情况下分别为 13000kN、11140kN 的拉力,跨横缝布置的钢筋对限制临船 3 号坝段侧向变形起了一定的作用。

②3 种方案高程 63.00m 和 82.00m 断面的竖直向正应力均为压应力,叠加相应扬压力后,仍为压应力。

③方案Ⅰ高程 63.00m 和 82.00m 断面的最大主应力为拉应力,最大值为 1.26MPa,不满足要求;方案Ⅱ减小部分闸门荷载后,最大主应力仍为拉应力,拉应力值有所降低,最大值为 1.15MPa,不满足要求;方案Ⅲ考虑临船 2 号坝段与临船 1 号坝段及临船 3 号坝段横缝紧密结合后,最大主应力基本满足要求。

(3)临船 2 号坝段稳定及应力分析

水库蓄水至水位 135.00m 时,临船 2 号坝段上(第Ⅰ)坝块已浇至高程 90.00m,而当时其纵缝还不具备灌浆条件,单靠临船 2 号坝段上块抵挡水位 135.00m 的水荷载,其稳定和应力均不能满足要求。通过计算分析,若只考虑高程 72.00m 以下封堵门传递荷载,坝体稳定和应力均可满足要求。

(4)临船坝段封堵期采取的结构措施

临船 1 号坝段和临船 3 号坝段坝基坐落在斜坡岩基上,基础沿坝轴线方向呈台阶状,台阶高差达 18.00m。在斜坡岩面上,混凝土与基岩面易脱开,同时在临时船闸封堵期,还要承受封堵通航孔道(临船 2 号坝段)的叠梁门传来的水推力,工作条件极为不利,为提高临时船闸坝段的稳定性和强度安全裕度,设计采取了下列综合措施。

1)抢浇临船 2 号坝段上块坝体。

利用 67 天断航时间,在封堵叠梁门后直接抢浇临船 2 号坝段上(第Ⅰ)坝块坝体混凝土至高程 90.00m。上游面高程 72.00m 以下混凝土与闸门贴紧,高程 72.00～90.00m 设置一定厚度的垫层(聚苯乙烯泡沫板厚100mm)用以隔开封堵门与上(第Ⅰ)坝块坝体。采用这些措施，挡水位135.00m时叠梁闸门的水压力一部分可以由临时船闸2号上(第Ⅰ)坝块坝体承担，减小传递到临船1号坝段、临船3号坝段的荷载，同时高程72.00m以上的水压力不再传递到临船2号坝段，孔道两侧坝段稳定及应力均可满足要求，确保临时船闸各坝段施工期的安全。

2)设横缝受力键槽及跨缝钢筋。

在临船1号坝段上(第Ⅰ)坝块与左非8号坝段、临船3号坝段上(第Ⅰ)坝块与左非9号坝段横缝高程130.00～143.00m设置受力键槽，高程134.00m以上布置10层跨横缝钢筋，分布在4个浇筑层内，具体布置见图2.5.3。通过分析，这些钢筋至少可提供11140kN的侧向拉力，左非8号及左非9号坝段与临船1号坝段、临船3号坝段可以共同承担侧向不利作用力，对限制临船1号坝段、临船3号坝段的侧向变形和改善坝基应力有较大的作用，临船1号坝段及临船3号坝段封堵期的挡水安全度大大提高。

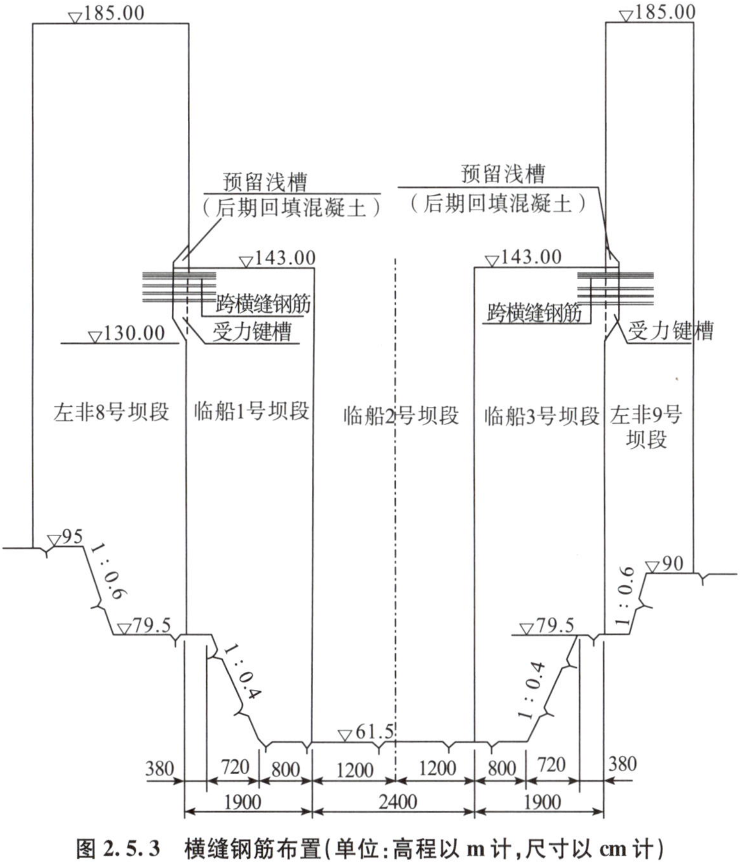

图2.5.3 横缝钢筋布置(单位:高程以m计,尺寸以cm计)

3)斜坡面布置锚筋及接触灌浆系统。

临船1号坝段、临船3号坝段基础侧向坡高差大、坡度陡，为了保证坝体与基岩接触良好，在基岩坡面布置了锚筋，防止坝体与基岩面脱开，同时布置了接触灌浆系统，对被拉开的接触面进行灌浆，以保证接触面充填密实，有效传力。

4）纵缝并缝。

临船 1 号坝段、临船 3 号坝段各设 4 条纵缝分为 5 个浇筑块，从上游往下游依次为 A～E 块。为加强 B 块的稳定性，在纵缝Ⅰ高程 121.00m、128.00m 处分别设并缝廊道，使 B、C 块整体受力。并缝廊道底部布设两层钢筋，为使混凝土能自由收缩，纵缝能充分张开，利于接缝灌浆，将钢筋在纵缝两侧各 50cm 范围内涂刷沥青，并缝廊道顶部设 4 层钢筋以保证并缝的可靠性。

5）锚索加固及排水减压。

为降低临船 1 号坝段、临船 3 号坝段建基面的拉应力，在坝段横向基础廊道内补钻基岩陡坡面排水孔，排水孔通至侧向基岩边坡，伸入基岩内 5m，可降低侧向渗透水压力，以减小临船 1 号坝段、临船 3 号坝段陡坡面上的扬压力。同时，在临船 1 号坝段、临船 3 号坝段高程 84.50m 横向交通廊道布置 3000kN 级、长度 25.00m、间距 2.00m 的预应力锚索，锚索自高程 84.50m 廊道穿过临船 1 号坝段、临船 3 号坝段建基面高程 79.50m 平台，以加固坝基。锚索及排水孔布置见图 2.5.4。

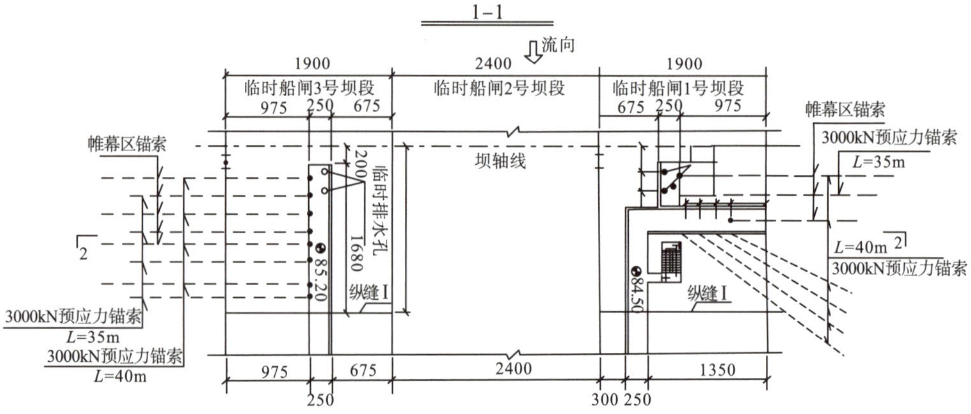

(a)俯视图

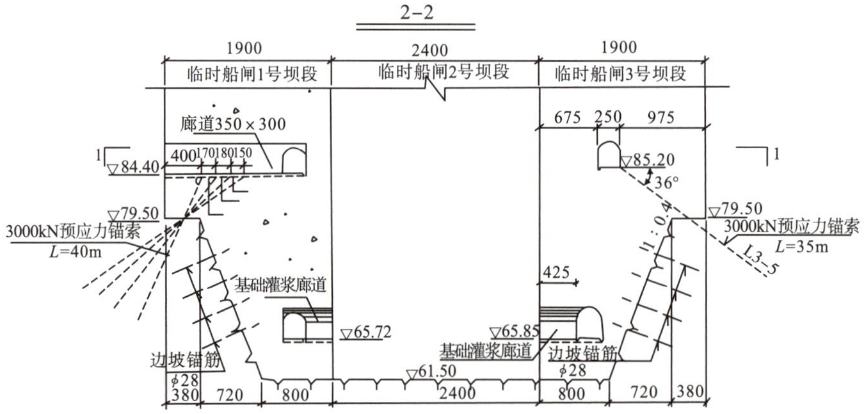

(b)侧视图

图 2.5.4 锚索及排水孔布置（单位：高程以 m 计，尺寸以 cm 计）

6)在坝体上游面使用微膨胀混凝土。

在临船2号坝段坝体上游面(坝轴线上游)1.5m范围高程90.00m以下采用微膨胀混凝土作为支撑墙,使其与临船1号坝段、临船3号坝段横缝间紧密结合。该支撑墙既能对临船1号坝段、临船3号坝段形成顶撑作用,又能极大地改善门槽部位混凝土的受力状态。根据温度应力和补偿应力计算,要求混凝土最终具有150～200$\mu\varepsilon$的微膨胀量,且为了充分发挥补偿效果,要求混凝土的膨胀发生时段尽可能晚,最好是7天以后,持续时间应较长,且膨胀均匀,一年以后应基本保持稳定。要做到150～200$\mu\varepsilon$的微膨胀量并不难,在混凝土中掺加膨胀剂或使用低热微膨胀水泥都可以实现,但是以往的微膨胀混凝土95%的膨胀都发生在5天龄期以前,这个时期的混凝土强度和弹性模量均很低,徐变松弛大,膨胀产生的应力在温降之前大部分会被松弛掉,只有小部分能起到补偿作用。通过反复试验,最后采用华新525中热水泥外掺UFA膨胀剂,混凝土自身体积变形最大在160$\mu\varepsilon$左右,发生在第10天左右,之后保持稳定,满足要求。

2.5.2　预留通航孔道封堵闸门及启闭设备

2.5.2.1　大坝预留通航孔道封堵闸门门槽结构

(1)通航孔道封堵闸门门槽的技术难点

临时船闸坝段通航孔道封堵闸门门槽布置在临船1号坝段、临船3号坝段上游闸门墩墙上,位于坝轴线上游1.50m处。门槽顺水流向宽4.80m,垂直水流向深1.25m。封堵门宽24m,设计水头73.5m,封堵门槽直接承受封堵门传来的顺水流向荷载及封堵门温降收缩产生的横向摩擦力,其最大线荷载分别为950×9.8kN/m及180×9.8kN/m,这样大的作用力作用在门槽二期混凝土上,在当今世界上已建的水利水电工程中尚无先例,没有现成的设计规范可遵循,成为临时船闸坝段大孔道封堵门槽设计的技术难点。

(2)通航孔道封堵闸门门槽强度分析

临船1号坝段、临船3号坝段封堵通航孔道的叠梁闸门槽下游设二期混凝土,以便安装叠梁闸门支座。二期混凝土平面尺寸为1.00m×1.35m,直接承受封堵闸门在上游水压力作用下传递的顺水流向推力P_1及叠梁闸门在温降作用下收缩产生的横向摩擦力P_2。P_1及P_2设计最大线荷载分别为950×9.81kN/m及180×9.81kN/m,在双向荷载作用下,闸门槽应力状态复杂。对闸门槽的强度进行了以下3个方面分析:门槽局部承压强度分析,门槽一、二期混凝土配筋分析,门槽斜截面抗剪强度分析。

1)封堵门槽局部承压强度分析。

封堵门槽只考虑叠梁闸门传递的顺水流向荷载的作用,按《水工混凝土结构设计规范》(SL 191—2008)中的公式复核门槽混凝土的局部承压强度。设计工况、校核工况下作用荷载分别为890×9.8kN/m、950×9.8kN/m。计算表明,门槽一期混凝土在设计和校核工况时压应力分别为10.4MPa、11.5MPa,二期混凝土在设计和校核工况时压应力分别为22.5MPa、24.8MPa。因此,如采用普通混凝土,封堵门槽二期混凝土局部承压强度很难满足要求。

2)封堵门槽一、二期混凝土配筋分析。

封堵门槽混凝土在叠梁门传递的双向大荷载作用下，产生较大的拉应力区，门槽一、二期混凝土结合面成为薄弱面。通过三维有限元及平面有限元分析比较，设计工况是门槽混凝土配筋的控制工况，针对门槽混凝土在设计工况下的应力状态进行平面有限元分析。

线弹性有限元计算网格见图 2.5.5，其中集中力 N 代表叠梁门传递顺水流向荷载，P 代表沿坝轴线方向的荷载。

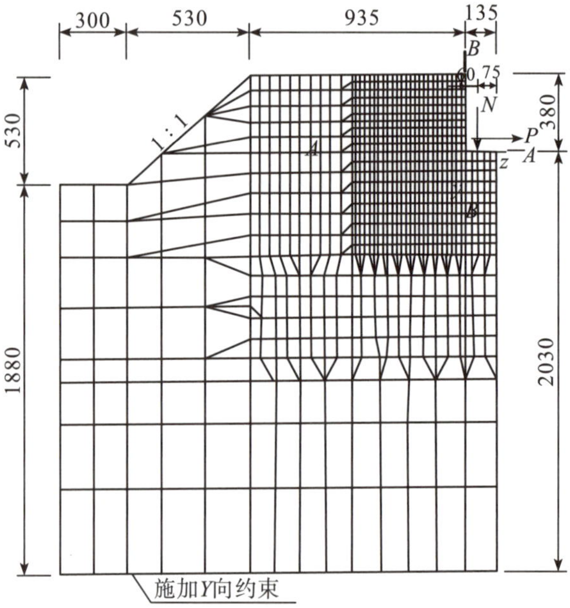

图 2.5.5　叠梁门门槽线弹性有限元计算网格及边界条件(单位:mm)

计算模拟高程 61.50m 平面，厚度为 1.00m，$N=890\times9.81$kN，$P=180\times9.81$kN。计算表明，在封堵门荷载作用下，图 2.5.5 中 A-A 截面 Y 向全部拉应力的合力为 1850kN/m，按全部拉应力合力的 75%配筋，结构强度安全系数 $K=1.65$，Ⅱ级钢筋设计强度 $R_g=320$MPa(考虑温度变化影响扣除 30MPa)计算配筋面积 $A_g=78\text{cm}^2$；B-B 截面 Z 向全部拉应力的合力为 2100kN/m，计算配筋面积 $A_g=119\text{cm}^2$。

门槽在叠梁门传递的荷载作用下，受力状态复杂，仅在水流向荷载作用下，局部承压满足要求；在水流向、坝轴线向荷载共同作用下，有限元法计算结果表明：局部拉应力值大，最大拉应力为 8.64MPa，一、二期混凝土结合面仍为薄弱面，局部将开裂。

3)封堵门槽斜截面抗剪强度分析。

门槽斜截面抗剪强度分析参考混凝土重力坝建基面抗滑稳定抗剪断公式进行。计算方案选取以下 3 种：

①临船 2 号坝段上(第Ⅰ)坝块坝体不浇筑，计算断面选用高程 61.50m。

②临船 2 号坝段上(第Ⅰ)坝块坝体浇筑至高程 90.00m，计算断面选用高程 90.00m。

③临船 2 号坝段上(第Ⅰ)坝块坝体浇筑至高程 90.00m，高程 90.00～140.00m 在闸门

后贴保温材料，取消闸门侧向荷载。

计算成果见表 2.5.2，从表中可以看出：高程 61.50m 断面，即临船 2 号坝段上（第Ⅰ）坝块不浇筑，二期混凝土面抗剪安全系数在设计工况下接近 2.50，校核工况下大于 2.30，基本满足要求；一期混凝土中抗剪安全系数与规范标准相差很远，仅有 1.80 左右，不满足要求；一、二期混凝土剪应力水平都很高。

表 2.5.2　　封堵门槽斜截面剪应力及抗剪安全系数计算成果

方案及计算断面	剪应力及抗剪安全系数	设计工况	校核工况
方案①（一期混凝土面）	平均剪应力（MPa）	4.00	4.20
	抗剪安全系数 K_c	1.86	1.80
方案①（二期混凝土面）	平均剪应力（MPa）	5.20	5.50
	抗剪安全系数 K_c	2.47	2.40
方案②（一期混凝土面）	平均剪应力（MPa）	2.40	2.70
	抗剪安全系数 K_c	2.75	2.41
方案③（一期混凝土面）	平均剪应力（MPa）	2.00	2.20
	抗剪安全系数 K_c	3.33	3.11

高程 90.00m 断面，即临船 2 号坝段上（第Ⅰ）坝块浇筑至 90.00m，方案②、方案③一期混凝土抗剪安全系数均可满足要求；方案③高程 90.00～140.00m 在闸门后贴保温材料后，较方案②抗剪安全系数提高 0.60 左右，其剪应力水平也减小 0.4MPa 左右。

（3）通航孔道封堵闸门门槽结构措施

封堵闸门门槽所受作用力之大，在当今世界上已建的水利水电工程中尚无先例。在采取相应结构措施后，门槽局部承压、斜截面剪应力及抗剪断安全均可满足要求。硅粉钢纤维混凝土使用在水工建筑物结构受力部位，在水利水电工程建设中尚属首次。

1）门槽二期混凝土使用硅粉钢纤维混凝土。

临时船闸封堵门槽部位，需承受很大的压、拉、剪、弯曲等应力。经计算分析得出：二期混凝土内最大压应力为 22.5MPa，局部最大拉应力达 8.64MPa，最大平均剪应力达 5.5MPa。对此，采用普通混凝土浇筑显然难以满足要求。当前钢纤维混凝土已普遍用于工程的建设中，但硅粉钢纤维混凝土应用很少，特别是用于水工结构受力较大部位。一般的钢纤维混凝土虽然能大大提高混凝土抗拉强度及韧性，但对混凝土的抗压强度影响很小。通过大量的科学试验，最终确定在封堵门槽下游侧高程 110.00m 以下二期混凝土采用 CF60 硅粉钢纤维混凝土。掺入混凝土中的硅粉，具有良好的火山灰效应和微粒充填效应，能改善混凝土的密实性，提高其抗压强度和抗渗性。配制的 CF60 硅粉钢纤维混凝土，其抗压强度、抗剪强度及轴拉强度分别可达 81.8MPa、15.3MPa 和 6.06MPa。门槽二期混凝土使用硅粉钢纤维混凝土，成功地解决了门槽受力复杂问题。这在当时尚属全世界首次。

为了提高局部强度，封堵门槽下游侧高程 110.00m 以上二期混凝土采用 $R_{28}500$ 混凝土，门槽附近5.00m范围内一期混凝土采用R_{90}300混凝土。

2)一、二期混凝土布设钢筋。

经计算分析，门槽一、二期混凝土剪应力水平均很高。门槽剪应力单靠混凝土承担，其结构安全得不到保证。为此，在一、二期混凝土内均配置了钢筋，按钢筋承担全部拉应力考虑，一期混凝土内每米配筋面积为80.4cm^2，每米预埋5ϕ36钢筋，与叠梁门支座直接焊在一起，以分担因叠梁门收缩产生的横向摩擦力；二期混凝土内每米配筋面积为191cm^2。

3)减小封堵门侧向荷载的措施。

临船1号坝段、临船3号坝段封堵门槽，承受封堵门温降收缩产生的横向摩擦力，其最大线荷载高达180×9.8kN/m，采取上游面高程72.00m以下浇筑混凝土与闸门贴紧、高程72.00～90.00m在闸门后设置垫层、高程90.00～140.00m在闸门后贴保温材料的措施后，可大大减小闸门由于温度变化产生的横向收缩力。

2.5.2.2 大坝预留通航孔道封堵闸门结构

(1)通航孔道封堵闸门的技术难点

临时船闸坝段通航孔道封堵宽度24.00m，最大水头78.50m，总水压力达74500×9.8kN。与世界上已建水利工程相比，闸门总水压力远远大于同类工程，为世界之最(表2.5.3)。封堵门除满足封堵要求外，还必须在临时船闸运行期间用于调节槛上水深，并与事故门配合用作事故检修门。通航缺口封堵门跨度大、水头高、使用条件复杂，成为其闸门设计的技术难点。

表2.5.3 世界上已建水利工程通航孔口跨度及闸门承水压力对比

工程名称	国家	河流	水头(m)	孔口跨度(m)	总水压力(×9.8kN)	建成时间(年)
三峡临时船闸	中国	长江	78.50	24.0	74500	2003
三峡双线五级船闸	中国	长江	41.40	34.0	29137	2003
图库鲁伊	巴西	托坎廷斯河	36.50	33.0	21982	1984
铁门	塞尔维亚—罗马尼亚	多瑙河	34.40	34.0	20117	1970
石山嘴	哈萨克斯坦	额尔齐斯河	42.00	18.0	15876	1953
约翰得	美国	哥伦比亚河	34.50	26.2	15592	1968
古比雪夫	俄罗斯	伏尔加河	29.00	30.0	12615	1955
葛洲坝2号	中国	长江	27.00	34.0	12393	1981
加通	巴拿马	巴拿马运河	25.90	33.4	11202	1914
韦4、5、6号	加拿大	韦兰运河	30.00	64.4	10980	1932
水口	中国	闽江	41.74	12.0	10453	1994
龙羊峡	中国	黄河	120.00	5.0	6537	1985

（2）通航孔道封堵闸门结构型式

在选定临时船闸坝段通航孔道封堵门结构型式时，主要考虑下列因素：

1）封堵门的功能。

封堵门的功能主要有两个：一是临时船闸运行期间用于调节槛上水深，使其保持在 4.00～7.50m 的范围内，同时与事故门配合，当出现事故时能下门挡水，用于临时船闸的检修；二是临时船闸运行使命完成后，用于封堵孔道，以浇筑临时船闸 2 号坝段。

2）孔口尺寸和设计水头。

大孔口封堵宽度 24.00m，底坎高程为 61.50m，设计水位为 135.00m，校核水位为 140.00m。

3）封堵钢闸门门体的制造、运输、吊装和存放。

4）封堵门门体的回收。

综合考虑上述因素，最后确定封堵门门型采用平面滑动叠梁钢闸门。封堵门布置如下：叠梁门高度为 3.00m 和 5.8m，共 24 节宽 26m；事故检修门门高 8.50m，布置在叠梁门上部。为满足施工期间通航要求，8 节叠梁需与事故门组合使用。临时船闸封堵时，需 24 节叠梁与事故门组合使用，闸门总高度 80.50m，满足校核水位 140.00m 挡水要求。

其中底节叠梁梁高 5.80m，自重达 180t，水压力为 5600×9.8kN，正向支承线压强为 890×9.8kN/m。单节（底节）叠梁总水压力和正向支承线压强均为世界之最。叠梁门为变截面平面滑动闸门，双主梁实腹焊接结构。面板和止水布置在下游侧，侧止水为“P”形橡皮，底止水为平板橡皮。

（3）通航孔道封堵闸门结构设计

1）封堵闸门门体结构。

临时船闸坝段通航孔道封堵门门体共由 24 节宽 26.00m、高 3.00m 的叠梁和一扇平面滑动事故检修门同槽组成，其中叠梁共分 6 组进行设计制造。临时船闸通航期间只使用上部 8 节叠梁门和事故检修门，通过调节叠梁以适应上游通航水位的变化，以及满足在汛期洪水位超过最高通航水位时的挡水要求，并在发生事故时，事故检修门可随时动水下门。其余 16 节叠梁用于 2003 年 6 月蓄水至水位 135.00m 挡水发电。各组叠梁的外水压力变化导致梁高的变化较大，尤其是第一节叠梁梁高达 5.80m，需解决各节叠梁的共槽和主梁腹板的稳定性问题；同时需控制叠梁的最大自重，以便于制造和转运。为解决主梁强度和自重间的矛盾，根据主梁的内力分布特点，叠梁门采用实腹式双主梁变截面（变主梁高度、变主梁腹板厚度、变主梁下翼缘层数）结构，钢滑块支承，最大线压强 950t/m，主轨选用 ZG310-570 材质做调质处理，轨道头部堆焊 6～7mm 不锈钢加工成 R100mm 弧面。侧、反向导轮装置设有滚动轴承，以保证叠梁在门槽内运行顺畅，成功地解决了高水头、大跨度闸门设计、加工制作难题，在保证结构承载能力的前提下，又有效地控制了单根叠梁门重量。这不仅节约了工程量，同时也减小了启闭机启重量。用于临时船闸通航期的 8 节叠梁中最大外形尺寸为

26.46m×3.26m×4.78m(宽×高×厚)。事故检修门与叠梁门共槽,门高8.50m,放置在叠梁门上方,动水关门,静水开启,采用桁架式主梁结构,滑块支承,侧、反向用滚轮导向。事故检修门最大外形尺寸为26.46m×8.56m×4.78m(宽×高×厚),门上设2套平压阀,满足动水下门、静水提门的要求。

2)封堵闸门止水。

临时船闸坝段大孔道封堵叠梁门止水布置在下游侧。为保证高水头、大跨度叠梁门止水效果,主要采取了两个方面的措施:

①通过对各节叠梁计算分析,将各组叠梁的挠度控制在2.3cm左右,以保证各节叠梁间的变形协调。

②在自重作用下,底节叠梁跨中部分的垂直挠度经计算达6mm左右,超过底止水橡皮的预压缩量。如不做处理,叠梁门面板底缘将与底坎接触受力,影响止水橡皮寿命和止水效果,以及造成底缘部分面板受力复杂。为此,要求闸门在制作时,应以两端柱为支承点,闸门竖直架立,在产生自重挠度的状态下对面板顶底缘进行机加工,并且要求底缘的直线度控制在2mm内(已经超过规范要求),底止水按此直线度进行安装与调整。为保证侧水封的预压缩量,设计选用弹性反轮作为反向支承。叠梁下水封堵后,基本上达到了滴水不漏的效果,为临船2号坝段混凝土的浇筑创造了良好的条件。

3)封堵闸门吊耳。

大型叠梁门吊耳的设计是一个难点。由于单节叠梁门自重达180t,启闭机容量为2×1250kN。吊耳受力时,工作吊耳设计荷载取1250kN,临时吊耳设计荷载取180×9.8kN。在通常的闸门吊耳设计中,一般主梁腹板高度都不太大,吊耳板直接用组合焊缝焊在腹板上,靠上游面板和下游翼缘板与吊耳板的连接焊缝即可满足传力要求。底节叠梁门主梁腹板高度为5.80m,吊耳板置于腹板之上,由于吊耳板高度有限,很难将起吊的力传至相距达5.80m的上游面板和下游翼缘板上,而只能靠吊耳板与主梁腹板之间的组合焊缝传力,相应主梁腹板法向受力,存在产生层间撕裂的隐患。但考虑到叠梁为临时设备,只在封堵下门和回收启门时使用,为便于制造,设计时将相应的横隔板兼作吊耳板(单腹板吊耳)。为改善受力状态,在吊耳板中心线两侧均设置加劲板将上、下两腹板连接在一起,同时要求对吊耳板与上主梁腹板间的焊缝进行全线的射线探伤以保证焊缝质量。由于两吊点间距很大,达15.60m,为保证吊耳的同轴度,制造时通过激光定位进行配钻。

(4)通航孔道封堵闸门埋件

临时船闸坝段大孔道封堵叠梁门埋件(尤其是底节埋件)除承受巨大的外水压力外,由于跨度较大,还要承受由温度变形和门体挠曲变形产生的巨大水平力。叠梁门在水压力作用下门体产生挠度控制在2.3cm左右,门体受力作用点将产生1.08mm左右的偏移,相应偏移角约0.103°。由于偏移角的产生,当温度变化时门体将对埋件产生水平分力作用。这一水平分力除与外水压力大小有关外,还和门体支承材料与埋件间的摩擦系数有关,即使按0.2的摩擦系数考虑,水平分力也达到180×9.8kN/m。由于门体作用在埋件上的力产生了偏移，埋件的计算就不能按规范中的方法进行计算，经过多种计算方法的分析比较，认为采用葛尔布诺夫—伯沙道夫、基础为半无限大弹性体的计算方法比较合适，经计算，偏心受压埋件下的混凝土最大压应力为 215.3×9.8N/cm^2，这已超出了常用混凝土的允许应力。

针对上述技术难点，埋件设计采取了一系列新工艺和新措施。首先从强度要求出发，对埋件和门体的支承材料进行了认真分析比选，最后选用 ZG270-500。由于该材料间的摩擦系数最大为 0.6，为了减小摩擦系数达到减小水平分力的目的，在埋件轨头上堆焊一层不锈钢，并涂抹二硫化钼锂基润滑脂，将摩擦系数降到 0.2 以下；为保证门体支承滑块与埋件轨头间为线接触，降低二者间的接触应力，并且利于相对转动，将埋件轨头设计成半径为 600mm 的弧面；同时在埋件侧向设计间距 300mm 的 ϕ36 水平插筋，以保证将巨大的水平力能很好地传递到门槽混凝土中。上述一系列的新工艺、新措施在常规闸门的设计中都是从未采用过。

2.5.2.3 通航孔道封堵闸门启闭设备

各节封堵叠梁门和事故检修门均为静水启门，叠梁门和事故检修门由设在坝体排架上的 2×1250kN 单向桥式启闭机通过液压自动挂钩梁操作。桥机运行轨道高程 155.50m，总提升高度 90.00m。桥机属高扬程启闭机，而封堵叠梁体型是扁担形，为确保叠梁在启、闭过程中安全、可靠，起升机构设计采用可控硅定子调压无级调速，同时设置电气同步系统，以满足变速运行及双吊点同步要求。2×1250kN 液压自动挂钩梁是桥机的重要配套设备。叠梁及事故检修门借助于挂钩梁，采用液压自动穿销启吊。启闭抓梁（挂钩梁）可满足两个功能：一是能适应各组叠梁吊点位置（重心）的变化，为此该启闭的抓梁是一套液压自动挂钩梁，通过液压支承调心装置来调节液压自动挂钩梁的工作位置，以适应各组叠梁吊点位置（重心）的变化；二是叠梁通过船运到临时船闸，从顺水流向旋转 90°。然后转换双吊点才能通过门机吊运到门库存储，为此在液压自动挂钩梁中部设计一旋转式吊钩来吊运叠梁和事故检修闸门。启闭抓梁主要由轴承导向装置、旋转机构、梁体、柱塞油缸装置、液压系统及检测信号装置等部件组成。为适应各组叠梁重心位置变化，设计有液压机构以调节改变 9 组挂钩梁吊点位置。

2.5.3 预留通航孔道封堵施工技术

2.5.3.1 大坝预留通航孔道封堵施工技术难点

三峡工程导流明渠截流后，临时船闸就成为长江的唯一通航航道。为了尽量减少断航时间，根据三峡工程施工总进度安排，临时船闸坝段通航缺口于 2003 年 4 月 10 日开始封堵，三峡水库于 2003 年 6 月 10 日蓄水至水位 135.00m，临时船闸坝段大缺口封堵期间，长江断航 67 天，这比葛洲坝水利枢纽建设期间长江断航时间少了 153 天。

临船 2 号坝段沿坝轴线长 24.00m，顺水流向宽 95.00m，设置 3 条纵缝分为 4 个坝块，自上游向下游各坝块宽度依次为 28.00m、22.00mm、23.00mm、22.00mm。为保证通航缺口封堵期间及水库蓄水至水位 135m 后临时船闸的安全，通航孔道封堵叠梁门下放后，在水库蓄水至水位135.00m前，临船2号坝段（即通航孔道坝段）上（第Ⅰ）坝块混凝土需从建基面高程61.50m抢浇至高程90.00m，高度28.50m的坝块混凝土要在50天内完成，这在国内水利水电工程混凝土坝施工中尚无先例，其主要施工难点为两个方面：

1）混凝土重力坝按常规混凝土浇筑层厚1.50～2.00m施工方法，在50天内不可能完成高度28.50m的坝块混凝土浇筑，为此必须采用超常规的施工技术。

2）临船2号坝段第Ⅰ坝块高程61.50～90.00m混凝土浇筑时间安排在2003年4月下旬至6旬上旬，气温较高，且采用的混凝土浇筑层厚突破常规，混凝土温度控制标准高、难度大。

2.5.3.2 通航孔道封堵施工技术措施

（1）临船2号坝段混凝土施工加大浇筑层厚

临船2号坝段第Ⅰ坝块尺寸为24.00m×28.00mm，混凝土浇筑仓面面积672.00m^2。设计研究比较浇筑层厚1.50m、2.00m、3.00m三种方案。采用1.50m、2.00m浇筑层厚，至少需120天左右的时间才能浇筑到高程90.00m，工期不能满足要求。为了确保在水库蓄水至水位135.0m以前，临船2号坝段第Ⅰ坝块浇至高程90.00m，要求在50天内最多只能分8层浇筑，平均浇筑层厚3.50m，考虑到下部基础强约束区按3.00m以上的升层，混凝土温度控制达不到要求，最后确定脱离基础强约束区后，混凝土浇筑层厚采用4.50m。混凝土重力坝大体积常态混凝土浇筑层厚采用4.50m，在当今世界上水利水电工程建设中属首次。

（2）临船2号坝段混凝土温控防裂技术

1）温控标准。

临船2号坝段第Ⅰ坝块混凝土浇筑层厚4.50m，在已建混凝土重力坝大体积常态混凝土施工中尚无先例，无混凝土温控成果借鉴。加之临船2号坝段第Ⅰ坝块高程90.00m以下混凝土浇筑时段在4月下旬至6月上旬，气温较高。经温控分析计算，混凝土设计允许最高温度4月为31℃、5月为33℃、6月为35℃，相应要求混凝土浇筑温度不大于18℃。

2）主要温控措施。

针对临船2号坝段第Ⅰ坝块混凝土温控特点，为满足温度控制要求，在混凝土施工中主要采取以下温控措施。

①混凝土施工配合比优化。

在保证混凝土力学性能满足设计指标的前提下，增加Ⅰ级粉煤灰掺量，并使用优质高效减水剂，减少水泥用量，尽可能采用四级配混凝土。坝体内部混凝土粉煤灰掺量40%，水胶比0.52，砂率29%，水泥用量103kg/m^3；外部混凝土粉煤灰掺量35%，水胶比0.5，砂率28%，水泥用量124kg/m^3。

②控制坝体浇筑温度。

临船2号坝段高程90.00m以下混凝土浇筑时间为4—6月，气温较高。浇筑温度主要通过采用出机口温度为7℃的预冷混凝土控制，同时采取加快入仓及覆盖速度、对已浇混凝土覆盖隔热、表面流水、仓面喷雾等手段控制。实测混凝土入仓温度 8.8～17℃，浇筑温度 10.9～16.0℃。

③通水冷却。

浇筑层厚 4.50m 坝块混凝土不可能依靠临空面散发水化热，而是更多地依赖制冷水吸收水化热来降低坝体温度，因此混凝土初期冷却是混凝土控制的重要环节。在浇筑层厚 4.50m 混凝土时布置 3 层内径 28mm PVC 冷却水管，水管间距 1.50m×1.20m，第一层布置在缝面，上两层分别距缝面 1.50m 和 3.00m，上两层在浇筑过程中铺设。单根水管长度不超过 200m，混凝土覆盖 12 小时后即通制冷水，水温 8～10℃，流量不小于 20L/min，通水 12 天，每天交换一次进水方向。

(3)养护

混凝土浇筑完毕后 12～18 小时及时采取洒水或喷雾等措施，使混凝土表面经常保持湿润状态。对于新浇混凝土表面，在混凝土能抵御流水的破坏之后，立即采用流水养护。混凝土所有侧面也采取类似方法进行养护，连续养护时间不小于 28 天。

(4)临船 2 号坝段混凝土温控防裂效果

临船 2 号坝段浇筑层厚 4.5m 的混凝土监测成果表明：混凝土最高温度一般出现在第 8～9 天，其温升值一般在 13℃左右，最大为 17.9℃，坝体混凝土最高温度为 28℃，混凝土温控防裂效果很好；温度监测成果也证明大坝混凝土温控设计是科学、合理的。临船 2 号坝段混凝土浇筑层厚 4.50m 的成功实施，为今后混凝土坝大体积常态混凝土快速施工提供了宝贵经验，同时也为混凝土温控措施的进一步发展提供了研究方向，其意义深远。

2.5.4　预留通航孔道封堵实施及运行验证

2.5.4.1　临时船闸坝段通航孔道封堵实施过程

临时船闸坝段通航孔道封堵叠梁门于 2003 年 4 月 10 日下门封堵，叠梁门止水效果很好，为坝段混凝土浇筑创造了条件。临船 2 号坝段第Ⅰ坝块混凝土于 4 月 22 日开始浇筑，6 月 8 日浇筑至高程 91.00m，6 月 10 日水库蓄水至水位 135.00m。2004 年 9 月，临船 2 号坝段第Ⅰ坝块混凝土浇筑至高程 133.00m，第Ⅱ坝块混凝土浇筑至高程 130.00m，第Ⅲ坝块混凝土浇筑至高程 115.00～104.50m，第Ⅳ坝块混凝土浇筑至高程 104.50～79.50m。2004 年 9 月，临船 1 号坝段、临船 3 号坝段混凝土从高程 143.00m 继续上升，2005 年 12 月，临时船闸 1～3 号坝段混凝土浇筑至坝顶设计高程 185.00m。

2.5.4.2　临时船闸坝段通航孔道封堵运行验证

水库蓄水至水位 135.00m 后，临船 1 号坝段、临船 3 号坝段的各项监测成果表明，垂直位移、接缝开度、锚索(杆)应力均变化很小，坝基渗压在设计允许范围内，各项监测值表明大坝运行正常。通航孔道封堵前，临船 3 号坝段向左侧临空方向的位移，2001 年 1 月实测值为 9.53mm，2002 年 10 月实测值达 10.2mm，且还有变形发展的趋势；同时临船 1 号坝段、临船

3号坝段侧向基岩与混凝土接触面的测缝计显示缝面张开。在通航孔道封堵后，临船3号坝段向左侧的位移没有变化，趋于稳定；陡坡处基岩与混凝土接缝开度测值减小，表明接缝没有继续张开的现象。

(1)临船3号坝段监测成果

1)坝基及坝体变形。

蓄水前，基础廊道高程66.50m处向左岸的水平位移在3mm以内，向下游的位移在1mm以内。水库蓄水至水位135.00m后，水平位移没有明显变化。下闸蓄水前，高程105.00m和135.00m处的水平位移均表现为向上游和向左岸位移，且位移受温度变化的影响较大。高程135.00m处向左岸的位移在10.32mm左右，向上游的位移在4.4mm以内。2003年6月水库蓄水至水位135.00m后，高程135.00m处向左岸的位移基本没有变化，在10mm左右，向上游的位移主要随气温变化，没有增大的趋势。临船3号坝段坝体上部向左岸的水平位移较大，主要与建基面存在侧面陡坡以及坝体左侧临空受气温变化的影响较大有关。2005年随着临船2号坝段混凝土浇筑完成，其向左岸位移的条件已不存在，2006年3月监测数据表明，向左岸的位移有一定回复且趋于稳定。

2)横缝开度。

蓄水前，临船3号坝段与左非9号坝段横缝实测最大开度为6.89mm，水库蓄水后开度变化很小。

3)陡坡处基岩与混凝土缝面开度。

蓄水前，8支测缝计中仅有1支测缝计所观测的缝面是张开状态，最大开度达0.43mm。蓄水前后各测点的测值变化基本在观测误差范围内。

4)建基面陡坡处锚杆应力。

蓄水前，3支锚杆应力计中除1支处于受压状态外，其余2支均处于受拉状态，最大拉应力分别为202.6MPa和61.3MPa。水库蓄水至水位135.00m后锚杆应力计的应力变化很小。

5)纵缝开度。

蓄水前纵缝各测点的开度均在5.4mm以内。各纵缝高程72.00m处的开度在灌浆之后基本没有变化，高程92.00m和120.00m处的开度则随温度变化，变幅在0.5～1.2mm。临船2号坝段浇筑至高程90.00m以后，高程92.00m处的开度也没有明显变化，高程120.00m处的开度变幅减小。

6)坝基渗压。

坝基渗压很小，水库蓄水至水位135.00m后，主排水幕处扬压力均在设计允许范围内。

(2)临船1号坝段监测成果

1)横缝开度。

水库蓄水前，临船1号坝段与左非8号坝段横缝高程87.00m处实测的开度为8.06mm，至2005年12月实测开度基本没有变化。

2)陡坡处基岩与混凝土接缝开度。

水库蓄水前8支测缝计中仅有高程65.00m处的1支测缝计所观测的缝面是张开状态，最大开度达0.68mm，水库蓄水至水位135.00m后该测缝计的开度略有减小。另外2支测缝计和2支基岩变形计在蓄水前后的测值变化基本在观测误差范围内，表明陡坡处基岩与混凝土接缝没有继续张开现象。

3)建基面陡坡处锚杆应力。

4支锚杆应力计在1998年后中断了观测。从观测的结果看，仅1支锚杆应力计受拉，其拉应力仅120MPa。

4)纵缝开度。

各纵缝灌浆时的开度在0.7～5.2mm，纵缝灌浆后，高程72.00m处的开度基本没有变化，高程92.00m和120.00m处的开度均随温度略有变化，灌浆后的最大开度在1.5mm以内。2003年以后坝体温度变化减小，各纵缝开度趋于稳定。

5)坝基渗压。

坝基渗压很小，蓄水后主排水幕处扬压力折减系数为0.02，远小于设计值。

2.5.4.3 临时船闸坝段大孔口封堵实施及运行验证的综合评价

临时船闸坝段大孔口封堵尺寸为24.00m×78.50m，总水压为74500×9.8kN，为当今世界上水利水电工程最大的封堵孔口，与其相邻的临船1号坝段、临船3号坝段坐落于高陡岩石边坡基础上，在大孔口封堵期间，还要承受封堵叠梁门传来巨大的水推力，工作条件极为不利，孔口封堵难度居世界之首。在国内相关部门、科研单位的大力支持与配合及有关专家的帮助指导下，针对临时船闸坝段结构及大孔口封堵关键技术问题进行了大量的试验研究和分析计算工作，取得了大量的研究成果，采用了一系列新工艺、新措施，成功地解决了临时船闸坝段大孔口封堵技术难题。临时船闸坝段大孔口封堵实施及运行监测成果证明，临时船闸坝段大孔口封堵设计和技术措施安全可靠、先进合理，在混凝土重力坝坝内大孔口结构及封堵技术方面有所突破，促进了水利水电科学技术的进展。临时船闸坝段通航孔道结构及封堵关键技术，可供类似水利水电工程设计及施工借鉴。

2.5.5 预留通航孔道结构及封堵技术的突破

2.5.5.1 临时船闸坝段通航孔道结构及封堵门槽结构设计

临时船闸坝段通航孔道跨度24.00m，封堵水头达78.50m。在大孔口封堵期间，临船1号坝段、临船3号坝段直接承受封堵门传递的顺流向荷载及封堵门收缩产生的横向摩擦力等巨大荷载，其最大线荷载分别为9.81×950kN/m及9.81×180kN/m。临船1号坝段、临船3号坝段基础位于高差达18.00m的高陡边坡上。与临船1号坝段、临船3号坝段类似的结构和受力情况，以及封堵门槽承受的巨大作用力，在世界上已建工程中是前所未有的，没有成熟的计算方法和设计标准，更无现成的规程规范可遵循。临时船闸坝段结构及大荷载作用封堵门槽结构技术的研究，丰富和完善了水利水电工程混凝土重力坝大缺口结构设计理论和计算方法。

临时船闸坝段大孔道封堵，首次在坝体上游面使用微膨胀混凝土，利用混凝土微膨胀量抵消混凝土收缩变形，使其与相邻坝段紧密结合，形成支撑墙，再辅以其他综合结构措施，成功地解决了高陡边坡坝段在双向荷载下的坝体应力与变形问题，为混凝土重力坝大缺口结构设计及封堵技术积累了实践经验。

临船 1 号坝段、临船 3 号坝段封堵门槽，位于坝轴线上游 1.5m 处，直接承受封堵门传来的顺流向荷载及封堵门收缩产生的横向摩擦力。针对封堵门槽承受压力巨大、混凝土局部应力大的特点，首次采用 CF60 硅粉钢纤维混凝土，并配置加强钢，成功解决了封堵门承受压力大、混凝土局部应力大的技术难题。

2.5.5.2 临时船闸坝段通航孔道封堵叠梁门设计制造及吊装技术

临时船闸坝段大孔道封堵叠梁门最大水头 78.50m，净跨 24.00m，最大水压力 74500×9.8kN，封堵门的规模及承受的水压力，已远远超过世界上已建的最大的叠梁门——三峡双线五级船闸上闸首检修叠梁门。封堵门主梁采用实腹式变截面(变主梁高度、变主梁腹板厚度、变主梁下翼缘层数)的结构，成功地解决了高水头、大跨度闸门共槽、强度和刚度与自重间的矛盾等难题；在钢闸门设计研究分析中，率先引入了温度变化和门体挠曲变化对闸门埋件主轨产生水平推力的概念；首次采用弧形轨头上堆焊不锈钢和涂抹二硫化钼锂基润滑脂等新工艺，成功解决了埋件承受大荷载并要求低摩擦系数的问题；在闸门制造中，首次采用了激光定位配钻吊耳孔，提出了在自重挠度状态下对面板顶底缘进行机加工的新制造工艺；首次采用可旋转吊耳液压自动调整重心的挂钩梁，成功地解决了叠梁安装和转运问题。临时船闸坝段大孔口封堵叠梁门设计、制造及吊装技术有所突破，可供类似水利水电工程借鉴。

2.5.5.3 临时船闸坝段通航缺口封堵坝体混凝土施工及温控防裂技术

为了满足通航缺口封堵期间及水库蓄水至水位 135.00m 后临时船闸的安全要求，水库蓄水至水位 135.00m 前，临船 2 号坝段第Ⅰ坝块混凝土需从高程 61.50m 浇筑到高程 90.00m。若按常规的施工技术进行施工，至少需要 4 个月的时间。针对工期紧的特点，在国内外水利水电工程中大仓面常态混凝土浇筑史上，首次采用浇筑层厚 4.5m，创造了 47 天浇筑大坝混凝土高度 28.50m 的施工记录，确保了船闸按期通航。在混凝土施工过程中，采取了严格的温控标准和综合温控措施，确保大坝混凝土快速施工且未出现裂缝。临时船闸坝段封堵采用的坝体混凝土快速施工及配套温控防裂技术，创新了大坝混凝土施工技术。

2.6 重力坝混凝土设计及温控防裂技术

2.6.1 大坝混凝土设计

2.6.1.1 大坝混凝土设计要求及试验研究

三峡大坝混凝土设计将耐久性和强度指标要求并重，混凝土除满足强度要求外，还应满足抗渗、抗冻、抗裂等耐久性方面的要求。三峡大坝混凝土标号及主要设计指标见表 2.6.1。

混凝土耐久性是大坝在实际运用条件下抵抗各种环境因素作用能长期保持外观的完整性和长久使用性的能力。大坝混凝土耐久性的主要问题是混凝土自身的均匀性、密实性和体积稳定性问题。除了大坝混凝土设计指标、原材料及配合比设计、混凝土施工质量等因素外，主要是水泥水化热造成坝体内温度差、混凝土干缩脱水等引起的收缩，干湿交替、冻融循环、表面碳化造成中性化及收缩，水质侵蚀或溶蚀、冲刷磨损及空蚀、钢筋锈蚀、碱骨料反应导致坝体混凝土不均匀膨胀破坏等。大坝混凝土耐久性主要涉及抗渗性、抗冻性、抗裂性、抗冲耐磨性、抗碳化性、抗侵蚀性及碱骨料反应等性能。

(1)混凝土强度等级

大坝混凝土强度等级为按标准方法制作养护的边长为15cm的立方体试件，在90天龄期，用标准试验方法测得具有80%保证率的抗压强度(80%保证率的立方体抗压强度)。混凝土标号用符号R和80%保证率的立方体抗压强度(以kg/m^3计)表示。大坝基础约束区部位混凝土标号为$R_{90}200$，非基础约束区内部混凝土标号为$R_{90}150$，水上、水下外部混凝土标号为$R_{90}200$，水位变化区外部混凝土标号为$R_{90}250$。大坝过流孔口及墩、墙、牛腿等结构混凝土标号有特殊要求，采用$R_{28}300$、$R_{28}400$和$R_{90}300$、$R_{90}400$。

(2)混凝土抗冻性能

大坝混凝土抗冻性是混凝土耐久性的一个重要参数和指标。混凝土进行抗冻试验时，当相对动弹性模量下降至初始值的60%或质量损失率达5%时，即可认为试件已破坏，并以相应的冻融循环次数作为该混凝土的抗冻等级(标号以F表示)；若冻融至设计要求的循环次数，而相对动弹性模量或质量损失率均未达到上述指标，可认为试验的混凝土抗冻性满足设计要求。三峡坝区多年平均气温为17.3℃，实测极端最高温度42.0℃，极端最低温度-5.6℃，不是寒冷地区。但为了增强混凝土对自然风化因素的抵抗能力，提高大坝混凝土的耐久性，对大坝混凝土仍提出较高的抗冻性要求，大坝内部混凝土抗冻标号为F100，基础约束区部位混凝土抗冻标号为F150，大坝外部等其他部位混凝土抗冻标号为F250。混凝土性能试验表明，其抗冻融性能取决于渗透性、浆体水饱和程度、可冻结水的数量、冰冻的速率，以及浆体中任何一点达到冰点时可安全地形成自由表面间的平均最大距离。为了减轻混凝土的冻结破坏、提高混凝土的抗冻性，可采取降低混凝土中的毛细管孔隙率，减少混凝土用水量，降低水胶比，使用高效减水剂和固体减水剂(如Ⅰ级粉煤灰)等措施。特别是采用引气剂，可大大改善混凝土抗冻性。抗冻性所要求的含气量约为砂浆所占体积的9%，以混凝土体积计含气量应在4%～7%范围内，主要取决于粗骨料的最小粒径。混凝土的含气量主要取决于引气剂的掺量。在混凝土中引入空气会造成混凝土强度的降低，一般含气量每增加1%将会使混凝土强度降低5%左右，但考虑到引入空气会改善混凝土和易性，减少泌水和离析，可以使用略小的水胶比达到相同的混凝土坍落度，从而弥补混凝土强度的降低；混凝土掺入引气剂，可相应降低2%～3%的砂率，从而使拌和物的用水量进一步降低，使混凝土强度损失进一步得到补偿。

表 2.6.1 三峡大坝混凝土标号及主要设计指标

序号	混凝土标号	级配	抗冻标号	抗渗标号	极限拉伸值($\times10^{-4}$)		限制最大水胶比	水泥品种	最大粉煤灰掺量(%)	使用部位
					28 天	90 天				
1	R_{90}200	三	F150	W10	≥0.80①	≥0.85①	0.55～0.50	中热 525	30～35	基岩面 2m 范围内
2	R_{90}200	四	F150	W10	≥0.80	≥0.85	0.55～0.50	低热 425 中热 525	10～15 30～35	基础约束区
3	R_{90}150	四	F100	W8	≥0.70	≥0.75	0.55～0.60	低热 425 中热 525	20 40～45	内部
4	R_{90}200	三、四	F250	W10	≥0.80	≥0.85	0.50	中热 525	25～30	水上、水下外部
5	R_{90}250	三、四	F250	W10	≥0.80	≥0.85	0.45	中热 525	20～30	水位变化区外部、公路桥墩
6	R_{90}300	二、三	F250	W10	≥0.80	≥0.85	0.45	中热 525	15～20	孔口周边、胸墙、表孔、排漂孔隔墩、牛腿
7	R_{28}350	二	F250	W10			0.35	中热 525	15～20	弧门支承牛腿混凝土
8	R_{28}300	二、三	F250	W10	≥0.85		0.40	中热 425	15～20	底孔、深孔等部位二期
9	R_{28}250	二、三	F250	W10	≥0.85		0.50	中热 525	15～20	钢管外包混凝土
10	R_{28}250	二、三	F250	W10	≥0.85		0.45	中热 425	15～20	导流底孔回填迎水面外部②
11	R_{28}200	二、三	F150	W10	≥0.80		0.50	低热 425 中热 525	10～15 30～35	导流底孔回填内部②
12	R_{28}400	二	F250	W10			0.30	中热 525	10～20	大坝抗冲磨部位③
13	R_{90}150	三	F100	W6	≥0.60	≥0.65	0.50	中热 525	50	左导墙 RCC
14	R_{90}200	三	F150	W8	≥0.70	≥0.75	0.50	中热 525	40	左导墙 RCC

注：①三期工程右岸大坝 28 天极限拉伸值≥0.85$\times10^{-4}$，90 天极限拉伸值≥0.88$\times10^{-4}$；②该部位为泵浇混凝土；③该部位混凝土具有抗冲磨性。

在大坝混凝土配合比设计中，通过降低水胶比、采用引气剂、掺入Ⅰ级粉煤灰、降低用水量等综合措施来提高混凝土的抗冻性能。对拌和物的检测，以湿筛混凝土含气量控制，当水胶比大于 0.35 时，含气量可控制在 4.5%～5.5%范围；当水胶比小于 0.35 时，混凝土含气量应控制在 3.0%～4.0%范围。室内试验研究及施工现场实际应用检测表明，大坝混凝土抗冻性均达到或超过了设计指标。在达到设计要求的抗冻标号时，其评定指标重量损失率及相对动弹性模量尚有较大的富余，可以判断内部和基础混凝土冻融循环可达 200 次以上，其他部位混凝土冻融次数可达 300 次以上，试验中最高冻融循环次数已达 1250 次，由此可见三峡大坝混凝土具有很高的抗冻性能。

(3)混凝土抗渗性能

大坝混凝土抵抗水流渗透的性能称为抗渗性，也可反映混凝土的密实性。抗渗性是混凝土耐久性的一个主要指标(标号以 W 表示)，混凝土的抗渗性对混凝土的耐久性起着重要的作用，因为抗渗性控制水分渗入的速率，也控制混凝土受热或冰冻时水的变化。抗渗性好的混凝土抵抗环境介质侵蚀的能力较强。

混凝土的抗渗性与水胶比关系密切，当水胶比大于 0.50～0.60 时，混凝土的抗渗等级随水胶比的增加急剧降低；掺入优质粉煤灰可以降低混凝土的单位用水量，改善混凝土拌和物的和易性，细化混凝土中的孔隙结构，提高混凝土的密实性，但粉煤灰掺量需控制在合适的范围，粉煤灰掺量过大，反而会降低混凝土的抗渗性，混凝土的抗渗性随骨料最大粒径的增加而降低。掺引气剂能增加混凝土的和易性，减少泌水以及形成不连通的孔隙，可提高混凝土的抗渗性；在其他条件不变时，混凝土含气量越大，抗渗性就越好。混凝土潮湿养护有利于水泥水化物的增长，可以减少水泥结石的孔隙体积，提高混凝土的抗渗性；延长混凝土的养护龄期，可以提高混凝土的抗渗性，特别是混凝土早龄期阶段的养护，对提高其抗渗性特别有效。大坝混凝土通过掺入优质粉煤灰，采用高效减水剂、引气剂以优化混凝土配合比，降低水胶比，减少用水量。

检测结果表明，各部位混凝土抗渗标号均满足设计要求，在达到设计抗渗标号的同时，试件渗水高度较低，当水压力加到现有抗渗仪的最大水压力 1.6MPa 时，试件渗水高度平均值只有 52mm，离发生渗透还有 98mm，说明三峡大坝混凝土具有良好的抗渗能力。

(4)混凝土抗裂性能

混凝土裂缝往往会引起渗漏、溶蚀、冻融破坏及钢筋锈蚀等，严重的裂缝还会影响建筑物的整体性和稳定性，甚至威胁建筑物的安全运行。因此，混凝土的抗裂性能是耐久性的一个重要方面。

混凝土的极限拉伸值和弹性模量直接影响大坝混凝土抗裂能力。从提高混凝土抗裂性能考虑，要求混凝土极限拉伸值大些，弹性模量小些。混凝土的极限拉伸值和弹性模量试验结果表明：采用高强度等级水泥配制的混凝土的极限拉伸值较大，混凝土弹性模量随其强度的提高而增加，且混凝土弹性模量随养护温度的升高和龄期的延长而增大。混凝土水胶比越小，极限拉伸值越大，弹性模量也越高；在水胶比相同的条件下，随粉煤灰掺量的增加，极限拉伸值有降低的趋势，28天前弹性模量也随之降低；到90天，由于混凝土中的粉煤灰进一步水化，使混凝土强度得到发展，不同粉煤灰掺量的混凝土弹性模量比较接近。低热水泥混凝土的早期极限拉伸值低些，90天时可赶上中热水泥；同一标号的混凝土，中热水泥和低热水泥对混凝土弹性模量的影响没有显著的区别。采用弹性模量低、黏聚力好的骨料配制的混凝土的极限拉伸值大，灰岩骨料混凝土比花岗岩混凝土的极限拉伸值大；骨料的性质对混凝土的强度影响不大，但对弹性模量有影响，骨料弹性模量越高，其混凝土的弹性模量越大；粗骨料的形状及表面状态也可能影响混凝土的弹性模量及应力—应变曲线的曲率。极限拉伸值随混凝土龄期的增长而增大，在28天龄期以前增长较快，28天龄期以后增长较慢；混凝土的龄期越长，弹性模量越高，后期的弹性模量增长大于强度的增长；混凝土的强度相同，早期养护温度高的，弹性模量较高。

混凝土的自生体积变形也影响大坝混凝土的抗裂性能。混凝土试验和大坝混凝土观测资料表明，混凝土自生体积变形有单纯膨胀、单纯收缩、先膨胀后收缩和先收缩后膨胀等几种形式，从防止大坝混凝土裂缝出发，要求大坝混凝土是微膨胀型，利用微膨胀产生的预压应力，以补偿混凝土降温后的收缩，防止或减少大坝混凝土产生裂缝。混凝土的干缩变形是由混凝土中的水分损失所引起的，因此干缩变形与混凝土用水量有关，在其他条件相同的条件下，混凝土用水量越少，它在干燥过程中所失的水分也越少，因而干缩也越小。大坝混凝土性能试验结果表明，使用高效减水剂和掺Ⅰ级粉煤灰，可减少混凝土配合比中的用水量，对减少混凝土的干缩值十分有利。三峡大坝混凝土通过采用大掺量Ⅰ级粉煤灰、优质外加剂及内含4%左右MgO的中热水泥，改善了大坝混凝土变形性能，使大坝混凝土具有低热性及体积稳定性。

试验结果表明，大坝混凝土极限拉伸值均在85×10^{-6}以上(90天)；干缩变形较小，在382×10^{-6}以内(90天)；绝热温升值较低，在19.9～22.9℃；混凝土具有微膨胀性，自生体积变形为15×10^{-6}～45×10^{-6}。三峡大坝混凝土具有较高的抗裂性能。

(5)混凝土花岗岩骨料的碱活性试验研究及预防措施

1)花岗岩骨料的碱活性试验研究。

碱骨料反应是指混凝土中水泥的碱与骨料的某些活性物质发生化学反应，引起混凝土的不均匀膨胀，导致大坝开裂破坏。三峡大坝混凝土1610万m^3，利用坝址主体建筑物基础开挖的闪云斜长花岗岩轧制成粗骨料，采用坝址下游12km的下岸溪料场开采的斑状花岗岩制成细骨料及粗骨料。三峡总公司对大坝混凝土采用花岗岩骨料是否存在碱活性问题极为重视，组织中国水利水电科学研究院和长江科学院对花岗岩骨料进行了全面的碱活性检验及研究，采用的方法有岩相法、化学法、砂浆长度法、砂浆棒快速法、压蒸快速试验法、混凝土棱柱体法等多种方法。

①花岗岩的岩性鉴定及化学全分析。

对三峡坝址主体建筑物基础开挖的花岗岩石及坝址下游12km的下岸溪料场开采的花

岗岩石进行了岩相鉴定，两个料场的骨料为花岗岩和斑状花岗岩，其矿物主要为石英、长石，含少量云母、极少量角闪石，基本不含活性成分，属非活性骨料。

所取岩石按《水泥化学分析方法》(GB/T 176—1996)对其化学成分进行了全分析。试验结果表明，岩石主要化学成分为 SiO_2 和 Al_2O_3，还有少量的 Fe_2O_3、FeO、MgO、CaO、K_2O、Na_2O。

②岩石的化学法检验。

化学法检验是按《水工混凝土试验规程》(SD 105—82)第 3.0.28 条“骨料碱活性检验(化学法)”(相应于 ASTMC289)进行。将试样放入浓度为 1N 的氢氧化钠溶液中，在(80±1)℃下反应 24 小时后，测定可溶性二氧化硅含量(S_c)和碱度降低值(R_C)。当 $R_C>70$ 且 $S_c>R_C$，或者 $R_C<70$ 且 $S_c>35+R_C/2$ 时，该试样就被判定为具有潜在有害反应，否则判定为非活性。

针对大坝混凝土花岗岩骨料，不仅按标准测定了(80±1)℃下 24 小时的 S_c 和 R_C 值，还延长了反应时间，测定了 48 小时和 72 小时的 S_c 和 R_C 值。试验结果表明，花岗岩骨料恒温 24 小时后，所有试样都为非活性骨料，即使延长恒温时间到 72 小时，仍表现为非活性骨料特征。

③砂浆长度法试验。

砂浆长度法试验按《水工混凝土试验规程》(SD 105—82)第 3.0.29 条(相应于 ASTMC227)进行。试件在 38℃下养护，分别在 14 天和 1、3、6 个月测量其膨胀率。当半年膨胀率小于 0.1%时则判定为非活性，否则判定为具有潜在活性。

除按水泥正常碱含量(0.50%左右)进行试验外，又外加碱使水泥碱含量达到 0.8%和 1.2%进行试验。试验结果表明，两个料场的花岗岩母岩在水泥含碱量为 0.5%、0.8%、1.2%的情况下，砂浆膨胀率随水泥碱含量增大而增大，但半年膨胀率最大值仅为 0.034%，远小于 0.1%。因此，判定花岗岩岩样为非活性骨料。

④小砂浆棒快速法检验。

小砂浆棒快速法检验(以下简称“压蒸法”)，按中国工程建设标准化协会《砂、石碱活性快速检验》CECS 48:93 进行。岩石破碎成粒径为 0.16～0.63mm 的细粒，制成灰骨比为 10∶1、5∶1、2∶1 的三组试件，一组 6 根；试件尺寸为 40mm×10mm×10mm，试件成型后一天脱模，测量其初始值，然后在 100℃水蒸气中蒸养 4 小时，再在 150℃10%KOH 溶液中压蒸 6 小时，测量其最终膨胀值。当试件膨胀率小于 0.1%时，该骨料判定为非活性，反之判定为活性骨料。

试验结果表明，试件的膨胀率为 0.030%～0.066%，判定花岗岩岩样属非活性骨料。

⑤砂浆棒快速法试验。

试验按美国 ASTMC 1260—94 方法进行，把岩石破碎成表 2.6.2 所示的级配及比例组合的细骨料，与水泥混合制成砂浆棒。水泥与骨料的重量比为 1∶2.25，水灰比为 0.47。试件成型后放入养护室养护(24±2)小时拆模，并在(20±2)℃的恒温室中测量试件的原始长度。然后把试件浸泡在装有自来水的聚丙烯塑料筒中密封，将塑料筒放入温度为(80±2)℃的恒温水浴箱中恒温24小时之后，测试试件基准长度。基准长度测量完后，试件浸泡在装有浓度为1N的NaOH溶液的塑料筒中，放入(80±2)℃的恒温水浴箱中，观测3天、7天、14天的砂浆膨胀率。若14天的砂浆膨胀率小于0.1%，则骨料是水活性骨料；若膨胀率大于0.2%，则表明骨料具有潜在碱活性；若膨胀率为0.1%～0.2%，则需进行其他必要的辅助试验，也可将试件延至28天观测来作最后结论。这种方法用于测定碱—硅反应的骨料活性，适用于反应缓慢或在后期产生膨胀的骨料。

表2.6.2　　砂浆棒采用砂料级配表

筛孔尺寸(mm)	5～2.5	2.5～1.25	1.25～0.63	0.63～0.315	0.315～0.16
分级重量(%)	10	25	25	25	15

根据检验结果，花岗岩骨料14天砂浆膨胀率为0.008%～0.074%，判定为非活性骨料。

⑥混凝土棱柱体法试验。

混凝土棱柱体试验按加拿大CSAA 23.2—14A的方法进行，试件尺寸为275mm×75mm×75mm，一组为3根试件。每立方米混凝土水泥用量为420kg，外加碱使水泥含碱量达到1.25%，粗细骨料比例为60∶40，仍按两级配，即20～10mm、10～5mm进行。试件在(20±2)℃的拌和间成型，再放入(20±3)℃相对湿度95%以上的雾室中养护(24±4)小时后拆模，在(20±2)℃恒温室中测量试件的基准长度，然后装入养护筒中，放置在温度(38±2)℃与相对湿度95%以上的条件下储存，在28天、56天、90天、180天和1年龄期测量试件长度变化。若试件1年龄期的膨胀率≥0.04%，则判定骨料为具有潜在活性，否则判定为非活性骨料。

试验结果表明，花岗岩骨料混凝土棱柱体试件1a膨胀率为0.003%～0.018%，判定骨料为非活性骨料。

⑦花岗岩骨料碱活性试验长龄期观测。

长江科学院分别于1984年和1996年成型了两批砂浆试件，长期观察混凝土碱—骨料反应的规律。试验按《水工混凝土试验规程》第3.0.29条[364-(3)-80]方法(砂浆长度法)并参照ASTMC227进行。1984年成型的试件，水泥碱含量分别为0.78%、0.8%、1.0%、1.2%、1.5%、2.0%。

观测成果表明(图2.6.1)，随着水泥含碱量的增加，砂浆膨胀率加大。13年龄期内砂浆膨胀率随龄期一直在增长。13年龄期后，水泥含碱量小于1.0%时砂浆膨胀率的增长出现停滞；水泥含碱量大于1.0%时砂浆膨胀率增长较小，增长趋势变缓。17年龄期的砂浆膨胀率较16年龄期有所下降，呈现出收缩趋势。水泥含碱量大于1.0%时，砂浆12年龄期的膨胀率超过了0.10%，水泥含碱量小于1.0%时，花岗岩砂浆试件17年龄期的最大膨胀率未超过0.10%。花岗岩砂浆试件的长龄期观测结果表明，水泥含碱量在1.0%以下的砂浆膨胀率都很低，未超过限值，不会产生危害性膨胀。

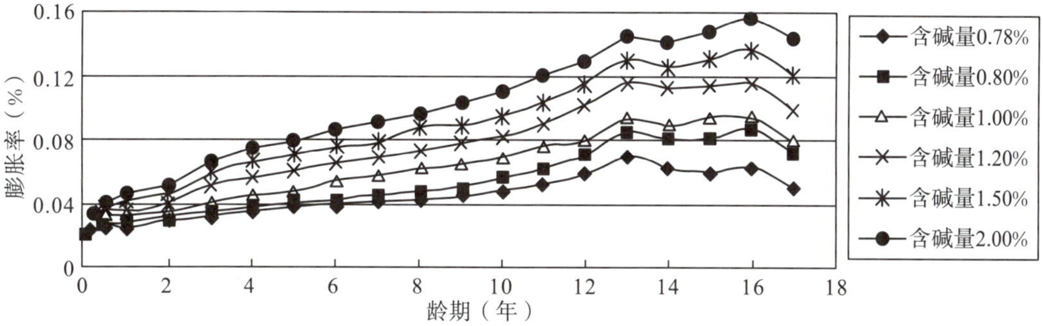

图 2.6.1 砂浆试件长龄期膨胀率变化曲线

2)花岗岩骨料的碱活性试验研究成果分析及结论。

通过采用上述方法对大坝混凝土花岗岩骨料进行了碱活性试验研究，并对砂浆和混凝土进行了长期观测，取得大量的试验成果及观测资料，经分析可得出如下结论：

①大坝坝基及下岸溪料场花岗岩地层为上元古界前震旦系，距今已 8 亿年，地层相对稳定，但造山运动对本地区花岗岩仍有轻微影响，主要表现是石英受到应力作用，普遍出现波状消光，但波状消光发散角都不大，平均都在 4.4°以下，最大仅为 10°。另外在应力集中区，石英形成不同类型的位错，有位错弓弯、位错网和位错缠结等，位错密度及古应力值均小于法国尚邦坝。

两个料场的岩石均为花岗岩，基本不含活性成分，坝址主体建筑基础花岗岩(闪云斜长花岗岩)主要矿物是斜长石、石英、黑云母和少量角闪石，岩石为花岗结构和块状构造。下岸溪料场花岗岩(斑状花岗岩)主要矿物组成是斜长石、钾长石、石英和少量绿泥石，呈花岗结构、斑状结构和块状构造。石英的粒度为 0.3～2mm，属于细粒，没有发现微粒石英。X 射线衍射分析表明，花岗岩中石英的半高指数(FWHM)为 0.1151，与非活性的标准石英砂值 0.1045 相近。花岗岩波状消光角小，没有微晶石英，从岩相法试验来看，判定大坝所用花岗岩骨料属于非活性骨料。

②化学法检验结果表明，花岗岩骨料恒温 24 小时判定为非活性骨料，延长恒温到 72 小时，仍表现为非活性骨料特征。

③砂浆长度法检验结果表明，即使水泥含碱量达 1.2%，砂浆试件 180 天膨胀率仍远小于 0.10%，因此判定花岗岩骨料为非活性骨料。砂浆试件膨胀率长期(17 年)观测结果表明，随着龄期延长膨胀率逐渐增加，水泥含碱量不大于 1.0%的砂浆试件 17 年龄期膨胀率仍小于 0.10%，而水泥含碱量大于 1.0%的砂浆试件 17 年龄期膨胀率大于 0.10%。

④用两种快速法测定花岗岩砂浆的膨胀率均低于 0.1%，评定为非活性骨料。南非的砂浆棒快速法目前已为世界上很多国家采用，美国已将其列为正式标准，这种方法对鉴定骨料的碱活性，特别是缓慢反应型的骨料是有效的。我国的小棒快速法(压蒸法)试验条件更为严酷，在高碱、高温、高压条件下，反应速率加剧，此方法不会出现漏判。因此根据快速法的测定结果，可以判定花岗岩为非活性骨料。

⑤混凝土棱柱体检验结果表明，1 年龄期膨胀率为 0.003%～0.018%，远小于评定标准 1 年龄期膨胀率小于 0.04%，故判定为非活性骨料。当延长观测时间至 4 年龄期时，混凝土试件膨胀率随龄期延长逐渐增加，除黑云斜长片麻岩骨料混凝土试件的膨胀率大于 0.04% 外，其余几种花岗岩骨料的混凝土试件的膨胀率均小于 0.04%。

⑥尽管各种检验方法的检验结果均表明，三峡大坝混凝土的花岗岩人工骨料为非活性骨料，但从工程的重要性和人们目前认知水平的局限性考虑，大坝混凝土仍应采取预防碱骨料危害反应的措施，以保证三峡大坝的长期耐久性。

3)大坝混凝土预防碱骨料反应的措施。

大坝混凝土采用花岗岩人工骨料，虽经多种试验方法检测判定为非活性骨料，但仍研究采取预防碱骨料反应的措施。

①大坝混凝土掺入粉煤灰抑制碱骨料反应的研究。

混凝土掺入粉煤灰对碱骨料反应有明显的抑制效果，国内外资料都有报道。对粉煤灰的抑制作用的试验，按照《水工混凝土试验规程》第 3.03.31 条[366－80]抑制骨料碱活性效能试验(试行)进行，活性材料采用硬质玻璃，这是一种制造玻璃的半成品，为无定形的二氧化硅，是一种高活性的材料，其掺量为 8%。试验用葛洲坝 525 中热硅酸盐水泥，外掺碱使水泥含碱量达到 1.2%；检测了 14 天和 56 天砂浆棒的膨胀率，试验结果见表 2.6.3。

表 2.6.3　　掺入粉煤灰抑制碱骨料反应试验结果

水泥品种	含碱量(%)	硬质玻璃掺量(%)	粉煤灰掺量(%)	砂浆棒的膨胀率(%)		抑制效果(%)	
				14 天	56 天	14 天	56 天
525 中热硅酸盐水泥	1.2	8	0	0.017	0.045		
525 中热硅酸盐水泥	1.2	8	10	0.008	0.037	53	18
525 中热硅酸盐水泥	1.2	8	15	0.005	0.018	71	60
525 中热硅酸盐水泥	1.2	8	20	0.005	0.014	71	69
525 中热硅酸盐水泥	1.2	8	25	0.004	0.012	76	73
525 中热硅酸盐水泥	1.2	8	35	0.002	0.012	88	73
525 中热硅酸盐水泥	1.2	8	40	0.010	0.011	41	76

从试验结果看，随着粉煤灰掺量增加，砂浆膨胀率降低，掺 15%～40%的粉煤灰，抑制效果可达到 70%左右，能有效抑制碱骨料反应引起的混凝土膨胀。

②严格控制水泥含碱量和混凝土总碱量。

大坝混凝土施工过程中，对混凝土原材料水泥、粉煤灰、外加剂等的碱含量和混凝土总碱量进行了严格限制，具体限制指标及实验检测值见表 2.6.4。这些控制指标都严于国家相应标准和有关规定。从现场检测结果看，原材料碱含量远低于控制指标，水泥碱含量只有 0.4%左右，粉煤灰碱含量只有 1.0%左右，而以最不利情况即原材料以最大碱含量及混凝土以最高标号 R_{28}450 计算混凝土总碱量最大值为 2.3kg/m^3，均未超过控制值。

表 2.6.4　混凝土及其原材料碱含量控制指标

原材料	控制指标	现场检测平均值
525 中热硅酸盐水泥熟料(%)	≤0.5	0.31
525 中热硅酸盐水泥(%)	≤0.6	0.39
Ⅰ级粉煤灰(%)	≤1.5	1.17
减水剂(%)	硫酸钠含量≤8	Na_2SO_4 3.08,总碱量 7.39
混凝土(kg/m^3)	≤2.5	2.3(最大值)

③花岗岩人工骨料碱活性定期跟踪检查。

三峡大坝混凝土骨料的使用数量巨大,为了掌握岩石性质在料场不同高程和部位的变化情况,从 1998 年开始,每年对大坝所用的砂石骨料的碱活性定期进行跟踪检验。跟踪检验采用岩相法、化学法、小砂浆棒快速法、砂浆棒快速法以及混凝土棱柱体试验法等。跟踪检验结果与前述检验结果基本一致,未发现花岗岩骨料存在碱活性的迹象。

2.6.1.2　大坝混凝土原材料试验研究及优选

(1)水泥

大坝混凝土使用的水泥主要为湖北荆门葛洲坝水泥厂生产的三峡 525 中热硅酸盐水泥及三峡 425 低热硅酸盐水泥、湖北黄石华新水泥厂生产的 525 中热硅酸盐水泥、湖南石门水泥厂生产的 42.5 中热硅酸盐水泥及 42.5 低热硅酸盐水泥。水泥熟料化学成分及矿物组成见表 2.6.5。大坝混凝土优先考虑使用中热硅酸盐水泥,这种水泥的各项性能除满足国家标准外,还可根据工程的具体使用情况提出一些特殊的要求,如水泥的细度,水泥厂生产的中热硅酸盐水泥的筛余量只有 1%～2%,偏细,水泥越细,水化越快,对混凝土抗裂性能越不利,为获得抗裂性能良好的混凝土,要求水泥的比表面积控制在 250～300m^2/kg,即筛余量控制在 3%～6%。为了降低水泥的水化热,中热硅酸盐水泥的矿物组成中,要求硅铝三钙(C_3S)的含量在 50%左右,铝酸三钙(C_3A)含量小于 4%;而且硅铝三钙和铝酸三钙含量降低,会使水化更为平缓,对裂缝的愈合越有利。中热硅酸盐水泥的化学成分中,三氧化硫(SO_3)应控制在 1.6%～2.4%,若波动范围大,容易造成水泥与掺合物及外加剂的不适应,使混凝土产生假凝或凝结时间过长,影响混凝土的质量。为避免碱骨料反应,水泥熟料中碱含量应控制在 0.5%以内;国家标准规定水泥中氧化镁(MgO)含量不宜大于 5.0%,水泥厂家一般控制在 2.0%左右。为了使混凝土具有微膨胀性能,以补偿混凝土在降温过程中的收缩,要求水泥熟料中氧化镁含量控制在接近国家标准的上限,即 4.0%～4.5%范围,对控制混凝土裂缝是有利的。

表 2.6.5　　　　水泥熟料化学成分及矿物组成

生产厂家或标准	品种	化学成分(%)								矿物组成(%)			
		CaO	SiO_2	Al_2O_3	Fe_2O_3	MgO	SO_3	含碱量	LOSS	C_3S	C_2S	C_3A	C_4AF
湖北荆门葛洲坝水泥厂	525 中热	63.12	21.96	4.24	5.35	4.32		0.36		52.47	23.98	2.19	16.26
	425 低热	64.05	21.44	4.95	5.43	1.95				53.50	21.64	3.85	16.67
湖南石门水泥厂	42.5 中热	62.18	20.87	5.07	5.71	4.28	0.57	0.52	0.25	50.04	22.07	3.76	17.38
	42.5 低热	60.37	22.76	4.61	5.40	4.84	0.70	0.46	0.25	31.59	41.42	3.09	16.42
湖北黄石华新水泥厂	中热 525	63.13	21.96	4.24	5.35	4.32		0.36		52.47	23.98	2.19	16.28
GB 200—2003	中热							≤0.60		≤55		≤6.00	
	低热							≤0.60			≥40	≤6.00	

大坝混凝土水泥供应厂家生产的水泥运至现场进行跟踪检测，水泥品质检测成果见表 2.6.6。可以看出，3 个水泥厂生产的中热水泥均满足三峡工程质量标准（TGPS 03—1998）要求。

(2)粉煤灰

大坝混凝土掺粉煤灰，根据《用于水泥混凝土中的粉煤灰》(GB/T 1596—2005)的规定，用于混凝土掺和料的粉煤灰，按含水量、细度、烧失量、三氧化硫（SO_3）含量和需水量比 5 项指标划分为Ⅰ、Ⅱ、Ⅲ个等级。通过对掺不同品质和等级（Ⅰ、Ⅱ、Ⅲ级）的粉煤灰所做的混凝土用水量及性能的对比试验，发现粉煤灰需水量比与混凝土单位用水量存在特别显著相关关系，Ⅰ级粉煤灰具有减水效果。由于Ⅰ级粉煤灰中微珠含量较多，在混凝土中可起到滚珠轴承作用，易于振捣；混凝土中掺入粉煤灰增加了灰浆体积，足量的灰浆填充混凝土孔隙，覆盖和润滑了骨料颗粒，增加拌和物的黏聚性和可塑性，大大改善混凝土的和易性，其形态效应、火山灰效应和微集料效应比Ⅱ级粉煤灰更显著，能改善和提高混凝土的各项性能，降低混凝土绝热温升，抑制碱骨料反应。经综合考虑，确定三峡工程混凝土采用Ⅰ级粉煤灰，并在国家标准的基础上，又增加了一项控制指标，即粉煤灰碱含量不得超过 1.5%。这是防止碱骨料反应、限制混凝土总碱量的又一措施。同时，根据粉煤灰需水量比对混凝土用水量的影响，将国家标准Ⅰ级粉煤灰以需水量比 91%为界，划分为优质Ⅰ级灰（需水量比≤91%）和合格Ⅰ级灰（91%<需水量比≤95%），这样便于科学分配混凝土资源，有利于质量控制，不至于因同一拌和楼使用不同厂家、不同质量的粉煤灰而影响混凝土配合比。

表 2.6.6 **三峡大坝混凝土水泥供应厂家水泥品质检测成果**

供应厂家或标准	细度(%)	安定性	凝结时间(h:min)		抗压强度(MPa)			抗折强度			SO_3含量(%)	MgO含量(%)	碱含量(%)	水化热(kJ/kg)	
			初凝	终凝	3天	7天	28天	3天	7天	28天				3天	7天
湖北荆门葛洲坝水泥厂	1.7	合格	2∶20	3∶39	26.8	40.4	63.6	5.3	6.7	9.0	1.65	4.22	0.38	242	274
湖北黄石华新水泥厂	1.4	合格	2∶21	3∶42	24.8	38.6	63.4	5.2	6.6	8.9	1.60	4.34	0.38	230	267
湖南石门水泥厂	1.2	合格	2∶35	3∶50	25.7	38.0	60.9	5.3	6.6	8.7	1.99	4.36	0.41	237	268
TGPS 03—1998	≤12	合格	≥1∶00	≤12∶00	≥20.6	≥31.0	≥52.5	≥4.1	≥5.3	≥7.1	≤3.50	3.50～5.00	≤0.60	≤251	≤293

掺粉煤灰的混凝土早期强度较低，随着混凝土龄期的增长，粉煤灰的火山灰效应不断增强，使混凝土的强度逐渐得到发展，到 90 天或更长的龄期，粉煤灰混凝土强度一般能达到甚至超过不掺粉煤灰的混凝土强度；在混凝土掺入部分粉煤灰代替水泥，可延长混凝土的凝结时间，并随掺量的增加而增加，有利于混凝土施工质量控制；混凝土掺粉煤灰能有效地降低水泥水化热和混凝土绝热温升，有利于混凝土温控防裂；在混凝土掺粉煤灰可降低早期弹性模量，对防止混凝土早期出现裂缝有利；粉煤灰会降低混凝土的早期极限拉伸值，随着龄期增长，极限拉伸值能达到甚至超过不掺粉煤灰的混凝土极限拉伸值；在混凝土中掺优质粉煤灰可以减少混凝土的干缩变形，掺入粉煤灰后，混凝土的早期徐变有所增大，随着龄期增长徐变变小，到 90 天龄期，混凝土徐变明显小于不掺粉煤灰的混凝土；混凝土中掺粉煤灰可显著降低透水性，提高混凝土的抗渗能力；粉煤灰混凝土中掺引气剂，并使其有足够的含气量时，掺 30%的粉煤灰也能够经受 300 次冻融循环，但粉煤灰掺量较高时会造成引气困难，对大坝混凝土有较高的抗冻要求时（如 300 次冻融循环），粉煤灰掺量以不超过 30%、水胶比不大于 0.5 为宜；掺粉煤灰可提高混凝土抗硫酸盐侵蚀和溶出性侵蚀的抗溶蚀能力。

三峡大坝混凝土粉煤灰主要供应厂家粉煤灰品质检测结果见表 2.6.7。从表中可以看出，各厂粉煤灰品质满足国家标准（GB/T 1596—2005）和三峡工程质量标准（TGPS 04—1998）要求。

表 2.6.7　　三峡大坝混凝土粉煤灰主要供应厂家粉煤灰品质检测结果

供应厂家或标准		细度（%）	需水量比（%）	烧失量（%）	三氧化硫含量（%）	碱含量（%）
安徽平圩电厂		6.1	90	0.8	0.37	1.12
重庆珞璜电厂		7.3	93	3.1	1.28	1.16
华能南京电厂		7.8	90	1.1	0.55	1.30
南京热电厂		7.2	95	4.0	0.66	1.12
武汉阳逻电厂		6.3	90	2.0	0.67	1.27
汉川电厂		5.2	92	2.4	0.54	1.25
神头电厂		7.6	93	1.0	0.60	0.45
南通电厂		9.3	93	2.8	0.97	1.37
石门电厂		6.2	93	2.7	0.55	1.23
鸭河口电厂		6.6	92	1.8	0.53	1.26
邹县电厂		7.0	92	1.0	0.85	1.19
TGPS 04—1998	优质品	≤12.0	≤91	≤5.0	≤3.00	≤1.50
	合格品		≤95			
GB/T 1596—2005	Ⅰ	≤12.0	≤95	≤5.0	≤3.00	≤1.00
	Ⅱ	≤25.0	≤105	≤8.0	≤3.00	≤1.00
	Ⅲ	≤45.0	≤115	≤15.0	≤3.00	≤1.00

注：细度为 45μm 方孔筛筛余量。

(3)外加剂

外加剂的主要作用是提高大坝混凝土拌和物的和易性、强度和耐久性。外加剂已发展成为拌制混凝土不可缺少的组分。由于花岗岩人工骨料混凝土用水量高,造成水泥用量增多,温控难度大,并影响混凝土的单价及一系列性能,因此必须采取措施降低混凝土用水量。选用品质优良、减水率高的高效减水剂则是降低混凝土用水量的重要措施之一。在混凝土中掺减水剂,可以改变水泥浆体的流变性能,进而改变水泥及混凝土结构,起到改善混凝土性能的作用,在保持流动性及水胶比不变的条件下,可以减少用水量及水泥用量。混凝土中掺入引气剂,搅拌过程中能引入大量均匀分布的稳定而封闭的微小气泡,能显著提高大坝混凝土的抗冻性和抗渗性,气泡还可使混凝土弹性模量有所降低,这有利于提高混凝土抗裂性能。为了节约水泥、改善混凝土性能、提高混凝土质量,尤其是提高混凝土的抗裂性及耐久性,应掺用优质减水剂及引气剂。为适应施工浇筑仓面大、浇筑强度高、高温季节需连续施工等特点,减水剂必须具有缓凝、高效减水等综合性能。另外,为了确保大坝混凝土的耐久性,还需在混凝土中掺用引气剂以引入结构合理的气泡,使混凝土达到适宜的含气量,因此还必须选用品质优良的引气剂。经对 32 种减水剂、7 种引气剂的对比试验,从混凝土用水量、拌和物性能、混凝土强度和耐久性等综合论证比较,优选出减水率大于 18%、其他指标均满足国标一等品要求的 3 种萘系缓凝高效减水剂(ZB-1A、JG-3 及 R561C)和满足国标一等品要求的 2 种引气剂(DHQ)。针对高标号抗冲耐磨混凝土,为进一步减少用水量和水泥用量、减轻温控负担,又专门选用了一种减水和增强效果更好的丙烯酸类高效减水剂(X404)。这些外加剂均有良好的适应性。高效减水剂能使水泥早期水化放热推迟,尤其是掺粉煤灰的混凝土,这种延迟放热作用更明显。大坝混凝土对高效减水剂的要求是既要能有效地降低早期水化放热量,尤其是大幅度降低 24 小时之内的放热量,又要在 2～7 天内使水化热有一定程度的增长,以便于混凝土强度的增长和内部结构的发展,并有利保证混凝土施工进度。根据混凝土水化放热曲线,选用的高效减水剂可以满足上述要求。大坝混凝土浇筑仓面埋设温度计观测结果表明,掺 X404 混凝土的温度明显低于掺 JG3 混凝土的温度,各厂家生产的减水剂和引气剂运至现场进行跟踪检测,减水剂品质检测结果见表 2.6.8,引气剂混凝土试验结果见表 2.6.9,各厂生产的减水剂品质和引气剂品质满足三峡工程质量标准(TGPS 05—1998)的要求。

(4)混凝土骨料

大坝混凝土骨料的强度应高于混凝土的设计强度,花岗岩抗压强度大于 100MPa,石质坚硬密实、强度高、密度大、吸水率小。骨料的表观密度取决于矿物组成和孔隙大小及数量,骨料孔隙率大小在一定程度上会影响混凝土的吸水性、拌和物的用水量以及混凝土的强度和耐久性。测定骨料的吸水率,特别是饱和面干吸水率,不仅能够判断骨料质量的坚实性,也能控制混凝土用水量,从而保证混凝土的和易性、强度及耐久性。大坝混凝土的线膨胀系数、比热和导热系数受骨料影响较大,当骨料与水泥浆的线膨胀系数之差超过 5.5×10^{-6}/℃

时，混凝土抗冻性就会受到影响。不同岩性骨料的线膨胀系数是不同的，用作混凝土骨料的大多数岩石的线膨胀系数为 5.5×10^{-6}/℃～13.0×10^{-6}/℃，水泥浆线膨胀系数为 1.1×10^{-6}/℃～16.0×10^{-6}/℃，大坝混凝土花岗岩骨料的线膨胀系数 8.5×10^{-6}/℃、导温系数为 0.003471m^2/h、导热系数为 2.50W/(m·℃)、比热为 959J/(kg·℃)。混凝土的骨料级配对水胶比及胶骨比有影响，关系到混凝土的和易性和经济性。良好的骨料级配，可使骨料间的空隙率和总表面积减少，降低混凝土用水量和水泥用量，改善拌和物的和易性及抗离析性，提高混凝土的强度和耐久性，且可获得良好的经济性。花岗岩加工的粗骨料中针片状含量直接影响大坝混凝土水泥和砂的用量。采用国产破碎机加工的粗骨料的试验结果表明，粗、中、细破碎机的破碎骨料中 5～20mm 粒径级的针片状含量分别超过 20%、30%、50%，最后选用进口诺德伯公司的破碎设备。该破碎机具有独特的破碎腔型，能有效地改善破碎花岗岩石的粒形，以保证粗骨料针片状含量小于 15%，提高了粗骨料粒度质量并减少了超径、逊径。粗骨料中减少针片状含量可节省混凝土中砂及水泥用量。据工程相关资料统计，若粗骨料中的针片状含量降低 10%，混凝土单位水泥用量可降低 10%左右，每立方米混凝土可节省 6～8 元的费用。另外，水泥用量减少，水化热温升相应降低，不仅可节省混凝土温控费用，也有利于提高混凝土质量，防止混凝土产生裂缝。花岗岩加工的细骨料中石粉含量及人工砂细度模数影响混凝土的和易性和抗分离性。下岸溪人工砂生产系统改变了国内传统棒磨机制砂和圆盘式制砂机单独制砂的工艺，引进 SVEDALA 公司的 Rarmac9000 冲击破碎机制砂，利用破碎筛分筛下物（石屑砂），采用立式冲击破碎机和棒磨机联合制砂并掺合回收石粉的新工艺，具有破碎筛分筛下物利用充分、立式冲击破碎机制砂产量高、磨耗小、细度偏粗、棒磨机制砂细度模数可调以及人工砂中石粉含量提高等综合效果，从而降低了人工砂成本，提高了人工砂成品质量，减少了人工砂生产系统石粉排放量，有利于环境保护。人工砂成品细度模数严格控制在 2.5±0.2（规范规定为 2.2～2.8）；砂含水率小于 6%（规范规定为 6%～8%）；石粉含量控制在 10%～17%（规范规定为 8%～12%），提高人工砂中石粉含量，有利于改善混凝土的和易性与抗分离性，提高混凝土 28 天龄期抗压强度和抗渗能力。

三峡大坝混凝土所用成品粗骨料及细骨料人工砂品质检测结果分别见表 2.6.10 和表 2.6.11。从现场检测结果看，大坝混凝土所用人工骨料质量稳定，符合三峡工程质量标准（TGPS 01—1998 及 TGPS 02—1998）。

表 2.6.8　　减水剂品质检测结果

生产厂家或标准	减水剂品种与剂量	减水率(%)	含气量(%)	凝结时间差(min)		泌水率比(%)	收缩率比(%)	抗压强度比(%)			Na_2SO_4含量(%)
				初凝	终凝			3天	7天	28天	
浙江龙游	ZB-1A 0.6%	23.5	1.4	+348	+379	40.0	98.7	173	180	145	4.36
北京冶建	JG-3 0.6%	22.1	1.5	+615	+670	19.9	96.0	165	178	146	4.85
上海麦斯特	R561C	20.0	2.5	+400	+575	90.0		115	147	138	2.45
意大利马贝	X404 0.8%	21.0	0.9	+63	+66	76.8	93.9	168	169	134	1.14
TGPS 05—1998		≥18.0	≤3.0	+120～+300 >+360*		≤100.0	≤125.0	≥125	≥125	≥120	<8.00

注：* 表示缓凝高效减水剂分为两种型号。其中，混凝土初凝时间比未掺缓凝减水剂延缓 120～300min 型产品，用于低温条件下施工；混凝土初凝时间比未掺缓凝减水剂延缓大于 360min 型产品，用于高温条件下施工。日平均气温 15～20℃ 为两种型号减水剂的转换控制温度。

表 2.6.9　　引气剂混凝土试验结果

生产厂家与品种或标准	掺量(‰)	减水率(%)	含气量(%)	泌水率比(%)	凝结时间差(min)		抗压强度比(%)			28天收缩率(%)	抗冻性能			
					初凝	终凝	3天	7天	28天		次数	相对动弹模(%)	质量损失率(%)	抗冻标号
河北石家庄外加剂厂 DH95	0.070	9.5	4.7	55.1	−45	−47	101	104	106	104	450	96.43	2.90	>F450
上海麦斯特 AIR202	0.120	7.4	4.6	52.7	2	−1	95	99	95					
TGPS 05—1998		≥6.0	4.5～5.5	≤70.0			≥95	≥95	≥90	≤125	冻融循环次数≥300			

表 2.6.10　　混凝土成品粗骨料品质检测结果

料场名称或标准	骨料粒级(mm)	表观密度(kg/m^3)	吸水率(%)	含泥量(%)	针片状含量(%)	有机质	坚固性(%)	压碎指标(%)
古树岭	5～20	2725	0.6	0.3	2.6	合格	0.6	9.5
	20～40	2731	0.4	0.2	2.5		0.4	
	40～80	2741	0.2	0.1			0.01	
	80～150	2738	0.2	0.1			0.1	
下岸溪	5～20	2636	0.7	0.6	2.2	合格	0.1	11.7
	20～40	2640	0.5	0.4	2.0		0.1	
	40～80	2646	0.3	0.3	0.1		0.1	
TGPS 01—1998	D20、D40 D80、D150(D120)	>2550	<2.5	<1.0 <0.5	<15	不允许存在	<5	C30～C40≤16 ≤C25≤20

表 2.6.11　　混凝土细骨料人工砂品质检测结果

料场名称或标准	细度模数	石粉含量(%)	表观密度(kg/m^3)	吸水率(%)	云母含量(%)	坚固性(%)	有机质
下岸溪	2.66	12.4	2642	0.74	0.4	2.3	合格
TGPS 02—1998	2.40～2.80	10.0～17.0	>2500		<2.0	<8.0	不允许存在

2.6.1.3　大坝混凝土配合比设计

(1)大坝混凝土提高耐久性及使用年限问题研究

三峡大坝混凝土为提高耐久性及使用年限，其配合比设计从传统的强度设计转变为以耐久性为主设计。

(2)混凝土配合比设计的基本原则及主要技术措施

大坝混凝土配合比设计的主要任务是新拌混凝土满足大坝施工要求的和易性，硬化混凝土满足大坝混凝土标号及主要设计指标要求，并符合经济原则。大坝混凝土配合比设计需满足设计要求和施工要求，鉴于大坝混凝土采用的花岗岩人工骨料表面粗糙、粒形不好，在使用一般高效减水剂和Ⅱ级粉煤灰的条件下，四级配混凝土用水量仍高达 110kg/m^3，与较为先进的水工混凝土配合比用水量 85kg/m^3 左右相比还有较大差距。混凝土的高用水量，造成水泥用水量增多，温控难度大，并影响混凝土一系列性能及单价，因此必须采取措施降低花岗岩人工骨料混凝土用水量。同时为满足大坝高强度大仓面快速施工的特点，要求混凝土具有良好的工作性，便于振捣密实。大坝为大体积混凝土，温控防裂极为重要，必须尽可能减少温升，并提高混凝土本身的抗裂能力，尤其要研究提高大坝混凝土耐久性的问题。三峡大坝混凝土配合比设计从传统的强度设计转变为以耐久性为主设计。在混凝土配合比设计试验中，采取了如下主要技术措施：选用Ⅰ级粉煤灰，用以减水、提高工作性、节约水泥、降低混凝土温升、减少干缩、改善混凝土性能；选用具有微膨胀性质的525中热水泥，将MgO含量适当提高，利用其膨胀来补偿混凝土降温阶段体积收缩，以减少裂缝；选用减水率大于18%的高效减水剂，这是降低人工骨料混凝土用水量的一个重要措施；掺用引气剂提高混凝土抗冻耐久性，同时也能减水和改善混凝土工作性；采用减小水胶比、增大粉煤灰掺量的技术路线，水胶比小、混凝土孔隙率小、耐久性好，Ⅰ级粉煤灰掺量多，其微珠效应和减水效果更突出；限制原材料碱含量和混凝土的总碱量，所选配合比混凝土总碱量应≤2.5kg/m³，这是为防止碱骨料反应所采取的严格措施。

(3)大坝混凝土配合比设计

在原材料优选的基础上，采用以上主要技术措施，通过不同水胶比、不同粉煤灰掺量的多种组合对混凝土配合比进行了力学、热学、变形等全面性能试验。通过选用Ⅰ级粉煤灰、高效减水剂、引气剂进行三者联掺，综合减水效果达30%以上，最大限度地降低了混凝土用水量，成功地解决了人工骨料混凝土用水量高的难题，使四级配混凝土用水量由原来的110kg/m³降到了85kg/m³左右，为配制高性能大坝混凝土奠定了基础。混凝土坍落度按3～5cm控制，含气量按4.5%～5.5%控制。经技术、经济综合比较，优选出大坝各部位混凝土配合比见表2.6.12。

(4)大坝混凝土各项指标检测结果

1)混凝土强度。

三峡大坝主要标号混凝土抗压强度试验结果统计见表2.6.13。检测结果表明，混凝土抗压强度均满足设计要求，且普遍超强，强度保证率在99%以上。

2)混凝土抗冻性。

三峡大坝各部位混凝土抗冻性试验结果见表2.6.14。从试验结果看，在达到设计要求的抗冻标号时，其评定指标质量损失率及相对动弹性模量还有很大的富余，可以判断内部和基础混凝土冻融循环次数可达200次以上，其他部位混凝土冻融次数可达300次以上，其中有22组做到破坏为止，最高冻融循环次数已达1250次。由此可见，大坝混凝土具有高抗冻耐久性。

3)混凝土抗渗性。

三峡大坝各部位混凝土抗渗性能试验结果见表2.6.15。从检测结果看，大坝各部位抗渗标号均满足设计要求，在达到设计抗渗标号的同时，试件渗水高度较低，当水压力加到现有抗渗仪的最大水压力1.6MPa时，试件渗透高度平均值只有52mm，离全部渗透还有98mm。有11组试件做到抗渗仪的极限水压力，抗渗标号均大于S16，具有良好的抗渗能力。

4)混凝土极限拉伸值。

三峡大坝各部位混凝土极限拉伸性能试验结果见表2.6.16，检测结果表明混凝土极限拉伸值均满足设计要求，且有一定的富裕，90天富裕更多一些。

表 2.6.12　　三峡大坝各部位混凝土施工配合比

大坝施工分期	序号	大坝部位	混凝土设计标号	级配	水胶比	粉煤灰掺量(%)	砂率(%)	外加剂			用水量(kg/m³)	胶凝材料		
								ZB-1A(%)	DH9(1/10000)	AIR202(1/10000)		水泥(kg/m³)	粉煤灰(kg/m³)	胶材总量(kg/m³)
一、二期工程左岸非溢流坝段左岸厂房坝段泄洪坝段左导墙坝段纵向围堰坝段(高程90.00m以下为一期工程)	1	基础2m	R_{90}200 F150W10	三	0.50	35	31	0.60	0.7		108	140	76	216
	2	基础约束区	R_{90}200 F150W10	四	0.50	35	26	0.60	0.7		85	111	60	171
	3	内部	R_{90}150 F100W8	四	0.55	40	28	0.70	0.6		88	98	65	163
	4	水上、水下外部	R_{90}200 F250W10	三	0.50	30	30	0.50	1.1		106	148	64	212
	5	水位变化区	R_{90}250 F250W10	三	0.50	20	29	0.60	1.3		98	157	39	196
	6	引水管周边	R_{28}250 F250W10	二	0.45	20	36	0.50	0.8		131	233	58	291
	7	结构混凝土	R_{90}300 F250W10	三	0.45	20	30	0.50	0.8		111	198	49	247

续表

大坝施工分期	序号	大坝部位	混凝土设计标号	级配	水胶比	粉煤灰掺量(%)	砂率(%)	外加剂			用水量(kg/m³)	胶凝材料		
								ZB-1A(%)	DH9(1/10000)	AIR202(1/10000)		水泥(kg/m³)	粉煤灰(kg/m³)	胶材总量(kg/m³)
二、三期工程右岸非溢流坝段右岸厂房坝段	1	基础2m	$R_{90}200$ F150W10	三	0.50	35	33	0.60	0.7	1.4	100	130	70	200
	2	基础约束区	$R_{90}200$ F150W10	四	0.50	35	27	0.60	0.7	1.4	91	118	64	182
	3	内部	$R_{90}150$ F100W8	四	0.55	40	27	0.60	0.7	1.4	90	98	65	163
	4	水上、水下外部	$R_{90}200$ F250W8	三	0.50	35	30	0.60	0.7	1.4	99	129	69	198
	5	水位变化区	$R_{90}250$ F250W8	三	0.48	30	30	0.60	0.7	1.4	100	146	63	209
	6	引水管周边	$R_{90}250$ F250W10	二	0.45	20	33	0.60	0.7	1.4	121	215	54	269
	7	结构混凝土	$R_{90}300$ F250W10	三	0.45	20	28	0.60	0.7	1.4	102	181	45	226

注：大坝混凝土施工按导流方式分为3期。其中，一期工程施工纵向围堰坝段、左岸大坝非溢流坝段；二期工程施工左岸大坝左厂房坝段及溢流坝段；三期工程施工右岸大坝非溢流坝段及右厂坝段。

表 2.6.13　　　　三峡大坝主要标号混凝土抗压强度试验结果统计

工程部位	混凝土设计标号	水胶比	粉煤灰掺量(%)	检测组数	抗压强度(MPa)			强度保证率(%)	不低于设计强度的百分率(%)
					7天	28天	90天		
内部	R_{90}150F100W8	0.55	40	136		18.2	28.7	99.70	100.0
基础	R_{90}200F150W10	0.50	35	87		22.8	34.5	99.28	100.0
水上、水下外部	R_{90}200F250W10	0.50	30	31		25.6	37.5	99.98	100.0
水位变化区	R_{90}250F250W10	0.45	30	79		31.0	43.5	99.84	100.0
结构	R_{28}250F250SW10	0.45	20	265	21.0	36.5		99.53	100.0
	R_{90}300F250W10			167		35.1	46.1	99.87	100.0
	R_{28}300F250W10	0.40	20	8	24.6	41.3			87.5
	R_{28}350F250W10	0.35	20	26	34.0	52.8			100.0
抗冲磨	R_{28}400F250W10	0.30	20	50	41.3	59.7		99.63	96.7
	R_{28}450F250W10	0.30	10	12	42.6	62.5			100.0
	R_{90}400F150W10	0.38	20	24		41.4	54.3		100.0

表 2.6.14　　　　三峡大坝各部位混凝土抗冻性试验结果

部位	混凝土设计标号	水胶比	粉煤灰掺量(%)	水泥用量(kg/m^3)	粉煤灰用量(kg/m^3)	用水量(kg/m^3)	抗冻试验结果			
							冻融次数	质量损失率(%)	相对动弹性模量(%)	抗冻标号
基础	R_{90}200F150W10	0.50	35	133	71	102	150	0.77	86.96	＞F150
内部	R_{90}150F100W10	0.55	40	94	62	86	100	0.59	98.70	＞F100
外部	R_{90}200F250W10	0.50	30	123	53	88	250	0.56	79.51	＞F250
水位变化区	R_{90}250F250W10	0.45	30	184	78	118	250	0.50	93.20	F800
							850	3.20	53.20	
结构	R_{28}250F250W8	0.45	20	181	46	102	250	1.10	88.94	＞F250
		0.45	25	198	66	119	250	0.19	80.01	F350
							400	0.64	59.85	
	R_{90}300F250W10	0.45	20	185	46	104	250	0.50	90.60	＞F800
							800	2.53	68.34	
抗冲磨、结构	R_{28}350F250W10	0.35	20	281	70	123	250	−0.33	87.76	＞F250

续表

部位	混凝土设计标号	水胶比	粉煤灰掺量(%)	水泥用量(kg/m³)	粉煤灰用量(kg/m³)	用水量(kg/m³)	抗冻试验结果			
							冻融次数	质量损失率(%)	相对动弹性模量(%)	抗冻标号
抗冲磨	R_{28}400F250W10	0.30	20	285	71	107	250	−0.33	96.94	F1250
							1250	1.27	67.09	
	R_{28}450F250W10	0.30	10	375	42	125	250	0.54	88.05	F550
							550	1.87	62.88	
	R_{90}400F150W10	0.38	20	255	42	121	150	0.25	91.53	>F150

表2.6.15　三峡大坝各部位混凝土抗渗性能试验结果

部位	混凝土设计标号	水胶比	粉煤灰掺量(%)	水泥用量(kg/m³)	粉煤灰用量(kg/m³)	用水量(kg/m³)	抗渗试验结果		
							试验水压力(MPa)	渗透高度(mm)	抗渗标号
基础	R_{90}200F150W10	0.50	35	133	71	102	1.0	69.0	>W10
内部	R_{90}150F100W10	0.55	40	94	62	86	1.0	150.0	W9
外部	R_{90}200F250W10	0.50	30	123	53	88	1.0	130.3	>W10
水位变化区	R_{90}250F250W10	0.45	30	184	78	118	1.0	49.2	>W10
结构	R_{28}250F250W8	0.45	20	181	46	102	1.0	87.8	>W10
		0.45	25	198	66	119	0.8	21.3	>W8
	R_{90}300F250W10	0.45	20	185	46	104	1.6	18.8	>W16
结构、抗冲磨预应力	R_{28}350F250W10	0.35	20	281	70	123	1.0	26.8	>W10
抗冲磨	R_{28}400F250W10	0.30	20	285	71	107	1.0	25.8	>W10
	R_{28}450F250W10	0.30	10	375	42	125	1.6	32.0	>W16
	R_{90}400F150W10	0.38	20	255	42	121	1.0	30.0	>W10

表2.6.16　三峡大坝各部位混凝土极限拉伸性能试验结果

工程部位	混凝土设计标号	设计要求	极限拉伸值($\times10^{-4}$)	
			28天	90天
内部	R_{90}150D100S8	$\varepsilon_{P28}=0.70\times10^{-4}$，$\varepsilon_{P90}=0.75\times10^{-4}$	0.84	0.90
基础	R_{90}200D150S10	$\varepsilon_{P28}=0.80\times10^{-4}$，$\varepsilon_{P90}=0.85\times10^{-4}$	0.93	0.97
水上、水下外部	R_{90}200D250S10	$\varepsilon_{P28}=0.80\times10^{-4}$，$\varepsilon_{P90}=0.85\times10^{-4}$	0.86	0.93

续表

工程部位	混凝土设计标号	设计要求	极限拉伸值($\times10^{-4}$)	
			28 天	90 天
水位变化区	R_{90}250D250S10	$\varepsilon_{P28}=0.80\times10^{-4}$,$\varepsilon_{P90}=0.85\times10^{-4}$	0.95	1.04
结构	R_{28}250D250S10	$\varepsilon_{P28}=0.85\times10^{-4}$		
	R_{90}300D250S10	$\varepsilon_{P28}=0.80\times10^{-4}$,$\varepsilon_{P90}=0.85\times10^{-4}$	0.99	1.02
抗冲磨	R_{28}350D250S10		1.10	
	R_{28}400D150S10		1.19	
	R_{28}450D150S10		1.17	
	R_{28}400D150S10		0.96	1.06

5)混凝土总碱量。

为防止大坝混凝土发生碱骨料危害反应,除掺用Ⅰ级粉煤灰抑制碱骨料反应外,又对混凝土原材料的碱含量和混凝土总碱量进行了严格限制,具体限制指标及现场实测值列于表 2.6.17。

表 2.6.17　　三峡大坝混凝土碱含量控制指标

控制项目	控制指标	实测平均值
525 中热水泥熟料(%)	≤0.5	0.31
525 中热水泥(%)	≤0.6	0.39
Ⅰ级粉煤灰(%)	≤1.5	1.17
减水剂(%)	Na_2SO_4 含量≤8.0	Na_2SO_4 含量 3.08,总碱量 7.39
混凝土(kg/m^3)	≤2.5	2.3(最大值)

表 2.6.17 中的控制指标都严于相应国家标准和有关规定,从现场检测结果看,原材料碱含量远低于控制指标,水泥碱含量只有 0.4%左右,粉煤灰碱含量只有 1.0%左右,而以最不利情况即原材料以最大碱含量及混凝土以最高标号(R_{28}450)来计算混凝土总碱量,最大值为 2.3kg/m^3,未超过控制值。从现有技术水平看,由于采取了以上措施,大坝混凝土不会发生危害性碱骨料反应。

(5)大坝混凝土配合比设计综合评价

大坝混凝土配合比设计时,采用优选的原材料,通过不同水胶比、不同粉煤灰掺量的多种组合对混凝土配合比进行了力学、热学、变形等全面性能试验,优选出的大坝混凝土配合比各项性能均满足设计要求且较为优越。混凝土抗冻性内部可达 F200 以上、水位变动区可达 F300 以上,在抗冻耐久性达到设计最高要求的同时,混凝土水泥用量不高,绝热温升较低,内部混凝土平均为 20℃左右,自生体积变形为微胀,弹性模量和干缩都较低。混凝土的极限拉伸值比较高,大坝内部混凝土 90 天极限拉伸值为 0.86×10^{-4},水位变化区为 $1.00\times$

10^{-4}，对混凝土抗裂十分有利。通过优选缓凝高效减水剂与引气剂联掺以及使用Ⅰ级粉煤灰，将大坝四级配混凝土用水量由110kg/m³ 降至85kg/m³，减少了水泥用量，降低了大坝混凝土的绝热温升和干缩，改善了混凝土的综合性能，提高了混凝土体积的稳定性和耐久性，满足了极限拉伸和混凝土抗裂性要求，并使混凝土具有良好的施工和易性和经济性，为防止混凝土裂缝和保证大坝混凝土质量创造了条件。

2.6.1.4 大坝混凝土质量检测

(1)混凝土钻孔取芯检测

经检测，大坝所使用的原材料及由各拌和系统生产的混凝土质量均满足标准要求。但最终产品——浇筑在大坝上的混凝土质量如何，还需通过钻孔取芯对其进行检测。为对大坝混凝土进行全面质量鉴定，按每万立方米混凝土取芯约10m的标准进行布孔取芯。为了能较全面和真实地反映大坝混凝土质量，按全面性、随机性兼顾针对性的原则进行布孔。

检测内容主要包括：芯样获得率、外观描述、孔内录像及声波测试、压水试验、芯样密度及抗压强度检测。芯样孔径分为 $\phi76$、$\phi168$、$\phi219$ 三种。总计钻孔252个、总进尺3771.2m。

从已取得的检测结果看，混凝土芯样获得率为98.4%；声波波速在4255m/s以上，平均值为4547m/s。压水试验结果表明，混凝土透水率小于0.3Lu，且压水总进水量小于2L/m，结果均满足设计要求。芯样的密度在2429kg/m³ 以上，平均值为2478kg/m³，满足设计要求，且与室内试验的混凝土密度一致。混凝土芯样的抗压强度平均值在50MPa以上，全部满足设计要求。以上说明现场混凝土浇筑振捣质量良好，混凝土密实。

芯样的外观描述主要包括芯样整体状况描述与芯样缺陷描述两个方面。芯样整体状况描述包括芯样的完整程度、骨料与砂浆分布情况、胶结情况、破碎情况；芯样缺陷描述主要包括架空、空洞、孔洞、气泡、层面胶结情况以及其他异常情况等。从取得的芯样看，大部分芯样表面光滑、致密，骨料分布均匀，优良率为91.5%，合格率为97.1%。除了观测芯样外，还在钻孔内进行录像观测，观测结果与芯样描述结果基本一致。

(2)混凝土自生体积变形原型观测

大坝自1998年开始使用MgO含量为3.5%～5.0%的中热水泥，大坝左岸厂房坝段及泄洪坝段和右岸厂房坝段共有56支仪器的观测资料。混凝土自生体积变形原型观测统计资料见表2.6.18。

大坝和厂房混凝土56支仪器的观测资料表明，混凝土自生体积变形为微膨胀或无收缩的有47支，占仪器总数的83.9%，其中纯膨胀的为43支，占仪器总数的76.8%；变形为收缩(含先收缩后膨胀至 $0\mu\varepsilon$ 以下)的有2支，占仪器总数的3.6%。

表 2.6.18　　三峡大坝混凝土自生体积变形观测统计资料

工程部位		变形情况					仪器总数(支)
		膨胀	无收缩	先缩后胀至 0με 以上	先缩后胀至 0με 以下	收缩	
左岸厂房坝段、泄洪坝段	仪器支数(支)	35	4	6	1	2	48
	变形量($\times 10^{-6}$)	10～210	±10	−15～−25→0～25	−18→−10	−12～−20	
右岸厂房坝段	仪器支数	8					8
	变形量($\times 10^{-6}$)	19～72					

注：泄洪坝段膨胀变形的 18 支仪器变形量为 10×10^{-6}～210×10^{-6}。其中，变形量为 10×10^{-6}～65×10^{-6} 的有 16 支，变形量为 65×10^{-6}～95×10^{-6} 的有 1 支，变形量为 95×10^{-6}～210×10^{-6} 的有 1 支。

1)混凝土自生体积变形与大坝部位的关系。

按仪器埋设的工程部位统计分析，左岸厂房坝段及泄洪坝段共埋设了 48 支无应力计，35 支反映出膨胀变形，占仪器总数的 72.9%；4 支为无收缩(变形量为±10με)，占 8.3%；6 支为先收缩后膨胀至 0～25με，占 12.5%；3 支为收缩变形，变形量为 −10～−30με，占 6.3%。膨胀、无收缩和先收缩后膨胀的共占仪器总数的 93.7%。

右岸厂房坝段埋设了 8 支仪器，均为膨胀。

由以上资料可以看出，反映混凝土膨胀变形的仪器数量所占仪器总量的比例，右岸厂房坝段比左岸厂房坝段及泄洪坝多。

2)混凝土自生体积变形与时间的关系。

膨胀变形：大多数在 6～12 个月后趋于稳定，也有的在 3～5 个月后趋于稳定。

先收缩后膨胀：28 天以内为收缩，28 天后为膨胀，5 个月左右变形稳定。

2.6.2　大坝混凝土温度控制标准

2.6.2.1　大坝分缝分块

(1)泄洪坝段

泄洪坝段横缝间距 21.00m，坝块顺流向最大宽度 126.70m，设两条纵缝，分 3 块。泄 1～7 号坝段各仓顺水流向宽度分别为 25.00m、44.70m 及 47.20～57.00m(两条纵缝分别距坝轴线 25.00m 及 69.70m)；泄 8～23 号坝段各仓顺水流向宽度分别为 25.00～30.00m、39.00m 及 52.90m(两条纵缝分别距坝轴线 25.00m 及 64.00m)。纵缝Ⅰ从坝基向上伸至高程 137.00m，在高程 137.00m 设廊道并缝；纵缝Ⅱ从坝基向上伸至高程 101.00m(泄 1～7 号坝段)或高程 99.00m(泄 8～23 号坝段)，设廊道并缝。

(2)厂房坝段

左厂房坝段共分 15 个坝段(含左安Ⅲ坝段)，每台机组对应坝段沿坝轴线长 38.30m(其中14号坝段长14.30m)，1～13号坝段内设横缝将坝段分为25.00m长的钢管坝段和13.30m长的非钢管坝段(实体坝段)。14号坝段设横缝将坝段分为25.00m长的钢管坝段和20.30m长的非钢管坝段(实体坝段)。安Ⅲ坝段设横缝将坝段分为19.15m长的两段。左厂坝1～5号坝段设一条纵缝，纵缝位于坝轴线下游25.00m，两仓顺水流向的宽度分别为44.00m及43.40m；左厂坝6号坝段设两条纵缝，分别距坝轴线25.00m和50.00m，3仓顺水流向的宽度分别为42.50m、25.00m及25.60m；左安Ⅲ坝段设两条纵缝，分别距坝轴线31.00m和75.00m，3仓顺水流向的宽度分别为43.50m、44.00m及43.00m；左厂坝7号—1坝段、8～10号坝段设两条纵缝，分别距坝轴线35.00m和75.00m，3仓顺水流向的宽度分别为35.00m、40.00m及43.00m；左厂7号—2坝段设两条纵缝，分别距坝轴线下游39.00m和75.00m，3仓顺水流向的宽度分别为39.00m、36.00m及43.00m；左厂11～14号坝段顺水流向的最大宽度118.00m，设两条纵缝，分3仓，两条纵缝分别距坝轴线35.00m和75.60m，3仓顺水流向的宽度分别为35.00m、40.00m及43.00m。

右厂房坝段共分14个坝段(含右厂排坝段)，全长525.00m，每台机组对应坝段沿坝轴线长38.30m(其中右厂排坝段长16.00m，26号坝段长49.40m)。右厂15～25号坝段内设横缝将坝段分为25.00m长的钢管坝段和13.30m长的非钢管坝段(实体坝段)，26号坝段设横缝将坝段分为25.00m长的钢管坝段及24.40m长的非钢管坝段(实体坝段)；安Ⅲ坝段设横缝将坝段分为19.15m长的两段；右厂排坝段长16.00m。右厂排—右厂26号坝段设两条纵缝(右厂24～26号实体坝段为3条纵缝)。纵缝距坝轴线距离：纵缝Ⅰ为35.00m(右厂排和右安Ⅲ坝段为31.00m、右24～26号坝段实体坝段为25.00m)，纵缝Ⅱ为75.00m(右厂24～26号坝段实体坝段为50.00m)，纵缝Ⅲ为87.63m。右厂排和右安Ⅲ坝段3仓顺水流向的宽度分别为31.00m、44.00m及43.00m；右厂15～23号坝段3仓顺水流向的宽度为35.00m、40.00m及43.00m(其中右厂19号坝段的实体坝段3仓顺水流向的宽度为39.00m、36.00m及43.00m)；右厂24号、25号坝段钢管坝段3仓顺水流向的宽度为35.00m、40.00m及43.00m，非钢管坝段(实体坝段)4仓顺水流向的宽度为25.00m、25.00m、37.5m及30.50m；右厂26号坝段钢管坝段3仓顺水流向的宽度为44.00m、25.00m及68.00m，非钢管坝段(实体坝段)4仓顺水流向的宽度为44.00m、25.00m、37.00m及31.00m。

(3)非溢流坝段

左岸非溢流坝段分为18个坝段，其间布置升船机坝段(上闸首)和临时船闸坝段，沿坝轴线总长494.89m。左岸非溢流坝段除左非8号坝段沿坝轴线长23.07m，左非9号坝段长12.82m，其余坝段均为20.00m。左岸非溢流坝段1～11号坝段未设纵缝，12～18号坝段横缝间距20.00m，其中12～17号坝段建基面高程100.00～108.00m，顺水流向的最大宽度为52.05m，设一条纵缝，两仓顺水流向的宽度为25.00m和28.00m。左非18号坝段建基面高程86.00m，顺水流向的最大宽度79.50m，设一条纵缝，两仓顺水流向的宽度为39.00m和40.50m。

右岸非溢流坝段分为 7 个坝段，沿坝轴线总长 140.00m，每个坝段长 20.00m。右非 1 号坝段分两条纵缝，分别距坝轴线 20.50m 和 63.50m，3 仓顺水流向的宽度分别为 26.50m、29.00m 及 30.50m，第一条纵缝在高程 114.93m 并缝；右非 2 号坝段在高程 115.00m 以下分一条纵缝，纵缝距坝轴线 25.00m，两仓顺水流向的宽度分别为 25.00m 及 27.05m，在高程 115.00m 以上并缝；右非 3 号坝段在高程 160.00m 以下设一条纵缝，纵缝距坝轴线 20.00m，两仓顺水流向的宽度分别为 20.00m 及 30.00m，在高程 160.00m 以上并缝；右非 4～7 号坝段由于顺水流向的尺寸小而不设纵缝。

(4)左导墙坝段及纵向围堰坝段

左导墙坝段沿坝轴线长 32.00m，设 3 条纵缝，距坝轴线距离分别为 25.00m、47.00m 和 78.50m，对应浇筑仓宽度分别为 25.00m、22.00m、31.50m 及 39.50m。在上游第一、二仓中部设一条临时施工横缝，将坝块分为长 16.00m 的两块，该横缝和第一条纵缝在 116.50m 高程设并缝廊道并缝。坝外厂坝导墙顺水流向长 216.00m，设顺坝轴线方向永久缝，将坝块分为长 25.00m 和 32.00m 的块体。

纵向围堰坝段长 68.00m，顺水流向的宽度为 115.00m，高程 90.00m 以下采用碾压混凝土，横缝间距按 36.00m 和 32.00m 设置，不分纵缝通仓施工，在上游常规混凝土部位坝块中部设置诱导横缝。高程 90.00m 以上坝体采用常规混凝土浇筑，右纵 2 号坝段在其中部设一条横缝通至坝顶，设一条纵缝将坝体分为长 33.75m 及 31.50m 的两块。右纵 1 号排漂孔坝段在高程 90.00m 以上设 3 条纵缝，纵缝位置与左导墙坝段相同，4 仓顺水流向的宽度分别为 25.00m、22.00m、31.50m、36.50m。第一、二仓在排漂孔下部设一条横缝，将坝块分为长 16.00m 的两块，排漂孔坝段第一、二仓内纵横缝在排漂孔下部 116.50m 高程处并缝。

2.6.2.2 坝体稳定温度场

稳定温度是指大坝建成投入运行后，施工期温度(初始温度、混凝土水化热温升)的影响已经消失，在环境温度(坝区气温、上游库内水温、下游河水温度)作用下，最终达到的长期稳定的温度状态。虽然在运行期与坝体表面接触的气温和水温是随时间变化的，但影响深度不超过 15.00m，占坝体绝大部分的中部区域温度，将不受外界气温与水温变化的影响(只取决定于年平均值)，而处于稳定状态。由此可见，对高大的实体重力坝，总存在稳定温度场；而对厚度或高度较小的结构，整个结构都在变化的气温与水温影响范围以内，即不存在稳定温度，而处于年复一年的重复循环变化之中，即所谓准稳定温度，如三峡船闸闸室侧墙、底板以及厂房尾水管等。稳定温度是分析坝体内部温差与温度应力的基准温度，基础温差控制就是相对于稳定温度而言的。因此稳定温度的合理确定非常重要，直接影响到大坝温控及坝体冷却灌浆的温度要求。

坝体稳定温度场主要与上下游水温、气温、坝体结构等诸多因素有关，尤其是水库水温对坝体稳定温度场影响很大。

(1)边界条件

1)库表水温。

影响库表水温的主要因素有:坝址纬度、气温、河水温、径流量、日照辐射热、总库容等。针对以上因素进行了多种分析计算,并结合已建水库水温的实测资料进行类比分析后,偏于安全考虑,库表水温年平均值取18.0℃。

2)库底水温。

按水体受扰动的程度,水库可分为稳定型、过渡型和混合型3种类型。水库类型对库底水温有重要影响。

对水库类型影响较大的因素有年径流量、总库容及水库形状。三斗坪坝址处的多年平均年径流量为4510亿m^3,正常蓄水位175.00m时相应的库容为393亿m^3,其比值α为11.48。参照《大中型水利水电工程水文规范》,当水库α值在10～20时,属过渡型水库。从水库形状上看,三峡水库为长条形,属河道型水库,水体在入库过程中的扰动将较充分。据此可初步判断三峡水库属过渡型水库,其库底将难以形成稳定的低温水层。

对于过渡型和混合型水库的库底水温值的确定,国内外尚无较成熟的方法。考虑上述主要影响因素,并与国内外已建水库实测库底水温进行类比,进行多种回归分析计算和水库调度运行影响计算,库底水温计算值为14.0～16.8℃,偏于安全取年平均库底水温值为14.0℃。

3)库水温垂直分布。

年均库水温垂直分布值,设计采用折线变化,即水面175m为18.0℃,直线变化至高程107m为14.0℃,高程107m以下保持14℃不变。

4)下游水温。

由于下游水流扰动较大且水深较小,相对蓄热能力较差并受上游排水水温制约。综合分析以上因素后,取下游水面76m年均水温17℃。下游河床底部高程10.00m的年均水温15℃,其间为直线变化。

5)气温。

采用坝址多年平均气温17.3℃。

6)太阳辐射热。

根据大坝所处地理位置、气候条件及坝体形状,经计算并参照国内外已建工程有关资料后,下游坝面受太阳辐射热影响的年均升温值取4.5℃。

7)地温。

坝址地温资料表明,深层地温较年均气温略高。考虑到水库蓄水后的影响,在地基150m深处取地温为17℃。

(2)计算模型及成果

考虑大坝坝体沿坝轴线较长且为混凝土重力坝,水泥水化热等的影响经长期散热作用已渐消失，坝体稳定温度场可简化为无热源平面问题求解。在上述边值条件下，通过计算得到大坝泄洪坝段及厂房坝段典型剖面的稳定温度场(图 2.6.2 至图 2.6.5)。

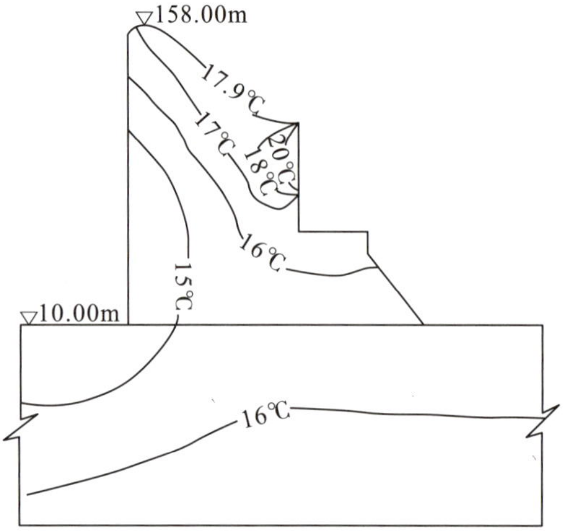

图 2.6.2 泄洪坝段典型剖面稳定温度场(表孔)

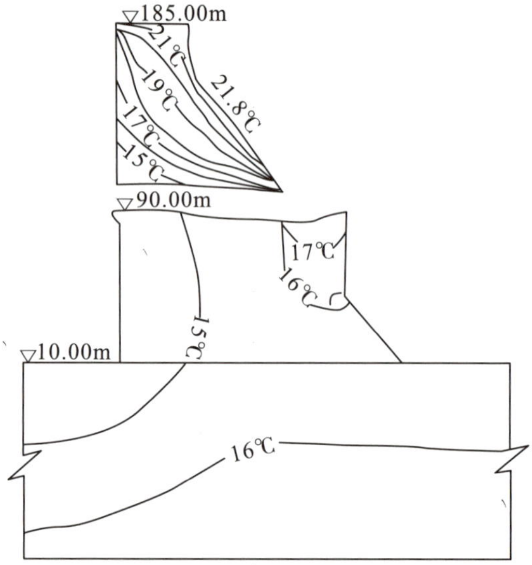

图 2.6.3 泄洪坝段典型剖面稳定温度场(深孔)

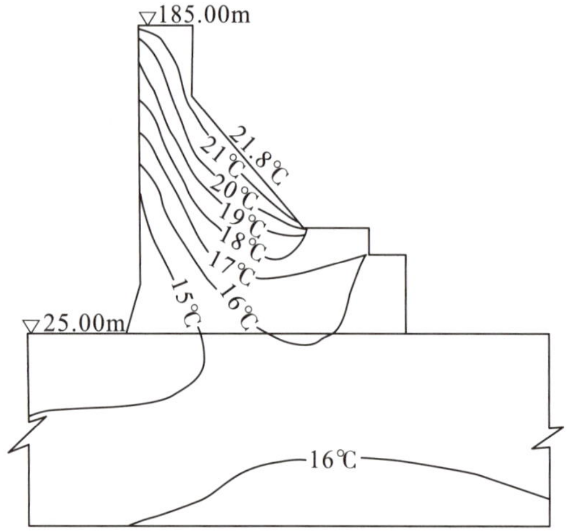

图 2.6.4 厂房坝段典型剖面稳定温度场(实体坝段)

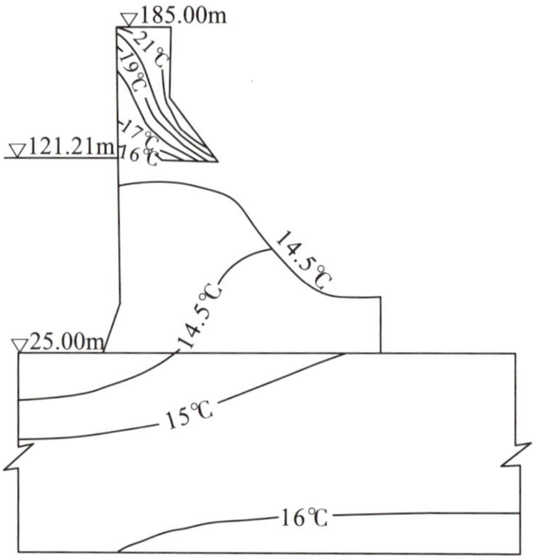

图 2.6.5 厂房坝段典型剖面稳定温度场(钢管坝段)

大坝混凝土施工采用分层分块浇筑，为便于对各坝段混凝土进行温度控制，设计根据各典型坝段稳定温度场，按分缝分块的不同高程范围计算得出平均稳定温度。设计采用的泄洪坝段和厂房坝段各高程坝体稳定温度见表 2.6.19 至表 2.6.21。

表 2.6.19　大坝泄洪坝段各高程坝体稳定温度　(单位:℃)

序号	高程(m)	第一仓	第二仓	第三仓
1	10.0～15.0	14.6	15.5	15.6
2	15.0～20.0	14.6	15.5	15.6
3	20.0～25.0	14.6	15.5	15.6
4	25.0～30.0	14.6	15.5	15.7
5	30.0～35.0	14.6	15.5	15.8
6	35.0～40.0	14.6	15.6	15.9
7	40.0～45.0	14.6	15.6	16.0
8	45.0～50.0	14.6	15.7	16.0
9	50.0～55.0	14.6	15.8	16.3
10	55.0～60.0	14.6	15.9	16.5
11	60.0～65.0	14.6	16.0	16.8
12	65.0～70.0	14.7	15.8	17.0
13	70.0～80.0	14.7	16.3	17.8
14	80.0～90.0	14.7	17.2	18.5
15	90.0～100.0	15.2	16.6	18.7
16	100.0～110.0	15.2	17.6	18.5
17	110.0～120.0	15.8	18.1	
18	120.0～135.0	16.6	18.9	
19	135.0～150.0	17.6	20.0	
20	150.0～165.0	18.6		

表 2.6.20　大坝厂房钢管坝段各高程坝体稳定温度　(单位:℃)

序号	高程(m)	第一仓	第二仓	第三仓
1	25.0～30.0	14.6	14.8	15.0
2	30.0～35.0	14.4	14.8	14.9
3	35.0～40.0	14.3	14.7	14.9
4	40.0～45.0	14.3	14.7	14.8
5	45.0～50.0	14.3	14.6	14.7
6	50.0～55.0	14.2	14.6	14.6
7	55.0～60.0	14.2	14.5	14.6
8	60.0～65.0	14.2	14.5	14.5
9	65.0～70.0	14.2	14.5	14.5
10	70.0～80.0	14.2	14.5	14.5

续表

序号	高程(m)	第一仓	第二仓	第三仓
11	80.0～90.0	14.2	14.5	
12	90.0～100.0	14.3	14.5	
13	100.0～110.0	14.4	14.5	
14	110.0～120.0	14.5	14.5	
15	120.0～130.0	15.9	18.0	
16	130.0～140.0	17.7	20.7	
17	140.0～150.0	18.7		

表 2.6.21　　大坝厂房非钢管坝段各高程坝体稳定温度　　(单位:℃)

序号	高程(m)	第一仓	第二仓	第三仓
1	25.0～30.0	14.7	15.8	15.8
2	30.0～35.0	14.7	15.8	15.8
3	35.0～40.0	14.7	15.9	15.9
4	40.0～45.0	14.7	16.0	16.0
5	45.0～50.0	14.8	16.1	16.1
6	50.0～55.0	14.8	16.2	16.3
7	55.0～60.0	14.8	16.3	16.5
8	60.0～65.0	14.9	16.5	16.7
9	65.0～70.0	15.0	17.0	17.0
10	70.0～80.0	15.1	17.5	18.5
11	80.0～90.0	15.2	18.1	20.0
12	90.0～100.0	15.4	19.0	21.4
13	100.0～110.0	15.8	19.6	
14	110.0～120.0	16.5	20.2	
15	120.0～130.0	17.1	20.5	
16	130.0～140.0	17.8	20.9	
17	140.0～150.0	18.6	21.3	

2.6.2.3　大坝温控标准

大坝为混凝土重力坝,其大体积混凝土裂缝主要由温度应力导致。混凝土浇筑后由于水泥在水化凝固过程中,散发大量水化热,内部温度急剧上升,此时,混凝土弹性模量小,徐变大,升温引起的压应力不大;在后期混凝土逐渐冷却、温度降低时,弹性模量较大,而徐变小,在一定约束条件下会产生较大的拉应力。另外,大坝混凝土常年暴露于大气中,有些部位与水接触，一年四季气温和水位的变化都会在混凝土结构中产生较大的拉应力。混凝土的抗裂能力较低，抗拉强度一般仅为抗压强度的1/10。当温度变化引起的拉应力超过混凝土的抗拉强度时，混凝土可能产生裂缝。大坝混凝土温度控制主要控制基础温差、内外温差、上下层温差。由于这3个温差都与混凝土内部的最高温度有关，因此直接控制的是大坝混凝土的最高温度。大坝设计中为防止坝体混凝土产生裂缝，通过对各坝段的温度应力计算分析，提出各坝段设计允许最高温度、大坝纵缝并缝混凝土温控标准、大坝填塘及陡坡混凝土温控标准。

(1)基础允许温差

大坝大体积混凝土由水泥水化过程中产生的水化热导致浇筑后初期大体积混凝土内部温度急剧上升，从而引起混凝土膨胀变形。此时混凝土弹性模量小，升温引起受基础约束的膨胀变形，其产生的压应力很小。但在日后温度逐渐降低、混凝土产生收缩变形时，弹性模量较大，降温引起受基础约束的收缩变形，会产生相当大的拉应力，当拉应力(约束拉应变)超过混凝土抗拉强度(或极限拉伸值)时就会产生裂缝，因此国内外大坝为防止危害性裂缝，均提出基础允许温差控制标准。

大坝混凝土采用分坝段分仓柱状块浇筑法，基础允许温差按表2.6.22控制。陡坡和填塘部位混凝土基础允许温差应视所在部位的结构要求和其特征尺寸，参照平面基础温差标准适当加严。混凝土浇平相邻基岩面后，应停歇冷却至与周围基岩温度相近时，再继续浇筑混凝土。

表2.6.22　大坝基础允许温差　(单位：℃)

部位	浇筑块长边尺寸				
	≤20m	21～30m	31～40m	41～50m	通仓
基础强约束区	22	20～21	17～19	16	14
基础弱约束区	25	23～24	20～22	19	17

注：①高度0～0.2L为基础强约束区，0.2～0.4L为基础弱约束区，L为块体长边尺寸；②基岩与混凝土弹性模量比取1.5。

(2)上、下层温差标准

当坝体下层混凝土龄期超过28天成为老混凝土时，上部新浇混凝土温度变形将受到弹性模量较高的下层老混凝土的约束而产生温度应力。为防止不利温度应力导致裂缝产生，其上层混凝土浇筑应控制上、下层温差。对连续上升坝段且浇筑高度大于$L/2$(浇筑块长边尺寸)时，允许老混凝土面上、下各$L/4$范围内，上层混凝土最高平均温度与新混凝土开始浇筑时下层实际平均温度之差不大于17℃；浇筑块侧面长期暴露时或上层混凝土高度小于$L/2$或非连续上升时，应加严上、下层温差标准。

(3)表面保护及坝体最高温度控制标准

大量工程实践表明，混凝土建筑物温度裂缝中绝大多数为表面裂缝，且大多数表面裂缝是由在混凝土浇筑初期遇气温骤降等引起的；中后期深层裂缝和贯穿裂缝也往往是由表面裂缝在一定条件下发展而成的。因此加强表面保护、短间歇连续上升、控制内外温差或坝体最高温度是防止混凝土表面裂缝或深层裂缝的有效措施。

1）表面保护标准。

①初期气温骤降。

大坝在整个施工期内浇筑的混凝土几乎每月均有可能遇到气温骤降的袭击。新浇混凝土遇日平均气温在2～3天内连续下降超过6～8℃时，基础强约束区和特殊部位龄期2～3天以上、一般部位龄期3～4天以上必须进行表面保护。

②中后期气温年变化及气温骤降的综合影响。

在气温年变化和气温骤降的同时作用下，在无保护条件下极可能使混凝土表面产生裂缝。在施工期间，应视不同浇筑季节和不同部位，结合考虑后期通水情况，进行中期通水冷却，并采取必要的表面保护措施。

2）坝体最高温度控制标准。

参照部分已建工程经验，并兼顾内外温差要求和实际施工条件，对均匀上升浇筑块，各季节坝体常态混凝土最高温度按表2.6.23控制。

表2.6.23　大坝混凝土最高温度控制标准　（单位：℃）

时间	12月至次年2月	3、11月	4、10月	5、9月	6—8月
混凝土标号≤R_{90}200	23～24	26～27	31	33～34	35～38
混凝土标号≥R_{90}250	24～27	28～29	31～33	34～35	37～39

注：重要部位和较低标号混凝土取下限值。

（4）并缝混凝土温控标准

并缝混凝土除满足设计允许最高温度要求外，并缝时下部混凝土应冷却至坝体稳定温度。上部混凝土宜安排在低温季节（11月至次年3月）浇筑，并满足设计提出的有关技术要求，应按设计图纸和技术要求在并缝处埋设构造钢筋，按照设计要求作业。

（5）填塘、陡坡混凝土温控标准

填塘、陡坡混凝土温控标准原则上按基础约束区允许最高温度执行，但位于大坝迎水面附近、面积较大或夏季（5—9月）施工时加严1～2℃。高差大于2.00m的填塘、陡坡混凝土应分层浇筑，并在层面埋设冷却水管，混凝土浇筑收仓后12小时开始通水冷却。高差为2.00～3.00m的填塘、陡坡混凝土在第一层混凝土温度降至20～22℃，且第二层混凝土按正常间歇后方能浇筑上部混凝土。高差大于3.00m的填塘、陡坡混凝土待混凝土浇筑到相邻基岩面高程附近并冷却至与基岩温度相近（18～20℃）时方能浇筑上部混凝土。高差小于2.00m的填塘、陡坡混凝土原则上要求按基础强约束区设计允许最高温度控制，浇平基岩坡顶且正常间歇后再行上升。

(6)大坝各坝段设计允许最高温度

根据大坝各部位稳定温度及上述温控标准和坝体最高温度控制标准，确定大坝泄洪坝段及左导墙坝段、左厂坝 1～14 号坝段、左非 12～18 号坝段、右厂坝 15～26 号坝段及右非坝段设计允许最高温度。大坝各坝段设计允许最高温度分别见表 2.6.24 至表 2.6.27。

表 2.6.24　　大坝泄洪坝段及左导墙坝段设计允许最高温度　　(单位:℃)

部位	区域	12 月至次年 2 月	3、11 月	4、10 月	5、9 月	6—8 月
1～23 号坝段第一仓，左导墙坝段第一仓	基础强约束区	23	26	30	33	34
	基础弱约束区	23	26	30	33	35
	脱离约束区	23	26	30	33	35～36
左导墙坝段第二仓及其第三仓	基础强约束区	24	27	31	33	34
	基础弱约束区	24	27	31	33	36
	脱离约束区	24	27	31	34	36～37
8～23 号坝段第二仓，左导墙坝段第四仓	基础强约束区	24	27	31	33	33
	基础弱约束区	24	27	31	33	35
	脱离约束区	24	27	31	34	36～37
1～7 号坝段第二仓，17～23 号坝段第三仓	基础强约束区	24	27	31	32	32
	基础弱约束区	24	27	31	33	34
	脱离约束区	24	27	31	34	36～37
1～16 号坝段第三仓	基础强约束区	24	27	31	31	31
	基础弱约束区	24	27	31	33	33
	脱离约束区	24	27	31	34	36～37

注:导流底孔区域混凝土 5—9 月浇筑时加严 1～2℃控制。

表 2.6.25　　大坝左厂坝段设计允许最高温度　　(单位:℃)

部位	区域	12 月至次年 2 月	3、11 月	4、10 月	5、9 月	6—8 月
1～5 号坝段第一仓，6 号钢管坝段第一仓，6、7 号非钢管坝段第一仓，安Ⅲ坝段第一仓	基础强约束区	23	26	30	31	31
	基础弱约束区	23	26	30	33	33
	脱离约束区	23	26	30	33	35～36
6～10 号钢管坝段第三仓，7～10 号非钢管坝段第三仓，1～5 号非钢管坝段第二仓，安Ⅲ坝段第二、三仓	基础强约束区	24	27	31	31	31
	基础弱约束区	24	27	31	33	33
	脱离约束区	24	27	31	34	36～37

续表

部位	区域	12月至次年2月	3、11月	4、10月	5、9月	6—8月
7～10号钢管坝段第一仓，8～10号非钢管坝段第一仓，7～10号钢管坝段第二仓，1～5号、7～10号非钢管坝段第二仓	基础强约束区	24	27	31	32	32
	基础弱约束区	24	27	31	34	34
	脱离约束区	24	27	31	34	36～37
6号钢管坝段第二仓，6号非钢管坝段第二、三仓	基础强约束区	24	27	31	33	33
	基础弱约束区	24	27	31	34	35
	脱离约束区	24	27	31	34	36～37
11～14号钢管坝段第一仓及第二仓，11～14号非钢管坝段第一仓及第二仓	基础强约束区	24	27	31	32	32
	基础弱约束区	24	27	31	34	34
	脱离约束区	24	27	31	34	36～37
11～14号钢管坝段第三仓，11～14号非钢管坝段第三仓	基础强约束区	24	27	31	31	31
	基础弱约束区	24	27	31	33	33
	脱离约束区	24	27	31	34	36～37

表2.6.26　大坝左非12～18号坝段设计允许最高温度　（单位：℃）

部位	区域	12月至次年2月	3、11月	4、10月	5、9月	6—8月
左非12～17号坝段	基础强约束区	24	27	31	34	34
	基础弱约束区	24	27	31	34	36
	脱离约束区	24	27	31	34	37～38
左非18号坝段	基础强约束区	24	27	31	32	32
	基础弱约束区	24	27	31	34	34
	脱离约束区	24	27	31	34	36～37

表2.6.27　大坝右厂坝及右非坝段设计允许最高温度　（单位：℃）

部位	区域	12月至次年2月	3、11月	4、10月	5、9月	6—8月
右厂15～23号坝段第一、二仓，右厂排、右安Ⅲ坝段第一仓	基础强约束区	24	27	31	32	32
	基础弱约束区	24	27	31	34	34
	脱离约束区	24	27	31	34	36～37
右厂24～26号坝段第一仓	基础强约束区	23	26	30	31	31
	基础弱约束区	23	26	30	33	33
	脱离约束区	23	26	30	33	35～36

续表

部位	区域	12 月至次年 2 月	3、11 月	4、10 月	5、9 月	6—8 月
右厂排、右安Ⅲ坝段第二、三仓，右厂 15～23 号坝段第三仓，右非 1 号坝段第二仓	基础强约束区	24	27	31	31	31
	基础弱约束区	24	27	31	33	33
	脱离约束区	24	27	31	33	36～37
右厂 24 号、25 号坝段第二、三仓	基础强约束区	24	27	31	33	33
	基础弱约束区	24	27	31	34	35
	脱离约束区	24	27	31	34	36～37
右非 1 号坝段第一仓，右非 2 号坝段第一、二仓	基础强约束区	24	27	31	34	34
	基础弱约束区	24	27	31	34	36～37
	脱离约束区	24	27	31	34	36～37
右非 1 号坝段排漂孔泄槽		24	27	28	28	28
右非 3～7 号坝段		24	27	31	34	36～37

2.6.3　大坝混凝土温控防裂措施

大坝混凝土施工过程中，为防止混凝土裂缝，采取综合性温控防裂措施。

2.6.3.1　优化混凝土配合比，提高混凝土抗裂能力

大坝混凝土配合比设计和混凝土施工时，除应满足混凝土标号及抗冻、抗渗、极限拉伸值等设计指标外，还应达到表 2.6.28 中混凝土匀质性指标。同时，加强施工管理，提高施工工艺，改善混凝土性能，以提高混凝土抗裂能力。通过配合比优化，三期工程大坝混凝土极限拉伸值较二期工程大坝混凝土有所提高，28 天龄期极限拉伸值由 0.80×10^{-4} 提高至 0.85×10^{-4}，90 天龄期极限拉伸值由 0.85×10^{-4} 提高至 0.88×10^{-4}。

表 2.6.28　　大坝混凝土施工质量评定指标

质量评定指标	大体积混凝土		结构部位混凝土		预应力混凝土
	R150	R200	R250	R300	≥R350
C_v	≤0.16	≤0.15	≤0.14	≤0.12	≤0.10
P	大体积混凝土≥80%，钢筋混凝土≥90%				

注：预应力混凝土预制构件还应满足合格率 100%、优良率≥80%的要求。C_v 为强度离差系数，P 为强度保证率。

2.6.3.2　控制大坝浇筑块最高温度

1)应采取必要的温度控制措施，使坝块实际出现的最高温度不超过设计允许最高温度。控制坝体实际最高温度的有效措施是降低混凝土浇筑温度、减少胶凝材料、采用合理的层厚及间歇期、初期通水等。

2)降低混凝土浇筑温度主要是降低混凝土出机口温度和减少混凝土运输途中及仓面的

温度回升。夏季浇筑基础约束区混凝土时，应采用预冷混凝土，控制混凝土出机口温度达到7℃。为减少预冷混凝土的温度回升，使混凝土浇筑温度满足设计要求，须严格控制混凝土运输时间和仓面混凝土浇筑坯覆盖前的暴露时间，并对运输混凝土途中及仓面混凝土采取保温措施，使预冷混凝土的浇筑温度回升率不大于0.25。大坝各部位混凝土出机口温度及浇筑温度要求见表2.6.29。

表2.6.29　　大坝各部位混凝土出机口温度及浇筑温度　　（单位：℃）

<table>
<tr><th rowspan="2">混凝土温度</th><th rowspan="2">区域</th><th colspan="6">月份</th></tr>
<tr><th>1</th><th>2</th><th>3</th><th>4—10</th><th>11</th><th>12</th></tr>
<tr><td rowspan="2">出机口温度</td><td>基础约束区</td><td colspan="2">自然入仓</td><td colspan="3">7</td><td>自然入仓</td></tr>
<tr><td>脱离基础约束区</td><td colspan="3">自然入仓</td><td>14</td><td colspan="2">自然入仓</td></tr>
<tr><td rowspan="2">仓面浇筑温度</td><td>基础约束区</td><td colspan="2">自然入仓</td><td colspan="3">12～14</td><td>自然入仓</td></tr>
<tr><td>脱离基础约束区</td><td colspan="3">自然入仓</td><td>16～18</td><td colspan="2">自然入仓</td></tr>
</table>

3)夏季浇筑大坝混凝土应注意浇筑能力要适应入仓强度要求，尽量避免晴天在10—16时浇筑混凝土，并在仓面采取喷雾降温措施。对于脱离基础约束区的高标号混凝土也按出机口温度7℃控制。应加强对新浇混凝土的保护，必要时辅以表面流水养护，表面流水养护可使混凝土早期最高温度降低1.5℃左右。

2.6.3.3　大坝混凝土合理的浇筑层厚及间歇期

(1)大坝大体积混凝土浇筑层厚

基础约束区的浇筑层厚在11月至次年3月一般采用1.5～2m，4—10月采用1.5m；脱离基础约束区的浇筑层厚一般为2m，三期工程非约束区混凝土浇筑层经温控分析计算后，采用全年浇筑、3m层厚施工技术：①在3m浇筑层中埋设水管（间距1.5m×1.5m）。②12月至次年2月浇筑混凝土自然入仓，浇筑温度不高于10℃，初期通江水进行冷却；3月和11月控制混凝土浇筑温度不高于14℃；4月和10月浇筑温度不高于16℃；5—9月浇筑温度不高于18℃，初期通水采用6～8℃的制冷水进行冷却。③3m层厚混凝土层间间歇采用9～10天，在备仓保证的情况下可适当缩短间歇期。

(2)大坝墩、墙混凝土层间间歇时间

大坝墩、墙混凝土浇筑层厚及层间间歇时间见表2.6.30。

表2.6.30　　大坝墩、墙混凝土浇筑层厚及层间间歇时间

部位	层厚(m)	层间间歇时间(天)
厚度小于2.5m	3～4	4～9
压力管道周围混凝土	2～3	6～10

注：低温季节取下限值。

2.6.3.4　大坝混凝土施工程序和施工进度

大坝混凝土施工程序和施工进度应满足以下要求：

1)大坝基础约束区混凝土、导流底孔、深孔、排漂孔及排沙孔等重要结构部位，在设计规定的间歇期内连续均匀上升，不得出现薄层长间歇。基础约束区混凝土宜在低温季节施工。

2)其余部位基本做到短间歇连续均匀上升。

3)相邻块、相邻坝段高差符合设计允许高差要求。相邻块高差不大于 6～8m，相邻坝段高差不大于 10～12m。

2.6.3.5　大坝基础约束区混凝土避开在夏季浇筑

通过对大坝混凝土温度应力计算成果的分析可知，若在夏季浇筑基础约束区混凝土，则坝体水平受拉区范围较大，坝段各块基础约束区都呈受拉状态，大于 1.0MPa 的拉应力在距基岩面 8.0～10.0m 的区域，最大值均发生在距基岩 1.0m 的部位，即第一层 2.0m 厚的混凝土内；坝段各块水平拉应力较大，后期通水结束后，坝段第 3 块(丙块)基岩面附近的最大水平拉应力均为 2.1MPa，稳定温度时的最大水平拉应力为 1.9MPa，混凝土存在产生裂缝的风险。因此，大坝基础约束区混凝土应安排在 8 月以后浇筑。设计针对三峡大坝基础岩体特点，在总结二期工程大坝基础采用浇筑找平混凝土(厚 0.3m 左右)封闭式固结灌浆实践经验的基础上，三期工程大坝坝基岩体大部采用浇筑找平混凝土封闭式固结灌浆，对坝基岩体裂隙发育及边坡部位，仍采用引管进行有盖重固结灌浆。2003 年 6—9 月，完成了大坝基础固结灌浆，为 10 月大面积浇筑基础约束区混凝土创造了条件。2004 年 5 月，混凝土全部脱离基础约束区。

2.6.3.6　大坝混凝土浇筑层长间歇面的防裂措施

大坝右厂房坝段的钢管坝段，由于钢管安装及其备仓等原因，有些浇筑层面的间歇时间较长，如右厂 15～20 号钢管坝段甲块高程 106.5m 层面间歇期约 60 天，右厂 21～25 号钢管坝段甲块高程 106.5m 层面间歇期约 40 天。对长间歇面采取的防裂措施有：①长间歇面层 50cm 厚浇筑纤维混凝土；在长间歇面浇筑层的最后一个坯层(厚 50cm)的混凝土中掺聚丙烯纤维，其掺量为 $1kg/m^3$。②大坝上游面 4.0m 范围和坝块顺水流向两个三分点之间布置一层钢筋网。大坝上游面 4.0m 范围内的沿坝轴线方向钢筋采用 ϕ25@20，顺水流向为 ϕ22@20，$L=4$m 及 5m(交错布置)；坝块顺水流向两三分点之间区域钢筋网为 ϕ25@20，顺水流向相邻钢筋错距为 1.0m。钢筋网距坝块边线 5cm，距收仓面顶面 6cm。

2.6.3.7　大坝混凝土通水冷却

(1)初期通水

初期通水是削减坝体浇筑层混凝土水化热温升的有效措施之一，对于采用预冷混凝土浇筑坝体时，在高温季节最高温度仍可能超过设计允许值者，应采取初期通水冷却以削减混凝土最高温度(据初步计算，坝体设计允许最高温度在 6—8 月为不大于 33℃

及5月、9月为不大于31℃时，相应月份混凝土浇筑温度为12～14℃，均需进行初期通水冷却）。对于基础约束区和导流底孔部位，当高温季节采用预冷混凝土浇筑时，最高温度未超过设计允许值者，也宜进行初期通水冷却，以确保坝体最高温度在允许范围内。初期通水应采用6～8℃的制冷水，通水时间为10～15天，并在混凝土收仓后12小时内开始通水，且单根水管通水流量不小于18L/min。初期通6～8℃制冷水，混凝土最高温度可降低2～3℃。

(2)中期通水

中期通水是削减坝体混凝土内外温差的有效措施，对于高温或较高温时段浇筑的大体积混凝土，应进行中期通水，以削减坝体混凝土内、外温差。中期通水开始时间：凡当年5—8月浇筑的混凝土，应于9月开始；4月及9月浇筑的，于10月初开始；10月浇筑的，于11月初开始。中期通水采用江水进行，通水时间为1.5～2.5个月，以混凝土块体温度达20～22℃为准，单根水管通水流量应达18～25L/min。

(3)后期通水

后期通水是使大坝混凝土柱状块达到接缝灌浆所需温度的必要措施。可采用通河水和通制冷水相结合的方案，以满足大坝柱状块施工部位分期分批冷却、灌浆的需要。

(4)填塘、陡坡部位通水

在混凝土收仓1～2天后进行通水冷却，通水类别根据季节及进度要求采用制冷水或江水，4—10月一般采用8～10℃制冷水，其余季节采用江水，通水时间以混凝土块体达到或接近基岩温度(18～20℃)为准。单根水管通水流量不小于18L/min。

(5)冷却水管布置

1)埋设部位：在埋设灌浆管道进行接缝灌浆的临时施工缝两侧坝体(包括灌区顶部9m厚的压重块)部位以及有初期、中期通水冷却要求的部位均需埋设冷却水管，冷却水管采用直径2.54cm的黑铁管，经论证后也可采用塑料管。

2)冷却水管及供水管的规格、类型、间距、长度等应满足坝体设计最高允许温度、填塘陡坡通水降温及坝体初、中、后期通水降温各项要求。

(6)冷却水管布置要求

1)供水管应按两套布置，在坝外布置进回水交换设施，以满足通水冷却的要求。

2)供水管布置自成系统，冷却通水供水管的布置应尽可能利用现有的廊道布置，避免相互干扰。

3)坝内埋设的蛇形水管一般按1.50m(浇筑层厚)×2.00m(水管间距)或者2.00m(浇筑层厚)×1.50m(水管间距)布置，埋设时要求水管距上游坝面2.00～2.50m，距下游坝面2.50～3.00m，水管距接缝面、坝内孔洞周边1.00～1.50m。单根水管长度不宜大于250m。对于墩、墙等结构尺寸大于6m的部位也应按设计要求埋设水管。坝内蛇形水管按接缝灌浆分区范围结合坝体通水计划就近引入廊道。

(7)“个性化通水”和初、中期通水细化

初期通水的作用是降低大坝混凝土早期最高温度，控制混凝土最高温度不超过设计允许值。中期通水是将大坝混凝土温度在入秋前降至20～22℃，以减小内外温差，防止冬季大坝混凝土遇寒潮而产生裂缝。设计对一、二期工程大坝混凝土产生裂缝原因进行分析后认为，大坝混凝土在入秋后冷却至20～22℃的情况下，冬季遭遇气温骤降时仍可能使大坝混凝土内外温差过大，尤其是由于保温不及时而产生裂缝。为此，三期工程大坝混凝土通水冷却对初期和中期通水进行了深入研究和细化，并推行“个性化通水”方案。

1)“个性化通水”。

对高标号、高流态混凝土等个别水泥用量较多的部位埋设测温管，采用加密布置冷却水管，并在初期实施了大流量通水(25～30L/min)，待最高温度出现后改为小流量通水(18～20L/min)的冷却措施，有效控制大坝内部混凝土最高温度，并防止对混凝土冷却过速。

2)初、中期通水分季节区别。

在高温季节浇筑的混凝土初、中期通水分别进行，并将初期通水时间延长5～10天，适当降低最高温度；对9月以后浇筑的混凝土则初、中期通水连续进行。

3)加大中期通水效果。

在做好混凝土表面保温工作的同时，将中期通水时间提前10天开始，将越冬坝体混凝土温度由20～22℃调整为18～20℃。

2.6.3.8 大坝混凝土表面保护

大坝暴露面大，坝址气温骤降频繁，更突出了表面保温的重要性。为此，应根据设计表面保护标准确定不同部位、不同条件的表面保温要求，并应重视基础约束区、上游面及其他重要结构部位的表面保护，尤其应重视防止寒潮的冲击。所有混凝土结构在最终验收之前，还必须加以维护及保护，以防损坏。浇筑块的棱角和突出部分应加强保护。

(1)大坝各部位保温要求

1)保温材料：应选择保温效果好且便于施工的材料，选定的保温材料须验算其β值(等效放热系数)。保温后混凝土等效放热系数：大体积混凝土$\beta \leqslant 2～3.0$W/(m·℃)；导流底孔、深孔、排漂孔等结构混凝土：$\beta \leqslant 1.5～2.0$W/(m·℃)。

2)对于永久暴露面，10月至次年4月浇筑的混凝土，浇完拆模后立即设永久保温层；5—9月浇筑的混凝土，10月初设永久保温层。β值取1)中的下限值。

3)每年入秋(9月底)，应将导流底孔、深孔、排漂孔、竖井、廊道及其他所有孔洞进出口进行封堵。

4)当日平均气温在2～3天内连续下降超过(含等于)6℃时，28天龄期内的混凝土表面(顶侧面)必须进行表面保温保护。β值取1)中的上限值。

5)低温季节如拆模后混凝土表面温降可能超过6～9℃以及气温骤降期，应推迟拆模时间，否则须在拆模后立即采取其他表面保护措施。

6)当气温降到冰点以下，龄期短于7天的混凝土应覆盖高发泡聚乙烯泡沫塑料或其他合格的保温材料作为临时保温层。

(2)三期工程大坝各部位的保温措施

1)临时暴露面，如大坝横缝侧面、仓面仍采用聚乙烯塑料卷材外套彩条布保温材料，但厚度由原来的1.5～2.5cm改为2.0～3.0cm。

2)大坝上、下游面为永久暴露面，采用聚苯乙烯泡沫板[导热系数不大于0.042W/(m·k)]，粘贴于混凝土表面保温。大坝上游面高程98.0m以下及基础约束区，外贴厚5.0cm的聚苯乙烯板，其余部位外贴厚3.0cm的聚苯乙烯板；大坝下游面及需经历1个冬季的钢管槽侧墙等部位，外贴厚3.0cm聚苯乙烯板。

3)对孔口异型部位采用喷聚氨酯(厚1.5cm)发泡保温。

4)冬季浇筑的混凝土，收仓后3～5天进行保温。

2.6.3.9 大坝混凝土养护

养护一般应在混凝土浇筑完毕后12～18小时及时采取洒水或喷雾等措施，使混凝土表面经常保持湿润状态。对于新浇筑混凝土表面，在混凝土能抵御水的破坏之后，立即覆盖保水材料或其他有效方法使表面保持湿润状态。混凝土所有侧面也应采取类似方法进行养护。混凝土连续养护时间不短于28天。

2.6.3.10 大坝混凝土施工监控实行天气、温度控制、层间间歇期预警制度

在总结二期工程大坝混凝土温控防裂经验教训的基础上，三期工程大坝混凝土在施工监控方面，创造性建立了天气预警、温度控制预警、层间间歇期预警3个预警制度。

(1)天气预警

天气预警包括高温与气温骤降预警、降雨预警、雷电大风预警。三峡总公司气象预报中心每天全天候向施工、监理、设计等各单位有关人员发布气象信息，合理安排大坝混凝土施工和科学落实温度控制及防裂措施。

(2)温度控制预警

混凝土浇筑温度回升过快预警时，敦促拌和楼骨料预冷系统加强控制，确保骨料预冷效果；实测仓面浇筑温度距设计允许值2～3℃预警时，敦促现场加强保温被覆盖、启动喷雾、加快混凝土入仓强度等，且实行连续3点超温停仓制度；通过测温管监测混凝土初期水化热温升过快或最高温度距设计允许值2～3℃预警时，采取加大通水流量、仓面流水养护、优化混凝土配合比等措施。

(3)层间间歇期预警制度

低温季节大坝甲块按间歇7天预警，乙、丙块按间歇10天预警。通过控制层间间歇期，可以合理调配资源，使大坝整体均匀薄层连续上升；适当的间歇期既有利于浇筑块散热，同

时可减少受气温骤降袭击的概率，控制相邻坝块高差，有利于纵缝张开进行接缝灌浆。

2.6.4　大坝混凝土温控防裂实施效果

2.6.4.1　大坝混凝土浇筑温度控制效果

大坝混凝土入仓温度和浇筑温度的控制效果见表 2.6.31。

表 2.6.31　　监理单位实测大坝混凝土入仓温度和浇筑温度统计

控制标准	入仓温度						浇筑温度					
	2003 年		2004 年		2005 年		2003 年		2004 年		2005 年	
	检测次数（次）	平均温度（℃）	检测次数（次）	平均温度（℃）	检测次数（次）	平均温度（℃）	检测次数（次）	平均温度（℃）	检测次数（次）	平均温度（℃）	检测次数（次）	平均温度（℃）
$T_P \leqslant 14$℃	2372	8.7	1095	7.9	1288	8.0	2402	11.3	1134	10.9	1112	9.5
$T_P \leqslant 16$℃	486	10.8	773	9.2	952	10.4	403	15.0	1473	12.8	879	13.0
$T_P \leqslant 18$℃	60	10.3	4035	10.4	656	11.1	57	14.1	6166	13.5	5325	12.03
$T_P \leqslant 20$℃			633	12.3	1385	12.5			2526	14.7	1158	15.0

注：T_P 为浇筑温度。

2.6.4.2　大坝混凝土初期、中期通水冷却效果

（1）大坝混凝土初期通水

1）通制冷水：平均进水温度 10.7℃，平均出水温度 18.0℃，平均进出水温差 7.3℃，平均通水流量 20.8L/min。

2）通江水：平均进水温度 15.0℃，平均出水温度 18.2℃，平均进出水温差 3.2℃，平均通水流量 22.9L/min。

（2）大坝混凝土中期通水

每年 9 月初开始中期通水冷却，至 11 月中旬基本结束，11 月 15 日抽测坝体混凝土平均温度为 21.7℃，满足越冬要求的温度 20.0～22.0℃。

2.6.4.3　大坝混凝土最高温度控制效果

2004 年共检测 177 个仓次，埋设 183 组测温管，各标号混凝土最高温度监测成果为：R_{90}150 混凝土最高温度 34.3℃，平均最高温度 29.4℃，符合率 100%；R_{90}200 混凝土最高温度 27.5℃，平均最高温度 25.6℃，符合率 100%；R_{90}250 混凝土最高温度 33.3℃，平均最高温度 26.5℃，符合率 100%；R_{90}300 混凝土最高温度 36.4℃，平均最高温度 28.6℃，符合率 95.9%；R_{90}400 混凝土最高温度 32.3℃，平均最高温度 30.4℃，符合率 100%。2005 年共监测 221 个仓次，埋设 230 组测温管，实测最高温度均未超标，平均富裕度 7.8℃。

2.6.4.4　大坝混凝土保温效果

2003 年 9 月 24 日至 10 月 3 日，在右厂 18—2 块和右厂 20—2 块上游面进行外贴 5cm 厚

聚苯乙烯板的现场保温试验。右厂18—2甲块上游面聚苯乙烯板内部温度在23.8～24.4℃，温度变幅0.6℃，连续两测点变化最大为0.3℃；气温在14.0～35.0℃，温度变幅为21.0℃，连续两点变化最大为6.8℃。右厂20—2甲块上游面聚苯乙烯板内部温度在24.4～25.9℃，温度变幅为1.5℃，连续两点变化最大为0.1℃；气温在14.0～35.0℃，温度变幅为21.0℃，连续两点变化最大为6.3℃。现场跟踪检测成果表明，5cm厚聚苯乙烯板的内外温差可达10℃，3cm厚聚苯乙烯板的内外温差达7℃以上；聚氨酯发泡材料内外温差为6℃。

2.6.4.5 大坝混凝土裂缝检查结果

三期工程施工的大坝裂缝检查由业主、设计、监理、施工四方代表联合进行，同时邀请三峡总公司质量总监办公室、三峡建委三峡枢纽工程质量检查专家组成员参与检查。其检查结果见表2.6.32。

表2.6.32 三期工程大坝上游面裂缝检查结果

部位		检查范围	检查面积	检查结果
高程98.0m以下	基础约束区	上游建基面以上4m范围全坝段贯通抽条检查	检查25个坝段水平抽条25幅550m²	均未发现裂缝
	典型坝段	右厂17—1甲水平抽条1幅，右厂22—1甲水平抽条3幅	检查2个坝段水平抽条4幅88m²	
高程98.0m以上	右安Ⅲ-1甲～右非1号坝段	高程106.5～108.0m贯通水平抽条检查	检查15个坝段水平抽条15幅245m²	均未发现裂缝

大坝施工按导流方式分为3期，混凝土总量达1610万m^3，是当今世界上已建大坝混凝土量最多、坝体过流孔口最多、泄流量最大的重力坝。大坝混凝土施工中采取了严格的温控标准和综合温控防裂措施，使大坝裂缝得到有效控制。一、二期工程施工的大坝混凝土，出现浅表层裂缝0.032条/万m^3，没有贯穿性裂缝，较为严重的是二期工程施工的泄洪坝段上游面位于导流底孔之间的部位，出现了40条竖向浅表层裂缝；三期工程施工的大坝混凝土总量396.5万m^3，经检查未发现裂缝，创造了当今世界上混凝土重力坝筑坝史上的奇迹。

2.6.5 重力坝混凝土设计及施工技术问题探讨

2.6.5.1 提高大坝混凝土耐久性及使用年限问题

(1)三峡大坝提高耐久性及使用年限的重要性

三峡大坝最大坝高181.0m，正常蓄水位175.0m，相应库容为393.0亿m^3；校核水位180.4m，总库容450.0亿m^3；汛期防洪限制水位145.0m，防洪库容221.5亿m^3，是长江防洪体系中的关键性控制水库。大坝混凝土量大、施工条件复杂、工期长、投资大，施工过程中及投入运行后，环境温度、湿度及降雨、冰冻等大气作用和有害物质的侵蚀，将对施工质量和耐久性造成不利影响，并产生一些缺陷及潜在的病害隐患，致使大坝存在施工安全和运行安全的风险，大坝一旦失事将给坝下游造成重大灾难。因此，提高三峡大坝的安全性和耐久性，降低失事风险，延长使用年限直接关系到落实以人为本、构建和谐社会和经济社会可持续发展的要求，也关系到大坝功能的长期发挥和长期使用的经济效益，是落实科学发展观的具体实践。

（2）三峡大坝混凝土设计从传统的按强度设计转为按耐久性与强度并重设计

大坝混凝土设计除满足强度要求外，还应满足抗冻、抗渗、抗裂、抗冲磨、抗碳化、抗侵蚀性及防止碱骨料反应等耐久性方面的要求，并采取如下措施提高大坝混凝土的耐久性。

1）混凝土中全部掺引气剂，提高抗冻指标。

混凝土中全部掺引气剂是提高混凝土耐久性、抗裂性和工作性的一项重要措施。在混凝土中掺与不掺引气剂是我国与技术水平先进的国家在混凝土技术上的重要差距。由于在混凝土中掺了引气剂，优选出的混凝土配合比不但满足设计对抗冻耐久性的要求，而且大部分混凝土都能达到国内有关规范最高要求的300次冻融循环。通过优选混凝土配合比的试验研究发现，不掺引气剂的混凝土，水胶比即使降至0.35，抗冻耐久性也很低，难以达到设计要求。由此可见，在混凝土中掺引气剂是保证三峡大坝混凝土耐久性和使用年限的重要措施。

2）混凝土中掺用Ⅰ级粉煤灰。

粉煤灰作为大坝混凝土的掺和料在国内外已有成功的经验，在国内过去主要应用Ⅱ、Ⅲ级粉煤灰，目的在于节约水泥，并改善混凝土施工和易性。而三峡大坝的花岗岩骨料混凝土（四级配）的用水量在采取常用措施后仍达到110kg/m^3，为减少混凝土用水量以及提高大坝混凝土的耐久性，力荐采用具有固体减水剂之称的Ⅰ级粉煤灰。三峡大坝混凝土将Ⅰ级粉煤灰作为功能材料掺用，这在国内水电站大坝混凝土施工中还尚无先例。

Ⅰ级粉煤灰微珠含量在90%以上，小于10μm颗粒含量约40%，硅铝氧化物含量高达80%左右，因此具有更高的活性。Ⅰ级粉煤灰颗粒细、烧失量低、需水量比小，在混凝土中掺20%时，减水率可达10%；掺40%时，减水率可达14%左右。

三峡大坝混凝土掺Ⅰ级粉煤灰可大大改善混凝土的和易性，因为Ⅰ级粉煤灰中的微珠在混凝土中起“轴承”作用，易于振捣，粉煤灰掺量越多，所需振捣时间越短，这对胶凝材料用量少的人工骨料大坝混凝土而言更为重要，增加了混凝土的密实性就是提高了混凝土的耐久性。掺Ⅰ级粉煤灰可利用其活性高的特点和水泥水化产物生成稳定的、具有一定强度的物质，避免了由于$Ca(OH)_2$结晶产生的内应力，使混凝土各种性能在后期还能得到继续发展。掺Ⅰ级粉煤灰还能抑制碱活性骨料反应，改善混凝土体积变形的稳定性。掺Ⅰ级粉煤灰节约水泥效果更明显，可进一步降低混凝土的温升，有利于防止温度裂缝。掺Ⅰ级粉煤灰有明显的减水作用，可大大地减少混凝土干缩，降低干缩应力，避免和减少出现干缩裂缝。

众所周知，水胶比是影响混凝土强度和耐久性的重要因素。水胶比越大，混凝土孔隙率越大，强度越低，耐久性也越差。从混凝土内部孔结构分析，混凝土强度和耐久性不仅与孔隙率有关，与孔径的大小、孔形及孔的排列方向关系更大。据研究，混凝土中孔径大于200μm为多害孔，50～200μm为有害孔，20～50μm为少害孔，小于20μm为无害孔。掺粉煤灰的作用则可细化、匀化混凝土孔结构，可使有害孔变为少害孔，少害孔变为无害孔。特别是掺Ⅰ级粉煤灰，由于其微珠效应和减水效果，改善混凝土孔结构的作用更为突出。三峡大坝混凝土采用优化的混凝土配合比均能满足设计提出的大坝混凝土性能指标要求，增加了粉煤灰掺量，使水胶比减小，有利于提高混凝土的耐久性。

3)混凝土中选用品质优良的高效减水剂。

在混凝土中是选用高效减水剂还是普通减水剂，主要根据混凝土减水和综合性能的需要确定，而不只是强度的需要，不能片面地认为只有高强混凝土才需要掺高效减水剂。例如，在大坝混凝土中以内部混凝土强度最低，而内部混凝土由于对温升的严格要求，希望胶凝材料用量不能过高，否则温控和耐久性就难以过关，要控制胶凝材料用量，必须把用水量减到合理的范围。对三峡大坝混凝土采用的花岗岩人工骨料而言，只有掺高效减水剂才能达到有效减水的目的，但在外加剂优选混凝土配合比选择试验中，大量试验结果均表明，即使采用达到国标一等品的高效减水剂(减水率在14%左右)，混凝土用水量仍不理想，四级配混凝土用水量仍在100kg/m^{3}以上。在外加剂进一步优选之后，确定了品质更好、减水率更高的高效减水剂(减水率达20%左右)，混凝土用水量才有明显降低。高效减水剂与引气剂和Ⅰ级粉煤灰联合掺用，可使四级配混凝土用水量降到85kg/m^{3}左右，有效地解决了花岗岩人工骨料混凝土用水量高的难题。为此，三峡总公司明确提出，只有减水率在18%以上，其他指标满足国标一等品的高效减水剂才可用于大坝混凝土。这是降低混凝土用水量的一个重要措施，为配制高性能大坝混凝土奠定了基础。

4)混凝土使用具有微膨胀性能的水泥，减少收缩变形。

在混凝土配合比试验中发现，有部分混凝土出现了收缩，且现场亦有类似情况。为解决这一问题，利用水泥中方镁石后期水化体积膨胀的特点来补偿混凝土降温阶段体积收缩，三峡总公司试验中心根据试验资料和国内研究成果以及其他工程经验，提出了中热水泥熟料中MgO含量宜控制在3.5%～5.0%。二期工程施工的大坝混凝土使用了这种具有微膨胀性能的中热水泥。通过室内校核试验，混凝土均为微膨胀型。这项措施可减少大坝混凝土裂缝。

5)严格限制水泥的碱含量和混凝土总碱量。

鉴于三峡大坝耐久性及安全性特别重要，为防止出现类似法国桑本坝建成50年后发生碱活性反应破坏的现象，三峡大坝混凝土采用的花岗岩人工骨料经专门试验为非活性骨料，但考虑三峡大坝的特殊性，对水泥和混凝土中的碱含量仍进行了严格控制：中热水泥熟料中碱含量不得超过0.5%，水泥中碱含量不得超过0.6%，天然骨料混凝土总碱量应小于2.0kg/m^3，花岗岩人工骨料混凝土总碱量应小于2.5kg/m^3。中热水泥熟料的碱含量限值已严于国标要求，混凝土中碱含量限值与国外相比也是严格的。根据优选的混凝土配合比及现场使用混凝土配合比计算，人工骨料混凝土总碱量均在2.5kg/m^{3}以下。上述限制可以确保三峡大坝混凝土不会发生碱骨料反应，保证三峡大坝混凝土的耐久性和使用年限。

2.6.5.2　大坝混凝土温控防裂技术应用问题

三峡大坝混凝土采取综合温控防裂技术措施，二期工程施工的大坝基础约束区未出现裂缝，三期工程施工的大坝混凝土未出现裂缝，创造了混凝土重力坝筑坝史上的奇迹，为大坝混凝土又好又快施工积累了经验。三峡大坝混凝土温控防裂技术有所创新，可在我国水利水电工程混凝土大坝施工中应用和推广。

(1)优化混凝土配合比，提高混凝土抗裂性能

在大坝混凝土配合比优化设计试验过程中，采取了降低水胶比，使用具有微膨胀性能的中热水泥，掺用Ⅰ级粉煤灰并适当加大粉煤灰掺量，掺高效减水剂和引水剂等技术措施，使混凝土的单位用水量降低了30%左右，成功地把四级配混凝土用水量降至85kg/m^3，减少了水泥用量，降低了大体积混凝土的绝热温升和干缩，绝热温升平均为20℃左右，自身体积变形为微胀，弹性模量和干缩都较低，极限拉伸值较高，90天内部混凝土为86×10^{-6}，水位变化区混凝土为100×10^{-6}，提高了大坝混凝土的抗裂性。

1)使用具有微膨胀性能的中热水泥。

一期工程施工的大坝混凝土使用的中热水泥自身体积变形为收缩型，长江科学院曾开展低热水泥和中热水泥混凝土的自身体积变形对比试验研究。试验成果表明中热水泥、掺30%粉煤灰、人工骨料混凝土在龄期5天约发生5.00×10^{-6}的膨胀变形，以后逐渐收缩，到90天龄期逐渐稳定至-0.22×10^{-6}的收缩变形。

为改善中热水泥的变形性能，使混凝土具有微膨胀性质，提高混凝土抗裂能力，三峡总公司根据试验资料和国内大量工程实践经验，在1998年决定，要求供应三峡大坝中热水泥的生产厂家在满足国标的前提下均应把水泥熟料中的MgO含量控制在3.5%～5%。二期工程施工的大坝混凝土在推广应用水泥原材料的改性新技术方面取得了显著成效，采用微膨胀性质的中热水泥成为具有特色的温控防裂的重要措施之一。

2)使用Ⅰ级粉煤灰，减少水泥用量。

一期工程施工的大坝混凝土使用长江天然砂石料，在高效减水剂和Ⅱ级粉煤灰条件下，三、四级配混凝土用水量为80～90kg/m^3。但二期工程施工的大坝混凝土使用花岗岩人工骨料，在掺高效减水剂和Ⅱ级粉煤灰条件下，三、四级配混凝土用水量高达110～120kg/m^3，比天然骨料混凝土高30%左右，将直接导致三、四级配混凝土胶凝材料用量增加50～60kg/m^3，从而带来温控防裂的困难和混凝土单价攀升。因此降低人工骨料混凝土用水量、缓解温控防裂矛盾，成为工程急需解决的关键问题之一。三峡总公司组织中国水利水电科学研究院、长江科学院和三峡总公司试验中心开展二期工程施工的大坝混凝土配合比试验研究，通过试验研究寻求到Ⅰ级粉煤灰具有显著的减水作用，在使用高效减水剂和Ⅰ级粉煤灰条件下，三、四级配人工骨料混凝土用水量可成功地降低至80～95kg/m^3，相当于胶凝材料降低约50kg/m^3，从而可以显著降低水化热温升，有利于抗裂能力的提高。此外Ⅰ级粉煤灰颗粒细、微珠含量高，可明显改善混凝土的工作性能。

3)使用高效缓凝减水剂。

中国水利水电科学研究院、长江科学院和三峡总公司试验中心 3 个单位通过对多种减水剂、引气剂的试验研究,优选出数种萘系高效减水剂和引气剂,在实施中减水率达 18%以上,在二期工程施工的大坝混凝土中广泛使用在大坝内部、基础和外部混凝土部位,有效地降低了混凝土用水量和胶凝材料用量。

在抗冲磨高标号混凝土部位,经过试验研究和比选,选用 X404 缓凝高效减水剂,具有减水率高、可降低水泥的早期水化热、含碱量低等优点,与萘系高效减水剂相比,性能更好,综合减水率高达 30%。对 R_{28}400、R_{28}450 高标号混凝土,掺 X404 与掺萘系的同标号混凝土相比,可以减少混凝土胶凝材料用量 40～47kg/m^3,浇筑层实测最高温度降低 5℃左右,有利于大坝温控防裂,为抗冲耐磨部位混凝土夏季施工提供了有力的技术支持。同时由于 X404 缓凝高效减水剂综合减水率高,还改善了混凝土的干缩、强度等一系列性能,提高了混凝土的抗裂能力和耐久性。二期工程施工的大坝在抗冲磨高标号混凝土部位推广应用丙烯酸类缓凝高效减水剂,在其他标号混凝土中应用丙烯酸类缓凝高效减水剂首次获得成功,具有明显的社会效益。

(2)首创二次风冷骨料技术,生产低温混凝土

根据三峡大坝混凝土温控防裂要求,除 11 月至次年 3 月低温期,均要求对生产低温混凝土进行浇筑。在低温混凝土生产设计中,利用多年研究成果,在充分论证基础上首创二次风冷骨料技术。在一期工程大坝混凝土生产系统应用成功后,继续应用于二期及三期工程大坝混凝土生产系统。二次风冷技术利用骨料二次筛分后的地面骨料调节仓兼作风冷仓,对骨料进行第一次风冷(以下简称"第一次风冷骨料"),以代替常规的水冷骨料工艺;骨料第一次风冷后通过上料胶带机进入拌和楼贮料仓,再对骨料进行第二次风冷,以达到设计要求的骨料温度(以下简称"第二次风冷骨料")。第一次风冷骨料与第二次风冷骨料的组成形式基本相同,所有设备基本一样,配风形式、冷风循环系统、外部的制冷主、辅机形式都大致相同。但两者布置形式、冷却地点不同,第一次风冷骨料在地面冷却仓,第二次风冷骨料在拌和楼料仓;氨制冷系统蒸发温度不同,第一次风冷骨料蒸发温度较高,第二次风冷骨料蒸发温度较低;骨料仓型式不同,第一次风冷骨料的料仓为非定型产品,可根据不同工程对低温混凝土产量及制冷系统的要求设计,而第二次风冷骨料的料仓大多是利用拌和楼贮料仓。三峡大坝混凝土施工中,低温混凝土生产系统创夏季混凝土生产的世界纪录。系统实施效果表明,第二次风冷骨料新工艺与传统的先水冷后风冷工艺相比,生产工艺单一,运行操作简便,易于控制;以一次风冷代替水冷,冷却调幅大,系统运行灵活,冷耗低,冷量利用率高,运行稳定可靠;系统布置紧凑,占地面积小;设备相对简单,数量少,土建工程量小,施工期短、安装拆除方便,可重复利用率高;可减少系统设备和土建投资,节省运行成本。二次风冷预冷骨料工艺在三峡大坝混凝土施工中首创并成功应用,标志着我国低温混凝土生产技术达到国际领先水平。

三峡二期工程大坝施工配置的低温混凝土生产系统是世界上已建水利水电工程中规模

最大、温控要求最严的系统，混凝土制冷系统装机总容量达82865kW（含大坝初期制冷水容量6688kW），配合五大混凝土生产系统的9座拌和楼，在夏季生产出机口温度为7℃的低温混凝土，设计生产能力为1720～1770m^3/h，夏季高峰月混凝土浇筑强度为44.13万m^3/月。1999—2001年3年夏季的6—8月共生产低温混凝土349.76万m^3，其中1999年6—8月生产126.59万m^3，2000年6—8月生产126.50万m^3，2001年6—8月生产96.67万m^3，3年6—8月月平均产量为38.86万m^3。1998年8月和2000年6月产量分别为46.69万m^3和46.28万m^3，超过夏季低温混凝土设计浇筑量44.13万m^3。实测混凝土出机口温度为1.6～13℃，7℃混凝土平均温度6.85℃，低温混凝土合格率在90%以上。三峡工程大坝配置低温混凝土首创的二次风冷技术与长江葛洲坝工程、巴西伊泰普工程采用的先水冷后风冷工艺相比，其相同设计产量的低温混凝土生产系统配置的制冷容量见表2.6.33。

表2.6.33　三峡工程与葛洲坝工程、伊泰普工程混凝土生产系统制冷容量配置对比

工程名称	葛洲坝工程	三峡工程	伊泰普工程
低温混凝土生产工艺	水冷＋风冷＋冰	二次风冷＋冰	水冷＋风冷＋冰
拌和楼规格型号	4×1.5m^3拌和楼2座	4×3m^3拌和楼1座	4×3m^3拌和楼1座
低温混凝土设计生产能力（m^3/h）	90×2＝180	180	180
配置制冷容量（kW）	10955	7560	10234
产冰量（t/d）	100	150	217
制冰制冷容量（kW）	1163	1745	2093
骨料预冷配置量（kW）	9792	5815	8141
冷量配比	1.000	0.594	0.934
单位体积预冷混凝土占地面积（m^2/m^3）	60	≤10	60

（3）大坝泄洪深孔侧面抗冲磨混凝土部位布设立面冷却水管，有效削减高标号混凝土最高温度

在泄洪坝段泄洪深孔的侧墙部位，过流面一侧设有R_{28}400抗冲磨混凝土，而内部为R_{90}300结构混凝土。一般冷却水管沿浇筑层面布设，距周边2～3m进行等间距布置。因此对于有等间距布置水管的结构混凝土部位，水管可起到有效削减水化温升的作用，但对侧面厚度1.00～2.00m的高标号抗冲磨混凝土部位，由于未设水管削减水化温升，往往容易产生温度裂缝。为此参建各方进行了探索和试验，在二期工程施工的大坝泄洪深孔侧墙抗冲磨混凝土部位采用了立面布置的塑料水管，间距1.50～2.00m，固定在立面的钢筋上，与结构部位平面布置分开，各自单独形成回路进行初期通水冷却。通过测温管观测表明，抗冲磨混凝土部位采用立面水管通制冷水措施后，可以有效削减最高温度4～5℃，因此在泄洪坝段深孔侧墙抗冲磨混凝土部位均普遍采用了这一有效的新工艺，在高标号混凝土温控防裂上取得了明显的效果。

(4)大坝混凝土通水冷却采用个性化通水以及初期、中期通水技术细化要求

1)个性化通水。

对高标号、高流态混凝土等水泥用量较多的部位埋设测温管,采取加密布置冷却水管,并在初期通水实施大流量(25～30L/min)通水冷却,待最高温度出现后改为小流量(18～20L/min)通水的冷却措施,有效控制大坝内部混凝土最高温度,并防止对混凝土冷却过速。

2)初期及中期通水按混凝土浇筑月份区别实施。

在高温季节浇筑的混凝土初期及中期通水分别进行,并将初期通水时间延长 5～10 天,适当降低混凝土最高温度;对 9 月以后浇筑的混凝土则初期及中期通水连续进行。

3)加大中期通水效果。

在做好混凝土表面保温的同时,将中期通水时间提前 10 天,将越冬坝体混凝土温度由 20～22℃调整为 18～20℃。

(5)大坝混凝土施工监控实行天气预警、温控预警和间歇期预警

1)天气预警制度。

天气预警包括高温与气温骤降预警、降雨预警及雷雨大风预警。三峡总公司气象预报中心每天全天候向施工、监理、设计等各单位有关人员发布气象信息,合理安排大坝混凝土施工和科学落实混凝土温度控制及防裂措施。

2)温控预警制度。

大坝混凝土浇筑温度回升过快预警时,敦促混凝土拌和楼骨料预冷系统加强控制,确保骨料冷却效果;实测仓面混凝土浇筑温度距设计允许值 2～3℃预警时,敦促现场加强保温被覆盖、启动喷雾、加快混凝土入仓强度等,且实行连续 3 点超温实行停仓制度;通过测温管监测,混凝土初期水化热温升过快或混凝土最高温度距设计允许值 2～3℃预警时,采取加大通水流量、仓面流水养护、优化混凝土配合比等措施。

3)间歇期预警制度。

低温季节大坝上(第Ⅰ)块按间歇 7 天预警、中(第Ⅱ)块及下(第Ⅲ)块按间歇 10 天预警。通过控制混凝土浇筑层层间间歇期,可以合理调配资源,使大坝混凝土施工整体均匀薄层连续上升;适当的间歇期既有利于混凝土浇筑块散热,又可减小受气温骤降袭击的概率,控制相邻坝块高差,有利于纵缝张开进行接缝灌浆。

2.6.5.3 大坝混凝土优质快速施工技术应用问题

(1)大坝混凝土浇筑方案的突破

三峡大坝混凝土浇筑采用以塔带机为主、大型门塔机和缆机为辅的施工方案。二期工程大坝混凝土的主要施工机械为 4 台塔带机(TC2400)、2 台顶带机(MD2200-TB30)、7 台高架门机(6 台 MQ2000、1 台 SDTQ1800)、1 台大型塔机(KROLL-1800)、1 台金属结构专用门机(MQ6000)、2 台摆塔式缆机(20t×1416m)、4 台胎带机(CC2200)。

大坝混凝土实施快速连续浇筑,塔带机(含顶带机)将塔机和皮带输送机有机地结合在

一台设备上，实现了水平运输与垂直运输的有机结合。塔带机配合混凝土供料线，实现了从拌和楼出机口到仓面的一机一线连续生产，是对传统浇筑方式的突破，实现了真正的连续运输、连续布料。在二期工程大坝混凝土施工采用的供料线布置中，最短的一条供料线长350.00m，最长的一条供料线长800.00m，混凝土从拌和楼至仓面的输送时间仅为2～5min，实现了真正的混凝土快速输送和浇筑。

塔带机由塔机和带机两大系统组成，塔机既可以与带机系统（塔带机上的内外皮带输送机系统）一起工作，进行混凝土的布料浇筑，又可以利用塔机工况进行物料吊运工作，用于仓面准备或金属结构的安装。塔带机的塔身和带机系统均可独立地进行顶升，可以根据需要随着大坝的升高而升高，同时带机系统可以左右回转、上下俯仰。三峡二期大坝混凝土施工使用的塔带机，是根据三峡大坝施工需要而开发出来的，具有当时世界上最大的布料皮带系统，其最大浇筑半径可达100.00m（顶带机可达105.00m）；塔带机左右回转时，可覆盖塔身周围几乎所有的浇筑区域，最大覆盖面积可达28000m^2；上下俯仰时，倾角可达30°，能适应最大高差80.00m。与塔带机配套的供料线也具备顶升能力，可以根据塔带机的需要，爬升至与塔带机相适应的高度，为了适应三峡大坝的浇筑高度，供料线支撑柱的最大高度达110.00m。

塔带机引进三峡大坝施工之前尚未浇筑过四级配混凝土（骨料粒径达150mm），为了可靠地浇筑四级配混凝土，三峡总公司早在一期工程施工期间就引进了一台塔带机，在纵向围堰坝段进行混凝土浇筑试验，同时也进行了四级配混凝土的浇筑试验，在取得成功经验后广泛应用于二期及三期工程大坝混凝土施工。在使用过程中，为了保证混凝土的质量，采取了适当降低特大石（骨料粒径80～150mm）比例、增加砂浆、以富浆混凝土替代层面砂浆等方法。

三峡大坝首次大规模地使用了6台塔带机（含2台顶带机）和6条混凝土供料线，并且应用于结构复杂、混凝土标号和品种繁多的大坝结构混凝土。塔带机能将水平运输和垂直运输有机地结合在一起，从而简化水平运输道路的布置，同时降低大型门塔机的速度要求，对于施工栈桥的依赖性也减小，使施工总布置简化，减少施工设备的数量；同时，简化施工管理，以塔带机为主的施工方案更便于自动化和车间化管理。三峡大坝施工总布置中，适当地配置部分门塔机、缆机等设备，作为吊装及混凝土浇筑的辅助手段。

大坝混凝土施工最高年浇筑强度387.8万m^3，其中6台塔（顶）带机浇筑221.0万m^3，胎带机浇筑54.9万m^3。塔（顶）带机月单机浇筑混凝土6.23万m^3；平均月浇筑4.38万m^3；台时最高浇筑160.0m^3，平均台时浇筑92.7m^3。这表明塔（顶）带机浇筑能力高，在三峡大坝混凝土浇筑施工中起主导作用。

（2）大坝快速连续浇筑混凝土的质量控制

三峡大坝混凝土施工采用塔带机快速连续浇筑在国内属首次，尚缺乏操作使用经验，为防止砂浆损失及骨料分离而影响混凝土浇筑质量，通过一系列试验，摸索出一套混凝土质量控制措施可供借鉴。

1)调整四级配混凝土中的特大石(骨料粒径 80～150mm)用量以适应塔带机浇筑。

现场浇筑试验表明,骨料粒径增大容易导致混凝土在运输过程中分离,而且也会影响到皮带机的正常运行。根据现场生产性试验结果分析,当特大石由常规比例的 30%降为 20%～25%,并严格控制特大石超径比例后,皮带输送混凝土产生的骨料分离能得到有效控制。此外,为减少混凝土下落后的骨料分离,控制卸料口高度不大于 2.00m,有水平钢筋网的仓位出料口至钢筋的高度不大于 0.50m。对于部分粗骨料集中的部位,仓面上配工人专门进行分散,并特别指出注意分散止水片、止浆片和模板周围集中的粗骨料,防止架空。

塔带机皮带具有较好的刮浆装置,砂浆损失可以忽略不计,但为了确保混凝土的质量,采取了适当增加砂率的措施。与传统的吊罐浇筑法相比,塔带机浇筑混凝土标号分区较多的坝块(仓号)难度较大,改变混凝土品种必须短暂中断混凝土供料,而料头、料尾混凝土易产生骨料分离,对混凝土质量不利。为此,设计优化了同一坝块(仓号)的混凝土标号,使之不超过 3 种。对下料困难的部位,如盲区、廊道和电梯井等孔洞周围、钢筋密集区,尽量避免使用四级配混凝土,而改用二级配或三级配混凝土。对设有两层水平钢筋的部位,采取预留下料槽口,以便皮带伸到水平钢筋网下进行布料,减少骨料分离。

2)采用鱼鳞式布料并取消升层面摊铺砂浆。

由于塔带机本身具有布料功能,在操作比较熟练时,可以较均匀地布料。采用鱼鳞式布料,即卸料口将物料卸在混凝土料堆上,可减少骨料的分离。对仓面上存在的部分骨料可采用其他综合办法解决。

升层面常摊铺一层 2～3cm 水泥砂浆,但使用塔带机浇筑,皮带运行速度快,砂浆、混凝土频繁变换影响效率。经试验论证后取消常规砂浆垫层而改为上下游迎水面防渗层铺二级配混凝土,中间部位为富浆三级配混凝土作为垫层,既保证升层面结合质量,又不降低塔带机生产效率。

3)采用平仓法浇筑。

塔带机具有连续高强度的混凝土浇筑能力,混凝土浇筑方法必须与此相匹配。对于面积不超过 $500m^2$ 的坝块(仓号),均采用平铺法,其浇筑强度不得低于 $100m^3/h$,此法仓面组织简洁,铺料厚度易于控制,更利于保证质量;对于面积较大的坝块(仓号),只要条件允许,也尽可能采用平铺法,确有困难而采用台阶法浇筑时,必须采用较大的台阶宽度(4～6m 以上)。

4)塔带机浇筑强度高、采取加强振捣和提高模板刚度的措施。

仓面上配平仓振捣机和大功率手持式振捣器,其振捣能力应按浇筑强度的 1.5～2 倍配置。针对坝块(仓号)的具体情况,采用大功率振捣臂与手持式振捣棒相结合的配套方式。对止水片、止浆片及模板、埋件、廊道周围混凝土,设有专人负责,并用手持式振捣棒细心振捣,以保证混凝土的密实性。由于塔带机浇筑能力强,新浇混凝土对模板的要求更高,为此对模板及支撑的刚度都做了改进,施工中未发现大的模板变形,保证了建筑物成型质量。

5)供料线设备加强维护、保养,确保塔带机连续、均匀供料。

塔带机供料线是二期工程施工的大坝混凝土浇筑的生命线。加强设备维护保养,保证混凝土质量和浇筑强度十分重要,三峡总公司制定了一系列设备维护、保养、检修及备品配件管理办法,以提高设备完好率,使混凝土供料线连续、均匀。混凝土供料连续、均匀时,可有效减少混凝土的骨料分离,减少混凝土温度回升,也便于均衡地组织仓面生产。

通过采取上述措施,除初期浇筑泄洪坝段导流底孔下部个别坝段的局部基础混凝土时,由于仓面设备不配套、操作不熟练、模板刚度不足等,钻孔检查发现内部混凝土存在不密实、底孔过流面出现错台和挂帘外,1999 年后浇筑的大坝混凝土经施工自检和三峡总公司委托第三方钻孔检查,其透水率均满足设计要求,混凝土浇筑质量均满足设计要求。大坝布置混凝土质量终检孔 205 个,进尺 3190.83m,混凝土芯样获得率为 97%~100%,芯样表面光滑、致密,骨料分布均匀,混凝土密实,压水检查优良率 88.4%,抗压强度、混凝土容重优良率为 100%,表明大坝混凝土质量优良。

(3)大坝快速连续浇筑混凝土的温控防裂技术

三峡大坝混凝土采用塔(顶)带机快速连续浇筑,混凝土通过供料线胶带运输虽然时间仅需 2~4min,但夏季高温期混凝土运输暴露面大,再加上太阳辐射影响,低温混凝土温度回升量大。混凝土运输过程中的温度回升率一般采用实测资料,但三峡大坝所使用的特大型施工机械特别是塔(顶)带机没有与之对应的参照资料,须寻求理论计算方法。采用差分法对混凝土运输过程中的温度回升进行了较全面的计算分析,计算供料线高温期温度回升 4~6℃。2000 年 6—8 月实测统计资料显示,大坝供料线运输入仓温度平均回升 4.4℃,表明计算结果正确。该研究解决了大型施工机械运送混凝土温度回升的有关计算问题,特别是塔带机及其供料运输预冷混凝土的温度回升为国内首次研究,填补了国内水利水电工程施工的空白,取得了宝贵的经验和数据。

在高温季节塔带机快速高强度浇筑大坝基础约束区混凝土,在国内外均为首次,尚无可借鉴的施工经验及有关计算分析方法。采用有限元法、差分法及实用计算法等方法模拟实际施工条件,对高温季节浇筑基础约束区混凝土的早期最高温度、温度应力及各种温控措施效果进行全面分析,提出了适合三峡大坝高温季节塔带机施工的混凝土温度控制措施。夏季高温期对供料线采取遮阳保温措施,减少冷耗,使混凝土温度回升率不大于 0.25,并适当加严混凝土出机口温度要求,计算分析各种温控措施效果,确定大坝各部位混凝土温控防裂措施。

塔带机浇筑过程中的温度控制及实施效果良好。由于皮带机带速为 3~4m/s,且优化拌和系统的布置后,大坝混凝土供料线的长度仅为 350~800m,理论上分析出机口到仓面的运输时间为 2~4min,仓面温度回升率很小(1~2℃),但由于拌和楼下的计量皮带带速小于 2m/s,供料线上的混凝土层厚较小,因此造成在高温季节(5—9 月)白天混凝土温度回升较大(5~8℃)。为此,控制浇筑时间,即在上午 10 时至下午 4 时不开新仓,并适当控制浇筑层高度(不大于 1.5m)和降低出机口温度。通过采取上述措施,除 1999 年夏季入仓温度超标率大于 7%外,2000—2002 年的超标率均在 5%以下,较好地满足了设计温控要求。

2.7 茅坪溪沥青混凝土心墙土石坝设计及施工技术

2.7.1 沥青混凝土心墙土石坝设计及施工技术进展

2.7.1.1 沥青混凝土心墙土石坝设计

(1)世界上沥青混凝土心墙土石坝技术现状

沥青混凝土防渗技术应用于水工建筑物,在国际上始于20世纪20年代,在我国近30年来才开始推广应用。沥青混凝土作为土石坝的防渗材料已在中低土石坝广泛应用。心墙防渗结构位于坝体中部,使得该类土石坝适应坝体和坝基变形能力较强;受外界气候条件影响较小,耐久性好;抗震性能较高。因此,采用沥青混凝土防渗的高土石坝,大多采用心墙防渗结构,沥青混凝土的沥青含量在6.0%～6.8%。目前世界上已建及在建的沥青混凝土心墙土石坝有200余座,部分坝高高于100m的沥青混凝土心墙土石坝见表2.7.1。

表2.7.1　目前世界上部分已建及在建坝高高于100m的沥青混凝土心墙土石坝

坝名	所在国家	坝高/坝轴线长(m)	上游/下游边坡坡度	心墙底/顶厚度(m)	建成时间
三峡防护坝	中国	104.0/1840.0	1∶2.5/1∶2.25	1.2/0.6	2003
冶勒	中国	125.0/411.0	1∶2.0/1∶1.8	1.2/0.6	2005
石门	中国	106.0/312.5			2013
五一水库	中国	102.5/399.8			2015
去学	中国	164.2/220.0			2017
大石门	中国	128.8/205.0			2019
红鱼洞	中国	104.8/290.0			2020
苏洼龙	中国	112.0/464.7			2022
吉尔格勒德	中国	101.0/345.0			2021
尼雅	中国	131.8/352.0			2022
高岛东坝	中国	105.0/420.0	1∶1.7/1∶1.7	1.2/0.8	1978
芬斯特塔尔	奥地利	150.0/652.0	1∶1.5/1∶1.3	0.7/0.5	1980
斯图瓦特恩	挪威	100.0/1472.0	1∶1.5/1∶1.45	0.8/0.5	1987
斯图格勒姆瓦特恩	挪威	128.0/820.0	1∶1.5/1∶1.45	0.95/0.5	1997
科普鲁	土耳其	139.0/565.0	1∶1.6/1∶1.6	0.9/0.9	
亚德尼茨	保加利亚	110.0/312.0	1∶2.0/1∶1.7	1.0/0.6	

(2)沥青混凝土心墙土石坝设计

三峡坝区右岸茅坪溪防护坝为104.0m高的直立式沥青混凝土心墙土石坝,当时我国尚缺少设计、施工经验,又无成熟的计算方法和配套的规程,因此,准确地设计计算沥青混凝土心墙土石坝应力和变形难度较大。设计按当时的《土石坝沥青混凝土面板和心墙设计准则》(SLJ 01—88)规定，采用非线性有限元和利用室内三轴试验取得的计算参数进行沥青混凝土心墙土石坝的应力应变分析。非线性有限元计算选用邓肯—张 $E—\mu$ 模型，这也是国内外常用的方法。沥青混凝土心墙室内三轴试验的模量基数 K 是心墙应力应变分析的重要参数，但 K 值在试验和计算分析中的不确定因素较多，量值波动较大。对沥青和集料的选择，尤其是矿粉含量及级配要求，沥青混凝土配合比，沥青混凝土容重、孔隙率、渗透系数、抗剪断强度(φ'、c')及模量基数 K 等参数的试验方法和合理选择，沥青混凝土心墙两侧的过渡料的特性，以及对心墙应力应变的影响等技术问题进行了系统深入的研究，提出《三峡工程茅坪溪心墙土石坝水工沥青混凝土试验方法》，明确了沥青混凝土原材料试验、沥青混凝土各种物理力学性能试验方法及技术要求，为沥青混凝土心墙土石坝结构设计、计算及安全分析提供必要的参数。设计将沥青混凝土三轴试验的抗剪断强度(φ'、c')值及模量基数 K 值作为沥青混凝土质量指标。这些参数能比较直观地表征沥青混凝土的强度和变形特性，且较易于从试验成果中回归拟合得出，因此也是国内外沥青混凝土心墙设计中评价沥青混凝土力学性状常用的参数。

2.7.1.2 沥青混凝土心墙施工技术

(1)防渗心墙沥青混凝土摊铺及碾压施工技术

沥青混合料必须经过拌和、摊铺、碾压3个环节才能成为沥青混凝土，尤其是碾压，对沥青混凝土结构的形成至关重要。在现场摊铺试验和生产性摊铺试验的基础上，设计提出《茅坪溪防护大坝防渗心墙沥青混凝土质量标准及技术要求》，各施工单位编制防护坝沥青混凝土心墙各工种、各施工环节的操作规程。心墙沥青混凝土采用专用摊铺机水平分层铺筑，1.5t振动碾碾压密实。沥青混凝土施工工艺与水泥混凝土不同，它在高温状态下施工，在一定温度条件下进行拌和、摊铺、压实。在铺筑过程中进行温度、厚度、宽度及外观检查。碾压温度控制在140～160℃，不得低于130℃，不宜高于170℃。施工中经反复检测分析沥青混合料的厚度，压实系数在0.85～0.91。据此，确定每层摊铺厚度控制在(23±2)cm，压实厚度为(20±2)cm。为能达到最大压实容重，便于沥青混合料内部气泡排除，沥青混合料从拌和楼拌和运至现场，在入仓后需静置约0.5小时再进行碾压。采用不同碾压机具碾压，经钻取芯样并进行沥青混凝土抗渗性和物理力学性能等试验，不同碾压机具对沥青混凝土容重、孔隙率、渗透系数的影响不明显，从施工考虑，采用1.5t振动碾碾压的最佳遍数为静1遍+动8遍+静2遍。振动碾碾压时行走速度为20～25m/min，行走过程中不得突然刹车，或横跨心墙碾压。横向接缝处要重叠碾压30～50cm。

(2)防渗心墙沥青混凝土施工质量控制

防护坝沥青混凝土现场摊铺试验和生产摊铺试验过程中，对沥青混凝土施工质量检测内容、检测频率及质量要求总结出了一套行之有效的标准和规程，三峡总公司制定并颁发了《茅坪溪防护土石坝沥青混凝土单元工程质量检测及评定标准》。这是我国水利水电行业第一部土石坝防渗心墙沥青混凝土质量检测及评定标准。沥青混凝土心墙施工过程检测包括原材料,沥青混合料拌和,运输、入仓、摊铺、碾压等各施工阶段和各种物理力学特性抽查与检测,是控制土石坝沥青混凝土心墙施工质量的重要手段。沥青混凝土心墙施工结束后,对沥青混凝土施工质量进行检测。现场使用核子密度仪和渗气仪检测沥青混凝土的孔隙率和渗透系数,并钻取芯样进行试验检测。防护坝防渗心墙沥青混凝土施工质量检测及质量评定标准可供国内类似工程借鉴。

2.7.2 沥青混凝土心墙土石坝设计及施工技术

2.7.2.1 沥青混凝土力学参数与模量基数 K 值相关问题

(1)沥青混凝土质量控制指标

设计将沥青混凝土三轴试验的 φ'、c'值和模量基数 K 值作为沥青混凝土质量指标,由于其能比较直观地表征沥青混凝土的强度和变形特性,较易于从试验成果回归拟合而得出,因此也常为国内外沥青混凝土心墙设计中评价沥青混凝土力学性状所用。沥青混凝土心墙应力变形非线性有限元计算模型中,模量基数 K 值对应力变形计算较为敏感,是一个重要参数。鉴于沥青混凝土实属黏弹性材料,K 的测值又受试验方法、配合比、环境温度等诸多因素的影响,而当时我国尚无水工沥青混凝土质量控制标准和试验规程可循。防护坝工程实践表明,规定施工检测中从现场提取沥青混合料以室内静压成型样三轴试验成果作为控制指标是合适的;坝上钻取芯样因受多种不定因素影响,其测值仅作参考。

(2)沥青混凝土力学参数与模量基数 K 值试验方法

1)沥青混凝土模量基数 K 值影响因素。

沥青混凝土是一种较为特殊的材料,既不同于普通混凝土的线弹性特征,同土石料的非线性特征也有较大差别,其力学特性与试验方法均有其特殊性,兼有黏弹塑性和蠕变特征。通过沥青混凝土三轴对比试验,分析影响 K 值的主要因素如下:

①试验方法因素。

鉴于当时沥青混凝土力学试验尚无成熟的试验规程可遵循,考虑其非线性特征,参照土工三轴试验方法进行,但对真实反映沥青混凝土的力学性能可能存在一定的不足。沥青混凝土的成型方法、加荷速率、脱模方法等也是影响其 K 值的重要因素。根据对比试验成果,静压成型的沥青混凝土模量基数 K 值比现场取芯、室内击实成型的沥青混凝土 K 值要高。按沥青混凝土的施工工艺,现场取芯更能代表沥青混凝土的真实性状,但钻孔取芯对沥青混凝土的扰动及对其骨料破碎引起的级配变化又在一定程度上使试验成果失真。

②沥青混凝土配合比因素。

沥青混凝土配合比设计主要包括沥青用量、填充料用量与级配、粗骨料用量与级配等。沥青混凝土配合比直接影响其力学性能,特别是填充料的用量和细度对 K 值的影响尤为显著。

③沥青材料因素。

根据专家咨询意见，认为影响不同批次沥青混合料性能的因素是沥青自身的化学成分，即沥青四组分(沥青质含量等)因素。因此，在沥青混凝土生产过程中要求每批次沥青均应进行配合比试验。

2)沥青混凝土力学参数与模量基数 K 值试验方法。

一般常用机口或沥青混凝土运至施工现场摊铺后碾压前取样、在室内静压成型的试件，进行三轴试验，获得沥青混凝土力学参数及其模量基数 K 值，对沥青混凝土心墙进行应力应变分析，判断防护坝坝体是否稳定。如不稳定，则认为铺筑的沥青混凝土不合格。钻孔取芯样进行三轴试验获得的模量基数 K 值受多种不定因素影响，偏低较多，仅可作为参考。

2.7.2.2 沥青混凝土心墙土石坝应力变形计算分析

(1)沥青混凝土心墙应力应变计算分析方法

我国当时的《土石坝沥青混凝土面板和心墙设计准则》(SLJ 01—88)规定，防护坝沥青混凝土心墙应力应变分析采用非线性有限元法计算。

基于邓肯—张非线性计算模型历经多次有限元分析，从定性上看，反映了相同的应力状态和变形规律，各部位的应力水平均小于1.0，变形基本协调；竖向和水平位移不大，在正常范围内；心墙存在拱效应，心墙局部范围在蓄水期的竖向应力接近或略小于同高程库水压力，主应力比(σ_3/σ_1)也有局部偏大。从定量上看，防护坝竣工后水库蓄水至185.00m水位的应力变形计算成果，与蓄水前的复核验算结果相比，较为接近实际，分析主要原因如下：

1)坝壳和心墙过渡层，采用上坝料历次固定断面检测的平均级配补做三轴试验，修正了计算参数。经查证，实际施工中压实干密度大多存在超过设计值的情况，计算参数中的模量基数较原计算值高是比较符合实际的。

2)依据原型观测资料，用 $E—\mu$ 模型计入沥青混凝土心墙接触面的影响，反演分析得出了沥青混凝土计算参数；还用较先进的三轴仪对现场沥青混凝土试样作复核试验得出计算参数。

3)据上述修正后的各计算参数，用非线性有限元模型正分析各工况下的应力变形。

河海大学和长江科学院对防护坝进行了正分析计算。前者遵循非线性黏弹性分析的技术路线，考虑了沥青混凝土心墙蠕变和接触面的影响，采用 $E—\mu$ 模型进行计算；后者也考虑了接触面的影响，采用 $E—B$ 模型进行计算，计算中只对过渡层采用修正的参数，引用历次试验的沥青混凝土计算参数进行敏感性对比分析。综合两家计算结果表明：

①心墙、过渡层和坝壳各部位的变形基本协调，坝体各部位最大变形在正常范围内。

②各部位的应力水平，在各工况下均小于1.0，不会产生剪切破坏，且蓄水期应力水平低于竣工期。在应力水平小于1.0的情况下，心墙的主应力比(σ_3/σ_1)可满足$\geqslant 0.3$的要求。

③鉴于心墙和过渡层变形特性差异较大，心墙明显产生了拱效应，降低了心墙的竖向应力，此为不利的一面，但对侧向作用较强的心墙变形稳定是有利的。

④正常运行水位时，心墙竖向应力大于同高程的库水压力；校核水位时，心墙高程160.00m以上的竖向应力接近库水压力。长江科学院的敏感性计算分析表明，沥青混凝土模量基数 K 大于240，则蓄水期心墙竖向应力均可大于同高程的库水压力。

防护坝沥青混凝土心墙采用黏弹塑性有限元分析计算，考虑心墙沥青混凝土的黏塑性，利用室内三轴试验参数，对防护坝的变形和应力分析结果表明，考虑心墙沥青混凝土的黏塑性时，沥青混凝土心墙的应力有所降低。沥青混凝土属黏弹塑性材料，尚待进一步完善沥青混凝土抗拉、蠕变等性能试验并深入研究合适的应力应变有限元计算模型和相应的计算参数试验方法，并结合跟踪反馈分析加以验证。

(2)沥青混凝土心墙安全性评价标准

《土石坝沥青混凝土面板和心墙设计准则》(SLJ 01—88)第4.0.7条规定的涉及沥青混凝土安全性的两条准则：一是沥青混凝土心墙内任一水平截面上的垂直正应力加上沥青混凝土的抗拉强度应大于该处库水压力，以防水力破坏；二是沥青混凝土心墙的静止侧压力系数($\lambda=\delta_3/\delta_1$)应控制在0.3～0.5范围内，以防心墙产生过量体积变形而失稳。

关于沥青混凝土心墙是否要验算水力破坏，尚存在不同意见。因为沥青混凝土是黏弹塑性材料，所以沥青混凝土心墙能够调整不利的剪切应力，有一定的自愈能力，其水力破坏的机理也不同于土质心墙，水力破坏的判别方法区别于土质心墙。鉴于防护坝为百米级的Ⅰ等一级土石坝，设计还是有必要验算水力破坏。设计前期及施工期根据防护坝应力变形计算成果，在心墙中下部或中上部有局部的竖向应力小于库水压力，要加上允许抗拉强度(0.2MPa左右)才可满足《土石坝沥青混凝土面板和心墙设计准则》(SLJ 01—88)的规定。当时由于沥青混凝土抗拉强度试验方法没有规程可循，尚未取得可靠成果。根据蓄水前复核验算，仅在校核水位时心墙高程160.00m以上的竖向应力接近库水压力，尚不致水力破坏。参照长江科学院和北京交通大学所做的沥青混凝土抗拉强度试验，抗拉强度分别为0.10～0.49MPa和0.099～0.180MPa，其试验系列尚不足；结合长江科学院水力劈裂探索性试验，产生水力破坏的内外水压力差达0.20～0.49MPa，认为沥青混凝土具有0.1MPa抗拉强度，可作为抗水力破坏的安全储备。另外还注意到，长江科学院的计算中，当沥青混凝土模量基数 K 值为240时，蓄水期心墙各高程竖向应力均大于同高程库水压力，中下部的安全余度较大。

关于主应力比(δ_3/δ_1)，在沥青混凝土和过渡层三轴试验中，一般都控制围压(δ_3)等级为竖向压力的0.3～0.5。关于有限元应力变形计算结果，是否要满足 $\delta_3/\delta_1=0.3\sim0.5$，专家咨询认为，只要应力水平小于1.0，无破坏区，侧限较大但不因拱效应引起水力破坏，不必控制上限至0.5，只满足 $\delta_3/\delta_1\geqslant0.3$ 即可。复核验算的结果皆可满足此要求。

2.7.2.3 沥青混凝土心墙两侧过渡层的作用及其质量控制

《土石坝沥青混凝土面板和心墙设计准则》(SLJ 01—88)第4.0.9条，对心墙两侧过渡层的材料要求致密、坚硬、级配良好，其最大粒径与沥青混凝土骨料的最大粒径之比应小于

8∶1。设计考虑防护坝坝壳填料的复杂性，为支撑较薄的沥青混凝土心墙，使其与两侧坝壳料之间变形大体协调，坝壳料选用级配良好的天然砂砾石料，兼起一定的反滤排水作用。为了便于现场控制，经试验论证，对最大粒径(80mm)、P5含量、含泥量以及渗透参数和压实容重(按相对密度0.75以上)作了规定，并提出了级配包络线。实际施工中，由于天然砂砾石料源变化，施工采用掺细料调整级配，设计曾提出现场检测的允许变幅，即P5变动5%的幅度(上包线为65%，下包线为85%)。经验算，上包线不均匀系数 C_u 为77，曲率系数 $C_c<1$；下包线不均匀系数 C_u 为39，曲率系数 C_c 为2.56，基本仍在级配良好的范围。

施工期原型观测资料和土石坝应力变形计算表明，过渡层起到了协调变形的作用，但因实际填筑的变形特性与沥青混凝土心墙差距过大，使心墙产生不利的拱效应，但其侧向支撑作用对心墙变形稳定是有利的。至于过渡层兼起反滤排水作用，设计要求渗透系数为 $i\times10^{-2}$cm/s，因料源问题放宽至 $i\times10^{-3}$cm/s，大于沥青混凝土渗透系数 $i\times10^{-7}\sim i\times10^{-8}$cm/s的1万～10万倍，有较好的排水作用，且过渡层与心墙背水侧坝基面砂砾反滤排水垫层和石渣排水垫层相通，形成了完整的排水系统。防护坝渗流分析结果，心墙背水侧浸润线在高程115.00m左右。若由于心墙出现水力破坏、施工缺陷或结构裂缝而产生集中渗漏则属非常情况。据前述应力变形复核分析，防护坝沥青混凝土心墙可抗水力破坏。由土石坝结构变形或施工缺陷引起的裂缝，沥青混凝土具有自愈能力，而且上游过渡层中细颗粒也可淤塞渗漏通道，这已为国内外已建的某些沥青混凝土心墙坝运行观测所证实。若施工缺陷按极端考虑为无沥青的散状颗粒，初步判断取心墙矿料设计级配的 d_{15}、d_{85} 和过渡层施工检测包络线的 D_{15}，验算得 $D_{15}/d_{15}=7.3\sim31.8$ 和 $D_{15}/d_{85}=0.08\sim0.30$，可分别满足规范大于5和小于4～5的反滤要求。

2.7.3　茅坪溪防护坝175.0m水位试验性蓄水运行期坝体应力变形反馈分析

2.7.3.1　防护坝围堰挡水(水位135.0m)发电期监测成果分析

(1)监测内容及仪器埋设

根据茅坪溪防护坝的地质条件和结构特点，防护坝安全监测的重点是心墙及坝体的变形、心墙应变和渗流。观测的主要内容有：外、内部变形和应力应变。变形观测部位有大坝下游坝体，心墙上、下游过渡料。观测仪器为测斜兼沉降管、沉降环、钢丝位移计、位错计等，应力应变观测仪器主要有压应力计、应变计等，主要布置在沥青混凝土心墙底部中心处。监测设施主要布置在河床0+580m、0+700m、0+850m 3个断面上，3个断面所对应的坝高分别为101m、104m和71m。监测成果分析主要针对中间最大断面0+700m进行。

(2)观测成果分析

1)防护坝坝体内部变形观测成果。

坝体内部竖向位移监测成果表明：

①坝体累积沉降量分布规律是中间大，上部和下部小，最大累计沉降量发生在坝体中下

部。蓄水位达 135.0m(2003 年 7 月)时,0+700m 断面三监测点的累积最大沉降量为 326～582mm。最大累积沉降量为 582mm,处于高程 128.4m(约 1/2 坝高)处,占填筑坝高(此时填筑坝高约 91m)的 0.64%,出现在约 2/5 的坝高处;蓄水至正常蓄水位 175.0m(2010 年 12 月),0+700m 断面三监测点的累积最大沉降量为 528～608mm。最大累积沉降量为 608mm,位于心墙上游侧过渡料内,占填筑坝高(104m)的 0.58%,出现在约 1/2 的坝高处,其对应的高程为 124.92m。

②蓄水期同水位条件下,心墙上、下游过渡料的累积沉降在高程 120～150m 基本没有增加,说明该高程范围内过渡料的压实度高、刚度较大,填料本身基本没有压缩变形。

③根据距坝轴线 51.5m 的下游坝体监测点的累积沉降沿高程分布,在围堰挡水发电蓄水初期(蓄水至 135m),高程 110～113m 的累积沉降出现跳跃式增加,这可能与该高程填筑材料变形对水比较敏感所致,即遇水软化、变形陡增,也可能是由该层填筑压实度不够引起的。

④根据沉降过程线,坝体填筑完毕之后各点沉降量基本趋于稳定,说明坝体沉降在竣工期基本完成。蓄水期随坝前水位抬升坝体沉降略有增加,2003 年 7 月至 2010 年 12 月各点沉降增加量一般在 120mm 以内。

2)位错计观测沥青混凝土心墙与两侧过渡层间相对变形。

监测成果表明:

①2003 年 7 月,实测心墙与过渡层间的相对变形在 3.8～48.5mm,平均相对变形为 17.4mm,高程 105m 处的相对变形最大;同一高程心墙两侧的相对变形的差值在 1.4～5.9mm,平均差值为 3.4mm。

②位错计测值主要为压缩,表明心墙的沉降量比两侧过渡层略大,但沉降差并不大。

③心墙与过渡层间的相对变形随坝体填筑高度的增加而略有增大。2003 年 12 月坝体填筑完毕及水库蓄水后的相对变形没有明显变化。

3)沥青混凝土心墙应变。

监测成果表明:

①心墙铅直向的应变沿高程分布的总体规律是应变均为压应变,且随坝体填筑高度的增加而增大。2003 年 7 月实测的应变为 $-53.08\times10^{-3}\sim-2.69\times10^{-3}$,平均应变为 -20.39×10^{-3};心墙竖向应变观测值存在一定的离散性,偶尔的偏大可能缘于局部碾压密实度较低。

②同一高程心墙两侧的应变量差值在 35.8×10^{-3} 以内,平均差值约为 2.2×10^{-3},说明心墙施工期两侧变形较为均匀。

③2006 年 5 月至 2010 年 12 月高程 134m 以上心墙铅直向应变略有增加,压应变增量的平均值约为 2.5×10^{-3},应变变化较小,水库蓄水对心墙应变的影响不明显。

4)沥青混凝土心墙底部竖向应力。

实测竖向压应力随坝体填筑高度的增加而增大,至 2003 年 7 月 21 日实测应力为

−1.46MPa。此后至2010年12月测值没有明显变化。

5)防护坝坝体表面的水平位移和竖向位移。

针对坝体水平位移的观测只在下游坝面高程136m斜坡处和坝顶进行,同时进行了竖向位移的观测。

实测成果表明,坝轴线中部坝顶沉降和向下游位移最大,2006年9—11月初期蓄水过程中(库水位从135m上升至156m)位移没有明显变化。至2010年11月向下游最大位移约为80.3mm,最大沉降约为171mm,坝体中部0+700m处向下游位移和沉降最大。坝顶变形主要是由坝体填筑后沉降尚未完全结束造成的,目前坝顶沉降已渐趋稳定。

2.7.3.2 防护坝坝体应力变形反演预测成果与监测成果对比分析

根据围堰挡水发电期坝体应力变形观测资料进行反演分析,确定坝体填料模型参数后,对蓄水期水位蓄至175m后的坝体应力变形进行预测。

(1)本构模型

坝体应力变形计算,坝体填料采用邓肯—张 $E—\mu$ 非线性弹性模型。采用非线性有限元法分析,即将坝体、地基与防渗墙三者为一整体作增量法的非线性有限元计算,计算中考虑了土石料的非均质性、应力应变的非线性并模拟了施工与蓄水过程等。

施荷工况以分级模拟填筑、蓄水过程,每级施荷工况又分多个荷载步。每个荷载步求解非线性方程组均采用中点增量法。

此外还模拟了坝体土体浸水变形。根据湿与饱和土石料的应力应变关系曲线,近似地估算浸水单元的应力松弛量,作应力迁移。

(2)计算剖面及水位条件

计算对比断面均采用最大断面0+700m。加载级次共29级,1～24级模拟坝体填筑过程,25～29级模拟蓄水过程,5级蓄水的水位分别为135.0m、156.0m、165.0m、172.0m和175.0m。

计算条件为:地基上、下游侧边界为水平约束,底边界为固端约束;不考虑土的固结过程;不计地震作用。在心墙与过渡料之间设置接触面单元。

(3)135.0m水位反演的坝体填料非线性模型参数

围堰挡水发电期根据坝前蓄水135.0m时大坝应力变形监测成果进行坝体填料非线性模型参数的反演,分析成果见表2.7.2。接触面参数采用试验值,见表2.7.3。

表2.7.2 蓄水位135.0m时反演分析确定的坝体填料参数

填料名称	ρ(kN/m³)	K	n	R_f	G	F	D	φ(°)	c(MPa)
风化砂	21.0	800	0.500	0.800	0.270	0.282	0.084	39.0	0.045
过渡料	22.5	1678	0.550	0.750	0.472	0.176	5.413	39.0	0.120

续表

填料名称	ρ(kN/m³)	K	n	R_f	G	F	D	φ(°)	c(MPa)
堆石棱体及底部石渣料	22.5	1500	0.650	0.850	0.295	0.330	0.219	40.0	0.100
石渣料	22.2	1188	0.612	0.848	0.295	0.330	0.219	40.0	0.100
石渣混合料 1	21.5	1150	0.550	0.800	0.300	0.330	0.220	39.5	0.100
石渣混合料 2	21.0	850	0.500	0.700	0.300	0.330	0.220	38.0	0.080

表 2.7.3　　蓄水位 135.0m 时反演分析确定的坝体填料参数

线性材料参数				接触面参数					
材料	ρ(kN/m³)	E(MPa)	μ	接触面	φ(°)	c_s(kPa)	R_{fs}	K_s	n_s
混凝土	26.0	25000	0.17	防渗墙与过渡料	30.2	3.4	0.75	2500	0.65
弱风化基岩	24.0	20000	0.27						

(4)试验性蓄水 175.0m 水位时反演预测成果与观测成果的比较

预测分析的坝体填料参数是根据 135.0m 蓄水位监测成果进行反馈分析获得的，主要是对比蓄水 175m 水位时坝体的应力变形，对比分析内容主要有坝体内部沉降管观测的竖向位移、心墙与过渡料的相对竖向变形、心墙竖向应变等。

1)沉降管观测的坝体内部垂直位移的对比分析。

心墙上游过渡料和下游坝体在不同蓄水位条件下的观测成果与计算成果对比见图 2.7.1 至图 2.7.3。各监测点的实测竖向位移沿高程分布规律与预测计算相同，但具体数值上略有偏差。心墙上游测过渡料的原预测竖向位移较实际监测值略大，而下游侧过渡料则相反，预测值比实测值略小。出入较大的是下游坝体的竖向位移，监测资料表明，下游坝体在高程 115～140m 段的竖向位移随蓄水上升有较大增加，观测沉降比预测沉降大 15cm 左右。对比分析表明，上游坝体填料的物理力学特性比预期好，而下游坝体填料的物理力学特征则相反，实际上游坝体填料的物理力学特性弱于预测采用值，需根据试验蓄水期的监测资料对填料参数做进一步优化分析。

2)位错计观测的心墙与两侧过渡层间相对变形的对比分析。

心墙上、下游与过渡接触带的相对位移观测成果与计算成果对比见图 2.7.4。可见，上、下游侧位错量的预测计算值较实际观测值大，上游侧偏离值相对较小，下游侧偏离值较大，这与接触面参数和上、下游坝体位移直接相关。

3)心墙应变的对比分析。

心墙上、下游面竖向应变预测计算值与实测成果对比见图 2.7.5。计算成果采用两组心墙参数(表 2.7.4)，一组为室内击实成型试样的实验值，另一组是现场取芯试样的试验值。

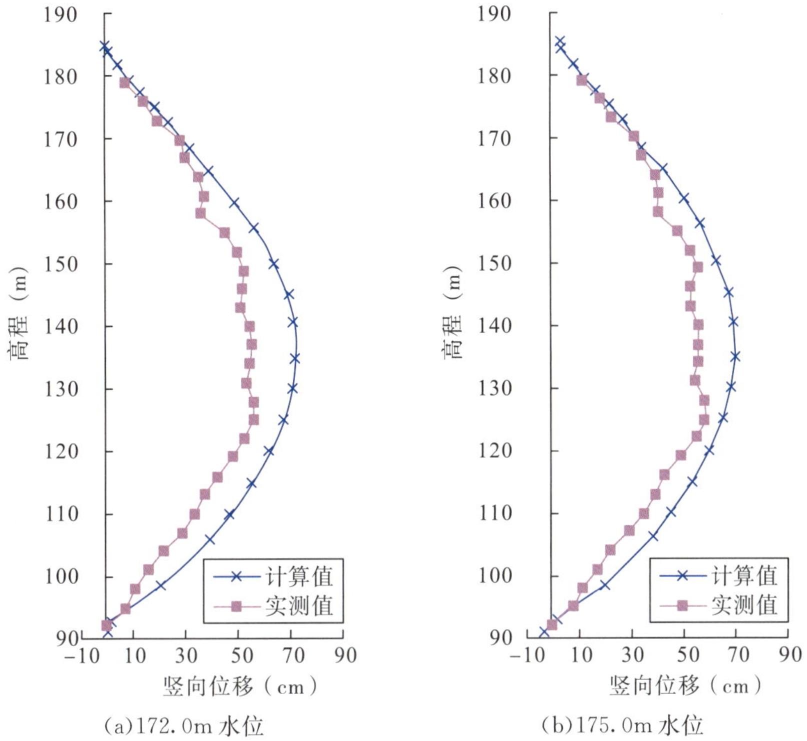

图 2.7.1　心墙上游过渡层竖向位移沿高程分布成果对比

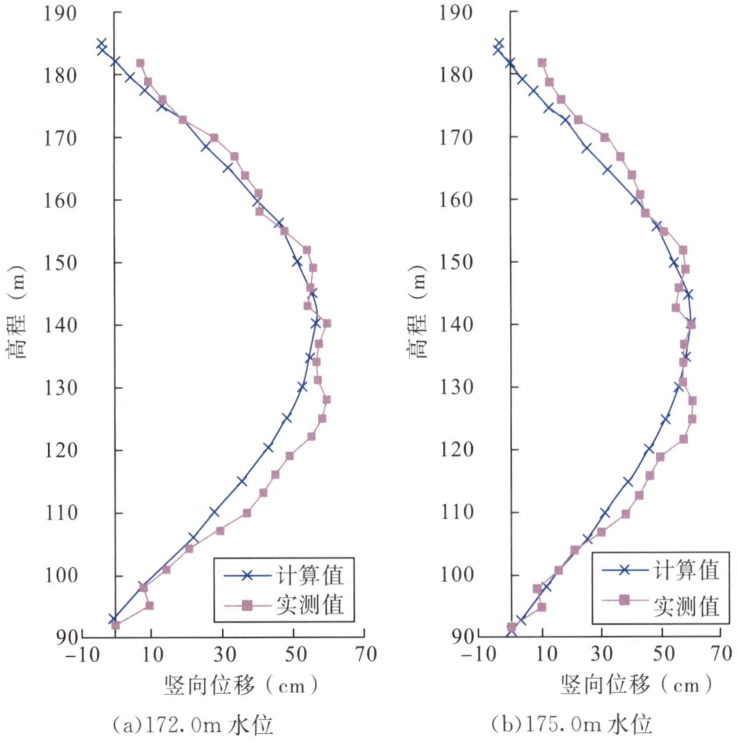

图 2.7.2　心墙下游过渡层竖向位移沿高程分布成果对比

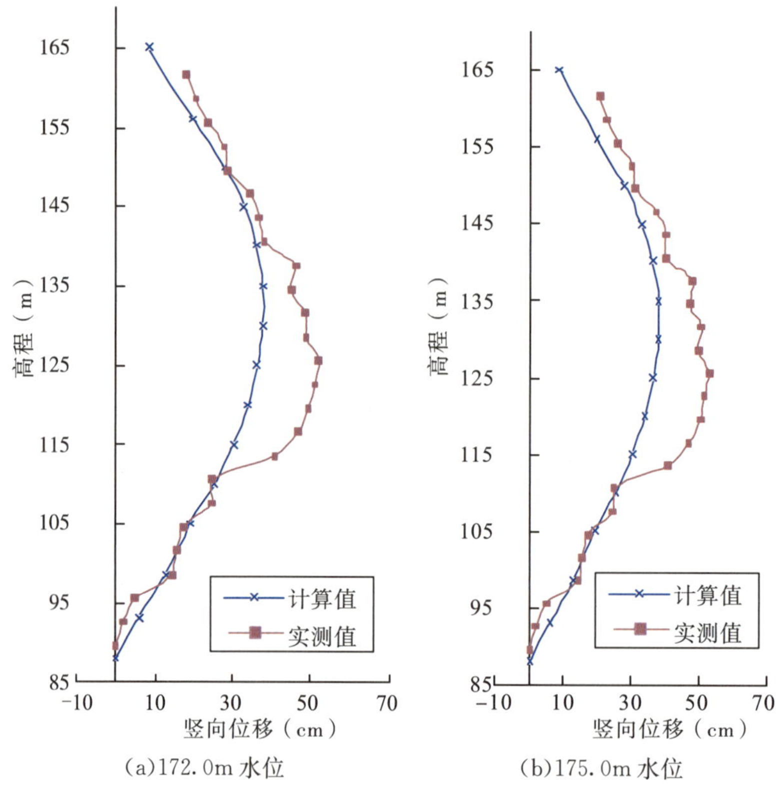

图 2.7.3　下游坝体竖向位移沿高程分布成果对比

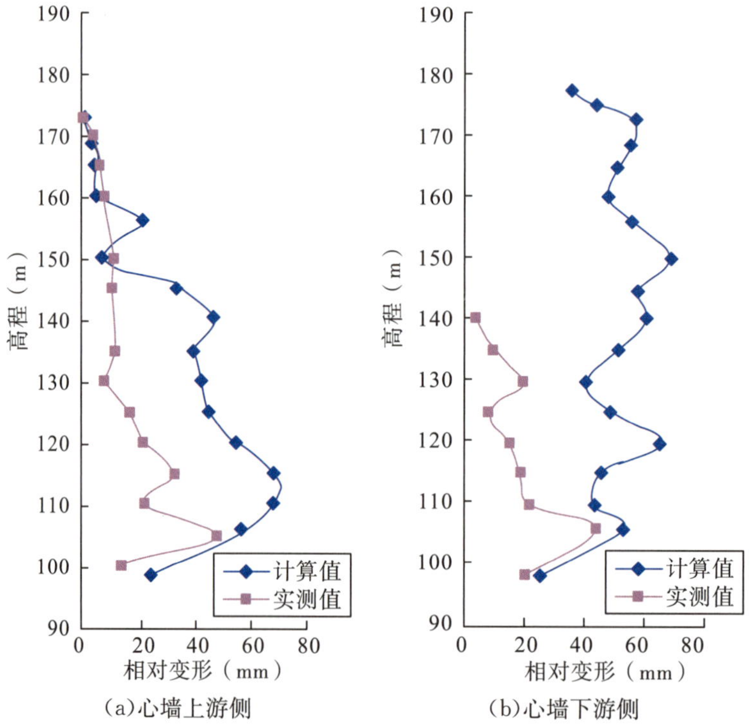

图 2.7.4　心墙上、下游与过渡接触带的相对位移沿高程分布对比

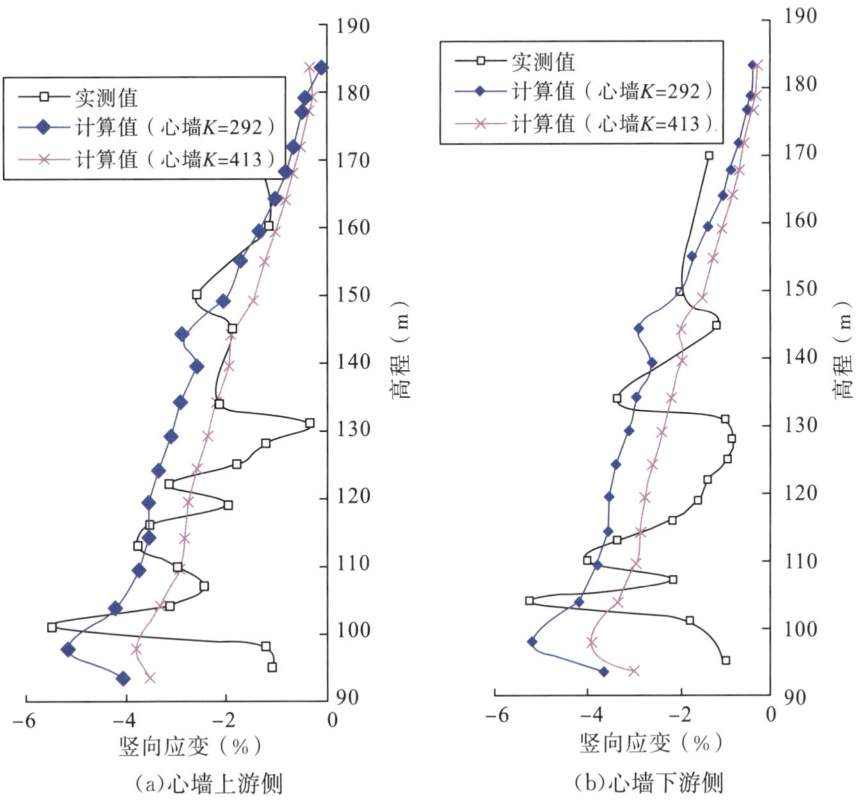

图 2.7.5 心墙上、下游面竖向应变沿高程分布对比(蓄水位 175.0m)

表 2.7.4 **沥青混凝土参数**

方案	ρ(kN/m³)	K	n	R_f	G	F	D	φ(°)	c(MPa)	成型方法
1	24.5	292.2	0.367	0.565	0.478	0.005	0.142	35.2	0.203	击实成型
2	24.3	413.0	0.249	0.574	0.387	0.129	11.660	35.5	0.196	现场取芯

图 2.7.5 的心墙竖向应变沿高程分布对比表明：

①心墙竖向应变的计算值与实测值沿高程分布规律是一致的，即心墙竖向应变均为压应变，且随填筑高度的增加而减小。

②随着沥青混凝土模量基数的增大，心墙竖向应变减小。

③当沥青混凝土心墙的模量基数为 292 时，心墙竖向应变实测值一般都小于对应高程的心墙应变计算值，说明实际上坝的沥青混凝土心墙料的综合模量基数高于 292，其力学特性较计算采用值要好。

④当沥青混凝土心墙的模量基数采用现场取芯试样的试验成果 413 时，多数观测点的心墙竖向应变实测值与计算值一致。

4)心墙底部竖向应力的对比分析。

在 0+700m 断面心墙与基座接触面中心处埋设了 1 个应力计，以观测心墙在该部位的竖向应力。

实测竖向压应力随坝体填筑高度的增加而增大，至 2003 年 7 月 21 日实测应力为 −1.46MPa。此后至 2010 年 12 月测值没有明显变化。

当主墙模量基数为 240 时，心墙底部中心处竖向应力在竣工期和蓄水期的预测计算值见表 2.7.5。可见心墙底竖向应力在竣工期最小，蓄水期随水位上升而略有增大。心墙底竖向应力实测值与计算值在竣工期基本一致，但后期蓄水时，随水位上升，心墙底部的竖向应力未变，这与计算成果略有出入。

表 2.7.5　　心墙底部中心处竖向应力值　　（单位：MPa）

项目	竣工期	蓄水 135.0m	蓄水 156.0m	蓄水 165.0m	蓄水 172.0m	蓄水 175.0m	备注
计算值	1.47	1.70	1.74	1.77	1.8	1.88	心墙模量基数 $K=240$
实测值	1.46	1.46	1.46	1.46	1.46	1.46	

5）表面位移的对比分析。

0＋700m 断面坝顶和下游 136.0m 高程斜坡处的位移实测值与计算值的对比见表 2.7.6。对比结果表明：

表 2.7.6　　坝顶与下游 136.0m 高程斜坡处的变形对比成果　　（单位：mm）

部位	项目	水位 135.0m		水位 156.0～172.0m		水位 175.0m	
		沉降	向下游水平位移	沉降	向下游水平位移	沉降	向下游水平位移
136.0m 斜坡处	实测值	147.77	60.49	159.21	74.75	170.85	86.32
	计算值	17.90	23.90	22.30	55.40	22.90	58.50
185.0m 坝顶	实测值	105.20	31.90	136.60	61.70	171.00	80.30
	计算值	7.50	14.30	16.30	60.00	43.30	172.00

①高程 136.0m 斜坡处变形实测值均小于计算值，尤其是竖向沉降值差别较大，而水平位移的实测值与计算值相对比较接近。当水位从 135.0m 上升至 175.0m 时，坝体高程 136.0m 斜坡处向下游的水平位移实测值增加 25.83mm，计算值则增加 34.6mm。

②坝顶的竖向沉降实测值较计算值大，水平位移在低水位（156.0m 以下）时实测值较计算值大，在高水位时水平位移实测值小于计算值。

6）对比成果评价。

针对 175.0m 水位试验性蓄水期的应力变形反演计算成果预测与实际观测成果的对比分析表明：

①心墙上、下游过渡料和下游坝体 3 个监测点的实测竖向位移沿高程分布规律与预测计算相同，但具体数值上略有偏差。主要表现在心墙上游侧过渡料的预测竖向位移偏大，而下游过渡料和下游坝体的预测变形则偏小，说明大坝上游填料的物理力学特性参数较计算采用值好，而下游则相反，实际上坝材料的特性参数较计算采用值要差，需根据试验蓄水期

的监测资料对填料参数做进一步拟合分析。

②心墙与过渡料之间的相对位移值大小与接触面参数、沥青混凝土及过渡料力学特性密切相关，实测值较计算值小，说明前期计算采用的接触面参数有待进一步拟合分析。

③当沥青混凝土心墙的模型参数采用现场芯样的试验成果，即沥青混凝土的模量基数为413时，沥青混凝土心墙的竖向应变多数点的实测值与计算值基本一致。

④沥青混凝土心墙底部中心处竖向应力实测值与竣工期的计算值一致，但在蓄水期间，心墙底部竖向应力实测值不变，这与计算成果随水位上升竖向应力增大的变化规律存在一定偏差。

⑤坝体表面的变形实测值与预测计算值的对比分析表明，竖向沉降的实测值较计算预测值大。下游136.0m高程斜坡处的水平位移实测值略小于计算预测值，而坝顶水平位移在低水位时（水位小于156.0m）实测值大于计算预测值，高水位工况下则相反，实测值小于计算预测值。

2.7.3.3 防护坝175.0m水位试验性蓄水期坝体填料参数的反馈拟合分析

反馈拟合分析的主要目的是根据大坝实际运行状态下实测得到的应力变形值对大坝填料的物理力学特性进行优化调整，确定合理的计算模型参数，进而对坝体剪切破坏、变形、裂缝、防渗体水力劈裂等现象作出判断和客观评价。

(1)反馈分析的方法

反演分析采用正、反分析方法，正分析采用有限元法计算，用增量初应力迭代法求解非线性问题。先计算对应某次实测变形或应变的荷载组合作用下相应测点的变形或应变值，将该次 n 个测点变形或应变的理论计算值和实测值进行拟合，求出残差加权平方和，作为参数反演优化问题的目标函数，来寻求坝体接近现场各材料参数的实际值。

反馈分析按最优化原理进行，使代表平均偏差的目标函数式(2.7.1)达到最小值。

$$F=\left[\frac{1}{n}\sum_{i=1}^{n}\left(\frac{d_{mi}-d_{ci}}{d_{mi}}\right)^{2}\right]^{1/2} \tag{2.7.1}$$

式中，d_m 为实测值；d_c 为计算值；n 为比较点的个数。

计算的目标函数有3个，即上游过渡料、下游过渡料及下游坝体3个监测点，每个监测点不同高程的竖向位移个数即为 n 值。

(2)反馈分析的目的及任务

1)反馈分析的目的。

坝体填料主要是石渣料、石渣混合料、风化砂、砂砾石料（过渡料）等非线性材料，其次是弱风化基岩、混凝土基座等线弹性材料。在围堰挡水发电期（蓄水到水位135.0m），长江科学院根据2005年12月的坝体应力变形观测成果对坝体填料的非线性模型参数进行了反馈分析，并获得了基本符合实际状态的填料模型参数。进一步的反馈分析只是在前期反分析的基础上，根据应力变形的预测成果与监测值存在差异的具体部位对坝体填料分区做进一步细化（图2.7.6）。其目的主要是减小上游坝体的竖向位移和心墙与过渡料间的相对位移、增大下游坝体的竖向位移，使坝体位移与监测值相吻合。材料分区细化主要表现在以下3个部分：①将上游风化砂填料以高程110m线为界分为上、下两区，提高高程110m以下部分风化砂的模量基数，达到减小上游坝体竖向位移的目的；②下游石渣混合料增加150m高程分界线，将原来的两个区分为3个区；③将心墙上、下游过渡料以高程125m和150m为界分为3个区，主要是根据过渡料竖向位移沿高程分布曲线来确定分区界面高程。在填料分区细化的基础上，只对局部填料参数以及沥青混凝土模量基数 K 和指数 n 做相应拟合分析。基岩与混凝土的本构模型参数和接触面参数不变，仍采用原计算参数(表2.7.7)。前期计算成果表明，坝体应力变形主要取决于坝体填料的特性，沥青混凝土的模量基数对坝体变形的影响极小，坝体填料参数反馈分析过程中沥青混凝土心墙的参数采用围堰挡水发电期反馈分析确定的参数(表2.7.8)。

表2.7.7　　线性材料与接触面参数

线性材料参数				接触面参数					
材料	ρ(kN/m³)	E(MPa)	μ	接触面	φ(°)	c_s(kPa)	R_{fs}	K_s	n_s
混凝土	26.0	25000	0.17	防渗墙与过渡料	30.2	3.4	0.75	2500	0.65
弱风化基岩	24.0	20000	0.27						

表2.7.8　　沥青混凝土 E—μ 模型参数

ρ(kN/m³)	K	n	R_f	G	F	D	φ(°)	c(MPa)	成型方法
24.5	292.2	0.367	0.565	0.478	0.005	0.142	35.2	0.203	击实成型

2)反馈分析的任务。

反馈分析的主要任务是确定石渣料、石渣混合料、风化砂和过渡料等4种填料的 E—μ 模型参数。反馈分析的初始参数以围堰挡水发电期(蓄水位135m)反分析获得的坝体填料模型参数作为基准(表2.7.9)。根据应力变形监测成果与计算预测应力变形值的差异部位与数值，对局部填料参数进行调整。参数调整方法为：固定其中4种填料中的3种，改变其中1种材料的本构参数进行计算，将变形观测的3个监测点的监测成果(主要是竖向位移)与计算成果进行对比，根据竖向位移沿高程分布情况有针对性地调整材料的参数，通过不断改变参数、反复计算，以目标函数最小，即拟合程度最好的参数组合作为最终计算参数。

(3)反馈拟合分析成果

按上述反馈分析原理、坝体填料的细化分区及参数调整方法，以监测点所在位置对应的结点的竖向位移沿高程分布规律与监测成果的对比为基础，计算目标函数的大小。根据坝体填料的分区及以往工程经验进行材料刚度大小的调整，直至3个监测点的竖向位移沿高程分布规律与监测成果吻合程度均较好，最终确定各区填料参数(表2.7.10)。心墙上游侧接触面参数不变，下游接触面参数的 K_s 增大至15000。

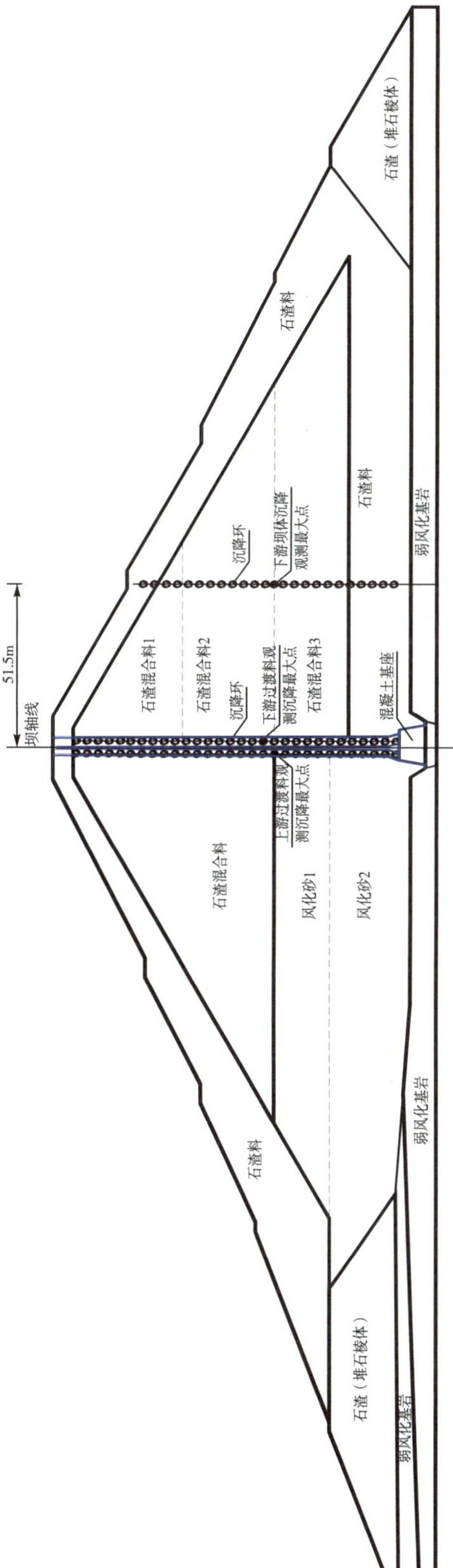

图2.7.6　计算断面0+700m材料分区及观测仪器埋设布置

表 2.7.9 围堰挡水发电期反馈分析确定的坝体填料参数

填料名	ρ(kN/m³)	K	n	R_f	G	F	D	φ(°)	c(MPa)
风化砂	21.0	800	0.500	0.800	0.270	0.282	0.084	39.0	0.045
过渡料	22.5	1678	0.550	0.750	0.472	0.176	5.413	39.0	0.120
堆石棱体及底部石渣料	22.5	1500	0.650	0.850	0.295	0.330	0.219	40.0	0.100
石渣料	22.2	1188	0.612	0.848	0.295	0.330	0.219	40.0	0.100
石渣混合料 1	21.5	1150	0.550	0.800	0.300	0.330	0.220	39.5	0.100
石渣混合料 2	21.0	850	0.500	0.700	0.300	0.330	0.220	38.0	0.080

表 2.7.10 反馈分析大坝填料模型参数

填料名	ρ(kN/m³)	K	n	R_f	G	F	D	φ(°)	c(MPa)
风化砂 1	21.0	800	0.50	0.70	0.300	0.33	0.22	38.0	0.08
风化砂 2	21.5	1150	0.55	0.80	0.300	0.33	0.22	39.5	0.10
堆石棱体	22.5	1300	0.45	0.85	0.295	0.33	0.22	40.0	0.10
石渣混合料 1	21.0	850	0.40	0.70	0.300	0.33	0.22	39.5	0.10
石渣混合料 2	21.5	1150	0.55	0.80	0.300	0.33	0.22	39.5	0.10
过渡料 1	22.5	1678	0.55	0.85	0.292	0.33	0.22	10.0	0.10
过渡料 2	22.1	700	0.40	0.75	0.472	0.18	5.41	39.0	0.12
石渣料	22.2	1188	0.61	0.85	0.295	0.33	0.22	40.0	0.10
石渣混合料 3	21.5	800	0.45	0.80	0.300	0.33	0.22	38.0	0.08
沥青混凝土 1	24.5	413	0.25	0.57	0.387	0.13	11.66	35.5	0.20
沥青混凝土 2	24.0	240	0.11	0.58	0.322	0.07	3.84	30.9	0.19

采用该套参数计算的坝体应力变形与实测成果进行对比分析如下：

1)监测点竖向位移计算与实测对比。

表 2.7.11 为竖向位移最大值及发生部位统计表。图 2.7.7 至图 2.7.9 为 3 个监测点竖向位移沿高程的分布情况与监测成果的对比图。

表 2.7.11 沉降实测值与计算值对比

项目	上游过渡料		下游过渡料		下游坝体	
比较内容	竖向位移(cm)	高程(m)	竖向位移(cm)	高程(m)	竖向位移(cm)	高程(m)
实测值	60.8	124.9	60.6	124.9	52.8	125.6
计算值	68.3	140.3	65.6	140.3	51.8	125.0

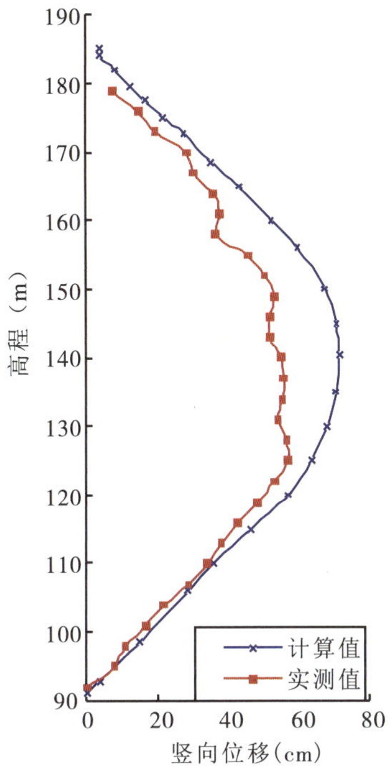

(a)172.0m 水位

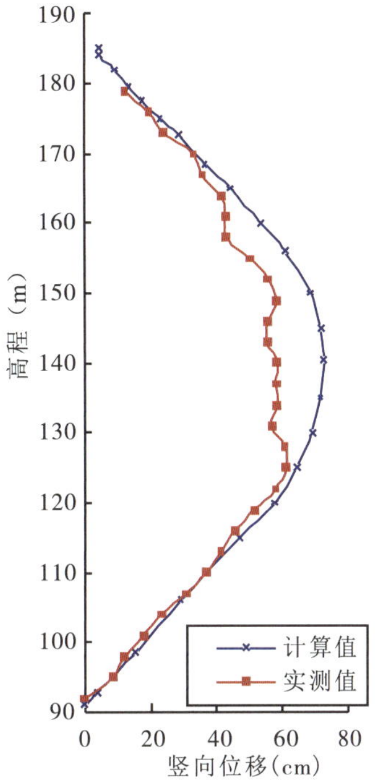

(b)175.0m 水位

图 2.7.7 上游过渡料竖向位移实测与反演计算值对比

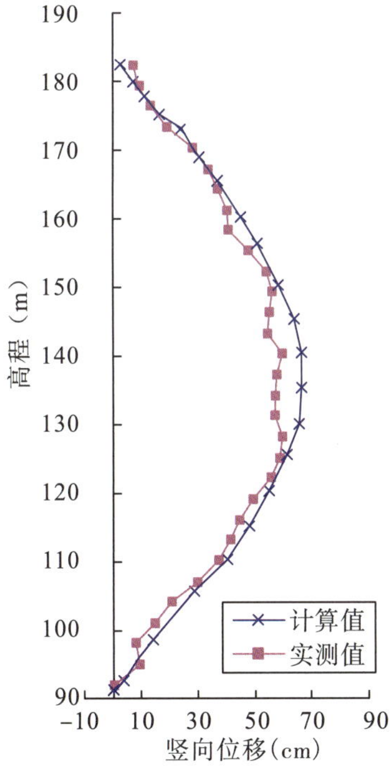

(a)172.0m 水位

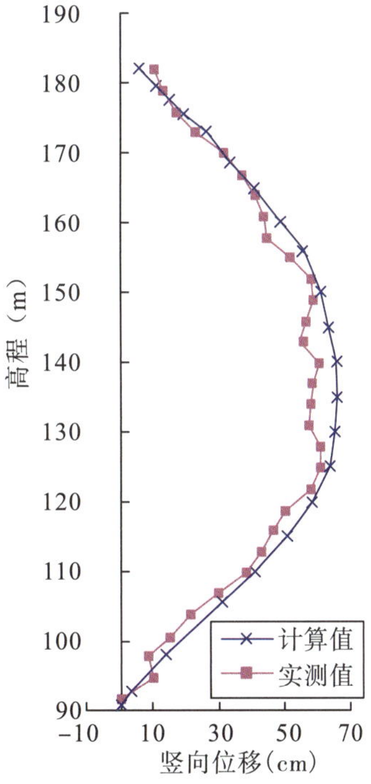

(b)175.0m 水位

图 2.7.8 下游过渡料竖向位移实测与反演计算值对比

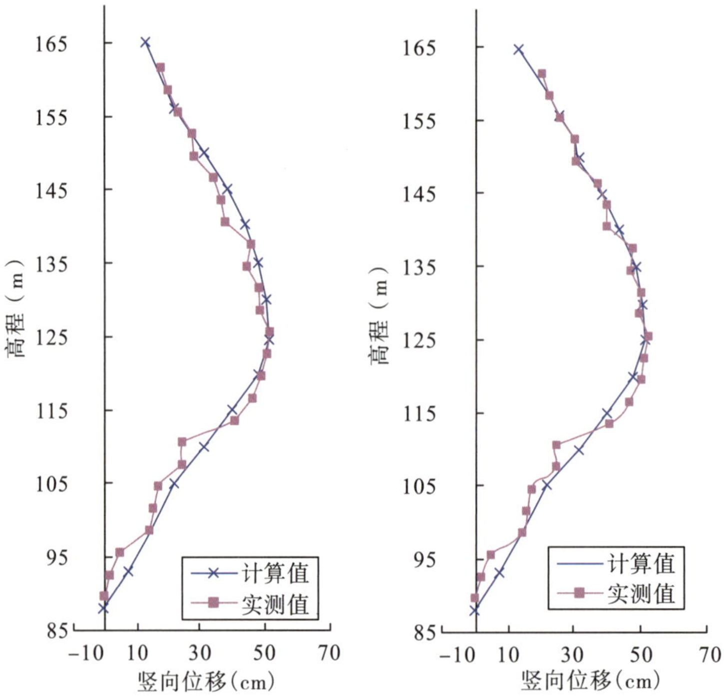

(a)172.0m 水位 (b)175.0m 水位

图 2.7.9 下游坝体竖向位移实测与反演计算值对比

反馈分析成果表明，除上、下游过渡料在高程 120～150m 处竖向位移计算值略大于实测值外，其他与实测值在变化规律和数值上均拟合较好。

2)沥青混凝土心墙与过渡料间的相对位移对比分析。

采用沥青混凝土模量基数 K 为 413 的一组参数进行计算分析，心墙与过渡料间的相对变形量沿高程分布见图 2.7.10。心墙两侧相对位移沿高程分布规律与实测值相同，但数值上略有差异，高程 150m 以下计算值较实测值大，最大偏差 2cm 左右，而高程 150m 以上则相反，局部计算值较实测值小，这可能与计算时采用的心墙模量值偏高有关。

3)沥青混凝土心墙应变。

根据以上反馈坝体填料参数，计算不同沥青混凝土模量对应的心墙应变沿高程分布与实测值的对比(图 2.7.11)。心墙竖向应变沿高程分布图显示：

①心墙竖向应变随沥青混凝土模量基数 K 的提高而减小，在高程 150m 以下这种变化规律相对比较明显，在高程 150m 以上，心墙随沥青混凝土模量基数 K 的增大而增大的变幅减小。这可能是心墙划分单元排数不同而存在的计算误差。因为在高程 150m 以下心墙划分为 3 排单元，而其上则划为两排单元。

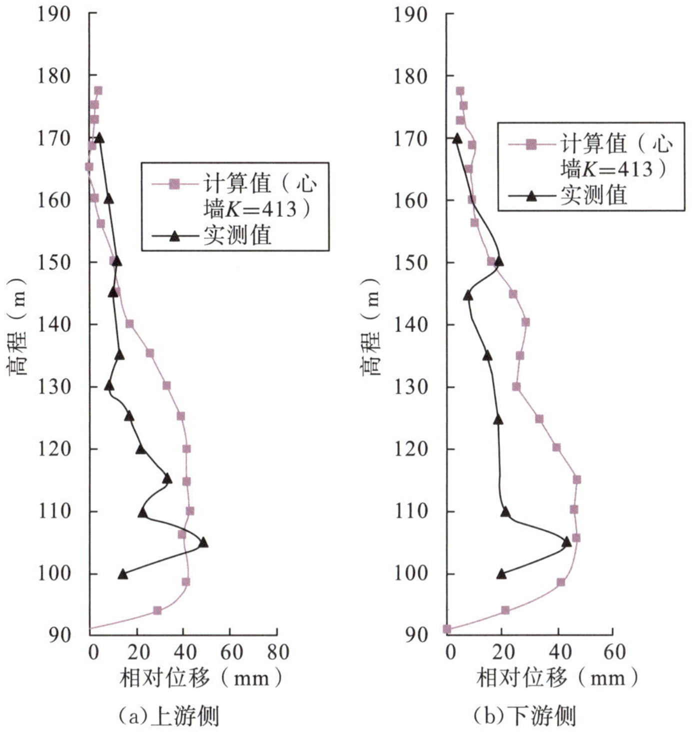

图 2.7.10　心墙与过渡料间的相对变形量沿高程分布

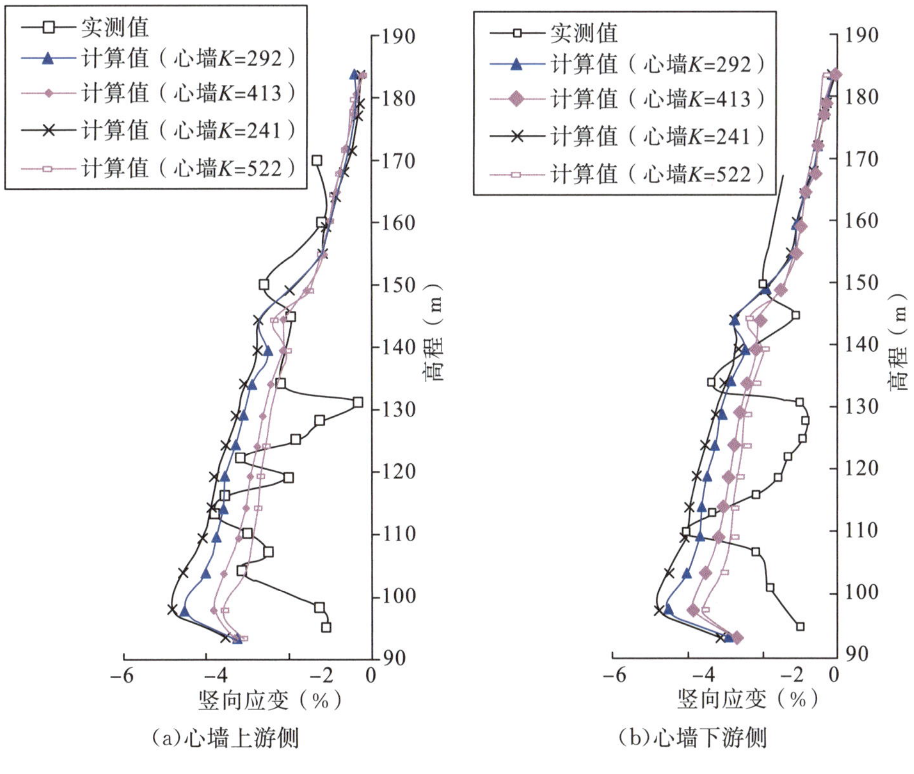

图 2.7.11　心墙应变沿高程分布与实测值的对比

②从实测心墙竖向应变与计算值的对比分析看，高程 150m 以下沥青混凝土心墙的模量基数 K 与原芯样试验成果（模量基数 $K=413$）基本一致，只是局部点的应变较大，可能与局部点的碾压密实度控制不到位相关，而高程 150m 以上竖向应变的监测资料相对较少，但从仅有的 3 个监测点资料看，其竖向应变较计算值大，说明高程 150m 以上的沥青混凝土的力学特性较下部的略差。

(4)反馈分析小结

此次反馈分析是在围堰挡水发电期（蓄水位 135.0m）反演分析的基础上，根据现有应力变形监测资料成果对大坝填料进行分区调整及局部填料参数修正，通过计算成果与监测资料拟合程度的对比分析，最后确定与大坝填料实际状态相吻合的填料物理力学特性。采用反演参数的计算成果与监测成果对比表明：

1)试验蓄水 172.0m 和正常蓄水 175.0m 时，坝体 3 个监测点的竖向位移沿高程分布的变化规律及位移大小与实测值基本一致。

2)从心墙竖向应变实测值与计算值的分布规律看，高程 150m 以下沥青混凝土心墙的模量基数 K 与原芯样试验成果（模量基数 $K=413$）基本一致，局部应变较大的点的模量基数 K 不小于 292。从高程 150m 以上仅有的 3 个监测点资料来看，其竖向应变较计算值略大，说明高程 150m 以上的沥青混凝土的力学特性较下部略差。

3)心墙上游侧与过渡料的相对变形拟合良好，而下游侧略有偏差。

4)通过对大坝竖向位移、心墙竖向应变，以及心墙与过渡料的相对变形进行的拟合分析后确定的主要坝体填料模型参数与实际状态基本吻合。

2.7.3.4 防护坝坝体应力变形状态分析

(1)坝体填料参数

根据反馈分析确定的填料参数（表 2.7.10），选取偏于保守的沥青混凝土模型参数（表 2.7.12），对大坝应力变形状态进行系统分析计算，并根据计算成果对大坝运行状态的安全性进行评价。根据沥青混凝土心墙应变观测资料拟合分析的成果，以高程 150m 为分界线，将沥青混凝土心墙分为上、下两段，上段采用表 2.7.12 中方案 1 参数，下段则分别采用方案 2 和方案 3 参数分别进行计算分析。

表 2.7.12　　沥青混凝土参数

方案	P (kN/m³)	K	n	R_f	G	F	D	φ (°)	c (MPa)	成型方法
1	24.4	240.3	0.175	0.722	0.488	0.008	0.090	35.9	0.160	击实成型
2	24.5	292.2	0.367	0.565	0.478	0.005	0.142	35.2	0.203	击实成型
3	24.3	413.0	0.249	0.574	0.387	0.129	11.660	35.5	0.196	现场取芯

(2)计算断面、大坝施工过程和蓄水方案

此次计算断面、大坝施工过程和蓄水方案均与围堰挡水发电期反演分析相同，只是对填料分区做了局部细化(图 2.7.6)。大坝原计划蓄水方案水位过程见表 2.7.13。

表 2.7.13　蓄水期水位变化过程　(单位:m)

时间	1—5 月	6—9 月	10—12 月
2006	139.0	135.0	156.0
2007	156.0～144.0	144.0	172.0
2008	172.0～152.0	145.0	175.0
2009	175.0～155.0	145.0	175.0

(3)荷载与加载过程的模拟

施工和蓄水过程的模拟级次见表 2.7.14。

表 2.7.14　蓄水过程模拟级次　(单位:m)

蓄水级次	一	二	三	四	五
蓄水水位(m)	135.0	156.0	165.0	172.0	175.0

施工期均施加自重，竣工期为第 24 级，蓄水期分为 4 级，分别对应于库水位 135.0m(死水位)、156.0m(初期蓄水位)、172.0m(试验性蓄水位)、175.0m(正常蓄水位)，相应级次为第 25 级至第 29 级。

计算中对每级工况又分 4 个荷载步施加自重与水荷载。

(4)计算成果及分析

1)防护坝坝体变形。

两组沥青混凝土心墙参数对应的坝体应力变形最大值见表 2.7.15。两组参数对应的坝体应力变形分布规律基本相同，只是数值大小略有差异。

表 2.7.15　坝体应力变形极值

<table>
<tr><th>工况</th><th colspan="2">项目</th><th>沥青混凝土
模量基数 $K=240$</th><th>沥青混凝土
模量基数 $K=413$</th></tr>
<tr><td rowspan="6">竣工期</td><td rowspan="3">最大位移(cm)</td><td>向上游</td><td>6.70</td><td>6.80</td></tr>
<tr><td>向下游</td><td>10.20</td><td>10.20</td></tr>
<tr><td>竖向</td><td>79.30</td><td>79.50</td></tr>
<tr><td rowspan="2">主应力(MPa)</td><td>大</td><td>2.22</td><td>2.23</td></tr>
<tr><td>小</td><td>0.86</td><td>0.85</td></tr>
<tr><td colspan="2">应力水平</td><td>1.00</td><td>1.00</td></tr>
</table>

续表

工况	项目		沥青混凝土模量基数 $K=240$	沥青混凝土模量基数 $K=413$
蓄水 135.0m	最大位移(cm)	向上游	6.00	6.00
		向下游	11.40	11.30
		竖向	78.60	79.00
	主应力(MPa)	大	2.28	2.28
		小	1.00	0.89
	应力水平		1.00	1.00
蓄水 156.0m	最大位移(cm)	向上游	4.70	4.60
		向下游	15.90	15.70
		竖向	77.90	78.00
	主应力(MPa)	大	2.38	2.29
		小	1.13	0.89
	应力水平		0.99	0.99
蓄水 165.0m	最大位移(cm)	向上游	4.80	4.00
		向下游	19.00	18.60
		竖向	76.90	77.00
	主应力(MPa)	大	2.56	2.46
		小	1.19	0.93
	应力水平		0.99	0.99
蓄水 172.0m	最大位移(cm)	向上游	3.60	3.60
		向下游	22.30	22.10
		竖向	78.50	78.60
	主应力(MPa)	大	2.78	2.74
		小	1.22	0.95
	应力水平		0.99	0.99
蓄水 175.0m	最大位移(cm)	向上游	3.50	3.50
		向下游	23.40	23.10
		竖向	79.30	79.40
	主应力(MPa)	大	2.83	2.83
		小	1.23	0.97
	应力水平		1.00	0.99

①坝体竖向位移。

竣工期、蓄水期(对应蓄水位 135.0m、156.0m、165.0m、172.0m)、运行期(对应蓄水位 175.0m)等工况下防护坝坝体竖向位移均为压缩变形。可见坝体在施工过程中的竖向位移均为下沉,并随填筑体的升高而增大。由于上游坝体下部填有刚度相对较小的风化砂,使得上游坝体的竖向位移略大于下游坝体。最大竖向位移值均出现在上游坝体高程 145.0m 处

(约 1/2 坝高附近)。计算结果表明:

(a)心墙的力学特性对坝体竖向位移影响较小,蓄水位 175.0m 时,两套沥青混凝土计算参数对应的最大竖向位移分别为 79.4cm 和 79.3cm,沉降率为 0.76%。

(b)在蓄水期,竖向位移先随水位上升略有减小,在水位上升到 165.0m 后又随水位上升而增大,总体变幅较小,在 3cm 左右。可见,坝体最大竖向位移出现在竣工期和蓄水至正常水位 175m。

②坝体水平位移。

坝体水平位移表现为以心墙为界偏向两侧,竣工期,坝体向上游的最大水平位移为 6.7cm、向下游的最大水平位移为 10.2cm,发生在上、下游坝体中部高程 125～119m 处(2/5～1/3 坝高),距坝轴线 60m 左右,大致呈对称分布。蓄水期随水位上升,坝体水平位移逐渐向下游发展,蓄水到 175.0m 的水位后,坝体向下游最大水平位移增大至 23.4cm,向上游水平位移则减小至 3.5cm。

2)防护坝坝体应力。

在各工况下,坝体主应力极值见表 2.7.15。

坝体应力等值线与坝坡趋于平行,从坝顶向下应力逐渐加大,蓄水期由于水压力的作用,下游坝体应力等值线加密,下游坝体承受应力较上游坝体大。由于心墙与过渡料的模量基数差别较大,主应力等值线在心墙与过渡料相接触的地方出现不连续分布,过渡料的最大主应力大于坝体,心墙内的最大主应力小于过渡料,心墙应力存在较明显的拱效应。

坝壳应力最大区出现在靠近心墙底两侧的过渡料中,竣工期大、小主应力极值分别为 2.28MPa 和 1.00MPa。蓄水期随水位上升,主应力随之增大,蓄水至 175.0m 水位时,最大、最小主应力分别增大至 2.83MPa 和 1.23MPa。蓄水过程中的坝体应力发生了重分布,各部分应力方向都稍向下游偏转。随着水位升高,上游坝壳的大、小主应力都逐渐降低,下游坝壳的应力略有增大,心墙的应力有所增大。

施工期大主应力基本上接近重力的方向,并略有向外壳偏离的趋势,在防渗心墙上游侧过渡料内的大主应力偏向心墙,下游侧过渡料内的大主应力偏离心墙或处于重力方向,而沥青混凝土心墙内部的大主应力整体偏向下游侧分布。

蓄水期当水位上升至 156.0m 以上时,上游坝坡在一级和二级马道之间产生局部拉应力,拉应力随水位上升而增大,蓄水至 175.0m 水位时坝壳最大拉应力为 0.1MPa。

①坝体应力水平。

竣工时坝体绝大部分的应力水平 S_λ 都小于 0.8,上、下游坝壳均低于 0.6,只是在防渗心墙上部的过渡料区有个别单元达到 1.0,发生剪切破坏的区域甚小,而且坝体填筑材料为散粒体材料,应力将会自行调整,不会对坝体的整体稳定性产生影响。

在蓄水过程中,随着水位升高,心墙与下游坝壳的 S_λ 有所降低,上游坝壳的 S_λ 逐渐增大,绝大部分单元的应力水平 S_λ 小于 0.85,只有接近上游过渡料的少数单元的应力水平超过 0.9,最大达 0.99,1～2 个单元的应力水平为 1.0,破坏区都未与坝面连通,坝坡石渣料填筑区的应力水平低于0.3,包在坝内的局部塑流区被上游坝壳中下部的稳定体托住,故运行期坝体是稳定的。

②坝体应力分析比较。

选取两套不同的沥青混凝土心墙力学特性,分别进行坝体应力变形分析,计算结果(表2.7.15)表明:当沥青混凝土力学特性发生变化时,坝体变形、应力差别很小。可见,各工况下坝体应力场和位移场主要取决于坝体自重及其水荷载,受沥青混凝土心墙参数变化的影响很小。

3)沥青混凝土心墙应力与应变。

沥青混凝土心墙的应力变形特性极值见表2.7.16,心墙竖向位移沿高程分布见图2.7.12,心墙与过渡料之间的相对竖向位移沿高程分布见图2.7.13,心墙水平位移沿高程分布见图2.7.14。心墙位移主要受坝体变形控制。心墙上、下游两侧位移分布规律一致,只是数值上略有差别,因此只给出了心墙上游侧不同工况位移分布。

表2.7.16　各方案沥青混凝土心墙应力变形极值

工况	项目		沥青混凝土模量基数 $K=240$	沥青混凝土模量基数 $K=292$	沥青混凝土模量基数 $K=413$
竣工期	最大位移(cm)	向上游	2.00	2.00	2.00
		向下游	2.00	2.00	2.00
		竖向	98.00	86.70	84.20
	主应力(MPa)	大	1.32	1.55	1.62
		小	0.72	0.74	0.58
	应变(%)			−4.01	−3.32
	应力水平		0.70	0.70	0.80
蓄水135.0m	最大位移(cm)	向上游	0.00	0.00	0.00
		向下游	5.00	5.00	4.00
		竖向	95.00	84.80	83.00
	主应力(MPa)	大	1.49	1.54	1.69
		小	0.87	0.69	0.71
	应变(%)			−3.88	−3.33
	应力水平		0.50	0.55	0.59
蓄水156.0m	最大位移(cm)	向上游	0.00	0.00	0.00
		向下游	13.00	13.00	13.00
		竖向	95.00	85.50	83.00
	主应力(MPa)	大	1.85	1.89	2.02
		小	1.00	0.78	0.86

续表

工况	项目		沥青混凝土 模量基数 $K=240$	沥青混凝土 模量基数 $K=292$	沥青混凝土 模量基数 $K=413$
蓄水 156.0m	应变(%)			−4.05	−3.35
	应力水平		0.47	0.45	0.54
蓄水 165.0m	最大位移 (cm)	向上游	0.00	0.00	0.00
		向下游	17.00	17.00	17.00
		竖向	97.00	86.80	84.40
	主应力 (MPa)	大	2.05	2.10	2.33
		小	1.05	0.85	0.88
	应变(%)			−4.16	−3.46
	应力水平		0.44	0.53	0.88
蓄水 175.0m	最大位移 (cm)	向上游	0.00	0.00	0.00
		向下游	23.00	22.00	22.00
		竖向	100.00	89.90	87.10
	主应力 (MPa)	大	2.34	2.67	2.68
		小	1.10	0.92	0.99
	应变(%)			−4.28	−3.61
	应力水平		0.37	0.54	0.74

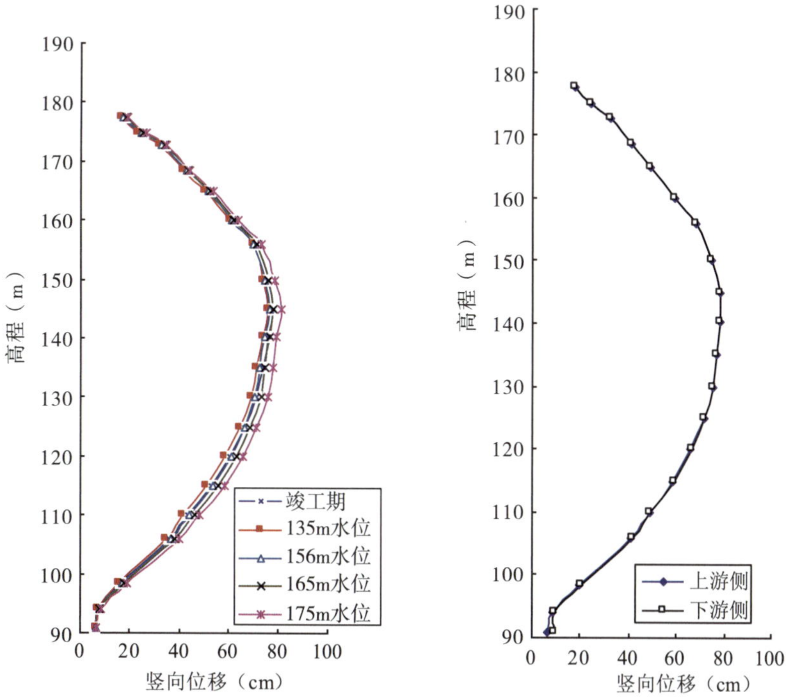

(a)不同工况竖向位移分布　(b)心墙上、下游侧竖向位移对比

图 2.7.12　心墙竖向位移沿高程分布

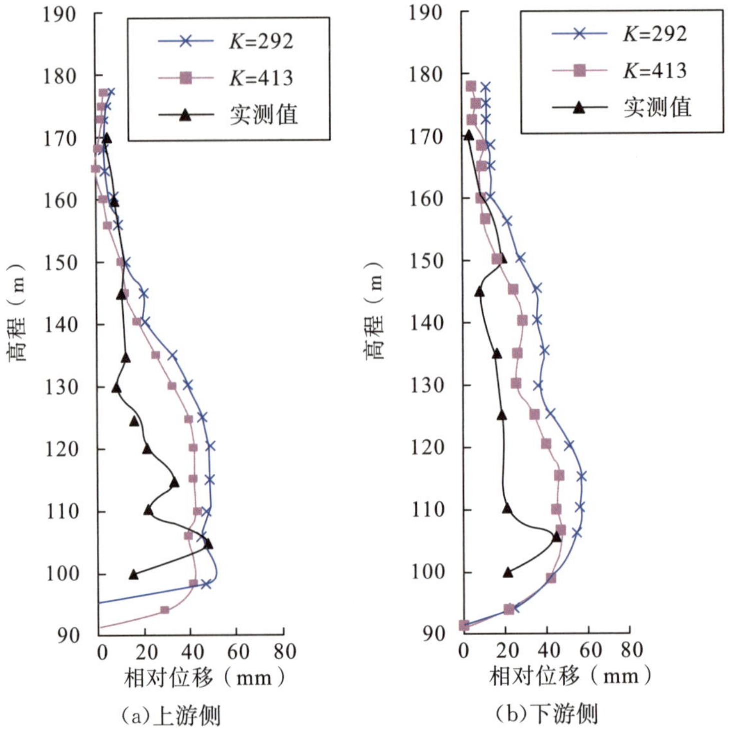

图 2.7.13 心墙与过渡料之间的相对竖向位移沿高程分布

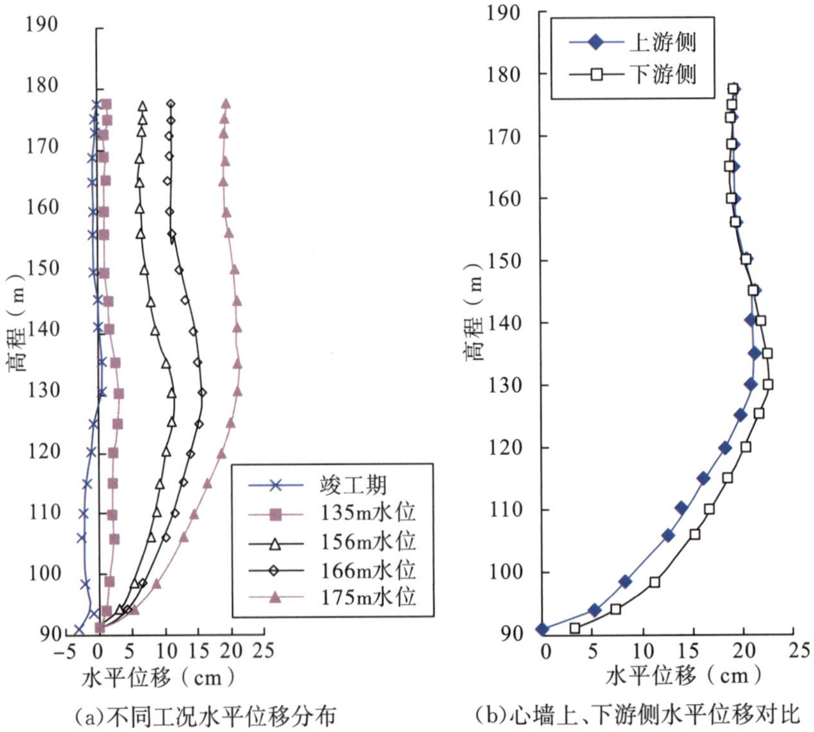

图 2.7.14 心墙水平位移沿高程分布

①竖向位移。

由图 2.7.12 可知，心墙两侧沉降基本一致，说明心墙竖向位移呈均衡发展。竣工时，心墙最大沉降 86.7cm，均发生在高程 138m，即心墙中部，最大沉降率 0.93%。

由图 2.7.12(a)可知，竖向位移最大值出现在心墙中部，上、下段分布基本对称；竣工期总竖向位移最大，蓄水初期，由于水的浮托作用，竖向变形略有减小。随后随水位上升，竖向位移又有增大的趋势，但变化值较小，最大变幅在 7cm 以内。

(a)由图 2.7.13 可知，心墙竖向位移略大于两侧过渡料，相对位移值随心墙模量基数的增大而减小。

(b)相对位移最大值发生在高程 110～130m，随着高度上升，相对位移值减小。

(c)与现场监测值相比，计算成果中心墙与过渡料间的相对变形规律与观测成果相同，在高程 140m 以下，相对位移计算值比实测值略大，差值在 2cm 以内。

②水平位移。

沥青混凝土心墙各工况下的水平位移极值见表 2.7.16，心墙上游侧各工况下水平总位移沿高程分布见图 2.7.14(a)。心墙水平位移方向主要受上、下游坝体变形控制。竣工期，上、下游坝体竖向位移基本均衡，防渗心墙的水平位移很小，向上、下游两侧的水平位移均在 2cm 以内。蓄水期随着水位的上升，沥青混凝土心墙水平位移随坝体整体向下游偏移。这是由于心墙上游面承受较大水压力及防渗心墙上、下游面水头差较大，导致墙体随坝体向下游水平移动，呈下部小、上部大的渐增分布形态。向下游的最大水平位移出现在蓄水期最高水位 175.0m 工况，最大达 22.0cm，发生在心墙中上部。图 2.7.14(b)表明，140m 高程以下，下游侧水平位移较上游侧略大，差值在 3cm 以内。

挠跨比是衡量沥青混凝土心墙材料安全度的指标之一。施工阶段，长江科学院针对茅坪溪防护坝心墙沥青混凝土进行了小梁弯曲试验。试验成果表明，沥青混凝土的极限挠跨比为 2.78%。本次计算成果表明，各工况下心墙最大挠跨比分别为 0.003%、0.12%、0.17%、0.21%、0.23%和 0.24%，均远小于极限值，心墙不会发生挠曲开裂破坏。

③心墙竖向应变。

心墙竖向应变极值见表 2.7.16。在坝体填筑和蓄水过程中，心墙均表现为压应变，蓄水期随水位的上升，心墙竖向压应变增大，当水位上升至正常蓄水位 175.0m 时，竖向压应变最大为 4.28%。与心墙模量基数 $K=413$ 的计算成果对比可知，心墙竖向应变随模量基数的增大而减小。

由图 2.7.15 可见，心墙应变随水位上升的变化不大，上、下游两侧应变均衡。图 2.7.15(a)中心墙应变在高程 140m 处因沥青混凝土特性改变而发生突变，高程 140m 以上沥青混凝土模量基数减小，从而使得竖向应变增大。

从图 2.7.15(b)中心墙竖向应变计算值与实测值的对比可以发现：二者在心墙竖向应变沿高程的分布规律上是相同的，即应变随高程上升而减小；计算所得的心墙竖向应变基本是实测值的外包线，说明大坝心墙的沥青混凝土力学特性较计算采用的要好，即 140m 高程以下心墙综合模量基数较 292 高，140m 高程以上心墙综合模量基数较 240 高。

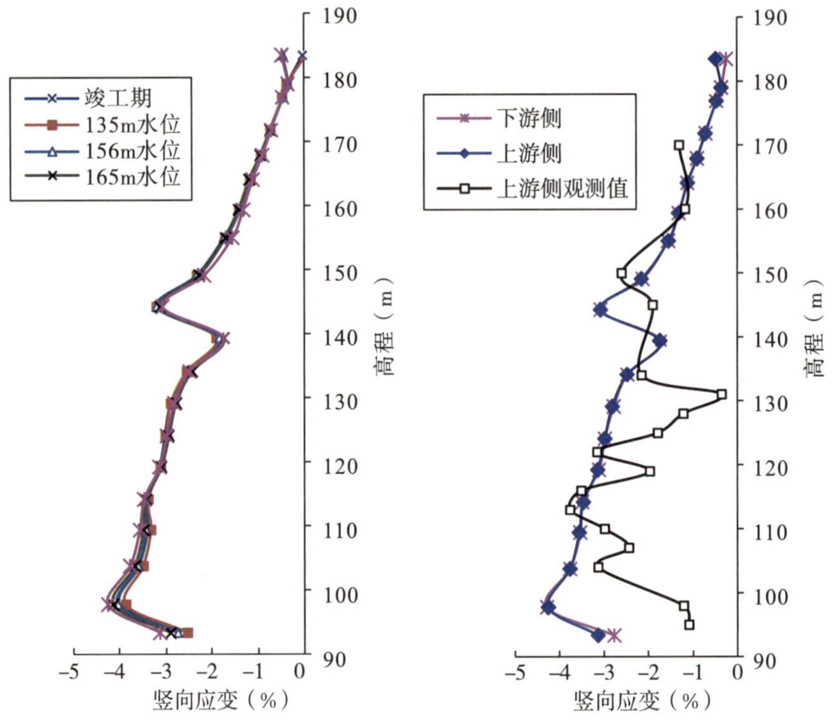

(a)不同工况竖向应变分布　(b)心墙上、下游侧竖向应变对比

图 2.7.15　心墙竖向应变沿高程分布

④心墙应力。

各工况下心墙主应力极值见表 2.7.16，心墙主应力均为压应力。竣工期最大、最小主应力分别为 1.55MPa、0.74MPa。蓄水期，水位 135.0m、156.0m、165.0m、172.0m 和 175.0m 对应的最大主应力分别为 1.54MPa、1.89MPa、2.10MPa、2.60MPa 和 2.67MPa，对应的最小主应力分别为 0.69MPa、0.78MPa、0.85MPa、0.90MPa 和 0.92MPa。可见，竣工期主应力最小，蓄水期主应力随水位的上升而增大。心墙底部中心与混凝土基座相接处的竖向应力实测值为 1.46MPa，与竣工期计算值 1.55MPa 较接近。

图 2.7.16 和图 2.7.17 分别为各工况下心墙上游侧最大、最小主应力分布图。最大、最小主应力与重力的分布规律相同，基本上随深度的增加而增大，同时随着水位上升，主应力均增大。

图 2.7.18、图 2.7.19 分别为正常蓄水位 175m 时心墙两侧最大、最小主应力沿高程分布图。可见，心墙两侧主应力沿高程分布规律和大小基本一致，说明心墙主应力基本均衡分布。

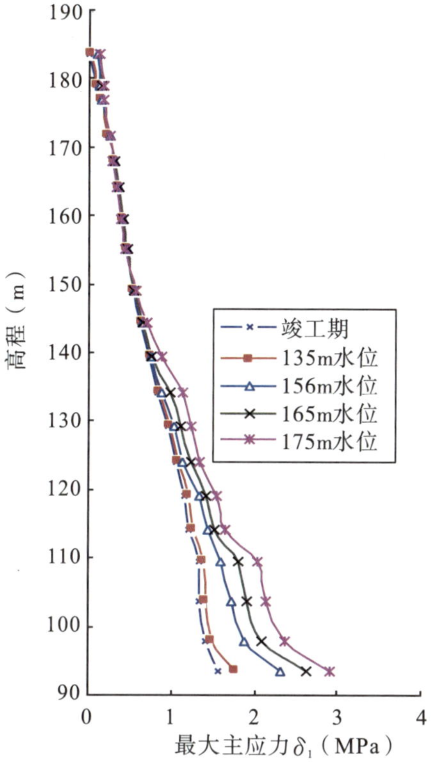

图 2.7.16　最大主应力沿高程分布

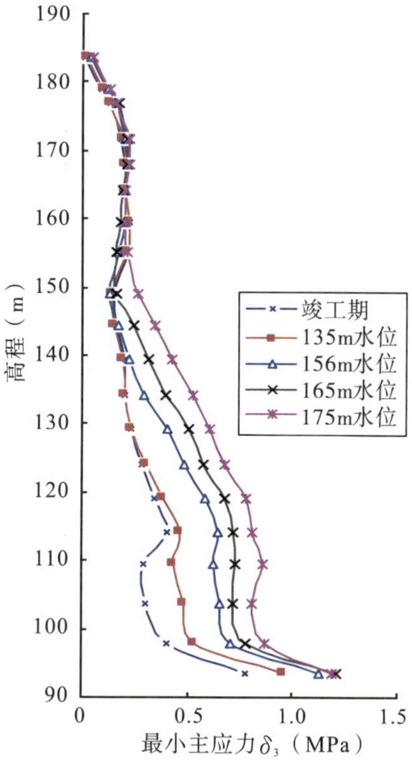

图 2.7.17　最小主应力沿高程分布

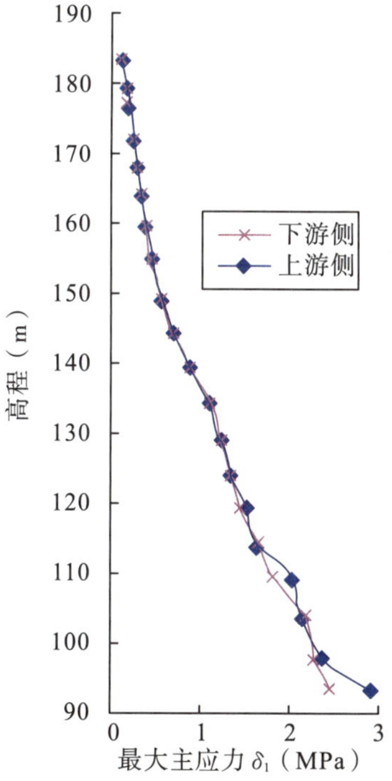

图 2.7.18　心墙两侧最大主应力对比

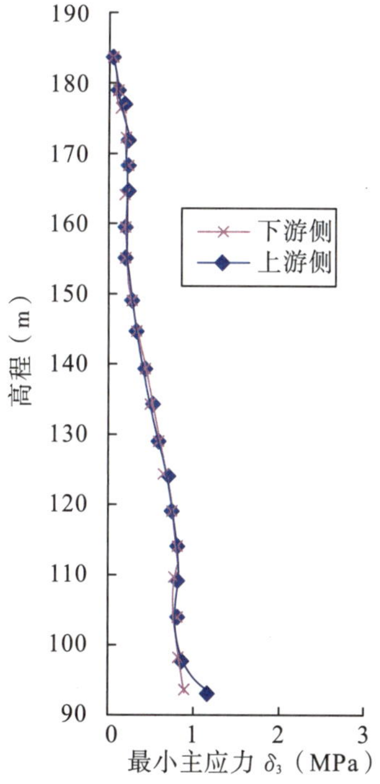

图 2.7.19　心墙两侧最小主应力对比

⑤心墙的应力水平。

各工况下应力水平极值见表 2.7.16。当沥青混凝土心墙模量基数为 240 时，竣工期应力水平最大值达 0.7，蓄水期应力水平略有减小，水位 135.0m、156.0m、165.0m、172.0m 和 175.0m 对应的应力水平最大值分别为 0.50、0.47、0.44、0.35 和 0.37，随着水位的上升呈减小的趋势。

图 2.7.20 为心墙上游侧各工况下的应力水平分布图。竣工期应力水平最大，蓄水期随水位上升，应力水平略有减小。心墙的应力水平最大值为 0.7。根据计算结果，心墙不会发生剪切破坏。

图 2.7.21 心墙两侧应力水平对比表明，心墙两侧应力水平基本一致。

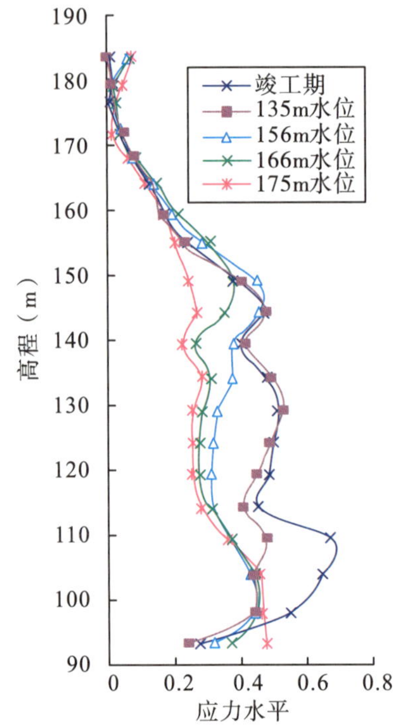

图 2.7.20　上游侧应力水平沿高程分布

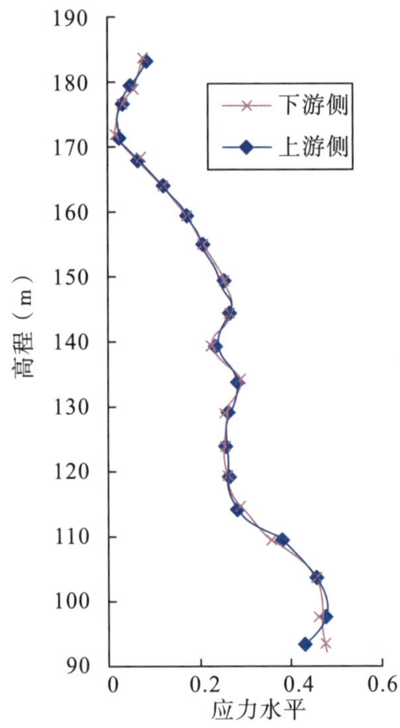

图 2.7.21　心墙两侧应力水平对比

4）沥青混凝土心墙水力劈裂破坏分析。

心墙安全与否涉及整个大坝的安全，是大坝质量控制的核心所在。

①水力劈裂破坏标准。

目前，水力劈裂破坏主要是以小主应力与水压力之比作为判别标准。当心墙内最小主应力小于其承受的水压力时即产生水力劈裂破坏。同时，由于分层填筑碾压施工，水平层成为薄弱面，其渗径较短，水压力会使已存在的隐蔽裂缝张裂，也可能使心墙受拉达到极限抗拉强度而在薄弱面产生新的裂缝。如果心墙拱效应明显，上游侧静水压力大于心墙竖向压力，也可能产生水力劈裂破坏。心墙竖向应力与最大主应力比较接近，略小于最大主应力，但在数值上明显大于最小主应力。用最小主应力与水压力之比作为水力劈裂破坏的判断标准属于比较保守的做法，如果在此标准下不发生水力劈裂破坏，说明心墙是安全的。

②水力劈裂试验成果。

长江科学院采用圆柱体和圆形板式试样进行茅坪溪沥青混凝土心墙的水力劈裂试验研究，研究其水力劈裂的条件。试验成果表明：无论是在有侧限还是在无侧限条件下，沥青混凝土试样都是在内外水压存在压差的情况下，产生一定量的径向变形后才发生水力劈裂，均是径向水力劈裂。径向拉伸应力可达 0.2MPa 以上，径向应变需达 1%左右。

③计算成果分析。

(a)根据心墙竖向应力进行判断。

图 2.7.22 为不同水位条件下心墙竖向应力与对应水压力沿高程分布图，竖向应力是同高程水压力的 2～3 倍，说明心墙的安全储备较高，不会发生水力劈裂破坏。

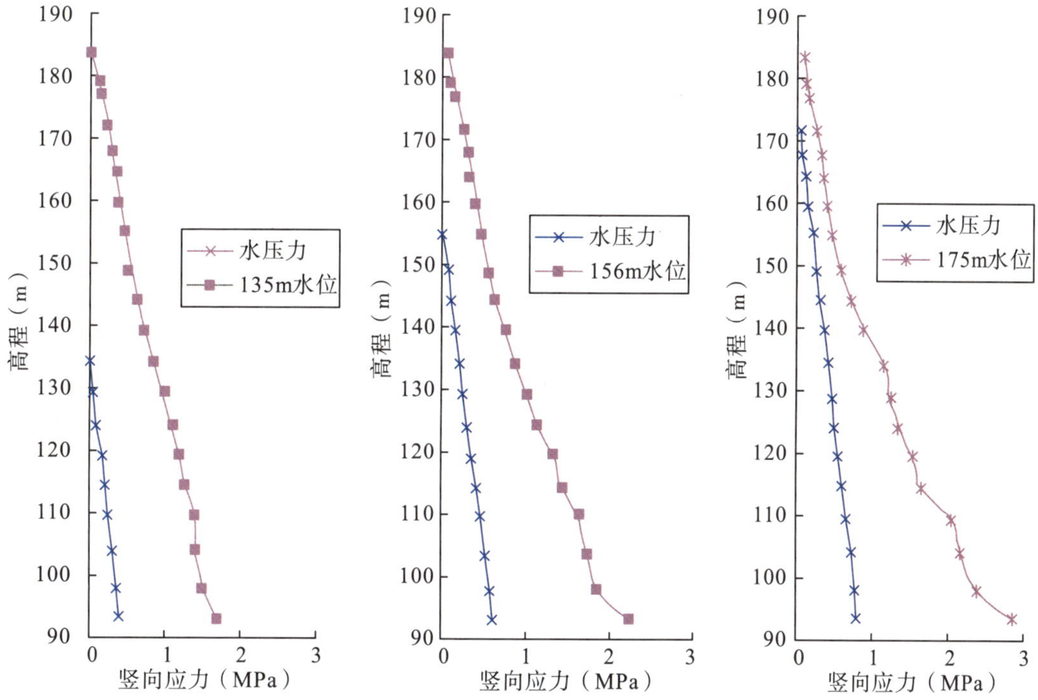

图 2.7.22　心墙竖向应力与对应水压力分布对比

(b)根据心墙最小主应力进行判断。

在不考虑心墙抗拉强度的前提下，沥青混凝土模量基数 $K=292$ 时对应的最小主应力与水压力沿高程分布情况见图 2.7.23。

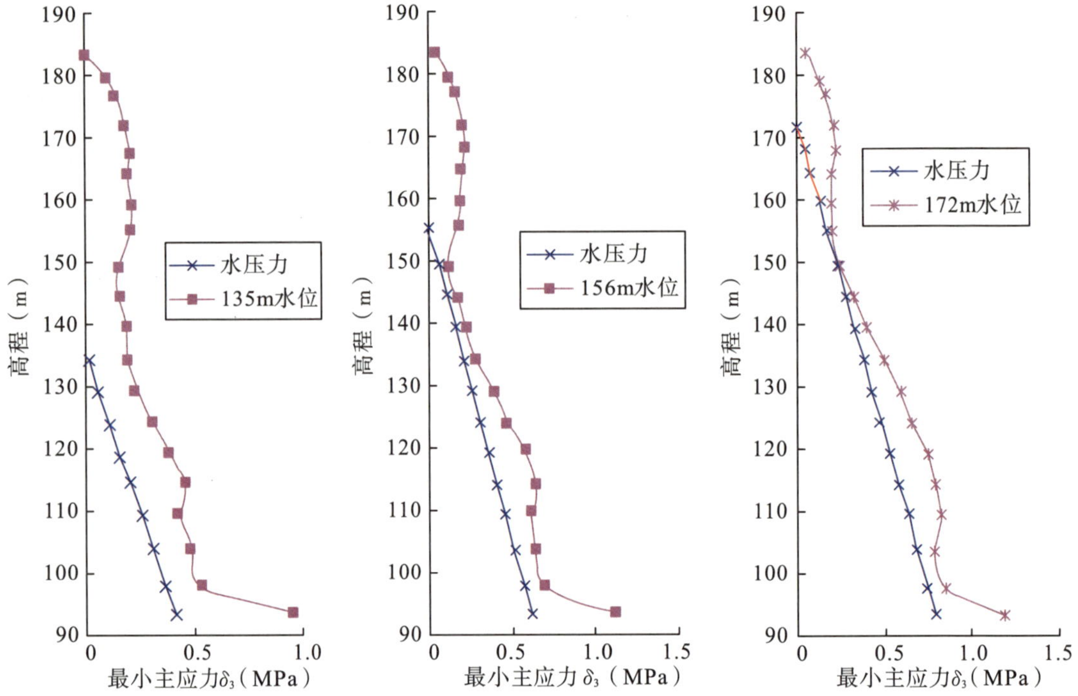

图 2.7.23 最小主应力与对应水压力分布对比(不考虑沥青混凝土的抗拉强度)

图 2.7.23 表明：

a)低水位状态下，最小主应力大于对应水压力，心墙是安全的；

b)当蓄水至水位 175.0m 时，位于高程 145.0～155.0m 的心墙最小主应力与水压力相近，说明在不考虑心墙抗拉强度时心墙处于临界状态。

如果考虑心墙的抗拉强度(按试验成果取 0.2MPa)，沥青混凝土模量基数 $K=292$ 时对应的最小主应力与水压力沿高程分布情况见图 2.7.24。各方案下(不同沥青混凝土模量基数)的最小主应力均大于水压力，说明高程 140m 以下沥青混凝土的模量基数不小于 292、高程 140m 以上沥青混凝土的模量基数不小于 240 时心墙是安全的，发生水力劈裂破坏的可能性较小。

2.7.3.5 防护坝坝体应力变形反演分析成果评价

1)根据坝体各测点竖向位移分布特点进行反馈分析确定的填料参数，较围堰挡水发电期反演成果主要有以下不同。

①上游坝体高程 110m 以下风化砂填料的力学特性有所提高。

②下游高程 105～125m 的石渣混合料的实际力学特性变差，而高程 125～150m 的石渣混合料则相反，力学特性有所提高。

③过渡料的刚性有所减弱。

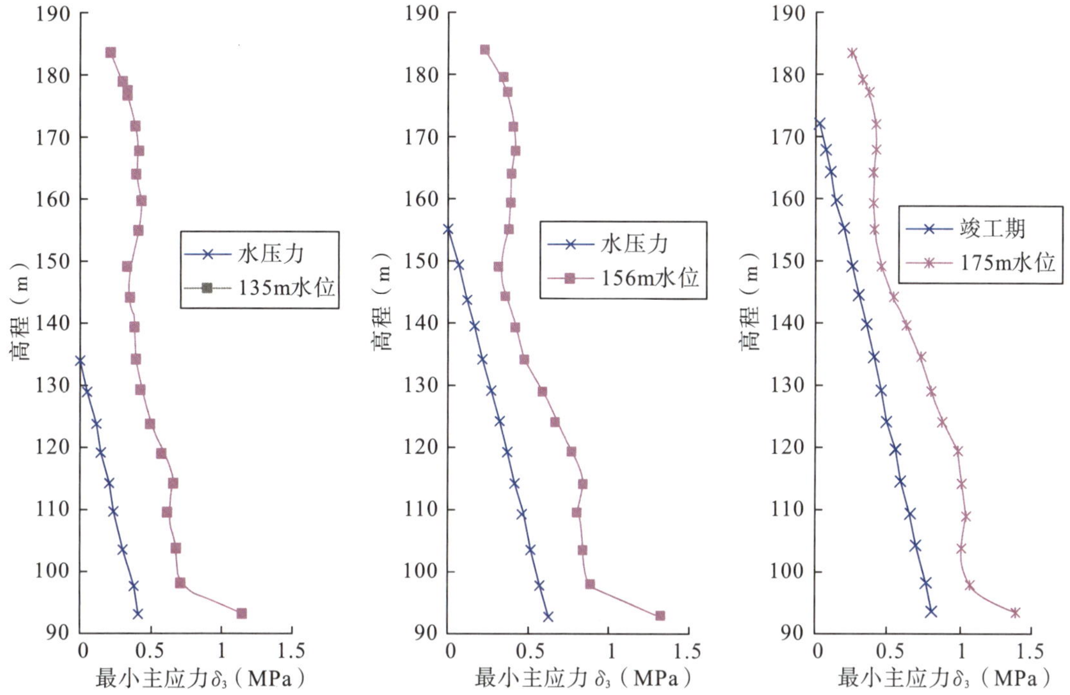

图 2.7.24　最小主应力与对应水压力分布对比（考虑沥青混凝土 0.2MPa 抗拉强度）

2）采用反馈分析确定的填料参数的计算成果表明，3 个观测点的竖向位移在高程分布规律方面计算成果与观测成果一致，只是数值上略有差别，下游过渡料内观测点的竖向位移计算值与实测值基本一致，上游过渡料的计算成果比观测成果略大，下游坝体内上、下段拟合程度完好。

3）坝体最大沉降为 79.6cm，沉降率为 0.76%；水平位移随水位的上升向下游发展，最大水平位移 23.4cm；竣工期和蓄水期坝体的变形及应力状态较好，防护坝是安全的。

4）沥青混凝土心墙的变形主要受坝体变形的影响。心墙最大沉降 86.7cm（最大沉降率 0.93%），向下游的最大水平位移 22.0cm，发生在心墙中上部。心墙与过渡料接触处存在竖向位移差，位移差随水位的上升而略有增大，上游侧心墙与过渡料的竖向位移差最大达 4.9cm，下游侧心墙与过渡料的竖向位移差最大达 7.7cm，均出现在高程 115.0m 处。

5）心墙竖向应变实测资料与计算成果的对比表明，高程 140m 以下心墙沥青混凝土模量基数不小于 292，高程 140m 以上心墙沥青混凝土模量基数不小于 240。

6）水力劈裂计算分析表明，按竖向应力不小于心墙上游侧静水压力的标准进行判别，沥青混凝土的抗水力劈裂安全系数为 2～3，心墙不会发生水力劈裂破坏；如果按最小主应力不小于心墙上游侧静水压力的标准进行评定，沥青混凝土模量基数 K 不小于 240 时，心墙最小主应力不小于相应水压力，考虑到沥青混凝土具备 0.2MPa 的抗拉强度，心墙发生水力劈裂破坏的可能性很小，尽管心墙应力受过渡料的支撑存在一定的拱效应，尚在承受范围之内，不至于影响防护坝安全运行。

7）心墙的应力水平随着沥青混凝土模量基数 K 值的增大而增大，当心墙模量基数为

413 时，心墙的应力水平均小于 0.88，说明沥青混凝土心墙应力状态良好，在沥青混凝土模量基数 K 值不小于 240 的条件下有一定的抗剪强度储备。

8)心墙的挠跨比均远小于试验极限值的 2.78%，心墙抗挠曲开裂有较大的安全裕度。

防护坝坝体应力变形反演成果表明，茅坪溪防护土石坝沥青混凝土心墙及坝体安全。

2.7.4 茅坪溪沥青混凝土心墙土石坝运行实践检验

2.7.4.1 茅坪溪防护坝安全监测资料分析

茅坪溪沥青混凝土心墙土石坝各项观测资料分析如下：

(1)心墙基座廊道沉降

心墙混凝土基座廊道布设有 10 个精密水准点观测坝基沉降(垂直位移)变形。1997 年 7 月开始观测，沉降随坝体填筑高度增加而加大，且大部分沉降发生在 2003 年 12 月之前，填筑完成后，基座廊道沉降速率减缓并趋于稳定。至 2015 年 12 月实测沉降为 19.7～25.5mm。2018 年 8 月基座廊道累计沉降变形在 24.56～29.59mm，2018 年 11 月累计位移在 24.45～29.59mm，2019 年 3 月累计位移在 23.90～29.91mm，基座廊道沉降变形变化基本稳定。

(2)坝顶表面变形

坝顶高程 185.00m 布设有视准线测点 18 个，精密水准测点 29 个，均从 2003 年 7 月蓄水位 135.0m 时开始测量。实测表明，中部坝顶变形最大，主要是沉降和向下游位移。2014 年 12 月坝顶桩号 0＋165m～1＋014m 实测沉降为 26.1～213.6mm，向下游位移为 2.2～93.0mm，桩号 0＋580m～0＋850m 坝高最大的部位位移最大。2008 年试验性蓄水后位移渐趋稳定。2018 年 8 月大坝坝顶水平位移在－3.90～89.30mm，11 月蓄水后水平位移在－1.61～97.92mm。2019 年 3 月实测坝顶水平位移在－4.46～96.80mm(桩号：0＋700m)。2018 年 8 月坝顶垂直位移在 27.77～236.01mm，11 月蓄水后在 29.08～236.80mm。2019 年 3 月在 28.92～238.17mm。防护坝坝顶水平和垂直位移测点过程线见图 2.7.25。

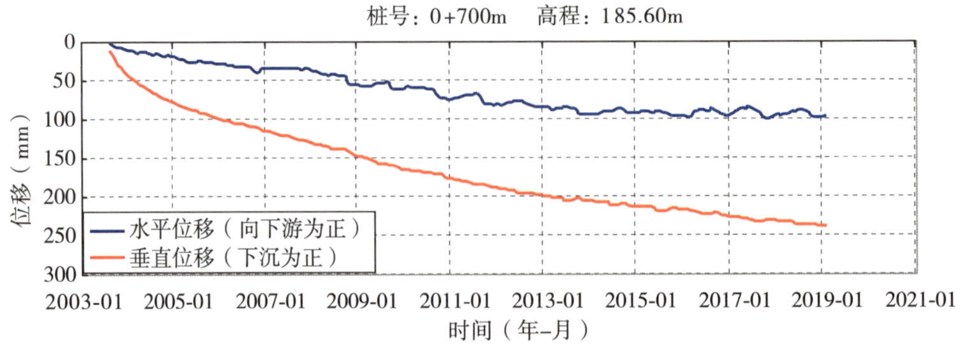

(a)坝顶 AL/LD10MP038 测点水平和垂直位移过程线

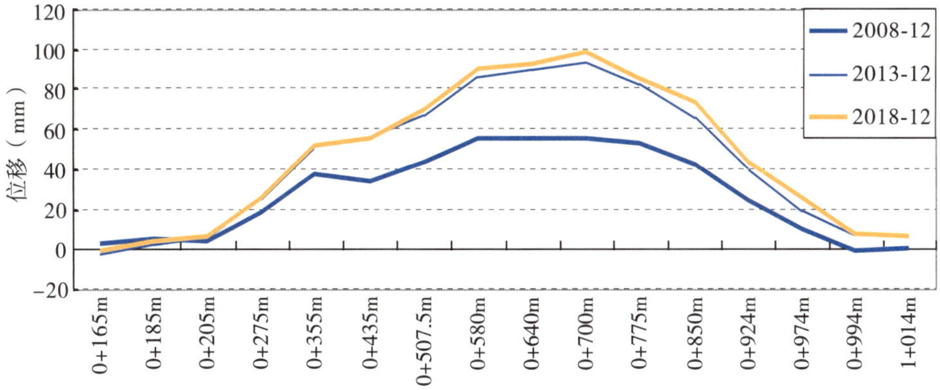

(b)坝顶上下游方向水平位移分布

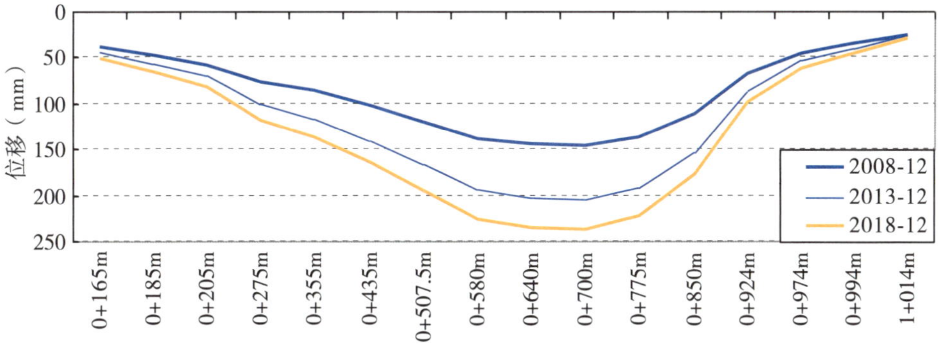

(c)坝顶垂直位移分布

图 2.7.25　防护坝坝顶水平和垂直位移测点过程线

(3)坝体内部铅直向变形

1)2003 年 7 月坝体已填筑至坝顶，各沉降管实测的最大累积沉降在 245～582mm，坝高最大的 0＋700m 断面的累积沉降最大，为 326～582mm；各断面坝体累积沉降分布是中间大、上部和下部小，最大累积沉降出现在约 1/2 坝高处。0＋700m 断面实测的最大累积沉降为 582mm，占填筑坝高(约 91m)的 0.64％，测点对应的高程为 128.4m。各种应力计算模型的计算成果中，0＋690m 断面在施工期填筑至高程 185m 时坝壳中心部位的最大沉降为 657～1170mm，占坝高的 0.73％～1.13％，说明实测沉降在计算范围内，与通常 100m 级土石坝的沉降范围也是一致的；同高程心墙上下游过渡层的沉降的差值在 136mm 以内，平均差值约为 37mm。

2)2013 年 5 月各沉降管实测的最大累积沉降在 287～639mm，坝高最大的 0＋700m 断面高程 125.4m 处累积沉降最大。

3)坝体填筑完毕之后各点沉降趋于稳定，2003 年 7 月至 2013 年 5 月各点沉降增加值在 145mm 以内，平均约为 50mm；试验蓄水期 2008 年 8 月至 2013 年 5 月各点沉降增加值在 80mm 以内，平均约为 26mm。

(4)心墙与两侧过渡层的相对变形

1)2003 年 7 月,实测心墙与过渡层间的相对变形在 3.9～48.5mm,平均相对变形为 17.4mm,高程 105m 处的相对变形最大;同一高程心墙两侧的相对变形的差值在 1.4～5.9mm,平均差值为 3.4mm。

2)位错计测值主要为压缩,表明心墙的沉降比两侧过渡层略大,但沉降差并不大。

3)心墙与过渡层间的相对变形随坝体填筑高度的增加而略有增大。2003 年 12 月坝体填筑完毕及水库蓄水后的相对变形没有明显变化。

(5)心墙与基座之间的相对位移

在沥青混凝土心墙与基座接触面安装有 7 支位错计观测其顺水流向的相对位移,实测资料表明该相对位移主要发生在埋设初期,也就是发生在沥青混凝土加温和降温过程中,即为沥青混凝土塑性阶段,或者说是发生在沥青混凝土硬化之前;沥青混凝土降温至稳定温度后,相对位移趋于稳定。沥青混凝土固化之后,相对变形变化非常小,说明心墙与基座结合完好,在坝体填筑过程中和各年水库蓄水前后没有发生相对变形现象。

(6)心墙表面铅直向应变

1)心墙铅直向应变均为压应变,且应变随坝体填筑高度的增加而增大。水库蓄水后的 2003 年 7 月实测应变在－3.84%～－0.11%,平均为－1.81%。2003 年之后,各点压应变略有增加,但渐趋稳定。2013 年 12 月仍有 14 个测点测值可靠,实测应变在－4.31%～－0.26%,平均为－0.83%;与 2003 年 7 月相比各点应变增量在－0.47%～－0.07%,平均增加－0.21%。水库蓄水对心墙应变的影响不明显。

2)2017 年 175m 水位蓄水前后,沥青混凝土心墙上下游面平均应变分别为－32.39kμε 和－21.73kμε。2018 年 175m 水位蓄水前后,沥青混凝土心墙上下游面平均应变变化为－2.04kμε 和 0.004kμε。2019 年 3 月,沥青混凝土心墙上下游面平均应变为－34.96～－20.84kμε,压应变值在－2.78～－64.91kμε,应变随高程分布见图 2.7.26。

(7)心墙底部铅直向应力

实测铅直向压应力随坝体填筑高度的增加而增大,至 2003 年 7 月 21 日实测应力分别为－1.54MPa、－1.46MPa 和－1.35MPa,此后测值没有明显变化。175.0m 水位试验性蓄水前后基座应力变化为±0.1MPa,2019 年 3 月实测应力在－1.32～－1.51MPa。

(8)坝基渗压

1)心墙基座廊道处渗压:水库蓄水前的 2003 年 5 月心墙基座廊道测压管的水位约为 100m,与坝后围堰内水塘水位是一致的;水库蓄水后测压管水位均有所上升,至 2013 年 12 月测压管水位在 110～136m 变化。0＋700m 和 0＋750m 处测压管水位在 2003 年 6 月蓄水后上升了 18～23m,这两个测压管实际上还在帷幕灌浆的扩散范围内,其水位主要随库水位变化。2011 年以后各年最高测压管水位有所下降。

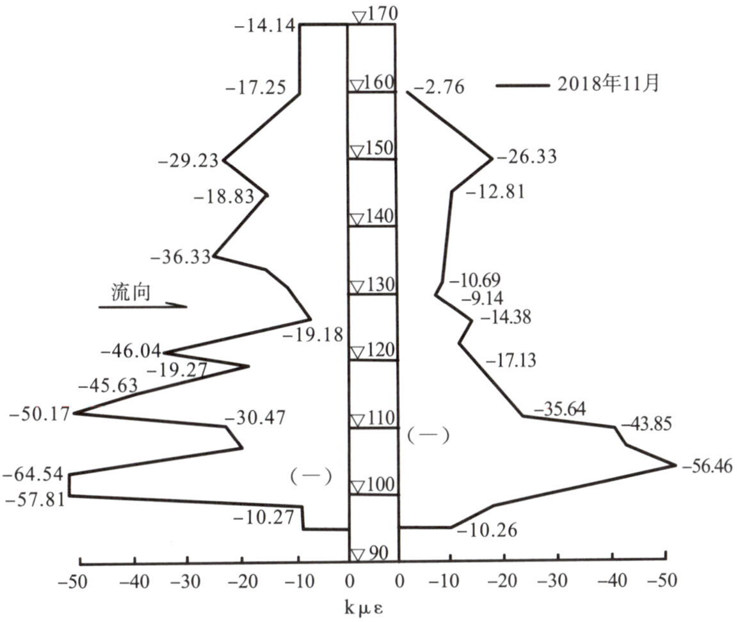

图 2.7.26 沥青混凝土心墙(0+700)两侧应变沿高程分布

注:(—)号表示心墙产生压缩变形,(+)号表示心墙产生拉伸变形

2)心墙上下游坝体建基面处渗压:心墙上下游坝体建基面处埋设有 26 支渗压计,施工期实测水头均很低,为 91～99m。水库蓄水后,渗压计实测的心墙上游坝基处的水位基本与库水位一致,心墙下游河床部位处的渗压水位为 99～110m。另外,利用心墙下游坝壳处的测斜管观测的坝体渗压水位亦在 100m 左右。考虑到仪器观测误差的影响,可以认为,心墙前的建基面渗压水位与坝前水位基本一致,心墙下游建基面的渗压水位与下游坝脚处的水塘(下游围堰与防护坝之间)水位是一致的。这表明坝基及坝体内渗压均是正常的,符合坝体的结构特点。

3)2018 年 175.0m 水位蓄水前后,基础廊道帷幕后测压管水位变化 1.53～7.65m,2019 年 3 月测压管水位 106.49～129.95m,低于设计允许值高程 142.5m。

4)2018 年 175m 水位蓄水前后,防渗墙前水位上升 22.00m,最高水位 172.18m,防渗心墙后水位 99.57m,挡水头 71.6m,说明防渗效果良好。2019 年 3 月,防渗心墙前上游水位 167.75m,上下游仍有 62.96m 的水头差。

(9)渗流量

2008 年试验性蓄水后,库水渗漏量没有增大趋势。量水堰实测流量和估算的库水渗漏量均在设计值 4000L/min 以内,坝体渗流状态是安全的。

2018 年 175.0m 水位蓄水前后,坝后量水堰实测渗流量分别为 1270.23L/min 和 1717.85L/min,渗流量增加 447.62L/min;2019 年 3 月渗流量为 1697.57L/min。渗流量过程线见图 2.7.27。过程线反映坝基渗流量自 2010 年蓄水至 175.0m 水位后每年随库水位升降而变化,渗流量均在设计允许值范围内。

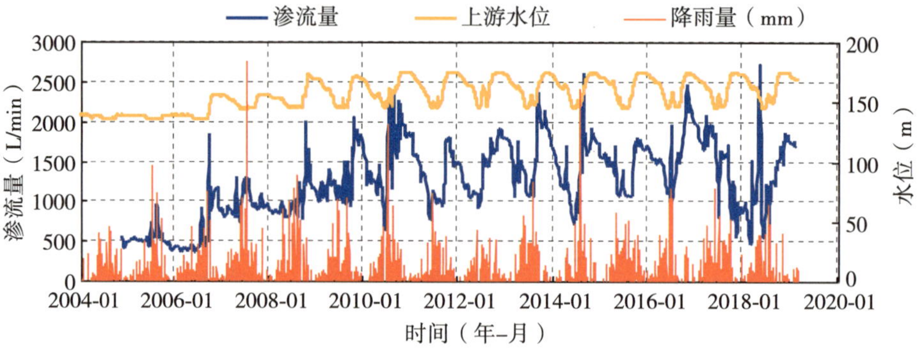

图 2.7.27 茅坪溪防护坝渗流量过程线

2.7.4.2 茅坪溪防护坝运行实践检验评价

综合茅坪溪防护坝的各项观测成果可以看出，坝体变形和心墙应变等主要随坝体填筑高度的增加而增大，心墙两侧的铅直向应变及变形较为对称。2003 年蓄水以后心墙应变、心墙基底铅直向应力、心墙与过渡层间的相对变形等实测值没有明显变化，但因坝体填筑至坝顶后坝体沉降过程尚未完全结束，使得蓄水后坝体表面与坝壳内部的变形仍略有增加。2008 年 175m 水位试验性蓄水以来，防护坝的各项监测成果表明，坝体和沥青混凝土心墙性态正常。坝基及坝体渗水量在 194.2～1757.6L/min，远小于设计值 4000L/min。各项监测数据及反分析研究表明：茅坪溪防护土石坝运行安全。

第3章　电站建筑物关键技术研究与实践

3.1　电站进水口型式及结构设计

3.1.1　进水口型式比较

3.1.1.1　进水口型式

(1)双孔进水口型式

坝后式电站进水口大多采用单孔大喇叭进口(以下简称“大孔口”)，坝面喇叭口面积一般是闸门孔口面积的3～4倍，闸门孔口面积与引水管道面积之比为1.45∶1左右，以降低电站进水口流速，使水流自拦污栅至压力管道流态平稳过渡，并尽量使其水力损失降至最小。三峡电站单机引用流量大(966.4m^3/s)，闸门设计水头高，进水口若采用大孔口方案，闸门尺寸及启闭机规模很大，需采用双孔进水口型式，增设一个中墩，进口段相应增大。双孔进水口坝面喇叭口入口宽度11.9m，入口高度19.36m，喇叭口入口段侧壁曲线为与中墩轮廓相匹配的椭圆弧过渡曲线，喇叭口顶板与底板形状上下不对称。坝面喇叭口面积为闸门孔口面积的3.81倍，闸门孔口面积为引水管道面积的1.43倍。进水口段长31.6m，其中渐变段长12.4m，为1倍引水管道长度，中墩与两侧边墩厚度均为4.0m，双孔净宽为2×6.5m，进水口底坎高程108.32m(图3.1.1)。

(2)单孔小喇叭进水口型式

单孔进水口采用小喇叭进口(以下简称“小孔口”)体型，坝面喇叭口入口宽度12.11m，入口高度17.62m，喇叭口入口段侧壁曲线为变半径双圆弧曲线，喇叭口顶板与底板形状上下对称，进水水流向基本水平。坝面喇叭口面积为闸门孔口面积的1.76倍，闸门孔口面积等于引水管道面积。进水口段长23.80m，其中渐变段长15.0m，单孔口净宽9.2m。进水口底坎高程108.0m(图3.1.2)。

3.1.1.2 进水口水力学试验研究

委托长江科学院及清华大学平行进行了三峡电站进水口单孔方案与双孔方案水力学试验，模型比例尺 1∶30，单孔及双孔两种方案的模型均安装在同一模型台上，供水条件、量测方法也相同，各测点位置相互对应，共用一个量水堰测流量(量水堰流量核算在最终对比试验中统一采用雷伯克公式)。两单位的模型均采用优质有机玻璃制造，糙率达 0.008，基本满足进口段边壁及压力钢管段对模型糙率的要求。

(1)电站进水口水流流态

1)单孔方案。

在库水位 135.0m、流量 880m³/s 工况下，有随机出现的表面漩涡，但未发现挟气的漏斗或气泡进入引水管道，进水口前水流平稳，流态良好。

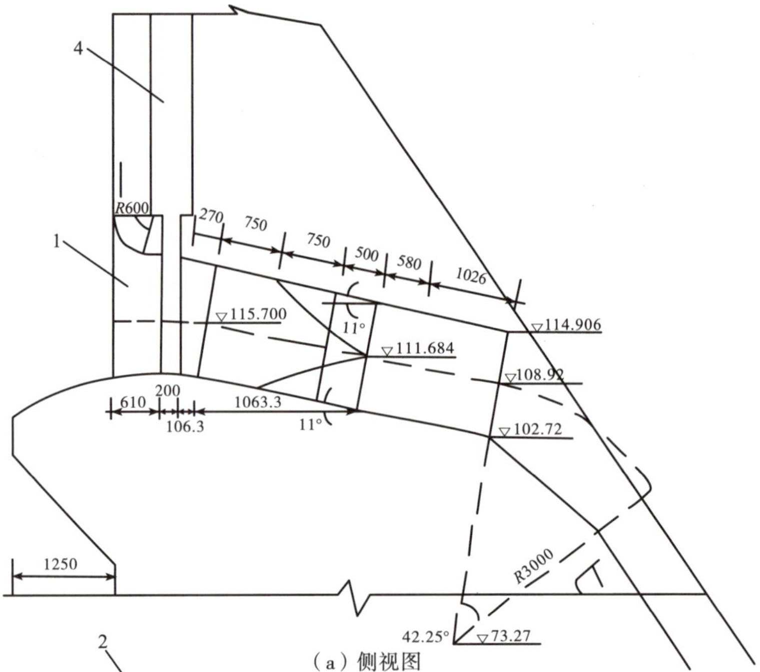

(a) 侧视图

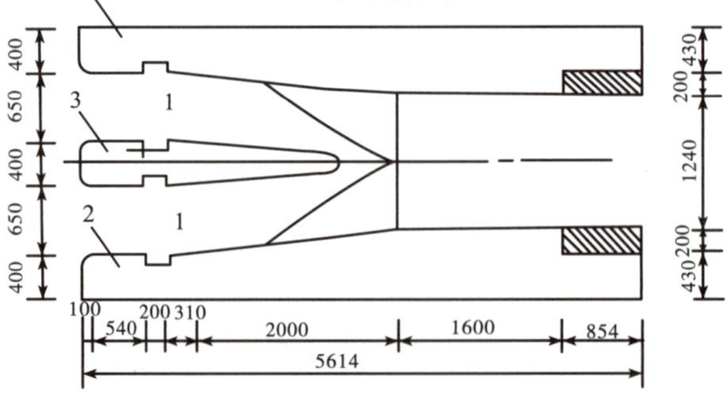

(b) 俯视图

图 3.1.1 双孔进水口型式(单位:高程以 m 计,尺寸以 cm 计)

1—进水口;2—边墩;3—中墩;4—闸门槽

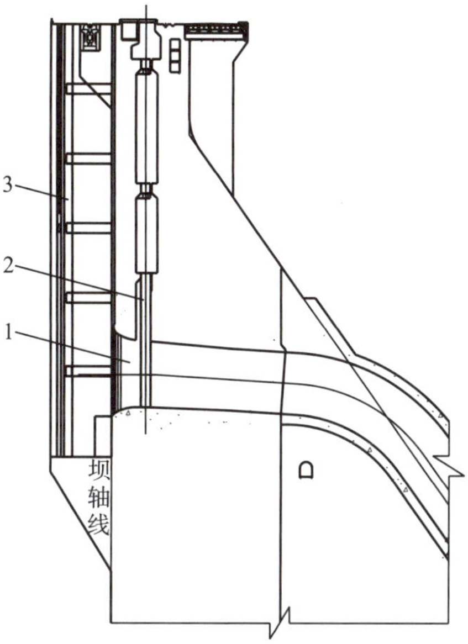

图 3.1.2 单孔进水口型式

1—进水口；2—闸门槽；3—拦污栅墩

2)双孔方案。

两单位的试验结果相近。清华大学的试验，在库水位 135.0m、流量 880m³/s 工况时，进水口上游水流平稳，未见立轴漩涡，表面漩涡也极少；库水位降至 132.0m 时，才有立轴漩涡出现。长江科学院的试验，在坝前水位 135.0m、流量 900m³/s 工况下，流态良好，偶见表面漩涡。

(2)电站进水口水头损失

全程水头损失是指水库观测断面至蜗壳进口断面(包括拦污栅)的损失；进口段水头损失，长江科学院是指水库观测断面至渐变段末端的损失，清华大学是指水库观测断面至上弯段起始断面之间(包括拦污栅)的损失。

水头损失值 h_f 按式(3.1.1)计算：

$$h_f = H_0 - (Z + \frac{P}{\gamma}) - \frac{\alpha V^2}{2g} \tag{3.1.1}$$

式中，H_0 为坝前水位；$Z+\frac{P}{\gamma}$ 为观测断面的测压管水头；$\frac{\alpha V^2}{2g}$ 为观测断面的流速水头；α 为流速不均匀系数。

水头损失系数 c 按式(3.1.2)计算：

$$c = h_f / \frac{\alpha V^2}{2g} \tag{3.1.2}$$

长江科学院模型试验和清华大学模型试验实测进水口单孔和双孔型式水头损失对比见表 3.1.1。

表 3.1.1　电站进水口型式模型试验实测水头损失对比

进水口型式	单孔								双孔							
库水位	135.0m				156.0m				135.0m				156.0m			
部位	进水口段		全程		进水口段		全程		进水口段		全程		进水口段		全程	
水头损失或系数	h_f(m)	c	h_f(m)	c	h_f(m)	c	h_f(m)	c	h_f(m)	c	h_f(m)	c	h_f(m)	c	h_f(m)	c
长江科学院模型试验测值	0.330～0.360	0.132～0.144	0.770～0.880	0.336～0.322	0.410	0.140	0.940	0.321	0.530～0.830	0.193～0.187	0.950～0.144	0.345～0.324	0.910	0.177	1.620	0.315
清华大学模型试验测值	0.399	0.147	0.960	0.353	0.330	0.132	0.879	0.352	0.485	0.179	0.880	0.325	0.403	0.162	0.753	0.302

长江科学院和清华大学水力学模型试验成果虽存在微小差别，但可以认为基本一致。试验成果表明：①单孔方案及双孔方案进水口全程水头损失值不大，在1.0m左右。②长江科学院试验成果单孔方案比双孔方案水头损失小；清华大学试验成果双孔方案进口段水头损失大于单孔方案，但全程水头损失双孔方案较单孔方案略有减小。

(3)进水口压强分布

通过布设在进水口沿程的孔顶、侧壁(包括双孔方案的中墩)中部侧压管的观测，单孔与双孔沿程压强略有起伏变化，推测可能与门槽及中墩的影响有关，但未出现负压。鉴于总的流速相对较低(钢管内最大流速约8.0m/s)，当不导致空化或空蚀现象时，认为所设计的体型均属可行。

3.1.1.3 进水口金属结构及启闭机设备对比

进水口的单孔方案与双孔方案，拦污栅布置及型式基本相同，均采用一列式通仓邻孔补水型式，底坎高程根据进水口淹没深度及喇叭口型式和进水需要的不同，两种方案稍有不同。原技术设计单孔方案每一机组共分5孔、2种跨度。为了便于运行、维修，实现栅片通用、互换，将单孔方案优化为每一机组分6孔、1种跨度，不影响单孔与双孔的方案比较，故以下仅就单孔方案与双孔方案进水口的检修门与工作门及其启闭机械的技术经济条件进行比较。

(1)检修闸门及其启闭机械

1)单孔方案。

仍按原技术设计建议采用反钩平板滑动闸门，紧贴坝上游面进口布置，运用方式为静水启闭。闸门尺寸优化后约为12.6m×18.5m(宽×高)，总水压力为135540kN，如采用胶木滑块，最大线压4400kN，已超过其允许承压上限。检修闸门门叶左右岸厂房各2扇，共4扇，单扇门重达350t，由坝顶电站排沙孔事故检修2×250t双向门机操作。

2)双孔方案。

为了改善中墩体型，并有利于闸门的操作维修，双孔优化方案的检修门改为选用坝内设门槽的平板滑动闸门，闸门尺寸为7.093m×14.192m(宽×高)，总水压力约60000kN，可用一般胶木滑块承压，闸门启闭利用坝顶门机操作。

3)单、双孔方案比较。

单孔方案采用无门槽反钩装置启闭，门叶尺寸大，门压高，需采用金属滑块。此外，由于取消了门槽，对门轨、埋件和导向装置的安装必须使起吊中心与门叶重点一致，以保证闸门操作过程的平稳与顺利。双孔方案采用有门槽的检修门，属于常规布置，入槽、导向、升降均比较方便可靠。

(2)快速工作闸门及其启闭机械

1)单孔方案。

技术设计采用胶木滑块平板闸门，闸门尺寸为9.2m×13.4m(宽×高)，总水压力为

73920kN，滑道支承线压强度达 3800kN/m，闸门为动水关闭、静水开启。相应的液压启闭机容量为 5000kN/10000kN。审查时认为胶木支承方式虽具有结构简单、维修方便的特点，但单孔方案总水压力大，滑道支承线压强度已超过现行设计规范许用值，且存在滑块磨损、老化等有可能导致启闭机械超载或故障的缺点，为此单孔优化方案均改为定轮支承快速闸门。

设计针对单孔定轮门的支承设计研究了 3 种方案：①一门分四节，每节两侧各设 2 个走轮，共设 16 个走轮，此方案平均轮压 5080kN，最大轮压达 5800kN，均已大大超过现有水平，缺乏实践经验，不宜采用。②一门分三节，每节一侧设 4 个 ϕ800mm 和 2 个 ϕ600mm 的走轮，共设 36 个走轮，平均轮压为 2130kN，最大轮压约 2750kN（考虑不均系数 1.1），走轮采用调心滚动轴承以适应门叶变形，轮轴采用偏心轴，以调整各定轮踏面共垂面和适应埋件的实际安装精度，保证闸门各定轮受力均匀。③一门分四节，每节一侧设 2 个 ϕ990mm 和 2 个 ϕ600mm 的定轮，共设 32 个走轮，总水压力 75800kN（第③方案），最大轮压为 4000kN/2250kN，采用滑动可调心轴承，液压启闭机容量为 8000kN/4500kN。

研究分析认为，第③方案相对比较可行，但需采用一些相应措施，如轮、轨、轴套的选材，门叶轴孔整体镗孔，提高加工精度和制造工艺，加大充水阀等，依据国内制造水平，可望得到解决。

2）双孔方案。

由于闸门尺寸小（6.5m×12.56m），总水压力减少至 50500～54700kN，支承方式也研究过滑道支承和定轮支承，均属可行。如采用胶木滑块，其线压强度约为 280t/m，控制在规范允许值 350t/m 以内，并有裕度。相应启闭机容量为 450t/270t。考虑到更有利于工程长期运行安全和操作顺利，仍以采用常规的定轮支承方式为宜。每扇定轮门叶分四节，每节一侧各设 2 个走轮，共 16 个走轮，则最大轮压为 410t，用滚动轴承时启闭机容量为 120t/160t，用滑动轴承时启闭机容量为 410t/235t。

3）设计对单孔与双孔金属结构及启闭设备比较认为，两种方案在技术上都是可行的，单孔方案虽在闸门设计制造上有一定难度，也是可以解决的。在经济上单孔方案由于闸门及埋件、液压启闭机数量大大少于双孔，在工程量造价上有明显优势。

3.1.1.4 进水口坝体结构应力及配筋对比

（1）进水口坝体结构应力分析

1）三维有限元法计算应力。

①计算原则及假定。

取钢管坝段 25m 宽分别对单孔与双孔两种方案进行三维有限元弹性应力分析。重点研究坝内进水口至斜平段部位的应力。建基面取高程 85m，计算边界：两侧取钢管坝块的横缝作为自由面，不计坝体纵缝影响；基础上游取距坝轴线 100m，下游取距钢管道下坡脚 150m，基础深度取到高程−60m；基础底面边界假定为固定约束，基础左右边界假定为法向约束。

计算模型采用 20 节点等参六面体单元。使用 APOLO 工作站上 TISCAP-3D 程序进行计算。单孔方案共有 7235 个结点，双孔方案共有 8892 个结点。

计算中假定地基弹性模量和坝体相同，建基面扬压力折减系数 $\alpha=0.25$，地震设计烈度Ⅶ度，不计钢管的联合作用，即内水压力假定全部传到坝体孔洞，也不计入混凝土收缩及温度变化产生的应力。坝体假设为不透水体，扬压力只作用在建基面上。为研究坝体横缝灌浆效果，还计算了灌浆后横缝开度为 1.0mm 及 0.5mm 时的坝体应力变化情况。为便于对比，双孔与单孔剖面切取位置一致，计算剖面位置见图 3.1.3 和图 3.1.4，进水口三维有限元模型见图 3.1.5。

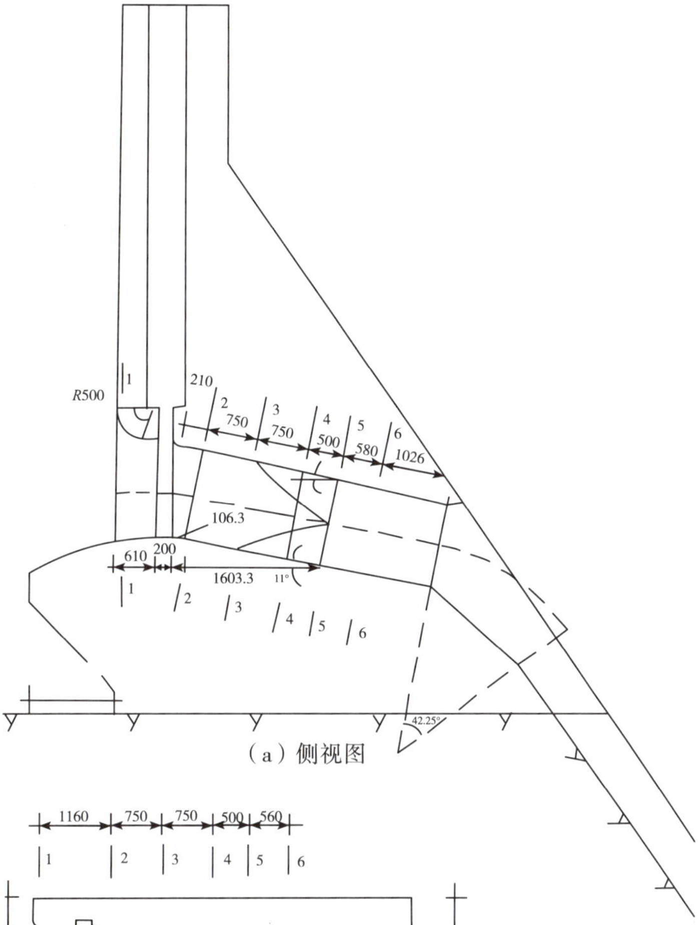

（a）侧视图

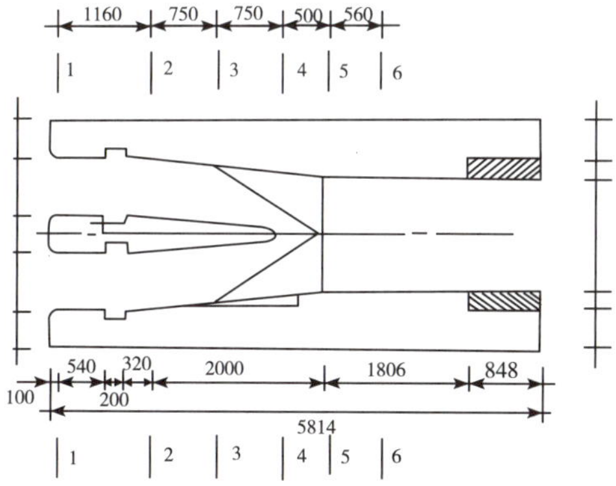

（b）俯视图

图 3.1.3　进水口双孔计算剖面位置(单位:cm)

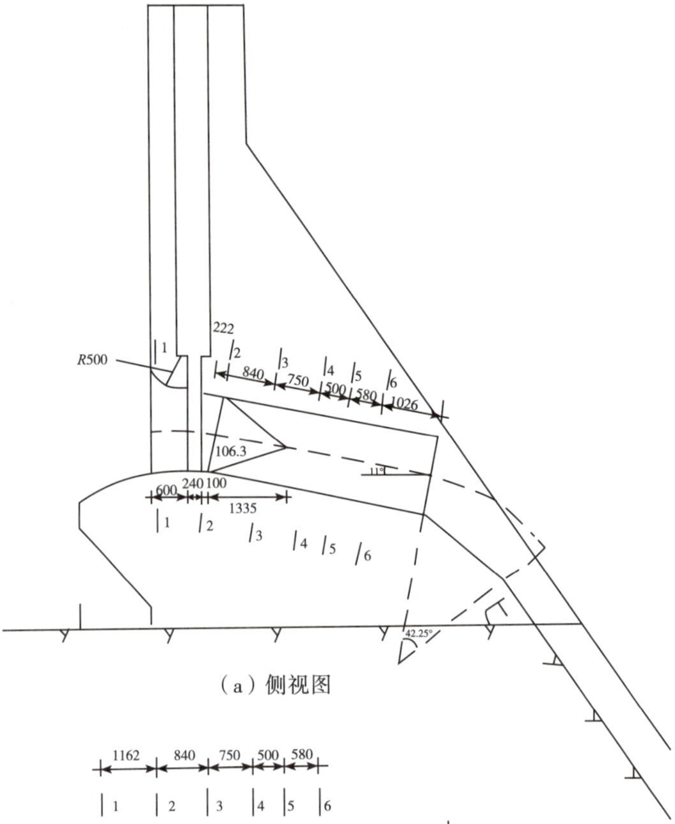

（a）侧视图

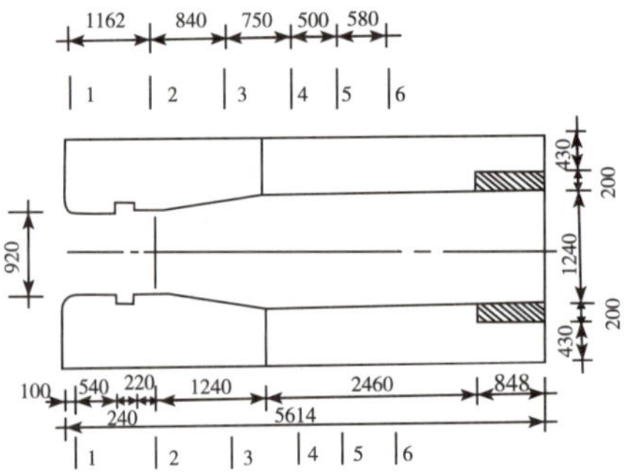

（b）俯视图

图 3.1.4　进水口单孔计算剖面位置(单位:cm)

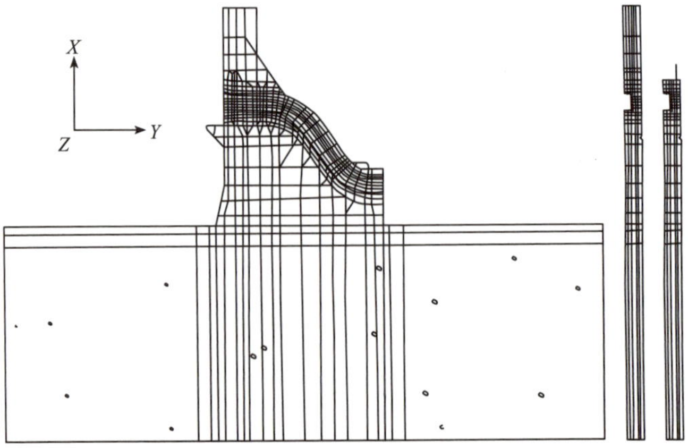

图 3.1.5　进水口三维有限元模型

②计算工况及荷载。

工况一，坝完建未蓄水：仅坝体自重。

工况二，校核洪水位(高程180.4m)：坝自重＋外水压＋孔洞内水压。

工况三，正常蓄水位或设计洪水位(高程175.0m)：坝自重＋外水压＋孔洞内水压。

工况四，关闭检修门时检修水位(高程175.0m)：坝自重＋外水压。

工况五，正常蓄水位遇地震：坝自重＋外水压＋孔洞内水压＋Ⅶ度地震。

③计算成果分析。

(a)双孔及单孔的最大拉应力皆出现在矩形孔段孔顶底的上、下角缘部位。双孔及单孔在工况二的角缘边最大拉应力分别为3.70MPa(2-2剖面右下角)与3.48MPa(1-1剖面右上角)，两者差别不大。

(b)渐变段边缘拉应力，单孔以顶、底板孔中间部位较大，工况二分别达1.72MPa与1.94MPa，角缘拉应力小于孔中间；双孔以角缘的拉应力较大，工况二最大达1.97MPa，大于顶、底板中间部位。圆管段边缘拉应力，单孔与双孔基本一致，工况二最大达2.52MPa。

(c)双孔比单孔应力不利主要反映在边墩上，矩形孔段边墩出现较大的拉应力。工况二双孔边墩中部外侧拉应力达到3.03MPa(1-1剖面)，双孔边墩上下端内侧角缘拉应力达到2.87MPa(1-1剖面)。相对应的情况，单孔边墩外侧拉应力仅为0.65MPa，边墩内侧拉应力为0.99MPa。

(d)双孔边墩侧向最大位移为2.38mm，如横缝灌浆，限制边墩侧向位移，则可明显降低边墩的拉应力。当限制边墩侧向最大位移为1.0mm时，2-2剖面边墩拉应力可由原来的2.75MPa降至0.13MPa。

2)材料力学方法计算应力。

采用材料力学方法计算双孔与单孔沿进水口中心平剖面部位坝体边墩结构的总体应力。计算成果表明，边墩在叠加受侧向内水压力所产生的弯曲应力后，在校核洪水工况下，计与不计截面上渗透水压力，在靠上游剖面边墩外侧边的综合应力，单孔为0.363MPa(拉)与−0.067MPa(压)，双孔为2.66MPa(拉)与2.08MPa(拉)，与三维有限元计算成果接近。

(2)进水口坝体结构配筋

三维有限元计算成果表明，从坝体结构应力情况看，两种方案都是可行的，进水口坝体无论单孔或双孔，孔顶、底及边墩拉应力均超过了混凝土许可拉应力，应按强度需要配置钢筋，拉应力未超过混凝土许可拉应力的部位，也需配置构造筋。

进水孔口周边坝体混凝土标号为R_{28}300，钢筋采用Ⅱ级钢。配筋计算按《水工钢筋混凝土结构设计规范》(SDJ 20—78)规定进行，各截面拉应力大于混凝土许可抗拉强度者，由钢筋承担，扣除的许可拉应力不超过全部拉应力面积的25%。

计算配筋时，将钢筋设计强度降低20MPa，以抵偿温度变化的安全储备。

无侧限情况下，每一钢管坝块，双孔比单孔增加钢筋129t，26台水轮发电机组共增加钢筋3354t。

尚需指出，上述应力是大坝横缝无侧限情况下的成果，如考虑横缝灌浆后横缝张开度限制为 1.0mm 的情况，应力条件可以大大改善。

3.1.2 进水口型式选定

进水口的结构型式，从水力学条件、金属结构、坝体结构应力、施工条件、运行维护条件、工程量及造价等方面进行了综合比选。分述如下：

3.1.2.1 进水口水力学条件

单、双孔进水口型式的水力学条件主要从水力损失和流态深度两方面来比较。

(1)水力损失

双孔方案进水面积大，同一过机流量情况下，进水口段的流速较单孔方案小，从流速水头考虑，无疑水力损失应减少，但由于双进水口需设中墩，水流在墩尾交汇，多 1 条流道，多 1 道门槽，流道周长较长；而单进水口则与之相反，由于体型的差异，与沿程及局部损失有关的水力损失系数，亦必然不同。两种进水口水流皆非高流速，流速水头损失差异较水力损失系数差异小，因此两种进水口型式的进口段水力损失不同，是由水力损失系数起主要作用的结果。水工模型试验不仅从概念上而且从数值上证明：双孔方案进水口段的水力损失大于单孔方案；从拦污栅至管道末端的总水力损失双孔方案也较单孔优化方案增加 6～11cm(对应不同流量)。

(2)流态深度

双孔方案虽然流速较小，但由于喇叭口高度较大，其淹没深度与单孔方案相比，没有明显的优势。由于进水口前流速大小及分布的差异，双孔方案进水口流态较单孔方案稍好，但试验证明经体型优化后的单孔方案，由于体型的优越使进水口流态与双孔方案基本相当，因此这两种方案的进水口流态和淹没特性都是良好的，在最低运行水位 135.0m 时，完全可以满足进水口设计规范对淹没深度的要求，并均具有一定的安全裕度。

3.1.2.2 进水口金属结构

(1)检修闸门在静水中启闭

单、双孔方案均采用钢滑块支承的平板闸门，在技术上均是可行的，在设计和制造方面都不存在困难。

(2)快速工作闸门为动水关闭、静水开启

单孔方案采用定轮支承的平板闸门，平均轮压 2130kN，最大轮压 2750kN。定轮采用调心滚动轴承，以适应门叶变形。轮轴采用偏心轴，以调整各定轮踏面和适应埋件的实际安装精度，保证闸门各定轮受力均匀。

单孔方案的定轮平板闸门技术上是可行的，在常规范围以内。定轮闸门由于摩擦系数小，可降低启闭机容量，简化启闭机运行条件。

双孔方案快速工作闸门因尺寸较小，可采用滑道支承，滑道支承线压强约为 2800kN/m。

滑道支承结构简单、门重轻、单价低。

检修闸门由4台坝顶门机操作，门机容量由电站排沙孔事故检修门的启闭力控制，对单、双孔方案的门机容量均可满足要求。

快速工作闸门由液压启闭机操作，单孔方案定轮闸门持住力为1500kN，启门力为2800kN；双孔方案滑道闸门持住力、启门力相应分别为2700kN、4500kN。两种方案的门机容量互有差异，制造难易度稍有差别，但技术上均是可行的。

对于闸门及启闭机工程量，双孔方案较单孔方案多。

3.1.2.3 进水口对坝体结构应力影响

单、双孔方案对坝体结构的影响主要表现在孔口应力方面。在进水口段，单进水口对坝体宽度削弱为38%，而双进水口则为52%，因而在静力作用下，同一部位的双孔方案最大拉应力为单孔方案的2倍以上；在地震荷载作用下，双孔方案的动应力较单孔方案大8%～17.8%。所以从坝体结构来说，对坝体的削弱和孔口应力条件进行比较，单孔方案优于双孔方案，而双孔方案通过增加配筋的办法也是可行的。

3.1.2.4 进水口施工及运行维护条件

在坝体施工条件方面，双孔方案除钢筋和模板量大，对施工有一定影响外，更因为门槽及液压启闭机较单孔方案多1倍，埋件及启闭机的安装工作量也多1倍，将给大坝混凝土浇筑和金属结构安装增加难度，工期也会受影响。

在电站运行及维护条件方面，单孔方案工作闸门高宽比值为1.43，虽较双孔方案闸门宽高比值2.04小，但采用单机单吊点布置，闸门是可以稳定运行的。虽然单孔方案闸门采用定轮支承，维护要求较高，但是双孔方案进口闸门多、设备多，双孔闸门在事故关闭时需达到一定的同步要求，油路和电控系统较为复杂，故障概率相对大，这些均不利于电站的安全运行。同时闸门和液压设备的维护工作量也较单孔方案多1倍。

3.1.2.5 进水口工程量及投资

单、双孔方案在投资上的差异，除孔口钢筋和模板用量外，主要是金属结构工程量差别较大。

经计算分析，双孔方案每台机组的钢筋量较单孔方案多120t，金属结构多260t，按1995年第四季度临时船闸金属结构制造投标价格，另加7%安装费计算，双孔方案每台机组较单孔方案造价高370万元以上，26台机组共增加造价9620万元。

综上所述，从水力学条件、金属结构、坝体应力、运行及施工条件、工程量和投资等方面综合论证比较，最终选择单孔小进水口型式作为三峡电站的进水口。

3.1.3 进水口结构设计

3.1.3.1 进水口结构布置

进水口底板高程108.0m，进口喇叭口长5.60m、宽11.90m、高18.62m，以半径8.55m

及半径 1.70m 的圆弧变至宽 9.20m、高 13.24m 与闸门槽相接；下接渐变段长 15.00m，轴线水平夹角 3.5°，断面由尺寸为 9.20m×13.24m（宽×高）的矩形渐变至直径 12.40m 的圆形断面。进水口结构布置见图 3.1.6。

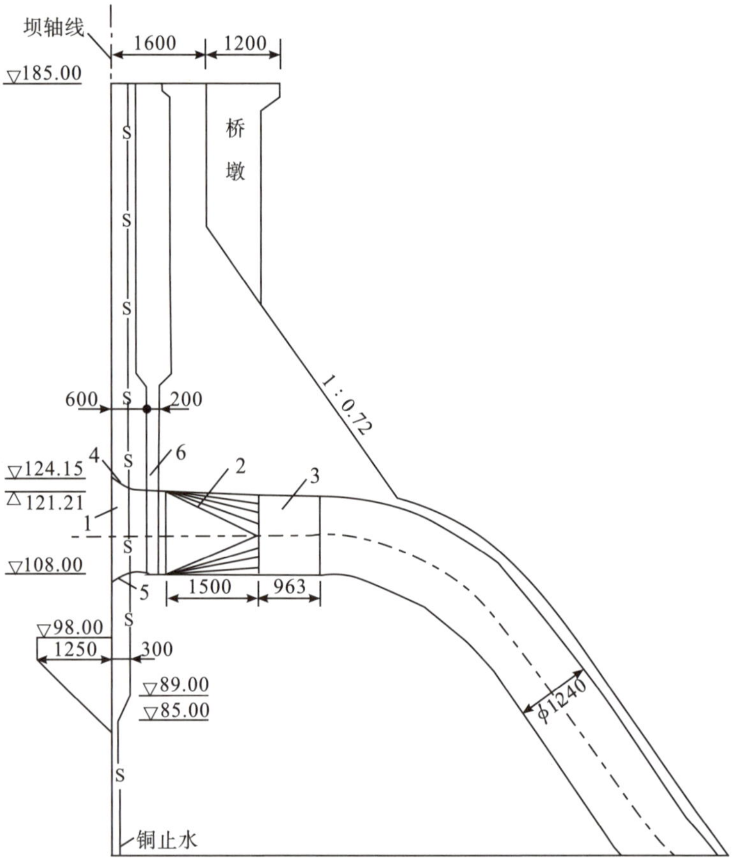

图 3.1.6 坝后电站进水口结构布置(单位:高程以 m 计,尺寸以 cm 计)

1—进口喇叭口段；2—渐变段；3—圆管段；4—半径 8.55m 圆弧；5—半径 1.70m 圆弧；6—事故检修门槽

3.1.3.2 进水口孔口应力分析

(1)计算条件及计算模型

1)计算条件。

①材料力学参数。

混凝土容重 24.5kN/m³、弹性模量 26GPa、泊松比 0.167；基岩弹性模量 30GPa、泊松比 0.22；钢衬容重 78kN/m³、弹性模量 210GPa、泊松比 0.3。

②计算荷载。

坝体混凝土自重；水荷载分为孔口内水压力，工作闸门内水压力，上、下游坝面水压力和横缝止水前侧向水压力；泥沙压力（泥沙浮容重 5kN/m³、淤沙高程 104m）。

③荷载组合。

(a)自重工况:仅计坝体混凝土自重。

(b)围堰挡水发电工况:混凝土自重+135m水位(水荷载 $H_{上}$=175.0m,$H_{下}$=62.0m)。

(c)设计工况:混凝土自重+175m水位(水荷载 $H_{上}$=175.0m,$H_{下}$=62.0m)+泥沙压力。

(d)校核工况:混凝土自重+180.4m水位(水荷载 $H_{上}$=180.4m,$H_{下}$=83.1m)+泥沙压力。

(e)检修工况:混凝土自重+175m水位检修(上游检修门关闭)+泥沙压力。

2)计算模型。

计算模型取单个长25m的钢管坝段,基础计算范围:上、下游及深度方向均取1倍坝高。根据结构的对称性,只取坝段的一半进行计算。计算模型见图3.1.5。

约束边界条件:假定基础上游垂直面为自由边界;下游垂直边界、两侧及底部为法向约束;对称面上取法向约束。

网格划分:在孔口周围网格划分较细,最小单元尺寸1m,总单元数2916,总节点数3771,方程总自由度数61003。

单元模式采用高阶位移插值形函数单元,孔口局部采用4阶插值函数,1m的网络相当于8节点等参单元中0.25m的网格尺寸。

(2)进水口孔口应力计算成果

进水口孔口应力剖面位置见图3.1.7,Ⅰ、Ⅱ、Ⅲ、Ⅳ、Ⅴ、Ⅵ剖面位置分别距坝轴线2.0m、4.0m、6.0m、10.0m、18.0m、24.0m。进水口典型剖面孔口应力计算成果见表3.1.2。

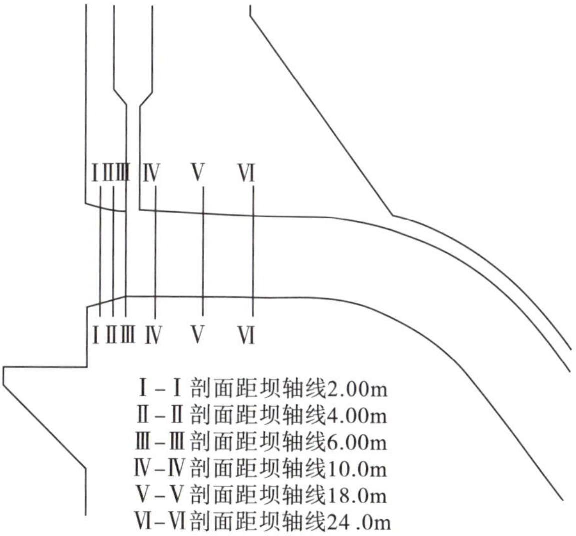

图3.1.7　进水口孔口应力剖面位置

表 3.1.2　　进水口典型剖面孔口应力计算成果

剖面	部位	特征值	自重工况	围堰发电工况	设计工况	校核工况
Ⅱ	孔顶	表面 δ_Z(MPa)	1.78	1.83	1.30	1.09
		配筋拉应力面积(MPa·m)	2.33	*2.75	2.38	2.05
		配筋拉应力深度(m)	2.00	2.30	2.50	2.40
	孔底	表面 δ_Z(MPa)	1.77	1.73	1.01	0.80
		配筋拉应力面积(MPa·m)	2.29	*2.40	1.56	0.74
		配筋拉应力深度(m)	2.00	2.10	1.90	1.00
Ⅲ	孔顶	表面 δ_Z(MPa)	1.87	1.97	1.59	1.38
		配筋拉应力面积(MPa·m)	2.49	3.07	*3.79	3.72
		配筋拉应力深度(m)	2.10	2.50	3.50	3.70
	孔底	表面 δ_Z(MPa)	1.86	1.86	1.19	0.99
		配筋拉应力面积(MPa·m)	2.59	*2.91	2.45	2.15
		配筋拉应力深度(m)	2.20	2.40	2.70	2.60
Ⅴ	孔顶	表面 δ_Z(MPa)	1.62	1.94	2.21	2.20
		配筋拉应力面积(MPa·m)	1.52	2.34	*3.79	3.95
		配筋拉应力深度(m)	1.50	2.10	3.20	3.30
	孔底	表面 δ_Z(MPa)	1.73	2.10	2.42	4.42
		配筋拉应力面积(MPa·m)	1.62	2.04	*4.37	4.63
		配筋拉应力深度(m)	1.50	1.70	3.40	3.70
Ⅵ	孔顶	表面 δ_Z(MPa)	1.45	1.86	2.64	2.77
		配筋拉应力面积(MPa·m)	1.18	1.92	*3.85	4.16
		配筋拉应力深度(m)	1.30	1.80	3.00	3.20
	孔底	表面 δ_Z(MPa)	1.56	2.07	2.88	3.00
		配筋拉应力面积(MPa·m)	1.26	2.19	*4.38	4.75
		配筋拉应力深度(m)	1.30	1.90	3.30	3.40

注:①Ⅱ、Ⅲ、Ⅴ、Ⅵ剖面分别距坝轴线 4m、6m、18m、24m;②*号表示控制工况。

由表 3.1.2 可见,自重工况下,孔顶、孔底最大 δ_Z 发生在Ⅲ剖面(胸墙下游表面),孔顶 δ_Z 为 1.87MPa,配筋拉应力区深度 2.1m(指拉应力大于混凝土容许抗拉强度的拉应力区深度),孔底 δ_Z 为 1.86MPa,配筋拉应力区深度 2.2m。

设计工况下,孔顶、孔底最大拉应力发生在Ⅵ剖面(渐变段末端),孔顶 δ_Z 为 2.64MPa,配筋拉应力区深度 3m;孔底 δ_Z 为 2.88MPa,配筋拉应力区深度 3.3m;围堰挡水发电工况配筋应力面积,在Ⅱ剖面以后小于设计工况,校核工况配筋应力面积比设计工况略大,但属特殊荷载组合。因此,电站进水口配筋由基本设计工况控制。

3.1.3.3 进水口配筋设计

电站进水口孔口部位结构混凝土标号为 $R_{28}300$，抗拉设计强度 1.75MPa，抗裂设计强度 2.1MPa。

电站进水口孔口拉应力 δ_Z 主要由施工期坝体自重荷载和运用期水荷载引起。从孔口结构型式来看，渐变段上游孔口为矩形断面，孔口跨度 9.4m，孔口拉应力 δ_Z 约 1.8MPa。渐变段孔口断面由矩形变为圆形，圆形孔口孔顶、孔底拉应力较小，约 1.5MPa。

在自重和水荷载共同作用下，孔口配筋拉应力面积最大的断面为渐变段末端，其次为胸墙下游表面，且整个电站进水口孔口拉应力值由设计工况和围堰挡水发电工况控制。

进水口孔口配筋按限裂设计，采用水工钢筋混凝土结构裂缝宽度公式计算，孔口裂缝宽度满足水工钢筋混凝土设计规范的限裂要求。

电站进水口配筋，在事故门槽前顶部布置Ⅱ级筋 3 排 ϕ40@18 钢筋，钢筋层间间距 20cm，底部布置 3 排 ϕ36@20 钢筋，层间间距同顶部，顺水流向钢筋为 ϕ28@20；渐变段顶部配置Ⅱ级筋 3 排 ϕ40@16.7，底部 4 排 ϕ40@15；两侧配筋分两段，前 13.00m 为 2 排 ϕ32@15，后 2.0m 为 2 排 ϕ36@15；管道顺水流向钢筋为 ϕ28@33.3。

3.2 引水压力管道型式及结构设计

3.2.1 引水压力管道布置

3.2.1.1 引水压力管道水力设计

三峡电站引水压力管道由进水口渐变段末端至水轮机蜗壳进口，全长约 170.0m，其水力设计主要包括经济直径及转弯半径的选择。

国内外已建电站中，引水压力管道流速一般在 8.5m/s 以下，大多在 5.0～7.0m/s，大型机组一般在 8.0m/s 以上，如伊泰普水电站为 8.66m/s，大古力第三水电厂为 8.44m/s，萨扬舒申斯克水电站为 8.1m/s。当然，确定管道流速大小的影响因素较多，有的是从管道本身的经济流速考虑，有的则是为了避免设置调压设施而适当加大了管径，有的则是因施工等其他原因而加大了管径。我国《水工设计手册·水电站建筑物》推荐的管道经济流速为 4.0～6.0m/s，美国垦务局推荐的经济流速为 6.1～9.15m/s。

压力管道经济直径的优选原则，就是要使其建设费用、维修费用和水头损失费用的总和最小。其中，水头损失费用是指由于管道的水头损失而少生产的电能费用。所有这些费用，特别是电能费用和维修费用，均随时间改变，计算条件非常复杂。

国内外有关设计手册推荐的经济直径公式形式相同，只是各系数的取值不一。我国《水工设计手册·水电站建筑物》推荐的压力管道经济直径经验公式为：

$$D=(KQ^3/H)^{1/7} \tag{3.2.1}$$

式中，K 为系数，为 5～15，常取 5.2（钢材较贵、电价较廉时取较小值）；D 为管道直径，m；Q 为管道最大设计流量，m^3/s；H 为设计水头，m。

美国垦务局推荐的经验公式为：

$$D=0.7P^{0.43}/H^{0.65} \quad (3.2.2)$$

式中，D 为管道直径，m；P 为水轮机的额定出力，kW；H 为作用于水轮机的净水头，m。

按以上两式计算出的三峡电站引水压力钢管直径分别为 12.56m、12.3m，最终选定为 12.4m，满足机组调节保证计算的要求。

压力钢管的弯段有上弯段和下弯段，国内外推荐的上下弯段转弯半径是相同的，均为不小于 2.5～3 倍的管道直径。根据国内外已建工程的统计资料，上弯段转弯半径一般较下弯段大，上弯段转弯半径一般为 $3D$，下弯段为 $2.5D$。

在大古力第三水电厂钢管转弯半径模型试验中，由于上弯段紧接进水口，其流速分布受进水口的影响较大，因此美国垦务局要求上弯段半径大些，而下弯段基本不受进水口的影响，转弯半径可以小些，但最小转弯半径仍需大于 $2.5D$～$3D$，才能使弯段水头损失较小。

大古力第三水电厂试验方案：上弯段转角为 45°，转弯半径为 48.8m($4D$)，沿程损失系数为 0.03，局部损失系数为 0.05，总损失系数为 0.08；下弯段转角为 45°，是直径 12.2～10.7m 的渐缩管，转弯半径由 30.5m 增加到 42.7m($2.3D$～$3.5D$)，总损失系数由 0.1 增加到 0.11（半径变大，沿程损失减小，反而使总损失系数增加），变化并不大，扣除由渐缩产生的损失系数约 0.03，下弯段总损失系数为 0.07～0.08。从上述情况可以看出，对于相同的弯道损失，上弯段的转弯半径就应比下弯段大。当然，弯道损失的产生是由水体在离心力作用下断面流速不均匀所致，因此较大的转弯半径和较低的管道流速，对减小水头损失是有利的。

根据三峡电站引水压力管道具体布置要求，上弯段半径为 35m（约 $2.8D$），下弯段半径为 30m（约 $2.4D$）。

3.2.1.2 引水压力管道布置

三峡电站引水压力管道特点：一是管道条数多，共 26 条；二是管道直径大，为 12.4m，HD 值达 1730m²，属超巨型压力管道。引水压力管道的布置和结构分析，已超出常规压力管道设计范围，在大坝坝体上布置时，必须考虑上述两个特点。

通常重力坝上电站引水压力管道的布置，较多采用坝内埋管型式。这种管道布置型式较经济，水头损失相对略小，且具有较高的安全度。但是压力钢管安装与坝体混凝土浇筑同步进行，容易造成相互间施工干扰。国内外在重力坝上的压力钢管也有采用背管布置型式，即进水口后的管道穿过坝体，沿下游坝面布置，如国内的五强溪水电站、巴西的伊泰普水电站、加拿大的雷维尔斯托克水电站、俄罗斯的克拉斯诺雅尔斯克水电站、吉尔吉斯斯坦的库尔普萨伊水电站等。这种布置型式可避免管道安装与坝体混凝土施工之间的干扰，还可使管道随机组投产安排逐步施工，以减少投资积压。

对三峡电站引水压力钢管的布置着重研究了以下几种布置方式。

1）坝内埋管布置方式。

2）下游坝面背管布置方式，管道布置于下游坝面之外。

3）下游坝面预留槽方式，又分为全留槽方式（管道施工安装后管截面顶部与下游坝面齐平）和半留槽方式（管道施工安装后管截面一半在下游坝面以内，一半在下游坝面以外）。

通过二、三维线性有限元分析和非线性有限元分析计算，以及仿真材料模型试验、光弹性材料模型试验、脆性材料模型试验等，表明上述3种布置型式均是可行的，且各有以下优缺点：①坝内埋管方案的优点是可节省坝体工程量，缺点是坝内埋管的安装施工与坝体混凝土浇筑相互干扰。此外，由于管径大（12.4m），但钢管所在的坝段长度受到混凝土温控和施工的限制，最大为25m，钢管坝段长与管径之比为2.01，远小于一般埋管的比值（一般大于3），埋管周围混凝土中的应力较为不利。②下游坝面背管布置对坝体没有任何削弱，但管道稍长，并增加了厂坝距离，坝体工程量有所增加；③下游坝面预留槽布置综合考虑了背管和埋管的优缺点。全留槽布置与坝内埋管布置相近，对坝体的稳定和应力削弱较大，留槽两侧的混凝土墙宽4.3m、高16.4m，受力复杂。而且为减小内水压力作用下的管道应力传至侧墙，避免侧墙开裂，需在管道与侧墙之间设置大面积的软垫层。其优点与埋管相同，可节省岸坡坝段石方开挖量和管道长度。半留槽布置方式综合了上述各种布置型式的特点，故为选用方式。

在进行引水管布置时，还需考虑坝体下游坡上高程120m施工栈桥的布置，使之不影响管道的布置和施工。为此，进水口以后的管段略带倾斜，这对上弯段的水力学条件也有利，并减小预留侧墙高度，以减少管道布置对坝体的削弱程度。经综合比较，确定采用浅预留槽布置方式，即槽深6.47m，约1/3的管体在槽内，2/3的管体外露于下游坝面。

3.2.2　引水压力管道结构

3.2.2.1　引水压力管道结构型式

（1）引水压力管道型式研究

国内外已建高水头、大直径的水电站引水压力管道逐渐增多，目前解决引水压力管道设计和施工复杂的技术问题主要采取两种途径：一是研究采用高强合金钢，研究解决合金钢、厚钢材的加工焊接等施工技术问题；二是研究采用钢衬钢筋混凝土受力管，钢衬与外包钢筋混凝土共同承担内水压力和其他荷载，用钢筋代替部分钢板，以减薄钢衬厚度，或避免使用高强合金钢而代之以普通钢材（如16Mn），解决引水管道采用高强合金钢或厚钢板施工工艺的难度。目前国内外水电站引水压力管道采用钢衬钢筋混凝土管道部分工程特征统计见表3.2.1。

表3.2.1　国内外水电站引水压力管道采用钢衬钢筋混凝土管道部分工程特征统计

工程名称	工程所在国家	坝型	坝高(m)	计算水头 H(m)	管道内径 D(m)	HD 值 (m^2)	钢衬厚度 (mm)
克拉斯诺雅尔斯克	俄罗斯	重力坝	125.0	112.0	9.3	1041.6	32～40

续表

工程名称	工程所在国家	坝型	坝高(m)	计算水头 H(m)	管道内径 D(m)	HD 值 (m^2)	钢衬厚度 (mm)
奇尔克伊	格鲁吉亚	拱坝	232.5	129.0	5.5	709.5	20
结雅	俄罗斯	支墩坝	115.0	100.0	7.8	780.0	14～16
库尔普萨伊	吉尔吉斯斯坦	重力坝	113.0	101.0	7.0	707.0	
东江	中国	拱坝	157.0		5.2	840.0	14～16
紧水滩	中国	拱坝	102.0		4.5	440.0	
李家峡	中国	拱坝	165.0		8.0	1280.0	
五强溪	中国	重力坝	87.5		11.2	820.0	
萨扬舒申斯克	俄罗斯	重力拱坝	236.0	226.0	7.5	1695.0	16～30
三峡	中国	重力坝	181.0	139.5	12.4	1730.0	28～36

苏联从20世纪60年代中期开始，对坝后式钢衬钢筋混凝土引水压力管道进行了较系统的试验和理论研究，提出了设计准则并修改了相应的设计规范。这种结构已在苏联8个已建和在建大型工程中得到应用。我国20世纪80年代建成的东江和紧水滩2座双曲薄拱坝率先采用了这种坝后背管的结构型式，管道直径分别为5.2m和4.5m。90年代建成的五强溪水电站重力坝，坝后背管为钢衬钢筋混凝土管，直径为11.2m，已与三峡电站引水压力管道直径接近。于1997年初投入运行的李家峡水电站为双曲拱坝，坝后背管也采用钢衬钢筋混凝土管，直径为8.0m。针对三峡电站钢衬钢筋混凝土管，进行了大量的、系统的试验和计算分析研究，并进行了比例尺为1∶2的平面模型试验、比例尺为1∶9的上弯段和下弯段局部范围整体模型试验，在这些模型上尝试性地进行了温度应力试验。

通过大量试验研究和原型观察资料分析，对钢衬钢筋混凝土压力引水管可得出如下结论：①钢衬钢筋混凝土管在内水压力作用下，以及在内水压力和轴向力联合作用下，无论管道混凝土是否开裂，钢衬和钢筋混凝土都能可靠地联合工作。②在设计内水压力作用下，管道混凝土一般会开裂，管道的钢筋混凝土在多条裂缝状态下工作，有利于充分发挥钢材的作用。如果在设计内水压力作用下不出现裂缝，钢材的应力将是很小的，说明混凝土的厚度过厚。③为保证钢衬钢筋混凝土管道的耐久性，对混凝土的裂缝宽度应加以限制(如小于0.3mm)。限制裂缝宽度，则要增加该部位混凝土中钢筋的含钢率，限制钢筋的应力水平。一般希望暴露于大气中的管道表面的缝宽减小，这就需要提高管道表层混凝土的含钢率，增加管道外层钢筋的数量。④管道混凝土裂缝处的各层钢筋应力比较接近，一般外层钢筋的应力略大于中、内层钢筋应力，这与裂缝宽度为外宽内窄是一致的，管道内水压力全部由钢衬和钢筋承担。⑤钢衬钢筋混凝土管有着相当高的承载能力，工作安全可靠。

(2)引水压力管道结构型式比较

三峡电站引水压力管道的背管段设计、研究并比较了两种结构型式：钢衬钢筋混凝土管和明钢管(内水压力全部由钢管承担)。明钢管的设计理论和方法简明,有规程规范可循,又有较多的工程实践经验和运行经验。明钢管方案选用 600MPa 强度级钢材,板厚 32.0～60.0mm。为避免钢管直接受日晒,减少温度影响,在钢管外包一层混凝土,厚度取 1.0m。为减小外包混凝土中由内水压力传来的作用力,在钢管与外包混凝土之间设置软垫层,如 PV 泡沫板,厚度约 30.0mm。外包混凝土中也需配置一定数量的温度钢筋和受力钢筋。钢衬钢筋混凝土管方案中钢板、钢筋选用 16Mn 材质,钢衬的厚度从上至下为 30.0～36.0mm,钢筋需配置 3 层,直径为 32.0～45.0mm,下弯段为 4 层钢筋(外层钢筋采用双筋)。

对钢衬钢筋混凝土管和明钢管两种引水管结构型式对比分析如下:

1)安全可靠性。

明钢管有成熟的设计方法及规范可循,有大量的同类型和同规模的工程实例(如巴西的伊泰普、美国的大古力第三、委内瑞拉的古里第二等水电站,其水头和管径与三峡电站相当),证明运行是安全可靠的。钢衬钢筋混凝土联合受力结构管(以下简称"联合受力管"),在俄罗斯和我国也有工程实践经验,运行也是安全可靠的。同时,针对三峡工程这种管型的试验表明,钢衬钢筋混凝土管有相当高的承载能力,加之设计中对其安全系数作了某些具体规定,使得联合受力管的总安全系数较高。存在的主要问题是联合受力管出现贯穿性裂缝对钢筋防锈蚀不利,钢筋数量过多,影响混凝土浇筑质量等。因此,要进行限裂设计,在运行中发现过宽的裂缝要进行处理,还需设法尽量减少钢筋数量并作出构造上的规定,以保证混凝土浇筑质量。对明管则是焊缝质量保证问题,对于高强度合金钢的厚板,一旦焊缝质量发生事故,其危害较大,为此,需采取各种措施,保证焊接质量,以策安全。此外,对两种管型的事故发生概率、抗震性能可采取相应措施予以解决和加强。因此,两种管型在运用上都是安全可靠的。

2)施工条件。

明管采用高强合金钢、板厚 32.0～60.0mm,在钢管制作加工、焊接及消除焊接应力等方面,与厚度 36.0mm 以内的 16Mn 钢板相比,显然是施工工艺要求高、难度大。但联合受力管钢衬外层的钢筋数量多,增加了施工的复杂性,甚至会影响混凝土的浇筑质量。此外,两者工期亦无大差别。

3)工程量与造价。

设计对两种管型的工程量比较,联合受力管与明管相比,钢材少 1.31 万 t,钢筋多 1.43 万 t,混凝土多 7.7 万 m^3,两者工程量按 1993 年 7 月价格水平,由于明管钢板需进口,因此造价略高于钢衬钢筋混凝土联合受力结构管。

4)钢材。

明管采用 600MPa 强度级的钢板,厚度达 60mm,当时国内生产不能满足数量和质量要求,需从国外进口,而联合受力管采用 16Mn 钢板,厚度在 36.0mm 以下,可立足于国内生产,质量和数量均可满足要求,不受国外条件的制约。

两种管型各有优缺点，但都可行。综合分析比较，钢衬钢筋混凝土联合受力结构管方案，两者在同一部位同时出现缺陷并都达到破坏的概率很小，万一发生事故，也不是撕裂性的突发事故，其管道的整体安全度相对较高。钢板采用 16Mn 钢板，厚度比明钢管方案薄，缓和了对高强度厚钢板的材质要求及焊接的困难，造价与明钢管方案相比可节省，在单管工期方面其施工期比明钢管方案有 1.5 个月的余地，抗地震性能较好。存在的问题是钢衬钢筋混凝土联合受力结构管道设计，目前国内尚无统一规范可以遵循，且外包钢筋混凝土在外荷载和温度变化作用下的开裂规律及裂缝对钢筋、钢衬应力的影响，尚需进一步研究。为确保水平段底部混凝土与钢衬结合紧密，以保证钢衬钢筋混凝土联合受力作用，施工需采取相应的措施。最终，确定引水压力管道的背管段（包括上、下弯段和斜直段）采用钢衬钢筋混凝土联合受力的结构型式，对穿过坝体的上斜段按坝内埋管设计，下弯段后的下水平段采用明钢管结构型式。

3.2.2.2 坝内埋管设计技术

(1)坝内埋管结构型式比较

三峡电站引水压力管道渐变段后的上斜段为坝内埋管段，其主要特点是：①坝段的长度与管道直径比值约为 2；②进水口布置较低，坝内埋管段的水头约 70.0m，由坝体应力引起的管道应力大；③由于采取下游坝面背管布置型式，在穿出下游坝面附近，长约 5.0m 的管道顶部混凝土厚度较薄，小于 5.0m。

针对上述特点，设计研究了两种埋管型式，即钢衬钢筋混凝土联合受力管道（坝内钢管直接埋设方案）和钢管外设置软垫层（坝内垫层管方案）两种结构型式。

1)坝内钢管直接埋设方案。

坝内埋管段长 25.0m，其中长约 13.0m 的管段顶部覆盖混凝土厚度大于管径 12.4m，可采用钢衬钢筋混凝土联合受力型式。另有长约 7.0m 的管段顶部覆盖混凝土的厚度在 50%管径至 100%管径，经论证亦可采用钢衬钢筋混凝土联合受力型式。坝内埋管与背管上弯段相连处长约 5.0m 的管段，其顶部混凝土厚度小于 50%的管径，考虑与背管部分的连续性，此段也按联合受力结构设计。

2)坝内垫层管方案。

沿埋管段全长设置软垫层，垫层包角 180°。由于管顶混凝土小于 50%管径的管段长仅约 5.0m，且下接下弯段，在此范围内设置垫层将影响上弯段的锚固。此外，局部应力和变形的突变对管道受力不利。

设计原则：①内水压力全部由钢衬承担，按明管允许应力要求确定钢管厚度；②按 20%内水压力传递给管周混凝土，并据此确定软垫层的厚度和力学参数；③管周混凝土承受全部坝体应力，以及 20%设计内水压力引起的拉应力，按应力图形法配筋。

钢衬厚度根据明管校核条件、钢管构造要求及上弯段钢衬的衔接确定 3 段管道的钢衬厚度分别为 30mm，32mm，34mm（含 2mm 锈蚀厚度），钢材为 16Mn。管周混凝土配筋按管顶、底配筋2排 $\phi28\sim\phi36@20$，管侧按构造配筋。

(2)坝内埋管结构型式比选

两种坝内埋管结构型式在技术上均是可行的，均有成功工程实例。

两种型式的用钢量基本相同，联合受力管钢筋用量比例大，垫层管钢板用量比例大。此外，垫层的力学参数是不稳定的，受力状况复杂，垫层的施工增加了1道工序。联合受力管由于两侧和底部的混凝土厚度大，顶部也在2.0m以上，管周混凝土大部分将不会出现开裂。

坝内埋管段下接上弯段，上弯段承受有很大的不平衡内水压力。为此，在上弯段沿径向配置了钢筋。联合受力管型式由于管壁与管周围混凝土紧贴，其摩擦力足以抵消不平衡水推力，所以联合受力管型式是有利的。从造价和施工方面考虑，联合受力管也稍有利。

因此，设计推荐采用坝内钢管直接埋设方案和钢衬钢筋混凝土联合受力结构管道。垫层管只在为满足特殊要求的条件下，保证钢管外的混凝土不开裂，才考虑采用。

(3)坝内埋管结构设计原则

1)按钢管(衬)承担全部内水压力确定管壁厚度，钢衬允许应力取 $0.9\delta_S$(δ_S 为钢材屈服强度)。

2)在管道内水压力和坝体其他荷载作用下计算钢衬和管道周围混凝土的应力，按拉应力图形法配筋。

3)对温度应力不作计算，只对混凝土的允许应力取较大安全系数，或适当降低(设计时降低20MPa)钢筋允许应力，作为对温度应力的考虑。

4)对管顶混凝土厚度小于1/2管径的管段，采用与背管段相同的设计原则。

由于此段管道位于坝体应力较大的下游区，细部设计时，局部加厚上覆混凝土厚度，用以满足抗裂要求，或在下游坝面布设钢筋网，限制裂缝开展。计算和试验表明，壁厚2.0m的混凝土管道初裂荷载为0.7MPa的内水压力($R_{28}250$ 混凝土与钢衬钢筋的配置影响不大)，这正好约为该管段的设计内水压力值。若将上覆混凝土厚度由最小2.0m加厚至2.5m，则有可能使管体混凝土不开裂。

(4)坝内埋管周围混凝土应力计算分析

坝内埋管周围混凝土的应力按三维线弹性有限元分析，在计算中，考虑钢衬(管)刚度相对较小，未模拟钢衬。坝体荷载包括上游库水压力、泥沙压力、坝体自重和压力管道内水压力等。

根据计算结果，坝内埋管周围混凝土应力分布有如下特点：

1)在埋管周围混凝土的总拉应力中，由内水压力和坝体应力作用引起的拉应力约各占一半。与一般坝内埋管相比，坝体应力荷载所占的比例大，这无疑与本埋管段布置高程低，且穿过坝体下游区有关。该区域坝体应力大，最大主应力与管轴线交角大。因此，在判断埋管周围混凝土是否开裂时不能仅根据管内水压力作用下的应力，管周混凝土的开裂特性还需借助于非线性有限元分析和仿真材料模型试验来确定。

2)设计工况下孔周拉应力范围较小，拉应力沿圆周向衰减很快。一般孔顶($\theta=90°$)、孔底(θ=−90°)拉应力最大，分别为 2.03MPa 和 2.22MPa。至 θ=±45°时，孔周拉应力衰减至 0.2～0.3MPa。管腰则为压应力，最大值为−2.28MPa。孔顶和孔底拉应力沿径向衰减较快，一般在距孔壁 3.0m 处即已衰减至 R_{28}250 混凝土允许应力范围以内。

(5)坝内埋管结构设计

1)钢衬板厚的确定。

埋管段长 14.2m，设计水头 67.9m，选用 16Mn 钢板，δ_S 为 310MPa，计算板厚为 26mm，为与坝后背管上弯段相协调，埋管段钢管管壁厚采用 28mm。

2)孔周混凝土配筋。

根据规范规定的拉应力图形法配筋，选用Ⅲ级钢筋，设计抗拉强度为 380MPa，允许应力取 210MPa。实际配筋：管顶 3 层 6ϕ36，管底 2 层 6ϕ36 加 1 层 6ϕ40；管道纵向钢筋为 ϕ28@33.3，兼承受轴向温度应力。

3)考虑管壁抗外压稳定(设计外压值 0.39MPa)，确定加劲环间距 1.0m，截面为 28mm×300mm(厚×高)。

坝内埋管结构采用结构模型试验和计算分析两种手段进行研究，在 1∶31 和 1∶5 仿真结构模型中进行了试验研究和三维有限元及非线性有限元计算，表 3.2.2 和表 3.2.3 分别列出了设计荷载下不同研究方法所得的结构应力应变值和开裂荷载。从上述成果分析可以说明：①4 种研究方法所得应力应变值有一定差异，但分布规律一致，在设计荷载下钢衬和钢筋应力都比较低。②混凝土拉应变大于或接近混凝土抗拉强度所对应的拉应变值，但混凝土都未开裂。③不同研究方法所得出的破坏荷载都比较高，与设计内压力相比，超载系数为 3.05～4.03，说明埋管周围混凝土有相当高的抗裂安全度，在设计荷载下可能不致开裂。④内压超载时裂缝最早在管顶部位发生。

表 3.2.2　坝内埋管设计荷载下不同研究方法所得的应力应变值

方法	钢材应力(MPa)				孔口边缘混凝土应变(×10^{-6})			备注
	钢材	管顶	管侧	管底	管顶	管侧	管底	
三维计算	钢衬	16.5			76	−53	72	无温度荷载
非线性计算	钢衬	43.2	−1.86	14.4				有温度荷载
	内层钢筋	37.9	−1.10	12.8				
	外层钢筋	33.5		11.0				
1∶31 结构模型试验	钢衬	14.5	−9.40	14.2	50	−49	54	无温度荷载
	内层钢筋	9.3	−8.80	12.4				
	外层钢筋	−0.6		6.9				
1∶5 结构模型试验	钢衬	12.3	−0.50	10.3	45	−14	47	无温度荷载
	内层钢筋	10.7	−3.00	11.7	98	87	66	有温度荷载

表 3.2.3　坝内埋管结构开裂荷载和裂缝特性

方法	开裂荷载	内水压超载系数	第 1 条裂缝位置
非线性计算	设计坝体荷载，设计温度荷载，超载内水压 P=2.9MPa	4.03	管顶
1∶31 结构模型试验	设计坝体荷载，超载内水压 P=2.8MPa	3.9	管顶
1∶5 结构模型试验	设计坝体荷载，设计温度荷载，超载内水压 P=2.2MP	3.05	管顶

3.2.2.3　坝下游面管道钢衬钢筋混凝土管设计技术

引水压力管道位于坝下游面管段称为背管，划分为：上弯段、斜直Ⅰ段、斜直Ⅱ段和下弯段 4 段(图 3.2.1)。背管采用钢衬钢筋混凝土联合受力结构型式。

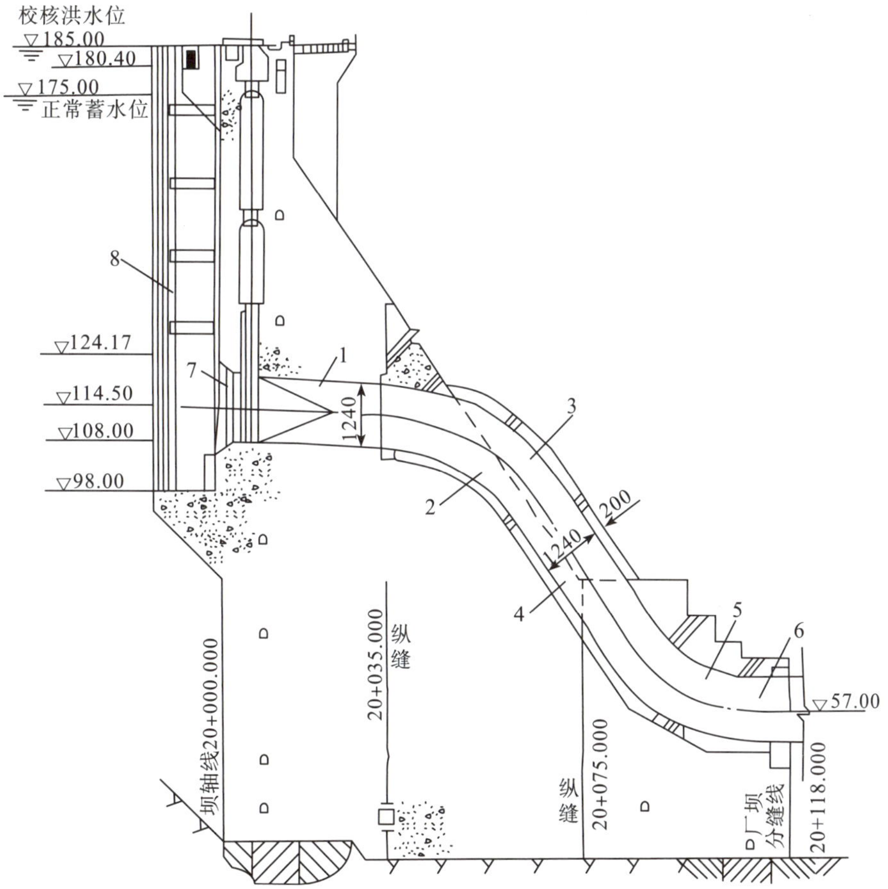

图 3.2.1　坝后电站引水压力管道布置图(单位:高程、桩号以 m 计,尺寸以 cm 计)

1—上平段;2—上弯段;3—斜直Ⅰ段;4—斜直Ⅱ段;5—下弯段;6—下平段;7—进口段;8—拦污栅

(1)设计原则

1)将钢衬钢筋混凝土作为整体承担荷载,按钢衬钢筋混凝土联合承载极限状态设计。

2)在设计内水压力作用下,允许外包钢筋混凝土开裂,对裂缝宽度适当加以限制,必要时对裂缝采取保护措施。

3)坝体与管道共同工作时,对管道形成的轴向应力由钢衬钢筋混凝土共同承担。

4)钢衬钢筋混凝土管道钢衬及钢筋的配置面积需满足式(3.2.3)要求。

$$KPR \leqslant F_g R_g + F_s \Phi \delta_s \tag{3.2.3}$$

式中,P 为设计内压;R 为管道半径;K 为总安全系数;R_g、δ_s 分别为钢筋、钢衬的设计强度;Φ 为钢衬焊缝系数,取 0.95;F_g、F_s 分别为钢筋、钢衬面积。

关于安全系数,在技术设计阶段,根据国内外的工程经验,安全系数取 2.2,后根据三峡压力管道 1∶2 大模型试验成果,以及对苏联压力管道的考察情况,对钢衬钢筋混凝土管道进行了优化设计,安全系数取 2.0。

(2)背管钢衬与外包混凝土钢筋配置

上弯段、斜直Ⅰ段、斜直Ⅱ段和下弯段各段按其末端断面进行设计。根据机组调节保证计算结果,各段设计内水压力(含水击压力)见表 3.2.4。

表 3.2.4　各管段设计内水压力值

工况	库水位(m)	上弯段(MPa)	斜直Ⅰ段(MPa)	斜直Ⅱ段(MPa)	下弯段(MPa)
设计	175.0	0.89	1.05	1.21	1.38
校核	180.4	0.95	1.11	1.27	1.44

在技术设计和招标设计阶段,管道环向受力钢筋采用Ⅱ级筋,钢筋需布置 4～5 层,直径为 36～40mm。由于层数太多不易保证混凝土施工质量,后改用Ⅲ级筋,并经论证,设计时采用Ⅲ级筋的设计强度,这样管道各段配筋均可控制为 3 层,直径为 36mm、40mm。

背管各管段钢衬厚度(已含锈蚀厚度 2mm)和环向钢筋配置见表 3.2.5。

表 3.2.5　背管各管段钢衬厚度和环向钢筋配置

管段	钢板型号	钢衬厚度(mm)	Ⅲ级钢筋配置
上弯段	16MnR	28	3ϕ36@25
斜直Ⅰ段	16MnR	30	3ϕ36@22
斜直Ⅱ段	16MnR	34	3ϕ36@19
下弯段	60kgf/mm^2	34	3ϕ40@21

(3)背管外包混凝土厚度的拟定

1)为充分发挥钢衬和钢筋的作用,管道较薄的圆环部分混凝土(对于背管来说,一般不是等圆环形的)在设计内水压力作用下总会出现若干条裂缝。少量增加外包混凝土的厚度,只能对外包混凝土的初裂荷载有所提高，但在设计荷载下混凝土仍带裂缝工作，裂缝条数虽有所减少，但缝宽有所增加，这对管道的耐久性反而不利。若将外包混凝土加得很厚，可以使之在设计内水压力作用下不产生裂缝。然而对于三峡电站引水压力管道，承受最大内水压力(1.44MPa)的管段，其混凝土厚度需加至5.0m，混凝土工程量将增加2倍。而在施工期和运行期温度荷载作用下(最大温差可达10℃左右)，仍不能保证混凝土不开裂。如五强溪水电站引水管中最后1条，还未充分运行，管道顶部已出现了裂缝。因此，一般说来，没有必要为使管道混凝土不开裂而较多地增加外包混凝土厚度。

2)试验研究表明，适当增加混凝土内的含钢率，如1%～2%，将大大改善布筋部位混凝土的抗拉性能，混凝土开裂时，裂缝的间距将减小，同时裂缝宽度也减小。因此在管道混凝土的外缘增加布筋，能达到限裂要求。从三峡电站引水压力管道1∶2平面模型看，模型混凝土厚100cm，钢筋的布置为：内缘1层，外缘2层，中间有60cm厚的素混凝土。在设计内水压力作用下，管道混凝土外缘裂缝的平均间距为27cm，缝宽0.1～0.2mm；而中间混凝土裂缝的平均间距为0.9～1.0m，缝宽大于0.3mm。这说明在配筋量一定的条件下，过多增加钢筋间的距离(即增加厚度)并无好处。苏联曾对不同配筋方式和混凝土环厚进行的试验研究表明，模型内径2.0m、混凝土环厚分别为40cm、12.8cm、8.8cm，所配钢筋面积相同，含筋率分别为0.86%、2.67%、3.89%，裂缝平均宽度分别为0.092mm、0.172mm、0.266mm，说明并非在相同配筋条件下，混凝土厚度越小，含筋率越高，裂缝宽度就越小，而且可能会出现相反的效果。另有研究表明，2层钢筋之间应有一定的间隔，间隔为钢筋直径的6～9倍，含钢率应控制在1%～2.5%。

3)钢筋之间的距离还应考虑有利于钢筋施工和混凝土浇筑，以保证施工质量。三峡电站引水管钢筋直径为36～40mm，则两层钢筋的间距应有20～40cm。这样外包混凝土的厚度可在1.0～2.0m选取。对外包混凝土厚度取0.8m、1.0m、1.5m、2.0m、3.1m五种情况，采用几种公式计算上弯段至下弯段各段内水压力作用下的裂缝宽度，当厚度为2.0m时，裂缝宽最小。

综上分析并参考有关工程实例，三峡电站引水压力管道外包混凝土厚度为2.0m，R_{28}300(施工时改为R_{28}250)。

(4)管道的断面形状

国内外已建电站引水压力管道中，钢衬钢筋混凝土背管管道的断面形状一般采用方圆形，个别将混凝土外缘部分做成多边形。这种管道在设计内水压力作用下，圆形部分的钢筋混凝土形成若干条裂缝，方形部分由于混凝土断面的加大和管坝之间刚性连接的约束作用一般不出现裂缝，这种断面的方圆形底部，即与坝体连接部分的混凝土厚度，可与圆形部分等厚，也可适当加厚，以保证管道的裂缝不向坝体发展。

由于三峡电站引水压力管道采用下游坝面浅留槽背管布置型式，设计研究以下3种管道断面型式。

1)上半部圆形、下半部局部正八边形。

这种断面型式主要是有利于留槽部分坝体应力，尽量少削弱坝体并减小角缘的应力集中，见图 3.2.2(a)。但对管道在内水压力作用下管坝应力的研究表明，为使管道周边的坝体混凝土不产生裂缝，除管底宽 6.75m 处以外，管道与坝体接触的侧边均需设置软垫层。这样管坝之间的刚性连接部分显得太少，不利于管道的整体稳定性，且管道底部混凝土断面减小，刚度也减小，拉应力将增加，不利于坝体防裂。

2)方圆形加小贴角断面。

这与一般背管的断面形状一致，只是为减小预留槽角缘处的应力集中而加一小贴角，见图 3.2.2(b)。断面底部的管坝接触宽度进一步加大，增加至 14.4m。

3)底部半圆形加倒梯形断面。

这种断面使管道底部与坝体的连接宽度增加，由 6.75m 增加为 12.4m，见图 3.2.2(c)。

从对倒梯形断面和加小贴角断面进行的有限元分析结果看，两者钢衬、钢筋、管体混凝土和坝体混凝土中的应力分布规律的数值接近，方圆形加小贴角略好，且管道底部混凝土断面的刚度有所增加。以往试验研究表明，管道底部混凝土在设计荷载下不出现裂缝。因此，管型选用方圆形加小贴角型式。

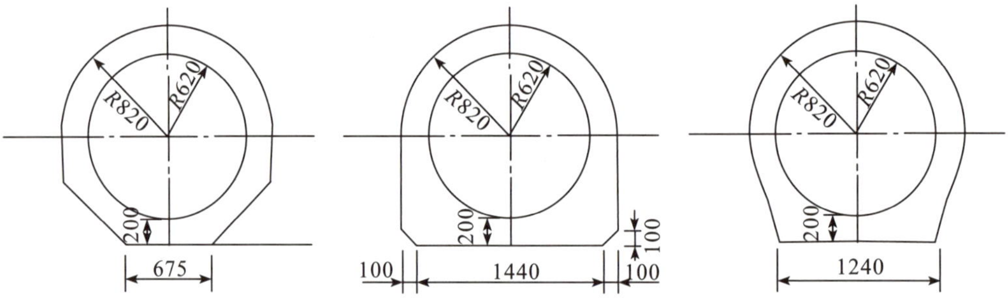

(a)半圆形加正八边形　　(b)方圆形加小贴角　　(c)半圆形加倒梯形

图 3.2.2　引水压力管道断面型式(单位:cm)

(5)背管与坝体连接

背管与坝体连接包括引水压力管道两侧与坝体间设置软垫层，上、下弯段锚固措施和引水压力管底部与坝体的连接设计。

1)引水压力管道两侧与坝体间设置软垫层。

引水压力管道和坝体的线性、非线性有限元分析表明，引水压力管道两侧与坝体间需设置软垫层，以减小管道对留槽侧墙的作用力。垫层材料为高压聚乙烯闭孔泡沫塑料 L-600，厚 30mm，变形模量为 2.4MPa，可有效防止管道两侧的坝体混凝土产生塑性区和裂缝。

采用浅留槽型式在下游坝面以内的管体部分约为 1/3，该部分混凝土一般不会开裂。因此，为简化工序，引水压力管道侧面的管坝接触面，涂上一层沥青，设置软垫层更为安全。

2)上、下弯段的受力特性与锚固措施。

上、下弯段管体是空间结构，受力复杂。主要承受两类荷载的作用：一是大坝整体变位产生的给弯管段的作用力；二是管体本身承受的内水压力，包括静水压力、水击压力、不平衡内水压力和水流离心力等。

对上弯段管道进行了三维有限元分析和仿真材料模型试验研究。试验中,先对引水压力管道、大坝进行整体分析,然后对上弯段管道进行局部分析。通过分析上弯段的应力、承载力和破坏形态,可得出如下结论:①设计荷载组合作用下,上弯段轴向应力均为压应力,各断面分布较均匀;②环向拉应力主要由内水压力产生,在设计工况下(不考虑温度荷载),上弯段混凝土处于开裂与不开裂的临界状态,超载系数大于3;③上弯段管坝结合面上法向应力分布较复杂,弯段中心角等分线上游均为压应力,其下游结合面中点区为压应力,外缘区为拉应力,最大值为0.59MPa;④上弯段管坝结合面上剪应力均指向下游,最大值达1.0MPa;⑤设计工况下,上弯段管腰部不仅环向应力大,且承受较管坝结合面更大的剪应力,处于不利的受力状态。

为不使承受剪应力和受力复杂的上弯段混凝土产生裂缝,顶部外包混凝土厚度宜适当加厚。因下弯段的受力条件也较复杂,对下弯段也应有类似的考虑,但从总体上说,下弯段受力状态较上弯段有利。

考虑到上弯段坝体受不均匀内水压力及管道温度等作用,配置上弯段径向锚固钢筋时,不计与上弯段两端相连的钢衬、钢筋混凝土的连接作用,作用力全部由锚固钢筋承担,为提高管腰的抗剪能力,钢筋穿过管腰在坝体内伸入一定深度,以起到"销栓"作用。

下弯段管体不均匀内水压力的合力指向坝体,且下弯段处的坝体变形和温度变化均较上弯段小,受力状况较上弯段好。

3)背管与坝体连接面设计。

管坝连接面设计主要根据连接面上的应力条件进行。

根据三维有限元分析,在设计荷载作用下,管坝连接面上的正应力为0.27～0.87MPa,均为压应力,最大值在下弯段。剪应力为0.02～0.70MPa,上、下弯段坝面上的剪应力指向下游,斜直段上方向相反。为保证接缝面连接牢固和具有足够的抗剪强度,对缝面采取设置键槽、布置插筋和混凝土表面凿毛等措施。

(6)背管钢衬钢筋应力复核计算

1)应力复核计算原则:①按钢衬钢筋混凝土联合承载,混凝土已径向开裂,计算钢衬钢筋应力;②计算钢筋应力时,假定钢衬与外包混凝土之间无缝隙,计算钢衬应力时,假定钢衬与混凝土之间存在初始缝隙;③假定钢衬、钢筋环向应力仅由内水压力引起,钢衬承受坝体作用的轴向应力和温度变化荷载的作用,根据三维有限元计算结果,钢衬承受的轴向力为14.8MPa,运行期温度荷载按温差16℃计;④复核计算钢衬、钢筋应力,不应超出各自的容许应力。钢筋容许应力可取320/1.65=194MPa,钢衬容许应力可取为1.05×0.55×0.95×310=170MPa。

2)钢衬、钢筋应力复核计算。

钢衬、钢筋应力的计算,将管道视为具有径向裂缝的混凝土厚壁圆环,按正交异性体处理,同时又假设:钢筋与混凝土之间完全黏结,两者变形相容,忽略泊松比影响,将管道作为轴对称结构。计算式如式(3.2.4)至式(3.2.6)。

$$J_i=(1+\frac{\delta_i}{\sum\limits_{j=i+1}^{n}}\frac{r_i+1}{r_i}+\frac{E_s}{E_c}\frac{\delta_i}{r_i}\ln\frac{r_i+1}{r_i})^{-1} \tag{3.2.4}$$

式中，J_i 为第 i 层钢环与混凝土之间的荷载传递系数；δ_i 为第 i 层钢环厚度；r_i 为钢环内半径；E_s、E_c 为钢材、混凝土弹性模量。

第 i 层钢环的环向应力：

$$\delta_{Qi}=(1-J_i)P_i\gamma_i/\delta_i \tag{3.2.5}$$

第 $i+1$ 钢环的内侧径向力：

$$P_{i+1}=J_iP_ir_i/r_{i+1} \tag{3.2.6}$$

当钢衬与混凝土间存在初始计算缝隙 Δ，设计内水压力为 ΔP_0，则钢衬的环向应力：

$$\delta_{Q衬}=\frac{E_s}{1-\mu^2}\cdot\Delta/r_1+(1-J_1)(P_0-\frac{E_s\Delta\delta_1}{(1-\mu^2)r_1^2})r_1/\delta_1 \tag{3.2.7}$$

考虑钢衬为二向应力状态，则钢衬的折算应力：

$$\delta=(\delta_{Q衬}^2+\delta_z^2-\delta_{Q衬}\delta_z)^{1/2} \tag{3.2.8}$$

式中，δ_z 为轴向应力，$\delta_z=\mu\delta_{Q衬}-\delta_z^1-\delta_t$，其中，$\delta_z^1$ 取 1.48MPa；δ_t 为温度应力，$\delta_t=Ea\Delta t$，Δt 取 16℃。

钢衬应力复核计算结果表明，各管段钢衬折算应力为 180.7～188.4MPa，满足允许应力要求。

关于钢衬与混凝土间的计算缝隙值，对于背管尚无明确规定，一般不考虑初始缝隙存在。为安全计，计算缝隙值：

$$\Delta=1.56\times10^{-5}r_1\Delta t+\Delta_1 \tag{3.2.9}$$

式中，Δ_1 为施工缝隙，取 0.2mm；Δt 为运用期温差，取 16℃。

计算所得缝隙达 1.8mm，此值偏大。

按上述的计算公式和假定，各管段钢衬、钢筋应力均能满足各自的容许应力要求。对钢衬应力，已如前面指出，由于背管是连续敷设于坝面，钢衬的轴向应力很小，折算应力（考虑二向应力）与环向应力很接近，钢筋应力则远小于允许应力。实际上，钢衬钢筋混凝土引水管联合受力的总安全系数要大于钢筋混凝土结构的安全系数，也大于明钢管规定的安全系数。

(7)背管管道温度应力分析

钢衬钢筋混凝土管道的温度应力是一个复杂的问题，在偏于安全的假定下就环向温度应力、纵向温度应力和管道后期混凝土施工对坝踵应力的影响等作如下分析。

1)运行期环向温度应力分析。

运行期环向温度应力由管内水温与管外气温差引起。

计算假定与计算方法：将管道视为由钢衬、混凝土、钢筋等组成的轴对称多层圆环，混凝土已产生若干条径向贯穿裂缝，混凝土只传递径向压力，钢衬钢筋承受环向拉力，管体温度按对数曲线分布。按平面应变问题，推求管体在内外温差作用下钢衬、钢筋应力计算式、编制计算程序。

根据水库库内水温，计算得出电站进水口处逐月平均水温，气温与水温之差最大值发生在6月、7月，为8.1℃，最小值发生在12月，为−8.5℃。据此进行温度应力和裂缝宽度计算，并与武汉水利电力大学（现为武汉大学）所作三峡钢衬钢筋混凝土压力管道大比尺平面结构模型试验成果相比较，列于表3.2.6。

表3.2.6　运行期温度应力和裂缝宽度变化（温差为−8.5℃）

温度应力及裂缝宽		钢衬	内筋	中筋	外筋
温度应力（MPa）	计算值	−4.9	−2.8	5.5	12.0
	试验值	−7	−6	13	11
裂缝宽度（0.01mm）	计算值		−0.4	0.6	1.1
	试验值		0.3	1.7	1.7

可见，计算和试验所得温度应力规律一致，数值较接近，由温差引起的裂缝宽度变化很小。

2）引水压力管道纵向温度应力及纵向钢筋。

将钢筋混凝土管道视为基础（坝体）上矩形浇筑块的温度应力处理，并作如下计算假定：①假定坝体混凝土（视为基础）保持稳定温度不变；②以管道混凝土最高温度的平均值 T_{max} 作为浇筑块的平均温度，并以此作为温度应力计算的起点（这种假定偏高，因管道尺寸相对不大，而浇筑时间又较长）；③以运行期管体混凝土最低温度平均值 T_{min} 作管道混凝土的最低温度，计算温降 $\Delta T = T_{max} - T_{min}$；④计算温度应力时，将混凝土的弹性模量乘以0.65，作为对徐变的考虑。

据此计算得出，管坝接缝处管体混凝土轴向拉应力约为1.8MPa，管顶混凝土轴向拉应力约0.9MPa。按限裂配筋设计：管道下半圆90°范围内选配 ϕ36@20，配筋率 μ=0.76%；管腰90°范围内选配 ϕ32@20，μ=0.6%；管顶90°范围内选配 ϕ28@20，μ=0.46%。以上配筋率均满足受拉构件最小配筋率要求。

3）引水压力管道后期浇筑混凝土对坝体应力的影响。

由于大坝混凝土先期施工，预留背管浅槽，背管混凝土后期施工，因此背管混凝土施工时，假定大坝预留槽附近区域的混凝土已接近稳定温度场，坝体混凝土与管道混道土之间存在相对温差，引起温度应力。为分析背管混凝土与上弯段合拢之前，管体混凝土收缩对坝踵应力的影响，将问题做如下简化处理：①计算简化为重力坝下游坝面平行加高分期施工，按《水工设计手册·混凝土坝》建议的简化计算方法，将温降应力转化为作用在合拢断面的边界力 M、X、Y；②假定坝体已降至稳定温度保持不变，将管体各段的最高温度平均值与合拢时的月平均气温之差作为计算温降。按施工进度安排，管道施工一般从10月开始到次年7—8月施工完毕，可认为合拢时间为8月。

根据上述假定计算，管体混凝土的温度收缩对坝踵产生的拉应力不到0.01MPa，其影响可忽略。

(8)岸坡坝段管道基岩槽开挖形状

岸坡坝段电站引水压力管道的设计与河床坝段相同,采用钢衬钢筋混凝土管道,管道敷设在开挖成的基岩槽内。本节主要讨论基岩槽的开挖形状。

基岩槽的开挖形状底部定为八边形(部分),这样可节省开挖量。坝基岩体下游面的开挖形状研究了 3 种方式:①下游基岩坡面与引水管底面齐平;②下游基岩坡面与大坝下游面齐平;③下游基岩坡面与引水管顶面齐平。对以上 3 种开挖方式进行了平面非线性有限元分析,结果如下:开挖方式①,混凝土与基岩的应力情况见图 3.2.3(Ⅰ),混凝土开裂深度约 2m,开裂区宽度约 4m;开挖方式②,基岩应力及塑性区见图 3.2.3(Ⅱ),塑性区深约 3m,宽约 5m;开挖方式③,基岩应力及塑性区见图 3.2.3(Ⅲ)。由图可见,多保留基岩可使基岩内的塑性区大为缩小,对管道之间的岩体是有利的;当 1 管充水运行、1 管无水检修时,基岩内应力和塑性区情况见图 3.2.4(a),塑性区深约 2m,宽约 4m,略大于相邻管道同时充水工况。若在混凝土管侧面加设一软垫层,则基岩内拉应力大为减小,不再出现塑性区,见图 3.2.4(b)。

根据上述计算成果,并考虑到管槽之间的岩体宽约 22m,适当多预保留基岩对坝基有利,岸坡坝段基岩内存在有缓倾角结构面,多留基岩也有利于抗滑稳定。因此,采用开挖方式③,即管槽间基岩下游开挖坡面与引水压力管顶面齐平。

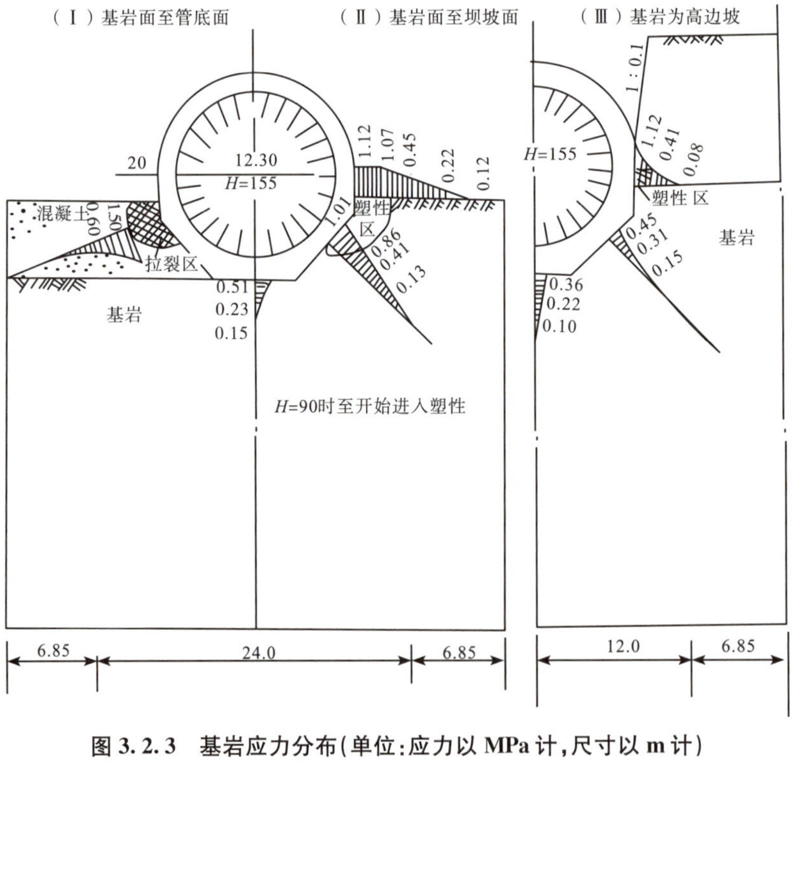

图 3.2.3 基岩应力分布(单位:应力以 MPa 计,尺寸以 m 计)

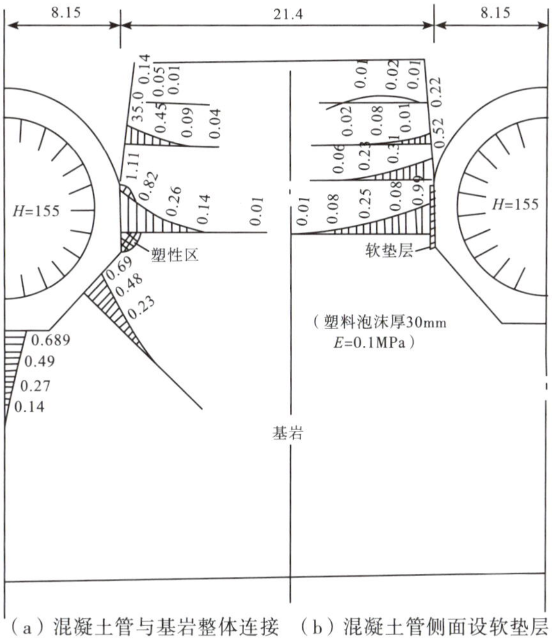

（a）混凝土管与基岩整体连接　（b）混凝土管侧面设软垫层

图 3.2.4　1 管充水运行、1 管无水检修时的基岩应力分布（单位：应力以 MPa 计，尺寸以 m 计）

(9)上、下弯段锚固设计

1)上弯段锚固设计。

设计中考虑了不平衡内水压力、温度应力、自重 3 种荷载。在实际配筋中，以上弯段中心处分为上、下两部分，上半部分总的径向推力合力约 250kN/m，仅需构造配筋 2×34ϕ40@33.3，下半部分总的径向推力合力约 1620kN/m，配 2×56ϕ40@25。

2)下弯段锚固设计。

槽面只需设键槽，并按构造设置插筋。在岸坡坝段锚筋采用 ϕ25@200，按梅花形布置，锚筋插入岩槽 3.0m，伸入管道混凝土 1.0m。在河床坝段插筋也采用 ϕ25@200 并按梅花形布置，插入坝体 3.5m，伸入管道混凝土 1.0m。

(10)背管抗震性能分析

钢衬钢筋混凝土背管段与大坝刚性连接，且敷设在预留浅槽内，管道本身具有刚度大的特点，对管道的抗震是有利的。计算和模型试验研究表明，在地震荷载作用下，管道结构的振动形态与大坝结构的振动模态一致，管壁应力以轴向应力为主，环向应力较小。上弯段与下游坝面交接处为薄弱部位，最大动应力为 0.8MPa。管坝结合面的动应力很小。坝后引水管的钢衬外包（较厚的钢筋混凝土管），大大增强了管道的刚度，且与坝体连续刚性连接，能提高抗震性能（包括抗地震和抗流激振动）。

3.2.3　引水压力管道伸缩节

3.2.3.1　引水压力管道厂坝间设置伸缩节研究

三峡电站进水口为坝式进口，每台机组为单管引水，最大引用流量 966.4m^3/s；钢管内径 12.4m，设计最大水头(计及水锤升值)139.5m；机组安装高程 57.0m；钢管采用坝下游坡浅留槽坝面管布置，管轴线平行坝坡，距坝面 1.73m，钢管全长 122.6m；下弯管弯曲半径 30.0m，弯角 54.25°，钢管末端距机组中心线(X 轴)13.2m。

厂房、大坝各按独立结构设计，厂坝间设有温度沉陷缝。一般情况下厂坝连接处的钢管均要设置伸缩节，以适应各种荷载作用下产生的钢管轴向变位、竖向不均匀沉降及相对转角。设置伸缩节不仅使工程投资和运行费用增加，对于三峡这样的巨型管道，伸缩节的制造、安装以及运行期的止水等技术问题也很突出。

(1)厂、坝接缝处位移量分析

厂房与大坝间的水平位移和不均匀沉陷值是由温度变化和不同的荷载条件所引起的。厂坝间分缝处的初始温度，考虑了大坝和厂房施工形成缝面时的各自温度，左厂 1～6 号坝段施工期最高温度为 26～36℃。由于大坝尺寸很大，施工期自然散热的作用可忽略不计，因此取上述温度为大坝初始温度。厂房该部位基本脱离基础约束区，设计选择最不利的夏季浇筑混凝土的最高温度为其初始温度，其值为 38℃。

大坝、厂房经过施工期和运行期散热，各自降至其稳定温度状态。厂坝分缝处温度水平变位(张开度变化)主要取决于大坝和厂房各自初始温度降至大坝稳定温度和厂房运行期最低温度的量值。

大坝稳定温度在该区为 15.2～16.1℃，对厂房分析了一般结构厚度在施工期、运行期的最低温度，其控制条件为运行期，电站运行期最低温度为 11～12℃。

起控制作用的大坝温度水平变位温度降低值，常规混凝土岸坡坝段为 10.4～19.4℃，起控制作用的电厂温度水平变位温度降低值为 26～27℃。

根据上述温度条件，考虑了上游水位 135.0m、156.0m、175.0m 不同工况，分别计算了岸坡坝段及河床坝段的变位值，以及厂房的变位值。在 57.0m 高程处的水平相对位移值为 5.10～9.13mm，厂坝间不均匀沉陷值最小为 0.03mm，一般为 0.7mm，最大可达 3.09mm。

(2)钢管应力计算

下水平段钢管按明管设计，选用 60kg/mm^2 强度级钢板，根据规范计算的容许应力值为 177MPa。钢板厚度为 54mm，如果不设伸缩节，该段钢管要承受厂坝间沿钢管轴向的水平相对位移、垂直相对不均匀沉陷产生的附加应力和温度变化(12℃)产生的应力，以及钢管自重、水重和内水压力作用下所产生的应力。假定长度 8.0m 的钢管两端分别被固定在大坝和厂房(大体积混凝土)上，计算得出的应力为 299.71～351.91MPa，显然采用 54mm 厚的 60kg/mm^2 级钢板不能满足允许应力要求。

由上述位移和应力值成果，厂坝间压力钢管以设伸缩节为宜，是否可在部分坝段或特定条件下取消，视具体情况另行研究。

(3)伸缩节型式研究

伸缩节直接关系到引水压力钢管的安全可靠性，其型式选择至关重要，借鉴国内外水电站引水压力钢管采用的伸缩节型式，设计研究比较3种结构型式。

1)单向伸缩节，又称为套筒式温度伸缩节。它只能适应钢管轴向的位移，而微量的不均匀沉陷，靠套筒承环与管壁来适应。丹江口电站厂坝间伸缩节(内径7.5m)、隔河岩电站钢管上伸缩节(内径8.0m)均为这种型式。

2)双向伸缩节，又称为温度—沉陷伸缩节。它除了可以适应比较大的沿钢管轴向位移外，还可以适应比较大的垂直不均匀沉陷。清江隔河岩电站压力钢管厂坝间分缝处设有这种伸缩节。对这种大型的双向伸缩节，国内制造、安装均有成功经验，但制造复杂，费用高。

3)内接式伸缩节，可以适应一定量的轴向位移及垂直向位移。三峡大坝、厂房基础好，不均匀沉陷量小，温度产生的轴向位移量不是很大，采用这种伸缩节在结构上是可行的，但与前两种伸缩节相比较，国内尚无可供参考的经验，还需要进一步研究。

经对上述3种伸缩节型式的比较，说明内接式伸缩节具有一定的优越性，可作为推荐方案，但这种型式的伸缩节在国内尚未制造过，还有许多问题需要落实。单向伸缩节在国内已有较成熟的设计制造经验，可作为备用方案。

3.2.3.2　引水压力钢管厂坝间取消伸缩节，采用垫层管方案研究

引水压力钢管厂坝间可否取消伸缩节，采用垫层管替代，主要取决于垫层管两端的相对位移值所产生的钢管应力是否在允许应力的范围内。为验证伸缩节的安全可靠性，三峡总公司组织有关科研单位，对三峡电站厂坝间相对位移值和垫层管应力值进行了复核计算。

中国水利水电科学研究院、大连理工大学、长江科学院承担复核计算工作。岸坡坝段和河床坝段各取一个代表性坝段，用三维非线性有限元对大坝、厂房和垫层管的相互作用进行仿真计算，复核垫层管的两端相对位移和钢管应力。

(1)复核计算的主要参数

1)垫层管合拢时间和主要荷载。

合拢时间：左厂1～6号岸坡坝段垫层管按“先合拢后蓄水”，左厂7～14号河床坝段垫层管按“先蓄水(135m水位)后合拢”考虑。

2)垫层管合拢后的温度荷载。

合拢时间分别按春、夏、秋、冬四个季节进行复核计算，分析温度荷载对相对位移和钢管应力的影响，以便选择有利的合拢时段。

3)垫层参数。

垫层厚度为50mm，变形模量为2.4MPa，计算时不计泊松比值。

4)蜗壳与混凝土间的摩擦力，按$f=0.5$计，不计黏聚力($c=0$)。

5)基岩和混凝土的变形模量值。

岸坡坝段，坝基岩石$E_0=15$GPa，建基面以下7.5m和钢管槽周围10.0m的岩石$E_0=10$GPa，厂房基岩$E_0=26$GPa。

河床坝段，坝基岩石$E_0=15$GPa，厂房基岩$E_0=30$GPa。

大坝混凝土 E_0＝26GPa，厂房混凝土 E_0＝33GPa。

6）蜗壳保压浇筑混凝土水头 70.0m。

7）考虑三峡工程混凝土采用的中热水泥 MgO 含量较高，计算不考虑混凝土自身体积变化的影响。

8）计算中垫层管长按 10m 计算，其中坝内长 5.8m（位于上游副厂房下），主厂房内长 4.2m，垫层在钢管外围 360°全包，10m 垫层管分 4 段：坝内 5.8m，穿厂房上游墙 4.2m 可分为Ⅰ期混凝土穿墙段 2.2m 和Ⅲ期混凝土 2.0m 段，以及墙体下游侧至蜗壳进口的 1.1m 段，垫层管位置见图 3.2.5 与图 3.2.6。

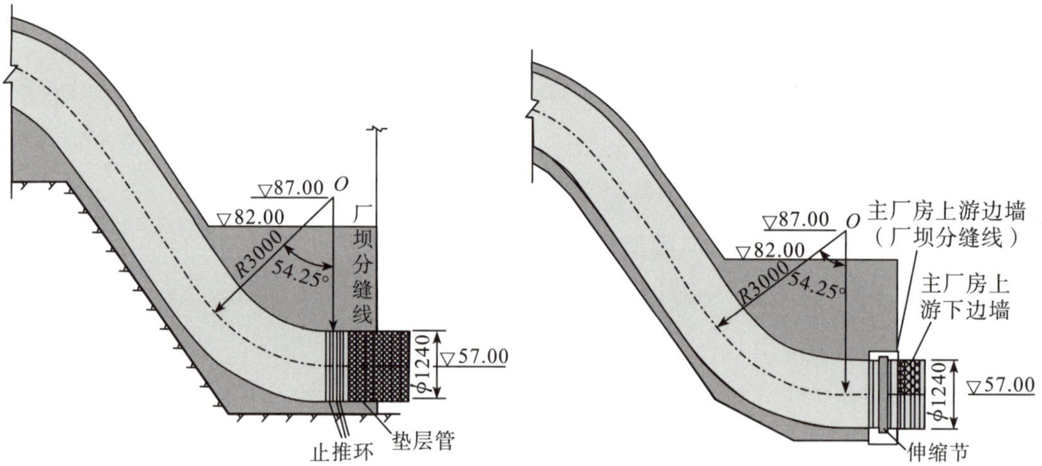

图 3.2.5 垫层管取代伸缩节位置（单位：高程以 m 计，尺寸以 cm 计）

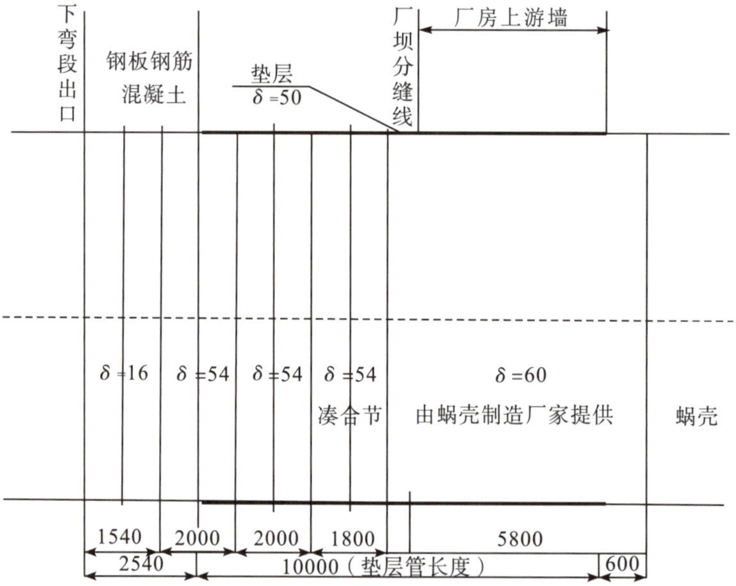

图 3.2.6 取消伸缩节后垫层管布置（单位：mm）

(2)基本计算模型

1)三维有限元整体结构模型。

岸坡坝段的建基面取高程 90m,河床坝段取高程 25m,岩基上、下游侧及深度方向各取 1 倍坝高。基岩上游侧自由,横河向与下游侧基岩法向约束,坝体段、厂房侧面分缝视为自由面。

厂坝分缝计算模型如下。

岸坡坝段:高程 50m 以下已进行接缝灌浆。

河床坝段:①厂坝间分缝面设软垫层,按不传力考虑,但厂房下部高程 25m 以下混凝土与上游基础接触面传力;②厂坝间分缝面高程 50m 以上不传力,高程 50m 以下仅传递推力,不传拉力和剪力。

2)垫层管计算模型。

垫层管长按 10m 计算,其中坝体内长 5.8m(位于上游副厂房下),主厂房内长 4.2m(穿厂房上游墙)。垫层在钢管外围 360°全包,10m 长垫层管上、下游端均设止推环。

在计算过程中,先在三维有限元整体模型中算出垫层管(10m 长)两端的相对位移,而后取出垫层管脱离体进行钢管、垫层、外围混凝土结构联合受力的应力计算。

引水压力钢管与蜗壳结构、垫层管钢管的三维有限元计算网格分别见图 3.2.7、图 3.2.8。

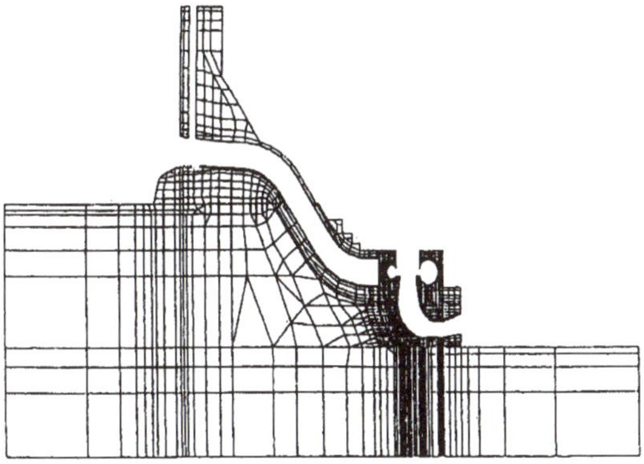

图 3.2.7 引水压力钢管与蜗壳结构三维有限元计算网格

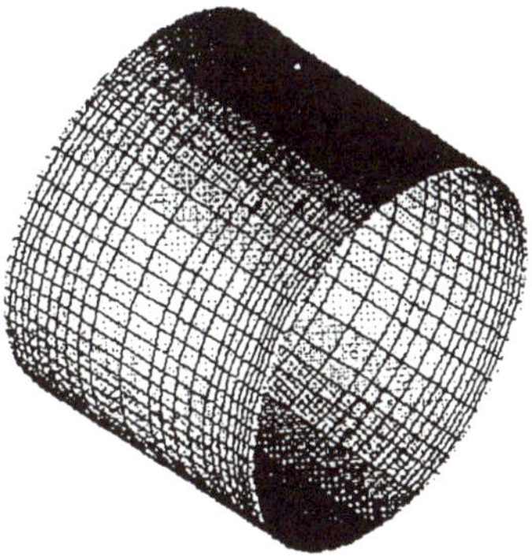

图 3.2.8 垫层管钢管三维有限元计算网格

(3)复核计算成果

复核计算垫层管顶上、下游两端相对位移差值和垫层管的最大组合应力分别见表 3.2.7 和表 3.2.8。

表 3.2.7　　10m 长垫层管的两端相对位移差值　　（单位：mm）

部位	工况		长江科学院			大连理工大学—中国水利水电科学研究院		
			顺河向 ΔU	横河向 ΔV	垂直向 ΔW	顺河向 ΔU	横河向 ΔV	垂直向 ΔW
岸坡坝段	常规荷载					1.47(顶)	−0.42	−0.39
	温度作用	凑合节夏天合拢				0.15	−0.27	−1.29
		凑合节冬天合拢				1.81	0.21	−0.90
	组合	凑合节夏天合拢	1.21	−0.29	0.32	1.62	−0.69	−1.68
		凑合节冬天合拢	1.79	−1.15	−0.77	3.28	−0.21	−1.29
河床坝段	常规荷载		3.80	−0.21	−1.79	3.27	−0.52	−1.18
	温度作用	凑合节夏天合拢	0.02	−0.17	0.82	0.31	−0.32	−1.64
		凑合节冬天合拢	0.96	−0.84	−0.09	2.97	0.03	−2.43
	组合	凑合节夏天合拢	3.82	−0.38	−0.97	3.58	−0.84	−2.82
		凑合节冬天合拢	4.76	−1.05	−1.88	6.24	−0.49	−3.61

注：①位移差 Δ=上游端位移−下游端位移；②顺河向位移向下游为正，横河向位移向左岸为正，垂直向位移向上为正；③计算不考虑预留环缝，河床坝段厂坝接缝不考虑传力。

表 3.2.8　　10m 长垫层管最大组合应力值　　（单位：MPa）

部位	工况		长江科学院						大连理工大学——中国水利水电科学研究院					
			膜应力区			局部应力区			膜应力区			局部应力区		
			轴向 δ_x	环向 δ_6	组合 δ_e	轴向 δ_x	环向 δ_6	组合 δ_e	轴向 δ_x	环向 δ_6	组合 δ_e	轴向 δ_x	环向 δ_6	组合 δ_e
岸坡坝段	常规荷载								30	135.0		29	142	
	温度作用	凑合节夏天合拢							−21	−0.2		−23	−14	
		凑合节冬天合拢							−78	−0.5		−87	−36	
	组合	凑合节夏天合拢	−15	157	151	−244	106	251			134			143
		凑合节冬天合拢	−73	159	192	−373	99	330			175			184
河床坝段	常规荷载		−43	158	180	−346	96	308	−46	130.0	154	−54	142	178
	温度作用	凑合节夏天合拢	−13	0	19	−48	2	44	−25.0	−0.2		−28	−15	
		凑合节冬天合拢	−76	2	77	−140	−10	121	−99	−25		−111	−37	
	组合	凑合节夏天合拢	−68	159	188	−331	100	297			170			185
		凑合节冬天合拢	−134	159	243	−447	88	398			235			248

注：①轴向、环向应力正值为拉，负值为压；②计算不考虑预留环缝，河床坝段厂坝接缝不考虑传力；③应力计算中，长江科学院不考虑垫层传力作用，大连理工大学—中国水利水电科学研究院考虑垫层传力作用。

从表3.2.7及表3.2.8可以看出，三家单位计算结果规律基本一致。数据方面，常规荷载下的位移差和膜应力值接近，温度荷载下的位移差和应力值相差稍大。

设计根据我国有关规范拟定垫层管的允许应力在膜应力区为230MPa，在局部应力区为365MPa。据此，对上述计算结果进行判别，可见：岸坡坝段垫层管的应力在各种工况下均满足要求，完全可以用垫层管代替伸缩节，河床坝段除凑合节冬天合拢、夏季运行时垫层管最大组合应力略超过允许值外，其他工况均满足要求。对这种略超过允许值的工况，若采用适当措施，使应力值降到允许值以下，也有条件采用垫层管取代伸缩节。

(4)引水压力钢管厂坝间取消伸缩节采用的结构措施研究

根据长江科学院和大连理工大学—中国水利水电科学研究院的计算成果进行分析，引水压力钢管厂坝间取消伸缩节而采用垫层管替代后，需采用相应的结构措施：

1)计算成果表明，在上游副厂房下方设预留环缝，可以等待有利时机进行合拢，但对施工带来不便，是否设置预留环缝可根据施工条件等综合考虑确定。当不设预留环缝时，蜗壳进水口上游端附近闷头切除处设置的凑合节焊缝，可作为垫层管的合拢焊缝。

2)对于不设预留环缝的情况，三家单位计算成果都表明：岸坡坝段不论春、夏、秋、冬四季进行合拢焊接，垫层管的应力均不超过允许应力值。而河床坝段的垫层管则对合拢时间有一定的要求：在上、下游端均设止推环的情况下，应在气温较高的春、夏、秋季合拢，如需在气温较低的冬季合拢时，要求创造人工小气候条件，适当提高环境温度。

3)在垫层管和钢管结合处设止推环，虽然对垫层管应力稍有提高，但有利于制约蜗壳在运行期的位移和扭转，增加蜗壳的稳定性，因此建议在蜗壳进口设止推环。

4)关于垫层管的长度，各单位的计算成果都表明，10m长的垫层管无论对岸坡坝段还是河床坝段，其应力水平基本满足设计要求。但12m长的垫层管，其应力值可比10m长的垫层管减少10%左右。因此在有条件时，垫层管的长度宜适当加长。

5)关于厂坝间分缝面的处理，计算结果都表明，采用传压(但不传拉应力和剪应力)的接触方式，可以减少垫层管应力和轴向位移，因此，河床坝段钢管取消伸缩节时，在高程51m下，尽可能采用厂坝连接传压方式。

3.2.3.3 两岸坝段引水压力钢管厂坝间取消伸缩节设置垫层管

设计综合分析各科研单位对引水压力钢管厂坝连接处位移和应力复核计算的成果，岸坡坝段左岸厂房1～6号坝段和右岸厂房24～26号坝段最大平均相对位移为：管轴向2.29mm(压缩变形)、坝轴向1.29mm、竖向0.93mm。岸坡坝段钢管冬季合拢时，中段最大等效应力为237MPa，端部最大等效应力为357MPa，其他季节合拢情况下，中段等效应力不超过253MPa，端部等效应力不超过330MPa，在春、夏、秋、冬四季进行合拢焊接，钢管的应力均不超过允许应力值。确定两岸岸坡坝段引水压力管道厂坝间取消伸缩节，设置垫层管适应厂坝连接处的轴向变位和径向变位，垫层管在轴向变位和径向变位中，相对于外围混凝土可以自由变位。

垫层管长 10m，按明管设计，管壁厚度为 60mm，材质为 600MPa 级钢板，与相邻下弯段材质相同。垫层材料为聚乙烯闭孔泡沫塑料 L-600，变形模量为 2.4MPa，厚度 50mm，垫层将钢管全包(360°)。钢管合拢焊缝为对接“X”形坡口，内外双面焊，焊接后浇筑外围钢筋混凝土。外围钢筋混凝土按全水头设计，安全系数不小于 1.0。

3.2.3.4 河床坝段引水压力钢管厂坝间设置伸缩节

各科研单位对引水压力钢管厂坝连接处位移和应力复核的计算成果表明，河床坝段左岸厂房 7～14 号坝段和右岸厂房 15～23 号坝段最大平均相对位移为：管轴向 5.26mm(压缩变形)、坝轴向 1.35mm、竖向 2.36mm。河床坝段钢管夏季合拢时，中段最大等效应力为 221MPa，端部最大等效应力为 309MPa，其他季节合拢情况下，中段等效应力超过 253MPa，端部等效应力超过 368MPa。河床坝段 7～23 号引水压力钢管厂坝间设置垫层管工作条件相对复杂，除夏季合拢条件尚可满足允许应力要求外，其他时间合拢均超过允许应力，而在现有条件下，提出加长垫层管、提高垫层管允许应力和营造垫层管段合拢小气候以及厂坝间填缝等工程措施和技术保障措施尚难以落实，并有可能导致技术条件进一步复杂化。左岸电站机组制造厂家 VGS 水电公司基于蜗壳应力条件提出的变形控制要求，采用垫层管方案不能满足，只有设置伸缩节管才能满足要求。经综合分析比较，确定河床坝段 7～23 号引水压力钢管厂坝间设置伸缩节。

(1)伸缩节型式选择

研究比较了常规套筒式单向伸缩节、加设内波纹水封的单向套筒伸缩节、加设内波纹水封的套筒式伸缩节和新型伸缩节(内接式、“Ω”形波纹伸缩节)等，推荐加设内波纹水封的套筒式伸缩节(图 3.2.9)，即在常规套筒式伸缩节套筒内加设不锈钢制成的波纹形钢水封(图 3.2.10)，其套筒部分和波纹水封系统可单独满足强度、刚度、稳定性、变形疲劳寿命及封水不漏水等要求。伸缩节长 2.2m，重 75t，与常规套筒式伸缩节相比，由于在自由伸缩部位增设波纹管，因此解决了伸缩节漏水问题。

(2)伸缩节设计技术

1)伸缩节设计计算参数。

①荷载和伸缩节室两端相对位移：内水压力 1.4MPa；顺水流向最大相对位移 15mm；径向最大相对位移 5mm；顺水流向循环相对位移 10mm；径向循环相对位移 3mm；循环次数 1000。

②温度条件：水温变幅 17℃；气温变幅 23℃。

③伸缩节管段内水流流速及压力脉动频率：最大引用流量 $1020m^3/s$；相应流速 8.5m/s；压力脉动频率 10～50Hz。

④伸缩节周边材料。

(a)外围混凝土：弹性模量 26GPa；泊松比 0.167；线膨胀系数 0.85×10^{-5}/℃。

(b)垫层：厚度 30mm；弹性模量 2.4MPa。

(c)与伸缩节相接的上、下游钢管：材料(JIS 标准)SUMITEN610F；屈服极限(δ_s)460MPa；强度极限(δ_b)600～720MPa；弹性模量 210GPa；泊松比 0.3；线膨胀系数 1.2×10^{-5}/℃；上游钢管壁厚 54mm；下游钢管壁厚 58mm。

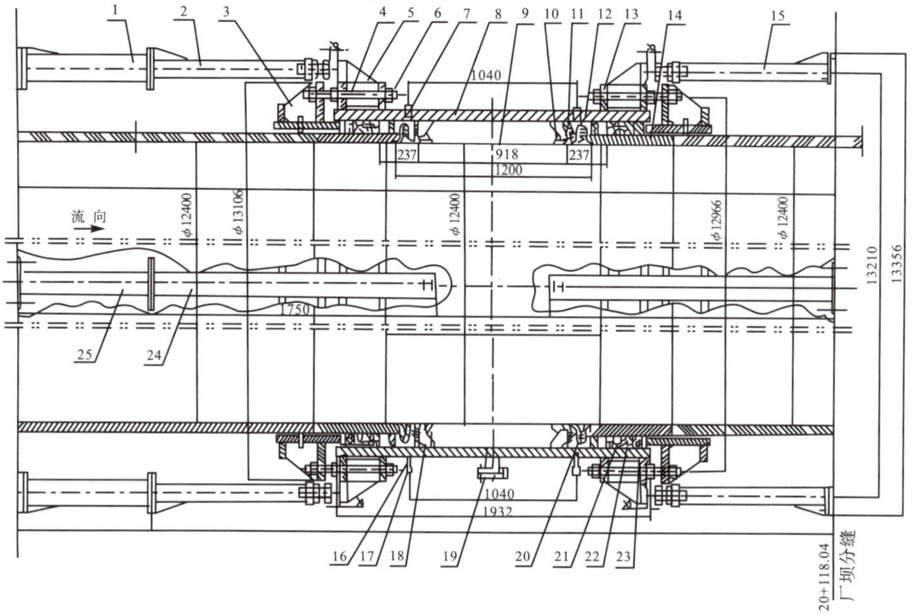

图 3.2.9 伸缩节组装(单位：桩号以 m 计，尺寸以 cm 计)

1—上游限位支座；2—上游限位杆组件；3—密封圈压环；4—双头螺栓；5—固定环；6—密封圈挡环；7—堵头 1；8—外套竹；9—导流板；10—导流板支承；11—端环；12—波纹管；13—加强环；14—内套竹；15—下游限位杆组件；16—波纹管漏水信号接头；17—堵头 2；18—端环加强板；19—排水孔组件；20—弹性填料；21～23—密封圈；24—支座 1；25—支座 2

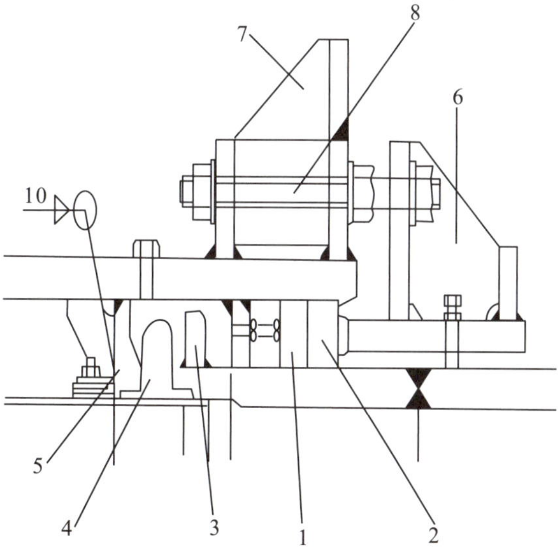

图 3.2.10 伸缩节橡胶密封和波纹管密封止水结构

1—中间密封圈；2—两侧密封圈；3—加强环；4—弹性填料；5—端环；7—限位挡块阻件；8—双头螺

2)设计计算方法。

①套筒式伸缩节强度计算采用常规工程设计方法，主要设计依据为《水电站压力钢管设计规范(试行)》(SD 144—85)、《水电站机电设计手册(金属结构·二)》和《水电站压力钢管伸缩节计算方法》。

②波纹水封设计采用应力分析设计和有限元计算两种方法。

应力分析设计主要依据为《金属波纹管膨胀节通用技术条件》(GB/T 12777—1999)，并参考《压力容器波形膨胀节》(GB 16749—1997)、《美国膨胀节制造商协会标准》(EJMA—1998)。

有限元计算采用大型商用软件 NASTRAN，并按 ADMEVⅢ-2 篇进行强度和疲劳寿命评定。

③伸缩节的其他构件、焊接节点、防腐等设计，按照国家及部颁标准及规范进行设计。

④伸缩节对伸缩节检修室两端墙处钢管的影响(应力、变形)采用有限元计算方法。计算采用大型商用软件 NASTRAN，并按 ADMEVⅢ-2 篇和《水电站压力钢管设计规范(试行)》(SD 144—85)进行强度评定。

3)伸缩节的材料特性。

加设内波纹水封的套管式伸缩节的材料特性如下：

①内套管、外套管、加强环、端环。

(a)材料：SUMITEN610F。

(b)机械性能：$E=210$GPa，$\delta_s=460$MPa，$\delta_b=600\sim720$MPa。

(c)泊松比=0.3，线膨胀系数=1.2×10^{-5}/℃。

(d)内套管壁厚 58mm，外套管壁厚 60mm。

②压圈、法兰等受力结构件。

(a)材料：Q345B。

(b)机械性能：$E=210$GPa，$\sigma_s=295$MPa，$\sigma_b=470\sim620$MPa。

(c)壁厚：40mm。

③波纹水封。

(a)材料：SUS316L。

(b)机械性能：$E=195$GPa，$\sigma_{0.2}=177$MPa，$\sigma_b=480$MPa，线膨胀系数=1.6×10^{-5}/℃。

(c)壁厚 1.5mm×5。

④普通橡胶水封填料。技术特性：拉伸强度 10～15MPa；肖氏硬度：50～60；延伸率：400%～500%；在−40～+40℃温度下工作不发生冻裂或硬化。

⑤遇水膨胀橡胶。

技术特性：拉伸强度≥4MPa；遇水后体积膨胀率≥200%；肖氏硬度：40±5；延伸率：650%。

在模拟工况条件下压缩应力为 1.2MPa 时，根据试验测得，水封填料对内、外套接触压力为 1.205～1.208MPa，干摩擦系数为 0.920，湿摩擦系数为 0.355。

4）波纹管水封系统及其与套筒系统之间位移协调。

波纹管水封采用带加强的“U”形波纹管，复式自由型膨胀结构，波纹管内填充可平衡水压的弹性发泡材料用于阻沙，并可在波纹管内积沙。波纹水封与中间外套管共用，波纹管水封长度 $L_u=1200$mm，单侧波数为 1 个波。

当内套管内直径 $D_1=12400$mm，壁厚 $t=58$mm，外套管内直径 $D_2=12676$mm，橡胶填料层厚度 $H=80$mm，波纹管水封长度 $L_u=1200$mm，两侧填料层中心距离 $L=1662$m 时，套筒系统在变位后发生的尺寸关系变化见表 3.2.9。

表 3.2.9 套筒系统在变位后发生的尺寸关系变化

位移分配（mm）	$X_1+X_2=0$	$X_1+X_2/2=12.5$（两侧均匀分配）	$X_1+X_2=25$（集中在一侧）	转角(°)
$Y_1+Y_2/2=4$（上下平均分配）	$B=15.2$	$B=27.7$	$B=40.2$	0.138
$Y_1+Y_2=6.5$	$B=24.6$	$B=37.1$	$B=49.6$	0.224
$Y_1+Y_2=8$（集中在一侧）	$B=30.3$	$B=42.8$	$B=55.3$	0.276

由于外套管在伸缩节位移时发生了转角和单侧滑移（当伸缩节垂直变位时，上、下两侧的滑移量最大），为了使内部的波纹水封系统不至于和其发生干涉，从安全考虑，在波纹水封的两端外侧预留滑移长度，当中间外套管较长时，其转角较小，单侧滑移长度也较短，在几何变形上是比较有利的。

为减少由两侧橡胶填料压紧后摩擦力不均造成波纹管水封两侧轴向位移分配不均匀对套筒系统的影响，结构上采取了限位措施。

由于一次性位移 X_1 为压缩性位移，采取限位措施后，伸缩节可供安装调节的余量为：拉伸 0～20mm。

5）套筒式填料密封系统。

伸缩节套筒式填料密封系统采用复式结构，以满足变位要求。

①组合式填料层。

组合式填料层两侧采用普通橡胶，并在橡胶和内套管接触的层面上复合聚四氟乙烯层，以减少该层面上的摩擦阻力。填料层中间采用遇水膨胀橡胶，该材料已广泛应用于隧道、地铁等场合，是一种大尺寸构件永久性止水的有效材料。一旦波纹水封失效，为了使填料密封尽快投入运行，在靠内水一侧的普通橡胶层上设有若干导水孔，使遇水膨胀橡胶有更大的遇水接触面积，加快其遇水膨胀速度。普通橡胶盘根与遇水膨胀橡胶盘根相间布置，当波纹水封正常工作时，可减小伸缩节轴向变位时的摩阻力，并可以方便水封填料的安装。

在各填料层中均预埋有若干螺母，可供拆卸水封填料使用。

②压圈、法兰和内外套管组件。

由压圈、法兰、内套管、外套管和紧固件组成的填料压紧结构，是一种比较成熟的典型套筒式伸缩节结构。压圈和法兰材料采用 Q345B，为双法兰结构，整个结构的各部件强度按材料力学的设计方法进行设计计算。

③波纹水封泄漏检测。

在位于波纹水封和水封填料之间的外套管上布置测压孔，当波纹水封或其与套筒连接焊缝破坏时，可通过压力表监测泄漏情况，取得事故信号。测压孔兼作伸缩节水压试验的加压孔。

(3)伸缩节运用情况

2006 年 1 月机组冬修期间，检修发现左岸厂房 7 号坝段和 12 号坝段引水压力钢管伸缩节导流板部分槽形板连接螺栓断裂，个别连接焊缝出现开裂等现象。随即对导流板开裂焊缝进行焊补，将连接螺栓更换为 M16 8.8 级镀锌螺栓。2006 年 11 月机组冬修期间，检修发现左岸厂房 12 号坝段引水压力钢管伸缩节导流板螺栓连接情况完好，仅在槽形板与导流板的焊缝连接处出现断裂，个别出现撕裂。初步分析认为，2006 年 1 月更换螺栓后，振动产生的交变应力转移到焊缝上，振动引起的高周应力疲劳造成焊缝产生裂纹。

2006—2007 年冬修对左岸厂房坝段 7～14 号引水压力钢管伸缩节导流板连接螺栓全部更换为 M16 8.8 级镀锌螺栓，单条裂纹尾部打止裂孔，裂纹处开坡口焊补磨平后，焊加强板，腰线以下部位 3/4 的平压孔加装封板，其余 1/4 平压孔直径改为 30～50mm，右下侧的导流板上设置顺水流向的加强筋，所有导流板的连接支架上两侧加焊加强板。右岸厂房坝段 15～23 号引水压力钢管伸缩节导流板在安装时已将上游侧平压板全部用盲板封堵，下游侧用盲板和直径 30mm 的孔板间隔封堵，导流板连接螺栓采用 M18 1Cr13 螺栓。

2007—2008 年冬修检查发现左岸厂房坝段 12 号、13 号引水压力钢管伸缩节腰线以上导流板出现裂纹（腰线以上平压孔未封堵），螺栓均未发现断裂。经研究，对伸缩节导流板腰线以上平压孔，上游侧全部用盲板封堵，下游侧用盲板和直径 30mm 的孔板间隔封堵，裂纹焊补。检修发现，右岸厂房坝段 17 号、18 号、20 号、21 号、22 号引水压力钢管伸缩导流板部分连接螺栓断裂，随即进行了更换。

2008—2009 年冬修检查发现左岸厂房坝段 8 号、11 号引水压力钢管伸缩节导流板再现裂缝等缺陷。随即对 8 号、11 号引水压力钢管伸缩节导流板腰线以上平压孔，上游侧全部用盲板封堵，下游侧用盲板和直径 30mm 的孔板间隔封堵，裂纹焊补。检修发现，右岸厂房坝段引水压力钢管伸缩节导流板又有部分连接螺栓断裂，对导流板连接螺栓由 M18 1Cr13 螺栓全部更换为 M18 8.8 级内六角螺栓。

2009 年 9 月检测发现右岸电站 22 号机组运行振动较大，检修人员对 22 号机组开蜗壳门检查，发现 6 块伸缩节导流板有 3 板脱落，卡在固定导叶部位，另有 2 块已严重变形，处于悬挂状态，1 块完整未脱落。经研究将原大导流板改为小板（每块大板改为 15 块小板），在端环加强板上焊接梯形梁,导流板通过螺栓与梯形梁连接。针对22号引水压力钢管伸缩节导流板脱落问题,结合机组检修,对右岸厂房坝段15号引水压力钢管伸缩节、左岸厂房坝段9~14号引水压力钢管伸缩节进行了检查,均未发现异常。为保证伸缩节导流板运行安全,2009年10月9日,三峡总公司组织相关单位专家,对三峡电站引水压力钢管伸缩节导流板处理进行了研讨,决定对其他引水压力钢管伸缩节导流板进行加固处理,其加固方案为:在每块导流板的环向增加4个一字梁(长300mm),2个布置在每块导流板的两端,另外2个沿导流板圆周以20°角均布,同时对所有导流板的连接螺栓进行防松动处理。

2010年1月29日,左岸厂房坝段9号引水压力钢管伸缩节导流板加固完成后,在压力钢管充水过程中出现漏水现象,漏水点位置为上游侧内、外套管与橡胶密封之间。初步分析认为,漏水现象由伸缩节波纹管焊缝裂纹所致。根据制造厂家中国华电电站装备工程(集团)总公司的处理意见,对伸缩节外套管上游侧橡胶密封圈螺栓进行全面调整,使橡胶密封均匀压缩,压缩量为7mm,经处理后该伸缩节渗漏呈滴渗状态。其他引水压力钢管伸缩节未发现渗漏。

3.3 蜗壳埋设方式及结构设计

3.3.1 蜗壳埋设方式研究

三峡电站单机容量700MW,蜗壳 *HD* 值高(1773m·m),受力条件复杂,其埋设方式直接影响结构安全性、机组运行稳定性、厂房动态特性等,成为电站厂房设计中的关键技术问题之一。蜗壳的埋设方式有直接埋设方式、垫层埋设方式和保压埋设方式,后两种方法蜗壳外围混凝土承担较小比例的内水压力,直接埋设方式蜗壳外围混凝土承担较大比例的内水压力,需配置较多的钢筋。在三峡总公司的大力支持下,长江设计院对蜗壳埋设方式进行了深入的研究,并委托大连理工大学、长江科学院、中国水利水电科学研究院、武汉大学、河海大学、哈尔滨电机厂有限责任公司(以下简称"哈电")、东方电气集团东方电机股份有限责任公司(以下简称"东电")分别参与了蜗壳外围混凝土结构动力及静力计算分析、仿真模型试验、垫层埋设方式和保压埋设方式流道的刚度及强度复核计算等工作,长江设计院对蜗壳3种埋设方式进行跟踪监测,将监测成果与设计计算值进行了对比分析。

3.3.1.1 保压埋设方式

通常将钢蜗壳视为压力容器,根据其设计、安装规范,钢蜗壳按明管设计,并对在现场焊接成型的钢蜗壳进行1~1.5倍设计压力的打压试验,以检验其焊接质量及局部削减焊接应力。在完成对钢蜗壳的质量检测之后,再在50%~90%设计压力状态下浇筑外围混凝土,即蜗壳保压埋设方式。

(1)保压水头

保压埋设方式的保压水头,是指在蜗壳外围混凝土浇筑过程中,钢蜗壳中心高程处的静压水头，三峡电站机组中心高程为 57.0m。三峡工程分期蓄水，分 3 阶段逐步抬高运行水位：围堰挡水发电期，运行水位 135.0m，蜗壳静压水头 78.0m；初期运行期，夏季水位 135.0m，蜗壳静压水头 78.0m，冬季运行水位 156.0m，蜗壳静压水头 99.0m；正常运行期，夏季水位 145.0m，蜗壳静压水头 88.0m，冬季运行水位 175.0m，蜗壳静压水头 118.0m。围堰挡水发电期和初期运行期时间较短，不作为保压水头选择的依据。正常运行期长期的运行水位是保压水头选择的依据。为保证机组安全稳定运行，保压水头的选择应保证机组在长期运行的水头范围内，钢蜗壳与混凝土能大部分紧密接触，提高整体刚度，兼顾短期运行的工况，并应尽量发挥蜗壳的承载能力，减少混凝土承载比，使混凝土配筋合理，节省造价。为此选择正常运行期蜗壳最小静压水头的 80%（88.0m×0.8＝70.4m）作为保压水头，最终保压水头选用 70.0m。

(2)保温保压浇筑蜗壳外围混凝土

研究表明，蜗壳内水温的变化对其变形较敏感，经计算，水温升高 1℃，相当于蜗壳内水头增加约 2.0m。三峡坝址冬季最低水温为 9℃左右，夏季最高水温为 26℃左右，相差 17℃。蜗壳外围混凝土浇筑时间需 4～5 个月，且需全年施工，蜗壳外围混凝土施工时其内水温与机组运行时蜗壳水温存在差值，此差值影响内水压力的大小。为此，在蜗壳外围混凝土浇筑时，视蜗壳内水温的变化，通过调节蜗壳内压力或水温的办法来解决该问题，即在蜗壳充水浇筑外围混凝土过程中，需同时控制蜗壳内的水压值和蜗壳内的水温。三峡电站机组蜗壳的容积约 6000m^3，长江设计院开发了一套由蜗壳闷头、座环密封环、承压式电热水锅炉、循环水泵、测温装置、加压泵、膨胀水箱及补水箱等组成的保温保压装置，水温低时可加温，水温高时可降温或调降蜗壳内水压力。蜗壳外围混凝土浇筑过程中，将蜗壳内水温控制在 16～22℃范围内，并成功对蜗壳内水压力实施了控制。

(3)蜗壳外围混凝土结构设计

三峡电站机组蜗壳外围混凝土结构几何形态复杂，采用线弹性三维模型进行静力分析。在计算模型及范围的选取、边界条件模拟、机组荷载作用等方面均作一些假定。

1)计算模型。

选取一个机组段，左右界面为机组分缝，宽 38.3m，上下游界面由厂坝分缝至主厂房下游墙下游面，长 39.0m，高程界面由水轮机层 67.0m 至尾水管锥管层 40.0m，高 27.0m。计算模型范围立体分布有交通操作廊道、锥管进人廊道、水轮井进人廊道、接力器坑、楼梯竖井及吊物孔等空腔。

计算模型包括蜗壳进口段压力钢管蜗壳、座环（上下环板及固定导叶）及外围混凝土等结构。其中，压力钢管敷软垫层，并通过垫层传递径向力。钢蜗壳与混凝土间直接传递径向力及切向摩擦力。模型下边界为固端约束，其他界面为自由边界。压力钢管为水平约束。

钢构件材料参数：$E=210\text{GPa}$，$\mu=0.3$，$\gamma=78.5\text{kN/m}^3$；混凝土材料参数：$E=28.5\text{GPa}$，$\mu=0.1667$，$\gamma=25.0\text{kN/m}^3$；垫层材料参数：$E=2.5\text{MPa}$。

2)设计荷载。

蜗壳保压浇筑完外围混凝土并卸压后,钢蜗壳与混凝土之间存在初始间隙,假设机组运行蜗壳充水至保压水头时,该初始间隙完全闭合,超过保压水头部分由钢蜗壳与混凝土共同承担。蜗壳设计水头 139.5m,保压水头 70.0m 由钢蜗壳承担,剩余 69.5m 水头由蜗壳与混凝土共同承担。

作用在结构上的荷载有:设计水头与保压水头之差 69.5m,发电机定子重 1400t,下机架支座传递的作用力 5800t,水轮机层荷载 $2t/m^2$,模型自重及水轮机层以上结构自重等。计算未考虑温度荷载的影响(包括保压水温的影响)。

3)蜗壳外围混凝土结构设计。

鉴于蜗壳外围混凝土结构的应力状态较为复杂,其混凝土结构设计是按弹性状态下各截面的主拉应力图形面积确定配筋数量。

当主拉应力图形偏离线性分布较大时,采用式(3.3.1)计算钢筋用量。

$$A_g = k_g \times T / R_g \tag{3.3.1}$$

式中:k_g 为受拉钢筋的强度安全系数。T 为钢筋承担的拉应力合力,当截面宽度为 b 时,$T=\omega_1 \times b$,其中,ω_1 为拉应力图形面积中扣除应力小于混凝土许可拉应力$[R_1]$后的图形面积,但扣除部分的面积不宜超过全部拉应力图形面积的 25%(《水工混凝土结构设计规范》(SL/T 191—96)中为 30%);$[R_1]=R_1/K_h$,K_h 为混凝土结构的抗拉强度安全系数。R_g 为钢筋许用应力。

当应力图形受力区高度大于或等于应力图形总高度的 2/3 时,应按受拉区应力图形的全部面积计算钢筋用量。

按三维线弹性有限元计算结果可知,应按受拉区应力图形的全部面积计算钢筋用量。钢筋的配置方式应根据应力分布图形及结构的特点并视具体拉应力分布情况而定,一般配置在蜗壳外缘拉应力较大的区域,在拉应力较小的范围内相对地减少钢筋量。所配置的钢筋既要满足结构受力的要求,同时要尽可能地做到方便施工。

4)座环径向柔度分析。

在三峡电站左岸厂房蜗壳外围混凝土结构设计过程中,机组制造商 ALSTOM 曾要求土建设计提供座环、蜗壳及混凝土整体结构的柔度值,并以此来说明当机组运行时,座环、蜗壳及混凝土整体结构的刚度是否能保证机组的稳定运行。机组制造商根据巴西伊泰普电站的经验,认为座环的最大柔度不能超过 $0.22\mu m/kN$,三峡电站要求其值在 $0.05 \sim 0.22\mu m/kN$ 且更接近 $0.05\mu m/kN$ 为宜。

ALSTOM 提供了三峡机组水导轴承水平径向力作用在座环上环板上的径向力的分布图(图 3.3.1)及 24 个作用点、力的大小和方向(表 3.3.1)。作用力的合力为 10kN,x 轴的方向在其作用的座环上环板平面上是任意的。据此,设计对蜗壳与外围混凝土结构完全贴紧状态下的整体结构进行了三维线弹性分析,计算出座环的最大柔度为 $0.038\mu m/kN$。

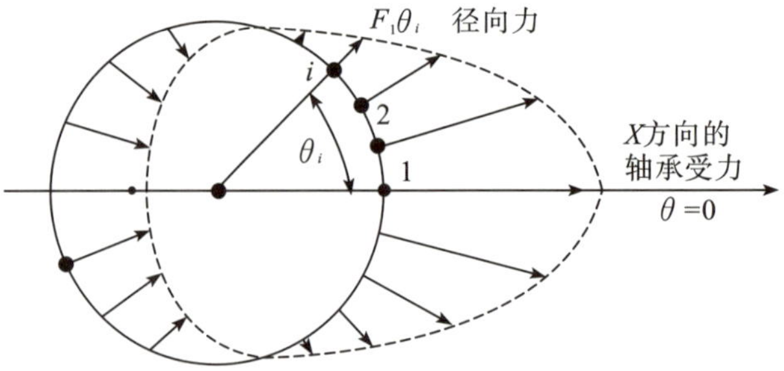

图 3.3.1 机组水导轴承作用力引起的作用在座环上的受力分布

表 3.3.1 座环各作用点上的径向力

作用点	角度(°)	径向力(N)	作用点	角度(°)	径向力(N)	作用点	角度(°)	径向力(N)
1	0	1188	9	120	−541	17	240	−541
2	15	1052	10	135	−563	18	255	−456
3	30	869	11	150	−552	19	270	−286
4	45	598	12	165	−530	20	285	−30
5	60	281	13	180	−571	21	300	281
6	75	−30	14	195	−530	22	315	598
7	90	−286	15	210	−552	23	330	869
8	105	−456	16	225	−563	24	345	1052

(4)保压埋入方式对蜗壳外围混凝土结构的影响因素

1)蜗壳边界条件改变。

蜗壳外围混凝土保压浇筑过程中，保压阶段蜗壳进口端和座环内侧分别装有闷头和座环密封圈，这时蜗壳的变形与机组运行时有差别。蜗壳各种工况下变形见图 3.3.2。

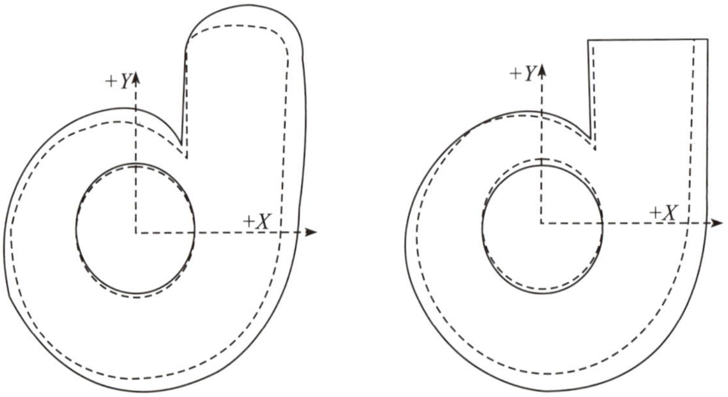

(a)保压浇筑混凝土蜗壳变形　(b)运行时蜗壳变形

图 3.3.2 蜗壳各种工况下变形

保压时蜗壳支承在支墩上，闷头平衡了蜗向水推力，钢蜗壳整体趋向上游变形，进口段整体趋向外侧变形，闷头约束了进口段的膨胀变形。混凝土浇筑完成，蜗壳卸压后其变形基本恢复到保压前状态，而混凝土结构内轮廓已按蜗壳保压时的变形状态形成。

机组运行时，在水推力作用下，钢蜗壳整体趋向下游变形，而下游混凝土结构内轮廓逐渐变小，使得蜗壳过早地与混凝土结构贴紧，混凝土结构实际承受的内水压力将比计算值大，在混凝土结构设计中应考虑这个不利因素。

2)保压水温的影响。

三峡机组蜗壳直径大，水温对蜗壳的径向变形影响较大，水温变化1℃相当于保压水头变化2.18m的效果。三峡天然河段各月平均水温的最大温差为17℃，大约相当于37.0m水头。如果直接抽取天然河水按70.0m水头充水保压，理论上将出现这样一种情况：冬季施工的机组，夏季运行水头33.0m时蜗壳与混凝土便贴紧；夏季施工的机组，冬季运行水头107.0m时蜗壳与混凝土才贴紧。由于保压水头为70.0m，蜗壳与混凝土联合承担水头也约70.0m，温差引起的水头变化均超过50%，无论对混凝土结构受力，还是对机组稳定运行，都有很大的影响。因此，必须采取措施减小这种影响。为此研究过水头补偿和水温补偿两种措施。水头补偿就是随着水温的变化调节保压水头，冬季施工采用33.0m的保压水头，夏季施工采用107.0m的保压水头。由于闷头布置在主厂房内，布置空间限制了闷头高度，设计水头107.0m的闷头设计及布置相当困难。另外，考虑加压设备的选择和调节水箱布置场地的困难，最终采用了水温补偿措施。

水温补偿的目的是调节蜗壳钢板的温度，控制蜗壳的变形。保压浇筑混凝土历时5个月，水温不仅受充水温度影响，还受混凝土水化热影响，水温传递快，调节水温对蜗壳温度影响更直接。机组引水处多年平均水温18℃左右，将保温水温控制在16～22℃范围内。冬季浇筑蜗壳混凝土时，蜗壳内压力水需要加温，夏季需要降温。实际保压水头控制在(70.0±1.0)m，保压水温控制在(21±1)℃，即为保温保压浇筑蜗壳外围混凝土。

3.3.1.2　垫层埋设方式

钢蜗壳外围一定范围敷设软垫层浇筑混凝土的方式称为垫层埋设方式。该方式可充分发挥钢蜗壳的承载能力，使蜗壳外围混凝土结构受力较为合理，软垫层对蜗壳具有一定的约束作用，可吸收蜗壳振动位移，减小混凝土结构的振动荷载。

(1)弹性垫层材料选择

垫层材料有聚苯乙烯泡沫板、聚乙烯泡沫板、软木、油毡、羊毛织物等。这些材料均属非线性材料，且用作垫层各自存在一些缺点。根据三峡电站机组蜗壳外围敷设垫层浇筑混凝土的埋设方式对垫层材料各参数的要求，经比较后选用高压聚乙烯闭孔泡沫板(PE)。因为该种材料相对其他垫层材料具有复原率高、耐气候性、耐化学药品性、耐老化性、环保性、无吸水性等优点。

高压聚乙烯闭孔泡沫板仍属非线性高分子聚合材料，它在受到压缩荷载作用的过程中，其应力与应变相关曲线上每点的切线斜率均会发生改变，其弹性模量是个变数。垫层埋设方式在进行三维有限元线弹性分析计算中,垫层厚度 30mm,计算中假定垫层材料的弹性模量为 2.5MPa,为此要求实际所使用的垫层材料从应变的初始值至最大值之间的平均压缩变形模量应在 2.5MPa 左右,才能使实际结构中所产生的应力、应变值与理论计算值比较接近。根据实际垫层材料抽样检测结果来看,该材料符合此要求。

由于该垫层材料为低发泡闭孔泡沫板,其吸水率很低。可以避免造成混凝土施工时水分大量侵入垫层材料中,而发生改变其压缩性能的不利情况(实际应用时,垫层材料与蜗壳之间还设有排水槽和排水管)。

由于蜗壳内水压力是变化的,尤其是在机组检修放空后,再充水发电的反复加载,要求垫层材料有很好的复原性。尽管根据垫层材料生产厂商提供的资料表明,该材料在 25%压缩变形时的复原率可达 97.3%,而一般垫层材料在压缩变形较小时也有 70%～80%的复原率,但压缩变形超过 50%后,有的复原率很低,有的几乎不能产生回弹变形。设计要求所使用的垫层材料在产生 50%的压缩变形后仍能有近 90%的复原率,作为选择三峡电站所使用的垫层材料的重要指标。

在三维有限元计算分析中,计算结果表明,蜗壳外围混凝土结构采用垫层埋设方式,蜗壳的局部最大变形量为 8～9mm,30mm 的垫层厚度最大压缩变形率小于 30%。但由于该材料永久变形的存在,且在反复加载过程中逐渐积累,有一定的不可恢复量,使机组在运行中反复加载若干年后再检修时,蜗壳与垫层间的间隙会逐渐加大。也就是说,机组经过检修再运行时,在蜗壳内水压力的作用下,蜗壳将先产生一定的局部自由变形,然后才与垫层材料接触,此情形与保压方案的原理相似。虽然短时间有间隙存在,但经过一定量的局部自由变形后的蜗壳将更多地分担一部分内水压力,垫层材料受到的压缩应力将减小,这使得以后垫层材料的永久变形率逐渐变小,最终将维持在一个动态的平衡状态。蜗壳在此状态下虽然有可能更多地承担内水压力,但由于蜗壳是按在自由变形状态下承担 100%设计水头的条件设计的,蜗壳本身的安全不存在问题。而且由于垫层也只是在局部范围内布设,在不敷设垫层的范围,蜗壳外围混凝土是直埋的,混凝土结构对蜗壳仍有很大的约束作用。由垫层永久变形产生的蜗壳拉应力增量也有限,不会超出其在自由变形状态下承担 100%设计水头时的拉应力允许值,且仍有较大的安全系数。此外,蜗壳及其外围混凝土结构的自振频率在此情况下降低有限,因此,整体结构无论动态还是静态依然是安全的。

(2)垫层敷设范围

机组运行荷载中,蜗壳切向水推力、顶盖垂直水压力及水导轴承径向力等荷载,应能直接传递到混凝土整体结构中,才能有利于机组安全稳定运行。这些荷载大多通过座环、蜗壳传递给混凝土,需要加强座环及附近范围混凝土的约束作用。实际上由于蜗壳、机坑里衬的布置,座环顶部的混凝土往往相当单薄,布置钢筋也相当困难,因此在座环上环板与蜗壳连接处一定范围内不能敷设垫层,且考虑到此范围内混凝土受力非常复杂,采取提高混凝土标号的方法来解决该部位混凝土结构的承载能力。经分析,右岸电站采用垫层埋设方式的机组,距机坑里衬 2～2.5m 水平距离范围的蜗壳顶部不敷设垫层(图 3.3.3),并将该部位的混凝土标号由原 250 号提高到 400 号(一般为蜗壳顶高程以下),以确保混凝土结构对蜗壳及座环的约束作用,以改善过渡板附近的受力。

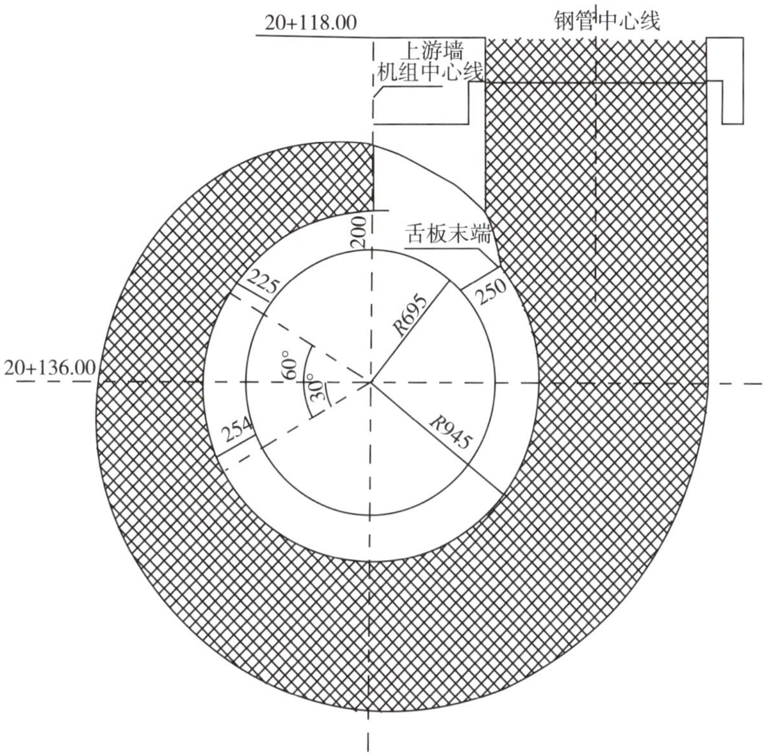

图 3.3.3　垫层敷设范围(单位:桩号以 m 计,尺寸以 cm 计)

敷设垫层的目的是改善混凝土结构受力,垫层敷设的范围除控制混凝土承担的总内压外,还需改善混凝土结构关键部位的受力状态,但为了利于机组稳定运行,敷设范围也需有所限制。混凝土结构最单薄的断面往往在蜗壳中心高程外侧,即蜗壳腰部,因此垫层敷设范围往往控制在蜗壳腰部附近。

对垫层埋设方式研究了垫层敷设至蜗壳腰部及腰部上下 1～2m 范围共 5 种方案,采用轴对称模型进行有限元计算,计算时取垫层弹性模量 2.5MPa,垫层厚度 3cm。方案 1,垫层敷设至腰线以上 2m 处;方案 2,垫层敷设至腰线以上 1m 处;方案 3,垫层敷设至腰线处;方案 4,垫层敷设至腰线以下 1m 处;方案 5,垫层敷设至腰线以下 2m 处。

计算模型及特征点见图 3.3.4,混凝土特征点环向应力计算结果见表 3.3.2。

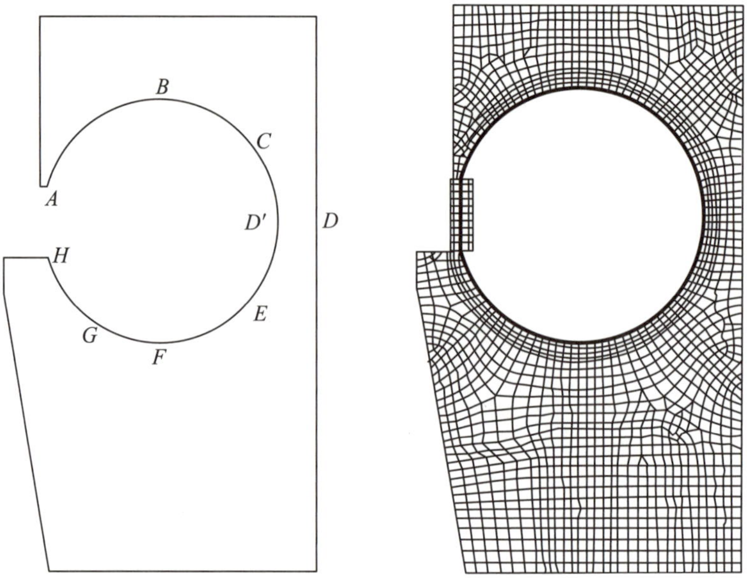

图 3.3.4 轴对称模型计算网格

表 3.3.2 垫层敷设范围方案比较——混凝土特征点环向应力 (单位:MPa)

方案	垫层范围	A	B	C	D	E	F	G
1	腰上 2m	0.41	1.61	2.65	2.08	1.47	1.20	0.28
2	腰上 1m	0.26	1.48	2.49	1.87	1.29	1.12	0.14
3	腰部	0.11	1.37	2.34	1.61	1.12	1.05	0.04
4	腰下 1m	−0.09	1.30	2.23	1.39	0.98	0.99	−0.01
5	腰下 2m	−0.38	1.26	2.14	1.29	0.90	0.94	−0.04

随着垫层敷设范围的增加,混凝土环向拉应力减小,但减幅也在缩小,以拉应力最大的 C 点为例,方案 1 至方案 5 的拉应力减幅分别为 0.16MPa、0.15MPa、0.11MPa、0.09MPa。

垫层刚度也是结构受力的主要影响因素,由垫层的厚度和弹性模量控制。根据三峡电站机组蜗壳计算结果,设计水头作用下,蜗壳最大径向变形约 9mm,垫层厚度采用 30mm,将最大压缩量控制在 25%～30%,能较好地发挥垫层材料的力学性能。在研究垫层刚度对结构受力的影响时,针对垫层敷设至腰线的情况,计算下列 3 种垫层弹性模量方案。

方案 6,垫层弹性模量 5MPa;方案 3,垫层弹性模量 2.5MPa;方案 7,垫层弹性模量 1.25MPa。

方案 3、方案 6 和方案 7 的混凝土特征点环向应力及垫层顶部压缩量列于表 3.3.3。

垫层弹性模量增加,混凝土拉应力、垫层压应力增大。在内表面的 B～G 点,垫层弹性模量每增加 1 倍,混凝土拉应力增加 0.3～0.7MPa。顶部垫层的压应力分别为 0.30MPa、0.46MPa、0.64MPa,占内水压力总量(1.395MPa)的 21.5%、33.0%、45.9%,混凝土的承载比例依次增加约 12%。

表 3.3.3 垫层弹性模量比较——混凝土特征点环向应力及垫层顶部压缩量

方案	垫层弹性模量(MPa)	混凝土特征点环向应力(MPa)						垫层顶部	
		B	*C*	*D*	*E*	*F*	*G*	压应力(MPa)	压缩量(mm)
3	2.50	1.37	2.34	1.61	1.12	1.05	0.04	0.46	5.54
6	5.00	1.71	2.96	2.31	1.60	1.31	0.58	0.64	3.89
7	1.25	1.08	1.81	1.00	0.70	0.81	−0.42	0.30	7.14

当垫层弹性模量为 5MPa 时，混凝土的环向拉应力过大，最大值接近 3MPa，而垫层弹性模量为 1.25MPa 时，各特征点中的最大值仅为 1.8MPa，综合比较，垫层弹性模量为 2.5MPa 比较合适。

(3)蜗壳外围混凝土结构设计

1)结构静力计算。

静力计算采用三维线弹性有限元法，计算模型范围、约束条件及作用荷载与保压方式基本相同。

三峡电站压力钢管与钢蜗壳在厂坝分缝处的连接方式，一种是通过伸缩节连接，伸缩节下游设置止推环；另一种是通过垫层管连接，不设伸缩节和止推环。计算结构中，分别用 D_1 代表设置伸缩节和止推环机组，D_2 代表不设伸缩节和止推环机组。

静力计算模型垫层敷设范围：内侧起点距机坑里衬水平距离 2～2.5m，外侧终点至腰线下 1m，蜗向至蜗壳 270°止，蜗壳进口段钢管为上半圆 180°。垫层材料的平均压缩模量为 2.5MPa，垫层铺设厚度为 30mm。钢蜗壳与混凝土间摩擦系数取 0.25。不设伸缩节机组，蜗壳进口钢管向上游延长约 10m 并在上游端部固定，以模拟垫层管的约束作用。

混凝土内侧环向应力计算结果表明，混凝土拉应力较保压埋设方式小。蜗壳外围混凝土结构仍按各典型断面主拉应力图形面积来配置钢筋，其配筋原则与充水保压浇筑混凝土方式一致。从配筋量来看，由于垫层埋设方式各典型断面主拉应力图形的面积比保压埋设方式小，其配筋量约为保压埋设方式的 70%。

2)座环柔度计算。

单位水导轴承作用力沿各个角度作用，其最大径向位移一般出现在合力作用方向。由计算结果可以看出，垫层埋设方式最大柔度为 0.0376μm/kN，合力作用角度 $\theta=60°$，是否设伸缩节和止推环对其结果基本没有影响。初步分析认为，对上座环柔度起主要作用的是外围混凝土与座环相连接处混凝土结构对座环嵌固作用的效果，垫层埋设方式在此处正好未敷设垫层，因而该方式的座环最大柔度值与保压埋设方式相近。如果将蜗壳上半圆垫层敷设的范围延伸至蜗壳与座环的连接处，其座环柔度最大值为 0.088μm/kN，与无垫层时相比有所降低。

(4)钢蜗壳与外围混凝土的摩擦系数

经分析,钢蜗壳与外围混凝土或垫层间的接触关系存在3种状态:完全黏结,即钢蜗壳与外围混凝土或垫层接触面变形协调、无相对位移;摩擦接触,即钢蜗壳与外围混凝土或垫层接触面存在一定的摩擦系数,产生相对位移;光滑接触,即钢蜗壳与外围混凝土或垫层接触面摩擦系数为0。

钢蜗壳与混凝土或弹性垫层间的接触关系,对结构计算结果影响较大。计算结果表明,完全黏结模型混凝土结构中产生较大的拉应力集中现象,并使整个蜗壳底部混凝土结构的拉应力值很大,这种现象显然与实际情况不符。光滑接触显然也与实际情况不符,蜗壳表面几何上是光滑的,但钢板或防锈层与混凝土、弹性垫层是存在摩擦系数的。摩擦接触比较符合实际,由于弹性垫层弹性模量较低,计算模型中可不考虑钢蜗壳、混凝土与弹性垫层间的摩擦系数,只考虑钢蜗壳与混凝土间的摩擦系数。

钢蜗壳与混凝土的摩擦系数对结构计算结果有一定影响,曾对摩擦系数为0.00(光滑接触)、0.25和0.5的3种埋设方式,采用轴对称模型进行有限元计算,计算时取垫层敷设至腰线处,垫层弹性模量2.5MPa,垫层厚度3cm。计算模型及特征点见图3.3.4,混凝土特征点环向应力计算结果见表3.3.4。

表3.3.4 摩擦系数的影响比较——混凝土特征点环向应力 (单位:MPa)

方案	摩擦系数	A	B	C	D	E	F	G	H
3	0.00	0.11	1.37	2.34	1.61	1.12	1.05	0.04	3.20
8	0.25	0.24	1.40	2.52	1.62	1.13	1.18	1.41	9.65
9	0.50	0.68	1.43	2.62	1.69	1.18	1.94	2.18	8.97

摩擦系数增大后,上半圆垫层范围及其附近混凝土的环向应力变化不大,对比方案9和方案3,B~E点拉应力增加0.06~0.28MPa,而远离的底部混凝土拉应力增大较多,在下座环附近的应力变化尤其显著,如在F点和G点,拉应力分别增加0.89MPa和2.14MPa,说明摩擦力限制了钢蜗壳切向变形,这个区域混凝土承担了更多的荷载。

根据实际经验,钢板和混凝土之间不可能完全光滑,在静力分析中摩擦系数取值为0.25比较合适。

3.3.1.3 直接埋设方式

蜗壳外围混凝土直接浇筑称为蜗壳直埋方式。

直接埋设方式属于钢衬钢筋混凝土联合承载结构,是为解决高HD值管道结构钢衬厚度过大并保证其整体安全性的一种设计理论和工程技术,类似三峡电站大直径蜗壳结构的工程国内外没有先例。

相对于保压埋设方式,直接埋设方式的优点是施工程序简单、工期短。但由于三峡电站机组蜗壳HD值高,外围混凝土相对较薄,按我国现行规范设计,外围钢筋混凝土结构将承担很大比例的内水压力，导致裂缝范围和宽度较大，配筋量大和配筋布置困难；同时，外围混凝土大范围开裂后，作为机组支承体的厂房水下结构的整体刚度和抗振性能可能会有所降低，变形将有所增加，对机组安全稳定运行造成不利影响；另一方面，过于密集的配筋将导致蜗壳周围管路布置和混凝土施工困难。

(1)蜗壳外围混凝土结构设计

1)结构静力计算条件。

钢衬钢筋混凝土联合承载结构，是为解决高 *HD* 值压力管道钢衬厚度过大的结构型式，三峡电站蜗壳直埋方式有别于联合承载结构之处是蜗壳厚度按明管设计，而不是按埋管设计。

三峡电站采用直埋蜗壳的为15号边机组，机组段长42.4m(标准机组段为38.3m)，即蜗壳进口侧混凝土厚度比标准机组段厚4.1m，其余尺寸与保压、垫层机组段相同。蜗壳层混凝土分为一、二期浇筑，一期混凝土为上、下游墙和左端墙，在决定采用直埋蜗壳前已按保压蜗壳设计配筋施工完毕。

蜗壳外围混凝土结构厚度及一期混凝土配筋见表3.3.5、图3.3.5。

三峡电站蜗壳直径12.4m，设计水头139.5m，特征内力17730kN/m，蜗壳厚度及机组埋管已经确定。蜗壳层机组埋件主要有蜗壳、座环、机坑里衬、油气水及通风管路、下机架及定子基础。蜗壳进口至厂坝缝为长5.3m的压力钢管，厂坝缝上游侧布置有钢管伸缩节。

计算范围取高程40～67m，平面39m×42.4m。计算中模拟了混凝土、压力钢管、蜗壳、座环等。一、二期混凝土按整体结构考虑，压力钢管设伸缩节，座环含固定导叶。未考虑尾水管、水轮机井等钢衬作用。压力钢管上半圆敷设弹性垫层。蜗壳钢板与混凝土之间按摩擦考虑，摩擦系数 $f=0.25$。

表3.3.5　蜗壳各断面混凝土结构厚度及一期混凝土配筋

断面	蜗壳直径(m)	侧面厚度(m)			侧面一期混凝土配筋	顶面厚度(m)
		一期混凝土	二期混凝土	总厚度		
直管段	12.40	4.10	2.20	6.30	2ϕ32@20	3.80
0°	11.45	4.10	2.90	7.00	2ϕ32@20	4.28
90°	10.44	2.50	1.51	4.01	2ϕ32@20	4.78
180°	8.89		2.00	2.00		5.55
270°	6.20	4.50	1.04	5.54	2ϕ32@20	6.90

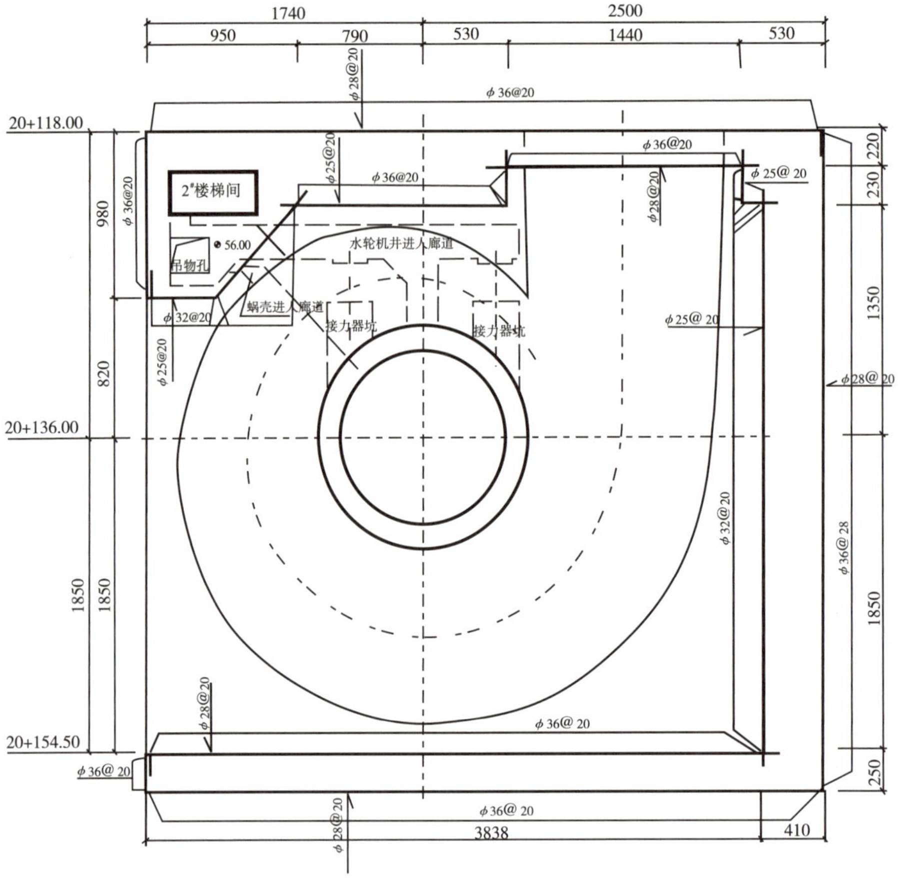

图 3.3.5 蜗壳外围一期混凝土配筋示意(单位:桩号以 m 计,尺寸以 cm 计)

材料力学参数见表 3.3.6,表中混凝土强度表示“设计值/标准值”。

表 3.3.6 **材料参数**

材料名称	材料型号	容重(kN/m³)	弹性模量(GPa)	动弹性模量(GPa)	泊松比	抗压强度(MPa)	抗拉强度(MPa)
混凝土	C25	25.0	28.0	36.4	0.167	12.5/17.0	1.3/1.75
混凝土	C40	25.0	32.5	42.3	0.167	/27.0	/2.45
混凝土	CF25	25.0	28.0	36.4	0.167	/27.0	/2.57
钢蜗壳	NK-HITEN610	78.5	210.0	273.0	0.300	370.0	370.00
座环	Q235B	78.5	210.0	273.0	0.300	205.0	205.0
钢筋	Ⅱ级	78.5	210.0	273.0	0.30	310.0	310.00
垫层	厚度 3cm	1.4	0.0025	0.00325	0.250		

按规范规定:采用有限元法设计结构,当验算其设计承载力时,材料强度应取设计值;当验算裂缝控制时,材料强度应取标准值。

计算荷载:混凝土及钢材结构自重;水轮机层楼面荷载 0.02MPa;蜗壳高程 57m 处最大

内水压力 1.395MPa；发电机转子自重 16945kN，水轮机转轮自重 4733kN，水轮机主轴自重 1085kN，水轮机轴向水推力 20800kN，作用在下机架 6 个基础板位置；发电机定子自重 7069kN，作用在 16 个定子基础板位置；水轮机顶盖传递给座环上环板的力 62100kN，铅直向上。

加荷步骤：第一步施加与水荷载无关的荷载，第二步施加与水荷载有关的荷载，第二步减去第一步的计算结果，代表蜗壳内水压力、水轮机顶盖水压力和转轮水推力荷载作用的结果，用以分析机组运行前后对结构应力、变形的影响。

控制标准：强度控制，结构系数、设计状况系数、荷载分项系数等各种系数及材料许用应力按规范取值。裂缝控制，混凝土表面允许最大裂缝宽度按规范取 0.3mm，为保证结构整体性与刚度，不希望出现贯穿性裂缝。位移控制，混凝土变形受制于机组对其基础变形的要求，由于目前没有具体标准，主要采取与保压方案进行类比的原则控制。

2)线弹性理论计算。

线弹性理论计算是规范通常采用的方法，主要计算混凝土配筋，满足强度控制要求。采用三维模型，依据规范 SL/T 191—96 或 DL/T 5057—1996 按应力图形法配筋。

混凝土环向最大应力出现在腰上 45°部位内侧(蜗壳 0°断面最大应力为 2.58MPa，180°断面为 2.74MPa)，蜗壳 180°断面腰线由于混凝土结构单薄，外侧拉应力(1.93MPa)大于内侧拉应力(1.48MPa)。按主拉应力配筋，计算最大配筋面积 39232mm^2/m，相当于 32 根 ϕ40(6 层间距 15～20cm)的钢筋。

蜗壳应力计算值较小(12.1～40.4MPa)，承载比在 15%以下，85%以上的内水压力由外围混凝土承担。

在蜗壳内水压力作用下，各部位的上抬量及相对上抬量是不均匀的，管径越大的部位上抬量越大。就同一断面而言，下机架基础的上抬量比定子基础和座环上环板的上抬量大。下机架基础板绝对上抬量在 2mm 左右，相对上抬量在 1mm 左右。

3)非线性理论计算。

三维模型中考虑压力管道厂坝下游 7.5m 范围上半圆敷设垫层，即基本不考虑蜗壳范围敷设弹性垫层。蜗壳外围混凝土按 6ϕ40 配筋，蜗壳最大应力为 111MPa，若配筋减少，蜗壳承力增大。计算蜗壳外围钢筋混凝土环向钢筋最大应力为 96MPa，未超过设计强度，裂缝最大宽度 0.18mm，小于 0.3mm，在控制范围内。

当内水压力为 0.47MPa 时，下座环附近混凝土首先开裂，为应力集中部位。比较明显的裂缝首先在直管段顶部混凝土外侧开裂，起裂荷载为 0.82MPa。当内水压力达到 1MPa 时，鼻端出现裂缝；当内水压力达到 1.17MPa 时，蜗壳 45°、135°断面附近出现了垂直于水流向的裂缝。不同内水压力下的裂缝分布见图 3.3.6，内压 1.43MPa 时混凝土表面裂缝分布见图 3.3.7。

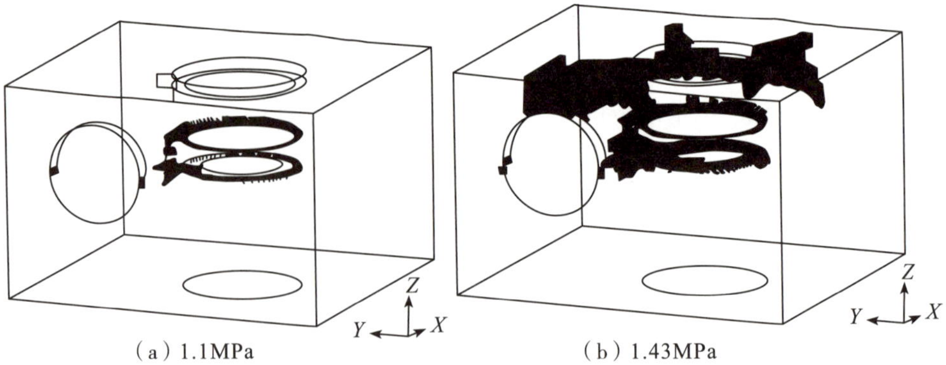

图 3.3.6 不同内水压力下的裂缝分布

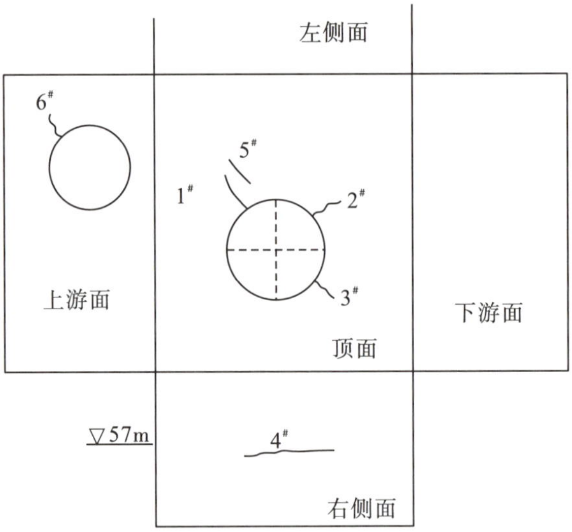

图 3.3.7 内压 1.43MPa 时混凝土表面裂缝分布

设计内压为 1.43MPa 时出现 6 条裂缝，除 5 号裂缝外，其余 5 条均为贯穿性裂缝，还有 1 个裂缝密集区。1 号裂缝、2 号裂缝位于直管段顶部，由高程 67.0m 贯穿至钢衬；3 号裂缝位于蜗壳 40°断面、4 号裂缝位于蜗壳 125°断面，铅直方向，水平长度 13～16m，由高程 67.0m 往下贯穿至蜗壳顶部；5 号裂缝位于蜗壳 0°断面至蜗壳 180°断面，沿径向向外围混凝土内延伸 6m；6 号裂缝位于蜗壳 150°断面至蜗壳 200°断面，高程 57.0m 沿径向向外贯穿；裂缝密集区位于机井至蜗壳之间，流向为整周。

定子及下机架基础的上抬变形较大，蜗壳外围混凝土结构按 6ϕ40 配筋，绝对上抬 4mm，相对上抬 3mm，大于线弹性计算的绝对上抬值 2mm，相对上抬 1mm。

非线性理论计算成果与线弹性计算结果存在差异。强度控制按线弹性计算环向最大配筋 6ϕ40，但非线性计算钢筋及钢蜗壳应力较小，配筋可以减少；裂缝控制增加配筋可有效减小缝宽，但不能完全控制贯穿性裂缝产生，非线性理论计算配筋 6ϕ40 可控制表面裂缝宽度不超过 0.3mm；位移控制，非线性理论计算定子及下机架基础上抬位移大于线弹性计算值，混凝土起裂荷载为 0.8MPa，大于保压埋设方式的剩余水头，即保压埋入方式基本不裂，其上抬量相当于线弹性计算结果。分析认为蜗壳外围混凝土配筋 6ϕ40 的上抬位移仍不满足控制要求。

(2)减小机组基础位移的研究

机组基础位移控制标准按保压埋设方式和垫层埋设方式最大上抬量控制，其基础上抬量计算值见表 3.3.7。

表 3.3.7　保压埋设方式和垫层埋设方式基础上抬量　(单位:mm)

计算单位	部位	特征值	垫层埋设方式		保压埋设方式	
			线弹性	非线性	线弹性	非线性
长江科学院	定子基础	绝对上抬	1.000	1.300	1.010	1.210
		相对上抬	0.640	0.870	0.620	0.790
	下机架基础	绝对上抬	1.460	1.890	1.460	1.600
		相对上抬	0.880	1.160	0.820	0.970
大连理工大学	下机架基础	绝对上抬	1.634	1.709	1.804	1.904
		相对上抬	0.861	0.921	0.887	0.972

表 3.3.7 表明保压埋设方式和垫层埋设方式定子及下机架基础按线弹性计算和非线性理论计算差别不大，保压埋设方式和垫层埋设方式基本不开裂。直接埋设方式将机组相对上抬量控制在 1.0～1.2mm，与保压埋设方式和垫层埋设方式基本相当。

(3)减小机组基础位移的措施

1)增加蜗壳外围混凝土配筋量。

蜗壳外围混凝土配筋增加 40%～103%，混凝土裂缝分布基本不变，钢筋应力和裂缝宽度有所减小，下机架基础相对上抬量减小 3%～17%。但增加配筋仍不能满足结构变形要求。

2)蜗壳外围混凝土局部提高标号。

在蜗壳顶部混凝土中设厚度 2m 的 C40 混凝土，定子基础相对上抬量减小 12.8%～25.9%，下机架基础相对上抬位移减小 12.1%～13.8%，对减小机组基础上抬变形有一定作用，但仍不能满足基础变形控制标准要求。

3)扩大垫层敷设范围。

垫层敷设至蜗壳 0°断面相比敷设至 7.5°处，定子基础相对上抬量减小 11.8%，下机架基础相对上抬量减小 19.8%；垫层敷设至 45°断面相比敷至 0°，定子基础相对上抬量减小 15.4%，下机架基础相对上抬量减小 15.0%。可见随着垫层敷设范围扩大，结构变形明显减小，垫层敷设至蜗壳 45°断面，蜗壳顶部设 1 层厚度 2m 的 C40 混凝土，机组基础相对上抬量与保压方案基本相当。

4)直接埋入方式蜗壳外围混凝土结构。

经结构静力计算综合分析，直接埋入方式蜗壳外围混凝土结构采用 5 层 ϕ40 配筋，垫层敷设至蜗壳 45°断面，蜗壳顶部设 1 层厚 2m 的 C40 混凝土，可满足结构强度控制要求，基本满足裂缝和变形控制要求，可保障机组安全稳定运行。

(4)物理模型试验

1)模型比例尺采用 1∶12。

长江科学院模型：厂坝缝下游 7.5m 敷设垫层，6ϕ40 配筋，压力钢管伸缩节采用外平压措施模拟。混凝土 28 天抗压强度 29.8MPa，抗拉强度 2.03MPa，弹性模量 27.6GPa。荷载为蜗壳内水压 1.43MPa；结构自重，及补偿模拟高程 63.0～67.0m 的混凝土自重；水轮机楼面荷载 20kN/m^2。

武汉大学模型：厂坝缝下游 5m 敷设垫层，5ϕ40 配筋，混凝土 46 天拉伸弹性模量 33.6GPa，抗拉强度为 2.4MPa，与主要试验同步。荷载为蜗壳内水压 1.4MPa 及结构自重。

根据相似理论，模型应力与原型相似，位移近似于原型的 1/12，裂缝起裂荷载相似，缝宽和缝长不相似。

成果中除裂缝宽度、长度为模型值外，其余均为原型值。

2)设计工况及加载。

长江科学院模型内压 1.3MPa 时，1～4 号缝出现；内压 1.43MPa 时，5 号、6 号缝出现(图 3.3.7)。混凝土表面最大应变在内压 1.18MPa 时为 113$\mu\varepsilon$，内压 1.43MPa 时为 321$\mu\varepsilon$。通过分析，1～4 号缝的起裂荷载为 1.18～1.3MPa，5 号、6 号缝的起裂荷载为 1.3MPa。裂缝宽度 0.01～0.1mm，长度 0.25～0.8m。

内压为 1.43MPa 时，相当于定子基础部位的绝对上抬量 2.78mm，相对上抬量 1.29mm。蜗壳应力 7～79MPa，环向钢筋应力 13～32MPa。混凝土承载比大于 85%。

武汉大学模型内压 1.3MPa 时钢筋应力发生波动，可能发生混凝土初裂；内压 1.4MPa 时，裂缝 L1 出现，裂缝长度约 0.3m，环向钢筋最大应力 60MPa，蜗向最大应力 18MPa，蜗壳最大应力 154MPa，混凝土表面最大应变 89$\mu\varepsilon$。模型裂缝分布立视图见图 3.3.8。

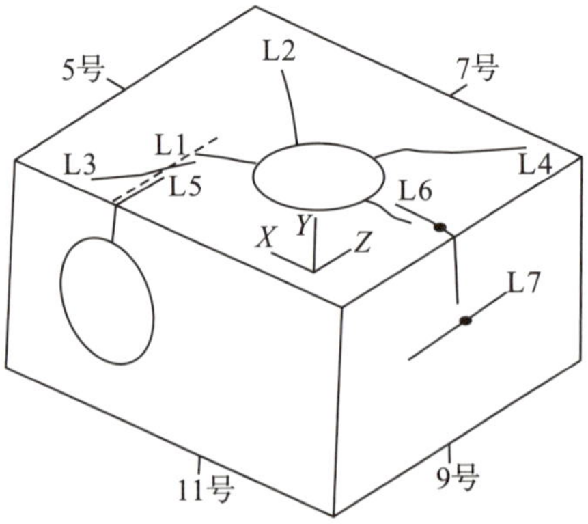

图 3.3.8 模型裂缝分布立视图

内压超载至 2.4MPa，由 1.45MPa 起，先后出现 L2～L7 等 6 条新裂缝(图 3.3.8)。最

大缝宽 0.601mm，蜗壳最大应力 333MPa，环向钢筋最大应力 186MPa。内压超载至 3.07MPa 时，除原 6 条裂缝继续扩展外，由 1.65MPa 起先后出现 5 条新裂缝(7～11 号)。最大缝宽 0.939mm，最大缝长 1.81m，蜗壳最大应力 157MPa，环向钢筋最大应力 210MPa，混凝土承载比 66%。

3)模型计算。

长江科学院对裂缝位置及分布和起裂荷载进行了计算，其成果与模型试验结果对比见表 3.3.8；计算的裂缝宽度与试验结果对比见表 3.3.9。

表 3.3.8　　裂缝、位置、起裂荷载对比　　(单位：MPa)

裂缝位置		起裂荷载	
计算	试验	计算	试验
鼻端	鼻端	1.21	1.18～1.30
蜗壳 135°断面，垂直水流向	蜗壳 135°断面，垂直水流向	1.21	1.18～1.30
蜗壳 45°断面，垂直水流向	蜗壳 45°断面，垂直水流向	1.27	1.18～1.30
蜗壳 180°断面，腰部	蜗壳 180°断面，腰部	1.35	1.18～1.30
直管段顶部	直管段顶部	1.29	1.30～1.43
	直管段进口		1.30～1.43
蜗壳 180°断面，顶部，垂直水流向	蜗壳 180°断面，顶部，垂直水流向	1.63	1.65
上游面腰部下 30°左右	上游面腰部下 30°左右	1.77	1.43
蜗壳 15°断面，垂直水流向	蜗壳 15°断面，垂直水流向	1.81	
蜗壳 90°断面，顶部，垂直水流向	蜗壳 90°断面，顶部，垂直水流向	2.07	1.89～2.36
蜗壳 90°断面，腰部	蜗壳 90°断面，腰部	2.07	1.89～2.36

计算的裂缝分布和起裂内压与试验吻合。

表 3.3.9　　1.43MPa 内水压力时的裂缝宽度　　(单位：mm)

计算裂缝编号	1 号	2 号	3 号	4 号	5 号
裂缝位置	鼻端	135°断面	45°断面	直管段顶部	180°断面腰部
计算裂缝宽度	0.07	0.08	0.06	0.07	0.05
试验实测裂缝宽度	0.10	0.06	0.08	0.04	0.08

裂缝宽度计算值与试验结果相差 25%～42%，有大有小。

蜗壳应力计算值与试验结果相差 6%～8%，有大有小；计算定子基础上抬量与试验值相差 5%～24%，计算值偏大。

鉴于模型试验存在重力不相似问题以及模型边界条件存在诸多假定，试验成果可供参考。通过模型计算可以说明有限元计算是成熟的。

(5)结构柔度计算

对3种裂缝模型，即无裂缝模型、独立裂缝模型和各项异性弹模等效模型，从不利方面考虑，裂缝按静力计算最严重情况，即混凝土产生6条裂缝和1个裂缝密集区。高程67m平面及蜗壳180°断面裂缝分布见图3.3.9。

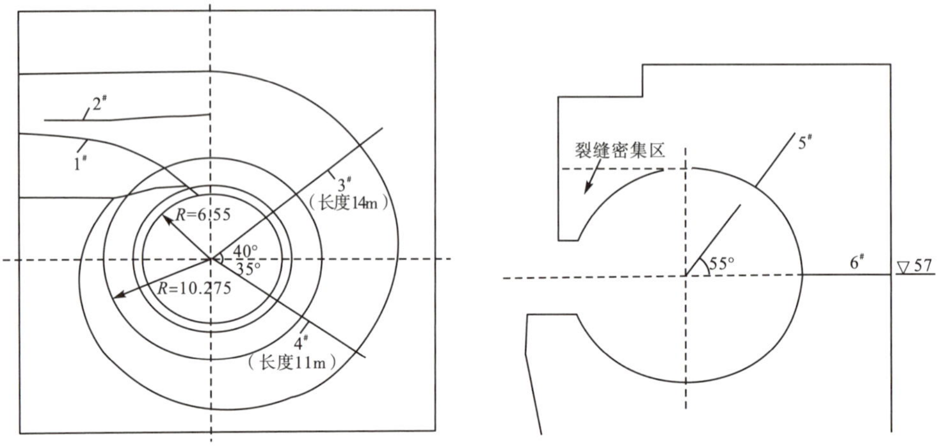

(a)高程67m平面 (b)蜗壳180°断面

图3.3.9 高程67m平面及蜗壳180°断面裂缝分布(单位:m)

以座环上环板部位在10kN合力作用下的水平最大柔度应不超过0.22μm/kN为设计标准，分别计算了无裂缝和裂缝、蜗壳与混凝土脱空、座环处混凝土弹模降至10%等各种不同极端情况。

计算结果表明，结构无裂缝时，座环径向最大柔度为0.030～0.038μm/kN，结构混凝土开裂后为0.036～0.118μm/kN；独立裂缝模型和弹模折减模型下分别为0.033μm/kN和0.036μm/kN，差别不大；蜗壳与混凝土接触和脱空时分别为0.040μm/kN和0.052μm/kN，有一定影响；座环外围混凝土弹模不降低和降低情况下分别为0.052μm/kN和0.112μm/kN，均小于0.22μm/kN，满足要求。

3.3.2 蜗壳埋设结构特性分析比较

对大型混流式水轮机蜗壳的3种埋设方式进行了动、静力计算，对直埋方式还构建了物理模型，并对各种埋设方式从蜗壳外围混凝土浇筑到安装调试进行了跟踪监测，综合分析比较如下：

3.3.2.1 结构静力特性

静力计算采用的剖面和计算点见图3.3.10、图3.3.11。

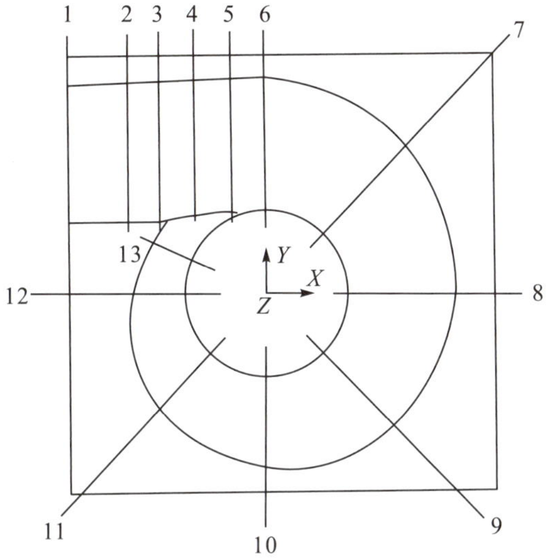

图 3.3.10　剖面位置

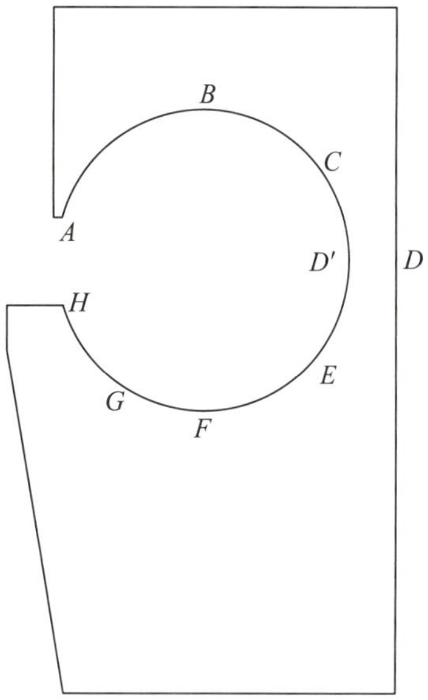

图 3.3.11　剖面内的特征点位置

(1)蜗壳变形

图3.3.12表示了X正轴剖面(剖面6)充水后蜗壳的变形,从图中可看出垫层埋设方式和保压埋设方式的变形规律是不一致的。在垫层埋设方式中,在垫层敷设范围内,蜗壳向外的膨胀量大,垫层在水压力的作用下压缩,在垫层敷设的末端附近,外围混凝土对蜗壳的嵌固作用使得钢板存在弯曲变形,限制了周边蜗壳的膨胀。对保压方案,在保压水头70m(为蜗壳最小承压水头的80%)条件下,对施工过程进行三维静力仿真计算表明,由于保压方案在施工中存在充水保压浇筑混凝土,拆除闷头和密封环后存在卸压,机组运行过程中又不断出现卸压、重新充压过程,又加之蜗壳体型复杂,各阶段蜗壳变形呈现不均匀性,以及卸压后蜗壳与混凝土之间的间隙分布也是不均匀的,如蜗壳支墩之间的变形要大于支墩处的变形。理论上,直接埋设方式蜗壳与混凝土在充水前基本处于接触状态,充水后蜗壳受混凝土约束,变形较小。

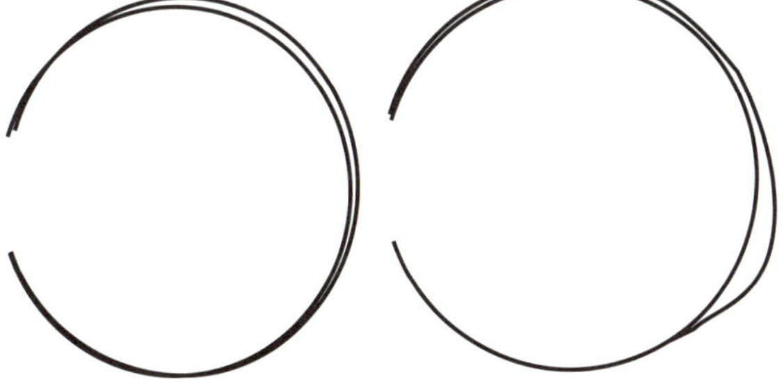

(a)垫层方案　　(b)保压方案

图 3.3.12　剖面6蜗壳变形

垫层埋设方式最大位移出现在腰线附近,为7mm。保压埋设方式在腰线以下最大位移达 20mm。直接埋设方式蜗壳腰上 135°径向膨胀约 1.57mm。

(2)蜗壳与外围混凝土之间间隙

设计研究蜗壳与外围混凝土之间间隙时，对混凝土干缩后的初始间隙尚未考虑。对保压埋设方式，在保压水头 70m 的条件下考虑了浇筑蜗壳外围混凝土时水温与长期运行时蜗壳水温的补偿措施，当混凝土浇筑完成并卸压后，钢蜗壳与外围混凝土交界面之间存在的间隙，在运行中还可能存在部分间隙。

理论计算和实践表明，由于大型蜗壳体型复杂，钢蜗壳钢板厚薄不一，蜗壳又有多条纵、环向焊缝，又加上保压浇筑混凝土，充卸压的施工过程、运行中又重复充卸压，会使各阶段蜗壳重复变形存在不均性、不一致性，即使再适当降低保压水头，这种不均匀的变形依然存在。因此，在一些水头段的运行中，蜗壳与混凝土之间存在局部间隙是不可避免的，但不致影响机组安全运行。

(3)下机架基础不均匀上抬位移

鉴于蜗壳体型的不规则，蜗壳充水后承受运行水头，作用于上机架和发电机定子基础板四周的上抬力是不均匀的，导致基础板上抬位移量不均匀。垫层埋设方式和保压埋设方式在 175m 水位时，按线弹性计算，下机架最大上抬位移分别为 1.46～1.63mm 及 1.46～1.80mm，基础板对角相对位移差最大值分别为 0.86～0.88mm 及 0.82～0.89mm；按非线性计算，下机架最大上抬位移分别为 1.71～1.89mm 及 1.60～1.90mm，基础板对角相对位移差最大值分别为 0.92～1.16mm 及 0.97mm。垫层埋设方式和保压埋设方式蜗壳外围混凝土产生贯穿性裂缝的可能性不大，采用弹性计算结果比较符合实际。

对于直接埋设方式，按线弹性计算，下机架基础绝对上抬变形 2.0～2.16mm，相对上抬变形 0.6～1.18mm，蜗壳外围混凝土可能产生贯穿性裂缝。按非线性三维模型计算结果表明，下机架基础板最大上抬位移达 2.6～7.3mm，基础板对角相对位移差达 2.2～3.5mm，增加配筋数量，可将混凝土表面裂缝宽度控制在 0.3mm 以内，但下机架基础最大上抬位移仍大于 3.8mm，相对值大于 2.1mm。推力轴承布置在发电机的下机架上，由于基础产生不均匀上抬位移，特别是对角上抬存在的位移差，推力轴承瓦块间可能产生较大的高差，影响油膜厚度的均匀性，将危及推力轴承安全稳定运行，最终导致机组不能正常运行。为使直埋方式发电机下机架基础对角上抬位移量与垫层埋设方式或保压埋设方式基本相当，经对多方案进行比选计算，采用 5 层 ϕ40 配筋、垫层敷设至蜗壳第四象限 45°断面、蜗壳顶部设 1 层厚 2m 的 400 号混凝土，基本满足裂缝和变形控制要求。

(4)钢蜗壳与外围混凝土承载比

从安全和工程设计边界条件明确考虑，机组在各种运行方式下水轮机蜗壳按承受最大压力进行设计。由于蜗壳埋设方式不同，蜗壳充水后钢蜗壳向外围混凝土传递的压力是不同的，外围混凝土的承载力大小影响到其配筋量和钢蜗壳实际的承载力。采用有限元对蜗壳的三维空间进行模拟，对不同埋设方式下蜗壳向外围混凝土的传力情况进行了计算。其结果表明,直接埋设方式蜗壳外围混凝土平均承载比达80%～90%;保压埋入方式设止推环及伸缩节时,平均承载比45%～50%,设伸缩节不设止推环时,平均承载比43%～44%;垫层埋设方式设止推环及伸缩节,平均承载比18%～30%,不设止推环及伸缩节,平均承载比11%～22%。垫层埋设方式,蜗壳钢板承受的内水压力最大,保压埋设方式次之,直接埋设方式最小。不论采用哪种埋设方式,钢蜗壳均减小了承担的部分水压力,提高了钢蜗壳按承受全部水压力计算的安全度。

(5)蜗壳外围混凝土应力

各种埋设方式蜗壳外围混凝土承受的环向应力计算成果表明,对比蜗壳0°和180°断面各特征点的混凝土应力,其最大环应力,垫层埋设方式为1.93MPa,保压埋设方式为2.13MPa,直接埋设方式为2.74MPa。从蜗壳进口至正X轴的直管段,底部和靠近底部处在垫层埋设方式下的应力大于保压埋设方式下的0.11～0.59MPa,顶部和腰部应力相差不大。除直管段外的其他区域各断面和各特征点的应力在两种埋设方式下的应力彼此各有大小,垫层埋设方式应力变化为0.40～1.67MPa,保压埋设方式应力变化为0.30～1.54MPa,总体而言应力相差不大,处于同一水平。在蜗壳的鼻端附近,由于垫层埋设方式中未敷设垫层,类似于直接埋设方式,因此其拉应力要大于保压埋设方式,在腰部两种方式的拉应力相差约1.3MPa。

(6)流道钢部件应力

对不同埋设方式中流道各主要部件钢蜗壳、座环、过渡板、固定导叶等的应力和变形进行有限元计算。保压埋设方式下,流道各部位的应力和变形由两部分叠加而成:一部分为保压水头70m作用下的结果,另一部分为钢蜗壳和外围混凝土共同受力的结果,共同受力水头为69.5m(等于设计水头139.5m减去保压水头70m)。

流道各主要部件钢蜗壳、座环、过渡板、固定导叶等的最大等效应力见表3.3.10。

表3.3.10 不同埋设方式各典型断面流道钢结构的最大等效应力 (单位:MPa)

部位	垫层设伸缩节、止推环	垫层不设伸缩节、止推环	保压设伸缩节、止推环	保压不设伸缩节、不设止推环	直埋设伸缩节、止推环	许用应力(ASME)
钢蜗壳	219.0	217.0	98.7	96.9	28.4	305
上过渡板	198.0	199.0	174.0	167.0	77.0	305
下过渡板	189.0	179.0	172.0	169.0	67.6	305
上环板	184.0	195.0	129.0	120.0	97.8	245
下环板	124.0	123.0	126.0	127.0	91.8	245
固定导叶	81.4	83.2	67.2	67.3	75.4	225

从表3.3.10中可以看出,垫层埋设方式蜗壳钢衬的等效应力整体上高于保压埋设方式和直接埋设方式,说明敷设垫层能有效提高钢衬承担内水压力的比例,在确保蜗壳有足够安

全裕度的条件下,可降低混凝土的承载力,减少配筋,既节省了投资,又方便了施工,这是工程设计应遵循的原则。在确保蜗壳钢衬运行安全的前提下,从降低蜗壳外围混凝土拉应力水平和提高钢衬承担内水压力的比例来看,垫层埋设方式优于保压埋设方式,保压埋设方式优于直接埋设方式。

(7)座环柔度

蜗壳座环是机组旋转轴系的支承体系之一,是水导轴承的支承结构,其刚度大小(柔度)是机组轴系临界转速和大轴摆度等振动稳定性指标的控制条件之一。从机组的轴系稳定出发,机组制造商 ALSTOM 提供了三峡机组水导轴水平作用力引起的作用在座环上的径向力分布(图 3.3.1),座环各作用点上的径向力见表 3.3.11。作用力作用于上环板,合力为 10kN,并要求水平方向的柔度不大于 0.22μm/kN。图中 X 轴的方向在其作用的座环环板平面上是任意的,因此需计算 X 轴指向多个角度的情况。对蜗壳的不同埋设方式按表 3.3.11 的 24 个角度,计算了 24 种情况下的柔度值(即座环的最大径向位移),从中得出最大的柔度值。

表 3.3.11　座环各作用点上的径向力

作用点	角度(°)	径向力(N)	作用点	角度(°)	径向力(N)	作用点	角度(°)	径向力(N)
1	0	1188	9	120	−541	17	240	−541
2	15	1052	10	135	−563	18	255	−456
3	30	869	11	150	−552	19	270	−286
4	45	598	12	165	−530	20	285	−30
5	60	281	13	180	−571	21	300	281
6	75	−30	14	195	−530	22	315	598
7	90	−286	15	210	−552	23	330	869
8	105	−456	16	225	−563	24	345	1052

计算结果表明,垫层埋设方式中,座环最大柔度为 0.0376μm/kN。保压埋设方式中,蜗壳与混凝土全脱开情况座环最大柔度为 0.0446μm/kN,比垫层埋设方式增大 0.007μm/kN,全黏结情况(间隙为 0)为 0.0372μm/kN,与垫层埋设方式相当。直接埋设方式中,混凝土未开裂座环最大柔度时为 0.0378μm/kN,与垫层埋设方式及保压埋设方式完全接触情况相当,假设混凝土存在裂缝,裂缝处结构分开,边界自由,不考虑钢筋作用,最大柔度为 0.0404μm/kN,比垫层埋设方式稍大,但小于 0.22μm/kN。

3.3.2.2　结构动力特性

(1)左岸电站机组激振力的动力响应

对蜗壳不同埋设方式的选择,除着重考虑静力强度之外,还需对蜗壳、座环、过渡板和固定导叶等流道结构部件的振动进行关注。为此，对机组在运行中存在的机械、电磁、水力脉动等激振源进行了分析，认为水轮机在运行中产生的水力脉动作用于流道，引起流道各部件振动，因此该水力脉动是主要的激振荷载，从而使流道各主要部件在承受静力的基础上叠加动荷载。另外，激振荷载通过流道传递至蜗壳外围混凝土结构，除增加动荷载外，是否还会引起厂房局部结构的过大振动？为探清上述问题，根据左岸电站水轮机模型试验6种工况的水力脉动试验结果，换算成真机的水力脉动时程曲线。经过对左岸电站厂房结构动力计算表明，水头为89.4m，机组出力为473.8MW的第4种工况，动力响应最大，以该工况的动力荷载，对保压方式（无间隙）、垫层方式、保压方式（有间隙）、直埋方式的流道各主要部件包括蜗壳钢板、过渡板、座环及厂房混凝土结构等进行了动力计算。

1）流道振动位移及速度。

①蜗壳钢板。蜗壳钢板各方向的最大位移幅值、均方根速度和加速度均方根在垫层埋入方式下明显大于保压埋设方式的对应值，这是因为蜗壳钢板通过弹性垫层与混凝土相接触，各方向的动力响应变化小。保压埋设方式中，蜗壳钢板振动以顺河向和竖向为主，顺河向最大动位移为0.032mm，位于左侧顶部偏下游内侧，振动加速度和速度以竖向为主，均位于左侧顶部偏下游内侧，其值分别为0.451m/s^2、2.032mm/s。垫层埋设方式，由于弹性垫层结构的刚度小，振动相对较大，最大位移、均方根速度和加速度均方根的最大幅值均表现为横河向最大、顺河向次之、竖向最小，横河向最大动位移为0.112mm，均方根速度值最大为8.582mm/s，加速度均方根值最大为1.975m/s^2，均位于蜗壳进口处最左侧。顺河向各变量幅值的最大值均位于蜗壳钢板结构的最下游侧，竖向各变量幅值的最大值均位于蜗壳进口处顶部。直接埋设方式考虑混凝土开裂后刚度降低，蜗壳振动反应加大，最大动位移为0.143mm，均方根速度值最大为11.125mm/s，加速度均方根值最大为2.584m/s^2。

②过渡板。垫层和保压埋设方式中，上过渡板的振动反应均大于下过渡板的振动反应，垫层埋设方式中，过渡板各方向最大位移幅值、竖向和横河向最大均方根速度和加速度均方根均有所减小，而顺河向最大均方根速度和加速度均方根则略微有所增加，但分别仅增加了2.1%和2.4%。保压埋设方式中，过渡板的最大动位移顺河向较大，最大为0.035mm，位于上过渡板的下游侧，竖向最大动位移为0.028mm，位于上过渡板的左侧偏下游侧；振动速度和加速度则均以竖向为主，均方根速度值最大为1.738mm/s，加速度均方根值最大为0.387m/s^2，均位于上过渡板蜗壳进口处。垫层埋设方式中，过渡板的最大动位移也是顺河向较大，最大为0.033mm，位于上过渡板的蜗壳进口处，竖向最大动位移为0.023mm，位置同上；振动速度和加速度则均以竖向为主，均方根速度值最大为1.480mm/s，加速度均方根值最大为0.329m/s^2，均位于上过渡板蜗壳进口处。直接埋设方式考虑混凝土开裂后刚度降低，过渡板振动反应加大，最大动位移为0.041mm，均方根速度值最大为2.874mm/s，加速度均方根值最大为0.641m/s^2。

③座环结构。垫层和保压埋设方式中，座环上环板的振动反应比下环板大，座环结构各方向振动反应除顺河向和横河向的动位移外，垫层埋设方式下的其余各值均比保压埋设方

式下的略有所减小，对于顺河向和横河向的动位移，垫层埋设方式比保压埋设方式略有增加，二者分别为从 32.69μm 增加到 33.02μm，从 12.26μm 增加到 13.32μm，分别增加了 1.0%及 8.0%。保压埋设方式中，座环的最大动位移出现在上环板蜗壳进口处的顺河向为 33μm，竖向最大为 24μm，振动速度和加速度也均以竖向为主，最大值分别为 1.575mm/s 及 0.351m/s²。垫层埋设方式中，座环结构的最大动位移出现在座环上环板左侧偏下游侧的顺河向，大小为 0.033μm，竖向最大动位移为 0.22μm，位于座环上环板蜗壳进口处。直接埋设方式考虑混凝土开裂后刚度降低，座环振动反应加大，最大动位移为 0.038mm，均方根速度值最大为 2.8mm/s，加速度均方根值最大为 0.625m/s²。

2)流道振动应力。

①蜗壳钢板。垫层埋设方式中，蜗壳钢板各结点的第一、三主应力幅值均大于保压方案下的对应值，上部结点的应力增加得较大，下部结点的应力增加得较小。这是由于蜗壳钢板上部与垫层相连，垫层的刚度较小，而蜗壳钢板下部与刚度较大的混凝土相连。保压埋设方式中，蜗壳钢板各结点的最大第一主应力和第三主应力幅值分别为 0.791MPa 及 0.496MPa，均位于蜗壳进口处顶部偏外侧。垫层埋设方式中，蜗壳钢板上部各结点的最大第一、三主应力幅值均相对较大，最大值分别为 4.894MPa 及 3.296MPa，均位于蜗壳进口处最左侧，但仍远小于钢材的抗拉和抗压强度，下部结点的应力较小，相比上部结点的最大值而言，减小了将近一个数量级。直接埋设方式考虑混凝土开裂后刚度降低，蜗壳振动反应加大，最大动应力为 6.42MPa。

②过渡板。无论蜗壳采用保压埋设方式还是采用垫层埋设方式，过渡板各结点中最大第一、三主应力幅值均位于上过渡板左侧偏下游侧，最大第一主应力幅值均为 1.369MPa，最大第三主应力幅值分别为 0.965MPa 及 0.946MPa，相差很小。保压埋设方式过渡板的最大动应力值比蜗壳钢板的大一些。垫层埋设方式过渡板的最大动应力值比蜗壳钢板的小许多。直接埋设方式考虑混凝土开裂后刚度降低，过渡板振动反应加大，最大动应力为 4.63MPa。

③座环结构。座环结构最大第一主应力幅值在垫层埋设方式下相对较小，最大第三主应力幅值在垫层埋设方式下相对较大。保压埋设方式中，座环结构的应力值比蜗壳钢板的大，但第一主应力比过渡板处相对小一些，最大第一主应力幅值为 1.254MPa，位于座环上环板的下游侧，最大第三主应力幅值为 1.169MPa，位于座环下环板的蜗壳进口处，比过渡板的相对大一些。垫层埋设方式中，座环结构的应力值比蜗壳钢板的小许多，且最大第一主应力幅值比过渡板处相对小一些，仅为 1.037MPa，最大第三主应力幅值则比过渡板处相对大一些，为 1.478MPa，均位于座环上环板蜗壳进口处。直接埋设方式考虑混凝土开裂后刚度降低，座环振动反应加大，最大动应力为 3.63MPa。

④固定导叶。垫层埋设方式下，固定导叶各部位的主应力值均略小于保压埋设方式下的对应值；保压埋设方式和垫层埋设方式固定导叶的主应力均较小，最大第一主应力幅值分别为 1.386MPa 及 1.324MPa，最大第三主应力幅值分别为 1.193MPa 及 1.133MPa，最大第

一主应力及最大第三主应力均位于与座环上环板连接处；导叶中部应力相对较小。

3）厂房结构振动位移及速度。

在进行三峡左岸主厂房振动分析研究时，已经对国内外相关的建筑物、机械设备、仪器仪表和人体保健等方面的振动控制标准进行了详细论证，提出了三峡水电站主厂房振动控制标准建议值，见表 3.3.12。

表 3.3.12　　三峡水电站主厂房振动控制标准建议值

<table>
<tr><th colspan="2" rowspan="2">结构构件</th><th rowspan="2">噪声
指标</th><th rowspan="2">振动位移
（mm）</th><th colspan="2">振动速度（mm/s）</th><th colspan="2">加速度（m/s²）</th></tr>
<tr><th>竖向</th><th>水平</th><th>竖向</th><th>水平</th></tr>
<tr><td rowspan="4">楼板</td><td>作为建筑结构</td><td rowspan="6">80～85dB</td><td>0.20</td><td colspan="2">5.0</td><td colspan="2">1.00</td></tr>
<tr><td>作为仪器基础</td><td>0.01</td><td colspan="2">1.5</td><td colspan="2"></td></tr>
<tr><td rowspan="2">人体健康评价</td><td rowspan="2">0.20</td><td rowspan="2">3.2</td><td rowspan="2">5.0</td><td>0.25</td><td>0.71</td></tr>
<tr><td>0.42</td><td>1.13</td></tr>
<tr><td colspan="2">实体墙、风罩</td><td>0.20</td><td colspan="2">10.0</td><td colspan="2">1.00</td></tr>
<tr><td colspan="2">机墩、蜗壳混凝土</td><td>0.20</td><td colspan="2">5.0</td><td colspan="2">1.00</td></tr>
</table>

注：表中人体健康评价加速度标准中，上面的数字表示人体连续工作且持续受振 8 小时，下面的数字表示人体连续工作且持续受振 4 小时。

从表 3.3.12 可以看出，在 3 种埋设方式中，厂房各部位混凝土结构的最大位移幅值、均方根速度以及加速度均方根基本上能满足规定的要求，只是各方式下发电机层楼板的最大动位移、保压埋设无间隙方式下发电机层楼板的最大均方根速度大于仪器设备振动允许值，保压无间隙及垫层埋设方式下发电机层楼板的竖向最大加速度均方根值大于人体连续工作 8 小时情况下的允许值，而小于人体连续工作 4 小时情况下的允许值。

垫层埋设方式中，蜗壳外围混凝土结构各方向的最大振动反应均小于保压埋设方式中的对应值，主要是由于垫层结构的刚度相对较小，因此作用在蜗壳钢板上的脉动水压力通过垫层传到蜗壳外围混凝土上的荷载较小，说明垫层结构有吸振和减振的作用。保压埋设方式中，蜗壳外围混凝土结构的最大动位移幅值出现在水平顺河向，约为 0.039mm，发生在顶部（下机架基础截面）上游侧的内侧，竖向位移幅值最大为 0.036mm，发生在顶部左侧偏下游侧的内侧，横河向动位移幅值相对较小；振动速度和加速度均以竖向为主，振动均方根速度值最大为 2.366mm/s，加速度均方根值最大约为 0.529m/s²，均发生在顶部左侧偏下游侧的内侧，水平向振动速度和加速度相对较小。垫层埋设方式中，蜗壳外围混凝土结构的最大动位移幅值也出现在水平顺河向，约为 0.038mm，发生在顶部（下机架基础截面）上游侧的外侧，竖向位移幅值最大为 0.030mm，发生在左侧偏下游侧垫层上端处，横河向动位移幅值相对较小；振动速度和加速度也均以竖向为主，均方根速度值最大为 1.845mm/s，加速度均方根值最大约为 0.409m/s²，均位于左侧偏下游侧垫层上端，水平向速度和加速度相对较小。直接埋设方式中，蜗壳外围混凝土振动反应加大，最大动位移为 0.061mm，均方根速度值最大为 4.368mm/s，加速度均方根值最大为 0.937m/s²，但由于直埋蜗壳为边机组，受端墙约束，厂房上部墙体结构振动反应比保压埋设方式小，最大动位移为 0.052mm，均方根速度值最大为 0.853mm/s，加速度均方根值最大为 0.062m/s²。

4)厂房结构振动应力。

厂房混凝土结构动应力最大值汇总见表 3.3.13。垫层埋设方式中，蜗壳外围混凝土结构除与垫层上端连接处外，其余部位的第一、三主应力最大幅值均小于保压埋入方式的对应值。保压埋设方式中，蜗壳外围混凝土结构沿水流方向各截面的最大第一和第三主应力幅值基本上均发生在上座环顶部混凝土结构的内侧，第一主应力幅值最大为 0.211MPa，第三主应力幅值最大为 0.142MPa，均位于蜗壳进口处。垫层埋设方式中，蜗壳外围混凝土结构沿水流方向各截面的最大第一、三主应力幅值基本上均发生在上座环顶部混凝土结构的内侧或与垫层上端连接处，第一主应力幅值最大为 0.136MPa，第三主应力幅值最大为 0.095MPa，均位于蜗壳进口上座环顶部混凝土结构的内侧。直接埋设方式中，蜗壳外围混凝土振动应力幅值与保压和垫层埋设方式相当，均较小，第一主应力幅值最大为 0.208MPa，第三主应力幅值最大为 0.139MPa，比保压埋设方式略小，比垫层埋设方式略大。

至于厂房结构其他各部位的动应力都比较小，不作进一步分析。

表 3.3.13　　厂房混凝土结构动应力最大值汇总　　(单位：MPa)

结构构件		保压埋设方式下		垫层埋设方式下		保压有间隙时		直接埋设方式下	
		第一主应力	第三主应力	第一主应力	第三主应力	第一主应力	第三主应力	第一主应力	第三主应力
蜗壳外围混凝土		0.211	−0.142	0.136	−0.095	0.150	−0.106	0.208	0.139
定子基础		0.064	−0.044	0.046	−0.040	0.030	−0.029	0.09	0.079
风罩		0.038	−0.040	0.037	−0.039	0.035	−0.036	0.139	0.095
实体墙	上游	0.034	−0.034	0.032	0.032	−0.032	−0.033	0.024	0.033
	下游	0.057	−0.049	0.057	0.058	−0.049	−0.049	0.040	0.041
发电机层楼板		0.043	−0.048	0.037	−0.040	0.019	−0.020	0.046	0.046

5)综合分析。

①计算表明，在脉动水压力的作用下，采用 3 种埋设方式(包括有间隙和无间隙情况)，三峡左岸主厂房的振动均较小，能够满足相关的要求。对于混凝土结构，采用保压埋设方式时的振动反应基本上大于采用垫层埋设方式时的振动反应；流道中的座环结构、过渡板各方向的振动反应，总体而言，采用保压埋设方式时较大；采用垫层埋设方式时，蜗壳钢板各方向的振动反应均比采用保压埋设方式时大，由于垫层的约束刚度明显比混凝土的约束刚度小许多，因此对蜗壳钢板的约束作用有明显降低，使蜗壳钢板的振动反应较大。对于受机组稳定性影响较大的座环部分的刚度和振动，由于采取了措施，其振动水平受蜗壳埋设方式的影响很小，不会对机组的稳定性产生明显的不利影响。采用直接埋设方式时，考虑混凝土开裂

后刚度降低，蜗壳外围混凝土振动反应加大，但由于直埋蜗壳为边机组，受端墙约束，厂房上部墙体结构振动反应比采用保压埋设方式时小，蜗壳外围混凝土振动应力幅值与采用保压和垫层埋设方式时相当，均较小；采用直接埋设方式时蜗壳、过渡板及座环振动反应加大，但幅值与采用保压及垫层埋设方式时基本属同一量级，均较小。

②垫层埋设方式下，由于距机坑里衬 2.5～3m 范围内采用直接埋设方式，流道中的座环结构、过渡板结点各方向的振动反应基本上均比采用保压埋设(无间隙)方式时的振动反应有所减小。而对于与垫层相连的蜗壳钢板来说，当蜗壳采用垫层埋设方式时，其各方向的振动反应均比采用保压埋设方式时大很多，主要原因是垫层的约束刚度明显比混凝土的约束刚度小许多，因此对蜗壳钢板的约束作用有明显降低，导致蜗壳钢板的振动反应增大。

③蜗壳采用保压埋设方式且蜗壳与混凝土之间存在间隙时，流道金属结构各部位振动反应最大值与保压埋设方式无间隙情况及垫层埋设方式的对应结果相比，由于与座环上环板连接的外围混凝土厚度较小，因此座环上环板各典型结点水平向振动反应均比采用保压埋设方式无间隙情况及垫层埋设方式时的对应值有一定程度的增加，而竖向振动反应则均有所减小。由于蜗壳钢板和过渡板与混凝土之间存在间隙，因此蜗壳中的脉动水压力基本上由钢板承担，其各方向的振动反应均比采用保压埋设方式无间隙情况及垫层埋设方式时的对应值大很多。与上两条所述原因相同，混凝土结构对流道金属结构约束作用的不同，厂房混凝土结构大部分结点各方向的振动反应基本上均表现为在保压埋设无间隙情况下较大，在保压埋设有间隙情况下较小，采用垫层埋设方式时位于中间。

④当采用垫层埋设方式时，流道金属结构最大第一主应力约为 4.89MPa，最大第三主应力约为 3.3MPa，位于蜗壳钢板。当采用保压无间隙埋设方式时，流道金属结构最大第一主应力约为 1.386MPa，最大第三主应力为 1.193MPa，位于固定导叶。当采用保压有间隙埋设方式时，流道金属结构最大第一主应力约为 6.574MPa，最大第三主应力约为 4.32MPa，均位于下过渡板处，远小于钢材的抗拉和抗压强度。混凝土结构的最大第一主应力约为 0.211MPa，最大第三主应力约为 0.142MPa，均产生在蜗壳采用保压无间隙埋设方式时，均位于与上座环连接处，远小于混凝土的抗拉和抗压强度。这说明在脉动压力作用下，强度已经不是厂房结构的控制因素。从动应力强度的角度评价，结构是安全的。

⑤当蜗壳采用垫层埋设方式时，厂房混凝土结构的主应力值均比采用保压埋设方式时有不同程度的减小，座环结构和下过渡板的主应力也基本上均有所减小。而蜗壳钢衬的主应力则因为垫层的刚度较小而增加较大。上过渡板受其影响，主应力也有所增加。

⑥当蜗壳采用保压埋设方式且蜗壳与混凝土之间存在间隙时，厂房混凝土结构的最大主应力幅值大部分均比采用保压埋设方式无间隙情况和垫层埋设方式时有不同程度的减小，而流道中的金属结构的主应力幅值则均有不同程度的增加，其中过渡板处增加得相对较大，座环处增加幅度相对较小。

⑦对垫层埋设范围的敏感性分析，仅进行了垫层上末端埋设起点距基坑里衬距离的分析，从 2.5m 增大到 3.0m 的分析结论是，该距离对振动反应幅值的降低有一定作用，但不是

特别显著。鉴于流道结构和钢筋混凝土结构的振动反应均不突出，单纯从控制振动幅值的角度出发，增大在座环上环板附近的直埋范围，必要性不显著。

(2)右岸电站机组激振力的动力响应

右岸电站机组水轮机模型试验测量的脉动水压力比左岸电站机组有所减小，对动力响应进行了复核计算。结果表明，右岸电站机组水轮机模型试验测量的脉动水压力幅值有所减小，在脉动水压力作用下，流道金属构件以及外围混凝土结构的振动反应(振幅、速度、加速度和应力)均比左岸电站机组脉动水压力荷载计算对应的结果约小一个数量级，且主厂房的振动很小，能满足控制条件要求。对于混凝土结构，采用保压埋设方式时的振动反应基本上大于采用垫层埋设方式时的振动反应；流道中的座环结构、过渡板以及与混凝土连接的蜗壳钢板结构的各方向的振动反应，也基本上是采用保压埋设方式时的较大；而对于与垫层相连的蜗壳钢板来说，当蜗壳采用垫层埋设方式时，其各方向的振动反应均比采用保压埋设方式时的大很多，由于垫层的约束刚度明显比混凝土的约束刚度小许多，因此对蜗壳钢板的约束作用有明显降低，使蜗壳钢板的振动反应较大。

3.3.3 蜗壳埋设结构疲劳强度分析

结构某些点(断面)在小于材料屈服极限的循环应力作用下，经过足够多的循环次数而发生局部永久结构变化，结构永久性破坏的现象称为疲劳。疲劳断裂是构件最常见的破坏形式，据统计，在各种金属构件的断裂事故中有80%以上属于疲劳断裂，所以疲劳分析是一个重要的研究领域。疲劳的本质是一个裂纹形成、扩展，最后导致结构构件瞬断的过程。疲劳分析的目的是，尽可能准确地估算所考虑的结构构件的疲劳寿命或积累损伤率，评价节点相对重要性以及可能出现的疲劳破坏形式。线性积累损伤理论假定，材料在各应力水平下的疲劳损伤是独立的，总损伤量可以线性叠加，采用 Miner 法则，对3种埋设方式下流道的金属构件进行了疲劳分析计算。各埋设方式最大动应力节点处的最大总 von mises 应力见表3.3.14。

分析认为，由于动应力的幅值很小，其循环特征(最小应力与最大应力的比值)均接近于1.0，根据疲劳极限图，此时材料的疲劳极限可以看作与材料的屈服极限相等，材料的应力水平远小于材料的屈服极限，因此认为3种埋设方式下流道各主要构件的交变应力水平对钢蜗壳不产生疲劳损伤，在使用期限内均不会产生疲劳破坏。也就是说，钢结构的疲劳强度是比较高的。

从表3.3.14中可以看出，垫层埋设方式下水轮机脉动压力产生的动应力相对于保压埋设方式的要大一些，主要是钢蜗壳的动应力有所提高，但是动应力最大值均比其疲劳极限要低得多，应力循环特征仍然极为接近1.0，分析复核认为，流道结构抗疲劳设计是安全的。

动应力最大值与静应力最大值往往并不发生在相同的位置，设计按最不利情况进行组合，即考虑由静水压力造成的各部位的最大静应力与由脉动水压力造成的最大动应力的最不利组合时，各部位的 von mises 应力水平也远小于材料的疲劳极限，分析认为该应力水平不会使材料产生疲劳损伤，流道结构在设计使用年限内是安全的。

表 3.3.14　　各埋设方式最大动应力节点处的最大总 von mises 应力

埋设方式		部位	钢材种类	最大动应力(MPa)	最大动应力处最大静应力(MPa)	最大总应力(MPa)	循环特征	疲劳极限(MPa)
依据左岸厂房荷载数据	保压方式	钢蜗壳	NK-HITEN610U2	0.676	70.987	71.663	0.9904	490
		上环	TSTE335/Z35	0.597	7.424	8.021	0.9289	295
		下环		0.573	21.690	22.263	0.9753	295
		固定导叶	SM490B	0.597	7.424	8.021	0.9289	275
	垫层方式	钢蜗壳	NK-HITEN610U2	2.858	96.417	99.275	0.9712	490
		上环	TSTE335/Z35	3.203	27.612	30.815	0.8953	295
		下环		1.010	35.518	36.528	0.9723	295
		固定导叶	SM490B	3.203	27.612	30.815	0.8953	275
	直埋方式	钢蜗壳	NK-HITEN610U2	2.960	80.800	83.760	0.9290	490
		上环	TSTE335/Z35	1.590	35.200	36.790	0.9140	295
		下环		1.620	63.600	65.220	0.9500	295
		固定导叶	SM490B	1.620	76.700	78.320	0.9590	275
依据右岸厂房荷载数据	保压方式	钢蜗壳	NK-HITEN610U2	0.228	97.800	98.028	0.9953	490
		上环	TSTE335/Z35	0.080	56.400	56.480	0.9971	295
		下环		0.085	47.500	47.585	0.9964	295
		固定导叶	SM490B	0.085	47.500	47.585	0.9964	275
	垫层方式	钢蜗壳	NK-HITEN610U2	0.514	121.000	121.514	0.9915	490
		上环	TSTE335/Z35	0.117	78.000	78.117	0.9970	295
		下环		0.117	34.000	34.117	0.9931	295
		固定导叶	SM490B	0.117	34.000	34.117	0.9930	275

3.3.4　蜗壳各埋设方式实测成果与计算值的对比分析

3.3.4.1　监测项目及监测断面

(1)监测机组

对左岸电站10号机组和右岸电站16、19、24号机组保压埋设方式，右岸电站17、18、25、26号机组垫层埋设方式和右岸电站15号机组直接埋设方式进行监测。

(2)监测项目及仪器

1)蜗壳应力。

蜗壳应力采用钢板应变计观测。保压蜗壳的钢板应变计在保压前全部安装就绪并取得基准值，垫层及直接埋设蜗壳的钢板应变计在测点部位浇筑混凝土前安装就绪并取得基准值。蜗壳应力是采用钢板实测应变与弹模之积计算的，钢板弹模 $E=205\text{GPa}$。

应力符号："＋"表示蜗壳拉应力，"－"表示蜗壳压应力。

2)蜗壳与外包混凝土之间开度。

蜗壳与外包混凝土之间的开度采用测缝计观测。测缝计在测点部位浇筑混凝土时埋设，在混凝土浇筑并终凝后读取基准值。垫层和直接埋设蜗壳在混凝土浇至腰部高程 57m 左右时，蜗壳底部需进行灌浆使蜗壳上抬并造成腰部以下测缝计张开，但实际上这一开度间隙被水泥浆充填，因此，垫层和直埋蜗壳腰线以下测缝计取蜗壳底部灌浆后的测值作为修正基准值。

开度符号："＋"表示蜗壳与混凝土间间隙增大，"－"表示间隙减小(对垫层部位为垫层压缩量)。

3)蜗壳外包混凝土钢筋应力。

蜗壳外包混凝土钢筋应力采用钢筋计观测。

应力符号："＋"表示拉应力，"－"表示压应力。

4)蜗壳外包混凝土应力。

蜗壳外包混凝土应力采用应变计和无应力计观测。混凝土应根据实测应变、弹模及徐变资料计算而得。

应力符号："＋"表示拉应力，"－"表示压应力。

5)下机架基础变形。

下机架基础变形采用水准仪观测。

(3)监测断面及测点

蜗壳监测断面平面布置见图 3.3.13，监测断面上测点位置及标识见图 3.3.14。

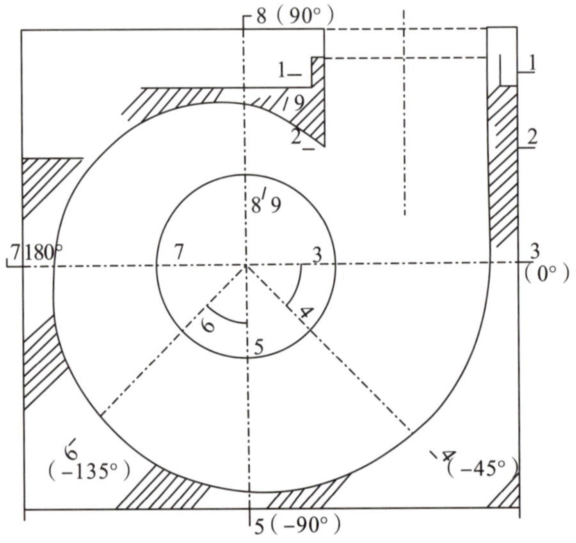

图 3.3.13　蜗壳监测断面平面布置

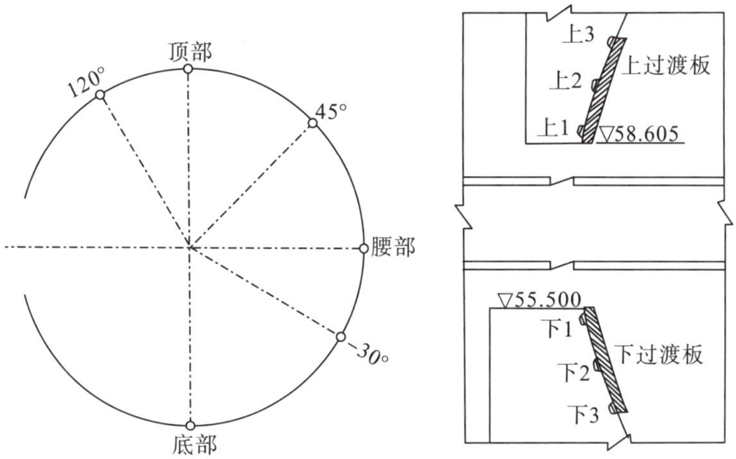

图 3.3.14 监测断面上测点位置及标识

3.3.4.2 实测成果与计算值的对比分析

(1)对比成果说明

实测成果为静水压力作用下的应力实测值,为便于与其比较,采用3种埋设方式的线弹性计算成果作为应力计算值与其进行对比分析。本节主要对156.0m、172.7m水位时的蜗壳钢板应力、钢筋应力、外围混凝土应力、蜗壳与外围混凝土之间的开度、下机架上抬位移量、混凝土承载比等实测成果与计算值进行对比分析。

因计算成果没有考虑温度荷载,为消除实测成果中的温度影响并使结果具有可比性,156.0m水位采用机组调试(充水)前后观测量的增量作为实测成果,172.7m水位采用机组调试(充水)前后观测量(调试后为156m水位)的增量与2008年10—11月汛后水位上升过程中156.0m与172.7m水位间观测量增量的累加值作为比较的实测成果。因调试前后和水库蓄水过程时间较短,可基本消除温度的影响。

(2)直接埋设方式

本部分主要对直接埋设的15号机组蜗壳钢板应力、钢筋应力和混凝土应力的实测值与计算值进行比较。

1)蜗壳钢板应力比较。

15号机组蜗壳钢板实测应力与计算应力的比较表明,除敷设有垫层的3-3断面外,直接埋设部位5-5和8-8断面应力规律一致,数值比较接近(表3.3.15)。

表 3.3.15 15号机组蜗壳钢板实测应力与计算应力比较 (单位:MPa)

编号	断面	方向	部位	156.0m水位		172.7m水位	
				实测应力	计算应力	实测应力	计算应力
GS03CJ15	3-3	环向	120°	38	74	63	87
GS09CJ15	5-5	环向	腰部	15	14	22	16

续表

编号	断面	方向	部位	156.0m 水位		172.7m 水位	
				实测应力	计算应力	实测应力	计算应力
GS11CJ15	5-5	环向	120°	14	10	19	12
GS17CJ15	8-8	环向	腰部	19	18	29	21
GS19CJ15	8-8	环向	120°	13	8	20	9
GS10CJ15	5-5	水流向	腰部	1	7	8	8
GS12CJ15	5-5	水流向	120°	−1	0	8	0
GS18CJ15	8-8	水流向	腰部	3	6	8	8
GS20CJ15	8-8	水流向	120°	−9	4	0	4

2)钢筋应力比较。

15 号机组钢筋实测应力与计算应力的比较表明,各断面应力规律一致,数值比较接近(表 3.3.16)。

表 3.3.16　15 号机组钢筋实测应力与计算应力比较　(单位:MPa)

编号	断面	方向	部位	156.0m 水位		172.7m 水位	
				实测应力	计算应力	实测应力	计算应力
R16CJ15	3-3	环向	−30°	6.5	6.6	8.8	7.9
R17CJ15	3-3	环向	腰部	1.6	3.8	6.1	5.1
R20CJ15	3-3	环向	45°	6.5	9.7	8.8	12.4
R21CJ15	3-3	环向	顶部	3.2	5.6	4.6	6.9
R30CJ15	5-5	环向	−30°	7.0	10.3	11.5	12.2
R31CJ15	5-5	环向	腰部	7.8	11.3	12.4	13.5
R33CJ15	5-5	环向	45°	12.1	14.3	17.6	17.2
R34CJ15	5-5	环向	顶部	9.8	11.1	15.3	13.0
R46CJ15	8-8	环向	腰部	9.8	14.4	16.1	17.2
R48CJ15	8-8	环向	45°	12.3	14.9	17.9	19.2
R49CJ15	8-8	环向	顶部	5.4	7.9	11.5	9.4
R18CJ15	3-3	水流向	腰部	0.5	1.1	2.7	1.2
R22CJ15	3-3	水流向	顶部	0.3	0.8	0.4	0.7
R32CJ15	5-5	水流向	腰部	3.0	2.5	8.4	2.9
R35CJ15	5-5	水流向	顶部	1.4	1.3	8.0	1.5
R47CJ15	8-8	水流向	腰部	1.0	1.2	6.1	1.4
R50CJ15	8-8	水流向	顶部	1.5	2.1	8.9	2.7

3)混凝土应力比较。

15 号机组混凝土实测应力与计算应力的比较表明,各断面应力规律一致,数值比较接近(表 3.3.17)。

表 3.3.17 15 号机组混凝土实测应力与计算应力比较 (单位:MPa)

编号(CJ15)	断面	方向	部位	156.0m 水位		172.7m 水位	
				实测应力	计算应力	实测应力	计算应力
S01	3-3	环向	—30°	1.4	1.0	1.1	1.2
S03	3-3	环向	腰部	0.6	0.5	0.8	0.6
S05	3-3	环向	45°	1.3	1.3	1.2	1.5
S17	5-5	环向	腰部	1.6	1.5	1.7	1.7
S19	5-5	环向	45°	2.2	1.9	2.2	2.3
S21	5-5	环向	顶部	1.7	1.4	1.9	1.6
S31	8-8	环向	腰部	2.0	2.0	2.1	2.3
S33	8-8	环向	45°	2.2	1.9	2.2	2.2
S35	8-8	环向	顶部	0.9	1.0	1.0	1.2
S02	3-3	水流向	—30°	0.1	0.4	0.4	0.5
S04	3-3	水流向	腰部	0.1	0.1	0.2	0.3
S06	3-3	水流向	45°	0.2	0.3	0.3	0.4
S08	3-3	水流向	顶部	0.2	0.2	0.2	0.2
S18	5-5	水流向	腰部	0.5	0.5	1.1	0.6
S20	5-5	水流向	45°	0.5	0.5	1.2	0.6
S22	5-5	水流向	顶部	0.3	0.3	1.1	0.3
S32	8-8	水流向	腰部	0.1	0.3	0.7	0.4
S34	8-8	水流向	45°	0.3	0.3	0.9	0.4
S36	8-8	水流向	顶部	0.3	0.2	1.3	0.3

(3)保压埋设方式

选取保压埋设方式埋设的 24 号机组蜗壳钢板应力、混凝土应力实测值与计算值作比较,并选取保压埋设方式埋设的 10 号机组蜗壳仿真计算的蜗壳与混凝土之间的间隙结果与实测情况进行比较。

1)蜗壳钢板应力比较。

除 3-3 断面腰部环向 GS09CJ24 相差较大外,其他断面蜗壳钢板实测应力与计算应力的规律基本一致,数值比较接近(表 3.3.18)。

表 3.3.18　　24 号机组蜗壳钢板实测应力与计算应力比较　　(单位:MPa)

编号	断面	方向	部位	156.0m 水位		172.7m 水位	
				实测应力	计算应力	实测应力	计算应力
GS09CJ24	3-3	环向	腰部	116	53	122	56
GS10CJ24	3-3	水流向	腰部	36	46	47	47
GS11CJ24	3-3	环向	45°	64	58	74	60
GS13CJ24	3-3	环向	顶部	78	65	88	68
GS15CJ24	3-3	环向	120°	54	64	62	65
GS29CJ24	5-5	环向	腰部	48	68	53	70
GS30CJ24	5-5	环向	腰部	33	57	41	58
GS31CJ24	5-5	环向	45°	50	65	56	70
GS33CJ24	5-5	环向	顶部	74	69	83	71
GS35CJ24	5-5	环向	120°	74	63	81	64
GS53CJ24	8-8	环向	45°	57	61	66	64
GS12CJ24	3-3	水流向	45°	20	21	30	22
GS14CJ24	3-3	水流向	顶部	12	32	21	33
GS16CJ24	3-3	水流向	120°	−6	17	0	17
GS32CJ24	5-5	水流向	45°	11	34	20	60
GS34CJ24	5-5	水流向	顶部	5	39	12	39
GS36CJ24	5-5	水流向	120°	−5	17	3	17
GS52CJ24	8-8	水流向	腰部	72	52	82	53
GS54CJ24	8-8	水流向	45°	11	35	17	36

2)混凝土应力比较。

24 号机组混凝土实测应力与计算应力的规律基本一致,数值比较接近(表 3.3.19)。

表 3.3.19　　24 号机组混凝土实测应力与计算应力比较　　(单位:MPa)

编号(CJ24)	断面	部位	156.0m 水位		172.7m 水位	
			实测应力	计算应力	实测应力	计算应力
S01	3-3	腰部	0.9	1.0	1.5	1.4
S02	3-3	45°	0.8	1.1	1.3	1.5
S05	5-5	腰部	0.7	0.9	1.2	1.1
S06	5-5	45°	1.2	0.9	1.8	1.3

3)蜗壳与混凝土之间的间隙比较。

对 10 号机组保压浇筑混凝土及运行过程的仿真计算结果表明,139.0m 水位运行期蜗壳与混凝土已基本贴紧,冬季平均传压仅为 0.12MPa,可以认为此时内水压力主要由蜗壳承担。而实测成果表明,135.0m以上水位条件下运行期蜗壳与混凝土之间的间隙为-0.2~0.2mm,在仪器观测误差范围内,蜗壳与混凝土是贴紧的。

在冬季卸压后,钢蜗壳与外围混凝土之间的平均间隙为2.04mm,3-3断面管顶间隙为0.28mm,管腰间隙为3.15mm,5-5断面管顶间隙为0.07mm,管腰间隙为5.62mm,各断面管腰间隙均大于管顶间隙(这与前期计算结果的规律性一致)。实测值与计算值比较(表3.3.20)表明,两者管腰间隙基本一致,管顶间隙实测值大于计算值。

表3.3.20　10号机组卸压后冬季计算间隙与实测间隙比较　(单位:mm)

断面	3-3断面		5-5断面		
部位	管顶	管腰	管顶	管腰	管底
计算间隙	0.28	3.15	0.07	5.62	0.28
实测间隙(2002-12-31)	2.50	4.00	1.70	4.90	0.70
实测间隙(2004-03-01)	0.90	2.80	1.00	4.00	0.30

右岸电站采用保压埋设方式的16号、19号、24号机组,在156.0m、172.7m水位下的间隙实测值表明,间隙测值无变化。这表明钢蜗壳已与外围混凝土绝大部位贴紧了。

(4)垫层埋设方式

本部分主要对垫层埋设方式的25号和17号机组蜗壳钢板应力,25号机组混凝土应力及17号、18号、25号、26号机组蜗壳与混凝土之间开度的实测值与计算值进行比较。

1)蜗壳钢板应力比较。

25号和17号机组蜗壳钢板实测应力与计算应力的比较表明,各断面应力规律基本一致,大部分数值比较接近(表3.3.21、表3.3.22)。

表3.3.21　25号机组蜗壳钢板实测应力与计算应力比较　(单位:MPa)

编号	断面	方向	部位	156.0m水位		172.7m水位	
				实测应力	计算应力	实测应力	计算应力
GS07CJ25	3-3	环向	底部	9	47	23	56
GS09CJ25	3-3	环向	腰部	61	61	70	72
GS13CJ25	3-3	环向	顶部	90	67	94	79
GS27CJ25	5-5	环向	底部	40	55	51	66
GS31CJ25	5-5	环向	45°	86	65	102	77
GS33CJ25	5-5	环向	顶部	68	62	69	77
GS35CJ25	5-5	环向	120°	8	39	10	46
GS08CJ25	3-3	水流向	底部	10	27	16	32
GS10CJ25	3-3	水流向	腰部	19	38	21	44
GS14CJ25	3-3	水流向	顶部	22	30	20	35

续表

编号	断面	方向	部位	156.0m 水位		172.7m 水位	
				实测应力	计算应力	实测应力	计算应力
GS28CJ25	5-5	水流向	底部	11	36	20	43
GS34CJ25	5-5	水流向	顶部	11	33	7	39
GS36CJ25	5-5	水流向	120°	17	19	18	21
GS52CJ25	8-8	水流向	腰部	62	51	71	60
GS54CJ25	8-8	水流向	45°	25	34	38	41

表 3.3.22　17 号机组蜗壳钢板实测应力与计算应力比较　(单位:MPa)

编号	断面	方向	部位	156.0m 水位		172.7m 水位	
				实测应力	计算应力	实测应力	计算应力
GS01CJ17	3-3	环向	腰部	24	61	32	72
GS03CJ17	3-3	环向	120°	106	73	121	87
GS09CJ17	5-5	环向	腰部	16	76	23	89
GS11CJ17	5-5	环向	120°	48	39	53	46
GS19CJ17	8-8	环向	120°	52	65	58	77
GS12CJ17	5-5	水流向	120°	−11	19	−1	21
GS18CJ17	8-8	水流向	腰部	27	51	37	60
GS20CJ17	8-8	水流向	120°	12	14	20	16

2)混凝土应力比较。

25 号机组混凝土实测应力与计算应力的比较表明,各断面应力规律基本一致,大部分数值比较接近(表 3.3.23)。

表 3.3.23　25 号机组混凝土实测应力与计算应力比较　(单位:MPa)

编号(CJ24)	断面	部位	156.0m 水位		172.7m 水位	
			实测应力	计算应力	实测应力	计算应力
S01	3-3	腰部	0.4	0.7	0.6	0.9
S02	3-3	45°	0.7	1.3	1.3	1.5
S05	5-5	腰部	0.5	0.7	0.8	0.9
S06	5-5	45°	1.5	0.9	2.2	1.1

3)蜗壳与混凝土之间开度(压缩量)比较。

各机组 156.0m 水位及 172.7m 水位时蜗壳与混凝土间实测开度(压缩量)与计算开度(压缩量)比较表明,26 号机组实测垫层压缩量比计算垫层压缩量大,17 号机组和 18 号机组实测垫层压缩量比计算垫层压缩量略小(表 3.3.24、表 3.3.25)。

表 3.3.24　各机组 156.0m 水位时蜗壳与外包混凝土之间开度(压缩量)比较　(单位:mm)

断面	部位	实测开度(压缩量)				计算开度(压缩量)
		26 号机组	25 号机组	17 号机组	18 号机组	
3-3	腰部	−6.18	−3.14	−0.72	−0.16	−2.07
3-3	顶部	−2.49	−2.48	−1.29	−1.29	−3.42
5-5	腰部	−4.16	−1.02	−1.20	−0.43	−2.65
5-5	顶部	−1.20	−1.44	−1.37	−1.35	−3.58
8-8	腰部	−1.34	−0.04	−0.09	−0.27	−1.55
8-8	顶部	0.38	−0.12	−0.10	−0.44	−1.74

表 3.3.25　各机组 172.7m 水位时蜗壳与外包混凝土之间开度(压缩量)比较　(单位:mm)

断面	部位	实测开度(压缩量)				计算开度(压缩量)
		26 号机组	25 号机组	17 号机组	18 号机组	
3-3	腰部	−6.56	−3.33	−0.73		−2.40
3-3	顶部	−2.62	−2.68	−1.35		−4.05
5-5	腰部	−4.42	−1.07	−1.17	检修	−3.07
5-5	顶部	−1.17	−1.45	−1.48		−4.21
8-8	腰部	−1.43	−0.03	−0.08		−1.80
8-8	顶部	−0.38	−0.11	−0.07		−2.46

(5)各机组混凝土承载比

根据各机组 3-3(+X)、5-5(−Y)及 7-7(−X)断面实测蜗壳应力计算出了各机组在 172.7m 左右(18 号机组为 156.0m)库水位运行时的混凝土承载比实测平均值(表 3.3.26)。

表 3.3.26　各机组混凝土承载比实测平均值与计算值比较

机组情况	实测库水位(m)	混凝土承载比实测平均值(%)	混凝土承载比计算值(%)
26 号(垫层、哈电)	172.7	20	18～30
25 号(垫层、哈电)	172.7	24	
18 号(垫层、东电)	156.0	21	
17 号(垫层、东电)	172.7	38	
24 号(保压、哈电)	172.7	37	45～50
16 号(保压、东电)	172.7	44	
19 号(保压、ALSTOM)	172.0	48	
10 号(保压、ALSTOM)	172.0	50	
15 号(直埋、东电)	172.7	78	80～90

注:表中计算混凝土承载比为蜗壳设计内水压力水头 139.5m 时的计算值。

各机组混凝土承载比实测平均值与计算值规律一致，采用直接埋设方式时最大，采用保压埋设方式时其次，采用垫层埋设方式时最小。

(6)下机架基础板上抬量

结合机组调试，对15号机组直埋、18号机组垫层、24号机组保压的发电机下机架基础板的对角上抬位移差进行了真机监测，不同埋设方式下发电机下机架基础板的对角上抬最大位移差计算值和实测值见表3.3.27。

表3.3.27 下机架基础板对角上抬最大位移差计算值和实测值

项目	15号机组直埋		18号机组垫层		24号机组保压	
	坝前水位(m)	相对变形(mm)	坝前水位(m)	相对变形(mm)	坝前水位(m)	相对变形(mm)
最大位移差实测值	157.68	0.59				
最大位移差计算值	156.00	0.69	156.00	0.64	156.00	0.53
最大位移差实测值			170.26	0.73	170.86	0.45
最大位移差计算值	172.70	0.77	172.70	0.74	172.70	0.67

注:表中最大位移差计算值为线弹性计算值。

从表3.3.27可以看出，最大位移差计算值和真机实测值表明，3种埋设方式中，发电机下机架基础板对角上抬最大位移差，采用直接埋设方式时大于采用垫层埋设方式时，采用垫层埋设方式时又稍大于采用保压埋设方式时，实测值与计算值基本相当。

3.3.5 蜗壳埋设方式的综合分析

三峡电站700MW水轮发电机组蜗壳采用保压、垫层、直埋3种埋设方式，经设计研究选定并实施具体埋设方式，对3种埋设方式进行了动力、静力计算，直接埋设方式做了物理模型试验。结合右岸电站机组的安装调试和运行，在156.0m、172.7m水位下，对3种埋设方式进行了真机监测，并对监测数据与设计计算值进行分析对比，结果基本一致。3种埋设方式投入运行的机组，运行总体良好，机组的振动、摆度、推力瓦温正常，表明3种埋设方式的研究成果基本正确，蜗壳外围混凝土结构设计合理，机组能安全稳定运行。

3.3.5.1 蜗壳埋设方式的主要性能参数

蜗壳采用保压、垫层、直埋3种埋设方式时的静力和动力计算成果汇总分别见表3.3.28和表3.3.29。

表 3.3.28　　蜗壳 3 种埋设方式静力计算成果汇总

结构构件	项目	保压方式	垫层方式	直埋方式
蜗壳	钢板应力(MPa)	98.7	219.0	28.4
	最大变形(mm)	20.00	8.00	1.57
	上过渡板应力(MPa)	174.0	199.0	77.0
	下过渡板应力(MPa)	172.0	189.0	67.6
座环	上环板应力(MPa)	129.0	195.0	97.8
	下环板应力(MPa)	127.0	123.0	91.8
	径向最大柔度(μm/kN)	0.0372	0.0376	0.0404
固定导叶	应力(MPa)	67.3	83.2	75.4
蜗壳外围混凝土	最大拉应力(MPa)	2.13	1.93	2.74
	内压平均承载比(%)	45～50	18～30	80～90
发电机下机架	基础板相对上抬位移(mm)	0.97	1.16	1.30

表 3.3.29　　蜗壳 3 种埋设方式动力计算成果汇总

结构构件	项目	保压方式	垫层方式	直埋方式
蜗壳	钢蜗壳应力(MPa)	0.791	4.894	6.420
	过渡板应力(MPa)	1.369	1.369	4.63
	钢蜗壳振动位移(mm)	0.035	0.100	0.143
	过渡板振动位移(mm)	0.035	0.033	0.041
	钢蜗壳振动速度(mm/s)	2.032	8.582	11.125
	过渡板振动速度(mm/s)	1.738	1.480	2.874
	钢蜗壳振动加速度(m/s^2)	0.451	1.975	2.584
	过渡板振动加速度(m/s^2)	0.387	0.329	0.641
座环	环板应力(MPa)	1.254	1.478	3.630
	振动位移(mm)	0.033	0.033	0.038
	振动速度(mm/s)	1.575	1.401	2.800
	振动加速度(m/s^2)	0.351	0.312	0.625
固定导叶	应力(MPa)	1.386	1.324	3.630
蜗壳外围混凝土	最大应力(MPa)	0.211	0.136	0.208
	最大动位移(mm)	0.042	0.041	0.061
	最大振动速度(mm/s)	2.366	1.845	4.368
	最大振动加速度(m/s^2)	0.529	0.409	0.973

续表

结构构件	项目	保压方式	垫层方式	直埋方式
蜗壳上部混凝土	最大应力(MPa)	0.057	0.058	0.139
	最大动位移(mm)	0.110	0.058	0.052
	最大振动速度(mm/s)	1.925	1.299	2.952
	最大振动加速度(m/s^2)	0.348	0.278	0.652

从表3.3.28、表3.3.29可以看出，在蜗壳采用不同埋设方式时，各性能参数虽存在差异，但各项技术指标都满足有关规范、规程和机组合同要求。

3.3.5.2 蜗壳埋设方式运用范围的探讨

(1)蜗壳保压埋设方式

当蜗壳承受的水压力大于保压水头时，钢蜗壳与外围混凝土之间已绝大部分贴紧，兼顾短期运行的条件是保压方式的设计原则和目标。经设计研究和工程实践表明，保压水头按蜗壳运行承受最小水压力的80%选取，并在蜗壳外围混凝土施工过程中采用温度补偿措施这一研究成果是正确的。长江设计院自主开发设计的一套保温保压装置经工程使用证明是成功的。

对于保压埋设方式，当保压值确定后，钢蜗壳与外围混凝土结构各自受力明确。蜗壳承力、外围混凝土结构设计的荷载条件，关系到配筋的多少和施工的难易，而保压水头的选取与机组运行水头的变幅有密切的关系，对运行水头变幅大的机组，从提高蜗壳与外围混凝土结构的整体刚度以减小机组振动出发，要求一年四季在长期运行的水头范围内，钢蜗壳与外围混凝土结构绝大部分处于贴紧状态，保压水头宜按长期运行承受最小静水压力的80%选取。三峡工程长期运行水位为145.0～175.0m，水位变幅为30.0m，保压水头选取70.0m，考虑水锤效应后蜗壳承受的最大水压力为139.5m，外围混凝土结构应按承载70.0m内水压力设计。由于保压水头选得相对较低，配筋相对较多，对运行水头变化范围不大的机组而言，保压水头可相对提高，也就提高了钢蜗壳的承载力，减少了外围混凝土结构的承载力，减少了配筋，降低了工程造价和方便施工。另外，不论机组在何种水头范围运行，在保压浇筑混凝土过程中，需增加闷头、密封环，在施工过程中还需要采用温度或压力补偿措施，蜗壳需充、泄水，因此施工程序相对复杂，工期较长，投入相对较大，且在工程设计中，不论是明厂房还是地下厂房，都需考虑布置闷头的位置和相应的吊装设施，而上述设施的投入和施工期长短均与机组蜗壳尺寸的大小有密切关系，三峡机组蜗壳*HD*值($1773m^2$)较高，属中低水头，因此蜗壳进口直径达12.4m，平面宽度达34.325m，蜗壳的容积约为$6000m^3$，是目前世界上最大的混流式水轮机蜗壳。上述设施的投入相对较多，施工期也较长，保压埋设方式工程量与垫层埋设方式相比，混凝土量相同，钢筋增加约108t，一套辅助装置需430万元，保压埋设方式单台机组投资比垫层埋设方式单台机组增加约495.6万元(未考虑有些设施可重复使用)，比直接埋设方式增加约269.2万元。因此，在三峡电站实际条件下采用保压埋设方式不是最好的。

由上述情况可知，对机组运行水头范围变化不大的蜗壳，保压值可适当提高，增加钢蜗壳的承力，这样对减少外围混凝土的配筋有利。也就是说，在施工程序相对复杂可接受的情况下，保压埋设方式较适合在水头变幅不大的机组中采用；对机组容量不大、运行水头较高、蜗壳进口及平面尺寸不大，且外围混凝土方量不大并在较短时间内浇完的外围混凝土，只要浇筑季节选择适当，可不考虑浇筑时的温度补偿或采用调节蜗壳内的水压力方式进行温度补偿，也可采用保压埋设方式。

(2)蜗壳垫层埋设方式

垫层埋设方式关注两个问题。一是由于过渡板附近体型复杂，在机组各种运行方式下，再加上振动作用，过渡板是否会受力过大并引起疲劳破坏。对此采取了在距机坑里衬2～2.5m范围内直浇混凝土的措施，改善了受力条件。从前述可知，在运行中的各种应力都在安全范围内，且有较大的安全裕度。二是关注垫层材料的寿命，垫层材料选用高压聚乙烯(PE)闭孔泡沫板，这种泡沫板在紫外线照射下会产生老化，但敷在蜗壳外部时没有紫外线的照射，而且在动力响应计算中对垫层材料老化失效出现大面积脱空的敏感性分析表明，垫层方式能使机组长期安全稳定运行。

另外，通过对弹性垫层材料、敷设范围的优化设计研究，以及对垫层材料进行现场测试并对有关参数进行调整后，选用弹性模量为4.0±0.4MPa、厚度为3cm的高压聚乙烯(PE)闭孔泡沫板，敷设范围至腰线或腰线下10°。实践表明，这些设计研究成果是成功的。

垫层埋设方式计算和真机实测表明，运行中钢蜗壳将承受70%～82%的内水压力，是3种埋设方式中承受内水压力最大的，外围混凝土承受内水压力最小，配筋量最少，比保压和直接埋设方式分别减少17%、29%，施工相对简单。

由上述可知，对700MW级水轮机的蜗壳，在运行水头变幅大、*HD*值较高(1773m^2)、运行水头较低(71～113m)、蜗壳进口钢管直径较大(12.4m)等情况下，采用垫层埋设方式，能有效地减小机组的振动、工程投入少、方便施工，是较好的一种埋设方式。

(3)蜗壳直接埋设方式

直接埋设方式在钢蜗壳外表面直接浇筑外围混凝土，在运行中钢蜗壳与外围混凝土绝大部分处于紧贴状态，整体刚度较高，有利于减小机组振动又方便施工。由于三峡水轮机蜗壳平面尺寸较大，蜗壳截面直径不对称差值较大，在充水至蜗壳最大静压水头118m的过程中，由于蜗壳体型不对称导致发电机下机架不对称上抬量较大，从推力轴承安全运行出发，东电提出，下机架不对称的上抬量应控制在不大于0.4mm，但土建结构要达到此要求困难较大。在设计研究中，垫层和保压埋设方式发电机下机架也存在不均匀上抬，量值比直接埋设方式小，国内已投入运行的机组并未发现推力轴承存在问题，据此将发电机下机架不对称上抬量控制在与垫层、保压埋设方式相当的水平。为此，增加了不少工程措施和一定的施工工作量。直接埋设方式在3种埋设方式中钢蜗壳承力最小，钢筋使用最多，单台机组约为

899t。15 号机组的调试和运行表明，推力瓦温和瓦块之间的温差正常，可安全稳定运行。对真机发电机下机架不对称上抬量的实测值，与计算值基本一致，表明设计研究的成果是正确的。但这一研究也给设计提出了一个问题，发电机下机架的最大允许上抬量，按与保压和垫层埋设方式相当的不对称上抬量控制，是否科学、合理？目前工程实施所采用的方案在很大程度上受发电机下机架不均匀上抬量的制约，若上抬量可进一步放宽或不受此限制，工程的实施方案会有所改变，会影响直埋方案的评价和使用。因此，如何科学合理地确定发电机下机架的不对称上抬量，对直接埋设方式来说，是需重点研究和进一步解决的问题。

研究发现，在相当的 *HD* 值下，能否采用直接埋设方式可能与蜗壳进口直径大小密切相关，如溪洛渡水电站，机组运行水头范围为 154.6～229.0m，*HD* 值为 2086.49m^2，蜗壳的进口直径为 7.27m，平面最大宽度为 23.969m，而发电机下机架的不对称上抬量与蜗壳承受的内水压力和蜗壳不对称的截面积比成正比，蜗壳的截面积与蜗壳的直径平方近似成正比。因此，在溪洛渡水电站中，蜗壳充水至最大静水压力时，发电机下机架的不对称上抬位移量有减小的趋势。直接埋设方式与机组容量、运行水头密切相关，其是否采用需针对水电站的具体条件，设计研究来决定。

3.3.5.3 蜗壳埋设方式的运行检验

蜗壳 3 种埋设方式各项监测值均是正常的，保压埋设方式和垫层埋设方式的蜗壳应力水平没有明显区别，直埋方式的蜗壳应力略小。垫层和保压埋设方式同样能满足设计要求。

(1)蜗壳应力

保压埋设方式下，蜗壳在充水保压过程中，产生一个拉应力增量，但环向应力增量比水流向应力增量大，各机组保压后蜗壳最大应力为 80～103MPa。

各机组调试运行前后，蜗壳产生的拉应力增量、环向应力变化比水流向应力变化明显，蜗壳部位比过滤板变化明显，应力变化最大的部位在蜗壳腰部及以上部位。机组调试前后的最大应力增量约为 132MPa，运行时最大拉应力约为 200MPa。保压埋设方式和垫层埋设方式中，蜗壳应力的变化及分布和应力水平没有明显的区别。直埋方式的 15 号机组蜗壳应力相对较小，最大应力为 60MPa。

(2)蜗壳与外围混凝土开度

垫层埋设方式下，蜗壳与混凝土之间开度在运行后均产生压缩量，26 号机组蜗壳垫层最大压缩量达 9.0mm，25 号、18 号和 17 号机组蜗壳垫层的最大压缩量分别为 3.43mm、2.37mm 和 2.93mm。各机组开度变化规律基本一致，一般蜗壳腰部开度变化最大，顶部次之，底部开度变化不明显。

保压埋设方式下，在调试运行前蜗壳与混凝土之间开度最大，运行后开度减小。24 号、16 号、19 号和 10 号机组调试运行前后开度的最大变化量分别为 6.27mm、2.11mm、6.08mm 和 3.03mm。各机组开度的变化规律基本一致，一般蜗壳腰部开度变化最大，顶部次之。在库水位 135.0m 以上条件下实测开度均在 0.2mm 的观测误差范围内，蜗壳与混凝土间基本无间隙，表明蜗壳与混凝土紧贴，与计算结果一致。

直埋方式下，在机组充水前各测点开度为－0.15～0.24mm，开度均较小；库水位172.7m运行时，垫层部位开度为－1.75～1.05mm，垫层均有所压缩，其他直埋部位测点开度为－0.11～0.10mm，均无明显间隙。

(3)蜗壳外包混凝土钢筋应力

各机组蜗壳外包混凝土钢筋应力受机组调试及运行的影响较小，钢筋应力主要随温度变化，较大的钢筋应力均是在施工期产生的温度应力。除少数测点外，实测钢筋应力在100MPa以内，绝大部分钢筋应力在50MPa以内。蜗壳不同埋设方式的外包混凝土钢筋应力没有明显区别。

(4)蜗壳外包混凝土应力

机组调试运行前后，蜗壳腰部及45°处外包混凝土环向产生拉应力增量，各测点应力增量在2.4MPa以内。运行期蜗壳外包混凝土应力实测值与计算值规律基本一致，量值相当。

3.3.6　巨型水轮机蜗壳组合埋设技术

3.3.6.1　蜗壳组合埋设设计理论与工艺

三峡电站包括左、右岸坝后电站、地下电站和电源电站等4部分，分别安装14台、12台和6台700MW水轮发电机组，以及2台50MW水轮发电机组，总装机容量22500MW。700MW水轮机蜗壳平面最大宽度为34.325m，钢蜗壳进口压力管道直径达12.4m，HD值达1730m^2，均为世界上同期最大。金属蜗壳的埋设方式一般分为保压、垫层和直埋3种，三峡工程之前，世界上已建单机容量700MW级的电站仅大古力Ⅱ和伊泰普，其蜗壳埋设均采用保压方式。该方法具有工艺复杂、工期长、投资大，以及在地下电站难以应用的技术缺陷。

为突破传统保压方式的技术缺陷，相关人员围绕蜗壳外围混凝土整体刚度、变形、厂房振动、下机架基础不均匀变形等影响厂房结构安全及机组稳定运行的主要技术指标，通过大量力学理论研究、三维非线性数值模拟和1∶12大比例尺仿真材料结构模型试验，提出机组蜗壳"组合埋设"新技术，并成功应用于三峡坝后电站15号机组和地下电站27号机组。

(1)蜗壳与外围混凝土联合结构"整体刚度控制"结构设计理论

结合大量工程实践，通过系统研究，提出机组运行中不发生危害性振动主要取决于联合结构整体刚度(机组自身因素除外)是否满足振动控制要求的设计理论，并给出了振动安全判据，见式(3.3.2)。

$$f_0(M,K) > 1.3 f_i \tag{3.3.2}$$

式中，f_0为结构自振频率，f_i为机组可能振源的激励频率，M为联合结构质量，K为联合结构整体刚度。

(2)蜗壳"组合埋设"的设计方法及施工工艺

基于"整体刚度控制"结构设计理论，提出取消工序复杂、施工困难的"保压"工艺，采用钢蜗壳大部分直接埋入外围混凝土中，仅在蜗壳进口段应力较大的小部分范围，先敷设弹性垫层再浇筑外围混凝土的施工工艺，外围混凝土配筋设计由控制裂缝宽度变为控制裂缝分布及避免出现贯穿性裂缝的设计方法。

(3)蜗壳不同埋设方式下关键技术问题研究及技术标准

依托三峡水电站，对蜗壳采用保压、垫层及组合等埋设方式下，有关机组与厂房耦合振动、机组摆度、机组下机架基础不均匀变形、蜗壳外围混凝土开裂等关键技术问题进行了系统研究，获得了不同埋设方式下机组运行参数、结构力学特性及对比分析成果，建立了巨型机组蜗壳埋设完整的技术标准体系，填补了行业技术空白，为制定行业规范提供了依据。

3.3.6.2 监测资料分析

右岸坝后电站15号机组蜗壳监测资料分析的数据样本为整个施工期截至2014年底的全部观测资料，其中的重点是2008年175.0m水位试验蓄水期监测资料，接下来主要从蜗壳应力、蜗壳与混凝土之间的间隙开度、外包混凝土钢筋应力、外包混凝土应力等方面进行分析。

(1)蜗壳应力

15号机组蜗壳进口0°断面顶部120°处环向蜗壳应力过程线见图3.3.15。调试运行前后蜗壳应力变化最大，水流向部分蜗壳测点产生压应力增量，环向应力变化比水流向变化明显，应力变化最大的部位一般在蜗壳腰部及以上部位。175.0m库水位运行时，15号机组蜗壳应力最大约130MPa，小于设计允许值。

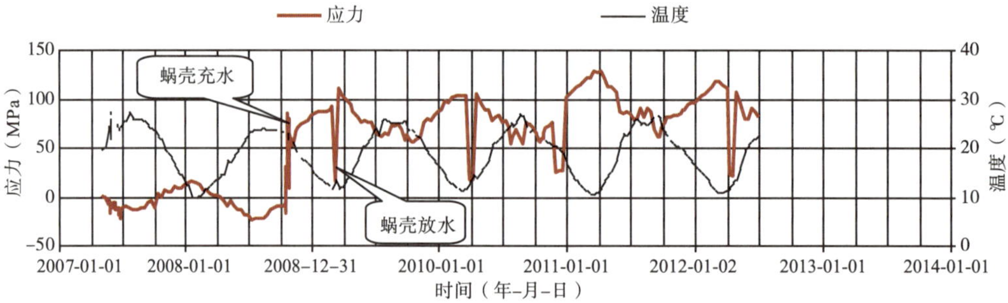

图3.3.15 15号机组蜗壳进口0°断面顶部120°处环向蜗壳应力过程线

(2)蜗壳与混凝土之间的间隙开度

15号机组蜗壳进口0°断面顶部蜗壳与混凝土之间，充水前各测点开度为−0.15～0.24mm，开度均较小；库水位175.0m运行时，垫层部位0°断面、45°断面处开度为−2.00～−1.05mm，垫层均有所压缩，其他直埋部位测点开度为−0.11～0.10mm，均无明显间隙。

(3)蜗壳外包混凝土实测钢筋应力

实测结果表明，该机组蜗壳外包混凝土钢筋应力受机组调试及运行的影响较小，钢筋应力主要随温度变化，较大的钢筋应力均是在施工期就产生的温度应力。除少数测点实测钢筋应力在80MPa以内外，绝大部分钢筋应力在50MPa以内。

(4)蜗壳外包混凝土实测应力

15号机组在紧靠蜗壳表面处的混凝土内布设有环向和水流向的应变计，蜗壳尾部270°断面45°处环向混凝土应力过程线见图3.3.16。充水调试前，外包混凝土环向应力在−2.8～−0.4MPa，水流向应力在−2.9～−0.5MPa，二者均以压应力为主。库水位175.0m运行时，环向应力在−1.9～1.7MPa；水流向应力在−1.8～0.4MPa。

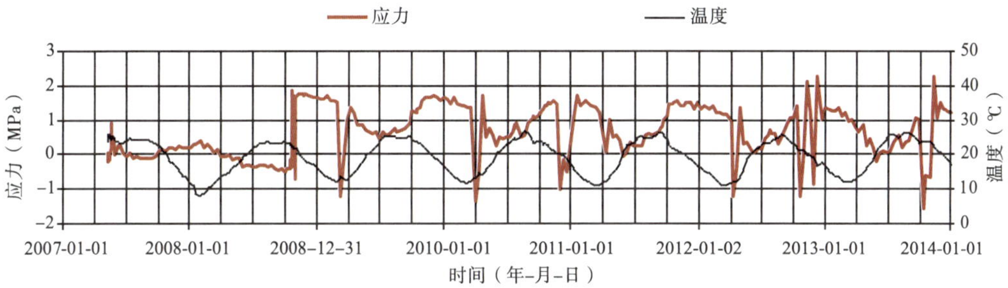

图3.3.16　15号机组蜗壳尾部270°断面45°处环向混凝土应力过程线

(5)下机架基础板上抬量

15号机组在调试充水至156.0m水位时，采用精密水准对下机架基础的上抬量进行了观测，实测1-1断面相对位移0.59mm，与计算值0.69mm相接近。

3.3.6.3　运行效果评价

175.0m库水位运行时，坝后电站15号机组蜗壳钢板应力、钢筋应力、混凝土应力和下机架基础板上抬量的实测值与计算值规律一致，数值接近。与蜗壳保压埋设方式相比，组合埋设方式的蜗壳应力相对较小，钢筋和混凝土的应力相差不大，且目前监测到的数值都不大。蜗壳组合埋设方式施工工艺简单，施工方便，工期较其他方式缩短。

右岸坝后电站15号机组和地下电站27号机组分别已安全稳定运行10年和6年，其数值计算成果与现场实测资料研究成果基本吻合，采用组合埋设技术的巨型蜗壳结构的各项控制指标均在设计控制范围内，且均有较大的安全裕度，结构运行期的安全可以得到保证。融合垫层和直埋优势的巨型水力发电机组蜗壳组合埋设方式，已推广应用至溪洛渡水电站和向家坝水电站，极有力地推动了行业技术进步。

3.4　坝后式电站厂房预留大二期坑施工技术

3.4.1　厂房预留大二期坑方案研究

3.4.1.1　厂房混凝土分缝分块

(1)厂房结构布置及尺寸

右岸电站厂房建基面高程21.5m，水轮机装机高程57.0m，发电机层高程75.3m，尾水管底板高程 27.0m，尾水平台高程 82.0m，大桥机轨道高程 93.5m，小桥机轨顶高程 105.5m，屋顶高程 116.0m，厂房建基面顺流向的总宽度 68.0m，沿坝轴线长 584.2m。厂房安装 12 台机组，编号为 15～26 号机组，设安Ⅰ、安Ⅱ、安Ⅲ三个安装场，安Ⅰ段、安Ⅱ布置在厂房最右端，安Ⅲ位于 20 号机组与 21 号机组之间，安Ⅰ段安装平台高程 82.0m，沿坝轴线长 28.0m，安Ⅱ、安Ⅲ段安装平台高程均为 75.3m，与发电层同高程，长度均为 38.3m。厂房施工线采用一机一缝型式，横缝间距为 38.3m。

(2)厂房混凝土分缝分块

鉴于厂房结构复杂的特点，考虑其结构的整体性、温控要求和国内外工程实践经验，厂房混凝土采用以错缝为主，结合直缝的分块方式。单机沿坝轴线长 38.3m 分为两块，分缝间距 18.5～19.8m，错缝搭接；厂房顺流向长 68m。从上游至下游分为Ⅰ、Ⅱ、Ⅲ、Ⅳ浇筑区，长度分别为 19.6m、18.44m、18.31m 及 11.65m，其中Ⅰ、Ⅱ、Ⅲ以及Ⅲ、Ⅳ区底板之间的竖向施工缝为错缝搭接，Ⅳ区为尾水管部分，与Ⅲ区之间设直缝后期浇筑，Ⅱ区高程 50.0～67.0m 为蜗壳层，上下游设直缝与Ⅰ区及Ⅲ区分期浇筑，尾水管里衬预留小二期坑后期浇筑，其余部位均设错缝。尾水管扩散段顶板每个机组段设 2 个封闭块，每个封闭块长 13.25m，宽 2.05m，最大高度 7.8m，分 2 层施工。

3.4.1.2 厂房尾水管肘管段高程 42.0m 以下预留大二期坑方案研究

(1)厂房尾水管肘管段高程 42.0m 以下预留大二期坑方案

由于右岸电站机组采购招标进度比原计划推迟，尾水管形状及尺寸的确定和尾水管肘管钢衬等埋件供货进度与尾水管结构设计和该部位混凝土施工工期发生矛盾。为保证右岸电站总工期及厂房混凝土浇筑如期进行，设计在对左岸电站两个机组供货厂商所采用的尾水管形式及有资格参加右岸机组投标的厂商可能采用的尾水管形式进行分析的基础上，选定一种尾水管一期混凝土结构型式及尺寸，并以此确定尾水管扩散段的轮廓和尺寸。鉴于左岸电站机组尾水管肘管采用半钢衬的形式，只需在其确定的半钢衬周围预留一个较小的安装空间，后期回填二期混凝土。而对于右岸电站机组尾水管肘管段一期混凝土结构轮廓和尺寸，则需预留一个比左岸电站大的二期混凝土坑，以便各机组供货厂商在进行水轮机转轮改进模型试验后，再给出新的肘管全钢衬，便于安装，及与已形成的尾水管扩散段一期混凝土轮廓顺利地衔接。设计研究右岸厂房机组段Ⅱ区采用预留大二期坑至高程 42.0m 的封闭型式，待尾水管肘管里衬安装，且大二期坑混凝土回填后再浇筑高程 42.0m 以上混凝土。右岸厂房尾水管肘管段高程 42.0m 以下埋件预留大二期坑见图 3.4.1。

(2)厂房尾水管肘管段高程 42.0m 以下预留大二期坑的结构措施

1)尾水管底板开挖高程及一期混凝土厚度设计。

鉴于肘管钢衬底部需预留出 1.5m 的安装空间，尾水管底板一期混凝土厚度减至 3.3m，考虑增加尾水管底板一期混凝土厚度，可弥补其结构在施工期和运行期的承载力，为此将尾水管底板开挖高程降低 0.7m，尾水管一期混凝土厚度增至 4.0m。

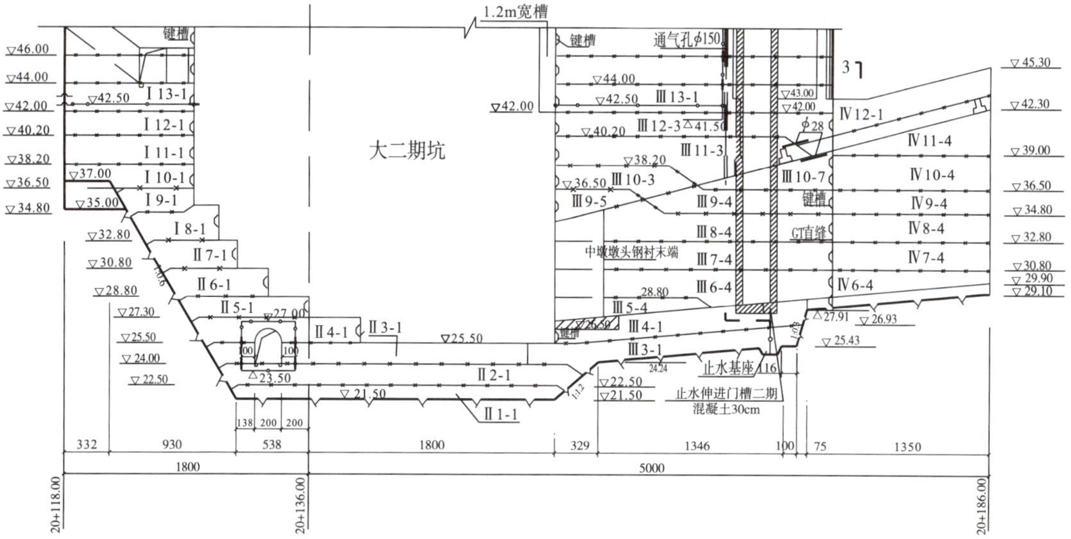

图3.4.1　右岸厂房尾水管肘管段高程42.0m以下埋件预留大二期坑(单位:高程、桩号以m计,尺寸以cm计)

2)Ⅱ区大二期坑壁面设键槽和接缝钢筋。

为使大二期坑一期混凝土结构面与二期混凝土能够良好地黏结为整体,在与二期混凝土结合的一期混凝土表面均进行凿毛处理,并布设键槽和接缝钢筋。

3)大二期坑回填混凝土温控要求。

大二期坑回填混凝土应采取相应的温控措施,增加温度钢筋,并安排在低温季节施工,取消大二期坑尾水管弯管段顶板封闭块。尾水管扩散段顶段仍按两个封闭块施工。

4)高程42.0m以上混凝土浇筑方式。

高程42.0m以上混凝土仍采用错缝浇筑方式。

3.4.1.3　厂房预留大二期坑施工程序

根据右岸电站机组埋件到货滞后和厂房混凝土实际浇筑进度的情况,三峡总公司要求设计单位进一步优化右岸电站厂房的施工设计,采取有力措施,确保厂房Ⅰ区、Ⅲ区高程42.0m以上混凝土浇筑的连续上升。

右岸电站厂房机组预留大二期坑结构见图3.4.2:Ⅱ区大二期坑未回填混凝土至高程42.0m前,上游侧Ⅰ区在高程42.0m留台阶,然后直缝上升至高程50.0m,缝面设键槽和接缝钢筋;下游侧Ⅲ区沿大二期坑壁面设直缝上升至高程50.0m,大二期坑混凝土回填至高程42.0m后,在高程42.0～50.92m设宽1.2m的宽槽,槽面布置键槽、接缝钢筋和并缝钢筋,Ⅲ区上升至高程61.0m。右岸电站厂房预留大二期坑与左岸电站厂房无大二期坑的施工程序主要差别在于左岸电站肘管安装与厂房一期混凝土浇筑穿插进行,浇筑至高程50.92m后,厂房上游Ⅰ区和下游Ⅲ区混凝土再单独上升;而右岸电站厂房预留大二期坑方案,在厂房高程25.5m底板下部形成后,留出肘管安装空间,其他部位一期混凝土继续浇筑上升,大二期坑混凝土施工在肘管安装过程中逐步实施。

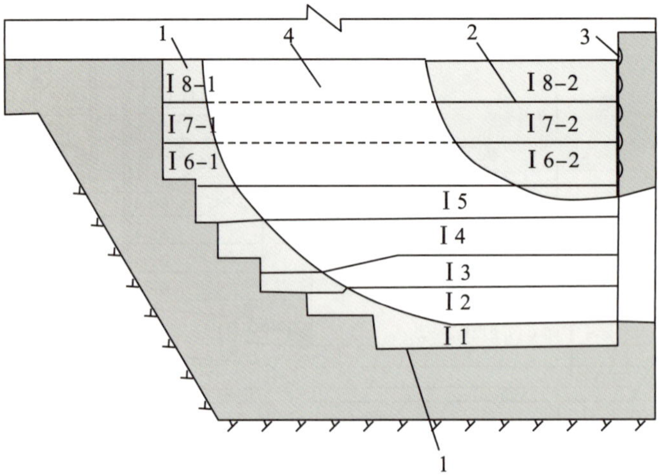

图 3.4.2 右岸电站厂房机组预留大二期坑结构

1—预留大二期坑边线;2—混凝土浇筑分层线;3—键槽;4—肘管

3.4.2 厂房预留大二期坑施工存在的问题及对策

3.4.2.1 厂房预留大二期坑施工存在的问题

1)厂房预留大二期坑和Ⅰ、Ⅲ区混凝土提前上升的施工方案,打破了机组段及该部位混凝土采用错缝浇筑的常规施工方案,形成了大二期坑回填混凝土处于底部及周边为老混凝土强约束的边界条件,且有的机组段不可避免在高温季节或较高温度时段浇筑大二期坑混凝土,而其混凝土本身容易产生裂缝,使新老混凝土面也容易张开。

2)在厂房尾水管肘管段大二期坑高程 42.0m 以下混凝土未浇筑前,单独上升Ⅰ区、Ⅲ区混凝土,将在尾水管底板产生附加剪应力,可能导致底板及其他部位产生裂缝,影响厂房结构的整体性和耐久性。

3)厂房结构的整体性是保证电站水轮发电机组运行抗振稳定性的基础,三峡电站厂房水下结构因预留大二期坑而对其结构的强度和刚度有一定的削弱,单独上升厂房大二期坑上游侧Ⅰ区和下游侧Ⅲ区混凝土,若施工分缝处理不当或产生结构裂缝,则均有可能进一步削弱结构的整体刚度,降低厂房结构的抗振性能。

4)厂房Ⅱ区预留大二期坑混凝土与Ⅰ区、Ⅲ区混凝土的不均衡上升,使结构应力进一步增大,经计算分析,相对于高程 42.0m 以上均衡上升施工方案,若Ⅲ区混凝土提前上升至高程 61.0m,在自重作用下,底板剪应力将增加 0.11MPa,边墙剪应力将增加 0.59MPa,将更加大混凝土产生裂缝的风险。

5)如果底板和边墙混凝土开裂,新老混凝土结合面张开,大二期坑混凝土不能与上游侧Ⅱ区及下游侧Ⅲ区混凝土形成整体结构,厂房水下结构自振频率只有原设计的 1/2,其结构刚度只有原设计的 1/4,将严重影响厂房的抗震性能。如果厂房水下结构混凝土出现较多裂缝,也将影响结构的整体性和耐久性。

3.4.2.2 厂房预留大二期坑施工采取的结构加强措施

1)在Ⅱ区大二期坑高程 42.0m 以下混凝土未回填前,上游侧Ⅰ区在高程 42.0m 留台阶,直缝上升至高程 50.0m,缝面设键槽和接缝钢筋;下游侧Ⅲ区沿大二期坑壁面直缝上升至高程 50.0m;大二期坑混凝土回填至高程 42.0m 后,Ⅱ区与Ⅲ区之间高程 42.0～50.0m(单号机为高程 50.92m)部位预留长 38.3m、宽 1.2m 的宽槽,在宽槽面设键槽,宽槽内设 5 层 ϕ32@20 的接缝钢筋。宽槽混凝土回填严格按设计技术要求施工。

2)为保证大二期坑及宽槽回填混凝土与老混凝土结合良好,对大二期坑和宽槽直缝面及竖直键槽面在回填混凝土浇筑前应凿毛并冲洗干净,对回填混凝土边上升边壁面涂刷浓水泥浆;对水平施工缝按常规方式冲毛至微露小石。

3)大二期坑直缝面预留接缝灌浆系统,进行水泥或化学灌浆。

4)对大二期坑混凝土和宽槽混凝土回填进行严格的温控和施工工艺控制,确保混凝土施工质量。

5)大二期坑混凝土及宽槽混凝土回填前,严格控制下游副厂房及Ⅲ区混凝土上升高程不得超过下游副厂房第 2 层楼板高程 61.21m。蜗壳外围混凝土浇筑前,须先完成宽槽混凝土回填,宽槽回填混凝土 28 天后,Ⅲ区混凝土可由高程 61.0m 继续上升。

3.4.3 厂房大二期坑回填混凝土施工技术研究

3.4.3.1 大二期坑回填混凝土施工程序

(1)肘管安装及二期混凝土施工

肘管由厚度 25mm 的 Q235 钢板卷制,分为 6 节安装;肘管二期混凝土从高程 25.5m 至高程 42.0m,分 7～8 层施工。

(2)锥管二期混凝土施工

锥管二期混凝土从高程 42.0m 至高程 50.0m(单号机组高程 50.92m)分 4 层施工,中部预留安装锥管的空间,其下游侧与Ⅲ区混凝土预留宽 1.2m 的宽槽。

(3)锥管安装及三期混凝土施工

锥管由厚度 25mm 的 Q235 钢板制作,分为 2 节安装,上节为整圆,下节分 2 个瓦片安装;锥管三期混凝土从高程 42.0m 至高程 50.92m,分 3～4 层施工。

(4)基础环、座环及蜗壳安装

基础环高 1995mm,分 2 瓣安装;座环分 6 瓣安装,座环上下环板厚 220mm,组装后内径 13230mm、外径 15000mm,有 24 个固定导叶,固定导叶高 3.0m;蜗壳由高强钢板制作,进口段钢板厚 54mm,内径 12.74m,蜗壳由 30 个管节组成,蜗壳平面尺寸为 34.3m(左右)×30.1m(上下游)。

(5)Ⅱ～Ⅲ区宽槽回填混凝土施工

Ⅱ～Ⅲ区宽槽回填混凝土从高程 42.0m 至高程 50.0m(单号机组 50.92m),分 3～4 层施工。

(6)蜗壳二期混凝土施工

蜗壳二期混凝土从高程 49.5m 至高程 66.97m(单号机组 67.8m),分 6 层施工。

3.4.3.2 大二期坑回填混凝土施工温度计算

(1)计算条件

1)气温。

气温采用三峡坝区气象站 1999—2004 年实测气温资料,三峡气象站 1999—2004 年各月、各旬平均气温见表 3.4.1,实测日平均气温及其拟合函数见图 3.4.3,拟合得气温函数见式(3.4.1)。

$$T=17.46+10.16\times\sin[\omega(\tau-106.98)] \tag{3.4.1}$$

对于顶面及下游阳光照射部位,考虑太阳辐射热的影响,其表面温度计算见式(3.4.2)。

$$T=20.96+12.16\times\sin[\omega(\tau-106.98)] \tag{3.4.2}$$

式中,ω 为温度变化的圆频率,$\omega=2\pi/P$,其中,P 为温度变化的周期;τ 为时间;T 为气温。

越冬期间,对电站机组尾水管口进行遮蔽,尾水管内环境温度较高,冬季尾水管口及尾水管内温度分别取 10℃及 12℃。

表 3.4.1 三峡气象站 1999—2004 年各月、各旬平均气温 (单位:℃)

月份	1	2	3	4	5	6	7	8	9	10	11	12
上旬	7.4	8.3	11.3	16.9	20.2	24.1	26.7	28.0	24.6	19.4	14.5	9.1
中旬	7.0	10.1	12.9	17.9	22.1	25.4	27.5	25.5	23.7	17.3	11.8	7.4
下旬	6.3	10.8	14.7	18.1	22.4	25.9	28.3	26.2	22.1	16.5	10.9	6.2
月平均	6.9	9.7	13.0	17.6	21.6	25.1	27.5	26.6	23.5	17.7	12.4	7.6

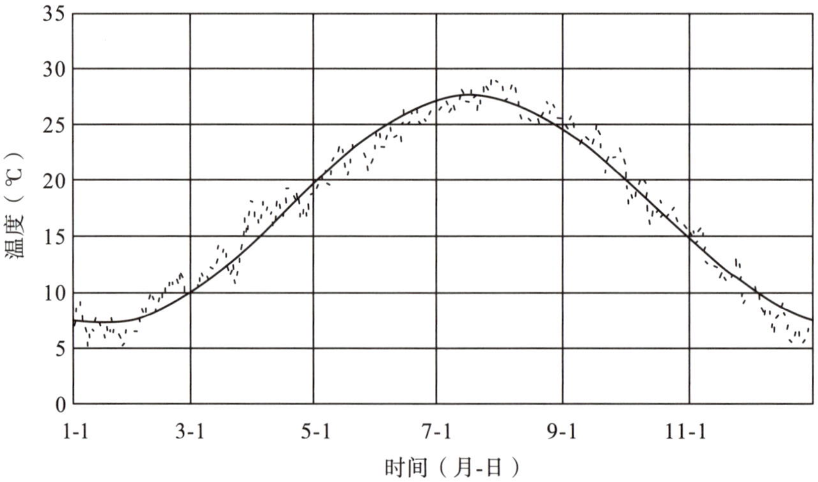

图 3.4.3 1999—2004 年实测日平均气温及其拟合函数

2)水温。

三峡坝区黄陵庙水文站2003年实测各月、各旬平均水温见表3.4.2。

表3.4.2 三峡坝区黄陵庙水文站2003年实测各月、各旬平均水温 (单位:℃)

月份	1	2	3	4	5	6	7	8	9	10	11	12
上旬	11.1	11.7	13.9	17.1	20.6	22.1	23.3	26.1	24.4	21.9	18.8	14.9
中旬	10.5	11.7	14.4	19.1	21.5	23.5	23.2	26.9	22.5	20.5	17.8	13.6
下旬	11.2	13.1	14.9	19.3	21.2	23.1	24.4	25.1	22.0	19.5	17.2	12.7
月平均	10.9	12.1	14.4	18.5	21.1	22.9	23.6	26.0	23.0	20.6	17.9	13.7

3)混凝土热学性能。

采用长江科学院室内试验资料,三峡花岗岩人工骨料混凝土热学性能取值见表3.4.3。

表3.4.3 三峡花岗岩人工骨料混凝土热学性能取值

导温系数(m^2/h)	导热系数[W/(m·℃)]	比热[J/(kg·℃)]	线膨胀系数($\times10^{-5}$/℃)
0.003471	2.50	959	0.85

4)混凝土标号及配合比。

大二期坑回填混凝土设计标号为$R_{28}250$,混凝土配合比采用实际施工配合比,见表3.4.4。

表3.4.4 混凝土施工配合比

混凝土强度等级	级配	水胶比	砂率(%)	每立方米混凝土材料用量(kg)						
				水	水泥	粉煤灰	ZB-1A溶液	引气剂溶液	砂	石
$R_{28}250$	三	0.45	28	106	188	47	7.07	1.649	578	1485
$R_{28}250$	二	0.45	33	133	236	59	8.87	2.069	635	1289

5)混凝土绝热温升。

采用长江科学院室内试验实测$R_{90}300$混凝土绝热温升资料,并根据实际胶凝材料用量作相应调整,计算式如下。

C25三级配混凝土:

$$T=\frac{30.31\tau}{0.894+\tau} \tag{3.4.3}$$

C25二级配混凝土:

$$T=\frac{38.04\tau}{0.894+\tau} \tag{3.4.4}$$

C25自密实混凝土:

$$T=\frac{56.49\tau}{0.894+\tau} \tag{3.4.5}$$

式中，T 为混凝土绝热温升；τ 为时间。

混凝土绝热温升曲线见图 3.4.4。

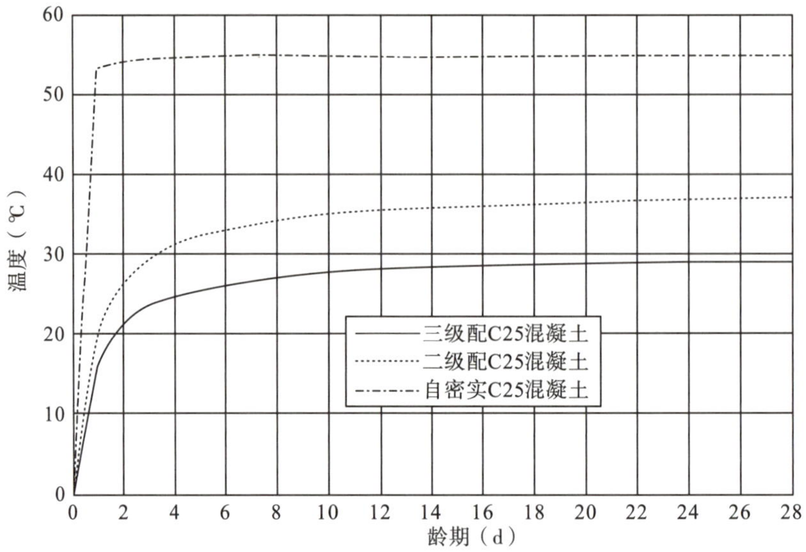

图 3.4.4 混凝土绝热温升曲线

6)通水冷却。

冷却水管水平间距 1.5m，每个浇筑层埋设一层水管。

初期通水从收仓后开始，通 10～12℃的制冷水，高程 42m 以下通水冷却至 20～22℃，高程 42m 以上混凝土初期通水冷却 15 天后，连续通水冷却至 16～18℃。

(2)计算方法

采用有限元法计算回填温度，选用通用有限元软件 ANSYS 程序进行温度仿真计算。考虑到肘管下部混凝土温度对宽槽回填影响较小，仅选取肘管上部混凝土进行计算，计算网格见图 3.4.5。

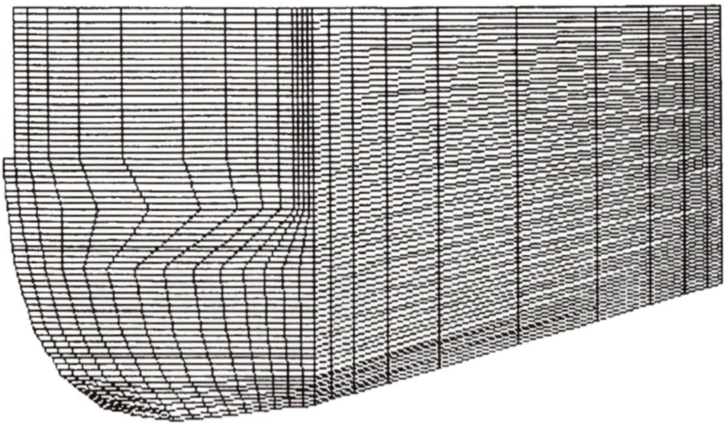

图 3.4.5 大二期坑及宽槽混凝土回填温度计算网格

边界条件：Ⅲ区下游侧、Ⅱ区顶部等受阳光照射的部位，表面气温取气温加太阳辐射热，放热系数β取15W/(m²·℃)，保温时取3W/(m²·℃)；肘管及尾水管侧放热系数β取3W/(m²·℃)；宽槽未回填时，其内部表面放热系数β取5W/(m²·℃)；Ⅲ区顶部与上部混凝土接触，按绝热表面处理。

(3)大二期坑回填混凝土施工期温度计算

取右岸电站18号及24号机组段大二期坑进行计算，计算截至2004年10月底，已浇筑部分混凝土施工进度及混凝土浇筑温度取实际施工资料，未浇筑部分根据施工进度计划及设计浇筑温度要求取值。18号及24号机组段大二期坑回填混凝土施工期温度计算结果分别见表3.4.5、表3.4.6。

表3.4.5 18号机组段大二期坑回填混凝土施工期温度

浇筑仓号	顶面高程(m)	浇筑时间(年-月-日)	浇筑温度(℃)	早期最高温度(℃)					
				无初期通水			初期通水冷却		
				最高点温	最高平均温度	1个月后平均温度	最高点温	最高平均温度	通水结束时平均温度
5-1	35.3	2004-09-10	13.0	33.8	29.1	26.2	32.2	28.1	21.8
6-1	37.2	2004-09-22	13.0	35.3	31.3	28.8	32.5	29.1	21.9
7-1	39.6	2004-10-04	11.9	36.1	31.9	29.5	32.6	29.1	21.9
8-1	42.0	2004-10-16	8.6	34.2	29.8	27.1	29.8	24.9	21.9
9-1	44.0	2004-10-28	12.0	35.0	30.5	27.6	31.5	27.4	15.9
10-1	46.0	2004-11-09	15.0	36.1	30.9	27.8	33.1	28.6	15.9
11-1	48.0	2004-11-21	15.0	35.8	30.5	26.4	32.8	28.3	15.9
12-1	50.0	2004-12-03	10.0	32.5	28.3	24.8	28.9	24.1	15.9

表3.4.6 24号机组段大二期坑回填混凝土施工期温度

浇筑仓号	顶面高程(m)	浇筑时间(年-月-日)	浇筑温度(℃)	早期最高温度(℃)					
				无初期通水			初期通水冷却		
				最高点温	最高平均温度	1个月后平均温度	最高点温	最高平均温度	通水结束时平均温度
5-1	35.3	2004-11-20	15	32.3	26.8	18.8	31.6	25.9	17.9
6-1	37.2	2004-12-02	10	30.4	25.6	21.3	28.7	24.2	19.2
7-1	39.6	2004-12-14	10	32.1	27.2	23.5	30.2	25.5	21.8
8-1	42.0	2004-12-26	10	32.4	27.4	23.6	30.2	25.4	21.4
9-1	44.0	2005-01-07	10	31.2	26.3	22.7	29.2	24.6	15.8
10-1	46.0	2005-01-19	10	31.0	26.2	22.5	29.0	24.5	15.9
11-1	48.0	2005-01-31	10	31.0	26.1	22.4	29.0	24.5	15.9
12-1	50.0	2005-02-01	10	31.2	25.6	20.6	29.1	24.3	15.8

计算结果表明，在初期通 10～12℃制冷水的情况下，9 月回填的大二期坑混凝土最高点温为 32.2～32.5℃，浇筑层最高平均温度为 28.1～29.1℃；10 月回填时最高点温及最高平均温度分别在 29.8～32.6℃；11 月回填时最高点温及最高平均温度分别在 31.6℃左右及 33.1～32.8℃；12 月至次年 2 月回填时最高点温及最高平均温度分别在 28.7～30.2℃及 29.0～29.2℃。无初期通水和初期通水冷却条件下 18 号及 24 号机组大二期坑混凝土施工期最高温度包络线见图 3.4.6 至图 3.4.9。

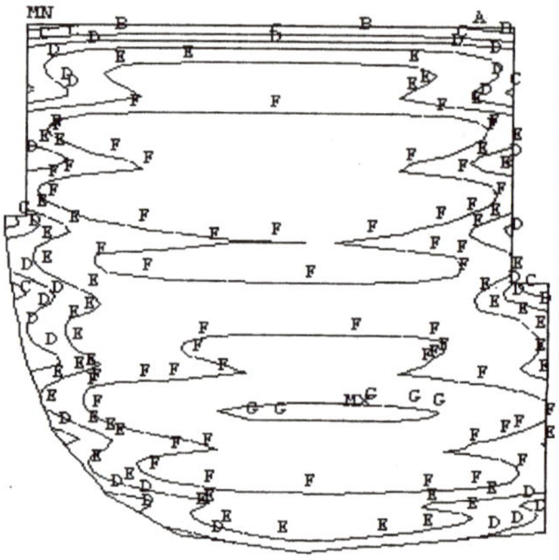

图 3.4.6　18 号机组大二期坑混凝土施工期最高温度包络线(无初期通水)(单位:℃)

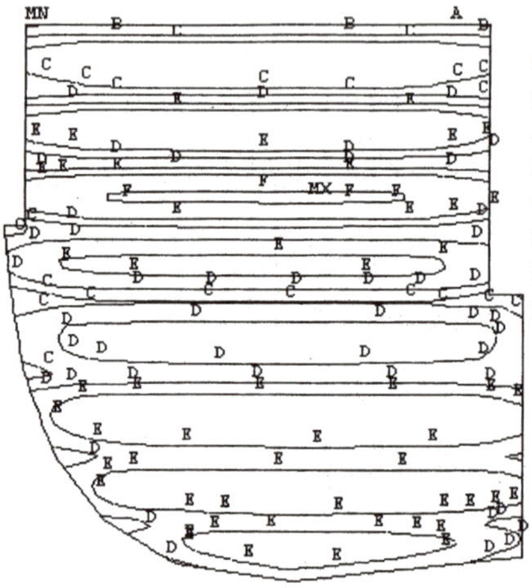

图 3.4.7　18 号机组大二期坑混凝土施工期最高温度包络线(初期通水冷却)(单位:℃)

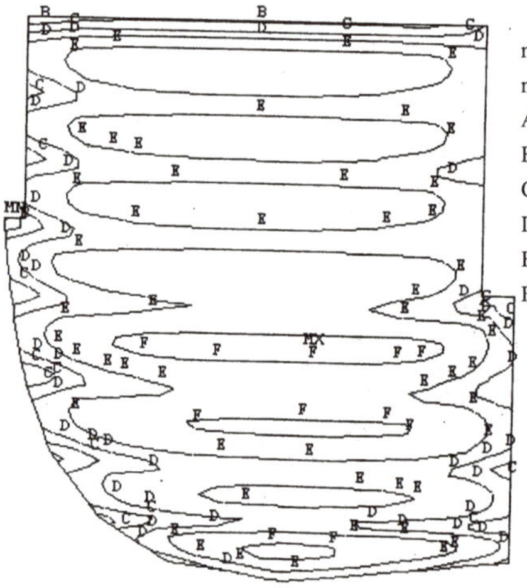

图 3.4.8　24 号机组大二期坑混凝土施工期最高温度包络线(无初期通水)(单位:℃)

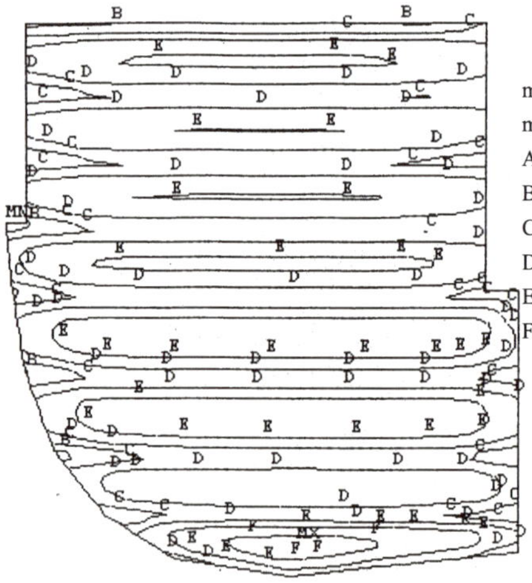

图 3.4.9　24 号机组大二期坑混凝土施工期最高温度包络线(初期通水冷却)(单位:℃)

大二期坑混凝土连续通水冷却计算结果表明，高程 42m 以下各层混凝土在初期通水 15～24 天后均能冷却至要求的 20～22℃以下，高程 42m 以上各浇筑层在初期连续通水 19～42 天后也能冷却至要求的 16～18℃以下。选取 18 号机组计算初期通水 15 天，在宽槽回填前将宽槽上游侧混凝土以及下部两层混凝土温度冷却至16～18℃的情况进行计算，18号机组段大二期坑回填混凝土通水冷却计算（初期通水与后期通水分开进行）结果见表3.4.7。结果表明，各层混凝土在初期通水15天后，在宽槽回填前只需再通水10～26天均能冷却至16～18℃，浇筑仓12-1由于表面及侧面散热条件较好，在宽槽回填时其平均温度已低于要求的16～18℃，不需再进行后期通水。

表3.4.7 18号机组段大二期坑回填混凝土通水冷却计算（初期通水与后期通水分开进行）结果

浇筑仓号	顶面高程(m)	初期通水天数(天)	初期通水结束时平均温度(℃)	后期通水开始时间(年-月-日)	后期通水开始时平均温度(℃)	后期通水天数(天)	后期通水结束时平均温度(℃)	宽槽回填时平均温度(℃)
5-1	35.3	15	23.8					15.1
6-1	37.2	15	24.3					16.8
7-1	39.6	15	24.1	2005-02-01	20.1	23	15.9	15.5
8-1	42.0	15	22.3	2005-02-01	20.3	26	15.9	15.6
9-1	44.0	15	22.2	2005-02-01	20.2	26	15.9	15.6
10-1	46.0	15	22.6	2005-02-01	19.6	23	15.9	15.5
11-1	48.0	15	21.6	2005-02-01	18.3	10	15.9	15.3
12-1	50.0	15	17.5					14.8

3.4.3.3 厂房大二期坑回填混凝土施工技术措施

肘管二期坑底部高程25.5m，顶部一期混凝土在42.0m高程，高差为16.5m。肘管里衬与二期坑壁之间空间狭小，最窄处仅容1人通过。肘管下弯段底部空间狭小，底部净高不足1m，钢筋安装、焊接、模板施工及混凝土下料难度很大。肘管里衬加劲环高30cm，加劲环处排气较难。针对这些不利特点经研究已采取一些特殊施工技术措施。

(1)混凝土标号与级配

大二期坑回填混凝土标号与周边混凝土标号相同，其使用的水泥品种、强度等级、粉煤灰掺量及品质也应与周边混凝土相同。尽可能采用三级配混凝土浇筑，在钢筋密集部位采用二级配，混凝土应分坯振捣密实。对不便振捣的部位，可采用自密实混凝土浇筑。

在肘管底部高程25.5～27.3m部位，由于人工无法振捣，采用自密实二级配混凝土浇筑，高程27.3～32.8m部位采用泵浇二级配混凝土，辅以人工振捣。以上部位采用吊罐浇筑三级配混凝土。

(2)层厚及层间间歇期

根据右岸电站厂房分缝分块图，肘管二期混凝土共分7～8层施工，平均层高2.0m，每层分2块。块与块之间错缝搭接。

层间间歇期为5～7天。

(3)施工缝面处理

为保证新老混凝土结合良好，直缝面及竖直键槽面在混凝土浇筑前凿毛并冲洗干净，混凝土边上升边涂水灰比为0.40～0.45浓水泥浆，水平施工缝(不含错缝搭接段)按常规方式冲毛至微露小石，冲洗干净，上层上升时铺设砂浆。

(4)温控要求及措施

设计允许最高温度12月至次年2月为26℃，3月、11月为29℃，4月、10月为32℃，5月、9月为34℃，6—8月为36℃。相应12月至次年2月自然入仓，其他季节控制浇筑温度不超过14℃。

混凝土浇筑层间埋设冷水管，进行初期通水，水管水平间距1.5m，通水水温为6～8℃，通水流量18L/min，控制初期通水15天并控制初期通水降温幅度6℃即停止初期通水。有宽槽回填时，两侧混凝土再通水冷却至宽槽回填要求的温度。

根据7月上中旬浇筑的右岸厂房18号机组肘管里衬二期混凝土的实测温度，混凝土最高温度达50℃(最高测点超过52℃)，且实际采用了10℃制冷水进行初期通水，混凝土与冷却水温差已达40℃，大于三峡工程质量标准和招标文件要求，为此对该部位的通水要求作如下调整。

控制标准为混凝土温度与通水温差原则上不超过25℃；6—8月初期通水降温幅度原则上按6～8℃控制；混凝土温度降至20～22℃以后方可进行回填灌浆。并建议对埋设的测温管每天进行温度测试，以了解混凝土内部温度情况，便于控制混凝土温度与水温之差，在8月底之前浇筑的混凝土初期降温6～8℃后(约通水一周，其中前3天通15℃左右的制冷水，后4天通河水)停止通水，待1个月后(或9月初)再进行中期通水，直至混凝土温度降至20～22℃，9月后浇筑的混凝土连续通水降温至20～22℃。混凝土边浇边通水(在混凝土浇筑前应对冷却水管的封闭性进行检查)，通河水时可适当将通水流量加大至25L/min。

(5)其他施工措施

吊罐浇筑三级配混凝土采用台阶法浇筑，下料采用搭设受料平台下挂溜槽方式入仓。混凝土平仓主要采用ϕ100高频插入式振捣器，但靠近钢里衬30cm范围内采用ϕ50软轴振捣器小心振捣，保证充分排气。振捣时，振捣器应充分靠近钢里衬，但应防止碰撞钢里衬。肘管下弯段，即高程25.5～30.8m范围内仓位，在施工前报监理工程师批准后采用R_{28}250D250S10二级配泵送混凝土，同时在肘管底部设置接触灌浆系统，以保证下弯段的混凝土浇筑质量。

3.4.4 厂房大二期坑宽槽回填混凝土施工技术研究

3.4.4.1 宽槽回填混凝土施工方法及施工分层

(1)宽槽回填混凝土施工方法

宽槽是在大二期坑混凝土回填至高程42.0m后，留在Ⅱ、Ⅲ块之间，长38.3m、宽

1.2m、深度大于8.0m的宽槽。宽槽下游侧面设置键槽和ϕ25接缝钢筋，在高程43.0m、高程43.2m、高程47.0m、高程47.2m、高程50.5m处共有5层ϕ25@20的钢筋网。

为防止钢筋网造成混凝土骨料分离，以保证混凝土浇筑质量，同时考虑施工工期紧张，拟将宽槽回填分2～3层进行，可采用吊罐或混凝土泵入仓浇筑。按施工进度分析，宽槽回填期间可能也是蜗壳安装时段，由于蜗壳安装是控制土建交面及发电工期的关键项目，宽槽回填需尽量避免影响蜗壳安装进度。根据蜗壳平面布置，靠下游侧的蜗壳距厂房下游墙约0.9m，宽槽长38.3m，宽1.2m，只有中间7～8m长的范围被蜗壳部分遮挡。被蜗壳遮挡的宽槽部位仍可从侧面采用混凝土泵入仓，也不影响施工人员进入仓面。因此宽槽回填可在蜗壳安装期间进行，且不影响蜗壳安装工期。

如宽槽回填混凝土采用吊罐浇筑，为控制混凝土下料高度不大于2m，吊罐需接溜槽入仓。对于中部被蜗壳遮挡的部位，溜槽无法直接入仓的部分需人工转料。

(2)宽槽回填混凝土施工分层

宽槽回填混凝土可分两层施工，每层浇筑4m，浇筑时间1～2天，层间间歇5～7天，一个宽槽回填工期约10天。如果宽槽底部因钢筋密集需采用自密实混凝土，则可考虑分3层施工，底层2m，第二、三层3m，层间间歇5天左右，一个宽槽回填工期为12～15天。

3.4.4.2　宽槽母体混凝土龄期缩短至2～3个月的可行性研究

在通常情况下，宽槽回填施工技术要求宽槽两侧母体混凝土龄期4～6个月，其温度为16～18℃，回填施工在低温季节12月至次年3月。右岸电站厂房大二期坑宽槽回填施工若按上述技术要求，宽槽回填混凝土只能安排在2005年12月至2006年3月施工，此时各机组段蜗壳安装已完成，下游副厂房浇筑至高程82m，部分机组段厂房下游墙已浇筑至高程92.8m，宽槽回填时下游侧面临约50m的高墙，上游侧为蜗壳，部分槽段被蜗壳遮挡，施工场地狭小，施工难度较大，同时宽槽两侧高差很大对结构安全不利。

从以上分析，如按常规宽槽回填技术要求，厂房大二期坑宽槽回填混凝土施工难度大，制约了电站厂房施工总进度要求，且对结构安全不利。因此，需研究采取措施来缩短宽槽回填等待龄期和放宽宽槽回填季节要求。

通过对厂房大二期坑宽槽回填时机及进度的影响分析得出，在2005年4月底之前将宽槽回填完毕，对右岸电站机组2007年及2008年投产发电及三期工程其他目标的实现是最有利的。在母体混凝土龄期2～3个月回填宽槽，同时又必须要求宽槽回填混凝土与两侧母体混凝土有较好的结合质量，即保证结构整体性，其最重要的因素是宽槽回填时两侧混凝土自身体积变形的收缩变形基本完成，两侧混凝土温度达到宽槽回填要求的16～18℃，且宽槽回填混凝土具有适量的膨胀性。

(1)混凝土自身体积变形

三峡工程混凝土采用MgO含量3.5%～5.0%的中热水泥，原型观测表明混凝土自身体积变形总体属于微膨胀或不收缩类型。右岸电站厂房埋设的无应力计实测混凝土自身体积变形值见表 3.4.8。

表 3.4.8 右岸电站厂房埋设的无应力计实测混凝土自身体积变形值

仪器编号	桩号(m)	高程(m)	自身体积变形($\times10^{-6}$)			
			60 天	90 天	180 天	360 天
N_{01} YCF22S	20+149.0	22.75	−18	−17	−7	5
N_{02} YCF22S	20+149.0	22.75	−10	−7	3	15
N_{03} YCF22S	20+161.0	22.75	−14	−9	22	39
N_{04} YCF22S	20+161.0	22.75	−43	−47	−30	−23
N_{01} YCF24S	20+149.0	23.50	−10	−10	−2	19
N_{02} YCF24S	20+149.0	23.50	13	13	26	30
N_{03} YCF24S	20+162.5	22.80	24	35	51	62
N_{04} YCF24S	20+162.5	22.80	−9	1	13	7
N_{01} YCF15S	10+131.0	28.00	−16	−11	4	3
N_{01} YCF18S	20+133.0	28.00	9	19	30	

经计算，混凝土自身体积变形在 60 天、90 天、180 天、360 天的平均值分别为-7.4×10^{-6}、-3.3×10^{-6}、11.0×10^{-6}、17.4×10^{-6}。厂房无应力计实测资料表明混凝土自身体积变形一般为先收缩后膨胀或膨胀型，收缩变形一般在 1 个月内基本完成，仅 1 支在 2 个月内完成，收缩变形完成后均转为膨胀变形，一年后大多数膨胀变形可达$(10\sim60)\times10^{-6}$，这对缩短母体混凝土龄期是有利的。设计研究可将母体混凝土的龄期缩短至 2～3 个月，以达到在 2005 年 4 月底前完成宽槽回填混凝土施工的目标。

(2)宽槽两侧母体混凝土温度

除 24 号、25 号机组段Ⅲ区混凝土内埋设的冷却水管在通水冷却至 20℃左右误封填，不能在宽槽回填前通水冷却外，其余宽槽两侧及下部均可通过通水冷却将混凝土温度降至 16～18℃。24 号机组段Ⅲ区 4 月封填冷却水管时测得混凝土温度约 21℃，降至 18℃按自由收缩变形约 0.2mm，初步认为影响不大，可将另一侧混凝土温度适当降低。从提高宽槽回填接缝质量考虑，可将宽槽两侧有水管的母体混凝土冷却至 16℃，同时对宽槽下部高程 38～42m 范围Ⅱ、Ⅲ区混凝土冷却至 16～18℃。

3.4.4.3 宽槽回填施工期混凝土温度计算

(1)计算条件

1)混凝土标号及胶凝材料用量。

计算时，宽槽回填混凝土考虑泵浇混凝土和吊罐混凝土两种，其中泵浇混凝土为二级配 R_{28}250 混凝土，吊罐混凝土为三级配 R_{28}250 混凝土，同时考虑到宽槽底部钢筋密集，也分析了浇筑底层自密实混凝土的情况。混凝土配合比采用实际施工中使用的混凝土配合比，见表 3.4.9。

表 3.4.9 混凝土施工配合比

混凝土强度等级	级配	水胶比	砂率(%)	每立方米混凝土材料用量(kg)						
				水	水泥	粉煤灰	ZB-1A溶液	引气剂溶液	砂	石
$R_{28}250$	三	0.45	28	106	188	47	7.07	1.649	578	1485
$R_{28}250$	二	0.45	33	133	236	59	8.87	2.069	635	1289
$R_{28}250$	自密实	0.40	51	175	350	88	10.94	0.875	853	819

2)浇筑温度。

采用泵浇混凝土时,3月、4月进行宽槽回填时的浇筑温度分别按12℃及14℃计算;采用吊罐混凝土时,3月、4月进行宽槽回填时的浇筑温度分别按10℃及12℃计算。

3)通水冷却。

宽槽混凝土内每个浇筑层布置一根冷却水管,水管竖直间距1.2m左右,初期通10~12℃制冷水10天左右。

(2)宽槽两侧母体混凝土冷却情况分析

宽槽回填时要求两侧母体混凝土温度冷却至16~18℃,宽槽上游侧大二期坑混凝土浇筑时进行初期通水冷却后,在宽槽回填前再将其通水冷却至16~18℃。24号、25号机组宽槽下游侧Ⅲ区混凝土内冷却水管已封堵,水管封堵前混凝土温度已冷却至20℃左右。该部位混凝土宽槽回填前按自然温度冷却,其他机组均埋设有水管,可在宽槽回填前根据其温度状况进行通水冷却。

考虑到肘管、尾水管等部位内部空气流动较少,内部气温与外界气温相差较大,表面热交换较缓慢等因素,在改变肘管内气温计算函数以及表面散热系数后,重新计算宽槽两侧母体混凝土的冷却情况,计算结果见表3.4.10。结果表明,在考虑这些因素之后,宽槽回填时两侧母体混凝土平均温度要高0.1~0.5℃。

表 3.4.10 宽槽两侧母体混凝土冷却情况

机组号	宽槽回填时间(年-月-日)	宽槽上游侧母体混凝土		宽槽下游侧母体混凝土	
		冷却至16℃时间(年-月-日)	宽槽回填时母体混凝土平均温度(℃)	冷却至16℃时间(年-月-日)	宽槽回填时母体混凝土平均温度(℃)
18	2005-03-10	2004-12-30	14.1	2004-12-25	14.8
15	2005-04-10	2005-02-20	15.7	2004-12-30	15.9
24	2005-04-20	2005-03-05	17.0		19.5

注:24号机组由于冷却水管被回填,因此其宽槽下游侧母体混凝土未冷却至16℃。

(3)宽槽回填施工期混凝土温度计算

根据施工进度安排,18号、15号、24号机组宽槽混凝土回填分别在2005年3月中旬、4月中旬及4月下旬进行,计算时回填混凝土考虑泵浇混凝土、吊罐浇筑混凝土以及底部和上部分别采用自密实混凝土和泵浇混凝土 3 种情况分别进行计算。

宽槽回填施工期温度，在使用泵浇筑二级配混凝土时，18 号、15 号、24 号机组段在有初期通水情况下（通 10℃制冷水 10 天），最高点温度分别为 27.5℃、30.0℃及 30.9℃，最高平均温度分别为 23.5℃、26.4℃及 27.6℃；在使用吊罐浇筑三级配混凝土时，18 号、15 号、24 号机组段在有初期通水情况下，最高点温度分别为 23.3℃、25.9℃及 26.6℃，最高平均温度分别为 20.4℃、23.4℃及 24.4℃；在使用自密实混凝土与泵浇混凝土结合方式时，自密实混凝土部分温度较高，18 号、15 号、24 号机组段在初期通水情况下，最高点温度分别为 34.0℃、36.5℃及 37.3℃，最高平均温度分别为 29.5℃、30.5℃及 31.2℃。计算结果表明，宽槽回填时宽槽部位混凝土（不包括自密实混凝土）平均温度最高值在 3 月最低，为 23～24℃，在 4 月底最高，为 26～28℃，4 月底浇筑进行初期通水冷却时混凝土最高温度与 3 月浇筑不进行初期通水冷却时基本相等，宽槽混凝土降至运行期温度时在自由变形条件下收缩量约为 0.1mm。在使用自密实混凝土时，混凝土平均温度最高值较高，为 29～31℃。为了了解使用不同回填混凝土品种对宽槽内混凝土最高温度的影响大小的区别，另计算了使用 R_{28}300 回填混凝土时的施工期温度情况，计算结果为，在使用 R_{28}300 回填混凝土时的最高温度比相同条件下用 R_{28}250 混凝土时最高温度平均要高 1℃左右。

(4)宽槽回填混凝土施工技术措施

1)宽槽回填时段及母体混凝土温度要求。

在研究设置宽槽方案时，为确保宽槽回填施工质量，要求在蜗壳安装完毕及蜗壳周围混凝土回填前，将宽槽混凝土分层回填完毕，宽槽回填一般要求安排在低温季节（12 月至次年 3 月）施工，同时两侧母体混凝土龄期不少于 6 个月且母体混凝土内部温度必须降至 16～18℃方可开始回填混凝土。如果两侧母体混凝土龄期不足 6 个月（但必须大于 4 个月），则通过降低混凝土内部温度 1℃进行补偿。通过分析混凝土实测自身体积变形，并对施工期混凝土温度计算分析后认为，回填季节可延长到 4 月底，宽槽两侧母体混凝土龄期可缩短至 2～3 个月，同时建议两侧母体混凝土冷却至 16℃，将宽槽下部高程 38～42m 范围Ⅱ、Ⅲ区冷却至 18℃，高程 42～50m 的Ⅰ区范围也需冷却至 16～18℃，以避免局部温差过大。

2)回填混凝土标号及级配。

宽槽回填混凝土标号为 R_{28}250D250S10。

宽槽回填混凝土用强度等级为 42.5 级的中热硅酸盐水泥，粉煤灰掺量占比为 20%，尽可能采用三级配混凝土。下部钢筋密集部位可采用泵送混凝土浇筑。

3)混凝土浇筑温度及通水冷却。

宽槽回填混凝土浇筑时，混凝土浇筑温度不超过 12～14℃，并需通过埋设水管通水冷却。每个浇筑层埋设 1 根水管，水管竖直间距 1.2m，底部新老混凝土层面也宜埋设水管，每层混凝土浇筑后通 10℃制冷水 10 天左右。

4)层厚及间歇期。

宽槽回填混凝土分 2～3 个浇筑层，层间间歇期为 5～7 天。

5)缝面处理。

水平施工缝要求施工缝面完全清除水泥乳皮,缝面上1.25～5mm粗砂面积占冲毛面积的70%。为保证回填混凝土与老混凝土结合良好,在进行宽槽回填混凝土浇筑前,宽槽内壁老混凝土均应进行打毛、冲洗,并随回填混凝土上升涂刷水灰比为0.45的浓水泥浆液,浓水泥浆液采用强度等级为42.5级的中热硅酸盐水泥配制。

6)过缝钢筋连接。

宽槽内钢筋采用焊接连接。接头焊接质量应满足有关规程规范、设计图纸和有关文件的要求。

过缝钢筋在宽槽层面大二期坑混凝土浇筑时先断开,连接应在该层宽槽回填混凝土浇筑前完成。

7)混凝土浇筑控制。

由于混凝土浇筑区域狭窄,且宽槽回填高度较大、钢筋密集,为避免水化温升过高和保证浇筑质量,应尽量采用吊罐入仓方式浇筑混凝土,同时采用其他有效措施,控制混凝土下料高度不大于2m,以防止骨料分离。此外,还应采取有效措施加强振捣。

对局部钢筋过于密集部位和浇筑区域狭窄部位采用二级配泵浇混凝土时,应严格按照泵送混凝土有关要求执行。

8)养护与保温。

为防止由气温骤降及早期干缩等引起混凝土开裂,应按三峡工程有关标准及要求进行养护和保温。

3.4.5　厂房大二期坑施工实况

3.4.5.1　厂房大二期坑施工程序

厂房大二期坑施工程序见图3.4.10。

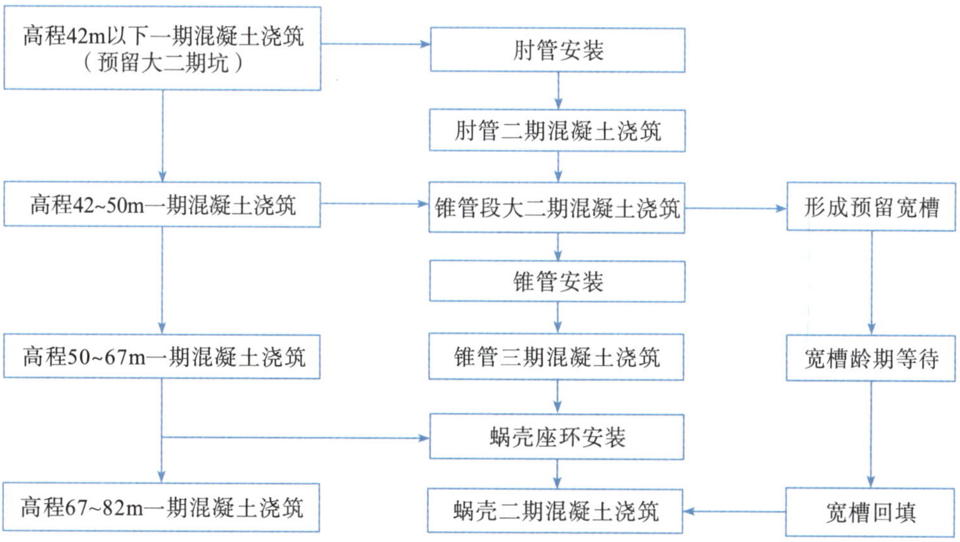

图3.4.10　厂房大二期坑施工程序

3.4.5.2 厂房大二期坑施工进度

(1)厂房大二期坑一期混凝土施工进度

右岸厂房底板混凝土于2002年12月开始浇筑,2004年2月Ⅰ区及Ⅲ区一期混凝土浇筑至高程42.0m,形成大二期坑(图3.4.2),2004年4月下游侧Ⅲ区沿大二期坑壁面设直缝浇筑至高程50.0m,上游侧Ⅰ区在高程42.0m留台阶,直缝上升至高程50.0m。

(2)肘管安装及肘管二期混凝土回填施工进度

右岸厂房肘管于2004年3月开始安装,至2004年11月全部安装完成;2004年6月开始回填肘管二期混凝土,至2004年10月回填混凝土全部完成。2005年1月完成锥管段二期混凝土浇筑,在其下游侧高程42.0～50.0m预留宽1.2m的宽槽,大二期坑上游侧一期混凝土浇筑至高程50.0m。

(3)锥管安装及锥管段三期混凝土回填施工进度

右岸厂房锥管于2005年2月开始安装,至2005年5月全部完成安装;2005年3月开始回填锥管段三期混凝土,至2005年5月回填混凝土全部完成。2005年6—10月蜗壳支墩混凝土全部完成,2005年8月至2006年7月完成蜗壳安装。厂房上下游墙体一期混凝土浇筑至高程67.0m。

(4)宽槽混凝土回填施工进度

右岸厂房大二期坑预留宽槽于2005年2月开始回填混凝土,至2005年4月宽槽回填混凝土全部完成。

(5)厂房混凝土浇筑施工进度

右岸厂房蜗壳二期混凝土于2006年1—11月施工;安Ⅱ段发电机层楼板于2004年9月形成,安Ⅲ段发电机层楼板在2006年4月形成,机组段楼板于2006年12月全部形成;主厂房上、下游墙安Ⅰ、安Ⅱ段于2005年5月到顶,安Ⅲ段及机组段在2006年6月全部到顶;下游副厂房混凝土于2005年7月全部浇筑完成,尾水高程82.0m平台全部形成,主厂房封顶于2006年12月完成,2007年10月厂房混凝土浇筑全部完成。

3.4.5.3 厂房大二期坑回填混凝土施工

(1)肘管二期混凝土施工

1)混凝土分层分块。

肘管二期混凝土从高程25.5～42.0m,分为8层浇筑,分别为高程25.5～27.3m、27.3～28.8m、28.8～30.8m、30.8～32.8m、32.8～34.8m、34.8～37.2m、37.2～39.6m、39.6～42.0m。原设计要求第1～5层混凝土浇筑左、右两侧必须对称下料,且混凝土高差不得超过20cm,根据实际情况,实际施工中经各方同意后将1～5层左、右两块合成一块进行浇筑。为防止出现薄层尖角,在第1～5层与钢肘管交接处立一与钢肘管夹角不小于60°

的模板。

2)施工准备。

缝面处理:为保证新老混凝土结合良好,直缝及竖直键槽面在混凝土浇筑前凿毛并冲洗干净,混凝土边上升边涂刷水灰比为0.4～0.45的浓水泥浆,水平施工缝(不含错缝搭接段)按常规方式冲毛至微露小石,冲洗干净,除第一层外的其他层混凝土浇筑时均铺设2～3cm的砂浆。

一期插筋处理:对一期插筋调直,去锈,当一期插筋与钢肘管安装有矛盾时,采用扳弯或割除(预留30cm的焊接长度)的方式,后期恢复的插筋长度与原来插筋长度相同(1m),在场地受限制时采取弯曲90°的方式来满足锚固长度。

3)钢筋、模板制作安装。

钢筋在钢筋厂按设计图纸要求加工成型,体型复杂的钢筋先放大样。钢筋用载重汽车运至高程40m平台,用布置于高程32m平台上的门机吊入仓内。

高程25.5～27.3m层底部为钢筋安装难度最大的部位。安装该部位钢筋时,待钢肘管支墩安装完毕并根据支墩布置图在每一排及每一列内预先摆放钢筋,使两排钢支墩之间的钢筋数量和型号准确,纵向钢筋放置在环向钢筋的下面,待钢肘管安装完毕,先将环向钢筋安装好,再安装纵向钢筋,钢筋遇钢支墩时能避让时尽可能避让,不能避让的弯曲90°后与钢支墩进行焊接。

由于第1～5层取消了左右分块,因此无需立模。第5层以上模板均采用散钢模和木模现立。

4)混凝土施工。

混凝土标号为R_{28}250D250S10,混凝土振捣采用ϕ50mm与ϕ100mm振捣棒,钢筋密集部位,先用ϕ100mm振捣,再用ϕ50mm复振。

高程25.5～27.3m层混凝土为肘管底部混凝土,施工场地狭窄,钢筋密集,金结埋件较多,施工极为困难。该部位混凝土采取平铺法浇筑,坯层厚度40cm,最后两个坯层因无法进人振捣而采取自密实混凝土,自密实混凝土坍落度为55～65cm,其余各坯层均采用常态泵送二级配混凝土,混凝土坍落度16～18cm,放空阀室上游侧辅以喇叭口挂250mm钢管下料,混凝土接近初凝后将250mm钢管拆除。

高程27.3m以上钢肘管两侧及上游侧主要采用喇叭口挂溜筒的方式入仓,钢肘管顶部混凝土采用门机吊3m^{3}或6m^{3}罐直接下料。喇叭口尺寸采用60cm×60cm,每间隔4m布置一个。

高程27.3m以上采用常态混凝土,钢筋密集部位采用二级配,其他部位采用三级配,混凝土坍落度7～9cm。混凝土浇筑时先铺筑2～3cm砂浆。

5)混凝土温控措施。

大二期坑混凝土回填质量要求高,温度控制严格。为满足设计要求,使混凝土内部最高温度不超过设计允许的最高温度,控制相应温差、控制混凝土温度应力、防止裂缝产生所采取的主要温控措施如下。

①优化混凝土施工配合比，通过试验在混凝土中掺加高效减水剂，改善混凝土和易性，采用合理的混凝土级配，尽可能采用三级配混凝土，减小混凝土水化热温升。

②高温季节浇筑混凝土时采用出机口温度为7℃的预冷混凝土，仓内配置2～3台喷雾风机，配置一定数量的保温被，及时覆盖，以防温度倒灌。混凝土尽可能安排在早、晚、夜间或阴天浇筑。

③混凝土浇筑层间埋设1″(1″＝2.54cm)的黑铁管冷却水管，水平间距1.5m，高程32.8m以上各层混凝土埋设两层冷却水管，通10～12℃的制冷水，通水流量18～25L/min，初期通水时间15天。

④采用合理的分层浇筑层高及层间浇筑间歇，层间间歇为5～7天，混凝土表面及时流水养护。

6)回填灌浆。

由于钢肘管底部宽度大、长度大，混凝土进料和振捣困难，因此混凝土浇筑中难免出现脱空情况。为保证混凝土与钢肘管结合牢靠，待混凝土浇筑完毕后，对肘管底部进行脱空检查，主要采用锤击方式判断脱空情况，对脱空区用红油漆做好标识，并画好素描图。

回填灌浆采用前期预埋拔管、后期进行回填灌浆的方式。拔管采用20mm充气软管，在混凝土浇筑前将充气软管充满气，待混凝土浇完后10小时左右，将拔管内的气放掉，把拔管拔出来。拔管在肘管安装完、钢筋安装前进行安装，紧贴于钢肘管内壁且从肘管中间开始向两边环向布置，间距100cm。灌浆时灌浆压力不大于0.2MPa，水泥强度等级42.5级，水灰比0.5，灌浆完毕屏浆30min。

宽槽回填时要求两侧母体混凝土冷却至16℃，宽槽下部高程38～42m范围Ⅱ、Ⅲ区混凝土及高程42～50m范围Ⅰ区混凝土均需冷却至18℃，以避免局部温差过大。同时要求宽槽混凝土回填尽量控制在12月至次年3月低温季节，最晚在2005年4月底前完成并需满足两侧母体混凝土龄期2～3个月的要求。

(2)宽槽部位回填混凝土施工

宽槽部位混凝土回填区域狭窄，回填高度较大，钢筋密集，凿毛、清基、排水困难，同时宽槽内有高程44m廊道、尾水管进人孔等结构，混凝土入仓、振捣难度较大。

1)回填施工分层。

原设计要求宽槽部位按3～8层分层进行回填，在实际施工中按高程42.0～44.0m、44.0～48.0m、48.0～50.0m(单号机50.92m)分3层施工。每层混凝土量分别为90m^3、190m^3、101m^3(单号机166m^3)，混凝土总量为381m^3(单号机混凝土总量为446m^3)。

2)混凝土标号与级配。

宽槽混凝土标号R_{28}250D250S10。设计要求该部位应尽量采用三级配浇筑，但由于宽槽部位钢筋密集，部位狭窄，下料高度大，采用三级配平仓振捣难度大、容易架空、骨料易分离，实际施工中先期浇的22号机组第一层采用坍落度为16～18cm的二级配混凝土，后续机组根据实际情况把坍落度优化为 14～16cm 及 12～14cm。高程 47.0m 以上部位空间相对开阔，因此该部位除局部使用二级配混凝土外大部分使用三级配混凝土。

3)混凝土入仓与振捣。

宽槽内钢筋密集，共有 5 层拉结筋，同时高程 44m 廊道顶、底板各有一层水平筋和角缘筋，宽槽内壁上下游侧还布置有键槽插筋，因此混凝土入仓和振捣很困难。宽槽部位混凝土采取整块方式平铺法浇筑。入仓采用门机吊 $6m^3$ 罐或 $3m^3$ 罐卸料至宽槽上游侧受料斗内，经斜溜槽溜至宽槽顶部喇叭口，经溜筒入仓。为减少拉结筋割断的根数，溜筒采用了自制的 ϕ30cm 溜筒，按 5.5m 的间距布置 7 组。混凝土振捣采用长柄振捣棒和 ϕ50mm 软轴振捣棒。

4)温控措施。

宽槽内每个浇筑层埋设一根冷却水管，水管竖直间距 1.2m。冷却水管采用 PVC 管，冷却水管进出口引至高程 44m 廊道排水沟底板或向上引出宽槽顶面。宽槽混凝土覆盖后开始通制冷水，通水水温 8～10℃，通水流量不低于 18L/min，通水时间 10 天左右。

5)其他措施。

第二层混凝土浇筑厚度较大，高程 44m 廊道侧壁模板除采用 3 道 ϕ12mm 拉筋内拉外，在廊道内还采用两道钢管斜撑加固。采用预埋两根 ϕ165mm 排水管的方式排水，排水管从大二期坑引入，宽槽混凝土每浇一次，排水管即接引一次。

3.5　地下电站浅埋大型洞室群围岩稳定拱分析及加固与稳定控制技术

3.5.1　地下电站大型洞室群围岩地质条件

三峡工程地下电站位于大坝右坝肩白岩尖山体中，与右岸电站相邻。主厂房长 311.30m、宽 32.60m、高 87.30m，是当时世界上已建地下水电站中跨度(主厂房宽)第二大的大型地下厂房，仅次于向家坝水电站。国内外大型地下水电站厂房部分统计见表 3.5.1。岩体为闪云斜长花岗岩和闪长岩包裹体，岩体中尚有花岗岩脉和伟晶岩脉。主要断层有 F_{20}、F_{22}、F_{24} 等，走向北北西 340°～350°，倾向以南西为主，陡倾角 60°～85°，宽一般 0.3～3.0m，构造岩脉结良好；次为 F_{84}、f_{205}、f_{100} 等，走向北东东—近东西 70°～90°，倾向以北为主，断层宽为 0.3～3.0m，以角砾岩为主，断面波状态伏，多张开渗水，胶结较差；另有 f_{10} 等北东 50°、倾北西、倾角 50°的断层，宽 1.0～3.0m，构造岩中夹泥，胶结较差。地下电站主厂房及其附属洞室(母线洞井、进厂交通洞、通风及管道洞、管线及交通洞)、引水隧洞、尾水隧洞及阻尼井等大型地下洞室群位于微新岩体中，微新岩岩石坚硬，完整性较好。引水隧洞埋深 35～115m，除 27 号机组引水隧洞进口约 20m 洞段上覆岩体厚度小于 2 倍洞径外，其余机组均大于 2 倍洞径。主厂房上覆山体厚度 50～75m，上覆弱风化下带至微新岩体，平均厚度为洞跨的 2.0～2.4 倍；27 号机组段最薄处 34m，上覆岩体较薄处仅为洞跨的 1.4 倍。岩体主要断层及绝大部分结构面与洞向呈大角度相交，仅局部切割洞体，尾水隧洞埋深为 45～145m，在高程 120m 平台下出口段上覆岩体厚度

20～65m，为1～1.5倍洞径；尤其是出口50m洞段，仅为洞径的80%～90%。三峡工程地下电站属浅埋式大型洞室群，上覆岩体局部未达规范要求，因此确保地下电站浅埋大型洞室群围岩稳定设计是研究的重大技术问题。

表 3.5.1　　国内外大型地下水电站厂房部分统计(地下主厂房跨度≥30m)

工程名称	国家	主厂房尺寸(m)			地质条件	建成时间(年)
		长	宽	高		
向家坝	中国	245.00	33.40	85.50	以厚层—巨厚层砂岩为主，岩层走向较平缓	2013
三峡	中国	311.30	32.60	87.30	花岗岩，围岩以Ⅰ、Ⅱ类为主，断层、裂隙较发育	2012
溪洛渡	中国	433.30	31.90	75.60	玄武岩，岩体较完整	2014
官地	中国	243.40	31.10	77.50	角砾集块熔岩，灰绿色斑状玄武岩	2013
糯扎渡	中国	418.00	31.00	77.70	围岩主体为花岗岩，少量辉绿玢岩	2014
大岗山	中国	226.60	30.80	73.78	中粒黑云、长花岗岩	2014
瀑布沟	中国	294.10	30.70	70.10	单一中粗粒花岗岩体，少量辉绿岩脉分布，厂房区内有4条小断层	2010
龙滩	中国	388.50	30.70	76.40	层状岩体，倾角55°～60°，由厚层砂岩、粉砂岩、泥板岩互层和少量凝灰岩组成，以Ⅱ、Ⅲ类为主	2009
二滩	中国	280.90	30.70	63.90	正长岩、蚀变玄武岩	2000
彭水	中国	252.00	30.00	78.50	厚层—中厚层块状灰岩，厂房轴线与岩层走向夹角为0°	2009
拉西瓦	中国	316.80	30.00	74.90	灰色—灰白色中粗粒花岗岩、块状结构	2010
戈德尔-CL	伊朗	150.00	30.00	49.00	页岩、砂岩	1998
内尔图门	智利	150.00	30.00	50.00	正长岩	1982

3.5.2　地下电站浅埋大型洞室围岩稳定拱研究

3.5.2.1　地下电站浅埋大型洞室围岩稳定的技术难题

地下洞室开挖将引起3倍洞径范围内岩体初始的自然平衡应力状态受到较为明显的扰动，而在洞周一定范围形成压力拱。压力拱是岩体为抵抗不均匀变形而发生的内部应力调整伴随应力转移的一种现象，其通过荷载传递路径的偏离达到与拱形结构相同的力学效果，是岩体充分发挥自承载能力的体现。对于浅埋大跨度高边墙地下洞室，围岩顶拱设计尚无成熟的理论和方法可循。在传统地下洞室拱理论的基础上，对浅埋地下洞室岩体的拱效应及稳定性进行深入研究，揭示了地下洞室围岩顶拱承载的力学机制。

1)通过顶拱一定范围内岩体形成具有拱效应的主压应力区,支撑和转移洞室围岩开挖不平衡载荷。

2)若洞室埋深不足,顶拱围岩主压应力等值线不闭合,拱效应将消失,顶拱易失稳,将出现坍塌和隆起破坏。

传统楔块拱理论假设拱的材料坚固,拱的结构稳定性主要由其形状来保证,而完全不依赖于材料强度。因此,不存在材料强度问题,而更加关注结构的形状。对于岩石地下工程,岩体的抗拉强度较低,而抗压强度也难以满足拱结构所要求的无限抗压强度,在研究传统压力拱定义的基础上,研究提出同时满足结构稳定和岩体材料强度条件的围岩承载拱,称之为稳定拱。受枢纽布置和地形地质条件的限制,三峡地下电站主厂房布置于右岸白岩尖山体中,其上覆岩体最薄处不足厂房跨度的1倍,围岩顶拱厚度显然不满足现行地下厂房规范要求,主厂房顶拱的稳定是地下厂房设计需解决的重大关键技术问题。

3.5.2.2 大型地下洞室围岩稳定拱形成条件的研究

大型地下洞室围岩稳定拱是一种同时满足结构稳定和材料强度要求的围岩承载拱,其形成需要满足两个力学条件。

1)结构稳定条件,即顶拱岩体中能形成等值线闭合的主压应力区,拱座岩体能够提供稳定的支撑;形成了具有拱的力学特征及荷载传递机制的"自承载结构",以维持围岩稳定。

2)岩体材料强度条件,即同时满足抗压及抗剪强度控制标准,见式(3.5.1),不能出现岩体的拉伸或剪切破坏。对于稳定拱的确定方法,可根据围岩二次应力场中主应力方位变化特征确定。

$$\begin{cases} \sigma \leqslant K_v[R_c] \\ \sigma \leqslant \left[\dfrac{2c_m\cos\varphi_m}{1-\sin\varphi_m}\right] \end{cases} \tag{3.5.1}$$

式中,σ 为拱形内岩体的主压应力;K_v 为岩体的完整性系数;R_c 为岩石的饱和单轴抗压强度;c_m、φ_m 分别为岩体的黏聚力和内摩擦角。

3.5.2.3 地下电站浅埋大型洞室围岩稳定拱设计方法研究

地下洞室上覆岩体厚度对顶拱区域围岩的稳定有着重要的影响,直接关系到顶拱围岩稳定拱的形成。不同埋深下主厂房洞室稳定拱形状见图3.5.1。从图3.5.1可以看出,在地质环境和水平应力一定的条件下,洞室埋深与稳定拱的形成密切相关,且存在形成稳定拱的最小埋深。地下电站主厂房设计中,针对地下洞室围岩稳定拱形成条件和力学机制、大型洞室围岩稳定性的主控因素及影响规律等开展系统研究,通过各因素对不同埋深洞室围岩稳定拱的影响规律研究,根据洞室顶拱围岩中能否形成稳定的主压应力拱圈,建立了洞室顶拱最小上覆岩体厚度的判别准则。在此基础上,提出了浅埋超大地下洞室围岩稳定拱设计方法。

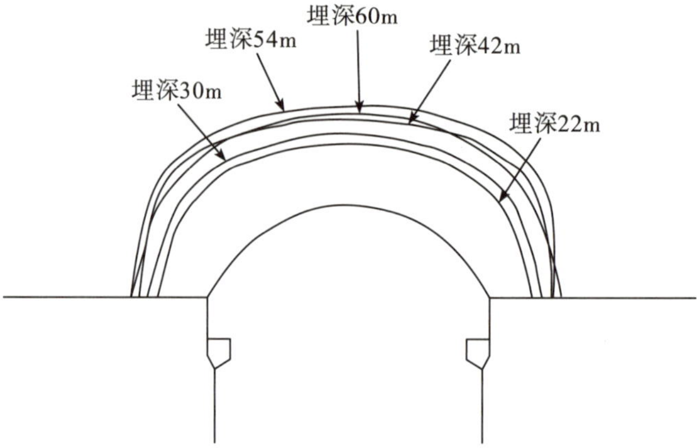

图 3.5.1 不同埋深下主厂房洞室稳定拱形状

(1)浅埋大型洞室稳定拱的内边界确定方法

地下洞室围岩应力计算结果表明，洞室开挖后，拱顶围岩大主应力方向基本近水平向，沿两侧拱腰大应力的方向与围岩开挖顶拱近平行。当地下洞室埋深较大时，顶拱上方形成了分布均匀的主压应力区。该区域通过拱的作用，提高了顶拱围岩的稳定，同时将荷载从拱顶传递至拱座，再传递到边墙两侧的岩体中。当埋深为 54m 时，顶拱围岩大主压应力等值线基本呈“平底”拱形分布，等值线平衡区域位于两侧岩体深部。随着埋深的减小，相同主压应力等值线分布逐渐改变，应力等值线区域逐渐减小，在埋深小于 18m 后，应力等值线与地表连通，形似“漏斗状”，顶拱附近已不能形成拱形主压应力分布区，且沿拱座方向应力逐渐减小，甚至出现拉应力，此时稳定拱的力学特征已不再具备。从最大主压力量值看，埋深越大，其应力值越大，当埋深 50～60m 时，最大主压应力值为 30MPa，远小于洞室围岩花岗岩饱和单轴抗压强度(70～100MPa)。从最小主应力分析，随着埋深的减小，拉应力区逐渐增加，在埋深小于 22m 后，顶拱区域围岩的拉应力区连通，拉应力分布不均匀，且拉应力大于 1.0MPa 的区域已延伸到拱座区域。三峡工程地下电站厂房围岩的抗拉强度为 1.8MPa，除边墙局部区域外，埋深大于 22m 时洞室围岩在顶拱区域和拱座附近的拉应力值均小于岩体抗拉强度，塑性区结果也显示了这一规律，仅在拱顶局部出现了剪切屈服，深度 1m 左右，其他区域为弹性区。根据稳定性拱的概念，顶拱附近塑性区分布靠围岩深部一侧的边界可作为稳定拱的内边界。

(2)浅埋大型洞室稳定拱的外边界确定方法

根据地下洞室顶拱上游侧水平向 0°和下游侧水平向 180°时主应力方向与水平向夹角 θ 随围岩深度变化的突变点分别确定稳定拱在该部位的外边界。稳定拱外边界拱顶则以上游侧 60°、70°、80°和下游侧 100°、110°、120°时 θ 角方向反转点连线与顶拱 90°时 θ 沿深度方向变化线的交点作为稳定拱外边界拱顶的位置。除顶拱中心线外，反转点连线区域以上围岩部位的 θ 角方向与拱形相对位置的方向相反，其连线构成了“倒锥形”分界线，上述 5 点用弧形相连构成稳定拱的外边界，地下洞室顶拱围岩稳定拱形状确定方法见图 3.5.2，稳定拱拱体上的这些点均位于弹性区。根据上述方法，确定了地下洞室埋深22m、30m、42m、54m、60m时稳定拱形状(图3.5.1)。总体分析，稳定拱拱顶距开挖临空面10～12m，稳定拱上游侧拱座距开挖临空面8～9m，下游侧拱座距开挖临空面7～8m。

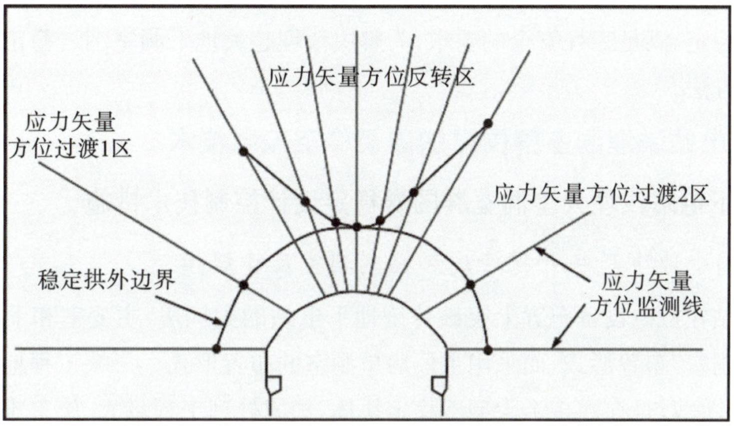

图3.5.2 地下洞室顶拱围岩稳定拱形状确定方法

(3)水平应力侧压系数对地下洞室稳定拱的影响分析

在地质环境和埋深一定的条件下，地下洞室围岩稳定拱的形成与水平应力相关，水平应力的存在为稳定拱的形成提供了压应力，有利于提高岩体的承载能力。如果水平应力小则很难形成稳定拱，而水平应力过大则会破坏稳定拱，对地下洞室围岩的稳定产生不利影响，只有在合理的水平应力作用下，才有利于地下洞室围岩稳定拱的形成。

在三峡工程地下电站厂房埋深60m情况下，采用数值模拟分析不同水平应力对地下洞室围岩稳定拱的影响，以及形成稳定拱的合理的水平应力。应力计算等值段分布规律表明，对于相同的大主压应力等值线，在水平应力侧压系数较小(小于1.5)时，顶拱区域围岩的大主压应力等值线为近平行地表分布，且距顶拱越近，厚度越小；大主压应力分布不均匀，随侧压系数增大，在水平应力作用下，顶拱围岩中的大主压应力等值线拱形逐渐形成。对于相同的大主压应力等值线，随着侧压系数增大，大主压应力等值线拱体厚度增加，应力等值线拱体内部应力呈均匀分布，小主应力也具有这一规律，但随着水平应力侧压系数增大，拉应力范围逐步增加，特别是当水平应力侧压系数达到3.0后，拱肩和拱座部位的拉应力区增加明显。因此，对稳定拱的形成，在地下洞室跨度和自重一定的条件下，水平应力侧压系数不宜大于3.0。三峡工程地下电站厂房的水平应力侧压系数为2.5～2.8，使得地下洞室围岩具备了形成稳定拱的应力条件，有利于地下洞室群围岩整体稳定。

(4)地下电站厂房围岩稳定拱设计方法评价

综合分析围岩主压应力分布及计算结果，三峡工程地下电站厂房顶拱围岩具备形成稳定拱的埋深条件，根据围岩稳定拱确定的最小埋深约为洞跨的2/3。

三峡工程地下电站厂房应用浅埋大型地下洞室围岩稳定拱设计方法，突破了规范“主洞室上覆岩体厚度不宜小于2倍洞宽”的限制，建成了开挖断面尺寸大且埋深小于1倍洞宽的大型浅埋式地下电站厂房。多年应用成效显示，三峡工程地下电站厂房顶拱围岩是稳定安全的，表明在既定的岩体强度、岩体结构以及初始地应力等条件下，采用上述的浅埋超大洞室围岩稳定拱设计方法作为地下电站厂房顶拱的设计依据是合适的、可靠的。该方法能够保障洞室围岩稳定，满足工程安全的要求，为解决浅埋超大地下洞室围岩稳定控制难题提供了设计理论和方法。

3.5.3 地下电站浅埋洞室群围岩加固及稳定控制技术

3.5.3.1 地下电站浅埋大型洞室群围岩稳定设计控制技术措施

(1)尽量缩小地下厂房开挖跨度和控制洞室尺寸规模

1)地下电站在机电设备布置上突破传统地下电站的主厂房、主变室和下游调压室布置形成，即“三大洞室”布置形式，而采用主厂房单洞室的布置形式。三峡工程地下电站洞室规模大，上覆岩层单薄，且存在多个大型不稳定块体，加固处理工程量大、施工难度大。为保障地下电站洞室群开挖施工安全和运行安全，设计研究采用超长、超高大电流封闭母线技术，即解决大高差、大电流离相封闭母线散热、结构及防凝露技术，将主变布置在地面，取消了主变室，利用母线洞、管线廊道安放一次、二次设备，在蜗壳外围混凝土中，局部设空腔布置技术供水系统，尽量压缩机组段长度至38.3m，较常规布置小4m左右，有效地控制了地下洞室的总体规模，有利于围岩稳定。研究新型调压设施，变顶高尾水洞起到尾水调压室的作用，可在保证水轮发电机组安全运行的前提下，简化地下大型洞室群的布置。

2)三峡工程地下电站厂房安装的机组尺寸大，按常规布置要求厂房跨度达35.6m，大跨度洞室开挖对围岩稳定极为不利。为减小主厂房开挖跨度，在蜗壳部位采用扩挖3.0m倒悬边墙型洞室结构，地下电站主厂房蜗壳部位扩挖倒悬边墙见图3.5.3，使主厂房开挖跨度减小2.5～3.0m，洞身跨度31m，顶拱跨度32.6m，为当时国内外最大跨度的地下电站厂房。

(2)尾水管间保留岩体隔墩，减小厂房全断面开挖高度

地下电站主厂房高86.6m，机组段长38.3m，采用了宽19m、高35m的“窄高型”尾水管。在尾水管之间的部位有条件减小开挖高度，利用隔墩岩体支撑加固洞室群围岩。经研究采用数值分析技术、监测反馈等手段，在对洞周围岩力学性态分析论证的基础上，基于“能量平衡”原理，在厂房下部尾水管部位掏槽开挖，相邻机组尾水管之间的开挖部位保留宽16m、高27m的岩体隔墩，以降低厂房全断面开挖高度，减小开挖能量释放，并将部分能量转移至岩体隔墩，充分利用岩体隔墩的刚度和强度，达到支撑高边墙的目的，从而起到限制边墙变形的作用，提高了地下厂房洞室围岩的整体稳定性。

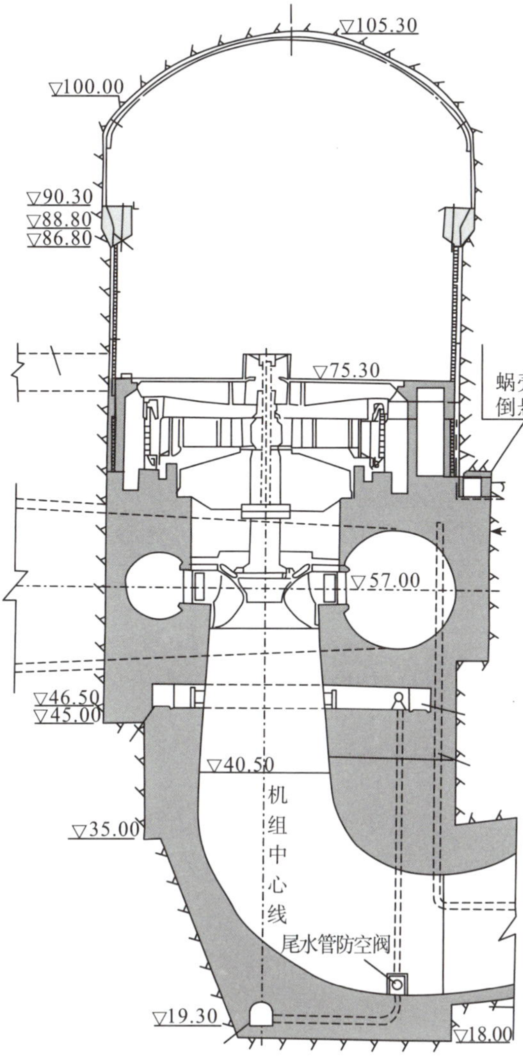

图 3.5.3　地下电站主厂房蜗壳部位扩挖倒悬边墙(单位:m)

3.5.3.2　地下电站洞室群开挖施工控制技术措施

(1)洞室群开挖控制爆破,减小围岩损伤

地下电站主厂房顶拱分 5 步开挖,中导洞先行→中部扩挖→下游侧扩挖→上游侧扩挖→中部底板扩挖,结构边线均采用预留保护层,光面爆破成型。为尽量减小对洞室围岩的损伤,采取“短进尺,弱爆破”方式开挖。

(2)洞室群围岩加强锚固支护,控制围岩变形

主厂房顶拱分序开挖,及时支护加固,厂房左端顶拱覆盖岩体单薄部位,增布了长 25m 和 30m 的 2500kN 级预应力锚索加固围岩,以提高其整体稳定性。尾水隧洞扩散段跨度达 20.4m,洞间岩柱厚度仅 17.32m,洞间布置有阻尼井,该部位山体挖空率较高,施工中严格控制爆破参数,扩散段围岩增设 2000kN 级预应力锚索,岩柱间布置了 2000kN 级对穿锚索,

与阻尼井交叉段增设锁口锚杆，用以控制岩柱变形，确保洞室围岩稳定。主厂房机组机坑之间保留岩体加强锚固，有利于厂房上下游侧围岩稳定。

1)系统锚杆加固。

主厂房顶拱喷厚 15cm 的钢纤维混凝土和厚 3cm 的素混凝土，布置 ϕ32 长 9m 和 ϕ32 长 6m 两种系统锚杆，均按 3.0m×3.0m 间距间隔布设。上、下游边墙高程 45.0m 以上和左、右端墙高程 74.3m 以上喷厚 15cm 的钢纤维混凝土和厚 3cm 的素混凝土，布置 ϕ32 长 9.0m 和 ϕ32 长 6.0m 两种锚杆，均按 3.0m×3.0m 间距间隔布设；上游边墙在引水洞洞口开挖边缘外 80cm 处沿环向按 1.5m 间距增设一圈 ϕ32 长 9.0m 的锁口锚杆。安装场与 32 号机组间的直立坡面(高程 65.5～74.3m 及高程 45.0～65.5m)均喷厚 10cm 的钢纤维混凝土，按 1.5m×1.5m 间距布置 ϕ25 长 6.0m 的系统锚杆；在其坡顶平台距直立坡边缘 1.0m 处按 65m 间距布置一排 ϕ25 长 6.0m 锚杆。厂房高程 45.0m 平台面周边按 1.5m 间距布置 ϕ32 长 6.0m 砂浆锚杆，外露 0.8m；平台面上按 3.0m×3.0m 间距布设 ϕ32 长 6.0m 砂浆锚杆，外露 0.8m。尾水管槽四壁(尾水洞洞口范围除外)和尾水管底板按 1.5m×1.5m 间距布置 ϕ32 长 6.0m 的系统锚杆，外露 0.8m，施工中视岩石情况，将尾水管槽高程 35.5m 以下坑壁系统锚杆改为随机锚杆；在距尾水洞顶拱开挖边缘 0.8m 处沿环向按 1.5m 间距布置一排 ϕ32 长 9m 的锁口锚杆。

2)系统锚索加固。

主厂房上游边墙布置 6 排 2500kN 系统锚索加固。锚索排距和间距一般均为 6.0m；下游边墙布置 11 排 2500kN 级系统锚索，锚索排距一般为 4.5m，间距一般为 6.0m。

3)随机锚杆及锚索加固。

主厂房开挖过程中，视围岩块体情况，增加随机锚杆。顶拱针对块体布置随机锚索加固处理。

(3)加强防渗与排水措施，提高洞室围岩稳定性

地下电站主厂房及其附属洞室采用防渗帷幕和厂外基岩排水相结合的基岩渗控措施。防渗帷幕左侧与大坝坝基防渗帷幕相接，右侧延伸至山体雄厚、隔水性能较好的白岩尖山脊内；厂外排水系统围绕主厂房布置 A、B、C 三层排水洞，高程分别为 128.0m、92.0～112.0m、60.0～74.0m，其中 A 排水洞位于厂房下游侧，B、C 排水洞环绕厂房布置，各层排水洞内布设的排水孔间距均为 2.0m，孔深 10.0～50.0m，各层排水洞内的排水孔相互衔接，在厂房周围形成封闭的排水幕。

3.5.3.3 监测资料分析及效果评价

将所提出的浅埋超大地下洞室围岩稳定拱设计方法应用于三峡右岸地下电站建设中，经数值分析论证和精细的控制爆破施工实践，认为三峡右岸地下厂房围岩形成稳定拱的最小埋深约为洞宽的 2/3，地下厂房顶拱围岩具备形成稳定拱的埋深条件和地应力等条件，突破了规范“主洞室上覆岩体厚度不宜小于 2 倍洞宽”的限制，建成了当时国内外开挖断面尺

寸最大，且埋深小于1倍洞宽的大型浅埋式地下厂房。地下电站厂房围岩变形起测时间为2005年2月，围岩变形主要在厂房施工开挖期间，2007年开挖结束后，变形收敛并趋于稳定。围岩变形均在设计允许范围内。

(1)拱顶围岩变形

2018年拱顶围岩变形在－3.11～0.47mm，在设计允许值(±10.0mm)范围内。上游拱端变形在－1.74～8.02mm，28号、31号机组上游拱端产生变形相对较大，分别为2.13mm和8.02mm，其余机组段多在±2.0mm以内。下游拱端产生变形在－1.94～2.00mm，且多为拉伸变形。拱顶存在潜在不稳定块体，为了解块体变形情况，布设6套多点位移计。2019年3月拱顶围岩变形测值均较小，在－0.93～1.31mm。

(2)上游边墙围岩变形

30号机组上游高程86.0m边墙围岩水平变形为6.46mm，变形主要发生在施工开挖阶段，变形随开挖深度增加而增大，开挖结束后变形基本稳定。地下厂房上游边墙围岩变形过程线见图3.5.4。

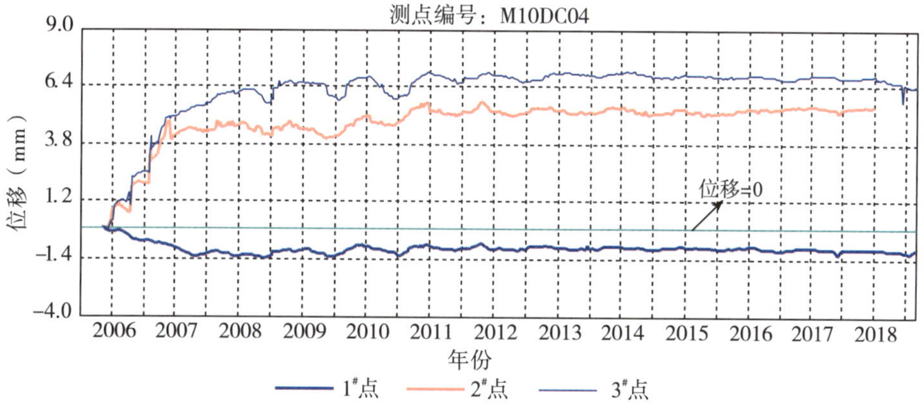

图3.5.4 地下厂房上游边墙围岩变形过程线

(3)下游边墙围岩变形

下游高程62.0～63.0m边墙的变形相对较大，27号、30号机组边墙围岩变形分别为10.69mm和23.56mm，变形较大与靠近下部第6层开挖层面与断层层面有关。地下厂房下游边墙围岩变形过程线见图3.5.5。

(4)母线平洞和C排水洞垂直位移

母线平洞和C排水洞垂直位移在－1.09～3.34mm。地下厂房洞室围岩45个测点中，最大位移在5mm以内的测孔31个，约占测点总数的69%；5～17mm的测孔13个，约占测点总数的29%；仅1个孔的位移超过17mm。地下厂房洞室变形主要发生在2008年7月前，之后围岩变形和支护应力测值趋于稳定。

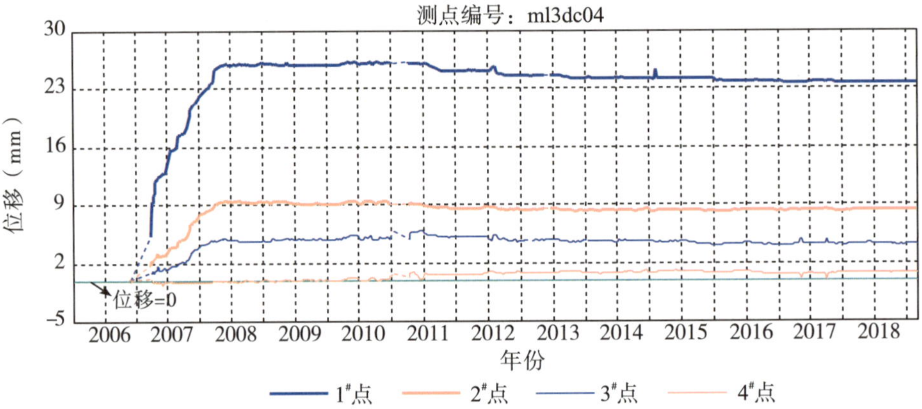

图 3.5.5　地下厂房下游边墙围岩变形过程线

3.6　地下电站主厂房围岩不利块体稳定分析及加固与稳定控制技术

3.6.1　地下电站主厂房围岩不利块体的地质条件

地下电站主厂房最大跨度 32.6m、最大高度 87.3m、全长 311.3m，开挖形成的临空面大，围岩中块体稳定问题突出。前期勘探揭露主厂房下游边墙存在 6 个大型不利块体，开挖施工过程中，通过平硐勘探和钻孔彩电以及地表编录和室内三维块体搜索分析等手段计算，结果揭示块体共 105 个(包含次级块体)，其中顶拱 52 个、下游边墙 26 个、上游边墙 23 个、集水井右端墙 3 个、左端墙 1 个。各块体大小不一，形态各异，规模大者其体积达 3 万 m^3，小者 $10m^3$，总体积约 14.84 万 m^3。其中，万立方米级块体 8 个(含次级块体)，占块体总数的 7.6%，合计体积约 10.01 万 m^3，占总体积的 67.5%；千立方米级块体 16 个，占块体总数的 15.2%；百立方米级块体 55 个，占块体总数的 52.4%。地下电站主厂房顶拱工程地质平切见图 3.6.1，下游边墙开挖块体分布见图 3.6.2，下游边墙的 6 个大型不利块体特征及构成见表 3.6.1。

按块体的组合型式、块体形态及厂房的临空关系，将块体可能产生破坏的型式分为坠落式、滑落式及旋转破坏 3 种。坠落式、旋转破坏块体主要分布在主厂房顶拱，稳定性差；滑落型块体大部分稳定性较好，部分稳定性较差或稳定系数低于安全标准的块体，需进行加固处理。顶拱规模最大块体 18 号块体属于定位不完全切割块体，在顶拱以上 20m 假设缓倾角裂隙切割面，包括下游边墙 2 号块体在内，该块体的体积达 3.46 万 m^3，在顶拱范围内的体积约 2.16 万 m^3。顶拱 16 号块体属于断层组合的完全切割块体，包括下游边墙 3 号块体在内，块体体积达 3.57 万 m^3，在顶拱范围内的体积约 2.05 万 m^3。

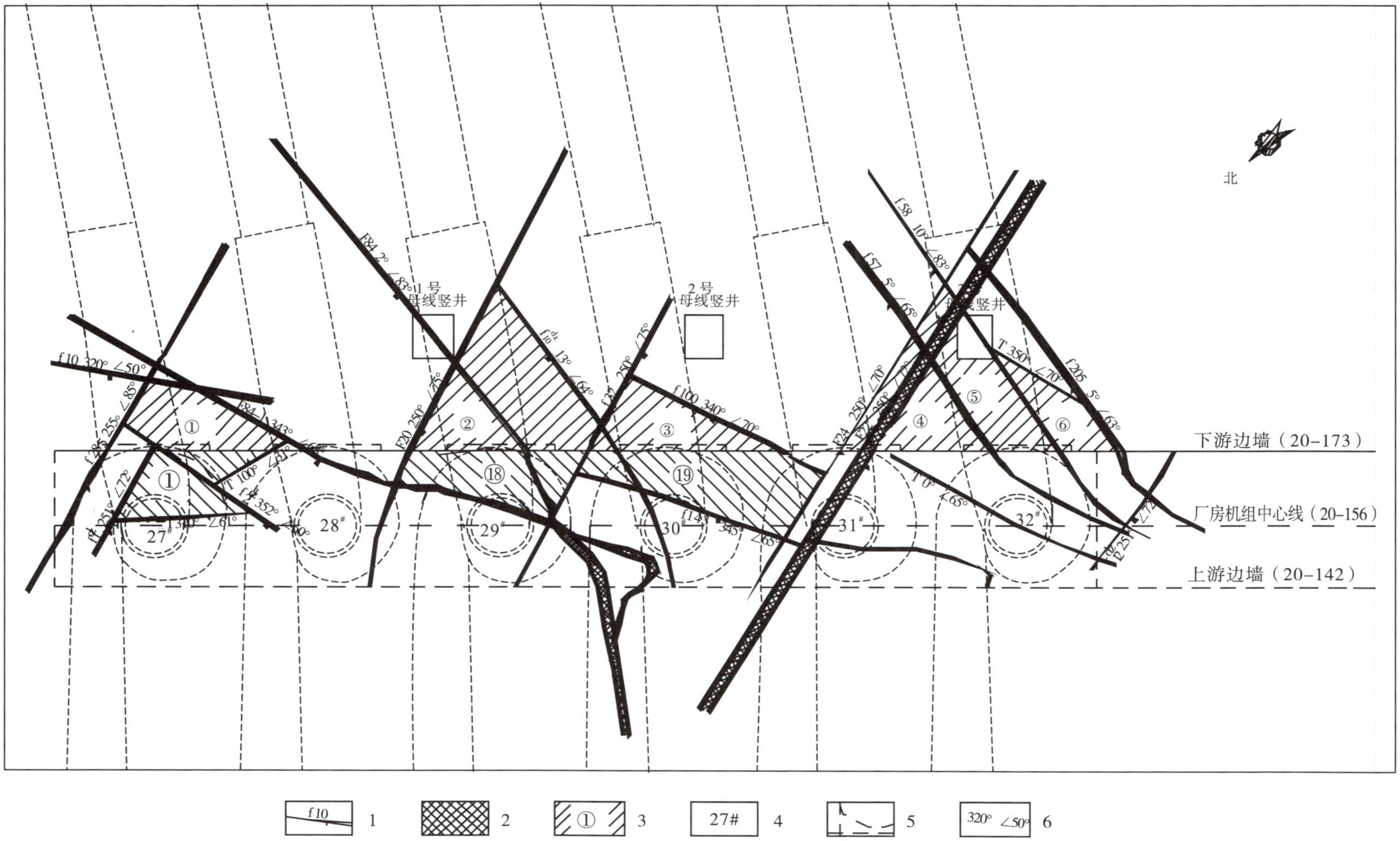

图3.6.1 地下电站主厂房顶拱工程地质平切

1—断层及编号；2—碎裂××岩；3—块体范围及编号；4—机组编号；5—建筑物轮廓线；6—断层产状

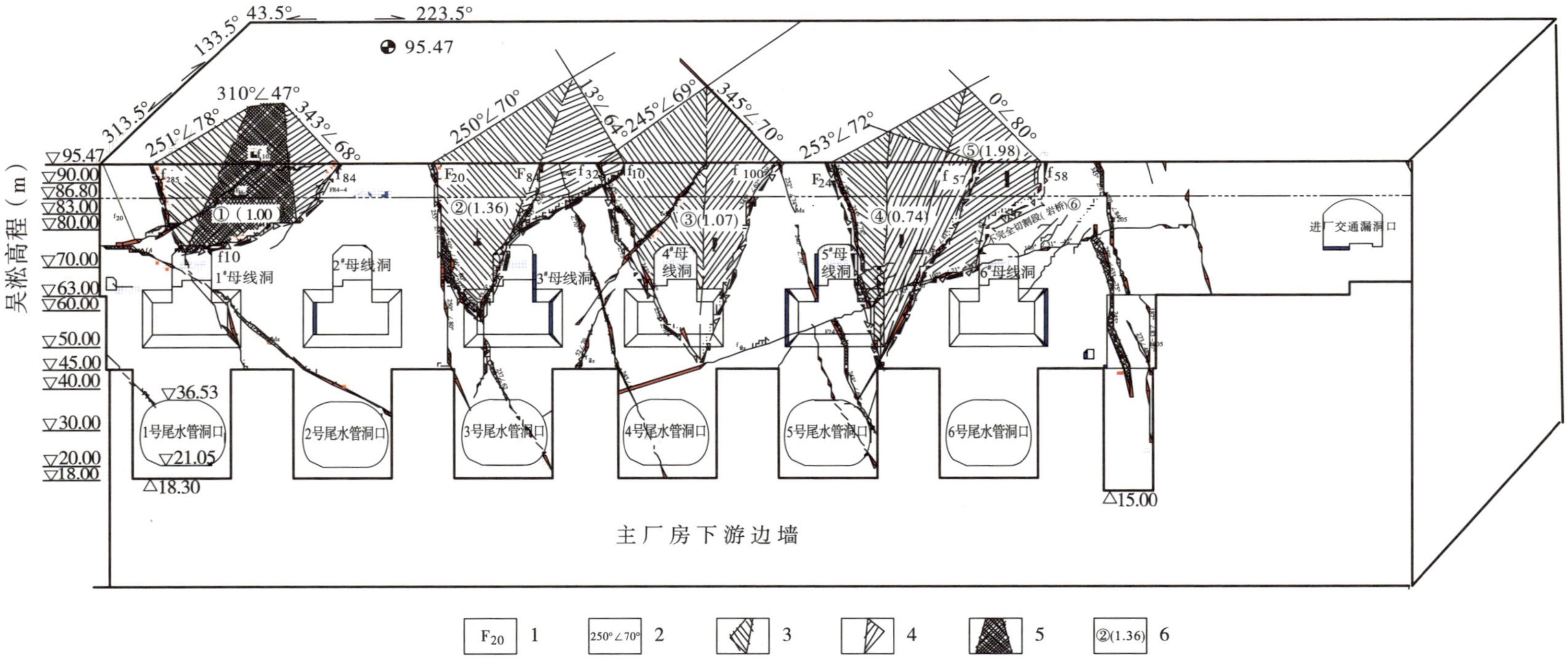

图3.6.2　地下电站主厂房下游边墙开挖块体分布（单位：方量以万m^3计，高程以m计）

1—断层编号；2—断层产状；3—左侧滑面；4—右侧滑面；5—底滑面；6—块体编号

表 3.6.1　　地下电站主厂房下游边墙不利块体特征及构成

块体编号	边界构成	体积(万 m^3)	最大高度(m)	顺水流方向最大宽度(m)	边墙内最大埋深(m)	最低点出露高程(m)
1#	f_{285}、f_{10}、F_{84}	1.00	31.88	43.00	23.84	73.42
2#	F_{20}、f_{10}	1.36	48.74	43.40	37.07	56.56
3#	f_{100}、f_{32}	1.07	59.47	43.40	29.00	45.83
4#	f_{57}、F_{24}	0.74	59.33	44.93	25.89	45.97
5#	f_{58}、F_{24}	1.98	59.33	48.25	33.27	45.97
6#	f_{205}、F_{22}					

注：由于 f_{202} 向右下延伸，未相交，6# 块体无上述信息。

3.6.2　地下电站主厂房围岩大型不利块体稳定分析

3.6.2.1　地下电站主厂房围岩大型不利块体稳定性计算

(1)块体抗滑稳定标准研究

在三峡工程地下电站厂房初步设计专题报告中，抗滑稳定安全系数 K_c(考虑黏结系数 c)建议值为 1.4，结合双线五级船闸高边坡块体加固处理成功经验($K_c=1.3$)，并综合考虑块体出露高程、结构面特性与块体稳定对厂房边墙稳定的重要性(施工期、待建期、运行期存在的块体的重要性不同)，在不同荷载组合情形下确定。块体抗滑稳定安全标准见表 3.6.2。

表 3.6.2　　块体抗滑稳定安全标准

荷载组合编号	荷载组合	安全标准 K_c 建议值	
		1# 块体	2#～6# 块体
1	自重＋锚索支护力＋阻滑键(1 号块体)抗滑力	2.00	1.40
2	自重＋锚索支护力＋阻滑键(1 号块体)抗滑力＋地下水压力	1.80	1.30
3	自重＋锚索支护力＋阻滑键(1 号块体)抗滑力＋地下水压力＋岩锚梁轮压力	1.60	1.15

(2)块体稳定计算荷载及加固支护

1)自重。

岩体重度取 $27kN/m^3$，岩体自重由此计算。

2)锚索支护力。

锚索支护力为块体所有加固预应力锚索总合力，方向垂直于地下厂房下游边墙，并指向下游。

3)地下水压力。

地下水压力按静水压力计算。地下水位线以下块体部分计算地下水压力，以上块体部分不计。

4)岩锚梁轮压力。

岩锚梁轮压力按集中力考虑。桥机实际运行载重分别由上下游岩锚梁承担，下游岩锚梁荷载乘以动载系数 1.2 的结果即为岩锚梁轮压力的大小。

5)加固支护措施。

主要采用预应力锚索和在阻滑面采用混凝土阻滑键或混凝土置换。阻滑键与置换的加固机理主要是提高阻滑面的抗剪强度参数 f 值和 c 值，另外，还可以增强阻滑面的抗剪力，下文中对这部分加固效果不考虑。在计算阻滑键或置换对稳定性的改善效果时，取混凝土 f 值为 1.1，c 值为 1.25MPa。置换后的阻滑面综合抗剪强度值按混凝土所占滑动面面积的比例大小取加权平均值。

(3)块体稳定性计算结果

针对每个块体的边界条件、滑动模式，逐个进行了稳定复核验算，对稳定系数未达安全标准的块体，主要是采用锚杆及预应力锚索进行加固，部分块体采取施加阻滑键和利用结构面上压应力等加固特殊措施。对地下电站主厂房下游边墙 6 个块体进行稳定复核，其稳定性计算结果见表 3.6.3。

表 3.6.3　　地下电站主厂房定位块体稳定性计算结果

块体编号	荷载组合编号	荷载组合	置换系数	锚索(束)	地下水位(m)	滑动模式	滑动方向(°)	安全系数
$1^{\#}$	1	自重				单面	320∠50	0.58
	2	锚索支护力+阻滑键抗滑力+地下水压力	0.074	35	82	单面	324.9∠49.9	2.01
	3	锚索支护力+阻滑键抗滑力+地下水压力+岩锚梁轮压力	0.074	35	82	单面	322.7∠49.9	1.62
$2^{\#}$	1	自重				双面	303.9∠58.3	1.21
	2	锚索支护力+地下水压力		20	62			1.42
	3	锚索支护力+地下水压力+岩锚梁轮压力		20	62			1.22
$3^{\#}$	1	自重				双面	278∠66.5	1.16
	2	锚索支护力+地下水压力		35	62			1.37
	3	锚索支护力+地下水压力+岩锚梁轮压力		35	62			1.20
$4^{\#}$	1	自重				双面	309.8∠54.1	1.48
	2	地下水压力			62			1.48
	3	地下水压力+岩锚梁轮压力			62			1.25

续表

块体编号	荷载组合编号	荷载组合	置换系数	锚索(束)	地下水位(m)	滑动模式	滑动方向(°)	安全系数
5#	1	自重				双面	314∠57.0	1.38
	2	锚索支护力		4				1.41
	3	锚索支护力+地下水压力+岩锚梁轮压力		6	62			1.22
6#	1	自重				双面	304.6∠62.9	1.07
	2	锚索支护力+地下水压力		103*/35	62			1.45
	3	锚索支护力+地下水压力+岩锚梁轮压力		103*/35	62			1.19

注:①置换系数为阻滑键或置换的混凝土总面积与滑动面面积之比;1号块体混凝土总面积为50m²,置换系数为0.074。

②1号块体每束锚索预应力为3000kN,2～5号块体每束锚索预应力为2000kN,6号块体每束锚索预应力有3000kN和2000kN级两种。

③*表示6号块体加固锚索总数为103束,其中3000kN级预应力锚索有35束。

3.6.2.2 "初应力法"块体理论计算分析及加固措施研究

(1)"初应力法"块体理论计算分析

按传统的块体理论分析方法,块体稳定计算分析只计块体自重和渗透荷载。在块体加固处理计算时,对规模较大的块体,所需加固的锚索数量多,布置困难。针对大块体在洞室围岩内存在嵌固较深的情况,在三维数值分析研究的基础上,提出基于"初应力法"的块体加固理论,即在加固块体计算时,考虑块体滑动面上已存在的"初始应力"具有"咬合"作用,发挥了阻滑能力,可减少加固锚索的数量。通过数值计算,可得出块体表面的初始应力(法向应力、剪应力),块体抗滑稳定安全系数按式(3.6.1)计算。

$$K=(\sum f_i\delta_i\alpha_i+fN+\sum c_i\alpha_i)/(T+\sum \tau_i\alpha_i) \tag{3.6.1}$$

式中,K 为块体抗滑稳定安全系数;f_i 为计算单元在块体滑动面的摩擦系数;c_i 为计算单元在块体滑动面的黏聚力;f 为块体滑动面上的平移摩擦系数;N 为块体自重、锚固力等合力在滑动面上的法向分力;T 为块体自重、锚固力等合力在滑动面上的切向分力;δ_i 为计算单元在滑动面上的法向应力分量;τ_i 为计算单元在滑动面上的剪切应力分量;α_i 为计算单元在滑动面上的面积。

(2)"初应力法"块体加固措施研究

施工过程中,针对每个块体的边界条件、滑动模式,逐个进行复核验算,主要加固措施是设锚杆及预应力锚索。对部分大块体,根据具体的埋深条件,结合数值来分析成果,稳定计算中考虑了初始应力。

为验证考虑初始应力的正确性，在块体对应部位的下游边墙，共布置了2个竖向孔和4个水平孔，在厂房开挖过程中及厂房开挖结束后，对围岩及结构面应力进行了测量。测试结果表明，厂房开挖过程中，结构面上的法向压应力逐渐减小，厂房开挖结束后，应力值趋于稳定，倾向NEE和NNW两组结构面的法向压应力多在1MPa以上，证明考虑初始应力是合理的、可行的。

3.6.3 地下电站主厂房围岩不利块体加固与稳定控制技术

3.6.3.1 主厂房围岩不利块体加固措施

主厂房洞室规模较大，在无支护条件下，边墙下部塑性破坏区较大，稳定条件差，且下游边墙分布6个较大的不利块体，施工期也揭露了一些不利随机块体。为改善围岩应力状态，提高围岩的整体稳定性，对下游边墙1#～6#块体进行专门的加固处理设计，根据18#、19#块体从主厂房总体应力应变要求，布置了适量预应力锚索加固。对施工期揭示的其他不利块体，根据块体稳定情况，结合厂外围岩防渗排水、围岩系统支护，增设锚杆、锚桩、预应力锚索加固。

3.6.3.2 主厂房下游墙1#～6#块体加固处理技术

(1)主厂房下游墙1#块体加固处理技术

1)1#块体采用“矢量和”法加固措施研究。

采用“矢量和”法对地下电站厂房典型部位的多个定位块体开展不同支护应力情况下的抗滑稳定安全系数求解，进而得出不稳定块体满足抗滑稳定要求所需的支护参数。以1#块体为例进行分析说明。

1#块体由f_{285}、f_{10}、F_{84}、下游边墙及假想的105.3m高程的水平面构成，其计算模型见图3.6.3。1#块体稳定性计算见表3.6.4，有效支护应力与安全系数关系见图3.6.4。计算结果表明，安全系数随有效支护应力的增大而不断增大。锚索有效间排距约为4.5m时安全系数即可达到2.0。

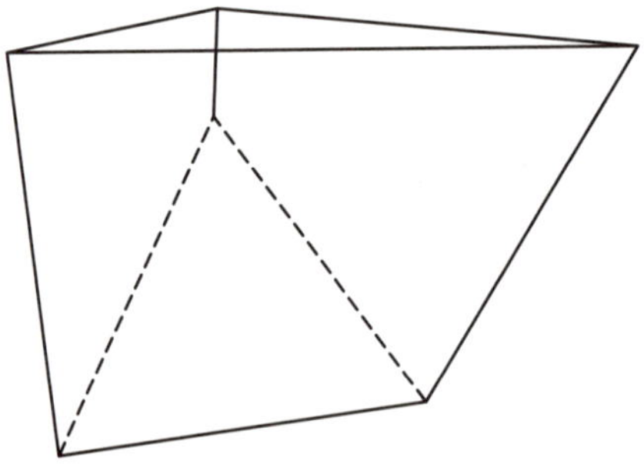

图3.6.3 1#块体计算模型

表 3.6.4　　1# 块体稳定性计算

有效支护应力(MPa)	0.00	0.03	0.06	0.09	0.12	0.15	0.18	0.21
3000kN 级锚索间排距(m)	0.00	10.00	7.07	5.77	5.00	4.47	4.08	3.78
安全系数	0.9645	1.1254	1.3169	1.5391	1.7846	2.0313	2.2378	2.3503

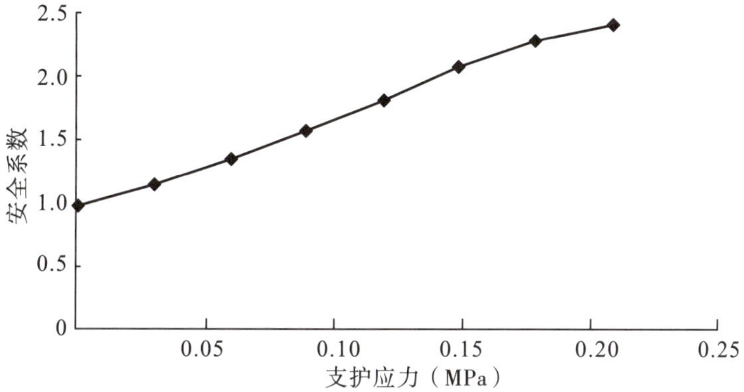

图 3.6.4　1 号块体有效支护应力与安全系数的关系

2)1# 块体加固处理措施。

1# 块体稳定性不足，且处于岩锚梁的受力部位。对 1# 块体除布设 32 束 2500kN 级预应力锚索(锚索加固设计布置见表 3.6.5)加固外，还对块体内性状较差的 f_{10} 断层，在高程 87.0m 范围沿断层走向采用 C25 混凝土置换形成阻滑键，置换形状为城门洞形，尺寸为 3.5m×4.5m(宽×高)，面积 $50m^2$，长度 22m，阻滑键的加固机理主要是提高阻滑面的抗剪强度参数，还可增强阻滑面的抗剪力。阻滑键在主厂房开挖前施工完成。

(2)主厂房下游墙 2# ～6# 块体加固处理技术

2# ～6# 块体主要根据块体稳定复核成果，采用预应力锚索加固处理，共布置 105 束 2500kN 级预应力锚索，各块体的加固锚索沿块体部位分高程布置，间距 4.5～6.0m，长度 19.2～35m(表 3.6.5)。

3.6.4　地下电站浅埋大型洞室开挖施工过程围岩及块体稳定控制与效果检验

三峡工程地下电站厂房洞室跨度大、上覆岩体单薄、块体多，属浅埋式超大型地下洞室群。该电站具有地质条件复杂、施工条件差、干扰因素多、施工难度大、工期紧等特点，因此在施工过程中对其围岩稳定性加以控制显得尤为重要。

表 3.6.5 地下电站主厂房下游墙块体预应力锚索加固设计布置

块体编号	锚索总数（束）	高程(m)	锚索(束)	间距(m)	长度(m)	仰角(°)	块体编号	锚索总数(束)	高程(m)	锚索(束)	间距(m)	长度(m)	仰角(°)
1#	32	95.45	8	4.5	30.0	20	2#	20	95.45	5+1	6.0	30.0、19.2	20、0
		91.65	7	4.5	30.0	15			91.65	4+1	6.0	30.0、19.8	15
		85.95	7	4.5	30.0	0			85.95	2+1	4.5	30.0、20.0	0
		82.95	6	4.5	30.0	0			82.95	3	4.5	30.0	0
		79.95	4	4.5	30.0	0			81.45	1	4.5	20.0	0
6#	105	95.45	7+2	4.5、6.0	30.0、19.2	20、0			76.95	2	4.5	30.0	0
		91.65	7+2	4.5、6.0	35.0、19.8	15	3#	35	95.45	3+2	6.0	30.0、19.2	20、0
		85.95	12	4.5	30.0、35.0	0			91.65	2+2	6.0	30.0、19.8	15
		82.95	8	4.5	30.0、35.0	0			85.95	3+2	4.5	30.0、20.0	0
		81.45	2	4.5	20.0	0			82.95	2+1	4.5	20.0、30.0	0
		79.95	7	4.5	35.0	0			79.95	3	4.5	30.0	0
		76.95	8+2	4.5	35.0、21.0	0			76.95	4	4.5	21.0～25.0	0
		73.95	6	4.4	21.0	0			72.45	3	4.5	21.0	0
		70.95	5+1	4.5	21.0、30.0	0			67.95	3	4.5	21.0	0
		67.95	5+1	4.5	21.0、30.0	0			63.45	1	4.5	25.0	0
		64.95	4+1	4.5	25.9、30.0	0			57.45	2	4.5	25.0	0
		63.45	3	4.5	30.0	0			51.45	2	4.5	25.0	0
		60.45	8	4.5	30.0、25.0	0							
		57.45	7	4.5	30.0、25.0	0							
		51.45	7	4.5	25.0	0							

3.6.4.1 地下电站厂房洞室开挖施工过程围岩及块体稳定控制

(1)基于反演物理力学参数的洞室群动态支护优化设计

围岩物理力学参数取值的合理性直接关系到洞室群围岩稳定分析的精度,从而对系统支护参数的动态调整产生一定影响。为清楚认知地下厂房洞室群开挖支护后围岩的力学性状,在对三峡右岸地下厂房围岩进行稳定分析时,根据施工过程中在厂房拱顶以及上下游边墙所监测到的相对位移,反演计算模型所需要的物理力学参数。将反演得到的围岩力学参数代入计算模型开展围岩稳定分析,依据计算成果适时调整支护参数。主要调整方案为取消顶拱除左端均布区域外的系统预应力锚索,并将下游边墙 3000kN 级预应力锚索调整为 2500kN 级,下游边墙系统锚杆调整为 6m、9m,减小了施工难度,有利于加快施工进度,并节约投资。

(2)交叉洞口及尾水管围岩开挖施工过程控制

地下厂房上下游边墙交叉洞口达 19 个,且尺寸较大;尾水管间隔墩岩体单薄,高度达 27m,临空面多,尾水管扩散段洞间距仅为洞室开挖跨度的 85%。数值分析成果表明,上述区域塑性区分布范围大,受力状态复杂,且存在局部拉应力。因此,这些部位需加强施工控制及锁口支护加固。

1)交叉洞口开挖原则。

①采用“小洞穿大洞”的施工方法,小洞室开挖到与主厂房边墙相交的末端桩号后,再往主厂房方向多开挖 3～5m。

②采用跳洞开挖;在 2 倍洞径洞段内采取浅孔多循环的方式开挖,中导洞超前 3～4m,扩挖跟进,周边光爆,按照短进尺、弱爆破、强支护、勤观测的原则施工,避免洞脸岩体由于爆破而发生岩石崩裂、松动等。

③交界面打辐射孔进行预裂,保证厂房开挖至相贯位置时不影响洞口的成型及高直边墙的稳定。

2)锁口支护加固原则。

①交叉洞口实施双向锁口加固,并首先支洞径向锁口锚杆,锁口锚杆布置范围根据数值分析成果确定,当洞脸揭露后,再布置两圈洞脸锁口锚杆。

②尾水管扩散段除实施双向锁口锚杆加固外,还在洞间岩柱实施对穿预应力锚索、顶拱实施悬吊锚索加固。

③尾水管锥管和肘管段采用掏槽方式间隔开挖,岩台顶部及尾水管底板留 2m 厚的保护层开挖,及时对保留岩台周边进行锁口加固,并对岩台面进行系统加固,在此之后,浇筑混凝土,待台面混凝土达到设计强度后,再向下进行掏槽开挖,为减小爆破对保留岩台的影响,尾水管槽开挖采用竖井方式进行。

3.6.4.2 地下电站厂房及尾水洞监测资料分析

地下电站厂房洞室群规模巨大、地形地质条件复杂、不稳定定位块体较多,因此加强施工期及运行期的安全监测尤为重要。

地下电站厂房共布置了 7 个安全监测断面，分别是 27～32 号机组段及安装场，其中 27 号及 30 号机组段为重点监测断面；岩锚吊车梁布置了 6 个监测断面，分别是 28～32 号机组段及安装场；尾水洞在 27 号及 31 号洞的尾水管扩散段及出口段布置有监测断面。对厂房顶拱及边墙上的重要块体进行了专门监测，主要监测项目有围岩变形及渗流、预应力锚索应力、锚杆应力、钢筋应力、应变、缝面开闭情况、温度等。

(1)围岩变形及渗流监测

1)围岩变形监测。

地下厂房围岩变形受开挖影响，开挖结束后，围岩变形基本稳定，围岩变形均在设计允许值范围内。拱顶围岩变形在－1.61～0.97mm，在设计允许值±10.0mm 范围内。上游拱端变形在－1.76～8.00mm，28 号、31 号机组上游拱端产生变形相对较大，分别为 2.23mm 和 8.00mm，其余机组段多在±2.0mm 范围内。下游拱端产生变形在－1.59～5.16mm，且多为拉伸变形。

2)围岩渗流监测。

厂房周围排水洞布设 56 支测压管，测压管水位多低于孔口高程。地下水位在 60.27～129.26m，地下水位高低与排水洞位置高低有关，排水洞高程较高，其地下水位也较高，如 A 排水洞高程在 129.0m 左右，其地下水位在 114.35～129.26m，C2 排水洞高程在 60～67m 左右，其地下水位在 60.27～67.61m。2018 年蓄水前后，地下水位变化在－1.26～0.51m，多呈下降趋势。地下水位主要受降雨影响，地下水位与蓄水无明显相关，地下水位变化规律正常。

(2)支护系统受力状态监测

1)锚杆应力。

地下厂房围岩支护锚杆应力主要受开挖影响，2007 年 12 月开挖结束后，应力基本稳定。地下厂房围岩支护锚杆应力主要监测成果见表 3.6.6。地下电站主厂房锚杆最大应力分类统计见表 3.6.7。

表 3.6.6　地下厂房围岩支护锚杆应力主要监测成果　(单位:MPa)

部位	高程(m)	锚杆应力						控制标准
		27 号机组	30 号机组	$22^{\#}$ 块体		$23^{\#}$ 块体		
上游拱端	97.40		－117.90	高程	应力	高程	应力	175
	98.30	122.98						175
	99.50	81.89	41.54					175
	100.90							175

续表

部位	高程(m)	锚杆应力						控制标准
		27号机组	30号机组	22#块体		23#块体		
上游边墙	86.80	72.46	132.71					175
	70.30	−2.89						175
拱顶	106.30	105.14	131.83					175
	108.30	74.07	192.01	108.26		108.30	35.72	175
	111.30	55.22	32.85	111.25	15.01	111.30	20.74	175
下游拱端	96.00	129.56						175
	97.30		74.22					175
	100.51							175
下游边墙	86.80		170.59					175
	70.30							175
	50.50	40.99	113.28					175

注:上游边墙30号机组高程70.3m处仪器R28DC04于2011年1月30日失效;下游边墙27号机组高程70.3m处仪器R10DC01于2014年1月10日失效;下游边墙30号机组高程70.3m处仪器R10DC04于2008年2月13日失效。

表3.6.7　　地下电站主厂房锚杆最大应力分类统计

应力范围(MPa)	≥50	50～100	100～150	150～200	>200(超量程)
点数(支)	44	34	14	6	12
点数占总测点数的比例(%)	40.0	30.9	12.7	5.5	10.9

从表3.6.6中可知,锚杆应力一般在控制范围内,个别应力超过控制标准。如30号机组拱顶高程108.3m的应力达192.01MPa,超过控制标准175MPa,但张拉预应力约50MPa,张拉后的应力增量为142.01MPa,后期应力基本稳定,其应力过程线见图3.6.5。

R20DC04 X=20+158.26m, Y=50+075.16m, Z=105.27m

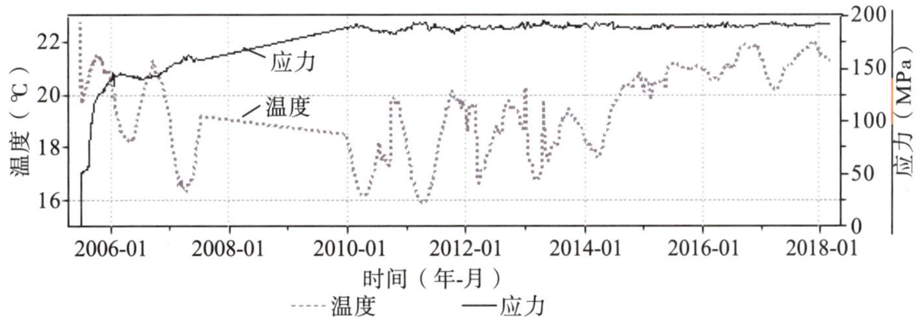

图3.6.5　地下厂房围岩支护锚杆应力过程线

主厂房拱顶 14 个块体安装 45 支锚杆应力计，2019 年 3 月完好的有 29 支，其中 1 支锚杆应力大于 100MPa，所有锚杆应力计中实测最大拉应力的为 R13DCDG 的 107.04MPa，均在控制标准范围内。

除洞口交叉部位及应力集中区域外，多数锚杆应力水平正常，安全系数在规范许可范围内。洞室交叉洞口及厂内尾水管间岩墩的锁口锚杆应力一般较大，这与前期数值计算成果较一致。厂房开挖结束时，上述部位锚杆应力已经稳定。

2)预应力锚索锚固力。

主厂房针对围岩加固支护锚索(2500kN 级，超张拉 2750kN 级)布设了 44 台锚索测力计，以监测锚索锚固力的变化及围岩稳定情况。测力计布设在主要断层、块体部位及交叉洞口附近。预应力锚索典型部位锚固力过程线见图 3.6.6，拱顶安装 10 台锚索测力计，平均总损失率达 12.8%。2018 年 3 月主厂房实测预应力在 1840.5～3033.0kN，总损失率大多在 20%以内，平均总损失率 10.9%，锚索预应力基本稳定。主厂房上下游边墙安装 34 台锚索测力计，锁定后损失率一般在－13.14%～11.87%，锁定后平均损失率在－4.35%～7.03%；拱顶安装的锚索测力计，锁定后损失率在－8.56%～6.94%，锁定后平均损失率在－5.00%～5.483%。2019 年 3 月主厂房实测预应力在 1995.73～3006.97kN，锁定后损失率一般在－13.14%～11.87%。锚索预应力基本稳定，无增大现象。

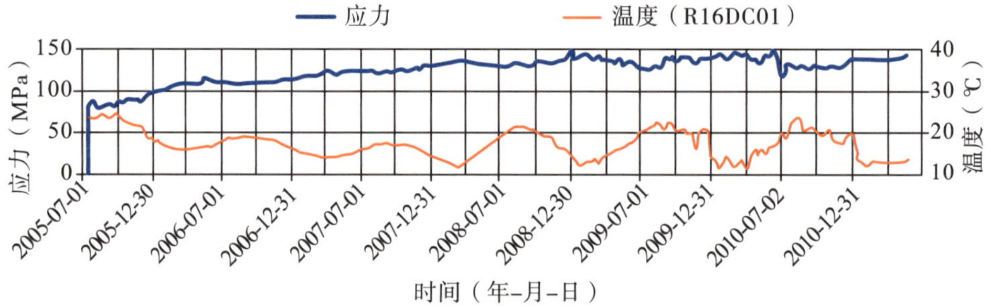

图 3.6.6 地下电站 28 号机组顶拱 7# 块体上锚索测力计锚固力过程线

实测结果表明：

①除少量预应力锚索由施工干扰引起预应力超标外，其余预应力锚索的工作状态正常，预应力控制在设计允许范围内。实测锚索锁定预应力损失率约在 15.8%以内，平均锁定损失率为 7.6%；实测锁定锚固力在 2213～2976kN，平均锁定锚固力为 2560kN。

②30 号机组下游边墙键槽高程 51.45m 处(属 3# 块体)的锚索测力计 SF22DCXYQ 在 2010 年 3 月 12 日时的实测锚固力为 2772.5kN，锁定后预应力损失－5.4%，之后在浇筑机组蜗壳混凝土过程中仪器受到扰动，2010 年 5 月 11 日锚固力上升至 2975kN 左右，相应的锁定后预应力损失率达－13%左右，此后测值稳定。对比 30 号机组下游边墙同属 3# 块体部位的该测点附近的 2 支多点位移计 M13DC04(高程 62.03m)和 M04DCZB(高程 45.45m)的测值，可以看出，同期多点位移计测值没有明显变化，该部位 3# 块体是稳定的，附近的锚

杆应力计在同期的测值也没有明显变化。因此可以认为SF22DCXYQ在2010年3—5月锚固力陡然增加可能是由仪器扰动导致的测值变化，分析时剔除2010年3月12日之后的数据。

③2011年5月21日实测41台完好锚索测力计锚固力的锁定后损失率为－4.7%～20.5%，平均为5.8%，实测锚固力为2026～2746kN，平均锚固力为2404kN。41个测点中有6个测点的锁定后锚固力损失率为－5%～0%，31个测点的锁定后锚固力损失率为0%～15%，约占总测点数的76%，仅4个测点的锁定后锚固力损失率为15%～21%。

④41台完好锚索测力计中20台布设在拱顶及下游边墙的15个块体上，2011年5月21日这20台锚索测力计实测的锚固力为2026～2669kN，平均锚固力为2360kN，相应的锁定后损失率为－2.5%～20.2%，平均为5.5%。

⑤预应力损失主要发生在锚索测力计安装之后的6个月内及2008年7月之前主厂房及近厂房尾水隧洞、母线洞竖井开挖过程中，其他时间均基本稳定。2011年5月至2014年12月，少数测点锚固力略有增加或减小，锚固力变化约在5%以内。总体看来，包括块体在内的围岩在洞室开挖及支护后是稳定的。

(3)尾水洞监测

尾水洞安装9台锚索测力计，预应力为1748.4～2334.2kN，预应力总损失率为－9.2%～11.8%，平均总损失率4.1%。开挖结束后，锚索预应力基本稳定。

(4)岩锚梁监测

主厂房27～32号机组和安Ⅱ段上下游岩锚梁上安装的31支锚杆测力计，在蓄水前后测得锚杆应力变化值为－0.5～1.3kN，2019年3月实测应力为172.3～293.5kN，锚杆应力基本稳定。

主厂房上下游岩锚梁上安装了2支压应力计和18支测缝计，2支压应力计均处于受压状态，2019年3月实测最大压应力为－0.31MPa，岩锚梁混凝土与边墙开合度为－0.05～1.07mm，最大开度1.07mm产生在31号机组下游岩锚梁上。

岩锚梁内安装了8支钢筋计，其应力为5.52～16.41MPa。

(5)地下厂房围岩块体稳定状态监测资料分析

在施工过程中，对厂房顶拱及边墙的块体，进行了专门的监测，监测资料成果表明：

1)厂房拱顶存在潜在不稳定块体，针对块体变形布设的6套多点位移计，2018年3月的测值均较小，为－1.61～0.97mm。顶拱块体最大变形为－1.52～3.74mm，用于块体加固的预应力锚索及锚杆工作状态正常，除个别锚杆外，其他锚索及锚杆的应力均在设计许可范围内，厂房开挖结束后，变形已经收敛，锚索及锚杆应力已经稳定，顶拱块体处于稳定状态。

2)厂房边墙块体受高边墙变形影响，4号机组段部位最大变形为25.91m。用于块体加固的预应力锚索及锚杆在大部分时间工作状态正常，2010年3—4月，个别锚索测力计读数出现了异常，但结合附近位移监测成果及混凝土施工分析，块体是稳定的，因此测力计计数变化可能是浇筑混凝土时扰动锚头所致，5 月以后，出现异常的预应力锚索读数已经稳定。结合变形收敛情况及支护结构受力分析，边墙块体稳定性较好。

3.6.4.3 地下电站浅埋大型洞室围岩及块体加固与稳定控制效果检验

针对地下电站洞室上覆岩体薄、洞室跨度大、埋深浅、山体挖空率高、关键块体大而多等特点，围绕优化地下电站洞室群规模、优化洞室尺寸、块体稳定与加固措施、上覆岩体厚度论证等方面开展深入研究，提出了地下电站浅埋大型洞室围岩稳定控制理论及设计新技术，主要研究成果如下：

1)研究提出基于“稳定拱”确定地下电站大型洞室顶部岩体覆盖厚度的设计理念。该设计理念突破了规范中“主洞室顶部岩体厚度不宜小于洞室开挖宽度的 2 倍”的要求，充分利用了围岩承载能力，解决了地下电站浅埋(仅 1 倍洞室开挖宽度)大型厂房洞室围岩稳定的关键问题。

2)研究采用变顶高尾水洞(自动调压尾水洞)取代调压室、采用“超高超长大电流封闭母线”技术将主变布置于地面，取消主变洞，将大型地下电站由传统的“三洞型”(地下厂房、主变洞、尾水调压室)变为“单洞型”(仅地下厂房)，降低山体挖空率，解决了单薄山体大型地下洞室整体稳定难题。

3)研究提出“倒悬边墙型”新型地下厂房型式，对地下厂房高边墙中下部扩挖成倒悬形态，既可满足机组布置要求，又可以减小厂房顶拱跨度，降低厂房的技术难度。

4)根据能量平衡原理，研究提出“岩体隔墩支撑”新结构。地下厂房下部采用掏槽开挖，保留尾水管肘管间的原岩岩墩，既可降低地下厂房全断面开挖的高度，又可对边墙起支撑作用，解决了大跨度、高边墙地下厂房洞室稳定难题。

5)安全监测成果表明，地下电站浅埋大型洞室围岩整体稳定性较好，支护系统受力均在设计承载力范围内，洞室围岩变形、锚杆及锚索受力均已收敛。研究提出了浅埋大型洞室型式和围岩稳定拱设计方法及加固与稳定控制技术，大型洞室围岩块体稳定计算及加固与稳定控制技术。

3.7 地下电站变顶高尾水洞设计技术

3.7.1 地下电站变顶高尾水洞工作原理及其体型设计研究

3.7.1.1 变顶高尾水洞工作原理分析

三峡地下电站单机最大引用流量 991.80m^3/s，额定水头 85.0m，输水系统水流惯性时间较长，T_w 值为 4.7～5.4s，按照传统设计方法，需要设置大规模的下游调压室(单室稳定面积约 1200m^2)，但地下电站所在的白岩尖山体单薄、块体发育，高挖空率导致洞室群围岩稳定问题非常突出。为此，采用理论分析、数值仿真和模型试验等手段，对水轮机安装高程、尾水有压段长度及下游水位三者之间的关系进行深入研究，突破电站尾水洞传统的有压洞或无压洞设计理论，提出一种明满流混合流动的新型尾水洞——变顶高尾水洞，并建立了相应的设计理论和设计方法。采用变顶高尾水洞，可取消尾水调压室，简化地下洞室群布置，提高围岩稳定性。

变顶高尾水洞旨在解决尾水管进口真空度过高的问题。利用下游水位的变化与尾水洞有压段长度的相互关系，来满足水轮机在不同淹没水深时甩负荷过渡过程中尾水管进口真空度的要求（图3.7.1）。当下游水位较低时，水轮机的淹没水深较小，此时无压明流段长，有压满流段短，过渡过程中负水击压力小，尾水管进口真空度满足规范要求。随着下游水位的升高，尽管无压明流段的长度逐渐缩短，有压满流段的长度逐渐增长，负水击压力越来越大，但水轮机的淹没水深也逐渐增大，正负两方面的作用相抵，使尾水管进口真空度仍能控制在规范要求范围内，从而起到尾水调压室的作用。

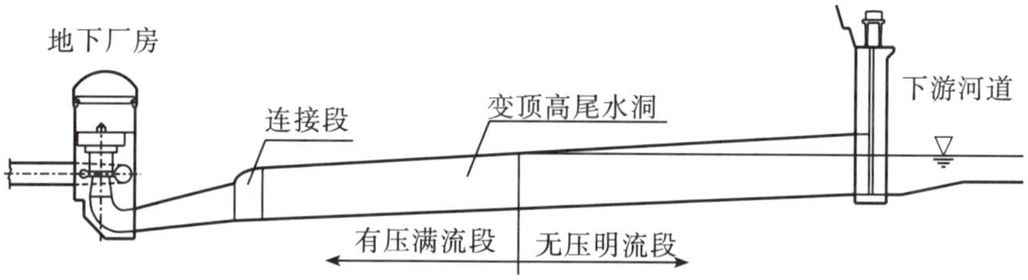

图3.7.1 变顶高尾水洞

在变顶高尾水洞的体型设计中，首先根据下游最低尾水位，确定某一工况下有压满流段的最大长度，视为变顶高的起点，再根据尾水位变化情况、出口流速及地形地质条件，确定尾水洞出口底板高程和底宽，最后确定出口断面的顶部高程和尾水洞顶面曲线。在变顶高尾水洞顶纵剖面线的拟定中，可在水锤压力通过刚性水锤计算公式计算，并且假定水锤压力的极值和瞬时波高同时发生的前提下，按照式(3.7.1)给出的微分方程积分，得到有压满流段长度L与分界面断面面积$F(L)$，或者L与洞顶高程Z之间的关系。按照式(3.7.1)计算所得变顶高尾水洞顶部纵剖面线为抛物线，而在实际工程设计中，为方便施工，绝大部分变顶高尾水洞顶部纵剖面线采用斜直线，且洞底采用略缓于或等于顶坡的斜直线，以减小隧洞的高度。

$$\mathrm{d}L=-\frac{g}{Q_0(\mathrm{d}q/\mathrm{d}t)}F(L)\mathrm{d}(H_2+\Delta Z) \tag{3.7.1}$$

式中，Q_0为基准流量；q为水轮机流量$Q(t)$与Q_0之比；$(H_2+\Delta Z)$为下游淹没水深H_2与无压明流段水位波动ΔZ的叠加；L和$F(L)$分别为有压满流段的长度和分界面断面面积。

应用上述设计方法，三峡地下电站变顶高尾水洞的纵剖面见图3.7.2。

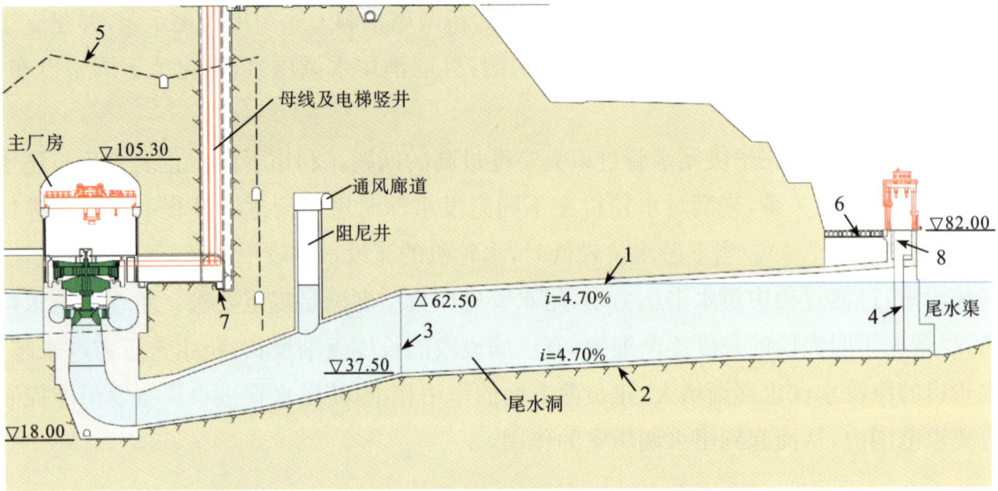

图 3.7.2 三峡地下电站变顶高尾水洞纵剖面(单位:m)

1—变顶高尾水洞顶板;2—变顶高尾水洞底板;3—横向施工缝;4—尾水检修闸门;5—通气及排水孔;6—公路桥;7—电缆沟;8—门库

3.7.1.2 变顶高尾水洞的体型设计

(1)变顶高程尾水洞水力计算研究体型

在尾水洞无压明流和有压满流的过渡过程中,无压明流段的水位波动对尾水管进口断面绝对压力$\frac{P_2}{\gamma}$有影响,该断面的绝对压力关系式见式(3.7.2)。

$$\frac{P_2}{\gamma}=\frac{P_a}{\gamma}+H_2+\Delta H+\Delta Z+\Delta h_p+\Delta h_c \tag{3.7.2}$$

式中,$\frac{P_2}{\gamma}$为尾水管进口断面绝对压力;$\frac{P_a}{\gamma}$为大气压力;H_2 为下游淹没水深;ΔH 为有压满流段的水击压力;ΔZ 为无压明流段水位波动对 H_2 的叠加;Δh_p 为有压满流段的水头损失;Δh_c 为无压明流段的水头损失。

根据规范要求,整个过程中的$\frac{P_2}{\gamma}$极小值应大于或等于其极限值$\frac{P_{2\text{lin}}}{\gamma}$($\frac{p_{2\text{lin}}}{\gamma}$通常等于 2m 水柱),见式(3.7.3)。

$$\left\{\frac{P_a}{\gamma}+H_2+\Delta H+\Delta Z+\Delta h_{p_t}+\Delta h_t\right\}_{(t)}\geqslant\frac{P_{2\text{lin}}}{\gamma} \tag{3.7.3}$$

在过渡过程中,$\frac{P_a}{\gamma}$和 H_2 是不变的(对应某一下游水位),$\Delta h_p+\Delta h_c$ 影响有限,可以忽略,ΔH 和 ΔZ 的极小值不一定同时发生,且明满流分界面是运动的,即有压满流段长度在变化,所以给出$\{\Delta H+\Delta Z_t\}_{(t)}|_{\text{lin}}$的解析表达式十分困难,精确的计算只能通过数值解。

若不考虑无压明流段水位波动叠加的影响,并将明满流分界面固定,水击压力 ΔH 用刚性水锤计算公式近似表达，得到变顶高尾水洞极限容许水流惯性加速时间解析表达式见式(3.7.4)。

$$T_{ws\mathrm{lin}}=\frac{1}{H_0(\mathrm{d}q/\mathrm{d}t)}\left\{\frac{P_a}{\gamma}+H_2-\frac{p_{2\mathrm{lin}}}{\gamma}\right\} \tag{3.7.4}$$

式中，$T_{ws\mathrm{lin}}$ 为变顶高尾水洞极限容许水流惯性加速时间；q 为水轮机流量 $Q(t)$ 与基准流量 Q_0 之比；H_0 为水电站的恒定流时净水头。

为此采用瞬时波流量的计算公式近似求得 ΔZ，见式(3.7.5)。

$$\Delta Q=\left[V_0+\sqrt{gh_0\left(1+\frac{3}{2}\frac{\Delta Z}{h_0}\right)}\right]B\Delta Z \tag{3.7.5}$$

式中，h_0 为分界面的初始水深；B 为分界面的底宽；V_0 为分界面的初始流速。

在甩全负荷条件下，$\Delta Q=-Q_0$，因此 $\Delta Z<0$。

将 ΔZ 叠加于 H_2，即 $H_2'=H_2+\Delta Z$，以 H_2' 替代 H_2 代入式(3.7.4)，可求得 $T_{ws\mathrm{lin}}$，再按式(3.7.6)求得相应条件下有压满流段(包括尾水管)的极限长度。

$$T_{ws\mathrm{lin}}=\frac{Q_0}{gh_0}\int_0^{Lp\mathrm{lin}}\frac{\mathrm{d}l}{F(l)} \tag{3.7.6}$$

更精确的计算可用弹性水锤的计算公式代替刚性水锤计算公式，ΔH 和 $T_{ws\mathrm{lin}}$ 的表达式较为复杂。上述计算的前提假定是水锤压力的极值和瞬时波高 ΔZ 同时发生，并且按相应的极值公式计算 $\mathrm{d}l$，见式(3.7.7)。

$$\mathrm{d}l=-\frac{g}{Q_0(\mathrm{d}q/\mathrm{d}t)}F(L)\mathrm{d}(H_2+\Delta Z) \tag{3.7.7}$$

在尾水洞底板水平，保持洞顶形态，只增加侧墙高，不计无压明流段影响等条件下，可按式(3.7.8)计算有压满流段的长度 L：

$$L=-\frac{g}{Q_0(\mathrm{d}q/\mathrm{d}t)}\left(F_0Z+B\frac{Z}{2}\right) \tag{3.7.8}$$

式中，L 为有压满流段的长度，其从尾水洞起点算；F_0 为起点的断面面积。

在上述条件下，洞顶纵剖面线为抛物线。

(2)变顶高尾水洞体型设计

在实际工程中，为了减小出口断面的高度，尾水洞的底板呈倒坡状，尾水洞顶纵剖面线绝大部分为斜直线，以方便施工，故不能按式(3.7.8)直接设计变顶高尾水洞体型。通常变顶高尾水洞体型设计要尽可能考虑工程各方面的要求，在保证变顶高尾水洞能发挥其作用的前提下，先拟定体型，再作详细的数值分析，校核尾水管进口断面的最小绝对压力，逐步修改和优化体型。

①在下游最低水位时，无压明流段延伸到尾水管出口断面之前，使有压满流段尽可能减短。

②按尾水洞出口断面允许最大流速以及相邻尾水洞的间距，确定其底板高程和底宽。

③选择出口断面的顶部高程，以及尾水洞顶坡及底坡坡比，满足尾水洞全长为有压流时

调节保证的要求。

④顶坡的坡比应有利于解决明满流问题，防止出现拱顶滞气和明显的明满流交替等现象。

⑤尾水洞与尾水管之间的高差及底宽的差别等由过渡段衔接，过渡段的管顶纵剖面为抛物线，要保证尾水管始终是有压流，避免对机组运行效率产生影响。

3.7.1.3 监测资料分析

2011 年 5 月在 31 号机组启动运行期，2011 年 11 月三峡地下电站首次在上游水位 175m 运行，结合 31 号机组现场甩负荷试验，对机组调节保证参数和尾水洞水力学参数进行监测。根据试验工况，通过数值仿真过渡过程计算，与试验值进行对比研究。

两次试验一共取得了 8 组不同工况下的实测结果和计算结果，其中工况四（上游水位 152.30m 时甩 700MW 负荷）部分调保参数变化过程线的对比见图 3.7.3。从计算结果与试验结果对比分析可知，各机组在不同水位、甩不同负荷的工况下，调节保证参数变化规律与趋势吻合较好，极值及其发生的时间比较接近，且均满足“蜗壳末端最大水压（包括压力上升值在内）不超过 160.0m 水柱，水轮机转速上升不超过额定转速的 58%，尾水管进口处真空度不超过 7.5m”的设计要求，变顶高尾水洞内压力变化规律一致，最大、最小压力均在结构承压范围内。

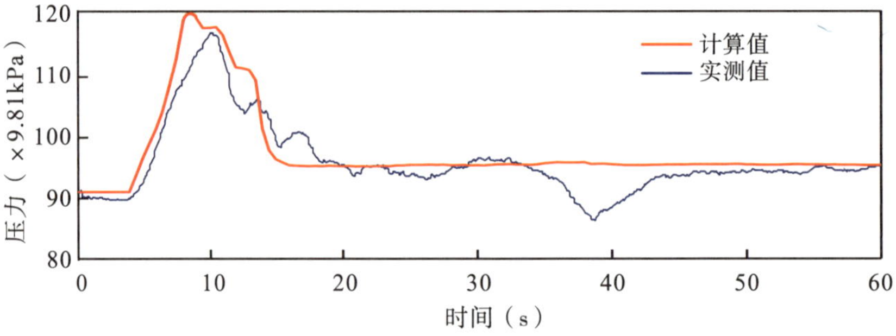

(a)甩 700MW 负荷时蜗壳进口压力过程线实测值与计算值对比

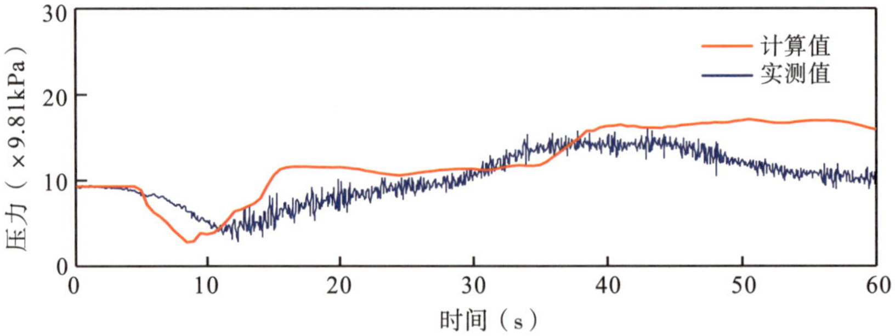

(b)甩 700MW 负荷时尾水管进口压力过程线实测值与计算值对比

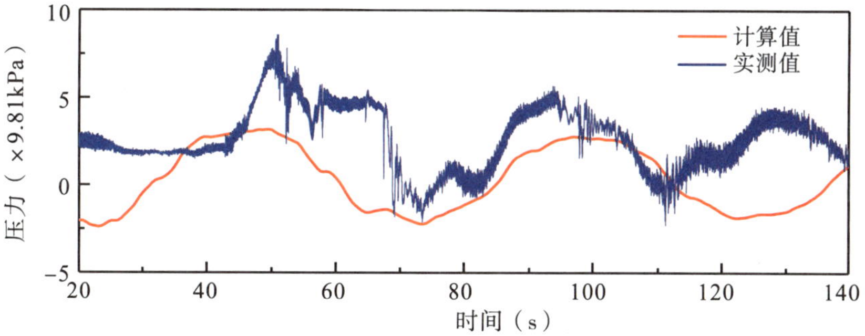

(c)甩 700MW 负荷时尾水洞变顶高顶板压力过程线实测值与计算值对比

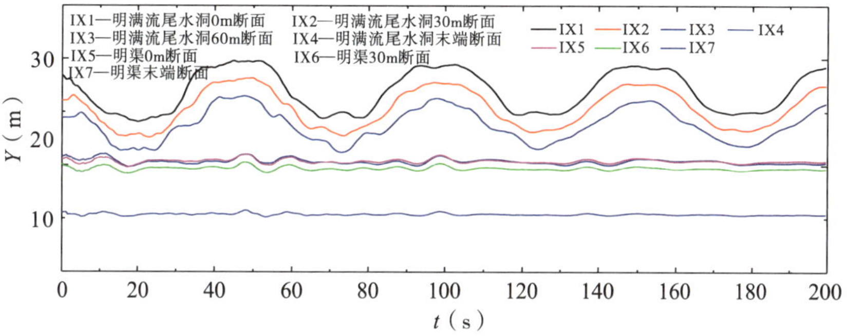

(d)甩 700MW 负荷时明满流尾水洞压力(水深)过程线

图 3.7.3　上游水位 152.3m 时甩 700MW 负荷工况四对比

3.7.2　变顶高尾水洞应用条件研究

3.7.2.1　地下电站开发方式与变顶高尾水洞应用条件分析

变顶高尾水洞在解决过渡过程中对尾水管进口断面最小绝对压力满足规范要求有着重要作用,但其使用范围仍受到一定的限制,主要表现在尾水道的长度和下游水位的变幅。地下电站采用尾部开发方式,其尾水道长度通常在 150m 左右,尾水道进口断面最小绝对压力可采用适当降低机组安装高程或增大尾水道断面面积等措施解决,没有必要采用变顶高或无压尾水洞型式。

地下电站采用首部开发方式,其尾水道很长时,若采用变顶高型式,即使顶坡坡度为 2%～3%,长度为 600m,尾水洞出口断面高度也会较进口断面增高 12～18m,尾水道越长,增加的高度越多,导致出口断面高度太大,既增加了工程量,又不利于尾水洞的围岩稳定。因此,对于长尾水道水电站设置尾水调压室仍是解决调保参数和机组稳定运行问题的必要工程措施。

地下电站采用中部开发或首部开发方式,其尾水道并不太长,有必要研究变顶高尾水洞。若下游水位变幅不大,或洪水期历时很短,则采用无压尾水洞方案优势明显,整个尾水洞高度不大,水流惯性加速时间减短,有利于机组的调保参数和稳定运行。若下游水位变幅大,则采用变顶高尾水洞方案有利,变顶高尾水洞除能有效地解决尾水管进口断面最小绝对压力之外,其最大优点是对下游水位可适应较大变幅。

3.7.2.2 三峡电站应用变顶高尾水洞试验研究

三峡地下电站尾水道长 208.38～241.62m，其中尾水管从水轮机中心线起算的长度 58.24m，尾水洞不含尾水管扩散段长 141.14～173.38m，压力水道中水流惯性时间常数 T_w 值在 4.72～5.39s，最小水头 71m，一机一洞调压室的面积为 716～1219m^2，高度 40m，设置调压室方案洞室及规模尺寸较大，地下洞室群纵横交错，洞室布置困难，围岩稳定问题突出，如采用特殊支护处理措施，支护费用高，施工难度大。通过改进的数学模型分析计算和带模型机组的大比例尺（1∶40）仿真模型水机电联合过渡过程试验研究，采用变顶高尾水洞，可满足电站调节保证和稳定运行的要求，起到取代调压室的作用。变顶高尾水洞简化了地下洞室群的布置，有利于洞室的结构稳定，方便施工，并可节省投资。

3.7.3 地下电站调节保证计算及机组制造厂家调节保证值

3.7.3.1 地下电站变顶高尾水洞型式及布置

尾水隧洞为一机一洞布置，变顶高尾水洞型式。其进口高程 22.00m，出口高程 44.00m。沿流向分为 4 段，分别为尾水管扩散段、连接段、变顶高段 1 和变顶高段 2。

6 条尾水洞采取平行布置方式，其中心线与主厂房纵轴线夹角 80°，并偏向河床侧，轴线间距 37.70m。尾水洞为方圆形断面，其中尾水管段宽 18m，连接段宽由 18m 渐变为 15m，变顶高段 1 宽 15m，变顶高段 2 宽由 15m 渐变至 13m。变顶高段 1、2 同高，为 25m，并且采用相同的顶坡和底坡，27～32 号机组尾水洞坡度分别为 6.19%、5.81%、5.49%、5.20%、4.93%和 4.70%，尾水洞的长度分别为 191.38m、198.03m、204.68m、211.33m、217.96m 和 224.62m，6 条尾水洞总长度为 1248.00m。

每条尾水隧洞布置 1 个阻尼井，阻尼井位于尾水隧洞轴线正上方，其轴线距机组中心线 72.74m，井筒直径 7m，顶拱高程 94.30m。在其下游侧 89.00m 高程布置有通风廊道，连接 6 个阻尼井，并经 1 号施工支洞通向右岸电站厂房的厂前区，出口高程为 82.00m。

3.7.3.2 地下电站调节保证计算

(1)计算工况

计算工况包括 6 种设计工况（工况①至工况⑥）、4 种校核工况（工况⑦至工况⑩）和 1 种叠加工况（工况⑪）在内的 11 种工况。

1)设计工况。

工况①：在下游水位 62.5m、水头 90m 下，机组突甩 756MW 负荷。

工况②：在下游水位 71.0m、水头 85m 下，机组突甩 700MW 负荷。

工况③：在上游水位 180.4m、下游水位 83.1m 下，机组突甩 756MW 负荷。

工况④：在上游水位 175.0m、下游水位 62.5m 下，机组突甩 756MW 负荷。

工况⑤：在上游水位 175.0m、下游水位 76.4m 下，机组突甩 756MW 负荷。

工况⑥：在上游水位 175.0m、下游水位 66.5m 下，机组突甩 756MW 负荷。

2)校核工况。

工况⑦:在下游水位62.0m、水头85m下,机组突甩700MW负荷。

工况⑧:在下游水位62.5m、水头93m下,机组突甩800MW负荷。

工况⑨:在上游水位180.4m、下游水位83.1m下,机组突甩800MW负荷。

工况⑩:在上游水位175.0m、下游水位76.4m下,机组突甩800MW负荷。

3)叠加工况。

工况⑪:在下游水位62.5m、水头90m下,机组先增满负荷后在最不利时刻突甩负荷。

(2)关闭规律

哈电机组关机规律见图3.7.4。

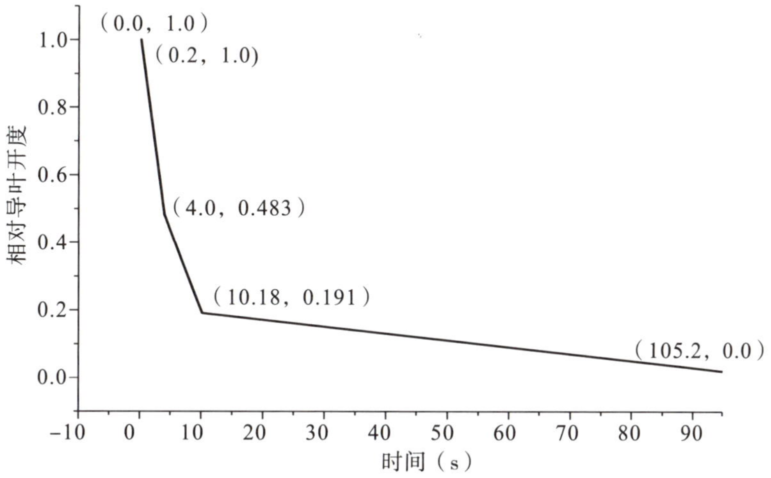

图3.7.4 哈电机组关机规律

(3)计算结果

利用地下电站哈电机组的转轮模型HLA 858D机组的关闭规律,对拟定的11种工况进行了复核计算,地下电站调节保证计算结果见表3.7.1。

表3.7.1 地下电站调节保证计算结果

工况类别	工况序号	蜗壳末端最大压力值(m)	机组最大转速上升率(%)	尾水管进口最小压力值(m)	阻尼井最高涌浪高程(m)	阻尼井最低涌浪高程(m)
设计工况	①	136.299	56.522	−6.140	66.072	58.576
	②	137.339	54.796	−0.033	73.981	59.793
	③	158.240	50.797	14.400	86.366	73.297
	④	143.151	44.756	−0.561	65.579	59.310
	⑤	151.797	49.686	7.578	79.734	66.457
	⑥	142.633	44.909	0.593	71.885	60.108

续表

工况类别	工况序号	蜗壳末端最大压力值(m)	机组最大转速上升率(%)	尾水管进口最小压力值(m)	阻尼井最高涌浪高程(m)	阻尼井最低涌浪高程(m)
校核工况	⑦	130.008	54.968	-5.786	65.283	58.422
	⑧	140.281	60.518	-6.583	66.104	58.408
	⑨	160.553	57.312	12.773	86.490	72.653
	⑩	154.549	55.780	6.236	79.891	65.841
叠加工况	⑪	139.517	43.251	-8.429	69.953	57.850

(4)工况及计算结果分析

1)工况分析。

在水力过渡过程的数值计算中,计算工况尤为重要。考虑到三峡工程的重要性,确定的计算工况必须涵盖三峡地下电站可能出现的各种实际运行情况,以便分析研究,为设计方案的决策提供依据。

工况①至工况⑥是在运行过程中经常遇到的工况,作为设计工况。

工况⑦中尾水位为极限最低水位,出现的概率较小,作为校核工况。

工况⑧、工况⑨、工况⑩,这3个工况机组均为甩800MW,此种工况仅为计算时理论存在,在运行时,按三峡的实际情况不可能出现。

工况⑪中,机组先增满负荷后在最不利时刻突甩负荷。该工况为叠加工况,出现的概率较小。

2)计算结果分析。

按照所有工况得到的计算结果:蜗壳末端最大压力值极值为160.553m,机组最大转速上升率极值为60.518%,尾水管进口最小压力值极值为-8.429m。这几个极值分别出现在工况⑨、工况⑩和工况⑪,计算结果偏大。根据"1)工况分析"可知,虽然理论上可以出现这些工况,但在机组的实际运行中不可能出现。

按照设计工况得到的计算结果:蜗壳末端最大压力值极值为158.240m,机组最大转速上升率极值为56.522%,尾水管进口最小压力值极值为-6.140m。满足合同文件"蜗壳末端最大水压(包括压力上升值在内)不超过160.0m水柱,水轮机转速上升不超过额定转速的58%,尾水管进口处真空度不超过7.5m"要求。

3.7.3.3 机组制造厂家调节保证值

(1)地下电站机组制造厂家调节保证合同值

地下电站机组制造厂家调节保证合同值见表3.7.2。

表 3.7.2 地下电站机组制造厂家调节保证合同值

机组调节保证参数	东电合同	ALSTOM 合同	哈电合同
机组最大转速升高值(%)	≤58	≤58	≤58
蜗壳末端最大压力值(mH_2O)	≤160	≤160	≤160
尾水管进口最大真空度(mH_2O)	≤7.5	≤7.5	≤7.5

(2)地下电站机组制造厂家调节保证计算值

地下电站机组制造厂家调节保证计算值见表 3.7.3。

表 3.7.3 地下电站机组制造厂家调节保证计算值

机组调节保证参数	东电	ALSTOM	哈电
导叶关闭时间(三段分别)(s)	3.550/7.620/8.000	2.275/9.000/20.000	4.000/6.180/95.020
机组最大转速升高值(%)	55.360	57.500	56.693
蜗壳末端最大压力值(mH_2O)	154.340	147.600	153.279
尾水管进口最大真空度(mH_2O)	2.790	7.000	4.517

3.7.3.4 机组甩负荷试验

(1)地下电站机组启动验收阶段现场甩负荷试验

地下电站机组启动验收阶段现场甩负荷试验值见表 3.7.4 至表 3.7.7。

表 3.7.4 地下电站 27 号机组启动验收阶段现场甩负荷试验值(中国水利水电科学研究院)

机组状态		转速(%)	转速上升率(%)	蜗壳进口压力(kPa)	蜗壳进口压力上升率(%)	尾水锥管压力(kPa)	尾水锥管压力上升率(%)
甩 175MW	甩前	100.0	4.9	941.0	4.9	163	−39.3
	甩时	104.9		1079.0		99	
甩 350MW	甩前	100.0	13.9	936.0	18.1	153	−55.6
	甩时	113.9		1105.0		68	
甩 525MW	甩前	100.0	29.5	925.0	21.6	166	−69.3
	甩时	129.5		1125.0		51	
甩 700MW	甩前	100.0	42.9	912.0	24.6	148	−110.1
	甩时	142.9		1136.0		−15	
甩 756MW	甩前	100.0	52.3	858.6	37.6	139	−128.0
	甩时	152.3		1181.0		−39	

表 3.7.5　　地下电站 28 号机组启动验收阶段现场甩负荷试验值

机组调节保证参数	甩 25%负荷（175MW）	甩 75%负荷（525MW）	甩 100%负荷（700MW）
机组最大转速升高值（%）	4.9	22.7	36.8
蜗壳末端最大压力值（mH_2O）	117.2	124.3	125.5
尾水管进口最大真空度（mH_2O）	−8.5	−0.8	3.3

表 3.7.6　　地下电站 29 号机组启动验收阶段现场甩负荷试验值

机组状态		转速（%）	转速上升率（%）	蜗壳进口压力（kPa）	蜗壳进口压力上升率（%）	尾水锥管压力（kPa）	尾水锥管压力上升率（%）
A 套甩 175MW	甩前	100.0	4.4	1070	12.3	166	−40.36
	甩时	104.4		1202		99	
B 套甩 350MW	甩前	100.0	4.6	1068	15.1	151	−55.60
	甩时	114.6		1229		67	
A 套甩 525MW	甩前	100.0	25.2	1063	1820.0	162	−67.90
	甩时	125.2		1256		52	
B 套甩 700MW	甩前	100.0	39.8	1050	20.5	156	−92.30
	甩时	139.8		1265		12	

表 3.7.7　　地下电站 30 号机组启动验收阶段现场甩负荷试验值

机组调节保证参数	甩 25%负荷（175MW）	甩 50%负荷（350MW）	甩 75%负荷（525MW）	甩当前水头最大负荷（660MW）
机组最大转速升高值（%）	7.0	19.9	35.1	45.1
蜗壳末端最大压力值（mH_2O）				
尾水管进口最大真空度（mH_2O）				

（2）地下电站 31 号机组投产后甩负荷试验

地下电站 31 号机组投产后甩负荷试验值见表 3.7.8。

表 3.7.8　　地下电站 31 号机组投产后甩负荷试验值

工况	蜗壳进口最大压力值（×9.81kPa）	蜗壳末端最大压力值（×9.81kPa）	机组最大转速上升率（%）	尾水管进口最小压力值（×9.81kPa）
上游水位 152.3m，甩 175MW 负荷	98.71	87.06	20.00	9.77

续表

工况	蜗壳进口最大压力值(×9.81kPa)	蜗壳末端最大压力值(×9.81kPa)	机组最大转速上升率(%)	尾水管进口最小压力值(×9.81kPa)
上游水位 152.3m，甩 350MW 负荷		86.10	24.00	
上游水位 152.3m，甩 525MW 负荷	115.89	84.35	30.67	4.60
上游水位 152.3m，甩 700MW 负荷	117.19	81.35	48.00	2.84
上游水位 175.0m，甩 175MW 负荷	120.67	115.84	20.00	
上游水位 175.0m，甩 350MW 负荷	130.93	114.97	25.00	
上游水位 175.0m，甩 525MW 负荷	137.05	113.20	30.67	
上游水位 175.0m，甩 750MW 负荷	138.61	112.15	42.67	

3.7.4　地下电站变顶高尾水洞运行检验

3.7.4.1　地下电站水力学监测成果分析

2011 年 11 月，在上游水位 175.0m、下游水位 64.5m 工况运行条件下，进行了地下电站 31 号机组过流系统水力学观测，主要观测成果如下：

1)地下电站 31 号机组在各稳态运行条件下，引水洞进口前水面平稳，水流顺畅，未见漩涡等不良状态；尾水出口水流翻涌最大涌高约 0.5m，回流较小，对机组平稳运行无影响。在机组各种甩负荷工况下，电站引水洞进口水面均产生一定的水流涌浪现象，其最大面波动约 0.1m，尾水出口水流翻涌较稳态运行时加剧，最大涌浪高度约 0.7m。

2)机组稳态运行时，其过流系统时均压力分布正常，脉动压力幅值较低；在机组各种甩负荷工况下，压力钢管末端实测最大瞬时动水压力发生在上游水位 175.0m，下游水位 65.0m，机组甩 750MW 负荷工况下，为 138.61×9.81kPa，满足小于 160×9.81kPa 的设计要求；在尾水管进口流道，虽然各种甩负荷工况下实测到的最低压力为 2.84×9.81kPa，但鉴于测点高程比尾水管进口断面低约 2.0m，其尾水管进口断面在机组甩大负荷时可能会产生一定的负压，但距设计许可值仍有一定裕度。

3)变顶高尾水阻尼井在各种甩负荷工况下均会产生涌浪现象，其涌浪大小与机组甩负荷前的工作水头成正比，与机组甩负荷过程中的流量变化率成正比。阻尼井内最高涌浪高程为 70.93m,低于阻尼井口平台高程 89.20m;阻尼井内最低水面高程为 59.63m,高于阻尼井底部孔口最高部位 9.63m,满足设计要求。

4)根据实测资料分析,在机组甩负荷时,变顶高尾水洞后段会产生明满流交替现象,洞顶局部范围有水流拍顶,最低负压 2.28×9.81kPa,其负压绝对值与机组工作水头成反比,与机组甩负荷量级成正比。综合分析各种甩负荷工况的监测成果,地下电站变顶高尾水洞各项水力学参数指标均满足设计要求,并有一定的安全裕度。

3.7.4.2 地下电站变顶高尾水洞评价

地下电站机组已经过多年真机运行考验,数值计算和运行监测资料表明:机组压力上升保证值、转速上升保证值和尾水管进口真空度均满足规范和设计要求。地下电站引水发电系统布置和调节保证设计是合理的。变顶高尾水洞技术的成功实践,将调压设施由竖向布置的调压室变为横向布置的尾水洞,相同之处为均利用自由水面形成水击波的反射,不同之处为前者的水位波动是质量波,后者的为重力波,实现了尾水调压方式的创新。

第4章 通航建筑物关键技术研究与实践

4.1 船闸总体布置及结构型式

4.1.1 船闸总体布置

4.1.1.1 船闸总体布置研究解决的技术问题

三峡船闸总体布置的基本任务是以先进的技术、合理的工程量和投资，满足船闸在不同时期和较长年限的船舶(队)安全、正常过坝的要求。考虑到三峡船闸对长江航运发展的重要性、船闸在三峡水利枢纽中所处的重要地位，以及复杂的河势、水沙条件、工程的长期使用、特高水头船闸输水、深切开挖的岩石槽中的修建条件、工程运行分期等，为保证船闸的功能、效率、安全可靠和技术性能等，要求在全面开展船闸各专项设计之前，首先在总体上对关系到三峡水利枢纽的整体效益、船闸的技术可行性、工程量造价和技术先进性等全局的重大技术方案进行研究和决策。

(1)适应复杂水沙条件和满足长期使用的船闸总体布置

三峡工程是一个具有巨大综合效益的枢纽工程，建筑物多，坝址河势复杂，不同时期水沙条件不同。因此，必须选择合理的船闸线路，处理好通航建筑物与枢纽其他建筑物的关系，处理好通航建筑物与河流水流和泥沙条件的关系，使船闸水流条件特别是上下游引航道及其口门区水流条件满足通航的要求，使泥沙淤积不致影响船舶的通航尺度，以保证船闸的长期正常使用。

(2)解决特高水头船闸输水问题的途径

国内外已建多级船闸统计见表4.1.1。由表可知，三峡船闸设计总水头113m，远大于世界上已建船闸的水头。因此，必须找出解决特高水头船闸输水问题的途径，通过对船闸分级的研究，解决船闸输水在技术上存在的主要问题。

表 4.1.1 **国内外已建多级船闸统计**

船闸名称	国家	河流	线数	总水头(m)	级数	型式	单级最大水头(m)	闸室有效尺寸(长×宽×槛上最小水深或长×宽，m×m×m 或 m×m)	建成时间
卡马	俄罗斯	卡马河	双线	22.00	六			250×30	1954
三峡	中国	长江	双线	113.00	五	连续	45.20	280×34×5.0	2003
福尔斯	美国	惠勒梅脱河	单线	61.60	四	连续	9.15	60×11.28×1.98	1870
布赫塔尔明	哈萨克斯坦	额尔齐斯河	单线	68.50	四	连续	32.00	100×18	1963
加通	巴拿马	巴拿马运河	双线	25.90	三	连续		305×33.5×13.7	1914
半瑞扶洛	巴拿马	巴拿马运河	双线	25.90	三	分散		305×33.5×13.7	
韦 1、2、3 号	加拿大	韦兰运河	单线	42.00	三	分散	14.00	233.5×24.4×9.1	1932
韦 4、5、6 号	加拿大	韦兰运河	双线	43.00	三	连续	30.00	233.5×24.4×9.1	1932
矛聂伯 1 号	乌克兰	矛聂伯河	单线	38.70	三	连续	25.00	120×18×3.65	1932
新西伯利亚	俄罗斯	鄂毕河	单线	19.80	三			140×18	1957
水口	中国	闽江	单线	57.36	三	连续	41.74	160×12×3.0	1994
五强溪	中国	沅江	单线	60.90	三	连续		130×12×2.5	1994
韦 7、8 号	加拿大	韦兰运河	单线	14.50	三	分散	14.00	233.5×24.4×9.1	1932
威尔逊(老)	美国	田纳西河	单线	30.50	二	连续	30.50	183×33.5	

续表

船闸名称	国家	河流	线数	总水头(m)	级数	型式	单级最大水头(m)	闸室有效尺寸(长×宽×槛上最小水深或长×宽，m×m×m 或 m×m)	建成时间
古比雪夫	俄罗斯	伏尔加河	双线	29.0	二	分散	29.0	290×30	1955
鲍哈努阿	加拿大	圣劳伦斯河	单线	24.40	二			234×24	
齐姆良	俄罗斯	顿河		26.60	二			220×20	
伏尔加格勒	俄罗斯	伏尔加河	双线	27.00	二	连续	27.00	290×30	1958
沃特金	俄罗斯	卡马河	单线	23.00	二	连续	23.00	240×30	1961
双牌	中国	萧江	单线	43.00	二	分散	21.50	58×8×2.0	1962
西津	中国	郁江	单线	21.70	二	连续	21.70	190×154.4	1966
卡因齐	尼日利亚	尼日尔河	单线	30.00	二			198×12.2	1968
铁门	塞尔维亚—罗马尼亚	多瑙河	双线	34.40	二	连续	34.40	310×34×4.5	1970
图库鲁伊	巴西	托坎廷斯河	单线	72.80	二	分散	36.50	210×33×6.5	
高尔基	俄罗斯	伏尔加河	双线	17.00	二			290×30	1955

(3)研究在深切岩槽中修建船闸的结构型式

目前世界上已建的大中型船闸一般均采用重力式结构,特别是船闸闸首,还没有采用分离式衬砌结构的先例。三峡船闸在深切开挖的岩石槽中修建,按照其独特的地形地质条件,对船闸的结构型式进行研究,充分利用三峡的基础条件,在通常采用的船闸结构型式中寻求突破,以大大节省船闸的土石方开挖和混凝土工程量。

4.1.1.2 船闸在复杂水沙条件下长期使用的总体布置

三峡船闸总体布置涉及枢纽工程的总体规划、坝址的河势、水沙条件,船闸的型式、规模与运行方式,以及有关的现行规程、规范和航运主管部门的要求等多种因素。

三峡船闸由于其水头高、布置要求的直线段长,结合三峡坝址的地形特点,船闸离枢纽其他建筑物较远,船闸总体布置主要是要处理好船闸及上下游引航道与天然河势、水沙条件及船闸充泄水的关系,使引航道及口门区的流速、流态、波浪等满足通航水流条件的要求。同时泥沙的不断淤积,将影响引航道的通航尺度及其口门区的通航水流条件,布置船闸时应确保其在泥沙冲淤平衡后船闸仍能正常使用。

研究工作采取设计研究、模型验证与专家审查相结合的方法,具体从船闸的布置条件和需采用的工程措施两个方面进行设计研究和比较论证。

(1)长江航运对三峡船闸的要求

1)三峡船闸的通过能力必须满足规划过坝运量的要求,并要为远景运量的进一步发展留有一定的余地。

2)在枢纽布置和通航建筑物布置中,必须正确处理好防洪、发电、航运这3个主要的开发目标之间的关系,必须处理好通航建筑物与枢纽其他建筑物的关系。

3)正确处理好船闸及上下游引航道与天然河势、水沙条件及船闸自身充泄水的关系,引航道及口门区的流速、流态、波浪等满足通航水流条件的要求。

4)随着工程运行年数的增加,泥沙不断淤积,这将影响引航道及其口门区的通航尺度和水流条件,因此在船闸布置中必须考虑必要的防淤清淤措施,以保证船闸的长期使用。

长江为我国最大的通航河流,三峡双线五级船闸是三峡工程建成后全面提高长江通航标准和通过能力的重要环节,对长江航运的发展十分重要。船闸工程要求的设计年限长、坝址河道的水沙条件复杂、船舶过闸的通航条件要求高和对一些因素变化的预测困难等诸多因素,使船闸在枢纽中的布置变得十分复杂。

(2)船闸总体布置的特点

1)需比较的总布置方案多。

三峡船闸设计总水头113m,按照船闸输水技术的水平对船闸进行不同分级,根据各级船闸是连续还是分散布置、连续多级船闸不同的水级划分的方式、船闸不同的线路位置、船闸充泄水是否附设蓄水池等,可形成在一般船闸上所不常见的许多不同的船闸布置方案。

2)满足通航水流条件和解决泥沙问题的技术难度大。

三峡工程有船闸和升船机两个永久通航设施，运行水位分围堰发电期、初期和后期3期。布置时要求船闸在枢纽泥沙淤积平衡后仍能长期运用，船闸线路位置，除要考虑枢纽泄洪和发电对引航道口门区水流条件的影响外，还要考虑船闸充泄水对升船机通航条件可能产生的影响，以及枢纽在水库泥沙淤积平衡后对通航条件变化影响的技术措施。

(3)船闸线路位置研究

三斗坪坝址河谷开阔，河岸弯曲，右岸为凹岸，地势陡峻，河道主流直冲岸坡，通航建筑物布置在右岸，下游受溢流坝下泄水流顶冲，进出口与主流交角大，上、下游引航道口门区的水流条件难以满足航行要求，同时主体结构的布置条件较差，工程量较大。根据枢纽总布置，中堡岛右侧为施工导流通航明渠，坝址上下游离坝轴线一定范围需布置施工期临时码头和永久码头，不利于船闸总体布置和工期安排。经研究，右岸不具备理想的布置大型船闸的必要条件。

坝址的左岸为凸岸，地形相对平缓，能满足“船闸布置主体建筑物及其上下游闸前一定范围内应为一条直线”的要求。在凸岸调整船闸线路离河床的距离比较容易。三峡左岸的下游许家冲一级阶地的凹塘为葛洲坝水库所淹没，属于缓流回流区，船闸布置在左岸，在直线的下游端连接一个弯段，并在外侧修建防淤隔流堤，能使引航道口门与岸线平顺连接且远离坝轴线，大坝泄流对船舶航行的影响较小。在上游漫滩上布置上游引航道，开挖高程在130m以上的开挖量不大，线路的开挖量集中在船闸的主体段，但比右岸大大减少，上游隔流堤处于地形较低的山坡上，船闸较易布置。上游引航道距原河床和建坝后的主流区有一定的距离，通航水流条件较好。船闸线路位置与施工期及永久管理机构同在左岸，施工交通较为方便，有利于运行管理。经综合分析，船闸布置在左岸。

针对三峡连续五级船闸方案，为寻求一条既能满足近期通航条件，又能满足在几十年直至泥沙冲淤达到平衡后的通航条件的线路，先后在左岸研究了4条线路，即船闸中心线与坝轴线交点距升船机轴线分别为350m、580m、730m和950m的Ⅰ线、Ⅱ线、Ⅲ线和Ⅳ线(位于坛子岭左侧)。双线五级连续船闸线路比较方案见图4.1.1。

Ⅰ线方案闸前直线段长为500m，再接半径为1000m的弯道，再以一段直航线与主河道连接。基于连续梯级船闸以单向运行为主，船队通过弯道之后，各有1倍船队长度的顺直段及停靠段。正常运行时，船舶(队)停靠在导航段上，闸前直线段长500m，远大于最大的船队长264m，可以满足船舶进闸的要求。若一线船闸停航检修，另一线船闸运行，可采用成批过闸，定期(如每日两次)换向的运行方式，换向时，采用迎向运行。由于引航道宽225m，在此情况下，仅有两支船队错船，等待过闸的船队可停靠在弯段外距闸前1300m的直线段处，船队转弯后能够顺利进闸。下游进闸方式与上游相似。线路第1级船闸上闸首至第5级船闸下闸首结构长度1617m，上游引航道长1495m，下游引航道长1700m，Ⅰ线线路总长4812m。

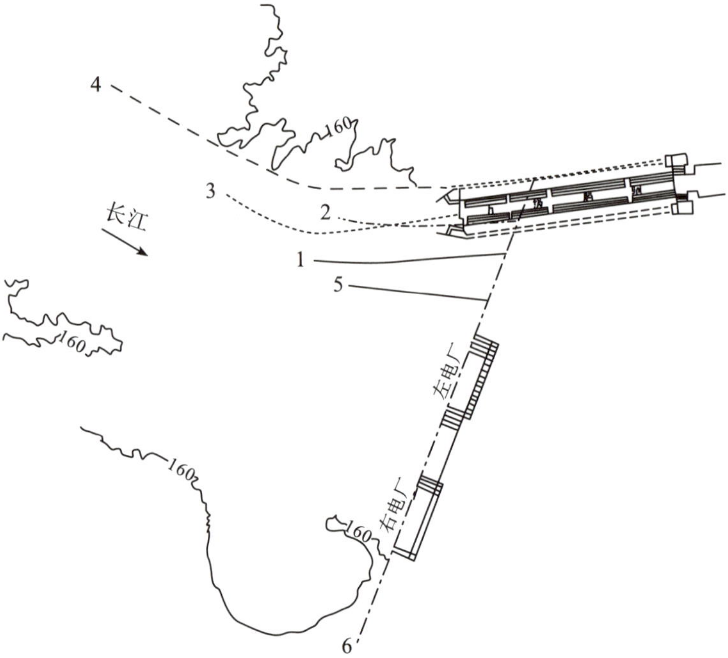

图 4.1.1　双线五级连续船闸线路比较方案

1—Ⅰ线方案；2—Ⅱ线方案；3—Ⅲ线方案；4—Ⅳ线方案；5—升船机轴线；6—拦河大坝轴线

经水工模型试验验证，上下游口门区水流条件可以满足航行要求。上游水域在设计航宽范围内，纵向流速小于 2.0m/s，回流流速小于 0.2m/s。船模航行试验表明，船队可顺利进出闸。下游引航道口门区占主河道范围较大，水流在口门区扩散并有回流，但回流流速较小，回流区外纵向流速 2.0m/s，横向流速除个别点为 0.56m/s 外，一般小于 0.3m/s，在流量为 56700m^3/s 时，船队可靠岸侧航行，流量为 30000m^3/s 以下时，靠河一侧行驶，同样可顺利进出。但水库运行到中后期，坝区泥沙淤积后，上游的通航水流条件变差，需修建隔流堤。引航道右侧具备布置隔流堤的条件，并可借以进一步改善口门区的水流条件。

Ⅱ线方案的航道布置尺度与Ⅰ线基本相同，Ⅱ线较Ⅰ线向左平移 230m，其目的是为上游引航道在需要布置防淤隔流堤时可减少填方数量。经泥沙模型试验验证，上游防淤隔流堤与冲沙设施可在水库运行的中、后期兴建。

Ⅲ线方案布置与Ⅰ、Ⅱ线的不同点主要是其闸前直线段长度按照审查意见需由 500m 增为 930m。若一线船闸停航，另一线定时换向运行，等待过闸的船队可停靠在闸前 930m 处，减少换向的时间。由于船闸上下游总的直线长度加长了 860m，线路必须左移，一闸首中心线距升船机航道中心线 730m，船闸中心线通过地形较高的坛子岭，航线总长 6327m，其中第 1 级船闸上闸首至第 5 级船闸下闸首结构长度 1617m，上游引航道长度 1930m，下游引航道长度 2780m。下游引航道布置型式与Ⅰ线基本相同，但隔流堤加长至 3700m。

Ⅳ线方案闸前直线段 930m，位于坛子岭左侧，距升船机轴线 950m，上游隔流堤堤头位置是将原堤头左移 50m 再向上游延伸约 100m，距祠堂包约 390m。

经分析比较，船闸布置在左岸的4条线路，从通航条件来看，技术上均可行。但Ⅲ、Ⅳ线上下游引航道直线段长930m，对一线船闸检修时，另一线船闸的换向运行有一定好处。而Ⅳ线比Ⅲ线更能适应今后航道口门左偏的情况，引航道线路更为平顺；从工程技术条件比较，4条线路的船闸结构均位于基岩深挖方中。Ⅰ、Ⅱ线边坡最大开挖高度约130m，Ⅲ、Ⅳ线边坡最大开挖高度约170m，开挖工程量和高边坡处理难度相对较大，其他工程技术条件4条线路均相当；从经济上看，Ⅰ线成本最低，Ⅱ线次之，Ⅲ、Ⅳ线相当，都比Ⅰ、Ⅱ线增加较多；从工程的长期使用比较，Ⅳ线线路较平顺，对Ⅳ线进一步进行模型试验验证表明，工程运行30年上游引航道水沙条件能满足通航水流条件的要求，按工程运行80年后的淤积地形测得水流条件除上游航道口门区右侧局部超标外，其余均满足通航水流条件的要求，9×1000t船模可顺利进出口门，单线船闸运行时，船闸转向较方便，故予以选用。

(4)防淤清淤措施

三峡船闸作为世界级特大型工程，其工程等级和使用年限已超出规范的规定。根据工程的重要性和长江航运的特殊地位，三峡船闸的使用年限要能够满足工程长期使用的要求。

研究解决工程长期使用问题的关键，是要求在保证船闸工程质量的前提下，研究解决三峡工程运行后期，水库泥沙淤积逐渐达到平衡，由淤积引起船闸引航道及其口门区通航水流条件和通航尺度的变化，影响船舶正常通航的问题。

葛洲坝工程通过采用引水冲沙的工程措施，较成功地解决了泥沙淤积问题，保证了工程的长期使用。解决三峡船闸泥沙问题，首先参照葛洲坝工程的成功经验，对三峡船闸泥沙淤积的状态和引水冲沙的效果进行了研究。研究发现，三峡船闸引航道泥沙淤积的状态和引水冲沙的效果与葛洲坝明显不同：一是两个枢纽上、下游引航道泥沙淤积对通航产生影响的时间不同。葛洲坝是河床式电站，库容很小，泥沙淤积对通航产生影响的时间很短；三峡工程是高坝大库，工程投入运行后，泥沙淤积对通航影响发生的时间在30年或更长时间以后。二是泥沙淤积的部位和引水冲沙的效果不同。葛洲坝大部分泥沙淤积在引航道内，在每年汛末或汛后引水冲沙后，引航道内只要少量挖泥甚至不再需要挖泥，就能维持船舶(队)的通航；三峡工程只有总量约1/3的泥沙淤积在引航道内，约2/3的泥沙淤积在引航道口门以外，在引航道内引水冲沙只有部分效果，对淤积在口门以外的泥沙，动水冲沙的效果很小。这说明两个水利枢纽虽然在同一条江上，相隔只有40km，但由于工程特性不同，泥沙对通航的影响就不同，葛洲坝工程的成功经验，在三峡工程中不能直接加以引用，必须根据三峡工程自己的特点，研究解决泥沙淤积影响通航问题的措施。根据三峡工程泥沙淤积的特点和引水冲沙可能达到的效果，提出解决三峡船闸几十年乃至更长时间以后引航道泥沙淤积问题的可行方案，方案应以挖泥为主，引水冲沙为辅。

按照研究结果，最后提出并经审定的防淤清淤方案为：首先在上下游引航道右侧，分别修建长度为2680m和3700m的防淤隔流堤，减少引航道内的泥沙淤积，并将临时船闸坝段改建为冲沙闸，全部工程均与船闸同期建成，对以后可能发生的碍航淤积泥沙，可通过冲沙闸下泄2500m^3/s流量进行冲沙，必要时可配合降低引航道水位或采用机械松动淤沙措施，以提高冲沙的效果；其次是根据需要，购置一定数量的大容量高效挖泥船挖泥，作为工程清淤的主要手段；最后，在船闸与升船机之间 185m 高程平台的位置，预留了在必要时可以增建两条过水流量分别为 $1000m^3/s$ 和 $15000m^3/s$ 冲沙隧洞的条件。

(5)船闸总体布置

1)主体段布置要求。

三峡船闸的线路采用Ⅳ线后，船闸的主要建筑物都在河床左岸的坛子岭左侧进行布置。该处地形较高，下部基础岩石较好，船闸布置主要取决于线路的直线段长度。每线船闸设有 6 个闸首、5 个闸室，根据船闸有效尺寸和闸首、闸室结构布置尺度的要求，船闸主体段长度为 1621m；加上在主体段上、下游要求分别延伸各长 930m 的直线段，船闸需要按照直线进行布置的总长度为 3481m。根据地形和地质条件，船闸的第 1 级布置在坝轴线的上游，坝轴线的延长线在船闸的二闸室通过，大坝的挡水线由船闸右侧的 185m 平台转向上游通过一闸首与左岸山体连接。

2)引航道布置要求。

在主体建筑物与大坝布置关系确定之后，通过引航道布置解决船闸主体建筑物与长江主航道之间的连接，以满足船舶过闸通航条件。布置工作的主要内容是确定引航道的布置尺度和上、下游口门与主河道连接的位置和交角。由于船闸的线路位置在远离河床的坛子岭左侧，因此总体布置与枢纽其他建筑物之间的关系不大。

根据三峡坝址河道地形和复杂的水沙条件，对引航道布置和标准进行了反复研究。布置工作在执行我国有关规范要求的同时，充分总结和参照了世界各国引航道布置的经验，对引航道的宽度、最小水深、弯曲半径、弯道加宽值、闸前错船段(闸前直线段)的长度和引航道及其口门区的允许流速等进行了研究分析。

最后按照执行有关规定与吸收国内外工程经验相结合、不同期的设计条件与不同期的使用要求相结合、在保证明确的使用条件中节省工程投资与为可能发生的不利情况留有一定的余地相结合的原则，对船闸的上、下游引航道及其口门进行了布置。上游引航道全长为 2113m，口门位于祠堂包附近；下游引航道全长为 2708m，口门位于坝河口上游约 450m 处。

3)船闸总体布置。

根据三峡坝址的地形、地质条件、船闸建筑物布置要求，三峡船闸直线段的总长度为 3481m，枢纽坝轴线的延长线从船闸的二闸首与两线船闸的中心线相交，夹角 67.42°，交点处的大坝坐标为 $X=2000.00$，$Y=46860.88$。在船闸直线段两端，通过布置弯段调整线路与主河道的交角，在上下游能满足水流条件和防淤要求的位置与主河道相连接。船闸的主体段长 1621m，上游引航道中心线由一闸首向上游延伸 930m 直线段后，接弯曲半径为 1000m，圆心角为 42°的弯段，再接长 980m 的直线段后，用半径为 1200m 的圆弧段与上游河道连接，上游引航道全长为 2113m；下游引航道中心线从六闸首向下游先延伸长 930m 直线段，接半径为 1000m，圆心角为 54°的弯段，再接长 1380m 的直线段后，用半径为 1200m 的圆弧与下游主河道连接，下游引航道全长为 2708m。船闸的线路总长为 6442m。三峡船闸引航道最小宽度，绝大部分为180m，较世界上已建大型船闸通常采用的宽度大，为以后边通航边采用挖泥船清淤提供了条件。

(6)试验验证

1)水工模型试验。

不同流量条件下的上、下游引航道的通航水流条件，可满足船舶(队)的通航要求。船闸充、泄水时引航道内的通航水流条件能够满足要求。

2)泥沙模型试验。

坝区3个泥沙模型试验表明，三峡通航建筑物引航道的泥沙淤积具有以下几个特点：

①运行30+2年以内，船闸上、下游引航道内基本无碍航淤积。

②运行30+2年以后，船闸上、下游引航道内逐渐开始有碍航淤积，一般年份的碍航淤积量不多，特殊年份如遇1954年的水沙过程，淤积量较一般年份明显增多，淤积大部分发生在口门以外。

4.1.1.3　超高水头船闸输水方式研究

(1)三峡船闸的设计水头

按照三峡工程的水位条件，船闸上游最高通航水位175m，运行初期和施工期上游最低通航水位135m，下游最高通航水位73.8m，下游最低通航水位63m。根据三峡电站调峰和下游葛洲坝工程上闸首底槛高程具备按62m最低水位运行的条件，三峡船闸下游最低通航水位实际按62m实施，三峡船闸输水系统的总设计水头为113m。

据有关资料统计，世界上已经建有大小船闸上千座。其中，水头大于等于20m的单级船闸27座，大型单级船闸以美国1968年在哥伦比亚河上建成的约翰德船闸的设计水头最高，为34.5m，闸室有效尺寸为206m×26.2m×4.75m(长×宽×槛上最小水深，下同)。已建和在建水头大于或等于20m的多级船闸22座，其中大型分散布置的船闸，以巴西1984年开工在托坎廷斯河上修建的图库鲁伊单线分散两级船闸的总设计水头最高，为72.8m，闸室有效尺寸为210m×33m×6.5m。大型连续布置的船闸，以加拿大1932年在韦兰运河上修建的韦4号、5号、6号双线连续三级船闸的总设计水头最高，为43.0m，闸室有效尺寸为233.5m×24.4m×9.1m。小型连续多级船闸，以哈萨克斯坦1963年在额尔齐斯河上建成的布赫塔尔明连续四级船闸的总设计水头最高，为68.5m，闸室平面有效尺寸为100m×18m(长×宽，下同)。

从统计资料可以看出，三峡船闸的水头和规模，较世界上当时已建的船闸大得多，超高水头船闸的输水技术是船闸总体设计必须解决的关键技术难题。

(2)单级船闸

普通单级船闸是通常在船闸设计中最先考虑的一种方案。随着船闸设计水头的增高，船闸输水技术的难度和过闸耗水量也加大。目前国外在规模较小的工程上，通过采取一些工程措施，已设计建成了水头达42m的单级小型井式船闸。三峡船闸设计水头113m，通常采用的单级船闸已不能解决高水头船闸的输水问题，需考虑对船闸的水头进行分级，从解决高水头船闸输水和节省过闸耗水考虑。在研究过程中也进行了在闸室两侧带节水楼的井式省水船闸方案的研究。

在船闸两侧设多层节水楼的方案，包括两线单级船闸水体互补的方案，这种船闸在技术上都是可行的，其突出的优点是船队过闸的闸室少，运行调度比较灵活；突出的缺点是由于采用分层充、泄水，船闸的设备布置和操作复杂，充、泄水时间长，通过能力较小，为满足通过能力的要求，对三峡船闸而言，船闸需布置 4 线，工程量和工程投资多，占用的场地大。船闸的闸墙和节水楼均需在岩体中直立开挖，高达 100 多 m。下游的通航孔为洞挖，高度、跨度均较大。高直立坡及洞顶岩石加固技术十分复杂。下闸首大跨度、超高水头淹没式闸门的设计制造安装技术难度太大，闸门工作的可靠性难以得到保证。

(3) 多级船闸

解决三峡特高水头船闸输水问题的另一途径是采用多级船闸方案，其关键是根据国内外输水技术的水平，对船闸的总设计水头进行分级，确定船闸的级数，确定闸室最大的输水水头，在此基础上，规划确定船闸输水系统的型式、布置和必须采取的相关技术措施，实现船闸的快速安全输水。

船闸总体设计，着重从总体上研究直接关系到船闸输水技术可行性和船闸工程量、造价与运行特性的船闸水头分级，从而确定船闸级数。

1)船闸水头分级考虑的主要因素：

①目前高水头船闸输水技术的水平。

②大型闸门和阀门的设计、制造水平。

③船闸分级后可能采用的布置方式和船闸施工及维修管理的条件。

④船闸的通过能力和船舶(队)过闸的耗水量。

⑤工程量和工程投资。

2)船闸的分级。

多级船闸按照船闸分级后各级之间布置方式不同，又可分为连续布置和分开布置两种类型。结合我国修建葛洲坝船闸和国内外高水头大型船闸建设的经验，针对三峡船闸不同的分级和布置方式，先后研究了带中间渠道分散布置的两个连续两级船闸、带蓄水池连续布置的三级船闸、连续四级船闸、分散三级船闸和连续五级船闸等不同方案。

①带中间渠道的两个连续两级船闸布置方案，同时具有闸室连续布置和分散布置两种方案的特点。与全部连续布置的船闸相比较，其优点是在上、下两个连续两级船闸之间设置一个中间渠道后，在一线船闸检修时，虽同样只能保持一线船闸运行，但船闸仍可采用迎向运行的方式，船闸运行比较灵活。其主要缺点是船闸的最大工作水头达 56.5m，输水系统的技术难度超出现有水平较多，船闸的充、泄水时间长，通过能力小；船闸充、泄水在中间渠道中引起的涌浪和泥沙淤积，需采取消波工程等措施清除，技术复杂；船闸布置线路长，对施工布置的影响大，工程造价高，甚至影响三峡工程的发电工期。

②带蓄水池连续布置的三级船闸布置方案，其优点是减少了船闸级数，缩短了船闸线路的长度，增加了船闸线路布置的灵活性。其缺点是船闸的充、泄水技术难度大、时间长，船舶的过闸间隔时间长，减少了船闸的通过能力，需增加船闸的线数，使工程量和投资加大。该方案为带蓄水池的方案，由于设置了蓄水池，结构布置和过闸操作也较复杂。

③连续四级船闸布置方案，其优点是船闸的直线段长度略短，船闸线路布置稍灵活。其缺点是中间级最大工作水头为 56.5m，由于工作水头大，与带中间渠道的两个连续两级船闸一样，增加了输水系统的技术难度，减少了船闸的通过能力。

④分散三级船闸布置方案，曾作为带中间渠道分散布置船闸的代表性方案重点地与连续五级船闸方案进行了比较，其线路位置在坝轴线处离左岸电站厂房 1.1km，在三级船闸之间布置有两个带弯段的中间渠道，船闸的第一级处于较坚硬完整岩石的深切开挖槽中，第二、三级基本上处于全强风化岩层中，其结构第一级为钢筋混凝土薄衬砌式，其他两级为重力式。第一级船闸的上闸首位于坝轴线上游约 2.1km 处，第一、二级船闸之间的中间渠道长度为 3114m，第二、三级船闸之间的中间渠道长度为 2280m，根据地形，两个中间渠道右侧需建最大高度约 70m 的土石坝挡水，其基础为全强风化带，需设混凝土防渗墙。枢纽坝轴线的延长线于第一级船闸中间渠道的中部通过。船闸的上游引航道为直线，右侧设隔流堤，口门位于五厢庙，引航道长 1410m。下游引航道亦为直线，右侧亦设隔流堤，口门位于黄陵庙对岸下游约 0.5km 处，引航道长 1160m。船闸线路总长 9248m。该布置方案的突出优点是船闸主要为大体积混凝土结构，在技术上相对比较简单；在一线船闸检修、另一线船闸继续通航时，船闸的换向调度比较灵活，万一两线都有一座船闸发生事故，只要这两座船闸不在同一级，则仍有可能利用中间渠道换线运行，维持船闸继续通航。但该方案相当于单级船闸最大工作水头 37.66m，最大一次充、泄水体的体积为 41.5 万 m^3，解决高水头船闸水力学问题的难度相对较大，一次充、泄水时间 16min，超过了设计规定，船闸的通过能力较规划运量略小；闸室充、泄水时，在中间渠道内产生的涌浪对正在航行船队的航行条件造成不利影响，中间渠道内的泥沙淤积较难处理，且在中间渠道内容易发生堵船，甚至海损事故；人字闸门的最大高度达 45.0m，较葛洲坝船闸高 10.5m，超出目前世界水平较多，在技术上较难实现；船闸布置分散，运行管理相对不便；船闸的线路长，与枢纽工程施工总布置的矛盾大；船闸土石方工程量和投资大，施工强度高，难以满足枢纽施工总进度要求，据分析，至少将推迟发电工期 1 年。

⑤连续五级船闸布置方案，其优点是船闸的闸首、闸室可充分利用基础岩石较坚硬完整的特点，采用薄衬砌钢筋混凝土结构，节省混凝土工程量；连续五级船闸中间级的最大工作水头 45.2m，虽然仍是船闸设计的关键技术问题，但利用船闸在充、泄水时，闸室间上、下游水位一降一升的有利条件，高水头船闸水力问题相对比较容易解决，船闸最大一次充、泄水体体积 23.7 万 m^3，船闸的充、泄水时间较易满足设计规定 12～13min 的要求；船闸的人字闸门最大高度较分散布置的单级船闸小，为 38.50m，较下游已建的葛洲坝 1 号船闸仅高约 4m，技术上较有把握；船闸线路布置的长度较分散布置方案短，与枢纽工程施工总布置的矛

盾较小，船闸设备布置较简单；在正常运行条件下，船闸采用单向过闸的运行方式，运行管理集中方便，过闸效率高；工程量和投资明显节省，枢纽工程的发电工期更有保证。该方案的主要缺点是某一级船闸发生故障将影响全线船闸的运行。但发生这种情况的机会极少，通过加强对船闸设备的维护管理，可减少或避免这种情况的发生。一线船闸检修时，靠另一线船闸用单向成批过闸定时换向的方式运行，运行调度不够灵活。

最后以连续布置的五级船闸与分开布置的三级船闸两种方案作为代表，全面深入地进行了技术经济比较。由于连续五级船闸方案在解决高水头船闸输水问题和闸门、阀门及启闭设备的技术难度，工程施工的难度和工期，船闸的管理和维护，船闸耗水量和年通过能力，船闸工程量和投资等方面均较分散3级船闸方案具有明显优势而被采用。

4.1.2 深切岩槽中的船闸结构型式

根据三峡船闸线路布置，三峡船闸位于河床左岸制高点坛子岭左侧，两线相邻平行布置，船闸区基岩为前震旦纪闪云斜长花岗岩，间含少量岩脉，自上而下分为全、强、弱、微4个风化带，船闸建筑物的基础以微新岩体为主。微新岩体较完整，岩石抗压强度高，船闸的主体建筑物基本处于深切开挖的岩石槽中，建筑物布置总长度达1621m。船闸开挖深度一般为100～160m，最大达170m。三峡船闸工程规模浩大，主体建筑物包括12个闸首、10个闸室及其输水系统，闸首结构的最大高度68.5m，闸室结构的最大高度48m。结构工程量大，采用不同的结构型式，对工程的技术难度、安全运行和工程造价有很大的影响。因此，研究船闸主体结构的基本型式、两线船闸间中隔墩的型式和必要的结构技术措施，与边坡开挖断面的形状、基础的开挖工艺、开挖边坡的稳定、混凝土结构的工程量和工程的技术难度关系十分密切，是船闸总体设计需要研究解决的重大技术问题之一。

4.1.2.1 中隔墩结构

两线船闸并列布置，针对三峡船闸的地形地质条件，船闸中隔墩结构主要研究两种型式：一种是将两线船闸之间的岩体全部挖除后再建以重力式或其他型式的混凝土结构，另一种是保留两线船闸之间的岩体，闸墙采用衬砌式结构。

挖除岩体方案是将两线船闸之间的岩石全部挖除，再根据闸室和闸首的结构要求建造重力式或扶壁式混凝土结构，输水主廊道及其阀门井分设于混凝土结构中，混凝土结构方案见图4.1.2。全部挖除岩体采用重力式的方案技术上肯定是可行的，其优点是船闸的结构比较简单，开挖施工的难度小，并可免去中隔墩两侧形状较复杂的直立边坡开挖和加固工程，以及下部输水隧洞的开挖。

岩体中隔墩方案首先应研究保留岩体中隔墩的可行性。主要从中隔墩的整体稳定、局部稳定、输水系统布置对中隔墩的影响、中隔墩岩体力学性态等方面进行综合分析，结合布置要求，选择保留岩体中隔墩宽度为60m的方案。

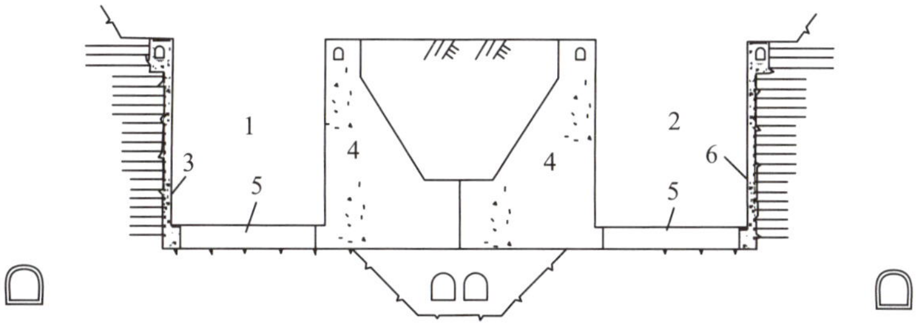

图4.1.2 双线船闸中隔墩混凝土结构剖面图

1—左线船闸；2—右线船闸；3—左线船闸左边墙衬砌式结构；4—中隔墩重力式混凝土结构；5—船闸底板；6—右线船闸右边墙衬砌式结构

(1)整体稳定

当双线船闸一线高水位运行、另一线检修时，中隔墩需挡御水深为40m左右的侧向水荷载。中隔墩的整体稳定取决于岩体的地质条件，可能出现由上、下游侧的陡倾角结构面和左右向的中、缓倾角结构面组成的失稳滑移面。据地质资料分析，船闸区域中、缓倾角裂隙并不发育，与高陡倾角断层、裂隙或边坡组合成整体滑动体的地质条件不充分。考虑到中隔墩是在岩体深切开挖后形成，开挖卸荷及爆破振动可能使原生裂隙进一步扩展延伸，或相互连通，出于安全考虑，将中隔墩整体稳定概化成模型，见图4.1.3。

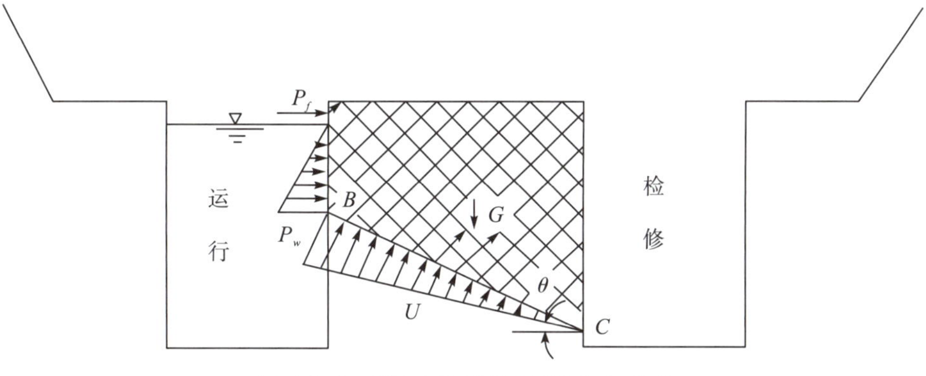

图4.1.3 岩体中隔墩整体稳定概化模型

P_f—船舶挤撞荷载；G—岩体自重及顶面作用荷载；P_w—水荷载；BC—滑移路径；U—扬压力；θ—滑移面倾角

模型中假定上下游完全由陡倾角结构面切割，底部存在缓倾角滑移面，据对岩体的滑移面不同倾角(θ)、不同连通率(极限状态取$\eta=100\%$)整体抗滑稳定验算，K_c值均大于3.0，故中隔墩整体抗滑稳定满足要求。

(2)局部稳定

中隔墩岩体的局部稳定问题大致可分为两类：一类为由不利的结构面与开挖边坡构成的定位或半定位失稳块体，这类块体主要依靠施工过程中的随机支护（或将此类块体予以清除)保持稳定,不致影响到方案是否成立;另一类是由于开挖卸荷,一部分岩体进入塑性屈服区,岩体的抗剪强度降低,可能构成塑性屈服区的局部岩体失稳。经分析,将这部分岩体的抗剪强度降低到残余强度,在没有明确的结构面切割的条件下,岩体能够维持稳定。在开挖过程中,对塑性区及时加强支护,如施加适量的预应力锚索和在近直立边坡顶部一定范围内,施加长度适中的平台锁口锚杆等,能在一定程度上限制塑性屈服区的扩展,提高岩体的整体刚度和抗剪强度,保证塑性区的局部稳定。

(3)输水隧洞及竖井对中隔墩结构的影响

根据船闸输水系统的布置方案,在每线船闸的左、右两侧各布置一条上圆下方的门洞形输水主廊道,布置在中隔墩的两条廊道对称于中隔墩中心线,在岩体中合并成一个断面开挖形成,再用混凝土结构分隔成两条独立的输水主廊道。在每一级闸首附近分别设有输水反弧门的工作阀门井和检修门井,中隔墩中的两线廊道阀门井先开挖成一个大井,再用混凝土结构衬砌分隔成左、右两组门井,中隔墩输水系统布置见图 4.1.4。

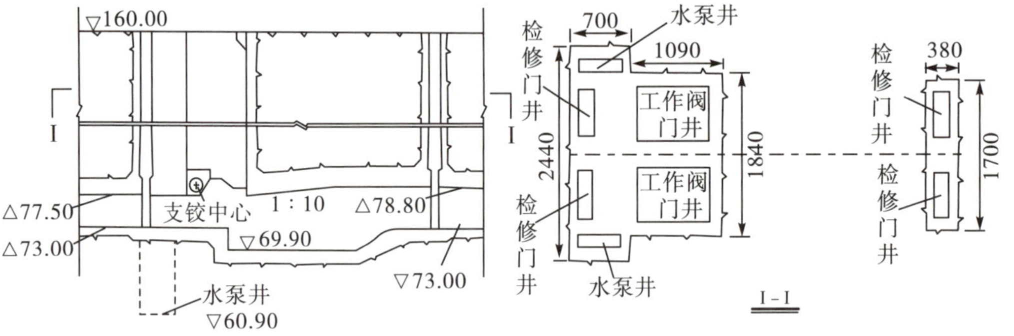

图 4.1.4　中隔墩输水系统布置(单位:高程以 m 计,尺寸以 cm 计)

1)隧洞竖井的成洞(井)条件及围岩的稳定分析。

闸室岩槽明挖对中隔墩岩体的完整性虽有一定的损伤,但由于隧洞埋置较深,隧洞围岩受明挖的影响不大,整体成洞条件较好。而对于竖井,由于平面开口尺寸较大(工作门井开口宽度约占中隔墩岩体总宽的 45%),且开挖深度达 70 余 m,井壁与边坡间的保留岩体相对较单薄(每侧尚余 16m 左右),井口一定范围内的岩体及井壁(尤其是在反复爆破振动影响下)的稳定条件受到一定的影响。经研究,采取施加一定数量的锁口锚杆等加固支护措施,并采取地下工程开挖在同段内先于相邻闸室明挖;在进行隧洞开挖时,相邻闸室建基面以上保留至少 30m 厚的保留岩体;竖井开挖先于相邻闸室明挖至少一个闸室爆破梯段($H<15$m);先进行隧洞开挖后再进行竖井开挖;洞井的混凝土衬砌在相邻闸室的开挖结束后进行等合适的施工程序及有效的爆破控制手段,以确保洞井的施工安全。

2)船闸运行条件下,闸室输水对中隔墩结构的影响分析。

船闸充水运行时,输水主廊道及阀门承受内、外水荷载作用。此时,廊道及阀门井衬砌结构的支撑围岩需提供足够的抗力,以维持衬砌结构稳定、强度和变形的要求,因而要求围岩具有足够的刚度。据分析，输水主廊道围岩的完整性较好，竖井左右两侧由于离闸室边墙较近，岩体相对破损，采取可靠的支护及结构措施可以减小其带来的不利影响。

船闸运行对中隔墩另一个方面的影响是洞、井衬砌结构可能由于运行荷载作用产生裂缝而形成渗漏，在船闸最大达 45.2m 的工作水头作用下，若裂缝规模大，则可能形成压力渗流，对边坡岩体稳定不利，需设置完善的排水系统来消除。

(4)中隔墩岩体的力学性态

需要重点研究的力学问题主要是开挖卸荷后的力学性状和船闸运行条件下的结构性能。

船闸主体段基岩为闪云斜长花岗岩，在未经开挖扰动的条件下，岩性完整，强度高，断层数量少，胶结好，能满足作为建筑物基础的要求。根据地应力测试成果，船闸区域地应力的水平主应力随着深度而增加，在船闸中隔墩岩体部位以构造应力为主，最大水平主应力为 6～11MPa，方向主要为 NNW 向。

中隔墩保留岩体经开挖后三向卸荷，岩体的整体性受到一定程度的削弱。对于中隔墩岩体的力学性态，分别采用了二维和三维弹塑性、黏弹性力学等多种方法进行了多角度计算分析和研究，计算中模拟了开挖程序、地应力场、地下水压力及锚固措施等条件，并进行了岩体力学参数敏感性和开挖分步及锚固措施优化分析。不同的计算方法得出的主要表征基本一致，大致可归纳为以下几个方面。

1)中隔墩具有明显的开挖卸荷回弹变形效应，变形的形态为：除向上回弹外，还随左、右边坡坡高的差异，向坡高较低的一侧弯曲变形。中隔墩变形典型剖面见图 4.1.5。开挖施工后，在较短的时间内，变形完成趋于稳定，随时间增长的流变量值极小。

图 4.1.5 中隔墩变形典型剖面

注：箭头表示变形的大小和方向。

2)中隔墩顶部一定范围内存在的塑性屈服区见图 4.1.6。开挖卸荷后，距开挖表面一定深度范围岩体将进入屈服后的塑性状态，采用不同的计算方法和屈服准则所得出的中隔墩的屈服范围有所不同，但都揭示了中隔墩岩体顶部存在屈服区，屈服区内岩体力学性态属岩石力学界尚待深入探索的理论问题。从宏观分析，在塑性屈服区，岩体的微裂隙进一步发展，力学参数降低，岩体整体刚度及强度降低，通过计算研究，采用以水平方向为主的锚杆、锚索加固支护措施可有效改善中隔墩岩体力学性状，保证中隔墩的稳定和受力条件。

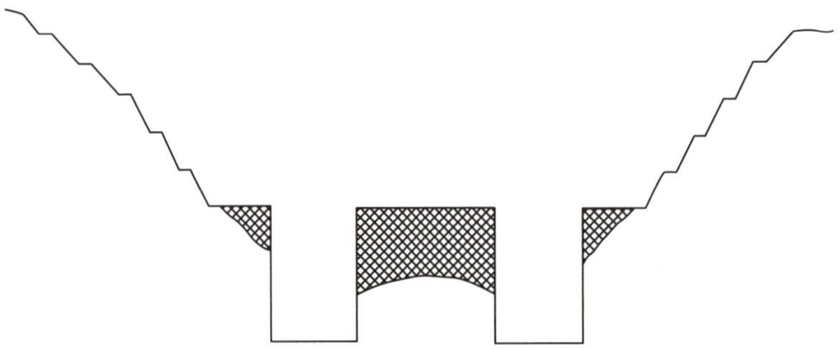

图 4.1.6 塑性屈服区

通过对保留岩体中隔墩的研究决定，岩体中隔墩在闸墙顶部高程以下采用直立开挖，保留两线船闸之间的岩体；闸首和闸室墙采用衬砌式结构，与保留岩体共同受力。直立坡最大高度 68.5m，每隔 15m 留宽度为 0.3m 的小台阶。中隔墩结构总宽为 60m，其中保留岩体闸室部位底宽 57m，闸首部位 36m。在保留岩体下部，另外开挖船闸的输水主廊道。

(5)两种方案对比分析

上述两种型式在技术上都是可行的。相比较于将岩体挖除的混凝土结构方案而言，保留岩体中隔墩方案技术条件简单，船闸结构有较多的工程经验，减少了岩面开挖施工控制爆破的难度，施工场地开阔，施工组织相对简便，并减少一定数量的边坡锚杆和锚索的施工工程量，可以加快施工进度。

保留岩体中隔墩方案，在经济上具有明显的优越性，可减少坚硬岩石的开挖近 300 万 m^3，节约混凝土工程量 200 多万 m^3，综合造价仅为全挖方案的一半。但船闸结构相对复杂；高边坡下部与船闸主体结构接触的部位，需按照结构轮廓直立开挖，地下输水隧洞开挖时，高边坡经受开挖爆破振动和卸荷双重影响，存在两侧边坡和中隔墩岩体稳定与变形控制等挑战性问题，在船闸结构、岩石边坡开挖和输水隧洞开挖等方面，大大增加了实施难度。通过对中隔墩岩体力学性态和在内部开挖输水隧洞对中隔墩岩体结构的影响分析，最终采取合理的开挖程序和有效的爆破控制手段，保留中隔墩岩体可作为船闸结构的组成部分，与混凝土结构共同受力。

保留岩体中隔墩方案在技术上可以成立、经济上合理，因此决定采用保留岩体中隔墩的方案。

4.1.2.2 闸首、闸室结构型式

根据三峡船闸位于深切开挖的岩槽中这一特点，闸首和闸室结构可采用两类结构型式：一是重力式结构，即闸首、闸室及中隔墩均采用自身能满足稳定和变形要求的重力式结构，输水系统主廊道及阀门井布置于大体积混凝土内；二是衬砌式结构，即闸首、闸室均采用加锚衬砌式结构，输水系统主廊道及阀门井均在岩体中挖掘成型，再用钢筋混凝土衬砌而成。

对于三峡船闸的结构型式，也进行了只对闸室墙结构采用喷锚方案或直接利用岩面作为闸室墙的技术可行性研究。国内外在基岩坚硬、裂隙较少的条件下建造的一些小型船闸，

有直接在岩体中开挖闸室而不作衬护的工程实例。但三峡船闸基岩属前震旦纪结晶岩，是以中粗粒结构为主的闪云斜长花岗岩，基岩强度虽高，但岩体中含有多组走向、倾角、规模不一的裂隙，且由于深切开挖，地应力释放卸荷松弛和爆破振动，对开挖岩面的完整性有一定影响。经论证，不作衬护的岩槽型闸室，对通航安全和高边坡岩体的稳定不利，未予采用。

在技术上，这两类结构型式都是可行的。目前世界各国已建船闸主体建筑物的结构型式，除个别规模较小、结构高度和两侧边坡高度不大的船闸有采用衬砌式结构外，中高水头大中型船闸一般采用重力式或半重力式结构。三峡船闸基础地质条件好，不考虑与一般枢纽在基础地质条件方面的差别，单纯从结构简单、技术可靠和少担风险等方面考虑。船闸的主体建筑物型式，可以充分利用葛洲坝船闸的建设经验，闸首和闸室采用重力式结构。采用这种方案，技术比较成熟，船闸闸首、闸室的结构比较简单，只要根据五级船闸与单级船闸的不同点，侧重处理好5个单级船闸之间的连接。两线船闸两侧边坡可以完全根据不同岩层的性状，按各自稳定的坡比和重力式结构要求的底宽进行开挖，船闸的结构和高边坡分开，边坡开挖后在保证自身稳定的同时，可能产生的变形也不再受船闸结构及设备运行要求的制约。船闸的输水系统可以布置在重力式混凝土结构内部，船闸的设计和施工，不存在新的技术问题。但随着挖除中隔墩岩体和混凝土重力式结构断面的尺寸显著加大，会相应地增加船闸的岩石开挖和混凝土浇筑工程量。重力式结构方案输水系统主廊道及阀门井布置于闸墙内，结构虽较简单，但闸墙结构轮廓需适应输水系统布置要求，特别是阀门井段高程的降低，将增加边坡开挖和闸墙高度，对结构受力不利，同时降低了作为世界上规模最大、水头最高、基础地质条件较好的三峡多级船闸工程的技术先进性。衬砌式结构方案在技术上相对比较复杂，需要研究解决的技术问题较多，但这些技术问题都是可以解决的。

从施工条件分析，重力式结构方案开挖工作面大，施工场地开阔，控制爆破和边坡支护难度较低，且无地下工程施工，施工组织相对简便，但由于岩石开挖和混凝土工程量较大，加大了开挖强度和混凝土浇筑强度；而衬砌式结构方案施工分为地面和地下工程，虽然开挖控制爆破要求高，锚固工程量大，施工程序多，且存在相互干扰的问题，施工相对较复杂，但可大大降低工程高峰期混凝土浇筑强度。

从结构布置考虑，衬砌式结构方案船闸的输水系统主廊道与主体结构分开，主廊道和阀门井布置在两侧岩体内，在布置上具有更大的灵活性，有利于根据需要降低阀门高程，增加淹没水深，结构布置更加经济合理。

在经济成本方面，衬砌式结构方案具有明显的优越性，可减少坚硬岩石开挖工程量约600万m^3，节约混凝土工程量近400万m^3，综合造价仅为重力式结构方案的一半左右。

根据已往研究的成果，从三峡船闸地质条件较好的实际出发，对船闸采用薄衬砌结构的可行性和相应的关键技术问题进一步进行了研究，对船闸主体结构作出了采用衬砌式结构的决策。衬砌式结构方案虽然增加了设计和施工的技术难度，但大量节省了船闸的工程量和造价。经对该方案一系列技术难题的深入研究，通过精心设计，在确保岩体稳定的前提下，采用在衬砌结构与岩体之间布置系统高强锚杆、设置排水管网等技术措施，船闸结构的可靠性完全可以得到保证。

总体而言，上述两种方案在技术、经济和施工条件方面各有优缺点。衬砌式结构方案可充分利用船闸区优良的地质条件，符合安全可靠、经济合理、技术先进的设计原则。经充分论证，从技术上先进、经济上合理，在总体上同时达到优化船闸结构和输水系统布置，以及节省工程投资方面考虑，三峡船闸最终选用衬砌式结构方案。

船闸的主体结构基本采用与岩体共同工作的衬砌式结构，突破了以往船闸闸室较多地采用分离重力式，闸首采用整体式结构的布置形式。通过三峡船闸的建设，在岩石基础上大型船闸结构的建设技术取得了突破，结合上述保留两线船闸间的岩体隔墩的决策，为岩基上修建船闸的结构技术研究和创新闯出了一条新路。

4.2 超高水头大型船闸输水技术

4.2.1 船闸输水技术及对输水系统基本要求

4.2.1.1 船闸输水技术

目前，船闸建设正朝着平面尺寸大、设计水头高、输水时间短的方向发展。相应地，船闸输水系统的型式也由较低水头的集中输水系统，向较高水头的分散式输水系统发展，分散式输水系统也由简单式向较复杂式和复杂式发展。在几座较有代表性的高水头单级船闸中，船闸尺寸较小、水头较高的有20世纪50年代苏联（今哈萨克斯坦）在额尔齐斯河上建成的石山咀船闸，闸室有效尺寸为100m×18.0m×3.00m（长×宽×槛上最小水深，下同），设计水头为42m，船闸输水系统为在闸首设有消能室的底部简单长廊道，以及20世纪80年代初苏联（今乌克兰）在第聂伯河上建成的新第聂泊船闸，闸室平面有效尺寸为290m×18.0m（长×宽，下同），设计水头为38.4m，船闸的输水系统为较复杂的长廊道；船闸尺寸较大、设计水头也较高的有20世纪60年代初期到70年代中期美国在哥伦比亚河和斯内克河上建成的闸室有效尺寸均为206m×26.2m×4.57m，设计水头分别为34.5～30.8m的约翰德、冰港、下纪念碑、小鹅、下花岗岩等船闸，船闸的输水系统大多为分散式横向廊道，以及20世纪80年代初中国在长江上建成的闸室有效尺寸为280m×34.0m×5.0m，设计水头为27m的葛洲坝1号、2号船闸，船闸的输水系统分别为复杂的分散式等惯性长廊道。在几座较有代表性的高水头多级船闸中，船闸的尺寸较小、水头较高的有20世纪60年代苏联（今哈萨克斯坦）在额尔齐斯河上建成的闸室平面有效尺寸为100m×18.0m，设计总水头为68.5m、单级最大水头32m的布赫塔尔明船闸，船闸为单线连续四级，输水系统较为简单；20世纪90年代中期，中国分别在沅水和闽江上建成的闸室有效尺寸分别为130m×12.0m×2.5m和160m×12.0m×3.0m，设计总水头分别为60.9m和57.36m，单级最大水头分别为42.5m和41.74m的五强溪船闸和水口船闸，船闸均为单线连续三级，输水系统为较简单的等惯性二区段廊道型式；船闸尺寸较大，但设计总水头并不高的有20世纪70年代初期南斯拉夫和罗马尼亚在多瑙河上建成的，闸室有效尺寸均为310m×34.0m×4.5m，设计总水头为34.4m的铁门船闸，船闸为双线连续两级，输水系统为较复杂的分散式长廊道，以及20世纪30年代初，加拿大在韦兰运河上建成的闸室有效尺寸为233.5m×24.4m×9.1m，设计总水头为43.0m，单级最大水头为30m的4号、5号、6号船闸，船闸为双线连续三级，输水系统较为简单。

三峡船闸设计总水头113.0m，单级船闸最大工作水头45.2m，级间输水水头远大于世界已建高水头船闸；一次充、泄的最大水量23.7万m^3，输水时间12～13min，输水流量330～305m^3/s，解决船闸输水问题的难度大。输水廊道防空蚀、声振问题，闸室快速、平稳输水问题以及上、下游引航道通航水流条件问题成为保证船闸安全运行需解决的关键技术问题。

4.2.1.2 输水系统基本要求

1)闸室充、泄水时间控制在12～13min。

2)船舶(队)在闸室内能安全停泊，纵向缆绳拉力≤50kN，横向缆绳拉力≤30kN。

3)人字闸门开启时前后水位差≤20cm。

4)升船机承船厢水位最大变幅≤15cm。

5)防止输水系统及阀门发生空蚀和声振。

6)船舶(队)能在引航道内正常航行和停泊。

7)船闸能方便地按不同水位和不同级数运行。

4.2.2 船闸水级划分

确定船闸级数和布置方式后的水级划分主要是根据枢纽工程水位的运行调度和船闸上下游水位的组合，结合船闸部位的地形、地质条件，以及船闸的运行特性和工程造价，解决有关多级连续布置船闸各级闸室之间水头分配的问题，确定船闸各控制高程。

4.2.2.1 水级划分基本原则

1)水级划分后的船闸单级最大工作水头，应符合运行可靠、防止输水系统产生空化、气蚀及阀门发生有害振动和满足输水时间与船舶停泊条件等要求。

2)能兼顾施工期、运行初期及后期各种运行水位，使初、后期运行的水力指标相近。

3)根据三峡船闸各种运行水位的特点，合理采用补、溢水措施，既要减少工程量又要便于运行管理。

4)有利于减少开挖及混凝土浇筑工程量。

5)尽可能使船闸的工作闸门高度相同，便于设计、制造和维修管理。

4.2.2.2 水级划分方式

连续五级船闸的水级划分方式，与枢纽上、下游水位变化的条件，坝址的地形、地质条件，工程的技术难度，船闸运行分期，船闸工程量、造价，船闸运行和管理的条件等因素有关，按照各级船闸的水头是否等分，闸室充(泄)水时是否考虑补水或溢水，可以得出许多种水级划分的方式。

三峡水库的运行水位分别为围堰发电期 135.0m、初期 135.0～156.0m 和运行后期 145.0～175.0m。船闸在初期和后期运行需适应的上游水位变幅分别为 21.0m 和 30.0m；下游水位变化范围为 62.0～73.8m，最大水位变幅为 11.8m。

根据船闸上游水位变幅大和船闸在岩体中开挖的特点，采用不补不溢方案，采用该方案船闸运行简便，简化了阀门操作控制，但闸室底板需降低很多，增加了闸墙、闸门高度和技术难度，岩石开挖量增加较多，该方案显然不合理。因此，在水级划分方式研究中，充分利用水位变幅在年内变化具有规律性、年际基本稳定的特点，重点研究了又补又溢和只补不溢（或基本不补不溢）两类方案。

(1)又补又溢方案

闸室高水位按上游补水下游溢水确定。以上游 175m 水位为一闸室高水位，考虑下游 66m 水位为葛洲坝经常出现水位，所以第 5 级溢水水位在 66～73.8m 之间选择，为使闸墙、闸门同高，选下游水位 72m 为溢水水位，据此按 72～175m 组合并均分各级水位差，确定五级船闸各闸室高水位，再据此在各级闸室高水位以上加超高，确定各级闸室的闸顶高程。考虑 145m 水位运行时间较长，且水位低不宜补水，按照上游最低水位 135.0m 确定一闸室的低水位，145m 与下游最低水位（采用预留的低水位 62.0m）组合，并均分各级水位差，分别确定二闸室至五闸室的低水位，再据此在低水位以下减去闸槛最小水深，确定各级闸室的闸槛高程，并以此推算第 1 级不补水水位为 165.75m。按此水级划分，上游 154.4～165.75m 与 135～145m 水位补水，下游 72～73.8m 水位溢水。该方案需在五闸室增设溢水设施。

研究的另一种又补又溢方案为第 1 级溢水又补水，第 5 级溢水方案，即闸室最低水位仍按 135m、62～145m 水位确定，最高水位按 68～171m 水位确定。上游水位超过 171m 即需在第 1 级溢水，150.4～165.75m 水位需补水至二闸室，135～145m 水位需补水至三闸室，下游水位 68～73.8m 需溢水。该方案闸门、闸墙也同高，且较前一种方案高度可降低 4m，但需从一闸室往下游布置较长溢水道，五闸室也需增设溢水设施，补水、溢水时间较前一方案略有延长。

又补又溢方案水级划分见图 4.2.1。

(2)只补不溢（或基本不补不溢）方案

按照不同运行期上游最高通航水位 175m、156m 和 135m 与下游水位组合，船闸能分别按五级、四级和三级运行以及船闸在汛期最大通航流量时的上、下游水位组合，等分总水头，确定各级闸室的高水位，再根据上下游水位实际出现的情况，进一步优化第四、五级船闸的水位，据此在各级闸室高水位以上加超高，确定各级闸室的闸顶高程，闸室低水位仍同又补又溢方案。该方案第二、三、四级闸墙高度较又补又溢方案的相应闸墙高度略有增加，但因闸墙均在山体开挖后衬砌，工程量增加甚少。

按照这种水级划分方式，围堰发电期，水库水位为 135.0m，船闸可只用后面的 3 级。当下游水位在 67.2～68.0m 时，船闸四、五闸首的级间最大工作水头 45.2m；当下游水位低于

67.2m时，四、五闸首的级间最大工作水头达46.0m，运行水位略大于设计最大级间水头45.2m，在这种工况下阀门相应的最小淹没水深较大（达31.0m），阀门水力学条件可以满足要求。船闸也可只使用后面的4级，但第三级船闸需要补水，最大的补水厚度为10.0m，船闸级间的最大工作水头为41.5m。

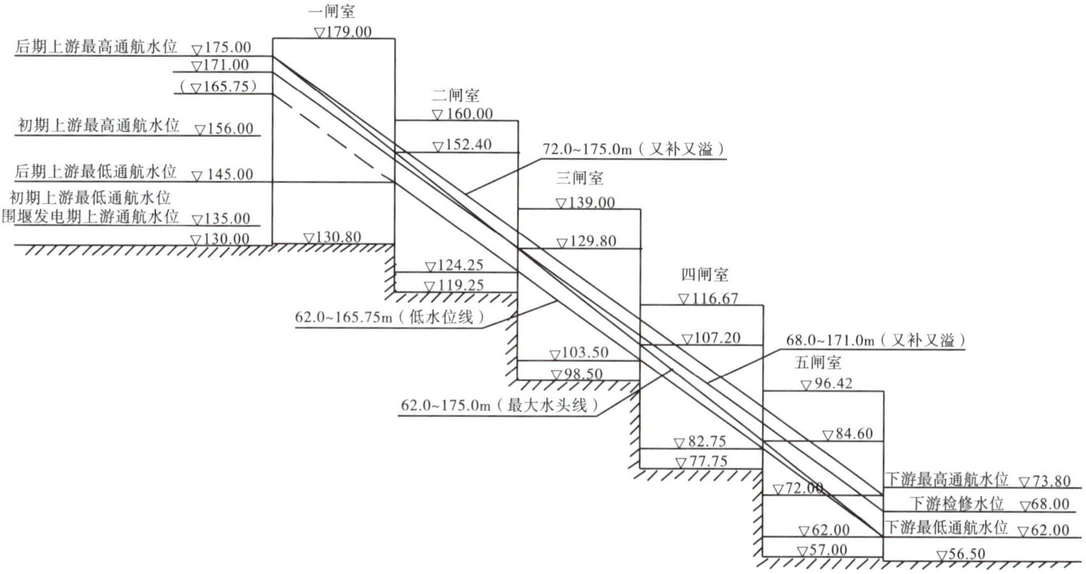

图4.2.1 又补又溢方案水级划分(单位:m)

在运行初期（库水位135.0～156.0m），水库水位低于145.0m时，船闸按4级运行，第3级船闸需要补水，最大的补水厚度及级间的最大工作水头与围堰发电期135.0m水位运行的工况相同。水库水位在145.0～152.4m时，船闸仍只用后4级运行，不需要补水，中间级最大级间水头45.2m。水库水位在152.4m至初期正常水位156.0m时，船闸按5级运行，第2级船闸需要补水，最大的补水厚度为13.35m，中间级最大级间水头为41.5m。由于船闸为适应分期蓄水条件，此时一闸首的闸槛尚未完建，处于适应135.0m水位运行的高程，一闸首人字闸门尚不能挡水，需要用一闸首的事故检修闸门作为工作闸门挡水。

在运行后期（库水位145.0～175.0m），一、二闸首已经根据水库水位不再低于145.0m的条件进行完建，一闸首人字闸门已具备挡水条件，水位在145.0～152.4m时，运行状况与初期在该区间运行一样。水库水位超过152.4m后，船闸均按5级运行。水位在152.4～165.75m时，第2级船闸需要补水，最大的补水厚度及级间的最大工作水头，与初期152.4m以上水位区间运行的情况相同；水库水位在165.75m至后期正常蓄水位175.0m时，船闸按5级运行，级间的最大工作水头45.2m，不再需要补水。

三峡船闸不同运行期工作水头及补水情况见表4.2.1。

这种水级划分方式，充分考虑了三峡船闸的地形地质条件和水库水位运行分期的特点。由各种不同运行期船闸运行状况的分析可见，采用这种基本不补不溢的水级划分方式，在围堰发电期，水库水位全年基本稳定在135.0m，船闸如按3级运行，则不需要补水。运行初期，船闸在汛期防洪下限水位 135.0m 运行期间，基本不需要补水，只在汛后蓄水过程中有些时段需要补水。运行后期，水库水位在 145.0m 的整个汛期，水库水位蓄至 165.75m 以后，直至整个 175m 正常蓄水位运行期，船闸都不需要补水，只在汛后水位由 145m 蓄至 175m 过程中有些时段需要补水。船闸的补水直接利用船闸自身的输水系统通过控制阀门完成，船闸的补水，只要遵循不要少补，可以适当多补的原则，阀门的控制比较简单。闸室需要补水的厚度，补水过程的实施，均编有控制程序。

表 4.2.1　　　三峡船闸不同运行期工作水头及补水情况

运行分期	上游水位(m)	运行级数	最大工作水头(m)		最大补水厚度(m)	备注
			一般情况	电站日调节		
围堰发电期	135.00	4	34.5	36.5	10.00	
		3	46.0		0.00	最大输水水头略大于 45.2m，但能保证运行安全
运行初期	135.00～145.00	4	39.5	41.5	10.00	只在水库蓄水和水位消落过程中遇到
	145.00～152.40	4	43.2	45.2	0.00	
运行初、后期	152.40～156.00	4	45.0	47	0.00	电站日调节下游水位为 62m 时仍用 5 级，但存在 4 级运行的可能性
		5	37.6		13.35	只在水库蓄水和水位消落过程中遇到，初期一闸首需利用事故工作门运行
运行后期	156.00～165.75	5	39.9	41.5	9.75	只在水库蓄水和水位消落过程中遇到，一闸首人字闸门已投入运行
	165.75～175.00	5	43.6	45.2	0.00	

注：最大补水厚度为 0.00m 表示不需补水。

船闸采用这种水级划分方式，与采用不补不溢的水级划分方式相比，能较多地节省船闸的开挖工程量，降低船闸边墙的结构高度，减小土建结构与闸门的工程量和技术难度，与又补又溢水级划分方式相比，不需增设溢水设施，工程布置简单，运行管理较方便，相对于三峡工程的具体条件，这是一种既具有自身特点，工程综合技术经济指标又比较优越的水级划分方式。

根据船闸上游水位随水库调度在年际基本稳定、在年内的变化具有明显规律的特点，按照尽可能减小工程的技术难度、减小工程量和降低造价、方便运行管理等原则，经过研究比较，最终采用了船闸充(泄)水时，只在水库水位上升或下降过程中的少数时间需要进行补水，不需要溢水的基本不补不溢的水级划分方式。连续五级船闸水级划分见图 4.2.2。

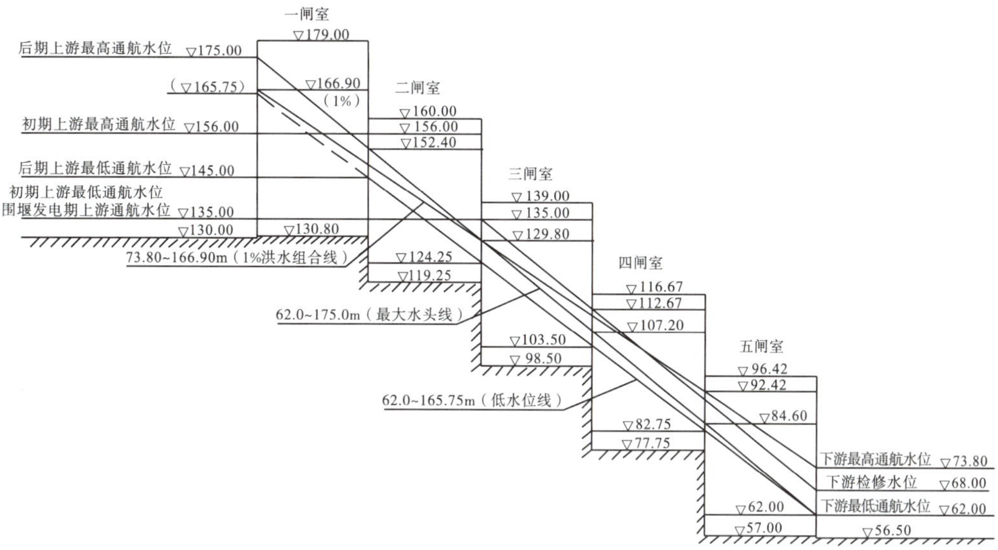

图 4.2.2　连续五级船闸水级划分(单位:m)

4.2.3　船闸输水技术

4.2.3.1　闸室快速、平稳输水技术

三峡船闸具有充、泄水工作水头高，闸室平面尺寸大，一次充、泄水水体大，输水时间短，闸室水面上升速度快的特点。船闸充、泄水过程中，闸室内水流分配均匀是保证停泊在闸室内船舶平稳安全的关键。船闸输水系统采用在闸室两侧对称各布置一条输水主廊道，其中心线距闸墙边线均为 26.75m，闸室底部采用 4 区段 8 条分支廊道等惯性分散出水、出水孔上带消能盖板的型式。闸室内廊道系统均以闸室水体中心为轴对称布置，以使闸室内水流分配均匀，即每线船闸闸室两侧的主廊道在闸室水体中心设第 1 分流口，主廊道水流在第 1 分流口分上、下两层进入闸室后，分别转向上、下游方向引入纵支廊道，以消除由两侧廊道可能存在的断面误差和阀门运行不同步导致的两侧来水不均匀；在闸室的 1/4 和 3/4 长度位置，设第 2 分流口，每条纵支廊道在第 2 分流口向上、下游方向各引出 2 条分支廊道向闸室分流；分支廊道顶部设置等间距、等宽度出(进)水孔，每条分支廊道设 12 个孔距 4m 的出水孔。每级闸室共 96 个出水孔。孔长与分支廊道宽度一致。为了使从闸室出水孔涌出的水流得到进一步消能，在出水孔上方设置四周带裙梁的尺寸为 7.0m×1.4m(长×宽)的消能盖板，裙梁与底板间净距 0.3 m。出水孔涌出的水流直冲盖板，消耗了一部分能量，再经裙梁四周出流与相邻孔的出流对冲，进行第 2 次消能。通过上述两次分流和消能，最终使充入(泄出)闸室的水流，对称于闸室的纵、横轴分布，进入闸室的水流均匀、能量小。该布置最大特点在于即使在一侧阀门检修，用单侧廊道进行充、泄水时，闸室出流仍能比较均匀，闸内的停泊条件仍能满足要求。闸室充、泄水廊道布置见图 4.2.3。

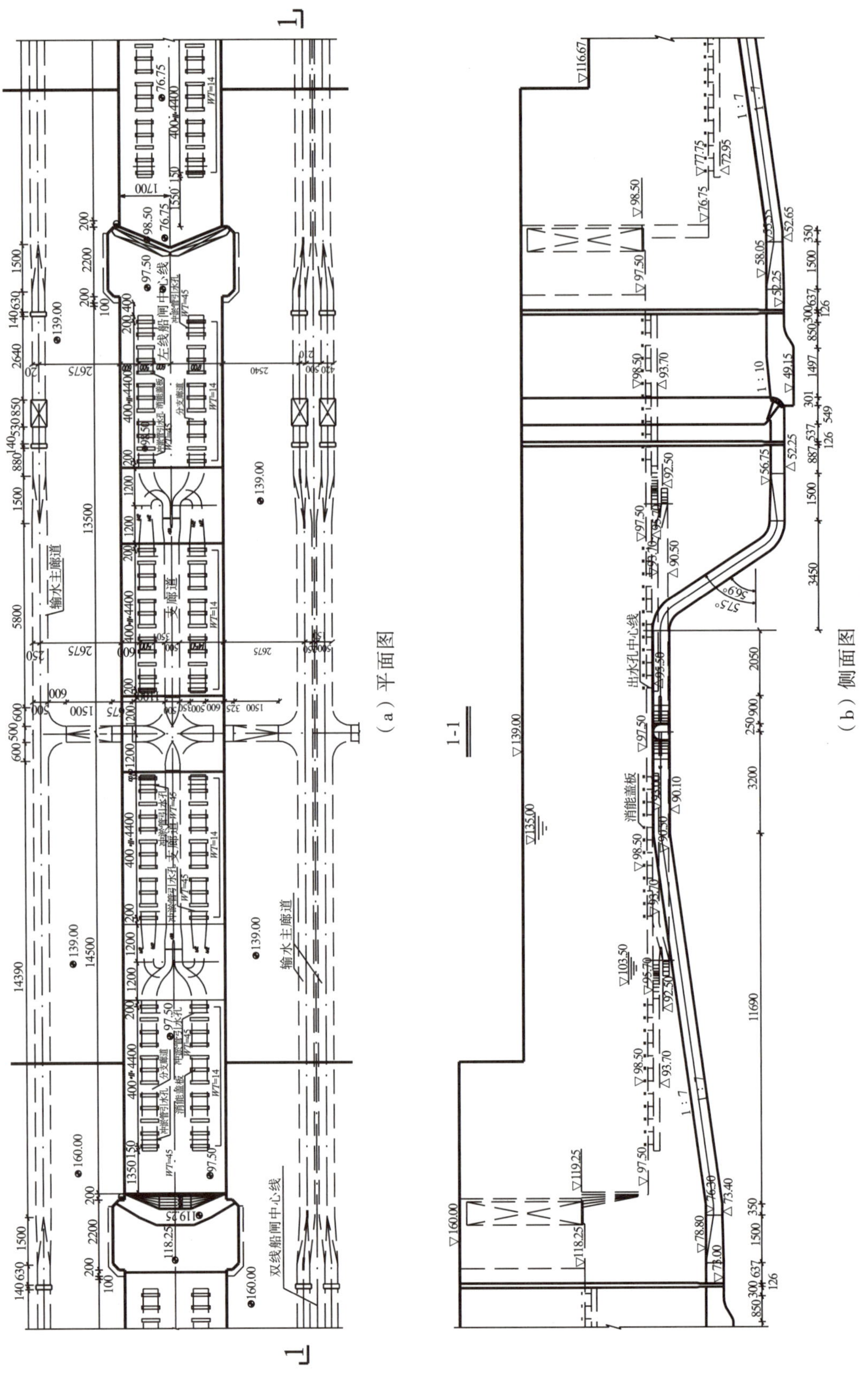

（a）平面图

（b）侧面图

图4.2.3 闸室充、泄水廊道布置（单位：高程以m计，尺寸以cm计）

4.2.3.2　阀门段廊道和阀门防止空蚀、声振技术

高水头船闸防止阀门段廊道和阀门发生空蚀、声振是输水系统设计的关键技术问题。在输水过程中，阀门后廊道低压程度与阀门段是否发生空化乃至发生空蚀和声振直接相关。三峡船闸输水系统的防空化设计，从提高阀门底缘工作空化数入手，与工作水头、输水流量、阀门的淹没水深、阀门段廊道体型、阀门型式及其启闭方式、阀门前后输水廊道阻力及惯性长度等多种因素有关。

(1)主要技术

高水头船闸防止阀门段廊道和阀门发生空蚀、声振以充分降低阀门段廊道高程，加大淹没水深作为主要措施。大量的工程实践经验和研究成果表明，阀门后廊道压力与廊道淹没水深成正比，增加阀门段廊道淹没水深，对提高阀门后廊道压力有非常明显的效果。船闸的输水主廊道采用在山体内开挖的隧洞，同时应尽量降低阀门段隧洞高程。船闸按照下游可能发生的最低水位62.0m，保证各中间级阀门段廊道顶最小初始淹没水深≥26.0m。由于采用输水主廊道与闸首、闸室结构分开的布置型式，降低阀门段廊道高程不影响船闸主体结构的工程量，仅少量增加隧洞长度和竖井深度，增加的工程量很小，但对于提高阀门后廊道压力，防止廊道产生空蚀和声振而言，在技术上和经济上取得了十分明显的效果。因此，充分降低阀门段输水隧洞高程，从而增加阀门段廊道初始淹没水深，提高阀门后廊道压力，是三峡船闸输水系统减免空化、防止发生空蚀和声振的一项主要的关键技术。

(2)其他综合技术

针对45.2m超高水头的复杂性和难度，除采取上述主要措施外，还以快速开启阀门，门后采用“顶扩＋底扩”的突扩廊道体型，输水阀门采用全包式支臂和不锈钢面板的反向弧形门，阀门后通气等多项综合技术作为辅助措施。

1)快速开启阀门。

阀门开启方式对防止空化亦有明显影响，工程中曾对阀门间歇开启，匀速快开、慢开、变速开启等不同开启方式进行研究。模型试验验证表明：匀速、快速2min开启阀门，较均匀慢速开启阀门，门后压力明显提高；间歇开启阀门，当阀门在小开度停机时，阀门底缘将会发生空化，所以不宜采用；快速开启阀门主要是利用阀门开启过程的惯性水头，大大提高门后廊道内水流压力及空化数，并可抑制阀门底缘水流漩滚的发展、缩短低压状态的历时，从而抑制门后水流空化的发生与发展，同时还可提高输水效率。结合阀门启闭设备的制造能力以及充水闸室的船舶停泊条件，确定阀门开门时间一般采用2min，并留有争取1.5min开门的条件。船闸充分利用输水廊道长的特点，采用快速开启阀门以增加阀门开启过程中的惯性水头，提高门后水流压力及空化数。

2)门后采用“顶扩＋底扩”的突扩廊道体型。

阀门廊道体型的改变在较大程度上影响门后水流流态乃至压力、收缩断面流速等水力学参数的变化。设计经过综合比较，提出了结构简单、受力明确的底扩廊道体型。突扩廊道体型起源于苏联，其体型为阀门后廊道为平顶，底板在阀门后斜向下突扩，形成底扩腔体，然后底板

用曲线过渡恢复至突扩前底高程，顶板也用曲线过渡向下降低高程，形成收缩段，使廊道恢复至正常高度。在 20 世纪 90 年代初，我国五强溪船闸和水口船闸采用了另一种“突扩”体型，即阀门后廊道突然向上部和左右侧同时扩大，形成突扩腔体，其后廊道底板再以陡坡向上抬升，同时廊道两侧向内收缩，使廊道恢复至正常断面的高度和宽度。这两种突扩体型的廊道结构均较复杂。在分析了其水流条件、结构受力等利弊，结合三峡船闸中隔墩内阀门段的廊道布置特点后，采用了在阀门后以 1∶10 坡比顶扩，同时在廊道底部垂直向下突扩 3.1m 的体型。该体型的作用在于可利用扩散的漩滚水流消杀能量，降低门后水流平均速度，改变门后流态，提高门后压力，抑制空化，减免空蚀。另外即使在阀门底缘及其附近产生了某种程度的空化，产生的空穴泡可在突扩体中高压区的内部溃灭，而不致对廊道表面产生空蚀破坏。模型验证试验结果表明，该体型双边阀门运行时阀门底缘不会发生空化，单边运行时，底缘有轻微的空化发生，但采用通气等措施可以避免。阀门段突扩廊道体型见图 4.2.4。

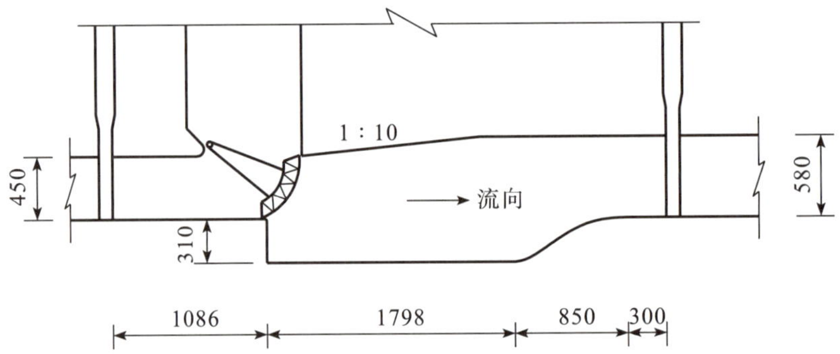

图 4.2.4　阀门段突扩廊道体型(单位:cm)

3)输水阀门采用全包式支臂和不锈钢面板的反向弧形门。

反向弧形门为高水头船闸输水系统通常采用的一种门型，采用全包式支臂和不锈钢面板，具有进一步优化水流流态，减小水流紊动，减免空化的作用。

4)阀门后通气。

在阀门后通入空气，使低压区的压力增高，减小水流紊动，以达到防止空蚀的目的。三峡船闸阀门段廊道压力在输水过程中一般为正压，无法实现自然通气。抬高廊道高程虽然可以形成负压自然通气的条件，但由于船闸的水位变幅大，无法在各种水位条件下均能实现稳定的自然通气。因此，借鉴葛洲坝 1 号、2 号船闸独创的带负压坎的门楣自然通气措施的成功经验，在阀门扩散型门楣处设置负压挑坎，以实现自然通气，抑制在门楣及阀门底缘产生空化。模型验证表明，设置挑坎后，廊道单边输水时，阀门底缘的空化基本消除。并且设置挑坎能充分抑制各种事故工况(事故停机、动水关阀)下产生的底缘空化，同时对阀门面板、廊道顶板和侧壁也有较好的保护作用。

5)其他。

考虑到模型与原型间存在的缩尺影响，为使输水系统的工作充分可靠，还进一步采取对阀门段(包括工作阀门段和检修阀门段)廊道采用复合不锈钢板配合高强混凝土进行衬砌，采用复合不锈钢板作为阀门面板，预留了对跌坎强迫通气管道，对阀门的检修门井进行封闭等措施。较好地解决了特高水头船闸防空蚀、声振的问题，保证了输水廊道和阀门的安全运行。

4.2.3.3 控制闸室超灌、超泄技术

三峡船闸与所有的长廊道输水系统一样，在闸室充、泄水末期，由于关闭阀门时水流惯性作用大，导致输水末期闸室水位出现较大的惯性超高(降)，若不采取措施，输水水头最大时，中间级闸室的惯性超高(降)值可达1.6m左右，远超过人字闸门的允许值0.2m，造成闸室水面上下振荡，人字闸门启闭机房淹水。因此，必须采取有效的措施降低超高(降)值，以保证人字闸门及其启闭系统和过闸船舶(队)的安全。

三峡船闸采取了提前关闭输水反弧门至一个较小的开度，并在上、下闸室水位齐平时，立即开启人字闸门的综合措施，有效控制了闸室水面的惯性超高(降)，同时输水时间也满足设计要求。提前关闭阀门的实施采用程序控制，操作简便、可靠，实际运行通常可以把惯性超高(降)值控制在10cm以内。

4.2.3.4 输水系统上游取水和下游泄水技术

两线船闸并列布置，中心线相距94.0m，要求当一线船闸充水或泄水时，不能影响另一线船闸人字闸门操作或船舶(队)进出闸航行和停泊的条件；在临时船闸右侧修建的“全包”隔流堤，使船闸和升船机共用了上下游引航道，船闸充泄水在引航道内产生的涌浪和不利流态，不能影响通过升船机的船舶(队)航行和停泊。因此，针对双线并列布置的船闸和船闸与升船机共用上下游引航道的特点，确定输水系统充、泄水型式，以保证引航道的通航水流条件是需要研究的又一技术问题。

(1)取水口型式研究

根据船闸上游引航道右侧防淤隔流堤布置方案不同，输水系统进水口研究了引航道外侧向进水口和引航道内正向进水口两种布置型式。侧向进水口位于一闸首上游240m处引航道右侧的隔流堤外，两线船闸各建一个混凝土导水墙，每个导水墙设一组分散式进水口，两导水墙相向布置。每线船闸的进水口归入一条廊道引至引航道底部，至一闸首前再分别对称于每线船闸，分成2条廊道引向闸室的两侧接输水主廊道。这种进水口型式避免了船闸充水对上游引航道通航水流条件的影响，但由于取水廊道太长，船闸输水时间不能满足设计要求，降低了通过能力。正向进水口比较了导墙上垂直多支孔进水口和引航道底部横支廊道进水口两种型式。根据船闸总体布置，一闸首下部为薄衬砌式结构，闸首前为较高岩体边坡，主廊道系在岩体内开挖的隧洞，进水口高程必须在最低通航水位135.0m以下。若直接在岩体内布置进水口，则由于进水口面积大，需多支孔进水，岩体难以成洞，需挖除岩体，建混凝土导水墙，并在墙内布置进水口，即采用导墙上垂直多支孔进水口型式，会增加工程量，且该型式进水口要求较大淹没水深，其进口高程较航道底部分散式进水口方案更低。双线船闸进水口设在引航道左、右侧进水，单线船闸充水时，易在引航道内形成回流，不利于进出另一线船闸的船舶(队)航行和停泊，故此型式未予采用。

进水口布置在引航道底部，每线船闸均可在航道全宽118m范围内进水，进水均匀，无

论单线、双线船闸充水，都不至于发生回流及漩涡等不良水力现象，且仅需布置进水管，结构简单，工程量小，所以采用引航道底部进水型式。引航道底部进水口不具备检修条件，要求进水口按照在各种水位条件下均能正常取水，不发生严重的漩涡；航道内的通航水流条件（流速、波高及系缆力等指标）、闸室的停泊条件等满足要求；防止泥沙淤积影响取水流量，延长输水时间以及推移质进入输水系统等要求进行布置，并进行了模型试验验证。

两线船闸4条主廊道的进水箱涵横跨引航道垂直于船闸轴线，布置在闸前航道底部，4个箱涵在上、下游方向的布置间距31.0m，最下游一个箱涵与一闸首上游面的距离约80.0m。每个进水箱涵，在上、下游两侧，各设有16个分散布置的侧向进水口。为了使进水口进流均匀，进水口尺寸沿箱涵进水方向递减，2m×3m（宽×高，下同）逐步缩减至1.1m×2m，进水口设有拦污栅。输水系统进水口平面布置见图4.2.5。

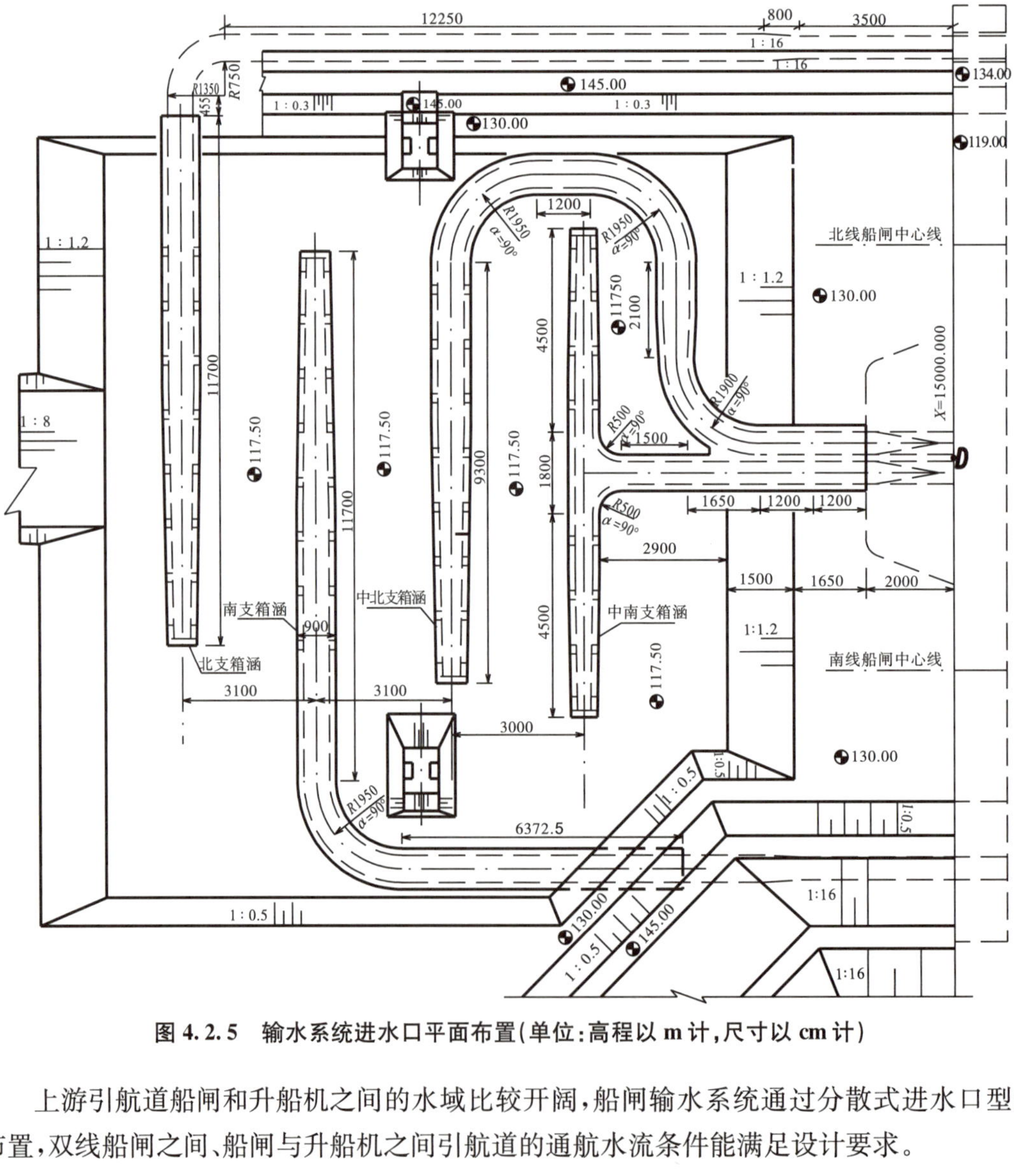

图4.2.5 输水系统进水口平面布置（单位：高程以m计，尺寸以cm计）

上游引航道船闸和升船机之间的水域比较开阔，船闸输水系统通过分散式进水口型式布置，双线船闸之间、船闸与升船机之间引航道的通航水流条件能满足设计要求。

(2)泄水技术研究

船闸下游引航道为限制性航道，模型试验表明，若五闸室水体直接泄入引航道，引航道内将产生近2.0m高的涌浪，无法满足引航道内船舶(队)的通航、停泊和升船机承船厢内设计允许超载水深的要求。因此船闸输水系统通过侧向泄水方式布置，即每线船闸的两条输水主廊道在六闸首下游合并为一个尺寸为9.6m×9.6m(长×宽)的泄水箱涵，两条泄水箱涵平行布置在引航道底部，在船闸与升船机引航道交汇处的下游，向右穿过下游隔流堤，将水体直接泄入长江。为消除泄水箱涵出口与下游引航道口门之间的水力坡降引起的人字闸门前后水位差，每线船闸在六闸首布置了一对环绕闸首的辅助输水短廊道，断面为矩形，阀门为平板门，断面尺寸为3.75m×3.60m(长×宽)。两侧短廊道在门龛段沿闸室宽度方向分散布置22个顶部取水孔，孔尺寸为3.6m×0.4m(长×宽)。在人字闸门后的底板内，横跨航道布置短廊道的泄水廊道。泄水廊道两侧各布置14个泄水孔，顺廊道出流方向孔宽依次为1.2m、1.0m和0.8m，孔高均为1.6m。在泄水末期，通过短廊道辅助泄水，保证人字闸门前后水位达到齐平。

输水系统旁侧泄水箱涵及辅助泄水廊道平面布置见图4.2.6。

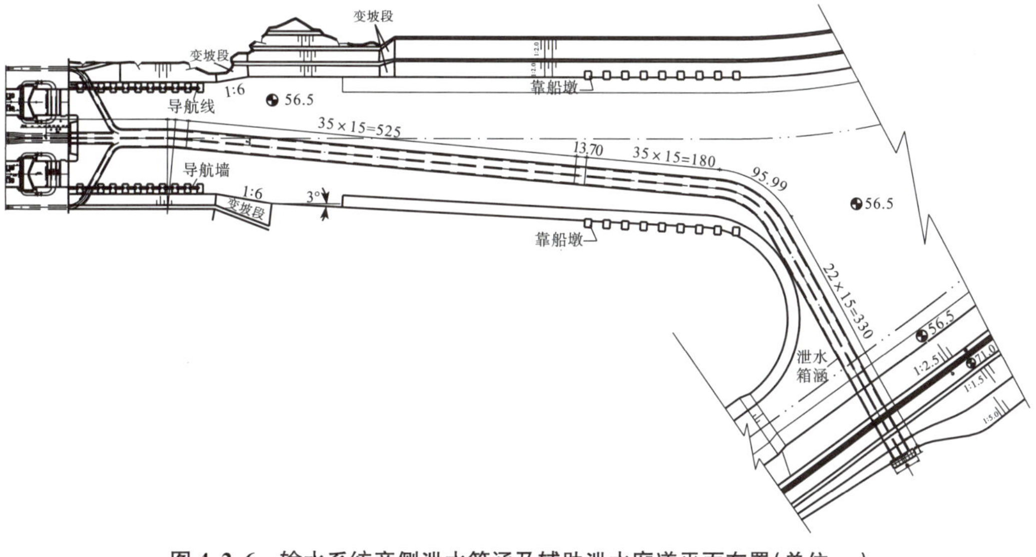

图4.2.6 输水系统旁侧泄水箱涵及辅助泄水廊道平面布置(单位:m)

4.2.4 输水系统防止泥沙淤积技术

长江为多沙河流，其汛期水流含沙量大，在水库运行30多年以后，库区的泥沙淤积，将逐渐对上游引航道和闸室的通航条件产生不利影响。

根据长江来水资料和下游葛洲坝船闸运行经验，三峡船闸运行至一定年限以后，在闸室底部和输水廊道的进水口会产生泥沙淤积。闸室内的泥沙淤积不仅会影响闸室的槛上最小水深，在闸首部位，泥沙淤积会增大人字闸门的重量和闸门开关时的运行阻力，甚至使人字闸门不能正常运行；泥沙在进水箱涵内的淤积，将会减小过水断面，延长输水时间。多级船闸闸室的防淤和清淤线路长，部位多，维护工作量大。因此，闸室泥沙淤积以及进水口和廊道内的泥沙淤积问题将成为维持船闸正常通航需要妥善解决的技术问题。

4.2.4.1 闸室防淤技术

由于船闸建在多沙河流上，为减少闸室内泥沙淤积，在闸室出流方式上选择了顶部出流。三峡船闸在闸室内的输水系统布置与葛洲坝1号船闸相似。根据葛洲坝1号船闸的泥沙淤积资料，在闸室底部布置有出水孔的区域，借助顶部出水经盖板消能后，在出水孔之间和出水孔与闸墙之间形成水流对冲，扰动泥沙，泥沙被闸室泄水时的水流带走，因此，基本不会有泥沙淤积；在船闸中心线附近及两侧闸墙边虽有条形淤积出现，但淤积高度不大，对船舶过闸没有影响。闸室内泥沙主要淤积在闸底板无出水孔的第1分流口段、第2分流口段、上闸首帷墙附近、下闸首门槛区和出水孔消能盖板的顶部等部位。泥沙淤积的形状多数为锥形沙堆，上述部位为五大淤积区，是闸室防淤的重点部位。因此，从优化出水孔布置，减小闸底板无出水孔区域；采取工程措施，在淤积部位产生具有一定流速的水流，使泥沙不易沉积等方面着手，研究了引客水防淤方案、利用船闸充水时水位差冲淤防淤方案、调整分支廊道进出水孔布置及闸室布置冲淤钢管防淤方案等。

(1)引客水防淤方案

利用主钢管从水池引水到闸室内，在淤积部位设若干支管，支管上每隔1m左右设喷嘴，以达到冲淤减淤目的。闸室墙顶部的主钢管布设在管线廊道内，通向闸室底部的垂直钢管埋在闸墙混凝土内，闸室底板上的钢管采用明管。此方案要求必须形成适当的水头和水量。

(2)利用船闸充水时水位差冲淤防淤方案

利用船闸充水时上下闸室的水位差引水防淤。从相邻的上闸室下游侧闸墙一定高度处设引水钢管，至相邻的下闸室上游侧闸墙再设分管，在阀门室内各分管设电动阀，各分管分别通向上述五大淤积区。水平和垂直钢管均埋设在闸首及闸墙内，末端伸出闸墙，各段设垂直船闸轴线的支管若干条，支管为明管，其上每隔1m设1个喷嘴，分别向两侧喷水。该方案只适用于三闸室至五闸室，而一、二闸室还需采用引客水方案或其他方案。

(3)调整分支廊道进出水孔布置及闸室布置冲淤钢管防淤方案

适当调整出水孔布置，尽量减少无出水孔区域，达到防淤减淤目的。该方案包括闸室冲淤钢管方案以及活动式扁平钢廊道方案。针对上述重点防淤积区，从防淤冲淤效果、工程量、方便运行管理、运行费用、施工进度等方面分析比较，最终采用调整分支廊道出水口区段两端出水孔布置，设置活动式扁平侧向出水冲沙钢廊道的方案，即在8条分支廊道的首和末两孔之间，设置孔口宽度为0.45m的引水口，每个引水口接净高约0.4m的U型钢廊道，通向各自防淤部位，在每支钢廊道的两侧和末端布置冲沙孔。该方案的优点在于可不改变闸室内4区段出水的布置，与船闸充泄水同步进行，不需另外增加运行设备，方便了运行管理。这种适用于多沙河流，与船闸的输水系统相结合，能进一步解决闸室内防淤问题的技术方案，为三峡船闸独创，反映了船闸输水系统设计的新发展。模型验证表明，该方案对减少闸室内五大淤积区的淤积都有明显效果，不影响闸室的停泊条件和充泄水时间。鉴于船闸闸室泥沙淤积影响船闸运行的过程要在相当长时间以后才会发生，在闸室冲淤孔周围预留了埋件，并将该孔封闭，待需要时再安装钢廊道，以减少相应的维护工作。

闸室不同部位冲淤廊道布置见图 4.2.7 至图 4.2.9。

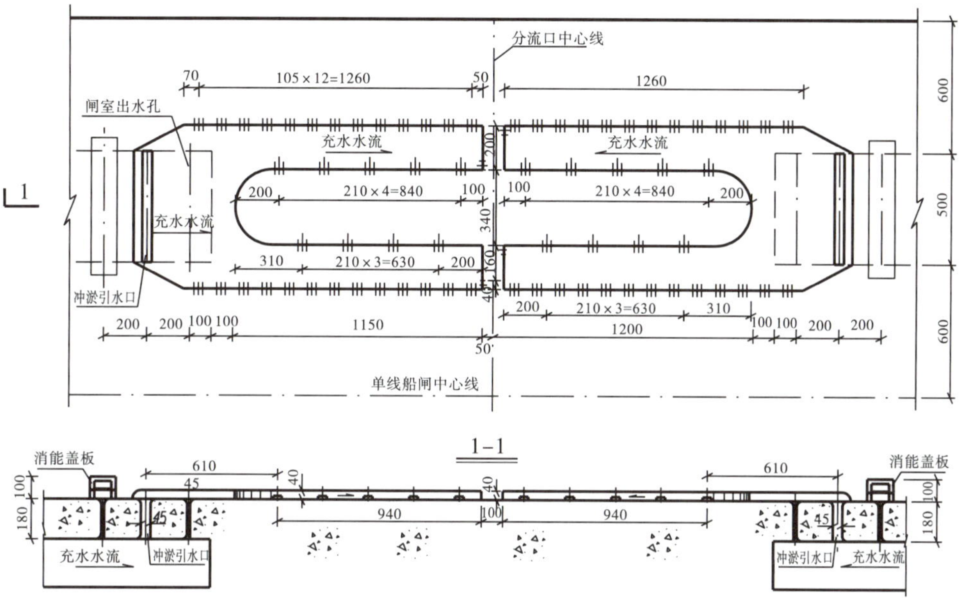

图 4.2.7　分流口段冲淤廊道布置(单位:cm)

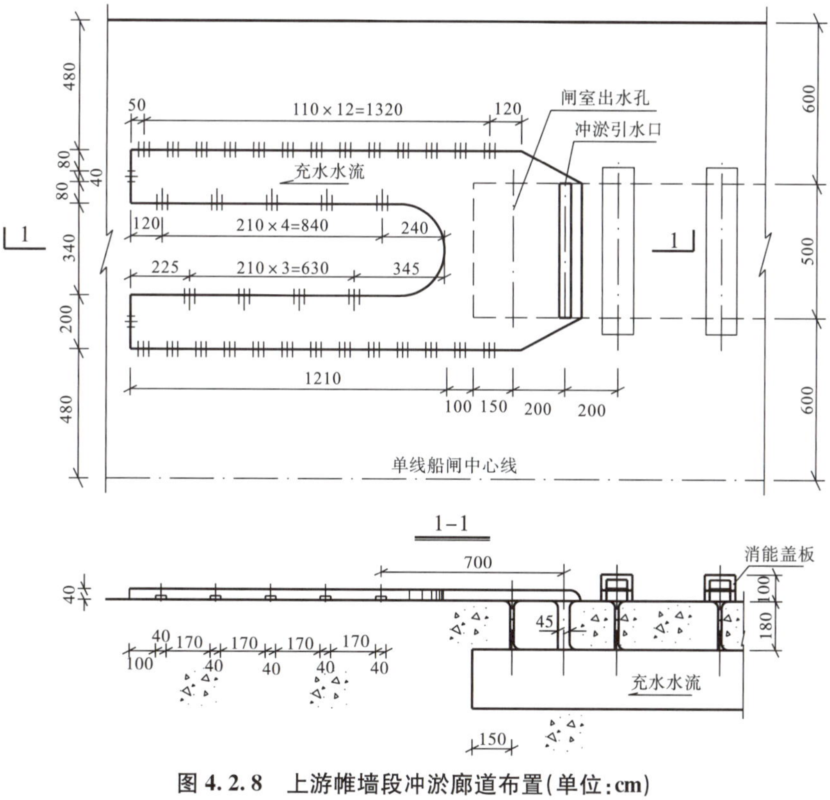

图 4.2.8　上游帷墙段冲淤廊道布置(单位:cm)

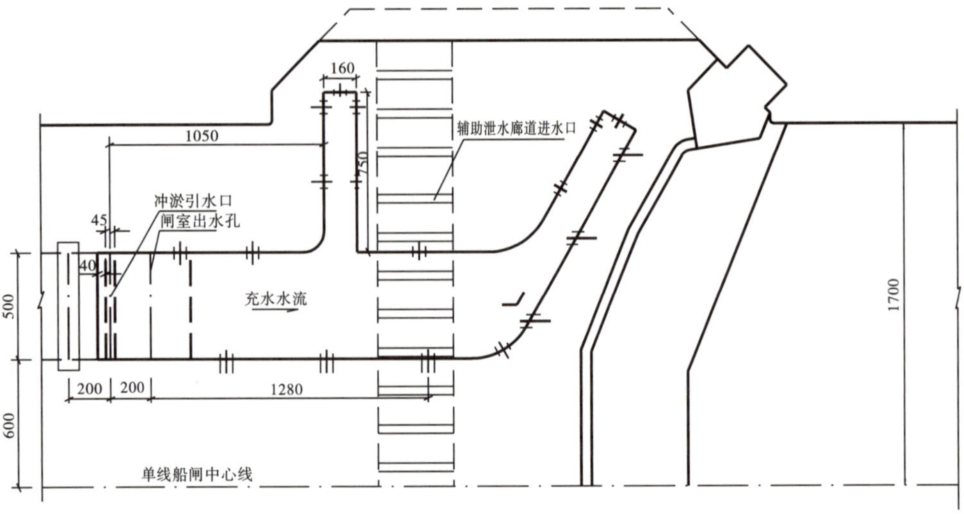

图 4.2.9 人字闸门库冲淤廊道布置(单位:cm)

4.2.4.2 进水箱涵防淤技术

输水系统分散式进水口底高程较引航道底低 10m 左右,汛期在往复流和异重流作用下易造成泥沙淤积。在含沙水流环境下,为了使各进水口水流能顺利带走底部泥沙,进水箱涵进水口按照在进水箱涵内泥沙达到冲淤平衡时,能够长期保持均匀进流,不影响输水时间的要求进行设计。每支进水箱涵两侧的进水口高低错开布置,使进流在箱涵内形成利于挟带和冲刷泥沙的漩滚水流。同时,为了使进水箱涵在任何条件下都能保持一定流速,以带走泥沙,将进水箱涵断面设计成逐渐扩大的型式,并维持进水口面积与进水箱涵断面面积在一定比例,控制进水流速,确保箱涵内部不会因为泥沙淤堵阻碍进流,延长输水时间。

通过对上述关键技术研究确定的船闸输水系统廊道各部分断面尺寸和型式见表 4.2.2。

表 4.2.2 廊道各部分断面尺寸和型式

部位	面积(m^2)×数量	型式	备注
进水口	210.00	矩形	64 个孔
第 1 级充水阀门前主廊道	32.32×2	方圆形	尺寸为 5m×7m
第 1 级充水阀门后主廊道、第 5 级泄水阀门前主廊道	30.82×2	方圆形	尺寸为 5m×6.7m
第 5 级泄水阀门后主廊道	33.50×2	矩形	尺寸为 5m×6.7m
其余各级主廊道	24.32×2	方圆形	尺寸为 5m×5.4m
各级支廊道	26.00×2	矩形	尺寸为 5m×5.2m
第 2 级分支廊道	11.00×8	矩形	尺寸为 5m×2.2m
其余各级分支廊道	10.00×8	矩形	尺寸为 5m×2m
第 1 级出水孔	76.80×1	矩形	96 个孔
其余各级出水孔	67.20×1	矩形	96 个孔

续表

部位	面积(m²)×数量	型式	备注
第1、5级充、泄水阀门面积	24.75×2	矩形	尺寸为4.5m×5.5m
其余各级阀门面积	18.90×2	矩形	尺寸为4.2m×4.5m
泄水箱涵	92.16×2	方形	尺寸为9.6m×9.6m

注:表中尺寸指每一个结构的断面尺寸。

4.2.5　船闸输水系统运行检验

4.2.5.1　船闸输水系统水力学观测成果分析

自三峡工程2008年实施175.0m试验性蓄水运行以来,对船闸五级补水运行方式进行了连续跟踪监测。针对五级补水运行、五级不补水运行、六闸首阀门运行方式优化、六闸首辅助阀门联合运行和不运行等多种工况进行了船闸输水系统水力学监测,水力学条件满足船闸正常运行要求。推荐的一、二闸首阀门运行方式及参数,经受了8年试验性蓄水的检验,对船闸的长期安全高效运行提供了技术保障。主要观测成果汇总如下。

1)船闸原补水运行方式在高水位区运行时,存在充水流量过大问题,易导致二闸室T型管及分流口部位发生空化水流,对船闸建筑物安全不利。经调整优化,采用间歇开启阀门方式后,船闸输水的最大流量得到有效控制,间歇期间门楣进气较稳定通畅,输水系统各水听器未监测到明显空化噪声信号,输水全过程阀门运行平稳,闸室出水均匀,水面流态平稳,输水时间满足设计要求。

2)船闸五级补水和不补水运行期,一闸首阀门采用双阀连续开启方式运行,输水时间和阀门启闭力满足设计要求,一闸首阀门段和一闸室"T"形管及中支廊道等部位典型测点压力均较高;采用双阀间歇开启方式运行时,一闸首阀门段廊道压力脉动大且持续时间长,阀门启闭力出现较大跳动现象,一闸首阀门宜采用双阀连续开启方式运行。

3)船闸无论是五级补水运行还是五级不补水运行,为改善阀门单边运行条件下输水系统的水力特性,避免二闸首顶出现异常声响,提高阀门启闭机运行的平稳性并改善二闸室分流口、"T"形管的水力学条件,二闸首阀门宜采用间歇开启方式运行。

4)在通航流量范围内,对枢纽下泄不同流量时六闸首阀门进行了两种阀门运行方案的调试与优化。方案一根据不同的两口(泄水箱涵出口与下游引航道口门)水位差,通过变化主阀动水关阀的小开度,调整船闸泄水的惯性超降量,达到了避免使用辅阀泄水,提高输水系统工作效率的目的。方案二采用六闸首主辅阀联合运行方式来克服两口水位差,输水过程中,主阀和人字门启闭机油缸油压和启闭力均在设计容许范围内,输水系统各部位未监测到有害负压,六闸首人字门处水面平稳,开启时闸门最大反向水头较小,总泄水时间满足设计要求。鉴于方案一需依赖两口水位计读数运行,而两口水位计检查标定均较复杂,结合工程实际情况,推荐采用方案二,使船闸运行更加安全可靠。

4.2.5.2 船闸输水系统运行检验评价

1)输水系统已经过最高工作水头运行的检验,输水系统运行正常,输水时间满足设计要求。船闸闸室充水、泄水过程中,出口水流均匀,闸室水面平稳,船舶系缆力满足要求。

2)船闸闸室无论阀门是双边输水还是单边输水,通过在输水末期提前关闭阀门,均可有效控制闸室的超灌超泄。

3)船闸在设计水头下,无论阀门是双边还是单边运行,门楣均能持续且稳定地通气,充分抑制门楣缝隙空化和阀门底缘空化。阀门动水开启和关闭过程中,启闭系统运行平稳。

4)船闸补水运行时,阀门运行采用间歇开启方式后,船闸输水系统最大流量得到有效控制,间歇期间门楣进气稳定通畅,输水全过程阀门运行平稳。

5)船闸十多年运行情况表明,输水系统各项水力学指标已达到或超过设计参数,输水系统的工作性态比预期要求良好,水力学未监测到影响安全的异常值,船闸历次排干检查未发现危及建筑物安全的缺陷。船闸运行实践证明,输水系统可保证船闸安全可靠地运行。

4.3 船闸高陡边坡加固与变形控制技术

4.3.1 船闸高陡边坡特点

三峡船闸是在坝址左岸开山劈岭,人工建设的一段新的长江航道。一闸首至六闸首为主体段,总长 1621m,全部是在山体中切岭深挖而成的岩质边坡。航槽最大开挖深度达 174.5m,形成的边坡最高达 170m。其中三闸首附近有长 400m、高 120～170m 的边坡,其余坡高一般为 50～120m。边坡下部为高 40～70m 的直立坡,在两线船闸之间,保留有最大宽度为 57m 的岩体中隔墩。在两侧边坡下面和中隔墩岩体内,开挖有输水隧洞和阀门竖井。要求开挖后的岩体尽可能保持完整并长期保持稳定。闸首和闸室墙后的直立岩体为船闸结构的一部分,与衬砌结构协同工作,闸首两侧直立岩体的变形,需控制在人字闸门运行允许的范围内。因此,保持开挖后岩体的完整性及稳定性,控制边坡的变形,直接影响到船闸运行安全和长江黄金水道的航运安全,是高陡边坡设计需要解决的关键技术难题。

4.3.2 船闸高陡边坡地质条件

4.3.2.1 船闸主体段原始地形及开挖形态

船闸位于长江左岸坛子岭以北约 200m,其主体段从上游金子山至下游大丘湾,从高到低穿过左岸山体,沿线沟谷均与主体段轴线斜交。区内主山脊大岭斜穿三闸首,其走向约 340°,高程 250～266.7m。大岭上游以西山脊高程 210～250m,山坡坡度 20°～30°,地势北高南低,主要冲沟为斜穿一闸室段的屈家湾沟及其 3 条小沟,冲沟走向 200°～250°,沟底高程 170～200m,宽 40～80m,沟、梁相对高差 20～40m;大岭下游以东山脊高程从 250m 逐渐降至 130m,山坡坡度除大岭东坡为 30°～40°外,其他均小于 20°。大岭以东地势南高北低,有 4 条宽浅支沟穿越三闸室至五闸室,由南向北汇入许家冲,沟底高程 90～130m,宽 30～50m,沟、梁相对高差 20～50m。

船闸开挖受原始地形及船闸结构控制，主体段闸首及闸室开挖轮廓较复杂。船闸基坑开挖后，穿过闸室部分的山脊已挖除，形成人工开挖岩质边坡形态。闸墙以上为斜坡，全强风化带坡比为1∶1～1∶1.5，弱风化带上部为1∶0.5，弱风化带下部及微新岩体为1∶0.3，斜边段每15m布设一条宽5m的马道，在强风化带底部设一条宽10～12m的马道。船闸高边坡系统锚杆加固典型断面见图4.3.1，从开挖横剖面看，坡度上缓下陡，闸墙部位为直立坡，整个剖面呈“W”形。由于在三闸首处地形最高，从纵剖面看，边坡高度从三闸首向上游及下游方向。在每个闸首部位由于结构需要，均开挖成向闸墙内嵌入的凹槽。在一闸室和四、五闸室，闸墙为上部重力式下部衬砌式的混合结构。船闸的右线南坡、左线北坡和中隔墩部位各级闸首及闸室部位的开挖坡高与开挖深度汇总见表4.3.1，最大开挖深度174.5m。一、二闸室段北槽比南槽开挖深度大15～20m；三闸室至五闸室段则南槽比北槽开挖深度大5～30m，中隔墩部位的开挖深度40～110m，二、六闸首处开挖深度仅20m。

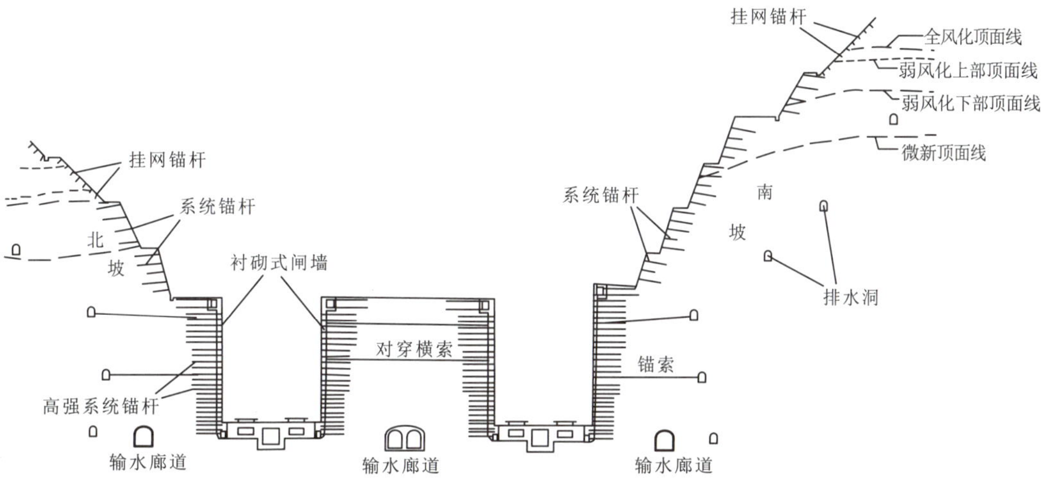

图4.3.1　船闸高边坡系统锚索及锚杆加固典型断面

4.3.2.2　船闸地基岩性

船闸区出露的基岩为前震旦系的结晶岩，岩性以闪云斜长花岗岩为主，其中含有范围不大的片岩捕虏体和数量不多的中细粒花岗岩脉、伟晶岩脉、辉绿岩脉及石英脉。

闪云斜长花岗岩（$\gamma_N P_t$）：闪云斜长花岗岩是组成船闸边坡的主体岩石，新鲜状态下为灰白色，一般为中粗粒结构，为全风化至新鲜状态，全风化带平均厚度9.0～26.0m，一闸首最厚、六闸首最薄。颜色呈渐变状态，从黄褐色渐变为灰白色，岩石具花岗结构，块状构造。

片岩捕虏体（eX）：片岩捕虏体由南坡三闸室斜穿到北坡三闸首，岩性为灰黑色角闪石石英片岩，宽20～30m，总体走向345°，倾SW，倾角58°～75°，与围岩一般呈突变紧密接触、局部裂隙接触。

花岗岩脉（γ）：花岗岩脉呈肉红色，少量白色，一般为细粒结构，宽一般小于1.0m，长度一般小于30.0m，延伸不规则，与围岩一般呈突变紧密接触，少量裂隙接触。

表 4.3.1 船闸主体段开挖坡高及开挖深度汇总

船闸主体段		一闸首	一闸室	二闸首	二闸室	三闸首	三闸室	四闸首	四闸室	五闸首	五闸室	六闸首
桩号(m)		15+000～15+070	15+070～15+335	15+335～15+407	15+407～15+642	15+642～15+714	15+714～15+951	15+951～16+021	16+021～16+258	16+258～16+310.8	16+310.8～16+565	16+565～16+621
右线	原始地面高程(m)	175.00～195.00	180.00～205.00	210.00	215.00～240.00	265.00	185.00～263.00	180.00	120.00～170.00	140.00	110.00～155.00	120.00
	闸底板高程(m)	120.00～126.00	124.50	112.75	112.75	92.20	92.20	71.45	71.45	50.70	50.70	49.00
	南坡坡高(闸墙直立坡高)(m)	130.00(34.00)	60.00(35.50～40.50)	65.95(52.25)	123.00(47.00～65.95)	153.80(67.60)	157.80(46.60～67.60)	128.55(67.35)	78.55(23.55～45.02)	89.30(23.55)	59.30(29.30～39.30)	49.50(41.00)
	最大开挖深度(m)	69.00	80.50	97.25	127.25	172.80	170.80	108.55	98.55	89.30	104.30	71.00
中隔墩	原始地面高程(m)	210.00	185.00～210.00	200.00	205.00～255.00	266.20	175.00～250.00	185.00	130.00～175.00	125.00	110.00～140.00	105.00
	顶面高程(m)	160.00	178.70～182.00	178.70	159.80	159.80	138.80	138.80	85.00～116.47	85.00	70.00～98.55	85.00
	坡高(闸墙直立坡高)(m)	34.00(34.00)	57.50(35.50～45.50)	65.95(65.95)	47.00(47.00)	67.60(67.60)	46.60(46.60)	67.35(67.35)	13.55～40.22(13.55～40.22)	34.30(34.30)	47.80(19.30～34.30)	34.30(34.30)
	最大开挖深度(m)	50.00	50.00	21.30	95.20	106.90	111.20	46.20	58.53	40.00	50.00	20.00

续表

左线	原始地面高程(m)	185.00～215.00	185.00～225.00	205.00	205.00～255.00	250.00～266.70	170.00～250.00	170.00～175.00	120.00～165.00	130.00	100.00～125.00	100.00
	闸底板高程(m)	120.00～126.00	124.50	112.75	112.75	92.20	92.20	71.45	71.45	50.70	50.70	49.00
	北坡坡高(闸墙直立坡高)(m)	74.00 (59.00)	90.50 (54.50～60.57)	92.25 (65.95)	117.25 (47.00)	170.00～137.80 (67.60)	77.80～137.80 (46.40)	98.55 (67.35)	53.55～83.55(18.55～45.02)	59.30 (29.30)	44.30 (19.30～29.30)	21.00 (21.00)
	最大开挖深度(m)	89.00	100.50	92.25	142.25	174.50	157.80	98.55	93.55	79.30	74.30	51.00

伟晶岩脉(ρ):伟晶岩脉呈肉红色,伟晶结构,数量较少,延伸不长,一般小于 20.0m,与围岩呈突变紧密接触。

辉绿岩脉(β_u):辉绿岩脉呈灰绿色,少数为深灰色及猪肝色,脉体致密,坚硬性脆,一般与围岩呈突变紧密接触,少数为裂隙接触,宽度一般 0.3～2.0m,个别宽达 10.0～12.0m。

石英脉(q):数量少,规模亦小,宽度一般为 0.05～0.3m;延伸短,一般在 10m 以内;产状不稳定,变化较大。

在新鲜状态下,片岩捕虏体与岩脉强度与闪云斜长花岗岩相当,但岩脉内裂隙相对较发育。岩脉的抗风化能力较围岩强。

4.3.2.3 地质构造

(1)断层

船闸各部位断层的发育特征基本一致,按走向主要可分为 4 组,即 NNW 组、NE—NEE 组、NNE 组及 NW—NWW 组。NNW 组和 NE—NEE 最发育,NNE 较发育,NW—NWW 不发育。前 3 组断层在不同地段的发育程度有所差异,但走向与边坡夹角小于 30°的皆不发育,一般占 6%～10%。

断层以陡倾角为主,多为裂隙性断层,延伸长度一般小于 100m。断层宽度多小于 0.5m,F_{215} 断层最宽,局部达 4.5m。较大的断层有 f_{1050}、f_{215}、f_{1339}、f_{1096}、F_{10}、f_{1441}(f_5)等,前 4 条断层皆穿过整个闸室段南、北坡,且该 4 条断层的走向与边坡夹角皆大于 35°。在 4 组断层中,NE—NEE 组断层构造岩大多胶结较差—差,呈疏松—半疏松状或半疏松—半坚硬状;NNW 组及 NNE 组断层构造岩大多胶结较好,呈半坚硬—坚硬状;NW—NWW 组断层构造岩胶结较差,呈半疏松—半坚硬状。走向 NW—NWW 组中大部分断层和走向 NEE 组中少数断层与边坡夹角较小,对边坡稳定和变形不利,其他断层对边坡稳定和变形影响较小。船闸基岩主要断层特征见表 4.3.2。

(2)裂隙

船闸各部位裂隙的发育特征基本一致,按走向分为 4 组,即 NE—NEE 组、NNW 组、NNE 组及 NW—NWW 组。NE—NEE 最发育,NNW 组、NNE 组较发育,NW—NWW 不发育。裂隙大多为陡倾角、延伸长度一般为 5.0～10.0m,NNW 组延伸性最好,而 NW—NWW 组一般延伸短小、裂隙面多平直稍粗,局部微弯。以无充填和充填绿帘石占多数,绝大部分为硬性结构面。走向 NW—NWW 组中的大部分裂隙和走向 NEE 组中的少数裂隙与边坡夹角较小,走向与边坡夹角小于 30°的裂隙一般不发育,但对边坡的稳定和变形也有一定的影响。

表 4.3.2 船闸基岩主要断层特征

断层编号	分布部位	产状(°)			出露长度(m)	断层宽度(m)						胶结程度	断面类型	特征	备注
		走向	倾向	倾角		糜棱岩	碎斑石	角砾岩	碎裂岩	碎裂××岩	总宽				
f_{1050}	一闸室	50～75	320～345	58～81	81.4		0～0.30	0～0.40	0～0.50	0.30～3.50	1.0～4.0	差	弯曲，粗糙	具上、下断面，分布近水平擦痕。碎斑岩呈黄绿色，胶结差，风化加剧，岩质呈半疏松—疏松状，角砾岩呈果绿色，岩质呈半坚硬状，内含方解石团块。碎裂岩呈灰绿色，胶结差，岩质呈半疏松状。碎裂××岩呈棕黄色，其内裂隙发育，岩质呈半疏松状	断层岩性差，已做槽挖量换混凝土处理
f_{1239}	二闸首	60～70	340～350	55～75	138.0					0.2～1.0	0.2～1.0	差	起伏粗糙，局部稍粗	构造岩主要为紫红色碎裂××岩，沿断面分布少量碎裂岩及绿帘石膜，有擦痕岩石受风化影响，岩质呈半坚硬—半疏松状	为块体 R_2S_{102} 主滑面

续表

断层编号	分布部位	产状(°)			出露长度(m)	断层宽度(m)						胶结程度	断面类型	特征	备注
		走向	倾向	倾角		糜棱岩	碎斑石	角砾岩	碎裂岩	碎裂××岩	总宽				
F_{215}	三闸室	40～70	310～340	60～85	＞150.0	0～0.01	0～0.10	0～1.00	0～0.5	0.5～3.1	0.5～3.1	差	起伏粗糙，微弯稍粗	具多个断面，辉绿岩脉与伴生。主断面局部分布少许黄绿色糜棱岩，胶结差。角砾岩呈透镜体状分布，灰绿色带浅红色，胶结差，具溶蚀孔隙，风化加剧严重，岩质呈半疏松状。碎裂岩和碎裂××岩呈黄褐色，胶结差，风化加剧，岩质呈半疏松状。在直立坡上有地下水渗出，呈潮湿—微渗水状	沿断层带已做抽槽处理
f_{1096}	四、五闸室	47～60	120～143	60～80	＞150.0		0.1～0.3	0～0.9	0～0.3，局部1.5	0～3.0	0.2～4.0，局部9.5	差	起伏粗糙	具上、下断面，附糜棱岩。角砾岩和碎裂岩胶结较差，风化加剧，岩质呈疏松—半疏松状夹半坚硬块。碎裂××岩呈黄褐色，胶结差，岩质呈半疏松状—半坚硬状。在直立坡上沿断层有少量渗水状	断层带已做抽槽处理
f_{1441} (f_5)	二闸室三闸首中隔墩	275～298	5～28	49～73	284				0.01～0.1	0.1～1.6	0.1～1.7	差	起伏粗糙	具多个断面，见倾角40°及垂直擦痕，局部分布暗绿色碎斑岩、胶结差，风化加剧，岩质半疏松。碎裂岩及碎裂××岩呈黄褐色，胶结差，风化加剧，岩质呈半疏松状。断层带及两侧同断层裂隙发育，岩体破碎	

4.3.2.4 岩体风化

船闸各部位边坡自坡顶至闸底板，岩体的风化程度逐渐减弱，即边坡岩体由全风化、强风化、弱风化带上部和弱风化带下部逐渐过渡为微风化—新鲜岩体。由于船闸主体段原始地形由三闸首向上游及下游逐渐降低，各底板高程也随之下降，在一闸室及四闸室中部至六闸首部位，弱风化带下部顶面高程低于闸顶设计高程。

4.3.2.5 水文地质

(1)地下水补排条件

船闸区在施工开挖前，地下水分水岭与地表分水岭基本一致，在山脊处地下水位最高，向上游及下游逐渐降低。地下水主要为大气降水补给，降水大多形成地表径流，并通过各级冲沟排入长江，少部分降水入渗成为地下水。一部分沿复杂的岩体裂隙网络向长江方向运移；一部分沿透水性较好的岩脉和断层等结构面在沟谷底部以泉水形式出露。泉水一部分转化为地表径流沿沟谷流入长江，一部分则形成二次入渗，重新补给地下水。船闸结构混凝土浇筑完毕后，在南坡山体，降水为地下水的主要补给源，而排水洞及坡面排水管网为主要的排泄通道；在北坡山体，降水和较远处山体中地下水的侧向补给为地下水的主要补给源，同南坡一样，排水洞和坡面排水管网为主要排泄通道；在中隔墩，地下水基本无补给源，两侧直立坡坡面排水管网为主要的排泄通道。

(2)排水洞疏排水量

船闸南坡及北坡各7层排水洞，排水沟处共设置水堰44个，监测资料显示：

1)南坡总渗漏量为175～935L/min，北坡总渗漏量为136～590L/min，南坡及北坡全部排水洞的总渗漏量为360～1356L/min。受降雨的影响在6—9月渗漏量大些，边坡形成后渗水量没有增大的趋势，自2008年实施175.0m水位试验性蓄水以来，水库蓄水对排水洞渗漏量没有明显影响。

2)北坡排水洞均有渗水排出，南坡第7层排水洞基本没渗水，2004年以后，南坡第5～7层排水洞内的排水孔绝大部分无渗水，有渗水的孔比北坡少。

4.3.2.6 地应力

船闸边坡开挖前，在主体段共布设7个钻孔测试地应力。测试结果表明，船闸区地应力量级不高，各闸室底板附近微新岩体中最大水平主应力一般为9.5～10.0MPa，方向为NW。全强风化带结构疏松，构造应力已充分释放，其地应力按自重应力场处理。弱风化带上部岩体中的水平应力则根据弹性模量的相对大小，取微新岩体相对地应力的1/3。

4.3.2.7 岩体结构

岩体风化程度不同，岩体中结构面性状及发育程度不同，因此岩体结构类型也不同，可划分为6种，即整体结构、块状结构、次块状结构、镶嵌结构、碎裂结构和散体结构。船闸区弱风化下带及微新岩体，以块状结构为主，部分为整体结构和次块状结构，局部断层构造岩及裂隙密集带为镶嵌结构或碎裂结构，全强风化岩体为散体结构。

4.3.2.8 岩体(石)物理力学性质

三峡工程施工前的各勘测设计阶段，对坝区及船闸区岩体(石)和结构面物理力学性质进行了大量的室内试验和现场试验及研究。船闸线路选定后，在其北坡的3011平硐中对不同类型岩体及结构面补充进行了抗剪及变形试验，并在6个水压致裂法地应力测试孔中，做岩石的抗压强度测试。根据上述试验成果，考虑下述的条件及因素，提出各类岩体(石)及结构面物理力学参数。①以试验成果为依据，对结构试点(块)地质条件及其所处地质单元的代表性进行分析后选取。②变形参数主要根据现场试验成果，并考虑岩体风化分带，结合试点岩体的完整性即岩体结构类型取值。③岩体抗剪强度取值以抗剪断峰值强度为依据，并参考有关规范和工程类比确定；结构面抗剪强度取值以抗剪断峰值强度为依据，并考虑摩擦试验和试件地质条件进行适当调整。④岩体抗拉强度取值，微新岩体按算术平均值进行折减作为岩体抗拉强度值。船闸区闪云斜长花岗岩岩体(石)和断层构造岩及裂隙密集带物理力学参数建议值分别见表4.3.3和表4.3.4，表中的参数均未考虑开挖爆破及卸荷松弛的影响。船闸开挖施工过程中的各类稳定分析计算皆考虑边坡岩体的卸荷松弛分带及爆破影响等因素，对各种参数作了不同程度的折减。在边坡块体稳定性分析计算中，船闸区岩体及结构面的抗剪强度指标设计取用残余强度值(表4.3.5)，该值较地质建议值有所降低。

表4.3.3 闪云斜长花岗岩岩体(石)物理力学参数建议值

<table>
<tr><th colspan="2" rowspan="2">风化分带</th><th rowspan="2">岩体结构类型</th><th rowspan="2">岩石抗压强度(湿)(MPa)</th><th rowspan="2">岩体抗拉强度(MPa)</th><th rowspan="2">密度(t/m³)</th><th rowspan="2">岩体变形模量(GPa)</th><th rowspan="2">泊松比</th><th colspan="2">岩体抗剪强度</th></tr>
<tr><th>f′</th><th>c′(MPa)</th></tr>
<tr><td colspan="2">新鲜</td><td>块状似层状</td><td>90～110</td><td>2.5</td><td>2.70</td><td>35～45</td><td rowspan="2">0.20</td><td rowspan="2">1.7</td><td rowspan="2">2.0～2.2</td></tr>
<tr><td colspan="2" rowspan="2">微风化</td><td>块状似层状</td><td rowspan="2">85～100</td><td>2.5</td><td>2.70</td><td>35～45</td></tr>
<tr><td>次块状</td><td>2.0</td><td>2.70</td><td>25～30</td><td>0.22</td><td rowspan="2">1.5</td><td rowspan="2">1.6～1.8</td></tr>
<tr><td rowspan="4">弱风化</td><td rowspan="2">下部</td><td>块状</td><td>75～85</td><td>2.0</td><td>2.68</td><td>25～30</td><td>0.22</td></tr>
<tr><td>次块状</td><td>75～85</td><td>1.5</td><td>2.68</td><td>15～20</td><td>0.23</td><td>1.3</td><td>1.4～1.6</td></tr>
<tr><td rowspan="2">上部</td><td>块状</td><td>40～70</td><td>0.5</td><td>2.68</td><td>5～20</td><td rowspan="2">0.25</td><td>1.2</td><td>1.0</td></tr>
<tr><td>碎裂</td><td>15～20</td><td>0.0</td><td>2.65</td><td>1～5</td><td>1.0</td><td>0.5</td></tr>
<tr><td colspan="2">强风化</td><td>碎裂</td><td>15～20</td><td></td><td>2.65</td><td>0.5～1.0</td><td>0.30</td><td>1.0</td><td>0.3～0.5</td></tr>
<tr><td colspan="2">全风化</td><td>散体</td><td>0.5～1.0</td><td></td><td>2.55</td><td>0.02～0.05</td><td>0.40</td><td>0.8</td><td>0.1～0.3</td></tr>
</table>

表 4.3.4　　断层构造岩及裂隙密集带物理力学参数建议值

<table>
<tr><th colspan="2" rowspan="2">岩石名称</th><th rowspan="2">风化分带</th><th rowspan="2">岩体构造类型</th><th rowspan="2">岩体抗压强度(湿)(MPa)</th><th rowspan="2">密度(t/m³)</th><th rowspan="2">岩体变形模量(GPa)</th><th rowspan="2">泊松比</th><th colspan="2">岩体抗剪强度</th></tr>
<tr><th>f′</th><th>c′(MPa)</th></tr>
<tr><td rowspan="7">断层构造岩</td><td rowspan="3">碎裂××岩</td><td>新鲜</td><td>镶嵌</td><td>80～90</td><td>2.67</td><td>10～20</td><td>0.22</td><td rowspan="3">1.0～1.2</td><td rowspan="3">0.9～1.2</td></tr>
<tr><td>微风化</td><td>镶嵌</td><td>60～80</td><td>2.67</td><td>10～20</td><td>0.23</td></tr>
<tr><td>弱风化</td><td>镶嵌</td><td>30～60</td><td>2.65</td><td>5～10</td><td>0.25</td></tr>
<tr><td rowspan="2">碎裂岩</td><td>微风化</td><td>镶嵌</td><td>50～70</td><td>2.61</td><td>10～20</td><td>0.23</td><td>0.9～1.0</td><td>0.8～1.0</td></tr>
<tr><td>弱风化</td><td>镶嵌</td><td>40～50</td><td>2.60</td><td>5～10</td><td>0.25</td><td></td><td></td></tr>
<tr><td>碎斑岩</td><td>微风化</td><td>镶嵌</td><td>50～70</td><td>2.58</td><td>10～15</td><td>0.23</td><td>0.9～1.0</td><td>0.8～1.0</td></tr>
<tr><td>F_{215} 软弱构造岩</td><td>微风化</td><td>碎裂散体</td><td></td><td>2.56</td><td>0.2～0.5</td><td>0.30</td><td></td><td></td></tr>
<tr><td colspan="2">裂隙密集带</td><td>微风化</td><td>镶嵌</td><td>80～90</td><td>2.67</td><td>10～20</td><td>0.23</td><td></td><td></td></tr>
</table>

表 4.3.5　　船闸区岩体及结构面强度指标设计取用

<table>
<tr><th rowspan="2">岩体名称</th><th rowspan="2">风化强度</th><th colspan="2">抗剪强度</th><th colspan="2">残余强度</th></tr>
<tr><th>f′</th><th>c′(MPa)</th><th>f</th><th>c(MPa)</th></tr>
<tr><td rowspan="4">闪云斜长花岗岩</td><td>微风化</td><td>1.8</td><td>1.80</td><td>1.30</td><td>0.70</td></tr>
<tr><td>弱风化</td><td>1.3</td><td>1.00</td><td>1.10</td><td>0.35</td></tr>
<tr><td>强风化</td><td>1.0</td><td>0.35</td><td>0.90</td><td>0.15</td></tr>
<tr><td>全风化</td><td>0.7</td><td>0.10</td><td>0.70</td><td>0.07</td></tr>
<tr><td rowspan="2">软弱结构面</td><td>微新、弱风化</td><td>0.6</td><td>0.18</td><td>0.50</td><td>0.08</td></tr>
<tr><td>强风化</td><td>0.4</td><td>0.12</td><td>0.35</td><td>0.05</td></tr>
<tr><td>硬性结构面</td><td></td><td>0.7</td><td>0.20</td><td>0.60</td><td>0.10</td></tr>
</table>

4.3.3　船闸高陡边坡加固及变形控制

4.3.3.1　高陡边坡稳定分析

船闸沿线基岩为闪云斜长花岗岩，边坡大部分为微新岩体或弱风化岩体下部，岩体完整，整体强度高。高边坡顶部的全强风化带可能会发生圆弧滑动；弱风化带以下岩体，主要是由断层、裂隙相互切割形成在坡面上出露的几何块体沿结构面滑动。根据船闸运行要求，设计工况边坡抗滑稳定安全系数采用 1.5，校核工况采用 1.1～1.3。当不能满足稳定要求时采用锚杆或预应力锚索加固。高边坡稳定分析包括整体稳定分析和局部稳定分析两大部分。边坡整体稳定分析，主要研究边坡变形稳定条件，反映边坡岩体的应力、位移，以及塑性区分布和范围，为边坡的整体稳定性评价提供基础，以指导边坡加固设计。边坡局部稳定分析，主要研究边坡抗滑稳定条件，计算边坡块体抗滑稳定安全系数，为边坡块体加固设计提供支撑。

(1)高陡边坡整体稳定分析

边坡整体稳定分析以有限元计算为主，辅以刚体极限平衡法计算。

1)有限元分析计算边坡岩体应力及变形。

考虑到边坡在地应力场条件下深开挖及边坡几何形态复杂的特点，为了解边坡岩体应力及变形状态，在各设计阶段展开了大量二维和三维数值仿真分析，包括弹性、弹塑性、弹脆塑性、黏弹性、弹塑黏性、弹塑性断裂损伤、流变损伤断裂等多种模型分析。

分析成果表明：

①随着边坡下挖，岩体应力状态不断调整、局部出现拉应力，边坡上部斜坡段，弱风化带拉力区延伸较大，微新岩体拉力区一般在15m内，在南、北两侧直立墙顶马道向下1/4高度，中隔墩顶部向下2/3高度等区域均有一个因开挖卸荷而产生的受拉、拉剪的塑性区，拉应力一般为0.2MPa，最大值0.8MPa。对此塑性区进行滑动稳定校核，仍能满足抗滑稳定要求。在闸室底板与直立墙底部的拐角处有压应力集中现象，最大压应力为25MPa，仍在岩体允许应力范围内。其余部位应力均在岩体安全范围内。

②随边坡下挖，南、北两侧边坡呈现卸荷回弹变形，北侧边坡（左边坡）向右上方变形，而南侧边坡（右边坡）向左上方变形；中隔墩顶面主要向上变形，两侧分别向右上方及左上方变形，且随两侧坡高的差异，坡高较低一侧水平位移小，较高一侧水平位移大，最大水平位移在南、北坡全强风化带为20～28mm，北坡直立坡顶为20～21mm，南坡直立坡顶为19～33mm；最大垂直位移在南、北坡全强风化带为43mm，北坡直立坡顶为17mm，南坡直立坡顶为32mm，中隔墩顶为54mm。各种分析方法变形值相差不大，均为同量级。边坡变形的量值是上部大于下部，水平位移值在20～60m，边坡岩体流变特性微弱，属稳定性流变，考虑流变的时间因素，则流变产生的水平位移占总位移的10%左右。边坡下挖每一梯段结束后，10天完成变形的90%，一般15～20天达到基本稳定；边坡在开挖完工后，半年即可达基本稳定，此后的流变位移值在毫米级内，因此在运行期内边坡岩体不会因产生较大变形而影响船闸的安全运行。

2)刚体极限平衡法计算边坡稳定安全系数K_c。

南坡及北坡整体稳定刚体极限平衡法稳定分析，分为整体高边坡（指南坡及北坡顶至直立坡底）和直立坡两种情况进行，其中整体分析采用能量法（EMU），直立坡分析采用能量法计算和常规计算。

高陡边坡整体稳定分析，采用中国水利水电科学研究院EMU计算程序，进行二维刚体极限平衡方法分析。将边坡视为均质体，进行最危险滑裂面自动搜索，在边坡顶假设一条10m深的垂直拉裂缝，缝内渗压取全水头。不计边坡普通砂浆锚杆作用，在直立墙部位加2排3000kN级的预应力锚索，水平布置。计算结果表明：无地震、不加锚索，$K_c>2.9$；在Ⅶ度地震作用下，不加锚索，$K_c>2.5$，均满足设计规定要求。计算施加预应力锚索，对高边坡整体稳定影响甚微。

直立坡整体稳定分析，采用EMU计算，原理和程序同上。直立坡顶平台垂直拉裂缝深度假定为15m，缝内渗压取全水头。计算结果表明：无地震，不加锚索，$K_c>1.7$；在Ⅶ度地震作用下，不加锚索，$K_c>1.5$，均满足设计规定要求。计算施加预应力锚索，对直立坡整体稳定作用较为明显，整体稳定安全系数值可提高约10%。

直立坡整体稳定分析，采用常规计算，基本以有限元计算的塑性区为分析对象，进行平面刚体极限平衡法抗滑稳定计算，计算范围取直立坡顶平台宽度15m，高度40m；考虑开挖卸荷后裂隙连通率增加一倍，取20%；假设开挖卸荷后直立坡顶平台产生垂直拉裂缝深7.5m，缝内渗压取全水头；边坡开挖后塑性区岩体受到损伤，滑面力学参数采用残余强度。计算结果表明：$K_c>2.7$，满足设计安全系数规定，该安全系数相当于运行期设计工况的安全系数。

(2)高陡边坡局部稳定分析

高边坡局部稳定分析是针对各种结构面切割而成的块体的抗滑稳定分析，采用刚体极限平衡法计算。考虑到高边坡上块体一般深度较浅，受开挖卸荷和爆破影响较大，稳定计算采用岩体结构面的残余强度，对于体积小于100m^3的块体不计c值作用。

根据地质勘查所揭露的结构面，将边坡块体分为定位块体、半定位块体和随机块体3类。定位块体是指由断层与断层(岩脉)组合的在边坡坡面上出露的可移动块体；半定位块体是指由定位断层(岩脉)与裂隙组合的在边坡坡面出露的可移动块体；随机块体是指由裂隙与裂隙组合的在边坡出露的可移动块体，随机块体难以根据开挖前的地质资料确定。船闸边坡开挖施工中，设计将主体段边坡稳定问题概括为块体、潜在不稳定岩体区和岩体破碎区三大类型。

经高边坡开挖揭露，共发现块体1054个，其中直立坡上790个，占总数的75.0%。在1054个块体中，小于100m^3的块体694个，占块体总数的65.8%，其中直立坡段有473个，占该类块体的68.2%。1000m^3以上的块体有52个，占大于100m^3块体总数的14.4%，大于10000m^3的特大块体1个，占大于100m^3块体总数的0.28%。在直立坡段有9个大于1000m^3块体发生了大于100m^3的局部失稳，另有1个块体完全失稳已全部挖除。设计虽不能对大多数块体进行预先定位，但对块体稳定性的判断基本正确。施工中发生过局部失稳的块体，经锚固处理，均未发生继续失稳现象。

潜在不稳定岩体区和岩体破碎区是指虽有结构面组合，但结构面不连通，尚未形成在边坡坡面出露的可移动块体。由于潜在不稳定岩体区和岩体破碎区岩体完整性差，加上边坡开挖后卸荷和爆破振动影响，可能产生垮塌、变形甚至失稳，因此需进行锚固喷护处理。船闸主体段高边坡开挖岩体可划分为开挖损伤区(表层松动带)、卸荷影响区(应力调整带)和轻微或未扰动区。距坡面0～8m为开挖损伤区，该区岩体受爆破卸荷影响较为明显，变形大于局部岩体，岩体受到损伤，裂隙大多张开、力学参数明显降低；距坡面8～20m为卸荷影响区，该区受卸荷影响，岩体产生松弛变形，松弛由外向内呈渐变，局部表现为结构面张开，力学参数也有所降低；距坡面20m以后为轻微或未扰动区，该区受开挖卸荷影响轻微，岩体性状基本未受到影响，力学参数与开挖前相同。对开挖损伤区和卸荷影响区岩体需进行稳定分析，对不满足设计稳定要求的部位及块体，均需进行加固处理。

4.3.3.2 船闸高陡边坡加固及变形控制

(1)高陡边坡排水系统

高陡边坡稳定分析成果显示，地下水是影响边坡稳定的主要因素。边坡开挖形成后，降低岩体内的地下水位是保证边坡稳定的主要措施。三维渗流场分析成果表明，船闸基坑开挖成形后，在坡面喷护防渗条件下，遇连续降雨，若无排水设施，则南、北两侧边坡岩体地下水自由面下降不大，坡面出逸点在微风化带顶板附近；若只设排水洞，则地下水自由面有所降低，但不明显；若在排水洞间设置排水孔幕，则地下水有较大幅度降低，南、北坡地下水出逸点接近闸室底板，排水效果显著。现场岩体疏干试验成果亦表明：微新岩体中如仅采用单一的排水洞排水，不能产生明显的排水效果；当在排水洞内钻设排水孔幕时，则有明显的疏干效果。据此，确定船闸高边坡采用地表截、防、排水和地下排水结合，以地下排水为主，地表截、防、排水为辅的综合排水设计方案。通过截、防、排水，尽可能降低高边坡岩体地下水位，减小渗水压力，提高边坡稳定性。

1)地表截、防、排水系统。

地表排水系统的作用是拦截边坡外地表径流，阻隔地面及地下水力联系，将地表水尽快排离边坡范围，减少坡面入渗。该系统具体布置如下：

①坡面喷混凝土及浇筑混凝土防护。

在距边坡开口线15～30m范围坡顶进行表面清理后喷12cm厚混凝土；全、强、弱风化岩坡面挂镀锌铁丝网后喷12cm厚混凝土；闸墙以上微新岩石坡面喷厚7cm混凝土，边坡马道浇筑20cm厚混凝土，中隔墩顶面及闸墙顶公路浇筑25cm厚护面混凝土。

②截、排水沟。

紧邻坡顶喷混凝土层外侧设置周边截水沟；各级马道上设纵向排水沟，并与周边截水沟相连；坡面每100～150m设一条横向排水沟，连接上、下层马道。截水沟与纵向及横向排水沟构成坡面排水沟系统，按实测最大小时降雨量为101.6mm时排水沟不漫流这一设计标准来控制断面。

③坡面排水孔。

边坡坡面均设置上倾10°的排水孔，其孔排距3m×3m，孔深0.7～3.0m，孔径46mm，以释放由各种原因形成的喷混凝土层后残余渗水压力。

2)地下排水系统。

地下排水系统的作用是排泄山体裂隙水，降低南、北两侧边坡岩体地下水位，由地下排水洞及洞内钻设的排水孔组成。该系统具体布置如下：

①排水洞。

南、北两侧边坡岩体内各布置7层排水洞，洞距坡面水平距离30～45m，一般纵坡坡度为5‰。各层排水洞高程自上而下分别为200m、170～175m、152～177m、130～152m、

110～125m、89～94m和70～72m。在南、北两侧边坡各布置2个通风吊物竖井，通过水平交通支洞与各层排水洞相连，竖井断面为直径3.0m的圆形。位于直立坡中部和上部的排水洞兼作直立坡预应力锚索施工洞，断面直径为3.0～3.5m，其余各层排水洞断面尺寸为2.5m×3.0m(宽×高)。南、北坡各7层排水洞总长度23825.3m，洞挖方量为18万m^3。

②排水孔。

南、北坡最上层排水洞与其余排水洞在相对位于最上层范围的洞段均设置2排排水孔，排水孔深入强风化岩3～5m，其余各洞段均设1排排水孔，下层排水洞的排水孔伸入上层排水洞底板以上5m，从而形成连续的排水孔幕。一闸室部位的排水洞因距上游水库较近，排水孔孔距为2.0m，其他排水洞段的排水孔距均为2.5m，排水孔均为仰孔，孔径91mm，相互搭接形成连续的排水孔幕。施工过程中，根据排水孔出水量大小及山体排水洞洞壁湿润程度，在局部洞段适当增设了向山体侧的加强排水孔。南、北坡7层排水洞内设置的排水孔总进尺13.5万m。

为防止船闸输水系统由混凝土裂缝而引起的内水外渗，增加地下水压力，在船闸基础排水廊道及部分山体排水洞段内向中隔墩及两侧地下输水廊道(输水洞)顶方向设置盖顶式斜向基岩排水孔，以充分降低地下水位。排水孔进尺11.8万m。

在直立坡与船闸边墙衬砌混凝土之间，设有排水管网，并将排水管网中的渗水通过船闸边墙底部的纵向排水廊道汇集到六闸首南、北两侧集水井，然后抽排至下游引航道。集水井设计排水能力为250m^3/h。

根据船闸区山体渗流分析，由排水洞及排水孔幕组成的岩体排水系统，可起到良好的排水效果，在船闸横剖面上，排水后的地下水位线基本为各层排水洞的连线。

(2)高陡边坡加固

1)高陡边坡系统加固。

高陡边坡系统加固是指在充分采取排水措施，维持边坡整体自稳的开挖轮廓的前提下，改善边坡岩体的受力及变形条件和边坡塑性区岩体的整体性，以提高边坡岩体稳定度而进行的加固。系统加固措施包括坡面喷混凝土支护、系统锚杆加固和系统锚索加固等。

①坡面喷混凝土支护。

高边坡斜坡面均采用喷混凝土或挂网喷混凝土，以防止岩体进一步风化和减少雨水入渗。挂网采用机编镀锌铁丝网，喷12cm厚混凝土。

②系统锚杆加固。

系统锚杆均为全长黏结砂浆锚杆。主要用于与坡面喷混凝土结合，提高边坡表层松动带的整体性、加固边坡出露的小块体，直立坡段兼作船闸衬砌墙结构锚杆。具体布置如下：

斜坡段：对于全强风化层岩体，垂直坡面系统布置2m×2m、深1.5m的挂网锚杆；对于微风化层岩体，下倾7°布置4m×4m、深6～8m的系统锚杆，间插2m×2m、深1.5m挂网锚杆；对于弱风化层岩体，下倾7°布置3m×3m、深5～8m的系统锚杆。系统锚杆均为ϕ25mm Ⅱ级钢。斜坡段共布设系统锚杆4144根，挂网锚杆21038根。

直立坡段：垂直坡面自上而下布置 2m×2m～1.5m×1.35m，长 8～12mϕ32mm 高强结构锚杆，兼作边坡支护锚杆，共约 10 万根/100 万 m。并在直立坡顶部坡口系统布置 3 排共约 7000 根"锁口"锚杆，孔距 3m，排距 2m，深 12～14m，ϕ32mm 钢。

③系统锚索加固。

系统锚索主要限制边坡塑性区卸荷裂隙的扩展，改善直立坡及中隔墩岩体的应力状态及变形条件，提高边坡稳定性。具体布置如下：

斜坡段：在二、三闸室段弱风化层至微风化层岩体斜坡面系统布置 1～2 排 1000kN 级和 1 排 3000kN 级预应力端头锚索，以防止边坡张裂，锚索深 35～40m，间距 3m。

直立坡段：南、北两侧直立坡及中隔墩的塑性区系统布置 2 排 3000kN 级锚索，上排布设在坡顶以下 4～6m 处，长 40～55m，下排布设在直立坡中部，长 35～55m，间距均为 3～4m；南坡及北坡与对应高程地下排水洞对穿；中隔墩两侧对穿。

2)高陡边坡局部加固。

船闸高陡边坡局部加固主要是指边坡开挖过程中在坡面出现的块体、不完全切割块体及反倾薄板状岩体等各类块体的加固。通过对块体的加固处理，改善和提高块体稳定性，使其达到设计要求的标准，以确保船闸施工期和运行期的安全。高边坡局部加固处理采取以下工程措施：

①对于不完全切割块体的稳定性，一般在上一梯段开挖中就可预报，裂隙未完全连通，有部分为岩桥，自身可保持稳定，但如果施工中爆破不当或卸荷变形未加限制，可能使岩桥被切断，形成完全块体，并产生滑移失稳破坏。设计从偏安全考虑，不考虑岩桥的作用，与完全切割块体同等对待，视块体的体积和岩石性状及块体形态，通过计算分析确定加固处理措施。

②反倾薄板状岩体为与边坡近平行且倾向坡内的结构面切割直立坡形成的薄板状岩体，主要为倾倒变形，当变形未加限制时，在爆破及卸荷等因素影响下会发展为倾倒或失稳破坏。一般采取结合锁口锚杆、高强系统锚杆及系统锚索并另布设随机锚杆的措施进行加固处理，而体积较大的增布随机锚索加固。

③对于直立坡顶面采取找平混凝土封闭，以防止降雨入渗；闸室槽开口第一梯段采用"锁口"锚杆，必要时采用挂网喷混凝土防护等临时支护措施，以确保施工期安全。对直立坡顶部有张开裂缝的直立坡上部的块体，需增加"锁口"锚杆以限制裂缝扩展。

④体积小于 100m^3 的块体埋深较浅，视现场情况对其采用挖除或普通锚杆加固达到稳定要求。对体积大于 100m^3 的块体，设计逐个进行计算分析，布设随机锚索、锚杆进行加固；对于高薄型块体，结合墙背排水系统增设穿过块体结构面的排水孔，降低地下水压力、改善块体稳定条件，并提高抗倾覆稳定性；对于严重松动的块体和软弱破碎岩体，经分析论证其他措施不能满足安全要求时，采取挖除处理。

⑤体积大于 1000m^3 的块体的岩石性状、形态和各自的条件是复杂多变的，常常不是哪一种模式和类型能够完全概括的，需要针对具体的情况进行适时、灵活和符合实际的分析和

判断，通过分析计算，采取多种措施相结合的处理方案，并埋设多点位移计、锚索测力计、位移外观点及地下水观测孔等监测项目实施全面监控。

船闸直立坡面体积大于 1000m^3 的块体有 52 个，其中 4 个块体自稳可不做处理，48 个块体需进行处理；左线北坡直立坡体积不小于 1000m^3 的块体有 11 个，其中 1 个挖除，其余 10 个采用预应力锚索加固处理；右线南坡直立坡体积不小于 1000m^3 的块体有 12 个，均采用预应力锚索加固处理；中隔墩两侧直立坡体积不小于 1000m^3 的块体有 25 个，其中 1 个挖除，其余 24 个采用预应力锚索加固处理。高边坡共布置 1000kN 级端头锚锚索 230 束，3000kN 级端头锚锚索 666 束，3000kN 级对穿锚索 1271 束。加固直立坡潜在不稳定块体共布置 3000kN 级端头锚锚索 1309 束，3000kN 级对穿锚索 528 束。对采取预应力锚索加固处理的 46 个块体，其中 30 个块体安装了监测设施。船闸直立坡典型块体加固处理方案及其处理效果分述如下：

f_5 块体（块体 L_3S_{101}）：f_5（f_{1441}）断层位于二闸室至三闸首中隔墩，走向与船闸轴线接近平行，倾向 5°～28°，倾角 49°～73°，并与上游 f_2、f_6 等垂直流向的断层切割形成大型潜在不稳定块体，称 f_5 块体或块体 L_3S_{101}。块体几何形状复杂，为凹形块体，体积可达 29659m^3，该块体部位原已布置 51 束 3000kN 级锚索，后又增加布置加固锚索 274 束，总共布置 325 束 3000kN 级锚索，增加布置排水孔 188m。为了解块体稳定状况和加固处理效果，在该块体部位埋设多点位移计、锚索测力计、钻孔倾斜仪、测缝计和锚杆测力计。边坡块体稳定计算设计工况荷载组合为块体自重＋闸室内水压力＋重力墙荷载＋地下水全水头＋门推力（闸首部位）。该块体稳定分析成果表明，自重情况下块体滑移模式为单滑，结构面参数 f' 为 0.70，c' 为 0.80MPa，抗滑稳定安全系数 K_c 为 0.39。随着加固锚索数量的增加，块体滑移模式由单滑变为双滑，安全系数 K_c 随之增加，当锚索数量增加到 200 束时，K_c 提高至 1.72；布置锚索 274 束，K_c 为 2.64。f_5 块体布置锚索测力计 9 支监测锚索受力情况，测力计均穿过 f_5 断层。锚索预应力检测显示 f_5 块体部位锚索受力正常；两台多点位移计监测成果显示，块体变形处于稳定状态；三闸首高程 160.00m 平台上与 f_5 块体相关的 5 个测点的位移曲线显示，三闸首高程 160.00m 平台呈现三面开挖的卸荷回弹变形特点，变形随下挖深度增大，1999 年 4 月开挖完工后变形开始趋于稳定。变形未出现突变现象，说明 f_5 块体没有产生相对滑动变形，处于整体稳定状态；另外钻孔倾斜仪、测缝计和锚杆应力计测值也都说明 f_5 块体稳定。

f_{1239} 块体（块体 R_2S_{102}）：f_{1239} 块体位于右线二闸首南坡，是由走向 60°～70°，倾角 55°～75°的 f_{1239} 断层切割二闸首支持体凸角岩体形成的潜在不稳定块体，体积 4252m^3。在块体上共布设 3000kN 级预应力锚索 124 束，排水孔 650m。该块体稳定分析成果表明，自重情况下块体滑移模式为单滑。结构面抗剪参数 f' 为 0.60，c' 为 0.10MPa，抗滑稳定安全系数 K_c 为 1.04，施加预应力锚索 68 束，安全系数 K_c 提高到 1.91；布设 3000kN 预应力锚索 124 束，K_c 为 3.00。f_{1296} 块体布设 6 束端头锚索测力计和 1 束对穿锚索测力计，监测结果表明锚索预应力损失呈缓慢增长，没有出现锚固力增大的现象，说明锚固体及锚索受力正常。在锚索密集区布设多点位移计，孔深 20m，且安装与锚索施工同时进行，施测的位移均为压缩变形。位移曲线显示，开挖完工后压缩变形还呈现缓慢增大的趋势，这说明预应力锚索对于加固类似 f_{1239} 这类有一定厚度的软弱结构面的块体效果较为明显。穿过 f_{1239} 断层的多点位移计没有出现拉伸位移，也说明 f_{1239} 块体处于稳定状态。f_{1239} 块体顶面的外观监测点观测结果显示，Y 方向位移随下挖深度的增加而增大，开挖完工后位移趋于稳定；X 方向位移值较小；垂直方向表现为上抬位移，测值约 5mm；位移变化规律与没有块体的部位相同，说明块体加固后，处于稳定状态。

块体 L_2S_{109}：块体 L_2S_{109} 位于二闸室 13-13 剖面（一闸首挡水前沿下游 494m）中隔墩北墙，由 f_2 和 f_3 切割形成，体积为 7216m^3。该块体稳定分析成果表明，自重情况下，块体滑移模式为单滑，结构面抗剪断参数 f_1'为 0.65，c_1'为 0.15MPa，抗滑稳定安全系数为 0.99，随着锚索数量的增加，块体滑动模式由单滑变为双滑（另一滑面 f_2'为 0.60，c_2'为 0.10MPa，）安全系数 K_c 随之增大。块体共布设 3000kN 级锚索 58 束，安全系数 K_c 为 2.23。中隔墩北墙、南墙分别布置外观监测点。闸槽开挖后，由于块体 L_2S_{109} 的存在，中隔墩北墙的 Y 向（闸槽方向）水平位移变化速率明显大于南墙，闸槽开挖完工后，北墙的 Y 向水平位移变化率明显降低，说明块体处于稳定状态，也说明预应力锚索加固作用显著。

4.3.4 中隔墩裂缝处理

4.3.4.1 中隔墩裂缝成因分析

1998 年 6 月，一闸室至五闸室航槽开挖至一半深度时，发现中隔墩顶面找平混凝土及阀门井周围产生了不同程度的裂缝。二闸室至三闸首段是边坡最高部位，也是裂缝较严重部位。经调查统计，在二闸室至三闸首（一闸首挡水前沿下游 407～714m）中隔墩顶部浇筑找平混凝土范围内共发现裂缝 140 条。多数裂缝规模较小，延伸长度和开度均不大。一般裂缝长度小于 10m，其数量占裂缝总数的 76%；少量裂缝长 10～20m；长度大于 20m 的共 10 条，占裂缝总数的 7%；裂缝最长 31.4m。裂缝开度小于 3mm 的占裂缝总数的 76%；少量裂缝开度 3～10mm；裂缝开度大于 10mm 的 4 条，占裂缝总数的 3%；裂缝最宽达 23mm。裂缝下切深度一般约 10m；中隔墩 1 号竖井观测最大下切深度为 20m。裂缝集中在中隔墩岩体裂隙密集带，且顺纵向发展。中隔墩顶部找平混凝土裂缝的成因是多方面的，除混凝土本身干缩及温差因素外，分析裂缝成因有：①地质构造是裂缝出现的主要内因；②开挖卸荷是裂缝的主要内因；③爆破影响是岩体开裂和裂缝扩展的原因之一；④锚固不及时导致裂缝扩展和缝宽增大。

4.3.4.2 中隔墩裂缝处理措施

1）锚固支护，作为限制中隔墩裂缝扩展的主要处理措施，结合边坡块体加固共增布中隔墩裂缝处理 3000kN 级预应力锚索 283 束。

2）对中隔墩找平混凝土上的所有裂缝进行防渗处理，对裂缝集中部位增加表层固结灌浆。

3)补充监测设施,观测中隔墩岩体深部断层及裂隙的发展情况,以便及时采取补充处理措施。

4.3.5　船闸高边坡监测资料分析

4.3.5.1　高边坡监测设施

(1)边坡变形监测

边坡变形监测主要有边坡表面水平及垂直位移监测和边坡深部位移监测,后者包括倒垂线、引张线、钻孔测斜仪、水平向多点位移计、伸缩仪、精密水准点等的布设。

1)边坡表面水平及垂直位移监测。

在船闸南、北边坡各级马道和中隔墩顶部,按监测断面和实际监测需要布设表面水平及垂直位移监测点共 141 个。这些监测点以船闸变形监测的水平及垂直位移监测控制网网点作为工作基点,采用交会法观测其水平位移,采用精密水准法观测其垂直位移。

2)边坡深部位移监测。

①倒垂线及引张线。在对应于二闸室闸顶高程的南边坡及北边坡第 5 层排水洞内,布置引张线 4 条,南、北边坡各 2 条,设测点 41 个。各引张线的端点以倒垂线作为工作基点(南坡及北坡各 3 条倒垂线)。倒垂线及引张线主要观测边坡最高部在排水洞处的变形稳定情况。

②钻孔倾斜仪。在二、三闸室各监测断面南坡及北坡各级马道和中隔墩两侧岩体中,共布设铅直向钻孔倾斜仪 22 个;在 15-15(位于二闸室、距一闸首挡水前沿 570m)、17-17(位于三闸首,距一闸首挡水前沿 675m)和 20-20(位于三闸室、距一闸首挡水前沿 785m)监测断面直立坡共布设 12 个钻孔倾斜仪测孔;另在四、六闸首南边坡,五闸首北边坡各布设 1 个测孔。

③水平向多点位移计。在第 3 层排水洞(17-17 及 20-20 监测断面南边坡及北边坡)、第 4 层排水洞(17-17 及 20-20 监测南边坡及北边坡、15-15 监测断面南边坡),垂直于船闸中心线向闸室方向布置水平多点位移计,共布设 9 套;在直立坡及中隔墩不稳定块体布设 19 支水平向多点位移计,以监测块体变形情况。其中 f_5 块体 4 套,f_{1239} 块体 2 套。另在右线船闸二闸室中部南侧的 8 号勘探平洞内布设 7 套多点位移计。

④伸缩仪及精密水准点。在二、三闸室南边坡及北边坡第 4～7 层排水洞的监测支洞内,垂直于船闸中心线布置水平向伸缩仪测线。共布设伸缩仪 34 套,并与伸缩仪测线结合布置精密量距测线 44 条。另在右线船闸二闸室中部南侧的 8 号勘探平洞内布设 9 套伸缩仪,并与之结合布置精密量距测线 9 条。

(2)边坡渗流监测

1)地下水位监测。

地下水位主要通过测压管和渗压计进行监测。

①地下水长期观测孔。

在二闸室至三闸首布设了 4 个孔深 60～91m 的水位长期观测孔(1～4 号),监测边坡地下水位变化。

②测压管。

在第1～6层排水洞内共布设有110个测压管，钻孔深度一般为8～20m。其中第3～5层排水主洞和支洞内的26个测压管位于排水孔幕靠坡面一边的外侧。第7层排水洞(N7和S7)共布置了5个深91～113m的垂直测压管，并在孔内分段定点埋设了17支渗压计，以全面了解南、北坡地下水位的分布情况。

2)渗漏量监测。

根据南、北边坡各层排水洞渗漏水在排水沟内的流向及汇集情况和分段量测的原则，共布设量水堰44个。

(3)边坡岩体锚固结构受力监测

1)锚杆应力监测。

在南、北边坡每一级斜坡段各布设锚杆应力计22支，监测高边坡锚杆受力状况。在一、三、五闸首以及二、三、四闸首各直立坡沿不同高程共布置65支锚杆应力计以监测直立坡锚杆受力状态。在13-13(位于二闸室，距一闸首挡水前沿494m)、15-15、16-16(位于二闸室，距一闸首挡水前沿620m)、17-17和20-20断面以及一些裂隙发育和存在结构面部位的直立坡“锁口”锚杆上布置锚杆应力计，共布设80支。

2)锚索锚固力监测。

在船闸边坡开挖初期，北边坡及南边坡斜坡分别布设14台及6台锚索测力计，以监测边坡锚索受力状态；在直立坡开挖中，分别在南坡、北坡和中隔墩布置25台、17台和25台锚索测力计，针对三闸首中隔墩 f_5 断层以及大型(体积71000m^3)不稳定块体，增补锚索测力计26台，以监测直立坡、中隔墩锚索以及不稳定块体结构锚索的受力情况。其中，f_5 块体和 f_{1239} 块分别布置14台和9台锚索测力计。

4.3.5.2 边坡监测分析成果

(1)高边坡变形

1)南、北边坡表面变形。

①南、北边坡主要向闸室方向(临空面方向)变形，其向闸室方向的水平位移远比顺水流向的水平位移和沉降量大。

②南、北边坡向闸室方向水平位移沿高程从上至下略有减小。截至1999年4月开挖结束时，北边坡斜坡向闸室方向位移在9～39mm，南边坡在4～53mm，南、北直立坡顶向闸室位移分别为4～35mm和11～27mm。1999年4月以后各点位移略有增加，截至2014年12月，南、北边坡斜坡实测向闸室最大位移分别为74mm和59mm，南边坡15+850m高程215m处TP39GP02的位移最大，南、北直立坡顶的最大位移分别为47mm和34mm。水库蓄水及船闸通航对南、北高边坡变形的影响不明显。

③南、北边坡向下游方向的位移较小，2014年12月实测位移在－3～34mm，向下游方

向的位移最大的测点为南边坡200m高程马道的TP42GP02点，该点位于竖井扩宽段的拐角处，其位移主要由下游临空面卸荷产生。

④南、北边坡垂直位移主要表现为沉降，沉降值约在17mm以内。

⑤位移主要发生在开挖过程中。开挖结束后位移减缓，位移增量逐年减小并趋于收敛。从岩性看，全部微新及弱风化岩体上的测点变形收敛较快，仅南、北斜坡顶部少数几个全强风化岩体上的测点变形收敛较慢。变形收敛较慢的测点主要是由岩体的蠕变造成的，属局部现象，对边坡整体稳定没有影响。

2)中隔墩顶部表面。

①船闸中隔墩变形包括应力释放过程中产生的卸荷回弹变形和直立坡形成过程中由于自重荷载作用产生的变形。由于开挖过程中，中隔墩两侧及顶面3个方向均产生应力释放，而闸首部位有4个方向的应力释放(多一个下游方向的临空面)，加之中隔墩各部位的地质条件和初始地应力状态不同，使得各部位的变形极为复杂，位移方向各异。

②中隔墩不同部位闸室方向位移数值大小和方向均存在较大的差异，大多数测点南侧向南、北侧向北位移，但在二闸首至三闸首有的部位均向一侧变形。2014年12月实测北侧向闸室方向的位移为－19～33mm，南侧向闸室方向的位移为－6～24mm。

③2014年12月实测中隔墩顶北侧向下游方向的位移为6～26mm，南侧为－5～23mm。TP119GP01测点向下游方向的位移最大，该点位于三闸首横向坡顶高程160m平台处，其位移主要由横向直立坡的卸荷产生。

④2014年12月中隔墩顶部垂直位移主要为下沉，实测沉降量为－14(回弹)～15mm(下沉)。

⑤2000—2014年中隔墩顶向闸室方向位移的各年平均值与多年平均值的差值均在±1.5mm以内波动，基本在观测误差范围内，表明中隔墩位移稳定，中隔墩在开挖结束后变形很快收敛。

3)南边坡及北边坡岩体内部变形。

①排水洞内多点位移计。

南边坡及北边坡第3～6层排水洞内埋设的水平多点位移计实测成果表明：

(a)相对位移主要发生在1997年4月至1999年4月的边坡开挖过程中，开挖完工后位移没有明显增加。2003年6月水库蓄水及船闸通航后各点测值没有明显变化。2013年12月多点位移计实测的相对最大位移为27mm。

(b)相对位移主要由岩体卸荷作用所致。1999年4月闸槽开挖完工后，位移没有明显增加，表明边坡变形已趋于稳定。

②直立坡上的多点位移计。

针对直立坡开挖出现的大型块体布设水平多点位移计，以观测块体的长期稳定性，大部分测点的位移起测时间在1999年4月开挖完工后。实测成果表明，各测点相对位移值均在4.9mm以内，位移没有明显增加，块体是稳定的。

③排水洞支洞内伸缩实测岩体变形。

南边坡及北边坡第 4～7 层排水洞在二闸室至三闸室的 13-13、15-15、17-17 和 20-20 监测断面附近布设垂直于船闸轴线的支洞，支洞靠临空面的部位为岩体卸荷松驰区，而靠排水洞端为非卸荷松驰区。排水洞内伸缩仪主要观测岩体在支洞轴向测线长度范围内的相对变形(各点相对排水洞主洞端的变形，以拉伸为正)，观测成果表明，变形主要发生在开挖过程中，1999 年 4 月边坡开挖完工后，变形速率减缓，并很快趋于收敛。2003 年 6 月水库蓄水及船闸通航后实测变形没有变化。2010 年 12 月实测排水洞支洞最大累计变形为 13.25mm。

④排水洞内倒垂线实测岩体水平位移。

在高程 155.00m 处，南边坡及北边坡第 5 层排水洞内各布置 3 条倒垂线(孔深 35～49m)，锚固点高程 106.00～120.00m，位于闸室底板高程附近，距闸室边墙的水平距离为 40～58m。倒垂线实测水平位移表明，排水洞处岩体均向闸室临空面方向位移，1999 年 4 月开挖完工后，变形速率趋缓并趋于收敛。2013 年 12 月实测水平位移在 4.5mm 以内。

各监测设施典型测点观测的闸室向位移过程线见图 4.3.2。由图可知，高边坡表面位移测点以及卸荷松弛带内的深部多点位移计、伸缩仪、滑动变形计等的实测变形值均在 1999 年边坡开挖及支护结束之后稳定，表明包括直立坡块体的边坡各部位均是稳定的。

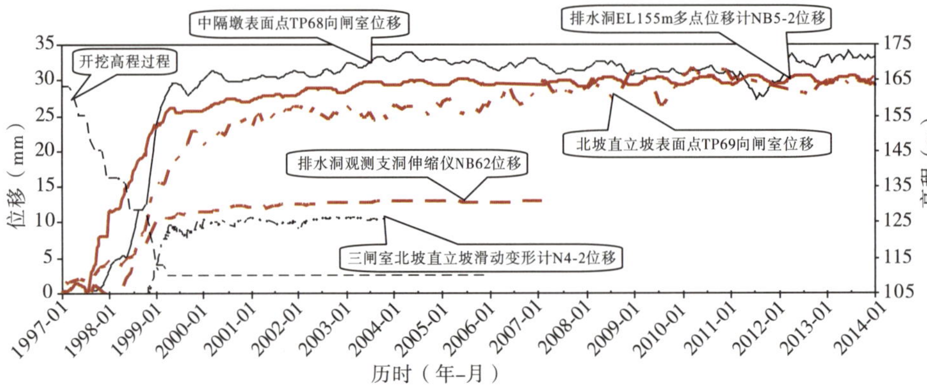

图 4.3.2 各监测设施典型测点观测的闸室向位移过程线

(2)高边坡锚索受力状态

高边坡布置 115 支锚索测力计监测锚索的长期预应力状态和边坡稳定情况。监测锚索除 2 根采用有黏结锚索外(测力计于 2000 年 11 月失效)，均为无黏结锚索。监测数据显示：

1)实测锚索锁定预应力损失在－0.6%～6.4%，平均为 2.8%。

2)2014 年 12 月实测锁定后预应力损失平均为 12%，包括直立坡块体上锚索预应力，损失变化符合一般规律。锚索安装 1 年后，锚索锁定后平均损失为 8%，绝大部分在 15%以内；锚索锁定 2 年后的预应力变化很小，基本稳定，并略受气温影响而呈现出年周期变化。南边坡 3000kN 级锚索锁定后预应力损失过程线见图 4.3.3。

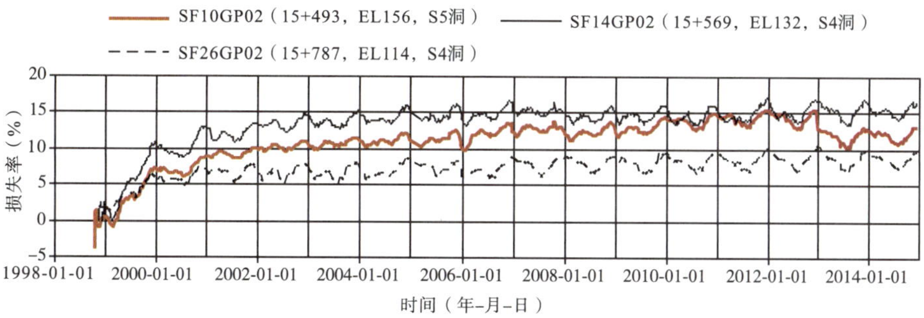

图 4.3.3　南边坡 3000kN 级锚索锁定后预应力损失过程线

3)大型块体上锚索预应力损失量与非块体部位没有明显区别，预应力损失和变化规律也基本一致。以 f_{1239} 块体为例，其锁定后 1 年的平均锁定后预应力损失率约为 7.2%，而南边坡其他测力点实测锁定后 1 年的平均锁定后预应力损失率约为 7.6%。

4)船闸通航运用对边坡锚索锚固力没有明显影响，锚索预应力没有陡然变化现象，表明边坡是稳定的。

(3)高陡边坡渗流观测

1)南边坡及北边坡地下水位。

南边坡及北边坡排水洞测压管实测地下水位成果表明：

①随着船闸槽下挖和南边坡及北边坡排水洞排水孔的实施，边坡地下水位下降。1999 年 4 月开挖完工后，地下水位趋于稳定。除 3 个测压管外，绝大部分测压管水位均低于相应洞底高程，且此后第 1～5 层排水洞的测压管水位变幅小于 5m，大部分测压管水位年变幅在 2m 以内。实测水位均低于设计水位，水库蓄水对边坡地下水位变化的影响不甚明显。

②边坡开挖过程中测压管水位变化与降雨量呈现出相关性，1999 年 4 月开挖结束后，降雨对顶部第 6、7 层排水洞测压管水位有一定影响，对第 1～5 层排水洞测压管水位影响不明显，说明边坡的截、防、排水系统发挥了较好作用。

③地下水具有明显的非饱和裂隙水渗流特点，无明确的地下水浸润面。从南边坡及北边坡排水洞内的渗漏情况看，有些部位基本为干洞，有些部位有湿印，有些部位靠外侧是干的，靠内侧有渗水，有些部位有线状渗水流，说明边坡疏干区范围内地下水分布极不均匀。

④边坡开挖完工后，第 3～6 层排水洞排水孔幕外侧的测压管大部分处于疏干或半疏干状态。这说明排水孔幕已起到疏排地下水流，有效降低地下水位的作用，边坡开挖面附近岩体处于疏干或半疏干状态，对高边坡稳定是有利的。

2)南边坡及北边坡渗漏量。

①南边坡总渗漏量为 175～935L/min，北边坡总渗漏量为 136～590L/min，南边坡及北边坡全部排水洞的总渗漏量为 360～1356L/min。受降雨影响在汛期渗漏量大于非汛期。边坡形成后渗水量没有增大的趋势，水库蓄水位变化对排水洞渗漏量没有明显影响。

②北边坡所有排水洞均有渗水排出，南边坡第 7 层排水洞基本无渗水。2004 年以后，南

边坡第5～7层排水洞内排水孔绝大部分无渗水，有渗水的数量比北边坡少。

③南边坡第4层排水洞的大部分渗水在洞中已排向第3层排水洞，故南边坡第4层排水洞量水堰流量较小，而第3层排水洞量水堰流量较大。

4.3.5.3 船闸高陡边坡变形控制效果检验

船闸自2003年6月投入试运行以来，各项监测成果分析表明，高陡边坡变形是稳定的，闸首及闸室墙变形、边坡地下水及闸墙背渗压、闸墙高强锚杆应力、高边坡锚索及锚杆应力等均在设计允许范围内。水库135m水位蓄水、156m水位蓄水和175m水位试验性蓄水对边坡地下水、船闸闸基渗流、船闸变形没有明显影响，高边坡和闸首、闸室形态变化正常。实测各级闸首底部的位移量均很小，绝大部分测值在±1.5mm；闸首顶部横向位移在－0.83～5.73mm，纵向位移在－3.83～5.21mm；各级闸室闸墙顶部的水平位移在－1.5～6.1mm；闸首及闸室闸墙顶部位移量受气温影响呈周期性变化，位移年周期性变化量在±2.0mm以内。闸墙变形没有随时间增大的趋势，水库蓄水及船闸充泄水对闸墙位移的影响不明显；闸首变形不影响船闸人字闸门的正常开启。船闸运行十多年实践表明，高陡边坡加固后，其变形控制效果良好，保障了船闸安全运行。

4.4 船闸闸墙与岩体共同作用的衬砌式结构

4.4.1 衬砌式结构技术特点

三峡船闸结合工程的地形、地质条件，经论证决定保留两线间中隔墩岩体，在直立开挖的岩槽中，采用与岩体联合受力的分离式薄壁衬砌结构，衬砌墙的高度为48.0～68.5m，其规模和技术难度远大于世界上已建船闸，目前国内外尚无专门的规程、规范或设计标准可供遵循。

4.4.1.1 船闸衬砌式结构的技术特点

1)衬砌结构与岩体联合受力。

2)墙后岩体是结构体系的基础，要求坚硬、完整，除自身稳定、变形满足设计要求外，还需承受衬砌结构传递的荷载。

3)衬砌闸首受力变形满足人字闸门及启闭机的运行要求。

4)混凝土墙体是结构体系的主体，要求能保证自身的强度、限裂和防渗能力。

5)锚杆作为高薄衬砌结构与岩体之间的联系构件，受力条件比较复杂，不仅承受渗压产生的轴力，而且还承受结构自重及温度变形产生的弯曲应力，其布置对衬砌结构的受力有较大的影响，是体系可靠工作的关键。

6)渗透压力是衬砌结构的主要荷载，为有效地控制渗透压力，衬砌墙背与岩面间的高效排水系统，是保证体系正常工作的重要保证。

4.4.1.2 研究的主要问题

1)深切开挖直立岩坡的研究。

2)衬砌结构性状研究。

3)衬砌墙、结构锚杆、岩体联合受力体系的受力机理研究。

4)结构锚杆的构造和防腐技术研究。

5)墙后排水系统研究。

4.4.2 直立岩坡加固技术

船闸边坡开挖轮廓复杂,边坡岩体地应力释放和岩体卸荷,会对边坡稳定造成不利影响。同时,船闸结构和设备运行,对岩体变形限制要求严格,为满足稳定及控制变形要求,对岩坡加固开展了大量的研究和处理工作,保证了高陡岩坡的稳定与变形控制要求。

直立岩坡按结构基础要求进行开挖,作为结构的组成部分,在整体稳定和变形控制满足要求的前提下,需对受开挖爆破和卸荷松弛影响的直立岩坡及块体按结构要求进行加固研究和处理。

4.4.2.1 块体分布特征与破坏形式

直立墙顶部及各级闸首纵横向开挖面交界拐角处最易形成块体,半数以上的块体分布于这些部位,块体沿坡顶走向出露范围约占直立坡总长度的1/3。

直立坡开挖期间,共发现和编录各类块体784个,其中60%以上的块体方量不足$100m^3$,由于其出露范围和规模较小且失稳大多与开挖同时发生,处理相对简单,对直立坡的成形及施工安全影响不大。相对而言,$100m^3$以上的块体虽然数量较少,但其体积占块体总体积的90%以上,其危害性、复杂性及处理难度都远超过$100m^3$以下的小规模块体。

块体失稳破坏的主要形式是滑移。对于规模较大的块体,尽管组成块体的结构面往往很多,但控制性滑移面仍只有1~2个。因此,所有的滑移块体最终都可概化为单滑面块体和双滑面块体两大类。

另一类失稳形式是倾倒式破坏,主要是由反倾坡内的高陡倾角结构面切割而形成的单薄块体。由于块体重心高,底部支承面积小,受开挖卸荷或爆破振动等影响,块体易脱离边坡产生向坡外的明显变形,但又由于岩体弹模及抗压强度很高,因此最终发生破坏时块体仍是沿其底部某个最不利方向或相对薄弱面剪断滑出。

4.4.2.2 块体加固技术

(1)加固计算模式

船闸直立坡块体的稳定分析及加固设计一般采用刚体极限平衡法,对重要部位的特大型块体还采用有限元法进行岩体应力应变分析,闸首支持墙作用于块体的结构荷载通过三维有限元计算确定。

针对直立坡段块体外荷载作用特点,刚体极限平衡法一般采用改进Hoek公式进行计算。对于二维单滑面块体,其稳定应满足式(4.4.1)。

$$K \geqslant \frac{cA + f' \cdot (W\cos\psi + V\cos\psi - U - H\sin\psi + T\cos\theta)}{W\sin\psi + V\sin\psi + H\cos\psi - T\sin\theta} \tag{4.4.1}$$

式中，K 为安全系数；c 为滑动面黏聚力；f'为摩擦系数；A 为滑动面面积；ψ 为滑动面倾角；W 为块体自重；U 为作用于滑动面上的地下水压力；H、V 为作用于块体上的外荷载垂直、水平分力；T 为锚固支护力；θ 为锚固支护与滑动面法向夹角。

对于三维双滑面块体，其稳定计算基本表达式为：

$$K \geqslant \frac{c_1 A_1 + c_2 A_2 + N_1 f_1{}' + N_2 f_2{}'}{S} \tag{4.4.2}$$

式中，c_1、c_2 为各滑动面黏聚力；A_1、A_2 为各滑动面面积；$f_1{}'$、$f_2{}'$为各滑动面摩擦系数；N_1、N_2 为各滑动面法向压力，为 W、H、V、T、U 与滑动面产状及锚固力方位角的函数；S 为块体沿滑动面交棱线的下滑力，为 W、H、V、T 与滑动面产状及锚固力方位角的函数。

(2)块体处理

针对块体采取的工程处理措施，其目的主要是提高块体稳定性，使之达到设计要求的标准。块体处理的工程措施主要包括以下方面：

1)为了充分保护岩体和尽量保持结构要求的开挖轮廓，块体处理以锚固作为普遍采用的主要加固措施，对于 $100m^3$ 以下块体一般采用锚杆加固，$100m^3$ 以上的块体一般采用预应力锚索加固。

2)对于严重松动的块体和软弱破碎岩体采取挖除置换处理，但由于三峡船闸直立坡岩体既硬又脆，且隐蔽裂隙发育，一次开挖卸荷后再次爆破很容易造成岩体的二次损伤或裂隙的松弛张开，因此对挖除措施的采用较为谨慎，在能够采取其他措施时，一般尽量避免重复开挖。

3)结合墙背排水系统增设穿过块体结构面的排水孔以降低地下水压力，也是改善块体稳定，特别是抗倾覆稳定的重要措施。

4)根据直立坡块体分布与基岩状况，必要时通过适当调整衬砌结构的布置或改变结构的形式，以改善块体的稳定条件。

4.4.3 船闸闸墙衬砌式结构设计理论研究

船闸闸墙薄衬砌结构受力需要考虑混凝土、岩体、锚杆三者的共同协调工作，相关计算分析必须考虑衬砌与岩体之间的接触关系，且混凝土与岩体均存在非线性力学特性，因此船闸闸墙薄衬砌结构分析和设计要比一般船闸复杂得多，应研究建立船闸薄衬砌结构的设计理论、方法和技术标准。

船闸薄衬砌结构分析的关键是解决衬砌结构与岩体接触关系的准确模拟，传统的接触面本构假定接触面闭合时，界面能承担不超过剪切强度的切向力，界面张开时则无切向刚度和切向力。事实上，由于开挖后岩体表面不是绝对平整，与混凝土之间会形成咬合力，即使岩体与混凝土衬砌之间有一定的张开，切向咬合力仍然存在。在温度作用下，有时三峡衬砌结构某些部位会与岩体脱开，即岩体与衬砌接触面会部分张开，这时若采用传统界面本构关系，就大大低估了岩体与衬砌界面实际的切向咬合力。为此，提出了能考虑岩体与衬砌界面切向咬合力的衬砌结构与岩体接触面的本构关系。假设接触面初始法向间隙为 d，两个切

向的初始间隙为 d'_t 和 d'_s，在荷载增量作用下产生的缝面两侧法向相对位移增量为 ΔW_n，两个切向的相对位移增量分别为 ΔV_t 和 ΔV_s，则衬砌结构与岩体接触面的物理方程见式(4.4.3)。

$$\sigma_n = K\left(\sum \Delta W_n + d\right), K = \begin{cases} K_n & \left(\sum \Delta W_n + d\right) \leqslant 0 \\ 0 & \left(\sum \Delta W_n + d\right) > 0 \end{cases} \tag{4.4.3a}$$

$$\tau_t = K_t'\left(\sum \Delta V_t - d'_t\right)\operatorname{sgn}\left(\sum \Delta V_t\right), K_t' = \begin{cases} K_t & \left(\sum \Delta V_t - d'_t\right) \geqslant 0 \\ 0 & \left(\sum \Delta V_t - d'_t\right) < 0 \end{cases} \tag{4.4.3b}$$

$$\tau_s = K_s'\left(\sum \Delta V_s - d'_s\right)\operatorname{sgn}\left(\sum \Delta V_s\right), K_s' = \begin{cases} K_s & \left(\sum \Delta V_s - d'_s\right) \geqslant 0 \\ 0 & \left(\sum \Delta V_s - d'_s\right) < 0 \end{cases} \tag{4.4.3c}$$

式中，σ_n 为接触面法向应力；τ_t、τ_s 为接触面切向应力；K_n 为缝面单位面积的法向刚度；K_t、K_s 为缝面单位面积的切向刚度；$\operatorname{sgn}(\sum \Delta V_t)$表示相对位移差 $\sum \Delta V_t$ 的符号。

由于墙后岩体作用，衬砌墙厚度对墙体的受力条件不起主要作用，闸室薄衬砌墙厚度主要取决于锚杆在墙中的结构布置及施工要求，提出衬砌墙最小厚度根据式(4.4.4)拟定。

$$\delta_{\min} = \delta_R + \delta_D + \delta_C \tag{4.4.4}$$

式中，δ_R 为锚杆抗拔出最小厚度；δ_D 为锚头厚度；δ_C 为保护层厚度。

衬砌式结构需通过高强锚杆保证混凝土与岩体的联合受力，锚杆不但要承受渗透水压产生的拉力，还要承受因衬砌结构变形而产生的剪力。锚杆在衬砌墙混凝土中的承载力由混凝土拉拔剪力锥或锚杆强度控制，锚杆的强度应满足式(4.4.5)。

$$\left(\frac{V_1 P_u}{\varphi_2 P_c}\right)^{\frac{4}{3}} + \left(\frac{V_1 V_u}{\varphi_2 V_c}\right)^{\frac{4}{3}} \leqslant 1 \tag{4.4.5a}$$

$$\left(\frac{V_1 P_u}{\varphi_1 P_s}\right)^{2} + \left(\frac{V_1 V_u}{\varphi_1 V_s}\right)^{2} \leqslant 1 \tag{4.4.5b}$$

式中，P_u 为锚杆承受的拉力；V_u 为锚杆承受的剪力；P_c 为混凝土拉拔剪力锥达到屈服破坏时受到的拉力；V_c 为混凝土拉拔剪力锥达到屈服破坏时受到的剪力；P_s 为锚杆达到屈服强度时承受的拉力；V_s 为锚杆达到屈服强度时承受的剪力；V_1 为锚杆强度安全系数，取 1.9；φ_1 为系数，取 1；φ_2 为系数，取 0.85。

衬砌与岩体之间的高强锚杆在接触面靠岩体一侧设置了能自由变形的“自由段”，有效减小了锚杆对衬砌墙体切向变形的约束，降低锚杆的剪应力，改善锚杆跨缝处的应力条件，充分发挥锚杆抗拉强度大而抗剪强度小的特点。根据实测资料，衬砌与岩体接触面处的锚杆最大拉应力均小于设计要求的限值，接触面测缝计实测值为－0.5～0.6mm(正值为张开)，船闸充泄水及水库蓄水均对测值变化没有明显影响。

截至 2023 年，三峡船闸已通航运行 20 年，历经了水库围堰挡水发电期、初期运行期 175m 试验性蓄水期和正常运行期。对船闸各项监测成果的分析表明，船闸边坡变形是稳定的，边坡地下水及墙背渗压、闸首及闸室墙变形、高强结构锚杆应力等均在设计允许范围内，输水系统运行正常，其主要技术指标均达到或超过设计标准。经运行实践验证，三峡船闸所采用的技术先进、合理、可靠，使世界船闸技术取得了突破性的新发展。

4.4.4 衬砌式闸首关键技术

4.4.4.1 结构特点

衬砌式闸首边墩与底板之间设有永久结构缝，各自独立受力，结构具有以下特点：

1)衬砌式闸首边墩不能依靠自身的体量维持结构的稳定性和结构的强度、变形要求。必须依靠墙后较为完整坚硬的岩体与边墩混凝土结构联合受力，才能满足结构稳定、强度和变形要求。即在高水位工况下，利用墙后岩体的支承作用以抵抗人字闸门推力、内水压力等荷载；在完建、检修工况下，利用结构锚杆将边墩结构与岩体连成整体，共同承受渗透压力等荷载作用。

2)闸首边墩结构为衬砌结构—锚杆—岩体联合受力的空间结构体系，混凝土结构与岩体结合面具有非线性受力特点，由于三者之间相互约束，结构体系受力复杂。

3)三峡船闸为连续五级，根据水级划分结果，结构采用闸首边墩上段(门龛段)建基面高程与上级闸室底板相同，边墩下段(人字闸门支持墙)建基面高程与下级闸室底板建基面相同的结构型式，两段高差 26m，支持墙高 68m。门推力作用在支持墙的中上部，边墩整体结构受力复杂。

4.4.4.2 研究的主要技术问题

高水头大型连续船闸的闸首采用分离式衬砌结构是一种大胆的技术创新，有许多技术问题需要深入研究。分离式衬砌闸首结构需解决以下关键技术问题：

1)作为结构一部分的下部直立岩体，在整体稳定和变形控制满足要求的前提下，如何保证结构与岩体形成可靠的联合工作体系，混凝土结构与岩体协调工作；在各种工况条件下，荷载引起的变形应如何满足人字闸门及边墩上机械设备的运行要求。

2)衬砌式闸首如何充分利用岩体抗压强度高的特点，合理确定结构尺寸和有关技术参数，减少土石方开挖和混凝土浇筑工程量，减少工程造价。

3)高水位运行条件下，支持墙的整体抗滑能满足要求，抗倾稳定需要岩体的支撑作用，此时，需对支持墙与岩体之间的接触状态进行研究，以保证支持墙在微小的变位时，岩体能提供足够的抗力，使建基面基底应力满足要求。船闸完建或检修时，保证支持墙抗倾稳定能由锚杆的强度控制。

4)除直立边坡本身应保持稳定及控制变形外，岩体的流变是否会对船闸设备的长期运行带来不利影响。

4.4.4.3 主要技术措施

经综合研究，衬砌式闸首的主要技术措施如下：

(1)对结构进行合理分缝分块

衬砌式闸首采用在支持墙与门龛段之间设永久横向结构缝。这一措施将有效地降低门前段结构混凝土的拉应力,改善结构的受力条件。同时,由于设置永久横向结构缝,门龛段受力条件与闸室墙相同,闸首结构技术问题的实质是对支持墙结构技术进行研究。

(2)设置结构锚杆

支持墙基本断面尺寸为18.7m×12m(顺流向长度×垂直流向宽度),支持墙背面及下游面布置结构锚杆,以有效地限制支持墙与岩体接触面的张开度,保证支持墙与岩体的联合受力条件。锚杆选用直径32mm、屈服强度不小于800MPa、极限抗拉强度不小于1000MPa的高强精轧螺纹Ⅴ级钢筋。锚杆杆长为9~13m,锚杆间距1.5m×1.5m。锚杆设置一定长度的自由变形段。

(3)墙背设置排水系统

支持墙与岩体接触面设置高效、可靠的排水系统,严格控制墙后地下水位,保证结构与岩体联合工作条件。

4.4.4.4　研究结论

本部分衬砌式闸首是一个复杂的非线性空间体系,其结构研究主要包括闸首结构的应力应变状态,与岩基的接触情况及锚杆的受力规律等。对该结构体系的力学分析如下:

(1)闸首混凝土结构与基岩初始接触形态的研究

本部分重点研究施工过程和完建期混凝土结构与岩基之间的接触形态、锚杆的初始应力、混凝土结构的应力和变形状态等,并为运行工况下的结构分析确定非线性边界条件和结构的初始应力状态。分析采用考虑混凝土施工浇筑过程和收缩徐变特性的有限元仿真计算方法。

分别对支持墙与基岩之间不设锚杆,设锚杆且锚杆在接触面处的自由长度分别为0.5m和1.0m等3种方案结合面的张开度进行研究。结果表明,当不设锚杆时,支持墙与基岩结合面张开度最大达7mm,且接触面从上到下全部张开。当设锚杆时,在夏季支持墙与基岩结合面顶部合拢,下部张开;在冬季顶部和底部张开,中部高程闭合。这表明支持墙混凝土表面夏季膨胀,冬季收缩,而在接触面上,温度变化极小,且滞后约半年时间。夏季支持墙与基岩结合面受到锚杆的约束,缝面在顶部向岩体靠拢而中间张开,在冬季则相反。研究表明,夏季支持墙与基岩结合面张开度大于冬季张开度,当锚杆自由长度在0.5m以上时,张开度不超过3mm。

(2)高水位运行状态下闸首结构计算分析

在运行工况下,闸首承受水荷载及人字闸门推力作用,边墩向岩体方向变形,岩体对混凝土结构起到支撑作用。根据前述温度变形计算结果,在有锚杆约束的条件下,虽然墙体与岩体之间存在某一形态初始间隙的影响,但是初始间隙的张开度较小,且不论夏季还是冬季，缝隙总有部分处于闭合状态。部分岩体可以为支持墙提供足够的抗力，保证结构的整体稳定和基底应力条件。此时忽略锚杆作用，将此时闸首结构作为分析模型研究。

高水位运行工况下，基底基本上均处于受压状态，仅在相邻航槽侧上游角点局部出现0.1MPa的拉应力，但拉应力范围很小。基底最大压应力值为3.5MPa。

(3)检修状态下闸首结构分析

在检修工况下，闸首边墩主要承受墙后渗水压力，墙体向航槽方向变形。由于假定混凝土结构与岩体之间不承受拉应力，因此在这种工况下，接触面的缝隙形态对结构力学性态影响可忽略不计，主要分析锚杆的受力状态及其对混凝土结构应力、应变的影响。衬砌式闸首在检修状态下，锚杆强度满足设计要求。

(4)支持墙变形

由于支持墙、结构锚杆和岩体联合受力，墙背设置排水系统，因此在各种条件下，支持墙变形均很小，满足人字闸门及其设备的运行要求。

(5)岩体徐变

三峡船闸因开挖卸荷地应力释放而导致岩体变形，但对船闸结构有影响的主要是在船闸衬砌墙浇筑和人字闸门安装后继续发生的岩体变形，即运行期岩体的时效变形。大量计算分析表明，高边坡每开挖一级，在10天内约可完成总变形的90%，一般15～20天变形基本稳定。边坡开挖完工至人字闸门安装投入运行的间隔时间长达3年左右，人字闸门真正投入运行后，岩体的流变量非常微小，一般在结构的容许范围。但在闸门结构上仍然预留了一定微调裕度，以满足在岩体发生小量变形后对闸门进行微调的要求。

4.4.4.5 结构布置

分离式衬砌闸首边墙在闸底板两侧距闸墙面2m处各设一道纵缝。二、三闸首布置有防撞警戒装置，门龛段长度24.8m，门库长24m，深5.4m。闸门支持墙段18.7m，其中利用人字闸门支持墙段4.2m。闸首结构总长43.5m。四闸首不设防撞装置，门龛段长22.8m，其他尺寸与二、三闸首相同，总长41.5m。

闸首边墙贴岩坡面设有水平和竖向排水系统，门龛段水平和竖向排水采用排水管，支持墙水平排水廊道宽1.1m，高2m，竖向排水廊道间距约6m，断面尺寸为80cm×80cm。竖向排水廊道间还设有一竖向排水管。

闸首底板根据布置要求由3部分组成，即帷墙上游段、帷墙段和帷墙下游段，3段之间设缝分开。底板宽30m，帷墙上、下游段厚5.3m。帷墙为衬砌式结构，高度为22.6m。底板内设基础排水廊道，闸首纵向排水廊道与闸室纵向排水廊道相连。底板上、下游段各设一条横向排水廊道，形成底板的封闭排水系统，以降低底板的渗压力。

衬砌式闸首平面布置及纵剖面见图4.4.1。

衬砌式闸首典型断面见图4.4.2。

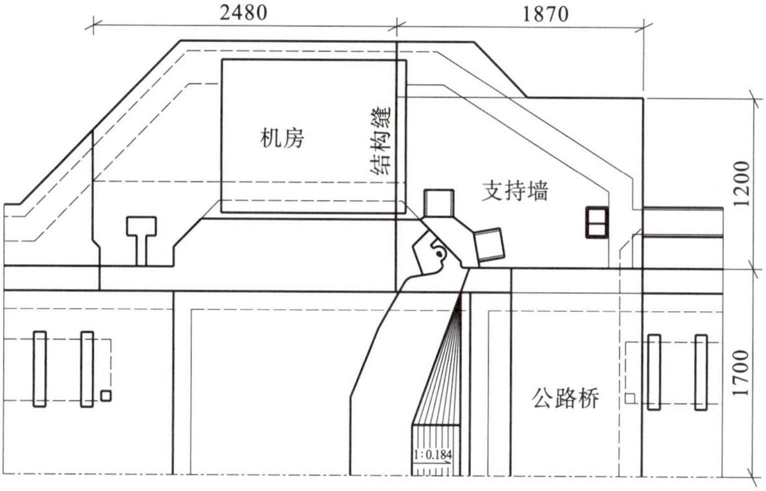

(a)平面布置

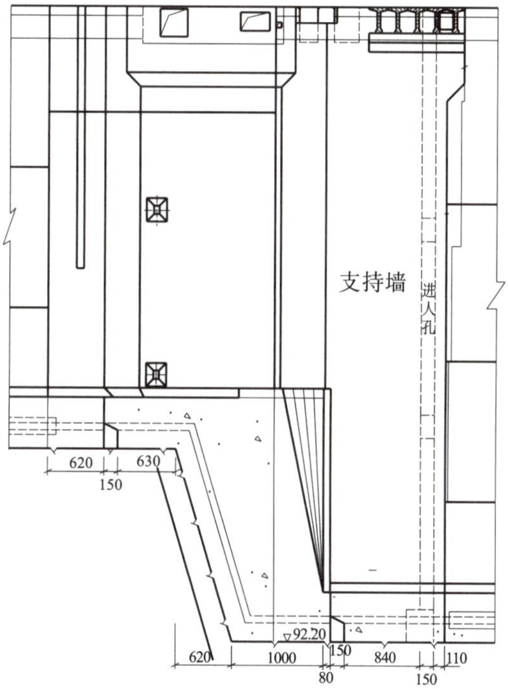

(b)纵剖面

图 4.4.1　衬砌式闸首平面布置及纵剖面(单位:cm)

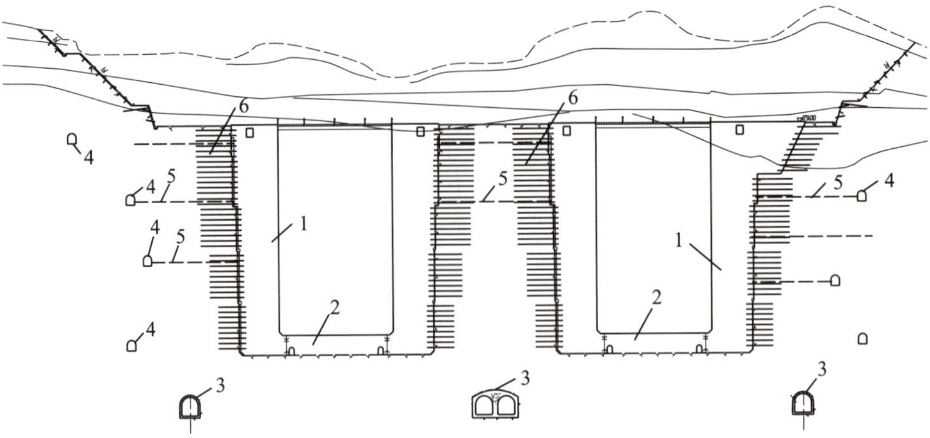

图 4.4.2 衬砌式闸首典型断面

1—衬砌式闸墙;2—底板;3—输水系统;4—排水洞;5—锚索;6—锚杆

4.4.5 衬砌式闸室关键技术

4.4.5.1 结构特点及主要功能

(1)结构的特点

船闸布置在花岗岩区,其岩性坚硬、完整,是良好的工程基础。闸室结构以两侧花岗岩作为依托,设计成直立式薄衬砌墙。闸顶以上开挖成稳定边坡。闸室采用分离式结构,沿船闸轴线方向设有两条纵缝,闸墙与底板分开,纵缝距闸墙面 2m。

根据结构稳定要求,衬砌墙需借助锚杆与岩体连成整体。闸墙为带锚杆的钢筋混凝土衬砌墙,能充分利用墙背的岩体作为支撑,与混凝土结构联合受力,共同承受结构荷载,节省工程投资。其结构的主要特点是通过结构锚杆,将衬砌墙与墙后支持岩体连成整体,共同承受外荷载的作用。

对衬砌结构的基本要求如下:

1)高水位运行时,在闸室内水压力等荷载作用下,衬砌结构依靠墙后岩体支撑,衬砌结构应能有效地向墙后岩体传递荷载。

2)检修工况时,衬砌墙在渗压力作用下,墙身自重锚杆向岩体传力维持结构稳定,衬砌墙的稳定及强度由结构锚杆的受力条件控制。

3)高薄衬砌墙受锚杆和岩体约束,温度荷载影响较大,需采取构造措施解决。

(2)衬砌结构的主要功能

三峡船闸结构方面,曾对闸室墙结构采用喷锚方案或直接利用岩面作为闸室墙的技术可行性进行了研究。三峡船闸属世界上规模最大、水头最高的多级大型船闸,水力学条件相对复杂。经论证,岩面不作衬护且在表面只用混凝土喷护的岩槽型闸室,难以满足闸室的水力学条件和船舶安全过闸的要求,且不能隔断闸室与岩体间进行水体交换,对岩坡的稳定有不利影响,故未予采用。

经研究，为保证船闸工程的安全可靠性、经济性、适用性，闸室确定采用钢筋混凝土薄衬砌结构。衬砌墙的主要功能如下：

1）构成一个平整的闸室墙面，并在其上设置系船、监控、监测、管线和交通等设施，方便船队进出闸，避免因闸室墙面的不平整造成船只进出时受损，同时避免充泄水过程引起闸室水体扰动，影响闸室停泊条件。

2）衬砌墙起到隔水作用，防止岩体与闸室进行水体交换，影响岩体的稳定。

3）建筑物整齐、美观，美化环境。

4.4.5.2 研究的主要技术问题

大型船闸闸室薄衬砌墙结构，目前在国内外尚无专门的规程规范或设计标准可供遵循。衬砌式闸室研究除与闸首结构一样，必须做好直立岩坡的加固处理外，还需着重解决以下主要技术问题。

1）针对闸室墙为薄衬砌结构的特点，选取合理的衬砌厚度，并对衬砌结构进行合理的分缝、分块，研究确定混凝土的主要技术指标。

2）研究确定高强系统锚杆的布置，形成可靠的锚杆支护系统，保证墙后岩体的稳定和衬砌墙与岩体能联合受力。

3）研究设置高度可靠的墙后排水系统，将墙后渗水有效地控制在设计允许的范围以内。

4.4.5.3 主要技术措施

（1）合理选定衬砌墙的厚度

对衬砌墙厚度的研究分析发现，由于墙后岩体的作用，衬砌墙厚度对墙体的受力条件影响不大，闸室薄衬砌墙厚度应满足设备布置要求和锚杆锚头在墙内布置的构造和受力要求。经综合比较，衬砌墙基本厚度为1.5m。

（2）对结构合理分缝

闸墙横缝间距一般为12m，各闸室第1分流口为24m。为改善施工期衬砌墙的温度应力及结构锚杆的受力条件，衬砌墙每15m高设水平结构缝，水平结构缝面抹平收光，钢筋过缝。

（3）布置结构锚杆

闸室薄衬砌墙结构锚杆，中下部锚杆长为8m，锚杆间距1.5m×1.35m～2m×1.5m；在中上部锚杆长为10m，锚杆间距2m×1.8m；上部锚杆长一般为12m，锚杆间距2m×2m。锚杆锚入结构混凝土内1.45～2.05m。

（4）设置墙后排水管网

为减少衬砌墙背的渗水压力作用，墙背与岩体接触面设置排水管网。排水管网中心间距约为4m×7.5m（顺流向间距×竖向间距）。

4.4.5.4 研究结论

(1)计算分析的主要内容

闸室衬砌墙受混凝土、锚杆、基岩三者相互作用，实际上是联合受力的非线性结构体系，为了较真实地求解衬砌墙混凝土结构、锚杆及支持岩体在各种荷载工况作用下的应力应变状态，对该结构体系，运用非线性有限元方法进行了结构仿真计算。计算分析的主要内容为：

1)衬砌墙的温度及温度徐变应力。

2)衬砌墙的锚杆布置方案和锚杆的受力状态。

3)各种运行工况下，衬砌墙的应力状态。

(2)计算分析的主要结论

1)衬砌墙在运行荷载或温度荷载作用下，内外表面均出现较大的拉应力，衬砌墙宜考虑双面双向布筋，配筋按承载力及正常使用条件要求进行。

2)当混凝土与岩基面完全黏合时，衬砌墙锚杆的受力较小，但当考虑混凝土与岩基面脱开时，锚杆承受较大的剪力和拉力，在混凝土与岩基接触面间设置能自由弯曲和拉伸的锚杆“自由段”能有效地降低锚杆内力，并使锚杆受力分布均匀。

3)当混凝土与岩基完全脱开时，在渗压作用下，锚杆的内力与衬砌墙锚杆相应作用区域的渗压荷载成正比。因此，为满足衬砌墙的强度和稳定要求，结构锚杆应自上而下逐步加密。

4)衬砌墙接触面各部位的张开状态随着季节而变化，每一部位出现最大张开度的时刻是不一致的。锚杆自由长度越小，对墙体的抑制作用越大，张开度也就越小。

4.4.5.5 结构布置

衬砌墙底部墙厚 1.5m，根据开挖要求，每 15m 高设一 30cm 的施工小平台，故中部墙厚为 1.8m，顶部一般墙厚 2.1m。根据管线廊道、闸面交通及系船、消防设备等布置要求，最上部 5m 高度墙宽为 5m，内设有断面尺寸为 2.5m×2m(高×宽)的管线廊道。

为减少衬砌墙背的渗水压力作用，墙背与岩体接触面设置排水管网。排水管网中心间距约为 4m×7.5m(顺流向间距×竖向间距)，并在纵、横向结构缝面后相应设置了三角形排水沟。为满足检修疏通要求，每条竖向排水管要保证铅直。衬砌墙底部布置了与基础排水廊道相通的连通槽。基础排水廊道布置在纵缝面靠底板一侧，断面尺寸为 1.5m×(2.0～2.25m)(宽×高)，每线船闸布置两条，最后汇合到下游集水井。衬砌闸室墙典型断面见图 4.4.3。

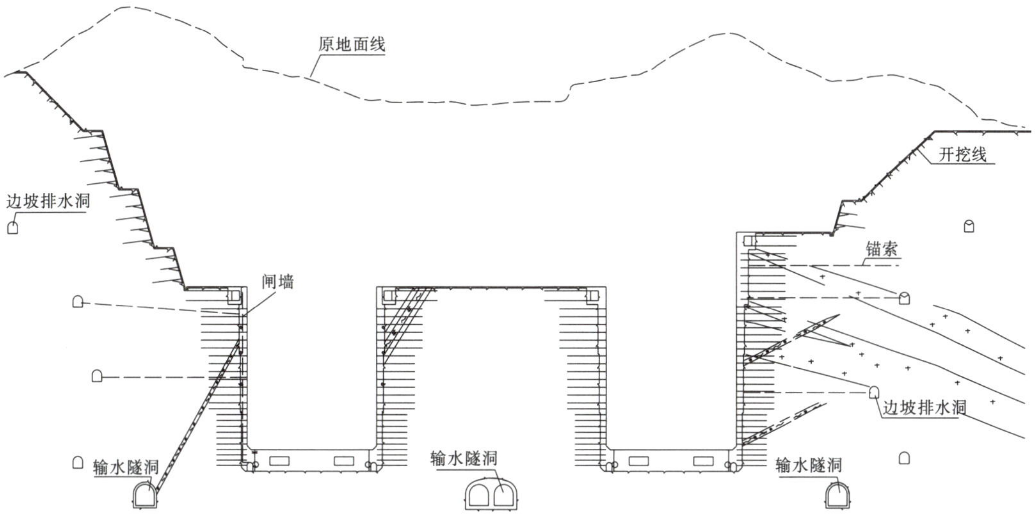

图 4.4.3　衬砌闸室墙典型断面

4.4.6　衬砌墙锚固技术

4.4.6.1　衬砌墙锚固技术研究内容

衬砌墙锚固技术的主要研究内容如下：

1)研究结构锚杆在各种荷载作用下的应力状态，进行强度复核。

2)确定结构锚杆的布置及锚杆自由段的长度。

3)研究自由段的构造措施和防腐技术。

4)对薄衬砌墙进行混凝土局部抗剪强度校核。

4.4.6.2　锚杆参数

高强精轧螺纹钢筋当时在国内尚属研究试制产品，且无国家或行业标准作为生产、检测的质量标准，即没有可遵循的标准。通过广泛的调查研究和参与高强结构锚杆的研制，并结合闸首、闸室衬砌结构研究中的锚杆受力状况和变形要求，对高强结构锚杆的材质、力学性能指标作以下规定：

1)材质为高强精轧螺纹Ⅴ级钢筋。

2)直径为 32mm。

3)屈服强度≥800MPa。

4)极限抗拉强度≥1000MPa。

5)延伸率 6%。

6)冷弯 $a=8d$(a 为弯心直径，d 为钢筋公称直径)，弯曲 90°。

4.4.6.3　锚杆布置

为避开墙背排水管网及满足混凝土的施工要求，结构锚杆为矩形、水平布置。锚杆在结构混凝土内设有锚垫板，在岩体内采用水泥砂浆进行有压注浆。

闸室薄衬砌墙结构锚杆中下部长为 8m，锚杆间距 1.5m×1.35m～2m×1.5m；中上部锚杆长为 10m，锚杆间距 2m×1.8m；上部锚杆长一般为 12m，锚杆间距 2m×2m。锚杆锚入结构混凝土内 1.45～2.05m。对于上部是重力墙的衬砌结构，在靠近重力墙基础部位的结构锚杆适当加密。

闸首边墩背面和下游面锚杆，在下部 15m 高范围内，锚杆长为 9m；在中部 15m 高范围内，锚杆长为 11m；上部锚杆长一般为 13m，锚杆间距 1.5m×1.5m。锚杆锚入结构混凝土内 2.5～3m。

结构锚杆在岩体与结构交界面一定范围内设置了自由变形段，以减小锚杆对衬砌墙的约束，闸室衬砌墙自由变形段长一般为 50cm，闸首衬砌墙一般为 100cm。

4.4.6.4 锚杆应力

在船闸进行反复充、泄水的过程中，衬砌墙的墙前、墙后水压力使锚杆承受一种拉压交替的荷载作用。当墙背与岩体间黏结面开裂后，锚杆不但要承受渗透水压产生的拉力，同时，由于岩基对墙体的约束不再是由岩基直接作用到墙体上，而是通过锚杆转换作用到墙体上，锚杆同时承受部分混凝土自重及温度荷载产生的剪力和拉力。

研究表明，当混凝土与岩基黏结良好时，由于衬砌墙与岩基的接触面比锚杆的面积大得多，衬砌墙与岩基的相互作用几乎不涉及锚杆，锚杆仅在其中受到很小的轴力，且无剪力作用。当混凝土与岩基接触面处于脱开状态时，锚杆受力最大。

混凝土与岩体接触面的接触状态直接影响到结构的变形和应力，是人们长期以来关心的复杂问题，而且缝面的初始接触状态直接影响到后期荷载作用下的缝面接触状态和结构中的应力分布，因此，需从施工期开始对缝面的接触状态进行仿真计算研究。接触面均按接触问题考虑，布置有接触单元。

(1)计算模型

1)闸首支持墙。

在混凝土浇筑过程中基础部位层厚 1.5m，共 3 层，其他部位层厚 2.0m，每一层布置两排单元。10 月 1 日开始浇筑混凝土，间歇期 7 天，连续上升。计算时段为：浇筑期间 1 天一步，混凝土浇筑到顶后，逐渐过渡到 1 个月一步，共计 495 个时段。

2)闸室衬砌墙。

由于混凝土闸室衬砌墙较薄，基础混凝土浇筑层厚 1.5m，其他部位层厚则取 3～4m。按 1 天浇筑一层，间歇 6 天，即 7 天一层，连续上升。开始浇筑日期为 10 月 1 日。整个施工、运行期模拟了 5 年。

(2)材料参数

混凝土标号为 R_{28}250，水泥用量为 205kg/m^3。混凝土入仓温度见表 4.4.1。

表 4.4.1　　混凝土入仓温度

月份	1	2	3	4	5	6	7	8	9	10	11	12
入仓温度(℃)	10	10	16	20	19					19	16	10

年气温变化采用气温曲线。

混凝土及基岩的热学、力学参数见表 4.4.2。

表 4.4.2　　混凝土及基岩的热学、力学参数

参数	混凝土	基岩
导温系数(m^2/d)	0.083	0.083
放热系数[kJ/(m^2·d·℃)]	1304.66	1304.66
比热[kJ/(kg·℃)]	0.9576	0.9576
密度(kN/m^3)	24.01	26.46
变形模量(GPa)		35
泊松比	0.167	0.200
线膨胀系数(1/℃)	0.85×10^{-5}	1.00×10^{-5}

(3)边界条件

混凝土与基岩之间界面的摩擦系数 $f=0.7$，黏聚力 $c=0$MPa。

设缝面摩擦系数和黏聚力分别为 f、c，初始法向间隙为 w_0。在某荷载作用下产生的缝面两侧法向 n、切向 τ 和 s 的相对位移分别为 w_r、u_r 和 v_r，则缝面的物理方程见式(4.4.6)。

$$\{\sigma\}=\begin{Bmatrix}\tau_t\\ \tau_s\\ \sigma_n\end{Bmatrix}=[D]\begin{Bmatrix}\left(1-\dfrac{w_0}{|w_r|}\right)v_r\\ \left(1-\dfrac{w_0}{|w_r|}\right)v_r\\ (w_r+w_0)\end{Bmatrix} \tag{4.4.6}$$

$$[D]=\begin{bmatrix}K'_t & & 0\\ & K'_s & \\ 0 & & K'_n\end{bmatrix} \tag{4.4.7}$$

$$K'_t=\begin{cases}k_t & w_r+w_0<0\ \text{且}\sqrt{\tau_t{}^2+\tau_s{}^2}<c-f\sigma_n\\ 0 & w_r+w_0>0\ \text{或}\sqrt{\tau_t{}^2+\tau_s{}^2}<c-f\sigma_n\end{cases} \tag{4.4.8a}$$

$$K'_s=\begin{cases}k_s & w_r+w_0<0\ \text{且}\sqrt{\tau_t{}^2+\tau_s{}^2}<c-f\sigma_n\\ 0 & w_r+w_0>0\ \text{或}\sqrt{\tau_t{}^2+\tau_s{}^2}<c-f\sigma_n\end{cases} \tag{4.4.8b}$$

$$K'_n=\begin{cases}k_n & w_r+w_0<0\\ 0 & w_r+w_0>0\end{cases} \tag{4.4.8c}$$

式中，k_t、k_s、k_n 为缝面单位面积的切向刚度和法向刚度，若 k_t、k_s、k_n 取无穷大，则当缝面连续，即法向闭合但不发生滑动时，缝面两侧的相对位移趋于零，实际计算中一般取其比混凝土的弹模高一个数量级；$w_r+w_0<0$ 表示法向闭合；$w_r+w_0>0$ 表示法向张开。

当缝面从张开状态（$w_r+w_0>0$）向闭合状态（$w_r+w_0<0$）变化时，在法向闭合前，切向位移不产生剪应力，剪应力表达式中出现了比例系数（$1-w_0/|w_r|$）<1。此外，当法向闭合时，剪应力可能超过抗剪强度而产生滑移，因此剪应力还要满足条件$\sqrt{\tau_t^{\ 2}+\tau_s^{\ 2}}\leqslant c-f\sigma_n$。

缝面采用厚度趋于 0 的八结点单元模拟。

在考虑施工期温度徐变影响的缝面接触问题的全过程仿真计算中，按常规办法计算出各计算时段的变温和徐变产生的荷载增量，以上一时段的缝面接触状态和接触应力作为本时段的初始值，进行接触问题非线性迭代，迭代至前后两次迭代的计算结果接近为止，然后转入下一时段。

（4）计算结论

1）衬砌闸首锚杆应力及接触缝状态。

计算锚杆自由长度为 1.0m、0.5m 及 0.2m 方案，各部位锚杆的轴向应力随着锚杆自由长度的减小而增大。当锚杆的自由长度为 0.5m 或 1.0m 时，锚杆轴向应力都在其强度范围内。而当锚杆的自由长度为 0.2m 时，局部锚杆的轴向应力超出了其抗拉强度。当锚杆自由长度为 0.5m 时，各锚杆发生的最大平均剪应力极小。

随着气温的周期变化，锚杆应力也呈很有规律的周期变化。这说明锚杆轴向应力有很大一部分是在运行期由温度引起的。

支持墙与基岩之间不设锚杆时，张开度最大达 7mm，且接触面从上到下全部张开。支持墙与基岩之间设锚杆时，在夏季顶部合拢，下部张开；在冬季顶部张开最大，中部高程闭合，再往下呈张开状。研究表明，夏季接触缝张开度大于冬季张开度，而当锚杆自由长度在 0.5m 以上时，接触缝张开度不超过 3mm。

2）衬砌闸室墙锚杆应力及接触面状态。

当锚杆自由长度分别为 0.5m 及 0.2m 时，各部位锚杆的轴向应力随着锚杆自由长度的减小而增大，但都小于锚杆的抗拉强度。

当锚杆自由长度为 0.2m 时，锚杆的剪应力为 20～40MPa，锚杆自由长度为 0.5m 时，锚杆剪应力小于 8.3MPa。显然，锚杆自由长度越大，锚杆剪应力越小。

4.4.6.5 锚杆构造

（1）锚头

为满足高强结构锚杆在结构混凝土内的锚固要求，锚杆在结构混凝土内设有由螺帽和钢锚板整体组合而成的锚头构造。

（2）自由段构造

在考虑结构混凝土与岩基脱开时，计算考虑这种脱开的间隙很小，这样间隙处的锚杆单

元的长径比 L/d 较小。根据结构力学理论，当 L/d 较小时，必须计及剪切效应才能正确反映锚杆的受力状态，也就是需允许锚杆有一定的弯曲变形。

研究在结构与岩基缝面处设置锚杆自由段，在跨缝处靠岩基一侧的锚杆外包弹性材料，减小锚杆对墙体切向变形的约束，使锚杆在跨缝处的受力条件得到改善。设置自由段能有效减小锚杆对衬砌墙体切向变形的约束，降低锚杆的剪应力，较大程度改善锚杆跨缝处的应力状态，充分发挥锚杆抗拉强度大而抗剪强度小的特点。

在一般条件下，钢筋混凝土中的钢筋由于受到混凝土的保护，能满足建筑物的正常使用年限要求。但对于船闸高强结构锚杆自由段，在结构与岩基的接触面发生张、合的情况下，一方面长期受大气、水的腐蚀作用，另一方面在船闸的运行过程中，随着船闸充、泄水，又受到拉、压交替荷载的反复作用，锚杆的腐蚀将加速。若锚杆自由段受腐蚀，锚杆的有效受力面积将受到影响，以至于不能满足受力要求。因此，锚杆的自由段构造研究包括防腐材料及弹性材料的研究。

1)防腐材料研究。

自由段防腐材料性能应满足以下要求：

①所采用的防腐材料应具有良好的耐腐蚀性，使用年限长，能保证对锚杆起有效的保护作用。

②具有良好的附着强度，保证施工期和运行期防腐涂层不起泡、不破裂、不脱落。

③具有良好的柔韧性，能与锚杆同步变形，在拉、压或弯曲状态下不产生疲劳、破裂，不影响防腐效果。

④对锚杆和弹性材料无不良反应，施工操作简单。

通过深入调研和室内防腐试验，确定自由段杆体采用喷锌、涂料封闭、外套橡胶管的联合防腐方式处理。

2)弹性材料研究。

自由段弹性材料的特点是埋在锚杆水泥砂浆和衬砌墙内，弹性材料的外表面与强碱性混凝土及地下水接触，内表面与自由段防腐材料接触，后期无检修条件。其性能应满足以下要求：

①采用的弹性材料在强碱条件下，应具有较好的稳定性和耐久性，在所要求的使用期内不产生老化、龟裂现象。对锚杆及防腐材料无不良反应。

②有较好的弹性、韧性，能与锚杆同步变形，在长时间交变应力状态下，不产生脆裂、疲劳。

③永久压缩变形小、强度高、硬度适中。

根据以上要求，通过调研试验，船闸高强结构锚杆自由段选用以天然/合成橡胶为主的弹性材料。

高强结构锚杆构造见图 4.4.4。

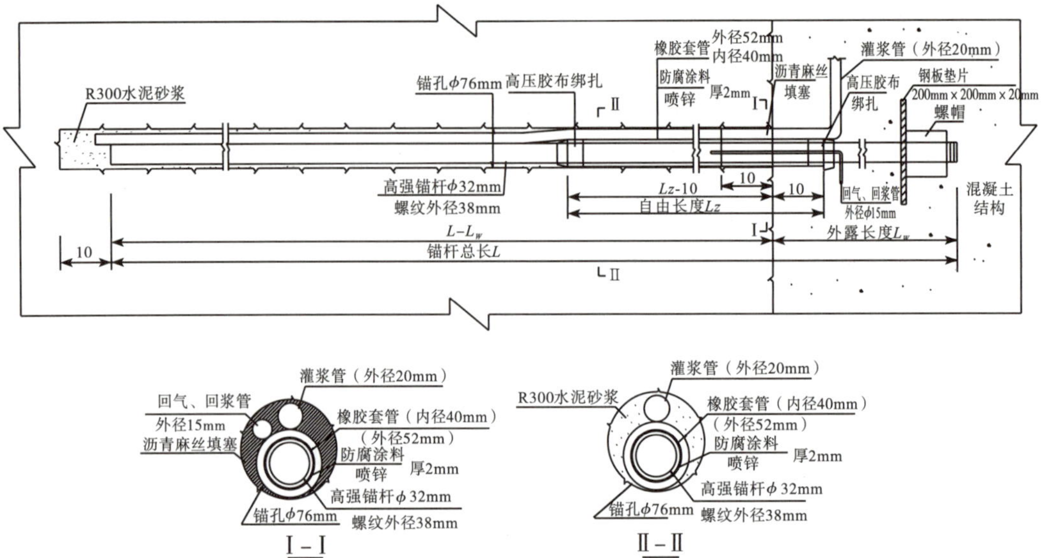

图 4.4.4 高强结构锚杆构造(图中未标明的其他单位:cm)

(3)墙体局部抗剪强度验算

大型船闸直立边坡薄衬砌墙结构,当时在国内尚无应用先例,结构锚杆设计亦无专门的规程规范或设计标准可供遵循。根据美国预应力协会 *PCI Design Handbook* 标准,结构锚杆在衬砌墙混凝土中的承载力由混凝土拉拔剪力锥确定,或由锚杆强度控制。混凝土拉拔剪力锥见图 4.4.5,其计算见式(4.4.5),图 4.4.5 中各变量具体解释同式(4.4.5)。

为避免在衬砌墙混凝土内产生群锚效应,锚杆在墙体混凝土内产生的剪力锥不能重叠。同时,剪力锥不能超出墙体混凝土的边界。

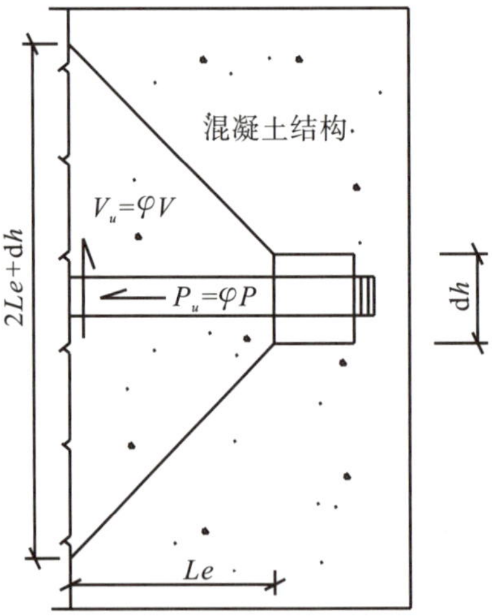

图 4.4.5 混凝土抗拔剪力锥

4.4.6.6 墙后排水系统

船闸薄衬砌墙结构是否安全可靠，主要取决于两大因素：一是墙后是否有稳定的岩体；二是闸墙锚杆力是否能可靠抵御墙后渗透水压力。渗透水压力是影响岩体稳定、薄衬砌墙结构和锚杆受力条件的主要因素。过多地使用锚杆以抵抗墙后渗水压力对高薄衬砌墙的作用，对于三峡船闸这样巨大工程是极不经济的，并且将增大施工难度，影响施工工期。最佳的方法是在闸墙后设置一套排水系统，有效地控制渗透水压力。

在总长数千米、规模巨大的船闸薄衬砌墙后布置排水系统，在国内外尚属首例。因此，对在衬砌墙后设置有效、可靠及便于施工的排水系统的研究十分必要。

(1)两侧山体的排水

为解决三峡船闸深切开挖高陡岩质边坡的稳定问题，采用了地表截、防、排水与地下排水相结合的综合排水措施。

1)在距边坡开口线以外15～30m处设置周边截水沟。

2)结合坡面支护处理，将周边截水沟以内的天然地表及开挖坡面全部做喷混凝土防护。

3)设置坡面排水孔和坡面排水沟。

4)在山体内部，设置7层排水洞和排水孔幕。

(2)墙后水源分析

三峡船闸线路长，建坝后船闸区域岩体的渗水纵向受上下游水位的控制，横向则受山体地下水位的控制。因此，船闸区域为一个三维渗流场。从全强风化带到微新岩体，透水性明显减弱。闸室衬砌墙位于微新岩体，其地下水主要为岩体裂隙水。地下水位一般位于弱风化带下部，随季节变化，其变幅为2～10m。在船闸开挖地应力释放后，岩体卸荷变形和微裂隙会产生一定范围的张开和扩展，岩体的透水性也会增加。

衬砌墙后水源主要有以下4种。

1)山体排水的余水。

三峡船闸在岩坡设立的地表截防排水系统和山体地下排水系统效果较好，坡面附近的岩体可被基本疏干，地下水位线基本为各排水洞连线。但整个排水系统无法保证能将船闸周围的岩体地下水完全排干，只能使透水压力尽可能降低。另外边坡面喷混凝土防渗，亦会有少量裂隙水渗入。

2)上游防渗排水幕的纵向渗流。

船闸一闸首、两侧挡水坝及山体布置一道连续的防渗帷幕，以截断上游水库水源，同时，上游基础廊道内设有排水孔幕，以尽量减少上游水库的水向下游渗透，但不排除仍有部分渗水。

3)衬砌结构渗水。

①闸室墙混凝土本身及裂缝渗水。船闸地面部分结构总长度约9600m，迎水面积约50万m^2，地下部分结构总长度约6400m，迎水面积约15万m^2。混凝土本身以及由于温度、干缩，或损伤事故如受船只碰撞等因素作用，不可避免地会产生裂缝。由于闸墙为薄衬砌

式，仅厚 1.5m，因此会产生裂缝，甚至可能出现贯穿裂缝。这些裂缝虽经处理，但难免会向周围渗水。

②船闸永久结构缝总长约 15 万 m，其中施工难度较大的水平止水的长度约 3 万 m。在分缝处，止水片及其周围的混凝土可能出现漏水。

这些渗水在衬砌墙后形成渗透水压力，影响结构的正常受力，严重时会导致衬砌结构破坏，甚至影响山体的地下水位，危及边坡的安全。

(3)墙后排水

1)基本原则。

①排水系统要与锚杆系统协调布置。

②在保证排水效果的前提下，尽量使排水系统形式简单，便于施工、检查和维修。

③排水管网的用材，应尽量做到经济、可靠、经久耐用。

2)方案研究。

对墙后排水网的布置型式，分别研究了两种方案：排水管和排水孔相结合方案；由排水管组成的“井”字形排水管网方案。

两种方案的竖向排水管，均与基础排水廊道相连接。

经研究认为，选用“井”字形排水方案，能较好地排除墙后渗水，较大限度地降低墙后水压力，满足闸墙稳定要求。“井”字形排水方案与排水管和排水孔相结合方案相比较，在排水效果基本相同的情况下，可不用打排水孔，从而减少工程量，降低工程造价。竖向排水管与横向排水管组成“井”字形排水系统，其水平排水管可在竖向排水管之间起连通的作用。当某一条垂直排水管被堵塞时，水平排水管可将水导向相邻的竖向排水管进入基础排水廊道，对控制墙后水位的可靠性有较好保证。

3)计算分析。

由于墙后边坡岩体内排水洞距闸墙约 37m，因此计算范围取边墙至岩体 30m，高为 60m。顺水流方向视为无限长，按平面有限元进行渗流计算。计算中将闸墙混凝土及 30m 范围以外的岩体视为不透水体，作用水头与闸墙顶齐高，30m 范围内岩体为饱和水，通过排水管排水后，形成渗流场，进行排水效果计算分析。

计算模型采用 6m×6m 网格，即竖向排水管与水平向排水管构成 6m×6m 的排水网格，排水管尺寸均为 0.2m×0.2m。

为了研究水平向、竖向排水管的单独排水效果和联合排水效果，考虑排水管可能堵塞、检修不及时等诸多因素，共进行了 3 种方案的排水效果研究。

①水平向、竖向排水管均为正常工作状态。

②水平排水管堵塞失效，竖向排水管处于正常工作状态。

③竖向排水管堵塞失效，水平排水管处于正常工作状态。

计算成果表明，“井”字形排水方案效果很好，竖向排水管的排水效果比水平向排水管的效果更好。

4)排水系统布置

衬砌墙背排水系统的布置方式为在整个衬砌墙后，由竖向排水管与横向排水管纵横交汇，在墙后形成"井"字形排水管网，竖向排水管与基础排水廊道相通。竖向排水管间距约为4m，水平排水管间距约为7.5m。竖向排水管采用钢筋混凝土预制管，基本断面呈半圆形，直接扣在直立岩面上，横向排水管采用软式排水管。在水平和垂直结构缝面均设有三角形排水槽，以便更有效地排除闸室墙分缝处止水后的渗漏水。为满足检修疏通要求，每条竖向排水管铅直布置，管顶与闸墙顶部的管线廊道连通，设有可以打开的盖板，必要时可以用吊锤进行检查和用钻机进行扫孔；底部接入与基础排水廊道连通的连通槽。衬砌墙背排水布置见图 4.4.6。

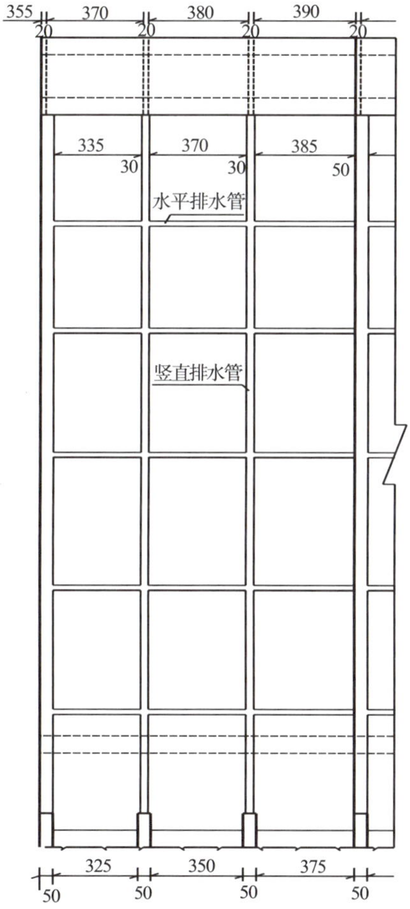

图 4.4.6　衬砌墙背排水布置(单位:cm)

4.4.7　船闸衬砌式结构运行检验

4.4.7.1　船闸衬砌式结构监测成果分析

(1)船闸闸首及闸室衬砌墙与岩基结合面的张开度监测

在船闸一闸首及三闸首和二、三闸室南边坡及北边坡直立坡和中隔墩两侧直立坡衬砌墙背与岩基结合面不同高程对应布设测缝计，用于观测衬砌混凝土与岩基结合面的张开度。测缝计实测到的衬砌墙与岩基结合面张开度均很小，实测值在－0.5～0.6mm（正值为张开），大部分测点实测最大张开度基本上在仪器观测误差范围，可以认为这些测点处的结合面从未张开过，有明显张开现象的部分测点处的结合面张开主要发生在衬砌混凝土浇筑后的1～2个月，之后测缝计测值变化很小。船闸充水及泄水和水库蓄水对测缝计测值变化没有明显影响。

(2)船闸闸首及闸室衬砌墙变形监测

船闸各闸首均布设正、倒垂线用于观测闸首的水平位移，各级闸室南、北边坡闸顶部管线廊道布设引张线（一般间隔一个闸块有一个测点，南三、南三闸室段各8个测点，其他闸室段均设11个测点）观测船闸衬砌墙的水平位移。各级闸首累计位移和闸顶及底部相对变形量均较小，闸室充水及泄水和水库蓄水对船闸闸首及闸室衬砌墙的位移影响不明显。各级闸首衬砌墙顶部向闸室的累计位移为－0.83～6.64mm（负值为向岩体位移），闸室衬砌墙顶部向闸室的累计位移为－1.11～6.91mm，位移没有随时间增加的趋势，绝大部分测点的水平位移小于1.0mm。

(3)船闸闸首及闸室衬砌墙高强锚杆应力监测

在船闸闸首及闸室衬砌墙与岩基结合面处的高强锚杆自由段上共布设48支弦式应变计，用于观测高强锚杆的应力。实测48支锚杆在各种条件下的受力状态良好，应力计中两支锚杆应力计（分别位于一闸首北边坡高程133.00m和三闸室中北边坡高程132.70m）最大应力超过100MPa，均不在衬砌墙部位。其他锚杆应力计最大拉应力均在100MPa以内。闸首支持体高强锚杆应力变化主要与气温变化有关，闸墙部位的高强锚杆应力受温度影响相对较小，受闸室充水及泄水影响不明显。衬砌墙结构锚杆实测应力普遍较小，远小于高强锚杆强度的设计值。

(4)船闸闸首及闸室衬砌墙墙背渗压监测

船闸闸墙背后岩体地下水渗透压力是影响衬砌结构稳定的主要荷载，为监测衬砌墙周边的渗压情况，在混凝土与岩基结合面处的岩体内埋设渗压计，布置于衬砌墙中下部距建基面4～24m的高度范围内。79支闸墙墙背及支持体墙背渗压计的观测成果表明，渗压计测值基本在仪器观测误差范围内，表明测点部位基本无渗压，衬砌墙墙背和支持体墙背的排水管起到了良好的排水降压效果。水库蓄水和船闸闸室充水及泄水对衬砌墙墙背渗压没有影响。

4.4.7.2 船闸衬砌式结构运行检验评价

船闸运行十多年的各项安全监测成果表明，船闸高陡边坡变形已稳定，衬砌墙墙背渗压、变形测值均在设计允许范围内，衬砌墙混凝土与墙背岩基结合面呈闭合状态，衬砌墙结构锚杆实测应力远小于高强锚杆强度设计值，船闸衬砌式结构是安全可靠的。

4.5　船闸闸门、阀门及启闭机技术

三峡船闸人字闸门、输水阀门及启闭设备的安全运行，是保证船闸安全运行和长江航运畅通的关键。

三峡船闸人字闸门尺寸为 20.2m×38.5m（宽×高），单扇门重约 850t，人字闸门运行最大淹没水深 36m，人字闸门卧式启闭机容量 2700kN，这 3 项指标均为世界第一。

4.5.1　人字闸门

三峡船闸人字闸门采用横梁式结构，主横梁按等应力分 5 组荷载设计。顶枢采用楔块可调式顶枢，底枢采用固定式底枢。顶、底枢旋转件均采用了自润滑材料。连续式的支、枕垫块兼作人字闸门的刚性止水，并采用了大圆弧与小圆弧的接触型式。

针对人字闸门的技术难点，曾进行了大量的科学试验和研究工作，为人字闸门的设计、制造、安装提供了理论基础，经前期科研及对已有人字闸门设计与运行经验的总结，着重解决以下技术难题：

1）提高人字闸门门叶结构刚度。

2）降低顶枢受力特性及疲劳荷载对顶枢 A、B 杆的影响。

3）确定底枢型式及润滑方式。

4）确定预应力背拉杆型式及其构造。

5）降低闸首边墩变形对人字闸门的影响。

6）降低泥沙淤积对人字闸门的影响。

7）防止结构产生裂缝。

上述技术难题的研究和解决是保证人字闸门设计顺利完成的关键，也是人字闸门技术的重大进步。国内外大型船闸工作闸门技术特性见表 4.5.1。

表 4.5.1　国内外大型船闸工作闸门技术特性

国名简称	船闸名称	船闸分级	最大水头（m）	闸室有效尺寸	最高一级闸室工作门			最高一级输水廊道工作门		
				（m×m×m，宽×长×槛上最小水深）	门型	门高（m）	机型	门型	孔口尺寸（m×m，宽×高）	机型
中国	三峡	五	113.00	34×280×5	人字闸门	38.5	液压	反弧门	4.2×4.5	液压
中国	万安	一	32.5	14×175×2.5	人字闸门	36.85	液压	反弧门	3.0×3.0	液压
中国	葛洲坝	一	27.00	34×280×5	人字闸门	34.05	液压	反弧门	5.0×5.5	液压
中国	水口	三	57.36	12×160×2.5	人字闸门	19.1	液压	反弧门	2.6×2.6	液压

续表

国名简称	船闸名称	船闸分级	最大水头（m）	闸室有效尺寸（m×m×m，宽×长×槛上最小水深）	最高一级闸室工作门			最高一级输水廊道工作门		
					门型	门高（m）	机型	门型	孔口尺寸（m×m，宽×高）	机型
中国	五强溪	三	60.90	12×136.5×2.5	人字闸门	23.0	液压	反弧门	2.5×2.5	液压
美国	新威尔逊	一	30.48	33.5×183×3.7	人字闸门	36.21	机械	反弧门	4.57×4.57	机械
美国	约翰德	一	34.44	26.2×206×4.6	平板闸门	34.44	卷扬	反弧门	3.66×4.26	液压
美国	达拉斯	一	27.60	26.2×206×4.6	人字闸门	32.76	机械	反弧门	3.66×4.26	液压
美国	贺尔特	一	19.38	33.5×204×3.7	人字闸门	25.48	液压	反弧门	3.8×3.8	液压
乌克兰	第聂伯	一	38.00	18×150×3	人字闸门			蝴蝶阀	ϕ3.2	液压
塞尔维亚—罗马尼亚	铁门	二	34.00	33.6×310×4.5	人字闸门	22.5	液压	反弧门	6×6	液压

4.5.1.1 人字闸门关键技术研究简述

对人字闸门不同的结构型式进行了大量的数值模型分析、水弹性材料模型试验验证，同时对人字闸门结构材料的选择、结构布置型式及细部的处理、焊接和制造工艺、材料的疲劳强度等方面进行了大量的研究和分析工作，针对产生裂纹的各种原因，采取了相应的处理措施。经研究，发现船用钢板具有良好的冲击韧性和较高的强度，良好的水下耐腐性和表面质量，因此人字闸门主横梁的全部下翼缘和边柱部位的上翼缘均采用船用钢板 DH32，预应力背拉杆采用船用钢板 DH36，其余都采用 Q345C。主梁设计采用等应力分组荷载法代替过去习惯上采用的等荷载法。在主梁高度的选择上除考虑门叶的整体刚度外，还考虑了三铰拱的压力线对刚度的影响。在主横梁中间截面、端部及边柱设计中采用了充分利用材料强度，降低应力幅值，提高结构抗疲劳能力的新的设计方法和技术措施，并在结构设计中首次引进了低周高应力疲劳的概念。

根据门轴柱在受力后发生的变形，支、枕垫块的挤卡对顶枢 A、B 杆的破坏力情况，同样在顶枢设计中首次引入了低周高应力疲劳的概念，适当增加了门轴柱的抗扭刚度；对支、枕垫块的接触型式，改变了过去通常采用的同弧半径或平面的面接触，改成大曲率半径对小曲率半径的线接触型式。在底枢设计中，以自润滑材料代替被动润滑系统，这是自润滑材料在世界级船闸人字闸门上的首次运用。

根据人字闸门底部的泥沙淤积情况，利用门叶上、下游存在的水位差，专门设计了一套冲淤设施，通过控制出流口水流的方向，扰动门叶底部梁格内及底坎部分的水体，避免泥沙在此淤积，以达到随时清淤的目的。

4.5.1.2　人字闸门技术的创新点

1)经过对门叶结构工作状态的研究，在结构设计中首次引入了低周高应力疲劳的概念，使得用高周疲劳无法解释的人字闸门结构裂纹的破坏原因有了合理的解释，为如何避免结构出现裂纹提供了理论依据。

2)经过对主横梁受力状态的研究，首次采用等应力分组荷载法并结合人字闸门合力线确定主梁高度和截面形心位置，使门叶结构的材料分布和应力分布更加合理。

3)经过对顶枢工作状态的研究，首次考虑了支、枕垫块挤卡对 A、B 拉杆受力的严重影响，采取了相应对策，提高了人字闸门顶枢拉杆运行的可靠性。

4)经过对底枢结构和润滑技术的研究，首次在船闸底枢轴瓦上使用了自润滑材料，解决了过去高大人字闸门底枢因采用被动润滑系统而影响闸门工作可靠性的问题。

4.5.2　人字闸门启闭机

人字闸门启闭机是船闸安全运行的关键设备。针对三峡船闸的技术特点和对人字闸门启闭机运行的技术要求，通过科技攻关、物理模型试验和成果分析，对启闭设备的型式、边界条件和运行方式、启闭机动水阻力矩和门体动态水力学特性、启闭机推拉杆细长油缸稳定性、启闭机机构及液压系统等一系列关键性技术问题进行了研究，最终确定采用了直联式液压启闭机机型及不对称无级变速运行操作人字闸门启闭的运行方式。

采用直联式液压启闭机操作人字闸门在我国超大型船闸领域尚属首次。三峡船闸 6 个闸首的启闭机设备集中程序控制联合运行在世界上也是绝无仅有的。在消化和吸收国内外同类船闸的运行经验和有关资料的基础上，通过重点科技攻关，对设备的运行边界条件、启闭机运行方式，以及液压系统的组成方式等进行了一系列深入研究，并重点研究了启闭机设备的外部阻力条件及其变化规律，以及卧式油缸的稳定性等关键技术问题，使人字闸门启闭机设备的技术性能达到甚至超过了国内外已建船闸启闭机设备的技术水平。同时，三峡船闸启闭设备的研究及设计成果也突破了国外超大型船闸对此类启闭设备运用的限制。

三峡船闸人字闸门启闭机的运行和控制方式、液压系统的组成和元器件的选型具有相当的先进性。对人字闸门启闭设备技术问题的研究和取得的突破，以及在机械、液压及控制设备中，大量新技术和新工艺的应用，解决了设备的规模、运行载荷及制造难度大等难题，为三峡船闸的安全运行提供了良好的条件，同时也极大地充实和提高了大型船闸启闭机的设计理论、设计方法等前沿性的问题。

启闭机的型式和布置方式的选择是三峡船闸人字闸门启闭机设计过程中首先必须解决的问题，主要涉及四连杆机械式启闭机和直联式液压启闭机两种基本机型的比选。其中，四连杆机械式启闭机的运行能力矩曲线与人字闸门在开关过程中的阻力矩曲线一致，是一种较优的机型，但经核算，在三峡船闸额定运行工况下，这种机型的规模太大，已超出 20 世纪 80—90 年代国家大型企业的加工能力。直联式液压启闭机运行平稳，运行参数易于调节，机械规模相对较小，但其运行能力矩曲线却与人字闸门阻力矩曲线相悖，必须变速运行才能有效地削减阻力矩峰值。为此，在参考和借鉴葛洲坝船闸以及国外大型船闸经验的基础上，通过科技攻关，对直联式液压启闭机布置的可行性、运行能力和可靠性、制造加工的难易程度以及安装和运行维护等进行了研究，最终确定直联式液压启闭机为三峡船闸的首选机型。

启闭机运行阻力的降低和运行方式的选择是启闭机设计的关键性技术问题。通过对人字闸门运行阻力、启闭机运行方式的试验研究，以及对船闸运行边界条件的研究，从运行阻力的规律及影响因素着手，同时考虑闸室超灌、超泄的影响，对启闭机的运行方式和船闸的边界条件进行了系统的理论分析和试验研究，提出了启闭机不对称无级变速运行模式，并对船闸门龛和人字闸门门底间隙等边界条件进行研究和优化，解决了大淹没水深条件下降低运行阻力，同时减小人字闸门结构和顶枢受力的难题。

大型卧式细长油缸和液压传动系统是启闭机设计的关键问题。在"九五"期间，国家组织了对高压大流量液压系统的专题攻关，以及对人字门推拉杆大型卧式细长油缸的理论分析和模型试验，提出了通过在油缸尾部设置弹性支承减小油缸初始挠度，从而提高油缸稳定性的技术措施；提出了以比例变量油泵为核心元件构成容积调速运行和同步回路，同时配置双向负载平衡回路的多级保护液压传动系统，确保了启闭设备的安全运行。

4.5.2.1 启闭机型式、运行方式和运行阻力

大型船闸人字闸门启闭机的机型主要有扇形大齿轮四连杆机械式启闭机和直联式液压启闭机两种基本型式。其中，四连杆机械式启闭机的运行能力矩曲线较直联式液压启闭机为优，四连杆机械式启闭机曾作为 20 世纪 80 年代以前的一种优选机型。但在三峡船闸这样的巨型船闸上，其扇形大齿轮节圆直径达到 6m，模数 75mm，这样庞大的设备加工制造和运行管理都是比较困难的。而直联式液压启闭机具有结构相对简单、传动平稳、运行可靠和便于程序控制的特点，可以方便地实现变速运行和压力控制，这对削减阻力峰值和坦化阻力矩曲线、减小启闭机规模和对启闭机实施有效保护均有重要意义。为此，对启闭机机型从技术特性、制造加工和运行管理等方面进行了综合研究，分析并结合当代液压和电气控制技术，最终确定采用无级变速运行方式的直联式液压启闭机为三峡双线五级船闸的首选机型。

在人字闸门的运行阻力中，动水阻力约占总阻力的 85%。但由于边界条件的可变性和水力学条件的复杂性，至今没有一个完善的方法用于计算运行阻力。苏联和我国以等阻力方法进行计算，其结果与实际偏差较大。美国以原型观测和模型试验为主，在一定的边界条件下，得出运行阻力的经验公式进行计算。当边界条件变化时，这种方法也会产生较大的偏差。三峡船闸人字闸门净宽达 20.2m，最大运行淹没水深 36m，已无法按上述方法进行计算。经对人字闸门运行阻力和启闭机运行方式的模型试验和对人字闸门的运行阻力及其规律的分析与研究，给出了比较合适的计算方法，并提出了船闸启闭机优化的运行方式，使人字门运行的阻力得到较大削减。

4.5.2.2 大型卧式细长油缸技术

船闸人字闸门启闭机油缸属大型卧式细长油缸，其中油缸的挠度和稳定性计算是油缸设计的关键。传统的欧拉计算方法的计算结果不能充分反映设备的实际情况。在启闭机研究过程中，专门进行了细长油缸的理论分析和模型试验研究，在考虑油缸自重、摩擦、活塞杆轴线误差、初始挠度和导向副的配合间隙等因素的基础上，提出了油缸稳定性计算方法和人字闸门启闭机的最佳支承形式，使启闭机的工作更加安全可靠。

4.5.2.3 液压传动系统

液压系统是人字闸门启闭机的控制核心，通过对传动介质压力、流量和方向的控制，可以实现人字闸门启闭机在不同工况下的运行功能要求。以往的人字闸门启闭机液压系统的保护功能较为简单，除必要的人字闸门开、关动作和主要的压力控制以外，缺乏对外荷载的平稳适应和对闸室内超灌超泄的保护等功能。在启闭机运行方式上，一般采取匀速或分级调速运行，且启闭机系统压力一般取12MPa以下，系统流量也相对较小。上述运行方式和系统参数显然不能满足三峡船闸的运行要求。为此，对人字闸门启闭机液压传动系统在高压大流量情况下的无级变速特性以及系统的静态和动态特性进行了专题研究，提出并设置了以电液比例控制轴向柱塞变量油泵为核心元件，以基于液阻理论的二通插装阀构成启闭机的无级调速和同步运行回路，在油缸旁设置负载平衡回路，在闸室设置超灌超泄和低水头时自动开关闸门的特殊保护回路。试验研究和船闸试运行表明，这样组成的液压传动系统具有良好的静态和动态响应特性，系统运行平稳，完全适应三峡船闸人字闸门的运行要求。

4.5.2.4 人字闸门启闭机创新点

1)根据人字闸门的运行阻力与人字闸门运行的角加速度密切相关的特点，液压启闭机采用无级调速运行方式，降低了运行阻力，使阻力矩曲线坦化，减小了启闭机的规模，使直联式液压启闭机的安全可靠性和经济性得到了较充分的体现。

2)以高压大流量比例变量油泵为核心元件，采用二通插阀构成容积式无级调速液压传动系统。按这种组合方式组成的系统先进合理，而且经济性指标好。其中，二通插装阀主级的各方向控制功能、开关时间、液阻大小等可以通过先导级液阻网络进行组合和调整，对大中功率的液压系统而言具有很高的实用价值和经济性。模型试验和船闸试运行表明，人字闸门启闭机的液压传动系统具有良好的静态和动态响应特性，系统运行平稳，各项技术指标正常。

3)在综合考虑油缸自重、摩擦、活塞杆轴线误差、初始挠度和导向副的配合间隙等因素的基础上提出大型卧式细长油缸稳定性计算方法，比较真实地反映了油缸的连接和支承方式，是一种较为准确的计算方法。在细长油缸上增设弹性支承，大大降低了油缸初始挠度，从而使启闭机运行更加安全可靠。

4)油缸旁特殊功能阀块，具备双向荷载平衡、为启闭机提供对闸室内超灌超泄以及对引航道水位变幅的保护功能；适应了人字闸门在全关位由门前后水位差所引起的结构变形；增强了启闭机闭锁刚度；结合利用小水头开关人字门的运行方式，防止和避免了人字门下游闸室反向超灌对闸门造成危害。闸首人字闸门与启闭机布置及人字闸门结构分别见图 4.5.1、图 4.5.2。

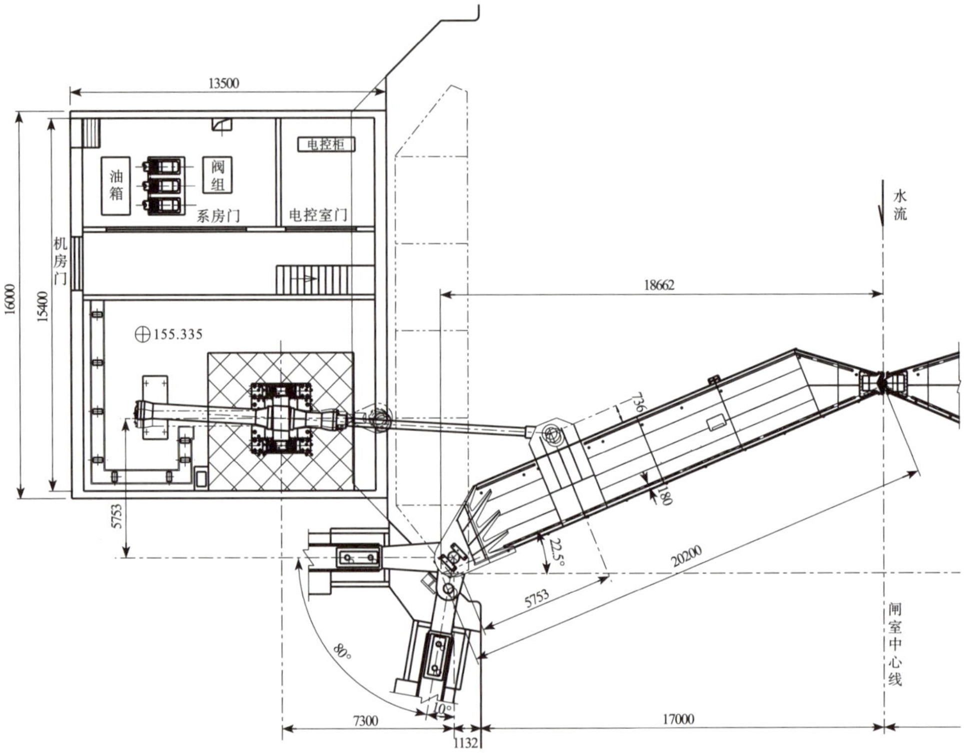

图 4.5.1 闸首人字闸门及启闭机布置(单位:高程以 m 计,尺寸以 cm 计)

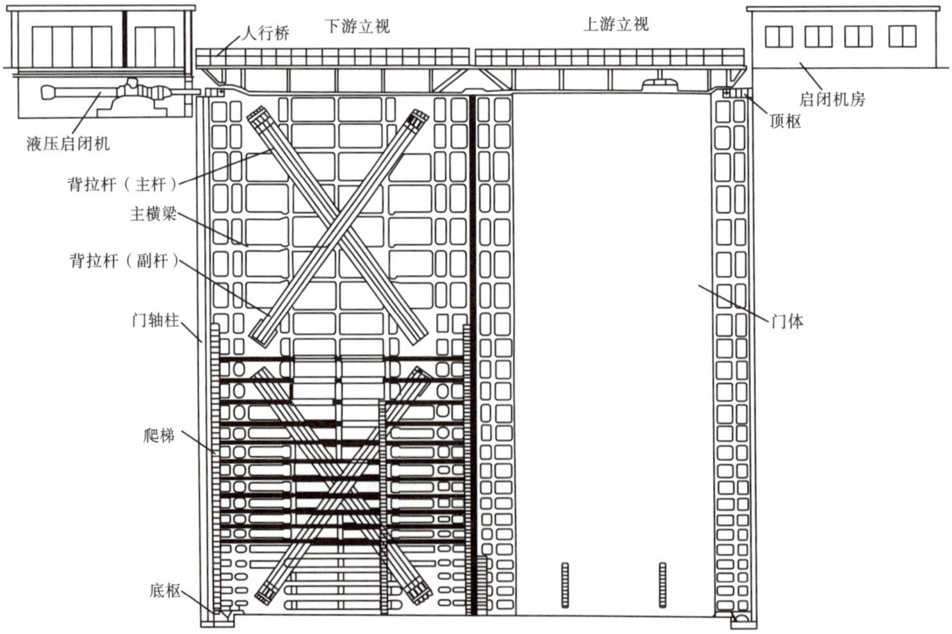

(a)立视图

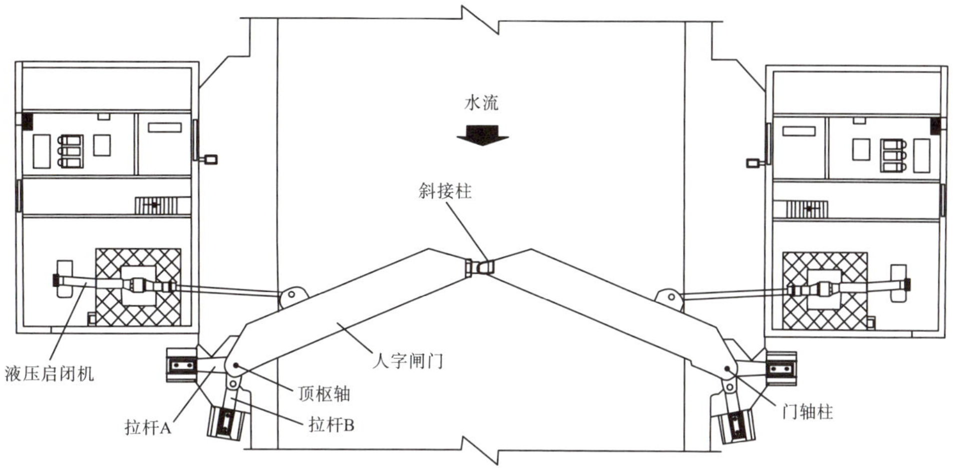

(b)横断面

图4.5.2 人字闸门结构

4.5.3 输水廊道反向弧形阀门及启闭机

4.5.3.1 反向弧形阀门

高水头船闸由于工作水头高，输水廊道充、泄水时流速高，水力学条件复杂，因此易产生空化、气蚀，乃至造成建筑物破坏。选用何种工作门阀门型式，以解决一系列水力学问题是保证船闸安全运行的关键技术问题。在综合分析国内外运行经验的基础上，决定采用反向弧形阀门，经进一步对门楣体型、门叶结构型式进行各种方案试验研究，决定阀门采用支铰梁为空心的圆形断面，以及表面过流轮廓较光滑的横梁全包式门型，并采用了以下技术：

1)阀门面板采用不锈钢复合板，既保证了门叶结构的强度及刚度，又提高了阀门面板抗空化、气蚀的能力。

2)阀门底止水采用了新型刚性止水，代替了传统的橡皮止水。经过运行，其效果良好，提高了底止水的抗冲耐磨能力，延长了其使用寿命，减少了维护工作量。

3)门楣结构采用扩散型，并加设通气管，其通气效果良好，减弱或避免了在阀门开启过程中，阀门段空化、气蚀的发生，以及阀门和启闭机系统的振动。

4)支铰轴瓦选用了新型的自润滑轴瓦，避免了油润滑管路过长且每次注油量少即形成油管堵塞等问题。

由于布置在闸室顶部的液压启闭机活塞杆与反向弧形门吊耳连接的最大长度达71.86m，这么长的吊杆在高速水流作用下将产生振动，因此阀门紧急动水关闭时，吊杆脉动较大，为减小或避免吊杆的振动，对其合理的布置型式进行了研究。在门井下游侧壁上下两端设置吊杆导槽，门井中部设置多个吊杆导向卡箍，活塞杆吊头与吊杆铰接，吊头上的导向滚轮沿导槽运行，与阀门连接的摆杆可随阀门的启闭摇摆，中部吊杆则通过导向卡箍导向，从而保证了阀门的安全运行。

4.5.3.2 输水阀门启闭机

(1)输水阀门启闭机布置及其组成

输水阀门启闭机主要用于操作输水廊道各级输水阀门的启闭，布置在阀门井顶部，其竖式油缸采用中部耳轴支承，并通过铰接多节刚性吊杆组操作动水开门、闭门。输水阀门启闭机通过吊杆与阀门相连。其中，顶节吊杆连接启闭机的活塞杆，最下节摆动吊杆与阀门相连。

输水阀门启闭机主要由油缸总成、机架及埋件、吊杆组、导轮、导轮滑槽、导向卡箍、滑槽及卡箍埋件、行程开度检测装置、管道系统及埋件组成。输水阀门启闭机与人字闸门启闭机共用液压泵站和电控设备。

(2)输水阀门启闭机主要技术参数及技术要求

1)输水阀门启闭机选用竖缸式液压启闭机，其主要技术参数见表 4.5.2。

表 4.5.2 输水阀门启闭机主要技术参数

参数	取值	备注
额定启门力(kN)	1500	一、六闸首启闭机
额定启门力(kN)	1800	二、三、四、五闸首启闭机
额定闭门力(kN)	100	
工作行程(mm)	5920	一、六闸首启闭机
工作行程(mm)	5010	二、三、四、五闸首启闭机
最大行程(mm)	6550	一、六闸首启闭机
最大行程(mm)	5500	二、三、四、五闸首启闭机
阀门开启时间(min)	2	1.5min 能够运行
阀门关闭时间(min)	4	3.5min 能够运行

2)输水阀门启闭机主要技术要求。

①为防止在充泄水过程中，阀门井中水体的涌动和水流漩滚冲击吊杆，在顶节与最下节吊杆上采用轮式钢导槽导向，其他吊杆采用卡箍导向。启闭阀门时，吊杆可沿设在门井混凝土衬砌墙上的导槽和卡箍导向装置运行，减小了吊杆振动，保证阀门安全运行。

②为消除吊杆系统的安装误差和保证吊杆系统之间、吊杆与设备之间的运转灵活性，吊杆与活塞杆间和吊杆与摆杆间铰接轴承形式采用进口球面自润滑轴承，其导向形式为铰接处设带自润滑轴套的导轮导向；其余吊杆与吊杆间十字铰轴承形式采用青铜轴瓦，其导向形式为吊杆中部设卡箍导向；摆杆与阀门之间铰接轴承采用进口自润滑轴瓦。

③阀门启闭机可实现现地控制和中央集中控制室控制(现控与集控联锁)。

④当单边阀门或启闭机出现故障时,阀门启闭机可实现单边充泄水。

⑤在闸室充泄水过程中,为控制闸室超灌超泄,启闭机需操作阀门低水头动水闭门。

4.5.4 船闸闸门、阀门及启闭机运行检验

双线五级船闸人字闸门、输水阀门及启闭机设备在有水调试、试运行和正式运行期间,安全监测和抽干检查情况如下:

1)人字闸门结构未发现异常现象,顶枢A、B拉杆运行正常,支枕垫止水效果良好,底枢自润滑系统运行正常,满足设计要求。

2)人字闸门启闭机运行正常,设备对船闸的超灌、超泄显示出良好的静态和动态响应特性,有效地避免了人字闸门可能出现的"漂移"现象对设备造成的危害,设备和系统运行平稳。

3)输水阀门底止水运行效果良好。门楣结构在开启过程中,无空化、气蚀发生。阀门启闭机的超长吊杆导向运行稳定。

船闸运行十多年的各项安全监测成果和抽干检查表明,人字闸门、输水反弧阀门及启闭机设备形态正常,设备运行满足双线五级船闸安全运行要求。

4.6 船闸整体运行及自动监控技术

4.6.1 船闸整体运行特点

三峡船闸的设备规模和数量在世界上均属首位,船闸的运行工况和运行程序远较一般船闸复杂。三峡船闸整体运行监控系统必须适应三峡工程"一次建成、分期蓄水"的建设要求,确保船闸在高水头、大变幅(水位)、多工况、高频度和高效率的条件下安全运行。三峡船闸具有单/双向运行、变级数运行、补水/不补水运行、单边/双边阀门输水运行、换向运行、船舶分组同步连续过闸运行、船舶逐级连续过闸运行等多种运行方式,且存在上述运行方式间的转换,其复杂程度大大超过了国内外已建船闸的运行要求。监控系统自动安全、可靠、灵活地操控船闸,是保证三峡船闸正常运行、船队安全过闸的关键。

为了最大限度地发挥三峡船闸的航运作用、减少船闸技术性故障停航的因素,对多级连续船闸自动化运行控制技术进行了深入的研究。

4.6.2 船闸运行控制的关键技术难点

三峡船闸为双线连续五级船闸,是目前世界上规模最大、级数最多和运行方式最复杂的船闸。三峡船闸整体运行监控技术无现成的规程规范可循,也无工程范例可以借鉴。

为满足三峡枢纽上、下游水位大幅变化的需求,船闸必须变换运行级数。同时为了提高船闸的通航效率,在某些特定的水头下船闸需采用补水运行。国内外已经建成的三级连续船闸均无这些运行方式,没有经验可以借鉴。研究运行级数和补水运行方式的判定,推导补水量计算公式是保障船闸通航安全要解决的关键问题,是船闸自动化运行控制系统能随时

根据现场水位信息，自动生成运用级数、运行方式和自动计算补水量并进行精确控制的基础。

三峡船闸闸室级间输水水头高，在输水时，闸室间水头、水位均处于相对变化，输水水流流速随着水头的变化和阀门的操控而改变。在输水水流惯性的作用下，会产生严重的超灌超泄问题，形成相当大的反向水头，对船舶在闸室的停泊和人字闸门及其启闭机的运行都极为不利。如何有效地抑制闸室超灌超泄量、限制人字闸门的反向水头，是多级连续船闸自动化运行控制技术中的一项关键难题。

多级连续船闸各闸室之间没有中间渠道，具有节省工程量和缩短船舶过闸时间的显著优点。简化操作、减免失误、提高多级船闸运行效率，是保障多级船闸运行安全的又一个难题。三峡船闸过闸工艺复杂，运行工况繁多，闭锁条件繁杂，船闸运行工况的转变存在打破原有的闭锁条件，发生“开通闸”事故的危险。简化操作、减免失误，让运行人员能自如地驾驭五级船闸安全可靠地运行则越显重要。

高可靠性和高响应速率是多级连续船闸自动化运行控制系统的基本要求，通常通过“硬件冗余、软件容错”的方式可实现上述要求。然而三峡单线船闸运行涉及 6 个闸首的 12 扇人字闸门、14 扇输水阀门以及大量辅助设备的协同运行，控制对象和检测元件众多，因此优化系统配置、减少工程投资、提高系统可靠性，是监控技术需要研究的重点。

4.6.3 监控系统关键技术

三峡船闸每线的控制对象，包括 12 扇人字闸门及相应的启闭机、12 扇充泄水阀门及相应的启闭机、2 扇辅助泄水廊道阀门及相应的启闭机、2 套防撞警戒装置、14 套水位计等。

船闸对监控系统的要求：

1)系统要能适应船闸复杂的运行工况。

2)船闸的控制方式一般为集中自动控制，但根据需要也能在集控室或各闸首启闭机房进行手动操作。

3)系统应严格按照规定的运行程序进行控制，对运行中危及运行安全的误动作要有闭锁的功能。

4)设备出现故障时系统能自动报警。

5)系统设备必须准确、灵敏、可靠。

经攻关科研和各个阶段的研究，根据对监控系统方案及其可靠度深入研究取得的成果，提出了按“硬件冗余、软件容错”的原则配置，采用“集中管理、分散控制”分布式集散结构的五级船闸运行监控系统。双线五级船闸监控系统见图 4.6.1。

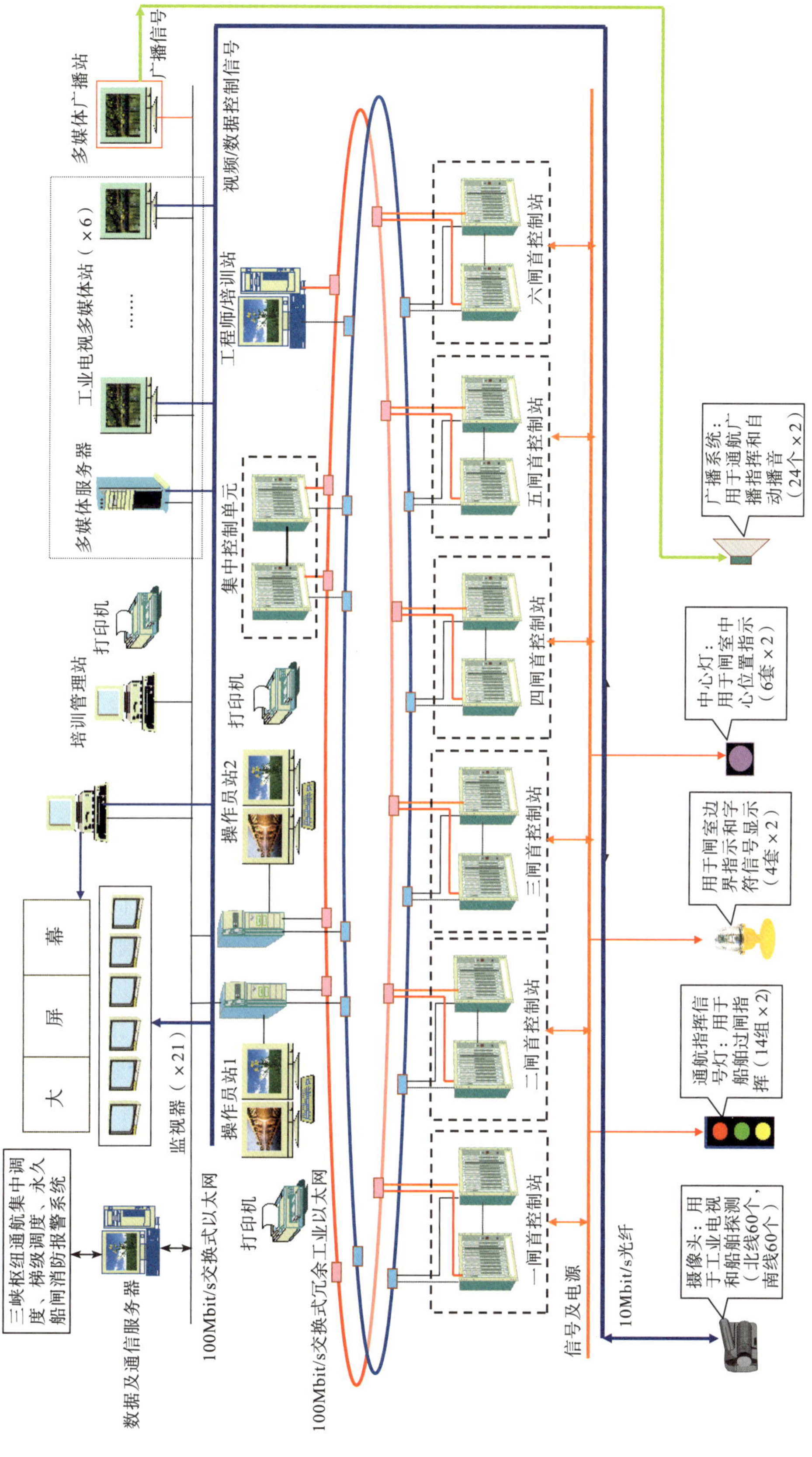

图4.6.1 双线五级船闸监控系统

(1)高可靠度的冗余容错集散分工运行控制技术

三峡船闸是长江黄金水道的咽喉,因而工程要求其自动化运行控制系统应具有很高的可靠性。经过“七五”“八五”“九五”科研攻关和各个设计阶段的研究,确立了三峡五级船闸监控系统遵循“硬件冗余、软件容错”“集中管理、分散控制”“控制与管理功能分工”等原则。上层控制采取集中控制单元和集中操作员站冗余的方式,主要承担五级船闸整体运行的协调控制、监视管理和信息采集,并依据船闸各设备状态按选定的运行程序顺序向下层现地控制站发布动作命令以及运行信息显示等。现地控制层采用同一闸首两个站可编程控制器(PLC)长距离互为热备冗余的方式,主要承担对人字闸门、输水阀门的启闭控制,通航指挥信号灯的转换,以及现地设备工作状态信息的采集与上送。数据通信采用 100M 光纤双环网技术。

同一闸首两侧现地控制站 PLC 互为远距离热备的配置方式是本系统的一个显著特点。各闸首左、右两个现地控制站的 PLC 同步采集和处理闸首两个控制站的信息,使闸首的一侧控制站可同时监控同闸首的两侧现地设备运转,但只有主控 PLC 能控制该闸首两侧设备的运行。当主控 PLC 故障时,备用 PLC 同样可以无扰动地切换为主控 PLC,保证船闸运行的连续性。采用同级闸首左、右两套 PLC 控制系统互为热备技术,优化了冗余配置方案,提高了数据传输效率和运行可靠性。

(2)液压启闭机控制技术

三峡船闸人字闸门采用液压直连式启闭机操作,而液压直连式启闭机的能力曲线呈两头低、中间高的拱形,与人字闸门的运动阻力曲线相悖。针对这一问题,关门时采取降低启动加速度和速度以及平滑启动过程均能大幅度地削减运行峰值。而在运行末期,再次降低运行速度,可使人字闸门停靠准确。在闸室充泄水末期,及时打开人字闸门则可变超灌现象的不利为有利,开门初期的阻力峰值可大为减小,并使人字闸门所受的反向水压力迅速消失,减轻人字闸门的扭力负载,以保证人字闸门长期安全运行。通过人字闸门速度的调变,不论是启动加速度或是制动减速度,均可平滑地进行而不产生突变现象。

三峡船闸人字闸门液压启闭机与电气控制装置组成电—液调速系统,作为船闸运行监控的一个现地控制站,对人字闸门、输水阀门启闭机的运转实现现地操作控制和远程(集中)控制。在同一闸首,除对本侧启闭机操作外,还可同时对两侧或只对一侧闸门进行操作。

(3)船闸运行级数、补水运行判定和补水量计算与控制技术

三峡船闸的运用级数与上下游水位密切相关,而且还受到各闸室允许的最高/最低通航水位的制约。为了准确无误地自动判断运行级数,在船闸已确定水级划分的条件下,研究推导出一套简化公式建立数学模型,编制运行级数判断程序和补水量的计算程序。监控系统可以随时根据现场水位信息,自动生成船闸运用级数和实施补水量控制。减免了人工判断,既节省时间,又可避免误操作,为船闸安全、自动、高效运行奠定了基础。

五级船闸运行级数及补水与否的判断,由分别设置在上、下游航道及 5 个闸室的 14 套

水位计检测的水位，通过计算机监控系统的分析、计算、决策来完成。监控系统能根据实测水位和设定的参数自动完成船闸运行状态的初始化，按不同的上、下游水位以及设计允许的级间工作水头，自动生成船闸运用级数指令和提示，并能根据各闸室水位的实时值，对闸室水位进行分析、预测，进行补水与否的判断和补水量的控制。

（4）抑制闸室超灌超泄的定差值控制技术

为了避免输水末期闸室超灌超泄导致强浪对闸室内船舶停泊条件的影响，以及人字闸门及其启闭机承受大的反向水头而产生有害的影响，通过数字计算分析、模拟试验研究，提出了定差值控制技术和“动水关阀”的措施，并在三峡船闸现场有水调试中进行了充分的测试。有效地控制输水阀门的关闭时机，解决了大水位变幅（上游水位变幅 40m、下游水位变幅 11.8m）、闸室级间输水水头高达 45.2m 且中间闸室上下游水位均相对变化的复杂条件下的超灌超泄问题，使闸室超灌超泄量达到小于 0.1m 的水平，确保了人字闸门的反向水头不致过高，同时也保证了闸室内良好稳定的停泊条件。

（5）防止人字闸门合拢失败的控制技术

通过检测人字闸门的门缝宽度，判断人字闸门在到达关终位后的设定时间内能否顺利合拢。在设定的时间内，如果没有合拢信号送出，则判其合拢失败，程序立即自动关闭输水阀门，停止充泄水过程。

为避免在水位计故障时发生过大的反向水头，监控系统还设有反向水头保护开门的功能，即在输水末期提前准备开启人字闸门的条件并及时开门，利用适当的反向水头来帮助克服人字闸门运行的阻力峰值，使人字闸门及其启闭机避免承受过大的峰值负荷，更加安全地运行。

（6）分项运行程序和整体运行控制技术

船闸运行方式包括单/双向运行、变级数运行、闸室补水/不补水运行、单边/双边廊道输水运行和船队“同步过闸”“逐级过闸”等多种运行工况。对于如此十分繁杂的运行工艺要求，以人工方式调变将带来极大的麻烦，而且也容易发生误操作，严重时会酿成重大事故。针对三峡船闸的运行特点，分别编制了三级运行、四级不补水运行、四级补水运行、五级不补水运行、五级补水运行等多个独立的运行控制程序，以及这些程序中的单边输水与双边输水运行程序等。通过满足一定限制条件的调用，复杂多变的运行方式变得十分简单，从而达到简化操作、减免失误的目的，大大地提高了五级船闸的运行安全可靠性。

针对三峡五级船闸复杂的运行工艺要求，应用软件编制采取了以下措施。

1）分系统、分站点、分层、模块化和面向对象的软件编程。通过对运行工艺、设备性能的仔细分析，确定每个系统、站点、层次、对象的控制、运行、管理、区域等属性，编制特殊的功能模块，使之成为整体控制软件采用模块化结构设计的基础。

2）故障诊断及处理软件编制。针对每一条故障记录，软件为其开辟一个储存区用来储存故障的属性，使得故障的等级具备可调性，方便系统的调试。

3)软件对冗余设备分级管理,实现系统容错运行。针对三峡五级船闸控制系统中大量采用冗余设备的特点,实现对冗余设备的有效管理,使其能有效地发挥作用,是控制软件设计的关键。

4)基本软件统一化。南、北两线一闸首至六闸首采用同一软件,双线五级船闸共 24 个现地控制站,采用统一的控制软件,针对各闸首不同的属性采用标签索引的方式,实现不同的控制功能,使得系统软件的一致性得到很好的保证,降低了在现场调试过程中修改软件带来的风险。

4.6.4 船闸整体运行及自动监控实践检验评价

三峡船闸自 2003 年 6 月 16 日建成并投入运行以来的通航情况表明,针对船闸复杂运行工况的研究及应用于五级船闸的监控新技术,使船闸自动化运行监控系统具有很高的可靠度、灵活性和安全性。

(1)保障船闸可靠运行

监控系统重要检测元器件采用双备份冗余配置,保证监控系统不会因小的故障而影响整个船闸的运行。现地控制站 PLC 采用双机热备方式实现无扰动切换,不但提高了自动化程度,更重要的是实现了输入、输出数据共享,不论是一个检测器件还是一个输入/输出(I/O)点的损坏,甚至一个远程 I/O 的故障,都不影响控制系统的运行。集控站采用双热备的 PLC 和双热备的 PC 机(操作员站)构成主控系统,通过冗余双环工业以太网与现地控制站连接,使自动控制系统达到最优配置。监控系统高可靠度的硬件冗余配置保障了船闸的可靠运行。

(2)适应船闸灵活运行

监控系统多种特殊的控制功能设置适应了船闸的灵活运行。监控系统对人字闸门、输水阀门的运行控制严格遵循过闸工艺流程和闸、阀门的闭锁关系,自动协调监控船闸的上/下行运行。同时通过对各种数据的收集和处理,监控系统掌握整个船闸的运行情况和运行状态。

根据上、下游和各闸室水位变化、待过闸船只状况、船闸状况,灵活改变船闸运行级数、补水/不补水、运行方向、单/双边输水、船队逐级过闸、船队同步过闸、自动换向等运行方式,适应船闸的灵活运行特点。

船闸运行主要采取集中操作,亦能在现地闸首操作,集中控制可实现“集中手动”“集中自动”运行,以实现各种状态下对船闸的灵活操控。

(3)保证船闸安全运行

监控系统设置了多种必要的保护功能,如相邻闸首人字闸门、输水阀门开启的互锁保护;人字闸门合拢失败保护;抑制超灌、超泄的动水关阀和开门保护;输水后期水位计故障保护开门;人字闸门前后水位齐平时平压开门保护控制;误操作的闭锁保护;“紧急关阀”“紧急停机”保护。在故障状态或突发事故的条件下,船闸具有快速、正确地发出如关阀操作、紧急事故自动停机等各项控制指令，自动启动保护程序的能力。监控系统多种必要的保护功能设置保证了船闸的安全运行。

设计方案采用研究确定的监控新技术，成功地解决了监控三峡船闸适应水库分期运行而带来的大幅度水位变化、变级数运行、闸室补水运行、大超灌超泄量等一系列直接影响连续五级船闸技术可行性的重大问题；实现了在复杂工况下，安全、可靠、灵活地对船闸进行操作、监控运行，满足了三峡工程“一级开发、一次建成、分期蓄水、连续移民”的开发原则要求。三峡船闸监控系统经历了十多年的连续运行，每线船闸都经历了包括单向运行、双向运行、换向运行、补水/不补水、变级数运行等各种方式检验，运行情况正常。设计、研究过程中解决的关键技术难题，已得到实际运行的考验，性能稳定，各项技术指标已达到预期目标。船闸运行实践证明：监控系统可靠度高，解决了在各种复杂工况下可以安全、可靠、灵活地对双线五级船闸操作、监控的技术难题，填补了五级船闸在复杂多变的运行方式和连续自动运行控制方面的空白。2015 年 3 月，通航 12 年后的三峡船闸监控系统的首次大规模升级改造已完成，本次升级改造的重点任务仅仅是对连续运行了十多年的监控系统设备硬件进行整体更新，这更证明了三峡船闸监控新技术的应用，完全能满足三峡船闸实际运行的要求，为船闸的安全、可靠运行提供了坚实的保证。

4.7 船闸施工关键技术

4.7.1 岩石开挖

4.7.1.1 开挖施工特点

三峡船闸在左岸山体深切开挖的岩槽中修建，边坡高度大，线路长，开挖轮廓复杂，对稳定变形限制较严，无论是从规模还是复杂性而言，国内外均无同类型的工程先例。其主要施工特性和技术难度主要表现在以下几个方面。

(1)受特定地形地质条件制约，局部稳定性问题突出

由于船闸边坡高度大、线路长、结构复杂且边坡为深切岩体等原因，船闸对地质条件反映比较敏感，边坡局部稳定性问题突出。

船闸位于低山丘陵区，地形复杂，沿途沟梁相间。船闸区基岩与整个三峡坝址区相同，以前震旦纪侵入的中粗粒闪云长花岗岩为主，相间穿插少量后期侵入的各种岩脉，并含少量捕虏体；断层规模不太大，但数量多，最发育的几组断层、裂隙、岩脉等主要结构面的走向与边坡走向夹角较大，岩块强度较高，岩体以整体、块状结构为主。区内地震力和地震应力量级不高；地下水以大气降雨入渗形式补给，通过全、强风化岩体孔隙垂直入渗，渗透压力传导迅速，地下水渗透压力对边坡影响较大，但通过完善的地表、地下排水系统，可以有效地降低渗透压力。边坡整体稳定条件尚好，边坡破坏的主要形式是结构面组成的随机块体的失稳。

直立墙边坡岩体多为微风化和新鲜的坚硬结晶岩，以整体和块状结构为主，黑色矿物偏多，云母多，石英含量偏低，以中粗粒为主，晶体较大；岩性较为古老，轻变质，风化深，多次构

造运动遗留痕迹多;断裂构造较发育,节理裂隙较为发育,局部地段呈密集带,除少量规模较大的断层带含有松散物质外,各方向的裂隙及小断层大多为硬性结构面,裂隙面以平直稍粗面为主。

船闸直立墙为南、北边墙和中隔墩两侧直立墙,总长达 6000 余米,最大高度 68.5m,大于 40m 的占 65%。三峡船闸纵横向均为台阶状,直角多,拐点多,形态不规则,且均为建基面。线路长、高度大的直立边坡,加上局部复杂的开挖形态,大大增加了地质结构面临空出露的机会,当结构面与垂直边坡夹角较小时极易组合成典型不稳定块体而造成边坡局部失稳。因此,组合可能不稳定块体多,且随机性强,难以事先探明。在地下水活动、裂隙充填物质软化、地应力松弛和爆破振动效应的综合影响下,变形和塌滑的概率较大。在施工期发现的不稳定块体共 1054 块,其中大于 $100m^3$ 的不稳定块体达 309 块,局部稳定问题突出。

(2)68.5m 高直立墙岩石边坡的变形与稳定要求高

直立墙是在山体中深挖的垂直高边坡,受开挖、卸荷影响十分显著。在直立边坡开挖前闸墙顶以上的岩体被挖除,岩体的应力状态发生变化;中隔墩受顶部及左、右 3 面卸荷的影响,二次应力场十分复杂;完全相同的优、良质岩体,其边坡开挖后的形象与地质勘探钻孔取芯所见的情况会有很大的不同,边坡开挖后的岩体卸荷松弛现象十分明显,在卸荷和爆破的双重作用下,岩体内形成的松动—松弛带的范围和深度远大于一般的岩石陡高边坡,这不仅仅需要单一的开挖、锚固施工技术研究,而且需要针对三峡船闸岩石陡高边坡进行全面系统的研究,这也是船闸直立墙边坡安全、快速施工所必需的。

直立墙边坡是船闸结构的重要组成部分,船闸薄衬砌混凝土边墙通过 10 万根高强锚杆与边坡岩体结合在一起共同受力,边坡对变形量,尤其是对时效变形量有严格限制;船闸 6 个闸首有 12 组巨型人字闸门,在安装后要求每组人字闸门支持墙的相对位移不超过 5mm(对与闸首结构联合作用的边坡岩体变形的限制)。因此,船闸边坡不仅有稳定要求,而且还有严格的变形限制。

船闸边坡经开挖大范围卸荷与应力释放而形成“W”形双线双向 4 个坡面,边坡的形成经受较急剧的应力调整和岩体平衡条件向不利方向变化的过程,已有的工程实践还无法全面提供研究此类边坡的理论、经验,在开挖过程中不可避免的频繁爆破振动会对保留的直立墙岩体造成一定的损伤,目前对爆破荷载的确定还没有成熟的理论方法。由于船闸边坡的重要性和地形、地质条件的复杂性以及结构复杂性,对直立墙成型开挖提出了非常高的技术要求:一方面是岩体的质量不得降低,岩体声波速度改变值控制在 10%以内,且不小于 4000m/s;直立墙边坡成型预裂(光面)爆破单响药量不大于 50kg(实际控制在 15kg 以内,一般不大于 10kg)。另一方面直立墙形体尺寸需严格控制,不允许欠挖,超挖不大于 20cm,在现有的装备技术水平下很难达到,直立墙边坡开挖成型技术是实现先进的船闸设计思想的关键技术。

(3)施工程序复杂，施工项目立体交叉，矛盾干扰大，施工布置困难

在两条长1621m、宽37m、高48～68.5m的窄、长的梯级深槽中进行开挖、锚固和混凝土施工，并兼顾庞大的地下洞井工程，槽、洞、井开挖爆破及开挖与锚固施工程序十分复杂，相互干扰，相互制约，施工布置困难。主要体现在：

1)施工程序有严格的限制，需妥善解决明挖与地下开挖的关系、开挖与支护的关系、开挖与混凝土施工的关系、开挖与排水的关系、明挖与地下工程各自的分块施工顺序，将开挖卸荷造成的岩体应力应变恶化降低到可以允许的水平，控制施工力学效应不致造成边坡的失稳，保证施工的合理布局和运输畅通，实现快速和高质量的施工。

2)地面和地下工程为相邻工区爆破。

3)开挖与锚固是相关流水工序之间的矛盾关系，两者在工作面和工期上又互为占压和影响。

4)深槽开挖场地狭窄，设备的斗容与场地、进度是一对矛盾。

5)安全隐患多，作业难度大。

(4)开挖工程量大，工期紧

船闸地面工程土石方开挖总量4300万m^3，约占三峡工程土石方开挖总量的40%。其中，闸墙顶以下闸室主体段深槽开挖约1186万m^3，工期为3年，槽挖月强度为50万～60万m^3，需在两条窄长深槽中布置12～15台大斗容的挖掘设备，开12～15个开挖工作面。

(5)预应力锚索工程量大，施工条件差，技术要求高

船闸广泛应用了预应力锚索加固技术，共布置预应力锚索4396束，其中系统锚索2080束，随机锚索2316束，主要布置在4面直立边坡上，锚索施工强度达每月200束。

系统锚索长度一般为30～60m，大多数为3000kN级的对穿锚索或端头锚索，少数为1000kN级的端头锚索。系统锚索因其设计布置的确定性，在施工过程中可以通过合理统筹安排，积极为锚索施工创造有利条件，减少锚索施工与深槽开挖施工的相互干扰。

按照动态设计的指导思想，在深槽开挖过程中根据地质情况布置了大量的随机锚索用于加固边坡上规模较大、不能满足稳定要求的半定位块体和随机块体。锚索长度根据块体滑移面埋深确定，为20～60m不等，为3000kN级的对穿锚索或端头锚索。除局部较集中的随机锚索施工可与开挖施工统筹安排外，大多数部位的随机锚索布置分散、工序多、工期紧，施工条件差，难度大，难以与开挖相互协调。

考虑到船闸墙后排水结构要求、锚索锚固效应等因素，锚索均布置为水平孔，并对综合偏斜提出了超规范的要求：对穿锚索孔的综合偏斜控制在1%以内，端头锚索孔的综合偏斜控制在2%以内。大量的水平孔锚索采用如此高的造孔精度要求，在国内外尚属首次(规范一般要求锚索孔综合偏斜控制在3%以内)。船闸锚索加固的部位一般为松动—松弛区或不稳定块体，有各类软弱结构面，尤其是中隔墩部位岩体三面卸荷松弛，锚索高精度成孔条件较差。如何提高精度、水平锚索施工技术水平是一个新的课题，也是实现对船闸直立墙边坡

岩体进行适时锚固的关键技术之一。

(6)高强锚杆施工的工程量大,强度高,技术复杂

在直立坡段(含中隔墩两侧)共布置了10万根高强结构锚杆,其材质为直径32mmⅤ级高强精轧螺纹钢筋。其主要工程特点和技术难点有以下几点:

1)国产的直径32mmⅤ级高强精轧螺纹钢筋用在船闸作高强结构锚杆,其材质和性能需进一步检验;高强锚杆的结构型式、生产工艺、受力性能、锚固效应及配套的检测技术等一系列高强锚杆施工技术问题需在施工过程中研究和解决。

2)在开挖过程中适时锚固与钻爆矛盾突出,爆破飞石对高强锚杆的损伤难以避免。

3)施工强度大、造孔质量要求高(孔轴偏差≤2°~4°),且均需在高排架上作业,需提供轻捷、快速的锚杆钻孔机具和安全稳定的工作平台。

在三峡船闸工程中,具有如此巨大规模的永久岩石陡高边坡工程,采用如此先进的设计原则,其施工技术已超过当今世界水平。三峡船闸陡高边坡施工技术问题,尤其是68.5m高直立墙的开挖与锚固施工技术问题,受到国内外工程界的广泛关注。研究和解决好三峡船闸直立墙边坡安全、快速的开挖与锚固施工技术问题,不仅是三峡工程建设所必需的,而且可使我国乃至世界的岩土工程,尤其是人工陡高岩石边坡工程理论和实践更加系统和完善,将岩石高边坡开挖与锚固施工水平提高到一个新的高度,为以后类似工程施工积累有益的经验。

4.7.1.2 岩石开挖关键技术

船闸开挖工程关键技术主要包括直立墙开挖与锚固施工程序、直立墙开挖机械设备比选、直立墙成型技术、深槽开挖综合控制爆破技术、预应力锚索施工技术、综合安全技术措施、高强锚杆施工技术与锚固效果以及开挖与锚固等各工序的协调关系,还包括并研究和研制了快速开挖、锚固施工设备,研究成果已为船闸施工实践所验证,船闸主体结构段开挖分两期施工,其分期典型横剖面见图4.7.1,一期主要开挖基槽,二期开挖闸槽。船闸闸槽开挖施工程序见图4.7.2。

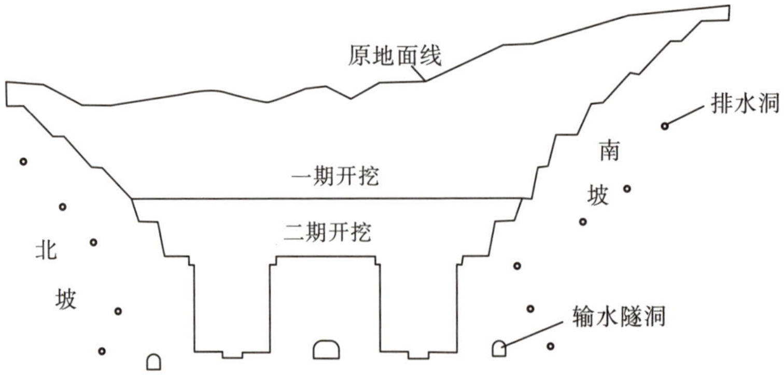

图4.7.1 船闸主体结构段开挖分期典型横剖面

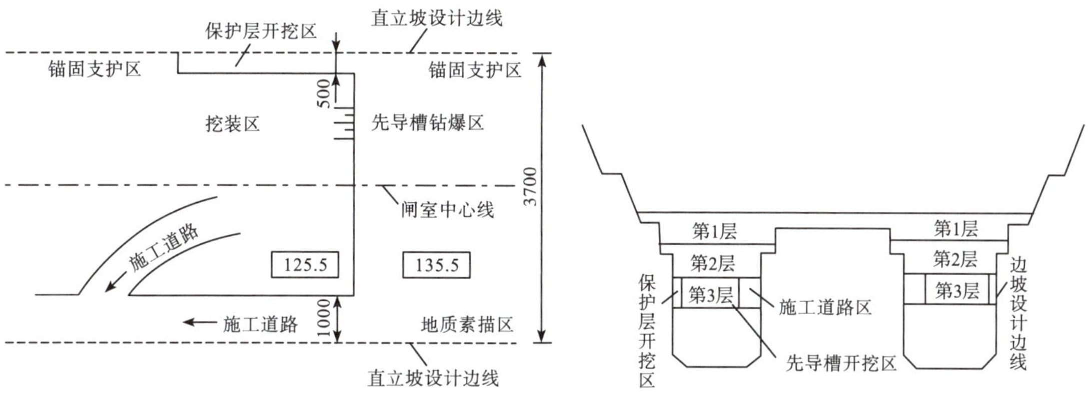

(a)平面图　(b)典型断面

图 4.7.2　船闸闸槽开挖施工程序(单位:高程以 m 计,尺寸以 cm 计)

(1)直立墙边坡开挖与锚固施工程序及施工布置研究

直立墙边坡开挖与锚固施工程序及施工布置研究验证了原有相关研究成果的合理性,并对一些方面进行了补充完善。

1)闸室槽开挖与地下洞井开挖,按同区段左右线闸槽平行下挖,右线闸槽领先时不超过左线闸槽开挖一个梯段,相邻开挖工作面高差不大于一个梯段;输水隧洞及其施工支洞开挖超前相应同区段闸室明挖、闸室槽挖与施工支洞顶厚度小于 30m 时为贯通警戒区,竖井开挖在闸墙顶平台形成后进行、闸槽开挖以滞后竖井开挖不少于一个梯段的原则,即“先井后槽”的原则进行,可减少爆破振动对岩体的影响。

2)由于竖井钻爆施工程序、施工方法的改变,槽挖爆破对竖井井壁岩体的影响要大于竖井开挖爆破对直立边坡岩体的影响,研究采用的“先槽后井”的施工程序在技术上可行,解决了地面与地下工程的矛盾。

3)经研究有临空面的岩石开挖爆破对基底的保护具有明显作用,因此闸室槽挖采用掏槽爆破的施工方式,先进行先锋槽深孔梯段微差爆破,然后再进行侧向保护层光面爆破。

4)为研究槽挖爆破对锚固质量的影响关系,在现场结合生产进行了一定的试验和爆破振速、预应力损失监测,确定了相应的控制要求。

5)经研究确定了合理的开挖与锚固施工程序,解决了开挖与锚固之间的协调关系。锚索施工按“先锚后挖”的原则进行;爆破飞石对高强锚杆的影响难以克服,在高强锚杆未实施前,首先采用锁口锚杆和随机锚杆确保施工期(特别是开挖期)边坡稳定与施工安全;高强结构锚杆造孔施工根据开挖工作面的情况适时进行,锚杆安装原则上在相邻一定范围内开挖结束后,按先闸首及其相邻段后闸室段分区进行。

6)研究表明,岩坡开挖后,存在一定的时效变形,为此,混凝土衬砌墙施工一般安排在开挖结束半年后进行。

研究和实施的施工程序结合了原有相关科研成果,有利于边坡稳定和方便施工。先进行先锋槽深孔梯段微差爆破,再进行侧向保护层光面爆破的槽挖程序减少了爆破对保留岩体的影响。基于竖井开挖滞后影响入槽开挖以及竖井开挖方法的改变而提出的“先槽后井”的施工程序在技术上可行，解决了地面与地下工程的矛盾，为船闸开挖争取了半年以上的工期，效益显著。确定了合理的开挖与锚固施工程序，解决了开挖与锚固之间关系的协调难题。随机锚索、高强锚杆的施工程序反映了工程实际要求。混凝土衬砌墙施工时机的确定结合了相关研究成果及边坡变形观测的情况。施工布置研究切合船闸工程实际。

(2)直立墙边坡成型开挖施工技术主要研究成果

对开挖施工技术分步进行了以下研究。

1)选用了国内外有关适合的钻机进行一次钻 30m 或 60m 深孔的钻孔试验研究，结果表明采用一次钻孔、分段爆破开挖成型方案在技术和经济上均不可行。

2)比较研究了采用手风钻或手风钻＋潜孔钻分层钻爆成型的方案。直立墙边坡全部采用手风钻分层钻爆成型，对坡面成型及减少爆破振动影响最为有利；若要加快槽挖施工进度，则槽挖第一层的侧向保护层岩体开挖及直立墙边坡预裂或光面爆破成型可采用潜孔钻钻爆。

3)对采用一次钻孔、分段爆破开挖成型的可行性进行试验研究。从钻机选型、钻孔精度、钻孔效率、钻孔成本、深孔测试及爆破技术方面进行了现场试验和分析研究，比较全面系统。证明了该方案技术上和经济上均不可行的结论是正确的，反映了目前国内外钻机的实际水平。对火焰切割成型技术也进行了有益的尝试，结果是火焰切割成型技术目前尚未达到实际使用的阶段。

4)通过研究总结，解决了直立墙边坡成型开挖的技术难题。船闸直立墙边坡采用手风钻或手风钻＋潜孔钻分层钻爆成型的方案，既考虑了其对坡面成型的影响，减少了爆破振动，又考虑了施工进度要求。此方案虽然增加了劳动强度、开挖梯段层数和爆破出渣难度，但满足了技术要求，保证了开挖质量。方案切合实际，是可行的。

(3)船闸槽挖控制爆破技术研究

研究确定了深槽开挖合理的施工程序、爆破器材、爆破方式、爆破参数、起爆网络、岩石质点振速控制指标、槽挖预留侧向保护层厚度、基岩保护层厚度及单段起爆药量控制指标、炸药品种、施工机具及施工工艺。

槽挖爆破采用深孔梯段孔间微差爆破、两次缓冲爆破、两次光面爆破，最终形成直立墙边坡的施工技术及采用非电起爆网路、孔底设柔性垫层等综合爆破技术体系，可以满足槽挖技术要求，并提出如增加施工光爆(预裂)、两次缓冲爆破、两次光面爆破等控制爆破的新思想。

比较研究了在船闸花岗岩中利用预裂爆破技术和光面爆破技术，研究结果表明光面爆破优于预裂爆破；槽挖爆破应用深孔多段孔间微差起爆技术，可大大改善爆破的质量，减少对周边保留岩体的影响；槽挖控制爆破技术解决了开挖爆破时不仅要使爆破影响控制在设计允许的范围内，而且要满足工程质量和进度要求的矛盾关系。

对深槽开挖的施工程序、爆破器材、爆破方式、爆破参数、起爆网络、岩石质点振速控制指标、槽挖预留侧向保护层厚度、基岩保护层厚度及单段起爆药量控制指标、炸药品种、施工机具、施工工艺等进行了比较全面、系统的研究和实践。所采用的深孔梯段孔间微差爆破、两次缓冲爆破、两次光面爆破，最终形成直立边墙的施工技术及采用非电起爆网路、孔底设柔性垫层等槽挖综合爆破技术(图4.7.3)，其稳定、可靠、安全；开挖爆破施工质量优良，解决了“三峡船闸直立墙高边坡开挖”这一世界级施工技术难题。

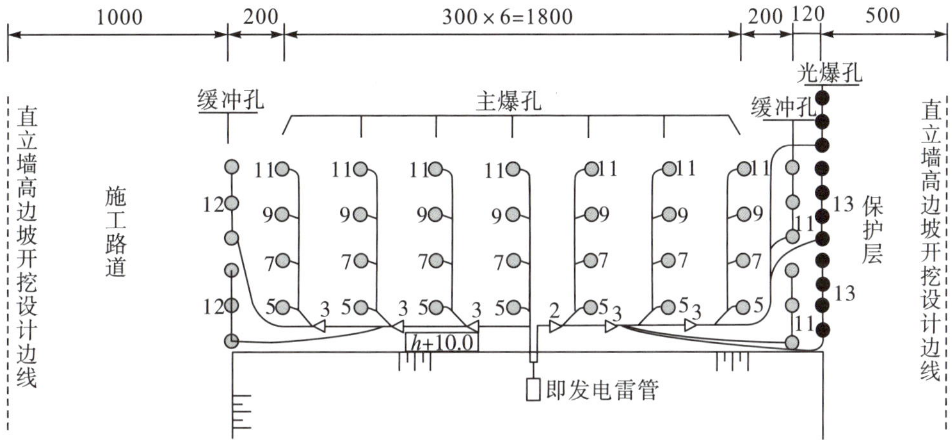

图4.7.3　槽挖施工典型爆破设计(单位:高程以m计,尺寸以cm计)

h—临空面高程

槽挖综合控制爆破技术的研究与应用，使我国乃至世界的岩体工程，尤其是人工陡高岩石边坡工程理论和实践更加系统和完善，将岩石高边坡开挖爆破水平提高到了一个新的高度，为以后类似的工程施工积累了有益的经验，有着巨大的社会效益和显著的经济效益。

(4)锁口支护技术研究

锁口锚杆对直立坡上部松弛、松动块体起到了较好的锚固作用；在开挖期间高强结构锚杆没有条件施工的情况下，研究采用锁口锚杆和随机锚杆加固直立边坡浅层岩体是一个切实有效的措施。

用于防止地表水入渗的封闭混凝土及喷混凝土施工应随船闸首层槽挖及时跟进。

近区爆破对锚固设施的影响，对临时性支护和永久性支护可区别对待。在船闸爆破安全准则条件下，爆破面(或最近爆破点)距离锚固设施5m远的岩体爆破动力效应对锚索、锚杆的影响不明显。

锚索加固原则上与开挖梯段隔一梯段实施；用于临时性支护的锚索施工随开挖同梯段及时跟进。

深直立边坡施工期综合安全技术措施，确保了工程施工的顺利进行。因高强锚杆不能及时实施，先采用锁口锚杆、坡面喷射混凝土和坡顶找平混凝土等锁口支护措施，保证了施工期(特别是开挖期)的直立边坡坡顶部位小规模(体积 $100m^3$ 以下)潜在不稳定块体的稳定和施工安全,限制表层岩体的松弛变形,成效明显。锁口锚杆在一定范围内提高了岩体的完整性,减缓了岩体变形,其锚固效果已从锚杆应力测量资料和相关的变形观测资料中得到验证。对开挖卸荷及爆破振动对直立边坡岩体的影响、锚固支护的作用机理与锚固支护时机也进行了分析与研究。所实施的综合安全技术措施值得借鉴和推广。

(5)预应力锚索施工技术研究

通过锚索验收试验研究,解决了船闸4600余束锚索的验收试验标准,制定了相应的实施细则与技术要求。首次解决了高精度、大孔径、水平长锚索孔的成孔技术问题,研制了高精度轻型快速水平钻机及机具,对水平孔的成孔工艺、钻孔偏斜的原因及机理、钻头的选择、冲击器的选用、导直钻进工艺、合理的钻孔参数等均进行全面、系统的分析和研究,并研究解决了高精度锚索孔的孔斜检测技术问题;锚索孔的造孔精度已远远超出了现有规范标准,使锚索成孔技术水平上升到一个新的高度,进一步提高我国乃至世界的锚索施工水平和施工质量。

对锚索的施工工艺进行了全面、系统的试验和研究,对锚索材料检测、浆材配合比、止浆环工艺、注浆系统改进、水平长锚索的穿索工艺等进行了大量的现场分析和试验研究,形成了一套成熟的施工工艺,制定了详细的操作实施细则,具有较强的操作性和较高的实用性。

当时尚没有对国内的水工锚固工程锚索验收试验正式提出相应的实施细则与技术要求。通过锚索验收试验研究,为补充和完善锚固工程验收规范积累了宝贵的资料,提供了依据。

对锚索锁定损失、后期时效损失、力损失的控制等多方面进行了细致、深入的分析和研究;对锚固时机从变形时机、岩石块体的位置、碎裂块体处理等方面进行了分析和探讨;对千斤顶与测力配套检测也进行试验研究。

(6)高强锚杆施工技术及锚固效果的主要研究成果

研究确定了高强锚杆施工工艺流程,包括确定孔口封堵材料、托架(居中环)形式、自由段防腐处理后的封闭材料和工作流程等,具有良好的实际可操作性。

三峡船闸施工中首次采用气动锤作顶锤的工艺研制了高精度、轻型快速水平锚杆钻机,适用于钻水平孔或缓倾角的锚杆孔,在孔径为60~90mm、孔深15m内有极大的优势,已在船闸施工中得到大量应用,满足了船闸直立坡上高强锚杆高强度、大面积施工要求。

高强锚杆喷锌、双层环氧树脂涂层防腐处理工艺及检测技术满足规范和设计要求,其操作工艺在现场施工中发挥了良好的作用。研究引进了冷挤压套筒连接技术,解决了高强锚杆连接技术,突破了现有规范规定,套接后的锚杆强度、变形性能达到国家A级标准,在生产中得到了应用。

研究确定了施工质量检测技术和验收标准,大量的整体拉拔检测结果显示,锚杆抗拔力可以满足设计要求，锚杆施工质量良好；相关的反复张拉试验结果同时证实，即便是在循环荷载作用下，锚杆也具备非常强的抗拔能力。

综上所述，船闸直立边坡开挖与锚固综合施工技术研究成果能紧密结合工程实际，实践性强。通过比较深入的理论方面的研究，解决了三峡船闸直立墙边坡安全、快速的开挖与锚固施工技术这一世界级难题，满足了三峡工程建设的需要，使我国乃至世界的岩体工程实践，尤其是人工陡高岩石边坡工程理论和实践更加系统和完善，将岩石高边坡开挖与锚固施工水平提高到了一个新的高度，为以后类似的工程施工积累了有益的经验，有着巨大的社会效益和显著的经济效益。

4.7.2　衬砌混凝土浇筑

4.7.2.1　浇筑施工特点

三峡船闸为双线连续五级船闸。地面工程混凝土浇筑总量为350万m^3。船闸主体段全长1621m，共有12个闸首，10个闸室，其结构以衬砌为主，部分为衬砌与重力式结构相结合。闸首衬砌厚度约12m，闸室衬砌厚度为1.5～2.1m。船闸因结构的特殊性而具有结构复杂、技术含量高、工序繁多、施工干扰大、施工难度大等特点。

1)1.5m厚的闸室衬砌混凝土，结构依靠高强锚杆将衬砌混凝土与围岩连接成整体，使二者共同受力，墙体布置有4层钢筋，墙后布置有4m×6m间距的排水管网，闸室墙面还布置有浮式系船柱槽和爬梯等，混凝土结构复杂，浇筑准备工序繁杂，混凝土采用吊罐很难直接入仓。

2)观瞻性工程对混凝土外观和模板工程质量要求很高。

3)水平和竖向岩面均是基础强约束区，温控防裂要求高。

4)工序间施工干扰大，高空作业多。

4.7.2.2　混凝土施工关键技术

船闸混凝土结构复杂，施工工程量大，同时作为观瞻性工程，对外观和模板工程质量要求很高。经研究在船闸施工中首创采用了较先进的滑模、滑框倒模、MY-BOX管等施工技术，对船闸混凝土工程的按期优质完成起到了关键作用。

(1)滑模施工技术

1)单侧分离式滑模机构。

滑模模具提升采用GYD60型液压千斤顶，支撑杆采用ϕ48mm×3.5m的钢管，将液压平台与模板分开，第一排支撑杆布置在混凝土衬砌墙体内，并与墙面高强锚杆和结构钢筋连接成整体，第二排支撑杆紧靠迎水混凝土面，墙外另外再设置3排支撑杆，共布置24个千斤顶；在第一排支撑杆与第二排支撑杆中设置钢模板，模板高度120cm，钢模板挂在围檩上，围檩和千斤顶均设置在门架上，液压控制台采用HY-36型；第3排支撑杆和第5排支撑杆间布置下料和操作平台，整个平台与模板分离，平台加固采用ϕ48mm钢管。

2)施工工序。

施工工序为脚手架搭设→基岩面清理→基础验收→排水管网安装→内层钢筋架设→

浮式系船柱安装→拆除脚手架→模体及操作平台安装→验仓→浇筑→人工抹面→养护或保温。

3)施工工艺及质量控制。

混凝土：$R_{28}250S6D150$，坍落度 3～5cm，水灰比 0.45，水泥 190kg，粉煤灰掺量 20%，ZB-1A 型减水剂掺量 0.5%(常规混凝土 0.7%)。

滑升速度控制：视气温而定，一般按照混凝土强度 0.1～0.2MPa 滑出模板控制，冬季每天滑升 2～2.5m，夏季 3～4m。

滑升偏差控制：采用经纬仪和吊锤相结合的方法检查纠正模体偏差。在模体背面设了 3 个 25kg 的吊锤，每滑升 20～30cm 高度，观测垂球对中情况，同时每天用经纬仪检测 1～2 次，发现偏差及时纠正。

(2)滑框倒模施工技术

单侧滑框倒模在单侧滑模的基础上进行改进，其原理和施工工艺与单侧滑模基本一致，主要区别是模板不随提升架滑动，增加了人工倒模工序，减少了人工抹面工序，混凝土表面更加平整美观。

滑框倒模系统主要由模板、滑道、提升架、导轨和操作平台等组成。模板高度为 200cm，分 5 层，每层 40cm；滑道采用 ϕ48m×3.5m 钢管制作，间距 30cm；提升时模板不随提升架滑动。滑框倒模系统共布置有 28 个千斤顶，液压控制系统与单侧滑模相同。

在正常滑升过程中，按照浇筑 40cm→滑升 40cm→底部拆模 40cm→顶部立模 40cm 的程序循环进行。质量控制的重点是底部拆模时间。

(3)MY-BOX 管施工技术

在部分闸墙衬砌混凝土施工中还引进采用了日本专利产品 MY-BOX 自搅拌防骨料分离新型溜筒。

三峡船闸于 2000 年 6 月按期完成全部主体混凝土浇筑，由于采用了一系列先进施工技术，经过对船闸混凝土表面和内部进行全面检查，表明船闸衬砌混凝土外表平整美观，内部密实，质量总体优良，顺利通过了国家验收。

4.7.3 大型人字闸门安装

4.7.3.1 人字闸门安装难度及特点

三峡船闸人字闸门，根据总体设计的要求，其承受水头、结构尺寸及门体重量在世界上均属首位。其结构型式与葛洲坝船闸人字闸门相似，但其尺寸及有关技术要求都提高了一个档次，与葛洲坝船闸比较，有几项独特的要求：一是顶枢采用了预应力锚杆，这在国内属首次；二是由于尺寸大，对门体节间焊缝工艺及变形控制要求提高；三是门体背拉杆的根数增加，同时背拉杆应力值范围要求严格，调试时困难极大；四是支枕垫块环氧填料的力学性能要求很高，对填筑施工的工艺提出了高要求；五是分节门体重量尺寸极大，根据现场施工条件确定吊装方法难度很大。

4.7.3.2 人字闸门安装关键技术

船闸人字闸门安装程序为:安装前测量放点→埋件安装→门体运输吊装→拼焊→顶枢安装→背拉杆安装→其他附件安装等。安装过程中,重点对高精度测量放点、门体安全吊装就位、门体节间对位和拼装、焊接顺序及变形控制等制定专门措施。

(1)测量控制

高精度测量是保证人字闸门安装精度的前提。实施中,平面网的布设采用了同时顾及精度和可靠性标准的机助模拟优化设计方案;高程网的布设采取分别在闸顶和门龛底板布设二等水准路线。人字闸门安装的基准点主要有人字闸门底枢旋转中心和埋件枕座上的支承中心,由于受现场地形条件的限制,人字闸门安装主要采取了垂准测量方法进行设置。为了控制底枢座板的安装方位及门轴线的方位,在闸首底板上左、右合力线、门轴线的交点位置增设两个基准点。

(2)人字闸门运输与吊装

闸首人字闸门每扇分为12节,单件最重约100t。门叶在堆场用150t履带吊装车、100t平板挂车运输至高程131.0m一闸室底板上后,由300t履带吊卸车。卸车后由300t履带吊配150t履带吊在空中将门叶翻身90°呈直立状态,而后由300t履带吊吊装就位。门叶在翻转90°后落地换钩前,用道木垫平,使其不会倾倒。底节翻转90°后,因一端有底枢顶盖,门体两端重心偏移,需用2组32t滑轮组配10t倒链调平。

(3)人字闸门拼焊变形控制

1)预留反变形。

门体焊后向上游倾倒及沿厚度方向角的变形,通过在门段拼装中预留反变形来加以解决。如在门叶拼装时,使门叶向下游(背面)方向略作倾斜,即留一定数值的反变形,以抵消面板焊接时的焊缝横向收缩。在点固焊和正式焊接时,先将下游面隔板后翼与主梁后翼缘的对接缝焊好,以期面板焊接之前能尽可能增大门叶刚度。根据以往经验,反变形数值一般为拼装门段高度的0.8%~1.0%,即3m高的门段,反变形数值为2~3mm,具体视门段焊接后变形情况以及吊装节和底节之间的垂度来确定。

2)焊接顺序。

人字闸门焊接应以“端板和边柱先定位焊,横向收缩大的接头先焊接”为原则进行,来减少闸门倾斜变形,减小焊接应力,利于焊接变形控制。门叶分段接缝焊接顺序是:端板内缝→端板外侧→受力劲板→端隔板→端柱上下游翼板→隔板后翼缘→中间隔板下游半宽→中间隔板上游半宽→面板外侧→面板内侧与主梁翼板贴角焊。

3)焊接工艺。

在施焊过程中,对焊前需预热的焊缝应按评定的加热温度和加热方法进行加热,加热布置在施焊边的背施焊侧,预热温度由专人测控。焊接开始后要连续焊接至完成。焊接时采用多层、多道、对称、分段、退步的方法进行。对接缝一面焊接封底后,另一面清根封底,而后再双面焊满。每层缝厚度要求小于6mm,层间接头错开300mm以上(端板除外)。控制对称焊的焊接速度和层间温度,以提高焊缝的内在质量。如因故停止焊接,则需对要求预热的焊缝进行保温。

由专人监视检测门体变形倾向,一旦发现焊接变形较大,应停止施焊,采取改变焊接顺序或焊接方向、调整线能量分配方向等措施来纠正或减小变形。锤击焊缝(尤其是面板侧)以有效消除焊接应力,减小焊接变形。

(4)背拉杆安装

由于背拉杆件太长,采取分两段运输,在现场焊接平台上进行对接拼焊,并注意控制焊接变形。焊接后进行100%的磁粉超声波探伤。安装时,利用吊装平衡梁将背拉杆吊起,就位后先将螺纹端插入挡板孔中,然后利用导链调整背拉杆的角度,使背拉杆的另一端对准节点板垫板上的定位孔。全部安装完成并检查无误后,初步拧紧螺母,避免个别杆件长期处于受弯状态。最后在门体调试时对背拉杆施加预应力。

三峡船闸人字闸门体积大,其尺寸为38.5m×20.2m×3.0m(高×宽×厚),其规模为目前世界之最。在背拉杆安装过程中,采用正确的施工方法,严格的施工工艺,对双层多根背拉杆不对称大坡口节间焊接顺序、工位配置、消应处理、机助模拟化安装、测量控制网的设置等进行研究,取得了成功的经验。

4.8 升船机船厢垂直升降的驱动机构及安全机构设计与设备制造技术

4.8.1 升船机船厢垂直升降的驱动机构

4.8.1.1 升船机船厢设计

升船机船厢由钢质槽形厢体和上下游两端闸门封闭形成,采用盛水结构与承载结构合为一体的自承式结构。为满足船厢升降运行和上、下游闸首对接需要,在船厢上布设驱动机构、安全机构、纵导向及顶紧机构、横导向机构、对接锁定机构、防撞机构、船厢门及启闭机、间隙密封机构、充泄水系统、液压泵站等机械设备和电气控制设备,并布置现地控制设备、消防系统、照明和暖通设备。

(1)船厢结构型式及主要设备布置

船厢为焊接结构,其承载结构由箱式主纵梁、主横梁(相应于螺母柱部位和齿条部位)、工字横梁、底铺板及其下部的"T"形次纵梁、厢头结构及4个侧翼结构等组成。升船机承船厢结构见图4.8.1。船厢外形总长132.0m,标准断面宽23.0m,高10.0m,两端分别伸进上、下闸首5.5m。船厢内有效水域尺寸为120.0m×18.0m×3.5m(长×宽×水深)。升降时最大允许误载水深±0.1m,对接时最大允许误载水深±0.6m。船厢计入水体总重量15500t(其中结构及设备重约6850t),由相同重量的平衡重完全平衡。船厢内两侧壁上各布设3道高度200mm的护舷,以在利用船舶进出船厢时保护主纵梁。船厢上、下游两端布设下沉式弧形闸门,闸门开启后卧于船厢底部的门龛内,每扇门由两台液压油缸启闭。紧邻船厢门的内侧设有带液压缓冲的钢丝绳防撞装置，钢丝绳横拦在闸门前，过船时钢丝绳由吊杆提起。船厢两端分别布设一套“U”形间隙密封机构，船厢与闸首对接时，“U”形密封框从“U”形槽推出，形成密封区域。在船厢两侧的主纵梁内反对称布置两套水深调节系统，两者同时运行并互为备用。

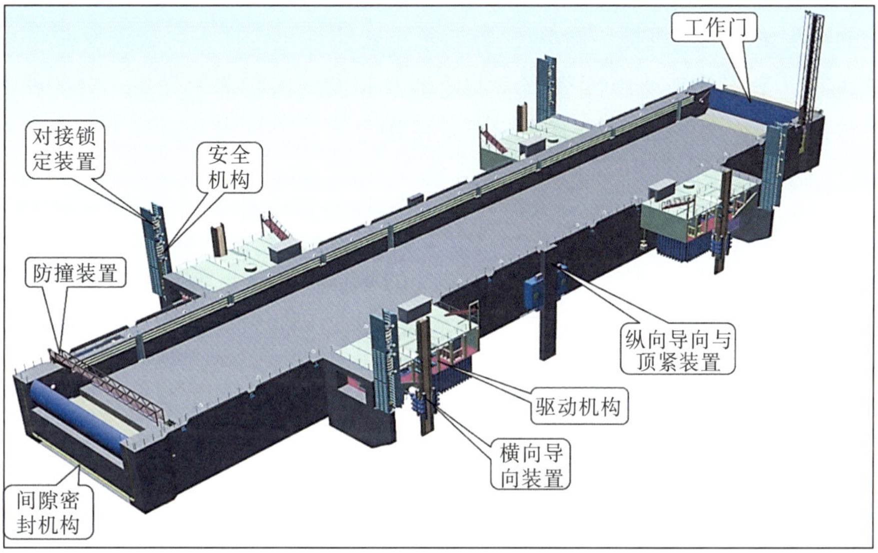

图 4.8.1　升船机承船厢结构

船厢的驱动系统和安全机构对称布设在船厢两侧的 4 个侧翼机构上，每个侧翼机构伸入相应的搭柱凹槽内。4 套驱动机构通过机械轴连接，形成机械同步系统。安全机构的螺母柱通过二期埋件安装在塔柱凹槽墙壁上，船厢对接锁定机构布置在安全机构的上方，通过机械轴，与安全机构旋转螺杆连接与安全机构共用螺母柱作为承载构件。船厢上布设 4 套横导向装置和 2 套纵导向装置。横导向装置布置在每套驱动机构的下方，除发挥正常导向功能外，还用于承载横向地震荷载；纵导向装置位于船厢横向中心线，除用于船厢的纵导向外，还用于对接时段的顶紧以及承担船厢的纵向地震荷载。

(2)船厢上其他设备布置

船厢两端的机舱内分别布设一套液压泵站，用于操作在船厢两端的间隙密封机构、防撞装置船厢门启闭机及其锁定和船厢横导向装置的液压油缸。另在船厢每个驱动室内分别布设 1 台液压泵站，用于驱动机构的液压弹簧及船厢纵向装置和对接锁定装置的操作。

船厢布设 10 个电气设备室，用于放置变压器、控制柜、开关柜等电气设备，其中 8 个电气设备室布置在驱动室的底层、2 个布置在船厢端的机舱内。驱动系统电机电压等级为 0.4kV，供电电压等级 10kV，10kV/0.4kV 变压器布设在船厢驱动室底部的变电器室内。船厢上布设必要的交通要道，运行维护人员可到达船厢上的主要设备区域。在船厢升降中发生事故紧急停机时，船厢内船舶上的旅客可以从船厢两侧的走道通过布设在驱动室顶部的活动楼梯进入塔柱的疏散通道。在船厢还布设了消防、照明、暖通等设备。

4.8.1.2 船厢升降的驱动机构设计

(1)船厢通过驱动机构小齿轮沿齿条爬行垂直升降

船厢的4套驱动机构对称布置在船厢两侧，由小齿轮托架结构、可伸缩万向联轴器、机械传动单元、同步轴系统以及向安全驱动机构传递动力的锥齿轮箱和传动轴等组成。每套驱动机构的小齿轮由两组机械传动单元驱动，每组转动单元包括1台交流变频电动机、1台平行轴减速器、1套工作制动器、1套安全制动器及相关的联轴器等设备。升船机船厢驱动机构主要技术参数见表4.8.1。船厢通过驱动机构小齿轮沿埋设在塔柱上的齿条垂直升降爬行原理见图4.8.2。

1)平行轴减速器。

减速器的低速轴与小齿轮轴连接，位于外侧的减速器的次低速轴与相邻的安全机构连接，高速轴与电动机连接，位于内侧的减速器的高速轴与同步轴系统连接。工作制动器和安全制动器分别布设在减速器高速轴的两端出轴。

表4.8.1 升船机船厢驱动机构主要技术参数

设备	参数	参数值	设备	参数	参数值
变频电动机	数量(台)	8	垂直液压弹簧	初始载荷(kN)	1650
	单台功率*(kW)	315		最大载荷(kN)	2200
	转速(r/min)	1000.0		最大位移(mm)	380
减速器	额定输出力矩(kN·m)	430	工作制动器	数量(台)	8
	最大静输出力矩(kN·m)	1100		设备型式	气动盘式
	单台输入功率(kW)	315		单台制动力矩(kN·m)	1.8
	输入转速(r/min)	1000.0	安全制动器	数量(台)	8
	传动比	263		设备型式	液压盘式
小齿轮	转速(r/min)	3.8		单台制动力矩(kN·m)	11
	齿数	16	可伸缩万向联轴器	额定扭矩(kN·m)	810
	模数(mm)	62.667		最大静扭矩(kN·m)	1700
	压力角(°)	20		转速(r/min)	3.8
	齿宽(mm)	600.000		适应轴向位移(mm)	250
	精度等级	10	同步轴系统	转速(r/min)	250.0
安全离合器	转速(r/min)	53.0		额定力矩(kN·m)	4
	额定力矩(kN·m)	10		最大力矩(kN·m)	15
	最大力矩(kN·m)	20		轴外径/内径(mm)	160/100

注：* 电动机确定的原则为，在4套驱动机构的8台电动机的最大运行负载下，其中任意2台电动机失效时船厢能继续升降而不发生过载。

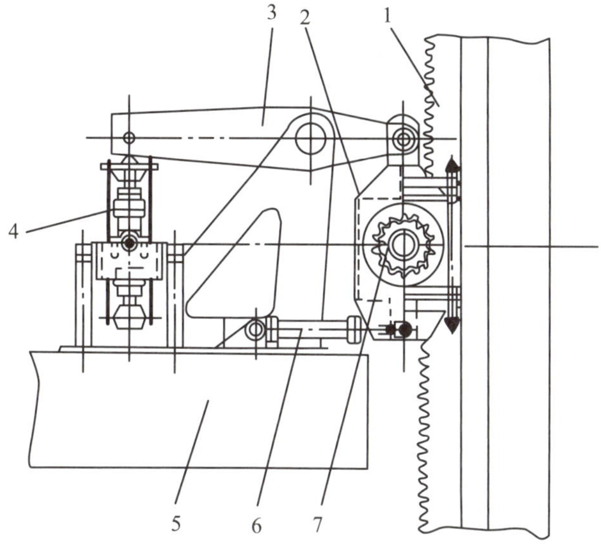

图4.8.2 齿轮驱动机构

1—齿条；2—摆臂；3—摇臂；4—垂直弹簧；5—船厢结构；6—水平弹簧；7—齿轮

2)可伸缩万向联轴器。

驱动机构设8套具有长度补偿功能的万向联轴节，万向联轴节是开式齿轮和减速器的连接元件，一方面传递由减速器向开式齿轮输入的动力，另一方面作为驱动机构的组成部分具有一定的位移适应能力。万向联轴节两端装设端部齿轮，分别与小齿轮轴和减速器连接，当小齿轮托架机构适应船厢和塔柱间的横向位移时，万向联轴节将产生轴向位移以适应托架机构的横向运动。船厢与塔柱间的最大横向位移为120mm，万向联轴节的轴向行程为250mm。

3)安全离合器。

安全离合器共4套，布设在减速器次低速轴和通往安全机构的锥齿轮箱之间。在运行过程中，当安全机构因为润滑条件不良或间隙消失等原因而出现卡阻时，安全离合器扭矩增加。当扭矩增至10kN・m时，安全离合器发出信号，使驱动机构停机；当传递扭矩达到20kN・m时，离合器转动一个角度(不大于20°)，以避免进一步过载，但离合器并不断开，转动之后继续传递扭矩。

4)同步轴系统。

为了使4套驱动机构小齿轮同步爬升，同时使驱动机构在1台或2台电动机失效时能继续工作，同时设置了机械同步轴系统和电气同步系统。在正常工况下，驱动机构的同步由电气同步系统完成，通过对船厢驱动点的高程检测所获得的信息来控制驱动电机的转速，以达到4套驱动机构同步运行和保持船厢水平的目的。正常运行情况下，同步轴不传递扭矩。在电机故障状态下的同步和动力输送由机械同步轴系统完成。同步轴系统布设在船厢底部，4套驱动机构采用H型结构的同步轴系统连接成整体，两根纵向布置的长传动轴由布设在船厢中部的短模轴连接，使得当一个驱动单元失效时，其余3个驱动单元的电动机能以相等的距离向失效的单元提供驱动力矩，从而使正常运行的电动机出力均衡。

为了能够向故障电机所辖的驱动机构输送功率，同步轴必须具有足够的刚度，并要尽可能减小同步轴传递扭矩时产生的扭矩角，以保证船厢 4 个驱动点的水平高程差不大于 4mm。为避免同步轴系统安装误差产生初始应力，同步轴采用分段设计，段间设有齿轮连接器，各段转向处布设锥齿轮箱。此外，在同步轴系统中布设有扭矩传感器。

5)小齿轮托架机构。

小齿轮托架机构由小齿轮轴、保持架、旋转架、前摆杆、后摆杆、环形轴承及其轴承座、底横梁和液气弹簧等组成。托架机构小齿轮与埋设塔柱上的齿条可适应船厢和塔柱间的水平横向变位以及齿条的偏转误差和歪斜误差，船厢和塔柱之间的纵向相对变位通过加大齿条的齿宽适应。驱动机构在每次启动前，液气弹簧首先进行预紧，船厢运行至闸首水位后停机。在船厢与闸首对接过程中，液气弹簧将卸载，以确保船厢对接过程中因水深变化所产生的外载不作用在驱动机构小齿轮，并使小齿轮能在无载条件下沿齿条的齿宽方向滑动。液气弹簧的液压缸采用双活塞杆型式，缸体通过支铰支承在船厢结构上，两个活塞杆由张拉螺栓连成一体，并与底横梁铰接。油缸的油腔与液气弹簧的蓄能器连通，液气弹簧预紧力通过蓄能器的油压确定，并可根据需要调整。当作用于齿轮的荷载小于由蓄能器油压确定的弹簧变形初始载荷时，两个活塞被油压力顶靠在油缸两端，液气弹簧保持初始位置；当作用于齿轮的荷载超过由蓄能器油压弹簧变形初始载荷时，油压升高，受压活塞将产生位移，使蓄能器的气囊缩小，进而呈现弹簧的特性；当齿轮的口齿合力恢复至设定载荷后，弹性位移消失，油缸恢复原位。液气弹簧机构上设有载荷检测装置，当作用于齿轮的载荷达到停机载荷时，驱动机构停机，制动器上闸。

6)安全制动器。

在每套驱动机构的 2 台减速器中，各安装 2 个制动器，分别为 1 个为工作制动器和 1 个为安全制动器，并分别布设在每台减速器高速轴的两端出轴。工作制动器采用集成式气动盘制动器，安全制动器采用集成式液压盘式制动器。在正常运行时，通过电气控制系统降低电动机的速度进行正常制动，工作制动器和安全制动器在船厢停止运动后相继上闸。仅当电气传动系统发生故障不能实施电气制动时，由工作制动器实施紧急制动，使船厢停止运行，安全制动器延时上闸。为避免工作制动器紧急制动时产生大的冲击，工作制动器的制动力根据在齿轮托架机构前摆杆铰点处测得的外载荷进行即时设定，以控制紧急制动时的加速度。工作制动器选用集成控制的气动盘式制动器，可提高制动器对外负荷反应的速度。为避免船厢尚未停止运动时安全制动器上闸，从而造成巨大的冲击，安全制动器设定充分的上闸延迟时间，以保证任何情况下安全制动器在船厢停止时上闸。

(2)船厢升降过程中由纵导向机构实施纵导向和顶紧

船厢纵导向—顶紧机构位于船厢横向中心线，由 1 根弯曲梁及 2 套双向导向—顶紧装置组成(图 4.8.3),弯曲梁安装在船厢底铺板结构下方,两套导向—顶紧装置分别设在弯曲梁的两端。在水平面内,弯曲梁的中部通过弹性支座支承在船厢底部结构上,水平支座将承受作用于弯曲梁的正常运行的纵向载荷,对接顶紧载荷及地震载荷,梁在水平方向具有合适的刚度,可满足地震对纵向支承刚度的要求。在横向垂直面内,梁的两端分别支承在位于船厢主纵梁内侧腹板的弹性支座上,支座仅承受纵导向机构的重力及导轮摩擦力。弯曲梁两端还分别通过一套纵向布置的阻尼缓冲装置与船厢结构连接,缓冲器行程为 100mm,载荷为 1500kN。

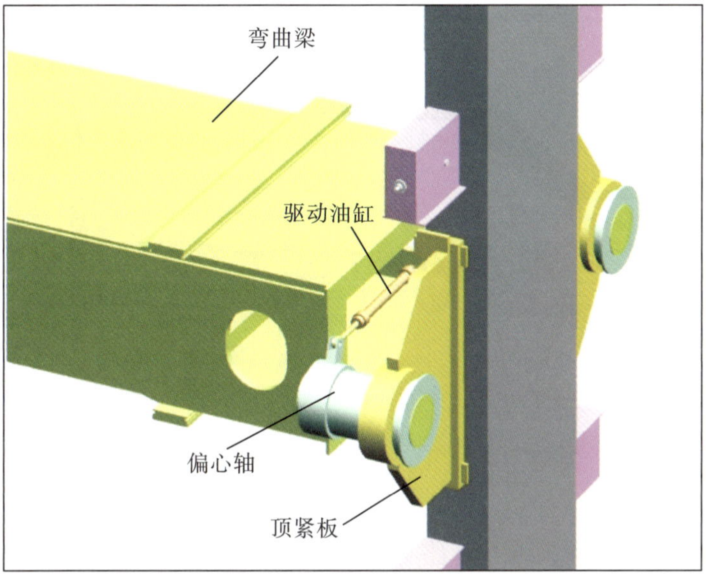

图 4.8.3 升船机船厢纵导向—顶紧机构

纵导向—顶紧装置由弹性导轮、顶紧机构和箱体结构等组成。导轮及顶紧机构装设在箱体内,箱体通过螺栓与弯曲梁的端部连接。每套装置内包括 2 套由预紧弹簧支承的导向轮和 2 套顶紧机构,顶紧机构由顶紧板、偏心轴和驱动油缸等构成。船厢正常升降时,导轮与轨道面间有微小间隙,弹簧预紧力为 450kN。船厢升降时顶紧板的端面与轨道踏面之间保持 5mm 间隙,不与轨道接触;船厢与闸首对接时,顶紧板由油缸驱动,在偏心轴作用下,与轨道踏面贴紧,即可传递顶紧载荷。顶紧状态下,地震载荷将通过顶紧板与轨道间的刚性接触直接传递到塔柱。在升降过程中,地震载荷首先作用于导向轮,其预紧弹簧的变形超过 5mm 后,地震载荷将作用于顶紧板。顶紧板表面包裹减磨材料,以降低顶紧板与导轨之间的摩擦。纵导向机构与顶紧装置引导船厢沿着纵导向导轨垂直升降,并且将纵向地震载荷和船厢与上、下闸首对接时的间隙水压力传递给塔柱结构。

(3)船厢升降过程由横导向引导船厢沿着齿条对称中心线垂直运行

船厢布设 4 套横导向机构,分别布置在每套驱动机构的下方,以齿条作导轨,承受船厢的横向载荷,并引导船厢沿着齿条的对称中心线垂直运行。升船机船厢中每套横导向机构分别由一个双活塞杆导向油缸和一个导向架组成(图 4.8.4)。液压缸通过“十”字形万向机架安装在船厢驱动机构的主横梁下端部,活塞杆头部通过关节轴承与导向架连接。在导向架两侧布设导轮,保持导向架与齿条的纵向相对位置不变。导向架的自重由安装在主横梁下方的两根悬挂式吊杆承担。每组导向架内布设 8 组正、反向导向轮和 4 组正、反向的滑块,均以固定在塔柱上的齿条两侧底板的正、反面作为轨道滑面。导轮主要起缓冲和承受横向风力作用,由一组预紧的碟形弹簧(碟簧)支承。长滑块由 10 组预紧的碟簧支承。滑块的端面镶嵌铜板,以减轻滑块与轨道踏面之间可能的摩擦。

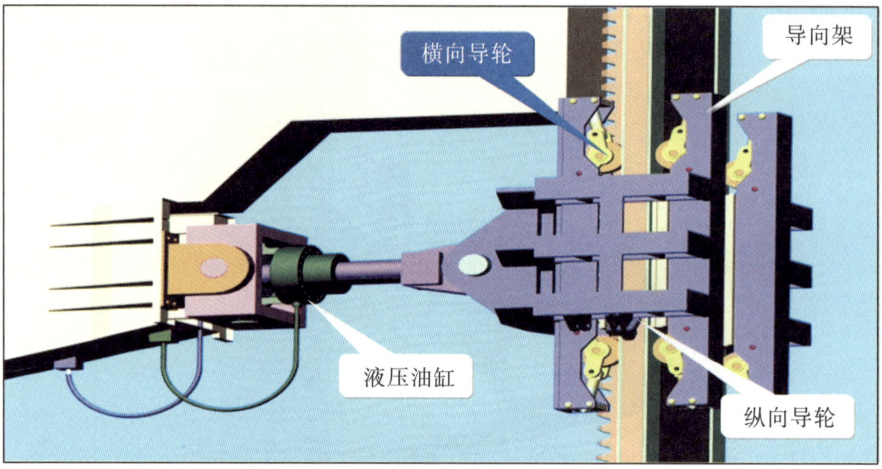

图 4.8.4　升船机船厢横导向机构

每个导向油缸的两个油腔通过管路与船厢另侧横导向装置油缸的两个油腔交叉相连通,使船厢的横向载荷只能造成油缸的压力变化,而不能引起船厢横向位移。此种管路连接方式可使船厢能在塔柱任何变位条件和齿条制造及安装误差条件下,均处于左、右两个齿条的正中位置。船厢同一端两只油缸的油路还与一套液压补偿系统连接。补偿系统由补偿油缸和液气弹簧组成,液气弹簧则与液压控制系统连接。液压补偿系统的主要作用是吸收油缸内液压油的热膨胀,并补充油缸的泄漏。补偿系统由两个液压缸串联组成,其连接方式保证两个导向缸的两个油腔的体积有相同的变化量。补偿缸组与液气弹簧相连,保证导向缸与补气缸 2MPa 的油压。每个导向缸上均装有位置测量装置,当一个油腔发生泄漏时,其油液损失由两个导向缸的两个油腔平均分担,同时使活塞发生位移。船厢将偏离两侧导轨的中央,通过对导向缸上的位置测量装置测出的活塞行程进行比较,可计算出船厢对导轨中央的偏移量。当两侧导向缸活塞位置差超过预定值时,油泵向导向缸泄漏的一个补充液压油,直至船厢回到导轨的中央。

正常升降时,船厢通过预紧的正、反向导轮导向并承受船厢上的横向载荷(主要是风荷载),使滑块与踏面之间保持 2mm 的间隙。当船厢受到超过导轮弹簧预紧力的载荷后,导轮弹簧被压缩,2mm 间隙消失后滑块与轨面接触,滑块碟簧受压缩,地震载荷通过油缸传递至导向架,最后经齿条传递至塔柱混凝土结构。

4.8.1.3 船厢驱动机构埋设在船厢室两侧塔柱上的相应设备

(1)齿条

船厢驱动机构中的4组齿条沿船厢升程分节对称埋设在船厢两侧塔柱的4个凹槽内侧壁上,4组齿条从船厢运行的最低高程延伸到最高高程。4套驱动装置带动4组小齿轮同步旋转,在4组齿条上爬行或下降,船厢通过小齿轮沿齿条运动实现垂直升降。

1)齿条布置结构型式。

齿条共4组,分别布置在4个塔柱电梯井段的垂直壁面上,其底部安装高程为51.45m,顶部安装高程为178.98m,安装高度为127.50m。齿条埋件包括一期埋件和二期埋件。齿条一期埋件包括使预应力锚栓穿过一、二期混凝土的穿墙管、保证穿墙管埋设精度的辅助定位钢结构、纵横直通钢筋与附加钢筋等;齿条二期埋件主要包括二期埋件连接钢筋和带凸齿的“Π”形钢构件、精度调整辅助钢梁及辅助连接件等。

齿条及其埋件在工厂分段制造加工,在现场分段安装。每段齿条长度为4705mm,齿条为“Π”形铸造结构,与带凸齿的锻造底板通过配合螺栓相连。底板两侧的前后表面均镶有导轨面板,该导轨面既是开式齿轮导轮的导轨面,又是横导向机构导轮的导轨面。

齿条底板背面的凸齿与“Π”形断面的钢梁埋件的对应凸齿呈上下交错耦合布置,待齿条定位后,凸齿之间的缝隙空间以特制砂浆填充。齿条及其底板,一方面通过预紧螺栓与钢梁埋件直接相连,另一方面通过穿过一期混凝土墙的预应力锚索(预应力钢筋束)所产生的预拉力使一、二期混凝土产生的预压力,实现混凝土对齿条的双向支承。每根齿条布置12根直径为30mm的预应力锚栓和8个10.9级M30mm的预应力螺栓。齿条及其底板与“Π”形钢梁在高度方向交错布置。相邻两根齿条及其底板之间的间隙为20mm,相邻两根“Π”形钢梁的间隙为80mm,前翼缘板的间隙用调整垫板填充,并将调整垫板与上、下“Π”形钢梁前翼缘板焊接;后翼缘板则通过调整垫板和螺栓进行连接。在“Π”形钢梁的前端翼缘背面焊接了大头螺栓,在两腹板内侧焊接了水平钢筋,用以传递竖向载荷。此外,根据传递载荷的需要,在二期混凝土内布置了水平钢筋和垂直钢筋。

齿条及其二期埋件在正常工况下承受齿轮荷载和横导向机构的正常荷载,其中每套驱动机构小齿轮的竖直荷载为1.1 MN(1MN=1000kN),水平作用力为300kN;在驱动机构超载事故情况下,单根齿条承受的最大齿轮力为2.5 MN;在地震工况下,齿条及其埋件传递船厢与塔柱间的横向地震力,地震力的最大值为3.4 MN。

2)齿条主要技术参数。

齿条模数:62.667mm。

轮齿压力角:20°。

基准齿廓:根据DIN867。

齿宽:810mm。

齿条部材料:G35CrNiMo6+QT1(DIN EN 10293)。

齿面硬度:HV520。

有效硬化层深度:4mm及以上。

单节长度:4705mm。

底板尺寸:170mm×2000mm×4705mm(厚×宽×长,下同),170mm×2000mm×6990mm。

"Π"形钢架结构外形尺寸:710mm×1300mm×4645mm。

预应力钢筋型号:ϕ32 B1(DYWIDAG产品)。

3)齿条设计工况与载荷。

齿条轮齿设计考虑正常运行工况和驱动系统超载事故工况。正常工况载荷用于疲劳强度计算,事故工况载荷用于静强度计算。

4)齿条材料与许用应力。

齿条:基体材料为G35CrNiMo6+QT1(DIN EN 10293),屈服极限不小于650MPa,根据设计准则,取地震工况安全系数为1.1,静强度许用应力为591MPa。

二期埋件:材料为Q235D,静强度许用应力为210MPa。

预应力钢筋:材料为Y1050H,屈服极限为950MPa,静强度许用应力为864MPa。

5)齿条主要设计计算。

①齿条轮齿强度。

正常工况下,误载水重5cm时,每根齿条的载荷为F_1=742kN;误载水重10cm时,每根齿轮的载荷为F_2=1048kN。齿条轮齿的疲劳强度计算按5cm误载水深运行次数80%、10cm误载水深运行次数20%进行疲劳等效载荷计算。齿条轮齿的静强度按单个驱动机构最大事故载荷2200kN计算。

齿条轮齿强度计算结果见表4.8.2。

表4.8.2　齿条轮齿的强度(应力与安全系数)

参数	齿面接触静强度	齿面接触疲劳强度	齿根弯曲静强度	齿根弯曲疲劳强度
应力(N/mm^2)	1343.1	968.6	403.5	199.7
安全系数	1.25	1.36	3.77	2.40

根据《三峡工程升船机设计准则》的规定,齿条齿面接触静强度和齿面接触疲劳强度安全系数不小于1.1,齿根弯曲静强度和齿根弯曲疲劳强度不小于2.0,由表4.8.2可知,齿轮轮齿强度满足要求。

②齿条及其埋件整体有限元静强度校核。

齿条及其埋件的有限元静强度校核按地震工况计算,齿条除承受竖向啮合力及啮合力的横向水平分力外,还承受横导向装置传来的4500kN水平横向地震载荷,该载荷通过2.5m长的导向板均布作用在齿条的导轨面。

计算模型沿竖直方向取3节齿条(每节齿条长4.725m),采用1/2对称模型,模型范围包括齿条连接结构的所有构件及一、二期混凝土。模型取事故工况下齿轮最大载荷 2200kN 和横向地震耦合力 2250kN 作为计算载荷，螺栓和钢筋束的预紧力按照设计值施加。

地震工况下齿条及其梯形齿的最大综合应力为 175.8MPa，钢结构埋件最大综合应力为 113.2 MPa，预应力钢筋最大综合应力为 854.4MPa。各构件最大综合应力均小于静强度许用应力。齿条及其埋件结构的静强度满足要求。

6)重大设计变更。

在齿条及其埋件设备的制造过程中，对以下重要内容提出了设计变更，经业主组织专家评审，同意变更内容。

①齿条材料的替换。

根据设备制造招标文件的要求：齿条部材料为 G42CrMo4＋QT2，其成品化学成分、机械性能要求分别见表 4.8.3、表 4.8.4，热处理后硬度为 HB260～300。

表 4.8.3　G42CrMo4＋QT2 铸件的化学成分　（单位：%）

成分	C	Si	Mn	P	S	Cr	Mo
占比	0.380～0.450	≤0.600	0.600～1.000	≤0.025	≤0.020	0.800～1.200	0.150～0.300

表 4.8.4　G42CrMo4＋QT2 铸件的机械性能

热处理状态	$\sigma_{0.2}$(N/mm^2)	σ_b(N/mm^2)	δ_5(%)	A_{kv}(J)
调质	≥450	700～800	10	27

齿条制造过程中，齿廓的表面感应淬火是一个关键工序。二重、太重、中信洛矿等厂家制作的试制件均出现了裂纹。因 G42CrMo4＋QT2 含碳量较高、淬透性不高，必须及时对其进行冷却才能保证表面硬度及硬化层深度要求。由于 G42CrMo4＋QT2 淬透性不高，达到硬化层深度要求难度大，在表面淬火时采取及时冷却的方法容易使其变形和产生淬火裂纹。

为解决 G42CrMo4＋QT2 齿面淬火后的裂纹问题，制造商提出将齿条材料更换为表面淬火工艺性更好的材料——G35CrNiMo6－6＋QT1(DIN EN 10293)。该材料具有更高的强度、韧性及淬透性，可缓和冷却，减少热应力引起的变形和开裂。G35CrNiMo6－6＋QT1 材料为三峡螺母柱选用材料，具有成功生产经验，能满足铸件材料质量控制要求。G35CrNiMo6－6＋QT1 热处理后参考硬度为 HB230～270，其成品化学成分及机械性能分别见表 4.8.5、表 4.8.6。

表 4.8.5　G35CrNiMo6－6＋QT1 铸件的化学成分　（单位：%）

成分	C	Si	Mn	P	S	Cr	Mo	Ni
占比	0.320～0.380	≤0.600	0.600～1.000	≤0.025	≤0.020	1.400～1.700	0.150～0.350	1.400～1.700

表 4.8.6　　G35CrNiMo6－6＋QT1 铸件的机械性能

热处理状态	$\sigma_{0.2}$(N/mm^2)	σ_b(N/mm^2)	δ_5(%)	A_{kv}(J)
调质	≥650	800～950	12	30

②齿条齿廓淬硬层深度的变更。

根据招标文件要求，齿条铸件需在调质处理后对齿廓进行表面感应淬火。表面感应淬火后的齿面硬度（包括齿根部位）为 HV610，偏差不得大于±HV20，淬硬层深度为 6mm。表面到中心硬度需连续下降，下降梯度应符合 DIN3990 第五部分的相关规定。齿根和齿面的硬度范围和淬硬层深度应具有同样的标准。

在实际感应淬火过程中，齿面硬度和淬硬层深度能够达到设计要求，但齿根过渡圆角区及齿底面出现沿齿宽方向淬火裂纹的概率很大，造成很高的废品率。

考虑到制造的可实施性，齿条制造方希望在保证齿条强度安全的条件下，尽量降低齿根部位的硬度值和淬硬深度。经业主组织专家审查，并向德国设计联合体 JV 做了技术澄清，根据试制的实际情况，同意对齿条齿根部位的淬火要求修改为：硬度不小于 HV520，有效硬化层深度不小于 4mm。

③预应力钢筋束型号的变更。

齿条组件在安装过程中，对单节齿条上预应力钢筋束的张拉顺序、张拉力有严格的要求，最终张拉力为 700kN。

招标文件要求，预应力钢筋束规格为 DYWIDAG ϕ32G，标称抗拉强度为 1030MPa。根据 DYWIDAG 对 ϕ32G 钢筋束所做的计算，ϕ32G 钢筋束所允许承受的最大液压千斤顶拉力值为 662kN，显然不能满足预拉力值的要求。预应力钢筋供货商推荐采用 ϕ32 B1 钢筋束，标称抗拉强度为 1180MPa，最大液压千斤顶拉力值为 697kN。经业主组织专家审查，同意采用 ϕ32 B1 钢筋束。

(2)纵导向机构的导轨

纵导向机构的导轨对应在船厢室两侧塔柱中间的剪力墙中轴线布置 2 条双向导轨，导轨通过二期埋件安装在一期混凝土结构上。

4.8.2　升船机船厢垂直升降的安全机构

4.8.2.1　船厢安全锁定机构和对接锁定装置设计

(1)安全锁定机构可将船厢锁定在指定位置

安全锁定机构采用“长螺母—短螺杆”型式，用于升船机平衡条件丧失时对船厢进行支承，使系统免遭损坏，避免船厢倾翻等灾难性事故发生。安全锁定机构共 4 套，对称布设在船厢两侧，由锁定螺杆、铰接支柱及转向角齿轮箱与埋设在塔柱上的螺母柱等组成（图 4.8.5）。船厢两侧的塔柱上各安装两组螺母柱，从塔顶一直到塔底，在船厢对应位置各安装两组短螺杆，其螺牙与螺母柱的螺牙单边保持60mm间隙，船厢正常升降运行时，短螺杆在螺母柱里空转。螺母柱沿船厢升程分节埋设在塔柱凹槽内，每节螺母柱长4.93m，每片螺母柱的螺纹张角范围为75°，螺母柱的螺牙与船厢锁定螺杆螺牙之间的垂直间隙为60mm。螺牙中径1450mm，节距450mm，螺牙之间的最小静摩擦系数按0.1考虑。升船机正常运行时，安全机构的旋转螺杆通过驱动机构传来的动力在螺母柱内旋转，其旋转上升速度与驱动机构齿轮的爬升速度同步，螺杆与螺母柱的螺纹副上、下均保持间隙，避免船厢正常升降时与螺纹副接触。当船厢发生漏水、沉船或水深超载等事故时，驱动机构中的垂直液气弹簧产生位移并发出停机信号，驱动机构停止运行。当不平衡载荷持续增加超过驱动装置液气弹簧的顶紧值时，液气弹簧动作，短螺杆与螺母柱之间的间隙随之消失，短螺杆螺牙与螺母柱螺牙贴合，短螺杆借助螺母与螺杆之间的机械自锁将巨大的船厢重量由短螺柱传至螺母柱，再由螺母柱埋件传至塔柱结构上，从而实现船厢安全锁定。此外，升船机安装、检修时，也可以通过安全机构将船厢锁定在指定位置。为避免安全机构卡阻时过载导致驱动机构损坏，在驱动机构外侧减速器次低速输出轴和通往安全机构的锥齿轮箱之间布设可检测扭矩的安全离合器。当扭矩达到允许值时，离合器的检测装置发讯停机。安全机构检修时，可通过离合器切断与驱动机构的连接。

(2)船厢对接锁定装置

对接锁定装置为4套螺杆式锁定机构，安装在4套安全锁定机构旋转螺杆的正上方，螺杆由可开合的上、下两段锁定块构成，闭合后随安全机构螺杆旋转，张开后将船厢锁定(图4.8.5)。船厢升降过程中，对接锁定螺杆处于收缩状态，不与螺母柱接触，仅在螺母柱内空转；船厢与闸首对接时，螺杆在油压作用下张开，螺杆与螺母柱的间隙消失，达到锁定目的。

当船厢垂直运行到上、下闸首对接位置时，驱动机构小齿轮卸载，船厢由对接锁定装置进行竖向支撑。荷载按船厢内水深与设计水深有±0.50m的波动并计入最大0.1m水头的附加水荷载考虑，以防船厢与船首对接时发生摆动。当船厢对接过程完成后，驱动机构小齿轮加载预紧，锁定机构退出，在此过程中，作用在对接锁定装置内的残余荷载转移至齿轮。在船厢对接过程中，当船厢竖直荷载超过锁定动机构最大承载能力时，机构开始退让，转由安全机构承担所超过的荷载。

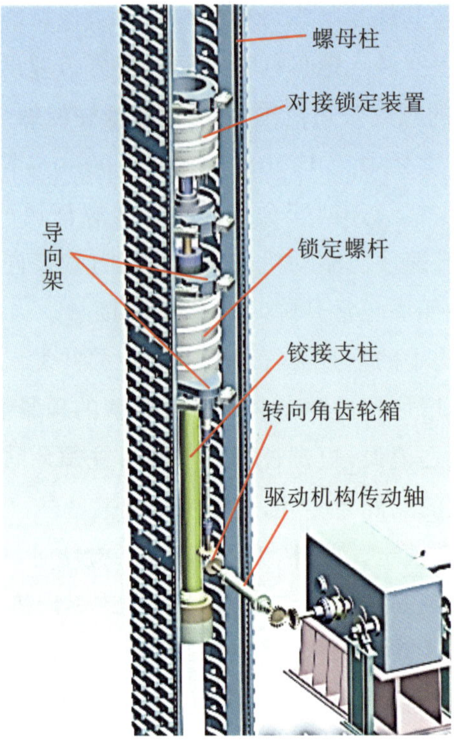

图 4.8.5 升船机船厢安全锁定机构

4.8.2.2 船厢安全机构埋设在船厢室两侧塔柱上的相应设备

(1)螺母柱布置与结构型式

螺母柱共 4 套,分别布置在 4 个塔柱凹槽内的垂直壁面上,每套安全机构的螺母柱中心线距船厢室横向中心线 37.74m,距船厢室纵向中心线 21.5m。每套螺母柱由相互独立的两条柱体组成,两个柱条对称布置。螺母柱底部安装高程 57.19m,顶部安装高程 186.11m,安装高度约 129.0m。

螺母柱埋件包括一期埋件和二期埋件,其中一期埋件主要为使预应力锚栓(预应力钢筋束)穿过一、二期混凝土而设置的穿墙管,为保证穿墙管的安装精度而设置的辅助定位钢架以及纵横直通钢筋与附加钢筋等。

螺母柱二期埋件主要有二期直通钢筋、3 根工字钢构件(带柱头螺栓和挤压凸齿)、工字钢件精度调整辅助钢梁、辅助连接件及延长穿墙埋管安装等。工字钢构件分段长度 4.95m,梁高 1.14m,节间采用高强螺杆连接。工字钢埋件材料为 Q235D。

螺母柱通过高强螺栓安装在钢结构埋件上,高强螺栓布置在螺母柱两侧,每根螺母柱以不等间距布置 16 个 10.9 级 M30mm 螺栓,其中螺母柱两端的螺栓布置较密,中部的布置间距较大。在螺栓中施加预紧力,从而在位于螺母柱与工字钢埋件之间的砂浆产生初始压应力;在每根螺母柱的中间区域布置了 M36mm 预应力锚栓,预应力锚栓穿过一、二期混凝土,通过施加 900kN 的初始预紧力,使一期混凝土与二期混凝土之间以及砂浆材料与螺母柱之间产生初始接触压力，从而形成对螺母柱的水平方向的支承。每根螺母柱背面布置了3排共计39件凸齿，与焊接在3根工字钢前端翼缘的钢凸齿沿竖直方向相互交错排列，凸轮之间的垂直缝宽为50mm，水平缝宽为40mm。现场安装后齿梯内的间隙由特殊抗压材料填充，从而使螺母柱所受的竖直荷载通过齿梯向埋件传递。埋件与二期混凝土之间的竖直载荷则由焊接在工字钢腹板上的头部螺栓（栓钉）传递。每件螺母柱的高度为4.93m。

根据其所受荷载的大小，螺母柱沿129m高度分为3段，每一段中螺母柱断面均相同，但工字钢埋件的断面有差别。在高程57.23～91.84m段，设计控制荷载按闸室进水，船厢受浮力工况计算，总荷载为124MN；在高程91.84～180.94m段，设计控制荷载按水漏空或船厢检修工况计算，总荷载为88MN；在高程180.94～185.89m段，埋件的设计控制荷载除了漏水空荷载88MN，还承受锁定机构的工作荷载14.8MN。该段埋件断面尺寸与高程91.84～180.94m段埋件断面尺寸相同，最底部的埋件因承受载荷较大，截面有所加强，主要是外侧两根工字梁的前、后翼缘厚度加大了10mm。此外在底部高程段，每根螺母柱布置16根预应力锚栓；而在其余高程段，每根螺母柱布置14根预应力锚栓。

螺母柱与工字钢埋件在高度方向交错布置。相邻两节螺母柱之间的间隙为20mm，相邻两节工字钢埋件间隙为80mm，工字钢前翼缘之间的间隙用调整垫板填充，然后将调整垫板与上、下工字钢的前翼缘焊接。上、下工字钢后翼缘通过水平板用螺栓进行连接，其间隙用调整垫板填充。

(2)主要技术参数

螺纹中径：1450mm。

螺距：450mm。

螺杆螺纹圈数：4。

接触角：2×75°。

螺纹副间隙：2×60mm。

螺杆高度：1.8m。

单节螺母柱长度：4950mm。

螺母柱材料：G35CrNiMo6+QT1。

工字形组合钢架结构外形尺寸：560/540mm×1980mm×4870mm（厚×宽×长）。

预应力钢筋型号：ϕ36WS（DYWIDAG产品）。

(3)设计工况与载荷

安全机构的设计主要考虑船厢水全部漏空、对接期间沉船、对接状态水满船厢、船厢室进水船厢受浮力、平衡重井进水平衡重受浮力等事故工况。其中，船厢室进水船厢受浮力和平衡重井进水平衡重受浮力分别为安全机构两个方向事故载荷的控制工况。最大载荷分别为123000kN和33000kN。

(4)材料及许用应力

1)螺母柱。

材料为 G35CrNiMo6+QT1(DIN EN 10293),屈服极限不小于 650MPa,事故工况安全系数为 1.1,静强度许用应力为 591MPa。

2)二期埋件。

材料为 Q235D,静强度许用应力为 210MPa;预应力钢筋材料为 Y1050H,屈服极限为 950MPa,静强度许用应力为 864MPa。

3)高强度螺栓。

屈服极限为 900MPa,许用应力为 818MPa。

(5)设计计算结果

1)螺母柱。

最大应力位于与螺母柱接触的螺牙的牙根部位。按照两个螺牙承载条件,最大压应力为 438MPa,最大拉应力为 285MPa,最大 von Mises 应力为 472MPa。最大综合应力小于许用应力。

2)工字形组合钢架结构。

工字形组合钢架结构最大压应力为 132.368MPa,最大拉应力为 104.814MPa,最大 von Mises 应力为 114.173MPa,均低于事故工况许用应力。

3)高强度螺栓与预应力钢筋。

高强度螺栓最大拉应力为 509.949MPa,低于高强度螺栓事故工况下的许用应力。预应力钢筋最大拉应力为 816.2MPa,低于事故工况下的许用应力。

4.8.3 升船机船厢驱动机构及安全机构的组成设备制造质量控制

4.8.3.1 齿轮、齿条、螺母柱制造质量标准

升船机塔柱结构尺寸精度要求高,其安装埋设的关键设备(齿轮、齿条与螺母柱、螺杆等)的冶炼、铸锻、热处理、加工及预拼装等制造过程的质量标准采用了德国 DIN 标准、欧洲 EN 标准和国际 ISO 标准。齿轮、齿条的特点:一是材料采用 DIN 标准,材质要求高,熔炼、铸造、热处理等均有较大的技术难度;二是模数大,62.7mm 的模数已经超出了国家标准范围,不能采用范成法加工;三是机加工精度和齿面硬度要求高,按照设计要求,齿轮最终的加工精度为 DIN 标准的 9 级,齿轮齿面硬度要求为表面渗碳硬化 HV740、齿条齿面硬度要求为齿面感应硬化 HV610,齿面硬化处理后只能最后通过磨削加工才可达到精度要求,而磨床的加工能力有限,磨削如此超常规模数的齿轮有一定困难。

4.8.3.2 齿轮、齿条与螺母柱、螺杆等设备制造质量控制

螺母柱、螺杆材料采用 DIN 标准,其直径和螺牙尺寸均超出了现行的国家标准,不能采用常规的标准刀具在车床或镗床上加工。其加工难点:一是材料熔炼与毛坯的铸造、锻造工

艺复杂；二是螺旋面的机加工精度要求高；三是由于工件的工程量大，需要较长的生产周期。为解决落实齿轮、齿条与螺母柱、螺杆的制造工艺问题，三峡总公司委托中国船舶重工集团有限公司所属的 403 厂、461 厂、471 厂、468 厂，中国第一及第二重型机械集团公司，中信重工机械股份有限公司，太原重型机械集团有限公司，郑州机械研究所有限公司等国内著名的重型机械研究、制造单位对上述关键设备制造加工工艺进行了分析研究，结论是依靠国内技术力量和现有装备，能够完成三峡升船机齿轮、齿条与螺母柱、螺杆的加工制造，其相关制造厂完成了齿条和螺母柱的样品试制，齿轮、齿条磨损试验运行寿命可达 70 年。经专家评审，制造质量达到了设计要求。

4.9　升船机塔柱与船厢相应金属结构及其埋件安装埋设质量控制技术

4.9.1　塔柱金属结构及其埋件安装质量控制技术难点

三峡工程升船机采用齿轮、齿条爬升式全平衡垂直升船机，可通过最大排水量为 3000t 的船舶，承船厢及其设备（含水）重量 15500t，船厢有效水域尺寸为 120.0m×18.0m×3.5m（长×宽×水深），最大提升高度 113m，上游通航水位变幅 30.0m，下游通航水位变幅 11.8m，下游水位变率±0.5m/h。升船机具有提升高度大、提升重量大、上游水位变幅大和下游水位变化速率快的特点，是当今世界上规模和技术难度最大的升船机。

4.9.1.1　塔柱结构特点

（1）塔柱结构布置

升船机塔柱对称布置在船厢室两侧，每侧结构组成为“墙—筒体—墙—筒体—墙”，长 119.0m，宽 16.0m，与上、下闸首间距 1.0m。

墙与筒体之间通过沿高程分布的纵向联系梁实现纵向连接，为塔柱的开敞式区间。两侧塔柱在顶部高程 196.0m 通过 7 根横梁和 2 个平台实现横向连接。

上、下游端墙体（轴 1 墙、轴 13 墙）厚 1.0m，平面呈“[”形或“]”形，中间墙体（轴 7 墙）厚 2.0m，平面为“T”形。筒体与墙体连接的纵向联系梁沿高程每 14m 为一层，梁宽同墙等厚，为 1.0m。上、下游端的联系梁（轴 1 和轴 2 之间的梁、轴 12 和轴 13 之间的梁）高 3.5m，中间的联系梁（轴 6 和轴 7 之间的梁、轴 7 和轴 8 之间的梁）高 1.5m。

每侧塔柱中有 2 个筒体，左、右侧筒体对称布置。每个筒体长 40.3m，宽 16.0m，筒体壁厚 1.0m，螺母柱和齿条部位的墙体局部加厚，分别为 1.5m（1.85m）和 1.5m。筒体平面上呈凹槽形，凹槽长 19.1m、宽 7.0m，对应船厢驱动室的 4 个侧翼结构，齿条、电缆出线孔和电缆槽、疏散通道均布置在凹槽的内侧墙上，螺母柱布置在螺母柱凹槽内。螺母柱凹槽长 3.12m、宽 4.5m，凹槽一侧是 8.6m 的平衡重筒体，另一侧是电缆竖井。凹槽外侧的筒体布置楼梯间、电梯井和电缆竖井。根据其功能的不同，高程 84.5m 的平台为升船机下部的主要对外交通通道，船厢安装和检修的主要通道，同时兼顾平衡重安装；高程 185.0m 的平台为升船机与坝面的主要交通通道；高程 175.0m、高程 189.0m 的平台为平衡重的安装平台；

高程 192.5m 的平台为电缆层;其余平台为塔柱内部交通。塔柱开敞式区间的联系梁与各层平台对应连续布置。除平衡重的安装检修平台外,筒体中每 14m 布置一层平台。

两侧塔柱除筒体凹槽外,其余部位布置 8(组/侧)×2(侧)平衡重井,共 16 组。

两侧塔柱在顶部高程 196.0m 处通过 7 根横梁和 2 个平台实现横向连接。

7 根横梁以轴 7 为对称轴对称布置,分别位于轴 1(轴 13)、轴 2(轴 2)、轴 6(轴 8)和轴 7 的部位,除轴 7 横梁的横断面尺寸为 2.75m×2.0m(高×宽)外,其余梁的横断面尺寸为 2.75m×1.0m(高×宽)。7 根横梁两端均与塔柱的横向墙相连,梁与墙结合采用连续整浇的方式,断面由 7.15m 渐变到 2.75m。

中控室平台和观光平台布置在塔柱筒体凹槽顶部的纵向深联系梁上,为梁板结构。每个平台的主承载结构为 2 根横向主梁。横梁的横断面尺寸为 2.75m×1.0m(高×宽),端部由 7.15m 渐变到 2.75m。纵向深联系梁断面尺寸为 7.25m×1.5m(高×宽),长 19.1m。

塔柱结构在竖向分为高程 50.0m 以下的底板,厚 2.5m;高程 50.0～196.0m 的塔柱,高度 146.0m;高程 196.0m 以上的顶部机房,高度 21.0m。除顶部机房外,塔柱总建筑高度 148.5m。

(2)塔柱结构特点

塔柱是升船机的承重结构,采用钢筋混凝土高耸筒体和墙的组合结构,需满足升船机船厢垂直升降的功能性要求,其一是船厢设备与钢筋混凝土承重结构塔柱埋件紧密结合,船厢机构的相应设备的金属结构埋件沿塔柱高度埋设,船厢垂直升降时,船厢设备与埋设在塔柱上的相应设备埋件密切配合,如船厢驱动机构小齿轮与埋设在塔柱上的齿条啮合运行;二是船厢安全机构的短螺杆沿着埋设在塔柱上的螺母柱不接触空转,船厢纵导向机构和平衡重均沿着埋设在塔柱上的导轨运行。因此塔柱结构布置需满足船厢结构及机械设备、平衡重系统以及电气控制,通信、消防等设备的运输、安装、调试、运行及检修维护的功能要求;塔柱刚度应限制结构变形和左右、前后结构间的相对变形,以满足船厢及机械设备运行的要求;塔柱结构应有良好的抗震性能,结构受力满足承载力和正常使用的要求。塔柱施工具有船厢机构相应埋件精度要求高、塔柱施工过程对埋件安装影响大的特点。

4.9.1.2 塔柱金属结构及其埋件安装埋设质量控制技术难点

1)塔柱高度 146m,升船机船厢机构相应设备的金属结构及其埋件沿塔柱高度埋设。齿条、螺母柱、纵导向机构及横导向机构是保障升船机安全可靠运行的重要装置,也是船厢与塔柱之间在不同工况条件下的支承构件,这些支承构件及埋件将船厢与塔柱紧密相连,需在塔柱钢筋混凝土结构墙上安装,安装高度超过 125m,整体垂直度不大于 5mm,其施工精度控制难度大。

2)齿条、螺母柱、纵导向机构及横导向机构的埋件均为大型埋件结构,各类埋件的部位随塔柱变形而产生相应的变位。作用在塔柱上的静荷载、各种活荷载、温度变化、风载等都对塔柱整体变形和船厢的安全锁定机构、爬升机构、导向机构的变形有重要影响,同时施工期塔柱混凝土的施工精度、混凝土弹性模量变化对变形的影响、混凝土水化热引起的变形、混凝土徐变引起的时效变形等都影响到塔柱的变形与塔柱埋件的精度。升船机塔柱金属结构埋件位置见图4.9.1。

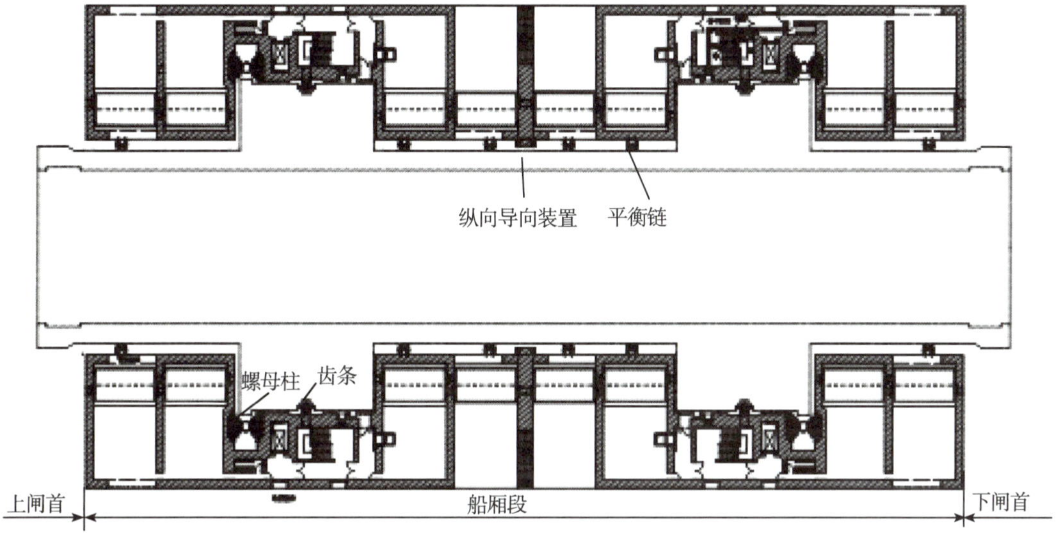

图4.9.1 升船机塔柱金属结构埋件位置

3)螺母柱单节长度4950mm,安装高程57.19～186.11m,分为26节安装;齿条单节长度4705m,安装高程51.45～178.98m,分为27节安装。在塔柱上安装螺母柱和齿条的过程中控制安装累积偏差的难度较大。

4.9.2 塔柱主要金属结构埋件安装埋设技术

4.9.2.1 螺母柱及其埋件安装埋设技术

螺母柱共4套,分别安装在4个塔柱电梯井段凹槽内的垂直壁面上,每套安全机构的螺母柱中心线距船厢室横向中心线为37.74m,距船厢室纵向中心线为21.5m。每套螺母柱由相互独立的两条柱体组成,两个柱条对称布置。螺母柱底部安装高程为57.19m,顶部安装高程为186.11m,安装高度约为129.0m。

螺母柱埋件包括一期埋件和二期埋件。其中,一期埋件主要包括为使预应力锚栓(预应力钢筋束)穿过一、二期混凝土而设置的穿墙管,为保证穿墙管的安装位置精度而设置的辅助定位钢架以及纵横直通钢筋与附加钢筋等;二期埋件主要包括二期直通钢筋和3根工字钢构件(带柱头螺栓和挤压凸齿)、工字钢件精度调整辅助钢梁、辅助连接件及延长穿墙埋管安装等。工字钢构件分段长度4.95m,梁高1.14m,节间采用高强螺杆连接。工字钢埋件材料为Q235D。

螺母柱通过高强螺栓安装在钢结构埋件上,高强螺栓布置在螺母柱两侧,每根螺母柱以不等间距布置16个10.9级M30mm螺栓,其中螺母柱两端的螺栓布置较密,中部的布置间距较大。在螺栓中施加预紧力,从而在位于螺母柱与工字钢埋件之间的砂浆产生初始压应力；在每根螺母柱的中间区域布置了 M36mm 预应力锚栓，预应力锚栓穿过一、二期混凝土，通过施加 900kN 的初始预紧力，使一期混凝土与二期混凝土之间以及砂浆材料与螺母柱之间产生初始接触压力，从而形成对螺母柱的水平方向的支承。每根螺母柱背面布置了 3 排共计 39 件凸齿，与焊接在 3 根工字钢前端翼缘的钢凸齿沿竖直方向相互交错排列，凸轮之间的垂直缝宽为 50mm，水平缝宽为 40mm。现场安装后齿梯内的间隙由特殊抗压材料填充，从而使螺母柱的竖直载荷通过齿梯向埋件传递。埋件与二期混凝土之间的竖直载荷则由焊接在工字钢腹板上的头部螺栓(栓钉)传递。每件螺母柱的高度为 4.93m。

螺母柱与工字钢埋件在高度方向交错布置。相邻两节螺母柱之间的间隙为 20mm，相邻两节工字钢埋件间隙为 80mm，工字钢前翼缘之间的间隙用先调整垫板填充，然后将调整垫板与上、下工字钢的前翼缘焊接。上、下工字钢后翼缘通过水平板用螺栓进行连接，其间隙用调整垫板填充。

4.9.2.2 齿条及其埋件安装埋设技术

齿条共 4 套，分别安装在 4 个塔柱电梯井段的垂直壁面上，其底部安装高程为 51.45m，顶部安装高程为 178.98m，安装高度为 127.5m。齿条埋件包括一期埋件和二期埋件。其中，齿条一期埋件主要包括使预应力锚栓穿过一、二期混凝土而设置的穿墙管，为保证穿墙管埋设精度的辅助定位钢结构，纵横直通钢筋与附加钢筋等；齿条二期埋件主要包括二期埋件连接钢筋和带凸齿的“Π”形钢构件，精度调整辅助钢梁及辅助连接件等。

齿条及其埋件在工厂分段制造加工，在现场分段安装。每段齿条长度为 4705mm，齿条为“Π”形铸造结构，与带凸齿的锻造底板通过配合螺栓相连。

齿条底板背面的凸齿与“Π”形钢梁埋件的对应凸齿呈上下交错耦合布置，待齿条定位后，凸齿之间的缝隙空间以特制砂浆填充。齿条及其底板，一方面通过预紧螺栓与钢梁埋件直接相连，另一方面通过穿过一期混凝土墙的预应力锚索(预应力钢筋束)所产生的预拉力使一、二期混凝土产生预压力，从而实现混凝土对齿条的双向支承。每根齿条布置 12 根直径为 30mm 的预应力锚栓和 8 个 10.9 级 M30mm 的预应力螺栓。齿条及其底板与“Π”形钢梁在高度方向交错布置，相邻两根齿条及其底板之间的间隙为 20mm，相邻两根“Π”形钢梁的间隙为 80mm。前翼缘板的间隙用调整垫板填充，并将调整垫板与上、下“Π”形钢梁前翼缘板焊接；后翼缘板则通过调整垫板和螺栓进行连接。在“Π”形钢梁的前端翼缘背面焊接了大头螺栓，在两腹板内侧焊接了水平钢筋，用以传递竖向载荷。此外，根据传递载荷的需要，在二期混凝土内布置了水平钢筋和垂直钢筋。

4.9.2.3 纵导向轨道安装及埋设技术

船厢升降过程中由纵导向机构实施纵导向，两套纵向导轨对称布置在船厢室中部两侧的混凝土承重墙上，纵导向机构同时具有导向、顶紧和地震缓冲的功能，船厢纵向轨道用于将船厢的纵向载荷传递到混凝土塔柱结构内，纵向导轨在整个高度范围内承受导向载荷和地震载荷，在上下游水位变幅区间还将承受顶紧载荷。

每套船厢纵向导轨包括两条轨道，两条轨道的轨面垂直于水流方向布置，间距2.75m。轨道底部高程52.60m，顶部高程173.50m，每条轨道总高120.9m。

轨道采用不锈钢板，钢板背面焊接3列焊钉，焊钉行距300mm。轨道板分节制造，每条轨道由15节组成，最顶部一节长7.5m，其余14节长度均为8.1m，相邻的导轨板在现场安装时采用对接焊缝焊接。为了便于安装，导轨板上加工有安装螺纹孔，在导轨板背面由封板将螺纹孔封闭。

4.9.2.4 平衡重轨道安装及埋设技术

平衡重轨道共16套，布置在每个平衡重井内。每套轨道由两条组成，分别装设在每个平衡重井上下游的横墙墙壁上，两条轨道的结构型式不同，其中一条横截面呈"T"形，仅有横向导轨面，另一条横截面呈"工"字形，含有横向、纵向两种导轨面。轨道中心线距船厢室纵向中心线15600mm，轨道顶部高程192.60m，底部高程60.00m。每条"T"形轨道分17节，每节长7.8m；每条"工"形轨道分18节，其中位于顶部一节和底部一节的长度各为3.9m，其余16节的每节长7.8m。各节轨道之间设连接板。

"T"形轨道由翼板、腹板、不锈钢导轨板、焊钉、基准面板和封板等组成，由翼板和腹板构成"T"形结构。在翼板的背面焊有3列焊钉。横向导轨板焊接在腹板两侧。轨道的安装基准面为基准面板外表面，基准面板焊接在翼板外表面两侧，在基准面板上开设了用于导轨安装的螺纹孔。"T"形轨道的翼板背面紧贴二期混凝土表面，焊接在翼板背面的焊钉埋设在二期混凝土内。"T"形钢梁腹板的端部两侧通过机械加工形成矩形浅槽。现场安装时，将节间连接板镶嵌在矩形浅槽内。

"工"形轨道由后翼板、腹板、前翼板、导轨板、焊钉、基准面板和封板等组成。由后翼板、前翼板和腹板构成"工"形结构，在后翼板的背面焊有3列焊钉。两条横向导轨板焊接在腹板两侧，3条纵向导轨板分别焊接在前翼板顶面及背面两侧。轨道的安装基准面为基准面板外表面，基准面板焊接在后翼板外表面两侧，在基准面板部位开设有用于导轨安装的螺纹孔，在后翼板背面由封板将螺纹孔封闭。"工"形轨道的后翼板及其背面的焊钉全部埋设在二期混凝土内。"工"形轨道腹板和前翼缘的端部两侧加工有矩形浅槽，现场安装时将连接板镶嵌在矩形浅槽内。

4.9.3 塔柱施工和金属结构及其埋件安装质量控制技术

4.9.3.1 保障齿条、螺母柱安装埋设质量的技术措施

在施工阶段，对齿条、螺母柱埋设关键施工工序进行了原型试验验证，总结经验，指导施工，以保证齿条、螺母柱安装埋设质量。

1）齿条、螺母柱预应力钢筋套管一期埋件采用辅助钢架定位埋设方式，套管中心偏差≤5mm。考虑到混凝土施工振捣对PVC套管安装精度的影响，通过对齿条部位预应力钢筋套管安装和混凝土施工进行原型试验，优化了辅助钢架结构，解决了辅助钢架与塔柱结构钢筋干扰问题，保证了一期埋件安装精度。

2)通过制作 1∶1 的齿条、螺母柱二期埋件的木模,并进行吊装试安装,确定了齿条、螺母柱埋件与一期预留钢筋、二期混凝土结构钢筋施工干扰的处理措施,保证了埋件安装与二期混凝土结构施工质量。

3)齿条、螺母柱背部凸齿与其二期埋件表面凸齿之间的间隙采用 Pagel 材料灌浆,并通过高强度预应力钢筋将塔柱结构、埋件与二期混凝土结构及齿条、螺母柱设备连接成整体,灌浆质量关系到整体结构受力。通过历时 5 个月时间的 1∶1 的灌浆试验,验证了灌浆机具适用性、灌浆密封效果、材料的可灌性和灌浆效果等,获得可靠的灌浆参数,然后再实施现场灌浆,保证了 Pagel 材料的灌浆质量。

4.9.3.2 塔柱施工和埋设的金属结构及其埋件安装精度的测量控制

塔柱施工精度和金属结构设备及其埋件安装精度要求高,三峡总公司组织有关单位进行升船机施工测量技术专题研究,提出了测量程序、测量方法、测量手段和测量技术要求的研究成果,制定了升船机塔柱施工过程中测量操作规程和质量控制指标,作为塔柱施工和金属结构及其埋件安装过程测量控制依据。

1)根据升船机专用控制网,使用高精度测量仪器进行金属结构设备安装基准点测量放样,控制螺母柱二期埋件的安装精度;采用激光天顶仪将安装基准点投测至测量线架上,线架悬挂钢琴线,底部挂重锤进行测量。对于高程埋件及金属结构设备安装,以已安装节位置为基准,进行不同高程金属结构安装的基准点转换,控制整体安装精度。

2)螺母柱二期埋件及螺母柱安装以相邻的齿条为基准,滞后齿条安装,其安装质量控制方法与齿条类似。根据塔柱结构受力情况,为减小塔柱变形对两片螺母柱片成对安装精度的影响,螺母柱安装至 100.00m 高程时停止安装,在塔柱压载期超过 3 个月以上且变形趋于稳定后恢复螺母柱安装。

4.9.4 塔柱与船厢相应的金属结构及其埋件安装埋设质量检验

4.9.4.1 塔柱结构施工质量检测结果

塔柱为钢筋混凝土结构,高度 146.0m,塔柱施工质量检测结果达到了毫米级精度,塔柱结构主轴线偏差在－5～＋5mm,截面尺寸偏差在－5～＋8mm,垂直度偏差在－8～＋8mm,齿条、螺母柱及其二期埋件安装整个高度范围垂直度在 5mm 以内。

4.9.4.2 塔柱与船厢相应的金属结构其埋件安装质量检测结果

船厢 4 个驱动点在塔柱上相应的金属结构安装及其埋件安装质量检测结果见表 4.9.1 至表 4.9.5。由表可知,螺母柱全程与相邻齿条高差不大于 2.0mm;齿条一、二期埋件及齿条安装质量检测结果满足设计及相关标准要求;螺母柱一、二期埋件及螺母柱安装质量检测结果满足设计及相关标准要求。

表 4.9.1　　塔柱螺母柱二期埋件安装质量检测结果　　(单位:mm)

部位		埋件编号	阶段	ΔX	ΔY	X 垂直度	X 平行度	Y 垂直度
			混凝土浇筑之前设计值	±6.0	±2.5	≤4.0	≤2.0	≤4.0
1号筒体	上游侧	A-1～A-26	混凝土之前	−1.6～1.7	−1.0～1.1	3.2	0.1～1.5	2.1
			混凝土之后	−2.6～5.0	−1.2～2.7	4.0	0～2.0	3.9
	下游侧	B-1～B-26	混凝土之前	−2.1～2.9	−1.7～0.3	3.5	0.1～1.7	1.9
			混凝土之后	−4.2～4.7	−2.3～1.0	4.0	0.1～2.0	3.3
2号筒体	上游侧	C-1～C-26	混凝土之前	−1.6～1.7	−0.4～1.5	3.3	0.1～1.0	1.9
			混凝土之后	−3.4～3.6	−1.7～1.5	4.0	0～2.0	3.2
	下游侧	D-1～D-26	混凝土之前	−1.4～1.4	−1.6～1.0	2.8	0.1～0.9	2.6
			混凝土之后	−2.9～2.3	−1.6～1.5	3.6	0.1～2.0	3.1
3号筒体	上游侧	1-A01～1-A26	混凝土之前	−1.8～1.3	−1.8～1.9	3.1	0.1～1.4	3.7
			混凝土之后	−1.7～2.3	−1.6～1.7	4.0	0～2.0	3.3
	下游侧	1-B01～1-B26	混凝土之前	−1.4～2.1	−1.0～2.7	3.5	0.1～1.3	3.7
			混凝土之后	−3.9～3.2	−1.2～1.9	4.0	0～2.0	3.1
4号筒体	上游侧	2-A01～2-A26	混凝土之前	−2.0～2.3	−1.8～1.9	3.7	0.1～1.6	3.7
			混凝土之后	−3.7～3.8	−1.8～1.2	4.0	0.1～2.0	3.0
	下游侧	2-B01～2-B26	混凝土之前	−2.2～1.8	−1.6～1.0	3.5	0.1～1.5	2.6
			混凝土之后	−3.0～3.3	−2.2～1.8	4.0	0～2.0	4.0

表 4.9.2　　塔柱螺母柱安装质量检测结果　　(单位:mm)

部位	埋件编号	阶段	位移		高度标记位置相对同高程齿条差	X 垂直度	Y 垂直度
			ΔX	ΔY			
		设计值	±12.0	±7.0	≤2.0	≤5.0	≤5.0
1号筒体	1-01～1-26	安装	−1.08～0.24	−2.02～1.33	0.1～2.0	1.2	3.35
		张拉后	−0.79～0.06	−1.69～1.12	0.1～2.0	1.0	2.8
2号筒体	2-01～2-26	安装	−0.48～1.51	−1.01～1.01	0.1～2.0	2.0	2.0
		张拉后	−0.25～1.42	−1.27～0.96	0.1～2.0	1.7	2.2
3号筒体	3-01～3-26	安装	−0.44～0.88	−2.16～1.05	0.1～1.8	1.32	3.2
		张拉后	−0.28～1.02	−1.75～0.46	0.1～1.8	1.3	1.9
4号筒体	4-01～4-26	安装	−0.89～1.39	−2.03～0.78	0.1～2.0	2.3	2.8
		张拉后	−0.59～1.09	−1.84～0.32	0.1～2.0	1.7	2.2

表 4.9.3　塔柱齿条二期埋件安装质量检测结果　(单位:mm)

部位	埋件编号	阶段	位移		X 垂直度(全长)	Y 平行度	Y 垂直度(全长)
			ΔX	ΔY			
		混凝土浇筑之前设计值	±5.0	±5.0	≤4.0	≤2.0	≤5.0
1 号筒体	01~27	混凝土之前	−1.4~1.1	−3.6~1.8	2.5	0.1~1.9	4.0
		混凝土之后	−0.4~1.6	−4.6~1.9	2.0	0~2.0	5.0
2 号筒体	01~27	混凝土之前	−1.7~0.9	−1.8~3.2	2.6	0~2.0	4.5
		混凝土之后	−1.9~0.8	−2.3~4.4	2.7	0~2.0	5.0
3 号筒体	01~27	混凝土之前	−0.7~1.5	−1.7~3.4	2.2	0~1.9	4.2
		混凝土之后	−1.3~1.3	−1.5~4.8	2.6	0~2.0	5.0
4 号筒体	01~27	混凝土之前	−0.7~2.7	−3.7~1.8	3.4	0~2.0	4.6
		混凝土之后	−1.5~2.2	−4.0~1.6	3.7	0~2.0	4.5

表 4.9.4　塔柱齿条导轨板安装及张拉后质量检测结果汇总　(单位:mm)

部位	设备编号	阶段	位移			X 垂直度	Y 平行度	Y 垂直度
			ΔX	ΔY	ΔH			
		设计值	±10.0	±5.0	±2.0	≤0.6	≤0.5	≤1.6
1 号筒体	1-01	安装	−0.2~0.2	−0.1~0.3	0.3	0.4	0.1~0.4	0~0.3
		张拉后	0~0.2	−0.2~−0.1	−0.1~0	0	0~0.2	0.1
2 号筒体	2-01	安装	−0.1~0.1	−0.3~0.1	0.1~0.2	0	0~0.2	0~0.1
		张拉后	−0.2~0.1	−0.2~0.1	−0.5~−0.4	0.2	0~0.3	0.2~0.3
3 号筒体	3-01	安装	0~0.2	−0.3~0.1	0.5~0.6	0.2	0~0.4	0.1~0.2
		张拉后	0~0.1	−0.5~0	−0.4~−0.3	0.1	0~0.4	0.1~0.3
4 号筒体	4-01	安装	−0.2~0	−0.2~0.1	0.5~0.7	0.2	0~0.4	0.3~0.4
		张拉后	−0.2~−0.1	−0.1~0.2	0.1~0.6	0.1	0~0.2	0.1~0.2

表 4.9.5　塔柱齿条组件安装及张拉后质量检测结果汇总　(单位:mm)

部位	设备编号	阶段	位移		X 垂直度(全长)	Y 平行度	Y 垂直度(全长)
			ΔX	ΔY			
		设计值	±10.0	±5.0	≤5.0	≤0.5	≤5.0
1 号筒体	1-02~1-26	安装	−1.8~0.9	−0.5~0.6	1.7	0~0.5	1.1
		张拉后	−0.9~0.2	−0.3~0.6	1.1	0~0.5	0.9
2 号筒体	2-02~2-26	安装	−2.7~0.8	−1.0~0.4	3.5	0~0.4	1.4
		张拉后	−2.3~0.2	−0.9~0.1	2.5	0~0.4	1.0

续表

部位	设备编号	阶段	位移		X 垂直度（全长）	Y 平行度	Y 垂直度（全长）
			ΔX	ΔY			
		设计值	±10.0	±5.0	≤5.0	≤0.5	≤5.0
3号筒体	3-02～3-26	安装	−1.5～0.4	−1.3～0.5	1.9	0～0.5	1.8
		张拉后	−0.7～0.2	−2.2～0.3	0.9	0～0.5	2.5
4号筒体	4-02～4-26	安装	−1.0～3.0	−0.4～2.0	4.0	0～0.5	2.4
		张拉后	−0.7～1.8	−0.8～1.5	2.5	0～0.5	2.3

4.10 升船机船厢运行机构与埋设在塔柱相应部位的埋件及设备变形协调控制技术

4.10.1 变形协调控制的重要性及难点

4.10.1.1 变形协调重要性

升船机采用齿轮、齿条爬升形式，船箱运行时，驱动系统和安全机构等安装在船厢上的设备与埋设在塔柱结构上的齿条、螺母柱等联系紧密，处理好船厢设备与塔柱结构的变形协调问题是三峡升船机设计中的关键技术问题之一。为此，驱动机构、安全机构、对接锁定装置、横导向机构、纵导向与顶紧机构、间隙密封机构等船厢设备的结构型式需要能够适应船厢与塔柱之间在各个方向的相对变位或设备制造、安装误差，确保船厢设备在各种工况下能安全、可靠运行。

4.10.1.2 变形协调控制难点

1)齿条是驱动机构向混凝土塔柱的传力构件，同时兼作船厢的横向导轨。螺母柱是升船机安全保证系统的主要构件，用于向混凝土塔柱传递船厢在事故工况下的不平衡载荷。齿条和螺母柱及其埋件结构的设计面临两个难题：一是承载系统由设备(齿条或螺母柱)、二期埋件及一、二期混凝土、砂浆和预应力钢筋等传力特性不同的材料组成，各构件受力相互耦合，显示出接触问题的非线性特点，且传力较为复杂。二是系统中预应力钢筋需对混凝土结构施加初张力，以保证在各种载荷条件下混凝土结构对设备(齿条或螺母柱)及其埋件结构形成双面弹性地基约束，避免基础与钢结构弹性梁脱离接触。为此需合理确定预应力钢筋束施加的预拉力值和布置位置。

2)安全机构旋转锁定螺杆外径1535mm，中径1450mm，螺距450mm，螺纹齿形角20°，其螺纹副自锁可靠性是保障升船机船厢爬升运行安全的关键，确定安全机构螺纹副合理的间隙值，是齿轮、齿条设计的重点与难点。若螺纹副间隙值偏小，将导致安全机构旋转螺杆在船厢升降运行中卡阻；若螺纹副间隙值过大，将加大驱动系统设备规模，加大齿轮、齿条等设备制造的难度。需研究多个组合工况，按最不利工况时螺纹副最大变化量小于螺纹副初始间隙值，要求船厢在全平衡状态下全行程升降运行过程中，安全机构螺纹副间隙量小于设计规定值。

3)升船机的核心部件小齿轮、齿条、螺母柱、短螺杆以及小齿轮托架机构、超大型船厢结构等设备结构材质要求高，其中齿条和螺母柱铸件、小齿轮和安全机构旋转螺杆铸件材料质量等级达到德国DIN标准ME级(最高级别)，齿条表面感应淬火处理后硬度为HV610±20，小齿轮表面渗碳热处理硬度为HV740±20，淬硬层深度≥6mm，螺母柱成对组装技术复杂，制造工艺要求高、难度大，同等技术规模在国内外均属首次研制，没有成熟经验借鉴，设备制造质量控制存在较大风险。

4)小齿轮托架机构需适应各向变形变位，为使驱动机构小齿轮在船厢升降过程中始终与齿条处于精确的啮合状态，需有效保证齿轮托架机构能适应船厢与塔柱之间的各向相对变位，以及齿条的制造、安装误差。此外，小齿轮托架机构还需具有限载功能以及超载后的自动退让功能。

5)升船机是非壅水水工建筑物，设计地震为50年基准期内其超载概率为5%，即接近1000年一遇的设计地震，其设防加速度峰值为0.67m/s^2。升船机船厢设备与承重结构塔柱结合密切，抗震设计需考虑塔柱和船厢的相互作用。船厢在垂直方向通过钢丝绳悬挂于塔柱顶部，在平面通过纵导向、横导向和塔柱结构相连，而船厢内有水体，因此升船机塔柱动力分析是流固耦合的动力分析。我国水工建筑物抗震设计规范和建筑抗震设计规范尚缺乏对垂直升船机塔柱结构进行抗震设计的条文，因此升船机塔柱抗震设计无先例可循。

4.10.2 变形协调控制指标研究

三峡总公司委托长江设计院和中国水利水电科学研究院，对塔柱结构施工期进行施工仿真研究，重点为结构自重、气温变化、混凝土材料、混凝土干缩和徐变等对结构变形的影响，施工过程中建筑物变形对螺母柱、齿条预应力套管等一、二期埋件定位精度和设备安装的影响，施工期预留平衡重宽槽对结构的影响，塔柱顶部合拢前后变形与螺母柱、齿条、船厢安装的关系等进行仿真计算研究，并根据实际施工进度等条件变化进行反馈分析。

(1)设计荷载和荷载组合

塔柱设计荷载包括永久荷载和可变荷载，荷载组合分为基本组合和特殊组合，结构设计满足承载力极限状态和正常使用极限状态的验算，设计时依据《水工混凝土结构设计规范》(SL/T 191—96)，并满足现行《水工混凝土结构设计规范》(SL/T 191—2008)。

1)设计荷载。

荷载1:结构自重。

荷载2:船厢和水重、平衡重自重、滑轮重、钢丝绳和平衡链重。

荷载3:螺母柱、齿条自重。

荷载4:高程196.0m顶部机房自重。

荷载5:高程196.0m机房层荷载。

荷载6:楼梯板、楼层板荷载。

荷载7:塔柱底板扬压力。

荷载8:高程196.0m机房层可变荷载。

荷载9:楼梯板、各楼层板的可变荷载。

荷载10:吊车荷载(整体计算不考虑)。

荷载11:风荷载,计算中分别考虑横向风荷载和斜向风荷载。

荷载12:温度荷载,塔柱计算采用以下8种温度荷载。

荷载12-1:整体结构均匀温升 $T=23K$。

荷载12-2:整体结构均匀温降 $T=-17K$。

荷载12-3:结构一侧非均匀温升 $\Delta T=0\sim20K$。

荷载12-4:结构两侧非均匀温升 $\Delta T=0\sim10K$。

荷载12-5:结构一侧非均匀温升 $\Delta T=3\sim23K$,另一侧均匀温升3K。

荷载12-6:结构两侧非均匀温升 $\Delta T=13\sim23K$。

荷载12-7:结构一侧均匀温升 $\Delta T=23K$,另一侧均匀温升8K。

荷载12-8:结构两侧非均匀温降 $\Delta T=7\sim17K$。

荷载13:地震作用。

荷载14:船厢运行荷载。

2)计算工况和荷载组合。

按承载力极限状态和正常使用极限状态,塔柱计算工况分为施工工况、运行工况、事故检修工况和地震工况,各工况对应的荷载组合见表4.10.1。

表4.10.1　塔柱计算工况和荷载组合

工况	荷载												
	1	2	3	4	5	6	7	8	9	11	12	13	14
施工工况	√									√			
	√	√	√	√	√	√		√	√	√	√		
运行工况	√	√	√	√	√	√	√	√	√	√	√		√
事故检修工况	√	√	√	√	√	√	√	√	√	√	√		√
地震工况	√	√	√	√	√	√	√	√	√	√	√	√	

注:"√"表示该荷载存在。

(2)计算模型

取塔柱结构的1/2建立计算模型,静力计算采用国际上通用有限元分析软件MARC。塔柱结构静力计算模型见图4.10.1。

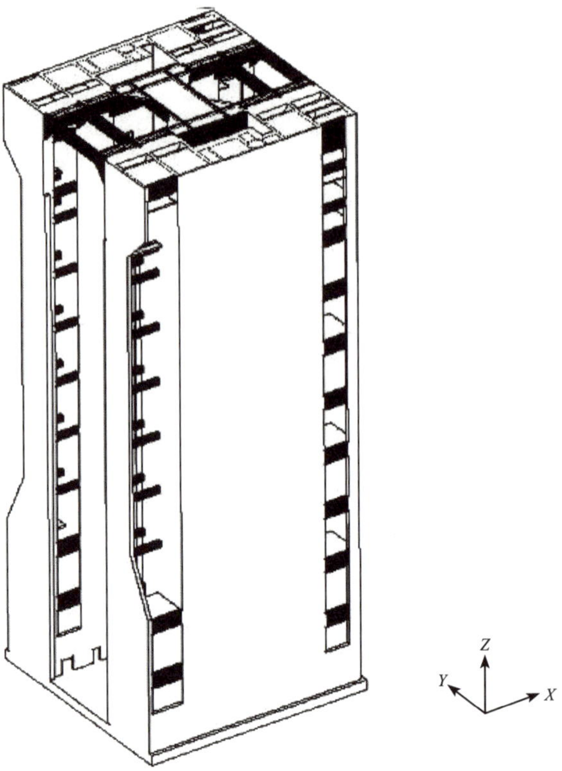

图 4.10.1 塔柱结构静力计算模型

(3)塔柱结构变形

1)基础底板。

塔柱基础的岩石完整,刚度大,变形值很小,垂直变形只有几毫米。

2)塔柱结构。

采用三维有限元线弹性计算,静力荷载作用下,塔柱变形主要由自重、设备重、风荷载和温度荷载作用引起,其中自重和设备重主要引起结构的竖向变形,风荷载和温度荷载的作用主要引起结构的水平变形。

自重产生的最大竖向变形为 10.8mm。

风荷载产生的最大横向变形为 36mm。

温度荷载产生的最大横向变形为 62.2mm。

计算分析表明,塔柱左、右侧结构的最大变形发生在顶部,左、右侧结构的相对变形发生在中部。塔柱结构与高层建筑相比具有较高的刚度,结构顶部变形 U 与总高度 H 之比约为 1/1800。

基本组合下,塔柱顶高程 196.0m 和船厢在上、中、下不同位置的最大变形 $\max U$,相对变形值 ΔU 见表 4.10.2。

表 4.10.2　　塔柱静力计算变形

结构	高程(m)	水平纵向变形 U_x(mm)		水平横向变形 U_y(mm)		垂直向变形 U_z(mm)	
		$\max U_x$	ΔU_x	$\max U_y$	ΔU_y	$\max U_z$	ΔU_z
螺母柱	196.0	8.63	4.82	90.39	8.39	27.95	19.36
	185.0			83.82	14.99	26.18	17.87
	175.0	8.02	4.75	78.34	23.06	24.40	16.53
	150.0			61.34	32.30	19.60	13.22
	123.0	6.56	4.16	39.70	28.14	14.27	9.63
	62.0	1.85	1.43	2.38	2.71	2.25	1.71
齿条	196.0	6.54	3.74	89.88	7.83	28.90	19.99
	185.0			83.44	14.77	27.15	18.52
	175.0	6.23	3.63	77.95	22.08	25.58	17.57
	150.0			60.89	31.78	20.45	14.32
	123.0	5.06	3.18	39.34	27.48	14.78	10.69
	62.0	1.37	0.91	2.17	1.96	2.53	2.00
纵导向	196.0			89.42	6.23	37.81	22.03
	185.0			83.50	13.39	34.99	21.09
	175.0			79.10	22.92	31.64	20.35
	150.0			60.03	26.96	24.65	17.24
	123.0			34.94	17.25	17.43	13.35
	62.0			2.09	2.97	2.66	2.35

由于结构自重产生的变形在船厢设备安装时已基本完成，因此表 4.10.2 中不包括这部分变形。

(4)塔柱动力计算

1)地震计算所考虑的重力或质量。

①塔柱结构自重。

②螺母柱、齿条质量。

③高程 196.0m 以上顶部机房质量(包括吊车重)。

④高程 196.0m 楼层自重。

⑤楼梯板、高程 196.0m 以下楼层自重。

⑥平衡重横向质量。

⑦平衡重纵向质量。

⑧船厢横向质量。

⑨船厢纵向质量。

2)地震组合工况。

地震组合为地震作用效应与其他静力荷载作用效应相叠加,组合时塔柱动力计算所考虑的荷载组合工况见表4.10.3。

表4.10.3　塔柱动力计算荷载组合工况

荷载	地震组合工况
永久荷载	
荷载1—塔柱结构自重	√
荷载2—船厢、水重、平衡重钢丝绳、平衡链	√
荷载3—螺母柱、齿条自重	√
荷载4—高程393.0m以上顶部机房自重(包括吊车重)	√
荷载5—高程393.0m楼层自重	√
荷载6—楼梯板、高程393.0m以下楼层自重	√
荷载7—水荷载,包括塔柱两侧水压和底板扬压力	√
可变荷载	
荷载8—高程393.0m层活荷载	√
荷载9—楼梯板、高程393.0m以下楼层活荷载	√
荷载10—吊车荷载	√
荷载11—风荷载	√
偶然荷载	
地震荷载	√

3)动力特性。

船厢在塔柱的上部、中部和底部时,塔柱结构的动力特性变化较小,其自振频率与振型见表4.10.4。其中,塔柱结构的横向基频为0.42Hz,纵向基频为1.05Hz,船厢水体的纵向基频为0.023Hz,横向基频为0.149Hz。

表4.10.4　塔柱结构自振频率与振型

振型	频率(Hz)	振型参与系数		
		X	*Y*	*Z*
1	2.23×10^{-2}	2.66×10^{3}	9.78×10^{-5}	-4.32×10^{-5}
2	1.49×10^{-1}	1.88×10^{-4}	-3.01×10^{3}	5.84×10^{-4}
3	4.19×10^{-1}	1.92×10^{-2}	1.47×10^{4}	-2.20×10^{-2}
4	6.83×10^{-1}	-3.32×10^{-2}	-2.26×10^{-2}	-1.22×10^{-2}
5	8.51×10^{-1}	-4.37×10^{-2}	3.09×10^{-1}	-1.80×10^{-2}
6	8.75×10^{-1}	-1.85×10^{-1}	-1.35×10^{3}	8.37×10^{-3}
7	1.05×10^{0}	1.45×10^{4}	1.23×10^{-1}	3.71×10^{-2}

续表

振型	频率(Hz)	振型参与系数		
		X	Y	Z
8	1.24×10^{0}	-4.18×10^{-2}	-7.93×10^{-3}	1.12×10^{-2}
9	1.51×10^{0}	4.07×10^{3}	5.74×10^{0}	1.71×10^{-1}
10	1.52×10^{0}	-5.58×10^{1}	3.94×10^{2}	3.44×10^{-2}

4)动位移。

船厢处在上部、中部和底部时，对塔柱结构的动位移影响不大，塔柱水平纵向最大位移 36.63mm；水平横向最大位移 67.92mm，动力时程法和反应谱法计算结果接近，塔柱结构刚度满足要求，动位移在船厢机构能适应的范围内。塔柱结构最大位移见表 4.10.5，螺母柱部位沿高程动位移见图 4.10.2。

表 4.10.5　塔柱结构最大位移　（单位：mm）

船厢所处位置	船厢在上部	船厢在中部	船厢在底部	计算方法
水平纵向位移	29.65	18.03	18.15	振型叠加反应谱法
	36.63	25.92	18.39	动力时程法
水平横向位移	66.15	65.17	64.67	振型叠加反应谱法
	67.92	59.82	59.69	动力时程法
垂直向位移	6.90	6.93	6.47	振型叠加反应谱法
	8.14	8.53	5.97	动力时程法

图 4.10.2　螺母柱部位沿高程动位移

(5)塔柱施工期变形与埋件变形计算分析

1)在施工期混凝土自重和外界气温影响下,塔柱筒体和侧墙的竖向位移值随高程变化,高程越高,位移值越大,冬夏季之间的竖向位移变幅大;位移值与浇筑季节密切相关;冬季浇筑的筒体夏季时向上的竖向位移大,夏季浇筑的筒体冬季时向下的竖向位移大。塔柱高程160m筒体为2009年夏季浇筑,其向下的竖向位移最大,2009年冬季、2010年冬季、2011年冬季该部位最大竖向位移值分别为－23mm、－24.2mm、24.5mm,2010年夏季、2011年夏季、2012年夏季最大竖向位移分别为－5.0mm、－5.4mm、－5.5mm,冬夏季之差为18mm;高程193mm墙体为2009年冬季施工,2010年夏季、2011年夏季、2012年夏季其向上的竖向位移分别为24.7mm、24.3mm、24.2mm,2010年冬季和2011年冬季最大竖向位移分别为－1.0mm和－3.0mm,冬夏季之差为26mm。

2)塔柱施工期横河向位移也与混凝土浇筑时间相关,船厢及平衡重荷载施加前,指向塔柱外侧的最大横河向位移为8.8mm,发生在筒体内侧部位;指向塔柱内部的最大横河向位移为7.7mm,发生在筒体外侧部位。受气温周期性变化的影响,横河向位移值随季节呈周期性变化,且高程越高变幅越大,不同部位的变幅略有差异。螺母柱、齿条部位的高程越高,冬、夏季横河向位移变幅越大,二者的横河向位移变幅在顶部高程193m处分别为3.7mm、3.5mm,纵导向部位冬、夏季横河向位移未随高程单调变化,最小值－1.6mm位于高程100m,最大值2.2mm位于高程193m。

3)塔柱施工期最大顺河向位移8.8mm,位于1号墙外侧顶部,发生时间是封顶前的夏季;最小顺河向位移－9.4mm,位于靠近1号墙的筒体高程160m处(此处夏季浇筑),发生时间是封顶前的冬季。受外界气温周期性变化的影响,塔柱顺河向位移也呈周期性变化,夏季往远离对称轴的方向变形,冬季往靠近对称轴的方向变形;塔柱离对称轴越远,变幅越大;高程越大,变幅越大。1号墙体的冬、夏季顺河向位移变幅最大,顶部高程193m为9.6mm,螺母柱、齿条部位高程193m冬、夏季顺河向位移变幅为6.1mm、5.2mm。

4)螺母柱、齿条、纵导向部位5m范围内从一期混凝土浇筑到二期混凝土浇筑期间竖向位移差最大值分别为7.7mm、8.3mm、6.0mm,螺母柱、齿条部位5m范围内从一期混凝土浇筑到金属结构安装期间竖向位移差最大值分别为3.1mm、3.8mm。考虑到位移分析存在一定的不确定性,且在施工中实际操作困难,很难给出合适的套筒位移补偿值,为此给出在施工中套管二期施工与金属结构安装时的适应值10mm。

(6)塔柱混凝土干缩和徐变对结构变形计算分析

1)仿真计算表明,在塔柱底板及其以上的薄壁部分,湿度扩散均是非常缓慢的过程,当空气相对湿度为50%时,干缩1年所能影响的区域深度约为150mm,干缩10年所能影响到的区域深度不足700mm,而干缩60年后底板上部的薄板部位内部相对湿度仍有70%左右。由于干缩非常缓慢,因此早期的湿度梯度主要局限于表面,其干缩应力超标出现的区域也仅限于表面,只会在混凝土表面产生“龟裂”现象。由于深度较浅,“龟裂”向内部发展的可能相对较小。

2)塔柱结构为筒体薄壁混凝土结构,外露面积大,长周期湿度扩散导致的干缩变形问题较为突出,按当前的年平均湿度(76%)计算,60 年后高程 196m 处铅垂向(Z 向)变形可能达到 24mm,应尽可能避免不同侧面湿度差异过大现象,以减小不对称变形带来的不利影响。

3)塔柱不同的混凝土徐变参数对顺河向位移影响较小,而对横河向位移、竖向位移影响较大。采用拉西瓦水电站混凝土徐变参数时,横河向位移和竖向位移比采用设计提供的三峡升船机塔柱混凝土徐变参数时分别大 0.6mm 和 1.0mm。

(7)升船机施工期及运行期塔柱各种荷载组合变形分析

塔柱施工过程中(自重、平衡重和船厢重、施工期温度荷载)的位移以螺母柱、齿条、纵导向安装时刻为起点,以 2013 年春季外界气温为 17℃为终点,对升船机施工期及运行期塔柱各种荷载组合变形进行计算,其计算结果汇总列入表 4.10.6。由表 4.10.6 可知,不同荷载组合工况下塔柱螺母柱部位顺河向、横河向、竖向最大位移分别为 12.0mm、66.9mm、29.8mm,上下游螺母柱顺河向、横河向、竖向最大相对位移分别为 20.4mm、22.3mm、17.3mm。塔柱齿条部位顺河向、横河向、竖向最大位移分别为 9.9mm、66.9mm、31.2mm,上下游齿条顺河向最大相对位移、左右侧齿条横河向最大相对位移、左右侧齿条竖向最大相对位移分别为 16.0mm、20.4mm、16.3mm。塔柱纵导向最大顺河向、横河向、竖向位移分别为 29.0mm、66.0mm、31.2mm,左右侧纵导向横河向最大相对位移、左右侧纵导向竖向最大相对位移分别为 13.8mm、13.3mm。

表 4.10.6　塔柱螺母柱、齿条、纵导向特征位移最大值汇总

<table>
<tr><th>部位</th><th>位移方向及类型</th><th>最大值(mm)</th><th colspan="2">荷载组合工况</th></tr>
<tr><td rowspan="6">螺母柱</td><td>顺河向位移</td><td>12.0</td><td rowspan="6">塔柱自重+温度荷载+平衡重+螺母柱重+齿条重+高程 202.5m 板(静载+活载)+起重机厂房重+楼梯板重+高程 84m 板活载+升船机运行荷载</td><td>+斜向风荷载+温差荷载(两侧均匀温升 23℃)</td></tr>
<tr><td>横河向位移</td><td>66.9</td><td>+横向风荷载+温差荷载(一侧非均匀温升 3~23℃,另一侧均匀温升 3℃)</td></tr>
<tr><td>竖向位移</td><td>29.8</td><td>+横向风荷载+温差荷载(两侧均匀温降 17℃)</td></tr>
<tr><td>顺河向相对位移</td><td>20.4</td><td>+斜向风荷载+温差荷载(两侧均匀温升 23℃)</td></tr>
<tr><td>横河向相对位移</td><td>22.3</td><td>+横向风荷载+温差荷载(两侧非均匀温升 13~23℃)</td></tr>
<tr><td>竖向相对位移</td><td>17.3</td><td>+横向风荷载+温差荷载(一侧均匀温升 23℃,另一侧均匀温升 8℃)</td></tr>
</table>

续表

部位	位移方向及类型	最大值(mm)	荷载组合工况	
齿条	顺河向位移	9.9	塔柱自重+温度荷载+平衡重+螺母柱重+齿条重+高程202.5m板(静载+活载)+起重机厂房重+楼梯板重+高程84m板活载+升船机运行荷载	+斜向风荷载+温差荷载(两侧均匀温升23℃)
	横河向位移	66.9		+横向风荷载+温差荷载(一侧非均匀温升3~23℃,另一侧均匀温升3℃)
	竖向位移	31.2		+横向风荷载+温差荷载(两侧均匀温降17℃)
	顺河向相对位移	16.0		+斜向风荷载+温差荷载(两侧均匀温升23℃)
	横河向相对位移	20.4		+横向风荷载+温差荷载(两侧非均匀温升13~23℃)
	竖向相对位移	16.3		+横向风荷载+温差荷载(一侧均匀温升23℃,另一侧均匀温升8℃)
塔柱纵导向	顺河向位移	29.0		+斜向风荷载+温差荷载(两侧均匀温升23℃)
	横河向位移	66.0		+横向风荷载+温差荷载(一侧非均匀温升3~23℃,另一侧均匀温升3℃)
	竖向位移	31.2		+横向风荷载+温差荷载(两侧均匀温降17℃)
	横河向相对位移	13.8		+横向风荷载+温差荷载(两侧非均匀温升3~23℃)
	竖向相对位移	13.3		+横向风荷载+温差荷载(一侧非均匀温升23℃,另一侧均匀温升8℃)

根据计算分析成果,提出升船机运行驱动机构适应塔柱和船厢变形能力为:纵向±105mm,横向±150mm;安全机构螺纹副上、下间隙设计值60mm。

4.10.3 变形协调控制技术措施

4.10.3.1 齿轮、齿条与螺母柱、螺杆等设备制造质量和拼装精度控制

(1)齿轮、齿条与螺母柱、螺杆等设备制造质量控制

升船机塔柱结构尺寸精度要求高,其安装埋设的关键设备(齿轮、齿条与螺母柱、螺杆等)的冶炼、铸锻、热处理、加工及预拼装等制造过程的质量标准采用了德国DIN标准、欧洲EN标准和国际ISO标准。齿轮、齿条的特点:一是材料采用DIN标准,材质要求高,熔炼、铸造、热处理等均有较大的技术难度;二是模数大,62.7mm的模数已经超出了国家标准范

围，不能采用范成法加工；三是机加工精度和齿面硬度要求高，按照设计要求，齿轮最终的加工精度为 DIN 标准的 9 级，齿轮齿面硬度要求为表面渗碳硬化 HV740、齿条齿面硬度要求为齿面感应硬化 HV610，齿面硬化处理后只能最后通过磨削加工才可达到精度要求，而磨床的加工能力有限，磨削如此超常规模数的齿轮有一定困难。

螺母柱、螺杆材料采用 DIN 标准，其直径和螺牙尺寸均超出了现行的国家标准，不能采用常规的标准刀具在车床或镗床上加工。其加工难点：一是材料熔炼与毛坯的铸造、锻造工艺复杂；二是螺旋面的机加工精度要求高；三是由于工件的工程量大，需要较长的生产周期。为解决落实齿轮、齿条与螺母柱、螺杆的制造工艺问题，三峡总公司委托中国船舶重工集团有限公司所属的 403 厂、461 厂、471 厂、468 厂，中国第一、二重型机械集团公司，中信重工机械股份有限公司，太原重型机械集团有限公司，郑州机械研究所有限公司等国内著名的重型机械研究、制造单位对上述关键设备制造加工工艺进行了分析研究，结论是依靠国内技术力量和现有装备，能够完成三峡升船机齿轮、齿条与螺母柱、螺杆的加工制造，其相关制造厂完成了齿条和螺母柱的样品试制，齿轮、齿条磨损试验运行寿命可达 70 年。经专家评审，制造质量达到了设计要求。

(2)齿轮、齿条与螺母柱、螺杆等设备拼装精度控制

为减小塔柱埋设的关键设备安装的累积误差，在设备制造工厂内，对齿条、螺母柱及平衡重轨道等产品件，在单节合格的基础上，分批次在工厂进行预拼装，每次参与预拼装的数量不少于 3 节，且每次参与前预拼装的最后一节参与下一次预拼装。在齿条、螺母柱拼装中，每节齿条或螺母柱上的标记线相对于初始基准点的累计长度偏差应不大于 1.0mm。若经测量和计算发现标记位置累积误差大于 0.8mm，在后续的制造过程中，根据现有累积误差值，在规定的齿条齿距或螺母柱螺距公差带范围内选择特定的子公差带，调整和控制齿条或螺母柱的长度偏差，保证随后的各标记相对于初始基准点的实际累计长度的累积偏差不大于 1.0mm，进行齿条或螺母柱制造过程的动态质量控制，并使用摄影测量系统和激光扫描仪对成对拼装后的螺母柱进行检测。通过上述工艺措施，减小了在现场施工安装质量控制风险。

升船机船厢结构的各个分段制造单元，在制造厂内进行整体预拼装和测量，并考虑现场安装焊缝收缩确定余量切割，减少了现场安装工作量，总长 132m 的船厢结构安装后长度偏差控制在 10mm，保证了制造安装质量。同时，对横导向机构、纵导向机构与顶紧机构等船厢设备，也通过在制造厂内安装设备进行试配组装验收，验证系统配合尺寸，保证设备制造质量。

4.10.3.2　螺母柱传力结构的安全可靠性和变形控制

螺母柱传力结构包括螺母柱、钢结构件、高强度螺栓、预应力钢筋束和灌浆材料等，用于将螺母柱载荷安全传递给塔柱混凝土结构，其载荷大、构造复杂，采用了在国内尚没有工程经验的灌浆材料（德国 Pagel 公司生产的灰浆 V1/50）和预应力钢筋（德国 DYWIDAG 产品）。对于螺母柱传力结构的安全可靠性有必要通过物理模型予以验证。

三峡总公司委托长江科学院分别进行了 1∶1 和 1∶2 两个局部模型试验，试验目的是深入了解结构的受力状态、验证结构传力的合理性和安全性。通过 1∶1 局部模型主要研究

施工期的应力状态，螺母柱最大载荷工况下螺母柱齿、钢结构齿和灌浆缝的受力状态，以及预埋工字钢与螺母柱之间位移；1∶2 局部模型主要研究螺母柱在最大载荷工况下预埋件工字钢腹板、翼缘和高强度螺栓、预应力钢筋束以及一期和二期混凝土之间的应力状态，检测螺母柱齿、预埋件工字钢齿和灌浆材料应力、钢结构与螺母柱之间相对位移。试验研究结果证明，设计所采用的螺母柱传力结构方案合理，各构件的应力、变形均在设计运行范围内，为设备采购与塔柱混凝土施工、设备安装提供了技术依据。

4.10.3.3 小齿轮托架机构适应各向变位控制

船厢驱动系统由驱动机构和同步轴系统两部分组成，驱动机构共 4 套，分别布置在船厢两侧的 4 个侧翼平台上，其中心线距船厢横向中心线(轴 7)29600mm。4 套驱动机构通过布置在船厢结构中的同步轴系统相连。

驱动机构主要由两套机械传动单元、一套小齿轮托架系统和机架组成。两套机械传动单元分别布置在小齿轮托架两侧，一套靠近安全机构布置，与安全机构相连接；另一套靠近同步轴系统，与同步轴系统相连接。小齿轮托架系统位于每套驱动设备的横向中心线上，由小齿轮轴、支承及导向机构、位移适应机构和液压弹簧机构组成，小齿轮托架结构的静强度按单个驱动机构最大事故载荷 2200kN 计算，除考虑机构适应船厢与塔柱横向变位 150mm 的不利情况外，还考虑液气弹簧发生最大向下轴向位移和液气弹簧发生最大向上轴向位移的最不利工况，在极限条件下的静力计算，安全系数取 1.1。由此确定托架主材 Q345D 许用应力为 $290N/mm^2$ 和铰轴采用许用应力为 $450N/mm^2$ 的 42CrMO4V。两种最不利工况计算最大静应力为 $259.588N/mm^2$ 小于 Q345D 或 42CrMO4V 许用应力。小齿轮托架是升船机的核心设备之一，其功能一是在正常运行时向齿条及其基础传递船厢的竖向不平衡载荷；二是在任意工况下均能适应塔柱和船厢之间的相对变位，保证在船厢升降时齿轮、齿条始终处于良好的啮合状态；三是具有过载保护功能，在齿轮载荷过载时，由设在小齿轮托架机构中的液气弹簧限定齿轮最大载荷，超载部分由安全机构承担；四是船厢与闸首对接时卸载，船厢的不平衡载荷由对接锁定装置承担。鉴于小齿轮托架机构适应各向变位功能尚未经过实际工程检验，三峡总公司委托中国船舶重工集团武汉船舶工业有限公司(以下简称“武汉船舶公司”)按照 1∶3 的比例加工制作了该机构的物理模型，并进行了相关的机构功能试验研究。物理模型的范围除齿轮托架机构外，还包括齿条、液气弹簧液压系统等，试验项目包括机构对各向变位适应能力、液气弹簧限载保护等内容。

物理模型的试验结果表明，小齿轮托架机构能够适应船厢与齿条之间的纵向、横向相对变位以及齿条的偏摆、扭转误差，且具有较大的适应能力；齿轮超载后，机构可以按照设计预想动作。各种工况下小齿轮托架运动特性，齿轮、齿条之间啮合性能均符合设计要求。

4.10.3.4 安全机构螺纹副间隙值的控制

在升船机船厢全行程升降过程中，需控制安全机构螺纹副间隙值小于设计规定值，以保证升船机运行安全。为此，武汉大学受三峡总公司委托，采用有限元结构分析、几何关系分析、归纳论证以及设备实型试验等方法相结合，准确定量分析典型运行工况下承船厢和齿轮托架等结构变形、相关设备制造、安装误差以及磨损和机械传动系统传动间隙等因素对安全机构螺纹副间隙的影响，并通过对各变化量采用线性叠加的方式确定了螺纹副间隙可能出现的最大变化值。设计据此提出螺纹副上下间隙非对称设定以抵消部分设备重量引起的弹性变形的技术措施。

4.10.3.5　升船机塔柱抗震性能试验验证

中国水利水电科学研究院受三峡总公司委托，进行了大型三向六自由度模拟地震振动台模型动力试验，验证塔柱结构的动应力、动位移、塔柱与船厢的耦合力及扭转作用等，同时还研究了在超过设防标准的地震作用下，升船机的抗震性能、超越设计地震的破坏试验等，从而了解塔柱结构的抗震潜能。振动台试验结论表明：塔柱结构的抗震性能满足现行抗震设计规范要求，结构中不存在薄弱层或明显的薄弱部位。船厢与塔柱之间的相互作用通过船厢的纵导向、横导向机构与塔柱的结合可满足设计地震下的结构安全。

4.10.3.6　确定合理的施工程序和施工工艺，减少塔柱结构应力引起的塔柱变形

为降低升船机运行荷载导致塔柱变形的不利影响，在施工程序安排上，将塔柱上埋设的螺母柱 1/3 高度改在塔柱结构压载（平衡重加船厢总重，载荷约 300MN）状态下进行安装，以减小塔柱变形对设备运行精度的影响。塔柱压载改用船厢装水方案，待齿条、螺母柱安装完成后直接进行有水调试，船厢装水方案具有操作方便、加载工作量小、工期短、无需卸载即可进行有水调试等优点。在调试阶段，进行了对接沉船事故工况载荷和船厢水漏空事故工况载荷原型试验，不平衡载荷分别达到 30MN 和 85MN；进行了安全机构与液气弹簧和对接锁定的联动功能试验。试验结果表明：安全机构动作有序，锁定可靠，螺母柱及其埋件与塔柱之间无错动，塔柱结构与船厢结构应力及变形均满足设计要求，验证了在极端工况下升船机的安全可靠性。

4.10.4　变形协调控制效果检验

升船机船厢全行程升降运行过程中检测结果如下：

1）船厢横导向油缸最大位移为 3.1mm。塔柱横向相对位移监测值：塔柱 4-3 在高程 175m 处为 7.69m，在高程 196m 处为 1.34mm；塔柱 1-2 在高程 175m 处为 1.97mm，在高程 196m 处为－2.49mm，远小于机构对横向相对位移的适应能力为±150mm。

2）齿轮与齿条在齿宽方向接触范围变化量为 3.0mm。塔柱纵向相对位移监测值：塔柱 4-1 在高程 175m 处为－0.56mm，在高程 196m 处为－1.91mm；塔柱 3-2 在高程 175m 处为－0.18mm，在高程 196m 处为－0.72mm，远小于机构对纵向相对位移的适应能力±105mm。

3）船厢在全平衡状态下全行程升降运行过程中，实际检测安全机构螺纹副间隙变化量为 7.0mm，远小于设计值 60mm。

升船机全行程升降运行过程中，升船机各机构适应变形能力远大于塔柱和船厢机构在纵向、横向以及垂直方向相对位移的实测值，升船机各机构适应变形的能力满足设计要求，可保障升船机运行安全。

第5章 巨型水轮发电机组及电气关键技术研究与实践

5.1 三峡电站巨型水轮发电机组设计

5.1.1 技术难点及设计原则

5.1.1.1 机组型式选择及单机容量

(1)水轮发电机组型式选择

1)水轮机型式选择。

按三峡电站水头条件,可供选择的水轮机型式有混流式和斜流式。斜流式水轮机结构复杂,加工制造难度大,空化系数大于混流式水轮机,安装高程低,增加了电站厂房土建工程量,导致投资增大,工期延长。斜流式水轮机的轴向水推力较大,发电机推力轴承负荷相应增大。适用于三峡电站的斜流式水轮发电机,其推力轴承负荷大大超出世界上已达到的水平,制造困难;适用于三峡电站的大容量斜流式水轮机,国内外均无成熟的设计、制造和运行经验。

制造世界上最大容量斜流式水轮机的独联体(现为俄罗斯)ЛМЗ,曾就三峡电站采用单机容量为69万kW斜流式和混流式两种型式水轮机,提出建议方案,其建议参数取值见表5.1.1。该厂虽有设计和制造斜流式水轮机的经验,但从制造可行性、运行可靠性和经济合理性等因素综合考虑,不宜采用斜流式水轮机。

三峡工程正常蓄水位175m采用分期蓄水方案,水轮机运行变化水头61~113m,围堰挡水发电可能的最低水头56m,在上述水头范围内选用混流式水轮机,具有结构较简单、技术上比较成熟、国内外应用最为广泛、具有丰富的设计制造和运行经验等优势。国外已生产500MW以上的水轮机均为混流式。在三峡电站设计中,采用稳妥可靠的先进技术是前提,在水轮机型式选择中,亦应将机组的可靠性列为首位考虑对象。综上所述,三峡电站水轮机采用混流式,技术上先进可靠,经济成本上较节约。斜流式水轮机虽有其优点,但采用其制造的三峡电站所需的大容量机组,尚无成熟经验,故三峡电站采用混流式水轮发电机组,该机组及主要部件见图5.1.1。

2)发电机型式选择。

立式水轮发电机组的型式可分为悬式和伞式两种结构型式。悬式结构主要用于中高速机组,伞式结构主要用于中低速大容量机组。三峡水轮发电机额定容量为 700MW,额定转速 75r/min,发电机定子内径 18.8m,属大直径、低转速、大容量机组。发电机的结构型式对电站主厂房高度,发电机的技术经济指标、运行稳定性以及维护检修等都有直接影响。伞式结构紧凑,可降低电站厂房高度,减轻负荷机架的重量,在低速大容量的水轮发电机上普遍采用,国内外工厂均推荐采用伞式结构,从保证机组安全稳定运行、检修维护方便、综合技术经济指标好等方面出发,推荐三峡电站水轮发电机采用立轴、伞式结构。

(2)水轮发电机组单机容量

水轮发电机组单机容量的大小直接影响三峡工程的总体布置、工程投资、发电效益等方面,是三峡工程设计中权衡综合技术经济的关键指标之一,长期以来受到国内外专家、学者的高度关注。从 20 世纪 30 年代开始,长江委反复进行了近 60 年的工作,在不同时期,根据不同正常蓄水位方案,对机组容量选择比较,开展了大量的研究工作。

1)从 1949 年到 20 世纪 80 年代,结合三峡工程不同蓄水位和总装机容量,对单机容量和机组台数进行了长期、多方案的设计研究,曾研究过发电机单机容量 300MW、450MW、600MW、800MW、1000MW 等方案。1986 年 6 月开始对三峡工程重新进行的可行性论证中,对 175m 蓄水位单机容量进行了水轮机转轮直径分别为 9.3m、9.5m、9.8m 的方案比较,机组容量相应为 650MW、680MW、720MW。在《长江三峡水利枢纽可行性报告》中,选择了单机容量 680MW、水轮机转轮直径 9.5m、装机 26 台的方案。

表 5.1.1　　俄罗斯 ЛМЗ 建议两种型式水轮机参数

参数	混流式水轮机	斜流式水轮机
额定出力(万 kW)	69.0	69.0
转轮直径 D_1(m)	10.6	10.3
额定转速(r/min)	65.2	78.9
额定水头、额定出力的流量(m^3/s)	978	965
原型水轮机最优效率(%)	95.8	95.3
额定水头、额定出力的效率(%)	89.22	90.43
比转速(m·kW)	262	316
轴向水推力(t)	1970	5300
吸出高度(m)	−5.0	−10.9
水轮机总重(t)	3680	3500
相对价格(%)	100.00	100.55

注:混流式水轮机方案中,选用单位流量偏小,故转轮直径达 10.6m。

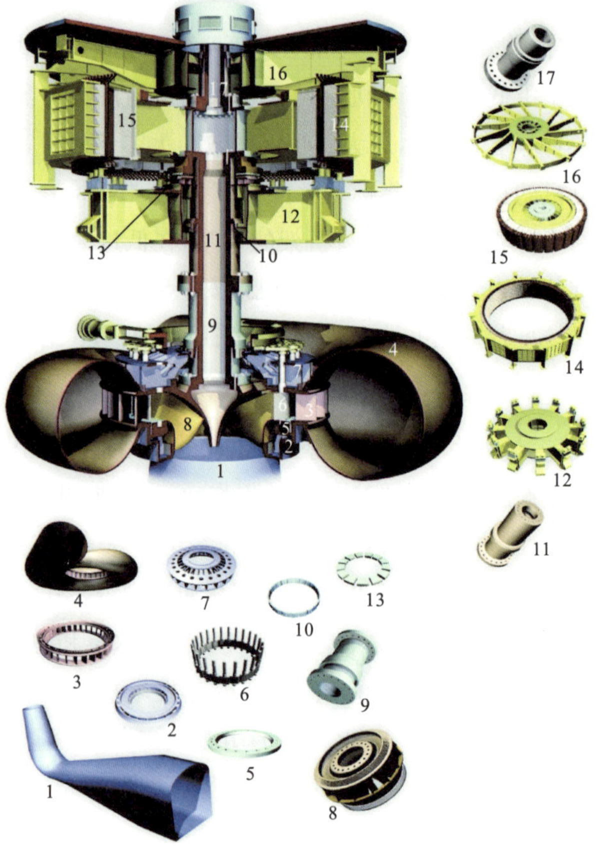

图 5.1.1 700MW 混流式水轮发电机组及主要部件

1—尾水管；2—基础环；3—座环；4—蜗壳；5—底环；6—活动导叶；7—顶盖；8—转轮；9—水轮机轴；10—导轴承瓦；11—发电机轴；12—下机架；13—推力轴承瓦；14—定子；15—转子；16—上机架；17—上端轴

2)1992 年 4 月 3 日，第七届全国人民代表大会第五次会议通过《关于兴建三峡工程决议》，三峡工程进入初步设计阶段。1992 年 12 月，长江委提出的《长江三峡水利枢纽初步设计报告(枢纽工程)》第六篇“机电设计”，根据重新可行性论证报告的结论，按转轮直径 9.5m，单机容量 68 万 kW 编制初步设计。在重新可行性论证报告中指出：“采用更大容量的机组、减少机组台数，虽然制造技术难度相应增大，工厂的技术改造费用相应增加，但电站造价可降低，初期发电效益有了提高，建议在初步设计阶段中，从技术、经济上进行比较后确定。”为此，长江委以 680MW 为基础，进一步研究了单机容量 680MW、737MW、804MW 分别装机 26 台、24 台、22 台的方案，结合枢纽总体布置、机组和电气设备制造的可能性、电站接入电力系统、发电效益和经济指标等方面又进行了全面的论证比选。结果表明，单机容量由 680MW 增大到 700MW 优势明显，设计方案予以推荐。水电部重大项目建设指挥办公室(以下简称“水电部重大办”)于 1993 年 3 月在哈尔滨召开增大单机容量会议，与会专家一致同意将单机容量由 680MW 增大到 700MW。于是长江委在已按单机容量 680MW 印刷好机电初设报告的基础上，又编写了《三峡水电站水轮发电机组容量研究补充报告》作为初步报告的附件上报三峡建委审查，补充报告中推荐单机容量由680MW增加至700MW。1993年5月《长江三峡水利枢纽初步设计报告（枢纽工程）》核心专家组初审意见：同意补充报告中推荐的水轮发电机组型式的选择意见和参数水平。根据机械部提供的资料和长江委《单机容量补充报告》，单机容量可由68万kW增加至70万kW，并请有关部门尽快提供相应资料以满足设计和施工的迫切需求。

5.1.1.2 技术难点

(1)水轮机需适应分期蓄水、水头变幅大

三峡工程建设进行分期蓄水，水轮发电机组需适应围堰发电期（坝前水位135.0m）、初期（汛期坝前水位135.0m，枯水期坝前水位156.0m）、后期（汛期坝前水位145.0m，枯水期坝前水位175.0m）等多个不同水位运行，最小水头为61.0m，最大水头为113.0m。

三峡电站装设32台单机容量700MW的混流式水轮发电机组，是当时国内单机容量最大、世界上装机规模最大的水电站，与当时世界上已投入运行的单机容量700MW混流式水轮发电机组的美国大古力、委内瑞拉古里、巴西伊泰普水电站相比，有以下特点。

1)额定水头偏低。

大古力、古里、伊泰普水电站700M水轮发电机组的额定水头分别为86.9m、130.0m、112.9m，转轮直径分别为9.22m、7.163m、8.45m。三峡左岸电站额定水头80.6m，转轮直径增加到9.8m，致使机组尺寸相应加大，对满足机组刚度和强度要求增大了难度。

2)水头变幅大。

大古力、古里、伊泰普水电站700M的水轮机运行的最大水头与最小头的比值分别为1.615、1.32、1.04。三峡工程水轮机需在水头范围61～113m，最大水头与最小水头的比值为1.85条件下安全稳定运行，在单机容量700MW水轮机中堪称世界第一。水头变幅大不仅影响机组效率，对机组稳定运行也带来颇多不利。

(2)水轮机在高、低水头区时间较长，偏离最优工况区运行

三峡工程按最终设计水位长期运行时，汛期因防洪、排沙的需要，每年6月上旬，库水位由175.0m降至防洪限制水位145.0m；汛期（每年6—9月）库水位按145.0m运行，发生流量超过56700m^3/s的洪水时，控泄流量小于56700m^3/s，拦蓄洪水，库水位升高，洪水过后复退至145.0m，以拦蓄下次洪水；汛末（9月中旬）开始蓄水，至10月底或11月初，库水位蓄至正常蓄水位175.0m。这些致使三峡电站水轮机在低水头区（$H \leqslant 78.5$m）运行时间和高水头区（$100.0\text{m} \leqslant H < 113.0$m）运行时间各占全年运行时间的30%以上，形象地称其为“哑铃型”，水轮机将长时间偏离最优工况区运行。这与一般水电站水轮机通常在额定水头附近的最优运行区运行的情况显著不同。

(3)过机水流含有泥沙，过流部件面临泥沙磨损

三峡工程汛期初期运行水位为135.0m，汛期后期为145.0m，入库泥沙虽通过大坝泄洪深孔和排沙孔排至坝下游，但仍有部分泥沙通过电站引水压力管道进入水轮机流道，致使水

轮机过流部件受泥沙磨损。

(4)电网的骨干电站应能适应各种运行方式

在电网中，电站需承担基荷、腰荷、峰荷和事故备用，导致负荷变化剧烈、机组开停频繁，因此对机组的性能要求高。

(5)发电机冷却方式、推力轴承的选择成为重大技术问题

三峡电站发电机的冷却方式，是发电机设计、制造、运行的重大技术问题。根据国内外工厂的论证资料，三峡电站发电机主要有两种冷却方式：一是全空冷方式；二是定子水冷、转子空冷方式，即半水冷方式。两种冷却方式都具有各自的优缺点。全空冷方式发电机结构简单，运行、维护、操作方便，电气参数易于满足要求，但定子绕组最高温度及温差均比半水冷方式的大，定子铁芯热膨胀及热应力大，定子铁芯易产生翘曲现象。半水冷方式具有冷却效果好、定子温度低(内部温度可控制在65℃)、温差小、线棒绝缘寿命长、发电机尺寸小等优点，同时半水冷方式还可减少发电机由热膨胀而引起的变形，提高发电机效率，但半水冷方式需设置纯水处理系统，且水管接头多，不能排除漏水的可能性，增加了运行、维护的复杂性。国内外单机容量500MW以上大型水轮发电机多采用半水冷方式，大古力Ⅲ电站机组采用半水冷方式，曾发生过较严重的事故，经改进后运行良好。在20世纪90年代，国内机电专家和机组制造厂对三峡电站水轮发电机最终采用何种冷却方式意见不一，确定三峡电站水轮发电机最终的冷却方式是当时工程设计需研究解决的关键问题之一。

推力轴承的设计是发电机另一个需解决的关键问题。初步计算三峡机组推力轴承负荷为65650t，推力负荷为世界之最，当时国内已生产过的最大推力轴承负荷为3800t(葛洲坝17万kW机组)。据调查，在20世纪70—80年代，推力轴承的事故时有发生，危及机组安全运行。因此，推力轴承的支撑方式、冷却方式、瓦块材质、运行温度和布置等需设计研究解决。

(6)国内尚没有先例可循，核心技术必须突破

在三峡工程开工建设之前，国内尚没有单机容量700MW水轮发电机组设计、制造以及工程实践经验。20世纪80年代，我国自主设计制造的单机容量300～320MW混流式机组已有6台投入运行，这为我国制造更大单机容量的混流式机组积累了经验。三峡工程单机容量700MW混流式机组要达到投入运行时的世界先进水平，必须突破水轮机流道、转轮、发电机冷却方式、推力轴承、线棒绝缘、材质等核心技术。国内尚没有先例可循，需通过消化吸收先进的引进技术，在此基础上自主研发、创新，突破核心技术。

从上文可以看出：在单机容量700MW机组中，三峡电站特有苛刻的运行条件是首次遇到，要实现机组既能安全稳定运行又有较高的发电效率，需解决的技术难题无先例可循，超出已有的经验和技术。国外著名机组制造专家了解到上述特点后表示：三峡工程的水轮发电机组设计不仅是对中国同行的挑战，也是对世界同行的挑战！三峡工程建设实践表明，机组的许多技术难题无不与三峡电站水轮发电机组特有的运行条件有关。

5.1.1.3 总体设计原则

三峡电站机组容量及尺寸巨大，机组参数选择的正确与否，直接关系到其技术先进性、运行的稳定可靠性及经济合理性。根据三峡电站的特定条件，机组总体设计应遵循下列原则。

1)三峡电站混流式机组单机容量大、台数多，电站总装机容量当今世界第一，对电力系统的安全稳定运行有着举足轻重的影响，且电站建成后需依靠发电效益回收投资。在工程设计中，对混流式机组参数、总体结构、材质的选择必须能适应三峡电站特有的运行条件，在确保机组能长期安全稳定运行的前提下，要求其性能先进、经济效益最大化。

2)把三峡工程防洪效益放在第一位，又采用分期蓄水的建设方式，初期和后期的水头范围分别为61～94m和71～113m，总的水头变幅为61～113m，致使混流式水轮机需适应的水头变幅为世界之最，设计研究始终将机组的安全稳定运行放在首位。

3)受工程施工、移民安置和水库泥沙影响的控制，三峡电站分初、后期蓄水，按国务院三峡建委审定的初步设计，初期运行相对时间较长，从发电效益最大化出发，需研究混流式机组从初期运行到后期运行的最佳过渡方案。

4)三峡电站装机容量巨大，可供布置电站的前沿长度有限，而前沿长度的尺寸又受水轮机蜗壳尺寸的控制，在电站装机容量不变的前提下，机组容量越大，水轮机尺寸越大，相应的蜗壳尺寸亦大，装机台数有所减少，前沿总长度有所减少，故需采用制造可能、运行可靠的大容量水轮机，确定水轮机各项参数亦需考虑此因素。

5)三峡建库后，水流中仍含有少量泥沙，水轮机设计应充分考虑这一因素，确保机组扩大性检修间隔时间不少于10年。

6)三峡电站水轮机的主要部件，其尺寸和重量均已超过一般大件运输的限制。因此在水轮机结构设计和制造工艺上，需考虑切实可行的运输设施和运输方式。

5.1.2 水轮机

5.1.2.1 水轮机参数

(1)水轮机参数选择

1)水轮机比转速及比速系数。

水轮机比转速及比速系数是衡量水轮机技术参数水平的综合性能指标，同时亦反映了水轮机的设计制造水平。适当提高水轮机比转速可减小机组尺寸，降低工程投资，但水轮机比转速受到水轮机效率、空化、泥沙磨损及稳定性等因素的制约。经设计研究，在初步设计中推荐三峡电站水轮机采用比速系数为2300左右，相应的比转速为262m·kW或249m·kW。技术上都能满足三峡电站的运行要求，均可安全稳定运行。由于三峡电站第一批机组将从国外采购，可采用国外水轮机的先进技术，采用较高比转速(261.7m·kW)的机组价格较低，比转速应优先选用261.7m·kW，相应的比速系数为2349。

2)单位流量和单位转速选择。

①单位流量的选择。

结合三峡工程的布置和运行条件，在已确定的比速系数 2349 的前提下，应优先选用较大的单位流量 Q_{11} 值，以减小水轮机尺寸或在相同尺寸的水轮机下增大水轮机出力，以便缩短电站厂房总宽度。在三峡工程可行性研究阶段，哈电和东电(二者合称“两厂”)对正常蓄水位 175m 方案、69 万 kW 水轮机，曾分别建议单位流量 Q_{11} 为 1154L/s、1120L/s。之后，两厂和哈尔滨大电机研究所(以下简称“两厂一所”)又共同提出单位流量为 1140L/s。东方电机厂为三峡蓄水位 200m 方案(最大水头 137m)研制的三峡模型转轮 D41 和 D43，其单位流量已达 1123L/s，但效率尚不满足要求，参照国内外已达到的水平和建议方案，并考虑今后的技术发展水平，认为三峡电站水轮机的单位流量达到 1160L/s 是完全可能的。初步设计阶段论证后，三峡电站水轮机单位流量选用 1158L/s。在单项技术设计阶段，按水轮机额定出力为 710MW，额定工况点效率暂定为 92.9%计，相应的水轮机额定流量为 966.4m^3/s，额定点单位流量约为 1.109m^3/s。

②单位转速的选择。

单位转速的选择应符合比速系数的水平，并同单位流量合理匹配。按不同经验公式计算和国内外工厂推荐的最优单位转速和额定单位转速见表 5.1.2。

表 5.1.2　按不同经验公式计算和国内外工厂推荐的最优单位转速和额定单位转速

序号	计算公式及工厂	最优单位转速 n_{10}(r/min)	额定单位转速 n_{11}(r/min)
1	$n_s=482.6-\dfrac{146.7\times10^4}{{n_{11}}^2}$		80.49
2	$n'_{11}=158/0.16H$		76.58
3	$n_{10}'=50+0.11n_s$	78.18	
4	国内两厂一所	75.00	79.36
5	加拿大 GE 公司		78.24(81.39)
6	法国奈尔皮克公司		79.86(81.10)
7	独联体 ЛМЗ	73.00	78.58

注:第 5、6 项，括号外与括号内数据分别为以转轮进口直径和喉部直径计算的额定单位转速。

参照表 5.1.2 的数值并考虑发展趋势，选择三峡水轮机额定工况的单位转速为 79r/min 左右，最优单位转速为 75r/min 左右。

3)水轮机效率。

水轮机效率是评价水轮机能量特性的重要指标，直接影响电站的发电效益。国外大型混流式水轮机，模型最优效率可达到 94%，真机最高效率超过 95%。国内设计水平近年来有所提高，天生桥二级和岩滩电站的水轮机模型最高效率分别达到 92.72%和 92.04%。国外工厂建议三峡电站蓄水位 175m 方案水轮机的模型最优效率为 93%以上，真机最优效率为 95.5%左右；额定工况的模型效率为 91%左右，真机额定工况点效率为 90.2%～93.5%。国内两厂一所建议方案提出模型最优效率为 92.5%，真机最优效率为 95.5%，额定工况点模型效率为 90%，真机效率为 92.5%。1989 年加拿大 GE 公司为三峡电站 69 万 kW 水轮机进行全模型试验，其模型最优效率为 93.36%，模型额定工况点效率为 91.32%，真机最高效率为 96.6%，真机额定工况点效率为 93.62%。

4)空化系数和吸出高度、安装高程。

水轮机空化性能直接影响电站土建工程量、投资、机组安全稳定运行、检修周期和使用寿命。水轮机应具有良好的空化性能，合理选取水轮机装置空化系数。原型水轮机的空蚀破坏还与制造和安装质量、运行工况等因素有关。目前，国外一般按水轮机模型试验出现初生气泡时的空化系数来确定装置空化系数。国内则一般采用外特性法，即通过效率下降点的空化系数值留有一定裕度，来确定装置空化系数。而水轮机的吸出高度与水轮机模型的空化系数、产品制造质量、主要部件所采用的材料、机组运行方式有关。合理确定吸出高度和装机高程，可使机组安全稳定运行，延长水轮机使用寿命，增大机组检修间隔周期，又可节省工程投资。

确保三峡电站机组安全运行是首要问题，适当降低装机高程，使水轮机吸出高度留有一定裕度，以保证机组稳定运行是可取的。参照国内外工厂的建议值，三峡电站水轮机吸出高度在初步设计阶段暂选为－5.7m(以导叶中心高程计)，相应的装置空化系数为 0.195。三峡电站下游最低尾水位为 62m，故三峡左岸电站水轮机安装高程为 57m。

5)额定水头选择。

额定水头是电站水库调度运行的一个关键特征参数，额定水头的确定关系到电站的发电效益、水轮机的水力特性、机组安全稳定运行和机组控制尺寸等方面。左岸电站经过多年论证、计算比选，提出额定水头为 80.6m。不少水轮机专家认为额定水头偏低，会增加制造难度且对稳定运行不利。经设计多次论证，并经重新可行性论证、初步设计、单项技术设计各阶段的设计审查，同意左岸电站水轮机的额定水头选用 80.6m。

在验收左岸电站水轮机模型试验时，能量、空蚀指标达到合同要求，但稳定性指标未全面达到合同保证值，在正常运行范围内，左岸电站水轮机组存在着一个范围为 20～50MW 的压力脉动带，不利于机组的灵活调度。考虑到左岸电站 14 台 700MW 机组的额定水头已按 80.6m 制造，适当提高额定水头对减少三峡电站的年发电量影响不大。在该前提下，从分析产生不稳定运行的原因入手，从提高高水头部分负荷稳定运行出发，以发电效益、水力特性、机组安全稳定性为突破口，对右岸电站水轮机额定水头采用 80.6m、83m、85m、90m、95m 等方案进行了设计研究。研究结果表明：适当提高额定水头利于提高机组稳定性，三峡右岸及地下电站水轮机额定水头可提高至 85m，特别指出应重视转轮和流道的优化设计，因此在右岸电站机组招标文件中明确表示额定水头可选用 80.6m 或 85m。

6)额定转速选择。

三峡工程初步设计阶段，推荐并经审查同意的水轮机比转速为 249～261.7m·kW，可供选择的转速为 75r/min、71.4r/min。在单项技术设计阶段，为博采众长，长江设计院要求国外各工厂对水轮发电机组的两种转速方案(以下简称“71.4r/min 方案”和“75r/min 方案”)提出分析意见。国外工厂对提供的水轮发电机组两种转速方案的相关问题进行了分析,认为两种方案虽存在差异,但差别不大,分述如下:

①水轮机效率。

研究表明,不同比转速的水轮机,其最优效率有差异。根据国内外研究成果,比转速在160~180m·kW范围内,水轮机最优效率呈最大值。从理论上讲,71.4r/min 方案与 75r/min 方案相比,71.4r/min 方案由于比转速较低,最优效率稍高。但受三峡电站厂房前沿长度的限制,蜗壳总宽度控制在 34.325m 以内,又制约了较低比转速的水轮机效率的提高。75r/min 方案与 71.4/min 方案相比,其水轮机的最高效率相差值,GE 公司、日立公司、奈尔皮克公司和东芝公司的方案均为零,Voith 公司的方案小 0.03%;额定点效率相差值,Voith 公司的方案大 0.3%,日立公司的方案小 0.5%,奈尔皮克公司的方案小 0.1%。从效率角度看,三峡电站水轮机两种转速的效率相差甚微。

②预想出力。

在额定水头 80.6m 以上,受水轮发电机额定容量 700MW 限制,两种转速方案对应的水轮机出力均为 710MW。水头低于 80.6m 时,各水头下的水轮机预想出力,除 LMZ 公司仅提供 71.4r/min 方案无法比较外,GE 公司和日立公司两种转速方案出力均相同,Voith、东芝和奈尔皮克等公司 75r/min 方案均较 71.4r/min 方案大,最大相差 4%~5.4%。显然,水头低于 80.6m 的预想出力越大,三峡电站汛期机组发出的电量越多,效益越大,从水轮机预想出力以及三峡电站汛期发电量来看,75r/min 方案优于 71.4r/min 方案。

③吸出高度。

从各国外公司推荐的三峡电站水轮机吸出高度 H_s(以导叶中心计)分析,75r/min 方案与 71.4r/min 两种方案相比,GE 公司和 Voith 公司方案的 H_s 差值为零,日立公司的方案,71.4r/min 方案小 0.4m,从空化性能来看,71.4r/min 方案稍优于 75r/min 方案或二者空化性能相近。

④压力脉动。

一般情况下,比转速高的水轮机,在偏离最优工况时,尾水管内压力脉动较大,由于两种转速相近,压力脉动值相差不大,如 GE 公司、东芝公司提供的两种转速方案,其尾水管压力脉动相对幅值($\Delta H/H$)的最大值和最小值均相同;Voith 公司两种转速方案,部分负荷和额定工况点也相同,仅在最优工况点,75r/min 较 71.4r/min 大 20%,但压力脉动相对幅值仅大 1.2%。故 75r/min 方案的压力脉动值与 71.4r/min 方案的相同或稍差。

⑤泥沙磨损。

三峡电站建库后,过机水流中仍含有一定的泥沙,建库后第 27 年过机水流平均含沙量为 0.37kg/m^3。不同转速方案,因转轮内流速不同,泥沙磨损量有差异。研究表明,在相同条件下,转轮的泥沙磨损量与转轮内相对流速的三次方成正比,转轮内的最大相对流速,75r/min 方案较 71.4r/min 方案增加 2%~5%,相应磨损强度增加 5%~15%。从减轻泥沙磨损强度看，71.4r/min 方案为优，但两方案没有本质上的差别。对三峡电站而言，两种转速方案的水轮机均应在水力、材料、结构和制造工艺等方面对泥沙磨损问题予以高度重视，采取了适当措施，提高了抗磨损性能。

⑥机组重量。

三峡电站不同转速的选择，直接影响机组重量，从而影响电站的投资。三峡电站机组不同转速方案，水轮机和发电机主要部件的尺寸及重量不相等。71.4r/min 方案因转速较低，水轮机和发电机的尺寸和重量较大。水轮机重量，Voith 公司方案增加 171.5t，日立公司方案增加 150t；单台机组重量，日立公司 71.4r/min 方案增加 300t。以日立公司方案单台机组增加 300t 计算，三峡电站 32 台机组重量将增加 9600t，相当于增加一台机组的总重量。显然，在工程投资上，75r/min 方案较 71.4r/min 方案为省。

⑦发电机。

额定转速的选择与发电机的额定电压、并联支路数、合理的槽电流及冷却方式密切相关。对空冷发电机，合理的槽电流为 6000～6500A；对半水冷发电机，则为 10000A 左右。三峡电站水轮发电机两种转速水轮发电机的电磁方案的选择：当额定电压为 18kV 时，75r/min 方案无论采用空冷或半水冷方式，定子槽电流都比较合理；而 71.4r/min 方案，采用空冷方式时槽电流太大，采用半水冷方式时槽电流偏小，由此可见对于 71.4r/min 方案，无论采用空冷或半水冷方式，槽电流均不合理。当额定电压为 20kV 时，71.4r/min 方案的电磁方案选择较少；而 75r/min 方案无论是 18kV 或是 20kV，电磁方案选择较多。因此对发电机而言，选择 75r/min 方案较为有利。

综上所述，两种转速方案，水轮机参数和性能相近。在泥沙磨损方面，75r/min 方案因相对流速稍高，故泥沙磨损强度稍大，但两种方案的水轮机属于同一水平。75r/min 方案在电气参数、电磁及结构设计上明显优于 71.4r/min 方案。水轮发电机组总的重量，75r/min 方案较 71.4r/min 方案轻，机组造价较低，有明显的经济效益。综合考虑上述各项因素，在单项技术设计阶段，建议左岸电站水轮机及其匹配的发电机转速，优先采用 75r/min。

从有利于提高机组运行的稳定性、进一步发挥制造厂的优势出发，在招标文件中明确，机组的额定转速定为 71.4r/min 或 75r/min，由投标者选定。投标结果表明：右岸及地下电站东电和哈电机组的额定转速为 75r/min，ALSTOM 机组的额定转速为 71.4r/min。

(2)水轮机主要参数

三峡左岸电站 14 台 700MW 机组中 1 号、2 号、3 号、7 号、8 号、9 号机组由 VGS 制造(图 5.1.2)，4 号、5 号、6 号、10 号、11 号、12 号、13 号、14 号由 ALSTOM 制造(图 5.1.3)；右岸电站 12 台 700MW 机组中 15 号、16 号、17 号、18 号机组由东电制造(图 5.1.4)，19 号、20 号、21 号、22 号机组由 ALSTOM 制造，23 号、24 号、25 号、26 号机组由哈电制造(图 5.1.5)；地下电站 6 台 700MW 机组中 27 号、28 号机组由东电制造，29 号、30 号机组由天津 ALSTOM 制造，31 号、32 号机组由哈电制造。三峡电站各制造厂家的水轮机主要参数汇总见表 5.1.3。

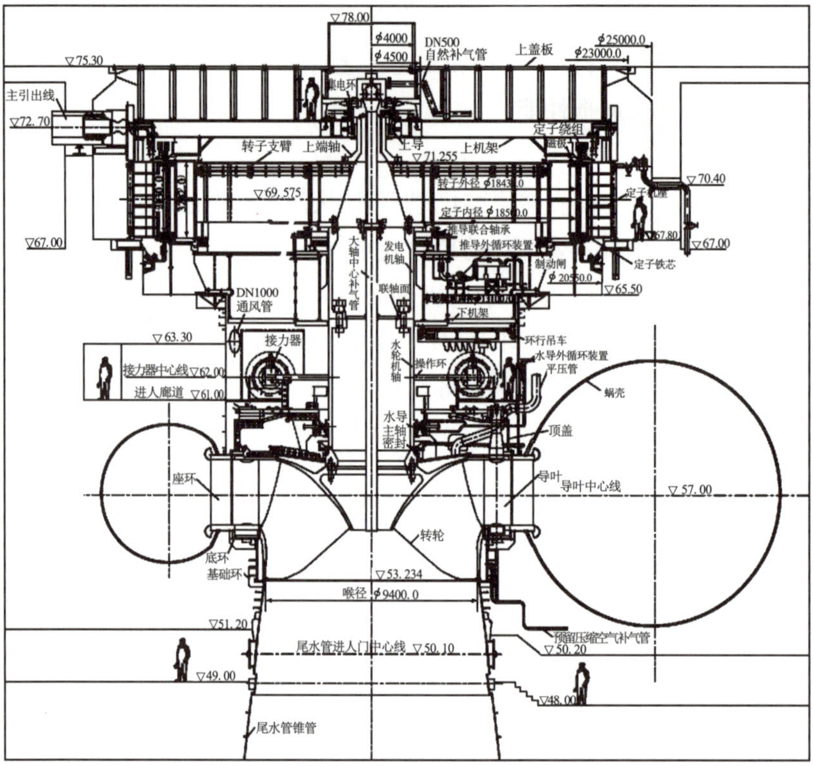

图 5.1.2 左岸电站 VGS 型机组剖面(单位:高程以 m 计,尺寸以 mm 计)

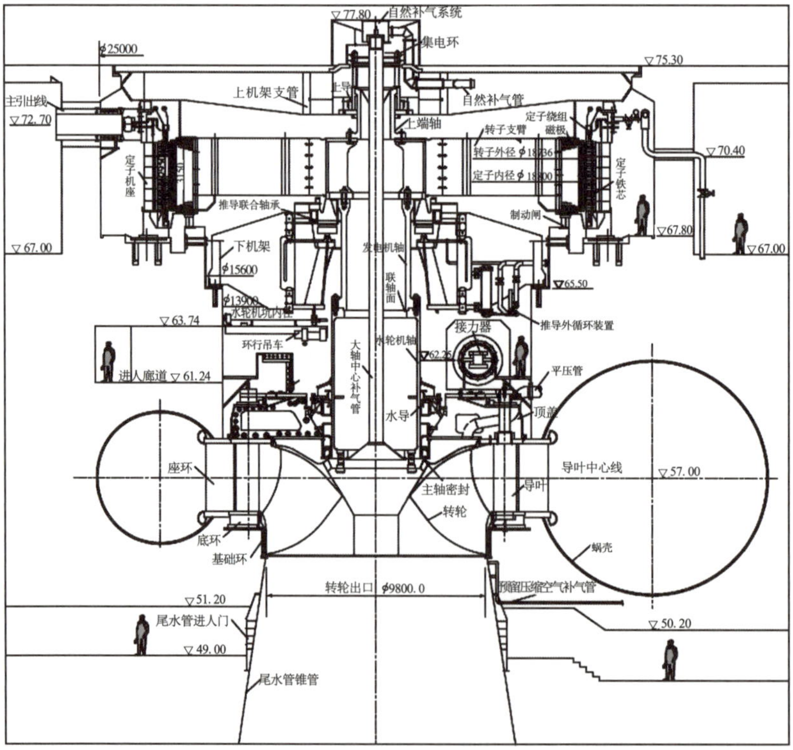

图 5.1.3 左岸电站 ALSTOM 型机组剖面(单位:高程以 m 计,尺寸以 mm 计)

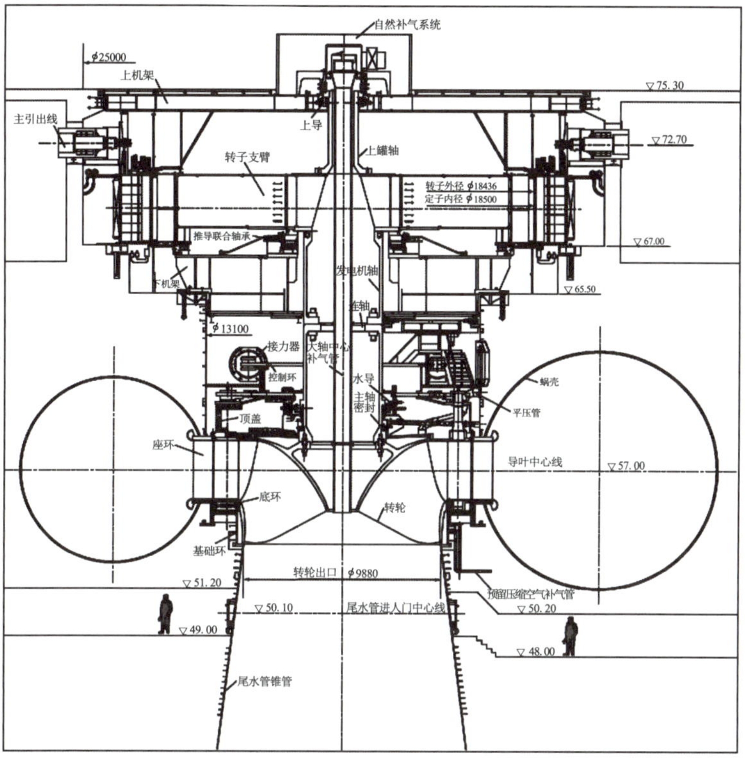

图 5.1.4　右岸电站 DEC 型机组剖面(单位:高程以 m 计,尺寸以 mm 计)

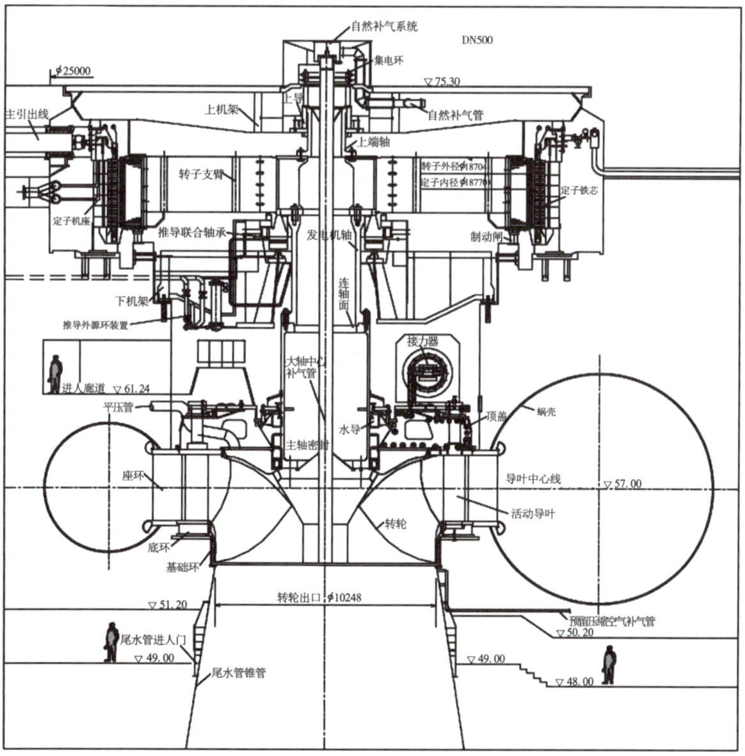

图 5.1.5　右岸电站 HEC 型机组剖面(单位:高程以 m 计,尺寸以 mm 计)

表 5.1.3　　三峡电站各制造厂家的水轮机主要参数汇总

参数	设计	左岸电站		右岸电站			地下电站			
		VGS 1～3号，7～9号	ALSTOM 4～6号，10～14号	东电 15～18号	ALSTOM 19～22号	哈电 23～26号	初步设计	东电 27号、28号	天津 ALSTOM 29号、30号	哈电 31号、32号
最大水头(m)	112	113	133	113	113	113	113	113	113	113
加权平均水头(m)	90.1									
额定水头(m)	80.6	80.6	80.6	85.0	80.6	85.0	85.0	85.0	80.6	85.0
最小水头(m)	61	61	61	61	61	61	71	71	71	71
额定出力(MW)	710	710	710	710	710	710	710	710	710	710
转轮直径(喉部)(m)	9.85000	9.40000	9.80000	9.34247	9.54000	9.96900	≤10.00000	9.88000	9.60000	10.24800
额定点单位流量(L/s)	1158	1117	1151							
额定点效率(%)	≥93.0	91.55	89.53	90.71	94.01	88.97		≥91.73	≥93.8	≥88.93
最高效率(%)	≥95.50	≥96.26	≥96.26	96.20	96.50	96.34	≥95.20	≥96.42	≥96.50	≥96.14
额定转速(r/min)	71.4或75.0	75.0	75.0	75.0	71.4	75.0	≥71.4或75.0	75.0	71.4	75.0
比转速(m·kW)	249.00～261.20	261.70	261.70	244.86	233.20	244.90	244.90或233.10	244.90	233.20	244.90
吸出高度(m)	−5.7	−5.0	−5.0	−5.0	−5.0	−5.0	−5.0	−5.0	−5.0	−5.0

(3)三峡电站水轮机性能

1)出力。

三峡电站各制造厂家的水轮机出力汇总见表5.1.4。

2)效率。

三峡电站各制造厂家的水轮机效率汇总见表5.1.5。

3)空化性能。

①合同文件规定。

三峡电站水轮机合同文件中规定水轮机的保证期以水轮机投入商业运行之日起计至运行8000小时或投入运行2年(以先到为准)。在上述保证期内,厂家保证不会由空蚀、磨损而导致转轮、座环、导叶、底环、基础环和尾水管上过量的金属失重。保证的先决条件是运行8000小时中,水轮机出力从零出力至相应水头下可连续运行的最小出力的运行时间不超过800小时,出力大于767MW运行的时间不超过100小时。

运行8000小时由空蚀和磨损引起的过量金属失重的定义如下:

(a)因空蚀和磨损作用,转轮、导叶和尾水管的金属剥落重量超过25kg。

(b)金属剥蚀深度超过10mm。

(c)某一连续的剥蚀面积大于0.5m^2。

水轮机运行8000小时,符合以上3条标准中任何一条均为过量金属失重,并将构成不满足空蚀、磨损保证。金属剥落的数值由磨光补焊以后表面复原到它的原来状态所需的体积来决定。

电站装置空化系数δ_p与初生空化系数δ_i之间需满足$\delta_p/\delta_i \geqslant 1.1$。

②保证值与验收结果。

(a)左岸电站水轮机主要工况点的初生空化系数和临界空化系数厂家保证值不大于表5.1.6所列值,以保证水轮机在无空化工况下运行。左岸电站水轮机主要工况点的空化系数及安全裕量见表5.1.7。

(b)右岸电站水轮机主要工况点的初生空化系数和临界空化系数保证值不大于表5.1.8的值,以保证水轮机在无空化工况下运行。

根据模型试验结果,右岸电站水轮机主要工况点的初生空化系数与安全裕量见表5.1.9。

(c)地下电站水轮机主要工况点的初生空化系数和临界空化系数合同保证值不大于表5.1.10所列值,以保证水轮机在无空化工况下运行。

地下电站水轮机主要工况点的初生空化系数和临界空化系数模型验收值见表5.1.11。

表 5.1.4　三峡电站各制造厂家的水轮机出力汇总

参数		左岸电站				右岸电站						地下电站					
		VGS 1～3号，7～9号		ALSTOM 4～6号，10～14号		哈电 23～26号		东电 15～18号		ALSTOM 19～22号		东电 27号、28号		天津 ALSTOM 29号、30号		哈电 31号、32号	
		合同值	验收值	合同值	验收值	合同值	验收值	合同值	验收值	合同值	验收值	合同值	验收值	合同值	验收值	合同值	验收值
额定	额定水头(m)	80.6	80.6	80.6	80.6	85.0	85.0			80.6			85.0		80.6		85.0
	额定出力(MW)	710.00	710.00	710.00	735.00	710.00	708.32						711.50		763.30		711.40
	额定流量(m^3/s)	1001.85	1001.85										941.27		991.80		982.15
最大	净水头(m)	92.10	91.17	98.00	98.00	96.50	95.70	96.31	96.21	93.80	93.20		95.56		93.80		95.90
	对应出力(MW)	852	852	852	852	852	852	852	852	852	852		852		852		852
最小	净水头(m)	85.05	84.90			90.00	89.10	88.88	88.80	85.40	85.00		88.24		85.40		89.60
	对应出力(MW)	767	767			767	767	767	767	767	767		767		767		767

注：表中所列数据取自《三峡水利枢纽工程175m试验性蓄水水轮发电机组试验报告》。

表 5.1.5　　三峡电站各制造厂家的水轮机效率汇总

指标			左岸电站		右岸电站			地下电站		
			ALSTOM 4～6 号，10～14 号	VGS 1～3 号，7～9 号	ALSTOM 19～22 号	哈电 23～26 号	东电 15～18 号	东电 27 号、28 号	天津 ALSTOM 29 号、30 号	哈电 31 号、32 号
无弃水期加权平均效率	模型	实测值	92.34	92.87	93.54	92.38	92.56	92.60	93.34	92.18
		保证值	≥92.16	≥92.19	≥93.35	≥92.12	≥92.52	≥92.54	≥93.26	≥91.43
	真机	换算值	94.01	94.39	95.03	94.05	94.34	94.26	94.87	93.96
		保证值	93.89	94.10	≥94.90	≥93.81	≥94.20	≥94.21	≥94.74	≥93.02
额定效率（%）	模型	实测值	89.13	89.01	92.34	87.26	89.02	90.09	89.77	86.08
		合同值	87.85	89.64	≥92.53	≥87.30	≥89.09	≥90.09	≥92.34	≥86.17
	真机	换算值	91.15	90.47	93.80	88.94	90.75	91.73	91.31	87.84
		合同值	89.53	91.55	≥94.01	≥88.97	≥90.74	≥91.73	≥93.8	≥88.93
最高效率（%）	模型	实测值	94.590	95.260	95.063	94.638	94.590	94.750	95.050	94.450
		保证值	≥94.51	94.35	≥94.93	≥94.61	≥94.52	≥94.72	≥94.93	≥94.42
	真机	换算值	96.360	96.800	96.581	96.340	96.270	96.460	96.580	96.240
		保证值	96.26	96.26	≥96.50	≥96.39	≥96.20	≥96.42	≥96.50	≥96.14

表 5.1.6　　左岸电站水轮机主要工况点的初生空化系数和临界空化系数合同保证值

序号	工况				初生空化系数 δ_{imRef}①/$_{im}D$②		临界空化系数 δ_{imRef}①/$_{sm}D$②		装置空化系数 δ_{PRef}①/PD②	
	净水头(m)	出力(MW) 1~3号 7~9号	出力(MW) 4~6号 10~14号	尾水位(m)	1~3号，7~9号	4~6号，10~14号	1~3号，7~9号	4~6号，10~14号	1~3号，7~9号	4~6号，10~14号
1	75.5	646.1	639.6	68	0.203/0.161	0.194/0.189	0.121/0.079	0.141/0.136	0.321/0.279	0.315/0.275
2	80.6	710.0	710.0	62	0.196/0.156	0.189/0.184	0.118/0.079	0.136/0.131	0.226/0.187	0.221/0.184
3	103.0	761.5	779.0	62	0.094/0.063	0.150/0.100	0.072/0.041	0.093/0.088	0.177/0.147	0.176/0.147
		767.0	767.0		0.090/0.061	0.098/0.093	0.065/0.036	0.081/0.076		
		710.0	710.0		③	0.091/0.086	③	0.078/0.073		
4	110.0	639.0	639.0	62	③	0.080/0.075	③	0.072/0.067	0.166/0.137	0.166/0.137
		568.0	568.0		③	0.075/0.070	③	0.062/0.057		
		497.0	497.0		③	0.070/0.065	③	0.053/0.048		

注：①表示物理量的参考基准面为转轮参考面高程，对原型机为导水机构中心线以下3.168m；②表示物理量的参考基准面为为导水机构中心线高程；③表示物理量超出了试验范围，但装置空化系数的安全裕量比767MW时还大。

表 5.1.7　　左岸电站水轮机主要工况点的空化系数及安全裕量

序号	工况			初生空化系数 δ_i 验收/合同		临界空化系数 δ_s 验收/合同		装置空化系数 δ_p 验收/合同		安全系数(验收) K_i/K_s	
	水头 (m)	出力 (MW)	尾水位 (m)	VGS 1～3号，7～9号	ALSTOM 4～6号，10～14号	VGS 1～3号，7～9号	ALSTOM 4～6号，10～14号	VGS 1～3号，7～9号	ALSTOM 4～6号，10～14号	VGS 1～3号，7～9号	ALSTOM 4～6号，10～14号
1	67.0	544.0	68		0.270		0.126		0.130		1.15/2.46
2	75.5	639.0	68		0.238/0.189		0.122/0.136		0.274/0.275		1.15/2.25
		646.1		0.155/0.161		0.0108/0.079		0.279		1.80/2.58	
3	80.6	710.0	62	0.128/0.156	0.226/0.184	0.091/0.079	0.126/0.131	0.187	0.188/0.184	1.46/2.05	0.83/1.49
4	98.0	852.0	62		0.154		0.084		0.151		0.98/1.80
5	103.0	761.5	62	0.062/0.063		0.059/0.041		0.146		2.35/2.47	
6	110.0	767.0	62	0.0768/0.061	0.093/0.093	0.0619/0.036	0.057/0.076	0.137	0.133/0.135	1.78/2.21	1.43/2.33
		710.0	62	0.071/0.061	0.074/0.086	0.0516/0.036	0.063/0.073	0.137	0.133/0.135	1.93/2.66	1.80/2.11
		639.0	62	0.0649/0.061		0.0526/0.036		0.137		2.11/2.60	
		568.0	62	0.0695/0.061		0.0633/0.036		0.137		1.97/2.16	
		497.0	62	0.076/0.061		0.0496/0.036		0.137		1.80/2.76	

注：①$K_i=\delta_p/\delta_i$，$K_s=\delta_p/\delta_s$；②参考面高程为导叶中心线所在高程。

表 5.1.8 右岸电站水轮机主要工况点的初生空化系数和临界空化系数合同保证值

工况			初生空化系数 δ_i			临界空化系数 δ_s			装置空化系数 δ_p			安全系数 K_i/K_s		
净水头（m）	出力（MW）	尾水位（m）	东电 15～18号	ALSTOM 19～22号	哈电 23～26号	东电 15～18号	ALSTOM 19～22号	哈电 23～26号	东电 15～18号	ALSTOM 19～22号	哈电 23～26号	东电 15～18号	ALSTOM 19～22号	哈电 23～26号
75.50	607.97	68	0.168			0.122			0.2792			1.66/2.29		
	预想	68		0.211			0.177			0.2792			1.32/1.58	
	593.00	68			0.1933			0.081			0.277			1.433/3.419
85.00	710	62	0.147	0.1600	0.160	0.110	0.134	0.086	0.1774	0.1774	0.177	1.21/1.61	1.11/1.32	1.106/2.058
Hopt	90%P_t	62		0.088			0.073			0.1324			1.50/1.81	
105.00	703.40	62			0.0680			<0.060			0.137			2.014/72.28
101.63	724.57	62	0.095			0.067			0.1484			1.56/2.21		
110.00	767.00	62	0.090	0.082		0.063	0.069					1.52/2.18	1.67/1.99	1.985/72.250
	710.00	62	0.080	0.072		0.059	0.060	<0.060	0.1371	0.1371	0.135	1.71/2.32	1.90/2.29	1.985/72.250
	639.00	62	0.070	0.060		0.057	0.050					1.96/2.41	2.29/2.74	1.985/72.250

续表

工况			初生空化系数 δ_i			临界空化系数 δ_s			装置空化系数 δ_p			安全系数 K_i/K_s		
净水头(m)	出力(MW)	尾水位(m)	东电 15～18号	ALSTOM 19～22号	哈电 23～26号	东电 15～18号	ALSTOM 19～22号	哈电 23～26号	东电 15～18号	ALSTOM 19～22号	哈电 23～26号	东电 15～18号	ALSTOM 19～22号	哈电 23～26号
110.00	568	62	0.068	0.049		0.053	0.041	<0.060	0.1371	0.1371	0.135	2.02/2.59	2.80/2.34	1.985/72.250
	497	62	0.065	0.039		0.055	0.033					2.11/2.49	3.52/4.15	1.985/72.250

表 5.1.9 右岸电站水轮机主要工况点的初生空化系数及安全裕量(参考面高程为导叶中心线所在高程)

序号	工况			装置空化系数 σ_p	初生空化系数 σ_i			K_i		
	H(m)	P(MW)	TWL(m)		ALSTOM 19～22号	哈电* 23～26号	东电 15～18号	ALSTOM 19～22号	哈电* 23～26号	东电 15～18号
1	75.5	650	68	0.2792	0.182		0.168	1.53		1.66
2	85.0	710	62	0.1774	0.130		0.146	1.36		1.21
3	Hopt	Popt	62	0.1324	0.084		0.096	1.57		1.54
4		767			0.080		0.091	1.71		1.51
5		710			0.066		0.079	2.07		1.73
6	110.0	639	62	0.1371	0.055		0.069	2.49		1.96
7		568			0.045		0.068	3.05		2.01
8		497					0.064	>1.37		2.16

注:① * 表示哈电机组在电站实际运行区域范围内选取部分特征工况点进行了空化试验;②转轮初生空化系数和临界空化系数均满足合同要求;③在额定工况点附近初生空化系数 0.16,装置空化系数 0.177,初生空化安全裕量 K_i=0.177/0.16=1.106,满足合同 K_i 大于 1.1 的要求。

表 5.1.10　地下电站水轮机主要工况点的初生空化系数和临界空化系数合同保证值

运行条件			初生空化系数 δ_i			临界空化系数 δ_s			装置空化系数 δ_p			安全系数 K_i/K_s		
净水头（m）	出力（MW）	尾水位（m）	东电 15～18 号	天津 ALSTOM 29 号、30 号	哈电 23～26 号	东电 15～18 号	天津 ALSTOM 29 号、30 号	哈电 23～26 号	东电 15～18 号	天津 ALSTOM 29 号、30 号	哈电 23～26 号	东电 15～18 号	天津 ALSTOM 29 号、30 号	哈电 23～26 号
75.50	609.60	68	0.166			0.125			0.2792			1.68/2.23		
75.50	预期出力	68		0.211			0.177			0.2792			1.32/1.58	
78.50	634.00	68			0.1933			0.081			0.266			1.378/3.283
85.00	710.00	62	0.146			0.109			0.1774			1.22/1.63		
额定水头	710.00	62		0.160			0.134			0.1774			1.11/1.32	
85.00	710.00	62			0.1600			0.086			0.177			1.106/2.058
102.99	729.85	62	0.093			0.066			0.1464			1.57/2.22		
Hopt	Popt	62		0.088			0.073			0.1324			1.50/1.81	
107.9	740.1	62			0.0740			<0.060			0.138			1.864/72.300
	767.00		0.087	0.082	0.0680	0.064	0.069	<0.060				1.58/2.14	1.62/1.99	2.000/72.266
	710.00		0.077	0.072	0.0680	0.057	0.060	<0.060				1.78/2.41	1.90/2.29	2.000/72.266
110.00	639.00	62	0.068	0.060	0.0680	0.055	0.050	<0.060		0.1371	0.136	2.02/2.49	2.29/2.74	2.000/72.266
	568.00		0.064	0.049	0.0680	0.051	0.041	<0.060				2.14/2.69	2.80/3.34	2.000/72.266
	497.00		0.062	0.039	0.0680	0.050	0.033	<0.060				2.21/2.74	3.52/4.15	2.000/72.266

表 5.1.11　　地下电站水轮机主要工况点的初生空化系数和临界空化系数模型验收值

运行条件			初生空化系数 δ_i			临界空化系数 δ_s			装置空化系数 δ_p			安全系数 K_i/K_s		
净水头（m）	出力（MW）	尾水位（m）	东电 15～18 号	天津 ALSTOM 29 号、30 号	哈电 23～26 号	东电 15～18 号	天津 ALSTOM 29 号、30 号	哈电 23～26 号	东电 15～18 号	天津 ALSTOM 29 号、30 号	哈电 23～26 号	东电 15～18 号	天津 ALSTOM 29 号、30 号	哈电 23～26 号
75.50	609.60	68	0.162			0.124			0.2792			1.68/2.23		
75.50	预期出力	68		0.212			0.135			0.2792			1.320/2.068	
78.50	634.00	68			<0.1933			0.07			0.266			>1.378/3.80
85.00	710.00	62	0.144			0.108			0.1774			1.22/1.63		
85.00	710.00	62		0.16			0.105			0.1774			1.110/1.689	
85.00	710.00	62			<0.160			0.068			0.177			>1.106/2.60
102.99	729.85	62	0.094			0.065			0.1464			1.57/2.22		
Hopt	Popt	62		0.091			0.055			0.1324			1.450/2.410	
107.90	740.10	62			<0.074			0.054			0.138			>1.864/2.560
110.00/109.00*	767.00	62	0.087	0.082	0.068	0.064	0.055	0.051	0.1371	0.1371	0.136	1.58/2.14	1.670/2.490	2.000/2.670
	710.00		0.075	0.068		0.056	0.043	0.050				1.78/2.41	2.020/3.19	2.000/2.720
	639.00		0.064	0.055		0.054	0.035	0.056				2.02/2.49	2.490/3.920	≥1.100/2.430
	568.00		0.062	0.048		0.053	0.041	0.053				2.14/2.69	2.860/3.340	≥1.100/2.570
	497.00		0.062	0.039		0.052	0.033	0.056				2.21/2.74	3.520/4.150	≥1.100/2.430

注：天津 ALSTOM 和哈电净水头为 109m。

4)稳定性。

①左岸电站。

为确保三峡电站水轮机的稳定运行，在左岸电站水轮机的招标文件中，对水轮机的稳定性提出以下要求。

(a)水轮机稳定运行范围。

水轮机应能安全稳定地运行于空载和初期、后期的各种运行工况，包括一定的部分负荷区。根据三峡电站的水头条件和运行特点，水轮机的长期安全稳定运行范围应：

a)当水头小于或等于额定水头 80.6m 时，为水轮机预想出力的 70%～100%。

b)当水头从额定水头 80.6m 至水轮机发 767MW 时的最小水头时，为水轮机出力从 497MW 至 100%预想出力。

c)当水头从水轮机发电 767MW 的最小水头至最大水头 113m 时，为水轮机出力从 497MW 至 767MW。

d)空载运行时三峡水轮机要求的稳定运行范围见图 5.1.6。

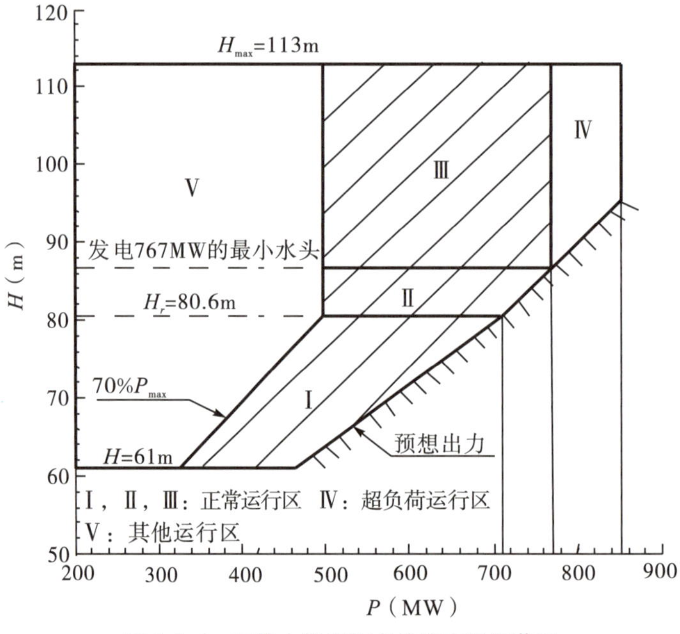

图 5.1.6 三峡水轮机要求的稳定运行范围

根据运行标准的允许值和蓄水过程中机组运行稳定性试验，综合考虑压力脉动、振动、摆度和水轮机效率等试验结果，划分的两种机型的运行区见表 5.1.12、图 5.1.7 及图 5.1.8。

表 5.1.12 两种机型的运行区(水轮机电力)

毛水头	运行区间	6号机组(ALSTOM)	8号机组(VGS)
毛水头约 106m (上游水位 172.5m)	禁止运行区(MW)	80～510	80～505
	限制运行区(MW)		505～530
	稳定运行区(MW)	510～756	530～756
毛水头约 80m (上游水位 145.5m)	禁止运行区(MW)	80～410	80～390
	限制运行区(MW)		390～415
	稳定运行区(MW)	410～700	415～700

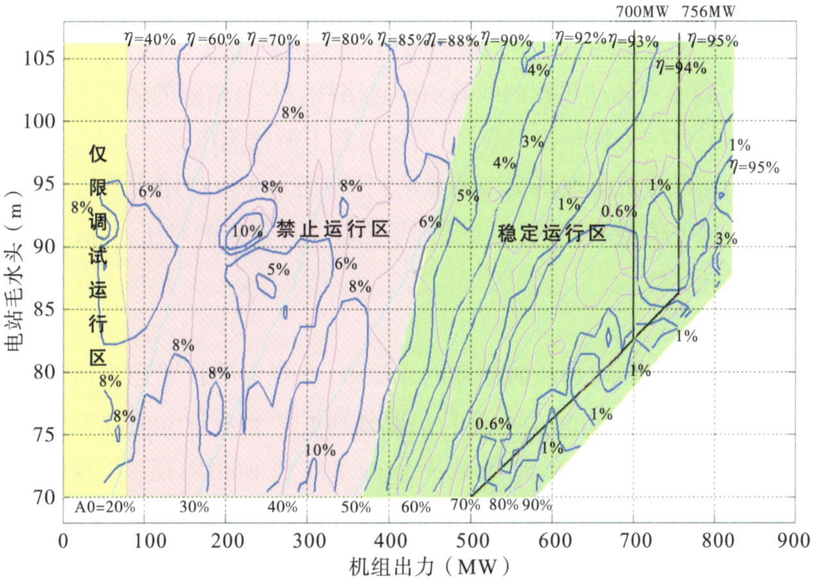

图 5.1.7 按运行标准划分 6 号机组运行区

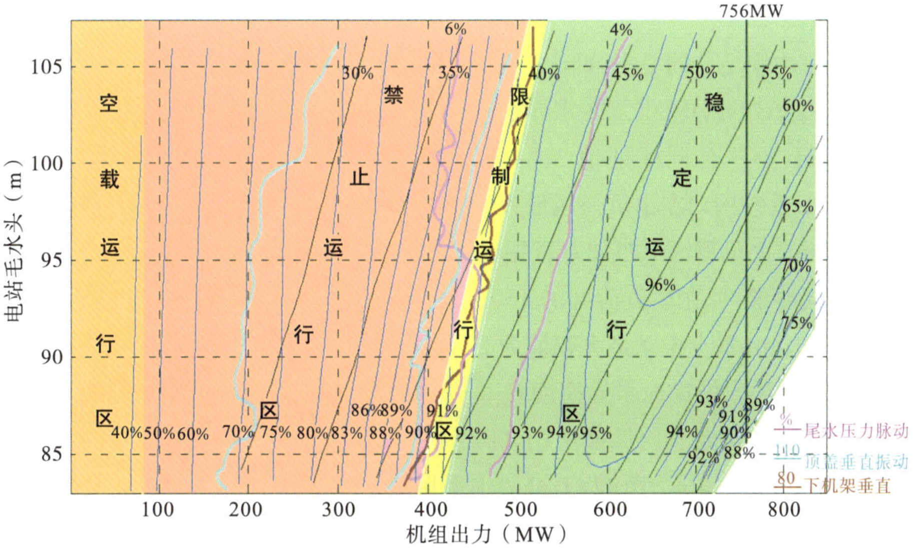

图 5.1.8 按运行标准划分 8 号机组运行区

(b)尾水管压力脉动。

招标文件对尾水管压力脉动提出要求：在水轮机不补气的条件下，原型水轮机和模型水轮机尾水管的压力脉动控制值如下：

a)水头小于或等于额定水头 80.6m，出力为该水头预想出力的 70%～100%，$\Delta H/H$ 不大于 5%。

b)水头从额定水头 80.6m 至水轮机发电 767MW 时的最小水头，出力为 497MW 至 100%预想出力，$\Delta H/H$ 不大于 5%。

c)水头从水轮机发电 767MW 的最小水头至最大水头 113m，出力从 497MW 至 767MW，$\Delta H/H$ 不大于 6%。

d)在各种水头下的其他运行工况，其 $\Delta H/H$ 最大值不超过 8%。

上述 ΔH 为实测压力脉动过程曲线峰值外包络线，H 为相应的运行水头。测量位置为距转轮出口处 $0.3D_2$（D_2 为转轮出口直径）的尾水管下游侧测压孔。

模型验收试验结果及机组现场实测值表明：各特征水头段的尾水管进口压力脉动幅值虽未全面达到合同保证值要求，但基本上达到了招标文件规定的对压力脉动保证值的要求。

(c)振动和主轴摆度。

a)招标文件。

水轮机顶盖上的垂直振动和径向振动的双振幅，在规定的长期连续稳定运行范围内应分别不大于 0.10mm 和 0.14mm；其他运行工况分别不大于 0.12mm 和 0.16mm。

在各种运行工况下水轮机导轴承处测量的水轮机轴相对摆度（双幅值）应不大于 0.05mm/m（以推力轴承镜板处为准）。

在水轮机导轴承处测得的水轮机轴绝对摆度（双幅值），在规定的长期连续稳定运行范围内不得大于 0.35mm；其他运行工况下，不得大于 0.50mm。

b)现场测试。

现场实测值均满足合同要求，两个厂家典型机组实测值如下：

左岸 6 号机（ALSTOM 供货）：水导摆度值满足合同要求，全负荷区间内，实测水导摆度最大值为 250μm，小于合同保证值 350μm；上机架水平振动满足合同要求，最大幅值约 0.08mm；下机架垂直振动在小负荷区最大，最大幅值为 0.090mm，在涡带负荷区次之，最大幅值为 0.076mm；大负荷区下机架垂直振动的幅值较小且波动较小；顶盖振动在正常运行范围内满足合同要求，但在小负荷区的 150～200MW 负荷超过合同要求，其水平振动最大幅值为 111～171μm，垂直振动最大幅值为 224～280μm。

左岸 8 号机（VGS 供货）：水导摆度在 0～500MW 负荷区部分工况点超过合同保证值 350μm，500MW 以上满足合同保证值；上机架水平振动在涡带负荷区相对较大，最大幅值为 150μm。在 70%～100%出力范围，上机架水平振动基本满足合同保证值；下机架水平振动与垂直振动在小负荷区最大，最大幅值分别为 152μm 和 160μm，在涡带区次之，涡带区最大幅值分别为 100μm 和 120μm。500MW 负荷以上，下机架水平振动幅值小于 50μm，垂直振动幅值除个别工况点外，小于国标允许值 80μm；在全负荷范围内，顶盖水平振动小于 70μm，满足合同保证值。顶盖垂直振动在 70%～100%出力范围，除个别工况点外，基本满足合同保证值，在小负荷区最大，超过合同保证值，最大幅值约 200μm。

(d)噪声。

a)水轮机室靠机坑里衬的脚踏板上方约 1m 处的噪声不得大于 90dB。

b)距尾水管和蜗壳进人门约 1m 处的噪声分别不得大于 95dB。

②右岸电站。

(a)水轮机稳定运行范围。

招标文件和合同文件规定的水轮机稳定运行范围：

a)水头小于或等于额定水头时为水轮机预想出力的 70%～100%。

b)水头从额定水头至水轮机发电 767MW 时的最小水头时为水轮机出力从 497MW 至 100%预想出力。

c)水头从水轮机发电 767MW 的最小水头至最大水头 113m 时为水轮机出力从 497MW 至 852MW。

d)空载运行。

在上述运行范围外的其他运行工况，水轮机也将能安全稳定运行。

现场运行实测水轮机稳定运行范围为：根据运行标准的允许值和蓄水过程中机组运行稳定性试验，综合考虑压力脉动、振动、摆度和水轮机效率等试验结果，划分的 3 种机型的运行区见表 5.1.13、图 5.1.9、图 5.1.10 和图 5.1.11。

(b)尾水管压力脉动。

右岸电站水轮机招标文件中没有对压力脉动指标进行具体规定，压力脉动指标由投标厂商填报，此外，右岸电站水轮机供货厂商在合同文件中均保证没有高部分负荷高频率的压力脉动带(定义为尾水管和无叶区测点，50%开度附近 $\Delta H/H \geqslant 4\%$ 且 $f/f_n \geqslant 1$ 的压力脉动)。

表 5.1.13　　3 种机型的运行区

毛水头	运行区间	16 号机组	21 号机组	26 号机组
毛水头约 106m (上游水位 172.5m)	禁止运行区(MW)	80～530	80～560	80～497
	限制运行区(MW)	530～560		497～525
	稳定运行区(MW)	560～756	560～756	525～756
毛水头约 80m (上游水位 145.5m)	禁止运行区(MW)	80～380	80～435	80～370
	限制运行区(MW)	380～415		370～400
	稳定运行区(MW)	415～670	435～680	400～630

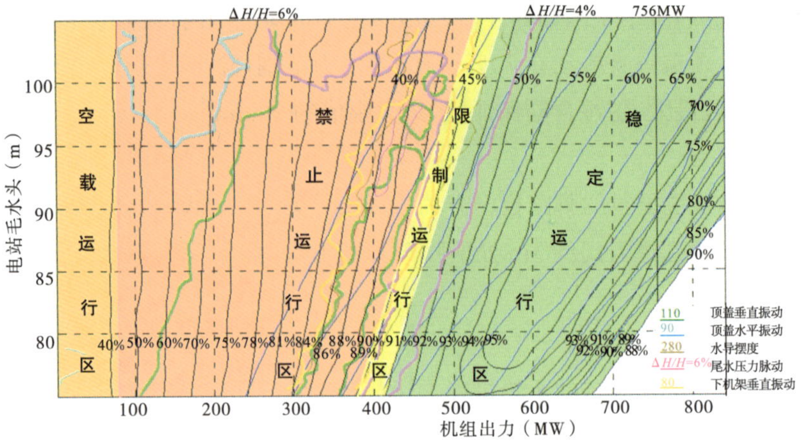

图 5.1.9 按运行标准划分 16 号机组运行区

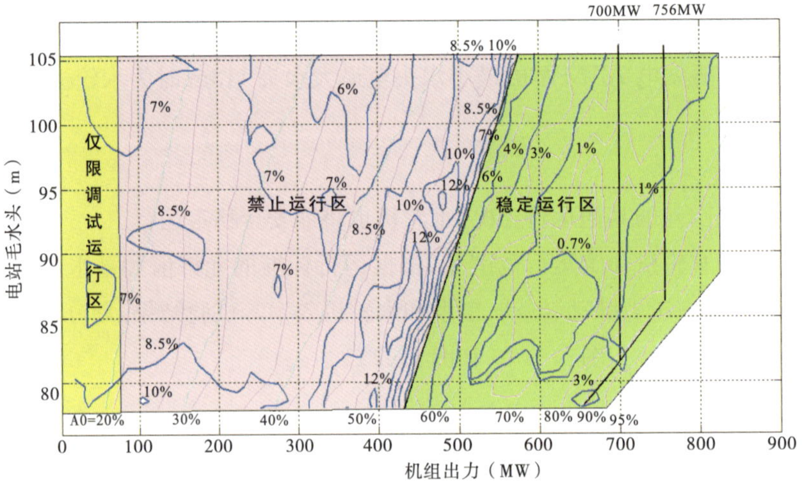

图 5.1.10 按运行标准划分 21 号机组运行区

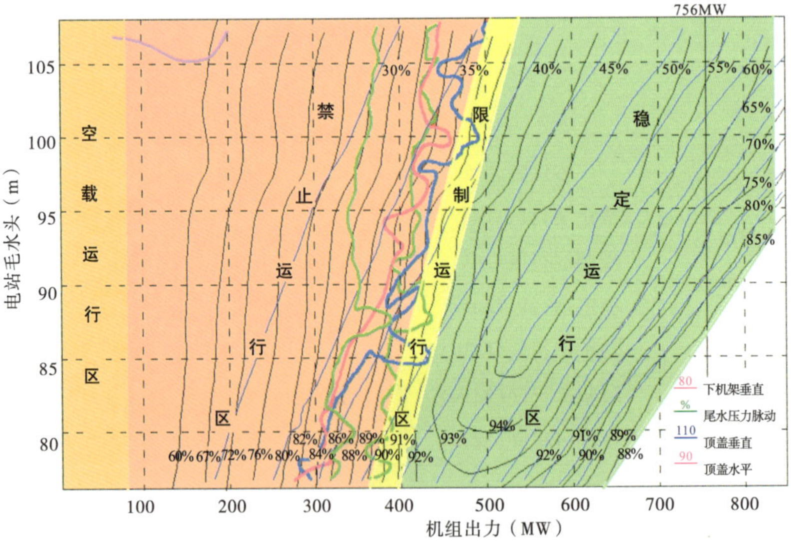

图 5.1.11 按运行标准划分 26 号机组运行区

根据模型试验，哈电消除了在超大负荷区出现的压力脉动突然升高现象，压力脉动升高点已经移到运行区域以外（压力脉动升高点位置，真机水头为90m时，运行区域最大功率为767 MW，压力脉动升高点功率为792 MW；真机水头为110m时，运行区域最大功率为852 MW，压力脉动升高点功率为1037 MW）。

ALSTOM的模型验收试验表明，模型水轮机的稳定性能基本满足合同要求，少数检查工况点的个别压力脉动幅值略高于合同保证值。

哈电的模型验收试验表明，在正常运行区域，压力脉动满足合同要求；在61m水头、出力75MW以下工况下，导叶后转轮前压力脉动值超过合同保证值；在61～85m水头范围、出力230MW以下和100m水头、出力150MW以下工况下，尾水管压力脉动值超过合同保证值。在整个运行区域内未发现高部分负荷高频率的压力脉动带；消除了在超大负荷区出现的压力脉动突然升高现象，压力脉动升高点已经移到运行区域以外。

东电的模型验收试验表明，在运行范围内，无叶区存在13倍转频的压力脉动带。在水头61.0～85.0m，出力从空载至70%预想出力范围内，尾水管锥管段距尾水管进口0.3D_2（D_2为转轮出口直）下游侧测点处，最大混频压力脉动为8.9%，高于8.0%的合同保证值；在水头61.0～85.0m，从70%～100%预想出力范围内，导叶后转轮前最大混频压力脉动为6.3%，高于6.0%的合同保证值；在出力为767MW的最小水头至113m，出力767～852MW，导叶后转轮前最大混频压力脉动为4.3%，高于4.0%的合同保证值。

(c)振动和主轴摆度。

a)招标文件规定：

水轮机顶盖上的垂直振动和径向振动的双振幅，在长期连续稳定运行范围内，应分别不大于0.04mm和0.08mm；其他运行工况分别不大于0.06mm和0.10mm。

水轮机导轴承处测量的水轮机轴的盘车摆度将不大于0.02mm/m（以推力轴承镜板处为准）。

在长期连续稳定运行范围内，在水轮机导轴承处测得的水轮机轴绝对摆度（双幅值）不超过0.3mm。

b)现场实测值均满足合同要求，3个厂家典型机组实测值如下：

三峡右岸16号机组（东电供货）：水导摆度在70%～100%负荷范围内，除个别工况点外，满足合同保证值，但在涡带负荷区水导摆度值超过合同保证值，其峰值达到约600μm；顶盖水平振动与垂直振动在小负荷区最大，最大值分别为116μm和400μm，在涡带区次之，涡带区最大振动值分别约为80μm和130μm。在70%～100%出力范围，顶盖水平振动满足合同保证值80μm的要求，顶盖垂直振动小于国标允许值110μm。

三峡右岸21号机组（ALSTOM供货）：全负荷区间内，实测水导摆度最大值为230μm，小于合同保证值350μm；顶盖水平振动在涡带区最大，最大值为147μm，小负荷区次之，振动幅值约为104μm。在70%～100%出力范围，除个别工况点外，顶盖水平振动小于合同保证值80μm。顶盖垂直振动在小负荷区最大，最大幅值约为100μm，涡带负荷区次之，振动幅值约 73μm。在 70%～100%出力范围,顶盖垂直振动小于国标允许值 110μm。

三峡右岸 26 号机组(哈电供货):水导摆度随负荷增加而减小,在整个负荷范围内其值在 300μm 以下,在 70%～100%出力范围内水导摆度混频幅值均小于 200μm,满足合同保证值空载工况小于 300μm 及正常工况小于 200μm 的要求;顶盖水平振动在空载至 70%预想出力(或额定出力)范围内为 40～90μm,大于 70%预想出力(或额定出力)范围内为 20～40μm,满足合同保证值的要求。顶盖垂直振动在大于 70%预想出力(或额定出力)范围内为 40～140μm,其振动幅值除个别工况点外,小于国标允许值 110μm。

(d)噪声。水轮机室靠机坑里衬的脚踏板上方约 1m 处的噪声不得大于 90dB。距尾水管和蜗壳进人门约 1m 处的噪声分别不得大于 95dB。

③地下电站。

(a)水轮机稳定运行范围。

3 个厂家水轮机模型试验稳定性验收情况如下:

ALSTOM 水轮机模型试验稳定性验收结果:模型水轮机的稳定性满足合同保证值,尤其是在最有可能发生 SPPZ 的区域内没有发现压力脉动幅值 $\Delta H/H>4$ 和频率比 $f/f_n>1$ 的现象。

哈电供货水轮机模型试验稳定性验收结果:从与三峡右岸水轮机模型验收结果的比较可以看出,三峡地下厂房模型水轮机 A858d 在各个水轮机工况下,压力脉动双振幅值均小于三峡右岸。从 85～113m、497MW 至预想出力或 767MW 的水头段和出力为 767MW 的最小水头至 113m、767MW～852MW 的水头段,三峡地下厂房与三峡右岸相差不多,但是在 85～113m 水头段、从空载至 497MW 和 71～85m 低水头段、从空载到 100%工况下,三峡地下厂房压力脉动性能要明显优于三峡右岸厂房。可以预测三峡地下厂房水轮机在汛期能够稳定运行。

东电供货水轮机模型试验稳定性验收结果:模型水轮机的稳定性满足合同保证值,转轮叶道涡初生线和发展线出现的位置均在保证稳定运行区之外。转轮叶片进口正、背面空化初生线均在实际运行水头与出力范围外。整个运行范围内转轮出口无可见卡门涡。

(b)尾水管压力脉动。

地下电站机组水轮机尾水管压力脉动运行测试值见表 5.1.14。

表 5.1.14　　地下电站机组水轮机尾水管压力脉动运行测试值

项目		报警值	东电机组		ALSTOM 机组		哈电机组	
			27 号	28 号	29 号	30 号	31 号	32 号
运行参数	测试日期(月-日)		7-21	7-29	7-25	7-25	7-25	7-25
	上游水位(m)		150.7	155.6	153.0	154.0	154.0	154.0

续表

项目		报警值	东电机组		ALSTOM 机组		哈电机组	
			27 号	28 号	29 号	30 号	31 号	32 号
运行参数	下游水位(m)		68.5	68.4	694.0	69.4	69.4	69.4
	水头(m)		82.2	89.4	84.6	84.6	84.6	84.6
	机组有功(MW)		685.0	696.3	690.0	703.5	680.0	691.1
振摆数据	尾水管上游压力脉动(%)	≤6	2.4	2.3	3.0	2.7	3.5	2.5
	尾水管下游压力脉动(%)	≤6	4.2	1.9	2.1	2.4	1.5	1.0
	蜗壳进口压力脉动(%)	≤6	4.1	4.3	6.7	7.0	6.4	4.4
	无叶区压力脉动(%)	≤6	3.9	3.3	4.8	5.3	5.2	2.6

(c)振动和主轴摆度。

地下电站机组 72 小时试运行水轮机振动和主轴摆度测试值见表 5.1.15。

表 5.1.15　　地下电站机组 72 小时试运行水轮机振动和主轴摆度测试值　　(单位:μm)

记录项目			哈电机组		ALSTOM 机组		东电机组	
			32 号	31 号	30 号	29 号	28 号	27 号
机组导轴承摆度峰峰值	水导摆度	X 向	86	90	152	82	139	177
		Y 向	63	92	119	68	140	168
机组振动 f 峰峰值	顶盖振动	水平 X	54	32	36	24	13	22
		水平 Y	41	26	32	24	17	45
		垂直 Z	68	66	67	28	14	36

地下电站机组水轮机机械振动运行测试值见表 5.1.16。

表 5.1.16　　地下电站机组水轮机机械振动运行测试值

项目		报警值	停机值	东电机组		ALSTOM 机组		哈电机组	
				27 号	28 号	29 号	30 号	31 号	32 号
运行参数	测试日期(月-日)			7-21	7-29	7-25	7-25	7-25	7-25
	上游水位(m)			150.7	155.6	153.0	154.0	154.0	154.0
	下游水位(m)			68.5	68.4	694.0	69.4	69.4	69.4
	水头(m)			82.2	89.4	84.6	84.6	84.6	84.6
	机组有功(MW)			685.0	696.3	690.0	703.5	680.0	691.1
振摆数据	顶盖 X 水平振动(μm)	≤90		19.8	14.2	29.8	27.6	12.0	52.5
	顶盖 Y 水平振动(μm)	≤90		19.0	39.0	64.1	77.1	17.0	26.9
	顶盖 Z 垂直振动(μm)	≤110		46.6	23.0	55.0	70.0	47.0	26.0

(d)噪声。

地下电站机组实际运行中噪声测试值见表 5.1.17。

表 5.1.17 地下电站机组实际运行中噪声测试值 (单位:dB)

位置	稳定运行区噪声
水车室内部	104
蜗壳门口	98
尾水门口	98
发电机盖板处	80

5)轴向水推力。

①左岸电站。

合同规定在最坏的运行工况下的水轮机最大向下推力,包括轴向水推力和承担主轴、转轮等转动部件的重量所需要的力,其值保证不超过 28500kN。

(a)ALSTOM 机组合同轴向水推力保证值

a)在最大净水头下,转轮密封为设计间隙时,最大水推力保证不超过 22500kN;转轮密封为 2 倍设计间隙时,最大水推力保证不超过 29200kN。

b)水轮机转动部分重量保证不超过 625t。

(b)VGS 机组合同轴向水推力保证值。

a)在最大净水头下,转轮密封为设计间隙时,最大水推力保证不超过 14400kN;转轮密封为 2 倍设计间隙时,最大水推力保证不超过 20500kN。

b)水轮机转动部分重量保证不超过 547t。

②右岸电站。

合同规定在最坏的运行工况下的水轮机最大向下推力,包括轴向水推力和承担主轴、转轮等转动部件的重量所需要的力,其值保证不超过 28500kN。

(a)ALSTOM 机组合同轴向水推力保证值。

a)在最大净水头下,转轮密封为设计间隙时,最大水推力保证不超过 21000kN;转轮密封为 2 倍设计间隙、最大水推力保证不超过 26200kN,机组甩负荷时为 29100kN。

b)水轮机转动部分重量保证不超过 590t。

(b)哈电机组合同轴向水推力保证值。

a)在最大净水头下,转轮密封为设计间隙时,最大水推力保证不超过 25500kN;转轮密封为 2 倍设计间隙、机组甩负荷时,最大水推力保证不超过 29500kN。

b)水轮机转动部分重量保证不超过 550t。

(c)东电机组合同轴向水推力保证值。

a)在最大净水头下,转轮密封为设计间隙时,最大水推力保证不超过 14700kN;转轮密封为 2 倍设计间隙、机组甩负荷时,最大水推力保证不超过 20800kN。

b)水轮机转动部分重量保证不超过610t。

③地下电站。

(a)合同文件中3个厂家水轮机轴向水推力保证值如下：

a)东电供货水轮机合同中保证：在最大净水头下，转轮密封为设计间隙时，最大水推力保证不超过14700kN；转轮密封为2倍设计间隙、机组甩负荷时，最大水推力保证不超过20800kN。水轮机转动部分重量保证不超过610t。

b)ALSTOM供货水轮机合同中保证：在最大净水头下，转轮密封为设计间隙时，最大水推力保证不超过21000kN；转轮密封为2倍设计间隙时，最大水推力保证不超过26200kN；机组甩负荷时，最大水推力保证不超过29100kN。

c)哈电供货水轮机合同中保证：在最大净水头下，转轮密封为设计间隙时，最大水推力保证不超过25500kN；转轮密封为2倍设计间隙、机组甩负荷时，最大水推力保证不超过29500kN。水轮机转动部分重量保证不超过550t。

(b)3个厂家水轮机模型试验轴向水推力验收结果如下：

a)东电供货水轮机模型试验轴向水推力验收结果：当转轮密封为设计间隙、原型水头为$H=113$m时，最大轴向水推力为10589.5kN，满足合同保证值14700kN。

b)ALSTOM供货水轮机模型试验轴向水推力验收结果：原型机轴向水推力最大值低于真机保证值21000kN。

c)哈电供货水轮机模型试验轴向水推力验收结果：经换算，在整个运行范围内原型机最大轴向力为$F_t=22039.7$kN。

5.1.2.2　水轮机主要结构及特点

(1)左岸电站

1)尾水管。

尾水管为带2个2.45m宽中间支墩的肘型尾水管，尾水管最低底板高程为27.0m，扩散段(包括2个支墩)宽度为31.9m，出口底部高程29.9m，尾水管高度(从导叶中心线至尾水管底板的距离)为30.0m，尾水管长度(从导叶中心线至尾水管出口断面的距离)为50.0m。装设金属尾水管里衬，金属尾水管里衬自基础环开始延伸至水流平均流速为6m/s处，在尾水管中墩鼻端设置钢里衬，钢里衬厚为25mm，其里衬长度延伸至中墩两边的直线段500mm。

尾水管里衬厚度为25mm，在尾水管里衬顶部，有1500mm的不锈钢段，下段衬料为普通碳钢。里衬与基础环的连接采用现场焊接。每个尾水管中墩鼻端设置钢里衬。

在尾水管最低点，安装2套直径为800mm的盘形阀、相应的操作机构和排水管。2个盘形阀分别安装在尾水管边墩内的左阀室和右阀室内。排水阀采用油压操作，排水阀操作机构布置在44.0m高程的操作廊道内。

2)蜗壳与座环。

座环为平行环板式并带有圆弧导流环的组焊结构，即由上、下环板与24个固定导叶组成。上、下环板采用优质的抗撕裂环形钢板焊接制成。座环分为6瓣，在工地组焊成整体，右岸电站水轮机座环主要参数和尺寸见表5.1.18。

表5.1.18 右岸电站水轮机座环主要参数和尺寸

机组号	外径(mm)	高度(mm)	重量(t)	上下环板材料	上下环板厚(mm)	固定导叶数(个)
1～3号、7～9号(VGS)	14492	4755	382	A516M Gr.485	190	24
4～6号、10～14号(ALSTOM)	15670	4640	390	S355J2G3/Z35	230	24

蜗壳为钢板焊接结构，蜗壳瓦片由工厂进行卷制和加工焊缝的坡口，并将瓦片焊接成管节交货。蜗壳进口直径12.4m，包角345°。根据审查纪要和专家意见，蜗壳在现场不做水压试验，其埋设采用充压和保温浇混凝土方式，充压的内水压力为70mH_2O，水温为16～22℃。左岸电站水轮机蜗壳主要参数和尺寸见表5.1.19。

表5.1.19 左岸电站水轮机蜗壳主要参数和尺寸

机组号	材料	进口直径(mm)	钢板最大高度(进口)(mm)	分节数(节)	凑合节数(节)	总重量(t)
1～3号、7～9号(VGS)	$610U_2$	12400	56	29	2	739.7
4～6号、10～14号(ALSTOM)	$610U_2$	12400	53	29	4	755.0

3)导水机构。

导水机构采用24个导叶，导叶采用不锈钢制造。每个导叶设有3个自润滑导轴承支承，一个坐落在底环中，另外2个在顶盖中。导叶操作机构通过2个油压操作、双作用液压直缸接力器实现。接力器布置于水轮机室的接力器坑衬内，操作接力器的压力油由调速系统的油压装置供给，其额定工作油压为6.3MPa。

为防止导水机构中剪断销被剪断时导叶的摆动，在导叶和连接板之间设有摩擦装置，当导水机构正常工作时，通过剪断销和摩擦装置共同把接力器的操作力传到导叶并使之同步转动。当剪断销被剪断时，连接板和导叶臂相对滑动，保证了传动机构零件的受力不再增加，起到了保护传动机构的作用。

4)转轮及与主轴的连接方式。

转轮为不锈钢铸焊结构，即上冠、叶片和下环分别制造，然后组焊成整体转轮运至工地。转轮全部采用抗空蚀、抗磨损并具有良好焊接性能的不锈钢材料制造，其材料为ASTM A743 Gr.CA-6NM。上冠采用铸焊结构。叶片采用铸造，为保证叶型和通流部件的质量和精确度，要求叶片采用五轴数控车床加工。下环用钢板卷焊或铸造。左岸电站水轮机转轮主要参数和尺寸见表5.1.20。

表5.1.20 **左岸电站水轮机转轮主要参数和尺寸**

机组号	标称直径 D_2（mm）	喉径（mm）	叶片数	高度（mm）	材料	总重量（t）
1～3号、7～9号（VGS）	9525	9400	13	5401	A743 Gr. CA-6NM	434
4～6号、10～14号（ALSTOM）	9800	9800	15	5062	A743 Gr. CA-6NM	445

转轮叶片的叶型在一定程度上决定了水轮机的主要性能。两个供货集团均采用了“X”形叶片，其特点是叶片进水边采用负倾角（negative blade leaning angle），叶片出水边为扭曲形状（skewed outlet），故从转轮进口看，叶片呈“X”形。与常规叶型相比，“X”形叶片能比较好地适应变幅大的水头和负荷。

泄水锥、止漏环等各厂都根据各自的工艺和习惯采用了不同的方法制造，VGS由于采用“X”形叶片后，上冠较长，因此取消了泄水锥。ALSTOM采用半锥形长泄水锥，其直径为2.044m，长约2.5m，有利于改善水轮机的稳定性。

为保证转轮的互换性，VGS转轮与水轮机轴的连接用28个M160螺栓和直径为280mm剪切套筒连接，螺栓预紧力达到8500kN。主轴与转轮法兰上的螺栓孔在工厂车间用高精度的模板进行加工，主轴和转轮上的螺栓孔不需要在工地加工，且转轮以及剪切套筒可以互换。ALSTOM采用螺栓＋销钉方式，预应力为180MPa，螺栓的拉伸长度约为0.7mm。螺栓孔在工厂用高精度的模板进行加工，不需要现场加工。

5）顶盖与底环。

顶盖与底环均为钢板焊接结构，分成4瓣运输到工地，用螺栓把合。为减小转轮与顶盖间空腔的水压力以及对转轮的向下水推力，在顶盖上装设有4根（ALSTOM）或8根（VGS）大口径的泄压管，并延伸到尾水管扩散段。左岸电站水轮机顶盖主要参数和尺寸见表5.1.21。

表5.1.21 **左岸电站水轮机顶盖主要参数和尺寸**

机组号	材料	外径（mm）	高度（mm）	分瓣数（瓣）	总重量（t）
1～3号、7～9号（VGS）	GB Q235C	12720	2267	4	300
4～6号、10～14号（ALSTOM）	GB Q235C	13670	3100	4	380

顶盖和底环上的固定止漏环，在工厂内用径向的螺钉固定到分瓣的顶盖和底环上，工地拼装后要对止漏环的分缝进行封焊。顶盖与底环分别用螺栓把合到座环的上、下环法兰面上，工地安装时用放置在座环上、下法兰面上的单个的小垫片调整顶盖的高程。座环上的密封表面要求在工地进行切割和打磨。

6)水轮机轴和轴密封。

主轴由 2 根轴组成,即水轮机轴和发电机轴。水轮机轴采用中空结构,用锻制或钢板卷焊而成,上端与发电机轴连接,下端与转轮连接,均为内法兰连接方式。

轴密封系统分为工作密封和检修密封两部分。ALSTOM 水轮机的主轴工作密封结构为:工作密封件与一块水平支承板接触,通过摩擦起密封作用。支承板为不锈钢材料,分为 6 瓣,固定在转轮的上法兰面上。轴密封支承的上下运动通过弹簧调节,使作用在轴封上的动水压力与弹簧力相平衡。

主轴密封为轴向密封结构,采用水润滑和冷却,主水源来自电站清洁水系统,水压为 0.2～0.5MPa,在密封需要较高压力水的情况下,通过设在高程 67.0m 下游副厂房的 2 台增压泵增压。工作密封能在不拆卸主轴、水轮机导轴承、导水机构、管路系统和机坑排水设施的情况下进行检查、调整和更换密封元件。

在机组停机时,为防止水进入顶盖,在工作密封下方设置了用压缩空气充气的橡胶检修密封装置,检修密封由电站压缩空气系统提供工作压力为 0.5～0.8MPa 的压缩空气。

7)补气系统。

为了满足水轮机在部分负荷工况下稳定运行的需要,两个供货厂商均设置了通过发电机上端轴从主轴向转轮下方补入自然空气的补气系统。当转轮处压力低于设定值时,装在发电机上端轴的补气阀自动开启进行补气。当补气阀失效,且尾水位高于补气阀密封面时,设有迷宫环和引至下游 44m 高程廊道排水总管,以防止水流进入发电机。

此外,在顶盖、底环和基础环上均预留有补压缩空气的管道,所有管道均引至 61.24m 高程的下游副厂房。此外,ALSTOM 系统还在尾水管锥管上预留有补压缩空气的管道,作为将来机组实际运行中确有必要时采用。

(2)右岸电站

1)尾水管。

尾水管为带 2 个 2.45m 宽中间支墩的肘型尾水管,尾水管最低底板高程为 27.0m,扩散段(包括 2 个支墩)宽度为 31.9m,出口底部高程 29.9m,尾水管高度(从导叶中心线至尾水管底板的距离)为 30.0m,尾水管长度(从导叶中心线至尾水管出口断面的距离)为 50.0m。装设金属尾水管里衬,金属尾水管里衬自基础环开始延伸至水流平均流速为 6m/s 处。

在尾水管里衬顶部,有 1500mm 的不锈钢段,下段衬料为普通碳钢。里衬与基础环的连接采用现场焊接。在尾水管最低点安装 2 套直径为 800mm 的盘形阀,排水阀操作机构布置在 44.0m 高程的操作廊道内。

2)蜗壳与座环。

座环为平行环板式并带有圆弧导流环的组焊结构,即由上、下环板与 24 个固定导叶组成。座环分为 6 瓣,在工地组焊成整体。右岸电站水轮机座环主要参数和尺寸见表 5.1.22。

表5.1.22　右岸电站水轮机座环主要参数和尺寸

机组号	外径(mm)	高度(mm)	重量(t)	材料	固定导叶数(个)
15～18号(东电)	14910	4870	388.0	A516＋Q235B	24
19～22号(ALSTOM)	15670	4400	380.0	SM490 B,A537 Cl1	24
23～26号(哈电)	15800	4640	378.5	TSTE355 Z35＋SM490B＋610U_2	24

蜗壳为钢板焊接结构，进口直径12.4m，包角345°。蜗壳在现场不做水压试验，15号水轮机蜗壳采用直埋方式，17号、18号、25号和26号蜗壳采用垫层埋设方式，其他蜗壳采用充压保温浇混凝土埋设方式。右岸电站水轮机蜗壳主要参数和尺寸见表5.1.23。

表5.1.23　右岸电站水轮机蜗壳主要参数和尺寸

机组号	材料	进口直径(mm)	(进口)钢板最大厚度(mm)	分节数(节)	凑合节数(节)	总重量(t)
15～18号(东电)	NK-HITEN610	12400	60	36	4	781
19～22号(ALSTOM)	NK-HITEN610U_2	12400	67	28	2	680
23～26号(哈电)	NK-HITEN610U_2	12400	53	27	4	780

3)导水机构。

导水机构采用24个导叶，每个导叶设有3个自润滑导轴承支承，接力器布置于水轮机室的接力器坑衬内，操作接力器的压力油由调速系统的油压装置供给，其额定工作油压为6.3MPa。

导水机构设有摩擦装置，当导水机构正常工作时，通过剪断销和摩擦装置共同把接力器的操作力传到导叶并使之同步转动。当剪断销被剪断时，连接板和导叶臂相对滑动，保证了传动机构零件的受力不再增加，起到了保护传动机构的作用。

4)转轮及与主轴的连接方式。

转轮为不锈钢铸焊结构，即上冠、叶片和下环分别制造，然后组焊成整体转轮运至工地。右岸电站水轮机转轮主要参数和尺寸见表5.1.24。

表 5.1.24　　右岸电站水轮机转轮主要参数和尺寸

机组号	标称直径 D_2(mm)	喉径(mm)	叶片数	高度(mm)	材料	总重量(t)
15～18 号(东电)	9880	9342.47	13	5230	A743-CA-6NM	473.3
19～22 号(ALSTOM)	9600	9540.00	15	4925	A743 Gr. CA-6NM	460
23～26 号(哈电)	10248	9969.00	15	5290	A743. CA6NM	440

转轮叶片均采用了“X”形叶片，能比较好地适应变幅大的水头和负荷。

5)底环与顶盖

顶盖为钢板焊接结构，分成 2～4 瓣运输到工地，用螺栓把合。在顶盖上装设有 6～8 根大口径的泄压管，并延伸到尾水管扩散段。右岸电站水轮机顶盖主要参数和尺寸见表 5.1.25。

表 5.1.25　　右岸电站水轮机顶盖主要参数和尺寸

机组号	材 料	外径(mm)	高度(mm)	分瓣数(瓣)	总重量(t)
15～18 号(东电)	A516+Q235B	12250	2333	2	297
19～22 号(ALSTOM)	SM400 B, A516Gr60, A216 WCC	13670	2390	2	330
23～26 号(哈电)	Q235B+A240 S41500	13670	3055	4	300

顶盖和底环上的固定止漏环，在工厂内用径向的螺钉固定到分瓣的顶盖和底环上，工地拼装后要对止漏环的分缝进行封焊。顶盖和底环分别用螺栓把合到座环的上、下环法兰面上，工地安装时用放置在座环上、下法兰面上的单个的小垫片调整顶盖的高程。座环上的密封表面要求在工地进行切割和打磨。

6)水轮机轴和轴密封。

主轴由 2 根轴组成，即水轮机轴和发电机轴。水轮机轴采用中空结构，上端与发电机轴连接，下端与转轮连接，均为内法兰连接方式。

轴密封系统分为工作密封和检修密封两部分。工作密封能在不拆卸主轴、水轮机导轴承、导水机构、管路系统和机坑排水设施的情况下进行检查、调整和更换密封元件。在工作密封下方设置了橡胶检修密封装置，检修密封由电站压缩空气系统提供工作压力为 0.5～0.8MPa 的压缩空气。

主轴密封为轴向密封结构，采用水润滑和冷却，主水源来自电站清洁水系统，水压为 0.2～0.5MPa，在密封需要较高压力水的情况下，可通过设在高程 67.0m 下游副厂房的 2 台增压泵增压。在主轴密封主供水管路上(水源为电站清洁水系统)设 0.1mm 的一级过滤装置,在备用供水管路(水源为机组供水系统)设 0.1mm 和 0.3～0.8mm 的二级过滤装置。

7)补气系统。

为了满足水轮机在部分负荷工况下稳定运行的需要,均设置了通过发电机上端轴从主轴向转轮下方补入自然空气的补气系统。当转轮处压力低于设定值时,装在发电机上端轴的补气阀自动开启进行补气。当补气阀失效,且尾水位高于补气阀密封面时,设有迷宫环和引至下游 44m 高程廊道排水总管,以防止水流进入发电机。

此外,在顶盖、底环和基础环上均预留有补压缩空气的管道,所有管道均引至 61.24m 高程的下游副厂房。

(3)地下电站

1)东电水轮机。

①底环与顶盖。

底环为铸焊结构,即上、下环板与铸造的导叶下轴座装焊结构,分成两瓣运输到工地,用螺栓把合。底环外径 12220mm,高度 610mm,重量 87.35t。

顶盖为钢板焊接结构,分成两瓣运输到工地,用螺栓把合。顶盖外径 12650mm,高度 2333mm,重量 325t,设有 8 根 DN350 的泄压管。

为了减小导叶在关闭时导叶与底环、顶盖间的漏水量,在底环、顶盖相应部位设置导叶端面密封,在底环、顶盖过流面上导叶活动范围内设置不锈钢抗磨板。

顶盖和底环上的固定止漏环,在工厂将其固定到分瓣的顶盖和底环上,工地拼装后要对止漏环的分缝进行封焊。顶盖和底环分别用螺栓把合到座环的上、下环法兰面上,工地安装时用放置在座环上、下法兰面上的单个垫片进行调整。

②蜗壳与座环。

蜗壳按升压水头 156m 进行设计。蜗壳采用全圆断面,在工地将其与座环过渡板直接挂装,蜗壳材料为 ADB610D 钢板。

座环采用平行式带过渡板和导流环组焊结构。座环高 4.95m,整体重 428.6t,考虑到运输、安装,将座环分为 6 瓣,每瓣分瓣面(上、下环板处)各设两个临时分瓣法兰,法兰上设把合螺栓、定位销及偏心销套,以便安装调整。座环最重一瓣约 76.9t。

座环上、下环板采用 ASTM A516 Gr485-Z25 钢板,23 个固定导叶采用 ASTM A516 Gr.485 钢板,过渡板和舌板采用 JFE-HITEN610U2 钢板。

③转轮。

转轮为不锈钢铸焊结构,其上冠、叶片和下环分别制造,组焊成整体转轮后运至工地。

转轮全部采用不锈钢材料制造,上冠采用整铸结构,下环为半铸造组焊结构。转轮共 13 个"X"形叶片。转轮叶片采用铸造结构,并采用五轴数控机床加工。

转轮标称直径为 9880mm,最大外径为 10000mm,高 5300mm,转轮重 473.12t,转轮无泄水锥。

转轮上冠设有与水轮机轴连接的法兰。转轮与主轴连接采用 28 个套筒和螺栓，套筒外径 280mm。

④水轮机轴和轴密封系统。

主轴由水轮机轴和发电机轴组成。水轮机轴采用中空锻焊式结构，2 个法兰及 2 段轴身经分别锻造后，用窄间隙焊接工艺组焊成整体，上端与发电机轴连接，下端与转轮连接，连接方式均为内法兰连接。主轴端法兰外径 4160mm，滑转子外径 4100mm，轴身直径 3800mm，主轴长 5649mm，重 108.5t。

轴密封系统分为工作密封和检修密封两部分，安装在顶盖下部的内圆面上。在主轴通过顶盖的部位设置工作密封。密封采用水润滑和冷却，主水源来自电站清洁水系统。工作密封能在不拆卸主轴、水轮机导轴承、导水机构、管路系统和顶盖排水设施的情况下进行检查、调整和更换密封元件。其密封型式为轴向结构，密封水压为 0.5MPa。

在机组停机时，为防止水进入顶盖，在工作密封下方设置有用压缩空气充气的橡胶检修密封装置。

⑤导叶和导叶操作机构。

导叶为整铸不锈钢结构，共计 24 个。每个导叶设有 3 个自润滑导轴承支承，1 个坐落在底环中，另外 2 个在顶盖中。导叶瓣体高 2801mm，导叶总高为 5469mm，每个导叶重 9.7t。控制环为“工”形钢板焊接结构，最大外径 9786mm，内径 7550mm，高 1718mm，重 55t，分为两瓣。

由各部件(包括自润滑轴承、销、拐臂、连杆、控制环和推拉杆)组成的导叶操作机构将导叶与接力器相连接，并设有剪断销、挡块、摩擦保护装置等，导叶操作机构总重 352.8t。

设有两个油压操作、双作用液压直缸接力器，用于通过导叶操作机构来操作导叶。接力器设置于水轮机室的接力器坑衬内，操作接力器的压力油由调速系统的油压装置供给，其额定工作油压为 6.3MPa。

⑥导轴承和润滑冷却水系统。

水轮机导轴承为稀油润滑、非同心分块瓦自润滑轴承。导轴承由 24 块轴瓦、轴瓦支承、带油槽的轴承箱(分两瓣)、箱盖和附件组成，轴瓦尺寸为 315mm×315mm(长×宽)。导轴承置于油槽箱内。

水轮机导轴承设有一个完整、独立的润滑冷却系统，设有外循环冷却装置(3 个冷却器，两个油泵)，冷却装置(冷却器及阀组)布置在水轮机坑里衬凹槽内(凹槽尺寸为 3720mm×2100mm×550mm(宽×高×深)，底部高程为 61.4m)。冷却水由电站技术供水系统提供，冷却器进口水温不超过 28℃。冷却器设计的工作压力为 0.5MPa。

⑦补气系统。

为了满足水轮机稳定运行的需要，设置了通过发电机上端轴从主轴向转轮上冠出口补入自然空气的补气系统。

此外，在顶盖、底环和基础环上预留有补压缩空气的管道。

2)天津 ALSTOM 水轮机。

①底环与顶盖。

底环为焊接结构,分成 4 瓣运输到工地,用螺栓把合成整体。底环外径 13260mm,高度 720mm,重量 130t。

顶盖为钢板焊接结构,均分成 4 瓣运输到工地,用螺栓把合成整体,顶盖外径 13670mm,高度 2390mm,重量 340t。顶盖上对应与转轮上腔部位设有 6 根 DN450 的泄压管。

为了减小导叶在关闭时导叶与底环、顶盖间的漏水量,在底环、顶盖相应部位设置导叶端面密封,在底环、顶盖过流面上导叶活动范围内设置不锈钢抗磨板。

在工厂内将固定止漏环固定到分瓣的顶盖和底环上。

②蜗壳与座环。

蜗壳不进行水压试验,采用弹性垫层方法埋入混凝土。

蜗壳采用钢板焊接结构。蜗壳选用 ADB610D、B610CF 或同等材料制作。蜗壳分为 28 节,并以管节的形式交货。

蜗壳设置 1 个直径为 800mm 的内开铰接式进人门。为便于排空压力钢管和蜗壳内的积水,在蜗壳最低高程处设 1 个直径 800mm 的排水阀。

座环由上、下环板与 24 个固定导叶刚性地连接到一起组成。上、下环板采用性能不低于 S355J2G3—Z35 的优质抗撕裂环形钢板焊接制成。

座环分为 6 瓣,每瓣的重量不超过 80t。

座环设计成可排除水轮机机坑内的渗漏水的结构,5 个空心固定导叶设有直径 50mm 的中心孔,把水轮机机坑内的渗漏水自流排到排水总管。

③转轮。

转轮为不锈钢铸焊结构,其上冠、叶片和下环分别制造,组焊成整体转轮后运至工地。

转轮(包括泄水锥)全部采用 ASTM A743 Gr. CA-6NM 不锈钢材料。上冠采用铸焊结构。转轮有 15 个叶片。转轮叶片采用铸造结构,并采用五轴数控机床加工。转轮下环也为铸造结构。

转轮标称直径为 9600mm,最大外径为 11000mm,高 4939mm,转轮重 463t。

转轮上冠设有与水轮机轴连接的法兰。

④水轮机轴和轴密封系统。

主轴由水轮机轴和发电机轴组成。水轮机轴采用中空结构,用锻制或钢板卷焊而成,上端与发电机轴连接,下端与转轮连接,连接方式均为内法兰连接。主轴直径 4015mm,主轴长 6150mm,重 107t。

轴密封系统分为工作密封和检修密封两部分。在主轴通过顶盖的部位设置工作密封。密封采用水润滑和冷却,主水源来自电站清洁水系统。工作密封型式为轴向结构。

在机组停机时,为防止水进入顶盖,在工作密封下方设置有用压缩空气充气的橡胶检修密封装置，检修密封由电站压缩空气系统提供工作压力为0.5～0.8MPa的压缩空气。

⑤导叶和导叶操作机构。

导叶采用不锈钢制造，共计24个。每个导叶有3个自润滑导轴承支承，1个坐落在底环中，另外2个坐落在顶盖中。导叶瓣体高2850mm，导叶总高5700mm，每个导叶重10.1t。控制环为钢板焊接结构，分为2瓣。

设有2个油压操作、双作用、液压直缸接力器，用于通过导叶操作机构来操作导叶。接力器设置于水轮机室的接力器坑衬内，操作接力器的压力油由调速系统的油压装置供给，其额定工作油压为6.3MPa。

⑥导轴承和润滑冷却水系统。

水轮机导轴承为具有巴氏合金表面的分块瓦、稀油润滑轴承。导轴承由分块轴瓦、轴瓦支承、带油槽的轴承箱、箱盖和附件组成，轴瓦尺寸为430mm×430mm(长×宽)。导轴承置于油槽箱内。

水轮机导轴承设有一个完整、独立的润滑冷却系统，润滑油能在主轴旋转的作用下通过轴瓦作自循环。

⑦补气系统。

为了满足水轮机在部分负荷工况下稳定运行的需要，设置了通过发电机上端轴从主轴向转轮下方补入自然空气的补气系统。

此外，在顶盖、底环、基础环和尾水管锥管上预留有补压缩空气的管道，所有管道均已引至67.0m高程主厂房内的总管上。

3)哈电水轮机。

①底环与顶盖。

底环为焊接结构，分成4瓣运输到工地，用螺栓把合成整体。底环外径13260mm，高度720mm，重量132t。

顶盖为钢板焊接结构，外径13670mm，高度约2368mm，重325t，均分成4瓣运输到工地，用螺栓把合成整体。顶盖上对应与转轮上腔部位设有6根DN450的泄压管。顶盖上还预留了压缩空气补气管道。

为了减小导叶在关闭时导叶与底环、顶盖间的漏水量，在底环、顶盖相应部位设置导叶端面密封，在底环、顶盖过流面上导叶活动范围内设置不锈钢抗磨板。

在工厂内将固定止漏环固定到分瓣的顶盖和底环上。

②蜗壳与座环。

蜗壳不进行水压试验，采用弹性垫层方法埋入混凝土。

蜗壳采用钢板焊接结构。蜗壳采用ADB610D、B610CF或同等材料制作。

为了方便在工地进行蜗壳安装，设置3节凑合节以保证蜗壳能同时进行5个工作面的作业，其中1个凑合节设在与压力钢管连接处的蜗壳侧。

蜗壳设置1个直径800mm的内开式进人门。

为便于排空压力钢管和蜗壳内的积水，在蜗壳最低高程处设置1个直径800mm的排水阀。

座环采用平行式上、下环板钢板焊接结构，有24个固定导叶。上、下环板采用性能不低于S355J2G3—Z35的优质抗撕裂环形钢板焊接制成。

座环分瓣制造，且座环分块带有在工厂焊接好的蜗壳过渡段。

座环的设计能排除水轮机机坑内的渗漏水，5个空心固定导叶设有DN50中心孔，把水轮机机坑内的渗漏水自流排到排水总管。

③转轮。

转轮为不锈钢铸焊结构，其上冠、叶片和下环分别制造，组焊成整体转轮后运至工地。

转轮全部采用抗空蚀、抗磨损并具有良好焊接性能的ASTM A743 Gr. CA-6NM材料。转轮最大外径10600mm，高度5245mm，重量450t，上冠采用整体铸造、下环采用分瓣铸焊结构。转轮有15个叶片。转轮叶片采用铸造结构，并采用五轴数控机床加工。转轮泄水锥连接在转轮的上冠底部。

④水轮机轴和轴密封系统。

主轴由水轮机轴和发电机轴组成。水轮机轴采用中空结构，用锻制或钢板卷焊而成，上端与发电机轴连接，下端与转轮连接，连接方式均为内法兰连接。水轮机轴身直径为4000mm，轴身内径为3765mm、上端法兰内径为2800mm，下端法兰内径为2600mm，轴长5930mm，重101t。

轴密封系统分为工作密封和检修密封两部分。在主轴通过顶盖的部位设置工作密封。

⑤导叶和导叶操作机构。

导叶采用不锈钢制造，共计24个。每个导叶有3个自润滑导轴承支承，1个坐落在底环中，另外2个坐落在顶盖中。

设有2个油压操作、双作用液压直缸接力器，用于通过导叶操作机构来操作导叶。接力器设置于水轮机室的接力器坑衬内，操作接力器的压力油由调速系统的油压装置供给，其额定工作油压为6.3MPa。

⑥导轴承和润滑冷却水系统。

水轮机导轴承为具有巴氏合金表面的分块瓦、稀油润滑轴承。导轴承由12块轴瓦、轴瓦支承、带油槽的轴承箱、箱盖和附件组成，轴瓦尺寸为460mm×430mm(长×宽)。导轴承置于油槽箱内，轴承采用斜楔调整瓦块。除轴瓦为锻钢外，其余均为钢板焊接结构，轴瓦浇注巴氏合金。

水轮机导轴承设有一个完整、独立的润滑冷却系统，润滑油能在主轴旋转的作用下通过轴瓦作自循环。

此外，水轮机导轴承设有外循环冷却装置，冷却装置布置在水轮机机坑里衬凹槽内。冷却水由电站技术供水系统提供，冷却器进口水温不超过28℃。冷却器设计的工作压力为0.5MPa。

⑦补气系统。

为了满足水轮机在部分负荷工况下稳定运行的需要，设置了通过发电机上端轴从主轴向转轮下方补入自然空气的补气系统。

此外，在顶盖、底环、基础环和尾水管锥管上预留有补压缩空气的管道。

5.1.3 发电机

5.1.3.1 发电机参数

(1)发电机主要参数选择

三峡电站发电机采用半伞型式，推力轴承布置在下机架上。发电机主要参数选择应结合电站的各种运行方式，涉及电力系统安全稳定运行、机组甩负荷时的过渡过程、机组结构和材料、制造难易和造价等方面，因此参数的选择不能单独考虑各个参数，应综合匹配优选，立足机组总体性能的最优发电机主要参数包括额定电压、额定功率因数、电气性能参数(包括纵轴瞬变电抗 X_d' 和纵轴次瞬变电抗 X_d'')、发电机的短路比 SCR、发电机飞轮力矩 GD^2 和冷却方式等。

1)额定电压。

额定电压的选择与机组容量、转速、合理的槽电流、冷却方式、发电机电压设备的选择等密切相关。20 世纪 90 年代，在选择发电机电压时，受国内发电机定子线圈绝缘水平、变压器低压套管、大电流封闭母线等的制约，国内外在 2000 年以前建成额定容量为 500MVA 以上水轮发电的额定电压见表 5.1.26。从表 5.1.26 可以看出，国内外已投入运行的水电站大型水轮发电机的额定电压范围为 15～18kV；额定容量为 700MW 级的水轮发电机额定电压多数采用 18kV。水轮发电机额定电压尚未采用过 20kV，缺乏运行经验。三峡电站 700MW 发电机额定电压提高到 20kV，不仅要求发电机定子绕组具有更高的绝缘水平，同时由于定子绕组的电场强度加大，在水电站机组所处的潮湿环境条件中，更易发生电晕现象，因此要求提高发电机定子绕组的防电晕性能。

表 5.1.26　国内外在 2000 年以前建成额定容量为 500MVA 以上水轮发电机的额定电压

国家	电站名称	容量(MVA/MW)	装机台数	额定电压(kV)	转速(r/min)	每极容量(kVA)	定子槽电流(A)	冷却方式	投产年份
巴西	伊泰普 50Hz	823.6/700	9	18.00	90.9	12480	8806	半水冷	1984
巴拉圭	伊泰普 60Hz	737/700	9	18.00	92.3	11338	7880	半水冷	1984
委内瑞拉	古里Ⅱ	805/725	10	18.00	112.5	10940	6455	全空冷	1984
美国	大古力Ⅲ	718/700	3	15.00	85.7	8550	9220	半水冷	1978
美国	大古力Ⅱ	615/600	3	15.00	72.0	6150	4734	全空冷	1975
俄罗斯	克拉斯诺雅尔斯克	588/500	12	15.75	93.8	9220		半水冷	1967

续表

国家	电站名称	容量(MVA/MW)	装机台数	额定电压(kV)	转速(r/min)	每极容量(kVA)	定子槽电流(A)	冷却方式	投产年份
俄罗斯	萨扬舒申斯克	711/640	10	15.75	142.8	16930	8688	半水冷	1978
加拿大	丘吉尔瀑布	500/475	11	15.00	200.0	13889		全空冷	1971
中国	二滩	612/550	4	18.00	142.8	14571	6543	全空冷	1998

三峡左岸电站水轮发电机额定容量为777.8MVA，最大容量840MVA，额定转速75r/min，冷却方式采用全空冷或半水冷，若额定电压采用18kV或20kV。经计算，三峡水电站发电机在额定容量和最大容量下的槽电流及有关数据见表5.1.27。定子槽电流是一项重要的技术经济指标，槽电流太小，槽未充分利用，浪费了发电机有效材料；槽电流太大，电气参数变差，定子线棒损耗和温升增加，对绝缘不利，影响发电机寿命。对于全空冷发电机，合理的槽电流一般为5500～6500A；对于水冷发电机，合理的槽电流一般为10000A左右。世界上已运行的全空冷水轮发电机最大槽电流为6543A(中国二滩水电站)，半水冷水轮发电机最大槽电流为9220A(美国大古力水电站第Ⅲ期)。从表5.1.27可以看出，当额定电压U_N为18kV时，若发电机采用空冷方式，槽电流6736A偏大；当额定电压U_N为20kV时，无论是空冷还是水冷方式，槽电流均在合理范围内。因此，三峡水电站发电机的额定电压可选为18kV或20kV。

表5.1.27　三峡水电站发电机在额定容量和最大容量下的槽电流及有关数据

发电机参数	数值			
额定容量/最大容量(MVA)	777.8/840.0			
额定转速(r/min)	75			
极数	80			
额定电压(kV)	18		20	
额定容量/最大容量时电流(A)	24948/26943		22453/24249	
冷却方式	空冷	水冷	空冷	水冷
定子绕组并取支路数	8	5	8	5
额定容量/最大容量时的槽电流(A)	6237/6736	9979/10777	5613/6062	8981/9700

在单项技术设计阶段，与国内外著名水轮发电机组制造厂进行了技术交流，额定电压可选用18kV或20kV。发电机电压越低，在电磁负荷取值合理的情况下，绝缘材料与有效材料用量少，发电机越轻，造价越省；电压越高，发电机尺寸和造价增加，且较高的电压还会使电晕和电场强度增加等方面考虑。因此，多数厂家从建议采用18kV。但厂家也认为电压提高带来的技术难题可以解决，因此采用20kV电压等级也是可行的。

额定电压20kV与18kV相比，定子线棒绝缘厚度需适当增加，线棒绝缘成型工艺仍可采用真空压力浸渍(VPI)或多胶模压，固化工艺，绝缘耐压(包括工频1min耐压和击穿电压)可满足要求。但电压等级提高后，由于电场强度增加，且水电站机组环境潮湿，导致电晕现象更易发生，因此需重视和加强定子线棒端部的防电晕措施，采用定子线棒端部防电晕层和槽部防电晕层一次成型的工艺，可有效提高定子线棒的防电晕能力。鉴于上述原因，发电机额定电压选用18kV或20kV均可。从表5.1.27可知，发电机额定电流在选用20kV电压时要比选用18kV低10%，有利于降低电压设备的制造难度，立足国内制造，发电机额定电压选定20kV。

2)额定功率因数。

发电机额定功率因数的确定与电站接入电力系统中的无功平衡及发电机造价等因素有关。大型水电站通常采用远距离、高电压的输电方式，高压远距离输电线路的充电功率大，大型水电站发电机运行的功率因数比较高。国内外500MW及以上大型水轮发电机采用的额定功率因数值多在0.9及以上，最高达0.975，但伊泰普水电站1～9号机组总容量为6300MW，经两回±600kV、输送能力为3150MW的直流输电线将功率转送给巴西的圣保罗市，为满足换流电站的无功需要和近区无功需要，额定功率因数定为0.85。克拉斯诺雅尔斯克水电站除用交流500kV送电西伯利亚外，还以220kV输给地方系统，是该系统中的主要电源，为满足负荷中心的无功需要，选用的额定功率因数较低。一般情况下，大机组的额定功率因数均在0.9及以上。

三峡水电站700MW发电机，可选的额定功率因数有0.875、0.9和0.95三种取值，设计认为：选用0.85过低，发电的视在容量加大、发电机造价增加较大，不宜采用，因此三峡工程的实际功率因数主要比选采用0.9、0.95两种方案。

三峡电站在左、右岸电站各采用一回±500kV直流、送电容量3000MW向华东输电，直流换流站在三峡坝区附近，设计条件中明确换流站所需的无功50%由三峡水电站供给，另外已投入运行向华东送电一回±500kV葛沪直流，今后也需由三峡电站送电至葛洲坝换流站，因此在电力系统无功平衡中需考虑上述设计条件。

在方案比选时考虑了：①三峡电站丰水期可分4个电厂段运行，左岸第一电厂接有±500kV直流，送电容量3000MW；右岸第一电厂接有±500kV直流，送电容量3000MW；右岸第二电厂接有去葛洲坝换流站的两回交流，以±500kV、送电能力1200MW向华东和广东送电；左岸第二电厂接有交流±500kV，向华中和重庆送电。除左岸第二电厂外，都接有直流换电站，都有大量的无功需要。如在枯水期，左岸第一电厂2台机组检修，调峰时直流可能满送，左岸第一电厂和第二电厂两厂可变一厂运行，左岸第二电厂也需供一定无功。三峡电站所有机组采用一种额定功率因数可节省造价。②满足直流换电站所需要的无功计算所需的额定功率因数为0.8992，因此发电机额定功率因数选定0.9是合适的。③发电机在有功功率确定的前提下，提高发电机功率因数，视在功率减小，可提高发电机有效材料利用率，减轻发电机总重量，并可提高发电机效率。三峡电站发电机造价与功率因数关系的定量计算结果表明，功率因数从0.875上升到0.9，发电机造价降低3%左右。由于机组台数多，发电机可减少以亿元计的造价。但功率因数从0.9上升到0.95，效益不及前者，因此三峡电站发电机额定功率因数定为0.9。

3)纵轴瞬变电抗 X_d'。

发电机纵轴瞬变电抗 X_d' 值对电力系统稳定影响较大。X_d' 值越小，动态稳定极限越大，瞬态电压变化率越小。从电力系统角度，X_d' 值越小越好，但从发电机制造角度，X_d' 值减小将增加发电机造价。国内外大型水轮发电机统计资料表明，发电机采用全空冷方式，X_d' 值一般为0.29～0.36；若采用半水冷方式，X_d' 值为0.29～0.43。

三峡电站发电机 X_d' 值选择的难点是需定量分析 X_d' 值变化对电力系统稳定性和对发电机造价的影响。主要包括：①X_d' 值对电力系统的影响是在三峡电站出现故障后，为维持电力系统稳定，电站所需切机台数的变化。计算表明，当 $X_d' \geqslant 0.35$ 时，为维持系统稳定，必须切2台以上机组；当 X_d' 由0.35增至0.37及以上时，切3台机组的概率明显增大；当 $0.3 \leqslant X_d' \leqslant 0.32$ 时，存在只需切1台机组的情况，但比例较少，为5%～20%。因此，从电力系统稳定要求，X_d' 越小越好，但综合考虑，X_d' 小于0.35，可基本满足系统要求。②X_d' 值对水轮发电机组造价影响是在一定条件下，X_d' 有1个最优值，大于或小于最优值水轮发电机组造价都要增加。三峡电站发电机组 X_d' 值在0.3～0.4范围变化时，发电机参数和铜、铁的用量计算结果表明，$X_d'=0.35$ 时铜铁用量最少，X_d' 偏离0.35时，铜铁用量都要增加。其计算结论基于一定的条件，与结构、材料等诸多因素有关，不同制造厂有不同的结论。加拿大GE公司计算结果是 X_d' 最优值为0.29，大于或小于此值，水轮发电机组造价都会增加，0.29能够满足 $X_d' \leqslant 0.35$ 的要求。对于半水冷机组而言，X_d' 值会稍大，除个别工厂（俄罗斯电力工厂）认为 X_d' 值在0.37～0.41将可降低机组造价外，其他工厂都认为，对水冷机组而言，满足 $X_d' \leqslant 0.35$ 的要求没有任何困难。国内东电论证报告，对于 X_d' 可以做到小于或等于0.35。鉴于国内外工厂对三峡电站发电机的计算结果均能满足 $X_d' \leqslant 0.35$ 的要求，故确定发电机 $X_d' \leqslant 0.35$。

4)纵轴次瞬变电抗 X_d''。

X_d'' 值主要影响短路电流的大小，它取决于阻尼绕组漏抗，因此变化范围较小。国内外已运行的水轮发电机组统计资料表明，X_d'' 值为0.16～0.28。国内工厂及专家论证认为，X_d'' 取值不小于0.2是合理的；国外工厂为三峡电站700MW机组提供的 X_d''，不饱和值范围为0.21～0.25，饱和值范围为0.16～0.25。左岸及右岸500kV母线无直接电的连接，丰水期电站分4个电厂段运行，在枯水期左岸2个电厂相连或右岸2个电厂相连，出现由4个电厂变为2个电厂运行的情况。三峡电站短路电流水平采用500kV断路器按额定开断电流63kA控制。按此水平及变压器的阻抗范围，发电机 X_d'' 值不宜小于0.2。三峡电站发电机选用 $X_d'' \geqslant 0.2$。

5)发电机的短路比。

SCR 与 X_d 有关，二者关系用式(5.1.1)表示。

$$SCR \approx 1/X_d \tag{5.1.1}$$

式中，X_d 为纵轴同步电抗，其计算见式(5.1.2)。

$$X_d = (0.37 - 0.4)A/B_\delta \cdot \tau/\delta \tag{5.1.2}$$

式中，A 为发电机线负荷，A/cm；B_δ 为气隙磁密，GS；τ 为极距，cm；δ 为气隙长度，cm。

若 SCR 越大，则 X_d 越小，发电机过载能力大，负载电流引起的端电压变化较小。但若减小 A，即增加机组尺寸或加大 δ(增加转子绕组安匝数)，都会使发电机造价增加；而减小 SCR，X_d 增大，会影响到发电机的过载能力和电压变化率，影响电力系统的静态稳定和充电容量。合适的短路比选取与其他参数、机组损耗、效率、温升限值及机组冷却方式有关，一般为0.9～1.3。国外大机组的短路比为伊泰普 $SCR=1.18$，古里Ⅱ $SCR=1.1$，萨扬舒申斯克 $SCR=1.1$，大古力空冷机组 $SCR=1.21$、水冷机组 $SCR=1.35$，克拉斯诺雅尔斯克 $SCR=0.67$，为最小。绝大多数机组 $SCR\geqslant1.1$。国外工厂为三峡电站700MW发电机提供的 SCR 值：空冷机组 SCR 为1.1～1.17，水冷机组 SCR 为1.1～1.23。三峡电站机组选用 $SCR\geqslant1.1$。

6)发电机飞轮力矩 GD^2。

GD^2 值直接影响机组在突然甩负荷工况下机组速率上升及输水系统压力上升，应满足输水系统的调节保证计算要求，同时还直接影响电力系统的暂态稳定。GD^2 与机组造价密切相关，选择合理的 GD^2 值，对于低转速大容量发电机至关重要。应考虑：①机组输水系统调节保证计算要求。经多方案过渡计算，$GD^2=420000\text{t}\cdot\text{m}^2$，关闭时间 $T_S=11\text{s}$ 时，机组的大小波动均在允许范围内，因此，经输水系统调节保证计算，要求 GD^2 不小于 $420000\text{t}\cdot\text{m}^2$。②电力系统稳定的要求。不同的 GD^2 对系统稳定的影响大小主要取决于三峡电站交流出线发生三相永久短路故障时，为维护系统稳定，电站切机台数和负荷切除量的变化。如把三峡电站发电机切部分负荷等值看作切机，针对不同的 GD^2，其与切机台数关系见表5.1.28。

表5.1.28　三峡电站发电机 GD^2 与切机台数关系

GD^2(t·m²)	1台(%)	2台(%)	3台(%)
470000	16	68	16
450000	4	72	24
420000	0	52	48
400000	0	44	56

从表5.1.28可以看出：当 $GD^2\leqslant400000\text{t}\cdot\text{m}^2$ 时，为维持系统稳定，必须切2台及以上机组；当 $420000\text{t}\cdot\text{m}^2\leqslant GD^2\leqslant470000\text{t}\cdot\text{m}^2$ 时，尽管有些情况下只需切1台机组，但比例较小，仅为4%～16%。从电力系统稳定要求，GD^2 选 $450000\text{t}\cdot\text{m}^2$ 较好，考虑其他方面要求，选用 $GD^2\geqslant420000\text{t}\cdot\text{m}^2$。

从考虑机组本身在合理结构、合理参数范围内并考虑其经济性，就发电机本身存在的 GD^2 而言，其与各工厂采用的结构、材料有关。对全空冷机组国外工厂为三峡电站700MW机组提供的发电机固有 GD^2 为400000～$420000\text{t}\cdot\text{m}^2$；在此基础上 GD^2 若增加5%，发电机重量增加1.0%，成本上升0.5%～1.0%；GD^2增加20%，发电机成本增加5%。

结合满足三峡电站调节保证计算和电力系统稳定计算的要求，并考虑机组的经济性，左岸电站发电机选用$GD^2 \geqslant 420000 \mathrm{t \cdot m^2}$，右岸电站及地下电站发电机选用$GD^2 \geqslant 450000 \mathrm{t \cdot m^2}$。

(2)发电机冷却方式选择

水轮发电机采用何种冷却方式，关系到水轮发电机参数选择、结构设计、重量和造价、能否长期安全稳定运行等方面，是大容量水轮发电机中需解决的关键问题之一。

槽电流是选择冷却方式的主要因素：发电机的冷却方式不受各极容量的限制，主要受电压、支路与槽电流的合理匹配及热流密度分析计算和热负荷的控制。对转速和电压已确定的发电机，可根据其可选支路数(对称)和槽电流选择发电机冷却方式。根据国内外已投用的水轮发电机资料表明，冷却方式与定子槽电流值的关系密切，统计表明对全空冷发电机，槽电流适用范围为5500～6500A；水冷发电机，槽电流在10000A左右。三峡水电站发电机无论采用何种冷却方式，均应有合理的槽电流值。

冷却方式对发电机参数的影响分析：在技术交流中要求国外投标商，对三峡电站发电机采用不同冷却方式下的性能参数和造价进行分析比较，结果汇总见表5.1.29。

表5.1.29　三峡电站发电机不同冷却方式下的性能参数比较汇总

中投标厂商			瑞士 ABB		法国 GEC ALSTOM(GA)		俄罗斯 (RUS)		德国VOITH、加拿大GE和德国西门子组成的VGS集团	
参数值冷却方法			空冷	水冷	空冷	水冷	空冷	水冷	空冷	水冷
参数	效率(%)	额定效率	98.80	98.77	98.90	98.77	98.64	98.59	98.85	98.75
		最大容量时效率	98.82	98.76	98.90	98.75	98.67	98.58	98.86	98.74
		加权平均效率	98.76	98.76	98.88	98.78			98.82	98.75
	电抗(p.u.)	X_d'(不饱和值)	0.287	0.315	0.350	0.350	0.350	0.350	0.350	0.350
		X_d''(饱和值)	0.200	0.205	0.200	0.200	0.205	0.200	0.200	0.200
	定子线棒相对于铁芯轴向热膨胀位移(mm)		3.00(稳态) 4.00(瞬态)	1.00(稳态) 7.00(瞬态)	2.50	0.10	1.20	0.00	3.28	0.00
	发电机重量(t)		3561.0	3459.0	3337.0	2966.2	3880.0	3480.0	3242.0	3143.0

从表5.1.29中可以看出：①计算发电机效率时定子绕组铜损折算温度为90℃，如果折算温度按实际运行温度，即空冷按105℃、水冷按60℃，额定效率和最大容量时效率在两种冷却方式下基本相同，而空冷发电机加权平均效率略高；②各投标厂商对两种冷却方式的电抗值基本处于同一水平；③水冷发电机重量比空冷发电机略轻，但若考虑水处理设备装置，

两种冷却方式的发电机价格基本相当;④空冷发电机定子线棒相对于定子铁芯轴向热膨胀位移比水冷发电机大,导致对绝缘的损伤比水冷发电机大,对于三峡电站开停机频繁的调峰机组,此问题应予以重视。

国内外已投入运行的类似三峡电站的大容量机组,除古里Ⅱ电站和大古力Ⅱ电站机组外,大多采用半水冷方式,截至2000年,已投入运行的单机容量为500MW及以上的水轮发电机共计67台,其中,半水冷发电机43台,占总数的64%。大型机组的主要缺陷是由热引起的机械变形、膨胀、翘曲,对三峡电站要求调频调峰运行的大型机组尤其如此。

半水冷发电机具有以下优点:①定子绕组温度低,能缓解线棒相对定子铁芯冷热循环的位移,由于铁芯部分热流流向线棒使铁芯温度降低,也缓解了由铁芯热膨胀引起的定子机座的径向力,同时减慢定子绕组绝缘的老化速度。②通过测量定子线棒进出口的水温,可以精确地监测定子绕组的温度情况。③由于水冷技术的不断提高,由水系统本身引起的故障已减少,虽然不可避免地增加了运行维护的工作量,但在实践中可借鉴伊泰普、大古力Ⅲ等电站的实践经验。

大容量全空冷发电机已有大古力Ⅱ、古里Ⅱ、丘吉尔瀑布、二滩等电站投入运行,空冷技术成熟,设备简单可靠。三峡电站发电机最大容量840MVA不是全空冷发电机的极限容量,虽然全空冷发电机的定子温度比半水冷发电机温度高,热应力大,但由于通风冷却技术的不断提高,同时在结构上采取适应热膨胀的措施,因此发电机温度高尚不会影响到发电机的安全稳定运行。全空冷发电机在实践中可借鉴古里Ⅱ和大古力Ⅱ等电站的运行经验。

发电机从可利用率分析,由于统计方法和统计范围的局限性,很难评价哪种冷却方式的可利用率高。国外各投标厂商提供的三峡电站发电机两种冷却方式的参数基本相当。

(3)三峡左岸、右岸、地下电站水轮发电机冷却方式选择

1)左岸电站。

左岸电站发电机的冷却方式,主要比选了全空冷与半水冷两种方式。由前面的比较分析可知,两种冷却方式都可行,从运行维护相对简单出发,可选全空冷方式;从定子绕组的温度较低,由温度应力引起的变形相对较小,三峡电站是调峰电站出发,可选半水冷方式。对选用哪种冷却方式分歧颇大,在招标文件中两种冷却方式都可以,由投标者根据产品制造优势选择。

水轮发电机主要由ABB(后转卖给ALSTOM公司)及VGS(加拿大GE、德国VOITH、西门子等公司组成的联营体)制造,ABB及VGS各中标8台(套)、6台(套)。而这些厂都有制造半水冷水轮发电机的业绩和技术优势,考察大古力、伊泰普等水电站,所选用的采用半水冷冷却方式的700MW水轮发电机能够稳定安全运行,日常维护工作量很少,同时考虑到三峡电站又是调峰电站,国内尚无制造和运行840MVA水冷水轮发电机的经验等情况,从运行可靠出发,在评标中选定左岸电站14台水轮发电机选用半水冷冷却方式。

2)右岸电站。

在左岸电站水轮发电机采用半水冷冷却方式的工程实践中,发现水冷系统所占厂用空间较大,对冷却水管路敷设的高差有一定要求,导致厂房特别是地下厂房布置困难,在

运行中水接头滴漏水等情况时有发生;发电机汇流环采用水冷方式,在运行中处于微振状态,若发生水接头脱开,0.7MPa冷却水喷洒在有尘发电机绕组上将发生短路事故。2001年下半年开始进行右岸电站机组招标设计时,了解到国内哈电对大型水轮发电机采用全空冷方式,对全空冷却系统在通风槽设置、风速和风量的均匀分布、减小风损、封闭循环系统等核心技术上有很大的突破,从而使大容量水轮发电机在运行中定子绕组温度分布趋于均匀、温升和温差有所减小。鉴于上述问题,长江设计院建议在右岸电站部分机组中采用全空冷冷却方式,该建议被三峡总公司采纳,在右岸机组招标文件中明确,发电机冷却方式可采用半水冷或全空冷方式。招标结果:右岸电站12台机组由ALSTOM、东电各中标4台(套),发电机采用半水冷方式;哈电中标4台(套),发电机采用全空冷方式。2007年7月由我国自主创新研发的世界上最大容量(840MVA)的采用全空冷方式的水轮发电机成功投入商业运行。

3)地下电站。

我国从20世纪50、60年代开始对蒸发冷却的基本理论、冷却介质特性等方面进行了研究。随着基础研究取得成果,1983年云南大寨水电站额定容量10MW额定转速1000r/min的蒸发冷却水轮发电机、1992年陕西安康水电站额定容量50MW额定转速214.3r/min的蒸发冷却水轮发电机投入运行,验证了蒸发冷却的原理、冷却介质的选用等基础研究取得的成果可信,为巨型水轮发电机采用蒸发冷却奠定了基础。

这种新型冷却方式,不仅具有水内冷同等的冷却效果和优点,还具有由于选用了无毒、安全、不燃、沸点低、化学稳定性好又具有良好绝缘性能的环保型冷却介质,在运行中利用介质二相的特性,工作压力接近零表压,相应循环系统的管路密封较易实现,在容器和管路中不结垢等优点。若制造工艺和安装调试质量达到要求,水轮发电机可实现免维护运行。

在三峡地下电站发电机冷却方式的比选中,看到了将蒸发冷却技术应用到额定容量700MW级及以上大型水轮发电机所具有的优越性和应用前景。基于对我国具有自主知识产权的新技术的重视,要应用到三峡电站840MVA水轮发电机上还需重点解决:①蒸发冷却水轮发电机的设计原则;②从环保出发,对蒸发冷却介质的物理、化学、生理、电弧作用下的性能试验研究,以优选介质;③静态液位选择和蒸发冷却系统;④铁芯、线棒限值温度的确定;⑤整体冷却系统的仿真计算;⑥蒸发冷却水轮发电机总体结构及布置;⑦完善监测、保护系统等。要解决上述问题需要工业化的试验研究,为此,三峡总公司与东电、中国科学院电工研究所(以下简称“电工所”)签订了《三峡左岸电站水冷改造为蒸发冷却系统工业化应用研究》合同。东电与电工所于2005年5月在东电建成了局部模拟水轮发电机真机、带定子铁芯一个支路的1/4单元、安装18根真机线棒和跨接线及汇流环的仿真模型试验台,针对上述问题进行了两年多的试验研究,解决了水轮发电机蒸发冷却的关键技术,并在此基础上结合左岸电站水内冷发电机的实际结构及特点,提出了改造为蒸发冷却发电机的总体结构设计方案、蒸发冷却系统主要参数、监测项目、开停机条件及改造工艺等,经专家评审,一致认为可在地下电站840MVA水轮发电机上应用。

（4）推力轴承

推力轴承是支撑水轮发电机组转动部分重量和水推力的关键部件，直接影响机组运行的安全可靠性。20世纪70—80年代，我国推力轴承烧瓦事故时有发生，危及机组安全运行，选用何种推力轴承必须引起高度重视。当时国内已投入运行机组的最大推力负荷为38000kN（葛洲坝水电站轴流水轮发电机组、单机容量为170MW）。三峡电站840MVA水轮发电机推力负荷为55200kN，是世界上推力负荷最大的机组。在选用何种推力轴承，对其布置位置、支撑方式、瓦材、润滑冷却系统等方面进行了比选设计研究。

1）推力轴承的结构布置。

推力轴承可布置在发电机下机架上或水轮机顶盖上，这两种方案各有优缺点。对伊泰普、古里、大古力3个世界级大水电站进行考查。这3个电站推力轴承均放在发电机下机架上，这种方式会使机组高度增加约1m，设备和土建费用略有增加，在运行中水轮机顶盖与推力轴承互不影响，机组结构受力简单清晰，机坑内显得较宽敞，方便安装运行，推荐采用推力轴承布置在发电机下机架上的方案。

2）支撑型式。

推力轴承的支撑结构对推力瓦的变形、瓦面的压力均衡分布以及楔形油膜的形成与保持起重要作用，从而对推力轴承运行性能和可靠性有着重要的影响。经多种支撑型式的比较，采用小弹簧束支撑和小支柱簇支撑。这种支撑方式具有足够的弹性，能使推力瓦面受力均衡，能使沿径向各块瓦之间具有自动调节负载等优点。三峡水电站运行表明，推力轴承24（28）块瓦在运行中各瓦块间的温差一般都小于5℃。这表明这两种支撑方式较好，在大于700MW级的大型水轮发电机中已被广泛采用。

3）瓦面材料。

瓦面材质、单块瓦的大小和厚薄、瓦允许的运行温度等性能直接关系到推力轴承的安全运行。可供选择的瓦材，一是从俄罗斯（苏联）引进的弹性金属氟塑料瓦，二是西方在已投入运行的700MW级水轮发电机中普遍采用的钨金（轴承合金）瓦。长期研究和工程实践表明，目前在国内，这两种瓦材都被采用，弹性金属氟塑料瓦虽有运行工况灵活、安装检修方便、取消高压油顶起装置等优点，但由于塑料瓦制造工艺上的缺陷，曾发生过烧瓦事故。虽然塑料瓦经制造工艺改进后被普遍使用，但在700MW级以上的巨型水轮发电机中尚无工程应用实例。从安全出发，并考虑到钨金瓦可在国内制造，三峡电站700MW水轮发电机采用钨金瓦。瓦温控制需考虑瓦块间温度分布的不均衡性，如瓦温过高，将导致瓦块温度分布不均，影响瓦块变形，瓦温控制在80℃是较好的。

4）推力轴承润滑冷却系统。

推力轴承润滑冷却系统的功能是确保瓦的运行温度不超过允许值。有两种基本型式：①把油冷却器设置在油槽中的内循环润滑冷却系统，该系统具有设备简单、不占用电站的辅助面积等优点，但维护检修不方便，且油槽体积较大，按运输条件制成整体或分瓣结构。20

世纪70年代研制开发了抽屉式油冷却器，冷却效果好，对推力瓦及故障冷却器检修维护极为方便，在国内广为采用。②外循环润滑冷却系统，油冷却器设置在油槽外的支臂之间或机坑适当位置，外循环的优点是油槽体积小，便于冷却器维护检修，冷热油循环压力来自镜板泵或外加泵组。热油经外部冷却后流回油槽，冷油可直接喷射到摩擦面上，冷却效果好，但油路循环、管路系统的阻力特性分析计算应予以高度重视和精确计算。该系统适用于推力轴承摩擦损耗大、PV值高的大容量高速电机。三峡电站水轮发电机推力轴承属大负荷、大型推力轴承，损耗大，需要冷却器的容量也大。若采用油槽内循环冷却系统不仅需要较多的冷却管，加大了油槽体积，也不利于油路循环发挥冷却效果，更不能满足轴承的冷却需求。采用外循环冷却系统，油槽内部结构可以简化，阻挡物少，油槽内油路畅通，能有效降低油的搅拌损耗（据测试，油的搅拌损耗约为润滑损耗的一半），油可直接进入油冷却器，充分进行热交换。另外，因油冷却器位于轴承油槽外部，给检修、维护、更换零件均带来方便。外循环冷却系统根据轴承参数的不同，可设计成外加泵外循环和自身泵外循环（镜板泵外循环、导瓦自泵外循环）两种方式。鉴于上述情况，三峡电站水轮发电机推力轴承采用了外循环润滑冷却系统。

（5）发电机主要参数

三峡电站发电机主要参数见表5.1.30。

（6）发电机温升

三峡电站发电机采用全空冷、半水冷和蒸发冷却3种冷却方式。发电机在额定电压、额定频率、额定功率因数、额定容量（777.8MVA）和最大容量（840MVA）运行时，导轴承和推力轴承轴瓦的温度分别不得超过70℃和80℃。三峡电站发电机冷却方式与温度或温升保证值见表5.1.31。在2台空气冷却器和1台蒸发冷却系统冷凝器（若有）退出运行、空气冷却器出口冷却空气温度不超过40℃、冷却水进水温度不超过28℃时，最大温升（或温度）不超过表5.1.31的值。

（7）振动和摆度

1）左岸电站。

①招标文件要求。

（a）在对称负荷工况下，定子铁芯的频率为100Hz的允许双幅振动量应不大于0.03mm。

（b）在各种正常工况下，在左岸电站各部件上任一点测得的以位移峰—峰值表示的最大振动（或摆度）值见表5.1.32。

表 5.1.30 三峡电站发电机主要参数

参数	左岸电站			右岸电站				地下电站			
	招标文件	VGS 1～3 号，7～9 号	ALSTOM（ABB）4～6 号，10～14 号	招标文件	东电 15 号～18 号	ALSTOM 19 号～22 号	哈电 23～26 号	初步设计	东电 27 号、28 号	天津 ALSTOM 29 号、30 号	哈电 31 号、32 号
额定容量（MVA）/额定功率（MW）	777.8/700.0	777.8/700.0	777.8/700.0	777.8/700.0	777.8/700.0	777.8/700.0	777.8/700.0	777.8/700.0	777.8/700.0	777.8/700.0	777.8/700.0
最大容量（MVA）/最大功率（MW）	840/756	840/756	840/756	840/756	840/756	840/756	840/756	840/756	840/756	840/756	840/756
额定容量时进相容量（Mvar）	339	339	339	339	339	339	339				
最大容量时进相容量（Mvar）	366	366	366	366	366	366	366				
额定电压（kV）	20 或 18	20	20	20	20	20	20	20	20	20	20
额定功率因数	0.9	0.9	0.9	0.9	0.9	0.9	0.9	0.9	0.9	0.9	0.9
最大容量功率因数（滞后）	0.9	0.9	0.9	0.9	0.9	0.9	0.9		0.9	0.9	0.9
额定频率（Hz）	50	50	50	50	50	50	50	50	50	50	50
额定转速（r/min）	75.0	75.0	75.0	75.0 或 71.4	71.4	75.0	75.0	75.0 或 71.4	75.0	71.4	75.0
飞逸转速（r/min）	约 150	150	150	约为额定转速的 2 倍	143	151	146		150	143	150
冷却方式	全空冷或半水冷	半水冷	半水冷	全空冷或半水冷	半水内冷	全水冷	半水内冷	全空冷	蒸发冷却	半水冷	全空冷
额定效率（%）	98.60	98.77	98.75		98.83	98.73	98.75		98.75	98.83	98.73
最大容量时效率（%）	98.56	98.76	98.74		98.83	98.74	98.74		98.74	98.83	98.74

续表

参数	左岸电站			右岸电站				地下电站			
	招标文件	VGS 1～3号，7～9号	ALSTOM（ABB）4～6号，10～14号	招标文件	东电 15号～18号	ALSTOM 19号～22号	哈电 23～26号	初步设计	东电 27号、28号	天津ALSTOM 29号、30号	哈电 31号、32号
加权平均效率（%）	98.56	98.76	98.75		98.82	98.69	98.75		98.72	98.81	98.68
定子转子绕组绝缘等级	F级	F级	F级	F级	F级	F级	F级		F级	F级	F级
直轴不饱和瞬态电抗 X_d'（额定容量时）(Pu)	≤0.350	0.315	0.320	0.320	0.316	0.301	0.320		0.330	0.315	0.301
直轴不饱和瞬态电抗 X_d'（最大容量时）(Pu)		0.340	0.350	0.350	0.341	0.325	0.350		0.360	0.340	0.325
直轴饱和超瞬态电抗 X_d''（额定容量时）(Pu)	≥0.20	0.200	0.200	0.200	0.204	0.205	0.200		0.220	0.204	0.205
直轴饱和超瞬态电抗 X_d''（最大容量时）(Pu)		0.216	0.210	0.216	0.219	0.221	0.216		0.250	0.216	0.221
额定容量时短路比		1.20	1.20	1.20	1.20	1.20	1.20		1.26	1.20	1.20
最大容量时短路比	≥1.10	1.10	1.10	1.10	1.10	1.10	1.10		1.17	1.10	1.12
定子单根线棒1min Ⅰ频耐压	$\geq 2.75U_N+6.5$	$\geq 2.75U_N+6.5$	$\geq 2.75U_N+6.5$	$\geq 2.75U_N+6.5$	$4U_N$	$\geq 2.75U_N+6.5$	$\geq 2.75U_N+6.5$	定子绕组额定电流密度（A/mm²）	4.18	3.38	2.84
完整的定子绕组1min Ⅰ频耐压	$\geq 2U_N+3$	$2U_N+3$	$2U_N+3$	$\geq 2U_N+3$	$2U_N+3$	$2U_N+3$	$2U_N+3$				

续表

参数	左岸电站			右岸电站				地下电站			
	招标文件	VGS 1～3 号，7～9 号	ALSTOM (ABB) 4～6 号，10～14 号	招标文件	东电 15 号～18 号	ALSTOM 19 号～22 号	哈电 23～26 号	初步设计	东电 27 号、28 号	天津 ALSTOM 29 号、30 号	哈电 31 号、32 号
定子线棒起晕电压(kV)	≥ $5.5U_N$	$6.5U_N$	≥ $5.5U_N$	≥ $5.5U_N$	$6.5U_N$	≥ $5.5U_N$	≥ $5.5U_N$	定子绕组额定电流密度 (A/mm^2)	4.51	3.65	3.06
定子单线棒起晕电压(kV)	≥$1.5U_N$	$1.5U_N$	$1.5U_N$	≥$1.5U_N$	$1.5U_N$	$1.5U_N$	$1.5U_N$				
完整的定子绕组起晕电压(kV)	≥$1.1U_N$	$1.1U_N$	$1.5U_N$	≥$1.1U_N$	$1.1U_N$	$1.5U_N$	$1.5U_N$	定子绕组单相对地电容 μF	1.76	2.54	3.69
定子线棒常态介质损失角正切 $\tan\delta(0.2U_N)$(%)	≤1	1	1	≤1	1	1	1				
下机架最大垂直挠度(mm)	3.5	3.5	3.5	3.5	3.5	3.5	3.5		≤3.5	≤3.5	≤3.5
轴系第一临界转速(r/min)	不小于飞逸转速的 125%	300	205	不小于飞逸转速的 125%	300	313	190		大于 1.3 倍最大飞逸转速	>179	313
推力轴承负荷(t)		5520	4050		5520	5560	4050		4050	5290	5070
发电机飞力矩 GD^2($t·m^2$)	≥450000	≥450000	≥450000	≥450000	≥450000	≥450000	≥450000	≥450000	≥470000	≥450000	≥480000

表 5.1.31 三峡电站发电机冷却方式与温度或温升保证值

项目		部件	招标文件		左岸电站		右岸电站				地下电站		
					ALSTOM合同	VGS合同	ALSTOM合同	哈电合同		东电合同	东电合同	ALSTOM合同	哈电合同
			额定运行工况	最大容量运行工况	最大容量运行工况	最大容量运行工况	最大容量运行工况	额定运行工况	最大容量运行工况	最大容量运行工况	最大容量运行工况	最大容量运行工况	最大容量运行工况
(一)绕组、铁芯及集电环温升	全空冷	定子绕组(K)	65	75				62	72				70
		励磁绕组(K)	75	85				70	80				75
		集电环(K)	75	85				75	85				80
		铁芯及与绝缘接触或相邻的机械部件(K)	75	80				62	70				60
	半水冷	定子绕组出水温度(℃)		65	65	65	65			65		65	
		励磁绕组(K)		85	85	85	75			75		75	
		集电环(K)		80	80	80	80			80		80	
		铁芯及与绝缘接触或相邻的机械部件(K)		60	60	60	60			60		60	

续表

项目		部件	招标文件		左岸电站		右岸电站				地下电站		
					ALSTOM合同	VGS合同	ALSTOM合同	哈电合同		东电合同	东电合同	ALSTOM合同	哈电合同
			额定运行工况	最大容量运行工况	最大容量运行工况	最大容量运行工况	最大容量运行工况	额定运行工况	最大容量运行工况	最大容量运行工况	最大容量运行工况	最大容量运行工况	最大容量运行工况
(一)绕组、铁芯及集电环温升	蒸发冷却	定子绕组出水温度(℃)									68		
		励磁绕组(K)									75		
		集电环(K)									80		
		铁芯及与绝缘接触或相邻的机械部件(K)									60		
(二)轴承温度		推力轴瓦(℃)	80	80	80	80	80			80	80	80	80
		导轴瓦(℃)	70	70	70	70	70			70	70	70	70

表 5.1.32　　左岸电站各部件以位移峰—峰值表示的最大振动(或摆度)值　　(单位:mm)

部件	表示的最大振动(或摆度)值	
	冷态	热态
集电环(水平分量)	0.40	0.30
上机架(水平分量)	0.08	0.08
下机架(垂直分量)	0.04	0.03
定子铁芯处的定子		
机座(0.5～5Hz,水平分量)	0.03	0.02

②左岸电站发电机振动(或摆度)合同保证值见表5.1.33。

表 5.1.33　　左岸电站发电机振动(或摆度)合同保证值　　(单位:mm)

部件	招标文件		ALSTOM 合同		VGS 合同	
	冷态	热态	冷态	热态	冷态	热态
集电环(水平分量)	0.40	0.30	0.40	0.30	0.40	0.30
上机架(水平分量)	0.08	0.08	0.08	0.08	0.08	0.08
下机架(垂直分量)	0.04	0.03	0.04	0.03	0.04	0.03
定子铁芯处的定子机座(0.5～5Hz,水平分量)	0.03	0.02	0.03	0.02	0.03	0.02
定子铁芯(100Hz,水平分量)	0.03	0.03	0.03	0.03	0.03	0.03

2)右岸电站。

根据合同文件,右岸电站各供货商机组振动(或摆度)合同保证值见表5.1.34。

表 5.1.34　　右岸电站各供货商机组振动(或摆度)合同保证值　　(单位:mm)

部件	东电		天津 ALSTOM		哈电	
	正常	空载	正常	空载	正常	空载
下机架(垂直分量)	0.03	0.03	0.03	0.05	0.03	0.04
上机架(水平分量)	0.08	0.08	0.08	0.04	0.08	0.08
定子机座(水平分量)	0.02	0.02	0.02	0.03	0.02	0.03

①三峡右岸16号机组(东电供货)。

(a)上机架水平振动满足合同保证值80μm。

(b)下机架垂直振动在小负荷区最大,最大值约250μm,在涡带区次之,最大值约130μm。500MW负荷以上,下机架垂直振动除个别工况点外,基本均小于国标允许值80μm。

②三峡右岸21号机组(ALSTOM供货)。

小负荷区,上机架水平振动最大幅值约为40μm;涡带工况区,上机架水平振动最大幅值约为31μm;大负荷区,水平振动最大幅值约为11μm。全负荷区间内的上机架水平振动幅值小于合同保证值 80μm。

根据现场试验，三峡右岸各供货商的机械振动和主轴摆度的结果为：下机架垂直振动在涡带负荷区最大，最大幅值约为 130μm；小负荷区次之，振动幅值为 60～80μm；大负荷区下机架垂直振动的幅值较小，为 5～13μm。在 70%～100%出力范围，下机架垂直振动基本小于合同保证值 80μm。

③三峡右岸 26 号机组(哈电供货)。

(a)上机架水平振动在小负荷区最大，最大值为 75μm。在全负荷范围内，上机架水平振动满足合同保证值 80μm。

(b)下机架垂直振动在小负荷区最大，最大值约 160μm。在 70%～100%出力范围，下机架垂直振动基本满足合同保证值 80μm。

3)地下电站。

地下电站水轮发电机振动(或摆度)合同保证值见表 5.1.35。

表 5.1.35　　地下电站水轮发电机振动(或摆度)合同保证值　　(单位：mm)

部件	东电合同		ALSTOM 合同		哈电合同	
	冷态	热态	冷态	热态	冷态	热态
集电环(水平分量)	0.40	0.30	0.40	0.30	0.40	0.30
上机架(水平分量)	0.08	0.08	0.08	0.08	0.08	0.08
下机架(垂直分量)	0.04	0.03	0.04	0.03	0.04	0.03
定子铁芯处的定子机座(0.5～5Hz，水平分量)	0.03	0.02	0.03	0.02	0.03	0.02
定子铁芯(100Hz，水平分量)	0.03	0.03	0.03	0.03	0.03	0.03

(8)可靠性指标

1)左岸电站。

左岸电站发电机可靠性指标合同保证值见表 5.1.36。

表 5.1.36　　左岸电站发电机可靠性指标合同保证值

序号	项目	
1	发电机可用率(%)	99.5
2	发电机无故障连续运行时间(小时)	20000
3	大修间隔时间(年)	15
4	退役前的使用期限(年)	70
5	定子绕组退役前的使用期限(年)	30

2)右岸电站。

右岸发电站发电机可靠性指标合同保证值见表 5.1.37。

表 5.1.37 右岸电站发电机可靠性指标合同保证值

序号	项目	ALSTOM	东电	哈电
1	发电机可用率(%)	>95.5	99.5	≥99.5
2	发电机无故障连续运行时间(小时)	>18000	20000	≥18000
3	大修间隔时间(年)	>10	≥10	≥10
4	退役前的使用期限(年)	>40	≥40	≥40
5	定子绕组退役前的使用期限(年)	>25	≥25	≥25

3)地下电站。

地下电站发电机可靠性指标合同保证值见表 5.1.38。

表 5.1.38 地下电站发电机可靠性指标合同保证值

序号	可靠性指标	东电合同	ALSTOM 合同	哈电合同
1	发电机可用率(%)	≥99.5	≥99.5	≥99.5
2	发电机无故障连续运行时间(小时)	≥20000	≥18000	≥18000
3	大修间隔时间(年)	≥10	≥10	≥10
4	退役前的使用期限(年)	≥40	≥40	≥40
5	定子绕组退役前的使用期限(年)	≥25	≥40	≥40

5.1.3.2 发电机主要结构及特点

(1)左岸电站

1)定子。

定子由定子机座、定子铁芯和定子绕组组成。ALSTOM、VGS 发电机定子结构尺寸及重量见表 5.1.39。

表 5.1.39 左岸电站发电机定子结构尺寸及重量

机组制造厂	定子机座外径(m)	定子铁芯内径(m)	定子机座高度(m)	定子铁芯高度(m)	定子重量(t)
ALSTOM	22.03	18.8	6.04	2.95	804
VGS	21.45	18.5	4.27	3.13	707

①定子机座。

发电机定子机座采用分瓣机座,到工地组圆和现场叠片,其中 ALSTOM 发电机定子机座分为 5 瓣,VGS 分为 8 瓣。

ALSTOM 在定子机座设计上采用了斜元件支撑结构,斜元件由优质热轧钢板制成,与径向夹一定角度在定子机座上等距离布置,穿过定子机座环板并与环板焊接。斜元件支撑的下部与基础刚性连接,上部与上机架支臂刚性连接。定子机座的斜元件能吸收一定的热膨胀，从而将机座和铁芯之间的热膨胀差异所引起的应力减小至可接收的范围。VGS 采用浮动式定子机座，即在机座与混凝土基础板之间加有径向销和连接螺栓，当铁芯向外热膨胀时，定子机座可向外沿径向自由滑动，同时限制任何切向位移，防止较大的反作用力施加到铁芯上，从而防止铁芯翘曲。

②定子铁芯。

定子铁芯通过安装在定子铁芯和机座间的双鸽尾定位筋固定在定子机座上。定子铁芯由高质量、高导磁率、低损耗、无时效、优质冷轧薄硅钢片叠成。ALSTOM、VGS 均选用了厚度 0.5mm 的优质冷轧硅钢片。ALSTOM 定子铁芯采用 270 根 M20 穿芯螺杆压紧，并在拉紧螺杆上采用了弹簧垫圈，使整个铁芯上的压力分布均匀，穿芯螺杆在电气上与铁芯绝缘，定子铁芯上端压板与机座上环板无连接，铁芯单位面积压力为 1.5MPa。VGS 定子铁芯压紧通过上、下端压板及位于定子铁芯外侧与定子机座之间的拉紧螺杆固定压紧，铁芯压紧螺栓采用高屈服强度的钢制成，并具有弹性储备以保持对铁芯叠片所产生的压力。拉紧螺栓的延伸率以及所用的弹簧垫圈，允许铁芯轴向膨胀。铁芯单位面积压力为 1MPa。

③定子绕组。

定子绕组为条式波绕组，三相 Y 型连接。定子绕组每相由 5 个并联支路组成，绕组绝缘为 IEC 标准规定的 F 级绝缘，采用环氧树脂真空压力浸渍成型。ALSTOM 发电机定子绕组由 1020 根线棒组成，线棒主绝缘 1min 工频耐压值 80kV，击穿电压 130kV。VGS 发电机定子绕组由 1080 根线棒组成，线棒主绝缘 1min 工频耐压值 61.5kV，击穿电压 110kV。线棒采用罗贝尔法进行换位。

2)转子。

转子由圆盘式转子支架、转子磁轭、转子磁极等部件组成。ALSTOM 发电机转子支架由 1 个转子中心体和 16 个斜支臂焊接而成，VGS 发电机转子支架由 1 个转子中心体和 20 个支臂焊接而成。ALSTOM、VGS 发电机转子外径分别为 18.74m 和 18.44m，转子高度分别为 3.42m 和 3.44m，转子重量分别为 1780t 和 1710t。转子支架的组装、磁轭叠片组装和磁极挂装在三峡工地进行。

①转子支架。

转子支架(包括转子中心体和支架)为圆盘式焊接结构，用优质热轧钢板制成。中心体是一个具有适当刚度的整体，由上法兰、下法兰、内法兰、外筒及内部径向垂直筋板组成。垂直筋板将上法兰、下法兰和外筒连接在一起形成一个刚性整体。转子支架的支臂在中心体的外周，与径向夹一定角度等距离地分布，并与中心体的外筒相连。支架上设有足够数量的孔洞，以满足发电机通风的要求。

②转子磁轭。

转子磁轭由磁轭冲片在现场叠装而成，磁轭冲片为厚度不小于 3mm 的经钝化处理的高强度冷轧钢板。转子磁轭通过磁轭键固定到转子支架上，ALSTOM、VGS 发电机的磁轭键均采用径向、切向复合键连接结构，径向键的预紧力保证机组转速为 1.4 倍额定转速以下时转子磁轭与转子支架不发生分离。在磁轭叠片时预留有径向水平通风槽，通风槽沿整个磁轭表面均匀分布，以保证磁轭的通风。

③转子磁极。

三峡左岸发电机转子磁极数量为80个(40对)，每个磁极由磁极冲片叠装而成的磁极本体和缠绕在其上的励磁绕组组成，励磁绕组匝数为13.5匝，绝缘等级为F级，在磁极表面即极靴上设有阻尼绕组。单个转子磁极在工厂组装而成，运至三峡工地后通过磁极键固定到转子磁轭上，并将所有磁极的励磁绕组连接成整体。

3)发电机轴承。

发电机具有2个导轴承和1个推力轴承，即位于转子上方的上导轴承和位于转子下方的下导轴承和推力轴承。导轴承为自润滑、分块、可调、巴氏合金型。上导轴承采用一个单独的油箱安装于上机架上，下导轴承和推力轴承共用一个油箱安装于下机架上。

ALSTOM发电机的推力轴承采用双层轴瓦结构，瓦块数量为24个，瓦面材料为巴氏合金。VGS发电机采用弹簧束支撑方式，瓦块数量为28个，瓦面材料也为巴氏合金。推力瓦温均不超过80℃。推力轴承在飞逸转速下能安全运行5min。为了降低推力瓦运行时的温度，提高运行可靠性，ALSTOM发电机推力轴承采用8个外部油冷却器进行冷却，油冷却器布置在下机架上，油通过镜板泵进行循环。VGS发电机推力轴承采用6个外部油冷却器进行冷却，油通过油泵进行循环，油冷却器及油泵布置在下机架区域。轴承允许在其冷却器的冷却水中断时，机组在额定转速下满负荷运行15min。

推力轴承配备高压油顶起系统，以便在机组启动和停机时给推力轴承的轴瓦面注入高压油。在正常开停机过程中，高压油顶起系统能自动地投入运行。推力轴承允许在事故情况下不投入高压油顶起系统而能安全停机。每台发电机高压油顶起系统由两套电动机驱动的油泵组成，2套油泵中，1套工作，另外1套备用。

4)发电机轴。

发电机主轴和上端轴均为中空结构，上端轴位于转子上部，与转子中心体连接，发电机主轴位于转子下部，上端与转子中心体连接，下端与水轮机轴连接。左岸电站发电机上端轴和主轴的尺寸及重量见表5.1.40。

表5.1.40　　左岸电站发电机上端轴和主轴的尺寸及重量

部件	供货方	长度(m)	外径(m)	内径(m)	重量(t)
上端轴	ALSTOM	2.22	2.7		37.00
	VGS	2.98	2.7		26.42
发电机主轴	ALSTOM	4.94	3.1	2.65	106.00
	VGS	4.00	3.8	3.50	88.00

5)上、下机架。

ALSTOM发电机下机架由1个中心体和16个斜支臂焊接而成，VGS发电机下机架由

1个中心体和6个辐射型支臂焊接而成。ALSTOM、VGS发电机下机架外径分别为15.1m和16.1m，重量分别为364t和283.5t。ALSTOM、VGS发电机最大推力负荷分别为5520t和4850t。由于下机架承担的垂直方向推力负荷大且尺寸较大，为了防止由下机架产生下沉变形而引起推力轴承负荷分布不均匀以及影响导轴承瓦与推力头之间的间隙，要求下机架必须有足够的刚度，下机架在最严重工况下，其垂直挠度不超过3.5mm。

ALSTOM发电机上机架由1个中心体和20个斜支臂焊接而成，所有斜支臂径向均支撑在机坑混凝土墙上，轴向支撑在定子机座上。VGS发电机上机架由1个中心体和16个辐射形支臂焊接而成，相邻支臂之间在外径处横向连接，其中8个支臂径向支撑在机坑混凝土墙上，所有支臂轴向支撑在定子机座上，在轴向支撑件与支臂结合处采取不限制定子机座径向热膨胀的措施。ALSTOM、VGS发电机上机架外径分别为23.2m和21.35m，重量分别为118.5t和83.5t。

6)发电机水内冷水处理系统。

整个系统采取内部封闭循环方式。系统主要由供水加压水泵、热交换冷却器、纯水过滤器、离子交换器、移动水箱(带水泵)、膨胀水箱、氮气瓶等组成。其中，供水加压水泵、热交换冷却器、纯水过滤器均设置2套，1台工作，另外1台备用。

为了防止备用管路中水的导电率上升，在逆止阀的阀盘上均开有3mm的小孔，使备用管路中的水参加系统循环。正常运行时，只有1%的水经过离子交换器，离子交换器能维持水的导电率不上升。当导电率不合格时，系统会报警，此时需要更换离子交换器中的树脂。离子交换器中的树脂滤芯可在运行中更换。系统在换水、补水时，需通过移动水箱(带水泵)补充合格的纯水、清洁水。

膨胀水箱的作用是用于补偿由温度升高造成的水的体积增加，维持系统中水的压力不变。正常运行时，有2%的水流过膨胀水箱。

定子绕组冷却水系统(纯水处理系统)设有温度、流量、压力测量元件，其中，每组绕组(6根线棒一组)冷却水出水管上设有RTD(PT100)180个；定子绕组上方纯水进出水管设有RTD(PT100)2个；纯水及纯水的冷却水系统均设有流量传感器、示流器2个，纯水压力传感器1个，压差传感器2个。

7)发电机冷却方式。

发电机采用定子绕组直接水冷、定子铁芯和转子绕组空气冷却的半水内冷方式。

①定子绕组直接水冷。

定子线棒采用实心股线和空心股线换位编织而成，空心股线通过水接头与定子绕组进、出水环管连接，进、出水环管采用绝缘法兰和纯水处理系统的出、进水总管相连。纯水处理系统提供的纯水在线棒的空心股线中以一定的流速循环流动，从而对定子绕组进行冷却。定子线棒之间以及线棒和极间连接线之间的连接接头采用水、电接头分开的形式。纯水处理系统包括电动泵、水—水热交换器、机械过滤器、离子交换器和膨胀水箱等设备，除膨胀水箱布置在下副厂房75.30m高程外，其他设备均共用一个底座并采用集成式安装方式布置在下副厂房67.0m高程。经纯水处理系统处理后的水，ALSTOM发电机为：PH值6～8，导电率0.1s/cm（水温25℃），硬度小于5μEq/L；VGS发电机为：pH值7.5～8，导电率0.5s/cm（水温25℃），硬度小于5μEq/L。

②定子铁芯和转子绕组空气冷却。

定子铁芯和转子绕组空气冷却采用密闭自循环径向通风的冷却方式。空气的循环通过发电机转子的径向气流作用来实现，气流经转子通风沟、通风隙、气隙、定子铁芯和机座导入空气冷却器，通过空气冷却器的气流再返回到转子上、下端。在发电机定子机座周围，对称地布置有水冷式空气冷却器，ALSTOM发电机为20个，VGS发电机为16个。空气冷却器备有散热余量，当2台空气冷却器退出运行时，发电机应能在额定运行工况及最大容量运行工况下安全运行，且各部分温升符合合同的有关规定。

(2)*右岸电站*

1)定子。

定子由定子机座、定子铁芯和定子绕组组成。右岸电站发电机定子结构尺寸及重量见表5.1.41。

表5.1.41　　右岸电站发电机定子结构尺寸及重量

机组制造厂	定子机座外径(m)	定子铁芯内径(m)	定子机座高度(m)	定子铁芯高度(m)	定子重量(t)
ALSTOM	22.130	18.800	6.125	3.150	721.37
哈电	22.028	18.766	5.795	3.200	767.10
东电	21.450	18.500	4.270	3.130	707.00

①定子机座。

发电机定子机座采用分瓣机座，到工地组圆和现场叠片，其中ALSTOM和哈电发电机定子机座分为5瓣，东电分为8瓣。

ALSTOM和哈电在定子机座设计上采用了斜元件支撑结构，斜元件由优质热轧钢板制成，与径向夹一定角度在定子机座上等距离布置，穿过定子机座环板并与环板焊接。斜元件支撑的下部与基础刚性连接，上部与上机架支臂刚性连接。定子机座的斜元件能吸收一定的热膨胀，从而将机座和铁芯之间的热膨胀差异所引起的应力减小至可接收的范围。东电采用浮动式定子机座，即在机座与混凝土基础板之间加有径向销和连接螺栓，当铁芯向外热膨胀时，定子机座可向外沿径向自由滑动，同时限制任何切向位移，防止较大的反作用力施加到铁芯上，从而防止铁芯翘曲。

②定子铁芯。

定子铁芯通过安装在定子铁芯和机座间的双鸽尾定位筋固定在定子机座上。定子铁芯由高质量、高导磁率、低损耗、无时效、优质冷轧薄硅钢片叠成。ALSTOM、哈电和东电均选用了厚度0.5mm的优质冷轧硅钢片。ALSTOM和哈电定子铁芯采用穿芯螺杆压紧，并在拉紧螺杆上采用了弹簧垫圈，使整个铁芯上的压力分布均匀，穿芯螺杆在电气上与铁芯绝缘，定子铁芯上端压板与机座上环板无连接，ALSTOM 采用 315 根 M20 穿芯螺杆，哈电采用 420 根 M16 穿芯螺杆，铁芯单位面积压力均为 1.7MPa。东电定子铁芯压紧通过上、下端压板及位于定子铁芯外侧与定子机座之间的拉紧螺杆固定压紧，铁芯压紧螺栓采用高屈服强度的钢制成，并具有弹性储备以保持对铁芯叠片所产生的压力。拉紧螺栓的延伸率以及所用的弹簧垫圈，允许铁芯轴向膨胀，铁芯单位面积压力为 1.7MPa。

③定子绕组。

定子绕组为条式波绕组，三相 Y 型连接。ALSTOM、哈电和东电定子绕组每相分别由 6 个、5 个和 8 个并联支路组成，绕组绝缘为 IEC 标准规定的 F 级绝缘，ALSTOM 和东电定子线棒采用环氧树脂真空压力浸渍成型，哈电采用多胶模压绝缘工艺成型。ALSTOM 发电机定子绕组由 1260 根线棒组成，采用罗贝尔 360°法进行换位，线棒主绝缘 1min 工频耐压值 80kV，击穿电压 130kV。哈电发电机定子绕组由 1680 根线棒组成，采用 328°的不完全换位方式，线棒主绝缘 1min 工频耐压值 61.5kV，击穿电压 110kV。东电发电机定子绕组由 1080 根线棒组成，采用 336°的不完全换位方式，线棒主绝缘 1min 工频耐压值 61.5kV，击穿电压 110kV。

2)转子。

转子由圆盘式转子支架、转子磁轭、转子磁极等部件组成。ALSTOM 发电机转子支架由 1 个转子中心体和 28 个斜支臂焊接而成，哈电发电机转子支架由 1 个转子中心体和 32 个斜支臂焊接而成，东电发电机转子支架由 1 个转子中心体和 20 个支臂焊接而成。ALSTOM、哈电和东电发电机转子外径分别为 18.742m、18.704m 和 18.436m，转子高度分别为 3.46m、3.42m 和 3.3m，转子重量分别为 1850t、1760t 和 1690t。转子支架的组装、磁轭叠片组装和磁极挂装在三峡工地进行。

①转子支架。

转子支架为圆盘式焊接结构，用优质热轧钢板制成。中心体是一个具有适当刚度的整体，由上法兰、下法兰、内法兰、外筒及内部径向垂直筋板组成。垂直筋板将上法兰、下法兰和外筒连接在一起形成一个刚性整体。转子支架的支臂在中心体的外周，与径向成一定角度等距离地分布，并与中心体的外筒相连。支架上设有足够数量的孔洞，以满足发电机通风的要求。

②转子磁轭。

转子磁轭由磁轭冲片在现场叠装而成，磁轭冲片为 4mm 厚（ALSTOM）和 3mm 厚（哈电和东电）经钝化处理的高强度冷轧钢板。转子磁轭通过磁轭键固定到转子支架上，ALSTOM、哈电和东电发电机的磁轭键均采用径向、切向复合键连接结构，径向键的预紧力保证机组转速为 1.526 倍（ALSTOM）和 1.4 倍（哈电和东电）额定转速以下时转子磁轭与转子支架不发生分离。在磁轭叠片时预留有径向水平通风槽，通风槽沿整个磁轭表面均匀分布，以保证磁轭的通风。

③转子磁极。

三峡右岸发电机转子磁极数量分别为84个(ALSTOM)和80个(哈电和东电),每个磁极由磁极冲片叠装而成的磁极本体和缠绕在其上的励磁绕组组成,励磁绕组匝数分别为13.5匝(ALSTOM和东电)和12.5匝(哈电),绝缘等级为F级,在磁极表面即极靴上设有阻尼绕组。单个转子磁极在工厂组装而成,运至三峡工地后通过磁极键固定到转子磁轭上,并将所有磁极的励磁绕组连接成整体。

3)发电机轴承。

发电机具有2个导轴承和1个推力轴承,即位于转子上方的上导轴承和位于转子下方的下导轴承和推力轴承。导轴承为自润滑、分块、可调、巴氏合金型。上导轴承采用一个单独的油箱安装于上机架上,下导轴承和推力轴承共用一个油箱安装于下机架上。

ALSTOM和哈电发电机的推力轴承采用双层轴瓦结构,瓦块数量为24个,瓦面材料为巴氏合金。东电采用弹簧束支撑方式,瓦块数量为28个,瓦面材料也为巴氏合金。ALSTOM、哈电和东电发电机推力轴承最大负荷分别为5520t、5560t和4050t。推力瓦温均不超过80℃。推力轴承在飞逸转速下能安全运行5min。为了降低推力瓦运行时的温度,提高运行可靠性,ALSTOM和哈电发电机推力轴承采用8个外部油冷却器进行冷却,油冷却器布置在下机架上,油通过镜板泵进行循环。东电发电机推力轴承采用6个外部油冷却器进行冷却,油通过油泵进行循环,油冷却器及油泵布置在下机架区域。轴承允许在其冷却器的冷却水中断时,机组在额定转速下满负荷运行15min。

推力轴承配备高压油顶起系统,以便在机组启动和停机时给推力轴承的轴瓦面注入高压油。在正常开停机过程中,高压油顶起系统能自动地投入运行。推力轴承允许在事故情况下不投入高压油顶起系统而能安全停机。每台发电机高压油顶起系统由两套电动机驱动的油泵组成,2套油泵中,1套工作,另外1套备用。

4)发电机轴。

发电机主轴和上端轴均为中空结构,上端轴位于转子上部,与转子中心体连接,发电机主轴位于转子下部,上端与转子中心体连接,下端与水轮机轴连接。ALSTOM、哈电和东电发电机上端轴和发电机主轴的尺寸及重量见表5.1.42。

表5.1.42　右岸电站发电机上端轴和发电机主轴的尺寸及重量

部件	供货方	长度(m)	外径(m)	内径(m)	重量(t)
上端轴	ALSTOM	2.285	2.69	2.20	27.550
	哈电	2.497	2.69		29.212
	东电	3.875	2.70		27.200
发电机主轴	ALSTOM	5.436	4.00	3.33	110.000
	哈电	5.311	4.00		106.298
	东电	4.613	3.80		85.000

5)上、下机架。

ALSTOM 发电机下机架由 1 个中心体和 16 个径向支臂焊接而成，哈电发电机下机架由 1 个中心体和 12 个径向支臂焊接而成，东电发电机下机架由 1 个中心体和 6 个辐射型支臂焊接而成。ALSTOM、哈电和东电发电机下机架外径分别为 15.58m、15.3m 和 16.09m，重量分别为 368.39t、385t 和 303t。ALSTOM、哈电和东电发电机最大推力负荷分别为 5520t、5560t 和 4050t。由于下机架承担的垂直方向推力负荷大且尺寸较大，为了防止由下机架产生下沉变形而引起推力轴承负荷分布不均匀以及影响导轴承瓦与推力头之间的间隙，要求下机架必须有足够的刚度，下机架在最严重工况下，其垂直挠度不超过 3.5mm。

ALSTOM 和哈电发电机上机架由 1 个中心体和 20 个斜支臂焊接组成，所有斜支臂径向均支撑在机坑混凝土墙上，轴向支撑在定子机座上。东电发电机上机架由 1 个中心体和 16 个辐射形支臂焊接组成，相邻支臂之间在外径处横向连接，其中 8 个支臂径向支撑在机坑混凝土墙上，所有支臂轴向支撑在定子机座上，在轴向支撑件与支臂结合处采取不限制定子机座径向热膨胀的措施。ALSTOM、哈电和东电发电机上机架外径分别为 23.05m、23.4m 和 22.9m，重量分别为 100.8t、81.5t 和 83.5t。

6)发电机主引出线和中性点引出线。

发电机每相定子绕组的各并联支路在引出线端通过汇流板汇流，以离相封闭母线的形式引出机坑墙外，与主回路离相封闭母线连接。发电机定子绕组的主引出线的中心水平线布置在 72.70m 高程，相间距离为 2500mm。发电机主引出线位于第二象限内，ALSTOM、哈电和东电发电机 U、V、W 三相中心线与 Y 轴正方向的夹角分别为 17.3°、28.3°、39.3°。发电机绕组末端在机坑内连成中性点后从第四象限引出，与 Y 轴负方向的夹角为 45°。

为了避免机坑墙内钢筋及附近电缆桥架、管路等钢构的电磁感应发热，ALSTOM、哈电和东电发电机主引出线穿机坑墙处、ALSTOM 发电机中性点引线处的机坑墙以及机坑墙内所有因大电流而可能产生危害电磁感应发热的钢部件均采取电磁屏蔽措施(铝板和铝板加钢板的屏蔽方式在 ALSTOM、哈电和东电机组中均有使用)。

为满足发电机—变压器组继电保护的要求，在发电机主引出线、中性点侧分支绕组、中性点连线和中性点引出线处均配置电流互感器。

7)中性点接地装置。

发电机中性点经二次侧带负载电阻的接地变压器接地，接地装置包括隔离开关、变压器、电阻、柜体和内部连接件。接地变压器为单相、50Hz、自冷、户内、干式、防潮型配电变压器，带 H 级绝缘环氧浇注铜绕组。电阻为扁绕、镍铬合金、不易脆型电阻。接地变压器整体及隔离开关等密封于一单独的具有金属防尘外壳的柜体内，中性点接地装置布置在发电机坑墙外侧、第四象限内与 X 轴正方向夹角为 45°，柜底部高程 67.0m，采用膨胀螺栓固定。各机组制造厂的接地变压器、电阻和隔离开关的额定值和主要性能参数如下：

①接地变压器。

各机组制造厂的接地变压器主要性能参数见表5.1.43。

表5.1.43 各机组制造厂的接地变压器主要性能参数

项目	ALSTOM	哈电	东电
一次侧额定电压(kV)	20	20	20
二次侧额定电压(V)	$\sqrt{3}\times720$	$\sqrt{3}\times900$	$\sqrt{3}\times550$
额定容量(kVA)	100	125	80

②电阻。

电阻符合IEEE No.32中性点接地装置标准。各机组制造厂的电阻主要性能参数见表5.1.44。

表5.1.44 各机组制造厂的电阻主要性能参数

项目	ALSTOM	哈电	东电
一次侧额定电压(kV)	20	20	20
二次侧额定电压(V)	$\sqrt{3}\times720$	$\sqrt{3}\times900$	$\sqrt{3}\times550$
电阻(Ω)	1.20/1.00 (不带/带GCB)	1.32/1.00 (不带/带GCB)	1.00

③隔离开关。

隔离开关为单相、50Hz、户内型开关;其额定电压为20kV;额定电流为0.1kA;操作机构为手动(带锁)机构。

8)发电机辅助电气设备。

发电机辅助电气设备包括发电机动力柜、发电机照明柜、上下轴承吸油雾装置、制动粉尘吸收装置、碳粉收集装置、消防系统机械柜、消防系统电气柜、机械制动柜、发电机仪表盘、端子箱等。

在发电机坑墙外侧67.0m高程分别布置一个动力柜和一个照明柜,供发电机机坑内外辅助设备动力负荷和照明负荷用电。为保证供电的可靠性,右岸电站机组自用电系统提供2回交流380/220V三相四线电源至动力柜,柜内装有双电源自动切换装置;右岸电站正常照明系统和应急照明系统各提供1回交流380/220V三相四线进线电源至照明柜(柜内分2段母线,1段接正常照明交流电源,1段接事故照明交流电源)。为保证机组消防用电的可靠性,右岸电站机组自用电系统提供1回交流220V电源至消防电气柜,柜内设有自动充电装置。纯水处理设备及其电源柜布置在电站下游副厂房内,电源柜装有双电源自动切换装置,2回交流380/220V三相四线电源引自右岸电站机组自用电系统。

在发电机坑内对称布置有电加热器(ALSTOM和哈电为20个,东电为12个)和高压油顶起系统等设备。在机坑外布置有上下轴承吸油雾装置、制动粉尘吸收装置、碳粉收集装置、制动柜、消防系统机械柜、消防系统电气柜、发电机仪表盘等装置。上述装置的供电电源均引自发电机动力柜。

发电机坑内照明包括正常工作照明和事故照明，照明区域包括定子机座周围、下机架区域、集电环罩内及发电机顶部(此处照明用于指示发电机运行状态)，其供电电源取自发电机照明柜。

9)发电机冷却方式。

ALSTOM 和东电发电机采用定子绕组直接水冷、定子铁芯和转子绕组空冷的空气冷却方式，哈电发电机采用定子绕组、定子铁芯和转子绕组空气冷却。

①ALSTOM 和东电定子绕组直接水冷。

定子线棒采用实心股线和空心股线换位编织而成，空心股线通过水接头与定子绕组进、出水环管连接，进、出水环管采用绝缘法兰和纯水处理系统的出、进水总管相连。纯水处理系统提供的纯水在线棒的空心股线中以一定的流速循环流动，从而对定子绕组进行冷却。定子线棒之间以及线棒和极间连接线之间的连接接头采用水、电接头分开的形式。纯水处理系统包括电动泵、水—水热交换器、机械过滤器、离子交换器和膨胀水箱等设备，除膨胀水箱布置在下副厂房 75.30m 高程外，其他设备均共用一个底座并采用集成式安装方式布置在下副厂房 67.0m 高程。经纯水处理系统处理后的水，ALSTOM 发电机为：pH 值 6～8，导电率 0.1s/cm(水温 25℃)，硬度小于 5μEq/L；东电发电机为：pH 值 7.5～8，导电率 0.5s/cm(水温 25℃)，硬度小于 5μEq/L。

②ALSTOM 和东电定子铁芯、转子绕组的空气冷却。

ALSTOM 和东电定子铁芯、转子绕组的空气冷却采用密闭自循环径向通风的冷却方式。空气的循环通过发电机转子的径向气流作用来实现，气流经转子通风沟、通风隙、气隙、定子铁芯和机座导入空气冷却器，通过空气冷却器的气流再返回到转子上、下端。在发电机定子机座周围，对称地布置有水冷式空气冷却器(ALSTOM 发电机为 20 个，东电发电机为 16 个)，空气冷却器有散热余量能力，当 2 台空气冷却器退出运行时，发电机应能在额定运行工况及最大容量运行工况下安全运行，且各部分温升符合合同的有关规定。

③哈电定子绕组、定子铁芯和转子绕组的空气冷却。

哈电定子绕组、定子铁芯和转子绕组的空气冷却采用密闭自循环径向通风的冷却方式。空气的循环通过发电机转子的径向气流作用来实现，气流经转子通风沟、通风隙、气隙、定子铁芯和机座导入空气冷却器，通过空气冷却器的气流再返回到转子上、下端。在发电机定子机座周围，对称地布置有 20 个水冷式空气冷却器，空气冷却器备有散热余量，当 2 台空气冷却器退出运行时，发电机应能在额定运行工况及最大容量运行工况下安全运行，且各部分温升符合合同的有关规定。

(3)地下电站

1)东电发电机。

①发电机定子。

发电机定子主要由定子机座、铁芯和绕组组成。发电机定子为浮动式机座结构,定子机座分成8瓣运至现场组圆焊接。

定子机座的定子铁芯由0.5mm厚的硅钢片叠装而成,用高强度螺栓分层压紧,定子铁芯通过鸽尾形定位筋固定于定子机座上。定子外径21450m,内径18500mm,定子机座高度为4265.5mm,定子铁芯高度为2954mm。

定子线棒为双层布置,为条式波绕组,"Y"形连接,5支路并联,共1080根线棒,所有的线棒接头连接采用银铜焊接。定子绕组中,线棒采用蒸发冷却方式,跨接线及端部铜环引线采用通风冷却方式。线棒之间电接头连接采用焊接方式,线棒汽液接头与上集汽环管和下集液环管之间接头连接采用Teflon软管,连接工作均在工地进行。

②发电机转子。

转子主要由圆盘支架、磁轭和磁极组成,转子上部与上端轴相连,下部与发电机轴相连,连接方式均为法兰连接。在安装场进行转子支架的组装、磁轭叠片组装和磁极挂装。

发电机转子外径为18578mm,转子磁轭高度为3282.4mm,整体转子重量为1890t。转子支架采用斜支臂圆盘结构,有20个支臂,分成中心体和10块扇形块运输至现场后组装成整体,支架的下部设有制动环;磁轭由3mm厚的经钝化处理的高强度钢片在现场叠装而成。

③发电机轴承和润滑冷却系统。

发电机为立轴半伞式结构,设有上导和下导轴承,推力轴承设在转子的下部,由下机架支撑。轴承均用透平油进行润滑,下导轴承与推力轴承共在同一个油箱内。油冷却器设在油槽外部,由电站技术供水系统提供的水进行冷却。

推力轴承为小弹簧支撑结构,有28块推力瓦,瓦面材料为巴氏合金,推力瓦的外径为5435mm,内径为3985mm,推力轴承的最大负荷为4050t,正常运行瓦温为78℃,设置有高压油顶起装置;轴承油箱的储油量为25m^3,在油箱外部设有油泵和6个油—水冷却器;上导和下导轴承均为分块瓦结构,巴氏合金瓦面,上导轴承油箱的储油量为3m^3,在油箱内设有1组冷却器。

④发电机定子铁芯和转子通风冷却系统。

发电机定子绕组采用我国首创的蒸发冷却系统,系统主要包括冷凝器、回液管、下集液环管、绝缘引流管、上集汽环管、均压管、冷却水供排水管等部件,以及配套的蒸发冷却介质和监测、保护装置等。发电机定子铁芯和转子通风冷却系统为无风扇密闭自循环系统,空气通过转子支臂的风扇作用产生循环,并通过布置在定子机座外侧的空气冷却器进行冷却,在上、下机架侧设有挡风板。发电机有16个空气冷却器,均匀地布置在定子外缘,并用来自电站技术供水系统的水进行冷却。

⑤发电机轴及轴的连接。

发电机轴和上端轴均为中空结构，中心布置有水轮机的中心补气管。上端轴位于发电机转子上部，与转子中心体连接，发电机轴位于发电机转子下部，与转子中心体和水轮机主轴连接。发电机轴为内法兰结构，长度为4500mm，轴身外径为3800mm，内径为3500mm，轴的重量约88t。

⑥上、下机架。

发电机上机架为带有径向支撑的辐射型支臂机架，由中心体和16个径向支臂组成，轴向支撑到定子机座上，径向支撑到机坑上。上机架的外径为21350mm，重量约为165t。

发电机下机架为支臂承重型机架，由中心体和8个径向支臂组成。下机架的外径16090mm，高度约为4047mm，重量约为380t。

2)天津ALSTOM发电机。

①发电机定子。

发电机定子主要由定子机座、铁芯和绕组组成。

发电机定子为斜支臂的定子机座结构，定子铁芯由0.5mm厚硅钢片叠装而成，并用穿芯的压紧螺杆进行压紧，定子线棒为双层布置，嵌入定子铁芯的槽中。定子最大外径为22131mm，内径为19218mm，定子机座高度为6125mm，定子铁芯高度为3520mm。定子机座总重约198.6t，分成5瓣运至现场。所有的线棒接头连接采用银铜焊接，定子机座的组圆焊接可在机坑或安装场进行，其他安装工作在本机坑内进行。

定子铁芯在工地以1/2的叠片方式交错叠装，以形成1个整体连续的铁芯。定子铁芯采用鸽尾形定位筋焊接于定子机座上。

发电机定子绕组为条式波绕组，“Y”形连接。整个定子绕组包括线棒、跨接线及端部铜环引线均采用水内冷方式。

②发电机转子。

转子主要由圆盘支架、磁轭和磁极组成，转子上部与上端轴相连，下部与发电机轴相连，连接方式均为法兰连接，转子支架为斜结构，由1个整体中心体和14瓣支臂组成。在安装场进行转子支架的组装焊接、磁轭叠片组装和磁极挂装。

发电机转子外径为18744mm，转子磁轭高度约4000mm，整体的转子重量为1816t。磁轭由4mm厚的经钝化处理的高强度钢片在现场叠装而成。

③发电机轴承和润滑冷却系统。

发电机为立轴半伞式结构，设有上导和下导轴承，推力轴承设在转子的下部，由下机架支撑。轴承均用透平油进行润滑，下导轴承与推力轴承共在同一个油箱内。在轴承油箱内的油均通过冷却器，由电站技术供水系统提供的水进行冷却。

推力轴承为双层瓦带弹性销钉结构，有24块推力瓦，瓦面材料为巴氏合金，推力瓦的外径为5200mm，内径为3500mm，推力轴承的设计负荷为5800t，正常运行瓦温不大于80℃，设置有高压油顶起装置。推力轴承油箱的储油量为36m^3，在油箱外部设有8个冷却器；上导和下导轴承均为分块瓦结构，巴氏合金瓦面，上导轴承油箱的储油量为3.6m^3，在油箱内设有2个冷却器。

④发电机定子铁芯和转子通风冷却系统。

通风冷却系统为无风扇密闭自循环系统，空气通过转子的风扇作用产生循环，并通过布置在定子机座外侧的空气冷却器进行冷却，在上、下机架侧设有挡风板。

发电机有20个空气冷却器，均布设在定子外缘，并用来自电站技术供水系统的水进行冷却。

⑤发电机轴及轴的连接。

发电机轴和上端轴均为中空结构，中心布置有水轮机的中心补气管。上端轴位于发电机转子上部，与转子中心体连接，发电机轴位于发电机转子下部，与转子中心体和水轮机主轴连接。

发电机轴的长度为5436mm，轴身外径为3100mm，内径为2650mm，轴的重量为110t左右；上法兰为内法兰结构。

⑥上、下机架。

发电机上机架为带有径向支撑的斜支臂型机架，由中心体和20个斜支臂组成。上机架的外径22600mm，高度1885mm，重量92.64t。

发电机下机架为径向支臂承重型机架，由中心体和16个支臂组成。下机架的外径16600mm，高度5060mm，重量356t。

⑦定子水冷却系统。

定子水冷却系统为主机配套供货的附属设备系统，系统设备为组合整体结构型式。

3)哈电发电机。

①发电机定子。

发电机定子主要由定子机座、铁芯和绕组组成。

发电机定子为斜支臂的定子机座结构，定子铁芯由0.5mm厚硅钢片叠装而成，并用穿芯的压紧螺杆进行压紧，定子线棒为双层布置，嵌入定子铁芯的槽中。定子最大外径为21032mm，内径为18766mm，定子机座高度为5795mm，定子铁芯高度为3200mm。定子机座总重约186t，分成5瓣运至现场。定子机座的组圆、焊接可在机坑或安装场进行，其他安装工作在本机坑内进行，所有的线棒接头连接采用银铜焊接。

发电机定子绕组为条式波绕组，“Y”形连接，8支路并联，共1680根线棒。

②发电机转子。

转子主要由圆盘支架、磁轭和磁极组成，转子上部与上端轴相连，下部与发电机轴相连，连接方式均为法兰连接，转子支架为斜结构，由1个整体中心体和16瓣支臂组成。在安装场进行转子支架的组装焊接、磁轭叠片组装和磁极挂装。

发电机转子外径为18705mm，转子磁轭高度约3420mm，整体的转子重量为1760t。磁轭由3mm厚的经钝化处理的高强度钢片在现场叠装而成，叠片前应对铁片进行清扫和去毛刺处理，热套在转子支架外侧，并用键固定，在磁轭的下部设有制动环。

③发电机轴承和润滑冷却系统。

发电机为立轴半伞式结构，设有上导和下导轴承，推力轴承设在转子的下部，由下机架支撑。轴承均用透平油进行润滑，下导轴承与推力轴承共在同一个油箱内。在轴承油箱内的油均通过冷却器，由电站技术供水系统提供的水进行冷却。

推力轴承为双层瓦带弹性销钉结构，有 24 块推力瓦，瓦面材料为巴氏合金，推力瓦的外径为 5200mm，内径为 3500mm，推力轴承的设计负荷为 5560t，正常运行瓦温不大于 80℃，设置有高压油顶起装置；轴瓦在安装时不需要进行刮瓦。推力轴承油箱的储油量为 $30m^3$，在油箱外部设有 8 个冷却器；上导和下导轴承均为分块瓦结构，巴氏合金瓦面，上导轴承油箱的储油量为 $4m^3$，在油箱内设有 2 个冷却器。

④发电机通风冷却系统。

发电机通风冷却系统为无风扇双路径向密闭、端部回风自循环空气冷却系统，定子铁芯、定子绕组及转子铁芯均为空气冷却。空气通过转子的风扇作用产生循环，并通过布置在定子机座外侧的空气冷却器进行冷却，在上、下机架侧设有旋转挡风板。

发电机有 20 个空气冷却器，均布设在定子外缘，并用来自电站技术供水系统的水进行冷却。

⑤发电机轴及轴的连接。

发电机轴和上端轴均为中空结构，中心布置有水轮机的中心补气管。上端轴位于发电机转子上部，与转子中心体连接，发电机轴位于发电机转子下部，与转子中心体和水轮机主轴连接。

发电机轴的长度为 5311mm，轴身外径为 4000mm，内径为 2650mm，轴的重量为 110t 左右；上法兰为内法兰结构。

⑥上、下机架。

发电机上机架为带有径向支撑的斜支臂型机架，由中心体和 20 个斜支臂组成。上机架的外径 23380mm，高度 1875mm，重量 81t。

发电机下机架为带有径向支撑的支臂承重型机架，由中心体和 12 个径向支臂组成。下机架的外径 15600mm，高度 4950mm，重量 367t。布置在底面高程为 65.3m，直径为 15.8m 的机坑内。

5.1.4 电站机电设备的安装

5.1.4.1 安装进度设计研究

三峡电站装设单机容量 700MW 水轮发电机组 32 台及众多机电设施，当时国内没有安装过这些机电设施，谈不上有可借鉴的安装经验，在设计研究时需考虑：三峡电站机电设备品种和数量多、交货厂商多、安装单位多；在确保安装质量的前提下如何加快装机进度；电站机电设备的安装进度关系到土建进度、各种机电设备交货期的合理衔接；现场安装条件、安装工艺、工序衔接等问题，电站机电设备安装进度是一项系统工程等特点。设计研究后认为：机组的安装进度是决定电站机电设备安装进度的关键。设计从现场安装条件、单机安装进度、电站安装进度入手，重点研究了机组的安装进度，从而明确了电站机电设备的安装进度。

(1)安装条件的确定

在确定电站装机进度前，必须确定安装应具备的条件，如电站厂内起吊设备的型式和起吊重量、安装场和安装工位的设置情况、现场运输及加工条件等。

1)起吊条件。

三峡电站水轮机整体转轮重量为500t左右、发电机定子整体重量约为960t、发电机转子的重量为1800t。起吊设备的容量受发电机整体转子起吊控制。发电机整体转子加起吊平衡梁重约为2100t，在左、右岸和地下电站厂房各选用2台1200t桥机拼车起吊，其他设备如水轮机转轮、发电机定子、升压变压器等用1台桥机即可整体吊装。对众多小部件的吊运装设了2台125t桥式起重机，为加快安装进度和减少干扰也可装设供安装用的临时小桥机。

2)安装场地。

安装场地的设置与电站装机台数、机组容量和装机进度要求有关。初步设计审定三峡左岸电站的装机(或发电)进度为“2＋4＋4＋4”并要求加快。按照规范，安装场地的面积按满足一台机组扩大性检修的需要确定，具体而言应以摆放机组5大部件来控制，即发电机转子、发电机上机架、水轮机转轮、水轮机顶盖和推力支架或水轮机支持盖。也可按统计法匡算，安装间长度可取1.25～1.5倍机组段长度；上述方式确定的安装场无法满足电站安装进度的要求，经设计研究后三峡左岸电站设有3个安装场(安Ⅰ段、安Ⅱ段和安Ⅲ段)，安Ⅰ段与进场公路同高程，为设备运输通道，可摆放上机架；安Ⅱ段与发电机层同高，设有1个发电机转子工位，并可摆放水轮机转轮；安Ⅲ段在主厂房中间部位，也与发电机同高，设有1个发电机转子工位，并可摆放顶盖。3个安装场总长度为104.6m，是机组段长度38.3m的2.73倍。为加快安装进度和提高安装质量，定子下线利用专用机坑或在本机坑内进行，增加了部件的临时堆放场地，采取这些措施后左岸电站装机进度实现了“6＋5＋3“的要求。右岸电站在左岸电站的基础上还适当加大了安Ⅱ的面积，并在电厂左端增设了尺寸为38m×20m(长×宽)的临时辅助安装场，实现了装机进度“6＋6”，首次创造了700MW水轮发电机组在一年内投产6台的安装历史。

3)机组安装工作面。

给机电安装提供符合规范要求的工作面是确保安装进度、安装质量必须具备的安装条件。土建工程交给机电安装的时间是水电站建设直线工期中的关键节点，制约机组安装的起始时间并影响水电站首台机组发电和电站总装机完成时间。三峡左岸厂房装设单机容量700MW水轮发电机组14台，厂房总长为644.7m，若等厂房全部封顶建成再开始进行机电设备安装，将大大推迟装机进度，施工期的发电效益大为减少。经设计研究在保证电站装机总进度的前提下，厂房封顶超前一个机组段完成，实行“$n+1$”厂房封顶，为第n机组段提供遮风挡雨的机组安装条件。

4)机组设备交货进度。

在三峡电站施工中，将机组埋件部分交由土建承包商完成，机组埋件的交货时间必须与土建的施工进度密切配合，以不影响土建施工进度为原则。根据电站总体施工计划，将满足机电安装条件的土建交机组安装工作面的时间，作为机电安装的起始时间，因此机组和其他机电设备的交货时间必须满足机组安装进度的要求。在安排设备的交货期时，应考虑设备的运输时间、设备达到工地开箱联检时间、设备工地检测或试验或解体检测时间，以及设备缺陷返工处理时间等因素对交货期的影响。在实施中，根据电站的总装机进度和土建施工进度，倒排机组和其他机电设备的交货期，并留有适当的余度，三峡电站机电设备的交货进度按土建提交机组安装工作面时间，提前两个月考虑。国产机组设备以出厂时间为交货时间，国外机组设备以到达上海港时间为交货时间。

5)一些问题的考虑。

为加快装机进度，增加施工期发电效益，采取以下措施：①三峡左岸电站机电安装单位为 3 个，右岸电站为 2 个。为了减少施工单位间的相互干扰，应考虑安装场地和起吊设备的设置、安排，如适当增加临时安装场地和临时起吊设备。②为了确保大型水轮发机定子的安装质量，工程实践表明，定子机座可在本机坑外组圆，为防止起吊变形，推荐定子叠片和下线在本机坑进行。

(2)单机安装进度

1)关键部件安装进度。

电站装机的总进度决定单机的安装进度，而单机的安装进度由机组关键部件的工期所控制，研究确定机组关键部件的工期成了关键。三峡电站水轮发电机组安装中，发电机的转子、定子、上下机架、顶盖等部件均在现场组装，工期占有较大比例，且对单机安装进度起决定作用的有发电机转子、发电机定子、机组的总装、调试、试运行等，水轮机部件一般不在关键线路上，可在进行发电机定子和转子装配期间进行组装和安装。

关键部件直线工期的确定一般有统计法和类比法两种方式。统计法即统计国内外其他类似电站机组安装工程实际所发生的工期，在此基础上结合本项目的实际情况确定各部件所需的安装工期；类比法即按照某一相似水轮发电机组在相同型式、相同容量、相同尺寸、相同安装条件的前提下进行安装工期的类比来确定本项目的安装工期。三峡电站在国内首次采用单机容量 700MW 大型水轮发电机组，对其关键的直线安装工期怎么确定是一个问题，在吸取国内外大型水电站机组的安装经验的基础上，结合三峡电站的实际，组织国内已安装过单机容量 300MW 及以上的水电机组的安装单位共同讨论，并列为专题进行研究。设计研究发现，发电机转子和定子的安装周期是影响直线工期的关键部件，制定发电机转子和定子的安装直线工期是确定单元机组安装进度的基础。国外大型水电站机组安装工期统计见表 5.1.45，国内外制造商和安装公司建议的三峡安装工期见表 5.1.46。

表 5.1.45 国外大型水电站机组安装工期统计

水电站名称		古里Ⅱ	大古力	伊泰普	萨扬
单机容量(MW)		600	600	700	640
工期类型	定子安装工期(天)	195	225		
	转子安装工期(天)	180	234		
	总直线工期(天)	900	870	810(不含尾水管)	855

表 5.1.46 国内外制造商和安装公司建议的三峡安装工期 (单位:天)

工期类型	建议方案			
	GEC公司	西门子·伏依特	地勘所	葛洲坝工程局
定子安装工期	225	450	249	300
转子安装工期	105	315	170	180
总直线工期	870	1290	615(不含尾水管)	810

在深入分析与研究的基础上,推荐三峡电站发电机转子安装工期为165天(工程实践表明平均安装工期175天),定子安装工期为300天。工程实践表明,首次安装的第1～2台工期略有超过,安装熟练后工期有所减少。

2)单台机组安装进度。

在已明确关键部件直线工期的基础上,确定典型单台机组的安装进度。机组埋件已在厂房土建施工中完成,单机容量700MW水轮发电机组典型单机安装关键工序流程一般为:尾水管安装→二期混凝土浇筑→基础环、座环安装→蜗壳安装→机坑里衬安装→二期混凝土浇筑至发电机层→座环加工→定子吊装→定子下线、耐压试验→推力架和轴承安装→转子吊装→发电机装配→机组充水试运行。转轮、主轴和导水机构安装可与定子下线平行作业,不占直线工期。

3)三峡左岸电站机组安装各部工序工期。

确定为:尾水管安装60天;基础环、座环安装45天;蜗壳安装165天;机坑里衬安装15天;座环现场加工30天;定子机座组装、铁芯叠片、铁损试验130天;定子吊装10天;定子下线、耐压试验160天;转子装配、耐压试验165天;导水机构预装60天;转轮、主轴和导水机构安装65天;推力支架、推力轴承安装45天;转子吊装10天;发电机装配75天;机组充水试运行60天。由此确定的三峡水电站全空冷机组典型单机安装直线工期为31个月,对半水冷、蒸发冷却机组为32～33个月。工程实践表明:随着安装经验的积累,单机所需时间有所缩短,机组装机速度逐台加快。

(3)电站装机进度的编制

1)编制方法的研究。

有两种方式可确定电站的机组装机进度:一种是根据土建交面时间、设备供货进度和机组安装工位，顺排电站的装机进度；另一种是首先确定电站投产目标，然后根据机组安装工位的设置，倒排电站机组安装进度，并由此调整确定土建交面和设备供货必须保证的时间安排。在三峡工程编制电站装机进度中，综合使用了上述两种编制方式。

在单台机组安装进度确定后，结合电站土建交面进度、机组关键部件安装场地的设置和安装条件的差异，进行电站总装机进度的编制。设计研究发现并总结出：电站各机组投产间隔与机组关键部件占用的专用组装工位工期密切相关，单台机组的安装、调试总工期加上关键部件同一工位关键部件组装所必需的最短间隔时间，即为另一机的投产时间，可依此来安排各机组的投产时间。

2）三峡电站装机进度相关问题的研究。

①不同品牌机组装设的机坑号安排。

左岸电站14台单机容量700MW水轮发电机组，8台由ALSTOM供货，6台由VGS联营体供货，从有利于机组安装出发，对两个供货商的机组怎样较好地与电厂的装机机坑号相对应进行了多方案的设计研究，最后集中到两种方案。方案一为单隔式布置，即1号机组为VGS、2号机组为ALSTOM的交替布置，其设备交货的顺序也按该要求所规定的时间写入合同。方案二为三隔式布置，1～3号和7～8号为VGS机组，4～6号和9～14号为ALSTOM机组。研究中发现，单隔式布置方案中不同的安装承包商所负责的机组段是交错的，存在严重的施工干扰，且设备的摆放受到极大的制约，不利于设备的安装，对安装进度产生实质的影响。三隔式布置方案中，同一品牌的3台机组相对集中，减少了施工干扰，能较充分地利用有限的空间摆放安装设备，有利于两个机电安装单位同时进行机电设备安装，机组和机电设备的供货得到保证，对加快装机进度有积极的意义，因此采用了三隔式布置方案。

②加快电站装机进度的研究。

初期根据初步设计审定的三峡左岸电站装机进度为“2＋4＋4＋4”，即4年装完14台单机容量700MW水轮发电机组。左岸电站若提前一天完成装机，可多获施工期增发电量约257万kW·h电量，可见发电效益巨大。考虑到三峡左岸电站有6台机组地处岸坡，具有提前进行土建开挖的条件并予以实施，土建交面时间可大大提前，对加快机组安装进度极为有利；三峡左岸电站设有两个专用的转子安装工位，再加上其他措施可完成一年6台发电机转子的安装；国内首次安装单机容量700MW水轮发电机，首台装机时间相对较长，但随着已装机组台数的增加而取得经验，后续机组安装调试时间将逐步缩短。对加快左岸电站装机进度研究比较了“3＋4＋4＋3”方案、“4＋4＋4＋2”方案、“3＋5＋6”方案和“4＋6＋4”方案，对各方案结合土建交面进度和设备供货时间一并进行设计研究，结果表明上述方案都可行，争取实现“3＋5＋6”方案和“4＋6＋4”方案。最终三峡左岸电站实际装机进度为“6＋5＋3”方案，创造了一年投产6台单机容量700MW机组的世界纪录，获得了巨大的经济效益。三峡右岸电站装机进度在左岸电站“6＋5＋3”方案的基础上，适当加大了安Ⅱ的面积，在安Ⅱ段设2个转子组装的固定工位和利用电站左端增设一个尺寸为38m×20m（长×宽）的临时辅助安装场，用于转子与中心体的焊接，实现了装机进度“6+6”方案，提前一年完成了三峡左右岸电站26台机组的装机任务。

③加强协调、管理。

按质量要求能否按时实现电站已制定的预装机进度，与工程设计、各种机电设备按合同保质按时到货、与电站土建建设进度、机电安装单位、工程监理、电力部门等参建各方密切相关，在安装工序流程的各个接口都需与上述参建各方及时协调，涉及面广，环节众多，在机电安装调试的全过程中必须加强协调、管理，三峡总公司起着主导和保证作用。

5.1.4.2 700MW水轮发电机组安装技术突破

三峡工程700MW水轮发电机组安装过程中，为了确保安装质量，依据国标、设计文件和合同，三峡总公司组织编制了高要求的《三峡电站700MW水轮发电机组安装标准》，并精心组织机组制造厂家、机组安装单位、监理单位和设计单位的技术人员研究解决巨型水轮发电机组安装中的技术难题，研发了700MW水轮发电机组安装方法，机组安装技术有所创新。

(1)巨型水轮机安装技术

1)底环一次安装法。

采用高精度GPS定位技术，在底环安装前，GPS定位仪测定底环安装螺栓孔的位置，加工螺栓孔及沉孔，通过精确测量沉孔高程确定垫板加工厚度并加工垫底，底环吊装就位一次性安装，取消了常规安装为确定螺栓孔位置和垫板厚度而需预装底环的工序，可有效缩短工期10～15天。

2)顶盖三次吊装法。

在转轮安装前吊装3次顶盖，比常规安装工艺多吊装1次顶盖，前两次吊装顶盖与常规安装工艺相同，顶盖增加1次吊装可以在转轮安装前完成与活动导叶配合的上轴套定位销钉孔加工，缩短转轮安装后的关键线路上的直线安装工期。

3)水轮发电机大轴机坑外连轴铰孔法。

常规安装工艺要求水轮发电机大轴在机坑内进行连轴铰孔，致使在顶盖安装后下机架不能及时安装。研究利用吊物孔进行水轮发电机六轴机坑外连轴铰孔，实施与下机架平行作业，在顶盖和下机架安装后，水轮发电机大轴即可整体吊装就位，在保证安装质量的前提下，有效地缩短了机组安装关键线路上的直线安装工期。

4)下机架二次安装法。

常规安装工艺要求下机架一次安装，但需待下机架基础混凝土凝固后才能进入下一道安装工序，对转子的及时安装造成不利影响。同时由于下机架的阻挡，造成基础混凝土难以浇筑密实。为此研究利用水轮机座环现场加工时的机坑空闲时段，增加一次下机架预装，在下机架基础螺栓定位后，将下机架吊出，在无下机架的条件下利用安装间歇时段提前浇筑基础混凝土，既保证了混凝土浇筑质量，又可缩短机组安装工期约两周。

(2)巨型水轮发电机组安装技术

1)研制了定子下线无尘、恒温、恒湿装置。

三峡电站水轮发电机定子绕组结构复杂,安装工艺要求严格,定子线棒的交流耐压试验电压高达60kV,超过国标要求。定子下线环境中任何导电杂质和灰尘都会影响到线棒的绝缘技术,在定子绕组安装环境内必须保持清洁、无尘,环境温度应保证高于室温3～5℃,安装现场湿度应控制在80%以下。为保证巨型水轮发电机定子绕组安装质量,在定子绕组安装时达到无尘、恒温、恒湿的作业条件,满足定子绕组安装温度和湿度要求,研发了定子下线无尘、恒温、恒湿装置,应用效果良好,已在我国在建的多个大型水电站应用。

2)机组转子磁轭加热紧固技术。

左岸电站ALSTOM制造的5号机组转子磁轭进行加热时,转子磁轭键未与磁轭一起膨胀,致使磁轭键与键槽板之间的间隙不能满足加垫片要求;最终通过将磁轭键与磁轭焊接、分步按等胀量加垫片,成功地完成了5号机组转子磁轭加热紧固,转子冷却后测量磁轭圆度达到标准要求。根据5号机组转子磁轭加热紧固实践经验,制造厂同意改进键槽板结构和改善焊接工艺,并在以后制造的机组转子键槽板结构中采取如下措施:①增加键槽板焊接时的加强筋板与焊接变形限位装置,控制键槽板焊接的切向焊接扭曲变形量。②键槽板制作时,在键槽板两侧开8个槽形口,以便于磁轭与磁轭键的焊接固定。③在磁轭加热紧固之前,将磁轭与磁轭键焊接在一起。④在磁轭加热紧固过程中,在键槽板与磁轭键之间使用耐高温润滑脂。⑤在键槽板背部施钻M16螺栓孔,以便将磁轭键顶靠于磁轭。⑥将磁轭键与键槽板的配合间隙由0.1～0.15mm加大至0.4～0.5mm。

右岸电站ALSTOM制造的机组转子磁轭加热技术进一步改进:①鉴于磁轭调圆后紧固量可能下降,为保证设计图要求的过盈量3.2mm,在上、中、下3环处加上0.5mm的紧固量补偿;因在中环板与下环板之间等距离处的键槽板与转子支架间没有支撑,热套后此处收缩量比其他两点大,所以再加500mm×0.5mm结构补偿量。②垫片总长度3400mm,垫片尺寸由上、中、下3环尺寸确定,对应也分3段加工。根据左岸电站实践经验和上环测量数据分析,将上环加垫长度定为800mm,但因上环间隙与中环间隙存在较大差值(1.5mm),在加工垫片时会有1.5mm的突变点,致使冷缩后磁轭在此处有明显凸台,经研究决定在突变处增加一个500mm长的渐变段,将垫片加工分为4段,把上环长度分解为2个500mm,其最终加工长度从上至下分为500mm、500mm、1900mm、500mm。③为减小变形,在贴近磁轭处选用较厚通长垫片,靠磁轭键处也用通长垫片,中间根据尺寸和长度配合适当尺寸后,对各段配合垫片在两侧进行焊接。

巨型水轮发电机组转子磁轭加热紧固采用上述技术措施后均达到优良标准,为磁极挂装提供了有利条件。

3)水轮机活动导叶端部间隙控制技术突破。

左岸电站5号机组安装时水轮机活动导叶端部间隙满足要求,但在机组调试期间发现底环及活动导叶表面被刮伤,说明在顶盖安装完成到机组调试的过程中,导叶端部间隙在变小。对监测的各阶段导叶间隙、过流面高度、顶盖及底环变形测量数据进行对比分析后发现,底环制造及安装工艺、顶盖结构刚度及安装工艺、活动变形、活动导叶与底环抗磨板的垂直度均对导叶端部间隙产生了不同程度的影响。在分析影响导叶端部间隙的各部因素后,对导叶安装工艺进行了改进:①导叶机构预装时,选取 8 个最高导叶作为预装基准,并根据导叶长度与底环抗磨板面水平情况决定导叶位置,将长导叶布设在低处,短导叶放在高处,然后逐个测量导叶上下端部间隙值,取平均值作为导水机构安装时永久垫板厚度计算的依据。②在顶盖垫板厚度计算时,预留 0.3~0.5mm 裕量作为顶盖安装后下沉量以及温度变化影响量。采取上述改进措施后,左、右岸电站机组导叶端部间隙满足要求,机组运行正常。

4)巨型水轮发电机组轴线调整计算方法的突破。

左岸电站 700MW 水轮发电机组轴线调整步骤多、工期长,单台机组轴线调整工期需 80 天以上。为缩短机组轴线调整工期,在左、右岸电站机组安装过程中,对机组轴线调整技术进行创新。包括:①提出了机组轴线调整计算理论和方法,并重新编制三峡机组的盘车计算程序。在三峡机组轴线及中心的调整中,根据转动部分转动时,其摆度曲线及转动部分与固定部分间隙的变化为一条正弦曲线的原理,从理论上对测量数据的分布状态进行了分析计算,首次提出了采用最小二乘拟和法对盘车数据计算处理的方法,解决了传统盘车数据处理方法要求测点均布及无法克服测量表面质量和测量误差对计算结果的影响等问题。实践表明,利用此方法将机组的摆度及旋转中心偏差值均控制在 0.1mm 以下,有效地提高了机组运行的稳定性和使用寿命。为我国巨型水轮发电机轴线的盘车计算提供了实用的理论依据,对机组安装具有重要意义,使盘车计算科学严密,精确度高,更有利于指导机组轴线调度。②将机组轴线调整与镜板水平测量紧密结合,相互促进。转子吊装后,机组轴线调整时,通过放置柜式水平仪于转子上法兰,动态间接测量镜板旋转水平,出现偏差及时调整,以促进机组轴线调整。通过对机组轴线调整计算方法的突破,在保证安全、质量的前提下,将机组轴线调整工期由 80 天缩短为 50 天,大大缩短了机组轴线调整工期。

三峡电站水轮发电机组总装完成的各台机组轴线调整后,轴线上各部的摆度、同心度质量优良,15 号机组创造了水导盘车摆度 0.014mm 的最小记录。

5.1.5 水轮发电机组调试

5.1.5.1 调试大纲的编制

电站充水调试是一项系统工程,根据规程规范,机组调试大纲应该由机电设备安装单位承担。三峡枢纽工程规模大,机电设备类型多,700MW 水轮发电机组等主要设备在三峡工程首次采用,缺乏调试经验。三峡二期工程机电设备安装分为 3 个标段(2 个机组标段、1 个公用设备标段,另外高压配电装置 GIS 由设备制造厂家负责安装调试),由 3 个单位承担机电设备安装。电站充水调试涉及电力系统三峡初期输出线路的验收,线路继电保护、高压(三峡左岸电站)母线继电保护的调试及整定,涉及三峡枢纽梯调的调试,涉及梯调、三峡电站对外通信的调试,涉及三峡左岸电站 GIS 的升压、充电、主变冲击,涉及相关系统的检查验收，如泄洪设备，全站油、水、气公用系统，全站 10kV、0.4kV 供电系统中与首批机组启动有关部分的检查验收等。由于左岸电站尚未建成，机组分批投入调试，还涉及电站充水调试所需的临时厂用电源、供水、消防措施等问题。可见首批机组启动除编制机组完整的启动程序外，充水调试还涉及有关各方的紧密配合。电站的充水调试，是按电站的各种正常运行工况和相关事故工况进行真机系统调试，检验水电站机电和金属结构各种设备制造和安装质量是否满足工程的设计要求、各系统是否具备运行条件，是对水电站正式投入运行前工程质量的最后把关，对确保水电站安全、稳定运行起着重要作用。鉴于上述，2002 年 5 月，三峡总公司委托长江设计院编制了《三峡左岸电站系统联合调试大纲》。

(1)编制原则

该大纲以电力行业颁布的《水轮发电机组启动试验规程》为依据，并结合三峡工程规模大、系统复杂的特点进行编制，要求做到以下 5 点。

1)尽量缩短调试的周期。

2)尽量减少开停机次数。

3)应结合机组运行稳定性要求，增加稳定性试验项目并提出预案措施。

4)确定单项设备系统调试的技术要求。

5)对在调试及运行中可能出现的问题，提出反事故预案措施。

(2)调试目的

1)检查各辅助设备系统调试的正确性和可靠性，并整定相关运行参数。

2)检查各辅助设备系统间的协调性、联动性及正确性。

3)检验高压电气设备性能和特性，检验继电保护的连接和整定参数值，协调内外通信，检查梯调和电站的计算机监控系统，检查与电力系统的接口状态。

4)对水轮发电机组进行启动试运行试验，并通过对特定机组参数的稳定性进行测试，确定机组安全稳定运行区，并为右岸机组招标提供有益的经验。

5)协调枢纽及梯级范围内所有机电和金结设备的运行集成，做到信息畅通、监控自如和安全可靠运转。

(3)三峡左岸电站联合调试大纲

1)调试大纲应对以下方面提出要求：①对机组启动联合调试的方式、程序、项目、内容及组织形态提出指导性意见和建议。②根据三峡工程特点，提出联合调试需要做的主要工作项目清单，确定需做的程序。③调试分为三峡水电站接入系统调试、电站机组调试两部分。④提出联合调试后应达到的目标和要求。⑤以首批投产的 2 号、5 号机组为对象进行编制，以后启动的机组可参照该大纲执行等。

2)电站接入系统调试：500kV 输电线零起升压。相序核对、电站 500kV 母线带电、线路继电保、通信、出口计量系统、过电压等试验，由华中电网湖北省电力公司电力试验研究院协助调试。

3）三峡左岸电站联合调试试验项目的顺序：①500kV GIS、变压器和并联电抗器升压和冲击试验。确定断路器、隔离开关、接地刀的性能。②机组与变压器单独做升流试验（确定机组CT接线正确性），发电机升压试验（确定空载和短路特性）。③500kV GIS和变压器的升流试验（复核各保护CT接线）。④500kV GIS和变压器升至全电压，同期检查。⑤机组带负荷和甩负荷试验。⑥机组其他性能试验。

三峡左岸电站联合调试的开停机次数及内容见表5.1.47。

表5.1.47　三峡左岸电站联合调试的开停机次数及内容

开停机次数	大纲编号	主要目的	主要检查标准
1	6.1 6.2.1	1.检查机组安装情况，内部有无摩擦和碰撞； 2.检查高压油顶起系统工作是否正常； 3.检查技术供水系统工作是否正常； 4.检查机组机械制动系统工作是否正常	1.三峡水轮发电机组安装规程TGPS.JZ； 2.三峡工程左岸电站水轮发电机组合同文件TGT-TGP/EG9701CA，TGT-TGP/EG9703CH
2	6.2.2 6.2.3	1.检查机组各轴承的摆度、振动和温升； 2.检查机组各部轴承的油位和是否甩油，水车室是否窜水； 3.检查和设定调速系统空载参数； 4.检查高压油顶起系统工作是否正常； 5.检查技术供水系统工作是否正常； 6.检查机组机械制动系统工作是否正常； 7.检查转速继电器的整定值和动作是否正确； 8.检查机组内部有无松动或断裂	1.三峡工程左岸电站水轮发电机组合同文件TGT-TGP/EG9701CA，TGT-TGP/EG9703CH； 2.三峡工程左岸电站调速系统合同文件TGT-TGP/EE2000-04FR
3	6.2.4	1.检查转速继电器的整定值和过速定值； 2.检查过速后机组内部有无松动或断裂； 3.检查机组各轴承的摆度、振动和温升	1.三峡工程左岸电站水轮发电机组合同文件TGT-TGP/EG9701CA，TGT-TGP/EG9703CH； 2.三峡工程左岸电站调速系统合同文件TGT-TGP/EE2000-04FR
4	6.2.5	1.检查主、辅机是否按开、停机程序执行； 2.模拟检查机组故障及事故信号是否正确，检查保护和停机回路动作是否正确； 3.检查各辅机是否正确动作	1.三峡工程左岸电站水轮发电机组合同文件TGT-TGP/EG9701CA，TGT-TGP/EG9703CH； 2.三峡工程左岸电站计算机监控系统合同文件

续表

开停机次数	大纲编号	主要目的	主要检查标准
5	6.3	1. 检查机组及输变电设备的一次设备带电流运行特性，检查相序； 2. 检查机组及输变电设备的CT、保护和二次接线是否正确； 3. 验证GIS断路器、隔离开关的性能； 4. 确定发电机短路特性； 5. 检查直流灭磁开关效果	1. 三峡工程左岸电站水轮发电机组合同文件TGT-TGP/EG9701CA，TGT-TGP/EG9703CH； 2. 三峡左岸电站550kV GIS及其配套设备合同文件； 3. 三峡工程左岸电站550kV主变压器及其附属设备合同文件TGT-TGP/ET9905DE； 4. 三峡工程左岸电站励磁系统合同文件TGT-TGP/EE2000-05DE
6	6.4 6.5	1. 检查机组及输变电设备升压运行情况； 2. 检查发电机一点接地保护； 3. 检验发电机带线路零起升压能力	1. 三峡工程左岸电站水轮发电机组合同文件TGT-TGP/EG9701CA，TGT-TGP/ EG9703CH； 2. 三峡左岸电站550kV GIS及其配套设备合同文件； 3. 三峡工程左岸电站550kV主变压器及其附属设备合同文件TGT-TGP/ET9905DE
7	6.6	1. 检验发电机励磁系统工作特性； 2. 检验逆变灭磁效果，检验交流、直流灭磁开关空载特性； 3. 检验励磁变压器等的冷却效果	1. 三峡工程左岸电站水轮发电机组合同文件TGT-TGP/EG9701CA，TGT-TGP/EG9703CH； 2. 三峡工程左岸电站励磁系统合同文件TGT-TGP/EE2000-05DE
8	7.2 7.3	1. 检验机组的振动与温升； 2. 检验机组带负荷和甩负荷的特性； 3. 检验调速器的不动时间和甩负荷时的调节特性，确定机组调速器参数整定； 4. 确定励磁系统参数整定，检验交流、直流灭磁开关的灭磁特性等	1. 三峡工程左岸电站水轮发电机组合同文件TGT-TGP/EG9701CA，TGT-TGP/EG9703CH； 2. 三峡工程左岸电站调速系统合同文件TGT-TGP/EE2000-04FR； 3. 三峡工程左岸电站励磁系统合同文件TGT-TGP/EE2000-05DE
9	7.4	1. 确定发电机进相能力； 2. 提供发电机功率圆图及“V”形曲线	三峡工程左岸电站水轮发电机组合同文件TGT-TGP/EG9701CA，TGT-TGP/EG9703CH

续表

开停机次数	大纲编号	主要目的	主要检查标准
10	7.5	确定机组低油压关机能力	三峡工程左岸电站调速系统合同文件 TGT-TGP/EE2000-04FR
11	7.6	确定动水关进水口工作门的能力	三峡水利枢纽永久船闸、大坝和电站厂房二期工程启闭机设备采购合同 TGP/CⅣ-6

(4)三峡左岸电站联合调试大纲的组成

调试大纲由《左岸电站首批机组启动试运行联合调试大纲》及附件组成，附件有：①左岸电站首批机组投入调试运行的必备条件。②左岸电站及梯级调度中心投入运行时要做的检查和试验。③左岸电站重要的单项项目检查验收要求。④水轮发电机组稳定运行预案措施。⑤左岸电站首批机组调试运行时的反事故预案措施。⑥调试运行时电站消防、供电及供水工程采取的临时措施。⑦左岸电站主要系统图册。⑧左岸电站机电设备安全运行技术要求。

5.1.5.2　机组低水头(蓄水位135～156m)试验分析

(1)围堰挡水发电蓄水位135m左岸机组稳定性试验

1)机组稳定性试验内容及主要结果。

三峡左岸电站首批机组于2003年7月投产运行，2003年9—10月对三峡左岸电站首批发电机组进行了全面的机组稳定性、能量性能和转轮叶片动应力现场试验。根据有关测试结果，对真机初期低水头稳定性状况进行了分析，并根据模型稳定性试验结果，对真机高水头稳定性进行了分析和预测。试验选择三峡左岸电站3号机组(VGS)和6号机组(ALSTOM)进行试验，试验水头68～69m。

分别进行了压力脉动混频幅值与机组有功功率关系试验、机组振动混频幅值与机组有功功率的关系试验、主轴摆度混频幅值与机组有功功率的关系试验，并对真机与模型压力脉动混频幅值进行比较，稳定性试验主要结果见图5.1.12至图5.1.15。

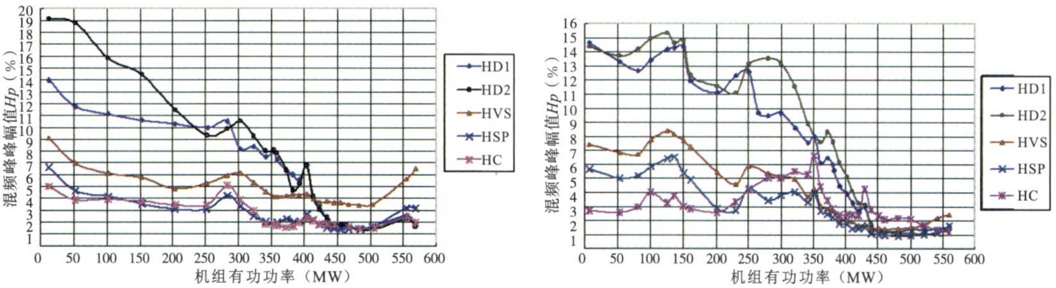

(a)3号机组(VGS)　　(b)6号机组(ALSTOM)

图5.1.12　压力脉动混频幅值与机组有功功率关系曲线

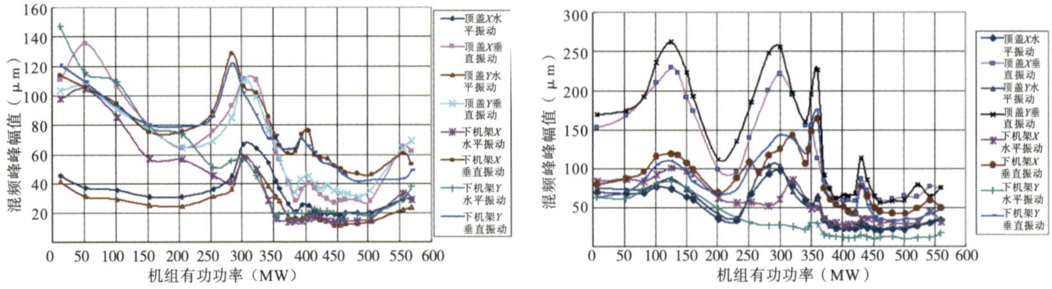

(a)3 号机组(VGS)　　(b)6 号机组(ALSTOM)

图 5.1.13　机组振动混频幅值与机组有功功率的关系曲线

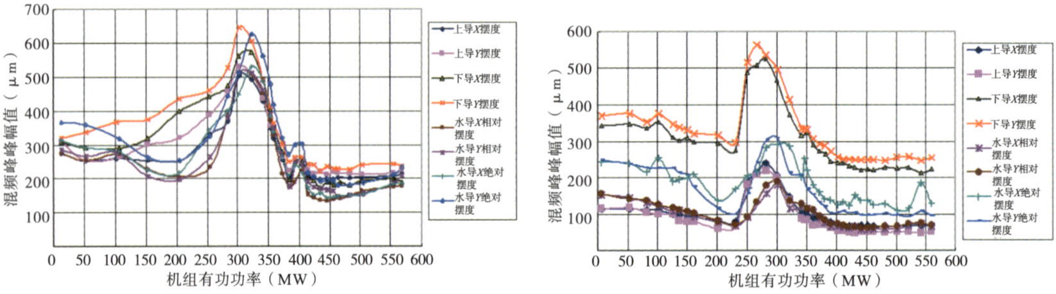

(a)3 号机组(VGS)　　(b)6 号机组(ALSTOM)

图 5.1.14　主轴摆度混频幅值与机组有功功率的关系曲线

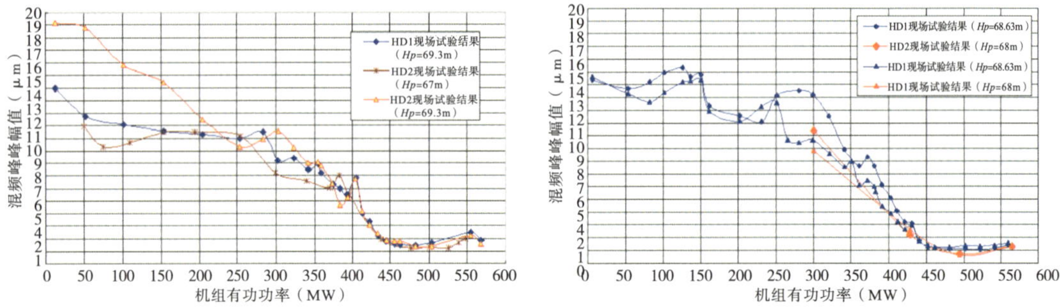

(a)3 号机组(VGS)　　(b)6 号机组(ALSTOM)

图 5.1.15　真机与模型压力脉动混频幅值的比较

2)机组稳定性试验主要结论。

①根据三峡左岸电站 VGS 3 号机组和 ALSTOM 6 号机组在 68～69m 低水头时的试验结果，建议可将机组在低水头时的运行区划分为 3 个区，即可以连续运行的稳定运行区、允许短期运行的限制运行区和不宜运行的禁止运行区。

②两种机型在开停机过程中均未发现有共振等不良现象，现有的开停机方式是合适的。从真机水压脉动与动应力等测试结果看，未发现因出现叶道涡后有异常的水压脉动或动应力等突变的现象。

③两种机型与模型试验结果均有良好的吻合性。

④顶盖和底环强迫补气对水轮机水压脉动、叶片动应力和机组振动只在小负荷区有所改善，对减弱强度较大的尾水管涡带效果不明显。因此，建议电站选择合理的机组运行范围，尽量避开小负荷振动区和尾水管涡带振动区运行。

(2)初期运行水位156m左岸机组稳定性试验

2005年7月左岸14台机组已全部投入商业运行。2006年9月20日开始三峡工程三期蓄水，并于10月27日成功实现156m蓄水目标。在蓄水过程中，分别选取了左岸8号机组(VGS)和6号机组(ALSTOM)进行了全过程升水位稳定性试验和厂房振动试验，并对初期运行出现的问题进行了专题试验研究。对三峡左岸的2种机型机组有了一个充分的认识，在此基础上把研究成果和试验数据与合同和水轮机模型试验结果进行比较，认为三峡左岸机组在156m水位下稳定性能、能量性能和其他指标总体达到了合同的规定，在目前水位下可安全稳定运行。

1)初期试运行问题研究。

①ALSTOM机组关机过程中小开度异常振动问题。

针对三峡左岸ALSTOM机组调试过程中出现的小开度异常振动问题，各参建单位和相关科研机构进行了模型试验、仿真分析和真机试验研究，综合分析原因，采取优化导叶关闭规律、延长第三段关闭的时间等措施，避免异常振动。这次156m升水位真机试验结果表明，采用优化的导叶关闭规律，6号机组在156m水位做过速试验及甩负荷试验阶段中，没有出现导叶在小开度情况下剧烈振动，各种监测的数据在允许的范围。优化后的关闭规律能够满足过速停机要求及调保计算要求，过速关机过程中不会出现小开度振动现象。

②ALSTOM机组导流板撕裂问题。

通过对ALSTOM机组蜗壳导流板的分析计算和现场试验，表明原导流板结构不合理，存在局部应力集中导致撕裂现象的发生。对ALSTOM的8台机组的导流板均进行了环向筋板的加固，经过一年的运行，尚未发现裂纹和撕裂现象。试验表明：加固后运行情况尚好，在当前水位156m下可以安全运行，预计175m水位运行也是安全的。

2)稳定性试验研究。

通过对ALSTOM机组和VGS机组稳定性试验，主要结论如下：

①可将机组的运行区划分为3个区，即可以连续运行的稳定运行区、允许短期运行的限制运行区和不宜运行的禁止运行区。

②机组在开停机及甩负荷过程中均未发现有共振等不良现象，现有的开停机方式是合适的。

③真机与模型的压力脉动随负荷变化的总趋势基本一致，有较高的符合性，两者的能量特性(出力、相对效率等)相吻合。机组振动、摆度满足合同要求。

④测试结果表明，无论是145m水位还是156m水位，厂房结构振动的幅值都比较小。参照目前国内外已有的振动标准，两种水位下的振动对于厂房结构本身、仪器设备和运行人员都是安全的。

3)756MW 运行试验。

2006 年 10 月 10—12 日,6 号、8 号机组完成了 756MW 连续 8 小时运行。10 月 22 日至 11 月 4 日,全部机组完成了 756MW 连续 8 小时考核运行;10 月 26—29 日完成了全厂机组满负荷 9800MW 连续 72 小时考核运行。2006 年 11 月 13 日至 12 月 13 日,6 号机组完成了 756MW 连续 30 天运行;2006 年 12 月 16 日至 2007 年 1 月 15 日,8 号机组完成了 756MW 连续 3 天运行。

监测数据表明,机组三部轴承温度、振动摆度、技术供水压力等运行数据均在正常范围以内,发电机定子绕组、转子绕组、发电机纯水系统、主变压器、离相封闭母线、励磁变压器、GIS、出线避雷器、出线电压互感器、制动开关等设备运行正常,主回路温升情况良好,设备温度随负荷上升有所上升,但未出现温度异常。

5.2 电气设备设计

5.2.1 电站与电力系统的连接

三峡电站地处中国腹地,装机容量巨大。从全国的能源分布和科学合理利用出发,对三峡电站的供电范围、电力电量分配、输电方式及三峡电站接入电力系统的方式等方面进行了长期设计研究、多方案的比选,明确了供电范围、输电方式和三峡电站接入电力系统的方式。

5.2.1.1 供电范围

三峡电站地理位置适中,按送电距离 1000km 左右来考虑,可能的供电范围有华中、华东、西南、华南和华北 5 个跨省电网。20 世纪 80 年代以来,针对三峡工程各种正常蓄水位方案,从动力资源分布特点、一次能源平衡、运输状况、电源构成及负荷特点等出发,对送供电地区做了大量能源供应平衡计算工作。多种方案的设计研究和综合比选表明,三峡电站的电力、电量较优的供电范围是:主送华东、华中、广东等地区,兼顾库区重庆市。输电容量分别按向华中地区送 9000MW,向华东地区送 7200MW,向广东地区送 3000MW、向重庆地区送 2000 MW 设计。

根据西电东送战略和为满足广东"十五"期间用电增长的需求,2001 年国务院决定三峡电站向广东送电 3000MW。经国务院批准的《三峡电能消纳方案》(计基础〔2001〕980 号)中明确规定,三峡电站向各供电区的设计送电容量为:送华中 9000MW、华东 7200MW、广东 3000MW,三峡电站的供电范围调整为华中、华东和广东。后考虑重庆市要求,供电范围进一步调整为华中、华东、广东、重庆,即将左二 3 回至华中的出线调整为至江陵直流换流站送广东。

装设 6 台单机容量为 700MW 水轮发电机组的地下电站于 2004 年 5 月开始新建,经电力部门论证地下电站接入华中电网。

三峡电站供电范围覆盖 11 个省(直辖市)。

5.2.1.2 输电方式

向华东地区的送电方式,对纯直流输电、交直流混合输电、1000kV 特高压输电等输电方式进行了综合比选论证,从有利于将三峡电站的电力电量安全输出、电力系统安全稳定运行、技术先进成熟、方便电网调度管理等方面出发，选用纯直流输电方式，即向华东地区送电在已投入运行的葛沪±500kV直流输电（输送容量：1200MW）基础上，向华东再新建2回±500kV（每回输送容量：3000MW）直流输电线路。

向华中和重庆地区送电采用500kV交流输电；向广东地区采用1回±500kV、输送容量为3000MW的直流输电。

2004年5月地下电站主体工程开始兴建，电力部门论证后，地下电站采用3回交流500kV输电线路接入湖北电网。

5.2.1.3　三峡水电站接入电力系统

采用一级500kV交流输电线路接入电力系统。从减小三峡电站的短路电流、防止事故扩大和有利于500kV电网稳定运行出发，在三峡工程枢纽内各电站间500kV无直接的电气连接。设500kV母线断路器，在汛期二江、大江电厂一厂可变为二厂运行。

三峡电站500kV出线共18回。其中，左岸电站出线8回，左一电厂装设700MW水轮发电机组8台，500kV出线5回，落点分别为万县Ⅰ、万县Ⅱ（后由于电网结构的调整，至万县的2回500kV出线暂定使用）、龙泉换流站Ⅰ、龙泉换流站Ⅱ、龙泉换流站Ⅲ；左二电厂装设700MW水轮发电机组6台，500kV出线3回，落点分别为荆州Ⅰ、荆州Ⅱ、荆州Ⅲ，在此建有向广东地区送电的±500kV直流换流站。右岸电站出线7回，右一电厂装设700MW水轮发电机组6台，500kV出线4回，落点分别为葛洲坝换流站Ⅰ、葛洲坝换流站Ⅱ、荆州Ⅰ、荆州Ⅱ，右二电厂装设700MW水轮发电机组6台，500kV出线3回落点分别为宜都换流站Ⅰ、宜都换流站Ⅱ、宜都换流站Ⅲ；地下电站装设700MW水轮发电机组6台，500kV出线3回，落点分别为荆门换流站Ⅰ、荆门换流站Ⅱ、宜都换流站Ⅲ。

三峡电站接入电力系统近区网络地理位置接线见图5.2.1，三峡输变电工程跨区输电见图5.2.2。

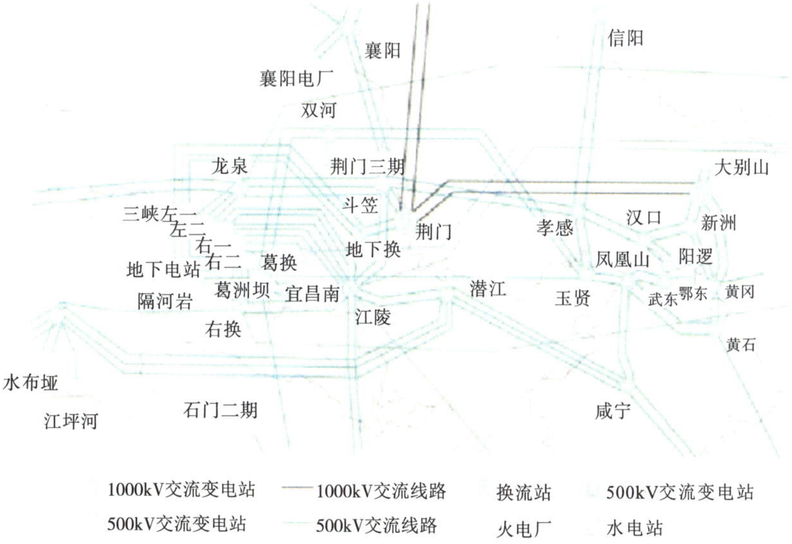

图5.2.1　三峡电站接入电力系统近区网络地理位置接线

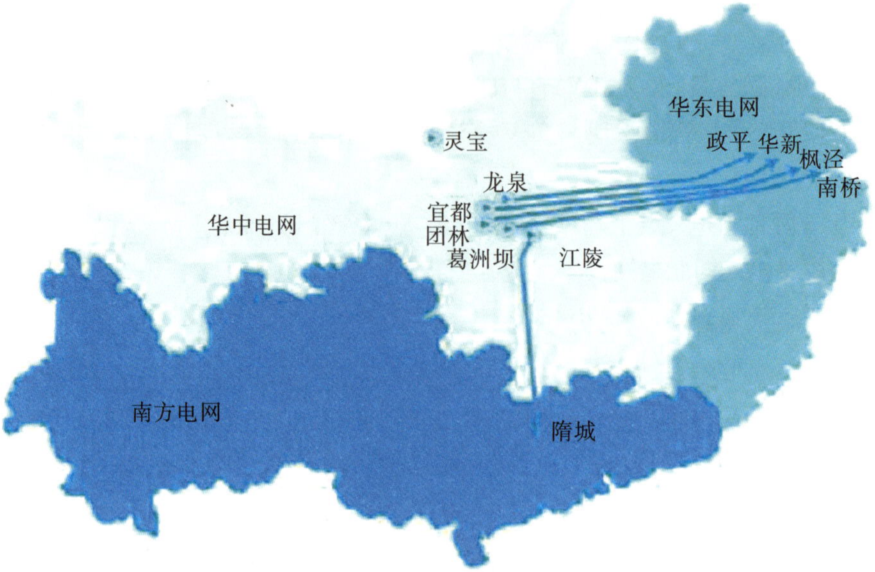

图 5.2.2 三峡输变电工程跨区输电

5.2.2 电气主接线

5.2.2.1 设计要求

在可行性论证、初步设计阶段，三峡电站电气主接线和电气设备按送往华东±500kV直流输电的换流站建在三峡工程枢纽内进行电气设计。1995 年 11 月，三峡建委会召开第五次全体会议，同意直流换流站设在坝区之外宜昌市郊区的合适位置。为此，三峡电站电气主接线遵循“安全、可靠、简单清晰、运行灵活、维修方便、经济合理”的基本要求，将安全可靠放在首位，博采众长吸取国内外设计经验，结合电力系统对主接线的要求和枢纽布置实际，对三峡电站电气主接线应满足的要求进行了设计研究，提出应满足的设计要求是：

1)为限制 500kV 侧的短路电流不超过 63kA，左、右岸电站为 2 个独立电厂，2 个电厂 500kV 母线间没有直接的电气连接。

2)从有利于电力系统稳定运行和防止事故扩大出发，500kV 母线应设分段断路器，使左、右岸电站各自又可以分为 2 厂运行。

3)在严重故障下，应尽量减少切机台数和出线回路数。发生双重故障时，一般不应切除多于 2 回线路和 4 台机组。

4)在任一断路器或一条母线检修时，不影响连续供电，发电机断路器应与对应的发电机同时检修。

5)在全部机组投入运行后，要求全厂停电的概率为零。

6)应充分考虑电站机组在枯水期操作频繁的特点，应保证有可靠的厂用电源。

7)应结合工程枢纽布置的实际，考虑高压配电装置选型及出线方式对主接线选择的影响。

8)经技术经济比较,优选的方案技术先进、经济合理。

5.2.2.2 设计方案

(1)电气主接线设计方案比选

三峡电站电气主接线遵照上述要求,结合本电站的实际,考虑了电力系统对电站电气主接线的要求、三峡水库运行调度方式、主要设备制造能力、重大部件运输方式等方面,对发电机与变压器连接、高压侧接线及简化接线等几十种方案进行了研究比选,在比选中采用了$N+2$阶马尔可夫模型,对各种接线的可靠性指标进行计算,对各方案的可靠性做了相对比较,最终择优选用的电气主接线方案为:采用发电机—变压器联合扩大单元接线,在变压器高压侧装设500kV SF_6断路器方案。2004年后,由于SF_6发电机断路器已能成功制造供货,从方便运行和能倒送厂用电出发,在右岸电站和地下电站部分机组出口装设了SF_6发电机断路器。

500kV高压侧主接线采用3/2接线方式;从调度灵活出发,在地下电站与右岸电站右二电厂间设置了500kV SF_6管道联络线。

(2)左、右岸电站和地下电站的电气主接线方案

左、右岸电站和地下电站的电气主接线采用同一方案,其差别在于装机台数、500kV出线回路数、水轮发电机出口装设断路器(左岸电站水轮发电机出口没有装设发电机断路器)和装设500kV并联电抗器数量不同。

从确保三峡工程厂用电出发,2003年经三峡建委批准,在左岸电站下游左侧的山体内,兴建装机2台(单机容量为50MW)具有黑启动功能的电源电站。电站用35kV接入三峡工程坝区35kV供电系统,作为三峡工程各电厂、各永久建筑物的主供电源或备用电源。电源电站电气主接线:发电机与变压器采用单元接线,35kV侧选用单母线分段接线。

2010年7月20日至8月8日,左、右岸电站完成了18天18300MW(左、右电站共26台700MW机组和电源电站2台50MW机组)满负荷运行;2012年7月12日20时,三峡电站首次进入22500MW设计满额定出力运行方式的考核,截至8月15日0时,累计运行710.98小时(29.6天)。将三峡电站的电力、电量安全稳定送出表明,三峡左、右岸电站,地下电站及电源电站选用的电气主接线经过各种运行方式的考验,安全可靠、调度灵活,满足了三峡电站各种运行方式和电力输出的要求。

三峡左岸、右岸、地下电站简化电气主接线分别见图5.2.3、图5.2.4、图5.2.5。

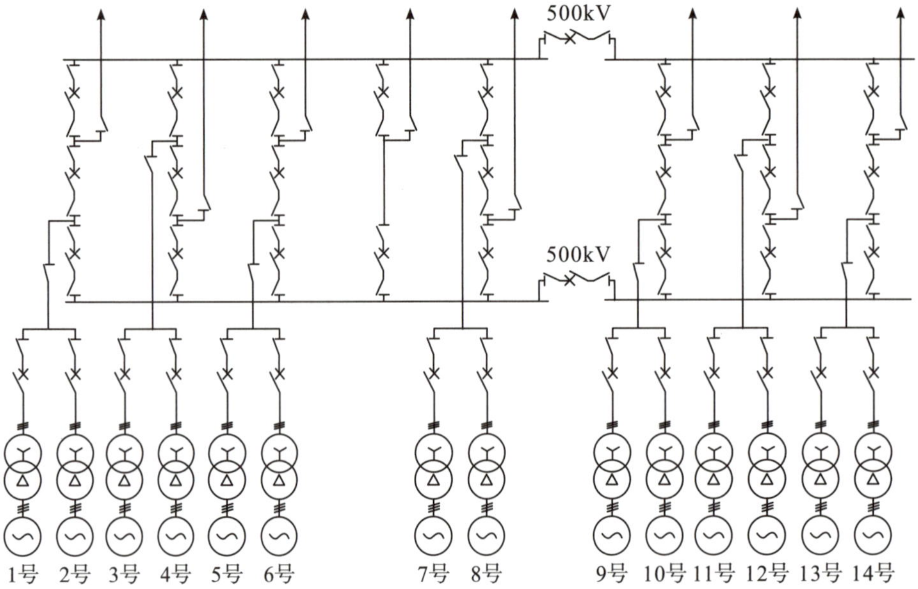

图 5.2.3　三峡左岸电站简化电气主接线

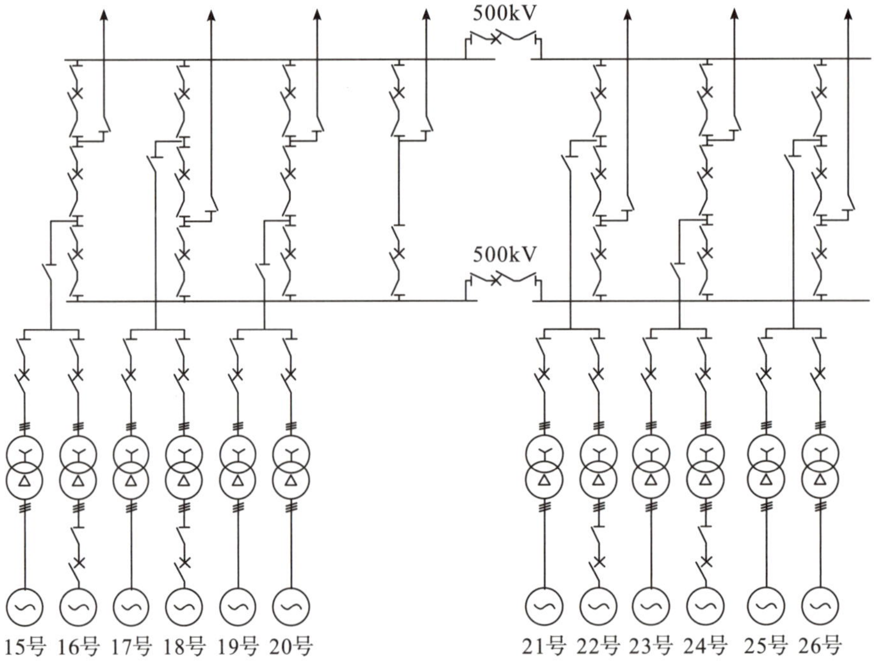

图 5.2.4　三峡右岸电站简化电气主接线

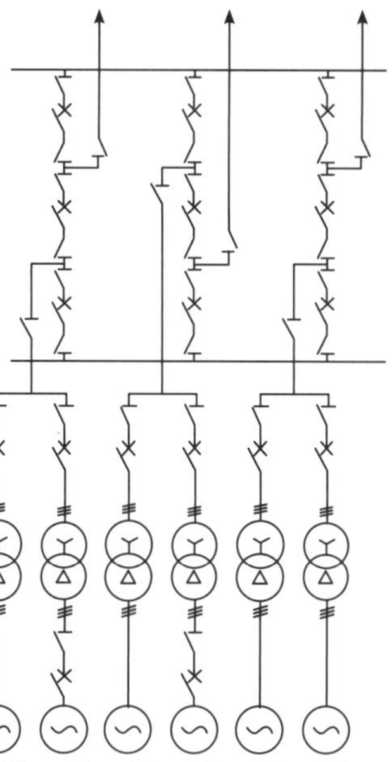

图 5.2.5　三峡地下电站简化电气主接线

5.2.3　主要电气设备

5.2.3.1　升压变压器

结合电气主接线设计对三峡电站升压变压器可能选用的单相变压器、组合式变压器、三相变压器等方案进行了比选，从性能先进、便于布置、维护方便、造价低、可整体运输等方面出发，选用550/20kV、840MVA、三相一体式强迫油循环升压变压器33台，其中左岸电站14台和备用1台、右岸电站12台、地下电站6台，变压器高压侧均采用油/SF_6套管与GIS相连接，低压额定电流为24240A，均采用干套套管与离相封闭母线相连接。

左、右岸电站主变压器布置在82.0m高程厂坝平台半封闭的副厂房内，纵向宽度约14.6m，下游侧紧靠主厂房，变压器室上方为GIS室，屋顶高程为107m。变压器室大门面向上游大坝侧，其他3面均为封闭的防爆墙，其上游侧为坝顶高程185m的大坝，右侧为93.5m高程的左导墙，使82.0m厂坝平台为“凹”区，四面均比较高。对变压器采用水冷还是风冷进行了认证比选：若采用强迫风冷，风只能向大坝方向吹，热空气向上流动，热气无法扩散，经模拟计算，可使厂坝平台小范围内环境温度上升8～12℃，在夏季对运行巡视人员极为不利，对布置在厂坝间的电气设备，运行环境温度提高10℃，需提高电气设备的制造标准，增加设备造价；若采用水冷，水电站对变压器提供冷却水源不成问题，可减少厂坝平台的噪声，不会额外提高环境温度，但需除去长江水中含有大量泥沙、杂草及腐蚀性成分等物质，以防水冷却管堵塞(葛洲坝二江电站变压器原采用20世纪80年代前的水冷却器，由于冷却水管堵塞，迫使电厂改为风冷；大江电站变压器一开始就采用风冷)。因此，工程设计单位与制造厂共同提出国家“九五”攻关专题“三峡主变压器直通防堵型水冷却器的研究”。根据攻关成果，1997年国内东屋公司研制的新型直通式防堵型水冷却器和德国GEA生产的直通式水冷却器，在葛洲坝大江电厂16号机组进行过水试验，到2000年1月已运行3个汛期，在1997年底、1998年底和2000年1月经3次开盖检查效果很好，没有堵塞现象。由于水冷却器在不断改进，左、右电站的主变压器采用水冷却方式。右岸地下电站由于主变压器布置在150m高程的500kV升压站内，引入冷却水源困难，采用风冷产生的噪声和对周围环境温度影响不大，故选用了风冷。

(1)左岸、右岸、地下电站主变压器技术参数

1)主变压器额定值。

主变压器额定值见表5.2.1。

表5.2.1 主变压器额定值

参数		取值
额定容量	高压(在各种分接头下)(MVA)	840
	低压(MVA)	840
	相数	三相
	额定频率(Hz)	50
额定电压	高压侧(kV)	550−2×2.5%
	低压侧(kV)	20
	连接组别	YNd11
	阻抗电压(以额定容量为基准，额定电流、额定频率下，绕组温度为75℃)的实测值(%)	≥15

中性点接地方式经小电抗接地。

2)主变压器效率和损耗。

在额定电压、额定频率、额定负荷下(绕组温度75℃)，变压器效率保证值(不允许负偏差)≥99.794%。

在额定电压、额定频率、额定负荷下(绕组温度75℃)，变压器总损耗实测值(总损耗不允许正偏差)≤1736kW。

3)主变压器绝缘水平。

主变压器绝缘水平见表5.2.2。

表5.2.2 主变压器绝缘水平 (单位:kV)

部位	雷电冲击耐压峰值		操作冲击耐压峰值	工频耐压有效值
	全波	截波		
高压侧	1550	1675	1175	680
低压侧	125	140		55

续表

部位	雷电冲击耐压峰值		操作冲击耐压峰值	工频耐压有效值
	全波	截波		
中性点	325			140
高压相间			1800	950
高压套管	1675	1800	1175	740
低压套管	125	140		55
中性套管点	325			140

4)主变压器局部放电水平。

在所有绝缘试验后进行局部放电测量。局部放电试验方法应符合 IEC 60270 和 IEC 60076-3 号出版物的有关规定。施加电压的方法按下列方法进行：单独进行局部放电试验，试验电压和试验程序满足下述要求：550kV 线端承受试验电压 477kV(5 分钟)～550kV(5 秒)～477kV(1 小时)。在最后 1 小时持续时间内，550kV 出线端子的视在放电量不大于 100PC。

5)主变压器套管。

主变压器所有套管都有电容式抽头供试验用。变压器高压套管带有气体检漏系统的环氧树脂浸渍电容式油/SF_6 套管。套管两端应设置接线端子。中部为双法兰结构，一个法兰与变压器油箱连接，另一个法兰与 GIS 管道外壳相连。在两个法兰之间装设检漏接口，并提供检漏设备。

为防止 GIS 外壳感应电流流入变压器外壳，在高压套管法兰与 GIS 法兰间设置绝缘，并在绝缘件的两侧并联 ZnO 非线性电阻。绝缘件和非线性电阻由 GIS 卖方提供。

中性点套管为环氧树脂浸渍电容式油/空气瓷套管。

低压套管为环氧树脂浸渍油/空气瓷套管，低压套管应采用水平出线方式，并与发电机大电流离相封闭母线对接，变压器低压套管采用每相 1 支套管，为防止 IPB 外壳感应电流流入变压器外壳，在低压套管法兰与 IPB 法兰间设置绝缘。

每台变压器中性点提供 2 支套管电流互感器。

6)主变压器运输尺寸、重量。

主变器运输尺寸：11.2m×3.9m×4.9m(长×宽×高)。

变压器重量：带油总重 494t，运输重 395t，油重 86t。

(2)左岸及右岸电站主变压器的中性点设备

每台主变电器的中性点设备为：1 台中性点电抗器、1 台避雷器、1 台接地开关、1 支穿墙套管及连接导体等。

1)中性点电抗器。

中性点电抗器型式为户外、油浸、自冷式，其参数额定值见表 5.2.3。

表 5.2.3　　中性点电抗器参数额定值

参数		额定值
电抗值(Ω)		20
工作电流(A)		140
容量(kVA)		392
热稳定电流(2s,有效值)(kA)		3.15
动稳定电流(峰值)(kA)		8
额定绝缘水平	雷电冲击耐受电压(峰值)(kV)	325(高压端)/125(低压端)
	1min 工频耐受电压(有效值)(kV)	140(高压端)/55(低压端)

②外形尺寸和运输重量。

运输尺寸约为 1.8m×1.8m×1.95m(长×宽×高),外形尺寸约为 2.4m×2.0m×4.2m(长×宽×高)。

高压套管重量约为 200kg,接地套管重量约为 30kg,储油柜重量约为 200kg,油重约为 3000kg,端子箱重量约为 30kg,总重量约为 8500kg。

2)中性点接地开关。

①型式。

中性点接地开关型式为户外、单极式,电动操作。

②参数。

中性点接地开关参数额定值见表 5.2.4。

表 5.2.4　　中性点接地开关参数额定值

参数	额定值
额定电压(kV)	66
最高工作电压(kV)	72.5
额定频率(Hz)	50
额定电流(A)	400
额定热稳定电流(kA)/持续时间(s)	6.5/2
额定动稳定电流(kA)	17.5
工频 1min 耐受电压(有效值)(kV)	140
雷电冲击耐受电压(峰值)(kV)	325
泄漏比距(mm/kV)	25
机械稳定性操作寿命(次)	2000

三峡左岸电站主变压器的中性点采用国际招标、技贸结合、技术转让、国内分包的方式。

最终德国西门子股份公司 TU 变压器厂中标，国内保定天威集团大型变压器有限公司（以下简称“保变”）和沈阳变压器有限责任公司（以下简称“沈变”）受技术转让。

三峡右岸电站主变压器采用国内公开招标，重庆 ABB 变压器有限公司中标。三峡地下电站主变压器采用国内公开招标，保变获得制造合同。

三峡电站国产与进口 500kV 主变压器见图 5.2.6、图 5.2.7。

图 5.2.6　地下电站国产 500kV 840MVA 主变压器

图 5.2.7　左岸电站进口 500kV 840MVA 主变压器

5.2.3.2　500kV 配电装置

(1)500kV 配电装置选型

1)500kV 高压配电装置的型式。

500kV 高压配电装置的型式有 3 种，分别是空气绝缘的常规开敞式配电装置（以下简称“AIS”），断路器可用瓷柱式或罐式；SF_6 气体绝缘金属全封闭式配电装置（以下简称“GIS”）；混合式配电装置（以下简称“H-GIS”），即母线采用开敞式，其他均为 SF_6 气体绝缘的开关装置。三峡工程在可行性研究、初步设计阶段，送上海的 500kV 首端换流站设在三峡枢纽内，从节省投资、方便运行管理出发，经多方案比选采用换流站 500kV 交流配电装置和电站 500kV 配电装置合建，采用开敞式配电装置。1995 年三峡建委明确表示向华东直流输电的首端换流站不设在三峡工程枢纽内后，结合电气主接线和枢纽布置的实际，对电站 500kV 开关站的布置位置及型式重新进行了设计研究。

2)500kV 高压配电装置型式比选。

对上述配电装置的 3 种型式从以下方面进行了比较：①占地面积、土建工程量及工期。经对左岸电站 3 种配电装置的设计布置，GIS、H-GIS、AIS 配电装置的占地面积比为 1∶4.0∶8.7。GIS 占地面积最小，布置灵活，可布置在厂坝平台，亦可布设在距厂房较近的场地上，土建工程量较小。AIS 及 H-GIS 占地面积大，只能布置在距厂房约 1.3km 的上坝公路左侧，由于该处地形较陡峭，因此土建工程量较大。GIS 与后两种配电装置相比，有利于缩短工期。②安全可靠性。GIS的绝大部分电器元件布设在室内，受大气条件影响很小，可靠性高。据统计，GIS的事故率约为AIS的1/10。H-GIS的可靠性则介于GIS与AIS之间。此外，AIS和H-GIS与联合单元GIS之间有一段架空线，架空连线发生故障，可能导致停机，影响运行可靠性。统计报道："AIS对人身伤害事故是1000站年中1次，而GIS是4000站年1次。"可见，GIS具有较高的运行可靠性和安全性。③维护管理。国内外运行经验表明，GIS的维修工作量很小，3种型式配电装置GIS、H-GIS、AIS的维修量的比为6.4∶33∶100。且GIS的布置靠近厂房，AIS远离厂房，GIS维护管理比AIS方便。④安装与检修。GIS是成套电器，安装不受外界大气条件影响，安装简单迅速，一串GIS设备安装调试工期不超过1个月。GIS的大修周期长，一般为15年或更长时间；AIS和H-GIS因受外界大气条件影响，其老化和损坏速度较快，因此大修周期短且检修次数多。⑤环境影响。GIS布置在室内，而AIS和H-GIS的瓷柱、构架较多，对三峡枢纽工程布置，采用GIS较AIS可多70000m^2的绿地，有利于美化工区环境。此外，GIS设备不存在电晕、静电感应和无线电干扰问题。⑥抗震性能。GIS是由金属罐类组合而成的骨架结构，刚性高，耐震性能好，抗震性能较AIS和H-GIS高。⑦使用寿命。GIS的使用寿命比AIS和H-GIS长，但查找内部故障较困难。上述比较表明，GIS配电装置优。

经济比较方面，从配电装置的设备价格而言，500kV GIS与AIS设备比价约为1.5，至20世纪90年代上升至2.0以上，10年间500kV GIS价格上涨1倍，其原因是我国尚不能批量生产500kV GIS设备，国外厂商也较少，不能形成有效的竞争。随着国外技术引进，国产500kV GIS能力迅速提高，加上国外较多GIS制造厂参与国内市场竞争，到20世纪90年代后期，500kV GIS设备价格趋于合理，三峡电站GIS与AIS的设备价格为1.4∶1.0。GIS配电装置可布置上游厂坝平台主变压器上层的副厂房内，既方便与变压器的连接，又方便运行管理，而AIS只能布置在离厂房有一定距离的岸上，考虑需增加的场地开挖和土建费用后，GIS与AIS的造价基本相当。

鉴于上述原因，并根据三峡电站电气主接线，结合枢纽总布置和电站接入电力系统的具体情况，三峡电站500kV开关站选用GIS配电装置。左岸电站和右岸电站GIS布置在上游副厂房93.6m高程GIS室内，其下方82.0m高程布置主变压器及并联电抗器，空气/SF_6套管及出线侧开敞式设备布置在GIS室上方107.0m高程的上游副厂房顶上。地下电站GIS布置在地下厂房外山顶151.5m高程平台上的升压站GIS室内。

(2)断路器额定开断容量的选择

1992年三峡工程开展初步设计时，与当今世界上著名的电器设备制造厂开展了深入的技术交流。当时额定开断流63kA的500kV断路器已可批量生产并已列为IEC标准，而国内只能生产开断流50kA的500kV断路器，若三峡左、右岸电站间在500kV超高压侧直接进行电气连接，则当500kV发生三相短路时，据计算短断路电流≥80kA，要采用500kV额定开断电流80kA级的断路器，当时世界上只有个别电器制造厂生产过这类试用产品。这类试用产品不仅质量难以保证，而且是非标产品，造价大大提高。工程设计需研究，在不影响三峡电站调度灵活、安全运行的前提下，将三峡电站500kV三相短路电流限制在63kA以内，选用500kV额定开断流63kA的标准断路器，不仅可使断路器的制造质量得到保证，而且造价大为降低。工程设计单位研究后，与电力部门共同商讨限制三相短路电流的对策，采用了以下措施：三峡左、右岸电站间在工程枢纽内500kV侧不采用直接的电气连接，相当于是独立电站；适当提高正序电抗值，在变压器招标文件中将变压器的短路阻抗值由15%提高到16.8%。采取上述措施后，经计算，三峡电站500kV侧的三相短路电流≤63kA，选用了500kV额定开断流63kA的断路器。

(3)500kV GIS参数的设计研究

左岸电站500kV GIS共有39个数路器间隔，布置在长615.7m、宽17m的上游厂坝平台93.6m高程的副厂内，是世界上规模最大的水电站500kV GIS配电装置，对其主要参数进行了多个专题研究，成果都应用在“500kV GIS合同技术条款”中，包括以下内容：

1)由于左岸电站装设容量为840MVA水轮发电机和主变14台(套)，使500kV侧三相短路非周期分量的时间常数增大至140ms，致使在额定开断时交流分量发生较大的不对称上移，形成大小半波，延长开断中的最大燃弧时间，增加开断的难度。对此，在额定开断试验中提出了要求。

2)对接地方式，通过500kV GIS母线外壳短路故障和正常运行时的感应电压的计算表明，采用多点接地有利于安全稳定运行。

3)由于配电装置规模大，对采用混相布置、分相布置、断路器立式和水平式等方案并配合温度应力消除、土建结构缝不均匀沉陷进行了研究，最后选用断路器立式、分相布置和装设伸缩节的方式。

4)依据三峡左岸电站500kV架空线路的走向，对快接地开关所切断的感应电压和电流进行计算。

5)对GIS配电装置过电压保护，配置最少的避雷器行进波进行了计算等。

(4)GIS通用技术参数

1)额定电压及相数。

额定电压为550kV，相数为三相。

2)额定电流。

联合单元回路额定电流为2000A，一倍半接线及出线回路(户外的部分GIS设备考虑日照的影响)额定电流为3150A，主母线和母线分段开关设备额定电流为4000A。上述回路所有元件制造厂最终提供的额定电流全部为4000A(在环境温度40℃下)。

3)额定频率50Hz。

4)额定绝缘水平。

额定雷电冲击耐受电压(峰值)相对值为1550kV,断口间值为(1550+450)kV;额定操作冲击耐受电压(峰值)相对值为1175kV,断口间值为(1050+450)kV;1min工频耐受电压(有效值)相对值为680kV,断口间值为800kV。

5)额定短时耐受电流为63kA。

6)额定短路持续时间为2s。

7)额定峰值耐受电流为171kA。

8)温升。

GIS各个部位的温升,不超过元件相应标准规定的允许值,主回路及无标准限定温升的元件在额定电流下的允许温升不超过IEC60694的规定值。GIS外壳的允许温升见表5.2.5。

表5.2.5 **GIS外壳允许温升**

外壳部位	环境温度为40℃时的允许温升(K)
运行人员易触及的部位	30
运行人员可触及但在正常操作时不需触及的部位	40
运行人员不触及的部位	65

注:对温升超过40K的部位,由制造厂作出明显的高温标记,以防维护人员触及,并保证不损害周围的绝缘材料和密封材料。

9)局部放电。

①GIS单个元件的局部放电量小于3pC(绝缘子不大于2pC,电压互感器不大5pC),运输单元局部放电量小于3pC,组装后一个间隔的局部放电量小于10pC。局部放电起始电压大于1.1p.u.。

②对于避雷器,加压程序按IEC60994规定,在1.1倍的持续运行电压下所测的内部局放量不大于10pC。

10)每个隔室的年漏气率不大于1%。

(5)主要元件配置

1)断路器。

断路器为室内、单压式SF_6气体绝缘型。双断口水平布置断路器,断口间装设均压电容器。断路器操作机构为液压弹簧型式,操作机构能满足现地手动操作、现地汇控柜电动操作和远方操作的要求,并设置现地手动跳闸装置。所有断路器均可三相电气联动操作,线路侧断路器可进行分相操作,并满足自动重合闸操作的要求。

左岸电站通过8回500kV交流线路接入电力系统:左一出线5回,2回至万州的线路长度约为320km,线路出线断路器需装设合闸电阻,3回至左岸换流站的线路长度约为60km,不需要装设合闸电阻;左二出线3回送华中系统的线路长度约150km,出线断路器取消合闸电阻。

右岸电站通过7回500kV交流线路接入电力系统：右一出线2回至宋家坝直流换流站的线路长度约50km，2回至华中荆州变电站的长度约130km；右二出线3回至三峡蔡家冲换流站的线路长度约65km，右岸电站出线侧断路器均不装设合闸电阻。

地下电站通过3回500kV交流线路接入电力系统，落点为林团（荆门）换流站线路长度约156km，3回出线断路器均取消合闸电阻。

2）避雷器。

避雷器为非线性无间隙金属氧化物电阻片、SF_6气体绝缘避雷器。其与母线连接带有插入式接头和隔离的隔室，以便在GIS进行绝缘试验时隔离避雷器，该隔室检修时可与其他隔室隔离，运行时与避雷器隔室连通。避雷器运行时，能测量阻性泄漏电流。避雷器配置压力释放装置。避雷器每相均配备放电计数器及放电电流记录器，并装设在便于观察的位置。

三峡电站每回线路出口装有敞开式避雷器，并靠近SF_6/空气套管布置，在变压器高压侧各联合单元小母线上设置一组罐式避雷器。左岸电站左一在Ⅰ、Ⅱ母线上各安装两组罐式避雷器，左二在Ⅲ、Ⅳ母线上各安装两组罐式避雷器。右岸电站在GIS各分段母线上分别装设两组罐式避雷器。

3）伸缩节。

三峡电站的左岸和右岸电站在变压器、电抗器及断路器与联合单元小母线连接处，主母线与3/2串设备之间以及主、分支母线的连接处都加装了轴向伸缩节，利用伸缩节径向允许有±3°的变形，满足其要求；母线热胀冷缩处理措施系在每段主母线上设置2组“U”形伸缩节，满足其轴向伸缩及土建分缝的要求；土建的不均匀沉陷和错位由母线本身的弹性变形来解决。

4）快速接地开关的设置。

由于500kV出线对侧均有电源，并考虑500kV线路同杆架设，为运行操作的安全，在每回出线侧均装设1组快速接地开关，以满足开合线路感应电流及防止对侧误操作的要求。此外，由于每段主母线均较长，为保证检修维护时的人员安全，各段母线均设置了1组快速接地开关。

快速接地开关主要应满足峰值关合、电容及电感电流开合能力。由于至川东及华中出线线路较长，且有一段采用双回共杆，因此当一条线路停电，另一条线路带电时，带电线路对停运线路的感应电流较高。根据IEC标准，500kV快速接地开关开合电容电流能力为50kV、25A。为运行及维护的安全，设计中将标准提高为开合电容电流能力为50kV、50A。

5.2.3.3 电机封闭母线

1)型式。

左、右岸电站和地下电站发电机封闭母线型式相同,即发电机主回线和分支回路均为自冷、微正压全连式离相封闭母线(IPB)。

2)额定参数。

电机封闭母线额定参数见表5.2.6。

表5.2.6 电机封闭母线额定参数

序号	参数	主回路取值	分支回路取值
1	频率(Hz)	50	50
2	标称电压(kV)	20	20
3	最高运行电压(kV)	24	24
4	额定电流(kA)	26	0.5
5	三相短路电流(kA)	160	300
6	额定峰值耐受电流(kA)	440	820
7	额定短时耐受电流(kA)	160	300
8	额定短路持续时间(s)	2	2
9	额定冲击耐受电压(峰值)(kV)	125	125
10	工频耐受电压1min(有效值)湿试(kV)	55	55
11	工频耐受电压1min(有效值)干试(kV)	68	68
12	爬压、比距(cm/kV)	≥1.7	≥1.7

3)主回路和分支回路IPB导体和外壳均为圆形。

4)绝缘子型式为20kV阻燃型环氧浇注绝缘子。

5)微正压装置。

微正压装置的气源引自电站机组起停补气的供气系统,经微正压装置过滤干燥后,两级减压向封闭母线供气,为连续不间断供气,并设有超高、低压报警和安全释放装置。微正压装置包括控制柜(内设干燥机、减压阀、安全阀、报警装置)及其相应的管道。

封闭母线连续设备包括高压厂用变压器、励磁变压器、发电机断路器、PT/避雷器柜、发电机制动开关、发电机出口电流互感器。

5.2.4 监控、继电保护及通信

5.2.4.1 监控

(1)三峡—葛洲坝梯级枢纽监控方案的重要性

葛洲坝工程是三峡工程的航运梯级和反调水库,三峡—葛洲坝梯级枢纽是长江干流上

第一个大型综合利用水利水电梯级开发工程，具有防洪、发电、航运、水资源利用等综合效益。三峡水利枢纽由三峡大坝、茅坪溪防护坝、左右岸坝后式电站和右岸地下电站、通航设施（船闸及升船机）等主要建筑物组成。泄洪坝段位于河床中部，设有23个深孔和22个表孔。左岸电站、右岸电站和地下电站分别装机14台、12台和6台，单机容量均为700MW，另外在左岸升船机航道右侧山体内兴建了两台单机容量为50MW的电源电站。通航设施为设在左岸的双线连续五级船闸和齿轮、齿条垂直升船机；距三峡水利枢纽下游40km处建有葛洲坝水利枢纽，它包括大江电厂、二江电厂、500kV变电所、220kV开关站以及3个船闸、1个泄水建筑物和2个冲沙闸等。由此可以看出，三峡—葛洲坝梯级枢纽的综合自动化具有涉及面广、功能齐全、可靠性和实时性要求高、技术复杂而先进等特点，共涉及机组53台、总装机容量2511.5万kW的6个电站厂房，4座500kV升压站和1座220kV开关站，集中控制的各类泄洪、排漂及冲沙闸门共计75扇，3座一级船闸、1座双线连续五级船闸和1座升船机，同时还必须准确、及时地收集枢纽控制流域内的雨情、水情、气象等信息。

(2)三峡—葛洲坝梯级枢纽监控方案比选

三峡—葛洲坝梯级枢纽如何调度、采用什么样的监控方案一直是设计研究的关键课题之一，重点攻关和多年设计研究表明：从确保梯级枢纽的安全可靠运行，实现防洪、发电、航运、水资源利用等综合效益最大化和方便运行管理出发，必须对梯级枢纽运行进行联合统一调度，实现梯级调度管理自动化。

为实现上述目标，对综合自动化的总体方案进行了长期的多种方案的研究比选，最后工程设立了一个梯级调度中心，下设左岸电站（含泄水闸和电源电站监控）、右岸电站、地下电站、西坝三峡总公司、葛洲坝枢纽、双线五级船闸、升船机、消防指挥中心等分系统，根据不同情况在分系统下设相应的现地子系统，具体涉及计算机监控和监测、枢纽内外通信、继电保护、故障录波、消防报警、工业电视等。三峡水调自动化系统和三峡梯调计算机监控系统是三峡梯调生产调度的基本平台，分别承载三峡梯级枢纽水库调度和电力调度业务。三峡水调自动化系统是为了满足三峡工程发电梯级水库调度的需要，并兼顾三峡工程初期运行期和正常运行期水库调度要求，建立了一套集水情信息采集、水文预报、水库调度、会商查询、水情信息发布等功能为一体的水库调度作业系统。三峡梯调计算机监控系统按照对梯级各水电站联合调度、统一对外、无人值班、少人值守的原则进行设计，具有对梯级各电站及泄水闸进行数据采集与处理、安全监视、运行调度、操作控制和管理等功能，同时负责接收上级调度部门下达的各项指令，向上级调度传送所需的数据，对整个梯级枢纽进行有效的监视、调度、控制及管理。另外，三峡梯调还建立了三峡永久通信系统、三峡泥沙信息分析管理系统、气象信息综合分析处理系统、电量计费系统、安稳系统及Web信息发布系统等自动化业务系统。

三峡水利枢纽自动化系统总体结构见图5.2.8，葛洲坝—三峡梯级调度控制室见图5.2.9。

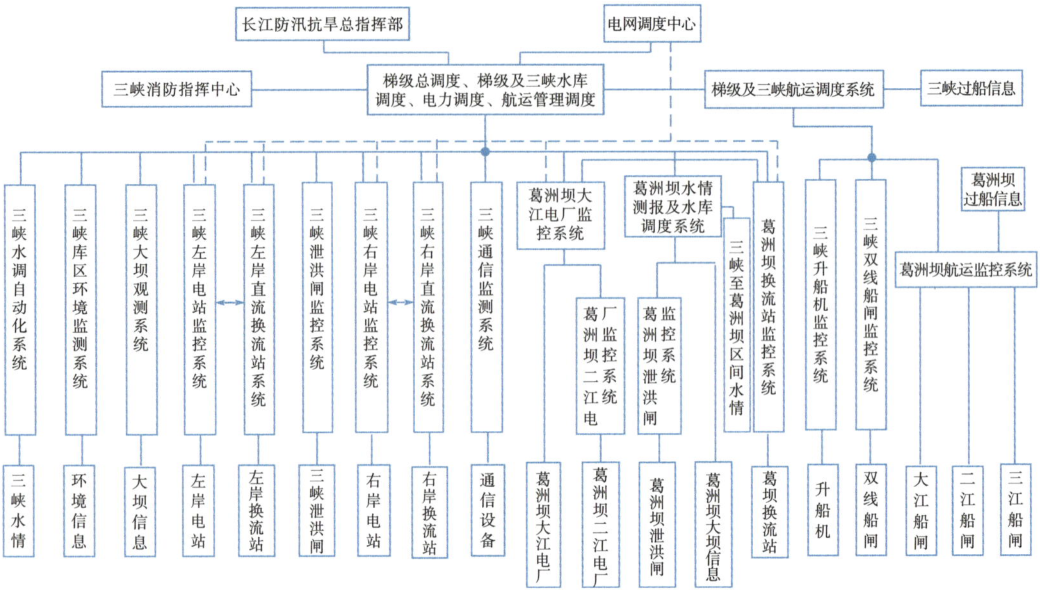

图 5.2.8 三峡水利枢纽自动化系统总体结构

图 5.2.9 葛洲坝—三峡梯级调度控制室

5.2.4.2 继电保护

(1)继电保护装置比选

继电保护装置是保证运行人员、电力系统和设备安全运行的重要设备。快速性、灵敏性、选择性和可靠性是对继电保护装置的 4 项基本要求。在三峡工程中对继电保护装置的硬件装置重点研究了微机式,在主保护上重点设计研究大型水轮发电机的主保护方式。由于三峡发电机容量大、单相负荷电流大、定子绕组分支多,对特大型机组而言,定子匝间

(包括同分支匝间和同相不同分支匝间)的短路故障概率比相间短路故障概率要大，另外由于每相分支数多，定子开焊、断线故障发生概率相对较大，因此在左岸电站机组评议投标方案过程中，中方要求各投标商对发电机内部故障进行仿真模拟计算，以确定主保护的合理配置、中性点分支 CT 及中性点连接线上 CT 的变比及型式，但所有外商均未提供。为保证合同的顺利实施，长江设计院收集了 4 家潜在供货商有关水冷和空冷机组的电气参数、结构参数和有关图纸，委托清华大学和华中科技大学在各自建立的数学模型上，重点对其中的两家(ALSTOM、VGS，定子绕组均为 5 分支)进行了系列的仿真计算，比较了发电机完全纵差保护、不完全纵差保护、裂相保护和发电机不平衡保护等 4 种保护，在定子绕组分支引出的各种组合方式下，发生各种相间及匝间(包括同分支匝间和同相不同分支匝间)故障时，各保护的动作情况及灵敏度。综合清华大学和华中科技大学的计算结果，经分析比较并结合发电机的制造，最终确定发电机主保护配置、中性点分支引出分组及 CT 配置为：①在 VGS 集团提供的 1～3 号机组和 7～9 号机组上，由西门子公司提供的每台机组保护子系统 A 中配置完全纵差动保护和裂相保护，在保护子系统 B 中配置不平衡保护。②在 ALSTOM 公司提供的 4～6 号机组和 10～14 号机组上，由 ABB 公司提供每台机组的保护子系统 A 中配置完全纵差动保护和裂相保护，在保护子系统 B 中配置不平衡保护，外加一套完全纵差动保护。③定子每相分支按“1-2-3”分支和“4-5”分支进行分组，在两组引出线上均设 CT，前者 CT 变比为 18000/1(从 18000A 变成 1A)，后者 CT 变比为 12000/1(从 12000A 变成 1A)；机端 CT 变比为 30000/1(从 30000A 变成 1A)；发电机不平衡保护用 CT 为 500/1(从 500A 变成 1A)，后续左岸发变组保护更新改造时，已改为与右岸电站和地下电站一致，均为 1500/1(从 1500A 变成 1A)。

(2) *左岸电站发电机主保护配置、中性点分支引出分组及 CT 配置*

左岸电站发电机主保护配置、中性点分支引出分组及 CT 配置(简称“发变组保护配置”)见表 5.2.7、表 5.2.8。根据当时的规程规范，A、B 盘主保护、后备保护主要采用互补冗余配置，并未实现完全双重化配置(后续左岸发变组保护更新改造时，已改为完全双重化配置)。右岸和地下电站由于水轮发电机的结构和参数有些变化，只做了局部的修改，对发变组保护的配置以左岸电站为例。

表 5.2.7　　三峡左岸电站发变组保护配置(1～3 号、7～9 号发变组)

A 盘保护配置			B 盘保护配置		
序号	功能号	保护名称	序号	功能号	保护名称
1	87G-A	发电机完全纵差保护	1	21G-B	发电机阻抗保护
2	87GUP-A	发电机裂相保护	2	60G-B	发电机不平衡保护
3	64G1-A	发电机定子一点接地保护 1	3	64G1-B	发电机定子一点接地保护 1

续表

A盘保护配置			B盘保护配置		
序号	功能号	保护名称	序号	功能号	保护名称
4	64G2-A	发电机定子一点接地保护 2	4	64G2-B	发电机定子一点接地保护 2
5	40G-A	发电机失磁保护	5	40G-B	发电机失磁保护
6	11G-A	发电机后备保护	6	11G-B	发电机后备保护
7	51GR-A	发电机负序电流保护	7	51GR-B	发电机负序电流保护
8	78G-A	发电机失步保护	8	64E—B	励磁绕组一点接地保护
9	51G-A	定子过负荷保护	9	24G-B	发变组过激磁保护
10	59G-A	定子过电压保护	10	52B-B	断路器保护
11	87T-A	主变压器差动保护	11	51EL-B	励磁绕组过负荷保护
12	51TN-A	主变压器零序保护	12	95-B	PT 断线闭锁装置
13	51ST-A	厂用变压器过流保护	13	87T-B	主变压器差动保护
14	51STL-A	厂用变压器过负荷保护	14	51TN-B	主变压器零序保护
15	51ET-A	励磁变压器过流保护	15	87ST-B	厂用变压器差动保护
16	51ETL-A	励磁变压器过负荷保护	16	87ET-B	励磁变压器差动保护
17	63T1-A	主变压力释放 1 跳闸	17	80TH-B	主变压器重瓦斯跳闸
18	63T2-A	主变压力释放 2 跳闸	18	54T-B	主变压器冷却系统故障跳闸
19	98A-A	主变高压侧 A 相套管 SF_6 压力低跳闸	19	49T1-B	主变压器温度(油温)升高 1 跳闸
20	98B-A	主变高压侧 B 相套管 SF_6 压力低跳闸	20	49T2-B	主变压器温度(绕组温度)升高 2 跳闸
21	98C-A	主变高压侧 C 相套管 SF_6 压力低跳闸	21	49T2-B	主变压器温度(油温)升高 3 跳闸
22	49ST-A	厂用变压器温度升高跳闸			
23	49ET-A	励磁变压器温度升高跳闸			

表 5.2.8　　三峡左岸电站发变组保护配置(4～6 号、10～14 号发变组)

A盘保护配置			B盘保护配置		
序号	功能号	保护名称	序号	功能号	保护名称
1	87G-A	发电机完全纵差保护	1	87G-B	发电机完全纵差保护
2	87GUP-A	发电机裂相保护	2	60G-B	发电机不平衡保护
3	64G1-A	发电机定子一点接地保护 1	3	64G1-B	发电机定子一点接地保护 1
4	64G2-A	发电机定子一点接地保护 2	4	64G2-B	发电机定子一点接地保护 2
5	64G3-A	发电机定子一点接地保护 3	5	64G3-B	发电机定子一点接地保护 3

续表

A盘保护配置			B盘保护配置		
序号	功能号	保护名称	序号	功能号	保护名称
6	40G-A	发电机失磁保护	6	40G-B	发电机失磁保护
7	11G-A	发电机后备保护	7	11G-B	发电机后备保护
8	59G-A	定子过电压保护	8	59G-B	定子过电压保护
9	78G-A	发电机失步保护	9	24G-B	发变组过激磁保护
10	51G-A	定子过负荷保护	10	51GR-B	发电机负序电流保护
11	64E-A	励磁绕组一点接地保护	11	51EL-B	励磁绕组过负荷保护
12	96-A-1	CT 断线报警功能 1	12	38/51-B	上导轴承绝缘监视装置
13	52B-A	断路器保护	13	52B-B	断路器保护
14	87T-A	主变压器差动保护	14	87T-B	主变压器差动保护
15	51TN-A	主变压器零序保护	15	51TN-B	主变压器零序保护
16	95-A	PT 断线闭锁装置	16	95-B	PT 断线闭锁装置
17	51ST-A	厂用变压器过流保护	17	87ST-B	厂用变压器差动保护
18	51STL-A	厂用变压器过负荷保护	18	87ET-B	励磁变压器差动保护
19	51ET-A	励磁变压器过流保护	19	80TH-B	主变压器重瓦斯跳闸
20	51ETL-A	励磁变压器过负荷保护	20	54T-B	主变压器冷却系统故障跳闸
21	96-A-2	CT 断线报警功能 2	21	49T1-B	主变压器温度(油温)升高 1 跳闸
22	96-A-3	CT 断线报警功能 3	22	49T2-B	主变压器温度(绕组温度)升高 2 跳闸
23	63T1-A	主变压力释放 1 跳闸	23	49T3-B	主变压器温度(油温)升高 3 跳闸
24	63T2-A	主变压力释放 2 跳闸			
25	98A-A	主变高压侧 A 相套管 SF_6 压力低跳闸			
26	98B-A	主变高压侧 B 相套管 SF_6 压力低跳闸			
27	98C-A	主变高压侧 C 相套管 SF_6 压力低跳闸			
28	49ST-A	厂用变压器温度升高跳闸			
29	49ET-A	励磁变压器温度升高跳闸			

5.2.4.3 通信

(1)通信范围

通信是迅猛发展的当代技术之一。三峡工程通信系统包括葛洲坝—三峡梯级枢纽的内、外通信。对外通信主要有梯级电力调度、航运通信、防汛通信、水情自动测报等。内部通信主要有梯级各水电厂之间和本电厂内的调度和管理通信、行政管理通信、施工期通信等。为了实现上述通信目标，三峡工程确定其通信设计研究的任务为采用当代先进的通信和网络技术，将语音通信、数据通信、传输通信及电源等组成一个信息实时畅通，传输准确，运行安全可靠，可实现语音、数据、信息传输的现代通信网。

(2)通信方式

枢纽对外采用电力载波通信、光纤通信、微波通信及卫星通信等 4 种方式；电力系统通信主要以电力载波和光纤通信组成，实现每个输电方向均具有两种不同的通信方式，光纤通信采用 SDH 制式，速率为 155Mbit/s。光纤通信和微波通信组成枢纽内部传输平台，该平台同时作为枢纽对华中、上海的对外通信组成部分，卫星通信作为远距离备用通信手段。扩展三峡施工期一点多址系统，作为三峡坝区水文水情信息传输通道。

枢纽内部通信主干传输平台采用光纤通信和微波通信两种方式，由三峡左岸电站、右岸电站、三峡枢纽通信中心、葛洲坝大江电厂、二江电厂、葛洲坝大江开关站、西坝三峡总公司等 7 个节点，采用 SDH 制式，组成三峡光纤自愈环网，选用 622Mbit/s 速率。三峡 SDH 微波通信利用三峡施工微波站址建设，包括三峡枢纽通信中心、太阳包、西坝三峡总公司和东山三峡总公司等 4 个站点，采用 SDH 制式，速率均选为 155Mbit/s。左岸投入运行时，二者互为备用形成 SDH 环网结构。

三峡左、右岸电站各设 1 台电力生产专用调度程控交换机和 1 台系统调度交换机，承担电厂的生产调度通信和电力系统调度通信的汇接任务。由于建设管理大楼已设置万门局用交换机，因此在左岸电站设置远端交换模块满足左岸电站的行政通信需要，右岸电站设置 1500 线程控交换机。三峡永久船闸设置 1 台调度与行政合一的程控交换机，采用光纤通信直接与三峡枢纽通信中心和三峡通航管理局相连接。

(3)三峡—葛洲坝通信系统

三峡—葛洲坝通信系统，采用了上述先进通信技术和相应的通信设施，设 7 个光纤通信站、7 个微波通信站，将梯级枢纽的内、外通信组成了自愈的通信环网，实现了：枢纽内外的语音通信、数据通信、传输通信；梯级枢纽的防汛、电力生产、航运、水资源利用等调度通信；梯级枢纽的生产管理通信。考虑到三峡—葛洲坝通信系统通信设备众多，从减少维护工作量和通信系统正常运行出发，经设计研究，设置了通信网络综合管理系统。葛洲坝—三峡梯级枢纽通信系统见图 5.2.10。

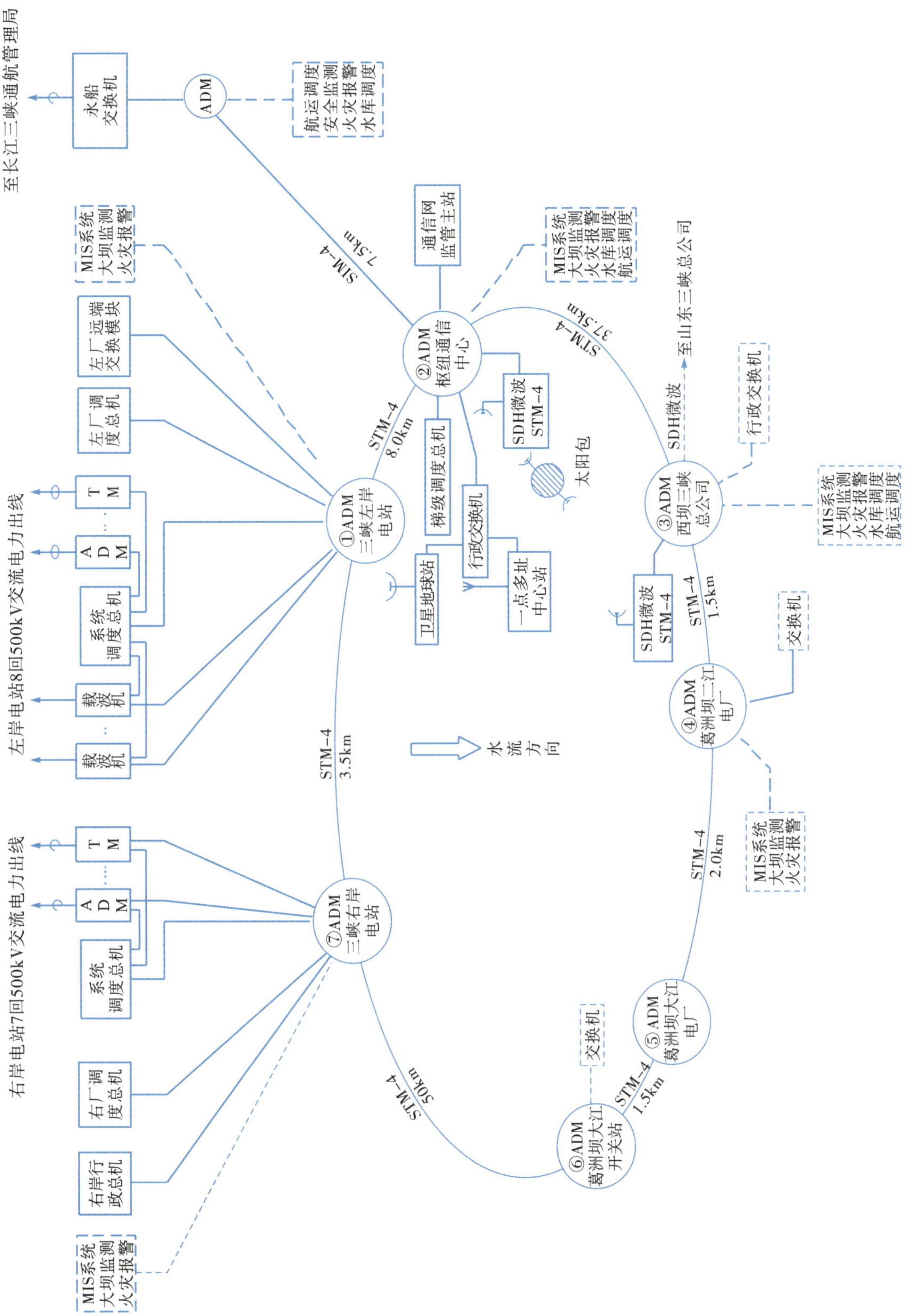

图5.2.10　葛洲坝—三峡梯级枢纽通信系统

5.3 700MW 水轮发电机组及其电气设备试验与运行实践

5.3.1 700MW 水轮发电机组及其电气设备试验检验

5.3.1.1 700MW 水轮发电机组安装及投产时间

三峡电站 32 台 700MW 水轮发电机组，安装于左岸电站、右岸电站和地下电站。左岸电站 14 台机组于 2001 年 11 月 12 日开始安装，2003 年 7 月 10 日首台机组完成试运行、正式投产发电，2003 年 6 台机组投产，2004 年 5 台机组投产，2005 年 3 台机组投产；右岸电站 12 台机组于 2006 年 5 月 11 日开始安装，2007 年 6 月 8 日首台机组完成试运行、正式投产发电，2007 年 7 台机组投产，2008 年 5 台机组投产；地下电站 6 台机组于 2010 年 6 月开始安装，2011 年 5 月 12 日首台机组完成试运行、正式投产发电，2011 年 4 台机组投产，2012 年 2 台机组投产。三峡枢纽工程电站 32 台 700MV 水轮发电机组安装及试运行时间汇总见表 5.3.1。

表 5.3.1　三峡枢纽工程电站 32 台 700MW 水轮发电机组安装及试运行时间汇总

左岸电站			右岸电站			地下电站		
机组号	开始安装时间（年-月-日）	试运行完成时间（年-月-日）	机组号	开始安装时间（年-月-日）	试运行完成时间（年-月-日）	机组号	开始安装时间（年-月-日）	试运行完成时间（年-月-日）
1	2002-09-27	2003-11-22	15	2007-11-13	2008-10-29	27	2011-6	2012-07-04
2	2001-11-12	2003-07-10	16	2007-07-17	2008-06-30	28	2010-12-28	2011-12-15
3	2002-04-11	2003-08-12	17	2007-02-07	2007-12-23	29	2010-08	2012-02-17
4	2002-09-20	2003-10-28	18	2006-07-29	2007-10-17	30	2010-07	2011-07-13
5	2001-11-20	2003-07-16	19	2007-07-27	2008-06-18	31	2010-06	2011-05-31
6	2002-05-08	2003-08-29	20	2006-12-19	2007-12-06	32	2010-06	2011-05-12
7	2003-03-06	2004-04-28	21	2006-10-24	2007-08-20			
8	2003-09-23	2004-08-24	22	2006-06-12	2007-06-08			
9	2004-03-23	2005-09-11	23	2007-09-17	2008-08-22			
10	2003-02-22	2004-04-07	24	2007-03-28	2008-04-25			
11	2003-07-12	2004-07-26	25	2006-11-21	2007-11-04			
12	2003-10-18	2004-11-19	26	2006-05-11	2007-07-08			
13	2004-02-27	2005-04-24						
14	2004-07-01	2005-07-19						

5.3.1.2 地下电站水力发电机组及其有关设备安装质量

地下电站水力发电机组及其有关设备，按照国标及设计的有关规定和程序进行安装调试，其中主要是《水力发电机组安装技术规范》(GB/T 8564—2003)。执行的安装技术标准为三峡总公司编制的《三峡水力发电机组安装质量标准》,即三峡标准。一般来说,厂家标准高于国标,三峡标准又高于厂家标准。因此,三峡地下电站安装的质量标准是比较高的。机电设备的制造质量,对安装工期和安装质量影响很大。在机组制造过程中,三峡总公司多次派人赴3个主机制造厂进行专项检查,要求从以往质量问题中吸取教训。制造质量虽有改善,但仍有一些缺陷,如哈电机组的下机架及天津ALSTOM机组转子支架的严重焊缝缺陷。东电蒸发冷却机组是新开发的,也存在缺陷,如水导、上导、下导3部导轴承、止漏环间隙和引流绝缘管等。这些缺陷经过处理以后,都符合设计要求。最终6台机组及有关机电设备的安装调试都达到三峡质量标准。特别令人高兴的是,我国自主创新研发的蒸发冷却700MW机组,第一次投产就获得成功。

三峡建委三峡枢纽工程质量检查专家组认为:右岸地下电站机电设备安装质量优良。地下电站6台水轮发电机组安装质量主要数据见表5.3.2至表5.3.5。

表5.3.2　　地下电站31号、32号水轮发电机组安装质量主要数据

检测项目		三峡标准		检测结果	
		合格	优良	32号机组	31号机组
上止漏环间隙(mm)		满足设计要求		3.40～3.95	3.45～3.75
下止漏环间隙(mm)		满足设计要求		5.45～6.25	5.05～5.60
导叶立面间隙(mm)		无压:0.00～1.43,有压:0.00		无压:0.00～1.40,有压:0.00	无压:0.00～1.40,有压:0.00
定子铁芯圆度(mm)		1.50	1.20	0.67	0.63
转子圆度(mm)		1.24	0.93	0.64	0.61
盘车	上导摆度(mm)	0.100	0.070	0.035	0.012
	下导摆度(mm)	0.07		0.000	0.000
	水导摆度(mm)	0.100	0.070	0.010	0.023
定子转子气隙偏差(实测气隙与平均气隙之差,mm)		不大于±1.86		−0.38～+0.50	−0.77～+0.59

表5.3.3　　地下电站29号、30号水轮发电机组安装质量主要数据

检测项目	三峡标准		检测结果	
	合格	优良	30号机组	29号机组
上止漏环间隙与平均间隙之差(%)	不超过平均值的±10.0		−3.7～+8.0	−6.0～+8.0
下止漏环间隙与平均间隙之差(%)	不超过平均值的±10.0		−7.0～+8.0	−5.3～+4.4
导叶立面间隙(mm)			0	0
定子铁芯圆度(mm)	1.50	1.20	0.64	0.65

续表

检测项目		三峡标准		检测结果	
		合格	优良	30 号机组	29 号机组
转子圆度(mm)		1.24	0.93	0.59	0.44
盘车	上导摆度(mm)	0.100	0.070	0.043	0.021
	下导摆度(mm)	0.07		0.000	0.000
	水导摆度(mm)	0.100	0.070	0.048	0.042
定子转子气隙偏差(实测气隙与平均气隙之差,mm)		小于±1.86		−0.50～+0.82	−0.55～+0.48

表 5.3.4　　地下电站 27 号、28 号水轮发电机组安装质量主要数据

检测项目	三峡标准		实测结果	
	合格	优良	27 号机组	28 号机组
上下止漏环同心度(mm)	0.15		0.06	0.07
上止漏环间隙与平均间隙之差(%)	不超过平均值的±10.0		−3.9～+4.2	−7.0～+4.0
下止漏环间隙与平均间隙之差(%)	不超过平均值的±10.0		−8.9～+8.6	−5.0～+5.0
导叶立面间隙(mm)	0		0	0
定子铁芯圆度(mm)	1.40	1.12	0.55	0.60
转子圆度(mm)	1.26	0.90	0.56	0.65

表 5.3.5　　地下电站 27 号、28 号蒸发冷却水轮发电机组带 700MW 负荷时振动、温度数据

检测项目	国标及合同	检测结果	
		27 号机组	28 号机组
上导摆度(μm)	符合合同要求	117	181
下导摆度(μm)	符合合同要求	182	139
水导摆度(μm)	符合合同要求	177	140
下机架垂直振动(μm)	国标规定不大于 110	23	8
定子铁芯振动(μm)	国标规定不大于 30	26	23
推力瓦温(℃)	80.00	77.20	70.80
上导瓦温(℃)	70.00	46.80	41.08
下导瓦温(℃)	70.00	48.50	40.46
水导瓦温(℃)	70.00	55.10	51.83
定子线棒温度(℃)	温升<60K	62.40	57.84
铁芯温度(℃)	温升<60K	58.50	56.56

注:合同规定,定子线棒与铁芯温升应小于 60K,27 号和 28 号机组均满足要求。

5.3.1.3　700MW 水轮发电机组及其电气设备试验

三峡电站 32 台 700MW 水轮发电机组,因水轮机、发电机及尾水管型式不同,分为 8 个品牌。左岸电站两种品牌:VGS和ALSTOM;右岸电站3种品牌:东电1、ALSTOM 1、哈电1;地下电站三种品牌:东电2、ALSTOM 2、哈电2。每种机型各选一台机组进行试验。在175.0m水位试验性蓄水运行期间,对水位145.0～175.0m各水头段进行了稳定性和相对效率等试验,根据试验结果划分了机组稳定运行区、允许运行区、禁止运行区。同时进行了756MW甩负荷试验及最大容量840MVA试验。

三峡水利枢纽工程于2008年汛后实施175.0m水位试验性蓄水,2008年11月水库蓄水至水位172.8m,2009年10月水库蓄水至水位171.43m,左岸及右岸电站26台700MW水轮发电机组进行了高水头的部分试验。2010年10月至2017年10月,水库连续8年蓄水至175.0m水位,32台机组完成了全部高水头试验。2010年7—8月,左岸及右岸电站26台700MW水轮发电机组第一次进行了全厂18200MW(不包括尚未投产的地下电站)满负荷发电。2012年汛期,全厂32台700MW水轮发电机组加上2台50MW电源电站机组,总共22500MW装机容量满负荷发电。至此,三峡水利枢纽全部机组及配套机电设备完成了设计要求的145～175m运行水头范围内的试验项目,经受了全电站满出力(22500MW)运行考核。

(1)机组的能量特性

机组的能量特性主要指水轮机的出力特性及效率特性,只有在水轮机经受水头从最小变化到最大时才能测出来。在电站机组的实测效率与制造厂在模型上测出的不完全一样,只能是相对效率。8种机型的8台试验机组水轮机相对效率试验结果如下:

1)8台机组实测效率曲线与制造厂提供的模型效率曲线变化趋势基本一致,说明真机的能量指标与模型的能量指标比较接近。

2)实测8台机组水轮机最优出力与制造厂提出的预期最优出力值基本一致。

3)8台机组水轮机出力随导叶开度加大而增大,至试验最大导叶开度,出力均未减小。

4)70%预想出力至试验最大出力,8台试验机组水轮机均有较高水轮机效率。

(2)机组的稳定性

三峡水库蓄水过程中,在各种不同水头和负荷下,对8种品牌的代表机组进行了稳定性试验,结果表明:未发现水轮机水力共振、卡门涡共振和异常压力脉动,压力脉动混频相对幅值总体满足设计要求。综合考虑压力脉动、振动、大轴摆动和水轮机效率等试验结果,将机组在全水头、全负荷范围内划分为稳定运行区(可以连续稳定运行)、限制运行区(允许限时运行)、禁止运行区(不宜运行)。在水力振动方面规定稳定运行区的水力振动应小于4%,限制运行区为4%～6%,禁止运行区大于6%。三峡电站8种品牌代表机组的稳定性能见表5.3.6和表5.3.7。

表 5.3.6　　左岸电站及右岸电站 5 种品牌机组运行区

毛水头	运行区间	左岸电站		右岸电站		
		6 号机组 ALSTOM	8 号机组 VGS	16 号机组 东电 1	21 号机组 ALSTOM 1	26 号机组 哈电 1
毛水头约 110m（上游水位 175m）	禁止运行区(MW)	0～450	0～570	0～550	0～570	0～520
	限制运行区(MW)	450～630	570～640	550～600	570～610	520～580
	稳定运行区(MW)	630～756	640～756	600～756	610～756	580～756
毛水头约 78m（上游水位 145m）	禁止运行区(MW)	0～400	0～425	0～410	0～425	0～350
	限制运行区(MW)	400～465	425～485	410～450	425～445	350～405
	稳定运行区(MW)	465～675	485～685	450～655	445～695	405～620

表 5.3.7　　地下电站 3 种品牌机组稳定运行区

机型指标	上游水位(m)	毛水头(m)	稳定运行区(MW)
28 号机组(东电 2)	148.3	82.8	470～700
	175.0	109.3	610～700
30 号机组(ALSTOM 2)	148.3	82.8	485～700
	175.0	110.2	590～700
31 号机组(哈电 2)	148.3	82.8	500～680
	175.0	110.2	592～700

(3)机组甩最大负荷试验

三峡电站水轮发电机组设计中，规定两种正常出力：额定出力 700MW(在额定水头下的出力)和最大出力 756MW(高于额定水头的某一水头以上的出力)。在试验性蓄水位达到 175.0m 时，对 8 种机型进行了甩最大负荷试验，不仅检验了在异常情况下机组和调速系统工作是否正常，检查了选择的调节参数是否正确，而且考验了受压部件是否能正常承受最大水头和水锤压力的作用。8 种机型甩最大负荷试验中，蜗壳进口压力升高、转速上升率及甩负荷后回至正常空转，试验数据均在工程设计要求的范围内，机组运行正常。三峡电站 8 种品牌机组甩最大负荷试验数据见表 5.3.8。

表 5.3.8　　三峡电站 8 种品牌机组甩最大负荷试验数据

机型指标	水位(m)	出力(MW)	转速上升(%)	蜗壳压力上升(%)	尾水压力上升(负值表示压力下降,%)
6 号机组(ALSTOM)	175.0	756.0	37.94	14.14	−44.15
8 号机组(VGS)	175.0	756.0	40.40	19.60	117.00
16 号机组(东电 1)	174.8	754.4	41.10	14.40	114.40
21 号机组(ALSTOM 1)	174.8	756.0	39.32	14.55	−49.39

续表

机型指标	水位（m）	出力（MW）	转速上升（%）	蜗壳压力上升（%）	尾水压力上升(负值表示压力下降,%)
26 号(哈电 1)	174.8	754.5	47.20	15.00	53.60
28 号(东电 2)	175.0		37.20	18.20	−106.80
30 号(ALSTOM 2)	175.0	756.0	42.17	21.38	−74.04
31 号(哈电 2)	175.0	756.0	41.70	23.20	−74.40

(4)机组最大容量 840MVA 试验

三峡电站 700MW 水轮发电机组设计中规定的有额定出力和最大出力，相应发电机设计有额定功率 777.7MVA(额定有功功率 700MW)和最大功率 840MVA(最大有功功率 756MW)。在最大功率下，水轮机、发电机、封闭母线、励磁变压器、主变压器等将承受巨大的考验。2010 年汛末试验性蓄水至水位 175.0m 后，进行了左岸及右岸电站 2 号、6 号、16 号、20 号、26 号 5 种机型最大容量 840MVA 24 小时考核运行试验。2011 年蓄水至 175.0m 后，又对地下电站 30 号、31 号和 32 号机组进行了最大功率 840MVA 连续 8 小时运行试验(出于电网的原因，28 号机组未进行此项试验)。

机组最大功率 840MVA 运行试验期间重点监测项目为：①温度。推力轴承和各导轴承瓦温、油温、定子槽温、纯水温度、定子铁芯温度、中性点 CT 温度、主变压器上层油位及温度、主变压器线圈温度、发电机封闭母线温度、励磁变压器温度、转子滑环温度等。②振动与摆度。上导、下导和水导摆度，上机架、下机架和顶盖水平与垂直振动，尾水管压力脉动。③其他。定子电流、转子电流、发电机中性点不平衡电流、蜗壳及锥管进人门噪声。试验结果表明：机组在 840MVA 运行期间，各轴承运行温度、机组各部位振动摆度正常，电气性能参数满足要求；封闭母线、励磁变压器温度正常；主变压器绕组温度、油温、噪声正常。各种监测数据满足工程设计要求，设备运行稳定、机组及相关设备经受了 840MVA 连续运行的考验。

(5)三峡电站全厂机组满负荷试验

三峡枢纽工程电站水轮发电机组在额定水头下，可以满发 700MW 出力。左岸电站 14 台机组额定水头为 80.6m；右岸电站 12 台机组额定水头为 85.0m；地下电站 6 台机组额定水头为 80.6m。三峡电站全厂 32 台机组满发 700MW 出力，水头需达 85.0m(库水位在 154.0m 左右)，过机流量约 30000m^3/s，每年汛期具有全厂机组满发的条件。全厂机组满负荷运行是对 32 台水轮发电机和调速系统、励磁系统、封闭母线、发电电源设备、主变电器、GIS、保护控制系统、风水油系统及其他附属系统的考验。

2010 年 7 月 20 日，三峡水库最大入库洪峰流量 70000m^3/s；7 月 24 日，大坝上游水位达 158.86m，水位落 1.0m 多；7 月 27 日，三峡水库第二次入库洪峰流量 56000m^3/s；至 8 月 1 日，大坝上游水位达 161.02m，此后水位逐渐回落；至 8 月 8 日，水位为 153.55m。两次洪峰给左岸及右岸电站共26台700MW水轮发电机组(地下电站机组尚未投产)提供了满发18200MW的条件。自7月21日21时10分开始,至7月28日21日10分,三峡电站完成168小时26台机组18200MW满负荷运行试验,此后继续满负荷运行,总共运行18天,发电78.8亿kW·h。当时电源电站2台50MW机组也投入运行,总出力达18300MW。

2012年7月5日,三峡电站32台700MW机组全部投产,电源电站2台50MW,总装机容量22500MW。2012年汛期,长江上游出现4次洪峰过程,最大入库洪峰流量分别为56000m^3/s(7月7日)、55000m^3/s(7月12日)、71200m^3/s(7月24日)、51500m^3/s(9月3日)。大坝上游水位分别为152.67m、158.88m、163.11m和160.12m,最大下泄流量为45000m^3/s。三峡电站在7月12日20时53分,全厂满发出力22500MW,持续到8月15日24时,累计满发711小时。

三峡电站32台700MW机组满负荷运行试验期间,监测成果表明:机组的轴承瓦温、振动、摆度总体正常;发电机定子温度,无论是空冷、半水冷,还是蒸发冷却方式的机组,在满负荷工况下均正常;主变压器温度正常,对封闭母线磁屏蔽等进行红外测温,温度正常;电站3套GIS运行正常;其他机电设备运行正常。在满负荷运行试验期间,机电设备出现的一些小故障均在附属设备上,及时进行了处理,未影响满负荷运行。

(6)对700MW水轮发电机组及其电气设备试验的评价

全电站32台700MW水轮发电机组及其机电设备,在175.0m水位试验性蓄水运行阶段进行了全面试验,综合分析试验各项监测资料认为:三峡电站32台700MW水轮发电机组及其机电设备可在库水位145~175m下安全、稳定、高效地运行。

1)700MW水轮发电机组。

700MW水轮发电机组能量、空蚀和电气等性能良好,主要性能指标达到或优于合同要求;机组在最大容量840MVA下能安全稳定运行;地下电站机电设备设施在库水位145~175m下运行状态良好。8种机组的性能特征为:①能量性能。实测的真机相对效率及变化趋势和最优效率与制造厂的预测基本一致,8种水轮机均有较高的效率,水轮机组出力均大于合同保证值。②稳定性能。测试的8种机组,在70%~100%出力范围,未发现水力共振、卡门涡共振和压力脉动,压力脉动混频相对幅值总体满足合同保证值。8种机组的振动和摆度,未发现异常,满足合同保证值的要求。稳定运行范围:直至运行到最高水头段(最高水头达110m),机组70%~100%出力范围内稳定性满足合同要求。根据现场压力脉动、振动、摆度的试验结果,划分的稳定运行区、限制运行区和禁止运行区,符合三峡电站700MW机组安全稳定运行的实际需要,可用于指导电站机组运行。③机组甩最大负荷试验。在设计水位175.0m下做该项试验,证明8种型式的机组均能通过最大水头加水锤压力的考验,也证明调速系统的良好性能。

2)机组最大容量840MVA。

通过最大容量840MVA试验,证明机组及封闭母线,发电电压设备、励磁系统、主变压器、500kV GIS等重要电气设备均能经受最大负荷的考验,运行安全稳定。

3)全厂满负荷试验。

全厂 32 台水轮发电机组满负荷试验，是对全厂机电设备的全面考验。试验中，发电机组电气主回路(包括封闭母线、励磁变压器等)、主变压器、500kV GIS 开关站、厂用电和坝区供电系统、综合自动化、主要辅助设施(含机组励磁和调速系统、油气水系统)等，各相应部位温度正常、运行稳定。

从 5.3.1.2、5.3.1.3 节中可以看出：对涉及机组安全稳定运行的相关因素首次进行了全面系统的分析、对提高巨型混流式水轮发电机组运行稳定性提出了完整的对策措施，将丰硕的设计研究成果应用在三峡机组的工程设计、工厂制造、电厂运行中，解决了高部分负荷区水力脉动过大影响巨型混流式水轮发电机组安全稳定运行的世界难题，确保了三峡 700MW 级巨型水轮发电机组在各种运行工况下的长期安全稳定运行，提高了国内外机组设计制造水平和技术进步。上述研究成果已被国内同类机组如向家坝、溪洛渡等大型水电站广泛采用。

5.3.2　700MW 水轮发电机组及其电气设备运行

5.3.2.1　三峡枢纽工程电站 32 台 700MW 水轮发电机组投入运行时间

三峡枢纽工程电站包括左岸电站、右岸电站及地下电站，共安装 32 台 700MW 水轮发电机组。2003 年 7 月 10 日，左岸电站首台机组(2 号机组)投入运行发电；2005 年 9 月 10 日，9 号机组投入运行发电，左岸电站 14 台机组全部投产；2007 年 6 月 11 日，右岸电站首台(22 号机组)机组投入运行发电；2008 年 10 月 29 日，15 号机组投入运行发电，右岸电站 12 台机组全部投产；2011 年 5 月 12 日，地下电站首台机组(32 号机组)投入运行发电；2012 年 5 月 23 日，27 号机组投入运行发电，地下电站 6 台机组全部投产。三峡枢纽工程 32 台 700MW 水轮发电机组投入运行发电时间汇点见表 5.3.9。

表 5.3.9　　三峡枢纽工程 32 台 700MW 水轮发电机组投入运行发电时间汇总

左岸电站		右岸电站		地下电站	
机组号	投入运行日期(年-月-日)	机组号	投入运行日期(年-月-日)	机组号	投入运行日期(年-月-日)
1	2003-11-22	15	2008-10-29	27	2012-05-04
2	2003-07-10	16	2008-06-30	28	2011-12-15
3	2003-08-12	17	2007-12-23	29	2012-02-17
4	2003-10-28	18	2007-10-17	30	2011-07-13
5	2003-07-16	19	2008-06-18	31	2011-05-31
6	2003-08-29	20	2007-12-06	32	2011-05-12
7	2004-04-28	21	2007-08-20		
8	2004-08-24	22	2007-06-11		
9	2005-09-16	23	2008-08-22		
10	2004-04-07	24	2008-04-25		

续表

左岸电站		右岸电站		地下电站	
机组号	投入运行日期(年-月-日)	机组号	投入运行日期(年-月-日)	机组号	投入运行日期(年-月-日)
11	2004-07-26	25	2007-11-04		
12	2004-11-19	26	2007-07-08		
13	2005-04-24				
14	2005-07-21				

5.3.2.2 700MW 水轮发电机组及其电气设备运行情况

三峡枢纽工程左岸电站首台机组于 2003 年 7 月投产发电，右岸电站最后一台机组于 2008 年 10 月投产发电，三峡工程初步设计的 26 台 700MW 机组全部投产发电，较初步设计工期提前一年，总装机容量达到 18200MW。左岸电站和右岸电站的 26 台 700MW 机组先后经历库水位 135.0m 围堰挡水发电期、库水位 156.0m 初期运行期和库水位 175.0m 试验性蓄水运行的检验，机组运行稳定、安全、可靠。2007 年 2 月 16 日，电源电站 2 台 50MW 机组投产发电，2011—2012 年地下电站 6 台 700MW 机组相继完成安装试运行，2012 年 7 月 4 日地下电站最后一台机组投产发电，三峡枢纽工程电站 32 台 700MW 机组全部投产，总装机容量达 22400MW(未包括电源电站 2 台 50MW 机组)。截至 2008 年，三峡电站 26 台 700MW 机组实际发电量为 805 亿 kW·h，每台机组年平均运行可用时长为 5402 小时。

三峡电站 700MW 水轮发电机组及其电气设备自投入运行以来，在额定水头下机组出力达到额定出力，在高水头下运行具有一定的超负荷能力，机组效率满足合同要求。2010 年汛期全厂 26 台 700MW 和 2 台 50MW 机组满负荷(18300MW)运行 1233 小时；2012 年汛期全厂 32 台 700MW 机组和 2 台 50MW 机组满负荷(22500MW)运行 711 小时；2013 年全厂 32 台 700MW 机组和 2 台 50MW 机组满负荷(22500MW)运行 62 小时；2014 年汛期全厂 32 台 700MW 机组和 2 台 50MW 机组满负荷(22500MW)运行 706 小时。机组运行噪声，定子、转子温度均处于设计允许内；组合轴承和水导轴承温升符合规范要求；调速器特性、励磁系统特性均达设计要求；机组运行平稳、机组振动、振度正常。三峡枢纽工程 32 台 700MW 机组投产后的发电量及运行可靠性指标见表 5.3.10。机组运行稳定性、可靠性、安全性满足规范和设计要求，年发电量达 11904 亿 kW·h。

表 5.3.10　　三峡枢纽工程 32 台 700MW 机组投产后的发电量及可靠性指标

年份	水库蓄水位(m)	坝址年径流量(亿 m^3)	电站投产机组数(台)	年发电量(亿 kW·h)	机组等效可用系数(%)	机组强迫停运率(%)	备注
2003	135.00	4097	6	86.08	98.42	0.51000	首台机组于 2003 年 7 月开始发电

续表

年份	水库蓄水位（m）	坝址年径流量（亿 m^3）	电站投产机组数（台）	年发电量（亿 kW·h）	机组等效可用系数（%）	机组强迫停运率（%）	备注
2004	135.00	4141	11	392.19	97.94	0.04000	
2005	135.00	4592	14	490.89	93.21	0.12000	
2006	156.00	2848	14	493.29	93.21	0.04000	
2007	156.00	4054	21	613.08	95.63	0.02000	右岸电站首台机组于2007年6月投产发电；电源电站2台50MW机组于2007年2月投产发电
2008	172.80	4290	26	808.12	94.24	0.04000	
2009	171.43	3881	26	798.53	93.34	0.00029	
2010	175.00	4037	26	843.70	93.93	0.00370	
2011	175.00	3395	30	782.93	93.54	0.07000	地下电站2011年5月2台机组投产，7月及12月各投产1台；2012年2月和5月各投产1台
2012	175.00	4481	32	981.07	94.47	0.04000	
2013	175.00	3756	32	828.27	93.73	0.02000	
2014	175.00	4380	32	988.19	94.25	0.00360	
2015	175.00	3777	32	870.07	95.82	0.01000	
2016	175.00	4086	32	935.33			
2017	175.00	4214	32	976.05			
2018	175.00	4570	32	1016.15			

5.4　700MW 水轮发电机组稳定运行技术

5.4.1　700MW 水轮发电机组提高运行稳定性研究

5.4.1.1　700MW 水轮发电机组稳定运行的主要技术难题

（1）国内外已建水电站水轮发电机组运行稳定性存在的问题

国内外已建大型水电站大容量混流式水轮发电机组投产发电后，暴露出一些运行稳定性相关问题。例如，国内广西红水河岩滩水电站，4 台单机容量 302.5MW 混流式水轮发电机组，机组振动与摆度超过标准，同时厂房发电机层楼板出现剧烈振动，导致仪表盘振脱，而发生误操作事故。四川省雅砻江二滩水电站、河南省黄河小浪底水电站、湖南省沅江五强溪水电站、青海省黄河李家峡水电站等混流式水轮发电机组均发生过不同程度的振动，有些机组转轮叶片出现裂纹。在国外已建大型水电站中，美国哥伦比亚河大古力、委内瑞拉卡罗尼河古里、巴基斯坦印度河塔贝拉等水电站的混流式水轮发电机组，在运行中也都不同程度地出现过机组振动和转轮叶片出现裂纹问题。

（2）影响混流式水轮机稳定性的因素

针对上述混流式水轮机运行中出现的一些情况，分析得到的典型混流式水轮机运行区域划分见图 5.4.1。

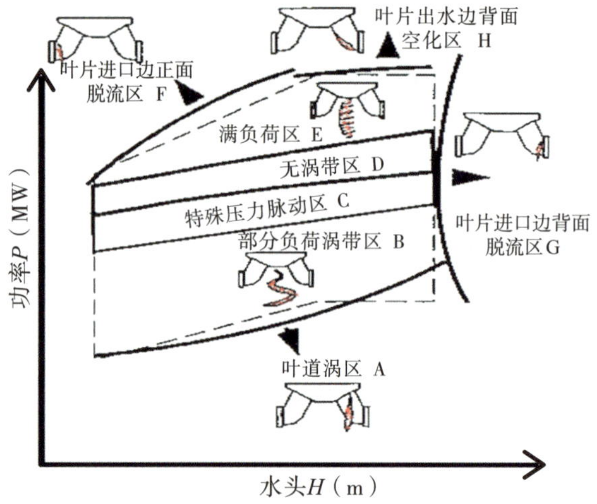

图 5.4.1　典型混流式水轮机运行区域划分

影响混流式水轮机稳定性的因素如下：

1)尾水管涡带。

尾水管涡带，主要出现在无涡区外的小负荷区域，即图 5.4.1 中区域 B，是混流式水轮机在部分负荷工况下必然出现的一种现象，也是影响混流式机组稳定性的重要因素之一。根据国内外混流式机组运行的经验，随着机组尺寸增加，尾水管涡带对机组稳定性的影响也增大。

2)叶道涡流。

叶道涡流是机组的激振源。叶道涡主要发生在小负荷、相对开度较小的运行工况，即图 5.4.1 中 A 区域。初生叶道涡的强度较弱，不会对机组造成危害，一般也不足以引起振动。但当叶道涡发展到严重程度时，就会在叶片负压面造成空化。叶道涡出现的根本原因是混流式水轮机进口水流对叶片冲击脱流和转轮内部二次流的形成。当混流式水轮机从最优水头向高水头变化时，如果导叶开度一定，水头增加必然会导致叶片出口流速增大，从而增大转轮进口水流相对于叶片的冲角，并在叶片背面引起脱流形成漩涡。高水头运行时，导叶开度越小，叶片进口背面的流动分离越大，漩涡强度越大。这种漩涡可能出现在叶片进口背面的任何地方，但因下环附近的流速更大，漩涡强度也更大。受转轮内二次流的影响，叶片进口背面的脱流通常翻卷成一端附着于上冠表面的涡层，并沿叶间流向下游。理论上讲，这种叶道涡的强度与转轮进口水流的冲角、二次流的大小及稳定程度以及漩涡在转轮内掠过的路径成正比，因此转轮尺寸越大，叶道涡在转轮内引起的压力脉动也越大，这就是中高比转速大型混流式水轮机通常会由叶道涡产生高频振动的原因。叶道涡的上端以转轮上冠内表面为边界，由于沿着漩涡，转轮内有二次流动存在，因此不同的转轮设计，叶道涡也表现出不同的特性。当叶道间二次流较小且稳定时，叶道涡表现出稳定的特性，反之，如果二次流较大且不稳定，则叶道涡也是不稳定的。受不稳定二次流的干扰，这种叶道涡极不稳定，从而造成严重的高频水压脉动，并伴随有大的不规则水力冲击，将导致严重的水力振动问题。

3)空化。

常规混流式水轮机具有几种典型的空化形态，应用现代水力设计可以杜绝空化的发生。但当水轮机远离设计工况运行时，转轮内部将出现形态各异的空化现象。其中，叶片进口边空化尤其是叶片进口边背面空化最具破坏性，混流式水轮机在远离设计工况的过高或过低水头下运行时，入口水流与进口边的“进口冲击”是进口边空化的主因。混流式水轮机运行在高/低水头工况下，由于水流冲角大，易在叶片进口负压面/正压面产生空化，见图5.4.1中F、G和H区域。叶片进口边的空化危害性较大，除对转轮叶片产生破坏外，对机组的稳定性也会产生很大的影响。

4)高部分负荷压力脉动。

混流式水轮机高部分负荷压力脉动峰值带(或称之为特殊压力脉动带)发现于20世纪90年代，最早由前苏尔寿爱舍维斯公司和瑞士联邦工业大学水力机械研究所在水轮机模型试验中发现。当时在模型试验中观察到的高部分负荷压力脉动带主要存在于中低水头高比转速(n_s>210m·kW)混流式水轮机中，但近年来，在很多高水头电站某些转轮的模型试验中，也发现存在高部分负荷压力脉动带。高部分负荷特殊压力脉动区C在最优运行区D和部分负荷涡带区B之间，具有以下典型特征：①模型试验发现，高部分负荷压力脉动带通常出现在65%～90%最优流量范围，有时为同一电站设计不同的转轮，由于转轮设计上的差异，这一范围可能在65%～85%最优流量区域，也可能存在于70%～90%最优流量区域，但总体来讲，这一高部分负荷压力脉动带均出现在高部分负荷区。迄今，还未在50%最优流量以下的部分负荷区发现该压力脉动带。②当模型水轮机在高部分负荷压力脉动带区域运行时，在水轮机其他过流部件的各处出现共振。③在高部分负荷压力脉动带运行时，水轮机流道各部位如蜗壳进口、无叶区、尾水锥管、肘管和扩散段的压力脉动出现同步增大，且幅值高，某些工况点，压力脉动振幅可达净水头的30%。④在高部分负荷压力脉动带运行时，水轮机流道各部位的压力脉动主频是转频的1～4倍，有随负荷增加而增大的趋势，且各部位压力脉动的相位也大致相同。

另外，影响混流式水轮机稳定的也有水轮机转轮制造质量缺陷和调度不当等因素。

(3)三峡电站700MW水轮发电机组稳定运行的主要技术难题

三峡电站700MW水轮发电机组是世界上已建电站巨型水轮发电机组之一，兴建三峡工程将防洪效益放在第一位，造成以下问题。

1)三峡电站700MW机组苛刻的运行条件。

①水轮机需适应蓄水初期和后期两种水头，水头变幅大，H_{max}/H_{min}高达1.85，是世界上已投入运行的500MW以上混流式水轮发电机组中运行水头变幅最大的。②水轮机运行在高水头区(H=100～110m)和低水头区(H≤78.5m)的时间较长，致使水轮机长时间偏离最优工况区运行。③过机水流含沙量较大，水轮机流道部件存在受泥沙磨损

问题。

2)额定水头偏低。

大古力、古里、伊泰普等水电站700M水轮发电机组的额定水头分别为86.9m、130m、112.9m,转轮直径分别为9.22m、7.163m、8.45m。三峡左岸电站额定水头80.6m、转轮直径增加到9.8m,致使机组尺寸相应加大,主要部件相对刚度较低,自身的抗振能力较弱,对机组刚度和强度增加了要求。

3)三峡电站在电力系统中承担调峰和事故备用任务,导致负荷变化剧烈、机组开机停机操作频繁,因此要求机组不仅要能在高负荷区稳定运行,而且要能在低负荷区安全稳定运行。

4)枯水期,水轮机处于高水头小开度运行,偏离最优工况较远,运行工况极为不利。经计算,在最大水头113m时,即使机组满负荷运行,水轮机导叶开度也只有额定工况下导叶开度的50%~57%。已建电站机组运行存在的不稳定现象,几乎都发生在高水头部分负荷,包括塔贝拉电站440MW机组因水力不稳定导致水轮机某些部位损坏的事故,因此对三峡电站水轮机在高水头工况下的稳定性应予以特别关注。

从以上分析可以看出,在700MW机组中,三峡电站特有苛刻的运行条件是首次遇到,要实现机组既能安全稳定运行又要有较高的发电效率,需解决的技术难题无先例可循,超出已有的经验和技术。

5.4.1.2 三峡电站混流式水轮机稳定运行指标研究

(1)混流式水轮机安全稳定运行范围

判别大型混流式水轮发电机组能否安全稳定运行,必须有量化、能被各方接受的稳定运行指标。长江设计院借鉴国内、外已建大型水电站巨型水轮发电机组实际运行经验,结合三峡电站700MW水轮发电机组的运行方式,经深入研究提出水轮机稳定性指标,该指标既能满足三峡电站运行要求,又能在设计制造上达到要求,充分体现了先进、合理性,并首次将水轮机稳定性指标作为合同条款列入,作为制造厂的考核条款。

水轮机在空载和初期及后期的各种工况下均能安全稳定地运行,包括一定的部分负荷区。根据三峡电站的运行水头变化条件及其运行特点,经设计研究水轮机安全稳定运行范围如下:

1)水头低于额定水头80.6m时,为水轮机预想出力的70%~100%。

2)水头从额定水头80.6m至水轮机发出力767MW时的最小水头,为水轮机出力497MW至100%预想出力。

3)水头从水轮机发出力767MW的最小水头至最大水头113m,为水轮机出力497MW至767MW。

4)水轮机空载运行,见图5.1.6。

(2)尾水管压力脉动控制值

在水轮机不补气的条件下,原型水轮机和模型水轮机尾水管的压力脉动控制值:

1)水头低于额定水头80.6m时,出力为70%~100%该水头的预想出力,$\Delta H/H$ 不大于5%。

2)水头从额定水头80.6m至水轮机发出力767MW时的最小水头,出力为497MW至100%预想出力,$\Delta H/H$ 不大于5%。

3)水头从水轮机发出力767MW的最小水头至最大水头113m,出力从497MW至767MW,$\Delta H/H$ 不大于6%。

4)在各种水头下的其他运行工况,$\Delta H/H$ 不大于8%。

ΔH 为实测压力脉动过程曲线峰值外包络线,H 为相应的运行水头。测量位置为距转轮出口处 $0.3D_2$(D_2 为转轮出口直径)的尾水管下游侧测压孔。

(3)振动和主轴摆动控制值

1)水轮机在规定的长期连续稳定运行范围内,其顶盖上的垂直振动和径向振动的双振幅应分别不大于0.10mm和0.14mm;在其他运行工况下,分别不大于0.12mm和0.16mm。

2)水轮机在各种运行工况下导轴承处测量的水轮机轴相对摆度(双幅值)应不大于0.05mm/m(以下推力轴承镜板处为准)。

3)水轮机在规定的长期连续稳定运行范围内,在导轴承处测得的水轮机绝对摆度(双幅值)不得大于0.35mm;在其他运行工况下,不得大于0.50mm。

(4)噪声控制值

1)水轮机室靠机坑里衬的脚踏板上方约1m处的噪声不得大于90dB。

2)距尾水管和蜗壳进人门约1m处的噪声不得大于95dB。

5.4.1.3 提高三峡电站700MW混流式水轮机运行稳定性技术研究

解决混流式水轮机运行水头变幅大、容量和尺寸大、过机水流含有泥沙带来的运行稳定性问题,是三峡机电工程设计研究的重点课题之一。经多年的设计研究,提出了多种提高运行稳定性的技术措施,具体如下:

(1)对水轮机主要参数等方面进行综合优化

从电量平衡、水力特性、经济性入手,对工程设计、水轮机主要参数、转轮和流道水力设计等方面进行综合优化。由于工程设计对机组性能参数选择和彼此间匹配不当而导致机组不能正常运行的情况时有发生,这是工程设计最大的败笔,在三峡工程中决不允许发生。在三峡电站700MW机组主要性能参数选择时,应将机组的运行稳定性放在首位,并追求先进的能量指标、气蚀指标和电气性能参数,经综合比选后,追求机组参数相互匹配,以达到机组整体性能最优。对选用的性能参数进行了多年设计论证,这里应特别指出:

1)额定水头是电站水库调度运行的一个关键综合特征参数,它的确定关系到电站的发电效益、水轮机的水力特性、机组安全稳定运行和机组控制尺寸等方面。经多年各方研究后,左岸电站额定水头定为80.6m。根据三峡左岸电站水轮机模型试验结果,高水头稳定性未全面达到合同保证值，为进一步提高三峡右岸电站机组运行的稳定性，1999 年开始对右岸电站水轮机额定水头选用 80.6m、83.0m、85.0m、90.0m、95.0m 等 5 种方案及对主要参数再次进行全面论证研究。结果表明，按照长系列水文资料和左岸电站水轮机运转特性曲线的发电量计算结果，当右岸电站 12 台机组额定水头提高到 85.0m 时，发电量减少不多，对三峡电站的总发电效益影响不大。提高额定水头对水轮机效率、进口边空化、叶道涡、特殊压力脉动带等方面均是有利的，因此右岸和地下电站额定水头可以从 80.6m 提高到 85m。

2)水轮机的设计水头是水轮机在最优效率点运行时的净水头，也称水轮机最优工况水头，属水轮机的特征水头，它的选择合理与否，直接影响水轮机的性能水平以及水轮机运行时偏离最优工况的程度。吸取巴基斯坦塔贝拉水电站装设的单机容量 440MW 水轮发电机组，由于设计水头选择不当，在高水头运行时产生剧烈振动，造成水轮机严重破坏的教训，经设计论证，三峡电站加权平均水头为 90.1m。在招标文件中建议水轮机设计水头不低于 90.1m，通过水轮机模型试验，国外两个供货商的水轮机最优水头分别为 108.4m 和 107.0m。

(2)建立水轮机稳定性考核体系

在整个运行水头范围内，首次提出了按水头和负荷分区对水轮机尾水管、无叶区等各测量部位压力脉动幅值的量化考核稳定性指标，并在设计中将水轮机模型的稳定性试验首次列为验收试验的项目之一。在三峡水轮机招标、合同文件中对尾水管水力脉动的要求见图 5.4.2。

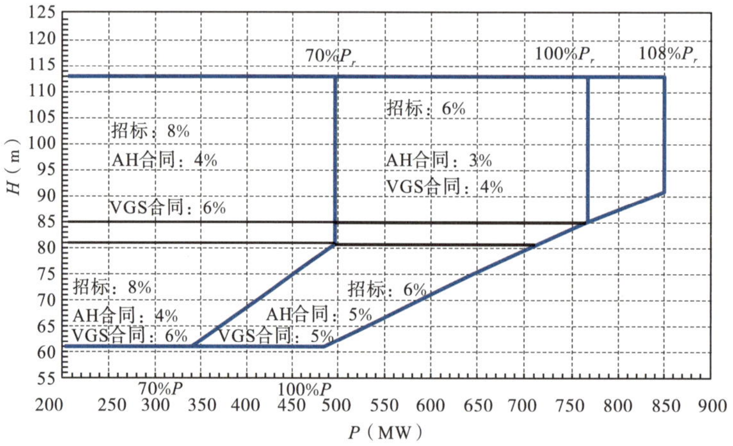

图 5.4.2　三峡水轮机招标、合同文件中对尾水管水力脉动的要求

(3)优化水轮机转轮设计

针对三峡电站水头变幅大以及混流水轮机叶片不能调整的特点，研究合理设计转轮及其他通流部件的形状。经过对常用叶片的比较，决定转轮叶片采用“L”形叶片。2001 年 5—11 月，哈电、东电利用优化设计和 CFD 等分析方法，对设计方案进行优选，完成了模型机组和模型转轮的设计与加工，并进行了新转轮能量、空化、水压脉动、流态观测、补气等模型试验研究，水力试验和结构设计优化表明："L"形叶片可避免在转轮叶片进口产生"撞击"涡流，并可将尾水管涡带和压力脉动幅值控制在较小的范围，改善水轮机高部分负荷区的稳定性等成果，采用"L"形叶片是改善水轮机稳定性最有效的途径。

(4)机组划分安全稳定运行区

目前，水轮机技术制造水平不可能做到在任何水头和预想出力下都能安全稳定运行。混流式水轮机有压力脉动过大的部分负荷区，对国内已投入运行的9个水电站大型水轮发电机组实际运行情况的调查表明，为满足电力系统的要求，机组长期在不良工况中运行，导致这些机组在运行时振动过大，叶片产生裂缝，某些部件易损坏，修复后转轮依然产生裂纹，无法收敛。造成这些问题固然有水力设计、结构设计、制造工艺等方面的原因，但不良运行方式也是重要的原因之一。可见，科学的运行管理是提高水轮发电机组安全稳定运行的措施之一。根据三峡电站混流式水轮机稳定运行指标的研究，合同规定的运行区经过真机运行的验证，将机组运行划分为安全运行区、稳定运行区、禁止运行区，严禁在禁止运行区运行。

(5)电力调度只调到220kV、500kV母线

2001年11月，长江设计院开始编制《三峡(围堰发电期)—葛洲坝梯级运行调度规程》时，对国内已投入运行的大型水轮机运行情况调查表明：目前国内一些大型机组长期在小负荷区运行，导致在转轮上产生疲劳破坏和裂纹的后果，因此三峡机组的运行区域应根据模型试验得出的水轮机特性，合理地规定运行区域，避开在小负荷区域和不稳定区域内运行，确保三峡机组的长期安全稳定运行。上述情况的发生与电力调度有关，从机组的安全运行出发，长江设计院在《三峡(围堰发电期)—葛洲坝水利枢纽梯级调度规程》中明确：电力调度只调到220kV、500kV母线。此调度规程被三峡建委批准。

(6)发电机设置最大容量

为更好地解决三峡电站水轮机在高水头运行区域的稳定性问题，适当加大导叶开度有利于改善水轮机在高水头时的运行工况，但水轮机的出力受发电机容量限制，为此，需研究设置发电机最大容量问题。经接入电力系统、电气设备选择和制造、工程造价等各方面的设计研究，发电机容量从778MVA提高到840MVA，要求水轮机按最大出力852MW设计，有效地扩大机组稳定运行范围，有利于提高水轮机运行稳定性能。

(7)电站厂房局部结构振动研究

1999年7月至2000年6月，从水轮发电机组安全稳定运行出发，长江设计院组织分别对国内大型机组出现稳定性问题的电站(包括岩滩、五强溪、龙羊峡、二滩、李家峡等)和哈电、东电两厂进行了考察和调研，发现个别水电站的水轮机流道脉动水力激发发电机层楼板局部振动，导致布置在楼板上的电气柜内的设备误动停机，危及安全运行。为防止此类情况在三峡电站发生，1999年8月，由长江设计院牵头，会同中国水利水电科学研究院、长江科学

院和大连理工大学对三峡左岸电站开展了抗振研究。根据水轮机模型试验成果，找出最不利的运行工况，转换到真机的实时水力脉动曲线，作为激振力作用于厂房，对厂房结构进行动应力计算，研究是否会产生危及安全运行的振动。结果表明，厂房局部结构的振动在工程设计允许范围内。

(8)蜗壳埋设方式设计研究

为探清蜗壳不同的埋设方式对机组稳定性及厂房振动的影响，受三峡总公司委托，长江设计院作为负责单位，对保压浇筑蜗壳混凝土、蜗壳敷设弹性垫筑外围混凝土、蜗壳直埋混凝土(研究后改为组合式浇筑蜗壳外围混凝土)3 种不同方式进行了同等深度的动、静应力计算，对直埋方案进行了物理模型试验。经全面、系统的设计研究，结论是：蜗壳 3 种埋设方式都能确保水轮发电机组安全稳定运行，需结合工程实际择优选用。上述研究成果用于三峡工程，蜗壳埋设方式采用保压方案 23 台、垫层方案 6 台、组合方案 3 台，经对运行机组的振动、摆度及相关土建结构参数进行监测，各参数均满足工程设计要求。

(9)补压缩空气

从提高机组的运行稳定性，特别是部分负荷运行方式下的稳定性，除通过发电机轴顶部向转轮下方自然补气外，还对向顶盖、底环、基础环强迫补气进行了研究，比选了单机单元补气、成组单元补气、综合补气等方式，结合厂房布置和结构，选用了单机单元补气方式。

(10)转轮叶片出水边修型

国内已投入运行部分水轮机的实践表明，在某个运行区出现异常噪声，停机检查叶片出水边发生多条裂纹，是由在转轮叶片的出水边产生卡门涡与叶片产生共振所致。要求机组制造厂对此问题进行复核并应消除转轮叶片与上冠交接处的应力集中、降低平均应力和提高抗疲劳能力，为此有的制造厂在现场对转轮叶片出水边进行了修型。

5.4.1.4 水轮发电机安全稳定运行

三峡电站 840MVA 巨型水轮发电机安全稳定运行必须处理好结构设计、发电机冷却、推力轴承等问题。

840MVA 巨型水轮发电机结构尺寸大，发电机定子外径为 22131mm、转子直径为 18744mm，发电机的刚度、强度特别是刚度的问题十分突出，需从结构和电磁设计方面综合研究解决。如定子基座要能承受最大的不平均磁拉力，要求机座有足够的刚度，定子机座同时又要能承受定子铁芯与机座间温差造成的温度应力，又要求机座有适当的挠度。为求得这两种矛盾的统一，采用了浮动机座和斜支撑结构；发电机转子普遍采用圆盘式结构，刚度大、重量轻；转子磁轭与支架的连接多采用径、切向复合键，径向键的紧度颇为重要，通过综合研究材料、应力、安装工艺、振动等因素来解决；转子支架的垂直挠度是一个重要指标，三峡水电站发电机要求转子支架最大垂直挠度不大于 1.5mm；机组的安装质量的优劣关系到机组安全稳定运行，三峡工程从实际出发，制定了《700MW 水轮发电机组安装标准》。

巨型水轮发电机的冷却方式和推力轴承始终是设计研究的重点课题。国内通过自主研发、创新，在三峡右岸电站、地下电站部分840MVA水轮发电机上，在世界范围内首次采用了全空冷、蒸发冷却技术，左岸电站全部采用半水冷技术。推力轴承推力负荷为5520t，经设计研究后认为，采用小弹簧束支撑和小支柱簇支撑、钨金瓦且将瓦温控制在80℃是较好的，可确保机组的安全稳定运行。

5.4.2 三峡电站700MW机组运行稳定性实践检验

5.4.2.1 左岸电站700MW机组运行稳定性实践检验

为确保三峡电站700MW机组稳定运行，在机组的招标文件中，对三峡电站水轮发电机组的稳定性提出了明确要求，包括机组的稳定运行范围、尾水管压力脉动和发电机温升、结构、推力轴承等。影响水轮机运行稳定性的因素比较复杂，包括电磁、机械、水力等诸多因素，其中水力因素是影响运行稳定性的关键因素。三峡左岸电站14台700MW机组分别由法国ALSTOM供货8台和德国VGS联合体供货6台，其中挪威克瓦纳能源公司（以下简称“KE”）是法国ALSTOM中标的8台水轮机的水力设计和模型试验的分包单位。为验证水轮机模型的水力性能，根据合同文件规定，目击验收试验分别于1998年7月23日至8月17日和1998年8月16日至9月10日在挪威图鲁汉姆市克瓦纳水力试验室和德国海登海姆Voith水力试验室进行。试验结果表明，两个供货集团的模型试验压力脉动指标均没有全面达到合同保证值的要求。考虑到三峡电站水轮发电机组稳定运行的重要性，三峡总公司要求进行补充研究并进行试验，进一步提高水轮机的稳定性，特别是减小高水头下尾水管的压力脉动。为此，KE公司开发了68半锥形泄水锥，VGS联合体在原模型转轮F-584基础上，通过补充研究，开发了新的模型转轮F-599。三峡总公司再次组织于1999年1月7—18日和1999年4月5—23日分别对KE和VGS进行了补充目击见证试验。试验结果表明，尽管两个供货集团的模型水轮机的压力脉动仍然没有全面满足合同要求，但高水头的稳定性有所改善。两次目击试验的结果表明，两供货集团的水轮机模型的能量综合特性、空化特性均满足了合同要求，但在某些运行区域的尾水管压力脉动临界值仍未达到合同保证值。为了做好左岸电站水轮机稳定性分析研究，设计除对两个供货集团的水轮机模型试验成果进行了大量整理归纳和分析外，还对岩滩、隔河岩等水电站进行了实地考察，并对哈电、东电制造的李家峡、二滩、江垭、小浪底等水电站水轮机运行进行了调研，在此基础上对三峡左岸电站水轮机稳定性进行了分析和预测，提出了《三峡左岸电站机组稳定性预测及预防措施研究》，同时根据运行标准的允许值和蓄水过程机组运行稳定性试验，综合考虑压力脉动、振动、摆度和水轮机效率等试验结果，对机组的运行区域进行了划分。左岸电站从2003年机组投产发电以来，历经库水位135m、156m和175m等高、低水头的运行检验，水轮机除在初期运行时出现过一些问题外，在采取措施和优化运行后，后期运行稳定正常，各项指标均在标准规定范围内，机组运行稳定性、可靠性、安全性满足规范和设计要求。

5.4.2.2 右岸电站及地下电站700MW机组运行稳定性实践检验

1）右岸电站12台700MW机组从2007年运行至今，历经156m水位和175m水位等高、低水头的运行检验，机组安全稳定运行并通过了相关试验；地下电站6台700MW机组从2011年5月和2012年7月陆续投产发电，机组安全稳定运行并通过了相关试验，结果表明设计对机组主要性能参数和总体结构的选定、提出的安全稳定运行措施是正确和合理的。

2)模型试验和现场真机试验结果表明，在正常运行范围，压力脉动水平和稳定运行范围，哈电制造的26号机略优于其他机型；在高水头运行范围，ALSTOM制造的21号机略优于其他机型。总体而言，右岸电站机组稳定性略优于左岸电站机组，说明提高额定水头有利于机组稳定性的改善。

3)从运行情况看，3种机型发电机定子绕组和铁芯的温度及温升均满足合同保证值的要求，且留有一定安全裕度。蒸发冷却、全空冷与半水冷3种冷却方式发电机定子温度分布的均匀性基本相当，表明3种冷却方式，均能满足机组长期安全可靠运行的要求。

4)通过模型试验和大量的现场试验，初步确定的3种不同机型的稳定运行区域与设计和合同规定的稳定运行范围基本吻合，可以作为其运行及优化调度的重要依据。

5)根据设计研究，为提高水轮机运行稳定所采取的措施，如划分稳定运行区、优化参数、设置最大容量是有效的。通过真机运行试验表明：机组按最大容量840MVA、相应机组有功功率756MW能长期安全稳定运行，扩大了机组稳定运行范围，有利于提高机组调峰能力和运行灵活性。

5.4.3 正常蓄水位175m试验性蓄水机组运行试验研究

5.4.3.1 初期试运行问题研究

(1)三峡右岸电站东电机组100Hz电磁振动

三峡右岸电站东电18号机组于2007年投入运行，投入运行后发现发电机定子铁芯100Hz振动偏大，经研究发现100Hz振动的产生与发电机定子绕组槽路数、接线方式有关，其铁芯100Hz电磁振动主要是由定子50对极磁动势次谐波与基波相互作用引起的。经过多方案的比较，在无法改变分数槽绕组的情况下，采用改动原方案定子绕组接线方式，由“10＋7”大小相带布置改为“12＋5”的大小相带布置的方案，经理论计算和真机测量，采取该优化方案可将引起电磁振动的50对极谐波幅值削弱87%，从根源上基本消除了100Hz高频振动和相应噪声，18号机定子铁芯100Hz振动值测试结果对比见表5.4.1。

表5.4.1　18号机定子铁芯100Hz振动值测试结果对比

改进阶段	负载(MW)	测点1(μm)	测点2(μm)	测点3(μm)	测点4(μm)	测点5(μm)	平均值(μm)
改进前	700	47.9	41.9	21.6	47.7	78.9	47.6
改进后	703	6.2	5.7	4.1	6.1	7.8	6.0

(2)三峡地下电站ALSTOM机组700Hz振动

2011年7月，三峡地下电站30号机组启动试验时发现定子铁芯700Hz异常电磁振动，振动幅值随负荷的增加而加大，在最大试验负荷600MW时振动峰峰值达到4.5*g*。经研究发现，30号机组由齿谐波引起的力波激振频率与定子铁芯固有频率十分接近（小于10%），激振力波引发定子铁芯共振，是导致铁芯700Hz高频振动的根源。经全面分析，采用降低定子的固有频率来避免共振。处理过程中采用：①将定子铁芯压紧力由1.7MPa提高到了1.8MPa。调整后定子固有频率从694～697Hz降低至682～687Hz；600MW下的振动峰峰值由4.7*g*降至3.35*g*。②在下挡风板与定子机座下环板之间增加支撑，加固下挡风板。调整后定子固有频率降至676～680Hz；600MW下的振动峰峰值降至2.5*g*。③在定子铁芯鸽尾筋上增加配重块，共计40t，降低定子固有频率至约660Hz，600MW下的振动峰峰值降至1.6*g*（热态）。通过以上3种处理手段，经现场试验验证，降低了定子固有频率约40Hz，解决了三峡30号机组的700Hz高频振动的问题。

5.4.3.2 三峡机组运行性能试验研究

三峡电站175m水位试验性蓄水的机组性能及运行试验研究分为3次：第一次是2008年9月三峡首次175m试验性蓄水，蓄水起始水位145m，蓄水最高水位172.8m。第二次是2010年9月，三峡电站上游水位首次达到175m。在这两次175m试验性蓄水期间，分别在三峡左右岸电站5种机型中各选1台试验机组（左岸ALSTOM 6号机组、左岸VGS 8号机组、右岸东电16号机组、右岸ALSTOM 21号机组、右岸哈电26号机组）进行机组稳定性试验和能量特性试验、调速器扰动试验、甩负荷试验、过速试验、厂房振动试验等。同时，对所有26台机组陆续进行756MW的大负荷试验。第三次是在2011—2013年175m蓄水期间，对三峡地下电站选取3台不同类型试验机组，包括28号机组（东电）、30号机组（天津ALSTOM）、31号机组（哈电），利用8—11月升水位期间，完成了机组稳定性及相对效率试验。2011年11月10日，地下电站31号机组和32号机组分别进行了连续8小时的756MW大负荷运行。在3次蓄水试验期间，也对三峡机组初期运行出现的问题进行了专题试验研究。

（1）能量特性

三峡左右岸电站5种机型水轮机出力特性见表5.4.2。由表5.4.2可见，5种机型真机出力均超过了合同保证值。

表5.4.2　　三峡左右岸电站5种机型水轮机出力特性

6号机组（左岸ALSTOM）	净水头 *H*(m)		78.50	80.60	89.40
	合同保证值	水轮机出力(MW)	681.80	710.00	834.10
		导叶开度(%)	100.00	100.00	73.80
	真机实测值	水轮机出力(MW)	718.70	737.20	833.00
		导叶开度(%)	99.80	99.30	72.80

续表

8号机组（左岸VGS）	净水头 H(m)		78.50	80.60	89.40
	合同保证值	水轮机出力(MW)	683.70	710.00	823.00
		导叶开度(%)	100.00	100.00	100.00
	真机实测值	水轮机出力(MW)	722.00	741.70	828.50
		导叶开度(%)	97.10	98.00	96.80
16号机组（右岸东电）	净水头 H(m)		78.50	85.00	90.00
	合同保证值	水轮机出力(MW)	644.17	710.00	780.30
		导叶开度(%)	105.60	100.00	102.20
	真机实测值	水轮机出力(MW)	684.00	761.00	821.00
		导叶开度(%)	98.90	96.00	94.70
21号机组（右岸ALSTOM）	净水头 H(m)		78.50	85.00	90.00
	合同保证值	水轮机出力(MW)	694.70	763.30	814.00
		导叶开度(%)	100.00	94.00	90.00
	真机实测值	水轮机出力(MW)	724.60	786.20	837.00
		导叶开度(%)	95.25	87.74	84.40
26号机组（右岸哈电）	净水头 H(m)		78.50	84.00	90.00
	合同保证值	水轮机出力(MW)	634.00	710.00	767.00
		导叶开度(%)	101.00	100.00	99.00
	真机实测值	水轮机出力(MW)	647.00	719.00	803.00
		导叶开度(%)	95.70	95.00	95.10

从三峡左右岸电站5种机型水轮机、三峡地下电站3种机型水轮机的能量试验结果来看：真机实测效率曲线（图5.4.3至图5.4.7）与厂家预期的效率曲线变化趋势基本一致，说明真机的能量指标与模型的能量指标比较接近；实测水轮机最优出力与厂家提出的预期最优出力值基本一致，水轮机出力均超过了合同保证值。

（2）稳定性能

通过实测压力脉动与模型试验结果的比较可知：真机实测曲线与模型试验曲线变化趋势基本一致，真机实测压力脉动与模型试验结果基本吻合。

三峡左右岸电站5种机型水轮机上游水位145.5m和175m尾水上游和无叶区压力脉动相对幅值对比分别见图5.4.8和图5.4.9。

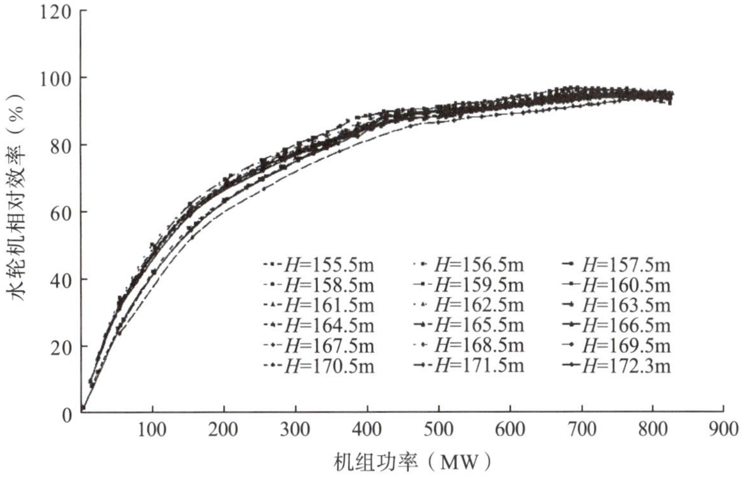

图 5.4.3　6 号全水头真机实测效率曲线

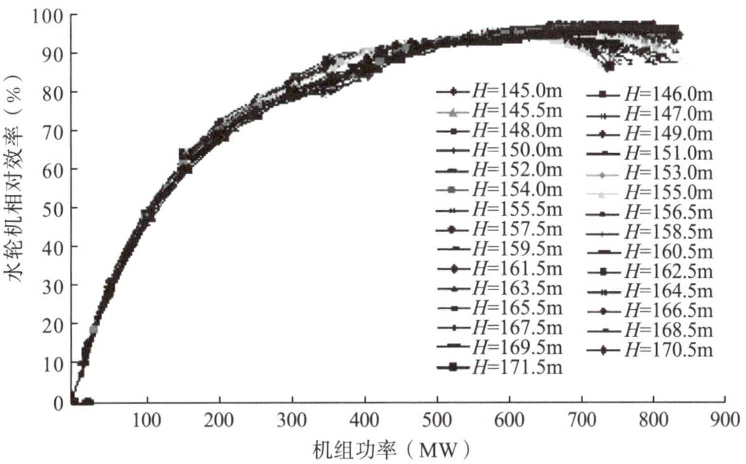

图 5.4.4　8 号全水头真机实测效率曲线

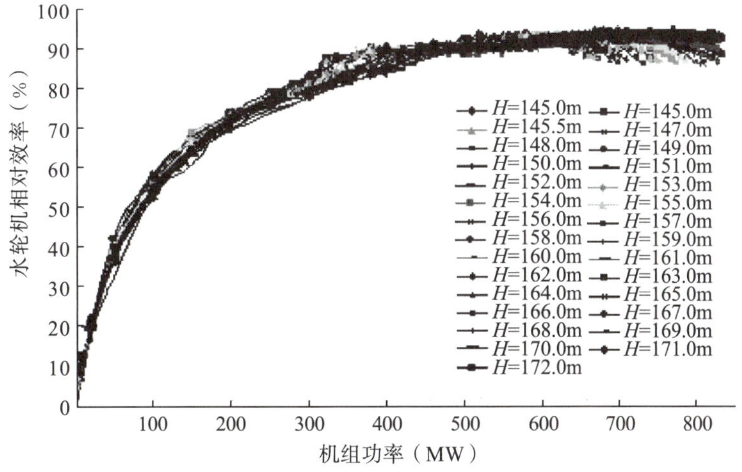

图 5.4.5　16 号全水头真机实测效率曲线

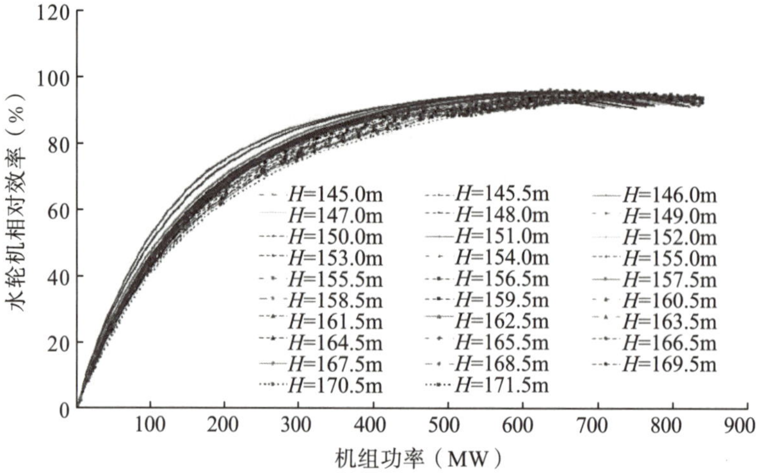

图 5.4.6　21 号全水头真机实测效率曲线

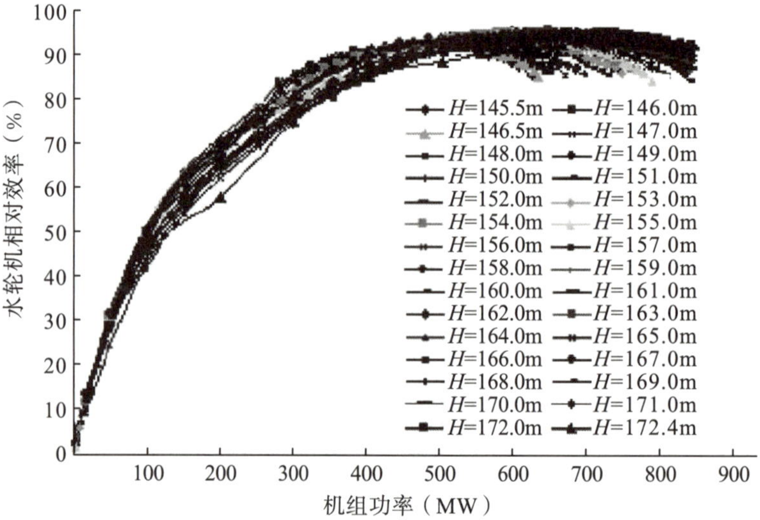

图 5.4.7　26 号全水头真机实测效率曲线

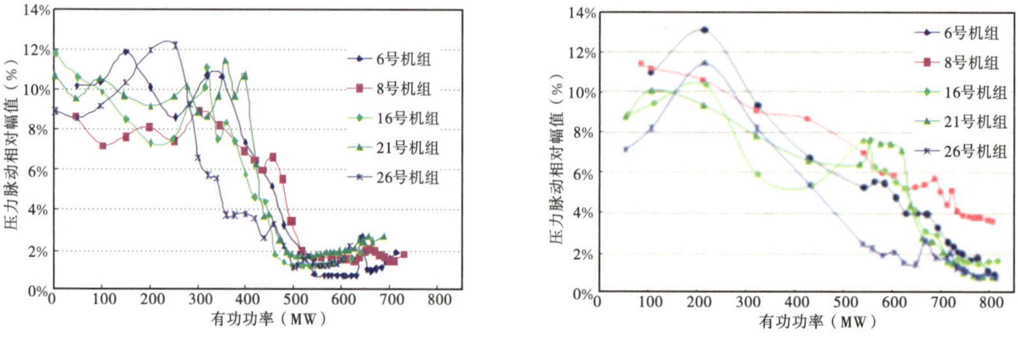

(a)上游水位 145.5m 的压力脉动相对幅值　　(b)上游水位 175m 的压力脉动相对幅值

图 5.4.8　尾水上游压力脉动相对幅值

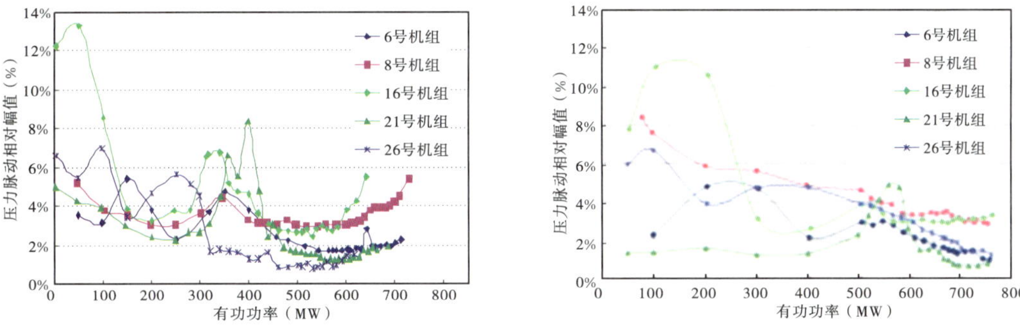

(a)上游水位 145.5m 无叶区的压力脉动相对幅值　(b)上游水位 175m 无叶区的压力脉动相对幅值

图 5.4.9　无叶区压力脉动相对幅值

试验表明:三峡左右岸电站 5 种机型水轮机、地下电站 3 种机型水轮机的压力脉动随负荷变化趋势基本一致,压力脉动幅值在小负荷区和涡带区相对较大,大负荷区相对较小。从总体上看,5 种机型水轮机压力脉动水平基本相当,在 70%～100%出力范围,未发现水力共振、卡门涡共振和异常压力脉动,压力脉动相对混频幅值基本满足合同保证值。在 70%～100%出力范围,右岸电站机组总体上略优于左岸机组。此外,在与左岸模型试验中发现的高部分负荷压力脉动区(SPPZ)相对应的负荷区域,在升水位真机试验中表现不明显。

三峡左右岸电站 5 种机型水轮机上游水位 145.5m 和 175m 水导摆度见图 5.4.10,下机架垂直振动见图 5.4.11,顶盖垂直振动见图 5.4.12。

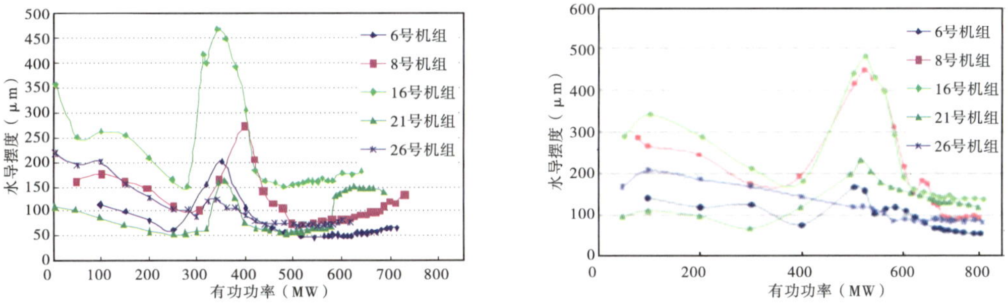

(a)上游水位 145.5m 水导摆度　(b)上游水位 175m 水导摆度

图 5.4.10　水导摆度

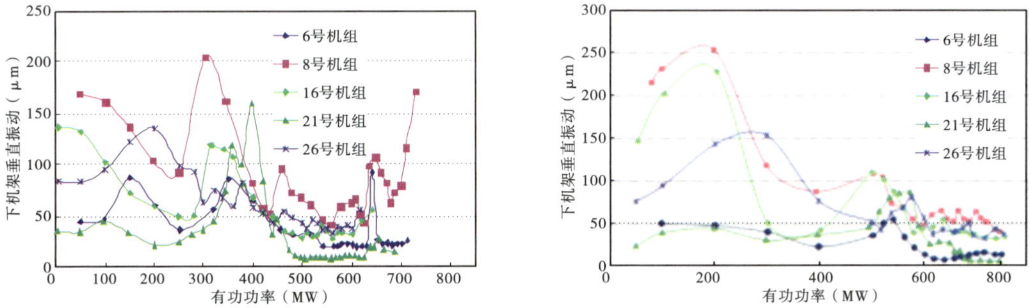

(a)上游水位 145.5m 下机架垂直振动　(b)上游水位 175m 下机架垂直振动

图 5.4.11　下机架垂直振动

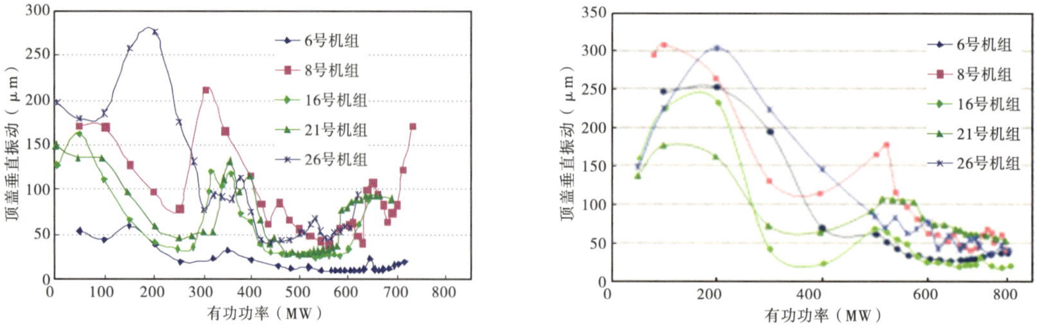

(a)上游水位 145.5m 顶盖垂直振动　　(b)上游水位 175m 顶盖垂直振动

图 5.4.12　顶盖垂直振动

试验表明：三峡左右岸电站 5 种机型水轮机、地下电站 3 种机型水轮机的振动和摆度随负荷变化趋势基本一致。从总体上看，5 种机型水轮机的主轴摆度和机组振动水平基本相当，在 70%～100%出力范围，未发现异常振动现象，主轴摆度和机组振动基本满足合同保证值或有关国标允许值的要求。

5.4.3.3　机组稳定运行区试验研究

根据运行标准的允许值和蓄水过程中机组运行稳定性试验，综合考虑压力脉动、振动、摆度和水轮机效率等试验结果，建议机组在全水头、全负荷范围内划分成以下 4 个区域：空载运行区（仅限机组调试运行）、稳定运行区（可以连续稳定运行）、限制运行区（允许限时运行）、禁止运行区（不宜运行）。三峡左右岸电站 5 种机型、地下电站 3 种机型在全水头、全负荷范围内划分的运行区见图 5.4.13 至图 5.4.20。

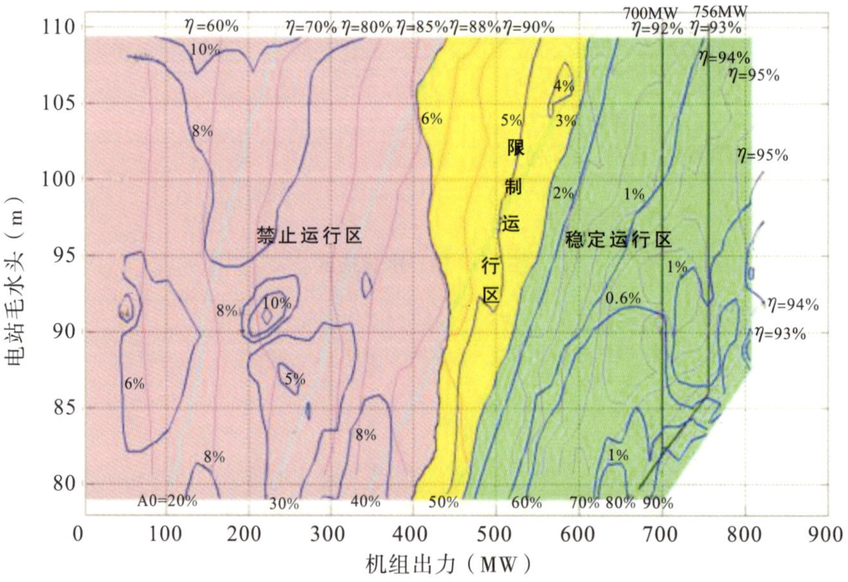

图 5.4.13　6 号机组运行区划分

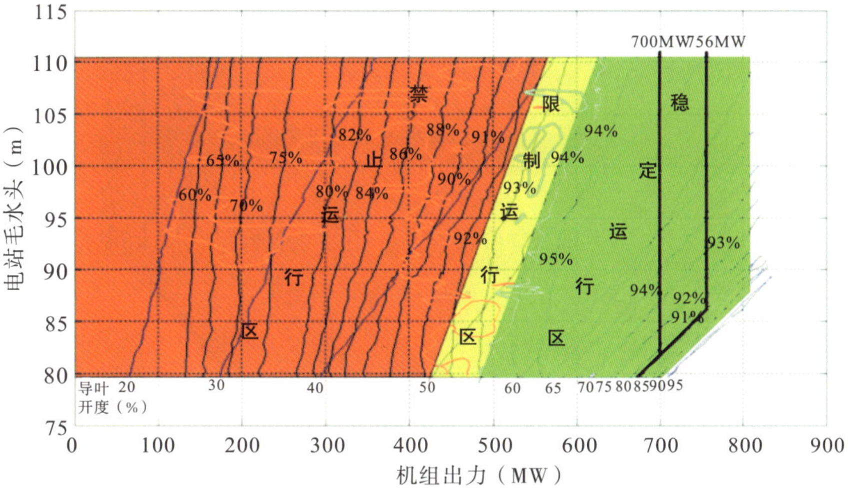

图 5.4.14　8 号机组运行区划分

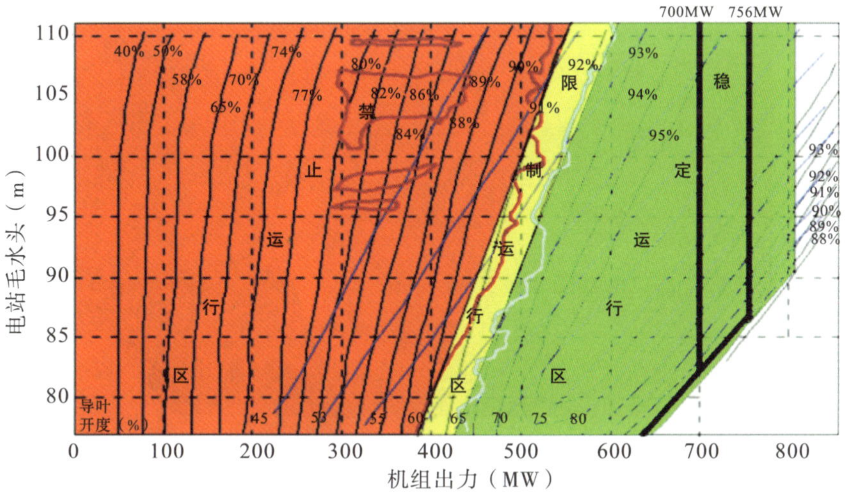

图 5.4.15　16 号机组运行区划分

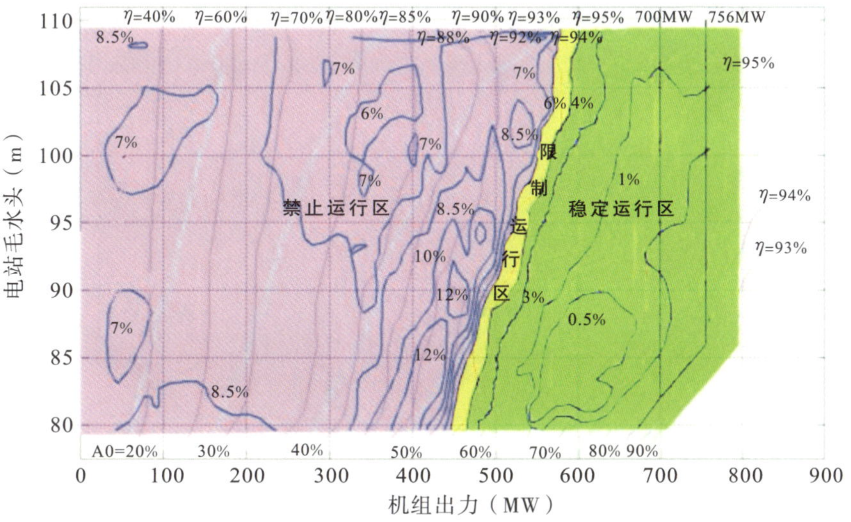

图 5.4.16　21 号机组运行区划分

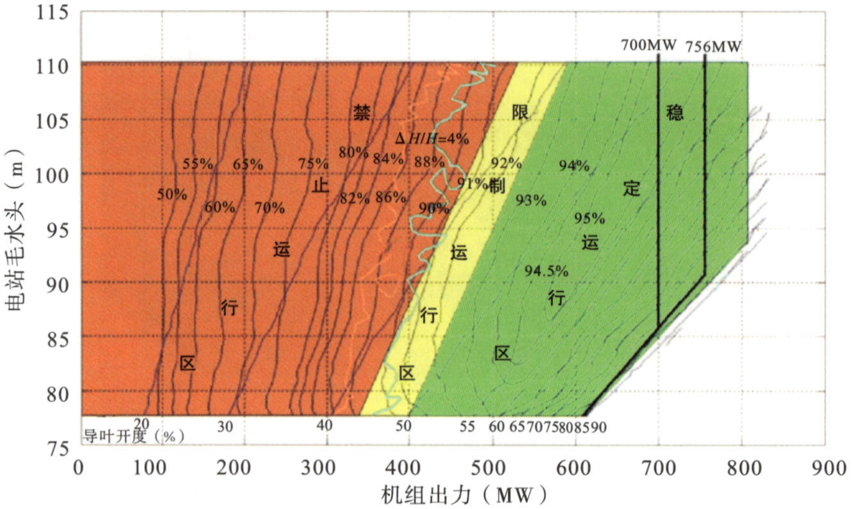

图 5.4.17　26 号机组运行区划分

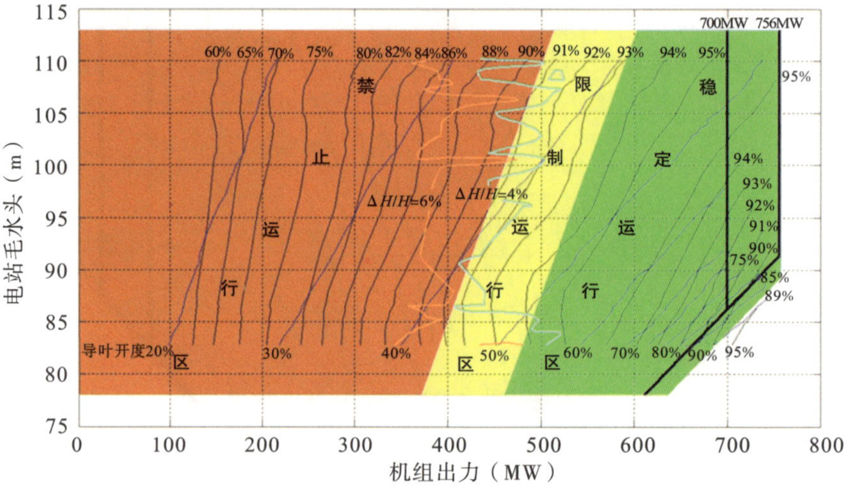

图 5.4.18　31 号机组运行区划分

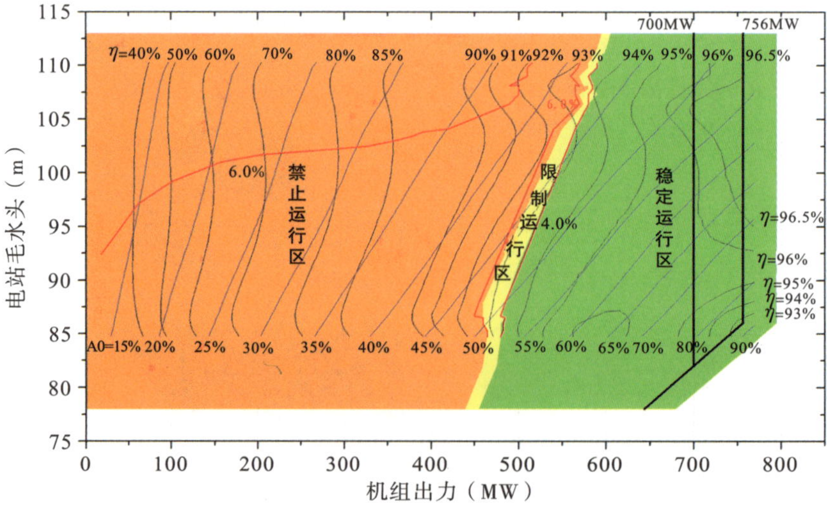

图 5.4.19　30 号机组运行区划分

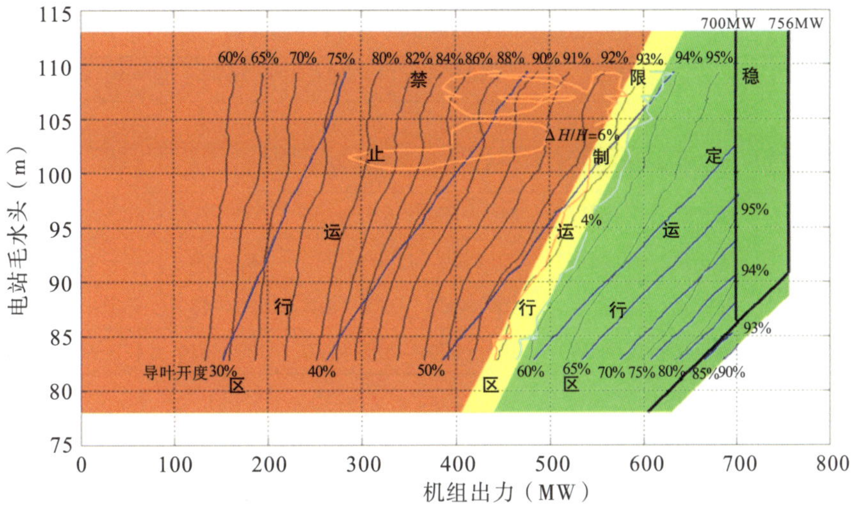

图 5.4.20 28号机组运行区划分

(1)稳定运行区(绿色区域)

该区是机组在全部负荷范围内压力脉动和振动最小的区域。从真机试验看,机组在此区域内运行时最为平稳,没有水力共振、卡门涡共振和异常振动现象,压力脉动小于6%,机组振动幅值满足运行标准的允许值。该区域内水轮机的水力条件最为良好,机组在此区域内运行,不仅安全稳定,而且能获得最大的经济效益。

(2)限制运行区(黄色区域)

该区没有水力共振、卡门涡共振和异常振动现象,压力脉动在4%~6%,部分测点的机组振动幅值略超过运行标准的允许值。由于该区域的脉动和振动主频为频率较低的尾水管涡带频率,因此建议将该区列为限制运行区,允许机组短时间内可在此负荷范围内运行,但不宜作为长期运行的区域。

(3)禁止运行区(红色区域)

该区是全部运行范围内水轮机效率最低、转轮水力条件最差的区域。该区域压力脉动基本都超过了6%,多数测点的振动幅值也超过了运行标准的允许值,而且频率较为复杂,主频不突出,大部分频率高于转频。在转轮区,将发生各种进口水流的撞击、脱流与产生叶道涡等各种不良水力现象。由于压力脉动和振动大,动应力也必然较大,若机组长期在此区域内运行,易引起疲劳而缩短寿命,故建议将其列为不宜运行区。

(4)空载运行区

该区为机组启动、调试运行时的区域。由于该区主要稳定性指标差,不可长时间运行。

左右岸电站5种机型典型水位下各运行区的水轮机出力见表5.4.3。由表5.4.3可知,5种机型典型水位各运行区的水轮机出力基本满足合同70%~100%预想出力的要求。地下电站与右岸电站各机型稳定运行区的水轮机出力对比见表5.4.4。

表 5.4.3　　左右岸 5 种机型典型水位下各运行区的水轮机出力

毛水头	运行区间	6 号	8 号	16 号	21 号	26 号
毛水头约 110m（上游水位 175m）	禁止运行区(MW)	0～440	0～560	0～550	0～570	0～530
	限制运行区(MW)	420～610	560～620	550～600	570～600	530～590
	稳定运行区(MW)	610～756	620～756	600～756	600～756	590～756
毛水头约 77.5m（上游水位 145.5m）	禁止运行区(MW)	0～400	0～425	0～390	0～450	0～340
	限制运行区(MW)	400～460	425～485	390～430	450～470	340～400
	稳定运行区(MW)	460～670	485～670	430～640	470～670	400～610

表 5.4.4　　地下电站与右岸电站各机型稳定运行区的水轮机出力对比

毛水头(m)	右岸电站东电机组稳定运行区(MW)	地下电站东电机组稳定运行区(MW)	右岸电站 ALSTOM 机组稳定运行区(MW)	地下电站 ALSTOM 机组稳定运行区(MW)	右岸电站哈电机组稳定运行区(MW)	地下电站哈电机组稳定运行区(MW)
80	420～675	455～665	460～700	470～700	415～650	450～655
86	455～700	485～700	490～700	485～756	455～700	475～725
90	480～700	510～700	510～700	495～756	480～700	495～756
95	510～700	540～700	535～700	520～756	510～700	520～756
100	540～700	565～700	560～700	555～756	540～700	540～756
105	570～700	595～700	585～700	575～756	570～700	565～756
110	600～700	625～700	610～700	590～756	600～700	585～756

5.4.3.4　756MW 机组稳定性试运行情况

三峡水库蓄水至正常蓄水位 175m 后，组织进行了左、右岸电站 5 种机型的发电机最大容量 840MVA 24 小时考核运行试验，并对机组设备运行特征量进行了监测，同时也对三峡地下电站哈电 31 号和 32 号机组在与电网协调后进行了有功 756MW(840MVA)的连续运行试验，175m 水位下 840MVA 最大容量下运行机组设备运行温度、各部位轴承温度、各部位噪声情况见表 5.4.5 至表 5.4.7，三峡机组 756MW 下运行稳定性对比见表 5.4.8。

表 5.4.5　　175m 水位下 840MVA 最大容量下运行机组设备运行温度

项目	2 号机组	6 号机组	16 号机组	20 号机组	26 号机组
运行出力	756MW＋366Mvar				
定子电流(A)	23220	23690	23500	23400	23500
转子电流(A)	3933	4251	3975	4171	4370
定子线槽(绕组)温度(℃)	56.7	63.6	61.9	64.2	88.9

续表

项目		2 号机组	6 号机组	16 号机组	20 号机组	26 号机组
定子铁芯温度(℃)		64.5	72.4	68.6	72.0	71.8
铁芯齿压板温度(℃)		61.0	71.3		77.0	71.6
纯水进水温度(℃)		46.9	55.7	59.1	53.1	
主变绕组温度(℃)		58.0	58.0	67.0	64.0	67.0
主变上层油温(℃)		49.0	42.0	44.0	38.0	46.0
励磁变温度(℃)	A 相-b	93.3	98.0	89.2	96.1	104.6
	A 相-r	90.6	102.1	90.1	95.7	101.9
	B 相-b	93.5	100	93.2	97.7	97.6
	B 相-r	87.4	99.9	93.4	94.7	99.4
	C 相-b	88.8	93.1	95.2	99.2	101.9
	C 相-r	91.2	95.9	97.1	95.4	103.1
技术供水温度(℃)		21.6				

表 5.4.6 175m 水位下 840MVA 最大容量下运行机组各部位轴承温度

项目	2 号机组	6 号机组	16 号机组	20 号机组	26 号机组
运行出力(℃)	756MW+366Mvar				
上导瓦温(℃)	38.1	45.3	34.0	40.1	37.6
上导油温(℃)	32.9	39.6	30.1	36.2	34.8
下导瓦温(℃)	55.5	40.8	52.2	39.7	39.2
推力瓦温(℃)	79.1	76.5	75.8	70.9	76.2
推导油温(℃)	36.1	31.6	36.3	30.9	38.4
水导瓦温(℃)	47.8	54.4	40.1	56.4	56.5
水导油温(℃)	38.7	45.1	38.7	47.5	42.2

表 5.4.7 175m 水位下 840MVA 最大容量下运行各部位噪声情况

项目		2 号机组	6 号机组	16 号机组	20 号机组	26 号机组
运行出力		756MW+366Mvar				
主变压器噪声(dB)		79.8	79.4	89.2	93.5	90.5
蜗壳进人门噪声(dB)		91.4	89.3	94.9	94.3	93.2
锥管进人门噪声(dB)	上游侧	93.0	93.0	101.0	100.3	105.4
	下游侧	92.0	91.8	100.7	100.8	101.7

表 5.4.8 三峡机组 756MW 下运行稳定性对比

序号	项目	6 号机组	8 号机组	16 号机组	21 号机组	26 号机组	31 号机组	32 号机组
1	负荷(MW)	757.0	756.0	760.7	754.2	755.6	756.4	756.7
2	上游水位(m)	170.4	170.8	171.5	171.1	170.9	170.4	170.4
3	下游水位(m)	65.800	65.800	65.551	65.600	65.370	65.400	65.4
4	上导摆度(μm)	60	208	178	46	209	159	107.0
5	下导摆度(μm)	286	228	100	118	93	146	247.0
6	水导摆度(μm)	44.0	80.0	140.0	74.6	61.0	75.0	92.0
7	上机架水平振动(μm)	8.2	17.0	10.0	34.5	21.0	14.0	17.0
8	上机架垂直振动(μm)	7.2	30.0	16.0	7.0	36.0	12.0	26.0
9	下机架水平振动(μm)	9.9	14.0	9.0		8.0	5.0	7.0
10	下机架垂直振动(μm)	9.5	23.0	22.0		31.0	36.0	49.0
11	定子机座水平振动(μm)	38.5		36.0	46.0	38.0	94.0	113.0
12	定子机座垂直振动(μm)	3.8		11.0	66.0	37.0	10.0	7.0
13	定子铁芯水平振动(μm)			42	14	8	106	156.0
14	定子铁芯垂直振动(μm)			10	12	3	16	20.0
15	顶盖水平振动(μm)	17	22	15	38	27	20	17.0
16	顶盖垂直振动(μm)	15	26	27	72	56	39	50.0

注:21 号机组振动数据单位为 mm/s。

机组 840MVA 运行试验期间,设备运行平稳,机组及相关设备经受住了 840MVA 连续 24 小时运行的考验。

1)各种机型发电机组在最大容量运行工况下,发电机组电气主回路(包括封闭母线、励磁变压器等)温度正常,机组二次设备运行稳定;机组 3 部轴承运行温度、机组各部位振动摆度正常,机组满足安全稳定运行要求。

2)主变压器 840MVA 运行时,变压器绕组温度、变压器油温及噪声情况正常,满足安全稳定运行要求。

5.4.3.5 不同冷却方式机组运行情况

三峡电站运行的 32 台 700MW 机组共有 3 种冷却方式,其中水冷机组共 24 台,全空冷机组共 6 台(23～26 号机组,31～32 号机组),蒸发冷却机组共 2 台(27、28 号机组)。三峡电站各发电机额定运行时温升统计见表 5.4.9。

通过表 5.4.9 中数据可知,发电机组采用不同冷却方式下定子线棒和铁芯的温度略有差异,但都符合设计和有关规程的要求,在允许值范围内。目前,三峡电站各台机组的冷却系统运行正常,机组运行状态良好。

表 5.4.9　　三峡电站各发电机额定运行时温升统计

项目	左岸电站				右岸电站						地下电站					
	VGS（定子水内冷）1～3、7～9号机组		ALSTOM（定子水内冷）4～6、10～14号机组		东电（定子水内冷）15～18号机组		哈电（全空冷）23～26号机组		ALSTOM（定子水内冷）19～22号机组		东电（定子蒸发冷却）27、28号机组		哈电（全空冷）31、32号机组		ALSTOM（定子水内冷）29、30号机组	
	最高	平均	最高	平均	最高	平均	最高	平均	最高	平均	最高	平均	最高	平均	最高	平均
定子绕组温度(℃)	56.6	55.1	63.3	58.6	60.8	56.1	71.0	61.7	60.0	55.9	65.9	62.4	79.1	74.4	60.4	57.2
定子铁芯温度(℃)	60.1	58.3	75.4	73.3	69.4	65.8	57.0	51.5	69.5	65.1	70.5	62.6	70.1	67.5	69.3	66.4

三峡地下电站东电机组首次在700MW水电机组发电机上采用具有完全自主知识产权的蒸发冷却技术。通过长时间的机组运行考验,蒸发冷却机组性能满足设计、合同要求及有关规程要求。

5.4.3.6 机组性能评价

2007年4月、2008年12月、2010年11月和2014年9月,三峡总公司分别对156m、172.8m和175m不同蓄水位下的三峡机组运行性能及试验研究召开了专家评审会,主要评审意见如下:

1)自左岸电站首批机组2003年7月投产以来,三峡机组相继经历了135m、156m、172.8m、175m等不同阶段蓄水位的运行考验。蓄水过程中,三峡总公司组织有关单位对三峡机组进行了运行性能测试试验。试验数据覆盖了三峡左、右岸电站的5种机型,三峡地下电站3种机组,从低水头至高水头的不同运行工况。性能试验遵循了IEC、ISO国际标准以及我国现行相关规程规范,试验项目较全面,方法正确,结果真实可信,数据较完整,为机组的性能评价提供了科学的依据。

2)现场试验表明,三峡水轮机的真机性能与模型试验结果的符合性较好。水轮发电机组运行安全稳定,能量、空蚀和电气等性能良好,主要性能指标达到或优于合同要求。运行试验表明,工程设计对机组提出的总体技术要求,以及机组在设计、制造、安装调试过程中所采取的技术措施是先进合理的,满足了三峡电站运行条件的要求。

3)能量性能。

实测的真机相对效率及变化趋势和最优效率与厂家的预测基本一致,各种水轮机均有较高的效率,水轮发电机组出力均大于合同保证值。

4)稳定性能。

①压力脉动:测试的各种机组压力脉动水平相当,在70%~100%出力范围,未发现水力共振、卡门涡共振和异常压力脉动,压力脉动混频相对幅值总体满足合同保证值。在70%~100%出力范围,右岸电站机组的稳定性能优于左岸电站机组。

②振动和摆度:机组的振动和摆度随负荷的变化趋势基本一致,主轴摆度和机组振动水平相当,总体满足合同保证值或有关国标允许值的要求。在70%~100%出力范围,未发现异常振动现象。

③稳定运行范围:直至运行到高水头段(最高水头达到110m),机组70%~100%出力范围内稳定性能满足合同要求。总体上三峡地下电站哈电和ALSTOM机组稳定运行范围与三峡右岸电站机组稳定运行范围相当,东电机组稳定运行范围比三峡右岸电站东电机组稍窄。机组设计均满足长期稳定运行的要求。

5)甩负荷试验结果表明,机组在甩负荷工况中,机组转速上升和蜗壳压力上升值满足合同要求。

6)在蓄水位145m、156m和175m条件下的厂房振动测试表明,由各种因素引起的厂房振动在允许的范围内。

7)根据现场测试结果，三峡电站机组各种机型运行区按压力脉动、振动、摆度综合考虑划分为稳定运行区、限制运行区和禁止运行区，符合三峡机组的安全稳定运行需要，可用于指导三峡机组运行。

8)在 175m 水位下，进行了机组 840MVA(有功功率 756MW，无功功率 366Mvar)运行试验。试验情况表明，机组运行稳定，各部位轴承温度正常，发电机定子绕组、定子铁芯和齿压板等部位温度低于设计值，机组在容量 840MVA 工况下运行是安全稳定的。

9)三峡水轮发电机组按有功功率 756MW 设计、额定功率因数 0.9、最大容量 840MVA，经试验和运行验证，三峡机组具备 756MW 长期安全稳定运行的能力。专家认为，运行过程中按单机最大容量 840MVA 控制调度有利于扩大机组稳定运行范围。

10)机组在初期运行出现的问题主要有 ALSTOM 机组过速关机过程出现小开度异常振动、蜗壳导流板撕裂、东电机组 100Hz 电磁振动、地下电站 ALSTOM 机组在运行初期的 700Hz 振动和噪声问题等。三峡总公司组织了专题研究和相应处理，通过全厂满出力及单机功率 756MW 考核运行证明所进行的研究和相关处理正确有效，保证了机组的稳定运行。

11)三峡右岸电站哈电自主研制的目前世界上单机容量最大的 840MVA 水轮发电机全空冷技术达到了国际先进水平。三峡地下电站东电机组首次在 700MW 水轮发电机组上采用具有完全自主知识产权的蒸发冷却技术。通过长时间的机组运行考验，全空冷、蒸发冷却机组性能满足设计、合同要求及有关规程要求。

5.4.3.7　三峡电站机组运行现状

三峡电站 32 台 700MW 水轮发电机组及 2 台 50MW 水轮发电机组自投产以来，先后共经过了 2003 年汛末 135m 水位、2006 年汛末 156m 水位、2008 年汛末 172.8m 水位、2010 年汛末 175m 水位共 4 个蓄水位以及 756MW 大负荷运行考验，历年机组等效可用系数均在 93%以上，机组强迫停运率除在投产初期较高外，其余时间均较低，可靠性指标始终保持在较高水平，为电力行业的先进水平。地下电站投产后，三峡全厂 34 台机组(含电源电站 2 台)于 2012 年 7 月全厂出力首次达到 22500MW，累计满发 711 小时。2014 年三峡电站第三次实现 22500MW 满发运行，汛期累计满出力运行 706 小时，全年发电量 988 亿 kW·h时，创下当时单座水电站年发电量世界纪录。2009 年以来三峡电站机组满发情况统计见表 5.4.10。

表 5.4.10　　2009 年以来三峡电站机组满发情况统计

年份	发电量(kW·h)	22500MW 满发时间(小时)
2009	798.53	
2010	843.70	
2011	782.93	
2012	981.07	711

续表

年份	发电量(kW·h)	22500MW满发时间(小时)
2013	828.27	145
2014	988.19	704
2015	870.07	0
2016	935.33	212
2017	976.05	313
2018	1016.15	352

截至2018年12月底，三峡电站累计发电量11905.5亿kW·h。多年运行实践表明，三峡机组运行稳定，能量、空蚀和电气等性能良好，主要性能指标达到或优于合同要求，国产机组的设计水平和制造能力实现了跨越式提高，总体性能达到了国际先进水平。机组相关附属设备、公用系统设备及输变电设备等运行性能优良，能长期可靠、稳定运行。

5.5 掌握并突破700MW水轮发电机组研制核心技术，实现我国水电机组跨越式发展

对700MW机组设计、制造等技术进行引进、消化吸收再创新，700MW水轮发电机组研制核心技术见图5.5.1。三峡左岸电站14台700MW水轮发电机组于1997年9月签订合同，国内厂家开始接受技术转让并开展联合设计；到2004年3月三峡右岸电站8台700MW机组由国内哈电、东电中标，并独立设计和制造，表明国内厂家在巨型水电机组的设计制造方面达到了国际先进水平，其间持续约7年。在三峡工程论证期间，当时国外已运行的700MW机组有21台(美国大古力水电站第三电厂3台，巴西巴拉圭伊泰普水电站18台)。其中最早的700MW机组于1978年投产(大古力水电站)，当时国内没有700MW机组，到三峡右岸电站首批国产机组2007年7月的投产，其间约30年。

三峡工程在巨型水轮机研究方面突破了水力设计核心技术，掌握了发电机设计制造关键技术，提升了巨型水轮发电机组制造能力和工艺水平，采用现代先进设计方法和模型试验手段，自主研究了机组关键部位核心材料，用7年时间实现了我国从单机容量32MW水轮发电机组研制核心技术到70MW、80MW、100MW制造安装运行30年的跨越。自主研发的700MW水轮机模型的运行稳定性、效率、空化性能等关键性指标均与国外先进厂商的水力模型相当，实现了水轮机水力学设计突破，达到了国际先进水平。

我国成功研制了世界上容量最大的840MVA蒸发冷却和全空冷水轮发电机，并在推力轴承技术、线棒绝缘技术有所突破。

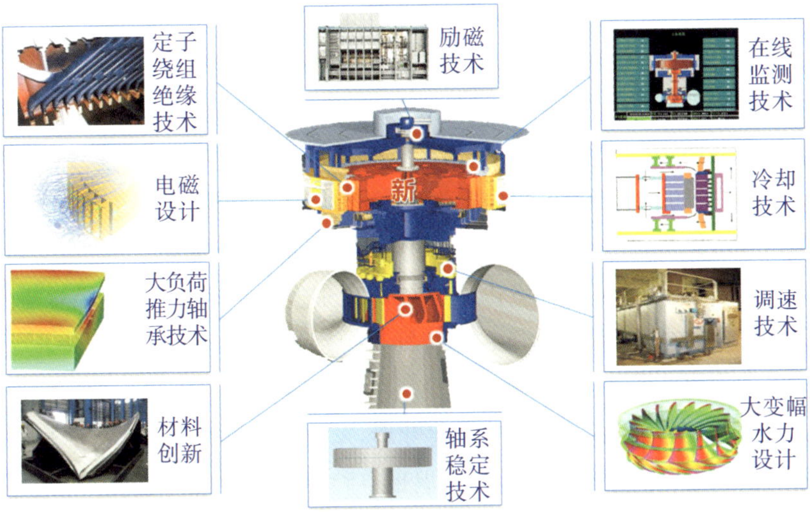

图 5.5.1　700MW 水轮发电机组研制核心技术

在水轮机大尺寸部件在各种运行工况下的刚度和强度分析，调峰机组在交变负荷下的疲劳分析和整机系统的轴系稳定、自振频率分析、整机刚度和强度研究等方面取得突破，达到世界先进水平。

成功研制出水轮机转轮上冠、下环、叶片等特大型铸件，水轮发电机组主轴锻件，水轮机蜗壳高强钢板，大型发电机和变压器高牌号硅钢等水电核心材料和关键技术，突破了国外技术垄断和封锁，实现了自主生产供货。在三峡工程建设过程中上述技术和材料均实现了从进口到国产的转变，满足了我国大型水电设备的迫切需要，具备了制造 700MW 水轮发电机组的制造能力和工艺水平，推动了行业的科技进步。

5.5.1　三峡电站水轮发电机组水力设计技术突破

5.5.1.1　水轮机主要参数和转轮及流道设计优化

三峡电站水头变幅比达 1.85，当时国内大型水轮发电机组设计、制造的厂家哈电和东电尚未生产过水头变幅比如此大的水轮机，也没有合适的水轮机模型。新转轮的开发一般周期较长，因此完全靠国内解决三峡左岸电站水轮机的设计、制造是相当困难的。当时国外大型水轮发电机组制造厂，采用计算机分析方法（利用 CFD 软件进行转轮流态有限元数值模拟计算）进行水轮机模型开发，使得水轮机模型最高效率已达 93%～94%，而国内采用传统方法进行水轮机模型开发最高效率仅为 92.7%；国外真机最高效率达 95%～96%，而国内要低约 2%；国内水轮机加权平均效率一般比国外先进水平低 2%，对三峡电站将是十分巨大的电能效益差值。另外，国外模型水轮机基本可以做到在运行区无空化现象产生，且机组制造加工工艺先进，因此可以使机组投入运行后防止或减轻空化破坏，缩短机组大修时间和延长大修周期，从而增加机组的可用时间。三峡电站 32 台 700MW 水轮发电机组的尺寸和重量已超过世界当时已有水平，需引进国外先进技术。当时决策安装在左岸电站的第一批机组应由国外著名水轮发电机组制造厂商总承包，并会同中国工厂联合制造，以确保技术先进、质量可靠，并通过技术引进，消化吸收，促进国内大型水轮发电机制造厂的水力设计能力提升至世界先进水平。大型电站水轮机的技术性能主要在水力特性上，即能量性能（效率水平、电量大小）、空化性能（安装高程、维修周期）、稳定性能（叶道涡、卡门涡、尾水管内压力脉动）。水轮机模型与原型在能量、空化特性方面有一定的对应关系。而在稳定性能方面，原型水轮机稳定性涉及的顶盖振动、大轴摆动、噪声等与结构强度、刚度等机械要素有关的问题，当时在国内外水轮机领域尚未建立相应的对比关系。

在右岸电站700MW机组参数优化的设计研究中发现，要进一步提高水轮机运行的稳定性，除优化水轮机的主要参数外，还必须特别重视水轮机转轮和流道的优化设计，为此开展了以下工作：①优化流道，实现蜗壳与转轮尺寸的合理搭配。②优化水力设计，使导叶与固定导叶具有良好的水力性能匹配。③优化叶形，采用特殊的“L”形叶片。④优化叶形设计及叶片修形，减小水轮机涡带出现的范围和涡带空腔体积。⑤加大尾水管锥管进口直径，降低转轮出口处的动能。

通过上述优化，降低了压力脉动幅值，消除了特殊压力脉动带，实现在整个运行范围内无空化运行；拓宽了高水头时机组的稳定运行区域，提高了机组调峰能力和运行灵活性，同时增加了电能；并首次根据水头和负荷分区，提出了水轮机尾水管、无叶区等部位压力脉动考核指标，创建了评价大型混流式机组安全稳定性能的新方法。在右岸电站机组新型转轮的水力设计优化过程中，通过对引进技术的消化吸收，采用新的设计理念和方法，研发出性能全面超过左岸电站引进技术的新型转轮，“L”形模型转轮最高效率达94.63%，效率高于左岸电站机组，特别在稳定性方面有很大突破，在整个运行区域内消除了高部分负荷压力脉动，解决了700MW水轮发电机组的技术难题。右岸电站水轮机转轮彻底消除了左岸电站水轮机高部分负荷压力脉动带，大大降低了尾水管及导叶后转轮前的压力脉动幅值，具有很高的效率水平和很大的出力裕量，且保证在整个范围内无空化运行。相比之下，研发的转轮与引进技术的转轮效率水平和空化性能基本相当，但与左岸电站引进机组对比，尾水管压力最大脉动由12%降至7%，导叶后转轮前无叶区的最大压力脉动由12%降至4%，水力稳定性得到很大改善，为促进右岸电站建设提供了有力支持，该项成果获国家发明专利。三峡右岸电站与左岸电站机组700MW水轮机水力性能对比分析见表5.5.1。

表5.5.1　三峡右岸电站与左岸电站700MW机组水轮机水力性能对比分析　（单位：%）

性能		左岸电站	右岸电站		
			ALSTOM	哈电	东电
正常运行范围尾水管的压力脉动	最大幅值	9.01	6.32	4.88	6.69
	与左岸电站对比		−2.69	−3.83	−2.32
正常运行范围无叶区的压力脉动	最大幅值	11.08	3.49	4.95	7.78
	与左岸电站对比		−7.59	−6.31	−3.3

续表

性能		左岸电站	右岸电站		
			ALSTOM	哈电	东电
尾水管 $f/f_n \geq 1$ 的压力脉动	最大幅值	9.69	<4.00	4.02	6.69
	与左岸电站对比		<−5.69	−5.67	−3.00
无叶区 $f/f_n \geq 1$ 的压力脉动	最大幅值	12.31	<4.00	5.17	7.03
	与左岸电站对比		<−8.31	−7.14	−5.28
正常运行范围，尾水管 $\Delta H/H \geq 4\%$ 的压力脉动带		存在混频压力脉动带，同时存在高水头高部分负荷特殊压力脉动带。压力脉动带范围较大，幅值较高	靠高水头70%负荷	靠高水头70%负荷；出力限制线附近	靠高水头70%负荷
正常运行范围，无叶区 $\Delta H/H \geq 4\%$ 的压力脉动带			无	出力限制线附近	靠高水头70%负荷；出力限制线附近
正常运行范围，尾水管 $\Delta H/H \geq 4\%$，且 $f/f_n \geq 1$ 的压力脉动带		存在混频压力脉动带，同时存在高水头高部分负荷特殊压力脉动带。压力脉动带范围较大，幅值较高	无	无	少量点
正常运行范围，无叶区 $\Delta H/H \geq 4\%$，且 $f/f_n \geq 1$ 的压力脉动带			无	出力限制线附近	靠高水头 70%负荷 出力限制线
正常运行范围内的叶道涡		叶道涡初生线约在水头95m以上伸入正常运行范围	叶道涡发展线在110m以上水头，接近正常运行范围	无	叶道涡发展线在103m以上水头，伸进正常运行范围
正常运行范围内的可见卡门涡			无	无	无

5.5.1.2 右岸电站700MW机组参数的优化

通过对左岸电站水轮机模型验收试验，水轮机模型能量特性满足合同要求，空化特性基本达到了合同要求。从稳定性来看，在合同规定的正常运行范围内，最大压力脉动 $\Delta H/H$ 为9.2%；在 H 为113m时，出力为497～767MW，最大压力脉动 $\Delta H/H$ 为5.0%～7.1%，初期低水头运行压力脉动小；在无空化条件下运行，可确保三峡电站首批机组水轮机安全稳定运行。但在整个运行范围内存在一个典型的压力脉动峰值带，带宽 20～50MW、频率为 20～50Hz，如在此区间运行将造成的激振破坏、叶片裂纹等事故，影响机组的安全稳定运行，降低机组的调峰能力和运行灵活性。为进一步提高机组运行的稳定性运行，对右岸电站 700MW 机组参数进行优化。

从电量平衡、水力特性、经济性入手，对右岸电站 700MW 机组额定水头进行设计研究，结果表明右岸电站机组的额定水头可用 80.6m，也可提高至 85m，减小最大水头与额定水头比值 H_{max}/H_r，左岸电站机组 H_{max}/H_r 达 1.4，右岸电站机组参数优化后 H_{max}/H_r 降至 1.33。增加额定单位流量 Q'_r 与最优单位流量 Q'_0 的比值 Q'_r/Q'_0：左岸电站 Q'_r/Q'_0 为 1.23，右岸电站 Q'_r/Q'_0 为 1.52，从而扩大了水轮机的稳定运行范围，尤其是高水头的稳定运行范围；同时也提高了高水头的效率，增加了低水头的输出功率。为了发挥工厂的制造优势，机组的额定转速可采用 75r/min 或 71.4r/min。

5.5.2 840MVA 水轮发电机冷却技术突破

水轮发电机采用何种冷却方式，关系到水轮发电机参数选择、结构设计、重量和造价、能否长期安全稳定运行等方面，是水轮发电机需解决的关键问题之一，也是电机领域长期以来一直重点探索的课题。水轮发电机的冷却方式可分为全空冷和内冷两大类，内冷由于采用的冷却介质不同又可分为水内冷和蒸发冷却两种方式。

经过长期设计论证，左岸电站 840MVA 水轮发电机选用半水冷或全空冷方式，两种冷却方式都可行，当时考虑到 700MW 级水轮发电机是采用全空冷冷却方式极限临界容量，尚无成功制造经验，世界上已投入运行的 700MW 水轮发电机多采用半水冷，三峡电站又是开停机频繁的调峰电站，通过招投标，机组中标制造厂推荐发电机采用半水内冷方式，因此左岸电站 14 台水轮发电机全部采用半水冷冷却方式。在工程实践中发现，半水冷却方式需配置纯水装置和冷却水管路，需占用厂房一定空间，且冷却水管路布置有高差要求，给厂房布置特别是地下电站带来困难，在运行中水接头漏水时有发生，运行维护相对复杂，且冷却水管路有 0.7MPa 工作压力，若万一发生漏水，特别是冷却管爆裂易导致短路故障，造成严重后果。全空冷方式不存在上述问题，当时哈电正在研制。蒸发冷却是一种全新的冷却方式，电工所和东电当时正在研究开发，三峡总公司、长江设计院给予积极支持。2007 年 7 月，世界上首台全空冷 840MVA 水轮发电机成功投入运行；2012 年 5 月，世界上首台蒸发冷却 840MVA 水轮发电机成功投入运行，标志着巨型水轮发电机创新的冷却方式研制成功，是大型水轮发电机冷却技术上的一次突破。

5.5.2.1 研制世界最大容量 840MVA 全空冷水轮发电机技术

(1)大容量全空冷水轮发电机的技术难点

发电机内各种物理场是相互影响、相互制约的，是具有一定耦合关系的综合场。通过电磁场分析可以确定发电机的主要结构尺寸，掌握发电机各部位损耗；通过表面散热系数这一媒介，将温度场计算与流场中各部位的风速联系起来，正确描述出温度场的边界条件方式、保证温度场分析的准确性，在此基础上进行发电机应力场分析，综合上述研究优化发电机的结构，最大程度地减弱发电机铁芯的翘曲变形，消除局部过热现象，提高发电机的各项性能指标。鉴于发电机冷却介质的流场处于高紊流状态，漩涡流动十分复杂并存在随机性，给出精确的边界条件是相当困难的问题。同时随着水轮发电机组单机容量的不断提高，发电机的主要尺寸等不可能随容量同比增长，致使发电机散热强度提高，加大了发电机的冷却难度，只有提高计算精度、不断优化结构，才能寻求解决发电机通风冷却的有效方法。因此巨型全空冷水轮发电机的设计难点在于：

1)由于巨型水轮发电机尺寸大，表现在定子铁芯高度增加、直径加大、定子槽数增多，要实现发电机定子线圈沿圆周从上到下的温差小于 10℃、定子绕组温升小于 75K，必须有良好的通风系统，通风系统设计是全空冷水轮发电机的关键。

2)提高有效风量、减少漏风和总风量，提高风冷效率，减少风损。包括下列内容：

①一般用发电机单位容量所需的冷却风量来衡量，即 Q/P_N(Q 为有效冷却风量，m^3/s；P_N 为发电机功率，MW)，目前国内外同类先进机组的 Q/P_N 为 0.42～0.48$m^3/(s\cdot MW)$。

②发电机支臂在旋转中产生的总风量与空气冷却器出口有效总风量的比值，比值越小通风效率高，目前普遍采用旋转密封环并合理设置挡风板，大大减少了气隙的漏风量，该值已由过去的 1.8～2.2 降到 1.12～1.40。

③衡量全空冷发电机的通风损耗，用发电机单位容量产生的通风损耗，即 P_V/P_N 或单位风量自身产生的通风损耗即比风损 P_V/Q 来表示。

(2)哈电有限责任公司研制大容量全空冷水轮发电机

右岸电站 23～26 号 700MW 水轮发电机组由哈电有限责任公司研制，该公司采用了自主研发先进的通风系统、仿真通风系统的计算、选用与真机 1∶6 比例的模型进行通风模型试验加以验证并不断优化通风系统设计，使 2007 年 7 月世界上首台全空冷 840MVA 水轮发电机一举成功投入运行。攻克的技难点主要表现在以下方面：

1)采用双路径向无风扇端部回风密闭自循环全空冷冷却系统。

三峡电站水轮发电机由于转子外缘周速较高，其转子自身产生的冷却风量已能够满足通风散热的需要，因此采用双路径向无风扇端部回风密闭自循环全空冷冷却方式。冷却空气由转子支架、磁轭、磁极旋转产生的风扇作用进入转子支架入口，流经磁轭风沟、磁极极间、气隙、定子径向风沟，冷却气体携带发电机热耗经定子铁芯背部汇集到冷却器与冷却水热交换散去热量后，重新分上、下两路流经定子线圈端部进入转子支架，构成密闭自循环通风系统。

2)通风沟设置。

磁轭风沟是冷却风量过流通道的咽喉，磁轭风沟的选择直接影响风量的均匀分配及冷却效果。发电机的磁轭过流通道由通风沟和通风隙组成，即在两张冲片间有缝隙，同时由导风带形成通风沟的结构。叠片方式为每 4 层冲片移动半个极距，形成的通风隙高度为 12mm，每层有 16 个通风隙，其入口宽度为 140mm，出口宽度 140mm；通风沟入口宽度为

550m，出口宽度150mm。对通风沟的段数为6、7、8、9、10，高度为40mm、38mm、36mm、30mm、28mm等分别进行计算，由于流道尺寸的改变，使流道的水力直径等发生改变，从而使流道的损失各不相同，通过多种方案的计算，选择优化的结果为10段，每段高度为30mm，突破了以往水轮发电机设计的磁轭风沟高度40mm或32mm，并且在有通风沟的结构中，磁轭叠片每层移动一次叠片的方式。右岸电站哈电设计的700MW水轮发电机，不仅通过降低通风沟高度、增加了通风沟段数，提高了流体的均匀分布，而且通过提高通风隙的高度改善了流道的条件。

3)提高密闭自循环全空冷冷却系统的密封性能。

鉴于三峡电站水轮发电机的转子外径较大，若转子磁极轴向、气隙等处漏风较多，将导致大量冷却空气未能进入定子通风沟。这不仅影响发电机的冷却效果，而且会增加通风损耗，为此在水轮发电机转子上装设挡风板，以挡住磁极轴向和部分气隙；同时在定子线圈端部装设橡胶圈，达到减小漏风量的良好密封效果，提高冷却能力。转子支架挡风板与转子支架在旋转时，能够产生一定的压头，同时在入风口等位置伴随着压力损失。通风系统设计时，通过计算分析，确定转子支架位置和结构尺寸，减小支架入口损失。转子支架与磁轭之间的间隙同样也采用密封结构，在大容量的机组中设计布置密封结构，可有效减少漏风，降低通风损耗，提高发电机的效率。

4)铜环引线和定子线圈端部处理。

水轮发电机采用全空冷冷却方式，考虑铜环引线和定子线圈端部的阻力相对上、下风道要大得多，因此为了充分满足它们的散热要求，需将上、下风道的进风面积进行控制，这样可使冷却流体尽可能地流过铜环引线的定子线圈端部。

5)大容量全空冷水轮发电机通风系统设计的综合评价指标。

发电机的损耗热是通过冷却空气与冷却器进行热交换而散出的，总风量设计应以需要风量为基础，也需要有一定的裕度。风量裕度的大小，应考虑风量的计算和分布误差，一般采用10%左右的裕度。从减少风摩擦损耗出发，则裕度越小越好，哈电设计的700MW发电机风量的裕度为6.3%左右。

发电机总风量或发电机单位容量所需风量Q/P_N、通风损耗是考核通风系统优劣的两个重要指标。①发电所需的总风量，反映了发电机通风冷却系统的散热能力。目前，国内外同类先进机组的Q/P_N为0.38～0.50m^3/(s·MW)，哈电制造的右岸电站700MW水轮发电机的Q/P_N为0.42～0.47m^3/(s·MW)，数据说明水轮发电机通风系统设计是优良的。②发电机单位容量所产生的通风损耗P_V/P_N代表通风损耗在总损耗中所占比例，单位风量自身产生的通风损耗即P_V/Q表明了通风系统自身的阻力性能，一台具有良好通风系统的发电机应既要有较低的Q/P_N，又要有较低的P_V/Q。哈电制造的700MW水轮发电机的比风损为7.07kW·s/m^{3}左右，其通风系统的综合指标在国内水轮发电机组中均为优良。

5.5.2.2 右岸电站哈电设计制造的840MVA全空冷水轮发电机试验及运行检验

右岸电站哈电设计制造的23～26号4台700MW水轮发电机组中选择25号、26号机组进行全面试验和首稳百日运行考验证明。

1)在840MVA工况下,定子线棒上层线棒实测铜平均温升为73.2K,下层线棒铜平均温升为64.6K,上、下层线棒铜平均温升为68.9K,铜平均温度为108.9℃。对应定子线棒RTD测点温升为52K,绝缘温降约为17.0K。定子线棒计算铜平均温升为72.25K,铜平均温度为112.25℃,计算值与实测值之差3.4K,两者之差为3.02%,小于5%。

2)在756MW工况下,定子铁芯最高温度和最低温度实测值分别为63.7℃和59.2℃,温差为4.5℃。定子铁芯温升实测值为36K,与定子铁芯计算值36K相吻合。发电机定子、转子温升满足要求。在700MW运行工况,定子轴向温差小于4K,周向温差小于3K,温度分布比较均匀,空冷技术是成功的。

3)发电机设计需要风量为307m^3/s,真机优化设计风量为326.4m^3/s,通风模型测试的总风量折算至真机为351m^3/s,真机实测风量为320.8m^3/s,实测风量与真机计算结果基本吻合,实现了通风量适宜、上下风道风量分配合理、风速分布均匀、冷却效果良好的总体目标。

4)哈电研制的目前世界上单机容量最大的840MVA水轮发电机全空冷技术达到国际先进水平,采用全空气冷却方式是可靠的、先进的,完全可满足机组长期安全可靠运行。

5)采用的通风设计、通风模型验证通风效果、三维温度场计算发电机的定子、转子温升的科学研究手段是先进的,所形成的设计计算方法达到国际先进水平。哈电独立设计、独立制造、具有自主知识产权、单机容量和尺寸最大的全空冷巨型水轮发电机成功投入运行,标志空冷技术有重大突破,其创新成果的成功运用,将稳步推进我国1000MVA级发电机冷却技术研究和发展。

5.5.3 研制世界最大容量840MVA蒸发冷却水轮发电机

蒸发冷却是20世纪80年代所产生的一种新型冷却方式,它具有水内冷同等的冷却效果和优点;由于选用无毒、安全、不燃、沸点低、化学稳定性好又具有良好绝缘性能的环保型冷却介质,在运行中利用介质二相的特性,其工作压力接近零表压,相应循环系统的管路密封较易解决,在容器和管路中不结垢;若制造工艺和安装调试质量达到要求,水轮发电机可实现免维护运行。

5.5.3.1 蒸发冷却的工作原理

蒸发冷却的工作原理是采用具有良好绝缘性能、低沸点冷却介质沸腾时的气化潜热,利用水轮发电机立式结构的特点,在线棒的空心股线中注入低沸点介质,在线棒通过电流时,电阻发热所产生的热量,被冷却介质吸收,当介质温度升高达到沸点时,介质产生气化,在已气化部位一般形成混合(气态占大部分、液态占小部分)二相流体,其密度小于未沸腾集液管中液态介质的密度,在重力场作用下产生压差,形成自循环的动力,只有当动力压头大于沿程阻力时，才能形成自循环，带有热量的二相流进入冷凝器，与冷凝器内的冷却水进行热交换，热量被冷却水带走，二相流被气化部分的介质又重新变成液态，进入回液管、下集液管，在压头的作用下，再重新进入线棒、构成密闭式自循环系统。蒸发冷却系统工作原理见图 5.5.2。

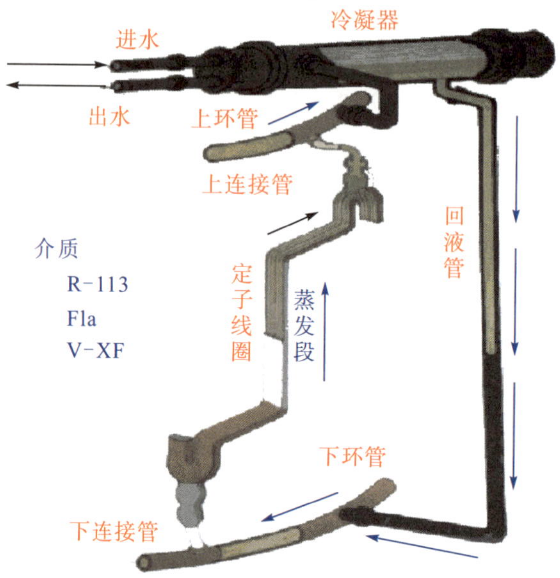

图 5.5.2 蒸发冷却系统工作原理

蒸发冷却技术应用了绝缘性能好、沸点合适的液体替代水作为冷却介质，充入电机定子线棒的空心导线内部，利用液体沸腾吸收潜热来冷却发电机，沸点在 60℃左右，蒸汽不必压缩即可由冷凝器在常温条件下经二次冷却水散出。吸热而沸腾后的流体改变了自身的密度，利用吸热量及流体密度的变化，形成了自循环动力。因此不需要外加动力，就可使流体介质在全密封的冷却系统内循环，实现电机的自行冷却目标。

电工所自 1958 年起对蒸发冷却技术应用于水轮发电机开始进行基础研究，哈电早在 20 世纪 60—70 年代对蒸发冷却技术做了有益的尝试，东电也开展了研究工作。随着基础研究取得成果，1983 年额定容量 10MW、额定转速 1000r/min 的蒸发冷却水轮发电机在云南大寨水电站投入运行；1992 年额定容量 50MW、额定转速 214.3r/min 的蒸发冷却水轮发电机在陕西安康水电站投入运行，通过水电站的工业试验，验证了蒸发冷却技术在原理、冷却介质选用等方面的研究成果。

在三峡右岸电站 840MVA 水轮发电机组招标时，将蒸发冷却作为发电机的一种冷却方式进行了比较。将蒸发冷却技术应用到三峡 840MVA 水轮发电机上，当时存在蒸发冷却水轮发电机的设计原则、静态液位的选择、各种运行方式的适应、环保冷却介质的全面性能试验、冷凝器设计等主要技术问题尚未得到良好解决，从科研成果转为工业化应用还缺少一个成果转换的研究环节，因此没有被采用。在比选中，显示出水轮发电机采用蒸发冷却技术与半水冷方式相比的突出优点是：在运行中介质发生泄漏不会导致定子线圈短路故障以及发电机免维护，应用到700MW级及以上大型水轮发电机具有明显的优越性和广阔的应用前景。在广泛听取各方专家意见的基础上，三峡总公司研究确定，为了推动蒸发冷却技术的发展并应用到三峡电站840MVA水轮发电机上，与东电、电工所签订了三峡左岸电站水冷改造为蒸发冷却系统工业化应用研究合同，主要解决将蒸发冷却技术科研成果转化为应用于大型水轮发电机工业化生产技术的研究问题。

东电与电工所于2005年5月在东电建成了局部模拟水轮发电机真机，带定子铁芯一个支路的1/4单元，安装18根真机线棒和跨接线及汇流环的仿真模型试验台，对静态液位、各种运行工况下蒸发冷却热交换进行了试验，摸清了最佳静态液位选择、冷却介质工作压力、线棒和定子铁芯温度分布、二次冷却水量与发电机负荷(电流)的关系，解决了汇流铜环也采用蒸发冷却的技术问题，对不同型式的冷凝器进行了比选试验，对监测系统、线棒端部接头等主要问题进行了真型模拟试验，并与仿真计算结果进行复核验证。在此基础上，长江设计院对蒸发冷却技术应用在三峡地下电站840MVA水轮发电机上提出了主要的技术要求。

5.5.3.2 蒸发冷却发电机的设计原则

蒸发冷却技术属内冷方式，在三峡地下电站840MVA巨型水轮发电机上首次采用，经设计研究提出设计原则如下：

1)蒸发冷却发电机应按免维护运行进行设计制造，冷却效果至少与发电机定子水内冷效果相当。

2)在电磁方案、性能参数、结构尺寸等方面的性能不应低于水内冷发电机，至少应具有相当水平。

3)发电机采用蒸发冷却应考虑对通风冷却系统的影响，进行完整的冷却系统设计和计算，发电机各部分，包括定子绕组(含汇流排)、定子铁芯及转子等的温度、温度分布的均匀性和水内冷发电机水平基本相同。

4)蒸发冷却系统的设计应利用冷却介质蒸发所产生的压差进行自循环，无需外加泵强迫循环，密闭自循环系统应确保发电机从零到最大容量运行区间能顺利启动和安全稳定运行，并能适应各种事故工况而不影响长期连续安全稳定运行。

5)应采用对环境无污染，不影响人身体健康，不腐蚀发电机，在冷却系统回路中不结垢的环保型冷却介质。

6)发电机绝缘寿命和可用率等可靠性指标不低于水内冷发电机；应尽量减少冷却介质的渗漏量(不包括排气量)；便于运行维护和检修。

5.5.3.3 蒸发冷却介质的选用

介质在蒸发冷却系统中既是热交换的载体又能利用其二相特性产生压头形成密闭自循环，其性能直接关系到蒸发冷却水轮发电机的性能及造价，对蒸发冷却介质的要求如下：

1)具有良好的绝缘性能，即具有高电压击穿强度，电击穿后的生成物应无害。

2)合适的沸腾温度和蒸发潜热值,与电机运行温度和热交换相匹配。

3)介质黏度小,流动性能好,减少流动阻力和增强循环压头。

4)化学稳定性好,与电机用材相容。

5)安全、无毒和不燃。

6)符合环境保护标准和相关要求。

7)价格适中。

在 20 世纪一般采用氟利昂类物质 CFC-113 作为蒸发冷却液态介质。1987 年联合国环境规划署制定了《关于消耗臭氧层物质的蒙特利尔议定书》,提出了削减氟利昂类物质使用的时间限制要求,我国于 1991 年加入经修正的《关于消耗臭氧层物质的蒙特利尔议定书》,明确指出发展中国家 2010 年停止使用氟利昂类物质。电工所经过多方探索,寻找到了不含氯离子的 HFC-4310、HFC-3000、Fla 3 种新型介质可替代 CFC-113,CFC-113 及 3 种新型冷却介质的性能参数见表 5.5.2。

表 5.5.2 CFC-113 及 3 种新型冷却介质的性能参数

参数	CFC-113	HFC-4310	HFC-3000	Fla
沸点(℃)	47.6	55.0	56.0	69.0~72.0
表面张力(dyn/cm)	17.3	14.1	16.4	
凝固点(℃)	−35	−80	−94	
液体密度(25℃,g/cm³)	1.57	1.58	1.48	1.74
比热[cal/(g·℃)]	0.218	0.270	0.300	0.250
黏度(cps)	0.70	0.67	0.65	0.50
蒸发潜热(cal/g)	33.9	31.5	39.0	27.7
闪点	无	无	无	无
溶剂的溶解性能指数 *KB*	31	5	5	4
耐压强度(kV/2.5mm)	37	38	37	40
臭氧破坏潜能 *ODP*	0.8	0.0	0.0	0.0
全球变暖潜热 *GWP*	5000	1300	870	
毒性	基本无毒	基本无毒	基本无毒	无毒
产地	国产	美国、日本	日本	国产

对蒸发冷却介质的性能进行综合比选后,结合当前冷却介质工业化生产情况,推荐蒸发冷却介质为 HFC-4310。

5.5.3.4 蒸发冷却系统的设计

蒸发冷却系统的设计是蒸发冷却发电机的核心之一。蒸发冷却系统主要由冷却介质、冷凝器、定子线棒、上集气管、排气管、回液管、下集液管、二次冷却水供排水环管、监测保护系统等组成,蒸发冷却系统的设计是蒸发冷却发电机的核心问题之一。蒸发冷却系统设计内容如下：

(1)静态液位、许用压力和定子线棒温度限值的选择

静态液位是指蒸发冷却系统所有部件的温度在低于介质的沸点温度时，第一次充入介质应达到的液位，这是蒸发冷却系统设计中的一个关键参数，直接关系到发电机定子的铜耗(包括基本铜耗和附加铜耗)和定子铁芯齿部等损耗所产生的热量能否通过冷却介质的循环被冷却水带走、在各种运行工况下各部分的温度及分布是否满足要求、蒸发冷却系统的工作压力和最高压力、介质的用量和造价等。液位选得过低，受线棒自身空心矩形股线流通面积的限制即线棒带热能力的限制，在发电机投入运行过程中，将出现低电流过热现象；液位选得过高，系统自身液位的调节范围将减小，给蒸发冷却的结构和真机应用带来困难，影响定子线棒的温度。研究表明，静态液位的高度一般不应低于线棒总高度的90%。

蒸发冷却系统的运行压力很低，带满负荷运行时，冷凝器压力为0.01～0.06MPa，在事故状态下如冷凝器断水时，由于蒸发冷却系统的特性，在一定时间内，系统也不会停止运行，只是压力逐渐升高。根据模拟试验台的断水试验情况，真机蒸发冷却系统的许用压力限值为0.1MPa。蒸发冷却定子线棒的温度限值一直是一个难以确定的参数。由于蒸发冷却方式所采用的冷却介质为蒸发介质，冷却原理为相变传热，因此蒸发介质的沸点对温度限值有很大的影响。对左岸电站采用水内冷的定子线棒，在局部仿真模拟试验台将近200组试验数据表明，当采用HFC-4310为蒸发介质时(其沸点为55℃)，在蒸发自循环时的温度集中在70℃左右。对三峡地下电站发电机定子线棒采用蒸发冷却，并对单根线棒中实心和空心股线的截面及相应的截面比进行了重新优化设计后，绕组、铁芯及集电环最大温升(或温度)可满足不超过下列值：定线棒68℃(RTD)；定子线棒轴向温差10K(RTD)；汇流铜排75K(检温计法)；励磁绕组75K(电阻法)；定子铁芯60K(RTD)；集电环80K(RTD)。

(2)定子线棒

内冷发电机定子线棒的设计一般选用一空带四实的方式，即1根空心股线必须将4根实心股线和自身所产生的热量传至外部。研究表明，采用蒸发冷却方式实心股线与空心股线的截面选择存在着一个最佳的比例配合，空心股线的材料选用不锈钢和铜材都可行。从增加线棒的导电截面、提高导热性能等方面考虑，空心股线选用铜材较好。

(3)汇流铜环冷却

采用半水冷的发电机中，定子线棒、汇流铜环和主引线采用水冷，三峡左岸电站发电机定子线棒的铜耗为4290 kW，汇流铜环损耗为220kW。从不增加风冷的负担和降低运行温度出发，曾考虑汇流铜环采用蒸发冷却方式并进行了试验研究，提出了采用全浸式蒸发冷却方式并与定子绕组共用冷凝器的联合循环方式，这在技术上是可行的。汇流铜环采用蒸发冷却方式需增加蒸发冷却的循环支路，增加了复杂性，且汇流铜环损耗仅为定子线棒铜耗的5%，空冷可以承担，鉴于上述因素，汇流铜环采用空冷方式较好。

(4)冷凝器

冷凝器承担冷却系统热量交换这一重要功能,应具有良好的热交换性能和高可靠性。冷凝器个数和容量选择应考虑机组在各种运行工况下冷却系统阻力分配和带走热量的均衡性,以确保蒸发冷却系统均衡密闭循环,在运行中还应考虑冷凝器退出的组数、冷却水压力和水量变化等情况,并做到不渗漏、不堵塞、不生锈、管壁不结垢、不影响介质的纯度和方便维护检修等。考虑蒸发冷却系统的工作压力低于二次冷却水供水系统的压力,推荐采用冷却元件为双层管的双管双板式结构冷凝器,双管双板式结构冷凝器具有良好的防漏功能,并带有漏水检测装置,能有效监测到冷却水的泄漏情况。

(5)仿真计算

数值仿真计算是一项基础研究工作,电工所经过多年的探索,目前已编制完成包括冷凝器在内的蒸发冷却系统数值仿真计算程序,可对蒸发冷却系统的介质流动特性、定子绕组的极限热负荷能力、线棒内部的温度分布等主要性能进行仿真计算,其计算结果与部分真机摸拟试验所采集的数据基本吻合,为蒸发冷却发电机的设计提供了计算工具,为结构设计提供依据,为避免对蒸发冷却系统进行重复模拟试验创造了条件,但在蒸发冷却系统设计参数综合优化比选和智能化等方面还需进一步完善。

(6)整体冷却系统计算

对定子绕组采用蒸发冷却、转子采用空冷的发电机,其定子线棒及定子铁芯(很少热量)部分的热量由蒸发冷却系统带走,发电机转子、汇流铜环及定子铁芯部分的热量由通风冷却系统带走,因此发电机的冷却实际上存在两种冷却方式,共同将发电机在运行中产生的热量带走,设计中应充分考虑这两种冷却方式共同承担冷却的最佳效果。由于蒸发冷却系统布置在发电机机坑内,又增加了较多管路,在结构设计布置时应不减小通风量和对风道增加较大的阻力,进行冷却系统的设计、计算,以达到发电机整体冷却效果最优为检验目标。

(7)结构布置

冷凝器沿圆周布置在发电机上盖板下方的混凝土牛腿环形平台上,发电机机坑内布置增加了环管,如定子线棒集液环管、定子线棒集气环管、冷凝器排气均压环管、冷凝器二次冷却水供水和排水环管,另外还有垂直布置的回液管,每根线棒上、下端部都有电接头和介质密封接头等部件。在结构设计和布置上除满足功能、方便安装运行维护外,应特别注意当冷凝器检修或更换时和在运行中发生漏水情况时,应采取相应的措施,不允许水泄漏到发电机上,在冷凝器自身检修时应尽量不影响发电机其他部件,如空气冷却器等。排气环管的布置,应有利于冷却介质回收和运行人员的安全。为了减少机坑内管路布置的拥挤,可考虑将冷凝器冷却水的环管布置在发电机坑外的风罩墙上,三峡地下电站机组蒸发冷却系统结构布置见图 5.5.3。

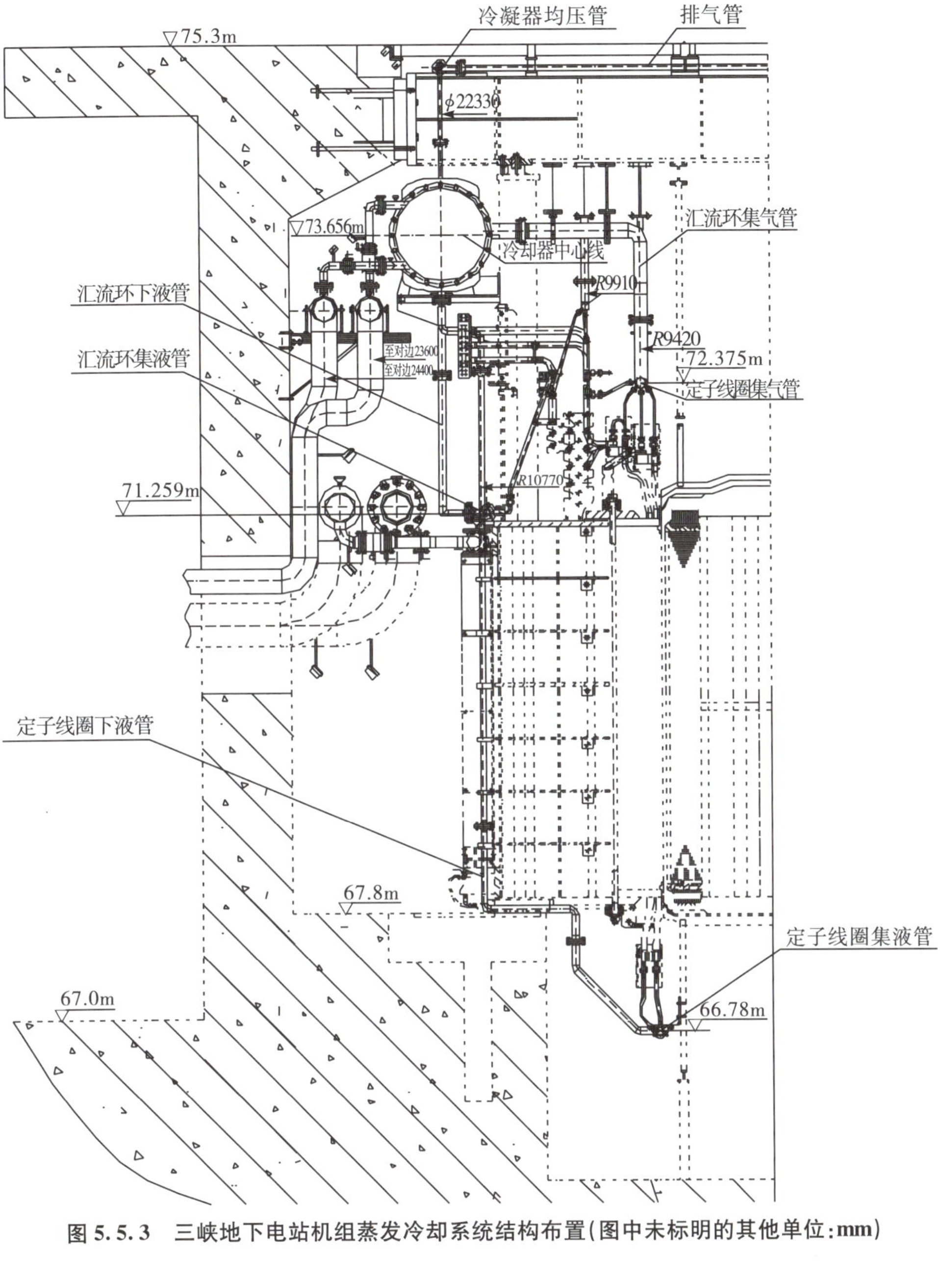

图 5.5.3　三峡地下电站机组蒸发冷却系统结构布置(图中未标明的其他单位:mm)

(8)监测、保护系统

监测是指对蒸发冷却系统在机组启动、运行、停机工况下,对状态量的监测,一般有:

1)静态液位监测。

2)压力监测:在排气管、冷凝器进出水管、冷却水总管等部位设置压力监测。

3)温度监测:定子线棒的 RTD 按常规埋设,应新增冷凝器进出水温、集液管和集气管中介质温度、汇流铜环和主引出线等部位的温度监测。

4)冷凝器冷却水量和漏水的监测。

5)介质的比重远大于空气的比重,刚停机时发电机坑内的温度通常高于介质的沸点,泄漏的介质气体通常会沉积在发电机机坑下部,此时将减少含氧量,从确保人身安全和判断介质泄漏程度出发,在发电机风罩内适当的高度设置含氧量监视系统。

保护是指蒸发冷却系统在运行中,当危及安全的某些重要性能参数接近允许的极值和发生异常时,需发出报警或停机。此类保护一般有排气环管中的压力过高需自动排气、介质液位过低、冷凝器冷却水水量不足和漏水、某些部位的温度接近或超过限值等。

(9)冷却介质年耗液量

从蒸发冷却系统的密度性能考虑,冷却介质年耗液量不大于1%,但运行实践表明,此要求过于严格,后改为冷却介质年耗液量不大于2%。

5.5.3.5 840MVA蒸发冷却水轮发电机型式试验及运行

(1)840MVA蒸发冷却水轮发电机型式试验

2011年7月,由我国东电、电工所自主研发的世界上首台采用蒸发冷却技术的840MVA水轮发电机型式在地下电站经过试验,各项指标满足工程设计和合同保证值要求,可以投入商业运行。

(2)840MVA蒸发冷却水轮发电机型式运行

840MVA蒸发冷却水轮发电机型式于2011年7月投入商业运行,这是继右岸电站840MVA全空冷水轮发电机之后又一由我国自主研发、具有自主知识产权创新技术的成功运用。840MVA巨型水轮发电机在同一水电站同时采用全空冷、蒸发冷却、半水冷等不同冷却方式的技术在当今世界水电站中仍位居前列。

国家出版基金项目
NATIONAL PUBLICATION FOUNDATION

“十三五”国家重点出版物出版规划项目

长江三峡工程
关键技术研究与实践

RESEARCH AND PRACTICE ON KEY TECHNOLOGIES OF
THE THREE GORGES PROJECT OF THE YANGTZE RIVER

郑守仁 钮新强 王小毛／著

下

长江出版社
CHANGJIANG PRESS

大坝雄姿

电站厂房

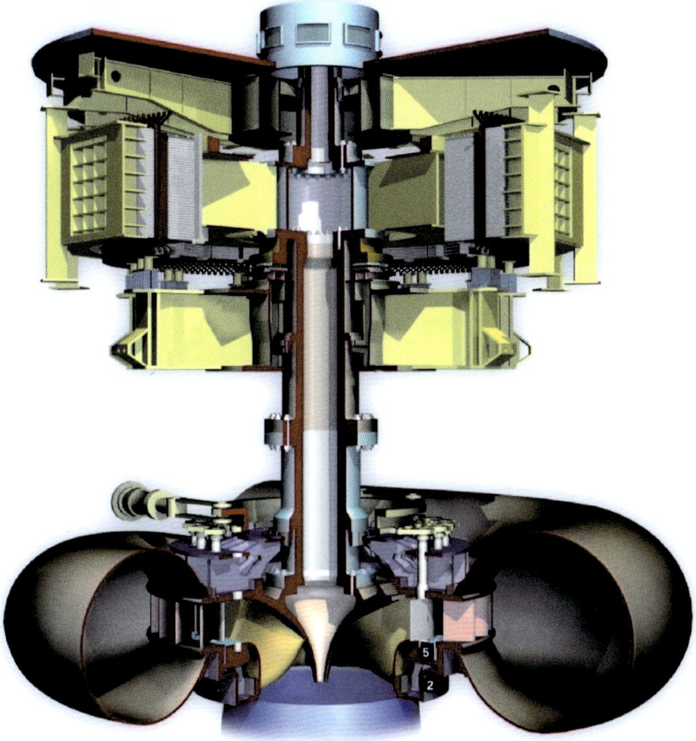

混流式水轮发电机组

大坝混凝土施工

双线五级船闸

升船机

目　录

下册

第6章　大流量深水河道截流及修筑围堰关键技术研究与实践

6.1　大江截流关键技术 …… 771
6.1.1　主要技术特点及难点 …… 771
6.1.2　大江截流设计主要技术问题研究及实施分析 …… 773
6.1.3　大江截流施工技术 …… 802
6.1.4　大江截流设计和实施分析及其与葛洲坝工程大江截流比较 …… 813
6.1.5　大江截流设计和施工主要经验及其关键技术突破 …… 814
6.2　明渠截流关键技术 …… 822
6.2.1　特点及难点 …… 822
6.2.2　明渠截流设计技术问题研究 …… 823
6.2.3　明渠截流施工技术 …… 840
6.2.4　明渠截流的主要经验及截流关键技术突破 …… 847
6.3　深水土石围堰关键技术 …… 848
6.3.1　深水土石围堰的功能及特点 …… 848
6.3.2　深水土石围堰布置及堰基主要地质问题 …… 850
6.3.3　深水土石围堰型式与断面结构及填料设计 …… 851
6.3.4　深水土石围堰填筑材料试验研究 …… 860
6.3.5　深水土石围堰堰体及堰基防渗设计 …… 869
6.3.6　深水土石围堰监测及围堰拆除取样试验验证分析 …… 888
6.3.7　深水土石围堰设计及施工技术问题探讨 …… 896
6.3.8　深水土石围堰设计和施工技术突破 …… 914
6.4　碾压混凝土围堰技术 …… 916
6.4.1　碾压混凝土围堰功能及布置 …… 916

6.4.2 碾压混凝土围堰结构设计 …… 918
6.4.3 碾压混凝土围堰堰基处理及渗流控制 …… 929
6.4.4 碾压混凝土围堰施工 …… 931
6.4.5 碾压混凝土围堰运行渗漏水处理与安全监测成果分析 …… 937
6.4.6 碾压混凝土围堰拆除爆破实施效果与安全监测成果分析 …… 939
6.4.7 碾压混凝土围堰设计及施工技术问题探讨 …… 948

第7章 三峡工程水库淹没及移民安置

7.1 移民概况 …… 952
7.1.1 移民安置是三峡工程建设成败的关键 …… 952
7.1.2 三峡工程移民概况 …… 953
7.2 三峡移民问题研究与论证 …… 956
7.2.1 早期三峡移民问题研究 …… 956
7.2.2 三峡工程 150m 水位方案移民问题研究 …… 957
7.2.3 三峡工程重新论证及可行性研究 …… 958
7.2.4 移民试点 …… 961
7.3 淹没范围、特点及影响 …… 962
7.3.1 实物指标调查 …… 962
7.3.2 淹没范围 …… 962
7.3.3 淹没实物指标及淹没特点 …… 963
7.3.4 水库淹没对库区经济社会影响 …… 965
7.4 移民安置规划、调整与完善 …… 968
7.4.1 规划总体要求 …… 968
7.4.2 移民安置规划 …… 969
7.4.3 移民安置规划调整与完善 …… 1009
7.5 规划实施与分期移民验收 …… 1014
7.5.1 规划实施 …… 1014
7.5.2 分期移民验收 …… 1023
7.6 第三方独立评估与竣工验收 …… 1027
7.6.1 第三方独立评估 …… 1027
7.6.2 移民工程竣工验收 …… 1030

7.6.3 国家宣布三峡工程竣工 …… 1037
7.7 三峡工程移民重大理论创新和关键技术 …… 1037
7.7.1 建立并丰富了开发性移民理论 …… 1037
7.7.2 建立了移民环境容量理论 …… 1043
7.7.3 建立了完整的建设征地移民安置规划技术体系 …… 1046
7.7.4 妥善处理了补偿与发展关系 …… 1051

第8章 三峡工程对生态与环境影响及对策

8.1 三峡工程对生态与环境影响问题研究历程 …… 1060
8.1.1 水利水电工程引起的生态与环境问题 …… 1060
8.1.2 三峡工程对生态与环境影响问题研究 …… 1062
8.2 三峡库区水环境保护问题研究及对策措施 …… 1068
8.2.1 三峡工程对水质水温影响研究 …… 1068
8.2.2 三峡工程对水质水温影响评价及对策措施 …… 1086
8.2.3 三峡工程建设期间水环境保护措施 …… 1090
8.2.4 三峡水库蓄水运行以来对水环境影响监测分析 …… 1095
8.3 三峡工程对生态与环境影响问题论证及评价 …… 1122
8.3.1 三峡工程对生态与环境影响问题论证 …… 1122
8.3.2 三峡工程环境影响评价 …… 1131
8.3.3 三峡工程生态环境保护设计与实施 …… 1144
8.3.4 正常蓄水位175m试验性蓄水运行对生态与环境影响分析 …… 1171
8.3.5 三峡工程竣工环境保护专项验收 …… 1211

第9章 三峡工程区域地震活动性及水库诱发地震分析

9.1 区域地壳稳定性及地震活动性 …… 1225
9.1.1 区域地壳稳定性及地震活动性研究历程 …… 1225
9.1.2 三峡区域地震活动性 …… 1232
9.1.3 三峡工程坝址地震构造环境 …… 1238
9.2 三峡水库诱发地震预测 …… 1241
9.2.1 可能发震地段及震级预测 …… 1241

9.2.2 三峡工程水库诱发地震监测 …… 1246
9.2.3 三峡水库诱发地震的监测验证 …… 1249
9.2.4 三峡工程正常蓄水位 175m 运行后水库地震预测 …… 1268

第 10 章 三峡工程库区地质环境与地质灾害防治

10.1 区域地质环境构造发育历史与地质灾害 …… 1270
10.1.1 区域地层的沉积建造与地质灾害 …… 1270
10.1.2 区域构造运动内动力作用与地质灾害 …… 1271
10.1.3 区域新构造运动与地质灾害 …… 1271
10.2 三峡库区地质灾害特点 …… 1272
10.2.1 库区地质灾害主要为崩塌、滑坡 …… 1272
10.2.2 库区地质灾害前期以自然地质灾害为主,近期以人为工程活动为主 …… 1273
10.3 三峡库区地质灾害代表典型区概况 …… 1273
10.3.1 万州—奉节滑坡崩塌强烈发育区 …… 1273
10.3.2 巴东—秭归崩塌滑坡强烈发育区 …… 1274
10.4 三峡水库库岸稳定性 …… 1275
10.4.1 库岸稳定性研究历程 …… 1275
10.4.2 库岸类型及稳定条件评价 …… 1277
10.4.3 库岸崩塌、滑坡及危岩体 …… 1280
10.4.4 库岸稳定性潜在危害分析与评价 …… 1287
10.5 三峡库区地质灾害防治 …… 1289
10.5.1 三峡库区地质灾害治理分期实施 …… 1289
10.5.2 三峡库区地质灾害预防设施 …… 1290
10.5.3 三峡库区地质灾害防治效果评价 …… 1291
10.5.4 三峡工程 175m 试验性蓄水运行以来库区地质灾害成因规律分析 …… 1291
10.5.5 三峡工程 175m 试验性蓄水运行以来库区地质灾害趋势分析 …… 1298

第 11 章 三峡工程泥沙问题及工程长期运用

11.1 三峡工程泥沙问题 …… 1305
11.1.1 重要性及研究历程 …… 1305

11.1.2 三峡工程水库泥沙来源及数量 …… 1312
11.2 水库泥沙问题及其对策 …… 1326
11.2.1 三峡工程水库是典型的河道型水库 …… 1326
11.2.2 三峡工程水库泥沙问题研究 …… 1331
11.2.3 三峡水库减少泥沙淤积对策研究 …… 1341
11.3 坝区泥沙问题及其对策 …… 1348
11.3.1 坝区河势特征与泥沙问题研究 …… 1348
11.3.2 通航建筑物引航道泥沙淤积与防淤措施 …… 1350
11.3.3 三峡电站前缘泥沙淤积与引水防沙措施 …… 1354
11.4 三峡大坝下游河道冲刷问题及其对策 …… 1356
11.4.1 三峡大坝下游河道冲刷问题研究 …… 1356
11.4.2 坝下游河道冲刷对航运的影响及其对策 …… 1361
11.4.3 三峡水库坝下游河道冲刷对河势和防洪影响及其对策 …… 1367
11.4.4 三峡水库下游河床冲刷对荆江与洞庭湖关系影响 …… 1370
11.4.5 三峡工程对长江口的影响 …… 1371
11.4.6 三峡大坝下游河道冲刷观测资料分析 …… 1375
11.4.7 三峡工程泥沙问题观测检验分析 …… 1386

第12章 三峡工程人防安全问题及减免灾害对策

12.1 三峡工程人防安全问题研究历程 …… 1395
12.1.1 第一阶段(1959—1972年) …… 1395
12.1.2 第二阶段(1978—1986年) …… 1396
12.1.3 第三阶段(1988年以后) …… 1396
12.2 三峡工程防护试验及设计研究 …… 1396
12.2.1 化爆模拟试验和石牌河段筑坝研究 …… 1396
12.2.2 核效应试验研究与工程防护方案 …… 1397
12.2.3 大坝溃坝模型试验研究 …… 1399
12.3 三峡工程人防论证结论与工程防护及减免灾害对策研究结论 …… 1409
12.3.1 三峡工程人防问题论证结论 …… 1409
12.3.2 三峡工程防护及减免灾害对策研究结论 …… 1411
12.4 茅坪溪防护坝遭受空炸溃坝的危害影响分析 …… 1412

12.4.1 茅坪溪流域概况及防护坝功能 …… 1412
12.4.2 茅坪溪防护坝遭受空炸溃坝的危害影响及其对策 …… 1413
12.5 三峡工程大坝人防安全关注的问题 …… 1414
12.5.1 三峡工程大坝在战争时防空炸防御的重点及其对策措施 …… 1414
12.5.2 三峡工程大坝在战争时遭核武器袭击溃坝洪水影响范围问题 …… 1414

第 13 章 三峡工程优化调度研究及初期运行检验

13.1 汛期运行水位上浮方式研究 …… 1416
13.1.1 汛期运行水位上浮对防洪的影响分析 …… 1416
13.1.2 汛期运行水位上浮对泥沙的影响分析 …… 1419
13.2 中小洪水滞洪调度研究 …… 1420
13.2.1 汛期中小洪水滞洪调度方式研究 …… 1420
13.2.2 2010 年和 2012 年中小洪水调度实例分析 …… 1424
13.2.3 中小洪水调度风险影响分析 …… 1431
13.3 汛末提前蓄水研究 …… 1433
13.3.1 汛末提前蓄水对防洪的影响分析 …… 1434
13.3.2 汛末提前蓄水对泥沙的影响分析 …… 1434
13.3.3 汛末提前蓄水对生态环境的影响分析 …… 1435
13.4 利用洪水资源减小风险的对策研究及实际运行检验 …… 1436
13.4.1 减小防洪风险的对策及实际运行检验 …… 1436
13.4.2 三峡工程科学调度优化运行在 175m 试验性蓄水运行期间的效益 …… 1444
13.5 长江流域防洪规划及三峡水库与干支流水库群联合调度研究 …… 1446
13.5.1 长江流域防洪减灾体系规划 …… 1446
13.5.2 三峡水库与长江干支流控制性水库群联合调度研究 …… 1457
13.5.3 三峡水库与上游干支流控制性水库群防洪库容联合运用科学调度 …… 1461
13.5.4 三峡水库与干支流控制性水库防洪库容联合运用科学调度实践分析 … 1475

主要参考文献 …… 1482

第 6 章　大流量深水河道截流及修筑围堰关键技术研究与实践

6.1　大江截流关键技术

6.1.1　主要技术特点及难点

(1)截流水深居世界首位

由于三峡工程坝址位于已建葛洲坝水利枢纽水库内，截流最大水深达 60m，居世界首位(美国达勒斯水电站截流水深 55m，巴西伊泰普水电站截流水深 40m)，国内外大型水利水电工程截流参数汇总见表 6.1.1。三峡工程截流设计最大落差 0.8～1.24m，龙口最大平均流速 3.33～4.16m/s，采用大量石渣和少量块石用堤头端进法施工，在深水中填筑截流戗堤条件下，容易发生堤头坍塌从而危及施工安全，延缓施工进度，成为三峡工程深水截流设计施工中突出的技术难点。

(2)截流流量世界第一

二期上、下游土石围堰填筑量达 1060 万 m^3，混凝土防渗墙近 9 万 m^2，务必在一个枯水期完工，确保 1998 年汛期安全度汛和基坑如期抽水。因此，规模巨大的后续工程制约了截流龙口合龙时间，使截流龙口合龙不可能选在最枯时期，经综合论证拟在 11 月中旬至下旬，并力争提前，相应截流设计流量为 14000～19400m^3/s，超过国内外水利工程实际最大截流流量(阿根廷、乌拉圭雅西里塔工程 8400m^3/s，巴西、巴拉圭伊泰普工程 8100m^3/s，我国葛洲坝工程 4400～4800m^3/s)。

(3)截流期间不允许断航

截流施工与长江航运密切相关，截流施工期间临时船闸尚未投入运行，截流前期(形成龙口前)导流明渠未分流或分流但未正式通航，截流戗堤进占需根据流量控制口门宽度，使导流明渠流量不大于 20000m^3/s，以保障船舶仍从主河道束窄口门通行，故截流龙口合龙时机和施工进度必须考虑大江和明渠通航水流条件，不允许造成长江航运中断。在国内外大型水利水电工程截流中保证施工不断航，在世界通航河道截流中是罕见的。因此，对导流明渠及截流口门通航条件提出了较高要求，增加了施工难度。

表 6.1.1　　国内外大型水利水电工程截流参数汇总(以截流年代为序)

序号	工程名称	工程所在河流	工程所在国家	截流时间(年-月)	截流方式	截流水力学指标		
						流量(m^3/s)	流速(m/s)	落差(m)
1	古比雪夫	伏尔加河	俄罗斯	1995-10	浮桥平堵	3800	5.50	1.93
2	达勒斯	哥伦比亚河	美国	1956-10	平堵、立堵	3100	3.60	1.20
3	麦克纳里	哥伦比亚河	美国	1956-11	缆机平堵	3920	9.00	5.40
4	伏尔加格勒	伏尔加河	俄罗斯	1958-10	浮桥平堵	4500	5.80	2.07
5	三门峡	黄河	中国	1958-11	立堵	2030	6.86	2.97
6	布拉茨克	安加拉河	俄罗斯	1959-06	管柱桥平堵	3600	7.40	3.50
7	茹皮亚	巴拉那河	巴西	1966	立堵	3900		2.30
8	铁门	多瑙河	罗马尼亚	1967-08	先立堵后栈桥平堵	3390	7.15	3.72
9	乌斯季—伊里姆	安加拉河	俄罗斯	1969-08	单戗立堵	2970	7.50	3.82
10	索尔泰拉岛	巴拉那河	俄罗斯	1972-05	双戗立堵	3900	4.50	1.80
11	伊泰普	巴拉那河	巴西、巴拉圭	1978-10	四戗立堵	8100	5.00	3.76
12	大化	红水河	中国	1980-10	双戗立堵	1390	4.19	2.33
13	葛洲坝	长江	中国	1981-01	单戗立堵	4720	7.50	3.23
14	图库鲁伊	托坎庭斯河	巴西	1981-07	立堵	4605	6.70	3.00
15	岩滩	红水河	中国	1987-11	单戗立堵	1160	3.50	2.60
16	雅西里塔	巴拉那河	阿根廷、乌拉圭	1989-06	平堵、立堵	8400	5.90	2.30
17	二滩	雅砻江	中国	1993-11	平堵、立堵	1440	7.14	3.83
18	三峡	长江	中国	1997-11	平堵、单戗立堵	8480	4.22	0.66

(4)截流河床地形、地质条件复杂

三峡坝址花岗岩质河床上部为全、强风化层,其上覆盖有砂卵石、残积块球体、淤砂层,葛洲坝水库新淤砂在深槽处厚 5～10m,深槽左侧为陡峭岩壁,这都对截流戗堤进占安全十分不利。新淤砂层的级配较均匀,起动流速小,在截流堤进占过程中,对堤头稳定带来不利影响,易引起坍塌,增大了截流进占施工安全风险。

(5)截流工程规模大、工期紧、施工强度高

大江截流采用上游围堰截流戗堤立堵方案,鉴于二期工程工程量巨大、工期紧,实施过程中要求下游围堰背水坡石渣堤同时尾随进占(但不分担截流落差)。两堤相应的围堰堰体也距堤头 30～50m 全断面尾随进占,以尽早形成围堰防渗墙施工平台,从而呈现 8～12 个

工作面同时高强度施工的浩大场面。设计上游围堰最高填筑强度将达8万m^3/d。正确地选择截流时段，科学地建立施工组织和指挥系统，精细地制定施工技术方案，有效地组织使用先进的施工设备、监测仪器、管理手段及各项科研成果，充分发挥人、财、物的综合优势，最大限度地提高施工强度，是摆在工程技术人员和指挥决策人员面前的重要课题。

6.1.2 大江截流设计主要技术问题研究及实施分析

6.1.2.1 截流时段和截流流量选择

(1)截流设计选定的截流时段和流量标准

三峡工程大江截流时段的选择主要考虑右岸导流明渠分流、截流期通航条件以及二期围堰的施工工期等因素。从二期围堰施工期的紧迫性和围堰度汛的重要性考虑，大江截流不可能在流量最枯时段进行。按照水利部、电力工业部《水利水电工程施工组织设计规范》(SDJ 338—1989)规定，截流流量标准可按5～10年一遇的月平均或旬平均流量。鉴于三峡工程大江截流与二期围堰的特殊性及施工的艰巨性，并考虑到龙口工程量大、合龙历时长，合龙过程中必须保证戗堤连续高强度进占，且在遇到大流量时能够继续抛投施工，确定截流流量标准选用相应时段20年一遇最大日平均流量。

由于导流明渠是按通航要求设计的，其分流能力大，即使在较大流量条件下截流，截流水头也不大。据1∶100和1∶80水力学模型试验成果，在截流流量不超过20000m^3/s的条件下，截流落差可以控制在1.3m以内。因此，导流分流能力不会成为影响提前截流的制约因素，截流时段适当提前是可行的。

大江截流时段选择的另一个控制因素是截流期施工通航条件，二期导流期的通航建筑物——临时船闸直至1998年5月初才能通航，为了不因截流施工而造成长江航运的中断，在初步设计阶段，截流时段选定于12月上中旬，主要是因为施工报告计划导流明渠在11月正式通航。因此，为确保截流期不断航，截流龙口合龙期不能早于12月，截流戗堤大部分预进占只能在汛后10—11月施工，以保证当年汛期和10—11月大江束窄口门留有足够的宽度，确保船舶从大江安全通行。

考虑到三峡工程开工后导流明渠施工进度有较大提前的实际情况，在大江截流技术设计报告中建议：导流明渠提前分流，截流龙口合龙时段提前到11月下旬至12月上旬，相应截流设计流量为9010～14000m^3/s，分别为12月上旬和11月下旬20年一遇最大的平均流量。三峡总公司主持审查二期上游横向围堰技术设计报告时，鉴于导流明渠施工进度提前，确定导流明渠于1997年5月提前过流，7—9月进行试通航，10月正式通航。由于导流明渠提前分流和通航提前，使截流戗堤两岸非龙口预进占和龙口预平抛垫底可提前至汛前施工，并在确保通航水流条件下加快预进占速度，于汛后龙口段尽早进占形成截流龙口，提前截流龙口合龙。据1∶100水工模型试验成果，导流明渠提前于5月分流后，即使在汛期长江通航流量45000m^3/s，并将大江上下游围堰深槽部位平抛垫高至高程40m的条件下，上游围堰两岸预进占束窄只要控制口门宽度460m，主河道仍可维持通航。试验成果还表明，在上述条件下，明渠分流流量为 12400m³/s，不超过 20000m³/s，明渠也具备通航条件。因此，导流明渠提前分流通水的计划安排，不仅有利于截流龙口合龙期提前，也非常有利于截流期施工通航。

根据以上试验研究和分析，经三峡总公司审查同意，在大江截流与二期围堰招标设计阶段，将大江截流龙口合龙期提前至 1997 年 11 月中旬，截流设计流量 14000～19400m³/s（相应于 11 月下旬及中旬 20 年一遇最大日平均流量）。具体截流龙口合龙时间，可根据 1997 年汛后各施工项目的实际进展情况，以及届时的水文气象条件和长江上游来水流量的实际情况，相继确定，尽量争取截流龙口合龙提前进行。截流实施阶段进一步经流量频率分析和实测水文资料统计分析，认为选用上述设计流量有可能提前于 10 月底至 11 月上旬合龙（见 6.1.2.12 节）。在大江截流期间，必须加强中长期水文预报工作。因为长江在 11 月也会出现秋汛，如 1996 年 10 月三峡坝址长江流量已降至 15000m³/s 左右，但 11 月 8 日仍出现高达 26600m³/s 的秋季洪水（超过同期长江流量历史记录）。这虽然是非常罕见的情况，但也说明三峡坝址秋季洪水不确定性较大，应当引起重视。若届时一切准备就绪，长江流量不超过设计流量，则有可能在 10 月底至 11 月上旬实施大江截流龙口合龙。

（2）截流龙口合龙过程分析

大江截流两岸非龙口段从 1997 年 10 月 14 日开始进占，至 10 月 23 日进占至龙口桩号，形成 130m 宽的龙口。据气象预报及水情预报，10 月下旬三峡坝址最大流量为 12000m³/s 且呈缓降趋势，有利于截流龙口合龙，同时考虑明渠冲淤的需要，经由业主、设计、施工、监理单位负责人组成的大江截流领导小组决策同意，上游截流戗堤于 10 月 26 日 8 时开始合龙进占，10 月 27 日 6 时 30 分龙口缩窄至 40m，明渠分流比不断增大。又据 10 月底水情预报，11 月上旬流量在 10000m³/s 以下，综合各方面因素进行考虑，并报国家批准，于 11 月 8 日进行大江截流龙口合龙，截流龙口合龙时间比初步设计提前 1 个月，截流龙口合龙实测流量 8480～11600m³/s，小于截流设计流量，表明截流时段及截流流量选择是合适的，在截流实施过程中，根据水文气象及水情预报，及时调整施工进占是必要的。

6.1.2.2 截流期分流建筑物

（1）导流明渠设计泄流能力

导流明渠是二期工程施工期的唯一泄水建筑物，也是大江截流期的唯一分流建筑物，同时还担负着施工期通航的重任。明渠设计泄洪流量标准为 50 年一遇洪水流量 79000m³/s，为目前世界上泄流量最大的导流明渠。通航流量标准为长江航运公司船队通航流量 20000m³/s，最大流速 4.4m/s；地方航运公司船队通航流量 10000m³/s，最大流速 2.5m/s。

导流明渠平面布置见图 6.1.1。明渠位于长江右岸，沿中堡岛右侧的后河布置，进口始于茅坪镇外侧的长江漫滩，出口位于高家溪口长江漫滩，明渠右岸边线全长 4039m，其中上游引航道长 1139m，渠身段长 1700m，下游引航道长 1200m。明渠右侧边线沿程经进口直线段和圆弧段（转弯半径 777.6m）、直线段、出口圆弧段（转弯半径 787.5m）和直线段；明渠左侧为混凝土纵向围堰，全长1191.47m，分为上纵段、坝身段及下纵段。上纵段长490.98m，头部为椭圆曲线，弯向左侧主河床，以改善明渠进口水流流态；坝身段长115m，下纵段长585.49m。尾部为半径300m的圆弧，弯向左侧主河床，以利于明渠泄流扩散。明渠中心线全长3410m，过水横断面为复式断面，渠底最小宽度350m。右侧高渠底宽100m，底高程58m；左侧低渠渠底高程沿水流方向分为5级；上游一期土石围堰堰外段及堰压段的渠底高程分别为59m、58m，三期碾压混凝土围堰基础及其上游段渠底高程50m，下游段渠底高程45m，下游一期土石围堰堰压段高程为53m。高低渠间采用1∶1坡比连接。对地质条件较差和过流流速较大(7～9m/s)的地段采用混凝土护坡护底，堰外段采用抛块石保护。导流明渠设计断面主要是以满足二期导流期施工通航设计标准流量时的通航水流条件为前提。因此，其泄流能力较大，为大江截流创造了良好的分流条件。明渠水位及泄流量关系见表6.1.2。由表6.1.2可知，在截流设计流量14000～19400m^3/s进行大江截流龙口合龙，其截流最大落差0.8～1.24m，说明导流明渠分流能力较大，降低了大江截流落差。

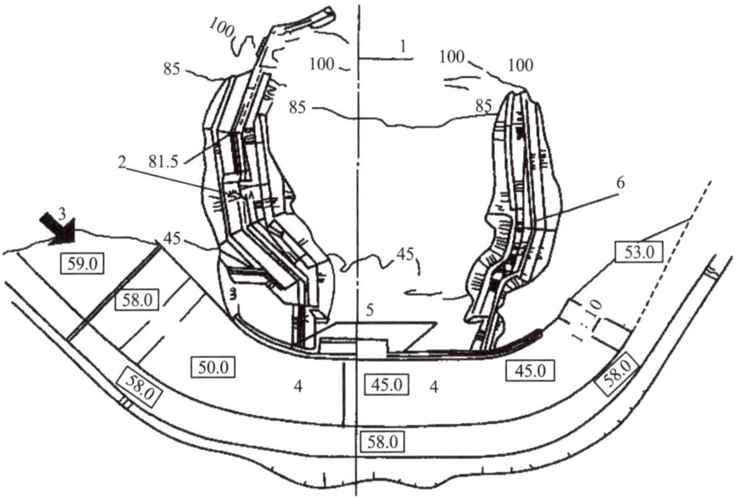

图6.1.1　导流明渠平面布置(单位:m)

1—大坝轴线；2—二期上游围堰；3—长江；4—导流明渠；5—混凝土纵向围堰；6—二期下游围堰

表6.1.2　　**明渠水位及泄流量关系**

流量(m^3/s)		6400	9010	14000	19400	23100	30100	41400	46800	72300	79000
水位(m)	上游	66.24	66.60	67.44	68.48	69.51	71.05	74.15	75.54	82.28	84.00
	下游	66.15	66.32	66.64	67.24	67.70	68.74	70.80	71.83	76.95	78.40

(2)导流明渠实际泄流能力分析

导流明渠于1997年5月1日通水。汛期，明渠渠内淤积大量泥沙，主要分布在靠纵向围堰的明渠左侧的低渠部位，淤积厚1～5m，最厚达15m。1997年10月，上游截流戗堤两岸非龙口段进占前，明渠过水断面仅为设计断面的 57%～75%，明渠分流比仅为 30%，低于设计明渠分流比，若不及时处理，将直接影响截流龙口合龙的落差、流速等水力学指标，增加截流难度。为此，根据水情预报及坝址实际流量情况，在不影响通航的前提下，尽可能提前缩窄截流戗堤的口门，增加明渠的过流量和流速，以利于冲淤。10 月 23 日，上游截流戗堤两岸非龙口段进占形成 130m 宽的龙口时，明渠分流量增大，分流比为 55.8%，仍低于设计和水工模型试验值。上游截流戗堤进占停止施工后，明渠分流比基本维持不变。对明渠实测流速和淤积物冲刷情况的对比分析表明，明渠内淤积的泥沙粒径虽较小，但低渠左侧处于弯道凸岸，且淤积泥沙已有轻度板结现象，要使淤积泥沙冲走，明渠内水流需有一定的流速并对泥沙进行扰动。为此，采用挖泥船扰动明渠内泥沙，并使明渠分流量在渠内的流速大于 1.4m/s，明渠泥沙产生明显冲刷。10 月 27 日，上游截流戗堤龙口缩窄至 40m 宽时，明渠分流比已达 84.5%，11 月 8 日，截流龙口合龙前，明渠分流比提高至 94.2%，实践证明明渠冲淤效果较好，达到了预期的目的，为截流龙口合龙创造了有利条件。

6.1.2.3 截流方案比选

国内外水利工程大流量河道的截流方案可归纳为立堵和平堵两大类。葛洲坝大江截流工程是我国在长江干流上第一次进行的规模巨大的截流工程，设计对截流方案深入研究了浮桥平堵、栈桥平堵、单戗堤立堵、双戗堤立堵等 4 种方案，最后选用单戗堤立堵截流方案。葛洲坝大江截流的成功经验说明，在我国主要通航河流上不宜采用栈桥平堵截流方案，因为栈桥平堵截流施工，栈桥工期较长，且与通航矛盾较大。由于大容量的挖掘、运输设备的迅速发展，单戗堤立堵截流方案具有施工简单、快速、经济和通航干扰小等优点，应优先采用。三峡工程在葛洲坝上游 38km，水文和气象条件基本一样。由于三峡工程在葛洲坝之后兴建，坝址水位抬高，大江截流龙口水深达 60m(考虑河床覆盖层全部冲光)，截流流量大，截流施工期不许断航，且工程量大，抛投强度高，但其分流条件优于葛洲坝工程，合龙水力学指标(落差、流速)较葛洲坝大江截流小。对三峡工程大江截流方案设计研究比较了上游单戗堤立堵和浮桥平堵截流方案，浮桥平堵截流方案在上游截流戗堤中部(主河床部位)350m 宽口门的上游架设浮桥，由自卸汽车在浮桥上抛投物料直至戗堤出水合龙。该方案的优点是截流水力学指标优越，合龙难度相对较小，缺点是浮桥的结构、架设和运用中的技术问题比较复杂，且浮桥架桥时对通航有一定的影响。经综合分析比较，在技术设计中确定采用上游单戗堤立堵截流方案。

6.1.2.4 上游立堵截流戗堤设计

(1)截流戗堤布置

截流戗堤为上游围堰堰体的组成部分，设置在围堰背水侧，可兼作排水棱体，以有利于堰体渗透稳定。同时，截流戗堤进占过程中可减少堰体基础的冲刷，并可避免大块石流失到防渗墙轴线范围内，增加防渗墙造孔难度。戗堤轴线与围堰轴线大体平行，且控制戗堤上游坡脚外缘与防渗墙轴线的距离不小于 20m。戗堤轴线长 797.4m，左侧 310m 范围为左漫滩，河床底高程41～68m，覆盖层厚0～4m；中部深槽段长约200m，河床底高程15～41m，基岩高程0～41m（上部5～16m为葛洲坝水库蓄水后的新淤沙，下部为砂砾石覆盖层）；右侧长250m范围为右漫滩，河床底高程40～66m，覆盖层厚0～5m。戗堤设计断面为梯形，上游边坡1∶1.3，下游边坡1∶1.5，堤顶高程按不同进占时段频率5%最大日平均流量相应的水位确定，由两岸非龙口段79m高程至龙口段69m高程，堤顶宽度：两岸非龙口段为25m，龙口段为30m，可满足4～5辆45～77t自卸汽车在堤头端部同时抛投进占。上游截流戗堤布置见图6.1.2。

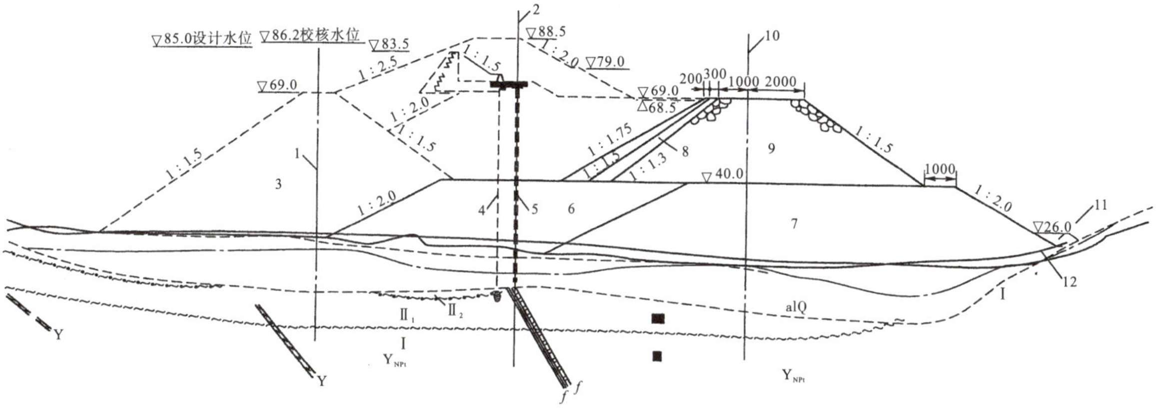

图6.1.2　上游截流戗堤布置（单位：高程以m计，尺寸以cm计）

1—上游堤轴线；2—围堰轴线；3—石渣；4—上游防渗墙；5—下游防渗墙；6—沙砾料；7—平抛垫底（石渣、块石）；8—过渡层；9—截流体；10—截流戗堤轴线；11—压坡；12—地形线

(2)龙口位置及宽度

1)龙口位置。

截流龙口位置及宽度的确定与分流条件及通航要求密切相关。在实施过程中，在明渠可提前分流和满足通航的条件下，设计龙口位置尽量右移以避开河床深槽段，以便于左岸非龙口段提前进占，堰体尾随进占，从而提前形成防渗墙施工平台。但由于右岸防渗墙轴线为避开河床漫滩残留块球体而布置为向上凸的折线，其戗堤轴线与长江主流呈50°交角，龙口右移至折线部位，合龙时龙口水流流态较为复杂，因此会增加合龙难度。经综合分析，拟定龙口位置在主河床深槽的右侧而避开左侧最深处。

2)龙口宽度。

截流龙口宽度系指分流建筑物尚未分流前，截流戗堤预留的最小宽度，亦即合龙的起始口门宽度。本工程导流明渠已提前于1997年汛前通水分流，按常规截流可认为没有明显的“龙口”，截流戗堤两岸可连续进占至合龙。但在长江上修建水利工程，大江截流期不允许断航。导流明渠虽提前分流，截流戗堤可提前进占，但进占束窄口门宽度受口门和导流明渠通航水流条件的制约。导流明渠未正式通航前，通过三峡坝区的船舶仍从主河床截流戗堤束窄口门通行，截流戗堤两岸进占束窄口门的宽度必须满足口门通航水流条件的要求；导流明渠正式通航后，主河床截流戗堤束窄口门停止船舶通行，其两岸进占束窄口门直至形成龙口的宽度也必须满足导流明渠通航水流条件要求。截流戗堤进占按11月上旬形成龙口，宽度130m，采用该旬5%频率最大日平均流量27400m^3/s，计算明渠分流量19000m^3/s。经长江科学院宜昌科研所1∶100整体水工模型试验及船模试验，导流明渠水流条件可满足通航要求，因此设计确定龙口宽度130m。

6.1.2.5 截流戗堤进占堤头坍塌机理研究

(1)深水河道截流水力学特性与截流戗堤进占堤头坍塌现象

大江截流为深水河道截流，具有流量大、流速小、落差低等水力学特性，不同于一般水利水电工程截流水流条件。长江科学院于1993年在大江截流模型试验中，上游戗堤及下游戗堤在进占的不同阶段，均发现了堤头坍塌现象。坍塌的规律为：当堤头抛投料进入江中后，先在堤顶至水面以下5.0～7.0m的堤坡上堆积，使堤坡坡度逐渐变陡，坡度达到1∶1至1∶1.1或更陡时，发生首次坍塌，滑体在水深10.0～15.0m坡面处堆积；当堤顶继续进占抛投料时，在水深15.0m以上再次形成陡坡，坡度达到1∶1至1∶1.1或更陡时，发生第二次坍塌，其范围大于第一次，堆积在水深20.0～30.0m处；如水深更大，还有第三次坍塌，直至坍塌至坡脚，且坍塌范围一次比一次大；水越深，戗堤越高，最大坍塌的范围越大，对戗堤进占施工造成的安全风险也越大。截流戗堤堤头坍塌是长江科学院在三峡工程大江截流水工模型上首次发现的，在此之前尚未见国内外有关河道截流戗堤堤头坍塌的研究和阐述文献，因此对其机理的研究也仅是初步的。

(2)从截流戗堤抛投料散粒体极限平衡理论分析堤头坍塌机理

截流戗堤堤头坍塌主要是由河道水深(即戗堤高度)和抛投料散粒体的稳定平衡性质决定的，散粒体的破坏强度取决于其抗剪强度。抛投料散粒体的抗剪强度为内摩擦力与相互咬合的黏聚力之和。设T为抗剪力，N为法向压力，$T—N$关系曲线见图6.1.3。

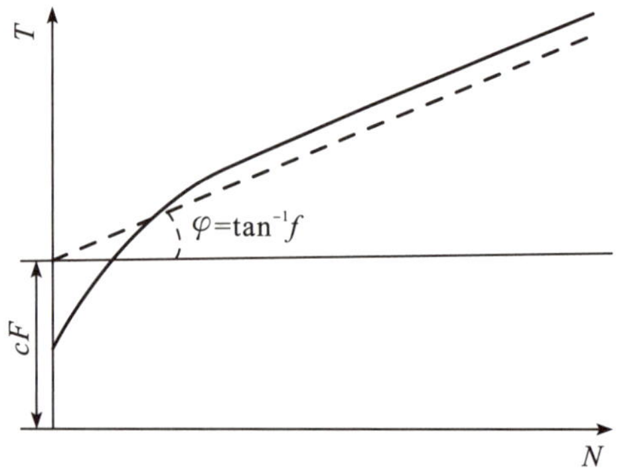

图6.1.3 $T—N$关系曲线(f为摩擦系数)

根据库仑理论：

$$\begin{cases} T = N\tan\varphi + cF \\ T/F = \tau_p = \dfrac{N\tan\varphi}{F} + c = \sigma\tan\varphi + c = \sigma'\tan\varphi \\ \sigma' = \sigma_0 + \sigma \\ \sigma_0 = c/\tan\varphi \end{cases} \tag{6.1.1}$$

式中，φ 为抛投料内摩擦角；c 为抛投料咬合力，即单位面积上的黏聚力；σ 为垂直于剪切面的压应力，$\sigma = \dfrac{N}{F}$；σ' 为换算法向应力，即考虑由抛投料内部黏聚力引起的黏性压应力；σ_0 为黏性压应力，即考虑由抛投料内部黏聚力引起的压力；F 为抛投料接触面面积。

τ—σ 关系曲线见图 6.1.4，图 6.1.4 中，σ_0 位于 σ 负值侧，它表征抛投料散粒体所有方面都有相等的抗拉强度。

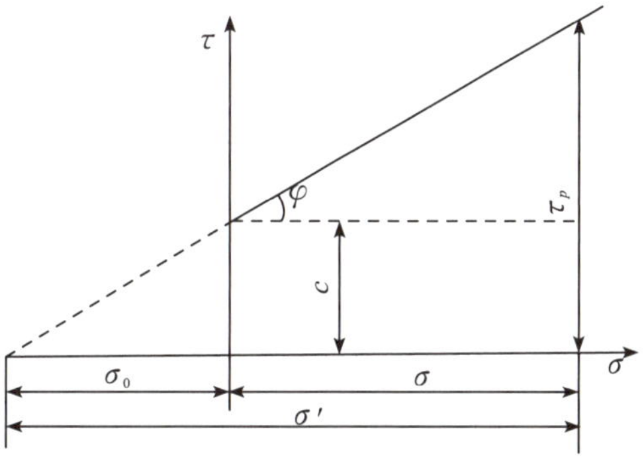

图 6.1.4　τ—σ 关系曲线

抛投料散粒体抗剪强度的条件表示为 $\tau \leqslant \tau_p$。

截流戗堤堤头在自然坡角为 α 的坡面上，取重量为 G 的抛投料散粒体，相应戗堤堤头坡面抛投料散粒体有效重量为 G'，沿坡面方向作用方向相反的两个力：滑动力 $\tau = G'\sin\alpha$ 和抗滑力 $\tau_p = G'\cos\alpha\tan\varphi + cF$，由此可知抛投料块体稳定状态的表达式(6.1.2)为：

$$\frac{G'\sin\alpha}{F} \leqslant \frac{G'\cos\alpha\tan\varphi}{F} + c \tag{6.1.2}$$

令 $G'/F = \delta$，则由式(6.1.2)可得：

$$\delta\tan\alpha \leqslant \delta\tan\varphi + c/\cos\alpha \tag{6.1.3}$$

由式(6.1.3)可作如下分析：①考虑无咬合力 $c=0$，在稳定状态时，$\alpha \leqslant \varphi$；在极限平衡状态时，$\alpha = \varphi$，即自然坡角等于内摩擦角。②考虑 $c \neq 0$，在稳定状态时，$\delta\tan\alpha \leqslant \delta\tan\varphi + c/\cos\alpha$；在极限平衡时，$\delta\tan\alpha = \delta\tan\varphi + c/\cos\alpha$，说明局部坡度在失稳之前，自然坡角大于内摩擦角，且 $\alpha = f(c) = g(d_{\max}, \alpha, U)$，其中 U 为势能函数。由于咬合力 c 取决于抛投料的性质，因此堤头坍塌的根源也取决于抛投料的性质。咬合力按其类别可分为全坍塌面均匀分布的咬合力，以及坍塌面局部承载的咬合力。极限平衡失稳的原因包括堤头继续抛投料不断加载,施工机械及水流等诱发振动,导致坍塌滑体克服滑移面咬合力 c 或承载咬合力 c 的局部大块石折断或产生倾覆,一旦克服,即 c 迅速减小,则极限平衡状态下的抛投料坍塌下滑(水中抛投,需考虑抛投料湿化咬合力变化造成的失稳)。

截流进占抛投见图 6.1.5。当截流戗堤进占时,水深较大,堤头坡面较长,一次坍塌抛投料未能滑落至坡底,而可能会在更深的坡面堆积,再一次积累并克服咬合力 c 失稳坍塌,直到滚落坡底,循环反复,堤头坡越高,坍塌的危害程度越大。

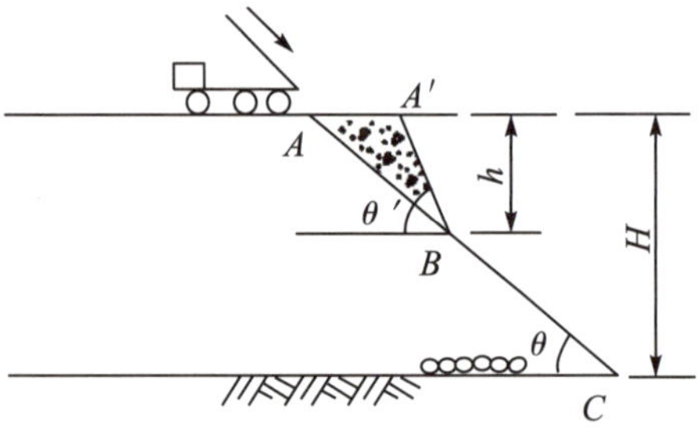

图 6.1.5　截流进占抛投

2)截流戗堤进占堤头危险坍塌坡高分析。

截流戗堤边坡滑动见图 6.1.6。截流水工模型试验发现:当戗堤进占抛投料从堤头抛投进入水中时,抛投料并不能立即滚滑到坡脚而往往在堤头坡面的上部,累积形成如图 6.1.6 所示的折线坡面,其中 h 的大小直接关系到坍塌的规模及频率。截流抛投料坍塌滑体分析见图 6.1.7。按平面滑面分析危险坍塌坡高 h,滑体 ABC 的有效重量为 G',水面上作用均匀荷载单宽重量为 q,总重量为 ql,坡体坡面角为 β,抛投料的水下休止角为 φ,假定的滑移坡角为 θ,作用在滑体 ABC 上的总重量为 $G'+ql$,单宽滑体 ABC 的体积重力为 $\dfrac{rh^2\sin(\beta-\theta)}{2\sin\beta\sin\theta}$。

由于滑体 ABC 为水下部分,因此其有效重力 G' 的计算见式(6.1.4)。

$$G'=\frac{rh^2\sin(\beta-\theta)}{2\sin\beta\sin\theta}-n'\frac{h^2\sin(\beta-\theta)}{2\sin\beta\sin\theta} \tag{6.1.4}$$

式中,r 为抛投料重度;n' 为抛投料密实度。

作用在滑体 ABC 上的总重力为 G:

$$G=G'+ql=G'+q\frac{h\sin(\beta-\theta)}{\sin\beta} \tag{6.1.5}$$

G 沿滑面的分量为 Q:

$$Q=G\sin\theta \tag{6.1.6}$$

$$T=G\cos\theta\tan\varphi+kc\frac{h}{\sin\theta} \tag{6.1.7}$$

式中,k 为咬合力修正系数。

由 $Q=T$ 可得:

$$\begin{cases}G(\sin\theta-\cos\theta\tan\varphi)=kc\dfrac{h}{\sin\theta}\\ h=\dfrac{2kc\sin\beta}{(r-n)\sin(\beta-\theta)(\sin\theta-\cos\theta\tan\varphi)}-\dfrac{2q}{(r-h')}\end{cases}\tag{6.1.8}$$

取 $\mathrm{d}h/\mathrm{d}\theta=0$，可得：

$$\begin{cases}\theta=\dfrac{\beta+\varphi}{2}\\ h=\dfrac{2kc\sin\beta\cos\theta}{(r-n)\sin^2\left(\dfrac{\beta-\theta}{2}\right)}-\dfrac{2q}{r-n'}\end{cases}\tag{6.1.9}$$

分析上述推导可以得出：①当 $c=0$ 时，堤头抛投形成的边坡不会陡于抛投料的水下休止角，从而不会发生坍塌滑体；②当 $c>0$ 时，堤头极限稳定坡体塌滑的坡度为$\dfrac{\beta+\varphi}{2}$，且 c 越大，则 h 越大，表明塌滑越困难（但一旦塌滑则规模更大）；③q 越大（如戗堤露出水面过高或施工扰动加大等），会导致 h 减小，则堤头坡体更易塌滑。

截流戗堤进占抛投块石料浸水湿化后引起的稳定内摩擦角变化也是造成堤头坍塌的原因之一。在立堵截流中，一般抛投强度均较大，则入水的抛投块石料还未充分浸润，下一车抛石就将其覆盖，尚未湿化的抛石休止角较充分湿化的抛石休止角大，堤头沿坡在深水中呈现上部陡下部缓的折线型，呈现暂时的稳定状态，经过一定时间浸润后，随着抛投块石料进一步湿化和继续加载，最终形成堤头坍塌。

(3)从施工水力学及自组织临界理论方面研究堤头坍塌机理

截流戗堤进占抛投料在堤头坡面堆积至一定程度后，堤头边坡开始失稳，从上部到下部抛投料沿一凹面向下塌滑（图 6.1.6）。滑动过程中，抛投料散粒体之间及散粒体与坡面之面发生摩擦，释放较大的热能，石粉堆坍塌时产生的“粉爆”，就属于这种现象之一。截流戗堤堤头抛投进占，截流抛投料坍塌滑体分析见图 6.1.7。图 6.1.7 中，设 AC 为堤头开始的稳定坡面，继续进占抛投时，抛投的块石料不能直接到边坡坡脚，而是在坡面的某一高度处（B 点）停止，而后抛投的块石料堆积在上面，垒成较陡的坡面 $A'B$（$\beta>\theta$，θ 为休止角），这种坡面称为临界稳定坡。此陡坡段的高度 h 有一定限度，当抛投料堆积体继续升高时，边坡便失稳塌滑。当失稳块石料滑移至 BC 坡面时，BC 坡面的块石料平衡受到破坏，随之产生下坠和滑动，直到抛投料堆积体下部块体向外扩展，使基面扩大。当上部及下部坡面都达到稳定坡度后，堆积体才恢复了平衡状态。堤头坍塌一次，边坡底部便扩展一次。当抛投料堆积体高度 H 较大时，一次坍塌影响不到底部，要经过多次坍塌才能到底部。水工模型试验表明，次数最多达 3 次。此时坍塌范围较大，最大一次使已进占的戗堤顶部平均后退 10.0m，而边坡底部相应向前扩展。由此可见，堤头坍塌的成因是戗堤进占抛投时的散粒体先在边坡上部形成临界稳定坡，当抛投料堆积体进一步升高时或遇到偶然冲击后，便失稳坍塌。从截流水工模型试验得到的临界稳定坡度为 1∶1.1 左右，相应坡角约 42°，坍塌终止后的稳定坡度为 1∶(1.25～1.50)，相应坡角为 38°～34°。

抛投料块体运动时的作用力见图 6.1.8。抛投料块体沿堤头坡面向下运动时，主要受 3 个力的作用：抛投料块体本身重量沿坡面的分力 F_1，抛投料块体沿堤头坡面的摩擦力 F_2，抛投料块体绕流作用力 F_3。

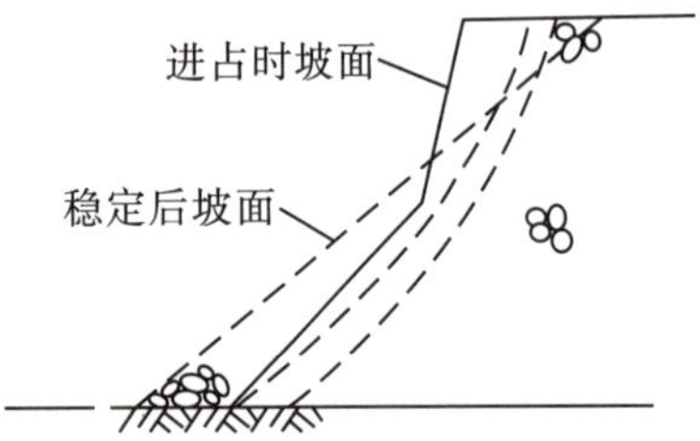

图 6.1.6 截流戗堤边坡滑动

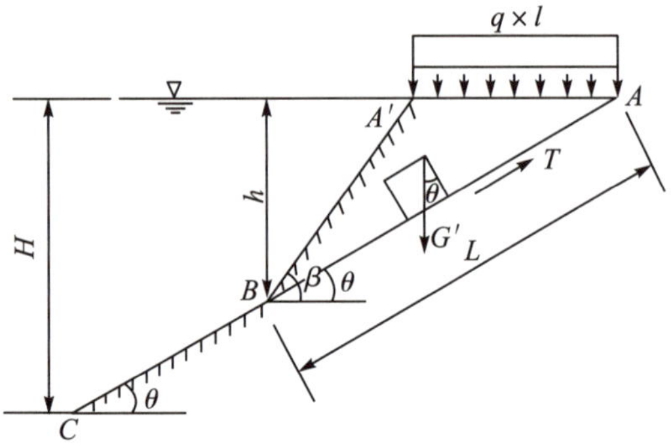

图 6.1.7 截流抛投料坍塌滑体分析

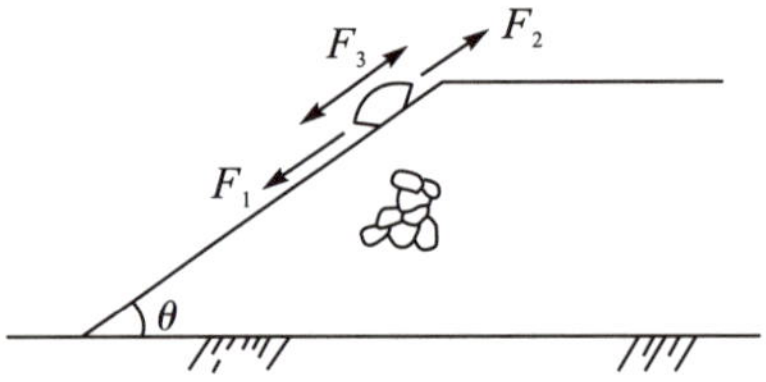

图 6.1.8 抛投料块体运动时的作用力

F_1、F_2 计算见式(6.1.10)至式(6.1.13)，F_3 计算见式(6.1.14)。

无水时：

$$F_1 = G\sin\theta = \gamma V\sin\theta \tag{6.1.10}$$

$$F_2 = fG\cos\theta = f\gamma V\cos\theta \tag{6.1.11}$$

有水时：

$$F_1' = (\gamma - 1)V\sin\theta \tag{6.1.12}$$

$$F_2' = f'(\gamma - 1)V\cos\theta \tag{6.1.13}$$

$$F_3 = c'\rho' Av^2/2 \tag{6.1.14}$$

式中，γ 为抛投料块体湿容重；V 为抛投料块体体积；f、f' 为抛投料块体浸水前后的摩擦系数；c' 为抛投料块体形状阻力系统；A 为抛投料块体迎流面积；v 为水流与抛投料块体相对运动速度；ρ' 为水的密度。

从上述作用力的表达式，分析水对堤头坍塌的影响。

设

$$F_g = F_1 - F_2, F_g' = F_1' - F_2'$$

则

$$\frac{F'_g}{F_g} = \frac{\gamma V(\sin\theta - f'\cos\theta) - (V\sin\theta - f'V\cos\theta)}{\gamma V(\sin\theta - f\cos\theta)}$$

若

$$f' = f$$

则

$$\frac{F'_g}{F_g} = 1 - \frac{1}{\gamma} \tag{6.1.15}$$

式中，F_g、F'_g 分别为无水和有水时的下滑作用力。

从式(6.1.15)可知，截流戗堤进占抛投料由于水的作用，下滑的作用力减小约40%。静水中，F_3 属纯阻力，一般截流戗堤进占从自卸汽车抛投块体的初始速度在5.0m/s以上，卡车离堤顶面的高度在1.0m以上，尽管初始动量 mv_0（v_0 为入水速度）大，但当块体冲入水中时，由于形状阻力大，其冲击动量很快消耗，使块体静止，助长了临界稳定坡的形成。大江截流戗堤进占口门流速小、水深大，具有形成临界坡度和稳定坡度的条件，堤头坍塌是稳定坡度向临界坡度的突变。

截流戗堤由散粒体组成，堤头抛投料坍塌可用突出理论中折叠型数学方程描述，见式(6.1.16)：

$$V(x) = x^3 + yx \tag{6.1.16}$$

其空间是二维的，平衡曲面 M 方程见式(6.1.17)：

$$3x^2 + y = 0 \tag{6.1.17}$$

由式(6.1.17)可见，若 $y>0$，式(6.1.17)无实数解，V 无临界角；若 $y<0$，V 有2个临界点：一个极小点，即稳定平衡点；一个极大点，即不稳定平衡点。对于截流戗堤进占抛投，口门水流条件是控制条件或外部条件，水流条件包括流速、流态、水深等，起控制、干扰作用的主要是流速；状态条件或内部条件是指抛投料的容重、粒径、级配，包括由这些条件决定的抛投料坡度等。y 应是流速 V 与抛投料粒径的止动流速 V_s 之差，即 $y=V-V_s$。若外部条件变量过大，即流速 V 较大，而抛投料粒径 d 又相对较小，$V>V_s$，即式(6.1.17)中 $y>0$，抛投料抛投后不能止动，而是随水流到流速较小的区域止动，则 V 无临界点。反之，若 V 较小，且 d 相对较大，即 V_s 大，则 $y<0$，从而 V 有临界点，具备形成不稳定平衡点和稳定平衡点的条件。大江截流试验采用的抛投料的颗粒级配见表6.1.3。

表6.1.3　抛投料的颗料级配及其在不同水深下的止动流速

材料名称	粒径(cm)	容重(kN/m³)	百分比(%)	止动流速 V_s(m/s)		
				水深20.0m	水深30.0m	水深50.0m
小石	8.0～40.0	26.8	30	2.74～4.68	2.93～5.01	3.19～5.46
中石	40.0～70.0	26.8	50	4.68～5.64	5.01～6.03	5.46～6.58
大石	70.0～120.0	26.8	20	5.64～6.75	6.03～7.23	6.58～7.87

考虑到进占是将散粒体向水中抛投，是由动到静的过程，其止动流速应小于起动流速，约为起动流速的1/1.2。采用沙莫夫起动流速公式计算起动流速、止动流速，不同水

深下止动流速计算结果见表 6.1.3。

如前所述，初始进占时，戗堤堤头附近的流速为 1m/s 左右，个别点为 2m/s，有的区域处于回流区，流速几乎为 0，远小于表 6.1.3 中各粒径组在各种水深情况下的止动流速，即 $y<0$。由此可见，V 有临界点，即戗堤进占中，可以形成 2 个平衡点，坍塌就是由不稳定平衡点到稳定平衡点的突变。

大江截流戗堤进占过程中，堤头边坡具有向临界状态进化的条件。戗堤的进占是抛投体在向临界坡度进化—坍塌—形成稳定坡度中增进的。具有自组织临界性、达到临界坡度后发生坍塌，是大江截流工程的必然现象，是小流速、大水深截流的自身规律，也是三峡工程大江截流不同于其他工程截流的特点。

通过大量水力学模型试验资料可见，一般当戗堤坡度超过 1∶1～1∶1.1 时，即发生坍塌。现取 1∶1 的坡度作为临界坡度。而坍塌后的稳定坡度也有一定的变化幅度，一般为 1∶1.3～1∶1.5，其均值约为 1∶1.4。从水工模型试验资料可见，稳定坡度随流速的不同而变化，流速小，稳定坡度变陡；流速大，稳定坡度变缓。在模型戗堤上、下游面流速较小的部位，稳定坡度为 1∶1.2～1∶1.3（葛洲坝工程截流原型戗堤在基坑抽干水后实测地形算得的边坡亦为 1∶1.2～1∶1.3），较堤头的迎水面为陡。同时水深增大也将使稳定坡度变缓。这一点从风化砂的土工离心试验中可得到证明。当然，不同枢纽截流戗堤抛投块石体及水流的具体条件不同，临界坡与稳定坡亦有差异。三峡工程大江截流戗堤的临界坡度为 1∶1，稳定坡度约为 1∶1.4，假设从临界坡度一次坍塌形成稳定坡度，则最大单向坍塌长度约为水深的 20%。

上述分析表明，抛投料块石体止动流速与实际水流流速的相对关系决定堤头是否坍塌，而戗堤的高度决定堤头坍塌的规模。截流水工模型试验资料证明，堤头坍塌的最大长度 L 为水深的 20%～40%，坍塌的长度随水深的减小而大幅度降低，当水深为 41.0m 时，最大坍塌长度为 16.0m；当水深为 27.0m 时，最大坍塌长度为 10.0m；当水深为 20.0m 时，最大坍塌长度为 7.0m。减小截流戗堤进占口门水深可以有效地减少堤头坍塌范围。

6.1.2.6 截流戗堤进占堤头坍塌计算模型与进占施工堤头坍塌预报

(1)截流戗堤进占堤头坍塌计算模型

三峡总公司在应用长江科学院大江截流水工模型试验成果的基础上，委托清华大学和武汉大学水电学院结合大江截流施工实际过程加以研究，建立了截流戗堤进占堤头坍塌计算模型，在假设堤头坍塌滑移面为平面的条件下，分堤头底部无冲刷和有冲刷两种工况计算了坍塌高度和堤顶坍塌长度与坍塌临界坡度、稳定坡度和水深（或堤顶高度）的关系。

1)无水流冲刷条件下戗堤进占堤头稳定分析计算。

截流戗堤进占，口门水流对堤头底部无冲刷情况下计算堤头稳定。假设截流戗堤高

度为 H。一次坍塌高度为 H；坍塌临界坡度为 α_1，坍塌后稳定坡度为 α_2，戗堤进占抛投料的静摩擦角为 φ，动摩擦角为 φ，假设坍塌滑动面为平面。取单位宽度和单位厚度的微元体来分析，坡面上块体受力见图 6.1.9，在失去稳定的滑动条件下，抛投料块石体受到自身水下重力 W' 及下垫面的摩擦力 F 和正应力 N 作用。各力处于平衡状态，则有式(6.1.18)、式(6.1.19)、式(6.1.20)：

$$N = W'\cos\alpha_2 \tag{6.1.18}$$

$$F = W'\sin\alpha_2 \tag{6.1.19}$$

$$\frac{F}{N} = \tan\varphi \tag{6.1.20}$$

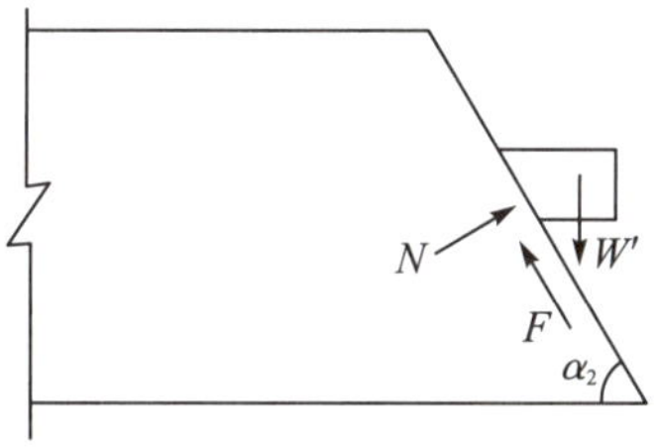

图 6.1.9　坡面上块体受力

由以上公式可以得出 $\tan\alpha_2 = \tan\varphi$，即坍塌形成的坡度角等于动摩擦角。

堤头坍塌见图 6.1.10，假设一次坍塌的高度为 H，则堤顶(水深)下 h 处的长度(沿戗堤轴线方向)l 和宽度 B 分别为式(6.1.21)、式(6.1.22)：

$$l = (H - h)(\cot\alpha_2 - \cot\alpha_1) \tag{6.1.21}$$

$$B = B_0 + 2h\cot\alpha_2 \tag{6.1.22}$$

式中，B_0 为堤顶宽度。

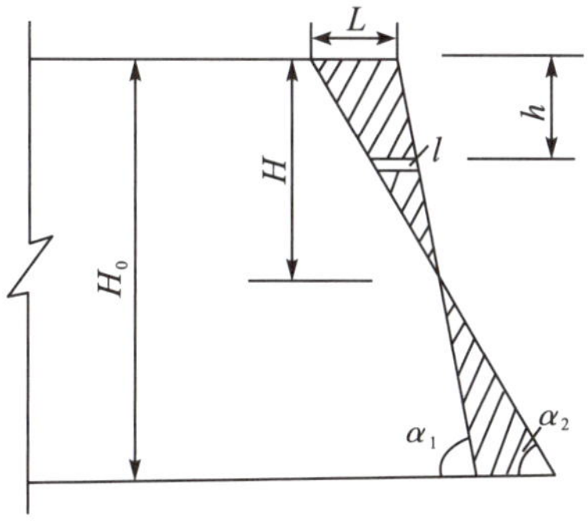

图 6.1.10　堤头坍塌

堤顶坍塌长度见式(6.1.23)：

$$L = H(\cot\alpha_2 - \cot\alpha_1) \tag{6.1.23}$$

堤头坍塌时固体物料在坡面上部塌落，而在下部堆积，从而形成稳定坡度，达到新的平衡。堤头一次坍塌上部塌落的体积见式(6.1.24)：

$$V_s = V = \int_0^H lB\mathrm{d}h = (\cot\alpha_2 - \cot\alpha_1)(\frac{B_0}{2} + \frac{1}{3}H\cot\alpha_2)H^2 \qquad (6.1.24)$$

同样，下部堆积的体积见式(6.1.25)：

$$V_x = (\cot\alpha_2 - \cot\alpha_1)(\frac{B_0}{2} + \frac{1}{3}H\cot\alpha_2 + \frac{2}{3}H_0\cot\alpha_2)(H_0 - H)^2 \qquad (6.1.25)$$

显然上部塌落的体积就等于下部堆积的体积，即为式(6.1.26)：

$$V_s = V_x \qquad (6.1.26)$$

解得式(6.1.27)：

$$H = \frac{1}{2}H_0\left[1 + \frac{\frac{1}{3}H_0\cot\alpha_2}{B_0 + H_0\cot\alpha_2}\right] \qquad (6.1.27)$$

上述分析表明，在堤顶高为 H_0 的条件下，坍塌高度 H、堤顶坍塌长度 L 和坍塌体积 V 主要与临界坡度 α_1 和稳定坡度 α_2 有关。

2)水流冲刷条件下戗堤进占堤头稳定分析计算。

截流戗堤进占，口门水流对堤头冲刷作用体现在两个方面：①水流对堤头坡面产生拖曳作用力，使得坡面的稳定性降低。②水流对堤头坡面底角的淘刷作用，使得堤头坍塌加剧。

水流作用下坡面上块体受力见图 6.1.11，取单位宽度、单位高度、平均长度为 l 的脱离体，在临界状态受自身水下重力 W'、水流表面拖曳力 F_D 及下垫面的摩擦力 F 和正应力 N 作用。拖曳力和重力的计算分别见式(6.1.28)、式(6.1.29)：

$$F_D = \frac{1}{2}\rho C_D v^2 \qquad (6.1.28)$$

$$W' = (\gamma_s - \gamma)l \qquad (6.1.29)$$

式中，ρ 为流体的密度；C_D 为流体的阻力系数。

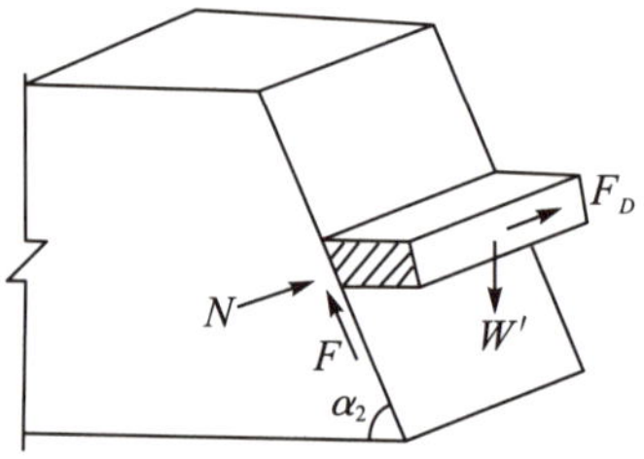

图 6.1.11 水流作用下坡面上块体受力

重力与拖曳力的合力 $W_t{}'$ 为：

$$W_t{}' = \sqrt{W'^2 + F_D{}^2} \qquad (6.1.30)$$

块石在滑动面上沿合力方向滑动，平衡状态下有式(6.1.31)、式(6.1.32)、式(6.1.33)：

$$N = W'\cos\alpha_2{}' \qquad (6.1.31)$$

$$F = W'\sin\alpha_2{}' \qquad (6.1.32)$$

$$\frac{F}{N}=\tan\varphi \tag{6.1.33}$$

从上述公式得出式(6.1.34)：

$$\tan\alpha_2{}'=\frac{W'}{W_t{}'}\tan\varphi=\cos\varepsilon\tan\varphi \tag{6.1.34}$$

式中，ε 为重力与合力的夹角。

由于拖曳力的作用，坍塌后形成的坡度变缓($\alpha_2{}'<\alpha_2$)。

拖曳力为表面力，与塌落块体受到的重力相比较小，只对表面层或当块体长度 l 与块体粒径相当才起一定作用。因而在堤头坍塌的瞬间过程中可不考虑拖曳力的作用。需要考虑的是水流持续不断的淘刷作用。坡脚石块的流失及河床的冲深，将使得堤头的坍塌加剧。坡脚冲刷坑的深度，与河床的泥沙颗粒组成、颗粒的临界起动流速及龙口的单宽流量有关。坡脚淘刷形成一定深度的冲刷坡，相当于加大了堤头的高度。在水流的淘刷作用下，堤头的坡脚形成的冲刷坑深度为 ΔH，在这种条件下堤头的坍塌高度可由式(6.1.35)计算：

$$H=\frac{1}{2}(H_0+\Delta H)\left[1+\frac{\frac{1}{3}(H_0+\Delta H)\cot\alpha_2}{B_0+(H_0+\Delta H)\cot\alpha_2}\right] \tag{6.1.35}$$

得出堤头的坍塌高度后，堤顶坍塌长度和坍塌体积则由式(6.1.33)和式(6.1.34)计算出。

从泥沙运动力学中的桥墩冲刷试验得知，冲坑达到最大时水深 H_s、单宽流量 q 和颗粒临界起动流速 v_c 之间的关系见式(6.1.36)：

$$H_s=\frac{q}{v_c} \tag{6.1.36}$$

由于堤顶与水面非常接近，作为近似可以假设 $H_s=H_0+\Delta H$，即认为水流淘刷后的堤头坡脚高度近似等于水流的水深。

大江截流戗堤进占抛投块石料抗冲稳定流速计算公式见式(6.1.37)、式(6.1.38)、式(6.1.39)。

抛投单个石块：

$$V_c=0.89\sqrt{2gd\frac{\gamma_2-\gamma}{\gamma}} \tag{6.1.37}$$

群体抛投混合石块：

$$V_c=0.93\sqrt{2gd\frac{\gamma_2-\gamma}{\gamma}} \tag{6.1.38}$$

群体抛投均匀石块：

$$V_c=1.07\sqrt{2gd\frac{\gamma_2-\gamma}{\gamma}} \tag{6.1.39}$$

式中，d 为代表粒径，它不仅与 d_{50} 有关，还与均方差 δ 有关。d_{50} 反映级配的一个特征值，δ 反映级配的分散度。γ_2 和 γ 分别为石块和水体的相对密度。

根据式(6.1.23)、式(6.1.24)、式(6.1.36)、式(6.1.38)可计算不同粒径条件下最大水深、坍塌高度、堤顶坍塌长度和坍塌体积随单宽流量的变化。实际计算中,当流速小于起动流速时,取水深等于无冲刷条件下的戗堤高度27.0m。

上述两种条件下的戗堤稳定性分析通过引入完全坍塌和不完全坍塌的概念,加以考虑堤头结构的自身稳定与水流的冲刷作用,并利用截流抛投料稳定流速公式,通过理论模型的建立与求解,形成了堤头稳定分析的理论体系。经计算,所得出的结果与模型试验结果吻合。

(2)截流戗堤进占施工堤头坍塌预报

应用大江截流戗堤进占堤头坍塌稳定的理论分析建立的堤头坍塌计算模型,结合大江截流龙口水力特性的水工模型试验结果(表6.1.4),进行截流戗堤进占堤头坍塌预报,为保障大江截流施工安全提供技术支撑。

表6.1.4　大江截流龙口合龙不同宽度时水力特征参数试验结果(Q=19400m³/s)

龙口宽(m)	150.0	130.0	100.0	80.0	50.0	30.0	0.0
上游水位(m)	67.94	68.02	68.22	68.30	68.41	68.46	68.48
下游水位(m)	67.38	67.39	67.43	68.43	67.48	67.47	67.45
截流落差(m)	0.56	0.62	0.79	0.87	0.93	0.99	1.03
明渠分流比(%)	63.54	68.51	76.02	82.88	92.51	96.12	99.85
戗堤轴线水位(m)	67.64	67.58	67.73	67.70	67.66	67.74	
龙口水深(m)	27.64	27.58	27.33	27.70	18.40	8.80	
龙口垂线平均流速(m)	2.18	2.33	2.54	2.82	3.08	3.67	
龙口单宽流量(m³/s)	60.26	64.26	69.42	78.11	56.67	32.30	

表6.1.5和表6.1.6为堤顶坍塌长度和坍塌量的计算结果。堤顶坍塌长度主要与堤头高度、龙口口门宽度或水流流速、抛投料的摩擦角和河床的物质组成及粒径大小有关。抛投料的摩擦角对堤头的坍塌规模起控制作用,对选定的抛投料来说,堤头的摩擦角也随即确定,三峡大江截流的抛投料的稳定坡角满足$\cot\alpha_2$=1.4～1.5。在河床颗粒较粗,大于颗粒起动要求的临界粒径的情况下,坡角不产生强烈淘刷,不会形成很深的冲刷坑。但是,在水流流速较大时,由于河床组成的非均匀性,小粒径的颗粒不断被水流冲走,较小尺度的冲刷坑总会形成。在小冲刷坑的条件下,堤头高度近似保持为常数值,堤头坍塌的规模较稳定。表6.1.6为考虑水流对坡角的淘刷作用下堤顶坍塌长度的计算结果。在河床不会发生淘刷的情况下,堤顶坍塌的长度为4.35～5.80m,稳定坡角满足$\cot\alpha_2$=1.4～1.5。因为河床组成代表粒径为0.2m时河床的最大冲刷坑的深度小于4m,此种情况近似反映三峡工程大江截流的坡脚淘刷实际条件,计算的堤顶坍塌长度为4.35～6.24m,最大坍塌发生在口门宽80.0～100.0m的范围。

表 6.1.5　　龙口不同宽度时堤顶坍塌方量计算结果　　（单位：m^3）

抛投料粒径(cm)	口门宽150.0m		口门宽130.0m		口门宽100.0m		口门宽80.0m		口门宽50.0m	
	$\cot\alpha_2$ =1.4	$\cot\alpha_2$ =1.5	$\cot\alpha_2$ =1.4	$\cot\alpha_2$ =1.5	$\cot\alpha_2$ =1.4	$\cot\alpha_2$ =1.5	$\cot\alpha_2$ =1.4	$\cot\alpha_2$ =1.5	$\cot\alpha_2$ =1.4	$\cot\alpha_2$ =1.5
5	4849	6694	5578	7709	6910	9568	11396	15841	4282	5905
10	1841	2517	2095	2869	2609	3580	4266	5882	1628	2223
20	1373	1871	1373	1871	1373	1871	1624	2217	1373	1871
30	1373	1871	1373	1871	1373	1871	1373	1871	1373	1871

注：截流流量 $Q=14000m^3/s$ 的计算结果。

表 6.1.6　　龙口不同宽度堤坍塌长度计算结果　　（单位：m）

抛投料粒径(cm)	口门宽150.0m		口门宽130.0m		口门宽100.0m		口门宽80.0m		口门宽50.0m	
	$\cot\alpha_2$ =1.4	$\cot\alpha_2$ =1.5	$\cot\alpha_2$ =1.4	$\cot\alpha_2$ =1.5	$\cot\alpha_2$ =1.4	$\cot\alpha_2$ =1.5	$\cot\alpha_2$ =1.4	$\cot\alpha_2$ =1.5	$\cot\alpha_2$ =1.4	$\cot\alpha_2$ =1.5
5	7.41	9.89	7.84	10.48	8.55	11.43	10.46	13.97	7.04	9.40
10	4.94	6.58	5.22	6.96	5.72	7.64	7.03	9.38	4.68	6.24
20	4.35	5.80	4.35	5.80	4.35	5.80	4.68	6.24	4.35	5.80
30	4.35	5.80	4.35	5.80	4.35	5.80	4.35	5.80	4.35	5.80

注：截流流量 $Q=14000m^3/s$ 的计算结果。

6.1.2.7 截流戗堤进占堤头坍塌预防措施研究

（1）截流戗堤进占堤头坍塌预防措施比较

三峡工程大江截流为解决截流戗堤进占时堤头坍塌问题，研究了各种预防坍塌的措施，具体可分为3类。

1）采用施工措施，使抛投材料到位。

在截流戗堤头部设置80吨级浮桥，立堵进占时以浮桥抛投法作相对超前平抛。这样，既能使水下边坡达到稳定，又能减少立堵时水深。随着戗堤的进占，浮桥后部可以拆除，前部可接长延伸。浮桥的宽度按截流强度确定，侧向稳定可通过锚锭予以保证。采用侧卸式32t汽车在浮桥上抛投。也可采用驳船抛石护脚；用高压水将石料冲下去，以达到稳定坡度；用小型爆破法将集料炸塌，使之达到稳定坡度等。

采取上述施工方法可对防止坍塌起一定作用。但是，修建半环形栈桥以及采用小型爆破等都对立堵进占产生干扰，影响施工进度，还需增添施工设备，增加投资，且防坍塌的效果尚需进一步研究。

2）抛投小粒径材料截流。

长江科学院提出采用适当的小粒径材料截流，使其止动流速与实际流速相适应，等于或略小于龙口最大垂线平均流速，抛投材料入水后，不致立即止动而停留在坡面上，而是沿重力与水流对抛投料推力的合力方向到达河床，同时绝大部分的抛投材料到达河床后，在水平方向的滚动距离不超出戗堤范围，戗堤可以形成稳定坡度。

实践表明，小粒径材料对流速的变化极为敏感，一种材料的适应范围很窄。流速稍有变化，抛投料就不适应了。流速小，同样发生坍塌；流速变大，抛投料不能在戗堤范围内止动而随水流向下游或坡面产生冲刷，难以用改变抛投料粒径的方法适应不断变化的龙口流速。因此，该工程措施未予推荐采用。

3）对戗堤地基实施预平抛垫底。

预平抛垫底可以有效地减小水深、降低戗堤的相对高度，以减小戗堤坍塌的规模。曾在1：40与1：80模型上对不同水深、不同抛投强度、不同粒径材料、不同流速、单一料与混合料、有水、无水等进行了对比试验。在两种边界条件下（①龙口不垫底，试验段平均水深约41.0m；②平抛垫底至40.0m高程，试验水深约27.0m）的试验成果分别见表6.1.7、表6.1.8。

表6.1.7　左戗堤单边进占堤头坍塌情况统计（工况1）（全立堵、设计强度、非混合料）

项目	龙口宽度					总计	平均
	120.0～110.0m	110.0～100.0m	100.0～90.0m	90.0～80.0m	80.0～70.0m		
抛投用量（万 m^3）	1.47	1.18	1.12	1.14	1.16	6.07	1.21
原型用时（小时）	7.90	6.32	5.48	5.48	5.48	30.66	6.13
坍塌次数（次）	8	7	7	8	10	40	8
平均坍塌时间间隔（min）	59	54	50	44	35	加权	47
最大单次坍塌面积（m^2）	216	250	232	228	242		233.6
平均每次坍塌面积（m^2）	75.2	78.1	85.3	90.8	82.7	加权	82.4
平均离边距离最大值（m）	7.2	9.2	8.2	9.8	8.9		8.7

表6.1.8　左戗堤单边进占堤头坍塌情况统计（工况2）（平抛全护底、40.0m高程、设计强度、非混合料）

项目	龙口宽度					总计	平均
	110.0～100.0m	100.0～90.0m	90.0～80.0m	80.0～70.0m	70.0～60.0m		
抛投用量（万 m^3）	0.91	0.97	0.85	0.95	0.87	4.55	0.91
原型用时（小时）	5.27	5.27	4.75	5.07	4.95	25.31	5.06
坍塌次数（次）	5	7	5	8	9	34	6.8
平均坍塌时间间隔（min）	63	45	57	38	33	加权	45
最大单次坍塌面积（m^2）	110.0	150.0	160.0	135.0	120.0		135
平均每次坍塌面积（m^2）	90.0	59.4	82.6	58.3	58.7	加权	66.8
平均离边距离最大值（m）	6.4	5.3	7.2	6	6.3		6.24

试验成果表明，当水深由41.0m减至27.0m时，相应的坍塌面积、坍塌边与堤边的平均距离最大值、最大单次坍塌面积分别减少35%、27%和36%。进一步的试验还表明，当水深减至20.0m时，上述各值分别减少64%、49%和55%。可见，平抛垫底可以有效地减少坍塌范围、长度、坍塌面积和坍塌的次数。

(2)截流戗堤进占预防堤头坍塌选定的技术措施

预平抛垫底至40.0m或45.0m高程、再立堵截流的方案，虽不能完全消除坍塌现象，但的确可以大大减少坍塌的范围和规模。或再辅以适当的施工措施，是可以确保施工安全的。首先，采用上述工程措施，可以不考虑长江流量大小和采用何种抛投料，均可有效地减小坍塌，故可认为它是一种更为有效、可靠地减小坍塌的工程措施。其次，因为平抛垫底，有相当大的工程量(约80万m^3)提前施工，可以减少截流时的施工强度。再次，可以减小戗堤的底宽，防渗墙轴线与戗堤轴线的距离由126.0m减至81.25m，使二期围堰的断面减小，从而减少上游围堰方量约80万m^3。最后，还可以减少覆盖层的冲刷，相应地减少因覆盖层冲刷而增加的填筑方量。为此，最终采用了预平抛垫底后立堵截流的方案。

6.1.2.8 大江截流龙口段预平抛垫底技术特性研究

(1)预平抛垫底石渣料的漂移特性研究

设计根据研究成果综合各项因素，提出了上游戗堤龙口段预平抛垫底范围及高程。截流戗堤龙口段深槽部位预平抛垫底至40.0m高程，能有效地减小戗堤坍塌的规模及次数，并可降低汛后施工强度，对施工期通航在一定程度上亦会产生影响。考虑到由于戗堤深槽部位垫底形成石渣坎，汛后坎前落淤等因素会对围堰结构产生不利影响，决定在防渗墙轴线深槽部位预平抛砂砾石料垫底，这样既能消除坎前落淤，又能节省施工工程量。

在1∶80截流整体模型上，根据不同的长江来流量，对石渣料或砂砾石料抛投区各部位流速、水深等水力学参数进行了试验测试。当长江来流量为5000m^3/s时，上、下游抛投区流速均不大于0.5m/s；当长江来流量10000m^3/s时，上游抛投区流速不大于1.0m/s，下游抛投区流速不大于0.9m/s；当长江来流量15000m^3/s时，上游抛投区流速不大于1.4m/s，下游抛投区流速不大于1.2m/s。根据长江水文资料可知，从12月到次年3月5%分旬最大日平均流量均不大于10100m^3/s，即施工抛投区点平均流速不大于1.0m/s。

1)石渣或块石漂移特性研究。

研究抛投体在动水中的漂距是水利工程中经常遇到的问题。鉴于影响因素诸多，如抛体(或泥沙)的形态千差万别，天然情况下的水流条件及边界条件复杂多变等，数学处理极为困难。

现有的解决途径多从较简单模式出发，运用试验得出的数据来确定模式中的待定系数，建立具有一定适用范围的经验性或半经验性公式，如准静水沉降法，将沙或块体在动水中运动概化成两个方面：一是沙或块体沿垂直向下方向在静水中的沉降运行；二是沙或块体沿水流方向的跟随运行。

按静水沉速下沉，其总历时 $T=H/\omega$，由此可简捷地得到落距 x 的计算：

$$x=K_1Hv/\omega \tag{6.1.40}$$

式中，H 为水深；v 为沿水流向垂线平均流速；ω 为静水沉速；K_1 为考虑动水紊流作用影响而加的修正系数。

众多研究表明，K_1 不是常数，且变幅较大，因而式(6.1.40)的适用范围受到限制，而且准静水沉降法没有考虑惯性作用或块体与水流的跟随性问题对落距的影响，以平均流速取代实际流速分布显然与实际情况不符，因而 K_1 有较大的变幅是不难理解的。

有文献在研究动水沉降问题中，认为球体在动水中的绕流图案可视为其在静水中因重力作用发生沉降(y 向，自水面起)所引起的绕流与其因动水推移作用发生位移(x 方向)所引起的绕流之组合。由此得出 x 轴向上的力学平衡方程：

$$R\sin\alpha_1-f=M'\mathrm{d}v_s/\mathrm{d}t \tag{6.1.41}$$

式中，M'为球体质量；v_s 为球体在 x 轴向的运动速度；R 为阻力；α_1 为相对于重力方向产生的偏转角；f 为侧面力。

该方程考虑的因素是较为全面的，偏转角 α_1 的大小反映了球体在动水作用下的转动，阻力 R 在 y 方向上的投影反映了动水对球体的推移(或阻碍)作用的情况，但该式在数学处理上是十分困难的，更谈不上在工程上的应用了。

在国内外水利工程上也有许多有关块体漂距的研究。如伊泰普水电站的截流工程进行过抛石漂距的试验工作，并得到如下计算：

$$L=0.8hv_1/G_{ls}^{1/6} \text{ 或 } L=1.5hu/G_{ls}^{1/6} \tag{6.1.42}$$

式中，h 为抛投点水深；v_1 为垂线平均流速；u 为水面流速；G_{ls} 为单个块体质量，kg。

漂距：

$$L=1.47KVH/G_{ls}^{1/6} \tag{6.1.43}$$

式中，K 为与抛投体形状、质量和抛投方式有关的系数，单船抛投时，37t 混凝土五面体 $K=0.24$，30t 钢架石笼 $K=0.35$；V 为抛投块体位置垂直平均流速；H 为抛投块体位置重线平均水深；G 为抛投块体质量。

葛洲坝工程大江截流对于龙口床底研究过综合护底方案，采用抛投 90～150kg 的块石及 15t 重的混凝土四面体，研究重点为单个块体的漂移特性。

另外，在我国长江中下游抛石护岸工程中也研究了抛石的动水漂距问题，主要研究了单个抛石体的多次(400 次)抛投，运用统计原理求得抛石体漂距，提出了漂距计算式(6.1.44)：

$$L=0.93Hu/G^{1/6} \tag{6.1.44}$$

综上所述，抛石体(单体)的漂距问题在理论上是一个非常复杂的问题。以上研究对于某一具体工程是有一定的实践指导意义的。而三峡工程大江截流龙口段预平抛垫底抛投群体(单个抛体集合)的漂移，相对于单个抛体而言，无论在理论上还是在试验上都要复杂得多，因为抛投群体中任一单个抛体所处的水力环境不同，且相互影响制约。在目前尚未见相关的系统研究成果报告。针对三峡工程大江截流龙口段预平抛垫底的具体条件，开展实体模型试验研究以探讨群体抛投的漂移特性。

2)试验研究技术措施。

模型按重力相似准则取几何比尺为1∶50及1∶35进行设计。1∶50水槽断面模型总长34.0m、高1.6m、宽0.6m,主要研究中小石料($d_{原}$=0.3～0.5m,$d_{模}$=6.0～10.0mm)运用4×30m^3底开驳和7×30m^3侧翻驳抛投时的漂移特性;施工船按实船舱体尺寸以1∶50比尺缩小制作;试验流量根据所需水深及断面平均流速确定,试验段等分为12个抛投区间,每个区间相当于原型100m,每种工况重复抛投两次。1∶35比尺模型在原1∶50模型的基础上,考虑到水流的三维性,将槽扩宽至1.5m,主要研究280m^3底开驳及500m^3对开驳船抛投石渣或块石料的漂移特性。

石渣料要求P_5(大于5mm颗粒的含量)不小于90%,粒径200.0～600.0mm颗粒的含量不小于50%,粒径小于0.1mm颗粒的含量不大于5%,且最大粒径控制为不大于600.0mm,水下可放宽到1000.0mm。模拟石渣料的级配如下:按1∶35比例尺模拟,6.0mm以下粒径的占40%,6.0～20.0mm粒径的占50%,20.0～30.0mm粒径的占10%。

在1∶50比尺模型上模拟中小石料(0.3～0.5m),用6.0～10.0mm石子模拟。

试验操作:首先测量模拟料的容重,根据模型比尺换算出舱体所容纳抛投料的质量;在水力指标满足要求的情况下,将抛投料装入模型船实施抛投。漂距测量以抛投舱位中心(或舱首)为零点。抛投完毕后缓慢泄水,按约定抛投船舱首为零点,上游为负、下游为正的原则对床底抛投料沿水流方向进行等间距测量(一般模型上小舱位为6.0cm、280～500m^3施工船模型为20.0cm),得到抛投料沿水流方向的分配曲线,据此分析抛投料的漂移特性。分析时可通过如下成型特性参数来反映漂移特性。

$L_{100\%}$表示抛投料于床底的分布区位(沿水流向长度);$\Delta L_{100\%}$表示抛投料于床底的分布幅域(宽度);L_{gmax}表示抛投料于床底分布峰值位置。

3)试验研究成果及分析。

试验模拟4×30m^3底开驳、7×30m^3侧翻驳施工船抛投漂移特性,试验成果表明,对于中小石抛投料,不论哪种施工方式,抛投料在床底的分布区位、宽度及峰值位置均随流速、水深的增大向下游扩展,呈较合理的漂移规律。

单舱抛投时,抛投料分布幅域$\Delta L_{100\%}$小于30.0m,床底抛投料起始位置距抛投中心点不大于30.0m,且抛投料分布峰点距抛投中心点距离L_{gmax}不大于45.0m。

4舱同时抛投时,抛投料分布幅域$\Delta L_{100\%}$小于50.0m,床底抛投料起始位置距抛投中心点不大于25.0m,且抛投料分布峰点距抛投中心点距离L_{gmax}不大于45.0m。

鉴于现场预平抛投施工环境较复杂,在对上游戗堤龙口段轴线上游部位实施石渣料抛投时,应严格定位抛投,以免误抛或抛投方式不当对防渗墙施工产生影响,设计要求石渣上游侧坡脚距围堰轴线不小于30.0m。同时,需注意不同的施工抛投船,其抛投料漂移特性也不同。中小石及石渣抛投宜在抛投点平均流速小于1.5m/s的工况下抛投,相应导流明渠分流前长江来流量小于15000m^3/s;中小石及石渣抛投均划分抛投区,根据抛投区的流速、水深情况，参用相应施工船的漂移距参数，定点定位抛投。

(2)预平抛垫底砂砾石料漂移特性研究

1)水工模型抛投砂砾石料漂移特性与原型相似性分析。

在动水中抛投砂砾石料的漂移特性研究，国内外资料尚少，且大多是考虑到多沙水流的挟沙特性对泥沙沉降的影响，主要表现为絮凝现象的出现和泥沙颗粒之间的相互作用。大江截流在上游戗堤的上游侧围堰部位抛投砂砾石料，其抛投水域的下游侧有预平抛垫底高程为 40.0m 的块石坎，抛投区垂线平均在 1.0m/s 以内，要求砂砾石抛投至 35.0m 高程。抛投砂砾石级配料粒径范围为 0.2～150mm，d_{50} 为 9.0mm，其中粒径 80.0～150.00mm 的占 10%，粒径 20.0～80.0mm 的占 25%，粒径 4.0～20.0m 的占 25%，粒径 0.2～4.0mm 的占 40%。由于解决砂砾石料动水抛投漂移问题的复杂性，建立数学模型寻求解答有困难，只有通过物理模型试验。而严格按沉降相似难以做到，现实的办法是按相似律选择几何尺寸。水工模型比尺按 1∶20 缩小的模型砂砾石料，处于滞流区($d<0.15$mm)的颗粒含量不大于 30%。据截流设计抛投砂砾石料级配曲线，3.0mm 以下颗粒含量占 30%，这是可能造成模型与原型不相似的成分。若考虑动水紊动对沉降速度的影响，一方面在一定程度上存在紊动对砂砾石颗粒的挟带作用，对沉降速度有减小的作用，虽作用甚微，但使模型结果偏于保守；另一方面水流紊动减小了黏滞力对颗粒沉降的影响，使处于滞流区的颗粒粒径上限值减小，即使模型与原型不相似的粒径更小。衡量两方面作用的研究尚有待深入，究其偏移不大，应能满足工程要求。从抛投砂砾石料群体沉降分析，根据原型抛投，砂砾石料特性、长江水质及抛投区水流环境，抛投的砂砾石料沉降不会出现絮凝作用和网状结构的影响，而对于模型试验模拟抛投料 d_{50} 约为 0.45mm，水体黏滞力仅对极细模拟料产生影响，所占比例较小，在试验过程中起控制作用的仍是大部分料($d>0.15$mm)的沉降。由于其动水特性，这部分料制约絮凝的形成，且对于极少数与原型沉降不相似的模拟抛投料，其漂移距离比原型的远。因此，模拟抛投料漂移特性成果比原型偏于保守。

2)抛投水深大于 30.0m 时砂砾石料的漂移特性研究。

动水中抛投砂砾石料为了尽可能反映原型水流的三维特性，将试验水槽设计成宽槽，减小泥沙浓度和浑水重度的影响。因此，根据重力相似律，按比尺 1∶20 设计局部模型进行试验，在一定程度上能满足沉降相似，也能满足工程要求。模型水槽长 34.0m、宽 2.5m、高 3.0m，能适应原型抛投水深不超过 60.0m，垂线平均流速不大于 0.75m/s 的抛投工况。大江截流戗堤石渣料及围堰砂砾石预平抛垫底施工时，为兼顾通航，要求采用半河床抛投，即在右河床段通航时，先抛左河床下游块石渣料至 40.0m 高程，再抛投其上游侧砂砾石料至 35.0m 高程；改变航线后抛投右河床石渣及砂砾石料。分区抛投程序见图 6.1.12。抛投施工 500m^3 对开驳船按 1∶20 比例缩小制作，试验时 500m^3 对开驳船舱首距块石渣坡脚 58.0m(相当于 2 倍船长)。试验结果：①在不同抛投水深(35m、45m、52m)的施工过程中，流速不大于 0.5m/s 时，块石坎上游侧砂砾石料有效量均大于 76.6%，最高可达 85.7%；流速不大于 0.75m/s 时，块石坎上游侧砂砾石料有效量均大于 70%，且分布较稳定，现场能做到有效抛投。②比较 500m³ 对开驳抛投最佳船位，在相同水深、流速情况下，500m³ 对开驳船舱首距块石渣坡脚 2 倍船长度位置处(58.0m)抛投为最佳船位。③由于水流的分选作用，各工况抛投均存在一定范围，一定程度的砂砾石粒化，粗化区域均在 0.0～51.0m 范围内，粗化区内各粒径组含量有一定变化，粒径 80.0～150.0mm 的含量增加 3.5%～6.0%，粒径 20.0～80.0mm 的含量增加 6.0%～11.0%，粒径 4.0～20.0mm 的含量增加 2.0%～6.0%，而粒径 4.0mm 以下的含量减少 10.0%～20.0%。

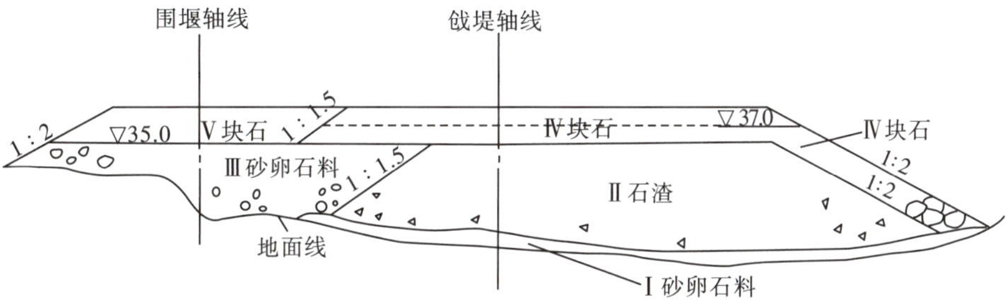

图 6.1.12 平抛垫底施工分序(单位:m)

注：Ⅰ～Ⅴ为施工顺序。

鉴于动水中抛投砂砾石料在底部形成一定范围的粗化区，而防渗墙轴线不可避免地位于粗化区范围内，对防渗墙施工成槽和漏浆极为不利。因此，根据单船抛投模型试验结果及截流设计的水下抛投范围、水下成型等要求，在施工抛投时，应避免在同一处累积抛投；同时考虑顺水流向前后两抛投点交替抛投，如第一抛投点舱首距石渣坡脚 58.0m，第二抛投点舱首距第一抛投点 50.0m，使两抛投位置的粗化区与细化区叠合，能有效降低粗化程度；另外，在横向进行适当的错位抛投，也可对改善粗化起到一定的作用。抛投一定方量后，移动定位船，可避免形成明显的粗化分层现象(图 6.1.13)。

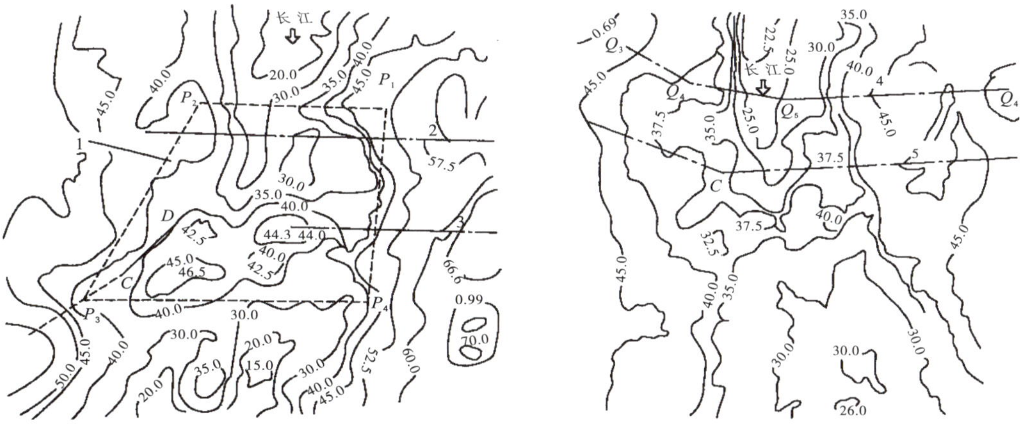

图 6.1.13 龙口平抛垫底水下地形(单位:m)

1—设计垫底范围；2—上围堰轴线；3—上戗堤轴线；4—下戗堤轴线；5—下围堰轴线

6.1.2.9 截流戗堤龙口河床预平抛垫底设计

(1)平抛垫底的作用及垫底范围和高程的确定

大江截流的难点是水深、流量大、合龙工程量大。截流戗堤进占时的水深一般为26～45m,考虑合龙过程中覆盖层冲刷,龙口最大施工水深达60m。据1∶80整体截流模型和1∶40龙口断面局部模型试验成果,龙口合龙过程中,进占堤头抛投块石料坍塌现象较为严重,沿戗堤头端部顶面上下游侧方向最大坍塌长度20m,宽5～8m,堤头中部最大坍塌宽度达10m。深水截流戗堤堤头坍塌的原因之一是龙口水深较大,戗堤进占抛投料沿堤坡面不能一次滚到坡脚,沿坡面滚到一定深度后止动停留在坡面上部,随着戗堤继续抛投进占,堤顶至水深5～7m坡面的堆料坡度逐渐变陡,当坡度达到1∶1或陡于抛投料的稳定边坡时,遇到外力扰动(如大块石滚动或局部抛投料下滑等)即发生块石料群体下滑滚动;另一原因是抛投料在水的作用下,抛投料块体间摩擦力的改变和湿水后逐渐密实。深水截流戗堤堤头端部坍塌是多种因素共同作用的结果,与水深、流量、流速、落差、渗透压力、抛投料粒径、级配、抛投强度等诸多因素有关,但龙口水深较大是主导因素。戗堤坍塌将直接影响抛投进占施工机械及施工人员的安全,延误截流戗堤进占时间。设计综合研究确定采用在龙口河床深槽预平抛垫底抬高河底,以减小龙口水深,有利于防止合龙过程中戗堤堤头端部坍塌,并减少合龙抛投工程量,降低龙口合龙进占抛投强度。因此,平抛垫底是针对三峡工程大江截流特点而采取的降低龙口合龙难度的有效技术措施。

平抛垫底范围为顺水流向宽度140m,河床高程40m以下的深槽部位沿戗堤轴线长180m。平抛垫底高程的确定需兼顾减轻截流难度和施工期通航两方面。通过1∶40龙口断面局部模型试验,比较了平抛垫底高程40.0m、45.0m两种方案。成果表明,两种平抛垫底高程在合龙过程中的水力学指标及抛投材料稳定情况变化不大;平抛垫底至高程45m较40m方案,堤头坍塌规模有所减轻,坍塌次数略有减少,但平抛垫底料增加约54.4万m^3,平抛工程量大。经综合分析,选用平抛垫底高程40m方案。平抛垫底材料底部2～3m采用砂砾石料作为过渡反滤料,其上为石渣和粒径0.3～0.5m的中石料。平抛垫底工程量74.00万m^3(其中砂砾石料26.42万m^3,中石14.39万m^3,石渣33.19万m^3),安排在1996年11月至1997年5月施工,采用280～500m^3底开驳船抛投。

(2)龙口河床平抛垫底度汛防冲措施

龙口位于河床深槽部位,在截流戗堤范围平抛石渣及块石料,其上游侧的堰体范围平抛砂砾石料。设计通过1∶100水工模型试验对平抛垫底材料度汛防冲措施进行了专题研究。按汛期20年一遇洪水流量72300m^3/s试验成果,戗堤平抛垫底至40m高程处的流速为2.77～3.42m/s,堰体平抛垫底至40.0m高程处的流速为3.27～3.94m/s,平抛垫底的砂砾石料产生冲刷。为此研究优化平抛垫底结构型式,在戗堤部位平抛垫底至40.0m高程,其上游侧堰体范围平抛砂砾石料高程降至35.0m高程,形成高低坎结构型式。水工模型试验成果表明,堰体砂砾石范围流速降到2.82～2.96m/s,戗堤部位平抛石渣块石体处的流速为3.5～4.0m/s，可有效地减少平抛垫底砂砾石料的冲刷量。设计要求严格控制戗堤范围平抛垫底材料，高程35.0～40.0m平抛粒径大于0.4m的块石料，以防止汛期遭受洪水冲刷。

6.1.2.10　截流戗堤龙口河床预平抛垫底施工实践检验

(1)截流戗堤龙口河床预平抛垫底施工效果分析

1996年12月至1997年3月，三峡坝址流量为3500～5500m^3/s，截流戗堤龙口河床预平抛区流速较小，满足石渣料及砂砾石料抛投水流条件，施工单位葛洲坝工程局组织进行了预平抛施工。为保障长江主航道畅通，1997年春运期间，仅能进行上游戗堤及围堰平抛施工。由于施工单位精心施工，预平抛垫底水下抛投成型较好，平抛施工水下成型见图6.1.14。因受通航影响，上游围堰左侧砂砾石料抛投量不足，但石渣料平抛至设计高程，水下成型到位，说明了水工模型试验成果的可靠性。

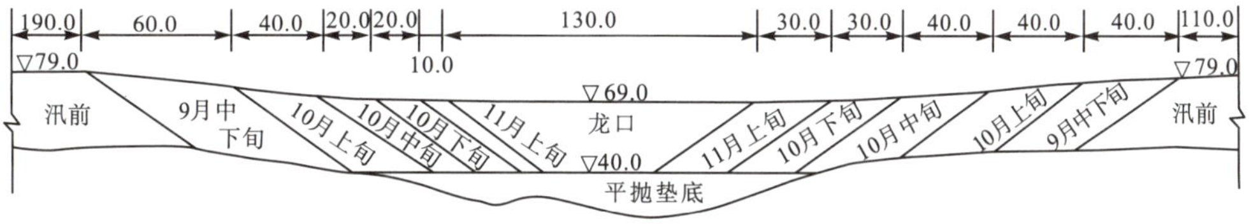

图6.1.14　上游戗堤非龙口段及龙口进占程序(单位:m)

(2)截流戗堤龙口河床预平抛垫底度汛效果分析

1997年汛期三峡坝址洪峰流量不大，但水量偏多，7月高水位持续时间较长。7月4—13日坝址出现涨水过程，最大流量为39200m^3/s，7月17—25日出现一次洪水过程，7月17日流量达44000m^3/s，7月20日实测洪峰流量48000m^3/s，7月25日流量降至35000m^3/s。1997年汛后，对平抛垫底区进行了水下地形测量(图6.1.13)，测量成果表明，大江截流戗堤龙口河床预平垫石渣及块石料，其上游侧平垫的砂砾石料基本保持汛前状况，与水工模型试验成果一致，说明经水工模型试验研究被设计采用的5.0m高防冲坎方案对砂砾石料有较好的度汛保护效果。

6.1.2.11　截流戗堤两岸非龙口段进占及龙口合龙

(1)截流戗堤两岸非龙口段进占程序

上游截流戗堤轴线长度797.4m，左岸非龙口段长284.22m，右岸非龙口段长383.18m，龙口段长130m(图6.1.14)。鉴于导流明渠提前分流，截流戗堤可提前预进占，但预进占束窄口门宽度受口门和导流明渠通航水流条件制约。

表 6.1.9　　长江航运川江航道通航水力学指标

船队类型	船队通航类型	水力指标	
		表面流速(m/s)	比降(‰)
长航船队	自航	≤4.5	≤1
		4.0	3
		≤3.0	≤4
	改队	≤4.5	≤3
		≤3.5	≤7
	绞滩	≤6～6.2	≤8
	大马力助航	≤5.4～5.5	≤10
地方船队	自航	<2.5	

因此,截流戗堤两岸非龙口段进占划分为两个阶段。

第一阶段为1997年汛前两岸非龙口段预进占,束窄口门宽度需满足在通航标准流量45000m^3/s时的通航水流条件要求;同时要确保汛期遭遇5%频率洪水流量72300m^3/s时,龙口河床深槽平抛垫底和束窄口门两岸堤头安全度汛要求。经设计计算分析并通过水工模型试验,1997年汛前截流戗堤右岸非龙口预进占203.18m,左岸非龙口段预进占134.22m,束窄口门宽度460m,长江来流量45000m^3/s时,导流明渠分流12400m^3/s,束窄口门泄流量32600m^3/s,口门最大流速3.64m/s,最大比降1.5‰,满足长航船队通航要求(表6.1.9)。汛期遭遇5%频率洪水流量72300m^3/s时,导流明渠分流量24100m^3/s,口门泄流量48200m^3/s,平均流速4.42m/s,右岸堤头最大流速4.75m/s,设计要求右岸堤头防冲裹头,按最大流速5m/s,堤头坡脚抛投2～3层3～5t特大块石保护,左岸堤头抛投大块石保护。

第二阶段为1997年汛后,从9月中下旬两岸非龙口段开始进占,9月底束窄口门宽360m,9月导流明渠试航期,截流戗堤束窄口门仍可通航,9月底口门束窄至360m后停止船舶通行,导流明渠正式通航。10月截流戗堤两岸非龙口段进占分旬控制进占长度,束窄口门宽度需满足导流明渠通航水流条件要求,10月底束窄口门宽170m,11月上旬形成龙口130m。鉴于右岸一期土石围堰纵向段与混凝土纵向围堰之间的备料堆场只备存了截流戗堤的石渣料及块石料,未备存风化砂料,戗堤非龙口段进占后,堰体不能尾随进占形成防渗墙施工平台。为此,设计研究9月中下旬至10月上旬两岸非龙口段进占程序时,在束窄口门宽度不变的前提下,尽量增加左岸非龙口段进占长度的方案,以便左岸堰体尾随进占,提前形成防渗墙施工平台,为防渗墙提早施工创造条件。上游截流戗堤两岸非龙口段进占程序方案比较了两种方案(表6.1.10),设计选定方案②。

截流戗堤两岸非龙口段进占时,导流明渠已分流,长江水流从截流戗堤束窄口门和导流明渠宣泄。截流戗堤束窄口门水力学计算时,将不同口门宽度视为梯形过水断面的宽顶堰,长江通过三峡坝区的总流量扣除导流明渠的分流量即为截流戗堤束窄口门的泄量,从而求出截流戗堤两岸非龙口段进占不同束窄口门宽度的落差、流速等水力学指标，据此计算两岸非龙口段进占的抛投材料。截流戗堤两岸非龙口段进占束窄口门水力学计算时，其口门过水断面按平抛垫底材料不冲刷考虑。经设计计算分析并通过 1∶100 整体水工模型试验验证，上游截流戗堤两岸非龙口段进占程序及束窄口门水力学指标见表 6.1.11。

表 6.1.10　　上游截流戗堤两岸非龙口段进占程序方案比较

施工时段		束窄口门宽度(m)	方案①		方案②	
			左岸进占(m)	右岸进占(m)	左岸进占(m)	右岸进占(m)
1997 年汛前		460	134.22	203.18	134.22	203.18
9 月中下旬		360	40	60	60	40
10 月	上旬	280	30	50	40	40
	中旬	220	30	30	20	40
	下旬	170	30	20	20	30
11 月上旬		130	20	20	10	30

表 6.1.11　　上游截流戗堤两岸非龙口段进占程序及束窄口门水力学指标

施工时段		进占长度(m)		束窄口门宽度(m)	进占水力学指标					抗冲水力学指标				
		左岸	右岸		流量(m^3/s)	口门泄流量(m^3/s)	口门平均流速(m/s)	堤头流速(m/s)	落差(m)	流量(m^3/s)	口门泄流量(m^3/s)	口门平均流速(m/s)	堤头流速(m/s)	落差(m)
汛期				460						72300	48200	4.42	4.75	1.08
9 月中下旬		60	40	360	30000	18500	2.71	3.75	0.44	50000	29600	3.84	4.48	0.81
10 月	上旬	40	40	280	27500	13600	2.83	3.06	0.54	42400	20500	3.72	4.37	0.99
	中旬	20	40	220	23400	9700	2.92	3.18	0.61	35100	14300	3.58	3.91	1.03
	下旬	20	30	170	19100	6400	2.86	3.15	0.49	27700	9400	3.77	3.90	0.99
11 月上旬		10	30	130	14800	3500	2.68	3.01	0.42	21900	5300	3.70	3.88	0.79

(2)截流戗堤两岸非龙口段抛投材料

两岸非龙口段抛投材料主要是石渣料和中石，堤头防冲抛投一部分大块石及特大块石保护，抛投材料分 4 种规格。

1)石渣：主体建筑物基础开挖的花岗岩块石石渣料，岩性坚硬，不易破碎和水解，一般粒径 0.5～80cm，其中粒径 20～60cm 的块石含量大于 50%，粒径 2cm 以下的块石含量小于 20%。

2)中石：粒径 0.4～0.7m(质量 90～470kg)的块石，备料可按粒径大于 0.5m，质量大于

170kg 的块石含量大于 60%石渣料控制。

3)大块石:粒径 0.8～1.1m、质量 0.71～1.7t 的块石。

4)特大块石:粒径 1.3～1.6m、质量 3～5t 的大块石。

两岸非龙口段分旬进占抛投材料粒径按旬平均流量相应的流速值计算,并用当旬 5%频率最大日平均流量相应的流速值校核戗堤裹头的抗冲稳定。截流戗堤进占抛投块石料粒径通过设计计算,并经水工模型试验验证后确定。设计选用的块石粒径较水工模型试验值大是为了尽量减少戗堤进占过程中的抛投料的流失量。各种规格块石的抗冲流速见表 6.1.12。两岸非龙口段进占抛投材料见表 6.1.13。

表 6.1.12　　各种规格块石的抗冲流速

口门流速(m/s)	2.0	2.5	3.0	3.5	4.0	4.3	4.5	5.0	5.5	6.0
块石粒径(m)	0.2	0.3	0.4	0.53	0.7	0.8	0.9	1.08	1.3	1.6
块石质量(kg)	13	40	90	200	470	710	1000	1700	3000	5000
块石分类	石渣		中石			大块石			特大块石	

表 6.1.13　　上游截流戗堤两岸非龙口段进占抛投材料

施工时段	进占长度(m)		束窄口门宽度(m)	抛投工程量(万 m^3)			抛投材料(万 m^3)					
							石渣料		中石		大石	
	左岸	右岸		左岸	右岸	合计	左岸	右岸	左岸	右岸	左岸	右岸
1997 年汛前	134.22	203.18	460	19.14	13.36	32.50	18.64	12.86	0.5			0.5
9 月中下旬	60	40	360	7.15	8.85	16.00	6.65	8.35	0.5	0.5		
10 月 上旬	40	40	280	5.97	8.98	14.95	5.47	8.48	0.5	0.5		
10 月 中旬	20	40	220	4.53	9.24	13.77	4.03	8.74	0.5	0.5		
10 月 下旬	20	30	170	4.28	7.61	11.89	3.78	7.11	0.5	0.5		
11 月上旬	10	30	130	2.10	7.51	9.61	1.60	7.01	0.5	0.5		
合计				43.17	55.55	98.72	40.17	52.55	3.0	2.5		0.5

(3)截流戗堤龙口段合龙

龙口段从两岸同时进占合龙,根据水力特性将龙口分为 3 个区段,龙口河床平抛垫底至高程 40m 后,当龙口宽 75m 时形成三角形过水断面,合龙困难段将在第Ⅱ区段。各区段水力指标见表 6.1.14。

龙口段设计抛投总量 20.84 万 m^3(计入流失量 5%),其中石渣料 11.98 万 m^3(占 57%)、中石 4.26 万 m^3(占 20%)、大石 4.6 万 m^3(占 23%),合龙困难段需抛投一部分 1.5t 大块石及 3～5t 特大块石。

表 6.1.14　　上游截流戗堤龙口合龙进占水力指标

截流流量(m^3/s)	指标	龙口口门宽度				
		130.0m	80.0m	50.0m	30.0m	0.0m
14000	龙口泄流量(m^3/s)	4470	3450	1250	210	0
	上游水位(m)	67.15	67.35	67.39	67.42	67.44
	下游水位(m)	66.64	66.64	66.64	66.64	66.64
	落差(m)	0.51	0.71	0.75	0.78	0.80
	龙口水深(m)	26.77	26.94	18.40	9.20	0.00
	龙口平均流速(m^3/s)	2.59	3.06	3.15	3.33	
	单宽流量[$m^3/(s\cdot m)$]	57.02	73.55	52.07	26.59	
	单宽功率[$t\cdot m^3/(s\cdot m)$]	29.1	52.2	39.1	20.70	
19400	龙口泄流量(m^3/s)	6110	3820	1450	750	0
	上游水位(m)	68.01	68.30	68.41	68.46	68.48
	下游水位(m)	67.24	67.24	67.24	67.24	67.24
	落差(m)	0.77	1.06	1.17	1.22	1.24
	龙口水深(m)	27.58	27.70	18.40	8.80	
	龙口平均流速(m^3/s)	3.19	3.74	3.93	4.16	
	单宽流量[$m^3/(s\cdot m)$]	64.26	78.11	56.67	32.30	
	单宽功率[$t\cdot m^3/(s\cdot m)$]	49.50	82.8	66.30	39.4	

6.1.2.12　实施阶段对龙口提前合龙技术措施的研究

(1)龙口提前合龙的水文分析

根据宜昌水文站 1877 年以来的实测水文资料，推算枯水期各种频率流量成果，10—11 月月平均流量和分旬最大日平均流量见表 6.1.15。

表 6.1.15　　10—11 月月平均流量和分旬最大日平均流量

月份	旬	月平均流量(m^3/s)				分旬最大日平均流量(m^3/s)			
		月均值	20 年一遇	10 年一遇	5 年一遇	旬平均流量	20 年一遇	10 年一遇	5 年一遇
10	上	19800	27500	25500	23400	27500	42400	38500	34100
	中					23400	35100	32100	28500
	下					19100	27700	25400	22900
11	上	10700	13900	13100	12200	14800	21900	19800	17500
	中					12200	19400	17100	14500
	下					9450	14000	12600	11100

大江截流设计流量 14000m^3/s 为 11 月下旬 20 年一遇最大日平均流量，相当于 11 月 20 年一遇月平均流量 13900m^3/s。做截流施工准备的流量 19400m^3/s 为 11 月中旬 20 年一遇最大日平均流量，相当于 11 月上旬 10 年一遇最大日平均流量和 10 月下旬旬平均流量

19100m³/s。从10月和11月分旬的各种频率流量成果分析，大江截流龙口合龙时段提前到11月上旬及10月底是有可能的。

根据坝址下游宜昌水文站1877—1996年共120年实测水文资料统计分析(表6.1.16)，10月26—31日和11月1—5日出现小于20000m³/s的年数分别为96年和111年，所占比例分别为80%和92.5%，说明大江截流龙口合龙时段提前到10月底至11月上旬从水文资料分析也是可能的。

表6.1.16 宜昌水文站历年10月下旬至11月上旬实测流量统计分析

项目	10月下旬		11月上旬	
	10月21—25日	10月26—31日	11月1—5日	11月6—10日
120年中实测流量小于20000m³/s的年数(年)	80	96	111	119
所占比例(%)	66.7	80	92.5	99.2

(2)龙口提前合龙存在的问题和采取的措施

大江截流龙口合龙提前至10月底至11月上旬，设计研究分析认为存在如下问题：①10月下旬形成龙口宽度130m，按该旬20年一遇日平均流量27700m³/s计算龙口平均流速4.21m/s，需研究龙口两岸堤头防冲保护和平抛垫底砂砾石料防冲措施。②龙口合龙后，长江水流全部从导流明渠宣泄，若11月上旬出现20年一遇最大日平均流量21900m³/s(为非龙口段进占设计流量)，超过明渠通航标准流量20000m³/s，明渠的水流条件对地方中小船舶通行有影响，可能造成部分船舶短期滞航。

针对大江截流提前合龙方案存在的问题，设计研究认为可采取如下措施：①龙口提前合龙后，长江流量全部从导流明渠宣泄。如遇超标准流量，明渠在短期内停止地方船舶正常通行；流量不超过25000m³/s时，长航船队可采取改队减驳减载量通过明渠。②充分利用工地现有水上开挖和抛投机械及船舶，力争在两岸非龙口段进占开始前流量小于15000m³/s的时段进行龙口河床平抛垫底，在截流戗堤平抛垫底范围内平抛块石料加高垫底形成底坎，以减少两岸非龙口段进占和龙口合龙过程中平抛的砂砾石料冲刷流失量。③精心组织施工，集中工地现有的大型挖掘机械(8m³液压挖掘机及9.6m³装载机)、重型自卸汽车(77t及45t自卸汽车)、大马力(770HP及410HP，1HP=735W)推土机，提高抛投强度，加快戗堤进占速度，以减小抛投料流失量。

6.1.3 大江截流施工技术

6.1.3.1 龙口河床平抛垫底施工

(1)平抛垫底施工时段

龙口平抛垫底施工时段安排，除了考虑垫底结构要求、施工船舶特性外，还要考虑航运和施工安全。分为两个阶段施工：

第一阶段平抛垫底施工安排在1996年12月至1997年3月。此时已进入长江的春运季节，进、出川物资的各种船舶增多，为了既满足平抛施工，又保证航道通畅，分为左、右平抛区，一侧通航，另一侧施工。上、下围堰轴线相距1000m，在征得航运管理部门的同意后，春运期间采取先上游围堰、后下游围堰的抛填程序。

第二阶段平抛垫底原设计安排在1997年9—10月，与非龙口段进占施工同步进行。实际上，导流明渠通航之前，过往船舶仍从束窄的主河床通过，平抛与航运安全之间的矛盾更尖锐，在征求航道管理部门的意见后，把第二阶段的平抛垫底安排在大江主河槽禁航之后，施工时段为1997年10月6日至11月20日。此期间优先抛填上游围堰截流戗堤部位的块石料，以减少龙口段的陆上抛填强度和截流难度，缩短截流时间，尽量提高龙口段块石料的抛填高度；上游围堰砂砾石料体加高则安排在戗堤合龙之后，静水条件抛填。下游围堰经过第一阶段施工后，块石料剩余量仅2.1万m^3，由于其分布范围广，顶面宽度窄，施工控制难度大，所以采用砂砾石料代替块石料抛填；下游围堰砂砾石料尾随石渣戗堤抛投，滞后戗堤30m左右，以改善抛填区的水流条件。

(2)平抛垫底施工分区

1)第一阶段将有效航宽355m分成左、右两个平抛区，先右侧平抛，左侧通航；等右侧抛填至35～37m高程后，航道改到右侧，进行左侧抛投。

第二阶段集中在龙口段，采取自左向右抛投施工。

在平抛区施工时，首先分序连续抛投Ⅰ、Ⅱ序至35m高程，使之形成拦门坎；然后，定位船上移抛填围堰轴线两侧30m宽度的砂砾石料至35m高程；接着抛填Ⅲ序其余部位的砾料。此时，定位船下移，再抛填压顶压坡块石至37m高程以上。Ⅳ序继续抛填戗堤部位的块石料；Ⅴ序抛填围堰部位的砂砾石料，完成平抛垫底施工。

2)下游戗堤。

由于上游围堰平抛工程量大，如果等上游围堰全部抛填至第一阶段的设计高程再抛填下游围堰，无疑对长江航运和施工安全有好处；但要结束上游平抛施工，需延至1997年4月底，此时，上、下游围堰预进占基本结束，口门束窄，长江流量、流速增大，对下游围堰平抛施工极为不利。

因此，必须在上游围堰平抛时，同步进行下游围堰平抛。上、下游围堰同时施工，必须充分考虑长江船只航运安全要求。

(3)平抛垫底施工方法

1)抛填料采运。

①砂砾石料。采用长江下游云池料，在料场用750m^3/h链斗采砂船挖装，700m^3砂驳、1000m^3甲板驳运到工地，然后用输砂趸船和双10t抓斗转至500m^3对开驳或280m^3底开驳运至抛填部位。

②石渣料。在苏家坳12号料场用反铲将大于600mm的超径石剔出，用装载机装20～

32t，由自卸汽车运至左上围堰4号截流基地，再用$4m^3$铲扬船挖装，$500m^3$对开驳或$210m^3$侧抛驳运至抛填部位。

③块石料。在料场用反铲选取合格的块石，装20～32t自卸汽车运至左上围堰4号截流基地堆存；然后采用$4m^3$铲扬船挖装，$500m^3$对开驳或$210m^3$侧抛驳运至抛填部位。

2)施工船舶定位。

①在抛投区，用一艘1500t趸船在规划好的条带内定位。定位船五锚作业，定位、摆动、移位准确灵活。

②组织测量专班，对抛投起点、终点、边坡、转点等控制点严密监测。每次移位、定位均用岸上经纬仪交会，定位后的摆动和上、下移动用六分仪校位，严格控制设计抛填断面。

③定位船左、右设压缆装置，不影响长江航运。船上绞缆装置齐全，抛投船只停靠稳定。

3)抛填。

①平抛区按垂直围堰轴线方向每40～50m分成一个作业条带，抛投时定位船在作业条带范围内可左、右摆动，上、下移动。

②抛填船定位后，依托定位船准确按顺序抛填。

③抛填5～6天后，施测1∶1000水下地形图，然后按间距20m画横断面图，对照设计断面，检查水下抛填体形。

④超过20m水深用回声仪施测，20m以内用测绳施测，当抛填接近设计高程时，用回声仪检测。

平抛垫底施工机械设备见表6.1.17。

表6.1.17　平抛垫底施工机械设备

序号	设备名称	规格	数量(艘)	备注
1	链斗船	$750m^3/h$	1	砂砾石料开采
2	铲扬船	$4m^3$	2	石渣、块石挖装
3	砂驳	$700m^3$	6	
4	对开驳	$500m^3$	5	
5	底开驳	$280m^3$	3	
6	侧抛驳	$210m^3$	2	
7	拖轮	402.7kW	5	
		357.9kW	3	
		238.6kW	2	
		745.7kW	2	
8	趸船	1500t	1	上游平抛定位用，后转至下游围堰
9	水驳	400t	1	下游围堰定位用，后改用1500t
10	抛锚艇	20t	1	
11	交通艇		1	

(4)平抛垫底施工质量控制与安全保障措施

1)质量控制。

①严格控制料源质量,对围堰轴线上的砂砾石料在料场装船时,用隔筛筛除大于80mm的砾石。石渣及块石料质量控制在挖装时进行。运往左上围堰4号截流基地后,石渣料用246kW推土机送料至河下。在铲扬船采挖过程中,经江水淘洗,细料含量减少,满足设计要求。

②平抛质量控制的关键是做到准确定位,且各种填料不允许混抛,特别不允许石渣与块石料抛至防渗墙轴线上,以免给防渗墙造孔带来困难。

在上游围堰,定位船先定在戗堤轴线及以下区域,抛填Ⅰ、Ⅱ序至35m高程。然后定位船向上游移位,率先抛填不大于80mm砂砾石料至防渗墙轴线上、下15m范围内。抛至35m高程后,再抛填轴线30m范围以外两侧的砂砾石料。最后,抛填压顶压坡块石。

在下游围堰,平抛范围仅限于堰体部位,断面狭窄,抛填难度大。下游拦门坎35m高程处断面宽只有20m,而且石渣底脚线距围堰轴线的距离仅30m。500m^{3}对开驳船体长度49.8m(料仓有效长度28.8m),大于堰顶宽。为保证抛填到位,要保证施工质量,一部分填料若被抛至围堰平抛范围以外,会成为无效抛填量。为此,经项目法人、监理及设计认可,将高程35m以下石渣料改为砂砾石料,先抛填下游拦门坎至30m高程,之后定位船上移,先抛填围堰防渗部位上的砂砾石料,继而抛填围堰轴线两侧范围以外砂砾石料至30m高程,待定位船下移后,最后抛填压顶压坡块石。

③根据抛填部位的流速和水深,确定抛投定位船定点的前置量,一般按如下关系式计算:前置量=漂距-安全距离。实际操作时,石渣及块石料定点位置不超过30m或35m高程平台的上游边线,上游侧欠抛部分用砂砾石料替代;砂砾石料定点位置则按其设计的上游坡脚线控制。同时,根据流量变化幅度,每2～4天实测一次平抛范围的流速,每天用测绳量测抛填高程,每1～6天用回声仪实测平抛区域的地形图,依据这些资料来调整定位。

④当流量大于14400m^3/s,垂线平均流速大于1m/s时,砂砾石料停抛;或者垂线平均流速在1.2m/s以下时,提高砂砾石料的含砂率,由设计的30%增大到35%～40%后继续抛填。平抛视水情相机决定,流速小时就抛,大时则停,以防止填料过分粗化,减少抛填损失。

2)安全保障措施。

①将经审核批准后的平抛垫底单项施工技术措施,逐级对施工人员进行交底,并认真执行。

②平抛垫底各施工船只要保持适航状态,必须配备具有合格证的驾驶、轮机人员和符合安全定额的船员,并严格遵守国家《内河避碰规则》及航政部门的有关规定,自觉维护水上交通秩序。

③为防止抛投作业区与长江航运船只发生碰撞事故,抛投区设置临时航标,航标随施工

部位变动而变动。

④定位船只抛投船队的布置、数量、大小等情况应及时与港监部门取得联系，共同协商完善安全措施，并接受其监督检查。

⑤施工船只出入作业区时，要认真瞭望，注意上、下游过往船只情况，不准强行横越。

⑥定位船夜间应显示构成等边三角形的环照灯 3 盏，定位船不通航一侧为红光环照显示，以防过往船只误入抛填区。

⑦加强船只的渗漏检查，各船均配备各种堵漏用具和材料，如堵漏木塞、堵漏板等，存放在固定处，便于急用。

⑧船只暂停施工期间，要专门安排值班船只值班，维护船只的安全。

⑨严格规定施工抛投船队在作业区内的航行路线，施工船队与客货运输船队在作业区要分航行驶。

⑩进占期间，在上游龙口左、右侧各设一艘救生艇及必要的救生器材，保证万一出现险情后能及时抢救。

6.1.3.2 截流戗堤进占施工

(1)截流戗堤进占施工分段

1)大江主河槽两岸为滩地，深槽居中，上、下游戗堤进占分阶段由两岸逐步向深槽推进，上游戗堤在深槽段形成截流龙口，下游石渣戗堤尾随上游戗堤进占，口门宽度始终比上游宽 80～120m。

2)上游截流戗堤进占施工分为 3 段：①预进占段，口门宽 797.4～480m；②非龙口段，口门宽 460～130m；③龙口段，口门宽 130～0m。

3)下游石渣戗堤进占施工分为 3 段：①预进占段，口门宽 830.4～480m；②跟随进占段，口门宽 480～240m；③预留口门段，口门宽 240～0m。

上、下游戗堤进占程序见表 6.1.18。

表 6.1.18　三峡工程大江截流戗堤进占程序

工程项目	进占时段(年-月-日)		沿轴线口门宽度(m)		进占长度(m)		备注
	起	止	起	止	左岸	右岸	
	1996 年汛后	1997 年汛前	797.40	460.00	134.22	203.18	平抛垫底至 35～37m 高程
上游围堰截流戗堤	1997-09-01	1997-09-30	460.00	360.00	60.00	40.00	
	1997-10-01	1997-10-10	360.00	280.00	40.00	40.00	
	1997-10-11	1997-10-20	280.00	210.00	20.00	50.00	
	1997-10-21	1997-10-31	210.00	130.00	30.00	50.00	平抛垫底至 40m 高程
	1997-11-01	1997-11-08	130.00	0.00	105.00	25.00	

续表

工程项目	进占时段(年-月-日)		沿轴线口门宽度(m)		进占长度(m)		备注
	起	止	起	止	左岸	右岸	
	1996年汛后	1997年汛前	797.40	460.00	134.22	203.18	平抛垫底至35～37m高程
下游围堰石碴戗堤	1996年汛后	1997年汛前	830.40	480.00	178.90	171.50	平抛垫底至35～37m高程
	1997-09-01	1997-09-30	480.00	380.00	60.00	40.00	
	1997-10-01	1997-10-10	380.00	320.00	40.00	20.00	
	1997-10-11	1997-10-20	320.00	240.00	80.00	0.00	平抛垫底至40m高程
	1997-10-21	1997-10-31	240.00	180.00	60.00	0.00	
	1997-11-01	1997-11-08	180.00	70.00	100.00	10.00	
	1997-11-09	1997-11-13	70.00	0.00	40.00	30.00	

(2)截流戗堤预进占段施工

1)堰基清理。

为了保证防渗体部位的填筑质量，二期围堰右岸接头段在开始进占之前，首先要清除围堰防渗轴线上、下游侧各5m范围内一期土石围堰临江侧的防冲块石及石渣层，其开挖分两步：68m高程以上为水上开挖，用反铲和装载机挖装，自卸汽车运输；68m高程以下为水下开挖，用$4m^3$铲扬和$13m^3$抓斗配底开驳，合格料用于水下平抛施工，不合格料弃往伍厢庙水下渣场。

下游围堰左岸预进占段与山体相接，在开始填筑之前，也要对堰基及岸坡进行清理，采用推土机、装载机和反铲将植被、草皮、腐殖土及防渗部位的块石和石渣料全部挖除。

2)预进占段施工。

二期上、下游围堰预进占段要求填至79m高程，上游围堰69m高程及下游围堰68m高程以下为水下抛填施工。上游左岸预进占段填筑于1996年12月开始，从防渗墙施工试验段79m高程戗堤顶面以10%～13%的纵坡比逐步降至69m高程，至1997年2月达到设计要求的进占长度和高程；右岸预进占段填筑于1996年12月开始，从一期土石围堰防冲平台70m高程降至68m高程，至1997年3月完成预进占段施工。下游左岸预进占段填筑于1996年12月开始，至1997年3月底完成预进占段及60m延伸段施工任务；右岸预进占段填筑于1996年12月开始，至1997年3月完工。

预进占段水下施工采用32～77t自卸汽车运输，端进法抛填，使大部分石料直接倒入江中，推土机配合。当水深较大时，为安全起见，采用堤头集料、推土机赶料的方式进行抛投。

水上填筑采用32～77t自卸汽车运输卸料，220～420HP推土机平料，13.5t以上振动碾碾压，各类填料的压实参数经试验选定。堰体各部位的填筑都要求严格按设计断面施工，分层摊铺，分层碾压，填料开采、装运、铺料、碾压等工序要彼此衔接，保证堰体均衡上升。

为确保1997年安全度汛，二期围堰预进占段各堤头需在汛期到来之前形成足以抵御20年一遇洪水的防冲裹头，其中戗堤在迎水面上游挑角抛投中石护坡压脚，堰体则采用5层编织袋装风化砂和过渡料进行防护，水下为船抛施工，坡比按1∶2控制，水上用人工砌筑形成1∶1.5的边坡。

(3)截流戗堤非龙口段进占施工

1997年9月12日开始非龙口段戗堤进占，从左、右岸预进占段截流戗堤堤顶79m高程，用反铲和推土机配合把堤头降至75m高程，形成宽30m的运输斜坡道，然后再从75m高程按左岸6.6%、右岸6.25%的纵坡逐步下降至69m高程抛投，并在堤顶铺垫20～30m厚的人工碎石或粗砂，以利于车辆通行。

非龙口段施工严格按设计分月、分旬控制进尺，9月底将上、下游戗堤口门分别束窄至360m、380m，10月底上游形成130m宽的截流龙口。在进占过程中，根据堤头稳定情况选用两种抛投方式：采用32～77t自卸汽车在堤头直接卸料，全断面抛投，自卸汽车后轮距堤顶边缘2.5～3.5m；深水时，采用堤头集料、推土机赶料的方式抛投。

当长江流量较大，堤头流速超过4m/s时，要采用抛投大块石或中石的方法对非龙口段进行防冲保护，堤头和迎水侧的边坡按1∶1.3控制。

大江截流戗堤设计分月分旬进占程序与实际进占程序对比见表6.1.19。

表6.1.19　三峡工程上游截流戗堤及下游戗堤设计进占程序与实际进占程序对比

工程项目	进段(年-月-日)		设计进占(m)				实际进占(m)			
			沿轴线口门宽度		进占长度		口门宽度		进占长度	
	起	止	起	止	左岸	右岸	起	止	左岸	右岸
上游围堰	1996年汛后	1997年汛前	797.400	460.000	134.220	203.180	797.400	460.000	134.220	203.180
	1997-09-01	1997-09-30	460.000	360.000	60.000	40.000	460.000	360.000	60.000	40.000
	1997-10-01	1997-10-10	360.000	280.000	40.000	40.000	360.000	280.000	40.000	40.000
	1997-10-11	1997-10-20	280.000	210.000	20.000	50.000	280.000	154.300	37.322	88.378
	1997-10-21	1997-10-31	210.000	130.000	30.000	50.000	154.300	42.200	51.500	60.600
	1997-11-01	1997-11-09	130.000	0.000	105.000	25.000	42.200	0.000	20.500	21.700
下游围堰	1996年汛后	1997年汛前	830.368	480.000	178.874	171.494	830.368	480.000	178.874	171.494
	1997-09-01	1997-09-30	480.000	380.000	60.000	40.000	480.000	380.000	60.000	40.000
	1997-10-01	1997-10-10	380.000	320.000	40.000	20.000	380.000	320.000	40.000	20.000
	1997-10-11	1997-10-20	320.000	240.000	80.000	0.000	320.000	230.874	89.126	0.000
	1997-10-21	1997-10-31	240.000	180.000	60.000	0.000	230.874	106.500	75.000	49.374
	1997-11-01	1997-11-09	180.000	70.000	100.000	10.000	106.500	0.000	70.800	35.700
	1997-11-10	1997-11-13	70.000	0.000	40.000	30.000				

(4)截流戗堤龙口段进占施工

1)堤头车辆行车线路布置。

在戗堤堤头上，将重车分成3路纵队，其中靠上游侧两路，下游侧一路，中间留一条空车退场道。堤头线路布置分3个区：抛投区长40～45m；编队区长40～45m；重车进场及回车区长70～110m。

为缩短倒车距离，加快抛填速度，在右岸截流戗堤下游侧距龙口100m处，用石渣料增填一个长40m、宽20m的回车平台；左岸则利用跟进填筑的堰体部分进行回车。为保证足够的强度，在戗堤堤头布置4个卸料点，轴线上、下游侧各两个。另外，根据不同区段填料的要求采用不同的编队方案：

第①区段(口门宽130～80m)。一路大车(77t)靠上游侧抛填特大石、大石和中石，两路小车(45t)在下游侧3个卸料点抛填石渣。

第②区段(口门宽80～50m)。两路大车靠上游侧两个卸料点分别抛填特大石、大石和中石，一路小车在其余两个卸料点尾随抛填石渣料。

第③区段(口门宽50～0m)。大车和小车各一路，靠上游侧分别在两个卸料点抛投特大石、大石和中石，另外有一路小车在下游侧两个卸料点尾随抛填石渣料。

2)堤头抛填方式。

龙口段施工主要采用全断面推进和凸出上游挑角两种进占方式，其抛投方法拟定采用直接抛投、集中推运抛投和卸料冲砸抛投3种。根据进占方式不同，将龙口段分3个区段采用不同抛填方式。

第①区段(口门宽130～80m)。该区段具有水深大(最大29m)、抛填强度大(最大4083m^3/h)、龙口流速小的特点。抛投采用中石和石渣全断面进占，特大石和大石抛在迎水侧抗冲，石渣料与中石齐头并进。为满足高强度抛投，可视堤头的稳定情况，部分采用自卸汽车直接抛填，部分采用堤头集料、推土机赶料的方式抛投。但在100～80m段为坍塌频繁区，必须全部采用堤头集料方式填筑。堤头每次集料量约100m^3(4～5车)，推土机距堤头边线30m。推土机赶料时，汽车卸料后轮距堤头边缘控制在5～7m。直接卸料时，大车(77t)后轮距堤头边缘不小于3.5m，小车(45t)后轮距堤头边缘不小于2.5m。

第②区段(口门宽80～50m)。该区段是龙口进占的困难段，水深大，流速大，应采用凸出上游挑角的方式施工，即在堤头上游侧与戗堤轴线成30°～50°角的方向，用特大石、大石、中石抛出一个长5～8m、宽8～10m的防冲矶头，使戗堤下游侧形成回流，然后石渣尾随进占。此段主要采用自卸汽车堤头集料、推土机赶料的方式抛填。

第③区段(口门宽50～0m)。该区段内虽然流速最大，但水下的三角堰已逐渐变窄，水深也有所变浅，戗堤稳定性比较好。为减少冲刷流失，应采用凸出上挑角法施工，先用特大石和大石在堤头上游侧与戗堤轴线成30°～45°角的方向抛出一个长3～5m、宽8～10m的防冲面头，然后石渣料和中石在下游侧尾随跟进。堤头抛填视稳定情况，部分采用汽车直接抛填，部分采用堤头集料、推土机赶料方式抛填。在施工中，特大石、大石和中石以堤头集料为主,石渣料则以汽车直接抛投为主。当堤头指挥人员发现堤头边坡陡于 1∶1.1 时,可采用卸料冲砸法,即用 77t 自卸汽车抛料冲砸堤顶边坡,使堤头趋于稳定。

3)堤头进占的抛填强度。

上游截流戗堤龙口段长 130m,总填筑量约 20.84 万 m^3。左岸先单向进占 80m 形成 50m 龙口后,两岸再进行对称进占。设计拟定的单堤头抛填强度见表 6.1.20。

表 6.1.20　三峡工程大江截流戗堤龙口段单堤头抛填强度

口门宽(m)		130~80	80~50	50~0
日抛填强度(万 m^3/d)	特大石	0.2	0.5	0.3
	大石	0.50	0.52	0.73
	中石	0.75	0.78	0.6
	石渣	2.74	0.80	2.00
	小计	4.19	2.60	3.63
小时抛填强度(m^3/h)	特大石	100	250	150
	大石	250	260	365
	中石	375	390	300
	石渣	1370	400	1000
	小计	2095	1300	1815
堤头卸车密度(车/min)	特大石	0.2	0.5	0.3
	大石	0.13	0.14	0.20
	中石	0.20	0.21	0.16
	石渣	1.34	0.39	0.98
	小计	1.87	1.24	1.64
备注		特大石:用大车; 大石:用大车; 中石:用小车; 石渣:用小车	特大石:用大车; 大石:用大车; 中石:用小车; 石渣:用小车; 混凝土四面体:用大车	特大石:用大车; 大石:用大车; 中石:用小车; 石渣:用小车; 混凝土四面体:用大车

各区段强度分析如下:

第①区段。按堤头集料、推土机赶料占 1/3,汽车直接抛填占 2/3 来考虑。堤头集料时,汽车卸料和推土机赶料的循环时间以 4min 计,每次循环可卸料 5 车,即 1.25 车/min;汽车直接卸料时,循环时间为 1.56min,即 2.56 车/min。实际能达到的卸车密度 $D_1=2.09$ 车/min,而满足抛填强度所需汽车卸料密度 $D_2=1.87$ 车/min。$D_1>D_2$,满足强度要求。

第②区段。全部采用堤头集料、推土机赶料的方式,$D_1=1.25$ 车/min,$D_2=1.24$ 车/min。$D_1>D_2$,基本满足强度要求。

第③区段。按堤头集料和汽车直接卸料各一半来考虑，$D_1=1.91$ 车/min，$D_2=1.64$ 车/min。$D_1>D_2$，满足强度要求。

由上述分析可知，除了第②区段的抛填比较紧张外，第①区段、第③区段的抛填能力均略有富余。

(5)施工机械设备选型及布置

为满足高强度截流施工的要求，在设备选型上应遵循以下原则：优先选用大容量、高效率、机动性好的全液压设备；充分利用项目法人提供和葛洲坝集团公司现有的大型设备；选用 6～9.6m^3 的液压挖掘机及 9.6m^3 以上的装载机进行挖装，特大石和大石则以 4m^3 电铲为主；运输设备主要选用 45～77t 的大型载重自卸汽车，32t 自卸汽车辅助运输；在堤头上尽量选用大马力的卡特(D9～D11)推土机，保证高强度连续作业。

考虑到右岸截流基地范围小，设备布置应以数量少、效率高为主；左岸料场范围广，供电方便，可以使用 WK-4 电铲和液压挖掘设备；大型运输设备(如卡特 777)应主要用于装特大石、大石和中石，小型设备用来装石渣料。

(6)石渣戗堤尾随进占及围堰堰体水下抛填

在大江截流施工过程中，下游围堰背水侧石渣戗堤始终尾随围堰截流戗堤进占，其口门控制宽度以不承担水头落差为原则，一般比上游围堰宽 40～50m。上游围堰形成 130m 截流龙口时，下游围堰口门束窄至 180m。下游围堰进占主要采用全断面推进方式，不分区段连续进占抛填直至合龙。

石渣戗堤左岸进占自 9 月上旬开始，从预进占 79m 堤顶高程用反铲配推土机把堤头降至 75m 高程，形成宽 20m 的运输斜坡道，再按 4.42%的纵坡比下降至 68m 高程。

戗堤进占时，堰体部分跟进，其坡度与戗堤一致，目的是形成回车平台。在戗堤顶面铺一层 50cm 厚的人工碎石，碾压密实，其上再铺一层 10cm 厚的粗砂或风化砂，并平整碾压，以利于车辆通行。

下游石渣戗堤形成 240m 口门后，施工强度明显增大，尤其是左岸最大日均抛填达到 1.4 万 m^3。因此，要合理布置堤头行车路线，提高抛填效率和强度。在施工中当长江流量较大，流速超过 3m/s 时，提前做好石渣堤堤头的防护工作。

上游戗堤截流合龙前，堰体从左岸进料跟进。靠近戗堤部分的堰体随戗堤跟进，作为戗堤进占施工中的回车平台。迎水侧石渣堤领先堰体单独进占，防渗部位堰体尾随石渣堤进占。

水下堰体布置为迎水侧石渣堤和背水侧戗堤及其过渡料与两堤中间的风化砂(施工防渗墙)。各部位施工方式如下：

1)过渡料施工。

过渡料滞后戗堤 10m，上游围堰分两层抛填，先抛填 4～15cm 的碎石，达到设计厚度后，再抛填 0.5～4cm 的碎石。过渡料由自卸汽车运至回填部位，卸料在戗堤顶面，推土机垂直戗堤推料。

2)石渣堤施工。

上游围堰迎水侧石渣堤滞后戗堤30m,下游围堰石渣堤滞后戗堤20m。由于堤顶较窄,填筑高度大,采取两种填料平行进占,堤顶后按实际坡比(1∶1.4)等截面代换加宽,两侧各加宽1.5m。除此之外,还可视水流情况适当降低堤顶高程,加宽堤顶宽度,以提高单堤头抛填强度和确保进占安全。

3)堰体风化砂施工。

风化砂滞后石渣堤10～20m,在进行水下抛投时,工作面上配2～4台推土机和1台反铲。推土机用来赶料,反铲用来剔除围堰轴线两侧5m范围风化砂中的超径石。为了确保堰体填筑质量,便于防渗墙施工,围堰轴线两侧的风化砂可适当超前2～3m进占,并且优先使用质量较好的风化砂料。

(7)截流戗堤进占施工安全措施

1)截流戗堤进占施工防范堤头坍塌。

龙口河床平抛垫底使堤头坍塌状况大为缓解。但水深仍有28m左右,合龙过程中,很难彻底消除堤头坍塌,因而还必须在现场采取监控防范措施。

①在进占方式上,尽量采取全断面整体推进。在采用上挑角法进占时,尽量减小挑角凸出的长度。

②根据堤头稳定情况,相机选择3种方法抛填,即汽车直接卸料抛填;堤头集料,推土机赶料回填;大吨位自卸汽车装块石卸料冲砸,冲压不稳定的边坡。

③挑选质量好的填料。石渣料的大粒径料相对均匀,严格控制粒径小于5mm的细颗粒含量在10%以内。

④适当降低进占面高程,加宽进占面,以增加安全裕度。

2)截流戗堤进占施工安全措施。

①在条件允许的情况下,尽量采取全断面整体推进;在采取上挑角进占时,要尽量减小挑角凸出的长度。

②风化砂堰体采用堤头集料,推土机赶料的方式抛填,自卸汽车距堤头10～15m卸料,严禁自卸汽车直接抛填,以免发生人、车落水事故。

③戗堤与石渣堤在抛填强度不高的部位也采取堤头集料,推土机赶料回填,自卸汽车距堤头8m卸料。在抛填强度高的部位,视堤头的稳定情况,采取自卸汽车直接抛填,77t自卸汽车距堤头3.5m卸料,而45t自卸汽车距堤头2.5m卸料。

④非龙口段和下游围堰右岸合龙段进占沿斜坡下降,为防止自卸汽车下滑,堤头始终留一道石渣埂。

⑤对上游围堰石渣堤0+340～0+580段和下游围堰戗堤0+280～0+450段等危险部位,在堤头设立安全警示牌,只允许自卸汽车距堤头8m卸料。

⑥戗堤、石渣堤各个进占堤头的侧边3.5m为安全警戒距离,此范围内不允许停放任何

机械设备，堤头指挥人员也不允许在此范围内滞留。

6.1.3.3　大江截流实施过程

1997 年 10 月 14—15 日在两岸非龙口段进行了大江截流实战演习，日抛投量 19.4 万 m^3，超过巴西伊泰普水电站截流创造的日抛投 14.6 万 m^3 的世界纪录，截流戗堤两岸堤头向江中推过 54.7m，口门束窄为 189.5m。演习投入自卸汽车 264 台，挖掘机 30 台，装载机 24 台，推土机 31 台，船舶 22 艘。

10 月 23 日两岸非龙口段进占至龙口桩号形成 130m 宽的龙口，下游戗堤口门宽为 202m。大江截流龙口合龙分两个阶段实施。第①区段口门宽 130～40m。10 月 26 日 8 时开始进占施工。此时坝址流量 10600m^3/s。12 时，龙口缩窄至 100m 宽后，截流进入困难区段，龙口实施流速 3.88m/s，落差 0.44m，抛投石渣料流失较多，堤头进占减慢，从堤头上游角抛投特大块石(粒径 1.3～1.6m，重 3～5t)及大块石(粒径 0.8～1.1m，重 0.7～1.77t)形成 8～10m 宽的上挑角矶头，将主流挑向龙口中部，减小上挑角下游部位的流速，并抛投中石(粒径 0.4～0.7m，重 90～470kg)及石渣料尾随进占。20 时，龙口束窄至 82m，实测最大流量 11600m^3/s，导流明渠分流量 7860m^3/s，实测龙口最大流速 4.22m/s，落差 0.66m。10 月 27 日 6 时 30 分，龙口束窄至 40m，两岸戗堤各自进占长度分别为 49.3m 及 40.7m。明渠分流比 84.55%。两岸戗堤累计抛投量 12.1 万 m^3(其中大石 3.4 万 m^3，特大石 1.8 万 m^3)，两岸堤头最大小时抛投强度分别为 3810m^3/h 及 3072m^3/h。相应汽车为 186 辆次/h 及 130 辆次/h。两岸堤头同时抛投最大强度 6375m^3/h，302 辆次/h。形成 40m 宽龙口后，两岸堤头均采用特大块石抛投成临时裹头。第②区段口门宽 40～0m。11 月 8 日 9 时开始两岸堤头同时进占，此时实测流量 8480m^3/s，导流明渠分流量 8040m^3/s，分流比 94.8%。龙口平均流速 2.6m/s，抛投大块石、中石和石渣料，进占较为顺利，15 时 30 分龙口合龙，两岸戗堤进占抛投料 4.03 万 m^3，实测落差 0.32m，下游围堰戗堤尾随进占，18 时 30 分合龙。大江截流施工机械配置见表 6.1.21。

表 6.1.21　　大江截流施工机械配置

施工机械	自卸汽车	推土机	液压挖掘机	电铲	装载机
总数	351 辆	29 台	18 台	14 台	34 台
上游戗堤	99 辆	6 台	11 台		2 台
总容量	13207t	8953kW	87.7m^3	56m^3	205.1m^3
单机最大容量	77t	52.5kW	10m^3	4m^3	10.5m^3

6.1.4　大江截流设计和实施分析及其与葛洲坝工程大江截流比较

6.1.4.1　大江截流设计与实施对比分析

大江截流设计龙口合龙技术指标与实际对比见表 6.1.22。

表 6.1.22　　三峡工程大江截流主要技术指标

项目	主要技术指标		备注
	设计	实施	
截流龙口合龙时段	11 月上旬	10 月 26—27 日、11 月 8 日	10 月 23 日龙口形成，考虑通航要求，11 月 8 日最终合龙
截流合龙方式	平抛垫底，单戗双向立堵	平抛垫底，单戗双向立堵	下游戗堤(不承担落差)及围堰堰体尾随进占
截流龙口宽度(m)	130	130(40)	40m 为 11 月 8 日最终合龙小龙口宽度
截流合龙流量(m^3/s)	14000～19400	8480～11600	8480～11600m^3/s 为龙口合龙实测流量，为世界第一
截流施工最大水深(m)	60	60	世界第一
截流合龙最大落差(m)	0.8～1.24	0.66	0.66m 为 10 月 26 日晚 8 时实测
截流合龙最大流速(m/s)	3.29～4.23	4.22	4.22m/s 为 10 月 26 日晚 8 时实测
截流戗堤总抛填量(万 m^3)	126	126	
截流龙口总抛填量(万 m^3)	20.8	20.8	
上堰平抛垫底总填量(万 m^3)	74	83*	* 为有效抛投方量
平抛垫底高程(m)	40	40～45	
日抛填最高强度(万 m^3)	7～8	19.4	19.4 万 m^3 含下游戗堤及堰体抛填
小时抛填最高强度(万 m^3)		1.71	1.71 万 m^3 含下游戗堤及堰体抛填
单戗堤小时最高强度(万 m^3)	0.29	0.65	

6.1.4.2　三峡工程大江截流与葛洲坝工程大江截流比较

三峡工程大江截流主要难点是截流水深、流量大、抛投强度大。其原因是三峡工程在葛洲坝水库内兴建，三峡坝址水深由于葛洲坝工程蓄水加深 25m 左右，龙口最大水深达 60m。截流后上下游围堰要在 1998 年汛前抢修至度汛高程，围堰填筑方量达 1100 万 m^3，工程量大，工期短，背水一战，为争取施工时间，大江截流在保证通航的前提下较葛洲坝提前 2 个月，1997 年 11 月 8 日龙口合龙，实测截流流量 11600～8480m^3/s，龙口最大流速 4.22m/s，最大落差 0.66m，最大抛投强度达 12.1 万 m^3/d。葛洲坝截流在 1981 年 1 月 4 日合龙，实测截流流量 4800～4400m^3/s，龙口最大流速 7.5m/s，最大落差 3.23m，龙口最大水深 16m，最大抛投强度达 7.2 万 m^3/d。

6.1.5　大江截流设计和施工主要经验及其关键技术突破

6.1.5.1　大江截流设计和施工主要经验

(1)修建巨型导流明渠，为满足长江航运要求和降低截流难度奠定基础

导流明渠是二期工程施工期的唯一泄水建筑物，也是大江截流期的唯一分流建筑物，同

时还担负着施工期通航的重任。明渠设计泄洪流量标准为 50 年一遇洪水流量 $79000m^3/s$，为目前世界上泄流量最大的导流明渠。通航流量标准为长江航运公司船队通航流量 $20000m^3/s$，最大流速 4.4m/s；地方航运公司船队通航流量 $10000m^3/s$，最大流速 2.5m/s。导流明渠的布置、尺度及断面型式需按泄洪和通航两种用途的相应标准进行研究。

通过对明渠规模、体型、纵向围堰堰头型式、航线选择诸方案多年深入研究，经设计综合分析论证，在多种比较方案中，优选了满足通航和泄洪要求的明渠布置和明渠断面及渠坡渠底防护结构型式，确定了付诸实施的明渠型式。为提供船舶进出导流明渠的顺畅条件，还对导流明渠进出口的上、下游连接河段进行了整治。导流明渠水工模型试验为配合进行船舶模型航行试验以验证并确定上、下船舶(队)通过的合理航线，明渠完工后进行了实船通航，正式通航后经 1998 年汛期通航实践，表明明渠流量标准较原设计可增加 5000～$10000m^3/s$。

作为世界上泄流能力最大的导流明渠，在施工中克服了重重困难，采取了最大限度变水下开挖为干地开挖等有效措施，使明渠提前 5 个月实现分流，提前一个半月实现通航，为实现大江截流创造了极为有利的条件。在截流流量已定的前提下，通常表示截流难易程度的最终落差和龙口最大流速主要取决水流条件，由于三峡工程导流明渠设计以泄洪和通航水流条件为前提，其巨大的泄流能力为截流创造了良好的分流条件，根据设计计算成果，并通过 1∶80 水工模型试验验证，在截流流量 14000～$19400m^3/s$，进行大江截流龙口合龙，其截流最终落差仅为 0.8～1.24m，充分起到了降低大江截流难度的作用。

(2)研究深水截流堤头坍塌机理，采取平抛垫底措施，缓解深水截流难度

三峡工程大江截流是在葛洲坝水库内进行，其截流水深已较葛洲坝蓄水前增加 26～28m，考虑截流合龙时河床覆盖层冲刷，截流最大水深达 60m。1993—1994 年，长江科学院在截流水工模型试验时，发现在回填进占过程中，堤头多次发生大规模坍塌现象。堤头坍滑将危及施工人员及机械设备的安全，延误截流工期，使其成为深水截流的突出难题。探讨截流戗堤堤头坍塌机理，认识其主导原因，研究有效的对策措施，成为三峡工程大江截流设计、施工亟待进行的关键工作。

在国内外大江大河截流施工中，亦曾出现堤头坍滑，但未见专门研究和论述。长江科学院特增建 1∶40 截流断面模型对截流戗堤坍塌问题进行专题试验研究。通过试验认识到，堤头坍塌的主要原因是龙口水深较大，戗堤进占抛投料沿堤头坡面不能一次抛到坡底，滚到一定深度后停留在坡面上部，随着戗堤继续进占，自堤顶到水下 5～7m 坡面的堆料坡度逐渐变陡，当陡度达到 1∶1 或陡于抛投料的临界边坡时，遇到外力扰动(如大块石滚动或局部抛投料下滑等)即发生抛投料群体下滑滚动造成坍塌；另一原因是抛投料在水体作用下，抛投料块体间摩擦力的改变和湿水后逐渐密实而形成堤头“陷落”，产生突发性的大规模塌滑。

长江委水力学、土力学、泥沙试验研究从不同侧重点，对堤头坍塌机理作了理论上的解释和分析，中国葛坝洲集团公司还委托高等院校建立截流戗堤堤头坍塌计算模型。理论分析和计算模型对物理模型的成果作了验证和补充。经综合分析，认为深水截流堤头端部坍

塌与水深、流量、流速、落差、渗透压力、抛投料粒径、级配、抛投强度等诸多因素有关，其中龙口水深是主导因素。从模型试验成果可见，截流龙口水深由 60m 减小到 30m，相应堤头平均坍塌面积、最大一次坍塌面积分别减小 35%和 36%；当水深由 60m 减小到 20m，上述参数分别减少到 64%和 55%，说明减小龙口水深是缓解截流戗堤堤头坍塌的有效途径。为减少龙口水深，设计综合考虑了二期围堰断面结构、施工用料、水上作业方式、工期等因素，确定在龙口河床深槽预先平抛石渣砂砾石料及块石，以抬高河底高程，这一措施称为平抛垫底。

平抛垫底是针对三峡工程深水截流特点而采取的减轻合龙难度的主要技术措施，平抛垫底范围及高程需结合围堰断面形式、垫底材料度汛和满足长江通航水流的要求来确定。顺水向截流戗堤迎水侧堰体防渗墙两侧抛砂砾石料，戗堤范围抛石渣和块石。戗堤河底先抛厚 3m，含砂率大于 40%的砂砾石作为反滤过渡层，以防围堰挡水运行后堰基的淤沙发生渗透破坏。预先垫高河床优化了围堰断面，由此上、下游围堰共节省 159 万 m^3 填筑工程量。

平抛垫底安排在 1996 年 11 月至 1997 年 5 月施工，汛后继续施工。平抛采用 280m^3 底开驳和 500m^3 对开驳抛投。在水深 50～56m 的流水中采用抛石船抛投砂砾石料及石渣块石料，如何将平抛垫底材料准确地抛投到河床深槽位置，并防止砂砾石料及石渣抛投过程中，造成颗粒分离和砂料流失，成为平抛垫底施工中的技术关键问题。长江科学院运用大比尺(1∶20)模型对不同粒径级配的石渣料、块石料及砂砾石料在不同水深和不同流速条件下，进行了大量的抛投试验，并模拟两种抛石船抛投散粒料，对其漂移特性及水下成型到位特性进行了深入研究。这些试验成果为平抛垫底施工提供了科学依据，也补充、丰富了施工水力学实验技术。设计运用其试验成果，提出平抛垫底施工技术要求。施工单位精心组织，根据实测平抛部位的水深、流速资料，经实船施工试验后采取合理的抛投方式，施工中采用 GPS 定位系统，结合水下地形测量仪器对水下地形及时跟踪监测，从而达到了平抛垫底有效到位成型的目的。

为确保平抛垫底材料安全度汛，对平抛垫底材料度汛防冲措施进行了专题研究。运用整体模型试验，对汛期可能出现的各级流量(45000m^3/s、57400m^3/s、60300m^3/s、66800m^3/s、72300m^3/s)进行了大量的恒定流、洪水过程冲刷试验研究，并探讨合理的度汛保护措施。试验结果表明，各种工况冲刷规律基本一致，按 20 年一遇洪水流量 72300m^3/s 试验成果，平抛垫底的砂砾石料产生冲刷呈流线型。设计研究优化平抛垫底结构型式，经试验验证，采用戗堤部位石渣和块石平抛垫底至 40m 高程，其上游侧堰体砂砾石料降低至 35～37m 高程，形成高低坎结构型式，可有效地减少砂砾石料冲刷，这些为 1997 年汛后实测水下地形所验证。

(3)科学验证，优化设计，力争提前实现截流龙口合龙

提前实现截流合龙可为二期围堰施工赢得工期，确保其安全度汛，如期形成二期工程施工基坑，对三峡工程总体建设部署意义重大。

初步设计计划导流明渠 1997 年 10 月分流，11 月通航。大江截流时段(龙口合龙时段)，拟定在 12 月上、中旬。技术设计阶段，考虑明渠工程施工已有较大提前的情况，初步认为应力争明渠提前于 5 月分流，9 月通航，截流时段可提前至 11 月下旬，截流设计流量 14000m^3/s

(11月下旬20年一遇旬平均流量)，随之经对明渠5月分流后的截流戗堤非龙口段和明渠通航规模试验及综合论证，上游戗堤可加快进占，在汛前控制口门宽460m，即使龙口已平抛垫底，明渠及束窄口门皆可通航。经三峡总公司审查同意，在招标设计中，将截流时段再提前至11月中旬，截流设计流量为14000～19400m^3/s。设计根据120年实测水文资料统计分析，10月26—31日和11月1—6日，流量出现小于20000m^3/s的年份分别占80%和92.5%，说明截流合龙提前到10月底至11月上旬从水文资料分析看是可能的。经对非龙口段进占程序和口门水力学指标的计算和试验验证，自10月中旬起可将口门缩窄至210m，10月下旬可形成龙口宽度130m。实际施工时，10月6日明渠通航，截流戗堤束窄到口门宽280m时大江封航，10月23日形成龙口宽130m。据水文预报10月下旬流量在12000m^3/s以下，为合龙有利时机。另外由于明渠汛前分流淤积比较严重，其分流条件不甚理想。自口门宽280m至形成龙口130m，明渠分流量为长江流量的30%～50%，低于设计计算及模型试验的预测值约15%，综上缘由，大江截流领导小组决定提前于10月26日开始合龙，逼江水入明渠冲刷淤积。10月27日6时束窄龙口至40m宽后停止合龙，分析其后水文测验资料，渠内淤积明显冲刷，其分流比迅速增大，10月底分流比为91.8%，11月5—6日还用专用船舶对淤积部位作高压空气扰动冲沙措施。龙口40m停止合龙，防止10月末至11月初出现长江流量超过明渠通航流量的意外情况造成滞航。最后于11月8日历时6.5小时，一举将龙口胜利合龙，截流合龙时间比初步设计提前一个月。

(4)部署技术保障服务，支持大江截流顺利进展

为合理安排截流施工进度、选择截流时机，及时掌握截流过程中戗堤缩窄口门和明渠的水文要素(水位、流量、流速、流态等)、水下断面形态以及冲淤变化等情况，为截流施工提供科学依据，设计专门提出了截流期水文气象预报和水文观测工作任务和要求。水情预报以长江流域水文站网为基础，在有关部门和气象预报技术支持下，适时作短期(未来3～5天)、中期(6～10天)和长期预报，短期水情预报还作分段次滚动预报，其精度较高；中期预报最大误差在15%以内；长期预报精度大多可包络实际水情。在坝区河段22km和截流河段2.5km设立数10个水位站和测验断面，关键部位采用世界上新型的声学多普勒流速剖面仪(ADCP)，并采用全球定位系统(GPS)导航定位。水文观测资料采用先进仪器，数据自动采集、接收、处理、贮存、检索后经计算机通信网络、电子邮件、传真等传输至有关部门，为截流指挥机构适时提供决策依据。

截流过程处于明渠水流条件、束窄口门水流条件及其边界条件不断变化的动态过程，在长江科学院宜昌前坪试验室已建的截流水工整体模型开展了跟踪预报试验。模拟动态变化的边界条件跟踪现场施工，对截流进占和合龙过程中堤头坍塌，口门水力学指标，明渠分流条件及施工通航水流条件等进行测试和演示，预报并分析可能发生的影响程度，在跟踪预报试验期间还采用三峡总公司开发和建立的大江截流计算机三维实体模型，仿真模拟并演示截流进展的动态，施工单位随时测报施工实施中各施工要素，驻现场设计人员适时根据水情、水文测验成果、施工进展实况，提出水力学计算指标预测值。

上述水文气象预报和水文测验，模型跟踪试验，以及施工、设计方面的信息源，准确及时地传输汇集至截流指挥机构作为科学的决策依据，有力地支持了大江截流顺利实施。截流合龙阶段，对明渠冲淤、扩大分流、合龙分为口门130m和40m两步实施的决策，都集中体现了其有力的支持作用。

(5)强化施工组织管理，力克施工技术难关

大江截流施工是一项庞大的系统工程，必须有完善的施工组织设计，各阶段设计报告皆编制施工组织设计，招标设计及招标文件进一步予以细化，对施工进度、施工布置、施工程序和作业方法、填筑材料、主要施工设备等均有具体规定。大江截流承建单位葛洲坝集团在投标文件及报送的施工组织设计中，均予以响应和安排。

实施大江截流前，三峡总公司主持组建了由三峡总公司各有关部门、设计、监理、施工单位负责人参加的截流领导小组，作为大江截流最高协调决策机构，施工单位葛洲坝集团建立了以截流指挥部为中心的门类齐全、多层次的管理机构，配置计算机信息系统，使截流施工在精干、高效、灵活、快捷的组织管理状态下实施，实施中以降低深水截流难度和实现高强度填筑为重点，着力进行施工技术攻关：①针对堤头坍塌难点，在研究的基础上，进一步与高等院校合作研究其成因，在截流施工中，随时作出坍塌预报，优化堤头进占线路，采用推土机赶料抛投等综合措施，有效地防止堤头坍塌。②采取高强度抛填方式，减少堤头坍塌的发生。10月14—15日，在截流龙口形成前进行了进占实战演习，按两岸戗堤同步进占、下游左岸尾随进占的方案经24小时高强度抛投，创截流日抛投强度19.4万m^3的世界纪录(伊泰普工程为14.6万m^3)，全面检验了施工组织管理和人员、设备的实际施工能力，同时也积累了高强度抛填以防止堤头坍塌的经验。③在平抛垫底施工中，通过实船抛投试验和初期实践，形成了行之有效的作业程序和方式，垫底料水下成型良好，物料分层粗化得到控制；与此同时，还将戗堤龙口段平抛垫底在原高程40m的基础上加高抛至高程45m，以更利于龙口段快速、安全合龙。10月23日形成宽130m的龙口，据水情预报，10月下旬流量在12000m^3/s，且呈缓降趋势，对合龙十分有利，同时考虑明渠冲淤的需要，经领导小组决策同意，于10月26日8时上游戗堤开始突击进占，汇集了大型施工设备369台(套)，历时22.5小时将龙口束窄至40m，其时截流流量为11600m^3/s，日抛投强度达12.1万m^3，两岸堤头平均抛卸316车次/h，抛投5372m^3，其机械化程度和施工强度为世界上大江大河截流所罕见。据10月底预报，11月上旬流量均在10000m^3/s以下(预报11月8日流量8500m^3/s)，综合各方因素并上报国家批准，定于11月8日最后截流合龙，并向全世界宣布。实际上，10月26—27日合龙突击进占已经闯过了龙口合龙困难段(指水力学指标最不利区段，在三峡工程截流条件下，为龙口宽85～50m区段)，左右岸戗堤底部已搭接相连，加上施工单位人力、物力、技术服务的充分准备和科学有力的组织管理，11月8日下午3时30分截流龙口合龙。

6.1.5.2　大江截流关键技术的突破

(1)研究解决明渠弯道水流对其导流及通航的影响，明渠较大的分流能力为降低截流难度奠定基础

导流明渠经过大量水工模型及船模通航试验研究和设计分析论证，在多种比较方案中优选了满足通航和泄洪要求的明渠布置和明渠断面及明渠防冲结构型式。导流明渠基本沿原中堡岛右侧的洪水河槽布置，轴线全长3410m。明渠为高、低渠结合的复式断面，最小底高350m，其中右侧高渠底高程58m，宽100m；低渠底高程分别为58m、50m、45m和53m。明渠土石开挖总量达2200万m^3以上。为提供船舶进、出导流明渠的畅通条件，还对导流明渠进出口的上、下游连接河段进行了整治。

明渠布置在中堡岛右侧后河部位，具有明显的弯道水流特性。明渠不但具有导流要求，还具有严格的通航要求。在导流时要考虑明渠渠底、凹岸冲刷及凸岸下端的淤积等问题，而在通航情况下，必须考虑渠内流速分布，水力坡降以及流态等影响通航的水力学因素。因此，明渠设计受到诸多因素影响，对弯道水流的特性如何认识和利用是明渠导流及通航成败的关键因素之一。在弯曲河道的弯道段，弯道水力学现象研究是一个非常复杂的理论课题，长江科学院通过大量的试验研究，提出明渠断面采用左低右高的复式断面形式，调整明渠弯道水流的流速分布效果较好，且左、右渠高差相差越大，调整明渠内流速分布的效果越好。试验资料表明，明渠在宣泄导流期大洪水时，会因冲刷而变形，减弱复式断面调整流速分布的作用，将主流引向右岸，增加明渠右侧航道的流速，同时，冲刷后的不规则地形还会造成泡漩等不利于通航的水流流态。为此，对明渠高低渠底及边坡为风化岩石部位均采用混凝土护底护坡，以防冲刷，从而保证明渠复式断面调整渠内流速流态分布的作用，满足通航水流条件要求，解决了明渠弯道水流对导流及通航影响的关键技术问题。

在截流流量已定的前提下，在通常情况下，表征截流难易程度的最终落差和龙口最大流速主要取决于分流条件。在长江主河道首次截流的葛洲坝工程大江截流设计研究中，原先设计的分流建筑物为二江19孔泄水闸，当截流流量为7300m^3/s时，最终落差达4.6m。为降低截流难度并综合考虑泄水闸导流和运用期消能防冲等因素，决定挖除原有葛洲坝冲积洲，将泄水闸扩至27孔并选用平底闸型式，使设计截流落差降为2.6～3m。由于三峡工程导流明渠设计以通航和泄洪条件为前提，根据水工模型试验研究成果，在截流设计流量为14000m^3/s时，其截流最终落差仅为0.62m，龙口最大平均流速达不到3m/s；施工详图设计采取先对深槽平抛垫底，使龙口水深减至25～27m并考虑提前截流的设计流量19400m^3/s，其截流最终落差为0.8～1.24m，龙口最大平均流速略超过4m/s，估算最大单宽水流能量为82.8t·m/(s·m)[葛洲坝枢纽大江截流为150t·m/(s·m)]。从截流需克服水流能量的角度看，导流明渠分流能力强，起到了充分降低截流难度的作用。

(2)深水截流堤头坍塌机理研究，丰富和拓展了河道截流应用基础研究及实践

截流水力设计是基于抛投体重力与水流动力平衡的原理。对立堵截流而言，通常的做

法是使抛投体重量所产生的阻力能抵抗动水推力作用，满足在戗堤坡面直至坡脚的止动条件而不使块体冲失至戗堤坡脚范围以外。截流块体的大小(重量)可用以实验为基础的算式根据龙口流速估算，通过水工模型验证，然后综合工程备料、施工设备等因素选定各级抛投料。因为三峡工程大江截流落差和流速小，设计选用大量石渣(粒径多半为20mm以上，d_{50}接近60mm)并辅以经过挑选的块石(中石的粒径0.4～0.7m，大石粒径大于1m)，设计截流龙口宽150m，总抛投量35万m^3，两岸堤头同时进占，日平均抛投强度5万m^3/d，与国内外大江大河立堵截流相比，似无多大困难。但国内外截流水深一般在20m以下，而三峡工程大江截流水深最大达60m，实为世界罕见。大江截流专题设计研究时，在截流模型试验中，发现戗堤进占过程中，堤头多次发生大规模坍塌现象，坍塌最大长度距堤头10余米。堤头坍塌将危及施工人员及施工设备的安全，延误截流合龙工期，成为深水截流的突出难题。

国内外大江大河截流施工中，亦偶见堤头坍滑，但未见有专门研究和论述。长江科学院特增建1∶40及1∶20截流断面模型对堤头坍塌问题进行专题试验研究。通过试验认识到，堤头坍塌的主要原因是龙口水深大，堤坡路径长，抛投料沿堤头坡面不能一次降至坡底，而是历经几次静(稳定)—动(失稳)—静(失稳)的演变而导致较大规模的坍塌。试验中发现，抛投料先堆积至水深5～7m处，随着抛投进占，坡度变陡，当坡度达到1∶1或陡于失稳的临界坡度时遇外力扰动(如大块石滚动或局部抛投料下滑等)即发生抛投料群体下滑滚动造成首次坍塌，坍塌体一般停留至水深10～15m处，随着抛投进占又发生比首次坍塌体大的第二次坍塌，水深越大，坍塌次数越多，堤头坍塌规模越大，危害越大。另一原因是抛投料在水体作用下，抛投料块体间摩擦力的改变和湿水后逐渐密实而形成堤头"陷落"，产生突发性的大规模塌滑。长江委和高等院校的有关专家，从截流水力学、河流泥沙学、土力学的不同侧重点，对堤头坍塌机理和规律作了理论解释和分析。有的专家运用孔隙微结构失稳的突变理论模型分析堤坡失稳的突变性，提出了孔隙微结构失稳的判别式，认为深水截流中抛料浸水湿化是引起失稳崩塌的重要因素。有的专家还用突变理论中"折叠"型数学方程和自组织临界理论来解释临界边坡的形成和失稳的机理。理论分析和数学模型对物理模型的成果作了很好的补充。经综合分析，认为深水截流堤头坍塌与水深、流速、流态、渗流、抛料粒径和级配、施工方法等诸多因素有关，其中龙口水深是主导因素。后续的模型试验表明，截流龙口水深由60m减小至30m，相应堤头坍塌面积和最大一次坍塌面积分别减少30%和36%，水深减少到20m，分别减少64%和55%，说明减小龙口水深是缓解截流戗堤坍塌的有效途径。为减小龙口水深，设计综合考虑了二期围堰断面结构、水上抛投作业、施工工期等因素，确定在龙口河床深槽预平抛砂砾石料、石渣料及块石料，以抬高河底高程，这一措施称为平抛垫底。

对三峡工程深水、低流速截流的堤头坍塌问题的研究填补、丰富了截流水力学这门应用学科，其中引用前沿科学理论来探讨、演绎坍塌机理具有开拓和创新意义。

(3)对深水河槽采取平抛垫底，有效缓解深水截流与围堰施工难度

二期上、下游围堰深水河槽都采取平抛垫底。垫底结构布置和施工程序以上游围堰为

例，戗堤下河床先抛填厚 3m 的含砂率大于 40%的砂砾石料作为原河床淤沙的反滤过渡层，其上抛填石渣并以块石护面以防冲刷，在石渣体的上游抛填最大粒径 150mm 的砂砾石料（防渗墙上下各 15m 内限最大粒径 80mm）。平抛垫底计划在截流合龙前一个枯水期（1996 年 11 月至 1997 年 5 月）施工，因此垫底高程主要受度汛防冲条件制约。经水工模型对汛期各级流量（45000～72300m^3/s）的供水过程冲刷试验研究，确定石渣体顶高程 40m，其上游砂砾体高程 35～37m，施工中要求先抛石渣体，使其一直高出砂砾体。实际有部分在汛后加高，截流合龙前又将石渣体抛高至高程 45m 左右，使龙口水深减至 20～22m。

垫底采用 500m^3 对开驳和 280m^3 底开驳在水面抛投。在水深 35～52m 的流水中，如何使垫底各种材料有效地抛投到设计范围内，尤其是砂砾石料抛投过程中，因颗粒分离和砂料流失而粗化的程度如何，成为平抛垫底需要研究的关键技术问题。不同颗粒组成的散粒群体在流水中的沉降特性，难以取得数值解，也无类似模型试验可以借鉴。长江科学院设计大比尺（1：20）水槽模型，采用模拟的抛石驳对石渣料、块石及砂砾石料作了大量抛投试验，特别是对砂砾石料的沉降、漂移特性（漂距、粗化、成层）进行了深入试验研究。试验中，模型砂中值粒径约 0.45mm，对不同水深和流速的工况，逐次取几个石驳定位点作系列抛投，量测石渣体坎前砂砾石料成型状态和颗粒组成。试验结论是，当垂线平均流速不大于 0.75m/s，石驳舱首距坎前不小于 58m，各工况均能做到坎前有效量 70%以上；成型的砂砾石料均存在一定程度的粗化，相当于原型粒径 20mm 以上均增加 5%～8%，4mm 以下减少 15%左右。对于深水抛填工程来说，是可以接受的。上述各种材料的模型试验成果为平抛垫底设计和施工提供了科学依据，也丰富了施工水力学实验技术，取得了群体散粒料在动水中沉降、漂移特性的创新成果。设计运用其试验成果，制定了平抛垫底施工技术参数和技术要求，施工单位精心组织，根据实测施工部位的水深、流速资料，经实船施工试验后采取合理的作业程序和船舶定位，并采用 GPS 定位系统跟踪监测水下地形，达到了平抛垫底有效成型的目的。

三峡工程深水围堰截流，实施平抛垫底取得的主要技术经济效益，可归结如下：

1）缓解截流合龙难度。截流龙口水深一般减至 25～27m，最多减至 20m，清除了多频次、大规模堤头坍塌危害；减少约 1/3 的龙口抛投量，有利于缩短截流合龙时间。

2）节省围堰总填筑量约 10%。因预先垫高河床，使围堰背水和迎水侧戗堤轴线之间距离缩短（如上游围堰深槽断面最多缩短了 114.5m），经设计优化，上游围堰总填筑量比招标设计节省约 110 万 m^3。

3）均衡水下填筑强度。上、下游围堰均有 80%为水下填筑，先期施工的约 100 万 m^3 平抛垫底，减轻了截流后水下填筑强度，使全线防渗墙施工平台提前形成，为后续工程赢得了时间。

4）改善水下堰体的稳定。堰基淤沙的渗透破坏和水下抛填风化砂的密度对堰体稳定有重要影响。河床深槽预抛厚达 20～30m 的垫底，会对淤沙起盖重和局部挤压加密作用，再则使水下风化砂填筑高度降至 30m 左右，既有利于抛投稳定又便于对防渗墙两侧风化砂进行冲振加密。

对三峡工程深水围堰工程而言，平抛垫底可谓一举数得。当初令人担心的一弊是，水下抛填使砂砾石粗化会导致防渗墙槽孔泥浆严重漏失或塌槽。实施中，主要采用在槽孔内抛投堵漏材料（黏土、锯木、小石等）和优化固壁泥浆等常规措施解决，少数漏失严重的采用钻孔预灌浓浆（水泥、膨润土、砂）处理取得良好效果，没有成为防渗墙施工的主要难点。

(4)采取现代信息技术、部署现场技术服务，有力地支持大江截流施工顺利进展

为合理安排截流施工进度，选择截流时机，及时掌握截流过程中戗堤束窄口门和明渠的水文要素（水位、流量、流速、流态等）、水下断面形态以及冲淤变化等情况，为截流施工提供科学依据，专门设置了截流期水文气象预报和水文观测工作网站，采用了一系列测报新技术。在坝区河段(22km)和截流河段(2.5km)设立数10个水位站和测验断面，成功开发无人立尺观测技术，解决了龙口水位观测的难题；采用世界上新型的ADCP，同时配置GPS，实现主河槽、龙口、明渠等多河段、多断面、多要素连续同步监测；采用无人测艇技术，配置世界上新型的“哨兵型”ADCP和研制的微机测流系统，成功地实现连续搜索监测口门区的流速变化和水舌位置；采用GPS，配备其他先进仪器及通信设备组成水道测绘系统，实测大比尺（如1∶500）水下地形和冲淤断面；采用无线数传与计算机联网，实现水文数据远传；采用计算机网络与通信技术，实现水文信息接收、处理、存贮、检索和发布网络化与自动化。及时准确的水文信息资料，为大江截流设计及施工提供了可靠的科学依据。

截流过程是明渠水流条件、束窄口门水流条件及其边界条件不断变化的动态过程。必要时，应按变化了的条件通过模型试验观测下一阶段可能遇到的问题以事先采取对策措施。为此，在长江科学院宜昌前坪大江截流整体水工模型开展了跟踪预报试验。模拟动态变化的边界条件跟踪现场施工，对截流施工过程中口门水力学指标、明渠分流条件及施工通航水流条件等进行测试和演示，会同驻现场设计人员综合分析并预报可能发生的影响。在跟踪预报中，三峡总公司管理部门还开发了应用可视化三维计算机图形技术建立大江截流三维仿真模型，直观而迅速地演示施工进展的动态。数学模型与物理模型成果互相验证，使测报数据更加可靠。

上述处于世界领先水平的测报技术和模型跟踪试验，以及施工、设计方面的信息源，准确及时地传输汇集至截流指挥机构作为科学决策的依据，有力地支持了大江截流与围堰施工的顺利实施，为动态决策、提前实现截流合龙作出了重要贡献。

6.2 明渠截流关键技术

6.2.1 特点及难点

6.2.1.1 明渠截流特点

(1)明渠截流流量大、落差大、总功率高

明渠截流设计流量9010～10300m^3/s，截流最终落差3.27～4.06m，截流总功率为288.7～410.2MW，超过伊泰普工程截流总功率288.6MW，是葛洲坝工程大江截流总功率

(151.9MW)的1.9～2.7倍,为三峡工程大江截流总功率(75.1MW)的3.8～5.5倍,是当今世界上截流综合难度最大的截流工程。

(2)明渠截流要兼顾通航,尽量减小对长江航运的影响

明渠为三峡工程施工期客货运船舶的通道,截流施工需兼顾通航,尽量减小对长江航运的影响。按三峡建委审定的《长江三峡水利枢纽初步设计报告(枢纽工程)》,明渠截流从2002年11月1日开始戗堤进占,明渠封航。

6.2.1.2　明渠截流难点

(1)导流明渠为人工开挖的河道,渠底面平整光滑,对截流抛投材料稳定不利

导流明渠为人工开挖的河道,为提高泄流能力和满足通航水流条件的要求,对渠底为风化岩部位采用混凝土护底及护坡,渠底为微风化岩及新鲜岩部位,要求控制爆破,开挖岩面平整。明渠渠底面平整光滑,对截流抛投料稳定不利,需采用加糙等工程措施。

(2)明渠截流在葛洲坝水库内,水深较大,对戗堤进占堤头稳定不利

明渠截流在葛洲坝水库内,渠内水深20～25m,截流戗堤进占过程中,堤头抛投料易出现坍塌,影响戗堤进占。

(3)明渠截流施工强度高、难度大

明渠截流上游围堰戗堤设计龙口宽150m,工程量15.4万m^3;下游围堰戗堤龙口宽140m,工程量17.1万m^3。明渠左侧为纵向混凝土围堰,截流戗堤只能从右岸单向进占,单向堤头抛投强度高、难度大。

6.2.2　明渠截流设计技术问题研究

6.2.2.1　截流时段及截流设计流量选择

截流时段的选择不仅关系到截流流量的确定,而且关系到整个工程的施工部署。三峡工程明渠截流时段选择主要考虑三期围堰施工工期和二期上下游围堰水下拆除及导流底孔具备分流的时间等因素。据坝址下游宜昌站120多年实测水文资料,长江最枯时段在1月下旬至2月下旬,流量仅6100～2950m^3/s。若在此时段截流,则截流流量最小。但从三期围堰施工工期的紧迫性和水库蓄水、围堰挡水安全性考虑,明渠截流提前在11月进行,对围堰抢工期有利。初步设计拟定明渠截流时段在12月上旬,三峡二期工程施工进展顺利,三峡总公司结合三峡工程建设的实际情况,为尽量减小三期碾压混凝土围堰施工风险,要求设计研究明渠截流时段提前的方案。设计分析了宜昌水文站1877年以来的实测水文资料,认为将明渠截流时段提前至11月下半月,截流设计流量采用9010～10300m^3/s是可行的。具体截流龙口合龙时间,可根据2002年汛后各施工项目的实际进展情况,以及届时的水文气象条件和长江上游来水流量的实际情况,相机确定,尽量争取提前截流龙口合龙。

6.2.2.2　截流期分流条件

明渠截流分流建筑物为大坝泄洪坝段导流底孔。大坝轴线总长2309.5m,坝顶高程

185m，最大坝高181m。泄洪坝段位于河床中部，沿坝轴线长度483m，分为23个坝段。每个坝段中部布置泄洪深孔，进口底高程90m，孔口尺寸7m×9m；表孔跨缝布置，堰顶高程158m，孔宽8m；导流底孔跨缝布置在表孔的正下方，采用有压长管，底孔出口尺寸6m×8.5m，为兼顾明渠截流的需要，选定中间16个孔进口底高程56m，两侧各3个孔进口底高程57m。

为充分发挥导流底孔分流能力，经水工模型试验和设计分析，拟定截流前大坝泄洪坝段相应的二期上游围堰拆除至高程57m，宽度550m；二期下游围堰拆除至高程53m，宽度由纵向混凝土围堰至左厂坝导墙（约550m）。

明渠截流期大坝泄洪坝段导流底孔泄流能力见表6.2.1。

表6.2.1 明渠截流期大坝泄洪坝段导流底孔泄流能力

截流流量(m^3/s)	9010	10300	12200	14000
明渠进口水位(m)	69.60	70.51	72.45	74.93
明渠出口水位(m)	66.33	66.45	66.58	66.72
截流落差(m)	3.27	4.06	5.87	8.21

注：葛洲坝坝前水位66.0m。

6.2.2.3 明渠截流方案选择

设计针对明渠截流特点，研究了单戗堤立堵截流、双戗堤立堵截流、平堵截流、平堵与立堵结合截流等方案。

（1）立堵截流

立堵截流是利用自卸汽车配合推土机将截流材料从一岸或自两岸向河床中部抛投进占而截断河床水流。立堵截流是我国水利水电工程截流应用最多的传统方法。目前世界上水利水电工程截流也大多采用立堵截流。但三峡工程明渠截流流量大、落差大，如采用单戗堤立堵截流，龙口抛投最大混凝土面体质量超过50t，施工困难。设计重点研究了上、下游围堰戗堤同时进占立堵截流方案，比较了上游戗堤承担3/4落差、2/3落差、1/2落差，龙口最大平均流速6.9～5.4m/s；相应下游戗堤分担1/4落差、1/3落差、1/2落差，龙口最大平均流速4.7～5.6m/s的截流方案。并通过1∶80截流水工模型试验验证，试验成果表明，由于三峡坝址位于葛洲坝水库内，截流龙口水深比降小，上、下游围堰戗堤虽相距1100m，双戗堤龙口仍可分担落差。

（2）平堵截流

平堵截流主要是在龙口上游侧预先修建栈桥或浮桥，自卸汽车在桥面沿龙口全线均匀向下游抛投材料而出水面截流水流。鉴于明渠截流落差超过4m，如采用栈桥平堵，需提前一个枯水期在明渠修建桥墩，影响明渠通航，实施困难；如采用浮桥平堵，苏联在20世纪50年代使用的浮桥架桥流速一般小于3m/s，在桥面抛投块体重10t，但三峡工程明渠浮桥架桥流速超过4m/s，在桥面抛投混凝土四面体重达25t，浮桥架设和运行技术安全性尚无把握。

(3)平堵与立堵结合截流

设计研究上游戗堤立堵,承担2/3～1/2落差,立堵截流龙口最大平均流速5.4m/s;下游戗堤龙口预先架设浮桥平堵,分担1/3～1/2落差,浮桥平堵截流龙口最大平均流速3.5m/s。该方案上、下游戗堤截流龙口水力学指标优越,截流施工难度降低,但需在下游围堰龙口段预先架设浮桥,增加费用,且占直线工期5～6天。

设计经综合分析比较后,确定采用上、下游戗堤同时进占立堵截流方案。

6.2.2.4 截流戗堤及龙口布置

(1)截流戗堤

截流戗堤为围堰堰体组成部分。上游戗堤设置在围堰背水侧,可兼作排水棱体,以利于堰体渗透稳定。上游戗堤轴线呈直线布置,与围堰轴线平行,间距12.5m。戗堤轴线长378.4m,设计断面为梯形,上游边坡1∶1.1,下游边坡1∶1.3,堤顶高程从两岸非龙口段高程72m至龙口段71.5m,堤顶宽度25m,满足4～5辆40～77t自卸汽车同时抛投。下游戗堤设置在下游围堰迎水侧,以避免流失的截流物料影响围堰防渗墙施工。为围护堤前施工的地下电站尾水渠开挖,围堰轴线下移,下游戗堤轴线呈折线布置,戗堤轴线长412.4m,设计断面为梯形,上游边坡1∶1.1,下游边坡1∶1.3,堤顶高程从右岸非龙口段高程69.5m至龙口段69m,堤顶宽度25m。

(2)截流戗堤龙口位置及宽度拟定

鉴于明渠截流抛投备料堆场集中在右岸,明渠左侧为混凝土纵向围堰,因此,上游围堰截流戗堤龙口布置在明渠左侧,距纵向混凝土围堰右边线10～15m,以利用拆除的二期围堰备料。下游围堰截流戗堤龙口紧靠纵向混凝土围堰布置(图6.2.1)。

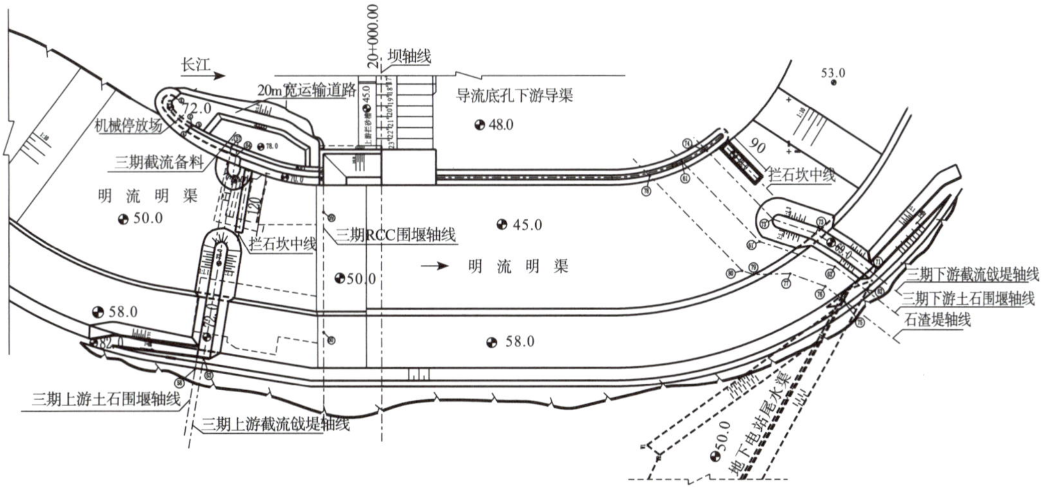

图6.2.1 明渠截流上下游戗堤龙口布置(单位:m)

截流戗堤龙口宽度通常系指分流建筑物尚未分流前,截流戗堤预留的最小宽度,亦即合龙的起始口门宽度。鉴于大坝泄洪坝段导流底孔可提前于 2002 年 10 月分流，按常规截流可认为没有明显的“龙口”，11 月 1 日明渠封航后，上、下游截流戗堤开始进占可连续抛投进占至合龙。但因明渠截流合龙采用上、下游戗堤共同进占分担落差的双戗堤立堵截流方案。为此，拟定上游截流戗堤龙口宽度 150m，下游截流戗堤龙口宽度 140m。自此宽度起，要求按上游戗堤承担 3/4 落差，下游戗堤分担 1/4 落差，在 3～5 天内连续同步进占直至合龙。

6.2.2.5 双戗堤截流采用一维、二维数学模型计算水力学指标研究

(1)双戗堤截流施工水流数学模型

双戗堤截流水力学计算将一维水流数学模型和二维水流数学模型有机结合，采用一维模型计算明渠的过流量以及导流底孔的过流能力、上下游戗堤的平均水位落差等。在满足给定水位落差分担比例的条件下，优选出最佳的上下游戗堤进占顺序。由一维模型的计算结果(明渠分流量，明渠出口水位)，给出二维数学模型的边界条件。根据这些边界条件，再用二维水流数学模型计算出截流施工进占方案下明渠内局部的水流流态。

1)一维水流数学模型水位分布、上下龙口处流速与水位横向分布。

在截流施工期内，上游的来流流量变化不大，因此可采用恒定的水流模型计算。主要模型方程见式(6.2.1)、式(6.2.2)一维水流连续方式：

$$\frac{\mathrm{d}Q}{\mathrm{d}x}=q_1 \tag{6.2.1}$$

$$\frac{\mathrm{d}}{\mathrm{d}x}(\alpha_1\frac{Q^2}{A})+gA\frac{\mathrm{d}Z}{\mathrm{d}x}+gAJ=0 \tag{6.2.2}$$

式中，Q 为来流流量；Z、A 分别为断面平均水位、过水面积：α_1 为动量修正系数；g 为重力加速度；J 为水面比降；x 为沿程距离。

一维恒定水流模型的离散可写成式(6.2.3)和式(6.2.4)：

$$Q_{i+1}=Q_1+\Delta x_i q_{1\cdot i} \tag{6.2.3}$$

式中，Q_i 为第 i 断面的流量；Δx_i 为第 i 和 $i+1$ 断面之间的距离；$q_{1\cdot i}$ 为第 i 和 $i+1$ 断面之间的单位河长的侧向流量，以入流为正，出流为负，单位为 $\mathrm{m^3/(s\cdot m)}$。

$$Z_i=Z_{i+1}+\frac{\left[\alpha_1\frac{Q^2}{A}\right]_{i+1}-\left[\alpha_1\frac{Q^2}{A}\right]_i}{g\cdot\overline{A}_{i\cdot i+1}}+\Delta x_i\cdot\overline{J}_f \tag{6.2.4}$$

式中，$\overline{J}_f$ 为第 i 和 $i+1$ 断面之间的河段平均比降。$\overline{J}_f=J_i\cdot(1-\varphi)+J_{i+1}\varphi$，$J_i=[Q^2n^2/A^2h^{4/3}]_i$，其中，$n$ 为河道糙率，由实测资料率定；φ 为离散参数，一般取 0.5。

依据已知的下游出口断面水位和来流流量，利用分步算法，可计算出上游各断面平均水位。

上游戗堤龙口壅高水位：

$$\Delta Z=\frac{Q^2}{2g(\varphi\varepsilon\overline{B}h)^2}-\frac{V^2}{2g} \tag{6.2.5}$$

式中，Q 为通过龙口的流量；φ 为流速系数，一般为 0.75～0.90；ε 为侧向收缩系数，与断面缩窄程度和戗堤堤头形状有关，一般为 0.7～0.8；h 为龙口处的平均水深，可近似采用下游水深；V 为行进流速，其流速水头常忽略不计；龙口过流计算暂不考虑戗堤渗流量。

2)二维水流数学模型。

为适应不规则岸边界形状，采用正交曲线坐标系下的平面二维水流控制方程。在曲线坐标系中可以写成二维水流连续方程式(6.2.6)至式(6.2.8)：

$$\frac{\partial Z}{\partial t}+\frac{1}{C_\xi C_n}\frac{\partial}{\partial \xi}(UhC_\eta)+\frac{1}{C_\xi C_\eta}\frac{\partial}{\partial \xi}(UhC_\eta)+\frac{1}{C_\xi C_\eta}\frac{\partial}{\partial \eta}(VhC_\xi)=q_1 \tag{6.2.6}$$

ξ 方向水流动量方程：

$$\frac{\partial U}{\partial t}+\frac{U}{C_\xi}\frac{\partial U}{\partial \xi}+\frac{V}{C\eta}\frac{\partial U}{\partial \eta}+\frac{UV}{C_\xi C_\eta}\frac{\partial C_\xi}{\delta \eta}-\frac{V^2}{C_\xi C_\eta}\frac{\partial C_\eta}{\partial \xi}+\frac{g}{C_\xi}\frac{\partial Z}{\partial \xi}+g\frac{\sqrt{U^2+V^2}}{C^2h}U=\frac{V_t}{C_\xi}\frac{\partial A}{\partial \xi}-\frac{V_t}{C_\eta}\frac{\partial B}{\partial \eta} \tag{6.2.7}$$

η 方向水流动量方程：

$$\frac{\partial V}{\partial t}+\frac{U}{C_\xi}\frac{\partial V}{\partial \xi}+\frac{V}{C_\eta}\frac{\partial V}{\partial \eta}+\frac{UV}{C_\xi C_\eta}\frac{\partial C_\eta}{\partial \xi}-\frac{U^2}{C_\xi C_\eta}\frac{\partial C_\xi}{\partial \eta}+\frac{g}{C_\eta}\frac{\partial Z}{\partial \eta}+g\frac{\sqrt{U^2+V^2}}{C^2h}V=\frac{V_t}{C_\xi}\frac{\partial B}{\partial \xi}+\frac{V_t}{C_\eta}\frac{\partial A}{\partial \eta} \tag{6.2.8}$$

式中，ξ、η 为正交曲线坐标系下的两个坐标；$Z(=h+Z_b)$ 为水位；h 为水深；U 和 V 分别为曲线坐标下 ξ、η 方向的流速；C 为 Chezy 系数，$C=h^{1/6}/n$，n 为糙率，计算取 0.02～0.027；C_ξ 和 C_η 分别为正交曲线坐标系下的 Lami 系数，$C_\xi=\sqrt{x_\xi^2+y_\xi^2}$，$C_\eta=\sqrt{x_\eta^2+y_\eta^2}$；$A=\frac{1}{C_\xi C_\eta}\left[\frac{\partial}{\partial_\xi}(C_\eta U)+\frac{\partial}{\partial \eta}(C_\xi V)\right]$，$B=\frac{1}{C_\xi C_\eta}\left[\frac{\partial}{\partial_\xi}(C_\eta V)-\frac{\partial}{\partial \eta}(C_\xi U)\right]$；$V_t$ 为紊动黏性系数，计算中取 $V_t=0.0672u_*h$，u_* 为摩阻流速；q_1 为水流的侧向输入项。

计算中所用的初始水流条件，以下游水位为起点，按平均河床比降给出各点水位的初值，并设初始流速 U、V 均为 0。模型中采用"冻结法"处理水位升降而引起的边界移动问题，把复杂的动边界计算转化为简单的固定边界计算。正交曲线网格的生成，实际上是一个物理平面上求解 Poisson 方程的边值问题。控制函数 P、Q 的正确选择是能否生成一正交的曲线网格的关键。对于天然河道，单靠调节 P、Q 很难使曲线网格达到较高精度的正交性，因此该控制函数的取值有很大的经验性。通常可根据实际情况，不把 4 个边界全固定，允许其中 1 条或 2 条边界上的节点按正交性的要求沿边界滑动，以提高边界上局部网格的正交精度。采用上述方法，将明渠共划分网格数为 220×40，空间步长最大为 15m，最小仅 5m，从生成的正交曲线网格图看，网格基本正交，交角为 85°～100°。由于采用了边界处网格移动技术，边界处的网格能满足正交性的要求。由于进口水流恒定，可采用恒定流方法计算，当下游各个断面的流量与进口断面流量相差小于某数时，可认为达到收敛要求。

(2)双戗堤进占各种方案力学指标计算

通过建立的双戗堤截流施工水流数学模型，模拟双戗堤进占各种方案下的水流过程，研究不同方案下上、下游戗堤进占速度与落差分配关系以及上、下游戗堤口门位置关系，同时将各方案计算结果综合成表，以指导截流施工。

1)计算条件。

计算条件主要以明渠截流设计的施工方案为基础，即上游龙口处已垫底加高到52.5m，下游龙口处垫底加高到48.0m；上、下游龙口处的起始宽度分别为150.0m及125.0m。同时考虑了上、下游戗堤进占过程中石渣堤和土石围堰的跟进，但前者不承担截流落差。石渣堤头部进占比截流戗堤头部进占慢，前者滞后约50m。在各种进占方案计算中，首先用一维模型计算不同截流流量以及不同上、下游戗堤龙口口门宽度下的明渠过流量、截流总落差和上、下游戗堤承担的平均水位落差等。然后，根据一维模型的计算结果，利用二维模型计算戗堤进占施工方案下明渠内的流场、水位分布等。

2)各种方案的计算结果分析。

以明渠截流设计流量10300m^3/s为例，列出数学模型计算结果，并作相应分析。采用一维水流数学模型计算在截流流量10300m^3/s，上游戗堤龙口口门宽度$B_{上}$为150m、110m、70m、50m、30m时，不同下游戗堤龙口宽度的截流水力学指标，如明渠龙口过流量，导流底孔分流量，截流总落差，上、下游戗堤龙口承担的水位落差，龙口口门的平均流速等。计算结果见表6.2.2至表6.2.7。表中$B_{下}$为下游龙口口门宽度；$Q_{截}$、$Q_{明}$、$Q_{底}$分别为截流流量、明渠过流量、导流底孔过流量，且$Q_{截}=Q_{明}+Q_{底}$；$\Delta Z_{总}$、$\Delta Z_{上}$、$\Delta Z_{下}$、$\Delta Z_{上}/\Delta Z_{下}$分别为截流总落差、上游戗堤承担的水位落差、下游戗堤承担的水位落差，以及上、下游戗堤承担的水位落差比例；$U_{上}$、$U_{下}$分别为上、下游龙口口门的平均流速。

表6.2.2　$Q_{截}=10300m^3/s$、$B_{上}=150m$时的截流计算结果

$B_{下}$ (m)	$Z_{毛坪一}$ (m)	$Q_{明}$ (m^3/s)	$Q_{底}$ (m^3/s)	$\Delta Z_{总}$ (m)	$\Delta Z_{上}$ (m)	$\Delta Z_{下}$ (m)	$\frac{\Delta Z_{上}}{\Delta Z_{下}}$	$U_{上}$ (m/s)	$U_{下}$ (m/s)
110	67.51	5490	4870	1.08	0.66	0.42	1.60	3.09	3.59
115	67.48	5560	4740	1.05	0.68	0.37	1.80	3.14	3.44
120	67.48	5620	4680	1.05	0.72	0.33	2.10	3.20	3.30
125	67.44	5670	4630	1.01	0.72	0.29	2.40	3.22	3.15
130	67.42	5700	4600	0.99	0.72	0.27	2.69	3.20	3.10
135	67.42	5730	4570	0.99	0.74	0.25	2.97	3.26	2.89
140	67.41	5760	4540	0.98	0.75	0.23	3.30	3.28	2.78

表 6.2.3　　$Q_{截}=10300m^3/s$、$B_{上}=110m$ 时的截流计算结果

$B_{下}$ (m)	$Z_{毛坪一}$ (m)	$Q_{明}$ (m^3/s)	$Q_{底}$ (m^3/s)	$\Delta Z_{总}$ (m)	$\Delta Z_{上}$ (m)	$\Delta Z_{下}$ (m)	$\frac{\Delta Z_{上}}{\Delta Z_{下}}$	$U_{上}$ (m/s)	$U_{下}$ (m/s)
80	68.02	4210	6090	1.59	0.91	0.68	1.33	3.46	4.32
85	67.97	4320	5980	1.54	0.95	0.59	1.60	3.55	4.04
87	67.96	4350	5950	1.53	0.97	0.56	1.74	3.58	3.93
90	67.93	4390	5910	1.50	0.99	0.51	1.94	3.60	3.80
95	67.92	4430	5870	1.49	1.04	0.45	2.30	3.70	3.60
100	67.90	4500	5800	1.47	1.07	0.40	2.70	3.70	3.40
103	67.88	4530	5770	1.45	1.09	0.36	3.00	3.77	3.25
105	67.87	4550	5750	1.44	1.10	0.34	3.30	3.80	3.18

表 6.2.4　　$Q_{截}=10300m^3/s$、$B_{上}=90m$ 时的截流计算结果

$B_{下}$ (m)	$Z_{毛坪一}$ (m)	$Q_{明}$ (m^3/s)	$Q_{底}$ (m^3/s)	$\Delta Z_{总}$ (m)	$\Delta Z_{上}$ (m)	$\Delta Z_{下}$ (m)	$\frac{\Delta Z_{上}}{\Delta Z_{下}}$	$U_{上}$ (m/s)	$U_{下}$ (m/s)
70	68.37	3550	6750	1.94	1.21	0.73	1.66	3.78	4.48
75	68.34	3630	6670	1.91	1.29	0.62	2.08	3.88	4.10
80	68.31	3680	6620	1.88	1.35	0.53	2.55	3.96	3.78
84	68.29	3710	6590	1.86	1.39	0.47	2.96	4.01	3.55
90	68.34	3760	6540	1.83	1.44	0.39	3.69	4.08	3.26

表 6.2.5　　$Q_{截}=10300m^3/s$、$B_{上}=70m$ 时的截流计算结果

$B_{下}$ (m)	$Z_{毛坪一}$ (m)	$Q_{明}$ (m^3/s)	$Q_{底}$ (m^3/s)	$\Delta Z_{总}$ (m)	$\Delta Z_{上}$ (m)	$\Delta Z_{下}$ (m)	$\frac{\Delta Z_{上}}{\Delta Z_{下}}$	$U_{上}$ (m/s)	$U_{下}$ (m/s)
50	68.92	2510	7790	2.49	1.25	1.24	1.00	3.76	5.86
55	68.86	2640	7660	2.43	1.48	0.95	1.56	4.04	5.12
58	68.83	2710	7590	2.40	1.59	0.81	1.98	4.17	4.76
60	68.81	2750	7550	2.38	1.66	0.72	2.30	4.26	4.56
64	68.78	2800	7500	2.35	1.76	0.59	3.00	4.36	4.14
65	68.77	2810	7490	2.34	1.78	0.56	3.20	4.38	4.05
70	68.75	2830	7470	2.32	1.86	0.46	4.10	4.40	3.62

表 6.2.6 $Q_{截}=10300m^3/s$、$B_{上}=50m$ 时的截流计算结果

$B_{下}$ (m)	$Z_{毛坪一}$ (m)	$Q_{明}$ (m^3/s)	$Q_{底}$ (m^3/s)	$\Delta Z_{总}$ (m)	$\Delta Z_{上}$ (m)	$\Delta Z_{下}$ (m)	$\frac{\Delta Z_{上}}{\Delta Z_{下}}$	$U_{上}$ (m/s)	$U_{下}$ (m/s)
40	69.50	1580	8720	3.07	1.88	1.19	1.58	4.37	6.09
42	69.48	1600	8700	3.05	2.02	1.03	1.96	4.49	5.60
45	69.48	1600	8700	3.05	2.22	0.83	2.67	4.52	4.83
46	69.45	1650	8650	3.02	2.26	0.76	2.97	4.69	4.76
48	69.56	1630	8670	3.03	2.37	0.66	3.59	4.67	4.31

表 6.2.7 $Q_{截}=10300m^3/s$、$B_{上}=30m$ 时的截流计算结果

$B_{下}$ (m)	$Z_{毛坪一}$ (m)	$Q_{明}$ (m^3/s)	$Q_{底}$ (m^3/s)	$\Delta Z_{总}$ (m)	$\Delta Z_{上}$ (m)	$\Delta Z_{下}$ (m)	$\frac{\Delta Z_{上}}{\Delta Z_{下}}$	$U_{上}$ (m/s)	$U_{下}$ (m/s)
21	70.15	610	9690	3.72	2.10	1.62	1.30	3.30	6.25
22	70.13	560	9740	3.70	2.24	1.46	1.50	3.12	5.26
23	70.11	620	9680	3.68	2.38	1.30	1.80	3.40	5.20
25	70.08	660	9640	3.65	2.65	1.00	2.65	3.86	4.74
26	70.08	660	9640	3.65	2.78	0.87	3.20	3.90	4.35
27	70.07	650	9650	3.64	2.89	0.75	3.80	3.98	3.95

当截流流量为 $10300m^3/s$，上游戗堤龙口口门宽度分别为 150m、110m、90m、70m、50m、30m，对应的下游戗堤龙口口门宽度分别为 125m、87m、75m、60m、42m、23m 时，截流总落差与明渠龙口过流量的关系，上、下游戗堤龙口承担的水位落差及龙口流速随口门宽度变化的关系分别见图 6.2.2 和图 6.2.3。从图中可以看出，在截流流量 $10300m^3/s$ 时，随着龙口逐渐缩窄，截流总落差从 1.01m 逐渐增大至 3.68m，相应明渠龙口过流量由 $5670m^3/s$ 减小到 $620m^3/s$，同样，随龙口口门宽度减小，大部分流量从大坝导流底孔分流下泄。另外，从计算结果可以看出，由于截流流量减小，上、下游戗堤承担的水位落差分配基本上在 1.74∶1～2.40∶1。当上游戗堤龙口口门宽度为 50m、下游戗堤龙口口门宽度为 42m 时，上、下游龙口流速达最大值，分别为 4.49m/s 和 5.60m/s，随后上、下游戗堤龙口的流速逐渐减小，且下游戗堤承担的水位落差在 1.5m 以内，下游水位不会超过下游戗堤堤顶高程。

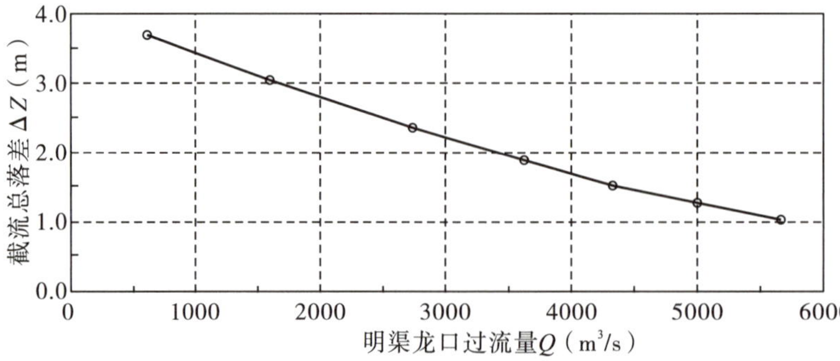

图 6.2.2 截流流量为 $10300m^3/s$ 时截流总落差与明渠龙口过流量关系

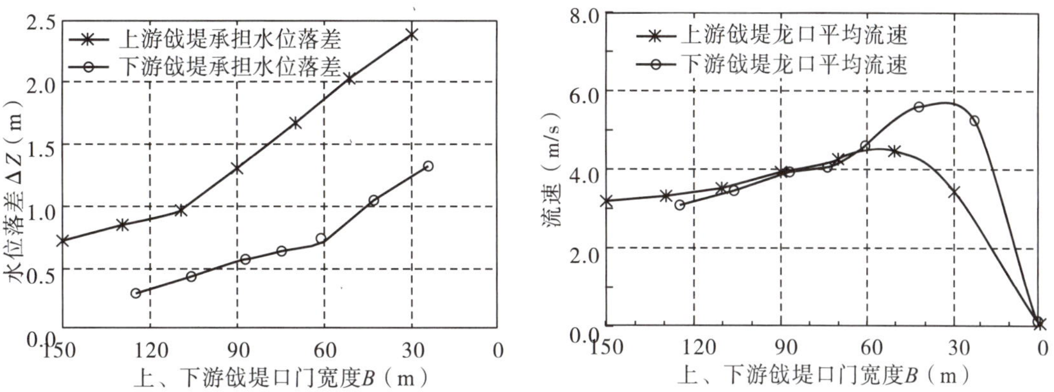

图 6.2.3　截流流量为 10300m³/s 时上、下游戗堤承担水位落差、流速与口门宽度关系

根据明渠截流设计，当截流流量 $Q=10300m^3/s$ 时，采用双戗堤截流方案，其中上游戗堤承担截流总落差的 2/3～3/4，下游戗堤承担截流总落差的 1/3～1/4。通过数值计算发现，要达到上述分配落差的要求，必须严格控制上、下游戗堤口门的进占长度。尤其当上、下游戗堤龙口口门合龙到一定程度后，上、下游龙口水位落差分配对口门宽度变化十分敏感。图 6.2.4 展示了上、下游戗堤不同龙口口门宽度下的水位落差分配关系。从图中可以看出，在上游戗堤进占到龙口口门宽度 70m 之前，上、下游戗堤的水位落差承担比例与下游口门变化关系不是特别明显。以上游戗堤龙口口门宽度 $B_上=90m$ 为例，当下游戗堤进占到口门宽度在 85～77m 时，承担的水位落差分担比例为 2.0～3.0。而在上游戗堤进占到龙口口门宽度 70m 之后，尤其进占到 30m 之后，上、下游戗堤的水位落差承担比例与下游口门变化关系特别明显。以上游戗堤口门宽度 $B_上=30m$ 为例，当下游戗堤进占到口门宽度 23～26m 时，上、下游戗堤承担的水位落差承担比例为 2.0～3.0。由此可见，双戗截流施工过程中，必须严格同步控制上、下游戗堤进占的口门宽度，尤其在龙口大幅缩窄以后。

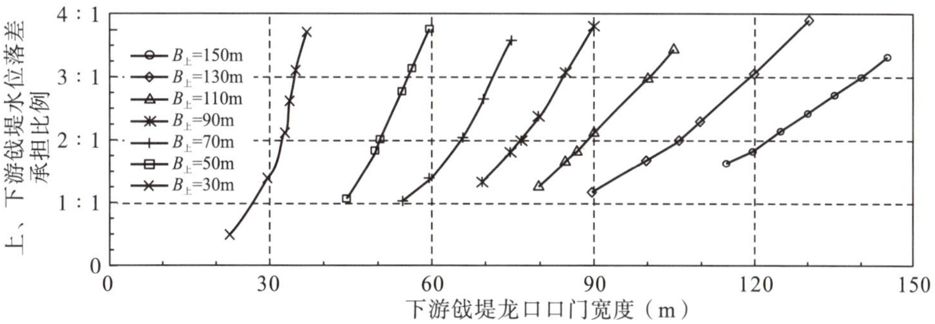

图 6.2.4　上、下游戗堤不同龙口口门宽度下的水位落差分配关系(截流流量为 10300m³/s)

(3)截流水工模型试验对数学模型计算成果验证

长江科学院通过明渠双戗堤截流水工模型试验，对采用一维、二维数学模型计算的口门水力学指标进行了验证。模型试验中，采用恒定流放水，截流流量分为 $12200m^3/s$、$10300m^3/s$

和 9010m^3/s。明渠截流按设计方案采用双戗堤立堵进占，上游戗堤承担截流总落差的 2/3～3/4，下游戗堤承担总落差的 1/3～1/4，上、下游戗堤龙口设加糙拦石坎措施，葛洲坝水位为 66.0m。在明渠截流进占过程中，不考虑土石围堰堰体填筑跟进。明渠截流流量 10300m^3/s 和 9010m^3/s 的模型试验结果与数学模型计算结果见表 6.2.8、图 6.2.5 和表 6.2.9、图 6.2.6。

表 6.2.8　　明渠截流流量 10300m^3/s 试验结果与数学模型计算结果对比

项目		龙口口门宽度(m)									
		上游 130m，下游 120m		上游 100m，下游 100m		上游 70m，下游 66m		上游 50m，下游 45m		上游 30m，下游 25m	
		试验	计算	试验	计算	试验	计算	试验	计算	试验	计算
三斗坪水位(m)		66.43	66.46	66.43	66.43	68.43	66.43	66.43	66.43	66.43	66.43
茅坪一水位(m)		67.58	67.6	67.95	67.97	68.61	68.71	69.39	69.38	70.05	70.02
截流流量(m^3/s)		10300		10300		10300		10300		10300	
底孔过流量(m^3/s)		4990	5050	5920	5990	7300	7380	8560	8540	9600	9560
明渠过流量(m^3/s)		5310	5250	4380	4310	3000	2920	1740	1760	700	740
截流总落差(m)		1.15	0.17	1.52	1.54	2.24	2.28	2.96	2.95	3.62	3.59
上游戗堤落差(m)		0.97	0.91	1.25	1.18	1.78	1.78	2.16	2.13	2.54	2.63
下游戗堤落差(m)		0.3	0.26	0.37	0.36	0.53	0.5	0.82	0.82	1.07	0.96
上龙口	水深(m)		14.6		14.9		15.3		15.8		9.2
	流速(m/s)		3.56		4.08		4.59		5.01		7.3
下龙口	水深(m)		18.6		19.6		18.7		16.6		8.3
	流速(m/s)		3.08		3.22		4.11		5.32		8.94

注：龙口底部加设拦石坎。

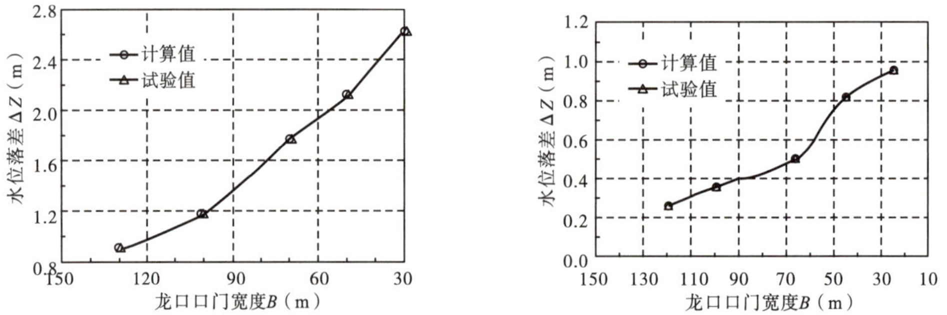

(a)下游戗堤　　　　(b)上游戗堤

图 6.2.5　上、下游戗堤不同宽度下承担水位落差的计算值与试验结果对比(Q=10300m^3/s)

表 6.2.9　　明渠截流流量 $9010m^3/s$ 试验结果与数学模型计算结果对比

项目		龙口口门宽度(m)									
		上游 150m，下游 150m		上游 100m，下游 100m		上游 70m，下游 66m		上游 50m，下游 45m		上游 30m，下游 25m	
		试验	计算	试验	计算	试验	计算	试验	计算	试验	计算
三斗坪水位(m)		66.33	66.33	66.33	66.33	66.33	66.33	66.33	66.33	66.33	66.33
茅坪一水位(m)		67.05	67.1	67.54	67.58	68.18	68.3	68.72	68.73	69.26	69.24
截流流量(m^3/s)		9010		9010		9010		9010		9010	
底孔过流量(m^3/s)		3820	3980	5210	5300	6540	6800	7540	7550	8450	8420
明渠过流量(m^3/s)		5190	5030	3800	3710	2470	2210	1470	1460	560	590
截流总落差(m)		0.72	0.77	1.21	1.25	1.85	1.97	2.39	2.39	2.93	2.91
上游戗堤落差(m)		0.62	0.59	0.97	0.94	1.51	1.53	1.8	1.75	2.2	2.15
下游戗堤落差(m)		0.2	0.18	0.34	0.31	0.43	0.44	0.65	0.64	0.72	0.76
上龙口	水深(m)		14.3		14.6		15		15.4		8.7
	流速(m/s)		2.92		3.59		3.56		4.39		6.52
下龙口	水深(m)		18.4		18.5		18.6		16.4		8.1
	流速(m/s)		2.24		2.79		3.15		4.51		7.42

注：龙口底部加设拦石坎。

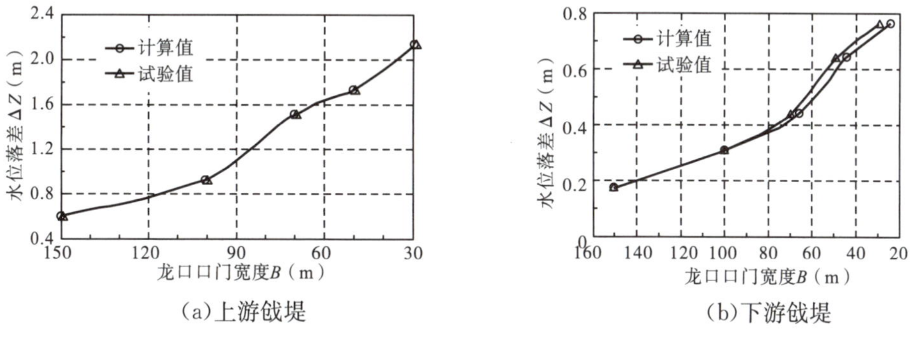

图 6.2.6　上、下游戗堤不同龙口口门宽度下承担水位落差的计算值与试验结果对比($Q=9010m^3/s$)

从表 6.2.8 及表 6.2.9 中可以看出，一维数学模型计算结果具有较高的精度。明渠截流龙口口门过流量，截流总落差，上、下游戗堤承担的水位落差等数学模型计算结果与水工模型试验值接近，龙口平均流速计算值与试验值存在一定的误差，尤其当龙口口门宽度较小时，误差较大。因为数学模型严格按照龙口几何尺寸计算，而水工模型试验抛投断面不规则，不过计算与试验误差都在一定的允许范围内，所以可以认为经过验证的一维数学模型能用于各种截流方案的龙口水力学计算。

以一维数学模型的计算结果作为边界条件，采用二维数学模型，对上述两组试验，分别进行数值模拟。从二维模拟结果可以看出，因截流戗堤口门断面缩窄，水位在上、下游口门处很快壅高，此后由于局部水头损失，通过龙口之后水位又急剧回落。因为上游戗堤龙口承担水位落差大于下游戗堤龙口，相应上游戗堤龙口处平均流速大于下游戗堤龙口。受明渠弯道环流及断面缩窄的影响，龙口处左岸附近的流速略大于右岸附近流速，而上、下游戗堤龙口处水位的横向分布变化较小。截流流量越大，相应龙口处水位提高、流速越大。

6.2.2.6 双戗堤截流戗堤进占程序

(1)上、下游戗堤非龙口段进占

明渠截流戗堤非龙口段进占设计流量采用当旬的旬平均流量，堤头防冲设计流量采用当旬 20 年一遇最大日平均流量。11 月上旬、中旬，上、下游截流戗堤非龙口段进占程序分别见图 6.2.7、图 6.2.8，水力学指标见表 6.2.10。

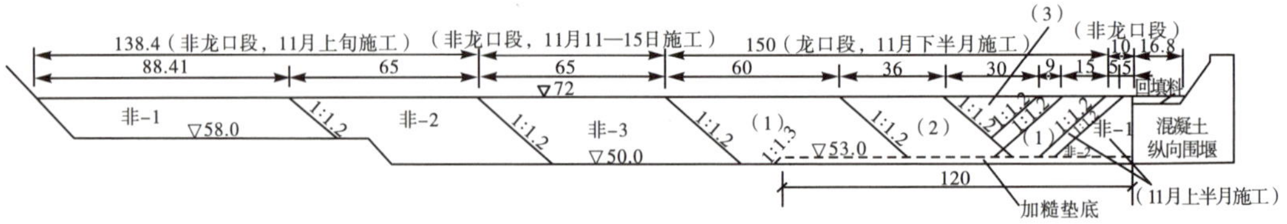

图 6.2.7 三期上游截流戗堤非龙口段进占程序(单位:m)

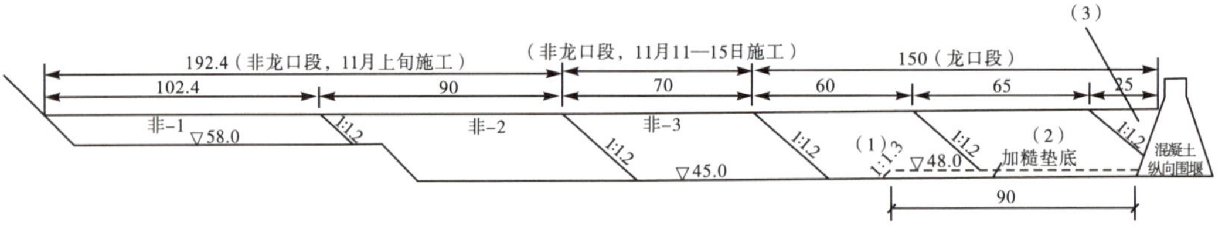

图 6.2.8 三期下游截流戗堤非龙口段进占程序(单位:m)

表 6.2.10 明渠截流上、下游戗堤非龙口段进占程序及水力学指标

施工时段		进占长度(m)		束窄口门宽度(m)	进占水力学指标					抗冲水力学指标				
		左岸	右岸		流量(m³/s)	口门分流量(m³/s)	口门平均流速(m/s)	堤头流量(m/s)	落差(m)	流量(m³/s)	口门分流量(m³/s)	口门平均流速(m/s)	堤头流量(m/s)	落差(m)
11月上旬	上游戗堤	5	153.4	220	14800	8800	3.33	左 4.60，右 3.97	0.74	21900	12900	4.61	左 6.65，右 5.32	1.52
	下游戗堤		192.4	220	14800	8800	3.15	3.08	0.27	21900	12900	4.18	4.21	0.60

续表

施工时段		进占长度(m)		束窄口门宽度(m)	进占水力学指标					抗冲水力学指标				
		左岸	右岸		流量(m^3/s)	口门分流量(m^3/s)	口门平均流速(m/s)	堤头流量(m/s)	落差(m)	流量(m^3/s)	口门分流量(m^3/s)	口门平均流速(m/s)	堤头流量(m/s)	落差(m)
11月(11—15日)	上游戗堤	10	60	150	12200	5900	3.70	左4.42,右4.44	1.09	19400	9600	5.16	左7.72,右7.08	2.41
	下游戗堤		80	140	12200	5900	3.21	2.92	0.24	19400	9600	4.86	4.53	0.56

(2)上、下游戗堤龙口段进占

1)上、下游戗堤截流龙口水力学计算。

上、下游戗堤龙口河床设有拦石坎,按有侧向收缩的宽顶堰计算龙口水力学参数,通过上、下游戗堤龙口的流量分别为$Q_上$、$Q_下$,截流河道流量关系式如下:

$$Q=Q_上+Q_分 \tag{6.2.9}$$

式中,$Q_上$为上游戗堤龙口流量,m^3/s;$Q_上=m_上\ B_上\ H_上{}^{1.5}\sqrt{2g}$;$Q_下=m_下\ B_下\ H_下{}^{1.5}\sqrt{2g}$;$Q_上=Q_下$;$Q_下$为下游戗堤龙口流量,$m^3/s$;$m_上$、$m_下$分别为上、下游戗堤龙口流量系数;$B_上$、$B_下$分别为上、下游戗堤龙口平均过水宽度,m;$Q_分$为导流底孔分流量,$m^3/s$;$H_上$、$H_下$分别为上、下游戗堤龙口拦石坎上水头,m。

联解上述方程,可得上、下游戗堤龙口不同宽度,不同来流量下的龙口流量、水位、流速、落差等截流水力学参数,并确定不同落差分配关系下的上、下游戗堤的进占配合关系,即上、下游戗堤龙口束窄口门宽度。

设计假定上游戗堤龙口承担3/4落差、2/3落差、下游戗堤龙口承担1/4落差、1/3落差。

①河道来流量已知,则通过河道水位流量关系可查得下游水位H_d,明渠截流设计流量10300m^3/s,下游戗堤下游水位66.45m。

②假定上游水位H_u,根据上、下游戗堤龙口分担落差关系,得到两戗堤之间水位H_m,对于每一上游戗堤龙口宽度$B_上$可以求得龙口流量$Q_上$,同时对应每一上游水位都有一个确定的导流底孔分流量$Q_分$,二者之和如等于总的河道来流量,则假设的上游水位正确,否则重新假设H_u,直到相等为止。

③由下游戗堤上下游水位和龙口流量可以求得下游戗堤龙口宽度,即可确定相应落差分担关系下的进占协调关系(即龙口束窄口门宽度)和上下游戗堤龙口水力学参数。

2)上、下游戗堤截流龙口进占程序。

下游围堰在左岸电站发电前务必拆净,以免残埂壅水导致水能损失,故要控制下游龙口抛投料尺寸，不宜分担过大落差。设计研究比较了两种方案：①上游戗堤龙口段承担3/4落差，相应下游戗堤龙口段分担1/4落差，其上、下游戗堤龙口合龙进占程序及水力学指标见表6.2.11；②上游戗堤龙口段承担2/3落差，相应下游戗堤龙口段分担1/3落差，其上、下游戗堤龙口合龙进占程序及水力学指标见表6.2.12。试验表明，下游戗堤龙口段分担1/3落差，须加快抛投进占速度，使束窄口门小于上游戗堤，而下游戗堤龙口段合龙只能右岸单向进占，制约了抛投进占速度设计(合龙时间为5天)。经综合分析比较，设计倾向于方案①，即下游戗堤龙口段分担1/4落差，但截流备料可按方案②实施。上游戗堤非龙口段工程量23.66万m^3，龙口段工程量15.39万m^3；下游戗堤非龙口段工程量25.75万m^3，龙口段工程量17.09万m^3(工程量指戗堤设计断面的体积，下同)。

表6.2.11 明渠截流上、下游戗堤龙口段进占程序方案①的合龙水力学指标

上游戗堤龙口	口门宽度(m)	150	130	100	70	50	30	0
	左岸进占长度(m)	4	6	6	4	4	6	
	右岸进占长度(m)	16	24	24	16	16	24	
下游戗堤龙口	口门宽度(m)	140	120	100	66	45	25	25
	进占长度(m)(右岸单向)	20	20	34	21	20	0	
截流落差(m)	总落差	0.85	1.12	1.48	2.29	3.01	3.60	3.80
	上游戗堤龙口	0.76	0.95	1.23	1.88	2.28	2.38	
	下游戗堤龙口	0.19	0.23	0.33	0.47	0.73	1.18	
龙口轴线平均最大流速(m/s)	上游戗堤龙口	4.09	4.64	5.25	6.30	6.74	6.91	
	下游戗堤龙口	2.84	3.18	3.31	3.65	3.66	4.66	
堤头流速(m/s)	上游戗堤龙口左堤头	3.92	4.75	5.42	6.43	6.74	6.91	
	上游戗堤龙口右堤头	3.78	4.03	5.02	6.17	6.74	6.91	
	下游戗堤龙口右堤头	2.64	3.10	3.51	3.86	3.89	4.66	

表6.2.12 明渠截流上、下游戗堤龙口段进占程序方案②的合龙水力学指标

上游戗堤龙口	口门宽度(m)	150	130	100	70	50	30	0
	左岸进占长度(m)	4	6	6	4	4	6	
	右岸进占长度(m)	16	24	24	16	16	24	
下游戗堤龙口	口门宽度(m)	125	106	85	57	42	23	23
	进占长度(m)(右岸单向)	19	21	28	15	19	0	
截流落差(m)	总落差	0.96	1.17	1.61	2.38	3.06	3.61	3.81
	上游戗堤龙口	0.66	0.87	1.11	1.56	2.02	2.38	
	下游戗堤龙口	0.29	0.42	0.56	0.77	0.99	1.21	
龙口轴线平均最大流速(m/s)	上游戗堤龙口	3.87	4.24	5.06	5.66	6.63	4.84	
	下游戗堤龙口	3.14	3.39	3.66	4.61	4.83	5.47	

续表

堤头流速(m/s)	上游戗堤龙口左堤头	4.08	4.45	5.13	5.66	6.56	6.58	
	上游戗堤龙口右堤头	3.76	4.13	4.76	5.66	6.56	6.58	
	下游戗堤龙口右堤头	2.93	3.38	3.61	4.55	4.73	5.55	

6.2.2.7 双戗堤截流戗堤抛投材料

(1)明渠截流戗堤抛投材料分类

基本上沿袭大江截流抛投材料，分为：

1)石渣料。右岸建筑物基础开挖的花岗岩块石(容量 $2.7t/m^3$)石渣料，一般粒径 0.5～60cm，最大达 80cm，其中粒径 20～60cm 块石含量大于 50%，粒径 2cm 以下含量小于 20cm。

2)中等块石。粒径 0.4～0.7m(重 90～470kg)的块石，备料可按粒径大于 0.5m、质量大于 170kg 的块石含量大于 60%石渣料控制。

3)大块石。粒径 0.8～1.1m，重 0.71～1.7t 的块石。

4)特大块石。粒径 1.3～1.6m，重 3～5t。

5)特大块石串。将特大块石钻孔，用钢丝绳把 3～5t 特大块石连成特大块石串。

6)混凝土四面体。利用三峡工程右岸护岸工程段剩余的 1860 块 20t 四面体。

7)混凝土四面体串。用钢丝绳将 2～4 块混凝土四面体连成四面体串。

(2)截流戗堤抛投材料粒径选择

按不同口门宽施工进占水力学指标计算其在动水中抛投稳定的粒径并用相应抗冲水力学指标，核算其抛投稳定性，通过水工模型试验验证并结合备料、施工设备等因素，予以选定抛投材料粒径按常用经验公式计算。计算中取块石容量 $\gamma_m=2.7t/m^3$。

(3)上、下游截流戗堤非龙口段抛投材料

明渠截流上、下游截流戗堤非龙口段从 2002 年 11 月 1 日开始进占，设计安排 11 月 15 日进占至龙口桩号，形成上、下游截流戗堤龙口。

上、下游截流戗堤非龙口段抛投材料分别见表 6.2.13、表 6.2.14。

表 6.2.13　　上游截流戗堤非龙口段抛投材料

项目					石渣(万 m^3)	中等块石(万 m^3)	大块石(万 m^3)	特大块石串(万 m^3)	20t 混凝土四面体串(个/万 m^3)
施工时段	口门宽度(m)	进占部位	进占长度(m)	工程量(万 m^3)					
11月上旬	220	左岸	5.00	2.26	1.36	0.45	0.45		
		右岸	150.71	12.93	7.47	4.37	1.09		
		小计	155.71	15.19	8.83	4.82	1.54		

续表

项目					石渣（万 m³）	中等块石（万 m³）	大块石（万 m³）	特大块石串（万 m³）	20t 混凝土四面体串（个/万 m³）
施工时段	口门宽度（m）	进占部位	进占长度（m）	工程量（万 m³）					
11 月 11—15 日	150	左岸	15.00	1.63		0.70	0.43	0.5	
		右岸	55.00	6.84	3.12	2.36	0.76	0.5	84/0.1
		小计	70.00	8.47	3.12	3.06	1.19	1.0	84/0.1
合计			225.71	23.66	11.95	7.88	2.73	1.0	84/0.1

表 6.2.14　　下游截流戗堤非龙口段抛投材料

项目					石渣混合料（万 m³）	石渣（万 m³）	中等块石（万 m³）	大块石（万 m³）	合金钢网石兜（万 m³）
施工时段	口门宽度（m）	进占部位	进占长度（m）	总工程量（万 m³）					
11 月上旬	210	右岸小计	183.15	15.81	6.72	5.22	2.47	1.40	
11 月 11—15 日	140	右岸小计	70.00	9.94	4.97	2.98	1.09	0.50	0.40
合计			253.15	25.75	11.69	8.20	3.56	1.90	0.40

（4）上、下游截流戗堤龙口段抛投材料

明渠截流上、下游截流戗堤龙口段抛投材料见表 6.2.15、表 6.2.16。

表 6.2.15　　上游截流戗堤龙口段抛投材料

区段	口门宽度（m）		进占长度（m）	石渣（万 m³）	块石料（万 m³）			混凝土四面体串（个/万 m³）	工程量（万 m³）
					中等块石	大块石	特大块石串	20t	
①	150～100	左岸	20	1.30	0.72	0.45			2.47
		右岸	30	1.80	0.85	0.85		84/0.10	3.60
		小计	50	3.10	1.57	1.30		84/0.10	6.07
②	100～50	左岸	20	0.72	0.60	0.60	0.45	84/0.10	2.47
		右岸	30	1.20	0.80	0.80	0.60	168/0.20	3.60
		小计	50	1.92	1.40	1.40	1.05	252/0.30	6.07
③	50～0	左岸	20	0.30	0.30	0.30	0.30	84/0.10	1.30
		右岸	30	0.40	0.50	0.45	0.45	126/0.15	1.95
		小计	50	0.70	0.80	0.75	0.75	210/0.25	3.25
合计		150		5.72	3.77	3.45	1.80	546/0.65	15.39

表 6.2.16　　下游截流戗堤龙口段抛投材料

区段	口门宽度(m)		进占长度(m)	石渣(万 m^3)	块石料(万 m^3)		合金钢网石兜(万 m^3)	抛投工程量(万 m^3)
					中等块石	大块石		
①	140～95	左岸	0					
		右岸	45	3.73	1.62	1.62		6.97
		小计	45	3.73	1.62	1.62		6.97
②	95～52	左岸	10		1.05	0.50		1.55
		右岸	33	2.04	1.53	1.04	0.50	5.11
		小计	43	2.04	2.58	1.54	0.50	6.66
③	52～0	左岸	15	0.50	0.46	0.30		1.26
		右岸	37	1.30	0.70	0.70	0.40	3.10
		小计	52	1.80	1.16	1.00	0.40	4.36
合计			140	7.57	5.36	4.16	0.90	17.99

6.2.2.8　降低明渠截流难度的主要技术措施

(1)二期上、下游围堰水下拆除断面须满足分流条件

通常，在截流流量相同的情况下，河道截流的难易程度，主要取决于分流条件。三峡工程明渠截流时江水从大坝泄洪坝段导流底孔分流。按截流流量 10300m^3/s，最终落差 4.06m 进行截流设计。影响大坝导流底孔分流能力的主要是二期上、下游围堰拆除高程及宽度。设计通过分析计算并经水工模型试验研究，拟定明渠截流戗堤进占前，二期上、下游围堰水下拆除至设计断面，以满足分流条件的要求。

(2)上、下游戗堤龙口段设置拦石坎

明渠截流模型试验表明，在上游戗堤龙口段下游侧设置 6 排重 25t 的钢架笼块石形成拦石坎，提高抛投块体稳定性效果明显，可大大减少合龙抛投材料的流失量。因此，明渠截流设计安排在 2002 年 10 月至 11 月上旬，在坝址流量小于 15000m^3/s、导流底孔分流的情况下，采用侧卸式抛石船或浮吊抛投。设计研究也可利用混凝土纵向围堰右侧 70m 高程平台布置起重机抛投 25t 重的钢架笼块石，在龙口合龙前形成拦石坎。为便于下游围堰拆除，下游戗堤龙口段设置合金钢网石兜块石(重 5～10t)拦石坎，采用对开式石驳抛投。

(3)采用特大块石串和混凝土四面体中埋铁块，以提高截流块体稳定性

明渠截流上游戗堤龙口合龙过程中，可发挥三峡工程的特大型机械设备威力，抛投特大块石串。并预制单块重 30t 的大容重混凝土四面体(混凝土中埋铁块)，可显著提高抛投稳定性。

(4)积极采用新技术，加强信息跟踪，动态决策

明渠截流是一项复杂的系统工程，必须根据工程进度及时进行周密的分析判断，才能作

出正确的决策。而分析判断又需要气象水文预报、截流水文测验、水工模型试验、水力学计算、截流及其相关工程施工进展状况等方面的信息，尤其是将截流水力学计算与水工模型跟踪试验和原型水文观测有机结合、互为补充，动态决策，可使明渠截流设计落实在比较可靠的基础上，并有效地指导明渠截流施工。

(5)精心组织上、下游戗堤进占，充分发挥两戗堤分担截流落差的作用

双戗堤立堵截流的优越性在于两戗堤分担截流落差，减小龙口合龙难度。明渠上、下游戗堤基础均为弱风化岩基，合龙进占不会造成对基岩冲刷，只要合理控制上、下游戗堤口门宽度，可以充分发挥两戗堤分担截流落差的作用。在截流施工中，精心组织控制上、下游戗堤进占长度及口门宽度，使两戗堤口门落差在设计指标之内，以达到上、下游戗堤分担落差、降低截流难度的目的。

6.2.3 明渠截流施工技术

6.2.3.1 上下游截流戗堤龙口拦石坎施工技术

为降低明渠截流龙口合龙难度，设计在上下游截流戗堤龙口段的下游侧均设置拦石坎。上游龙口拦石坎，沿戗堤轴线长132m，顺水流向15m，拦石坎高2.5m，采用2.5m×2.5m×2.5m的钢架石笼(重25t)，工程量318个钢架石笼。下游龙口拦石坎，沿戗堤轴线长90m，顺水流向宽15m，拦石坎高3.0m，采用单个重8t的合金钢网石兜，工程量6000m^3。拦石坎施工时段原计划在10月上旬至10月下旬，20年一遇分旬平均流量10月上旬为27500m^3/s，10月中旬为23400m^3/s，10月下旬为19100m^3/s，龙口段流速小于3.5m/s。原导流底孔提前分流实际施工提前于9月20日开始，至10月26日完工。该时段内坝址流量均在13100m^3/s以下，对施工十分不利。

(1)上、下游截流戗堤龙口拦石坎抛投试验

为确保钢架石笼和合金钢网石兜准确定点抛投，发挥拦石坎作用，加快施工进度，对钢架石笼、钢网石兜吊抛物在不同流量、流速等情况下的漂距参数、流失损耗等基础资料进行分析，以有效地指导施工，同时得到各工序间的衔接及外围协调(尤其与航运的矛盾)的操作经验，取得指挥协调各工种矛盾、施工薄弱环节及质量控制难点的主动权，从而达到安全、优质、高速组织施工的目的。进行抛投试验时，上游龙口拦石坎钢架石笼用抓斗船定位，GPS定位系统配合定点吊抛，下游龙口拦石坎钢网石兜用链斗船定位，拖轮拖底开驳对开驳抛投合。定位船的水下锚，均设有水深4m以下的压缆装置，便于航行安全。

拦石坎抛投块体的漂距用水流表面流速计算的经验公式见式(6.2.10)。实施过程中，可按生产性试验进行校核修正。

$$L = 0.74\frac{V_0 H}{G^{\frac{1}{6}}} \tag{6.2.10}$$

式中，L为抛投块体漂距，m；H为抛投块体处的水深，m；G为抛投块体质量，kg；V_0为抛投区域水流表面流速，m/s。

上游截流戗堤龙口拦石坎钢架石笼抛投流速与漂距参数见表 6.2.17；下游截流戗堤龙口拦石坎合金钢网石兜抛投流速与漂距参数见表 6.2.18。

表 6.2.17　上游截流戗堤龙口拦石坎钢架石笼抛投流速与漂距参数

V_0(m/s)	0.5	0.8	1.0	1.2	1.5	1.8	2.0	2.2	2.5	2.8	3.0	3.2	3.5
L(m)	1.20	1.92	2.39	2.87	3.59	4.31	4.79	5.27	6.00	6.71	7.18	7.66	8.38

注：抛投区域水深 17.5m。

表 6.2.18　下游截流戗堤龙口拦石坎合金钢网石兜抛投流速与漂距参数

V_0(m/s)	0.5	0.8	1.0	1.2	1.5	1.8	2.0	2.2	2.5	2.8	3.0	3.2	3.5
L(m)	1.47	2.36	2.95	3.54	4.42	5.31	5.90	6.49	7.37	8.26	8.84	9.43	10.32

注：抛投区域水深 20.0m。

拦石坎抛投试验完成后，经水下地形测量，上、下游截流戗堤龙口拦石坎抛投块体均落在预定抛投地点。钢架石笼及合金钢网石兜内装填的块石粒径应控制在 0.3～0.7m(重 40～480kg)，绝不允许装填不合格石料。

(2)上游截流戗堤龙口拦石坎施工

上游截流戗堤龙口拦石坎沿戗堤轴线长 132m，分左、右两个区段。左区段长 72m，分 7 个条块施工；右区段长 60m，分 6 个条块施工。每条块(水流方向)长 15m，宽 10m(其中左区段第一块宽 12m)，每条块由每排 4 个共 6 排 24 个钢架石笼组成。采用 $5m^3$ 抓斗改装船定位在左区段 1 条块的下游，先抛拦石坎轴线上游 3 排(每排 4 个自左向右逐个抛投)共 12 个钢架石笼，将起吊船下移再抛拦石坎下游 3 排 12 个钢架石笼。钢架石笼起吊落水时，左右向由起吊船水平罗盘(水平角)控制，上下游向由起吊船臂仰俯角初步控制，待吊物基本就位后，用 GPS 全站仪跟踪检测、调整到位，再将吊物完全落地，水下自动脱钩。完成第 1 条块抛投后，抓斗改装船沿拦石坎平行右移重复上述抛投程序直至完成整个抛投工作。装载运输船队停靠在定位船的右侧。当一个区段抛完，移开定位船，测量抛填后的边界和高程，以检验吊抛效果，对局部欠抛部位进行其他料物补抛处理，符合设计要求后再进行下一区段吊抛施工。

钢架石笼由角钢、钢板、钢筋加工焊接而成。将所有焊件在车间统一下料运至右岸备料场附近工棚进行统一焊制。用装载机或反铲在备料场取料装填，装满后钢架石笼加盖焊牢。装满后钢架石笼，每个重 25t，用 40t 汽车吊吊装到经改装后的 32t 自卸汽车，自料场陆运至码头。再由码头 40t 吊，吊装至 460t 甲板驳(每船 12 个)，甲板驳由 480HP 拖轮，一拖一驳，水运至抛投区停靠定位船。

(3)下游截流戗堤龙口拦石坎施工

下游截流戗堤龙口拦石坎沿戗堤轴线长 90m，分左、右两个区段，每区段分 9 条块施工，每条块上下游向长 15.6m、条宽 5m，填筑高(高程 45～48m)3m，分 3 层抛填。$500m^3$ 底开驳(对开驳)直接定位在左区段第一条块上,装料长度与条块长一致,然后开启 500m^3 底开驳依次向右逐条抛投。

6.2.3.2 上、下游截流戗堤进占施工技术

设计上游截流戗堤全长 363.4m,其中龙口段长 150m;下游截流戗堤全长 412.4m,其中龙口段长 140m。明渠截流戗堤填筑料主要包括石渣混合料、石渣、中等块石、大块石、特大块石(串)、混凝土四面体、钢架石笼、钢网石兜等,上、下游截流戗堤施工抛投量分别为 42.17 万 m^3、46.88 万 m^3。

(1)截流戗堤施工程序

原计划 11 月 1 日明渠封航后开始戗堤非龙口段进占,11 月下半月内预报流量有连续 3～5 天小于截流设计流量 10300m^3/s 即一举合龙。鉴于 9 月以后坝址流量持续偏枯和导流底孔提前分流等有利条件,经业主决策,提前戗堤进占,调整进占程序和龙口宽度,力争提前于 11 月上旬截流合龙。

10 月 16 日在上、下游围堰截流戗堤进占道路跨堰体段施工完毕后,上、下游截流戗堤非龙口段开始正式连续进占,于 10 月 27 日晨形成上游戗堤口门宽度 169m,下游截流戗堤口门宽度 174m,开始进入龙口预进占。10 月 31 日下午明渠封航,此时上、下游戗堤龙口宽度分别约为 120m 和 80m,正式开始上、下游戗堤龙口段施工,于 11 月全面形成小龙口,后加高戗堤抛筑水下堰体,11 月 6 日上午将小龙口最后合龙。

截流戗堤开始进占后,堰体水下部分尾随截流戗堤进行抛填,并滞后于截流戗堤 30～40m。导流明渠截流后,为加快堰体填筑进度,尽早提供左岸防渗墙施工平台,上、下游围堰堰体从左右岸双向进占抛填。

(2)施工设备

1)设备选型。

为满足截流高强度施工的要求,应优先选用大容量、高效率、机动性好的设备,并充分利用工地现有的大型设备。

①挖装。主要选用 4～9.6m^3 的挖掘设备及 9.6m^3 以上的装载机。特大石、大石选用 1.8m^3 反铲挖装,钢架石笼、钢网石兜、混凝土四面体选用 16t、40t 的汽车吊吊装。

②运输。主要选用 45～85t 的大型载重自卸汽车,上游左岸截流基地则受场地限制,采用 20～32t 的自卸汽车。钢架石笼、混凝土四面体采用 32t 经过改装的自卸汽车。

③推运。主要选用大马力的推土机。

2)设备布置。

明渠截流上、下游戗堤进占施工共投入自卸汽车(20～85t)210 辆,总能力 9506t;推土机(221～575kW)25 台,总能力 4206kW;装载机(4～12m^3)12 台,总能力 46.5m^3;挖掘机(9.2～9.6m^3)59 台,总能力 114.8m^3。

①考虑左岸截流基地范围小,设备布置困难,优先选用效率高的挖掘设备。

②右岸料场范围广，供电方便，以 WK-4 电铲为主，并辅以液压挖掘设备。

③每个堤头配备 2 台大马力的推土机，以满足高强度要求。

④77～85t 自卸汽车主要用于装特大石、大块石，石渣采用 20～77t 自卸汽车。

⑤左岸上游截流基地设备转运采用轮渡船。

(3)上、下游戗堤非龙口段施工

1)根据非龙口段进占时间和设计进占流量条件，戗堤进占高程定在离水面 1.0m 左右，以增加戗堤进占宽度和提高进占强度，减少抛投料流失。

2)非龙口段填筑料采用自卸汽车运输，端进法抛填，使大部分抛投料直接抛入江中，推土机配合施工：深水区进占时，为确保安全，部分采用堤头集料，推土机赶料抛投。非龙口段施工在实践和摸索中不断改进抛填方式。

3)非龙口段进占抛投材料一般采用石渣料全断面抛投施工，进占过程中，如发现堤头抛投料有流失现象，则在堤头进占前沿的上游角先抛投一部分大、中石，在上挑角掩护下，尾随跟进抛填石粒料。

4)在进占过程中，戗堤顶部碎石或粗颗粒风化砂尾随铺筑，并派专人养护路面，确保龙口合龙过程中大型车辆畅通无阻。

(4)上、下游戗堤龙口段施工

1)上、下游戗堤分担截流落差的控制。

双戗堤立堵截流的优越性在于上、下游截流戗堤分担截流落差，减轻龙口合龙难度。明渠上、下游截流戗堤基础均为混凝土衬护或弱风化岩基，合龙进占不会对基岩造成冲刷，只要合理控制上、下游戗堤口门宽度，就可以充分发挥两戗堤分担截流落差的作用，达到降低截流难度的目的。导流明渠双戗堤截流设计流量 10300m^3/s，最终落差 4.06m。采用上、下游截流戗堤同时进占分担截流落差的方式，要求上游戗堤承担 2/3 落差，下游戗堤承担 1/4～1/3 落差。上游戗堤采用双向进占合龙，以右岸进占为主；下游戗堤采用右岸单向进占合龙。为保证明渠截流顺利实施，需要上、下游截流戗堤龙口合龙时配合进占，以便上、下游戗堤合理分担落差，相应拟定上、下游戗堤龙口宽度的关系。这就需要控制上、下游戗堤进占长度和抛投强度。

施工单位按上述设计条件和分担落差的方案，研究了上、下游戗堤进占长度和抛投强度。

上、下游截流戗堤龙口同时进占按截流流量 10300m^3/s 控制上、下游截流戗堤龙口进占口门宽度。

上、下游截流戗堤形成龙口段后(上游龙口 150m，下游龙口 140m)，根据水文预报资料，计划利用 1 天时间进行龙口预进占，必要时停止进占，进行堤头保护。再根据水文预报资料用 3 天时间进行龙口段合龙施工。上、下游截流戗堤龙口段控制进占长度及强度见表 6.2.19，表中抛投量已考虑了上、下游戗堤龙口段均加宽至 30m，并在 10300m^3/s 截流流量时已计入20%流失量，每天工作时间按20小时计。根据计算，戗堤加宽后，上游截流戗堤龙口日最大抛投强度6.25万m^3/d，下游截流戗堤龙口日最大抛投强度6.1万m^3/d。为此，上、下游需按此强度配置足够的挖运设备，并做好堤头抛投组织。

表6.2.19　　导流明渠截流上、下游截流戗堤龙口段控制进占长度及强度

时间	部位	上游截流戗堤					下游截流戗堤				
		进占长度(m)	龙口宽度(m)	工程量(万m^3)	小时强度(m^3/h)	小时进占长度(m/h)	进占长度(m)	龙口宽度(m)	工程量(万m^3)	小时强度(m^3/h)	小时进占长度(m/h)
预进占	右岸	35.0	150.0→112.5	5.14	2571	1.75	43.4	140.0→96.6	6.72	3358	2.02
	左岸	2.5		0.36	182	0.13					
合龙第1天	右岸	40.0	112.5→701.0	5.89	2944	2.00	36.6	96.6→60.0	6.10	3049	1.83
	左岸	2.5		0.36	182	0.13					
合龙第2天	右岸	30.0	70.0→30.0	4.18	2088	1.50	37.0	60.0→23.0	5.86	2931	1.85
	左岸	10.0		0.79	396	0.50					
合龙第3天	右岸	30.0	30.0→0.0	1.30	648	1.50	23.0	23.0→0.0	1.21	606	1.15
	左岸	0.0		0.00	0	0.00					
小计	右岸	135.0		16.51							
	左岸	15.0		1.51							
合计		150.0		18.02							

注：①龙口合龙时间1天按工作20小时计；②工程量考虑20%流失量。

预进占考虑1天完成，上游戗堤龙口宽150m→112.5m，右岸进占35m，左岸进占2.5m，抛投合计工程量5.5万m^3。下游戗堤140m→96.6m，需相应进占43.4m，抛投量6.72万m^3。

合龙第1天，上游戗堤龙口宽112.5m→70m，右岸进占40m，左岸进占2.5m，合计抛投量6.25万m^3。下游戗堤96.6m→60.0m，需相应进占36.6m，抛投量6.1万m^3。

合龙第2天，上游戗堤龙口宽70m→30m，右岸进占30m，合计抛投量4.97万m^3。下游戗堤60m→23m，需相应进占37m，抛投量5.86万m^3。

合龙第3天，上游戗堤龙口宽30m→0m，右岸进占30m，抛投量1.3万m^3，左岸基本不进占。下游戗堤23.6m→0m，待上游合龙后再进占，相应进占23m，工程量1.21万m^3。

2)龙口区段划分及堤头抛投方式。

根据设计试验的水力学指标并借鉴葛洲坝工程大江截流经验，拟定分区段抛投，主要采用全断面推进和凸出上挑角两种进占方式。

第①区段上游口门宽150～70m，下游口门宽140～60m，水深16.8～17.12m。采用大块石、中等块石及石渣全断面进占，靠近束窄口门堤头（上游 75m、下游 60m）处位置采用大块石、大石抛投在迎水侧抗冲，石渣料与中等块石齐头并进。

为满足抛投强度，视堤头的稳定情况，部分采用自卸汽车直接抛填，部分采用堤头集料，推土机赶料方式抛投。

第②区段上游口门宽 70～30m，下游口门宽 60～23m，水深 17.12～14.72m。此区段为合龙困难区段。主要采用凸出上游挑角的进占方法，在上游角（与戗堤轴线 45°）集中抛特大块石和 20t 混凝土四面体及特大块石串（下游戗堤只能用大块石或钢丝网石兜），抛投位置控制在戗堤轴线上游 5～12m，使上游角凸出 10m 左右，将水流自堤头前上游角挑出一部分，从而使堤头下游侧形成回流缓流区，再用中等块石及石渣料进占。

第③区段上游口门宽 30～0m，下游口门宽 23～0m，水深 14.72～0m。此区段水深逐渐变浅，有利于戗堤的稳定，为减少冲刷流失，继续采用凸出上挑角施工，用大块石从戗堤轴线上游侧进占，再将中等块石及石渣抛填在戗堤轴线下游侧。

在施工中，特大块石或混凝土四面体、大块石以堤头集料为主，中等块石、石渣以汽车直接抛投为主。

下游 5 号、6 号料场 1400 块 20t 混凝土四面体已转运 1044 块至上游 7 号备料场，并浇筑 52 块 30t 大容重、混凝土四面体（$3.15t/m^3$）备存于茅坪溪防护大坝迎水侧。需用时采用电吊或 50t 汽车吊直接吊装至 CAT777C 自卸汽车上，运输至堤头卸料，必要时用大型推土机推至堤头前沿。

3）堰体跟随截流戗堤进占进行。

三期上游围堰高程 72.0m 及下游围堰高程 69.0m 以下，堰体采用水中抛填法施工。戗堤合龙前从右岸端进抛填，用 20～85t 自卸汽车运输，推土机平料压实。为尽早提供右岸防渗墙施工平台，截流戗堤合龙后，采用左右岸双向进占抛填施工，左岸抛填料从右岸料场取料，经截流戗堤向左岸运输至抛填部位。上、下游围堰及截流戗堤施工参数见表 6.2.20。

表 6.2.20　　上、下游围堰及截流戗堤施工参数

围堰及戗堤特征值	部位	围堰轴线长	堰顶高程	围堰总填筑方量	截流戗堤方量
	上游围堰及截流戗堤	442m	83m	156 万 m^3	42 万 m^3
	下游围堰及截流戗堤	448m	81.5m	170 万 m^3	46 万 m^3
施工特征参数	施工参数	小时最大强度	日最大强度	最大堤头卸车密度	
	单堤头	$3000m^3/h$	4.8 万 m^3/d	2.03 车/min	
	戗堤（三堤头）合计	$6100m^3/h$	9.4 万 m^3/d		
	围堰合计	$9100m^3/h$	14.2 万 m^3/d		

注：抛投强度为实际断面填筑强度。

各种填筑区均在地面上按堰体设计断面定出测量标志，严格按测量标志控制填筑，不允许超欠或混填，围堰堰体水下填筑控制高出水面 1.0m 以上。

4)上、下游戗堤龙口进占过程中的监测。

为协调上、下游截流戗堤进占，达到合理分担落差的目的，必须加强进占过程中水文水力学监测，及时将上、下游截流戗堤的进占情况和监测成果报告给截流指挥部。根据截流的不同的阶段，要求上游戗堤口门宽度 150～70m 段、下游戗堤 140～60m 段，每 2 小时监测报一次坝址流量、口门宽度、口门落差、流速等水力学参数；在上游戗堤口门宽度 70～30m、下游戗堤 60～23m 段，每 1 小时一次。实施过程中视进占情况，按截流指挥部要求，可再适当加密监测。并在截流指挥部统一协调指挥下，调整配合进占，以确保上、下游戗堤分别承担 2/3 和 1/3 的落差，力争达到 3/5 和 2/5 的落差。

水工模型试验表明，上、下游截流戗堤龙口口门束窄到一定程度后，下游戗堤口门宽度变化时上、下游戗堤落差分配十分敏感，因此，曾要求在上游戗堤龙口束窄至 70m 以前，下游戗堤龙口宽度误差控制在±2m 以内，在上游戗堤龙口束窄到 70m 以后，下游戗堤龙口进占配合误差控制在 2m 以内。

(5)截流戗堤施工主要技术及安全措施

1)非龙口段填筑料采用自卸汽车运输，端进法抛填，使大部分抛投料直接抛入江中，推土机配合施工；深水区进占时，为确保安全，部分采用堤头集料，推土机赶料抛投。非龙口段进占抛投材料，一般用石渣料全断面抛投施工，进占过程中，如发现堤头抛投料有流失现象，则在堤头进占前沿的上游挑角先抛投一部分大块石或混凝土预制块、钢网石兜，在其保护下，使堤头水流在下游侧形成回流缓流区，再将中等块石及石渣抛填在戗堤轴线的下游侧。截流抛投材料规格及备料数量需满足设计要求。

2)龙口合龙采用上、下游截流戗堤同时进占，进占速度和抛填料的稳定与戗堤进占方式关系极大。借鉴三峡二期大江截流成功经验，戗堤堤头采用凸出上游形成挑角的防护性进占。控制戗堤顶面高出水面 1m 左右。抛投进占过程中，视堤头边坡稳定情况，自卸汽车将块石及混凝土预制块、钢网石兜尽量直接抛入水中，同时，对卸在堤头前沿上的块石及混凝土预制块用大马力推土机推入水中，每个堤头配备 1～2 台大马力推土机。

3)尽量采取全断面整体推进，采用上挑角进占时，尽量减少挑角挑出长度，同时要注意跟紧补抛。根据堤头稳定情况相机选择自卸汽车直接抛投或自卸汽车堤头集料推土机推料回填或卸料冲砸抛填方式填筑。

4)在进占过程中，挑选质量好的填料，石渣料的粒径相对均匀，粒径小于 5.0m 的细颗粒严格控制在 10%以内。抛投料出水面后，及时采用石渣加高，戗堤顶用碎石或粗粒风化砂进行铺筑施工，并安排专人养护路面，确保截流施工道路满足大型车辆(77t、85t 自卸汽车)阴雨天畅通无阻的要求。

5)为满足上、下游戗堤龙口同时进占高强度施工的要求，在设备选型上优先选用大容量、高效率、机动性好的设备：挖装主要选用 4～9.6m^3 的挖掘设备及 9.6m^3 以上的装载机，特大石、大石选用 1.8m^3 反铲和 H135 正铲挖装，钢架石笼、合金钢网石兜、混凝土四面体选用 60t、40t 的汽车吊吊装；运输主要选用 45～85t 的大型载重自卸汽车，上游左岸截流基地则受场地限制，采用 20～32t 的自卸汽车，钢架石笼、混凝土四面体采用 45t 的自卸汽车；推运主要选用大马力的推土机。

6）为确保施工安全加大堤头抛投强度，提高运输设备的生产效率，预先做好截流抛投车辆行车线路规划。抛投车辆在戗堤堤头分为 3 路纵队，其中靠上游侧一路，下游侧一路，中间留一条空车退场道。堤头线路布置共分为 3 个区：抛投区（长 10～20m）、编队区（长 20～25m）和回车区。为减少倒车距离，加快抛填速度，右岸利用跟进填筑的堰体部位进行回车。为提前截流，在龙口段设计修改截流戗堤宽度，堰面宽度由 25.0m 加大到 30.0m，在单戗堤堤头布置由 3 个卸料点改为 4 个卸料点，戗堤轴线上、下游侧各 2 个。另根据不同部位填料的要求，采用不同的编队方式：一路（85t、77t 自卸汽车）靠上游侧抛填四面体、特大石、大石，另一路（77t、45t、32t、20t 自卸汽车）在中间及靠下游侧抛填中小石、石渣。上游左岸考虑场地道路比较狭窄，使用 20t、32t 自卸汽车作为运输设备。

7）加强对戗堤上的施工机械及工作人员统一指挥，为防止堤头坍塌危及汽车及施工人员的安全，在堤头前沿设置一排石渣埂，并配备专职安全员巡视堤头边坡变化，观察堤头前沿有无裂缝出现，发现异常情况及时处理以防患于未然。为确保堤头车辆安全，汽车轮缘距戗堤边缘不小于 2.5m，并安排专人布置标识。在堤头、堤侧以及各危险部位分别设置安全警示牌，堤头指挥人员穿救生衣，现场准备救生圈，加强专职安全巡视工作。

8）鉴于龙口合龙抛投强度大，抛投材料多，对抛投同一种材料的汽车需做相同标记，并分队编号，以便于指挥。一个车队的车辆尽量装运固定料场的抛投料。截流施工所需各种大型机械设备（自卸汽车、挖掘机、装载机、推土机、吊车等）必须检修，以保证设备的性能完好，操作人员必须经过培训后持证上岗。

6.2.4　明渠截流的主要经验及截流关键技术突破

6.2.4.1　明渠截流的主要经验

1）明渠截流流量大、落差大、流速高，截流综合难度大。研究采用上、下游截流戗堤立堵截流方案。通过水工模型试验，将下游截流戗堤位置适当下移至纵向围堰尾端，使两戗堤间距既可满足上游截流戗堤龙口下泄水流充分扩散和消能，避免不良流态对下游截流戗堤的冲刷，又可使下游截流戗堤龙口壅高水位而在上游截流戗堤龙口形成淹没流，起到分担落差的作用。试验研究提出上下游截流戗堤龙口进占最佳配合口门范围，用以指导上下游截流戗堤龙口协调进占，从而达到分担落差的效果。明渠截流实践表明，双戗堤立堵截流是成功的。

2）明渠截流上、下游截流戗堤龙口下游侧渠底分别设置钢架石笼拦石坎及合金钢网石兜拦石坎，既可对平整光滑渠底进行加糙，又在龙口下游侧形成一道底坎。实践证明，钢架石笼及合金钢网石兜拦石坎施工简便，提高合龙抛投块体稳定性效果显著，可应用于类似的截流工程。

3）明渠截流是一项复杂的系统工程，设计将截流水力学计算与水工模型跟踪试验和原型水文及水力学观测有机结合，互为补充，使截流设计落实在可靠的基础上，并有效地指导截流施工。根据气象及水文预报，正确地选择截流龙口合龙时段，科学地建立施工组织和指挥系统、精细地制定截流施工技术方案，有效地组织使用先进的施工设备、监测仪器、管理手段，精心组织截流施工，最大限度地提高截流抛投强度，可以安全、快速、优质地实施截流龙口合龙。

6.2.4.2 明渠截流关键技术突破

1)明渠截流实际截流流量 10200～8600m^3/s；截流落差上游戗堤最大 1.73m，下游戗堤最大 1.12m；龙口最大流速上游龙口 6.0m/s，下游龙口 5.13m/s。截流综合难度为当今世界截流工程之最。通过系列上、下游戗堤龙口进占束窄口门配合敏感性研究，相应制定有效控制上、下游戗堤龙口落差分配的措施，依靠强有力的技术保障，科学决策，成功地实施了从设计到施工的双戗堤立堵截流实践，取得了上、下游截流戗堤同时进占、分担截流落差的实效，降低了明渠截流难度，进一步完善了双戗堤立堵截流理论，为截流工程积累了成功经验。

2)通过对截流戗堤龙口拦石坎措施的研究，在下游截流戗堤用合金钢丝网石兜形成拦石坎，既满足自身抗冲稳定要求(抗冲流速达 10.5m/s)，又便于后期拆除，有效地解决龙口合龙抛投料的稳定问题，可充分发挥下游戗堤调节双戗堤落差分配的作用，减缓明渠截流难度。

3)进行了明渠提前截流的经验保障率分析以及水文风险和截流施工风险的研究，建立了多输入单输出线水文系统模型，准确地模拟预报明渠截流期三峡坝址上游寸滩至坝前区间的径流演进过程，分析和判断了明渠截流难度和风险，提出了基于龙口最大落差的截流施工风险率分析决策模型，是立堵截流施工风险分析的重要理论成果。

4)研究建立了分析明渠截流难度的数学模型。在分析葛洲坝工程坝前水位对三峡工程明渠截流影响甚微的情况下，通过数学模型计算分析，利用非恒定蓄水的槽蓄原理，深入研究了适时抬高蓄水位的过程和方案，提出在不增加明渠截流难度的前提下，可提前 10 天进行截流的方案，对降低明渠提前截流的难度，减小三期碾压混凝土围堰施工的风险具有重要现实意义。

5)针对明渠截流水文水力学监测特点，采用 ADCP 测流、多波束测探系统、GPS、激光全站仪、电波流速仪、多波束前视测探系统以及建立计算和网络通信系统等多种世界先进水平的高新技术和仪器，及时准确地测报了大量水位、落差、流速、流量、分流比、戗堤堤头进占水下几何形状等参数和成果，为明渠截流进占施工组织及进占安全提供了科学依据。

6)建立了科学化、信息化截流的框架体系以及实现高质量截流的信息跟踪及动态决策保障系统。

6.3 深水土石围堰关键技术

6.3.1 深水土石围堰的功能及特点

6.3.1.1 深水土石围堰功能与设计洪水标准

二期上游围堰与二期下游围堰及纵向混凝土围堰共同形成二期基坑，为大坝泄洪坝段及左厂坝段和左岸电站厂房创造干地施工条件，保证二期工程安全施工。

二期上游围堰按Ⅱ级临时建筑物设计，设计洪水标准为100年一遇洪水流量83700m^3/s，相应上游水位85.0m，拦蓄洪量达20亿m^3，实属长江干流上一座大型土石坝，必须确保围堰运行安全，做到万无一失。

二期下游围堰按Ⅲ级临时建筑物设计，设计洪水标准为50年一遇洪水流量79000m^3/s，相应挡水位78.3m，应保证围堰运行安全。

6.3.1.2　深水土石围堰特点

二期上、下游土石围堰具有以下特点：

1)围堰施工水深大，堰体填料稳定性差。葛洲坝水库的兴建，抬高了三峡坝址水位，致使二期上、下游围堰施工水深最大达60m，围堰挡水头最大达82m。围堰堰体80%填料在水中抛填，为当今世界上施工水深最大的深水围堰。

2)围堰工程规模大，施工强度高。二期上、下游围堰轴线长达2515.5m，堰体填筑方量共达1032万m^3，防渗心墙截水面积13.53万m^2，其中混凝土防渗墙达8.21万m^2，均超过国内外已建的围堰工程规模，且按三峡工程施工控制性进度要求，必须在大江截流后5～6个月内将二期上、下游围堰修筑至度汛高程。围堰施工工期短、强度高、施工难度大。

3)围堰基础地形、地质条件复杂，处理难度大。二期上、下游围堰基础范围在葛洲坝工程蓄水后，淤积细砂层厚5～10m，最厚达18m，新淤积砂的静力、动力特性差，对围堰稳定不利；堰基覆盖层中有风化残留的块球体，叠置分布于岸滩或夹杂在砂卵石、细砂冲积层中，块径一般为1～3m，最大7m，岩质坚硬，隐伏着集中渗流，特别是防渗墙造孔难度很大，河床深槽岩面形态复杂，尤其在上游围堰深槽左侧有高差达30m、岩坡近80°的陡壁，防渗墙底嵌入基岩极为困难；堰基弱风化岩体上部存在张开的卸荷及风化裂隙，形成集中强透水带，须进行防渗处理。

4)围堰施工与长江航运关系密切。与国内外大多数水利水电工程围堰施工条件不同，大江截流及二期上下游围堰施工初期，导流明渠尚未具备通航条件，因此大江截流戗堤进占和堰体填筑，必须同时考虑大江束窄河床口门的流速和水流条件要满足长江航运要求。

5)三峡坝址附近天然砂卵石料、黏土料等十分缺乏。二期上下游围堰填料只能取自一期工程左右岸建筑物基础的开挖料，包括风化砂、石渣、块石和混合料等，制约了围堰断面形式选择，由于填筑材料种类多，而且料场分散，因此从料源查核、开采、运输到检验，任一环节的失控，都会影响二期上下游围堰的施工进度和质量。

6)围堰挡水运行时间长，维护要求高。按二期工程主体建筑物施工进度安排，二期基坑施工时间为1998年1月至2002年5月，围堰运行4年多时间，要确保围堰度汛安全，并考虑二期基坑内的大坝及电站厂房基础爆破开挖和高强度浇筑混凝土等对围堰正常运行的影响。

6.3.2 深水土石围堰布置及堰基主要地质问题

6.3.2.1 深水土石围堰布置

(1)二期上游土石围堰布置

二期上游围堰位于大坝轴线上游200～450m,围堰轴线为突向上游的折线,其防渗轴线全长1439.6m,左岸接牛场子山坡,横跨长江河床左漫滩、深槽、右漫滩与纵向围堰相接,见图6.3.1。左岸牛场子山坡地形上缓下陡,山顶高程118m,以约35°坡角与长江左漫滩相接。主河床深槽段宽180～250m,河床底高程一般为10～41m,最低高程6m,基岩高程0～41m,主河槽左侧较陡,坡角30°～50°,局部大于70°,右侧较缓(20°～30°)。基岩为闪云斜长花岗岩。左侧边滩围堰轴线长360m,滩面高程41～66m,右侧边滩围堰轴线长410m,滩面高程41～68m。其右端与纵向混凝土围堰上纵段相接。

(2)二期下游土石围堰布置

下游围堰位于坝轴线下游400～600m,围堰轴线为突向下游的折线,其防渗轴线全长1075.9m,左岸接白虎岭南坡,横跨长江河床漫滩、深槽、右漫滩与纵向围堰相接,见图6.3.1。主河床深槽宽150～250m,河底高程一般为25～40m,最低高程16m,基岩高程2～35m。堰基河床覆盖层为冲积粉细砂和砂砾石层,厚度一般为10～20m,最厚26m,上部为葛洲坝水库蓄水后的淤积层,厚度一般为8～12m,最厚16m;下部为砂砾石层,厚4～18m。左侧边滩及漫滩段长475.9m,右侧史经滩漫滩和中堡岛边滩段长450m。

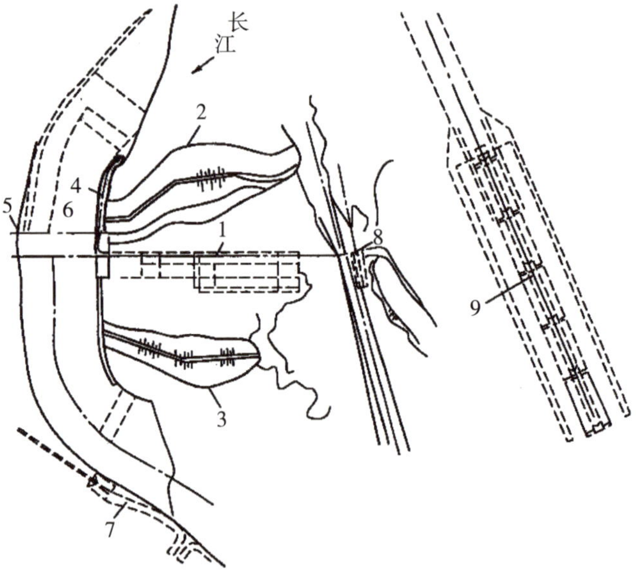

图6.3.1 三峡工程二期上、下游土石围堰平面布置

1—三峡大坝轴线;2—二期上游围堰;3—二期下游围堰;4—混凝土纵向围堰;5—三期碾压混凝土围堰轴线;6—导流明渠;7—茅坪溪泄水建筑物;8—升船机;9—永久船闸

6.3.2.2 深水土石围堰堰基主要地质问题

(1)围堰基础粉细砂问题

二期上、下游围堰地基普遍分布粉细砂层。河床深槽部位厚度较大,是堰体稳定的控制因素。粉细砂大部分是葛洲坝工程蓄水后的新淤积砂,为松散、不良级配均匀的粉细砂,通过试验发现,粉细砂强度低(水下稳定坡度不大于10°),在遇到烈度大于Ⅵ度的地震时可能液化,易产生流土形式的渗透破坏(允许渗透比降为0.22),抗冲刷能力很低(抗冲流速一般为0.25~0.30m/s)。这些不利因素将影响堰体的边坡稳定和渗透稳定。二期上、下游围堰堰体高度大,挡水水头高,堰体稳定问题尤为突出,故应对堰基粉细砂高度重视。

(2)围堰基础防渗处理问题

围堰地基块球体地层具有良好的贯通性,透水性大且不均一,必须采取截断防渗措施;由于块球体直径较大,石质坚硬,且具有一定厚度,不易进行防渗处理施工,应研究专门的处理措施。

堰基岩石各风化层透水性不同,钻孔压水试验结果表明:全强风化岩石属较严重—极严重透水岩体,弱风化岩石是较普遍的中等—严重透水带,且各风化透水界线不明显,局部地段弱风化岩层内存在强透水带,对堰体的渗透稳定不利,宜采取防渗措施封闭。根据基岩风化特性,强风化岩层内存在坚硬的团状物,呈弱、微风化状,不利于防渗墙造孔成墙施工,对此岩层的防渗处理措施应作深入研究。

经查明,二期上游围堰河床深槽左侧基岩存在水下陡高边坡,坡高30m,岩壁倾角80°以上,如何保证防渗墙嵌入基岩是重大的施工技术难题。

6.3.3 深水土石围堰型式与断面结构及填料设计

6.3.3.1 深水土石围堰型式

经过较长时间的设计分析及科学研究工作,在1996年招标设计中,二期上游围堰型式选定河床深槽段采用两侧石渣块石体、中间为砂砾石及风化砂堰体,双排塑性混凝土防渗墙上接复合土工膜防渗心墙围堰型式。两岸漫滩段采用两侧石渣块石体、中间为风化砂堰体,单排塑性混凝土防渗墙上接复合土工膜防渗心墙围堰型式。

二期下游围堰选定河床深槽段采用两侧石渣块石体、中间为砂砾石及风化砂堰体,单排塑性混凝土防渗墙(墙厚1.1m)上接复合土工膜防渗心墙围堰型式。两岸漫滩段采用两侧石渣块石体、中间为风化砂堰体,单排塑性混凝土防渗墙上接复合土工膜防渗心墙围堰型式。

6.3.3.2 围堰断面结构及填料设计

(1)二期上游围堰断面结构及填料设计

1)围堰断面结构。

①堰顶高程。

(a)围堰设计挡水位及校核水位。二期上游围堰为二级临时建筑物,设计洪水标准按坝址全年100年一遇1981年型洪水过程线(洪峰流量83700m³/s)调洪演算推算围堰上游水位为85.0m,校核洪水标准按坝址全年200年一遇1981年型洪水过程线(洪峰流量88400m³/s)调洪演算推算围堰上游水位为86.2m。

(b)波浪爬高及最大风速壅水面高度。经计算,最大波浪在堰坡上的爬高及最大风速时的壅水面高度为2.24m。

(c)预留沉陷超高值。二期上游围堰深槽段堰体最大高度82.5m,且高程69m以下堰体为水下抛填石渣及块石料和风化砂及砂砾石料,高程69m以上堰体填料分层碾压密实。经计算,围堰堰体最大沉陷量为169cm。据国内外土石坝观测资料分析统计,土石坝完工时沉陷量为总沉陷量的70%~80%,完工后的沉陷量为坝高的0.5%~0.8%,预留沉陷超高值可按坝体高度的1%~2%考虑。三峡工程一期土石围堰观测资料,围堰施工过程中的堰体沉陷量为总沉陷量的80%~90%,考虑以上诸因素,二期上游围堰预留沉陷超高值为0.4~0.6m。

(d)围堰顶高程。二期上游围堰设计挡水位85.0m,计入最大波浪在堰坡的爬高及最大风速壅水面高度2.24m和安全超高1.0m,拟定堰顶高程88.5m。

②堰顶宽度。

二期上游围堰顶宽主要考虑堰体结构、堰顶交通和围堰度汛抢险车辆通行要求,拟定堰顶宽度15.0m。

③双排防渗墙围堰断面结构。

二期上游围堰桩号0+453.5至0+616.5长163m为河床深槽段,采用双排塑性混凝土防渗墙。围堰断面结构(图6.3.2)为两侧高程69.0m设石渣块石堤,下游侧为截流戗堤,顶宽25~30m,上、下游边坡分别为1∶1.3和1∶1.5;上游侧石渣块石堤顶宽10m,上、下游边坡分别为1∶1.5和1∶2.0,两石渣堆石堤中间堰体高程40m以下为平抛砂砾石料,高程40m以上为水下抛填风化砂;在截流戗堤与堰体风化砂之间设两层顶宽各为3m和2m的反滤过渡料。围堰高程69~73m上、下游侧10m范围填筑石渣混合料,中间填筑风化砂。围堰高程73m以上在桩号0+443至0+665位于上游排防渗墙的上游0.6m设置高5m的加筋挡土墙(图6.3.3),在上游排防渗墙顶接土工合成材料,水平向延至加筋挡土墙上游度汛子堰,风化砂堰体上升到高程83.5m,度汛子堰两侧填筑石渣混合料。土工合成材料从高程83.5m加至高程86.2m,其两侧各2m范围为风化砂,其余部位为石渣混合料至堰顶设计高程88.5m。围堰高程69m以上至堰顶,上游边坡1∶2.5,坡面干砌块石护坡;下游边坡1∶2.0。

防渗墙布置在靠堰顶下游侧,下游墙中心线位于围堰轴线,上游墙中心线距下游墙中心线6.0m,防渗墙厚度均为1.0m,墙底嵌入基岩弱风化岩体1.0m,防渗墙底透水岩体采用帷幕灌浆防渗处理。两排防渗墙顶高程均为73.0m,墙体最大高度74.0m。

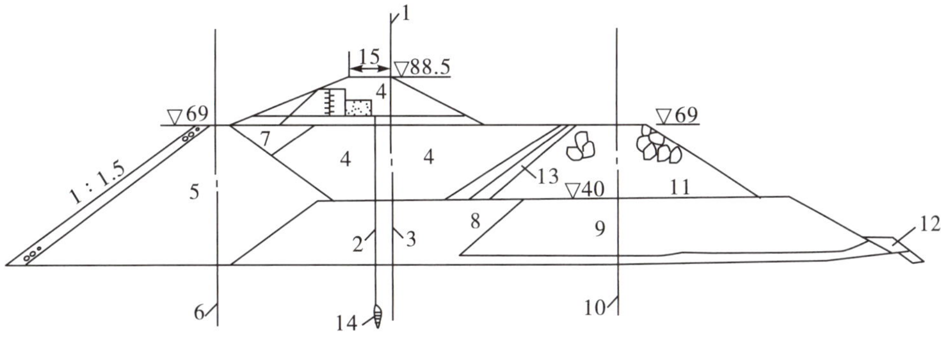

图 6.3.2 二期上游围堰双排防渗墙断面结构(单位:m)

1—围堰轴线;2—上游防渗墙;3—下游防渗墙;4—风化砂;5—石渣;6—上游石渣堤轴线;7—石渣混合料;8—平抛垫底(砂砾石);9—平抛垫底(石渣);10—截流戗堤轴线;11—截流戗堤;12—背水侧压坡体;13—过渡层;14—帷幕灌浆

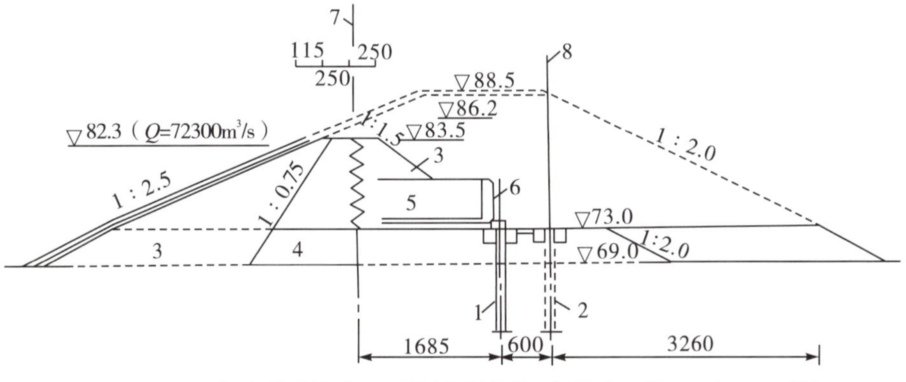

图 6.3.3 二期上游围堰度汛子堰断面(单位:高程以m计,尺寸以cm计)

1—第一道防渗墙;2—第二道防渗墙;3—石渣混合料;4—风化砂;5—石屑料;6—挡墙;7—子堰轴线;8—围堰轴线

④单排防渗墙围堰断面结构。

二期上游围堰桩号 0+146.1 至 0+458.225 和桩号 0+613.225 至 1+138.454,总长 837.354m 采用单排混凝土防渗墙。围堰断面结构(图 6.3.4)为两侧高程 69m 设石渣块石堤,下游侧为截流戗堤,顶宽 25~30m(图 6.3.4),上下游边坡分别为 1∶1.3 和 1∶1.5;上游侧石渣块石堤顶宽 10m,上、下游边坡分别为 1∶1.5 和 1∶2.0。两石渣块石堤中间堰体高程 40m 以下为平抛砂砾石料,高程 40m 以上为水下抛填风化砂;在截流戗堤与堰体与风化砂之间设两层顶宽各为 3m 和 2m 的反滤过渡料。堰体高程 69m 以上至高程 73~79m,防渗墙两侧各 10m 范围填筑风化砂,其余填筑石渣混合料。防渗墙顶高程 73~79m,上接土工合成材料至高程 86.2m,土工合成材料两侧各 5m 范围为风化砂,其余部位为石渣混合料至堰顶设计高程 88.5m。围堰高程 69~79m 以上至堰顶,上游边坡 1∶2.5,坡面干砌块石护坡;下游边坡 1∶2.0。

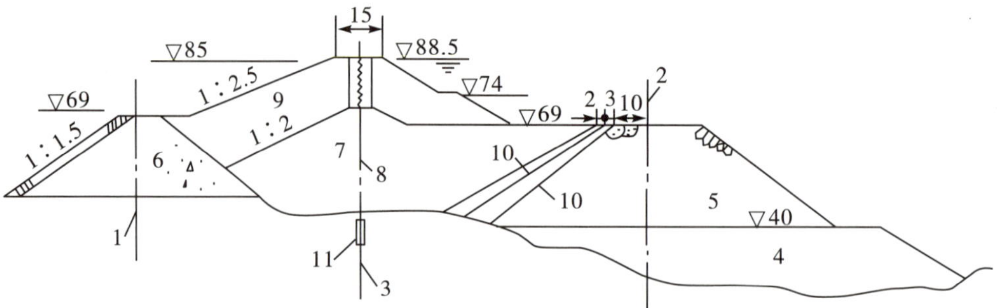

图 6.3.4 二期上游围堰度单墙段典型剖面结构(单位:m)

1—上游堤轴线;2—截流戗堤轴线;3—围堰轴线;4—平抛垫底;5—截流体;6—堆石;7—风化砂;8—防渗墙;9—石渣混合料;10—过渡层;11—帷幕灌浆

防渗墙布置在靠堰顶下游侧,其中心线位于围堰轴线,墙顶高程 73~79m,防渗墙底嵌入基岩弱风化岩体 1.0m,墙底透水岩体采用帷幕灌浆防渗处理。

2)围堰堰体分区填料设计。

二期上游围堰堰体填筑材料由风化砂料、石渣料、石渣混合料、过渡料、砂砾石料、垫层料、块石料组成。设计对堰体分区填料提出技术要求。

①风化砂料。

风化砂为坝址两岸建筑物基础开挖的闪云斜长花岗岩全、强风化料,粒径为 0.1~20mm,P_5 平均值 30%~60%,不均匀系数 7~8。风化砂的天然结构紧密,天然干密度为 1.62~2.00t/m^3,平均值为 1.82t/m^3,天然含水量 5%~11%,平均值为 8.6%。

风化砂料用于堰体两侧高程 69m 以下石渣块石堤中间高程 40m 以上水中抛填部位和高程 69m 以上防渗心墙两侧部位。分为水上和水下两部分。水上部分(超出水面 1m)风化砂填料要求分层碾压,压实后相对密度 0.95,压实干密度为 1.90t/m^3。水下部分采用端进法向水中直接抛填,用于高程 40m 以上部位,风化砂的水下自然坡角随填料高度为 36°~27°,设计水下抛填自然边坡为 1∶2~1∶2.5。水下抛填风化砂含泥(小于 0.1mm 颗粒)量不大于 5%,在防渗墙轴线两侧各 5m 范围抛填风化砂中不应混杂粒径大于 20cm 的块石及其他杂物。

风化砂采料前要求剥除表层草皮、树根、腐殖土及其他有机物等。

②石渣料。

石渣料为坝址两岸建筑物基础花岗岩弱风化及微新岩石爆破开挖料。石渣料的颗粒级配与爆破工艺有关,要求用于围堰填料的石渣料石质坚硬,不易破碎或水解,一般粒径 5~600mm,其中 200~600mm 块石含量大于 50%,P_5 含量大于 90%,含泥量小于 5%。石渣料主要用于堰体上游侧的石渣块石堤及下游侧的截流戗堤和围堰两侧高程 69m 以上的压坡部位,分为水上和水下两部分。水上部分(超出水面 1m 石渣填料)要求分层碾压,压实干密度大于 2.10t/m^3。水下部分采用端进法直接向水中抛填,控制石渣料中 200~600mm 含量大于 50%,P_5 含量大于 90%,最大粒径 1000mm,含泥量小于 5%。水下抛填石渣料控制干密度大于1.90t/m³,水下抛填边坡1∶1.3～1∶1.5。

③石渣混合料。

石渣混合料为坝址两岸建筑物基础花岗岩风化壳及微新岩石爆破开挖混杂料,颗粒级配极不均匀。要求用于围堰填料的石渣混合料粒径为0.1～600mm(水下抛填允许最大粒径1000mm),P_5含量为50%～70%,含泥量小于5%。石渣混合料主要用于围堰两岸漫滩段堰体上游侧石渣块石堤与风化砂相接的部位和土工合成材料防渗心墙风化砂与两侧压坡石渣之间的部位,分为水上和水下两部分。水上部分(超出水面1m)石渣混合料要求分层碾压,按P_5含量控制干密度2.00～2.10t/m³。水下部分采用端进法直接水中抛填,控制干密度大于1.90t/m³。

④过渡料。

根据围堰设计断面,在堰体风化砂与截流戗堤之间,其接触渗透稳定难以得到保证,必须设置过渡带。过渡带采用何种材料,与风化砂及截流戗堤堆石的颗粒级配、渗透特性等因素有关。通过对选用的5～120mm、20～200mm及5～150mm三种级配碎石料作与风化砂填料的渗透稳定试验,试验结果表明,5～120mm和5～150mm两种级配的碎石料可满足风化砂的过渡反滤要求,20～200mm的碎石料的渗透比降限定在5以下时,亦可保证风化砂的渗透稳定。由风化砂的渗透稳定及反滤层的试验研究成果,并考虑三峡工程施工现场筛分系统的规模和方便施工等因素,对过渡料要求如下:

(a)贴坡过渡带采用双层结构,紧贴截流戗堤为一层40～150mm级配碎石或40～150mm粒径含量占40%的砂砾石料,顶宽3m,水下抛填边坡为1∶1.5;上游侧加设一层5～40mm级配碎石或5～40mm粒径含量占60%的砂砾石料,顶宽2m,水下抛填边坡为1∶1.75。

(b)过渡料应控制含泥量在3%以内(按重量计),且不得夹有块石和杂物。

(c)过渡料材料应岩性稳定,不易破碎或水解。

(d)水上堰体过渡料压实干密度控制不小于2.0t/m³。

⑤砂砾石料。

砂砾石料用于围堰下游侧截流戗堤平抛垫底与河床接触部位,以及围堰背水坡脚压坡石渣与基础淤砂相接部位和堰体两侧高程69m石渣块石堤中间平抛高程40m以下部位。砂砾石料分水上、水下两部分。砂砾石料采用葛洲坝下游30km长江河床开挖的天然砂砾石料,要求筛除粒径大于80mm的卵石,控制含砂率30%～40%,含泥量小于3%。截流戗堤平抛垫底部位采用抛石船先平抛砂砾石料厚3～5m,再平抛石渣及块石料。堰体两侧石渣块石堤中部高程40m以下部位平抛砂砾石料,要求采用大于150m³的底开驳抛石船抛填,防止砂砾石料分离。

⑥垫层料。

垫层料用于围堰迎水侧护坡块石下部垫层和堰顶路面,采用粒径5～20mm和20～40mm的碎石或砾石,要求细颗粒(d<0.1mm)含量不超过5%,水上压实干密度不小于1.95t/m³。

⑦块石料。

块石料用于大江截流戗堤和围堰防冲及护坡块石结构部位。围堰上游侧下部设有顶宽10m的防冲堆石体，水上施工护坡为厚0.5m的干砌块石护坡，截流戗堤采用块石料等端进抛投，块石料的设计指标主要为：

(a)材质要求。块石料应石质坚硬，不易破碎或水解，根据三峡坝址岩石风化特性宜采用弱风化下带以下岩石开挖成形料。

(b)粒径要求。块石粒径主要受水流流速、流态、风浪等因素控制。迎水侧防冲堆石体粒径≥0.5m，护坡采用粒径0.3～0.5m块石码砌。

(c)截流戗堤采用的块石料为大块石(d>1.0m)、中石(d=0.4～0.7m)及石渣料。

(d)块石料形状应近于方正，不允许使用薄片、条状、尖角等形状块石。

3)围堰稳定分析。

①计算断面。

选用河床深槽部位双排防渗墙上接土工合成材料防渗心墙围堰断面计算。

②计算方法及计算参数。

(a)计算方法。

围堰边坡稳定分析，参照《碾压式土石坝设计规范》，按瑞典圆弧法和简化毕肖普法进行计算。设计采用中国水利水电科学院编的STAB软件，计算过程中，对围堰断面进行适当的简化。

(b)计算参数。

围堰稳定分析计算参数取用长江科学院提供的《长江三峡工程二期围堰填料土工试验报告》成果，见表6.3.1。

表6.3.1 二期上、下游围堰填料及堰基淤沙参数

填料		湿容重(t/m^3)	饱和容重(t/m^3)	C(kPa)	φ(°)
风化砂	水上	2.01	2.18	0	34.5
	水下	1.95	2.15	0	34
砂卵石		2.09	2.28	0	35
淤沙		1.59	2.01	0	34
堆石		1.99	2.25	0	40
石渣		1.99	2.25	0	38
过渡料		1.95	2.15	0	34
截流戗堤		1.99	2.25	0	40

③计算假定。

(a)计算中不考虑围堰中部双排塑性混凝土防渗墙对边坡稳定的影响。

(b)堰体高程 69m 以上的迎水边坡干砌块石护坡未计入。

(c)各种工况下的围堰渗流浸润线按渗流计算成果取用。

(d)堰体高程 69m 以上石渣料与风化砂一并考虑，计算参数采用风化砂参数。

④计算工况。

(a)正常工况。

围堰上游水位按设计洪水位 85.0m，施工期下游水位按葛洲坝工程蓄水位 66m 的各级流量水位计算边坡稳定；堰体浸润线按稳定渗流期控制；挡水位(包括基抗抽水水位变化情况)骤降按每天降 1～2m 考虑，渗流按非稳定条件计算。

(b)校核工况。

围堰施工期水位；正常工况下遭遇Ⅶ度地震。

⑤计算成果分析。

二期上游土石围堰边坡稳定计算结果：正常工况迎水坡稳定最小安全系数为 1.40 (相应挡水位 78m)，背水坡稳定安全系数 1.25；非常工况迎水坡稳定最小安全系数为 1.21(相应挡水位 76m)。边坡稳定计算成果正常工况和非常工况下的安全系数均大于规范要求，表明二期上游围堰在施工期和运行期的边坡稳定均满足要求，从计算所得的边坡稳定安全系数 K 值来看，有一定的安全裕度；鉴于计算参数淤沙的 φ 值取 34°，此值为固结后的淤沙强度，而在施工过程中，淤沙尚未完全固结，因此对围堰坡脚处淤沙较厚的部位，淤沙 φ 值按 23.8°进行复核计算，并采取抛填堆石压坡措施处理；计算中堰体风化砂只分水上和水下部分，未反映不同水深下的风化砂填料力学参数的变化，所取用参数是偏于安全的。考虑二期上游围堰的重要性和防渗墙施工的特殊要求，围堰断面设计偏于安全是必要的。

(2)二期下游围堰断面结构及填料设计

1)围堰断面结构。

①堰顶高程。

二期下游围堰为三级临时建筑物，设计挡水位按全年 2% 频率最大日平均流量 79000m^3/s 计算，相应的下游水位 78.3m。

经计算，最大波浪在堰坡上的爬高及最大风速时的壅水面高度为 2.06m。

二期下游围堰深槽段堰体最大高度 65.5m，且高程 68m 以下堰体为水下抛填石渣及块石料和风化砂及砂砾石料，高程 68m 以上堰体填料分层碾压密实，经计算，围堰堰体最大沉陷量为 124mm，围堰施工过程中的堰体沉陷量为总沉陷量的 80%～90%，拟定二期下游围堰预留沉陷超高值 0.4～0.6m。

二期下游围堰设计挡水位 78.3m，计入最大波浪在堰坡的爬高及最大风速壅水面高度 2.06m 和安全超高 0.7m，拟定堰顶高程 81.5m。

②堰顶宽度。

二期下游围堰主要考虑交通和围堰度汛抢险车辆通行要求，拟定堰顶宽度 15.0m。

③围堰断面结构。

二期下游围堰断面见图 6.3.5。两侧高程 68m，设石渣混合料及石渣堤，上游侧为截流戗堤，堤顶宽 25m，上、下游边坡均为 1∶1.5；下游石渣混合料及石渣堤顶宽 10m，上、下游边坡均为 1∶1.5。两石渣堤之间高程 40m 以下平抛砂砾石料，高程 40m 以上为水下抛填风化砂；在上游侧截流戗堤与风化砂之间设一层顶宽 5m 的过渡料。堰体高程 68m 以上至 80.5m 在围堰轴线两侧各 5m 范围为风化砂，其余部位为石渣混合料；高程 80.5～81.5m 为石渣料。围堰高程 68～81.5m 下游坡为 1∶2.5，干砌块石护坡；上游坡为 1∶2。

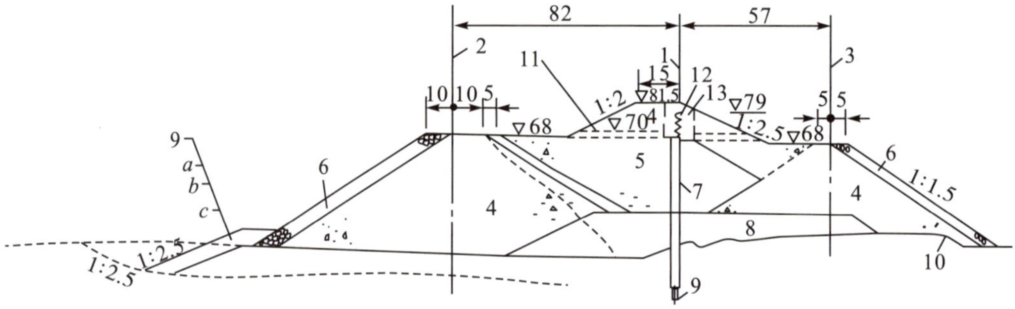

图 6.3.5 二期下游围堰断面(单位:m)

1—围堰轴线；2—上游戗堤轴线；3—下游戗堤轴线；4—石渣混合料；5—风化砂；6—石渣；7—防渗墙；8—平抛垫底；9—背水侧压坡体(石渣、砂卵石料、土工织物)；10—地面线；11—防渗墙施工平台；12—土工膜；13—风化砂

防渗墙布置在靠堰顶下游侧，其中心线位于围堰轴线，墙顶高程 70～79m，高程 70m 以上接土工合成材料防渗心墙。防渗墙底嵌入基岩弱风化岩体 1.0m，墙底透水岩体采用帷幕灌浆防渗处理。

2)围堰堰体分区填料设计。

二期下游围堰堰体填筑材料由风化砂料、石渣料、石渣混合料、过渡料、砂砾石料、垫层料、块石料组成。设计对堰体分区填料提出技术要求。

①风化砂料。

风化砂料用于堰体两侧高程 68m 以下石渣块石堤中间高程 40m 以上水中抛填部位和高程 68m 以上防渗心墙两侧各 5m 部位。风化砂料分为水上和水下两部分，其技术指标及要求同二期上游围堰。

②石渣料。

石渣料用于堰体上游侧高程 68m 截流戗堤的上游侧顶宽 10m 和堰体下游侧高程 68m 石渣块石堤的下游侧顶宽 5m 的水下抛填部位。石渣料的技术指标及要求同二期上游围堰。

③石渣混合料。

石渣混合料用于堰体上游侧高程 68m 截流戗堤的下游侧顶宽 10m 和堰体下游侧高程 68m 石渣块石堤的上游侧顶宽 5m 的水下抛填部位，以及堰体高程 68m 以上中部风化砂两侧压坡部位，分为水上和水下两部分，其技术指标及要求同二期上游围堰。

④过渡料。

过渡料用于堰体风化砂与截流戗堤之间水下抛填部位，采用一层顶宽 5m、5～40mm 级配碎石或 5～40mm 粒径含量占 60％的砂砾石料。其技术指标及要求同二期上游围堰。

⑤砂砾石料。

砂砾石料用于围堰下游侧截流戗堤平抛垫底与河床接触部位及围堰背水坡脚压坡石渣与基础淤沙相接部位、堰体两侧高程 68m 石渣块石堤中间平抛高程 40m 以下部位。砂砾石料分水上和水下两部分，其技术指标及要求同二期上游围堰。

⑥垫层料。

垫层料用于围堰迎水坡护坡块石下部垫层和堰顶路面。其技术指标及要求同二期上游围堰。

⑦块石料。

块石料用于截流戗堤和围堰防冲及护坡块石结构部位。分为水上、水下两部分，其技术指标及要求同二期上游围堰。

3)围堰稳定分析。

①计算断面。

选用河床深槽部位塑性混凝土防渗墙上接土工合成材料防渗心墙围堰断面。

②计算方法及计算参数。

(a)计算方法。

围堰边坡稳定分析参照《碾压式土石坝设计规范》，按瑞典圆弧法和简化毕肖普法公式进行计算。设计采用中国水利水电科学院编制的 STAB 软件，计算过程中，对围堰断面进行适当的简化。

(b)计算参数。

围堰稳定分析计算参数采用长江科学院提供的《长江三峡工程二期围堰填料土工试验报告》成果，见表 6.3.1。

③计算假定。

(a)计算中不考虑围堰中部塑性混凝土防渗墙对边坡稳定的影响。

(b)围堰高程 68m 以上的迎水边坡干砌块石护坡未计入。

(c)各种工况下的围堰渗流浸润线按渗流计算成果取用。

④计算工况。

正常工况：围堰挡水位 78.3m，背水侧基坑各级水位；堰体浸润线按稳定渗流期控制；迎水侧水位及背水侧水位骤降按每天降 1～2m，渗流按非稳定条件。

⑤计算成果分析。

二期下游围堰边坡稳定安全系数计算结果：迎水坡稳定安全系数 1.52，背水坡安全系数 1.34，均大于规范要求，表明二期下游围堰在施工期和运行期的边坡稳定均满足要求。

6.3.4 深水土石围堰填筑材料试验研究

二期上、下游围堰填筑材料主要利用坝址两岸建筑物基础开挖的闪云斜长花岗岩全、强风化壳的风化砂，弱风化及微新岩石爆破的块石料、石渣料，以及混杂组成的石渣混合料。鉴于围堰填料大部分利用开挖的弃料，其风化砂及石渣混合料中的级配及粒径变化较大，其特性变化也大。为此，针对深水围堰填筑材料，长江科学院进行了大量试验研究工作，并取得一些突破性成果。

6.3.4.1 风化砂物理和力学性质试验

(1)物理性质和压实性质

1)物理性质。

风化砂系三峡坝址两岸前震旦纪闪云斜长花岗岩风化壳中全、强风化层的开挖料。风化层的天然结构紧密，天然干密度为 1.62～2.00t/m^3，平均干密度 1.82t/m^3，天然含水量为 5%～11%，平均含水量 8.6%。风化砂颗料易破碎，不同的粒径分析方法会有不同的结果，但单纯的浸泡对级配的变化影响不大。坝址两岸全强风化层最大厚度 40m，风化砂的级配为上部略细，下部略粗，但总的变化不大，所有颗粒级配曲线分布在较窄长的范围之内，见图 6.3.6。

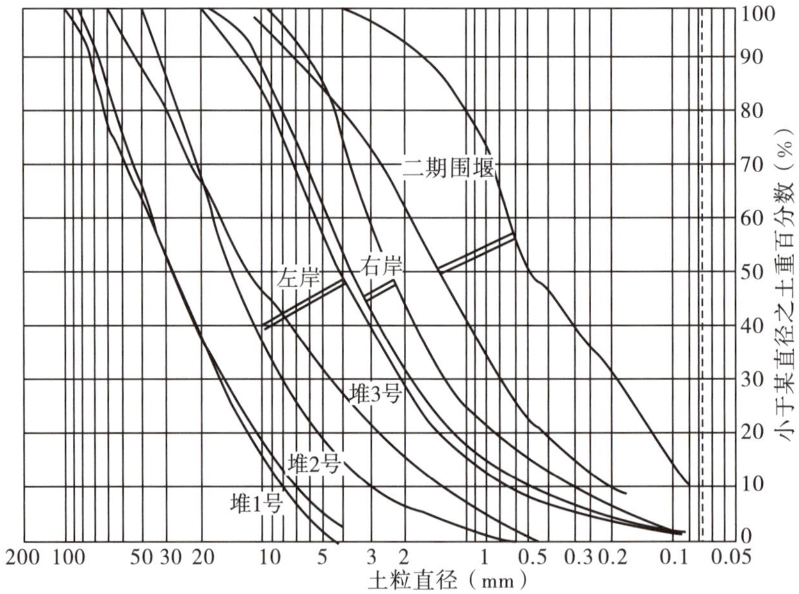

图 6.3.6 二期上、下游围堰各种填料的级配曲线

从图 6.3.6 中可见，风化砂的 P_5：左岸料场为 59%，右岸料场为 27%，不均匀系数 7～8。工程初期对左岸临时船闸和右岸导流明渠开挖料进行测试，求得左岸为 47%，右岸为 34%，不均匀系数为 7～10。一般说来，P_5＝30%～60%作为代表性的级配。坝址两岸的风化砂料场虽有多处，级配也有差别，但它们的性质均相似。

2)压实性质。

风化砂的压实性质用大型击实试验、振动压实等多种方法，以及一期围堰的现场测定等进行了研究。结果表明，在击实和重力静荷载下，风化砂均易于压实。最大击实干密度可达2.14t/m³，一般为1.9～2.0t/m³。在压实功能250kJ/m³至1380kJ/m³范围内，干密度几乎随功能而直线增长，故施工中宜采用较重的压实机械。风化砂的最优含水量约为10%，接近天然状态。一期围堰干填风化砂的现场实测干密度一般为1.62～2.23t/m³，平均为1.87t/m³。因为测试方法的关系(部分为钻孔取样)，成果可能略微偏大，所以建议设计值取偏于安全的值。

(2)力学性质

1)抗剪强度特性。

风化砂的抗剪强度基本符合摩尔—库仑的线性关系，在较高侧压力(0.5～0.8MPa)作用下，强度包线略呈下弯，强度指标φ'一般为30°30′～37°42′，平均34°30′，c'值为12.5～55kPa。对不同的P_5(20%～80%)试验表明，强度随P_5的增大而变化，在P_5为60%时达最大值。应力路程对强度的影响表现在经过4～6次加卸荷循环后，三轴试验内摩擦角指标有所提高(2°左右)。应力状态的差别对强度也有影响，平面应变状态指标比轴对称状态指标高5°～8°。因此按常规三轴试验提出的设计参数偏于安全。

2)变形特性。

风化砂的变形特性对围堰的工作性状有很大影响。风化砂基本上为应变硬化材料，应力与应变曲线形状与试样起始密度有关。当干密度小于1.75t/m³时，曲线没有峰值。当密度较高时，在应变10%左右会出现峰值，但应变软化现象不明显。影响风化砂变形特性的因素有：①压缩模量随密度提高而增大；②初始切线模量E_i与围压δ_3，压缩模量E_s与压应力P之间，在双对数坐标系中可视为直线，且模量随应力的提高而增大；③填土的饱水对模量有很大影响；④风化砂在填土荷重作用下将进一步变密实，如起始干密度为1.4t/m³的风化砂，在上部压应力达1.0MPa时，干密度可达1.82t/m³；当压力达4.0MPa时，干密度可达2.0t/m³。

(3)本构模型及参数

在深水围堰填料研究中，围堰填料的本构关系选用邓肯—张(Duncan-Zhang)的非线性弹性数学模型$E—\mu$和$E—B$两种模型。对比两者结果表明，$E—\mu$模型更符合三峡工程二期围堰风化砂填料的性状，因此设计计算引用的成果均以$E—\mu$模型为主。风化砂的$E—\mu$模型参数具有下面的规律性。

1)虽然风化砂的模型参数与其粗粒含量和级配有关，但影响风化砂模型参数的主要因素是初始密度。综合不同试样的模型参数对围堰的应力应变分析将更有意义。

2)风化砂的$E—B$模型参数与起始密度的对应关系见图6.3.7至图6.3.9。虽然由于试样本身性质的差别，试验成果有一些离散现象，但与密度的关系仍然是非常明确的。鉴于风化砂的起始密度较低，$E—\mu$模型参数与起始密度的关系比较有规律性，$E—\mu$模型更适合风化砂。

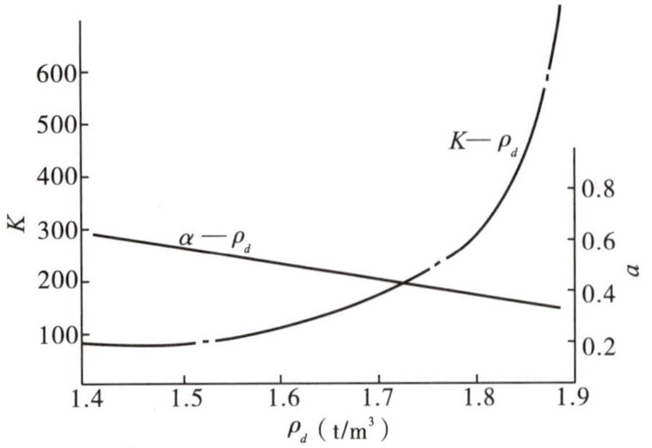

图 6.3.7 风化砂 E—B 模型参数 K、α 与 ρ_d 关系曲线

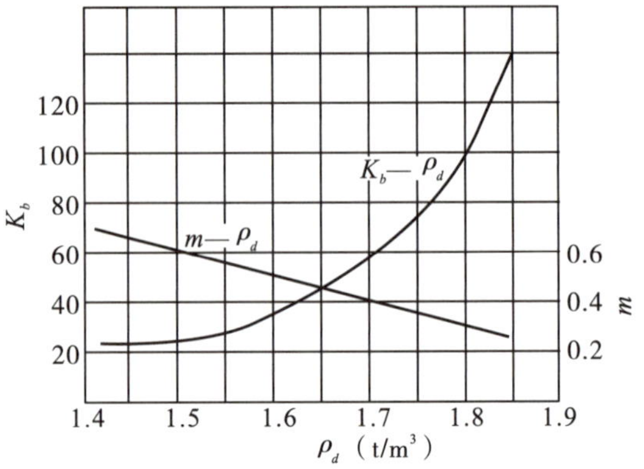

图 6.3.8 风化砂 E—B 模型参数 K_b、m 与 ρ_d 关系曲线

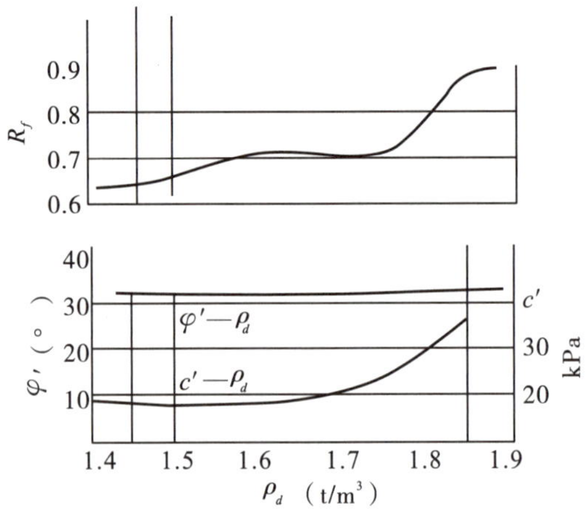

图 6.3.9 风化砂 E—B 模型参数 c'、φ'、R_f 与 ρ_d 关系曲线

①风化砂弹性模量数 K 和体积模量数 K_b 以及黏聚力 c' 与起始干密度 ρ_d 近似符合双曲线关系，均随 ρ_d 增大而增加，而基本上又以 $\rho_d=1.65\text{t/m}^3$ 为界，有明显的区别：当 $\rho_d=1.4\sim1.65\text{t/m}^3$ 时，K、K_b、c'的增长量较小；当 $\rho_d>1.65\text{t/m}^3$ 时，其增加梯度显著变大。

②风化砂弹性模量指数 n 和体积模量指数 m 与 ρ_d 之间可近似地视为线性关系，并随 ρ_d 增加而减小。当 $\rho_d=1.4\sim1.9\text{t/m}^3$ 时，$n=0.6\sim0.3$，$m=0.7\sim0.2$。

③不同 ρ_d 的风化砂，内摩擦角 φ'均分布在 35°线附近两边，且离散性较小，随 ρ_d 增大而略有增加。

风化砂的邓肯—张 E—μ 和 E—B 模型参数见表 6.3.2，设计采用 E—μ 模型参数。

表 6.3.2　风化砂物理、力学指标及邓肯—张模型参数

序号	试件编号	试样名	颗粒尺寸(mm)				不均匀系数	曲率系数	P_5 (%)	干密度 ρ_d (t/m³)	应力 σ 范围(MPa)	E—B 和 E—μ 模型参数											备注
			d_{60}	d_{50}	d_{30}	d_{10}						c' (kPa)	φ' (°)	R_f	K	n	K_b	m	D	G	F		
1	SX01		2.70	2.05	0.98	0.215	12.56	1.654	12	1.790	0.1～0.4	36.40	37.4	0.73	272	0.34	82	0.32					
2	SX02		2.70	2.05	0.98	0.215	12.56	1.654	12	1.490	0.1～0.4	14.00	34.6	0.64	77	0.51	23	0.55					
3	SX03		2.70	2.05	0.98	0.215	12.56	1.654	12	1.750	0.2～0.8	31.20	37.7	0.71	261	0.36	62	0.47					
4	SX04	左岸Ⅰ#	5.80	4.34	2.40	0.500	11.60	1.986	45	1.890	0.2～0.6	39.40	37.1	0.91	845	0.26	575	−0.31					
5	SX05	右岸Ⅰ#	3.20	2.35	1.14	0.290	11.00	1.400	23	1.790	0.1～0.4	23.20	33.7	0.77	281	0.48	109	0.29	4.00	0.345	0.143		深0～4.5m
6	SX06	右岸Ⅱ#	5.8	4.70	2.70	0.900	6.40	1.396	46	1.790	0.1～0.4	27.60	35.2	0.75	290	0.27	123	−0.08	6.80	0.221	0.120		深4.5～9m
7	SX07	左-中-5							40	1.635	0.2～0.4	2.60	33.7	0.73	85	0.70	19	1.03	4.03	0.172	0.070		
8	SX08	右-中-5							40	1.635	0.2～0.4	20.30	31.5	0.69	107	0.33	24	0.51	3.53	0.172	0.067		饱和
9	SX09	右-中-7							40	1.827	0.2～0.4	29.00	32.2	0.85	359	0.23	90	0.13	2.64	0.350	0.196		
10	SX10	左-中-7							60	1.842	0.2～0.4	34.00	34.9	0.91	635	0.34	218	−0.23	2.46	0.430	0.220		
11	SX11								30	1.690	0.1～0.4	12.60	38.6	0.72	185	0.47	68	0.44	4.50	0.270	0.165		
12	SX12								30	1.600	0.1～0.4	23.70	37.0	0.74	144	0.73	56	0.43	3.75	0.240	0.195		

6.3.4.2 石渣料物理和力学性质试验

在深水围堰填料中，除风化砂外，石渣料、堆石料和过渡料的物理力学性质比较接近，三峡工程二期围堰采用大型机械施工，3 种填料的材质差异亦不大，从土力学概念出发，堆石料和过渡料的力学特性应优于石渣料，因此试验重点为石渣料，而堆石料和过渡料的物理力学指标可参考石渣料的有关试验成果。

(1)物理性质和压实性质

石渣料为坝址两岸开挖花岗岩弱风化层及微新岩层爆破料，试验选用 3 种级配料(图 10.3.6)进行排水固结剪切试验，其中堆 1 号料，选用粒径 25～400mm 粒组，经相似法处理后制备的试料；堆 3 号料的料源与堆 1 号料一致，相当于全料相似级配料；堆 2 号料夹杂了一定数量的强风化料。3 种料的不均匀系数分别为 4.5、5.1、13.1，表明堆 1 号、堆 2 号料颗粒比较均匀，不易密实，堆 3 号料级配良好。经击实试验，堆 2 号料的最大干密度为 2.09t/m^3(单位体积击实功能为 2740kJ/m^3)。石渣料的相对密度为 2.77。

(2)变形和强度特性

采用中型三轴仪(ϕ=300mm)、中型平面应变仪(200mm×400mm×400mm)和大型三轴仪(ϕ=500mm)对三峡围堰石渣料共进行 6 组固结排水剪切试验，其中 4 组试验典型成果见图 6.3.10，可以看出石渣料的变形和强度具有下述特性。

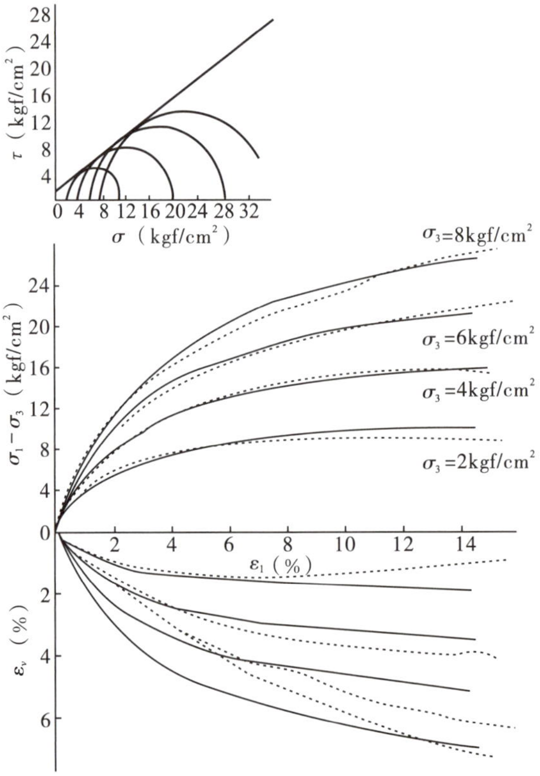

图 6.3.10 石渣料(ρ_d=1.77t/m^3)三轴试验与 E—B 模型拟合曲线(1kgf/cm^2=0.1MPa)

1)石渣料的强度包线基本符合库仑的线性关系,强度指标与料的级配、风化程度、起始密度及应力状态有关。比较表 6.3.3 中 3 组三轴试验成果可以看出,试样级配越好,风化程度越弱、起始密度越高,其 φ'值越大,但 c'变幅却越小,为 91.2～111kPa。关于粗粒料 c'值力学意义,很多文章均曾述及,即颗粒间的咬合作用。对于石渣料,其 c'值较高,在数值分析中不宜忽略。比较试样 3 与试样 4,两者的物理指标完全一致,可以看出,平面应变条件下的强度指标比三轴试验得到的指标要大,表明散体材料的抗剪强度与主应力有关。

2)石渣料的应力应变关系与其级配和起始干密度等有关。级配良好,起始干密度越高的石渣料具有应变软化特性,有一定的剪胀性,相反 ρ_d 值小于 1.91t/m^3 的石渣料具有应变硬化特性。然而峰值前的应力应变关系均基本符合双曲线模式,且试验成果与 E—B 模型拟合曲线吻合较好(图 6.3.11)。

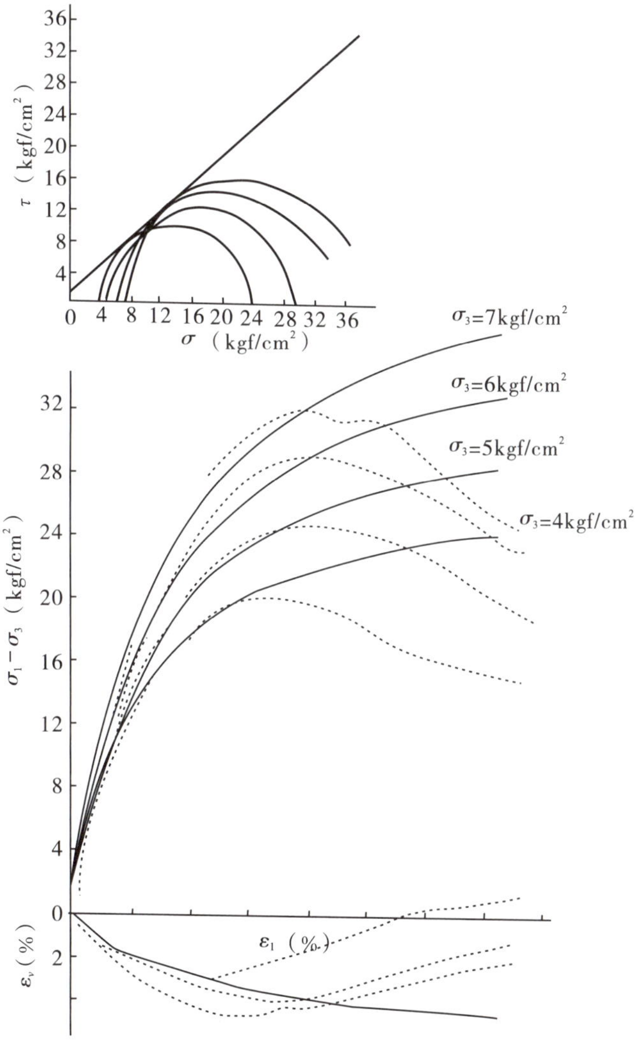

图 6.3.11　石渣料(ρ_d=1.97t/m^3)三轴试验与 E—B 模型拟合曲线(1kgf/cm^2=0.1MPa)

表 6.3.3　石渣料物理、力学指标及邓肯—张模型参数

序号	试件编号	试样名	颗粒尺寸(mm)				不均匀系数	曲率系数	P_5 (%)	干密度 ρ_d (t/m³)	应力 σ_3 范围(MPa)	试样尺寸 (mm)	$E—B$ 和 $E—\mu$ 模型参数									
			d_{60}	d_{50}	d_{30}	d_{10}							c' (kPa)	φ' (°)	R_f	K	n	K_b	m	D	G	F
1	SX26	堆 1#	36	29.0	17.0	8.00	4.5	1.003	100.0	1.77	0.2～0.8	ϕ=300	91.2	37.2	0.82	412	0.34	235	−0.28	2.7	0.41	0.30
2	SX27	堆 2#	37	28.6	15.5	7.25	5.1	0.896	95.7	1.91	0.2～0.6	ϕ=500	111.0	34.3	0.89	535	0.35	123	0.26			
3	SX28	堆 3#	17	11.8	5.0	1.30	13.1	1.131	70.0	1.97	0.4～0.7	ϕ=300	103.3	42.0	0.71	719	0.34	116	0.89			
4	SX29	堆 4#	17	11.8	5.0	1.30	13.1	1.131	70.0	1.97	0.4～0.7	平面应变 200×100×100	288.3	43.4	0.61	760	0.10	400	0.01			

3)在三轴条件下，干密度为1.91～1.97t/m^3 的石渣料，弹性模量数K=535～719，弹性模量指数n=0.34～0.35，体积模量数K_b=116～123，体积模量指数m=0.26～0.89。根据前文所述的石渣料的基本性质，石渣料的模型参数将水下的抛填密度ρ_d=1.95t/m^3 作为取值依据是可行的。

4)比较试样3与试样4，平面应变条件下的石渣料的强度和刚度均大于三轴试验成果。

(3)本构模型参数

石渣料的非线性弹性数学模型选用邓肯—张的E—μ 和E—B 两种模型，其模型参数见表6.3.3，设计采用E—μ 模型参数。

6.3.4.3　混合料物理和力学性质试验

(1)压实性

混合料为风化砂和石渣的混合料。风化砂中掺入不同比例的弱风化碎石形成的混合料压实试验结果表明，弱风化碎石掺入量为60%最优，混合料的压实性优于天然风化砂。如风化砂的最大干密度为2.00t/m^3，相同条件下，混合料的干密度峰值为2.10t/m^3，混合料的最小干密度亦比天然风化砂的大。

(2)强度和变形特性

长江科学院对混合料进行三轴剪切试验21组(其中固结排水试验11组，固结不排水试验10组)，平面应变试验3组以及物理性质、压实性质等方面的试验。其中，10组混合料固结排水试验典型成果见图6.3.12。

从以上成果可以得到如下规律：

1)混合料仍属于一种应变硬化型材料，剪切过程中，很少出现剪胀性，应力应变关系基本符合双曲线形式。

2)混合料的E—B 模型参数不仅与初始干密度有关，而且与弱风料所占的比例密切相关。给出的10组成果中，混合料的掺法有两种：其一，将风化砂粒径小于5mm的部分掺5～80mm的弱风化碎石；其二，将全级配风化砂掺5～80mm的碎石。表6.3.4中前6组试样是根据第一种方法制备的，后4种是根据第二种方法制备的。为了统一，均以粒径大于5mm含量P_5 值作为讨论的依据。

3)图6.3.13给出了混合料的强度指标c'、φ'值，可以看出：①混合料的抗剪强度比风化砂的强度高，两者φ'平均值的差值为2°～3°，c'值的差别更加明显；②P_5 值(基本代表风化料的含量)明显地影响混合料的强度，φ'随P_5 增加而提高，而c'值除P_5=75%组之外，规律是随P_5 增加而减小。以上成果反映了土料颗粒强度、密度、级配对散粒材料的影响，亦表明风化砂中掺入一定数量的弱风化碎石对提高填料的强度有一定的作用。

4)混合料的模型参数，弹性模量数K、弹性模量指数n 与密度、P_5 值的相关曲线见图6.3.14，K、n 与干密度、粗粒含量P_5 值间具非常明确的变化规律：①参数K 随起始干密度ρ_d 增加而增大，且增大的梯度随干密度增大而变大，参数n 随干密度增加而减小，和前所述的风化砂变化规律类似；②参数 K 随 P_5 值增加而增大，参数 n 随 P_5 值亦有变化；③风化砂的 K 值介于 $P_5=45\%$和 $P_5=60\%$的混合料处于同等相对密度下的 K 值之间，而混合料与风化砂参数 n 的关系是：密实的风化砂 n 值比密实的混合料 n 值大，松散的风化砂 n 值比松散的混合料 n 值小，中密或稍密状态两者的 n 值比较接近，可见掺入弱风化碎石将能够改善填料的压实性能与力学性能，使围堰的变形量减小。其机理是碎石起到骨架作用，且孔隙部分被风化砂所填充。

混合料的强度介于风化砂与石渣之间，但更接近于风化砂，应力应变关系也近似于风化砂。当混合料中风化砂达到50%以上时其力学性质可用风化砂的成果。

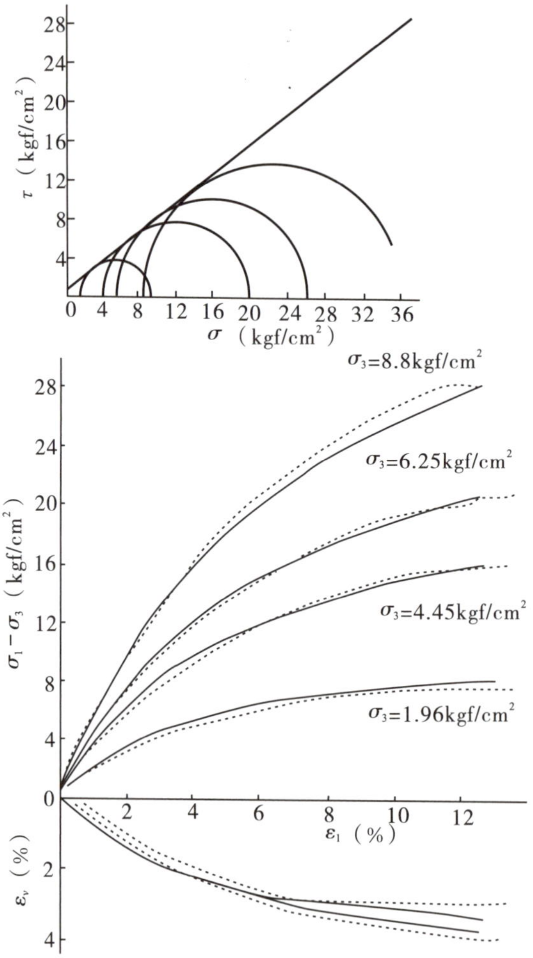

图 6.3.12 混合料($\rho_d=1.97t/m^3$)三轴试验与 E—B 模型拟合曲线($1kgf/cm^2=0.1MPa$)

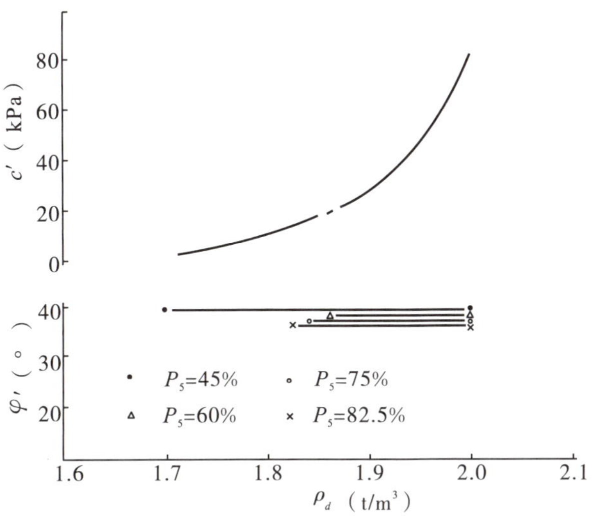

图 6.3.13　混合料 c'、φ' 与 ρ_d 关系曲线

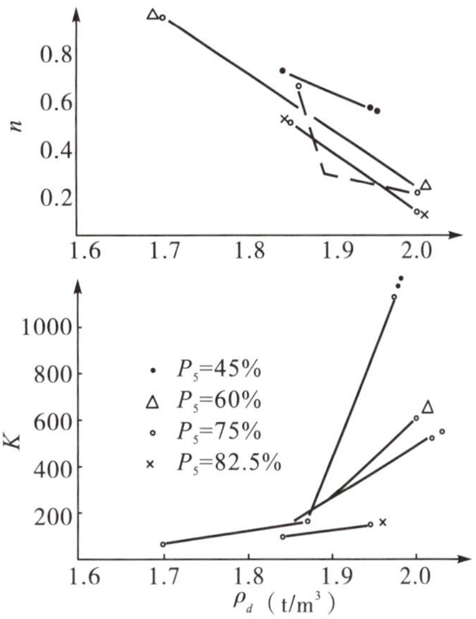

图 6.3.14　混合料 E—B 模型参数 K、n 与 ρ_d 关系曲线

(3)本构模型参数

混合料的非线性弹性模型选用邓肯—张的 E—μ 和 E—B 两种模型，其模型参数见表 6.3.4，设计采用 E—μ 模型参数。

6.3.5　深水土石围堰堰体及堰基防渗设计

6.3.5.1　二期上游围堰堰体及堰基防渗设计

(1)围堰防渗体结构型式及布置

二期上游围堰堰体及堰基防渗体依据堰体填料及堰体覆盖层特性选用不同的防渗结构型式。

1)左接头段高压旋喷灌浆防渗墙。

二期上游围堰桩号 0+000～0+150.9 轴线长 150.9m 为左接头段。该段堰体及堰基防渗体采用高压旋喷灌浆防渗墙上接复合土工膜防渗心墙结构型式，高压旋喷灌浆防渗墙底透水基岩采用帷幕灌浆防渗处理。

表 6.3.4　　混合料物理、力学指标及邓肯—张模型参数

序号	试件编号	试样名	混合方法	颗粒尺寸(mm)				不均匀系数	曲率系数	P_5 (%)	干密度 ρ_d (t/m³)	应力 σ_3 范围(MPa)	试样尺寸 (mm)	$E—B$ 和 $E—\mu$ 模型参数									
				d_{60}	d_{50}	d_{30}	d_{10}							c' (kPa)	φ' (°)	R_f	K	n	K_b	m	D	G	F
1	SX15	混 3#	粒径于 5mm 的风化砂掺 5～80mm 的弱风化碎石	9.0						45.0	1.940	0.2～0.9	ϕ=300	47.1	36.9	0.68	173	0.58	47	0.74	2.68	0.283	0.058
2	SX16	混 4#		9.0						45.0	1.840	0.2～0.8	ϕ=500	32.4	36.5	0.68	121	0.73	32	0.87	3.10	0.280	0.200
3	SX17	混 5#		21.0	10.5	0.9				60.0	2.000	0.4～0.8	ϕ=300	50.6	37.3	0.79	521	0.14	53	0.75	2.56	0.328	0.088
4	SX18	混 6#		21.0	10.5	0.9				60.0	1.850	0.2～0.8	ϕ=300	31.5	38.6	0.65	170	0.51	44	0.66	3.40	0.224	0.063
5	SX19	混 7#		30.0	21.0	6.5	0.4	75	3.52	75.0	2.010	0.2～0.8	ϕ=300	86.4	38.9	0.78	643	0.21	190	0.11	3.13	0.420	0.242
6	SX20	混 8#		30.0	21.0	6.5	0.4	75	3.52	75.0	1.890	0.2～0.8	ϕ=300	78.9	37.9	0.68	285	0.29	94	0.25	3.60	0.310	0.190
7	SX21		风化砂 50%+弱风化碎石 50%							82.5	1.970	0.2～0.4	ϕ=300	34.4	39.2	0.90	1168	0.22	224	0.08			
8	SX22									82.5	1.700	0.2～0.8	ϕ=300	0.0	40.1	0.59	68	0.96	27	0.82	5.50	0.731	0.080
9	SX23									82.5	1.873	0.2～0.6	ϕ=300	15.1	39.5	0.69	176	0.55	54	0.43	8.7	0.158	0.128
10	SX24		风化砂 65%+弱风化碎石 35%							75.0	1.860	0.2～0.6	ϕ=300	19.9	39.0	0.69	159	0.64	59	0.41	6.20	0.204	0.200

2)左岸接头外延段防渗结构型式。

二期上游围堰桩号0+000～0－248.558长248.558m为围堰左岸接头外延段，为防止临时船闸上航道江水沿苏家坳沟底覆盖层透水渗入二期基坑，防渗体向左岸下游延伸，顺苏覃一路向下游跨过苏家坳沟接至大坝左岸非溢流坝左非12号坝段上游的山体。此段地面高程90～115m，开挖清理至堰顶高程88.5m后，基础防渗采用高压旋喷灌浆防渗墙下接帷幕灌浆防渗处理。桩号0+000～0－095.72段长95.72m，山体高程90m以下岩体透水率$q<10$Lu，未做防渗处理；桩号0－95.72～0－146.456段长50.736m，山体高程90m以下岩体透水率$q>10$Lu，采用帷幕灌浆防渗处理；桩号0－146.456～0－248.558段长102.102m，为苏家坳沟底段，采用高压旋喷灌浆防渗墙下接帷幕灌浆防渗处理。

3)河床段单排塑性混凝土防渗墙。

二期上游围堰桩号0+146.1～0+453.225段长307.125m和围堰桩号0+620.325～1+138.454段长518.129m堰体及堰基防渗体采用单排塑性混凝土防渗墙上接复合土工膜防渗心墙结构型式，墙底透水岩体采用帷幕灌浆防渗处理。

4)河床深槽段双排塑性混凝土防渗墙。

二期上游围堰桩号0+453.5～0+616.5段长163m堰体及堰基防渗体采用双排塑性混凝土防渗墙上接复合土工膜防渗心墙结构型式，墙底透水岩体采用帷幕灌浆防渗处理。

5)围堰两岸防渗接头型式。

①围堰左岸的接头防渗型式。

二期上游围堰左岸与天然河床岸坡相接，在围堰桩号0+000～0+005段将岸坡开挖至基岩弱风化岩体，现浇混凝土刺墙，墙顶高程79.0m，高5m，宽2m，沿围堰轴线长5m，在刺墙右端预留半径为0.4m的半圆形槽孔，与高压旋喷灌浆防渗墙相接。刺墙混凝土标号$R_{28}100$，刺墙两侧回填风化砂，墙顶上接复合土工膜至高程86.2m。

②围堰右岸的接头防渗型式。

二期上游围堰防渗墙右端与纵向混凝土围堰相接。参照葛洲坝工程大江上游围堰混凝土防渗墙与纵向围堰接头设计、施工及运行的成功经验，采用钢板桩刺墙接头型式以适应防渗墙挡水后变形。该种接头型式是在纵向围堰内预埋1块一字形钢板桩(宽400mm)伸出混凝土面1.0cm，再伸出3块一字形钢桩桩墙与埋入现浇混凝土刺墙的1块一字形钢板桩相连，使防渗墙与纵向混凝土围堰之间用可以转动锁口的一字形钢板桩墙连接。现浇混凝土刺墙沿围堰轴线长2.8m(高程67.5m以下轴线长3.2m)，建基岩面高程62.4m，基岩为花岗岩弱风化岩石。混凝土刺墙高程67.5m以下底宽4.0m，高程67.5m至墙顶高程87.5m，宽2.0m。混凝土刺墙顶高程87.5m，左端预留半径0.5m的半圆形槽孔，以便与冲击钻造孔防渗墙相接，刺墙混凝土标号为$R_{28}150$。

(2)高压喷射灌浆防渗墙设计

1)左接头段高压旋喷灌浆防渗墙。

①左接头段堰基地质条件。

二期上游围堰桩号0+000～0+150.9长150.9m为左岸接头段，堰基原地面高程74.0～56.0m，从岸边向河床递降，基础覆盖层厚2.0～9.0m，上部为一层厚度不等的新淤砂，靠岸边新淤砂厚0.2～1.0m，向河床中部淤砂逐渐增厚，桩号0+124～0+159.9段新淤砂厚6.0～7.0m；覆盖层下部为冲积卵石层，靠岸边含漂石层，厚0.5～1.0m，桩号0+090～0+125.0段有残积块球体。基岩为花岗岩，强风化带从岸边向河床呈两端厚、中间薄的分布状态，左、右端最大厚度分别为13.0m和10.0m，桩号0+090～0+125段基岩有较厚的风化团块球体；弱风化线左端平缓，桩号0+125以右呈近30°坡下伏，桩号0+80～0+82.4段有一近80°的弱风化岩陡坎，0+087附近有一断层破碎带深槽。

②高压旋喷灌浆防渗墙设计主要技术指标。

左接头段围堰高压旋喷灌浆施工平台高程79m，高压旋喷灌浆防渗墙深度10～32m，墙厚度不小于100cm，墙底部嵌入强风化岩体2.0m。

高压旋喷灌浆防渗墙采用双排旋喷灌浆孔，双排孔在围堰轴线两侧各0.5m，排距1.0m，孔距0.8m，梅花形布孔。防渗体抗压强度$R_{28}=3\sim4$MPa，抗折强度$T_{28}>1.5$MPa，初始切线模量$E_0=400\sim1000$MPa，渗透比降$J>80$，防渗墙体渗透系数$K_{20}=i\times10^{-5}\sim10^{-6}$cm/s。

③高压旋喷灌浆施工主要技术参数。

二期上游围堰左接头段堰体及堰基防渗高压喷射灌浆采用二管法和新三管法，其施工主要技术参数见表6.3.5、表6.3.6。

表6.3.5　高压旋喷灌浆施工主要参数

工法	浆压(MPa)	水压(MPa)	气压(MPa)	浆量(L/min)	气量(m^3/min)	转速(r/min)	浆液水灰比	备注
二管法	40～50		1～1.7	198～201	10～17	15～20	1∶1～0.8∶1	弱风化岩层浆压为20～30MPa
新三管法	38～41	30～40	0.8～1.5	80～105	0.8～1.2	6～20	0.8∶1～0.9∶1	

表6.3.6　高压旋喷杆提升速度

工法	0.8m		1.0m		1.2m	
	二管法	新三管法	二管法	新三管法	二管法	新三管法
回填风化砂、全风化岩层	30	9～13	25	8～11	20	6～9
砂卵石层、块球体、强风化岩层	25	8～11	20	6～9	20	4～7
弱风化岩层	30	9～13	30	8～11	20	6～9

高压旋喷灌浆施工程序为：先下游排，再上游排，每排分2序旋喷。高喷材料为$425^{\#}$普

通硅酸盐水泥，水灰比 0.8∶1～1∶1。高喷钻孔孔径应与高喷管径相匹配，采用 ϕ110～160mm。钻孔孔斜率控制不大于 1.0%。

2)左岸接头外延段高压喷射灌浆防渗墙。

①桩号 0－095.72～0－146.456 段。

左岸接头外延段桩号 0－095.72～0－146.456 段长 50.736m。该段原地面高程 90～110m，岩面弱风化顶板高程 72m 左右，其上为强风化、全风化层或覆盖层。按要求清理开挖至堰顶高程 88.5m 后，沿防渗轴线自地表开挖宽 2.0m、深 1.0m 的浅槽，并浇筑混凝土($150^{\#}$)压浆板，浇混凝土时沿轴线按 1.5m 孔距埋设孔口管。混凝土板以下若为强风化层可直接进行帷幕灌浆，若为全风化或覆盖层可先按 0.75m 桩距作高压旋喷灌浆至强风化顶板以下 1.0m 后再自强风化顶板开始进行帷幕灌浆，帷幕灌浆底线高程为 71.3m。后由于施工单位在浇筑混凝土压浆板后已先施工完帷幕灌浆，为了使上部高压旋喷灌浆防渗墙与已施工完的灌浆帷幕很好地搭接，采用如下措施处理：

(a)高压旋喷灌浆孔孔距 0.75m，孔位为原帷幕灌浆孔位及在两帷幕灌浆孔中间加一高喷孔。

(b)帷幕灌浆孔位作为高压旋喷灌浆孔位的孔，沿原孔拔出埋管及扫孔，并要求将孔中水泥结石体全部扫出。如原埋管无法拔出，可沿轴线在该灌浆孔以左 10～15cm 处开孔，孔深要求同时满足的条件为：深入帷幕灌浆起始高程线下 1.0m，并深入强风化顶板线以下 1.0m；帷幕灌浆孔中间的高压旋喷灌浆孔必须深入强风化顶板线以下 1.0m，并同时满足深入帷幕起始线以下 1.0m 要求。

②桩号 0－146.456～0－248.558 段。

右岸接头外延段桩号 0－146.456～0－248.558 段长 102.102m。此段位于苏家坳沟部位，原沟底高程 75m，其上为回填层，其下弱风化顶板高程为 65m。临时船闸于 1998 年 5 月投入运行后，上航道江水通过左岸接头至左非 $12^{\#}$ 坝段上游山体向二期基坑渗漏，若不采取防渗措施，计算最大渗漏量为 $202m^3/s$，渗水量的 80%通过苏家坳沟渗漏，且对此段堰体渗透稳定性不利。经反复研究，确定苏家坳沟地段采用高压旋喷灌浆防渗墙。

(a)桩号 0－146.456～0－165.500 和 0－219.000～0－248.558 段采用单排高压旋喷与摆喷结合防渗墙下接单排摆喷防渗墙结构型式。单排旋摆结合灌浆自高程 86.2m 喷到强风化层顶板止，单排摆喷灌浆自强风化顶板喷到强风化顶板以下 5m 止(当强风化层厚度≥5m 时)或喷到弱风化顶板以下 0.5m 止(当强风化层厚度＜5m 时)。单排高喷孔沿防渗轴线布置，孔距 1.0m。

(b)桩号 0－165.500～0－219.000 段采用双排旋喷与摆喷结合防渗墙下接双排摆喷防渗墙结构型式。双排旋喷与摆喷结合灌浆自高程 86.2m 喷到强风化顶板止，双排摆喷灌浆自强风化顶板喷到强风化顶板以下 5m 止(当强风化层厚度≥5m 时)或喷到弱风化顶板以下 0.5m 止(当强风化层厚度＜5m 时)。双排高喷孔在防渗轴线两侧各 0.5m 平行于轴线布孔，孔距 1.0m。

③高喷防渗墙设计主要技术指标。

(a)防渗墙厚度。单排摆喷墙厚度不小于20cm,双排摆喷墙厚度不小于40cm,单排旋喷与摆喷结合墙厚度不小于20cm,双排旋喷与摆喷结合墙厚度不小于50cm。

(b)防渗墙体渗透系数 $K_{20}\leqslant i\times10^{-5}$ cm/s。

(c)墙体允许渗透比降 $J\geqslant80$。

④高喷灌浆施工主要技术参数。

(a)新三管法。高压水压力30~40MPa;压缩气压力0.8~1.5MPa,气量0.8~1.2m^3/min;浆压力38~41MPa,浆量80~105L/min;喷杆提升速度8~11cm/min(回填风化砂、全风化岩层)、6~9cm/min(砂卵石层、强风化岩层)。

(b)双管法。浆压力40~46MPa,浆量198~201L/min;气压力1~1.7MPa,气量10~17m^3/min;提升速度25cm/min(回填风化砂、全风化岩层)、20cm/min(砂卵石层、块球体、强风化岩层)。

(c)摆喷角度。强风化岩层内摆喷,摆喷中心线与轴线夹角20°,摆喷角度为30°;强风化岩层以上部位的Ⅱ序孔沿轴线布孔,摆角45°~70°。

(d)旋喷灌浆旋转速度为8~10r/min。

3)高压喷射灌浆防渗墙与塑性混凝土防渗墙接头型式。

二期上游围堰左接头段堰体及堰基防渗采用双排高压旋喷灌浆防渗墙上接复合土工膜防渗心墙结构型式,高喷防渗墙与塑性混凝土防渗墙接头采用将塑性混凝土防渗墙伸入两排旋喷灌浆防渗墙中间,伸入长度4.8m(桩号0+146.1~0+150.9)。

4)高压喷射灌浆防渗墙与复合土工膜接头型式。

高压喷射灌浆防渗墙与复合土工膜接头型式采用将复合土工膜直接嵌入高喷防渗墙顶现浇盖帽混凝土内。高喷墙施工完成后,挖除顶部表层废料,浇筑混凝土(标号 R_{28}150)盖帽,并将复合土工膜埋入混凝土30cm。

(3)两排塑性混凝土防渗墙设计

1)地层条件。

二期上游围堰河床深槽段(桩号0+453.5~0+616.5)河底高程一般为22.0~35.0m,最低高程6.0m,覆盖层厚1.0~16.0m,上部为新淤砂,层厚0~12.0m,下部为冲积砂卵石、漂石层,厚1.0~9.0m,基岩为花岗岩弱风化及微风化岩石。深槽右侧基岩面为25°~30°的缓坡,左侧为高差30m,倾角达80°的陡岩。深槽段堰体下部为平抛砂砾石料,一般厚2.0~10.0m,最厚处达29.0m,其上为风化砂,一般厚18.0~30.0m,最厚处达35.0m。

2)两排防渗墙结构设计。

①两排防渗墙厚度。

二期上游围堰河床深槽段堰体及堰基防渗采用两排塑性混凝土防渗墙上接复合土工膜防渗心墙结构。两排防渗墙联合作用,分担水头。从理论上讲,两排墙厚度和材料一样,应各分担1/2水头,但考虑两排墙的施工质量及墙底透水岩体帷幕灌浆质量有差异等因素,设计按两排墙各承担 2/3 水头计算，每排墙承担水头 47.0m。塑性混凝土防渗墙允许渗透比降 $J>80$，若按防渗墙设计挡水头和墙体允许渗透比降计算，防渗墙厚度 0.8m 可满足要求，考虑防渗墙最大高度达 74m，拟定两排防渗墙厚度均为 1.0m，套接处墙厚不小于 0.92m。

②两排防渗墙间距。

两排防渗墙间距主要考虑有利于两排墙联合作用，并视其防渗墙造孔地层成槽的可能性而定。两排墙间距小，对其联合作用有利，但距离太近，两墙之间的土体在造孔成槽过程中易坍塌，增加了成槽的难度。目前，世界上已建的加拿大马尼克 3 号土坝，两排防渗墙中心间距 3m，墙厚 0.6m；我国葛洲坝工程大江上游围堰两排混凝土防渗墙中心间距 3.5m，墙厚 0.8m。鉴于三峡工程二期上游围堰两排塑性混凝土防渗墙在水中抛填的风化砂及砂砾石堰体中修建，造孔成槽难度较大，并考虑第一排防渗墙（上游墙）完建度汛挡水后，继续施工第二排防渗墙（下游墙），在满足上游墙度汛子堰布置及下游墙施工机械设备布置要求的前提下，尽量减小两排墙间距。经综合分析，确定两排防渗墙中心间距 6.0m。

③两排防渗墙顶高程。

第一排防渗墙（上游墙）要求在 5 月上旬完建，按 5 月 5%频率最大日平均流量 30100m^3/s 相应的上游水位 71.05m，拟定防渗墙施工平台高程 73.0m。在第一排防渗墙上游堰体加高度汛子堰应用加筋土结构技术，降低了防渗墙顶高程。第一排防渗墙顶高程 73m 上接复合土工膜至度汛子堰顶高程 83.5m（挡 5%频率洪水流量 72300m^3/s，相应的上游水位 82.3m）。为此，确定两排防渗墙顶高程均为 73.0m。防渗墙顶上接复合土工膜至高程 86.2m。

④两排防渗墙底嵌入基岩深度。

国内已建土石坝混凝土防渗墙，墙底嵌入基岩深度 0.5～1.0m。从防渗墙结构受力分析，墙底嵌入基岩 0.5m，可假定防渗墙底端为铰接；若墙底嵌入基岩较深，防渗墙底为固端，使墙底部断面内力增加，从防渗墙造孔施工来看，造孔钻孔在坚硬岩石中钻进困难，成槽缓慢。从防渗墙运行情况看，墙底嵌入基岩 0.5m 可满足防渗要求。鉴于二期上游围堰防渗墙挡水头高，为保证防渗墙底与基岩的连接质量，要求两排防渗墙底嵌入基岩弱风化岩石 1.0m，深槽左侧陡岩部位防渗墙底嵌入基岩弱风化岩石深度不小于 0.5m。防渗墙底透水岩体采用帷幕灌浆处理，要求灌浆至岩体透水率 $q\leqslant 10$Lu。

⑤两排防渗墙结构加固措施。

(a)两排防渗墙间设置横隔墙。

为增加两排防渗墙的刚度，将 6 道横隔墙布置在围堰桩号 0＋486、0＋490、0＋495、0＋530、0＋561、0＋595。横隔墙厚 1.0m，墙底接至基岩弱风化岩面。实际实施 5 道横隔墙，分布桩号为 0＋486、0＋495、0＋530.7、0＋561、0＋595。

(b)两排防渗墙与单排防渗墙接头处设高压喷射灌浆桩加固。

两排防渗墙与单排防渗墙在围堰桩号 0＋452.225 和 0＋621.325 处相接，在两接头处分别增设 3 根旋喷灌浆桩（距第二排防渗墙中心线 1.2m 布置高喷桩，墙上游侧 1 根，下游侧 2 根）加固。

3)两排防渗墙墙体材料性能指标。

二期上游围堰两排防渗墙墙体材料采用塑性混凝土,设计配合比见表6.3.7,主要技术指标为:抗压强度 $R_{28} \geqslant 4.0 \sim 5.0$MPa;抗折强度 $T_{28} \geqslant 1.5$MPa;初始切线模量 $E_0 = 700 \sim 1000$MPa;渗透系数 $K_{20} < 1 \times 10^{-7}$cm/s;允许渗透比降 $J > 80$。

表6.3.7　塑性混凝土设计配合比

水泥(kg)	粉煤灰(kg)	膨润土(kg)	砂(kg)	5～20mm小石(kg)	木钙(‰)	DH9	水(kg)
180	80	100	1341	72	9	0.027	282

注:木钙和引气剂DH9应配制成水溶液使用。

4)防渗墙顶上接复合土工膜。

①复合土工膜主要技术指标。

抗拉强度(径向、纬向)≥20kN/m;主膜厚度≥0.5mm;渗透系数 $K = 10^{-11} \sim 10^{-12}$cm/s;伸长率 $w > 30\%$。

②复合土工膜要求。

选用复合土工膜必须无毒,门幅宽不小于2m,应选用两布一膜型,以降低两侧回填料的要求,有利于加快围堰进度。

③复合土工膜与防渗墙接头型式。

混凝土防渗墙施工完成后,即挖除表层0.5～1.0m的不合格料,浇筑盖帽混凝土,将复合土工膜直接埋入盖帽混凝土,埋入深度为30cm。复合土工膜沿防渗墙轴线埋设,并在其与盖帽混凝土分界处嵌入沥青,以改善复合土工膜的受力条件。

(4)单排塑性混凝土防渗墙结构设计

1)地层条件。

二期上游围堰河床深槽两侧为单排塑性混凝土防渗墙段,堰基位于河漫滩及一级阶地,左侧漫滩宽约200m,地面高程41～66m;右侧漫滩宽266m,地面高程41～68m。两漫滩河床覆盖层厚2～13m,上部淤砂层厚0～5m,局部厚达12m;下部为残积架空块球体层厚2～6m,局部厚达10m。基岩为花岗岩,左漫滩全风化层厚一般为0～3m,局部达15m;强风化层厚一般为0～8m,局部达12m;右漫滩全风化层厚0～5m,强风化层厚0～4m。堰体为水下抛填风化砂,厚5.0～32.0m。

2)单排防渗墙结构设计。

①防渗墙厚度。

二期上游围堰桩号0+146.1～0+423.225段长277.125m,为河床左漫滩及一级阶地部位,防渗墙高15～25m,墙厚0.8m,套接处厚度不小于0.7m。围堰桩号0+423.225～0+453.225段长30m,靠近河床深槽,防渗墙高度大于30m,墙厚为1.0m,套接处厚度不小于0.92m;围堰桩号0+620.325～1+138.454段长518.129m,为河床右漫滩及一级阶地部位,防渗墙高20.0～45.0m,墙厚1.0m,套接处厚度不小于0.92m。

②防渗墙顶高程。

二期上游围堰堰体及堰基防渗采用单排塑性混凝土防渗墙的部位，其防渗墙顶高程主要依据防渗墙施工时段的防汛水位(按5%频率洪水)确定的施工平台高程，各施工分段：桩号0＋146.1～0＋272.62段长126.52m，防渗墙顶高程79.0m；桩号0＋273.62～0＋458.225段长184.605m及桩号0＋613.225～0＋880.2段长266.975m，防渗墙顶高程73.0m；桩号0＋880.2～0＋998.989段长118.789m，防渗墙顶高程79.0m；桩号0＋998.989～1＋138.454段长139.465m，防渗墙顶高程80.0m。

③防渗墙底嵌入基岩深度。

二期上游围堰单排防渗墙底嵌入基岩弱风化岩石厚度1.0m。防渗墙底透水岩体采用帷幕灌浆防渗处理，要求灌浆深度至岩体透水率$q \leqslant 10$Lu。

3)防渗墙体材料性能指标。

二期上游围堰单排防渗墙体材料采用塑性混凝土，主要技术指标同两排防渗墙体材料。

对于防渗墙高度小于40m的墙体材料，塑性混凝土不用小石，仅用水泥、风化砂、膨润土拌制，称为无粗骨料塑性混凝土，设计配合比见表6.3.8。

表6.3.8　无粗骨料塑性混凝土配合比

水泥(kg)	膨润土(kg)	风化砂			木钙(‰)	水(kg)
		含泥量(%)	P_5含量(%)	掺量(kg)		
260	70	<6	>22	1370	5	370

注：木钙为水泥用量的5‰。

4)防渗墙上接复合土工膜。

单排防渗墙上接复合土工膜主要技术指标及要求同两排防渗墙。

5)单排防渗墙轴线突变处的加固措施。

二期上游围堰平面布置呈突向上游的拱形，因围堰右侧与纵向混凝土围堰相接处为中堡岛部位，围堰防渗轴线为避开中堡岛左侧漫滩上的块球体地层，布置成折线，其中控制点51′点处拐向下游，近似反拱，防渗墙轴线突变处在水压力作用下，可能将墙体接头缝拉开形成集中漏水通道，为此，对拐向下游的51′点处进行加固处理。

①在51′点下游侧，沿防渗墙边线布置3根混凝土桩，桩距1.5m，桩径1.0m，采用冲击钻造孔、泥浆固壁，单根深度40～41m，桩底嵌入弱风化岩体1.0m，混凝土标号$R_{28}150$。

②在51′点上游侧，距51′点1.2m布置8个高压旋喷灌浆孔，向51′点左、右两侧各布置4个，孔底嵌入弱风化岩体1.0m。

③对51′点上、下侧填料各增加3排振冲加密桩。

(5)防渗墙底透水岩体帷幕灌浆

1)帷幕灌浆范围及标准。

二期上游围堰防渗墙底透水岩体采用帷幕灌浆处理。帷幕灌浆标准为灌浆至岩体透水

率 $q \leqslant 10$Lu。

根据二期上游围堰防渗轴线地质资料，防渗墙底帷幕灌浆深度一般为 5～15m，最大深度为 27m。

2)灌浆材料。

①水泥。采用新鲜无结块普通硅酸盐水泥或硅酸盐大坝水泥，标号不低于 $425^{\#}$。细度为通过 0.08mm 方孔筛筛余量不大于 5%；制浆时水泥浆应经高速搅拌机分散及湿磨机磨细至水泥平均粒径不大于 0.03mm。

②减水剂。在制浆过程中掺和水泥重量的 0.5%～1%JG-2 减水剂。

3)灌浆孔布设。

帷幕灌浆孔沿防渗墙轴线布置，孔距 1.5m。可在防渗墙体内埋设直径 125mm 厚壁塑料管(槽孔深大于 40m 埋设钢管)或钢筋拔管成孔，再在基岩内钻孔，钻孔直径为 76mm。

4)灌浆程序及设计灌浆压力。

防渗墙底部基岩帷幕灌浆技术要求和施工工艺与一般基岩帷幕灌浆基本相同。分 2 序自上而下分段钻灌，孔口封闭，孔内循环灌注纯水泥浆。施灌钻孔直径 91mm，段长一般为 5m。接触段长 1～1.5m。灌浆压力采用压力表读数，以便于现场控制。帷幕灌浆最大灌浆压力为 1.5MPa，帷幕设计底线在堰顶高程下深 35m 以内时，第一段灌浆压力 0.5MPa，第二段灌浆压力自 0.5MPa 逐步升到 1.0MPa，第三段及其以下各段均为 1.0MPa；帷幕设计底线在堰顶高程下深超过 35m 的孔，第一段灌浆压力为 0.5MPa 开始逐步升到 1.0MPa，第二段自 1.0MPa 开始逐步延至 1.5MPa，第三段及其以下各段均为 1.5MPa。

(6)防渗墙结构应力及变形分析

二期上游围堰防渗墙结构应力分析主要对围堰深槽段两排防渗墙应力及变形进行分析计算。

1)计算模型。

二期上游围堰防渗墙应力及变形分析采用二维非线性弹性有限元法，计算的数学模型为邓肯—张 E—μ 模型，并用 E—B 弹塑性模型和 B—G 模型进行对比分析。

邓肯—张 E—μ 模型采用切线杨氏模量 E_t 和切线泊松比 μ_t 两个参数，其计算公式见式(6.3.1)、式(6.3.2)：

$$E_t = E_i(1 - R_f \times S)^2 \tag{6.3.1}$$

$$\mu_t = \frac{G - f\lg(\sigma_3/P_a)}{(1-A)^2} \tag{6.3.2}$$

式中，$E_i = K \times P_a\left(\frac{\sigma_3}{P_a}\right)^n$；$S = (1-\sin\varphi)(\sigma_1-\sigma_3)/(2c\cos\varphi + 2\sigma_3\sin\varphi)$；$\sigma_1$ 为最大主应力；σ_3 为最小主应力；$A = \frac{D(\sigma_1-\sigma_3)}{E_i(1-R_f \cdot S)}$；$P_a$ 为大气压力；c、φ、K、n、R_f、G、F、D 为模型的 8 个参数。

由于围堰防渗墙与堰体之间存在较大的相对变位，为较好地模拟接触面之间的剪切特性，采用 Goodman-Clough 的一维接触面单元。其剪切特性采用邓肯—张所用的双曲线模型。无厚度的 Goodman-Clough 单元是常用的接触面单元，其切线剪切劲度 K_{st} 用式(6.3.3)计算：

$$K_{st}=K_s\gamma_w\left(\frac{\sigma_n}{P_a}\right)^{n_s}\left(1-\frac{R_{fs}\tau_s}{c_s+\sigma_n\tan\delta_s}\right)^2 \tag{6.3.3}$$

式中，σ_n、τ_s 为接触面的法向及切向应力，当 $\sigma_n\leqslant 0$ 时，取接触面的法向劲度系数 $K_n\approx K_{st}=0.01\text{MPa/m}$，当 $\sigma_n>0$ 时，取 $K_n=10^6\text{MPa/m}$；c_s、δ_s 为接触面的强度参数；R_{fs} 为接触面的破坏比；K_s 为接触面的切向劲度系数；n_s 为接触面的切向劲度指数；P_a 为大气压力；γ_w 为水容重。

邓肯—张模型的加、卸荷判别准则如下。

首先定义应力状态函数：

$$SS=S\left(\frac{\sigma_3}{P_a}\right)^{\frac{1}{4}} \tag{6.3.4}$$

将土体最大的 SS 值表示为 SS_m，按照当前的 σ_3 计算出最大应力水平 S_c：

$$S_c=\frac{SS_m}{\left(\frac{\sigma_3}{P_a}\right)^{\frac{1}{4}}} \tag{6.3.5}$$

然后将 S_c 与土体当前应力水平 S 比较来判别土体的加卸荷，当 $S\geqslant S_c$ 时，为加荷，取 $E'_t=E_t$；当 $S\leqslant 0.75S_c$ 时，为卸荷，取 $E'_t=E_{ur}$(卸荷回弹模量)；当 $S_c>S>0.75S_c$ 时，为加荷，按式(6.3.6)计算：

$$E'_t=E_t+\frac{S_c-S}{0.25S_c}(E_{ur}-E_t) \tag{6.3.6}$$

2)计算参数。

围堰填料和基础覆盖层，以及防渗墙与堰体的接触面均采用邓肯—张的非线性模型，防渗墙和基岩及防渗墙底部的淤渣取用线弹性。其参数均由长江科学院通过试验研究提供，见表6.3.9至表6.3.12。

表6.3.9　二期上游围堰邓肯—张模型计算参数

土料	ρ_d (t/m³)	ρ (t/m³)	c (kPa)	φ(°)	K	n	R_f	G	f	D	备注
风化砂(水上碾压)	1.85		0	35.0	500.0	0.34	0.90	0.40	0.18	3.58	
风化砂(振密区内)	1.83		0	34.0	300.0	0.35	0.90	0.40	0.18	3.58	
风化砂(振密区外)	1.72		0	33.0	170.0	0.42	0.72	0.40	0.10	4.00	
覆盖层(湿态)		2.23	0	40.0	800.0	0.40	0.80	0.36	0.15	1.45	
覆盖层(饱态)		2.31	0	39.5	750.0	0.40	0.80	0.36	0.15	1.45	

续表

土料	ρ_d (t/m³)	ρ (t/m³)	c (kPa)	φ(°)	K	n	R_f	G	f	D	备注
堆石或石渣	1.95		0	30.0	630.0	0.34	0.80	0.37	0.30	2.70	
反滤料	1.94		0	37.0	420.0	0.73	0.85	0.40	0.00	4.30	
淤砂	1.40		20	35.0	350.0	0.30	0.82	0.25	0.13	5.00	
平抛砂卵石料	2.00		123	38.0	616.0	0.37	0.74	0.42	0.20	3.65	长江科学院试验参数
	2.15		330	34.6	1070.6	0.64	0.82	0.46	0.10	1.62	
	2.00		50	40.9	849.0	0.78	0.93	0.44	0.09	3.10	清华大学试验参数
	2.15		100	41.1	2980.0	0.31	0.91	0.65	0.29	2.80	

表 6.3.10　　二期上游围堰防渗墙塑性混凝土计算参数

塑性混凝土(龄期)	ρ (t/m³)	φ (°)	c (kPa)	K	n	R_f	K_b	m	G	D	F
28 天	2.14	32.46	1.165	14986	0.139	0.649	9153	0.065	0.28	40.55	0.027
60 天	2.14	29.14	1.391	15086	0.092	0.595	4885	0.150	0.277	26.64	0.032
90 天	2.14	29.38	1.519	15488	0.206	0.357	14645	0.129	0.294	25.55	0.014
180 天	2.14	23.70	2.09	16472	0.161	0.376	16842	0.323	0.299	42.10	−0.004

表 6.3.11　　二期上游围堰基岩计算参数

基岩	P_d(t/m³)	E(MPa)	μ
弱风化岩石	2.6	20000	0.20
强风化岩石	2.4	5000	0.25

表 6.3.12　　二期上游围堰防渗墙与堰体接触面计算参数

接触面参数	c_s	δ_s	R_f	K_s	n_s
泥皮与塑性混凝土	0.00	11.0	0.75	10000	0.65

3)计算成果。

二期上游围堰应力及变形计算断面网络划分见图 6.3.15,围堰运行工况为上游挡水位 85m,两排防渗墙之间水位 42m,基坑抽水至基岩面。计算成果表明,堰体变形趋势向基坑方向,最大水平位移 65.2cm,最大垂直位移 152cm,发生在堰体的 2/3 高度处;堰体应力最大值在防渗墙后侧堰体靠墙的下部,大、小主应力的最大值分别为 1.42MPa 和 0.57MPa,堰体应力水平在上游墙前有一小区域达到 1.0,因它属于土颗粒散体,且位于堆石体和防渗墙之间,不影响堰体稳定。两排防渗墙的最大位移:上游墙为 56.3cm,下游墙为 11.4cm。防渗墙体最大主应力:上游墙为 4.34MPa,下游墙为 3.21MPa。两墙应力分布较均匀,墙体应力水平一般在 0.8 以下，个别达 0.9，墙体无拉应力，仅在单双墙结合处有较小拉应力，从应力应变分析，两排防渗墙是安全的。分析上游墙位移比下游墙位移大的原因为：①围堰为了度汛，在高程 73m 平台处上游侧修筑子堤至高程 83.5m，其土压力对上游墙有影响；②基坑限制性抽水，上游墙单独承担水头度汛；③上游墙挡水工况下，施工下游墙，部分槽段形成“临空面”，相对应的上游墙体失去支撑体。在下游墙封闭前上游墙已产生较大位移，占墙体总位移的 60%～70%。

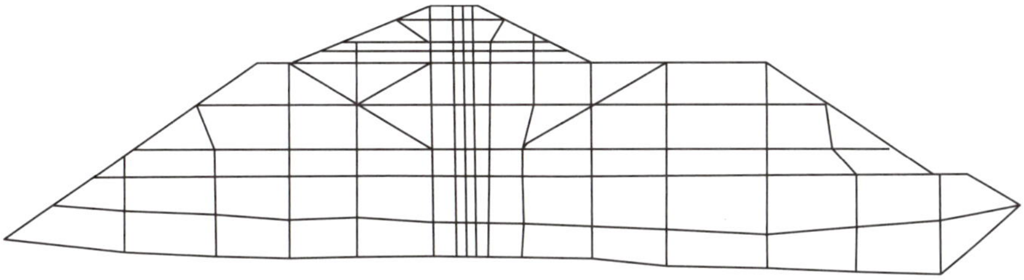

图 6.3.15　计算断面网格划分

4）围堰实际竣工断面堰体及防渗墙应力及变形复核计算。

1998 年汛期，二期上游围堰第一排防渗墙（上游墙）完建并在其上游修筑度汛子堰挡水，进行第二排防渗墙的施工，实测上游墙体最大水平位移达 55.2cm，已接近设计计算最大水平位移 56.3m，而此时上游墙承担的水头为 22m，远小于设计承担 2/3 水头 47m，其原因：一是由围堰深槽段高程 83.5m 的度汛子堰挡水，第二排防渗墙（下游墙）在高程 73.4m 平台距第一排防渗墙（上游墙）6m 处施工，其槽孔成为挡水堰体的临空面，使上游墙处于最不利工况，其墙体变形增大；二是堰体水下抛填的风化砂密实度较低，基坑抽水过程中，堰体变形量较大而导致防渗墙水平位移增大，从堰体变形与防渗墙变形观测资料分析，其变形增大的趋势是一致的；三是围堰防渗墙应力应变用二维有限元邓肯—张 $E—\mu$ 模型分析计算边界条件与实际竣工断面有差异。堰体水下平抛砂砾石料未达到设计高程 40m，仅抛至高程 30～35m，而高程 40m 以下的风化砂料不能振冲加密，其干密度仅为 1.72t/m^3，远小于水下平抛砂砾石干密度 1.95t/m^3。为此，设计按围堰实际竣工断面进行围堰防渗墙应力应变计算。

①计算条件及参数。

围堰基础覆盖层料及堰体平抛砂砾石料，水下抛填风化砂料均按实际竣工断面调整，平抛砂砾石料高程 30～35m，其上为风化砂料，水下抛填风化砂料振冲加密至高程 40m，振冲后的干密度 1.83t/m^3，其下未振冲的风化砂干密度 1.72t/m^3，平抛砂砾石料干密度 1.96t/m^3。覆盖层新淤砂干密度按 1.4t/m^3 计。邓肯—张模型计算参数见表 6.3.13。

表 6.3.13(a) 二期上游围堰实际竣工断面邓肯—张模型计算参数一

材料			干密度 (t/m^3)	φ(°)	c (kPa)	K	n	R_f	G	d	f
1. 非线性材料	①风化砂	水上碾压	1.85	35.0	0	500	0.34	0.90	0.40	3.58	0.18
		水下振冲加密	1.83	0.34	0	300	0.35	0.90	0.40	3.58	0.18
		振密区外	1.72	33.0	0	170	0.42	0.72	0.40	4.00	0.10
	②堆石或石渣		1.95	30.0	0	630	0.34	0.80	0.37	2.70	0.30
	③平抛砂砾石		1.96	35.0	0	280	0.34	0.80	0.35	5.00	0.17
	④河床覆盖层		2.02	39.0	0	700	0.34	0.82	0.36	1.45	0.15
	⑤淤砂		1.40	35.0	20	350	0.30	0.82	0.25	5.00	0.13
	⑥反滤料		1.94	37.0	1100	420	0.73	0.85	0.40	4.30	0.00
2. 塑性混凝土材料	(a)		2.10	34.3	0	14945	0.24	0.65	0.45	7.90	0.05
	(b)		2.10	29.7	1500	15485	0.22	0.58	0.30	31.4	0.01

表 6.3.13(b) 二期上游围堰实际竣工断面邓肯—张模型计算参数二

3. 线性材料	ρ(t/m^3)	E(MPa)	μ
基岩(弱风化)	2.6	2.0×10^4	0.20
基岩(强风化)	2.4	5.0×10^3	0.25

表 6.3.13(c) 二期上游围堰实际竣工断面邓肯—张模型计算参数三

4. 接触面参数	δ_s(°)	C_s(kPa)	R_{fs}	K_s	n_{ss}
泥皮与塑性混凝土	11.0	0.00	0.75	1.0×10^4	0.65

②复核计算成果。

(a)堰体应力和变形。

堰体变形趋势是向基坑方向的。堰体最大水平位移和垂直位移分别为 72.5cm 和 161.0cm;堰体应力分布规律符合一般土石坝应力分布规律,最大应力在墙后侧堰体靠墙的下部,$\sigma_{1\max}$ 为 1.33MPa,$\sigma_{3\max}$ 为 0.53MPa;堰体应力水平同以前计算的一样,只是上游墙前有一个小区域的应力水平达到 1.0,这将无碍堰体的稳定性。

(b)防渗墙的位移和应力。

当上游墙单墙承担水头时,上游水位 76m,基坑抽水至 45m 时,墙体最大水平变位为 49.7cm,当度汛子堰后面填筑至高程 78.5m 时,墙体变位减小到 48.0cm,表明度汛子堰后面填土可抑制和减小墙体变位。当基坑继续抽水至 40m 时,墙体变位又增加至 49.4cm,相应的 1998 年 8 月 25 日观测到墙的变位为 49.0cm(上游水位 76.0m,基坑水位 39.3m)。此时的计算值与观测值是相当接近的。然后两墙承担水头,并依据现场上游水位情况,将上游水位降至 73.0m 时,基坑水位抽至 30m,墙间水位为 55.0m,算得的上游墙变位为 53.7cm,

相应的1998年9月12日上游墙的实测变位为56.4cm(上游水位72.0m,墙间水位55.0m,基坑水位26.0m),表明计算到此荷载时,计算值与实测值是比较接近的,说明经过反分析调整后的参数比较符合现场实际。计算成果表明,挡水位的变化对墙体水平位移影响明显,这与墙的实测变位过程受水头大小的影响是一致的。若二期上游围堰挡水达到设计水位85.0m时,墙间水位为28.0～57.0m,基坑抽水至10.0m和0.0m时,上游墙的变位为66.5～67.4cm,下游墙变位为17.0～18.0cm。这相当于围堰长期运行的最终情况。

两排防渗墙墙体应力均比较小,最大应力均发生在墙端基岩面附近墙的单元内,最大主应力为3.14MPa(下游墙)至5.28MPa(上游墙)。在深槽段钻孔取样试验资料表明,其墙体材料的无侧限抗压强度可达到4.62MPa(下游墙)至11.2MPa(上游墙),在三向应力围压0.7MPa条件下,其允许的最大主应力(接近法向应力)可达到5.90～6.80MPa。计算的墙体最大围压均大于1.0MPa,相应的允许最大主应力一定大于6.8MPa,故其安全裕度比较大。墙体应力水平一般均小于1.0,只是在墙端部有1～2个单元应力水平达到1.0,这是由于该处拉应力较大引起的,但它不是连续的,亦即未造成贯穿墙体的剪切破坏,对墙的稳定和安全不会造成危害。

6.3.5.2　二期下游围堰及堰基防渗设计

(1)围堰防渗体结构型式及布置

二期下游围堰及堰基防渗体采用塑性混凝土防渗墙上接复合土工膜防渗心墙结构型式,分为3段。

1)左岸岸坡及河床左漫滩段。

二期下游围堰桩号0+090～0+418段长328m,为左岸岸坡及河床左漫滩段,其中桩号0+090～0+199.2段长109.2m,为左岸岸坡,桩号0+199.2～0+418.0段长218.8m,为河床左漫滩段。该段除桩号0+090～0+200段外,堰体及堰基防渗体均采用塑性混凝土防渗墙上接复合土工膜防渗心墙结构型式。其中桩号0+090～0+200段长110m,防渗墙顶高程79.0m,墙高10.0～47.0m,墙厚0.8m,防渗墙底嵌入弱风化岩体1.0m,墙底透水岩体帷幕灌浆防渗处理。桩号0+200～0+370段长170m,防渗墙顶高程70m上接复合土工膜至高程79m,防渗墙高28.0～34.0m,墙厚1.0m。防渗墙底嵌入弱风化岩体1.0m,墙底透水岩体帷幕灌浆防渗处理。桩号0+370～0+418段长48m,防渗墙顶高程68.0m,上接复合土工膜至高程79m,墙高35.0～48.0m,墙厚1.0m。防渗墙底嵌入弱风化岩体1.0m,防渗墙底透水岩体帷幕灌浆防渗处理。

2)河床深槽段。

二期下游围堰桩号0+418～0+550段长132m,为河床深槽段。该段堰体及堰基防渗体采用塑性混凝土防渗墙上接复合土工膜防渗心墙结构型式。防渗墙顶高程68m,上接复合土工膜至高程79m。防渗墙高45.0～66.7m,墙厚1.1m。防渗墙底嵌入弱风化岩体1.0m,墙底透水岩体帷幕灌浆防渗处理。

3)右岸岸坡及河床右漫滩段。

二期下游围堰桩号0+550～1+075.94m段长525.94m,为右岸坡及河床右漫滩段,其中桩号0+550～0+850.68段长300.68m,为河床右漫滩段,桩号0+850.68～1+075.94段长225.26m,为右岸坡段。该段除桩号0+810～1+075.94段外,堰体及堰基防渗体均采用塑性混凝土防渗墙上接复合土工膜防渗心墙结构型式。桩号0+550～0+810段长260m,防渗墙顶高程70m,上接复合土工膜至高程79.0m。防渗墙28.0～46.0m,墙厚1.0m。防渗墙底嵌入弱风化岩体1.0m,防渗墙底透水岩体帷幕灌浆防渗处理。桩号0+810～1+075.94段长265.94m,防渗墙顶高程79.0m,墙高25.0～36.0m,墙厚0.8m。防渗墙底嵌入弱风化岩体1.0m,墙底透水岩体帷幕灌浆防渗处理。

4)围堰两岸接头防渗型式。

①围堰左岸接头防渗型式。

二期下游围堰左岸与天然河床岸坡相接,防渗接头型式:将岸坡基岩开挖至弱风化岩体浇筑混凝土刺墙,沿轴线长9.0m(桩号0+081～0+090),高6.5m,顺水流向底宽2m。混凝土刺墙顶高程79.0m,其右端预留半径0.4m半圆形槽孔,以便与冲击钻造孔防渗墙相接,刺墙混凝土标号R_{28}100。

②围堰右岸接头防渗型式。

二期下游围堰防渗墙右端与纵向混凝土围堰下纵段相接,防渗接头型式:在纵向围堰设混凝土刺墙,刺墙基岩挖至弱风化岩体浇筑混凝土,刺墙沿防渗轴线长11.64m,高36.0m,顺水流向宽2.5m,其与纵向围堰相接处设置止水片。刺墙顶高程79.0m,左端预留半径0.5m的半圆形槽孔,以便与冲击钻造孔防渗墙相接。刺墙混凝土标号R_{28}150。

5)左岸接头外延段防渗结构型式。

二期下游围堰左岸接头(桩号0+081)至桩号0+000段长81m,为外延段,堰基原地面高程78～82m,覆盖层上部为粉质壤土及砂壤土层,下部砂卵石基岩高程74～79m。该段堰基未做防渗处理。

(2)河床深槽段防渗墙结构设计

二期上游围堰河床深槽段(桩号0+418～0+550)防渗墙最大高度67m,最大挡水头66m,为改善防渗墙体应力条件,曾研究设置一排高压旋喷灌浆防渗墙加固,高压旋喷灌浆孔与防渗墙轴线距1m,孔距0.8m。塑性混凝土防渗墙完工并达一定强度后进行高压旋喷灌浆施工,要求严格控制高喷钻孔斜率,以防止钻孔损坏塑性混凝土防渗墙体。由于在防渗墙下游侧采用高压旋喷灌浆加固技术尚无把握,经研究确定将塑性混凝土防渗墙加厚至1.1m。深槽段防渗墙轴线两侧各10m范围高程40m以下平抛砂砾石料,高程40m以上水中抛填风化砂料,并采用振冲加密。防渗墙下游侧水下抛填的风化砂增加4排振冲加密桩。

深槽段防渗墙体材料为塑性混凝土,其设计主要技术指标和配合比同二期上游围堰深槽段两排防渗墙。

其他部位防渗墙高度小于40m的墙体材料使用无粗骨料塑性混凝土,其配合比同二期上游围堰。

(3)防渗墙顶上接复合土工膜

复合土工膜技术指标及其与防渗墙的接头型式同二期上游围堰。

(4)防渗墙底透水岩体帷幕灌浆

1)帷幕灌浆范围及标准。

二期下游围堰防渗墙底透水岩体采用帷幕灌浆处理。帷幕灌浆标准为灌浆至岩体透水率 $q \leqslant 50$Lu。

根据二期下游围堰防渗轴线地质资料,防渗墙底帷幕灌浆深度一般为5～10m,最大深度22m。

2)灌浆孔布置、灌浆材料、灌浆程度及设计灌浆压力同二期上游围堰。

(5)防渗墙结构应力及变形分析

1)计算模型。

二期下游围堰防渗墙应力及变形分析采用二维非线性弹性有限元,计算的数学模型为邓肯—张 E—μ 模型。

计算公式见二期上游围堰防渗墙应力及变形分析。

2)计算参数。

二期下游围堰填料邓肯—张 E—μ 模型参数同二期上游围堰。防渗墙厚1.1m,墙体 $K=15000$,淤砂干密度为 1.4t/m^3。

3)计算工况。

二期下游围堰最高挡水位78.3m,基坑水位10m。

4)计算成果。

堰体最大水平位移和垂直位移分别为0.35m和0.50m;堰体应力分布规律符合一般土石坝应力分布规律,最大应力在背水侧堰体靠墙的下部,$\sigma_{1\max}$ 为1.18MPa,$\sigma_{3\max}$ 为0.55MPa;堰体应力水平同二期上游围堰两排防渗墙断面,只是在迎水面防渗墙前有一个小区域达到1.0MPa,因为属颗粒散体,且位于堆石体与防渗墙之间,所以无碍于堰体的稳定性。

防渗墙最大水平位移31.5cm,墙体最大主应力4.56MPa,拉应力为0.32MPa,墙体应力水平均小于1.0,表明防渗墙是安全的。

6.3.5.3　围堰渗流计算

(1)计算条件

1)围堰堰体填料及堰基岩石渗透系数。

二期上游围堰堰体填料及堰基岩石渗透系数见表6.3.14。

2)围堰上游水位85.0m,基坑水位10m。

表 6.3.14　　二期上游围堰堰体填料及堰基岩石渗透系数

材料名称		渗透系数(cm/s)
堰体填料	风化砂	5×10^{-3}
	石渣	5×10^{-2}
	砂砾石	5×10^{-3}、5×10^{-2}
覆盖层	淤砂层	5×10^{-3}
	砂卵石层	5×10^{-2}
基岩	弱风化岩石	5×10^{-4}
	微新岩石	5×10^{-5}
防渗墙	高喷灌浆	1×10^{-7}
	塑性混凝土	1×10^{-7}
	土工膜	1×10^{-11}

(2)平面有限元计算

二期上游围堰河床深槽两排防渗墙围堰渗流平面有限元计算成果表明:①防渗墙底嵌入弱风化岩的深度由 0m 增至 1.0m,其渗流量、墙后风化砂中的渗透比降减小约 1/3。同时,防渗墙底未嵌入弱风岩时,墙底渗流状况较差,墙底裂隙产生的集中渗流在部分堰段可能会对堰基砂卵石和淤砂的渗透稳定不利。由此可见,防渗墙底嵌入弱风化岩深度对围堰渗流状态有较大影响,墙底应嵌入弱风化岩 0.5～1.0m。②防渗墙底嵌入弱风化岩 1m 可有效地截断渗流,对于两排防渗墙,第一排墙承担总水头的 40%～45%,第二排墙承担总水头 55%～60%。③堰体主要填料风化砂与防渗墙的渗透系数相差 1000 倍之多,因此再提高防渗墙的防渗性对堰体渗流影响不大。设置防渗墙后,围堰渗流主要来自堰基渗流,因而围堰渗流量与岩体透水性关系密切。④围堰各段防渗结构中两排防渗墙流量和渗透比降最小,墙后地下水位最低,但各方案的堰体和堰基地下水等势线分布除局部有差异外基本相同。防渗墙后的淤砂和风化砂的垂直和水平接触(出逸)比降均小于 0.03,即使在风化砂渗透系数为 5×10^{-4}cm/s 的不利条件下,深槽部位的新淤积砂在墙后和堆石体处的最大水平比降仅为 0.16。试验得出新淤砂的最小水平破坏比降为 0.64,可见此时有 4 倍的安全系数,淤砂的渗透稳定可以得到保证。

(3)三维稳定渗流有限元计算

平面计算主要比较了防渗墙的深度影响,为研究围堰左岸接头绕渗及防渗墙插山体的长度和堰体及堰基渗流的空间分析需通过三维有限元计算。计算模型截取了右岸约 24 万 m^2 的绕渗区域,其左边界取至临时船闸上游航道,右边界取至河床深槽,上、下游边界离防渗墙各 200m,均为不透水边界,底部不透水边界取至 −190m 高程,大体上包含了河床左侧围堰及其山体,共划分三角形单元约 7000 个,节点 6000 个。弱风化层的渗透系数取 6.3×10^{-4}cm/s,微风化层的渗透系数取 2.1×10^{-5}cm/s,防渗墙的渗透系数取 1×10^{-8}cm/s

（考虑了墙两侧泥皮的防渗性能），堰体填料及覆盖层的渗透系数统一取 3.1×10^{-2}cm/s。研究分析了 3 种方案，其主要成果见表 6.3.15，二期上游围堰深槽剖面渗流等势线分布见图 6.3.16。

表 6.3.15　二期上游围堰三维稳定渗流计算主要成果

方案号	防渗墙深入弱风化层深度(m)	墙插入左岸山体长度①(m)	计算成果		
			总渗漏量(m^3/d)	深槽部位	
				下游堰体内出逸点高程(m)	垂直渗透比降②
1	1	0	22829	33.12	7.65
2	1	100	18680	33.56	7.65
3	0	0	29789	33.90	6.98

注：①插入左岸山体长度是从围堰与山坡交接处算起；②为下游墙的下游面与弱风化层顶板交点处的垂直渗透比降。

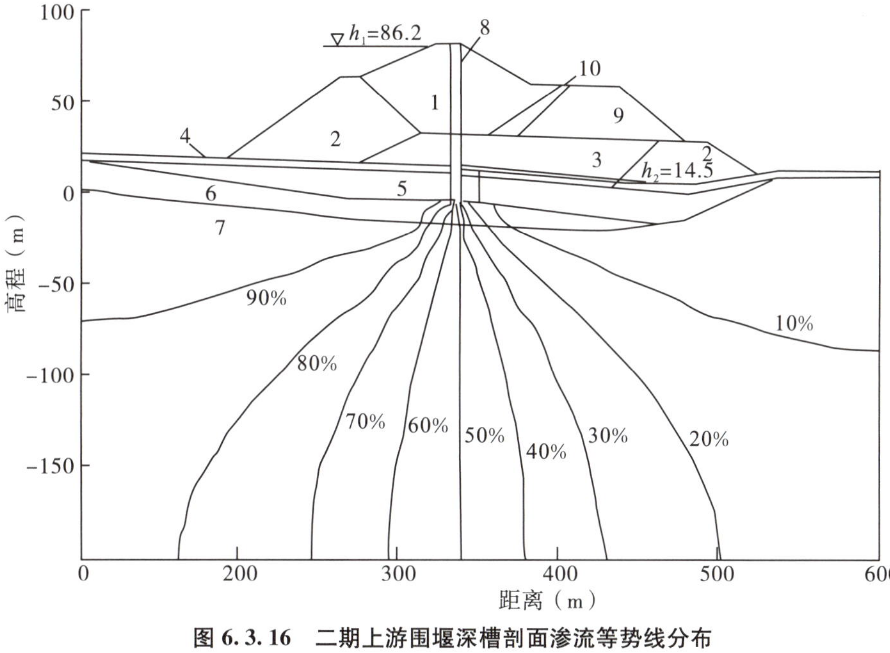

图 6.3.16　二期上游围堰深槽剖面渗流等势线分布

1—风化砂 K_1；2—石渣 K_2；3—平抛砂卵石 K_3；4—新淤砂 K_4；5—砂卵石 K_5；6—弱风化带 K_6；7—微风化带 K_7；8—防渗墙 K_8；9—截流体；10—过渡层

计算成果表明：

1）各计算剖面上的下游堰体内的出逸点高程随河床深度而变化，深槽处的出逸点高程最小值为 33.12m，最大高程发生在堰体与左岸山坡交接处（河床高程最大），其值为 73.41m。由此可见，出逸点高程差别较大。垂直渗透比降与出逸点高程有同样的规律，在深槽部位最大值为 7.65，在堰体与左岸山坡交接处最大值为 2.07。

2)堰体内的自由面从出逸点开始沿河床水流方向逐渐平缓下降，其倾角并不随出逸点高程的不同而发生变化。三维渗流的地下水面等高线与地形等高线基本一致。

3)比较方案1和方案2的计算成果(表6.3.15)可以看出，防渗墙插入山体的长度对堰体内出逸点高程影响不大，平均相差0.5m；对垂直渗透比降的影响亦不大(最大相差不到0.1)；总渗漏量有4149m^3/d的变化。以上成果表明，左岸山体的绕流对围堰渗流状态的影响并不明显，墙后浸润线较低，堰体和山体表面均无出逸现象，防渗墙的插入长度不必太大。

4)比较方案1、3之间的计算成果可以看出，防渗墙深入基岩弱风化层的深度对出逸点高程有明显影响(相差4～5m)；对基岩接触处的比降影响亦较大(最大相差7.24)；同样对渗漏量的影响十分显著，最大相差23000m^3/d(深入深度分别为弱风化层顶板和底板两种情况)，当深入深度由0m增加到1m，渗漏量减少约7000m^3/d，由此可见，防渗墙深入弱风化层的深度对围堰渗流特性起控制作用。

6.3.6 深水土石围堰监测及围堰拆除取样试验验证分析

6.3.6.1 深水土石围堰监测资料分析

(1)防渗墙及堰体变形

1)防渗墙体变形。

二期上游围堰防渗墙变形观测成果如下：

①河床深槽段陡坡段防渗墙变形比两侧漫滩段大。第一排防渗墙(上游墙)0＋492、0＋522断面，最大水平位移分别为543.30mm和597.98mm，其中自1998年6月23日基坑开始抽水到1998年9月15日基坑积水抽干变形量分别为493.98mm和505.35mm。而上游墙0＋941.5断面最大水平变形74.23mm，抽水期间变形增量仅为50.24mm，较前者小一个量级。

②上游围堰防渗墙第一排墙变形总量比第二排墙大。截至1998年12月29日，第一排、第二排墙的变形量分别为579.30mm(0＋522)和107.85mm(0＋483)。但需要说明的是，8月26日至12月29日，第二排墙变形增量为109.05mm(0＋483)，第一排墙变形增量为80.9mm(0＋522)。

③上游围堰防渗墙(第一排墙)变形增量比下游围堰防渗墙大。比如，1998年6月23日至9月15日，上、下游围堰防渗墙变形分别为493.98mm(上游0＋492)、505.35mm(上游0＋522)和265.01mm(下游0＋472)。

④1998年9月中旬以后防渗墙内所有测孔变形量均趋于稳定，变形速率开始明显减缓，后趋于稳定(图6.3.17)。

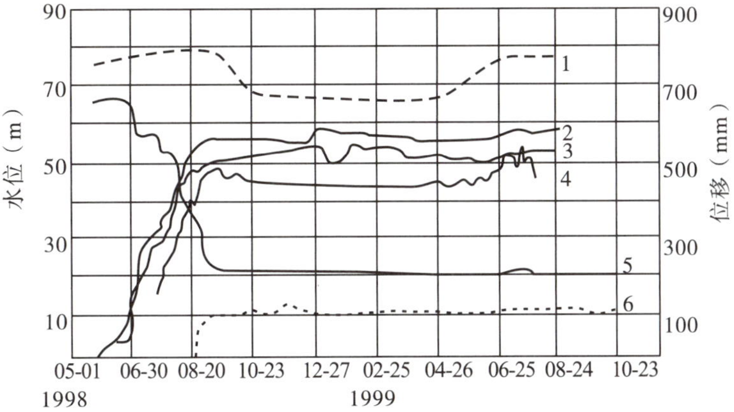

图 6.3.17　二期上游围堰最大水平变形过程曲线

1—上游围堰堰前水位；2—IN01EWS；3—INO3EWS；4—水位差（ΔH，m）；5—基坑水位；6—IN02EWS

⑤墙体的变形均经过了一个由加速→减速→稳定→加速→减速→趋于停止的过程。变形沿防渗墙深度分布曲线表明，防渗墙变形最大部位出现在墙顶附近，即上游围堰防渗墙高程 71.5～60.5m（图 6.3.18）、下游围堰防渗墙高程 70.5m 部位。

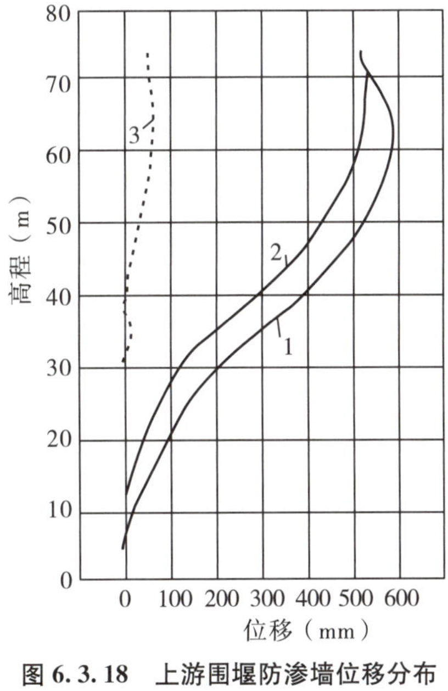

图 6.3.18　上游围堰防渗墙位移分布

1—IN01EWS990827；2—IN03EWS990827；3—IN06EWS990824

2）围堰堰体变形。

围堰堰体内的钻孔测斜仪监测点完建滞后，且资料尚不完整，故堰体的变形监测以外观监测点为主，其变形情况经分析认为：①上、下游围堰堰体水平变形主方向均指向基坑内，垂直变形表现为沉陷。②与内观测值结果一致，即深槽段与陡坡段的变形较大，越往两侧变形越小。上游围堰自 1998 年 7 月 10 日到 8 月 27 日最大累计沉降量 755.32mm（0＋516）。对于各测点变形量而言，沉降量最大，其中从1998年7月10日到11月8日达627.80mm(0+516)；向基坑内方向变形量次之，最大达312.44mm(0+516)；向长江两岸方向变形量相对较小。③1998年6—9月，垂直向、水平向变形较大，之后变形速率逐渐减小。此后水平向变形已趋于稳定，而垂直向沉降仍在继续。但速率较前期显著降低，表明垂直向变形收敛程度略低于水平向变形。④在相同的时段内，堰体水平变形量(外观)与相近部位防渗墙墙体水平变形量(内观)近于一致。例如，1998年7月10日至9月12日，位于上游子围堰堰顶的TP/BM03EWL(0+516)测点向基坑内水平变形量为314.43mm，而位于上游河床深槽段第一排防渗墙内的测斜孔(0+522断面)向基坑内水平变形量为332.35mm，二者基本一致。

3)变形机理分析。

影响围堰防渗墙及堰体变形的因素很多，综合分析，主要与江水位、基坑水位及其水头差的变化、围堰本身的结构型式、围堰施工以及时效等因素有关。

①江水位、基坑水位及其水头差变化对防渗墙及堰体变形的影响。1998年6—9月，三峡坝址区经历了8次洪峰，二期围堰一直处于高水位运行状况。监测结果表明，无论是上、下游围堰防渗墙，还是堰体，其水平变形速率均受围堰内外水头差变化的影响，二者具有明显的正相关性，即当水头差增大时，水平变形速率增加，当水头差减小或保持稳定时，水平变形速率也随之减小。在9月中旬基坑抽干后，虽然基坑内、外水头差仍然较大，但是水头差的变化很小，水平变形速率很小，趋于稳定。在基坑抽水初期，抽水速度的快慢直接影响到堰内、外水头差的变化，进而表现出与变形速率有较明显的相关性，即当基坑抽水，水头差增大，变形速率也随之增加，当停止抽水或抽水速度变缓时，变形速率逐渐减小，但存在2～4天的滞后效应。沿河床深槽段向两岸方向，堰内、外水头差减小，即深槽段所受向基坑方向的水压力最大，越往两岸，水压力越小，这是深槽段防渗墙与堰体的变形量比两岸滩地大的原因之一。堰体垂直沉陷速率与水头差变化关系不甚明显，而是主要受填筑施工进度及时间因素的影响。

②围堰结构对变形的影响。上、下游围堰结构上的差异使得施工工期、施工方案不同，进而导致了上、下游围堰防渗墙变形量的差异。上游围堰深槽段设计为两排塑性混凝土防渗墙，其中第一排防渗墙于1998年5月5日先行施工完成，其上部的子堰及其背水侧挡土墙于6月22日达到设计高程83.5m，随后即在其保护下进行深槽段第二排墙的施工。子堰挡土墙基座位于第一排墙顶高程73m。子堰及挡土墙因为自重所产生的侧向土压力直接作用于第一排墙，促使其产生向基坑内的侧向变形；而下游围堰设计为单墙，防渗墙形成后上接土工合成材料，深槽段防渗墙顶高程70.0m以上围堰全断面加高，与上游围堰第一排墙相比，防渗墙两侧所受侧向土压力差相对较小，所以变形量也相应较小。

③围堰施工对变形的影响。河床两侧漫滩段堰体填筑施工早，碾压相对密实，而深槽段堰体填筑时间短，填筑高度大，导致了深槽段与两侧漫滩段变形上的差异。上游围堰第二排墙的全面施工，在距第一排墙5m左右形成间断的深槽临空面，削弱了下游土体对墙体变形

的抵抗力，加大了第一排墙两侧的压力差，加上防渗墙施工过程中的冲击振动，使得上游围堰第一排墙体变形量较大，这也是产生上、下游围堰变形量差异的原因之一。上游围堰第一排墙先期施工完成，在第二排墙完建（1998年8月6日）之前已产生了较大变形，且在双墙形成后一段时间内，第一排墙仍然承担着大部分水头，因此第一排墙变形总量比第二排墙要大。但当基坑内水位下降至一定高度或基坑抽干后，两墙间水位较高的情况下，在第二排墙承担的水头比第一排墙大时，会出现第二排墙变形比第一排墙大的现象。

④堰体及防渗墙体变形的时效性。主要表现在水头差稳定或没有新的外荷载情况下，堰体或防渗墙的变形仍然发生持续变化。停止抽水后的2～4天内变形量仍然持续增加，基坑抽干和围堰堰体填筑完毕后，堰体及防渗墙变形在一定时段内仍在缓慢发生变化，但变化幅度很小。

（2）渗流渗压

1）堰体测压管水位变化。

①深槽段堰体测压管水位随基坑水位的变化情况见图6.3.19。基坑抽水过程中，堰体内水位随基坑水位下降呈缓慢下降趋势且日趋平稳。②沿围堰轴线方向，基坑堰体内的水位浸润面呈一漏斗状，表现为两侧漫滩段高，中间深槽段低。比如，上游围堰从左漫滩→深槽段→右漫滩距离墙后7.5m一线堰体，1998年9月24日观测水位依次为：67.02m（0＋133）、62.90m（0＋320）、27.84m（0＋500）、54.0m（0＋930）和61.70m（1＋139）；下游围堰距离防渗墙轴线上游2m堰体从左漫滩（0＋260）→深槽段（0＋490）→右漫滩（0＋700）一线，1998年12月20日观测水位分别为47.97m、25.74m和45.44m。两漫滩基岩面较高，基岩透水性相对较小，离基坑水边线较远，因此受基坑水位下降影响不甚明显。

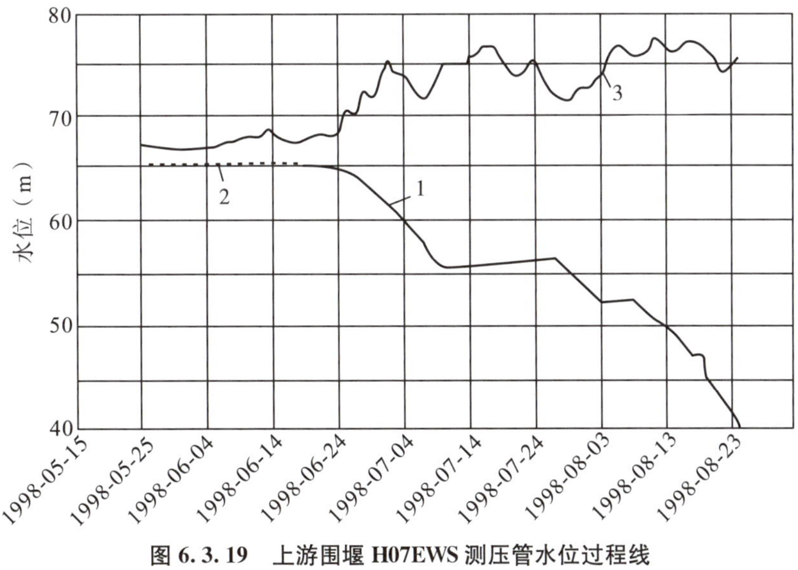

图6.3.19　上游围堰H07EWS测压管水位过程线

1—H07EWS水位；2—基坑水位；3—上游围堰堰前水位

2)两墙间水位变化。

上游围堰双墙间共有5道横隔墙，每两道隔墙间均布设了测压管以监测其水位变化，其中H05(0+500)、H16(0+545)和H18(0+585)埋设较早，而H14(0+480)、H19(0+490)和H20(0+605)在1998年10月下旬和11月中旬才完成仪埋，观测周期较短。结果表明：

①目前除H14测压管外，两墙间其他测压管水位维持在50～61m，各测点水位已基本稳定。但各隔墙间水位有所差异，且从右岸→左岸方向隔墙间水位有渐低趋势。两墙分担水头较为明显，上游墙分担水头35%～52%，下游墙分担水头48%～65%。

②1998年、1999年两年两墙间水位分布及变化规律基本一致。汛期两墙间水位在围堰上游江水位超过73m时有所上升，汛后水位逐渐降低，但各处下降速率不尽相同，各断面分布水位差异及变化差异可能与上、下游两道墙及隔墙相对渗透性和墙体嵌岩等因素有关。

③H05、H16和H18测压管水位在1998年7月下旬至9月中旬出现了几次波动现象。比如，7月23—26日，H05水位由56.48m上升到60.84m，升幅为4.36m，究其原因，系该测压管附近下游一槽孔正在施工，施工滞留用水，导致水位升高，7月27日减少施工用水后，水位即随之下降。8月25日至9月1日，H05和H18测压管水位持续上升，升幅分别达到8.41m和11.93m；9月4—10日，H05测压管水位又分别出现了一次突升和突降的现象，升、降幅度分别达到5.50m和11.29m，此后，测压管水位呈持续缓慢下降趋势。这两次水位波动的原因除了第二排墙槽孔施工用水补给外，还与两墙间顶部围堰所填石屑料含水量过大有关，同时也不排除第一排防渗墙盖帽混凝土与复合土工膜接触部位出现集中渗漏所致，因为在7月上旬现场巡视检查中发现0+610、0+636及0+460拐点部位有清水从盖帽混凝土裂缝中涌出现象，虽在7月17日通过化学灌浆对裂缝进行了密封处理，但在汛期连续几次大洪峰和持续多天的高水头情况下，是否出现了新的裂缝或原有裂缝是否又重新张开是值得重视的。

3)防渗墙防渗效果。

经过1998年汛期大洪水和1999年汛期观测分析认为，二期上、下游围堰防渗墙的防渗效果是比较好的。

①1998年8月中下旬，在基坑内距下游围堰水边线约10m，桩号0+420～0+440水面上发现有一冒水点群，冒水中夹有气泡；9月初，当基坑水位降至36.0m左右时，上述部位已无明显的冒水点；10月上旬，下游围堰基坑深槽段背水坡脚处的出水点约为36L/s。上游围堰背水侧基坑内坡脚处的汇水点渗流量也较小，渗流量约为10L/s。1999年汛后，利用容积法进行渗流量观测，所测上、下游围堰渗流量与1998年基本一致。

②基坑抽水过程中，深槽段堰体内水位变化与基坑水位变化相一致，基坑抽干后，上游围堰两墙间水位虽然较高，但呈持续缓慢下降趋势，1999年已趋于稳定。

③据上游围堰0+500断面和下游围堰0+490断面监测资料计算，自基坑抽水结束后一年多以来，沿河床方向堰体内浸润线较低，堰体的渗透比降在0.1左右，小于设计提供的细砂层渗透破坏比降。

(3)应力应变

抽水前、后二期上、下游围堰防渗墙深槽段部位的应力应变变化特征如下：

1)抽水前，防渗墙的应力应变以压应变为主，且呈上部小下部大的分布趋势。

2)抽水过程中，绝大多数测点压应变增加或拉应变减小，且各测点应力应变的变化与防渗墙变形特征有关。比如，上游围堰防渗墙高程 25.2～35.2m 堰内侧压应变增量大于堰外侧；而高程 45.2m 处却表现为堰外侧压应变增量大于堰内侧；下游围堰防渗墙高程 50.0m 堰外侧压应变增加，而堰内侧压应变减小等，所反映出的应力应变变化规律与墙体挠度变形曲线相一致。

3)应力应变的变化与围堰填筑加高有关。随着围堰堰体加高，压应变也随之增加，比如 1998 年 3 月 24 日，上游围堰 0＋500 断面防渗墙上游侧开始填筑风化砂和石料，到 7 月中旬，上游围堰深槽段度汛子堰填筑至高程 83.5m，在此期间该断面不同深度部位的压应变增加了 309×10^{-6}～889.5×10^{-6}；当该部位堰体填筑加高至高程 88.5m 时，测点压应力变化也显著，呈快速增大趋势。由此可见，堰体填筑加高是防渗墙应力应变变化的主要原因之一。1998 年 11 月以后，防渗墙应力应变变化明显减缓，且日趋稳定，这可能是堰体填筑完成一段时间后经沉陷压实已排水固结。

4)截至 1999 年 9 月，上游围堰防渗墙所测最大压应变为 -1393×10^{-6}，最大拉应变为 142×10^{-6}，若防渗墙弹性模量 $E=1000$MPa，则相应最大压、拉应力分别为－1.393MPa 和 0.142MPa；下游防渗墙最大压应变为 1282×10^{-6}，相应的压应力为－1.282MPa。二者均在防渗墙塑性混凝土材料设计允许强度范围内。

(4)爆破监测

基坑大规模爆破开挖是从 1998 年 9 月下旬开始，到 12 月底，基坑开挖从高程 40.0～45.0m 降至高程 20.0～26.0m，深槽部位已开挖至高程 14.0m 左右，从爆破振动资料分析可知，实测最大水平振速为 5.6cm/s，最大垂直振速为 3.83cm/s(1998 年 9 月 23 日)，其他实测水平、垂直振速均在 1.0cm/s 和 0.5cm/s 以内，小于一期土石围堰爆破振速控制值 5～6cm/s；堰体内部动压较小，最大测值为 0.023MPa，振动频率为 60～80Hz；在这种施工爆破条件下，只要控制单响药量，在表面和堰体内部的振动测值不高于目前监测值，基坑内施工爆破对堰体及防渗墙稳定性的影响就会很小。

6.3.6.2 深水土石围堰拆除取样试验验证分析

(1)围堰拆除过程跟踪测试及取样试验内容

三峡总公司委托长江科学院在二期上游土石围堰拆除过程中进行跟踪调查、取样试验和相关的参数测试工作，以进一步对围堰设计及运行观测成果进行验证分析。跟踪测试及取样试验的主要内容如下：

1)堰体水下抛填风化砂的实际密度及有关参数试验；

2)防渗墙造孔挤压作用，振冲加密对风化砂密度的影响及其空间分布情况；

3)防渗墙墙体完整性及槽孔套接部位的结合情况；

4)防渗墙材料特性及三轴试验；

5)上游围堰左侧陡岩段防渗墙底与基岩接触段压水试验；

6)泥浆在堰体填料中的入渗范围、形成的泥皮厚度及其与墙体的接触状态；

7)防渗墙顶部与子堰之间土工膜的完整性，实际连接状态及老化情况，土工膜如有撕裂，其撕裂范围及位置。

(2)围堰拆除过程跟踪测试及取样试验完成的工作量

2001 年 11 月至 2002 年 4 月，长江科学院在二期上游土石围堰拆除过程中，完成现场实录、试验、取芯等工作，主要工作量如下：

1)堰体风化砂原位密度测试 65 组(标准灌砂法)；

2)堰体标贯和动探 5 个钻孔，总进尺 120m；

3)堰体防渗土工膜使用情况的调查和取样，进行了 10 组相关指标的测试；

4)防渗墙平整性，槽孔套接和结构特点观测；

5)防渗墙泥皮厚度测试，泥皮在堰体风化砂中浸伸范围观测；

6)防渗墙钻孔取芯：小钻孔(ϕ70mm)取芯孔 5 个，总进尺 120m，大钻孔(ϕ168mm)取芯孔 4 个，压水试验孔 2 个，总进尺 200m；

7)堰体风化砂和防渗墙材料相关参数的测试。

(3)跟踪测试及试验验证分析

二期上游土石围堰拆除过程中，通过跟踪测试和取样试验，对其成果进行了研究分析，有以下几点认识。

1)堰体风化砂密度。

实测防渗墙附近的堰体风化砂密度一般为 1.84～2.18t/m^3，平均值 2.00t/m^3。防渗墙后堰体风化砂密度与距防渗墙距离关系不明显，堰体水下碾压部位风化砂密度与高程没有明显规律。但在振冲桩附近，双排墙之间风化砂密度最大，振冲桩密度可达 2.10t/m^3 以上，表明振冲加密作用显著。双排墙之间的隔墙附近的风化砂密度最大达 2.18t/m^3，说明防渗墙造孔挤压作用明显。

堰体风化砂密度与围堰建成初期的原位密度检测结果(平均值 1.936t/m^3)相比，拆除时水上部位堰体风化砂干密度实测值增大约 30%。堰体深部原位检测结果，实测击数范围的标贯击数平均 $N_{63.5}=33$ 击，比围堰振冲后检测的标贯击数平均 $N_{63.5}=24$ 击，增大 37.5%。以上测试成果表明，围堰运行 4 年后，堰体水上碾压的风化砂和水下抛填的风化砂密度均有所增大。

2)防渗墙墙体材料特性。

通过跟踪观察和取样试验，防渗墙平整性及完整性较好，局部有麻面。单排墙与双排墙的转折处墙体连接完整。防渗墙槽孔之间普遍存在套接缝，缝内由泥皮(基本固化的泥浆絮凝物)填充。两岸坡段及漫滩段单排防渗墙高度小于 40m 的部位，墙体材料为无粗骨料塑性混凝土，根据芯样试验结果，其抗压强度为4～11MPa，切线弹性模量为750～2600MPa。左漫滩段防渗墙无粗骨料塑性混凝土芯样抗压强度平均值为7.23MPa，初始切线模量平均值为1692MPa，模强比平均值为234；右漫滩段防渗墙无粗骨料塑性混凝土芯样抗压强度平均值为5.93MPa，初始切线模量平均值为1467MPa，模强比平均值为247；右岸坡段防渗墙无粗骨料塑性混凝土芯样抗压强度平均值为4.29MPa，初始切线模量平均值为797MPa，模强比平均值为186。芯样试验成果表明，围堰防渗墙运行4年后，无粗骨料塑性混凝土强度和模量均有一定程度的增长，模强比略微降低；渗透系数左漫滩墙（$i\times10^{-8}$cm/s）小于右漫滩墙（$i\times10^{-7}$cm/s）。

两岸漫滩段单排防渗墙高度大于40m的部位和深槽双排防渗墙墙体材料采用天然砂石骨料塑性混凝土，芯样试验抗压强度平均值为10MPa；古树岭人工砂石系统的碎石屑塑性混凝土，芯样的抗压强度5.5～17.0MPa，平均10.1MPa，抗压弹模为3470～7157MPa，平均5368MPa。天然砂石骨料塑性混凝土与碎石屑塑性混凝土性能接近，芯样渗透系数在$i\times10^{-10}$cm/s量级上，基本不透水。

防渗墙墙体材料随墙深度的变化无明显变化，表明围堰经过4年的运行，成型环境对墙体材料基本无影响，即墙体材料水上部分和水下部分力学参数无明显差别。与原研究结论一致。

(4)防渗墙底与基岩接触段的渗透性能

防渗墙底嵌入基岩0.5～1.0m，墙底透水岩体进行帷幕灌浆处理，钻孔压水试验表明，防渗墙底嵌入基岩段，墙底与基岩接触面防渗性能良好，压水试验计算渗透系数$K=1.9\times10^{-5}\sim3.1\times10^{-5}$cm/s，水压力在0.5MPa时，开始渗透破坏，破坏比降为125～167。试验成果表明，防渗墙底与基岩接触段经过灌浆处理后，抗渗透能力大大提高。

(5)防渗墙槽孔套接缝渗透性能

防渗墙是由不同长度的槽段墙体组成的，其间由套接缝（内有泥皮充填）连接。取样试验表明，套接缝内固化后的泥皮具有良好的塑性，其渗透系数在$i\times10^{-7}$cm/s左右。从防渗墙结构功能看，套接缝内的泥皮起到柔性止水槽的作用。防渗墙套接缝及其充填的泥皮存在，有利于协调槽段墙体间的变形，并改善防渗墙内应力，使其不至于在墙体较大变形下竖向开裂，这是防渗墙在很大变位下，保证墙体完整性和正常运行的主要原因之一。

在防渗墙应力计算中，将墙体视为完整结构体，未考虑墙体套接缝的存在及接缝在墙体变形中所起的作用，致使防渗墙计算最大变形值小于实测变形值。

防渗墙套接缝是墙体抗渗透破坏的薄弱部位，为此，在防渗墙设计时，除提出防渗墙本身的设计指标外，还应将套接缝作为防渗墙抗渗透破坏的控制部位提出技术要求。

(6)防渗墙与堰体风化砂之间的泥皮

防渗墙与堰体风化砂之间普遍存在泥皮，且风化砂—泥皮—防渗墙之间有明显的分界。泥皮在堰体风化砂和防渗墙体之间起到接触面作用，且摩擦系数较小，堰体对墙体产生的向下摩擦力较小，因此防渗墙竖向应力增大值远比计算值小。据二期上游土石围堰运行期的监测资料，防渗墙实测最大压应力为 2.73MPa，应力应变计算的墙体最大压应力为 5MPa，防渗墙和堰体风化砂之间的泥皮所起的作用可能是墙体计算应力值较大而实测墙体应力值较小的重要原因之一。

防渗墙后普遍存在的泥皮现象，对于类似工程防渗墙应力应变计算及防渗墙设计有重要参考价值。

(7)复合土工膜使用效果

复合土工膜整体完整性较好。土工膜之间的搭接总体情况良好，但局部有搭接不平的现象，外层土工布之间基本没有胶结强度，但中间的土工膜仍黏结完好。

复合土工膜与防渗墙及其顶部混凝土盖帽搭接处，局部有不同程度的老化和损坏。土工膜老化现象主要表现为局部有龟裂，土工膜龟裂部位基本丧失抗渗透能力。

6.3.7 深水土石围堰设计及施工技术问题探讨

6.3.7.1 深水土石围堰断面结构设计技术问题探讨

(1)围堰基础新淤砂层的处理问题

1)新淤砂的物理力学特性。

①新淤砂的物理力学指标。

由于葛洲坝工程的兴建，三峡坝址水位抬高 25m 左右，河床普遍新淤积了细砂层，一般厚 2～8m，最厚处达 18m。1993 年结合一期土石围堰施工，对河床新淤积砂取样 84 组，取样深度 0.2～2.0m，新淤砂级配均匀，级配曲线见图 6.3.20。不均匀系数小于 5，粒径大于 0.05mm 的砂粒含量 34%～98%，粒径 0.05～0.005mm 的粉粒含量 2%～50%，小于 0.005mm 的黏粒含量为 0%～16%，属均匀的细砂。新淤砂天然干密度 1.28～1.64t/m^3，水上、水下平均干密度 1.40t/m^3；比重为 2.66～2.73，空隙比 0.9%～1.0%；饱和状态下，不固结剪 $\varphi'=5°$、$c'=0$，固结剪 $\varphi'=27°\sim33°$、$c'=0$；相对密度 0.34～0.37，属中密状态的细砂。

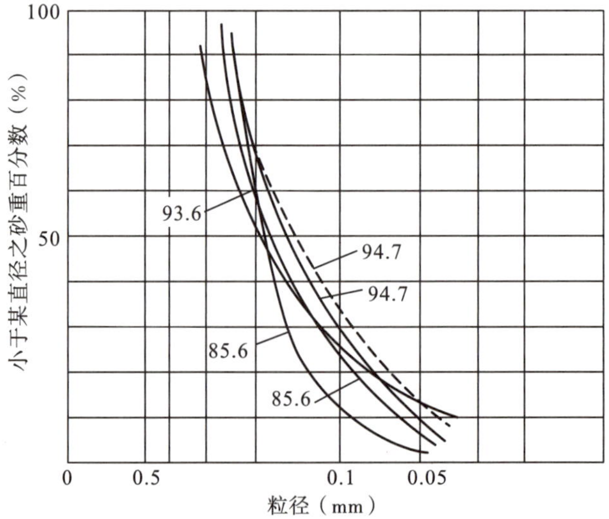

图 6.3.20 新淤砂级配曲线

②新淤砂的压缩特性。

对新淤砂的压缩特性进行了两种试验：其一为压缩仪上进行的 K_0 状态压缩试验，试样的起始干密度分别为 1.35t/m³、1.45t/m³、1.55t/m³，相应的相对密度分别为 0.47、0.60、0.85；其二为三轴仪上进行的等向压缩、回弹再压缩试验，试样的起始干密度分别为 1.47t/m³、1.52t/m³、1.56t/m³，对应的相对密度分别为 0.53、0.65 和 0.72。试验结果见图 6.3.21。由图可以看出，新淤砂的压缩系数和压缩指数随材料的起始密度提高而减小，压缩指数为 0.207～0.065，属中等偏低压缩砂；相同起始密度下，K_0 状态压缩试验和等压固结试验得出的压缩指数近似相等，而等压固结得到压缩系数 a_V 大于 K_0 状态压缩试验的成果，相差约 0.06MPa^{-1}，这与理论关系是一致的。等压固结试验得到的新淤砂回弹指数为 0.148～0.176，随起始密度增加而增长；经 0.6MPa 等压压缩后，相对密度由原来的 0.53、0.65、0.72 分别增加到 0.76、0.82、0.90 均达到密实状态，与一期围堰的现场试验成果是一致的。

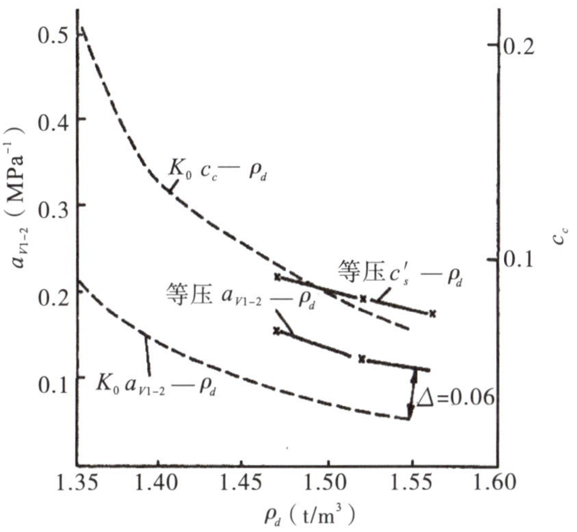

图 6.3.21　新淤砂压缩系数、压缩指数与干密度关系曲线

③堰基新淤砂的强度变形特性。

针对不同的起始密度进行了 8 组三轴排水剪切试验，试验成果见表 6.3.16。新淤砂的试验曲线表明，新淤砂基本上为应变硬化材料，低围压下（小于 0.3MPa）当轴向应变超过 2%以后有一定的剪胀性，起始密度愈大，剪胀性愈明显。其应力应变关系比较符合邓肯—张双曲线模型，经分析，新淤砂的模型参数与其起始密度有关。参数 K、K_b 与起始相对密度 D_r 关系见图 6.3.22，可以看出，模量数 K、K_b 随 D_r 增加近似呈线性增大。强度指标采用了两种模式进行整理，其一满足摩尔—库仑强度准则，即 $\tau_f = c' + \sigma\tan\varphi'$；其二为 $\varphi = \varphi_0 - \Delta\varphi\lg(\sigma_3/P_a)$，强度指标 C'、φ'、φ_0、$\Delta\varphi$ 与起始相对密度 D_r 的变化关系见图 6.3.23，其中黏聚力 c' 与 D_r 关系不明显，摩擦角 φ' 或 φ_0 随 D_r 的增加有增长的趋势，但增长量不大，指标 $\Delta\varphi$ 随 D_r 的增加有减小的趋势。其他参数如 R_f、n、d、f、m 等与相对密度 D_r 关系不大。

表 6.3.16 新淤砂物理、力学指标及邓肯—张模型参数

试验时间（年-月）	文件名	干密度 ρ_4 (g/cm^3)	最大孔隙比 e_{max}	最小孔隙比 e_{min}	相对密度 D_r	$\tau_f=c'+\sigma\tan\varphi'$		$\varphi=\varphi_0-\Delta\varphi\lg(\sigma_3/P_a)$		K	n	R_f	d	g	f	K_b	m	压力范围 (kPa)
						c' (kPa)	φ' (°)	φ_0 (°)	$\Delta\varphi$ (°)									
1985-6	XS-5	1.35	1.128	0.642	0.32	29.8	33.1	39.0	7.0	233	0.44	0.82	5.0	0.25	0.13	87	0.10	100～300
	XS-6	1.40			0.47	18.2	36.2	40.0	5.6	393	0.18	0.84	5.6	0.29	0.19	147	−0.03	100～300
	XS-7	1.45			0.60	8.0	37.6	39.1	1.7	360	0.74	0.88	5.6	0.27	0.13	118	0.46	100～300
	XS-8	1.55			0.85	23.2	38.2	42.4	5.5	477	0.48	0.84	7.2	0.32	0.20	230	0.09	100～300
1994-7	XS-1	1.47	1.116	0.625	0.53	31.0	36.5	42.3	7.6	367	0.22	0.70	9.8	0.25	0.10	191	0.01	100～300
	XS-2	1.51			0.63	75.9	33.3	44.2	10.1	402	0.43	0.76	8.3	0.30	0.21	304	−0.17	100～600
	XS-3	1.56			0.72	63.4	34.6	43.9	8.7	422	0.40	0.78	7.9	0.29	0.16	205	0.08	100～600
	XS-4	1.60			0.83	20.0	36.9	39.8	2.5	448	0.43	0.78	8.6	0.29	0.09	256	0.15	100～600
建议值		1.59			>0.80	20.0	37.0	42.0	5.6	420	0.44	0.80	7.9	0.30	0.15	200	0.11	

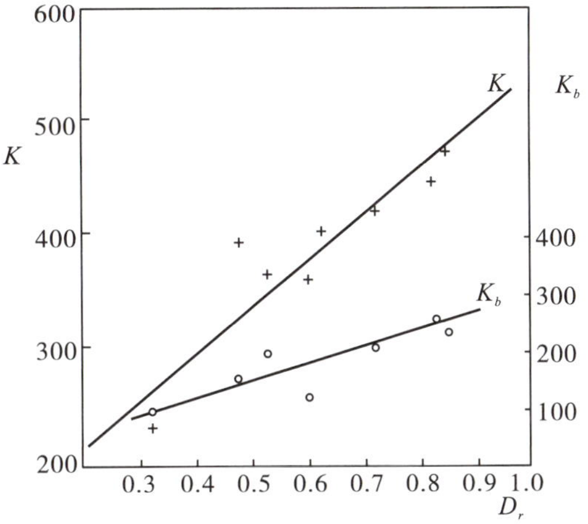

图 6.3.22　新淤砂参数 K、K_b 与相对密度关系

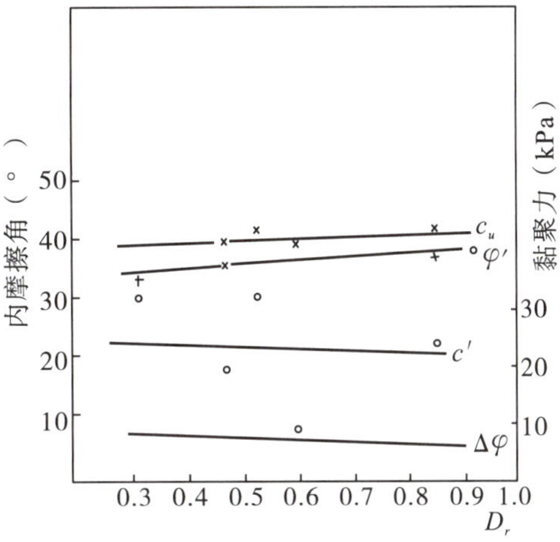

图 6.3.23　新淤砂强度指标 c'、c_u、φ'、$\Delta\varphi$ 与相对密度关系

④新淤砂的本构模型参数。

综合以上有关试验成果，并考虑到二期上下游围堰施工将引起堰基下新淤砂的密度显著提高这一客观规律，新淤砂基本上为应变硬化材料，其应力应变关系比较符合邓肯—张双曲线模型，长江科学院按一期围堰堰基下新淤砂干密度 1.59t/m^2 提出的新淤砂的本构模型参数见表 6.3.16。

⑤新淤砂的动强度和抗液化性能试验。

为了解新淤砂的动强度和抗液化性能，进行了动三轴液化试验。试验共 4 组，以探讨不同固结比和起始密度对淤砂动力特性的影响，各组试验参数见表 6.3.17。

表 6.3.17　　新淤砂动强度和抗液化试验参数

试验编号	固结比 K_c	围压 σ_3(kPa)	起始干密度 ρ_d(t/m^3)
1	1	100	1.4、1.45、1.53
2	2	100	1.4、1.45、1.53
3	1	50、100、150、200	1.45
4	1、1.5、2、3	100	1.45

试验在 DTC-306 型动三轴仪上进行，振动波型采用正弦波，试样在振动过程中不排水，且采用初始液化标准。

经试验，新淤砂动力特性如下。

(a)在等压固结情况下，干密度由 1.4t/m^3 增加到 1.45t/m^3(D_r=0.6)，抗液化剪应力增加不大而当干密度由 1.45t/m^3 增加到 1.53t/m^3(D_r=0.8)时，抗液化剪应力增加明显。在非等压固结情况下，也有上述规律。说明密实砂的抗液化能力比中密砂提高较多。

(b)在等压固结条件下，当固结压力 σ_3 较大时(σ_3>100kPa)，新淤砂的液化曲线随应

力 σ_3 有归一化趋势，而当固结压力减小时，抗液化剪应力比有所增大，液化曲线不能归一。

(c)对于一定密度和侧向固结压力的试样，随着固结比 K_c 的增大，砂土的抗液化能力增大，对于不同的 K_c 砂土的液化曲线是一簇基本平行的曲线。

根据新淤砂的液化曲线，可作出强度包线，即可求得新淤砂对应一定振次的动强度。在干密度为 1.45t/m^3，固结应力比 $K_c=1$ 和 2.5(即待压固结和 K_0 固结，$K_0=0.4$)两种情况下的不同振次的动强度指标见表 6.3.18。

表 6.3.18 新淤砂不同振次的动强度指标

新淤砂干密度 (t/m^3)	固结应力比 K_c	振次					
		$N_L=5$		$N_L=25$		$N_L=50$	
		$c_{c_u}^d$ (kPa)	$\varphi_{c_u}^d$ (°)	$c_{c_u}^d$ (kPa)	$\varphi_{c_u}^d$ (°)	$c_{c_u}^d$ (kPa)	$\varphi_{c_u}^d$ (°)
1.45	1.0	6.5	11	5.0	9.6	4.0	8.4
	2.5	6.5	17	5.0	15.5	5.0	14.5

从表 6.3.18 可以看出，在动荷载作用下，随着振次的增加，新淤砂的动强度降低，在 $N_L=50$ 以后强度趋于稳定；固结应力不同，动强度明显不同，且动强度随固结比增大而提高，当振次 $N_L=5$ 时，等压固结的剪切强度 $\varphi_{c_u}^d=11°$，K_0 固结的剪切强度 $\varphi_{c_u}^d=17°$。

在确定新淤砂动强度之后，进行过围堰新淤砂地基液化可能性判别，其中地基剪应力按西特的简化方法计算。判别条件为：三峡坝址地震基本烈度取Ⅵ度，相应的等效振动循环次数 $N_L=5$ 次，地震最大加速度 $\sigma_{max}=0.05g$，为安全起见，淤砂动强度按等压固结强度指标考虑，即 $\varphi_{c_u}^d=11°$。结果表明，位于二期上下游围堰堰基的新淤砂在遇地震烈度大于Ⅵ度时可能产生液化。

2)新淤砂的渗透稳定性。

1994 年一期土石围堰建成后，其堰基的新淤砂经堰体自重的压实，密度有较大的增加，经钻孔取样测定(21 个试样)，干密度值 1.385～1.879t/m^3，平均为 1.67t/m^3。可见新淤砂已由原来中密状态转变为紧密状态，相对密度 0.8 以上。对新淤砂试样进行渗流稳定性试验和渗透变形试验，试验均为扰动样，控制干密度 1.51～1.63t/m^3，其试验成果见表 6.3.19 和表 6.3.20。表 6.3.20 显示，新淤砂干密度 1.51～1.63t/m^3 时，其垂直渗透系数为 1.26×10^{-4}～2.76×10^{-3}cm/s，垂直渗透破坏比降为 1.13～2.28；新淤砂干密度为 1.55t/m^3 时，其水平渗透系数为 2.05×10^{-3}～6.89×10^{-3}cm/s，水平渗透破坏比降为 1.16～2.23。

综合分析表 6.3.19 及表 6.3.20，可以发现，随新淤砂干密度的增大，渗透系数减小而破坏比降增大。新淤砂在不同干密度、不同渗流方向的渗透稳定性指标见表 6.3.21。

表 6.3.19　　新淤砂渗流稳定性

制样方式	试验数量	干密度 (t/m^3)	渗流方向	渗透系数 ($\times10^{-3}$cm/s)	破坏比降 J_p
原状	8	1.30～1.39	↑	3.92～44.20	0.84～1.51
扰动	8	1.30～1.43	↑	2.08～31.30	0.64～1.16
原状	3	1.30～1.43	→	11.60～46.00	0.66～0.83
扰动	1	1.37	→		0.78

表 6.3.20　　新淤砂渗透变形试验成果

试样编号	试样组成	干密度 (t/m^3)	平均渗径 (cm)	渗流方向	渗透系数 K_{10}(cm/s)	渗透比降		破坏形式
						临界	破坏	
1	新淤砂	1.63	10	向上	1.26×10^{-4}	1.43	1.98	流土
2	新淤砂	1.59	10	向上	1.30×10^{-4}		2.18	流土
3	新淤砂	1.55	10	向上	3.77×10^{-4}		2.28	流土
4	新淤砂	1.53	10	向上	1.13×10^{-3}	1.06	1.43	流土
5	新淤砂	1.52	10	向上	1.28×10^{-3}	0.75	1.24	流土
6	新淤砂	1.51	10	向上	2.76×10^{-3}	0.83	1.13	流土
7	新淤砂 (1∶3)③	1.55	25	水平	2.05×10^{-3}		1.16② (0.46)①	流土
8	新淤砂 (1∶4)	1.55	30	水平	3.54×10^{-3}		1.88(0.63)	流土
9	新淤砂 (1∶4)	1.55	30	水平	2.79×10^{-3}		2.23(0.74)	流土
10	新淤砂 (1∶5)	1.55	35	水平	6.08×10^{-3}		1.58(0.45)	流土
11	新淤砂 (1∶5)	1.55	35	水平	6.89×10^{-3}		2.13(0.61)	流土

注:①按平均渗径计算值;②按短渗径计算值;③1∶3为下游坡比。

表 6.3.21　　新淤砂的渗透稳定性指标

干密度(t/m^3)	渗流方向	渗透系数($\times10^{-3}$cm/s)	破坏比降
1.30～1.43	↑	2.08～44.2	0.64～1.51
1.51～1.53	↑	1.13～2.76	1.13～1.43
1.55～1.63	↑	0.13～0.37	1.98～2.28
1.30～1.43	→	11.60～46.00	0.66～0.83
1.55	→	2.05～0.89	1.16～2.23

3)围堰基础新淤砂处理措施。

通过对围堰基础新淤砂土工试验研究成果分析，淤砂在遇地震烈度大于Ⅵ度时可能液化，易产生流土型渗透破坏。一期土石围堰运行实践证明，随着围堰填筑自重加载和基坑水位降低，淤砂中的饱和水排出，逐渐固结，其抗剪强度增大，在基坑基石开挖爆破时，堰基淤砂的内摩擦角已接近或达到 27°～33°，堰体自重压应力使淤砂干密度提高，可防止淤砂液化。鉴于二期上下游围堰基础淤砂层河床部位水深 40～60m，从目前国内清淤机械看，要清除堰基深槽部位的淤砂层，清淤手段尚不落实，施工质量也难以保证。根据坝址河床新淤砂的试验研究成果，并通过一期土石围堰(堰基淤砂最厚 10～18m，而堰体高度仅 10～39m)设计施工的成功经验，设计对二期上下游围堰基础新淤砂采取如下综合处理措施：①鉴于堰基新淤砂在堰体填筑加载后密度提高，强度增加，而堰体上下游坡脚范围断面单薄，自重加载较小，设计研究确定在围堰背水侧设置石渣块石堤(二期上下游围堰背水侧的石渣块石堤均为截流戗堤)起到压坡作用，石渣块石堤范围预先平抛砂砾石料，加载提高淤砂强度，同时兼作反滤料，以利于堰基渗透稳定，防止在渗流作用下新淤砂流失；在围堰迎水侧设置石渣块石堤，加载提高淤砂强度，起到压坡作用，并可防止淤砂产生液化。②二期基坑抽水时，限制基坑水位下降速度为 0.5～1.0m/d，抽干后即在围堰背水坡脚处新淤砂出露部位抽槽至基岩面，回填反滤料封闭淤砂层，再填筑石渣料压坡。③围堰基础防渗墙穿过淤砂层及覆盖层嵌入花岗岩弱风化岩体，墙底透水岩体采用帷幕灌浆处理至岩体透水率 $q \leqslant 10$Lu，并严格控制防渗施工质量，保证防渗效果，防止墙体存在施工缺陷形成集中漏水通道而引起堰基淤砂渗透破坏。④设计要求基坑内建筑物基础岩石开挖爆破需控制一次起爆药量和单响药量，控制围堰坡脚附近岩石开挖爆破振动速度小于 5cm/s。

二期上下游围堰基础的原淤砂层成为围堰设计的技术难题之一，通过大量的勘察和土工试验研究工作，查明新淤砂层的分布规律和物理力学性能，针对围堰施工及运行特点，设计对新淤砂层采取综合处理措施，解决了深水围堰堰体及基础稳定、沉陷、防渗、防冲和淤砂渗透稳定及振动液化等问题。围堰运行 4 年的各项监测资料表明围堰是安全的，为在原淤砂层基础上修建土石围堰积累了设计和施工经验。

(2)围堰堰体水下部位抛填料的加密措施问题

1)堰体水下部位断面设计及填料施工程序。

二期上下游围堰水下部位堰体两侧设置石渣块石堤，背水侧的石渣块石堤为截流戗堤。二期上下游围堰两侧石渣块石堤的高程分别为 69m 和 68m，两石渣块石堤中间高程 40m 以下为砂砾石料，高程 40m 以上为风化砂。堰体水下部位填料均为水中抛填施工，两侧石渣块石堤采用汽车端进抛填，两堤中间高程 40m 以下的砂砾石在石渣块石堤施工前，采用底开式抛石船平抛填筑，高程 40m 以上的风化砂在两石渣块石堤端进抛填施工时，滞后端进抛填。

2)堰体水下部位抛投风化砂料的加密措施。

二期上、下游围堰两侧石渣块石堤在水中抛填石渣及块石料，其相对密度较高，不需要采取加密措施。两石渣块石堤中间高程40m以下平抛的砂砾石料，其相对密度较高，干密度可达1.95～2.00t/m³，不需采取加密措施。对水下抛填的风化砂，其相对密度低，干密度在1.7t/m³以内，致使堰体及塑性混凝土防渗体产生较大变形，同时，在风化砂堰体内采用液压抓斗或双轮铣进行造孔施工，这两种机械在施工过程中，对风化砂不能产生冲击挤密作用，加之造孔深度大，造孔时有孔壁失稳之虞。因此，从工程进度和安全出发，为防止造孔过程中发生塌孔，有必要对二期上下游围堰水下抛填的风化砂采取加密处理措施。为寻求水下加密风化砂的途径，进行了水下加密试验研究工作，试验结果表明，振冲法和爆振法均能在一定程度上加密水下风化砂。根据二期上下游围堰施工特点，施工工期非常紧迫，围堰防渗墙施工紧随堰体填筑之后进行，大部分围堰防渗墙与堰体填筑施工穿插进行，各工序间存在互相干扰问题。相比之下，振冲法加密深度较大，加密效果好，技术较成熟，施工效率高，施工干扰相对较小，因而二期上下游围堰水下风化砂加密采用振冲法施工。

①振冲加密的范围与深度。

根据风化砂水下抛填的诸多特征，其薄弱环节（干密度最小）分布在水面至水下25～28m的区域，振冲加密处理深度按风化砂水下抛填密度及防渗墙施工特点等因素确定为30m（振冲顶面高程为70m）。振冲加密孔沿防渗轴线布置，对围堰填料抛填水深超过25m时，即采取振冲加密措施，振冲宽度范围为墙上、下游各2m，其中单墙段采用双排振冲，双墙段采用4排振冲。二期上游围堰桩号0＋454～0＋616和下游围堰桩号0＋420～0＋550在防渗墙背水侧最外振冲孔以外，以排距1.7m、孔距2m增加3排振冲孔。

②振冲加密的参数确定。

采用150kW振冲器进行施工，要求振冲加密后风化砂的相对密度$D_r \geqslant 0.95$，振冲孔按三角形布孔，孔距为2.0m，要求孔位偏差小于10cm，孔斜偏差小于1%。

振冲器最大振深达30m，振冲加密过程中，向振冲孔中投料补充，靠防渗墙内排孔填料为粒径0.5～2.0cm碎石，其余排孔填料为粒径2～8cm碎石。

(3)围堰堰体填料深水抛填砂砾石料问题

1)堰体中间防渗墙两侧高程40m以下抛填砂砾石料的缘由。

二期上、下游围堰施工水深达40～60m，堰体水中抛填的密实度直接影响防渗墙体的应力及变形。水中抛填风化砂的密实度较低，且堰基有新淤砂层，致使堰体变形及防渗墙的变形较大，为减小其变形并改变防渗墙体应力条件，需对水中抛填的风化砂料进行加密处理。受现有施工吊运机械所限，填料振冲加密最大深度30m，为此，堰体水下抛填料不能采取振冲加密的部位需改用在水中抛填密实度高的材料，二期上、下游围堰堰体中间防渗墙两侧高程40m以下部位抛填砂砾石料。

2)深水抛填砂砾石料断面结构型式的拟定。

在堰体进占施工前，采用底开驳抛石船将砂砾石料运至围堰基础范围内，再平抛至河床底部。深水平抛结构位于围堰下部，作为围堰结构断面的一部分，平抛材料根据不同部位分别采用砂砾石料、石渣和块石。鉴于围堰基础普遍分布新淤砂层，根据土工试验成果，新淤砂具有强度低、易液化和发生管涌型的渗透破坏等特性，因此与新淤砂直接接触的填料应具备相应的反滤作用，以保证新淤砂的接触冲刷稳定。根据三峡工区料源情况，采用葛洲坝下游 30km 长江河道天然砂砾石料抛投，并控制砂砾石料含砂率为 30%～40%，最大粒径小于 150mm（防渗墙轴线附近，为便于墙体造孔施工，最大粒径控制不大于 80mm）。考虑到平抛垫底材料需承受汛期洪水考验和截流过程中束窄口门水流流速的冲刷，二期上游围堰在砂砾石料垫底下游侧的截流戗堤范围和二期下游围堰的下游侧石渣块石堤范围平抛石渣料、块石料，其顶部高出平抛的砂砾石面 3m 形成“高低坎”形式，以保证平抛砂砾石料的抗冲稳定。为确保平抛砂砾石料的度汛安全及截流龙口合龙过程中的稳定性，对平抛砂砾石及其下游侧石渣、块石料体型与抗冲保护材料进行了动床模型试验研究。通过多方案比较，确定二期上、下游围堰防渗墙附近平抛砂砾石料在 1997 年汛前平抛至高程 37.0m，其下游侧截流戗堤范围平抛的石渣、块石料高程为 40m，顶部 3m 平抛粒径 0.3～0.7m 块石料防冲，形成高低坎体形度汛，以确保平抛砂砾石防冲稳定安全度汛，在汛后继续平抛砂砾石料至高程 40m。

3）平抛砂砾石料水下成形问题。

二期上、下游围堰平抛施工水深大，三峡工地用于平抛施工的船舶为 280m³ 底开驳及 500m³ 对开驳和 210m³ 侧抛驳，对于群体散粒体（砂砾石、石渣、块石）在动水中抛投的水下漂距特性和成型效果，计算分析不同来流量、不同口门特征条件下的抛投料漂距，进行漂距试验验证，并对砂砾石料在动水中抛投后的级配粗化问题做了专门试验，确定了水中成型规模与效果，论证了深水平抛措施的可行性，提出将平抛砂砾石料、石渣料、块石料的施工船舶作业水深、水流流速与漂距指标作为指导水上作业的技术参数，见表 6.3.22。

表 6.3.22　　二期上、下游围堰平抛材料的水上作业技术参数

水深（m）	流速（m/s）	砂砾石料		石渣料		块石料	
		280m³ 底开驳漂距（m）	500m³ 对开驳漂距（m）	280m³ 底开驳漂距（m）	500m³ 对开驳漂距（m）	280m³ 底开驳漂距（m）	210m³ 侧抛驳漂距（m）
35	0.50	−10.0～45.0	−5.0～50.0	−7.0～42.0	−6.0～46.0	0.0～42.0	0.0～42.0
	0.75	−4.0～48.0	−2.0～51.0	−3.5～56.0	1.0～50.0	0.0～49.0	0.0～49.0
	1.00			0.0～58.0	1.0～53.0	0.0～56.0	0.0～53.0
45	0.50	−5.0～52.0	0.0～55.0	−7.0～52.5	−6.0～50.0	0.0～49.0	−2.0～46.0
	0.75	−1.0～53.0	0.0～56.0	0.0～58.0	1.0～57.0	0.0～52.5	−2.0～50.0
	1.00			4.0～60.0	1.0～60.0	0.0～59.0	4.0～53.0
52	0.50	0.0～56.0	4.0～60.0	−3.5～59.5	−2.5～60.5	1.0～50.0	−2.0～50.0
	0.75	3.0～58.0	6.0～65.0	0.0～63.0	5.0～71.0	1.0～56.0	−2.0～57.0
	1.00			7.0～70.0	5.0～74.5	1.0～63.0	5.0～60.0

4)围堰堰体材料平抛施工期的航运问题。

二期上、下游围堰堰体材料平抛施工初期导流明渠尚未正常通航，航运船舶仍从主河床束窄的口门通行，其通航标准为：长江航运公司船队，口门流速 $V\leqslant4.5$m/s，比降 $J\leqslant1‰$或 $V\leqslant4$m/s，比降 $J\leqslant3‰$；地方航运公司船舶，口门流速 $V\leqslant2.5$m/s。在通航河道上实施水上抛投作业对长江航运将产生两方面的影响：一是平抛施工船舶与长江通航船舶干扰问题，二是围堰基础河床平抛垫高对通航水力学指标的影响。为此，在 1∶100 水工整体模型进行通航水力学试验研究，采取围堰基础河床平抛范围分区、分阶段施工方案，将主河床划分为两个施工区域，平抛施工船舶与通航船舶错开通行。在导流明渠具备通航条件后，进行围堰平抛第二阶段施工，主河槽禁航。通过试验研究与管理协调，有效地解决了平抛施工与长江通航之间的矛盾，保证了平抛施工技术措施的顺利实施。

5)围堰堰体填料平抛砂砾石料的特性。

①平抛砂砾石料天然级配情况。

平抛砂砾石料系用天然砂石料筛除大于 150mm 卵石后的毛料，其含砂率为 30%～40%，含泥(小于 0.1mm)量小于 3%。

砂砾石料级配根据施工单位自检、料场取样和监理单位抽检，其成果见表 6.3.23。

表 6.3.23　　二期上、下游围堰平抛砂砾石料级配试验成果

项目	综合值
试验组数	138
小于 5mm 含量(%)	8.5～51.1/29.2
小于 0.1mm 含量(%)	0.3～4.2/1.5

注：表中的综合值，/后为平均值。

砂砾石料级配曲线(依监理单位抽检成果)见图 6.3.24，可以看出，含泥量小于 3%的要求可以满足，P_5 的平均值接近 30%，但抛投过程中砂粒会流失，粒径有粗化的可能。

②平抛到位后砂砾石料的级配情况。

根据水工模型试验成果(模型比尺 1∶20)抛投后的级配情况如下：

(a)当抛投水深小于 30m 时，平抛砂砾石未见明显分层，局部略有粗化，但不会影响防渗墙的施工。

(b)当水深超过 30m 时粗化明显，含砂量约减小 16%(针对抛填砂砾石含砂量为 43%)。

(c)抛投前砂砾石料含砂量为 11.2%～42.4%，较设计的要求为粗，抛填时的床底水深一般为 35～52m，可见抛填砂砾石粗化现象必然发生。估计抛填到位的砂砾石料其上包线级配的含砂量可能为 30%左右。

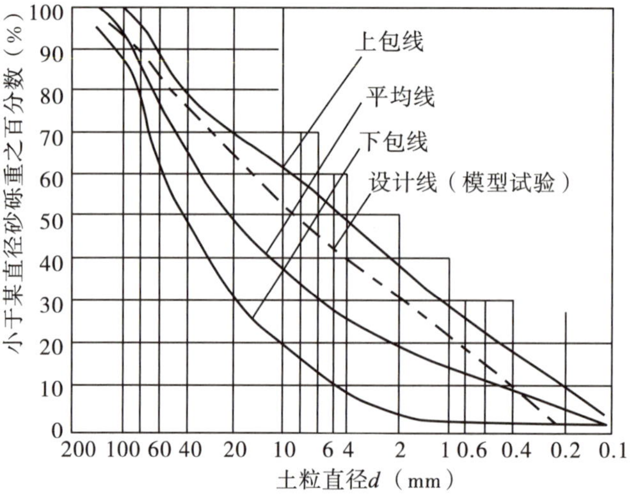

图 6.3.24　平抛垫底砂砾石料级配曲线

③平抛砂砾石料的渗透稳定性。

平抛砂砾石料无法在抽水后的基坑中取得原状样，故试验用料主要依据抛投前的砂砾石料级配及抛投后的粗化两种情况，含砂量分别为 30%和 15%。限于仪器尺寸，对粒径大于 60mm 的颗粒做等量替代处理，试验用料的级配见表 6.3.24。试验采用 ϕ30cm 垂直渗透仪，试样相对密度按 0.55 控制，其试验成果见表 6.3.25 和图 6.3.25。

从以上结果可以看出，砂砾石料的渗透性取决于细粒含量的多少，1 号样的砂占 30%，$K_{10}=7.31\times10^{-3}$cm/s，当减小到 15%时，$K=1.13$cm/s，增大 155 倍。试验发现，当含砂量为 30%时，砂基本填满粗粒的孔隙，故砂砾石料的渗透系数由砂的透水性决定，其渗透破坏形式为流砂。若含砂量为 15%时，砂不能填满骨架孔隙，单个砂粒在较小比降下即可移动，渗透破坏形式就成为管涌了。

表 6.3.24　渗透稳定试验砂砾石料级配资料　（单位：%）

土样号	粒径					
	60～40mm	40～20mm	20～10mm	10～5mm	5～2mm	<20mm
1 号	22	22	16	10	10	20
2 号	35	30	13	7	7	8

表 6.3.25　砂砾石料渗透稳定试验成果

土样号	相对密度 D_r	干密度 ρ_d（t/m^3）	渗透系数 K（cm/s）	临界比降 J_{cr}	破坏比降 J_f	破坏型式
1 号	0.55	2.223	7.31×10^{-3}	2.00～2.68	2.12～2.77	流土
2 号	0.55	2.122	1.13×10^{0}	0.17～0.21	0.26	管涌

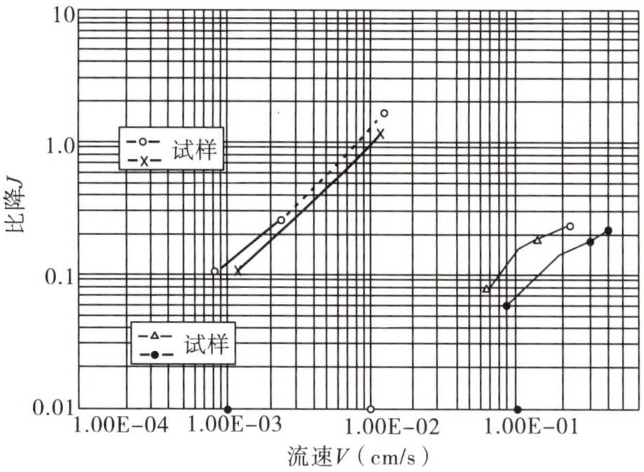

图6.3.25　砂砾石1号、2号试样渗透 J—V 曲线

注：ρ_d=2.22g/cm³、2.223g/cm³

至于砂砾石料与新淤砂之间的渗透稳定性，当砂砾石料的含砂量为30%时，它的渗透系数与新淤砂的相当，便不会发生接触冲刷。平抛砂砾石料采用180m³底开驳和500m³对开驳抛投施工，砂砾石料集中抛至河床底部，其含砂率大于30%，因此堰体填料平抛砂砾石料与堰基的新淤砂不会产生渗透破坏。

(4)加筋土结构技术用于土石围堰度汛子堰问题

二期上游围堰深槽段采用双排塑性混凝土防渗墙上接土工合成材料防渗心墙结构。双排防渗墙设在河床深槽部位(桩号0+454～0+616，长162m)，两墙中心距6m。防渗墙施工平台高程73m。按照二期上游围堰防渗墙施工进度安排，第一排防渗墙(上游墙)在5月底才能完建，此时已进入汛期，因此必须考虑临时度汛措施，以保护第二排防渗墙(下游墙)在汛期安全施工及围堰安全度汛。设计采取在上游墙完建后，于其上游侧墙筑子堰的临时度汛措施。子堰设计洪水标准为20年一遇洪水流量72300m³/s，相应上游水位82.3m。子堰堰顶高程83.5m，采用复合土工膜防渗。子堰背水侧需设置挡墙以缩小子堰坡脚，以便给第二排防渗墙施工留有适度作业空间并相机进行上游墙的帷幕灌浆施工。鉴于第二排防渗墙及上游墙墙底帷幕灌浆施工机械布置尺度的需要，以及施工环节多、施工程序复杂等原因，子堰挡墙墙脚距离上游墙轴线至少为0.6m。子堰向上游平移会使挡墙的受力条件恶化，对其稳定不利，如果再采用混凝土重力式挡墙方式，势必使其尺寸加大，增加混凝土工程量，施工进度上也难以满足及时挡水度汛的要求，在经济与进度方面均不利。为此，设计研究比较采用加筋土直立式挡墙方案。

加筋土是填土、拉筋、面板三者的结合体，加筋土挡墙一般由基础、面板、拉筋、填筑和帽石5个部分组成。它具有以下特点：占地面积小、施工简便快速、能够适应地基较大的变形及造价低廉等。

1)地基处理。

在上游墙施工完成后，将子堰基础部位杂物清理干净，整平至高程73.0m，于其上铺设复合土工膜，再填筑0.5m厚风化砂，作为加筋体基础。挡墙面板下部设置混凝土基础，在混凝土基础施工之前，先挖除上游墙顶不少于0.5m深的不合格墙体，埋设土工合成材料，将挡墙基础混凝土与防渗墙盖帽混凝土一并浇筑，挡墙基础混凝土与盖帽混凝土间不设施工缝。

2)挡墙平面布置及断面结构。

加筋土挡墙设置范围为桩号0+443～0+655，挡墙面板基础沿第一道防渗墙轴线布设，其轴线总长216.97m。加筋体采用矩形断面形式，底部高程73.5m，顶部高程78.5m，其上铺筑20cm厚泥结石路面，路面以3%坡度向面板方向倾斜，以防止路面积水，也可减少雨水渗入到加筋体内。加筋土挡墙高5.0m，共设10层面板，11层筋带，筋带层高0.5m；宽12.0m，靠近面板设置1.0m厚砂卵石反滤层，兼作竖向排水。加筋体底部设置1.0m厚砂卵石垫层，作为水平排水。所有的面板竖缝，包括伸缩缝和错缝等，均干砌后作为排水通道。

3)面板和筋带。

面板采用厚12cm的C20钢筋混凝土矩形槽板，分A型(490mm×990mm)和B型(490mm×490mm)两种尺寸；筋带采用新型CAT30020B型钢塑复合筋带，此种筋带变形小，强度高。筋带宽30mm，厚2mm，容许应力为100MPa，容许拉力为6kN，相应伸长率小于1%；筋带极限拉力大于9kN，断裂伸长率小于2%。

4)填料。

填料采用古树岭骨料系统石屑料，经三峡总公司试验中心测试，其物理性质接近风化砂，力学性质优于风化砂，与筋带的摩阻效果好，强度稳定性高。确定其设计参数如下：

①石屑料强度指标：$\varphi=37°$，$c=0$。

②石屑料压实标准：压实度95%。

③筋带与填料间摩擦系数：非浸水时取$f'=0.4$；浸水时取$f''=0.3$。地基承载力$[\delta_0]=0.5$MPa。

二期上游围堰度汛子堰采用加筋土结构技术，有效地解决了下游墙施工设备布置、挡墙自身结构布置及度汛子堰快速建成挡水之间的矛盾，保证了围堰第二排墙按期完建和子堰度汛安全，并为加筋土结构技术在土石围堰工程中应用积累了设计施工经验。

6.3.7.2 深水土石围堰堰体及堰基防渗设计技术问题探讨

(1)深水围堰防渗墙体材料问题

防渗墙体材料可大致分为刚性材料和塑性材料，主要的材料是混凝土。混凝土防渗墙刚性材料有常规混凝土及钢筋混凝土，塑性材料有塑性混凝土等。塑性混凝土是在混凝土中掺黏土(膨润土)及外加剂，是一种性能优良的新型防渗墙体材料，与通用的常规混凝土相比，其弹性模量较小，极限应变大，能适应地层变形，因而具有应力状态好、抗震性能较强的结构性能。塑性混凝土的成功应用促进了防渗墙设计理论的发展。

二期上、下游围堰堰体是在深水(水深超过20m)抛填的风化砂及砂砾石料，水中抛填的风化砂堰体密度较低，变形模量小，置于填料疏松堰体的防渗墙应力和变形较大，若采用常规混凝土（弹性模量 2.2×10^4MPa）材料，防渗墙成为刚性防渗墙，则墙体应力应变状态较差，将会严重影响围堰运行安全。为此，对用于深水围堰防渗墙体材料，性能要求具有较低的弹性模量，可以适应较大的变形，同时又具有一定的强度，能够承受作用在墙体的荷载。对防渗墙材料的要求可概括为具有“低弹高强”性能。长江科学院研究用三峡坝区的风化砂代替塑性混凝土中的砂石骨料，研制采用水泥、风化砂、黏土组成的无粗骨料塑性混凝土作为防渗墙体材料。这种新型的防渗墙体材料经在清江隔河岩工程厂房围堰防渗墙和三峡工程一期围堰防渗墙成功地应用，室内试验成果和现场取样试验表明，无粗骨料塑性混凝土随龄期增长，其性能不会变差，而且向好的趋势发展，即“模强比”进一步减小。因此，无粗骨料塑性混凝土可广泛地应用于水利水电工程防渗墙。二期上、下游围堰防渗墙高度小于40m部位使用无粗骨料塑性混凝土；高度大于40m部位防渗墙使用塑性混凝土。无粗骨料塑性混凝土施工配合比见表6.3.26，槽口取样检测成果见表6.3.27。塑性混凝土施工配合比见表6.3.28，深槽段陡岩槽孔塑性混凝土配合比中用人工砂石料加工系统的弃渣——石屑代替砂石骨料及粉煤灰，使塑性混凝土抗压强度提高至8MPa，槽口取样检测成果见表6.3.29。

表6.3.26　　无粗骨料塑性混凝土施工配合比

水泥（kg/m^3）	膨润土（kg/m^3）	风化砂（kg/m^3）	水（kg/m^3）	木钙（%）
260	70	1370	370	0.5

表6.3.27　　无粗骨料塑性混凝土机口取样参数复核结果

试件编号	抗压强度 R_{28}（MPa）	初始切线模量 E_i（MPa）	模强比	渗透系数 K（cm/s）	破坏比降 J
Ⅱ-7	4.67	771	165	6.3×10^{-8}	>300

表6.3.28　　塑性混凝土施工配合比

水泥（kg/m^3）	粉煤灰（kg/m^3）	膨润土（kg/m^3）	砂子（kg/m^3）	碎石（kg/m^3）	石屑（kg/m^3）	DH9（kg/m^3）	木钙（kg/m^3）	水（kg/m^3）	抗压强度（MPa）
180	80	100	1341	72		0.027	0.90	282	5.0
265		80			1365	34.000	1.04	325	5.0
320		80			1343	0.032	1.20	327	8.0

表6.3.29　　塑性混凝土机口取样参数复核结果

试件编号	抗压强度 R_{28}（MPa）	初始切线模量 E_i（MPa）	模强比	渗透系数 K（cm/s）	破坏比降 J
测试值	5.04	1284	255	2.5×10^{-8}	>300

为研究防渗墙体材料使用刚性混凝土（弹性模量 2.2×10^4MPa）与塑性混凝土（弹性模

量 0.1×10^4MPa)对防渗墙应力及变形的影响,设计对二期上游围堰深槽段双排防渗墙采用刚性混凝土(称刚性墙)与塑性混凝土(称塑性墙)墙体应力及变形进行了分析计算。成果表明,刚性墙与塑性墙的应力差异十分明显,刚性墙应力明显高于塑性墙,且呈成倍增大;两者的变形影响较小,水平位移差别不大,但刚性墙位移量大于塑性墙;墙体破坏单元,刚性墙多于塑性墙,塑性墙破坏单元很少。

经综合分析比较,深水围堰堰体及基础防渗墙材料首选塑性混凝土为佳。二期上下游围堰防渗墙高度小于 40m,使用无粗骨料塑性混凝土,实施证明是成功的,可在类似工程中推广应用。

(2)深水围堰防渗墙底嵌入基岩深度问题

深水围堰防渗墙底嵌入基岩是防止防渗墙底形成集中渗漏通道而致使堰基覆盖层产生渗流破坏危及围堰安全运行的重要措施。防渗墙底嵌入基岩深度 0.5～1.0m,可根据堰基地质情况和墙体承受水头的大小而定。

二期上下游围堰基础地质条件复杂,防渗墙承受水头大于 30m,设计要求防渗墙底嵌入弱风化岩层 1.0m。二期下游围堰河床深槽两侧的漫滩部位基岩强风化岩层厚 7～25m,防渗墙造孔施工过程中,钻孔深度穿过基岩强风化带上部疏松及半疏松层后,遇强风化中块球体密集层,造孔成槽困难,钻进缓慢。设计考虑防渗墙底透水岩体将进行帷幕灌浆防渗处理,对该部位防渗墙底嵌入基岩深度修改为防渗墙底穿过基岩强风化带上部疏松及半疏松层后,再嵌入强风化残留块球体较为密集层的深度不小于 5m。墙底岩体进行帷幕灌浆(孔距 1.5m),要求灌浆深度至岩体透水率 $q\leqslant50$Lu。二期上游围堰河床深槽左侧陡岩部位防渗墙底嵌入弱风化岩层厚度修改为不小于 0.5m;二期下游围堰河床深槽部位防渗墙底嵌入弱风化岩层厚度修改为 0.6m。设计要求防渗墙底嵌入弱风化岩层小于 1m 的部位,应加强墙底与基岩接触段的灌浆,使其形成封闭的防渗体。二期上、下游围堰运行 5 年实测资料表明,防渗墙的防渗效果显著,施工质量良好,防渗墙嵌入基岩的深度是合理的。

(3)深水围堰防渗墙底透水岩体帷幕灌浆问题

深水围堰防渗墙底透水岩体帷幕灌浆主要是为了减少堰基渗流量,并降低防渗墙下游堰基覆盖层和堰体填料的渗透比降,防止渗透破坏,并降低堰体浸润线,以利于堰坡稳定。

深水围堰防渗墙底透水岩体帷幕灌浆标准可较土石坝基岩帷幕灌浆标准适当降低。二期上游围堰防渗墙底透水岩体帷幕灌浆标准为岩体透水率 $q\leqslant10$Lu,二期下游围堰防渗墙底透水岩体帷幕灌浆标准为岩体透水率 $q\leqslant50$Lu。围堰运行实践证明,防渗墙底透水岩体帷幕灌浆标准是合适的。防渗墙底透水基岩帷幕灌浆施灌过程中,防渗墙底与基岩接触面的淤砂石屑易被灌浆压力击穿,这是防渗墙底基岩灌浆不同于坝基帷幕灌浆的特殊问题。防渗墙底与基岩接触段灌浆压力为 0.3～0.5MPa,对于防渗墙底嵌入基岩深度小于 10m 部位,应采用低压浓浆施灌。若发现有外漏,再采取措施封堵,以保证接触段灌浆质量。二期上游围堰左接头段高压旋喷防渗墙底嵌入基岩强风化层 2m,二期下游围堰河床漫滩段塑性混凝土防渗墙底嵌入基岩强风化层5m，墙底透水岩体帷幕灌浆深度8～15m，实施灌浆后防渗效果良好，表明对于围堰防渗墙底透水岩体帷幕灌浆，重点应保证墙底与基岩接触段灌浆质量，截断墙底与基岩接触面漏水通道。

(4)深水围堰防渗墙单排墙与双排墙问题

深水围堰堰体防渗墙不同于土石坝基础防渗墙，堰体填料为水中抛填施工，较为疏松，变形量大，致使防渗墙体受力条件较差；土石坝基础防渗墙受坝体自重作用使基础覆盖层中有较大垂直应力，对水平推力起侧限作用，使基础覆盖层的变形模量亦较大，而堰体防渗墙中的侧限作用较小，变形模量也较小。二期上游围堰河床深槽段防渗墙高50～74m，堰体80%填料为水下抛填施工，若采用单排塑性混凝土防渗墙，墙体最大压应力超过6MPa，最大拉应力达1MPa，均超过塑性混凝土设计允许值，因此，采用双排墙厚1.0m的塑性混凝土防渗墙。二期下游围堰河床深槽段防渗墙高45～67m，设计曾研究一排墙厚1.0m的塑性混凝土防渗墙，并在墙背水侧增设一排高压旋喷灌浆加固，该方案施工难度较大，且增加直线工期1个月。经分析计算，采用一排墙厚1.1m的塑性混凝土防渗墙可满足要求，取消高压旋喷灌浆。围堰运行5年未发现异常情况，堰体与基础渗漏量很小，实践证明防渗墙排数选择是合理的。对于类似二期下游围堰深槽段防渗墙的地层条件及挡水头，围堰防渗墙高40～60m，采用单排墙厚1.1～1.2m的塑性混凝土防渗墙是可行的；对于类似二期上游围堰深槽段防渗墙的地层条件及挡水头，围堰防渗墙高50～80m，宜采用双排墙厚1m的塑性混凝土防渗墙。

(5)深水围堰防渗墙应力应变分析计算问题

深水围堰防渗墙应力应变按二维问题进行分析，鉴于填料的应力应变曲线是应变硬化型，近似于双曲线型，而邓肯—张模型中假定应力应变为双曲线，故采用邓肯—张模型进行分析计算。该模型使用切线模量数 E_t 和切线泊松比 μ_t 来表达材料的非线性弹性状态，该计算模型简称为 $E—\mu$ 模型。填料的体积变形特性主要取决于侧压力，并与强度发挥的程度有关，故1980年邓肯采用体积模量 B_t 代表 V_t 表示填料体积的变形特性，而提出 $E—B$ 模型。通过 $E—\mu$ 模型和 $E—B$ 模型计算成果的比较，$E—B$ 模型计算的堰体及墙体变位较大，但墙体的压应力和拉应力只有少量增加，总体看来 $E—\mu$ 模型计算成果较为规律和合理，且与弹塑性模型相比，计算成果偏于安全。因此，二期上、下游围堰防渗墙应力应变分析采用邓肯—张的 $E—\mu$ 模型。

设计对堰体与墙体的接触面参数和模型进行了比较，通过采用不同的接触面参数 K_s 值和不同的接触面模型进行对比计算，成果表明，接触面参数对墙体应力和变形均无大的影响。

设计对防渗墙底的嵌固按弹性嵌固和刚性嵌固两种情况比较，同时对墙底是否设置沉渣单元也作了比较。计算成果表明，对塑性防渗墙底嵌固条件，是否设置沉渣单元对计算成果影响不大，刚性防渗墙底则需设置沉渣单元。

6.3.7.3 深水土石围堰施工技术问题探讨

(1)深水土石围堰水下部位抛填料提高稳定性问题

深水土石围堰水下部位填料的稳定直接影响抛填施工安全，在围堰设计和施工中应采取综合技术措施，以提高抛填料的稳定性。

1)围堰断面结构设计要考虑有利于水下抛填料稳定。

二期上、下游围堰水下部位堰体的上、下游侧设置石渣块石堤，使中部风化砂及砂砾石在水中抛填有一可靠的支撑体。上、下游围堰背水侧的石渣块石堤为截流戗堤，兼作围堰排水棱体；迎水侧的堆石堤可作为压坡体，既有利于围堰边坡稳定，也可防止堰坡脚被水流淘刷。在截流戗堤与堰体填料间设置反滤过渡层，以确保堰体填料的渗透稳定。

2)围堰断面设计尽量降低水下抛填堰体顶高程。

围堰水下部位的风化砂在水中抛填施工，其内摩擦角比干地填筑的小 1°～4°，水中抛填风化砂受水流动力及水渗透力作用，其边坡较缓。围堰水下部位风化砂抛填施工过程中，位于水上的风化砂边坡较陡，且未经碾压，结构疏松，继续抛投加载易产生坍滑；挡水后产生湿陷，使附加变形增量为 4%～5%，风化砂抗剪强度进一步降低，易产生裂缝或下坐。因此，围堰水下抛填在满足水下抛填施工的前提下，尽量降低其顶高程。通常，水下抛填体顶高程高出水面 1m 左右即可。水上部位应采用分层填筑，碾压密实方法施工，逐层加高。

3)围堰水下部位填料须控制级配。

围堰水下部位填料在水中抛投施工，其抛填料抛掷在与其相类似的料层上，容易形成稳定坡角。二期上、下游围堰水下部位风化砂水中抛填施工检测资料表明，风化砂中粒径小于 0.1mm 颗粒含量在 10%以内，且粒径大于 5mm 的颗粒含量 P_5=30%～60%条件下，堰体风化砂密度沿深度逐渐增大，堰体高度 30m 以内，其风化砂干密度 1.65～1.70t/m^3，堰体高度 30～40m，其风化砂干密度 1.70～1.76t/m^3。因此，围堰水下部位填料，应控制粒径小于 0.1mm 颗粒含量在 10%以内，P_5 含量宜控制在大于 50%，有利于水中抛投体的稳定。

4)采用防渗墙截断渗流提高堰体水下抛填料稳定性。

在堰体水下抛填料及堰基覆盖层中采用塑性混凝土防渗墙，有利于提高围堰运用期渗透稳定及边坡稳定，围堰水下抛投风化砂的干密度在低压应力区变化较大。当压应力超过 1.2MPa 时，填筑体最终孔隙比比较接近，为 0.46～0.49。二期上游围堰防渗墙施工平台高程为 73(河床深槽部分)～79m(两岸部分)，距水面有 6～12m 干填风化砂压重(不低于 1.2MPa)。水下抛填体可利用堰体停止上升，进行造墙施工准备期间，基本完成自重压密过程，既有利于减少水下抛填体变形量，减少运行时防渗墙体承受的负摩擦力，又可以满足防渗墙施工平台的安全挡水要求。防渗墙施工采用泥浆固壁，液压抓斗、冲击钻机或双轮铣造槽浇筑塑性混凝土成墙。防渗墙施工前对其两侧风化砂进行振冲加密，使干密度达 1.80t/m^3 以上。围堰水下部位风化砂堰体通过防渗墙截断渗流可满足安全运行要求。

(2)深水土石围堰堰体及基础防渗墙造孔成槽工艺的选择问题

二期上、下游围堰及基础防渗墙是在复杂地层中造孔成槽，施工单位针对其堰体及堰基地质条件，创造了“两钻一抓(铣)”成槽法、“两钻三抓(铣)”成槽法、“上抓(铣)下钻”成槽法、“铣削”成槽法、“铣、砸、爆”成槽法、“铣、抓、钻、爆、砸”成槽法。液压铣在堰体风化砂及砂砾石覆盖层中铣削效率高，但对块球体、硬岩铣削效率低、机械故障频发，铣齿消耗高达2.07个/m^2，成槽平均工效达17.19m^2/d，铣槽精度很难达到设计要求，在强漏失层、大粒径砂卵石、漂石层(粒径≥12cm)很难作业。把大粒径卵石、块球体冲砸、爆破后，削铣效率明显提高。防渗墙造孔成槽施工证明，针对堰体及基础地层情况，充分发挥各种造孔机械设备特长，避其所短才能加快造孔成槽进度，保证成槽质量。钢丝绳抓斗(HS843HD型)适用于大卵石、块球体密集地段，成槽效率高，挖掘深度达72m，轻便实用，在防渗墙造孔成槽施工中发挥了作用。

二期上游围堰防渗墙施工实践表明，防渗墙造孔在堰体填料中，采用冲击式钻机或冲击式反循环钻孔打主孔；在堰基堆石层、砂卵石及弧石基础中，用抓斗抓取副孔中的土体，即“两钻一抓”法成槽，是最经济、最快捷的施工方法。

(3)深水土石围堰防渗墙底帷幕灌浆孔预埋管成孔问题

对二期上、下游围堰塑性混凝土防渗墙底透水岩层进行帷幕灌浆处理，由于防渗墙深(最深达74m)且薄(厚度0.8m、1.0m、1.1m)，若从防渗墙顶钻孔易偏出墙外，为此，采用在防渗墙内预埋灌浆管技术。防渗墙深度小于30m，在墙内预埋内径120～128mmPVC管(内套钢管，混凝土浇筑后将钢管抽出)；防渗墙深度大于30m，在墙内预埋内径110mm钢管。防渗墙内埋灌浆管的难点是浇筑混凝土时熟料冲击灌浆管使位移偏斜而致使埋管失败。施工单位对预埋钢管采用钢筋架固定，在槽口设定位架，中间每隔6～13m安装一道钢筋架将其连成整体。按灌浆孔距1.5m的要求，Ⅰ期槽布设2根预埋灌浆管，Ⅱ期槽布设6根预埋灌浆管。预埋灌浆管与钢筋架整体吊放入槽内，在槽口定位架固定在槽口板上。浇筑混凝土的导管(ϕ168mm)布置预埋灌浆管中间，较好地解决了预埋管与浇筑导管的矛盾。二期上、下游围堰塑性混凝土防渗墙内预埋灌浆管的成功率高达99%，解决了防渗墙底帷幕灌浆成孔问题，且节省时间。在混凝土防渗墙内预埋灌浆管成孔技术可供同类工程借鉴。

(4)深水土石围堰防渗墙造孔成槽过程中严重漏浆处理方法问题

深水土石围堰堰体填料在水中抛填易分离而形成粗颗粒集中，致使防渗墙造孔成槽过程中严重漏浆，会危及槽孔和施工机械的安全。二期上、下游围堰河床深槽部位平抛砂砾石料，易形成卵石集中，有利于防渗墙造孔成槽施工，根据先导孔资料，在防渗墙造孔施工前，对卵石集中部位采取预灌浓浆措施。钻孔采用SM-400型全液压工程钻机跟管钻进，孔径114mm(或140mm)，孔距1～2m。钻孔深度应穿过卵石层，终孔后提出孔内钻具，进行自下而上分段灌浆。施灌中逐段提升套管，灌浆段长为套管提升高度，每次提升0.5～1.0m；然后向套管内注浆，采用自流式、间歇灌注法；灌注浆液为水泥浆(水泥∶水=0.5∶1)、水泥膨润土浆(水∶水泥∶膨润土粉=1∶0.4∶0.3)，部分孔灌注水泥膨润土砂浆，在水泥膨润土砂浆中掺加水玻璃。预灌范围为孔深28～58m。二期上游围堰河床深槽段，布置19个孔，钻孔深度 747.0m，灌浆进尺 295.9m，灌入浆量 275.6m^3，单位注入量为 931.4L/m。通过预灌浓浆处理后，防渗墙造孔成槽可采用“两钻一抓”法成槽。说明采用预灌浓浆措施封堵严重漏浆层是行之有效的技术措施。二期下游围堰河床段有 30 个先导孔、65 个槽段施工中发生漏浆，先导孔最大漏浆量为 69.56m^3，最小为 2.8m^3；槽孔最大漏浆量达 1858.5m^3，最小为 50m^3。采取向槽孔补充优质浓泥浆，并向槽孔内投放黏土、锯末、膨胀粉、砂、碎石等堵漏措施，总共投放黏土 1284kg、锯末 18210kg、膨胀粉 90720kg、膨润土粉 6700kg、碎石 10.5m^3，堵漏效果良好。实践证明，深水围堰水下抛填料形成的卵石层、块石层或粗颗粒料集中区，在防渗墙造孔成槽过程中易发生严重漏浆，需采取堵漏措施，以保证成槽施工安全。

6.3.8 深水土石围堰设计和施工技术突破

6.3.8.1 深水土石围堰设计技术突破

(1)深水土石围堰型式

深水土石围堰是在河道流水中修建的挡水建筑物，其挡水运行后，河水将通过堰体及堰基向背水侧渗透。若围堰堰体及基础防渗处理措施不当，在高水头作用下，堰体及堰基渗水流速增大，可能将堰体填料及堰基覆盖层中细粒带走，引起堰体及基础变形加大；围堰在自重及荷载作用下产生较大的沉陷及不均匀变形，致使堰基渗透破坏及危及围堰安全运行。因此，深水土石围堰堰体及基础防渗是围堰成败的关键技术问题。设计应认真研究堰体填料及堰基覆盖层的渗流条件，合理选择堰体及堰基防渗体型式。围堰型式选择时，应综合分析围堰担负的任务和堰基地质条件及堰体填料施工特点，在满足堰体稳定及防渗要求的前提下，尽量使围堰结构简单，便于施工和后期拆除。三峡工程二期上、下游围堰高度一般为 30～60m，最大高度达 82.5m，施工最大水深达 60m，堰体 3/4 高度为水中填筑，且围堰基础覆盖层上部为新淤砂、下部为残积块球体夹砂及砂卵石层，基岩为花岗岩。针对这些特点，设计采用风化砂、砂砾石及石渣、块石料堰体，塑性混凝土防渗墙上接复合土工膜防渗心墙围堰型式。围堰断面为在围堰上、下游侧设石渣块石堤，中间为风化砂及砂砾石堰体和塑性混凝土防渗墙上接复合土工膜防渗心墙。施工时先填筑两侧的石渣块石堤，背水侧兼作截流戗堤及排水棱体，再填筑两堤间的风化砂(高程 40m 以下为预平抛砂砾石料)，并施工防渗墙及复合土工膜，形成防渗心墙。二期上、下游围堰施工及运行实践证明，该种围堰型式设计先进、合理，适用于水深 40～60m 的深水围堰。

二期上游围堰左岸接头段堰体及堰基采用高压喷射灌浆防渗墙。实施成果表明，高压施喷灌浆在堰体风化砂填料、堰基新淤砂及砂砾石覆层和花岗岩全风化层中扩散性能较好，桩径较大、桩体较均匀。在孔距 1.0m 及 0.8m 时单排桩可连接形成防渗墙体。在基岩强风化层上部、覆盖层中的块球体架空层、卵石层通过缩小孔距，增加排数，调整喷射参数，方能保证防渗体的连续性和可靠性，该种围堰型式可用于水深 10～20m 的土石围堰。

(2)深水土石围堰塑性混凝土防渗墙上接复合土工膜防渗

二期上游围堰河床段塑性混凝土防渗墙高程 73.0m 上接复合土工膜防渗心墙。二期下游围堰河床段塑性混凝土防渗墙高程68.0～70.0m上接复合土工膜防渗心墙。在满足防渗墙施工平台挡施工期水位的前提下，尽量降低塑性混凝土防渗墙顶高程。防渗墙顶现浇混凝土盖帽，将复合土工膜埋入现浇混凝土内，在复合土工膜施工过程中应认真做好其他防渗体连接和复合土工膜自身接头黏结质量，防止接头处漏水，复合土工膜在风化砂堰体中铺设，需防止风化砂的块石将复合土工膜损伤，造成围堰挡水后漏水。二期上、下游围堰采用塑性混凝土防渗墙上接复合土工膜防渗心墙型式，防渗墙截水面积8.61万m^2，复合土工膜截水面积5.09万m^2。复合土工膜占总防渗面积的37.15%，实施证明，复合土工膜用于围堰防渗是成功的，可在水利水电工程土石围堰中推广应用。

(3)深水土石围堰防渗墙底透水岩层帷幕灌浆标准

二期上游围堰防渗墙底透水岩层帷幕灌浆标准为岩体透水率$q \leqslant 10$Lu，灌浆深度一般为5～15m，最大深度27m。二期下游围堰防渗墙底透水岩层帷幕灌浆标准为岩层透水率$q \leqslant 50$Lu，灌浆深度一般为5～10m，最大深度22m。防渗墙底透水岩层防渗处理若采用墙体穿过透水岩层而嵌入弱透水层，花岗岩弱风化带岩石坚硬，抗压强度70～80MPa，造孔成槽施工难度大，故防渗墙底透水岩层采用帷幕灌浆防渗处理，使塑性混凝土防渗墙与灌浆帷幕形成防渗整体。考虑土石围堰属临时建筑物，其帷幕灌浆标准应低于土石坝，可视围堰的重要性及挡水头的大小而定，二期上游围堰定为10Lu，二期下游围堰定为50Lu，围堰运行5年，实测二期上、下游围堰渗水量分别为10L/s及36L/s，远小于设计渗水量600L/s，表明堰体及基础防渗体防渗效果显著，防渗墙底透水岩层帷幕灌浆标准是安全、合理的。

6.3.8.2　深水土石围堰施工技术突破

(1)深水土石围堰水下填料加密技术

三峡工程二期上、下游围堰填料主要为两岸建筑物基础开挖的花岗岩全强风化岩层的风化砂、弱风化岩层、微新岩石渣料及块石料。风化砂作为堰体中间防渗部位的主要填料。深水中抛填风化砂在未经碾压时的性状，特别是水下密度、稳定坡角、变形特性等，能否保证高达60～80m围堰的安全运行，成为二期上下游围堰填料设计的重大难题。

长江科学院建立国内首台6m直径大型离心机土载试验台，研究水下抛填风化砂的密度问题，做了大量试验研究工作，试验成果比20世纪60年代所做的6m水深模拟抛投成果更接近实际。并将室内试验成果与三峡工程一期土石围堰实测资料进行对比，提出水下抛填风化砂在堰体自重作用下风化砂的干密度随水深自上而下变化，为1.62～1.74t/m^3；风化砂水下自然坡角与填筑高度相关，为27°～36°。设计对堰体水下抛填风化砂料采取振冲加密措施，应用150kW大功率液压驱动振冲器加密风化砂，振冲加密的风化砂标贯击数大于15击，干密度大于1.8t/m^3，变形模量提高40%～100%。二期上、下游围堰防渗墙造孔成槽施工实践表明，在经过振冲加密的风化砂堰体中，采用冲击反循环钻机或液压铣槽机及抓斗造孔，均未发生槽孔孔壁坍塌事故。同时，振冲加密后对防渗墙应力应变状况也有改善。鉴于国内振冲机具最大深度为30m，设计要求高程40m以下(水深超过28m)的填料改为预先平抛砂砾石料，其干密度可达 1.9～1.95t/m³，以提高深水中抛填堰体料的密实度，减小堰体及防渗墙的应力及变形。实践证明，深水土石围堰水下填料采取综合措施，可提高其密实度，保证围堰运行安全。

(2)深水土石围堰防渗墙造孔施工技术

深水土石围堰堰体及堰基防渗墙施工中若采用冲击钻机造孔成槽，冲击钻造孔过程中，在1t 重的钻头冲击作用下，可砸碎堰体填料，但抽筒中取出的渣屑为槽孔体积的 30%～40%，而有 60%～70%的碎渣挤进两侧孔壁的堰体内，形成压实的过渡层，压实范围 2m 左右；同时，造孔固壁泥浆亦挤入槽孔两侧孔壁的堰体内 0.8～1.3m，可提高塑性混凝土防渗墙两侧堰体填料的防渗性能，冲击钻的挤压作用也相应提高防渗墙两侧堰体填料的弹性模量从而达到改善防渗墙体受力条件，有利于提高防渗墙结构安全度。三峡工程二期上游围堰深槽段堰体高度达 82.5m，且堰体 2/3 高度填料为水中抛填，密实度较低，防渗墙最大高度达 74m，采用两排塑性混凝土防渗墙分担水头，每排墙按分担 2/3 水头设计，两排防渗墙厚度均为 0.8m，两墙中心线相距 3.5m。运行后监测资料表明，两墙分担水头效果明显，上游墙分担水头 35%～52%，下游墙分担水头 65%～48%。二期下游围堰河床深槽段防渗墙最大高度达 68m，采用一排塑性混凝土防渗墙，墙厚 1.1m。防渗墙施工以冲击钻机造孔为主，防渗墙两侧堰体填料在冲击钻的挤压作用下，提高了密实度和防渗性能，使防渗墙体应力应变条件得到改善，围堰安全运行 5 年表明防渗墙结构是安全的。深水土石围堰堰体及基础防渗墙造孔施工宜采用冲击钻机及抓斗造孔成槽，从而达到提高防渗墙体结构安全度的目的。

6.4 碾压混凝土围堰技术

6.4.1 碾压混凝土围堰功能及布置

6.4.1.1 碾压混凝土围堰功能及特点

(1)碾压混凝土围堰功能

1)三期碾压混凝土围堰与纵向围堰及其以左大坝共同挡 135m 水位(拦蓄库容 124 亿 m³，水位 140m 库容 147 亿 m³)，以保障双线五级船闸通航和左岸电站发电。因此，三期碾压混凝土围堰实属在长江上修建的一座碾压混凝土坝。

2)三期碾压混凝土围堰和下游横向土石围堰与纵向混凝土围堰共同形成三期基坑，为右岸厂房坝段及电站厂房干地施工创造条件，保证三期工程安全施工。

(2)围堰特点

1)三期碾压混凝土围堰施工强度高、难度大。

三期碾压混凝土围堰混凝土工程量 167.36 万 m³，1997 年 5 月明渠进水前已完成第一阶段施工(明渠段高程 58m 及 50m 以下及右岸坝段)碾压混凝土 56.70 万 m³，明渠截流后，第二阶段施工碾压混凝土 110.66 万 m³，必须在一个枯水期内完建并挡水。明渠段宽 380m，堰体高度 90m，需在 2003 年 1—5 月完成，设计碾压混凝土最大月上升高度 23m，最大月浇筑强度 38 万 m^3。施工工期短、强度大。

2)三期碾压混凝土围堰建成后即挡高水位运行。

三期碾压混凝土围堰在上、下游土石围堰保护下干地施工，2003 年 1 月开始浇筑混凝土，但 5 月围堰浇筑至设计高程 140m，6 月 1 日水库开始蓄水，6 月中蓄至 135m 水位，围堰长期挡高水位运行。因此，该围堰难以利用碾压混凝土后期强度，且温控难度增加。

3)三期碾压混凝土围堰设计要考虑便于后期拆除。

右岸电站引水管道进水口底高程 108m，电站运行要求三期碾压混凝土围堰拆除至高程 110m，为此，在围堰设计时应考虑便于后期拆除，以满足三峡枢纽工程运行要求。

6.4.1.2　碾压混凝土围堰布置

三期碾压混凝土围堰平行于大坝布置，围堰轴线为直线，位于大坝轴线上游 114m。围堰右侧与右岸白岩尖山体相接，左侧与混凝土纵向围堰相连(图 6.4.1)。围堰轴线全长 580m。

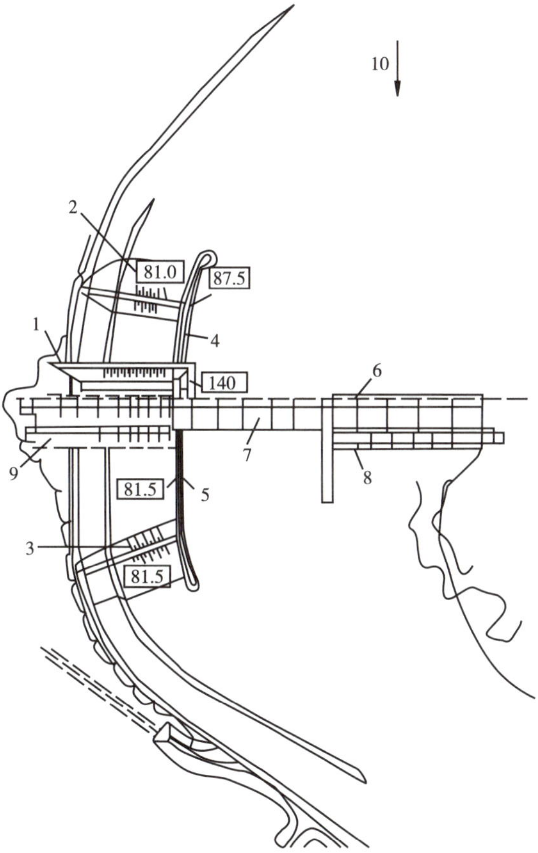

图 6.4.1　三峡工程三期碾压混凝土围堰平面布置(单位:m)

1—三期碾压混凝土围堰；2—三期上游土石围堰；3—三期下游土石围堰；4—上游混凝土纵向围堰；5—下游混凝土纵向围堰；6—大坝轴线；7—大坝泄洪坝段；8—左岸电站厂房；9—右岸电站厂房；10—长江

6.4.2 碾压混凝土围堰结构设计

6.4.2.1 设计标准及主要设计参数

(1)围堰设计标准

根据《水利水电工程等级划分及洪水标准》,三峡工程为一等工程,枢纽主体建筑物为Ⅰ级建筑物,相应导流建筑物为Ⅳ级临时建筑物。鉴于三期碾压混凝土围堰运行后,拦蓄库容达124亿m^3,担负确保左岸电站发电及永久船闸通航的重任,1993年7月三峡建委审定的《长江三峡水利枢纽初步设计报告(枢纽工程)》,明确三期碾压混凝土围堰为Ⅰ级临时建筑物,围堰设计洪水标准按20年一遇洪水流量72300m^3/s,相应挡水位135.4m;保堰洪水标准为140m。设计按1981年洪水典型年采用坝址洪水进行静库容调洪演算,利用大坝泄洪坝段导流底孔及深孔敞泄(2003年汛期未考虑左岸电站首批机组投入运行),围堰最高挡水位达140.5m;若采用入库洪水进行动库容调洪复核,围堰最高挡水位可达141.4m。2004—2006年汛期,左岸电站投入运行的机组逐年增加,围堰度汛标准的洪水相应挡水位随之降低,因此在围堰顶部迎水侧设置高1.5m的混凝土墙,确保2003年遭遇设计标准洪水时不漫顶。

(2)围堰设计参数

1)围堰抗滑稳定安全系数及应力。

①围堰抗滑稳定安全系数。

围堰抗滑稳定安全系数见表6.4.1。

表6.4.1 三期碾压混凝土围堰抗滑稳定安全系数

荷载组合	抗剪公式 K	抗剪断公式 K'
基本组合	1.10	3.0
特殊组合	1.05	2.5

②围堰应力。

根据《水利水电工程施工组织设计规范》(SDJ 338—1989),围堰在设计洪水时,迎水面允许有0.15MPa以下的主拉应力,堰体允许有0.2MPa以下的主拉应力。本围堰为碾压混凝土,要求不出现拉应力。

2)抗剪强度参数。

围堰设计采用抗剪强度参数见表6.4.2。

表6.4.2 三期碾压混凝土围堰抗剪强度参数

分类	抗剪断参数		抗剪参数 f
	f'	c'(MPa)	
混凝土/基岩	1.00	1.00	0.70
碾压混凝土层面	0.90	0.90	0.70

3)围堰设计荷载参数。

①碾压混凝土容重 2.4t/m^3。

②围堰上游面高程 50m 以下回填石渣料,浮容重 $\gamma_{渣浮}$=1.2t/m^3,$\varphi_{渣}$=38°;高程 50~70m 为淤砂,浮容重 $\gamma_{砂浮}$=0.8t/m^3,$\varphi_{砂}$=15°。

③扬压力图形。堰基上游面(迎水面)为全水头,下游面(背水面)按水位 40m 和无水两种情况,帷幕处扬压力折减系数 α_1=0.5,排水孔处扬压力折减系数 α_2=0.3;堰体排水管处扬压力折减系数 α=0.3。

④浪压力。计算风速取多年平均最大风速 9.5m/s 的 2 倍,吹程 5km。

⑤三峡坝址地震基本烈度为Ⅵ度,三期碾压混凝土围堰为临时建筑物,运行期 4 年,不考虑地震作用。

6.4.2.2 碾压混凝土围堰断面设计

(1)围堰断面

三期碾压混凝土围堰为重力式堰体,堰顶高程 140m,顶宽 8m,上游面高程 70m 以上为垂直坡,高程 70m 以下为 1∶0.3 的边坡;下游面高程 130m 以上为垂直坡,高程 130~50m(58m)为 1∶0.75 的边坡,其下为平台:导流明渠高渠段平台高程 58m,顺水流向宽 30m;低渠段平台高程 50m,顺水流向宽 24m,堰体最大高度 121m,最大底宽 107m(图 6.4.2)。围堰建基面高程高于 58m 的岸坡段,上游面为垂直坡,下游面自高程 130m 以下 1∶0.75 边坡直至基岩面不设平台。为便于碾压混凝土施工,下游面 1∶0.75 斜坡改为高 60cm、宽 45cm 的台阶,采用混凝土预制块(长 198cm、宽 100cm、高 60cm)模板,预制混凝土模板作为堰体的一部分。

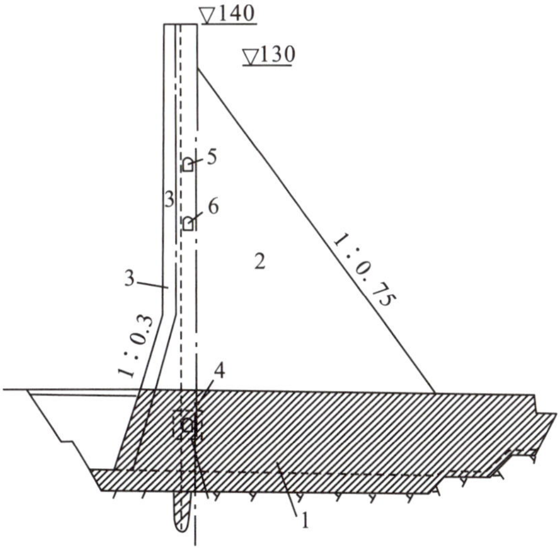

图 6.4.2 三期碾压混凝土围堰断面(单位:m)

1—第一阶段施工断面;2—第二阶段施工断面;3—防渗层;4—基础廊道;5—107.5m 高程爆破廊道;6—90m 高程廊道(明渠段未施工)

(2)围堰混凝土设计指标

围堰上游迎水侧4m厚防渗层采用二级配碾压混凝土，R_{90}200W8，围堰上游面涂刷水泥基防渗料；其余为三级配碾压混凝土，R_{90}150W4。堰体中的廊道、止水片、应力释放孔、排水槽、预埋件等周边及上游侧模板附近采用变态混凝土；与基岩接触部位铺设不小于1m厚的二级配常态混凝土，R_{90}200W8。围堰混凝土主要设计指标见表6.4.3。

(3)围堰抗滑稳定及应力分析

1)围堰抗滑稳定分析。

对三期碾压混凝土围堰位于明渠低渠段的堰块进行抗滑稳定分析，堰基按抗剪断公式计算：正常工况(挡水位135.4m)抗滑稳定安全系数3.12；保堰工况(挡水位139.8m)抗滑稳定安全系数2.87；保堰工况(挡水位140.5m)抗滑稳定安全系数2.79。堰基按抗剪公式计算：正常工况(挡水位135.4m)，抗滑稳定安全系数1.13；保堰工况(挡水位140.5m)，抗滑稳定安全系数1.05，均满足堰体抗滑稳定要求。第3、4堰块基础岩体中有倾向下游的缓倾角结构面，最大连通率44.8%，结构面抗剪强度$c'=0.2$MPa，$f'=0.7$；岩石$c'=2$MPa，$f'=1.7$，按抗剪断公式计算沿结构面抗滑稳定安全系数大于3.0，堰基不存在深层抗滑稳定问题。

表6.4.3　　三期碾压混凝土围堰混凝土主要设计指标

类别	设计标号	级配	限制最大水胶比	抗剪指标		极限拉伸值($\times10^{-4}$)	
				f'	c'(MPa)	28天	90天
碾压混凝土	R_{90}200W8F50	二	0.55	0.9	0.9	≥0.65	≥0.70
	R_{90}150W4F50	三	0.60	0.9	0.9	≥0.60	≥0.65
常态混凝土	R_{90}200W8F50	二					

2)围堰应力分析。

正常工况下堰踵处压应力0.43MPa，堰趾处压应力1.79MPa；保堰工况(挡水位140.5m)下堰踵处压应力0.21MPa，堰趾处压应力1.99MPa，均为压应力，满足规范要求。

6.4.2.3　围堰细部设计

(1)堰体分缝分块

三期碾压混凝土围堰轴线长580m，分为15个堰块(图6.4.3)，横缝间距一般为40m，最大42m，最小18m，永久横缝中间一般设置诱导缝。第一阶段施工明渠部位混凝土时，受浇筑季节、混凝土温度控制、结构形状等条件的限制，将14#、15#堰块和6#堰块高程82m道路占压部位改为常态混凝土。将14#堰块分为14#-1、14#-2两个堰块，沿围堰轴线长度改为22m和18m，14#-1、14#-2和15#堰块中各设4条纵缝，纵缝距围堰轴线分别为5m、25m、45m、65m，最大块体尺寸为22m×20m；6#堰块高程82m道路占压部位分两条纵缝，距围堰轴线8m和29m；7#堰块混凝土厚度薄，大部分仅为3m，在围堰轴线下游侧40m处设一条纵缝。各纵缝都设置了键槽并进行接缝灌浆。

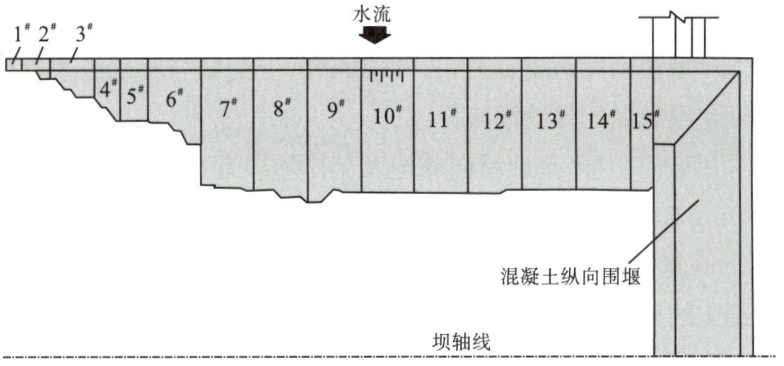

图6.4.3　三期碾压混凝土围堰堰体分缝分块

第一阶段施工的其他堰块均未设纵缝，横缝间距40～2m。8#、10#～13#堰块上游面设置了1条诱导缝，7#堰块上游面设置了两条诱导缝，9#堰块因基岩形状的突变在堰块中部增设一条横缝。

第二阶段施工时，为便于与第一阶段施工部位的衔接，第二阶段施工的碾压混凝土围堰高程50m(58m)以上部分设9条永久横缝和9条诱导缝，分10个堰块(6#～15#堰块)，分缝位置与第一阶段施工相统一，不分纵缝浇筑。永久横缝间距一般为40m，最大为42m，采用切缝机切缝或嵌缝材料(沥青杉板)成缝，对于分段浇筑堰块，由浇筑模板自然成缝。诱导缝设在永久横缝中部，缝末端距堰体上游面4m，并设置一个ϕ500mm的应力释放孔，以限制缝的延伸，诱导缝缝面结构采用10mm厚的沥青杉板。

(2)廊道系统

1)灌浆、排水廊道。

三期碾压混凝土围堰布置3层廊道。

第一层为基础灌浆廊道(兼有排水作用)，其中心线位于围堰轴线上游2m。基础廊道高程随堰基开挖高程变化，廊道底板最低高程40m，左侧与纵向混凝土围堰横向基础廊道(底板高程55m)相接，右侧以交通洞及交通竖井与岸坡廊道相接(交通洞中心线位于围堰轴线下游3.8m)，并顺右岸山体上升，控制廊道纵坡不陡于1∶1，廊道设置横向出口与高程82.0m施工道路相通，于高程122.0m也设置横向出口通向下游。鉴于河床52m高程的基础廊道顺右岸山体上升至82m高程的基础廊道需开挖窄槽，底宽4.6m，底坡1∶1，两侧槽壁为直立，窄槽开挖最大深度为185m，施工难度大。设计修改为水平开挖隧洞接竖井至82m高程通横向廊道，从围堰下游面出口与82m高程施工道路相接。在导流明渠内高程40.0m设横向廊道通向下游从三期基坑出口，二期导流期间用钢门封堵，三期导流期间割开，兼作交通、排水之用；此外，在基础廊道中部10#堰块处设集水井。

第二层廊道为坝体观测排水廊道，其轴线位于围堰轴线上游2.25m，廊道底板高程90m，左侧与纵向混凝土围堰内段高程90m排水廊道相接，右端伸至岸坡段第5#堰块内3m，设一横向斜坡出口通向下游高程82.0m道路。

第三层为围堰拆除爆破廊道，其轴线位于围堰轴线上游2.25m，廊道底板高程107.5m，在右岸坡设一横向水平出口通向下游坡面。

围堰 14#-2、15# 堰块间设跨缝廊道，长 68.0m(其上游端与基础灌浆廊道相通，下游端为盲段)，以利此两块纵缝间的接缝灌浆。

基础廊道均采用城门洞形，基础纵向廊道及其岸坡段通向下游的出口廊道和灌浆泵房断面尺寸均为 3.0m×3.5m(宽×高)，顶拱为半圆拱，半径为 1.5m。基础纵向廊道底板两边分设 25cm×30cm(宽×深)的排水沟，岸坡段通向下游的出口廊道仅设置一条同尺寸的排水沟。第一阶段施工的廊道采用现浇常态钢筋混凝土结构，廊道周边常态混凝土厚 2m(顶拱最薄处 1.5m)，廊道斜坡段底板均设台阶，坡比陡于 1∶2 的斜坡段廊道设钢管扶手。

堰体观测排水廊道及爆破廊道亦采用城门洞形，断面尺寸为 2.5m×3.0m(宽×高)，顶拱为半圆拱，半径为 1.25m，廊道底板迎水侧设 25cm×30cm(宽×深)的排水沟，现浇常态钢筋混凝土结构，廊道周边常态混凝土厚 2m(顶拱最薄处 1.5m)；第二阶段施工的廊道顶拱、侧墙采用预制钢筋混凝土结构，周边为变态混凝土。

跨缝廊道采用城门洞形，断面尺寸为 2m×2.5m(宽×高)，顶拱为半圆形，半径 1.0m，廊道底板两侧各设一条 10cm×20cm(宽×深)的排水沟。

三期碾压混凝土围堰第二阶段施工中，取消 6#～14# 堰块高程 90m 廊道，15# 堰块高程 90m 廊道仅保留左侧 8m 长，并设置横向廊道通向下游堰面，用以沟通纵向围堰纵堰内段高程 90m 廊道的对外交通。为满足 6#、7# 堰块基岩帷幕灌浆的需要，在这两个堰块增设高程 82m 廊道，并采用非爆破方法凿除右岸坡与堰块高程 82m 廊道左端 2.5m 厚混凝土，使两者相通。

2)交通洞。

围堰河床段基础廊道与岸坡基础廊道以交通洞、交通竖井相连，交通洞段轴线长 70.5m，设一横向廊道与基础廊道相通，在右岸坡与交通竖井相通。交通洞断面尺寸为 2.0m×2.5m(宽×高)，城门洞形，顶拱为半径 1m 的半圆形，其底板两侧各设一条 20cm×10cm(宽×深)的排水沟。按交通洞基础开挖条件，分为明挖现浇段和洞挖衬砌段。

3)交通竖井。

高程 54m 交通洞与岸坡段高程 82m 基础廊道高差 28m，由竖井垂直沟通。竖井进口位于高程 82m 横向廊道内。竖井采用钢筋混凝土衬护型式，开挖平面尺寸为 6.7m×4.4m，衬护混凝土后竖井尺寸为 4.7m×2.4m。竖井分两部分：第一部分为吊物孔，平面尺寸为 2.0m×2.4m，作为运输重型施工机械的通道；第二部分为楼梯，平面尺寸为 2.7m×2.4m，采用预制钢筋混凝土楼梯板型式，每层楼梯高约 1.33m(踏步宽 34cm，高 26.6cm)，共 21 层，每层设转弯平台及 0.9m 高钢管扶手。单块楼梯板一端支撑在竖井衬护混凝土中预留的阴牛腿上，另一端搁置于预先埋设的预制梁上。楼梯井底部高程为 54.0m，顶部高程为 82.0m。井口周围设 0.9m 高钢管钢筋护栏。

竖井井壁混凝土采用现浇二级配常态混凝土，R_{28}250；预制梁及楼梯板采用二级配常态混凝土，R_{28}250。

(3)堰体止水和排水管

1)堰体止水。

①堰体横缝止水。

围堰永久横缝迎水面止水采用一道Ⅱ型止水铜片和一道654型塑料止水带,两止水片中间设一20cm×20cm的菱形排水槽。排水槽内用ϕ80mm排水钢管通至基础廊道内。两道止水片底部埋入基础200cm×100cm×50cm(长×宽×深)的止水槽内,槽内填细骨料混凝土(R_{90}200W8,二级配)。明渠段高低渠斜坡面及左岸坡面均设两道止水片及排水槽的止水结构,第二阶段施工部位的止水及排水槽分别与第一阶段施工相应部位的止水及排水槽相通,横缝止水部位浇筑230cm×200cm的变态混凝土。背水侧不设止水。

围堰诱导缝迎水侧止水亦采用Ⅱ型止水铜片和一道654型塑料止水带,两道止水片底部均埋入基础170cm×100cm×50cm(长×宽×深)的止水槽内,槽内填细骨料混凝土(R_{90}200W8,二级配)。第二阶段施工止水与第一阶段施工相应部位的止水相接,诱导缝止水部位浇筑400cm×100cm的变态混凝土。

②廊道周边止水。

堰体内廊道穿过永久横缝处,在廊道周边设一圈封闭的654型塑料止水片,止水片距离廊道内边线0.5m。交通洞衬砌设6条施工横缝,在施工横缝处设一圈封闭的654型塑料止水片,止水片距离交通洞内边线0.4m。

③接缝灌浆止浆片。

在纵缝接缝灌浆部位埋设相应的654型塑料止水带,以形成封闭的接缝灌浆区域。

2)堰体排水管。

三期碾压混凝土围堰堰体内设排水管,其中心线位于围堰轴线上游3.5m,排水管顶部通至堰顶,以下分别与爆破廊道、堰体排水廊道、基础纵向廊道和交通洞相通。第一阶段施工堰体排水管原设计为拔管或无砂混凝土管方式,由于施工干扰大,且易造成堵塞,后改为钻孔法施工,孔距2.5m,孔径200mm;第二阶段施工堰体排水管亦采用钻孔法施工,孔距3m,孔径168mm,分别在高程90m坝体排水廊道和堰顶施钻。第二阶段施工中,取消高程90m廊道,堰体排水管在高程107.5m廊道和堰顶施钻,排水管孔径改为110mm,孔距3m不变,采用钻孔法施工。

6.4.2.4 碾压混凝土温控防裂设计

(1)混凝土原材料及质量要求

1)水泥。

选用原标准525中热硅酸盐水泥。水泥品质应满足《中热硅酸盐水泥 低热矿渣硅酸盐水泥》(GB 200—1989)的各项指标要求,水泥熟料含碱量不超过0.6%,水化热3天及7天分别不超过251kJ/kg及29.3kJ/kg。实际施工中水泥由三峡总公司负责供应,在水泥采购时要求525中热硅酸盐水泥熟料含碱量不超过0.5%,水泥碱含量≤0.55%,配制的混凝土中总碱量不超过 2.5kg/m³;氧化镁含量 3.5%～5%。

2)粉煤灰。

采用Ⅰ级灰,如Ⅰ级灰灰源不足时,也可考虑采用准Ⅰ级灰。Ⅰ级灰、准Ⅰ级灰具体指标见表 6.4.4。碾压混凝土中粉煤灰最大掺量 60%。

表 6.4.4　　　　粉煤灰质量指标

指标	Ⅰ级	准Ⅰ级	备注
细度(45μm 方孔筛余,%)	≤12	≤15	或此两项乘积小于 90
烧失量(%)	≤5	≤6	
需水量(%)	≤95	≤100	
含水量(%)	≤1	≤1	
三氧化硫含量(%)	≤3	≤3	

3)骨料。

骨料由下岸溪人工砂石系统供应,混凝土的粗骨料和细骨料质量标准原则上按表 6.4.5 控制。三级配混凝土粗骨料粒径为 5～20mm、20～40mm、40～80mm;二级配混凝土粗骨料粒径为 5～20mm、20～40mm,采用连续级配。

表 6.4.5　　　　碾压混凝土骨料主要质量要求

项目	细骨料	粗骨料	
		5～40mm	>40mm
含泥量(%)	<2	<1	<0.5
骨料含水量(%)	<6	<1	<0.5
云母含量(%)	<2(可适当放宽)		
石粉含量(%)	<8～17		
砂子细度模数	2.4～2.8		
风化软弱颗粒含量(%)		<10	
粗骨料超逊径(%)		超径<5,逊径<10	
针片状颗粒含量(%)		<15	
有机质含量	浅于标准色		

4)外加剂。

为减少水泥用量,改善碾压混凝土性能和延缓夏季碾压混凝土初凝时间,应使用高效减水缓凝剂或高效复合缓凝剂。所选用的外加剂质量必须符合有关质量标准。三期碾压混凝土围堰施工碾压混凝土采用高效减水剂为 ZB-1A 及 JG3,在室内温度 18.5℃、湿度 72%条件下,碾压混凝土初凝时间达 16 小时,终凝时间达 24 小时。

(2)碾压混凝土配合比

三期碾压混凝土围堰设计建议碾压混凝土配合比见表 6.4.6。

表 6.4.6　设计建议碾压混凝土配合比

混凝土强度标号	级配	水灰比	粉煤灰(%)	砂率(%)	ZB-1A(%)	DH_9(1/10000)	用水量(kg/m^3)	胶材用量(kg/m^3)
$R_{90}150$	三	0.53	60	32	0.7	3.5	75	142
$R_{90}200$	二	0.50	50	36	0.7	3.0	90	180

三期碾压混凝土围堰各部位碾压混凝土施工配合比见表 6.4.7。

(3)老混凝土平均温度

三期碾压混凝土围堰位于明渠断面部位已在第一阶段施工浇筑至高程 50m(58m),其最小厚度约 3m,在三峡二期工程施工时,这部分混凝土作为导流明渠基础的一部分表面一直过流,淹没在水中。2002 年 11 月上旬导流明渠截流,12 月基坑抽水完毕,由于长年受到表面过流的影响,第一阶段施工的老混凝土在其上部混凝土浇筑时平均温度约为 18℃。

(4)温控标准

1)新老混凝土上下层温差标准。

三期碾压混凝土围堰在第一阶段施工已浇至高程 50m(58m),第二阶段施工是在第一阶段的老混凝土上浇筑新混凝土,新老混凝土在各自 0.25L 高度范围内(L 为坝块长边尺寸)上下层温差标准为 15～17℃。

2)防止表面裂缝标准。

①混凝土表面保护标准。

初期混凝土遇日平均气温在 2～3 天内连续降温大于 6℃时,基础约束区混凝土龄期大于 3 天,一般部位龄期大于 5 天者,须进行表面保护。

②堰体最高温度标准。

三期碾压混凝土围堰尺寸大,使用时间不到 4 年,在运行期不会达到稳定温度。参照已建工程经验,考虑内外温差防裂要求和分缝间距实际施工条件,对连续上升的浇筑块,其各月最高温度按表 6.4.8 控制。

3)分缝分块。

采用永久横缝与诱导缝相结合,永久横缝间距一般为 40m,诱导缝设在堰块中部。

(5)堰体混凝土温度及温度应力

1)堰体温度场。

三期碾压混凝土围堰于 2003 年 5 月建成,2007 年汛前拆除,围堰运行时间 4 年左右,由于堰体尺寸大,使用时间相对较短,在运行期堰体自然散热不会降至稳定温度。计算表明,运行期内堰体中心最高温度从 33℃降至 23℃,降幅 10℃,表面温度主要受外界气温和水温的影响。

表 6.4.7 三期碾压混凝土围堰各部位碾压混凝土施工配合比

部位	设计标号	水胶比	粉煤灰掺量(%)	级配	材料用量(kg/m³)			砂率(%)	外加剂				加浆量(L/m³)
					水	水泥	粉煤灰		ZB-1A 或 JG_3(%)	AIR202(万)	122HE(%)	KIM(%)	
防渗层	R_{90}200F50W8	0.50	55	二	93	84	102	39	0.6	2～10			
堰体	R_{90}150F50W8	0.50	55	三	83	75	91	34	0.6	2～10			
变态	R_{90}200F50W8	0.50	55	二	93	84	102	39	0.6	7			20
净浆	R_{90}150F50W8	0.50	55		545	491	600				2	2	

表 6.4.8　三期碾压混凝土围堰最高温度控制标准

月份	1—2	3	4	5	6
最高温度(℃)	23	26	30	33	36

基础部位碾压混凝土均在低温季节施工，混凝土施工期平均最高温度 24℃，至 2007 年其平均温度降至 20℃，温差约在 4℃，基础部位的温降不会引起裂缝的产生，防裂重点是堰体表面。

2)内外温差产生的温度应力。

鉴于围堰尺寸大，混凝土温度降低缓慢，2003 年入秋后围堰下游因内外温差较大会产生一定的温度应力。内外温差引起的温度应力采用应力影响线法计算，计算时按分缝间距 20m 先用双向差分法计算堰体下游面的混凝土温度分布及各点温降值，然后根据各点温降求出堰体轴向温度应力。

计算成果表明，当下游面无表面保护时，由内外温差引起的表面最大拉应力为 1.20MPa，一般在第一个冬季的表面温度应力最大。仅考虑内外温差引起的温度应力不会引起混凝土表面裂缝，但如果计入气温骤降引起的温度应力，则总应力将会超过混凝土抗拉强度。为减小表面拉应力，加强下游面的表面保护是必要的，若堰体下游面施工时采用混凝土预制模板，施工时不拆除重复使用，则可以起到对堰体表面保护的作用，采用 50cm 厚的混凝土预制模板保护后堰体表面因内外温差产生的应力约为 0.85MPa。

围堰上游面施工期受气温影响主要在 1—4 月，该影响主要是由内外温差应力及气温骤降产生的温度应力引起的，这时应对上游面进行保护，在 5 月初上游基坑进水时，水温较气温略低，堰体上游面会产生一定的冷击应力，但应力不大，内外温差应力仅增加 0.2～0.5MPa，且此时不会遭受气温骤降冲击。上游面进水后水下部位的边界条件为水温，不会遭遇寒潮的冲击，因此对上游面水下部位各种因素引起的温度应力叠加后总温度应力要小于下游面温度应力，上游面进水后受外界温度变化影响出现裂缝的概率也较下游面小。

此外采用有限元对围堰在水库蓄水期上游面内外温差应力进行了分析，计算表明，围堰竖向温度应力最大值出现在高程 70～100m 表层混凝土区域，以蓄水后第一个冬季最大，达 1.50MPa，之后随着堰体内部高温区温度逐年降低，其温度应力也逐年降低。

3)气温骤降产生的应力。

气温骤降期间，降温时间一般较短，降温温差较大，混凝土内的温度变化只限于极浅的表层部分，因此温度变形受到完全约束，产生较大温度应力。1—4 月三峡坝址三斗坪气温骤降频繁，必须加强表面保护。

分别计算 2～3 天日平均气温骤降 8℃、10℃、12℃时，混凝土表面用一层 EPE 高发泡聚乙烯覆盖[等效放热系数 $\beta=2.4W/(m^2 \cdot ℃)$]，混凝土表面裸露无风时[$\beta=5.5W/(m^2 \cdot ℃)$]，风速 1m/s 表面裸露[$\beta=9W/(m^2 \cdot ℃)$]及风速较大时[$\beta=15W/(m^2 \cdot ℃)$]混凝土龄期 7 天及 28 天遇气温骤降时表面温度应力，计算结果见表 6.4.9 和表 6.4.10。

表 6.4.9　　7 天龄期遇气温骤降时混凝土表面温度应力

β(W/(m²·℃))	3.0			5.5			9.0			15		
2～3 天降温值(℃)	8	10	12	8	10	12	8	10	12	8	10	12
表面温度降幅(℃)	2.4	3.1	3.7	3.7	4.7	5.6	4.8	6.0	7.1	5.7	7.1	8.6
表面温度应力(MPa)	0.39	0.49	0.59	0.60	0.75	0.90	0.76	0.96	1.15	0.92	1.15	1.37

表 6.4.10　　28 天龄期遇气温骤降时混凝土表面温度应力

β(W/(m²·℃))	3.0			5.5			9.0			15		
2～3 天降温值(℃)	8	10	12	8	10	12	8	10	12	8	10	12
表面温度降幅(℃)	2.4	3.1	3.7	3.7	4.7	5.6	4.8	6.0	7.1	5.7	7.1	8.6
表面温度应力(MPa)	0.56	0.70	0.84	0.86	1.07	1.28	1.09	1.36	1.64	1.31	1.64	1.96

从表 6.4.9 及表 6.4.10 可以看出，无保护遇到气温骤降时，混凝土表面温度应力可达 1.28～1.64MPa，越冬期间与内外温差应力叠加后将超过碾压混凝土抗拉强度而出现裂缝，因此应加强表面保护。下游面若采用 50cm 厚的混凝土预制模板保护，其等效放热系数为 2.5～3.0W/(m²·℃)，则气温骤降引起的温度应力降至 0.4～0.8MPa，可有效防止气温骤降引起表面裂缝的产生。对于上游面，在上游基坑进水前须在拆模后采用表面保温措施，保温后等效放热系数不大于 3.0W/(m²·℃)。

三期碾压混凝土围堰块体尺寸大，散热困难，冬季内外温差较大，且三峡坝区的气温骤降比较频繁，堰体温度和温度应力计算分析表明，施工期若不设表面保护，受内外温差和气温骤降的综合影响时，上、下游面可能产生裂缝。应充分做好上、下游面的表面保护(如采用预制模板、贴保温层等)，减小裂缝产生的概率。上游基坑进水后上游面由于受到水体的保护，不会受到寒潮的冲击，此时裂缝产生的概率较小。

(6)温控措施

1)碾压混凝土配合比设计，除满足结构所要求的强度、防渗、耐久性外，还需具有良好的可碾性，应优化配合比，尽量减少水泥用量，降低水化热温升，以减少混凝土温度裂缝的产生。碾压混凝土应满足设计要求的极限拉伸值，同时还应满足碾压混凝土质量控制要求：抗压强度的均方差 $S \leqslant 3.5$MPa，抗压强度不低于设计强度等级的 95%，强度保证率≥80%。

2)控制碾压混凝土最高温度。采取必要的温控措施，使碾压混凝土实际出现的最高温度不超过设计允许最高温度。

3)入仓温度：应根据设计允许最高温度及气温条件等因素来确定入仓温度，据初步估算，12 月至次年 3 月可自然拌和入仓，4 月入仓温度为 16℃，5—6 月入仓温度为 18℃。

4)浇筑层厚与层间间歇期：碾压混凝土压实层厚约 30cm，采用连续上升的浇筑方式，正常工作缝和因故停歇的施工缝形成后，一般应停歇 3～5 天。

(7)高温季节温控措施

1)严格温控要求，采用预冷混凝土，在混凝土运输过程中，汽车及皮带上加设顶棚，加快入仓速度，在仓面设置喷雾降低仓面小环境的温度，白天对已压实混凝土表面覆盖彩条布内夹保温材料等保温材料隔热保湿，尽量减少预冷混凝土的温度回升，控制堰体最高温度在设计允许最高温度范围内。

2)碾压混凝土拌和料从出机到平仓、碾压完毕不超过 2 小时。

3)可采用较低的 V_c 值，尽量控制在 5s 内。

4)采用高效缓凝减水剂，延长混凝土初凝时间，防止高温季节碾压混凝土的初凝。

5)采用预冷混凝土骨料、控制一个升程高度和间歇时间等温控措施。

6)加强表面保湿保温措施。在 4—6 月进行碾压混凝土施工时，外界气温较高，为防止碾压混凝土初凝及气温倒灌，应在仓面设置喷雾设备。

(8)表面保护

1)施工期表面保护。遇日平均气温 3 天内降温大于 6℃，碾压混凝土顶侧面必须进行表面保护，保温后 $\beta \leqslant 3.0W/(m^2 \cdot ℃)$。

2)上游暴露面的保护。1—4 月浇筑的碾压混凝土上游面拆模后即设保温层，保温后 $\beta \leqslant 2.0W/(m^2 \cdot ℃)$。

3)在气温骤降期或寒冷气温条件下拆模后应立即对其表面进行保温。

4)下游面宜采用混凝土预制模板兼作永久保温层，混凝土预制模板厚度不小于 0.5m。如不采用混凝土预制模板或混凝土预制模板在施工中拆迁重复使用，则需在下游面设置永久保温层，保温后 $\beta \leqslant 3.0W/(m^2 \cdot ℃)$。

(9)明渠段第一阶段施工碾压混凝土面防裂措施

第一阶段施工的明渠渠底高程 50m 及 58m 以下部位的混凝土面因间歇时间长达 5 年之久，且受明渠过流冷击作用而使混凝土表面易产生裂缝，为此，在混凝土面以下 0.5m 处布设限裂钢筋，布筋范围在围堰轴线上游 2m 至轴线下游 74m，垂直水流向钢筋为 16mm@20cm，顺水流向钢筋为 18mm@20cm。钢筋铺设高程距渠底表面 0.5m(高渠段为高程 57.5m，低渠段为高程 49.5m)，限裂钢筋以上为 0.5m 厚三级配常态混凝土，以下为 0.5m 厚二级配碾压混凝土。

6.4.3 碾压混凝土围堰堰基处理及渗流控制

6.4.3.1 围堰堰基处理

(1)围堰堰基开挖

三峡坝区岩石以闪云斜长花岗岩为主，其弱风化下带岩石抗压强度达 80～85MPa，整体性好，断层裂隙分布以陡倾角的为主，依据坝区地质资料花岗岩弱风化下带可利用建基面等高线，确定围堰建基面开挖高程。位于明渠段的围堰基岩开挖成高程为 25m、30m、35m、40m、45m、50m、55m 和 58m 共 8 个平台，各平台连接坡度为 1∶1。右岸岸坡段堰基开挖成高程 140m、137m、130m、120m、110m、103m、93m、80m 和 70m 共 9 个平台，各平台间连接坡度分别为 1∶0.5、1∶0.5、1∶0.8、1∶0.8、1∶0.6、1∶0.6、1∶0.5。右岸坡段高程 70m 平台与明渠段高程 58m 平台连接坡度为 1∶0.5。围堰永久横缝均位于开挖平台上，诱导缝亦尽量设置在开挖平台上。

(2)地基缺陷处理

1)F_{11} 断层的处理。

F_{11} 断层影响风化槽从上游向下游逐渐减小，位于围堰轴线以上的风化槽宽度在 20m 左右，向下游束窄至 1～2m，轴线下游弱风化岩石抬高，有利于围堰稳定，且 F_{11} 断层构造岩主要为碎裂岩，一般胶结良好仅局部风化加剧，采取将风化部位抽槽下挖并进行加强固结灌浆的处理措施。

2)13# 堰块中部风化槽处理。

13# 堰块建基岩面设计高程 40m，在其中部基岩面有 F_9、F_{12} 断层切割的风化槽，属花岗岩弱风化上带，进行挖槽处理。

3)12# 堰块基岩下部风化深槽处理。

12# 堰块建基岩面设计高程 30～35m，在其右下部基岩受 F_{11} 断层的影响，风化较深，可利用岩面高程为 25～27m，并呈三角形的深槽(倾向北东和北西的倾角为 60°～70°的光滑结构面均与分缝线斜交组成三角形槽)，对堰体结构极为不利，需在陡倾角的结构面布设锚筋和进行接触灌浆处理，深槽混凝土浇筑按填塘混凝土施工技术要求，并在其顶部布设防裂钢筋。

(3)围堰基础固结灌浆

1)固结灌浆范围与布置。

基础固结灌浆范围大致按堰踵 1/4 堰基宽度部位布置，对于断层破碎带部位范围应适当加大，并保证基础帷幕上、下游各有一排固灌孔，以加强基础防渗帷幕。围堰上游侧第一排固灌孔布置在围堰上游结构底边线下游侧 1.5m 左右。

根据围堰基础地质条件及围堰挡水水头等因素，固结灌浆孔布置范围为 6# ～15# 堰块。

2)固结灌浆施工平台及灌浆方式。

①右岸坡 5#、6# 堰块，高程 82.0m 施工道路位于此范围内，待混凝土浇至高程 82.0m，并完成此段导流明渠护坡工程后进行钻孔灌浆施工。

②明渠高渠段及低渠深槽段，待基础开挖完成，并浇筑填塘混凝土封闭裂隙后，进行无盖重固结灌浆施工。

6.4.3.2 围堰堰基渗流控制

(1)堰基帷幕灌浆

1)帷幕灌浆布置。

根据围堰基岩地质情况，并考虑到基础固结灌浆的补强作用，仅沿基础廊道中心线上游侧 0.86m，即围堰轴线上游侧 2.86m 布置一排防渗帷幕，与纵向混凝土围堰堰内段横向廊道基础帷幕相接。

2)帷幕灌浆设计参数。

①孔深、孔向。

帷幕灌浆底线至 $q<1$Lu 顶板线以下 3m，且要求帷幕伸入基岩内深度不小于 10m。

帷幕灌浆孔一般采用垂直孔，对右岸岸坡端头，为控制堰头绕渗，可视实际情况适当布置斜孔，以扩大防渗帷幕范围。

②孔、排距。

三期碾压混凝土围堰为单排帷幕灌浆，孔距为 1.5m，右岸岸坡端头部位适当调整。

③帷幕灌浆材料和施工方法。

灌浆用水泥采用新鲜无结块的普通硅酸盐水泥或硅酸盐水泥，其标号为 525。采用自上而下逐段钻孔和灌浆、孔内循环的施工方法。帷幕灌浆按三序施工，分序加密。

混凝土与基岩接触段(第一段)段长 2.0m，阻塞在接触面以上 0.5m 处，灌浆压力为 0.5MPa；第二段及以下各段段长为 5～6m，阻塞在已灌段底以上 0.5m 处，第二段灌浆压力自 0.6MPa 逐步升 1.0MPa；第三段及以下各段灌浆压力为 1.5～2.0MPa。

帷幕灌浆检查合格标准为 $q\leqslant 1$Lu。

(2)堰基排水

1)范围和布置。

堰基帷幕下游设一排主排水孔，孔口在基础廊道和交通洞内，基础廊道内排水孔位于基础廊道中心线下游 1.0m，交通洞内排水孔设在交通洞轴线上游 0.8m 处。排水孔引入廊道内，孔口设反滤保护措施以防止杂物掉入孔内导致排水失效。排水孔应在所有帷幕灌浆施工完成后施工。

2)排水孔孔深、孔向、孔距和孔径。

堰基排水孔孔深按防渗帷幕深度的 50%控制，但排水孔深入基岩内深度不应小于 10m。基础廊道内排水孔向下游偏斜 15°，孔距 3m，孔径 110mm；交通洞内排水孔采用垂直孔，孔距 3m，孔径 110mm。

6.4.4　碾压混凝土围堰施工

6.4.4.1　施工阶段划分

三期碾压混凝土围堰在导流明渠截流后，必须在一个枯水期内完建并挡水，其施工强度高、难度大，设计研究采用两阶段施工方案。

第一阶段主要进行导流明渠范围内堰体基础部位(亦称明渠段)、右岸坡段堰段和左侧纵向围堰接头段堰体施工。在满足二期导流及导流明渠通航水流条件后，明渠范围内三期碾压混凝土围堰基础部位的堰体施工断面与导流明渠高、低渠断面一致(高渠段堰体浇筑高程 58.0m、低渠段堰体浇筑高程 50.0m)，安排在 1997 年导流明渠过水前完成；左侧纵向围堰接头段与纵向围堰上纵堰内段一并浇筑至堰顶高程 140m；右岸坡段浇筑至堰顶高程 140m。

第二阶段在导流明渠截流后修筑三期上、下游土石围堰，三期基坑积水抽干后，进行三期碾压混凝土围堰明渠段堰体施工，堰体碾压混凝土从高程 50m（58m）浇筑至堰顶高程 140m，安排在 2003 年 6 月水库蓄水（135m 水位）前完成。

6.4.4.2 第一阶段施工

（1）堰基开挖

三期碾压混凝土围堰堰基开挖在一期基坑内干地施工，右岸坡段开挖随导流明渠右岸坡开挖一并施工，在不中断高程 82m 施工道路条件下安排开挖，明渠段基础开挖由两端向中间推进，分层分台阶进行开挖。岩石边坡开挖采用预裂、光面爆破技术，围堰建基岩面采用水平预裂光面爆破技术。右岸边坡开挖时，随着开挖高程下降，对坡面及时进行测量检查，防止欠挖；对失稳岩体及时进行处理。左侧靠近纵向围堰部位基础开挖时，应控制爆破药量，并采取监测及防范措施，避免对纵向围堰已浇筑的混凝土造成损伤。围堰基岩面断层、裂隙破碎带等地质缺陷，均按设计要求挖槽回填混凝土。

（2）堰体碾压混凝土施工

三期碾压混凝土围堰第一阶段施工部位采用不同的浇筑手段：明渠段围堰基础高程 30m 以下填筑混凝土（最低高程 19m），采用胎带机输送混凝土入仓浇筑；其余部位采用汽车运送混凝土直接入仓浇筑。右岸坡段混凝土浇筑仓面逐渐束窄，采用胎带机输送混凝土入仓浇筑。左侧纵向围堰接头段采用布置在上纵堰内段左侧的塔带机输送混凝土入仓浇筑。

三期碾压混凝土围堰明渠段堰体混凝土于 1996 年 4 月 19 日开始浇筑，至 1997 年 3 月 27 日浇筑至明渠过水断面（低渠高程 50m、高渠高程 58m）。右岸坡段堰体混凝土于 1998 年 3 月开始浇筑，至 1998 年 10 月浇筑至设计高程 140m。

（3）围堰基础固结灌浆施工

三期碾压混凝土围堰基础固结灌浆采用在建基岩面浇筑找平混凝土封闭岩体裂隙及断层破碎带，进行无盖重固结灌浆施工。固结灌浆宜在围堰基础全部开挖结束后进行，若灌浆区附近仍在开挖爆破，需控制开挖爆破处与灌浆区保持一定的安全距离（不小于 20m），并采取放小炮、打防震孔等措施。

固结灌浆实施过程中，根据围堰建基岩面开挖揭露的实际地质情况和弹性波检测成果以及 10# 堰块固结灌浆资料，对围堰基础固结灌浆设计进行优化，以简化施工，缓解碾压混凝土施工与固结灌浆的矛盾。

6.4.4.3 第二阶段施工

（1）堰体碾压混凝土施工

1）堰体碾压混凝土施工方案。

三期碾压混凝土围堰明渠段沿围堰轴线长 380m，第二阶段施工堰体最大高度 90m，最大底宽 74m。堰体高程 94.7m 以下浇筑仓面较大，采用自卸汽车运送混凝土直接入仓方式；堰体高程 94.7～113m，采用以自卸汽车运送混凝土入仓为主、塔（顶）带机输送混凝土入仓为辅的方式；堰体高程 113m 以上浇筑仓面较小，采用塔（顶）带机输送混凝土入仓布料，胎带机转料作为备用方案。

碾压混凝土由右岸高程 150m 混凝土生产系统 2 座 4×4.5m^3 拌和楼、高程 84m 混凝土生产系统 2 座 4×3m^3 拌和楼供应，围堰下部浇筑仓面较大，碾压混凝土施工强度高，由左岸高程 98.7m 混凝土生产系统支援一部分碾压混凝土通过自卸汽车运送入仓。

明渠段堰体下部施工时，在其下部左、右两侧各布置 1 条入仓汽车道路，入仓口路面宽度 20～24m，采用半宽交替填筑上升，每次升程 60cm，道路填筑未影响汽车运送碾压混凝土入仓。汽车入仓最大仓面积 18043m^2，日最大浇筑量 2.1 万 m^3。明渠段堰体上部施工时，在 8# 堰块下游高程 58m 平台布置 1 台顶带机，12# 堰块下游高程 50m 平台布置 1 台塔带机，浇筑堰体高程 90～130m 区段碾压混凝土，可覆盖约 91% 仓面，堰体高程 130m 以上仓面盲区逐渐增大，采用推土机赶料和仓内汽车转料，塔（顶）带机实际最大日浇筑量分别为 4068m^3 和 8092m^3，满足了高强度施工需要。

2）碾压混凝土施工仓面作业。

①模板。

三期碾压混凝土围堰施工工期紧，为减少模板拆装工作量，加快进度，实现碾压混凝土连续不间歇上升，要求模板拆装速度快、稳定性好，模板拆装时对仓面干扰小，为此，堰体上游面采用悬臂翻升钢模板，下游面采用台阶预制混凝土模板及台阶组合钢模板，悬臂翻升钢模板由 3 块 3m×2.1m 模板进行翻转。

②铺料及平仓。

碾压混凝土铺料及平仓除满足一定生产率要求外，还必须避免混凝土骨料分离。为防止出现顺流向渗水薄弱带，铺料方向平行于围堰轴线。铺料条带宽 10～15m，压实层厚 30cm，铺料厚 35cm 左右，层厚偏差控制在±3cm 以内。自卸汽车入仓辅料后用大型平仓机进行平仓，装载机（斗容 1.5m^3）作辅助作业。碾压混凝土应在卸料位置铺开，卸料堆出现骨料分离时，用装载机或人工将分离骨料均匀散铺到未完成平仓作业的碾压混凝土含砂浆较多处，不允许直接用砂浆覆盖，以免造成内部蜂窝。塔带机直接铺料时，将碾压混凝土铺设在已平仓未碾压的层面上，由平仓机向前推料平仓。自卸汽车在仓面卸料应边走边卸或分多次卸料，以防止骨料分离。堰体高程 50～130m，仓面面积为 18043～3040m^2。考虑碾压混凝土入仓强度，单层浇筑历时较长，为 8～16 小时，采取分区分条带施工，实施中控制层间间歇时间在设计层间允许间歇时间（8～10 小时）以内。堰体高程 130m 以上仓面长 380m，宽 8m，仓面狭窄，同时塔（顶）带机只能定点下料，仓内由平仓机推料或汽车转料，且在气温较高、降雨较多季节施工，干扰较大，采取分堰块浇筑，保证了碾压混凝土连续上升。碾压混凝土入仓后由平仓机推料平仓，平仓后的碾压混凝土表面应平整，无凹坑。

③碾压。

三期碾压混凝土围堰施工选用自重 10t 以上的大型碾压机械（BW202AD 型双滚筒自行

式振动碾)，边角部位采用小型碾压机械(BW80/90AD 型振动碾)。仓面 1 个条带碾压混凝土平仓完成后应立即开始碾压，振动碾作业行走速度 1.0～1.5km/h。V_c 值是碾压混凝土施工的一项重要控制指标，三期碾压混凝土围堰 V_c 值规定为 1～8s，下限以不陷碾为原则。根据试验资料，考虑天气情况、入仓方式、运输距离等因素而通过拌和楼对 V_c 值进行调控，一般情况下按 3s 左右控制，阴雨天按 4～6s 控制，并且机口 V_c 值大于 8s 时，按废料处理，仓面 V_c 值大于 10s 时，采取分散或挖除处理。碾压遍数为无振 2 遍＋有振 6～8 遍。碾压条带搭接宽度大于 20cm，端头部位搭接宽度大于 100cm。碾压作业完成后，用核子密度仪检测其容重，按 200m^2 取一个样控制，压实度控制标准为：上游 4m 防渗层不小于 98%，其余部位不小于 97%。达到设计要求后方可进行下一层作业，若未达到设计要求，立即重碾直到满足设计要求为止。对重碾后仍不合格的碾压混凝土应予以挖除。

④造缝。

三期碾压混凝土围堰堰块之间的横缝成缝方法有 3 种：埋设沥青杉板成缝、钻孔填砂成缝和切缝机直接切缝。用切缝机在碾压混凝土每一碾压层完成后，沿分缝线直接切割，随后埋入隔离材料，速度快，效果良好，缝面位置较准确，有利于快速施工。三期碾压混凝土围堰永久横缝和诱导缝上游侧 4m 范围设止水片处采用埋沥青杉板(厚 1cm)成缝，其后采用 HCD70S 振动切缝机成缝，切缝机成缝，切入深度大于 18cm(超过 1/2 碾压层厚)，缝内埋入两层彩条塑料布(厚 2mm)。堰体高程 95m 以上永久横缝下游侧 3m 和高程 135～140m 永久横缝全部范围每层采用切缝机切缝埋设厚 1cm、深 28cm 的木板。

3)防渗层施工。

三期碾压混凝土围堰在上游侧设防渗层，厚 4m，采用二级配碾压混凝土，标号提高一级为 R_{90}200。贴近上游模板 30～60cm 宽度范围内使用注入水泥灰浆变态混凝土，由集中制浆站供应水泥浆，碾压混凝土摊铺后在变态混凝土区采用挖槽注浆方式，均匀注入碾压混凝土中，注浆量按 20L/m^3，注浆后再用直径 100mm 和 130mm 振捣器振捣密实。对变态混凝土注浆前应先将相邻部位的碾压混凝土压实，以免水泥浆流入碾压混凝土内影响碾压质量，结合部位应用振动碾压实。上游面模板拆除后立即清理混凝土表面，并涂刷水泥基渗透防水材料，提高碾压混凝土的防渗性能。实际施工时，改在防渗层变态混凝土内掺水泥基渗透防水剂。

4)施工缝面处理。

三期碾压混凝土围堰施工采用通仓薄层浇筑，各浇筑层间的层面即施工缝面是堰体的薄弱面，为保证围堰安全运行，要求施工层面有较高的结合强度和抗渗性能。大量试验和工程实践证明，在下层碾压混凝土初凝前浇筑上层碾压混凝土可获得良好的层间结合强度。为此，要求碾压混凝土浇筑应保持连续性，碾压混凝土拌和料从拌和到碾压完毕不宜超过 2 小时，层面间歇时间控制在碾压混凝土初凝时间内，各层面间应保持清洁、湿润，不得有油类、泥土等有害物质。施工过程中，若因故中止或其他原因造成间歇时间超过设计允许间歇时间，对仓面碾压混凝土应及时进行处理。碾压混凝土因故停浇时，施工条带前后、左右相邻停浇处的间距应大于 3m，以免冷缝叠加相连造成渗水薄弱带。

水平施工缝处理包括施工层面处理和冷缝处理。施工层面处理在碾压混凝土收仓后 10 小时左右用压力水冲毛，清除混凝土表面浮浆，以露出粗砂粒和小石为准。冷缝视间歇时间长短分为Ⅰ型和Ⅱ型冷缝，对Ⅰ型冷缝面，将层面松散物和积水清除干净，铺一层 2～3cm 厚的砂浆后，即可进行下一层碾压混凝土摊铺、碾压作业；Ⅱ型冷缝按施工缝处理。三期碾压混凝土围堰通过现场试验确定碾压混凝土连续浇筑允许层间间歇时间及Ⅰ型、Ⅱ型冷缝间歇时间见表 6.4.11。

表 6.4.11　碾压混凝土连续浇筑允许层间间歇时间　（单位：小时）

月份	允许层间间歇时间	Ⅰ型冷缝	Ⅱ型冷缝
1—3	≤10	＞10 且≤20	＞20
4—5	≤8	＞8 且≤16	＞16
6	≤6	＞6 且≤12	＞12

三期碾压混凝土围堰第一层碾压混凝土摊铺前，砂浆铺设随碾压混凝土铺料进行，保证在砂浆初凝前完成碾压混凝土的铺筑，不得超前。一般要求在砂浆摊铺后 30min 内覆盖碾压混凝土，所铺砂浆应有一定坍落度。碾压混凝土配合比设计采用高效减水剂，并根据气温条件的不同进行调整，以保证碾压混凝土初凝时间满足表 6.4.11 中连续浇筑允许层间间歇时间的要求。在铺筑方法和浇筑工艺措施的选择上，应尽量缩短碾压混凝土上、下层面覆盖的间隔时间，确保碾压混凝土上下层覆盖时间比碾压混凝土的初凝时间缩短 1～2 小时。碾压混凝土施工层面被污染或被扰动破坏，都会降低层面结合质量。因此，施工中应保证层面的清洁。汽车直接入仓浇筑时，应对汽车轮胎进行冲洗及冲洗后脱水。仓面上各种机械应严格防止漏油，若发现油污应予以清除。仓面各种机械要避免原地转动，减少对层面的扰动破坏。

5）碾压混凝土养护。

三期碾压混凝土围堰施工过程中均采取措施，保护混凝土表面湿润。仓面混凝土在终凝后即开始养护，采取洒水或喷雾等养护措施，使混凝土表面处于湿润状态。施工层面连续养护至上一层碾压混凝土开始浇筑为止；对较长期暴露面养护 28 天以上；对永久暴露的侧面及顶面，采用覆盖持水材料进行养护保湿。低温季节及气温骤降期间，对混凝土表面采用高发泡聚乙烯泡沫塑料保温被覆盖保护，以防止碾压混凝土表面产生裂缝。

（2）堰基岩体帷幕灌浆施工

三期碾压混凝土围堰基础帷幕设计为单排灌浆孔，孔距 2.0m，在围堰基础廊道内按分序加密、自上而下分段钻灌分三序施工。2003 年 1 月 11 日开始帷幕灌浆施工，3 月 25 日灌浆完工。

对帷幕灌浆资料进行统计分析：灌前透水率平均值为 5.37Lu，经过Ⅰ序孔和Ⅱ序孔灌浆，Ⅱ序孔透水率平均值降低到 2.01Lu，Ⅲ序孔透水率平均值降低到 1.41Lu，递减率达 73.4%，递减明显；Ⅰ序孔的单位注入量为 17.25kg/m，Ⅱ序孔为 5.68kg/m，Ⅲ序孔为 8.0kg/m，递减率达 53.6%；透水率及单位注入量随灌浆次序的增进而减小，符合灌浆递减规律。资料表明，涌水孔段、涌水量及涌水压力随着灌浆次序的增进在逐渐降低，透水率及单位注入量值随着灌浆次序的增进而递减，说明灌浆效果较好。

(3)碾压混凝土缺陷处理

1)第一阶段施工碾压混凝土裂缝处理。

明渠段第一阶段施工的碾压混凝土面以下0.5m处已布设限裂钢筋，在第二阶段施工碾压混凝土前，需对第一阶段施工的碾压混凝土面裂缝进行处理。对Ⅰ、Ⅱ类裂缝，沿缝凿成“U”形槽后回填R_{28}150砂浆，Ⅲ、Ⅳ类裂缝沿缝凿成“U”形槽后回填预缩砂浆，然后铺设限裂钢筋网，要求受力筋(垂直裂缝方向)铺设在上层，钢筋直径28mm，间距@25cm，长度按两端距裂缝不小于3m控制。钢筋布设后，先铺2.5～5cm厚砂浆，再浇筑二级配碾压混凝土进行碾压。

2)第一阶段施工碾压混凝土面冲坑处理。

①明渠段碾压混凝土面冲坑检查。

三期碾压混凝土围堰第一阶段施工的明渠段，经过6个汛期洪水冲刷，三期基坑积水抽干后，检查发现低渠部位15#堰块靠纵向围堰侧有一条顺流向30m、宽0.5～2.5m、深0.3～0.9m的冲坑(槽)。其他部位碾压混凝土面冲刷露出粗骨料，未发现冲坑。

②明渠段碾压混凝土面冲坑处理。

三期碾压混凝土围堰明渠段低渠部位15#堰块高程50m碾压混凝土面冲坑处理，采取将冲坑(槽)周边凿毛，并呈1∶0.5坡面，然后回填三级配常态混凝土将冲坑(槽)填平，再浇筑碾压混凝土。

3)第一阶段施工碾压混凝土渗水处理。

①第一阶段施工碾压混凝土抗渗性能检查。

三期碾压混凝土围堰第一阶段施工的右岸坡段2#～5#堰块，在4#、5#堰块堰体排水孔中心线各布置1个检查孔，进尺66m，取芯获得率90%以上，采取率98%～100%，芯样外观混凝土胶结较密实、均匀，但压水试验混凝土透水率大于1Lu的有13段，占试验总段数的59%，表明碾压混凝土存在局部不密实及层面结合不良等现象。在9#～11#堰块高程40m基础廊道内进行帷幕灌浆时，发现少量钻孔上部混凝土出现涌水、串浆和较大吸浆量等现象，封孔耗浆量偏大，廊道顶拱裂缝有滴水和潮湿现象，表明碾压混凝土抗渗存在问题。

②第一阶段施工碾压混凝土渗水处理。

(a)右岸坡段3#～5#堰块防渗层补强灌浆处理。

右岸坡段3#～5#堰块沿围堰轴线上游侧6.5m及5.5m，即距围堰上游面1.5m及2.5m布置两排补强灌浆孔，孔距3.0m，排距1.0m，梅花形布置，钻灌至防渗层混凝土透水率小于1Lu。实施第一排孔注入量1029kg，单位注入量1.6kg/m；布置3个检查孔，压水20段，均小于1Lu，因此，取消第二排补强灌浆孔施工。

(b)明渠段9#～11#堰块第一阶段施工碾压混凝土补强处理。

在9#～11#堰块基础廊道顶拱上游拱肩布置2排补强灌浆孔与高程50m以上堰体防

渗层相接，孔深伸入上游防渗层1m，孔径76mm；另在廊道上游侧壁布浅孔，孔深4m，孔径56mm。廊道顶拱裂缝凿槽嵌缝，进行化学灌浆（LPL浆材）处理。补强灌浆总进尺2261.5m，单位耗灰量最大达132.3kg/m，多数小于10kg/m。布置4个检查孔，2个孔压水透水率为0，1个孔为0.2Lu，1个孔为1.39Lu。

4）第一阶段施工碾压混凝土堰体上游面裂缝处理。

在右岸坡段4#、5#堰块堰体上游面各发现2条竖向裂缝；4#堰块2条裂缝特征值分别为长9.5m（高程130.5～140m）、宽0.1～0.15mm，长17.5m（高程122.5～140m）、宽0.1～0.2mm；5#堰块2条裂缝特征值分别为长34m（高程84～118m）、宽0.1～0.9mm，长40m（高程90～130m）、宽0.1～0.6mm。

在明渠段7#堰块堰体上游面发现2条竖向裂缝，其裂缝特征值分别为长3.0m、宽0.1～0.5mm，长4.6m、宽0.2～0.9mm。

明渠段7#堰块堰体上游面裂缝已延伸至基岩，其处理方法为：将裂缝底部基岩面下凿深30cm，沿裂缝两侧各打磨5cm，使混凝土出露干净、新鲜的缝面，再用水冲洗缝面，用吸尘器吸出缝内的灰，待其干燥后进行贴嘴施工；灌浆嘴使用外径6mm铜管灌浆嘴，用环氧胶泥作粘贴剂骑缝贴嘴，按间距20～30cm布嘴（缝宽贴间距稍大，缝细贴间距稍小）；粘贴灌浆嘴2～3小时后，进行封缝，环氧胶泥沿打磨的宽度封贴，厚度为3～5mm，贴嘴周边稍厚；封缝24小时后压风检查，按缝的走向从上至下进行压风，风压为0.2～0.3MPa，对灌浆嘴和缝边周围20cm涂肥皂水进行检查，对混凝土面的漏风处进行打磨，冲洗，涂刷环氧胶泥封堵；化学灌浆用CD15双液泵，压力0.3～0.4MPa，对裂缝从下至上同步多点灌注LPL浆液，先灌1号、3号、5号、7号、9号孔进浆，待出浆液颜色正常后将其扎闭，当吸浆率小于0.02L/5min时，再继续灌注30min，且压力不变后即可再灌2号、4号、6号、8号、10号孔，然后2号孔换灌11号孔，4号孔换13号孔，6号孔换15号孔，如此往复，每孔的灌注时间大于40min，最后的5个孔灌浆，当进浆量为0时，稳压30min后结束；灌浆过程中如发现外漏，暂停从该灌浆嘴注浆，用丙酮洗净表面的浆液，用封漏剂封堵30min后，再接着从该嘴注浆。化学灌浆完成后，将缝口灌浆嘴及环氧胶泥铲除，洗刷干净烘干后，骑缝粘贴50cm宽的SR_2盖片，将SR_2盖片周边用角钢螺栓固定。

右岸坡段4#、5#堰块堰体上游面裂缝未裂至基岩，缝内化学灌浆同7#堰块，骑缝粘贴50cm宽的SR_2盖片，沿裂缝上下各延长2m。

6.4.5　碾压混凝土围堰运行渗漏水处理与安全监测成果分析

6.4.5.1　围堰渗漏水情况

碾压混凝土围堰从2003年6月蓄水前的5月20日开始观测堰体及堰基的渗水量，围堰上游水位77.8m，渗水量为337.5L/min，5月30日，围堰上游水位97.74m，渗水量为585.8L/min；6月11日，水库蓄水位为135.92m，渗水量为869.72L/min，此后缓慢减小；10月22日，库水位135.60m，渗水量为365.15L/min；11月9日，库水位138.92m，渗水量为

426.82L/min。2003 年 12 月 12 日，在围堰高程 107.5m 廊道发现横缝排水槽引管出水和 1 号爆破药室装药管出水，碾压混凝土围堰横缝第一道止水片距上游堰面 0.4m，第二道止水片距上游堰面 1.9m，两道止水片间距 1.5m；排水槽位于两道止水片中间，其中心距两道止水片分别为 0.75m，排水槽截面为菱形 0.2m×0.2m，分布高程 40.0～140.0m，排水槽中心线距高程 102.5m 廊道上游壁面 2.35m。高程 107.5m 廊道渗漏水量由 12 月 15 日测值 204L/min 至 12 月 18 日增大至 828L/min，呈上升趋势。2014 年 1 月 21 日围堰漏水总量超过 1800L/min，堰体排水孔出水，1 月 31 日漏水量增至 3482L/min；2 月 25 日围堰堰体排水孔渗漏出水量最大达 8352L/min。

6.4.5.2 围堰渗漏水检查及处理

(1)围堰渗漏水检查

2003 年 12 月 12 日在围堰高程 107.5m 廊道发现渗漏水并有渗漏量增大的趋势后，设计分析认为围堰渗漏水通道与围堰上游面裂缝有关，尤其是高程 107.5m 廊道上游侧防渗层距围堰上游面 4.5m，防渗层采用常态混凝土，常态混凝土内埋设堰体爆破药室及装药管(水平间距 2.2m)，常态混凝土与碾压混凝土之间的水平层间缝是漏水的主要通道。水平层面渗漏水沿水平缝绕过围堰结构缝的第一道止水片而进入排水槽。设计提请三峡总公司尽快安排潜水员对碾压混凝土围堰上游面裂缝进行检查。2004 年 1 月 2—6 日，长江电力股份有限公司检修厂潜水员对碾压混凝土围堰上游面高程 107.5m 附近进行水下检查，重点检查 6#～15# 堰块，检查方式为水下摄像和潜水员目测相结合。检查发现 7#、8# 堰块高程 107.6m 附近有不连续水平缝。缝宽 1.0～1.5mm；9#～12# 堰块高程 107.6m 附近有不连续水平缝，缝宽 1.0～1.5mm；13#～15# 堰块高程 111.4m 处有一条水平缝，呈连续状，缝宽 1.0～1.5m；水平缝上下各 50cm 范围内检查未发现有明显缺陷。经对堰体排水孔进行孔内电视录像检查发现，大部分渗漏水层面位于高程 86.0～88.0m 处，个别在高程 82.0m 处，有些层面漏水呈射流状。鉴于碾压混凝土围堰 7# 堰块左半块至 15# 堰块的堰体排水孔均大量漏水，初步判断堰体水平层面缝已延伸至堰体排水孔处。

(2)碾压混凝土围堰安全性分析

鉴于对堰体水平层间缝向下游延展深度尚未检查，设计对碾压混凝土围堰高程 107.5m、111.4m、88.0m、82.0m、78m 等断面的稳定性分别采用抗剪断公式和抗剪公式进行了计算分析。计算成果为：当堰体高程 88.0m 断面距上游面层面 5.0m 范围用全水头时，其下游扬压力按三角形分布，层面抗剪断参数 $f'=0.9$，$c'=0.9$MPa，则该断面抗滑稳定安全系数 $K_c'>3.0$；若层面抗剪断参数取 $f'=0.9$，$c'=0.7$MPa，则 $K_c'<3.0$。若按抗剪公式计算，层面摩擦系数取 $f=0.70$，则 $K'_c<1.0$；若将堰体排水孔处的扬压力折减系数取 0.5，则 $K_c'>1.0$。计算结果表明，碾压混凝土围堰层面缝发展存在危及围堰安全的风险，尤其是高程 88.0m 水平层面缝已向下游延伸距上游面 5.0m 以上，若水平层面缝向堰体排水孔下游继续延伸，则危及围堰安全风险更大，必须尽快处理，以确保碾压混凝土围堰安全。

(3)围堰渗漏处理设计方案及其处理效果

设计提出“外堵内排”的处理方案：对围堰上游堰面水平层间缝与堰体横缝和诱导缝相交的十字部位，在横缝及诱导缝和水平层间缝两端分别骑缝钻止浆孔灌浆封闭后，再沿水平层间缝水下切槽，嵌 SR_2 塑性止水材料封堵，再加贴 SR 盖片保护，达到“外堵”目的；在堰体高程 107.5m 廊道上游侧和顶拱肩处布设排水孔，呈梅花形布置，排距 0.5m，孔距 1.5m，孔深约 2.5m(穿过常态混凝土与碾压混土层面)，并在高程 107.5m 廊道下游侧施钻堰体排水孔，增加一道排水孔幕加强排水，以达到“内排”减压目的。为提高封堵水平层间缝堵漏效果，在堰体高程 107.5m 廊道内居中布置一排孔径 56mm 的斜向钻灌孔，孔深以穿过高程 82.0m 水平层间缝 2.0m，灌浆封堵材料。碾压混凝土围堰渗漏处理按设计方案实施处理后，堰体漏水量显著减小。2004 年 6 月 22 日实测围堰渗漏水量为 24.09L/min，10# 堰块堰顶最大水平位移 21.4mm；8 月 20 日实测围堰渗漏水量为 10.38L/min，10# 堰块堰顶最大水平位移为 20.58mm，说明围堰渗漏处理效果良好，围堰运行正常，安全可靠。

6.4.6　碾压混凝土围堰拆除爆破实施效果与安全监测成果分析

6.4.6.1　碾压混凝土围堰拆除爆破实施效果

(1)碾压混凝土围堰拆除爆破实施方案

碾压混凝土围堰拆除范围沿围堰轴线长度 480m，拆除高度 30m，拆除混凝土方量达 18.63 万 m^3。设计爆破方案为两侧堰块(左岸与纵向围堰接头连接段堰块和右岸 2# ～5# 堰块)采用超深孔台阶爆破法炸碎，中间明渠段(6# ～15# 堰块)采用洞室爆破倾倒，即“中间倾倒、两侧炸碎”方案。

1)洞室爆破倾倒方案研究与实施。

鉴于中间倾倒部分是围堰拆除的主体部位，在围堰施工时，将堰体的排水廊道抬高约 10m 至高程 107.5m 兼作装药廊道，布设 3 排预留集中药室(图 6.4.4，高程单位为 m，其他单位为 mm，下同)：1 号药室中心高程 108.7m，药室中心距上游直立堰面 2.2m，药室中心距装药廊道上游边墙 2.3m，药室内径 40cm、净高 70cm，药室容积为 0.09m^3，1 号药室中心间距 2.2m，1 号药室首先起爆，爆破后形成缺口Ⅰ区；2 号药室布设在装药廊道之下，药室中心高程 101.5m，药室中心距上游直立堰面 6.0m，药室中心距装药廊道底板 6.0m，药室内径 100cm、净高 100cm，药室容积为 0.079m^3，2 号药室中心间距 5.0m，该药室在 1 号药室之后起爆，爆破后形成缺口Ⅱ区；3 号药室布置在装药廊道下游，药室中心高程 106.4m，药室中心上游距装药廊道下游墙水平距离 3.5m，至装药廊道垂直距离 1.1m，药室内径 80cm、净高 80cm，药室容积为 0.40m^3，3 号药室中心间距 4.0m，该药室紧接 2 号药室之后起爆，爆破后形成缺口Ⅲ区，同时把 1 号和 2 号药室爆后残留的根底爆破。3 排药室通过 1 号、2 号和 3 号药室依次爆破，在堰体上游侧部位形成爆破缺口(图 6.4.5)，为堰体倾倒创造失稳条件和旋转空间。同时为保证顺利地倾倒在 110.0m 高程处，在被炸堰体的后部布设了断裂孔。

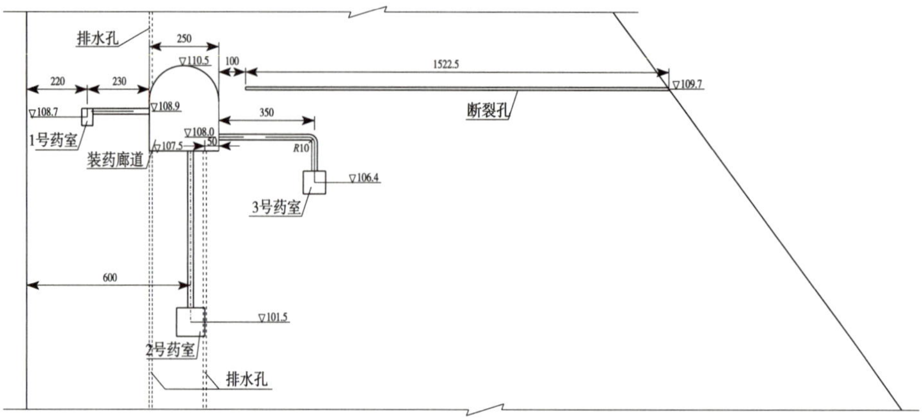

图 6.4.4 三期碾压混凝土围堰堰体预留药室布置(单位:高程以 m 计,尺寸以 cm 计)

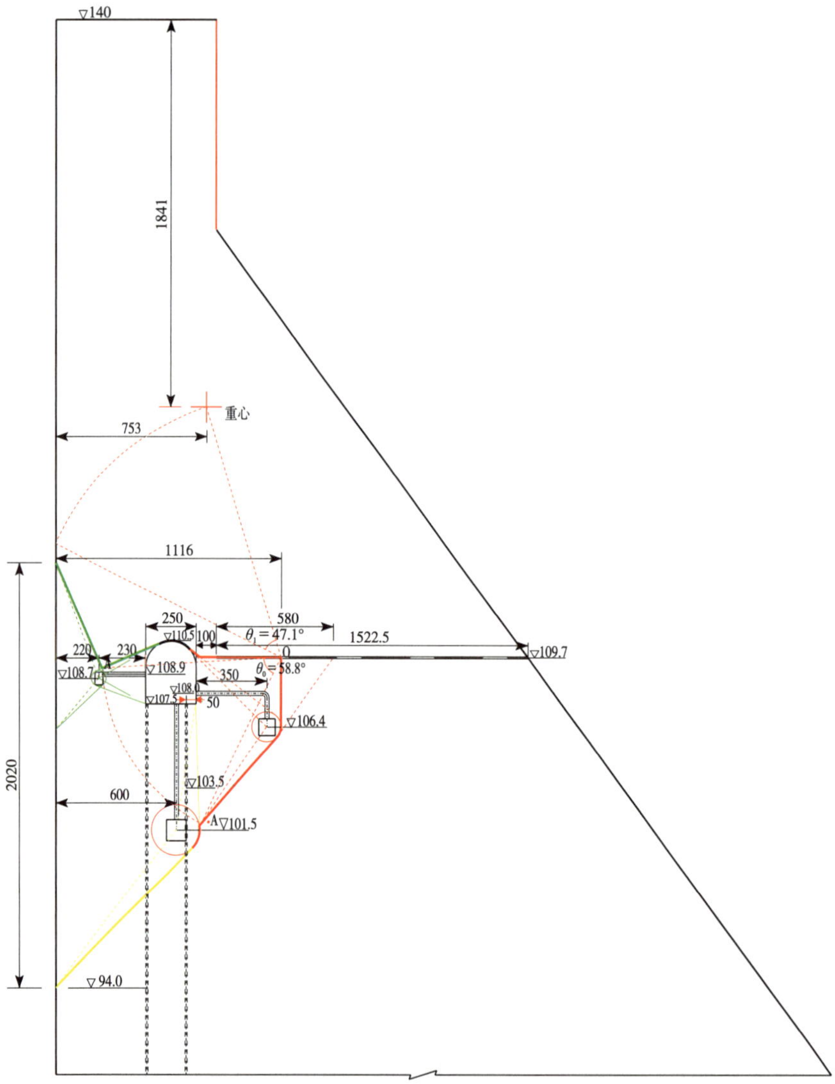

图 6.4.5 碾压混凝土围堰爆破缺口(单位:高程以 m 计,尺寸以 cm 计)

①围堰拆除爆破倾倒药室药量计算。

碾压混凝土围堰拆除爆破方案将两种爆破方法在同一网络中起爆，并使拆除长度480m的堰体按设定的从左至右的顺序依次倾倒。为提高围堰倾倒爆破的可靠性，三峡总公司委托长江科学院进行了爆破器材及其爆破可靠性试验，并对爆破振动及水击波、爆破涌浪影响、安全防护措施等进行专题研究，开展了1∶100模型倾倒涌浪试验和1∶10模型爆破倾倒试验。鉴于在超过30m的深水中进行集中药室爆破和钻孔装药爆破，国内外尚无实践经验可循，通过理论研究和科学试验，揭示了水下固体介质爆破作用各个过程的基本规律，提出了装药量计算的原则及计算式(6.4.1)：

$$Q=eK_d(k+HC_a)W^3f(n) \tag{6.4.1}$$

式中，e为炸药系数，标准炸药为1。K_d为双向药包作用系数，一般取1.2，1号及2号药室取1.2，3号药室取1.0。HC_a为水深单耗增量，其中，H为水深，C_a为系数，一般为0.005～0.015。k为标准抛投单耗，地面标准抛掷单耗计算经验公式为$k=[0.4+(r/2450)^2]=1.36kg/m^3$，其中，$r$为爆破介质容重，碾压混凝土取2400kg/m；$n$为爆破作用指数，一般最小抵抗线方向地形越陡越有利于爆破漏斗形成和保证抛掷效果，水下地面坡度在45°～75°时，一般爆破作用指数取1～1.4；本工程水下坡度为90°，为保证爆破效果，3个药室均按加强抛掷爆破考虑，结合模型试验爆破效果，1号、2号、3号药室爆破作用指数分别取1.25、1.25和1.3。W为最小抵抗线，m。$f(n)$为爆破作用指数函数。

按式(6.4.1)计算药量值：1号药室量为32.6kg、2号药室量为690.4kg、3号药室量为121.2kg。1号药室容积$0.09m^3$，按装药密度$1.0t/m^3$计，可容纳炸药90kg；2号药室容积$0.79m^3$，可容纳炸药790kg；3号药室容积$0.40m^3$，可容纳炸药400kg，均可满足计算药量的装药要求。

②围堰拆除爆破倾倒药室爆破漏斗复核。

围堰拆除爆破药室预期的爆破漏斗：1号药室产生上游向和下游廊道向两个爆破漏斗；2号药室产生上游向和上方廊道向两个爆破漏斗；3号药室产生上游向爆破漏斗。据此进行核算[药量按式(6.4.1)计算]：

(a)1号药室。向廊道方向最小抵抗线2.3m，爆破漏斗半径1.2m，最小抵抗线水深26.3m，其形成下游廊道向爆破漏斗所需药量$Q_{11}=10.1kg<32.6kg$，故下游廊道向漏斗可形成。1号药室向围堰下游坡方向最小抵抗线距离17.4m，最小抵抗线处水深15.8m，按最小松动爆破[$f(n)=0.33$]核算药量$Q_{12}=3166kg \gg 32.6kg$，不会出现下游坡的爆破漏斗。

(b)2号药室。向廊道方向最小抵抗线6.0m，最小抵抗线处水深27.5m，按2号药室装药量690.2kg核算，其上向爆破漏斗爆破作用指数为1.27，仍可形成加强抛掷爆破漏斗，满足设计要求。2号药室向围堰下游坡方向最小抵抗线距离18.7m，最小抵抗线处水深22.3m，按最小松动爆破[$f(n)=0.33$]核算药量$Q_{12}=4098kg \gg 690.2kg$，故不会出现向围堰下游坡的爆破漏斗。

(c)3号药室。向围堰下游坡方向最小抵抗线距离12.2m，最小抵抗线处水深21.3m，按最小松动爆破[$f(n)=0.33$]核算药量 $Q_{13}=1130\text{kg} \gg 121.2\text{kg}$，故不会出现围堰下游坡的爆破漏斗。

③围堰拆除爆破漏斗参数。

计算爆破漏斗参数主要是压缩圈半径及上、下破裂半径，计算式分别为式(6.4.2)、式(6.4.3)和式(6.4.4)：

压缩圈半径：

$$R_Y = 0.62 \cdot (\mu \cdot Q/\Delta)^{1/3} \tag{6.4.2}$$

下破裂半径：

$$R_D = W \cdot (1+n^2)^{1/2} \tag{6.4.3}$$

上破裂半径：

$$R_V = W \cdot (1+\beta \cdot n^2)^{1/2} \tag{6.4.4}$$

式中，μ 为爆破介质压缩系数，取 $\mu=10$；Δ 为炸药密度，取 $\Delta=1.0\text{t/m}^3$；β 为爆破漏斗上向崩塌系数，取 $\beta=4$。

围堰各药室爆炸的爆破漏斗参数计算值见表 6.4.12。

表 6.4.12　　围堰各药室爆炸的爆破漏斗参数计算值

爆破漏斗参数	计算公式	计算值(m)		
		1 号药室	2 号药室	3 号药室
压缩圈半径	$R_Y=0.62(\mu Q/\Delta)^{1/3}$	0.43	1.18	0.66
上破裂半径	$R_v=W(1+\beta n^2)^{1/2}$	5.92	16.16	9.75
下破裂半径	$R_D=W(1+n^2)^{1/2}$	3.52	9.60	5.74

④围堰拆除爆破倾倒药室间距复核。

对于斜坡地形、坚硬岩石抛掷爆破药室间距计算式为式(6.4.5)：

$$\alpha = W[f(n)]^{1/3} \tag{6.4.5}$$

按式(6.4.5)计算 1 号、2 号、3 号药室间距分别为 2.6m、7.0m 和 4.2m，药室实际布置间距值为 2.2m、5.0m 和 4.0m，均小于计算值，对爆破破碎效果更有利。

⑤围堰拆除爆破倾倒断裂孔爆破参数。

(a)断裂孔布置。

下游断裂孔垂直于堰轴线水平布置在堰体下游部位，开口位于堰体下游斜坡面上，断裂孔中心高程 109.7m、孔底上游距装药廊道下游墙 1.0m。断裂孔间距为 1.0m，孔径 97mm，实际孔深 15.225m，预埋管材为 ABS 管。断裂孔可使堰体下游部分沿断裂孔平面裂开，释放堰体约束，其上部待拆除堰体能够顺利地绕爆破缺口尖点向上游方向自由倾倒。

(b)断裂孔径 d 采用预埋 ABS 管内径 97mm。

(c)断裂孔距 $\alpha=8d \sim 12d$，采用 $\alpha=1.0\text{m}$。

(d)断裂孔线装药密度 q。

按经验公式：

$$q=0.083[\delta_{压}]^{0.5}\alpha^{0.6} \tag{6.4.6}$$

式中，$[\delta_{压}]$为碾压混凝土抗压强度，取$\delta_{压}=30\text{MPa}$；α为断裂孔距，$\alpha=1.0\text{m}$。

计算断裂孔线装药密度$q=0.455\text{kg/m}$。鉴于断裂孔爆破断裂效果好坏直接关系到上部待拆堰体倾倒的成败，断裂面要确保贯通，故有必要在预裂线装药密度的计算值上加大药量。断裂孔位于水下25m深处，要克服水压及水摩阻力对断裂效果的影响，也需要增加药量。但根据1∶10模型试验成果分析，断裂孔爆炸时上抬力较大，且上部堰体上抬后回落时与下部保留堰体冲击产生振动效应较大，为控制振动效应，有必要控制断裂孔药量，以减小上部堰体上抬位移。结合模型试验效果综合考虑，推荐断裂孔装药密度取得最大计算值的2倍，即$q=0.455\times2=0.91\text{kg/m}$。上述经验公式主要是从岩石中垂直预裂爆破回归总结得出的，垂直预裂是在半无限体中劈裂成缝，而水平预裂上部是有限体，定性分析，水平预裂比垂直预裂容易，所需药量相对较少，如水工建筑物建基岩面保护层水平预裂采用的线装药密度一般取普通预裂线装药密度的2/3左右。碾压混凝土围堰拆除爆破为水下爆破，就断裂效果而言，水耦合爆破比一般预裂的空气耦合爆破效果好。采用在较大垂直预裂线密度计算值再增加一倍药量，按线装药密度0.91kg/m装药应能保证预期断裂面的形成。

(e)断裂孔底加强装药段。主要目的：一是为抵抗孔底较强的夹制作用，二是为推开3号药室顶部未抛出的混凝土，确保上部堰体翻转交铰点在其重心的下游。根据断裂孔与3号药室位置关系及3号药室爆破漏斗参数，断裂孔孔底5.8m为加强装药段。一般工程的垂直预裂孔深5～10m时，孔底线装药密度取$2q$～$3q$；孔深大于10m时，孔底线装药密度取$3q$～$5q$。碾压混凝土围堰断裂孔为水平孔，其孔深15.225m，孔底夹制作用低于垂直预裂孔，孔底线装药密度主要受孔底单耗控制。断裂孔处水深25m，孔底单耗不宜低于1.2kg/m^3。若按孔底加强装药段最小抵抗线0.5m，取加强线装药密度$5q=4.55\text{kg/m}$，则最小单耗为1.23kg/m^3，能达到推开3号药室顶部未抛出的混凝土而形成缺口底部的目的。

(f)断裂孔口堵塞段长度取1.5m，采用特制材料堵塞。

(g)单孔装药量Q按全孔分段装药密度计算为33.6kg，断裂孔装药段平均线装药密度为2.45kg/m。

(h)装药结构。断裂孔内装药不考虑耦合系数，装药结构为连续装药。基本装药结构(从孔底至孔口)：长5.8m、直径70～80mm的药包＋长7.925m、直径32mm的药包(36节)。

⑥3排药室及断裂孔爆破参数汇总。

按碾压混凝土围堰挡水位135.0m，3排药室及断裂孔爆破参数汇总见表6.4.13。各预埋药室及断裂孔总装药量为84.2t。

表 6.4.13　　药室及断裂孔爆破参数汇总

名称	中心高程(m)	间距α(m)	最小抵抗线W(m)	爆破作用指数n	水下单耗	装药量(kg)	压缩圈半径(m)	上破裂半径(m)	下破裂半径(m)
1号药室	108.7	2.2	2.2	1.25	1.623kg/m³	32.6	0.43	5.92	3.52
2号药室	101.5	5.0	6.0	1.25	1.695kg/m³	690.4	1.18	16.16	9.60
3号药室	106.4	4.0	3.5	1.30	1.646kg/m³	121.2	0.66	9.75	5.74
断裂孔	109.7	1.0			0.91kg/m	33.6			

⑦堰体排水孔爆破参数。

(a)堰体排水孔用作爆破孔的目的。

碾压混凝土围堰体内布设两排排水孔，均为垂直孔，孔径 110mm，孔距 3.0m，排距 2.0m，梅花形布置。上游排排水孔沿装药廊道上游墙脚布设(6#～15#堰块)，上通至堰顶、下通至基础廊道；下游排排水孔距装药廊道下游墙脚 0.5m 布设(7#左半块～15#堰块)，下通至基础廊道。利用排水孔装药，两排排水孔在爆破时机上先、后于 2 号药室起爆，可促进 2 号和 3 号药室爆破漏斗的形成，增加上部待拆堰体倾倒的可靠性。

(b)排水孔利用范围及装药参数。

两排排水孔主要利用装药廊道底板以下至穿过爆破漏斗下破裂线下延一定距离范围。上游侧排水孔高程 106.0～94.0m 的 12m 段装药；下游侧排水孔高程 106.0～103.5m 的 2.5m 段装药。装药段上、下各 1.5m 均用特殊材料封堵。

上游侧排水孔上游向最小抵抗线为 4.5m，药卷直径需 100mm 以下，下游侧排水孔上游向最小抵抗线为 2.0m，药卷直径需 70mm，为装药方便，两排排水孔均装直径 80mm 药卷或散装炸药。两排排水孔单孔药量计算值见表 6.4.14。

表 6.4.14　　排水孔单孔药量计算值

排水孔装置	装直径 80mm 的药卷		装散装炸药	
	药量(kg)	单耗(kg/m³)	药量(kg)	单耗(kg/m³)
上游侧排水孔	72.7	0.45	114.0	0.70
下游侧排水孔	15.2	1.01	23.7	1.58

根据经验，在水深 35.5～41.0m 工况下，水下钻孔爆破单耗一般需 1.3kg/m³ 左右，表 6.4.14 计算结果，装 80mm 药卷，两排排水孔单耗均较小，为保证爆破效果，采用装散装炸药。

⑧爆破网络。

(a)由于爆破区长、单段起爆药量控制严格、分段多，采用毫秒延期起爆网络。由于药室网络在廊道内，断裂孔网络在堰体下游坡面外，药室传播网络和断裂孔传播网络相对独立。

(b)起爆顺序为:1号药室→上游侧排水孔→2号药室→下游侧排水孔→3号药室→断裂孔,且后结点前排药室(孔)尽量在前结点后排药室(孔)之前起爆以形成开阔的临空面、减少约束。

(c)雷管选择。为保证单段起爆破药量得到控制,特选用高精度系数雷管、数码雷管,使爆破网络处于可控状态。

(d)重段或串段控制。考虑雷管延时误差、合理选取各部位雷管段别。按最大单段起爆药量695kg控制,在不影响爆破效果的情况下,允许2号药室外的其他药室(孔)有部分重段或串段,而2号药室不允许出现重段或串段情况。

2)炸碎部分爆破方案研究与实施。

①炸碎拆除范围。

右岸坡段(2#～5#堰块)轴线长106.5m、左连接段轴线长60m和纵向围堰上纵堰内段轴线长122m。其中左连接段和右岸坡段拆除高程110m,纵向围堰上纵堰内段拆除高程125.0m。

②炸碎部分爆破设计条件。

(a)炸碎部分和倾倒部分必须在装药、联网完成后一次起爆,无分期爆破条件,爆破网络统一考虑。

(b)碾压混凝土围堰堰前水位135.0m,爆破前堰内充水至135.0m水位,届时炮孔可能进水,孔内装药结构及起爆材料均处于浸水状态。

③右岸坡段2#堰块钻爆参数。

2#堰块轴线长12.8m,与右岸接坡1∶1,堰高3.0m(建基高程147.0m),为一薄层混凝土,水上爆破。

(a)单位耗药量取$q=0.6\text{kg/m}^3$。

(b)钻爆孔径采用手风钻钻孔,孔径$D=42\text{mm}$,药包直径$d=32\text{mm}$。

(c)钻爆孔深L,考虑起深0.2m,则钻爆孔深3.2m。

(d)堵塞长度$L_2=1.0\text{m}$,装药段长$L_1=2.2\text{m}$,装药系数$\tau=L_1/L=0.69$。

(e)钻爆孔密集系数$m=\alpha/W$,取$m=1.5$。

(f)钻爆孔排距b。根据公式$W=d(7.85L\tau\delta/qHm)^{1/2}$计算最小抵抗线$W$。装药密度取$\delta=1.0\text{g/cm}^3$,代入梯段高度3.0m及其他参数,计算得出最小抵抗线$W=0.76\text{m}$。取$b=W=0.8\text{m}$。

(g)钻爆孔距$\alpha=mW=1.2\text{m}$。

(h)装药结构。单孔药量$Q=q\alpha bL=1.84\text{kg}$。连续装10节直径32mm的药包,实际单孔装药量2.0kg,单位耗药量为0.65kg/m^3。

右岸近岸坡部位钻爆孔深根据建基岩面高程相应减小。

④右岸3#～5#堰块、左岸连接段。

右岸3#～5#堰块轴线长93.3m,拆除高度3～30m,左岸连接段轴线长60.1m,拆除高度 10～30m。右岸 $3^{\#}$～$5^{\#}$ 堰块堰高 5.0m 以右部位均为水上爆破，钻爆参数同 $2^{\#}$ 堰块。$3^{\#}$～$5^{\#}$ 堰块堰高 5.0m 以左部位及左岸连接段下部均为水下爆破，以最大梯段高度 30m 钻孔为例分析，其他炮孔根据部位和孔深不同而取不同的单孔装药量。

(a)单位耗药量 q。

根据实际水深，将炮孔沿孔深按 5mm 长度分段，按不同水深采用不同的单耗：0m 水深孔段 $q=0.6\text{kg/m}^3$，0～5m 水深孔段 $q=1.25\text{kg/m}^3$，5～10m 水深孔段 $q=1.45\text{kg/m}^3$，10～15m 水深孔段 $q=1.65\text{kg/m}^3$，15～20m 水深孔段 $q=1.85\text{kg/m}^3$，20～25m 水深孔段 $q=2.05\text{kg/m}^3$。

(b)炮孔采用潜孔钻钻孔，孔径 $D=100\text{mm}$，药包直径 $d=70$～80mm、32mm。

(c)炮孔孔距 α 及排距 b。

$\alpha=2.0\text{m}$，$b=W=1.5\text{m}$，钻孔密集系数 $m=1.33$。

(d)炮孔孔深 L，考虑超深 1.0m，孔深 $L=31.0\text{m}$。

(e)堵塞长度 $L_2=2.0\text{m}$，装药长度 $L_1=29.0\text{m}$，装药系数 $\tau=L_1/L=0.94$。

(f)单孔药量 $Q=138.9\text{kg}$。

(g)装药结构：从下而上长 13.6m、直径 80mm 的药包(42 节)＋长 7.4m、直径 70mm 的药包(19 节)＋长 6m、直径 32mm×4 的药包(120 节)＋长 2m、直径 32mm×3 的药包(30 节)。按此装药结构单孔装药量为 144.4kg，略大于设计计算装药量 138.9kg。

⑤纵向围堰上纵堰内段。

上纵堰内段轴线长 122.0m，拆除高度 15m，水深 10m。

(a)单位耗药量 $q=1.45\text{kg/m}^3$。

(b)炮孔采用潜孔钻钻孔，孔径 $D=100\text{mm}$，药包直径 $D=70$～80mm、32mm。

(c)炮孔孔距 α 及排距 b(抵抗线 W)。

$\alpha=2.0\text{m}$，$b=W=1.5\text{m}$，钻孔密集系数 $m=1.33$。

(d)炮孔深度 L，考虑超深 1.0m，孔深 $L=16.0\text{m}$。

(e)堵塞长度 $L_2=2.0\text{m}$，装药段长 $L_1=14.0\text{m}$，装药系数 $\tau=L_1/L=0.88$。

(f)单孔药量 $Q=53.9\text{kg}$。

(g)装药结构。从下而上长 1.0m、直径 80mm 的药包(3 节)＋长 5m、直径 70mm 的药包(13 节)＋长 6m、直径 32mm×4 的药包(120 节)＋长 2.0m、直径 32mm 的药包(30 节)。按此装药结构单孔装药量为 56.8kg，略大于设计计算装药量 53.9kg。

⑥单孔起爆药量分析。

根据爆破质量振动速度和爆破动水压力复核结果综合考虑，并对现场爆破振动安全和动水压力安全进行了试验，试验结果对近坝区 50m 以内最大单段起爆药量进行重点控制。纵向围堰与大坝间设有 2cm 的缓冲层，可起到一定的减震作用，同时还对纵向围堰近大坝端先进行预裂爆破(预裂深度 20m)，以减小主爆孔对大坝的振动影响。并对近纵向围堰大坝混凝土和钢闸门加强爆破安全防护。

⑦爆破网络。

(a)由于爆破区长、单段起爆药量控制严格、分段多,采用毫秒延期起爆网络。要求采取交叉搭接、并联贮备等技术手段,保证网络准爆。另对堰外后爆网络需加强覆盖保护(水下部分用胶管包裹),以免传暴中断。

(b)起爆顺序。为使倾倒部分顺利倾倒,必须控制炸碎部分先爆,以解除倾倒部分的端部约束。在右岸和左侧纵向围堰远坝端各设一起爆点,基本起爆顺序为:左连接段爆破炸碎完毕→右岸坡段堰块爆破炸碎完毕→中部堰块爆破倾倒完毕→上纵堰内段爆破炸碎完毕。

(c)雷管选择。为保证单段起爆药量得到控制,特选用高精度系列雷管数码雷管,使爆破网络处于可控状态。为避免先爆部位对传爆网络及后爆部位造成破坏,遵循"孔外低段传爆、孔内高段起爆"的原则,或直接采用数码雷管分段起爆。

3)碾压混凝土围堰拆除爆破实施方案。

爆破网络共分为961段,使用数码雷管2506发,导爆索1800m,总装药量191.3t。

(2)碾压混凝土围堰拆除爆破方案实施效果

2006年6月6日16时准时起爆,爆破历时12.888s,除15#堰块外,其余6#～14#堰块均向上游倾倒。拆除爆破效果证明,三期碾压混凝土围堰拆除爆破设计先进合理,拆除爆破施工质量优良,拆除爆破组织管理严密,爆破取得了成功。分析造成15#堰块未倾倒的原因,主要是数码雷管供应商在编码器上进行爆破编码时将15#堰块的42发数码雷管遗漏。爆破后,三峡总公司立即组织对15#堰块的42发数码雷管进行逐个检查,发现有20发雷管的连线已断,经潜水工水下作业将损坏的雷管接线进行了修复,位于15#堰块的9个1号药室(装药50kg)有6个完好;4个2号药室(装药690kg)有3个完好;5个3号药室(装药160kg)均是完好。6月9日15时45分,对15#堰块起爆成功。15#堰块1号、2号、3号药室雷管损坏而不能参与起爆破的药量约占该堰块总爆破药量的20%,但仍能向上游倾倒,爆破效果明显,再次证明爆破设计方案是成功的。

6.4.6.2　碾压混凝土围堰拆除爆破监测成果分析

(1)碾压混凝土围堰拆除爆破各主体建筑物保护部位的爆破安全允许标准

三期碾压混凝土围堰距刚建成投入运行的右岸大桥距离仅90m,离左岸电站已投入运行的水轮发电机组不足1km,距右岸大坝仅114m,拆除爆破必须确保大坝安全和左岸电站机组发电运行安全。设计通过研究和分析计算,并借鉴国内外水利水电工程的实践经验,确定了大坝、电站等主体建筑物重要保护部位的爆破安全允许标准:右岸大坝坝基帷幕灌浆区允许振动速度2.5cm/s,右岸电站主厂房上游墙基础允许振动速度2.5cm/s;左岸电站机组及机电设备允许振动速度0.5cm/s。设计按上述允许振动速度计算一次起爆最大药量为690kg,并要求用毫秒微差分段延时爆破技术,最大限度地减小爆破振动对右岸大坝安全和左岸电站机组发电运行安全的影响。右岸大坝上游迎水面水击波压力0.4MPa,电站进水口钢闸门允许水击波压力0.4MPa;右岸大坝下游折坡处混凝土允许动应变80$\mu\varepsilon$,电站进水口钢闸门允许动应变 500$\mu\varepsilon$。

(2)碾压混凝土围堰拆除爆破监测资料分析

三期碾压混凝土围堰拆除爆破实测大坝坝基帷幕灌浆区振动速度为 0.95cm/s，右岸电站主厂房上游边墙高程 75.3m 处的振动速度为 1.63cm/s，均小于设计允许振动速度。安全监测数据表明，爆破振动、触地振动、噪声、动应力、涌浪等爆破有害效应均在安全标准以下，水击波实测值略高于设计预测值，但围堰拆除爆破对大坝安全和左岸电站机组发电运行安全均未造成影响。设计要求在右岸大坝上游面布设双排气泡帷幕削减爆破冲击波对大坝及孔口闸门的影响，气泡发射管布置在坝前 10～15m，采用分段(组)供气方式，每段(组)长约 30m，两根发射管平行间距 50cm；供气压力随水深增加，40m 水深时采用 0.6MPa 以上的供风压力，81m 水深时采用 1.0MPa 以上供风压力；气泡发射管孔径 1mm，单排孔间距 5cm，双排时排距 5cm，呈梅花形布置。实施时按单管每米发射管用气量 0.7m^3/min，总用气量 420m^3/min，用气压力为 0.8MPa。采用气泡帷幕防护取得了较好效果，可使水击波压力衰减 39%～52%。各建筑物监测资料表明，围堰拆除爆破未影响主体建筑物安全运行。

6.4.7 碾压混凝土围堰设计及施工技术问题探讨

6.4.7.1 碾压混凝土围堰设计技术问题探讨

(1)碾压混凝土围堰型式问题

三期碾压混凝土围堰设计比较了拱形围堰和重力式围堰。拱形围堰采用两侧拱座重力墩，中间圆形拱布置。拱形围堰较重力式围堰混凝土量少 25 万 m^3，可削减碾压混凝土施工强度，有利于将围堰施工工期提前和避免高温季节施工碾压混凝土。但拱形围堰左侧重力墩与纵向围堰上纵堰内段结合，拱座体形与明渠过水断面存在矛盾，且该部位水流流态较为复杂，增加其拱座防冲难度。右岸拱座处山体单薄，岩石风化较深且裂隙发育，处理工作量大，鉴于围堰距大坝较近，坝基开挖时将拱座下游侧挖成临空面，直接影响其拱座安全。三峡坝址为宽阔河床，三期碾压混凝土围堰轴线长达 580m，且右岸山体单薄，岩石较差，左侧为纵向围堰，采用拱形围堰的优越条件不甚突出。经综合比较推荐采用重力式围堰。

(2)碾压混凝土围堰防渗层问题

三期碾压混凝土围堰防渗层采用二级配富胶凝材料碾压混凝土(R_{90}200)，防渗层厚度 4m，靠上游模板 0.5m 为变态混凝土。设计要求围堰上游面涂刷水泥基防渗料。施工过程中改在防渗层变态混凝土内掺水泥基渗透防水剂，靠上游面 2m 为变态混凝土。围堰挡水后，在下游面未发现渗水。但在高程 107.5m 廊道上游侧壁发现渗水，分析原因是在廊道上游防渗层内布设围堰拆除爆破药室及装药管孔，药室尺寸 40cm×40cm、高 50cm(高程 108.4～108.9m)间距 2.2m。该部位碾压机具难以施工，故将廊道上游侧壁至围堰上游面宽 4.5m，高 4.0m(高程 107.5～111.5m)改为常态混凝土(二级配、R_{90}200)。水泥用量增多对防裂不利，常态混凝土与碾压混凝土性质不一样且上、下施工层面结合不良，形成水平裂缝成为渗水通道。实践证明，碾压混凝土建筑物防渗层采用常态混凝土（通称“金包银”）不仅不利于碾压混凝土快速施工，且增加混凝土防裂的难度，如产生裂缝，势必降低防渗作用。因此，碾压混凝土围堰防渗层采用富胶凝材料碾压混凝土，可全断面碾压，从而简化混凝土围堰施工程序，有利于快速施工，并能达到防渗效果。

6.4.7.2　碾压混凝土围堰施工技术问题探讨

（1）碾压混凝土围堰分期施工问题

三期碾压混凝土围堰最大高度 121m，基础土石方开挖 65.6 万 m^3，固结灌浆 6653m，帷幕灌浆 6813m，混凝土浇筑 167.26 万 m^3，安排在一个枯水期完建，施工难度很大，经研究比较，采用分期施工。第一阶段施工明渠过水断面以下部位，需完成基础土石方开挖、固结灌浆，并浇筑明渠底板以下堰体混凝土，明渠过水运行；第二阶段在明渠截流修筑三期上、下游土石围堰形成三期基坑，抽干基坑积水后，继续施工明渠底板以上堰体混凝土，围堰施工最大高度 90m，混凝土浇筑量 110 万 m^3，安排在一个枯水期完建施工难度较小。碾压混凝土围堰采用分期施工最大的技术难题是第一阶段施工的碾压混凝土防裂问题，三期碾压混凝土围堰第一阶段施工明渠过水断面以下部位，该部位属围堰基础约束区范围，堰体碾压混凝土最薄处仅 3m，为基础强约束区。导流明渠过水运行时间长达 5 年之久，堰体碾压混凝土过流面极易产生裂缝，基础约束区混凝土裂缝可能发展为贯穿裂缝。为防止第一阶段施工的堰体碾压混凝土裂缝，碾压混凝土采用低热水泥高掺粉煤灰；采用缓凝减水剂降低胶凝材料用量；尽量安排在低温季节施工以降低碾压混凝土浇筑温度；对高程 30m 以下强约束碾压混凝土控制浇筑温度≤12℃，并埋设冷却水管通河水不少于 25 天以满足混凝土设计允许最高温度 26℃；在堰体过流面布设限裂钢筋等温控防裂措施。第二阶段施工时，发现第一阶段施工的碾压混凝土堰体过流面有一些裂缝，对裂缝进行凿槽回填砂浆、骑缝布设限裂钢筋等处理措施，较好地解决了碾压混凝土围堰分期施工的碾压混凝土温控防裂问题。对高度较高，工程量较大，且在一个枯水期施工难以完建的碾压混凝土围堰，可采用分期施工方案。

（2）碾压混凝土拌和物工作度 V_c 值控制问题

三期碾压混凝土围堰的碾压混凝土属无坍落度的干硬性混凝土，采用机械运料入仓、摊铺和振动碾压的填筑工艺施工。碾压混凝土与常态混凝土所有原材料及对其品质的要求基本相同，最大的差异是所配制的混凝土是无坍落度的干硬性材料，并用土石方施工机械布料和分层振动碾压进行填筑。碾压混凝土拌和物工作度 V_c 值是碾压混凝土配合比设计和施工质量控制的一项重要控制指标，V_c 值反映碾压混凝土材料的稠度，它是未凝固碾压混凝土的一个重要特征值，在一定程度上反映了碾压混凝土的可碾压密实性。V_c 值小，混凝土稠度低，当 V_c 值小于 10s 时，松散的碾压混凝土材料用手捏，能成团，手掌上有胶浆粘着；当 V_c 大于 20s 时，松散的碾压混凝土材料捏不成团，手掌上也无胶浆附着，表明适当减小 V_c 值，降低混凝土稠度，使干硬性的碾压混凝土材料有一定的黏聚性，对提高其抗分离性能和可碾压性能是极其有利的。三期碾压混凝土围堰第一阶段施工碾压混凝土 V_c 值在仓面控制为5～15s;第二阶段施工碾压混凝土V_c值在仓面分季节控制,高温时段控制为3～5s,低温时段控制为4～7s。在拌和楼出机口按3s左右控制,阴雨天控制为4～6s,出机口V_c值大于8s时按废料处理,仓面V_c值大于10s时,采用分散或挖除处理。仓面V_c值控制在1～8s,以碾压不陷碾为原则,碾压后表面泛浆,并有一定弹塑性,在其上浇筑碾压混凝土,上下层间呈"犬牙交错"状,有利于保证碾压混凝土层面结合质量。三期碾压混凝土围堰第一阶段施工碾压混凝土拌和物工作度V_c值在仓面控制为5～15s,施工实践表明,仓面V_c值大于10s,碾压混凝土表面干燥,部分呈发白状态,在其上浇筑碾压混凝土,对层面结合质量极其不利,围堰挡水后,层面易渗水。第二阶段施工碾压混凝土拌和物工作度V_c值在仓面控制为1～8s,大于10s按废料处理,碾压混凝土表面泛浆湿润,在其上浇筑碾压混凝土,对层面结合质量极为有利。围堰挡水运行后,在背水侧未发现层面渗水。

(3)碾压混凝土围堰施工加快进度的技术措施

三期碾压混凝土围堰第二阶段施工堰体高度90m,混凝土量110.5万m^3,施工工期4～5个月,其技术难点是堰体结构与快速施工的矛盾。设计研究尽量简化堰体结构,为碾压混凝土快速施工创造条件:围堰堰体只设结构横缝及诱导缝,不设纵缝,可大仓面施工;结构横缝及诱导缝上游止水片及排水槽采用预埋沥青杉板架设固定,其余部位采用切缝埋设隔板及彩色塑料条布;简化堰体混凝土品种全断面采用碾压混凝土;堰体排水管改为在廊道内及堰顶钻孔,避免影响碾压混凝土施工;廊道、应力释放孔、围堰拆除的爆破药室等采用预制构件,以减少仓内作业干扰;通过温控计算分析,并利用低温季节施工的有利时机,论证了连续浇筑碾压混凝土的技术方案及相关要求。施工中充分发挥了碾压混凝土大仓面、薄层铺筑连续上升、振动碾压的技术优势,明渠段低渠高程50m部位一直上升至堰体廊道底高程107.5m,安装廊道预制构件间歇5天后,再连续上升至堰顶高程140m,创造了碾压混凝土连续上升57.5m,最高月浇筑强度47.5万m^3的世界纪录,为碾压混凝土围堰优质快速施工积累了实践经验。

(4)碾压混凝土施工层面质量控制问题

碾压混凝土围堰是采用大仓面、薄层摊铺、振动碾压实等施工技术所修筑的混凝土实体围堰。碾压混凝土施工层面要求具有较高的结合强度和抗渗性能,其层面结合质量关系到围堰的成败。若碾压混凝土施工层面质量控制不严,处理不当而形成薄弱层面,挡水运行后沿施工层面拉开产生水平缝,成为漏水通道,势必危及堰体安全运行。由于三期碾压混凝土围堰快速施工的特点,且围堰块体尺寸大,散热困难,堰体内部最高温度28～34℃,水库水温10～26℃,内外温差产生的温度应力较大,挡水运行后,与堰体自重及挡水压力叠加,在围堰迎水面附近的最大应力为1.2MPa。因此,要求碾压混凝土施工层面具有足够的抗拉强度,以防止围堰挡水运行后沿施工层面拉开形成水平缝。

碾压混凝土围堰施工过程中,应严格控制各碾压混凝土碾压层面间保持清洁湿润,不得混入油类、泥土等有害杂物,在设计允许层间间歇时间内(混凝土初凝前)进行上层碾压混凝土的摊铺、碾压，以保证层面结合质量。若因故中止或其他原因使层面间歇时间超过设计允许间歇时间，对层面混凝土应及时进行处理。施工缝处理包括正常工作缝处理和冷缝处理。正常工作缝一般在混凝土收仓后 10 小时左右用压力水冲毛，清除混凝土表面浮浆，露出粗砂和小石，在其上浇筑碾压混凝土前铺一层 2～3cm 厚比碾压混凝土提高一级标号的砂浆；对冷缝的处理也应将层面松散物清除并用压力水冲毛，也先铺比碾压混凝土提高一级标号砂浆后，再在其上浇筑碾压混凝土，以保证层面结合强度。经室内试验，处理较好的层面抗拉强度可达整体强度的 80％～100％，但层面处理较差的试件，层面抗拉强度不足整体强度的 50％。表明碾压混凝土施工层面质量对其结合强度影响较大，处理较差的施工层面，其结合强度较低，且离散性较大，在围堰挡水运行后，有可能沿层面拉开产生水平缝，形成漏水通道而危及围堰运行安全。因此，施工过程中，严格碾压混凝土施工工艺，控制层面质量，保证层间结合强度，防止沿层面产生水平缝；同时，对碾压混凝土坝迎水面涂刷水泥基防水材料或粘贴 SR 盖片（SR 塑料止水材料与增强聚酯纤维无纺布、反光聚酯铝箔薄膜复合而成的片状防水材料），以防止坝面产生的裂缝渗漏水，做到万无一失，这是碾压混凝土筑坝的关键所在。

第7章 三峡工程水库淹没及移民安置

7.1 移民概况

7.1.1 移民安置是三峡工程建设成败的关键

移民安置是三峡工程建设的重要组成部分，是一项复杂的系统工程，是三峡工程建设成败的关键，也是社会关注的焦点。在三峡工程论证、规划设计和实施过程中，都把移民工程摆在相当重要的位置。

三峡工程是世界历史上移民人数最多的单一工程，其难度之大、复杂性之高、影响之深远，可谓“前无古人，后无来者”。

三峡水库淹没涉及范围广，移民数量大。库区山高坡陡，人多地少，第二、三产业不发达，移民安置环境容量不足，移民安置难度很大。库区绝大多数城市和部分集镇需要重新布局，工矿企业需重组，农村移民、企业职工、城集镇个体工商户等需要重新就业，库区经济社会系统需重建。移民搬迁涉及国家、地方、企业、普通移民群众等多方面复杂的社会、经济等关系处理。

同时，三峡移民为非自愿移民。相比以年轻人或有专门技能的中年人为主、为寻求新发展或生活质量提高机会自主进行人生选择的自愿移民，非自愿移民乃至移民迁建单位对国家的依赖性比较强，期望值较高，更增加了移民搬迁安置的难度。

三峡工程移民实施过程正处于我国从计划经济向社会主义市场经济的转型时期，经济体制发生深刻变化，对库区的生产重组、经济结构调整、移民实施管理等，都带来了许多挑战和困难。

三峡移民工程是具有自然科学和社会科学双重属性的新兴边缘科学领域，有许多理论问题需要探讨，有许多实际问题需要解决，诸如移民安置环境容量的研究，新老居民关系的研究，补偿与发展关系的研究，移民工程施工总进度计划与分年投资研究，生态农业研究，农村移民生产安置方向研究，城镇迁建规划研究，工矿企业迁建研究，移民优惠政策研究，遥感和计算机在移民规划中的应用研究等。

为妥善安置移民，破解三峡移民这一世界性难题，在论证及可行性研究的基础上，20世纪90年代，开展了三峡水库移民安置规划工作。国务院于1993年8月颁布的《长江三峡工程建设移民条例》(以下简称《三峡移民条例》)规定，“建设三峡工程，必须编制移民安置规划”。

自1991年对三峡水库175m水位淹没实物指标调查开始，包括长江委在内的许多部门、众多专业的上百家有相应资质的规划设计单位，动用数千名规划设计人员，历时6年编制了三峡工程移民安置规划。

三峡工程于1993年全面推进移民安置，1994年开始全国对口支援三峡移民工作，1999年国务院决定实施农村移民外迁安置和工矿企业迁建政策“两个调整”和对地质灾害、生态环境影响的“两个防治”；自2003年起，设立三峡库区产业发展基金，实行移民后期扶持政策；2006—2007年进行了移民安置规划及概算调整。这些重大举措有力推进了移民搬迁安置工作的顺利进行，对维护移民合法权益和库区社会稳定发挥了重要作用，保证了三峡移民搬迁安置任务的全面完成。

目前，三峡移民搬迁安置任务已全面完成，三峡工程已竣工，库区经济社会发展速度明显加快，产业结构不断优化。城乡基础设施和公益设施显著改善，城乡面貌焕然一新，城乡居民生活水平提高。当前移民工作重点已从“搬得出”转为“稳得住、逐步能致富”。

如前所述，三峡移民工程是一项复杂的系统工程，涉及工程、经济、社会、人文、生态、环境、资源、利益分配等多方面的因素。这些因素在移民搬迁安置过程中又发生了巨大的变化，对其认识历经了论证及可研、初步设计移民安置规划，实施过程中规划调整与完善等长期的过程。其间我国经济体制发生深刻变革，国家经济实力进一步增强，对资源、环境的认识进一步加深，在搬迁过程中，按照科学发展观的要求，结合我国社会经济发展的新形势，坚持与时俱进，适应移民安置中出现的新问题和新情况，不断完善和创新，已成功解决了三峡移民这一世界难题。

7.1.2　三峡工程移民概况

7.1.2.1　移民概况

根据1991年10月至1992年6月三峡水库淹没调查，三峡水库正常蓄水位175m，20年一遇洪水回水水面面积1084km^2，其中陆地面积632km^2，淹没涉及20个县、277个乡镇、1680个村、6301个村民小组。淹没涉及城(集)镇129个，其中城市2座、县城11座、建制镇27个、场镇89个。淹没涉及企业1599家(水库淹没实物指标调查报告数，1993年6月)，在规划过程中按相同口径归类为1624家(含商贸流通企业)。移民迁移线以下居住人口84.75万，其中城镇人口55.93万(含工矿企业人口，下同)、农村人口28.82万；淹没房屋3473.15万m^2，其中农村房屋1085.35万m^2，企业房屋760.53万m^2，城镇及其他房屋1627.27万m^2；淹没耕地25.26万亩，园地10.83万亩，林地4.80万亩，河滩地5.74万亩，鱼塘0.47万亩，柴草山3.57万亩。淹没涉及的专业设施包括水电站114处(不含汛后回水影响，下同)，装机容量 9.17 万 kW；输电线 1991.1km；公路 815.6km；邮电通信线路 3413 杆 km；广播线路 4478.3 杆 km；抽水站 139 处，装机容量 0.99 万 kW；码头 655 处。

三峡库区示意图见图 7.1.1。

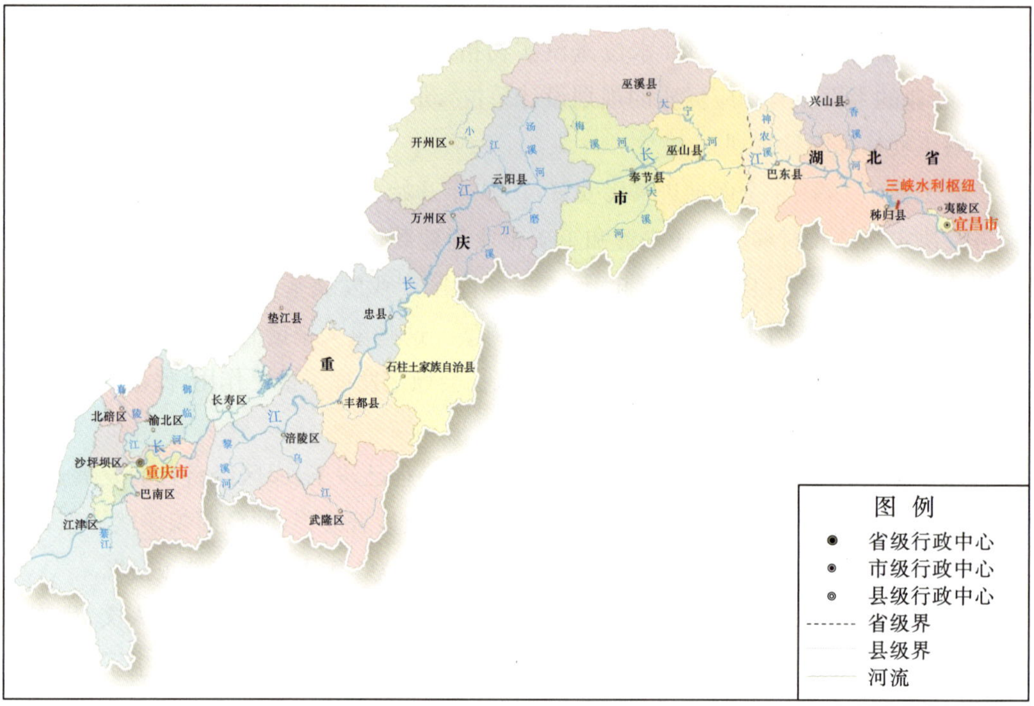

图 7.1.1　三峡库区示意图

在三峡水库淹没调查的基础上，1992 年，长江委编制了《长江三峡工程初步设计阶段水库淹没处理及移民安置规划工作大纲》征求意见稿。1993 年，国务院三峡办批准了《长江三峡工程水库淹没处理及移民安置规划大纲(试行稿)》(以下简称《规划大纲》)，同时决定，依据试行《规划大纲》开展宜昌、秭归、兴山、巴东 4 县移民安置规划工作。1994 年，长江委在总结湖北 4 县规划工作经验的基础上，形成大纲送审稿。1994 年 7 月，国务院三峡办批准了《规划大纲》。此后，库区各县(区)在《规划大纲》基础上开展了分县规划的编制工作。

1985—1992 年，三峡移民安置进行了 8 年试点，8 年试点为三峡移民安置提供了宝贵的经验和教训。1993 年，三峡工程移民开始搬迁，移民安置工作进展顺利，1997 年满足了大江截流需要，2003 年满足了三峡工程 135m 蓄水、通航和首批机组发电需要，2006 年满足了三峡工程 156m 蓄水需要，2008 年满足了三峡工程试验性蓄水的需要。经过 17 年移民搬迁安置，库区移民实现了搬得出、初步稳得住的阶段性目标。到 2009 年，搬迁城市(县城)12 座、集镇 114 座，搬迁改造和破产关闭工矿企业 1632 家，搬迁安置移民 124.55 万人，恢复重建了受淹专项设施，三峡工程移民安置任务全部完成。

2020 年 11 月 1 日，水利部、国家发展和改革委员会公布，三峡工程日前完成整体竣工验收全部程序。根据验收结论，三峡工程建设任务全面完成，工程质量满足规程规范和设计要求、总体优良，运行持续保持良好状态，防洪、发电、航运、水资源利用等综合效益全面发挥。验收结论显示，移民生产生活状况显著改善，库区基础设施、公共服务设施实现跨越式发展。移民迁建区地质环境总体安全，库区生态环境质量总体良好。

7.1.2.2 三峡工程移民安置背景

1)三峡工程淹没涉及范围广，移民数量大。由于三峡工程建设期长达17年，在制定移民安置规划时，考虑到人口的自然增长、机械增长以及随迁人口、新城镇占地人口等因素，三峡工程移民规划搬迁总人口达120多万。因此，三峡工程号称"百万移民"。

2)移民安置难度大。三峡库区山高坡陡，人多地少，人均耕地仅1.1亩，其中相当一部分坡度大于25°，必须逐步退耕还林。而且，现有耕地中高产稳产田地少，多数土地贫瘠，水利设施较差，抗灾能力弱，粮食产量低而不稳。三峡水库蓄水后，沿江河谷地区千百年来开发的一些土地肥沃、质量较高的耕园地将被淹没，库区人多地少的矛盾将进一步突出。移民安置的环境容量有限，安置难度很大。而且，三峡库区还是全国18个连片贫困地区之一，在受淹的区、县(市)中，国家级贫困县就达8个。经济不发达，市场发育程度低，使发展第二、三产业扩大移民安置容量受到限制。同时，库区淹没的专业设施数量较大，门类齐全，迁复建难度较大。并且库区沿岸地质条件差，生态环境保护任务重。

3)三峡工程移民实际上是三峡库区经济结构的重组与社会系统的重建。在移民搬迁过程中，三峡库区的绝大多数城市、县城和相当一部分集镇都将重新布局，重新建设，大多数工矿企业尤其是各地的主要工矿企业将重组，数十万农村移民和相当一部分搬迁企业的职工以及大量城镇个体工商户等将重新就业。库区经济结构和社会系统重建任务重、难度大。

4)移民搬迁涉及国家、地方以及企业、机关和普通移民群众等多方面的利益关系，既是一项利益交错的经济工作，又是一项复杂的社会工作。由于三峡工程移民是非自愿性移民，移民群众期望值较高，这种状况更增加了移民搬迁安置的难度。同时，移民搬迁安置还涉及三峡库区生态环境保护、文物保护等许多热点问题。

5)三峡工程移民是在我国由计划经济向社会主义市场经济转轨的过程中实施的，其间我国的政治、经济体制正在发生深刻的变化，无论是库区生产力的重组和经济结构的调整，还是移民工作的管理，都面临许多新的挑战和困难。三峡工程移民不能再沿袭新中国成立几十年来水利水电工程移民的老办法，必须在社会主义市场经济条件下积极探索新的路子，在政策、管理等许多方面要有新的突破，这是一项非常艰苦细致但具有重大意义的尝试。

6)三峡移民安置实施的时间跨度大。三峡移民安置实施时间长达17年，超过了我国以往任何一项水利水电工程。在17年的时间里，变化因素和不确定因素多，给移民安置规划编制及实施管理、移民资金管理、移民安置工作进度管理等许多方面增加了难度。

7)移民安置期间，我国移民政策处于不断完善的过程中。三峡移民安置期间，移民安置规划依据的法律法规和相关规程规范进行了调整，如《中华人民共和国土地管理法》《三峡移民条例》等相关法律条例进行了修订，1984年颁布实施的《水利水电工程水库淹没处理设计规范》(SD 130—1984)也在2003年和2009年进行了二次修订。法律法规和相关规程规范的修订和完善要求移民安置规划进行相应的调整。

7.2 三峡移民问题研究与论证

7.2.1 早期三峡移民问题研究

1919年孙中山先生的《实业计划》及1924年的《民生主义》提出了建设三峡工程的构想，1932年当时的中国政府编制的《扬子江水力发电勘测报告》、1944年美国顾问潘绥编写的《利用美贷款筹建中国水力发电厂与清偿贷款方法的报告》及同年美国垦务局总工程师萨凡奇提出的《扬子江三峡计划初步报告》均提出了三峡工程的建设方案，但都未对三峡水库的淹没问题进行研究。

1945年，当时的中国政府资源委员会邀请有关单位组成了三峡水力发电计划技术委员会，抽调资源委员会所属全国水力发电工程总处、经济研究所、地理研究所等单位15人，对库区各县进行了调查。调查自1946年5月开始，当年12月结束，1947年编制了《三峡水库库区经济调查报告》。调查范围包括湖北省的宜昌、秭归、兴山、巴东，四川省的巫山、奉节、云阳、开县、万县、石柱、忠县、武隆、涪陵、长寿、北碚、江北、重庆、巴县、江津、永川等20个县(市)，调查水位为120～200m。与此同时，扬子江工程总局也于1946—1947年对三峡工程水库进行了150m、180m、200m方案的平水调查。上述两次调查虽为匡算三峡工程投资提供了基础资料，但尚未进行移民安置方面的研究工作。

1954年后，中央决定开展长江流域规划和三峡工程设计工作，长办聘请苏联专家进行指导。长办为适应形势需要，成立了经济室，下设综合经济组、水库淹没问题组等，并将勘测总队的3个经济调查队调入经济室作为水库经济调查的外业单位，第一次从组织上提供了水库淹没处理的保证。长办非常重视水库淹没处理工作，1956年长办专门成立了经济委员会，长办主任林一山兼任主任委员，经济室主任为委员之一。

1956年，长办经济调查队对库区重庆市、万县、涪陵、长寿、江津、合川、合江、巴县部分城镇进行了重点调查，同时对开县、巫山、武隆、万县、秭归、云阳等县的农村进行了抽样调查，提供了17份报告。1958年3月，党中央成都会议通过了《中共中央关于三峡水利枢纽和长江流域规划的意见》，指出："……为了便于今后有关工业、农业、交通等基本建设的安排，并且尽可能地减少四川地区人口淹没损失，三峡大坝正常高水位的高程应当控制在200m，不能再高于这个高程，同时在规划设计中还应当研究190m和195m高程，提出有关的资料和论证。"据此，长办于1958年8—10月会同四川、湖北两省，对三峡库区进行了160m、170m、180m、190m、200m、210m方案的分级调查，1959年9月又对重点城镇、工矿企业进行了补充调查，各方案直接淹没人口28.45万～133.21万，淹没耕地9553～59013hm^2，淹没房屋16.67万～72.03万间。

20世纪60年代后期至70年代前期，三峡工程的前期工作基本处于停顿状态。1975年，国家建委决定召开三峡水利枢纽工作会议，研究坝址选择和水库蓄水位等问题，指示长办于会前对不同蓄水位的淹没实物指标进行调查，三峡工程建设问题重新被提上议事日程。

长办于1978年底会同两省在1958年分级普查资料的基础上，查清了160～200m分4级蓄水位的淹没指标，各方案直接淹没人口20.40万～119.40万，淹没房屋17.94万～64.48万间，淹没耕地9133～43400hm^2。

为了进一步论证三峡水利枢纽规模，选择合理蓄水位，并研究移民安置方案，1980年，长办对云阳县进行了202m高程以下的分级普查，以验证和校核1975年的调查数据，这次涉及的蓄水位分别为140m、160m、180m、202m，各方案直接淹没人口0.98万～10.41万，淹没房屋1.08万～10.51万间，淹没耕地967～4208hm^2，其中160m方案淹没工厂12个，原值损失4860万元；202m方案淹没工厂15个，原值损失5454万元。1981年11月，长办编制上报了《长江三峡水利枢纽论证报告》，推算了175m水位的水库移民补偿投资为35.4亿元。

20世纪80年代以前，水库移民理论尚处于探索阶段，水库移民工作处于单纯补偿状态。当时三峡工程水库移民工作，主要是根据淹没实物指标的数量按扩大指标法匡算水库淹没损失，提出粗线条移民安置方案和移民安置去向。

7.2.2 三峡工程150m水位方案移民问题研究

7.2.2.1 150m水位方案的提出

1982年，当时的水利电力部指出，为适应“四化”建设要求，结合改善长江防洪和航运，应立即着手兴建三峡工程，但规模要适当，并适应我国当前的国情，尽量减少水库淹没。

为了减轻移民安置难度，避免兴山县城及小江流域开县盆地的淹没，1982年12月开始了三峡工程150m水位方案的研究工作。1983年3月，长办编报《150m方案三峡水利枢纽可行性研究报告》，同年5月，国家计委组织召开350余名专家参加的审查大会，对150m正常蓄水位方案的可行性进行审查讨论。1983年10月至1984年7月，长办会同四川、湖北两省有关部门对150m水位百年一遇回水线以下地区进行分级测量和淹没实物指标调查（含20%、5%、1%标准）。1984年2月15日，水利电力部向国家计委提出《建议立即着手兴建长江三峡水利枢纽工程的报告》，并报国务院。其中列出了蓄水位150m、160m、170m、180m和200m方案的主要指标。

7.2.2.2 150m水位方案移民安置规划

1985年3月长办完成的《三峡水库淹没处理及移民安置初步规划报告》包括农业移民安置初步规划、县城迁建规划、集镇迁建规划、工厂迁建及社队企业补偿、专业项目迁建及库底清理、补偿投资及建材估算等内容。

该阶段进行了较为系统的移民安置规划工作，1984年价格水平的移民补偿投资为35.47亿元。

7.2.2.3 国务院批准150m水位方案

1984年4月5日，国务院以〔1984〕国函字57号文原则批准长办编报的《长江三峡工程可行性研究报告》，确定三峡工程正常蓄水位150m，坝顶高程175m，并要求水利电力部于

1984 年底完成初步设计报告。

7.2.2.4 国家计委和科委组织了对不同水位的论证

本着尽量减少移民影响、尽量发挥工程效益的目的，从 1985 年开始，国家计委、科委组织 14 个部门 108 位专家，成立 8 个专家组进行论证。本次论证主要是对不同水位进行论证。配合论证进行科研实验的有近 200 个科研、设计单位约 3000 名专家和科技人员。

7.2.3 三峡工程重新论证及可行性研究

7.2.3.1 三峡工程和移民的重新论证

1984 年 10 月 8 日，中共重庆市委、重庆市人民政府向中共中央、国务院报送《对长江三峡工程的一些看法和意见》，提出：三峡大坝 150m 方案的回水末端在重庆主城区以下的洛碛与忠县之间，使重庆以下较长一段天然河段得不到改善，万吨级船队难以直达重庆；建议把三峡工程正常蓄水位提到 180m，以便万吨级船队可以由武汉直达重庆，使川江真正成为连接西南和华中、华东的黄金水道，同时提高蓄水库容和装机容量，以增大防洪能力并充分利用三峡水资源；希望在最后确定正常蓄水位时充分考虑发挥长江潜在的航运效益，认为 180m 方案能基本解决川江航运问题。

1985 年 3 月，全国政协在北京召开六届三次会议。会议期间，167 名全国政协委员联名或单独对三峡工程的投资、移民、生态、防洪等问题提出提案，建议三峡工程“慎重审议”，“不要匆忙上马”。同年 7 月，全国政协经济组组长孙越崎率领调查组深入三峡库区考察，回到北京后，孙越崎等 9 名全国政协委员向中央提交《三峡工程近期不能上》的建议报告。

1986 年 6 月 2 日，中共中央、国务院提出对三峡工程的蓄水位进行重新论证，决定由水利电力部广泛组织各方面专家进一步论证修改原来的三峡工程可行性报告，并决定成立审查委员会负责审查水利电力部提出的三峡工程可行性研究报告，审查委员会由李鹏任主任，宋平、宋健任副主任。水利电力部成立三峡工程论证领导小组，聘请专家、顾问 412 位。

三峡工程的重新论证历时两年零八个月，先后召开 10 次论证领导小组会议。1986 年 6 月 23—24 日，召开三峡工程论证第一次领导小组会议，主要对三峡论证工作提出几点要求。会议确定，论证工作根据各方面将三峡工程提出的问题和意见划分为 10 个专题，其中 4 个专题各设 2 个专家组，组成 14 个专家组，10 个专题分别是：地质与地震规模、枢纽建筑物与施工专题、水文与防洪、泥沙与航运、发电与电力系统、机电设备、移民、生态与环境、投资估算、经济评价与资金筹措综合专题。

1986 年 12 月 22—30 日的第三次（扩大）会议后，围绕着优选一种蓄水位方案，有关专家组开展对三峡分期蓄水方案的研究讨论，特别是大坝泄洪、永久船闸的分期蓄水、升船机及金属结构等方面的技术措施，进行专题论证工作。同时各专家组提出正常蓄水位的推荐意见。长办在配合各专家组论证工作的同时，于 1987 年 2 月完成《长江三峡水利枢纽正常蓄水位选择意见》及附件一《长江流域综合利用规划要点修订补充报告总论》、附件二《两级开发研究》、附件三《分期蓄水（位）方案研究》。

1987年3月16—20日，三峡工程论证领导小组主持召开专家组长联席会议，其间综合规划与水位专家组提出三峡工程论证水位方案的建议，同意综合规划与水位组综合归纳各专家组讨论意见推荐的一级开发、一次建成、分期蓄水、连续移民的方案，作为向领导小组扩大会议推荐的方案。方案具体内容是：坝顶高程185m，设计正常蓄水位175m，工程全部建成后的初期蓄水位156m(移民搬迁按160m考虑)；实现初期蓄水位后，移民工作不中断，连续进行，经过10年，使蓄水位达到175m，移民安置区安排在180m水位的回水线以上。

在论证领导小组和移民专题主持人的直接领导下，在国家计委、科委水库淹没与移民工作组工作的基础上，集中400多名技术人员和移民干部，在近千人的配合下，于1987年底完成了《长江三峡移民专题论证报告》，确定175m水位方案为三峡工程的代表方案，并于1988年2月审议通过。

《长江三峡移民专题论证报告》的主要结论是：三峡工程移民安置任务十分艰巨，但只要加强领导，依靠群众，精心规划，提前开发，科学管理，经过艰苦努力，可以把移民安置好。但若工程迟迟不作决策，则不仅严重影响库区的经济发展，而且移民投资将急剧增长，安置工作也更加困难，因此，对三峡工程应尽快决策。

7.2.3.2 加拿大咨询集团对三峡的可行性研究

为了从更广的范围内论证三峡工程技术的可行性和经济合理性，国务院领导同志曾向美、加等国和世界银行表示，中国政府欢迎他们在三峡工程的技术和资金方面进行合作，并收到他们各种合作方式的建议。为利用外资做准备，同时也为了引进技术和互相验证，1986年5月经国务院批准，由经贸部代表中国政府与加拿大政府签订协议，由加拿大国际开发署提供赠款，加拿大最有经验的两个政府水电机构和3个私营公司组成咨询集团，负责按国际通行的标准与国内平行地编制可行性研究报告。中、加、世界银行三方组成指导委员会，并由世行推荐和协调，在国际范围内(包括中国)聘请13位知名专家组成国际咨询专家组，参与指导和监督。加方进行的可行性研究独立进行，不要求与国内的研究结论一致。

从1986年7月开始，加拿大咨询集团对正常蓄水位150～180m各种方案涉及的技术、经济、社会、环境等问题，对建三峡和不建三峡替代方案问题等进行了全面研究，提出了可行性报告，经过国际咨询专家组和项目指导委员会审查通过。

加拿大的可行性报告总的结论是：三峡工程效益巨大，技术、经济和财务方面都是可行的，建议早日兴建。认为三峡工程设计所依据的基本资料，包括水文、泥沙、地质等资料是充分和可靠的，质量符合国际标准，满足了可行性研究的需要；选择三斗坪坝址是恰当的，地区地震活动轻微，库岸稳定不会影响大坝和水库安全；工程在环境影响方面也是可行的，不会使环境受大的危害，泥沙问题是可以解决的。这些都与国内的研究结论一致，他们推荐坝顶高程也是185m，也与国内论证相同。与国内的结论不同之处主要是：加方推荐正常蓄水位为160m，比国内的175m低，理由是这个水位的经济效益最大，移民的人数较少，涉及的社会问题也较少。

加方的枢纽布置方案与国内的方案基本相同，但建议采用更大的机组，单机容量

76.1万kW(暂定68万kW),装机22台,总容量1675万kW,并认为不需要设垂直升船机,认为升船机在技术上虽然是可行的,但不能证实在经济上是合理的。工程投资按1987年初价格为245.9亿元(不包括输变电工程),其中枢纽工程投资161.1亿元,移民费80亿元,环保费用4.8亿元。加拿大估算的投资,主要由于移民人数的减少、发电容量的降低以及取消升船机等原因,比国内估算的投资少52亿元。

世界银行为该可行性报告撰写的声明,确认正常蓄水位160m方案的可行性,并认为该报告关于移民可行性的研究具有很高的质量,是可以接受的。世界银行考虑移民的艰巨性和经济的合理性,表示不支持采用比160m更高的正常蓄水位。

三峡工程领导小组认为,单从直接经济效益来看,他们的结论是有道理的。但此方案在防洪上有超蓄问题,也不能满足航运部门的万吨级船队直达重庆港的要求,库区人民和航运部门难以接受。

7.2.3.3 三峡工程审查与决策

长办根据1986—1988年三峡工程论证成果,又汇集以往的工作成果,于1989年1月重编了《长江三峡水利枢纽可行性研究报告》(讨论稿),送交1989年1月17日召开的三峡工程论证领导小组工作会议讨论。经过修改补充,同年2月正式向领导小组报送《长江三峡水利枢纽可行性研究报告》(审议稿)。

1989年2月27日至3月7日,三峡工程论证领导小组在北京召开领导小组第十次(扩大)会议,对《长江三峡水利枢纽可行性研究报告》(审议稿)进行审议。会议内容集中在对两年多来的论证工作和可行性报告的评价,领导小组根据多数同志对可行性报告的基本评价,决定原则通过报告审议稿,要求长办根据会议上所提意见,对报告文字进行全面细致的复核,并作必要的修改和补充,尤其对于不完全符合专家组结论和上次领导小组扩大会议决定的地方要认真修改,最后由领导小组审定后上报国务院。

1990年7月6—14日,国务院召开三峡工程论证汇报会,会议决定将可行性报告提请三峡审查委审查。1990年12月11日,国务院三峡审查委召开第一次会议,明确三峡工程审查的主要任务是负责审查三峡工程可行性报告,提出意见报国务院;审查工作的主要内容是三峡工程在技术上是否可行,经济上是否合理及其对环境的影响,并对建设资金筹措、兴建时机及实施步骤提出意见。1991年7月9—12日,审查委员会召开第二次会议,听取10个预审专家组预审意见的汇报,共同的认识是,1986年开始的三峡工程重新论证工作,在30多年研究成果的基础上,又补充了大量的基本工作,中国一批最优秀、最有实践经验的专家充分研究了各方面的意见和建议,论证工作比较全面。在这个基础上编写的《长江三峡水利枢纽可行性研究报告》,主要结论是有依据的,研究深度符合可行性研究阶段的要求,可以作为国家决策的依据。

1991年8月3日,审查委员会召开第三次会议,一致通过审查意见,认为经过近40年的工作,三峡工程已到了可以决策和应该决策的时候,建议党中央、国务院予以批准并提请全国人大审议。审查意见上报国务院。

1992 年 1 月 17 日，李鹏总理主持召开国务院第九十五次常务会议，讨论国务院三峡审查委员会对《长江三峡水利枢纽可行性研究报告》的审查意见，会议一致原则同意建设三峡工程。会议确定，将可行性研究报告、审查委员会的审查意见和国务院常务会议的讨论意见，提请党中央和全国人大审议。

1992 年 2 月 20—21 日，江泽民总书记主持召开中共中央政治局扩大会议，讨论三峡工程问题。中共中央政治局常委会正式决定，中央同意建设三峡工程方案，由国务院将议案提交人大会议审议。

1992 年 3 月 11—15 日，全国政协召开第七届委员会常务会议第十八次会议。邹家华副总理到会作关于《长江三峡水利枢纽可行性研究报告》审查情况的报告，会议对兴建三峡工程的决策表示赞同，对建设方案的实施提出不少具体建议，并高度评价中共中央、国务院在整个工程论证和决策过程中体现的科学化、民主化精神。

1992 年 4 月 3 日，第七届全国人大五次会议通过了《关于兴建长江三峡工程决议》。

7.2.4　移民试点

三峡库区移民搬迁安置是一项庞大的系统工程，在中国乃至世界水利史上都是史无前例的。为了取得搬迁安置经验，探索开发性移民的具体经验，体现国家对三峡工程移民工作的高度重视和科学态度，1985—1992 年，在移民工程正式实施之前，库区开展了为期 8 年的移民试点。1985 年 3 月，中共中央、国务院在决定成立三峡省筹备组的同时，还决定在三峡库区进行开发性移民试点。这个决定，与当时全国水库移民中存在的严重问题和国家正在论证三峡工程的可行性密切相关，同时也是遵循合理程序和科学方法，在三峡库区探索水库移民新路子的重要举措。

三峡库区移民试点工作从 1985 年 3 月开始，到 1992 年底结束，共持续 8 年。1985 年 3 月到 1986 年 4 月，三峡库区移民试点工作由三峡省筹备组负责组织。1986 年 4 月，三峡省筹备组改建为国务院三经办，试点工作由国务院三经办负责组织。8 年中，国家在三峡库区投入资金 45570 万元，其中重庆库区 32796 万元，主要进行了 4 个方面的试点工作：一是在大农业开发中探索移民安置门路，主要是柑橘园建设；二是城镇搬迁试点，主要是基础设施建设；三是结合产品换代、设备更新，搞工业项目搬迁试点；四是智力投资、人才培训。

三峡库区移民试点 8 年来为探索开发性移民道路做出了有益的实践，同时也为三峡工程论证提供了可靠的依据。

三峡移民，其工作难度、移民数量、时间跨度都堪称世界之最。国家在先于正式实施移民之前进行长时期试点的决策是十分必要的，为移民工作的全面实施提供了许多宝贵的经验，同时也反映出一些值得认真研究的问题。8 年试点为三峡工程移民实施积累了宝贵经验。

1）开发性移民是搞好移民工作的基本方针，必须得到坚定不移的贯彻执行。

2）坚持以大农业为基础，因地制宜、多渠道、多产业，是安置农村移民的有效途径。

3）城镇基础设施先行，是搞好城镇搬迁的前提。

4)智力开发是提高移民素质、增强移民致富手段的必要措施。

5)加强领导,健全移民管理机构是做好移民工作的组织保证。

移民试点所积累的宝贵经验在三峡工程移民安置规划、实施和管理工作中得到了落实。

7.3 淹没范围、特点及影响

7.3.1 实物指标调查

根据三峡工程论证领导小组第四次全体会议推荐确定的正常蓄水位175m方案,1991年10月至1992年6月,由长江委技术牵头,地方政府组织人员配合,开展了初步设计阶段三峡水库淹没实物指标调查。

1992年4月4日,国务院办公厅以《国务院办公厅关于严格控制三峡工程坝区和库区淹没线以下区域人口增长和基本建设的通知》(国办发〔1992〕第17号),对三峡工程区域的人口增长和基本建设进行严格控制。

为指导实物指标调查,长江委于1991年10月编制了《长江三峡工程初步设计水库淹没实物指标调查大纲》《长江三峡工程初步设计水库淹没实物指标调查细则》。根据地方意见和试行情况,长江委对实物指标调查细则进行了修订和补充。

库区实物指标调查分两批进行,1991年10月至1992年1月,完成了湖北省宜昌、秭归、兴山、巴东和四川省巫山、巫溪、奉节、云阳8县第一批实物指标调查,1992年3—6月,完成了四川省万县、万县市、开县、忠县等13个县(市)第二批实物指标调查。

长江委在完成每一个县的调查后,对调查成果进行了抽样检查,并向调查所在县人民政府进行了详细汇报,形成了各县调查会议纪要,纪要中肯定了调查成果符合淹没的实际情况,调查数据得到了地方政府认可。

7.3.2 淹没范围

7.3.2.1 淹没处理标准及水库回水

(1)淹没处理标准

根据《水利水电工程水库淹没处理设计规范》(SD 130—1984)和三峡工程移民专题论证的结论,并经审查委员会同意,采用如下淹没处理设计洪水标准:

1)人口、房屋:城乡均为20年一遇洪水。移民迁移线为坝前177m(坝前正常蓄水位175m加2m风浪浸没影响)接20年一遇洪水和11月20年一遇来水的回水水面线。

2)土地(耕地、河滩地、园地):5年一遇洪水。土地征用线为坝前正常蓄水位175m接5年一遇洪水和11月5年一遇来水的回水水面线。

3)林地:正常蓄水位175m。

4)工矿企业:按国家计委、建委、财政部颁发的划分企业大、中、小型标准,中、小企业(含乡镇企业)和大型企业的附属设施为20年一遇,与移民迁移线相同;大型企业的主要车间为坝前177m接100年一遇洪水的回水水面线。

5)专业项目:20年一遇,与移民迁移线相同。专业项目包括公路、码头、电力、邮电通信、广播、文物古迹、水文站网等。

6)滑坡、坍岸影响:经地质部门鉴定确认的因水库淹没影响可能产生的滑坡、坍岸,由长江委地质专业部门根据长期工作的成果现场圈定。

7)葛洲坝库区土地淹没线下的土地已征用,不再征用。

(2)水库回水

三峡水库回水计算包括长江干流和香溪、大宁河、梅溪河、磨刀溪、汤溪河、小江、龙河、渠溪河、乌江、御临河、嘉陵江等11条主要支流。

初设阶段除按坝址洪水静库容复核了可研阶段回水成果外,还按缓变流的原理和分段稳定流的方法,进行了坝址洪水静库容调洪回水水面线计算,在考虑了特定频率下各种可能出现的水位、流量组合情况后,取其上包线作为各频率洪水的回水曲线。

因三峡工程工期长、移民分期搬迁,分别计算了施工期坝前水位78.2m和82.28m(调查采用90m)、135m、156m的20年一遇洪水回水线,与移民迁移线一起分别简称为Ⅰ线、Ⅱ线、Ⅲ线和Ⅳ线。

(3)回水末端处理

回水末端按回水水面线高于同频率天线水面线0.3m处向上游引水平线与其相交确定。

7.3.2.2 淹没区域

三峡水库淹没涉及湖北省与重庆市的20个县(市、区),面积56650km^2,人口1848.43万。其中,湖北省包括宜昌县、秭归县、兴山县、巴东县4个县,重庆市包括巫山县、巫溪县、奉节、云阳、万县市[3区(天城、龙宝、五桥)]、忠县、开县、涪陵市[2区(枳城、李渡)]、丰都县、武隆县、石柱县、长寿县、渝北区、巴南区、重庆市区(北碚、渝中、江中、南岸、沙坪坝、大渡口、九龙坡)、江津市16个县(市、区),共20个县(市、区)。

7.3.3 淹没实物指标及淹没特点

7.3.3.1 淹没实物指标

1991年审查委员会和国务院常务会议审议通过了三峡工程可行性研究报告,1992年4月3日,全国人大通过了《关于兴建长江三峡工程的决议》。长江委受国家委托,于1991—1992年完成了三峡工程175m方案初步设计阶段水库淹没实物指标调查复核工作。

根据1991年10月至1992年6月三峡水库淹没调查,三峡水库水面面积1084km^2,其中陆地面积632km^2,淹没涉及20个县,277个乡镇,1680个村,6301个村民小组。淹没涉及城(集)镇129个,其中城市2座、县城11座,其他建制镇27个,场镇89个。淹没涉及企业1599家。移民迁移线以下居住人口84.75万,其中城镇人口55.93万(含工矿企业人口,下同)、农村人口28.82万。房屋3473.15万m^2,其中农村房屋1085.35万m^2;企业房屋

760.53 万 m^2；城镇及其他房屋 1627.27 万 m^2。淹没耕地 25.26 万亩，园地 10.83 万亩，林地 4.80 万亩，河滩地 5.74 万亩，鱼塘 0.47 万亩，柴草山 3.57 万亩。淹没专业设施有水电站 114 处，装机 9.17 万 kW，输电线 1991.1km，公路 815.6km，邮电通信线路 3413 杆 km，广播线路 4478.3 杆 km，抽水站 139 处，装机 0.99 万 kW，码头 655 处。

7.3.3.2 淹没特点

三峡工程具有防洪、发电、航运，水资源利用等巨大的综合效益，工程建成后，水库将形成 1084km^2 的水面，回水长度达 667km，淹没陆地 632km^2。移民迁移线以下居住人口 84.75 万，规划迁建人口在工程完建时将超过 120 万，移民任务十分艰巨。如何认识三峡水库的淹没特点，充分利用水库的优势，妥善安置好水库移民十分重要。

(1)典型的河道型水库

宜宾至宜昌河段俗称川江，全长 1045km，属山区河流，比降大，水流急，滩险多，航运通过能力低，三峡水库位于此区间，即宜昌三斗坪至江津市花红堡，全长 667km，流经四川盆地和三峡地区，巫山山脉纵贯其间，岩壁陡峭，群峰多由砂岩和石灰岩组成，高出地面 500m 以上，江面由上而下逐渐收缩，万县以上一般宽 700m 左右，万县以下峡区一般宽 150m 左右，平均比降 0.18‰。

三峡水库形成后，正常蓄水位 175m 水库水域面积 1084km^2，淹没陆域面积 632km^2，水库回水范围的主要一级支流有香溪、龙河、大宁河、磨刀溪、梅溪河、汤溪河、小江、乌江、嘉陵江、渠溪河等，上述支流回水总里程为 491.1km。水库岸线总长度为 5000 余千米，水库平均库面宽度为 0.96km。三峡水库库面狭长，全库除开县外，尚无大于 5km 库岸宽度的集中水面，因此三峡水库为典型的河道型水库。

(2)淹没指标占全县比重相对较小

三峡水库河道型特点使其淹没指标占全县比重相对较小。淹没人口具有相对分散性，移民主要分布在沿江 1000 余千米干支流两岸 20 个县(市、区)的 300 多个乡镇之中，全县的淹没比重并不大，淹没人口最多的开县为 11.08 万，约占全县总人口的 8%，就全国水库移民而言，这不算最多的县。如丹江口水库(1959—1968 年)，河南省淅川县移民达 15 万多人；湖南东江水库移民 5 万多人，占全县人口的 15%，其中农业人口 4 万多，占全县农业人口的 17%。由于三峡水库的河道型特点，全库无一乡被全淹，全库受淹的陆域面积仅占全库淹没涉及县(市)总面积的 1%左右，受淹的村民组仅相当于 20 县(市、区)涉及村民组总数的 4.2%，淹没的耕地占 20 县(市、区)总耕地的 2.65%，淹房人口占 20 县(市、区)总人口的 4.57%。这些淹没指标也反映出水库典型的河道型特点，比较有利于移民的就近安置。

(3)水库淹没量大

三峡水库岸线较长，涉及行政区域较多，虽然淹没人口数占各县市人口总数的比重不大，但淹没面积的单位人口密度却较大，水库移民迁移线下人口密度达 1336 人/km^2。水库淹没是三峡地区的人口密集地带，也是库区各县(市)历代经济、文化的中心地区，造成三峡水库淹没指标总量大的特点。三峡水库淹没涉及 20 个县(市、区),2 座城市,11 座县城,27 座建制镇,89 座集镇,受淹工矿企业 1599 家,水库淹没线以下居住人口 84.75 万,各类房屋面积 3473.15 万 m^2,淹没线下耕地 25.26 万亩,园地 10.83 万亩,以及大量的交通、输变电、通信、水电站、抽水站等基础设施,三峡水库淹没数量巨大,在中国乃至全世界的水利建设史上都是绝无仅有的。

(4)城镇淹没比重大

我国已建大中型水库淹没区域大多是农村,而三峡水库淹没的沿江区域大多是经济文化、交通较发达的区域,为各地区的政治经济文化中心,有的甚至是千年形成的名城名镇。三峡水库与国内其他水库比较,还有一个显著特点是城镇淹没比重大于农村淹没比重。首先,受淹城镇数量多,数量之多空前绝后,这些城镇里有大量的民房、单位、工厂,淹没总房屋面积 2387 万 m^2,此外还淹没城镇道路广场、市政工程等基础设施。根据 1991—1992 年调查,三峡库区移民迁移线下城镇总人口 52.35 万(含工厂人口),占移民迁移线以下居住人口 84.75 万的 61.77%。在各类房屋面积中,城镇淹没总房屋面积 2387 万 m^2(含位于城镇的工厂房屋),占总受淹房屋面积的 68.7%。

三峡库区受淹城镇是本区域的政治经济文化中心,淹没后对本地区的政治经济文化中心影响深远。三峡库区城镇是历史上依托长江水运之便,择水而居形成的市镇,是当地经济中心,也是交通中心。淹没之后,需要重组经济中心,调整交通系统,对三峡库区的经济和交通格局都会产生深远影响。

(5)消落区面积大

三峡工程的首要任务是长江中下游的防洪问题,因此水库在汛期采用低水位运行,根据防洪需要,三峡水库汛前限制水位控制在 145m,从 4 月到 10 月达半年左右,水库消落区面积近 300km^2,对消落区的生态环境需采取保护措施。

7.3.4　水库淹没对库区经济社会影响

7.3.4.1　三峡库区经济社会概况

三峡库区西起江津市,东至宜昌市夷陵区,沿长江狭长分布,地处四川盆地与长江中下游平原的结合部,跨越鄂中山区峡谷及川东岭谷地带,北屏大巴山、南依川鄂高原。三峡库区面积 56650km^2,人口 1848.43 万,是长江沿江地区经济带的重要组成部分,在促进长江沿江地区经济发展和我国东、西部地区的经济交流中占有十分重要的位置。库区原位于四川省和湖北省,1997 年重庆市直辖后,三峡库区位于重庆市和湖北省。三峡库区是典型的山区,自然条件差,人口承载能力极为有限,缺乏对经济发展有利的自然地理条件。历史上因为陆上交通落后,长江成为对外联系的最主要渠道,加上肥沃的土地集中在沿江两岸,所以绝大部分城镇都沿江而建,三峡库区淹没水位线以下是传统地方经济集中的主要区域。

移民安置前,同全国相比,三峡库区社会经济发展速度缓慢,产业结构不合理,人民生活水平不高。在移民搬迁建设过程中，库区经济社会发展结束了在一个较长时期内缓慢徘徊的局面，站在了一个新的起点上，得到了较快发展。产业结构由以农业为主向工业化初级阶段转变，人居环境显著改善，库区城镇化和工业化发展态势良好，基础设施实现跨越式发展，人民生活水平显著提高，库区面貌发生了翻天覆地的变化。库区企业抓住机遇，企业整体水平不断提高，产业结构不断优化。此外，库区基础设施建设取得突破性进展，“八小时重庆”(从重庆境内任何一个区、县人民政府所在地出发，使用多种交通工具，都能在8个小时以内到达重庆市主城区)基本得以实现。库区农业综合开发、农田水利建设、农村电网改造成效明显，库区能源和水利保障能力得到较大提高；移民迁建极大地促进了库区城镇建设步伐，迁建城镇面貌日新月异。

三峡库区在三峡工程建设以前是以传统农业为主，第二、三产业发展落后的国家级贫困地区，绝大多数人口分居在农村，农业劳动生产率低下，劳动生产率高的规模以上工业企业缺乏，第三产业发展滞后。低产出导致低收入，而低收入使三峡库区几乎没有经济发展所需的资金积累能力，经济发展处于纳克斯所谓的“贫困的恶性循环”。工程建设前，库区20个县(市、区)国内生产总值为288.59亿元，财政收入18.15亿元，农民人均年纯收入342～1160元。

1998年，三峡库区第一、二、三产业在GDP中的比重分别为31.8%、38.7%和29.5%。到2003年，库区各行业生产持续快速增长，人民生活水平持续提高，移民安置、搬迁企业结构调整和环境保护工作进展顺利，至2003年末，三峡库区总人口1985.17万，比2002年末增长0.7%；库区实现地区生产总值1610.57亿元，按可比价格计算，比2002年增长11.9%；库区第一产业实现增加值205.89亿元，增长4.7%；第二产业实现增加值780.28亿元，增长13.8%；第三产业实现增加值624.40亿元，增长11.9%。产业结构继续优化，第一、二、三产业增加值占地区生产总值的比例由2002年的13.5∶47.0∶39.5调整为12.8∶48.4∶38.8。

2008年，库区经济继续保持平稳、较快增长，库区完成地区生产总值2049.42亿元，按可比价计算，同比增长18.3%；比1992年增长近4倍，年均增长18.92%。库区人均GDP达14456元，年均增长19.9%。2008年，社会消费需求不断增加，固定资产投资与上年同期基本持平。城乡居民收入水平不断提高，库区农村居民人均纯收入4013元，同比增长27.66%，比1992年增长近3倍。

7.3.4.2 淹没影响

长江三峡水库淹没长江沿岸的河谷地带，是全国著名的柑橘生产基地。该区人口稠密，水上交通便利，工农业生产相对较发达，自古以来是本区域的政治、经济、文化中心地带，在社会生活中占有极其重要的地位。三峡工程的兴建和水库淹没对库区20个县(市、区)的经济有一定的影响，在人口、土地、城镇、工业等各方面既有不利影响，也有有利的影响。

(1)人口

三峡库区20个县(市、区)移民迁移线下总人口84.75万,规划迁建总人口逾120万,移民任务十分艰巨。移民世代生活在当地,已形成固有的生产、生活习惯和融洽的人际关系,要离开祖祖辈辈生活的家园,移民与安置区老居民的融洽需要一个过程,对新的环境能否适应存在担心。一部分农村移民将离开土地,从事第二、三产业,存在重新就业的问题。同时,因三峡水库是典型的河道型水库,淹没人口具有相对分散性,移民主要分布在沿江干支流两岸20个县(市、区)的277个乡镇中,淹没的人口比重并不大,如淹没人口最多的开县仅占该县总人口的8%,这个特点有利于移民的就近安置,可以在不打乱现有大的行政区划的情况下完成,使移民安置工作的难度得到缓解,移民搬迁将进行统一规划,改变不合理的布局,完善基础设施,这样有利于加强社区交往,促进商品信息流通,促进生产力的发展。

(2)土地

三峡水库建成后,一方面带来的最直接影响就是作为农业生产资料的大量熟化程度较高、土层深厚肥沃、水源灌溉条件好、交通条件较好的土地被淹。土地是不可再生的资源,面积减少后,加大了淹没线上土地与人口的矛盾,这对库区县的农村经济势必造成一定的影响。受淹耕园地约占20县(市、区)耕园地总数的1.76%,其中云阳占3.51%,万县3区占3.32%。据估算,全库淹没损失的粮食产量近11万t,油料约3000t,柑橘近10万t。规划移民新开耕园地大多为梯田,且配套水利设施,可以利用土地淹没补偿投资加大农业基本建设投入,调整种植业结构,提高复种指数、增加粮食单产,根据不同的土质、气候和区域优势,充分发挥土地潜力,建立不同类型、独具特色的区域农业经济和粮食经济互补的高产、优质、高效农业。

(3)城镇

三峡水库淹没涉及129个城集镇,这些城集镇均为区域的政治、经济、文化中心。在淹没线下居住的总人口中,城镇人口达49.88万(含企业人口),占淹没总人口的58.9%;在淹没房屋面积中,城镇房屋为2387.82万m^2(含企业房屋),占受淹没总房屋面积的68.8%,淹没比重大,淹没搬迁和基础设施建设工程量巨大,且难度大。同时,受淹没影响的129座城集镇,有万县、涪陵2座城市,11座县城(1万~3万人),其余116个集镇中,绝大多数是1000人以下的小镇。这些城集镇,受历史和自然条件等影响,大部分基础设施不全,建设布局不尽合理,道路狭窄,建筑陈旧,在经济活动和生活居住环境方面,落后于经济社会发展的需要,亟待改造。但由于自然和经济上的问题,改建扩建的难度大、余地小、投资大,制约着当地经济发展。三峡工程的兴建给这些老城镇带来了机遇,通过城镇搬迁,可以与改造旧城的长远规划相结合,减少损失,加快发展。规划新建的城镇布局合理,功能分区明确,基础设施完善,居住环境将得到较大改善。

(4)工业

三峡水库淹没涉及工矿企业1599家。这些企业集中在城集镇或近郊区，其相应的固定资产、工业总产值所占全县的比重较大，如果搬迁时衔接不好，难免对当地的经济带来一定的影响。淹没的工业企业数量虽多，但其中多数是生产初级产品的小厂，设备老化，工艺落后，污染严重，生产环境差，产品竞争力低，经济效益不好。通过补偿与搬迁，可以调整产业结构和工业布局，改善生态环境、更新设备、合并企业、改造技术，从而提高经济效益，这对发展库区经济是极为有利的。

综上所述，三峡工程的兴建对库区各县经济发展的影响是长远和巨大的。总体而言，有利因素大于不利因素，应发展和扩大有利因素，克服和降低不利因素，以促进库区经济的发展。

7.4 移民安置规划、调整与完善

7.4.1 规划总体要求

1)认真贯彻开发性移民方针，妥善安置移民，使移民生活水平达到或超过搬迁前的原有水平，并为三峡库区长远的经济发展和移民生活水平提高创造条件；要坚持国家扶持、政策优惠、各方支援、自力更生的原则。

2)要遵循《三峡移民条例》所规定的原则。受淹城镇、工矿企业、专业项目迁建，因扩大规模和提高标准所增加的投资，由地方人民政府或有关单位自行解决。淹没区与移民迁建区的文物古迹，按照"重点保护、重点发掘"的原则提出保护规划。移民房屋按淹没实物指标的重置价格补偿。原规模、原标准和原功能，系指1991年底至1992年6月淹没实物指标调查时的规模、标准和功能。

3)移民安置规划要与库区经济社会发展紧密结合；移民安置规划总体是库区社会经济发展规划的组成部分，但不是全部。从资金来源上必须把移民补偿投资与库区经济发展的资金严格区分开来。

4)三峡工程水库移民补偿投资总额由三峡建委确定后，分解到省，实行投资包干，限额规划。

5)移民安置规划要珍惜和优先开发土地资源。在严格保持水土、改善生态与环境的条件下，合理规划荒地资源的开发；按照技术可行、经济合理的原则，对库周淹没深度不大、有条件防护的土地、城镇、村庄、工矿加以防护利用。

6)移民安置规划要重视淹没与移民搬迁对环境的影响，重视库周及安置区的环境建设，提出环境保护的要求和对策措施，把搬迁、开发与治理紧密结合起来，促进库区的生态与环境向良性循环转化。

7)水库淹没处理和移民安置进度，要遵循"突出重点，远近结合；移民进度与工程进度相衔接；在资金到位的情况下，移民宜早不宜晚"的方针。

8)正确处理国家、集体、个人之间的关系，中央和地方的关系。

7.4.2 移民安置规划

7.4.2.1 农村移民安置规划

(1)指导思想及原则

1)贯彻开发性移民方针。

2)移民安置以大农业安置为基础。通过开发利用安置区土地资源,建设稳产高产耕园地,使每户农村移民拥有一份可耕作的土地,综合发展种植业、畜牧业、渔业、副业。根据当地资源优势,积极发展第二、三产业,采用多产业、多渠道、多形式妥善安置移民的生产和生活,使移民的生活达到或超过原有水平,并为库区长远的经济发展和移民的生活水平提高创造条件。

3)尽可能在本组、本村、本乡、本县(市、区)内就地就近安置。本县(市、区)安置不了的,应当在本省内安置,本省安置不了的,按照经济合理的原则,外迁安置。

4)合理开发土地资源,控制水土流失,改善生态环境。

5)搬迁规划与生产安置相协调,水、电、路等基础设施基本配套,提供有利于生产、生活的居住环境。

6)重视移民的教育和智力开发,提高劳动力素质,引进和吸收先进的科技成果,提高移民安置区的生产水平。

(2)安置区选择及环境容量分析

论证及可研阶段,三峡库区移民安置区环境容量,以安置乡镇为单位进行统计分析,安置乡镇面积为1.23万km^2,通过分析其潜在的环境容量,农村移民可以在此范围内全部安置。

但是,潜在环境容量的存在并不等于移民安置的现实容量。在三峡工程的初步设计阶段编制移民安置规划时,在综合考虑自然条件、地区经济发展状况,移民心态、移民意愿,移民与安置地居民融合等各种因素的基础上,并与库区各县人民政府协商一致,对三峡库区农村移民安置环境容量进行了进一步分析与研究。

初步设计阶段,在移民安置区选择的基础上,从种植业安置容量,养殖业安置容量,第二、三产业安置容量,其他方式安置容量,以及工程防护和水库消落区利用等方面对三峡工程农村移民安置环境容量进行了分析与研究。

1)安置区选择。

初步设计阶段,在论证及可研阶段所确定的农村移民安置区的基础上,考虑现实的可能性,对移民安置区进行了进一步的选择,并确定了移民安置区的选择原则。

①安置区选择原则。

三峡库区移民居住地长江及其支流沿岸依山傍水,水陆交通相对便利,农业生产条件相对较好,是库区农村经济较发达地区。为了使移民在搬迁安置后的生产、生活不低于原有水平,并为移民生产、生活水平的不断提高创造条件,在初步设计阶段,对移民安置区的选择制定了以下原则。

(a)有较丰富的可开发土地或可调整的耕园地资源;

(b)交通较便利,水、电条件较好,或通过搬迁安置建设较易解决水、电、路等基础设施;

(c)现有或预期的经济发展和收入水平不低于移民原居住地区;

(d)安置区域宜选择在600m高程以下;

(e)尽可能照顾移民原有的生产生活习惯。

②安置区范围。

根据以上原则,在初步设计阶段,规划设计单位会同库区各县人民政府、移民局以及各乡镇人民政府,分别对各县县内可能安置的范围进行调查分析,在达成共识的基础上选定移民安置区。

三峡库区淹没涉及的20个县(市、区),1992年行政建制为856个乡镇,15071个村,总面积56650km²,耕园地2318.07万亩,人口1848.43万,其中农业人口1459.02万,占78.9%,农业人口人均耕园地1.59亩。根据土地资源、地理、气候、水源及交通条件、移民心理特点等因素综合分析,安置移民的适宜地区为600m高程以下。三峡库区20个县(市、区)中,在600m高程以下选择条件较好(含可改善条件)的245个乡镇的1857个村作为移民安置区。其中淹没涉及乡镇233个,非淹没涉及乡镇12个,淹没涉及村1625个,非淹没涉及村232个。

③安置区概况。

三峡库区的移民安置区涉及245个乡镇中的1857个村,总面积6849km²(1027.34万亩),总耕园地面积373.50万亩,1992年底总农业人口278.16万,农业人口人均耕园地1.34亩。

安置区土地淹没线至600m高程之间面积865.39万亩(5769km²),耕园地面积334.98万亩,总农业人口(含淹没区)278.16万,人均耕园地1.20亩。该区域属长江及支流沿岸深丘、低山河谷地带,区内光能充足、雨量丰沛、温度适宜、气候湿润,适宜水稻、小麦、玉米等多种农作物生长,是粮油和其他经济作物的主产区,尤其是柑橘等水果得天独厚的生长地带。

安置区地理位置相对优越,水陆交通较为便利,矿产资源较为丰富,煤、硫铁矿、石灰石、天然气、岩盐等储量大,具有较高的开采价值,为工业发展提供了有利条件。安置区是各县农村经济及第二、三产业较为发达的地区,人均纯收入高于全县的平均水平,为发展库区经济、妥善安置移民奠定了较好的物质基础。

2)安置区环境容量。

初步设计阶段,选择了移民安置区,并对移民安置区从种植业安置容量,养殖业安置容量,第二、三产业安置容量,其他方式安置容量,以及工程防护和水库消落区利用等方面对环境容量进行了分析。

①种植业安置容量。

种植业是三峡库区农村经济的主要产业,安置农村移民应尊重这一实际。根据三峡库区移民的年龄及文化结构分析,适宜第二、三产业的年龄和文化层次(16～40岁、初中以上)

的人口只占总人口的20%左右，而且还需要通过有效的培训才能就业，这就决定了大多数移民还是以种植业安置为宜。种植业安置移民首要问题是落实土地来源，安置规划就要采用各种方法，通过多种途径，想方设法使移民拥有一份耕作的土地。根据三峡库区的实际情况，移民获得土地主要有以下几种途径：

(a)国务院三峡地区经济开发办公室通过移民试点开发和改造的耕园地分成给移民部分，直接划拨用于安置移民；

(b)其他部门，如水土保持、扶贫开发的耕园地，通过一定的手续，调征用于安置移民；

(c)开发现有宜农荒山、荒坡，建成高标准的耕园地安置移民；

(d)改造现有坡耕地、中低产田，提高土地的生产能力，分成一部分安置移民；

(e)在土地容量相对充裕的村组，通过有偿调整一部分耕园地来安置移民。

总体而言，三峡库区人均占有耕园地不多，一般在1.1～1.5亩。要使移民在这有限的耕园地上，生活达到或超过原有水平，必须采取有效的措施，提高耕园地单位面积的生产力。根据三峡库区的实际情况，主要采取以下措施：

(a)调整和优化种植结构，以市场为导向，提高优质高效经济作物种植比例；

(b)依靠科技进步，大力推进科教兴农，发展高产、优质、高效农业和节水农业，扩大良种种植面积，提高作物的产量和质量；

(c)大力进行农田基本建设，兴建和完善农田灌溉设施，保障作物的高产稳产；

(d)坚持种养结合，改善土壤结构，提高土壤的保水保肥能力。

②养殖业安置容量。

三峡库区在猪、牛、羊、鸡等综合养殖方面条件较好，其收入占农民纯收入的比重较大。除继续搞好以户为单位的副业养殖外，还可适当发展以村、组为单位的规模养殖，既可安置移民、增加收入，又可利用厩肥改良土壤，为生态农业的发展创造条件。

种桑养蚕业在三峡库区部分地区具有一定的规模，当地农民也普遍掌握了此门技术，规模发展种桑养蚕条件已基本具备。

三峡水库蓄水后，水库捕捞可适当发展。同时，水库形成后，沿干、支流的库岸将形成大小、深浅不一的库湾，在条件适宜的地方可采取一定的工程措施（如筑坝、拦网等），发展库湾养鱼或网箱养鱼。在有条件的地方，还可适度发展一些特种水产养殖项目，如龟、鳖、蟹等。

③第二、三产业安置容量。

安置农村移民尽量使移民都拥有一份耕园地，但由于地形、地貌等条件的不同，各县（市、区）人均拥有量差异较大，有的村组人均耕园地超过2.0亩，少的村组人均只有几分地或更少，特别是城镇郊区人多地少，矛盾更加突出。因此，移民中有一部分人不能完全依赖土地来保持或提高原有的生活水平，必须开发土地以外的第二、三产业及副业等项目来增加移民的收入。实施可采用如下方式：在移民人均耕园地较少的村组中，尽量使每户移民拥有一份耕园地，并安置1～2个素质较好的劳力从事第二、三产业，采用务工、务农结合的方式，有利于解除移民的后顾之忧，有利于保持库区社会的稳定和移民安居乐业。

三峡工程的建设以及移民的迁建，必将促进库区的第二、三产业，特别是旅游业的发展。对三峡库区所辖县来说，这是一个机遇。可根据各县有关部门拟定的中、长期发展规划，选择对地方经济发展起促进、调控的项目，同时根据当地资源优势，发展一批市场前景看好的乡镇企业。也可结合受淹工矿企业的迁建，通过企业的重组、改造等措施安置部分移民劳力。项目的选择应结合三峡库区乃至全国的经济发展要求、农村移民劳动力素质及第二、三产业可用资金等因素，筛选一批具有资源优势突出、建设周期短、投资省、效益好，并具有地方特色和市场需求量大的项目。

三峡工程移民安置长达十几年，规划所选择的项目只能逐步实施。但市场是瞬息万变的，在项目实施时，要严格执行国家有关基本建设的程序，避免失误和对地方经济造成不必要的损失。

④其他方式安置容量。

除种植业、养殖业及第二、三产业安置移民外，自谋职业、投亲靠友、养老保险等也是安置农村移民的一条途径，通过这些途径也可以妥善安置部分移民。自谋职业是指移民中有一技之长的人员(如经商、能工巧匠)，给予一定的扶持后，可脱离土地独立谋求生活出路的安置方式；投亲靠友是指移民在非移民安置区中有直系或旁系亲属，利用亲情关系、补偿和安置资金在安置地人民政府支持下解决建房(住房)和生产出路(种植业或其他产业)的安置方式；养老保险是指移民中的“五保”老人及因老弱病残丧失劳动能力的人员，通过社会养老保险，解决其基本生活来源，并每人配 0.1～0.2 亩的耕地、园地的安置方式。

⑤关于工程防护和水库消落区利用。

初步设计阶段，按照技术可行、经济合理的原则，对库周淹没深度不大，有条件防护的土地进行了防护工程研究，以减少淹没损失，从而减少移民安置任务和移民安置环境容量的压力。如重庆市开县 15 片农田防护工程。

同时，初步设计认为，三峡水库每年汛前 5 月末或 6 月初，水库水位降至防洪限制水位 145m，整个汛期 6—9 月，水库一般维持低水位运行；10 月水库蓄水，库水位逐步升高至 175m，少数年份蓄水位过程延续到 11 月；11 月至次年 4 月，水库尽量维持在较高水位运行，4 月末以前水位不低于 155m。因此，145m 高程以上的消落区大部分耕地多数年份可种一季，利用潜力很大。但初步设计未将水库消落区利用作为移民安置容量，并建议将消落区的利用方式作专题研究。

3)环境容量分析结论。

初步设计阶段通过分析认为，三峡库区广大农村还比较落后、贫困，山高坡陡，基础设施条件差。在 600m 高程以下部分区域无路、无水、无电，加之土层薄、土质差，虽然这些地方有一定土地容量，但因环境较恶劣，移民不愿搬迁前往。库区 600m 高程以上，容量较大，但对外交通不便，开发难度大，投资高，由于移民世代居住在长江及其支流岸边，依山傍水，不愿迁往高程较高，远离长江及其支流的地方。

初步设计分析确定，三峡库区各县移民安置区的面积为 5769km^2，为论证期间安置区面积的47%，涉及20个县(市、区)的245个乡镇、1857个村，耕园地面积334.98万亩，总农业人口(含淹没区)278.16万，人均耕园地1.20亩。在此范围内，经容量分析、预测，通过开垦宜农荒地、改造中低产田、有偿调整责任田，可用于安置移民的总耕园地28.20万亩，可容纳移民21.57万人，人均耕园地1.31亩；养殖业主要为家庭养殖，各县的养殖业大多作为安置移民的备用容量，用来增加移民收入，只有少量条件较优越的项目作为安置移民容量；第二、三产业可容纳9.13万人；其他安置方式(如养老基金、投亲靠友、自谋职业等)也可容纳少量移民；防护工程可减少移民安置2.45万人。以上项目合计可容纳35.41万人。据三峡库区各县规划，除在本县安置区内安置外，需在安置区外安置8.27万人，其中秭归1.15万人、巫山1.28万人、奉节1.29万人、云阳2.49万人、开县0.82万人、忠县1.24万人，见表7.4.1。安置比例中，大农业安置占57%，第二、三产业安置占22.3%，外迁安置占20.4%。

以上结果与论证和可行性研究相比，农业安置基本一致。外迁移民数量的增加主要是由于第二、三产业结构调整导致容量不够，这些移民需要外迁安置。这一调整，是对移民安置方案的优化和完善，是对移民安置认识的深化。

(3)生产安置规划

通过环境容量分析和生产安置规划，经反复平衡计算分析后，规划在库区淹没涉及县(市、区)内安置322407人，占79.6%；其余82549人，占20.4%，需要出县安置。根据初步设计，需要出县安置的82549人中，湖北省秭归县已落实出县外迁安置11551人，其余70998人的安置去向尚需进一步研究确定，其中巫山县12627人、奉节县12912人、云阳县24831人、开县8246人、忠县12382人 。

在库区淹没涉及县(市、区)内安置的322407人中，种植业安置196739人，占61.0%；养殖业安置6320人，占1.9%；第二、三产业安置78625人，占24.4%；养老基金安置11871人，占3.7%；其他方式安置4389人，占1.4%；防护24463人，占7.6%，见图7.4.1。

在县(市、区)内安置的农村移民，按安置区域分，本组安置122937人，占38.1%；出组本村安置76035人，占23.6%；出村本乡镇安置95195人，占29.5%；出乡镇本县安置28240人，占8.8%，见图7.4.2。

经分组计算，逐级汇总，全库区用于安置移民的耕园地251463亩，种植业安置移民196739人，人均耕园地1.28亩。规划开发养殖业项目86个，开发第二、三产业项目768个。三峡库区各县安置区环境容量分析情况见表7.4.2。

表 7.4.1　　三峡库区各县安置区环境容量分析情况

地区	土地环境容量(万亩)						可容纳移民(万人)	养殖业可容纳移民(万人)	第二、三产业可容纳移民(万人)	其他安置方式可容纳移民(万人)	防护可减少安置(万人)	可安置人数合计(万人)	规划生产安置(万人)	安置区外安置(万人)
	开荒造地		改造低产田		可调耕园地	可用安置移民面积								
	成田总面积	可用于安置移民	成田总面积	可用于安置移民										
宜昌	0.35	0.35			0.52	0.87	0.54	0.01	0.12			0.67	0.67	
秭归	2.18	1.69	1.69	0.85		2.54	1.40		0.54			1.94	3.09	1.15
巴东	0.99	0.79	0.16	0.06	0.21	1.06	1.10		0.45			1.55	1.03	
兴山	0.77	0.77				0.77	0.51		0.10			0.61	0.37	
巫山	1.51	1.51			0.85	2.36	1.20		0.40	0.10		1.70	2.98	1.28
巫溪	0.12	0.07				0.07	0.04					0.04	0.04	
奉节	1.43	1.00	0.53	0.27	1.56	2.83	2.09	0.01	0.43	0.26		2.79	4.08	1.29
云阳	1.33	1.26	0.67	0.35	0.79	2.40	2.22	0.20	1.17			3.59	6.08	2.49
万县	0.22	0.21	1.89	1.09	1.64	2.94	2.60		1.61	0.40		4.61	4.61	
开县	0.20	0.19	0.97	0.46	1.01	1.66	1.21	0.03	0.46	0.27	2.45	4.42	5.24	0.82
忠县	0.17	0.12	1.02	0.51	1.62	2.25	1.77		0.34	0.55		2.66	3.90	1.24
石柱	0.18	0.16	1.53	0.77	0.24	1.17	0.93	0.02	0.70			1.65	0.61	
丰都	0.25	0.15	4.72	2.36		2.51	1.80	0.05	0.95			2.80	1.44	
涪陵	0.11	0.08	0.91	0.44	1.60	2.12	1.89	0.13	0.73			2.76	2.75	
武隆	0.02	0.01	0.04	0.02	0.09	0.12	0.09	0.01	0.02			0.12	0.11	
长寿	0.03	0.01	0.59	0.30	0.23	0.54	0.50		0.13			0.63	0.63	
渝北			0.35	0.10	0.31	0.41	0.39		0.09	0.01		0.49	0.49	
巴南	0.18	0.07	1.05	0.53	0.26	0.86	0.69	0.06	0.37	0.03		1.15	1.15	
重庆(7 区)	0.52	0.43	0.19	0.12	0.02	0.57	0.46	0.12	0.50			1.08	1.08	
江津	0.25	0.10	0.09	0.03	0.02	0.15	0.12		0.03			0.15	0.15	
合计	10.81	8.97	16.40	8.26	10.97	28.20	21.55	0.64	9.14	1.62	2.45	35.41	40.50	8.27

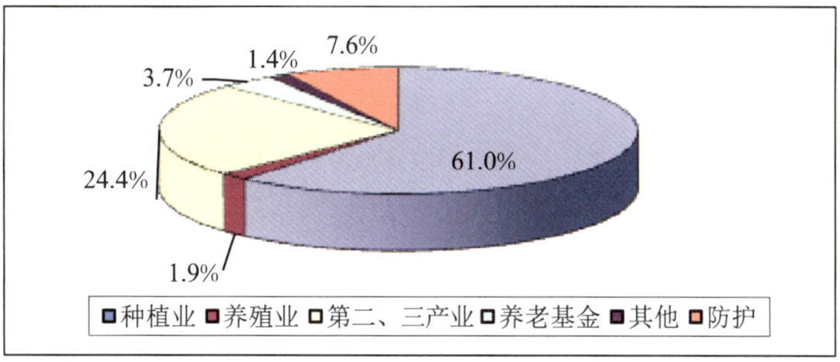

图 7.4.1 三峡库区农村移民县(市、区)内安置方式平衡

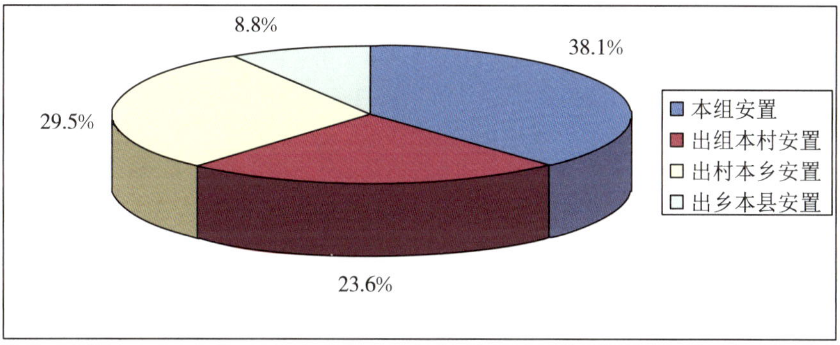

图 7.4.2 三峡库区农村移民县(市、区)内安置的区域平衡

(4)搬迁规划

农村移民搬迁人口是指因水库蓄水淹没房屋的人口加上因淹地不淹房经生产安置规划需要搬迁房屋建房的人口。农村移民搬迁人口包括以下三种:①规划淹房搬迁人口。1991—1992年淹没调查淹没房屋人口,按12‰的人口年增长率、依据淹没水位的时序分别增长9～15年为规划淹房搬迁人口。②规划淹地不淹房需搬迁建房人口。规划淹地不淹房需搬迁建房人口是在计算基本单元(村民小组)规划生产安置人口大于规划淹房搬迁人口的前提下,因就近生产安置的环境容量不足,依据确定了的生产安置规划方案,必须迁出原居住地进行生产安置,并需要拆迁淹没线上房屋的人口,以村民小组为计算单元。③规划建房人口。规划淹房搬迁人口与规划淹地不淹房需要搬迁建房人口之和即为规划建房总人口。三峡库区淹房人口涉及179个乡镇、1189个村、4326个组,规划建房共439958人,其中规划淹房搬迁404698人,占92.0%;规划淹地不淹房需搬迁建房35260人,占8.0%,见表7.4.3。

三峡库区规划建房439958人,其中:在本县安置区内建房357409人,占81.2%;本县安置区外建房82549人,占18.8%。本县安置区外建房人口除秭归县已落实建房地点外,其他县尚需结合生产安置方案的确定,落实其搬迁建房方式。本县安置区外建房人口包括秭归11551人、巫山12627人、奉节12912人、云阳24831人、开县8246人、忠县12382人,见表7.4.4。

表 7.4.2　　三峡库区规划生产安置人口平衡汇总　　（单位：人）

地区	规划生产安置	安置方式								安置范围					
		种植业	养殖业	第二、三产业	养老保险	防护	其他安置方式	合计	安置区外安置	本组	出组本村	出村本乡	出乡本县	安置区外安置	合计
宜昌	6711	5385	98	1228				6711		2175	2016	642	1878		6711
秭归	30913	14005		5357				19362	11551	8645	3721	4281	2715	11551	30913
巴东	10268	8415	97	1756				10268		5712	2140	1966	450		10268
兴山	3669	3299		370				3669		2582	285	802			3669
湖北省小计	51561	31104	195	8711				40010	11551	19114	8162	7691	5043	11551	51561
巫山	29847	9922		6275	1023			17220	12627	3860	6451	6520	389	12627	29847
巫溪	398	398						398		292	106				398
奉节	40781	20863	103	4311	1650		942	27869	12912	7665	3667	9385	7152	12912	40781
云阳	60775	22211	2044	11689				35944	24831	10401	12335	9930	3278	24831	60775
万县（3 区）	46093	26018		16121	3954			46093		7364	14308	19141	5280		46093
开县	52447	12091	330	4576	2741	24463		44201	8246	30281	3336	9562	1022	8246	52447
忠县	38993	17699		3393	2172		3347	26611	12382	5269	6014	11761	3567	12382	38993
石柱	6129	5194	54	881				6129		1576	2082	2471			6129

续表

地区	规划生产安置	安置方式								安置范围					
		种植业	养殖业	第二、三产业	养老保险	防护	其他安置方式	合计	安置区外安置	本组	出组本村	出村本乡	出乡本县	安置区外安置	合计
丰都	14366	9764	478	4124				14366		5288	5117	2909	1052		14366
涪陵(2区)	27453	18915	1240	7298				27453		11414	10467	5402	170		27453
武隆	1127	902	56	169				1127		811	29	287			1127
长寿	6268	5017		1251				6268		4379	594	376	919		6268
渝北	4865	3893		844	128			4865		2780	723	1362			4865
巴南	11483	6887	618	3675	203		100	11483		3403	1998	5714	368		11483
重庆(7区)	10843	4612	1202	5029				10843		8522	646	1675			10843
江津	1527	1249		278				1527		518		1009			1527
重庆市小计	353395	165635	6125	69914	11871	24463	4389	282397	70998	103823	67873	87504	23197	70998	353395
全库合计	404956	196739	6320	78625	11871	24463	4389	322407	82549	122937	76035	95195	28240	82549	404956

注：巴东、兴山县不含防护人口。

表 7.4.3　三峡库区规划建房人口汇总

地区	淹房涉及			基数(人)		增长年限	增长数(人)		规划数(人)		
	乡镇数(个)	村数(个)	组数(个)	淹房	淹地搬迁	(a)	淹房	淹地搬迁	淹房	淹地搬迁	合计
宜昌	3	18	50	4554	642	9	469	72	5023	714	5737
秭归	12	108	335	38481	1095	9	4357	124	42838	1219	44057
巴东	7	52	115	9582	118	10	1217	15	10799	133	10932
兴山	4	23	49	3694		12	565		4259		4259
巫山	15	78	290	33723	1756	12	5192	270	38915	2026	40941
巫峡	1	3	4	191	50	15	38	10	229	60	289
奉节	14	80	318	36493	2644	12	5655	407	42148	3051	45199
云阳	25	166	682	52892	4093	12	8149	628	61041	4721	65762
万县(3 区)	20	119	428	36591	2847	12	5640	438	42231	3285	45516
开县	11	103	837	61337	2022	15	12016	398	73353	2420	75773
忠县	11	99	316	28150	7088	12	4226	1063	32376	8151	40527
石柱	4	20	59	4911	228	12	753	35	5664	263	5927
丰都	11	74	179	16522	155	12	2537	24	19059	179	19238
涪陵(2 区)	20	122	314	17637	943	15	3464	185	21101	1128	22229
武隆	4	10	20	447	159	15	92	31	539	190	729
长寿	5	29	72	2404	674	15	465	132	2869	806	3675
渝北	3	17	40	784	327	15	152	64	936	391	1327
巴南	5	45	179	526	3495	15	103	659	629	4154	4783
重庆(7 区)	4	23	39	586	1931	15	103	378	689	2309	2998
江津					50	15		10		60	60
全库合计	179	1189	4326	349505	30317		55193	4943	404698	35260	439958

表 7.4.4 三峡库区规划建房人口平衡汇总 （单位：人）

地区	规划建房	安置区内建房												安置区外建房
		迁建范围						迁建方式						
		小计	本组	出组本村	出村本村	出乡本县	防护	小计	集中居民点	分散	进城（含县城）	进集镇	防护	
宜昌	5737	5737	736	1675	1448	1878		5737	3523	1258		956		
秭归	44057	32506	14805	3501	11485	2715		32506	9354	17285	140	5727		11551
巴东	10932	10932	3056	1948	4875	450	603	10932	5514	1251		3564	603	
兴山	4259	4259	1520	439	2088		212	4259	2957	165		925	212	
巫山	40941	28314	8959	7540	11426	389		28314	6002	10539	5633	6140		12627
巫溪	289	289	269	20				289	276	13				
奉节	45199	32287	6881	3466	15292	6648		32287	14222	7080	3727	7258		12912
云阳	65762	40931	20391	9557	7705	3278		40931	14085	18127	3007	5712		24831
万县（3区）	45516	45516	15158	9041	11973	9344		45516	16530	15663	8077	5246		
开县	75773	67527	13714	7454	8084	5495	32780	67527	21976	4050	4473	4248	32780	8246
忠县	40527	28145	11963	6002	9669	511		28145	16897	6258	547	4443		12382
石柱	5927	5927	2174	1253	2500			5927	2379	3548				
丰都	19238	19238	9915	4753	3518	1052		19238	6603	7159	1233	4243		
涪陵（2区）	22229	22229	14775	1575	5712	167		22229	4152	13200	1545	3332		
武隆	729	729	413	29	287			729	500	117		112		
长寿	3675	3675	1786	594	376	919		3675	958	2245	141	331		
渝北	1327	1327	475	15	837			1327		1020		307		
巴南	4783	4783	186	1440	2789	368		4783	1082	3031		670		
重庆（7区）	2998	2998	355	646	1997			2998	1627	1049		322		
江津	60	60			60			60	60					
全库合计	439958	357409	127531	60948	102121	33214	33595	160783	128697	113058	28523	53536	33595	82549

在本县安置区内建房的357409人中，按迁建方式分：规划进城市和县城建房28523人，占8.0%；进集镇建房53536人，占15.0%；进集中居民点建房128697人，占36.0%；分散建房113058人，占31.6%；防护33595人，占9.4%，见图7.4.3。

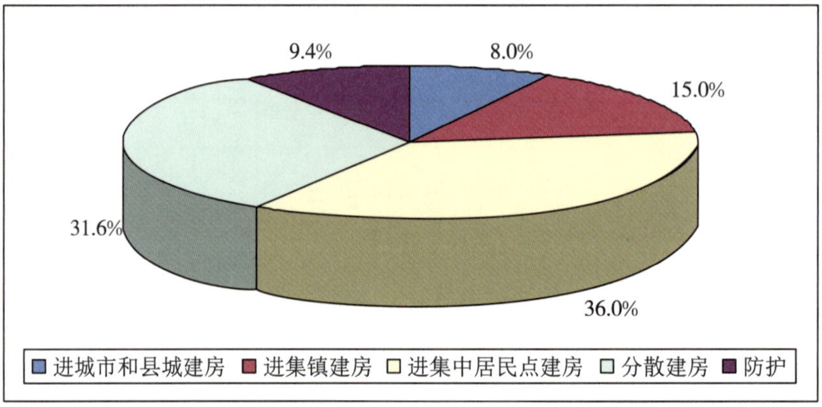

图7.4.3 三峡库区农村移民安置本县安置区内建房方式

在本县安置区内建房人口，按迁建区域分：本组建房127531人，占35.7%；出组本村建房60948人，占17.1%；出村本乡镇建房102121人，占28.5%；出乡镇本县建房33214人，占9.3%；防护33595人，占9.4%，见图7.4.4。

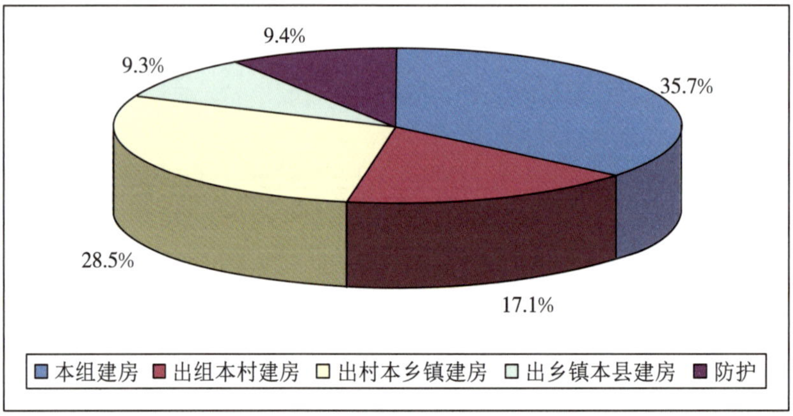

图7.4.4 三峡库区农村移民安置迁建区域建房人口

7.4.2.2 城市、县城、集镇迁建规划

(1)指导思想及原则

1)为保证城镇安全，规划建设用地必须处在水库最低建设高程线以上，经勘探地质整体稳定的地带，应避开滑坡、泥石流等地质灾害影响区。

2)三峡库区地形条件差，地质情况复杂，可用于城镇建设的用地紧张，因此要在对新址迁建区建设用地条件进行认真分析的基础上，依山就势，避免大挖大填，规划布局相对集中、紧凑，合理用地，节约用地，适当提高建筑密度，通过综合技术经济论证，经济合理地确定有关技术标准。

3)根据三峡库区的实际情况,正确处理好近期和远期、局部和整体、需要和可能的关系。满足城镇淹没区搬迁安置的需要,对受淹迁建的行政、事业、工矿、公建和居民点,做到定区、定界、定点、定位。统一规划,配套建设,按照基础设施先行和有利生产、方便生活的原则,统筹安排迁建程序。

4)根据国家补偿标准和地方建设资金投入能力,以及地形、地质条件和分期受淹情况,提出分期建设、分期搬迁的意见和建设管理办法的建议。

5)保护生态环境,对环境污染严重的工业应限制发展,确需发展的有污染工业应制定和实施有效的环境保护与污染治理措施。

6)对于有条件采取全面防护或局部防护工程措施的城镇,应作出防护工程规划,对防护与不防护进行经济比较,以期减少迁建工程数量、减少建设用地、节约迁建投资。

(2)城市、县城

1)淹没前现状。

三峡库区受淹城市、县城是在库区经济社会漫长发展历史中形成的区域商业、交通中心,大多是沿江河展布,尤其是江河交汇处,更是城址的首选。长江(或其支流)成为库区各城镇发展的控制轴,城镇大都面向长江(或其支流),紧邻江岸而建,并沿江纵向延伸,呈现团状、带状、带状组团等多种城市形态。库区城镇对外交通主要依托长江水运,其次是公路。近二三十年来,随着铁路、航空的兴起,水运的地位逐渐下降,库区城镇发展速度也在下降。同时,由于配合三峡工程论证,库区城镇搬迁前,大规模的基本建设基本停止,库区城镇发展逐渐落后了。三峡水库淹没前的20世纪90年代初期,库区城镇面貌较为落后,主要体现在布局较混乱,空间狭小,街道狭窄。建筑大多是20世纪六七十年代的老建筑,较为陈旧,公共建筑较少,学校、医院等公共服务设施较缺乏。基础设施较为落后,城区主街道宽度一般为8～15m,次街道宽一般为5～7m,基本无人行道,但步行梯道较普遍;建有自来水厂,但日供水能力不足,人均生活用水60L/d,普及率约95%,排水采用雨污合流制,生活污水和生产废水均未经处理直接排放,排水主要采用石砌矩形暗沟,少量采用排水管涵;均设有35kV变电站,但电力容量难以满足生活生产需要,缺口较大;设有邮政、电信合一的邮电局及邮电所多处,采用程控交换机,容量城市约1万门,县城一般为3000～6000门,电话普及率在10%左右;部分城镇建有天然气站,居民生活用天然气处于发展阶段,普及率约70%;建有卫星地面接收站、电视转播台和差转台,开通有线电视,普及率约90%;设有广播电台,广播覆盖率约100%。

2)处理方案与选址。

根据1991年10月至1992年6月,长江委和地方人民政府共同对三峡水库淹没实物指标进行的调查统计,三峡库区受淹城市、县城共13座,其中受淹人口比重在85%以上的全淹或基本全淹的县城有9个,分别是秭归、兴山、巴东、巫山、奉节、万县、开县、云阳和丰都县城,部分受淹的有4个,分别是忠县、长寿县城和涪陵市区、万县市区。三峡水库受淹城镇迁建是千年大计，而新址选址是否恰当尤为关键，选址的总原则：实事求是、保证安全、技术可行、经济合理，近远结合，立足迁建、兼顾发展，综合考虑政治、经济和社会环境诸因素。

1983—1984年，三峡工程正常蓄水位150m方案可行性论证阶段，城乡建设环境保护部委派中国城市规划设计研究院牵头，会同四川省城乡规划设计研究院、湖北省城市规划设计研究院共同完成了2个城市8个县城（万县市、涪陵市和秭归、巴东、巫山、奉节、云阳、万县、忠县、丰都县城）的初步选址工作。在此期间，长江委对库区受淹城市、县城迁建新址也作了初步研究。

1992年，长江三峡工程移民工作会议决定由长江委负责编制《长江三峡工程水库淹没处理及移民安置规划报告》（初步设计阶段）。1992—1993年，长江委会同地方人民政府对库区所有迁建城市新址进行了考察和地质勘测工作，提出了三峡水库正常蓄水位175m受淹城镇选址推荐意见和各县的选址纪要。这次选址除秭归、巴东、奉节和万县外，其他县的选址结论与中规院的选址结论基本一致，另外，还增加了兴山、开县和长寿县城的选址。

迁建新址见表7.4.5。

表7.4.5　　迁建新址一览

地区	新址
秭归县归州镇	县城下游30km处茅坪镇的九里坪、凤凰山、剪刀峪、金家坳、郑家花园一带
巴东县信陵镇	县城上游5km处的西瀼坡、云沱一带
兴山县高阳镇	县城以北17km处的古夫镇一带
巫山县巫峡镇	旧城下游约1km处的大宁河两岸
云阳县云阳镇	旧城上游约30km处的双江镇
忠县忠州镇	依托旧城，向东后靠发展
丰都县名山镇	长江对岸的王家渡
涪陵市	依托旧城，重点向南和沿乌江向东后靠发展
开县	南河南岸的驷马乡一带，与旧县城仅一河之隔，以安康村为中心
长寿县城区	长寿县城北部的黄桷湾一带
奉节县城	头道河沟至梅溪河范围内，控制宝塔坪开发强度，江南工业区不变
万县市天城区（原万县县城）	旧城以北的周家坝、申明坝和枇杷坪一带
万县市龙宝区	紧靠旧城发展，重点在龙宝发展新区，包括双河口、学堂湾、松林包和铧头寨一带
万县市五桥区	长江南岸百安坝、联合坝和陈家坝一带

3）总体规划。

迁建城镇总体规划需根据新的区位政治经济关系综合研究确定城镇性质、发展规模及空间发展形态、城镇主要建设标准和定额指标，统筹安排城镇建设用地、功能分区和各项建设的总体布置，合理配置城镇各项基础设施，处理好远期发展与近期建设的关系，指导城镇合理有序地发展。近期建设主要是移民搬迁建设，规划建设期限根据搬迁时限和规模大小而定，一般为5～17年。远期发展年限一般为20年以上。

①城镇性质。

依据各县近期和远期经济发展规划，并结合淹没迁建要求和全县城镇体系现状，确定各城镇性质。

城市、县城总体规划的城镇性质见表7.4.6。

表7.4.6 城市、县城总体规划的城镇性质一览

名称	城镇性质
秭归新县城	全县的政治、经济、文化和科技中心，以发展食品工业和第三产业为主的旅游城镇
巴东新县城	巴东县的政治、经济和文化中心，以发展食品、化工、建材为主的工业基地，是鄂西地区的重要港口兼具山区民族特色并以风景旅游为依托的城市
兴山新县城	全县的政治、经济、文化中心，以发展轻工业和旅游业为主，新颖的现代化小城市
巫山县城	现代化风景旅游城市，是全县的政治、经济、科技和文化服务中心
奉节县城	全县的政治、经济、文化中心，历史文化名城，以发展旅游服务为主，具有区域性物资集散功能的港口城市
云阳县城	区域性物资集散地和三峡风景区的主要景点之一。立足于县城和周边地区丰富的农、林、牧、副资源，发展以食品、纺织、化工等为主的轻工业城市
万县市	长江中上游结合地带的水陆交通枢纽，长江三峡风景名胜区的旅游服务基地，以盐、气、化工为主导工业的沿江开放城市
开县县城	以发展能源、食品、化工、建材、旅游为重点的综合性城市
忠县县城	三峡库区的风景点，以发展轻纺、食品工业为主，兼具发展机械、建材、旅游业的滨江小城市
丰都县城	全县政治、经济、文化中心，以鬼文化为特色的历史文化名城，经济发达的新型旅游城市
涪陵市	长江上游重要港口之一，乌江流域的物资集散地，以发展食品、轻纺、机械工业为主的地区中心城市
长寿县城	长寿县政治、文化和经济中心，是重庆市以化工、轻纺工业为主的卫星城

②人口规模与建设用地规模。

在全面分析各县经济社会发展的基础上，考虑规划期间的人口增长，提出各县的人口规模与用地规模，见表7.4.7。

表 7.4.7　　城市、县城总体规划人口、用地规模一览

城市、县城	规划期限	人口规模(万)	用地规模(hm^2)
秭归	近期 2000 年	3.5	404
	远期 2010 年	5.0	577
巴东	近期 2000 年	4.7～5.0	348
	远期 2010 年	8.0～9.0	612
兴山	近期 2005 年	2.5	213
	远期 2015 年	4.4	378
巫山	近期 2009 年	7.0	637
	远期 2020 年	10.0	910
奉节	近期 2000 年	13.0	1019
	远期 2010 年	20.0	1568
云阳	近期 2000 年	6.0	462
	远期 2010 年	15.0	1550
万县市区	近期 2000 年	30.0	2300
	远期 2010 年	50.0	4800
开县	近期 2000 年	12.0	981
	远期 2010 年	20.0	1722
忠县	近期 2000 年	12.0	949
	远期 2010 年	18.0	1453
丰都	近期 2000 年	8.0	640
	远期 2010 年	12.5	1125
涪陵市区	近期 2000 年	25.0	2000
	远期 2010 年	30.0	2430
长寿	近期 2000 年	13.0	1300
	远期 2010 年	20.0	2000
合计	近期 2000—2009 年	136.7～137.0	11253
	远期 2010—2020 年	121.9～213.9	19125

注:云阳近期规划人口含云安镇和双江镇迁往县城安置移民。

③城区用地布局及功能分区。

城市总体规划遵循近期满足搬迁需要,远期适应城市发展需要的原则,节约用地,合理布局。

近期建设规划用地布局包括生活居住、公共建设服务设施(行政办公、商贸金融、文教卫生、科研娱乐及其他用地)、工业用地、仓储用地、对外交通、道路广场、市政公用设施、绿地和特殊用地的布局。城市、县城总体规划城区用地布局及功能分区见表 7.4.8。

表 7.4.8　　城市、县城总体规划城区用地布局及功能分区一览

城市、县城	城区用地布局及功能分区
秭归县城	县城结构形态为沿江带状结构，近期以剪刀峪、金家坳形成商业、行政中心，远期在井水垭形成城市副中心
巴东县城	县城具有沿长江带状布局，西瀼坡一带为商业、行政中心，云沱为文教中心，白土坡、大坪为工业区
兴山县城	县城具有以丰邑坪为中心，沿古夫河带状布局，城北区为商业、行政中心，城东区为文教中心，城南区为工业区
巫山县城	采取一主二副四组团的多中心布局结构，划分成 9 个功能区
奉节县城	县城具有以口前片区、莲花池片区为中心的沿江带状组团式布局结构，划分 6 个功能区
云阳县城	县城以组团状沿云江大道，围绕磨盘寨周围布置居住、公建、文卫、工业、仓储等用地
万县市	以长江为主轴，以高笋塘为中心，以龙宝为重点，沿长江两岸展开的分片组团式布局。城区由龙宝、天城、五桥 3 片区，高笋塘、龙宝、五桥、陈家坝、周家坝、枇杷坪 6 组团，高峰 1 工业点组成
开县县城	县城具有以安康为中心的 3 个组团式布局
忠县县城	县城具有以苏家为中心沿江 4 个组团式布局
丰都县城	县城具有以王家渡为中心，以长江为发展轴，相对集中的 5 个组团式布局
涪陵市	以旧城为中心，以长江、乌江为发展轴，沿江展开的 4 个片区布局
长寿县城	县城以旧城为中心，朱家坝为副中心，晏家和桃花两个组团式布局

4)迁建详细规划。

城镇迁建详细规划与总体规划是两个不同的规划阶段，总体规划既要考虑城镇的远期发展，也安排了近期建设计划(主要是移民安置迁建部分)。远期规划期限一般为 20 年，它是宏观的、指导性的。城镇迁建详细规划以移民安置为主要目标，兼顾近期发展，其规划期限根据三峡工程施工期分期蓄水时段和受淹城镇高程综合确定。

①规划年限。城市、县城的搬迁建设进度与三峡枢纽工程建设进度相协调，规划起始年为淹没实物指标调查的 1992 年，迁安完毕年为三峡枢纽竣工年即 2009 年。人口增长计算年数根据迁建进度要求分别为 10～12 年。

②人口规模。城市、县城迁建人口由直接受淹人口、随迁人口、新址占地人口、机械增长人口、常住无户籍人口共 5 种人口组成。全库区城市、县城迁建 640052 人，其中湖北省 71923 人，重庆市 568129 人。

③迁建用地规模。设市的城市人均建设用地标准为 $80m^2$/人；县城为 $70m^2$/人；农村规划进城建房人口建设用地标准为 $45m^2$/人。城市、县城迁建用地为 $4635.1hm^2$(计算可用地面积，不含不可用地面积)，其中湖北省 $502.2hm^2$，重庆市 $4132.9hm^2$。城市、县城迁建人口、用地规模见表 7.4.9。

表 7.4.9 城市、县城迁建人口规模、用地规模一览

城市、县城	直接受淹人口	随迁人口	机械增长人口	新址占地人口	常住无户籍人口	农村规划进城人口	人口规模	用地规模（hm^2）
秭归	16601	302	1488	1356	1429		23422	162.7
巴东	19164	1277	2044	1617	2044		29200	204.4
兴山	11180	1118	1230	2130	1230		19301	135.1
巫山	20183	1979	2177	1745	2177	5181	37458	249.3
奉节	40205	3805	4236	3076	4287	2505	66018	454.2
云阳	42585	3379	3687	2964	4336		65049	442.6
万县市区	113443	11111	12222	11160	12222		182925	1425
开县	39938	3950	4344	3262	4370	4473	68267	468.4
忠县	19337	1871	2058	1503	2058	170	30809	214.5
丰都	33791	1373	3408	2489	3408		50792	355.5
涪陵市区	36301	3591	3949	3989	3949	1545	60684	480.6
长寿	3896	379	417	230	417	30	6127	42.8
总计	396624	34135	41260	35521	41927	13904	640052	4635.1

④规划布局。

详细规划分为修建性详规和控制性详规，居住、办公、商业及文教区做修建性详规，工业区做控制性详规。

详细规划布局包括建筑、公共设施（商业金融、行政办公、文教医疗等）、仓储、工业、对外交通、道路广场、市政公用设施、绿化等的布局。其中，工业区为控制性详规，主要满足近期工矿企业搬迁要求，其布局以有利生产、避免污染、方便生活为原则，确定 8 项控制性指标（用地面积、建筑密度、最高层数、容积率、绿地率、交通出入口方位、停车泊位、建筑后退红线）。

⑤市政工程和专项设施规划。

根据《规划大纲》要求，城市主干道红线宽 24m，次干道 16m，支路 9m，人均道路用地（含广场、停车场）9m^2/人；县城主干道红线宽 20m，次干道 14m，支路 6m，人均道路用地（含广场、停车场）10m^2/人。若地形较陡，则适当缩窄道路红线宽度；城市、县城人均生活用水分别为 120L/d、100L/d；城市和县城排水系统原则上采取雨污合流制，工业集中区可采用雨污分流制。生活污水量按生活用水量的 80%计算，工业废水量按工业用水量的 90%计算，对有污染的工业废水应经过处理后再进行排放；供电电源按各县电力工程复建规划统一布置，10kV 高压线就近从电网或变电站接线。生活用电按城市和县城的人口规模，分别以人均 250W 和 200W 计算；工业用电根据受淹迁建工矿企业用电需要予以确定；市政公建用电按前两项用电负荷之和的 5%～8%计算；电信、广播及电视工程规划以恢复原规模、原标准或

原功能为原则，并为发展留有余地；各城区配置一个消防站，沿给水干管每隔 100～120m 设置一个室外消防栓；城市、县城规划中，各小区配垃圾收集站、若干公共厕所和垃圾收集点，生活垃圾集中在垃圾处理场进行处理。城镇总体规划中，预留了污水处理厂的用地，以备将来建设。公共绿地根据国家有关规定进行规划，各小区有公园，在难以利用的土地上植树植草保持水土，在设人行道的主次干道两旁植行道树，美化城市景观，减少声尘污染。

(3)集镇

1)淹没前现状。

三峡水库淹没前，库区集镇面貌较为落后，主要体现在缺乏统一规划，布局混乱，空间狭小，建筑密集，街道狭窄，市政基础设施落后，环境卫生较差。房屋建筑大多是 20 世纪七八十年代的老建筑，较为陈旧破败。公共建筑较少，一般仅设有学校、医院等，公共服务设施较缺乏，没有专用的集贸市场，以街为市，每逢集日，拥挤不堪。集镇基础设施落后，镇区主街道宽度一般为 6～8m，次街道一般宽 3～5m，无人行道；一般建有自来水厂(少数小场镇无自来水厂)，但日供水能力不足，人均生活用水 40～60L/d，普及率约 90%，排水采用雨污合流制，生活污水和生产废水均未经处理直接排放，排水主要依靠天然冲沟，较大的集镇建有石砌矩形排水暗沟；重点镇设有 35kV 变电站，一般集镇采用户外 10kV 变压器供电，但电力容量难以满足生活生产需要，缺口较大，拉闸限电频繁；重点集镇设有邮政、电信合一的邮电所，采用程控交换机，容量一般 100～200 门，电话普及率 5%左右；重点集镇建有卫星地面接收站和差转台，开通有线电视，普及率约 90%。

2)处理方案与选址。

根据 1991—1992 年调查，三峡水库淹没涉及 116 个集镇(重庆库区 101 个，湖北库区 15 个)。其中，宜昌县 1 个、秭归县 7 个、巴东县 4 个、兴山县 3 个、巫山县 11 个、奉节县 9 个、云阳县 21 个、万县市 13 个、开县 8 个、忠县 10 个、石柱县 2 个、丰都县 5 个、涪陵市 13 个、武隆县 2 个、长寿县 1 个、渝北区 2 个、巴南区 2 个、重庆市 2 个。受淹建制镇(Ⅰ类)27 个，乡政府驻地集镇(Ⅱ类)82 个，一般场镇(Ⅲ类)7 个。

在初步设计阶段，因建制调整，淹没涉及集镇数量调整为 114 个。在迁建期间，由于时间跨度长，库区部分区县行政区划进行了调整，有少量集镇或撤销或合并，集镇数量减少了 8 个，即由初设规划的 114 座集镇，实施阶段最终调整为 106 座，其中湖北库区 12 座、重庆库区 94 座，但受淹集镇的迁建任务并没有减少，而是与并入的集镇一同实施迁建。实施阶段集镇调整情况：秭归县减少 2 个，即香溪、屈原并入归州镇，新滩更名屈原镇；巴东县减少 1 个，即楠木园并入官渡口镇；奉节县减少 2 个，即新城并入新县城，三江并入朱衣镇；开县减少 3 个，铺溪并入渠口镇，丰乐、镇东在迁建完成后，建制撤销，并入新县城。

按照《三峡移民条例》《村庄和集镇规划建设管理条例》的有关规定，长江委于 1992—1993 年派出规划和地质技术人员会同地方人民政府共同查勘选址，召开讨论会初定新址并形成会议纪要，长江委综合勘测局在新址范围作了地质初勘，在确定迁建新址后，又做了地质详勘。详细选址结果见表 7.4.10。

表 7.4.10 集镇选址一览

名称	集镇新址
宜昌县	太平溪镇迁建新址，1992 年曾选定在龙潭坪村宋家湾，作了集镇迁建规划并进行局部场地平整。1993 年 5 月，三峡坝区征地范围调整缩小后，太平溪镇人民政府另选靠近三峡船闸的烟竹园作为建镇新址。湖北省人民政府已同意太平溪镇新址改定烟竹园
秭归县	水田坝镇就地后靠迁建，香溪、郭家坝、泄滩、屈原、沙镇溪镇就近易地迁建。归州镇的一部分并入香溪镇，新滩镇与屈原镇合并，茅坪镇并入秭归新县城
巴东县	沿渡河、官渡口、东瀼口和楠木园镇均就地后靠迁建。官渡口镇迁建须避开滑坡影响区
兴山县	建阳坪镇采取防护措施。高阳镇、峡口镇就地后靠，迁建中须注意地质问题
巫山县	大昌、大溪、七里、水口、曲尺、南陵镇和青石镇（中心村）就地后靠迁建；望霞镇迁往下游 1km 处；双龙镇迁往大宁河西岸马家屋场一带，此地存在两处滑坡的处理问题；碚石镇迁往小溪上游 5km 处的上阳坪一带；洋溪和龙柱镇并入大昌镇
奉节县	集镇均就地后靠迁建。安坪镇须注意在滑体后缘一带规划。寂静镇则要注意滑体的浅层变形，严格遵循地质详勘所拟定的限制条件
云阳县	云安镇和双江镇迁往双江与新县城合并统建，高阳、南溪、龙角、龙洞、巴阳镇就近易地迁建，其余集镇依托旧镇后靠。故陵镇规划建设须注意浅层沉陷与滑动问题。硐村镇则应注意上、下游滑体的稳态和地基不均匀沉陷等问题
万县市	3 区各镇选址基本上无大的地质问题，对外交通便利，区域位置较适中，供电供水可靠，天然建材基本上可满足需要。其中新乡、燕山、拖路口、黄柏、武陵、杨河溪 6 个集镇就地后靠，长坪、溪口、新田、瀼渡、大周、小周 6 个集镇就近选址迁建，五梁并入高梁镇。小周镇须做好地表排水系统，防止浅层不均匀沉陷和局部滑动
开县	集镇基本上属于就近后靠迁建，用地条件较好。驷马镇并入新县城。渠口镇须注意局部不均匀沉陷与滑动，做好地表排水，控制建筑密度
忠县	集镇中乌杨、石宝、洋渡、新生、复兴就近后靠迁建，干井、东溪、涂井镇易地迁建。顺溪并入干井镇，坪山农场并入涂井镇
石柱县	沿溪和西沱镇就近后靠
丰都县	楠竹镇建制撤销，新组建的立石镇规划东迁红岩村，距现址 5km；其他 4 个集镇就地后靠，场地稳定
涪陵市	珍溪、龙驹、李渡、蔺市 4 个集镇就地后靠，北拱并入龙桥镇，其他 9 个集镇就近选址迁建，各镇新址基本无大的地质问题。清溪镇须注意保护顺向坡的稳态，避免长距离横切顺向岩层
武隆县	白马镇部分受淹，就近向东后靠六方坪一带，场地稳定。羊角镇部分受淹，因后靠无条件，拟迁往土坎镇关滩一带，距羊角镇 7km，规划建设需注意防止不均匀沉陷与浅层失稳滑移，做好地表排水，控制建筑密度与层高

续表

名称	集镇新址
重庆渝北区	洛碛、舒家两镇部分受淹，均就地后靠迁建，场地稳定，地形较平缓，可用地面积充裕，交通便利，可利用原集镇的水厂供水
重庆巴南区	木洞、麻柳嘴镇部分受淹，均就地后靠迁建，场地稳定，地形较平坦，可用地范围大，交通便利
重庆市南岸区	广阳镇部分受淹，就地后靠迁建，场地稳定，地形平缓，可用地范围大，交通便利，可利用原镇水厂供水。重庆市江北区鱼嘴镇迁建新址尚未最后确定

3)迁建规划。

①规划年限。

根据受淹集镇高程分布，按照三峡工程建设分期水位进度安排，各集镇的规划年限为1992—2009年，人口增长按7～12年计算。在资金安排许可的情况下，规模不大的集镇可提前迁建。

②人口规模。

根据《规划大纲》要求，集镇迁建人口由直接受淹人口、随迁人口、新址占地人口、机械增长人口、常住无户籍人口共5种人口组成。全库区集镇迁建人口规模为179468人，其中湖北省37263人，重庆市142205人。

③用地规模。

根据《规划大纲》要求，集镇迁建用地标准为：建制镇（Ⅰ类）66m^2/人，乡政府驻地集镇（Ⅱ类）61m^2/人，一般集镇（Ⅲ类）50m^2/人（后调整为61m^2/人），农村进镇人口用地标准为45m^2/人，以此标准计算各集镇用地规模。全库区集镇迁建用地规模为1139.18hm^2，其中湖北省241.90hm^2，重庆市897.28hm^2。

④规划布局。

集镇规划布局以各级道路为骨架，参照总体规划合理划分各项功能用地，根据受淹需迁建的对象（居民、行政事业单位、厂矿企业、学校及卫生院、市政设施等），适当考虑配套单位及公建设施，在1∶1000地形图上安排用地，做到定区、定界、定点、定位。一般分为8类用地，即居住、公共设施、工业、仓储、对外交通、道路广场、市政设施及绿化用地。

规划结构根据地形因地制宜，并考虑近远期结合及山地特点，把山、水、城融为一体，以高低错落的城镇轮廓、丰富多彩的街景、造型新颖的建筑和点线结合的绿化系统，组成山区新型城镇的独特景观和风貌。

⑤基础设施及市政工程。

集镇道路一般分为3级布置，即支路、次干道和主干道。Ⅰ类集镇各级道路红线宽6～16m，Ⅱ类集镇6～14m，Ⅲ类集镇6～10m。生活用水Ⅰ类集镇100L/(人·d)，Ⅱ、Ⅲ类集镇80L/(人·d)，为保证供水水质，集镇供水规划一般都设置净水池。排水系统统一布设排水管渠，生活污水需经化粪池处理；工业废水根据“谁污染、谁治理”的原则，由有关企业进行处理。生活用电按人口规模，人均150W计算。

7.4.2.3 工矿企业淹没处理规划

(1)指导思想及原则

利用三峡工程兴建给库区受淹工矿企业带来的迁建技改机遇，以国家产业政策和市场经济为导向，依靠科技进步，充分开发利用本地资源，把企业搬迁与调整产业结构和技术进步有机结合起来；把企业改组、改造同企业的改革和加强管理有机结合起来，上档次、上水平、上规模，争创一批有生机活力的企业，振兴库区经济。

1)坚持改组、改制的原则。以建立现代企业制度为指针，采用多种形式，实行跨地区、跨部门、跨行业的组织调整，抓好大的，放活小的，建立新的运行机制，对企业实施战略性改组。

2)坚持科技进步的原则。企业搬迁技改应采用新技术、新工艺、新设备、新材料，淘汰落后的生产技术和工艺设备，着力提高企业的生存力和竞争力。

3)优化产品、产业结构的原则。根据国家产业政策和地方资源及经济特点，以市场为导向，以提高经济效益为目的，调整产品、产业结构，上质量、上档次。

4)以重点企业、重点项目为核心，集中力量，突出重点，努力发展一批各地的名牌产品，提高经济增长力。

5)发挥各地优势，推动区域经济协调发展，转变经济增长方式，改变高投入、低产出，高消耗、低效益的状况。

6)多渠道筹措资金，以移民补偿资金为基础，争取国家、地方和社会各项配套资金统筹安排移民企业的迁建改造。

7)正确处理经济发展同保护环境的关系，实施可持续发展战略。

(2)工矿企业淹没处理方案

三峡库区受淹工矿企业1599家，在规划中，不含商贸流通企业，并结合产权关系进行合并与调整，则列入迁建规划的工矿企业有1549家，其中全淹企业有1282家，占总数的82.76%；部分受淹企业267家，占总数的17.24%。按照技术可行、经济合理的原则确定企业的淹没处理方案。1549家工矿企业中，湖北库区尚有16家未定规划去向。

已确定搬迁方案的1533家工矿企业中，异地迁建1332家、后靠复建161家、防护40家。

1)全淹企业。全淹工矿企业1282家，占总数的82.76%。经研究论证，其中异地迁建1204家，后靠复建28家，工程防护34家，未定规划去向16家。

2)部分受淹企业。部分受淹工矿企业267家，占总数的17.24%。其中因主要车间受淹，就近无后靠条件，需要异地迁建的128家；因企业淹没线上部分能发挥功能或具备后靠条件，采取后靠复建的133家；工程防护6家。工矿企业淹没处理方案及迁建规划情况见表7.4.11。

表 7.4.11　工矿企业淹没处理方案及迁建规划情况

名称		淹没处理方案(种)				迁建规划情况					
		小计	异地	后靠	其他	个数	总投资(万元)	产值(万元)	利税(万元)	占地面积(亩)	备注
湖北省	宜昌县	8	8			8	5831	8010	1914	164	
	秭归县	84	42	26	16	84					16 家未定方案
	兴山县	42	33	9		42					
	巴东县	36	31	5		36		41105	4738	1137.6	
	香溪河矿物局	1	1			9					
重庆市	巫山	48	44	4		31	43034			1071	
	奉节	114	108	6		72	114300	114150	25268	2793	
	云阳	181	173	8		87	118039	172381	38055	2699	
	万县(3区)	370	353	17		168	821200	957600	215900	12917	
	开县	134	94	1	39	75					防护 39 家
	忠县	101	95	6		85	79547	94965	18987		
	石柱	16	15	1		8	47660				
	丰都	90	88	2		36	106781		25283	1976	
	涪陵(2区)	222	199	22	1	122	304467		115600		防护 1 家
	武隆	5		5		4	38614				
	长寿	30	11	19		27	25312				
	渝北	24	13	11		26	15353				
	巴南	23	19	4		21	1157	41303	5413	235	
	重庆市区	14	3	11		27	5302			2585	
	中央直属军工企业	6	2	4		6					
合计		1549	1332	161	56	974					

3)工矿企业迁建资产评估。

为客观、公正、准确地反映受淹工矿企业的固定资产价值量，确定企业迁建补偿，初步设计移民安置规划，借鉴国有资产评估理论和方法，清产核资的标准与规定，对受淹工矿企业进行资产评估，在此基础上，依据移民条例、规划大纲和移民补偿投资切块包干的原则，核算受淹企业的补偿投资。

库区受淹工矿企业的资产评估工作由各县和主管部门分别委托武汉财达企业咨询事务所、长江审计咨询评估公司、长江委江河评估中心、煤炭部中宇评估事务所、重庆正达评估事务所、江苏河海资产评估事务所和中国科学院北方会计事务所等单位承担。

根据初步设计，三峡库区淹没工矿企业资产评估分两个层次进行，即固定资产 1993 年 5 月的价值量评估和改建迁建投资评估。固定资产评估采用复原重置成本法，即重置全价，指用与原资产相同的材料、建筑标准、设计结构和技术条件，以现行价格再购建相同的全新资产所需的成本。在固定资产价值评估的基础上，由评估单位根据已确定的改建、迁建方案，按照补偿原则和标准进行评估；对不可搬迁的固定资产据实按重置全价补偿，对可搬迁的固定资产补偿其拆卸、运输、安装调试和搬迁损失等费用；对运输工具不予补偿；对停产期间的停产损失进行补偿；对确需搬迁的实物形态流动资产的搬迁费进行补偿。

4)工矿企业淹没处理补偿投资核算。

评估受淹工矿企业 1568 家，较前述 1549 家增加 19 家(为重庆汛后影响企业)。在评估 1568 家的基础上，增加了巫山复兴水泥厂，扣除了开县防护区 39 家企业，计 1530 家受淹工矿企业，补偿投资核算值为 682726 万元。据部分县的补偿投资核算成果分析，房屋补偿费约占总投资的 47.4%；设施补偿费约占 23.6%；设备补偿费约占 15.2%；停产损失约占 6.6%；流动资产搬迁费约占 0.4%；镇外企业土地征用、场地平整和专项工程费约占 2.1%；其他等项费用约占 4.7%。其中中央直属军工企业补偿投资为 66900 万元，分厂核算补偿投资均与切块包干数相同。工矿企业补偿投资核算详，表 7.4.12。

7.4.2.4 专业项目淹没处理规划

(1)指导思想及原则

库区专业项目淹没处理规划既有恢复原功能的复建要求，也有发展地方经济的需要。依据《移民条例》“按原规模和原标准或者为恢复原功能复建所需投资，经核定后列入移民经费；扩大规模和提高标准需要增加的投资，由有关部门自行解决”的原则。

(2)公路桥梁

三峡库区淹没等级公路涉及 18 个县(市、区)，淹没涉及国道 3 条(209 线、318 线、319 线)，通车里程 607km，淹没长度 39.03km；省道 7 条，通车里程 1831km，淹没长度 159.26km；县道 21 条，通车里程 4978km，淹没长度 474.61km；其他等级公路淹没长度 143.2km。

表 7.4.12　　工矿企业补偿投资核算汇总

名称		企业个数（家）	房屋（万元）	设施（万元）	设备（万元）	停产损失（万元）	流动资产搬迁费(万元)	小计（万元）	镇外企业				随迁费（万元）	防护工程费（万元）	其他（万元）	调整机动费（万元）	合计（万元）	备注
									征地（万元）	平整（万元）	专项工程（万元）	小计（万元）						
湖北省	宜昌	8	540	215	50	59	10	874	58	374	66	498					1372	
	秭归	84	6902	2624	1074	1030	138	11768	212	1405	370	1987	707		156		14618	
	兴山	42	8215	3662	3094	2405	72	17448	82	805	377	1264					18712	
	巴东	36	5521	2812	1601	1109	114	11157	111	383	310	804					11961	
	香溪河矿物局	1	2595	6727	1099	437	50	10908					44		840		11792	
	小计	171	23773	16040	6918	5040	384	52155	463	2967	1123	4553	751		996		58455	
重庆市	巫山	49	5950	2442	1811	828	80	11111				685					11796	含复兴水泥厂
	奉节	114	20969	8256	6696	3067	223	39211	272	1115	1758	3145					42356	
	云阳	181	25530	10708	14350	3730	355	54673	80	97	214	391					55064	
	万县（3区）	370	104757	43185	24313	18983	1193	192431				3410				17943	213784	
	开县	95	16643	10326	4730	768	248	32715									32715	不含防护区企业
	忠县	101	16641	7771	7878	1085	89	33464	249	606	219	1074					34538	
	石柱	16	1027	302	88	39	2	1458	18	62	22	102					1560	
	丰都	90	17731	12584	3033	1227	64	34639				248					34887	

续表

名称		企业个数（家）	房屋（万元）	设施（万元）	设备（万元）	停产损失（万元）	流动资产搬迁费(万元)	小计（万元）	镇外企业				随迁费（万元）	防护工程费（万元）	其他（万元）	调整机动费（万元）	合计（万元）	备注
									征地（万元）	平整（万元）	专项工程（万元）	小计（万元）						
重庆市	涪陵（2区）	222	41791	28653	12420	4619	90	87573					3715		167	1410	92865	其他指长航船舶修造厂
	武隆	5	2522	2120	1751	471	43	6907			735	735	359				8001	
	长寿	30															6315	无分项核算投资
	渝北	28	3474	1727	5393	836	11	11441	236	379	53	668	1941			130	14180	含4家汛后影响企业
	巴南	25	1778	772	519	167	38	3274				734					4008	含2家汛后影响企业
	重庆市区（7区）	27															5302	无分项核算投资；含13家汛后影响企业
	中央直属军工企业	6	14170	20278	7004	3393	331	45176						6582	14149	993	66900	
	小计	1359															624271	
合计		1530															682726	

据1991—1992年长江委会同地方主管部门淹没调查统计，全库淹没等级公路815.6km，其中湖北省198.5km，重庆市617.1km；其中二级公路15.2km，三级公路267.3km，四级公路533.1km；汽渡13处。

三峡库区规划复建补偿公路总长度819.97km，其中湖北省229.18 km，占27.95%；重庆市590.79km，占72.05%。其中二级公路19.92km、三级公路283.47km、四级公路516.58km，大型桥梁198座，长度29159.88m，汽渡14处。

1)国道包括209线、318线、319线，复建长度41.03 km，其中二级公路15.77km、三级公路25.26km。

2)省道包括7条，复建长度164.83km，其中二级公路4.15km、三级公路153.98km、四级公路6.7km。

3)县道复建长度614.11km，其中三级公路104.23km、四级公路509.88km。

(3)港口码头

三峡库区长江干流20年一遇回水长度579.6km(坝址—弹子田)，其中湖北约100km，重庆约480km，长江是得天独厚的黄金水道，水运在库区综合运输网中占有主要地位，承担库区沿江各县(市、区)大部分货物和旅客运输。

三峡库区城镇港口主要由港务局、地方交通部门和厂矿企业码头、泊位组成。1993—1994年交通部水运规划设计院、长江航运规划设计院、长江航运规划办公室、湖北省交通规划设计院和四川省交通厅内河勘察规划设计院承担三峡库区受淹10个县(市)港口、81座集镇码头的复建规划工作。

根据三峡库区港口码头总体规划，复建城市港口2座，即万县港和涪陵港；县城港口8座，即秭归港、巴东港、巫山港、奉节港、云阳港、忠县港、丰都港、长寿港；复建集镇码头81座；停靠点97处。

(4)电力设施

三峡工程蓄水后，将淹没水电站114座，装机175台，容量91735kW，其中淹没湖北水电站22座，装机32台，容量12657kW；淹没重庆水电站92座，装机143台，容量79078kW。此外，汛后影响水电站4座，容量2176kW。

全库区淹没抽水站139座，装机容量9933kW，其中湖北境内受淹抽水站24座，装机容量441kW；重庆市境内受淹抽水站115座，装机容量9492kW。此外，汛后影响275座，容量42096kW。

淹没35kV变电站12座，其中湖北2座，重庆10座；农村10kV配电变压器654台，其中湖北101座，重庆553座。另有部分变电工程纳入工矿企业。

淹没电力线1991.1km(湖北664.4km，重庆1326.7km)，其中110kV线路33.9km(湖北21.84km，重庆12.06km)，35kV线路359.56km(湖北96.99km，重庆268.07km)，10kV线路1512.7km(湖北545.48km，重庆1042.72km)。

电力设施复建规划包括受淹水电站、抽水站的补偿和受淹输变电设施的复建规划。城(集)镇配电设施(包括城区变电站、开关站和供电线路)纳入城(集)镇迁建规划;农村 10kV 以下(不含 10kV)低压线纳入农村移民安置规划。

电力工程的复(改)建根据淹没实物情况、城(集)镇迁建、工矿企业迁建和农村移民安置规划以及当地电网总体规划,对原有电力网络作必要调整,提出近期电源点建设项目;同时根据网络调整方案,为满足移民搬迁安置和库区经济发展的电力要求,提出复建输电线和变电站的布局、建设规模、技术指标和工程量。

库区结合淹没复建和近期发展,规划新建水电站 53 座,装机容量 37.57 万 kW,其中湖北水电站 9 座、火电厂 1 座,水电站装机容量 1.77kW;重庆复建水电站 44 座、火电厂 3 座,水电站装机容量 35.80kW。

全库规划 110kV 变电站 11 座,开关站 2 座,容量 348100kVA;规划 35kV 变电站 45 座,容量 338900kVA;规划 10kV 变压器 961 台。规划复建 220kV 输电线路 146.00km,110kV 输电线路 349.62km,35kV 输电线路 732.20km,10kV 输电线路 2604.78km。全库区共复建输电线路 3836.60km,其中湖北 909.65km,重庆 2926.95km。

(5)邮电通信设施复建规划

三峡库区受淹邮电设施中,县属邮电通信设施,受淹邮电局(所)88 个。淹没通信线杆路长度 2456.12km,其中湖北 560.61km、重庆 1895.51km。受淹邮电杆路大部分为高 6～12m 水泥杆,少部分为木杆,过江飞线为铜包钢线,通信线路为铁线或铜线;其中沪—汉—成线,湖北淹没 18km,重庆淹没 144km;长江航运通信系统中受淹没的通信干线杆路总长度为 497.2km,其中湖北 82.0km,重庆 415.2km。

邮电通信的复(改)建在不影响原通信系统正常运行情况下,按三峡工程分期蓄水要求,先淹先迁,就近接线。城(集)镇迁建新址后,原有邮电通信网络应随之进行必要调整。复(改)建规划应充分考虑原有通信网络的特点,以保证其规划技术的先进性、可靠性和经济合理性,使规划具有较强的可操作性。

1)县属通信网。

①网络布局。

网络布局根据《电话自动交换网技术体制》的要求,结合各县、乡镇的地理分布、城镇迁建规划和移民搬迁要求,合理组织各县汇接局之间,汇接局与端局间网络布局。一般是选择地理位置适中、话务量较大的乡镇为该县的汇接局,其余各乡镇支局为端局。各乡镇的话务一般向县城汇流,各汇接局只完成线路汇接而不进行话务汇接。

②设备配置。

设备配置需符合邮电部颁布的《电话自动交换网技术体制》和《农话自动交换设备的主要技术性能要求》,必须使用具有邮电部颁布入网证书的机型作为汇接局和农村端局的交换设备。

③传输线路。

根据网络规划布局，库区通信线路包括3部分，即县局至长话网线路、县局至乡镇支局的中继线路、乡镇支局至集体交换机线路及到村的通信线路。

三峡库区复建农话中继线杆路长度1304.85km(含长途线22.29km)，农村用户线杆路长度1282.71km。

沪—汉—成通信线按在库区受淹杆路长度205km规划复建指标。

2)长航通信线。

①主干通信线规划。

长航通信线路由湖北秭归凤凰山的黄岩窝至重庆境内巴南木洞镇弹子田，复建规划杆路长度为621km，另利用原主干通信线杆路8km。其中重庆市境内复建规划杆路长度为442.05km，另利用原主干通信线杆路51km。

②分支通信线规划。

湖北境内规划分支通信线杆路长度10.9km，普通过江飞线6处，特长过江飞线1处。橡导线杆路长度4.2km，电话线杆路长度3.2km。

重庆境内规划分支通信线杆路长度131.2km，普通过江飞线6处，特长过江飞线2处。橡导线杆路长度45.8km，电话线杆路长度26.8km。

(6)广播电视设施复建规划

三峡水库淹没县广播台、电视台20个，乡(镇)广播站、电视站103个，微波站1座。淹没广播线杆路长度4478km。

根据广播电视现状、发展趋势和有关技术标准，采用广播电视、有线与无线相结合传输方式，规划以县台自办电视广播节目和卫星电视节目为信号源，以乡(镇)广播电视站为中心，村办广播室为基础的传输体系。

受淹广播电视局(台、站)设备、设施复建按恢复原功能和目前电视的技术装备状况合理确定。

有线电视传输线采用光纤电缆和普通电缆，广播传输线路采用无线、有线相结合体系。大部分县(市)主干线和支干线采用明线方案，万县3区和渝北区(县)到乡镇采用无线传输方式。

规划复建县广播站、电视站20个，乡(镇)广播站、电视站111个，微波站5座；规划复建广播线杆路长度4191.03km，其中县至乡(镇)广播线杆路长度1304.8km，乡(镇)至村广播线杆路长度2886.23km。

(7)天然气管道复建规划

天然气管道淹没仅涉及重庆市库区的万县3区、涪陵2区、忠县、丰都县。根据1992年淹没调查，三峡水库淹没重庆市天然气管道63.3km，配气站4座。

在复建规划中，丰都县城南迁，南岸未发现天然气资源，根据新县城规划，输气管道采用管桥跨越长江工程，中跨跨度为410m，两边跨跨度各145m，全长700m。复建输气管道长24.6km，复建储配站1座。

涪陵2区规划拟对原输气管道局部改建，输气管线走向基本不变，复建天然气管道7.52km，输配站一座。

万县3区城市储配站、配气管网纳入城市规划，江北至江南两片输气管道及跨江工程尚未进行规划，参照丰都县天然气跨江工程计算补偿投资。

(8)水文站和河道观测设施复建规划

全库淹没涉及长江干流及15条支流的各类测站77个(湖北11个，重庆66个)，其中水文站13个、水位站21个、雨量站1个、三峡工程专用水位站42个，淹没的河道观测设施有固定断面397个，各类标点4898点，其中固定断面标点937点、独脚钢标357个、平面控制3494点、高程控制110点。

1)水文站设施复建规划。

从水文、河道观测专业的特点出发，为恢复水文站网原功能，确保测验资料的连续性，选择在地质条件稳定的新址重建水文站，并要求在一定时间内原有的水尺、水准点、三角点、降蒸观测场地以及房屋等永久固定设施暂不能搬迁，以便利用新、老设施对重建前后的新、老断面水文要素进行同步对比观测与资料分析。

全库干流上受淹的水文站有奉节、万县、清溪场、寸滩4个站需要迁移复建。干流水文站测验断面的迁移，通常在原址就地后靠，但有些站的测验断面因三峡水库蓄水后河道地形、地势限制和危岩、塌方威胁不能就近后靠，须作短距离的迁移，选择新的断面重建。

全库支流上受淹需要复建的水文站有兴山、沿渡河、陕西营、小江、盐渠、芝麻田、龙角、北碚、武隆9个站。支流站的恢复重建视新选河段的测控条件和水库蓄水位的变化情况，按水文、河道行业规范规定，尽可能在变动回水位以外勘选新址重建；为恢复支流站原有测验功能，应在其次一级大支流上选择所必要增设的测验断面、站房及其测验设施，一次建设到位。

全库受淹干、支流水位站20个，其中湖北7个，重庆13个；为三峡工程服务的专用水位站42个。干、支流水位站大部分在原址设置水尺，就地后靠重建，无法后靠则作上、下适当迁移，专用水位站是为专门用于收集、积累水位资料而设立的。

2)河道观测设施复建规划。

河道观测设施复建规划，以淹没实物指标为基础，按水文行业标准，结合河道观测专业特点，需增设部分复建规划指标。全库干、支流复建各类标点9069点(个)，其中固定断面标点2324点，独脚钢标1162个，平面控制5420点，混凝土高程控制163点。

3)对比观测和分析。

水文站网和老观测断面受淹，需要另择新址。鉴于新、老测验断面的地形条件和水力要素不同，为保证观测资料的连续性与可靠性，需找出新、老断面的相关关系，必须对复建前后新、老断面水文要素同步进行对比观测与资料分析。

(9)航道设施复建规划

三峡工程库区航道设施是航运建设的基础设施,它包括助航设施(航行标志和信号标志、航行水尺)、测量控制网、航道专用码头、航行锚地、船舶停泊基地、航道工业以及航道站房屋。这些设施随着三峡工程蓄水运行大部分将被淹没,丧失原有功能,必须根据库区实际和航运发展要求,重新进行合理布局和统筹建设。

全库淹没绞滩站8个。航行标志1434处,其中重庆1136处,湖北298处。淹没航行水尺62处,其中重庆55处,湖北7处;全库淹没信号标志84处,其中湖北9处,重庆75处;全库长江两岸淹没平面控制和高程控制点共6320个,其中重庆5591个;航道码头和航道站房屋全库淹没共94处,其中重庆87处;全库淹没航行锚地82处,其中重庆66处;全库受淹没影响的船舶基地共计8处;航道工业指船舶维修厂(站),共计淹没6个,均分布在重庆。

根据长江航道局和重庆长江轮船公司编制的航道设施复建规划报告,复建项目有助航设施、测量控制网、航道专用码头、航行锚地、船舶停泊基地、航道工业及航道站房屋。其中航道工业、航道站房屋和部分城镇中航道站码头的复建补偿投资已列入城镇港口和工矿企业统筹复建规划中。

1)航行标志。全库复建岸标854座,其中重庆654座。全库共复建浮标45座,全部在湖北。

2)信号标志。全库规划通行信号标84处,其中重庆75处;鸣笛标68处,其中重庆62处;界限标68处,其中重庆62处。

3)航道水尺。根据航运及维护管理需要,被淹没的62处水尺全部复建,其中重庆56处。航行水尺原则上在原水尺位置接测重建,受地形限制的水尺位置就近上、下适当调整。

4)航道测量控制网。全库共计复建测量控制网点4470个,其中重庆3954个。

5)航道码头。全库共计复建各类航道码头94座,其中重庆87座。

6)航行锚地。规划复建航行锚地22处,其中重庆19处。同时考虑坝前蓄水位由135~156m过渡期运行水位持续时间多年,为解决推轮船队通过峡区河段的安全问题,保证推轮拖带任务完成,需在峡区上、下口处设置7处驳船临时中转锚地,其中重庆3处。

7)驳船中转分解基地。为适应三峡库区各期蓄水位变化大,带来的库尾航运困难,尽量减少航运损失,全库需复建驳船分解基地7处,其中湖北1处。

(10)汛后淹没影响处理

根据汛末(10月底)水库蓄至175m时,11月20年一遇来水回水计算结果,长江干流弹子田断面(汛期移民迁移线尖灭点)至花红堡(汛后回水建筑物影响线尖灭点)87.4km,平均影响深度为5.3m,支流嘉陵江重庆断面至麻柳坪断面(汛后回水建筑物影响线尖灭点)长度为70.7km,平均影响深度为3.8m。

由此可见,三峡水库汛后回水在10月至次年4月对重庆存在不同程度的淹没影响。影响最大的是重庆市区(渝中区、江北区、南岸区、九龙坡区、大渡口区、沙坪坝区、北碚区),其次是巴南区、渝北区、江津市。

其中重庆市区淹没影响水电站 2 座，装机容量 976kW，抽水站 226 处，装机容量 38712kW，码头 206 处，排污口 189 处，人防工程 27 处，小桥 20 处等；巴南区淹没影响水电站 2 座，装机容量 1200kW，抽水站 29 处，装机容量 2845kW，码头 4 处；渝北区淹没影响抽水站 8 处，装机容量 532kW，码头 5 处；江津市淹没影响码头 10 处，简易码头 31 处，停泊点 97 处，抽水站 38 处，排污口 2 处。

汛后坝前蓄水位至 175m，11 月 20 年一遇洪水位时，库尾回水位高于天然情况下相应频率来水的河道水位，因此抽水泵站的最佳工况点、机组能耗及检修受到影响；低水位码头失去原有功能；水电站尾水抬高对发电出力有影响；排污口短时排水不畅等。汛后淹没影响在一般年份较小，且历时较短，而且建库后的水位抬高，仍在天然洪枯水位之间。因此，采取直接经济补偿处理方案。较为特殊的是重庆市南岸区广阳坝与峡口镇相连的洋灰桥。该桥位于汛期回水末端以上约 2km 处，桥面高 168m，桥长 260m。鉴于该桥在地区交通的重要性，以及规模较大，现有补偿难以恢复其功能，暂按 150 万元补偿列计，在今后作专题研究处理。对斜坡绞车道码头、高水位运行码头、停靠点（或锚地）、步梯等汛后未丧失整体功能，故不作损失补偿。

(11)文物古迹保护规划

长江三峡工程库区湖北省、重庆市（原四川省）淹没及迁建区文物古迹保护规划由湖北省三峡工程移民开发局、四川省三峡工程移民办公室分别与长江委共同委托中国历史博物馆、中国文物研究所等组成的三峡工程库区文物保护规划组（以下简称“规划组”）承担。

规划组在国家文物局的指导下，组织全国 30 多个文物考古、建筑和人类学等科研院所和高等院校，经过历时两年多的调查、勘探、试掘、规划，于 1995 年 8 月分别提交了宜昌、秭归、巴东、兴山、巫山、巫溪、奉节、云阳、开县、天城区、五桥区、龙宝区、忠县、石柱、丰都、武隆、涪陵市、长寿、江北、巴县、重庆市区、江津等文物古迹保护规划专题报告。在此基础上，经过综合分析平衡，于 1996 年 3 月提交了《长江三峡工程水库淹没区及移民迁建区湖北省文物古迹保护规划报告》《长江三峡工程水库淹没区及移民迁建区四川省文物古迹保护规划报告》《长江三峡工程淹没及迁建区文物古迹保护规划报告》及《四川省云阳县张桓侯庙保护规划报告》《四川省忠县石宝寨保护规划报告》《四川省涪陵市白鹤梁保护规划报告》《长江三峡工程水库淹没区及移民迁建区民族民俗文物保护规划报告》《长江三峡工程水库淹没区及移民迁建区博物馆建设规划报告》。

根据《长江三峡工程淹没及迁建区文物古迹保护规划报告》，三峡工程淹没区及迁建区共有文物 1282 处。其中，涉及地下文物 829 处，需进行发掘的有 724 处，占 87.3％；需采取登记建档的 105 处，占 12.7％。涉及地面文物 450 处（不含张桓侯庙、石宝寨、白鹤梁），其中，原地保护 108 处，占 24.0％；搬迁保护 251 处，占 55.8％（二者共计 359 处，占 79.8％）；留取资料 91 处，占 20.2％。

文物保护工作内容分地下文物（包含考古发掘、考古勘探、登记建档 3 项）、地面文物（包含原地保护、搬迁保护、留取资料 3 项)和综合项目(包含专题考察、修复整理、测试鉴定、文物征集、保管展示、综合研究及出版等 6 项)3 部分。

1996 年 10 月,国务院副总理邹家华、国务委员李铁映主持会议,研究三峡工程建设中文物保护工作有关问题,并印发了会议纪要(国阅〔1996〕169 号),就三峡工程建设中文物保护工作提出了原则意见,确定三峡库区文物保护规划的审批,要根据“重点发掘、重点保护”的方针,与三峡工程建设与移民工作结合起来统筹考虑。

1997 年 6 月 23 日,三峡建委移民开发局在重庆市召开了三峡工程库区文物保护规划验收工作协调会,并印发了会议纪要(国峡移发规〔1997〕59 号),就三峡文物保护规划报告的验收工作提出了原则意见。

1997 年 10 月,长江委对《长江三峡工程淹没及迁建区文物古迹保护规划报告》提出了完善优化的意见和建议,提出以下意见。

1)要突出重点。根据“重点保护、重点发掘”的原则,复核保护方案。

2)要统筹兼顾。既对文物保护有利,又对三峡工程建设有利;既要考虑文物保护的必要性,又要考虑其可能性。需对上述地下、地面文物的发掘、保护数量进行复核。

3)对规划方案需作方案比较。要从技术、经济等方面进行比较论证,选择最佳方案。

4)对张桓侯庙、石宝寨、白鹤梁题刻保护规划的意见。

1996 年 8 月 9 日,长江委技术委员会组织部分技术委员对张桓侯庙、石宝寨、白鹤梁题刻的保护规划进行了认真讨论,并形成了书面意见。书面意见指出:文物是国家的宝贵遗产和财富,在修建水利工程时,应该重视保护。三峡库区的文物保护应遵循《中华人民共和国文物保护法》《中华人民共和国环境保护法》及《长江三峡工程建设移民条例》等法规,按“三原”方针,提出保护规划和投资。

对于云阳县张桓侯庙,认为应按原规模、原标准进行迁建,并倾向于保护规划的南岸方案。

对于忠县石宝寨,同意采用“就地保护”的方案,但不同意围堤保护方案,认为应改为对玉印山在水库水位变动范围内(高程 145～175m,加一定的超高)的基岩,采用喷浆、钢丝网喷浆或锚喷等措施加以保护。对高程在 177m 以下的寨楼改建成钢筋混凝土结构。

对于涪陵白鹤梁题刻,认为结合旅游耗巨资修建水下博物馆没有必要,也存在很多问题。长江委技术委员会意见:①维持白鹤梁题刻的现状,趁三峡水库蓄水之前,尽可能再作查勘,不使题刻遗漏;②修建陆上博物馆,把白鹤梁题刻全面复制于馆内;③如有必要看水下题刻原状,还可考虑采用小型潜艇或潜水结合水下电视进行观察。

1998 年 9 月,国务院三峡办在北京召开《长江三峡工程淹没及迁建区文物古迹保护规划报告》论证会。会议建议对淹没区、移民迁建区和防护区部分文物指标作进一步复核,对部分列为搬迁保护的文物按实际情况对保护方式进行适当调整,对张桓侯庙、石宝寨、白鹤梁题刻应单独组织专项论证。

根据论证意见,规划组对《长江三峡工程淹没及迁建区文物古迹保护规划报告》进行了修订和补充。

1998 年 12 月，重庆市人民政府召开张桓侯庙、石宝寨、白鹤梁题刻 3 个保护方案的专家论证会，会议同意张桓侯庙搬迁保护方案及其选址规划意见，同意石宝寨原地保护规划方案。白鹤梁题刻修建水下博物馆规划方案因为技术、航运等未能通过专家论证，会议建议在进行题刻加固保护和岸上复制的同时开展“围堰保护”方向研究，同时积极、慎重地考虑题刻表面保护的处理方案，并建设地面水文博物馆。

2001 年中科院葛修润院士提出的“无压容器”水下原址保护方案被实施，在原址修建水下博物馆，利用工程压力原理，修建一个内外都有水的无压力保护壳体，游客可以从岸上经过水下通道进入博物馆，观赏白鹤梁题刻。白鹤梁水下博物馆已于 2009 年 5 月 18 日正式开馆，千年水文站重见天日。

(12)库底清理规划

库底清理内容包括卫生清理、建筑物清理、林地清理。

库区淹没陆地面积 632km^2，根据三峡水库分期蓄水要求，卫生清理和建筑物清理为移民迁移线以下，林地清理范围为正常蓄水位至死水位(含极限死水位)以下 2m 范围内。

根据三峡工程“分期蓄水，连续移民，一次建成”的建设方案，库底清理应同各阶段的移民搬迁同步进行，在水位达到设计蓄水位之前完成库底清理工作。

7.4.2.5 防护工程规划

根据《规划大纲》的要求，按照技术可行、经济合理的原则，对库周淹没深度不大，有条件防护的土地、城(集)镇和村庄、工厂等，都尽量加以防护利用，以减少淹没损失和移民安置难度。

库区周边淹没浅水区可防护的地方较多，诸如重庆开县小江、万县市龙宝河、奉节朱衣河、涪陵北拱、长寿桃花溪和渝北御临河；湖北巴东的平阳坝、兴山的建阳坪等，都有多少不等的耕地可以防护。但除开县小江较为集中外，其他可防护的面积一般不大，结合各县农村移民安置规划一并落实。

库区城镇、工矿企业和专业项目可防护的较少。城镇局部作防护的仅有万县市、涪陵市、蔺市等。专业项目淹没处理中，为了保护著名的石宝寨胜景，拟采取加固措施。

开县小江中游冲积平坝良田连片、人口稠密，在三峡工程论证过程中，曾经成为选择三峡工程正常蓄水位的重要制约因素之一，对其防护问题作过初步研究。在编制开县移民安置规划的过程中，长江委对开县防护问题作了两种方案研究：其一是分片围堤局部防护方案，又称小防护方案；其二是拦截小江防护方案，又称大防护方案。1996 年 12 月经三峡建委主持评审放弃小江大防护方案后，分片局部防护方案已成为开县移民规划的组成部分。

湖北库区具备防护工程条件的有兴山县建阳坪、深渡河和巴东县平阳坝等 3 处。为此，在三峡工程库区湖北 4 县淹没处理及移民安置规划中，对这 3 处进行了防护工程规划。

秭归县茅坪溪防护工程已纳入三峡枢纽工程，防护工程投资计入三峡枢纽工程总投资，防护区内的淹没实物指标已从湖北省库区淹没实物指标中扣除。

(1)茅坪溪防护工程

茅坪溪防护工程由挡水坝和泄水建筑物组成，在茅坪溪河口建坝挡长江水，在茅坪溪防护坝上游修建泄水建筑物，使茅坪溪上游来水通过泄水建筑物排至三峡大坝右岸下游，在三斗坪汇入长江。

茅坪溪大坝坝址经综合比较，布置在秭归县茅坪溪庄坪，距茅坪溪河口 3.2km，保护三峡水库淹没区面积 7.5km^2。防护坝主坝长 1070m，副坝长 80m，坝顶高程 185m，最大坝高 91m，采用土石坝坝型，沥青混凝土防渗墙防渗。茅坪溪防护工程按 1993 年 5 月的静态投资总额为 61859 万元。

茅坪溪防护区涉及秭归县茅坪镇和宜昌县三斗坪镇。若不实施防护工程，则淹没耕地 319.64hm^2、果园 106.76hm^2、茶园 0.75hm^2，需搬迁 6561 人。

茅坪溪防护工程经历了防与不防反复的研究比较。秭归县地处三峡库区之首，是三峡库区淹没比重较大的县。全县坡地多，平坝少，茅坪溪是秭归县少有的河谷平坝地，地理位置优越，其上有规划的新秭归县城，其下与三峡大坝相连。地方人民政府强烈要求进行防护，中央和水利部领导也多次指示长江委开展茅坪溪防护规划研究，经过多种方案的比较研究，防护工程在技术上得到了肯定，且具有人工改造自流排水的优越条件。经过经济分析比较，防护工程规模大，投资多，因防护减少部分库容，每年要损失电量 2900 万 kW·h 左右，与不防护方案相比，经济上是显然不合理的。但考虑到秭归县移民安置难度，以及秭归县利用三峡工程兴建的机遇，建设以秭归新县城为中心的茅坪溪防护区经济走廊能促进秭归县的长远经济发展，因此水利部、能源部三峡工程论证领导小组批准了茅坪溪防护方案，并明确指示，茅坪溪防护工程的投资、兴建和管理以专项列入枢纽工程，由三峡建委统筹考虑。

(2)涪陵防护工程

涪陵市属三峡库区半淹城市，三峡水库正常蓄水位 175m 时，涪陵城区 32%的建筑被淹没，城市沿江一线基础设施遭破坏，沿江道路、市政管线基本中断，功能丧失。

但受地形、地质条件限制，涪陵城市规划发展空间有限，移民后靠安置难度大。通过修建长江、乌江汇口东岸堤防，结合对滑坡进行综合治理，既可保护区域内建筑和城市基础设施，又能够缓解土地紧张的矛盾，减轻涪陵城市移民工作压力，有效地增加三峡工程移民安置容量。

涪陵长江、乌江汇口防洪整治工程是集防洪减灾、治理滑坡崩岸、稳定库岸、确保城市安全、防止库区水土流失、促进城市开发建设、改善城市环境等功能于一体的综合整治项目。

涪陵防护工程防洪标准 50 年一遇，工程等级为Ⅲ级。工程主体为全长 4.55km 的防护大堤，其中长江段 3.19km，为坡式碾压堆石体结构；乌江段 1.36km，为重力式混凝土防护堤结构。工程区滑坡地段采取排水、支挡和抗滑桩阻滑措施，确保河岸稳定。防护堤堤顶高程 182m(吴淞高程)。

防护堤临江侧堤顶布置观景平台、绿化带、滨江路、人行道，内侧为规划建设用地，依堤建有 4 个港区，复建码头 18 个，泊位 29 个，工程初步设计总投资 6.76 亿元。

根据三峡工程分期蓄水的要求，工程施工按 5 个堤段，分 3 期开工建设，总工期 6.5 年，于 2005 年建成。

(3)开县15片防护区规划

根据采取防护措施的技术可能性和经济合理性，经过实地查勘、选点论证，确定开县防护工程为水东坝、马肚坝、厚坝、宝塔窝、向家坝、驷马桥、观音堂、李家院子、平桥河坝、赵家场、梅池坝、周都坝、姚家坝、何家院子、三皇庵等15片。

防护区内共有33635人，其中农业27408人、非农业6227人，各种结构房屋125.63万m^2，耕园地1.90万亩，工业企业39个。

开县分片防护区均属农村居民点或一般集镇，防护标准按10～20年一遇洪水设计、20～50年一遇洪水校核。

各片防护区排涝标准为5～10年一遇。耐淹水深一般控制在0.2m以内。

防护工程主要由防护堤(坝)、排水涵闸和泵站等建筑物组成。

开县15片防护工程投资47521万元，相应不建防护工程的移民补偿投资，按1993年5月末价格水平计算，为84300万元。防护方案较之移民搬迁方案投资少，在经济上合理，在很大程度上降低了移民安置难度。

在移民工程的实施阶段，随着工作的深入，对开县15片农田防护工程，进一步进行了可行性分析论证，除厚坝农田防护工程实施防护方案外，其他14片防护工程都调整为实施移民搬迁方案。

开县厚坝农田防护工程于2008年建成，并已按设计目标运行。

(4)巴东县平阳坝防护区规划

根据防护区的地形、地质和移民安置的具体情况以及平阳坝镇的长远发展，拟定了巴东县平阳坝防护方案，方案由取水枢纽、输水渠系建筑物、电站、泵站、防护坝等五大建筑物组成。取水枢纽设计引水流量5.5m^3/s，渠道输水流量4.5m^3/s，电站装机容量3×400kW，水泵选用900HLB-100型4台，枯水季节排水流量7m^3/s，方案综合效益(灌溉、供水等)很大，并得到当地人民政府的赞同。

巴东县平阳坝防护工程，是巴东县平阳镇的综合水利枢纽工程，不仅为解决三峡库区平阳坝移民安置找到了途径，而且为综合利用平阳河的水利资源开拓了新方向。防护投资3448万元(1993年5月价格)，超过移民补偿投资不多。因此，在分县规划时，推荐采用防护方案。

在移民工程的实施阶段，随着工作的深入，通过反复研究其工程的可行性，最终将防护方案调整为移民搬迁方案。

(5)兴山县建阳坪防护规划

兴山县建阳坪防护方案，考虑到该地区的长远发展和兼顾各方面的利益，最后确定了既防护农田又防护居民的方案，由于建阳坪村一组所在地可开垦土地十分有限，且开垦有一定的难度，结合防护区的情况，力求防护面积大一些，故将防护堤的堤线布置在靠近原护堤的内侧，轴线长度928m。防护区内总面积176.7亩，其中农田138亩(包括18亩低洼地)，防护居民48户，共183人。区内农田回填至175m，结合防护改良土壤，造福当地居民。

兴山县建阳坪防护工程投资515万元。不防护补偿投资289万元。

综合分析表明，从土地价值、移民安置难度等方面考虑，防护方案社会效益较大，因此确定对建阳坪采取防护方案。

兴山县建阳坪防护工程于2008年建成。

7.4.2.6　环境保护规划

(1)指导思想及原则

环境保护是我国的基本国策。移民安置区环境保护规划是库区环境建设与环境管理的重要依据，其规划主要遵循以下主要原则：

1)土地资源开发利用以综合整治为指导思想，贯彻“以防为主，防治结合”的治理原则。

2)坚持城镇迁建发展与生态环境改善结合，城镇环境与区域环境改善结合的原则。

3)严格执行国家有关环境保护政策法规，严格坚持环境影响报告书(表)和环保“三同时”制度。

4)以国家的环境保护政策为导向，坚持“预防为主，防治结合”的环境污染控制方针，污染排放与区域环境容量相适应。

(2)环境保护规划

初步设计阶段，通过对移民安置区环境现状调查分析，结合移民安置规划，确定了影响环境的主要因素和保护对象，提出了相应的切实可行的环境保护措施，使移民安置对生态环境的不利影响尽可能降到最低。

移民安置区环境保护规划包括：

1)土地资源开发利用环境保护规划。包括农村移民迁建安置、城(集)镇迁建以及交通道路等专业项目改复建过程中水土流失预防治理规划。

2)城镇迁建环境保护规划。包括水质保护、大气保护、环境噪声防护、固体废物处置规划。

3)工矿企业迁建与新建第二、三产业污染防治规划。对搬迁重建企业，其建设必须严格执行国家有关环境保护政策法规，严格坚持环境影响报告书(表)和环保“三同时”制度；实行排污申报登记制度和排污许可证制度；移民新建第二、三产业应选择污染小或无污染的项目，提倡发展绿色企业；环境监测部门应加强污染源特别是重点污染源的监测；迁建企业与移民安置新建第二、三产业污染防治所需经费，贯彻“谁污染，谁治理”的原则，由企业自行承担。

4)人群健康保护规划。

①环境卫生清理。移民迁入新居前必须对居住环境进行卫生清理。

②疾病监测、疫情抽查及预防接种。包括卫生检疫、预防接种、人群健康监测。

③饮用水卫生检测。城镇、农村集中居民点以及分散建房的移民，应做好饮用水水源保护工作。

④卫生宣传、管理与监督。在移民前和移民过程中，有计划、全方位地大力宣传、普及卫生知识，增强移民和老居民的卫生观念和自我保健意识，提高防病抗病能力。

⑤医疗卫生机构建设。进一步建立健全移民安置区三级医疗预防保健网络，提高区域医疗卫生防疫的服务能力。

5)生态建设规划。包括珍稀濒危植物和古、大树木保护；森林植被保护；野生动物保护；城镇和农村居民点周围及道路绿化规划；库岸绿化带建设。

6)生态环境监测与管理规划。包括生态环境监测规划和环境管理规划。

7.4.2.7 移民补偿投资概算与分年实施计划

(1)移民补偿投资总概算

三峡工程移民补偿投资总概算按1993年5月价格计算为4000000万元。

按项目划分：农村移民安置费601941万元，城集镇迁建费1365484万元(城市、县城1113931万元，集镇251553万元)，工矿企业复建费682727万元，专业项目复改建费426076万元，环境保护费29157万元，防护工程费88474万元，调整机动费14556万元，勘测设计、监理费90462万元，行管及职业培训费131600万元，勘测规划、科研费74400万元，滑坡处理监测费60000万元，基本预备费349877万元，耕地占用税85246万元。

按行政区域划分：湖北省53.51亿元，重庆市315.55亿元，中央统筹30.94亿元。

三峡库区移民补偿投资见表7.4.13。

(2)移民迁建进度计划

移民迁建要与枢纽工程进度相衔接，以满足枢纽工程1997年大江截流，2003年135m围堰挡水发电以及2009年枢纽工程全部建成的要求。为此，移民迁建在第11年汛前(2003年6月)，需完成坝前水位135m回水线以下的移民任务；第14年汛前(2006年6月)需完成坝前水位156m回水线以下的移民任务；第17年汛前(2009年6月)需完成坝前水位175m回水线以下的移民任务。

移民迁建进度计划，在满足枢纽分期蓄水要求的前提下，为恢复城镇功能，还应根据水库淹没的特点，提前搬迁如下内容：为满足移民建设周期需要连续安排的项目；结合技改需提前迁建的企业；淹没线下已有活动迹象的滑坡区；凡出乡安置的农村移民，为减少土地多次调整的困难，淹没区以村民小组为单元，成建制一次性地完成搬迁任务；为尽快恢复移民生产、生活需要对土地开发，城镇的基础设施及配套工程，专业项目改(复)建工程，职业培训等适当提前安排。

表 7.4.13　三峡库区移民补偿投资明细　（单位：万元）

名称	农村移民安置	城市、县城	集镇	工矿企业复建	专业项目复改建	环境保护费	防护工程费	调整机动费	勘测设计、监理费	行管及职业培训费	勘测规划、科研费	基本预备费	滑坡处理监测费	耕地占用税	静态总投资
宜昌	13645	0	4380	1372	2664	113	0	58	445					1914	24591
秭归	62876	50346	38228	14617	36587	2510	0	0	4102					6410	215676
兴山	7190	39931	8377	18712	17710	660	361	75	1860					1765	96641
巴东	15742	58476	10056	11962	25219	1015	3448	30	2519					2836	131303
留省	0	0	0	11795	6040	0	0	89	4465	19100		25400		0	66889
湖北小计	99453	148753	61041	58458	88220	4298	3809	252	13391	19100	0	25400	0	12925	535100
巫山	44671	58739	12417	11797	17375	1673	0	0	2934					5627	155233
巫溪	459	0	16	0	55	40	0	0	11					50	631
奉节	63557	110710	11347	42355	23292	2466	0	112	5076					8745	267660
云阳	85641	102102	38671	55065	44408	3034	0	330	6577					11291	347119
万县(3 区)	72967	318477	28260	213783	56317	5655	0	3200	13909					14128	726696
开县	54016	124121	9576	32716	23471	2983	84665	6128	4938					7161	349775
忠县	58117	45516	26470	34538	30723	1793	0	1506	3943					8014	210620
石柱	11336	0	6380	1560	5416	234	0	375	499					1350	27150
丰都	24799	86636	15854	34886	22667	1930	0	1103	3735					4076	195686

续表

名称	农村移民安置	城市、县城	集镇	工矿企业复建	专业项目复改建	环境保护费	防护工程费	调整机动费	勘测设计、监理费	行管及职业培训费	勘测规划、科研费	基本预备费	滑坡处理监测费	耕地占用税	静态总投资
涪陵 2 区	42358	108684	27709	92864	43236	2520	0	894	6347					7381	331993
武隆	2091	0	4071	8002	4061	218	0	279	369					390	19481
长寿	9626	10193	927	6315	17275	495	0	0	897					1486	47214
渝北	4842	0	3786	14180	1064	239	0	356	484					714	25665
巴南	15030	0	2956	4007	3068	356	0	0	508					1256	27181
重庆市区（7 区）	11289	0	2072	5301	5430	1020	0	0	502					652	26266
江津	1689	0	0	0	268	203	0	21	42					0	2223
中央直属企业	0	0	0	66900	0	0	0	0	0					0	66900
留省	0	0	0	0	39730	0	0	0	26300	112500		149500		0	328030
重庆小计	502488	965178	190512	624269	337856	24859	84665	14304	77071	112500	0	149500	0	72321	3155523
中央统筹					0						74400	174977	60000		309377
全库合计	601941	1113931	251553	682727	426076	29157	88474	14556	90462	131600	74400	349877	60000	85246	4000000

(3)移民分年投资计划

初步设计在库区分县淹没处理及移民安置补偿概算报告的基础上，汇总编制两省(直辖市)移民迁建进度及分年投资计划专题报告，同时考虑两省(直辖市)已投资金额，由此编制库区移民分年投资计划。

全库1993—2003年投资249.62亿元，占移民补偿投资的62.40%，其中1993—1997年已投资75.17亿元，占18.79%，1998—2003年投资174.45亿元，占43.61%；2004—2006年投资93.16亿元，占23.39%；2007—2009年投资57.22亿元，占14.30%。

7.4.3　移民安置规划调整与完善

三峡工程移民是一项长期、动态的过程，其间库区经济社会迅速发展，国家对生态环境保护、企业改革等宏观政策进行了重大调整，库区人口资源环境与经济发展矛盾突出，使得移民安置规划在实施中遇到新情况、新问题，需要规划进行相应的变化和调整，及时解决出现的问题，以适应新的形势，进而指导三峡移民安置的实施。

7.4.3.1　政策性调整

三峡工程移民安置规划在实施过程中涉及的政策调整包括"两个调整"以及因《土地管理法》修订而进行的调整，其中"两个调整"包括农村移民安置政策的调整和工矿企业迁建政策的调整。

(1)农村移民安置政策调整

1)调整背景。

根据三峡移民安置规划，农村移民以内安为主、外迁为辅方式进行安置。用于移民安置的土地主要通过开发、改造、调整、工程防护等多种途径获取。在移民安置实施过程中，为保护库区生态环境，国家实施退耕还林政策，严禁开垦25°以上坡地，人多地少的矛盾十分突出，就近安置的土地容量明显不足。

原规划中提出的以第二、三产业安置库区农村移民的安置方案难以落实。主要是由于三峡库区现有的第二、三产业起点低、规模小，经济效益差，市场竞争力不强，可吸纳农村移民的能力极其有限且极不稳定；同时，文化技能水平等各种因素的制约，使库区农村移民不能完全适应第二、三产业安置方式。

湖北省从1995年起就不断地积极探索移民外迁安置的有效途径，积累了较丰富的经验；重庆市采取相对集中、分散插花安置的办法在江津市进行外迁安置试点。湖北省和重庆市的经验说明，只要外迁安置的政策对头，方法得当，坚持以土为本、以大农业为基础，切实做到移民生产有土地、生活有住房、逐步致富有门路，移民对外迁安置是积极的，外迁安置方式就逐渐能为三峡工程库区农村移民所接受。

1998年12月，朱镕基总理视察三峡工程和库区后，针对库区人多地少矛盾突出、移民安置容量有限、后靠安置移民造成新的水土流失、生态环境破坏严重等问题，提出："我们要坚持多种方式安置农村移民的方针，因地制宜，把本地安置与异地安置、集中安置与分散安置、政府安置与自找门路结合起来。特别是要制定鼓励外迁的政策。”

1999 年 5 月，国务院三峡移民工作会议正式提出了“两个调整”的方针，明确农村移民实行多种方式安置，大力提倡和鼓励农村移民外迁安置，为库区移民安置减轻压力，增强库区经济发展后劲，保护库区生态环境，也为外迁移民自身发展提供广阔的空间。

根据会议精神，三峡农村移民安置由就近后靠安置，第二、三产业安置，自谋职业安置调整为：实行以多种方式安置农村移民的方针，因地制宜地把本地安置与异地安置、集中安置与分散安置、政府安置与自找门路安置结合起来，鼓励和引导更多的农村移民外迁安置。在农村移民安置的过程中，仍然坚持以土为本、以大农业为基础，大力发展高效生态农业，并且在有条件的地区积极发展第二、三产业。

1999 年 12 月，国务院办公厅下发了《关于做好三峡工程库区农村移民外迁安置若干意见的通知》（国办发〔1999〕99 号），明确了农村移民外迁安置的政策原则和工作措施。

2）规划调整内容。

①根据《关于做好三峡工程库区农村移民外迁安置若干意见的通知》，对外迁农村移民安置提出了以下原则：

（a）外迁农村移民安置，必须坚持开发性移民方针，遵循以农为本、以土为本的原则。

（b）迁入地人民政府要给外迁农村移民及时颁发土地承包经营权证，落实土地承包权、生产自主权和经营收益权。

（c）对于那些耕地较少、经济较发达的省（直辖市），可帮助部分素质较高的外迁农村移民从事第二、三产业，以增加其收入，为移民逐步致富创造条件。

②根据上述要求，对农村移民安置规划进行了调整。

（a）三峡全库区农村移民外迁安置人数由原规划 8.3 万人增加到 12.5 万人。其中湖北省 2.5 万人，全部在其省内非库区县安置；重庆市 10 万人，在其市内非库区县安置 2 万人，投亲靠友、自主分散安置 1 万人，出市外迁安置 7 万人。

（b）重庆市三峡库区出市外迁安置的农村移民 7 万人，分配给以下省（直辖市）进行安置：四川省 9000 人，江苏、浙江、山东、湖北、广东省各 7000 人，上海市、福建省各 5500 人，安徽、江西、湖南省各 5000 人。上述 11 个省（直辖市）要各选择一个县进行接收外迁农村移民安置试点，每个试点县接收 150 户，约 600 人。

（c）1999 年底以前，11 个省（直辖市）要做好试点方案，2000 年完成安置试点任务，并编制好本省（直辖市）接收外迁农村移民安置总体规划，从 2001 年到 2003 年上半年，要全部完成外迁农村移民安置任务。

（2）工矿企业迁建政策调整

1）调整背景。

国家宏观产业结构调整背景决定了库区淹没工矿企业迁建规划的调整。我国自改革开放以来，国民经济和第二、三产业迅猛发展。但是总体而言，自改革开放以来，至 20 世纪 90 年代中期，我国产业发展仍呈现出规模小、产业结构不合理，部分产业发展力不足，缺乏可持续性。进入20世纪90年代后，我国市场与国际市场逐步接轨，国家逐步开始重视产业结构调整，并将产业结构调整作为提升我国企业，乃至国民经济发展竞争力的重要手段之一。为此，20世纪90年代中后期，一场以产业结构调整为经济工作重心的“革命”在全国全面铺开。在此背景下，三峡库区工矿企业迁建规划的调整成为必然。

三峡库区工矿企业特点决定了迁建规划的调整。受历史和地域等影响，三峡库区迁建的绝大多数工矿企业都存在着产业结构失衡、企业组织结构失衡、企业技术装备水平落后、企业技术改造受到资金严重制约、所有制结构单一、企业规模较小、产品档次低、历史包袱沉重等特点。受以上种种制约，库区工矿企业搬迁后，负债和亏损居高不下，严重影响了企业生产经营和再生产。为了推动库区迁建工矿企业的良性经营及发展，非常有必要调整原来的迁建方式。

根据移民安置规划，库区各县将工矿企业迁建与技术改造，以及组合搬迁结合起来实施。但是，规划的实施并没有使企业走出发展困境，而沉重的债务负担和人员包袱成为大多数搬迁企业面临的共同困难。1998年，朱镕基总理视察三峡库区的重要讲话和1999年召开的三峡建委工作会议，对库区淹没工矿企业迁建做出重大决策，要求库区企业迁建工作的着力点从搬迁复建转移到结构调整、改进迁建质量和提高效益上来，对那些长期亏损、资不抵债、污染严重的企业实施破产关闭。

1999年，对库区工矿企业迁建政策调整决策出台后，国务院办公厅出台了《国务院办公厅关于三峡工程库区移民工作若干问题的通知》(国办发〔1999〕53号)。该通知进一步明确了工矿企业迁建调整方式与进程，要求库区企业迁建工作的重点从搬迁转移到结构调整、改进质量和提高效益方面，对那些长期亏损、资不抵债、污染严重的企业实施破产关闭。

1999年，重庆市颁发了《关于切实做好三峡库区迁建工矿企业结构调整工作的通知》(渝府发〔1999〕52号)，对重庆市库区工矿企业迁建调整作了明确规定。同时，湖北省也对自身库区工矿企业迁建作了相应调整。

2)规划调整内容。

根据《国务院办公厅关于三峡工程库区移民工作若干问题的通知》，三峡库区工矿企业迁建调整思路主要包括：

①三峡库区工矿企业搬迁要与结构调整相结合，加大企业组织结构、所有制结构和产品结构的调整力度，绝不能搞原样搬迁。

②对口支援的国有、集体、民营企业兼并1998年底前亏损的三峡库区国有、集体搬迁工矿企业，在落实还款计划的前提下，以搬迁企业1998年底贷款余额为限，经商债权银行同意，免除以前的全部欠息，并在今后3～5年的还款期内继续免收利息。

③破产或关闭搬迁企业的移民补偿资金(除被淹没的职工宿舍补偿资金外)和资产变现资金，要首先用于企业职工安置。搬迁企业在破产或关闭前为维持生产经营向职工筹措的资金，可按照企业所欠职工工资的办法处理。

④对因企业破产、关闭而使地方财政减少的收入，由财政、税务等部门核定数额后，可按

照中央和地方共同负担的原则，由中央财政采取转移支付的办法给予适当补助。

⑤库区各级政府要妥善安置破产、关闭企业的职工，使他们的基本生活得到保障，并积极扩大再就业门路。要采取切实措施和鼓励政策，帮助更多的破产、关闭企业职工从事农业生产。

为做好库区工矿企业迁建调整，重庆市于2000年初开始在奉节县进行搬迁工矿企业结构调整试点。该县搬迁工矿企业114家，原规划组合搬迁为72家，重新修订规划后，准备破产、关闭67家；相对较好的57家，准备合并为20家与对口支援名优企业相结合。国务院领导同志得知该县情况后指出，该县在搬迁工矿企业结构调整方面虽然迈出了可喜的一步，但从整体上看，调整的力度还远远不够。此后，湖北省、重庆市又重新修订了规划。

按照将结构调整与企业改组、改制、技改和加强企业管理紧密结合，将结构调整与开发、利用本地资源以及库区优势紧密结合，将结构调整与中央国家部门与各地对口支援紧密结合，将企业结构调整与三峡地区区域经济发展规划和远景发展目标紧密结合，将结构调整与建设生态型工业小区和环境保护紧密结合，以及将结构调整与移民安置紧密结合等基本原则，受淹搬迁工矿企业1599家，准备破产、关闭1012家，占总数的63.3%；保留的587家中合并重组的有406家。据相关统计，不含香溪河矿务局和中央在渝企业，规划实施调整为1571个(湖北省200个，重庆市1371个)。搬迁(保留)企业521个(湖北省8个，重庆市513个)；破产关闭1051个(湖北省192个，重庆市859个)。

(3)《中华人民共和国土地管理法》修订增资调整

根据1999年1月1日施行的《中华人民共和国土地管理法》，对三峡库区农村移民安置补偿投资进行了调增。

新增补偿投资按《中华人民共和国土地管理法》规定的安置补助费上限值取6倍，土地补偿倍数取9倍进行测算。

2004年9月，三峡建委以《关于长江三峡工程建设征用库区淹没土地新增移民安置补偿投资使用管理有关事项的通知》(国三峡委发办字〔2004〕31号)，在三峡工程库区移民安置补偿包干投资400亿元外，新增三峡工程库区农村移民安置补偿包干投资229524.04万元。

7.4.3.2 规划及概算调整

2006年5月三峡建委在第十五次全体会议上做出调整三峡移民安置规划和概算的决定，明确提出对三峡库区移民迁建中存在的突出问题逐个研究，提出处理方案。

规划及概算调整是三峡移民安置实施13年以来的重大调整。13年中，国家根据库区实际情况对三峡移民安置方案进行了“两个调整”；同时，出台了一些宏观新政策、修订了部分规程规范等，而库区移民安置规划又是在计划经济向市场经济转轨条件下编制的，受规划设计深度、认知水平和规划设计本身具有的时效性所限，需要及时调整三峡移民规划，予以落实；加之三峡移民数量大、安置周期长、情况复杂，移民安置实施中又出现一些新情况、新问题，影响到移民任务的全面完成，这些问题迫切需要研究解决；同时为了贯彻落实科学发展观和以人为本、构建社会主义和谐社会的理念，党和政府对移民安置提出了更高的要求。

受国务院三峡办委托，长江委承担了三峡工程库区农村移民人数复核及移民安置规划调整、孤岛处理规划、农村库周交通调整规划、学校迁建、医院迁建等8个专题的规划及概算调整工作。

2007年三峡建委以《关于长江三峡工程库区移民安置规划和工程概算调整方案的批复》(国三峡委发办字〔2007〕14号)同意规划概算新增投资总额795095万元(1993年5月价格水平)，该投资纳入三峡工程投资概算。具体包括：农村移民人口复核和规划概算调整新增投资316041万元，库区移民增建房屋概算调整新增投资84881万元，城集镇用地面积复核和基础设施概算调整新增投资39816万元，孤岛处理规划补偿投资30270万元，农村库周交通规划调整新增投资112018万元，库区医院迁建补偿调整新增投资41725万元，库区学校迁建补偿调整新增投资47652万元，重大个案问题处理新增投资122692万元。

针对坝区移民劳动技能低、就业不稳定、老有所养不落实的实际情况，2006年，依据科学发展观和构建和谐社会的要求，对坝区移民安置进行了完善。

7.4.3.3　实施中对特殊问题的处理

三峡移民安置规划在实施中采用动态管理，对实施过程中出现的各种特殊问题，及时通过专题研究的方式进行解决，从而使移民安置规划不断完善，满足了移民安置工作的需要。

移民安置实施过程中，对规划中淹没实物指标的重大遗漏、规划未能恢复原功能等个案问题，按照有关规定和程序实事求是地予以了合理解决。个案问题的解决资金主要来源于湖北省、重庆市和中央掌握的包干资金内的预备费。个案问题通常用专题复核报告的形式，按规定的程序进行解决。诸如半淹城镇旧城功能恢复问题处理，巴东、巫山、奉节新县城基础设施难度系数调整，城镇新址占地人口调整等实施过程中出现的一些特殊问题。

7.4.3.4　分期蓄水计划调整

(1)2003年汛后蓄水位提高至139m

2003年6月，三峡工程按期实现了坝前135m蓄水，库区社会基本稳定。

2003年7月，三峡总公司向三峡建委建议，要求三峡工程围堰发电期汛后按蓄水位139m运行。

为论证汛后提高蓄水位对库区的淹没影响，长江委在地方移民部门的配合下，对淹没涉及的县(区)实地开展了初步摸底调研。比选的各水位方案淹没实物指标总量不大，而实施移民搬迁的程序是相同的，因此推荐能发挥最大汛后补偿航运流量效益的139m方案。

为更早更好地发挥三峡工程的综合效益，三峡建委经第十三次全体会议研究讨论，以《关于做好三峡工程在围堰挡水期汛后将水位提高到139m运行有关准备工作的通知》(国三峡委发办字〔2003〕27号)，原则同意三峡工程在围堰挡水期汛后将水位提高到139m运行，并要求努力争取在2003年10月底前实现139m水位运行。

国务院三峡办2003年10月以《关于追加2003年度三峡工程移民投资计划的通知》(国

三峡办发计字〔2003〕108号），追加2003年度三峡工程移民投资计划7274.78万元，专项用于三峡水库汛后蓄水至139m新增移民安置补偿补助。此项经费不纳入批准的400亿元移民包干经费。

(2)156m提前蓄水

根据批准的三峡工程初步设计报告，三峡水库将于2007年10月按初期蓄水位156m运行。在三峡工程建设者的共同努力下，三峡主体工程建设和移民迁建总体进度较原计划有所提前，三峡水库具备提前蓄水至156m的条件。为尽早发挥工程综合效益，2004年12月，三峡建委第十四次全体会议原则同意初期蓄水（蓄水位156m）开始运行时间由原计划的2007年汛后提前到2006年汛后，湖北省、重庆市已针对此蓄水方案对库区移民迁建进度计划进行了相应调整。

为此，长江委针对三峡水库2006年汛后蓄水至坝前156m水位运行对移民安置所产生的影响进行了调查研究，对156m提前蓄水影响涉及的分耕园地收益问题、库周临时交通问题及其他问题三大部分进行了影响评价，提出处理方案，测算补偿投资，并提出了《三峡水库2006年汛后蓄水至坝前156m水位运行对移民安置影响调查及处理方案》。

2006年10月，三峡建委以《关于印发〈三峡水库2006年汛后蓄水至坝前156m水位运行对移民安置影响调查及处理方案〉的通知》（国三峡办发规字〔2006〕119号），同意了《三峡水库2006年汛后蓄水至坝前156m水位运行对移民安置影响调查及处理方案》。

7.5 规划实施与分期移民验收

三峡移民工程的组织实施按移民搬迁安置主体任务分为农村移民安置、城集镇迁建、工矿企业迁建、专业设施复建四大类。

7.5.1 规划实施

7.5.1.1 三峡移民安置规划实施的特点

(1)时限性和计划性

三峡水库移民安置周期长达17年，各类变化因素和不确定因素多，初步设计阶段完成的移民安置规划不能直接用于搬迁和施工，只能作为指导编制移民实施计划和移民工程设计的依据，还要根据实际变化的情况调整规划设计。由于持续时间长，不需要亦无必要在一两年内把17年的移民搬迁实施计划和移民工程设计全部编制完成，移民实施计划制定和移民工程设计贯穿了移民过程的始终。但是，移民安置规划的实施必须与枢纽工程的建设进度以及三峡工程分期蓄水的进度计划相衔接，具有严格的时限性，只有按时完成每个阶段的任务，才能保证三峡工程顺利进行和工程效益的及时发挥。

同时，三峡移民安置实施具有严格的计划性。根据国家审定的初步设计，三峡工程采用“一级开发、一次建成、分期蓄水、连续移民”的建设方案。按此建设方案，长江委编制了《三峡工程库区湖北省移民迁建进度及分年投资计划专题报告》和《三峡工程库区重庆市移民迁建进度及分年投资计划专题报告》，三峡建委批准了移民迁建进度及分年投资计划专题报告，作为编制年度移民投资、任务计划的依据和分水位检查、验收移民任务完成情况的依据。

(2)三峡工程移民年度计划安排要点

由于三峡工程的工期长达 17 年，相应的移民工作至少也需要 17 年之久，因此三峡工程移民计划，既有中长期计划，也有年度计划。中长期计划，是以移民安置规划为依据的与三峡工程分期施工相对应的阶段性计划；年度计划，则是以保证阶段性计划能够按期完成的分年度的计划安排。三峡工程移民计划，实行“以中长期计划为指导，按年度安排计划并组织实施”的管理办法。年度计划，是保证三峡工程移民能与枢纽工程同步进行的基本计划，是三峡工程移民计划管理的重点。

1)移民进度与工程进度相衔接。

三峡工程移民的计划安排，必须与工程建设的进度紧密衔接，按每期施工的水位要求，按时完成相应的移民搬迁任务。同时，由于移民适当提早搬迁，对工程建设和库区经济发展都有好处，在三峡移民实施中，坚持了“移民进度与工程进度相衔接；在资金到位的情况下，移民宜早不宜晚”的原则。

2)先低后高，突出重点，远近结合。

三峡工程移民量大面广，投入多，战线长，因此不可能在同一时间均衡铺开，移民的阶段计划突出了重点，先搬迁水位低的，后搬迁水位高的；每个阶段的计划，着重搬迁相应阶段水位线以下的单位和居民；移民的年度计划突出重点，着重解决当年必须解决的问题。同时，年度计划安排注重瞻前顾后，远近结合，对于虽然离大坝较远、水位较高，但是后期搬迁任务重的地方，也适当统筹安排，以保证整个移民计划的全面完成。

3)以规划为依据，以中长期计划为指导。

计划是规划与实施之间的中间环节，计划安排必须以规划为依据，同规划相衔接，切不可脱离规划，形成规划、计划两张皮，各不相干的局面。中长期计划的制定，要以规划为依据，满足工程施工的阶段水位要求；年度计划安排，要以中长期计划为指导，与规划相衔接。没有列入规划的项目不能安排年度计划。

4)保持各大类进度的相应平衡。

三峡工程移民所涉及的方面很多，可以分为农村移民、城镇搬迁、工厂迁建、专业设施复建等几个大类。在安排计划时，必须注意到各大类的平衡发展，保持整体进度的一致。在此基础上，为了保证移民搬迁安置有序进行，对于农村移民土地开发，城镇搬迁水、电、路等基础设施建设，以及有基建任务的单位进行了适当优先安排。

农村移民土地开发优先是由于新开发土地需要较长时间熟化后才能达到安置移民的要求，另外，提前开发并与移民挂钩，可以鼓励移民早投入，早搬迁，在计划安排中，对于与农村移民安置有关的土地开发、改良、调整、防护等所需的经费一般都优先列入计划。

城镇搬迁的水、电、路三通先行，是由于三峡工程淹没涉及大量的城镇搬迁，其建设周期一般较长，因此优先安排通路、通电、通水等基础设施建设，为大规模建房和集中搬迁打下了基础。

有基建任务的搬迁单位提前安排，这也是由于三峡工程移民的周期较长，在此期间淹没区内有的单位有了改建、扩建等基建任务，如果仍在原地进行改、扩建，就会增加淹没损失；如果不允许它及时改、扩建，又会影响库区的经济社会发展。针对这种情况，在安排移民计划中，对于有基建任务的单位，酌情提前安排，为其提前搬迁创造条件。

5)移民投资与移民搬迁任务相匹配。

三峡工程移民投资是在淹没实物指标的基础上确定的，它对应于一定的移民搬迁安置任务，而且这一任务是刚性的，必须按期完成。因此，在安排移民计划时，移民投资与移民搬迁任务必须匹配。只有这样，才能使移民投资与移民任务双包干的原则落到实处；否则，就会产生移民投资已经用完而移民搬迁任务尚有缺口的严重后果。在移民安置实施中，始终坚持了移民投资与移民搬迁任务相匹配的原则。

6)项目的前期工作完备。

为了使移民搬迁建设项目能够避免盲目性，提高科学性，增强移民投资的使用效益，提前做好搬迁建设项目的前期工作是非常重要的。因此，在年度计划安排中，要求列入年度计划的项目，必须按照国家有关法规和移民管理机构的有关规定，切实做好项目立项、可行性论证评估和初步设计等项目的前期工作。列入年度移民计划的项目，必须具备：

①移民安置规划的项目，按程序履行报批手续已获得批准；

②多方投资的移民项目，其自有资金、银行贷款等其他资金均已落实；

③有经批准的施工组织设计，有确定的施工程序及施工所需图纸；

④建设项目所需的主要设备已经选定，投产后所需的燃料、动力、生产原料和运输等外部协作配套条件均已落实；

⑤属于省(直辖市)人民政府根据分县农村移民安置规划编制的农村移民计划内的项目。

7.5.1.2 农村移民安置

三峡移民正式实施以后，农村移民安置大体经历了三个阶段：1993—1997 年，第一阶段，主要采取开发改造土地，就地后靠安置农村移民；1998—2000 年，第二阶段，主要采取村组内调整土地安置农村移民；2000 年以后，第三阶段，主要采取“三个结合”，即本地安置与异地安置、集中安置与分散安置、政府安置与自找门路安置相结合，鼓励农村移民走外迁安置之路。

农村移民安置工作由区县人民政府全面负责，移民部门综合管理，乡镇人民政府为农村移民安置工作的责任主体，下设移民站，开展具体安置工作，控制到组，核算兑现到户。

农村移民安置按项目性质，包括补偿性项目和建设性项目，其中补偿性项目，移民部门以货币形式对项目进行一次性补偿销号，如零星果木补偿、过渡期生活补助，以及移民户自谋职业安置等；建设性项目，一是移民户或村民小组实施的自建项目，如移民户自建房屋、村组组织实施的生产安置项目，这些项目具有建设规模小、投资小的特点；二是乡镇人民政府或职能部门实施的建设项目，如成片土地开发、居民点基础设施、进镇移民统建房、库周交通等外公路和桥梁等项目，这类项目具有建设规模大和投资大的特点。

针对不同类别和性质的农村移民安置项目，在实施中，以合同管理方式实施管理。按合理管理对象，分为以移民户为合同管理对象，以村组为合同对象，以及以项目实施主体为合同管理对象三种。

7.5.1.3　城集镇迁建

城集镇迁建实施包括了基础设施建设、移民搬迁建房和移民搬迁安置 3 个方面。

(1)基础设施建设

城集镇的基础设施建设主要包括场地平整、道路、给排水、电力电信、广播电视等工程的建设。

城集镇迁建基础设施建设以县(市)人民政府和乡(镇)人民政府为主体，按照移民补偿投资包干、用地面积包干、移民安置任务包干、迁建结合发展的原则组织实施。

城市、县城基础设施迁建工程中，各城市、县城一般根据需要成立新城建设管理委员会或新城建设指挥部，承担组织、协调和管理工作，负责对在建的和尚未移交给职能部门管理的已建市政工程设施进行管理和维护。

在集镇的迁建过程中，各迁建集镇都成立了迁建指挥部，突出政府的主导作用。

新城建设管理委员会或迁建指挥部不得作为项目法人，但可根据基础设施建设项目的类别和性质，代表政府承担项目法人组建的工作。

三峡库区城集镇迁建中，严格执行项目法人责任制，城集镇基础设施项目由各级政府负责，按规定组建项目法人。城集镇基础设施迁建的项目法人一般为淹没项目的资产所有者或资产授权管理单位。

在城集镇基础设施建设管理中，采取的项目法人责任制、招投标制、合同管理制和建设监理制的“四制”管理模式，确保了工程质量、进度和投资的控制。

(2)移民搬迁建房

城集镇搬迁建房包括居民搬迁建房和机关、企事业单位搬迁建房。

1)居民搬迁建房。

城集镇居民搬迁建房由政府负责组织管理，其中，城市居民房屋由区人民政府或所辖的街道办事处负责组织迁建，县城、集镇居民房屋由居民房屋所在地的镇(乡)人民政府负责组织迁建。

居民搬迁建房实行补偿销号管理，城市居民房屋补偿销号合同主体为区移民行政主管部门或城市街道办事处与受淹房屋居民户主；县城、集镇居民房屋补偿销号合同主体为房屋受淹居民户所在地的镇人民政府与居民户主。

城集镇居民淹没房屋补偿销号管理由库区各区(县)移民行政主管部门负责。补偿销号管理主要包括严格执行移民补偿和复建规划补偿投资标准，准确核定其补偿资金总额，严格规范补偿销号程序，完备补偿销号手续。

对于城集镇居民搬迁建房，库区各级政府本着因人因地制宜的原则，由政府引导、居民自主选择，主要采取以下几种搬迁建房模式：

①统建统分。由当地政府牵头，实行统一规划、统一设计、统一建设、限量还房、原房补偿、新房购买的住房安置办法，以集资建房的形式，按最低成本供给居民。

②联户自建。居民户在自愿的基础上，若干户组织起来自己迁建。联户自建是城镇居民在自愿结合、相互信赖、自行负责的前提下，按政府的规定和要求，进行联合搬迁的一种组织形式。

③依靠单位集资建房安置。居民户中只要有一个人在单位工作，全家都可以在单位参加集资建房。

④政府统建移民出租房。对极少数住财政公房不愿联户或无力联建的城镇居民户，如五保户、老弱病残、退伍军人等，仍然由政府统建部分公房，出租给他们居住。

⑤联合开发搬迁安置。居民与开发商合作，允许空间开发，实行以地还房或差价补贴办法，确保比较困难的居民户也能够按时搬迁。

⑥投亲靠友直接销号。对自己建房有困难但可以投亲靠友或依靠子女自愿申请货币销号的居民，移民部门在完善手续、进行公证的同时，将房屋补贴资金一次性补偿后直接销号。

2)机关、企事业单位搬迁建房。

机关、企事业单位搬迁实施政府统一领导下的迁建单位分工负责制。迁建单位的办公用房，生产、生活、经营用房，职工宿舍，附属设施等，都由产权单位负责组织迁建安置。迁建单位搬迁建房模式主要有联合建房、独立建房和货币补偿搬迁安置3种模式。

①联合建房是几个相关单位部门将办公用房或职工用房建在同一地块或同一幢楼房的模式。

②独立建房就是一个单位在符合建设规划的土地上独立建房，不与其他单位联合建房的模式。

③货币补偿安置是按补偿标准将房屋补偿费、征地及基础设施费、搬迁及搬迁损失费等费用一起对单位货币补偿后，由单位自行安置。

(3)移民搬迁安置

城集镇移民搬迁安置包括城镇纯居民搬迁安置、占地移民搬迁安置和进镇农民搬迁安置。

1)城镇纯居民搬迁安置。

城镇纯居民是指在三峡水库迁移线以下城镇居民中，除去党政机关、企事业单位等部门职工之外的居民。城镇纯居民在搬迁之前，多数在城镇中从事小手工业、服务业或个体经商等，城镇纯居民的经济条件、文化水平差别很大，在搬迁中面临的主要问题也各不相同。各区县在实践中也探索出针对不同需求的生产、生活安置方式，总结起来大致可分为自谋职业安置、门面房安置和其他安置3种模式。

①自谋职业安置。对城镇纯居民中搬迁前从事小手工业、服务业等工作的移民，由于其具有一定的技能，或者对城镇服务业较为熟悉，这部分移民的搬迁安置以自谋职业为主。

②门面房安置。城镇纯居民中，以居住用房兼做门面经商用房的比例较高，因此门面房安置是城镇纯居民搬迁安置最主要的模式。

③其他安置。对城镇纯居民中，既无门面房，又丧失自我谋生能力的移民，库区各级政府和移民行政主管部门本着从实际出发，切实为移民着想的原则，针对不同对象采取货币补偿、低保、养老保险等不同安置模式，较好地解决了城镇纯居民中弱势群体的搬迁安置问题。

2）占地移民搬迁安置。

占地移民主要是指城镇搬迁占用了农民的土地或房屋而需要搬迁安置的农民。占地移民的生产生活资料没有直接受淹，其房屋和土地都在淹没线以上，但由于城镇迁建选址涉及他们的房屋或土地，不得不进行搬迁。

为妥善解决这一群体的生活、生产问题，在搬迁实践中库区城镇探索出以下几种安置模式：

①货币安置。由移民户户主提出申请，办理一次性货币补偿手续，由公安机关办理农转非。

②外迁安置。自愿外迁的占地移民，按照国家制定的外迁移民安置政策规定和外迁地点，由镇人民政府组织外迁安置。

③调地安置。自愿农业生产安置的，落实安置土地资源。

④养老保险安置。一次性为移民购买养老保险，按月发放生活补助费。

3）进城镇农民搬迁安置。

进城镇农民是指在三峡水库移民安置中，部分农村移民受安置环境容量限制或移民自主选择，采用进城镇安置模式的农村移民。

生产非农化、生活城镇化是进城镇移民的最直接、显著的特征。农民进城镇安置后，面临着生产、生活方式的转型。

进城镇农民在生产上已经基本脱离种植业，其搬迁安置主要采取进企业或自谋职业两种模式。

7.5.1.4　专业项目复建

专业项目复建规划严格遵循“投资包干、限额规划”的原则。规划实施时，正值我国基础设施建设飞速发展的时期，按“原规模、原标准或者恢复原功能”的原则制定的专业项目复建规划与库区经济社会发展的要求尚有一定差距，在实施中，库区各区县人民政府根据当地经济社会发展和行业规划编制了专业项目实施计划，并经审查批准。

库区专项设施复建正好与技术进步、网络优化相结合，实现了上档升级。

专业项目复建工程的设计根据批准的专业项目实施计划按年度计划进行，一般分为初步设计和施工图设计两个阶段。项目设计是搞好项目建设的关键环节，必须遵照国家基本建设项目的管理规定和移民机构的有关规定，开展复建项目的单项设计。

三峡库区在专业项目复建中严格执行“法人责任制、招投标制、工程监理制和合同管理制度”的管理机制，保证了复建任务的顺利完成。

(1)专业项目复建工程项目管理模式

三峡库区专业项目复建中采用的项目管理模式主要有复建指挥部、项目法人、代建型 3 种模式。

1)复建指挥部(复建办公室)管理模式。

根据移民工程复建项目建设需要成立的建设指挥部(复建办公室)，一般是临时从政府或行业管理部门抽调人员组成，开展项目建设的组织管理工作。工程项目完成后，该工程项目的指挥部(复建办公室)即告解散。这种模式的特点是临时性、一次性、目标单一性，通常表现为要按期突击完成某项工程而成立。在《关于实行建设项目法人责任制的暂行规定》(国家计委计建设〔1996〕673 号)颁布实施前，公路桥梁、港口码头及电力工程中大的电源点的复建管理一般采取此种模式。复建指挥部又可分为政府负责组建指挥部和行业管理部门负责组建指挥部两种类型。

2)项目法人管理模式。

根据《关于实行建设项目法人责任制的暂行规定》(国家计委计建设〔1996〕673)，国有单位经营性基本建设大中型项目必须组建项目法人、实行项目法人责任制。重庆市建设委员会、重庆市移民局《关于切实加强移民工程建设管理的通知》(渝建发〔1999〕131 号)中明确规定，移民工程建设管理必须实行项目法人责任制，撤销移民工程指挥部，所有移民工程都要按政企分开的原则组成项目法人，实行项目法人责任制。

该模式是由原资产所有者或行业主管部门直接作为项目法人或成立项目法人，实行项目法人管理模式。该模式是指具有自主建设、自我经营、自我发展能力的企业法人，对建设项目包括设计、施工及养护营运进行组织、协调与控制，开展投资控制、质量控制、进度控制及全面和全过程的项目管理。

3)代建型管理模式。

代建型管理模式是指具有项目管理经验和能力的咨询单位，又称为项目管理公司，接受项目业主(行业部门或项目法人)的委托以建设期法人地位，对项目建设设计、招标、施工进行组织、协调，对项目的投资、质量和进度进行控制的一种项目管理模式。该模式是指项目业主通过招标的方式，选择专业化的项目管理单位负责项目的投资管理和建设组织实施工作，项目建成后交付使用单位。这种模式的特点是将工程项目由原资产所有者或行业主管理部门委托专门机构管理，不仅负责组织设计、施工、材料设备的选型，还直接承担建设过程的管理和监督职能。如武汉中澳工程项目管理有限责任公司，2001 年始承担三峡库区港口工程建设项目管理，先后承接了万州港、忠县、西沱、石宝寨、云阳和巫山客、货港区工程施工项目管理(代建)。

该模式由于是由专业化的公司进行项目管理，专业化的公司具有工程建设管理能力和经验，可以对项目工程建设进行专业化的管理，并全面负责施工现场的安全、环保、卫生、市政等方面的监控和协调，处理各种突发情况，最终保障建设工程按期竣工和工程质量。该模式采用了投资、建设、管理、使用相分离的权责明确、制约有效、科学规范的管理体制及运行机制。

(2)专业项目复建工程建设组织

三峡库区各区(县)移民行政主管部门和项目法人根据迁复建项目实施计划和承担该项设计的资质要求，按项目类别性质、投资规模，委托有相应资质的设计单位承担设计任务。全额移民投资的迁复建项目设计，按照规定的补偿投资额度和审批权限，分级报移民行政主管部门审批；部分使用移民资金的迁复建项目设计，报建设行政主管部门或行业主管部门审批。

项目法人按基本建设程序要求做好项目的前期工作，在取得初步设计批复文件后，由项目法人向同级移民行政主管部门申请列入移民投资年度计划。

全额移民投资的迁复建项目列入年度移民投资计划后，由移民行政主管部门按规定权限审发施工许可证；部分使用移民资金的迁复建工程项目开工，由建设行政主管部门或规定的行业主管部门审发施工许可证。

迁复建项目列入年度移民投资计划后，移民行政主管部门与项目法人签订项目迁复建协议和项目复建补偿销号合同。项目法人必须严格执行移民投资计划，不得擅自调整和变更。个别项目因特殊情况确需调整投资计划的，必须报移民行政主管部门批准。

迁复建项目的地质勘探、设计、施工和工程监理，按规定组织招投标。招投标工作由项目法人或项目法人委托有关职能部门或专门机构按国家有关规定组织实施，接受同级移民行政主管部门和建设行政主管部门的指导和监督。迁复建工程项目建设必须加强施工现场管理。承担工程项目建设的施工企业，必须具备与其建设项目施工要求相应的资质等级。在工程项目建设施工中，禁止层层转包。

迁复建工程项目严格实行工程监理。监理单位严格按照工程项目的设计要求和国家、部颁技术规定规范标准，进行全程监理，认真负责地进行工作，确保工程质量和工期，严格控制工程造价，并定期向移民行政主管部门报送详细的工程监理情况。

移民行政主管部门应对迁复建项目进行检查、监督。项目法人、施工企业和监理单位必须接受监督和检查，如实反映情况和提供有关资料。

迁复建工程项目竣工后，项目法人按项目管理程序规定提供全部竣工资料，向移民行政主管部门和行业主管部门报送竣工验收报告。

工程竣工验收，按国家颁发的《建设项目(工程)竣工验收办法》的有关规定执行，全额移民投资的迁复建工程项目的竣工综合验收，由移民行政主管部门负责组织，相关部门参与；部分使用移民资金的迁复建工程项目竣工验收，由建设行政主管部门或行业主管部门负责组织，移民行政主管部门参加，并将工程验收鉴定结果和资料向上一级有关部门报告。当迁复建移民补偿资金拨付完毕后，同时为迁复建项目补偿销号。

7.5.1.5 工矿企业迁建

工矿企业迁建的业主是企业法人。

三峡库区受淹工矿企业迁建，紧紧把握改革开放不断深入的大好时机，坚持“开发性移民方针”和“两个调整完善”的工作思路，坚持正确处理经济发展和结构调整的关系，以加快发展作为结构调整的最终目的，把结构调整作为加快发展的有效手段，在实践中不断探索，把企业迁建与组织机构调整、产业产品结构调整、加快技术改造、开展对口支援和发挥地方资源优势结合起来，淹没工矿企业通过搬迁建设焕发生机，成为库区经济发展新的增长点。

1993年三峡移民工作有计划实施开始，三峡库区受淹工矿企业迁建工作经历了3个阶段，其间迁建工作方针政策进行了重大调整。

第一阶段是1993—1994年底前以搬迁复建为主的阶段。这一阶段主要是使用搬迁企业的移民补偿资金将淹没企业从淹没线下原样搬迁至淹没线上。当时正值全国处于短缺经济的末期，大多数搬迁企业的产品尚有一定的市场，企业原样搬迁后尚可生存运营。

第二阶段是1995—1998年底的搬迁结合技术改造阶段。这一阶段以技术改造为主要手段，采用组合技改搬迁复建和对口支援嫁接改造搬迁复建，对搬迁企业的组织结构、技术结构和产品结构结合搬迁进行一定调整，以适应市场竞争的需要。国务院为此出台了三峡技改专贷、重庆库区联营专贷以及搬迁企业自用进口物资免税等配套优惠政策。

第三阶段是1999—2008年实施的以破产关闭为主要手段的大规模企业结构调整阶段。这一阶段是按照国务院对三峡库区淹没工矿企业迁建进行调整完善的思路，把搬迁企业迁建与结构调整紧密结合起来，采用兼并、破产、关闭等措施，按照扶优扶强发展壮大一批、对口支援嫁接改造盘活一批、破产关闭淘汰一批的指导思想，对搬迁企业的组织结构、所有制结构和产品结构进行了较大范围的调整。国务院为此先后制定出台了一系列优惠政策：一是破产关闭企业的移民补偿资金扣除职工住房复建资金后，生产性资产变现所得优先安置职工；二是破产关闭企业所欠银行债务，可按有关规定予以核销；三是由企业破产关闭造成地方财政减少的收入，由中央财政采取转移支付给予适当补助；四是兼并企业在落实还款计划的前提下，可免除以前的全部欠息，并在3～5年的约定还款期内免收利息；五是破产关闭国有搬迁企业职工一次性安置资金缺口，由中央财政、移民资金中央预备费和地方财政按4∶4∶2的比例分担解决；六是破产关闭参保企业历年累计欠发离退休职工养老金，由中央财政一次性全额解决。淹没工矿企业搬迁工作指导思想的调整完善和相关政策的及时出台，为全面完成淹没工矿企业搬迁任务奠定了坚实的基础。

在工矿企业迁建中，适应经济体制和经济增长方式两个根本转变的要求，通过对口支援和资产重组，培育库区支柱产业，实现上档升级。企业搬迁结合技术改造，通过合作、合资、兼并、关破等方式和引进对口支援企业的名牌产品，调整产业结构、企业组织和所有制结构，注重市场效益，逐步形成库区新的经济增长点。同时，把资产重组和破产企业职工的安置工作放在至关重要的位置，予以高度重视。

在中央的支持下，在对口支援省、市和企业的帮助下，经过库区各级党委、政府和有关部门及企业的积极努力，三峡库区受淹企业搬迁建设，按照三峡蓄水要求，按时完成任务，取得了较好的效果，为库区培育了一批骨干企业，对推动库区经济发展起到了重要作用。

7.5.2 分期移民验收

三峡工程自1994年开工建设以来，分别经历了1997年大江截流、2003年二期蓄水、2006年三期蓄水、2008年试验性蓄水4个控制性阶段。为实现各阶段蓄水目标，对分期蓄水涉及的移民工程，分次进行了验收。

各期移民工程验收工作由县（区）自验、省（直辖市）初验、国家验收3个验收层次组成，分别由三峡库区有关县（区）人民政府组织自验，湖北省、重庆市人民政府组织初验，国务院组织终验。

7.5.2.1 1997年大江截流移民验收

为开展三峡工程大江截流前验收工作，国务院第164次总理办公会议决定成立三峡建委大江截流前验收领导小组，下设枢纽工程验收组和移民工作验收组，并印发了《国务院三峡工程建设委员会大江截流前验收领导小组枢纽工程验收组验收大纲》和《国务院三峡工程建设委员会大江截流前验收领导小组移民工作验收组验收大纲》。

大江截流移民工程验收范围是：大江截流后坝前90m水位接20年一遇洪水回水（一期）涉及湖北省宜昌县（现为宜昌市夷陵区）、秭归县、巴东县、兴山县4县，重庆市巫山县、奉节县、云阳县3县的农村移民搬迁安置，城集镇迁建工程，工矿企业迁建，专业设施复建，文物古迹挖掘、保护及搬迁，环境保护，移民工程包干概算执行情况，工程质量等情况，坝址处82.28m水位接20年一遇洪水回水线以下库底清理工作。

移民工作验收组有专家13人，国家经济贸易委员会、水利部、地矿部、审计署、国家环境保护局、国家文物局、中国建设银行等部门代表7人，共20人，还有工作组10人。验收工作是在湖北省人民政府、重庆市人民政府以及库区有关市（州）、县、乡（镇）人民政府自下而上逐级自查自验的基础上，结合现场检查、抽查进行的。

移民工作验收组于1997年8月18—27日，对湖北省三峡库、坝区，重庆市三峡库区自1993年以来的移民工作任务完成情况进行了检查，对一期移民工作任务完成情况，坝址处82.28m水位接20年一遇洪水回水线以下库底清理工作完成情况进行了验收；对环境保护、文物保护工作开展情况进行了检查。

1997年9月，移民工作验收组向三峡建委大江截流前验收领导小组提交了《长江三峡工程大江截流前湖北库、坝区移民工作验收报告》《长江三峡工程大江截流前重庆库区移民工作验收报告》。

在此基础上，与枢纽工程验收报告一起，验收领导小组形成了《长江三峡工程大江截流前验收报告》。

根据《长江三峡工程大江截流前验收报告》，湖北省、重庆市的一期移民任务，绝大多数已经完成，少量未完项目均可在1998年5月底前完成。工程质量随机抽查合格率为100%，优良率为29%，能够满足大江截流的要求。枢纽工程和移民工作验收结果表明，大江截流的条件已经具备，可以在1997年11月上旬实施，建议予以批准。

1997年11月8日，长江三峡工程顺利实现了大江截流。

7.5.2.2　2003年二期移民验收

按设计计划，三峡工程于2003年6月实现135m蓄水目标，继而实现永久船闸通航、首批机组发电的二期工程目标。2001年5月，三峡建委第十次全体会议决定并报国务院批准，成立了国务院长江三峡二期工程验收委员会。按照三峡工程建设内容，验收委员会分设枢纽工程、移民工程和输变电工程3个验收组，分别对三峡二期工程建设实施国家验收。

二期移民工程验收范围是：三峡枢纽工程坝前135m水位接20年一遇洪水回水淹没涉及的湖北省夷陵区、秭归县、兴山县、巴东县和重庆市巫山县、奉节县、云阳县、万州区、忠县、石柱县、丰都县、涪陵区，以及上述区（县）地域淹没涉及的非区县隶属的单位和企业的库底清理，农村移民搬迁安置，城市（县城）迁建，集镇迁建，环境保护，工矿企业迁建（含中央直属企业），专业项目复建，环境保护，文物保护，地质灾害防治。同时，对移民工程档案进行检查。由国家环境保护总局组织对三峡库区水污染防治规划项目进行阶段验收并对水源安全进行评价，由国土资源部对三峡库区地质灾害防治项目阶段工作进行报告，并对移民迁建区域地质安全进行评价。

按照《长江三峡二期工程移民工程验收工作大纲》要求，移民验收组由国务院有关部门、两省（直辖市）领导和专家组成，共36人。三峡二期移民工程验收由移民验收组领导，湖北省、重庆市和有关区（县）分别成立了二期移民工程验收委员会，负责库区区（县）的自验和省（直辖市）的初验（中央直属企业由其主管部门组织初验），移民验收组负责终验，下设移民验收专家工作组具体实施现场终验工作。

区县自验是对本辖区范围内二期移民工程项目进行100%验收，并按验收工作大纲的要求，及时对存在的问题组织整改；在自验的基础上，省（直辖市）初验按不少于30%的比例进行抽查和验收，并提出限期整改意见；在省（直辖市）初验的基础上，移民验收专家工作组进行现场终验，终验按不低于总量10%的比例进行现场抽查和验收，重点对整改问题的整改情况进行核查，提出明确整改要求，并提交《长江三峡二期工程移民工程终验报告》（送审稿）。

移民验收专家工作组于2003年3月15日至4月5日开展了现场终验。参加现场终验的101位专家，按照验收工作大纲和库底清理规定的要求，结合初验提出的整改问题进行核查、重点复查和综合评价，提交了《长江三峡二期工程移民工程终验报告》（送审稿）。移民验收组于2003年4月23—27日，对二期移民工程终验所涉及的8个重点区县进行了复验，听取了区（县）自验和湖北、重庆两省（直辖市）初验及整改情况的汇报和水污染防治规划项目阶段验收及水源安全评价报告、地质安全评价和地质灾害防治项目阶段工作报告、文物保护终验报告，并审阅了移民工程稽察报告、移民综合监理报告和档案检查报告，最后审议通过了《长江三峡二期工程移民工程终验报告》。

根据《长江三峡二期工程移民工程终验报告》，移民验收组认定三峡库区12区（县）

135m 水位线下移民搬迁安置任务已全部完成，库底清理任务已按规定全部完成，移民安置区基本具备生产条件，生活条件显著改善。移民资金与移民任务“双包干”执行情况总体良好；移民工程质量总体合格，移民搬迁安置质量良好；两个调整（农村移民外迁安置和工矿企业结构调整）成效显著，两个防治（地质灾害防治和水污染防治）工作取得重大进展；移民工程档案管理符合检查要求；移民搬迁建设加快了库区的经济发展和社会进步。

长江三峡二期移民工程任务已全面完成，各类移民工程按验收工作大纲要求终验合格，能够满足三峡工程二期蓄水要求。

2003 年 6 月，三峡工程按期实现了坝前 135m 蓄水。

为更早更好地发挥三峡工程的综合效益，三峡建委经第十三次全体会议研究讨论，原则同意三峡工程在围堰挡水期汛后将水位提高到 139m 运行，并要求努力争取在 2003 年 10 月底前实现 139m 水位运行，并追加 2003 年度三峡工程移民投资计划 7274.78 万元，专项用于三峡水库汛后蓄水至 139m 新增移民安置补偿补助。

7.5.2.3　2006 年三期移民验收

按照三峡建委第十五次会议精神，2006 年汛后三峡工程拟将蓄水至坝前 156m 水位。2005 年 1 月，经三峡建委批准，成立了国务院长江三峡三期工程验收委员会，下设移民工程验收组，负责对长江三峡三期移民工程实施国家验收。

三期移民工程验收范围是：三峡工程坝前 139m 水位至 156m 水位接 20 年一遇洪水回水线加 2m 风浪线，涉及湖北省库区的夷陵区、秭归县、兴山县、巴东县和重庆市库区的巫山县、奉节县、云阳县、万州区、开县、忠县、万柱县、丰都县、涪陵区等 13 个区（县）的库底清理，农村移民搬迁安置，城市（县城）迁建，集镇迁建，工矿企业迁建，专业项目复建，文物保护，地质灾害防治，水污染防治及移民档案十大类验收和检查。

根据《长江三峡工程移民工程验收工作大纲》，三峡三期移民工程验收由移民验收组领导，负责对三峡工程三期移民工程实施国家验收。湖北省、重庆市人民政府及三期蓄水涉及的三峡库区 13 个区（县）均分别成立了三期移民工程验收机构。三期移民工程国家验收分为专家组现场技术性验收、移民验收组终验两个程序。

移民验收组由国务院有关部门、两省（直辖市）领导和专家组成，共 34 人。移民验收组下设移民验收专家组，该专家组由 40 多位专家组成。在区（县）自验和省（直辖市）初验的基础上，移民验收专家组于 2006 年 7 月 28 日至 8 月 15 日开展了现场技术性终验。专家组采取现场核查和档案检查相结合，随机抽样和偏好抽样的方式，按照规定的程序对所抽样本进行复核。抽样比例为库底清理不低于 30%，农村类不低于 20%，城市（县城）不低于 50%（其中单位、占地移民不低于 20%），集镇不低于 50%，工矿企业不低于 30%，专业项目不低于 50%，其他不低于 30%。

国土资源部 8 月 21—25 日组织对库区地质灾害防治项目 156m 涉水工程进行了阶段检查；国家环境保护总局于 7 月 22—28 日组织对水污染防治规划项目进行了阶段（156m 水位）验收及水源安全评价，并分别编写了验收（检查）报告，提交移民验收组审议。

2006年8月28日至9月1日，移民验收组对三期移民工程涉及的7个重点区（县）进行了终验复验，听取了区（县）自验和湖北、重庆初验及整改情况的汇报，审议了《长江三峡工程三期工程移民工程验收专家组终验报告》《三峡库区地质灾害防治项目阶段工作验收（检查）报告》《三峡库区水污染防治规划项目阶段验收及水源安全评价报告》。经移民验收组成员审议通过，同意将《长江三峡工程三期移民工程终验报告》报送国务院长江三峡三期工程验收委员会进行审定确认。

根据《长江三峡工程三期移民工程终验报告》，移民验收组认为：三峡库区13个区（县）156m水位线下移民搬迁任务现已全部完成；库底清理任务已按规定全部完成，移民安置区基本具备生产生活条件；各类移民工程能满足156m蓄水要求，地质灾害治理涉及156m水下工程经努力能够满足三峡工程9月20日156m蓄水要求；库区城镇饮用水水源地和重要支流河段水质，能够满足饮用水环境功能。

经国家有关部门批准，三峡水库蓄水至156m水位于2006年9月20日开始实施。

7.5.2.4 2008年四期移民验收

为贯彻落实三峡建委第十六次全体会议精神，对移民工程2008年汛后具备三峡工程175m蓄水条件进行检查和验收。按照《长江三峡工程移民工程验收工作大纲》的规定，2008年5月，经国务院三峡工程验收委员会批准，成立国务院长江三峡四期工程验收委员会，下设移民工程验收组，负责组织对三峡工程湖北省、重庆市库区四期移民工程及其库底清理进行阶段性国家验收。

四期移民工程验收范围是：三峡工程坝前156m水位至175m加2m风浪线接20年一遇洪水回水线之间区域，涉及湖北库区的宜昌市夷陵区、秭归县、兴山县、巴东县和重庆库区的巫山县、巫溪县、奉节县、云阳县、万州区、开县、忠县、石柱县、丰都县、涪陵区、武隆县、长寿区、渝北区、巴南区、重庆主城区、江津区等20个区（县）的农村移民搬迁安置，城市（县城）迁建，集镇迁建，工矿企业迁建，专业项目复建，环境保护，文物保护，水污染防护及水源安全评价，地质灾害（滑坡、塌岸）防治，移民迁建区高切坡防治工程建设，库底清理和移民档案管理等。

移民工程验收实行区（县）自验、省（直辖市）初验和国家终验3级验收。移民验收组代表国务院长江三峡四期工程验收委员会对四期移民工程实施国家终验。专家组受移民验收组委派进行相关区县的移民现场技术性终验工作，并编写专家组现场终验报告。三峡库区地质灾害防治项目验收、水污染防治及水源安全评价检查、卫生清理终验、文物保护项目验收和移民安置区高边坡治理项目检查验收，分别由三峡库区地质灾害防治验收领导小组、环境保护部、卫生部、国家文物局和三峡办组织开展验收工作，并提交验收检查工作报告。

按照《验收工作大纲》规定和移民验收组的统一部署，库区各区（县）于2008年6月底前完成四期移民验收区县级自验，湖北省、重庆市于7月上旬和中旬组织完成省（直辖市）初验，并向移民验收组提交初验报告和终验申请。移民验收组委派移民验收专家组成6个验收专家小组，对库区四期移民工程开展技术性现场验收。参加现场验收的70多位专家，按照验收工作大纲和库底清理规范规定要求，采取听取汇报、现场核查、入户抽验、重点复查、查阅档案、综合分析评定等方法，对四期移民工程及库底清理任务与完成情况进行现场技术性验收，汇总编写了《长江三峡四期移民工程验收组专家组现场验收报告》(送审稿)。

2008年8月16—21日，移民验收组对四期移民工程终验所涉及的8个重点区县进行复验。移民验收组听取湖北省、重庆市初验及整改情况的汇报，审阅《长江三峡四期移民工程验收组专家组现场验收报告》《长江三峡四期工程(175m水位)水污染防治规划项目阶段验收及水源安全评价报告》《长江三峡四期移民工程库底卫生清理终验报告》《长江三峡四期移民工程文物保护终验报告》《长江三峡四期移民工程地质灾害(滑坡、塌岸)防治验收报告》《长江三峡四期移民工程高切坡防护工程项目验收报告》等。

在此基础上，形成了《长江三峡四期移民工程阶段性验收终验报告》。2008年9月8日，国务院长江三峡工程验收委员会审议并通过《长江三峡四期移民工程阶段性验收终验报告》。

根据《长江三峡四期移民工程阶段性验收终验报告》，移民验收组认为：三峡库区175m水位线下移民搬迁安置任务已全部完成(含少量过渡安置)，库底清理目标已按规定全部实现，移民安置区基本具备生产、生活条件。对照验收工作大纲要求，库底清理验收合格，其余各类验收项目能够满足三峡工程175m试验性蓄水条件。

经国家有关部门批准，三峡水库175m试验性蓄水于2008年9月28日开始实施。

7.6　第三方独立评估与竣工验收

7.6.1　第三方独立评估

2013年8月28日，三峡建委召开第十八次全体会议，同意开展三峡工程整体竣工验收。根据十一届全国人大财经委意见，国务院向全国人大或全国人大常委会报告三峡工程整体竣工验收结论时，需同时提供三峡工程整体竣工验收报告、竣工决算审计报告和第三方独立评估报告。

2013年12月，三峡建委委托中国工程院开展三峡工程建设第三方独立评估工作，要求在三峡工程论证及可行性研究结论的阶段性评估和三峡工程试验性蓄水阶段评估的基础上，组织开展对三峡工程建设的整体评估工作，全面总结三峡工程建设的成功经验，科学评价三峡工程的综合效益，准确分析三峡工程的相关影响，并提出有关建议。

根据评估要求，分设水文与调度、泥沙、地质灾害、地震、生态影响、环境影响、枢纽建筑、航运、电力系统、机电设备、移民、社会经济效益等12个课题组，分别负责相关专业领域的评估工作。

以下内容根据中国工程院《三峡工程建设第三方独立评估综合报告》编写。

7.6.1.1　移民安置和库区经济社会发展

(1)移民安置

三峡工程建设的成败在移民。三峡工程移民安置工作坚持开发性移民方针，实行国家扶持、各方支援与自力更生相结合的原则，采取前期补偿、补助与后期生产扶持相结合的方式，使移民的生产、生活达到或者超过原有水平。移民安置实行“统一领导、分省(直辖市)负责、以县为基础”的管理体制和移民任务、移民资金“双包干”责任制。同时，为促进移民搬迁和库区经济社会发展，国家相继出台了一系列移民安置的支持政策。

1985—1992年，三峡工程移民安置开展试点工作。1993年移民安置正式开始连续实施。1997年11月完成90m高程以下移民搬迁安置并通过验收，满足了枢纽工程大江截流需要。2003年4月完成90～135m高程移民搬迁安置并通过验收，满足了135m蓄水、通航和围堰挡水发电需要。2006年8月完成135～156m高程移民搬迁安置并通过验收，满足了156m蓄水需要。2008年8月完成156～175m高程移民搬迁安置并通过验收，满足了试验性蓄水至175m的需要。2009年12月底，初步设计阶段确定的移民安置规划任务如期完成。

至2013年12月底，三峡工程建设累计完成三峡库区城乡移民搬迁安置129.64万人，其中重庆库区111.96万人，湖北库区17.68万人。完成农村移民搬迁安置55.07万人(含外迁安置19.62万人)；县城(城市)迁建12座、集镇迁建106座，城镇搬迁安置74.57万人(含工矿企业搬迁人口)；需要迁(改)建的1632家工矿企业都得到妥善安排；完成文物保护项目1128处。移民安置规划确定的滑坡处理、环境保护、防护工程、库底清理等任务已全部完成。

农村移民安置、城(集)镇迁建、工矿企业处理、专业项目迁(复)建、文物保护以及库底清理等都达到或超过了规划标准，实现了移民安置规划目标。移民搬迁后的居住条件、基础设施和公共服务设施明显改善；移民生产安置措施得到落实，生产扶持措施已见成效，移民生活水平逐步提高；城(集)镇迁建实现了跨越式发展，整体面貌焕然一新；专业项目复(改)建不仅全面恢复了原有功能，布局更为合理，而且复(改)建规模和等级也得到了提高，功能和作用已较淹没前有了较大程度的改善，有力保障了移民搬迁安置和库区经济社会发展需要，并经受了175m试验性蓄水运行的检验，库区社会总体和谐稳定。

(2)库区经济社会发展

三峡工程建设及其移民安置为库区经济社会发展带来了千载难逢的历史机遇，大大促进了库区经济社会快速发展：一是地区经济总量快速增长，地方财政实力显著增强；二是库区城镇化进程明显加快，城镇规模成倍增长；三是库区综合交通体系、供电能力、电网标准和等级、城乡供水综合生产能力、邮电通信、广播电视等基础设施大幅改善；四是促进库区城乡居民脱贫致富，收入水平逐年提高，生活质量日益改善，库区社会总体稳定；五是库区教育水平不断提升，卫生和文化体育事业蓬勃发展。

但是，要把三峡库区建设成为经济繁荣、社会和谐、环境优美、人民安居乐业的新库区，实现移民全面安稳致富任务还十分艰巨。

7.6.1.2 综合评估意见

移民安置是三峡工程建设的重要组成部分，是工程能否按期建成并发挥效益的关键问题。本次评估对移民安置实施情况、移民安置支持政策落实情况、库区经济社会发展情况等进行了评价。

国家高度重视三峡工程的移民安置工作。1985—1992年开展了移民安置试点工作，1993年国务院颁布了《长江三峡工程建设移民条例》(以下简称《条例》)，2001年根据情况的发展变化对《条例》进行了修订。三峡工程建设实行开发性移民方针，实行国家扶持、各方支援与自力更生相结合的原则，实行“统一领导、分省(直辖市)负责、以县为基础”和移民任务、移民资金“双包干”的管理体制机制。1993年移民安置工作正式开始，于2009年底完成初步设计规划任务，其进程与大江截流、135m水位蓄水、156m水位蓄水和175m水位蓄水的工程建设进度相协调，为三峡水库试验性蓄水、安全运行和综合效益发挥奠定了坚实基础。

三峡工程移民安置规划任务全面完成。累计完成移民搬迁安置129.64万人，其中农村搬迁安置55.07万人(含外迁安置19.62万人)，城镇搬迁安置74.57万人；复建各类房屋面积5054.76万m^2；完成城市、县城和集镇迁建118座，处理工矿企业1632家，完成文物保护项目1128处。1999年，为缓解农村移民后靠安置压力，系统解决企业迁建与发展问题，有利于保护三峡库区生态环境，中央制定了鼓励和支持更多的农村移民外迁安置、加大工矿企业结构调整的“两个调整”政策。总体而言，三峡工程移民得到妥善安置，达到或超过移民安置规划标准，实现了移民安置规划目标；移民工程质量良好，移民资金管理规范，移民任务与资金“双包干”政策得到落实；移民住房条件、基础设施和公共服务设施等生产生活条件较搬迁前明显改善，生产安置措施基本落实，生产扶助措施已见成效，移民收入总体上已达到当地居民平均水平，库区和移民安置区社会总体稳定。

国家对三峡工程移民安置先后出台的对口支援、后期扶持、工矿企业处理、库区发展、税收支持等5个方面15项支持政策，得到了较好落实并取得良好成效，对圆满完成三峡移民工作、促进库区经济社会可持续发展发挥了巨大的推动作用。

三峡工程建设为库区经济社会发展提供了历史性机遇，实现了快速增长。1992—2013年，库区生产总值和公共财政预算收入年均增长率分别为18.85%和19.11%，均超过同期湖北省、重庆市和全国平均增长率。库区三次产业结构由40∶30∶30调整为10∶55∶35。库区城镇化率由10.68%提高到52.18%，高于全国同期平均发展速度。库区农村居民人均纯收入年增长率13.57%，高于全国同期平均增长率；库区城镇居民人均可支配收入年增长率13.18%，接近全国同期年均增长率。库区城乡住房明显改善，基础设施和公共服务设施跨越式提升，城乡面貌焕然一新，社会事业取得长足进步。

移民安置工作评估的总体结论是：三峡工程移民实现了全部搬得出、总体稳得住、逐步能致富的阶段性目标。但要把三峡库区建设成经济繁荣、社会和谐、环境优美、人民安居乐业的新库区，实现全面安稳致富的任务还十分艰巨。一是库区人多地少的基础性矛盾突出，少数农村移民生活困难；部分进城(集)镇安置的农村移民、城(集)镇迁建新址的占地人口、靠门面经营为生的城镇居民和企业下岗职工等“四民”就业增收困难；少数外迁移民搬迁后尚未完全融入当地社会、经济、文化体系。二是库区产业发展基础差，经济总量小，经济社会发展水平整体偏低。三是库区地形地貌与岸坡的地质结构复杂，存在地质安全风险，水库蓄水后库岸再造引起的塌岸、滑坡不同程度地影响着库周群众的生产生活。四是库区部分城（集）镇污水和垃圾处理设施不完善，农村面源污染控制难度较大，少数支流库湾有水华现象发生。五是水库涉及面广、情况复杂，综合管理难度较大。这些问题有的已在《三峡后续工作规划》中做了安排，有的还需进一步研究和妥善解决。

7.6.2 移民工程竣工验收

7.6.2.1 验收范围与内容

移民工程竣工验收范围包括三峡工程涉及的湖北省和重庆市水库淹没区、移民安置区，以及农村移民外迁安置区。验收内容包括国家和省（直辖市）批准的三峡移民搬迁安置规划任务、实施阶段移民安置规划调整任务、个案处理任务；三峡库区地质灾害防治规划任务和水污染防治规划任务。具体内容包括农村移民安置（含外迁农村移民安置）、城集镇迁建、工矿企业搬迁、专业项目复建、文物保护、库底清理、移民档案，及库区地质灾害防治、移民安置区高切坡防护和库区生态环境保护等方面。

7.6.2.2 移民安置任务完成及验收情况

移民工程验收结果表明，移民安置规划任务全面完成，累计搬迁库区城乡移民 129.64 万人，复建各类房屋 5054.76 万 m^2。完成农村移民生产安置 55.52 万人。完成迁建城市 2 座、县城 10 座、集镇 106 座（其中合并迁建 8 座），搬迁工矿企业 1632 家。专业项目复建、文物保护、生态环境保护、库底清理，以及地质灾害防治、高切坡防护等规划任务全部完成。共完成各类移民工程项目 2.21 万个，已通过项目竣工验收，运行使用正常，经受了试验性蓄水检验和自然灾害考验。移民生产生活总体达到或超过当地平均水平，移民安置规划目标已经实现。移民静态投资 529.02 亿元，考虑物价增长因素相应动态投资 856.53 亿元。

（1）农村移民安置

农村移民安置采取库区安置与外迁安置、政府组织安置与移民自找门路安置、农村后靠安置与进城镇安置、集中安置与分散安置相结合的方式进行。移民生产安置和搬迁安置任务全部完成，共完成生产安置 55.52 万人，搬迁安置 55.07 万人（其中外迁安置 19.62 万人），复建房屋 1813.93 万 m^2。农村库周交通及学校、文化室和卫生室等公共服务设施规划任务全部完成。完成工程项目 4446 个（不含移民分户自建房），已通过项目竣工验收，运行使用正常。移民补偿补助资金按规定全部落实到位。

（2）城集镇迁建

采用异地迁建和依托旧城镇后靠迁建两种方式，结合城镇化建设，吸引社会资金，整合各种资源组织实施。万州、涪陵 2 座城市，秭归、兴山、巴东、巫山、奉节、云阳、开县、忠县、丰都、长寿 10 座县城和 106 座集镇，迁建规划任务全部完成。结合库岸防护、防洪和生态景观建设，万州、涪陵、忠县、长寿 4 座半淹县城（城市）以及 33 座半淹集镇的旧城功能恢复按规划全面实施。完成搬迁安置73.84万人，复建房屋2473.26万m^2；完成生产安置占地移民9.93万人。移民补偿补助资金已按规定兑付，销号手续已办理。完成各类工程项目11017个，已通过项目竣工验收，运行使用正常。城集镇迁建符合规划要求，不仅恢复了基础设施和公共服务设施功能，而且实现了跨越式发展。

(3)工矿企业搬迁

按照加大工矿企业结构调整政策，采取搬迁改造、破产关闭和一次性补偿销号等3种方式，搬迁改造结合对口支援工作，破产关闭参照国务院在若干城市试行的国有企业破产有关政策组织实施。累计处理工矿企业1632家，规划任务全部完成，移民补偿资金已全部兑付，其中搬迁改造388家、破产关闭924家、一次性补偿销号320家；复建和补偿房屋767.57万m^2，采取企业自建、政府统建和职工自购等方式妥善解决了职工住房；户口在厂的0.73万人已搬迁安置完成。完成工程项目2230个，已通过项目竣工验收，运行使用正常。

(4)专业项目复建

交通、电力、邮电、广播、天然气等专业项目复建在确保恢复原功能基础上，结合区域经济发展和行业发展规划，整合资源，由各行业主管部门负责实施。复建公路1320.17km、大型桥梁222座4.25万延米；复建或补偿销号港口码头91座；复建或补偿水电站91座、抽水站133座；复建高压输电线路3822.70km、通信线杆路长度4592.92km、有线传输线杆路长度5966.37km、天然气干线管道108.09km等。专业项目复建规划任务全面完成，功能实现提档升级或跨越式发展。完成工程项目2311个，均通过项目竣工验收，运行使用正常。

(5)库底清理

根据国务院三峡办、卫生计生委、环境保护部、林业局颁布的三峡水库库底清理技术要求和技术规范，库区各区(县)在分期蓄水前，具体组织实施了卫生清理、固体废物清理、建(构)筑物清理、林木及易漂浮物清理等并通过了阶段性验收，经受了蓄水运行检验，水库水质保持总体稳定，未发生因蓄水导致的传染病暴发流行。

7.6.2.3 专项验收

依据《长江三峡工程整体竣工验收移民工程验收大纲》，国土资源部、国务院三峡办、国家文物局和国家档案局分别组织库区地质灾害防治、移民安置区高切坡防护、文物保护、移民档案等专项验收。按照环境保护法规，环境保护部组织开展了三峡水利枢纽工程竣工环境保护设施及相关措施验收，库区移民安置生态环境保护验收是其中内容之一。

(1)库区地质灾害防治验收

三峡库区地质灾害防治工作领导小组成员单位各司其职，相互协调，湖北省、重庆市认真履行地质灾害防治主体责任，组织实施了崩塌滑坡治理(包括移民安置规划的崩滑体处理)、塌岸防护、搬迁避让、监测预警系统建设等规划任务。共完成崩塌滑坡治理和塌岸防护

689处(段),完成搬迁避让568处(段)68878人,建成专业监测255处,完成群测群防监测3098处(段),完成20个区县监测站能力建设,完成2008年试验性蓄水受影响房屋设施处理。国家二、三期地质灾害防治规划专项资金共86.25亿元。《长江三峡移民工程地质灾害防治竣工验收终验报告》的终验意见认为:三峡库区地质灾害防治工程质量合格,工程项目管理规范,完成了防治任务,达到了防治目标,同意三峡库区地质灾害防治通过国家级最终验收。

(2)移民安置区高切坡防护验收

三峡库区移民安置区高切坡防护是库区地质灾害防治工作的组成部分。2001—2009年,从中央财政地质灾害防治专项资金中,安排26.75亿元,用于移民安置区高切坡防护工作。完成二、三期1412处高切坡防护工程建设项目,治理面积567.54万m^2,完成三期已治理高切坡安全评估项目1462处,完成高切坡专业监测702处,群测群防2874处,以及信息系统建设。

《长江三峡移民工程竣工验收移民安置区高切坡防护工程专项终验报告》的验收主要结论为:三峡库区二、三期地质灾害防治高切坡防护项目建设任务全部完成,达到设计要求,通过项目竣工验收,运行使用正常;已治理高切坡全部进行了安全评估,对其中评估为局部不安全和不安全的84处全部进行了整改,达到整改设计要求,通过项目竣工验收,运行使用正常;高切坡监测预警规划任务全部完成,监测预警系统运行使用正常,维护管理到位,监测预警及时、有效,为保证高切坡稳定和移民群众生命财产安全发挥了重要作用。同意三峡库区湖北省、重庆市高切坡防护工程通过国家验收。

(3)文物保护验收

文物保护按照"保护为主,抢救第一,合理利用,加强管理"的方针组织实施。保护文物1128处,其中地面文物364处、地下文物764处。建成中国(重庆)三峡博物馆、白鹤梁水下题刻博物馆(含地面陈列馆),以及县(区)级博物馆9座。

《长江三峡移民工程竣工验收文物保护专项验收报告》的验收主要结论为:地方文物部门在国家文物局、湖北和重庆各级政府的领导和组织下,与各级移民部门紧密合作,共同协作,全面地完成了三峡工程文物保护工作任务,保障了三峡工程如期完工,提升了三峡工程文明工程形象。文物得到全面有效保护,文物保护项目专项验收合格。

建议重视三峡库区文化遗产保护,对库区消落带文化遗产进行抢救性保护,进一步加强文物点后期整理工作并向社会公布。

(4)移民档案验收

三峡库区移民档案管理,按照"完整、准确、系统、安全保管和有效利用"的要求,由湖北省、重庆市和国土资源部、交通运输部、国务院三峡办、文物部门、长江委和中央迁建企业等责任主体具体组织实施,共形成移民档案193.23万卷、116.31万件。

《长江三峡移民工程竣工验收移民档案专项验收报告》的验收主要结论为:档案收集齐

全、分类合理、整理规范。建成了有效的移民档案管理体系，形成了丰富的移民档案资源体系，完善了便捷的移民档案利用体系，强化了移民档案安全保管体系，构建了适用的移民档案信息化管理体系，为开展移民工作、支撑科学决策、维护社会稳定、保障移民权益、促进社会经济发展、记录三峡移民历史发挥了重要作用。移民档案验收合格，同意通过移民档案专项验收。

(5)库区移民安置生态环境保护验收

三峡库区移民安置生态环境保护工作，将移民规划环境保护措施与国家制定出台的"两个调整""两个防治"等重大政策有机结合，统筹实施了土地资源开发利用环境保护、城镇迁建环境保护、工矿企业迁建与新建项目污染防治、人群健康保护、生态建设和生态环境监测与管理等任务。移民安置规划的环境保护资金 6.19 亿元，农村移民安置、城镇迁建、专业项目复建等类别用于环境保护的资金约 52 亿元；水污染防治、天然林保护、长江防护林建设、长江上游水土保持、退耕还林、库周绿化带建设等生态环境保护和建设资金 196.01 亿元。

三峡水利枢纽工程竣工环境保护验收，以及库区移民安置终验预验收主要结论为：长江三峡水利枢纽环境影响报告书及其批复提出的环保措施基本落实，移民安置规划环境保护任务全部完成，移民安置环境影响得到有效控制。同意通过生态环境保护专项验收。

7.6.2.4　历次验收、稽察和审计提出问题的处理情况

本次验收对审计署的 14 次审计、三峡建委三峡工程稽察办公室的 13 次综合稽察或专项稽察，4 次阶段性验收问题整改情况进行了整理复核。复核表明，国务院三峡办、有关省(直辖市)对审计、稽察及历次阶段性验收发现的工程建设管理、移民安置、移民资金使用管理等问题高度重视，均进行了认真整改，整改率 100%。对本次验收中发现的问题提出了整改要求，并对省(直辖市)整改落实情况进行了跟踪督办，已全部整改到位。

7.6.2.5　实施效果

(1)移民民生状况显著改善，生产与发展能力稳步提升

移民收入水平不断提高。2013 年，三峡库区农村移民人均纯收入 8773 元，年均增长率为 13.85%，高于同期全国农村居民人均纯收入年均增长率。城镇居民人均可支配收入 23204 元，年均增长 13.18%，与同期全国增长水平基本一致。65%的外迁移民人均纯收入达到或高于所在省(直辖市)农村居民平均水平。

移民生产生活条件显著改善。2013 年，库区农村、县城(城市)、集镇移民人均住房面积分别比 1992 年增加 16.5m^2、19.8m^2 和 18.3m^2，且新建住房布局更合理、功能更完善。外迁移民人均住房面积 32.66m^2，砖混结构住房比例为 92.09%。库区移民安置区公路实现"乡乡通畅、村村通达"，供水、供电等条件达到湖北省、重庆市同类平均水平；县城(城市)和集镇通信、广播电视无线有线网络全覆盖，有线电视入户率分别达到 98%和 91%；县城(城市)均建有公共图书馆、文化馆(博物馆)、公共体育场馆，集镇均建有文化站，公共服务设施利用率和运行管理良好。外迁安置区水、电、路、固定电话、广播电视全部到户；学校、医院等

公共设施较为完善，移民就医、子女上学等与当地居民享受同等服务。

社会保障体系基本建立。库区城乡居民养老保险、医疗保险政策全覆盖。2013 年，库区居民参保城乡居民养老保险比例 44.65%，参保城乡合作医疗保险比例 85.74%。重庆市将三峡移民纳入城乡统筹社会保障体系和政策范围。截至 2013 年底，重庆库区农村移民农转非 11.45 万人、城镇占地移民 8.85 万人、单位企业职工 24.97 万人，已纳入城镇企业职工基本养老保险体系。

生产与就业稳步发展。库区大力发展优势特色产业，增加就业岗位；不断加强农村移民政策扶持和技能培训，促进农村移民劳动力转移就业。2013 年湖北、重庆库区农村劳动力转移就业率分别为 54.4%和 57.5%，较 2006 年增加 31.68%和 9.8%。外迁移民人均耕地达到 1.08 亩，接收外迁移民安置省(市)积极组织对移民进行结对帮扶，开展种植养殖技术培训，实施职业技能和职业教育培训，提升移民就业创业能力。

(2)基础设施实现提档升级，迁建城镇跨越式发展

基础设施提档升级。通过移民搬迁安置的契机，库区基础设施重新合理布局，并提高了等级标准，形成了新的网络格局。目前已经初步形成"公、铁、水、空"一体化综合立体大交通体系，高速公路通车里程 1499km，铁路营运里程 1874km，宜昌机场和万州机场年输送旅客量分别达 90 万人和 14.5 万人，长江干流航道条件显著改善，支流通航等级提升、里程大幅延长。库区供电设施、电网建设标准大幅提高，供电能力是 1992 年的 4.4 倍；供水综合生产能力是 1992 年的 4 倍以上；广播电视和邮电通信设施、传输网络更新换代，已形成无线、有线、卫星三位一体，互为补充、交叉服务的网络。

迁建城镇跨越式发展。库区 12 座县城(城市)建成区面积 259.20km^2，较 1992 年扩大 6.5 倍；集镇迁建建成区面积比淹没面积扩大 1 倍以上。城镇建成区布局总体合理，设施配套较完善，功能较齐全，公用设施规模是 1992 年的 3 倍以上，达到国家现行规范标准。县城(城市)和部分集镇沿江基本建成集安全防护、设施配套、生态景观、休闲娱乐等功能为一体的防护带，城镇安全得到保障，品质得到提升。库区城镇化进程加快，1992—2013 年，库区城镇化率由 10.68%提高到 52.18%，年均增长 1.89%，高于全国同期增长水平。库区基本建成以区域性中心城市、县城、中心镇为主体，其他集镇协调发展的空间格局，构成布局相对合理、功能趋于完善的库区城镇体系。

(3)地质灾害防治成效显著，库区地质环境总体安全

移民迁建选址总体安全合理。迁建选择地质条件相对稳定、地势相对平缓、安置容量相对较大的区域作为新址，库区 2 座城市、10 座县城和 106 座集镇迁建区，以及 303 个农村移民集中居民点，新址选址总体合理、地质环境总体稳定，满足了移民迁建需要，并经受 20 年建设运行和三峡水库分期蓄水、试验性蓄水检验，以及自然灾害考验。

地质灾害防治和高切坡防护成效显著。二、三期地质灾害防治崩塌滑坡治理和塌岸防护，有效保护 118 座迁建城集镇、农村集中居民点及国家级文物的地质安全，保障长江航运

安全畅通，经受了分期蓄水和试验性蓄水检验。搬迁避让保障了人民群众生命财产安全，改善了居民生活环境。移民安置区高切坡防护，有效保护移民群众居住安全和城镇基础设施安全，促进了移民群众安居乐业，推动了移民搬迁安置工作有序进行。监测预警系统运行有效，预警及时。三峡库区地质灾害防治长效机制逐步完善。

(4)环境影响得到有效控制，生态环境质量总体良好

库区干流水环境质量总体稳定。库区县城(城市)实现污水、垃圾处理能力全覆盖，集中处理率分别达85%、95%以上。工业企业水污染防治设施总体运行可靠，能够满足达标排放要求。库区船舶油污水处理率达95%，船舶油污水和石油类污染物排放基本得到控制，库区干流水质蓄水前后无明显变化，总体满足地表水环境质量Ⅲ类标准，满足《全国重要江河湖泊水功能区划(2011—2030年)》要求；支流水质总体保持稳定；县城(城市)和重点集镇集中供水水源地水质良好。

生态环境质量不断改善。森林覆盖率由1992年的27.47%提高到2013年的47.26%，森林生态系统服务功能不断提升；迁建城镇绿化面积较1992年大幅增加，县城(城市)建成区绿化覆盖率38.92%；水土流失面积减少。陆生动物及水生生物特别是珍稀特有物种得到保护。

人群健康状况总体良好。人群健康监测系统运行正常，介水传染病、自然疫源性疾病发病率呈下降趋势，库区法定传染病发病率水平总体平稳，无重大突发公共卫生事件。

库区城镇迁建、公路复建等工程建设的水土保持措施已实施。水土流失面积减少，水土流失控制有效。

(5)公共服务设施日趋完善，社会事业全面进步

迁建公共服务设施规模扩大、服务能力提高。迁建各类中小学校占地面积、校舍建筑面积是1992年的3倍以上，实现国家“普九”标准；迁建各类医疗机构的设施规模和床位数分别是1992年的2.8倍和3.8倍，建立完善了基本医疗服务体系，服务能力大幅提高；移民搬迁建成公共图书馆10座、县级文化馆12座，建设规模是1992年的4倍以上，公共体育场馆从无到有，共建成17座，达到国家规范要求。

社会事业全面发展。库区以公共服务设施搬迁建设为契机，充分利用对口支援和国家一系列优惠扶持政策，整合各类资源，推动库区社会事业全面进步。2013年底，库区拥有普通中小学3381所，达到国家“普九”标准，学生教师比接近全国平均水平。库区综合医疗机构899所，拥有卫生技术人员6.05万人，是1992年的1.8倍；文体设施规模是1992年的3倍以上；保护和抢救了一大批珍贵历史文物，延续了地区历史文脉，推动了库区文博事业的发展。

(6)库区经济持续快速发展，社会总体和谐稳定

1)经济协调快速发展。库区紧紧抓住移民搬迁安置的历史性机遇，充分利用对口支援和国家一系列优惠扶持政策，发挥市场机制作用，统筹移民安置与经济发展，促进了库区经济持续快速发展。1992—2013年，库区经济发展主要指标年均增速均超过国内同期水平。

2013 年，库区生产总值 5708.26 亿元，人均 3.94 万元，年均增长 18.85%和 19.26%；公共财政预算收入 360.23 亿元，年均增长率 19.11%；社会固定资产投资总额 5056.10 亿元，年均增长 25.13%；社会消费品零售总额 1860.61 亿元，年均增长 17.53%。库区产业结构得到优化升级，三次产业比重由 1992 年的 39∶31∶30 调整到 2013 年的 10∶55∶35。

2)社会总体和谐稳定。各级政府始终坚持以人为本，维护移民群众合法权益，妥善化解社会矛盾，采取各种措施扶持移民发展生产，改善生活条件和人居环境，解决生产生活实际困难。三峡移民工作实施以来，移民信访形势总体稳定可控，近年来呈不断下降趋势，库区社会保持稳定。2013 年、2014 年，各级移民部门分别受理移民信访 7525 件批次和 5044 件批次，分别较上年下降 33.93%和 32.97%。

7.6.2.6 建议

为进一步促进移民安稳致富，实现库区经济社会可持续发展和长治久安，持续发挥三峡工程综合效益，建议：

1)进一步加大对库区可持续发展的支持力度；

2)进一步加强三峡库区及上游地区生态文明建设；

3)进一步加强三峡水库运行管理。

7.6.2.7 移民工程验收结论

1)移民规划任务全面完成。搬迁安置库区城乡移民 129.64 万人，移民安置符合规划要求，移民生产生活总体达到或超过库区和外迁移民安置地平均水平，库区基础设施、公共服务设施建设实现跨越式发展，城乡面貌焕然一新，经济协调快速发展，社会事业全面进步，社会总体和谐稳定。

2)移民资金使用安全有效。移民任务与移民资金包干政策执行良好，投资控制在国家批准的概算以内，移民安置补偿补助资金已按规定兑付到位，移民资金管理总体规范。

3)移民工程建设质量良好。移民工程项目均达到设计和规范要求，项目竣工验收合格，运行使用正常。试验性蓄水安全平稳，库区群众安居乐业，长江航运安全畅通。

4)移民迁建区地质环境总体安全。移民迁建选址总体合理，地质灾害防治和高切坡防护成效显著，监测预警体系有效运行，人民群众生命财产安全和水库运行安全得到有效保障。

5)生态环境质量总体良好。库区干流水质蓄水前后无明显变化，总体满足地表水环境质量Ⅲ类标准，森林覆盖率大幅提升，濒危珍稀物种保护措施得到有效落实，水土流失控制有效，人群健康状况良好。

6)文物保护成果丰硕。库区文物得到有效保护，历史文化序列基本构建，文博事业蓬勃发展。

7)移民档案管理规范。档案收集齐全，整理规范，保管安全，开发利用成效显著。

长江三峡工程整体竣工验收中移民工程验收合格。

7.6.3　国家宣布三峡工程竣工

2020年11月1日，水利部、国家发展和改革委员会公布，三峡工程完成整体竣工验收全部程序。根据验收结论，三峡工程建设任务全面完成，工程质量满足规程规范和设计要求、总体优良，运行持续保持良好状态，防洪、发电、航运、水资源利用等综合效益全面发挥。

其中移民方面，三峡工程建设中的移民工程共搬迁安置城乡移民131.03万人（库区移民129.64万人，坝区征地移民1.39万人）。验收结论显示，移民生产生活状况显著改善，库区基础设施、公共服务设施实现跨越式发展。移民迁建区地质环境总体安全，库区生态环境质量总体良好。

7.7　三峡工程移民重大理论创新和关键技术

7.7.1　建立并丰富了开发性移民理论

7.7.1.1　开发性移民理论产生及发展的历史背景

我国是世界上水利水电工程建设规模最大、移民人数最多的国家，对于水库移民的认识水平经历了逐步认识、提高和发展的过程，并通过不断总结经验和教训逐步形成了指导我国移民实践的水库移民理论。同时，水库移民理论在实践过程中，随着我国经济社会的发展，以及可持续发展理念的逐步深入贯彻，也在不断发展和丰富。

中华人民共和国成立以来，我国因水库建设而产生了2500多万移民。1985年以前我国约有1000万的水库移民，由于过去相当长的时期内我国执行的是“优先发展工业、农业支援工业、农村支援城市”的基本国策，在当时历史条件下，不可避免地对移民安置工作的复杂性、长期性和艰巨性认识不足，工作重心偏于简单的生产安置和一次性资金补偿，对移民进行低标准的补偿，未能考虑移民安置区的环境容量和后期发展，因此产生了众多的水库移民遗留问题。这一时期，我国水库移民实行单纯补偿性安置办法，不论就近后靠或远迁，都是一次性地按淹没实物指标补偿，使移民区建设与工程建设脱节，移民生活安置与长远生产安置脱节，移民建设资金与工程效益脱节，不能从根本上解决移民安置问题，不仅使工程建设滞后，影响江河流域的治理和开发，还会产生不安定的社会因素。

我国经济社会发生了巨大变化。首先，农村实行经济体制改革，20世纪80年代以前的大而公的农村集体经营体制转向了以农户家庭为主体的联产承包制；随着改革开放，人们的利益观念发生了巨大变化。计划经济时期，人们思想禁锢在“一切为公”，强调财产和自然资源的公有性，强调移民个人的自力更生，强调个人利益服从国家、集体利益。而社会主义市场经济，移民群众有了更多的个人利益诉求。

随着经济社会的发展，原来的单纯补偿性安置办法已不适应我国水利水电工程建设的需要。与此同时，如何解决三峡工程移民问题也成为关注的焦点。

针对当时水库移民存在的问题，党中央、国务院多次召开会议，研究水库移民工作，部署解决水库移民遗留问题。

同时，我国专家、学者对当时水库移民存在的问题及其原因进行了深刻分析，并借鉴了世界银行有关非自愿移民的有关思想。世界银行 1980 年制定的关于“开发项目中的非自愿移民—世界银行贷款项目的政策性指南”中提到：“以往常把非自愿性移民安置当作一种救济和福利措施对待，而不是当作一种追求的发展目标，由此而产生了一系列问题。因此，目前移民安置须采取多方面的措施，以重建生产体系和居民区。生产体系的重建及居民区的建设是地区经济的组成部分”，“移民安置的发展方向就是增加就业机会”，“开发的一揽子计划必须提供充分的就业机会和财力物力资源，使移民能够在经济上和社会上得到重建”。

而早在 20 世纪 60 年代初，长办主任林一山为解决三峡水库移民问题，提出了“柑橘上山安置移民”的设想，认为三峡库区气候温和，又有可垦荒地，可以发展柑橘，安置移民。他主张，移民费用应重点用于扶持移民发展生产，并于 1965 年提出“移民工程”的概念，“移民工程”的主要内容包括：“要使移民工作从方向到政策等原则问题落到实处，落实的具体措施就是‘移民工程’，增垦水平梯田是移民工程的关键”；“以移民投资来兴建移民工程，用移民安置的措施来促进山区建设发展，可以做到一举多得”。

1978 年 10 月 26 日，林一山主任在给李先念并国务院的《关于三峡水库移民问题的报告》中，专门向中央建议采用“移民工程”的办法解决三峡水库移民安置问题。

1979 年 4 月，林一山主任向邓小平同志上报的《三峡水库移民的报告》，得到邓小平和有关领导的重视，并由李先念主持会议，专门听取汇报和讨论。

1981 年 2 月底，水电部部长钱正英在听取三峡、丹江口、葛洲坝工程水库淹没处理调查研究筹备工作汇报时指出：调查工作“重点在检查、总结移民经验，着重研究丹江口、葛洲坝移民存在的问题。这样搞有两个方面的作用：一是为在调整时期如何端正移民政策，在全国起指导作用；二是为开三峡论证会用，作为解决三峡移民的典型依据”。

1984 年 2 月 17 日，中央财政领导小组提出改革移民方针和成立三峡特区的设想，把安置性移民改为开发性移民，组织领导库区广大移民，充分利用三峡地区的丰富资源，趁兴建三峡工程的有利时机，振兴地方经济，发展建筑业、建材业、矿产业、食品业、旅游业以及其他服务业，可以增加收入，积累资金，做好移民安置。

1984 年 6 月 24 日，水电部在山东省烟台市召开全国水库移民政策研究座谈会，交流经验，研究解决移民遗留问题的办法。此次会议提出了“开发库区资源，开拓新的生产门路，发展库区经济，解决移民脱贫致富”的建议。

1984 年 9 月，国务院三峡工程筹备领导小组第二次会议，李鹏总理提出：“鉴于过去多年的移民经验，提出一个设想，就是把安置性的移民改为开发性移民。”

1985 年 2 月 8 日，李鹏总理在三峡筹备组成立大会上的讲话中说：“过去移民工作没有给移民受益，反而搬迁以后给他们带来很大的困难。其中的一个原因是移民政策和方针是一个补助性的，或者叫作安置性的移民。从三峡工程看，川东地区长江两岸大部分是深山老林，本来可耕土地就不多，后靠再从事农业生产，困难很大，于是很多同志提出来，我们这个移民应该从安置性的移民改为开发性的移民，用移民的经费因地制宜地发展农业、养殖业或其他行业。比如说长江沿岸有水利、矿产资源，又是旅游胜地，又很适宜种柑橘，这就可以发展养殖业、林业、乡镇企业、服务业以及举办一些工业。这个设想，经过与沿江的地、市、县同志商量后，都认为是一种可取的办法，就是将安置性的移民改成开发性移民。”

1989年7月29日，国务院办公厅批准了水电部《关于抓紧处理水库移民问题的报告》，其中明确了水库移民工作的方针：水库移民工作必须从单纯安置补偿的传统做法中解脱出来，改消极赔偿为积极创业，变救济生活为扶助生产。要使移民安置与库区建设结合起来，合理使用移民经费，提高投资效益，走开发性移民的路子。处理移民的遗留问题，不能简单地算老账、搞退赔，更不是按新标准重新补偿，而是帮助移民调整产业结构，因地制宜地发展种植业、养殖业、工副业等多种经营，提高移民自身发展能力，支持他们开发创业。有条件的地方，在开发、利用库区及水利资源时，要尽可能吸收他们参加，使移民逐步脱贫致富。

开发性移民方针，是在总结我国过去水库移民工作经验教训的基础上提出的，将工程建设和移民安置统一起来，将发展移民经济与当地资源开发利用紧密结合起来，不断改善生产生活条件，提高移民生活水平，最终实现移民长远生计有保障。实践证明，在开发性移民方针的指导下，我国移民工作取得了很大的进展，移民遗留问题得到有序处理，移民安置效果有了明显改善，有力地维护了社会稳定，保证了水利水电工程建设的顺利进行。

开发性移民方针的形成，与三峡水库移民问题是密切联系在一起的。开发性移民方针的确定，终于为破解三峡移民这一世界难题打开了思路。1993年8月，国务院发布施行的《三峡移民条例》就明确规定，国家在三峡工程建设中实行开发性移民方针。

开发性移民的提出是移民工作理论上的重大突破。如果说，补偿式移民是割裂联系地解决问题的办法，那么开发性移民是以系统、发展的观点，全面解决移民安置区的社会、经济问题。开发性移民理论标志着水库移民从带盲目性的纯经验阶段进入有理论指导的自觉阶段。

7.7.1.2　三峡工程移民实践丰富了开发性移民理论内涵

开发性移民理论为解决三峡水库移民问题指明了方向。三峡水库移民包罗了我国所有水库移民可能遇到的问题，如何在移民实践中贯彻开发性移民方针，进而解决实施过程中出现的新情况、新问题，三峡移民安置规划用科学的态度，实事求是，不断进行探索，通过实践，丰富和发展了开发性移民理论。

(1)将环境容量分析引入移民安置规划

三峡移民安置规划将环境容量分析引入，是对开发性移民理论的重大贡献。

移民环境容量是指水库移民安置区在保证自然生态良性循环，并保持一定的环境质量的前提下，该区域经济社会所能吸纳并且持续供养的、具有一定生活质量水平的移民人数。

移民环境容量中的环境是以移民为主体、与移民生存和发展相关的一切外部环境。移民环境容量的影响因素很多，包括自然环境，也包括社会环境，安置区域面积的大小、自然条件的优劣、资源禀赋的贫富、区位优势的高低、区域经济发展的快慢、社区人口素质的高低、物质技术投入的多少、社会经济制度及移民政策的支持力度等各种影响因素。

同时，移民环境容量是一个变量，当创造一定的基本条件后，使其向良性循环，它可以增加，反之会缩小。

在三峡移民安置规划中，始终将环境容量引入移民安置规划，以环境容量来指导和制约移民安置规划。

在论证及可研阶段，从土地承载能力，第二、三产业和城镇环境容量三个方面对三峡移民环境容量进行了分析，较为宏观地分析了三峡移民安置区潜在的环境容量，并以此为基础，初步制定了移民安置规划方案，证明了只要认真贯彻开发性移民方针，有新的投入作保障，其环境容量是完全可以承受三峡工程水库移民的。

在初步设计阶段，综合考虑自然条件、地区经济发展状况，移民心态、移民意愿，移民与安置地居民融合等各种因素，通过与库区各县人民政府协商一致，选择了移民安置区，从种植业安置容量，养殖业安置容量，第二、三产业安置容量，其他方式安置容量以及工程防护和水库消落区利用等方面对三峡工程移民环境容量进行了分析与研究，在此基础上制定了移民安置规划方案。

在移民搬迁安置实施阶段，随着认识水平提高，环境因素已逐渐成为制约移民安置环境容量的关键因素，为保证自然生态良性循环，在重新审视移民安置区环境容量的基础上，对农村移民安置规划进行了调整，增加了农村移民外迁人数，对改善和保护库区生态环境作出了巨大贡献。

移民环境容量不同于区域最大环境容量或最大环境承载力，它是一种适度人口容量。在构成移民环境容量的各个环境因素中，尽管各个因素都起着重要的作用，但最差的因素将起到决定性作用或控制性作用。因此，在审视三峡库区环境容量时，必须找出制约三峡库区环境容量的“短板”因素。

三峡移民安置规划，从论证及可研、初步设计到移民安置实施，对环境容量的认识水平在实践中不断深化。在论证及可研阶段，将土地资源数量作为制约移民安置环境容量的“短板”因素；初步设计，将安置区的质量、移民意愿等因素作为制约移民环境容量的“短板”因素；实施阶段将环境因素作为制约移民环境容量的“短板”因素。

正是由于对环境容量认识水平的不断提高，依此制定的移民安置规划才具有了科学性和可操作性，保证了移民安置规划的顺利实施。应当指出的是，对环境容量机理，其系统内部错综复杂的机制以及它们与外界的联系，将随着科学技术水平的发展而不断被揭示，开发性移民理论也将在此基础上不断发展和进步，从而指导我国水利水电工程的建设。

同时，随着我国长江流域经济社会的快速发展，建设生态文明、构建和谐社会的目标对三峡工程库区功能提出了新的更高要求。三峡水库是流域控制性水库，是我国重要的淡水资源库。对提高库区和长江中下游群众饮水安全保障能力、优化我国水资源配置、缓解北方干旱缺水具有重要战略意义。因此，库区发展必须突出以保护国家战略资源库为重点，贯彻生态环境保护优先的原则，构建新型生态经济区，满足国家战略要求。

因此，必须在此高度上，继续研究三峡库区环境容量，找出影响三峡库区环境容量的"短板"因素，使三峡库区生态环境持续向良性循环，发挥三峡工程在我国经济社会可持续发展中的重要战略作用。

(2)将可持续发展的理念融入开发性移民理论

开发性移民是一项与库区经济社会发展、环境保护与改善有着紧密联系的系统工程，既要通过移民安置，带动库区经济发展，又要通过库区经济社会的繁荣来扩大移民环境容量，为移民群众的生存与发展创造条件。与此同时，移民安置、经济社会发展又必须与生态环境的保护结合起来，这样才能为移民创造出一个有利于子孙后代繁衍发展的良好环境，也才能真正使库区社会长治久安，获得可持续发展能力。

三峡库区原本就是一个生态脆弱、人口超载、土地过垦、经济落后、人地关系十分紧张的地区。三峡水库的淹没影响在相当程度上改变了库区原有的生态格局，缩小了库区周边移民的生栖空间，加剧了人地矛盾。因此，如何协调人地关系，解决人口与资源、发展与环境之间的关系，将直接影响到库区人民的安居乐业和社会的长治久安。从这个角度来看，开发性移民与库区的可持续发展战略有着内在的一致性，这是因为三峡工程移民是三峡库区实施可持续发展战略的一个契机。开发性移民本身就是社会的"再造"，环境的"再造"，产业结构的"再造"。在这些"再造"中，将移民与生态、经济、社会三个方面紧密结合起来，实现安置移民与三峡库区经济、社会与生态环境的可持续发展。

可持续发展强调的是经济、社会、环境的协调发展。水库移民可持续发展基本内涵包括生态系统的持续性、移民与经济社会发展的整体协调性以及移民个体发展的可持续性三个方面。其中，生态系统的持续性要求移民开发建设和移民安置应在生态系统的承载能力之内。而移民与经济社会发展的整体协调性要求移民与经济社会活动整体运动，物质文明和精神文明同步增长，城市和乡村统筹发展。移民个体发展的可持续性要求在搬得出、稳得住、能致富的目标体系中，既能使移民逐步实现经济富裕，又能促进移民自身的全面发展和文化进步。

三峡移民安置规划始终坚持了可持续发展的理念。过去的开发性移民规划主要强调在库区开发自然资源，不断拓展移民安置容量，实施就地后靠。移民试点工作基本上也是围绕这个思路进行的。虽然开发了不少耕园地，但有相当一部分坡度在25°以上，不同程度地存在对生态环境不利影响的问题。同时这些开发的耕园地由于土地条件差，产量低，也难以安稳移民。而建立在可持续发展基础上的开发性移民规划，则强调在保护生态环境的前提下，综合考虑自然、经济、移民习俗等因素的合理开发，如发展高效生态农业等，不仅使移民能稳得住，还能持续发展。同样是建立在可持续发展的基础上，为了妥善安置农村移民，国家采取了鼓励外迁的安置政策。在该政策的引导下，库区移民安置由库区内安置转变为内部安置与外迁安置相结合。移民外迁安置不仅扩大了库区环境容量，提高了库区环境承载力，而且还增加了外迁移民的发展空间和发展机遇，为其生计的可持续奠定了基础。同时，国家实施了《三峡库区及其上游水污染防治规划》，有效地保护了库区生态环境，推动了库区可持续发展。

三峡移民安置规划以移民安置为发展契机，既重视补偿，又着眼于发展，把补偿与发展有机结合起来，促进库区经济实现可持续发展。三峡移民安置规划编制与实施中，第一次把移民安置作为一种经济现象来看待，突出了移民迁建的经济性，强调移民安置是库区经济结构调整和经济发展的一项重要内容，是移民脱贫致富的重要途径，将移民安置视为一种经济行为和经济发展过程，反映了移民安置要符合社会主义市场经济发展的要求，必须按照市场经济规律办事的特点，强调移民安置必须既注重社会效益，又注重经济效益的思路。三峡移民安置规划对工矿企业迁建规划的调整则是移民安置与库区经济社会协调发展的典型案例，库区不少工矿企业是利用库区资源发展起来的，普遍存在规模较小，技术落后，污染环境和亏损严重的问题，如原样搬迁，必然会形成新的污染源和亏损源。只有加大搬迁工矿企业结构调整，实施扶优壮强、兼并重组、破产关闭等多种搬迁形式，才能保证搬迁的效益。在实施过程中，工矿企业采取了淘汰落后产能、扶持优势企业的迁建政策。该政策的实施，一方面，淘汰了对库区污染严重的企业，减少了库区污染源，保护了库区环境；另一方面扶持了库区一批竞争力较强的优势企业，增强了库区企业发展后劲，为库区经济社会快速发展奠定了基础。

三峡移民安置规划编制及实施过程中，将移民个体发展的可持续性作为关注的重点。将工程受益区纳入移民安置规划范围，使移民分享工程效益。原规划要求移民应当在本村、本乡、本市、本县内安置，强调就地后靠，因为安置范围较小，安置条件较差，所以移民安置容量紧张，安置难度越来越大。规划调整后的一个重要思想是，移民首先在本县（区）安置的同时，也强调三峡工程受益地区和有条件的省（直辖市）应当接收三峡移民。过去对外迁安置地的选择，主要思路是比较偏远的有土地资源的区域。现在大家认识到，由于处在工程受益区的长江中下游和沿海比较发达的省（直辖市）经济发展水平较高，区位条件较好，在这些地区安置移民，使移民一开始就站在较高起点上，经济能迅速恢复，避免了在库区就地后靠安置后需要几年恢复期的问题。实践证明，三峡水库外迁移民生产较快恢复，也渐趋稳定，从宏观上看，这种移民安置办法对我国水库移民安置工作具有借鉴意义。

三峡移民安置规划通过长期的实践，发展了开发性移民理论，丰富了开发性移民理论内涵。开发性移民之内涵就是把移民安置纳入国民经济社会发展的轨道，把安置移民的生产和生活同区域开发和生态与环境保护结合起来，通过库区开发，重建安置区的社会经济，发展赖以生存的基础产业，建立和提供工业、服务行业和农业的就业机会，大力进行生态建设，促进生态与环境向良性循环转化，使移民和安置区的老居民逐步达到和超过原有的生活水平。

7.7.2　建立了移民环境容量理论

7.7.2.1　环境容量基本理论

环境容量的概念最早源于载畜量。本意是在一些畜牧业发达的国家，牧场牲畜过载，导致草场退化，牲畜减产，于是提出了单位面积上合适的饲养数量问题，即载畜量。1968年，日本学者西村肇、中田喜三郎和矢野雄幸正式提出了环境容量概念，目的是建立污染物浓度与环境自净能力之间的平衡关系，以实现对污染物的总量控制。移民环境容量是在原有环境容量概念基础上的衍生。作为一个全新的概念，移民环境容量是在土地承载量和适度人口研究基础上派生出来的。三峡移民安置规划中的环境容量指以大农业（土地资源）为主要约束条件，结合第二、三产业及渔业等产业，兼顾气候、交通、生活基础设施等因素，反映某一区域（即规划单元）内能够容纳的最大人口数量。移民环境容量研究的总体目标是把移民安置、区域经济建设、生态与环境的保护和治理结合起来，使社会、经济、生态系统向良性循环方向发展。

7.7.2.2　三峡移民安置规划中引入环境容量概念的背景

三峡库区沿江两岸为山区地形，地形地质条件复杂，土地资源不仅数量有限，而且产量不高。如果不考虑两岸环境的承载能力，按照以往经验将移民随意后靠安置，对土地资源过度开发，很可能造成并加剧库区生态环境的破坏。生态环境的破坏不仅不利于移民安置，进而影响库区经济社会的可持续发展。为此，三峡移民安置规划中，将环境容量分析方法引入，合理确定库区土地等农业生产资源的承载力，保护库区生态环境，促进移民生产生活水平的恢复与提高以及库区经济社会的可持续发展。

7.7.2.3　环境容量理论与移民安置规划的结合

三峡移民安置规划将环境容量概念引入，广泛应用于移民安置规划方案制定中，以土地资源承载力为重点，约束移民安置方案。

三峡移民安置规划环境容量分析总体思路遵循确定环境容量分析单元、计算土地生产力、确定安置标准和环境容量计算4个步骤。三峡移民安置规划环境容量分析步骤见图7.7.1。

（1）确定环境容量分析单元

三峡移民安置规划环境容量分析中，首先根据《规划大纲》有关规定，将农村移民安置规划淹没涉及区以村民小组为单元，其他安置区以行政村为单元，确定环境容量分析单元。例如，按照该确定方法，秭归县农村移民安置规划共有633个环境容量分析单元。

（2）计算土地生产力

土地生产力指土地的生产能力（以原粮生产力计），包括原有土地生产力和规划土地生产力。三峡移民安置规划中，对于土地生产力的计算分为5个步骤：土地生产力量化处理、土地质量系数计算、确定标准耕地、计算标准耕地单位面积生产力和规划总生产力。

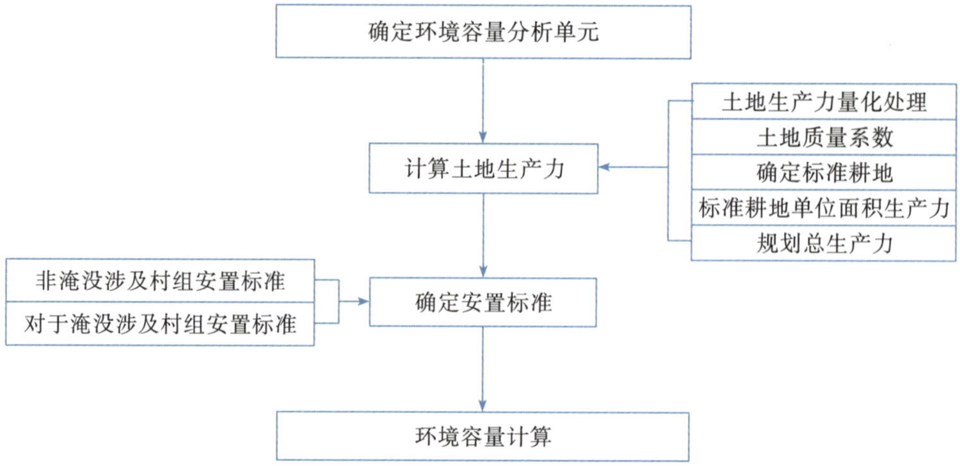

图 7.7.1 三峡移民安置规划环境容量分析步骤

三峡库区不同的规划单元，其土地利用方式、利用程度及生产力水平均存在一定差异，要反映其生产力大小，直接用农作物产品产量难以汇总和进行比较。如果将各类农产品产量按一定比例折算成粮食产量则能够有效地解决这一问题。因此，移民安置规划参照湖北省和重庆市农业区划报告对土地生产力量化处理。

在此基础上，计算各类土地的质量系数，以此来衡量各类土地单位面积与生产力大小的相对关系。土地质量系数克服了农村移民人口迁移平衡计算和安置规划时，只考虑耕地面积这单一因素的不足，如取旱平地质量系数 1.00，其他某一地类的平均单位面积原粮产量与标准值之比，则为该地类相应的质量系数。

同时，将各类土地的面积乘以相应的土地质量系数便可换算成标准耕地面积，环境容量分析单元内现有土地总生产力与标准耕地面积之比，则为该单元的标准耕地单位面积生产力。

在规划单元标准耕地单位面积生产力的基础上，计算规划总生产力。规划总生产力是指规划单元内在规划水平年的标准耕地总量乘以标准耕地单位面积生产力。规划单元内在规划水平年的标准耕地总量为现状标准耕地总量扣除淹没损失量和二次占地的损失量，并增加新开垦改造增加量。

(3)确定移民安置标准

安置标准此处系安置一个农业人口所需要的基本土地资源量，包括人均耕地面积占有量和人均土地生产力占有量，前者反映了农用土地资源数量，后者反映了种植业生产水平。规划编制中，根据当地的生产力水平和人均消费水平，确定其基本的安置标准，然后对各规划单元按下述原则进行处理。

对于非淹没涉及村组：①当单元内人均资源大于基本安置标准，作为预选安置区（该单元的安置标准取人均资源和基本安置标准两者的平均值）；②当单元内的人均资源小于或等于基本安置标准，不作为安置区。

对于淹没涉及村组:①单元内淹没后人均资源小于基本安置标准,通过人口迁移调整单元内的人均资源占有量,保证人均生产力,人均耕地不低于原有水平。当淹没前的人均资源大于基本安置标准,该单元的安置标准直接采用基本安置标准;当淹没前的人均资源小于基本安置标准,该单元的安置标准取淹没前的人均值。②当单元内淹没后人均资源仍大于基本安置标准,作为预选安置区,该单元的安置标准取人均资源和基本安置标准两者的平均值。

(4)环境容量计算

三峡移民安置规划工作中,为便于对其进行定量分析,采用了以下公式计算规划单元的土地资源环境容量。

$$\text{土地资源环境容量}=\begin{cases}\dfrac{\text{规划总生产力}}{\text{人均生产力安置标准}} \\ \dfrac{\text{总耕园地面积}}{\text{人均耕园地安置标准}}\end{cases}\quad\text{两者取小值}$$

上式中规划总生产力指淹没线上(或非淹没区)的现有耕地粮食生产能力与土地资源潜力(以粮食产量计)之和,总耕园地面积是指安置村或淹没涉及组线上耕园地和可开垦的土地面积之和。在确定了土地环境容量之后,结合第二、三产业及渔业等其他条件,对土地资源环境容量进行修正,来确定规划单元内的环境容量。

规划中,环境容量考虑了种植业和第二、三产业,对林业、畜牧业、渔业进行了发展潜力分析,为了使规划容量留有余地,未将其作为移民环境容量。

7.7.2.4 三峡移民安置规划引入环境容量的意义

三峡库区人地矛盾突出,生态环境脆弱。三峡农村移民安置规划,通过环境容量分析,找出移民安置现实可利用和有效的资源承载容量,既保证移民安置能够有充足的生产资源,同时又促进资源、环境向良性循环发展,不仅保证了规划的科学性与准确性,同时又促进了库区可持续发展。同时,必须指出,只有在库区资源、环境可持续发展的前提下,农村移民才能实现搬得出、稳得住、能致富的规划目标。

任何一个理论的发展都需要实践检验,移民环境容量理论也不例外。三峡移民安置规划对环境容量的认识随着移民实践的深入而不断加深。随着我国经济社会的发展,对资源、环境有了更进一步的认识,资源与环境成为库区经济社会发展和移民安置的制约因素,如何使库区生态环境纳入良性循环轨道,为库区经济社会可持续发展提供保障成为三峡工程移民安置环境容量必须要考虑的因素。因此,在移民实施过程中,坚持可持续发展的理念,为保护库区生态环境,改善移民群众生产生活质量,与时俱进,及时调整了安置方案,鼓励更多移民外迁安置,起到了较好效果,从而充实和发展了开发性移民方针的内涵,提高了对移民环境容量的认识水平。

三峡移民安置规划将环境容量分析引入,对我国水库移民理论丰富和发展起到了重要的推动作用。自三峡工程开始,我国水利水电工程将环境容量分析引入。在我国随后制定的相关行业规范中，都将环境容量分析作为农村移民安置规划的重要内容之一。

7.7.2.5 继续研究三峡库区环境容量

随着我国长江流域经济社会的快速发展，建设生态文明、构建和谐社会的目标对三峡工程库区功能提出了新的更高的要求。三峡水库是流域控制性水库，是我国重要的淡水资源库，对提高库区和长江中下游供水和群众饮水安全保障能力、优化我国水资源配置、缓解北方干旱缺水具有重要的战略意义。因此，库区发展必须突出以保护国家战略资源库为重点，贯彻生态优先、绿色发展，构建新型生态经济区，满足国家战略要求。同时，必须清醒认识到，三峡库区生态环境比较脆弱，是水环境敏感区、气象灾害多发区和水土流失重点防治区，也是直接受三峡工程影响的生态敏感区域。三峡水库上游分布着高速发展的成渝经济大都市圈，区域工业化、城镇化处在加速发展期，各种污染物排放量不断增加，如不尽快转变经济发展方式，将使水库水质日益恶化。三峡水库尚处在蓄水运行初期，其生态系统结构和功能不完整，生态自我修复和调控能力低，容易发生水华和地质灾害，直接影响水库生态安全、人居安全和人群健康。同时，三峡水库蓄水运行改变了库区及中下游的水文、水沙条件，对长江中下游、通江湖泊和长江河口生态环境将产生长期性影响。因此，必须在此高度上，继续研究三峡库区环境容量，找出影响三峡库区环境容量的“短板”因素，使三峡库区生态环境持续良性循环，支持三峡工程和三峡库区经济社会可持续发展，发挥三峡工程在我国经济社会可持续发展中的重要战略作用。

7.7.3 建立了完整的建设征地移民安置规划技术体系

在三峡工程移民论证及可行性研究和初步设计阶段，我国相关行业规范为1984年颁布的《水利水电工程水库淹没处理设计规范》(SD 130—1984)(以下简称《1984规范》)。应该说，在当时的历史条件下，该规范为我国水库淹没处理和移民安置工作迈向规范化起了重要作用。但是，随着国家经济体制的改革，对水库移民工作的要求越来越高，尤其是面对三峡这一具有百万移民的巨型工程，《1984规范》已不适应实际工作的需要。

为此，三峡移民安置规划进行了开创性的工作，在总结我国以往水库移民工作经验教训的基础上，建立了一套完整的移民安置规划技术体系，指导了三峡移民安置规划的编制，同时，为我国水库移民行业的发展起到了很好的示范和推动作用，促使水库移民行业向规范化和标准化方向发展。

三峡移民安置规划建立的规划技术体系，为我国水库移民行业发展作出了突出贡献，是一项重要的创新性成果。

7.7.3.1 传统的移民安置规划技术体系的局限性

1984年12月31日，水利电力部以〔84〕水电技字118号文颁发了《1984规范》。这部规范是我国为水库工作颁发的第一个规范，对水库淹没处理的技术标准、补偿标准、水库工作的程序、库区的综合利用开发做了原则规定。作为该规范的补充，还颁发了《水库淹没实物指标调查细则》及《水库库底清理办法》。《1984规范》的颁布，使水库移民的前期工作和实施工作走上规范化管理的道路，终于使水库移民安置规划有了依据的技术标准。

但《1984 规范》颁布时，我国尚处于计划经济时期，经济社会发展较为落后，对于移民问题的艰巨性和复杂性认识不足，不重视移民前期工作，“重工程，轻移民”思想盛行，单纯补偿性安置办法在我国水库移民工作中占主导地位。

同时，在当时的历史条件下，我国农村生产方式落后，生产效率低下，城镇数量少，城镇化水平低，工矿企业大部分属国有，且数量少，规模小，职工总人数不多，公共设施和基础设施条件落后。

因此，在这样的背景下制定的《1984 规范》必然具有一定的局限性。《1984 规范》没有明确提出开发性移民的指导方针，把水库移民问题作为单纯的工程问题，忽视了水库移民的社会属性和经济属性。受“重工程，轻移民”影响，我国当时水利水电工程建设中产生了大量的水库移民遗留问题，《1984 规范》没有为解决水库移民遗留问题提出破解思路。

因此，基于当时社会生产力发展水平和认知水平，《1984 规范》规划设计内容存在缺失。比如，《1984 规范》没有将移民安置区环境容量分析作为规划设计的内容，没有将环境保护作为设计内容，对所涉及的规划设计内容，也只是较为简单的原则规定，规划深度不够。这在一定程度上也是我国当时经济社会发展水平以及对水库移民认识水平的一种外在反映，

而三峡水库移民问题，涉及对象之多，情况之复杂，是《1984 规范》所不能涵盖的，《1984 规范》已不能有效指导三峡移民安置规划的编制。

为此，在三峡移民安置规划编制过程中，结合三峡库区的实际情况，勇于探索，在《1984 规范》的基础上，建立了完整的三峡移民安置规划技术体系。

7.7.3.2　建立了完整的移民安置规划技术体系

三峡移民安置规划技术体系以《规划大纲》为核心，包括了《长江三峡工程初步设计水库淹没实物指标调查大纲》《长江三峡工程初步设计水库淹没实物指标调查细则》《长江三峡工程初步设计水库淹没实物指标调查细则补充说明》，以及《农村移民安置规划工作细则》《城（集）镇迁建详细规划细则》《受淹工矿企业淹没处理规划及补偿投资核算细则》《专业项目复建规划工作细则》《环境保护规划工作细则》《水库淹没处理及移民安置补偿投资计算细则》等规范性文件。另外，还有指导库底清理工作的《长江三峡水库库底建（构）筑物、林木及易漂浮物清理技术要求》《长江三峡水库库底卫生清理技术规范》《长江三峡水库库底固体废物清理技术规范》。这些技术文件构成了三峡工程移民安置规划的技术体系。

三峡移民安置规划技术体系对规划的指导思想及原则，淹没处理标准及建设征地范围，实物指标调查，淹没影响评价，移民安置环境容量分析，农村、城镇、集镇、工矿企业、专业项目、文物保护、库底清理、环境保护等各类专业规划，以及补偿标准做了系统的规定，为三峡移民安置规划提供了系统性和可操作性的技术标准，保证了移民安置规划的规范化和标准化。

7.7.3.3 三峡移民安置规划技术体系的创新性

(1)将开发性移民指导方针作为三峡移民安置规划的重要指导思想

《规划大纲》规定，三峡工程水库淹没处理和移民安置规划要认真贯彻开发性移民方针，要改变过去一次性补偿的办法，以改革的精神认真探索社会主义市场经济的移民安置的新路子。由有关人民政府组织领导移民安置工作，统筹使用移民经费，合理开发资源，以农业为基础、农工商结合，通过多渠道、多产业、多形式、多方法，妥善安置移民，使移民的生活水平达到或超过原有水平，并为三峡库区长远的经济发展和移民生活水平的提高创造条件。

(2)将移民安置区环境容量分析作为农村移民安置规划的重要设计内容

三峡移民安置的难点在农村。三峡移民安置规划技术体系将环境容量分析作为制约农村移民安置规划方案的重要技术手段，以解决移民生产安置容量及资源合理配置问题。

《农村移民安置规划工作细则》规定，利用土地详查资料或遥感资料，对移民安置区进行潜在环境容量和现实容量分析，通过合理规划国土资源，开发利用宜农的荒山荒坡，改造中低产田，重视水利配套等基础设施建设，调整和优化种植结构，以市场为导向，依靠科技进步，科教兴农，发展高产、优质、高效农业。利用库区丰富的矿产及农产品资源，稳妥发展工业，同时结合工矿企业的搬迁进行企业的重组、改造、扩建；结合移民迁建进一步提高城市化水平，发展第三产业，特别是充分发挥三峡的旅游资源优势，积极发展旅游业。三峡库区移民通过自身的努力，加上全国信息、技术、资金和人才对三峡库区的对口支援，移民可以有途径和办法得到妥善安置，并能通过移民安置促进地区的经济社会发展，促进生态环境的改善。

(3)将环境保护作为移民安置规划的重要内容

《规划大纲》规定，针对环境评价中筛选确定的环境问题，提出切实可行的环境保护规划。其主要内容包括：土地资源开发利用中的环境保护规划；城(集)镇迁建中的环境保护规划；工矿企业迁建和移民安置中新建第二、三产业的污染防治规划；移民安置中的人群健康保护规划；安置区生态建设规划。陆生植物物种资源保护已列入枢纽工程环境保护规划。生态与环境监测系统应与枢纽工程初步设计中的监测系统相结合，有机地组成一个系统。

同时，《规划大纲》规定，环境保护规划的工作深度应超过环境影响评价。

(4)建立了完善的技术指标体系

根据《规划大纲》，三峡移民安置规划内容包括水库淹没实物指标调查、农村移民安置规划、城市及县城移民安置规划、集镇迁建规划、工矿企业淹没处理及补偿投资核算、专业项目淹没处理规划、防护工程规划、环境保护规划，以及移民补偿投资总概算等。

规划技术体系对各类专业规划提出了详细的规划要求、规划标准及补偿标准，并建立了一套完善的技术指标体系。

移民调查提出了耕地、园地，人口、房屋，大、中、小型工矿企业，专项设施，设计回水末端处理，以及分级水位设计回水等淹没处理标准，对各类淹没实物指标提出了详细的调查要求和精度要求。

农村移民安置规划提出了农村移民的生产安置标准，人口规模、建设用地、供水、用电、交通等迁建标准，以及土地补偿、房屋及附属设施补偿、基础设施补偿和移民搬迁补助等补偿标准，为农村移民安置规划建立了完整的技术指标体系。

城市及县城和集镇迁建规划提出了详细的规划要求，提出了迁建人口规模、建设用地、居住建筑和公共建筑、道路、供水、排水、供电、电信及广播电视、消防、环卫、园林绿化等迁建标准，以及房屋、基础设施、搬迁等补偿标准，为城市及县城和集镇迁建规划建立了完整的技术指标体系。

工矿企业迁建规划提出了详细的规划要求和规划标准，提出了房屋重建、设施重建、设备迁建、停产损失、流动资产搬迁、征地及场地平整等补偿标准，为工矿企业迁建规划建立了完整的技术指标体系。

专业项目复建规划对公路复建、港口码头、电力设施、邮电通信、广播电视、文物保护等提出了详细的规划要求和规划标准，提出了根据复建规划所需的投资计算移民补偿投资，扩大规模和提高标准增加的投资，由有关地方人民政府或有关部门自行解决的补偿标准，为专业项目复建规划建立了完整的技术指标体系。

环境保护规划提出通过对移民安置区环境现状调查分析，结合移民安置规划，确定影响环境的主要因素和保护对象，提出相应切实可行的环境保护措施，使移民安置对生态环境的不利影响尽可能降到最低的技术要求。

制定了《长江三峡水库库底建(构)筑物、林木及易漂浮物清理技术要求》《长江三峡水库库底卫生清理技术规范》《长江三峡水库库底固体废物清理技术规范》，分别对建(构)物、林木及易漂浮物、一般污染源、传染性污染源、固体废物等提出了严格的库底清理技术要求。

(5)增加了移民安置规划深度

三峡移民安置规划技术体系不仅对规划内容进行了拓展，而且增加了规划深度。

如农村移民安置规划，不仅将规划分为生产安置规划和搬迁安置规划两部分，而且要求生产安置落实具体的安置方式，并提出配套措施。农村移民安置点，对地形地质条件，以及供水、供电、交通条件提出了具体要求，要求安置点的选址进行方案比选。

城集镇的淹没处理，创造性地提出了移民迁建详细规划的概念。迁建详细规划的概念源于城市规划行业的有关理论。城市规划分为总体规划和详细规划。详细规划分为控制性详细规划和修建性详细规划。城市总体规划的规划期限一般为20年，是对城市长远发展做出的预测性安排。详细规划的任务是以总体规划为依据，详细规定建设用地的各项控制指标和规划管理要求，或直接对建设项目做出具体的安排和规划设计。受此启发，《规划大纲》要求对受淹的城市、县城编制总体规划，并依据经过批准的总体规划，根据移民搬迁的要求，对近期实施移民搬迁建设的区域(移民迁建区)编制修建性详细规划，即城镇移民迁建详细规划。城市总体规划与移民迁建详细规划是两个不同的规划阶段，总体规划既要考虑城镇的远期发展，也安排了近期建设计划（主要是移民安置迁建部分），它是宏观的、指导性的。移民迁建详细规划以移民安置为主要目标，兼顾近期发展，其规划期限根据三峡工程施工期分期蓄水时段和受淹城镇高程综合确定。三峡库区城市迁建规划工作即是完全按照先总体规划再移民迁建详细规划的步骤，分两个规划阶段编制完成全套规划成果。为开展城镇迁建规划，《规划大纲》要求对迁建新址分别开展了选址地质调查、初步地质勘察以及详细地质勘察，为选址、总体规划、迁建规划提供满足阶段要求的地形地质依据。

工矿企业迁建规划，《规划大纲》要求委托有资格的、超脱的评估单位对受淹工矿企业受淹资产进行评估。工矿企业迁建规划，借鉴国有资产评估理论和方法，清产核资的标准与规定，进行资产评估，在此基础上，核算受淹企业的补偿投资，从而客观、公正、准确地反映受淹工矿企业的固定资产价值量，为确定企业迁建补偿提供基础资料。

三峡移民安置规划技术体系较《1984 规范》，无论是从移民安置规划的广度，还是深度，都进行了大幅提升，也只有这样，才能保证三峡移民安置规划的编制。

7.7.3.4 建立三峡移民安置规划技术体系的重要意义

规划技术体系的建立推动了库区移民搬迁和工程建设。三峡库区移民不仅量大，而且情况复杂，既有农村和城镇移民搬迁安置，还有库区水环境保护、文物保护等。三峡移民安置规划，用发展的观点，积极探索，实事求是地将原有规程规范内容进行扩充，使之能够适应移民安置需要，推动了移民安置工作的顺利实施。

同时，三峡移民安置规划技术体系的建立发展了我国水库移民理论，为我国相关行业规范的修订提供了宝贵的借鉴作用。在三峡移民安置规划技术体系的基础上，1996 年，我国电力行业颁布了《水电工程水库淹没处理规划设计规范》(DL/T 5064—1996)；2003 年，我国水利行业颁布了《水利水电工程建设征地移民设计规范》(SL 290—2003)。

随着包括三峡移民在内的移民工作的进一步深入，2007 年，我国电力行业颁布了《水电工程建设征地移民安置规划设计规范》(DL/T 5064—2007)，以及《水电工程建设征地处理范围界定规范》(DL/T 5376—2007)、《水电工程建设征地实物指标调查规范》(DL/T 5377—2007)、《水电工程农村移民安置规划设计规范》(DL/T 5378—2007)、《水电工程移民专业项目规划设计规范》(DL/T 5379—2007)、《水电工程移民安置集镇城市迁建规划设计规范》(DL/T 5380—2007)、《水电工程库底清理设计规范》(DL/T 5381—2007)、《水电工程建设征地移民安置补偿费用概(估)算编制规范》(DL/T 5382—2007)等。

2009 年，我国水利行业颁布了《水利水电工程建设征地移民安置规划设计规范》(SL 290—2009)，以及《水利水电工程建设农村移民安置规划设计规范》(SL 440—2009)、《水利水电工程建设征地移民安置规划大纲编制导则》(SL 441—2009)等。

随着时代的发展，水利水电行业技术标准适应新的形势和要求，坚持与时俱进，不断进行修订和完善。

7.7.4　妥善处理了补偿与发展关系

7.7.4.1　关于补偿与发展及“三原”原则

(1)补偿与发展及辩证关系

1)关于补偿。

我国的大中型水利水电工程建设征地和移民安置实行开发性移民方针,采取前期补偿、补助与后期扶持相结合的办法,使移民生活达到或超过原有水平,三峡工程亦是如此。所谓前期补偿、补助,是对大中型水利水电工程建设征地和淹没造成的直接损失补偿和间接损失补助的统称。前期补偿、补助是移民工作的关键环节,及时足额的补偿、补助是移民恢复和发展生产的重要基础。前期补偿、补助政策与我国经济社会发展阶段和水平是紧密相连的。

而承载移民补偿补助投资的载体是移民安置规划,移民安置规划的规模与标准决定了移民补偿补助投资的多少。

2)关于发展。

发展是指事物的不断更新,是一种连续不断的变化过程,既有量的变化,又有质的变化。这里要探讨的发展是指与三峡水库淹没紧密相关的库区各市、区县的经济社会发展,其不同要求集中体现在各市、区县及区域的各种发展规划中。

按规划分类,各种发展规划可以分为总体规划、区域规划和专项规划,其中总体规划在同级规划体系中处于统领地位,具有战略性、纲领性和综合性。总体规划,即国民经济和社会发展规划纲要,包括国家级总体规划、省级总体规划和市县级总体规划,在我国规划体系中处于顶层规划的地位,是国家或地区编制专项规划、区域规划以及制定有关政策和年度计划的依据,也是编制城乡规划和土地利用规划的重要依据。其主要作用,一是阐明国家和地区战略意图,明确政府工作重点,引导市场主体行为;二是规划期内国家和地区经济社会发展的宏伟蓝图,是国家和地区人民群众共同的行动纲领;三是政府履行经济调节、市场监管、社会管理、公共服务、环境保护等职责的重要依据。作为规划体系中的顶层规划,总体规划要考虑相关规划衔接协调的需要,为相关规划、配套政策的制定提供依据。同时,又要考虑更长时期的远景发展,做到远近结合,为城乡、土地、环保、交通等不同规划之间的衔接协调创造条件。区域规划是总体规划在特定区域的细化和落实,是编制区域内各级总体规划、专项规划的依据。专项规划在发展规划体系中具有特定的功能,它与经济社会发展具有更为直接的联系,是总体规划在特定领域的细化深化,是政府进行重大决策的重要依据,是发展规划体系中最能够紧随经济社会发展要求,有效满足特定时期、特定行业、特定地区老百姓生存发展需求的规划类型,如城镇化、人口、就业及社会保障、科技教育、生态建设与环境保护、水利发展、综合交通体系发展、能源发展等都属专项规划的范畴。专项规划反映了经济社会发展要求,为长期可持续发展提供有力支撑。

3)补偿与发展的辩证关系。

补偿与发展的关系本质上是如何处理移民安置规划与承载着库区各市、区县发展目标的相关发展规划的关系。

两者关系处理直接制约着三峡移民安置规划的编制，它决定了移民投资与投资分配，涉及国家、地方政府、迁建单位和移民个人的利益。如果处理不好，可能影响规划的顺利编制，甚至影响三峡工程建设和效益发挥。

根据1991年10月至1992年6月三峡水库淹没调查，三峡水库正常蓄水位175m，20年一遇洪水回水水面面积1084km²，其中陆地面积632km²，淹没涉及20个县、277个乡镇、1680个村、6301个村民小组。淹没涉及城(集)镇129个，其中城市2座、县城11座，建制镇27个，场镇89个。淹没涉及企业1599家。

从以上数据看，三峡水库淹没范围广，移民数量大。但由于三峡水库是典型的河道型水库，淹没具有相对分散性，移民主要分布在沿江干支流两岸20个县的277个乡镇中，对涉及的市、县、区和乡镇的全域而言，淹没比重并不大，水库淹没部分只占所在县、乡总数量的很少一部分。因此，三峡水库淹没对应的复建工程相对于全市(县、区)整体而言只是一个局部工程。

移民安置规划的目的是满足移民的生产生活需要，规划的内容和主体是受淹没影响的群体，对总体而言，为部分农村人口、个别城镇、工厂及部分专业设施。这些项目的复建规划不能代替为总体服务的发展规划，而只能与总体发展规划相适应，以避免重复建设的发生。区域经济发展规划立足于区域未来，具有长期性和战略性特点，它既包括了移民安置区，又包含了非移民区，它既要处理好内部各生产要素之间关系，又要处理好区域与外部的关系，是比移民系统更广泛的大系统，其发展在时间和空间上远远大于移民系统。移民安置规划投资尽管在力所能及的范围内兼顾区域整体的需要，但主要是为满足移民项目的复建，不等同于区域经济发展所需的投资，从某种意义上讲，区域经济发展的需求是无限的，而移民补偿投资是有限的。

移民安置规划与区域经济发展规划是局部与整体的关系，二者之间有区别，但又是有机联系的。正确处理二者关系的关键是与区域经济发展规划的分阶段规划有机结合。虽然区域经济发展是无限的，但应制定适合当前实际的、切实可行的近期目标和步骤，处理好近期和远期的关系，以便充分利用三峡工程建设移民迁建的机遇，促进当地经济快速、健康发展。而移民安置规划一定要适应发展规划的需要，才能经得起实践的考验，才具有生命力。

正确处理补偿与发展的关系，关键是如何理解发展问题。任何事物的发展都不能脱离当前的需求和发展，应以阶段论来理解发展。当时的经济社会条件决定了城镇的规模和标准，如提出要建成“50年不落后”的现代化都市，只怕心有余而力不足，不但无法实现远期目标，就是近期任务也不能完成，将贻误移民安置工作。

因此，从理论上讲，移民安置规划必须与区域经济发展规划有机结合。但在移民安置规划编制与实施的实践中，却始终面临着如何正确处理移民安置规划和区域经济发展的关系，如何处理补偿与发展的关系问题。

补偿与发展关系问题困扰着移民安置规划的编制，如何处理该问题成为各方关注的焦点。

(2)“三原”原则及内涵

1993年颁布的《长江三峡工程建设移民条例》明确规定:“因三峡工程蓄水被淹没的公路、桥梁、港口、码头、水利工程、电力设施、电信线路、广播线路等专业设施和文物古迹,需要复建的,应当根据安置区的建设规划,按照经济合理的原则,提前在淹没线上复建。按原规模和原标准,或者为恢复原功能复建所需要的投资,经核定后列入移民经费;扩大规模和提高标准需要增加的投资,由有关单位自行解决。”

《长江三峡工程建设移民条例》系统地提出了“三原”原则,其内涵为按“原规模、原标准或者恢复原功能”的原则进行补偿。

2001年修订的《长江三峡工程建设移民条例》规定:“因三峡工程蓄水被淹没的公路、桥梁、港口、码头、水利工程、电力设施、电信线路、广播线路等专业设施和文物古迹需要复建的,应当根据复建规划,按照经济合理的原则,预先在淹没线以上复建。复建补偿资金实行包干管理,其数额按照原规模、原标准或者为恢复原功能所需投资核定”,仍然将“三原”原则作为专业项目复建规划的基本补偿原则。

从《长江三峡工程建设移民条例》中可以看出,“三原”原则实为补偿原则,而且“三原”原则主要针对三峡水库淹没影响的专业项目的复建与补偿。

“三原”原则需要准确解读,不能将三者割裂开来。“三原”原则中的规模、标准和功能三者之间有着内在的辩证关系。专业项目担负着为经济社会发展提供交通、电力、通信等基础设施配套的功能,专业项目因为有特殊功能而存在,“三原”原则中以恢复原功能为目标和最终原则,所以恢复原功能是其出发点和落脚点。专业项目的“规模、标准及功能”在一定范围内既相互影响,又相对独立,一定的规模和标准才能保证一定的功能。“三原”原则在专项复建规划的具体应用当中,等级和标准是为恢复原有功能服务的,以恢复其原有功能作为首要考虑的要素,标准与规模服从于基本功能的需要。

而功能的恢复,存在恢复什么样“水平”的功能问题,这受限于在恢复重建后新的城镇体系和生产力布局重组条件下,如何把握其交通、电力、电信、广播等专项设施的配套水平。三峡移民安置规划在“三原”原则具体运用中,专项设施的配套水平超过了原来的水平。虽然库区在淹没前交通、电力、电信、广播等专项设施发展水平低,但是规划在考虑新的城镇体系和生产力布局的前提下,按照行业规范的标准,进行各项专项设施的配套,同时,三峡移民安置规划采用了开放式的做法,积极与行业的发展规划进行衔接,不是简单复原,考虑了一定发展,为库区专项设施在实施中按行业发展的要求进行功能提升奠定了良好的基础。

“三原”原则在三峡库区专业项目复建中的具体应用和实践,为妥善处理专业项目补偿与发展之间的关系提供了基本原则,也为我国水利水电工程移民安置规划中如何妥善处理补偿与发展的关系提供了良好的借鉴。

2006年7月7日,国务院以国务院令第471号颁布了《大中型水利水电工程建设征地补偿和移民安置条例》,该条例明确规定:“工矿企业和交通、电力、电信、广播电视等专项设施和中小学的迁建或者复建,应当按照其原规模、原标准或者恢复原功能的原则补偿。”明确规定“三原”原则为我国大中型水利水电工程专业项目复建规划的基本补偿原则。

2017 年 4 月 14 日，国务院以国务院令第 679 号再次修订了《大中型水利水电工程建设征地补偿和移民安置条例》，维持了“三原”原则内容。

当前，按国务院第 679 号令的要求，“三原”原则作为一项基本的水库移民政策，指导我国大中型水利水电工程建设征地移民安置规划工作。

7.7.4.2 规划中的争议

三峡工程移民安置规划编制过程中，对补偿与发展不同认识的争论贯穿始终，主要体现在以下方面。

(1)对补偿与发展关系的不同认识

三峡库区在移民迁建前经济社会发展较为落后，库区各级政府普遍希望通过移民搬迁彻底改变落后的状况。因此，在三峡工程移民安置规划编制过程中，要求将自身的诸多发展目标寄希望于移民安置规划并纳入移民补偿投资能够实现，存在着以移民安置规划代替发展规划的倾向。地方政府为了发展当地经济，要求移民安置规划与远期甚至更长期的发展规划结合起来，并作为移民项目进行近期实施，这些要求的出发点无疑都是好的，但使规划陷入了争论。

移民受淹后进行复建，但是，复建不等于复旧，淹没一座县城，规划新建一座县城，则新城面积必将有所扩大，市政设施必将有所改善，建筑标准也有所提高。公路、港口、码头、工厂、输变电等复建规划也要结合地区发展，不能简单复原，要考虑发展，否则就会脱离库区实际。这些都反映了补偿中包括了发展。

为了妥善处理补偿与发展的关系，三峡移民安置规划所依据的《规划大纲》从技术标准上，已考虑了发展。如《规划大纲》规定的城市建设用地面积标准为 $80m^2$/人，县城 $70m^2$/人，均比现状 $50m^2$/人的状况有较大提高；比如城镇道路，原来的路面很窄，坡很陡，弯道很急，新建城市的道路不能原样照旧。按《规划大纲》，城市主干道按 24m 红线宽度修建，县城按 20m 红线宽度修建。其他如城市供水、排水、供电、邮电、环境卫生、消防等设施标准较之旧城有了很大提高。

《规划大纲》既考虑当时的国情和库区实际情况，又兼顾库区发展的需要，采用了相对于现状适度改善的规划标准，高于原有状况，同时，结合当时实际并考虑未来发展，主要规划指标都是参照相关行业规范推荐标准的下限，这在当时历史条件下对移民搬迁安置具有重要的创新意义，不仅保证了移民任务的完成，也为库区各项功能的恢复和提升提供了保障，同时为库区发展留有一定空间。

尽管如此，由于出发点不同和没有强有力政策约束，在移民安置规划编制之初，工作举步维艰。

(2)对“三原”原则的认识偏差

在三峡工程移民安置规划编制中，对“三原”原则争议不断，甚至颇为对立。持有不同看法的不仅包括地方政府，还包括专家学者，普遍将“三原”原则诟病为“淹什么”就建“什么”，认为移民安置规划就是将三峡淹没区旧貌在淹没线上进行“翻版”。由于对“三原”原则存在认识偏差，在规划编制初期各方意见难以统一，规划编制工作进展缓慢。

三峡工程移民实际上是三峡库区经济结构的重组与社会系统的重建，在移民搬迁过程中，库区城市、县城、镇和村庄将重新布局和建设，工矿企业将重组，城镇体系和产业布局发生深刻变化，而与之相配套的公路交通、电力通信、水利等基础设施也将重新布局。因此，专项设施的复建绝对不是简单的“翻版”重建，而是基于三峡库区在新的城镇村庄空间体系和产业布局的前提下进行统筹规划和布局。“三原”原则具有约束力，体现在确定具体项目的补偿标准时，是在新的空间布局体系下，恢复原受淹对象的功能，前提是判断受淹对象原来具有什么样的功能，移民安置规划则需恢复原来具有的功能，甚至提高。当然，提高水平与当时国家的经济发展水平密切相关。而规模与标准最终都要服从于复建项目所要实现的功能。如受淹长度几百米甚至几千米的公路，由于服务对象搬迁，需规划复建几十千米的公路，是规划中的常有现象。

7.7.4.3 “投资包干、限额规划”妥善处理了补偿与发展关系

三峡工程移民安置规划在编制初期，由于角度和出发点不同，对补偿与发展关系存在不同认识，制约着规划编制，迫切需要统一认识，推动工作。

(1)关于“投资包干、限额规划”政策

《规划大纲》是移民规划的纲领性指导文件。

1992年2月初，长江委开始着手编制《规划大纲》。经过多次与川鄂两省协商，并经征求有关部委意见，数易其稿。1992年6月提出了《规划大纲(第五稿)》，三峡工程领导小组和国务院三峡工程移民试点领导小组对此进行了审查。长江委根据审查意见，再次对《规划大纲》进行了修改。为进一步编制《规划大纲》积累经验，三峡工程领导小组1992年8月决定在湖北省秭归县进行规划试点。1993年6月，国务院三峡办以《关于同意〈长江三峡工程水库淹没处理及移民安置规划大纲〉在库区试行的通知》(国三峡办发计字〔1993〕013号)批准试行《规划大纲》，同时决定，依据《规划大纲(试行)》开展湖北宜昌、秭归、兴山、巴东4县移民安置规划工作。1993年8月，中华人民共和国国务院令第126号批准了《三峡移民条例》。1993年10月，长江委完成了湖北省秭归、巴东、兴山、宜昌4县规划报告初稿，并按照三峡建委的部署，在总结湖北4县规划经验的基础上对《规划大纲》进行了修订。1994年7月，国务院三峡办批准实施《规划大纲》。

依据《规划大纲(试行)》，长江委于1993年10月完成了湖北省4县移民安置规划初稿，并向三峡办进行了汇报。鉴于各方对规划标准存在争议，三峡办要求对《规划大纲》进行修改，要求长江委以湖北省4县规划为基础，测算全库移民补偿投资。

长江委根据各方意见对《规划大纲》进行补充、调整，同时测算各版本全库移民补偿投资。《规划大纲》各版本差异的实质是各方面对建设标准和补偿标准认知不同的外在反映。

1994年6月，国务院召开研究三峡工程建设和移民问题会议，要求以可行性研究报告为基础，考虑近年实物指标增长、物价上涨、国家新政策出台以及设计深化等因素，测算1993年5月价格水平的移民补偿投资。1994年7月，国务院三峡办以国三峡办发计字〔1994〕042号文，要求长江委测算全库分项投资和移民补偿总投资。长江委提出了20多种方案的测算成果。1994年11月，李鹏总理主持召开的三峡建委第4次会议原则上采纳了推荐方案，《关于同意实行〈长江三峡工程水库淹没处理及移民安置规划大纲〉的通知》（国三峡办发计字〔1994〕056号）同意移民补偿投资概算总额为400亿元。《关于批准三峡工程水库移民补偿投资概算总额及切块包干方案的通知》（国三峡委发办字〔1995〕1号）下达两省和通知有关部门，同意将369.06亿元切块到两省包干使用。

以上就是"投资包干、限额规划"政策出台的始末。

(2)政策作用

"投资包干、限额规划"政策提出后，结束了各部门无休止的争论，地方政府和设计单位的关系得到了妥善处理，各方关注焦点由争指标、争标准转移到规划的经济合理上来了。为全库区移民安置规划的编制和顺利实施奠定了基础，也为1994年12月长江三峡工程正式开工铺平了道路。

三峡移民安置规划通过"投资包干，限额规划"，妥善处理了补偿与发展的关系，为今后水利水电工程建设提供了很多经验：

1)移民安置规划中的补偿和发展是相辅相成的矛盾统一体，补偿为发展提供契机和动力，发展使补偿效益得以持续。

2)移民补偿投资为地方经济发展带来机遇，而地区经济持续发展则是不断提高移民生产生活水平的保障。在移民安置过程中，建设单位要为移民着想，为移民群众创造良好的生产生活条件，要及时地给足移民补偿资金，充分理解移民的某些诉求；库区移民要体谅国家的困难，提出满足本阶段需求的合理标准，发扬自力更生、艰苦奋斗的创业精神建设库区。工程建设单位和库区移民应本着协商、合作的精神，经过充分协商，制定既满足移民迁建要求，工程建设单位又能承受的合理补偿标准。

3)移民迁复建工程和补偿投资为地方经济发展带来机遇，并含有一定的发展，更进一步的发展需求大于补偿时，应采用投资分摊的方法，补偿投入一部分，地方和行业投入一部分，对口支援一部分，共同搞好移民迁建项目建设。

7.7.4.4 规划实践

补偿与发展关系本质上是如何处理移民安置规划与发展规划之间的关系。在三峡工程移民安置规划编制过程中，系统地运用了城乡规划、产业发展与规划等理论处理移民安置规划与发展规划之间的关系。

(1)在迁建城镇规划中的实践

城镇迁建规划面临着如何正确处理移民补偿与城镇发展、近期与远景规划的关系，二者之间的关系实质是有限与无限的关系，是先后的关系。移民补偿和近期建设从规模上说是有限的，是当务之急，而城镇发展是无限的，是将来之事。

受淹城镇迁建规划，首要任务是要恢复城镇的功能，恢复居民的生产、生活条件。同时，规划还要考虑城镇的远期发展，从用地空间、交通运输、资源配置等方面为远期发展创造条件。为解决城镇远期发展问题，城镇总体规划人口规模和用地规模都比迁建详细规划的规模大，在总体规划范围内划出近期移民迁建规划范围。而在进行迁建详细规划时，则以总体规划为依据，近期与远期相结合，建筑平面和道路布局兼顾远期发展，留有余地。

三峡工程移民安置全面系统地运用了城市规划理论开展三峡库区城镇迁建移民安置规划。按照城市规划的编制规定，完整地编制了城市总体规划和移民迁建区修建性详细规划。城市总体规划的规划期限一般为20年，是对城市长远发展作出的预测性安排。详细规划的任务是以总体规划为依据，详细规定建设用地的各项控制指标和规划管理要求，或直接对建设项目作出具体的安排和规划设计。为此，《规划大纲》规定对受淹的城市、县城编制总体规划，并依据经过批准的总体规划，根据移民搬迁的要求，对近期实施移民搬迁建设的区域（移民迁建区）编制修建性详细规划，即城镇迁建规划。这些科学系统的城镇迁建规划正确处理了近期迁建与远期发展相衔接、城镇迁建规划与经济社会发展和其他移民规划相协调等矛盾和问题，为三峡库区迁建城镇高起点建设提供了有力保障。

(2)在农村移民安置规划中的实践

在三峡水库农村移民安置规划编制过程中，针对移民安置规划与区域发展规划之间关系的处理，集中体现在农村移民的搬迁规划中。

农村移民搬迁规划核心任务是要确定因淹没影响需搬迁农村移民的搬迁去向，一是基于安置区环境容量容许承载力可接纳的农村移民数量，二是安置点是否与区域城乡总体规划所确定的村镇体系和村庄布点规划、城镇化发展规划及土地利用总体规划等相匹配。

安置点选点与城乡总体规划、城镇化发展规划及土地利用总体规划之间的关系处理，是三峡水库农村移民搬迁规划中关注的重点。通常的工作程序是库区各市、县（区）及镇（乡）人民政府在基于三峡水库建设的前提下，统筹考虑资源、产业、经济、社会、区位、交通、生态等要素，在各种上位规划的指引下，编制各自层级的城乡总体规划、城镇化发展规划、土地利用总体规划以及其他反映发展要求的专项规划。而农村移民安置搬迁规划所要做的是在充分尊重移民意愿的情况下，以环境容量容许承载力为约束，在以上发展规划的框架内寻找和确定农村移民的搬迁去向，其中最贴近农村移民搬迁规划的发展规划是镇（乡）层级，因为其更为具体。

但是，库区除了县城和部分重点镇以外，广大的农村区域往往缺乏总体规划和专项规划，使农村移民搬迁规划缺乏上位规划的指引，在确定产业发展定位和村庄空间布局发展方向时，难以把握。

从目前的眼光看，三峡水库农村移民安置规划确实有许多值得反思的方面，其中重要的原因就是库区普遍不重视发展规划，这与当时的发展理念、认识水平以及国家的经济社会发展水平密切相关。在新的历史时期，农村移民安置规划应按城乡规划理论，将产业转型、新型城镇化、城乡统筹发展和美丽乡村建设等新理念引入规划实践，提高规划水平。

(3)在专业项目复建中的实践

三峡库区受淹专业项目包括公路桥梁、港口码头、电力、邮电通信、广播电视、水文站网、输气管道等，门类齐全、数量众多，涉及面广。由于城镇迁建、企业搬迁和农村移民安置等引起生产力布局的调整，为了恢复功能，满足移民搬迁安置和区域经济社会发展的需要，专业项目必须重新布局。同时，专业项目具有技术性强、技术升级换代快、专业性强、行政分块行业分条管理、复建周期较长并且要适当超前于移民搬迁等特点，对保障其他移民工程的实施具有重要作用，对重新合理布局优化产业结构发挥着基础作用。

专业项目复建面临的突出问题是如何妥善处理移民补偿与行业发展的关系。

三峡库区专业项目复建得益于国家出台的“投资包干、限额规划”政策，遵循“三原”原则和“资金包干、任务包干”的双包干原则，比较妥善地解决了补偿与发展的关系。

其中专业项目规划投资由补偿投资和发展投资组成，二者的性质不同，其经费的来源也不同。补偿投资承担专项设施功能恢复所需投资，计入三峡工程建设总投资，发展投资由地方政府和行业主管部门承担。

由于专业项目复建与当地经济社会发展和行业发展相结合，存在考虑发展后的复建规划所需资金大于按“三原”原则确定的补偿资金的矛盾。

国家在三峡移民搬迁过程中，为弥补库区发展能力不足问题，出台了对口支援政策，号召国家部委、兄弟省(直辖市)按照“优势互补、互惠互利、长期合作、共同发展”方针，积极对口支援库区，解决了专业项目复建的部分资金缺口。

除了对口支援外，库区政府多渠道融资，采用市场化机制，多元化融资为专业项目复建提供资金保证，积极发挥移民补偿资金的引导作用，探索出诸如利用行业建设资金、股份合作经营、银行贷款、资本市场融资、民工建勤、以工代赈等多种筹资方式。国家有关部委、上级行业主管部门对专业项目复建也给予了项目支持、信贷优惠、税收优惠、招商引资等优惠政策，有效克服复建资金不足与按期完成复建任务的矛盾。

三峡库区专业项目复建过程中，地方政府和行业管理部门不断创新思路和融资模式，多渠道筹资，为库区专业项目复建提供了大量资金。从三峡水库专业项目复建可以得出，补偿和发展投资的界定和切割，需要一个明确的补偿原则。如果补偿过多兼顾发展的要求，甚至代替发展，将使工程建设成本大大增加，甚至影响工程的可行性，影响工程建设；反之，工程建设必须考虑库区经济社会发展的合理要求，并与其有机结合，通过工程建设和移民搬迁，促进库区经济社会发展。

(4)在工矿企业迁建规划中的实践

三峡库区工矿企业在移民迁建过程中，适应国家产业结构调整而对迁建规划进行调整也体现了移民安置规划一定要适应发展规划的要求。

由于历史和地域等多方面原因，三峡库区迁建的绝大多数工矿企业都存在着产业结构失衡、企业组织结构失衡、企业技术装备水平落后、企业技术改造受到资金严重制约、所有制结构单一、企业规模较小、产品档次低、历史包袱沉重等特点。受以上制约，库区工矿企业搬迁后，负债和亏损居高不下，严重影响了企业生产经营和再生产。为了推动库区迁建工矿企业的良性经营及发展，非常有必要调整原来的迁建方式。

我国自改革开放以来，尤其是进入 20 世纪 90 年代后，市场与国际市场逐步接轨，国家逐步开始重视产业结构调整，并将产业结构调整作为提升我国企业，乃至国民经济发展竞争力的重要手段之一。为此，90 年代中后期，一场以产业结构调整为经济工作重心的“革命”在全国全面铺开。在此背景下，三峡库区工矿企业迁建规划的调整成为必然。

根据原来编制的移民安置规划，库区企业迁建工作的重点是搬迁，有条件后靠的要尽量就地、就近后靠。但规划的实施并没有使企业走出发展困境，而沉重的债务负担和人员包袱成为大多数搬迁企业面临的共同困难。而此时国家宏观产业结构调整背景，决定了库区淹没工矿企业迁建规划必须进行调整，从搬迁复建转移到结构调整、改进迁建质量和提高效益上来，对那些长期亏损、资不抵债、污染严重的企业实施破产关闭。

1999 年，国务院办公厅出台了《国务院办公厅关于三峡工程库区移民工作若干问题的通知》(国办发〔1999〕53 号)。该通知进一步明确了工矿企业迁建调整方式与进程，要求库区企业迁建工作的重点从搬迁转移到结构调整，改进质量和提高效益方面，对那些长期亏损、资不抵债、污染严重的企业实施破产关闭。

库区企业迁建规划调整后，优化了库区产业发展结构、提升了库区企业竞争力，一批耗能严重、生产力低下、规模小和不适应市场经济发展要求的企业被逐步淘汰，顺应了区域和国家总体产业发展政策要求，使库区迁建企业产业结构大幅优化。同时，由于很多竞争力较小企业的破产和关闭，以及对具有优势产业发展企业的不断培育，使库区企业竞争力一改以往技术装备水平低下、竞争力弱的局面，涌现出了一大批适应市场经济发展规律、竞争力强的大中型企业。这些企业经过多年发展，已经成为库区经济发展的重要支柱力量。

第8章 三峡工程对生态与环境影响及对策

8.1 三峡工程对生态与环境影响问题研究历程

8.1.1 水利水电工程引起的生态与环境问题

世界各国对建设水利水电工程所引起的生态与环境问题都比较重视,在规划设计施工和运行中,研究并采取降低对生态与环境不利影响的对策措施。自20世纪60年代开始,美国开展了环境影响评价工作,1969年《美国环境政策法》明确建立了环境影响评价制度。此后,瑞典、澳大利亚和法国也分别于1969年、1974年和1976年在国家的环境法中建立了环境影响评价制度,日本、英国、新西兰等国虽未在法律上拟定类似条款,但均建立了相应的环境影响评价制度。20世纪80年代,东南亚国家也陆续开展了环境影响评价工作。美国、俄罗斯等国家对水利水电工程的生态与环境影响问题,十分重视公众的参与,环境影响报告书要向公众发布,广泛征求工程影响民众和社会团体的意见。

我国水利水电工程的生态与环境保护工作,从20世纪70年代开始提上议事日程,虽起步晚,但发展快。在40年的时间内,水利水电工程生态与环境保护工作无论是管理或评价技术及保护措施,都得到全面发展。保护生态与环境,协调好工程建设与环境保护的关系是水利水电持续发展的必要条件,已成为项目法人、设计、施工、监理单位的共识,采取对策措施把不利影响减至最低限度,并充分发挥水利水电工程对生态与环境的有利影响,使水利水电工程与环境相融合、相协调;实现工程建设与区域经济持续发展,资源持续有效利用与生态良性循环。

8.1.1.1 水利水电工程对生态与环境的有利影响

(1)发挥防洪作用,减免洪水灾害对生态与环境的破坏

开发利用水能资源是综合利用水资源的重要组成部分,修建大中型水利水电工程,具有防洪、发电、航运、供水、灌溉等多种功能。水库可有效拦蓄洪水,保护大坝下游两岸人民生命财产安全,避免洪水灾害给下游城镇及农村居民造成生活和生产环境的恶化,避免疾病流行以及灾民安置

等一系列社会问题的发生。开发利用水能资源，明显地减轻了洪水灾害对下游地区生态与环境的破坏，有利于保护生态与环境。

(2)替代燃煤发电，可减少污染，具有显著的生态与环境效益

2002 年，在南非召开的世界可持续发展首脑会议(地球峰会)上，通过的《可持续发展实施计划》指出，化石能源污染环境，而且是可枯竭性资源，提出发展清洁能源和利用可再生能源，以提高生态效率，减少资源消耗来改变当前不可持续的方式。会议肯定了将水电开发作为减排温室气体和实现可持续发展的措施。2018 年，我国水电装机容量 3.5226 亿 kW(含抽水蓄能电站装机容量 0.3995 亿 kW)，年发电量 1.2000 万亿 kW·h，相当于火电燃煤约 6.02 亿 t 的发电量，可减少排放 CO_2 11.15 亿 t，SO_2 759.6 万 t，NO_2 303.2 万 t，烟尘 273.2 万 t。开发利用水能资源，替代燃煤发电，可减轻大气污染、降低温室效应，具有明显的生态与环境效益。

(3)促进落后山区经济社会发展，为保护和修复生态与环境创造条件

水能资源丰富地区的居民生活在峡谷深处，为了生计不得不以毁林开荒、陡坡垦殖等方式扩大耕地，对当地生态与环境造成破坏。开发利用水能资源，为交通条件差、基础设施落后的山区带来了发展时机，可缓解当地居民生活和生产对自然环境的压力，把水能资源优势转化为经济优势，带动地区经济社会发展，并为保护和修复生态与环境提供资金上的保证。通过合理地开发利用水能资源，可改变地区贫困面貌，为保护和修复生态与环境创造条件。

(4)利用水库调节河道径流，有利于下游地区生态与环境保护

水库具有调蓄能力，改变了河流天然状态下年际、年内径流分布不均的状况。水库调度可按各方面需求进行控制，汛期洪水受到调节，枯水期下泄流量增大，为下游提供生态与环境用水，增强水体稀释自净能力，改善了水质，保证城镇供水，提高农业灌溉保证率，并可改善通航河道的航运条件。冬季下泄水流水温升高，有利于下游河道鱼类摄食和越冬。开发利用水能资源，有利于大坝下游地区生态与环境保护。

(5)水库形成人工湖泊，改善了库区生态与环境

水库形成了较广阔的人工湖泊，蒸发量增大，太阳辐射热得到调节，使库区及其邻近区域局部小气候发生变化。冬季温度升高，夏季温度降低，湿度增大，水库周边区域的大气变得比较湿润，有利于农作物、经济作物生长和植树造林，并可改善和修复生态与环境。水库形成了新的景观生态体系，为鸟类、两栖野生动物创造了较好的栖息环境。开发利用水能资源，有利于改善水库及周边区域生态与环境。

8.1.1.2　水利水电工程对生态与环境的不利影响

(1)大坝拦截河道对水生生物的影响

大坝拦截河道，改变了水生生物的环境，对水生生物产生不利影响，重点是对鱼类的影响。水库水体较天然的水文条件发生较大变化，从而改变了鱼类的栖息环境，适合于喜缓流

水或静水生活的鱼类而不适宜急流水生活的鱼类生存。水库影响鱼类的产卵场和鱼类的产卵活动，且阻隔了鱼类之间的生物种间交流，不利于多种鱼类繁殖。大坝阻隔鱼类洄游通道，对洄游性鱼类影响较大。

(2)水库蓄水引起的生态与环境问题

水库较天然河流的稀释自净能力低，水体水质在有机物、重金属、营养状况等方面发生变化，如不对污染源进行治理，造成水体污染，影响人群健康。出库低温水影响坝下游一定距离内鱼类的产卵，也可能推迟产卵期，并对农作物和水生生物产生不利影响。水库蓄水后可能诱发地震，库岸由于浸泡、水位升降变化，可使已有的崩塌、滑坡体失稳，也可能引起新的崩塌、滑坡等地质灾害。

(3)泥沙冲淤变化带来的生态与环境问题

大坝控制上游流域内流失的泥沙冲入水库内淤积，大量泥沙淤积影响水库调节能力，并对通航河流的航运造成影响。水库投入运行后改变了天然河流的水沙条件，坝下游河道挟沙能力处于不饱和状态，致使河床发生沿程冲刷，引起边滩变化，对下游堤防和岸边建筑物产生不利影响。

(4)水库淹没与移民对生态与环境的影响

水库淹没与移民成为开发利用水能资源的制约因素之一。水库将淹没天然河流中的急流险滩、峡谷、特殊岩溶地貌等自然景观和一部分文物古迹及珍稀植物。库区淹没的城镇及农村居民点搬迁，淹没的房屋、道路、码头及输电线路、通信线路等专业设施建设需占用土地，开挖弃渣造成局部植被破坏、水土流失，移民搬迁可能引起传染性疾病的交叉感染，影响人群的健康，对生态与环境产生较大的影响。

(5)工程施工对生态与环境的影响

大中型水利水电工程建筑物多、工程量大、工期长，施工机械设备数量多、机械化程度高，施工强度大，对环境造成不利影响。水利水电工程施工区大多布置在两岸，开挖道路、修建施工企业工厂及生活住房，开挖弃渣造成植被破坏、水土流失。施工区的生产废水、生活污水如未经处理直接排放，会对施工区河段水体造成一定的污染；施工区开挖机械钻孔、爆破、出渣，砂石生产系统和混凝土生产系统运行，施工运输汽车运行所引起的粉尘、飘尘等污染物排放和各类燃油机械尾气排放造成大气污染；各种施工机械的噪声等，都对生态与环境产生不利影响。

8.1.2 三峡工程对生态与环境影响问题研究

8.1.2.1 工程前期对生态与环境影响问题研究

(1)20 世纪 50—60 年代的研究

1957 年，长办在编制《三峡水利枢纽初步设计要点报告》时，组织中国科学院、有关高等院校、科研单位对三峡工程涉及的有关课题及自然、社会环境进行了大规模考察。就工程引起的一些环境因素，如回水影响、人类活动对径流的影响、库岸稳定、地震、泥沙、水生生物、水库淹没与移民、自然疫源性疾病及地方病等进行了调查研究，提出大量初步成果，并编入了 1959 年完成的《长江流域综合利用规划要点报告》。1958 年 6 月，长江三峡工程第一次科研会议在武汉召开，参加会议的有中国科学院、水电部及有关部、委、局的设计科研单位，高等院校等的代表。会议研究制订的课题中，与环境有关的有地质、地貌、水文、水库泥沙淤积、人群健康等方面。1958 年 10 月，为了解三峡建设大坝对人群健康和生活环境的影响，在国家科委组织领导下，对三峡自然疫源和三峡水库疟疾流行病学等进行了调查研究。1959—1960 年，湖北省三峡自然疫源调查队、宜昌地区卫生防疫站和秭归县卫生防疫站分别对坝区蚊虫和鼠类进行了实地调查。长办和南京大学气象系合作对三峡库区的小气候变异作了初步探索。在水质监测方面，20 世纪 50 年代以来一直保持观测，特别是物理指标和常规水化学指标。1958 年 10 月，中国科学院水生生物研究所在三峡库区对浮游生物和底栖生物等的组成及生物量进行了较系统的调查。在泥沙研究方面，长办在 20 世纪 50 年代除进行悬移质泥沙常规测验外，还对推移质测验方法、仪器进行了实验研究和试制。1960 年起，在长江寸滩至宜昌河段主要水文站分别开展卵石、沙质推移质测验及其输移运动规律实验研究。上述工作为三峡工程环境影响评价与研究提供了有价值的基础资料。

在这一阶段，主要是开展三峡工程对小气候、泥沙淤积、水生生物、人群健康等方面的影响研究。特别是对库区地质、地貌、植被、土壤等环境状况进行了调查研究。但大多数针对环境问题提出的对策措施从生态学角度考虑的不够，未把环境保护作为工程方案比选和可行性研究的必要条件。在前期研究阶段，长办开始认识到三峡工程的兴建，会改变河流的自然演变规律，并对长江的径流、泥沙、库岸稳定、库区气候变化、水生生物以及由于水库淹没移民等产生的影响进行了研究，为三峡工程后续论证阶段的工作奠定了坚实的基础。

(2)20 世纪 70 年代的研究

20 世纪 70 年代后期，长办成立长江水源保护局（现长江流域水资源保护局，以下简称“长江水保局”），随后又成立长江水资源保护科学研究所和长江流域水环境监测中心。以此为标志，长江水保局即着手组织专门力量，并与有关大专院校和科研单位协作，从事三峡工程对环境影响的科研和评价工作。1978 年 3 月上旬，长江水保局受国务院环境保护领导小组办公室委托，在武汉市召开了长江水源保护科研规划会议。拟定了《长江水资源保护科研规划纲要（初稿）》，其中将“大型水利工程对环境影响研究”列为重点课题。1978 年 3 月中旬，国务院环境保护领导小组办公室在北京召开了环境保护科研重点项目（全国科技规划纲要重点项目第六十六项）规划落实会议。会议批准“长江水资源保护的研究”第六十六项，由水利电力部科学技术委员会、国务院环境保护领导小组办公室负责，长江水保局组织实施。

1979 年长江水保局制订了《长江水资源保护科研计划》，其中包括“大型水利工程兴建对环境影响的研究”。同年 10 月，召开长江水源保护科研计划会议，来自有关科研单位、大专院校、地方环境保护办公室、监测站、卫生和水利部门的代表与会。会议落实了科研课题，签了计划任务书，确定三峡工程环境影响评价的研究由长江水保局承担，协作单位有中国科学院水生生物研究所、动物研究所、地理研究所及武汉植物研究所、广州植物研究所、四川医学科学研究院寄生虫病防治研究所等科研单位，以及北京师范大学、上海师范大学、华中师范大学、西南师范大学、重庆师范学院、南京师范学院、武汉大学、西南农学院等高等院校，宜昌地区卫生局和重庆市、宜昌地区、万县地区、涪陵地区及所属县市卫生防治站，宜昌市环境保护监测站等。

从 1979 年起，长江水保局开始收集国内外有关工程，特别是水利工程环境影响研究与评价的资料，进行了多学科的综合研究。选择同类型水库，与水文条件和水利枢纽的功能、调节性能类似，工程地理位置较接近和具有一定运行经验的工程进行类比分析。通过影响机制类比、数学模式类比、生境条件类比和生态习性类比等方法进行了全面分析研究。先后以丹江口、葛洲坝水利枢纽为类比工程，进行了水库下泄水温对农业的影响、水库兴建后土壤环境变化、水库兴建后水质变化等方面的研究并提出了相应的科研报告。同时还开展了丹江口水利枢纽对环境影响初步调查研究。丹江口水利枢纽是根治汉江、综合开发汉江水资源的关键工程。工程于 1958 年 9 月开工，1967 年蓄水，1973 年底初期规模工程建成。蓄水位 157m，水库总库容 174.5 亿 m^3，水库面积 745km^2。水库蓄水运行后环境影响初步显现。无论是规模，或是其影响，都可为三峡工程环境影响类比分析提供参考。

8.1.2.2 可行性研究阶段对生态与环境影响研究

(1)正常蓄水位 150m 对生态与环境影响研究

1982 年 2 月，水利部正式颁布《关于水利工程环境影响评价的若干规定(试行)》，并将“三峡水利枢纽对环境影响”列为附件。同时，国家科委在北京召开会议，对三峡工程低坝方案需要论证的若干重大技术经济问题与各部门交换意见。向大会提交了《关于三峡低坝方案需要论证的几个问题》，并提出“党中央和国务院原则上同意三峡低坝方案，这是我国今后二十年建设中的一项巨型工程”，“需要解决的经济技术问题很多，必须严格按基建程序办”。3 月，长办编制完成《长江三峡水利枢纽 150m 方案可行研究报告》。报告全文约 40 万字，共分 10 章，即综述、水文、工程地质、综合利用规划、水工设计、机电设计、施工规划及投资估算、三峡建坝对环境的影响、经济论证、下阶段勘测设计科研工作。其中，第 8 章为三峡建坝对环境的影响，由长江水保局在广泛开展环境调查和各专题研究成果基础上编制完成。4 月，长江水保局在武汉市召开大型水利工程兴建环境影响科研工作讨论会，交流和讨论了三峡水库对环境影响的研究成果。

1983 年 5 月，由国家计委主持，在北京召开了长江三峡水利枢纽可行性研究报告审查会。会上将环境影响的评价作为重要讨论问题之一。经过认真讨论，认为：长办提出的可行性研究报告基本可行，建议国务院原则批准。1984 年 4 月，国务院印发《国务院关于长江三峡工程可行性研究报告的批复》(〔84〕国函字第 57 号)，要求“三峡工程按正常蓄水位 150m、坝顶高程 175m 设计”，请水电部于 1984 年底前完成初步设计报审。长办据此进行三峡工程初步设计，长江水保局进一步开展了重点专题研究，陆续完成《三峡工程对水质影响的研究》《三峡工程对土壤环境的影响研究》《三峡工程对森林植被、珍稀植物及经济林的影响研究》《三峡工程对库区野生动物及珍稀动物的影响研究》《长江三峡水利枢纽兴建对人群健康的影响研究》《长江三峡工程对血吸虫流行的影响研究》等专题报告，为编制《三峡水利枢纽环境影响报告书》奠定了坚实基础。长江水保局在上述专题报告和前期研究基础上，提出《三峡水利枢纽环境影响报告书(150m 方案)》(初稿)。11 月，长办在武汉主持召开了长江三峡工程环境影响评价顾问会扩大会。到会顾问有刘建康、刘培桐、谢义炳、谢家泽、肖荣炜教授等。会上，报告书编制单位介绍了工作概况和环境影响评价主要内容。与会顾问和代表对报告书进行了认真讨论，提出了意见和建议，认为《三峡水利枢纽环境影响报告书》在广度和深度上都比《三峡水利枢纽可行性研究报告》前进了一步，材料比较丰富。1985 年 7 月，长办又在武汉市召开了三峡工程环境影响研讨会，长江水保局吸取了各方面专家、学者和代表的意见，提出了《三峡水利枢纽环境影响报告书(150m 方案)》。

(2)不同蓄水位的生态与环境影响论证研究

三峡工程的正常蓄水位经历了 40 年的研究和论证，研究过很多种方案，每一种方案均须对环境影响问题作出评价，典型的方案有 200m、150m、180m、175m 等，175m 方案则是在以往工作的基础上按照相关规定和要求，严格编制环境影响评价报告书。1980 年 12 月，长江水保局根据初步研究成果，编制了《三峡建坝的环境生态问题》(200m 方案)。这是第一个对三峡工程环境影响进行全面评价的报告。报告对三峡水利枢纽建成后小气候变化、库水温变化对下泄水温影响、水质影响、中下游河道水量变化、鱼类资源影响、人群健康影响等重点因子进行了分析评价。在重点因子选择的基础上，首先对影响内容进行分类，如物理影响或生物影响，对库区的影响或对下游的影响；其次是评价产生影响的可能性；第三是评估影响的大小；第四是确定影响的时间性，属短期影响或长期影响等；第五是确定公众关心的问题及其程度。报告汇集了长办已有的科研成果和资料，在工作进行中，广泛收集了国内外资料和水利工程影响环境的实例，了解掌握国内外研究的方法和动态，组织已建水库环境影响的实地考察，建立感性认识，为选择类比工程提供参考依据，因此研究基础工作比较扎实。

1984 年 4 月，水电部在武昌召开了三峡工程技术座谈会。同年 10 月，重庆市委向中央提出《对长江三峡工程的一些看法和意见》，提出三峡大坝 150m 方案回水末端在重庆以下的洛碛与忠县之间，使重庆以下较长一段天然航道得不到改善，万吨级船队难以直达重庆。认为“180m 方案能较充分发挥三峡工程的综合效益，国力又能胜任，建议中央予以考虑”。10 月底，国务院常务会议讨论三峡工程在正常蓄水位方面仍有不同意见问题，并责成国家科委和计委组织进一步讨论。11 月，国家科委在成都市召开三峡工程科研工作会议，决定生态与环境影响研究项目由城乡建设环境保护部和中国科学院负责。1985 年 4 月，中国科学院、国家科委，经与国家环境保护局协商，确定了长江三峡工程对生态与环境影响及其对策研究项目，制订了 12 个二级课题，组织了中国科学院院内外 35 个单位于 1985 年开始工作。1985 年 5 月，受国家科委委托，国家环境保护局和中国科学院在成都召开了长江三峡工程对生态与环境影响论证会，对三峡工程不同蓄水位(150m 和 180m 方案)对生态与环境影响进行了初步论证。会上，长江水保局提出《三峡工程对环境的影响》《三峡水利枢纽不同蓄水位对环境影响的评价(正常蓄水位 150m 及 180m 方案)》，中国科学院三峡工程生态与环境科研组提出《三峡工程不同蓄水位对生态与环境影响的初步论证报告》。会后根据部分专家与代表的发言，编印了《长江三峡工程对生态与环境影响论证会发言专集》。

其间，国家科委分别于 1985 年 6—7 月在北京市和 1986 年 1 月底在上海主持召开会议，国家环境保护局和中国科学院及所属有关单位参加，聘请并成立长江三峡工程生态与环境专题专家组，组长为马世骏。论证报告由中国科学院有关院所、长江水保局科研人员共同组成编写组编制完成。在分析有关资料成果的基础上经审议，提出了《三峡工程对生态与环境影响的初步论证报告》(正常蓄水位 150m 和 180m 方案)。该报告是在三峡工程对环境的影响(正常蓄水位 150m 方案)相关项目的基础上，对 180m 方案的环境影响进行补充论证编写而成。报告分析了三峡工程对自然生态与环境的影响、对社会生态与环境的影响，除对环境影响因子逐项进行影响分析外，还提出了三峡工程的环境效益与评价结论及建议。

(3)重新论证阶段对生态与环境影响及对策论证

1984 年，国务院批准三峡工程 150m 方案后，社会人士对建设三峡工程提出不同意见，三峡筹备领导小组决定，一面按 150m 方案进行施工准备，一面责成国家科委组织正常蓄水位方案的论证。11 月，国家科委在成都召开三峡工程科研工作会议，决定生态与环境影响研究项目由城乡建设环境保护部和中国科学院负责，组织国内相关单位，在长江水保局等以往工作的基础上，进一步深入论证三峡工程对生态环境的影响。随后，中国科学院和长江水保局分别组织了 60 多个单位进行了三峡工程的环境影响评价和专题研究，提出了一些研究报告，为下一阶段的重新论证奠定了坚实基础。为了充分研究三峡工程建设对生态环境的影响，1986 年，中央对三峡工程的重新论证提出了明确要求，根据国务院三峡工程论证领导小组的安排，由全国众多科研院所、大专院校及其他单位的生态、环境、环境水利等各方面的 55 位专家组成了长江三峡工程生态与环境专题论证专家组，专家组顾问侯学煜、黄秉维，专家组组长马世骏，副组长严恺、孙鸿冰、高福晖。在以往有关课题研究成果的基础上，经过专家现场考察和多次讨论，修改提出了论证报告，经第七次论证领导小组(扩大)会议审议通过后，又召开了专门会议，进一步讨论了三峡工程对中游平原区和河口的生态环境影响，基本取得了一致的认识。专家组于 1988 年 1 月提出《长江三峡工程生态与环境影响及对策论证报告》，报告内容包括：流域与库区的环境状况、工程生态与环境的影响，移民环境容量分析，综合分析和对策建议。长办根据重新论证成果，于 1989 年 4 月报送了《长江三峡水利枢纽可行性研究报告》。

(4)《长江三峡水利枢纽环境影响报告书》的编制及审查

为落实审查委员会审查报告中提出的补报《长江三峡水利枢纽环境影响报告书》(以下简称《报告书》)，根据有关规定，《报告书》的编制必须由国家环境保护局批准的单位进行。为此，长江委和中国科学院将编制《报告书》的任务，分别交由具有甲级环境影响评价资格证书的长江水资源保护科学研究所和中国科学院环境评价部共同进行。1991年12月，中国科学院环境评价部和长江水资源科学研究所编制完成了《报告书》(送审稿)。

1992年1月，水利部召开了《报告书》预审会。2月，国家环境保护局召开了《报告书》终审会。最后提出了《关于长江三峡水利枢纽环境影响报告书审批意见的复函》。国家环境保护局的主要批复意见是：原则同意《报告书》预审专家委员会的评审意见。《报告书》着眼全流域、采取多层次的系统分析和综合评价方法，全面分析了三峡对生态与环境的有利影响和不利影响，提出了减免不利影响的对策，为工程决策提供了重要依据。只要对不利影响从政策、工程措施、监督管理上以及从科研和投资等方面采取得力措施，使其减小到最低限度，生态与环境问题不致影响三峡工程的可行性。

8.1.2.3　初步设计阶段对生态与环境问题研究

长江委在完成可行性研究报告后，即开展初步设计阶段工作。根据工程初步设计参数对有关环境影响进行了复核，环评中就主要不利影响提出措施。1992年，编制完成了《长江三峡水利枢纽初步设计报告(枢纽工程)第十一篇环境保护》。1993年5月，根据国务院三峡建委第一次会议的决定，由其聘请专家组，在北京召开三峡工程初步设计审查会议，对长江委编制的《长江三峡水利枢纽初步设计报告(枢纽工程)》(以下简称《初设报告》)进行专家初审。同时，环境保护专家组在北京对《长江三峡水利枢纽初步设计报告(枢纽工程)》中的环境保护部分进行审查。专家组建议予以审查通过，并建议在近期抓紧做好几项工作：①加强环境管理是落实环境保护设计的关键。②建立三峡工程生态与环境监测系统已刻不容缓。③施工区的环境保护是当前另一项紧迫任务。④必要的资金是搞好环境保护的重要保证。⑤库区移民和城镇搬迁的环境问题，应根据《报告书》所列有关内容逐项进行设计，并同步实施。

8.1.2.4　工程建设阶段生态与环境影响监测及保护

(1)工程建设阶段坝区生态与环境影响监测及保护

三峡工程于1993年全面展开施工准备。为加强施工区环境保护，三峡建委办公室(国务院三峡办)召开专题会议。议定由三峡总公司负责，组织设计单位长江委在已有工作成果的基础上，编制施工区环境保护实施规划，其深度应超过环境影响报告书的要求。根据会议要求，三峡总公司委托长江水保局负责组织编制《长江三峡工程施工区环境保护实施规划》。8月，提出《长江三峡工程施工区环境保护实施规划》。实施规划于1995年由国务院三峡办批复实施。该规划内容包括水质保护初步实施规划、大气保护初步实施规划、噪声防治初步实施规划、施工区绿化、人群健康保护初步实施规划、公众关心的一些环境问题、施工区环境监测初步实施规划、环境管理、环境保护效益投资等。

(2)工程建设阶段库区生态与环境影响监测及保护

长江委在1991—1992年完成三峡库区21县(市)淹没实物调查的基础上，于1995年5月编制完成了三峡工程库区湖北省4县淹没处理及移民安置规划报告，1997年编制完成重庆市16区(县)淹没处理及移民安置规划报告。长江水资源保护科学研究所作为三峡库区移民安置区环境保护规划编制的技术总负责单位,于1995年编制了湖北省4县移民安置区环境保护规划报告,与四川省环境评估中心、重庆市环境监测科学研究所、电力工业部中南勘测设计研究院按分工编制完成的重庆市16个区(县)移民安置区环境保护规划,均纳入分区县移民安置规划总报告。三峡总公司于1996年组织建立了长江三峡工程生态与环境监测系统,对与三峡工程建设及三峡水库运行相关的各环境因子开展系统而全面的监测和跟踪,以了解各环境因子的时空变化规律,验证环境影响评价结论及对策实施的效果。

1996年3月,国家计委发布《三峡地区经济发展规划纲要》。其中"生态环境的保护与治理"包括生态环境特点及面临的问题,生态环境保护与治理的要点。该纲要指出,重庆市地处三峡水库库尾,对三峡地区的环境影响重大,必须切实搞好环境保护规划,加强治理和管理,库周沿岸城镇,结合迁建、新建项目,建设污水处理工程,保护三峡水库腹地的水质。库首地区要重点保护好三峡坝前环境。环境污染防治要与产业结构调整、技术改造相结合,新建、改(扩建)项目严格把好"三同时"(同时设计、同时施工、同时投产使用)关,环境保护配套设施要达到相应的行业要求。在积极发展旅游业的同时,要加强旅游景观资源的开发与保护,防治旅游污染。

8.2 三峡库区水环境保护问题研究及对策措施

8.2.1 三峡工程对水质水温影响研究

8.2.1.1 水质影响研究

(1)三峡工程对长江水质影响研究历程

河流水质状况受自然因素和人为因素的影响,接纳各种污染源的污染物是造成河流水质恶化的直接原因。兴建水利水电工程,改变了河流的水文、水力学条件,也间接地引起水质的变化。其变化的影响因水库类型、坝址位置及运行调度方式等的差异而不尽相同。

长江是我国水资源战略优化配置的重要水源,三峡水库是国家战略性淡水资源库,水质直接影响流域内4亿多人的饮水安全。三峡工程建成后,库区水环境将发生变化,长江水流流态流速的变化,将改变水环境的物理和化学条件,从而影响污染物在水体中稀释、扩散、降解和转化等过程。库区水质会不会因建库而恶化,是需要认真研究的重要课题。

长江流域水质状况的调查由来已久。20世纪50年代初,长江委即开始了长江水体本底监测工作,重点是对水化学成分进行测定。随后,水利部和国家环境保护局组织长江流域各省(直辖市)监测站对长江流域的污染源和水质进行了调查及长期的监测,获得了大量的监测数据,长江水保局已经积累了从1976年至现在全流域的主要监测断面的水质数据。全流域的3600个水质监测站(点),每年采样监测6～12次。为研究兴建三峡工程对水质的影响,长江水保局从20世纪70年代末开始组织了综合研究。80年代,国家环境保护局和中国科学院有关研究院所开展了长江水系水环境背景值的研究,为三峡工程对水质的影响提供背景资料；80 年代中期，中国科学院又组织院内外单位，针对三峡工程对生态与环境的影响进行了系统的研究。参加研究的单位包括高等院校、环境保护和水利部门的有关单位。研究过程中，以分析三峡工程引起的水文情势变化为依据，较好地将基础理论与工程影响实际相结合，广泛涉及污染物在水体的稀释、扩散、降解、转化，生物效应和生物富集，以及泥沙对水质影响等诸多方面。这些研究成果有的已经用在国内水利水电工程的环境影响评价工作之中，有的经过诸多单位的使用和验证而编入水利水电工程环境影响评价规范的推荐评价方法。所有这些资料和成果为评价三峡工程对长江水质的影响奠定了坚实的基础，创造了良好的条件。

(2)水库蓄水扩散能力减弱对水质的影响

水库蓄水使流速减小是引起扩散能力减弱的主要原因。根据模型试验，库区流速改变有以下规律：①库尾流速高于库中，更高于坝前；②汛期流速高于枯季；③随水库运行年限加长、库底淤积，库水流速普遍有所提高；④水库低水位运行时的流速高于高水位运行时的流速。

三峡库区江段总体水质良好，但城市江段岸边存在范围不等的污染带。采用二维扩散模型，预测建库后扩散能力降低对水质的影响。

$$C(x,z)=\frac{m}{u\sqrt{4\pi E_x/\dfrac{x}{u}}}\exp\left[\frac{-uz^2}{4E_z x}\right] \tag{8.2.1}$$

式中，$C(x,z)$为污染带内污染物的浓度(mg/L)；m 为单位水深污水排放率，$m=C_0q_0/H$，其中 C_0 为某种污染物的浓度，q_0 为污水排放量，H 为污染带平均水深；E_x 为横向扩散系数，m^2/s；u 为平均流速，m/s；x 为距排污口的纵向距离，m；z 为距排污口的横向距离，m。

由于岸边排放，考虑河岸的反射作用使污染带内污染物浓度增加 1 倍；按污染带中浓度最大处 $z=0$ 进行计算

$$C(x,0)=\frac{2m}{u\sqrt{4\pi E_x/\dfrac{x}{u}}} \tag{8.2.2}$$

假定排污量不变，经计算，不同流速下的污染物浓度值见表 8.2.1。

表 8.2.1　三峡水库不同流速下的污染物浓度

流速	天然情况	流速减小 20%	流速减小 40%	流速减小 70%	流速减小 85%
污染物浓度	C	$1.11C$	$1.28C$	$1.82C$	$2.58C$

表 8.2.1 表明，随流速的降低，岸边污染物浓度增量变大、扩散能力减弱的影响越显著。由库尾至坝前，流速逐渐减小，对岸边水域水质的影响将逐渐增大。

水库蓄水后，扩散能力减弱会加大岸边污染物的浓度，但是否一定会造成岸边水域水质恶化及功能下降？为此，选择排污量最大的重庆江段，以化学需氧量为指标，用上述二维扩

散模型进行分析验证。

检验点位置及标准:根据取水口的有关规定,检验点位置纵向距离为排污口下游 1000m 处,横向距离为污染带的最大值,即 $z=0$ 处;按饮用水水源一级保护区要求,检验点水质采用《地表水环境质量标准》(GB 3838—2002)Ⅱ类水(化学需氧量 15mg/L 以下)为评价标准。

从对水质最不利的影响考虑,模型参数选用水库运行初期入库流量 $5000m^3/s$ 左右,库尾流速约 0.38m/s。选用两个不同的横向扩散系数分别进行计算。选择依据是长江青山工业港江段的实验结果,流量 $5850m^3/s$,平均流速 0.7m/s,横向扩散系数为 $0.67m^2/s$;狮子滩水库的实验结果:流量 $35m^3/s$,库尾流速约 0.1m/s,推得库尾横向扩散系数 $0.0446m^2/s$。平均水深取岸边污染带内平均水深 5m 计算。

重庆市每日废污水排放量为 250 万 t,共有 100 多个排污口。生活污染源按排放量 5 万 t/d、化学需氧量排放浓度 450mg/L 计;工业污染源按排放量 10 万 t/d、化学需氧量排放浓度 150mg/L 计;生活污水和工业废水混合排放量按 15 万 t/d、化学需氧量排放浓度按 225mg/L 计。

根据上述条件,计算结果见表 8.2.2。另外,再考虑叠加背景浓度,据长江流域水环境监测中心资料,枯水期重庆上游江段高锰酸盐指数约为 1mg/L,根据长江水质特征分析,化学需氧量约为高锰酸盐指数的 3 倍,化学需氧量背景浓度取 3mg/L。将背景值与计算值叠加后得到检验点在不同横向扩散系数下的化学需氧量浓度值,均低于Ⅱ类水质标准规定的阈值 15mg/L。

表 8.2.2　　三峡水库蓄水后重庆江段岸边检验点化学需氧量浓度　　(单位:mg/L)

扩散系数 E_z (m^2/s)	生活排污口 $C_0=450mg/L$, $q_0=5$ 万 t/d	工业排污口 $C_0=150mg/L$, $q_0=10$ 万 t/d	混合排污口 $C_0=225mg/L$, $q_0=15$ 万 t/d
0.0446	7.2	4.8	0.7
0.67	1.8	1.2	2.7

在坝址附近库段,流速取 0.05m/s,岸边污染带平均水深仍为 5m,横向扩散系数 $0.03m^2/s$,废污水排放量每日 4 万 t,化学需氧量排放浓度 225mg/L,排污口下游 1000m 岸边处($z=0$)化学需氧量浓度约 9.5mg/L,叠加背景浓度,仍不会超过Ⅱ类水质标准。

应当看到,以上分析还只是考虑污染物扩散作用,实际上水体对污染物的作用要复杂得多。因此,库水实际水质可能比上述计算结果要好一些。

计算结果表明,库区主要排污口只要严格按照国家规定达标排放,蓄水后尽管扩散能力下降,控制点污染物浓度有所增加,但不会造成水质超标,导致水体功能下降。

鉴于三峡水库蓄水前重庆江段水质已有超标现象,为保护库区水质,防止岸边水域污染,必须严格执行国家有关环境和水污染防治法规,对重大污染源应限期治理。考虑到扩散能力减弱的潜在影响,在库区城镇和工厂迁建时,应统筹规划,合理布局,严格执行"三同时”，使废污水达标排放。

另外，考虑到库内各排污口附近的扩散条件不尽相同，可能有个别排污口因建库后扩散能力减弱而使水质超标，水域功能下降，建议提取一定的治理费，作为库区水污染防治调查研究和补偿费。

(3)水库蓄水对五日生化需氧量负荷的影响

1)复氧能力减小，库区接纳五日生化需氧量污染负荷能力下降。

建坝后，长江三峡库区江段从天然河道变成河道型季调节水库，流速下降，复氧能力减弱，将降低对五日生化需氧量的接纳能力。

根据 Streeter-Phelps 模型得其解：

$$D_c=\left(\frac{kL_a}{k_2-k}\right)\left[\exp(-kt)-\exp(-k_2t)\right]+D_a\exp(-k_2t) \tag{8.2.3}$$

当一阶导数 $dD_c/dt=0$ 时，此时刻称为临界时间 t_c，对应的氧亏叫临界氧亏 D_c，推出表达式，见式(8.2.4)和式(8.2.5)：

$$D_c=\frac{kL_a}{k_2}\cdot\exp[-kt_c] \tag{8.2.4}$$

$$t_c=\frac{1}{k_2-k}\cdot\frac{k_2}{k}\left(1-D_a\frac{k_2-k}{kL_a}\right) \tag{8.2.5}$$

式中，D_c 为初始氧亏，mg/L；L_a 为初始五日生化需氧量浓度，mg/L；t_c 为临界时间，d；k、k_2 分别为耗氧、复氧速度常数，1/d。

按 GB 3838 地面水Ⅱ类水质标准溶解氧不小于 6mg/L 计算，结果见表 8.2.3。建坝后五日生化需氧量接纳能力将大幅度下降，减少 59%，带来不利影响。但由于径流量大，其接纳五日生化需氧量能力仍有 156 万 t/a，比库区现有五日生化需氧量排放量大得多。

表 8.2.3　三峡工程建坝前后水库接纳五日生化需氧量比较

库区	t_c(天)	L_a(mg/L)	最大允许五日生化需氧量浓度(mg/L)	五日生化需氧量负荷量(万 t/a)
建坝前	2.66	21.0	10.6	383.40
建坝后	5.33	8.7	4.3	155.96

2)滞留时间加长，五日生化需氧量降解量增加。

根据质量平衡原理，水库中五日生化需氧量浓度的变化可描述为：

$$\frac{dC}{dt}=\frac{Q_1C_1}{V}-\frac{Q_0C_0}{V}-KC \tag{8.2.6}$$

其解为式(8.2.7)：

$$C_t=\frac{1}{KV+Q_0}\left\{Q_1C_1-[Q_1C_1-(KV+Q_0)C_0]\exp\frac{-(KV+Q_0)}{V}t\right\} \tag{8.2.7}$$

式中，C_t 为 t 时的五日生化需氧量浓度，mg/L；C_0 为水库初始五日生化需氧量浓度，mg/L；

Q_1、Q_0 分别为入、出流量，m^3/s；C_1、C_0 为入、出流五日生化需氧量浓度，mg/L；K 为降解速度常数，1/d；V 为水库库容，m^3。

在天然状态下污染物随水流在库区滞留 5 天；三峡建库后，污染物将滞留 33 天，经估算，五日生化需氧量降减量建库后将比建库前增加 9 万 t/a 左右，具有较大的自净环境容量，这将有利于水质改善。

三峡建坝后，水库流速减小，复氧能力下降，库区五日生化需氧量负荷将比建库前减少 59%，对水质影响较大，但仍有 156 万 t/a 的负荷量，远大于目前的排放量，因此不致影响水库水质。

3)三峡建坝对五日生化需氧量的影响。

从两个主要影响考虑，流速减缓，降低自净能力；滞留时间增加，增大自净能力，对库水水质影响是这两个因素综合影响的结果。由于库水自净容量很大，这两个因素的作用，都不致影响库水水质。

(4)库区土地淹没对水质的影响

水库蓄水，被淹没的土壤中有毒有害物质和营养物质被水溶出，可能引起水库的水质下降。三峡水库淹没土地 632km^2，故对这种影响进行了分析。

土地淹没对水质的影响，主要与库水量和淹没陆地面积两者的相对比例有关。若淹没的土地多，流经被淹土地的水量小，则水质受影响也大；反之，淹没土地面积与年径流量之比小，则水质受影响也小。一些水库的淹没土地面积与年径流量的比值和对应的水质变化情况见表 8.2.4。由此可见，淹没土地面积(A)与年径流量(B)之比值(A/B)越高，引起水质问题的可能性就越大。三峡水库淹没土地面积 632km^2 与流经坝址的年径流量 451km^3 的比值为 1.4，较表列数值小一个数量级。由此可以得出，三峡库水的 pH 值和电导率不会有明显改变，营养物质含量增加有限，不致达到临界点，水库不会发生缺氧现象。

表 8.2.4　　水库淹没土地面积与年径流量之比值和对应的水质变化情况

水库名称	淹没土地面积 A (km^2)	年径流量 B (km^3)	A/B	矿化物	对水质影响营养物增加和植物增生	溶解氧
加拿大拉格朗德Ⅱ	2600	54～148	24～48	pH 值降低 0.3，电导率不变	总磷增加 5μg/L	表面水饱和度略有下降，冰冻后期底部常缺氧
加拿大卡尼皮斯考	3400	25	137	pH 值降低，电导率不变	总磷增加 9μg/L	表面水饱和度略有下降，冰冻后期底部常缺氧
埃及阿斯旺	4500	80	56	蒸发致使溶解盐增加	营养物未见增加	表层复氧好，深层因水温分层而缺氧

续表

水库名称	淹没土地面积 A (km^2)	年径流量 B (km^3)	A/B	矿化物	对水质影响 营养物增加和植物增生	溶解氧
中国丹江口	700	40	18	pH 值不变	水温分层期，营养物未见变化	底层缺氧
加纳佛特湖	6400	44	145	pH 值降低	营养物增加，浮游植物水生植物剧增	表层溶解氧明显下降，深层水缺氧
尼日利亚卡恩基湖	700	67	10	电导率无变化	浮游植物和水草剧增	表层水溶解氧下降，斜温层下缺氧

三峡水库主要支流淹没土地与支流年径流量之比值见表 8.2.5。

表 8.2.5　　三峡水库主要支流淹没土地与支流年径流量之比值

支流名称	淹没土地面积 A(km^2)	年径流量 B(km^3)	A/B
龙河	2.28	1.7	1.3
小江	99.60	3.5	28.5
磨刀溪	8.55	1.3	6.6
长滩河	3.70	1.1	3.4
梅溪河	14.20	1.8	7.9
大宁河	30.50	3.3	9.3
龙船河	11.40	1.2	9.5
香溪	20.00	2.1	9.5

小江 A 与 B 之比值达 28.5，香溪、龙船河与大宁河比值接近 10。因此，在这些支流中淹没土地引起的水质问题应予以重视。支流的比值普遍高于干流，说明支流和库湾土地淹没引起水质问题比干流严重。在今后的监测、研究和水库蓄水前的库底清理工作中，应更多地关注支流库湾淹没区。

土地淹没对水质的影响还与库区土壤的性质有关。三峡水库淹没的土壤类型以冲积土和水稻土为主，局部地区有紫色土、黄色石灰土和红黄壤。此外还有非耕种土和城镇地表土。水库蓄水后，淹没土壤对水质的影响，特别与表层土壤中元素的含量及形态有关。为此，中国科学院水生生物研究所对库区重庆市万县市(现重庆市万州区)典型土壤中元素的含量、垂直分布及存在形态进行了调查和分析。

重庆市万州区不同类型淹没土壤中，27 个元素的平均含量见表 8.2.6，与全国土壤的元素背景值比较相近。与三峡江段沉积物中的元素含量比较，土壤中砷、铜、铬、铁、锰、钒等元素的含量偏低，镍与铅的含量偏高，其他元素的含量二者相当。与三峡江水中悬移质的元素含量相比，除镉、铅、钴、锌元素的含量稍高外，砷、铜、铬、铁、锰和钒比江水中悬移质相应元素含量低。

表 8.2.6　重庆市万州区淹没土壤中元素平均含量　（单位：mg/kg）

项目	Al	Ti	Fe	Mn	Na	K	Li	Ca	Mg
淹没土壤	12200	3341	24820	647	11407	13980	19.1	5008	27900
三峡沉积物			57200	858					
三峡悬移质			444100	654					
项目	Sr	Be	Ba	Zn	Pb	Cd	Co	Cr	Ni
淹没土壤	175	1.24	162	135	80.0	0.23	24.1	82.1	41.9
三峡沉积物				121	16.0	0.217	22.8	146.3	38.0
三峡悬移质				115	13.9	0.102	18.9	94.9	46.1
项目	Cu	As	V	Hg	B	Mo	Ga	S	P
淹没土壤	36.5	0.48	79.2	0.039	11.8	4.42	31.6	288	447
三峡沉积物	47.2	2.61	187	0.125					
三峡悬移质	63.0	5.50	107	0.21					

重庆市万州区典型土壤剖面中元素含量的垂直分布差别不大，表土层中铜和磷元素含量较高，差异较大。而锂、铍、钙、镍等元素的含量较低，其余 21 个元素的含量表层与次表层间无明显的差别。重庆市万州区淹没区土壤中不同形态元素的相对比例见表 8.2.7，土壤中镉、镍、铅、锌和硫元素的可溶态和阳离子可交换态的比例较大，它们易溶于水中；而磷元素的可溶态及阳离子可交换态比例较小，较难直接溶于水中。铝、铁、铬的可还原态、有机一硫化物结合态和残留态比例高，在水环境条件不变时，难以迁移，但在还原条件下，铁和锰元素的迁移能力增加，水相中亚铁和锰的浓度将会增加。

表 8.2.7　重庆市万州区淹没区土壤中不同形态元素的相对比例　（单位：%）

项目	Al	Cd	Cr	Co	Cu	Fe	Mn	Ni	P	Pb	S	Zn
水可溶态	0.13	1.71	0.87	1.04	5.83	0.24	0.34	0.26	0.44	4.99	23.31	1.72
阳离子可交换态	0	7.72	0	4.39	3.05	0	12.50	66.48	1.80	0.90	10.38	24.02
碳酸盐态	0	4.80	0.17	1.35	0.14	0	1.68	3.36	0.15	1.33	1.17	3.02
中等可还原态	29.25	12.73	16.00	51.85	24.02	36.06	60.97	8.44	44.70	38.05	28.47	38.95
有机一硫化物结合态	46.33	2.20	31.06	31.36	49.04	29.32	19.47	15.21	40.72	33.39	31.60	21.84
残留态	24.29	1.31	51.88	10.00	17.91	34.51	5.29	6.25	12.19	21.42	3.07	9.23

土地淹没时，土壤中的元素在江水中的溶解过程是较为复杂的动力学过程，主要受溶解和吸附过程的控制。当这种非均相体系处于稳态时，可按式(8.2.8)计算稳态条件下元素的可溶态浓度：

$$C_w = \frac{C_r}{1 + K_D \cdot S_w} \tag{8.2.8}$$

式中，C_w 为体系水相中元素的可溶态浓度，μg/L；C_r 为体系固相中元素的浓度，mg/kg；K_D 为元素在体系固液相间的分配系数，L/kg；S_w 为体系中固体物质的浓度，g/L。

对重庆市万州区淹没土壤的元素含量进行了计算，同时对土壤元素浸出试验的水溶液浓度进行了实测。实测值与计算值比较表明，在稀释比为 200∶1 的条件下，溶液 pH 值为中性时，除陈家坝土壤可溶态硫的计算值比实测值偏低外，两个结果的相对标准偏差为 0.2%～14.1%。在此条件下，元素的可溶态浓度比三峡江水中对应元素的浓度高出几倍至上百倍(表 8.2.8)，由此可预测大坝蓄水后，水库底质间隙水的元素浓度将明显增加，虽然在大范围内不会对水库的水质产生大的危害，但间隙水中污染物浓度增加，将会引起一系列的生物效应，影响生物对污染物的富集作用。若考虑水库实际条件，按 1000∶1 的稀释比计算，元素可溶态浓度增加的幅度将明显降低。但有毒元素汞、铅的可溶态浓度的极少增加，也会加剧它们的生物富集。由于土地淹没的危害只发生在蓄水初期，这种影响往往是暂时和短期的，但大坝蓄水后，间隙水中污染物浓度增加的影响却是较长期的。

表 8.2.8　　重庆市万州区淹没土壤元素溶出浓度与长江现状值比较　　(单位：μg/L)

项目	Al	Cu	Pb	Zn	Cd	Fe	Mn	Co	Cr	Ni	S	P
土壤元素溶出液	256	29.1	31.6	116	6.22	225	69.0	3.77	3.78	6.15	3.17×10^4	93.3
三峡江段		2.32	0.54	5.50	0.06		9.64		1.23	1.80		7.64
长江水系		1.06	0.52	2.97	0.022	64.43	6.53	0.15	0.58	0.51		

总之，淹没土地对水质的影响发生在蓄水初期，是短时期的。营养物质和重金属元素可溶态浓度增加有限，不会明显改变水库的 pH 值和电导率，水库不会发生缺氧现象。但支流和库湾淹没土地引起的水质问题值得关注。

(5)水库泥沙淤积对水质的影响

建坝后，进入库区水体的化学物质的时空分布受理化条件变化而产生影响。但是控制水库化学物质时空变化的主要过程是换水、扩散、沉降以及吸附与解吸过程。在不考虑生物过程的条件下，可以利用一元箱式模型计算稳态时的重金属元素总浓度 C_T 和可溶态浓度 C_w，见式(8.2.9)和式(8.2.10)：

$$C_T = \frac{Q(1 + K_D S_w) C_{\text{in}}}{Q(1 + K_D S_w) - K_D S_w K_s V} \tag{8.2.9}$$

$$C_w = \frac{C_T}{1 + K_D \cdot S_w} \tag{8.2.10}$$

式中，Q 为通过水库的年径流量，m^3/a；V 为水库库容，m^3；S_w 为库水中悬移质泥沙的浓度，g/L；K_s 为沉降速率常数，a^{-1}；K_D 为重金属元素的分配系数，L/g；C_{in} 为重金属的平均输入总浓度，μg/L。

计算表明，泥沙沉降率每增加 10%，水中元素的稳态总浓度降低 9.9%。水库运行头 10 年、20 年、30 年，分别有 70.1%、69%、63.4%的泥沙淤积于库内，因此库水中重金属元素的年均总浓度将明显降低，其值分别为当时三峡江段元素年均总浓度的 30.6%、31.7%、37.2%。库水中元素可溶态浓度主要受分配系数的控制，在生物过程的影响下，其浓度与当时江水中元素可溶态浓度相近，不会产生很大的变化。

初步设计阶段，采用 1950—1990 年实测资料，年均通过三峡江段的泥沙量达 5.3 亿 t。按保守计算，它们的吸附总量可达 10^{10} mol(按一价离子计)，而每年流经库区江段的金属离子尚不足 10^8 mol(按一价离子计)，输送的泥沙远未达到吸附饱和状态。建坝后，入库泥沙的吸附能力不会改变，泥沙沉降作用将使库区积累更多的有害物质。沉积在水库的悬移质泥沙粒径比例也将发生变化，蓄水后的 10 年、20 年、30 年，小于 0.05mm 粒径的泥沙占沉积泥沙量的 47.0%、46.2%、42.2%。通过调查三峡江段沉积物的粒径大小与元素含量可知，悬移质泥沙的粒径较沉积物的细；而有毒重金属元素的含量，悬移质泥沙则较沉积物高。水库运行 100 年泥沙冲淤达到动态平衡，水库内将沉积 230 亿 t 泥沙。沉积作用将使库底有害物质的总量增加，沉积物中砷、镉、汞、镍、铅等有毒重金属元素含量增加，汞和砷尤为突出。

三峡江段鱼体中除汞外，有毒重金属元素的含量与长江水系鱼体元素背景值相当。据调查，同种鱼在湖泊和水库中对汞的富集能力比在河流中强，且食物链越长，对汞的生物富集作用也越强，肉食性鱼类比草食性鱼类对汞元素有更强的富集作用。三峡江段不同鱼种肌肉中汞含量见表 8.2.9，长吻鮠肌肉中汞含量甚至超过食用标准。三峡江段鲤鱼肌肉中汞含量偏高，超过了长江水系鲤鱼肌肉中汞含量的背景水平(0.04mg/kg，鲜重计)。

表 8.2.9　　三峡江段不同鱼种肌肉中汞含量(mg/kg 鲜重计)

鱼种	铜鱼	鲤鱼	鲇鱼	长吻鮠
总汞	0.041	0.099	0.166	0.420
有机汞	0.035	0.080	0.149	0.377
无机汞	0.006	0.019	0.017	0.043

长江三峡水库建成后，水库中鱼体的汞含量将增加，砷含量将降低。水库中鲤鱼肌肉的汞含量将与长寿湖的鲤鱼相当，食物链较长的鱼种受到的影响将会更大，可能出现超过食用标准的现象。在支流库湾区，特别是高汞背景生态脆弱区，鲤鱼肌肉中的汞积累将会更加剧。

此外，重庆地区燃煤汞含量高达 1mg/kg，8 县 6 区土壤中平均汞含量 0.138mg/kg，超过土壤元素背景水平(0.078mg/kg)。这种广布型的汞污染源也将对三峡江段水环境造成一定的影响，危及三峡地区淡水渔业养殖的发展。

悬移质泥沙具有较强的吸附功能，其大量沉积于库内是否可能因解吸而引起二次污染？深入研究认为：

1）悬浮沉积物的吸附容量很大，一般均未达到饱和吸附值，在这种条件下不仅难以解吸，而且可继续吸附污染物离子。三峡建坝前，每年通过坝址的泥沙达5.3亿t，其中吸附能力强的小颗粒泥沙约3.3亿t。仅按此计算，其对于污染物离子的吸附容量约为当时进入库区污染物离子总量的10倍，说明入库泥沙的吸附能力远未达到饱和。

2）在水库运行过程中，通过大坝泄向下游的泥沙粒径组成与天然情况不同，小颗粒（粒径小于0.005mm）泥沙将大部分随水流下泄，即使在水库运行初期，下泄泥沙显著减少的情况下，小颗粒泥沙每年也将下泄1.55亿t。随水库运行时间增加，出库泥沙将不断增多，沉积在库内的主要是吸附能力相对较弱的粗颗粒泥沙，吸附的污染物较少，可交换的污染物更少。另外，向水中释放污染物的潜在影响仅限于沉积物表层，一般约在10cm厚的范围内，而三峡水库泥沙集中沉积在坝址至丰都400余千米的库段内，泥沙平均沉积厚度达数米至数十米。因此，库内积累可重新释放的污染物数量十分有限。

3）影响吸附与解吸平衡的诸因素中，水体的pH值最为重要。长江水体pH值较高，并具有较强的缓冲能力，三峡水库本身不会改变长江来水的pH值，水库运行也不会出现稳定的水温分层现象。因此，水库底层水的pH值不会明显改变。

根据以上分析，三峡水库仍将保持泥沙吸附有毒有害物质的环境，不致发生解吸引起水质二次污染。泥沙淤积后，将加剧鱼体对汞的生物富集，减弱鱼体对砷的富集作用。在乌江下游高汞背景下生态脆弱区存在鱼体肌肉汞含量超过食用标准的可能性，不利于渔业开发，并给人群健康带来潜在危害。建议进一步研究这种影响的分布区域、影响程度及防治措施。

天然或人工放射性核素，主要都是随悬移质输入水库，沉积物中总α和总β放射性与输入库区的悬移质量呈正相关。对水库兴建后放射性沉积量估算的结果表明，建坝后时间越长，库区内放射性总沉积量中的中、长半衰期核素的比例就越大，库底表层0.5m深的沉积物中天然放射性将超过天然本底值的50%～160%。放射性对生态与环境和经济均有影响，应高度重视，采取相应措施预防。

（6）水库拦蓄营养物质对水质的影响

三峡建坝后，水库对氮、磷、钾等营养物质有一定拦蓄作用，营养物质增加有可能给水质带来不利影响。营养盐氮和钾的化合物，易溶于水，水库对其拦蓄主要通过生物固定。库水滞留时间延长，势必增加生物对氮钾的摄取量，促进藻类生长。但三峡是河道型水库，库水流速较大，限制了浮游生物的增长，故生物量的增加是有限的。长江水的pH值较高，钙镁离子含量较大，在这种水环境条件下，营养物质磷易形成不溶于水的化合物，主要被细颗粒泥沙吸附，绝大部分细颗粒泥沙随水流下泄，少部分随泥沙沉积而被水库拦蓄的磷由于存在状态也不易被生物摄取。库水中易为生物摄取的可溶性磷的含量很低，且建库前后变化不大。因此，建库后由生物固定的磷的数量将很少。由此可见，营养物质氮、磷和钾在三峡水库富集的可能性不大，主要随库水下泄。

根据国外经验，水深不足 2m 的浅水区面积过大(超过总水面积的 1/5)，会促使富营养化现象的发生。三峡水库属峡谷型水库，干流库区平均水深约 70m。因此，就整体而言，三峡水库不会出现富营养化问题。但是应当看到，在营养物质来源丰富、富集条件好的局部水域，有可能出现富营养化，如在流速小、水深浅，有农田径流汇入的小支流库段和库湾。对于这种水域，需加强监测，以便及时采取措施控制。

实测资料表明，水库对营养物质拦截作用大小与库水替换率 α 值相关，α 值越大，营养物质截留作用越小。葛洲坝水库 α 值为 28.5，没有明显的拦截作用；丹江口水库 α 值为 2.3，蓄水后对无机氮和总磷的拦截量分别达 50%和 80%，但尚未发现明显的不利影响；三峡水库的 α 值约为 11，说明其拦截作用将低于丹江口水库。此外，据统计，长江入海营养物质的 70%～80%是来自三峡坝址以下江段，因此三峡水库对坝下游水中营养物质及入海营养物质的影响很小。

8.2.1.2 水体污染防治措施研究

三峡工程兴建后对库区水环境的影响研究表明，三峡建坝后，库水中重金属元素浓度将降低，有机污染物不会对水库产生明显的污染影响，坝前下泄水的水质变好。但是，水库有机污染物的纳污容量降低，局部江段和岸边污染程度可能加剧，主要是难降解的有机污染物及汞等重金属元素和 239 钚、137 铯与 90 锶等。长半衰期的人工放射性元素将沉积于库底，对库区生态与环境产生潜在的危害，且这种不利影响随水位增高而加大。为了保护库区水质，应制定库区功能水体的水质目标和管理目标，采取改善水质、防治污染的相应措施，根据有关规定，做好清库工作。特别是库区沿岸堆放的大量固体废物，要查明其数量、性质及分布，对其潜在危害作出评价，提出可行的处理措施，保证在水库蓄水前完成清理，避免固体废物直接排江。拟定并颁布《三峡工程环境保护条例》，工程管理部门设置环境保护机构，依法管理水库水质。应当看到，三峡建坝对水环境的影响比较复杂，有些问题尚待进一步认识和研究，如沉积物污染问题，非点源污染和城市迁建对库区水环境的影响等。只有综合考察多方面的影响因素，才能对建坝给水质和水环境的影响有较全面的认识，得出更为科学的结论。

8.2.1.3 水温影响研究

(1)水库水温效应

水体的热量传输机理是经过水和大气的接触面输送，通过移流传递。

水气界面的热交换是影响水体温度最重要的因素之一。水面净热交换率是各种辐射过程、蒸发以及水与空气之间传导等热交换速率的总和，可用水气交界面的净热交换率 H_n 来描述：

$$H_n=(H_s+H_a-H_{sr}-H_{ar})-(H_{br}\pm H_c+H_e) \qquad (8.2.11)$$

式中，H_s 为太阳短波辐射；H_a 为大气长波辐射；H_{sr} 为太阳短波辐射的反射；H_{ar} 为大气长波辐射的反射；H_{br} 为水面发射的长波辐射；H_c 为热传导通量；H_e 为蒸发热通量。

方程右边第一个括号中的各项也称吸收辐射，且与水面温度有关；其余各项与水面温度、气温、水汽压和风等因素有关。

决定水体温度的另一个因素是水域的水文要素，包括水域形态、水域面积、水深、水流速度、入流与出流等。

水库的水温效应源于大坝的存在和枢纽的调度运行改变了原有水体的面积、水深、水流速度及出入流关系等，从而不仅改变了水气交界面的热交换进程，而且改变了水体内部的热传导过程。

典型的水库水温效应表现为水体在垂线方向上的热分层现象。早春升温初期，经常出现强风，可以断续地消除弱分层现象，成为提高下层水温的重要机制。进入初夏后，分层增强，形成稳定的上部温水层，阻止了全水深范围内的垂直混合，在上部温水层与下部冷水层之间，形成温跃层。夏末秋初，净热通量由升温变为降温，表温逐渐降低，由重力产生的对流，使温跃层的温度梯度逐渐趋小。秋末在强风和重力对流的共同作用下，全水深范围达到等温状态。

水温是决定水库水质以及制导污染的极为重要的参数。水库出现热分层后，由温跃层将水库分成水力学特性明显不同的两层，这一特殊的热力学结构对于水库及下游水体的生物、化学和物理性质十分重要，也是研究水库水温效应的原因所在。判别水库水温是否分层，有以考虑库水交换频率为主的入流量的库容比法，也有以考虑水体流动状态为主的密度佛汝德数法等。预测水库水温特性的数学模型有湍流扩散法和混合层法等。

(2)三峡水库水温特征

三峡水库位于东亚副热带季风区。冬半年，因有秦岭、大巴山屏障作用，冬季风受到阻滞；夏半年，因西南季风和东南季风无山体的屏障作用而可进入库区，并带来雨水。故较之坝下江汉平原气温，三峡库区具有冬暖夏凉，年变幅较小的特点。与此相应，三峡库区也呈现出冬季水偏暖、夏季水偏凉、年变幅较小的特点，长江干流沿线月均水温见表 8.2.10。

表 8.2.10　三峡库区长江干流沿线月均水温　(单位:℃)

站位	1月	2月	3月	4月	5月	6月	7月	8月	9月	10月	11月	12月
重庆	10.1	11.2	15.1	19.3	22.1	23.0	24.7	24.5	22.0	18.9	15.7	11.7
万州	10.2	11.0	14.6	18.7	21.6	22.8	24.7	24.5	22.6	19.4	16.2	12.1
巴东	10.4	11.0	14.3	18.5	21.7	23.0	25.1	25.2	22.5	19.5	16.2	12.0
三斗坪	10.8	10.9	14.1	18.5	22.0	23.4	25.6	25.6	22.9	19.7	16.3	12.1

由于库区月均最低水温远高于 4℃，即使建坝导致水温层化和对流，只可能形成每年夏季水温层化、秋季对流、冬季混合的单向对流混合型水库。

(3)水库水温预测方法选择及类比水库确定

1)水温分布类型判别。

水库垂向水温分布类型的有效判别，是正确选择预测方法的依据。根据水温的垂向分布特点，水库水温可分为分层型和混合型两种基本类型。若年内某一时期，坝前垂向水温差异明显成层分布，为分层型结构。若全年垂向水温无明显差异，则为混合型水温结构。

判别水温分布类型的方法有入流与库容比法（又称 α 法）、密度佛汝德数法、水面宽度与水深比法等。其中 α 法最为简单实用，经我国部分有实测资料的水库检验，基本符合实际。当 $\alpha<10$ 时，水温可呈典型的分层结构；当 $\alpha>20$ 时，水温大多呈混合型结构；当 $20\geqslant\alpha\geqslant10$ 时，水温结构因水库的具体情况而异，需作进一步分析。

三峡水利枢纽坝址附近，宜昌水文站的多年平均径流量为 4510 亿 m^3。枢纽正常设计蓄水位 175m 时，相应库容为 393 亿 m^3。故 α 值为 11.5。考虑到三峡水库为一典型的峡谷型水库，水库畸长，若以 1m/s 的流速传播，从库尾到坝址，约需 7 天时间。建坝后，随着过水断面增大、流速减缓，库水的滞留作用和水气之间的热交换都将加强，故以分层结构对三峡水库水温作进一步分析更为合理。

2）预测方法选择。

①水温分区预测方法选择。不管何种类型的水库，即使是多年调节、水温典型分层的水库，其库尾附近的一定范围内，水温同样呈混合状态。

根据一定的标准，按照不同的来水情况和水库运用特性，确定水库水温的分层区和混合区，不仅是计算分层区垂向水温的必要条件，而且是制定库区水资源保护规划和渔业规划的基础之一。

通过陕西省褒河石门水库的试验结果表明，采用一定的标准，分段计算密度佛汝德数能成功地区分水库的水温混合区和分层区。

三峡水库具有分段计算密度佛汝德数的良好资料条件，可据此进行三峡水库的水温分区预测。

②垂向水温预测方法选择。三峡水利枢纽为长江干流上的特大型工程，目前国内外在水库规模、工程运行特性等方面尚无与之相似的已建工程。运用经验公式预测其垂向水温既无可能也不适宜。

数学模型中，扩散模型被广泛采用，积累了较多的经验，使用参数也较易获取。混合层模型所需参数较难获取，从有关单位的使用结果分析，成果的合理性较扩散模型有一定差距。故选择扩散模型进行垂向水温的预测。

三峡库区从库尾至坝前，纵向水温就有一定变化，建库后这种变化将进一步强化。用密度佛汝德数进行的水温分区计算结果表明，形成层温的库段，限在坝前的局部范围内。其纵向和横向水温基本一致，故可简化为一维问题进行垂向水温的预测。

3）水库泄水水温预测方法选择。

在坝前出现垂向水温分层现象时，因引水口位置不同，将影响水库出流水温。我国曾使用图解模型进行泄水水温的预测，但使用时有一定的局限性，预测结果一般可供宏观分析。就原理和使用效果分析，美国陆军工程师兵团河道实验站提出的流速分布加权法预测水库泄水水温，具有计算简单、结果准确的特点。

就三峡水利枢纽175m设计蓄水位方案进行的泄水水温计算，参照垂向水温预测结果，对泄水水温有可能影响坝下亲鱼产卵的时段，运用流速分布加权法作泄水水温预测。

4)类比水库确定。

预测三峡水库水温，建立物理模型有一定困难，选择适当的类比水库是解决问题的良好途径。

为预测三峡水库水温分区、垂向水温和泄水水温特征，选择陕西省褒河石门水库作为类比水库，该水库资料齐全，与三峡水库比较，有下列相似之处：

①判别水库水温结构的α值同属一类，石门水库为13.1，三峡水库为11.5。

②坝址均位于由深山峡谷进入平原的峡口附近，库盆几何特征相似，均为峡谷河道形水库。

③同处长江流域，同属亚热带季风区。

④开展水温监测工作的条件良好。

(4)三峡水库水温计算模型

1)水库水温分区模型。

三峡水库水温分区计算，利用库内共176个水文断面的资料，应用密度佛汝德数法进行了计算分析。密度佛汝德数的物理意义是表征水库平均流动速度的惯性力与保持密度稳定的因素(重力加速度等)之比。它反映了水库中驱使流动的因素和维持密度分层稳定性因素间的对比关系。

密度佛汝德数可以用下式表述：

$$F_r=\frac{U}{(\Delta\rho\cdot g\cdot d/P_0)^{1/2}} \tag{8.2.12}$$

也可用下式表达：

$$F_r=\frac{LQ}{hV}\cdot\frac{1}{\sqrt{gE}} \tag{8.2.13}$$

式中，E为归一化的水库平均密度梯度；L为库长；h为水库平均水深；V为库容；g为重力加速度。

故已知水库的库长、平均水深、库容和流量，即可计算密度佛汝德数。

国外有多种判断水库分层特性的密度佛汝德数标准。根据本项目在石门水库的研究结果，结合国外经验，三峡工程率定的密度佛汝德数标准如下：$F_r>0.5$时，为混合段；$0.1\leqslant F_r\leqslant 0.5$时，为过渡段；$F_r<0.1$时，为分层段。

三峡水库共有176个水文断面，故按176个库段分段计算了密度佛汝德数。

2)分层区垂向水温模型。

由于同一平面上的水体可视为具有相同的温度，沿垂向将库水分成薄层微元体，各微元体内的热量状况取决于下列因素：①由垂直方向进出微元体的流量及其形成的热量差；②由水平方向进出微元体的流量及其形成的热量差；③各微元体与上、下微元体之间由温差产生的吸热量或放热量；④因太阳短波辐射可透射到水体深部，微元体由太阳短波辐射吸收的热量。

根据热量平衡原理，由上述因素组成计算垂向水温的基本方程，见下式：

$$\frac{\partial T}{\partial t}=V_Z\frac{\partial T}{\partial Z}+\frac{D_Z}{A}\frac{\partial}{\partial Z}\left(A\frac{\partial T}{\partial Z}\right)-\frac{1}{\rho CA}\frac{\partial}{\partial Z}(\varphi_Z A)+\frac{U_iB}{A}(T_i-T) \tag{8.2.14}$$

式中，V_Z 为垂向平均流速；D_Z 为热的分子扩散系数和紊动扩散系数；A 为微元体的底面积；C 为比热；ρ 为密度；φ_Z 为微元体吸收的净热通量；U_i 为高程 Z 处的人流速度；B 为微元体宽度。

但式(8.2.14)不存在解析解，只能用数值法求其近似解。三峡工程实际采用的是显式差分法，时间采用向前差分，空间采用中央差分；边界条件中库底采用向前差分，水面处采用向后差分。

为了计算上的稳定，该式数值计算中的时间步长 Δt 和空间步长 ΔZ 要求满足下列条件：

$$D_Z=\frac{\Delta t}{(\Delta Z)^2}\leqslant\frac{1}{2} \tag{8.2.15}$$

$$V_Z=\frac{\Delta t}{\Delta Z}\leqslant 1 \tag{8.2.16}$$

计算中，一般状况下 ΔZ 取 2m，Δt 取 1 天。不稳定时，则缩短时间步长，直到满足稳定条件为止。

另外，在计算任一时刻的水温时，应先算出该时段的水面净热通量，同时测定库面水温。应用时采用迭代法求解，即先用前一时段的库表水温计算净热通量，由此求出一个水温分布；然后由计算水温重新求得净热通量，再算出一个水温分布。以此类推，直到前后两次所得的库表水温之差小于给定误差(实际取 0.02℃)为止。

3)出流水温模型。

水库泄水时，在垂向仅能造成引水口附近一定范围内的水体流动，即形成一个取水带，在其界外水体处于静止。故为计算出流水温，必须首先确定取水带范围。与取水带有关的参数有孔口位置、孔口尺寸、流经孔口水体的密度分布曲线及流速，且可由下式计算：

$$U_0=\frac{Z^2}{A_0}\sqrt{(\Delta\rho'/\rho)g^2} \tag{8.2.17}$$

式中，U_0 为流经孔口的水流速度；Z 为从孔口中心线高程到取水带上下界的垂直距离；A_0 为孔口面积；$\Delta\rho'$ 为孔口中心高程与取水带上、下界之间的密度差；ρ 为孔口中心线高程处的水体密度；g 为重力加速度。

其次，需进行流速分布计算。其中最大流速位置可用式(8.2.18)计算确定：

$$Y_1=H[\sin(1.57Z/H)]^2 \tag{8.2.18}$$

式中，Y_1 为从最大流速 V 分布处到取水带下界的垂直距离；H 为取水带厚度。

取水带的流速分布则可用下式描述：

$$\frac{U}{V}=[1-y\Delta\rho/Y\Delta\rho_m]^2 \tag{8.2.19}$$

式中，U 为取水带内 y 处的流速；V 为取水带内的最大流速；y 为从最大流速分布处到流速为 U 处的垂直距离；Y 为从最大流速分布处到取水带边界的距离；$\Delta\rho$ 为最大流速分布处与流速为 U 处水体的密度差；$\Delta\rho_m$ 为最大流速分布处与取水带边界附近水体的密度差。

为了最终求得出流水温，尚需计算最大流速，其表达式为：

$$V=\frac{Q}{k} \tag{8.2.20}$$

式中，V 为最大流速；Q 为出流量；k 为系数。

(5)三峡水库水温预测

1)计算条件拟定。

三峡水库正常蓄水位 175m，其水库调度运用方式为：每年 5 月为腾出防洪库容，坝前水位降至防洪限制水位 145m。汛期 6—9 月，水库一般维持低水位运行，水库下泄流量与天然情况相同；当入库流量过大时，根据下游防洪需要，水库拦洪蓄水，库水位抬高；洪峰过后，库水位仍降至 145m 运用。水库从 10 月初开始蓄水，下泄流量较天然情况减少，库水位逐步升高至 175m 运行，少数年份，蓄水过程延续到 11 月。1—4 月为水库供水期，根据发电和通航等要求，下泄流量略有增加，库水位逐渐下降，但为保证上游通航必要的航深，4 月末以前库水位最低不低于 155m。进行三峡水库的分段密度佛汝德数计算时，按上述状态拟定过水断面尺寸。

2)水库水温分区预测分析。

三峡水库蓄水后不同流量和相应运行水位时的全库密度佛汝德数计算结果表明，除水库处于正常设计蓄水位，流量小于 6600m^3/s 时，有可能出现水温分层情况外，其余状态水温均处于完全混合(不计表层)。小于 6600m^3/s 的流量一般发生在冬季，因气温低于水温，不存在发生水温分层的密度机制，但遇特殊年份升温初期，来水量小于 6600m^3/s 的情况下，有可能出现水温分区。12 月至次年 3 月的降温期，丰水年($P=10\%$)、平水年($P=50\%$)、枯水年($P=90\%$)的月平均流量，一般均小于 6600m^3/s，但此时水体的垂向混合作用较强。5—11 月，各典型年的月均流量一般远大于 6600m^3/s，前期的密度佛汝德数计算结果和后期的水温混合密度机制，均表明不会导致库水分层分布。唯平水年的 4 月，月均流量接近 6600m^3/s，枯水年的 4 月月均流量显著低于临界值。全库密度佛汝德数计算结果表明，库内可能出现水温分层结构，需用分段密度佛汝德数进行水温分区计算。将三峡水库分为 176 段，逐段计算密度佛汝德数，计算结果表明，三峡水库在枯水年和平水年的 4 月，距坝址约 5km 内水温会出现分层现象。

3)垂向水温预测分析。

鉴于三峡水库水温仅在 4 月出现分层和初始水温的选取要求，各代表年的计算时段均为 3 月 1 日至 4 月 30 日，计算时，空间步长为 2m，时间步长为 1 天，即计算垂向间隔为 2m

的逐日水温。旬平均水温计算值(根据逐日计算水温取均值)见表 8.2.11 和表 8.2.12。

表 8.2.11　三峡水库平水年(1965 年)旬平均水温计算值　(单位:℃)

水深(m)	3月			4月		
	上旬	中旬	下旬	上旬	中旬	下旬
水面	13.1	13.5	15.5	16.5	18.2	20.2
20	13.1	13.4	15.4	16.4	18.2	20.2
40	13.0	13.3	15.2	16.4	18.0	19.9
60	13.0	13.3	14.6	16.2	17.7	19.4
80	12.9	13.1	13.6	15.5	17.0	18.8
100	12.8	12.8	13.1	13.6	14.8	16.6
120	12.8	12.8	12.8	12.9	13.0	13.1
140	12.8	12.8	12.8	12.8	12.8	12.8
库底	12.8	12.8	12.8	12.8	12.8	12.8
上、下差值	0.3	0.7	2.7	3.7	5.4	7.4

表 8.2.12　三峡水库枯水年(1966 年)旬平均水温计算值　(单位:℃)

水深(m)	3月			4月		
	上旬	中旬	下旬	上旬	中旬	下旬
水面	14.1	15.5	16.9	17.5	18.2	20.2
20	13.9	15.4	16.8	17.4	18.1	20.1
40	13.9	15.2	16.7	17.4	18.1	19.9
60	13.7	14.7	16.3	17.3	17.9	19.3
80	13.5	14.1	15.2	16.4	17.3	18.0
100	13.4	13.6	13.7	14.0	14.4	15.0
120	13.4	13.4	13.5	13.5	13.4	13.5
库底	13.4	13.4	13.4	13.4	13.4	13.4
上、下差值	0.7	2.1	3.5	4.1	4.8	6.8

计算结果表明:①三峡水库旬平均水温上、下差值最大值为 7.4℃,出现在平水年 4 月下旬;②取水口以上水温分布比较均匀,取水口以下水温随深度的增加而递减较快;③3 月垂向温度梯度小,4 月表层增温较快,库底温度稳定少变;④水库蓄水后垂向平均水温与天然河道水温差异不大,见表 8.2.13;⑤计算中采用的水库几何特征值系按蓄水初期确定,随着运行时间增长,泥沙不断淤积,水温分层现象会有所减弱。

表 8.2.13　　三峡水库垂向平均水温与天然河道水温比较　　（单位:℃）

年份	月份	建库前(天然河道水温)	建库后(计算值)	差值
1965	3	14.1	13.7	−0.4
	4	18.5	17.8	−0.7
1966	3	15.6	15.1	−0.5
	4	18.7	18.3	−0.4

4)水库泄水水温预测分析。

根据三峡工程水工建筑布置方案、水库调度演算资料、坝前垂向水温分布预测以及相应的过水断面宽度、引水口尺寸等，可进行三峡水库出流水温的预报。

根据 F_r 值分析，仅在水位较高、流量较小的 4 月可能出现分层现象。根据典型年的资料分析，坝前垂向水温的分布计算着重考虑了 1965 年和 1966 年升温期，根据这两年的坝前水温垂向分布状况进行出流水温预报，相应的库水位变化、出流量、坝前垂向水温分布的特征如下：

①1965 年 4 月。库水位接近正常蓄水位，达 174.3m，月平均水深按 144m 计，月平均出库流量($5445m^3/s$)偏小，据预测，坝前月平均水温垂向分布最大温差达 5.5℃，见表 8.2.14。

②1966 年 4 月。库水位降至 161.0m，月平均水深按 131m 计，月平均出流量为 $5981m^3/s$。坝前月平均水温垂向分布最大温差达 5.3℃，见表 8.2.14。

表 8.2.14　　三峡大坝坝前月平均水温垂向分布

1965 年高程(m)	174.3	128.3	110.2	100.2	92.2	88.2	86.2	76.2	72.2	58.2	30.0
1965 年 4 月水温(℃)	18.3	18.0	17.7	17.4	17.0	16.6	16.0	15.0	14.1	13.0	12.8
1966 年高程(m)	161.0	122.8	102.8	90.1	77.4	70.1	64.6	57.3	30.0		
1966 年 4 月水温(℃)	18.7	18.4	18.1	17.0	17.0	16.0	15.0	14.0	13.4		

敏感性分析结果表明，孔口面积变化不会影响取水带厚度的变化。过水断面宽度的变化直接影响流速分布。三峡水库坝前断面河宽近 2000m(175m 高程)。4 月下泄流量较小，横向流速分布差异在计算时应予以考虑。根据典型年的资料，采用左岸电站厂房布置宽度和近坝库段平均宽度分别计算。结果表明，过水断面增大使流速相应减小约 60%，而出流水温基本不变。在三峡水库出流水温计算中，过水断面变化对出流水温无明显影响的主要原因：一是三峡水库取水带内温度梯度较小(0.22～0.04℃/m)；二是取水带内流速分布形式接近于正态分布，过水断面改变引起垂向流速变化相对比较均匀。

采用模型根据典型年的坝前水温垂向分布预测资料进行了多个算例的计算，将所得计算成果分析整理列入表 8.2.15。成果表明，坝前水温垂向分布不均，致使出流水温较入流水温降低约 1℃，但在两个典型年的 4 月下旬，出流水温预测值均已超过 19℃。

表 8.2.15　　水库典型年出流水温计算成果　　（单位：℃）

项目	1965 年 4 月			1966 年 4 月		
	上旬	中旬	下旬	上旬	中旬	下旬
入流水温（实测）	16.6	18.3	20.5	17.8	18.2	20.3
出流水温（计算）	15.4	17.6	19.4	16.6	17.5	19.5

（6）三峡水库水温影响分析

计算结果表明，库内坝前段，自 3 月上旬开始，水温开始层化，4 月下旬上、下层温差最高达 7.4℃。从三峡水利枢纽调度特性分析，5 月以后，水温层化将逐步减弱，但水温层化现象还将延续。受水温层化控制的水质层化（如溶解氧层化等）和生物层化（如藻类构成和生物量层化等）也将在坝前有所体现。

4 月下旬水库出流水温均超过 19℃，可以满足“四大家鱼”产卵所需水温（18℃）的要求。

8.2.2　三峡工程对水质水温影响评价及对策措施

8.2.2.1　可行性研究及初步设计对水温水质影响评价及对策措施

（1）可行性研究对水温水质影响评价

1989 年 1 月，长办根据三峡工程重新论证阶段各专题专家组的论证报告，编写了《长江三峡水利枢纽可行性研究报告（送审稿）》，经论证领导小组扩大会议审查后，进行修改并于当年 4 月上报了《长江三峡水利枢纽可行性研究报告》。其中，三峡工程对水环境的影响评价如下：

按最不利的预测结果，每年 4 月前后出现水温分层，5 月开始逐步消失。下泄水温达到“四大家鱼”产卵要求（18℃以上）的时间将推后约 20 天。

库区水流速度减缓，江水复氧能力和对入江污染物的稀释扩散能力相应减弱，在排放量相同的情况下，重庆市、万县市一带及坝前城镇岸边污染带长度及污染物最大浓度均将增加。因此，对沿岸厂矿和城镇的污水排放必须加强管理。

水库澄清作用加强，同时库水在库内停留时间增长，有利于可降解有机物在库区降解净化，因而下泄水质可以改善。库水中重金属等含量将随泥沙沉积而明显降低，而沉积物中含量将增加。但建库并不改变库区泥沙以吸附为主的环境条件，不会发生重金属等污染物解吸而造成二次污染。

建坝对氮、磷营养物有一定拦蓄作用，应注意在水库支流、港湾地区易引起的富营养化问题。油污染也应注意。

(2)初步设计对水质保护措施

根据沿江城镇污染物的特征,在保证多功能区水质目标的前提下,库区水环境的污染控制应采取以下措施:

1)对入库污染负荷严格执行总量控制。统一制定库区水污染防治总体规划及相应的区域规划,并根据国家有关法规尽早实施。严格控制排污量大的重庆市区的污染负荷,加大对老污染源的治理力度;限期治理重大污染源,对不能治理的污染源,实行关、停、并、改。库区船舶要求安装油水分离系统,控制含油废水的排放。对新增污染源一定要经过有关部门严格审批把关,排污量必须符合水污染防治规划要求,要达标排放,并执行"三同时"的规定。

2)做好移民安置区的环境保护规划,重视安置区新老企业的废水治理,落实环境保护投资,保证环境保护规划移民安置过程中逐步实施。

根据有关规定,做好清库工作。特别是库区沿岸堆放的大量固体废物,要查明其数量、性质及分布,对其潜在危害作出评价,提出可行的处理措施,保证在水库蓄水前完成清理,避免固体废物直接排江。

3)建立城市污水处理系统,处理城市生活污水和经工厂处理过的部分混排的工业废水,以减少岸边污染的程度。发展适合于沿江城镇的处理废水的生态工程系统。

4)加强库区水质监测与管理。为了及时掌握水库水环境的动态变化,按三峡工程生态与环境监测系统实施规划,设置水质监测子系统,主要监测内容包括:库周城镇、工矿点污染源和水体中有机及无机有害污染物、面污染源、水库营养物、水生藻类、植物等,以便及时发现问题,采取措施,为水库水质管理提供依据。

8.2.2.2 《长江三峡水利枢纽环境影响报告书》对水质水温影响评价及对策措施

中国科学院环境评价部和长江水资源保护科学研究所于1991年12月提出的《长江三峡水利枢纽环境影响报告书》(以下简称《三峡环境影响报告书》)中提出了对水质水温影响评价及对策措施。

(1)对水质影响评价和对策建议

1)水库水质。

库区年废水总排放量约10亿t,绝大部分废水未经处理直接排入江中,造成局部江段污染。蓄水后水的流速减小,停留时间增加,五日生化需氧量的降解量比天然河流状况下增加9万t/a,有利于可降解有机污染物在水库中的降解净化和下泄水质改善;但复氧和稀释扩散能力降低,这些作用的综合效应使五日生化需氧量负荷量降低230万t/a,水库五日生化需氧量负荷仍远高于目前污水排放量,水质不致恶化。中国科学院认为,城镇江段附近岸边江水的污染程度将增加。库区污染带综合评价指数从建坝前的2.31提高到3.45,污染带明显加重,沿江12个县(市)江段的污染带以重庆最重,是库区污染带治理与控制的重点。建坝后污染带控制点浓度要保持建坝前的水平,必须削减污水量。由于流速降低、扩散系数变小,在支流库湾的城市附近的水域,将随着污染源排放强度增加,污染带发展的趋势将越来越突出，如万县市苎溪河口水域。长江水资源保护科学研究所认为：随流速的降低，岸边污染物浓度增量变大，因此越近坝前，扩散能力减弱的潜在影响越显著；目前主要排污口只要按国家规定达标排放，建库后尽管扩散能力下降，但在控制点不会因此而发生水质超标现象。但目前重庆江段水质已有超标现象，为防止岸边水域污染，必须严格执行国家有关环境保护和水污染防治法规，对重大污染源限期治理。在库区城镇和工厂迁建时，对重大污染源应限期治理。在库区城镇和工厂迁建时，应统筹规划，合理布局，严格执行“三同时”，使废水达标排放。

三峡建坝后，水库对氮、磷营养物质有一定的拦蓄作用，有利于加强生物过程和提高生物生产力；航运发展，流动污染源增加，加重水质污染的影响；土地淹没造成营养物质和可溶态重金属元素浓度增加是匿期效应，不会超出我国Ⅲ类水体水质标准，但增加了间隙水的污染物浓度，由于库区干流不会出现稳定分层现象，库区干流发生缺氧的可能性较小。淹没土地对支流水域产生的影响，尚还需要补充工作。但土地淹没将促进水生物对汞的富集作用。

水库沉积作用使水体的悬浮物和金属总浓度明显地降低，蓄水的头10年，在万县至大坝的库区内它们的浓度分别降低82.7%和81.9%，并且随时间的推移降低幅度逐渐减小，直至冲淤平衡。重金属元素的可溶态浓度不会发生大的变化。沉积物中有毒物质含量增加，如汞含量将增加一倍。水库主体保持以吸附为主的水环境条件，不致因解吸造成二次污染，但鱼体对汞的生物富积作用加剧。库区支流除嘉陵江和乌江外，河水中悬移泥沙含量低，影响较小。乌江年输沙0.32亿t，蓄水后在乌江口将沉积1.79亿t泥沙。乌江流经高汞背景区，悬移泥沙中的汞含量0.12～1.18mg/kg，沉积物中汞含量高达1.1mg/kg，现在长江三峡铜鱼、鲤鱼、鲶鱼与长吻鮠肌肉中汞含量已达0.04～0.42mg/kg，乌江涪陵江段的鲤鱼肌肉中汞含量已超过0.10mg/kg。因此，未来三峡水库鱼体中汞含量将会增加，特别是乌江支流淹没区，存在鱼体汞含量超过食用标准(0.3mg/kg)的可能性。这不利于三峡渔业养殖的发展，对人群健康存在潜在的危害，应予以认真对待和研究。

2)坝下游水质。

水库运行中宜昌江段浊度、重金属元素等污染物浓度明显降低。下泄水量的变化改善了枯水期坝下游城市江段岸边污染的状况，但蓄水期的10月岸边污染程度比建坝前稍有增加。水库运行使枯水期流量增加，坝下流量趋于稳定，便于下游江段的排污控制和管理，提高水质的稳定程度。

由于水库泥沙沉降，在坝下游一定区间内江水的吸附自净能力将会降低，影响江水的水环境容量。

3)对策建议。

①重视库区环境保护、加强环保管理。为保证三峡水库的良好环境，必须重视库区的环境保护。对移民新区、城镇与工厂等建设，需要依基本建设程序逐个进行可行性研究，分别制定可行性论证报告和环境影响评价报告书，并根据审查批准的可行性论证报告和环境影响评价报告书组织设计和实施，避免走我国中小城市发展走过的先污染后治理的老路。

②长江三峡的沉积物、悬移质及鱼类的汞含量较高，库区南岸面临湘黔川鄂交界的武陵山高汞背景地区，重庆燃烧汞含量高的煤，库区汞积累问题需要进一步研究。其目的是在查明库区汞的来源的基础上，研究汞在三峡水库中的运动规律，确定高汞背景区对三峡库区鱼体汞积累的影响范围、影响程度，并提出相应的控制措施和对策。

③库区点源污染控制后，非点源污染，特别是农田与城市地表径流污染是库区氮、磷等污染物的重要来源，要采取必要的措施，制定可行的法规控制非点源污染。同时要求船舶设置防污设备，港口配备废弃物接收装置，确保水库的优良水质。

④由于库水流速与水位季节性变化较大，坝前水位变化可达 30m，因此应就库区支流淹没对水质影响做深入调查，研究污染物的扩散、转化和自净规律，结合水库运行的特点，制定污染防治总体规划，使工程建设、移民搬迁、城市发展对水环境的污染影响降到最低。

⑤长江三峡江段随意堆放固体废物已对库区江水产生污染影响。蓄水初期这些长期堆放的固体废物势必对水环境带来潜在的危害。因此有关主管部门应依法查明固体废物的数量、性质、分布，对潜在危害作出评价，并提出处理措施，保证水库蓄水前完成清理。

⑥研究坝区建立重大污染事故的应急方案，配备必要的设施。

⑦建立水库环境监测管理系统，监测研究水库水环境的动态变化。

(2)对水温影响评价和对策建议

1)对水温影响评价。

综合采用各种方法预测因水体滞留而产生库水分层的结果表明：建库后不会发生大范围的稳定水温分层现象，但在升温期，部分支流及局部干流库段可能出现短时水温分层现象。采用数学模型对库内及出流水温的研究表明，近坝段在 4—5 月有短时水温分层，但在 4 月下旬出流水温已超过 19℃，能够满足“四大家鱼”产卵所需的水温(18℃以上)要求。

2)建议。

①加强监测。

《三峡环境影响报告书》提出的水温预测结果，是在选定典型年的基础上演算而得，尽管有足够的代表性。但因来水量和水温的多变性，实际情况在一定条件下仍将有别于预测结果。长江干流绵长、支流众多，水资源丰富，随着三峡枢纽坝址以上干支流水资源的开发和建库，其出流水温的改变，也将影响三峡水库水温。因此建议加强水温监测，随时掌握演化动态，为决策提供依据。

水温监测断面在枢纽运行前，基本可按现状开展工作，但应恢复万县和巴东水温断面。枢纽运行后，现有的三斗坪水温断面应分坝上断面和坝下断面分别进行监测。坝下宜昌至汉口适当增补水温断面。

②水温调度。

三峡水利枢纽为满足泄洪、发电和排沙等需要，自高程 175～90m，有多层泄水口，存在着分层泄水的有利条件。遇有特殊情况，坝下提出泄水水温要求时，从总体要求出发，考虑从枢纽的不同高程泄水口泄水，实现水温调度以适应坝下鱼类产卵高峰期的水温要求。

8.2.3 三峡工程建设期间水环境保护措施

三峡工程论证过程中对水环境保护给予了高度关注，《三峡环境影响报告书》提出了加强环境管理，降低污染物排放量、严格控制非点源污染、库区环境污染整治等措施要求。根据国家相关环境保护法律法规、环境影响报告书及批复意见的要求，国务院三峡办和三峡总公司先后组织长江委编制完成了《长江三峡水利枢纽初步设计报告（枢纽工程）第十一篇 环境保护》《长江三峡工程淹没处理及移民安置规划报告》和《长江三峡水利枢纽环境保护补偿项目实施计划》等相关设计文件，对水环境保护措施进行方案设计和优化调整。2007 年，国务院三峡办启动了生态环境建设与保护试点示范专项计划方案（以下简称"'7＋1'试点示范"），开展了农村截污、城镇截污等控源截污工程。

三峡工程 1994 年开工建设后，国家相关部委、地方政府亦高度重视三峡库区及坝下游水质保护工作，先后组织编制了《三峡库区及其上游水污染防治规划》《重点流域水污染防治规划（2011—2015 年）》《长江中下游流域水污染防治规划（2011—2015 年）》等国家级规划以及《重庆市碧水行动方案》等省级规划和专项行动计划，并组织专项经费实施水质保护项目。此外，国家相关部委、国务院三峡办、地方政府及三峡总公司针对工程环境影响报告书阶段关注的水环境问题以及三峡水库蓄水运行过程中出现的问题，重点围绕三峡水库水环境质量评价与预测、水环境容量、水体富营养化成因演化及防控、污染源控制等方面开展了一系列的科学研究，为库区水环境保护管理提供了科学基础。

三峡库区及其上游地区的水环境保护涉及湖北省、重庆市、四川省、云南省和贵州省的 276 个县及城市主城区，分三峡库区和重庆市主城区、三峡库区影响区和三峡水库上游地区 3 个层次。

8.2.3.1 三峡库区水环境保护

（1）库区水污染防治

1）库区城镇生活污水处理。

城镇生活污水处理是三峡工程库区水污染防治的关键内容。三峡工程建设前，基于当时的经济社会发展情况，大部分生活污水直接排放入江，影响了长江沿岸的水质。三峡工程建设过程中，根据三峡工程的总体部署，国务院三峡办和地方政府组织实施了一系列库区城镇生活污水处理厂的建设以及城镇截污处理试点示范工程。

根据《三峡环境影响报告书》提出"要维持建库前的水环境容量，需削减污水排放量"的要求，初步设计报告中提出了在库区建设污水处理厂、削减污水排放量的要求，并根据《城市污水处理工程项目建设标准》（GB 8978—1988）的要求，提出了污水处理厂的规模、建设征地标准和出水水质标准。

三峡工程建设和运行过程中，根据三峡建委和重庆市、湖北省的统一安排，以各城镇人民政府为实施主体，邀请国内相关市政环保行业的设计院，编制了库区万州申明坝污水处理厂等城镇污水处理厂的可行性研究、环境影响评价、初步设计等报告，并通过了相关部门的审批。另外，在三峡工程由建设期向运行期过渡期间，国务院三峡办及时启动了生态环境建设与保护试点示范专项计划方案，相继实施了两项城镇截污处理工程。

三峡库区自 1997 年开始，根据审批的各污水处理方案，陆续开始了污水处理厂的建设工作。经调查，截至 2012 年底，库区范围内建成并投入运行的生活污水处理厂共 103 座(重庆库区 84 座，湖北库区 19 座)，设计处理规模为 239.47 万 t/d。其中三峡工程移民安置区内建成并投入运行的县城(城市)污水处理厂 18 座，处理规模 50.42 万 t/d；集镇污水处理厂 42 座，处理规模为 5.82 万 t/d，其余迁建集镇均建设了分散化粪池。迁建城(集)镇污水处理厂建设数量和规模超过了移民安置环境保护规划的要求。污水处理厂主要采用氧化沟、A2/O. SBR 等工艺，设计规模和水平年按照《城市排水工程规划规范》等相关规范确定，设计排放标准为《城镇污水处理厂污染物排放标准》(GB 18918—2002)一级标准，污水处理厂建成后通过部门组织的专项验收。同时，库区迁建县城新城区排水系统基本采用了污水与雨水分流排放，万州、涪陵、忠县和长寿等城市的老城区结合旧城改造完成了雨污分流改造。2014 年三峡库区城镇污水处理厂 124 座，比 2013 年增加 4 座，其中重庆库区 100 座，湖北库区 24 座；库区污水设计日处理能力为 252.47 万 t，比 2013 年增加 5.62 万 t。2015 年三峡库区城镇污水处理厂共 169 座，其中重庆库区 142 座，湖北库区 27 座，比 2014 年增加 45 座；库区污水设计日处理能力为 262.08 万 t。2017 年三峡库区城镇污水处理厂共 245 座，比 2015 年增加 76 座，其中重庆库区 218 座，湖北库区 27 座；库区污水设计日处理能力为 298.7 万 t。

2)库区城镇垃圾处理。

三峡工程建设前，库区城镇和农村未建设完善的垃圾清运和处置系统，大部分生活垃圾沿长江岸边堆放。三峡工程建设过程中，国务院三峡办和地方政府组织实施了一系列城镇垃圾处理项目，截至 2012 年底，三峡库区范围共建 106 个垃圾处理项目(重庆 92 个，湖北 14 个)。库区垃圾处理工程的设计处理能力为 12017t/d，实际处理能力为 8236t/d，年处理垃圾 290.41 万 t。2014 年三峡库区 24 个区(县)总共产生生活垃圾 390.43 万 t，处置量 344.84 万 t，散排量 45.59 万 t，分别占 88.3%和 11.7%。与 2013 年相比，生活垃圾产生量增加 2.7%，处置比例下降 0.1%，散排比例上升 0.1%。2015 年库区总计产生生活垃圾 397.42 万 t，处置量为 356.24 万 t，占 89.6%；散排量 41.18 万 t，占 10.4%。2015 年库区 20 个区(县)总共产生生活垃圾 407.11 万 t，处置量为 391.23 万 t，占 96.1%；散排量 15.88 万 t，占 3.9%。2017 年库区 26 个区(县)总共产生生活垃圾 397.42 万 t，处置量为 356.24 万 t，占 89.6%；散排量 41.18 万 t，占 10.4%。

3)工业污染防治。

三峡工程建设过程中，国家和地方政府逐步完善了工业污染防治和监管体系，加大了库区产业结构调整力度，对规模小、效益差、污染环境、缺乏市场竞争力的企业实施了关停并转。库区各区(县)执行了环境影响评价、“三同时”制度、排污申报登记制度、排污许可制度、规范和完善了规划环评、项目申报、设计备案等法律规定。重庆市还出台了《重庆市工业项目环境准入规定》，分地区分行业制定了环境准入门槛。库区迁建企业的污染防治措施与企业主体工程“三同时”，总体上执行了环境保护“三同时”制度，工业防治设施总体运行可靠，基本能够满足达标排放要求。三峡库区 2010 年工业污染源废水排放量为 3.19 亿 t，比 2009 年下降 34.5%。其中化学需氧量排放量为 5.93 万 t，比 2009 年减少 21.6%；氨氮排放量为 0.43 万 t，较 2009 年减少 23.2%。2012 年工业污染源废水排放量为 1.73 亿 t，比 2011 年下降 9.5%；化学需氧量排放量为 3.31 万 t。工业污染防治措施的实施，使库区工业废水排放强度得到明显削减，对保障库区水环境起到重要作用。2014 年工业污染源废水排放量为 2.12 亿 t，比 2013 年上升 11.6%。其中化学需氧量排放量为 5.93 万 t，比 2009 年减少 21.6%；氨氮排放量为 0.43 万 t，较 2009 年减少 23.2%。

4)农村面源污染防治。

三峡水库蓄水后，多条支流呈富营养状态，水华频发，氮磷已成为控制水库水质状态的重要水质指标。三峡工程建设过程中，国务院三峡办和地方政府组织实施了农村“一池三改”、养殖场污染治理和农村截污处理工程等一系列面源污染防治工程。三峡库区截至 2012 年移民安置区共建设农村沼气池 12.76 万个，同时配套实施改厨 12.44 万个、改厕 12.42 万个、改圈 11.75 万个；完成了畜禽养殖污染治理示范工程 48 处，采取的主要治理污染措施是建设沼气池；完成了秭归农村截污示范区建设项目、盘龙镇农村截污处理项目、南沱镇农村截污处理项目，石柱县大型养殖场污染治理试点示范项目、移民生态文明示范村建设项目等 5 项农村截污处理试点示范工程，并按要求通过了验收。总体上较好地完成了库区移民安置区环境保护规划和三峡工程生态环境建设与保护试点示范专项计划方案的任务。但面源仍是三峡水库主要的污染来源，无论从技术、管理还是资金方面，库区面源污染治理都是一项长期、艰巨且具挑战性防治污染、保护水质的重点任务。三峡库区水环境保护仍面临点源、面源、流动源等多种污染源交织共存的挑战，面临人为抛洒废物、生活垃圾入水库、清漂机制尚不够完善等问题。应针对所有类型的污染源进一步加大控源截污力度，将总磷和总氮等污染指标列为约束性指标进行排放量减排控制。按照清洁生产、循环经济、环保验收等有关要求，通过优化产业结构和布局、改善生产工艺、改善环保设施、加强废物回收利用和分类处置、加强船舶污染控制等方法，建立相应的管理制度和技术规程，从源头到过程严控污染物通过水体、气体、人为抛洒等各种方式进入水库及其支流。

5)漂浮物清理。

根据 2003 年 12 月国务院批转国家环境保护总局《关于三峡库区水面漂浮物清理方案的通知》(国函〔2003〕137 号)和 2004 年国务院三峡办和国家环境保护总局联合下发的《关于进一步做好三峡库区水面漂浮物清理工作的通知》(环函〔2004〕486 号)的文件精神，三峡总公司从 2005 年开始，委托重庆市环卫局负责长江干流重庆段漂浮物清理；委托湖北省秭归县环保局、巴东县环保局(2011 年增加了宜昌市夷陵区环保局)负责长江干流湖北段漂浮物清理；委托三峡水电公司负责坝前漂浮物清理；委托长江委三峡水文局负责漂浮物清理监测和监理工作。另外，每年根据来漂情况和漂浮物清理要求适时租用宜昌港务集团的大马力拖轮进行推漂作业。

①库区。重庆和湖北库区主要使用小型机驳船对漂浮物进行人工打捞，辅以少量的小型机械化清漂船作业。打捞上岸的漂浮物送至垃圾填埋场进行处理。

②坝前。三峡初步设计报告提出的清漂方式是以向下游导排为主。2010 年以前，主要采用大马力拖轮将漂浮物推至大坝排漂孔或者表孔向下游排放的方式进行清理，并辅以小型机驳船人工打捞，打捞的漂浮物送至就近的垃圾填埋场进行填埋。

据调查统计，从 2003 年蓄水初期至 2008 年底，三峡水库坝前和库区干流清理漂浮物约 185 万 m^3，漂浮物清理量年平均超过 30 万 m^3。2009—2010 年漂浮物清理量分别约为 16.27 万 m^3 和 52 万 m^3。2010 年，三峡集团更加大了库区及坝前水面漂浮物的处理力度，委托重庆市环卫局和湖北省秭归、巴东县人民政府加强了干流漂浮物的处理工作，全年出动 5.3 万多船次、23.9 万多人次。2011 年水库 175m 水位试验性蓄水过程中，坝前漂浮物较 2010 年减少，截至 10 月 31 日，坝前共清理漂浮物 2.4 万 m^3，较 2010 年同期减少 4.5 万 m^3。2011 年水库漂浮物来量大幅减少的原因主要是 2010 年 10 月底三峡水库首次蓄水至 175m 水位，淹没区的许多废弃漂浮物进入水库，2011 年 10 月底三峡水库第二年蓄水至 175m 水位，经过 2010 年蓄水和消落的冲刷，淹没区的漂浮物大幅减少，因此蓄水期间虽出现 46500m^3/s 的洪水过程，但漂浮物来量仍比 2010 年同期大幅减少。2012 年汛期出现 4 次入库洪峰流量大于 50000m^3/s 的洪水，最大入库洪峰流量 71200m^3/s，坝前漂浮物创历年之最，出动机械化清漂船 62 船次，大型转运船 163 船次，小型机驳船 4000 多船次，清漂作业人员 1.1 万人次，共清理打捞漂浮物 12 万 m^3，有效保证电站和船闸安全运行，保护了坝前的水环境。2014 年和 2015 年坝前累计清理打捞漂浮物分别为 9.8 万 m^3 和 3.2 万 m^3；2016 年共出动机械化清漂船 115 船次，漂浮物转运船 58 船次，小型机驳船 2000 多船次，清理人员 8000 多人次，累计打捞漂浮物 59419m^3；2017 年三峡坝前累计清理漂浮物约 4.7 万 m^3，参与清漂人次累计 7350 人次。所有到达坝前的漂浮物都被打捞运送至华新水泥秭归公司进行了水泥窑协同无害化处理。

三峡库区及坝前清理打捞漂浮物工作基本控制了漂浮物大面积、长时间聚集，打捞上岸的漂浮物基本得到了清理、分类和转运，并采用焚烧获取热值、综合利用及填埋方式加以处置，没有造成水体的二次污染，为保持三峡库区长江干支流水质稳定、保障三峡工程的安全运行以及工程综合效益的发挥起到了重要作用。三峡库区干流漂浮物由三峡集团委托地方政府清理；三峡、向家坝、溪洛渡电站坝前以机械化清漂和人工清漂相结合的方式，对漂浮物及时清理并进行无害化处理。

自 2008 年实施 175m 水位蓄水运行十余年来，坝前未出现漂浮物的长期大量聚集，漂浮物未对电站和船闸运行、升船机试通航及坝前水质造成不利影响。

(2)水华防治

三峡水库 2003 年开始 135m 水位蓄水，库区部分支流回水区已经先后出现了不同程度的水华现象，富营养化和水华现象已成为库区支流突出的水环境问题。为了探索解决三峡水华的相关技术，国务院三峡办组织开展了相应的科学研究，对水华发生机理、富营养化成因、控制技术对策等开展了深入的研究。同时针对水华频发的小江和香溪河等支流，国务院三峡办联合地方政府部门实施了 4 项水华防治相关措施，其中小江（澎溪河）流域水华应急处置技术工程试点示范项目和香溪河水华应急处置技术试点项目已完成建设。该项目针对云阳澎溪河流域反季节特性以及水华暴发特征，筛选 4 种水华应急处置与控制技术，进行综合集成。包括多功能移动除藻平台、移动清藻（浮萍）平台、藻渣后续处置技术（200m^3）和取水水源地藻类暴发应急处置（取水量 1000m^3/d）示范工程，建造三体船和双体船各一艘（含安装的设备）以及水源地保护的溶藻抑（控）藻技术、浮链聚藻技术和复氧等组合技术。低强度超声波抑（控）藻技术在一定时间超声作用后，藻密度和藻类活性均有下降，但不同藻种下降趋势有差异；超声作用对水体感官指标有改善作用。人工复氧能够降低藻类密度，尤其对表层水体藻类抑制作用比较明显。溶藻菌剂通过直接接触溶藻方式可有效抑制藻类暴发，但同时也存在造成二次污染的可能，需引起重视。

多项科学研究的开展初步掌握了三峡库区水华频发典型支流的富营养化、水华及相关污染源现状，了解了水华特征及发生机理、富营养化成因与过程，研究成果对三峡库区富营养化和水华状况的评价、预测及防控具有积极的意义。

三峡水库自 2008 年实施 175m 水位试验性蓄水运行以来，水华暴发频率仍然较高，建议继续开展支流富营养化及水华有关的跟踪调查研究：①加强底质对水环境质量影响研究，尝试构建污染物在水体、悬浮泥沙、底泥之间迁移转化的机理，揭示其对水库富营养化的内源驱动作用。②开展年内和年际消藻规律研究，探求区域消藻可控性分布规律。

(3)饮用水水源地保护

三峡水库蓄水后，库区水流流速减缓、水体滞留时间延长，影响库区水质。饮用水水源关系到饮用水安全，三峡水库对回水区内饮用水水源地的影响受到各级政府及有关方面的关注。根据国家水资源保护总体战略部署，结合三峡工程环境保护要求，库区两省（直辖市）人民政府为保障人民群众饮用水安全，于 2002 年开展了库区省（直辖市）范围内水源地保护区划定和规范化建设工作。重庆市人民政府先后编制并实施了《重庆市饮用水水源地环境保护规划》和《重庆市城镇饮用水安全保障规划》，启动了全市乡镇以上集中式饮用水水源保护区划定和调整，对饮用水水源保护区各类污染源进行了全面清理、搬迁和取缔。湖北省加大了库区饮用水水源地综合治理力度，划定了集中式水源地保护区，对保护区内违章建筑和违法行为进行严肃查处，确保了饮水安全。

经调查，截至 2012 年，重庆市位于库区干流和一级支流的城市饮用水水源地 81 个，湖北省库区无城市级饮用水水源地。其中 15 个位于长江、乌江和嘉陵江干流的水源受三峡水库直接影响。依据《重庆市人民政府关于印发〈重庆市饮用水水源保护区划分规定〉的通知》（渝府发〔2002〕83 号）要求，对 15 个城市集中式饮用水水源划定了保护范围。2011 年，依据《重庆市人民政府办公厅关于印发〈主城区集中式饮用水水源保护区划分方案〉的通知》（渝府发〔2011〕92 号），地方政府对位于“三江”干流的城市集中式饮用水水源中的 10 个进行了保护区调整。各区（县）地方政府陆续开展水源地保护区规范化建设，设置了饮用水水源地保护界碑、公告牌和警示牌，禁止运输有毒有害物质、油类、粪便的船舶进入保护区水域，禁止在保护区陆域范围内使用剧毒和高残留农药。

位于干流和一级支流回水区内的城镇饮用水水源地 65 个，涉及重庆市 15 个区（县）和湖北省 4 个区（县）。三峡水库蓄水后，城镇水源因原有水源被淹没新增 4 个，还有 11 个水源受库区支流水质影响或供水情况发生了变化。

饮用水水源地保护区界碑、界桩、道路警示牌等基础设施建设完善。保护区范围内未发现与供水设施、水源保护无关的各种码头、造船厂、加油站等项目。水源地陆域保护范围内未发现非法污染源、排污口和违章设施，饮用水水源地保护工作开展良好。

8.2.3.2　三峡库区水环境保护措施及其评价

1）库区各区（县）根据国家相关要求执行了环境影响评价、“三同时”制度、排污申报登记制度和排污许可证制度、落后企业关停并转等措施；组织建设的污水处理厂以及城镇截污处理试点示范工程，均按要求实施，抽样调查运行情况良好，验证性监测基本达到出水水质排放要求，库区工业及生活污染源污染物排放量得到较明显的削减。

2）国务院三峡办和库区地方政府组织实施的农村“一池三改”、养殖场污染治理和农村截污处理工程，均按要求实施，项目运行情况良好。

3）库区船舶的油水分离器安装率和使用率较高，但是生活污水处理装置安装率和使用率以及垃圾接收率较低，有待进一步提高。

4）三峡水库分 4 期进行了库底清理，各期库底清理工作严格按照规范要求，全部完成清理任务，并通过国家组织的验收。此外，各区（县）人民政府组织建设了数项垃圾处理项目并开展水域清漂，库区垃圾和漂浮物的处理率得到了大幅提高。

5）国务院三峡办和地方政府组织实施的多项水华防治措施，对蓄水后支流水华频发的现象有一定的抑制作用，但后续的实施效果如何仍应加强跟踪监测研究。

6）库区干流及一级支流回水区内城市级饮用水水源地均已按要求划定了饮用水水源地保护区，并开展保护区规范化建设，保护区内基础设施建设基本完善。城镇级水源应按要求进行调整，以保障取水水质要求。

8.2.4　三峡水库蓄水运行以来对水环境影响监测分析

8.2.4.1　三峡水库蓄水运行对库区干流水质的影响

（1）三峡水库库区干流水质保持Ⅱ～Ⅲ类水平

根据三峡库区水质监测断面布置（图 8.2.1），环境保护部设置的长江干流国控断面（重庆朱沱、重庆寸滩、涪陵清溪场、万州晒网坝、巫山培石）水质监测数据显示，自 2003 年 6 月三峡水库 135m 水位蓄水运行以来，库区干流水质保持在Ⅱ、Ⅲ类的良好状态。2008 年汛末试验性蓄水前后，三峡库区水质基本上保持在Ⅲ类水平并持续稳定。与 2005 年各断面的Ⅱ类水质相比较，在水质类别上的变化主要是由于自 2009 年起，国家将参与水质评价的项目由原来的 9 项增加到 21 项，库区干流水质由Ⅱ类转变成Ⅲ类。三峡库区干流水质评价执行《地表水环境质量标准》(GB 3838—2002)，水质监测 21 项，其中水温、总氮、粪大肠菌群、电导率、氧化还原电位、悬浮物、总碱度作为参考指标。评价项目为 pH 值、溶解氧、高锰酸盐指数、氨氮、石油类、五日生化需氧量、汞、铅、铜、砷、镉、铬(六价)、总磷共 13 项参照河流评价标准。2010—2017 年总体水质全年稳定在Ⅱ～Ⅲ类水平(表 8.2.16)。2017 年库区干流 9 个水质监测站，除巴东官渡口和宜昌南津关(在三峡大坝下游，为出库测站)两个测站为Ⅲ类水，其余 7 个测站均为Ⅱ类水，说明库区干流水质Ⅱ类水所占比例增大，水质在提高。

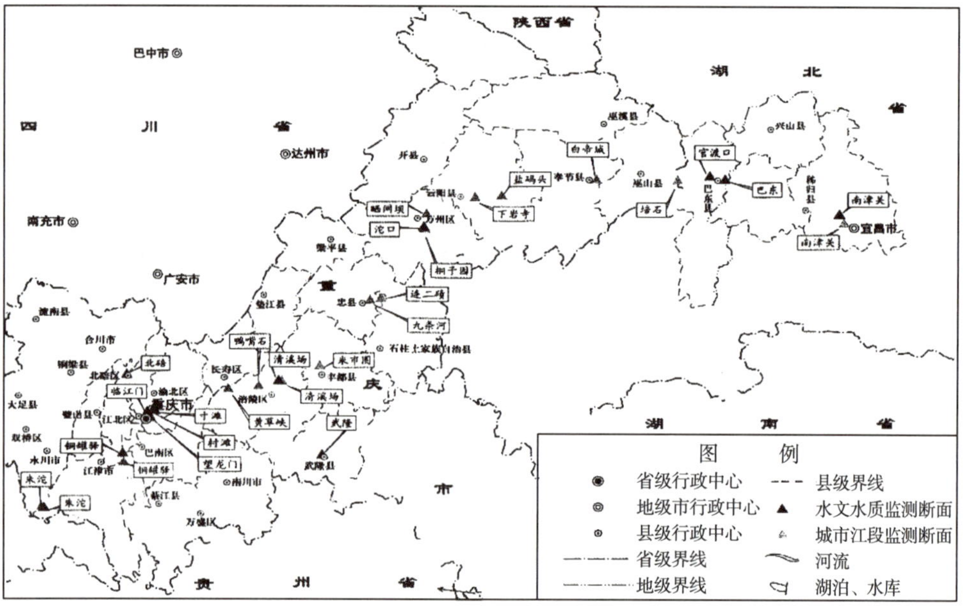

图 8.2.1　三峡库区水质监测断面布置

表 8.2.16　三峡工程 175m 水位试验性蓄水运行库区干流各年度水质状况

年度	断面									
	朱沱	铜罐驿	江津大桥	重庆寸滩	涪陵清溪场	万州沱口	万州晒网坝	巴东官渡口	巴东培石	南津关
2008	Ⅲ			Ⅱ	Ⅱ		Ⅰ		Ⅱ	
2009	Ⅱ			Ⅲ	Ⅲ		Ⅲ		Ⅲ	
2010	Ⅲ			Ⅲ	Ⅲ		Ⅲ		Ⅲ	
2011	Ⅲ			Ⅲ	Ⅲ		Ⅲ		Ⅲ	
2012	Ⅲ			Ⅲ	Ⅲ		Ⅲ		Ⅲ	
2013	Ⅲ		Ⅲ	Ⅲ	Ⅳ		Ⅲ		Ⅲ	
2014	Ⅲ		Ⅲ	Ⅲ	Ⅲ		Ⅲ			Ⅲ

续表

年度	断面									
	朱沱	铜罐驿	江津大桥	重庆寸滩	涪陵清溪场	万州沱口	万州晒网坝	巴东官渡口	巴东培石	南津关
2015	Ⅲ		Ⅲ	Ⅲ	Ⅲ		Ⅲ			Ⅲ
2016	Ⅲ	Ⅱ	Ⅲ	Ⅱ	Ⅱ	Ⅱ	Ⅲ	Ⅱ		Ⅱ
2017	Ⅱ	Ⅱ	Ⅱ	Ⅱ	Ⅱ	Ⅱ	Ⅱ	Ⅲ		Ⅲ

注：自2009年起，参与水质评价的项目由9项增加到21项，水质变化的原因是总磷参与评价。2013年库区增加江津大桥，2014年起宜昌南津关改为三峡水库出库站，2014年、2015年为Ⅲ类水，2016年为Ⅱ类水。

生态环境部尚未发布2018年三峡库区干流9个断面的水质状况。经查生态环境部发布的《2018年中国生态环境状况公报》中，三峡水库2018年38条主要支流的77个水质断面中，Ⅰ～Ⅲ类占96.1%，Ⅳ类占3.9%，无Ⅴ类和劣Ⅴ类。总磷、化学需氧量和氨氮出现超标，断面超标率分别为2.6%、2.6%和1.3%。

(2)库区干流主要污染物浓度稳中有降

与2005年监测数据相比较，三峡库区影响水质的主要污染物为高锰酸盐指数、氨氮、石油类、挥发酚、铅和汞，这6项污染物在水库蓄水前后其浓度没有明显变化。粪大肠菌群的浓度没有上升的迹象。部分污染物浓度稳中有降。高锰酸盐指数浓度稳中有降，已经达到Ⅰ类水质标准要求；氨氮浓度在Ⅱ类水质标准持续稳定；石油类和挥发酚浓度持续稳定略有下降，满足Ⅱ类水质标准要求。

(3)重金属浓度没有增加

重金属铅总含量在2002年前一直超过Ⅱ类水标准，而2003年水库蓄水后明显降低，达到Ⅱ类水质要求，此后铅浓度依然持续下降；汞的浓度虽没有明显降低但是维持稳定，均满足Ⅱ类水质标准要求。

(4)总氮和总磷超标依然存在

2003年6月水库蓄水后总氮、总磷均增加。2008—2012年总氮的含量一直高于Ⅳ类水质标准，为Ⅴ类，属中度污染。总磷的标准限值由于在河流和湖库水质标准中不同，若按河流评价为Ⅲ类水质，若按湖库评价则为Ⅴ类，属中度污染。虽然2008年各个断面的总磷浓度均低于2005年的水平，但是从2008—2012年各断面总磷浓度呈上升趋势。总氮浓度同样不容乐观，除寸滩和清溪场外，其余3个断面2012年的总氮浓度均高于2005年的浓度。因此，与2005年相比较，库区干流中总氮和总磷的浓度没有降低，超标现象依然存在。近年来趋于下降。

(5)粪大肠菌群浓度持续下降

虽然粪大肠菌群不参与水质类别的评价，但由于生活污水、农村面源中的生活和养殖业污染物的排放，三峡库区普遍受到粪大肠菌群的污染，而且比较严重。2005 年库区干流粪大肠菌群为Ⅴ类，属于中度污染，以前则更差。由于加快了城市污水处理厂的建设和运行，库区干流粪大肠菌群浓度持续下降，2009 年以后达到Ⅲ类水质标准要求并持续稳定。

(6)五日生化需氧量有所下降、差异减小

五日生化需氧量在库中滞留时间增加有利于其降解。除朱沱断面五日生化需氧量的年均浓度波动较大以外，其余各断面五日生化需氧量的年均浓度基本稳定在 0.5～1.5mg/L，2009 年以后库区干流各断面浓度水平差异减小。

8.2.4.2 三峡水库蓄水运行对库区主要支流水质和营养状况的影响

(1)库区主要支流水质

三峡工程库区支流监测项目共有 22 项，其中水温、总氮、粪大肠菌群、透明度、叶绿素 a、悬浮物、电导率和流速作为参考指标。评价项目为 pH 值、溶解氧、高锰酸盐指数、氨氮、石油类、五日生化需氧量、汞、铅、挥发酚、化学需氧量、总磷、铬(六价)、硝酸盐氮、亚硝酸盐氮、阴离子表面活性剂，参照湖库评价标准。蓄水前(1997—2003 年)，对库区 13 条主要一级支流的入库断面进行水质监测，大溪河年度水质为劣Ⅴ类，汝溪河为Ⅳ类，草堂河为Ⅳ类，其他均为Ⅱ～Ⅲ类。2003 年 6 月水库蓄水后，次级河流的回水区出现富营养化。试验性蓄水期间，三峡库区主要支流总磷和总氮污染持续恶化；近年来略有下降。

2008—2012 年总磷浓度超标断面比例年均值(3—10 月)分别为 64.3%、75.5%、72.3%、68.0%和 77.3%。其中，回水区总磷超标断面比例分别为 78.9%、89.6%、84.1%、86.6%和 90.9%，明显高于支流非回水区。与 2005 年相比，2008—2012 年三峡库区主要支流回水区总磷超标断面比例分别上升了 6.7、17.4、11.9、14.4 和 18.7 个百分点。2008—2012 年，三峡库区主要支流总氮浓度超标断面比例年均值(3—10 月)分别为 79.1%、78.2%、82.2%、86.0%和 90.7%。其中，回水区总氮超标断面比例分别为 85.2%、80.5%、84.2%、91.6%和 94.1%，明显高于支流非回水区。与 2005 年相比，2008—2012 年三峡库区主要支流回水区总氮超标断面比例分别上升了 12.8、8.1、11.8、19.2 和 21.7 个百分点。

粪大肠菌群污染状况显著减轻。2008—2012 年，三峡库区主要支流粪大肠菌群浓度超标断面比例年均值(3—10 月)分别为 28.5%、19.2%、21.6%、16.6%和 16.1%。其中，回水区粪大肠菌群超标断面比例分别为 31.9%、17.4%、21.6%、16.9%和 15.6%，与非回水区差别不大。与 2005 年相比，2008—2012 年三峡库区主要支流回水区粪大肠菌群超标断面比例分别下降了 14.3、28.8、24.6、29.3 和 30.6 个百分点。

2008—2012 年三峡库区主要支流五日生化需氧量、氨氮、高锰酸盐指数、溶解氧、石油类、pH 值和挥发酚均不同程度出现超标，超标断面比例基本均低于 10.0%。与 2005 年相比，2008—2012 年回水区化学需氧量、五日生化需氧量、氨氮、高锰酸盐指数、溶解氧、石油类超标断面比例均有所下降；挥发酚超标断面比例有所上升；pH 值超标断面比例基本持平。

2013 年 3—10 月，三峡库区长江一级支流主要超标项目为总氮、总磷，超标断面比例分别为90.7%、77.9%。与2012年相比，总磷超标比例略有上升，总氮无明显变化。2014年3—10月，库区主要支流超标项目为总氮和总磷，监测超标频次比例分别为95.6%和76.5%，粪大肠菌群超标比例为18.0%。2015年3—10月，库区主要支流有10个监测项目超标，其超标率分别为总氮94.8%、总磷79.1%、粪大肠菌群8.8%、化学需氧量3.9%、氨氮3.3%、高锰酸盐指数2.3%、五日生化需氧量1.1%、石油类0.7%、pH值0.3%、挥发酚0.2%，与2014年同期相比，粪大肠菌群超标断面比例显著下降，总氮、化学需氧量和五日生化需氧量超标断面略有下降，总磷、石油类、pH值和挥发酚超标断面比例略有上升，氨氮和高锰酸盐指数基本持平。

2016年1—12月，库区主要支流有9个项目超标，其超标率分别为：总氮89.5%、总磷79.1%、粪大肠菌群5.7%、化学需氧量4.9%、氨氮1.3%、高锰酸盐指数1.5%、五日生化需氧量0.9%、pH值0.3%、阴离子表面活性剂0.3%，与2014年3—10月相比，总氮、总磷、粪大肠菌群、氨氮、高锰酸盐指数、石油类和挥发酚超标断面比例均有所下降，化学需氧量超标断面比例有所上升，五日生化需氧量和pH值基本持平。

(2)库区主要支流营养状况

三峡库区长江主要支流水体综合营养状况评价执行环境保护部《地表水环境质量评价办法(试行)》(环办〔2011〕22号)，评价指标为叶绿素a、总磷、总氮、透明度和高锰酸盐指数。采用中国环境监测总站制定的《湖泊水库富营养化评价方法及分析技术规定》，通过计算综合营养状态指数TLI值，对如上所选的库区支流水体综合营养状态进行评价。根据表8.2.17中营养状态分级标准评价水体综合营养状态。

表8.2.17　水体综合营养状态指数(TLI)分级

TLI数值分级	<30	30～50	>50	50～60	60～70	>70
综合营养状态	贫营养	中营养	富营养	轻度富营养	中度富营养	重度富营养

2005年，三峡库区主要支流水体呈富营养、中营养和贫营养状态的断面比例分别为17.5%、65.0%和17.5%。

三峡水库自2008年汛末实施175m水位试验性蓄水，2008—2012年三峡库区主要支流水体呈富营养状态的断面比例年均值分别为20.1%、23.5%、29.3%、29.6%和22.8%。与2005年相比，2008—2012年回水区富营养状态断面比例分别上升了2.6、6.0、11.8、12.1和5.3个百分点；贫营养状态断面比例分别下降了15.4、15.9、17.2、17.2和16.9个百分点。

2013年，三峡库区主要支流水体综合营养状态指数为28.8～73.0，水体呈贫营养—重度富营养状态，其中富营养状态断面比例占监测断面总数的26.6%，与2012年同比上升0.2%，回水区水体处于富营养状态的断面比例为32.5%，比非回水区高12.2%。

2014年库区主要支流77个断面中，水体处于富营养状态的断面占监测断面总数的29.4%，其中支流回水区处于富营养状态的断面占34.7%，非回水区处于富营养状态的断面占23.6%。

2015年库区主要支流水体综合营养状态指数为50.0～81.2，处于富营养状态的断面占监测断面总数的30.5%，处于中营养状态的断面占66.9%，处于贫营养状态的断面占2.6%，与2014年同期相比，富营养和中营养断面比例分别上升1.1、0.8个百分点，贫营养断面比例降低了1.9个百分点。

2016年库区主要支流77个监测断面综合营养状态指数为14.8～79.2，水体处于富营养状态的断面占监测断面总数的24.0%，处于中营养状态的断面比例占73.8%，处于贫营养状态的断面比例占2.2%，与2015年相比，水华敏感期(3—10月)贫营养和富营养断面比例分别降低0.8个百分点和1.1个百分点，中营养断面比例上升1.9个百分点。2016年库区主要支流42个的回水区断面中，水体处于富营养状态的断面占回水区断面总数的24.8%，处于中营养状态的断面占75.0%，处于贫营养状态的断面占0.2%，与2015年相比，贫营养和中营养断面比例分别上升0.3个百分点和4.0个百分点，富营养断面比例降低4.3%。库区主要支流35个非回水区断面中，水体处于富营养状态的断面占非回水区断面总数的23.1%；处于中营养状态的断面占72.4%；处于贫营养状态的断面占4.5%。与2015年相比，贫营养和中营养断面比例分别降低1.8个百分点和0.3个百分点，富营养断面比例上升2.1个百分点。

2017年，三峡库区长江38条主要支流77个监测断面富营养、中营养和贫营养状态断面比例分别为1.3%～32.5%、62.3%～96.1%和0%～9.1%。库区回水区和非回水区水体富营养状态断面比例分别为2.4%～47.6%和5.7%～45.7%。

2018年，三峡库区长江主要支流77个监测断面贫营养、中营养和富营养状态断面比例分别为5.2%、76.6%和18.2%。库区回水区和非回水区水体富营养状态断面比例分别为20.0%和16.2%。

(3)水库浮游藻类情况

与水体富营养化进程紧密相关的浮游藻类也直接或间接受到水库蓄水的强烈影响。三峡水库库区初级生产力、藻类密度、生物量和物种组成在三期蓄水前后的变化已有如下结果。

三峡库区总净初级生产力从2000年的7959.3GgC降至2003年的6987.7GgC(降低了12.2%)；2003年至2006年5月总净初级生产力变化较小，仅增加了41.3GgC(0.6%)；2006年6月至2010年，总净初级生产力增加了338.8GgC(4.8%)，即在2000—2010年研究区域总净初级生产力降低了632.8GgC(8.0%)。

在三峡水库干流及主要支流库湾河口，2003年6月135m水位蓄水后，库区干流藻类密度明显增加，蓄水前(1999—2002年)，干流藻类密度水平不高且总体平稳，各断面藻密度均值在7.6×10^4cell/L以下；135m水位蓄水期间(2003—2006年)干流藻类平均密度为1.4×10^5～1.6×10^5cell/L，2006—2008年156m水位蓄水期间平均为1.2×10^5cell/L左右，与135m蓄水位相比略有降低，而2008年汛末175m水位试验性蓄水期间藻密度与156m蓄水位期间持平。水华优势种主要为小环藻、微囊藻、多甲藻和隐藻等。与蓄水前相比，藻密度显著增加，硅藻、甲藻所占比例下降，蓝藻及绿藻所占比例上升。在时间分布上表现为春季及夏季多于秋季及冬季；在空间分布上表现为支流断面多于干流断面。

8.2.4.3　三峡水库上游来水水质的可能影响分析

(1)库区上游支流受到一定的污染

自2003年6月，三峡水库蓄水以来，三峡水库上游区和影响区主要来水河流主要断面水质情况为：长江宜宾挂弓山断面水质基本良好；金沙江云南昭通段2009年以后水质由Ⅳ类好转为Ⅱ类；四川攀枝花龙洞断面水质稳定良好；攀枝花雅砻江口进入长江的水质十几年来一直稳定良好；岷江眉山段水质污染严重，一直处于轻度污染到重度污染状态，主要污染指标为氨氮和总磷，乐山段后由劣Ⅴ类转为Ⅲ类；沱江轻度污染，主要污染指标为总磷；由于水质评价指标的变化导致乌江水质由Ⅱ类转变为Ⅳ类，主要污染指标为总磷；嘉陵江和赤水河水质良好。

(2)氮磷污染问题不容忽视

库区上游(影响区和上游区)，流域面积大，接纳的城市生活污水和农村面源排放的氮磷污染物多，相当一部分汇流到库区，氮磷污染不容忽视。与2005年相比，2008—2012年各支流断面总氮的浓度没有明显改变。沱江和乌江的总氮浓度历年来均超过Ⅴ类水质标准，岷江超过Ⅲ类水质标准，嘉陵江在2012年浓度值突然升高。2008—2012年，沱江总磷浓度在Ⅳ类浓度水平波动变化；乌江呈上升趋势，2012年度已经突破Ⅴ类标准；其他各支流的总磷浓度没有明显变化。虽然其他各支流的总磷浓度均低于河流Ⅲ类水质标准，若按湖库标准评价，除金沙江和雅砻江外，其他支流总磷浓度均高于湖库Ⅲ类水质标准，乌江的总磷浓度则为劣Ⅴ类。各支流污染物的高低必然影响长江干流乃至库区的水质。

(3)粪大肠菌群污染情况明显改善

与2005年的水质状况相比较，粪大肠菌群只有雅砻江和沱江还不能满足Ⅲ类水质的要求。

8.2.4.4　三峡库区水污染物排放影响分析

(1)库区及其上游地区的工业与生活污染物排放

2003年6月，三峡水库蓄水前后，库区及其上游地区的工业与生活污染物排放总量呈逐年增加趋势。在2003年135m蓄水前后(2004年与2002年相比)，废水排放量增加了2亿t，约增长了5%，而化学需氧量排放量减少了11%，氨氮增加了12%；2006年156m蓄水前后(2007年与2004年相比)，化学需氧量和氨氮排放量均增加了11%。175m试验性蓄水前后(2010年与2007年相比)，废水排放量增加了1.3亿t，约增长了2.8%，而化学需氧量排放量减少了5.2%，氨氮增加了1.9%。总体而言，在工程建设和初步运行阶段，三峡库区及其上游地区污染物排放得到了一定的控制，但排放总量仍在增加。

(2)工业污染物排放量有所下降，而生活污染物排放量增加

1)工业污染物排放量有所下降。

自2008年汛末实施175m水位试验性蓄水运行以来，三峡库区及其上游地区工业污染物排放量有一定程度减少。2008—2011年工业废水排放量分别为19.4亿t、19.2亿t、16.1亿t和14.4亿t，化学需氧量排放量分别为37.3万t、36.8万t、36.2万t和25.0万t，而氨氮排放量分别是2.7万t、2.3万t、2.4万t和1.2万t。

2010年三峡库区工业废污水排放量、化学需氧量排放量和氨氮排放量相对于2007年分别降低了20.7%、12.8%和20.0%(因为“十二五”环境排放系数有所调整，所以采用2010年数据进行比较)。2010年三峡库区生活污水排放量6.15亿t，比2009年增加1.3%。其中化学需氧量排放量9.26万t，比2009年增加5.5%；氨氮排放量1.33万t，比2009年增加2.3%；2010年城镇生活污水和氨氮排放量较2007年分别增加了20.7%和10.8%，化学需氧量排放量减少了1.4%。

2012年三峡库区工业废水排放量为1.73亿t，比2011年下降9.5%。在排放的工业废水中，化学需氧量和氨氮排放量分别为3.31万t和0.20万t。2013年三峡库区工业废水排放量为1.90万t，较2012年上升9.8%，其中化学需氧量和氨氮排放量分别为3.33万t和0.21万t；城镇生活污水排放量为7.87亿t，较2012年增长7.7%，化学需氧量和氨氮排放量分别为13.16万t和2.38万t。2014年库区工业废水排放量为2.12亿t，较2013年上升11.6%，其中化学需氧量和氨氮排放量分别为3.51万t和0.22万t。2014年库区城镇生活污水排放量为7.94亿t，其中重庆库区7.54亿t，湖北库区0.40亿t，分别占95%和5%，化学需氧量和氨氮排放量分别为12.30万t和2.26万t，比2013年分别下降6.5%和5.0%。2015年库区工业废水排放量为2.12亿t，与2014年持平，其中化学需氧量3.42万t，较2014年减少2.6%；氨氮排放量为0.22万t，与2014年持平。

2016年，国家统计局为适应形势的需要，优化调整了统计方法，因此2016年数据结果与往年的可比性不强。2016年库区工业废水排放量为1.36亿t，其中重庆库区1.15亿t，湖北库区0.21亿t，分别占84.6%和15.4%。在排放的工业废水中，化学需氧量排放量为1.08万t，氨氮排放量为0.08万t。

2017年新方法统计结果显示，三峡库区工业废水排放量为1.06亿t，比2016年减少0.30亿t。其中，重庆库区0.89亿t，湖北库区0.17亿t，分别占三峡库区工业废水排放量的84.2%和15.8%。在排放的工业废水中，化学需氧量排放量0.85万t；氨氮排放量0.06万t(注：表8.2.18中数据为小数千分位、万分位没舍的结果)。与2016年相比，化学需氧量和氨氮排放量分别减少了0.23万t和0.02万t。

表 8.2.18　　2017 年三峡库区工业污染废水排放统计

区域		废水(亿 t)	化学需氧量(万 t)	氨氮(万 t)
湖北库区		0.1675	0.0831	0.0018
重庆库区		0.8938	0.7713	0.0605
库区合计		1.0613	0.8544	0.0623
其中	重庆主城区	0.2742	0.1904	0.0180
	长寿区	0.2335	0.1156	0.0067
	涪陵区	0.1203	0.1354	0.0109
	万州区	0.0484	0.0652	0.0041

注:重庆三峡库区包含的区县为万州区、涪陵区、渝中区、大渡口区、江北区、沙坪坝区、九龙坡区、南岸区、北碚区、渝北区、巴南区、长寿区、江津区、开州区、丰都县、武隆县、忠县、云阳县、奉节县、巫山县、巫溪县、石柱土家族自治县。其中,主城区为渝中区、大渡口区、江北区、沙坪坝区、九龙坡区、南岸区、北碚区、渝北区、巴南区。

2018 年,三峡库区 26 个区(县)共有 1440 个国控、市控、县控以上的工业污染源,其中涉及废水排放的企业共计 1013 家,排放废水总量 0.95 亿 t。主城区排放量占 37%、长寿区占 20%、江津区占 21%、涪陵区占 10%,其他区(县)总共排放量占 12%。

2018 年,工业废水排放量为 0.95 亿 t,化学需氧量为 0.73 万 t,氨氮为 0.06 万 t,与上年相比,化学需氧量排放量减少了 0.11 万 t,氨氮排放量无明显变化。2009 年至今,在三峡库区经济社会迅速发展的情况下,通过不断调整产业结构,主要污染物排放量逐年下降。

2)生活污染物排放量增加。

三峡库区 2013 年城镇常住人口总计 989 万,比 2012 年增加 4.38%,库区城镇生活污水排放量为 7.87 亿 t,较 2012 年增长 7.7%;2013 年库区 16 个区(县)共产生生活垃圾 380.34 万 t,处置量 336.23 万 t,占 88.4%;散排量 44.11 万 t,占 11.6%。2013 年库区城镇污水处理厂共 119 座,污水设计日处理能力为 246.85 万 t,共处理污水 7.83 亿 t,其中处理生活污水 7.83 亿 t,工业废水 0.05 亿 t。2014 年库区城镇生活污水排放量为 7.94 亿 t,较 2013 年增长 0.9%。2014 年库区 24 个区(县)共产生生活垃圾 390.43 万 t,处置量 344.84 万 t,占 88.3%;散排量 45.59 万 t,占 11.7%。2014 年库区城镇污水处理厂共 124 座,其中重庆库区 100 座,湖北库区 24 座。库区污水设计日处理能力为 252.47 万 t,比 2013 年增加 5.62 万 t。

2016 年库区城镇生活污水排放量为 12.12 亿 t。其中,重庆库区 11.72 亿 t,湖北库区 0.40 亿 t,分别占三峡库区城镇生活污水排放量的 96.7%和 3.3%。在排放的城镇生活污水中,化学需氧量排放量为 14.04 万 t,氨氮排放量为 2.18 万 t。2016 年,三峡库区城镇污水处理厂共 220 家,其中,重庆库区 193 家,湖北库区 27 家。三峡库区污水设计日处理能力为 291.0 万 t。2016 年,三峡库区 25 个区(县)共产生生活垃圾 401.30 万 t,处置量 384.95 万 t,占 95.9%;散排量 16.35 万 t,占 4.1%。

2017 年，三峡库区城镇生活污水排放量为 12.52 亿 t，与 2016 年相比增加了 0.40 亿 t。其中，重庆库区 12.03 亿 t，湖北库区 0.49 亿 t，分别占三峡库区城镇生活污水排放量的 96.1%和 3.9%(注：表 8.2.19 中数据为千分位、万分位设舍的结果)。在排放的城镇生活污水中，化学需氧量排放量为 14.22 万 t，氨氮排放量为 2.02 万 t，与 2016 年相比，化学需氧量排放量增加了 0.18 万 t，氨氮排放量减少了 0.16 万 t。2017 年，三峡库区城镇污水处理厂共 245 家，其中，重庆库区 218 家，湖北库区 27 家。三峡库区污水设计日处理能力为 298.7 万 t。2017 年，三峡库区 26 个区(县)共产生生活垃圾 407.12 万 t，处置量 391.23 万 t，占 96.1%；散排量 15.88 万 t，占 3.9%(表 8.2.20)。

表 8.2.19　2017 年三峡库区城镇生活污水排放统计

区域		城镇生活污水(亿 t)	化学需氧量(万 t)	氨氮(万 t)
湖北库区		0.4876	0.7483	0.1053
重庆库区		12.0309	13.4756	1.9159
其中	重庆主城区	6.7433	5.2100	0.6957
	长寿区	0.4961	0.5333	0.0993
	涪陵区	0.7169	0.9294	0.1519
	万州区	0.9848	1.6415	0.2417

表 8.2.20　2017 年三峡库区直排区域城镇生活垃圾调查结果

地区	城镇常住人口(万)	产生量(万 t)	处置量(万 t)	散排量(万 t)
江津	37.2	14.32	13.03	1.29
重庆主城区	663.2	255.13	247.47	7.65
长寿	33.5	12.87	12.61	0.26
涪陵	63.8	24.55	23.82	0.74
武隆	10.1	3.89	3.77	0.12
丰都	18.1	6.94	6.81	0.14
石柱	3.0	1.14	1.03	0.11
忠县	20.4	7.85	7.14	0.71
万州	89.1	34.26	32.55	1.71
云阳	25.2	9.71	8.84	0.87
开州	35.8	13.77	13.50	0.28
奉节	22.7	8.72	7.94	0.78
巫山	15.7	6.05	5.51	0.54
巫溪	0.5	0.19	0.17	0.02

续表

地区	城镇常住人口(万)	产生量(万 t)	处置量(万 t)	散排量(万 t)
巴东	7.6	2.91	2.71	0.20
兴山	1.5	0.59	0.52	0.07
秭归	9.6	3.69	3.35	0.33
夷陵	1.4	0.53	0.48	0.05

2018年，库区城镇生活污水排放量为12.68亿t，与2017年相比，增加0.16亿t。在排放的城镇生活污水中，化学需氧量排放12.6674万t，氨氮排放1.87万t。与2017年相比，化学需氧量排放量减少了11.0%，氨氮排放量减少了7.4%。

(3)面源污染农药化肥使用及流失量有所下降，畜禽养殖尚待提高规模化

1)农药化肥使用及流失量有所下降。

三峡库区2008—2017年对19个区(县)农药使用及流失情况进行统计，共施用农药(折纯量)为511.5～701.8t，均值为612.1t，10年间总体上呈现波动式下降的趋势。通过农用地小区监测计算，库区10年间流失农药23.2～45.6t，均值为37.6t，10年间总体上呈现波动式下降的趋势。库区每年施用化肥折纯量为8.7万～16.0万t，均值为13.2万t。单位面积用量0.25～0.75t/hm^2，均值为0.42t/hm^2。通过农用地小区监测计算，库区10年间化肥流失总量9200～14272t，均值为11592t。总体上看，化肥施用量和流失总量均呈现明显下降的趋势。

2011年环境统计数据显示，三峡库区及其上游地区农业化学需氧量、总氮、总磷和氨氮的排放(流失)总量分别为75.0万t、35.1万t、4.0万t和8.3万t，其中化学需氧量和氨氮分别是工业的3.0倍和6.9倍，占工业、生活、农业排放总量的36.3%和34.0%，农业面源污染贡献占比较大。2017年，三峡库区19个区(县)共施用农药(折纯量)511.5t，比2016年减少1.3%，其中，有机磷类农药205.4t，除草剂类农药69.8t，氨基甲酸酯类农药38.2t，菊酯类农药88.0t，其他类农药110.1t。单位面积用量为1.23kg/hm^2。通过农用地小区监测计算，库区全年流失农药33.5t，与上年相比基本无变化，其中，有机磷类农药16.4t，除草剂类农药3.6t，氨基甲酸酯类农药1.9t，菊酯类农药4.5t，其他类农药7.1t。2017年，三峡库区共施用化肥(折纯量)10.4万t，比2016年减少12.9%，其中氮肥7.2万t，磷肥2.5万t，钾肥0.7万t，单位面积用量为0.25t/hm^2。通过农用地小区监测计算，库区全年化肥流失总量为0.92万t，比2016年减少0.14万t，其中，氮肥流失0.66万t，磷肥流失0.14万t，钾肥流失0.12万t。

2018年，三峡库区19个区(县)共施用农药(折纯量)399.0t，比2017年减少22.0%。通过农用地小区监测计算，库区全年流失农药29.4t，比上年下降4.1t。三峡库区19个区(县)每年施用化肥折纯量9.0万t，比2017年减少1.4万t。通过农用地小区监测计算，库区全年化肥流失总量为0.80万t，比上年减少0.12万t。

2)畜禽养殖尚待提高规模化。

三峡库区及其上游地区规模化畜禽养殖(生猪出栏不低于500头、奶牛存栏不低于100头、肉牛出栏不低于100头)生猪出栏数、奶牛存栏数和肉牛出栏数分别为3421万头、10万头和21万头,占舍饲、半舍饲畜禽养殖总数的53.2%、49.8%和22.4%;规模化畜禽养殖化学需氧量、氨氮排放量分别为23.3万t、2.9万t,占舍饲、半舍饲畜禽养殖总数的31.9%和45.5%;规模化养殖规模集中水平相对较低,畜禽养殖污染集中治理存在一定难度,过于分散的养殖方式和敏感的流域地理区位给三峡地区带来较大的环境风险。

2012年三峡库区化学需氧量排放15.5万t,其中畜禽养殖占81.83%,农村生活污染占6.33%;总氮排放2.08万t,其中农田径流占63.1%,农村生活污染占25.5%;总磷排放量2259t,其中农田径流占58.9%,农村生活污染占22.5%。2012年库区共施用农药(折纯量)701.3t,每公顷农药折纯用量为1.7kg,库区全年流失农药44.5t,均与2011年持平。2012年库区共施用化肥(折纯量)15.7万t,比2011年增加1.9%,库区每公顷化肥折纯施用量为0.38t,库区全年化肥流失总量为1.25万t,平均每公顷流失30.4kg。2015年三峡库区共施用农药(折纯量)601.8t,比2014年减少2.2%,其中有机磷类农药299.3t,除草剂类农药105.3t,氨基甲酸酯类农药59.2t,菊酯类农药56.5t,其他类农药81.5t,每公顷施用农药1.48kg,比2014年下降1.3%。通过农用地小区监测计算,库区全年流失农药36.3t,比2014年减少2.1t。2015年库区共施用化肥(折纯量)12.5万t,比2014年减少3.8%,其中氮肥8.3万t,磷肥3.4万t,钾肥0.8万t,每公顷施用化肥0.31t。通过农用地小区监测计算,库区全年化肥流失总量为1.04万t,比2014年减少0.06万t。

(4)库区船舶流动污染源

三峡库区航运发展较快,船舶流动污染源影响较大。2016年,三峡库区注册船舶5862艘。与2015年相比,注册数量减少1766艘,总吨位减少31.2万t,客运量下降37.7%。2016年,三峡库区管辖范围内没有发生船舶污染事故。

2017年,三峡库区注册船舶6600艘。与2016年相比,注册数量增加738艘,总吨位增加135.21万t,客运量下降13.7%。2017年,三峡库区管辖范围内没有发生船舶污染事故。

2018年,三峡库区注册船舶5819艘。与上年相比,注册数量减少781艘,总吨位减少72.82万t,单船总吨位增加30t,标志着三峡库区船型继续向标准化、规范化、大型化和系列化发展。

1)船舶油污水。

2008—2017年,在库区调查的船舶中,船舶油污水单船排放量为27.6~65.7t,污水处理率为94.8%~99.5%,处理后达标排放率为82.6%~93.6%。单船油污水产生量呈波动递减的趋势,2017年因核算方法有所调整,且库区对油污水管控非常严格,油污水排放大幅下降。

2015年,库区船舶机舱油污水达标排放率为88.8%,比2014年下降了1.3个百分点。从船舶类型看,拖船、客船、货船和非运输船达标排放率分别为100%、96.4%、

86.9%和86.5%。与2014年相比，除拖船含油污水达标排放率无变化外，客船、货船和非运输船含油污水达标排放率均略有下降，降幅分别为0.3、1.4和9.0个百分点。2015年，估算库区船舶油污水产生量为39.4万t，处理量为38.4万t，处理率为97.4%，处理后达标排放量35.6万t，处理后达标排放率为90.5%。与2014年相比，船舶油污水产生量减少4.5万t，处理率下降0.8个百分点，达标排放率下降1.4个百分点。在排放的含油污水中，石油类排放量37.9t，比2014年减少8.2t。货船的油污水产生量最多，拖船油污水产生量最少。

2016年，库区船舶机舱油污水达标排放率为88.5%。从船舶类型看，拖船、客船、非运输船和货船达标排放率分别为100%、98.2%、92.3%和86.6%。与2015年相比，拖船含油污水达标排放率无变化，客船和非运输船含油污水达标排放率分别上升1.8%和5.8%，货船含油污水达标排放率下降0.3%。2016年，库区船舶油污水产生量为30.21万t，处理率为97.9%，处理后达标排放量26.96万t，处理后达标排放率为89.2%。从船舶类型看，货船、客船、非运输船和拖船含油污水的产生量分别为21.06万t、4.57万t、4.56万t和0.02万t。与2015年相比，船舶油污水产生量减少9.19万t，达标排放率降低了1.2个百分点。在排放的含油污水中，石油类排放量26.42t，比2015年减少11.48t。

2017年，在库区调查的457艘船舶中，船舶机舱油污水达标排放率为92.1%。从船舶类型看，客船、非运输船、货船达标率分别为100.0%、93.3%、89.6%。与2016年相比，各船型含油污水达标排放率均略有上升，上升幅度分别为：客船1.7%、非运输船1.0%、货船3.0%。

2017年，库区船舶油污水产生量为18.0万t，处理率为99.5%，处理后达标排放量16.7万t，达标排放率为93.6%(表8.2.21)。从船舶类型看，货船、客船、非运输船含油污水的产生量分别为9.4万t、5.9万t和2.7万t。与2016年相比，船舶油污水产生量减少12.2万t，达标排放率增加了5.1个百分点。在排放的含油污水中，石油类排放量1.40t，比2016年减少25.03t。

表8.2.21　　2017年三峡库区船舶油污水排放情况

船舶		油污水						石油类	
类型	数量(艘)	产生量(万t)	比例(%)	处理量(万t)	处理率(%)	达标排放量(万t)	达标率(%)	排放量(t)	比例(%)
客船	1470	5.9	32.8	5.8	99.1	5.8	100.0	0.41	29.3
货船	2881	9.4	52.2	9.4	99.7	8.4	90.0	0.76	54.3
非运输船	2160	2.7	15.0	2.7	100	2.5	93.0	0.23	16.4
合计	6511	18.0	100.0	17.9	99.5	16.7	93.6	1.40	100.0

2008—2017年，三峡库区油污水排放量呈先增加后降低的趋势。2017年最低，油污水

排放量约为 18 万 t。

2)船舶生活污水。

2008—2017 年,对约 50 艘船舶生活污水排放情况进行了调查。船舶生活污水处理装置的处理效率有所提高。根据库区各类船舶数量、生活污水产生量、水运客运量、船员人数、船舶运行时间、不同吨位船舶比例等进行估算,2008—2017 年库区船舶生活污水产生量为 238.7 万～404.6 万 t,呈逐年波动式递减的趋势。

2015 年,对 50 艘船舶生活污水排放情况进行了调查。其中,生活污水经过处理排放的船舶 39 艘,悬浮物、化学需氧量、五日生化需氧量、总氮和大肠菌群的达标排放率分别为 71.8%、76.9%、59.0%、17.9%和 33.3%,总磷全部超标。与 2014 年相比,船舶生活污水处理装置的处理效率有所提高。

根据库区各类船舶数量、生活污水产生量、水运客运量、船员人数、船舶运行时间和不同吨位船舶比例等进行估算,2015 年库区船舶生活污水产生量约为 371.7 万 t,比 2014 年减少了 2.3 万 t,减少 0.6%。客船是三峡库区生活污水产生的主要来源。

2016 年,对 50 艘船舶生活污水排放情况进行了调查。其中,生活污水经过处理排放船舶 46 艘,悬浮物、化学需氧量、五日生化需氧量、总磷、总氮和大肠菌群的达标排放率分别为 100.0%、91.3%、97.8%、52.2%、78.3%、和 97.8%。与 2015 年相比,船舶生活污水处理装置的处理效率有所提高。根据库区各类船舶数量、生活污水产生量、水运客运量、船员人数、船舶运行时间和不同吨位船比例等进行估算,2016 年库区船舶生活污水产生量约为 277.3 万 t,比 2015 年减少了 94.4 万 t。船舶生活污水中悬浮物、化学需氧量、五日生化需氧量、总氮和总磷排放量分别为 422.7t、290.3t、268.4t、153.9t 和 52.0t。

2017 年,对 50 艘船舶生活污水排放情况进行了调查。其中,生活污水经过处理排放的船舶 49 艘,悬浮物、化学需氧量、五日生化需氧量、总磷、总氮和大肠菌群的达标排放率分别为 92.9%、88.1%、92.9%、71.1%、88.3%和 95.9%。与 2016 年相比,船舶生活污水处理装置的处理效率有所提高。

根据库区各类船舶数量、生活污水产生量、水运客运量、船员人数、船舶运行时间、不同吨位船舶比例等进行估算,2017 年库区船舶生活污水产生量约为 238.7 万 t,比 2016 年减少了 38.6 万 t。船舶生活污水中化学需氧量、悬浮物、五日生化需氧量、总氮和总磷排放量分别为 220.2t、206.9t、89.1t、50.1t 和 4.5t。

3)船舶生活垃圾。

2016 年,共对 62 艘船舶生活垃圾产生量及接收情况进行了抽样调查,由此估算库区全年船舶垃圾产生量约为 3.2 万 t。三峡库区船舶垃圾由港口垃圾接收站和辖区垃圾接收船接收和处置,其中,直属海事局辖区垃圾接收船接收垃圾 8747t。

2017 年,共对 62 艘船舶生活垃圾产生量及接收情况进行了抽样调查,由此估算库区全年船舶垃圾产生量约为 2.81 万 t。三峡库区船舶垃圾由港口垃圾接收站和辖区垃圾接收船接收和处置。

8.2.4.5　三峡库区水环境影响分析

(1)三峡库区水污染源分析

对2012年库区工业废水、城市生活污水、农村生活污水、农田径流、城市径流、船舶流动污染源、畜禽养殖污染源调查与等标负荷评价结果表明，库区主要污染源为农田径流污染，其后依次为畜禽养殖、城市生活污水、工业废水、城市径流污染、农村生活污水和船舶流动污染源。主要污染物依次是总磷、化学需氧量、挥发酚、氨氮、总氮、氰化物和石油类，主要水污染源等标污染负荷评价见表8.2.22。

与1986年三峡工程论证阶段相比，工业污染源所占的比例大幅下降，这与库区实施工矿企业迁建密切相关。截至2012年，实际迁建企业287家，破产关闭1102家，一次性补偿销号243家，高达82.4%的污染型企业实施了破产关闭或补偿销号。从行业结构来看，制药工业、有机化工、合成氨和化肥等无机化工、冶炼行业为库区重大潜在污染源分布较多的行业。从工业废水排放量的空间分布来看，长寿区的排放量居库区之首，其次是江津区、涪陵区和万州区。长寿、涪陵、万州的几个工业园区是库区重大水质安全风险源，应引起高度重视。

根据三峡工程生态与环境监测系统工业和生活污染监测重点站的监测结果，2012年，库区生活污水排放量已超过工业废水排放量，库区典型城镇排污口的主要污染物排放量呈总体下降趋势，化学需氧量、五日生化需氧量和氨氮排放量分别由1997年的13.83万t、5.8万t和1.25万t下降到2012年的4.64万t、2.04万t和0.54万t。2012年与1997年相比，污染物削减率分别为66.4%.64.8%和56.8%，表明库区城镇生活污染负荷削减效果明显。

根据2009年重庆市和湖北省环境统计数据中库区主要工业和生活排污口分布情况：重庆主城区的分布最为密集，其次是万州、涪陵、长寿等库区人口密集和经济发达地区。农田径流污染带来的主要污染物为氮磷，其影响不容忽视。根据氮磷污染贡献率估算结果，2012年农田径流污染总磷、总氮入库量分别占库区总磷、总氮入库量的46.5%和89.3%。2012年，氮磷污染物已成为控制库区水质状况的重要指标，为库区支流水华暴发创造了物质条件。从空间分布来看，局部地区化肥农药施用量很大，秭归、云阳、涪陵、巫山、丰都、忠县和开县是库区农田径流污染主要来源地，如何有效防治农田径流污染，已成为库区水污染防治的重要课题。

三峡水库建成后为网箱养鱼创造了有利的水域条件，从2005年起，库区多个区(县)陆续出现投饵式网箱养鱼的现象。投饵式网箱养鱼在单纯追求经济效益的同时，对水域水质的影响较大。网箱养殖已成为水体水质重大污染源之一，特别是滞缓水体受网箱养殖的污染危害尤为明显，成为水体富营养化的重要因素。自2009年起，重庆、湖北逐步开展了网箱养殖的取缔工作，但库区仍存在网箱养殖现象，需引起高度重视。截至2010年底，重庆市万州区、云阳县和忠县以及湖北省巴东县的网箱养鱼已全部取缔。2014年湖北省宜昌市夷陵区和秭归县的网箱养鱼也已取缔。

表 8.2.22　　三峡库区 2012 年主要水污染源等标污染负荷评价

污染类型	类别	化学需氧量	总磷	总氮	氨氮	石油类	挥发酚	氰化物	等标污染负荷	等标污染负荷比(%)	排序
工业废水	等标污染负荷量	245.96			110.22	28.86	1167.84	42.44	1595.32	10.77	4
	等标污染负荷比(%)	15.42			6.91	1.81	73.20	2.66			
城市生活污水	等标污染负荷量	464.00	1800.00		360.00				2624.00	17.71	3
	等标污染负荷比(%)	17.68	68.60		13.72						
农村生活污水	等标污染负荷量	98.30	101.80	21.24	9.90				231.24	1.56	6
	等标污染负荷比(%)	42.51	44.02	9.19	4.28						
畜禽养殖	等标污染负荷量	1271.68	3411.40	10.50					4693.57	31.68	2
	等标污染负荷比(%)	27.09	72.68	0.22							
城市径流	等标污染负荷量	163.47	131.78		7.39				302.64	2.04	5
	等标污染负荷比(%)	54.01	43.54		2.44						
农田径流	等标污染负荷量		4824	375.12	41.10				5240.22	35.36	1
	等标污染负荷比(%)		92.06	7.16	0.78						
船舶流动	等标污染负荷量	7.11	101.00	13.44		9.35			130.90	0.88	7
	等标污染负荷比(%)	5.43	77.16	10.27		7.14					
合计	等标污染负荷量	2250.52	10369.98	420.30	528.61	38.21	1167.84	42.44	14817.90		
	等标污染负荷比(%)	15.19	69.98	2.84	3.57	0.26	7.88	0.29		100.00	
排序		2	1	5	4	7	3	6			

(2)库区干支流水质断面时空变化分析

采用朱沱(长江干流入库断面)、北温泉(嘉陵江入库断面)、锣鹰(2006 年调整为麻柳嘴断面,乌江入库断面)、清溪场(库中)、晒网坝(库中)、培石(库中)、银杏沱(坝前)等 18 个断面的水质监测数据,进行三峡库区干流水质状况分析。

以大宁河、龙河、梅溪河、苎溪河、澎溪河、香溪河等 27 条支流为代表,进行三峡库区支流水质调查分析。本次调查时段为 1992—2012 年,其间涉及国家地表水环境质量标准的两次变更。考虑到水质项目组成、标准值和分析方法的相互衔接、对应,1992—2002 年的评价执行《地面水环境质量标准》(GB 3838—1988),选用 pH 值、溶解氧、高锰酸盐指数、五日生化需氧量、非离子氨、砷、总汞、总铅、六价铬、氰化物、挥发酚、镉、硝酸盐、亚硝酸盐共 14 项指标进行评价;2002—2012 年的评价执行《地表水环境质量标准》(GB 3838—2002),选用 pH 值、溶解氧、高锰酸盐指数、五日生化需氧量、氨氮、总汞、总铅、石油类和挥发酚共 9 项指标进行评价。对总氮、总磷进行单独分析。

1)干流水质变化趋势分析。

①上游入库水质变化趋势分析。

蓄水前后三峡水库上游入库水质变化不大,总体维持在Ⅱ类水,达到和优于Ⅱ类水的断面比例为 83.67%。三峡水库蓄水前,1999—2002 年水库上游入库断面水质较好,朱沱断面高锰酸盐指数蓄水后有显著下降趋势,总磷在 2003 年后呈小幅度上升态势;北温泉断面高锰酸盐指数近年来亦有小幅度上升趋势;锣鹰、麻柳嘴断面总磷呈显著上升趋势,尤其 2008 年后,为Ⅴ～劣Ⅴ类。

②库区干流水质变化趋势分析。

2012 年(现状年)库区干流 18 个断面均达到了Ⅱ类,1998—2012 年库区干流水质基本保持Ⅱ～Ⅲ类的良好状态,Ⅱ类水质标准断面所占比例呈逐年增大趋势,水质逐渐好转。水质呈枯水期优于平水期优于丰水期的规律,此规律在蓄水前后一致。

以《地面水环境质量标准》(GB 3838—1988)14 项指标的Ⅲ类标准进行超标污染物统计显示,1998—2002 年,三峡库区长江干流 14 项监测指标中出现超标的有非离子氨、铅、镉,其中,非离子氨为主要超标污染物,铅、镉指标仅超 1 次(2000 年 9 条河流断面)。以《地表水环境质量标准》(GB 3838—2002)9 项指标的Ⅲ类标准进行超标污染物统计显示,2003—2012 年 9 项指标均无超标现象。

蓄水后,库区干流石油类、铅、氨氮、汞、挥发酚、高锰酸盐指数等主要水质指标呈逐渐降低趋势。库区干流汞浓度维持在Ⅰ类水质标准。五日生化需氧量基本稳定,均小于Ⅱ类水质标准。蓄水前,高锰酸盐指数呈库尾到库首逐渐下降趋势(寸滩除外),蓄水后呈“库中高,坝前、库尾低”的分布。

总氮、氨氮蓄水前后沿程分布基本趋势保持一致;总磷蓄水前后沿程分布有一定的改变,但规律不明显。总氮、总磷指标变化趋势分析显示,2000—2012 年库区长江、嘉陵江和乌江干流总氮浓度较为稳定,为Ⅳ～Ⅴ类,污染较为严重;总磷浓度在 2001 年后总体呈上升态势，其中，2005—2007 年有阶段性小幅度下降，2008 年以来上升趋势较为明显；由于总磷在河流和湖库水质标准中限值不同，若按湖库标准评价，库区干流总磷为Ⅳ～Ⅴ类，属轻度污染，若按河流评价则为Ⅲ类。

2)支流水质时空变化分析。

①水质总体状况及变化趋势。

2012 年库区支流水质以Ⅱ～Ⅲ类为主，达到和优于Ⅲ类水的断面比例为 96%。2000—2012 年库区支流水质主要为Ⅰ～Ⅲ类。蓄水前，支流水质两极分化较为严重，Ⅴ类水占 34.43%，Ⅱ类水占 23.77%。蓄水后，以Ⅱ～Ⅲ类水为主，Ⅱ类水占 45.8%，且达到或优于Ⅲ类断面比例呈逐年增长趋势，水质逐步好转，仅 2003 年、2007 年略有下降。大溪河、汤溪河、长滩河、黎香溪、五步河、大宁河、龙河、梅溪河等 8 条河流水质较好，均为Ⅲ类以上；苎溪河、一品河、花溪河、龙溪河等支流水质较差，劣Ⅴ类水居多。

近年来，库区各区县陆续开展多条支流的水环境综合整治工程，对提升各支流的水环境状况起到了不同程度的促进作用。

2000—2012 年三峡库区主要支流监测项目超标较干流多，石油类、氨氮、高锰酸盐指数、化学需氧量、挥发酚、五日生化需氧量、溶解氧、汞等 8 项不同程度超标。超标污染物中除化学需氧量浓度保持平稳趋势外，其他均呈逐渐好转趋势。2000—2012 年总氮、总磷污染较为严重。总氮基本在Ⅳ类水质以下；总磷指标在河流和湖库水质标准中限值不同，若按湖库标准评价，库区支流总磷长期处于Ⅳ～Ⅴ类，其值常年为 0.06～0.2mg/L，国际上一般认为总磷浓度高于 0.02mg/L，富营养化过程才有可能发生。

②典型支流水质分析。

结合库区支流的空间分布情况，选择龙河、澎溪河、梅溪河、大宁河、香溪河等 5 条主要支流水质进行典型支流水质变化趋势分析，龙河、梅溪河、大宁河蓄水前后基本保持不变，水质主要保持Ⅱ类；澎溪河水质较蓄水前有所好转，蓄水前典型断面水质状况多次呈Ⅳ、Ⅴ类，蓄水后均在Ⅲ类及以上；香溪河相对其他河流水质较差，蓄水后，2011 年典型断面水质状况均呈Ⅳ类。空间分布上，相对而言，坝前支流水质较库中、库尾略差。

从主要污染物浓度变化来看，香溪河总磷指标呈持续、明显下降趋势。澎溪河氨氮呈明显下降趋势。梅溪河总磷、氨氮，大宁河高锰酸盐指数、总磷、氨氮、总氮，香溪河氨氮、总氮等指标有明显上升趋势。

龙河、梅溪河和大宁河 3 条支流回水上游水质均好于回水中段，各污染物浓度均低于回水中段断面。而澎溪河和香溪河回水上游水质较回水中段水质略差，其原因可能与支流流域的人口和产业布局有关，与澎溪河上游开县、香溪河上游兴山县(尤其磷化工企业)发展带来的影响有关。

3)库区水质影响因素分析。

①水动力学条件变化。

三峡库区水流受回水影响后，断面平均流速相比受影响前有较为明显的降低。寸滩断面在坝前水位160m以上时，才受到明显的回水影响；而清溪场及其下游断面自坝前水位135m开始即受到影响。

蓄水后，水力停留时间变长，干支流水动力条件差异明显，库区干流保持河流型水体；库区支流为河流、湖泊过渡型水体或者湖泊型水体。采用175m水位相关库容和防洪库容分别计算全库水力停留时间，按175m库容和多年平均流量计，全库水力停留时间为31天。采用145m和175m水位的支流库容均值，计算了30条库区中小型支流水力停留时间，70%的支流水力停留时间大于20天。

现有数据并未显示库区干流水质变化与水动力条件变化有直接、明显的相关性。而库区支流较明显地表现出受到了库区水动力条件变化的影响，如总氮、总磷浓度变化趋势改变。库区支流总氮浓度在2003年后突然上升，而支流总磷浓度突然降低。

②上游来水污染。

2012年上游来水输入的化学需氧量、氨氮、总氮、总磷总负荷分别为423.34万t/a、7.43万t/a、68.46万t/a、6.87万t/a。上游来水污染贡献以长江干流输入占优势。干流水质变化态势与上游来水污染程度呈现相对一致的态势，受上游影响明显。近几年库区上游来水水质有所改善，但上游区和影响区的污水排放量以及化学需氧量、氨氮、总磷排放量占入库的80%以上，对库区水质影响较大。

③库区污染负荷。

将典型区（县）的污染排放情况与其代表性断面的水质状况对比分析显示，其污染负荷排放强度特征与各区（县）典型断面水质污染程度呈现相对一致性。库区范围的污染物排放总量及其布局对于局部江段水质有较明显的影响。

(3)库区水质富营养化及水华分析

1)支流营养状态总体状况。

三峡水库2003年开始135m蓄水，库区部分支流回水区已经先后出现了不同程度的水华现象，但受天气气候和水库水位调节影响，库区的水华现象还是一种间歇的、局部的富营养化现象。

以2004—2012年库区38条支流的回水区中段及回水区上游断面富营养化加密监测数据，识别库区支流回水区富营养化的发生发展特征。

①主要支流水体富营养状态现状。

三峡工程2008年实施175m水位试验性蓄水运行以来，库区主要支流水体富营养化程度总体呈加重趋势（表8.2.23），2010年处于富营养状态断面比例达34.0%。

表 8.2.23　　三峡水库 175m 试验性蓄水运行期库区主要支流营养状态统计

时间	2009 年	2010 年	2011 年	2012 年	2013 年	2014 年	2015 年	2016 年	2017 年	2018 年
综合营养状指数 TLI	11.4～81.1	18.2～93.5	25.3～75.5	21.7～71.7	28.8～73.0	21.0～72.1	25.9～81.2	14.8～79.2		29.5～62.9
水体状态	贫营养—重度富营养	贫营养—重度富营养	贫营养—重度富营养	贫营养—重度富营养	贫营养—重度富营养	贫营养—重度富营养	贫营养—重度富营养	贫营养—重度富营养	中营养—轻度富营养	中营养—轻度贫营养
富营养状态(%)	26.9	34.0	29.6	26.4	26.6	29.4	30.5	24.0	18.2	5.2
中营养状态(%)	70.8	63.9	67.5	69.2	69.5	66.1	66.9	73.8	78.9	76.6
贫营养状态(%)	2.3	2.1	2.9	4.4	3.9	4.5	2.6	2.2	2.9	18.2

2012 年库区 38 条支流大多数处于中营养状态(TLI 为 36.16～63.90)；14 条(36.84%)支流处于富营养状态，花溪河、苎溪河为中度富营养状态。支流各断面叶绿素 a 浓度为 1.23～28.40mg/m^3，香溪河(16.47mg/m^3)、花溪河(14.56mg/m^3)等 9 条支流为轻度富营养化状态。4—9 月库区支流 TLI 值、叶绿素 a 浓度相对较高。叶绿素 a 浓度与 TLI 值年内变化特征并不同步。三峡库区主要支流水体综合营养状态分布见图 8.2.2。

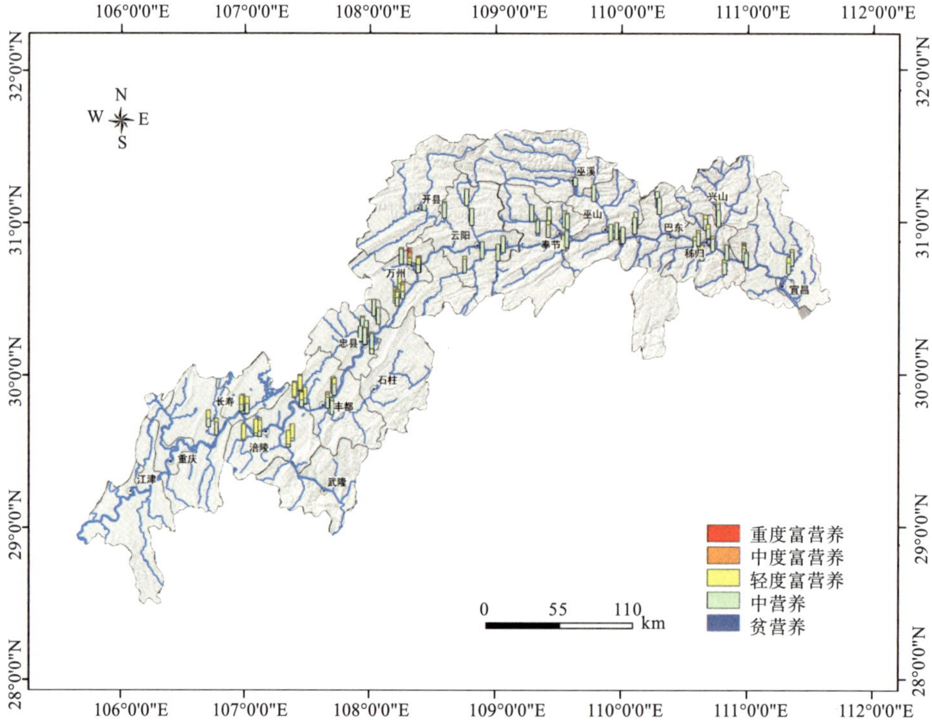

图 8.2.2　三峡库区主要支流水体综合营养状态分布

②富营养化年际变化。

2004—2012年支流回水区TLI均值总体保持稳定状态。回水区中段TLI均值为48.59～56.74，回水区上游TLI均值为41.17～49.06，回水区中段富营养化程度高于回水区上游。从富营养化比例看，伴随阶段性蓄水过程，支流回水区富营养化程度呈现阶段性加重再稳定好转的特征，反映了水生态系统波动稳定的过程。与水库蓄水前相比，支流富营养化状况加重趋势明显，支流富营养化问题突出。

2013年处于富营养状态断面比例为26.6%，比2007年升高4.7个百分点，其中重度富营养的比例为0.6%。2014年库区支流水体富营养状态断面比例占29.4%；2015年库区支流水体处于富营养化的断面占30.5%。2016年库区主要支流77个监测断面综合营养状态指数为14.8～79.2，水体处于富营养状态的断面占监测断面总数的24.0%（图8.2.3）。与2015年3—10月相比，富营养断面比例降低了1.1个百分点。

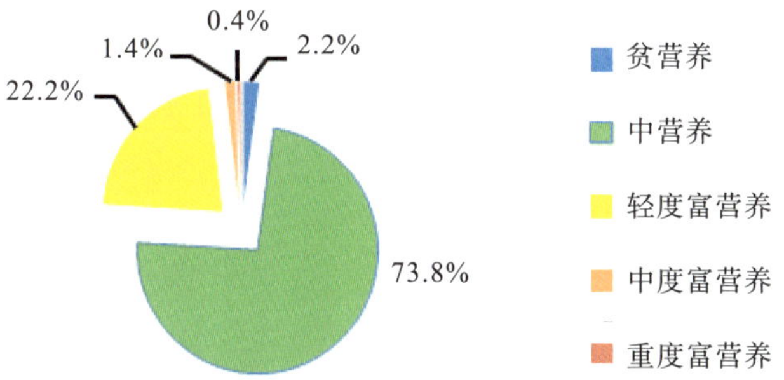

图8.2.3　库区2016年主要支流水体综合营养状态

③富营养化年内变化。

三峡库区主要支流回水中段1—2月、11—12月富营养断面比例较低，3—10月富营养断面比例较高。3—10月为富营养化敏感时段，TLI均值为49.12～53.22，叶绿素a浓度为7.18～21.20mg/m³。回水上游水体富营养化程度、叶绿素a浓度总体上低于回水中段。

2015年3—10月，在77个监测断面中，水体处于富营养状态的断面比例为18.2%～40.3%。其中，回水区水体处于富营养状态的断面比例为15.0%～47.5%；非回水区为18.9%～32.4%；回水区和非回水区的水体富营养化程度与2014年同期持平。从回水区情况看，3—5月和10月富营养断面比例较2014年同期下降了5.0、2.5、15.0和2.5个百分点；6月、7月和9月比2014年同期分别上升了2.5、10.0和10.0个百分点；8月与2014年同期持平。从非回水区看，4—5月和7—8月富营养断面比例较2014年同期分别下降了2.7、2.7、2.7和5.4个百分点；6月和9—10月比2014年同期分别上升了2.7、8.1和8.1个百分点；3月与2014年同期持平。2016年，在三峡库区主要支流42个回水区断面中，水体处于富营养状态的断面占回水区断面总数的24.7%。与2015年3—10月相比，富营养断面比例降低了4.3个百分点。在三峡库区主要支流35个非回水区断面中，水体处于富营养状态的断面占非回水区断面总数的23.0%。与2015年3—10月相比，富营养断面比例升高了2.1个百分点。参见图8.2.4(由于四舍五入,部分百分比求和可能不为100%,下同)。

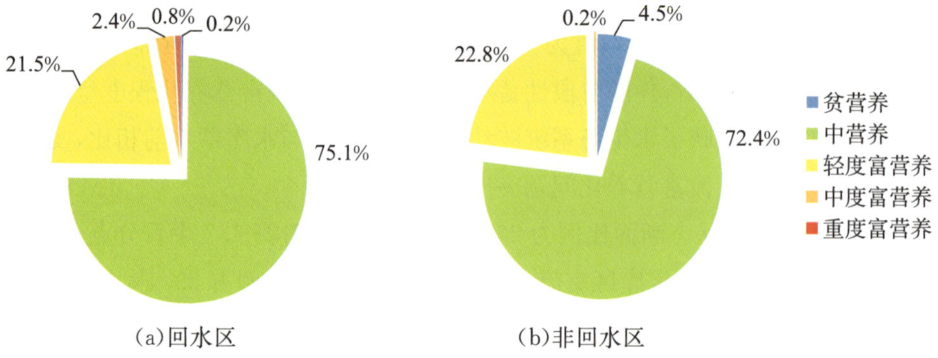

图8.2.4 库区2016年主要支流不同区域水体综合营养状态

从回水区情况看,2016年(3—10月,可比月份)水体富营养断面比例较2015年同期有所下降,其中4月、7月、9月和10月富营养断面比例分别下降了6.5、2.3、18.7和13.3个百分点;3月、5月和8月富营养断面比例分别上升了2.1、13.3和0.8个百分点;6月与上年同期持平(图8.2.5)。

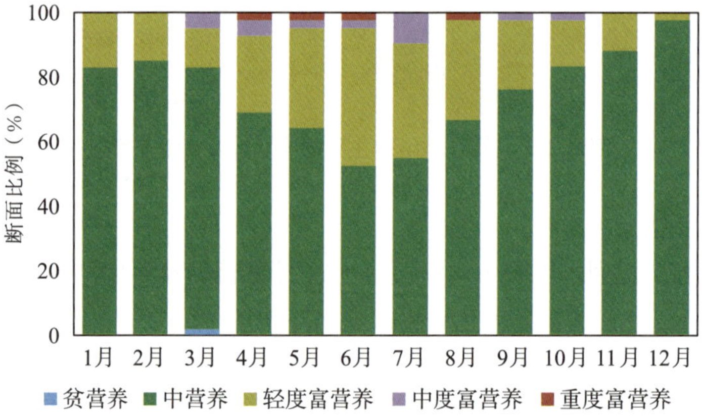

图8.2.5 库区2016年主要支流回水区水体综合营养状态

从非回水区情况看,2016年(3—10月,可比月份)水体富营养断面比例较2015年同期有所上升,其中5—8月富营养断面比例分别上升了4.2、13.3、10.0和15.4个百分点;3月、4月、9月、10月富营养断面比例分别下降了4.9、1.6、4.3和9.7个百分点(图8.2.6)。

④富营养化分布空间特征。

2004—2012年,支流大多属于轻度富营养化范围。以芒溪河、花溪河富营养化程度相对较重。富营养化断面比例空间分布大致以芒溪河为界,上游段总体明显高于下游段。叶绿素a浓度为3.21～65.77mg/m^3,均值为11.97mg/m^3。叶绿素a浓度空间分布特征较之富营养化断面比例空间分布不同。以芒溪河为界,上游段和下游段差异并不明显,且下游段略高于上游段。上游段总氮、总磷、高锰酸盐指数浓度带来的富营养化潜势重,但水华风险并不比下游段高。从区域分布情况看，富营养化程度较高的河流主要分布在万州、长寿、涪陵和丰都等区域，忠县以及万州下游库首区域的河流富营养化程度相对较低。

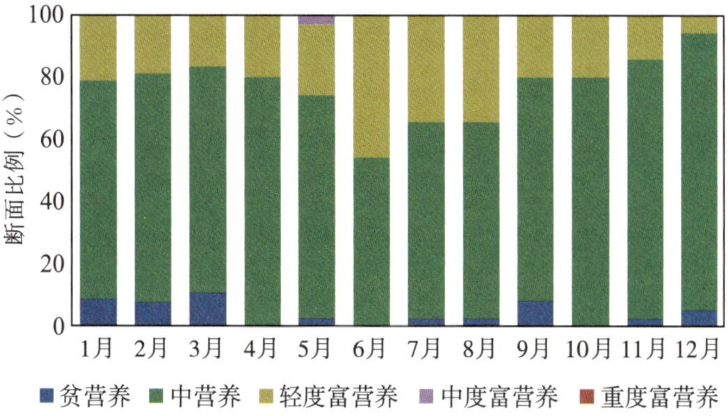

图 8.2.6　库区 2016 年主要支流非回水区水体综合营养状态

2015 年 3—10 月，富营养化程度较高的河流主要分布在重庆库区万州、长寿、涪陵、丰都和湖北库区秭归等区域，忠县以及万州下游库首区域的河流富营养化程度相对较低。

2016 年，从各月（1—12 月）情况看，在 77 个监测断面中，水体处于富营养状态的断面比例为 3.9%～46.8%。其中，回水区水体处于富营养状态的断面比例为 2.4%～47.6%，非回水区为 5.7%～45.7%。从回水区情况看，3—10 月水体富营养断面比例较 2015 年同期有所下降，其中 4 月、7 月、9 月和 10 月富营养断面比例分别下降 6.5%、2.3%、18.7%和 13.3%，3 月、5 月和 8 月富营养断面比例分别上升 2.1%、13.3%和 0.8%，6 月与 2015 年同期持平。从非回水区情况看，2016 年 3—10 月水体富营养断面比例较 2015 年同期有所上升，其中 5—8 月富营养断面比例分别上升 4.2%、13.3%、10.0%和 15.4%，3 月、4 月、9 月和 10 月富营养断面比例分别下降 4.9%、1.6%、4.3%和 9.7%。从区域分布情况看，富营养化程度较高的河流主要分布在万州、长寿、涪陵和丰都等区域，忠县以及万州下游库首区域的河流富营养化程度相对较低。

2017 年在受到长江干流回水顶托作用影响的 38 条长江主要支流以及水文条件与其相似的坝前库湾水域布设 77 个营养监测断面。其中，42 个断面处于回水区，35 个断面处于非回水区。采用叶绿素 a、总磷、总氮、高锰酸盐指数和透明度等 5 项指标计算水体综合营养状态指数，评价水体综合营养状态（图 8.2.7）。库区主要支流总体富营养化程度比上年略有下降。其中，富营养断面比例下降了 5.8 个百分点，中营养和贫营养状态断面比例分别上升了 5.1 和 0.7 个百分点。回水区总体富营养化程度比上年略有下降。其中 1—8 月富营养断面比例比上年同期分别下降了 11.8、10.0、12.5、10.0、5.0、2.5、17.5 和 2.5 个百分点；9—12 月比上年同期分别上升了 0.6、2.5、2.5 和 5.0 个百分点。非回水区总体富营养化程度比上年略有下降。其中 1 月、2 月、3 月、5 月、6 月、7 月、8 月富营养断面比例比上年同期分别下降了 21.2、18.9、2.7、5.4、27.0、10.8 和 8.1 个百分点；4 月、10 月、11 月、12 月比上年同期分别上升了 2.7、5.4、5.4 和 5.4 个百分点；9 月与上年同期持平。

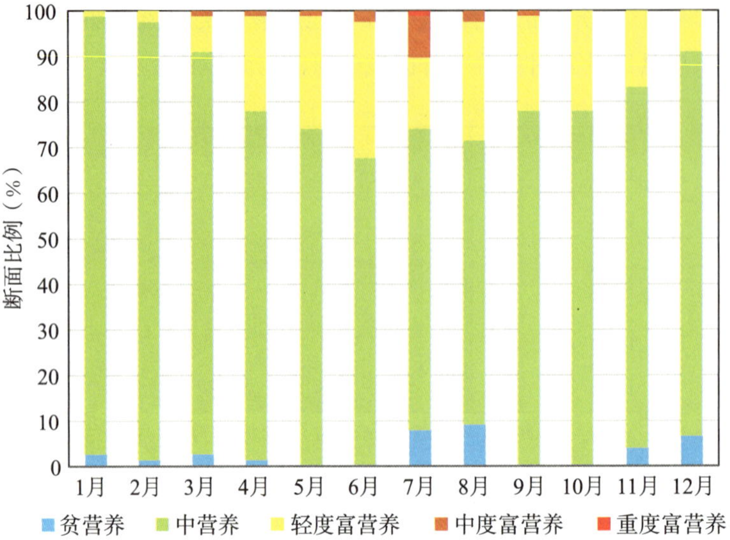

图 8.2.7　2017 年三峡库区长江主要支流水体营养状态

2008—2018 年主要支流水体呈贫营养—富营养状态。以中营养状态为主，比例为 63.9%～77.3%。回水区和非回水区富营养状态断面呈波动下降的趋势。

2）水华暴发统计分析。

2003 年 6 月，三峡水库开始围堰挡水发电水位 135m 蓄水运行，首次发现水华后到 2005 年共发生 42 起水华事件，平均每年发生 14 起；2006 年汛后进行初期运行水位 156m 蓄水后，到 2007 年共发生 59 起水华事件，平均每年约 29 起；2008 年汛末实施正常蓄水位 175m 试验性蓄水以来，到 2012 年共发生 127 起水华事件，平均每年约 25 起；2013 年库区累计发生水华事件 28 起，2014 年库区支流监测到的水华事件 14 起，2015 年监测到的水华事件 24 起，2016 年库区监测到的水华事件 23 起。水华覆盖库区 20 余条支流。

三峡库区水华暴发的时间特征为：全年 2—12 月均可发生水华，水华暴发频率较高的月份为 3—6 月，春、夏季是三峡水华的多发季节。基于常规环境参数的监测结果，推测这与此时水温适宜藻类生长，氮磷含量较高，而水体滞留时间较长有关。春季水华的优势种主要为硅藻门的小环藻、隐藻门的隐藻；秋季水华的优势种主要为硅藻门的小环藻、直链藻，隐藻门的隐藻，绿藻门的衣藻，蓝藻门的微囊藻、束丝藻。

三峡水库实施 175m 水位试验性蓄水运行以来，2009 年库区监测到的水华近 20 起，涉及十几条支流。水华藻类优势种主要为硅藻门的小环藻、甲门藻的多甲藻、绿藻门的空球藻和实球藻、隐藻门的隐藻和蓝藻门的束丝藻和微囊藻。2010 年库区干流断面中浮游植物数量组成以河流型的藻类为主；支流河口则以硅藻、蓝藻和绿藻等为主。全年监测到的水华十余起，涉及十几条支流。水华藻类优势种主要为硅藻门的小环藻、甲门藻的多甲藻、绿藻门的衣藻和蓝藻门的束丝藻及微囊藻。藻类优势种的季节性转变表现明显，春季主要为硅藻门的小环藻和甲门藻的多甲藻，秋季主要为绿藻门的衣藻和蓝藻门的微囊藻。蓄水期间在小江、大宁河和香溪河的回水顶托区局部水域发现小范围的水华，但覆盖水域面积较小，持续时间短，影响和危害有限。2011年在三峡库区有15条支流监测到水华现象，分别是湖北省秭归县的吒溪河、童庄河，兴山县的香溪河；重庆市奉节的草堂河、小江、梅溪河，云阳的长滩河、磨刀溪，忠县的东溪河、汝溪河、黄溪河，丰都的龙河、赤溪河，涪陵区的渠溪河、珍溪河。水华藻类优势种主要为硅藻门的小环藻、甲门藻的多甲藻、绿藻门的衣藻、蓝藻门的束丝藻和隐藻门的隐藻。2012年库区支流苎溪河、小江仍为水华高发地，香溪河、大宁河、神农溪等支流不同程度地暴发水华。消落期（3—5月）以硅藻水华为主，汛期（6—8月）以绿藻、蓝藻水华为主。蓄水期大宁河曾发生微囊藻水华，其他水域未见水华发生。2013年库区发生水华28起，涉及21条支流。多年来库区水华优势种主要为小环藻、微囊藻、多甲藻和隐藻等，与蓄水前相比，藻密度显著增加，硅藻及甲藻所占比例下降，蓝藻及绿藻所占比例上升；在时间分布上表现为春、夏季多于秋、冬季；在空间分布上表现为支流多于干流。2014年库区主要支流共监测到水华14起，涉及青干河、神农溪、大宁河、磨刀溪、梅溪河、澎溪河、苎溪河、汝溪河、东溪河、池溪河、龙河和香溪河等12条支流。2015年库区监测到的水华24起（3月7起、9月17起），涉及支流吒溪河、童庄河、青干河、神农溪、香溪河、大宁河、大溪河、磨刀溪、草堂河、小江、梅溪河、汤溪河、汝溪河、东溪河、池溪河、龙河、黄溪河、渠溪河、珍溪河。

2016年重庆市和湖北省相关环境监测站巡查结果显示，三峡库区38条主要支流不同程度地存在水色异常情况，其中4月、5月、6月和8月发生频率较高。2016年，长江流域水环境监测中心结合多年来对库区水华监测的经验以及相关信息的反馈，在水华多发季节对香溪河、大宁河、小江等30条支流水体适时开展了水华应急监测。监测结果显示：

①在库区累计监测到水华23起，涉及河流17条，具体为吒溪河、抱龙河、童庄河、神农溪、草堂河、梅溪河、磨刀溪、长滩河、汤溪河、东溪河、黄金河、小江、珍溪河、苎溪河、壤渡河、池溪河和汝溪河。

②库区水华主要发生在春季（3月）和秋季（9月），分别监测到6起和15起。春季水华的优势种主要为硅藻门的小环藻，隐藻门的隐藻；秋季水华的优势种主要为硅藻门的小环藻、直链藻和舟形藻，隐藻门的隐藻，甲藻门的多甲藻，蓝藻门的微囊藻、束丝藻、平裂藻和颤藻。

归纳水华发生的空间特征为：水华多发生在回水顶托区，以支流库湾滞水区为主，干流特定水域特殊时段也有轻微水华；回水区的某些库湾成为蓄水以来历年的水华高发水域。水华暴发水域随蓄水水位变化发生迁移，呈现随水位升高而向河流上游发展的趋势；水位抬高后支流上新增的库湾成为水华暴发的敏感区域。

③库区支流水华暴发的基本特征。2017年巡查结果显示，三峡库区38条主要支流不同程度地存在水色异常情况。其中5—10月发生频率较高，其余各月未观察到水色异常情况。存在水色异常的河流主要包括梅溪河、大宁河、神女溪、澎溪河、苎溪河、桃花溪和龙河。春季水华的优势种主要为硅藻门的小环藻，隐藻门的隐藻，甲藻门的多甲藻；秋季水华的优势种主要为硅藻门的小环藻和直链藻，隐藻门的隐藻。

近年来的调查研究发现，库区出现的水华藻类种类丰富，其中包蓝藻门的铜绿微囊藻、惠氏微囊藻和水华束丝藻，硅藻门的新星形冠盘藻、美丽星杆藻和小环藻，甲藻门的倪氏拟多甲藻和拟多甲藻、绿藻门的实球藻、空球藻和美丽团藻，隐藻门的湖沼红胞藻以及金藻门的延长鱼鳞藻等。可见，三峡库区水华优势种正在从河流型藻类向湖泊型藻类过渡，其多样性也反映出三峡库区水环境问题的复杂性。

2018 年三峡库区长江干流未监测到水华现象。支流在五桥河、大宁河和彭溪河发现水色异常。主要出现在夏季。

2008—2018 年三峡库区主要支流水华发生情况基本保持稳定。在三峡库区抱龙河、香溪河、吒溪河、童庄河、草堂河、梅溪河、御临河、苎溪河、小江、汤溪河、磨刀溪、长滩河、神农溪、汝溪河、黄金河、东溪河、珍溪河、黎香溪、青干河、渠溪河、池溪河、五桥河、大宁河和彭溪河等 24 条主要支流回水区有水华出现。

3)富营养化及水华影响因素分析。

针对三峡库区富营养化和水华问题已经开展了大量探索研究，总体认为，蓄水后三峡库区支流营养盐充足，能满足藻类生长增殖的需要，因此不成为藻类生长的限制因子，同时低的浮游动物密度也并不是影响水华形成的重要因素，影响藻类生物量分布的主要因素为水动力特征、光热等物理因素。

三峡蓄水成库对库区水动力条件产生显著影响，导致库区的生境因子发生相应的变化，加剧了富营养化和水华风险。主要体现在：

①流速减缓，水体滞留时间延长，容易形成富营养化，有利于藻类生长。根据环境保护部《三峡水库生态安全调查及评估》及相关研究成果，采用 145m 和 175m 水位的支流库容均值，计算了 30 条库区中小型支流水力停留时间，70%的支流水力停留时间大于 20 天。典型支流的水力停留时间见表 8.2.24。根据日本的经验，水力停留时间小于 4 天的湖泊不发生富营养化；形成富营养化水力停留时间一般为两周以上。根据国际湖泊环境委员会编制的《湖泊管理导则第 9 卷 水库水质管理》(1999)，水力停留时间 $R<15$ 天，属河流型水体，15 天 $\leqslant R \leqslant 365$ 天属过渡型水体，$R>365$ 天属湖泊型水体，三峡库区支流水力停留时间有利于形成富营养化，大部分支流属于过渡型水体。

表 8.2.24 三峡库区典型支流水力停留时间

河流	净径流量(亿 m^3)	平均停留时间(天)
龙河	18.60	4
澎溪河	34.24	108
梅溪河	10.87	119
大宁河	27.33	101
香溪河	19.34	106

注：资料来源于《长江三峡水利枢纽工程竣工环境保护验收调查报告》。

②受主库水体倒灌的影响，支流水温垂向分布主要受干流水温控制，但在不同水文条件影响下水温分层状况有所差异。如流量大的支流水温垂向分布均匀，温差小；而在流量相对较小的支流上(如小江、大宁河、香溪河支库)，由于主库顶托，水体流动较慢，垂向掺混较弱，受大气热交换影响易在表层形成温跃层，温差可达6～7℃，有利于水华发生、发展。

③干流顶托作用促进了干支流营养物质交换，高氮磷的干流水倒灌成为支流营养物质的重要来源，水体中氮、磷营养盐浓度较蓄水前发生显著变化，从而使水体富营养化程度加重，水华暴发。

(4)库区典型污染带分析

库区典型污染带监测始于1997年，到2013年进行了典型排污口和部分城镇中心区岸边两种类型共38次污染带监测。其中，水库蓄水前(1997—2003年)进行了22次，包括4个大型城市排污口和7个城市中心区近岸120m宽水域的水质监测。水库蓄水后(2003—2012年)进行了16次监测，全部属于典型排污口污染带监测，包括重庆的鸡冠石、唐家沱、李家沱、长寿、涪陵、云阳、巫山、巴东等城市污水厂尾水排放口的水质监测。

根据部分实测和类比估算，污染带(指污染物浓度超过背景浓度5%的超背景污染带，下文所说的污染带，不加特别说明时，均指超背景污染带)空间分布规律蓄水前后较一致，蓄水后更向大城市集中。蓄水前，库区城市污水集中在重庆主城区、万州、涪陵等中心城区排放，污染带主要在这些城区岸边出现。由于蓄水前城市污水口位置分散，污染带呈离散分布。蓄水后，污染带主要分布在尾水排放量大的重庆主城区、巴南区、涪陵城区和长寿城区，污染带长度分别占总长度的72.3%(高锰酸盐指数)、9.9%(高锰酸盐指数)、6.0%(高锰酸盐指数)。污染带的分布规律与蓄水前后一致。三峡水库成库后，由于水情变化不利于污染物的紊动扩散；蓄水后，单位负荷形成的岸边污染带相比蓄水前有所加重。根据污染物在水面上的二维扩散规律可知，污水排放口形成的污染带长、宽、面积与纳污水域的水流速度、水深(或单宽流量)、污染负荷、排污口位置，污水出流形态和水域上游来流背景浓度等有关。当上游来流背景、排污口位置、污水出流特性不变或基本相似时，污水排放口形成的污染带长与污染负荷的平方成正比，与纳污水域的水深，单宽流量成反比。污染带宽与污染负荷成正比，与纳污水域的单宽流量成反比。利用这个关系，可以建立起相似排污口形成的污染带长、宽类比计算公式，计算蓄水前后污染带面积，结果见表8.2.25。

表8.2.25　　三峡水库蓄水前后污染带面积对比

项目	高锰酸盐指数	氨氮	总磷
蓄水前污染带面积(m^2/kg)	3.1～6.9	21.2～57.1	222.2
蓄水后污染带面积(m^2/kg)	13.4～233.7	135.9～1486.9	480.0～4171.0
蓄水前与蓄水后污染带面积比	1∶14	1∶9	1∶6

污染带分布受到蓄水前后污染负荷和水动力条件变化的双重影响：蓄水运行前库区多数排污口污染带长度为200～300m，蓄水运行后单个排污口污染带长度一般在300～

2000m，普遍有所增加，其原因主要在于蓄水后水流扩散缓慢，污染物累积。蓄水后污染带宽占库区江段平均宽度的比例由蓄水前20%左右变化为11%～23%，平均来看小于蓄水前比例，其原因则在于蓄水后库区江段的平均宽度亦显著增加。

8.3 三峡工程对生态与环境影响问题论证及评价

8.3.1 三峡工程对生态与环境影响问题论证

8.3.1.1 三峡工程对生态与环境影响问题初步论证

(1)对生态与环境影响问题初步论证过程

国家科学技术委员会分别于1985年6—7月在北京市、1986年1月26—27日在上海市主持召开会议，研究不同蓄水位对生态与环境影响的评价和论证工作，国家环境保护局、长江水保局、中国科学院及所属有关单位参加，并聘请了国内有关专家组成长江三峡工程生态与环境专题专家组，组长马世骏，专家方子云、刘建康、刘培桐、孙鸿冰、陈吉余、张书农、侯学煜、席承藩、谢家泽、蔡宏道。专家组在1985年5月成都论证会的基础上，以正常蓄水位150m和180m两种方案为代表，对生态与环境的影响进行初步评价与论证。在分析有关资料成果的基础上经审议，编写出《三峡工程对生态与环境影响的初步论证报告》(正常蓄水位150m和180m方案)。该报告是在"三峡工程对环境的影响"(正常蓄水位150m方案)研究的基础上，对180m方案的环境影响进行补充论证编写而成，内容包括：长江流域环境现状与三峡工程概况、三峡工程对自然生态与环境的影响、对社会生态与环境的影响、对生态与环境影响的综合评价。兴建水库的自然环境和社会环境，对库区、坝下游以及整个流域都会产生一定的影响。在全面调查研究的基础上，逐步筛选，经分析认为除了局地气候、水质、水温、水库泥沙淤积及坝下游河道冲刷、环境地质、土壤环境、水生生物及鱼类资源、森林植被、珍稀植物及经济林、野生动物及珍稀动物会受到影响之外，水库淹没对人类社会生态、人群健康、文物古迹，以及自然景观、工程施工对环境会产生影响。三峡水利枢纽工程对生态与环境的影响涉及面广，综合性强，极为复杂，初步论证报告采用系统分析的方法，先对影响自然生态和社会环境的主要环境因子(子系统)分别予以论证，然后进行综合评价，并对其影响提出对策和建议。

(2)三峡工程对生态与环境影响初步论证报告的综合评价

1)单因素分析。

三峡工程对气候及一些水文因素影响不大，但对生态与环境的影响较为深远：

①三峡工程对库区生态环境的影响，突出的问题是水库土地淹没与移民后靠，城乡建设及工矿企业的发展等将增加局部地区压力，一旦超越了库区环境容量，对于生态与环境的破坏将是严重的。

②库区环境的稳定性与泥沙淤积，中游的河道冲刷与湖田、圩地排渍，下游河口区的动态变化和水产资源的变化，都直接关系到长江干支流生态系统的结构、调节功能及其生产

力。对于三峡水库的效益，都具有举足轻重的影响。

③其他如对水域生态及珍稀水生动物的影响，对人体健康的影响以及对文物古迹影响的重要性亦都很显著。

④库区雨量集中，与上游暴雨所造成的洪峰同步出现，库区回水与上游支流洪水顶托，可能造成库区上游洪水及支流河道泛滥。

2）三峡工程有利影响。

三峡工程具有一定的防洪库容，对中下游防洪有利；水电为清洁能源，在一定范围内，对减轻大气污染有利，水库还略有改善水质和调节局地气候的作用，随着水位的提高，此类环境效益亦相应有所增加。

3）问题与建议。

①当前决策有关的几个问题。

（a）库区移民安置规划应以库区环境容量为基础；（b）库区总体规划要以经济和保护库区生态与环境为中心内容；（c）在库区建设中做好卫生和防疫工作，确保施工人员和库区居民健康；（d）水库工程设计和调度，要充分考虑生态与环境的要求；（e）对三峡工程的风险应进行深入分析。

②建议。

（a）根据环境容量制定移民环境规划；（b）搞好库区总体规划，将城乡建设、移民规划、资源开发与环境规划等纳入总体规划，并按规划实施；（c）在坝高及蓄水位方案综合论证的基础上，尽快确定坝高及分期实施的最终工程规划，尽早提供设计报告及有关资料，以利于深入进行论证；（d）要重视三峡工程对环境影响与科研工作。

8.3.1.2　三峡工程生态与环境专题重新论证

1986 年 6 月，根据中共中央《关于长江三峡工程论证工作有关问题的通知》的精神，水利电力部三峡工程论证领导小组成立了长江三峡工程生态与环境专题论证专家组。专家组由生态、环境、水利等方面 55 位专家组成，专家组顾问侯学煜、黄秉维，专家组组长马世骏，副组长严恺、孙鸿冰、高福晖。专家组专家按任务与学科性质分综合组；库区陆生生态与环境地质论证组[illegible]小组组长马梅生、席承藩，专家丛善本、刘广润、关君蔚、朱建业、许厚泽、陈昌笃、陈德[illegible]昌哲、唐永銮、夏其发、章文才、臧玉祥、傅抱璞、傅立勋、沈坩卿；水生生物、水沙情势[illegible]涝及河口生态环境组，小组组长方子云、刘建康，专家王德铭、刘瑞玉、刘峻德、陈文辉、[illegible]余、陈科信、陈春槐、李荣敖、李景锟、张书农、高维真、姚榜义；库区移民环境容量与人[illegible]康组，小组组长刘培桐、谢家泽、蔡宏道，专家王如松、刘一辛、刘昌久、刘逸浓、陈华癸、[illegible]慧、肖荣炜、郑乃彤、徐琪、姚炳华、吴国昌、殷学鹏。专家组通过组织专家到库区和各[illegible]区现场考察，分组查阅相关资料、调研、专题讨论会等方式，于 1988 年 1 月提出《长江三[illegible]工程生态与环境专题论证报告——对生态与环境影响及对策的论证》。论证报告将长[illegible]流域作为一个完整的大系统，对三峡工程修建引起生态系统结构、功能的变化以及由此引[illegible]的生态系统的整体效应进行全面的评价（图 8.3.1），重点阐述了库区移民搬迁带来的生态与环境问题，以及对策和建议。论证报告概述如下：

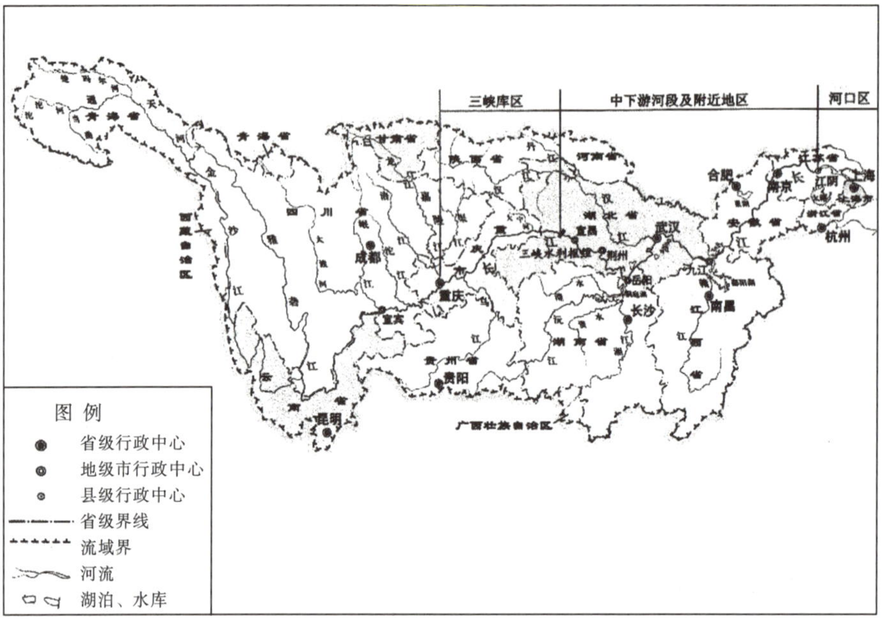

图 8.3.1　三峡工程生态环境评价范围

(1)流域和库区的生态与环境问题

长江流域大部分处于亚热带范围，是我国经济发达地区之一。近几十年来，随着人口的增长和经济的发展，对环境的压力越来越大，生态系统受到不同程度的影响，甚至恶化，成为流域进一步开发的敏感因素。在众多的生态环境问题中，上、中、下游和库区各有特点。

1)上游自然生态受到破坏。突出的是森林植被锐减，水土流失严重。四川全省森林覆盖率由 20 世纪 50 年代的 20%，下降到 80 年代 13%，四川盆地丘陵区仅为 4%。上游土壤侵蚀严重的区域平均土壤侵蚀模数每年每平方千米数千吨。泥石流、滑坡、洪涝干旱等灾害加重。

2)中游洪涝灾害严重。中游地势低洼，排水不畅，河道迂回曲折，荆江段洪水位高出地面，河道泄洪能力不足。从汉代至清末的 2000 多年中共发生大小洪灾 200 多次，平均 10 年一次。洪灾之后，生态与环境遭受严重破坏。近几十年来，中游湖泊由于淤积和人工围垦，面积逐步缩小，使长江洪水调节能力降低，洪涝威胁更为严重。

3)下游河口区的生态与环境问题较多，当前主要是：①水质污染严重。上海每天约有 500 万 t 工业和生活污水排入江河，黄浦江水质受到污染，清洁水源不足已成为上海市工农业生产中重大问题。②近海鱼类资源衰减。长江河口和近海地区是我国重要的渔场。近年来，由于捕捞过度和近海区污染，鱼类资源减少。传统渔业的捕捞对象，如大、小黄鱼，带鱼和银鲳等经济价值较高的种类，不仅数量锐减，而且平均个体重量已趋变小，渔获物质量降低。此外，还有海岸侵蚀与堆积和盐水入侵等问题。

4)库区自然生态已遭严重破坏。森林覆盖率已由20世纪50年代22%下降到11.8%，中幼龄林占90%以上。现存森林中马尾松林占70%，群落结构简单，功能失调。在人类活动的影响下，基本上是向森林→灌丛→草坡→裸岩方向退化。现人均耕地仅约1.5亩，水田约占1/3，旱地占2/3，旱地中地面坡度小于15°的坡耕地占48%，大于25°的坡耕地占33%。库区水土流失面积已达65%以上，年土壤侵蚀总量1.55亿t，水利工程泥沙淤积普遍严重。自然生态系统已很脆弱，并造成生产力下降。目前工业虽不发达，但有的城镇二氧化硫、降尘、酸雨和水体污染已相当严重，长江水污染也有加重趋势。

(2)三峡工程对生态与环境的影响

三峡工程对生态与环境的影响因素较多，而且相互关联、相互作用、相互制约。现按地理分区，就“一级开发、一次建成、分期蓄水、连续移民，最终正常蓄水位175m方案”工程对生态与环境的影响，初步分析如下：

1)对库区及长江上游地区的影响。

①对局地气候的影响。

水库对周围地区气候有明显调节作用，影响范围不大。对气温影响垂直方向不超过400m，两岸水平方向1～2km。年平均气温18～19.8℃，增加0.1～0.2℃。冬春季月平均增高0.3～1.3℃；夏季月平均可降低0.9～1.2℃；年极端最高气温可降低4.5℃；年极端最低气温可升高3.0℃。年平均相对湿度为67%～81%，夏季增加3%～6%，冬季减少2%。库区100m高度以下年平均风速0.7～2.2m/s，增加15%～40%。极大风速25～30m/s，影响不大。降水分布略有改变。沿江地带可能减少3%～5%，周围山地及迎风坡可能增加4%～6%。预测库周辐射的水平和垂直影响范围增大10%～20%，雾日约增加2天。

冬季温度升高对喜温经济植物，如柑橘、油桐等有利，夏季气温降低使低海拔河谷高温危害减轻。

②对水温水质的影响。

蓄水位175m时，年来水量和总库容比值在11左右，水温结构接近于分层型。4月前后可能出现水温分层，5月开始层温现象逐步消失，4月平均下泄水温15℃，比天然水温约低4℃，5月比天然水温约低2℃，其余各月基本相同，下泄水温达到18℃时间约滞后20天。

目前，库区年废水排放总量10亿t左右，绝大部分废水未经处理直接排入江中，造成局部污染。蓄水后库水流速减小，停留时间增长，有利于可降解有机污染物在水库中的降解净化，有利于下泄水质改善；但复氧和稀释扩散能力降低，城镇附近岸边江水污染将加剧。重庆市岸边污染最大浓度可能增加30%；中段万县一带及坝前城镇岸边污染浓度可能增到更大些。建库后，工业发展，三废排放量增多，尤其应该引起高度重视。

库水中重金属元素浓度明显降低；水库沉积物中重金属含量将会增加。但仍保持以吸附为主的水环境条件，不会因解吸产生二次污染，使水质超标。监测乌江口沉积物中汞含量高达1mg/kg。重庆、长寿等江段中铬、钒含量较高，应进一步查清污染源。

建坝对氮、磷营养物质有一定拦蓄作用，使生物过程加强，有利于提高生物生产力。但在水库支流、库湾地区易引起富营养化，应当注意。油污染也应当注意。

③对陆生动植物资源的影响。

库区珍稀植物一般都分布在海拔300m以上。荷叶铁线蕨分布高程为170～300m，在万县武陵区新乡附近170m高程上下30m范围，建库后有一部分将被淹没，分布在石柱县临溱河、万县市岩坪海拔200m以上的，不受淹没影响，在移民安置中要注意保护。对经济植物影响主要是柑橘。蓄水位175m将淹没的柑橘7.44万亩约占库区柑橘总面积的7%。随着库水位升高，农田和人类活动上移，以农田草灌为主的陆生脊椎动物生存环境受到影响。黑线姬鼠、褐家鼠等有害鼠类动物将迁至库周农田和居民区活动，对库区人民危害甚大。水库形成后，水禽数量将会增长，特别是雁形目、鹤形目、鸥形目鸟类将成为常见种或优势种。

④对水生生物的影响。

水生生物的影响区域不仅有库区和上游，还有中下游，一并概述如下：

(a)对渔业的影响。

水库区浮游生物和底栖动物将有所增多，种类组成也将发生变化。水库养殖水面扩大，鱼产量也望增加。建坝后由于坝下涨水过程和水温发生变化，预计鱼类产卵繁殖期会滞后20天左右。重庆至秭归江段有8个家鱼产卵场(产卵规模占干流的20%)将全部淹没，鱼类将移至库尾以上水域繁殖。鱼苗将大量被截留在库内。坝下江段的鱼苗漂流入洞庭湖等通江湖泊，由于流程短，对鱼苗的成活和发育均为不利。

库区鱼类病原体组成变化将使流行性鱼病概率增加。水库下泄水可将病原体传播到中下游，可能扩大鱼病流行。

(b)对物种资源影响。

建坝前珍稀水生动物白鳖豚自宜都至河口分布42个群体300头左右。建坝后清水下泄使河床冲刷，江心洲或边滩水域条件改变。预测宜都至藕池口200km江段有8个群体约34头白鳖豚活动水域受到不利影响；藕池口至城陵矶江段130km范围约有38头，河床冲刷使洲滩和大回水区变小，白鳖豚栖息生境改变，数量减少16～27头。

中华鲟属上溯产卵洄游性鱼类，葛洲坝工程修建后洄游受到阻隔，但发现它仍在坝下江段自然繁殖，人工繁殖投放鱼苗也已成功。建坝后10月蓄水，径流减少，航道变窄，中华鲟的繁殖环境可能受到干扰。

上游的白鲟和胭脂鱼幼苗不能漂到坝下，在中、下游难以形成较大规模的繁殖群体，需采取适当保护和繁殖措施，使它们保持稳定种群。扬子鳄、大鲵、长江江豚不会受到影响。

⑤对环境地质的影响。

从区域地质背景及深部构造特征看，三峡库区都表现为弱震构造环境，水库蓄水后不排除产生诱发地震的可能性。根据本地区地质背景、地震历史和近30年地震活动性频率估计，未来诱发地震震级一般不超过6.0级，若在坝址上游较近的仙女山—九畹溪断裂产生5.5级地震，对三斗坪坝址影响烈度为Ⅵ度左右。

长江三峡两岸是我国历史上滑坡、岩崩多发地区之一。近年来先后发生过云阳鸡扒子、秭归新滩等大滑坡。据多方调查，库区干流两岸10万m^3以上规模的滑坡崩塌共270处，16亿～19亿m^3，其中大于100万m^3的140处中，正在发展的有8处，稳定性差的有14处。库区共有泥石流271处，其中99处分布于长江干流两岸，一般规模较小，发生频率不高，每年泥石流物质共计约1000万m^3，在近坝70km距离内，无较大的灾害性泥石流沟，对大坝不致带来破坏性影响。

坝址至上游16km库段无大型滑坡。位于坝址上游27km的新滩滑坡、链子崖危岩体规模较大，其潜在危险施工期应予重视。因蓄水后水面增宽和水深加大，碍航的影响可减轻。

库区一些城镇位于滑坡体上，水库蓄水后有些处于半淹没状态，其稳定性如何应加以研究，新建城镇的选址要注意崩塌、滑坡的影响，在土质库岸易产生浸没与坍岸的范围内不得建立移民点。

⑥对人群健康的影响。

三峡水库位于四川和湖北两省血吸虫病流行区之间。根据近年调查研究，三峡库区未发现钉螺，无血吸虫病流行。库水位的涨落等因素不利于钉螺生存繁殖。但据气候、土壤等自然环境因素分析，三峡库区有适合钉螺生存的条件，因此对三峡库区钉螺变动趋势应进行调查，加强监测。建坝后对长江中下游的洪涝将有所减轻，不利于钉螺的孳生及迁移扩散，这对消灭沿江洲滩地区钉螺和血吸虫病是有利的。

三峡水库蓄水后，干流河段孳生按蚊可能性较小。但在支流河汊及局部浅水区的积水塘坑杂草丛生，有利于按蚊孳生，如不采取防治措施，有可能导致疟疾流行。

库区其他自然疫源性疾病也存在，特别是流行性出血热。蓄水后带毒鼠类上迁，人口密度加大，威胁将加大，要加强预防。肺吸虫病、钩端螺旋体病、流行性乙型脑炎、立克次体病等自然疫源性疾病也需注意。

目前已调查到有机污染物、人工核素等放射性物质和其他污染物质会产生影响。库区一些地区的燃煤型和水土型的地方性氟毒和甲状腺肿等会不同程度地危害人体健康。

⑦对自然景观和文物古迹的影响。

长江三峡高山峡谷，湍流险滩，以其雄、奇、险、秀而闻名，是我国十大名胜之一，并列为世界重要奇观。建库后随着水位升高和水面展宽，峡感相应减弱，景区特点发生一定改变。

三峡库区历史文物较多，属于省级保护文物6处，地、市级保护文物10余处，水库蓄水后将会部分淹没或全部淹没，如涪陵石鱼、云阳张飞庙、瞿塘峡的摩崖题刻、巴东秋江亭、秭归屈原祠等。

⑧对施工区环境的影响。

三峡工程施工量大，机械化程度高，施工高峰期将有数万人集中工地，左岸缓流段会出现岸边污染。工区位于峡谷，汽车、轮船，以及各种施工机械，施工中造成大气污染、噪声污染。应注意施工环境规划和管理，施工开挖采石填土应注意保护风景名胜，对环境污染和卫生防疫要采取有力措施防治。

2)对长江中下游地区的影响。

①河道冲刷的影响。

三峡水库采用汛期降低水位泄洪排沙，汛后蓄水的“蓄清排浑”运用方式，能有效地发挥蓄水排沙作用。水库运行初期，泥沙大部分淤积水库，下泄水变清，大坝下游一定范围内将出现局部河床冲刷和坍岸，可能出现新的险工河段，特别是对荆江河段的影响应当注意。

②对平原湖区的影响。

长江中下游平原是我国著名的“鱼米之乡”和工农业生产基地。三峡建坝后在减免中游地区洪涝灾害、减少洞庭湖淤积等方面将发挥重要作用。但是，长江径流调节后的变化是否会加重平原湖区渍害，影响土壤潜育化和沼泽化，尚有不同看法。

对中游荆北四湖地区的影响目前存在两种观点：

一种观点认为，四湖地区潜水层地下水位主要受当地降雨的影响，江水位的起落对地下水位影响范围不大。江水位对区内承压水的影响范围有 2～3km，而且承压水层与潜水层间分布有一层 8～16m 厚的黏土层，阻滞了两者之间联系。四湖地区枯水季节地下水流向以补给长江为主，三峡建坝后，1—4 月区内闸前水位高于外江水位，对排涝或对地下水的排泄都影响不大。10 月水库下泄流量比建坝前减少，江水位降低，有利于汛后排涝，因此三峡水库不会加剧该区农田潜育化或沼泽化。

另一种观点认为，长江对四湖地区潜水层的侧向补给为 3～8km，对承压水层的补给范围达 10～15km，长江通过侧向补给和承载压力的能量传递，抬高承压水层与潜水层接触，从而影响土壤性状发育。三峡建坝后，枯洪季节水位变幅减小使四湖地区地下水位起落幅度变小，滞水时间延长和地下水位上升，使低湖由原已脱沼的水稻土重新沼泽化，加重渍害，加剧土壤的潜育化和沼泽化，荆南洞庭湖和鄱阳湖区等低湖田渍害也将加重。有专家认为，建坝后 1—4 月长江中游水位抬高，沿江和通江湖区低洼农田土壤渍害、潜育化、沼泽化将逐步加重，影响面积达 1600 万亩。

专家组认为，无论修不修三峡工程，都要注意排涝除渍，控制地下水位。

3)对河口和邻近海域的影响。

①径流量变化对盐水入侵的影响。

大通站 10 月多年平均流量 35700m^3/s，建库后一般平水年下泄量平均减少 8400m^3/s，大通站流量仍达 20000m^3/s 以上，能满足吴淞水厂的水质要求，其保证率可达 89%。在枯水年，10—11 月大通站流量分别减少 5450～30000m^3/s，小于 18000m^3/s 的天数每年约增加 10 天，氯度值可能大于 250mg/L，对吴淞口水质略有影响。

三峡建库后枯水期 1—4 月平均增加下泄量 1000～2000m^3/s，此时段大通站枯水年月平均流量为 8900～20700m^3/s，流量的增加对咸潮冲淡的效果是比较明显的，可以削减水体氯度的峰值，可使吴淞水厂含氯大于 100mg/L 出现的天数减少约 10 天，大于 250mg/L 的天数减少约 15 天，对水质有所改善。

有关专家认为，1—4 月下泄流量增加有利于滨海地区盐渍土的引淡冲洗，但水位抬高，排水受阻，可加剧涝渍盐碱；10月流量减少对沿江地区地下水淡化和土壤脱盐会带来不利影响。从长远看，如不采取对策，在北支两侧约5km范围内土壤盐渍化将加重，其影响范围可达2000km²。有的专家认为10月流量减少，对河口地区水位降低的影响很小，时间不长，同时，沿江都有排水河道和水闸控制，对土壤盐渍化影响不大。

②对河口泥沙和侵蚀堆积过程的影响。

三峡水库建成初期，水库尚未达到冲淤平衡状态，约有70%沙淤积库内，有30%的泥沙排入下游河道。对河口泥沙状况的影响估计尚有一定差异。一种观点认为坝下清水下泄，将从河床不断补给泥沙，而且入洞庭湖泥沙减少，经过至河口1800km的补给，入海沙量不会有大的减少，对河口生态与环境也不致有大的影响。另一种观点认为建库后送到河口的细颗粒泥沙会减少，引起三角洲海岸侵蚀，险工地段增多。水流挟沙能力加大对减少河槽淤积有利，但细颗粒泥沙减少会降低水体自净能力。

③对营养盐类和渔业影响。

坝址以上水体中氮、磷等营养物质含量占河口总量的20%～30%。水库对营养物质有拦蓄作用，估计拦蓄10%左右。进入河口的营养盐主要来自中下游支流及通江湖泊，因此三峡建坝后河口仍可保持较高营养盐含量。

1—4月下泄量增加将有利于河口近海生物种群的繁殖和补充；10月蓄水对风鲚、刀鲚、前颌间银鱼、中华绒螯蟹和白虾类等资源不致产生很大影响。估计底层鱼类和带鱼有少量减少。此外，10月流量减少，可使淡水与海水交汇锋面位置变动几千米，位于海淡水交汇区的渔场位置也可能移动几十千米。

(3)综合分析和对策建议

1)综合分析。

综观上述，三峡工程对生态与环境的影响是广泛而深远的。各因素之间利弊交织，应从流域全局出发进行系统分析和综合评价。

①大坝兴建对生态与环境的有利影响区域主要在中游。

水库可以有效地减轻长江洪水灾害对中游人口稠密、经济发达的平原湖区生态与环境的严重破坏，以及洪灾对人们心理造成的威胁。对中、下游血吸虫病防治有利。水电与火电相比，可减少对周围环境的污染。此外，还可以改善局地气候，减少洞庭湖淤积，有利于调节长江流量。

②大坝兴建对生态与环境的不利影响区域主要在库区。根据性质和程度，不利影响可分以下几类：

(a)不可逆转的影响。水库蓄水后部分文物古迹、三峡自然景观和部分耕地被淹没。

(b)影响严重或较大，但采取措施后可减轻的影响。水库淹没，城镇迁建，移民过程中产生的生态与环境问题；对白鳖豚等珍稀物种资源的影响；对上游库尾洪涝灾害的影响；滑坡、诱发地震等问题。

(c)影响较小，采取有效措施后可减少危害的影响。对局地气候和一些水文因素的影响;对人群健康的影响;对陆生动物和植物的影响等。对水污染的影响现在虽不严重,但按目前各种污水不做处理,径排长江的情况继续下去,则是长江污染的潜在危险。

③潜在的或目前还难以预测的影响。其中有对上游水生生物的长期影响;对区域的自然生态—社会经济系统的长远影响;对河口和邻近海域生态与环境的影响等。

三峡工程对生态与环境影响的诸多因素中,库区移民环境容量是工程决策中比较敏感的制约因素,需要认真对待,慎重处理。

2)在三峡工程论证决策和规划设计中提出以下建议:

①以建立和维护库区良好的生态环境为目标,在科学分析库区环境容量的基础上,做好移民安置规划。

(a)搞好库区国土规划,将城乡建设、移民工程、资源开发与环境整治等纳入总体规划,用系统工程的方法把库区作为一个复合的自然—社会环境系统,制定出一个多目标、多功能的综合开发方案。制定和实施综合规划要有生态与环境专家参加。

(b)要根据库区后备土地资源,土地生产力和土地资源分布状况来确定移民区可能安置的农业人口数量。不可盲目垦荒种粮。安置区耕地中低产地比重大,应当采取切实措施提高单位面积产量,以及调整农业结构来适应这种变化。

(c)因地制宜、发展柑橘、油桐和其他林业、牧业、渔业与副业,避免局部地区环境负荷过重而引起生态与环境的恶化。

(d)根据库区资源条件合理规划城乡建设和工业布局,力争少占耕地、不破坏景观,不加重环境污染。

(e)在工程投资中,保护生态与环境的费用应予以保证,农转非的口粮要有保障,避免加重库区土壤环境负担,恶化生态与环境。

②长江流域由植被破坏引起的水土流失是生态条件恶化的重要因素,直接关系到这一地区经济社会发展和长治久安,影响广大农民脱贫致富。必须从现在开始抓好规划,建立健全队伍,制定有效的政策和措施,把库区和上游的水土保持工作做好。

③要划出一定范围作为自然保护区和国家公园,重点保护自然、历史遗产,并要公布利用自然资源和保护名胜及文化古迹的规定,对建坝后将淹没的重要文化遗址进行搬迁。

④加强环境管理。实行开发性移民,工业和乡村企业将会较大发展,如不采取有效措施,库区的环境污染势必加重,导致生态环境恶化。库区沿岸城市水污染问题应特别引起注意。

(a)严格执行国家颁布的有关环境保护的各项法令法规,结合水库特点制定有关的地方环境保护条例。

(b)对点污染源进行治理控制,特别是有毒和难降解的物质,应严格控制。实行多功能水体的目标管理。

(c)建立健全环境管理机构。

尽快成立长江流域生态与环境定位观测站与监测系统,统一组织监测三峡工程兴建前后生态与环境各项因子的变化，积累资料，以利于作出科学预断和采取对策。

⑤水库工程设计和调度要充分考虑生态与环境的要求。例如，水库调度应考虑“四大家鱼”繁殖对涨水过程和水温的要求。在调水排沙时，应尽可能减缓库区泥沙淤积，不使坝下洲滩和河床急剧变化，以免直接影响珍稀动物白鱀豚的生境和中华鲟的繁殖环境。对中下游湖田、圩田的灌排，河口咸潮倒灌，在水库调度中应尽量减免其不利影响。

⑥对一些尚有争议或者较长时期才能弄清影响的问题，需要进一步深入做工作，以得出明确的结论。如对中游平原湖区渍害的影响，对河口的影响，需要进行专门的研究和探讨，又如大坝阻隔对水域生态、珍稀水生动物物种生存、沿海渔场和鱼类资源以及三峡工程对区域经济发展的长远影响等需要进一步研究。

⑦应对建坝带来的生态与环境的影响进行经济损益分析及风险评价。在综合论证、可行性研究、工程设计、施工、运用、管理阶段都必须考虑补偿，满足生态与环境方面的要求。所需资金应当纳入工程预算并予以落实。

8.3.2 三峡工程环境影响评价

8.3.2.1 长江三峡水利枢纽环境影响报告书

(1)三峡工程环境影响评价报告编制依据

1991年8月30日，由国务委员宋健主持专题会议，研究并落实审查委员会审查报告中提出的补报长江三峡水利枢纽环境影响报告书的问题。参加会议的有全国政协副主席、水利部三峡工程论证领导小组组长钱正英和林业部、水利部、能源部、国家环境保护局、中国科学院、长江委、三峡建委办公室等有关部门的负责人及有关专家。会议认为，虽然在可行性研究阶段对生态与环境问题已做了大量工作，审查委员会组织的生态与环境预审专家实事求是、严肃认真，紧密结合三峡工程实际，既注重预测内容的科学性，又重视环境保护措施的实用性和可操作性，专家之间对某些问题在现阶段尚不能取得共识或者因问题较复杂，有待进一步深化研究的，报告中都作了充分反映。有些属于工程下一阶段设计工作的内容，也提出相应的建议和要求，使工程决策科学化、民主化，建立在可靠基础上，不致在环境问题上有重大失误。会议确定抓紧编制《长江三峡水利枢纽环境影响报告书》。9月，按照审查委员会的要求，编写了《长江三峡水利枢纽环境影响评价工作大纲》(以下简称《评价工作大纲》)。10月，国家环境保护局在北京组织由42名专家组成的审查委员会和各部门代表对《评价工作大纲》进行了评审，专家委员会主任委员为刘东生，副主任委员为董辅礽、方子云、孙鸿冰。随后，国家环境保护局提出了《关于对〈长江三峡水利枢纽环境影响评价工作大纲〉审查意见的函》。

根据审批的《评价工作大纲》及审查意见，中国科学院环境评价部和长江水资源保护科研所在多年研究和专家论证的基础上，集中几十名有经验的，曾从事三峡工程环境研究和评价工作的专家、教授组成编写小组，1991年12月编制完成了《报告书》(送审稿)。《报告书》包括前言、工程开发任务及方案选择、工程概况、环境背景、对自然环境的影响、对社会环境的影响、公众关心的一些环境问题、生态与环境监测和管理系统、环境保护经费、结论与对策建议等。

(2)《报告书》的主要评价结论

1)局地气候。

建库后对气温的影响范围,垂直方向不超过400m,两岸水平方向不超过2km。年平均气温变化不超过0.2℃,冬季月平均气温可增高0.3~1.0℃,夏季月平均气温可降低0.9~1.2℃。极端最高气温可下降4.5℃,极端最低气温增高3.0℃左右。

水库对降水的影响范围涉及库区几千米至几十千米,影响区内年平均降水量增加约3mm。

库周辐射雾的水平和垂直范围增大10%~20%,雾日约增加2天,对城市酸雾扩散和航运略为不利。

平均风速将增加15%~40%,因建库前库区平均风速仅2m/s左右,故建库后平均风速仍不大。但应加强天气预报,特别注意瞬时阵风对航运的影响。

建库后,年平均水汽压增加20~100Pa,相对湿度夏季增大3%~6%,冬季减少约2%。

2)水质和水温。

建库后库水流速减小,复氧和稀释扩散能力降低,岸边污染带加重,尤其是排污量大的重庆、万州等江段。

库水中重金属元素浓度明显降低,而沉积物中含量将增加。特别应注意三峡水库处于高汞背景区附近,乌江等的汞入库后会通过食物链在鱼体中累积,构成危害。还应避免大量酸性废水排放使局部水域pH值降低,人为诱发污染物解吸而引起的水质问题。

建坝对氮、磷营养物质有一定拦蓄作用,有利于提高水库水体的生物生产力。如农田径流污染增加,总磷污染将较严重,部分支流、库湾可能趋向富营养化。建库后航运发展、船舶流动源污染增加。

岸边污染加剧和水库运行数十年后城市取水口泥沙淤积,会对城市供水产生影响。

水库运行后,枯季流量增加,有利于改善坝下游江段水质。

建库后水库不会发生大范围的稳定水温分层现象。4—5月,部分支流河口及近坝段可能出现短时水温分层现象,但在4月下旬出流水温已超过19℃,能够满足“四大家鱼”产卵所需的水温(18℃以上)要求。

3)环境地质。

建库后,存在水库诱发地震的可能性,但震级超过6.0级的可能性不大。岸岩层(特别是黏土层)受库水浸泡软化和水位起落影响,以及城镇迁建、移民安置活动,可能触发处于极限状态下的某些崩塌、滑落体,引起现有滑坡体复活或发生新的滑坡。滑坡对大坝安全不致造成大的威胁,碍航的可能性也大大降低,但对航行中的船只及两岸居民可能造成重大危害。还应特别注意移民后靠、生产和生活活动过于集中加重水土流失、泥石流灾害等问题。三峡水库封闭条件良好,不存在渗漏问题。

4)水库冲淤和坝下冲刷。

三峡水库采用“蓄清排浑”运用方式,可长期保留有效库容。

水库运行初期,泥沙大部分淤积水库内,下泄水变清,大坝下游一定范围内,河床冲刷后水位下降,对荆江河段行洪有利,但将出现局部河床冲刷和坍岸,可能出现新的险工河段。坝下游河道,经数十年的冲刷后,将重新淤积,直至冲淤再次达到稳定。应当特别注意冲刷对荆江河段的影响。

5)陆生动植物。

建库前,库区森林覆盖率在15%以下,川东两岸河谷地带仅5%左右,鄂西河谷地带在15%左右。林地树种单一,次生植被多,群落结构简单,伐林后多退化成灌丛或灌丛草坡。野生动植物资源种类较丰富,但数量少,资源的破坏尚未得到有效控制。

淹没区约有一半为农田,200m高程以下无成片天然森林植被,残存的天然植被仅见于非宜农之陡坡带。明显受淹没影响的是经济林,主要是柑橘林,受淹面积7万多亩;受淹林地面积约3.8万亩。除森林植被的淹没损失外,在满足移民搬迁、城镇重建,生产、生活对木材的需求过程中,潜伏着林木遭受严重破坏的威胁。

水库蓄水后,农田和人类活动上移,以农田草灌为主的陆生脊椎动物生存环境受到影响。鼠类危害增加。水禽数量将会增加。

6)水生生物。

建库前,库区干流水体营养以外源为主,生物生产力低。库区及坝下江段为“四大家鱼”的重要产卵场,其中,重庆至三斗坪江段有11个,宜昌至城陵矶江段也有11个,产卵规模分别占干流的29.6%和42.7%。在洞庭湖等通江湖泊有较丰富的鱼类资源。

三峡水库调度运行方式,在渔业利用上适宜以增殖资源为主,可采取人工放流鱼种和繁殖保护措施,促使鱼产量有所增加。水库形成将改变鱼类种类组成。由于坝下涨水过程显著变化,宜昌至城陵矶江段家鱼繁殖受到影响,繁殖规模减小。库区河道涪陵以下原有的8个产卵场将消失,鱼类将移至库尾以上水域繁殖,鱼苗被截留库内。长江中、下游将减少50%～60%的家鱼苗来源。坝下江段的鱼苗漂流入洞庭湖等通江湖泊由于流程短,对鱼苗的成活和发育不利;加之水库10月蓄水使洞庭湖过早形成鱼汛,生长期相应缩短,通江湖泊鱼类资源受到较严重影响。

7)珍稀和特有物种。

建坝前,白鱀豚受渔捞和航运等影响,种群数量呈明显下降趋势。中华鲟能在宜昌产卵场自然繁殖;白鲟和胭脂鱼的上游幼鱼大部分漂流至中下游生长,在葛洲坝坝下江段能达性腺成熟,但数量很少。

库区共有国家重点保护植物47种,个别种类数量已不多。国家二级保护植物荷叶铁线蕨在库区仅发现3处,数量不多;国家重点保护动物32种,其数量已大幅度减少,有的处于绝迹境况。

建库后,将使珍稀、特有鱼类生境进一步恶化,其生存和繁衍受到严重威胁。下游河道冲刷，使白鳖豚部分栖息地消失，航运增加，将使白鳖豚意外死亡剧增；水库 10 月蓄水，下泄流量减少，航道变窄，中华鲟的繁殖受到较大干扰；建坝后上游繁殖的白鲟和胭脂鱼幼鱼不能漂流到坝下，在中、下游江段难以形成较大规模的繁殖群体，种群数量将逐渐减少；水库内长 600km 江段流速变缓，底质和底栖生物变化，使上游特有鱼类适宜生境减少 1/4。

蓄水后，库区特有植物荷叶铁线蕨部分被淹没，在移民安置中应注意保护。工程对扬子鳄、大鲵和白鹤等无明显影响，但应注意移民后靠、人类活动加剧，对珍稀陆生脊椎动物的潜在影响。

水库 10 月蓄水，下泄流量减少，将使鄱阳湖吴城地区水位下降，滩地提前显露，人类活动提前，对越冬珍禽生境影响应重视。

8)中游湖区生态环境。

三峡水库运用有利于减轻洞庭湖淤积，延长湖泊寿命，减轻该地区洪涝灾害。鄱阳湖全湖淤积量无明显变化，但应注意对鄱阳湖湖口冲淤的影响。

水库运行后，1—5 月下泄流量增加，江水位上升，对中游平原湖区土壤潜育化、沼泽化问题尚存在不同意见，但都认为要注意排涝除渍、控制地下水位，并需要继续加强观测研究，并采取排涝除渍、调整农业生产结构和布局、改进耕作技术等措施，综合治理。

水库 10 月下泄流量减少，有利于汛后排涝。

9)河口生态环境。

建库前，河口盐水入侵枯季可达浏河口一带，太湖流域内河和湖泊枯水年可能受盐水入侵影响；长江河口航道拦门沙处于自然平衡状态；上海市岸线中侵蚀段占 48%，险工段占 14%；长江及黄浦江等支流水质受到不同程度污染；城市清洁水源不足；通吕运河以南大部分地区的盐渍土向脱盐方向缓慢发展；近海鱼类资源由于人工捕捞的失当，枯竭趋势明显。

建库后，枯水年 10 月河口盐水入侵长度和强度增加，对表层脱盐毛管活跃的砂壤土可再度表层积盐。遇特枯水年和连续枯水年，太湖通江水系盐害加重；1—4 月河口盐水入侵有所减轻，对水质改善有利。由于 1—5 月水库下泄流量增加，江水位抬高，通吕运河以南大片土地排水排盐条件变差，10 月下泄流量减少对沿江地区地下水淡化和土壤脱盐会带来不利影响。

建库后的 50 年，输送到大通的泥沙总量平均每年减少 1.14 亿 t，增加三角洲海岸侵蚀，险工段增多。水流挟沙能力增大，对减少河槽航道淤积有利，但泥沙减少会降低水体自净能力。

三峡水库将拦截部分营养物质，但中下游地区营养物质的补充量大，不会对河口及近海营养物质产生明显的不利影响。1—5 月，水库下泄流量增加有利于河口近海生物种群的繁殖和补充；10 月蓄水，河口区冲淡水范围缩小，河口盐度增加，生物生产力降低，各类生物分布格局将有一定的改变，可能影响到河口底层鱼类和带鱼，产量略有减少。位于海淡水交汇区的渔场位置也可能移动数千米至几十千米。

10)水库淹没与移民。

三峡水库淹没涉及 2 市和 11 个县城所在地，140 个集镇，搬迁人口达 110 余万。水库淹没耕地、柑橘地、林地、城镇、工矿、交通、水利电力、通信等设施的损失是巨大的，影响是不可逆转的。

水库淹没、移民搬迁、城镇迁建等，将使库区人地关系更趋紧张，一部分粮食缺口需要解决。若规划不当、措施不力，势必导致对坡地的进一步过垦，加剧植被破坏、水土流失和生态恶化。

库区迁建城镇不易形成完整的城镇体系，可能使库区经济社会发展在相当长的时间内处于混乱状态。迁建城镇内部格局若规划得当、管理严格，可得到改善。反之，“三废”排放及噪声污染会更突出，给排水也趋困难。库区交通、水利电力、通信等基础设施的重建、改建及其作用和效益的发挥，需要一定的时间，将对库区生产建设和人民生活产生不利影响。

三峡工程建设中，对建筑材料等工业产品及部分农副产品的市场需求增大。

移民迁移过程中如安排失当，工业生产将因迁建、停产、转产或相互联系的生产环节不能保证而受到较大的影响。在移民过程中，农业生产也会受到一定的影响。

水库建成运行后，不利影响因素可逐步消除。建库后，应处理好粮食生产、柑橘生产及多种经营的关系。

11）人群健康。

建库蓄水一般不会引起库区血吸虫病流行，但要加强对钉螺和血吸虫病的监测。建库有利于长江中下游沿江洲滩地区的灭螺防病。

移民、施工活动中及建库后沟洼地增多，有利于按蚊孳生，如不注意可能引起疟疾和乙型脑炎发病率的增加；淹没线以上鼠类密度上升，可能导致钩端螺旋体病和流行性出血热等疾病的增加。建坝与移民一般不会诱发自然疫源性疾病大流行。对局部地区的地方性氟病应给予注意。在城镇迁建过程中对医疗卫生的正常发展和服务有潜在影响。

在移民安置时应注意健全移民安置区防疫保健系统，加强防治工作。

12）自然景观和文物古迹。

建库后，新石器时代的文化遗址全部淹没，影响不可逆转；夏、商至唐宋的历代文化遗址和墓群大量受淹，影响不可逆转；古建筑、古栈道等大部分受淹，部分虽可搬迁，但已失去欣赏和研究遗迹原始风貌的价值。水库淹没文物古迹中全国重点文物保护单位1处，属省级文物保护单位5处，地、市、县级文物保护单位10余处，尚有一些文物待定级别。应加强受淹文物古迹的复制、模拟、重建、迁建和其他文物的保护。

水库蓄水后，三峡峡区雄、奇、险、秀的自然景观特点大为减色，部分风光被淹；三峡由于是河道型水库，湖泊景色不明显。水库水位消落后留下的洪痕也影响了景色。对于支流风光，通航条件改善，景点略增。对地质剖面和南川银杉保护区基本上无影响。建库后应加强自然景观和旅游环境的美化和维护。

13）工程施工。

施工期间，如不采取有效保护措施，将产生大量炸药浓烟、飘尘、燃煤烟气、机械尾气等有害气体及大量生产和生活污水；运输和施工中还会产生较高强度的噪声，造成较严重的水污染、空气污染、噪声污染。规划不当，施工开挖、采石、填土及弃渣、废物对景观的破坏较为严重。

14)防洪。

三峡水库有防洪库容221.5亿m^3,可对长江上游洪水进行控制和调节,减轻长江中下游的洪水威胁,可减少多年平均农田淹没面积30万～40万亩,还能避免国家财产和人民生命的巨大损失,免除洪灾带来的瘟疫流行和血吸虫病的蔓延,改善长江中下游洪灾影响区的生产、生活环境,大大降低这一人口密集、经济发达地区的洪灾风险损失。

水库库尾段泥沙淤积后,洪水淹没区扩大,淹没损失加重。

15)航运。

建库后水位抬高,淹没川江航运中的险滩139处,改善航运条件,将显著减少川江航运的海损风险,增大"黄金水道"运力,有利于长江流域经济社会的发展。

水库库尾段回水变动、泥沙淤积对重庆港及其航运有不利影响,需采取港口改造、航道整治和疏浚等措施。还应注意坝下荆江段冲淤变化对航运的影响。

16)环境保护经费。

根据环境经济学的基本原理,借鉴国内外经验,结合三峡工程实际,对三峡工程环境保护经费进行了初步估算。遵循的主要原则是:①我国现有的环境保护政策和法规;②环境影响评价中减缓工程造成的生态与环境不利影响需采取的对策和措施;③改善和保护受影响区域的生态与环境需要进行的监测和专项研究。

三峡工程环境保护需补偿的主要项目20个,根据经费的来源,可分为两类:一类是枢纽工程环境保护经费,计有11个项目,环境保护总经费92300万元,见表8.3.1。另一类是水库淹没处理与移民安置中的环境保护补偿经费,共有9个项目。

表8.3.1 三峡枢纽工程环境保护经费估算 (单位:万元)

项目名称	总经费	经费渠道			
		环保补偿	国家专项	发电成本	工程项目
水质保护	24000	13000		11000	
古大树种资源保护	100	100			
陆生植物保护	1500	1400		100	
水生生物保护	6500	4400		2100	
生态环境监测系统	11300	9000			2300
生态环境保护	7000	7000			
库区水土保持工程	10000		10000		
滑坡与地震	8000				8000
地质环保工作	6000				6000
施工区环境保护	9900			300	9600
中游河床冲刷	8000		8000		
合计	92300	34900	18000	13500	25900

列入枢纽工程概算的环境保护经费已在初步设计阶段核定批准，水库淹没处理和移民安置中的环境保护经费将在下一设计阶段逐项核定。为使解决三峡工程引起的生态与环境问题所需经费有长期保证，在三峡工程完建之后，生态与环境所需费用建议计入三峡电站发电成本。

17)生态与环境监测和管理。

①对于三峡工程直接引起的问题，可区别情况，逐个解决。例如，由于水库淹没、城镇迁建、移民垦殖，可能产生新的水土流失、滑坡、崩坍、土壤潜育化等问题，可以在制定移民规划和这些地区经济社会发展规划时就开始重视和考虑；对水生生物和白鳖豚等珍稀物种的影响，可采取迁徙研究、科学实验、人工孵育、建立保护区等措施予以解决；对部分文物古迹的淹没，可尽量采取迁移、维护等措施予以保护；鉴于生态与环境问题的隐蔽性和长期性，要不断加强科学研究，建立三峡生态环境监测网络，对三峡工程建设前后库区及长江上中游的生态与环境，实行全过程跟踪和管理。

②与三峡工程有关的生态建设和环境保护必须纳入长江流域和相关区域的综合整治规划及计划。在建坝前、建设中和运行后，整治重点各有所侧重，应全面规划，统筹安排，分期实施，逐个落实。

对生态与环境的恢复、复建有利的特殊要求，如水库在5月下旬至6月上旬进行人工调控，使下游形成涨水过程以利于鱼类产卵等，在工程设计和运行中要给予充分重视。生态环境治理的项目排序、区域投资分布、投资时间分配和必要的投资数量，应纳入工程总投资预算和时间安排。

③为了进一步强化环境管理，提高生态与环境的整治水平与效果，必须对工程引起的生态与环境变化有超前认识，及早采取对策。为此，在综合评价基础上，对可能恶化或造成危害的生态与环境的影响变化趋势做出预警。预警类型包括：

(a)不良状态预警。对已处于恶化或对人类的生产和生活活动造成危害的生态与环境提出警告。它可进一步区分为较差状态预警和恶劣状态预警。

(b)恶化趋势预警。对虽未达到恶化或危害程度，但在不采取措施的情况下，会开始向恶化或退化方向变化的生态与环境提前作出预警。

(c)恶化速度预警。对从比较好或不坏的状态向恶化方向迅速转变，有可能在较短时间内达到恶化或危害程度的生态与环境作出预警。

从各个时期情况看，施工、移民安置、城镇搬迁和蓄水活动(或作用)对生态环境的影响最为强烈，许多生态与环境因子、系统迅速恶化，达到较差或恶劣状态预警。而运行期主要受调度蓄泄活动影响，有些因子影响相对转弱，已不增加新的恶化速度预警，恶化趋势预警的因子或子系统也已减少。但由于许多生态与环境因子或子系统的恶化是不可逆或难以自我恢复的，若在施工期恶化的基础上继续恶化，质量状态会更差，累计达到恶劣状态预警的因子或子系统会增多。

18)综合评价结论。

①目前,长江中上游乃至整个长江流域,虽然局部地区生态与环境有所改善,但是大部分地区的恶化趋势未能有效控制,具有综合治理的紧迫性。

②三峡工程会对生态与环境产生广泛而深远的影响涉及因素众多,地域广阔,时间长久;所涉及的问题相互渗透,关系复杂,利弊交织。

(a)其有利影响主要是:

a)三峡工程可有效地控制上游洪水,提高长江中下游特别是荆江河段的防洪能力,有效地减免洪涝灾害对生态与环境的破坏,减缓洞庭湖的淤积和萎缩。

b)三峡工程能增加长江中下游枯水期流量,有利于改善枯水期水质,并可为南水北调提供水源条件。

c)三峡工程利用水能资源发电,与燃煤发电相比,可大量减少污染物的排放。

(b)其不利影响主要是:

a)水库淹没耕地,移民和城镇迁建会加剧本来就已十分突出的人地矛盾,并可能由此加剧植被的破坏、水土流失和生态恶化。

b)目前,库区工业和生活废水年排放量已超过 10 亿 t,沿江城镇的局部江段已形成了较严重的污染带。建库后库区水体流速减缓,复氧和扩散能力下降,将加重局部水域污染。

c)三峡工程将改变库区和长江中下游水生态系统的结构和功能;一些珍稀、濒危物种的生存条件进一步恶化;会给"四大家鱼"的自然繁殖带来不利影响。

d)三峡水库运行后,长江中下游河道出现冲淤变化;对长江中游平原湖区低洼农田土壤潜育化、沼泽化有一定影响;下游河口的海水入侵危害有可能增加。

e)三峡建坝后,库区水面抬高加宽,沿江部分文物古迹将被淹没,三峡自然景观也会受到影响。

f)三峡工程运行,将导致重庆市江段泥沙淤积、水质下降、现有给排水设施受到影响。

g)三峡工程对局地地质灾害和人群健康等也有一定影响。

③三峡工程对生态与环境影响的时空分布不均匀。影响自工程准备期开始,一直延续很长时间。有些影响如施工的影响只在一定时期内发生作用,有些影响如泥沙淤积等则长期存在,并具有积累性。不同时段受影响的因子和强度不同。年内各月影响变化与水库水位调控密切关联,在空间分布上,有利影响主要在中游,而不利影响主要在库区。

④三峡工程对生态与环境影响的众多因素中,库区移民环境容量是比较敏感的制约因素。

⑤三峡工程引起的生态与环境问题若能给予足够重视,采取切实有效措施,给予较充足投资并认真落实,存在的不利影响大多数可以降到最低。若投资不足或对策不落实,则将影响三峡工程的有效运行和效益的发挥,阻碍库区经济社会发展,加剧长江流域生态与环境恶化趋势。

三峡工程对生态与环境的影响总的评价结论是:三峡工程对生态与环境的影响有利有

弊，必须予以高度重视，只要对不利影响从政策上、从工程措施上、从监督管理上，以及从科研和投资等方面采取得力措施并切实执行，使其降到最低，生态与环境问题不致影响三峡工程的可行性。

19)对策建议。

①结合三峡工程的总体开发，认真做好库区国土整治和利用规划，将城乡建设、移民安置、资源开发、水质保护、环境整治等纳入总体规划，制定出一个经济社会和环境效益相统一的综合开发方案；

②搞好库区环境污染防治整体规划；

③加强长江中、上游林业建设，做好水土保持工作；

④加强珍稀、濒危物种与资源保护；

⑤加强文物保护和考古发掘工作；

⑥优化水库调度，尽可能满足生态环境保护与建设的要求；

⑦三峡工程建成后，从发电收益中提取一定比例建立三峡环境基金，用于生态环境保护与建设；

⑧继续开展三峡工程生态与环境科学研究与监测，建立健全三峡工程生态与环境监测网络；

⑨建立健全三峡工程环境管理系统，制定和完善三峡工程环境保护法规；

⑩加强环境保护的宣传教育，提高环境保护意识。

8.3.2.2　《长江三峡水利枢纽环境影响报告书》的审批

(1)《长江三峡水利枢纽环境影响报告书》预审意见

1992 年 1 月，水利部在北京召开《长江三峡水利枢纽环境影响报告书》(以下简称《报告书》)预审会。聘请了 55 位包括中国科学院学部委员在内的全国知名专家学者组成预审专家委员会，其中生态环境专家 27 名，社会经济专家 8 名，水利、泥沙专家 9 名，医学专家 2 名，电力、气象、航运、文物、地质等专家 9 名，主任委员张光斗，副主任委员董辅礽、孙鸿冰、姚榜义。参加会议的还有国务院有关部门及有关省市的代表 88 人。专家们阅读了《报告书》，听取了《报告书》编制单位——中国科学院环境评价部和长江水资源保护科研所的说明，经过认真讨论，提出如下评审意见：

1)《报告书》吸取了多年来国内有关部门、科研机构、高等院校对长江流域和三峡工程的生态与环境的研究成果，按照国家环境保护局审定的《三峡水利枢纽环境影响评价工作大纲》进行编写，其指导思想和工作目标明确，选取的评价标准和评价模式恰当，评价内容全面，为工程决策提供了重要依据。《报告书》针对三峡工程可能引起的生态与环境问题，通过因子识别筛选，采用综合评价方法，按 23 个环境子系统和 68 个环境因子进行了评价。《报告书》全面分析了三峡工程对生态与环境的有利影响和不利影响，以及环境对三峡工程的影响，提出了减免不利影响的对策和下阶段工作的建议。专家委员会认为：三峡工程对生态与环境的影响有利有弊,《报告书》已进行了比较详细的分析研究。对不利的影响应高度重视,只要采取切实有效的措施,认真落实,可以使其降到最低。根据以上分析,生态和环境问题不致影响三峡工程的可行性。

专家委员会认为《报告书》符合国家有关的环保法规,评价的范围、内容和深度达到了评价大纲提出的要求,可以作为国家对三峡工程在生态与环境方面决策的依据,在进行必要的修改后,上报国家环境保护局审批。

2)同意《报告书》就三峡工程对生态与环境有利影响的分析和结论。三峡工程可提高长江中下游特别是荆江河段的防洪能力,是长江中下游综合防洪体系中的关键性工程措施。三峡工程在防洪上不仅有巨大的社会效益和经济效益,而且还可以有效地减免长江中下游洪水对人口稠密、经济发达地区生态与环境的严重破坏,减轻洞庭湖区的泥沙淤积,有利于血吸虫病的防治。

三峡工程建成后,装机容量 1768 万 kW,年发电量 840 亿 kW·h,可以代替火电厂燃煤 4000 万～5000 万 t,大量减少废气、废水、废渣对环境的污染。

三峡工程有利于改善川江的航运,扩大库区养殖水面和改善长江中下游枯水期的水质。

三峡工程具有调节库容 165 亿 m^3,能增加长江枯水期的流量,可为沿江工农业供水和南水北调提供有利的水源条件,改善生态和环境。

3)同意《报告书》就三峡工程对生态与环境不利影响的分析和对策措施的建议。

①水库淹没和移民安置。

水库淹没是三峡工程对生态与环境不利影响的主要方面。必须认真贯彻开发性移民方针,制定包括生态建设和环境保护内容的库区移民安置的整体规划,并认真落实。鉴于三峡工程库区后备可耕地资源严重不足,城镇移民安置和工厂迁建要严格控制规模,合理布局,节约用地。农业安置要注意水土保持,严格限制陡坡开荒种粮,不宜强调当地粮食自给。因修建三峡工程引起粮食缺口问题,建议由国家统筹解决。要加强计划生育工作,控制人口增长。除发展果、牧、林等多种经营外,粮食增产主要依靠改造坡耕地为梯田、改善灌溉条件、增施肥料和推广科学种地等措施。城镇迁建,工厂企业搬迁和举办新的工程,应先搞好规划,并按照国家基本建设程序和环保法规,编制环境影响报告书,落实各项环境保护措施,避免造成新的环境问题。

②水库水质保护。

长江径流充沛,自净能力强,长江从总体上来说水质情况尚为良好。随着人口增长,经济发展,库区年废水排放总量现已超过 10 亿 t,绝大部分未进行处理,造成局部江段的水质污染,重庆等一些城市附近已形成岸边污染带。建库后库区流速降低,水流的复氧和扩散稀释能力下降,岸边污染带问题将会加重。随着今后库区工业和航运的发展,废污水排放量还要增加,尤其是对汞、石油、放射性物质等污染需要高度重视。为此,需要进行库区水污染防治规划,并根据国家有关环保法规尽早实施。在达标排放的前提下,水库蓄水引起污染加重的治理费用应由工程给予补偿。

③库尾泥沙淤积与防洪。

三峡水库运行后，泥沙淤积影响库尾地区防洪，要予以高度重视。三峡工程上游的防护林体系建设和水土保持，建议加快实施。三峡工程对重庆环境的不利影响，建议综合研究，提出专题报告。

④水生生物与珍稀、濒危物种保护。

修建三峡工程在一定程度上改变了原河流的水文情势，将对库区和中下游生物的多样性的水生生态系统的结构、功能产生影响，使一些珍稀、濒危物种的生存条件恶化。为此，需要制定长江水生生物的保护规划，建立自然保护区和人工繁殖基地，并在工程设计和管理运行中考虑改善它们的生态与环境条件。

⑤自然景观和文物保护。

三峡建库后，江面水位抬高加宽，使三峡雄、奇、险、秀的景观受到一定影响，建议做好景观保护和开发的规划。建库后，库区部分文物、古迹将被淹没，应依照文物保护法进行文物调查、考古发掘，提出文物迁移和保护的规划。在工程施工中，应加强文物保护的管理工作。

⑥人群健康。

修建三峡工程有可能使库区的一些自然疫源性疾病蔓延或加剧，应加强调研，提出防治对策。对施工区的环境污染和施工人员的健康，也应采取防治和保护措施。

⑦中游湖区的土壤沼泽化。

目前，长江中游平原湖区的土壤沼泽化和潜育化问题比较严重，需要注意排涝除渍，控制地下水位。三峡工程修建后，对于本地区的沼泽化、潜育化有一定的影响，但影响的范围和程度尚存在不同意见。建议进一步研究。

⑧长江口地区的生态与环境问题。

三峡工程建成后，进入河口地区的水沙过程有一定程度的改变。这些变化预计会对河口盐水入侵有影响，对拦门沙冲淤影响不大，对保护河槽稳定有利，对岸滩则将引起局都冲刷，淤积速度可能减缓，河口生态有所变化。对于河口地区土壤盐渍化的影响目前尚存在不同估计，建议继续进行观测和研究。

⑨其他。

对于其他在生态与环境方面不利影响的分析和建议，专家委员会表示同意，但指出，对于三峡工程建成后，在清水下泄和河道冲刷期间对长江中游堤防、护岸工程等不利影响，需要充分注意。

4)关于环境影响的经济损益问题。专家委员会认为目前大型水利工程对生态与环境影响的量化难度较大，建议可先采用定性的分析方法，并继续进行定量分析的研究。

5)原则同意《报告书》提出的重点对策，并同意在三峡工程概算中安排必要的环境补偿投资。

6)重点对策建议有下列7项：①做好库区移民整体规划；②搞好库区环境污染防治规划；③加强中、上游防护林体系建设，做好水土保持工作；④加强珍稀、濒危物种的保护与自然保护；⑤优化水库调度，尽可能满足生态与环境要求；⑥从三峡工程发电收益中提取一定的比例建立三峡环境基金进行三峡工程的生态建设与环境保护；⑦继续开展三峡工程生态与环境科学研究与监测。

为了保证三峡工程环境效益的正常发挥，特别是为了减免工程对环境的不利影响，需要有一定数量的投入作保障。为此，工程概算中应有环境补偿投资，工程收益中应支持环境保护的有关监测和科研。《报告书》中已列出的有关项目和费用中，有些项目的内容、计算标准和方法尚需修改，建议在审查初步设计时再逐项确定。

对于《报告书》中的不同意见，建议进一步做工作，尽量取得一致。

为了将生态与环境的影响降到最低，建议将《报告书》中提出的需要在近期研究的课题尽早列入国家科研计划。

随后，水利部以《关于报送〈长江三峡水利枢纽环境影响报告书〉及预审意见的函》，将根据评审意见修改后的《长江三峡水利枢纽环境影响报告书》报国家环境保护局审批。

(2)《报告书》终审及批复意见

1992年2月14—15日，国家环境保护局在北京组织《长江三峡水利枢纽环境影响报告书》终审会。邀请了31位专家和政府部门代表，其中中国科学院学部委员8人，对预审意见和《报告书》进行了认真审核。1992年2月17日，国家环境保护局以《关于〈长江三峡水利枢纽环境影响报告书〉审批意见的复函》(环监〔1992〕054号)提出批复意见如下：

1)原则同意《长江三峡水利枢纽环境影响报告书》(以下简称《报告书》)预审专家委员会的评审意见。《报告书》吸取了多年来有关部门、科研机构、高等院校对长江流域和三峡地区的生态与环境的研究成果，着眼全流域，采取多层次的系统分析和综合评价方法，全面分析了三峡工程对生态与环境的有利影响和不利影响，提出了减免不利影响的对策，为工程决策提供了重要依据。我们认为，只要对不利影响从政策上、从工程措施上、从监督管理上，以及从科研和投资等方面采取得力措施，使其降到最低，生态与环境问题不致影响三峡工程的可行性。

2)三峡工程对生态与环境的有利的影响主要是：

①三峡工程可有效地控制上游洪水，提高长江中下游，特别是荆江河段的防洪能力，有效地减免洪带来的对生态与环境的破坏，减缓洞庭湖的淤积和萎缩。

②三峡工程能增加长江中下游枯水期流量，有利于改善枯水期水质，并可为南水北调提供水源条件。

③三峡工程利用水能资源发电，年发电量达840亿kW·h，与燃煤发电相比，可大量减少污染物的排放。

3)三峡工程对生态与环境不利的影响主要是：

①水库淹没耕地，移民和城镇迁建，会加剧本来就十分突出的人地矛盾，并由此而可能加剧植被的破坏、水土流失和生态恶化。

②目前，库区工业和生活废水年排放量已超过10亿t，沿江城镇的局部江段已形成了较

严重的污染带。建库后，库区水体流速减缓，复氧的扩散稀释能力下降，将加重水体污染。

③三峡工程将改变库区和长江中下游水生生态系统的结构和功能，一些珍稀、濒危物种的生存条件进一步恶化，对"四大家鱼"的自然繁殖也会带来不利影响。

④三峡水库运行后，因泥沙淤积将对回水影响地区的防洪不利，长江中下游河道出现冲淤变化，对长江中游平原湖区低洼农田土壤潜育化、沼泽化有一定影响；下游河口的海水入侵危害有可能增加。

⑤三峡建坝后，库区水面抬高加宽，沿江部分文物古迹将被淹没，三峡自然景观也会受到影响。

⑥三峡工程运行后，将导致重庆市江段泥沙淤积、水质下降，现有给排水设施受到影响。

⑦三峡工程对局部地质灾害和人群健康等也有一定影响。

三峡工程的建设还可能产生目前尚未被认识和潜在的生态与环境问题。

4)三峡工程对生态与环境的影响广泛而深远。对不利影响必须高度重视，本着对人民负责、对后代负责、对历史负责的精神，严格执行环保法规，采取得力措施，并认真落实：

①结合三峡工程的总体开发，认真做好库区国土规划，将城乡建设、移民安置、资源开发、水质保护、环境整治等纳入总体规划，制定出一个社会效益、环境效益和经济效益相统一的综合开发方案。

②合理安排库区周围的工业布局，优先选择无污染或少污染的产业。新建项目必须切实执行"三同时"制度，并且积极治理老污染源，以确保库区总体水质符合国家《地面水环境质量标准》中的Ⅱ类水标准。

③加强长江中上游地区的防护林建设和水土保持。在库区，要根据土地承载能力来确定移民区可能安置的农业人口数量，严格控制人口增长。要因地制宜，宜农则农、宜林则林、宜牧则牧、宜副则副、宜渔则渔，积极发展第二、三产业，不宜强调粮食自给的方针，避免局部地区环境负荷过重而引起生态与环境的恶化。要制定长江水生生物的保护规划，建立自然保护区和人工繁殖基地，加强物种保护。

④三峡工程初步设计中的环境保护篇章，要单独进行审查。枢纽建设、城镇迁建、企业选址、移民安置等都要分别进行环境影响评价。所有建设工程，都要力争少占耕地，不加剧现有生态破坏，不加重环境污染，并注意保护景观。

⑤三峡工程建设规模大，工期长。必须加强施工期的环境保护，认真落实规定的各项防治措施。施工后，要及时修整遭受破坏的环境。

⑥进一步开展对三峡工程环境影响和防治措施的研究，抓紧对库区现有污染源的调查，并做好预测分析，提出合理的控制对策。对于目前尚不清楚和潜在问题，要继续进行研究。

⑦依照《中华人民共和国文物保护法》，对库区的文物做进一步的调查和研究，做好考古发掘、文物保护、迁建、复制及展示工作。

⑧建立生态与环境监测网络，对建库前后的库区及长江中上游和河口地区的生态与环境实行全过程跟踪监测，及时预测预报。

⑨《报告书》中已列出的对生态与环境不利影响的20余项补偿投资，必须在三峡工程总投资中单独列项，并逐项落实。考虑到目前难以预料的各类环境问题的研究和保护，国家有必要安排专项基金或从三峡工程的发电收益中提取一定的比例，建立三峡环境基金。

⑩制定三峡库区的环境保护法规，设立三峡工程环境保护管理机构，以保证上述措施的落实和在建设、运行中的环境管理。

《报告书》的顺利完成和通过国家环境保护局的审查，为1992年4月3日全国人大审议通过兴建三峡工程的决策提供了重要的科学依据。

8.3.3 三峡工程生态环境保护设计与实施

三峡工程决定兴建后，长江委根据三峡工程生态与环境影响评价提出的对策、建议，开展了环境保护设计，包括施工区的环境保护、库区的生态与环境保护、重点问题的深化研究与环境保护宣传，编制完成了《长江三峡水利枢纽初步设计报告(枢纽工程)第十一篇 环境保护》(1992年)、《长江三峡工程施工区环境保护实施规划》(1994年)、《长江三峡库区湖北省移民安置区环境保护规划》(1995年)、《长江三峡库区重庆市移民安置区环境保护规划》(1997年)等。

8.3.3.1 初步设计阶段环境保护设计

长江委在完成可行性研究报告后，即开展环境保护初步设计。根据工程初步设计参数对有关环境影响进行了复核，对其主要不利影响提出措施，1992年编制完成了《长江三峡水利枢纽初步设计报告(枢纽工程)第十一篇 环境保护》。该篇共分9节：①概述；②水质保护；③物种资源及栖息地保护设计；④环境地质；⑤水库泥沙淤积和坝下游河道冲刷；⑥施工区环境保护；⑦重庆市环境影响问题；⑧生态与环境监测系统；⑨主要结论与建议。

(1)水质保护

按国家风景旅游区的保护要求统筹开展三峡水库水资源保护工作。库区内禁止向水域排放含有汞、镉、砷、铬、铅、氰化物、黄磷等的剧毒污染物、废渣，或直接埋入地下。禁止向库区水域排放油类、酸液、碱液或剧毒废水，或在水域内清洗装贮油类和有毒污染物的车辆和容器。库区内禁止向水域排放或倾倒尾矿、粉煤灰、工业废渣、垃圾、放射性废渣等固体废物。按水库水质功能区要求控制使用有机氯农药，推广高效低毒农药；严格控制磷、氮入库量；在库区大力植树造林，禁止乱砍滥伐，保护植被，防止水土流失。做好库区水域船舶污染管理，严格按有关规定防止油类、污水、生活垃圾、粪便进入水体。水库内船只集中的港口、码头，应建立污水、固体废物处理设施。

组建三峡工程生态与环境管理机构，组织协调库区各地水资源保护工作；制定水库水资源保护法规、条例和水资源保护规划。组建库区水质监测系统，组织协调水质监测事宜。

(2)物种保护

1)陆生植物。根据库区和库周的陆生植物现状，自然保护区拟建宜昌天宝山森林公园、兴山龙门河亚热带常绿阔叶林自然保护区和巫山小三峡景观生态自然保护区。自然保护点有万县荷叶铁线蕨自然保护点、秭归疏花水柏枝自然保护点及宜昌莲沱川明参自然保护点。古大树种资源保护方面拟从库区5000株古大珍奇树中挑选出199株作为库区重点保护对象。

2)水生生物。根据保护物种延续,不因水库兴建而中断及改善水生生物栖息地要求,自然保护区拟建立长江上游合江至屏山江段珍稀鱼类自然保护区、长江葛洲坝下游至枝江江段珍稀鱼类自然保护区、长江新螺江段白鱀豚自然保护区和长江口中华鲟和白鲟幼鱼保护区。半自然保护区拟建长江天鹅洲故道白鱀豚半自然保护区。人工繁殖放流站包括长江上游长江鲟人工繁殖放流站、长江上游胭脂鱼和白鲟人工繁殖放流站、长江中游珍稀鱼类人工繁殖放流站。

(3)环境地质

1)水库诱发地震。对地震进行监测,对现有地震监测站网给予补充、加强。

2)库岸稳定。对崩塌、滑坡进行监测、预报、避让和整治。

(4)泥沙问题

三峡水库采取"蓄清排浑"的方式运用,水库绝大部分的有效库容可以长期保留并发挥作用。泥沙淤积对坝区的航道和库尾变动回水区的航道和港口影响,应继续加强科学试验研究,用各种理论计算和实体模型试验,得到优化方案并实施。

(5)施工区环境保护

1)污水处理。砂石料冲洗水处理,设平流式沉淀池3座,2座设在长江边,1座在黄柏河边(晓溪塔),处理设施按日处理3150m^3含泥废水设计。生活污水运用活性污泥法处理,左岸先建1个污水处理厂,按日处理生活污水0.5万m^3设计。油污水处理采用流动式处理设施,用一艘排水量100t的油水分离、水质分析船处理含油污水。

2)大气质量保护。拌和楼配备旋风式除尘和布袋式除尘装置的机械;道路定时洒水,路旁栽种防尘乔木与灌木;通过安装烟尘净化器除燃煤锅炉烟尘;车辆要装尾气净化器达标排放。

3)噪声防治。固定式噪声的防治除了搞好规划,尽可能保证噪声源远离保护区外,必要时设置用石棉水泥或成型的聚苯乙烯夹板构筑的隔音装置;移动式噪声的防治,规划时应尽量使行车线路避开生活区和办公区。

4)弃渣处理。平整或造地后恢复植被;弃渣不应影响景观,不占耕地,不影响航运和行洪。

5)人群健康。包括三斗坪工区卫生清理、施工人群健康防护、设置公共卫生设施、设置工区卫生防疫机构。

6)绿化。改善工区环境,进行绿化,近期绿化标准为人均5m^2绿地,按4万人计,至大坝竣工时完成;远期绿化标准为人均9m^2绿地,按4万~5万人计。

(6)重庆市环境影响问题

由长江委和重庆市就三峡工程对重庆生态环境的影响共同开展研究。

(7)生态与环境监测

明确监测任务。其生态与环境监测系统拟由多个子系统组成,包括水文泥沙子系统、水质子系统、气象子系统、大气质量子系统、生物子系统、环境地质子系统、土地资源子系统、人群健康子系统等。

8.3.3.2 三峡工程初步设计报告环境保护设计篇的审查

1993年5月13—25日,三峡建委聘请专家在北京召开三峡工程初步设计审查会议,对长江委编制的《长江三峡水利枢纽初步设计报告(枢纽工程)》(以下简称《初步设计报告》)进行专家初审。其间,环境保护专家组对《初步设计报告》中的环境保护部分进行审查。专家组认为该报告结构完整、资料丰富,覆盖了重点的环境因子和重点区域的环境保护问题,提出了建设生态与环境监测系统的规划,认为所采取的环境保护措施可行,估算的总经费和4个经费渠道基本合理,建议予以审查通过。主要审查意见如下:

1)切实搞好施工区的环境保护,要求枢纽工程施工区的环境保护达到一流水平。

2)同意建立生态与环境监测网络,对三峡工程兴建前后库区及大坝下游相关地区的生态与环境实行全过程系统的跟踪监测,及时发现问题并提出减免不利影响的措施,预测不良趋势并及时发布警报。

3)在水质保护中,应对坝前漂浮物清除及支流回水末端的富营养化问题提出解决措施。

4)在物种资源与栖息地的保护方面,建议在可能的条件下,考虑高层次保护措施,如建立"基因库"和"谱系",及时对川明参和被淹古大珍奇树木开展研究。

5)同意对环境地质问题的评价结论,应特别注意在移民安置区的选址中避开滑坡体,并在滑坡体的防治中增加生物措施。

6)同意《初步设计报告》中关于水库泥沙淤积和中下游河道冲刷的评价结论。

7)建议补充对未来重庆港的油污染和有毒有害物质泄漏对策的研究。

专家组认为在近期内,必须抓紧做好以下几项工作:

1)加强环境管理是落实环境保护设计的关键。

2)建立三峡工程生态与环境监测系统已刻不容缓。

3)施工区的环境保护是当前另一项紧迫任务。

4)必要的资金是搞好环境保护的重要保证。

5)库区移民和城镇搬迁的环境问题,应根据环境影响报告书所列有关内容逐项进行设计,并同步实施。

8.3.3.3 三峡工程施工区环境保护

三峡枢纽工程施工区上起三斗坪,下至乐天溪,长达10km。施工区范围达15.28km^2。

高峰期施工人数和后勤人员达 4 万人。施工机械和人员集中，将产生大量废水、废气、废渣及高强度噪声，给施工区及居民健康、施工区环境带来影响。为减缓施工对环境的不利影响，在不同施工阶段都开展了大量环境保护与科学研究规划工作。

(1)施工区环境保护实施规划

三峡工程于 1994 年 12 月 14 日正式开工。为加强施工区环境保护，三峡建委办公室召开专题会议。会议纪要指出：鉴于枢纽建设的施工准备工作已全面展开，加强施工区环境保护迫在眉睫。会议议定由三峡总公司负责，组织设计单位，在已有工作成果的基础上，编制施工区环境保护实施规划，其深度应超过环境影响报告书的要求。1994 年 5 月，三峡总公司委托长江水资源保护科学研究所负责编制《长江三峡工程施工区环境保护实施规划》。按照三峡建委办公室专题会议纪要和《关于委托编制〈长江三峡工程施工区环境保护实施规划〉协议书》的要求，针对环境影响报告书中指出的施工对施工区生态与环境的主要影响，编制单位于 1994 年 6 月编制完成了《长江三峡工程施工区环境保护实施规划大纲》(征求意见稿)(以下简称《大纲》)。

1994 年 6 月 27 日至 7 月 2 日，三峡建委办公室主持召开《大纲》专家评审会。根据经修改并审查同意的《大纲》，长江水资源保护科学研究所进行了调研。1994 年 8 月，提出《长江三峡工程施工区环境保护实施规划》(以下简称《施工区环保实施规划》)。

1)《施工区环保实施规划》内容。

①水质保护初步实施规划。主要污染源预测分析：基坑排水、砂石料加工系统冲洗废水、生活污水、含油污水等的水质模型、影响分析。措施：基坑排水处理；砂石料加工系统废水处理；生活污水防治、含油污水防治、茅坪溪水质保护、生活饮用水水源保护；规划实施进度。

②大气保护初步实施规划。污染源预测分析：施工开挖产生的粉尘与扬尘，水泥与粉煤灰运输、拌和楼产生的扬尘，下岸溪干法制砂防尘，燃煤烟尘防治，燃油废气防治，车辆扬尘的降减和劳动保护。规划实施进度。

③噪声防治初步实施规划。包括噪声源预测、噪声衰减预测方法、影响分析、防治措施等。

④施工区绿化。包括目的和原则、施工区绿化初步规划、绿化植物的选择、办公生活区绿化、施工区干道绿化、施工迹地绿化、远期绿化、施工区绿化进度。

⑤人群健康保护初步实施规划。包括卫生清理、施工人群健康保护措施、食品卫生管理与监督、公共卫生设施的布置和要求、卫生防疫、医疗急救。

⑥公众关心的一些环境问题。包括施工弃渣与生活垃圾、虎牙滩中华鲟产卵场、电磁辐射问题。

⑦施工区环境监测初步实施规划。包括水质监测、大气监测、噪声监测、水生生物观测、人群健康观测、监测规划实施办法与经费估算。

⑧环境管理。

⑨环境保护效益投资。

2)《施工区环保实施规划》结论。

①三峡工程规模宏伟，具有工程量大、施工强度高、工期长、大型设备多、人员相对集中等特点。在工程施工期间，各种施工活动产生的废水、废气、噪声和固体废物将对施工区环境造成一定影响，其影响程度与分布状况随施工活动的时空分布而变化。大多数施工活动对环境的不利影响具有可逆性，随着工程的完建将逐渐消减。在 15.28km^2 的前方工区，较大的污染源对环境产生的影响应高度重视。

②根据施工总体布置中的功能区划，施工区环境保护的重点区域是左、右岸办公生活区及白庙子、鹰子嘴饮用水取水水域。经预测分析，对重点保护区域造成不利影响的主要污染源是砂石料加工系统所产生的冲洗废水、噪声及生活污水，应予以重点防治。对施工期内频繁过往施工江段的船舶漏油和洗舱水，以及施工弃渣和生活垃圾等污染现象，主要通过加强管理达到环境质量要求。在基坑、砂石料加工系统等主要污染源附近直接从事施工的操作人员，可采取劳动保护措施予以防护。

③施工区环境管理采取三峡总公司与施工承包单位分级管理的体制。业主单位三峡总公司将对施工区的环境保护问题进行统一监督和管理。在工程建设项目承包中，有关环境保护措施要纳入合同内容，各施工承包单位按合同要求具体负责组织实施。

④通过对施工区环境质量状况的调查、监测和现状分析，分别预测了工程施工活动对水环境、大气、声环境等的不利影响。以此制定施工区环境保护实施规划，落实各项措施，可达到预期的环境控制目标。

3)《施工区环保实施规划》审查意见。

《施工区环保实施规划》由三峡总公司环境及文物保护委员会报送国家环境保护局。国家环境保护局组织专家审查，对《施工区环保实施规划》审查意见如下：

①原则同意专家组评审意见。《施工区环保实施规划》包括了施工活动对施工区环境影响的分析及保护生态与环境的规划目标和措施，制订了环境监测和环境管理计划，细化了环境保护投资概算的阶段分配，基本达到了《施工区环保实施规划》编制大纲的要求。只要认真落实《施工区环保实施规划》，三峡工程施工可以减免环境污染和生态破坏，保持一个较好的施工环境。

②《长江三峡水利枢纽环境影响报告书》指出，葛洲坝建成后，在长江宜昌长航船厂至虎牙滩江段形成了中华鲟新的产卵场。并建议在此江段禁止挖采砂石，以保护中华鲟。应维持经批准的环境影响报告书的意见。

③施工的土石方挖填相结合，基本得到平衡。坝区施工队伍高峰期可达 2 万～2.5 万人，生活垃圾数量可观，垃圾处理方案和堆放场必须抓紧时间落实。

④坝区移民安置的环境保护应采取补救措施，搞好移民安置中的环境保护工作。

⑤应继续强化公司内部管理及对承包单位的管理，加强与地方政府的配合，接受各级环

保部门的监督检查，切实做好施工区的环境保护。

(2)施工区施工环境影响与保护措施分析评价

长江水资源保护科学研究所受三峡总公司委托，进行了施工区环境影响与保护措施分析评价，于1998年4月提出该项分析评价报告。分析评价意见如下：

1)规划与管理。

《长江三峡工程施工区环境保护实施规划》1995年经批准后，成为开展施工区环境保护工作的指南。同时，1994年以后三峡总公司制定并颁布《三峡工程施工区环境保护管理实施办法(试行)》《三峡工程施工区环境卫生管理办法》等一系列专项规划与管理办法，使施工区的环境保护有章可循，管理逐步趋于制度化、规范化和科学化。

三峡总公司成立时，组建成立了以副总经理为主任的环境与文物保护委员会，在工程建设部设置了环境保护处，具体负责三峡工程施工区的环境保护与管理工作。1997年成立坝区环境保护中心，具体负责执行三峡工程施工区的环境监督管理与监测质量检查，为施工区的环境保护提供了组织保证。

依据《施工区环保实施规划》和各项环境保护专项规划设计(如绿化规划、生活垃圾处理场规划与设计等)，以合同管理制方式实施各项环境保护工作，并将环境保护工作计划与投资计划纳入工程年度计划，保证了各项环境保护工作的经费落实。

但在工程的施工中没有有效地实施环境监理制度，对工程合同条款中所规定的环境保护工作落实情况缺乏有效监督，使施工中有的环境保护工作尚未完全落实。

2)水环境保护。

三峡工程施工影响水环境的污染源排放口主要有10个，其中有6个排放砂石料生产废水，4个排放生活污水。砂石料生产的废水排放总量约为1274万 m^3，比预测减少240万 m^3，废水中悬浮物含量据抽样检测为5483～114048mg/L，比预测值低。生活污水的排放总量约为1800万 m^3，比预测值高出1000万 m^3，生活污水(入江涵洞口)的抽样检测结果表明，除悬浮物有时出现超标外，其他污染因子的排放浓度均在国家允许范围内。

为保护施工区水环境，三峡总公司投资5700万元，在6个砂石料生产系统工程建设的同时，修建了不同规模与类型的废水处理设施。抽样检测结果表明：这些设施在正常运行时，都有较好的废水处理效果，悬浮物泥沙的削减量可达90%以上。施工区江段干流断面水质基本稳定，为Ⅱ～Ⅲ类水(GB 3838—1988，下同)，达Ⅲ类水的参数仅总汞1项。工程施工所产生的废污水，没有对长江干流断面水质产生显著影响。近岸水域水质稍劣于断面水质，以Ⅲ类水为主，局部水域在短时期内水质较差，主要污染参数是高锰酸盐指数、总磷、阴离子洗涤剂、非离子氨等。

3)大气质量保护。

为减少开挖粉尘，依靠现代科学技术，采用先进的机械设备(如带收尘装置的英格索兰、卡特拉斯钻机等)进行施工，有效地降低了开挖粉尘对施工区环境空气的影响。抽样检测结果显示，施工现场的粉尘浓度为0.6～22.0mg/m^3。

为减少道路扬尘，对施工区路面进行了硬化，硬化路面达 61.48km，并委托有关单位负责道路养护、清扫和洒水，有效地减少了道路扬尘。为减少燃煤烟尘污染，采用集中供热、集中供餐，提倡用电和液化气等措施降低耗煤量，同时保证优质煤的供应。

1993—1997 年监测结果显示，施工区环境空气污染轻微，主要污染因子是总悬浮微粒(TSP)，出现超Ⅲ级的概率，办公生活区为 10%，施工作业区为 50%。氮氧化物、一氧化碳、二氧化硫等其他污染因子的监测值均符合Ⅰ～Ⅲ级标准。

4)环境噪声防护。

为减少施工噪声对办公、施工轮休人员的影响，按照工程施工总体布置设计，将办公生活区与施工作业区分开布置，有效地减少了施工噪声对办公生活区的影响。为降低爆破噪声，采用微差松动爆破技术，使爆破噪声声级比其他爆破减少了 3～10dB。对大型设备采取修建隔音工作间措施。密封性能较好的隔音间可减少噪声声级 0～20dB。对施工区实行封闭管理，有效地减少了交通噪声。但由于交通道路两侧的防噪林带尚未形成，主干道(也是生产干道)是从办公生活区通过，交通噪声声级较高，为 65～85dB。施工区环境噪声除交通噪声声级略有超标外，基本符合国家有关噪声控制标准的规定。

5)生态恢复与环境建设。

采取修筑挡土墙、喷护混凝土、种植草皮、硬化路面、加强施工弃渣管理措施，有效地防治了施工区的水土流失。截至 1997 年底，完成水土保持工程量 43 万 m^3，硬化施工区路面约 123 万 m^2，种植草皮 52.5 万 m^2。对办公、生活区的设施及绿化进行了全面规划与布设，并逐步实施，采取施工完建一块土地、迹地绿化就实施一块的方针，加大投入。施工区绿化面积已达 70 万 m^2，植物品种达 97 种；已建绿地与生活小区及其他建筑物交相辉映，环保公园、坛子岭景区已经形成，施工区的环境得到较好改善，显露出旅游风景区的雏形。优美的环境，不仅具有景观效益，而且对人体健康有益，从而带来施工生产效益。

6)人群健康保护。

成立三峡工程建设安全委员会，负责安全生产，施工区未见职业病报道，施工人员的伤亡事故比例逐年降低。建立坝区急救中心，归口管理施工区的卫生防疫和医疗卫生工作。搞好环境卫生，减少致病因子(苍蝇、蚊子等)。

委托绿原公司负责办公、生活区的卫生清扫、生活垃圾清运等工作。定期监测供水水质，保障生活饮用水符合国家规定。

7)文物保护及其他。

为保护施工区文物，采取部分工程暂缓施工和避让的措施，妥善地保护了地上文物与地下文物。采取尽可能减少在虎牙滩料场采砂，并开辟云池、中沙湾料场来满足工程砂料的需要等措施，较好地保护了中华鲟产卵场。

8.3.3.4 库区移民安置区生态与环境保护

三峡工程移民达百万人，是工程建设的关键问题，一直受到党中央、国务院和有关省(直辖市)各级人民政府部门的重视及全国各地的支持。三峡库区经济基础较薄弱，土地后备资源不足，生态环境问题较多。为妥善安置移民、保护生态环境，三峡建委专设移民开发局，负责与地方政府配合协调。各有关部门也采取了各项措施，在安置移民的同时，加强生态环境保护，制定了规划，并逐步实施。

(1)三峡地区经济发展规划纲要中的“生态环境保护与治理”

1996年3月30日，国家计划委员会发布《关于三峡地区经济发展规划纲要》。其中“生态环境的保护与治理”的要点如下：

1)继续实施农业综合开发工程，扩大自然保护区，治理水土流失，改善农业生态环境。今后要继续实施“长防”(长江上中游防护林建设工程)、“长治”(长江上中游水土保持重点治理工程)和中低产田改造工程，并加大投资比重和治理范围。新建若干自然保护区，加强生态环境的建设和保护。水土流失治理要因地制宜，生物措施、工程措施和耕作措施相结合，提高防治效益。坚持不懈地治理坡耕地，搞好水利工程和农田基本建设，提高土地生产潜力。采取多种途径解决农村生活能源，开发小水电、沼气和其他燃料资源。营造沿江防护林、经济林，加强中幼林抚育，提高森林覆盖率。以小流域为单位建立水土保持生态农业区。

2)积极防治地质灾害，减少灾害损失。三峡地区地质灾害点多、面广，防治紧迫。要坚持“预防为主，防治并重，综合治理，突出重点”的方针。重点加强对地质灾害严重的城镇及三峡地区库岸崩塌、滑坡体的防治。要结合经济发展规划，对区域环境地质作进一步评价，提出综合治理方案。

重灾点要建立国家级预警预报系统和群众性预报网络。对处于临危状态的危岩滑坡等，要采取必要的工程防护措施。新建城镇、工矿、重大水利工程及移民定居点，必须避开地质灾害地段。在工程建设中，要考虑地质环境的利用与保护，防止人为破坏地质环境，诱发地质灾害。地质灾害防治要与水土流失治理、水毁工程整治等相结合，巩固防治效果。中央有关部门和地方各级人民政府要特别注意城市地质灾害的防治。

3)防治环境污染，促进经济发展。三峡地区环境污染治理，要严格贯彻执行国家颁布的各项有关环境保护的法规。治理的重点是城市“三废”(废气、废水、废渣)污染，要突出城市环境综合整治，推广清洁生产，抓好重点工业污染的治理。大中城市要完成沿江污水截流、沿江干道环境综合整治、城市绿色屏障工程；搞好供排水系统与排污口整治，建设污水处理厂，确保污水排放达到国家规定的标准。重庆市地处库区上游，对三峡地区的环境影响重大，必须切实搞好环境保护规划，加强治理和管理，库腹地区沿江城镇，结合迁建、新建项目，建设污水处理工程，保护三峡水库腹地的水质。库首地区要重点保护好三峡坝前环境。环境污染防治要与产业结构调整、技术改造相结合，新建、改扩建项目严格把好“三同时”关，环境保护配套设施要达到相应的行业要求。在积极发展旅游业的同时，要加强旅游景观资源的开发与保护，防治旅游污染。

(2)三峡库区移民安置区环境保护规划

根据国家对三峡水库淹没处理及移民安置规划的要求，长江委在1991—1992年完成的库区21个区(县)淹没实物指标调查的基础上,于1995年编制完成了三峡工程库区湖北省4县淹没处理及移民安置规划报告。1995年5月,通过三峡建委移民开发局移民工程咨询中心主持的专家评估,同年12月送湖北省人民政府审批,1996年4月、5月批准执行。1997年,又编制完成了三峡工程库区重庆市16区(县)淹没处理及移民安置规划报告。1997年3—5月,通过三建委移民开发局移民工程咨询中心主持的专家评估,同年10月重庆市人民政府批准执行。在编制分区(县)规划报告阶段,长江水资源保护科学研究所作为三峡库区移民安置区环境保护规划编制的技术总负责单位,于1995年编制了湖北省4县移民安置区环境保护规划报告,1997年又与四川省环境评估中心、重庆市环境监测科研所、电力工业部中南勘测设计研究院按分工分别编制完成了重庆市16个区(县)移民安置区环境保护规划,均纳入分区(县)移民安置规划总报告,通过三峡建委移民开发局移民工程咨询中心主持的专家评估,经湖北省和重庆市人民政府批准实施。

三峡库区分区县移民安置区环境保护规划报告的编制,是在认真分析水库移民有关资料,区域自然、社会环境条件及以往评价和科研成果后,针对各区(县)移民安置初步规划成果和移民安置区环境特点,确定以移民安置涉及的乡镇辖区为主要保护规划范围,内容包括移民安置区土地资源开发利用环境保护规划、城(集)镇迁建环境保护规划、工矿企业迁建与移民安置新建第二、三产业污染防治措施、人群健康保护规划、移民安置区生态建设、生态与环境监测及环境管理规划等。移民安置区土地资源开发利用环境保护规划主要包括土地利用结构的调整、移民安置区的水土保持;城(集)镇迁建环境保护规划主要包括地表水环境保护、环境空气保护、噪声污染控制和固体废物处理等;工矿企业迁建与移民安置新建第二、三产业污染防治措施重点是考虑“三废”处理等;人群健康保护规划主要包括:迁建城镇的新址卫生清理、病媒生物的控制、对搬迁人口采取检疫及预防接种等保护措施;生态与环境监测主要包括:地表水监测、迁建城镇的环境空气与噪声监测、人群健康调查与监测、其他生态因子监测等;提出环境管理的主要任务,并对各区(县)移民安置区的环境保护投资进行了匡算,对投资来源进行了简单分析。根据批准实施的20个区(县)移民安置区环境保护规划报告,三峡库区移民安置区环境保护规划总经费为119710.4万元,其中湖北省15864.0万元,重庆市103846.4万元。规划总经费中直接列入移民工程投资中的环境保护补助经费为29151.58万元,其中湖北省4296.51万元,重庆市24855.07万元。

(3)坝区施工征地移民安置环境保护规划

1995年8月国家环境保护局、三峡建委办公室向三峡总公司发文提出:“现坝区移民已基本搬迁完毕,但尚未见坝区移民安置的环境保护技术文件。你公司应采取补救措施,搞好移民安置中的环境保护工作。”1997年3月,三峡总公司委托长江水资源保护科学研究所负责编制《三峡坝区施工征地移民安置环境保护规划》。

根据国家有关环境保护的法规及标准和已经批准的《长江三峡水利枢纽初步设计坝区施工征地移民安置规划修编报告》要求,长江水资源保护科学研究所在宜昌市移民局等单位的配合下,多次深入现场进行环境状况调查和资料收集,并进行了必要的环境监测,于1997

年6月编制完成《三峡坝区施工征地移民安置环境保护规划》(征求意见稿)。同年7月，三峡总公司在三峡工程工地组织评审。经修改后于9月编制完成。该规划以移民安置前环境状况为基础，根据坝区施工征地移民安置规划(主要针对15个就地后靠集中安置点)，在分析区域环境状况及影响评价基础上提出了有针对性的环境保护措施。使《长江三峡水利枢纽初步设计坝区施工征地移民安置规划修编报告》进一步完善和充实。

1997年11月21—22日，三峡总公司和湖北省环境保护局在武汉市主持召开了《三峡坝区施工征地移民安置环境保护规划》专家评审会。专家组评审意见认为："基础资料翔实，工作目的明确，指导思想、依据、原则、范围及规划内容正确，基本满足三峡坝区施工征地移民安置环境保护的要求。规划报告内容全面，方案具有可操作性。对三峡坝区施工征地移民安置区的环境保护具有指导作用。"

(4)库区重庆市分区(县)移民安置区环境保护实施计划

为了进一步落实和实施重庆市分区(县)移民安置区环境保护规划中所提出的环境保护措施，改善三峡库区的生态与环境，重庆市移民局于2000年4月下旬委托长江水资源保护科学研究所编制长寿、开县、奉节3县移民安置区环境保护实施计划。

在实施计划编制过程中，专业技术人员进行了多次现场查勘与调研，广泛听取了地方相关专业部门的意见，收集了新县城迁建、农村移民安置及地方专业技术部门的大量基础资料。对县城的污废水处理和垃圾处理处置进行了多方案的比选，并与地方有关部门多次交换意见。在各县现场工作时间前后历时两个多月，提出实施计划讨论稿。并征求了地方政府和有关部门的意见，修改后又邀请环境工程和移民专家召开了咨询会。又经长江委技术委员会审查，最后修改完成3县移民安置区环境保护实施计划报告。

该实施计划报告重点研究解决了迁建城镇的水污染和固体废物污染问题、移民安置区的生态建设和人群健康保护等问题。拟定了3个县城的污废水处理采取分片集中处理方案，计划在2010年前在3个县城建设5座二级污水处理厂；根据3个县城的垃圾成分现状调查和变化预测分析，结合国内外垃圾处置技术和三峡库区的实际情况，拟定在3个县城2003年各建设1座垃圾卫生填埋场；生态建设重点考虑在大于25°坡耕地退耕还林，未利用地中对可利用地进行植树造林、封禁治理，以及农村移民安置区生态农业试点推广等；此外，实施计划还安排了移民安置区人群健康保护、生态与环境监测、环境管理与监理等。

8.3.3.5　初步设计生态与环境保护措施

(1)水质保护措施

水质保护措施见8.2.2.1可行性研究及初步设计对水温水质影响评价及对策措施。

(2)物种保护措施

1)陆生植物。

根据库区和库周的陆生植物现状，对库区的陆生植物的物种保护拟采取建自然保护区、珍稀植物保护点和古大树种资源保护3类方法。自然保护区拟建宜昌天宝山森林公园、兴山龙门河亚热带常绿阔叶林自然保护区和巫山小三峡景观生态自然保护区。自然保护点有万县荷叶铁线蕨自然保护点、秭归疏花水柏枝自然保护点及宜昌莲沱川明参自然保护点。古大树种资源保护方面拟从库区 5000 株古大珍奇树中挑选出 199 株作为库区重点保护对象。

2)水生生物。

根据保护物种种族延续不因水库兴建而中断，以及改善水生水物栖息地环境要求，拟划定 4 个自然保护区、1 个半自然保护区，建立 3 个人工繁殖放流站，使区、站基本形成网络，通过为保护对象提供较好的自然生存环境，以保证物种生息繁衍，人工繁殖一定数量的苗种，向长江放流以达到恢复补充群数量的目的。自然保护区方面，拟建长江上游合江至屏山江段珍稀鱼类自然保护区、长江葛洲坝下游至枝江江段珍稀鱼类自然保护区、长江新螺江段白鱀豚自然保护区和长江口中华鲟和白鲟幼鱼保护区。拟建长江天鹅洲故道白鱀豚半自然保护区。

人工繁殖放流站包括长江上游长江鲟人工繁殖放流站、长江上游胭脂鱼和白鲟人工繁殖放流站、长江中游珍稀鱼类人工繁殖放流站。

(3)环境地质问题

1)水库诱发地震。

保护的主要目标是大坝安全和人民生命财产安全。对大坝安全采取工程措施，根据环境影响报告书的预测结果，按照水工程建筑物抗震设计规范设防。从高估计水库最大可能地震强度为 6.0 级，影响烈度为Ⅵ度，大坝按烈度Ⅶ级设防。

为保护人民生命财产安全，应对地震进行监测。现有的地震监测台网加以适当的补充，加强后可以达到此目的。根据水库蓄水后发生地震的规律，在蓄水初期发生强地震的可能性较大。因此，在这一时期将加强监测和预报。三峡库区地震监测台站布置见图 8.3.2。

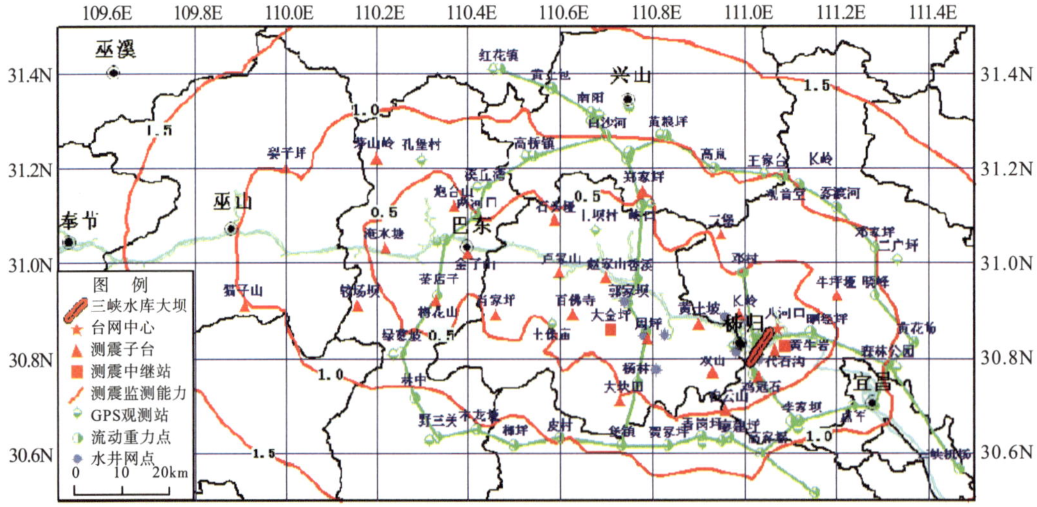

图 8.3.2 三峡库区地震监测台站布置

2)库岸稳定。

三峡水库库岸主要由坚硬和半坚硬岩石组成，松散堆积层仅零星分布。稳定条件好的和比较好的岸段分别占干支流总库岸长度的90%和94%。

根据对环境影响报告书影响结论的复核结果，崩塌、滑坡对工程安全无影响，对航运的影响也较建库前大为改善。主要防治目标是减免崩塌、滑坡和危岩体失稳对移民和居民点等造成的危害和影响。防治措施包括监测预报、避让和整治。

(4)泥沙问题

三峡水库采取“蓄清排浑”的方式运用，水库绝大部分的有效库容可以长期保留并发挥调节作用。泥沙淤积不会对坝区的航道和库尾变动回水区的航道和港口产生大的不利影响，妨碍船舶的正常运行，三峡工程运行后期产生的不利影响可以采取措施予以解决。随着流域规划中拟定的上游水库的建成，不利影响将得到明显的缓和。应继续加强科学试验研究，用各种理论计算和实体模型试验，具体优化方案并予以实施。

(5)施工区环境保护措施

1)污水处理。

施工期污水包括：

①基坑排水。其中影响水质的为混凝土养护水和灰浆水等。最大排水量约3.24m^3/s，主要污染参数为pH值和浊度，前者约为11，后者约为2000mg/L。

②拌和楼、料罐冲洗水。拌和楼和料罐每6小时冲洗一次，因含水泥，pH值和浊度较高，但一次水量不大，又系长期操作，可通过排水系统免除其影响。

③砂石料冲洗水。天然砂、砾石筛分和人工砂石料加工系统，冲洗用水量大，悬浮物浓度也大，如直接入江对水质有显著影响。

④生活污水。按高峰期施工人员及其他人员共4万人计，每天排放生活污水0.6万～1.0万t。如集中直接向长江排放，将影响长江水质。

⑤油污。施工机械总数约达2000台(艘)，多以油料为动力，在作业与维修中油料外溢、渗漏等，随地表水进入长江，还有船舶的直接排污，均可污染水质。

采取以下保护措施：

①砂石料冲洗水处理。设平流式沉淀池3座，两座设在长江边，按《污水综合排放标准》(GB 8978—1988)三级标准设计；另一座设在黄柏河边(晓溪塔)，按一级标准进行设计。处理设施按日处理3150m^3含泥废水设计。

②生活污水处理。运用活性污泥处理生活污水。左岸先建一个污水处理厂，按日处理生活污水0.5万m^3设计。

③油污处理。采用流动式处理设施，用一艘排水量100t的油水分离、水质分析船，处理含油污水。

2)大气质量保护。

施工对大气质量的影响主要来自建筑物基础岩石的开挖爆破、人工砂制备的岩石开挖及干法破碎制砂等形成的飘尘和扬尘，其次来自拌和楼。此外，还有水泥、粉煤灰的运输、装卸，以及燃油机械排放的尾气污染和车辆行驶引起的二次扬尘污染等。

开挖、破碎等产生的飘尘和粉尘污染需采用综合性整治技术，水泥、粉煤灰运输、装卸、储存采用提式风动装罐法、密闭运输以消除其可能产生的飘尘和扬尘。拌和楼使用配备有旋风式除尘和布袋除尘装置的机械。道路定时洒水，路旁绿化和栽种防尘乔木与灌木。燃煤锅炉烟尘通过安装烟尘净化器除尘。车辆要装尾气净化器，使之能达标排放。

3)噪声防治。

噪声由两部分组成，其中一种以砂石料系统为主的固定连续噪声源，最大噪声可达110dB；另一种是以大吨位汽车运输系统为主的移动、断续式噪声源，最大可达98dB，对附近居民生活和工作有严重影响。

固定式噪声的防治除了搞好规划，尽可能保证噪声源远离保护区外，必要时设置用石棉水泥或成型的聚苯乙烯夹板构筑的隔音装置。移动式噪声的防治较为困难，规划时应尽量使行车线路避开生活区和办公区。

4)弃渣处理。

工程土石方挖填总量达1.3亿m^3，为了减少弃渣，尽量考虑挖填结合，除开挖的新鲜、微风化岩用于加工混凝土粗骨料外，其余部分用于围堰等填方工程，以及用于施工生产、生活场地平整或造地后恢复植被。其余弃渣按不影响景观、不另占耕地、不影响航运和行洪的原则，统一规划堆放，引航道范围内的堆渣高程不超过130m。

5)人群健康。

保护目标是三斗坪工区的施工及管理人员。高峰劳动力约2.5万人。采用以下保护措施：

①三斗坪工区卫生清理。

施工前，对工区范围内原有厕所、粪坑、畜圈(栏)、垃圾堆、卫生院(所)旧址、仓库及食堂等地，用石炭酸机动喷雾消毒。施工人员进入工区后，在生活区每年定期杀虫、灭鼠。

②施工人群健康防护措施。

对进入工区的人员进行卫生检疫，主要检疫项目有疟疾、传染性肝炎、钩端螺旋体病等。对施工人员作定期健康观察，严格执行疫情报告制度和对工区高危人群进行定期抽样体检。施工人员的预防接种，项目包括疟疾预防服药、乙肝疫苗及钩端螺旋体病疫苗的接种。

③施工区公共卫生设施的设置，包括合理建置公共厕所及垃圾箱，配备垃圾清运车。

④设置三斗坪工区卫生防疫机构。

工作场所面积(建筑面积)2500～3000m^3，工作人员35～40人，以及仪器设备、消耗器材和专用车辆等。

⑤设置三斗坪工区医疗、急救机构。

设置职工综合医院、独立门诊部及急救站。综合医院用地面积4万m^2，建筑面积2万m^2，卫生技术人员750人，500张病床，配备必要的设备和仪器。独立门诊部用地面积1500m^2，建筑面积900m^2，卫生技术人员30～45人。急救站设在紧靠施工现场且交通方便之处，卫生人员计6～7人，24小时值班，保持流动性。

6)绿化。

坝区植被覆盖率低，施工将进一步破坏现有植被，影响景观，可能加剧水土流失。为改善工区环境，必须进行绿化。建议近期绿化标准为人均5m^2绿地，按4万人计，至大坝竣工时完成；远期绿化标准为人均9m^2绿地，按4万～5万人计。

(6)生态与环境监测

监测系统的主要任务是：根据工程对生态与环境影响的特点，对三峡工程兴建前后库区及大坝下游相关地区的生态与环境实行全过程系统的跟踪监测，及时发现问题并提出减免不利影响的措施，保护库区和流域相关地区的环境质量，保证资源的持续利用和国家有关部门决策服务；按照国家或行业部门有关专业的规范规程，结合三峡工程实际情况，建立适合于三峡工程的生态环境监测指标体系，对重要的生态环境因子进行定期与不定期的监测、观测与调查；建立三峡工程生态与环境监测信息系统，定期对监测资料进行系统分析，及时提出减免生态与环境问题的对策措施；编制三峡工程生态与环境质量年报。

监测系统由12个子系统、10个重点站和5个生态环境实验站组成，分3个层次，即生态与环境监测中心、重点站与实验站、基层站。监测内容涉及移民、水质、污染源、水文、局地气候、山地灾害、鱼类及水生动物、陆生动植物、人群健康、农业生态环境、社会环境以及施工区环境等，注意充分发挥各部门、各专业现有监测技术、人员和装备的作用。

(7)移民安置区环境保护

根据库区各县区移民安置区环境保护规划，提出了相应的环境保护对策与措施。主要保护对策措施如下：

1)土地资源开发利用保护。

主要包括坡耕地改造工程措施、生物措施、封山育林、小型水利水保工程措施、城镇迁建及工矿企业和交通道路复改建保护措施等。

2)城(集)镇、工矿企业迁建和移民新建企业的环境保护。

主要包括水质保护措施、大气保护措施、环境噪声防治措施、固体废物处置措施等。

3)人群健康保护。

主要包括环境卫生清理、疾病监测、疫情抽查及预防接种、饮用水卫生监测、卫生宣传管理与监督、医疗卫生机构建设等。

4)生态建设。

主要包括珍稀濒危植物和古大树木保护、森林植被保护、野生动物保护、城集镇和农村居民点周围及道路绿化、库岸绿化带建设、生态农业试点等。

5)生态环境监测。

主要包括生活饮用水水质监测、地面水水质监测、水污染源监测、降水(酸雨)监测、大气环境质量和废气监测、噪声监测、人群健康监测,以及其他生态环境因子调查与监测等。

(8)单项技术设计及施工设计主要成果

根据三峡工程对生态与环境影响的论证成果,初步设计阶段的环境保护设计成果和移民安置区环境保护规划,以及相关的科研成果,在三峡工程建设过程中负责组织和编制完成的环境保护技施设计成果主要有:长江三峡工程施工区环境保护实施规划、长江三峡工程生态与环境监测系统实施规划、长江三峡工程环境保护补偿项目实施计划、三峡库区水域纳污能力及限制排污总量意见,以及库区各县区移民安置区环境保护实施计划等。

(9)其他对策建议

1)根据新建工程环境保护设施与主体工程"三同时"的规定,兑现三峡工程环境保护补偿费用,在工程开始筹建后即逐步实施各项环境保护措施。

2)水库淹没与移民过程中的生态与环境问题,应在相应设计阶段逐项进行设计,并在移民过程中得到落实。

3)严格执行国家颁布的有关环境保护各项法规,结合三峡工程特点,制定三峡工程环境保护条例。加强环境管理,并贯穿工程全过程。

4)对一些尚待进一步弄清楚的问题,应尽快立项开展调查研究工作,以得出明确的结论,采取相应的措施,如对重庆市生态与环境的某些影响问题等。

5)尽快建立健全三峡工程环境管理机构,统一组织落实环境保护措施和监测规划。

6)建议从电费收入提取的3%库区建设基金中,规定一定的份额用于建立环境保护基金,以便加强工程建成后的环境保护和环境建设。

8.3.3.6 三峡工程生态环境保护措施实施情况

根据三峡工程论证、可行性研究、初步设计和技施设计的要求,通过长期的跟踪调查,有关部门及单位组织开展了大量有关生态环境保护方面的工作,各阶段提出的主要环境保护措施实施情况如下:

(1)水环境保护

在三峡库区移民搬迁安置中,对不符合环境保护要求的搬迁企业实施了关停并转,对搬迁和新建企业严格按照环保的要求建设污染治理设施。同时,库区迁建城市和县城实施了"雨污分流"措施。另外,对库区网箱养鱼进行了严格控制。

为了促进三峡库区及其上游地区污水处理和垃圾处理设施的建设,更为有效地保护三峡水库水质,2001年10月国务院批准实施《三峡库区及其上游水污染防治规划》,总投资为392.2亿元。库区已建成城市和县城污水处理厂28座,垃圾处理场22座。同时,根据规划的实施情况,2008年1月对《三峡库区及其上游水污染防治规划》进行了修订。此外,近几年国家有关部门加大了对污染的治理监管力度，对未达标排放的单位进行了整治，废水达标排放率显著提高；加大了库区水土保持、退耕还林的投入；加大了“生态家园富民计划”在库区的推广力度；加强了对库区船舶污染的治理力度，并在重要港口建设了污染物接收处置设施。这些措施从源头上对污染源进行了有效治理和控制。

(2)珍稀特有动物及植物保护

根据三峡工程环境影响评价文件的要求，沿江各级地方政府先后建立了长江天鹅洲白鳖豚自然保护区、长江新螺段白鳖豚国家级自然保护区、湖北宜昌中华鲟自然保护区、长江口中华鲟自然保护区、长江上游珍稀特有鱼类自然保护区(图 8.3.3)。国务院三峡办组织实施了长江上游珍稀特有鱼类自然保护区救护中心、长江湖北宜昌中华鲟自然保护工程和上海市长江口中华鲟自然保护工程等。三峡集团协助农业农村部实施了长江上游珍稀特有鱼类保护工程、长江何王庙江豚保护工程，编制并实施了中华鲟、江豚、长江鲟(达氏鲟)保护行动计划。

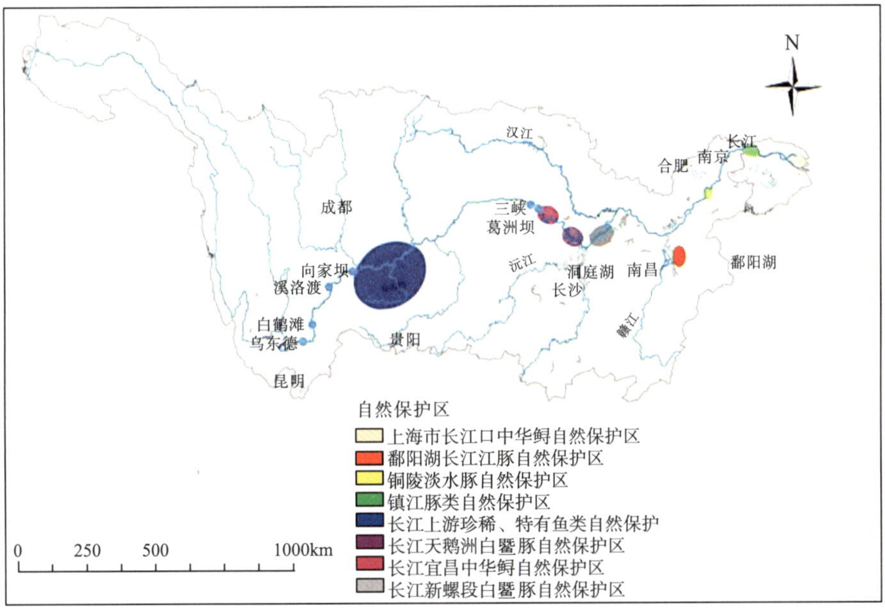

图 8.3.3　长江珍稀特有动物及植物自然保护区

1)水生生物保护。

①长江上游珍稀特有鱼类国家级自然保护区。

该保护区始建于 1996 年，1997 年经四川省人民政府批准，将原泸州市长江珍稀特有鱼类自然保护区和宜宾地区珍稀鱼类自然保护区合并，定名为长江合江—雷波江段省级自然保护区。2000 年 4 月，国务院以国办〔2000〕30 号文批准保护区升级为国家级自然保护区，定名为长江合江—雷波江段珍稀鱼类国家级自然保护区。保护区由四川省珍稀鱼类国家级自然保护区管理局管理，保护区内各市、县、区相继建立了保护区管理处和保护站。

为协调金沙江一期工程建设与保护的矛盾，2005 年，国务院以国办函〔2005〕29 号文对保护区范围进行相应调整，并更名为长江上游珍稀特有鱼类国家级自然保护区（图 8.3.4）。调整后的保护区涉及四川、贵州、云南和重庆。保护区水域分布鱼类 189 种，其中国家重点保护珍稀鱼类 21 种，特有鱼类 66 种，占长江特有鱼类的 46.48%。保护区分布有藻类 6 门 53 属、浮游动物 51 属 87 种、底栖动物 40 属 50 种，并分布珍稀水生动物大鲵、水獭、贵州尤螈等。

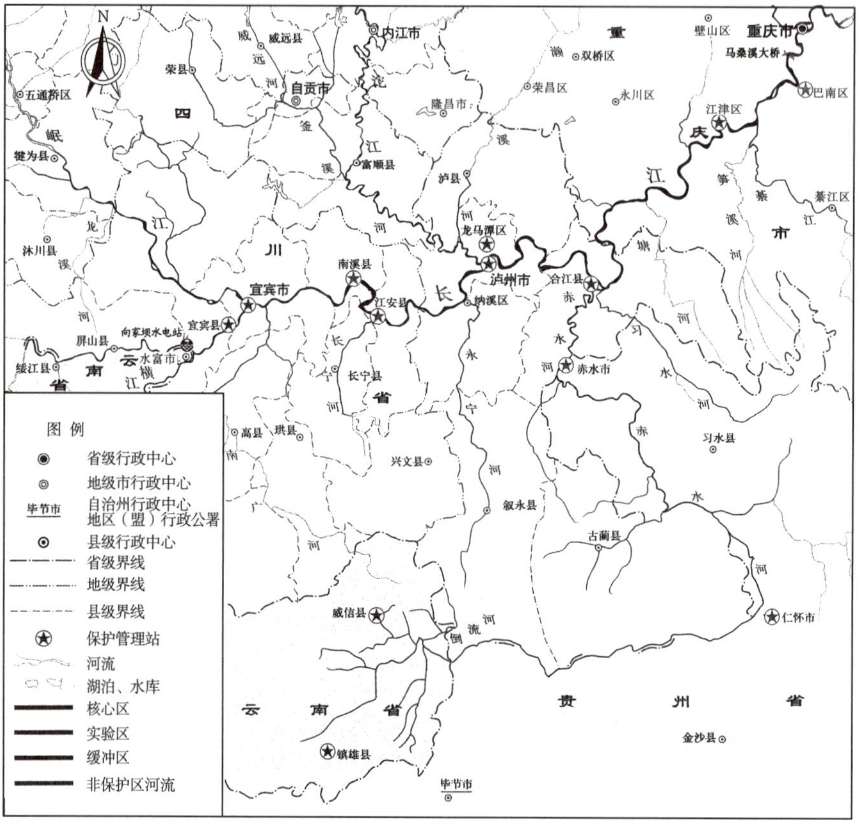

图 8.3.4 长江上游珍稀特有鱼类国家级自然保护区

保护区涵盖了长江上游丰富多样的水域生态类型，以及独特的河流地质、地貌和水文动力学环境，具有非常典型的生态意义。其中赤水河干流是尚未进行水电开发的为数不多的长江支流，在鱼类原始生境研究与保护方面具有极重要的价值，调整后的保护区仍保留了白鲟部分产卵场的特殊生境。

②长江湖北宜昌中华鲟省级自然保护区。

该保护区由湖北省人民政府于 1996 年 4 月以鄂政函〔1996〕35 号文批准建立，定名为长江湖北宜昌中华鲟省级自然保护区（图 8.3.5）。

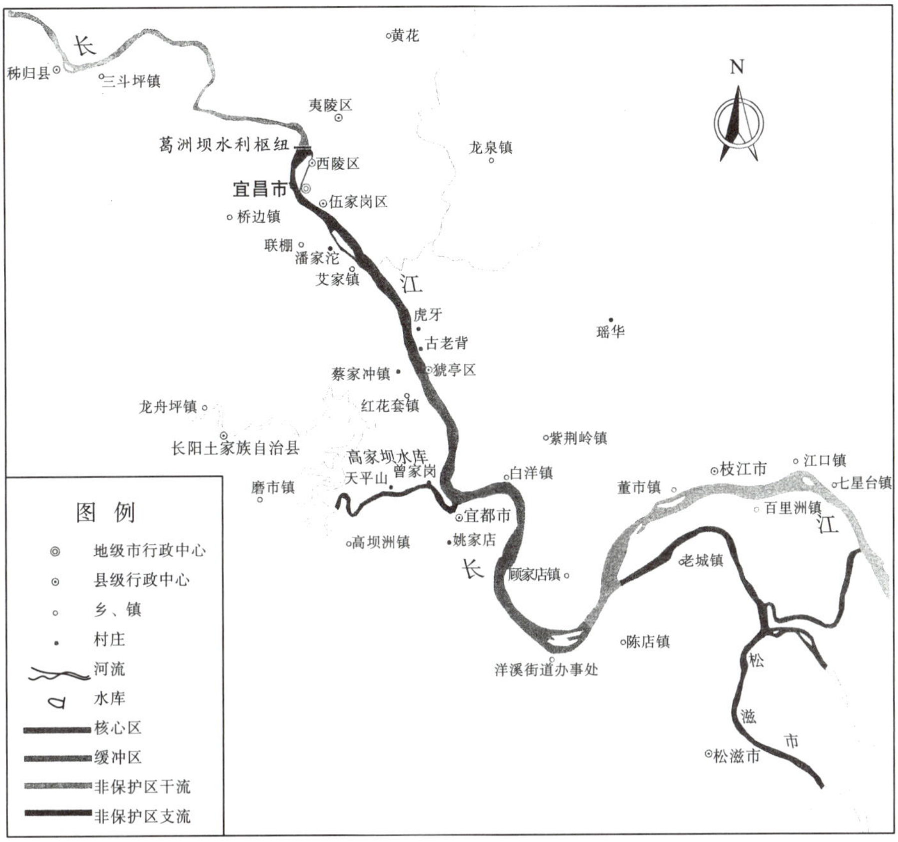

图 8.3.5　长江湖北宜昌中华鲟省级自然保护区

保护区分布有浮游植物 7 门 49 属 60 余种、浮游动物有 43 种、底栖动物有 4 大类 40 种，宜昌葛洲坝以下江段共分布有鱼类 11 目 21 科 111 种，其中鲤形目鲤科最多，共有 65 种，占总种类数的 58.56%，其次为鲤形目鳅科和鲇形目鲿科鱼类，分别有 11 种和 10 种，占 9.91%和 9.01%，其他种类共 25 种，占 22.52%。

保护区主要保护对象为中华鲟、白鲟、达氏鲟、胭脂鱼等和珍稀水生动物白鱀豚、江豚，此外还包括一部分长江上游特有鱼类，主要包括圆口铜鱼、长鳍吻鮈、圆筒吻鮈、长薄鳅、厚颌鲂、异鳔鳅鮀、岩原鲤、中华金沙鳅等 8 种。

③长江天鹅洲白鱀豚国家级自然保护区。

1992 年，国务院以国函〔1992〕166 号文批准在石首江段成立湖北长江天鹅洲白鱀豚国家级自然保护区。1996 年，农业部以农渔函〔1996〕68 号文对保护区划界确权的范围作了批复。保护区主要保护对象为国家一级保护动物白鱀豚、国家二级保护动物江豚及其栖息地。

保护区内共计分布有鱼类 4 目 18 科 83 种，其中故道水域 63 种，长江干流水域 68 种，鲤科鱼类占绝对优势。根据保护区内渔获物调查统计，在 50 余种渔获物种类中，鲤科鱼类占 60%～70%。保护区常见鱼类主要有铜鱼、长吻鮠、“四大家鱼”、南方鲇、鲤、鲫等。

保护区自成立以来，为白鱀豚、江豚的救护开展了大量工作，积累了丰富的豚类保护、救护经验。在国家、地方有关部门及科研单位的支持下，在天鹅洲故道水域开展了白鱀豚、江豚迁地试养，先后多次从长江中捕捞江豚放入故道围养。石首长江干流段白鱀豚、江豚经常出没水域设置了北门口、柴码头（北碾子湾）、调关、方家夹（中洲子下段）4个“两豚”观测站。

④长江新螺段白鱀豚国家级保护区。

长江新螺段白鱀豚国家级保护区始建于1987年，1992年国务院以国函〔1996〕166号文批准为国家级自然保护区。

长江新螺段白鱀豚国家级自然保护区的主要保护对象为白鱀豚、江豚及其生境。保护区江段水面宽阔，河道迂回曲折，浅滩、江心洲发育，饵料丰富，生境条件好，是白鱀豚最集中分布区之一。保护区江段分布有鱼类10目23科103种，以鲤科鱼类和鲿科鱼类为主。

⑤长江口中华鲟省级自然保护区。

2002年4月，长江口中华鲟省级自然保护区（图8.3.6）由上海市人民政府正式批准成立。主要保护对象为中华鲟幼鱼及其栖息地。保护区位于崇明东滩，北起八滧港，南起奚家港，由崇明东滩已围垦的外围大堤与吴淞标高5m等深线围成的水域。保护区总面积约576km²，其中核心区约276km²，缓冲区和实验区约300km²。

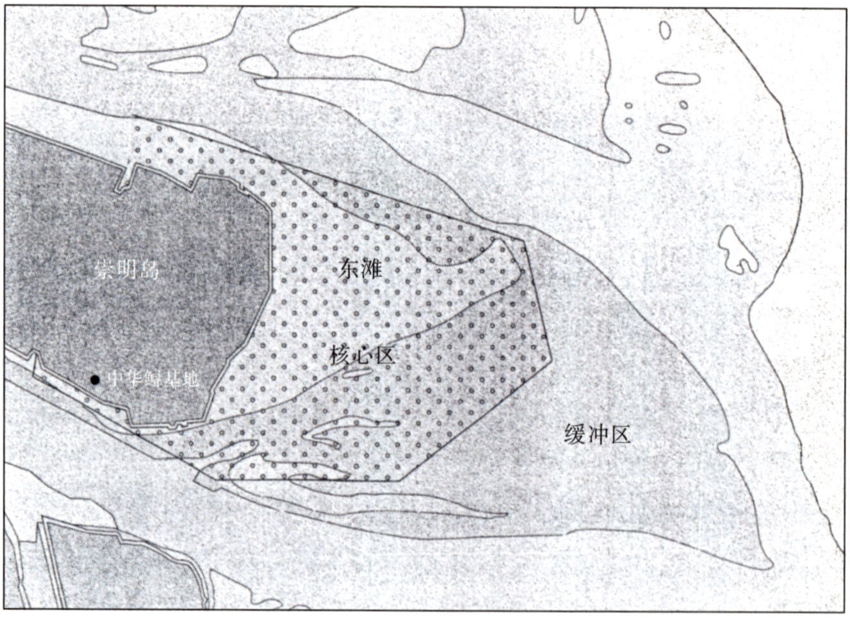

图8.3.6 长江口中华鲟省级自然保护区

2005年3月，上海市人民政府通过的《上海市长江口中华鲟自然保护区管理办法》为自然保护区的规范管理提供了有力支撑。2008年2月，保护区以其优良的生境条件和重要的生态功能成功加入《国际重要湿地名录》。此外，2005年正式启动三峡工程珍稀鱼类保护生态补偿项目“三峡工程珍稀特有鱼类增殖放流”；2006年珍稀鱼类中华鲟、达氏鲟和胭脂鱼放流量超过20万尾，重要经济鱼类放流量达4.5亿尾，以保护长江上游的珍稀特有鱼类和维护三峡水库水域生态系统的完整性。

2)陆生生态保护。

①湖北宜昌大老岭国家森林公园植物多样性保护建设工程。

该工程的主要保护对象是亚热带山地天然森林生态系统、珍稀物种和古大树种。工程主要包括植物多样性保护工程、科研工程、低产林改造工程和基础工程四大部分，1997年5月开工建设，1999年3月完工。

②湖北省兴山龙门河亚热带常绿阔叶林自然保护工程。

兴山龙门河亚热带常绿阔叶林自然保护工程(图8.3.7)建设的主要目的是保护三峡库区业已保存比较完整的亚热带常绿阔叶林群落及其生态系统、物种多样性和珍稀植物。工程于2002年1月开工建设，主要分为土建类工程和植物类工程两大部分。植物类工程主要包括常绿阔叶林补植、珍稀树木园和经济林建设等。保护工程在2004年底全部完工。

图8.3.7　兴山县龙门河国家森林公园

3)珍稀植物抢救性保护工程。

①疏花水柏枝和荷叶铁线蕨抢救性保护工程。

疏花水柏枝(图8.3.8)和荷叶铁线蕨(图8.3.9)是特有种类，具有重要的研究和保护价值，已列入三峡工程环境补偿项目。该保护工程通过迁地保护、设施保存、引种回归大自然等多种措施对两个物种进行抢救性保护，确保三峡工程蓄水后两种植物的长期安全生存与繁衍。工程工期为5年(2002年9月至2007年9月)。

图 8.3.8 疏花水柏枝

图 8.3.9 荷叶铁线蕨

②库区古木大树保护。

三峡库区涉及古大树种 199 株,对古大树种实行单株保护工程(图 8.3.10)。

图 8.3.10 古大树保护

(3)文物古迹保护

根据三峡建委《三峡工程淹没区及迁建区文物保护规划(保护项目和保护方案)的通知》(国三峡委发办〔2000〕15 号)及 2005 年 5 月的批复,三峡库区文物保护项目共 1093 处;按地面、地下分,地下项目 729 处,地面项目 364 处。地下文物规划勘探面积 1182 万 m^2,发掘面积为 176 万 m^2。地面文物采取搬迁复建、原地保护、留取资料等保护措施,其中搬迁复建 133 处、原地保护 62 处、留取资料 169 处。在重点项目中,就地保护的有涪陵区白鹤梁题刻原址及水下保护工程(图 8.3.11)、忠县石宝寨围堰保护工程(图 8.3.12)、奉节县白帝城、瞿塘峡题刻等;搬迁复建的有云阳县张桓侯庙(图 8.3.13)、忠县丁房阙和无铭阙、巫山县大昌古镇、秭归县屈原祠(图 8.3.14)等。

(a)长江枯水期白鹤梁题刻出露

(b)白鹤梁题刻保护工程水下博物馆

图 8.3.11　白鹤梁题刻保护工程

(a)蓄水前的石宝寨

(b)蓄水后的石宝寨

(c)保护工程

图 8.3.12　忠县石宝寨围堰保护工程

(a)张桓侯庙原貌

(b)迁建后的张桓侯庙

图 8.3.13　张桓侯庙保护工程

图 8.3.14 秭归县屈原祠大殿复建工程

(4)人群健康保护

在移民搬迁安置过程中,对迁建新址进行了卫生清理,迁建过程中开展了卫生防疫工作,有效地保护了库区人群健康。

针对三峡水库蓄水的特点,在原有水库库底清理规范的基础上,有关部门颁布了《长江三峡水库库底固体废物清理技术规范》《长江三峡水库库底卫生清理技术规范》《长江三峡水库建(构)筑物、林木清理规定》等,按照这些规范的要求完成了二期、三期库底清理。

(5)施工区环境保护

1)水质保护。

三峡工程施工期间所需砂石料主要由古树岭人工碎石加工系统和下岸溪人工砂石料加工系统供给,均为人工开采料。

①古树岭废水处理设施。

古树岭废水处理设施是古树岭人工碎石加工系统的配套工程,工程总投资 1450 万元,设计处理生产废水 3100m^3/h,于 1996 年 9 月建成正式投入使用。为增加沉淀处理效果,1998 年投资约 400 万元增建 2 座预沉干化池。为降低排水对环境影响,将原引航道的排水管改线,经覃家沱大桥,沿江峡大道上段伸入江中,用淹没式出流排放,以便加速与江水的混合。悬浮物处理效果明显,基本达到了电力工业环境保护"九五"计划提出的"九五"新开工水利水电项目砂石料加工系统废水中悬浮物削减率控制到 80%的水处理目标。

②下岸溪废水处理设施。

下岸溪废水处理设施是下岸溪人工砂石料加工系统的"三同时"工程,工程总投资 350 万元,设计处理能力 2500m^3/h,于 1996 年 6 月建成正式投入使用。为减少废水的排放和弃渣处理,1999 年 4 月又投资 400 多万元增设 1 套回收处理装置,对弃渣和废水进行回收,回收成品砂 30%、水 50%。环境监测显示,整个运行周期平均削减率达到了 88%,废水回收率 60%。均高于电力工业环境保护"九五"计划新开工项目相应保护目标。该系统在扩建后,悬浮物削减率进一步提高,并可回收石粉 40%左右。

③其他废水处理设施。

98.7m 高程混凝土拌和系统废水处理设施有两个：一个用来处理拌和楼的冲洗废水，由两个 1.5m×2m 的沉淀池组成；另一个处理拌和系统内二次洗砂车间螺旋洗砂机排出的废水，废水处理能力为 $440m^3/h$。80%冲洗水循环使用。

④施工区生活污水处理。

施工区主要排水系统为雨污分流式，预留生活污水处理厂建设场地；所有房建和公共设施建设均配套建设了标准化粪池，对生活污水进行初级处理。针对部分小区化粪池排放浓度偏高现象，2000 年开展了利用小型分散污水处理装置代替国标化粪池的试点，试验项目于 2000 年 12 月底竣工，处理能力 300t/d，运行期污水排放符合国家一级排放标准。此外，为保护饮用水水源水质，实施了朱家湾排水管涵改道工程，将排污口从水厂取水口上游 50m 改建至下游 100m 以外。为避免造成水质污染，保护饮用水水源水质，对原规划在水厂取水口附近建设的油库、油码头、堆料场等设施，在审查设计时，按规范进行了修改处理。

2)大气质量保护。

①使用配备收尘装置的无尘钻机，采用微差松动爆破技术爆破开挖等，有效地降低了工程开挖粉尘向空气中的扩散量。

②在砂石料加工过程中，选用封闭式制砂设备制砂(如下岸溪加工系统采用瑞典产的封闭式制砂机，破碎过程封闭在筒体内)，采用湿法作业破碎石料，筛分楼筛分作业时，加水进行冲洗。

③所有混凝土拌和系统均安装除尘设施。

④除房建和部分零星小型工程项目外，三峡工程全部采用密封式集装箱运输水泥和粉煤灰，原料和产成品运输实行对口密闭传递。

⑤施工区运输道路高等级化，并委托专管单位进行路面维护和清扫。道路两旁尽可能地植树种草。

⑥减少用煤量，特别是高硫的低值煤；锅炉安装烟尘除尘设施。

⑦委托有关单位对施工区所有道路和对外交通专用公路进行养护、清扫、洒水降尘；对路旁树木和其他绿地进行维护。

3)噪声防治措施。

①为减免施工噪声对生活办公区的影响，按照施工总体布置，将施工作业区与生活办公区分开布置、建设。

②选用噪声声级较低的施工设备和工艺，如卡特 751 型载重汽车在行驶过程中产生的噪声声级比同类水平的其他车辆低 10～15dB；选用的拌和楼具有隔音降噪功能，楼外比楼内噪声声级低约 25dB，在砂石料预筛分车间把传统的钢板筛网改为聚氨酯筛网，降低噪声发生量。

③施工作业区规定统一的爆破时间(17:00—17:30)，降低噪声影响历时；采用微差松动爆破技术，比其他爆破技术产生的噪声值低 3～10dB。

④交通道路两旁建造绿化隔离带。

⑤通过办公生活区道路的施工运输车辆实行合理的交通管制，如大型设备运输和砂石料运输避开办公生活中心区域，一律在平湖路通行，有效地避免交通运输对办公生活区的影响。

⑥个人防护措施。施工现场修建隔音工作室，拌和楼和制砂系统的操作间采取隔音措施，实测噪声较采取措施前降低了 22～26dB；野外工作发放个人防噪劳保用品。

4)环境卫生与固体废物处理管理措施。

①施工区实行封闭管理，环境卫生中的“污染源”减少并得到规范。

②委托专门单位负责施工区和生活区的环境卫生维护与管理，设立垃圾收集设施，及时收集运输垃圾进场处理，并开展了施工区的环境卫生监察工作，成立了监察队伍。

③大力开展施工现场的文明施工，积极开展环境综合治理，创建文明小区活动等。

④生活垃圾处理。

三峡工程施工区卫生填埋场位于施工区红线内的原中堡村枫箱沟处，占地 3820m^2。工程投资 184 万元(不含运行费)。填埋场总容量 191800m^3，按设计规模 20t/d(实际日产量为 15t)计算，可使用 20 年。主要工程设施包括垃圾坝、污水处理及排放系统、填埋场、其他附属设施等。监测表明，施工生活垃圾填埋场处理效果基本达到了设计要求，处理效果较好，垃圾场渗滤液排放基本符合要求，未对环境造成明显的不利影响。

5)人群健康保护。

为了强化施工区人群健康的保护，施工区形成了由各承包单位的医疗卫生防疫机构、坝区急救中心及宜昌市的医疗卫生防疫机构共同组成了施工区医疗卫生防疫体系。人群健康保护工作主要包括传染病疫情监测与报告、免疫接种、食品卫生管理、灭蚊灭鼠、卫生检测、培训与宣教等。

6)生态保护与恢复。

①水土保持。

主要包括场地平整和道路硬化、修建排水系统、边坡固定工程、下岸溪料场综合治理，以及对开挖料的综合利用、挖填平衡和施工弃渣加强管理，尽量减少弃渣并加大回收利用量。

②环境绿化。

为有效地再造施工区良好的生态环境，按工程完建一片、绿化一片的原则，有步骤有计划地开展大规模的环境绿化，对绿化成果委托专业单位开展日常维护管理。建立了绿化工程规划、施工及维护管理的制度和体系，并运行良好。

7)文物保护。

三峡工程施工区进行了大规模文物保护和抢救工程。发掘古文化遗址面积达 2 万 m^2，勘探面积达 21 万 m^2，揭示出一大批距今 7000 多年前至汉代乃至明清时期内容丰富的文化遗存，获得了数以万计的不同时代、不同质地的珍贵文物。对省级文物保护单位——杨家湾老屋(清代)采取了就地保护措施。1998 年二期围堰基坑抽水时发现的文物，也配合文物部门进行了收集、整理与保护。大溪遗址发掘见图 8.3.15，三峡库区出土部分文物见图 8.3.16。

图 8.3.15 大溪遗址发掘现场

(a)大溪遗址出土的陶器 (b)秭归柳林溪遗址出土的大溪文化时期透雕石人

(c)东门头遗址出土的城背溪文化太阳人石刻

(d)秭归兵书宝剑峡悬棺出土的巴式矛

图 8.3.16　三峡库区出土部分文物

8)生态与环境监测。

根据三峡工程论证和可行性研究阶段提出的生态环境保护对策措施，为了掌握三峡建坝后长江生态系统的时空变化，及时反映三峡工程不同时期的生态与环境状况，充分发挥工程对生态环境的有利影响，对不利影响及时采取对策和措施，趋利避害，促进库区经济发展对人口、资源、生态环境相互协调，提高移民生活质量，保护人体健康，为进行工程生态环境影响回顾评价，验证和复核评价结果，并为库区的生态环境建设与管理提供依据。1994 年，三峡建委办公室决定，由长江委负责三峡工程生态与环境监测系统实施规划编制。在气象、环保、交通、农业、林业、卫生、移民等部门的配合下，长江流域水资源保护局负责编制了《长江三峡工程生态与环境监测实施规划》。该实施规划依据三峡工程对生态环境影响的特点，以人类生态系统为中心，以库区为重点，涵盖库区上游、中下游与河口相关地区，组成跨地区、跨部门、多学科、多层次的监测网络。

根据《长江三峡工程生态与环境监测实施规划》，建立了三峡工程生态与环境监测系统(图 8.3.17)，该监测系统按照国家或行业部门有关专业的规范规程，结合三峡工程的实际情况，对重要的生态环境因子进行定期与不定期的监测、观测和调查，包括水文、水质、大气、陆生动植物、水生生物、农业生态环境、高效生态农业试验、社会经济、污染源和人群健康等，取得了三峡水库蓄水前生态与环境的背景资料，为今后分析研究三峡对生态与环境的影响奠定了基础。中国环境监测总站从 1996 年开始按年编制三峡工程生态与环境监测公报，并向国内外公开发布，表明我国在建设三峡工程时对生态与环境保护的重视；在开展监测的同时，一些示范项目的成果得到积极推广，取得了较好的社会效益、环境效益和经济效益。

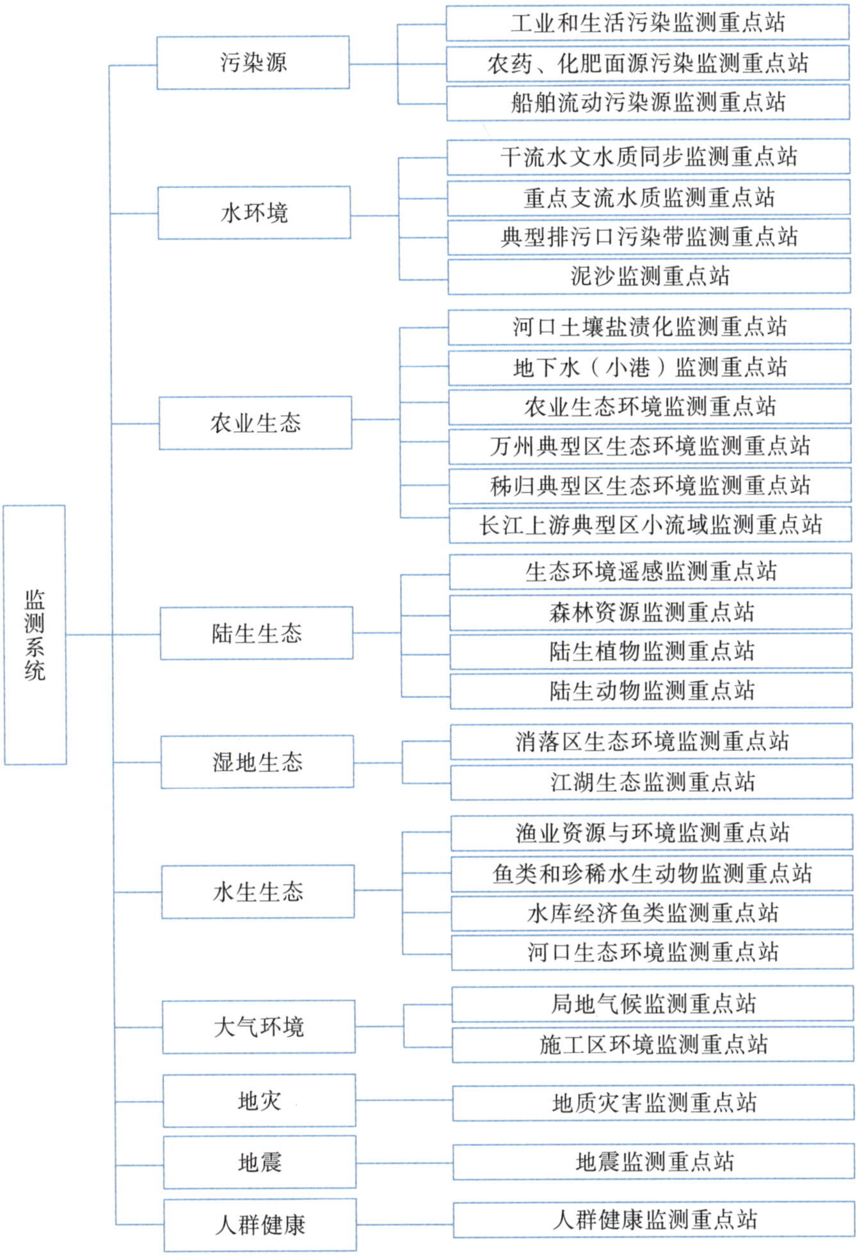

图 8.3.17　三峡工程生态与环境监测系统结构

8.3.4　正常蓄水位 175m 试验性蓄水运行对生态与环境影响分析

8.3.4.1　工程建设和运行中三峡建委高度重视生态与环境保护工作

(1)工程建设过程中三峡建委强调加强环境保护和生态建设

2000 年 6 月 16 日，三峡建委第九次全体会议在北京召开，国务院总理、三峡建委主任朱镕基主持会议。会议强调加强三峡库区环境保护和生态建设，对于落实西部大开发战略，促进库区可持续发展，树立三峡工程良好形象，意义重大。随着三峡工程的建设进展，2003 年水库开始蓄水，加强环境保护和生态建设，任务十分紧迫。要加强库区水污染治理和垃圾处理的进度，大力实施天然林保护工程，加强水土流失的综合治理，发展生态农业。湖北省、重庆市应尽快制定库区环境保护和生态建设规划，明确各自的责任以及需要国家扶持的项目。在此基础上，由国家计划委员会牵头，国家经济贸易委员会、财政部、环境保护总局、水利部、农业部、林业局等有关部门参加，修订和完善现有的库区环境保护和生态建设规划，并制订具体的实施计划。三峡建委要积极推动上述工作。

2001 年 5 月 31 日，朱镕基在北京主持召开三峡建委第十次全体会议。会议要求国家有关部门和重庆市、湖北省要切实加快三峡库区水污染治理和生活垃圾处理设施的建设进度，保证投资及时到位，其中需要三峡工程承担的资金，可在三峡工程建设投资中解决并直接拨付到项目上。同时，要加大实施库区天然林保护工程，加强水土流失的综合治理，发展生态农业，促进库区经济的可持续发展，树立三峡工程的良好形象。

2002 年 10 月 29 日，朱镕基在北京主持召开三峡建委第十一次全体会议。会议对三峡水库库底清理问题要求各有关方面切实负起责任，加强检查督促，加快发展，特别要做好卫生消毒工作。同时，要加大地质灾害防治力度，突出重点，尽快完成各项治理项目的建设任务，并加强库区生态环境建设和保护工作，综合治理水土流失，加快水污染治理和垃圾处理的工程进度。

(2)工程蓄水运行后，三峡建委强调加强库区地质灾害防治和水污染治理及生态环境保护

2003 年 5 月 29 日，三峡建委第十二次全体会议强调要十分重视库区地质灾害和水污染治理。要重点加强迁建区和专业设施复建区域的地质灾害防治。要改进地质灾害治理项目、资金管理方式，使之与移民迁建工作紧密结合。要加大重庆市和长江上游主要支流的水污染防治力度，做好长江两岸的绿化工作，确保三峡水库水质的清洁。要坚持依法行政，实行库区污染治理和管理责任制。对于水污染治理的资金问题，请国家发展和改革委员会会商有关部门研究解决。

2003 年 9 月 5 日，三峡建委第十三次全体会议要求进一步加强库区地质灾害防治和生态环境保护。要进一步做好库区生态环境的监测和地质灾害的预警、预报，加快长江上游水污染治理和库区地质灾害治理，加大库区小流域治理、天然林保护和退耕还林还草的力度。要切实加强水库管理工作。三峡水库实行"中央统一领导、国务院有关部门监督指导，湖北省、重庆市具体负责"的管理体制。要严格水库管理的有关规定，妥善处理三峡工程防洪、发电、航运等各个方面的关系，搞好水库的综合调度。加强对三峡水库河道、水产资源、水库消落区土地使用及旅游开发区的管理，严肃处理破坏水库水质及危及水库安全的各种违法行为，维护水库库岸稳定，保证水库水质和生态安全。

2004 年 12 月 24 日，三峡建委第十四次全体会议要求把生态环境保护和建设摆在三峡

工程建设的突出位置。加强三峡库区地质灾害防治工作，加快治污工程建设，搞好库区周边绿化、库区小流域治理、天然林保护和退耕还林还草工作，进一步改善库区生态环境。要切实加强水库管理。认真做好水库综合协调与管理、水环境管理、生态保护和建设、消落区土地使用管理、水资源开发利用和管理等各项工作。

2006年5月12日，三峡建委第十五次全体会议要求进一步加强生态环境保护和水库管理；要进一步加强三峡库区水污染防治工作，已经建成的污水处理厂和垃圾处理场，必须尽快全部投入运行，确保三峡水库水质优良；要继续推进水库周边绿化带的建设，最大限度地减少和降低水土流失和面源污染；要抓紧建立生态补偿机制，推进三峡库岸生态屏障工程建设；要积极做好水库综合管理与协调、水环境管理、消落区土地利用管理、水资源可持续开发利用等各项工作，进一步建立和落实责任制度，完善水库综合调度，确保水库安全；要进一步巩固和加强三峡库区的生态建设和环境保护工作；请国家发展和改革委员会会同国务院三峡办、环境保护总局、林业局等有关方面，抓紧研究实施三峡水库绿化带等库岸生态屏障工程建设；请财政部会同三峡办、环境保护总局等有关方面抓紧研究提出“以补促提、逐步市场化运营”的污水处理运行机制，使三峡库区已建成的污染处理厂能够逐步正常运行。

2008年7月17日，三峡建委第十六次全体会议强调生态环境建设与保护是三峡工程和库区发展的重要保障，必须按照可持续发展的要求，加强生态文明建设，促进人与自然和谐相处，把三峡库区建成长江流域的重要生态屏障。要切实采取有效措施，充分发挥已建污水、垃圾处理设施的作用，强化工业污染治理，搞好农业面源污染防治，加大水库清漂力度，着力研究解决支流“水华”等当前影响水质的突出问题；建设水库周边生态保护带，控制水土流失，减少泥沙淤积，并抓紧研究消落区治理相关措施和办法；运用先进科技手段，不断完善监测体系，充实环保科研队伍，搞好库区环境变化的监测研究。

2010年11月30日，三峡建委第十七次全体会议要求高度重视库区生态环境保护和防灾减灾体系建设，继续加强水污染防治，提高森林覆盖率，加强消落区保护和生态恢复，加大地质灾害治理力度。

8.3.4.2　175m水位试验性蓄水运行对生态影响分析

(1)水库蓄水对库区陆生生态系统的影响

1)对森林植被的影响。

三峡库区森林资源2006—2010年监测数据表明：因水库试验性蓄水，淹没森林植被7.14万亩，森林蓄积量减少79923m^3。森林植被淹没，相当于损失碳储量1.27万t/a，森林生态系统服务价值减少2.10亿元/a。同时，国家和地方加大了森林资源保护和培育等工作力度，实施了天然林保护工程、长江防护林工程、退耕还林等林业生态建设工程，三峡库区森林面积净增加了395.25万m^2，森林蓄积量净增加了1092.05万m^3，相当于森林植被碳储量净增加了70.14万t/a，森林生态系统服务价值净增量116.37亿元/a。因此，三峡水库蓄水淹没的森林资源被林业生态工程建设所补偿。

2)对陆生动物的影响。

三峡工程建成蓄水、移民迁建和库区交通条件的改善,使得部分珍稀濒危物种受到的影响逐渐增大。大鲵在库区已难以见到,隼形目猛禽所受到的影响也比较显著。此外,库区的哺乳动物一直以来都是受胁状况较为严重的类群。在库区栖息的近500种鸟类中,珍稀鸟类(图8.3.18)、雀形目的各种鸟类种群数量比较稳定,受影响不大;但鸡形目的鸟类受影响相对较大。一些伴人生活的鸟类,如树麻雀、家燕等,所受影响也较大,种群规模呈下降趋势。不过,库区已成为水禽的重要越冬区,鹮鹳、绿头鸭等水禽分布区均有向上游移动趋势。三峡库区蜥蜴类,如丽纹龙蜥、石龙子,以及蛇类,如乌梢蛇、黑眉锦蛇、王锦蛇等,受水库蓄水影响很小;龟鳖类、游蛇等,在水库蓄水形成大量浅水和静止水域后,栖息地条件会有所改善。此外,三峡水库蓄水后,淹没了大量支流,水深也大幅增加,两栖动物适宜生境有所减少。不过,上述影响均在三峡水库建成后长期面临的问题,试验性蓄水的影响仅为其中一个较短的时期而已。

(a)蓝喉太阳

(b)虎斑地鸫

图8.3.18 三峡库区珍稀鸟类

3)对陆生植物的影响。

三峡库区植物科占全国植物科的一半以上,属的种类占40%以上,物种极其丰富。三峡工程试验性蓄水后,直接受淹没影响的物种有120科、358属、550种左右,其中大部分种类虽受淹没,但不至于造成物种的灭绝。对植物物种影响最大的是禾本科、菊科、大戟科和蔷薇科,在物种的存在与消亡上受影响最大的是无患子科,金缕梅科的中华蚊母树、黄杨科的细叶黄杨、锦葵科的木槿、茜草科的水杨梅、马钱科的醉鱼草、豆科的马鞍叶羊蹄甲、禾本科的巫山类芦、斑茅等受较大影响。

4)对农业系统的影响。

三峡工程蓄水淹没耕地约40万亩。被淹没的耕地有机质含量高,生产条件相对优越,粮食产量高,因此给农业生产造成一定压力,人地矛盾突出。柑橘园淹没后,种植线上移,高海拔气候的变迁,高山土壤条件变恶劣,将对柑橘产量和品质造成不利影响。此外,农业病虫害加重,水稻稻飞虱,如褐飞虱、白背飞虱、灰飞虱,以及水稻纹枯病、小麦条锈病、小麦白粉病、小麦纹枯病、玉米螟虫、玉米大小斑病、油菜蚜虫、蔬菜蚜虫、蔬菜菜青虫、小菜蛾、蔬菜斑潜蝇、鼠害发生面积均有不同程度增加。水稻稻飞虱、水稻纹枯病、水稻稻瘟、小麦蚜虫、玉米纹枯病、油菜蚜虫、蔬菜螨类、蔬菜霜霉病、蔬菜其他病虫害、鼠害的危害程度加重。

5)对土地利用变化的影响。

2007—2011年,三峡库区的土地利用/覆被发生了较大的变化。耕地所占比例由2007年的39.48%减少到2011年的39.44%;林地所占比例从50.47%减少到50.45%;草地所占比例从5.56%增加到5.57%;建设用地持续增加,从2.19%增加到2.24%;水面增幅不大,所占比例为2.25%;未利用地减幅大,从0.05%减少到0.04%。不过其组成结构的总体态势基本保持不变,对库区土地永续利用未造成根本性的影响。此外,土地利用/覆被变化的影响是客观存在的,且影响较大,利弊并存。从对农业生产影响角度看,由于耕地特别是水田面积减少,弊大于利;从对生态环境影响角度看,草地面积和果园、苗圃的扩大,利大于弊。

2014年国家启动新一轮退耕还林还草工程,将全国25°以上非基本农田坡耕地、严重沙化耕地以及三峡库区、丹江口库区及上游区域县市的15°～25°非基本农田坡耕地退下来,还林还草。

重庆市不断加快生态环境的修复和治理。2000—2017年,重庆市实施退耕还林,共完成国家下达任务1917.5万亩,其中坡耕地退耕还林661万亩,荒山荒地造林1062.5万亩,封山育林194万亩。工程共涉及38个区县、265万农户、905万人,占全市农业人口的50%。累计投入退耕还林资金207.2亿元。2008年,启动巩固退耕还林成果工作,共营造薪炭林89.8万亩,后续产业种植业基地309万亩、补植补造496.2万亩。在退耕还林工程的推动下,截至2016年底,重庆市森林覆盖率达到45.4%,较工程启动前增长了22.4个百分点;长江两岸森林覆盖率达到50.2%,较工程启动前增长了27.4%。同时,大规模的退耕还林使生物多样性得到有效保护,野生动物种群数量明显增多。在黔江,原已罕见的猴子、乌鸦、鹭鸶、白鹤等野生动物再次出现,原有的野猪、泥猪、刺猬等野生动物种群数量不断增加。

据《重庆市2016年度退耕还林工程生态效益监测报告》,重庆市退耕还林工程2016年实现涵养水源、保持水土、改良土壤和固碳释氧等生态效益服务价值达1141.69亿元,年涵养水源总量达45.73亿m^3,对改善长江水质、保障三峡工程的安全运行发挥了重要作用。

(2)三峡水库蓄水对消落带的影响

1)对植被的影响。

三峡水库消落带植被的种类和数量没有显著的变化。长期的水淹使消落带植被以草本为主,并且以一年生草本占优势。消落带植被覆盖度高低起伏变动不大,植被恢复目前正处于一种比较稳定的状态。三峡水库退水后消落带植被覆盖度均在50%以上,恢复情况比较乐观。支流消落带植被恢复状况优于干流,其植被覆盖度远高于干流消落带的平均值。随着时间推移,经过反复的蓄水淹没与出露,未来消落带植被将向草本植物占优势的方向发展,外来入侵植物的比例将有所增加。

2)对湿地的影响。

三峡工程试验性蓄水期间,在每年9月至次年5月,库区水面增大而增加了消落带湿地总面积,浅滩增多,为鸟类提供了更多的活动场所和食物。但在夏季的5—9月,受放水的影响,消落带一部分落水区域暴晒于空气中,变干变硬;另一部分位于库尾和库湾地带,地势平缓,落水后地下水位仍保持较高,地面湿润,形成了很好的湿地,加之露出的沉积物,为鸟类提供丰富的食物。另外,蓄水区域两岸的植被丰富,提供了一个候鸟迁徙和栖息的良好场所。因此,受三峡水库水位的季节性变动影响,在"自然—人工"二元干扰作用下,水库消落带由陆地转变为水陆交替的湿地,形成典型的水库消落带人工湿地。

3)对地形地貌的影响。

三峡水库消落带坡地土壤侵蚀强烈,忠县石宝寨2008—2010年观测数据显示,20°～25°坡面土壤侵蚀模数是三峡库区同坡度坡耕地土壤侵蚀模数3185t/(km^2·a)的30倍,而且消落带土壤侵蚀受坡度、海拔、波浪等因子的影响,具有明显的空间差异性,微地形变化显著;受水流流速减缓和汛期水位波动影响,消落带低洼平坦区域泥沙淤积明显;三峡水库蓄水后,不同类型的岸坡在周期性涨落的库水和地下水的作用下,产生不同的影响,影响的程度和速度也不同,对岸坡塑造的方式也不同。总之,高程135～155m的消落带主要是泥沙淤积,淤积速率在1～40cm/a;高程155m以上的土质消落带主要受土地利用与覆盖变化、涌浪侵蚀和水文地质条件变化影响,导致田坎(埂)冲毁破坏,阶梯式坡度暂变为波浪式坡面,且土壤侵蚀严重,年均剥蚀度0.1～20cm。在175m和145m水位线附近侵蚀剧烈,诱发土体蠕滑。三峡水库消落带地形地貌强烈活动期为蓄水后10～20年,个别土质消落带将需数十年才能进入动态平衡稳定期。

4)对库岸稳定性的影响。

三峡水库多期次、多阶段蓄水,导致三峡库区崩塌滑坡活动较剧烈,因地质环境、条件的改变,其活跃度明显高于蓄水前,但呈逐年降低态势。试验性蓄水期间,三峡水库库区岸坡发生崩塌滑坡变形共计537处,其中135～156m蓄水连续变形的22处,156～175m试验性蓄水连续变形的13处,175m试验性蓄水连续变形的18处。总之,2012年三峡水库地质灾害活动处于较强阶段,水位175m蓄水后需历经8～10年,库区地质灾害发生水平才渐趋稳定。

5)对水土流失的影响。

三峡库区暴雨多发,外力侵蚀强烈,地表破碎,生态环境脆弱。三峡坝区加强了水土保持设施运行管理和维护,工程的渣场、料场、边坡防护及对外交通水土保持工程措施基本到位,施工迹地生态修复工作进展顺利,总体上水土流失防治效果明显,水土流失得到了基本控制。坝区水土保持设施功能有效发挥,植被生长良好,截至2015年水土流失总治理度达98%,林草覆盖率达35%。

消落带土壤侵蚀形式有涌浪侵蚀、降雨径流侵蚀、崩塌。涌浪侵蚀是消落区库岸侵蚀的主要形式,在波浪长期侵蚀作用下,容易产生崩塌,形成大小不一的崩塌体,且极易在水力作用下不断扩大。长江干流消落带的侵蚀强烈，忠县石宝寨2008—2012年观测数据显示，15°坡面平均土壤侵蚀厚度为71mm/a；而支流库湾消落带的侵蚀相对较轻，平均土壤侵蚀厚度仅为11mm/a，干流消落带土壤侵蚀厚度是库湾的7倍。蓄水初期，由于库水位大变幅周期性变化和强烈的波浪拍岸淘蚀，消落带坡地侵蚀强烈。随着土壤—植被生态系统对淹水—出露—淹水交替过程的适应恢复，土壤侵蚀强度逐渐减小，但浪涌与径流冲刷力将对库岸土质消落带持续作用，消落带高强度的土壤侵蚀将长久存在。消落带植被重建与生态修复对水库生态环境产生重要限制作用。

6)对落淤污染的影响。

2008—2011年175m水位试验性蓄水后，库区消落带土壤重金属中全汞、全铬和全镉呈现出先增加后减少的变化趋势，全铅、全铜和全锌均呈现增加的趋势，这一方面与土壤的颗粒组成改变有关，尤其是土壤中粒径小的颗粒含量增加，提高了土壤的吸附作用。另一方面铅、铜和锌主要来自工业废水污染；消落带土壤全磷、全钾和有效磷呈现增加的趋势，全氮、铵态氮和硝态氮则呈减少的趋势，这主要与蓄水改变了消落带植被群落结构和土壤性质有关。落干时消落带土壤吸收的氮越多，在淹水时向库区水体中释放的氮越多。

7)对农业利用的影响。

由于水库消落带的成陆期与库区5月底至9月的光热雨资源集中期基本同步，水库消落带的土地资源具有较高的生产潜力和多种利用功能。在库区上游或支流上游，有些库岸坡度较缓，可以形成大面积的消落带，便于人群活动，常常被暂时利用，形成耕种带。从消落带的生态环境看，水田和灌溉沟渠有一定数量。退水后库周居民在部分消落带的农耕等活动较为频繁。

8)对消落带病媒生物的影响。

①对鼠类影响。

2010—2012年三峡水库消落带监测点的总体鼠密度处于相对低的水平，总体呈现逐年下降趋势，但部分监测点鼠密度有上下波动现象。

开县、忠县、巴南消落带的鼠密度高于秭归县，种类较多，主要与这3个地区较秭归监测样地的生境多样，且便于人群活动等因素有关；捕到的鼠形动物有黑线姬鼠、黄胸鼠、短尾鼩、褐家鼠和长尾巨鼠，以黑线姬鼠最多(62%)，其次为黄胸鼠(17%)、短尾鼩(12%)。消落带中大面积荒草滩，为黑线姬鼠的滋生场所；在不同类型的消落带中都有捕获，而且密度比较高。黑线姬鼠是流行性出血热的主要宿主动物，因此要对该鼠种的密度变化予以关注，防止蓄水时进入175m以上区域的民居周围传播疾病。黄胸鼠是南方家鼠型鼠疫储存宿主，且在蓄水前高海拔处密度相对较高，值得关注。

②对蚊虫影响。

退水后监测中成蚊及幼蚊均有发现，且在巴南具有较高的密度值；蓄水前蚊密度较退水后呈现上升趋势。蚊虫具有孳生广泛、生活周期短、繁殖快等特点，在温度、湿度适宜条件下很快会有蚊虫发生，消落带的生态环境正好为其发生提供了良好的孳生条件，因而在退水后很快有蚊虫出现，并具有一定密度。但退水后与蓄水前监测的蚊密度差异无统计学意义，需要继续监测，掌握其分布规律。

退水后、蓄水前各监测点均以海拔 165～175m 的蚊密度最高，对人群可能有一定影响。消落带蚊虫种群构成中，三带喙库蚊占 22％，是主要优势蚊种，其后依次是中华按蚊（占 17％）、致倦库蚊（占 17％）、骚扰阿蚊（占 7％）。三带喙库蚊是乙脑的主要传播媒介，中华按蚊是疟疾的主要传播媒介，在消落带应继续加强监测，了解其分布，在蚊密度发生变化增高的时候及时采取控制措施。

③对蝇类影响。

蝇类种群构成中，棕尾别麻蝇占 51％，为优势蝇种，其后依次是市蝇（占 27％）、家蝇（占 11％）、丝光绿蝇（占 8％），同时发现了伏蝇、铜绿蝇和夏厕蝇。库区消落带的蝇密度值（0～3.67 只/笼）处于低密度水平；与消落带人为活动少、缺少牲畜等，不能形成蝇赖以生存的孳生环境有关。

④对钉螺影响。

此次钉螺监测，未发现钉螺。相关研究证实，三峡建库后，生态环境发生变化，库区已形成钉螺适宜孳生地，且其上游（四川）、中下游（宜昌、荆州）都是血吸虫病流行区，因此还需继续加强监测。

(3)水库蓄水对库区及下游水生生物的影响

1)珍稀水生动物资源变化。

2008—2012 年中华鲟产卵场在宜昌葛洲坝下至庙嘴江段，庙嘴以下江段没有发现中华鲟的产卵。与三峡水库蓄水前（1997—2002 年）相比，三峡水库蓄水后（2003—2007 年）中华鲟繁殖群体数量和产卵规模明显减小，产卵时间推迟。2008—2012 年试验性蓄水期间，中华鲟繁殖群体数量进一步减少，产卵规模一直维持在较低水平（低于 250 尾）。白鲟在 2003 年之后就未有确切发现记录，已经濒临灭绝。达氏鲟资源量自 20 世纪 70 年代中期开始持续减少，1996—2009 年偶有捕获，但是数量很少，濒临灭绝。胭脂鱼在宜昌产卵场的繁殖规模很小，资源规模的保持仍需依靠长江上游的繁殖群体，在葛洲坝建坝前后其资源量变动不大，其种群数量变动及其影响因素有待进一步分析。白鱀豚在 2002 年之后就未有确切发现记录，已经被有关机构宣布为功能性灭绝。长江江豚分布的区域逐渐减少，其在长江干流的种群数量以每年不低于 5％的速率下降。长江珍稀鱼类见图 8.3.19。

2)长江上游特有鱼类资源变化。

三峡工程 2008—2012 年试验性蓄水期间，三峡库区长江上游特有鱼类在渔获物中的比重和捕捞量较 2003—2007 年试验性蓄水前进一步减少。三峡库区木洞江段特有鱼类的优势度下降近 40％，三峡库区万州江段特有鱼类的优势度下降超过 80％，渔获量下降超过 70％，三峡库区以上江段特有鱼类优势度下降 30％～50％，渔获量下降 30％左右。

(a)白鱀豚

(b)达氏鲟

(c)中华鲟

(d)白鲟

(e)胭脂鱼

图 8.3.19 长江珍稀鱼类

三峡工程试验性蓄水期间(2008 年),三峡库区秭归、万州、木洞 3 个不同地点的鱼类优势种具有明显的差异。木洞江段的优势种为铜鱼、圆口铜鱼、瓦氏黄颡鱼、圆筒吻鮈和宜昌鳅鮀,万州江段的优势种为贝氏䱗、鲤鱼和银鮈等,秭归江段的优势种为鲢、银鮈、贝氏䱗、似鳊和鳙等。这些差异反映了三峡库区试验性蓄水后特有鱼类资源分布现状。三峡水库蓄水后,秭归和万州江段即变为静水缓流环境,特有鱼类不适合这种环境,因此优势种多为喜缓流或静水的种类;木洞江段在试验性蓄水后,仍是流水环境,因此圆口铜鱼等特有鱼类仍是优势种。

3)渔业资源变化。

①三峡库区干流江段渔业资源。

(a)三峡库区渔业资源。

三峡库区 2008—2012 年天然捕捞产量平均值为 3569t,波动范围为 2669～4570t。库区江段共采集鱼类 108 种,隶属 9 目 20 科 71 属。主要渔获对象为铜鱼、鲶、鲤、鲢、黄颡鱼、圆口铜鱼和草鱼等种类,占总渔获物量的 71.32%,其中铜鱼占 22.07%,鲶占 19.54%,鲤占 19.11%,"四大家鱼"(图 8.3.20)占 10.60%。库区鲶、圆口铜鱼 2 种鱼捕捞规格偏小,捕捞年龄偏低,渔获物中 1 龄鱼分别占 62%和 58%;草鱼、鲤、黄颡鱼以 2～3 龄为主,分别占 76%、68%和 54%。

(a)青鱼

(b)草鱼

(c)鲢鱼

(d)鳙鱼

图 8.3.20 “四大家鱼”

三峡水库蓄水后，库区及长江上游外来入侵鱼类种群增殖速度较快，如太湖新银鱼种群数量迅速上升，资源显著增加，其种群爆发已成为近期库区鱼类群落演替的显著特点之一，已成为库区渔业重要的商业捕捞对象。水库蓄水初期营养盐输入增加和初级生产力的提高通常也利于广适性鱼类和外来种的生存，对外来鱼类的入侵和种群的扩散爆发产生了一定的促进作用。

2018 年，在三峡库区干支流共调查渔获物 890kg，17108 尾，共采集到鱼类 6 目 15 科 63 属 91 种。鲤科鱼类种类最多，共 57 种，占 62.63%；鳅科鱼类，11 种，占 12.09%；鲇科鱼类，8 种，占 8.79%。库区干支流有特有鱼类 15 种，除圆筒吻鮈、厚颌鲂、张氏䱗、宽口光唇鱼和齐口裂腹鱼等以外，其他特有鱼类在渔获物中的数量均很少。总体表现出离三峡大坝距离越远，特有鱼类在干流渔获物中的数量越高的现象。

据统计，在 2000 年时，三峡库区重庆段鱼类产卵场有 130 处，到 2011 年只有 50 多处，除长寿区以上江段产卵场得以保存外，长寿区以下江段的长江干流上原有产卵场基本消失，江津以上到宜宾江段还存在几个大型家鱼产卵场。

2017 年 5 月 22 日至 7 月 16 日，水利部中国科学院水工程生态研究所在涪陵断面采集到鱼卵 14613 粒，仔鱼 362 尾。经鉴定，共采集到鱼卵 20 种(类)、鱼苗 7 种(类)。鱼卵中包含草鱼、铜鱼、翘嘴鲌、拟尖头鲌、蛇鮈等重要经济鱼类所产的卵，也包含长江上游特有鱼类圆筒吻鮈、长薄鳅和长鳍吻鮈所产的卵。鱼苗中包括瓦氏黄颡鱼、圆筒吻鮈和鳜所产的鱼苗，但没有“四大家鱼”鱼苗。

2018 年 5 月 17 日至 7 月 15 日，流经涪陵断面的鱼卵径流量约为 1.429 亿粒，其中，“四大家鱼”径流量约为 0.027 亿粒，铜鱼径流量约为 0.069 亿粒，特有鱼类(圆筒吻鮈、长薄鳅)径流量约为 0.269 亿粒。鱼卵均来自江津以下分布的 4 个产卵场，分别为石沱镇产卵场、江南镇产卵场、麻柳嘴镇产卵场、巴南区产卵场。

2008—2017 年，三峡库区渔业天然捕捞产量为 2669～7730t，捕捞量明显增加。2018 年库区干流鱼类总捕捞量为 7842t，较 2017 年增加 201t。“四大家鱼”的总捕捞量为 1888t；库区重要经济鱼类为 256t。库区渔获物主要以幼鱼、小型鱼类为主，库区过度捕捞的情况在 2018 年时仍未有明显改善。

(b)网箱养鱼情况。

三峡工程蓄水至135m水位之后,库区水域面积大幅增加,库湾、库汊增多,客观上为水产养殖创造了条件。由于三峡重庆库区养鱼的网箱主要设置在一些流速缓慢、水体自净能力弱的库湾或次级河流回水段,不利于污染物降解,而且养鱼投饵多为颗粒饲料,沉底的饲料会对水质造成污染,严重的还可能影响到居民生活用水质量。为保护三峡库区水域环境不受破坏,自2005年开始,库区各区(县)已经行动起来,根据鱼苗成长情况,分批对网箱开展拆除工作。在2010年底,三峡库区重庆段万州区、云阳县和忠县以及湖北段巴东县的网箱养鱼已经全部取缔。2014年,湖北段宜昌市夷陵区和秭归县的网箱养鱼也已取缔。

②三峡坝下干流江段渔业资源。

三峡坝下宜昌至城陵矶江段2008—2012年天然捕捞产量平均值为1338t,波动范围为1270～1425t。坝下2008—2012年共采集到鱼类58种,隶属于7目14科52属,主要渔获物对象包括铜鱼、"四大家鱼"、鲤、鲶和黄颡鱼等,占总渔获物量的63.3%,其中铜鱼占10.1%,"四大家鱼"占9.9%,鲤占28.9%,鲶占14.4%。三峡水库蓄水后,坝下天然捕捞产量处于较低水平,对坝下经济鱼类的产卵和生存环境带来了一定影响。铜鱼是坝下荆州江段最主要的捕捞对象,在渔获物最高比例曾达57%。大坝阻隔使库区的铜鱼幼鱼无法漂流至坝下,导致铜鱼种群数量逐年下降,2011年铜鱼仅占荆州江段总渔获物量的2.63%。2008—2017年坝下渔业天然捕捞产量为1270～2165t,捕捞量有所增加;坝下监测断面"四大家鱼"径流量为0.42亿～13.4亿尾,波动明显,总体呈上升的趋势,2017年下降明显。

③洞庭湖渔业资源

洞庭湖2008—2012年天然捕捞产量平均值为2.036万t,波动范围为1.84万～2.31万t。洞庭湖渔获物种类组成以鲤、鲫、鲶、鳊等定居性鱼类和"四大家鱼"为主,鲤、鲫、鲶分别占32%、19%和15%。渔获物年龄组成监测表明,洞庭湖的渔获物年龄组成以1～2龄鱼为主,占60%以上。但三峡水库蓄水后,使得"四大家鱼"产卵场和产卵规模减小,进入洞庭湖的幼鱼相应也进一步减少,对洞庭湖渔业资源造成了较大影响。湖区水位的波动也对草洲面积及产卵场造成一定程度的影响。2008—2017年洞庭湖渔业天然捕捞产量为1.83万～3.18万t,捕捞量有所增加。

④鄱阳湖渔业资源。

鄱阳湖2008—2012年,天然捕捞产量平均值为2.756万t,波动范围为2.23万～3.33万t。鄱阳湖渔获物种类组成以鲤、鲶、黄颡鱼、鲫、鳊等定居性鱼类和"四大家鱼"为主。鄱阳湖鲤、鲫产卵场主要分布在南部,三峡水库蓄水后,星子站以南水位受影响较小,故对鲤、鲫产卵场影响不是很大。2008—2017年鄱阳湖天然捕捞产量为2.23万～3.33万t,捕捞量略有下降。

⑤长江河口渔业资源。

长江河口区2008—2012年凤鲚天然捕捞产量平均值为86.88t,波动范围为23.2～228t,体长和体重的变化无显著性差异;丰满度和相对怀卵量年间变化无显著性差异;渔获年龄以 1 龄亲鱼为主体，与历史上的渔获年龄结构无显著性差异。从 2008—2012 年捕捞产量呈现明显的逐年下降态势，资源量呈显著衰退迹象。2008—2012 年，中华绒螯蟹亲蟹天然捕捞产量平均值为 17.09t，波动范围为 10.95～31.2t。监测表明，中华绒螯蟹生物学指标，壳长、壳宽和体重的变化无显著性差异；生殖水域和捕捞水域无明显动迁迹象；汛发日期无显著变化。

鳗苗 2008—2012 年天然捕捞产量平均值为 4.54t，波动范围为 2.37～8.1t。监测表明，鳗苗捕捞水域无明显动迁迹象；汛发日期无显著变化。

三峡水库蓄水后，因河口地区冲刷，淡水范围缩小，沉积率降低，盐度升高，营养盐含量降低等使之不能有力地刺激或诱集刀鲚、鲥鱼等洄游性鱼类上溯、育肥、产卵，使得河口环境条件和各类生物分布格局出现较大改变，生物生产力降低，中心渔场发生大幅度变化，渔获量减少。

⑥“四大家鱼”自然繁殖。

三峡水库蓄水后，重庆以下库区的 8 个产卵场全部消失。“四大家鱼”已上溯至库区以上干流里繁殖，江津以上有新市—柏溪、江安—泸州、合江、朱杨等产卵场。根据 2008—2012 年监测结果，“四大家鱼”产卵场主要分布在朱杨镇和合江江段，产卵规模维持在 3 亿尾左右。2008—2012 年，坝下监利断面“四大家鱼”卵苗径流量分别为 1.8 亿尾、0.42 亿尾、4.28 亿尾、1.21 亿尾和 3.97 亿尾，5 年平均值为 2.34 亿尾，占三峡水库蓄水前（1997—2002 年）的 10%左右。三峡水库蓄水后，鲢和草鱼鱼苗的比例上升，而青鱼和鳙鱼苗的比例明显下降。

三峡水库蓄水后，因水库的调蓄作用，原有的洪峰过程被削平，清水下泄后对河道的冲刷作用加剧，对“四大家鱼”的产卵繁殖有较大影响。三峡水库蓄水后家鱼产卵规模和范围进一步下降或压缩，2009 年监利断面产卵规模仅为 0.42 亿粒，家鱼产卵场集中在宜昌、公安和石首。同时，水库蓄水导致下泄水温降低，使“四大家鱼”繁殖时间推迟，同时也缩减了鱼类的适宜生长期。

4）三峡水库生态调度，促进坝下游“四大家鱼”繁殖。

①生态调度首先要满足“四大家鱼”繁殖水温条件。

研究表明：“四大家鱼”繁殖条件最低水温 18℃（持续 7 天在 18℃以上），适宜水温为 21～24℃。以宜昌站水温为判断条件，三峡水库蓄水前，天然情况下长江宜昌站水温通常在 4 月中下旬达到 18℃，5 月上旬至 6 月下旬达到适宜水温。2003 年水库蓄水以来，宜昌站水温达到 18℃、21℃、24℃的时间逐渐推迟，分别推迟到 5 月中上旬、5 月下旬至 6 月上旬、6 月下旬至 7 月上旬。因此，三峡水库生态调度适宜实施时间为 5 月下旬至 6 月下旬。

宜昌站历年水温监测表明，每年 3 月水温处于全年最低时期，预报 5 月中旬达到 18℃。

②生态调度方案。

（a）5 月下旬在水温达 21℃以上时，可实施生态调度。

若预报三峡水库有涨水过程，则出库流量从 10000m^3/s 起每日增加 1000～2000m^3/s，

4～7 天时间增加到 18000m^3/s；若预报没有涨水过程，要保持日降幅不大于 0.6m，可以根据预报来水情况采取先减少出库流量，再持续 4 天及以上时间增加出库流量的调度方式。生态调度结束后至 6 月 10 日，按同时保证出库流量不大于 18000m^3/s 及日降幅不大于 0.6m 控制调度。5 月下旬开始生态调度试验，采取近 10 年资料计算，若需保证葛洲坝不弃水，结果表明在 6 月 1 日三峡库水位无法消落至 146.5m 以下。因此该方案需推迟 6 月 10 日降至汛限水位的时间。

(b)6 月中下旬实施生态调度。

6 月中下旬水温为 21～24℃时，可实施先减少出库流量，再持续 4 天及以上时间增加出库流量的调度方式。

6 月 10 日后，可适当用 2～3 天时间减少出库流量，预蓄部分水量以满足持续增加出库流量的要求，然后出库流量从 10000m^3/s 开始逐步上涨，调度时保持坝下游水位均匀上涨，持续 4～7 天时间。其间，如果预报三峡上游发生中小洪水过程，则可与中小洪水调度相结合。

生态调度促进“四大家鱼”自然繁殖见图 8.3.21。

图 8.3.21 生态调度促进“四大家鱼”自然繁殖

③生态调度监测方案。

通过早期资源监测手段，监测繁殖期调度期间及非调度期间“四大家鱼”自然繁殖状况，调查宜昌至监利江段“四大家鱼”繁殖时间、估算繁殖规模及主要产卵场分布，评价生态调度监测方案如下。

(a)监测时段：5 月 15 日至 7 月 15 日。

(b)监测断面：设置宜都、沙市、监利 3 处江段作为“四大家鱼”资源监测江段。

(c)监测内容：监测期间，通过鱼类早期资源调查方法，逐日进行“四大家鱼”鱼卵、鱼苗采集工作，采集卵苗分拣、培养、鉴定种类，结合水文数据分析“四大家鱼”繁殖时间、繁殖地点及繁殖规模，评价生态调度效果；结合鱼类早期资源监测，对宜昌红花套产卵场江段、沙市江段、监利江段进行渔获物调查，重点进“四大家鱼”亲鱼调查，辅助声呐探测或声呐标记追踪等确认“四大家鱼”繁殖地点。

④生态调度实践。

(a)2011 年生态调度：2011 年 6 月 16—19 日结合入库涨水过程，三峡水库进行首次生态调度试验，日均出库流量分别为 14000m^3/s、16000m^3/s、17500m^3/s 和 19000m^3/s，下游水位日上涨幅度不低于 0.3m。调度期间，宜昌下游宜都河段监测到“四大家鱼”产卵，鱼卵数量约 0.25 亿粒；整个监测期内，“四大家鱼”有较大规模产卵，推算总卵苗数 1.31 亿粒，其中鱼卵数量 0.58 亿粒；宜都、沙市、监利河段总卵苗数 2.585 亿粒。

(b)2012 年生态调度：2012 年 5—6 月，三峡水库实施了两次生态调度。5 月 25—31 日，三峡水库实施了第一次生态调度，历时 6 天，调度期间，出库流量分别为 18500m^3/s、14800m^3/s、11900m^3/s、13800m^3/s、18900m^3/s、21800m^3/s、22400m^3/s，呈先逐步减少后持续加大的过程；6 月 20—27 日，实施了第二次生态调度，6 月 20—21 日日均出库流量由 12600m^3/s 减少至 12100m^3/s，6 月 22—23 日出库流量维持在 12100m^3/s 左右，6 月 24 日出库流量开始增加，至 6 月 27 日逐日出库流量分别为 12800m^3/s、15300m^3/s、17400m^3/s、18600m^3/s。生态调度期间，宜都、沙市河段均监测到“四大家鱼”产卵，鱼卵数量分别为 0.11 亿粒、4.06 亿粒，直接反映了生态调度效果；整个监测期间，宜都断面监测到 6 次产卵，推算总卵苗数 5.3 亿粒，其中，鱼卵数量 1 亿粒，宜都、沙市、监利河段总卵苗数 11.4 亿粒。

(c)2013 年生态调度：2013 年 5 月 7 日，三峡水库启动生态调度试验，5 月 7—14 日出库流量分别按日均 6800m^3/s、7600m^3/s、8400m^3/s、9500m^3/s、10500m^3/s、11500m^3/s、13500m^3/s、15000m^3/s 控制，试验持续时间一周。生态调度期间，因宜都河段水温偏低（“四大家鱼”最低繁殖水温为 18℃，适宜水温为 21～24℃），未监测到明显产卵现象，而下游沙市河段发现“四大家鱼”产卵现象，鱼卵数量为 0.58 亿粒；整个监测期间，宜都断面推算总卵苗数量 1.31 亿粒，其中，鱼卵数量 0.96 亿粒；宜都、沙市、监利河段总卵苗数 7.69 亿粒。

(d)2014 年生态调度：2014 年 5 月 14 日宜昌葛洲坝下江段水温开始达到 18℃，满足“四大家鱼”自然繁殖基本条件，此后水温持续增加。6 月 4 日以后，水温达到了 20℃以上。5 月 30 日起，三峡水库下泄流量呈持续增加的过程。在此基础上，根据长江防总调度令，6 月 4—6 日，三峡水库开展了生态调度。调度期间，宜昌江段水温维持在 20.3～20.6℃。日均下泄流量分别按 15500m^3/s、17000m^3/s、18500m^3/s 控制。实际入库流量分别为 15000m^3/s、16100m^3/s、16500m^3/s，出库流量分别为 15600m^3/s、17000m^3/s、18700m^3/s，日均出库流量持续增加。三峡水库水位从 147.27m 消落至 146.79m。6 月 7 日以后，三峡入库流量呈减少趋势，继续增加下泄流量可能导致库水位日降幅超过 0.6m。因此，6 月 7 日三峡下泄流量维持在 18500m^3/s，生态调度结束。调度期间，宜都河段调度前两天，监测到零星家鱼产卵，调度第三天形成了较大规模的“四大家鱼”产卵现象，鱼卵数量 0.47 亿粒；整个监测期间，宜都河段监测到鱼卵总量 2.27 亿粒，宜都、沙市、监利河段总卵苗数 6.96 亿粒。

(e)2015 年生态调度：2015 年三峡水库针对下游“四大家鱼”自然繁殖，开展了 2 次生态调度。6 月 7—10 日，三峡水库实施了 2015 年第一次生态调度，出库流量由 6400m^3/s 逐步增加到 20000m^3/s 左右。6 月 9 日，宜都断面监测到大规模“四大家鱼”自然繁殖，其间监测到“四大家鱼”卵密度约为 870 粒/1000m^3，其间“四大家鱼”产卵规模约为 3.6 亿粒。6 月 25 日至 7 月 2 日，实施了 2015 年第二次生态调度，三峡下泄流量自 13200m^3/s 逐步增加到 31400m^3/s，日均流量增加 2200m^3/s；自 6 月 26 日开始宜都断面漂流性鱼卵数量逐渐增加，6 月 27 日漂流性鱼卵总量及“四大家鱼”鱼卵数量达到高峰，此次产卵高峰中“四大家鱼”鱼卵约占漂流性鱼卵总量的30%。其间监测到家鱼鱼卵最大密度约为201粒/1000m^3，其间“四大家鱼”产卵总量约为2.1亿粒。

两次生态调度期间，宜都断面同时监测到铜鱼、鲢、副沙鳅、鳊、银鮈等多种鱼类进行自然繁殖，生态调度对产漂流性卵的其他鱼类繁殖同样起到了较好的促进作用。

(f)2016年生态调度：2016年6月8日三峡水库在出库流量14600m^3/s的基础上，6月9—11日实施生态调度，将三峡出库流量逐日加大至16900m^3/s、18300m^3/s、20800m^3/s，控制坝下河道流量维持3天涨水过程，流量涨幅均值为2070m^3/s，其间宜昌站平均水温为21℃左右，后因三峡入库流量偏枯，为避免库水位突破下限，结束生态调度。在3天的生态调度期间，坝下游宜都断面监测“四大家鱼”产卵总量约1.1亿粒。

(g)2017年生态调度：5月13—17日向家坝水库单独实施生态调度试验1次；5月20—25日，三峡水库与向家坝水库实施联合生态调度试验1次；6月4—10日，三峡水库单独实施生态调度试验1次。3次生态调度试验期间监测结果表明：向家坝水库、三峡水库生态调度试验均对鱼类繁殖产卵起到了促进作用，其中，宜宾断面监测到漂流性鱼卵总量0.05亿粒，江津断面监测到漂流性鱼卵总量2.06亿粒，宜都断面监测到“四大家鱼”鱼卵总量10.8亿粒，为历年最高。

(h)2018年生态调度：5月19—26日和6月17—25日开展两次生态调度试验，通过逐步增加三峡水库出库流量，人工调节模拟河流涨水过程，促进“四大家鱼”自然产卵繁殖。据水利部中国科学院长江水工程生态研究所分析，在长江防总2018年开展的两次生态调度试验中，监测结果显示，第一次生态调度期间，“四大家鱼”出现了两次规模性产卵活动，初步估算生态调度涨水期间通过沙市断面的鱼卵总量为0.497亿粒。第二次生态调度期间，“四大家鱼”出现了一次产卵高峰，初步估算生态调度涨水期间通过沙市断面的鱼卵总量为0.367亿粒。

⑤生态调度实践效果。

三峡工程在2011—2018年进行了生态调度试验性探索，监测成果表明：

(a)在5月上旬至6月底“四大家鱼”集中产卵期，有针对性地实施生态调度有利于“四大家鱼”繁殖。三峡水库通过人工调控下泄流量，为促进鱼类繁殖创造适宜的水流条件，可以起到促进“四大家鱼”繁殖产卵的作用。2011—2018年实施的生态调度，通过荆江河段“四大家鱼”鱼卵总量达43.5亿粒。

(b)水温低于18℃不能够促进“四大家鱼”自然繁殖，开展生态调度效果不明显；在水温21～24℃时，三峡水库采用逐步增加下泄流量，实施生态调度，或先预蓄部分水量，再大幅增加下泄流量的调度方式，均能在一定程度上促进“四大家鱼”自然繁殖，但哪种调度方式效果更优，尚需深入研究优选。

(c)起涨流量在10000～20000m^3/s、涨水幅度在2000m^3/s左右、涨水持续时间3天及以上，能够在一定程度上促进“四大家鱼”自然繁殖；但突破上述指标范围是否同样产生生态效果、“四大家鱼”自然繁殖所需最适宜范围仍需持续开展试验，深入研究。

(4)三峡水库蓄水对洞庭湖生态的影响

1)对洞庭湖水质的影响。

近年来,受自然、人为等多方面因素影响,长江入洞庭湖“三口”(松滋口、太平口、藕池口)水位下降,枯期连续多年出现断流,年断流天数逐渐增加。2006 年(特枯年份)“三口”控制站断流 269～336 天。2009 年 9 月以来,长江入洞庭湖“三口”陆续断流,洞庭湖水位下降,出湖口城陵矶水位仅 22.02m;导致湘江水入湖流速加快,湘江中下游出现了罕见的枯水期,长沙、株洲和湘潭 3 市饮用水安全受到威胁。受洞庭湖水文情势变化影响,洞庭湖水质、水生态、洲滩生态系统以及鸟类、鱼类等物种生物多样性亦在发生变化。

2017 年,长江流域来水总体正常略偏多。其中,1—4 月干支流来水总体偏多,5 月来水总体偏少,6—7 月来水偏多,7 月发生中游型大洪水,8—10 月丰枯反复,11—12 月来水总体正常略偏多。洞庭湖“四水”(湘江、资水、沅江、澧水)4—10 月来水较年均值偏多 10%。其中,6—7 月偏多 30%～40%,4 月、9 月来水正常,5 月、8 月来水偏少 30%,10 月来水偏少 10%。受连续强降雨影响,洞庭湖水系支流湘江、资水和沅江同时发生大洪水过程;“四水”多次发生快速涨水过程;受多支流洪水遭遇影响,洞庭湖发生超历史入湖、出湖洪水过程,洞庭湖水系总入流(“四水”加“区间”)最大 7 天、15 天洪量分别为 286 亿 m^3、464 亿 m^3,均为 1951 年来首位。洞庭湖 60 天洪量统计总入湖水量为 993.1 亿 m^3,总出湖水量为 1045.0 亿 m^3。从城陵矶(七里山)站总入流洪量地区组成可见,洞庭湖“四水”最大洪量始终占洞庭湖(城陵矶)总入流的主导地位,其所占比例在 74.7%以上;洞庭湖区间来水次之(除最大 60 天洪量外),其最大洪量所占比例在 11.2%～12.6%。6—10 月,出湖口城陵矶站流量的 73.4%来自“四水”,其余时段 22.3%来自“四水”,螺山站流量的 58.2%以上来自长江。

根据洞庭湖形态、水文特征及例行监测点位等因素,在湖区划定了 3 个代表性的水域,分别为西、南和东洞庭湖。分别采用 2009 年、2010 年、2011 年洞庭湖水环境常规监测数据进行现状水质评价。选择主要评价因子为重铬酸盐指数、氨氮、总氮和总磷。2009—2011 年湖区各常规监测点位水质均存在超标现象,超标项目主要为总氮、总磷,其他监测结果均符合《地表水环境质量标准》(GB 3838—2002)中Ⅲ类水标准。其中总氮浓度较高的点位集中在南洞庭湖和东洞庭湖,特别是南洞庭湖的虞公庙水域,超标最高达 2.3 倍。总磷浓度较高的点集中在西洞庭湖水域,特别是南嘴水域,超标最高达 2.5 倍。总体上,2009 年以来,水质有波动,但全湖总氮、总磷仍普遍持续超标,除此之外的其余指标均能维持在Ⅲ类标准;东、南、西湖区水质优劣差别不明显。洞庭湖区水文水动力条件也对水体自净能力产生了较大影响,由于来水量偏枯,导致湖区换水周期长,而湖区长期维持低水位导致水体减小,水环境容量也相应减少。据统计,2003—2015 年洞庭湖水质已呈加速下降趋势,除 2011 年为零星水华之外,其他年份均出现局部性水华现象,其中最大水华面积达到 250km^2,占比超过 10%。主成分贡献率分析显示,水文情势变化是自净能力下降的重要原因之一。

2017 年,洞庭湖入湖河流 9 个监测断面中,除六门闸断面水质为Ⅳ类,其他入湖口断面均达到或优于Ⅲ类,比 2016 年略有好转。湖区 12 个监测断面中,年均水质均为Ⅳ类,未达到水功能区水质目标，水体呈轻度污染。湖区水体总氮、总磷污染严重，浓度分别为1.73mg/L和0.075mg/L；与2016年相比，湖区整体水质有所好转，Ⅴ类水断面比例减少25%；总氮和总磷浓度均有所下降。

洞庭湖全湖叶绿素a浓度平均值为4.33mg/m^3，比2016年（5.16mg/m^3）有所降低。洞庭湖全年整体处于轻度富营养水平，综合营养状态指数在45.3～57.9，比上年略有降低。其中，大小西湖断面综合营养状态指数值最高，东洞庭湖断面（除鹿角外）及出湖口断面属轻度富营养，其他监测断面均处于中营养水平。全湖综合营养状态指数在1月、3月、6—7月、9—10月均大于50，达到轻度富营养，其他6个月呈中营养水平。

2）对洞庭湖区水生态系统的影响。

洞庭湖区的水沙变化、形态调整与生态系统变化之间存在明显的因果链，如钉螺孳生、东方田鼠种群膨胀等。三峡水库运用后，湖区冲淤虽然尚不明显，但由于来水导致湖区水位变化节律产生明显调整，而湖区洲滩和水面面积与城陵矶水位相关性甚高（R^2＝0.878），因而洲滩淹水时机及淹没时间长短发生明显调整，这些将对滩地植被和湿地生态演替产生深刻影响。

洞庭湖由于其独特的水位消长过程，形成水陆交错的动态湿地生态景观、多样化的湿地生境，孕育了洞庭湖丰富的植物多样性，成为东亚—澳大利西亚候鸟迁徙路线上重要的候鸟栖息地之一。洞庭湖越冬水鸟种类多、数量大，这里既是目前世界上最大的小白额雁越冬群体所在地，有占全球种群数量70%以上的种群。近年来，很多水鸟在洞庭湖越冬的比例也在上升，雁鸭类成为优势种群，洞庭湖在全球水鸟保护及栖息地保护方面起着至关重要的作用。洞庭湖是长江最大的过水型调蓄湖泊，为长江流域重要的鱼类及水生生物种质资源库，多种鱼类索饵场、越冬场和湖泊定居性鱼类的产卵场。

洞庭湖2017年监测到浮游植物6门50属。其中，硅藻门和绿藻门种类最为丰富，分别为20属和17属，其余是蓝藻门5属、裸藻门4属、甲藻门3属、隐藻门1属。浮游植物年平均密度为2.8×10^{5}个/L，时间分布上以9月最高、3月最低，区域分布上东洞庭湖密度最高。与2016年相比，种类数和密度有所下降。洞庭湖共检出浮游动物28属。其中，轮虫9属，枝角类10属，桡足类9属。浮游动物年平均密度122个/L，平均密度在3月最高，12月最低，区域分布上东洞庭湖浮游动物密度最高。与2016年相比，种类数和平均密度有所上升。

2017年，对六门闸、鹿湖、团洲、君山、春风和建兴农场6个典型洲滩定点观测结果表明，相对于辣蓼和苔草群落，荻群落的物种数、丰富度和多样性指数较高。荻群落每月调查到的物种数在18～31个；丰富度指数和多样性指数均在洪水前4月最高（9.3和0.47），洪水后11月最低（3.3和0.20）；群落盖度在1月最低（43.0%），4月达到最高（100%）；生物量在1月最低（28.1g/m^2），而后快速上升，至4月达到全年最高（1694.4g/m^2）。与上年相比，荻群落的物种数和生物量均有所下降。苔草群落物种组成较为简单，物种数在5～14个；物种丰富度较低，每个样方物种数在1.3～3.5个；物种多样性指数在12月最高（0.07），4月最低（0.0）；群落盖度在11月较低（87%），1月和4月均为100%；生物量在洪水前4月最高（414.7g/m^2），洪水后11月下降（197.7g/m^2）。与上年相比，苔草群落的生物量有所升高，但多样性指数明显下降。辣蓼群落物种数在0～10个，物种丰富度相对较低，每个样方物种数为0～4.8个；物种多样性指数在洪水后较高(0.2～0.4)，洪水前较低(0.0)；1—4月群落盖度为0，但洪水过后迅速升高，11月为83.0%，12月又下降到4.8%；生物量在12月最高($597.8g/m^2$)，1—4月生物量为0。与去年相比，洪水后辣蓼群落的物种丰富度、多样性指数、盖度和生物量显著上升。

洞庭湖区共记录到水鸟131种，隶属6目17科，其中东洞庭湖国家级自然保护区共记录到水鸟125种，横岭湖省级自然保护区共记录到水鸟70种，南洞庭湖省级自然保护区共记录到水鸟111种，西洞庭湖省级自然保护区共记录到水鸟88种。洞庭湖区有国家一级保护水鸟5种，包括白鹤、白头鹤、东方白鹳、黑鹳、中华秋沙鸭；二级保护水鸟11种，包括小天鹅、鸳鸯、白枕鹤、灰鹤、小白额雁等；被列入世界自然保护联盟(IUCN)濒危物种红色名录的受威胁物种11种，其中极危(CR)物种2种，包括白鹤及青头潜鸭；濒危(EN)物种2种，包括东方白鹳和黑脸琵鹭；近危(VU)物种7种，包括小白额雁、鸿雁、卷羽鹈鹕、白枕鹤、白头鹤、花田鸡和大杓鹬。

2017年，东洞庭湖区域监测到夏季鸟类14目45科139种，较2016年增加8种，并监测到东洞庭湖鸟类新纪录——彩鹮和鹰鹃2种。越冬期共监测3次，监测到水鸟6目13科63种470604只，比2016年增加了148%。2017年隆冬期水鸟数量较2016年增加最多的鸟类分别是小天鹅、凤头麦鸡和普通鸬鹚，分别增加3405只、1582只和4657只，增幅达1007%、590%、418%；较2016年减少最多的鸟类是琵嘴鸭和鹤鹬，减少了6591只和10567只，减幅达5358%和649%。雁形目和鸻形目(鸻鹬类)是东洞庭湖越冬鸟类主体。其中，雁形目鸟类数量占总数量的70%，鸻形目(鸻鹬类)占总数量的18%。与2016年相比，雁形目鸟类数量增加了199%，鸻形目鸟类数量增加了82%。从空间分布看，洞庭湖越冬水鸟主要是在东洞庭湖区域，越冬鸟类占到了全区域总数量的82%。2017年，东洞庭湖调查到麋鹿91头，与2016年相比减少20.17%；其中，雄性27头、雌性43头、幼体16头，种群产仔率为37.20%。湖区内，麋鹿主要分布在注滋河和红旗湖两大区域内，分别为80～100头和70～80头。涨水期间(6—9月)，洞庭湖麋鹿呈现出受洪水影响或驱动向外扩散现象。

总体上，洞庭湖江湖关系错综复杂，洞庭湖生态环境变化到底多少归咎于三峡工程影响，未来洞庭湖生态系统演变趋势如何变化，对这些问题的研究还不够系统和深入，可以有效利用的数据十分有限，难以科学回答。如何保证三峡工程建成后能最大限度地发挥其社会效益、环境效益及经济效益，实现可持续发展，确保洞庭湖的水环境安全这一问题值得重视，有待于合理统筹解决。

3)减小不利影响的对策建议。

洞庭湖作为长江流域两个大型通江湖泊，对于维持长江水生生物多样性，尤其是洄游性鱼类和长江江豚等具有重要的庇护所地位。同时，一个自然健康的洞庭湖湿地，每年给长江补给水量约3000亿m^3，对于调节长江径流、维护长江中下游防洪、补充地下水与保障长江中游生态安全具有举足轻重的作用。近10年来洞庭湖“三口”分水分沙减少，频繁出现枯水季提前、枯水期延长、超低水位等水文情势变化，洞庭湖湿地的一些关键生态特征已发生了重大变化。对洞庭湖湿地生态特征变化的分析表明，目前已经发生重大变化，且仅通过改善洞庭湖湿地管理无法逆转的指标有洄游通道不断减少、受限（“三口”断流、“四水”修坝），水资源量下降（“三口”断流），生物多样性下降（鱼类由 114 种减少到 80 种左右、珍稀鸟类白鹳、大鸨、白头鹤种群下降）；还出现了一些已经发生重大变化，但可以通过加强洞庭湖湿地管理修复的生态特征，包括丰水期水位下降、枯水期延长，水产品供给降低，河沙开采；还有一些即将发生重大变化的生态特征，包括湿地类型、湿地景观、植被类型、越冬水鸟种类、越冬水鸟种群、初级生产力及碳汇、营养循环过程及净化水质等。

综合生态系统管理是解决洞庭湖湿地生态特征变化的重要对策，不仅有利于彻底扭转洞庭湖生态退化的局面，而且可以系统解决洞庭湖平原、长江中游因三峡工程运行带来的不利影响。洞庭湖是长江中游江湖复合湿地生态系统的重要组成部分，洞庭湖湿地生态特征已经或即将发生的重大变化的主要根源不在洞庭湖内部，而是长江上游水电开发、洞庭湖流域上游水电开发、大坝运行导致河床冲刷、江湖关系改变所造成的。更长时间段的变化原因还包括特大洪水、上游毁林开荒、水土流失、湖区围垦等。要彻底解决洞庭湖湿地面临的问题，需要从长江中游湿地生态系统的整体性、关联性、湖盆构造及湖区防洪安全、经济发展等多方面考虑，开展生态系统综合管理。通过疏浚长江“四口”，加强荆江与洞庭湖的水文联系和生态走廊建设、恢复湖区内湖河网湿地、冲刷湖盆近百年累积的泥沙淤积并补充给长江干流，减缓干流河床冲刷，从而恢复洞庭湖湿地生态系统，造福洞庭湖区和广大长江中下游。

为了应对洞庭湖湿地生态系统面临的一系列威胁，及时扭转已经发生或即将发生的重大生态特征变化，研究建议：

①将长江中游湿地生态系统综合管理纳入国家长江经济带战略、环洞庭湖生态经济区战略，并将一批大型修复江湖关系、改善洞庭湖湿地健康的项目纳入国家“十三五”规划。

②建立长江中游湿地生态系统恢复与保护的生态补偿机制，尤其是长江“三口”疏浚、洞庭湖湖盆及洲滩冲刷、洞庭湖回补长江干流水沙的生态补偿机制，调动各方积极性。

③建立长江中游湿地生态系统管理的协调机制，加大对洞庭湖湿地生态系统管理的基础研究与应用技术开发的投入。

(5)三峡水库蓄水对鄱阳湖生态的影响

1)对鄱阳湖水环境的影响。

鄱阳湖是我国第一大淡水湖，是国家重要的湿地，也是国际重要的湿地，为长江中下游重要的调洪场所和水源地。鄱阳湖星子水文站和修河吴城水文站水位实测数据显示：2008—2012 年年平均水位偏低，年平均水位出现历史最低。2008—2012 年星子站年平均水位为 12.54m（吴淞高程，下同），而 1955—2012 年历年年平均水位为 13.32m，偏低 0.78m。2008—2012 年，星子站水位年际的水位变化幅度最大值为 2.87m（出现在 2010—2011 年），高于 1955—2007 年年际水位变化幅度最大值 2.83m（出现在 1972—1973 年）。2008—2012 年，修河年平均水位为 13.67m，较 1955—2012 年历年水位的平均值低 0.83m；超过 18m 的天数平均值为 26 天，也明显低于 1955—2012 年的历年平均值。

2017 年，鄱阳湖区年径流量、输沙量总体上分别属偏枯水、少沙年份。“五河”（赣江、抚河、信江、饶河、修水）入湖总径流量 1207 亿 m^3，较 2016 年偏多 35%，较多年均值偏少 9%；入湖沙量 617.3 万 t，较 2016 年偏少 30%，较多年均值偏少 40%；经湖口注入长江总出湖径流量 1563 亿 m^3，较 2016 年偏少 30%，较多年均值偏少 4%；出湖沙量 465.2 万 t，较 2016 年偏少 61%，较多年均值偏少 58%。60 天洪量（5—7 月）统计显示，鄱阳湖总入湖水量为 388.72 亿 m^3，总出湖水量为 339.1 亿 m^3，比上年分别偏少 58% 和 61%；总调蓄水量为 49.60 亿 m^3，较 2016 年偏多 21%。2017 年，鄱阳湖水系来水主要由“五河”及鄱阳湖区间来水组成，赣江来水量始终占主导地位，占 54.6%；信江来水量占 13.8%，位居第二。

鄱阳湖与长江有着紧密的水力联系，鄱阳湖承接“五河”之水，经调蓄后汇入长江，多年平均经湖口站出湖水量为 1436 亿 m^3，入江水量占长江年径流量的 15.5%，超过黄河、淮河和海河 3 河水量的总和。作为长江流域最大的通江湖泊，成为长江中下游地区最大的天然调蓄洪区和水源涵养区。作为水源涵养区，枯水季节为长江下游补充大量清洁淡水（约 60 亿 m^3，Ⅱ、Ⅲ类水质），对下游城市供水、南水北调和航运发挥着巨大作用。此外，江湖之间在物质交换与生物结构上，也有多方面的联系。入湖的河流带来了大量的泥沙及各种营养物质，带来了污染物，影响着湖水水质和生物的生长、栖息和繁育。

2017 年，入湖“五河”和博阳河、漳田河、潼津河等河流水质总体良好，Ⅰ～Ⅲ类（达标）水占入湖水量的 93.4%～100.0%，平均为 98.4%，较上年上升 2.3 个百分点。其中，乐安河为主要超标河流，主要污染物为氨氮和总磷。出湖断面（湖口）水质在第一季度符合Ⅱ类水标准，水质良好；第二、三季度符合Ⅲ类水标准；第四季度符合Ⅳ类水标准，主要污染物为总磷。主湖区 15 个湖区监测断面中，Ⅰ～Ⅲ类水断面为 5～15 个，占湖区断面的 33.3%～100%，平均为 84.4%，比 2016 年上升 6.1 个百分点，主要污染物为总磷和氨氮。

2）对鄱阳湖水生态的影响。

鄱阳湖近年来由于干支流来水整体偏枯，加上三峡水库汛后蓄水导致退水加快以及湖区采砂引起的水位下降效应，以及汛后干流水位的提前回落对鄱阳湖产生拉空效应，鄱阳湖区各月水位降幅均超过洞庭湖。根据计算，在三峡水库汛后蓄水的初期，鄱阳湖向干流的出流增加，平水年多出水量约 23 亿 m^3，枯水年多出水量约 12 亿 m^3。2016 年鄱阳湖属丰水年，1—9 月雨量比多年平均偏多 14%，但汛后三峡水库蓄水加之长江中游雨量偏少，湖口水位大幅下降，鄱阳湖水量被迅速拉空，9 月下旬星子站水位接近 10m。鄱阳湖水位的涨落变化，是洲滩植被生长和演变的主导因素之一，其影响程度取决于水位涨落幅度及其持续历时，影响内容包括植被类型、种类组成、分布范围和生物量的增减等。据分析，低水位提前出现和持续时间延长将对沉水植物和鸟类栖息地产生不利影响。此外，鄱阳湖枯水期提前出现，将加重湖区灌溉难度和提高城镇取水成本，甚至一些研究认为水位下降会使一些提水和引水工程失效，导致抗旱能力降低。

鄱阳湖入湖的河流带来了大量的泥沙及各种营养物质，江河又给湿地生物提供了更大的活动空间，如江、湖、海之间的某些洄游鱼类，每年春初从海洋中经长江进入鄱阳湖或溯河而上到一定河段产卵繁殖，产卵后的亲鱼可在鄱阳湖中索饵育肥，立秋前后幼鱼出湖，又沿着长江到海洋中生长。湖区凭借各种各样的生境类型，每年又吸引着大量的鹤类、鹳类等珍稀候鸟来这里越冬，成为亚洲最大的鸟类越冬地。鄱阳湖自然保护区湿地是全球重要的候鸟越冬地，具有鸟类保护的重要意义。根据中国政府提交给《湿地公约》的鄱阳湖国际重要湿地信息表，该湿地越冬候鸟种群超过全球种群 1%水平以上的鸟类有 16 种，包括白鹤（图 8.3.22）、东方白鹳（图 8.3.23）、白枕鹤、小天鹅、白琵鹭、苍鹭以及雁鸭类、鸻鹬类等，其中，鸿雁（图 8.3.24）、小天鹅（图 8.3.25）、白额雁是优势种群，它们可占该物种全球数量的 10%以上。目前已记录的鸟类有 17 目 55 科 310 种，其中候鸟 108 种。属于国家一级保护的鸟类有 10 种，世界濒危鸟类有 13 种，列入《中国濒危动物红皮书》候鸟名录的有 15 种，属于中日候鸟保护协定中保护的鸟类有 153 种，属于中澳候鸟保护协定的鸟类有 46 种。而鸿雁、反嘴鹬、白琵鹭、白枕鹤、白鹤和东方白鹳是整个长江中下游数量最多的。鄱阳湖是目前世界上最大的越冬白鹤群体所在地，有占全球种群数量 95%以上的越冬种群；也是迄今发现的世界上最大的越冬鸿雁群体所在地，数量达 3 万只以上。国家一级保护鸟类东方白鹳有全世界 75%的种群数量在鄱阳湖保护区越冬。

鄱阳湖自然保护区湿地分布着丰富的珍稀濒危和全球受胁物种。鄱阳湖自然保护区不仅越冬候鸟种类多、数量大，且珍稀濒危种类之多也为国内外罕见。鄱阳湖自然保护区还分布 19 种被列入 IUCN 濒危物种红色名录的全球受威胁鸟类，其中白鹤属于极危等级（CR）；属于濒危等级（EN）的有 4 种，东方白鹳、黑脸琵鹭、鸿雁、中华秋沙鸭；属于易危等级（VU）的有 9 种，卷羽鹈鹕、小白额雁、花脸鸭、青头潜鸭、白头鹤、白枕鹤、花田鸡、遗鸥和黑嘴鸥等。在 2004 年、2005 年、2006 年开展的环鄱阳湖越冬水禽调查中，共记录到其中的 14 种（包括黑脸琵鹭，于 2005 年拍摄到照片）。其中白鹤、白头鹤、白枕鹤、东方白鹳、鸿雁、小白额雁等 6 种受胁鸟种调查发现率高达 100%，花脸鸭调查发现率高达 83%，青头潜鸭调查发现率高达 67%，花田鸡调查发现率为 33%。

图 8.3.22　白鹤

图 8.3.23　东方白鹳

图 8.3.24　鸿雁

图 8.3.25　小天鹅

鄱阳湖洲滩众多，大小湖池交错分布，其洲滩高程范围在 12～18m，主要在 14～16m。全湖各级洲滩的年平均可利用天数最少为 260 天，最多 332 天。每年枯水季节，暴露出水面的洲滩地，生长着非地带性的草甸。常见的湿生植物有 19 种，分属于 28 科，以禾本科、莎草科、蓼科和简科等植物为主。由于洲滩高程不同，植被群落结构也不同，从而形成了不同的群落带和土壤湿地类型，为水生和陆生生物的生长提供了丰富的资源环境。在这些湖池中，除了生长着菱、莲、荸荠、慈姑等含淀粉蛋白质丰富的水生植物，还分布着100余种水生维管束植物。这里水草丰盛，昆虫、底栖动物亦非常丰富，为来此越冬的候鸟提供了丰盛的食用资源。例如，软体动物约有65种，鱼类21科122种，是白鹤、天鹅等越冬候鸟赖以生存的理想栖息地。

自1998年以来，江西省野生动植物保护管理局与全国鸟类环志中心合作，在每年的隆冬时节，对鄱阳湖区栖息的越冬水鸟开展了以种类、数量和分布为重点的环湖同步调查，进一步掌握了鄱阳湖区越冬水鸟的种群数量动态变化。

1998—2008年鄱阳湖区越冬水鸟调查结果显示，统计到鸟类136种，其中水鸟88种，其他鸟类48种。每年平均有47(17～75)种，总数达36万(361449±52575)余只水鸟在鄱阳湖区越冬，水鸟种类和数量约占鄱阳湖区越冬鸟类历史最高纪录的78.5%和99.4%。每年平均调查子湖泊为53(48～64)个。单次调查记录到水鸟种数最多为75种(2005年)，水鸟数量最多为725760只(2005年)；单次调查记录到水鸟种数和数量最少为1998年17种135676只。主要原因是第一次开展同步调查，各方面准备不足。1998—2008年记录到的鸟类种数呈直线上升趋势，尤其在2004年以后，记录到的鸟类种数明显增加。每年调查的子湖泊中，有40余(42±2)个子湖泊发现全球受胁鸟种分布，平均占当年调查子湖泊数的80.4%；其中最高年份为2005年，发现国际受胁鸟种的子湖泊45个，约占调查子湖泊数的91.8%；最低年份是2008年，发现国际受胁鸟种的子湖泊41个，约占调查子湖泊数的83.7%。

调查发现，有12种全球受威胁鸟种在鄱阳湖越冬，分别是白鹤、白头鹤、白枕鹤、东方白鹳、鸿雁、小白额雁、红胸黑雁、卷羽鹈鹕、花脸鸭、青头潜鸭、花田鸡和中华秋沙鸭。国家重点保护水鸟有白鹤、白头鹤、白枕鹤、灰鹤、东方白鹳、黑鹳、白琵鹭、小天鹅、白额雁等，每年冬季调查均有记录，其中越冬白鹤、白头鹤种群数量相对稳定，数量变化不大；越冬灰鹤、白琵鹭的种群数量呈增长趋势，越冬白枕鹤的种群数量呈下降趋势；越冬东方白鹳、黑鹳和小天鹅、白额雁的种群数量有波动，整体呈缓慢下降趋势。

鹤鹳类如白鹤、白头鹤、白枕鹤、灰鹤、东方白鹳和黑鹳等是鄱阳湖区越冬鸟类种群的重要组成部分，占历年鄱阳湖区越冬水鸟的2.4%，平均每年越冬数量约1万只(10352±968)。雁鸭类和鸻鹬类是鄱阳湖区越冬鸟类种群的主体，数量占绝对优势，其中雁鸭类占鄱阳湖区越冬鸟类种群的66.8%，平均每年近30万只(283898±29143)；鸻鹬类占19.8%，平均每年近10万只(94153±24642)。猛禽有10种，分别是白肩雕、普通鵟、黑翅鸢、白尾鹞、白头鹞、鹊鹞、红隼、游隼、苍鹰和短耳鸮。

调查结果显示，有24种水鸟一年或多年在鄱阳湖区越冬数量达到了全球数量1%的标准，分别是普通鸬鹚、东方白鹳、白琵鹭、鸿雁、豆雁、白额雁、小白额雁、灰雁、小天鹅、赤麻鸭、罗纹鸭、斑嘴鸭、中华秋沙鸭、绿翅鸭、青头潜鸭、灰鹤、白头鹤、白枕鹤、白鹤、黑尾塍鹬、大杓鹬、鹤鹬、黑腹滨鹬和反嘴鹬。其中，东方白鹳、白琵鹭、鸿雁、小天鹅、赤麻鸭、白枕鹤和白鹤越冬数量每年均达到了全球数量1%的标准；豆雁(2001—2008年)、白额雁(1998年、2001—2003年、2005—2007年)、小白额雁(2001—2008年)、白头鹤(1998年、2001—2008年)、鹤鹬(2003—2008年)和反嘴鹬(2003—2008年)越冬数量有6年或6年以上达到了全球数量1%的标准；普通鸬鹚(1998年)、灰雁(2005年)、中华秋沙鸭(2000年)、绿翅鸭(2007年)、灰鹤(2007年)、大杓鹬(2005年)、黑腹滨鹬(2005年)、斑嘴鸭(2005—2008年)、青头潜鸭(2004—2007年)和黑尾塍鹬(2002年、2008年)越冬数量至少1年达到全球数量1%的标准。可见，鄱阳湖区越冬水鸟数量达到全球数量1%的标准的水鸟主要是鹤鹳类和雁鸭类，其中白鹤、东方白鹳和鸿雁在鄱阳湖区越冬数量历年均达到了全球数量的30%以上。鄱阳湖区域缺水也会对候鸟的觅食生境造成影响。根据监测，2006年丰水期鄱阳湖国家级自然保护区内各湖水位明显偏低，使原本在各湖草洲上占很大优势的苔草等植物大量被蓼科植物所取代，影响了湖中水生动植物的生长，加速了湿地生态系统的退化，进而影响依赖于湿地环境的越冬候鸟的数量与分布。例如，大湖池原来是白鹤等涉禽最重要的栖息地，但近两年来该湖丰水期水位很低，湖中苦草等水生植物生长不好，水生动物资源也较缺乏，导致越冬候鸟的食物减少，使这个最重要的核心湖变成了次要的候鸟越冬地。

2017年12月18日开展的全鄱阳湖越冬水鸟调查，共统计到水鸟66种(6目12科)56.5万余只，水鸟生物多样性指数(Shannon-Wiener指数)为2.66，均匀度指数为0.64。与2016年相比，种类减少了5种，数量增加3万余只，多样性指数和均匀度指数有所上升(2.59、0.61)。重要物种数量分别为：白鹤3786只，白头鹤435只，白枕鹤762只，灰鹤4970只，东方白鹳8324只，白琵鹭15520只，小天鹅34567只，鸿雁81777只，豆雁134536只，白额雁77086只。夏季繁殖水鸟调查共记录到水鸟60种(6目15科)，其中夏候鸟24种，留鸟8种，冬候鸟24种，旅鸟4种。种类最多的是鸻形目(27种)，其次是鹳形目(15种)。水鸟生物多样性指数为2.37，略低于2016年同期(2.49)；G指数为3.50、F指数为8.92、G—F指数为0.61，与2016年同期基本一致(3.52、8.95、0.61)。

近年来，鄱阳湖丰水期出现季节推迟且持续时间短可能会逐步改变洲滩土壤的性质，使原有植物群落向偏旱生的群落类型演替，根据2008年春季的调查，发现局部某些洲滩植物群落优势种被相对偏爱更干旱生境的早熟禾属的种所代替。若长此以往，可能大大影响鄱阳湖的不同湿地组成结构。而鄱阳湖水位除了受到当地降雨量的影响(影响入湖的五河来水量)外，更受到长江水位的影响，需要通过水量调节要求，尽量保持鄱阳湖原有的自然地理特征，使鄱阳湖湖泊生态系统恢复原有自然状态。

2017年，定位观测了篱蒿带、灰化苔草带、虉草带与泥滩带等代表性洲滩植被特征。蒿带春季平均地表生物量为3017.4g/m^2，略低于2016年同期(3235.6g/m^2)；秋季平均地表生物量为3215.7g/m^2，略高于2016年同期(2804.3g/m^2)。灰化苔草带春季地表生物量为2154.9g/m^2，低于2016年同期(2433.9g/m^2)；秋季地表生物量为2409.6g/m^2，低于2016年同期(2517.4g/m^2)。虉草带春季地表生物量为1347.9g/m^2，低于2016年同期(1531.7g/m^2)；秋季地表生物量为1531.7g/m^2，低于2016年同期(1663.5g/m^2)。泥滩带春季地表生物量为 726.6g/m^2,低于 2016 年同期(920.4g/m^2);秋季地表生物量为 845.3g/m^2,低于 2016 年同期(872.6g/m^2)。2017 年,泥滩带植物群落生物多样性指数(Shannon-Wiener 指数)最高,春季和秋季分别为 1.56 和 1.95,均高于 2016 年同期(1.42 和 1.68)。蓠蒿带群落生物多样性春季和秋季分别为 0.57 和 1.34,均高于 2016 年同期(0.38 和 1.16)。灰化苔草带群落生物多样性最低,春季和秋季分别为 0.23 和 0.20,其中春季略高于 2016 年同期(0.23),秋季低于 2016 年同期(0.25)。

鄱阳湖湿地植物呈退化趋势,沉水植物和洲滩植物的生物量下降明显。根据鄱阳湖国家级自然保护区 2009 年在蚌湖开展的洲滩植物调查结果,在过去的 15 年内,该湖洲滩植物的生物量下降明显,以芦苇、南荻为建群种的植物群落生物量从 1994 年的 2025g/m^2,下降至 2009 年的 999.7g/m^2;苔草植物群落生物量从 1994 年的 1716.7g/m^2 下降至 2009 年的 556.4g/m^2。以保护区内大湖池等 4 个湖为例,1999—2011 年,苦草冬芽的平均密度和生物量(干重)分别是 7.51 个/m^2 和 1.91g/m^2,2008—2011 年苦草冬芽密度的平均值较 1999—2011 年的平均值略低,为 6.06 个/m^2,而冬芽生物量则持平,为 1.91g/m^2。2010 年受春夏长时间高水位的影响,4 个湖苦草冬芽的平均密度和生物量(干重)最低,分别仅为 0.18 个/m^2 和 0.004g/m^2,两者分别只达历史均值的 2.4%和 2.1‰。

受植物生物量下降的影响,以植物为食的越冬水鸟的行为和栖息地利用上发生明显变化。2010 年白枕鹤并没有转移到保护区外的其他区域觅食,而本区域内苦草冬芽明显不足,无法满足白枕鹤对食物的需求,白枕鹤只能选择在位置相对更高也更干的草洲上觅食。因此白枕鹤栖息地利用发生了变化,在干地上活动的比例明显增加。在更干的草洲上觅食,白枕鹤的食物结构必然发生改变,而食物结构的改变是否会对这一物种造成不利影响,还需在今后几年的监测中才能被发现。2010 年在保护区范围内,白鹤的数量与历年平均水平相比明显减少,表明白鹤转移到了保护区外的其他湿地觅食,继续寻找其喜好的苦草冬芽为食物。根据 2010 年越冬期的水鸟监测结果,小天鹅在保护区内的数量较历史平均值(2008—2011 年)有明显下降,表明该年越冬期保护区内湿地难以为数万只小天鹅提供充足的食物,大量的小天鹅被迫转移至保护区外的湖泊或其他湿地觅食。

(6)对长江口生态环境的影响

1)对长江河口土壤盐渍化的影响。

三峡水库蓄水过程中坝下流量降低,造成了长江河口区域长江干流水量的减少,且其减少幅度与三峡水库蓄水速率相关。三峡水库调蓄过程造成 9 月前后大通流量下降幅度最大,在一定程度上导致河口江水位降低、海水入侵强度增加。三峡水库调蓄造成的长江流量相对减少量占当年本底流量的百分比与相应的江水盐分含量之间存在显著相关性,表明三峡水库调蓄造成的径流量减少在一定程度上导致了河口区域海水入侵强度与江水盐分的变化,而三峡水库调蓄过程与水文年型共同对河口江水盐分的变化产生影响。长江水盐分含量的变化直接影响了内河水盐分和地下水盐分动态,而地下水盐分变化又影响了土壤盐分动态变化。试验性蓄水阶段的地下水盐分含量有上升趋势,土壤盐分含量也呈上升趋势。

2017年监测表明，春季随着长江入海径流量的增多，长江冲淡水开始向东扩展。其中，近岸区表层盐度低于18.00mg/L，远岸区高于28.00mg/L，最高达32.37mg/L；底层长江冲淡水扩展势力非常弱，盐度的水平分布呈近岸低、远岸高的特点。秋季受长江冲淡水和台湾暖流表层水影响，盐度呈近岸低、远岸高的特点。其中，近岸区表层盐度低于20.00mg/L，底层低于26.00mg/L；远岸区表层盐度高于30.00mg/L，底层高于32.00mg/L。与2016年同期相比，盐度分布状况类似，春季最大盐度值偏高1.22；秋季最大盐度值偏高0.07。

2)对河口生物资源的影响。

2008年以来，长江入海径流保持过去几十年的波动特征，2010年入海径流量最高，2011年入海径流量最低。入海径流量年内分配与低水位运行期(2003—2007年)相似，但洪季径流分配比例低于蓄水前(1997—2002年)，这在一定程度上反映了三峡水库拦洪调蓄的作用。三峡水库开始低蓄水位运行后，长江大通年平均输沙量达历史上最小阶段，减少趋势显著。2008年以来，长江入海泥沙量仍保持在2003年以后的波动平台范围内，显著低于蓄水前。输沙量年内分配，2008年以后枯季输沙量变化不大，洪季输沙量分配比例迅速下降，显著低于蓄水前。

就沉积环境而言，长江输沙量持续减少，长江口水域悬浮物含量降低，主要表现在秋季，2008年以后长江口秋季悬浮物含量显著低于蓄水前。长江口硅酸盐含量持续降低，主要表现为春季水体，2008年长江口硅酸盐含量显著低于蓄水前和低水位运行期。这与陆源输入持续减少以及生物生产力提高密切相关。长江口水体总磷含量在2003—2007年蓄水期显著降低，2008年以来显著回升，这与陆源输入变化的关系还在进一步探讨中。

入海泥沙减少，带来的水体悬浮物含量下降，透明度升高，仅在蓄水后的第一年引起河口水体叶绿素a含量显著增加。与2003—2007年低水位运行期相比较，2008年以来，三峡工程建设带来的丰水期陆源输入持续减少，长江口秋季初级生产水平显著降低，而枯水期陆源输入增加，初级生产水平迅速回升。

三峡水库蓄水后的2003—2007年，长江口春季鱼类浮游生物丰度迅速下降，群落多样性显著降低。2008年以来，长江口春季鱼类浮游生物多样性显著回升，与长江口水域初级生产水平密切相关。长江口鱼类浮游生物虽然保持河口型、沿岸型和近海型3种群聚类型，但2008年以来沿岸型空间分布明显减少，近海型分布区域向河口方向扩展。此外，三峡工程建设带来的水体悬浮物含量变化直接影响鱼类浮游生物群落空间格局。

2017年实测长江口河水段春季和秋季表层溶解氧含量平均值为8.27mg/L和8.29 mg/L，海区表层溶解氧含量平均值分别为9.64 mg/L和7.43 mg/L。与2016年同期相比，河水段表、底层溶解氧平均含量在春季偏低，秋季偏高；海区表层溶解氧平均含量低于上年同期，底层偏高。长江口河段春季和秋季表层pH值平均为7.99和7.80，底层为8.00和8.04；海区表层pH值平均为8.31和8.52，底层为8.16和8.82。春季长江口pH值从河口和近岸向东北递增，高值区出现在调查区北部水域。与2016年相比，春季偏高；秋季河水段表层偏低，底层偏高。海区春季表、底层均偏高。长江口磷酸盐、硅酸盐、硝酸盐、总氮和总磷平面分布呈从河口向外海方向快速递减的趋势，氨氮和亚硝酸盐分布规律较为复杂。

2017 年，长江口调查区海域春季和秋季悬浮物浓度平均值分别为 90.61mg/L 和 106.79mg/L。与 2016 年相比，悬浮物浓度明显偏高。

2017 年，调查海区春季表层叶绿素 a 含量为 0.30～28.20μg/L，平均为 5.16μg/L，高于 2016 年同期，高值区集中在调查海区中部及东侧海区。秋季表层海水叶绿素 a 含量为 0.48～4.09μg/L，平均为 1.09μg/L，高于 2016 年同期，高值区明显西移，主要分布在长江入海处。

2017 年，春季共捕获鱼类浮游生物 54 尾，隶属 7 科 11 种，优势种演替为有明银鱼、日本鳀、小眼绿鳍鱼和龙头鱼。秋季共获得仔稚鱼 39 尾，隶属 4 科 5 种，与上年相比，鱼类浮游生物优势种发生演替，日本鳀优势地位凸显，凤鲚和白氏银汉鱼不再是优势种。

总之，三峡工程建设对入海径流量和泥沙的调节作用，已逐步对河口的生态环境产生一定的影响。今后的几十年中，在三峡水库运行、南水北调、流域生态环境保护等人类活动下，长江来沙量将进一步下降，长江口产生相应的生态响应，并导致生物群落组成特点发生变化。

3)对长江口水源地盐水入侵分析。

①水源地概况。

上海市在长江口主要有三大水源地，即青草沙水源地、陈行水源地、东风西沙水源地。青草沙水库供水规模超过全市的 50%，陈行水库约占 12%，东风西沙水库主要为崇明岛供水，宝钢水库在咸潮期间也会参与陈行水库的调度。

②长江口水源地盐水入侵影响统计。

三大水源地中，陈行水库建成最早，因此拥有的实测资料时间最长。陈行水库近 20 年盐水入侵观测资料统计显示，1994—2014 年共有 125 次受盐水入侵影响，受影响次数较多的年份是 1999 年、2001 年、2002 年、2004 年、2006 年、2007 年和 2014 年。1999—2008 年陈行水库盐水入侵次数最多，历时最长。其中三峡水库运行前的 1999—2002 年受盐水入侵影响每年总天数都达到 70～80 天，且 2001 年是陈行水库建成后盐水入侵发生次数最多的一年，2002 年是总天数最多的一年。三峡水库运行之后，盐水入侵较严重年份为 2004 年和 2007 年，每年总天数在 70 天左右；2014 年，春季枯水期盐水入侵影响陈行水库 5 次，总天数达到 35 天，连续 3 次盐水入侵时间间隔很短，严重影响陈行水库取水。青草沙水库自 2010 年底通水以来遭受严重盐水入侵影响达到 8 次，最长历时 22 天 6 小时，发生在 2014 年 2 月，本次的盐水入侵除径流较小外，还与持续偏北大风有关。

③三峡工程对盐水入侵的影响。

三峡水库秋季蓄水、冬季放水的季节性调水模式改变了长江的入海径流量，主要表现在 3 个时段：一是在 10 月，少数年份延迟到 11 月，由于要从 145m 蓄水至 175m，相当于减少了月平均流量 $8400m^3/s$；二是 1—3 月，这时长江处于最枯水期，须从水库中取水 1000～$2000m^3/s$；三是在 5—6 月，这时三峡工程放水较多，使得长江中下游流量增加。

2003年三峡水库蓄水后最小流量不会低于5000m³/s，尤其是到试验性蓄水运行期(2008年汛后开始)时，仅2014年出现低于10000m³/s的流量。因此三峡工程缓解了流量较小月份的盐水入侵，对长江口水源地安全有利。同时，三峡水库在10月的蓄水会使得入海流量有所减少，10月盐水入侵出现的可能性比水库蓄水前增大，但该月流量相对其他枯季月份较大且本底盐度较低，因此对水源地安全影响很小。

④三峡水库对长江口咸潮实施压咸调度。

长江河口为径流与潮流相互消长非常明显的多级分汊潮汐河口。长江口盐水入侵是由潮汐活动引发的长期存在的自然现象，一般发生在枯季11月至次年4月。研究表明：长江口最枯水一般出现在2月，通过三峡水库科学调度，使2月下泄流量增大1000～2000m³/s，可进一步增大三峡工程在长江最枯水期抵御咸潮入侵的作用。

2014年，受同期降水偏少、长江中下游水位下降和潮汐活动等因素影响，2月上海长江口水源地遭遇历史上持续时间最长的咸潮入侵(超过22天，此前最长为2004年2月持续9天19小时)，长江口青草沙、陈行等水源地的正常运行和群众生产生活用水受到较大影响。为保障上海市供水安全，应上海市人民政府要求(增加大通站流量至15000～16000m³/s)，按照长江防总调度令要求，三峡水库启动了建成以来的首次“压咸潮”调度。自2014年2月21日长江防总下达1号调度令至3月3日大通流量超过15000m³/s，长江口咸潮不利影响得到缓解，“压咸潮”调度工作结束。在此期间，三峡水库平均入库流量5040m³/s，平均出库流量7060m³/s；向下游累计补水17.3亿m³，较按6000m³/s控泄多补水约9.6亿m³；三峡水库水位下降2.19m，较按6000m³/s控泄下降约1.2m。2014年三峡水库的日均出库流量为6400m³/s，比2013年多5.4%，同期补水量增加16.8亿m³。长江口的咸潮形势得到了缓解，从一定程度上降低了咸潮入侵的严重程度，同时也缓解了长江中下游地区的缺水情况。

(7)对“四湖潜育化”的影响

四湖地区位于湖北省江汉平原(图8.3.26)，三峡水库蓄水运行调节了径流量在时间上的分配，水库调度改变了坝下长江的水文情势，即枯水季节及汛前增泄抬升长江干流水位，汛期水库防洪调节限制了洪水水位，汛末蓄水阶段急剧降低了干流水位，另外清水下泄促使河床下切。长江干流水位的改变对近岸地下水位产生一定的影响。长江河床切穿了浅层承压水隔水顶板(黏土层)，与承压水有密切水力联系。承压水位与长江水位有良好的响应关系，响应范围直观超过10km，计算超过20km。枯水季节和汛前，地下水位随着长江水位抬升而抬升；蓄水期随长江水位下降而降低。此外，对土壤潜育化的影响比较复杂。长江水位的变化通过引起两侧平原的承压水位的改变而反映到潜水位上来，而地下水位的变化影响着土壤潜育化沼泽化演化的过程。地下水位抬高，土壤还原条件加强，潜育化过程加重。反之，则促进土壤脱潜。由于汛前使地下水位抬升，蓄水又促进地下水位降低，即前期促进潜育化发育，蓄水期促进脱潜。

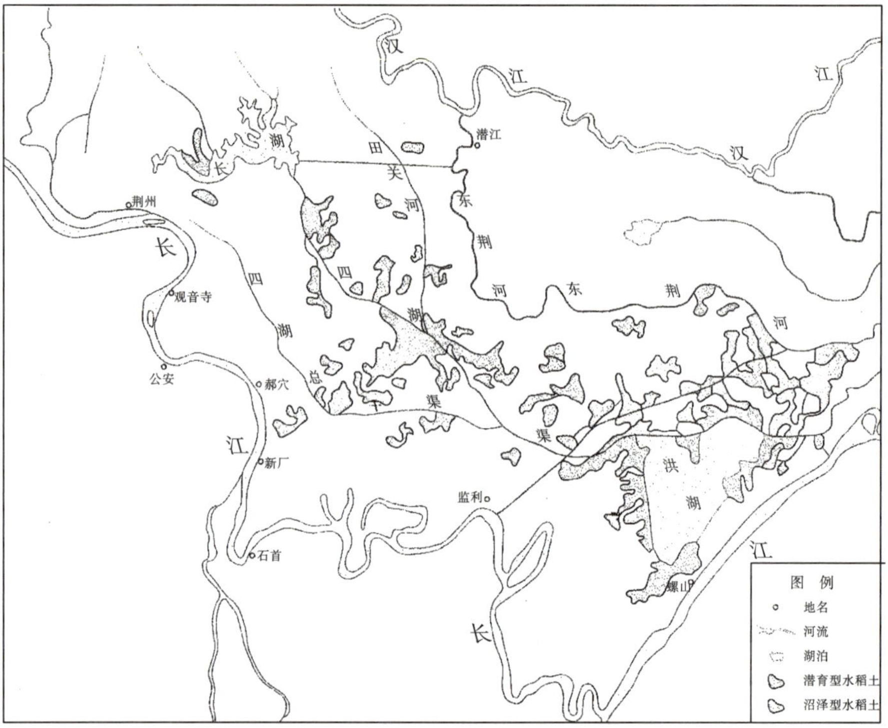

图 8.3.26 湖北省江汉平原四湖地区位置

8.3.4.3 175m 水位试验性蓄水运行对环境的影响分析

(1)水库蓄水对库区水质水温影响

见 8.2.4 节。

(2)水库蓄水对库区人群健康影响

1)出生死亡指标变化。

三峡库区监测点人口出生率 1997—2007 年呈下降趋势,2008—2012 年试验性蓄水后期略有上升。1997—2003 年出生率从 8.33‰降至 7.68‰,2004—2007 年的年平均值为 7.35‰,低于 2008—2012 年试验性蓄水期的年平均值 7.68‰。死亡率总体上较为平稳,1997—2003 年人口死亡率在 4.96‰～5.95‰,2004—2007 年的年平均值为 5.50‰,低于 2008—2012 年试验性蓄水期的年平均值 5.76‰。婴儿死亡率蓄水前为 10.85‰～16.89‰,2004—2007 年的年平均值为 11.99‰,高于 2008—2012 年试验性蓄水期的年平均值 6.94‰,总体上呈下降趋势。2016 年,监测点内共出生 6838 人,其中男 3599 人、女 3239 人,男女性别比为 1.11∶1。出生率为 8.74‰,比 2015 年上升 8.98%。2016 年重庆、丰都、万州、奉节和宜昌各监测点的出生率分别为 10.35‰、8.22‰、6.64‰、12.49‰和 6.44‰;死亡率分别为 6.53‰、6.07‰、6.39‰、5.64‰和 9.71‰;除宜昌死亡率高于出生率外,其余各监测点的出生率均高于死亡率。与 2015 年相比,奉节、重庆、宜昌和万州监测点的出生率分别上升 19.64%、16.69%、5.75%和 1.37%,丰都监测点的出生率下降了 0.12%;宜昌监测点和万州监测点的死亡率分别上升35.99%和0.63%，重庆点不变，丰都、奉节监测点的死亡率分别下降11.64%和1.74%。

三峡库区人群死亡的主要病因出现小的变化，但从2000年以后居于前五位的死因顺位基本相同。根据ICD-10疾病分类标准，2016年三峡库区监测点人群死因顺位前五位为循环系统疾病（死亡率252.35/10万、构成比38.18%）、肿瘤（176.45/10万、26.70%）、呼吸系统疾病（100.05/10万、15.14%）、损伤中毒（40.63/10万、6.15%）和内分泌系统疾病（20.83/10万、3.15%），这5类死因引起的死亡人数占总死亡人数的89.32%。与2015年相比，前两位死因顺位均一致；第五位内分泌疾病取代呼吸系统疾病上升为第三位；其中内分泌疾病和循环系统疾病引起的死亡率上升43.46%和3.83%，由损伤中毒、肿瘤、呼吸系统疾病引起的死亡率分别下降17.49%、2.86%和1.70%。不同地区人群的死因顺位有所不同，各地循环系统疾病引起的死亡率均居第一位；重庆、丰都、万州和奉节监测点第二位、第三位死因分别为肿瘤和呼吸系统疾病；宜昌点第二位、第三位死因分别为呼吸系统疾病和肿瘤。

2017年，监测点内共出生6850人，其中男3632人、女3218人，男女性别比为1.13∶1。出生率为8.35‰，比2016年下降4.46%。2017年共死亡5350人，死亡率为6.52‰，比2016年下降1.36%；其中男性死亡3126人，死亡率7.49‰；女性死亡2224人，死亡率为5.52‰。

根据ICD-10疾病分类标准，2017年三峡库区监测点人群死因顺位前五位为循环系统疾病（死亡率244.62/10万、构成比37.50%）、肿瘤（168.65/10万、25.85%）、呼吸系统疾病（106.21/10万、16.28%）、损伤中毒（44.88/10万、6.88%）和内分泌系统疾病（18.78/10万、2.88%），这5类死因引起的死亡人数占总死亡人数的89.39%。与2016年相比，前5位死因顺位均一致；其中损伤中毒、呼吸系统疾病引起的死亡率有所上升，分别上升10.45%、6.16%，由内分泌疾病、肿瘤、循环系统疾病引起的死亡率分别下降9.84%、4.42%和3.06%。从构成来看，前5位死因构成总体变化不大。

2）传染病发病率有所下降。

1997—2003年，三峡库区监测点传染病发病率为429.37～679.67人/(10万人·a)。2004—2007年传染病发病率为637.15～748.88人/(10万人·a)。2008—2012年试验性蓄水期间传染病发病率为449.47～663.74人/(10万人·a)，年平均发病率为559.90人/(10万人·a)。试验性蓄水期的发病率较2004—2007年有所下降，与近年来我国传染病防控力度加大，各项防控措施落实有效有关。

1997—2012年，与水库蓄水有关的介水传染病霍乱、甲肝、痢疾和伤寒、副伤寒等处于较低发病水平，且未出现大规模的暴发疫情；与蓄水关系密切的由生物媒介传播的疾病，如疟疾、乙脑、流行性出血热、钩端螺旋体病等发病数较少，且近年来发病率有所下降。

2016年，各监测点共报告法定传染病病例4592例，报告发病率586.73/10万，较2015年上升6.89%，死亡2例，死亡率为0.26/10万。无甲类传染病病例报告。发病率由高到低依次为重庆点(881.92/10万)、丰都点(648.43/10万)、宜昌点(597.25/10万)、万州监测点(425.63/10万)和奉节点(420.64/10万)。与2015年相比,丰都、重庆和万州监测点总发病率分别上升20.06%、18.31%和2.78%,奉节和宜昌监测点分别下降10.74%和7.22%。乙类传染病3月报告病例数最多,11月报告病例数最少,其余各月在148~221例;丙类传染病呈现两个波峰,即5—6月和10—12月疫情偏高,系手足口病和其他感染性腹泻报告病例较多所致。乙类传染病12种(不含HIV),发病2214例,发病率为282.89/10万,与2015年同期相比下降7.27%。2016年各监测点传染病发病率宜昌点最高,为447.67/10万,其后依次为丰都点(346.56/10万)、重庆点(336.75/10万)和奉节点(288.04/10万),万州点最低,为129.61/10万。与2015年相比,丰都监测点发病率上升71.41%,奉节、万州、宜昌和重庆监测点发病率分别下降26.67%、21.84%、17.30%和8.37%。乙类传染病发病率居前5位的病种依次为病毒性肝炎(145.15/10万)、肺结核(74.75/10万)、梅毒(33.99/10万)、痢疾(16.74/10万)和淋病(4.98/10万),5种疾病的发病数占乙类传染病病例总数的97.43%。乙类传染病中丙肝、未开型肝炎、痢疾、梅毒、百日咳、布病和登革热发病率较2015年相比有所上升,其余病种发病率均有所下降,HIV感染者比2015年减少9.89%。介水传染病甲肝(1.92/10万)、戊肝(2.56/10万)、痢疾(16.74/10万)和伤寒(0.13/10万)仍处于较低发病水平,报告虫媒传播的自然疫源性疾病登革热1例(0.13/10万)。丙类传染病6种,发病2378例,发病率为303.84/10万,比2015年同期上升24.61%。重庆、丰都、万州、宜昌和奉节监测点发病率依次为545.16/10万、301.87/10万、296.01/10万、149.59/10万和142.60/10万。其中奉节、宜昌、重庆和万州监测点发病率分别上升66.09%、46.06%、44.27%和19.22%,丰都监测点下降10.67%。2016年,地方病监测点开展了碘缺乏病监测。采用B超法共调查8~12岁儿童728名,发现甲状腺Ⅰ度肿大10例,肿大率1.37%,属于轻度流行。丰都、万州和奉节3个监测点中甲状腺肿大率分别为1.50%、1.35%和2.78%。居民食用盐检测1175户,其中食用碘盐1158户,碘盐覆盖率98.55%;合格碘盐1083户,碘盐合格率93.52%;合格碘盐食用率92.17%;与2015年相比,碘盐覆盖率、碘盐合格率和合格碘盐食用率均略有下降。

2017年,各监测点共报告法定传染病病例4937例,报告发病率602.04/10万,较上年上升2.61%,死亡5例,死亡率为0.61/10万。无甲类传染病病例报告。发病率由高到低依次为重庆点(1042.97/10万)、丰都点(666.68/10万)、宜昌点(555.07/10万)、奉节点(408.59/10万)和万州点(393.73/10万)。与上年相比,重庆和丰都监测点总发病率分别上升18.26%和2.81%,宜昌、万州和奉节监测点分别下降7.49%、7.06%和2.86%。乙类传染病6月报告病例数最多,1月报告病例数最少,其余各月在189~251例;丙类传染病呈现两个波峰,即6—7月夏季高峰、1—2月和12月的冬季高峰疫情偏高,其中1—2月为其他感染性腹泻报告病例较多所致,而12月为流感病例报告增加所致。乙类传染病10种(不含HIV),发病2619例,发病率为319.37/10万,与2016年同期相比上升了12.90%。2017年各监测点传染病发病率重庆点最高,为572.17/10万,其次依次为宜昌点(396.1/10万)、丰都点(338.00/10万)和奉节点(294.44/10万)，万州点最低为132.96/10万。与2016年相比，重庆、万州和奉节监测点发病率分别上升69.91%、2.58%和2.23%，宜昌和丰都监测点发病率分别下降11.50%和2.47%。乙类传染病发病率居前5位的病种依次为病毒性肝炎(139.75/10万)、肺结核(78.04/10万)、梅毒(48.53/10万)、痢疾(25.24/10万)和淋病(21.58/10万)，5种疾病的发病数占乙类传染病病例总数的98.05%。乙类传染病中甲肝、丙肝、戊肝、痢疾、副伤寒、淋病、梅毒、猩红热和肺结核发病率较2016年相比有所上升，其余病种发病率均有所下降，HIV感染者比上年上升了21.14%。丙类传染病8种，发病2318例，发病率为282.67/10万，比2016年同期下降6.97%。重庆、丰都、万州、宜昌和奉节监测点发病率依次为470.80/10万、328.68/10万、260.76/10万、158.90/10万和114.14/10万。其中丰都和宜昌监测点发病率分别上升8.88%和6.22%，奉节、重庆和万州监测点分别下降13.92%、13.64%和11.91%。丙类传染病中以其他感染性腹泻、手足口病、流感和腮腺炎报告病例数为多，占病例总数的96.20%，与2016年相比，流感、腮腺炎、结膜炎和其他感染性腹泻发病率有所上升，其他病种发病率均下降。

2017年，地方病监测点开展了碘缺乏病监测。采用B超法共调查8～12岁儿童590名，发现甲状腺Ⅰ度肿大6例，肿大率1.02%，属于轻度流行。丰都、万州和宜昌3个监测点中甲状腺肿大率分别为1.67%、0.87%和0.0%。居民食用盐检测1164户，其中食用碘盐1144户，碘盐覆盖率98.28%；合格碘盐1093户，碘盐合格率95.54%；合格碘盐食用率93.90%；与2016年相比，碘盐覆盖率下降0.27个百分点、碘盐合格率和合格碘盐食用率均略有提高，分别上升2.02和1.73个百分点。

3)与传染病传播有关的生物媒介。

①蓄水后室内鼠密度呈上升趋势、室外鼠密度呈下降趋势。

三峡库区1997—2003年，监测点室内鼠密度保持下降趋势，各年平均为4.14%，略低于室外(4.29%)。2008—2012年试验性蓄水期室内鼠密度平均为2.51%，低于室外(2.58%)，室内、室外鼠密度均高于2004—2007年平均值，但明显低于2003年蓄水前水平。村民的居室内常有褐家鼠、小家鼠、黄胸鼠分布，野外农区有小家鼠、黄毛鼠、黑线姬鼠、四川短尾鼩等鼠形动物分布。褐家鼠、黄胸鼠、小家鼠、黑线姬鼠等都可以携带或者感染流行性出血热病毒、钩端螺旋体细菌和鼠疫杆菌并传播给人，因此这些鼠种不仅直接危害粮食作物，而且还对人类健康构成一定的潜在威胁。

2017年，三峡库区监测点室内平均鼠密度为2.12%，户外鼠密度为1.66%，室内与室外鼠密度均高于2016年，低于二期蓄水前5年(1999—2003年)的平均值(室内3.94%和室外4.22%)。室外、室内鼠密度均是秋季略高于春季，与2016年一致；春季和秋季均为室内鼠密度高于室外鼠密度，均与上年相反。各监测点室内鼠密度由高到低依次为丰都(5.52%)、宜昌(3.67%)、奉节(1.44%)、万州(1.07%)、重庆(0.82%)；室外鼠密度由高到低依次为丰都(3.81%)、万州(3.24%)、重庆(1.60%)、奉节(0.72%)、宜昌(0.65%)。20年连续监测数据表明，库区室内、室外鼠密度总体呈下降趋势。

在室内，小家鼠为优势鼠种，占 41.86%；其次为褐家鼠，占 30.23%；黄胸鼠居第 3 位，占 27.91%，与 2016 年相比前三位鼠种相同，小家鼠构成由 2016 年的第 3 位跃居第 1 位。在户外，黄胸鼠为优势种，占 30.91%；第 2 位为褐家鼠，其他鼠并列，各占 20.00%；黑线姬鼠居第 4 位，占 12.73%；黑线姬鼠从 2016 年第 3 位退居第 4 位。与 2016 年相比，室内小家鼠构成上升，黑线姬鼠、食虫目小兽未捕获，其他鼠类构成有所下降。户外食虫目小兽大幅度减少，黄胸鼠、黑线姬鼠及其他鼠类构成均较 2016 年明显上升。

②蓄水后的畜圈成蚊密度明显低于蓄水前的平均值。

2003 年蓄水前，畜圈成蚊密度[183.44 只/(间・人工小时)]明显超过户内[60.04 只/(间・人工小时)]；2004—2007 年畜圈的成蚊密度[116.13 只/(间・人工小时)]仍明显超过户内[33.49 只/(间・人工小时)]。2008—2012 年 175m 水位试验性蓄水期畜圈的成蚊密度为 134.21 只/(间・人工小时)，户内成蚊密度为 25.06 只/(间・人工小时)。因此，监测点蚊密度总体呈现下降趋势，蓄水后的成蚊密度明显低于蓄水前，但 2008—2012 年 175m 水位试验性蓄水期，畜圈蚊密度较 2004—2007 年平均值升高，但低于 2003 年蓄水前的水平。

中华按蚊、人房三带喙库蚊为疟疾和乙脑的主要传播媒介，这些蚊种在三峡库区人房和畜圈均有分布，因此应密切关注其密度变化。骚扰阿蚊作为三峡库区的优势蚊种，在人房、畜圈的密度很高，虽然致病性较弱，但对人畜吸血骚扰作用严重，也应积极采取措施降低其密度。

2017 年，畜圈、人房成蚊总密度分别为 141.64 只/(间・人工小时)和 24.74 只/(间・人工小时)，畜圈成蚊总密度高于 2016 年[133.96 只/(间・人工小时)]，低于二期蓄水前 5 年(1999—2003 年)的平均值[198.57 只/(间・人工小时)]。人房成蚊密度均低于 2016 年[29.74 只/(间・人工小时)]，也低于二期蓄水前五年平均值[63.97 只/(间・人工小时)]。从各监测点情况看，人房成蚊密度由高到低依次为万州[60.80 只/(间・人工小时)]、重庆[37.80 只/(间・人工小时)]、奉节[12.40 只/(间・人工小时)]、丰都[9.60 只/(间・人工小时)]和宜昌[8.4 只/(间・人工小时)]；畜圈成蚊密度由高到低依次为丰都[249.70 只/(间・人工小时)]、宜昌[172.80 只/(间・人工小时)]、万州[112.30 只/(间・人工小时)]、重庆[88.0 只/(间・人工小时)]和奉节[64.0 只/(间・人工小时)]。与 2016 年相比，人房成蚊密度奉节点有所上升，重庆、丰都、万州、宜昌有所下降；畜圈成蚊密度丰都、万州、宜昌有所上升，重庆、奉节有所下降。

人房和畜圈 5—9 月成蚊密度按旬变化趋势基本相同，但不同监测点人房和畜圈成蚊密度高峰出现的时间有所不同，人房成蚊密度高峰出现最早的是丰都点，在 7 月上旬；其后是万州、宜昌，出现在 7 月下旬；重庆出现在 8 月下旬；奉节最晚，出现在 9 月上旬。畜圈成蚊密度高峰出现最早的点为万州，在 6 月下旬；其次为重庆和宜昌，均在 7 月下旬；奉节点在 9 月上旬；丰都最晚在 9 月下旬。

人房与畜圈均以骚扰阿蚊居多，分别占总蚊数的 79.30%和 90.12%，人房中致倦库蚊居第 2 位，占 12.30%，淡色库蚊、三带喙库蚊、中华按蚊分列第 3～5 位。畜圈内致倦库蚊居第 2 位，占 4.44%，淡色库蚊、三带喙库蚊、中华按蚊分列第 3～5 位，与人房一致。与 2016 年相比，人房中骚扰阿蚊、淡色库蚊、中华按蚊构成有所上升，其他蚊种有所下降；畜圈中骚扰阿蚊、淡色库蚊有所上升，中华按蚊持平，其他蚊种有所下降。

(3)水库蓄水对天气气候的影响

1)对天气事件的影响。

①库区及附近天气气候事件。

(a)高温事件。

三峡水库试验性蓄水期间，三峡地区近 5 年(2008—2012 年)平均一般高温日数有 32.4 天，危害性高温日数有 10.1 天，其中以 2009—2012 年连续 4 年高温日数均较常年偏多，特别是 2011 年危害性高温日数(15.9 天)为历史第二多，仅少于 2006 年(23.2 天)。近 5 年三峡地区年平均高温日数均较常年明显偏多，以库区中部和西部偏多更为显著。

近 5 年来，三峡地区共发生极端高温事件 86 站次，平均每年发生 17.2 站次，这些事件集中出现在 2009—2011 年。逐年来看，2008 年三峡地区无极端高温事件发生；2009—2011 年分别有 24 站、32 站、28 站出现极端高温事件；2012 年三峡地区仅 2 站发生极端高温事件。2008—2012 年，库区平均高温过程平均持续时间为 5.5 天，除 2008 年偏少外，其余各年均较常年偏多，近 5 年高温最长过程持续时间分别为 4.2 天、9.3 天、10.3 天、10.9 天和 11.7 天。2016 年重庆市有 17 站出现 40℃以上的高温天气(表 8.3.2)。从极端高温监测资料来看，丰都 43.9℃、万州 43.4℃、奉节 42.2℃、巫溪 43.5℃均突破当地历史极值。

表 8.3.2　2008—2016 年三峡地区(湖北、重庆)极端高温事件监测

年份	极端高温站次	最长高温过程持续天数(天)	突破历史日最高气温的站
2008	无	4.2	无
2009	24	9.3	
2010	32	10.3	重庆梁平(40.4℃)
2011	28	10.9	
2012	2	11.7	
2016	17	14.0	重庆丰都 43.9℃、万州 43.4℃、奉节 42.2℃、巫溪 43.5℃

2016 年，库区年平均气温 18.4℃，较常年(17.9℃)偏高 0.5℃，较 2015 年偏低 0.5℃。长江三峡地区年平均气温为 16.0～19.0℃，西部和北部一般为 17.5～19.0℃，东部和南部一般为 16.0～17.5℃，西北部较东南部高 1.0～2.0℃。与常年相比，2016 年长江三峡大部分地区年平均气温偏高或接近常年，特别是中部北部地区气温偏高明显，其中万州偏高 1.2℃。从时间分布来看，年内各月平均气温除 5 月和 11 月比常年同期分别低 0.2℃和

0.3℃外，其余各月气温均偏高，其中3月和12月分别较常年同期偏高1.4℃和1.3℃。

2017年，库区年平均气温18.1℃，较常年(17.9℃)偏高0.2℃，较上年偏低0.3℃。与常年相比，2017年长江三峡大部分地区年平均气温偏高或接近常年，特别是中部地区气温普遍偏高0.2℃以上，部分地区高0.6～1.0℃。从时间分布来看，长江三峡地区年内各月平均气温冷暖起伏变化较大。1月、2月、4月、7月、8月和12月偏暖；5月、6月、9月和10月偏冷；3月和11月接近常年同期，其中1月和8月气温显著偏暖，分别较常年同期偏高2.0℃和1.2℃，1月气温为1961年以来历史同期最高。

(b)降水事件。

长江三峡地区2008—2012年，年平均连阴雨过程次数有8.6次，年平均连阴雨日数为72.6天，各年连阴雨日数分别为75天、64天、78天、61天和85天。2008—2012年，三峡地区111站共发生极端日降水量事件56站次，平均每年发生11.2站次，各年发生的事件数基本持平。2008年三峡地区有9站发生极端日降水量事件。2009年三峡地区有12站发生极端日降水量事件。2010年，三峡地区有12站发生极端日降水量事件。2011年，三峡地区有9站发生极端日降水量事件。2012年，三峡地区有14站发生极端日降水量事件。2016年，库区年降水量为1208.7mm，比常年(1114.9mm)偏多8.4%。从空间分布看，三峡大部地区年降水量超过1200mm，中南部地区年降水量一般在1400mm以上。与常年相比，三峡地区年降水量普遍偏多。从时间分布看，前半年降水以偏多为主，后半年降水以偏少为主。其中1月、3月、4月、6月和11月降水量均较常年同期偏多；尤其是1月、6月和11月降水量较常年偏多80%以上；其他月份降水量比常年同期偏少或接近常年同期，其中8月和9月降水量较常年偏少29%和35%。2017年，库区年降水量为1386.3mm，比常年(1114.9mm)偏多24%。长江三峡地区年降水量1359.9mm，较常年偏多15%。从空间分布看，三峡大部地区年降水量超过1100mm，中部地区年降水量一般在1400mm以上，其中巫溪、万州、恩施等地超过1600mm，鹤峰年降水量最大，达1936.9mm。与常年相比，三峡地区年降水量普遍偏多。从时间分布看，前半年降水以偏多为主，后半年降水呈“少—多—少”分布。其中2—6月、9—10月降水量均较常年同期偏多，其中9月和10月降水量均较常年同期偏多1倍以上，10月为历史同期最多；1月、7月、8月、11月和12月降水量较常年同期偏少，尤其是11月和12月降水量分别较常年同期偏少56%和74%。2017年，长江三峡地区主要气象灾害有秋季连阴雨、高温干旱、暴雨洪涝。其中秋汛强，库区部分地区发生洪涝灾害；高温强，出现阶段性伏旱；暴雨频次多，局地影响大。

②天气气候事件与历史比较。

(a)高温事件。

三峡地区1961—2012年发生极端高温事件的站次比呈先减少后增加的年代际特征。在20世纪60年代和70年代以极端高温事件偏多为主，20世纪80年代末至90年代末极端高温事件普遍偏少，而进入21世纪又表现出偏多特征。其中，以2006年极端高温事件最多，这与当年川渝地区发生大范围严重高温干旱事件的事实相一致。

试验性蓄水期间，三峡地区平均年高温过程次数有4.2次，较常年偏多近0.9次，其中2011年(5.6次)为近52年来第三位。总体来说，高温过程的平均持续时间和最长持续时间没有表现出明显的增加或减少的趋势，但近5年间的高温事件有增强趋势。除2008年三峡地区高温过程和高温日数偏少外，其余各年均较常年偏多。

(b)降水事件。

三峡地区1961—2012年，发生极端日降水量事件的站次比呈明显的波动特征，但没有显著的长期变化趋势。进入21世纪以来，极端日降水量事件发生的频次基本与常年同期持平。长江三峡地区连阴雨过程次数和日数呈现出显著的减少趋势，年代际变化特征明显，20世纪60年代至70年代前期、80年代后期至90年代前期较频繁，70年代后期至80年代前期以及90年代后期以后连阴雨天气相对较少。最近5年，连阴雨过程次数和平均日数都处于明显的偏少阶段。

长江三峡库区2008—2012年，年平均连阴雨过程次数较常年(1981—2010年)平均次数偏少0.6次。年平均连阴雨日数较常年平均偏少12.0天，其中2011年连阴雨日数为近52年来第三位。但2008—2012年平均连阴雨过程降水强度变化不一致，库区西部和中部有减弱态势，东部则有所增强。

2)对库区气候影响。

①气候要素特征观测事实及历史比较。

三峡水库试验性蓄水以来，三峡地区的年平均气温、年平均最高气温和最低气温均较前期显著升高，其中库区年平均气温升温幅度在0.1～0.4℃，四季中尤以春、秋季升温明显，但夏季库区气温变化不明显。另外，水库建成后，年蒸发量略有增加，但变化趋势不显著；年雾日数减少，变化趋势显著。

三峡地区自1961年以来，气候变暖的趋势与全球同步，年平均气温整体呈升温趋势，平均每10年增加0.08℃，最近10年较20世纪60年代增加0.4℃，与西南地区、长江上游乃至整个长江流域的年平均气温的变化趋势基本一致，2004年水库蓄水后这种趋势未有明显变化，但增温幅度小于西南地区和长江流域。试验性蓄水后，2008—2012年的年平均气温分别为17.9℃、18.2℃、18.0℃、17.9℃和17.6℃，除2012年平均气温接近常年外，其余各年均高于气候值。

三峡水库试验性蓄水期间，三峡地区的多年平均年降水量分别为1129.4mm、1064.2mm、977.3mm、1070mm和944.6mm，较常年均偏少。1961年以来，三峡库区年降水量呈现出年代际变化特征。20世纪70—80年代降水略偏多，60年代和90年代降水略偏少；21世纪以来三峡地区的降水是近50年来最少的10年。少雨期从1999年开始，年降水量由原来的1100多毫米减少到1000多毫米，减少了10%左右。这种变化趋势与其他地区的变化一致。通过气象要素的监测结果分析，三峡工程建成前后库区降水的变化与西南地区、长江上游乃至整个长江流域的变化趋势是一致的。

1961—2000年，三峡库区、西南地区以及长江上游等地平均相对湿度没有明显的变化趋势，但21世纪以来，西南地区以及长江上游等地平均相对湿度呈现明显的减小趋势，而三峡库区平均相对湿度亦有减小，但不显著。2008—2012年的试验性蓄水期间，三峡库区的相对湿度总体上比较稳定，变化不大。

三峡库区1961年以来，年平均风速整体呈减小趋势，与西南地区和长江上游基本一致。但年代际变化特征明显，其中20世纪60—70年代后期呈增加趋势；20世纪70年代后期至90年代末呈减少趋势。

②水库蓄水对库区局地天气气候的影响。

近库区、远库区年平均气温的历年变化趋势一致，近库区和远库区年平均气温差值在2003年以后增大，两者相差0.8℃，比1976—2008年平均气温差值(0.5℃)增大了0.3℃，表明蓄水后库区水域附近的气温略有增加。

三峡水库蓄水后夏季近库区升温小于远库区，导致两者夏季平均气温差值减小0.1℃左右，表明夏季邻近水域地区的气温增幅比远离水域地区的气温增幅略小，水库对水域附近地区有降温的作用。冬季近库区受水库影响，增温幅度略大于远库区，两者平均气温差增大0.4℃左右，表明冬季邻近水域地区的气温增幅比远离水域地区的气温增幅大，水库对水域附近有增温作用。由于气温差值已经排除了大气候背景对整个库区的影响，可以近似认为这种近库区、远库区平均气温差值变化是由水库局地气候效应造成的，冬季增温，夏季降温。

采用近库区、远库区两个区域的降水量比值比较法，去除大尺度变化的影响并得到一个相对稳定的比值变化，发现近库区和远库区降水比值变化趋势不明显，蓄水后几年间近库区和远库区降水比值的波动位于年代际变化周期中，表明三峡大坝蓄水对周边降水的影响不明显。

③蓄水对库区气候影响的数值模拟。

采用区域气候模式进行三峡水库对局地和区域气候的影响模拟表明，2006年夏季川渝地区的高温干旱事件，是大尺度环流异常的结果，和三峡水库并无关系；三峡水库对周边地区气温和降水的影响非常小，除引起库区水体上方气温有所降低外，在其他地方均看不出系统性的变化。大范围的陆地覆盖状况的改变，会对局地和区域气候产生明显影响，而作为典型的非常狭窄的河道型水库，三峡水库对区域气候的影响非常小。

3)三峡库区气候变化风险分析。

三峡水库是一个典型的狭长条带型河道水库，就长江干流而言，从库首大坝宜昌到库尾重庆，当水库蓄水至175m正常蓄水位时总长度为667km，平均宽度为1576m，东西长度与南北宽度相比平均大致为420∶1；水位较低时，平均宽度若减为1000m左右，则东西长度与南北宽度相比，比例将更大，因此它的气候效应主要反映在狭长条带型水库南北两岸的有限范围内，其整体效应远不如圆形或椭圆形湖区水库，而具有更强的局地小气候效应。

三峡水库正常蓄水位175m，相应库容393亿m^3，最大水域面积1084km^2，长度600多千米，宽度窄处不足1km，宽处几千米，为一个狭长条形的水体，与大气环流和海洋的尺度比较，其尺度是非常小的。按照大尺度环流的理论，影响四川盆地的大气环流应该是上千米的尺度，高度也在几千到上万米，因此这个人工建筑和人工湖泊，不会产生影响大尺度、长时间的气候影响。利用区域气候模式进行模拟的结果表明，三峡水库建库后对库区及邻近区域有一定的影响，但是影响范围不大，一般不超过水库周边20km。

三峡水库的累积气候效应及风险是一个长期气候效应及风险评估问题。由于三峡水库气候效应是一个缓慢变化的过程，水库蓄水虽对库区周边天气气候会产生一定影响，但其影响要素、范围及强度还有待进一步长期观测，特别是局地下垫面条件的改变如何影响长期的大范围气候变化，这必须借助于数值模拟研究。同时由于三峡水库的尺度较小，更高分辨率的气候数值模式和影响评估模型的研究及发展更加必要。这些问题，目前从科学上尚需研究和探索。

8.3.4.4　2012年12月国务院批复的《长江流域综合规划(2012—2030年)》中指出三峡水库运行已产生的生态环境影响

三峡水库是国家重要的战略性淡水资源储备库，已被列为国家水环境保护的重点区域。水库运行后，库区及上游相关区域生态环境质量总体良好，与蓄水前相比基本保持稳定。但许多影响还有一个逐步显现的过程。已产生的影响主要有以下方面：

(1)对三峡库区的影响

1)三峡库区长江干流水质总体稳定，以Ⅱ类水为主。水库蓄水前库区支流未发生水华，蓄水运行后，库区支流回水区和部分库湾水体富营养化问题日渐显现，香溪河、大宁河及小江等回水区发生水华；水库消落区污染物在水位上涨时进入水域，对水库水质产生不利影响；城镇和工业布局沿岸分布，污水排放和航运的增加，对水质产生不利影响。

2)三峡水库运行后，水面增加，水深加大，流速减缓，使部分鱼类产卵场消失或规模缩小。喜缓流水生活的鱼类资源增加，喜急流性鱼类向支流或干流上游迁移；水库蓄水后淹没陆域面积约600km^2，使陆生植物受到淹没，野生动物生境缩小；农村移民安置对库周陆生生态产生不同程度的影响。在库区已采取建立自然保护区、珍稀植物迁地保护、特有鱼类人工繁殖放流等措施，使生物多样性得到有效保护。

3)水库运行后，水库诱发地震维持在低强度水平，库岸岩体基本稳定。但三峡库区地形、地质与岸坡岩土结构复杂，加之雨量丰沛、暴雨多，历来是地质灾害易发地区，水库蓄水之后，随着水位涨落频度加大，对库岸边坡稳定的影响也加大。

(2)对长江中下游的影响

1)三峡工程从根本上改善了荆江河段防洪形势，提高了长江中下游防洪能力，有效保护了中下游防洪保护区人民生命财产安全，增加枯水期流量，总体改善中下游航运条件。

2)三峡水库蓄水运用后明显改变坝下河道的水沙条件，清水下泄导致河道冲刷，对中下游部分河段的河势调整、岸坡稳定、城镇居民饮水和农业灌溉、通航条件、中下游的生态环境等带来一定影响。主要表现在：

三峡水库蓄水运用以来，水库拦截了71%的入库泥沙，导致中下游干流河道输沙量大幅减少；清水下泄导致河道冲刷；荆南三口进入洞庭湖的沙量大幅减少，减轻了湖区泥沙淤积；坝下游河床冲刷导致河道枯水位下降。

三峡水库预泄期，对洞庭湖、鄱阳湖泄洪影响不大；蓄水期，下游流量减少，入江口水位降低将使两湖出流量加大，减少湖泊蓄水量；枯水期，三峡电站按保证出力发电所需流量下泄，城陵矶水位及湖口水位均抬高。

三峡水库蓄水运用后，将在相当长的时期内显著改变中下游水沙条件，坝下游河道冲刷强度明显大于水库蓄水前，对长江中下游干流岸坡稳定带来影响，局部河段河势发生一定调整变化。

3）三峡水库蓄水期下泄流量减少，使中下游干流河道水体纳污能力减少，且长江口入海流量显著减小，对河口水环境会产生一定影响，并在蓄水期加重长江口的咸潮入侵；但枯水期下泄流量较天然流量增加，使中下游干流河道水体纳污能力提高。

（3）其他影响

1）三峡工程运用后，中下游水文情势较天然状况发生改变，清水下泄、河势河岸整治、航道整治影响鱼类的自然繁殖及鱼类产卵场所、摄食场所及栖息场所，破坏了河流纵向连通性，造成生境片段化，阻隔鱼类通道。

2）三峡工程运用后，水沙调节的变化使进入洞庭湖的水沙显著减少的同时，也使进入洞庭湖的营养物质和“四大家鱼”鱼苗显著减少，并影响洞庭湖湿地生态功能发挥；同时水沙过程的变化对鄱阳湖湿地及长江口湿地生态功能也产生影响。

（4）降低生态环境不利影响的对策措施

三峡工程建成运行以来，社会效益、环境效益和经济效益巨大，同时也会对生态环境带来一定的不利影响，拟采取以下对策措施。

1）加强水资源配置和统一管理。合理配置生活、生产、生态用水，促进人水和谐，维护水库和河流健康。

2）加强水资源保护。推进水资源保护的协调机制建设、法治建设、水功能区规范化管理与水行政执法；加强水资源保护规划工作；加强饮用水水源地水质保护；完善流域重大水污染事件应急工作机制；加强水资源保护能力建设；以水功能区管理和入河排污口管理为基础，加强监督管理；推进水资源保护规划的落实，使规划所有水功能区水质达到规划功能目标，加快点源治理，加强面源治理，污染物入河量控制在各水功能区限制排污总量范围之内，改善水环境。积极推进生态文明建设，保障流域饮水安全和生态安全。

3）加强水生生物保护。落实水生态环境保护及修复规划，采取物种保护与生物资源养护、生境保护与修复等措施保护水生生物物种、生境和生态系统；设立水生生物保护区，保护长江流域珍稀特有鱼类资源。注重陆生生物保护。尽可能减少对农田和植被的淹没及占用，注重与国家正在实施的天然林资源保护、退耕还林、长江流域防护林体系建设等相衔接；加强原生植被的保护与修复；认真贯彻野生动物保护法规，加强宣传教育，严禁捕杀野生动物、乱砍滥伐。强化自然保护区保护。涉及自然保护区的水资源开发利用，必须遵守《中华人民共和国自然保护区条例》等法律法规的规定；加强自然保护区建设。重视湿地保护工作。加强项目实施对湿地影响的研究，明确保护目标，采取多种措施，切实保护好湿地资源，正确处理好湿地保护与开发利用、近期利益与长远效益的关系，努力降低工程建设对湿地等生态系统的不利影响。

4)加强三峡库区水污染防治及饮用水水源地保护。对蓄水后饮用水水源地受影响的，应适当调整取、排水口布局，必要时开辟新的饮用水水源地，并建立相应的饮用水水源地保护区，确保迁建城镇饮用水水源的水质安全；加强库区局部水域“水华”及重金属污染防治措施；加强《重点流域水污染防治规划》确定的苎溪河、大宁河、神女溪、香溪河、黄柏河等支流综合治理，加大支流沿岸城镇污水处理力度，实现污染物排放总量控制；优化调整库区及其上游地区农业产业结构，加快生态农业建设。

8.3.5　三峡工程竣工环境保护专项验收

8.3.5.1　竣工环境保护专项验收调查

根据国家对三峡工程竣工验收工作的总体部署，国务院三峡办和三峡集团于 2011 年启动三峡工程竣工验收准备工作，环境保护验收作为三峡工程竣工验收的重要专项验收之一随之启动。2011 年 12 月，环境保护部《关于三峡工程竣工环境保护验收有关事宜的函》(环办函〔2011〕1517 号)明确“三峡工程竣工环境保护验收是对《长江三峡水利枢纽环境影响报告书》及其批复文件提出的各项环境保护措施的验收”，并建议“三峡集团代表建设方委托开展验收调查工作”。2012 年 4 月，三峡集团委托中国水电工程顾问集团公司开展三峡工程竣工环境保护验收调查工作。中国水电工程顾问集团公司专门成立了三峡工程环境保护验收调查领导小组和工作组，在收集资料和现场调研的基础上，于 2012 年 5 月编制了《长江三峡水利枢纽工程环境保护验收调查实施方案》，环境保护部组织专家对该实施方案进行了审查，并以环验函〔2012〕65 号文批准了《长江三峡水利枢纽工程竣工环境保护验收调查实施方案(审定本)》。根据审定的实施方案，环境保护验收调查分为枢纽工程施工环境影响、水文泥沙情势变化、水文泥沙情况影响、库区污染源、库区水质影响、大坝下游水质影响、水温、陆生动植物、景观生态和农业生态、水土流失、库区及上游区水生生态、大坝下游区水生生态、局部气候、景观及旅游、地质环境保护、地震影响、移民安置影响、人群健康、洞庭湖、四湖地区、鄱阳湖、长江口、社会经济、工程综合效应等 24 个专题。中国水电工程顾问集团公司组织长江水利委员会水文局、中国水利水电科学研究院、中国环境科学研究院、长江流域水环境监测中心、四川大学、中国林业科学研究院森林生态环境与保护研究所、中国科学院遥感与数字地球研究所、长江科学院、国家气候中心、国务院三峡办移民管理咨询中心、中国水产科学研究院淡水渔业研究中心、水利部中国科学院水工程生态研究所、中国地质环境监测院三峡地质灾害监测中心、中国地震局地震研究所、长江工程监理咨询有限公司、中国疾病预防控制中心、中国科学院测量与地球物理研究所、中国科学院南京地理与湖泊研究所、中国科学院海洋研究所等19个单位专业协作，对24个专题制定了专题调查方案。各专题调查报告于2014年3月陆续编制完成，三峡集团组织专家对各专题调查报告进行了评审，编制单位按照专家意见对专题报告修改补充。2014年10月，三峡集团向环境保护部报送《长江三峡水利枢纽工程竣工环境保护验收调查报告》。该调查报告的主要结论如下：

(1)环境保护措施落实情况

1)较好地执行了建设项目环境影响评价制度。

三峡水利枢纽工程环境影响评价工作始于20世纪80年代，在一系列有关环境的专题研究工作基础上，于1991年编制完成《长江三峡水利枢纽环境影响报告书》。国家环境保护局于1992年予以批复。初步设计建设内容以外的电源电站和地下电站，单独编报了环境影响报告表并得到主管部门批复。

抽样调查显示，移民安置过程中，库区迁建企业环境影响评价制度执行情况较好，执行企业占抽样企业总数约2/3，未开展环境影响评价的企业，主要为原地生产、就地复建附属设施的企业，该类项目迁建过程环境影响较小；库区专业复建项目环评制度执行情况一般，抽样调查的166个项目中28%的专项复建项目开展了专项环评，其他项目在主体设计中落实环境影响分析和措施设计要求。专业复建项目环评制度执行率总体上与全国同期同类建设项目环评制度执行情况基本一致。

2)环境保护“三同时”制度落实情况较好，满足建设项目环境保护管理的相关要求。

为落实环评文件要求，国务院三峡办、三峡集团组织开展了与主体工程设计深度与建设要求相适应的后续环境保护深化设计工作。在审批的《长江三峡水利枢纽初步设计报告(枢纽工程)》中设环境保护专章，逐项提出了设计方案和资金落实计划。在枢纽工程各主要单项工程的招标文件和合同文件中设置环境保护条款，以落实环境保护要求。针对施工区专项环保设施和生态保护工程，建设单位组织开展了专项设计及技术审查；在水库淹没处理及移民安置规划报告中设置了环境保护规划专篇，全面规划了移民安置的环境保护工作，并与移民安置规划方案一并审查。环保措施项目和要求与主体工程建设同步得以实施，并将落实情况和环保效果纳入工程项目验收内容。

3)工程环境管理体系健全、职责清晰，管理制度在实践中逐步得到完善。

在三峡水利枢纽工程建设之初的1995年，三峡建委成立了全面协调枢纽工程区、水库淹没区、移民安置区及其他受三峡水利枢纽工程影响区域的生态与环境保护工作的“长江三峡水利枢纽工程生态与环境保护协调小组”，国务院有关部委、国务院三峡办和移民开发局、三峡集团是协调小组成员单位(2002年1月，国务院三峡办与三峡工程移民开发局、三峡建委监察局合并)。为适应施工期环境保护工作需要，三峡集团在第三期工程建设过程中引入了工程环境监理，进一步完善了枢纽工程环境管理体系。

管理体系中各部门和单位的分工明确、责任清晰，相继制定了指导工程生态与环境保护工作的制度、计划和技术规范，工程各阶段的环境保护协调管理工作成效显著。

4)枢纽工程环境保护措施和要求基本落实,运行持续有效。

①施工污染治理效果显著。

施工区建设专项设施对施工生产废水进行处理,加强环保设施的运行管理以确保处理效果,对沉渣、中水尽量回收利用于施工生产活动。经查验过程资料,运行过程中存在处理效果不符合环保要求的情况,建设单位能针对产生问题的工作环节及时采取合理的改进措施,干流监测结果显示,外排废水对施工江段水质影响较小。

采用湿法作业、密闭运输等主要手段控制施工大气污染。查验施工期大气环境监测资料,施工粉尘基本能得到有效控制,基本满足大气环境标准要求。

通过施工布局优化,辅以优选设备、采用先进施工技术等措施,降低施工噪声强度,同时合理安排施工作业时间等以减轻对敏感对象的影响。施工现场噪声控制总体有效。建设施工区生活垃圾卫生填埋场工程,对渗滤液实施专项处理,处理出水水质基本满足标准要求。

②工程区新增水土流失得到有效控制。

采取工程措施与植物措施治理新增水土流失、修复工程区生态功能。施工结束后,以封山育林方式保护施工区内的原生植被,适度恢复乡土灌草优势种,提高与周边环境的同质性。施工迹地植被覆盖度超过95%,重构绿地生态系统、逐步恢复工程占地区生态功能。

③水文泥沙情势影响缓解措施总体得到落实。

水库遵循“蓄清排浑”调度原则,根据实际情况,对运行调度指标进行了调整。开展了汛期沙峰排沙调度试验和消落期库尾泥沙减淤调度试验,研究落实减缓淤积的优化调度方案。初步分析表明,汛期沙峰调度对减轻水库泥沙淤积可能有一定效果,但由于影响水库冲淤变化的因素很复杂,效果有待进一步分析。

通过炸礁、疏浚和筑坝等治理措施,变动回水区航道治理措施得到落实。变动回水区航运条件得到明显改善,但局部库段在枯季库水位消落时出现淤积碍航情况,通过疏浚等措施保证了通航条件。通过枯期补偿调度和护底整治工程落实了确保葛洲坝枢纽通航的措施。

水利部门实施了长江中下游河势控制工程,对缓解河势变化起到了积极作用,交通部门实施了坝下游碍航浅滩整治工程,基本落实了环境影响报告提出的治理措施。

④水环境保护措施体系较完善,水质状况基本稳定。

库区城镇生活污水和生活垃圾处理纳入移民安置工程统一组织实施,落实情况和实施效果符合环评文件要求。在对受淹没影响工业企业开展搬迁规划过程中,结合执行环评制度,淘汰不符合区域环境保护要求的落后企业1345家(占搬迁企业总数的82.4%),以优化库区工业布局、减少工业排污。

水库蓄水前的库底清理分四期实施,分别于1997年9月、2003年4月、2006年8月、2008年8月通过主管部门组织的验收。环评要求清理的库区固废全部规范清理并处置,累计清理和处置生活垃圾367.28万t、工业固体废物333.04万t、危险废物4.93万t、安全送贮废放射源22枚。危险工业固废处置设施建设规范,运行管理状况良好。

库区农村开展了“一池(沼气池)三改(改厨、改圈、改厕)”、养殖场污染治理和农村截污处理工程(“7+1”专项计划)等一系列面源污染防治工程，项目运行状况总体良好。

主管部门通过制定船舶污染防治管理的规章制度，规范和强化船舶污染治理。船舶污染防治主要通过对油污水、洗舱废水和船舶生活污水和垃圾实施处理，库区未发现航运引起的油污染事故。

三峡集团组织实施清漂工作。对打捞上岸的漂浮物进行分类和转运，采用焚烧获取热值、综合利用及送至垃圾填埋场进行无害化处理等方式加以处置，未造成水体的二次污染，并维护了库区的水域景观。

在三峡工程建设过程中，按照国家水资源保护及饮用水安全的总体部署，结合三峡工程环境保护的要求，库区两省市人民政府开展了辖区范围内水源地保护区划定和规范化建设工作，在库区干流及一级支流回水区划定了城市饮用水水源地 81 个和集镇饮用水水源地 65 个。回水区内的城市水源绝大部分以Ⅱ类和Ⅲ类水质为主，水质总体保持稳定。回水区内的集镇水源水质劣于城市水源水质；各级政府将保障饮用水水源地安全作为落实最严格水资源管理制度的重要内容，着力加强重要饮用水水源地安全保障达标建设工作，坝下游有 14 个沿江水源地列入《国家重要饮用水水源地名录》。

国务院三峡办在组织开展水华发生机制、富营养化成因、控制技术对策等方面科学研究的同时，实施了处置技术试点项目，试点项目已通过国务院三峡办组织的竣工验收。

⑤从流域角度统筹水生生态保护，措施体系完整、保护效果逐步显现。

施工期，调整砂石料源为人工砂石料，有效减免虎牙滩长江河床天然砂砾石料场开采施工对该江段中华鲟产卵活动的影响。围堰形成初期，对基坑内的鱼类开展人工救护、驱赶和放归保护。

先后建立国家级和省级自然保护区 11 个，以保护水生生物重要栖息地，形成了覆盖滩涂、河流、河口、湖泊等多种水域生态系统类型的保护区网络。环境影响报告书要求的栖息地保护工程均得到落实。自然保护区环境现状总体良好，栖息地生态功能得以维护。

农业部及沿江各省市相关部门通过建立水产种质资源保护区、珍稀特有鱼类救护中心，濒危物种专项救护，建立濒危水生野生动物经营利用等举措，建立起了较为完整的水生生物多样性和濒危物种保护体系。

据不完全统计，2002—2012 年，沿江各地共投入增殖放流资金约 2.6 亿元，放流鱼苗约 4.7 亿尾，其中珍稀保护物种主要为中华鲟、胭脂鱼、达氏鲟、松江鲈等，经济鱼类主要为“四大家鱼”。跟踪监测结果显示，人工增殖放流能有效补充自然种群资源，一定程度上恢复和补充了长江渔业资源。

2011—2013 年连续三年开展了三峡水库生态调度试验。经调查，2012 年调度试验满足设计方案要求，2011 年、2013 年调度情况与设计方案要求不完全一致，主要表现在涨水天数、流量、水温等方面的差异。经调查，近几年开展的生态调度试验，可以促进“四大家鱼”的繁殖产卵。

为了减轻捕捞强度、保护物种资源和水域生态环境，沿江各省市相关部门实施了长江流域春季禁渔制度、严厉打击非法捕捞行为、加强政策法规建设、推进渔政管理能力建设等渔政管理措施。

⑥通过实施植被保护、物种保护等措施，保护了库区生物多样性。

通过湖北宜昌大老岭国家森林公园(天宝山)植物多样性保护工程、兴山龙门河常绿阔叶林自然保护工程和丰都世坪植物多样性保护工程的实施，保护库区地带性植被——常绿阔叶林。在巫山小三峡风景区内划定了动物保护区，并实施严格的封闭式保护，保护了野生动物生境。各级政府对三峡库区的生态保护高度重视，先后新建了自然保护区和森林公园等，落实了环境影响报告书要求建立自然保护区、保护现有森林、保护野生动物生境的相关要求。

对疏花水柏枝、荷叶铁线蕨、丰都车前、宜昌黄杨、鄂西鼠李5种珍稀特有植物，采取了野外就地保存、迁地保护和设施保存等多途径进行保护，落实了环境影响报告书的要求。

对库区古大树采取了排查、建档、围栏保护和迁地保护等措施，落实了初步设计报告的要求，就地保护和移栽的古大树保护状况较好。

此外，国务院三峡办还组织开展了消落区治理研究和试点示范工作。

⑦工程涉及区域人群健康保护状况良好。

施工区和移民安置区建立了较为完善的人群健康保护措施体系，三峡工程建设和水库蓄水以来，人群健康状况总体良好，未发现传染病暴发或流行迹象，法定传染病发病率处于正常水平，血吸虫病控制在历史最低水平，无重大突发公共卫生事件报告。

⑧及时组织开展景观及文物保护，保护效果符合规划要求。

库区自然景观保护管理机制健全、制度较完善。截至2013年底，库区已建立国家级风景名胜区3个、省级风景名胜区16个、国家森林公园7个、省级森林公园21个。配套工程建设在保护原生景观的同时，提升了自然景观的景观游憩和自然资源保护能力。

对受影响的1087处文物分别实施原地保护、搬迁保护、留取资料三类保护措施。文物保护任务按时完成，已全部通过文物主管部门组织的相关验收。

长期开展地质环境保护，专项防治库区地质灾害。从2001年开始，国家先后投入113亿元进行了二期、三期库区地质灾害规模性集中治理，开展了地质灾害的工程治理、搬迁避让、监测预警、应急抢险、科学研究等工作，有效地保护了库区地质环境，减少了地质灾害的发生。治理工程提高了灾害体整体的稳定性，达到防治效果，但是工程普遍缺乏维护。

⑨中游平原湖区和河口区环境保护要求、措施得到基本落实，符合环评文件要求。

相关部门和单位组织开展了湖泊湿地保护与修复、物种保护、管理执法、生态调查与研究等工作，符合环境影响报告书中提出的鸟类与栖息地保护建议。

地方各级政府在洞庭湖区、鄱阳湖区、四湖地区等中游平原湖区，开展了土地整理、退田还湖、退耕还渔、农田水利建设等综合利用和治理工作，符合环境影响报告书提出的应对潜育化和沼泽化的建议。

2014年压咸潮调度期间，三峡水库向下游已累积补水17.3亿m^3，补水期间减轻了河口咸潮的强度及持续时间；地方政府实施了避咸水库的修建、加速围垦促淤工程建设和土壤盐渍化防治等项目；中国科学院等单位组织开展了河口地区环境及生态变化情况研究工作。以上情况符合环评文件针对河口地区提出的要求和建议。

5)移民安置区污染逐步得到控制和治理，库区产业结构进一步优化。

在移民安置过程中，根据《国务院办公厅关于三峡工程库区移民工作若干问题的通知》(国办发〔1999〕53号)要求，淘汰落后工业产能，改进生产工艺，提升工业污染防治能力和水平；在农村移民安置区，对25°以上坡耕地实施退耕还林，开展城(集)镇污染防治。通过实施各项移民安置环保措施，结合各级政府组织实施的专项环保规划，大幅改善了库区及移民安置区的环境质量状况。

①加强农村污染防治和生态环境保护。

结合“长防”“长治”“退耕还林”等工程实施了坡改梯、水保林、经果林、封山育林、小型农田水利工程等农村土地资源开发利用环境保护措施，遥感数据对比分析结果显示库区森林覆盖率显著提高、水土流失趋势得到遏制，移民安置区生态环境明显改善，一定程度上体现了土地资源开发利用环境保护措施的有效性。

②实施农村污染防治。

结合“7+1”“生态家园富民工程”等项目实施了农村“一池三改”工程；针对农村畜禽养殖污染实施了沼气池示范治理工程。农村“一池三改”工程的实施既处理了农村生活污水，又给农户带来清洁能源，减少了薪柴使用量，保护了库区森林资源，但由于沼气池原料不足，部分农村沼气池处于闲置状态。

③迁建城(集)镇配套建设污染防治设施。

城(集)镇迁建的同时，实施了集中供水水源地的建设和保护；结合国家专项，建成城集镇生活污水处理厂60座，总处理规模69.41万t/d；建成生活垃圾填埋场36座，总处理规模3871.8t/d；建成危险废物处置场5座，处置能力58万t/a；污染防治措施满足移民安置环境保护规划的要求，处理效果基本满足排放要求。移民安置区污水排放量逐年增大，但污染物排放量有所削减，安置区污染防治措施总体有效。随着库区经济社会发展，城镇化进程加快和规模不断扩大，存在县城污水处理厂满负荷运行，部分垃圾填埋场接近封场，迫切需要扩建规模或选择接替场地，集镇存在污染防治设施覆盖不全，运行管理困难和不规范的问题。

④工矿企业迁建实施产业结构调整，提高污染防治能力。

根据产业政策调整，工矿企业迁建由“技改迁建”变为“结构调整”，对污染严重、产品无市场和资不抵债的企业实施了破产关闭和一次性补偿销号。抽查的迁建企业中大部分执行了环境影响评价、排污许可和环境保护“三同时”等环境保护制度。迁建企业结合技术升级改造，贯彻“以新带老”原则，对原有污染源进行治理，企业产生的危险废物均委托有危险废物处理资质的单位进行处理，落实了移民安置区环境保护规划要求，典型抽样企业调查表明企业污染防治设施运行可靠，基本满足达标排放要求。

⑤专项复建工程环境保护措施基本落实。

环境影响报告书和移民安置区环境保护规划均未对专项复建工程提出相关要求。在当时资金需求量大、设计建设周期短等特定的历史时期下，少数专项复建项目执行了环境影响评价制度，但复建项目在专项设计中对施工期、运营期环境保护提出了相关要求，施工期和运行初期基本落实了废水、废气、噪声和弃渣等污染防治措施，并开展了水土保持和植被恢复工作，资料收集和现场核查结果表明，污染防治和生态保护效果良好。

6)重视落实环境风险事故防范及应急措施，库区污染事故发生率总体下降。

三峡水利枢纽工程建立了较为完整的应急预案体系，建立了完善的规章制度，组织管理针对性强，落实了环境风险防范及应急措施，各项风险处于可控状态，枢纽工程保持安全稳定运行，未因管理失误而造成对环境的不利影响。

各级政府十分重视库区的水环境风险控制与应急处置工作，在应急预案、应急能力、应急体制和机制建设等方面均得到了不同程度的提升和加强，水污染事故发生率大幅降低，水环境风险防控能力不断提高。三峡库区污染事故总体上呈现下降趋势。

7)环境监测站网逐步完善。

自工程建设以来，国务院三峡办及相关单位共同组建了跨地区、跨部门、多学科、多层次的“长江三峡工程生态与环境监测系统”，并逐步完善。截至2012年，监测系统覆盖了库区、中下游及河口相关地区，包括10个子系统、23个监测类别、28个监测重点站及其下属约150个监测基层站点，监测内容涵盖地质灾害、水库诱发地震、局地气候、水文、泥沙淤积与冲刷、水温、污染源、水质、陆生动植物、水生生态、农业生态环境、水土流失、社会经济、人群健康、湖区生态环境、河口生态环境等诸多方面。监测系统建设和运行情况基本符合环境影响报告书及批复要求。

8)环保投资。

环境影响报告书中以中国科学院为主的投资估算为15.24亿元(不含水库淹没补偿投资26.23亿元)，长江水资源保护科研所的投资估算为4.33亿元(不含水库淹没补偿投资26.23亿元)。环境影响报告书批复文件提出国家安排专项基金或从长江三峡水利枢纽工程的发电收益中提取一定的比例，建立“三峡环境基金”。

截至2012年底，三峡集团和国务院三峡办完成环保投资23.9亿元。移民工程正在验收，其中相关的环保投资需根据移民工程验收成果核定。结合环保措施执行情况分析，三峡工程环保投资得到全面落实，但尚未建立“三峡环境基金”。

(2)环境影响初步分析结论

1)水文泥沙。

20世纪90年代以来，三峡入库沙量显著减少，2003—2012年年均沙量比1990年前均值减少58%，主要原因是上游干支流水库建设、水土保持、径流减小与采砂等。随着金沙江干流向家坝和溪洛渡水电站的运用和未来上游干支流更多水电站的建设运行，三峡入库沙量将进一步减小是可以预计的。2003—2012年入库年均水量比1990年前均值减少7%，但入库水量的减少尚不能得出趋势性减少结论。

三峡水库运行水位为145(汛限水位)～175m(正常蓄水位)。水库调度运行对年际的径流影响不大，但改变下游水量的年内分配，使下游年内径流分配更加均匀，蓄水期出库流量减少，补水期出库流量增大。在三峡工程和葛洲坝工程联合调度运行的情况下，葛洲坝对三峡水库出库的日内不稳定流有一定的反调节作用。

2003—2012年三峡入库悬移质泥沙19.008亿t，出库悬移质泥沙4.640亿t，不考虑库区区间来沙，水库淤积泥沙14.368亿t，水库排沙比为24.4%。145m以上淤积量只有0.17亿m^3，有效库容损失不到0.1%。从总体来说，大部分有效库容可长期保留在目前来看是符合实际的。受上游来水偏少和水库蓄水等影响，2003—2012年长江中下游除监利站外，其他各站水量均有不同程度的减少，如宜昌站年均径流量3978亿m^3，较环境影响报告书阶段采用的4510亿m^3减少了12%。输沙量有大幅减少，宜昌站2003—2012年年均输沙量4820万t，较蓄水前平均值减少90%。中下游河道总体冲刷，其中宜昌至城陵矶段河道冲刷强度最大。2002年10月至2012年10月，荆江河段平滩河槽累计冲刷泥沙6.2亿m^3。三峡水库蓄水10年来，宜昌至武汉河段冲刷量与预测值接近，武汉以下河段冲刷向下游发展的速度比预测的快，主要是由于三峡入库和出库沙量比预测显著减少。

试验性蓄水期间实施了中小洪水调度和汛末蓄水提前，对水库淤积、下游河道演变以及江湖关系可能会产生一定影响。该方面的问题相当复杂，有待进一步研究。

2)局地气候。

三峡水库蓄水后比蓄水前年平均气温升高0.3℃，冬季平均气温升高0.1℃，夏季平均气温升高0.5℃；蓄水后年平均降水量减少了115mm；年平均及各季的相对湿度较蓄水前相比呈现出下降趋势，平均减少2.4%左右；风速比蓄水前略有增加，年雾日比建库前减少了17.1天。局地气候的变化趋势与报告书预测趋势基本相符，但部分气象要素的预测结果与实际观测结果有一定的出入。从更大范围对比分析发现，三峡库区气候变化与大背景气候变化趋势基本一致。

3)地质、地震。

蓄水后水面明显加宽、水深加大，发生了崩塌、滑坡情况，由于对地质灾害的有效防治，没有出现堵江、碍航现象；库区未发生大规模泥石流现象，泥石流活动轻微；地质灾害涌浪对枢纽建筑物影响不大，崩塌、滑坡物质入江不会对三峡水库库容有实质性影响，地质环境影响与环境影响报告书预测结论基本一致。

三峡水利枢纽工程蓄水诱发了水库地震，但震级不高，蓄水前后库区地震发生的区域和强度未发生显著变化，主要分布在秭归、巴东、巫山、奉节以及忠县至石柱地区，只是发生的微震频次明显增多，如巴东蓄水后(2003年6月至2013年6月)较蓄水前(1959年1月至2003年5月)地震次数增加66.6倍，但仍以小震微震活动为主。库首至库中地区水库诱发地震发生的地点和强度，基本上处于工程前期预测的范围之内。

4)水环境。

试验性蓄水期(2012年)库区主要污染源为农田径流污染、养殖污染、城市生活污水、工业废水、城市径流、农村生活污水和船舶流动污染，主要污染物为总磷、化学需氧量等。与环境影响报告书阶段相比，工业污染源所占比例大幅下降，高达82.4%的污染型迁建企业实施了破产关闭或补偿销号。库区生活污水排放量呈下降趋势，与环境影响报告书阶段相比，化学需氧量和五日生化需氧量的污染源削减量分别为66.4%和64.8%。

三峡库区长江干流及坝下游干流江段(截止到江阴)水质总体上保持良好状态，库区基本维持在Ⅱ～Ⅲ类水，大坝下游绝大部分断面维持在Ⅱ～Ⅲ类水，与环境影响报告书阶段相比无明显变化。除总磷外各水质特征参数无显著上升的趋势，库区和坝下水质无本质差别，在调度敏感期亦无明显变化。库区支流主要水质指标蓄水前后变化不大，但部分支流回水区富营养化程度变化明显，总磷长期处于Ⅳ～Ⅴ类，富营养化和水华现象已成为库区支流突出的水环境问题。三峡水库蓄水运行对库区饮用水水源地的分布格局、取水方式等产生影响，但其供水服务功能总体稳定，饮用水水源水质均以Ⅱ类和Ⅲ类为主，且基本保持稳定达标。

大坝下游城市江段岸边污染状况在枯水期有所改善，汛后蓄水期略有增加。在污染源不变的情况下，宜昌、武汉两个城市江段的岸边污染带长度在枯水期减小，10月略有增加。在汛期泄洪期间，三峡工程坝下出现气体过饱和现象。三峡泄流和葛洲坝泄流对气体过饱和均有贡献，影响范围到城陵矶附近(约400km)。

库区干流水体整体垂向混合较好，主库水体未出现大范围内稳定的温度分层结构，但在局部时段(4—6月)局部区域(如近坝区和部分支流)存在一定范围的水温弱分层现象。水库沿程水温在升温期(4—6月)和降温期(10月至次年1月)出现延迟现象。水库干流沿程水温延迟明显，试验性蓄水期坝址下游黄陵庙断面和宜昌断面平均最低水温比蓄水前延迟4旬，滞温影响范围在坝下干流至汉口之间约750km江段。值得注意的是，2013年坝下中华鲟产卵场断面降温期20℃水温出现时间延迟到12月，延迟时间增加可能与入库水温偏高和入库流量偏小有关，但有待进一步观测研究。

5)水生生态。

三峡水库蓄水后，库区坝前和库中水面变宽，水体流速减缓，水域环境从急流河道型转为缓流型，泥沙沉积，初步呈现湖库生态特征；库尾及以上江段仍然保持天然河道，与库区保持连通性，形成了江湖复合生态系统。

三峡水库蓄水后，坝下江段枯期流量增加，汛末蓄水期流量减少，长江中下游水文情势改变；三峡水库坝下游河道沿程冲刷加剧，河床呈纵向下切；水库蓄水及运行后，坝下干流沿程水温延迟明显；三峡水库蓄水并未对坝下水质产生不利影响；大坝下游水生生境发生了一定的变化。三峡水库蓄水后，库区坝前到库中江段鱼类组成以喜静水性鱼类为主；库尾及上游江段以喜流水性鱼类为主。三峡水库蓄水后坝下宜昌江段鱼类群落结构和渔业资源改变明显，来自上游的特有鱼类补充量大幅下降，圆口铜鱼等渔获量呈递减趋势。

三峡水库蓄水对库区“四大家鱼”产卵场产生了一定影响，库区原有 11 处产卵场中有 6 处消失，部分产卵场位置上移，库区以上江段新发现 2 处产卵场。同时，与三峡水库蓄水前相比，长江上游“四大家鱼”产卵规模有增大的趋势。水库蓄水后宜昌至城陵矶江段“四大家鱼”产卵场位置没有发生大的变化，但鱼类早期资源在蓄水后显著下降，且种类组成发生了明显的变化。本次验收调查分析认为，宜昌至城陵矶“四大家鱼”早期资源下降是干流“四大家鱼”资源量下降、阻隔影响以及水文情势变化综合作用的结果。

三峡工程建设和运行对白鲟、达氏鲟、胭脂鱼的影响尚不确定。三峡工程建设及试验性蓄水后坝下水文泥沙情势、水温及气候的变化可能是造成近年来中华鲟产卵推迟及产卵规模下降的原因之一。另外，航运增加、航道建设、非法采砂等人为活动也是造成中华鲟产卵生境破坏、产卵规模下降的重要原因。

由于人类活动的加剧，白鱀豚已功能性灭绝，江豚数量持续加速下降；凤鲚、刀鲚资源持续衰退，鳗苗和中华绒螯蟹资源波动。三峡水库泄洪期间产生的过饱和溶解气体，影响距离较大，但未发现鱼类大规模死亡现象。

6)陆生生态。

三峡水库淹没和移民安置对植被和植物造成了一定的影响，但随着“天保”“长防”“长治”“退耕还林”等工程的实施，库区森林覆盖率从 1992 年的 27.47%上升到 2012 年的 46.57%。水土流失得到初步遏制，库区轻度以上侵蚀面积减少约 1.3 万 hm^2，侵蚀模数减少约 $1440t/(km^2 \cdot a)$，库区生态环境得到一定的改善。

尚无证据表明，三峡工程建设导致陆生动、植物物种灭绝。环境影响报告书关注的疏花水柏枝和荷叶铁线蕨繁育技术成熟且在野外均有分布。

三峡水库蓄水后形成了消落带，引起的景观、库岸稳定、环境污染等新问题值得关注。

7)经济社会。

工程建设与运行促进了库区经济的快速发展，库区和移民安置区的生产总值、财政收入均有显著提高，增长速度快于全国，产业结构明显优化；三峡工程建设以及移民安置促进了库区城镇化的发展，改善了库区人居环境，库区的医疗卫生、文化教育、交通通信等基础设施建设水平都得到明显提高。工程建设提高了下游防洪标准，减少了航运成本，促进了水资源利用，有利于能源结构的优化和节能减排，产生了很好的社会效益。

8)景观旅游。

水库蓄水对峡谷段“雄”的景观特征未产生大的影响。蓄水使得支流水系水位上升，扩大了游览范围，增加了新的景观景点，丰富了“奇”“秀”的景观内涵。蓄水使得长江干流水位上升，激流险滩消失，削弱了“险”的景观特征和游览体验。按照风景名胜区规划规范，蓄水后区内风景资源分属 2 大类、8 中类、38 小类，较水库蓄水前增加 1 小类。

蓄水后淹没景点 4 处，但蓄水为风景资源开发提供了便利条件，库区形成了许多新的景点，新增库区和坝区旅游景点共 17 处。同时改善了旅游基础设施和水陆交通条件，加强了长江干流南北两岸的纵深联系，游览线路和游览范围得到进一步扩展。

9）人群健康。

上游钉螺面积进一步缩小，向三峡库区自然扩散的钉螺的风险进一步降低。三峡库区目前不存在钉螺，但生存模拟实验显示钉螺能够在库区生长和繁殖，需引起重视。水库蓄水后，水旱灾害减少，减少了因灾接触疫水人群，降低了感染血吸虫病的风险。由于蓄水时间较短，环境因素对钉螺和血吸虫病的影响需长期观察。

自三峡工程建设以来，库区人群总体健康状况良好，未发现传染病暴发或流行迹象，法定传染病发病率处于正常水平，无重大突发公共卫生事件报告，尚无证据表明三峡工程建设对人群健康状况造成明显的负面影响。

10）工程施工。

工程施工期间，施工生产生活废水经处理后排放，对受纳水体水质影响很小，施工区江段水质维持来水水质；施工区空气环境、声环境质量总体较好，对周边三斗坪镇、乐天溪镇和专业公路沿线居民点影响小；工程施工期间，没有发生有关环境问题的投诉。施工结束后，植被恢复良好，已成为环境优美的重要旅游区。

11）移民安置。

三峡工程实现了百万移民搬迁，通过全面科学规划，调整城（集）镇和基础设施总体布局，初步优化了产业结构，提高了城镇化水平，有力地推进了当地经济社会发展。移民安置区配套建设的环境保护措施总体有效，库区总体污染负荷有所削减，库区干支流水质未因移民安置和工矿企业迁建造成明显不利影响。

水库淹没和移民安置占用了大量耕地，库区后靠移民人均耕园地仅 0.77 亩，库区农村人多地少的基础性矛盾依旧突出，移民安置区尚分布一定数量 25°以上坡耕地。移民安置区城乡基础设施和公益设施逐渐改善，城乡居民生产、生活条件明显提高，但城乡移民人均收入仍低于湖北、重庆及全国同期平均水平，但差距逐渐缩小。库区经济由以农业为主向第二、三产业为主转变，在国家政策的扶持下，移民安置区的社会整合总体平稳。

12）中游平原湖区。

三峡水库试验性蓄水以来，洞庭湖的江湖关系有所变化，三峡水库蓄水后（2003—2012年）与蓄水前（1991—2002 年）相比，荆江“三口”年均分流量减少 129 亿 m^3，断流天数增加（其中松滋口年均断流天数增加 12 天，藕池口康家岗站增加 28 天），断流时间提前，这是长江天然来水、河道冲淤变化及三峡工程调蓄等因素综合影响所致；“三口”分流能力未发生明显变化；分流入洞庭湖的沙量大幅度减少，三峡水库蓄水后（2003—2012 年）与蓄水前（1991—2002 年）相比，入湖沙量由 6627 万 t 减少至 1125 万 t，减幅为 83%；荆江“三口”口门段有冲有淤，“三口”河道河床大多出现冲刷。洞庭湖出湖口在枯季最低水位有所抬升，汛期最高水位有所降低，汛后蓄水期水位一定程度下降；湖区水位总体有所下降。随着干流“四大家鱼”资源减少，进入洞庭湖的“四大家鱼”卵苗量大幅减少；湖区鲤鲫产卵场、索饵场均有所减少；洞庭湖渔业资源呈不断衰减的趋势；江豚分布数量不断下降，枯水期江豚非正常死亡相对较多。越冬候鸟物种种类和数量的变化趋势不明显，个体间也有差异。

在三峡水库蓄水前鄱阳湖已经发生了由淤转冲的变化，三峡水库蓄水后清水下泄及径流调节对湖口段冲刷存在累积影响。2012 年湖口大断面深槽比蓄水前(2002 年)平均下切约 0.3m，张家洲南部水道有所冲刷，张家洲滩发育的演进速度有所减缓，短期内未对鄱阳湖汛期排洪产生明显影响。在流域来水、长江来水及湖区地形变化等多种因素作用下，鄱阳湖总体上水位偏低(2003—2012 年都昌水位平均下降约 1m)，枯水期 11 月中旬提前至 10 月中旬，枯水时段延长。三峡水库汛末蓄水使得鄱阳湖水位有一定程度的下降(0.4～1.4m)，枯水期补水使湖泊水位有小幅抬升(平均抬升幅度小于 1.1m)，汛期调洪有利于鄱阳湖排洪(削峰 0.2～0.3m)，湖区洪涝灾害有所减轻；就目前来看，三峡工程并不是鄱阳湖水情变化的主要因素。受多种因素综合影响，目前，鄱阳湖水质、水域生境及水生生物等有向不利方向发展的趋势，洲滩植物群落相对稳定，越冬候鸟物种种类和数量的变化趋势不明显，个体间有所差异。

三峡工程运行不利于四湖地区(新滩口)汛前排水，对四湖地区渍害存在潜在影响；汛期和汛后有利于四湖地区(新滩口)排水，减轻内涝及洪涝灾害。和蓄水前(1999—2012 年)相比，由于长江水位变化，小港监测剖面近长江河段 6 月以前地下水位主要有小幅上升趋势(0.1m 以内)，7 月以后地下水位有一定程度降低(0.15m 以内)，但对整个四湖地区地下水、土壤潜育化等影响尚不确定。

13)长江河口。

长江三峡水库运行后，入海径流总量没有变化，但改变了入海径流量的季节性分布，7—11 月径流量显著降低，9 月和 10 月占全年径流量的百分比分别降低 1.6%和 1.5%；1—3 月径流量明显增加，占全年径流量的百分比最大增加 2%。入海泥沙大幅减少，与蓄水前(1998—2002 年)相比，蓄水后年输沙量下降了近 51%。相应地，河口盐水入侵时间较三峡水库蓄水前有所提前，9 月即有盐水入侵记录，10—11 月盐水入侵次数和天数有所增加，12 月至次年 4 月盐水入侵减缓。入海泥沙通量显著减少，引起长江河口地区水体含沙量降低，河口水下三角洲(－5m 以外)已由以前的淤积转换为冲刷，口门至－5m 区域冲淤基本平衡，长江河口南汇东滩等四大滩涂淤涨速率趋缓，拦门沙高程有一定变化，但多数断面变化量值不大，在 10cm 以下。仅某些断面在调水月份超过 10cm，最大达 19cm。长江河口浮游生物种类组成、优势种组成、丰度、群落多样性等都呈下降趋势；长江河口渔业资源发生明显变化，主要表现为群落结构改变、资源量显著下降，长江河口门附近及邻近水域水温与盐度分布变化规律不明显，但目前还难以判断三峡工程对其的影响程度。

14)对航运的影响。

三峡水库蓄水后重庆港口作业条件得到明显改善，涪陵以下常年回水区通航条件得到根本改善，变动回水区航运条件得到明显改善，但局部库段在枯季库水位消落进程中出现淤积碍航情况，通过管理和疏浚等措施保证了通航条件。

三峡水库的调节增加了坝下游河道枯水流量，且流量、水位的波动幅度明显变小，对航运有利。坝下游河道沿程冲刷，根据冲刷部位不同，对航道条件的影响则有利有弊。

15)对重庆市的影响。

三峡水库蓄水后至 2012 年的观测资料表明，当流量大于 35000m^3/s 时，寸滩站水位流量关系还没有明显变化，说明水库泥沙淤积尚未对重庆洪水位产生影响，考虑上游干支流建库的拦沙调洪作用，三峡水库泥沙淤积对重庆洪水位的影响可以进一步降低。

环境影响报告书预计受影响的重庆主城区排水口已进行专项复建，在考虑河道采砂影响的情况下，试验性蓄水以来重庆全河段累积有一定的冲刷，水库蓄水后泥沙淤积总体上尚未对重庆市主城区排水系统和港口码头造成影响，进一步的影响有待观察。

16)对取水的影响。

三峡水库蓄水运行对库区饮用水水源地的分布格局、取水方式等产生影响，但供水服务功能总体稳定。支流集中式饮用水水源地(多为镇级水源地)水质差于干流，2009—2012 年达不到水质标准的饮用水水源地 8 个，占调查数量的 23.5%，主要污染指标为总磷和石油类。坝下游重要城市饮用水水源地(主要指武汉市)水质及其服务功能蓄水前后均未发生明显变化。

由于三峡水库蓄水后下游河道的冲刷正处于发展过程之中，应关注对灌溉取水的影响。

17)综合效益。

三峡水利枢纽工程在 2010 年和 2012 年两次长江流域大洪水中发挥了显著的防洪效益，下游防洪标准得到显著提高；2003—2012 年累计发电量 6291 亿 kW·h，发挥了重要的节能减排作用，起到了良好的环境效应；三峡库区和长江中游宜昌至武汉航运条件显著改善，保证了航运安全，促进了船舶大型化和标准化，通航能力大幅提高，降低了船舶运输成本和油耗，产生了巨大的经济效益；三峡工程试验性蓄水运行期间累计为下游补水 693.4 亿 m^3，有效改善了下游重点城镇用水条件，对长江中下游抗旱和河口压咸效益显著。

(3)综合分析结论

三峡水利枢纽工程是治理和开发长江的关键性骨干工程，在项目立项阶段报批了环境影响报告书。在国家批准立项后，国务院组织有关部门建立了多层次、多方参与的协调机制，枢纽工程建设运营管理单位三峡集团成立了专门的环境保护管理机构；制定了一系列政策、法规、管理规章制度和技术标准；建立了跨地区、跨部门、多层次、多学科的生态与环境监测体系，开展了生态环境监测和科学研究工作；执行了环境保护“三同时”制度和各项环境保护管理要求，基本落实了环境影响报告书和初步设计文件规定的各项生态与环境保护对策措施和要求。在工程建设和试验性蓄水过程中，针对出现的新情况和新问题，及时研究提出并落实了相应的生态与环境保护措施；在枢纽施工和水库分期蓄水各阶段均开展了阶段性的综合检查验收工作；在各重要生态环保工程完工后及时组织了专项验收。

经核查，各项污染防治和生态保护措施总体有效，工程建设对库区及下游水环境质量没有造成明显影响，工程建设过程中产生的新增水土流失得到有效控制，古大树和珍稀植物的移植措施效果明显，工程对鱼类等水生生物存在不同程度的影响，珍稀水生动物自然保护区建设、人工增殖放流、生态调度等措施的落实在一定程度上减缓了工程运行对鱼类及其他珍稀特有水生动物的不利影响；库底卫生清理工作已通过验收，为水库蓄水后的水质保护提供了保障；三峡水库对水资源的调蓄功能可以为流域水资源安全、环境安全提供有力保障；三峡水利枢纽工程环境监测体系发挥了重要作用。

生态环境影响初步调查分析结果表明，三峡水利枢纽工程建设和试验性蓄水过程中，库区及下游受影响区域的生态环境质量总体良好，与工程建设前相比基本保持稳定。除入库和库区污染物排放对水库水质的影响及水库调度运行导致的水沙情势改变对下游宜昌至鄱阳湖湖口段水位、水量、河床演变规律及潜在的生态环境影响等方面的预测结果与实际有些出入外，工程对区域生态环境的影响基本没有超出环境影响报告书预测的范围，尚没有足够的证据证明工程建设及运行对区域生态环境产生了大的不良后果。

本次验收调查认为，三峡水利枢纽工程达到验收工况，执行了环境影响评价制度。工程建设过程中，除“三峡环境基金”尚未落实外，基本按照建设项目环境保护管理“三同时”制度的要求落实了各项环境保护工作，满足国家关于建设项目竣工环境保护验收规定的要求，建议三峡水利枢纽工程通过竣工环境保护验收。

8.3.5.2 三峡工程竣工环境保护专项验收

环境保护部于 2015 年 8 月印发《关于长江三峡水利枢纽工程竣工环境保护验收的意见》(环验〔2015〕189 号)，验收结论为：“长江三峡水利枢纽工程环境保护手续齐全，在实施过程中按照环境影响评价文件及批复要求，建立了环境保护管理体系，制定了配套的环境保护政策法规和技术标准，基本落实了相应的环境保护设施及措施，符合环境保护验收条件，同意通过竣工环境保护验收。”

第 9 章　三峡工程区域地震活动性及水库诱发地震分析

9.1　区域地壳稳定性及地震活动性

9.1.1　区域地壳稳定性及地震活动性研究历程

9.1.1.1　三峡工程对水库诱发地震问题的研究

三峡工程区域地壳稳定性和地震活动性直接关系到工程的地震安全性问题，从 20 世纪 50 年代三峡工程研究之初起，即作为工程关键性重大地质问题之一进行了深入研究。区域地壳稳定性和地震活动性问题，是跨学科、多专业、高难度的研究课题，除涉及地质学的领域外，还与地貌学、地震学、地球物理学、大地测量学等学科密切相关。三峡工程经过几十年的研究探索，采用多学科的综合手段，从多个侧面勾绘出一个地区地壳稳定性和地震活动性比较清晰的总体面貌；其次，凡是可以用数据来说明的研究对象一定设法取得数据。三峡工程依靠后者，设法取得了包括各壳层深度、厚度、莫霍面形态及埋深，主要断裂的切割深度，断裂形变速率，断裂最新活动年龄，地形变化测量成果，河流阶地形成年代及高程，并在 30 多年的测震成果等多方面提供了有说服力的数据，与宏观地质、地震研究得出的结论相互印证，从而对区域地壳稳定性及地震活动性问题作出了可信的、有说服力的结论。经过多年的重点攻关和系统研究，三峡工程形成了一套较完整的区域地壳稳定性的研究思路和方法，可以概括为：深部构造（深部地球物理场）是背景，区域地质条件是基础，区域断裂构造是骨架，新构造运动是表征，近场断裂活动是核心，地震活动是脉搏。三峡工程区域地壳稳定性研究，除需要评价有无活动性断裂及其活动性对工程建筑物造成的直接破坏影响外，一般都归结为地震活动（强度）对坝址区的影响和建筑物抗震设计，还包括地震对环境影响的评价，如山体稳定、边坡稳定等。

（1）三峡工程开工前对水库诱发地震问题的研究

水库诱发地震是由于人工拦河筑坝，在坝前壅高河水，形成水库引发的地震活动。三峡工程的地震安全性，自工程勘察始起，就被列为极其重要的问题，采用了尽可能多的手段和方法进行研究。早在20世纪50年代，三峡工程勘测设计责任单位长江委为研究三峡工程的区域构造稳定性和地震活动性，邀请当时国内一流的地质、地理等专业的专家学者，从三峡区域地质构造背景、地貌及新构造活动、地震活动性等多方面，研究论证三峡工程的构造稳定性和地震安全性，并从1958年起，在三峡坝址及周围地区建立了专用的地震监测台网。之后的半个世纪，研究工作一直没有间断，不仅从地质构造条件和地震活动性两个方面得出三峡工程处于地质区域构造相对稳定的地区，属弱震环境，地震活动水平较低的结论，也为水库诱发地震的研究奠定了坚实的基础。

1962年3月，新丰江水库发生6.1级诱发地震后，我国在水利水电工程建设中都十分重视水库诱发地震问题的研究。从20世纪70年代开始，长办即从地质构造、地貌及新构造运行、地震岩性、断裂活动性、地震活动性以及水库特征等多方面，通过地质类比法，研究三峡工程产生诱发地震的可能性及其危害。水库诱发地震问题的研究，大体上经历3个阶段：开始阶段以震例分析和工程类比为主；进而逐项分析水库地质地震条件并综合评判，进行诱发地震的分析预测；研究的后期，则针对某些关键因子进行专项研究，获得比一般性分析更丰富具体的资料，在此基础上进一步做出水库诱发地震发震地段、强度预测和危害性评价。

通过大量震例的分析研究，对水库诱发地震的成因类型做出了较合理的划分，主要可分为3种类型：

1)构造型。库水触发库区某些断裂构造的薄弱部位而引发的地震。这种类型的水库诱发地震强度较高，对水利工程的影响较大，也是世界各国研究最多的类型。

2)喀斯特(岩溶)型。发生在碳酸盐岩分布区喀斯特发育的地段，通常是由于库水升高突然涌入喀斯特洞穴，高水压在洞穴中形成气爆、水锤效应及大规模岩溶塌陷等引起的地震活动。这是最常见的一种类型的水库诱发地震，中国的水库诱发地震中70%属于这一类型。但这类型地震震级不高，一般为2～3级，最大也只在4级。

3)浅表微破裂型，又称浅表卸荷型。在库水作用下引起浅表部岩体调整性破裂、位移或变形而引起的地震，多发生在坚硬性脆的岩体中或河谷下部的所谓卸荷不足区。这一类型地震震级一般很小，多小于3级，持续时间不长。近些年的资料表明，该类型的诱发地震比原先预想的更为常见。

此外，库水抬升淹没废弃矿井、引起边坡变形等，也都可能造成岩体振动成为"地震"。

研究正确的成因分类是在认识上的突破，不同成因的水库诱发地震有不同的形成条件、表现形式、震级规模及破坏性。在正确的成因类型划分的基础上，结合三峡工程水库区各地段不同的地质条件，分析其可能产生何种类型的诱发地震，可能发生的地段，并采用条件类比、数值解析等多种方法进行最大可能震级的分析预测及地震参数的计算。在水库诱发地震可能最大震级的分析上，考虑到三峡工程的规模和重要性，对于构造型水库诱发地震，采用外包的方法，将相应潜在震源区天然地震的震级上限(Mu)，用作该段水库诱发地震的震级上限，评价其对工程建筑物的危害，是偏于安全的预测估计。国内外研究水库诱发地震的专家学者，对三峡工程水库诱发地震问题采用这种方法预测作出的评价尚未提出异议。20世纪80年代，在三峡工程重新论证和“七五”“八五”重大科技项目攻关期间，水库诱发地震问题也是研究和论证的重点。这期间长江委、原地质矿产部的有关单位、国家地震局和中国科学院的有关研究所、中国水利水电科学研究院、四川省及湖北省的地矿局、南京大学、成都地质学院等许多部门和单位，围绕三峡工程地震地质条件和水库诱发地震问题再次开展了大规模的专题研究，并通过地震地质条件分析、地质类比分析、统计分析、数值分析和综合判断等多种方法，对三峡工程水库发生诱发地震的可能性，可能发生地震的地段和强度，对工程安全的影响做出了预测和评价，值得指出的是，虽然上述研究是许多单位分头进行的，但最后关于水库诱发地震问题所得出的结论却基本一致。

(2)三峡工程开工后对水库诱发地震问题的研究

1993年三峡工程开始施工准备，1994年12月开工后，对水库诱发地震问题继续进行研究，主要有4项工作：①受三峡总公司委托，中国地震局负责，中国地震局地震分析预报中心、地震研究所和长江委三峡勘测研究院承担，完成了三峡工程水库诱发地震监测系统的建设；②对库首区的地震地质条件再次进行补充调查，重点是几条后期发现的断裂的详细研究和岩溶水文地质调查；③开展水库诱发地震综合预测模型和设防标准的研究；④利用二期围堰挡水抬高库水位的条件，进行地震强化观测，以掌握围堰挡水后地震活动情况有无变化。

9.1.1.2　三峡区域地壳稳定性

(1)三峡区域构造环境

三峡区域地处我国地势第二级阶梯的东缘，全国地貌区划分为板内隆升蚀余中低山地。总体地势西高东低，三峡隆起与江汉坳陷高低悬殊，对照鲜明。沿江地貌，自西向东以奉节和南津关为界，可划分为地貌特征迥然不同的西、中、东3段。西段属四川盆地，主要是砂岩、泥岩组合的川东侵蚀低山丘陵区；中段为著名的长江三峡河段，属川鄂褶皱山地，主要为碳酸盐岩组成的侵蚀中高山峡谷区；东段则为江汉—洞庭丘陵平原区。在长江未贯通之前，四川盆地和江汉平原分属两个水系，三峡地区处在区域分水岭地带。新近纪末至第四纪初期，青藏高原及云贵高原强烈上升，四川盆地和鄂西山地随之抬升，东西两水系溯源之势大增，大约于早更新世晚期相互贯通，长江直奔东海，成为举世长河。川东—鄂西地区地貌进入了一个新的发展时期，主要特点表现为南津关以西(鄂西、川东、黔北、湘西北)呈大面积间歇隆升，长江干支流强烈下切，东部江汉—洞庭平原相对下降，长江则蜿蜒于河湖水网之间。从山地到平原，层状地貌明显。自西向东，自分水岭向长江，呈阶梯状逐级下降。

扬子准台地是长江流域的主体构造单元，三峡区域位于其中部。北以城口—房县断裂(青峰断裂)为界，与秦岭褶皱系相邻。区间主要涉及上扬子台褶带、江汉—洞庭坳陷、四川台坳和大巴山台缘坳褶带等4个二级构造单元(图9.1.1)。扬子准地台基底主要由早元古—晚元古代变质火山—碎屑岩及侵入其间的岩浆岩组成，黄陵地块和神农架地块是其出露部分。变质岩系由崆岭群(23亿年)、神农架群(13.3亿年)和马槽园群(9.6亿年)组成。

岩浆岩由中酸性花岗—闪长岩体及各类岩脉(8.3亿～7.5亿年)组成,分布于黄陵地块的中南部。此外,南部相邻地区武陵、雪峰山地出露有冷家溪群(14亿年)和板溪群(10亿～8亿年)。区内沉积盖层出露齐全,从震旦系至第四系均有出露。震旦系至三叠系中统由浅海—滨海相的碳酸盐岩、碎屑岩组成,厚度近万米,广布于黄陵地块周围及川鄂褶皱山地;三叠系上统至第三系为陆相碎屑岩,厚度变化大,为5000～12000m,主要分布于大型坳陷盆地及山间盆地,如四川盆地、江汉盆地、秭归盆地、远安地堑、仙女山地堑以及建始、恩施盆地等。另在江汉盆地中有零星的燕山期花岗岩和古近纪玄武岩(4600万～5200万年)出露。第四纪主要分布于江汉平原区,最大厚度250余米;三峡区沿江两岸及山坡地带可见断续分布的河流阶地冲积层和散布的崩坡积层及洪积层。

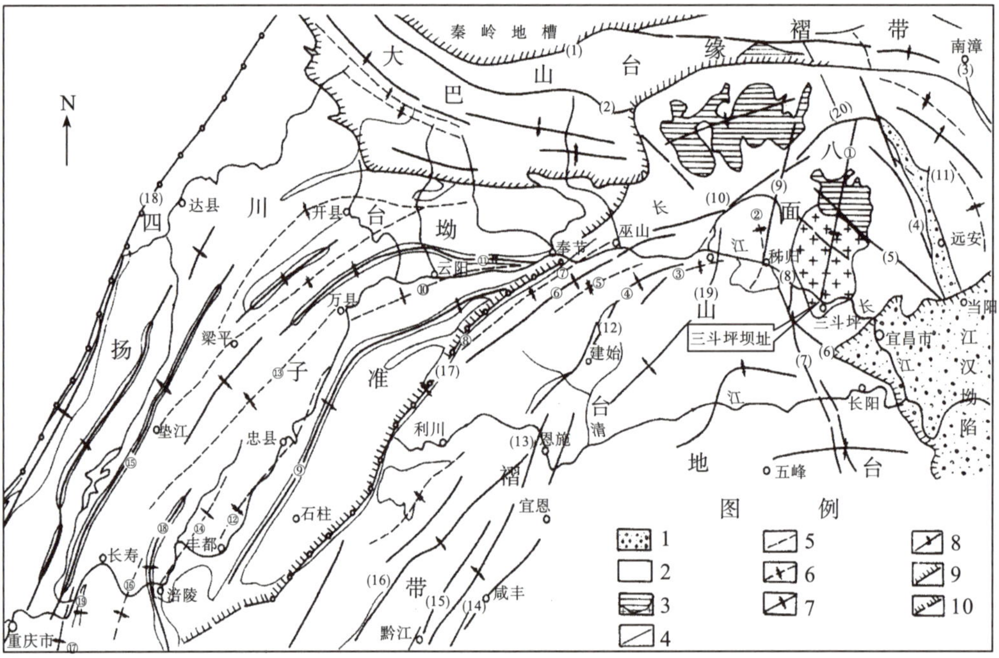

图 9.1.1 长江三峡工程区域构造纲要

1—第四系—白垩系;2—侏罗系—震旦系;3—前震旦系;4—一般断层;5—航磁推测断层;6—向斜;7—背斜;8—倒转背斜;9—一级构造单元界线;10—二级构造单元界线

褶皱:①—黄陵背斜;②—秭归向斜;③—百福坪向斜;④—南木园背斜;⑤—官渡—碚石向斜;⑥—横石溪背斜;⑦—巫山向斜;⑧—齐岳山背斜;⑨—方斗山背斜;⑩—故陵向斜;⑪—硐村背斜;⑫—丰都—忠县向斜;⑬—万县向斜;⑭—珍珠场向斜;⑮—明月峡背斜;⑯—堡子场向斜;⑰—洛碛—太和向斜;⑱—大佛寺背斜;⑲—黄草坝背斜

断裂:(1)—城口—房县断裂;(2)—阳日断层;(3)—南漳—荆门断裂;(4)—通城河断裂;(5)—雾渡河断裂;(6)—天阳坪断裂;(7)—仙女山断裂;(8)—九畹溪断裂;(9)—新华断裂;(10)—高桥断裂;(11)—远安断裂;(12)—建始断裂;(13)—恩施断裂;(14)—咸丰断裂;(15)—黔江断裂;(16)—郁山断裂;(17)—齐岳山断裂;(18)—华蓥山断裂;(19)—牛口断裂;(20)—板庙断裂

(2)三峡区域主要断裂构造

三峡区域构造格架总体特征，表现为受黄陵、神农架两地块的控制。外围褶皱构造呈弧形环绕或向其收敛。北面为大巴山—大洪山弧形褶皱带，构造线由西至东呈NW—EW—NWW向；西面为川东弧形褶皱带，构造带走向自西向东，由NE向渐变为NEE向；西南及南面为NNE转向NEE的八面山弧形褶皱带及长阳EW向褶皱带；东侧上叠中新生代江汉—洞庭坳陷盆地。区间主要断裂在规模、方向配置及发展历史等方面有很大差异，与其所在构造单元相适应。外围北部有大巴山台缘坳褶带近NW向的阳日断裂，城口—房县(青峰)断裂及鄂西北、陕南秦岭褶皱系统的NW—NWW向断裂系，如安康断裂、白河—谷城断裂、两郧断裂等；西南面为黔江隆褶束的NNE向断裂系(鄂西南断裂组)，主要有齐岳山断裂、郁山断裂、黔江—恩施断裂、咸丰断裂及以东的保靖—慈利断裂；东南面为江汉—洞庭断陷NE向断裂系，主要有太阳山断裂、湘阴—洪湖断裂；东面为鄂中断块NNW向断裂系，主要有远安断裂带、南漳—荆门断裂、武安—石桥断裂、胡集—沙洋断裂和钟祥—永隆河断裂等，三峡地区主要断裂构造和震中分布见图9.1.2。这些断裂的性质、规模和活动性各不相同，距坝址均较远，只在地震危险性分析中作为划分潜在震源区的地震地质背景。其中位于北部的青峰断裂和南部的保靖—慈利断裂规模较大，对三峡区域地质发展和地震活动起着重要控制作用；鄂西南断裂组与库首区构造变形及地震活动有一定成生联系；鄂中断块远安—荆门断裂组小震较多，偶尔有中强震发生。这些断裂与坝址所在的黄陵背斜相邻。

三峡坝址及其邻近地区，构造基本特征是以黄陵地块为核心，周缘为沉积盖层所环绕，并被不同方向的断裂所围限，形成一个稳定的“安全岛”。较大的区域性断裂，北面有EW向的板庙断裂；西北面有NNE向新华断裂及NE向高桥断裂；西面有近SN向水田坝断裂、牛口断裂(周家山断裂)；西南面有NNW向仙女山断裂、NNE向九畹溪断裂；南面有NWW向天阳坪断裂、EW向渔洋关断裂；东南面有高家溪断裂、东及东北面有远安断裂等。三峡工程库区主要断裂分布见图9.1.3。

三峡坝址所在的黄陵结晶岩地块的周缘有几条较大的断裂，这些断裂都已采用多种手段和方法做了全面深入的研究，包括详细的构造地质、构造地貌调查、断层微震活动监测、断层位移变形测量、断层活动年龄测定及微量元素气体测量。研究结果表明，从这些断层的规模、地质特征、新构造标志、变形位移量级、历史及现今地震活动水平综合分析，均属于弱活动或不活动断裂，不是孕育强震的大断裂(表9.1.1)。

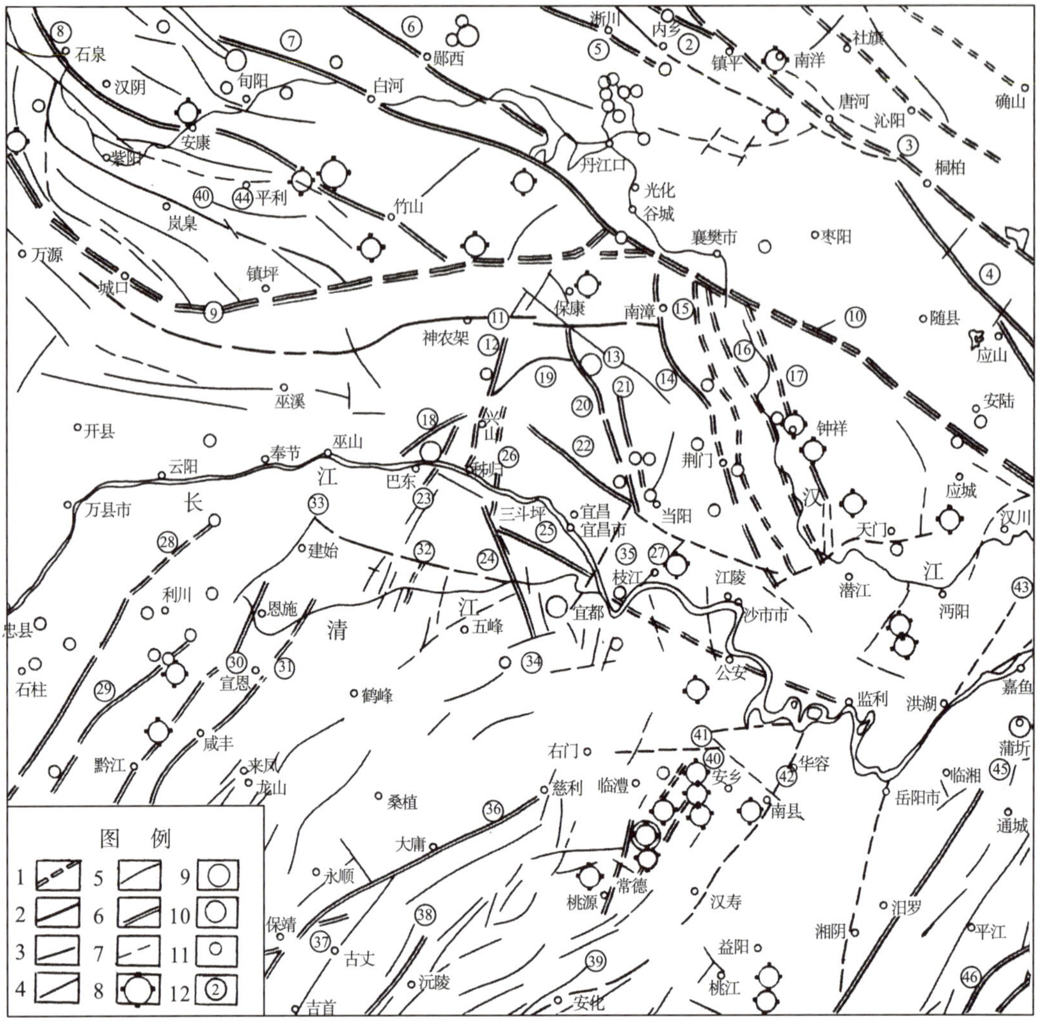

图 9.1.2 三峡地区主要断裂构造和震中分布

1—岩石圈断裂；2—地壳断裂；3—基底断裂（Ⅰ型）；4—基底断裂（Ⅱ型）；5—一般断裂；6—挽近活动的断裂；7—推测及隐伏断裂；8—历史地震；9—$7.0>M_s\geqslant 6.0$；10—$6.0>M_s\geqslant 4\frac{3}{4}$；11—$4\frac{3}{4}>M_s\geqslant 3.0$；12—断裂编号

断裂名称：①—山阳断裂；②—商县断裂；③—丹凤—商南断裂；④—桐柏断裂；⑤—淅川断裂；⑥—两郧断裂；⑦—白河—谷城断裂；⑧—安康断裂；⑨—城口—房县断裂；⑩—襄樊—广济断裂；⑪—阳日断裂；⑫—新华断裂；⑬—转转岩—上泉坪断裂；⑭—南漳—荆门断裂；⑮—武安—石桥断裂；⑯—胡集—沙洋断裂；⑰—钟祥—永隆河断裂；⑱—高桥断裂；⑲—板庙断裂；⑳—通城河断裂；㉑—远安断裂；㉒—雾渡河断裂；㉓—牛口断裂；㉔—仙女山断裂；㉕—天阳坪断裂；㉖—九畹溪断裂；㉗—枝江断裂；㉘—齐岳山断裂；㉙—郁山断裂；㉚—黔江断裂；㉛—咸丰断裂；㉜—丁家坪断裂；㉝—建始断裂；㉞—渔洋关断裂；㉟—高家溪断裂；㊱—大庸—保靖断裂；㊲—花垣断裂；㊳—乌宿断裂；㊴—岳漆—田庄西断裂；㊵—太阳山断裂；㊶—澧水断裂；㊷—南县—汉寿断裂；㊸—洪湖—湘阴断裂；㊹—岚皋断裂；㊺—公田断裂；㊻—长寿街—柏家山断裂

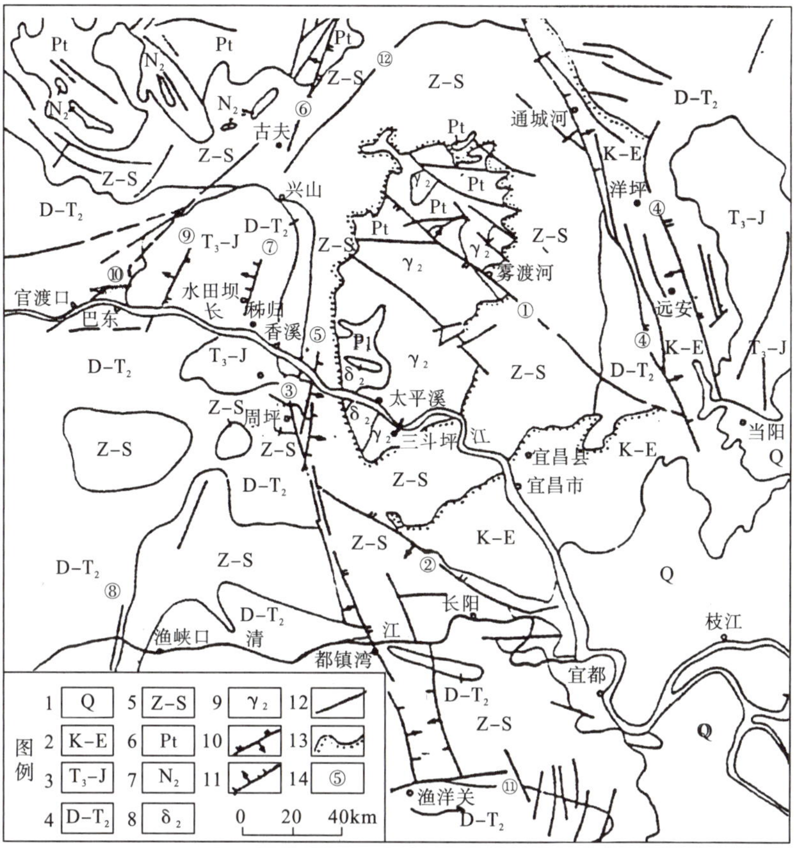

图 9.1.3　三峡工程库区主要断裂分布

1—第四系；2—白垩系—古近系；3—三叠系上统—侏罗系；4—泥盆系—三叠系中统；5—震旦系—志留系；6—元古界；7—晋宁期超基性侵入岩；8—晋宁期中性侵入岩；9—晋宁期酸性侵入岩；10—压性、压扭性断裂；11—张性、张扭性断裂；12—断裂；13—不整合地层界线；14—主要断裂编号

断裂名称：①—雾渡河断裂；②—天阳坪断裂；③—仙女山断裂带；④—远安断裂带；⑤—九畹溪断裂；⑥—新华断裂；⑦—水田坝断裂；⑧—龙王冲断裂；⑨—牛口断裂；⑩—高桥断裂；⑪—渔洋关断裂；⑫—板庙断裂

表 9.1.1　　三峡坝址黄陵地块周围主要断裂形变测量成果

断裂名称		形变速率(mm/a)		活动状况	备注
		垂直	水平		
仙女山断裂	仙女山段	0.078	0.098	两盘下降，顺扭	4.9级地震1次
	都镇湾段	0.060		砥盘下降	
远安断裂	东断层	0.108		东盘下降	
	西断层	0.080		西盘下降	4.8级地震1次
九畹溪断裂		0.095		东盘下降	
天阳坪断裂		0.012		南盘下升	

(3)三峡区域地壳稳定性研究分析

三峡区域地处我国地势第二级阶梯的东缘，全国地貌区划为板内隆升蚀余中低山地，东临江汉平原，所处的大地构造环境为扬子准地台的中西部。该区远离大板块的边缘、次板块碰撞带、年轻的造山带和其他大的地震活动区(带)，是我国地壳相对较稳定的地区。三峡坝址位于上扬子台褶带中部前震旦纪结晶基底的黄陵地块内。坝址及邻近地区的区域构造特征是以黄陵地块为核心，在坝基周围的沉积盖层中形成一系列弧形构造。环绕地块边缘发育有数条规模较大的断裂。三峡区域经过了3次较强的构造运动，即震旦纪之前的晋宁运动、侏罗纪末的燕山运动和古近纪末的喜山运动。晋宁运动使前震旦纪地层强烈褶皱、变质，并伴随多期岩浆活动，形成了古老的结晶基底；燕山运动主要表现为盖层褶皱和断裂，对基底的破坏相对较轻；喜山运动除盖层有轻度变形，少数断裂有轻微的继承性活动外，全区进入以整体抬升为特征的新构造运动时期。深部地球物理场(重力、航磁、人工地震测深等)的研究结果表明，三峡区域地壳结构清晰，壳内介质成层性好，主要界面基本连续。重力均衡反演结果表明，三峡区域基本处于重力均衡状态。我国东部重力梯级带在宜昌土门—秭归通过三峡区域。以往的研究成果和人工地震测深验证表明，这一地段内莫霍面由东向西缓倾，地壳厚度均匀增大，地表和深部均未发现与梯级带对应的大断层，该重力梯级带在三峡区域主要是莫霍面斜坡带的反映。

从区域地质背景及新构造运动特征分析，三峡坝址所在的黄陵结晶基底区，无活动性断裂及孕育中强震的发震构造，是一个稳定性高的刚性地块。工程区的地壳稳定性主要取决于上述环绕地块周缘的几条断裂的性质及其现代活动性。多年的深入研究成果表明，这些断裂多属切入基底不深的基底Ⅱ型断裂，从其规模、地质特征、新构造标志、形变量级及速率、活动年代及现今地震活动水平等综合分析，属弱活动至基本不活动类型，不具备孕育强震的条件。

9.1.2 三峡区域地震活动性

9.1.2.1 三峡区域地震资料及地震活动概况

根据国家地震局颁布的《工程场地地震安全性评价工作规范》要求，研究区域范围应以坝址为中心，半径不小于150km。考虑到三峡工程的重要性及规模，库、坝区所处的弱震环境活动区，以及坝区的地震危险性主要来自外围地区地震活动的波及影响，因此将研究范围扩大到以坝址为中心，半径约300km范围(北纬28°～34°，东经108°～114°)，地震资料的收集和整理均不小于这个范围。该范围内地震记载史料早在公元前143年就有地震灾害记载，公元前143年至公元1959年共有近300次地震记载，其中有47次破坏性地震($M_s \geqslant$ 4.75)，6.0级以上地震4次，最大地震是1631年湖南常德6.75级地震，超过6.0级的还有46年河南南阳6.5级地震、788年湖北竹山6.5级地震、1856年湖北咸丰6.25级地震。其他地震震级多在3.0级左右。三峡坝区及邻区公元前143年至公元1887年地震记载史料发生36次破坏性地震($M_s \geqslant 4.75$)，见表9.1.2。

表 9.1.2　　三峡坝区及邻区历史地震汇总($M \geq 4.7$ 级)

编号	地震时间			地理位置		深度(km)	震级	震中参考地名
	年	月	日	北纬	东经			
1	公元前 143	6	10	32°06′	110°06′		5	湖北竹山
2	46	10	23	33°00′	112°30′		6.5	河南南阳
3	294	12		34°00′	114°00′		5.5	河南许昌
4	788	3	8	32°24′	109°54′		6.5	湖北竹山
5	1351	8	22	30°36′	111°54′		4.75	湖北枝江
6	1407			31°12′	112°36′		5.5	湖北钟祥
7	1469	11	4	31°12′	112°36′		5.5	湖北钟祥
8	1470	1	8	30°06′	113°12′		5	湖北洪湖、监利间
9	1509			28°36′	112°24′		4.75	湖南宁乡、益阳间
10	1516			29°24′	112°00′		5	湖南安乡
11	1542	5	22	28°24′	112°24′		4.75	湖南益阳
12	1569			32°42′	109°00′		5.5	陕西安康
13	1575	3	16	29°00′	114°00′		5.5	湖北通城东南
14	1575	6	9	32°42′	112°30′		5.25	河南南阳
15	1603	5	30	31°12′	112°36′		5.5	湖北钟祥
16	1605	6	8	30°48′	113°00′		5	湖北天门
17	1620	3	5	31°06′	112°42′		5	湖北钟祥
18	1628	2		29°00′	111°24′		4.75	湖南桃源
19	1630	5		30°42′	113°30′		5	湖北汉川
20	1630	10	14	30°12′	113°12′		5	湖北沔阳

续表

编号	地震时间			地理位置		深度(km)	震级	震中参考地名
	年	月	日	北纬	东经			
21	1631	8	14	29°12′	111°42′		6.75	湖南常德
22	1631	11	1	29°12′	111°42′		5.5	湖南常德
23	1613	11	8	29°18′	112°00′		5.75	湖南常德
24	1632			32°24′	109°42′		5	湖北竹溪
25	1638	12	22	33°54′	112°06′		4.75	河南栾川
26	1639	4	15	28°18′	112°24′		4.75	湖南宁乡
27	1679	12	11	33°18′	109°00′		5.5	陕西镇安
28	1717	7	6	29°30′	112°00′		5.25	湖南安乡
29	1742			32°06′	110°48′		5	湖北房县
30	1780	12	14	29°18′	112°18′		4.75	湖南南县
31	1823	8		32°36′	108°00′		5	陕西镇巴
32	1843	3	19	29°18′	111°48′		4.75	湖南常德
33	1850	5	9	19°54′	112°00′		4.75	湖北公安
34	1855	8		29°18′	108°06′		4.75	四川彭水
35	1856	6	10	29°42′	108°48′		6.25	湖北咸丰
36	1887			32°24′	111°00′		4.75	湖北均县

1958年9月在三峡地区建立了我国第一个区域性地震观测台网——三峡地震台网，该台网连续监测至1996年，在研究区范围内共记录到$M_s>1.0$级地震2108次，其中$M_s>3.0$级地震65次，占总数的3%，最大震级为1979年湖北秭归$M_s5.1$级地震。对三峡地震台网监测能力进行评估表明，台网地震资料取$M_s=1.8$级为下限，基本保证了资料的完整性。因此，取历史地震$M_s\geqslant5.0$级和现今地震$M_s\geqslant1.8$级作为统计基础研究三峡区域地震活动性。

9.1.2.2　三峡区域地震活动的空间分布特性

(1)三峡区域地质的平面分布特征

现场地震学研究表明，浅源地震主要是由断裂活动造成的，但并不是所有的活动断裂都可能产生强地震，在同一条活动断裂带上，不同的部位孕震强度也有较大差别，在空间上表现出明显的不均匀性。

三峡研究区域内青峰断裂以北的鄂西北及豫陕边境地区(北纬32°以北)，构造上属秦岭褶皱系南秦岭—大别山断褶带，以NW向断裂发育为特征，中强地震沿其分布，形成NW向安康—房县(北大巴山)地震带，是中强地震相对频发地区，历史上至今共发生$M_s\geqslant4.75$级地震16次，最大地震为788年竹山6.5级地震和46年南阳6.5级地震。青峰断裂以南的川鄂相交地区(保康—兴山—鹤峰一线向西)，构造上属上扬子台褶带黔江隆褶束和四川台坳川东褶皱带，显著展布一系列NNE—NE向的弧形褶皱和断裂，如郁山断裂、齐岳山断裂、黔江断裂、建始断裂、恩施断裂和新华断裂等。地震活动沿这些断裂呈带状分布，组成了兴山—黔江地震带。该地震带活动相对较弱，中强地震频度不高，历史上至今仅发生5次4.75级地震，最大地震为1856年咸丰6.25级地震。

保康—兴山—鹤峰以东地区，构造上属上扬子台褶带武陵坳褶束和江汉—洞庭断陷区，区内由NNW、NE和近EW向断裂分割组成一系列的构造条块，从而形成了地震活动性不相同的3个地震带。在黄陵背斜东侧，主要由NNW向远安断裂、南漳—荆门断裂、胡集—沙洋断裂、武安—石桥断裂、钟祥—永隆河断裂及这些断裂所构成的地堑、地垒构造组成的远安—钟祥地震带；黄陵背斜面西侧，主要由仙女断裂带、九畹溪断裂带组成了近SN向狭长的秭归—渔洋关地震带；洞庭盆地西缘的太阳山断裂带和南县—汉寿断裂带，组成了NE向的安乡—常德地震带。该地区除常德地区地震活动水平相对较高，历史上曾发生9次$M_s\geqslant4.75$级地震(最大地震为1631年常德$M_s6.75$级地震)外，其他大部分地区地震活动水平较低，以小震活动为主，最大震级为5.5级。

上述5个地震带的地震活动存在显著的差异性。NW向的安康—房县地震带和NE向的安乡—常德地震带地震活动性较强，分别发生16次和9次$M_s\geqslant4.75$级地震，最大震级为6.5级和6.75级。但这两个地震带距三峡坝址三斗坪较远，且控震构造的性质和展布方向与三峡工程区不属于同一个地震构造区，不构成三峡工程地震危险性评价的主要因素。黄陵背斜东西两侧的远安—钟祥、秭归—渔洋关和兴山—黔江 3 个地震带，虽然地震活动强度比上述两个地震带小，但由于这 3 个地震带距三峡坝址较近，并且秭归—渔洋关地震带和兴山—黔江地震带跨越水库，构成了三峡工程地震危险性评价的主要因素。位于坝址上游 17～30km 及 50～110km 的秭归—渔洋关地震带(仙女山及九畹溪断裂组成)和兴山—黔江地震带跨越水库，两个断裂带有引发较强水库地震的可能。从最不利假定距坝址 17km 的仙女山及九畹溪断裂发生 5.5～6.0 级地震进行分析，影响到坝区的地震烈度也不超过Ⅵ度。

远安—钟祥地震带距坝址最近约 55km，历史上曾发生 7 次 $M_s \geqslant 4.75$ 级地震，最大震级 5.5 级，现今地震活动具有频度高、强度低的特征，近 38 年的仪器监测，共记录到 $M_s \geqslant 1.0$ 级地震 393 次，占黄陵地区 3 个地震带地震总数的 52%，中强地震仅 1969 年保康马良坪 4.8 级地震一次。秭归—渔洋关地震带距坝址最近，约 17km，历史上无中强地震记载，近 38 年的仪器监测，共记录 $M_s \geqslant 1.0$ 级地震 142 次，占 3 个地震带地震总数的 19%，最大震级为 1961 年宜都潘家湾 4.9 级地震。兴山—黔江地震带距坝址最近约 50km，历史上曾发生 3 次 $M_s \geqslant 4.75$ 级地震，最大震级为咸丰 6.25 级地震，近 38 年仪器监测 $M_s \geqslant 1.0$ 级地震 228 次，占 3 个地震带地震总数的 29%，最大地震为 1979 年秭归龙会观 $M_s 5.1$ 级地震。

三峡坝址所在的黄陵背斜核部结晶基底内，历史上无中强地震记载，现今地震也很微弱，近 38 年仪器监测，共记录到 $M_s \leqslant 2.0$ 级地震 10 余次，且多数分布在离坝址 35km 的雾渡河断裂以北，其以南仅记录到 $M_s 1.1 \sim 1.8$ 级地震 3 次。距坝址 60～70km 的中强地震有 3 次，即 1961 年宜都潘家湾 $M_s 4.9$ 级地震(震中烈度Ⅶ度)、1969 年保康马良坪 4.8 级地震(震中烈度Ⅶ度)、1979 年秭归龙会观 $M_s 5.1$ 级地震(震中烈度Ⅶ度)，这 3 次地震影响到三峡坝址的地震烈度均小于Ⅴ度。三峡区域历史上所发生过 4 次 6 级以上地震，距三峡坝址均超过 200km，对坝区的影响烈度为Ⅳ～Ⅴ度。

(2)地震震源深度分布特征

三峡区域能根据历史地震推测出震源深度的资料不多，因此震源深度推测主要利用区内地震台网记录所测定的资料。对 1959 年以来的近 600 次地震的震源参数进行分析后，得出区内地震震源平均深度为 11km，除远安—钟祥一带有少数地震震源深度可达 20km 左右外，其他地区震源深度均在 15km 以内。说明三峡区域地震集中在上地壳内，属浅源地震。

(3)三峡区域地震活动的时间分布特征

地震活动的时间分布是不均匀的，主要表现为平静期和活跃期相间分布的周期性。分析地震活动分布特征的方法一般有地震序列图分析、周期图分析、最大熵谱分析、应变释放曲线和极值分析等。

分析研究区 1400 年以来的中强地震序列图(图 9.1.4)可以看出,三峡区域地震活动可以划分出两个地震活跃期,并显示出 300 年左右的地震活动周期(表 9.1.3)。

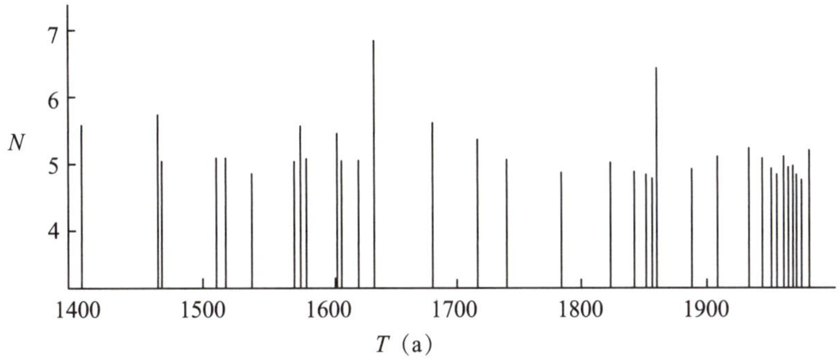

图 9.1.4　三峡地区及邻区中强地震序列

表 9.1.3　三峡地区地震活动周期划分

周期	地震平静期		地震活跃期		地震周期
	起止年份	经历时间(a)	起止年份	经历时间(a)	经历时间(a)
Ⅰ	—1508		1509—1679	170	312
Ⅱ	1680—1822	142	1823—		

以三峡区域每 10 年 M_s4.75 级地震能量的对数和特征量,进行 30 年滑动平均,构成一个随机过程序列 $x(t)$。将 $x(t)$进行付氏级数分析后,得到三峡区域地震活动周期图(图 9.1.5),从图 9.1.5 可以看出,三峡区域地震活动周期为 320 年。

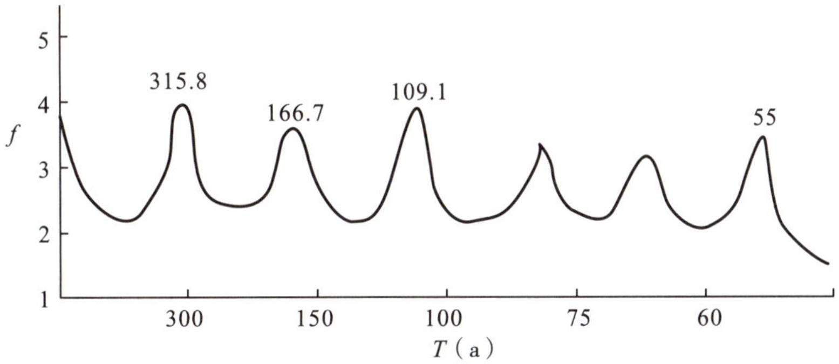

图 9.1.5　三峡区域地震活动周期

将 $x(t)$进行最大熵谱分析后,得到三峡区域地震熵谱图(图 9.1.6)。由图 9.1.6 可以看出,最大谱值所对应的周期为 316 年。

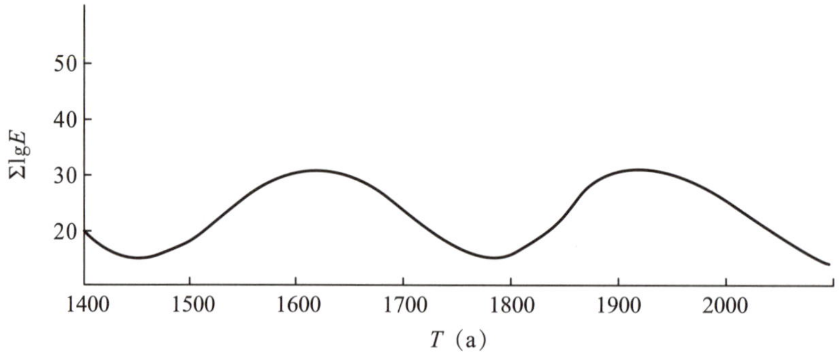

图 9.1.6 三峡区域地震熵谱图

以上 3 种情况分析方法均表明，三峡区域地震活动的周期为 300 年左右。

利用震级—频度关系和极值理论统计分析，在未来 100 年内，三峡区域有可能发生 5～6 级地震 1～2 次，发生 6.0 级以上地震可能性较小；而黄陵背斜两侧的 3 个地震带，未来 100 年内发生 5.5 级以上地震的可能性都很小。

9.1.3 三峡工程坝址地震构造环境

9.1.3.1 三峡工程坝址属弱震构造环境

三峡工程的大地构造背景属于我国较稳定的扬子准地台的中西部，远离大板块的边缘、次板块撞击带、年轻的造山带和其他大的地震活动区（带），而位于地壳相对比较稳定的地区。在我国地震烈度区划及震中分布图上，三峡地区远离我国的几个主要地震活动区（带）。水库区及坝址下游相当范围的地区，是我国大陆上地震活动比较弱的地区。以坝址为中心 300km 半径范围内 2000 年的历史记载，也没有很强的破坏性地震，有 4 次 6.0～6.5 级的地震（震中烈度为Ⅷ度）均发生在距坝址 200km 以外的不同构造单元地区，5.0～6.0 级的地震都发生在 130km 以外。三峡坝址及库区邻近的 10 多个县（市）历史上无破坏性地震记载，仅有桌柜晃动、门窗发响的记述。坝址所在的黄陵结晶岩地块内，30 多年来一共只记录到震级小于 2.0 级的地震 10 余次，基本上是一个无震或地震活动极其微弱的地区。

上述资料说明，从地震活动性的角度来看，三峡工程不仅不是强地震区，而且是一个难得的地震活动相对较弱的弱震区。国家有关地球物理和地震部门前后经过 4 次鉴定（最后一次是 1987 年经国家地震烈度鉴定委员会审核批准的），都将工程所在地区的地震烈度定为Ⅵ度。历次有关专家会议评价结论认为，三峡工程地区是一个典型的弱震环境。尽管如此，考虑到三峡工程的规模和地理位置的重要性，在分析地震危险性时，仍然采用了目前国际上通行的、用于核电站建设的地震风险分析法，将地震危险性分析范围内所有可能潜在震源区都找出来，按一定的数学模型或方法确定出每一个潜在震源区的震级上限或最大可信地震（MCE），并按不同超越概率进行计算，得出坝址地震加速度或烈度衰减的数值，在最不利的条件下，三峡工程坝址可能出现的地震不到Ⅶ度，而工程采用的抗震设计烈度是Ⅶ度。实际上大坝抵抗地震破坏能力远不止于此。因此无论从工程所在地区实际的地震历史记录分析法，还是从分析 300km 范围地震活动水平和工程采用的抗震标准两个方面来看，三峡工程在抗御地震破坏方面的考虑都留有很大的余地。

9.1.3.2　三峡工程坝址地震危险性研究

(1)三峡工程坝址地震危险性确定性分析

地震危险性确定性分析的方法有地震构造法和历史地震法。

1)地震构造法。

地震构造法依据地震活动性和地质构造的相关性划分地震构造区;对地震能动断层进行分段,并根据断层活动段的尺度、活动特点、规模,以及断层活动带上最大历史地震,判定各断层活动段的最大潜在地震,并确定地震构造区内与地震能动断层无关的最大潜在地震;将各最大潜在地震(即地震频度趋于零,概率无限小的值)置于其可能发生范围内距场地最近处,根据地震动衰减关系计算出场地的地震动参数值,并考虑衰减关系的不确定性;取计算结果的最大值,作为地震构造法所确定的地震动参数。根据三峡区域地震活动性特征和地质构造特征,确定远安—钟祥等 5 个地震带的潜在最大地震震级,按我国东部地区地震动衰减规律,采用地震构造法计算出这 5 个地震带在距坝址最近处发生最大地震后对坝区的影响烈度(表 9.1.4),由表 9.1.4 可以看出,坝区可能遭受的最大影响烈度为Ⅵ度。

表 9.1.4　　地震构造法估算三峡坝区最大影响烈度

地震带	最大震级(M)	最近距离(km)	影响烈度(度)
远安—钟祥	6.5	50	6.4
兴山—黔江	6.5	60	6.2
秭归—渔洋关	6.0	17	6.0
安乡—常德	7.0	155	5.5
安康—房县	7.0	130	5.7

2)历史地震法。

历史地震法主要根据历史地震资料,按照适合本地区的地震烈度或加速度衰减规律计算出各次地震对场址区的影响烈度或加速度,如有破坏情况记载的地震,则可根据破坏情况确定场址区烈度值。遵从历史重现的原则,取场址区历史上所遭受到的最大影响烈度来评价未来的地震危险性,同时还可利用场址区历史地震影响烈度的统计分析,应用平均重现期的概念对场址的地震危险性进行风险性估计。利用我国东部地区地震烈度的衰减关系,计算出三斗坪坝址在历史上曾遭受影响烈度在Ⅱ度以上的地震 35 次,其中最大影响烈度为Ⅴ度的一次(常德 6.75 级地震),Ⅳ度影响 5 次,Ⅲ度影响 9 次。选用 1407 年钟祥 5.5 级地震以后的 31 次影响烈度进行极值统计分析,得到三峡坝区不同平均重现期所对应的影响烈度值(表 9.1.5)。从表 9.1.5 可以看出,坝区遭受Ⅵ度地震烈度影响的重现期为 10000 年,即坝区 100 年内遭受度地震影响的可能性为 1%。

表 9.1.5　　三峡坝区不同重现期所对应的影响烈度值

平均重现期(a)	100	500	1000	10000
影响烈度(度)	Ⅲ	Ⅳ	Ⅴ	Ⅵ

(2)三峡工程坝址区地震危险性和地震动参数的安全评价

1)三峡工程三斗坪坝址位于华中地震区江汉地震带内。该地震带是我国大陆地震活动较弱的地震带,历史上发生的最大地震为 6.75 级,4 次 6.0 级以上地震均在距坝区 200km 以外的地区,1979 年秭归 5.1 级地震是距坝区最近(约 60km)的一次地震。

2)三峡坝址所在的黄陵地块为前震旦系变质岩和侵入其间的花岗闪长岩体组成的古老基底,地质构造简单,无区域性及活动性断裂,不存在发生 5.0 级以上地震的构造条件。有历史记载以来,该地块内少有有感地震记载,没有破坏性地震,最近 30 多年的仪器观测结果,也只有少量 2 级以下地震。坝址区的地震危险性,主要来自距坝址 17km 的九畹溪、仙女山、远安、新华等断裂带活动的影响。

3)地震构造法分析,坝址区可能遭受最大地震影响烈度达Ⅵ度。历史地震法分析表明,坝区未来 100 年内遭受Ⅵ度地震影响的可能性为 1%。

4)地震危险性的概率分析,年超越概率为 2×10^{-3} 时,地震烈度为Ⅵ度,加速度峰值为 $45cm/s^2$,年超越概率为 1×10^{-4} 时,地震烈度为Ⅶ度,加速度峰值为 $125cm/s^2$。

5)为了研究局部场地条件对坝址地震反应的影响,在坝区选择了 5 个计算控制剖面点,以弱风化上层作为基岩加速度时程输入面,应用一维剪切波理论分别计算了在 3 种超越概率水平下,各点地表地震动反应的加速度峰值和加速度反应谱值。对坝址区 5 个典型的场址剖面进行地震动反应分析后,采用《建筑抗震设计规范》(GB J11—89)及重要工程反应谱的确定原则,拟合出相应的标准反应谱,确定出各剖面点不同超越概率水平下地震动加速度峰值 A_{max}(表 9.1.6)和设计地震动标准反应谱参数(表 9.1.7)。

表 9.1.6　　不同超越概率水平下地震动加速度峰值 A_{max}

年超越概率加速度峰值(cm/s^2)	控制点					
	1 号点	2 号点	3 号点	4 号点	5 号点(砂土)	弱风化顶面
2×10^{-3}	70	75	75	70	50	45
4×10^{-4}	115	120	120	12	90	85
1×10^{-4}	175	190	170	175	135	125

表 9.1.7　　设计地震动标准反应谱参数

反应谱参数	1 号点	2 号点	3 号点	4 号点	5 号点	弱风化顶面
β_{max}	2.8	2.6	2.8	2.3	2.5	2.6
T_0(s)	0.10	0.10	0.10	0.05	0.10	0.10
T_1(s)	0.35	0.30	0.35	0.30	0.55	0.30

注:β_{max} 为反应谱最大值,T_0、T_1 为反应谱拐点周期。

6)国家地震部门多次鉴定和复核,三峡坝址地震基本烈度均定为Ⅵ度。参照国际上大型水坝的抗震设防标准,并考虑三峡工程的规模及重要性,建议大坝的抗震设防标准取年超越概率为 1×10^{-4}。在此概率水平下的地震动参数值,地震烈度为Ⅶ度,加速度峰值取 $125cm/s^2$,反应谱参数取 β_{max} 为 2.6,T_0 为 0.1s,T_1 为 0.3s,根据坝址区周围潜在震源区的分布及各潜在震源区对坝址基岩地震动的影响大小,选取震级为6级,距离为30～50km,并确定地震动持续时间和衰减系数(表9.1.8)。其他建筑物的设防标准,可根据其重要性按有关规范的要求选取。

表 9.1.8　　地震动持续时间及衰减系数

参数	T_1(s)	T_2(s)	T_d(s)	c
参数值	3.0	12.0	20.0	−0.3

注:T_1 为峰值上升段时间;T_1～T_2 为峰值平稳段时间;T_d 为总持续时间;c 为峰值衰减系数。

9.2　三峡水库诱发地震预测

9.2.1　可能发震地段及震级预测

三峡工程干流库段长660km,库区工程地质特征主要受岩性、构造、地貌、岩溶水文地质等因素控制,根据库区的工程地质条件、环境及工程地质问题的差异,将库区划分为特征迥然不同的3个库段和12个亚段(表9.2.1)。

(1)Ⅰ库段——结晶岩低山丘陵宽谷段

从坝址至庙河,库段长16km,由黄陵背斜核部前震旦纪结晶岩体组成,两岸地形低缓,河谷开阔,岸坡稳定,岩体坚硬,透水性弱,段内无区域性和地区性断裂分布,实测地应力水平不高,历史及现今地震活动十分微弱。

分析预测,本库段不会产生构造型和岩溶型水库地震,由于岩体坚硬性脆,裂隙发育,不排除产生浅表微破裂小震的可能,预计震级不超过3级。

(2)Ⅱ库段——碳酸盐岩夹碎屑岩中山峡谷段

从庙河至白帝城,长141.5km。地层由震旦系至侏罗系灰岩、白云岩和砂页岩组成。由于构造和岩性的差异,形成3段灰岩中山峡谷(西陵峡西段、巫峡和瞿塘峡)夹两段碎屑岩低山丘陵中宽谷。库段内有九畹溪、水田坝、高桥、培石、坪阳坝等断层,以及秭归—渔洋关、黔江—兴山两地震带穿越干支流库盆。1979年秭归龙会观 M_s5.1级地震发生在黔江—兴山地震带内,震中距坝址约55km,距江边约6km。库段内崩塌、滑坡比较发育。

表 9.2.1　　三峡工程库区干流段工程地质分段

库段		亚段		工程地质条件	
名称及编号	范围及长度	名称及编号	范围及长度	概述	评价
结晶岩低山丘陵宽谷段Ⅰ	坝址—庙河 16km			河谷宽阔，临江山顶高程 200～500m，谷坡坡角 10°～35°，谷底宽 500～1000m。基岩为前震旦纪岩浆岩和变质岩，坚硬完整。断层以 NNW、NNE 向为主，一般规模不大，胶结良好。谷坡全强风化带厚 15～20m	地形低缓、岸坡稳定、无孕震构造，历史及现今地震活动微弱，无库水外渗条件
碳酸盐岩夹碎屑岩中山峡谷段Ⅱ	庙河—白帝城 141.5km	中倾炭岩、页岩横向河谷亚段Ⅱ$_1$	庙河—香溪 14.5km	东段为牛肝马肺峡，西段为兵书宝剑峡。临江山顶高程 1100～1200m，谷坡 40°～65°，枯水面宽 200m 左右；中段新滩一带地势较开阔，谷坡 23°～30°，基岩为震旦系及古生界灰岩、白云岩及砂页岩。区内有九畹溪断裂与仙女山断裂	峡谷段库岩稳定条件好，但中段具软弱基座的陡崖地带，形成危岩体及崩积层滑坡。九畹溪与仙女山断层作为中强震孕震构造考虑，前者尚考虑了产生水库诱发地震的可能性。地下水分水岭高于库水位，无库水外渗条件
		中缓倾砂岩、泥岩、泥质灰岩纵向、斜向河谷亚段Ⅱ$_2$	香溪—官渡口 48km	河谷较开阔，临江山顶高程 300～700m，谷坡 20°～30°，谷底宽 500m 左右。基岩为三叠—侏罗系砂页岩、泥灰岩及泥岩，夹少量煤层。区内有水田坝、巴东等断层，规模不大	岩性软硬相间，且含泥岩与煤层，顺向坡产生顺层滑坡，逆向坡段当平行岸坡裂隙发育时，常产生崩塌和局部切层滑坡。NNE 向小断层可能诱发水库地震，无库水外渗条件
		陡、中倾灰岩斜向、纵向河谷亚段Ⅱ$_3$	官渡口—大宁河口 45km	即巫峡段、岸坡陡立，谷坡 40°～50°，临江山顶高程 1000m 左右，枯水面宽 200～300m。基岩为二叠系—三叠系灰岩，背斜核部出露志留系砂页岩。区内有楠木园、碚开等小断层	库岸大多由灰岩组成，稳定性好，但志留系砂页岩出露的背斜核部一带、崩塌堆积体集中发育，与库水相通的小断层可能诱发水库诱发地震，外围有隔水层封闭，无水库渗漏条件

续表

库段		亚段		工程地质条件	
名称及编号	范围及长度	名称及编号	范围及长度	概述	评价
碳酸盐岩夹碎屑岩中山峡谷段Ⅱ	庙河—白帝城 141.5km	中缓倾砂岩、泥岩、泥质灰岩纵向河谷亚段Ⅱ$_4$	大宁河—大溪 27km	河谷较开阔，谷坡较缓，坡角25°～30°，临江山顶高程400～800m，谷底宽500～800m。基岩为三叠系采泥岩、砂岩与泥灰岩，无较大断层	顺向坡有多处顺层滑坡，向斜核部附近的逆向坡段局部有切层滑坡发育，无水库诱震与渗漏问题
		陡、中倾灰岩横向河谷亚段Ⅱ$_5$	大溪—白帝城 7km	即瞿塘峡段，临江山顶高程600～1000m，两岸陡岩对峙，平均坡角45°～64°，枯水面宽150～250m。基岩为二叠系—三叠系灰岩，无较大断层	库岸为灰岩组成，稳定性好，无较大崩塌、滑坡体。无孕震构造。外围有隔水层封闭，无库水外渗条件
	长江支流乌江段中、缓倾灰岩纵向河谷亚段Ⅱ$_6$	中、缓倾灰岩纵向河谷亚段Ⅱ$_6$	涪陵—鸭江口 31km	临江山顶高程300～600m，顺向坡缓，逆向坡陡，枯水面宽100～300m。基岩为三叠系灰岩及侏罗系砂岩，页岩、泥岩、无较大断层	库岸稳定条件较好，仅有局部崩塌与滑坡。无渗漏与水库诱震问题
碎屑岩低山丘陵宽谷段Ⅲ	白帝城—猫儿峡 492.5km	中、缓倾砂岩、泥岩纵向斜向河谷亚段Ⅲ$_1$	白帝城—兴隆滩 84km	河谷较开阔，临江山顶高程350～800m，两岸坡角15°～30°，谷底宽600m左右。基岩为中晚三叠系和侏罗系砂岩、页岩及泥岩。故陵镇向斜与河谷近于平行，形成分布较广的“靠椅状”岩层。断层以NEE向为主，规模不大	岩性较硬相间，夹层发育。在顺向坡段形成较多的顺向滑坡，岸坡稳定条件较差。逆向坡稳定条件好。本亚段及其以西库段，均无水库渗漏问题与水库诱震条件
		水平状砂岩、泥岩河谷亚段Ⅲ$_2$	兴隆滩—三舟溪 52.3km	河谷开阔，临江山顶高程400～500m，谷坡阶梯状，平均坡角10°～30°，谷底宽600～800m。基底为侏罗系砂岩与泥岩，岩层近水平。无较大断层	地势较低缓，岩层近水平，库岸稳定条件较好，但砂岩厚度较大，陡崖地段可形成较大规模的崩塌堆积体，如万县一带

续表

库段		亚段		工程地质条件	
名称及编号	范围及长度	名称及编号	范围及长度	概述	评价
碎屑岩低山丘陵宽谷段Ⅲ	白帝城—猫儿峡 492.5km	缓倾砂岩泥岩纵向斜向河谷亚段$Ⅲ_3$	三舟溪—石宝寨 46.2km	河谷开阔，临江山顶高程 300～400m，右岸谷坡角 10°～20°，左岸为 25°～30°，谷底宽 1000m。基岩为侏罗系砂页岩与泥岩，岩层较平缓，倾角一般 10°～15°。无较大断层	左岸为逆向坡，稳定条件好；右岸为顺向坡，其中上游段顺层滑坡较发育，库岸稳定条件较差
		水平状砂岩、泥岩河谷亚段$Ⅲ_4$	石宝寨—洋渡镇 60km	河谷开阔，地势低缓，临江山顶高程 240～380m，谷坡成阶梯状，平均坡角 15°～30°，谷底宽 1000m 左右。基岩为侏罗系砂岩与泥岩，岩层近水平。无较大断层	
		缓倾砂岩、泥岩纵向斜向河谷亚段$Ⅲ_5$	洋渡镇—涪陵 89.5km	河谷开阔，临江山顶高程 300～500m，两岸谷坡角 10°～30°，谷底宽 1000m 左右。基岩为侏罗系砂岩与泥岩，岩层倾角一般 10°～20°。无较大断层	
		缓倾砂岩、泥岩夹灰岩横向河谷亚段$Ⅲ_6$	涪陵—猫儿峡 160.5km	河谷较开阔，临江	

Ⅱ库段内有九畹溪、水田坝、周家山(牛口)、高桥等几条地区性断层与库水有接触,其中九畹溪、高桥两断层都是弱活动性断层,九畹溪断层位于秭归—渔阳关地震带内,高桥断层位于黔江—兴山地震带内,沿两断层都记录有小震活动,其中高桥断层曾于1979年5月22日发生区内震级最高的地震(M_s5.1级)。仙女山断层虽离库岸约5km,但也是一条具有一定弱活动性的断层,1961年3月8日,在本断层的南段宜都潘家湾,发生M_s4.9级地震。据此预测,水库蓄水后,仙女山断层、九畹溪断层展布区,周家山(牛口)、高桥等断层分布区(秭归县西部—巴东县库段)有可能发生构造型水库诱发地震,其可能最高震级早期预测为6.0级,后期调整为5.5级。本库段内广泛出露石灰岩,临江地段岩溶发育,补给区的高程高,岩溶发育深度较大。分析预测,蓄水后在巫峡上段、支流大宁河、神农溪等石灰岩出露区,很可能诱发岩溶型水库地震,预计震级不超过4.0级。

(3)Ⅲ库段—碎屑岩低山丘陵宽谷段

从白帝城至库尾猫儿峡,长492.5km,构造上属四川台坳的川东褶皱带。库岸地层由侏罗系、三叠系砂页岩、泥岩组成,透水性弱。在梳状背斜核部及支流乌江、嘉陵江某些库段有灰岩分布。库段内地质构造较简单,断层少,规模小,地震活动微弱。分析预测,本库段除了几段碳酸盐岩峡谷和支流乌江、嘉陵江碳酸盐岩分布区的库段可能诱发岩溶型小震外,其他地段不具备诱发较强水库地震的条件。

以上分析成果及可能诱发地震潜在危险区的预测见图9.2.1。

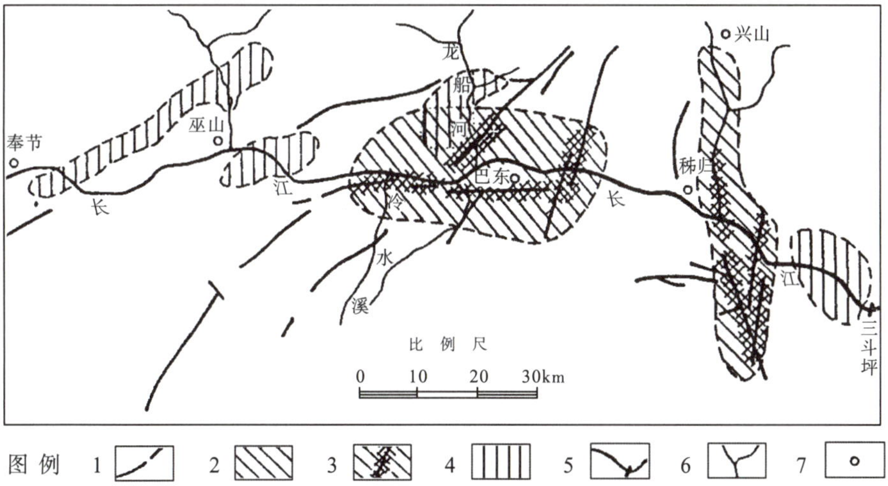

图9.2.1　三峡工程坝址至奉节库段水库诱发地震潜在危险区分布

1—断层;2—主要潜在危险区;3—最可能诱发地震的部位;4—次要潜在危险区;5—长江和三峡坝址;6—支流;7—主要城镇

表9.2.1为水利部长江勘测技术研究所与中国水利水电科学研究院抗震研究所合作,于1999年完成的成果。该成果利用库首区主要断裂补充核查和岩溶水文地质条件研究的新资料,在原三大库段12个亚段的基础上,将奉节以下的库段(第Ⅰ、Ⅱ库段)划分为31个

水库诱发地震预测单元，并按照重新拟定的诱震因子状态组合，通过概率统计检验、模糊聚类分析、灰色聚类分析及综合评判预测等多种方法，给出每一单元的极限水库诱发地震和常遇水库诱发地震的震级。极限水库地震震级是一个地区理论上可能达到的、出现概率极小的水库地震的震级上限；常遇水库诱发地震震级则是一个地区发生水库诱发地震时，出现概率较高的震级。表 9.2.2 将 31 个预测单元震级预测结果加以综合，给出各可能发震地段的极限水库地震和常遇水库地震震级。

表 9.2.2　　三峡水库区奉节—坝址水库诱发地震危险性综合预测

预测库段	水库诱发地震综合预测			
	极限地震		常遇地震	
	震级	烈度	震级	烈度
坝址至庙河	3.0	Ⅳ～Ⅴ	<2	<Ⅳ
九畹溪断层沿线	5.0	Ⅶ	3.5	Ⅳ～Ⅴ
仙女山断层沿线	5.0	Ⅶ	3.5	Ⅳ～Ⅴ
秭归盆地高桥断裂附近	5.0	Ⅶ	<3	<Ⅴ
广大石灰岩分布区	3.0～4.0	Ⅴ～Ⅵ	<2	<Ⅳ

三峡工程正式动工兴建前，不同时期、不同部门或个人通过研究，对三峡工程可能产生水库诱发地震的地段和强度的预测列于表 9.2.3。

通过以上分析对比可以看出，不同时期、不同部门、单位和个人对三峡工程水库诱发地震所做的分析预测，不论是可能发生地震的地段、可能的最大震级或对大坝安全的可能影响，主要分析都基本相同。

9.2.2　三峡工程水库诱发地震监测

9.2.2.1　三峡工程水库诱发地震监测系统

早在 1958 年，由中国科学院地球物理研究所指导，长办负责实施，建立了我国第一套工程专用的地震台网，主要目的是监测和研究三峡及其外围地区的天然地震活动规律，论证坝址的区域构造稳定性和地震活动性。半个多世纪以来，该台网经过数次更新，逐步发展到 8 个台站，并于 1996 年改造为模拟无线遥测地震台网，连续运行至今，积累了极为宝贵的第一手资料。

1997 年，受三峡总公司委托，由中国地震局负责，中国地震局地震分析预报中心、地震研究所和长江委三峡勘测研究院承担，筹建三峡工程水库诱发地震监测系统，并于 2001 年 10 月建成投入运行。该系统由三大部分组成：①数字遥测地震台网；②地壳形变监测网；③地下水动态监测井网。

表 9.2.3　**三峡工程开工前对水库诱发地震预测研究成果汇总**

完成单位、成果名称及时间 可能最大震级(M_s) 可能发震地段	坝址—庙河 结晶岩库段	九畹溪—仙女山 断层展布段	秭归—巴东 高桥断层 展布段	一般石灰岩 分布库段
三峡水利枢纽初步设计工程地质报告(长办,1985 年)		5.5～5.8		
长江三峡库首区地震地质环境与水库诱发地震问题(国家地震局地质研究所,李安然,1981 年 10 月)	一般小于 3.0 级,单个最大地震最高 5.0 级左右,不会超过 5.5 级			
关于长江三峡水利枢纽工程水库诱发地震的初步看法和今后工作意见(水利水电科学研究院,1985 年 3 月)		5.5～6.0	5.5	4.0
长江三峡水利枢纽区域地壳稳定性及水库诱发地震问题的探讨(中国地质科学院地质力学研究所,1987 年 5 月)	可能超过天然地震最大强度,但一般不会超过 6.0 级			
长江三峡水利枢纽工程水库诱发地震危险性的初步评价报告(水利水电科学研究院,长办,1986 年)	<3.0	5.5～6.0	5.5	4.0
长江三峡工程水库诱发地震危险性评价报告(三峡工程论证地质地震专题专家组,1987 年)	<3.0	5.5～6.0	5.5～6.0	3.0～4.0
三峡库坝区构造应力场、水压场与水库诱发地震(国家地震局地震研究所,1987 年)	<4.0	5.0～5.5	4.7～6.0	
长江三峡工程水库诱发地震研究(国家地震局地质研究所,1990 年 12 月)	≤4.0	≤5.0		≤4.0
长江三峡工程地壳稳定性与水库诱发地震问题的深化研究(国家地震局地质研究所,1996 年 1 月)*	3.0～4.0	4.0～5.0	4.0～5.0	

注：* 本成果为“八五”科技攻关成果。

监测系统的主体是专用数字无线遥测地震台网，由 24 个高增益遥测子台、1 个台网中心、1 个地震总站和配套设备组成，台站分布位置见图 9.2.2。数字地震台网的基本任务是对三峡坝址和库首区的地震和水库诱发地震活动进行常规监测，在台网规定精度的范围内实时记录发生的地震，及时向三峡总公司及有关部门报送震情的每个变化。台网的地震监测能力为：坝址及巫山培石库段的Ⅰ类和Ⅱ类重点监视区，有效地震监测下限为 M_T0.5 级，震中定位精度可达 1～2km；培石至奉节库段，有效地震监测下限为 M_L1.0～1.5 级；奉节县城以西至重庆库段，有效地震监测下限为 M_L1.5～3.0 级。大震速报能力为：重点监视区内发生 M_L2.5 级以上的地震，可在 15 分钟内处理地震数据，30 分钟内向有关部门速报地震基本参数。

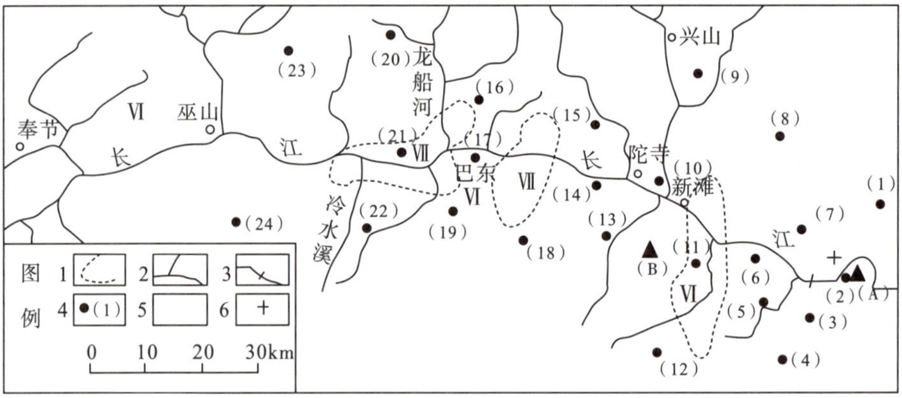

图 9.2.2 三峡水库地震对库区最大可能影响评价及遥测地震台网布局

1—预测地震等烈度线；2—长江干、支流和最大可能影响烈度；3—三峡工程坝址；4—遥测地震台站及编号；5—信号中继台及编号；6—地震台网中心

(1)—牛坪垭；(2)—代石沟；(3)—鸡冠石；(4)—白云山；(5)—双山；(6)—黄土坡；(7)—长岭；(8)—三堡；(9)—郑家坪；(10)—赵家山；(11)—周坪；(12)—大块田；(13)—百佛寺；(14)—卢家山；(15)—石头垭；(16)—炮台山；(17)—金子山；(18)—肖家坪；(19)—梅花山；(20)—茅山岭；(21)—淹水塘；(22)—较场坝；(23)—梨子坪；(24)—猫子山；(A)—黄牛岩；(B)—大金坪

监测预报系统还配置了适量的、配套的地震前兆监测手段，即地壳形变监测网络和地下水动态监测井网两大部分。地壳形变监测网络包括：区域水平形变 GPS 观测站测量、区域垂直形变精密水准测量和精密重力测量、重点监测区内主要断层的三维形变监测网、周坪（仙女山断裂）平硐内跨断层连续形变监测站、库首区跨长江的库盆沉降和谷宽变化监测等。地下水动态观测井网由两组共 8 口井组成，观测水位、水温、土氡等共 26 个测项。

在 2003 年 6 月 135m 水位蓄水前，为尽可能详细地搜集库首区微弱地震的活动情况，以便为水库诱发地震的分析判别积累天然地震本底资料，三峡总公司又委托长江委在大江截流合龙前，建立了简易的地震强化监测系统，在坝址至巴东几个重点地段库区两岸 10km 范围内，布设了 15 个人工值守的流动地震观测台，使局部重点地段的监控能力提高到 $M_L \geqslant$ 0.2 级。该系统于 1997 年 11 月截流合龙前即投入了运行，收集了蓄水前比较完整的微震数据;蓄水后,根据新出现的水库地震震情,又适时进行了调整和增补,现在已达到18个台,成为数字遥测台网的有效补充。

这几套系统并行,可以互相校验并互为补充。三峡工程的地震监测工作至今已连续进行了50余年,这在世界水利水电工程建设史上是罕见的,对水库诱发地震活动的发现、判别和趋势预测提供了实实在在的物质基础。经过175m水位试验性蓄水运行的实践,其监测手段的配置和运行管理水平,在坝区到奉节县城的整个峡江段、长江两侧各20~30km的范围内,可以不遗漏每次微小的震情变化。

9.2.2.2 三峡水库诱发地震的分析预警和应急处置系统

在"三峡工程水库诱发地震监测预测系统"建成并投入运行的初期,三峡总公司根据工程建设和运行管理的需要和可能,参照有关专家的建议,组织和实施了"分析预警信息收集报送系统"和"重大震情应急处置系统"建立,并在两期蓄水过程中积累经验,逐步改进完善,起到了较好的作用。

9.2.3 三峡水库诱发地震的监测验证

9.2.3.1 水库蓄水前库首及邻区天然地震本底特征

根据三峡地区地震台网不同时期的台站个数和仪器使用的放大倍数,进行地震监测能力估算得出,在1997年以前,台网在库首及邻区(北纬30°40′~31°20′,东经110°10′~111°10′)的有效地震监测下限大约为M_L1.5级,1997年以后,台网的有效地震监测下限为M_L0.5级。据此,在进行三峡工程库首区天然地震活动本底特征分析研究时,1997—2003年取$M_L\geqslant$0.5级地震作为统计下限,1959—1997年则取$M_L\geqslant$1.5级地震作为统计下限。经分析研究得出如下结果。

1)库首区为典型的弱震活动区,地震活动具有频度低、强度小的特征。

根据中国地震局震害防御司编撰出版的《中国历史强震目录(1995年)》和《中国近代地震目录(1999年)》,1959年以前2000多年的历史地震记载表明,库首区无M_s4.7级以上的破坏性地震记载或地震影响烈度大于Ⅵ度的地震记载。

1959年1月至2003年5月,三峡地震台网在巴东以下库首区共记录到地震事件220次,其中3.0级以上地震5次,仅占地震总数的2.3%,最大地震为1979年秭归龙会观M_L5.5(M_s5.1)级。在水库蓄水前的44年内,巴东以下库首区共释放地震应变2.0122×$10^6J^{1/2}$,相当于一次M_L5.6级地震,年均释放4.53×$10^4J^{1/2}$。

2)三峡水库蓄水前库首及邻区不同震级地震的平均年发生率本底值见表9.2.4。其中0.5级以上地震的平均年发生率约为13.4次,1.5级以上地震的平均年发生率为2.8次,3.0级以上地震平均要9年才发生1次。

表 9.2.4　三峡水库蓄水前库首及邻区不同震级地震平均年发生率统计

项目	1997 年 1 月至 2003 年 5 月		1959 年 1 月至 2003 年 5 月				
震级	0.5	1.0	1.5	2.0	3.0	4.0	5.0
频度(次)	86	71	125	48	5	2	1
平均年发生率(次)	13.4	11	2.8	1.1	0.11	0.05	0.02

3)三峡水库蓄水前库首及邻区地震震中分布见图 9.2.3。从图 9.2.3 可以看出，库首区地震活动在空间分布上是不均匀的，具体表现为在零散分布的基础上，有“成丛”性和沿地质构造线(或不同地质块体接壤处)成带状分布的特点，特别是 3.0 级以上地震，绝大多数发生在断裂带附近或不同地质块体接壤处。

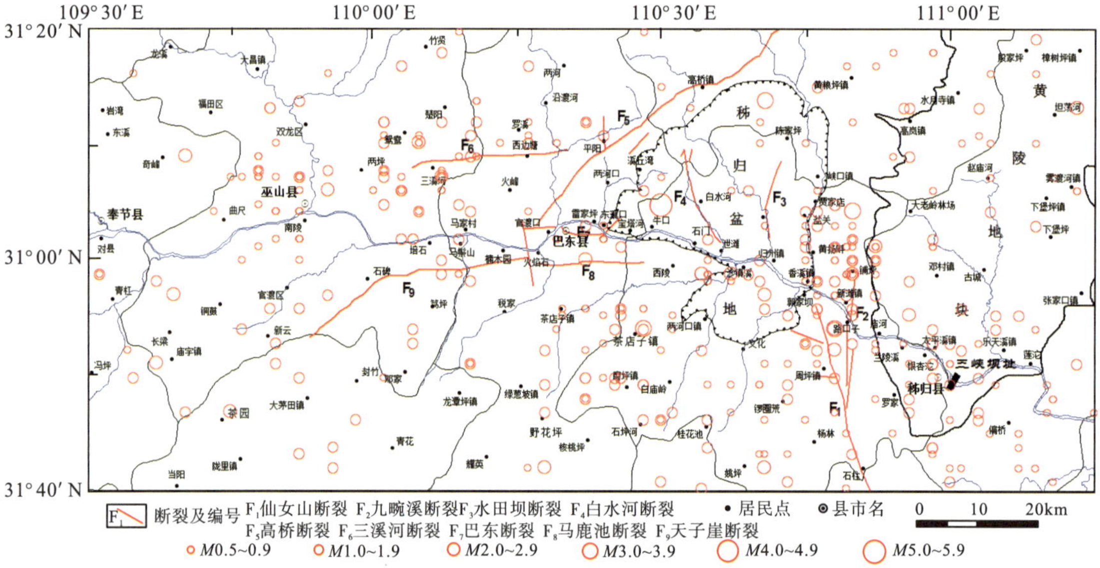

图 9.2.3　三峡水库蓄水前(1959 年 1 月至 2003 年 5 月)库首及邻区地震震中分布

①—仙女山断裂；②—九畹溪断裂；③—水田坝断裂；④—白水河断裂；⑤—高桥断裂；⑥—三溪河断裂；⑦—巴东断裂；⑧—天子崖断裂；⑨—马鹿池断裂

库首区地震活动相对较密集的地区有 3 处：①黄陵背斜与秭归盆地接壤处的香溪河畔贾家店—官庄坪一带，该地区除了时有一般的构造地震发生外，还因香溪河两岸煤矿较多，经常出现矿震活动。②仙女山—九畹溪断裂沿线。该组断裂带在库首段附近地震活动较弱，但还是时有地震发生，水库蓄水前共记录到地震 36 次，最大地震为 1972 年周坪 M_L3.8 级。③秭归盆地西缘与高桥断裂接壤处。该地区地震活动频度相对较低，在水库蓄水前仅记录到 M_L1.5 级以上地震 6 次，但是该区地震活动强度较大，1979 年秭归龙会观 M_L5.5 级地震就发生在该区。库首区内的黄陵背斜核部和秭归盆地内部地震活动很少，特别是坝址—上游庙河约 16km 的黄陵背斜结晶岩库段，在水库蓄水前的 44 年内，只记录到 3 次 2.0

级以下的微震。

4)震源深度。

对三峡库首及邻区自1959年以来的近600次地震的震源深度进行分析后，得出区内地震震源平均深度为11km，除远安—钟祥一带有少数地震震源深度可达20km左右外，其他地区震源深度均在15km以内。说明三峡区域地震集中在上地壳内，属浅源地震。

9.2.3.2　水库蓄水后(水位135～156m)库首及邻区地震活动情况及分析

2003年6月蓄水位135m至2007年12月蓄水位156m，库首及邻区共记录到能确定震中位置的地震为4437次，其中在台网有效地震监测下限M_L0.5级以下的562次，$M_L \geq 0.5$级地震3875次，最大为M_L3.5级(若把不能定位的单台或双台记录的极微震事件包括在内，则共计为10830次)。2008年1月1日至9月27日，三峡重点监测区记录到M0级以上地震517次，月均58次，M_s0～0.9(M_L0.9～1.7)级地震465次，M_s1.0～1.9(M_L1.8～2.6)级地震47次，M_s2.0～2.9(M_L2.7～3.5)级地震4次，M_s3.0～3.9(M_L3.6～4.4)级地震1次，主要分布在巴东县、秭归县泄滩镇及屈原镇的沿江地带，最大地震发生在秭归县郭家坝镇，震级为M_s3.2(M_L3.8)级。这些地震具有如下的显著特点。

(1)地震活动与库水位首次快速抬升具有明显的相关关系

2003年6月1—7日，三峡水库第一期蓄水(围堰挡水发电蓄水位135m)水位由80m上升到124m，库首长江两岸10km以内无M_L0.5级以上地震，仅有个别0.5级以下的极微震。6月7日15时，在距长江右岸约派1km的巴东火焰石发生了M_L2.1级地震。6月8日20时，水位上升至128.8m后，在巴东长江北岸的东渡口雷家坪一带突发密集型小震群，当天记录到能精确定位的地震15次，最大为M_L1.2级，另有金子山单台记录562次，6月10日库水位升至135.0m。这些地震活动打破了该区多年几乎无震的状态，表现出地震活动与库水位首次快速抬升之间具有明显的相关关系，由此揭开了三峡水库诱发地震的序幕。在水库蓄水初期两个月内，地震活动频次异常偏高，月频次分别为135次和40次(含不能定位地震记录，分别共计为2062次和419次)。2003年8月以后的半年内，地震活动水平下降，能精确定位的地震月频次降至40～24次。

水库在第二期蓄水(初期运行蓄水位156m)的过程中(2006年9月20日至10月28日)和水位达到156m以后的一段时间内，库区地震活动频次虽然出现了明显的提高，但并没有像在第一期蓄水过程那样爆发异常高频次的地震活动，表现出地震活动与水位抬升的关系不是很明显或有一定滞后关系。在2003年水库蓄水初期两个月内，虽然爆发了高频次的地震活动，共记录地震约2500次，但多数为0.5级以下的单台记录，蓄水7个月中可定位地震的平均月频次最低，仅48.7次；而在2007年，库水位变化不是很大，但全年可定位地震的平均月频次最高，达到133.9次。库区地震活动与三峡水库水位抬升关系见图9.2.4。

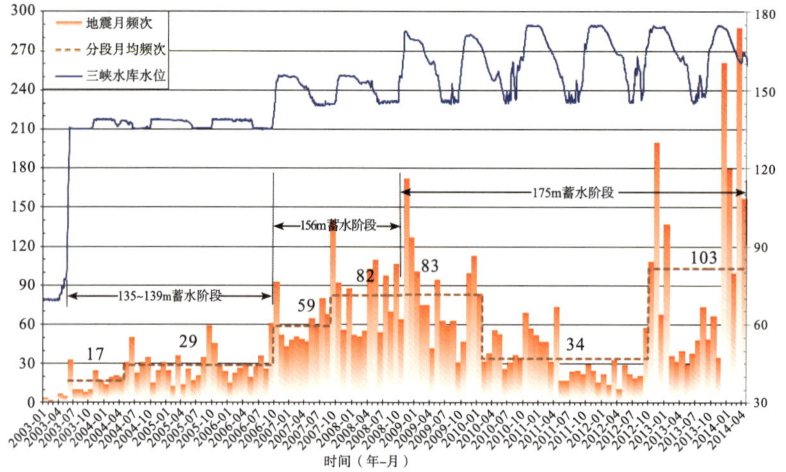

图 9.2.4　库区地震活动与三峡水库水位抬升关系

(2)地震活动频次显著高于天然地震本底

三峡水库蓄水后不同地震的频次和年均发生率统计见表 9.2.5，水库蓄水前后不同震级地震年平均发生频次对比见图 9.2.5。从表 9.2.5 和图 9.2.5 可以看出，三峡水库蓄水后，地震活动频度显著高于天然地震本底，其中 0.5 级以上和 2.0 级以上地震的年均发生率分别是蓄水前的 63.1 倍和 35.7 倍，表现出了明显的水库诱发地震特点。

表 9.2.5　　　　三峡水库蓄水后不同地震的频次和年均发生率统计

项目	$0.5\leqslant M_L<1.0$	$1.0\leqslant M_L<1.5$	$1.5\leqslant M_L<2.0$	$2.0\leqslant M_L<3.0$	$3.0\leqslant M_L<4.0$	$M_L\geqslant4.0$
蓄水后频次	3875	1913	629	180	7	0
蓄水后年均发生率 $\mu_{后}$	846.1	417.7	137.3	39.3	1.5	0.0
蓄水前年均发生率 $\mu_{前}$	13.40	11.00	2.80	1.10	0.10	0.05
$\mu_{后}/\mu_{前}$	63.1	38.0	49.0	35.7	15.0	0.0

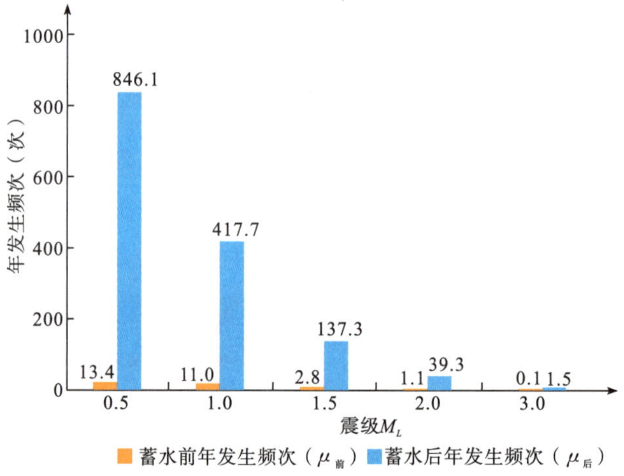

图 9.2.5　三峡水库蓄水前后不同震级地震年平均发生频次对比

(3)地震活动以微震和极微震为主

三峡水库蓄水后库区发生的地震各震级档的地震频次分布见图 9.2.6，各震级档的地震比例见图 9.2.7。从图 9.2.6 及图 9.2.7 可以看出，水库蓄水后诱发了大量的地震活动，但都是微小地震，其中在可定位地震中，1.0 级以下地震占总数的 56.9%，1.0～1.9 级地震占地震总数的 39.1%，2.0～3.5 级地震仅占地震总数的 4.0%，M_L3.0 级以上地震只有 7 次，最大仅 3.5 级，与本地区历史最大地震(M_L5.5)和 1986 年的《长江三峡工程论证报告》预测的水库地震极限强度 M_s5.5～6.0(M_L5.8～6.3)相比，安全裕度较大。

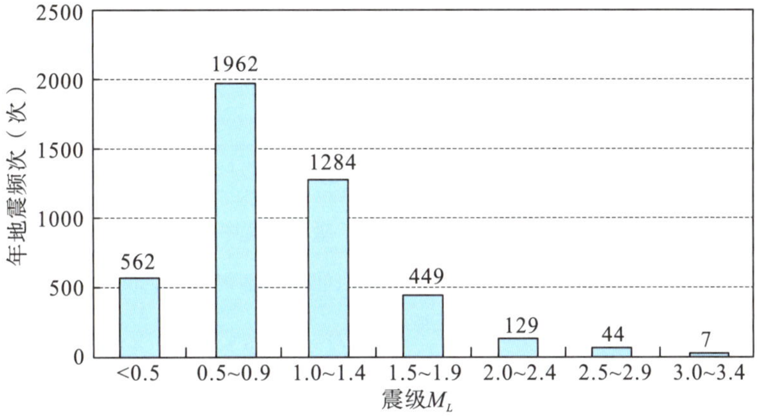

图 9.2.6　三峡库区各震级档地震频次分布

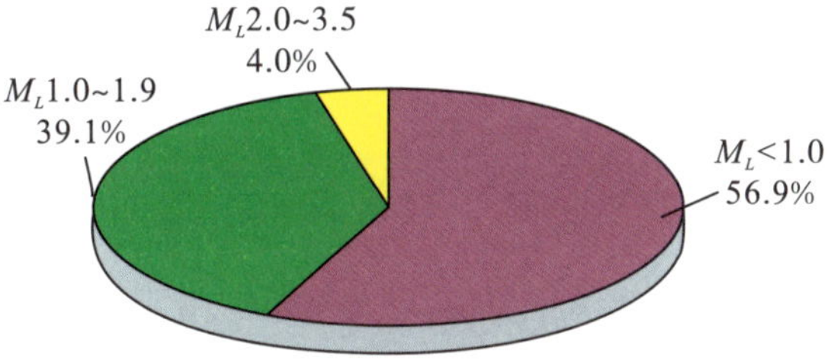

图 9.2.7　三峡水库蓄水后各震级档地震比例

(4)水库地震空间分布集中在库区两岸 10km 以内

1959—2007 年期间库首监测区全部 $M_L \geqslant$2.5 级地震的震中分布见图 9.2.8，除 1979 年秭归龙会观的 M_s5.1 级地震外，其他均为 M_s3 级左右的微震。由三峡水库蓄水之前(1959 年 1 月至 2003 年 5 月 31 日)共 44 年的地震分布可见：地震大体均匀但稀疏地布满整个监测区，构成库首区的天然地震本底；有几个小震相对较集中的区段，如秭归县仙女山—九畹溪—风斗岩—漆树坪—香溪—盐关一带、巫山县两坪乡、巫山县大宁河一带等；值得特别说明的是发生过 M_s5.1 级地震的龙会观附近记录到的小震较少。

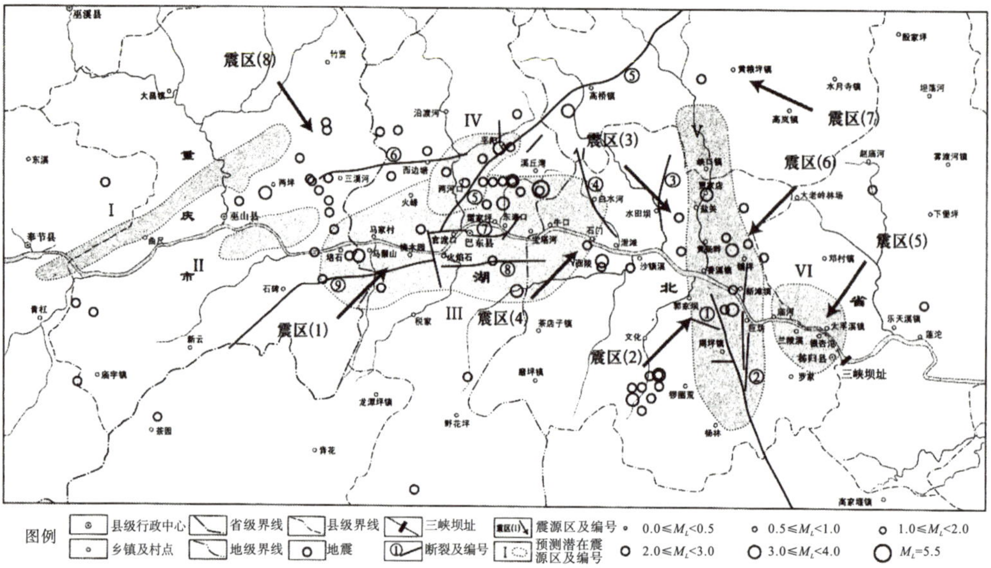

图 9.2.8 三峡水库库首及邻区 $M_L \geqslant 2.5$ 级地震震中分布(1959—2007 年)

①—仙女山断裂;②—九畹溪断裂;③—水田坝断裂;④—白水河断裂;⑤—高桥断裂;⑥—三溪河断裂;⑦—巴东断裂;⑧—天子崖断裂;⑨—马鹿池断裂

Ⅲ、Ⅴ—主要水库地震潜在危险区;Ⅰ、Ⅰ、Ⅳ、Ⅴ—次要水库地震潜在危险区

(1)巴东宝塔河—巫山培石库段震区;(2)仙女山—九畹溪断裂带沿线震区带;(3)盐关—黄阳畔震区;(4)白水河—泄滩震区;(5)美人沱—银杏沱震区;(6)风斗岩震区;(7)兴山黄粮坪震区;(8)巫山两坪—三溪河震区

由三峡水库135m水位蓄水期间(2003年6月1日至2006年9月30日)监测区内记录的全部地震的震中分布可见,蓄水前较大的天然地震大体均分布在整个图幅范围内,而蓄水后则相对集中在宝塔河—培石库段震区。

三峡水库蓄水后,地震活动在空间上具有密集"成团(带)"的特点,绝大多数地震分布在工程前期预测的水库诱发地震潜在危险区内及周缘,其空间分布大致形成了8个明显的密集区(带),分别为巴东宝塔河—巫山培石库段震区(1)、仙女山—九畹溪断裂带沿线震区(2)、盐关—黄阳畔震区(3)、白水河—泄滩震区(4)、美人沱—银杏沱震区(5)、风斗岩震区(6)、兴山黄粮坪震区(7)、巫山两坪—三溪河震区(8)等。这几个震区的相对位置和空间范围表示在图9.2.8中。地震平均震源深度为5km,其中深度在0～5km的地震占总数的50%,相当大的一部分地震深度在10km以内,深度大于15km的地震仅占10%,这些震源较深的地震可能属于正常的构造地震。可见,水库蓄水后发生的水库地震绝大多数属于库区沉积盖层内的浅层地震。

上述(6)、(7)、(8)三个震区不在库水影响范围内,其地震活动可视为正常的天然构造地震,或与蓄水无关的矿震、岩溶塌陷地震等。(1)～(5)震区在库水影响范围内,其地震活动具有明显的水库诱发地震特征。对这5个震区的形成过程和特点分别简述如下:

1)巴东宝塔河—巫山培石库段震区。该震区在前期水库诱发地震预测的秭归—巴东

5.5级水库地震主要潜在危险区及巫峡和神农溪灰岩峡谷段次要潜在危险区范围内。在水库蓄水前，该区除了在巴东县东瀼口和秭归龙会观有少量地震记载以外，其他地区地震稀少。水库蓄水后，该区对水位抬升反应非常敏感，当水库蓄水位由80m抬高到124m时，在该区的火焰石首次出现了水库诱发地震现象，发生一次 M_L2.1级地震。当蓄水位升高到129m时，在东瀼口雷家坪地区突发高频次的小震群活动，形成震中密集区。随后相继在宝塔河、官渡口、楠木园出现频繁的微震活动，并在水库蓄水初期1～2个月内形成了宝塔河麂子岩、东瀼口雷家坪、官渡口火焰石、楠木园—培石等4个地震活动密集区（图9.2.9）。

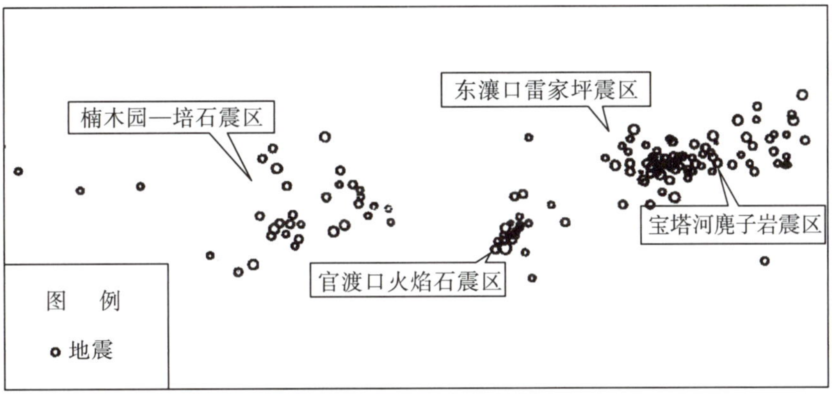

图9.2.9　三峡水库蓄水初期巴东库段4个震中密集区

随着夏秋汛期（雨季）的来临，虽然库水位稳定地保持在135m上下，各震区地震活动的发展特点却出现了明显的差别：水库左岸的宝塔河麂子岩和东瀼口雷家坪两区地震活动急速衰减，到2004年2月已完全平息；水库右岸与二叠系煤层和岩溶化灰岩有关的官渡口火焰石和楠木园—培石两区震情则是一直起起伏伏，特别是楠木园—培石震区，连续5年每逢夏秋季节地震活动都比较活跃。

巴东宝塔河—巫山培石库段震区的北部是北东向的高桥断裂，它倾向南东，上盘为三叠系大冶组的砂岩和黏土岩，下盘为岩溶暗河发育的嘉陵江组灰岩，自北而南的神农溪切过断裂，蓄水位135m时库水沿神农溪上溯，淹没高桥断裂，与之建立了直接的水力联系。蓄水之初沿断层线只记录到个别极微震，且增加缓慢，半年后微震数量逐渐增多，至2004年5月，地震活动出现暴发性的增长，断层上盘地震的月频次达到99次，下盘岩溶发育的西边塘一带也有20次，合计占到全月地震数的79%。这两个新的地震活动密集区构成了三峡水库蓄水至水位135m期间水库地震活动的主要区段（图9.2.10），并呈缓慢波状衰减，到2006年蓄水至水位156m前已大体平息。

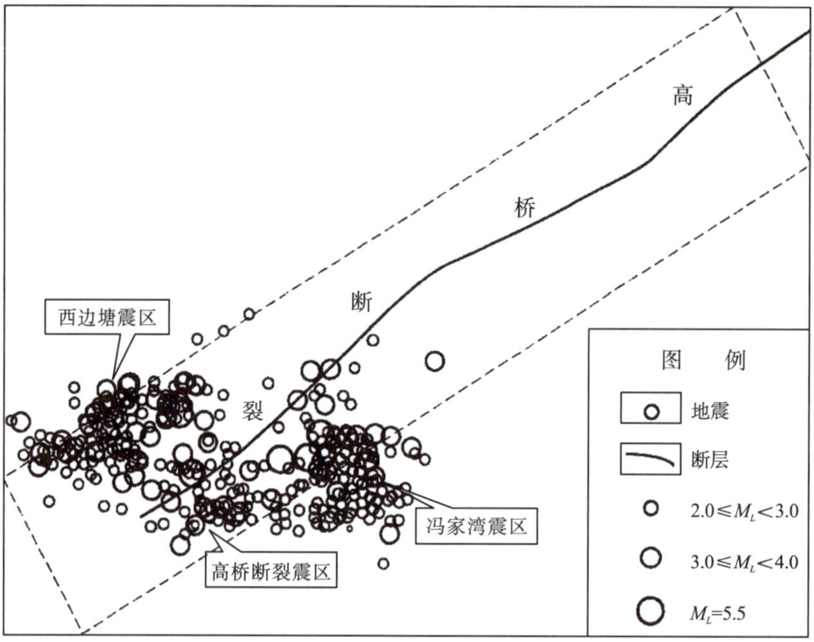

图 9.2.10 2004 年 5—12 月三峡库区高桥断裂西南段沿线地震震中分布

2)仙女山—九畹溪断裂沿线震区。该震区为前期水库诱发地震预测的仙女山—九畹溪断层 5.5～6.0 级水库地震潜在危险区范围的北段。在水库蓄水初期 6 个月内,该震区未记录到地震活动,从 2003 年 12 月至 2004 年 5 月,每月有 2～7 次地震,在 2005 年 3—5 月,突发一连串密集的小震,形成一个小高潮,共记录地震 90 次,月频次最大为 36 次,最大震级为 M_L2.1 级。6 月以后,地震活动又恢复到较低的水平。该震区的地震活动特点是隔一段时间出现一个小震群,持续时间短、频度低。水库蓄水后至 2007 年 12 月底止,在仙女山—九畹溪断裂沿线共记录到地震 245 次,其中 M2.0 级以上的只有两次,最大震级为 M_L2.4 级,应该说还没有达到蓄水前的强度水平(1972 年 3 月 13 日发生 M_L3.8 级地震)。从图 9.2.11 可以看出,地震活动集中在仙女山断裂北段上盘的几条北西向分支小断层附近和仙女山断裂与路口子断裂组成的锐角内,而在周坪以南的仙女山断裂中段和南段则很少记录到地震。

3)盐关—黄阳畔震区。该震区在黄陵背斜与秭归盆地接壤处,为前期地震预测的仙女山—九畹溪断层 5.5～6.0 级水库地震潜在危险区范围的北段。该震区水库蓄水前地震活动相对较多,最大地震为 M_L4.0 级。另外,由于该震区香溪河畔煤矿井较多,在水库蓄水前矿震活动较频繁。

水库蓄水后,由于香溪河畔多数矿井被库水淹没,矿震活动频次比水库蓄水前有所增加,强度也有较大的提高。蓄水前矿震震级一般小于 M_L1.0 级,但在蓄水后,强度有明显的提高,现已发生过多次 2 级以上矿震,最大达到 M_L2.9 级。另外,水库蓄水后,该区地震活动空间分布比蓄水前有较大的扩大,发震范围由蓄水前的老震区盐关沿香溪河向南扩展约 8km 到官庄坪一带,向西扩展约 4km 到向家岭—归州镇一带,形成了一个面积约 35km^2 的地震活动密集区。

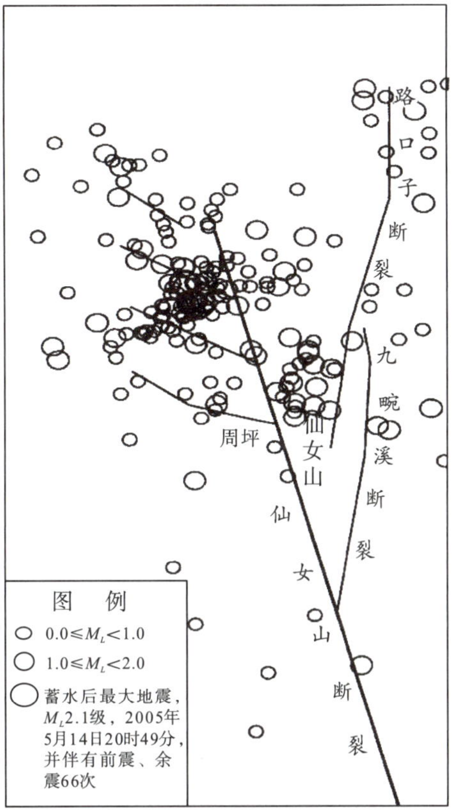

图 9.2.11　三峡库区仙女山—九畹溪断裂沿线地震震中分布

4)白水河—泄滩震区。该震区不在前期水库诱发地震预测的地震潜在危险区范围。震区煤矿较多，并为白水河断裂南段的展布范围。水库蓄水后至 2005 年该区无地震活动，在 2006 年 9 月 17 日该区突发小震群活动，当天发生 2.0 级以下地震 16 次，之后又多次出现微震群活动，至 2007 年 12 月底，共记录到地震 183 次。

5)美人沱—银杏沱震区。该震区位于库首结晶岩库段的宜昌县美人沱和秭归县银杏沱一带的库区两岸，2004 年 8 月 9—11 日约 40 小时内，连续发生了 5 次 M_L1.0 级以上地震，最大为 1.5 级(图 9.2.12)。此次群震后，该区偶尔仍可记录到个别极微震。据 1959 年以来的地震监测资料表明，黄陵背斜核部结晶岩分布区的地震非常少，在沿江两岸 10km 范围内的结晶岩分布区，蓄水前 44 年内只记录到 3 次小于 M_L2.0 的极微震。根据本次银杏沱小震群的时空强度特征分析判断，应属于水库诱发地震。该区目前发生的水库地震强度(M_L1.5)比预计的可能最大震级小得多。另外，水库蓄水后，在前期水库诱发地震预测的瞿塘峡和大宁河灰岩库段次要潜在危险区范围内，只记录到少量可能与岩溶有关的微震，震中分布零散，没有构成明显的地震活动区。

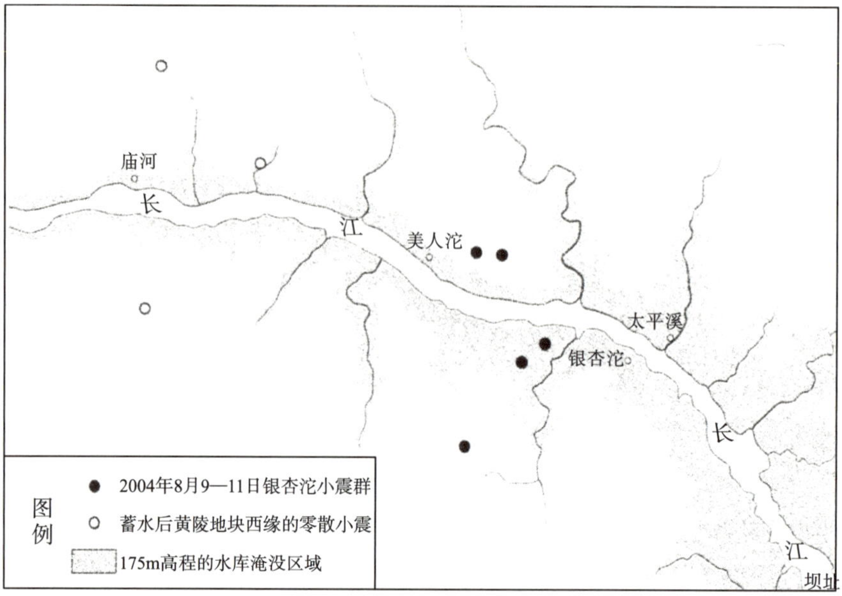

图 9.2.12　三峡库区秭归县银杏沱小震群震中

(5)地震活动成因主要属于外成成因的水库地震

根据水库地震各震区的地质构造环境、地震活动特点分析结果和现场地震宏观调查表明，三峡库区水库地震活动主要与岩溶强烈发育地段、正在开采或已废弃的矿区以及坚硬岩体浅表卸荷现象发育地段等有关，主要属于外成成因的水库地震，仅有少部分 2.0 级以上地震可能属于构造型水库地震。现对库区 5 个水库地震区的地震活动成因初步分析如下。

1)宝塔河—培石库段震区地震成因为混合型(同时或先后出现了岩溶或矿洞塌陷型、浅表卸荷型和构造型等 3 个类型的地震)。

宝塔河—培石库段地震区由 5 个地震活动成因不同的小震区组成。其中宝塔河和麂子岩煤矿区，在三峡水库蓄水位达到 130m 左右时，出现了频繁的地震活动，最大震级为 M_s1.5 级。矿区地层为侏罗系下统桐竹园组，矿井在水库水位线以上 200 多米的长江干流库岸上，库水对矿井无直接影响。现场调查证明，宝塔河煤矿在出现频繁的地震活动过程中，矿压增高，巷道有垮塌现象，许多支撑木折断。因此，可以判定该区地震活动主要是由于水库蓄水后改变了矿区原有的应力平衡状态，矿区在应力调整的过程中发生的一系列地震，属于水库诱发的矿震活动。

火焰石震区无明显的区域性断裂通过，但有多个废弃大型煤矿被库水淹没，矿区地层为二叠系灰岩夹页岩和煤系。该区地震活动的主要特点是震级微小、震源很浅、震中震感反应较强和影响范围很小。通过现场调查和地震活动特点分析，认为应属矿洞塌陷型水库地震。

东瀼口雷家坪震区，在 2003 年 6 月 9 日初震，15—18 日达到高潮，最大地震为 1.5 级，至 10 月共记录到 56 次，此后地震活动很快衰减，偶有个别 0.5 级以下的地震，至 2004 年 12 月以后再未记录到地震。该区无矿井、岩溶洞穴和断裂通过，库岸为顺向坡，三叠系巴东组地层覆盖在坡面上，向库盆（东南方向）倾斜，直插东滚溪谷底，对岸坡稳定相当不利，蓄水开始时正在坡脚一带灌注抗滑桩，并且该区雷家坪新镇上游长江岸坡有较大的崩坡积体分布。根据该区地质环境和地震活动情况分析，其地震成因属地表浅层卸荷型或岩体错落滑动引起震动的水库地震。

巴东楠木园—巫山培石震区，在2003年6月18日开始发震，至今已发生地震近400次，震级最大为马鬃山村水坪的2.5级。现场调查表明，该区岩溶洞穴和岩溶暗河发育，地震震源极浅，地震活动还与降雨有一定的关系。因此，该区地震属岩溶型水库地震。

巴东高桥断裂南西段震区为高桥断裂展布范围内，该震区地震活动与水库蓄水有一定的滞后关系，不像其他几个诱震区是在水位达到125～135m时就出现了地震活动，而是水位在135～139m范围内持续快1年后（2004年6月），断裂沿线才爆发了活动高峰，当月地震次数达119次，随后活动缓慢衰减，并且呈波动性变化。水库蓄水后，该断裂沿线记录到的地震超过千次，最大为M_L3.5级。在水库蓄水前，高桥断裂附近虽然偶有地震发生，最高震级达M3.6级，但其频次远远低于蓄水以后的地震活动频次。因此，可以认为，在水库蓄水后，高桥断裂沿线的绝大多数地震是由水库蓄水引起的。从该断裂带沿线岩溶和地层岩性发育情况分析，该断裂带沿线的地震活动成因应具有岩溶型、浅表卸荷型和构造型等3种类型。M_s2.0级以上地震可能主要是构造型水库地震。

西边塘震区位于高桥断裂西北，属于高桥断裂下盘岩溶台地地区，岩溶与暗河强烈发育。在2003年，该区地震活动频次较低，并且震中零星分布，但是在2004—2007年，该区地震活动频繁，并且震中集中在两条暗河附近，形成了一个较明显的地震活动密集区。该区地震活动每年夏秋都比较活跃，似乎与降雨有一定的对应关系。该区位于高桥断裂下盘，其地震活动与断裂关系不明显，且可观察到沿岩溶暗河向西扩展的现象。因此，该区地震活动的主要成因是岩溶塌陷型。

2）仙女山—九畹溪断裂沿线地震主要属于浅表卸荷型水库地震。该震区位于仙女山断裂带北段和九畹溪断裂带展布区，从地震活动频度来看，水库蓄水后比蓄水前增加数十倍，无疑这些高频次的地震活动与水库蓄水有关，但是与高桥断裂震区相比，还是显得活动水平较低。该区地震活动还有一个很重要的特点是仅集中在几个震群时段，其他绝大部分时间，地震活动基本保持在原有的天数。根据该区地震活动空间主要分布在几条分支断裂附近，震源深度在0～8km，地震活动集中在几个较短时段的特点分析，可以认为该区地震主要是由于水体沿断裂或破碎带向深部渗透时引起局部应力调整而发生的，属于浅表卸荷型水库地震。

3）盐关—黄阳畔震区地震与香溪河沿岸煤矿开采活动有关。该震区地层为三叠系至侏罗系下统香溪群砂泥岩夹煤层，沿香溪河两岸煤矿较多，水库蓄水前，该区在2001年12月盐关4.1级地震前后，记录到近万次0.5级以下的矿震活动。水库蓄水后，地震活动仍然相当频繁，强度比蓄水前也有较明显的提高，并且随着库水沿矿井深部渗透扩大，地震活动范围也逐渐扩大。因此，该区地震活动成因与巴东火焰石震区类似，属于矿洞塌陷型水库地震。

4)白水河—泄滩震区地震与沿长江两岸的煤矿有关。该震区地质构造较复杂,沿长江两岸煤矿较多,并且白水河断裂的南段在震区展布。该区地震活动以小震群活动为主,其成因可能有多种类型,除多数地震属于矿洞塌陷型水库地震外,还有少数地震可能与白水河断裂有关,需要进一步研究。

5)美人沱—银杏沱震区地震属于浅表卸荷型水库地震。该震区在前期水库诱发地震预测的库首结晶岩库段次要潜在危险区范围内。现场调查表明,在小震群活动时,震区内无工程爆破现象,无滑坡、崩塌等不稳定岩体。根据勘测设计阶段资料,震区的岩性为元古代的石英闪长岩,地表全、强风化带较厚,裂隙较发育,并且还有几条小断层(单条长 1～2.5km)在震区附近通过,但在震区及邻区没有区域性断裂。据此,美人沱—银杏沱震区地震可以排除岩溶塌陷型、矿洞塌陷型、滑坡崩塌型和构造型水库地震等成因,应属于浅表卸荷型水库地震。

(6)重庆市奉节白帝城以上库段蓄水后地震活动特征初析

1986 年的《长江三峡工程论证报告》和 1989 年的《长江三峡工程可行性研究报告》中,都把由奉节白帝城以上至三峡库尾划为第 3 库段,认为“一般不具备发生水库诱发地震的条件”。2001 年建设三峡水库诱发地震监测系统时,测震台网 1.5 级地震的控制范围往西仅达到巫山、奉节县界的大溪一带。

从历史地震和 1970 年以后的仪测地震记录中可见,北东向的华蓥山断裂带沿线、近南北向的长寿—遵义断裂带沿线、北东向的方斗山、齐岳山断裂带等,均有较多小震分布,但其中大多数地段是在今后库水可能的影响区之外。石柱、忠县的长江右岸有一个持续的地震“窝子”,多年来断续记录到一定数量的小震。也有些研究者通过现场考察,认为属当地采矿所引起的可能性较大。

蓄水水位达 156m 后,石柱、忠县一带和库尾铜锣峡一带均未发现地震活动性质的明显改变,不足以表明已出现了水库诱发地震活动。

9.2.3.3 水库 175m 水位试验性蓄水以来库首及邻区地震活动情况及分析

(1)175m 水位试验性蓄水以来库首及邻区地震活动情况

1)水库分期蓄水库区地震活动情况。

对三峡水库蓄水前后库区的地震活动性的评估,主要依据库区的地震监测数字化遥测台网在北纬 30°40′～31°20′、东经 109°30′～111°15′范围的监测数据。三峡工程于 2003 年 6 月 135m 水位蓄水以来,三峡重点监视区地震活动与库区水位变化关系见图 9.2.13。从图 9.2.13 可见:从 2008 年汛末实施正常蓄水位 175m 的试验性蓄水期间,2008 年 11 月,最高库水位蓄至 172.80m 时,地震活动的月平均次数虽短期提升至 181 次,但很快就下降;至 2009 年最高蓄水位 171.43m 后,在试验性蓄水的前两年间,地震活动月平均频次为 83 次,与 2007 年汛后最高蓄水位 156m 至 2008 年汛末试验性蓄水开始前期间的地震活动的月平均次数 82 次基本相同。其后从 2010 年 4 月至 2012 年汛前连续 3 年试验性蓄水、库水位蓄至 175m 运行期间，地震活动月平均频次降低至 34 次，水库地震的活动呈现明显的减弱趋势。但 2012 年 10 月至 2015 年 4 月，地震活动的月平均次数上升至 96 次，其间 2014 年 4 月接近 290 次。其后从 2015 年 4 月至 2018 年 1 月又下降至 45 次以下。2008 年汛末至 2018 年汛末实施 175m 水位试验性蓄水运行期的地震活动，在空间分布上基本延续了 2003 年水库开始蓄水以来的态势。2003 年 6 月 1 日至 2018 年 12 月，三峡重点监视区地震频次总体趋势有所减少。

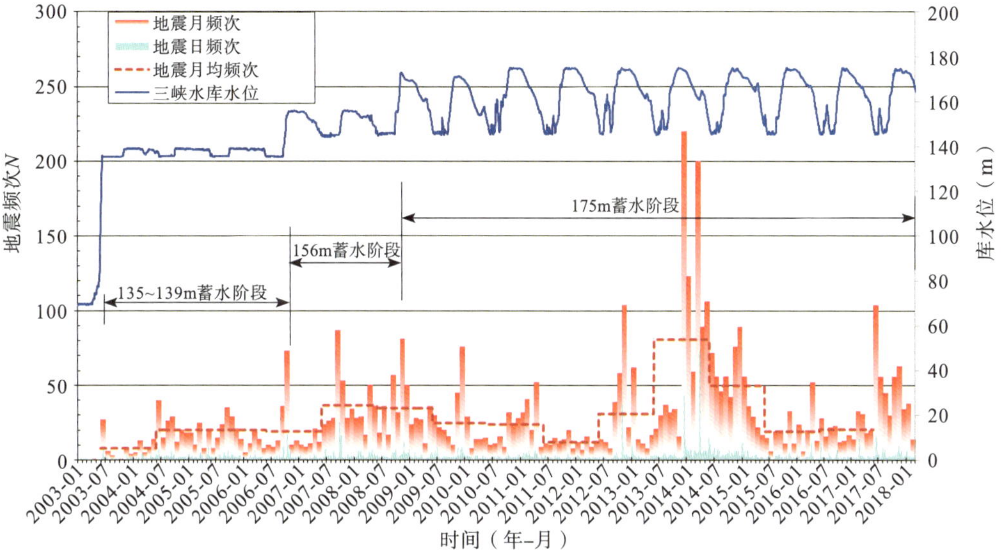

图 9.2.13　三峡重点监视区地震活动与库区水位变化关系

2)各级水位分期蓄水期间库首及邻近区域记录地震震级及次数。

2003 年 6 月 1 日至 2018 年 12 月 31 日，三峡工程库区重点监测区共记录到 M_s0.0 级以上 7500 次(表 9.2.6)，其中小于 M_s3.0 级的微震和极微震，占地震总数的 99.8%，说明地震活动以微震和极微震为主，主要分布于库区两岸 10km 范围内，其分布地区大部分都在采矿区和灰岩区。虽然发生了频次较高的水库诱发地震，但主要是外成因非构造型的微震和极微震，地震强度不大，最大为 M_s5.1 级，最高震中烈度为Ⅶ度，三峡水库重点监视区地震震中分布见图 9.2.14。由于强度较低，迄今为止，尚未引发库区各类次生地质灾害。2008 年 1 月至 2017 年 12 月，库首及邻近区域共记录到确定震中位置的地震 5701 次，其中 $M_s<1$ 级的 4868 次，$M_s>1$ 级的 833 次，最大震级为 M_s5.1(2013 年 12 月 16 日发生在巴东县)，三峡水库蓄水前后重点区域监测记录地震情况见表 9.2.6。2008 年 9 月 28 日开始 175m 水位试验性蓄水，9 月 28 日至 12 月 2 日，库区重点监视区记录到 M_s0 级以上地震 182 次，月均 90 次，日均 3 次，M_s0～0.9(M_L0.9～1.7)级地震 153 次，M_s1.0～1.9(M_L1.8～2.6)级地震 25 次，M_s2.0～2.9(M_L2.7～3.5)级地震 3 次，M_s4.0～4.9(M_L4.5～5.3)级地震 1 次，主要分布在巴东及秭归屈原镇附近，最大地震是发生在秭归屈原镇 M_s4.1(M_L4.6)级地震，初步分析是与构造应力场调整和仙女山断裂最新的弱活动有关的构造型水库地震，震中距三峡大坝 30km，震区仅部分土坯房出现裂缝，个别房屋掉瓦，1 名小孩被震落瓦片击伤。在 M4.1 级地震后地震活动幅值远低于蓄水前 9 月 27 日郭家坝 M_s3.2 级地震水平，与 2008 年 1 月的低活动水平接近，该地区地震活动性总体趋弱。2008 年全年在库区重点监视区共发生 M_s0 级以上地震 841 次，其中 M_s0～0.9 级地震 702 次，M_s1.0～1.9 级地震 127 次，M_s2.0～2.9 级地震 10 次，M_s3.0～3.9 级地震 1 次，M_s4.0～4.9 级地震 1 次。

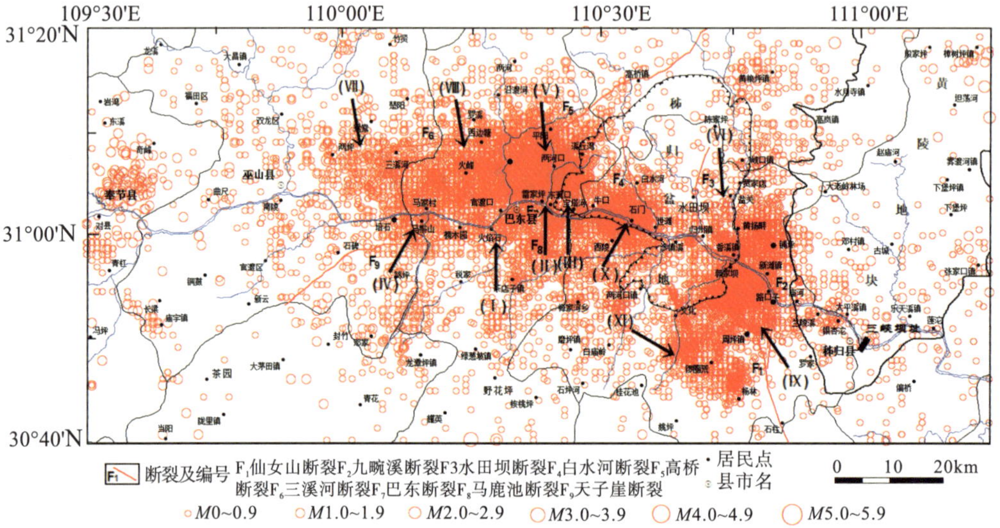

图 9.2.14 三峡水库重点监视区地震震中分布

(Ⅰ)—官渡口—火焰石震区；(Ⅱ)—雷家坪—东瀼口震区；(Ⅲ)—宝塔河—鹿子岩震区；(Ⅳ)—楠木园—培石震区；(Ⅴ)—高桥断裂南西段震区；(Ⅵ)—盐关—黄阳畔震区；(Ⅶ)—两坪—三溪河震区；(Ⅷ)—西边塘震区；(Ⅸ)—仙女山—九畹溪震区；(Ⅹ)—白水河—泄滩震区；(Ⅺ)—罗圈荒震区

2009 年库区重点监视区共发生 M_s0 级以上地震 673 次，其中 M_s0～0.9 级地震 588 次，M_s1.0～1.9 级地震 74 次，M_s2.0～2.9 级地震 11 次，最大地震为 10 月 1 日发生在巴东县代家湾的 M_s2.5(M_L3.0)级地震。

2010 年库区重点监视区共发生 M_s0 级以上地震 394 次，其中 M_s0～0.9 级地震 382 次，M_s1.0～1.9 级地震 4 次，M_s2.0～2.9 级地震 8 次，最大地震为 M_s2.5 级。2011 年 175m 水位试验性蓄水阶段(9 月 10 日至 10 月 31 日)三峡重点监视区共记录到 M_s0 级以上地震 22 次，与前 3 年试验性蓄水阶段同期相比，地震频次明显降低，3 年大于 M_s2.0 级地震频次分别为 92 次、46 次和 19 次，地震强度低于 2008 年，与 2009 年和 2010 年基本持平，显示了水库蓄水引起的地震频度和强度呈现逐年降低的趋势。

表 9.2.6 三峡水库蓄水前后重点监测区监测记录地震汇总

时段(年-月-日)		M_s0.0～0.9(次)	M_s1.0～1.9(次)	M_s2.0～2.9(次)	M_s3.0～3.9(次)	M_s4.0～5.9(次)	最大震级 M_s
蓄水前	1997-01-01 至 2003-05-31	37	39	2	2	0	3.6
围堰挡水发电蓄水位 135.0～139.0m	2003-06-01 至 2003-12-31	55	6	0	0	0	1.6
	2004-01-01 至 2004-12-31	195	29	2	1	0	3.2
	2005-01-01 至 2005-12-31	193	28	3	0	0	2.9
初期蓄水位 156.0m	2006-01-01 至 2006-12-31	238	21	3	0	0	2.3
	2007-01-01 至 2007-12-31	553	84	7	0	0	2.3
试验性蓄水位 175.0m	2008-01-01 至 2008-12-31	702	127	10	1	1	4.1
	2009-01-01 至 2009-12-31	588	74	11	0	0	2.5
	2010-01-01 至 2010-12-31	382	4	8	0	0	2.5
	2011-01-01 至 2011-12-31	233	28	6	0	0	2.2
	2012-01-01 至 2012-12-31	406	67	11	1	0	3.2
	2013-01-01 至 2013-12-31	585	90	9	0	1	5.1
	2014-01-01 至 2014-12-31	1002	188	12	3	2	4.5
	2015-01-01 至 2015-12-31	230	44	1	0	0	2.2
	2016-01-01 至 2016-12-31	320	44	7	0	0	2.6
	2017-01-01 至 2017-12-31	420	72	8	1	2	4.3
	2018-01-01 至 2018-12-31	337	40	2	1	1	4.5

2012年三峡水库库首至库中记录$M_s \geqslant 0$地震582次，重点监测区记录$M \geqslant 0$地震311次，最大地震是2012年10月31日发生在秭归屈原镇的$M_s3.2$级地震。2012年重点测区监测到的地震震中位置没有大的变化，地震强度低于2008年，频次低于2008年、2009年、2010年，维持在小震、微震及极微震的活动水平。

2013年库区重点监视区共发生M_s0级以上地震685次，其中$M_s0 \sim 0.9$级地震585次，$M_s1.0 \sim 1.9$级地震90次，$M_s2.0 \sim 2.9$级地震9次，$M_s5.0 \sim 5.9$级地震1次，最大地震为12月16日发生在巴东县东瀼口的$M_s5.1$级地震，巴东县东瀼口在175m水位蓄水前后，地震活动较为活跃，其空间上主要分布在巴东县高桥断裂上盘与秭归盆地西缘接壤部位和秭归县仙女山断裂北段。

2014年三峡库区重点监测区共记录到M_s0级以上地震1207次，其中$M_s3.0$级以上地震5次，地震频次超过往年，主要活动形式亦为微震及极微震。2014年3月27日和30日先后在秭归郭家坝发生的$M_s4.2$级和$M_s4.5$级地震，主要是库水沿断裂软弱破碎岩体渗透导致的浅层应力调整形成的水库地震。

2015年三峡库区重点监测区共记录到M_s0级以上地震275次，其中$M_s0 \sim 0.9$级地震230次，$M_s1.0 \sim 1.9$级地震44次，$M_s2.0 \sim 2.9$级地震1次，最大地震为2015年6月2日发生在秭归县郭家坝镇的$M_s2.2$级地震。2015年库区地震活动较为平静，在175m水位试验性蓄水前后，地震活动变化不明显，全年月均地震频次低于地震活动较平静的2010年2月至2012年10月的月均值，在强度上绝大部分为小于$M_s1.0$级的极微震。

2016年三峡库区重点监测区记录到M_s0级以上地震371次，其中$M_s0 \sim 0.9$级地震320次，$M_s1.0 \sim 1.9$级地震44次，$M_s2.0 \sim 2.9$级地震7次，最大地震为2016年11月18日发生在巴东县东瀼口镇的$M_s2.6$级地震。

2017年三峡重点监视区整体地震活动水平不高，地震以$M1.0$级以下的极微震居多。2017年1月1日至12月31日，三峡重点监视区记录到$M0$级以上地震503次，其中$M0.0 \sim 0.9$级地震420次，$M1.0 \sim 1.9$级地震72次，$M2.0 \sim 2.9$级地震8次，$M3.0$级以上地震3次，最大为2017年6月16日发生在湖北省巴东—秭归交界处的$M4.3$级地震，为三峡水库消落、卸载导致地壳应力反弹触发的岩层滑脱或陷落型地震，强度属小震级别。2017年度三峡重点监视区$M2.0$以上地震分析表明：巴东库段的地震依然以非构造地震居多，秭归库段仙女山断裂带北段的地震以构造地震居多。该地区构造地震数目较前两年有所增加，但强度不高，属小震、微震级别。

2018年1月1日至3月15日，三峡重点监视区记录到$M0$级以上地震68次，其中最大地震是1月23日发生在秭归县屈原镇的$M1.5$级地震；本时间段地震空间分布集中在巴东高桥断裂带附近和秭归库段仙女山断裂带中段及北段等区域。

总体来讲，三峡水库蓄水以来，地震活动强度不高，蓄水后地震活动集中在湖北巴东、秭归和重庆巫溪、奉节、巫山等沿江地带，一般距库区两岸约10km内。三峡水库地震震源绝大部分较浅，深度一般在0～10km，大多数小于5km，部分甚至接近浅层地表。截至目前，最大地震为 2013 年 12 月 16 日发生在湖北省巴东县的 $M5.1$ 级地震，没有超出三峡工程论证结论的预测范围。

由表 9.2.6 可以看出，三峡水库 2003 年 6 月 1 日蓄水运行至 2018 年 12 月 31 日库区重点监测区记录到 M_s0 级以上地震 7498 次，其中 $M_s3.0$ 级以下地震 7485 次，占 99.83%，说明绝大部分为微震及极微震；高于 $M_s4.0$ 级的地震 7 次，最大地震为 2013 年 12 月 16 日发生在巴东县东瀼口的 $M_s5.1$ 级地震，小于前期三峡工程论证阶段和初步设计预计的 $M_s5.5$～6.0 级。

(2)175m 水位试验性蓄水以来库首及邻区地震活动分析

1)水库地震震级与蓄水位关系。

三峡水库在 2008 年 9 月 27 日开始 175m 水位试验性蓄水，11 月发生 $M4.1$ 级(相当于 $M_L4.6$ 级)地震，与水库在 135m 水位蓄水期发生 $M_L3.3$ 级和 156m 水位蓄水期间发生的 $M_L3.7$ 级地震相比，表明三峡水库地震最大震级随库水位升高稍有加大，但差异不大，水库地震的震级远小于前期预计的 $M_s5.5$～6.0 级。库区地震分布在离库岸 5km 范围内，水库地震大多属于震源深度小于 10km 的浅震，大多为矿洞、岩溶坍塌及库岸再造所致。三峡水库蓄水位与库区地震震级关系见图 9.2.15。

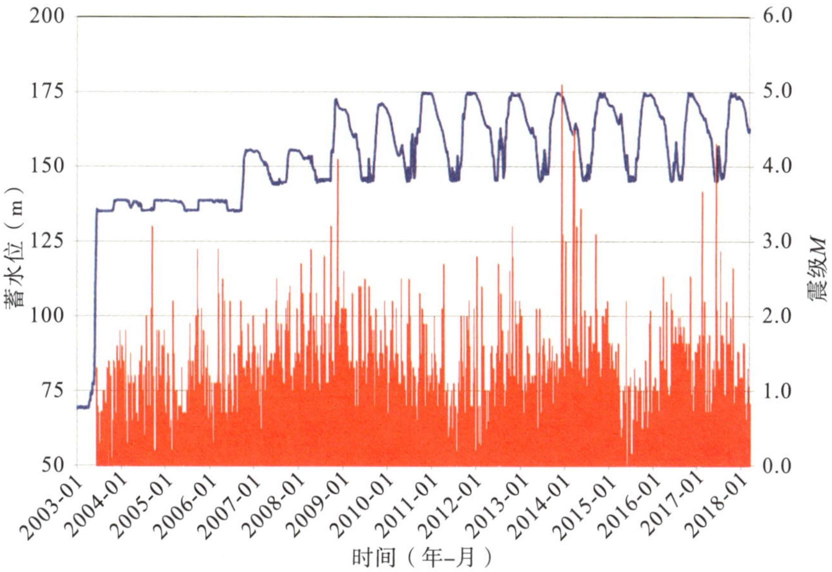

图 9.2.15　三峡水库蓄水位与库区地震震级关系

2)三峡水库 175.0m 水位试验性蓄水过程库区形变场和地下水动态观测。

三峡水库 175.0m 水位试验性蓄水后，区域的形变场和重力场没有明显改变，库区 2008—2017 年发生 6 次 $M_s4.0$ 级以上地震时，大河口、周坪井水温及水位观测资料显示的同震效应明显。

3)三峡水库 2008—2016 年 175.0m 水位试验性蓄水库区 4.0 级以上地震成因分析。

三峡水库 2008 年汛末实施 175.0m 水位试验性蓄水，至 2016 年共发生 4 次 $M_s4.0$ 级以上地震，中国地震局地震研究所和湖北省地震局都赴现场调研，并从区域和构造、地震学特征及其与水库水位相关性对其进行了成因分析。

2008年11月22日发生在秭归县的M4.1级地震可能是库水渗透触发仙女山和九畹溪两条主要断裂的弱活动导致的构造型水库地震。2013年12月16日发生在巴东县的M_s5.1级地震是库水沿断裂软弱破碎岩体浅层应力调整导致的岩体破碎变形，并伴有岩溶塌陷形成的非典型构造型水库地震。2014年3月27日和3月30日发生在秭归县的M_s4.2级及M_s4.5级地震是受库水回落影响产生的应力调整，引发该区域地壳压应力释放（回弹），导致仙女山断裂北段发震的典型的震群型水库地震。这4次M4级以上的地震都发生在三峡库区庙河至奉节白帝城的第二库段，该库段存在高桥和仙女山—九畹溪两个弱地震活动性的地区性断裂带。巴东地震在高桥断裂附近，1979年在高桥断裂带上的龙会观发生过M_s5.1级地震，在1961年潘家湾发生过M_s4.9级地震，说明库区这些地段具有发生M_s5级左右地震的地质条件。三峡工程抗震设计从最不利的情况分析，即使在距坝址最近的九畹溪断裂（距坝址17km）发生M_s6.0级地震，影响到坝址的地震烈度也不超过Ⅵ度，三峡大坝抗震设计按Ⅶ度设防（设计峰值加速度0.1g＝100gal），大坝是安全可靠的。

4）三峡水库2017年175.0m水位试验性蓄水库区发生2次M_L4.0级以上地震。

2017年6月16日和6月18日，三峡库区巴东县分别发生M_L4.3级地震和M_L4.1级地震，震中位置见图9.2.16。

①地震活动时间分布。

截至2017年6月18日23时，三峡数字遥测地震台网中心共记录到巴东县东瀼口两次主震及其余震共计53次（震中位置见图9.2.16）。其中，6月16日M4.3级地震及其余震共计43次，$M_L \leqslant 0.9$级地震19次，$1.0 \leqslant M_L < 1.9$级地震17次，$2.0 \leqslant M_L < 2.9$级地震6次，$M_L \geqslant 4.0$级地震1次。6月18日M4.1级地震及其余震共计10次，其中$M_L \leqslant 0.9$级地震3次，$1.0 \leqslant M_L < 1.9$级地震6次，$M_L \geqslant 4.0$级地震1次。

②地震成因分析。

巴东县东瀼口M4.3、M4.1地震及其余震主要分布在长江左岸的巴东县大坪村至尤家坪村附近，该地区地质结构复杂。从地震地质条件看，该区构造上属于秭归向斜西端与官渡口向斜衔接段，向斜轴部走向近东西，岩层倾角较缓，轴部裂隙发育，分布有东西向小断层及近东西向劈理带。地层下覆厚370m左右的T_2b^3紫红色泥岩夹砂岩，上部为石英砂岩、粉砂质泥岩夹煤层煤线（为宝塔河、鹿子岩等煤矿主要开采煤层）；T_2b^3层泥岩相对隔水层将上部煤矿区砂岩水文地质系统和下部T_2b^2泥灰岩夹灰岩弱岩溶水文地质系统截然分开。鹿子岩煤矿和宝塔河开采近50年，现已停产，采煤洞纵横交接洞深已达2000m以上，采煤洞已近相接，采煤洞变形严重，三峡水库蓄水前矿洞变形已比较严重，蓄水后矿洞变形加剧。采煤在地下形成较大的采空区，采空区上部地面产生地裂缝、陷坑，民宅墙、地面、灶台裂缝变形，造成地表水下渗等环境地质问题，以鹿子岩煤矿采空区较为严重，下垢坪村地表变形区已达3km^{2}左右。

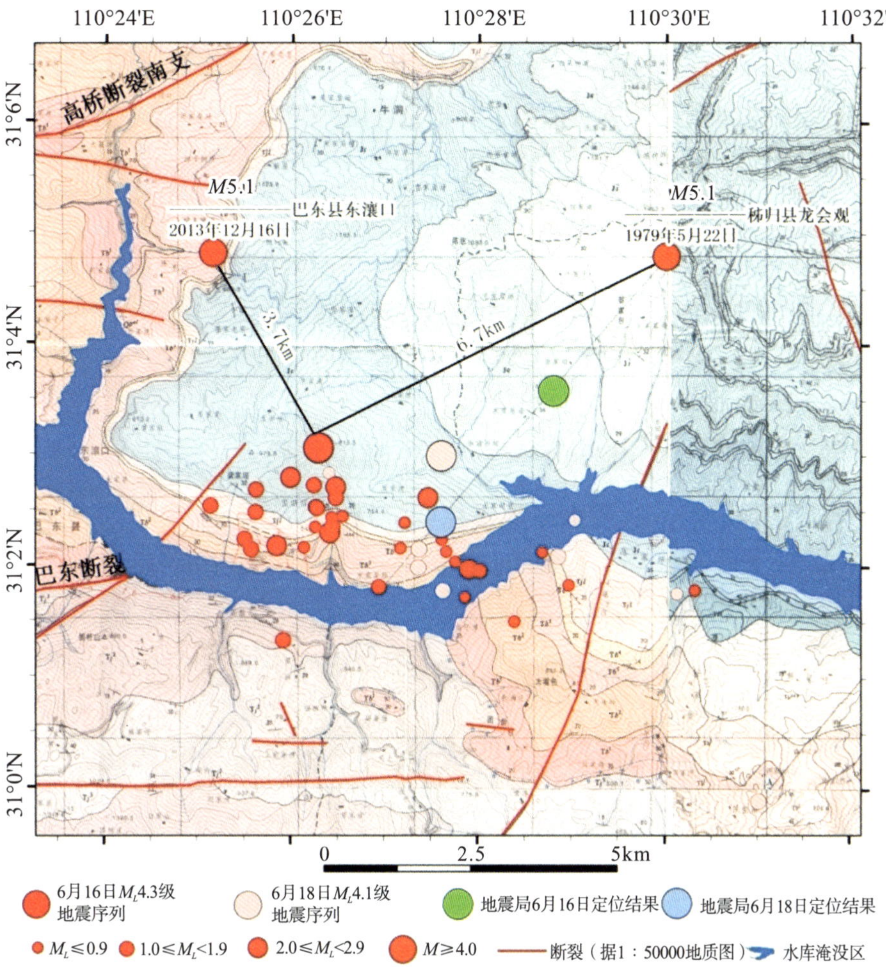

图 9.2.16　巴东县东瀼口地震震中分布(1：50000 地质图)

③巴东地震时三峡大坝强震监测资料分析。

三峡大坝强震动监测系统记录到此次巴东地震事件，波形记录完整，震相清晰。对巴东地震序列强震记录资料分析得到以下结果。

(a)6 月 16 日 M_L4.3 级地震自由场测点到时为 19 时 48 分 22.5 秒、持续时间为 2.9s、主频 4.39Hz、峰值加速度 1.86gal、速度峰值 0.45cm/s、大坝 175m 测点水平向峰值加速度为 4.89gal，放大倍数约为 2.6 倍。茅坪溪防护坝坝顶测点水平向峰值加速度为 3.64gal，放大倍数约为 1.96 倍。升船机坝顶测点水平向峰值加速度为 2.91gal，放大倍数为 1.56 倍。在坝址区的烈度为Ⅱ度。

(b)6 月 18 日 M_L4.1 级地震自由场测点到时为 17 时 39 分 31.61 秒、持续时间为 2.06s、主频 3.16Hz、峰值加速度 1.11gal、速度峰值 0.96cm/s、大坝 175m 测点水平向峰值加速度值为 5.80gal，放大倍数约为 5.2 倍。茅坪溪防护坝坝顶测点水平向峰值加速度值为 4.23gal，放大倍数约为 3.81 倍。升船机坝顶测点水平向峰值加速度为 3.34gal，放大倍数为 3.0 倍。在坝址区的烈度为Ⅱ度。

5)水库地震活动对库区环境影响分析。

三峡工程自2003年6月1日135m水位蓄水以来,在长江干流上的巴东宝塔河—巫山培石库段、仙女山—九畹溪断裂通过的库段和支流香溪河畔虽然发生了频次较高的水库诱发地震,高桥断裂沿线发生数次$M4.0$级以上地震,其中最大震级$M_s5.1$级,但均低于三峡工程前期论证中预测的最大可能地震$M_s6.0$级,因此水库蓄水后诱发的地震活动对库区崩塌、滑坡体和库岸稳定性,以及大坝施工安全未产生任何影响。

水库诱发地震的震源很浅,在震中区局部小范围内可能产生比较强烈的震感,并且造成部分房屋轻微裂缝掉灰、掉瓦等损坏。因此,水库蓄水后所诱发的地震活动在初期阶段曾引起有感区民众的恐慌,但并未造成严重的地质灾害。

9.2.4 三峡工程正常蓄水位175m运行后水库地震预测

9.2.4.1 试验性蓄水运行实测水库地震综合分析

在2008年汛后的175m水位试验性蓄水运行至2018年,三峡库区的地震活动除震级随库水位升高而出现了6次$M4.0$级以上的弱震外,地震发生频次、震中空间分布、成因等都基本延续了2003年蓄水以来所显示的水库地震特征的态势,论证报告和前期勘察中有关水库地震的结论继续得到检验。

水库地震的地震活动与库水位有较好的对应关系。在175m水位试验性蓄水期间,除2011年及2015年地震活动与水位抬升间没有明显的对应关系外,每年库水位在抬升至175m时,都出现了地震活动上升时段。但总体上显示了在175m水位试验性蓄水期间,三峡工程地震活动性水平在整体趋于下降过程中,短期内出现相对增高的波动变化。

三峡工程由水库蓄水引发的地震震源较浅,震中都在离库岸10km以内的范围。蓄水后水库地震活动空间分布具有密集"成团(带)"的特点,主要分布在库段两岸的10km以内,且绝大多数地震分布在工程前期预测的水库地震潜在危险区内及其周缘。地震震中主要分布在巴东县高桥断裂上盘与秭归盆地西缘接壤部位和秭归县仙女山断裂北段,反映了这些地段具有诱发水库地震的客观环境背景。地震震源深度绝大部分在5km以内。

9.2.4.2 正常蓄水位175m运行后水库地震预测

1)鉴于2018年实施175.0m水位试验性蓄水运行已10年,库水位淹没了大面积岩溶发育的灰岩区,也淹没了许多废弃的和一些在开采的矿山,库区出现的地震大量属矿山坍塌型和岩溶型地震。如发生了火焰石、麂子岩等区的密集型矿震;抬高后的库水位在巫峡、瞿塘峡和支流大宁河、神农溪石灰岩分布区,诱发了岩溶型水库地震。

上述两类型诱发地震的震级都在微震和弱震范围内,矿山型诱发地震的震级一般小于2级,最大3级;岩溶型诱发地震震级一般为2～3级,最大4级,对工程建筑物不会有任何影响,也不会对当地的人民生命财产造成大的危害。三峡工程正常运行后,随着新的平衡条件的逐步形成,上述两类型诱发地震频次将降低。

2)前期勘察阶段,曾预测有两处可能诱发构造型水库地震:一处是九畹溪断层和仙女山断层展布区，一处是牛口断层—高桥断层一带。试验性蓄水阶段的地震，在九畹溪断层和仙女山断层展布区没有明显的活动异常；牛口断层经后期复查，证明并不存在。高桥断层沿线发生 $M4.0$ 级以上的地震，且发生了蓄水后震级最高的地震（$M5.1$ 级）。初步判断，已发生的地震属于构造型水库地震。三峡工程正常蓄水位 175m 运行后，九畹溪断层和仙女山断层展布区仍有可能出现新的震情，高桥断层会出现新一轮的地震活动，其他地段出现构造型诱发地震的可能性不大。三峡水库 175m 水位试验性蓄水运行以来，发生了 7 次 4 级以上地震，这些地震的成因主要是库水沿断裂软弱破碎岩体渗透导致的浅层应力调整形成的水库地震，其中最大地震为 2013 年 12 月 16 日发生在巴东县东瀼口的 $M5.1$ 地震，与蓄水前的天然地震最大震级相当，在工程前期的预测强度 $M5.5$～6.0 级范围内。

3）坝前长 16km 的结晶岩库段（第一库段）：蓄水后和蓄水前一样，没有监测到什么地震，仍是地震极为稀少的库段，预计库水位抬升到 175m 后，这一库段仍将是库区地震活动最弱的地段。前期勘察阶段预测表明，这一库段发生水库诱发地震的可能性很小，即使发生诱发地震，也只可能是浅表微破裂型的小震，最大震级为 3 级。

4）三峡水库 2003 年 6 月蓄水至 135m、2006 年 10 月蓄水至 156m、2008 年汛末实施 175m 水位试验性蓄水。在分期蓄水至 175m 水位和库水位涨落过程中，库区受库水作用影响范围内的地质体的应力场、渗透场和其他的环境条件，已得到了不同程度的调整。随着库水的持续作用，这种影响还会逐步减弱，新的平衡条件将逐步形成。对全世界水库地震活动的共同规律分析表明，在水库地震活动水平整体趋于下降过程中，还有可能在短期内出现相对增高的波动变化。今后三峡工程库区地震活动水平可能呈起伏性下降，并渐趋平缓，然而活动频次可能不会超过此前最高的月峰值频次，最大强度在 $M5.0$ 级，不会超过前期的预测强度（$M5.5$～6.0 级），空间分布也多会集中在现今的几个地震较活跃的地区范围内。就天然地震而言，三峡库区及邻区自 1961 年潘家湾 $M4.9$ 级地震和 1979 年龙会观 $M5.1$ 级地震后所积累的能量，在近期的几次较大地震中已得到较大的释放，2013 年 12 月 16 日巴东县东瀼口发生 $M5.1$ 级地震，震中最高烈度为Ⅶ度。由于强度较低，迄今为止，尚未引发库区各类次生地质灾害。坝区遭受的地震影响最高烈度为Ⅳ度，远低于三峡大坝抗震设防烈度Ⅶ度，对三峡工程及其设施的正常安全运行未造成影响。在今后三峡工程正常蓄水位 175m 运行一段时期内，估计三峡库区天然地震可能进入剩余能量释放阶段。

第10章 三峡工程库区地质环境与地质灾害防治

10.1 区域地质环境构造发育历史与地质灾害

10.1.1 区域地层的沉积建造与地质灾害

早侏罗世中期，由于受燕山运动的影响，四川地区成菱形刚硬基底下沉，堆积了较厚的侏罗纪陆相地层，接受了一套湖泊—河流沉积体系的沉积，四川盆地区内下侏罗统为淡水湖相沉积，中、上侏罗统主要为泛滥平原相间夹湖相沉积。淡水湖相沉积物常为细粒物质，暗色泥质沉积，少量粉砂，常形成泥岩、粉砂岩和泥灰岩或页岩；泛滥平原相沉积物常为砂和少量的泥砾，常形成砂岩，由于分选不好，砂岩不纯，含少量泥砾和泥岩夹层。长江三峡库区当时处在四川盆地的东部。三叠纪至早侏罗世中期印支运动后，早侏罗世以南充—达州成为四川湖盆中心，向四周沉降幅度递减，湖水变浅。三峡库区位于湖盆的东部，以淡水湖相环境为主。在一个大的周期性气候变化下，沉积了以暗色为代表的泥质岩、粉砂岩、砂岩和介壳灰岩。

中侏罗世晚期，湖盆周边山系强烈上升，盆地的沉积速率大于下降速率，加之气候干旱炎热，三峡库区形成了以泛滥平原为主的沉积和时令湖环境，沉积的泥岩普遍为紫红色、棕红色。

晚侏罗世早期，四川盆地周缘由于处在相对平静时期，输入盆地沉积的碎屑物普遍较细，以棕红色泥质沉积物为主夹少量粉砂、细砂沉积物。晚侏罗世晚期燕山运动中期，龙门山发生了强烈的上升，以棕紫色、灰绿色砂岩、粉砂岩夹泥岩为主的泛滥平原亚相分布面积最广。

三峡库区沿岸出露的软弱岩石包括强度较低的泥岩、页岩及含煤岩层等。侏罗系砂泥岩互层、三叠系巴东组泥岩、泥灰岩、粉砂岩互层的层状碎屑岩在该区广泛分布，且沿砂泥岩界面常见层间剪切带和泥化夹层，泥化现象，抗剪强度明显降低，构成该地区的主要易滑地层，是地质灾害频发的重要内在因素。

10.1.2　区域构造运动内动力作用与地质灾害

三峡库区构造运动历史为：晋宁运动，地层强烈褶皱，形成古老的结晶基底构造格架；震旦纪至中三叠世，区内一直处于沉降过程，未发生强烈的区域构造运动，沉积了巨厚的沉积盖层；中三叠世以后，构造变动频繁，印支运动使震旦系至中三叠地层发生褶皱，之后，燕山运动及喜山运动强烈影响该区。形成秭归向斜的新华夏系复合构造始于印支运动，燕山运动（侏罗纪末）得到进一步发展。侏罗系地层形成后，本区经历了燕山运动、喜山运动和新构造运动。燕山运动区域构造应力方向为 NWW；喜山运动时期，构造应力方向转变为 NNE；新构造运动时期，受青藏高原隆起的影响，构造运动体现为间歇式地壳抬升。

三峡库区侏罗系为软硬相间的互层地层结构，当层间软岩遭受多次构造运动后，常形成层间剪切带。三峡地区发生大型滑坡的构造部位主要在不同构造体系交接复合地段、褶皱轴部及其转折部位、向斜翘起端以及新构造活动相对强烈区。从总体来看，在万县—奉节河谷段，大型滑坡基本上发育在向斜河谷的顺向坡；在奉节—巫山河谷段，大型滑坡则主要出现在几种构造体系复合部位，顺向坡和切向坡都有滑坡发生。向斜河谷（如故陵向斜）是斜坡变形严重、容易发生大型滑坡的部位，尤其是在顺向坡和向斜翘起端地段。弧形褶皱构造的弧顶部位挤压作用强烈，横向节理裂隙发育，是岩体破碎程度较高的地段。奉节—巫山江段既是川东弧与八面弧交接的复合地段，又是齐岳山基底断裂通过的部位，因此也是大型滑坡体的发育地段。

10.1.3　区域新构造运动与地质灾害

三峡库区新构造运动具有明显的间歇性隆升特征，可以根据河流阶地计算各阶段的地壳抬升速率。三峡库区自中更新世晚期（15 万年）以后，新构造运动的平均抬升速率增大，表现出后期加速抬升的特点。特别是中更新世以来，经历了 6 次暖湿气候期，降雨充沛，层间剪切带在强烈的地下水动力作用下，发生泥化，形成泥化夹层，为滑坡等地质灾害的发生提供了极为有利的条件。

三峡库区新构造抬升速率与滑坡频率的关系见图 10.1.1，可见三峡库区滑坡的发育趋势与新构造抬升速率的递增趋势基本相吻合。15 万年以来，三峡地区新构造运动处于最活跃期，地壳快速上升，河流急剧下切，造成大量斜坡失稳。

黄陵地块周缘地区为构造上升区和下降区的过渡地带，存在较大的差异运动，成为新构造活动相对强烈地段，大型滑坡也比较发育，并集中分布。如新滩地段的岸坡在历史上曾发生过多次滑坡灾害。例如，1030 年，新滩发生滑坡，堵江 22 年；1524 年，新滩再次发生滑坡，堵江 82 年；1985 年，新滩古滑坡复活，其体积达 3000 万 m^3，造成碍航。

根据三峡库区古滑坡的绝对年龄测试数据与古滑坡的推算年代，库区大型古滑坡在历史上的形成时间是不均匀的，滑坡发生年代集中在 2.7 万～15 万年、27 万～33 万年、37 万～41 万年 3 个阶段；尤其是中更新世晚期（15 万年）以来，滑坡具有数目明显增加趋势。

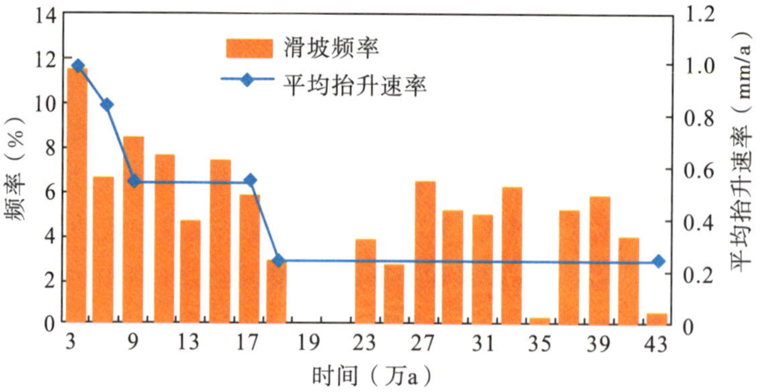

图 10.1.1 三峡库区新构造抬升速率与滑坡频率关系

综上所述，从长江三峡的形成演化历史来看，三峡地区自古以来就是地质灾害频发的地区，三峡库区有些地段是滑坡的发育区，有些地段（如高山峡谷）为崩塌的发育区，而有些地段库岸是较为稳定的。三峡地区崩塌、滑坡等地质灾害的发生是一个自然历史演化的过程，无论是否修建三峡工程都必将发生，受第四纪以来新构造运动的影响，三峡地区的地质灾害从数量和规模上都有所增多。三峡水库蓄水至 175m 水位，库岸稳定性可能需要 3～5 年时间调整，该时段可能地质灾害频发。因此，时刻关注三峡地质灾害的发生及其影响是当前一段时间的中心任务之一。

10.2 三峡库区地质灾害特点

10.2.1 库区地质灾害主要为崩塌、滑坡

三峡水库岸坡由于库岸第四系松散体堆积和构造破坏岸坡段少，以流动方式的破坏现象如泥石流、碎屑流等规模小，呈零散分布。主要地质灾害表现为崩塌、滑坡。三峡水库干流 1300km，支流 3679.5km 的库岸共发现体积大于 10 万 m^3 的崩塌、滑坡和危岩体共 684 处，总体积 30.4 亿 m^3。其中干流崩塌、滑坡体 215 处共 17.3 亿 m^3，支流崩塌、滑坡体 469 处共 13.1 亿 m^3。

在三峡库区内另一种地质灾害类型为人为诱发，表现为移民迁镇带来的地质灾害。三峡工程库区地处渝东、鄂西山区地带，丘陵占 21.7%，山地占 74%，平坝仅占 4.3%，而这些平坝中最低的部分又将被水库淹没。库区人口多，长期过度开垦，水土流失严重，后备土地资源缺少，地质环境容量极为有限。三峡库区移民建设的主要问题是地质灾害问题，三峡的地质问题可概括为地质环境的保护和不良地质环境的改造方面。最为突出的问题包括：坍岸与库岸再造问题，滑坡崩塌泥石流地质灾害问题，地质环境容量与承受能力问题，诱发地震导致边坡失稳的评估，原生岩溶塌陷和蓄水后岩溶塌陷，巴东组易滑地层和崩滑堆积体的改造和开发利用，工程施工质量及寿期问题，建筑开挖弃渣引发的地质灾害问题及防治，地质生态环境变迁问题。

在库区移民迁建工程中，三叠系巴东组第二段紫红色泥岩、砂岩的工程地质条件最差，

凡是在该地层上动土的工程，大多出现滑坡、鼓胀等问题。如巴东黄土坡、西壤坡、官渡口，巫山邓家屋场，秭归陶家坡等地均受该地层的危害。在奉节、巫山和巴东等地 175m 高程一带，巴东组第二段紫红色泥岩、砂岩分布较为普遍，将使库岸的稳定问题更为复杂。在古滑坡前缘，由于对滑坡体的结构和变形破坏过程认识不足，开挖和建设加速了灾害的进一步扩展，万县、巴东、兴山峡口等均遇到这类问题。库区碳酸盐岩分布较广，岩溶发育，存在埋藏型溶洞和塌陷坑，给库区移民迁建带来了隐患，如奉节宝塔迁建区，1997 发生了岩溶塌陷，对移民建筑物构成了威胁。

10.2.2　库区地质灾害前期以自然地质灾害为主，近期以人为工程活动为主

地质灾害是由于自然或人为作用，多数情况下是由二者协同作用引起的，在地球表层比较强烈地破坏人类生命财产和生存环境的岩土体移动事件。地质灾害在成因上具备自然演化和人为诱发的双重性，它既是自然灾害的组成部分，同时又属于人为灾害的范畴。三峡库区的地质灾害从时间上可划分为三个阶段：第一阶段为 1993 年以前，主要以自然地质灾害为主，包括人为工程活动，如鸡扒子滑坡、新滩滑坡和巴东后山泥石等；第二阶段为 1993—2003 年，由于大规模的移民迁建，出现了大量的高陡边坡和大量的人工弃渣，特别是为数不少的自然滑坡被切脚或拦腰斩断，促使了滑坡的进一步失稳，如巴东二道沟滑坡、万县豆芽棚滑坡、巫山牛蹄窝滑坡等；第三阶段为 2003 年以后，2003 年 6 月库水位蓄至 135m，2006 年 10 月库水位蓄至 156m，2008 年汛末实施 175m 水位试验性蓄水，2010—2018 年连续 9 年蓄水至 175m 运行，由于库水位由 135m 上升至 175m，加上三期 60 万移民迁建安置，产生多处滑坡等地质灾害，这一过程将延续若干年。

10.3　三峡库区地质灾害代表典型区概况

10.3.1　万州—奉节滑坡崩塌强烈发育区

万州—奉节滑坡崩塌强烈发育区位于重庆市万州区—奉节县的长江沿岸干流及部分支流。该段长江干流为向斜谷，河流的左岸或右岸常处于向斜的一翼，构成顺向坡；地层为侏罗采砂岩、泥岩互层地层，有较多的软弱夹层，故此滑坡多发。现查明，有白衣庵、茨草沱、三磴子、新铺、藕塘、宝塔、鸡扒子、云阳城西、旧县坪等体积大于 1000 万 m^3 的特大型滑坡，还有百换坪（1.3 亿 m^3）、故陵镇（约 1.9 亿 m^3）两处体积大于 1 亿 m^3 的巨型滑坡。在 77km 的河段内，有如此多的特大型和巨型滑坡，实不多见。奉节梅溪河尚有公平（4 亿 m^3）、寂静（4.7 亿 m^3）、大庙山（4.7 亿 m^3）等巨型滑坡。

在上述众多滑坡中，云阳鸡扒子滑坡为现代滑坡。该滑坡发生于 1982 年 7 月 17 日，位于县城东 1km 长江左岸，滑坡体积 1500 万 m^3，有 180 万 m^3 滑入长江，最大水平滑距 200m，将县冷冻场、卫生院等 10 余家单位建筑物推入长江。部分滑体越过河床抵达长江右岸，形成高达 32～35m 的水下堤坝，使长江河床淤高、航道缩窄变成长 600m 的急流险滩，断航 7 天。该滑坡是宝塔老滑坡的上游侧部分，地层为侏罗系上统砂岩泥岩互层，岩层产状为

后陡(倾角 47°)前缓(8°～10°)的靠椅状。暴雨导致两侧天然排水沟边坡局部塌滑，堵塞排水沟，大量沟水渗入滑坡体，宝塔滑坡(1.04 亿 m^3)西侧部分复活，被称为鸡扒子滑坡。云阳兴隆滩滑坡位于城西 14km 长江左岸，发生于清光绪二十二年(1896 年)，体积 4500 万 m^3。《云阳县志》中曾这样记载："黄瓜山半崩裂，土石推移，广表百丈，直移长江，塞江流，与江中石梁相逼，水石冲击，巴楚商泊，上下停滞。"滑坡致使 60 多人埋入土石，使航道缩窄，险滩状如瀑布，下行船不知情者至此倾覆，最初 3 个月死亡近千人。其他如 1982 年云阳堰坪乡黄连峡滑坡，堵长溪河断流 6 小时；1982 年 7 月云阳柴家坡滑坡，堵断洞鹿河；1981 年 7 月奉节双碾村滑坡，堵塞朱依河等，均造成了灾害。

本区泥石流灾害，亦有中等强度发生，如奉节草塘河上游支沟甘沟子、廖家沟等多条沟谷，自清同治九年(1870 年)以来，多次发生泥石流，掩埋村庄，致数十人死亡，并使 1500 亩良田变成沙碛地。云阳团滩乡竹林沟 1980 年发生泥石流，死亡 16 人，重伤 4 人，冲毁公路田地。奉节朱衣乡汪家沟 1980 年 7 月发生泥石流，死亡 10 人，毁田地房舍。

10.3.2 巴东—秭归崩塌滑坡强烈发育区

巴东—秭归崩塌滑坡强烈发育区位于湖北省巴东、秭归境内的长江河谷及支流，崩塌滑坡强烈发育。庙河至香溪河段为横向谷，香溪至官渡口河段为纵向及斜向河谷。前者以崩塌为主，并有崩塌加载型滑坡，后者以滑坡为主。区内有特大型滑坡如新滩(3000 万 m^3)、楚王城(1200 万 m^3)、马家坝(3000 万 m^3)、黄腊石(1600 万 m^3)、黄土坡(4080 万 m^3)等，以及巨型滑坡范家坪(1.3 亿 m^3)，而成为滑坡强烈发育段。

秭归新滩滑坡位于长江西陵峡的兵书宝剑峡出口左岸，为崩塌堆积物加载的特大型堆积层推移式滑坡。二叠系碳酸盐岩形成的广家崖，不断卸荷崩塌堆积于由志留系页岩构成的姜家坡上(最大厚达 86m)，达到一定堆积量后就滑动一次，因此是一处多发性、周期性的滑坡。史料记载，东汉和帝永元十二年(100 年)，宋仁宗天圣年间(1023—1031 年)，明朝世宗嘉靖二十一年(1542 年)夏、三十七年(1558 年)夏，民国十三年(1924 年)和二十四年(1935 年)，都曾发生大规模的滑坡。其中明朝嘉靖三十七年(1558 年)的滑坡，严重碍航达 82 年。1985 年 6 月 12 日 3 时 45 分至 4 时 20 分，该滑坡再一次活动，滑坡物由块石、碎石夹土组成，总体积约 3000 万 m^3，滑坡体运动速度为 10m/s 左右，最高达 31m/s。摧毁民房 1569 间，农田 780 亩，柑橘树 52 万株，新滩古镇被摧毁，滑入长江 65m 水位以下土石体约 260 万 m^3，对岸爬坡浪高达 49m，侵占江面宽约 80m(约占江宽的 1/3)，使长江水流速由 4m/s 猛增至 8m/s，导致停航 12 天。对该滑坡进行了多年监测，临滑前进行了及时预报，使得滑区内的 1371 人适时撤离，无一伤亡。其他如 1950 年发生的巴东西瀼口滑坡，一条街 54 户 44 栋房屋及财产，一并滑入龙船河并断流。1955 年 8 月 8 日发生的秭归文化乡福禄溪滑坡，压死 21 人。2003 年 7 月 13 日发生的秭归沙镇溪千将坪滑坡，体积达 2400 万 m^3，14 人死亡，10 人失踪，堵断青干河，22 艘船被涌浪打翻，损失 8000 万元。

巴东—秭归崩塌滑坡强烈发育区崩塌发育，如秭归青滩后缘的多次崩塌，导致滑移成灾。秭归九畹溪古崩塌，至今仍堵塞在溪河中。巴东火焰石崩塌，1965 年崩 30 万 m^3，平时常有石块崩落。最有名的链子崖危岩体也在该区。在该区泥石流也有发生，但分布零散。秭归的糖房沟、泄滩沟，泥石流堆积物冲入长江，形成沟口滩，造成碍航。1991 年 8 月 6 日，巴东县城泥石流，死亡 3 人，重伤 53 人，经济损失近 5000 万元。

10.4　三峡水库库岸稳定性

10.4.1　库岸稳定性研究历程

10.4.1.1　库岸稳定性研究特点

(1)库岸稳定性研究面积大

库岸稳定性从研究工作的需要出发，调查研究的范围从干支流两岸第一分水岭起算，面积约 4500km^2。

(2)库岸稳定性研究岸线长

库岸稳定性研究干流回水长度约 650km，回水长度在 1km 以上的支流有 173 条，合计回水总长约 1840km。按两岸岸坡计，则干支流库岸岸坡总长约 5000km。

(3)库岸稳定性研究条件复杂

库岸稳定性研究不论从库岸岸坡结构类型、岩性、构造、地貌、水文气象等自然条件，还是崩塌、滑坡的类型、规模、形成条件和稳定状态，都复杂多变。

(4)库岸稳定性研究要求高

三峡工程库岸稳定性问题，涉及工程、长江航运、库区城镇和居民点的安全，以及库区移民选址的正确与否等。因此要求研究所得出的结论有足够的可靠性，能贴切地回答工程建设所关心的问题。

10.4.1.2　库岸稳定性研究内容及研究方法

库岸稳定性研究包括：水库区工程地质分段，库岸稳定条件总体评价，崩塌、滑坡的发育分布规律和特征，崩、滑体稳定性分析，典型崩、滑体专项研究，岸坡失稳的危害性分析评价等。研究的主要内容和方法有：

1)对库区干流及 173 条支流库岸岸坡的地质条件、岸坡类型、结构、稳定程度进行专门性调查。在此基础上进行库岸稳定条件的分类和分段评价，圈定出稳定条件差的库段，作为重点研究的对象。

2)对干支流库段已有的崩塌、滑坡体的位置、规模和稳定性，应用 1∶60000 和 1∶30000 比例尺的彩红外航片，通过室内判译和多次现场核查进行研究。对 38 个大型和典型崩、滑体，危岩体进行了专门性大比例尺地质测绘及相应的勘探、试验和分析研究工作。对干流库段大型崩塌、滑坡进行了史实调查考证。

3)对基岩岸坡，尤其是顺层高边坡的结构类型、变形机制、破坏方式等进行了专题研究，并作出稳定性现状评价和蓄水后的变化预测。

4)对干流大型崩塌、滑坡体的稳定性现状,结合蓄水后的可能变化进行稳定性分析。对体积大于1000万m^3的大型滑坡体进行稳定性计算及灵敏度分析。

5)与大坝安全、长江航运及主要城镇关系密切的大型崩、滑体,对其失稳后入江物质可能造成的水下堆积体的规模、引起的涌浪、沿程衰减特征和可能造成的危害进行计算和模型试验。

6)自20世纪70年代中后期起,对干流及主要支流几处规模大、变形正在发展、位置重要、失稳后可能影响城镇居民及航运安全的崩、滑体,建立了监测网进行变形监测和预报。对鸡扒子滑坡、黄腊石滑坡、链子崖危岩体、鸡冠岭崩滑体等已经或正在采取工程措施进行防治和治理。

7)全库区进行了1∶10000(精度1∶50000)的第四纪地质填图,进行不同类型第四系岸坡的坍岸计算。

10.4.1.3 库岸稳定性研究历程

三峡水库库岸稳定性的研究,始于1956年。

1956—1967年,进行过3次较系统的全库段工程地质调查和重点地段的勘测,重点在城镇浸没与坍岸预测,初步查出了9处崩塌体和5处滑坡体,首次指出链子崖及新滩一带为危险地段,开展了链子崖的专门性地质测绘。

1968—1983年,工作重点逐步调整到崩塌滑坡体的勘测研究上。对离坝址最近的两处不稳定岸坡——链子崖危岩体(距坝27km)和新滩古滑坡(距坝址26km)进行了详细的地质勘测与多学科研究,并建立了形变监测网。

1983—1985年,根据三峡工程进一步论证的需要,加之在干流段岸坡先后发生了鸡扒子滑坡(1982年)和新滩大滑坡(1985年),岸坡稳定性更加受到关注,广泛调动了国内各有关部门的科研力量,形成了多学科、多手段、多层次协调攻关,使库岸稳定性的研究大大深入了一步。

1986—1990年,1986年6月,中央决定组织三峡工程进一步论证,成立了三峡工程论证地质地震专家组,由地矿部牵头,水利部和国家地震局参加。1989年依据在论证报告的基础上进一步编制了可行性研究报告。论证及可研工作自1986年至1990年,历时5年完成。

国家"七五"计划期间(1986—1990年),三峡工程库岸稳定性研究被列入国家"七五"科技攻关第16项,"地震与地质"课题中的一个专题。系统开展了三斗坪至重庆江津干流及主要支流库岸的调查、研究,以及干流典型大中型崩塌、滑坡、危岩体的勘探研究。同时,在该课题中设立了"库区拟迁建城市新址环境地质研究"(75-16-2-5)专题,对13座县(市)城新址进行了环境地质论证工作。

1992年3月全国人大八届五次会议通过兴建三峡工程决议后,长江委组织对全库区进行了1∶10000(精度1∶50000)的第四纪地质填图,进行不同类型第四系岸坡的坍岸计算,对崩塌、滑坡体进行了专项调查。1992年12月编制完成了《长江三峡水利枢纽初步设计报告(枢纽工程)》,其中不稳定库岸和崩滑体对三峡工程枢纽的建设和运营、水库的库容和寿命、航道、沿岸城镇搬迁和移民规划的影响的结论与专题论证和可研报告的结论基本一致。

同年，开展了三峡工程移民工程初步设计工作，对 1984 年选定的县（市）城新址及地质条件进行复查，并建议将 13 座迁建县（市）城新址、140 余座集镇新址的地质工作分初勘和详勘两个阶段，从 1992 年 4 月起陆续开展了勘察工作。迁建新址选择及初步勘察于 1993 年 12 月基本结束，1994 年开始转入详细勘察。移民城镇建设期间，长江委在三峡库区设立了 13 个地质工作站，配合地方处理建设中出现的地质问题。1992—1997 年，利用 6.0 亿元地质灾害治理基本预备金进行了链子崖危岩体等 9 项工程防治。

1997 年，随着三峡库区移民迁建工作的大规模开展，揭露出的地质问题，特别是地质灾害问题受到了各方面高度关注，提出了加快移民区重大地质灾害治理、开展迁建城镇坍岸防护和建设库区地质灾害监测网络的建议。1998 年，库区遭受了罕见的暴雨和洪水灾害，移民工程损失严重，为此要求加快库区地质灾害防治。1999 年初，开展三峡库区崩滑体处理总体规划工作，对 1302 处涉水崩塌滑坡进行了重点调查，进一步对崩滑体位置、范围、类型、几何参数、地貌地质特征、人类活动状况、近期变形情况、目前稳定状态进行了实地查勘，对水库蓄水后的稳定状态进行了预测，同时调查崩滑体上的实物数量，包括房屋、人口、单位、工厂、公路及重要设施等，并登记在册，逐处建立崩滑体档案。

2001 年 5 月，重庆市武隆城区发生了震惊全国的“5・1”边坡失稳，导致 79 人死亡的灾难。为避免在三峡工程库区再次发生类似悲剧，同年 7 月，国家投入 40 亿元，对涉水 135m 水位的地质灾害进行防治。同年 10 月，国土资源部编制完成的《三峡库区地质灾害防治总体规划》，将库区地质灾害防治分为近期、中期和远期 3 个阶段的规划，并对近期规划（二期规划）进行了较为详细的论证。

2003 年 6 月，三峡工程围堰挡水，水库蓄水至 135m 水位，左岸电站首批机组发电，为更早更好地发挥三峡工程的综合效益，国务院领导对库区三期地质灾害防治十分关注。将地质灾害防治分为受 156m 水位蓄水影响必须提前完成的应急项目和不受 156m 水位蓄水影响的非应急项目实施。在 2008 年水库提前一年实施试验性蓄水 175m 水位前，完成了防治工程的验收。

10.4.2　库岸类型及稳定条件评价

10.4.2.1　库岸类型及特征

三峡工程水库干支流库岸长达 5000 余千米，跨越不同的地貌和大地构造单元，由结晶岩、碳酸盐岩、碎屑岩等岩类和松散堆积物组成了多种岸坡结构类型。边坡的变形破坏主要受控于岩土类型及其组合、边坡形态、结构型式及与临空面的关系。

三峡水库岸坡可划分为四大类：Ⅰ土质岸坡、Ⅱ碎屑岩岸坡、Ⅲ碳酸盐岩岸坡、Ⅳ结晶岩岸坡。

依据岸坡岩（土）体结构和岩层的产状特征可进一步划分以下若干亚类。

- Ⅰ土质岸坡
  - $Ⅰ_1$ 冲洪积砂砾土岸坡
  - $Ⅰ_2$ 崩、滑堆积土质岸坡或碎块石(土)岸坡
  - $Ⅰ_3$ 厚层残坡积碎(块)石(土)岸坡
- Ⅱ碎屑岩岸坡、Ⅲ碳酸盐岩岸坡
  - $Ⅱ_1$、$Ⅲ_1$ 平缓岩层岸坡(岩层倾角小于10°)
  - $Ⅱ_2$、$Ⅲ_2$ 横向坡(岩层倾向与坡向交角大于或等于60°)
  - $Ⅱ_3$、$Ⅲ_3$ 顺向坡(岩层倾向与坡向交角小于或等于30°)
  - $Ⅱ_4$、$Ⅲ_4$ 逆向坡(岩层倾向与坡向交角大于或等于150°)
  - $Ⅱ_5$、$Ⅲ_5$ 斜向坡(岩层倾向与坡向交角在30°～60°或120°～150°)
  - $Ⅱ_6$、$Ⅲ_6$ 特殊结构岩坡(指破碎或下有软弱基座的岸坡)
- Ⅳ结晶岩岸坡
  - $Ⅳ_1$ 块状结构的岩浆岩岸坡
  - $Ⅳ_2$ 块状结构的变质岩岸坡

库区干流及主要支流水库岸坡中，土质岸坡长140.5km，占总长的4.69%；层状碎屑岩岸坡长2368.6km，占总长的79.06%；层状碳酸盐岩岸坡长454.5km，占总长的15.18%；结晶岩岸坡长32km，占总长的1.07%。应当指出，组成土质岸坡的松散堆积层的宽度与厚度有限，其基座或上部边坡仍为基岩。

10.4.2.2 库岸稳定条件评价

岸坡变形破坏的主要类型有坍岸、崩塌和滑坡，坍岸主要发生在河流冲积层分布地段。库区冲积层分布范围小，呈狭长条带沿江分布，厚度不大，水库蓄水后，在长期库水浸泡及水库水位变动的影响下，将会发生小规模的坍塌。干流库段可能产生坍岸的地段仅13段，共12km，预测坍岸的宽度为20～86m，总坍岸约600万m^3。坡面的侵蚀作用则表现为缓慢长期的边坡演化过程。库岸稳定条件好坏最直观的标志是崩塌、滑坡体的发育程度。在库岸稳定条件分段时，主要考虑岸坡的岩性与组合，地质构造，结构类型，岩层产状与河谷的关系，变形破坏程度，现有崩、滑体的数量及其稳定性和库水作用下的可能变化等。以宏观地质判断为主，配合数值分析(主要对崩、滑体的稳定性)，可将库岸的稳定条件分为好(A)、较好(B)、较差(C)和差(D)4种类型(表10.4.1)。

表10.4.1　　三峡工程水库岸坡稳定条件分级简表

库段项目	岸坡稳定条件		段数	累计长度(km)	占干流或支流总长(%)	大于100万m^3的崩、滑体发育程度			
	代号	类型				个数	体积(万m^3)	平均线密度(个/km)	平均线模数(万m^3/km)
干流	D	差	6	16.1	1.2	16	24934.0	0.990	1548.7
	C	较差	9	116.0	8.9	52	110478.9	0.450	952.4
	B	较好	5	89.0	6.9	22	13156.5	0.250	147.8
	A	好		1078.9	83.0	46	21659.6	0.040	20.1

续表

库段项目	岸坡稳定条件		段数	累计长度(km)	占干流或支流总长(%)	大于100万 m^3 的崩、滑体发育程度			
	代号	类型				个数	体积(万 m^3)	平均线密度(个/km)	平均线模数(万 m^3/km)
支流	D	差	31	56.3	1.5	31	34738.7	0.550	617.0
	C	较差	93	165.2	4.5	95	57519.4	0.580	348.2
	B	较好	71	265.5	7.2	34	17044.8	0.130	64.2
	A	好		3192.5	86.8	24	11745.0	0.008	3.7

1)稳定条件好(A)的岸坡。岩性及其组合、岸坡结构与坡形均有利于稳定;变形破坏程度轻微,100万 m^3 以上的崩、滑体少见;水库运行期,已有崩、滑体的整体稳定性好,可能产生新的基岩崩、滑体的数量不多,规模不大。这类库岸长4271.3km,占库岸总长的85.8%。

2)稳定条件较好(B)的岸坡。岩性及其组合、岸坡结构与坡形有利于稳定;变形破坏中等,100万 m^3 以上的崩、滑体不多,且多属稳定或基本稳定类型。这类岸坡总体是稳定的,水库运行期间,只有少量稳定性差的中、小型崩、滑体可能失稳。这类库岸共76段,长354.5km,占库岸总长的7.1%,其中干流段长89km,支流段长265.5km。

3)稳定条件较差(C)的岸坡。岩性软弱或呈软硬相间组合,岸坡结构与坡形均不利于稳定;老的崩塌、滑坡体较多,但大多数不再活动;100万 m^3 以上的滑坡体中,有少数稳定性差,在水库运行期间,可能局部失稳;基岩岸坡也可能产生局部塌滑。这类岸坡有102段,长281.2km,占库岸总长的5.6%,其中干流段长116km,支流段长165.2km。

4)稳定条件差(D)的岸坡。岩性软弱或呈上硬下软的组合,岩体裂隙发育、岸坡结构、坡形有利产生变形破坏;现今变形破坏程度较高,或大型崩塌、滑坡体近期曾大规模复活(如鸡扒子、新滩)或变形正在发展(如黄腊石、链子崖);在天然情况下及水库运行期间,都可能发生较严重的崩塌、滑坡,也可能发生局部的基岩崩塌、滑坡。这类库岸共有37段,长72.4km,仅占总长的1.5%,其中干流段长仅16.1km,占干流库岸总长的1.2%。

此外,在国家"七五"科技攻关等研究中,还采用了信息量法、逻辑信息法、模糊数学法、危险概率分析、数值计算、多因素综合评价等方法对局部库段岸坡进行稳定性评价,所得成果与地质宏观判断基本接近,见表10.4.2。

表10.4.2　　三峡工程水库库岸段稳定性评价成果

序号	评价方法	评价结果	
		稳定性差或较差所占百分比(%)	稳定或基本稳定所占百分比(%)
1	信息量法	7.43	92.57
2	逻辑信息法	8.69	91.31
3	模糊数学方法(忠县—江津支流库段)	0.00	100.00

续表

序号	评价方法		评价结果	
			稳定性差或较差所占百分比(%)	稳定或基本稳定所占百分比(%)
4	多因素综合评价法(奉节以下库段)		12.70	87.30
5	重要库岸段定量评价	综合评价系统	大多数属稳定或基本稳定	
		预测诊断系统		

10.4.3 库岸崩塌、滑坡及危岩体

10.4.3.1 水库岸坡变形破坏形式

三峡水库岸坡由于库岸第四系松散堆积和构造破碎岸坡段少,以流动方式的破坏现象如泥石流、碎屑流等不普遍且规模小,分布零星,因此三峡水库岸坡变形破坏的主要形式是崩塌、滑坡及少量正在变形的危岩体,这也是库岸稳定研究的重点。崩塌按其起始运动形式分为滑塌式和坠落式两种;滑坡以其发育的岩类分为基岩滑坡和堆积层滑坡两大类,基岩滑坡按滑动面与滑床基岩产状的关系,进一步分为顺层滑坡和切层滑坡两类。

三峡水库干流 1300km,支流 3679.5km 的库岸共发现体积大于 10 万 m^3 的崩塌、滑坡和危岩体 684 处,总体积 30.4 亿 m^3,平均线密度为 0.14 个/km,线模数为 61 万 m^3/km。其中干流段崩塌、滑坡体 215 处共 17.3 亿 m^3,线密度 0.17 个/km,线模数 133 万 m^3/km;支流段崩塌、滑坡体 469 处共 13.1 亿 m^3,线密度 0.13 个/km,线模数 35.5 万 m^3/km,具体情况见表 10.4.3。

表 10.4.3　三峡水库崩塌、滑坡、危岩体数量/体积线密度线模数统计

类别 规模分级	个数~体积(万 m^3)					线密度(个/km)	线模数(万 m^3/km)
	<100(小型)	100~1000(中型)	1000~10000(大型)	>10000(巨型)	合计		
干流	79~2644.1	105~38425.9	28~87449.6	3~44333	215~172852.6	0.17	133.0
支流	285~9619.0	158~49269.7	25~52758.3	1~19020	469~130667.0	0.13	35.5
总计	364~12263.1	263~87695.6	53~140207.9	4~63353	684~303519.6	0.14(平均)	61.0(平均)

崩塌、滑坡体的个体规模,按三峡水库的实际情况分为 4 个等级:巨型——体积大于 1.0 亿 m^3,大型——体积 0.1 亿~1.0 亿 m^3,中型——体积 100 万~1000 万 m^3,小型——体积 10 万~100 万 m^3。干支流库岸发育巨型崩、滑体 4 处,体积 6.3 亿 m^3;大型 53 处,体积 14.0 亿 m^3;中型 263 处,体积 8.8 亿 m^3;小型 364 处,体积仅 1.2 亿 m^3。小型崩、滑体数量

占53%，但体积却只占4%，表明规模大于100万m^3的崩、滑体在库岸稳定性评价中起决定性的作用。

就其类型统计，滑坡体552处，体积27.8亿m^3；崩塌体126处，体积2.5亿m^3；危岩体6处，体积786.5万m^3，分别占数量与体积总数的80.7%、18.4%、0.9%和91.6%、8.2%、0.2%。可见，滑坡是库岸主要的变形破坏方式。滑坡又以基岩顺层滑坡为主，体积达18.9亿m^3，占崩滑体总体积的62.3%，见表10.4.4。

表10.4.4　　三峡水库崩塌、滑坡、危岩体数量与体积统计

区域		滑坡体			崩塌体	危岩体	合计
		堆积层滑坡	基岩滑坡				
			顺层	切层			
干流	数量(个)	22	101	40	48	4	215
	体积(万m^3)	11488.5	133563.4	14224.5	13029.2	547.0	172852.6
支流	数量(个)	203	92	94	78	2	469
	体积(万m^3)	31494.6	55512.0	31626.5	11792.5	239.3	130664.9
全库段	数量(个)	225	193	134	126	6	684
	占比(%)	32.9	28.2	19.6	18.4	0.9	100
	体积(万m^3)	42983.1	189075.3	45851.0	24821.6	786.5	303517.5
	占比(%)	14.2	62.3	15.1	8.2	0.2	100

三峡工程干支流58个巨、大型崩、滑体的分布见图10.4.1，每个崩、滑体的体积见表10.4.4。库区干支流巨、大型崩、滑体见表10.4.5。

10.4.3.2　库岸崩塌及滑体分布特点

(1)地理分布

库岸崩塌、滑坡的发育强度受岩性、地质构造和岸坡结构等条件的控制，一些地段中、大型崩、滑体密集，而另一些地段则十分稀少，呈明显的地域性。如三斗坪—新滩库岸长约50km，仅一处小型崩塌；窑湾溪—沙镇溪北岸、巫峡、瞿塘峡的峡谷段和丰都桃园—重庆市朝天门，崩、滑体很少；三蹬子—大河沟北岸约48km库岸几乎未见崩、滑体；而秭归树坪—巴东黄腊石、巫山老鼠错—大湾、黄瓜树—刘家屋场、奉节白衣庵—云阳茂河岭、云阳宝塔—兴隆滩、万县市一带、万县大溪口—狮耳冲、忠县庙上—丰都陈家吊崖等8段累计库岸长151.6km，仅占干流库岸总长的11.7%，但崩、滑体数量却占总数的48%和总体积的84.4%。

支流库段的崩、滑体主要分布在香溪河、归州河、草堂河、梅溪河和乌江，其数量占支流崩、滑体总数的44.3%，占总体积的63.4%。

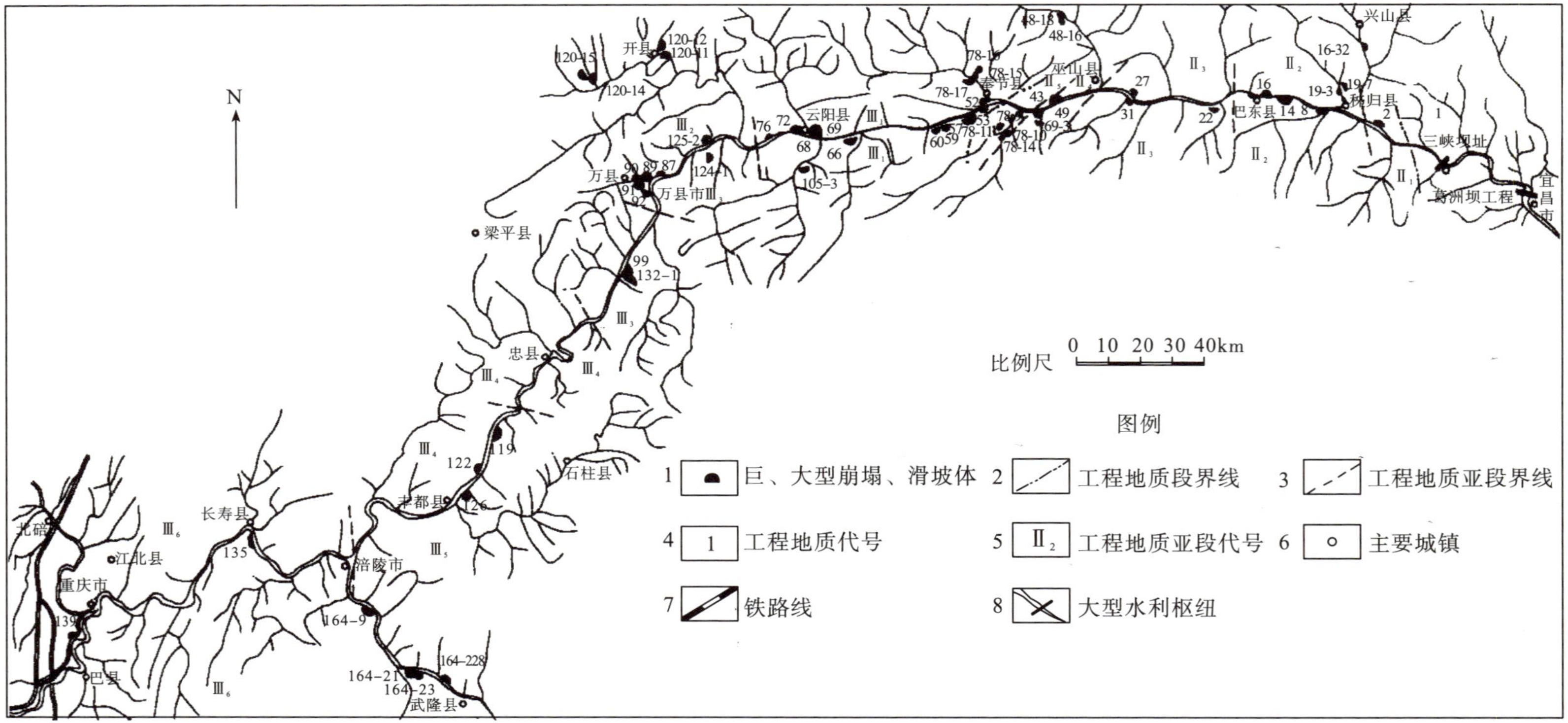

图10.4.1 长江三峡水利枢纽水库区工程地质分段及巨、大型崩、滑体分布

表 10.4.5　　三峡水库干、支流巨、大型崩、滑体一览

干流库岸			支流库岸				
崩、滑体编号	崩、滑体名称	崩、滑体体积（万 m^3）	支流编号	支流名称	崩、滑体编号	崩、滑体名称	崩、滑体体积（万 m^3）
2	新滩滑坡	3000	16	香溪河	16-32	石佛寺滑体	1030.0
8	树坪滑坡	2360	19	归州河	19-1	卡子湾滑坡	3360.0
14	范家坪滑坡	12500			19-3	吴家大岭滑坡	1432.0
16	黄腊石滑坡	1800			19-7	胡家屋场滑坡	4308.0
	黄土坡滑坡	4080	48	大宁河	48-6	寨包子滑坡	1015.5
22	作揖沱崩塌堆积体	1353			48-18	鲢鱼池滑坡	1020.0
27	向家湾滑坡	2000	69	错开峡	69-3	大屋场滑坡	1204.0
31	曹家湾崩塌堆积体	2300	75	大溪	75-4	花莲树滑坡	2604.0
43	水竹园滑坡	1700			75-10	响水滩滑坡	2394.0
49	刘家屋场滑坡	1791			75-11	银窝子滑坡	1164.0
52	白衣庵滑坡	4434			75-14	施家湾滑坡	1292.0
53	茨草沱滑坡	3360	78	梅溪河	78-15	白瓦房滑坡	2880.0
57	百换坪滑坡	12933			78-16	纸厂湾滑坡	1612.0
59	新铺滑坡	6000			78-17	龙坡滑坡	19020.0
60	藕塘滑坡	2000	105	磨刀溪	105-3	大石板滑坡	1075.0
66	故陵镇滑坡	18900	120	小江	120-11	王家院子滑坡*	2036.0
68	宝塔滑坡	8500			120-12	多孝坪滑坡	4944.0
69	鸡扒子滑坡	1500			120-14	周家院子滑坡*	1492.0
72	云阳西城滑坡	2500			120-15	潘家院子滑坡*	2730.0
76	旧县坪滑坡	5220	124	熊家沟	124-1	五桐坪滑坡	1869.6
87	玉皇观滑坡	4887	125	巴阳溪	125-2	欧家坪滑坡	1612.5
89	草街子滑坡	2283	132	回龙溪	132-1	皮家院子滑坡	1795.0
90	安乐寺滑坡	6426	164	乌江	164-9	碗背沱滑坡	2863.2
91	太白崖滑坡	6220			164-21	羊角滩滑坡	1006.0
92	吊岩坪崩塌堆积体	1747			164-23	羊角镇崩塌堆积体	4071.0
99	后槽滑坡	3516			164-28	土坎崩塌堆积体	2128.2
119	猫须子滑坡	3368					
122	龙王庙滑坡	1173					
126	陈家吊崖滑坡	1231					
135	槽房滑坡	1000					
139	重钢焦炉滑坡	1420					

注：* 为不受回水影响的滑坡体。

(2)分布高程

崩、滑体的分布,大多临近长江谷底。干流中型以上崩、滑体的前缘97%在长江枯水位附近;同样,支流库段85%的崩、滑体前缘临近支流谷底。而位于近水平岩层中的万州滑坡群滑面高程有3个阶次,即高程190~200m、214~224m、240~250m,分别对应Ⅱ~Ⅲ级阶地(图10.4.2)。

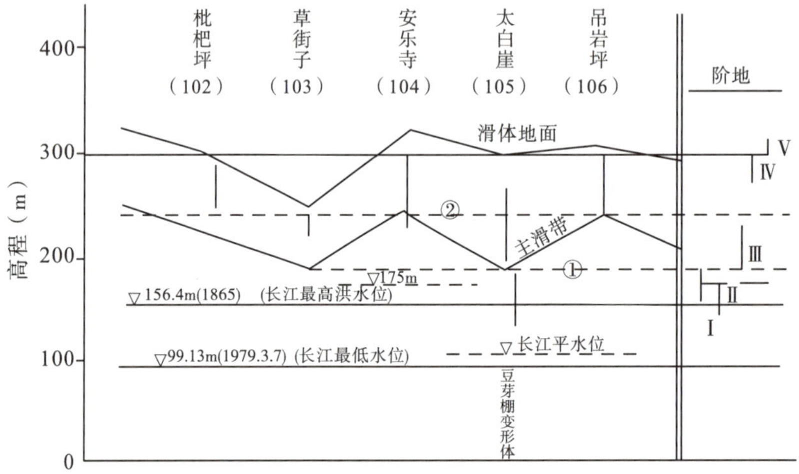

图10.4.2 万州区古滑体滑面高程联合剖面

(3)与地层岩性的关系

岩体是崩、滑体产生的物质基础。不同岩类崩、滑体的发育强度各不相同。岩浆岩和变质岩岸坡段无大的崩、滑现象;碳酸盐岩岸坡段的变形破坏相对微弱,破坏方式以崩塌为主,600余千米的碳酸盐岩岸坡段,崩、滑体的数量和体积只占总数和总体积的8.2%、5.6%;长4220余千米软硬相间的层状碎屑岩和有软弱基座的局部碳酸盐岩岸坡,变形破坏相对强烈,活动方式则以大中型滑坡为主,其数量和体积分别占总数的87.3%和总体积的91.1%。因此,无论是崩、滑体的分布范围、发育程度及可能的危害性,层状碎屑岩岸坡占主要地位,是库岸稳定性研究的重点。

(4)与地质构造的关系

地质构造对库岸变形破坏的影响,主要取决于河流流向与构造的组合关系。当河流流向与褶皱轴基本一致,形成顺向河谷时,则主要产生顺层滑坡,并集中于向斜的一翼或向斜翘起端的顺向坡,如故陵向斜的奉节—故陵镇及宝塔—兴隆滩段(图10.4.3),渠马河向斜的梅溪河、丰都—忠县向斜的金竹园—汤家湾段都是向斜向东收敛翘起且趋紧密的部分,易形成上陡下缓的"靠椅状"岸坡结构,往往形成大型顺层滑坡。巫山向斜的大溪河、干流的塔坪—刘家屋场,秭归向斜边缘的香溪河、干流树坪—范家坪段,蔡店子向斜的青干河也是滑坡集中的部位。

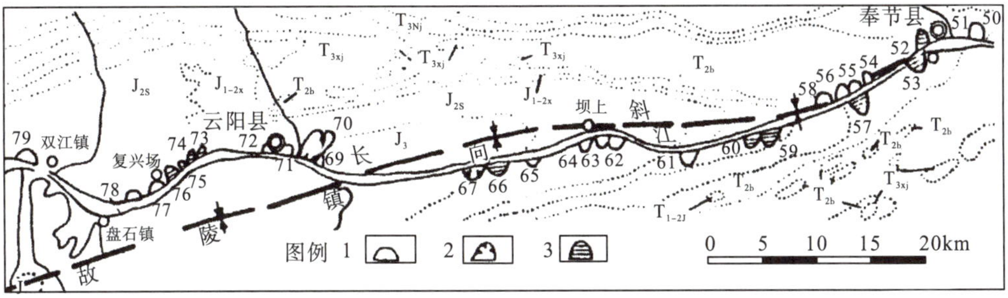

图 10.4.3　滑坡发育向斜一翼或翘起端顺向坡实例

1—小于 100 万 m^3 的滑坡体及编号；2—小于 1000 万 m^3 的崩塌体及编号；3—大于 1000 万 m^3 的滑坡体及编号

靠近背斜轴部发育的纵向谷，除顺向坡崩、滑体发育外，另一侧的逆向岸坡，如果平行于河流的纵张裂隙发育，与其他方向裂隙组合，在一定岩性条件下（如巴东组地层），亦可形成规模较大的滑坡，如秭归树坪、巴东黄腊石等滑坡。

三峡地区背斜核部易产生大型崩塌、滑坡的另一重要原因是背斜核部常常出露软弱页岩和煤组地层（志留系、二叠系马鞍组等），形成上硬下软地质结构，发育大型危岩体（如链子崖）和崩塌堆积体，并引发大型滑坡（如新滩、向家湾等）。

河流穿越背斜的峡谷段，由于岩层产状变化剧烈，小型断裂发育，主要是产生崩塌及崩塌体顺斜坡滑移变形，如产生于楠木园和横石溪背斜核部的作揖沱、向家湾、白鹤坪、鸭浅湾等崩、滑体（图 10.4.4）。

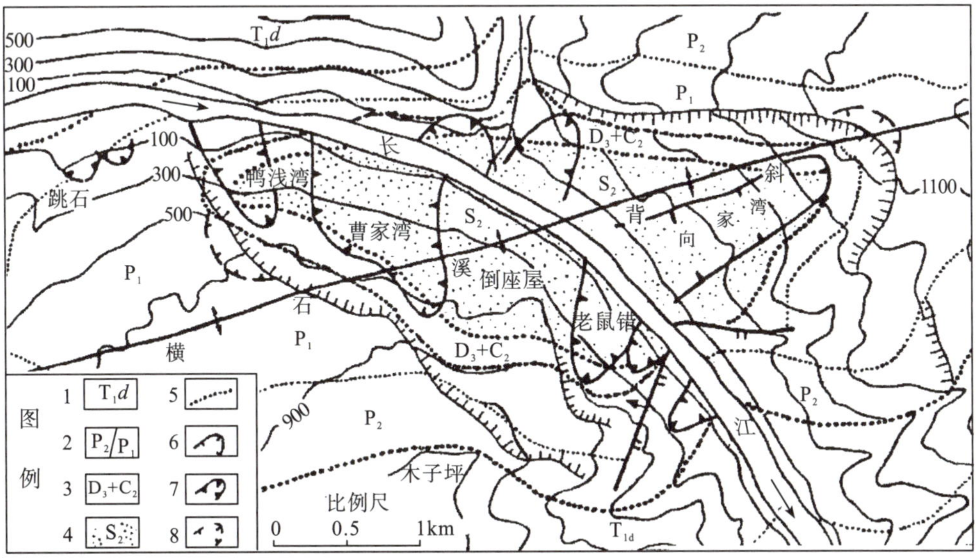

图 10.4.4　峡谷区背斜核部崩塌体集中发育实例

1—三叠系下统大冶灰岩；2—二叠系灰岩；3—泥盆系砂岩与石炭系灰岩；4—志留系页岩；5—地层界线；6—滑坡体；7—崩塌体；8—危岩体

(5)与岸坡结构的关系

岸坡结构是地层岩性、地质构造与河谷地貌的综合体现,直接控制了崩、滑体的分布与发育程度。崩滑体发育强度由强至弱的顺序是:倾外层状岸坡、平缓(及软弱基座)层状岸坡、倾内层状岸坡、其他类型岸坡。其破坏方式,倾外层状岸坡以滑坡为主,其余各类型岸坡崩、滑体大致相当。可以归结为,崩、滑体明显受控于碎屑岩岸坡结构类型,尤其顺向岸坡是大型滑坡的温床;碳酸盐岩区具软弱基座的岸坡结构段则是崩、滑体密集发育地带。

10.4.3.3 崩、滑体的结构特征

崩塌堆积体均为散体结构的碎块石夹土,碎块石大小混杂,块径以 0.1～1.0m 者居多,大者可达 10m 以上。由于地表水和地下水的淋滤,下部黏性土增多。因长期崩塌积累形成重力分选和后期充填,多数可隐约显现层次。

滑坡体的岩体结构,因受地层岩性、活动次数、滑速、滑距等因素的控制,同一滑体的不同部位其物质构成、破碎程度亦不相同,大致可分为 6 种结构(表 10.4.6)。大体而言,从①类至⑤类,一般显示滑坡的滑距、滑速、复活次数递增,而整体性降低。对单个滑体而言,一般前缘与表部比深部解体程度高。

表 10.4.6 三峡库区滑坡体岩体结构类型特征

序号	结构类型	结构特征	滑坡类型	实例
①	块裂结构	滑坡主体为整体性较好的块裂结构岩体,仅洼地中或前缘部分有散体—碎裂结构岩体分布	岩体近水平或缓倾外顺层滑坡	旧县坪、万州滑坡群
②	碎裂—块裂结构	滑坡 70%由碎裂岩体组成,仅前缘局部为碎裂、散体结构岩体,崩坡积物主要见后部及地表	岩层变角倾外顺层滑坡	千将坪、百换坪、故陵、藕塘、后槽等
③	散体—碎裂—块裂结构	块裂结构岩体不到 40%,散体结构岩体主要见表部或洼地及前后缘,块裂结构岩体多位于底部	顺层滑坡及岩质切层滑坡	范家坪、刘家屋场、宝塔、茨草沱
④	碎裂—散体结构	碎裂结构岩体与散体结构岩体相混杂,二者之比为 2∶3,但散体结构岩体主要分布于表部与前后缘	岩质滑坡或其复活部分	流来观、大湾、鸡扒子、云阳西城、桃园
⑤	散体类碎裂结构	散体结构岩体大于 70%,碎裂结构岩体主要分布于滑体的底部或后部	老滑坡多期复活、崩坡积层与下伏基岩一起的滑坡,具多次活动	三蹬子、黄腊石、大坪、安乐寺、宝钢
⑥	散体结构	滑体基本上由散体结构岩体组成	老滑坡多期复活或崩塌坡积转化的滑体	新滩、鲤鱼沱、吊崖坪

10.4.4　库岸稳定性潜在危害分析与评价

10.4.4.1　对水库库容和寿命的影响

将库岸失稳可能滑入水库的土石方量与水库总库容相比较，以评价崩、滑体变形破坏对水库库容的危害程度。

分布于三峡水库库岸 684 处崩塌、滑坡危岩体，总体积 30.4 亿 m^3，即使它们全部失稳，按 1/8 的体积入江，其体积仅占总库容的 1%，占死库容的 2%。因此，崩、滑体失稳入江对水库库容和寿命无实质性的影响。

10.4.4.2　对枢纽建筑物施工和运行的影响

库岸失稳对枢纽建筑物施工和运行的影响，包括直接和间接两个方面。

(1)直接影响

经多年反复调查，坝前由结晶岩组成的低山丘陵缓坡库段，未见规模较大的崩塌、滑坡，也未发现可能产生较大规模崩、滑体的地形和地质条件。库首没有直接威胁枢纽建筑物安全的不稳定岸坡和崩、滑体。

(2)间接影响

坝前 26km 长的库段内，没有稳定性差和较差的大中型崩、滑体分布，也不存在大型岸坡变形失稳的地质条件，因此只需要考虑 26km 以远的稳定性差的崩、滑体失稳入库所形成涌浪的影响。

稳定性差并正在变形的链子崖危岩体及可能局部失稳的新滩滑坡，距坝址 26～27km。新滩滑坡已于 1985 年整体性大规模滑动(图 10.4.5)，造成的涌浪向下游衰减很快，到坝址已基本消失，在今后工程运行年代里，再次产生 1985 年那种大规模活动的可能性不大。但在进行涌浪影响评价时，采用了比 1985 年滑动还要坏的几种假定条件进行涌浪试验和计算，其结果至坝前的最大浪高仅 2.7m。

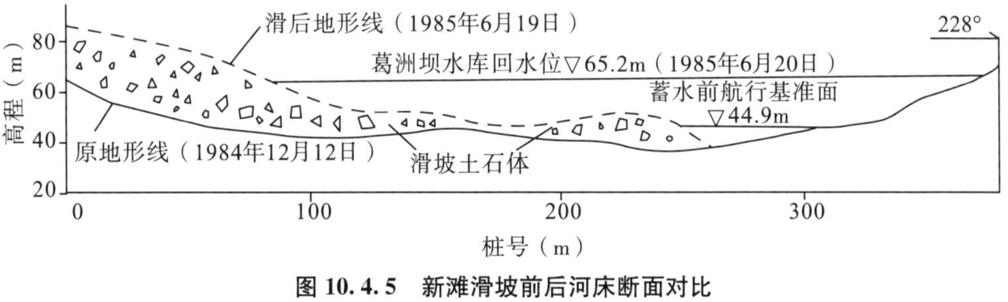

图 10.4.5　新滩滑坡前后河床断面对比

链子崖危岩体，在未治理的情况下，假定临江 216 万 m^3 岩体一次崩塌入水库，采用不同方案与方法计算，到坝前的涌浪高度均小于 2.0m。该危岩体临江的主体部分已于 1993 年完成加固治理工程，其对航运及周围环境的影响已基本消除。其他可能失稳的大型崩、滑体如黄腊石滑坡等，距坝址都在 65km 以远，一旦失稳滑入水库，其涌浪至坝址更小。

综上所述，水库岸坡失稳入库的涌浪不会危及枢纽建筑物的安全。

10.4.4.3 对航运的影响

(1)水库形成前对航道的影响分析

天然状态下的三峡水库河段，有近 140 处险滩，据调查有许多险滩的形成与历史上的山崩和滑坡有关。葛洲坝水库蓄水之后，已淹没奉节以下全部险滩，加上多年治理，川江航道的通航条件有了明显的改善。但由于河道的基本条件并未改变，因此抵御崩、滑体入江碍航的能力仍十分脆弱，一旦发生大型崩、滑就可能严重碍航或断航。如 1982 年鸡扒子滑坡致使 230 万 m^3 土石体入江，垫高河床 30～40m，占据了大部分过航断面，航运一度受阻，经大规模治理才恢复通航；1985 年新滩滑坡有 260 万 m^3 土石体堆积于水下，伸入长江宽 90m，占据 65m 水位(葛洲坝蓄水位)水下断面的 1/3 部位，若不是葛洲坝库水位高出原枯水位 20m，按原天然枯水位 44m 计，入江土石体则已占水下断面的 2/3 左右，势必造成更严重的碍航甚至断航。

参照以上实例，若崩、滑体入江按 1/8～1/11 的体积估计，在三峡水库形成前，现在稳定性差和较差的巨、大型滑坡如若失稳，入江土石体都将占据枯水期过水断面的 50%以上，必然严重碍航乃至断航。

(2)三峡水库形成后对航道的影响程度分析

三峡水库形成后，水深加大数十米至 100 余米，江面拓宽 200～800m，水下断面也相应增大 3～10 倍。按稳定性差和较差的崩、滑体可能入江方量的估计，一般为 40 万～75 万 m^3，大的约 400 万 m^3。若按水库形成后初期的最低水位即防洪限制水位 135m(初期)和 145m(后期)考虑，崩、滑土石体入江量在最严重的地段也仅占 135m 水位以下断面的 30%左右，剩余过水断面远大于建库前天然水下断面，基本上不影响航道安全。因此，在天然条件下，巨、大型崩、滑体入江碍航的危害，在工程兴建后将得到根本的改善。

10.4.4.4 对库区城镇及移民安置的影响分析

库岸众多的崩、滑体往往位于长江两岸人民生产和生活的主要场所。在天然条件下，受自然因素或人类活动的影响，一些正在变形和不稳定的崩、滑体已对个别城镇和居民点造成一定程度的危害，古老的新滩镇毁于一旦，云阳、万县、长寿、香溪等城镇因多处滑移变形使建筑物遭受不同程度的破坏。三峡水库形成后，目前正在变形发展的崩滑体还可能出现加剧的趋势，也将严重破坏其上的建筑物。

此外，经分析计算，稳定性差的崩、滑体滑入水库形成的涌浪，也是对周边城镇的一个间接威胁。特别是距巴东县城较近的黄腊石滑坡大规模滑入水库后引起的涌浪至巴东县城可达 8～10m，在新城建筑物的布置上应考虑这一因素。

上述不利影响，在三峡工程移民规划、移民城镇建设和地质灾害治理规划中都给予了高度的重视。

10.5　三峡库区地质灾害防治

10.5.1　三峡库区地质灾害治理分期实施

三峡建委第十次全体会议于 2001 年 5 月 31 日在北京召开，三峡建委主任朱镕基总理主持会议。会议指出："三峡库区是地质灾害多发地区，对崩滑体的治理关系到库区人民生命财产的安全，请国土资源部会同有关省市尽快建立起库区统一的地质灾害监测预警系统，做好地质灾害的预报和防治工作。库区地质灾害治理工程的投资要列入三峡工程建设总投资，切实予以保证。"鉴于三峡库区移民搬迁分 4 期实施，库区地质灾害防治规划分为 3 期进行治理。

10.5.1.1　库区地质灾害防治一期规划治理

三峡库区地质灾害防治一期规划重点开展与库区城镇新址和大坝安全密切相关的滑坡、崩塌、泥石流的勘测规划设计防治工作，其地质灾害防治工程主要是 1997 年 11 月大江截流前必须完成的治理项目。其中治理难度大的由国土资源部实施的秭归链子崖危岩体治理和巴东黄腊石滑坡治理，分别在 1999 年和 1996 年完工。一期重点地质灾害治理项目还有重庆市万州区龙宝、豆芽棚滑坡，涪陵区积城崩土坝滑坡、师专滑坡，治理均在 1995 年完工。

10.5.1.2　库区地质灾害防治二期规划及三期规划治理

2001 年 7 月，国家设立 40 亿元专项资金，在三峡工程蓄水位 135～139m 围堰挡水发电期，必须对水库涉及的库区防治地质灾害进行治理(称为二期规划地质灾害治理)，其规划治理范围：三峡大坝前水位 135m 接非汛期 20 年一遇洪水水面线回水范围，在此范围内有受围堰发电期水库蓄水位 135m 影响的涉水崩滑体(前缘高程低于 135～139m 水位回水线)和位于二期移民迁建区及专业设施复建区的崩塌滑坡以及库区内需紧急治理的崩塌滑坡。主要涉及湖北省宜昌市夷陵区、秭归县、兴山县和恩施巴东县，以及重庆市巫山、奉节、云阳、万州、忠县、石柱、丰都、涪陵等库区范围。

针对库区地质灾害的防治措施，根据灾害的类型、位置的重要性、危害性大小及治理的难易程度，分为工程治理、搬迁避让和监测预警 3 种方式。2003 年 6 月，三峡水库蓄水至 135～139m 水位(称为二期蓄水，大江截流为一期蓄水)后，又对涉及 2007 年汛后蓄水至初期运行水位 156m(称为三期蓄水)后到 2009 年汛后蓄水至正常蓄水位 175m(称为四期蓄水)前受影响的地质灾害体和库岸稳定进行防治(称为三期规划治理)，其规划治理范围：三峡大坝水位 175m 接非汛期 20 年一遇洪水水面线回水范围，在此范围内有受正常蓄水位 175m 影响的涉水崩滑体(前缘高程低于 156m 水位回水线)和位于三期及四期移民迁建区及专业设施复建区的崩塌滑坡以及库区内急需治理的崩塌、滑坡及危岩体。主要涉及湖北库区 4 县和重庆库区 16 个区(县)的范围。

三峡库区地质灾害防治二期(围堰挡水发电蓄水位 135～139m)规划及三期(初期运行

蓄水位 156m)规划治理的崩塌滑坡 574 处、防护库岸岸 446 段、长 253.5km;规划地质灾害搬迁避让项目 525 处,涉及 6.26 万人;规划地质灾害群测群防监测点共计 3049 处,监测保护近 60 万人,其中专业监测点 254 处(库岸超深层监测点 3 处,崩塌点 251 处),监测保护近 9 万人。通过二期工程及三期工程治理,共治理滑坡 441 处、库岸防护 175.05km,保护了 79 座涉水城镇的库岸稳定,大部分解除了崩塌滑坡对移民迁建城镇和重要农村移民迁建点构成的危害。通过工程治理,消除了 243 处滑坡下滑入江成灾的隐患,同时对受到地质灾害威胁的港口、码头和道路实施了保护,增加了库区长江航运安全。通过实施搬迁避让和地质灾害监测预警,在库区更大范围内提高对人民生命财产和长江航运安全的保障程度。

在移民迁建区,实施了高切坡治理,共 2874 处。

10.5.2 三峡库区地质灾害预防设施

10.5.2.1 加强地质灾害监测,建立库区地质灾害信息系统

库区地质灾害监测是地质灾害防治工作的重要组成部分,是集多种学科为一体的综合技术体系。将电子技术和计算机技术应用于针对灾害体的位移变形、物理场、化学场和地下水等信息的地质灾害监测技术方法,生产出适用于不同灾害、不同环境、不同性能的监测仪器,已形成了集多种有效监测技术于一体的综合监测技术系列。三峡库区地质灾害监测系统采用“控制中心—监测站—监测点”的模式。控制中心是整个系统运作的核心,主要负责监测点数据的采集和控制,并响应控制中心的指令。通过基于单片机和 DSP 技术的二次仪表采集监测点上的数据,并响应监测站或控制中心的指令。各环节间的传输方式可利用有线方式,也可通过无线通信(GSM/GPRS 网络,CDMA 移动网络等),或通过数传电台等技术单独搭建专门的无线局域网,还可通过 Internet 等网络资源实现高级的数据传输和发布。三峡库区是滑坡、崩塌、泥石流等地质灾害多发区,在开展库区崩滑地质灾害监测及预报预警中,引进 GPS 大地测量技术、合成孔径雷达干涉测量(InSAR)技术、声发射技术和自动遥测技术等变形监测新技术,能有效地跟踪监测滑坡、危岩体的动态变化过程,开展地质灾害监测预警对于保障库区人民生命财产安全和航运安全具有重大意义。

库区地质灾害信息系统是在地理信息系统的基础上进行扩充和开发,通过地理信息系统工具提供的系统数据输入和输出函数、功能调用函数,结合地质灾害分析模型建立库区地质灾害综合评价与区划分析系统,为开展地质灾害的区域时空规律预测,分别建立研究区的概念模型和量化模型,采用层次分析或模糊评判方法量化,对地质灾害进行风险评价;采用离散法判别分析或概率法进行单因子分析及多因子分析(因子包括地形地貌、岩组、地质构造、降雨、地表水、地下水、气候变化、人为因素等)。

10.5.2.2 健全库区地质灾害监测预警系统,做好地质灾害预报和防治工作

库区已建立重大地质灾害监测网,运用遥感手段实时了解水库水位涨落对库岸和滑坡体变形的影响;应用 GPS、声发射及自动遥测等先进技术和专家指导下的群测群防方式建立地质灾害立体监测系统;运用地理信息系统技术开发 GPS-based 的决策支持系统。健全库

区地质灾害监测预警系统，库区各级政府建立地质灾害信息发布和减灾对策体制和地质灾害防治长效机制，制定地质灾害防治预案，加强地质灾害监测及预报预警工作，以防患于未然。

10.5.3　三峡库区地质灾害防治效果评价

10.5.3.1　库区地质灾害治理效果

库区地质灾害二期及三期规划共治理滑坡 428 处和 302 段不稳定库岸(库岸防护 175.05km)，经工程治理，库岸稳定性得到加强，保护了 79 座涉水城镇的库岸稳定，解除了大部分崩塌滑坡对移民迁建城镇和重要农村移民迁建点构成的危害。2003 年 6 月蓄水位 135～139m 围堰挡水发电通航运行期间，库区新生地质灾害 59 处，2004 年及 2005 年库区新生地质灾害分别为 55 处及 77 处；2006 年 10 月蓄水至初期运行水位 156m，库区新生地灾害 98 处；2007 年汛期，三峡地区遭遇了 100 年一遇暴雨袭击，监测预警及时，发现险情立即处置，避免了人员伤亡。工程治理既消除了 243 处滑坡下滑入江成灾的隐患，也对受到地质灾害威胁的港口、码头和道路进行了保护，增加了长江航运安全。

10.5.3.2　库区地质灾害实施搬迁避让和监测预警效果

库区地质灾害二期及三期规划中，除采取工程处理措施治理的部分崩塌、滑坡及库岸防护外，通过实施搬迁避让和地质灾害监测预警，在库区更大范围内提高了对人民生命财产和长江航运安全的保障程度。实施搬迁避让共 525 处，涉及 62.6422 万人，其中二期 232 处，三期 414 处。较典型的如巴东黄土坡滑坡、奉节藕塘滑坡、乌江羊角镇崩塌、巫山塔坪滑坡、黄瓜树滑坡、云阳西城滑坡等实施了搬迁避让。监测预警对避免和减少地质灾害的危害也起到了极其重要的作用，地质灾害的防治例子有：群测群防监测预警了千将坪、坍口湾、高塘观等滑坡险情 236 处，应急搬迁转移 2063 人，取得了良好成效；专业监测对 42 处滑坡进行了预警，对其中的 3 处滑坡进行了橙色预警，11 个滑坡 1712 人采取了应急搬迁；2007 年汛期，三峡地区遭遇了 100 年一遇暴雨袭击，三峡库区范围内监测预警及时，发现险情立即处置，避免了人员伤亡。

在库岸治理工程当中，同时使库岸一些地段环境和景观得到了改善。例如，重庆市有 27 个项目结合市政、移民迁复建工程等实施了综合治理，其中云阳新县城库岸防护，保证了县城安全，美化了县城环境，增加了建设用地；湖北省宜昌市夷陵区杨家湾—黄陵庙岸坡、夷陵区太平溪镇库岸、秭归县凤凰山等地段，治理后岸坡的形象明显改善，美化了坝区环境。

10.5.4　三峡工程 175m 试验性蓄水运行以来库区地质灾害成因规律分析

10.5.4.1　水库型滑坡时间过程特征

三峡水库 2008 年汛末开始实施正常蓄水位 175m 试验性蓄水。根据世界上大多数水库蓄水的经验，蓄水初期和周期性的水位涨落将造成老滑坡复活和新滑坡发生。三峡水库从 2008 年 9 月至 2018 年 10 月，进行了 11 次 175m 试验性蓄水(图 10.5.1、表 10.5.1)。其中，2008 年、2009 年试验性蓄水坝前最高水位分别为 172.80m、171.43m，2010—2018 年试验性蓄水坝前最高水位均为 175m。

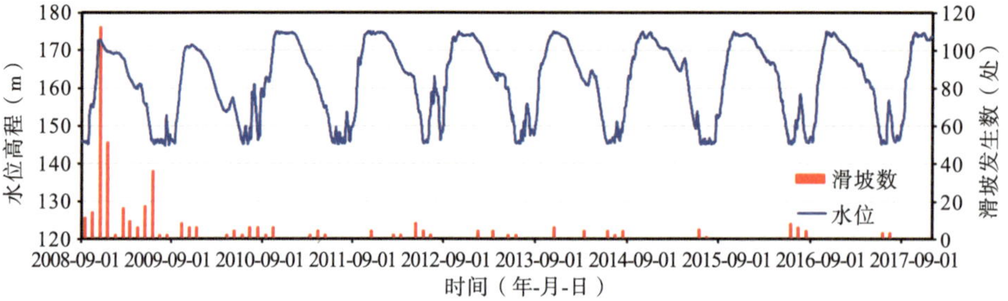

图 10.5.1 三峡水库 10 次 175m 试验性蓄水的水位过程线与滑坡发生关系

表 10.5.1 三峡水库 11 次 175m 水位试验性蓄水及下降的水位变化

序号	蓄水				退水			
	时间（年-月-日）	历时（天）	总变化幅度(m)	平均幅度(m/d)	时间（年-月-日）	历时（天）	总水位幅度(m)	均幅(m/d)
1	2008-09-28 至 2008-11-04	37	27.53	0.744	2008-11-13 至 2009-06-19	218	27.59	0.127
2	2009-09-15 至 2009-11-24	70	25.56	0.365	2009-11-25 至 2010-06-19	206	26.21	0.127
3	2010-09-10 至 2010-10-26	46	14.8	0.322	2011-01-01 至 2011-07-05	185	29.55	0.160
4	2011-09-10 至 2011-10-30	50	22.76	0.455	2012-01-01 至 2012-07-15	196	29.34	0.150
5	2012-09-10 至 2012-10-30	50	15.72	0.314	2012-12-24 至 2013-07-15	203	29.34	0.145
6	2013-09-10 至 2013-11-12	63	17.88	0.284	2013-12-13 至 2014-06-16	185	28.76	0.155
7	2014-08-03 至 2014-10-31	89	28.52	0.320	2014-12-05 至 2015-06-30	207	28.91	0.140
8	2015-08-18 至 2015-10-28	71	28.96	0.408	2015-12-31 至 2016-06-08	160	28.5	0.178
9	2016-09-08 至 2016-11-03	56	29.34	0.524	2016-11-29 至 2017-06-17	200	29.3	0.147
10	2017-08-18 至 2017-10-21	64	28.8	0.450	2017-11-27 至 2018-06-09	194	28.98	0.149
11	2018-09-10 至 2018-10-31	51	22.37	0.438	2019-01-02 至 2019-06-06	155	29.72	0.192

表 10.5.1 表明每次 175m 水位试验性蓄水水位升降的持续时间、总变化幅度和平均幅度。第 1 次试验性蓄水水位升降引发了大量老滑坡复活和新滑坡发生。巫山凉水井滑坡是在这期间复活的老滑坡之一，滑坡为顺层滑坡滑动后堆积形成的老滑坡，总体积约 400 万 m^3。2008 年 11 月 22 日，库水位 171.49m，滑坡复活并出现大变形，出现大型的圈椅状裂缝，从后缘一直贯通延伸到长江，导致滑坡体上房屋严重破坏，紧急撤离滑坡区内 11 户 55 人。2009 年 4 月 12 日，水位下降至 160.2m 后，滑坡变形再次加剧，长江航道被迫临时限制通航。同时，也诱发产生了多处新生滑坡，如位于巫山县长江左岸的巫峡口龚家坊滑坡，该滑坡为逆向岩质斜坡，主要由中厚层—薄层状石灰岩构成。2008 年 11 月 23 日，三峡水库蓄水至 172.8m 后，龚家坊发生了第一次滑坡，体积约 38 万 m^3，形成了 13m 高的涌浪。2009 年 5 月 18 日，三峡水库蓄水退水至 150.5m 高程后，该斜坡再次发生崩塌，体积约 1.5 万 m^3。

老滑坡复活和新滑坡出现与水位升降过程关系密切。从总体看来，在这 10 次 175m 水位试验性蓄水期间，库区共发生滑坡 453 处，滑坡总体积约 3.8 亿 m^3(图 10.5.2)。其中，在 2008 年 9 月 1 日至 12 月 31 日首次水位升降过程造成老滑坡复活和新生滑坡 333 处，占总数量的 79%。在总结第一次水位升降的经验后，第 2～10 次 175m 试验性蓄水减少了水位日平均升幅，略微增加了水位日平均降幅。随后，老滑坡的复活和新生滑坡的发生数量大幅下降，从第一次 175m 试验性蓄水期间发生的滑坡达 333 处，从 2011 年开始 175m 试验性蓄水期间滑坡的发生数量明显下降至十几处，特别是在 2013 年、2014 年和 2017 年甚至下降到低于 10 处。

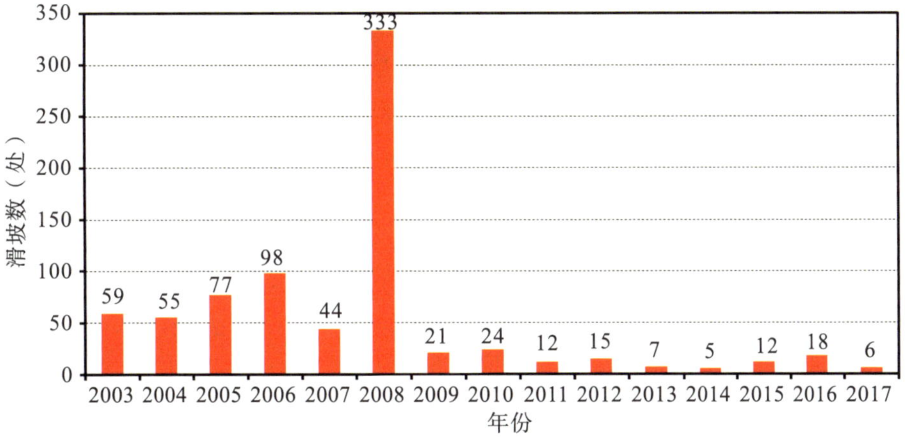

图 10.5.2　三峡水库蓄水引发滑坡数统计

（数据时间从 2003 年 9 月 1 日至 2017 年 10 月 31 日）

对 453 处水库滑坡分析表明，约有 119 处为新生滑坡，占总数量的 26.1%。新生滑坡可分为两种变形失稳类型：第一类仅出现初始缓慢变形拉裂，如地面开裂、小规模塌岸、沉陷等，尔后持续缓慢变形，如青石神女溪滑坡；第二类是发生快速失稳滑动，如龚家坊滑坡。据 2009 年调查，三峡库区涉水滑坡崩塌共 1946 处。因此，可以粗略推断，10 次 175m 试验性蓄水,引发了约 23%的滑坡变形失稳。

首次 175m 水位升降过程中,水库型滑坡集中发生在蓄水位抬升大于 160m 之后。水位缓慢下降后,滑坡数量仍不断增加,并且一直持续到 2009 年 6 月水位降到 145m 之后。第 2 次 175m 试验性蓄水位升降期间,滑坡主要发生在两个时段:水位持续上升且水位达 160m 以上后(2009 年 10—12 月)和汛期水位急剧升降期(2010 年 6—8 月)。第 3 次 175m 试验性蓄水水位升降诱发的水库型滑坡与前两次相比数量显著减少,主要发生在水位上升初期和水位下降的中后期。从第 4 次 175m 试验性蓄水水位升降开始,水库诱发的滑坡集中在水位下降期间,滑坡数量不多,出现时间较分散。2015—2017 年的滑坡均是发生在库水下降且夏汛期间,时间较集中,分布在 6 月。

三峡库区 175m 试验性蓄水引发的滑坡是符合山区水库蓄水变化规律的:在蓄水初期,为滑坡高发时段,随着时间的推移,滑坡发生呈递减态势,特别是库区水位变化幅度小于初期,加上后期滑坡治理和库岸防护力度得到加强的情况下,递减趋势明显。

10.5.4.2 水库型滑坡空间分布特征

图 10.5.3 展示了 10 次 175m 水位试验性蓄水诱发的滑坡分布情况。从地理空间来看,水库型滑坡集中分布在长江的干流和部分支流。由于长江沿线的斜坡地质环境条件差异巨大,各段的滑坡发育情况也有较大差异。可按地质岩性将三峡库区划分为 3 个库段。

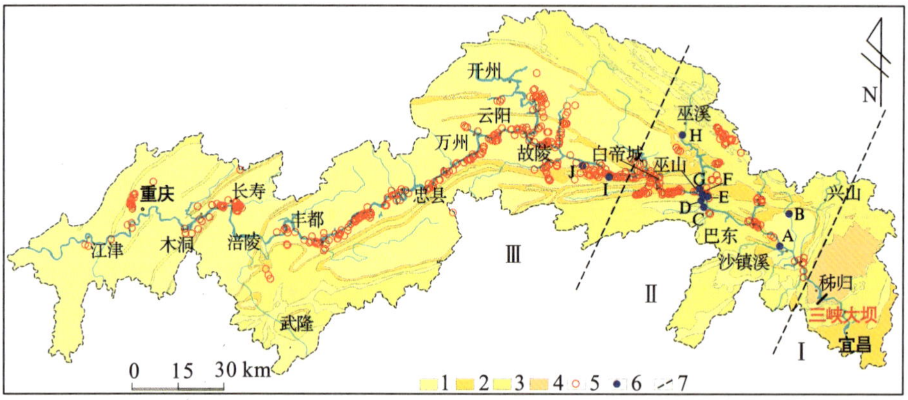

图 10.5.3 三峡水库 2008 年 9 月 1 日至 2017 年 10 月 31 日 10 次 175m 试验性蓄水诱发的滑坡分布

1—砂岩、页岩及煤系地层;2—泥岩夹砂岩、页岩;3—灰岩、白云岩夹页岩;4—花岗岩;5—10 次试验性蓄水诱发的水库滑坡;6—文中所重点描述的 9 处滑坡;7—库区分段线。A—树坪滑坡;B—泥儿湾滑坡;C—青石滑坡;D—干井子滑坡;E—望霞崩塌;F—龚家坊滑坡;G—红岩子滑坡;H—川主村滑坡;I—凉水井滑坡

1)Ⅰ库段——结晶岩低山丘陵宽谷段,从坝址至庙河,库段长 16km。由黄陵背斜核部前震旦纪结晶岩体组成,两岸地形低缓,河谷开阔,基本无大型滑坡发育,规模较大的仅有野猫面滑坡。该滑坡位于牛肝马肺峡至空岭滩之间的峡谷北岸,距三峡水库坝址 17km,体积约 1680 万 m^3。专业监测表明,野猫面滑坡体整体无明显位移性变化。滑坡体局部监测点

在库水位上升及消落期有微量的变化，但方向性没有统一的规律，滑坡体目前处于基本稳定状态。

2）Ⅱ库段——碳酸盐岩夹碎屑岩段，从庙河至白帝城，库段长 141.5km。该段地貌上峡谷与宽谷相间出现，构造上属上扬子台褶带的黔江拱褶断束。10 次试验性蓄水中，水库型滑坡主要发育在巫山县—白帝城附近区域。这一区域的岩性分布复杂多变，连续出露从志留系的粉砂岩至三叠系的地层。峡谷区岩性主要为灰岩，宽谷区岩性主要为泥岩、砂岩和页岩互层。该段崩塌、滑坡比较发育。龚家坊滑坡为峡谷区发育的典型岩质滑坡，望霞崩塌也发生在该段峡谷区。秭归县沙镇溪镇至巴东县城段也是滑坡极易发区，但这一段由于靠近库首，其新生滑坡和老滑坡复活集中在 2003—2007 年 135m 水位蓄水和 156m 水位蓄水期间。这一区域出露的基岩地层主要为侏罗系和三叠系巴东组地层，为三峡库区的易滑地层。该段主要为堆积层的老滑坡，发育有千将坪滑坡、树坪滑坡等大型滑坡。

3）Ⅲ库段——碎屑岩段从白帝城至库尾猫儿峡，库段长 492.5km。该段地貌上为低山丘陵宽谷，构造上属四川台坳的川东褶皱带。10 次试验性蓄水中，水库型滑坡主要发育在巫山县至云阳县故陵镇段、云阳县至丰都县段、长寿区至木洞镇段。该段主要出露的岩性为侏罗系泥岩粉砂岩互层，多为中、缓倾角顺向坡，滑坡发育。典型滑坡如凉水井滑坡、峰包岭滑坡群等都分布在该段。

10.5.4.3　水库蓄水位升降速率对地质灾害的影响分析

表 10.5.2 统计了 10 次 175m 试验性蓄水水位过程多日平均升降变幅（时间跨度为 2008 年 9 月至 2018 年 8 月）。

表 10.5.2　175m 试验性蓄水水位过程多日平均开降变幅统计　（单位：m/d）

第 1 次		第 2 次		第 3 次		第 4 次		第 5 次	
2008-9 至 2009-8		2009-9 至 2010-8		2010-9 至 2011-8		2011-9 至 2012-8		2012-9 至 2013-8	
上升	下降	上升	下降	上升	下降	上升	下降	上升	下降
0.744	0.126	0.322	0.130	0.311	0.160	0.450	0.176	0.314	0.170
第 6 次		第 7 次		第 8 次		第 9 次		第 10 次	
2013-9 至 2014-8		2014-9 至 2015-8		2015-9 至 2016-8		2016-9 至 2017-8		2017-9 至 2018-8	
上升	下降	上升	下降	上升	下降	上升	下降	上升	下降
0.284	0.156	0.320	0.140	0.408	0.178	0.524	0.147	0.450	0.149

2008 年首次 175m 试验性蓄水变幅最大，上升幅度平均达 0.744m/d，下降变幅平均达 0.126m/d，为地质灾害的高发期。

2009 年第 2 次 175m 试验性蓄水，其中，水位上升变幅平均仅为 2008 年的 43%，水位下降变幅平均为 0.130m/d，略大于 2008 年首次蓄水，但是新生地质灾害明显趋缓。

2010 年第 3 次 175m 试验性蓄水，上升变幅平均为 0.311m/d，略大于 2009 年第 2 次蓄水，下降变幅平均为 0.160m/d，大于 2009 年第 2 次蓄水，新生地质灾害进一步减少。

2011 年第 4 次 175m 试验性蓄水，上升变幅平均为 0.450m/d，为 2008 年首次蓄水的 60％，但为 2009 年第 2 次蓄水的 1.4 倍和 2010 年第三次蓄水的 1.5 倍，下降变幅平均为 0.176m/d，大于 2008 年、2009 年和 2010 年 3 次蓄水的下降变幅，未发生与水位升降明显对应的新生地质灾害，但呈现出与汛期暴雨叠加下诱发的特点。

2012 年第 5 次 175m 试验性蓄水，上升变幅平均为 0.314m/d，为 2008 年首次蓄水的 42％，与 2009 年第 2 次蓄水和 2010 年第 3 次蓄水变幅相近，下降变幅平均为 0.170m/d，略大于 2008 年、2009 年和 2010 年 3 次蓄水的下降变幅，与 2011 年第 4 次蓄水下降变幅相近，未发生与水位升降明显对应的新生地质灾害，但呈现出与汛期暴雨叠加下诱发的特点。

2013 年第 6 次 175m 试验性蓄水，上升变幅平均为 0.284m/d，为 2008 年首次蓄水的 38％，低于前 5 次 175m 试验性蓄水的下降变幅，仅发生与水位升降明显对应的新生地质灾害 1 起，并呈现出与汛期暴雨叠加下诱发的特点。

2014 年第 7 次 175m 试验性蓄水，上升变幅平均为 0.320m/d，为 2008 年首次蓄水的 43％，与 2009 年第 2 次蓄水变幅相近，下降变幅平均为 0.14m/d，大于第 1、2 次蓄水的下降变幅平均值，略小于 2010 年第 3 次的日均降幅，该年发生 4 起与水位升降明显对应的新生地质灾害，但呈现出与汛期暴雨叠加下诱发的特点。

2015 年第 8 次 175m 试验性蓄水，上升变幅平均值为 0.408m/d，为 2008 年首次蓄水的 55％，与 2012 年第 4 次蓄水的日均变幅值相近，日均降幅为 0.178m/d，与第 3 次、第 4 次和第 5 次蓄水的日均降幅值相差无几，在 2015 年里，发生的红岩子、干井子等 6 起新生地质灾害与水位过快的下降有关，同时与汛期暴雨相关。

2016 年第 9 次 175 试验性蓄水，上升变幅平均值为 0.524m/d，为 2008 年首次蓄水的 70％，除了小于 2008 年第 1 次蓄水的日均上升值之外，大于其他 7 次中任意一次的日均上升值，日均降幅为 0.147m/d，与 2014 年第 7 次蓄水的日均降幅值相近，在 2016 年里，发生 3 起受水位升降的地质灾害，同时与汛期暴雨相关。

2017 年第 10 次 175 试验性蓄水，上升变幅平均值为 0.450m/d，为 2008 年首次蓄水的 60％，与 2011 年第 4 次和 2015 年第 8 次蓄水的日均上升值相近似，日均降幅为 0.149m/d，与第 3 次、第 6 次、第 7 次和第 9 次蓄水的日均降幅值相近，在 2017 年里，未发生一起新生地质灾害。

表 10.5.2 中统计数据表明，水库蓄水位升降速率对滑坡的稳定性影响较大。不同渗透性岩土滑坡体在不同水位变幅速率时会有不同的响应，对稳定性影响也会有差异。但高水位变幅（譬如大于 1m/d 的下降速率）都会严重影响滑坡体的稳定性。

2018 年第 11 次 175m 试验性蓄水，上升变幅平均值为 0.430m/d，为 2008 年首次蓄水的 57.8％。2018 年新发生涉水滑坡险情 3 起，主要发生在汛期降雨与水位升降作用期间，分别为奉节西部新区下码头滑坡、万州烂坝子滑坡和武隆江口场镇滑坡，威胁人员达 281 人。由于自然资源部相关部门和地方各级政府高度重视地质灾害监测预警，各项工作落实到位，预警预报及时，应急避险措施有效，未因地质灾害造成人员伤亡。2018 年度近坝库岸调查表明，近坝库段干、支流岸坡稳定性较好，岸坡不具备产生较大规模整体滑动的条件，未发现新的较大的崩塌、滑坡等不利地质体。水库蓄水后岸坡的破坏形式主要为局部小型的崩塌、变形等，与前期地质工作结论基本一致。

10.5.4.4　影响水库型滑坡发生的其他因素分析

三峡库区 11 次 175m 水位试验性蓄水诱发的滑坡有 74.1%为老滑坡复活，尤其是大型、特大型的滑坡，基本为复活的老滑坡。老滑坡复活问题以往探讨较多，而且在三峡库区老滑坡大多被地质灾害监测网络(群测群防＋专业监测网络)所覆盖，其变形特征以台阶状累进性位移增加为主，如秭归县香溪河右岸白家包滑坡。白家包滑坡为堆积层老滑坡，呈明显的圈椅状地貌，滑坡后缘以基岩为界，高程大致为 270m，前缘剪出口高程约 120m，滑坡体积约为 990 万 m^3。三峡水库 2003 年 6 月 135m 水位蓄水时，该滑坡地表宏观裂缝持续变形。图 10.5.4 展示了 2006 年 11 月至 2018 年 10 月白家包滑坡累积变形，这一台阶状变形曲线是库区老滑坡长期变形曲线的典型形态，加速阶段和平缓阶段的诱发因素及影响因素不同。因此，水库滑坡毫无疑问受水位波动影响，但对许多滑坡而言，水位波动不是唯一的影响因素。

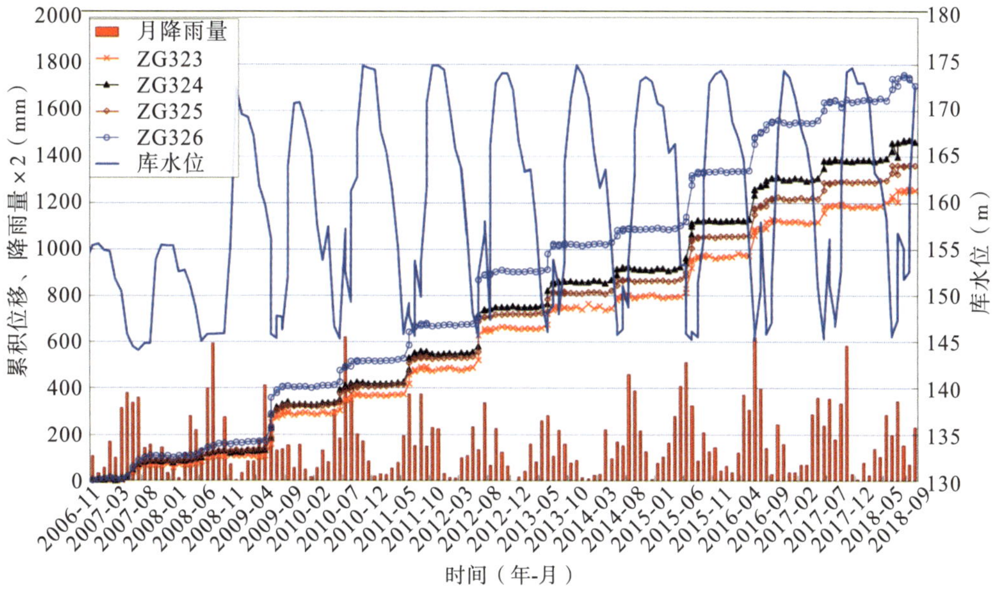

图 10.5.4　2006—2018 年湖北省秭归县白家包滑坡累积位移、库水位和降雨量之间的关系曲线

在分析水位升降速率与滑坡发生的相关性时，理想方法是通过每个滑坡发生时的当地水位变化过程统计建立水位升降阈值，可能同时需要建立和使用滑坡的变形机制分类表。但由于调查的区域太大和资料的短缺，这项工作目前是非常困难的。

表 10.5.3 进一步选取了 13 个在 175m 试验性蓄水期间发生整体滑动或局部滑动的大型、特大型滑坡，并对其进行了统计分析。可以发现，水位升降幅度与滑坡发生时间的相关关系并不明显，不少滑坡是在较小的水位变幅情况下发生的。这显示出水库型滑坡发生机

制具有复杂性和多样性。

表 10.5.3 三峡水库 13 个典型水库滑坡的发生时间及当时最大水位变幅

ID	名称	体积（万 m^3）	滑动	发生时间（年-月-日）	水位变幅		
					m/1d	m/5d	m/10d
1	曾家棚滑坡	487	整体	2012-05-31	−0.5	−3.1	−4.9
2	黄莲树滑坡	515	整体	2012-05-31	−0.5	−3.1	−4.9
3	红岩子滑坡	20	整体	2015-06-24	−1.1	−4.0	−7.1
4	峰包岭滑坡	15.4	局部	2010-03-01	−0.3	−1.3	−2.4
5	鹤峰乡场镇滑坡	435	局部	2008-11-09	2.0	8.3	11.3
6	土狗子洞滑坡	286	整体	2008-11-06	2.0	8.3	11.3
7	塘角滑坡	102	局部	2007-04-01	−0.1	0.5	0.9
8	龚家坊滑坡	38	整体	2008-11-23	−0.2	−0.8	4.6
9	李家坡滑坡	25	局部	2008-11-02	2.0	5.8	9.2
10	青石滑坡	1500	局部	2010-10-26	0.5	3.4	6.5
11	川主村滑坡	100	整体	2008-11-22	−0.2	−0.8	11.3
12	凉水井滑坡	360	局部	2008-11-22	−0.2	−0.8	11.3
13	泥儿湾	80	整体	2008-11-05	2.0	8.3	11.3

注：正数为水位上升数据，负数为水位下降数据。

自 2008 年 9 月 175m 试验性蓄水以来，初期滑坡主要发生在水位上升期间，随后第二阶段主要发生在水位下降期间。近年来，在发生时间上逐渐向汛期转移，主要由水位变动和暴雨叠加引发。这也说明了库水位变化对滑坡的影响不具严格的周期性。实际上，由于水位变动带坡体遭受长期浸泡和掏蚀，在库水位 145～175m 的岩土体结构损伤破坏，可能会导致新的滑坡发生。

10.5.5 三峡工程 175m 试验性蓄水运行以来库区地质灾害趋势分析

三峡工程于 2008 年 9 月实施 175m 水位试验性蓄水，2008 年 9 月至 2018 年 9 月，进行了 11 次试验性蓄水，其中，2008 年、2009 年试验性蓄水坝前最高水位分别为 172.80m、171.43m，2010—2018 年试验性蓄水坝前最高水位 175m。

2008 年 9 月实施 175m 试验性蓄水运行以来，截至 2018 年，三峡工程库区共发生变形加剧和新生的地质灾害险情 456 处（表 10.5.4），其中，湖北库区 129 处，重庆库区 327 处。滑坡崩塌总体积约 3.5 亿 m^3，塌岸约 60 段总长约 25km。紧急转移群众 12200 多人，其中湖北转移 5200 人，重庆转移 7000 人。

表 10.5.4　　三峡工程 175m 试验性蓄水库区新生地质灾害次数统计

地段	2008	2009	2010	2011	2012	2013	2014	2015	2016	2017	2018	合计
重庆库区	243	16	12	11	11	5	3	6	13	4	3	327
湖北库区	90	5	12	1	4	2	2	6	5	2	0	129
全库区	333	21	24	12	15	7	5	12	18	6	3	456

注:库区新生地质灾害统计时间为 2008 年 9 月 1 日至 2018 年 12 月 31 日。

10.5.5.1　水库水位升降速率对库区地质灾害的影响分析

(1)2008 年 9 月至 2011 年 8 月三峡水库 3 次水位升降分析

2008 年 9—11 月首次实施 175m 试验性蓄水期间,库水位平均升幅为 0.744m/d,为滑坡高发阶段。2009 年(平均 0.322m/d)和 2010 年(平均 0.311m/d)的水位升幅降低了 50%,滑坡明显减少。

通过研究 2009—2011 年两次 175m 试验性蓄水期间 5 天库水位最大上升幅度和最大下降幅度,以及对应 10 天之内发生的滑坡关系表明,每天水位上升幅度小于 1.5m 时和下降幅度小于 1.15m 时,滑坡发生规律呈随机性。

(2)2011 年 9 月至 2014 年 8 月三峡水库水位升降分析

表 10.5.5 统计了单日、5 天和 10 天三个时间段,水库水位上升及下降工况下,日均水位的最大变幅。这一变幅虽比 2009 年和 2010 年略大,库区新生地质灾害发生率却趋缓。经过 6 年的 175m 试验性蓄水,已逐渐摸索出了一套与库区库岸稳定相适应的调度模式,新生地质灾害显著减少。

表 10.5.5　　175m 试验性蓄水水库水位升降日均最大变幅统计　　(单位:m/d)

单日		5 天平均		10 天平均	
上升	下降	上升	下降	上升	下降
1.40～3.21	0.90～1.67	0.72～1.89	0.45～1.15m	0.54～1.39m	0.45～1.07m

因此,库区水位升降变幅总体控制在 2012 年以来的水平,库岸滑坡风险属于低—中风险的水平(表 10.5.6)。

分析表明:三峡库区 175m 试验性蓄水后,诱发滑坡规律与国内外同类山区水库蓄水变化规律相吻合。在蓄水初期,为滑坡高发时段,随着时间推移,呈递减态势,随着新的水岩平衡条件的逐步形成,特别是在库区水位变化幅度小于初期、加上后期滑坡治理和库岸防护力度得到加强的情况下,减弱趋势更为明显。但是,在蓄水变化一段时间后,蓄水引发的滑坡较少,降水阶段发生滑坡将增多。

今后,应当对每年 175m 水位蓄水之后的降水阶段,从降水渗流梯度、渗流时间控制着手进行滑坡风险的深入研究。

表 10.5.6 库区库岸滑坡低—中风险对应的水位升降最大变幅值估计

项目	单日		5天累计		10天累计		多日过程平均(m/d)	
	上升	下降	上升	下降	上升	下降	上升	下降
总幅度	2.0～3.0m	1.0～1.5m	7.0～9.0m	4.5～5.5m	10.0～13.5m	8.0～10.0m	0.45	0.15
平均幅度	2.0～3.0m	1.0～1.5m	1.4～1.8m/d	0.9～1.1m/d	1.0～1.4m/d	0.8～1.0m/d		

注:多日过程是指175m蓄水的上升全过程(大于45天)和下降全过程(大于160天)。

(3)单日与连续多日水位变化幅度分析

三峡水库初次175m水位试验性蓄水时,触发了333处滑坡。显然,此时的水库运行调度造成的滑坡风险是非常高的。随后的5次蓄水,滑坡年发生数量低于25处,显示了数据的随机性,可以认为,此时三峡库区的滑坡处于可控状态,其风险是可以接受的。因此,可以建立这样的标准:若滑坡年发生数量$N \geqslant 100$处,三峡水库升降带来的滑坡风险处于不可接受范围;若滑坡年发生数量$N < 25$处,三峡水库升降带来的滑坡风险处于可接受范围;而介于其间的$100 > N \geqslant 25$,为滑坡风险勉强接受范围。

通过统计分析,连续5日水位上升幅度与滑坡发生数量的关系时发现,上升幅度与滑坡发生数量的相关性不明显。统计分析连续5日水位下降幅度与滑坡发生数量的关系时发现,下降幅度与滑坡发生数量的相关性更不明显。其他水位变化指标的统计也是类似结果。因此,完全依赖数学统计来获得水位变化指标阈值可能很难达到。

但是通过上述统计分析、典型滑坡FOS计算和定性判断,基于滑坡风险控制,提出1天、连续5天和连续10天的水位升降变幅指标的综合建议(表10.5.7)。表中的3项指标是并集关系,只要其中一项达到高一级的阈值,即达到对应的风险程度。需要指出,表10.5.7提出的水位升降速率对应的滑坡数量可接受程度并不完全等同于滑坡灾害的可接受程度。在具体实施中应依据可接受风险的水位变化指标运行。

表 10.5.7 水库滑坡可接受风险的水位升降最大变幅值 (单位:m)

风险程度	水位变幅	1天				5天				10天			
		上升		下降		上升		下降		上升		下降	
		最小	最大	最小	最大	最小	最大	最小	最大	最小	最大	最小	最大
可接受	总变幅	1.00～1.17		0.67	0.83	3.60	4.38	2.92	3.75	8.33	10.00	5.00	6.67
	平均变幅	0.83	1.17	0.67	0.83	0.72	0.88	0.58	0.75	0.83	1.00	0.50	0.67

续表

风险程度	水位变幅	1天				5天				10天			
		上升		下降		上升		下降		上升		下降	
		最小	最大	最小	最大	最小	最大	最小	最大	最小	最大	最小	最大
勉强接受	总变幅	1.17	1.27	0.73	0.91	4.38	6.0	3.75	4.09	10.0	10.91	6.67	7.27
	平均变幅	1.17	1.27	0.73	0.91	0.88	1.2	0.75	0.82	1.00	1.09	0.67	0.73
不可接受	总变幅	1.27	1.40	0.91	1.00	6.0	6.50	4.09	4.50	10.91	12.00	7.27	8.00
	平均变幅	1.27	1.40	0.91	1.00	1.20	1.30	0.82	0.90	1.09	1.20	0.73	0.80

10.5.5.2　2014 年 9 月三峡地区特大暴雨地质灾害分析

2014 年 8 月 26 日以来，重庆东北、湖北西部地区发生持续强降雨。8 月 31 日至 9 月 1 日，重庆东北遭受 100 年一遇特大暴雨，云阳县局部地区日最大雨量超过 400mm，9 月 12 日，该区再次遭受集中暴雨，最大降水量 282.9mm，其中，1 小时达到 118.4mm。8 月 26 日至 9 月 2 日，湖北秭归县、巴东县、兴山县 8 天累计雨量均超过 200mm，其中，9 月 2 日秭归县境内 24 小时雨量达到 171.3mm。

据初步调查，此次特大暴雨触发地质灾害 2520 处（表 10.5.8），其中，超过 500 万 m^3 大型滑坡 55 处，威胁 100 人以上滑坡 397 处。在重庆非库区发生地质灾害 2164 处，造成了 48 人死亡、131 人受伤，避让转移 45754 人。在湖北非库区发生地质灾害 57 处，无人员伤亡，避让转移 1824 人。

表 10.5.8　　2014 年三峡地区“14・9”特大暴雨地质灾害统计

区域	地质灾害（处）			死亡（人）			避让（人）		
	重庆	湖北	小计	重庆	湖北	小计	重庆	湖北	小计
非库区	2164	57	2221	48	0	48	45754	1824	47578
库区	251	48	299	0	0	0	9260	1995	11255
合计	2415	105	2520	48	0	48	55014	3819	58833

此次暴雨在三峡库区触发了地质灾害共 299 处，其中，最为严重的有巫山 128 处、云阳 62 处、奉节 41 处、巴东县 28 处、开县 20 处、秭归县 15 处。由于成功预警，紧急转移和撤离人数达 11255 人（湖北 1995 人，重庆 9260 人），未造成人员伤亡。9 月 2 日 13 时，库区支流秭归沙镇溪镇杉树槽发生 80 万 m^3 滑坡，造成大岭电站厂房和 G348 长 200m 路段滑入三峡水库，同时导致部分管道和输电线路损毁，由于秭归县国土资源部门成功预警，并组织人员及时撤离，避免了滑坡体上 8 户 23 人的伤亡。

10.5.5.3　175m 试验性蓄水以来地质灾害监测预警与应急处置

三峡库区成立了国家、省（市）、县（区）三级地质灾害防治组织机构和相应的技术支撑机构，形成了覆盖全库区的现代化的监测预警网络和综合减灾防灾体系，实施完成了650余处滑坡险区居民避让搬迁，设立了3100多处地质灾害标准化监测点。通过开展地质灾害巡查、勘查、监测预警和应急处置，库区经受住了2007年和2014年百年罕遇暴雨诱发地质灾害的袭击，成功预报和处置了千将坪、曾家棚、杉树槽等420多次滑坡灾(险)情，及时撤离人员近10万人。自2003年水库蓄水以来，库区未发生因地质灾害造成的人员伤亡，保障了人民生命财产和长江航运的安全。

但是，很多地质灾害隐患点仍然以群测群防为主，地质灾害监测效率低下且不易在变形早期发现，不利于实现地质灾害预警。一些滑坡从发现变形到破坏时间非常短暂，极有可能错过最佳预警期，造成危害。因此，地质灾害监测预警与应急处置显得尤为重要。2014年秭归杉树槽滑坡是一例非常成功的群测群防点预警案例，虽然它显示了三峡库区地质灾害监测预警的成效，但也警醒地质灾害隐患点需要更为专业的监测。

杉树槽滑坡位于三峡库区秭归县沙镇溪镇长江二级支流锣鼓洞河左岸(图10.5.5)，锣鼓洞河是青干河的支流。滑坡距离沙镇溪镇仅300m。千将坪滑坡在其西北方向的青干河旁。

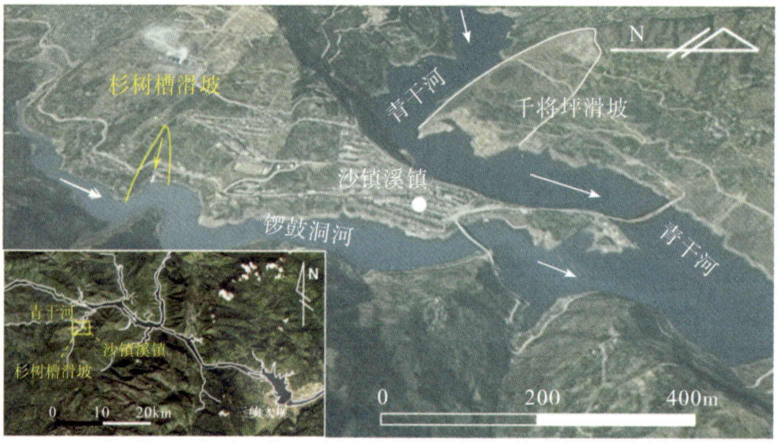

图10.5.5 杉树槽滑坡位置

杉树槽斜坡位于大岭斜坡的下游，由凹槽两侧岩土体构成(图10.5.6)。杉树槽斜坡的上游侧以顺层基岩陡崖为主，下游侧斜坡表层覆盖有1～10m的土层，斜坡的坡向约为105°，坡度与基岩倾角近似，平均坡度约为21°。斜坡植被发育较好，陡崖斜坡主要由树木覆盖，土质斜坡主要种植柑橘林。

G348是从宜昌市至沙镇溪镇、巴东县最近的一条交通动脉，从杉树槽斜坡区穿过。斜坡内还有一座小型引水式水电站——大岭水电站，装机容量1000kW。在该斜坡上分布该电站的一栋5层宿舍楼、300m^{2}厂房、压力管道和蓄水前池。电站内常驻有20多人。

2014年9月2日早上9点左右，大岭水电站前池渠道开始出现渗水，压力管道出现断裂并漏水。12 时 30 分左右，漏水情况加剧，从原来的冒水变成有压喷水，同时在大岭水电站的上游侧涌出大量地下水，水股直径约 12cm，流速较快。13 时 5 分左右，初步判断为斜坡变形使得前池及隧洞管道破坏，水流大量进入坡体，通过岩体裂隙流出，坡体处在加速变形。由于滑坡是新出现的，此时斜坡上宏观变形现象尚较少，变形范围尚不明确，但沙镇溪镇人民政府和秭归国土局果断发出了应急预警。根据应急处置方案，在预警区内的大岭水电站员工、附近的村民和沙镇溪镇初级中学师生立即撤离。得益于以往的地质灾害应急撤离演练，在这次撤离中，中学全校 524 名师生撤离仅用了不到 5 分钟，在 15 分钟内共有 950 多名人员撤离了潜在滑坡区。13 时 10 分左右杉树槽滑坡的上游侧 G348 公路出现剪断，坡体内公路开始鼓胀。13 时 19 分滑坡整体启动，快速下滑。伴随着巨大轰隆声和粉尘，杉树槽滑坡主体约滑动 2 分钟。其后，滑坡后缘及侧缘有零星崩塌。滑坡纵长约 340m，平均宽度约 110m，平均厚度约 22m，滑坡总体积约为 82.8 万 m^3。滑坡发生后，立即组织应急调查。14 时 15 分，确认滑坡没有造成人员伤亡，滑坡预警级别上升至红色。随后，滑坡转入专业监测和会商阶段。

图 10.5.6　杉树槽滑坡前

该滑坡摧毁了整个大岭水电站，其中房屋和厂房 3 栋，电站各类管道、前池、发电及输变电设备等全部被损毁或掩埋。G348 长 200m 路段损毁中断，损毁镇村公路约 450m。300 亩柑橘园受到不同程度损伤，约 60 亩柑橘园完全被毁。16 个村(居委会)133 个供电区全部停止供电，3 个供电区的线路受到破坏，损毁电线杆 27 根，电线约 3500m。估算直接经济损失 3220 万元。因预警及时准确、撤离迅速，未造成人员伤亡。

杉树槽滑坡的诱因是复杂的、综合性的：三峡水库调度引起的滑坡前缘水位波动被认为是诱发滑坡的原因之一。由于秋汛的到来，水位波动较大，如 2014 年 9 月 1 日 8 时至 9 月 2

日 8 时水位涨幅高达 3.8m，这一巨大涨幅是历年罕见的。滑坡可能是由坡脚的法向荷载直接减小和水位上升引起的地下水动压力引起的。但滑坡剪出口高程在 180m，高于库水位线近 18m，这使得水位快速上升的主要诱发作用大幅下降。长期以来，锣鼓洞河侵蚀了坡脚，且剪出口临空，对滑坡几乎没有阻力。调查发现，滑坡南侧边界除了 4 段非常短的新鲜断面外，悬崖结构面全部为风化色—棕色，且大部分表面附着黏土，说明滑坡南侧边界早已形成滑动结构面。

降水量的数据来自沙镇溪镇监测站。强降雨从 8 月 27 日到 9 月 2 日，最大降水发生在 9 月 2 日，达到 96.5mm。强降水可能使滑体饱和，增加其单位重量，并降低其强度。然而，考虑到砂岩的高渗透性和滑动体的破裂，不大可能产生高的孔隙压力。

滑坡体中地下水和力的重大改变应该来自滑坡中部水电站前池和隧洞管道的漏水，它使得大量的水体进入坡体。这一原本用来发电的水流具有很大的水头压力且流量巨大。水流通过裂隙网络深入滑面后，在底滑面上产生较大的地下水扬压力，并最终将滑坡启动。

第 11 章　三峡工程泥沙问题及工程长期运用

11.1　三峡工程泥沙问题

11.1.1　重要性及研究历程

11.1.1.1　重要性

(1)泥沙问题是三峡工程的关键技术问题之一

长江是我国第一大河，干流全长 6300 余千米，流域面积 180 万 km^2。长江水量丰沛，含沙量较小，但输沙量较大，在世界大河中仅次于黄河、恒河和布拉马普特拉河，居第 4 位。三峡工程是治理开发和保护长江的关键性骨干工程，坝址控制长江上游流域面积 100 万 km^2，具有防洪、发电、航运、水资源利用等综合效益。三峡工程初步设计采用坝址下游 40 余千米宜昌站实测水文资料：多年(1878—1990 年)平均年径流量 4510 亿 m^3，多年(1950—1990 年)平均含沙量 1.19kg/m^3、平均年输沙量 5.3 亿 t。年输沙量集中在汛期，6—9 月悬移质输沙量占全年总输沙量的 84%～89%。来沙以悬移质为主，卵石和砂砾推移质数量相对较小，宜昌站卵石年推移量为 75.8 万 t，砂砾年推移量为 862.2 万 t。

鉴于三峡工程水库上游来沙量具有年输沙量大和集中在汛期等特性，枢纽建成投入运行后，大量泥沙将在水库内淤积，若不加以妥善解决，将影响水库寿命，库尾变动回水区淤积影响航道及港口通航、洪水位抬高影响库区移民安置居民的安全；枢纽清水下泄对坝下游河道造成冲刷，影响堤防安全和航道畅通，导致枢纽综合效益难以充分发挥。三峡工程泥沙问题成为工程的关键技术问题之一。三峡水库自 2003 年开始蓄水运用至 2023 年已有 20 年，在三峡工程可行性研究、初步设计和施工、运行阶段取得的泥沙科研成果已得到初步检验，为工程发挥防洪、发电、航运和水资源利用、节能减排及保护环境等综合效益提供了技术支撑。

(2)三峡工程泥沙问题研究的特点及难点

1)泥沙问题范围广。

三峡工程泥沙问题影响范围从水库末端变动回水区到库首坝区,直到坝下游整个长江中下游河道及与长江相通的洞庭湖及鄱阳湖。

2)泥沙问题影响时间长。

三峡水库冲淤达到相对平衡,坝下游河道冲刷达到相对稳定,历时数十年到几百年,泥沙问题不仅在三峡工程建设期,以及建成后的枢纽运行期,且泥沙问题的影响程度随枢纽运行年限的增长而逐渐加大。泥沙问题影响涉及水库使用寿命、水库末端变动回水区航道及港口库尾洪水位抬高,坝区船闸、升船机和电站正常运行,坝下游河道的航运畅通和堤防安全等方面。

3)泥沙问题的复杂性。

泥沙问题受流域地理位置、地形、地貌、地质、气候等自然因素,以及人为因素的影响,极其复杂。泥沙学科是涉及河流动力学、地理学和地质学等学科的交叉学科,是一门发展中的新学科。泥沙问题的复杂性增加了解决工程泥沙的难度,由此也说明了三峡工程泥沙问题的重要性。

11.1.1.2 研究历程

长江委在全面开展长江流域综合利用规划工作的同时,开始进行三峡水利枢纽的科学研究工作。1958 年根据党中央对三峡工程提出的“积极准备、充分可靠”的建设方针,开始进行三峡工程初步设计要点报告阶段的科学研究工作,三峡工程泥沙问题研究也逐步开展。经过近 60 年的科学研究,三峡工程泥沙问题研究可划分为 5 个阶段。

(1)三峡工程初步设计要点报告和专门研究人防与水库泥沙问题阶段

1958—1970 年是编制《三峡工程初步设计要点报告》和专门研究人防与水库泥沙问题阶段。1958 年 3 月党中央成都会议通过了《中共中央关于三峡水利枢纽和长江流域规划的意见》,对三峡工程提出了“积极准备,充分可靠”的建设方针。1960 年国家遇暂时经济困难,国家科学技术委员会三峡组根据周恩来总理关于三峡工程“雄心不变,加强科研”的指示精神,安排 1963—1972 年十年科研规划,三峡水库泥沙淤积问题是主要研究课题之一。该阶段三峡工程泥沙问题研究的重点为长江上游悬移质和卵石推移质的来沙量与三峡水库泥沙淤积问题。主要开展了 6 项研究。

1)三峡枢纽来沙研究,进行了推移质泥沙测验技术研究和长江上游卵石推移质勘查调查。

2)三峡水库库区典型河段水沙观测研究。

3)三峡水库长期使用研究。

4)重庆河段卵石推移质泥沙模型试验研究。

5)长江河流泥沙运动规律研究。

6)丹江口水库滞洪期和蓄水运用期观测研究。

(2)兴建葛洲坝工程为三峡工程做“实战准备”和编制150m水位三峡工程可行性研究报告阶段

1971—1983年是通过兴建葛洲坝工程为三峡工程做“实战准备”和编制正常蓄水位150m方案的三峡水利枢纽可行性研究报告阶段。该阶段有关三峡工程泥沙问题研究的重点为通过葛洲坝枢纽工程泥沙问题研究，为解决三峡工程泥沙问题研究做“实战准备”，通过丹江口水库泥沙冲淤观测分析，提出水库冲淤过程的计算方法。主要开展了6项研究。

1)三峡枢纽来沙研究。

悬移质泥沙测验，根据清华大学钱宁教授的建议，于1973—1977年在寸滩、宜昌站开展近底层悬移质泥沙测验，即采用10线7点法(相对水深1.0m、0.8m、0.4m、0.2m、0.1m及河底以上0.5m、0.1m)进行精密悬移质泥沙测量。根据大量实测资料分析，宜昌站历年实测粒径大于0.1mm的悬移质泥沙年输沙量平均偏小约5.7%，约350万t。为研究悬移质泥沙物质组成，长江科学院与南京大学物理系协作，通过对长江干支流19个控制测站的沙样分析，查明长江悬移质泥沙以石英、长石为主，硬度大于5的矿物含量达80%左右，沙粒以棱角状为主。该阶段长江委水文局对长江上游地区产悬移质泥沙特性以及来沙量多年变化进行了分析，其产沙特性主要是强沙区面积小，仅占长江上游流域面积的7%；地表侵蚀物质的粗颗粒，泥沙输移比远小于1；干支流主要测站的来沙量与上游降雨量、降雨强度和地区关系密切。近代长江上游水土流失虽较严重，但根据长系列年实测资料分析，来沙量没有增长趋势。根据各站实测卵石推移质资料，汛期5—10月输沙量一般占年总输沙量的99%以上；但位于瞿塘峡上游的奉节站因汛期受峡谷壅水影响，枯水期的输沙量可占年总输沙量的70%以上，可见在河谷宽窄相间的川江河段，卵石推移质的输移在时间和空间上都是不连续的。

2)水库不平衡输沙观测研究及水库冲淤过程计算方法研究。

3)葛洲坝枢纽坝区泥沙问题研究。

4)葛洲坝水库变动回水区泥沙问题研究。

5)水库下游河床冲刷及水位降低研究。

为研究三峡工程兴建后坝下游河床冲刷及水位降低情况，1959年长江委荆江河床实验站对宜昌至涴市长约124km的河段河床组成进行了较详细勘测；同年，长江委水文局估算三峡工程运行22年后，宜昌站同流量水位下降约1.5m。1974年，长江科学院估算三峡工程坝下游河床冲刷达到平衡情况下，宜昌站同流量水位下降约2m；葛洲坝工程单独运用时，宜昌站同流量水位下降不超过1m。根据丹江口下游河床冲刷及水位降低观测资料，1960年围堰挡水至1968年蓄水运用阶段，下游黄家港站同流量水位下降1.32m；1968年蓄水运用后，同流量水位下降0.32m，合计1.64m；1974年已趋稳定。三峡工程与丹江口工程坝下游沿程河床组成基本相同，水力条件有差异，黄家港站水位下降值，可供估算宜昌站水位下降值参考。

6)泥沙模型试验研究。

1971年以来,研究葛洲坝工程泥沙问题共有4座坝区泥沙模型,1座水库变动回水区泥沙模型和1座电站断面泥沙模型。在研究解决工程泥沙问题的同时,对于泥沙模型相似问题、模型沙选沙问题、泥沙模型几何比尺变态问题,以及数学模型计算与泥沙模型试验相结合问题等,均在理论与实践方面取得较大进展。在泥沙模型试验技术方面,水位、流速、流量、含沙量、泥沙粒径、淤积地形等测试仪器均有很多革新,并初步实现集中调控,大大提高泥沙模型的试验技术水平和成果精度。主要研究成果有:①枢纽来沙特性方面,开展近底层悬移质泥沙试验,对长江上游流域产沙特性进行了研究。根据长系列实测泥沙资料分析,长江上游悬移质泥沙来量近期无增长趋势。推移质泥沙通过测验和岩性(矿物)调查分析,沙砾、卵石推移质年输沙量和粒径、岩性,均已基本清楚。②提出水库不平衡输沙研究成果和水库冲淤过程计算方法。③泥沙模型相似律理论和模型试验技术等方面均取得较大进展。④积累了研究水库变动回水区泥沙冲淤和航道演变的原型观测资料和模型试验成果。⑤提出解决坝区泥沙问题的理论和工程措施研究成果。

(3)三峡水库深化比较正常蓄水位与重新论证和编制175m水位三峡工程可行性研究报告阶段

1983—1992年是进一步深化正常蓄水位比较,重新论证和编制三峡水利枢纽正常蓄水位175m可行性研究报告阶段。1986年6月,中央决定三峡工程进一步论证,重新提出可行性研究报告。水电部组织领导论证工作,成立了三峡工程论证泥沙专题专家组,林秉南任组长,窦国仁、谢鉴衡任副组长,严恺、钱宁、张瑞瑾、杨贤溢、石衡为顾问。同年,国家科学技术委员会将“长江三峡工程重大科学技术研究”列入“七五”(1986—1990年)国家重点科技攻关项目,泥沙关键技术研究列入其中的第一课题。该阶段三峡工程泥沙问题研究在已往工作的基础上,针对三峡工程不同正常蓄水位方案,系统地开展原型观测调查、泥沙数学模型计算和泥沙模型试验研究,取得深度、广度和精度均能满足可行性研究阶段要求的研究成果。三峡工程论证泥沙专家组论证结论认为:“三峡工程可行性研究阶段的泥沙问题经过研究,已基本清楚,是可以解决的。”该阶段三峡工程泥沙问题研究的重点为长江上游悬移质和卵石推移质泥沙来量及变化趋势,水库长期使用的调度运用方式以及水库变动回水区泥沙淤积对航运影响问题的研究。

1)枢纽来沙研究。

长江委水文局重新对长江上游悬移质泥沙来量的历年变化趋势进行了补充分析,实测资料系列延至1986年。分析表明:长江上游及主要支流控制站的悬移质来沙量呈不规则的周期性变化。来水量与来沙量的变化过程基本相应,没有系统偏离。推移质观测继续在朱沱、寸滩、万县、奉节、宜昌5个测站全面开展卵石推移质测验,在奉节、宜昌站开展砂砾推移质测验。

2)水库有效库容长期使用研究。

经过研究,提出三峡枢纽长期使用的具体调度运行方式是:汛期6—9月将坝前水位控制在防洪限制水位，腾出库容防洪，减少库尾泥沙淤积；汛末或稍长时段坝前水位蓄到正常蓄水位，次年5月底前，库水位消落至高于防洪限制水位的枯期限制水位，以利于发电和航运。这种运用方式简称“蓄清排浑”运用方式。按水库不平衡输沙数学模型计算分析，正常蓄水位150～180m方案枢纽运用100年后，水库淤积已基本平衡，绝大部分防洪库容和调节库容均可保留，分别保留83%～87%和91%～93%。

3)水库淤积抬高库区洪水位问题。

长江科学院和中国水利水电科学研究院分别应用水库不平衡输沙数学模型对三峡工程不同正常蓄水位方案，枢纽运行若干年后，如遇不同频率洪水流量，按库区沿程洪水位抬高值进行计算，互相验证。由于水库淤积抬高库区洪水位是随运行时间逐渐增大的，三峡工程正常蓄水位175m方案运行30年后，如遇100年一遇洪水流量，重庆市朝天门抬高后的洪水位尚未超过成渝铁路基面高程196m，考虑上游干支流建库拦沙调洪作用，数学模型计算的库区洪水位抬高值还可以降低。

4)水库变动回水区泥沙问题研究。

包括加强原型观测调查和大量开展泥沙模型试验。原型观测调查继续加强丹江口水库、葛洲坝水库观测研究，并通过综合调查，重点研究水库变动回水区泥沙冲淤和航道变化规律。1984年组织相关单位对丹江口水库泥沙调查，分析水库回水变动后淤滩留槽的发展趋势；对我国南方富春江、新安江、渔梁、上犹江等16座水库回水变动区泥沙冲淤规律，河势变化特点以及对航运的影响等问题进行调查和分析。1985年对丹江口、柘溪、西津3座水库库尾泥沙淤积及航道情况进行了调查。泥沙模型试验按三峡水库正常蓄水位150～180m方案变动回水区库段长达270km，选定其中6段进行试验研究。兰竹坝河段、丝瓜碛河段、青岩子河段、长寿河段、铜锣峡河段分别由清华大学、武汉水利电力大学(现武汉大学水利水电学院，下同)、天津水运工程科学研究所、长江科学院承担；重庆河段由清华大学、中国水利水电科学研究院、长江科学院3座模型平行进行试验。为比较分段模型与整体模型的差异，另由南京水利科学研究院修建剪刀峡至江津河段模型进行试验。泥沙数学模型计算由南京水利科学研究院、武汉水利电力大学、中国水利水电科学研究院等单位利用各自建立的二维泥沙数学模型进行了建库变动回水区重庆河段、洛碛至王家滩河段和青岩子河段的冲淤计算。根据大量原型观测调查资料和泥沙模型试验成果，三峡水库常年回水区上段和变动回水区中下段泥沙淤积部位主要在凸岸边滩、回流区、缓流区，淤滩留槽，河势将向单一、归顺、窄深、微弯形态发展，改善建库前航道、港区的不利河势；对于新航槽可能存在的石梁、暗礁应加以清除。变动回水区上段的航道、港区情况也有改善；个别河段如遇特殊水文年，在库水位消落期，可能出现航道尺度和港区水域水深不足的情况。这些问题经过研究均已清楚，可以通过调度、整治工程、机械清淤等措施解决。

5)坝区泥沙问题研究。

长江科学院和南京水利科学研究院分别采用葛洲坝枢纽坝区泥沙模型设计的几何比尺和模型沙，经过三斗坪河段实测资料验证后，对正常蓄水位150～175m方案平行进行了试验研究。试验成果表明：枢纽运行30年以内，船闸上下游引航道和电站前泥沙淤积量均不大；枢纽运用后期，根据处理葛洲坝枢纽坝区泥沙问题的实践经验，研究更为有效、经济、适用的措施可以解决坝区泥沙问题。

6)枢纽下游河床冲刷、水位降低、河床演变问题研究。

1985—1988年长江科学院、清华大学、中国水利水电科学研究院分别进行了三峡水库下游河床冲刷计算分析；长江科学院、中国水利水电科学研究院、清华大学、武汉水利电力大学、长江委水文局和长江航道局对三峡建坝后坝下游河道演变、江湖关系变化以及坝下游冲刷对防洪航运的影响进行了分析研究。河海大学、清华大学等单位对三峡枢纽兴建后，长江口的咸水入侵和航道边滩演变进行了分析研究。

(4)三峡工程批准兴建后初步设计及技术设计和工程施工阶段

1992—2002年是全国人大批准三峡工程兴建后进行工程设计和工程施工阶段。1992年4月3日全国人大七届五次会议通过《关于兴建长江三峡工程决议》，三峡工程进入初步设计、技术设计和工程施工阶段。1991年国家科学技术委员会将“三峡工程和长江治理开发科学技术研究”列入“八五”(1991—1995年)国家重点科技攻关项目，三峡工程泥沙研究列入其中的第二课题。1993年1月三峡工程开始施工准备，1994年12月开工建设。1993年9月，三峡建委第二次全体会议决定在三峡建委办公室下设“泥沙课题专家组”，协调三峡工程泥沙科研工作，林秉南任组长。1994—1998年，国家自然科学基金委员会将“三峡水利枢纽工程几个关键问题的应用基础研究”列为国家自然科学基金重大项目，三峡工程泥沙问题为研究课题之一。三峡工程泥沙问题研究1996年起按照三峡工程“九五”(1996—2000年)和“十五”(2001—2005年)泥沙问题研究计划开展工作，考虑到三峡工程设计的需要和已往研究工作的基础，该阶段泥沙问题研究的重点如下：

1)坝区泥沙问题研究。

为配合工程设计和施工，长江科学院、南京水利科学研究院、清华大学和西南水运工程科学研究所在先后修建的坝区泥沙模型进行坝区泥沙问题试验研究：①坝区泥沙淤积及河势调整。1992—1996年，长江科学院、南京水利科学研究院和清华大学的坝区泥沙模型采用长江科学院水库泥沙数学模型的水库淤积计算成果作为进口水沙条件，研究三峡建坝后坝区泥沙淤积和河势调整过程，说明按照选用的枢纽总体布置方案，坝区上游河段总体河势朝平顺微弯方向发展。②通航建筑物引航道布置。1992—2000年，长江科学院、南京水利科学研究院和清华大学的坝区泥沙模型进行了船闸和升船机上游引航道布置各种方案的试验研究，认为从通航安全和泥沙淤积处理考虑，以全包方案为好。长江科学院和南京水利科学研究院利用坝区泥沙模型同时进行了船闸和升船机下游引航道布置试验研究。③通航建筑物引航道防淤和清淤措施研究。1992—2000年，长江科学院、武汉水利电力大学和清华大学的坝区泥沙模型、局部概化模型和试验水槽研究了引客水破异重流、射流破异重流和潜坝拦阻异重流，冲沙闸和冲沙隧洞引流冲沙及机械疏浚等防淤清淤措施。1997年，长江委三峡水文水资源勘测局和长江航道局在葛洲坝枢纽三江下航道进行了射流松动冲沙试验。

综合分析认为，通航建筑物的泥沙淤积碍航问题可以采取以机械清淤为主、冲沙闸引流冲沙为辅的综合措施加以解决。④电站引水防沙措施研究。1992—1995 年，长江科学院、南京水利科学研究院和清华大学的坝区泥沙模型和局部模型分别进行了不同正常蓄水位方案电站引水防沙措施试验研究，结果表明左右岸电站设置 7 个排沙孔，地下电站设置 3 条排沙洞可以保证电站正常取水发电。⑤施工期坝区明渠与临时船闸引航道泥沙问题研究。1992—1995 年长江科学院、西南水运工程研究所和南京水利科学研究院利用坝区泥沙模型分别进行了明渠和临时船闸引航道泥沙淤积和通航水流条件试验研究。⑥施工期坝区专用码头与取水点位置选择及岸线防护工程研究。1993—1994 年，长江科学院坝区泥沙模型进行了一期及二期工程坝区专用码头与取水位置选择以及一期围堰与岸线防护措施试验研究。

2)坝下游河道冲刷问题研究。

为配合三峡初步设计和单项技术设计，坝下游河道冲刷作为三峡工程泥沙问题研究的重点之一，开展了下列研究工作：①坝下游河道冲刷计算。长江科学院和中国水利水电科学研究院分别进行了宜昌至大通河段冲刷一维数学模型计算及重点河段二维数学模型计算。1991—1995 年，天津水运工程科学研究所进行了宜昌至武汉河段冲刷一维数学模型计算及芦家河河段二维数学模型计算。②三峡建坝后下游河道演变及江湖关系变化研究。长江科学院、中国水利水电科学研究院、长江委水文局、武汉水利电力大学等单位进行了三峡建坝对长江中下游河道演变及洞庭湖、鄱阳湖影响的研究。长江科学院进行了三峡建坝后荆江河势控制工程方案研究。③三峡建坝后坝下游冲刷对近坝段及重点浅滩段的影响与整治措施研究。天津水运工程科学研究所、长江航道规划设计研究所、清华大学、武汉水利电力大学等单位进行了坝下游宜昌至虎牙滩河段和芦家河等浅滩河段整治工程措施的泥沙模型试验和数学模型计算研究。

3)长江上游来沙和三峡水库变动回水区泥沙问题研究。

在已往研究基础上开展如下研究：①嘉陵江水土保持措施对三峡工程减沙作用的研究。②金沙江向家坝及溪洛渡工程修建后三峡水库淤积一维数学模型计算。③三峡工程施工期和 175m 蓄水初期变动回水区碍航河段及整治措施研究。1996—2000 年，长江航道局等单位在已往各单位的变动回水区重点河段泥沙模型试验成果基础上，通过综合分析，提出了各碍航滩段初步整治方案。④三峡水库减少淤积，增大防洪能力优化调度研究。清华大学通过研究，认为双汛限水位调度方案和多汛限水位调度方案对减少水库淤积和增大防洪能力有一定效果。

4)三峡工程泥沙问题的应用基础研究。

1994—1998 年，国家自然科学基金委员会将“三峡水利枢纽工程几个关键问题的应用基础研究”列为国家自然科学基金重大项目，与三峡总公司联合资助，共同管理。三峡工程泥沙问题为研究课题之一。针对三峡工程设计对泥沙问题研究的要求，长江科学院、中国水利水电科学研究院、四川联合大学、北京师范大学、武汉水利电力大学、清华大学及南京水利科学研究院共同开展了下列问题研究：①泥沙起动机理和起动流速；②宽级配推移质输沙特性及输沙率；③淤积物密实及干密度变化；④宽级配泥沙河床的冲刷机制；⑤沙质河床的冲刷机制;⑥坝下游河道河势调整和河型转化;⑦枢纽通航建筑物引航道及电站的防淤减淤措施;⑧泥沙实体模型的模型沙、变率、长系列年试验方法和图像分析方法;⑨泥沙数学模型的泥沙输移方程 α 系数确定和回流计算方法。

(5)三峡工程 135m 水位蓄水运行至 175m 水位试验性蓄水运行阶段

2003 年 6 月至 2019 年是三峡工程 135m 水位蓄水运行至 2008 年 175m 水位试验性蓄水运行以来全面发挥效益阶段。三峡工程 2003 年 6 月 10 日水库蓄水至 135m 水位,进入围堰挡水发电期,左岸电站机组开始发电,船闸开始通航;2006 年 6 月,三期上游围堰拆除,大坝全线挡水,10 月 28 日水库蓄水至 156m 水位进入初期运行期;2008 年汛前,枢纽工程和移民工程经过验收,具备挡正常蓄水位 175m 的条件,2008 年汛末,三峡建委批准三峡工程实施 175m 试验性蓄水,进入 175m 水位试验性运行。根据三峡工程建设进程,考虑到 20 世纪 90 年代以来三峡水库上游水沙的变化,以及干流向家坝、溪洛渡和支流锦屏、亭子口等水电站先后建成投入运行的拦沙作用,三峡工程泥沙问题在"十一五"(2006—2010 年)和"十二五"(2011—2016 年)计划安排的研究重点:

1)近期长江上游来水来沙变化趋势及原因分析。

三峡水库进库水沙代表系列年的选定,以及上游干支流新建控制性水库对三峡水库入库水沙条件的影响分析。

2)三峡水库近期水库淤积计算分析。

3)重庆主城区河段冲淤变化及整治方案研究。

4)枢纽上游引航道冲沙措施及地下电站泥沙问题研究。

5)坝下游宜昌至杨家脑河段河道演变及对策研究。

6)三峡工程初期运用后水文泥沙原型观测资料分析。

7)重庆以上河段推移质观测与分析研究。

8)175m 水位试验性蓄水期提前蓄水调度减少泥沙不利影响研究。

9)三峡水库汛期中小洪水调度运用中的泥沙问题研究。

10)三峡工程投入运行后坝下游河道冲刷与水位变化、江湖关系变化及其对策措施研究。

11.1.2 三峡工程水库泥沙来源及数量

11.1.2.1 长江上游干支流泥沙特性

水利枢纽入库泥沙特性取决于枢纽上游流域产沙特性。三峡水利枢纽上游(宜昌水文站以上)流域面积约 100 万 km^2,流域内地貌类型有山地、高原、丘陵、盆地和平源。流域内岩层分布除嘉陵江支流西汉水有面积约 2400km^2 的黄土梁峁沟壑地区外,多为基岩或风化岩体碎屑。流域产沙特性主要受上述流域自然因素包括地理位置、地形、地貌、地质、气候等因素的影响,人为因素如水土保持、农田开垦、封山育林、防治石漠化及水库、塘堰的兴建等也有一定影响。长江上游干支流产沙区划分见表 11.1.1,长江上游干支流产沙区划分见图 11.1.1。

表 11.1.1 长江上游干支流产沙区划分

产沙区	亚区	范围及其区域特征	备注
Ⅰ轻度产沙区	$Ⅰ_A$ 青南、川西高原亚区	金沙江、雅砻江、大渡河上游大片地区，面积占轻度产沙区的 85%以上。地貌属青藏高原及横断山系北段的一部分，海拔一般在 4000m 以上。为长江流域降雨量最少的地区。年降雨量 250～700mm，无暴雨、侵蚀微弱，地广人稀，耕地星散。输沙模数 50～68t/(km² · a)	输沙模数小于 200t/(km² · a)的面积约 45 万 km²，集中在上游流域西部地区，在东南一隅亦有小块分布
	$Ⅰ_B$ 滇中高原湖盆亚区	云南昆明、嵩明一带的普渡河、牛栏江上游地区。年降雨量 850～1050mm，干湿季分明。区内高原面较完整，河流切断不深，湖盆平坝集中，耕垦指数 7%～18%，其中水田占 60%，水利设施较多，在灰岩出露丘陵地区，岩溶地貌发育。森林覆盖率 20%～40%，产沙强度低	
	$Ⅰ_C$ 黔中山原丘陵盆谷亚区	乌江中游干支流，海拔一般在 800～1200m，相对高差在 300m 以下。灰岩广布，岩溶发育，地表溶蚀作用居主导地位，山丘交错，槽谷洼地和宽谷平坝广布，有利于坡面侵蚀泥沙停积。耕垦指数 10%～18%，水旱略半，年降雨量 1000～1200mm，季节分配较均匀，雨日多而雨强小，区内河流含沙量仅 0.187kg/m³	
Ⅱ中度产沙区	$Ⅱ_A$ 四川盆地亚区	岷沱江水系与嘉陵江水系中下游。盆地内海拔大多低于 800m，地表广泛出露中生代砂、泥岩相间的红色岩系，产状平缓，经水流切割多成方山丘陵。川东一带呈梳状褶皱，构成平行谷岭，盆地边缘山前地区多形成冲洪积平原。年降雨量 900～1100mm，时有暴雨，人口密集，耕地集中，农业发达，水田占 60%，森林覆盖率低于 5%，区内水库塘堰多，进入河流泥沙少	输沙模数 200～500t/(km² · a)的面积约 28 万 km²，大体上连片分布于四川盆地及其周围部分山区
	$Ⅱ_B$ 黔北、川南中、低山亚区	四川盆地南侧的大娄山、七曜山区，地势海拔一般在 800～1000m，南高北低，乌江、綦江、赤水河顺势北流入长江。地势切割破碎，相对高度 500～700m，高处达千余米。山地以灰岩为主，岩溶发育，中生化红层出露区成方山地形。年降雨量 1000～1200mm，多年平均降雨天数 180 天，小雨日占 80%，间有暴雨，耕垦指数 10%～15%，旱地多，水田少，森林覆盖率约 10%，陡坡地比重大	

续表

产沙区	亚区	范围及其区域特征	备注
Ⅱ中度产沙区	Ⅱ$_C$川北、陇南高、中山亚区	四川盆地北侧的岷江、嘉陵江上游的部分高中山峡谷地区。河流切割强烈，年降雨量受地形影响，区域差异很大，自500mm到1400mm不等，越往北降雨强度小，岩层以变质岩为主，褶皱强烈，多地震。农耕地不多，嘉陵江上游耕垦指数为1%～10%，岷江上游仅1%～2%，区内森林覆盖率为15%～35%，森林采伐较甚，覆盖率下降	输沙模数200～500t/(km^2·a)面积约28万km^2，大体上连片分布于四川盆地及其周围部分山区
	Ⅲ$_A$黔西北、滇东北中山山原亚区	位于黔、滇、川交界的乌江，赤水河上游及横江流域地区，海拔多在1500～2300m，南高北低，大多切割破碎，年降雨量700～1100mm，暴雨较少。地表多出露灰岩与砂页岩，前者岩溶发育，后者质地松软，流失严重。森林覆盖率仅3%～10%，耕垦指数15%～25%，以旱地为主乌江上游输沙指数在700～900t/(km^2·a)。含沙量大者可达数十千克每立方米	
Ⅲ强度产沙区	Ⅲ$_B$川东、鄂西山地丘陵亚区	四川盆地川东平行岭谷及其东侧的大巴山、巫山山地，包括渠江上游及长江干流的忠县—宜昌区间。地貌为山地、山原和丘陵，地表以灰岩、砂页岩为主。年降雨量1000～1200mm，大巴山多暴雨，加之谷深坡陡，时有崩塌、滑坡、泥石流，耕垦指数为15%～20%，森林覆盖率为10%～15%，水土流失导致山前平坝区河床淤塞	输沙模数500～1000t/(km^2·a)的面积约20万km^2
	Ⅲ$_C$川西南中山山原亚区	雅砻江下游地区地形崎岖，差异性构造运动强烈。年降雨量700～1100mm，随地形升高而递增，迎风坡明显，河谷地带呈干旱景观。区域产沙与岩性关系密切，输沙模数灰岩区较小，火成岩、变质岩区次之，红色砂页岩区最大。森林覆盖率为10%～30%，西部高于东部。耕垦指数约5%，以坡耕地为主	

续表

产沙区	亚区	范围及其区域特征	备注
Ⅳ烈度产沙区	ⅣA 陇南山地丘陵亚区	甘肃南部嘉陵江上游的一部分区域，年降雨量 500～700mm，集中于夏季，森林覆盖率低于 10%，耕垦指数为 10%～23%。本区南部的白龙江中游舟曲—武都一带谷深坡陡，断裂发育，岩层破碎，滑坡、崩塌频发，植被破坏致使泥石流堵塞江河。北部较低缓，坡耕地集中，水土流失严重，最大年输沙模数达 8900t/(km^2 • a)	输沙模数>1000t/(km^2 • a)的面积约 7.7 万 km^2，大体沿四川盆地边缘纵贯流域中部。地貌上多处于西部高原向东部丘陵山地过渡地带，具有地形陡峻、构造复杂、地震频繁、暴雨集中、泥石流发育等特点。区内水土流失受人类不合理的经济活动影响尤为严重
	ⅣB 川西高、中山亚区	龙门山、夹金山、大相岭一带的涪江、青衣江上游和大渡河中下游地区。山势嵯峨，构造复杂，多地震。年降雨量受地形影响，自 700mm 到 1700mm 不等，暴雨强度大，森林覆盖率 20%～30%，耕垦指数小于 5%，多为坡耕地，耕地集中的大渡河支流流沙河流域和岷江支流寿溪流域为两个高产沙中心	
	ⅣC 川西南，滇区北中山山原峡谷亚区	金沙江下游及其两岸短小支流，是长江上游高产沙区的主体。区内地形起伏，以变质岩、玄武岩、砂页岩为主，构造复杂，地震频繁，岩层破碎、崩塌、滑坡发育、松散物质大量积聚。年降雨量 600～1000mm，时有暴雨，河谷地带较干旱。耕垦指数 5%～15%，坡耕地与陡坡地居多，区内地形、降雨和地表物质均有利于泥石流发育	

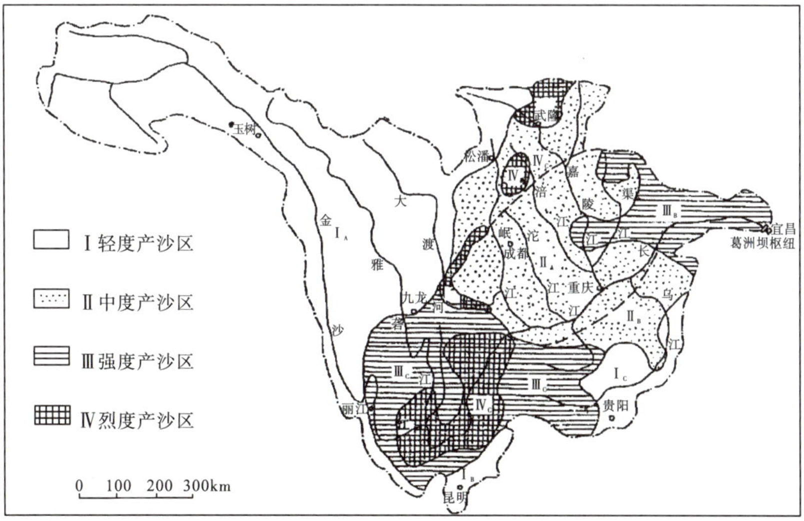

图 11.1.1　长江上游干支流产沙区划分

(1)强产沙面积小，分布比较集中

根据统一的水土流失等级标准统计资料，由于地表侵蚀，2013 年长江上游水土流失面积为 38.46 万 km^2，占长江流域面积的 21.37%。强度侵蚀区包括西汉水和白龙江的中下游土石山区、雅砻江和安宁河的下游、金沙江下游渡口（攀枝花市）至屏山高山峡谷，面积 11.2 万 km^2，年平均地表侵蚀量 3.8352 亿 t，占长江上游地区年平均总侵蚀量的 24.5%，其中重力侵蚀量为 1.2023 亿 t，占 7.7%。该区以面蚀和沟蚀为主，大部分土石山地属重力侵蚀区，有较普遍的山崩、滑坡和泥石流。强度产沙区面积 7.0 万 km^2，主要包括陇南山地丘陵区，甘肃南部嘉陵江上游的一部分；川西高山、中山区，大体位于龙门山、夹金山、大相岭一带的溶江、青衣江上游和大渡河中下游地区；川西南、滇东北中山山原亚区，金沙江下游及两岸短小支流，是长江上游烈度产沙区的主体。强烈产沙区面积约占长江上游流域面积的 7%，但其输沙模数大于 2000t/(km^2 · a)，年平均输沙量达 2.28 亿 t，占宜昌站的 43%，主要分布在嘉陵江上游支流西汉水和白龙江中游、大渡河、岷江和金沙江等河流的下游地区，其中西汉水和白龙江中游地区输沙模数大于 3000t/(km^2 · a)，金沙江下游干流区间的输沙模数超过 2000t/(km^2 · a)。长江上游干支流输沙模数等值线见图 11.1.2。

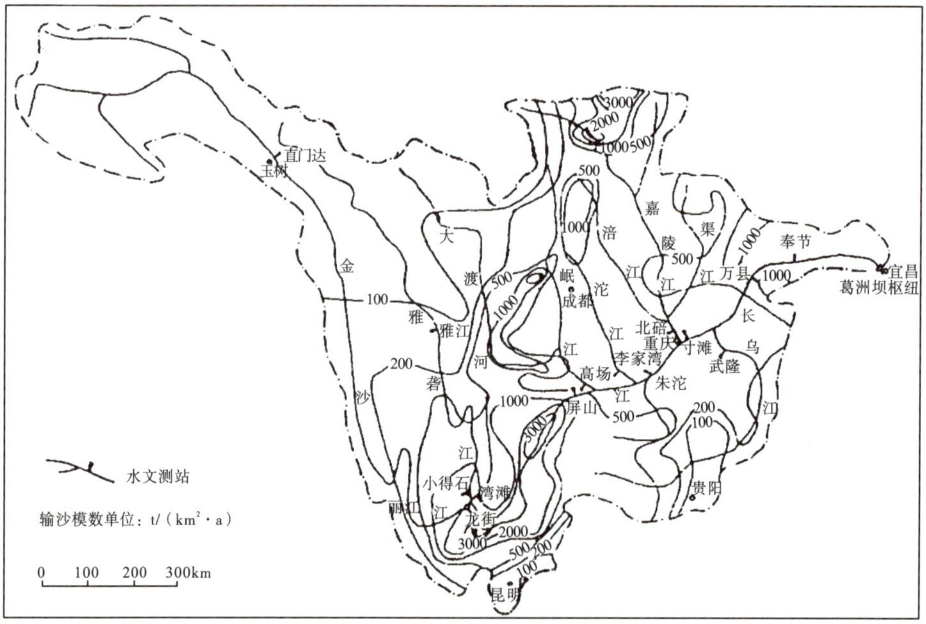

图 11.1.2 长江上游干支流输沙模数等值线

(2)泥沙输移比远小于 1

通常在一定时段内通过河流某一断面的实测输沙量与该断面以上流域地面侵蚀量之比，称为泥沙输移比。其主要受流域面积、地质、地貌及人类活动等因素影响。根据 20 世纪 80 年代的调查，长江上游区域的泥沙输移比远小于 1，上游各支流的泥沙输移比在 0.10～0.50，最高为西汉水 0.66，最低为梓潼江 0.07。按地貌、岩性、地表侵蚀等情况的不同，长江上游各地区的泥沙输移比差别较大，青藏高原为0.15，金沙江下游高山、中山切割区为0.34～0.40，横断山脉为0.15；乌江流域灰岩区为0.30；川中丘陵区为0.07，将塘、水库、堰、坝等拦蓄还原天然状态后为0.35～0.41；川东丘陵、中低山区为0.32。长江上游泥沙输移比小的主要原因：一是侵蚀物质一般由山前淤积、洼地淤积、沟口冲积扇等形成，在短距离就地淤积了一定数量的泥沙；二是流域各支流河床大多由石质、卵石、粗沙组成，河流沿程补给沙量有限，而地面侵蚀物质侵蚀粗颗粒较多，不易为河流远距离输移；三是水库、塘堰及农田水利设施起到一定的拦沙作用。

(3)来沙量与来水量密切相关，但也与降雨强度及落区有关

河流输沙量的大小主要取决于径流量的大小，但降雨的落区及降雨强度对输沙量有明显影响。当暴雨中心在主要产沙区或主要产沙区发生大面积集中降雨时，河流输沙量较大。就降雨对长江上游整个地区河流输沙量影响，鉴于上游地区地域辽阔，降雨时间和空间变异大，产沙区分布不均匀和强产沙区集中，汛期各支流沙量增减不一，互为调整。因此，一般年份宜昌站的年输沙量保持在一定的变幅内；大沙年降雨区范围广，主雨区笼罩几条支流；小沙年主雨区没有波及主产沙区，或其流域主要产沙区有较大降雨，但范围窄、强度小。1954年宜昌站径流量和输沙量分别为5751亿m^3和754亿t，上游流域降雨范围广，主要雨区在乌江、金沙江下游和干流区间一带；降雨时间长，乌江降雨强度大。1981年宜昌站径流量为4420亿m^3，但输沙量达7.28亿t，1981年7月长江上游出现大面积暴雨，8月又发生大面积强暴雨，笼罩嘉陵江、岷江、沱江等几条支流。1998年宜昌站径流量和输沙量分别为5233亿m^3和7.43亿t，长江上游主雨区笼罩范围很广，金沙江中下游产沙区月降雨量为200～400mm，输沙量比1954年同期大；嘉陵江7月、8月降雨量虽然较大，但主雨区不在主要产沙区，输沙量比1954年同期小。

(4)地表侵蚀进入长江干流以悬移质泥沙为主，推移质泥沙相对很少

长江干流寸滩站1953—2000年实测悬移质泥沙年平均输沙量为4.39亿t，1966—2001年实测年平均卵石推移质为22.5万t，1986—1987年实测年平均砾石推移质为0.8万t，1991—2001年实测年平均沙质推移质为27.7万t。卵石、砾石和沙质推移质仅占总输沙量的1.2%左右。

(5)人为因素对流域产沙量有增沙和减沙两方面的影响

人为因素对流域产沙量的增沙影响，主要为山体陡坡开荒、林木滥伐造成植被覆盖的破坏，土壤流失加剧；交通、矿业、建筑、水利水电等建设项目缺乏必要的水土保持措施，也导致水土流失加剧。

水土保持工程对流域产沙的减沙作用效果较为显著。1989年开始实施的长江上中游水土保持重点防治工程，初步控制了水土流失，改善了治理区的环境。长江上游干支流修建的水库、塘堰及农田水利设施，也起到一定的拦沙作用。20世纪80年代以来，长江上游地区河道砂石料采挖量日益增加，在一定程度上减少了河道输沙量。

11.1.2.2 长江上游悬移质泥沙来源及数量

长江委于1950年成立后，恢复和调整了长江流域水文站网，系统地进行了长江干支流水位、流量和泥沙观测，悬移质泥沙采用横式采样器，20世纪60年代，水文缆道测验技术推广应用，长江上游采用JL-1型和JL-3型锤击取样的调压积时式采样器。长江委水文局根据长江上游干流悬移质测验资料，分析了长江上游悬移质来沙变化趋势。

(1)长江上游悬移质泥沙主要来源于金沙江和嘉陵江

长江上游悬移质泥沙主要来源于金沙江，其沙量占宜昌站来沙总量的54.5%；嘉陵江次之，占23.7%。金沙江和嘉陵江平均年输沙量之和占上游来沙总量的78.1%，个别年份可高达90%左右。长江上游干流河段各支流和区间悬移质泥沙入汇，悬移质输沙量沿程增加，宜昌站年输沙量约为屏山站的2倍，金沙江主要产沙区位于下游区；嘉陵江主要产沙区位于其上游支流西汉水和白龙江中游。三峡工程初步设计泥沙资料采用1951—1990年实测资料(表11.1.2)。

表11.1.2 长江上游干流主要站1951—1990年水沙特征值

项目	统计年份	金沙江 屏山	岷江 高场	沱江 李家湾	嘉陵江 北碚	长江干流 寸滩	乌江 武隆	长江干流 宜昌
平均年径流量(亿 m^3)	1951—1960	1430	914	136	685	3574	483	4377
	1961—1970	1511	893	132	753	3689	510	4552
	1971—1980	1342	834	112	616	3285	520	4187
	1981—1990	1419	908	132	763	3518	455	4433
平均年输沙量(亿t)	1951—1960	2.520	0.575	0.137	1.449	5.091	0.267	5.202
	1961—1970	2.505	0.590	0.150	1.793	4.800	0.291	5.558
	1971—1980	2.212	0.337	0.083	1.115	3.825	0.399	4.797
	1981—1990	2.630	0.616	0.109	1.352	4.798	0.225	5.406
年平均含沙量(kg/m^3)	1951—1960	1.76	0.63	1.01	2.12	1.42	0.55	1.19
	1961—1970	1.66	0.66	1.14	2.38	1.30	0.57	1.22
	1971—1980	1.65	0.40	0.74	1.81	1.16	0.77	1.15
	1981—1990	1.85	0.68	0.83	1.77	1.36	0.50	1.22

(2)长江上游干支流监测站的年径流量与年输沙量的年际变化过程基本一致

长江上游干支流同一测站年径流量与年输沙量的年际变化过程基本对应，即丰水多沙、枯水少沙，年输沙量的增减与年径流量的增减基本一致。由于各站的悬移质输沙量除与径流量关系密切外，还与降雨强度、降雨落雨等因素有关，年输沙量的变化幅度大于年径流量变化幅度。

(3)长江上游干支流测站的年径流量与年输沙量年际变化过程不完全同步

长江上游干支流各测站之间相比较，各站的年径流量、年输沙量和年平均含沙量的年际变化过程相互不完全同步，尤其各自的水沙关系和变化过程，出现峰值的年份也不一致。金沙江屏山站最大年输沙量为5.01亿t，出现在1974年；最大年平均含沙量为2.89kg/m^3，出现在1997年。嘉陵江北碚站最大年输沙量为3.56亿t，出现在1981年；最大年平均含沙量为3.75kg/m^3，出现在1966年。岷江高场站最大年输沙量为1.21亿t，出现在1966年；最大年平均含沙量为1.22kg/m^3，出现在1966年。乌江武隆站最大年输沙量为0.604亿t，出现在1977年；最大年平均含沙量为0.963kg/m^3，出现在1971年。

(4)长江上游干支流输沙量及水量的年内分配大体相应

长江上游干支流输沙量与流域降水有直接关系，因此输沙量及水量的年内分配大体相应，干支流测站的输沙量年内分配的特点：一是由于上游流域产沙与暴雨的关系较径流与暴雨的关系更为密切，输沙量的年内分配较径流更为集中，干支流各测站汛期(5—10月)输沙量一般占全年的95%～99%，而径流量仅为77%～87%；二是支流各测站输沙量年内分配较干流更为集中，汛期(5—10月)输沙量占全年的97%以上。

(5)长江上游干支流悬移质泥沙组成

长江上游干支流悬移质泥沙由砂粒、粉粒和黏粒组成，以粉砂为主；大部分泥沙粒径小于1.0mm，泥沙粒径自上游向下游明显变细。长江上游流域悬移质泥沙由以石英、长石为主的60余种矿物组成，硬度大于5的矿物含量达80%左右，绝大多数呈棱角状。

(6)人类活动对长江上游悬移质来沙的影响日益明显

长江上游干支流悬移质来沙受自然因素和人类活动因素的影响。自然因素主要为降雨条件和落区的地质地貌条件。降雨条件包括降雨量、降雨强度、落区范围等，受气候条件影响，其随机较大；地质地貌条件包括地形、地貌和土壤状况等，具有相对稳定性。人类活动因素方面，滥伐森林、陡坡开荒造成水土流失，而水利工程和水土保持则可起到拦截泥沙和减少水土流失的作用。20世纪80年代以前，长江上游流域滥伐森林、陡坡开荒现象严重，但长江上游地区温和湿润的气候条件有利于植被生产恢复，河流输沙量与流域总侵蚀量的比值即泥沙输移比较小，加以50年代以来修建的水库和塘堰有一定的拦沙作用，因此80年代以前人类活动对上游较大支流和干流输沙量影响尚不明显。长江上游干支流主要测站累积年径流量与累积年输沙量相关线呈直线，说明年输沙量变化主要与年径流量密切相关(图11.1.3)。20世纪80年代以来，1988年国务院批准将长江上游列为全国水土保持重点防治区，对金沙江下游和贵州省毕节地区、嘉陵江中下游、陇南陕南地区和三峡地区首批实施治理；与此同时，长江上游干支流修建的一批水库和农田水利工程发挥了拦沙作用，长江上游干支流主要测站的年输沙量明显减少，由此可见，人类活动对长江上游悬移质泥沙来沙的影响日益明显。

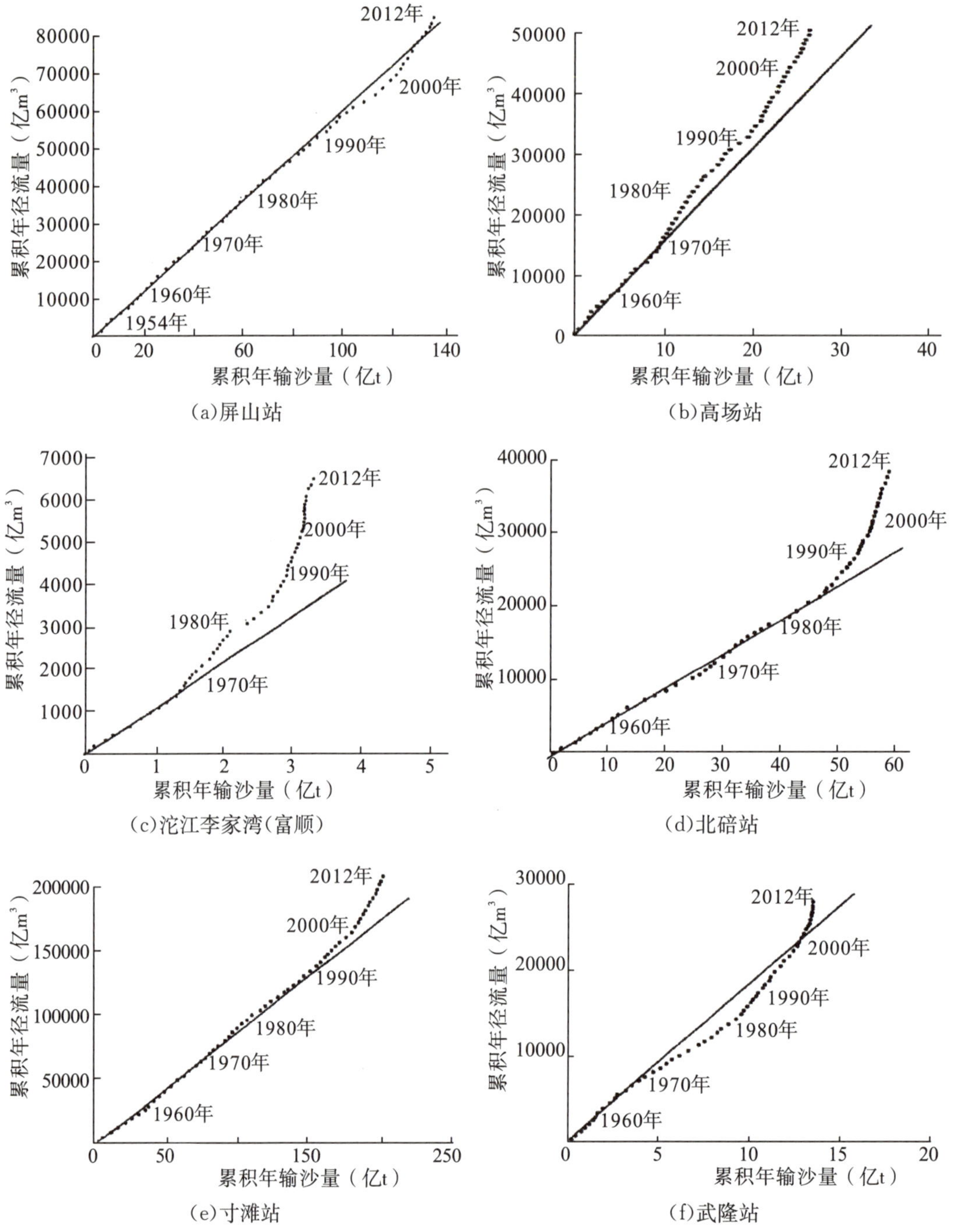

图 11.1.3　长江上游各站累积年径流量与累积年输沙量相关曲线

(7)长江上游悬移质泥沙的粗颗粒含量沿程减少

根据 1987—2002 年长江上游干流朱沱、寸滩、万州站实测悬移质泥沙资料，其悬移质中值粒径均为 0.011mm，宜昌站则变为 0.009mm；粒径大于 0.125mm 的粗颗粒泥沙沿程减少，由朱沱站的 11%沿程减小至宜昌站的 9%。

11.1.2.3 长江上游推移质来源及数量

(1)长江上游卵石推移质来源及数量

长江委水文局为实测长江上游卵石(粒径大于 10mm)推移质输移量及级配资料,1961 年在寸滩水文站开展卵石推移质测验。经过 3 年试验研究,制成长江 64 型软底网式卵石推移质采样器(以下简称"Y64 型采样器"),解决了仪器结构型式和操作,测次、测线及取样历时的合理确定,以及资料的整理整编等技术问题,于 1966 年在寸滩站正式测验。1972 年后,又相继在长江上游干流的朱沱、万州、奉节以及宜昌水文站开展测验。葛洲坝工程建成后,1981 年起于南津关开展测验。根据近 40 年来长江上游干流朱沱等站卵石推移质实测资料分析,三峡水库投入运行后,对入库卵石推移质输移量变化进行分析,长江上游卵石推移质输移量有下列特点。

1)长江上游干流各站卵石推移质(粒径大于 10mm)输移量均为数十万吨,朱沱至寸滩略有减少,寸滩至宜昌站沿程增加,其原因与粗颗粒卵石沿程沉积以及区间有中小卵石汇集有关(表 11.1.3)。20 世纪 90 年代以来,卵石推移质数量减少明显;三峡工程 2003 年 6 月蓄水运行后,库区各水文站实测卵石推移质输沙量大大减少。

表 11.1.3　长江上游各站卵石推移质年输移量　(单位:万 t)

朱沱站		寸滩站		万州站		宜昌站	
统计年份	平均年输移量	统计年份	平均年输移量	统计年份	平均年输移量	统计年份	平均年输移量
1975—1980	26.3	1968—1980	28.1	1973—1980	27.6	1974—1979	75.8
1981—1990	34.8	1981—1990	19.9	1981—1990	41.4	1981—1990	50.2
1991—2002	20.7	1991—2002	15.4	1991—2002	32.3	1991—2002	5.2
2003—2019	9.54	2003—2019	4.28	2003—2019	0.138	2003—2012	3.1

注:2010 年以来,宜昌站除 2012 年、2014 年的砾卵石推移质输沙量分别为 4.2 万 t、0.21 万 t 外,其他年份均未测到砾卵石推移质输沙量。

2)长江上游干流各站卵石推移质输移量的年际变化幅度主要取决于各年径流量与来水过程,以及所在河段的河床形态。例如,朱沱站河床断面呈"V"形,主流集中,断面流速随来水大小不同而有较大差异,因而卵石推移质输移量年际变幅较大,最大与最小年输移量比值为 11.4;寸滩站汛期受其下游铜锣峡峡谷段壅水影响,断面流速随各年来水不同的差异相对较小,因而卵石输移量年际变幅相对较小,最大与最小年输移量比值仅为 3.8。

3)长江下游干流各站卵石推移质颗粒级配及颗粒粒径沿程细化,朱沱站 d_{95} 和 d_{50} 分别为 150mm 和 57mm,沿程递减,至宜昌站分别为 80mm 和 26mm(表 11.1.4),原因主要是粗颗粒卵石在输移过程中沿程沉积,以及区间中小卵石汇集。

表 11.1.4　　长江上游各站卵石推移质(粒径大于10mm)年平均输移量

水文站名	年平均输移总量(万 t)	各粒径组年平均输移量(万 t)					特征粒径(mm)		统计年份
		10～20mm	20～50mm	50～100mm	100～200mm	>200mm	d_{50}	d_{95}	
朱沱	32.4	1.2	12.5	13.3	5.3	0.1	57.0	150	1975—1984
寸滩	28.2	2.8	10.8	10.6	3.8	0.0	50.0	133	1966—1984
万州	32.0	5.8	15.0	7.8	3.0	0.1	39.5	122	1972—1984
奉节	38.7	8.4	18.0	10.1	2.2	0.0	36.0	104	1974—1978，1981—1984
宜昌	75.8	37.4	27.7	10.1	0.6	0.0	26.0	80	1973—1979

4)20世纪80年代以来，长江上游各测站卵石年输移量明显受上游干支流修建水利水电工程和所在河段开采卵石骨料作为建筑材料的影响。朱沱、寸滩站累积年径流量和累积卵石年输移量关系线(图11.1.4)表明，朱沱站和寸滩站分别从1991年和1981年起，关系线明显偏左，说明卵石年输移量明显减少，除与上游修水利水电工程有关外，卵石骨料大量开采也是重要原因。长江委水文局于1993年和2002年对长江上游河道采砂情况进行了调查，1993年和2002年砾卵石年开采量分别为415万t和453万t，单位河道长度采砂量为1.0万t/km和1.2万t/km。1985年以前朱沱站和寸滩站(朱沱站下游152km)卵石年开采量为30万t左右，1985年以后则减少到20万t以下。

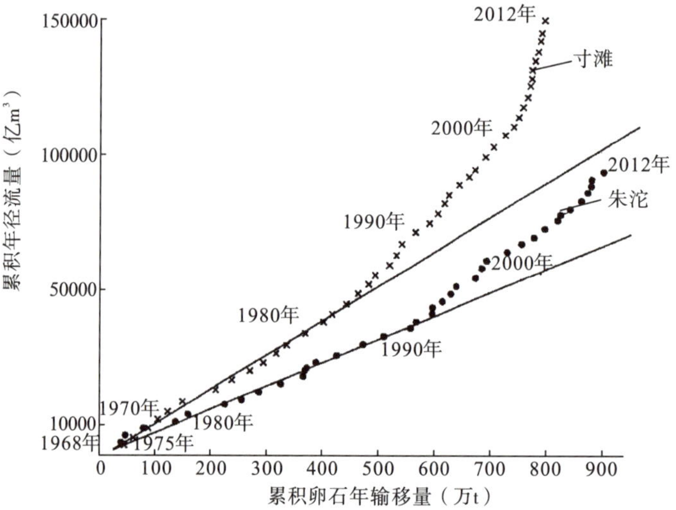

图 11.1.4　朱沱、寸滩站累积年径流量与累积卵石年输移量关系线

5)长江上游卵石推移质出三峡峡谷后，主要沉积在宜昌至江口河段。

长江宜昌至江口河段长110km，河床由卵石、砾石夹砂组成。江口以下河床主要由中细砂组成。由于长江上游出三峡的卵石推移质年输移量仅数十万吨，1974—1979年宜昌站平均卵石年输移量为75.8万t。宜昌至江口河段河床长时期处于相对冲淤平衡状态，反映在宜昌站 1950—1990 年的枯水期水位—流量关系曲线变化很小。但 1971—1980 年，为城镇建设和葛洲坝工程混凝土骨料需要，宜昌至江口河段卵石开采量为 1080.1 万 m^3，平均卵石年开采量为 108 万 m^3。宜昌站枯水期流量 4000m^3/s 相应水位 1980 年较 1970 年下降 0.22m。砂石料开采改变了该河段原有的输沙平衡状态，卵石开采量大于宜昌站卵石输移量，导致宜昌站枯水期同流量水位下降。

(2)长江上游砾石及沙质推移质来源及数量

长江上游干流寸滩站和奉节站砾石(粒径 1～10mm)年平均输移量较少，分别为 0.8 万 t(1986—1987 年)和 1.3 万 t(1974—1977 年)，仅为该站卵石推移质输移量的 3%左右。数量较少的原因是床沙中砾石含量很少。葛洲坝工程兴建之前，宜昌站平均砾石推移质输移量为 32.5 万 t(1974—1979 年)，约为卵石推移质输移量的 43%，数量较奉节站剧增的原因是两站之间的河段位于黄陵背斜区，支流入汇的砾石推移质来量较大。

长江上游干流寸滩站 1991 年开始进行沙质推移质(粒径小于 1mm)测验，1991—2019 年沙质推移质平均年输移量仅为 11.3 万 t，仅为该站同期悬移质年输移量 2.20 亿 t 的 0.05%。受上游来沙减少以及采砂等因素的影响，1991—2002 年沙质推移质平均年输移量为 25.8 万 t，2003—2019 年则减少为 1.0 万 t，较 1991—2002 年均值减少了 96%。寸滩站 2003—2019 年砾卵石推移质平均年输移量为 4.28 万 t，较 2002 年前均值(22.0 万 t)减少了 81%。葛洲坝工程兴建运行之前，宜昌站沙质推移质平均年输移量为 845 万 t，为该站同期悬移质输移量 4.91 亿 t 的 1.7%。2010 年以来，宜昌站除 2012 年、2014 年的砾卵石推移质输沙量分别为 4.2 万 t、0.21 万 t 外，其他年份均未测到砾卵石推移质输沙量。

11.1.2.4　长江上游泥沙自 20 世纪 90 年代以来呈减少趋势

(1)长江上游 20 世纪 90 年代以来悬移质泥沙明显减少

长江上游 20 世纪 90 年代以来，径流量变化不大，寸滩站 1991—2002 年和 2003—2019 年的平均年径流量较初步设计采用值(1990 年前平均值)分别减少 5%和 6%，三峡工程实施 175m 试验性蓄水运行(2008—2019 年)的平均年径流量(3351 亿 m^3)较初步设计采用值减少 5%；悬移质来沙量减少明显，寸滩站 1991—2002 年和 2003—2019 年的平均年悬移质输沙量较初步设计采用值分别减少 27%和 70%，2008—2019 年的平均年悬移质输沙量(1.15 亿 t)较初步设计采用值减少了 75%，2013 年金沙江向家坝水电站和溪洛渡水电站蓄水后，出库泥沙明显减少，2013—2019 年的寸滩站平均年悬移质输沙量仅为 0.685 亿 t。嘉陵江北碚站 20 世纪 90 年代前后变化尤为显著，1991—2002 年和 2003—2019 年的平均年径流量较初步设计值分别减少 25%和 8%，平均年输沙量较初步设计值分别减少 72%和 79%。三峡工程实施 175m 试验性蓄水运行(2008—2019 年)的，水库入库站(寸滩＋武隆)的平均年径流量较初步设计采用值减少 5%；悬移质输沙量减少明显，较初步设计采用值减少 76%。2003—2019 年三峡水库入库站(寸滩＋武隆)的平均年径流量较初步设计采用值减少 6%，年均悬移质输沙量较初步设计采用值减少 71%(表 11.1.5)。

表 11.1.5　三峡工程上游主要水文站径流量及输沙量与多年平均值对比

项目	金沙江 向家坝	横江	岷江 高场	沱江 富顺	长江 朱沱	嘉陵江 北碚	长江 寸滩	乌江 武隆	三峡入库	
									朱沱+北碚+武隆	寸滩+武隆
集水面积(万 km^2)	48.8800	1.4781	13.5378	2.3283	69.4275	15.6736	86.6559	8.3035	93.4496	94.9594
1990 年前径流量(亿 m^3)(初设多年平均)	1440.00	90.14	882.00	129.00	2659.00	704.00	3520.00	495.00	3858.00	4015.00
1991—2002 年径流量(亿 m^3)	1506.00	76.71	815.00	108.00	2672.00	529.00	3339.00	532.00	3733.00	3871.00
与初设比较(%)	5	−15	−8	−16	0.5	−25	−5	7	−3	−4
2003—2019 年径流量(亿 m^3)	1381.00	77.19	807.80	114.40	2580.00	646.20	3317.00	441.00	3667.00	3758.00
与初设比较(%)	−4	−14	−8	−11	−3	−8	−6	−11	−5	−6
2008—2019 年径流量(亿 m^3)	1363.00	80.47	815.60	126.50	2600.00	661.20	3351.00	445.00	3706.00	3796.00
多年平均径流量(亿 m^3)	1435.00	83.79	848.20	119.20	2660.00	655.20	3437.00	486.40	3802.00	3923.00
1990 年前输沙量(万 t)(初设多年平均)	24600	1370	5260	1170	31600	13400	46100	3040	48000	49140
1991—2002 年输沙量(万 t)	28100	1390	3450	372	29300	3720	33700	2040	35100	35740
与初设比较(%)	14	1	−34	−68	−7	−72	−27	−33	−27	−27
2003—2019 年输沙量(万 t)	8400	593	2480	536	11700	2790	13800	439	14900	14200
与初设比较(%)	−66	−57	−53	−54	−63	−79	−70	−86	−69	−71
2008—2019 年输沙量(万 t)	5790	595	1920	729	9010	2940	11500	260	12200	11800

续表

项目	金沙江 向家坝	横江	岷江 高场	沱江 富顺	长江 朱沱	嘉陵江 北碚	长江 寸滩	乌江 武隆	三峡入库	
									朱沱＋北碚＋武隆	寸滩＋武隆
多年平均输沙量(万 t)	21100	1150	4210	836	25400	9370	35600	2140	36900	37700
1990 年前含沙量(kg/m^3)(初设多年平均)	1.710	1.520	0.596	0.907	1.190	1.900	1.310	0.614	1.250	1.220
1991—2002 年含沙量(kg/m^3)	1.870	1.810	0.423	0.345	1.100	0.703	1.010	0.384	0.939	0.923
与初设比较(%)	9	19	−29	−62	−8	−63	−23	−37	−25	−24
2003—2019 年含沙量(kg/m^3)	0.6080	0.7680	0.3070	0.4690	0.4530	0.4320	0.4160	0.0995	0.4060	0.3780
与初设比较(%)	−64	−49	−48	−48	−62	−77	−68	−84	−68	−69
2008—2019 年含沙量(kg/m^3)	0.425	0.739	0.235	0.576	0.347	0.445	0.343	0.0584	0.329	0.311
多年平均含沙量(kg/m^3)	1.470	1.370	0.496	0.701	0.955	1.430	1.040	0.440	0.971	0.961

(2)长江上游20世纪90年代以来悬移质泥沙减少原因分析

长江上游20世纪90年代以来悬移质泥沙减少主要原因:①上游干支流兴建一批水利水电工程,水库拦沙作用十分显著;②长江上游流域实施水土流失治理工程、封山育林、防治石漠化等起到减沙作用;③泥沙减少与长江上游地区降雨时空分布、降雨量和降雨强度有一定关系。可以预期,随着上游干支流兴建的水利水电工程陆续投入运行,长江上游流域水土流失综合治理和防治石漠化的持续实施,长江上游悬移质泥沙来沙在较长时期内仍呈减少趋势。

11.2 水库泥沙问题及其对策

11.2.1 三峡工程水库是典型的河道型水库

11.2.1.1 三峡库区河道特征

(1)库区河道分段特征

三峡水库正常蓄水位为175m,相应的库区范围从坝址至上游660~760km(江津至朱沱之间),库区面积1084km^2,图11.2.1为库区朱沱至坝址段的示意图。三峡水库穿行于川东低山丘陵和川鄂中低山峡谷区,根据河道地形地貌特征,库区朱沱至坝址可分为以下4段。

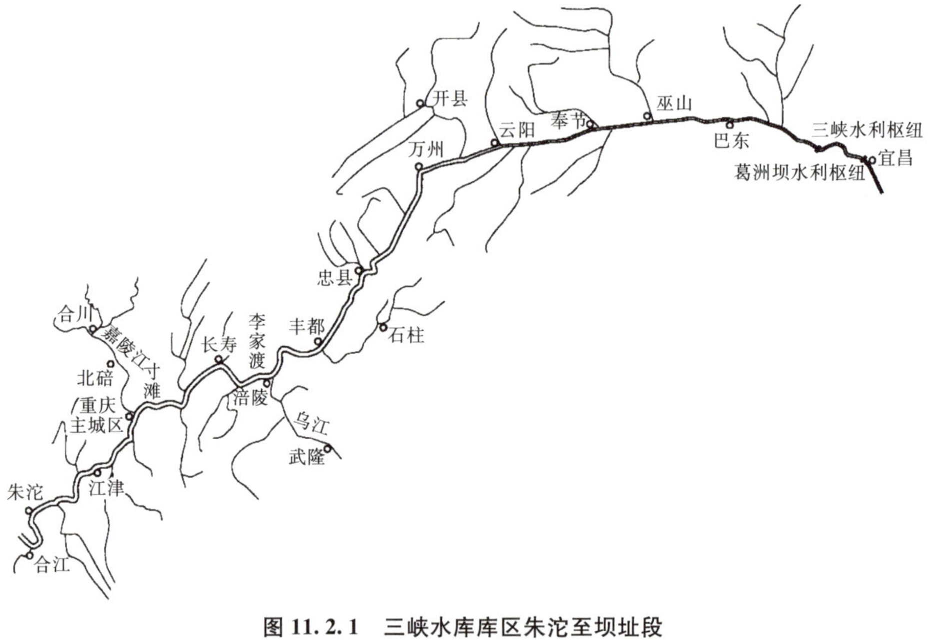

图11.2.1 三峡水库库区朱沱至坝址段

1)朱沱至江津油溪段,长约100km,两岸为起伏平缓的丘陵,地质构造为宽广的复向斜,没有峡谷,地形平缓,河床开阔,枯水河宽300~500m,洪水河宽600~1000m,河床组成多为卵石,部分河段的江底层为岩盘。

2)江津油溪至涪陵段,长222km,沿江地势起伏较大。长江自西向东依次横切6个背斜山脉,形成华龙峡、猫儿峡、铜锣峡、明月峡、黄草峡、剪刀峡等峡谷。经过向斜谷地则河谷宽广,故该河段峡谷与宽谷相间,江面宽窄悬殊,最宽处达1500m,最窄处如黄草峡仅250m。峡谷一般不长,江面狭窄,谷坡陡峭,基岩裸露,两岸山峰矗立,高出江面300~400m;宽谷段江面开阔、岸坡缓坦,河道弯曲,两岸山峰距江较远,阶地发育,河漫滩宽,江心常有石岛,岸边则多碛坝。

3)涪陵至奉节段,长约323km,其中上段长江流向东北,至万州市急转东,到白帝城入三峡。河段内河谷基本沿向斜层发育,流向与构造线一致。谷地宽阔,江面宽处达1500~2000m,谷坡平缓,河道弯曲,碛坝很多,两岸丘陵起伏,冲沟稠密。万州市以下的巴阳峡,系长江下切石质河漫滩造成,江面窄,水流湍急。奉节稍上是关刀峡,仅宽150~200m,至奉节河谷又放宽。

4)奉节至坝址长167余千米,为著名的三峡河段,由瞿塘峡、巫峡、西陵峡3个主要峡谷段组成。峡谷为中、高山峡谷,峡谷间为低山丘陵宽谷,白帝城至庙河为碳酸盐岩夹碎屑岩中山峡谷库段,庙河至坝址为结晶岩低山丘陵宽谷段。峡谷段江面狭窄,岸壁陡峭,基岩裸露,河宽一般为200~300m,窄处仅100余米;宽谷段江面比较开阔,岸壁平缓,汛期河宽一般达600~800m,个别达1000~1500m。峡谷上游的开阔段,往往形成峡口滩,呈汛期淤积、汛后冲刷的周期性冲淤变化。两岸溪流入汇,且来沙颗粒较粗,停于溪口,形成溪口滩。滩段或束窄江流,或流势险恶,或形成跌水,成为碍航的急流滩或险滩。葛洲坝水利枢纽修建后,其中大部分滩险已被淹没或得到改善。

(2)库区河道水沙特征

库区河道水位年变幅大,年内水位变幅达30~50m。河道洪峰陡涨陡落,汛期水位日上涨率可达10m,水位日降落率可达5~7m。库区河道水面比降大,水流湍急。江津至长寿河段为2.29‰~1.79‰,随着流量增大而减小;长寿至丰都河段为2.15‰~1.65‰,随流量增大而增大;丰都至奉节河段为1.90‰~0.98‰,随流量增大而减小;奉节至坝址为3.17‰~2.07‰,随流量增大而增大。全库区河道平均水面比降约为2‰,急流滩处水面比降达10‰以上。

库区河道泥沙输移以悬移质运动为主,推移质输移量不大。由于河床比降大,河床大部分又由基岩或卵石组成,水流挟沙能力有较大的富余。库区河道卵石运动具有明显的不连续性,由于河谷宽窄相间,在峡谷上游的宽阔河段,汛期峡谷壅水,卵石输移率减小,而枯水期则增大;峡谷段则相反。

11.2.1.2 三峡工程建库前库区河道演变特性

库区河道在建库前的演变特性,受河道边界条件的制约,以及来水来沙条件的影响,具有如下特点。

1)库区长江两岸为山岩组成,河道宽窄相间,洪水河宽800~1500m,枯水河宽300~500m,岸线参差不齐,石盘山咀突入江中,且河槽深处为基岩,上覆盖卵石,因此河道演变过程中，河床边界条件起着主导作用。

2）由于河床边界条件的主导控制作用，水流运动受到约束。川江的弯道段和汊道段，泥沙冲淤变化具有许多与冲积平原河道不同的特点，如距坝址574km的羊角背弯道，深槽偏靠凸岸，凹岸为高出枯水位的岩盘组成（图11.2.2）；距坝址460km的丝瓜碛河段为一大弯道，深槽靠凸岸（图11.2.3），汛期主流居中，凸岸深槽受五羊背岸咀的挑流作用，土脑子一带深槽泥沙淤积，1985年实测汛期淤积量达728万m^3，汛后水流归槽，至当年12月底，淤积物即全部被水流冲走。

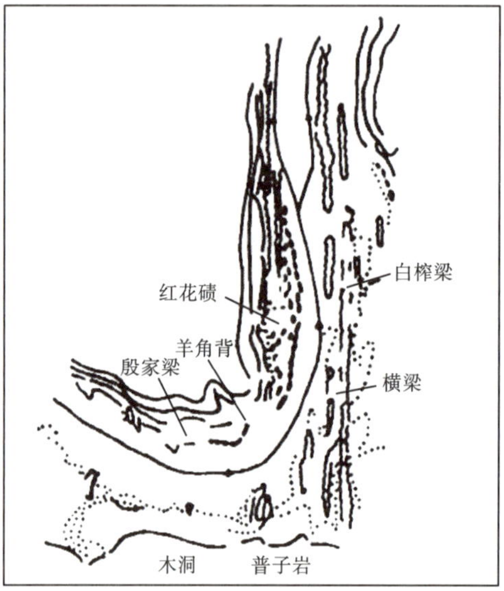

图11.2.2　羊角背弯道

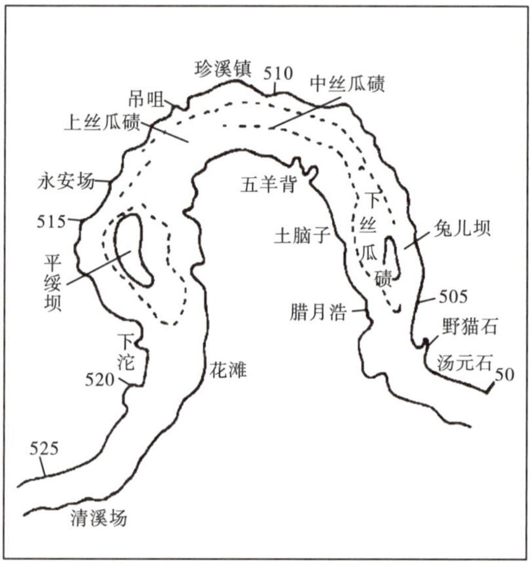

图11.2.3　丝瓜碛河段

汊道段的特点是，不论支汊口门汛期是否处于迎流部位，主、支汊长期相对稳定。如坝址上游410km的兰竹坝汊道段，左汊为主汊。支汊口门汛期迎流，主汊发生泥沙淤积，航道改在支汊（图11.2.4）。1983年实测汛期主汊淤积量达420万m^3，汛后水流集中主汊，淤积物至当年11月底即全部被水流冲走，航道又复走左汊。

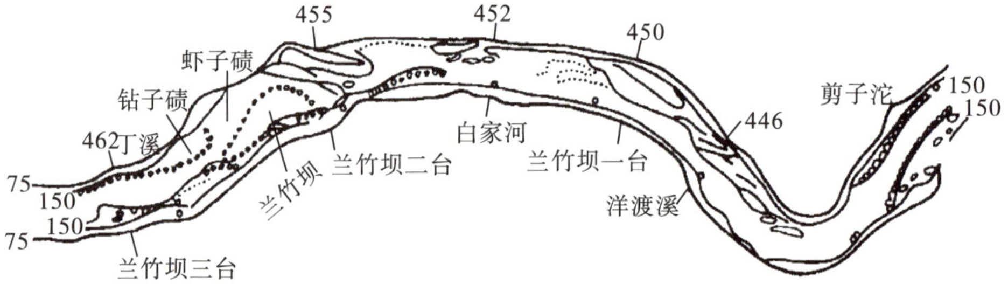

图11.2.4　兰竹坝河段

3）年际间各河段的冲淤部位和冲淤规律保持不变，河段年内冲淤基本平衡。由于川江河岸稳定，控制了河段内的泥沙冲淤部位，且河道挟沙能力富余，一个水文年内泥沙冲淤平衡。一般说来，峡谷段的壅水作用或凸出岸线的阻水作用均会导致其上游或下游段发生局部淤积；但在汛末水位下落期，流量较大而水位较低时，即形成所谓走沙水，淤积物被全部冲走。如瞿塘峡上游的臭盐碛河段（图 11.2.5）为川江三大淤沙区（臭盐碛、兰竹坝、土脑子淤沙区）之冠，汛期峡谷壅水较强，加以水流漫滩取直，深槽泥沙淤积，1962 年实测汛期淤积量达 1740 万 m^3，汛后落水期泥沙即被全部冲走。

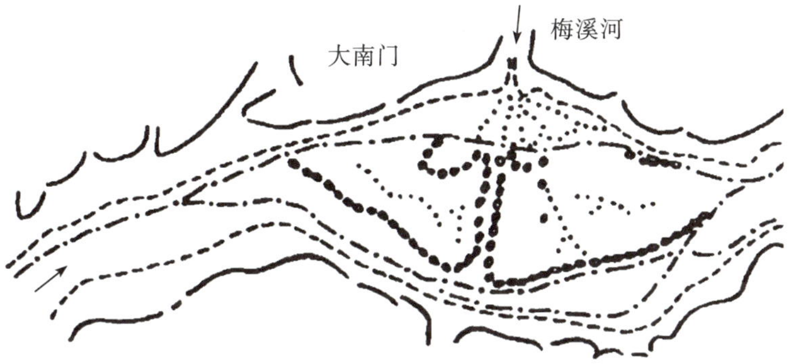

图 11.2.5　臭盐碛河段

4)宽谷河段由于局部岸线凸出，分汉段两汉水流汇流点的变动，以及弯道段深槽偏靠凸岸等因素，引起河道内主流线在年内汛、枯期较大幅度摆动，河床相应发生冲淤变化，并往往造成航深不足，成为碍航浅滩。例如，丝瓜碛弯道的土脑子河段，深槽靠右岸，汛期水流漫滩，主流受羊角背突出岸线（图 11.2.2）的控制而趋中，深槽淤积，航道左移（图 11.2.3）；汛后落水时，航槽右移至原深槽处，若深槽的泥沙淤积物冲刷不及时，则发生碍航。又如上洛碛浅滩处于南屏坝与上洛碛之间的过渡段，汛期卵石淤积，而过渡段下游为一急弯，汛期因水流取直而成为缓流区，引起泥沙淤积（图 11.2.6），若汛后泥沙来不及冲刷，则发生碍航。

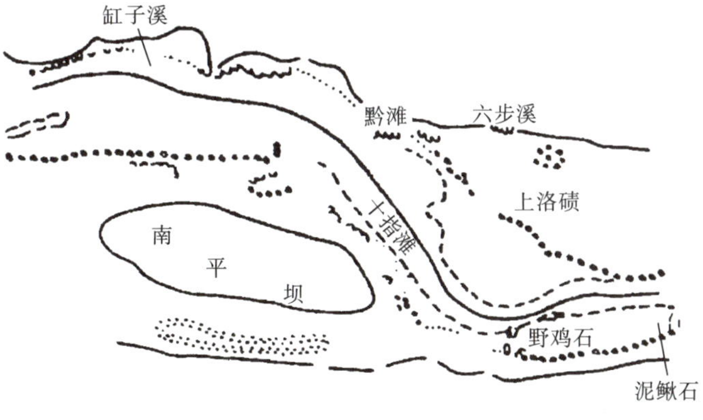

图 11.2.6　上洛碛河段

5)川江多处岸线过分局部凹进，形成回流区（俗称回水沱），泥沙冲淤年内保持平衡。如铜锣峡河段的唐家沱和郭家沱，明月峡河段的明月沱，都是较典型的回流区（图 11.2.7）。

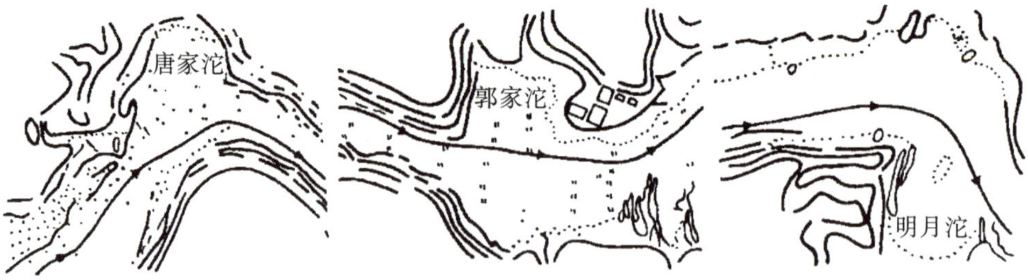

图 11.2.7 唐家沱、郭家沱、明月沱典型回流区

11.2.1.3 三峡水库干流库区形态特征

三峡水库受河道地形地貌约束，库区平面形态宽窄相间(图 11.2.8)，除坝区段和宽谷河段外，大部分库段库面宽度不超过 1000m，宽于 1000m 的库段大多分布在万州至忠县库段内。水库淤积前干流库区深泓纵剖面变化较大，一般峡谷段深泓高程较低，宽谷段的深泓高程相对较高，平均深泓变幅为 11～67m，呈锯齿形态(图 11.2.9)。由图 11.2.9 可以看出，奉节至坝址段的巫峡深泓最低点达到－34m，平均最低点与最高点变幅大于 77m；丰都河段的灶门子附近深泓最低点达到 44.5m，最低点与最高点变幅大于 80m。按水库蓄水运用前的起始地形和入库流量 4100m^3/s 的水面线计算，相应坝前水位 175m 的库区各段平均库面宽度及平均水深分述如下：

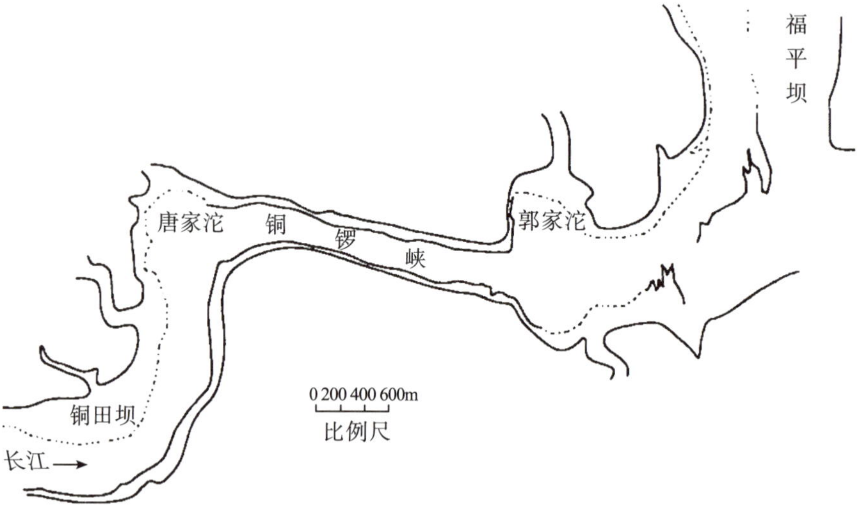

图 11.2.8 唐家沱与郭家沱位置

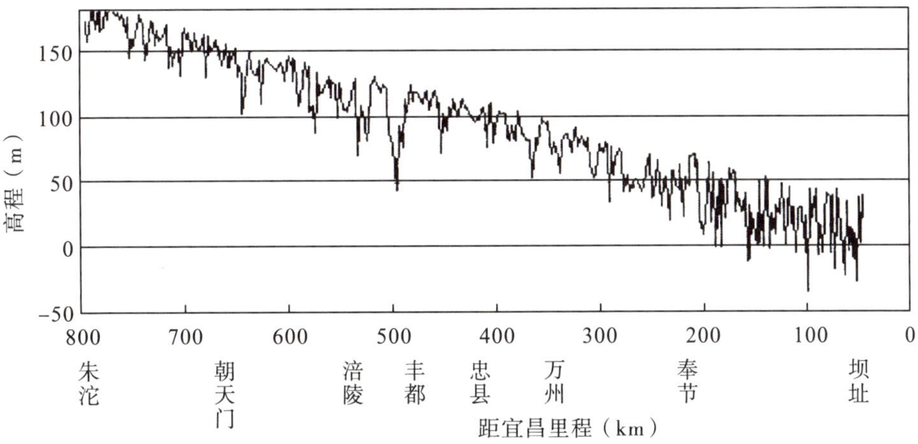

图 11.2.9　三峡水库淤积前干流库区深泓纵剖面

三峡水库坝区段（太平溪至坝址）库面较宽，坝前水位 175m 时，平均库面宽度为 2387m，平均水深为 76.22m。

奉节白帝城至太平溪段主要为峡谷河段，区间有诸多中小支流和小溪汇入，形成较宽的溪口滩。坝前水位达到 175m 时，该段峡谷段平均库面宽度为 684m，平均水深为 89.87m；宽谷河段平均库面宽度为 1225m，平均水深为 92.11m。

万州沱口至奉节白帝城段为开阔至峡谷过渡段，库面宽度比下游段稍宽。坝前水位 175m 时，峡谷段平均库面宽度为 829m，平均水深为 66.65m；宽谷段平均库面宽度为 1317m，平均水深为 65.74m。

涪陵至万州沱口段主要为开阔段或宽谷河段，库面较宽。坝前水位为 175m 时，涪陵至忠县段平均库面宽度为 1125m，平均水深为 42.51m；忠县至万州段平均库面宽度为 1232m，平均水深为 51.47m。

朱沱至涪陵段为平缓的丘陵河段和宽谷与峡谷交替段，处于回水变动区，蓄水后该段水位抬高相对下游段小，库面宽度较库区常年回水区小。坝前水位为 175m 时，朱沱至朝天门、朝天门至涪陵宽谷河段平均库面宽度分别为 558m、930m，平均水深分别为 6.93m、24.96m；峡谷段平均库面宽度分别为 249m、402m，平均水深分别为 30.82m、39.31m。

由上述库区形态分析可见，三峡库区干流段除坝区段和局部库段外，干流库区库面宽度一般为 700～1700m，为典型的河道型水库。

11.2.2　三峡工程水库泥沙问题研究

11.2.2.1　三峡水库长期使用问题研究

三峡工程具有防洪、发电、航运、水资源利用等巨大的综合效益，研究如何远近结合，大部分有效库容不被淤废，长期发挥工程的巨大综合效益，是实现三峡工程“功在当代，利在千秋”建设目标的一个关键性问题。长江委从 20 世纪 60 年代组织科研人员实地调查了国内 8 座水库泥沙淤积和运行情况，搜集了国内外水库泥沙淤积和水库运行资料，进行综合分析。

长江科学院编写了《水库淤积调查报告》，报告认为：水库极限淤积情况与水库运用方式有非常密切的关系。根据水库冲淤平衡后的河床坡降小于建库前河床坡降，以及河流输移的泥沙集中在汛期等特点，可以采取汛期降低水位运用，泄洪排沙，汛后蓄水运用，长期保留水库的大部分有效库容，充分发挥工程的长期综合效益。20 世纪 70 年代末、80 年代初，长江科学院等单位进一步从理论上对水库长期使用问题进行了研究，通过分析国内外大量控制水库淤积发展的实际资料，从理论上深化了对水库长期使用问题的认识，在长期使用水库的相对平衡状态，水库长期使用与水库运用方式的关系，水库长期使用与工程效益等方面取得进展。

(1)水库长期使用的基本依据

水利枢纽工程一般建在上游山区河流，库区悬移质泥沙基本平衡后形成的河床坡降一般接近水库下游冲积河流的河床坡降。设修建水库前河床坡降为 J_0，床沙中值粒径为 D_0，建水库后悬移质泥沙淤积基本平衡形成的河床坡降为 J_k，床沙中值粒径为 D_k，国内 22 座水库建库前后床沙中值粒径比值 D_k/D_0 与河床坡降比值 J_k/J_0 关系见图 11.2.10。可以看出，图中点据虽较分散，但点群变化的趋势较为明显，即泥沙淤积平衡后，床沙粒径与建库前床沙粒径的比值越小，则泥沙冲淤平衡后的比降与建床前河床比降的比值也越小。上述趋势表明，建库前库区水流挟沙力不饱和程度较大，水库长期保留库容与原库容之比越大。水库长期使用库区淤积纵横剖面见图 11.2.11。

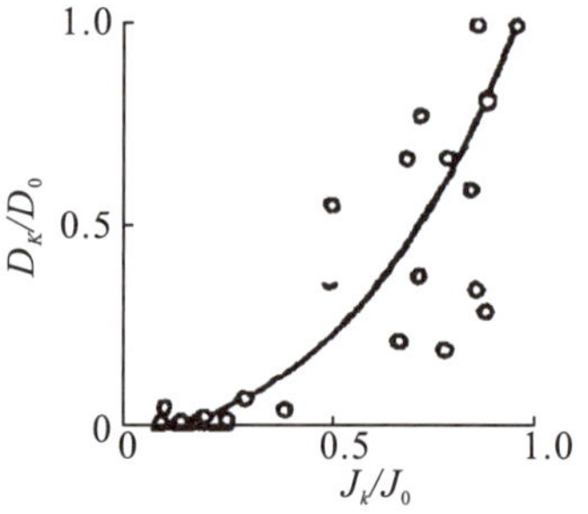

图 11.2.10 水库建库前后 D_k/D_0—J_k/J_0 关系

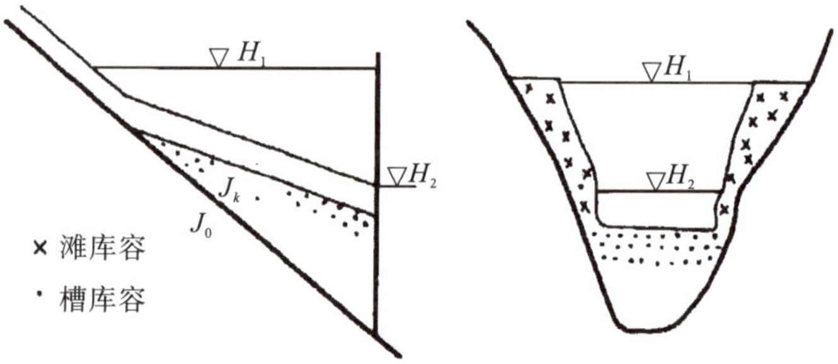

图 11.2.11 水库长期使用库区淤积纵横剖面

水库长期保留库容与原库容之比主要与水库的平面形态有关。水库平面形态一般分为湖泊型和河道型。河道型水库长期保留库容与原库容之比较湖泊型水库库容大。根据库区冲淤平衡河槽断面的河宽 B_k、水深 H_k，并根据实际资料定出公式中的系数。以河道联解水流运动方程、连续方程、水流挟沙力和河相关系方程，并根据黄河、长江、汉江、官厅水库等实测资料提出的平衡河床坡降 J_k 和河宽 B_k、水深 H_k 计算公式如下：

$$J_k = 47.3\,\frac{n^2 \xi^{0.4} \overline{S}^{0.678}\ \overline{\omega}^{0.73}}{\overline{Q}^{0.2}} \tag{11.2.1}$$

式中，n 为曼宁糙率；ξ 为河相系数；$\overline{Q}$ 为汛期平均流量，m^3/s；$\overline{S}$ 为汛期平均含沙量，kg/m^3；

$\overline{\omega}$ 为汛期泥沙的平均沉降速度，m/s。

$$H_k=\left[\frac{n^2\overline{Q}^2}{\xi^2 J_k^{Y_2}}\right]^{3/11} \tag{11.2.2}$$

$$B_k=\xi^2 H_k^2 \tag{11.2.3}$$

(2)三峡工程初步设计水库运用 80～100 年冲淤平衡，防洪库容保留 86%，调节库容保留 92%

三峡水库为河道型水库，具有长期使用的有利条件，水库河床由基岩、卵石组成，平均坡降约为 2‰，水库挟沙不饱和程度大。库区泥沙冲淤平衡后的河床坡降与坝下游长江中下游河道输沙总体处于平衡状态的河床坡降接近，其中荆江河段河床平均坡降约为 0.5‰，两者的比值为 0.25，说明三峡水库库区水流挟沙能力有富余。库区坝址上游长约 660km，为峡谷与宽谷相间，大部分库段水面宽度不超过 1000m，小于长江中下游河道的河宽，上荆江河段的平均宽度为 1320m。水库的有效库容主要为河槽库容，滩库容比例小，滩库容最终将淤废，河道型水库长期保留库容比湖泊型水库大。水库上游集中在汛期，汛期降低水位至防洪限制水位，腾出库容调节上游洪水，汛期下泄洪水，有利于排沙，三峡水库的总库容与年径流量比值小于 1，有利于汛末蓄水。

三峡工程采用“蓄清排浑”调度运行方式，即汛期(6—9 月)坝前水位降至防洪限制水位 145m，利用 221.5 亿 m^3 的防洪库容拦蓄洪水，库水位升高，洪水过后即退至 145m，拦蓄下次洪水，汛后或汛末蓄水。长江科学院和中国水利水电科学研究院选用 1961—1970 年入库水沙系列，计算年限为 80～120 年，其中包括丰水来沙、中水中沙、少水少沙等不同典型年，1961—1970 年 10 年的水沙量平均值较多年平均值偏大，在计算过程中加入了 1960 年典型枯水年和 1981 年典型丰水丰沙年。在未考虑三峡水库上游干支流新建水库和水土保持等拦沙减沙的条件下，数学模型计算成果为：三峡水库按正常蓄水位运行 100 年后，水库 145～175m 水位的防洪库容可保留 86%，水库 155～175m 水位的调节库容可保留 92%。

水库的排沙比是指一定时期内水库排出沙量与入库沙量之比，是水库拦截泥沙程度的指标之一。三峡水库蓄水初期的排沙比约为 30%，随着运行时间的增长，水库泥沙淤积增多，排沙比逐渐加大，当排沙比增至 85%以上时，水库河槽淤积达到初步平衡状态。不考虑上游干支流新建水库和水土保持等拦沙减沙作用，三峡水库运行 80～100 年后水库河槽淤积达到初步平衡状态。

(3)三峡水库入库泥沙变化对水库长期使用的影响分析

三峡水库投入运用 10 年后，上游金沙江和嘉陵江新建水利水电工程可拦截泥沙 50%，即 2.55 亿 t。长江科学院数学模型计算结果表明：三峡水库淤积速度减缓，运行 100 年末的水库泥沙淤积量仅相当于不考虑干支流兴建水库拦沙基本方案的 75.2%，运行 100 年库区仍未达到冲淤平衡。水库变动回水区长寿以上的库段泥沙淤积量较基本方案显著减少，运行 100 年末的淤积量仅为基本方案的 27.6%。三峡水库运用 100 年末，防洪库容可保留 94.1%，调节库容可保留 96.5%，较基本方案的 85.8%和 91.5%分别增加 8.3%和 5.0%。

水库运用100年末，重庆市主城区100年一遇洪水位为196.06m，较基本方案的洪水位199.09m低3.03m。

长江科学院和中国水利水电科学院对三峡水库入库水沙条件选用1991—2000年系列年与1961—1970年系列年通过数学模型计算进行了对比分析，20世纪90年代系列年平均径流量较60年代系列年偏小5.6%，平均年输沙量偏少32%。计算结果表明，三峡水库运用30年末泥沙淤积量采用90年代系列年为采用60年代系列年的58%～67%，水库运用100年末泥沙淤积量采用90年代系列年为60年代系列年的72.1%～79.3%。

从上述三峡水库上游干支流新建水库和不同水沙典型年系列导致的入库沙量变化对三峡水库泥沙淤积影响的研究成果说明，按上游新建水库群方案，三峡水库运用100年末，水库泥沙淤积量约为不考虑新建水库群方案的2/3，变动回水区长寿以上库段泥沙淤积量约为不考虑新建水库群方案的1/3。

11.2.2.2 三峡水库变动回水区泥沙淤积问题

三峡水库变动回水区是正常蓄水位175m末端与防洪限制水位145m回水末端之间的库段(图11.2.12)。变动回水区范围为李渡(涪陵城区长江北岸李渡镇)至江津(距大坝约660km)，库段长183km，李渡以下为常年回水区。变动回水区河段和河道演变具有天然河道和水库两重性。

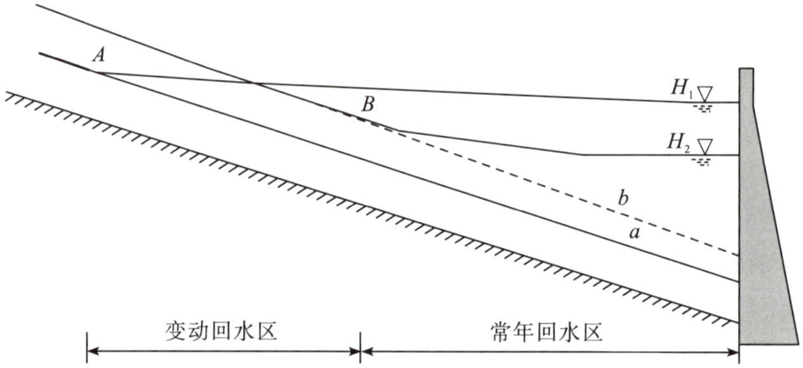

图11.2.12 水库变动回水区与常年回水区位置

H_1—正常蓄水位；H_2—汛期防洪限制水位；a—建库前枯水期水面线；b—建库前汛期水面线；A—枯水期回水曲线末端；B—汛期回水曲线末端

(1)三峡水库回水末端

按最高库水位与原河床的平交点作为最远的回水末端分析，三峡水库正常蓄水位175m最远回水末端在距大坝约660km的江津附近。

三峡水库库区长，区间有嘉陵江、乌江及众多小支流汇入，坝前水位年内的变幅达30m，因此在库区各段的流量是不同的，特别是遭遇大洪水，不仅是洪峰流量，还涉及洪量及峰形，因此水库水面线计算按《水利水电工程水库淹没处理设计规范》(SD 130—84)和水库运行规程进行调洪演算。当不考虑水库泥沙淤积时，5年一遇的回水末端距大坝574km(坝前水位

147.2m，寸滩站流量 61400m³/s），20 年一遇的回水末端距大坝 580km（坝前水位 154.6m，寸滩站流量 75300m³/s），100 年一遇的回水末端距大坝 594km（坝前水位 161.7m，寸滩站流量 88700m³/s）。随着水库淤积的发展，库区河槽将发生很大的变化，在新的平衡坡降下，达到新的输沙平衡，河槽的过流断面变化较大，泥沙淤积将引起回水位的抬高，回水末端上延。三峡水库运用到 100 年末，库区河槽冲淤基本平衡后，上述各频率的回水末端上移到距大坝 700～756km 的范围。

（2）三峡水库的淤积末端

水库蓄水改变了原河道的水流特性，过水断面增大，比降减小，流速降低，水流挟带泥沙能力减弱，泥沙在库区落淤。水库区的河道将在新的侵蚀基面的基础上，塑造新河道。新河道塑造过程，也是水库末端的发展过程。水库蓄水后，泥沙落淤部位从变动回水区的中下段到常年回水区的上中段，逐渐向坝前和库尾延伸，同时淤积面也平行抬高，直到水库河槽达到冲淤平衡。影响淤积末端的因素有来水量、来沙量、来沙组成及时程的变化、变动回水区河谷形态、河床组成、水库运行方式、坝前水位等。

水库淤积向上游发展的最远点为水库淤积末端，通常将正常蓄水位与库区原河床纵剖面的交点作为衡量标准，若水库淤积发展到交点的上游，则称为“翘尾巴”现象。水库的淤积末端上延情况，通过以淤积末端上延系数 ξ 表示式：

$$\xi=\frac{L}{L_0}=1+\frac{\Delta H}{H} \tag{11.2.4}$$

式中，L 为淤积末端距大坝距离，km；L_0 为最高库水位与河床的平交点距大坝距离，km；ΔH 为淤积末端与最高库水位的高程差，m；H 为最高库水位与坝址河底高程差，m。

水库来水量、来沙量及来沙组成决定了建水库的平衡坡降 J_k 若 J_k/J_0 值大则淤积末端上延较大，“翘尾巴”的可能性较大，从式（11.2.1）可知，J_k 与含沙量等成正比（$J_k\sim\overline{S}^{0.678}\ \overline{\omega}^{0.73}/\overline{Q}^{0.2}$），即含沙量越大，泥沙粒径越粗，平衡坡降越大。故在含沙量高的河道上建水库，易产生“翘尾巴”现象。

同一水库蓄水高程影响淤积末端的位置。J_0、J_k 为水库原河床坡降和淤积平衡后的坡降；H_0 为水库蓄水后坝前水深，h_k 为水库淤积平衡后相应于造床流量的平衡水深，出现“翘尾巴”的条件如下式：

$$\frac{J_K}{J_0}\geqslant\frac{h_k}{H_0}\ 或\ \frac{J_k\cdot H_0}{J_0\cdot h_k}\geqslant 1 \tag{11.2.5}$$

式（11.2.5）表明，在同一水库，J_0、J_k 和 h_k 基本相同，水库蓄水越高，H_0 越大，出现“翘尾巴”的可能性越大。水库运用方式对控制变动回水区淤积极为重要，若水库采用“蓄清排浑”，即汛期降低水位泄洪排沙，汛后蓄水兴利，就可控制变动回水区泥沙淤积；若水库采取“蓄水运用”，变动回水区的泥沙淤积严重，淤积末端将会不断上延。水库淤积末端上延见图 11.2.13。

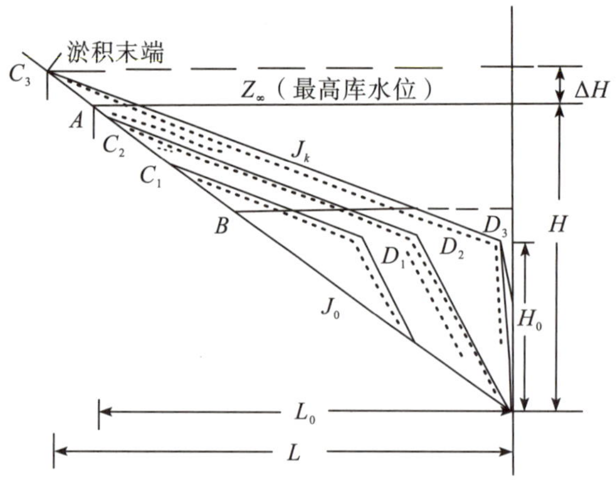

图 11.2.13 三峡水库末端上延

上述几个因素往往是综合起作用，因此应尽量使变动回水区处于较优位置，减少变动回水区中、上段的淤积，控制淤积末端上延，避免出现“翘尾巴”现象。

水库的淤积末端在年内及年际变化，而且淤积多呈不连续状态。三峡大坝坝前水位为正常蓄水位175m时，库尾某断面以下的淤积量占整个淤积量的99.5%以上，该断面界定为某时段的淤积末端。在不考虑上游干支流修建水库和水土保持等拦沙减沙作用情况下，数学模型计算成果：水库运用20年后，淤积末端位于洛碛附近（距大坝570km），在该点以上仍有不连续的淤积体，这些淤积体主要出现在较开阔的河段，该河段在天然情况下汛期淤积，汛后冲刷，年内保持冲淤平衡；而建库后，10月水库蓄水，变动回水区受回水影响，淤积体不可能冲刷完，出现累积性淤积，如重庆河段的九龙坡、月亮碛、金沙碛等均有不同程度的累积性淤积。水库运用100年，库区泥沙淤积达到基本平衡，淤积末端上延到葛家岩（跨大坝616km），与正常蓄水位和天然河床的“平交点”（距大坝约600km）相距较远。根据南京水利科学院变动回水区泥沙模型试验结果，推移质末端可达到上述“平交点”附近，但淤积量甚小。

数学模型计算与泥沙模型试验结果都反映了三峡水库淤积末端未超过“平交点”，不会出现“翘尾巴”现象。这与三峡水库调度运行方式密切相关。三峡水库采用“蓄清排浑”的运用方式，汛期降低水位排沙，利用汛期水量大、泥沙多的特点行泄排沙；汛后10月蓄水，来水泥沙含量少，回水影响到变动回水区上段的时间很短，因而淤积量小。若将蓄水时间推迟，使变动回水区中、上段受到回水影响的推迟，相应增加汛后走沙时间，将使变动回水区中、上段的淤积量更小，淤积末端将会下移。

(3)三峡水库建库前后变动回水区航道及港区演变

三峡水库变动回水区河道流经丘陵和山区，地势陡峻，坡陡流急，平均比降为0.2‰～0.3‰，滩险局部比降可达13.3‰。峡谷段中，洪水期水面流速可达5m/s以上，浅滩段枯水期水面流速为3～4m/s。河床由基岩、卵石组成，河床甚不规则，石盘和岩石突咀伸向江中，宽谷与峡谷相间。峡谷段最窄处仅宽 250m;宽河谷洪水期河宽 800～1500m,有较大的卵石、基岩碛坝,形成江心洲或边滩。三峡水库建库前,从江津至李渡共有险滩 20 处,其中重庆以上 11 处(苦竹碛、飘灯碛、红眼碛、大猫峡、小南海、渣角、胡家滩、砖灶子、九龙滩、铜元局和猪儿碛),除大猫峡和渣角外,其余均为枯水浅滩。重庆以下 9 处(上洛碛、下洛碛、风和尚、王家滩、黄草峡、金川碛、牛屎碛、剪刀峡、和尚石),黄草峡、剪刀峡和尚石为洪水急流滩,其余均为枯水浅滩、洪水急流滩可分为峡谷和礁石滩,洪水期坡陡流急,阻碍航行。枯水浅滩多位于宽阔河段中的顺直段、弯曲段和分汊河段。其中卵石组成的浅滩,多位于较顺直的过渡段,洪水和枯水航槽基本一致,汛期淤积,汛后冲刷,在汛后出浅碍航。沙质浅滩多位于宽的弯道段和分汊河段的汛道内或碛坝尾部的汇流段内。这些河段洪水和枯水航槽不一致,枯水航槽汛期淤积,汛后冲刷;如汛后未冲开,往往出浅碍航。变动回水区的枯水浅滩主要受宽浅河段内的局部地形影响形成的,天然情况下,泥沙冲淤的特点为:①浅滩河段的淤积部位和冲淤规律各年基本不变。②汛期淤积,汛后冲刷,淤积时段一般为 7—9 月;冲刷时段一般从 10 月开始,基本冲完时间,沙质浅滩一般为 11 月,卵石浅滩一般为次年 2 月。③各浅滩的淤积数量视浅滩的部位和各年来水来沙条件而异,沙质浅滩每年淤积量可达 50 万～800 万 m^3,淤厚 5～10m;卵石浅滩年淤积量为 5 万～10 万 m^3,淤厚 0.3～1.0m。三峡水库建库后,由于水位壅高,变动回水区中、下段将产生累积性泥沙淤积,使原河床的边界对水流的控制作用减弱,局部河段发生河势调整,河道逐步向单一、归顺、微弯形态发展,航道、港区较建库前均有较大改善。由于河势调整,少数港区和局部航道可能需要进行局部整治或清除新航槽中的石梁、暗礁。变动回水期上段,由于汛期受回水影响很小,基本维持原天然状态,汛后水位较天然状态壅高,改变了天然状态下汛期淤积、汛后冲刷的一般规律,在特枯水年枯水期或在丰沙年后的水位消落后期可能出现短期航道尺度和港区水深、水域不足的情况。

(4)三峡水库建库后变动回水区航道及港区航运条件改善措施

通过对三峡枢纽建库后,水库变动回水区水性泥沙冲淤和重点航道及港区演变情况及其改善措施的深入研究,取得大量成果,分段综述如下:

1)重庆主城区河段。

重庆主城区河段从大渡口至唐家沱长约 37km,嘉陵江在河段中部汇入,主要水文站有干流的寸滩站,嘉陵江的北碚站。重庆主城区河段河槽弯曲、宽窄相间,从大渡口至唐家沱有 5 个连续弯道。汛期宽段河宽一般大于 1000m,最宽 1400m;窄段河宽一般为 600m,最窄仅 300m(图 11.2.14)。河床由卵石、基岩组成,梁礁密布。主要浅滩有砖灶子、九龙滩、铜元局和猪儿碛,天然情况下,汛期淤积,汛后冲刷,年内冲淤基本平衡。重庆河段由清华大学、中国水利水电科学研究院、长江科学院和南京水利科学研究院 4 个单位研究。设计正常蓄水位 175m,运行水位 175～145～155m 方案各单位试验研究成果,80 年末单位河长淤积量虽有较大差别,但航道及港区演变和改善情况的总规律基本一致。每年汛后蓄水至次年枯季消落水位前约半年时间,万吨级船队可直达重庆主城区九龙坡港区。泥沙淤积部位主要是回流区、弯道凸岸及展宽段。水库运行后期，朝天门滨江码头和航道一般情况较好。水库运用中后期在每年1—4月库水位消落期，朝天门航道基本满足3.5m航深要求，九龙坡航道有90天以上满足3.5m航深，有15～30天水深不足3.0m；朝天门港区有个别年份的水域宽度较小，九龙坡港区有较多年份出现边滩，均影响港区作业和船舶停靠。位于嘉陵江的朝天门1～3号码头有的年份出现边滩嘉陵江口，有的年份出现拦门沙；库水位消落期，主流改走左岸金沙碛，出现“走沙水”影响航行和港区作业。清华大学研究水库推迟蓄水增加10月冲沙强度和冲沙时间，改善重庆主城区河段航道及港区泥沙淤积的方案。模型试验表明：对正常蓄水位170m、172m效果良好，对正常蓄水位175m也有一定效果。各单位均进行水位175～145～155m方案重庆河段整治方案阶段性模型试验，认为通过整治结合疏浚工程，重庆主城区的航道港区泥沙问题可以解决。

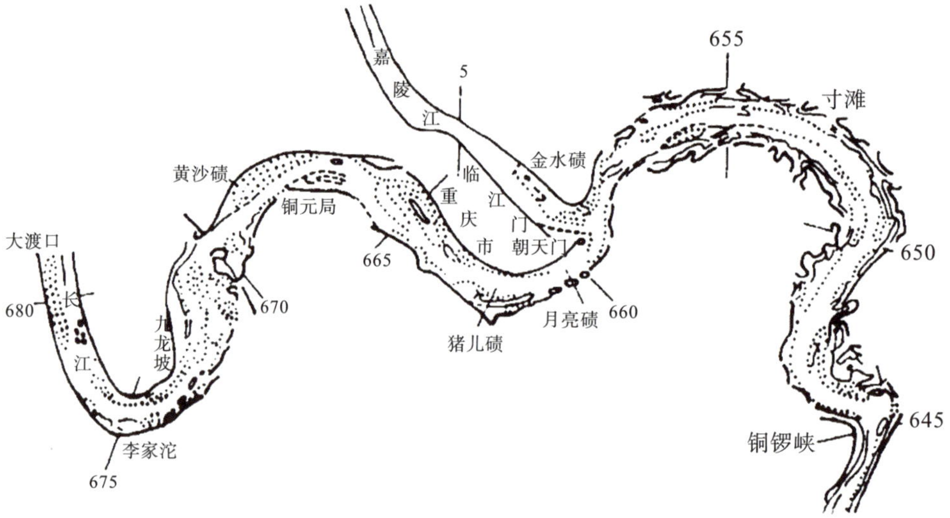

图 11.2.14 重庆主城区河段(单位:km)

2)铜锣峡河段。

铜锣峡河段包括铜锣峡、明月峡两个峡谷河段，广阳峡和中坝两个宽谷分汊河段(图11.2.15)。铜锣峡长约3km，宽约300m；明月峡长约1.5km，宽约450m。在两个峡谷段上下游有唐家沱、郭家沱、明月沱3处回水沱。广阳坝和中坝主、支汊河床高差大，比较稳定，在流量约15000m^3/s时支汊才过流。铜锣峡河段有水葬和木洞两处浅滩，分别位于广阳坝和中坝分汊河段下游，汛期主流摆动，泥沙落淤，汛后冲刷，往往形成浅滩。铜锣峡是控制船队直航重庆的一处峡谷，汛期比降陡、流速大；当长江流量小于20000m^3/s时，才能满足航行流速和比降要求。长江科学院研究了各种蓄水位方案。设计正常蓄水位175m方案，水位175～145～155m运行随着河段内泥沙淤积量增加，枯水浅滩航槽呈累积性淤积，但可保证最小航深3.5m，水葬浅滩最小水深大于4.0m。水库运用后期，局部河段出现航槽移位现象，如野土地、杨柳沱、红花碛河段主流向右移100～160m，天然情况下的枯水航槽成为稳定边滩；如遇特枯水年库水位消落期，边滩冲刷，航槽短期摆动，但航道宽度和水深仍能满足要求。为改善流态，拟炸除戗狗堆、门闩子等石梁。红花碛急弯的弯曲半径加大，航槽比较平顺，但新航槽内有礁石、石梁，应加以清除。建库后铜锣峡内的比降、流速与天然情况变化不大。当流量达 20000m^3/s 时，峡谷内最大流速大于 2.5m/s。

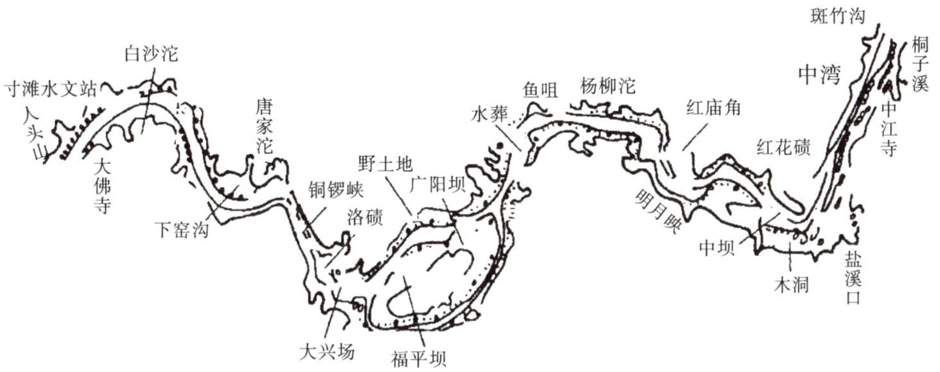

图 11.2.15　铜锣峡河段

3)洛碛—长寿河段。

上洛碛位于重庆主城区下游约 50km 处，洛碛—长寿河段长约 31km。河段平面形态复杂，新场以上顺直微弯，新场—木鱼碛为长寿弯道(图 11.2.16)。河床宽窄相间，宽段边滩发育形成江心洲。南平坝是洛碛—长寿河段的主要江心洲，长 3km，宽 0.8km，洲顶高程 180.0m。左汊为主汊，右汊在流量 15000m^3/s 时才分流。本河段有上洛碛、下洛碛、风和尚、灶门子、码头碛 5 处浅滩，柴盘子、钓鱼咀两处险滩，浅滩演变主要是卵石推移质运动，汛淤枯冲，年内冲淤基本平衡。天津水运工程科学研究所先后完成该河段 150～135～130m 方案卵石推移质 20 年淤积试验、160～145～135m 方案悬移质及卵石推移质淤积 80 年试验、156～135～140m 方案卵石推移质淤积 10 年试验及在此基础上进行了 175～145～155m 方案悬移质淤积 20 年试验，连前共 80 个水文年试验。156～135～140m 方案运行 10 年中，在特枯水年水库水位消落时，上洛碛滩出现航深小于 3m 情况，历时较短，经过整治可以解决。整治工程为开挖新航槽宽 100m，长 960m，挖槽出口与上洛碛的下深槽相接；右岸布置 3 条下挑丁坝，工程量为挖槽 10 万 m^3，丁坝抛块石 15 万 m^3。175～145～155m 方案本河段位于常年回水上段，汛后和汛前枯水期水位壅高 20～25m，港区航道均有较大改善。汛期水位初期壅高 4m 以上，后期壅高 7～9m，出现累积性淤积和河势调整，上、下洛碛浅滩航槽比较平顺。忠水碛枯水航槽左汊淤废，汛季及枯季航槽均走右汊。木鱼碛航槽向左移约 150m，新航槽河底平整，水流平顺。以上经河势调整后的新航槽在特枯水年水位消落期，航深也能满足要求。仅上、下洛碛新航槽内有五金堆和金钱罐等礁石区，需要炸除，但石方量不大。港区情况总体也有较大改善。根据南京水利科学研究院模型 175～145～155m 方案试验成果，本河段水库蓄水后汛期水位壅高 6～12m，港区航道均有较大改善，但忠水碛左右两槽均形成大边滩，左槽淤积不多，仍是深水航道，岸线归顺，河势稳定。

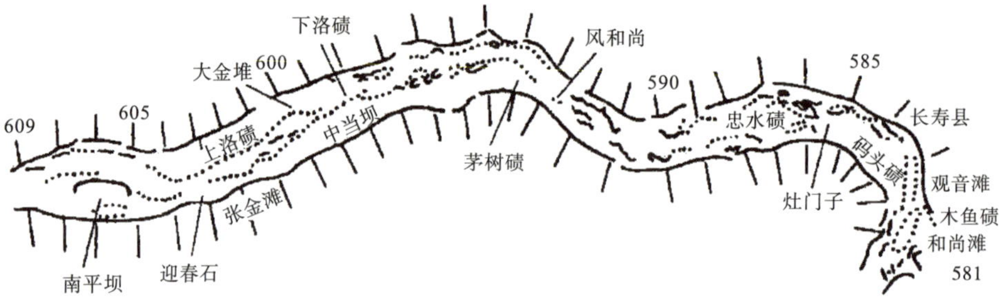

图 11.2.16　洛碛—长寿河段(单位:km)

4)青岩子河段。

青岩子河段上起黄草峡,下至剪刀峡,全长 25km。河段进出口均为峡谷段,两峡之间为宽谷段,其中有金川碛、牛屎碛两个分汊段。峡谷段最窄河宽 150m,宽谷段河宽最大 1500m,河床起伏急遽,高差达 70m,河段内有沙弯、麻雀堆和燕尾碛 3 个主要淤沙区,分别位于宽谷段的回流溪流区、分汊段的洲尾汇流区和峡谷上游的壅水区(图 11.2.17)。在天然情况下,汛期最大淤积量可达 200 万 m^3,淤积物主要是粒径 $d>0.1mm$ 的中沙及粗沙,每年 10 月冲(走)沙,年内冲淤基本平衡。黄草峡是控制船队直航重庆的一处峡谷,当长江流量小于 20000m^3/s 时,才能满足航行流速和比降要求。根据模型试验成果,正常蓄水位 160m、170m、175m(初期 10 年为 156m)方案,本河段壅高水位值达 15～30m,改善了航行水流条件和航道尺度。在水库水位消落期,160m、170m、175m 方案的初期 10 年(156m)如遇特大丰沙年后,当流量小于 5000m^3/s 时,青岩子至大河口长约 2km 河段内,出现水深接近 3m 情况,持续时间约 10 天。青岩子河段汛期壅水连续超过 4m,产生明显的累积性淤积,改变了建库前河床边界条件对水流的控导作用,水流与河床重新自动调整,主槽易位,河型转化,河道向单一、归顺、微弯方向发展。本河段各正常蓄水位方案,汛期壅水位连接超过 4m 及出现河型转化的水库运行年份,160m 方案为 20 年和 28 年,170m 和 175m 方案为 11 年和 15 年。由于河型转化、主槽易位引起的航道问题主要是金川碛汊道段原右汊航槽被淤塞,左汊槽窄碓石多,进出口均有石梁和暗礁,需进行整治,以顺应上下游河势,从根本上改善通航条件。也可采取保持金川碛右汊通航的整治方案,或遇特枯水年推迟库水位消落期的调度方案解决。南京水利科学研究院 175～145～155m 方案试验成果与上述成果基本一致。

5)丝瓜碛河段。

丝瓜碛河段从清溪场至汤元石全长约 24km。河段中心角近 180°的大弯道,包括清溪谷段,平绥坝和丝瓜碛分汊段,上、中丝瓜碛宽浅段。峡谷段长约 5km,汛期河宽 300～500m;分汊段汛期河宽达 1100～1400m。河段中平绥坝尾部的边碛淤区和下丝瓜碛的土脑子淤区,年淤积量分别为 50 万 m^3 和 700 万 m^3。淤沙粒径 $d>0.1mm$ 的中沙及粗沙。土脑子淤区枯季航槽在凸岸,汛期主要偏离凸岸,发生淤积。如汛后航槽没有冲开,则出现碍航情况。蓄水位 160～180m 各方案,该河段位于常年回水区,不致出现淤积碍航现象。

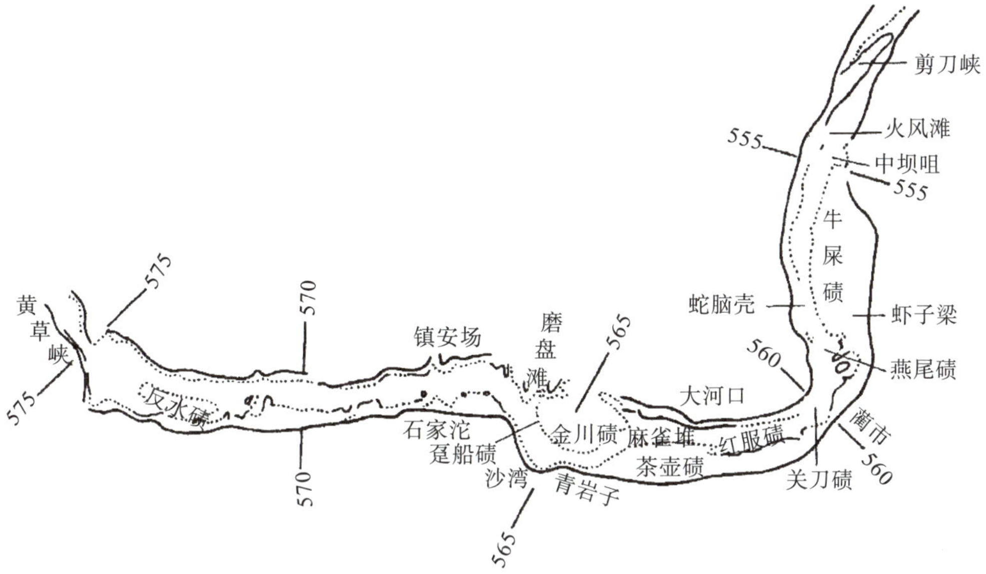

图 11.2.17　青岩子河段(单位:km)

11.2.3　三峡水库减少泥沙淤积对策研究

11.2.3.1　水库变动回水区泥沙淤积规律及保障航运畅通的对策措施

(1)三峡水库变动回水区泥沙淤积规律

通过 50 年来三峡水库变动回水区泥沙问题的研究,包括三峡建库前后变动回水区河道演变观测,丹江口与葛洲坝水库变动回水区河道演变观测成果类比分析,以及泥沙实体模型试验、数学模型计算等方面的研究,对三峡水库变动回水区泥沙淤积规律、泥沙淤积对航运的影响及对策取得了系统的研究成果。水库变动回水区泥沙淤积有下列规律。

1)变动回水区的范围随水库蓄水位的抬升而上移。三峡水库变动回水区是指正常蓄水位 175m 时回水末端与防洪限制水位 145m 时回水末端之间的库段(图 11.2.12)。变动回水区的具体范围则与水库上游来水流量大小、库区糙率变化以及泥沙淤积程度等因素有关。据三峡水库初期蓄水以来的实测资料分析,围堰蓄水期(坝前水位 135~139m)变动回水区范围为丰都至李渡,长约 64km,丰都以下为常年回水区;蓄水位 156m 运用期(坝前水位 144~156m)变动回水区范围为李渡至铜锣峡,长约 95km,李渡以下为常年回水区;正常蓄水位 175m 试验蓄水期(坝前水位 175~145~155m)变动回水区范围为李渡至江津(距大坝约 660km),长约 183km,李渡以下为常年回水区。

2)变动回水区河段的河道演变具有天然河道和水库两重属性。汛期由于上游来流量增大,坝前水位因调洪和排沙的需要而降低,河道呈天然河道状态;非汛期坝前水位抬高至正常蓄水位,河段则处于水库壅水状态。

3)建库后因汛期末水库即开始蓄水,原来天然河道情况下汛期末的冲刷走沙期缩短,汛期泥沙淤积物不能被水流全部冲走,待次年汛前坝前水位消落时形成第二次走沙期,泥沙淤积物才能全部或部分被冲走，后者将使河段内发生累积性淤积。

4）建库后变动回水区发生不同程度的累积性泥沙淤积，淤滩留槽，滩槽高差增大；原河床的边界对水流的控制作用减弱，局部河段的河势发生调整，河道向平顺、微弯方向发展。例如：建库后弯道段原来的河床边界条件控制减弱，主流趋中，主流线弯曲半径增大，河弯流态趋于归顺；分汊河段建库后可能因河床边界条件控制作用减弱，出现主汊和支汊易位，主汊淤塞，分汊河段转变为单槽河段。对于建库后汛期壅水值较大而发生泥沙累积性淤积，主支汊河床高差较小，支汊处于迎流状态的汊道，发生主支汊易位的可能性较大。

5）三峡水库蓄水运用后，随着库水位抬升和河势的调整，变动回水区的航道条件有不同程度的改善。变动回水区大部分急滩和险滩段因水位抬升而消失，建库前航道弯、窄、浅、险的状况有明显改善；水位抬升后新航槽可能出现的礁石等碍航部位，则可在水库蓄水前预先清除。变动回水区的浅滩因建库后改变了天然河道的汛末冲刷走沙条件，在枯水年库水位消落后期，或在丰沙年后次年的水位消落后期，来水流量较小时，原有的某些浅滩和港区，短期可能出现航道尺度和港区水深、水域不足的情况，可通过河道整治、疏浚或优化水库调度予以改善。

(2)水库变动回水区航道与港区的改善措施

三峡工程可行性重新论证阶段研究结果认为：三峡水库变动回水区中、下段的航道、港区较建库前均有较大改善；变动回水区上段的航道、港区较建库前也有改善，但在特枯水年水位消落后期或在丰沙年后次年的水位消落期，某些浅滩河段短期可能出现航道尺度和港区水深、水域不足的情况，通过水库调度，河道整治、疏浚结合码头改造等措施可以解决。

三峡工程可行性重新论证阶段结束以后，变动回水区河段出现与泥沙问题有关的新情况，主要是：20 世纪 90 年代以来水库上游来沙量明显减少；金沙江向家坝、溪洛渡水电站分别于 2012 年 11 月和 2013 年 7 月初期蓄水发电，嘉陵江亭子口水利枢纽也已于 2013 年 8 月初期蓄水发电，变动回水区来沙进一步减少；重庆主城区河段主要港口布置于铜锣峡下游河段，位于铜锣峡上游的寸滩集装箱港，泥沙淤积对该港正常运行影响不大；三峡工程 1994 年正式施工以来，长江航道局在变动回水区内相继进行了三峡工程施工期变动回水区航道整治工程、涪陵至铜锣峡河段航道整治炸礁工程和铜锣峡至娄溪沟河段航道整治炸礁工程，对确保变动回水区航运安全畅通发挥了重要作用，并且减小了按正常蓄水位 175m 方案蓄水后施工的难度和工程投资；变动回水区河段砂石料开采量较大。

根据三峡工程初期蓄水运用以来的航道维护工程实践，以及上述变动回水区航道与港区出现的新情况，研究了航道与港区改善措施。

1）优化水库调度对改善变动回水区长河段的总体通航条件具有重要作用。三峡工程可行性重新论证阶段关于水库调度运用方式中明确汛期末水库蓄水至正常蓄水位 175m 运行；12 月至次年 4 月底，水库应尽量维持在较高水位运行，4 月末以前库水位不低于 155m，以保证变动回水区通航必要的航深。每年 1—4 月长江上游处于枯水期，月平均流量为 3500～4500m^3/s，在此期间坝前水位不低于 155m，可使变动回水区铜锣峡以下全河段通航条件得到改善。在此前提条件下，优化消落期水库调度，掌握库水位消落的有利时机和过程，尽量使库水位消落期水位缓慢均匀下降，有利于浅滩冲刷和航道的稳定。

2)单个浅滩段航行条件的改善可采取航道疏浚或实施航道整治工程等措施加以解决。变动回水区各个浅滩出现碍航的时段和碍航程度不一，难以全部通过水库调度加以解决。目前三峡水库处于运用初期，且上游来沙减少和新建水库发挥拦沙作用，变动回水区各浅滩段的冲淤变化有待进一步观测分析，近期主要采取疏浚措施解决航道、港区泥沙淤积的碍航问题是可行的。疏浚措施方面，宜加强浅滩河道演变观测，进一步分析浅滩年内演变规律，根据当年浅滩情况及水情预报，确定疏浚工程规模，在每年库水位消落期之前提前实施，避免在碍航现象出现时采取临时疏浚措施对通航的不利影响，确保航道畅通。航道整治工程措施方面，对于变动回水区上、中段库水位消落期易发生碍航的重点浅滩段，可结合港区扩建和改建，采取航道整治工程措施改善通航条件。

3)加强变动回水区河段采砂的规划和管理，在保证航道畅通的条件下，实行有序的砂石料开采，既可满足城镇基本建设的需要，又能减小河段内粗颗粒泥沙淤积量。

11.2.3.2　三峡水库排沙调度减少泥沙淤积研究

(1)双汛限方案和多汛限方案

三峡工程初步设计确定的三峡水库调度运行方式为：每年 6 月上旬，水库水位降至防洪限制水位 145m，汛期 6—9 月，水库一般维持低水位运行。超过电站过流能力的水量，通过泄洪坝段的泄洪深孔排至下游。仅当入库流量较大时，根据下游防洪需要，水库拦洪蓄水，库水位抬高；洪峰过后，库水位仍降至 145m 运行。汛末 10 月，水库蓄水，库水位逐步升高至 175m 运行，少数年份，这一蓄水过程将延续到 11 月。12 月至次年 4 月底，水库应尽量维持较高水位，水电站按电网调峰要求运行。当入库流量低于电站保证出力对流量的要求时，动用调节库容，库水位开始降低，但 5 月末以前库水位不低于 155m，以保证上游航道必要的航深。

1992 年林秉南院士为减免重庆港整治和增强三峡水库防洪能力，提出双汛限水库调度方案，设想在入库流量超过约 30000m^3/s 时，关闭船闸，只用升船机保证少数通过两坝间的船只越过三峡大坝；同时将坝前水位降至约 135m，汛期末当流量回降至 30000～35000m^3/s 时，将坝前水位回升至汛限水位(即防洪限制水位，下同)145m，同时恢复船闸使用。停止使用船闸的时间建议每年为 50 天至 3 个月。

1)双汛限方案。假设入库洪水(寸滩站 24 小时预报值)大于 45000m^3/s 时，增加大坝泄量(控制在 50000m^3/s 以内)，在短期内将坝前水位降低到 135m；当枝城流量超过 56700m^3/s 时，水库从 135m 开始拦洪，否则水库低水位运行直到洪水流量回落到 45000m^3/s 后，再将水位回升到正常汛限水位(145m)。双汛限方案平均每年坝前水位 135m 运行断航时间为 4.4 天，加上降低和回蓄水位的时间，坝区平均每年洪水期断航时间约 7 天。

2)多汛限方案是双汛限方案的优化方案。由于中小流量(流量小于 35000m^3/s)的时间占汛期总时间的80%以上，适当抬高小流量时期的汛限水位，降低大流量时期的汛限水位，既可达到减少淤积、增加水库防洪能力的目的，又可改善通航条件，提高发电效益。多汛限方案采用3个(或更多)汛限水位，有代表性的多汛限方案为：当入库流量小于35000m^3/s时，汛限水位为第一汛限水位150m；当入库流量大于45000m^3/s并可能出现10年一遇以上洪水时，汛限水位为第三汛限水位135m；其余情况汛限水位为第二汛限水位143m或142m。

(2)三峡水库175m试验性蓄水运用期间水库运行调度试验

2008年汛期末三峡水库开始进入175m试验性蓄水运用阶段。2008年，基本上按初步设计拟定的水库运行方式调度。2009—2012年，有关部门根据三峡水库运行条件的变化，以及从防洪、航运、供水、抗旱等方面对水库调度提出的要求，采取了提前蓄水、中小洪水调度、防洪限制水位上浮等优化调度试验。在水库排沙调度方面，2012年开展了汛期沙峰排沙调度试验，在沙峰到达坝前时加大水库下泄流量，排沙比明显提高。2012年还进行了库尾减淤调度试验，试验期间(5月7—27日)坝前水位由161.92m消落至153.65m，消落幅度8.27m，日均消落0.46m；库尾整体呈沿程冲刷，大渡口至涪陵段(含嘉陵江段，总长约169km)河床冲刷量为241.1万m^3，其中李渡镇至涪陵河段(长12.5km)则淤积54.7万m^3。

长江科学院根据2008—2010年三峡水库入库水沙和泥沙淤积实测资料，通过水库泥沙数学模型计算研究汛期(6—9月)水库排沙调控方式。结果表明：汛期入库流量小于27000m^3/s时，适当抬高库水位，入库流量大于33000m^3/s时，适当降低库水位，可以减少库区泥沙淤积；汛期坝前水位抬高，可能导致变动回水区泥沙淤积增加。

(3)三峡水库排沙调度方式研究

1)影响水库排沙调度方式的主要因素。

①近期上游水沙变化。三峡水库大部分有效库容长期使用是选定水库运用方式的制约条件。水库排沙调度方式是三峡水库调度运用方式的重要组成部分，关系到水库有效库容的保留程度，以及坝下游河道冲刷强度和发展过程。影响水库排沙调度方式的主要因素分析如下：

三峡水库175m试验性蓄水期间，三峡水库上游来水来沙的变化，主要有两个方面：一是20世纪90年代以来由于上游建库和水土保持工程的拦沙作用以及其他影响因素的改变，年径流量总体变化不大，悬移质年输沙量则明显减小；二是三峡水库上游干支流几座大型水库已经开始初期蓄水运用，其中，金沙江向家坝水电站已于2012年11月实现初期蓄水发电，金沙江溪洛渡水电站和嘉陵江亭子口水利枢纽也分别于2013年7月和8月实现初期蓄水发电，三峡水库近期来沙将进一步减少。

②水库综合利用的要求。水库调度运行方式的确定，除根据初步设计提出的防洪、发电、航运和排沙要求外，有关部门还提出了枯水期坝下游补水以及生态调度等方面的新要求。另外，重庆主城区河段的主要港口已下移至寸滩港及铜锣峡下游河段，泥沙淤积对该河

段航道及港区的影响亦与水库调度运行方式有关。

③库区淹没标准。三峡水库的淹没迁移标准未考虑水库泥沙淤积对水库淹没的影响。三峡工程重新论证移民专家组经反复研究讨论后认为因淤积回水影响的居民应作实事求是、负责到底的处理，但目前难以定量。一是泥沙专家组认为淤积回水计算值虽基本合理，但计算精度达不到进行水库移民安置规划的要求，如重庆市洪水位计算可能有 1～3m 的变幅；二是如考虑上游干支流建库的拦沙和调洪作用，淤积回水位将会降低；三是淤积回水是库尾局部地区的临时淹没，将在工程竣工运行若干年后才能发生，届时需视影响程度，采取针对性措施解决。

三峡工程初步设计对于水库淹没迁移范围，根据《水利水电工程水库淹没及处理设计规范》(SD 130—84)并结合三峡库区的实际情况确定三峡水库淹没处理标准。其中对于人口、房屋、城乡均为 20 年一遇洪水。移民迁移线为坝前 177m(坝前正常蓄水位 175m 加 2m 风浪浸没影响)接 20 年一遇洪水回水水面线(不考虑泥沙淤积影响，图 11.2.18)。

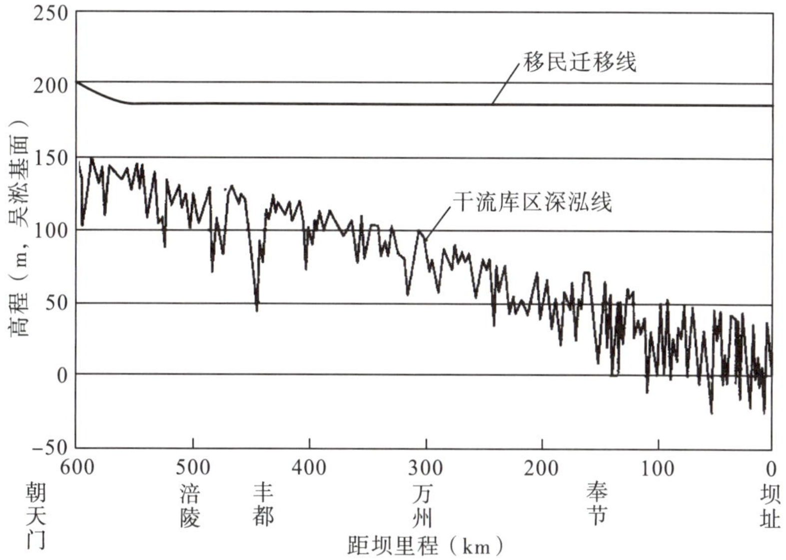

图 11.2.18　三峡水库淤积前干流库区深泓线及移民迁移线

④水库库容的变化。2011 年中国水利水电科学研究院、长江科学院和长江设计院对三峡水库近期(2008—2027 年)泥沙淤积问题进行数学模型计算。采用的水库一维非恒定流水沙数学模型均通过三峡水库 2003—2007 年蓄水期间实测水沙资料进行了验证，计算结果与实测情况基本吻合。水库泥沙淤积计算采用 1991—2000 年 10 年水沙系列，计算时段为 2008—2027 年，中国水利水电科学研究院的计算中考虑 2013 年起金沙江溪洛渡、向家坝水库蓄水运用，长江科学院的计算中考虑 2013 年起金沙江溪洛渡、向家坝以及嘉陵江、乌江的水库蓄水运用。三峡水库按初步设计确定的水库调度运用方式运行。

两模型计算结果如下：

(a)库区淤积。三峡水库运用的 20 年内，库区呈累积性泥沙淤积，考虑溪洛渡和向家坝水库蓄水运用，至 2027 年水库泥沙淤积分别为 27.156 亿 m³、25.610 亿 m³，较不建溪洛渡、向家坝等水库分别减少 42.9%、44.5%(表 11.2.1)。

表 11.2.1 三峡水库累积淤积量(考虑上游建库)

模型	运用年限(a)	朝天门以上(亿 m³)	朝天门至长寿(亿 m³)	长寿至涪陵(亿 m³)	涪陵至坝址(亿 m³)	长江干流库区(亿 m³)	嘉陵江(亿 m³)	乌江(亿 m³)	全库区(亿 m³)	重庆主城区河段(亿 m³)
中国水利水电科学研究院	10	0.008	0.201	0.318	15.537	16.064	0.205	0.039	16.308	0.039
	20	0.009	0.203	0.281	26.368	26.861	0.256	0.039	27.156	0.058
长江科学院	10	0.082	0.559	0.319	16.310	17.270	0.097	0.039	17.430	0.077
	20	0.087	0.605	0.313	24.410	25.420	0.118	0.044	25.610	0.098

(b)变动回水区泥沙淤积。考虑溪洛渡和向家坝水库蓄水运用，至 2027 年三峡水库变动回水区泥沙淤积分别为 0.493 亿 m³、1.005 亿 m³，较不建溪洛渡、向家坝等水库分别减少 81.6%、61.6%。溪洛渡和向家坝等新建水库运用初期，三峡水库变动回水区(涪陵以上库段)发生冲刷。

三峡水库库容考虑溪洛渡和向家坝水库蓄水运用，至 2027 年 175m 以下水位的库容损失分别为 27.1 亿 m³、25.61 亿 m³，145～175m 水位的防洪库容分别损失 1.4 亿 m³、1.46 亿 m³，防洪库容保留约 99.4%。

2)三峡水库排沙调度的要求。

根据上述三峡水库上游来沙的变化趋势、水库综合利用的各方面要求、库区淹没迁移标准，以及近期水库泥沙淤积预测等因素，为保留三峡水库大部分有效库容长期使用，按蓄清排浑的原则运用，三峡水库排沙调度的要求如下：

①三峡水库 145m 以上水位有效库容累积性泥沙淤积控制在合理范围内。三峡水库泥沙淤积达到基本平衡的历时相当长，但为了充分发挥工程的综合效益，合理控制水库有效库容的年损失率仍十分必要。三峡水库 145m 以上水位有效库容的年损失率不应超过按初步设计确定的水库调度运用方式相应的有效库容年损失率。

初步设计确定三峡水库防洪库容(145～175m 水位)为 221.5 亿 m³，兴利调节库容(155～175m 水位)为 165 亿 m³。根据水库淤积数学模型计算结果，溪洛渡和向家坝水库蓄水运用后，按初步设计确定的水库调度运用方式运用，2027 年末三峡水库防洪库容因泥沙淤积而损失 1.4 亿～1.46 亿 m³，平均每年约损失 700 万 m³。鉴于长江上游仍继续有大型水库建成运用，以及长江上游水土保持工程仍继续实施，进库泥沙将进一步减少，加上上述水库淤积数学模型计算结果未考虑库区砂石开采量，因此近期(2014—2027 年)三峡水库 145m 以上水位有效库容的年损失率应控制在 500 万 m³ 范围内。

②三峡水库变动回水区上、中段无累积性泥沙淤积。根据库区移民规划，距坝址 514km

的石沱以上变动回水区上、中段，其移民迁移线由坝前水位 177m 接不考虑泥沙淤积而推算的 20 年一遇洪水水面线确定。因此，变动回水区上、中段无累积性泥沙淤积，可避免汛期遇大洪水时遭受淹没损失，也有利于航道、港口的正常运行。

3）水库近期（2014—2027 年）排沙调度运行方式研究。

①汛期水库调度运行方式。初步设计确定："每年 5 月末至 6 月初，水库水位降至防洪限制水位 145m，整个汛期 6—9 月，水库一般维持此低水位运行。超过电站过流能力的水量，通过泄洪坝段下泄。仅当入库流量超出下游河道安全泄量时，水库拦洪蓄水，库水位抬高；洪峰过后，库水位仍降至 145m 运行。"

为满足防洪、发电、航运、排沙、供水和生态等方面对三峡水库调度运用的要求，三峡水库汛期防洪限制水位仍定为 145m，但在确保防洪安全的前提下，可根据不同情况允许在一定范围内上下浮动。当入库流量超过坝下游河道安全泄量时，或者长江中下游干堤发生重大险情，以及三峡与葛洲坝枢纽之间的航道发生船舶严重滞留现象等情况时，可短时间适当抬高坝前水位，允许防洪限制水位抬高的幅度和历时由有关部门研究确定。对于汛期小于坝下游河道安全泄量的一般洪水，为充分发挥三峡工程的综合效益，可以考虑采取分时段预留防洪库容的水库调度方案，但必须确保库区和坝下游河道防洪安全，并满足为保持三峡水库大部分有效库容长期使用的水库排沙调度要求，具体调度方案尚待结合上游水库群调度进一步研究。若由此导致库区泥沙淤积超过上述排沙调度的要求时，应在当年或次年汛期采取措施加以解决。

根据已往研究和三峡水库初期蓄水运用 10 年的观测分析结果，对增大水库排沙比和减少水库泥沙淤积起关键作用的因素是汛期坝前水位的高低和枢纽下泄流量的大小，因此可以采取如下措施：一是汛期短期内将坝前水位降低至 143m 运行，此时船闸第一闸首底槛高程为 139m，最小通航水深为 4m，不影响通航；二是汛期加强水沙监测，洪水过程中含沙量较大的时段，特别是沙峰出现时加大枢纽下泄流量，有利于水库排沙。

②汛前库水位消落期水库调度运行方式。初步设计确定："10 月，水库蓄水，库水位逐步升高至 175m 运行，少数年份，蓄水过程延续到 11 月。11 月至次年 4 月底，水库应尽量维持在较高水位，水电站按电网调峰要求运行。当入库流量低于电站保证出力对流量的要求时，动用调节库容，库水位开始下降，但 4 月末以前蓄水位最低高程不低于 155m。"

三峡水库蓄水运用后，汛期变动回水区内淤积的泥沙，大部分在次年库水位消落期才能被水流冲刷下移。影响消落期泥沙冲刷率的主要因素为消落期入库流量与含沙量的大小及其变化过程，以及坝前水位及其消落速度，次要因素为汛期泥沙淤积量和淤积物的颗粒组成。为达到三峡水库变动回水区上、中段无累积性泥沙淤积的要求，可加强泥沙监测，优化消落期水库调度，掌握库水位消落时机和进程，并力求消落过程中库水位平缓下落，以利于航槽和航深的相对稳定。

11.3 坝区泥沙问题及其对策

11.3.1 坝区河势特征与泥沙问题研究

11.3.1.1 坝区河势特征

三峡水利枢纽处在葛洲坝水库常年回水区的中段。根据葛洲坝水利枢纽设计和运行的经验，水利枢纽工程布置必须考虑枢纽上下游河道即坝区河段的河势变化。三峡水利枢纽采用“蓄清排浑”原则运用，汛期坝前水位由正常蓄水位 175m 降低至防洪限制水位 145m，枢纽下泄流量又较大，坝区河段的河势变化将影响枢纽的运行。三峡水利枢纽所在的三斗坪弯道为河谷开阔的右向弯道，其上游为庙河至太平溪左向大弯道。庙河附近为崆岭峡，河谷宽仅 400m，建坝后仍具有较强的控制河势作用。三斗坪弯道下游为乐天溪左向弯道，弯道末端至莲沱为峡谷顺直段，也具有控制河势的作用。因此，坝区河段范围确定为上起庙河上端的腊肉洞，下至莲沱附近的晒经坪，全长 31.5km。

坝区河段有众多洲滩碛坝和江中礁石。三斗坪弯道的中堡岛分江流为两汊，右汊后河过水断面很小，枯季断流。坝区河段内溪沟入汇较多，左岸有柳林溪、端方溪、百岁溪、太平溪、靖江溪、路家溪、乐天溪；右岸有杉木溪、南林溪、曲溪、茅坪上溪、茅坪下溪、高家溪等较大溪沟(图 11.3.1)。坝区河段沿岸有山嘴、礁石形成的控导或挑流节点，如九岭山和狮子包，燕长红和垭子冲均为对称挑流节点。三峡水利枢纽建成运用后，坝区河段泥沙淤积及河势调整将经历较长时期的变化过程。

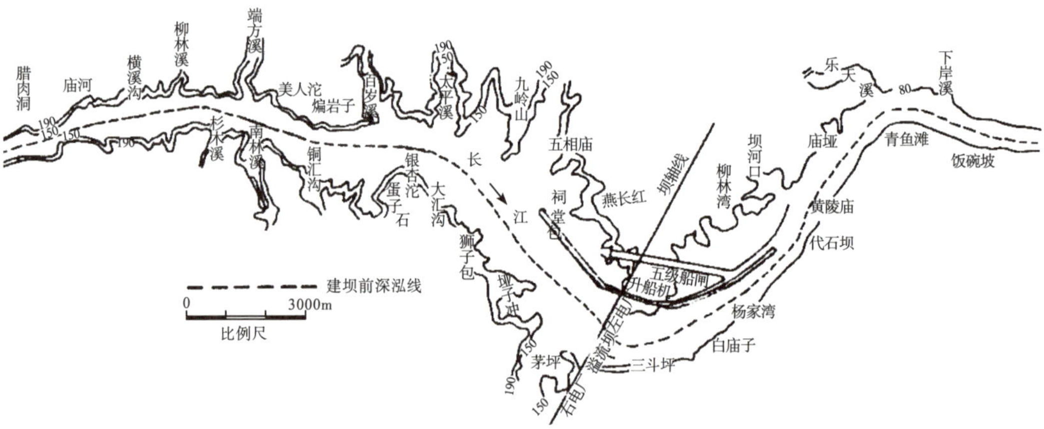

图 11.3.1 三峡水利枢纽坝区河势

11.3.1.2 坝区泥沙研究

三峡工程坝区泥沙问题研究工作始于 1984 年，研究内容包括枢纽总体布置、通航建筑物引航道防淤、电站防沙、施工期通航方案以及施工期取水口、码头布置方案等问题，采用泥沙实体模型(以下简称“泥沙模型”)试验、泥沙数学模型计算，以及原型观测调查相结合的研究方法进行研究。1970 年以来，长江科学院、南京水利科学研究院、武汉水利电力大学、长江委水文局等单位就葛洲坝水利枢纽的坝区泥沙问题开展水文泥沙观测、泥沙模型试验、数学模型计算研究工作，枢纽工程泥沙问题研究取得了重要进展，为三峡工程坝区泥沙问题研究打下了良好基础。

1984 年以来，为配合三峡工程可行性重新论证、设计、施工和枢纽运行管理，长江委水文局进行了坝区河段系统的水文泥沙观测分析；长江科学院、南京水利科学研究院、清华大学和西南水运工程科学研究所等单位先后修建 6 座不同模型比尺和模型沙的坝区泥沙模型，同步进行坝区泥沙问题的试验研究，在模型试验过程中还进行了通航建筑物引航道遥控自航船模的航行试验。为研究引航道的防淤清淤和电站防沙工程措施，长江科学院、武汉水利电力大学和清华大学还建有 3 座局部泥沙模型，进行专项试验。泥沙数学模型计算方面，长江科学院的三峡水库一维泥沙数学模型为各坝区泥沙模型试验提供了进口水沙条件，清华大学的坝区二维数学模型对通航建筑物引航道的布置和清淤措施进行了多方案计算。

长江科学院、南京水利科学研究院和清华大学的坝区泥沙模型对此分别进行了试验研究，取得了基本一致的认识。长江科学院 1990 年新建的坝区泥沙模型模拟的坝区上游段自腊肉洞至大坝，长 17.5km，下游段自大坝至晒经坪，长 14km。南京水利科学研究院 1988 年新建的坝区泥沙模型模拟的坝区上游段自美人沱至大坝，长 7km，下游段自大坝至青鱼背，长 13km；1991 年后将模拟的坝区上游段自美人沱上延至庙河，全长 17km。清华大学坝区泥沙模型系 1992 年新建，模拟的坝区上游段自腊肉洞至大坝，长约 18km；下游段长 2km，不进行专门问题的研究。各模型的进口水沙条件均采用长江科学院水库泥沙数学模型依据 1961—1970 年水文年系列的三峡水库淤积计算。

(1)坝区上游段泥沙淤积过程

从整个坝区上游段泥沙淤积过程分析，淤积速率在枢纽运用至 54 年时达到最大，以后淤积缓慢(表 11.3.1 至图 11.3.3)。坝区横断面淤积过程如下：

表 11.3.1　　三峡坝区上游段淤积量及形态特征值

项目	模型建立单位	枢纽运用年限(a)				
		6	20	32	54	76
坝区上游段(长 15.5km)累积淤积量(亿 m^3)	长江科学院	1.91	4.27	6.19	11.06	11.91
	南京水利科学研究院	1.18	3.35	6.12	11.86	12.19
	清华大学	1.82	4.14	6.41	11.10	12.00
深泓线离隔流堤头距离(m)	长江科学院	610	580	520	420	340
	南京水利科学研究院	660	660	660	322	285
	清华大学	733	709	710	278	243
145m 水位平均过水面积(m^2)	长江科学院	71480	69485	57949	23789	17525
	南京水利科学研究院	94272	80472	60378	19156	16482
	清华大学	86300	72400	57300	20400	18412

续表

项目	模型建立单位	枢纽运用年限(a)				
		6	20	32	54	76
145m 水位$\frac{\sqrt{B}}{H}$平均值	长江科学院	0.70	0.79	0.94	1.74	1.64
	南京水利科学研究院	0.53	0.63	0.85	2.43	1.28
	清华大学	0.63	0.78	1.01	1.45	1.07
145m 水位平均河宽(m)	长江科学院					933.3
	南京水利科学研究院					767.4
	清华大学					731.8

注:B 为断面河宽,H 为平均水深。

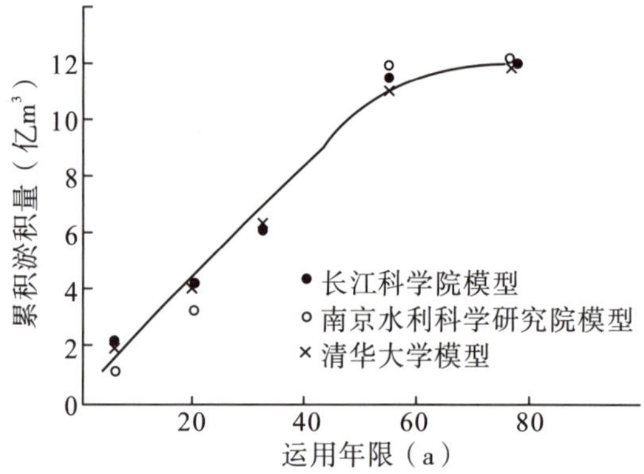

图 11.3.2 三峡枢纽坝区上游段淤积量变化过程

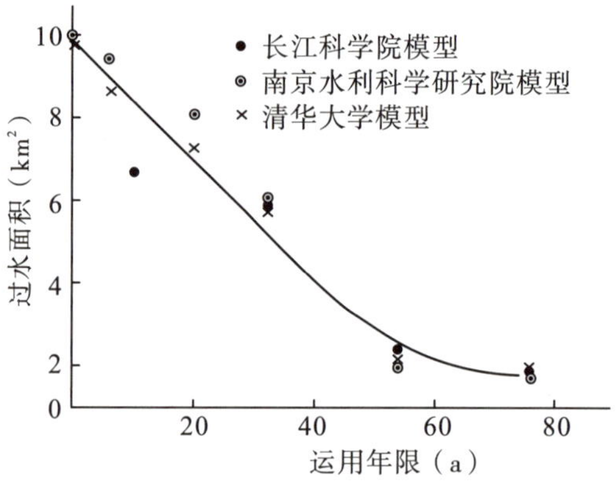

图 11.3.3 三峡枢纽坝区上游段平均过水面积变化过程

1)枢纽运用 32 年时已基本淤平,随后全断面继续淤积,形成新的深槽,枢纽运用 54 年后,断面调整幅度已较小。

2)在淤积过程中横断面形态包括宽度和深度等特征值均相应调整,特别是近坝的宽谷段,重新塑造出适应坝区来水来沙条件和枢纽调度运用方式的相对平衡断面,其边界均由淤积物组成。

(2)坝区上游段河势

枢纽运用后,坝前水位较建坝前抬高 75m 以上,部分原有山体节点控制河势的作用消失,深槽与礁滩逐渐被淤平,沿岸泥沙淤积物形成新的河床边界,坝区上游段整体河势朝平顺微弯方向发展;由于溢流坝位于原河床深槽,上游来流受左岸偏岩子、太平溪和九岭山岸线的控制作用,近坝段形成左向弯道,随着深泓线逐步左移,蛋子石以下边滩相应淤长。枢纽运用 76 年,汛期主流线与深泓线距上游隔流堤头部约 300m。

11.3.2 通航建筑物引航道泥沙淤积与防淤措施

11.3.2.1 三峡工程通航建筑物布置

通航建筑物布置在左岸,上、下游引航道进出口与主流线平顺衔接,有利于通航。双线连续五级船闸位于左岸临江的最高点坛子岭左侧，主体段长 1621m，线路总长 6442m。上游引航道长 2113m，宽 180m，口门区宽 220m；下游引航道长 2708m，宽 128～200m。口门宽 200m 的升船机位于船闸右侧，相距约 1km，升船机的上、下游引航道大部分与船闸共用，线路总长约 6000m。

11.3.2.2　三峡工程通航建筑物引航道防淤清淤措施研究

三峡工程可行性重新论证阶段，根据坝区泥沙模型试验成果分析，设计认为在枢纽运行初期 30 年内，引航道泥沙淤积问题可以采取疏浚措施解决；当水库运行 80 年接近冲淤平衡时，暂按预留防淤冲沙工程位置，下阶段再研究确定具体方案。

三峡工程初步设计阶段，根据坝区泥沙模型试验成果分析，设计认为在枢纽运行 30 年内，引航道泥沙淤积问题可采用机械清淤解决；水库运行 80 年后引航道泥沙淤积量较大，可采用冲沙设施解决。冲沙设施由临时船闸坝段改建的冲沙闸和双线五级船闸两侧各 2 条冲沙隧洞组成。冲沙闸的最大过流能力为 $3500m^3/s$，4 条隧洞总过流能力为 $6000m^3/s$。

三峡工程技术设计阶段设计提出的船闸（含升船机）上游引航道防淤减淤措施为：水库运行 30 年内采取机械清淤措施；水库运行远期一般年份采取机械清淤措施，大水大沙年份还需辅以其他措施；隔流堤在水库运行初期不建，只利用施工弃渣填筑 130m 高程以下的堤基。船闸（含升船机）下游引航道防淤减淤措施为：兴建隔流堤；船闸最后一级闸室内的大部分水体泄到引航道外；临时船闸改建成过流量 $2500m^3/s$ 的冲沙闸；抓紧研究水力门帘、气门帘、截沙槽等措施，选择最优方案，在需要时实施。

三峡工程 1994 年正式开工以来，除先后建成下游引航道隔流堤和将临时船闸改建为冲沙闸外，进一步研究了上游引航道隔流堤布置方案和下游引航道冲沙方案。在有关部门决定采用上游引航道隔流堤全包方案后，长江科学院、南京水利科学研究院和清华大学的坝区泥沙模型进行了引航道冲沙方案试验研究，试验条件为：上游引航道隔流堤按全包方案修建，地下电站建成运行，冲沙设施包括过流量 $2500m^3/s$ 的冲沙闸和过流量 $2500m^3/s$ 的两条冲沙隧洞（左冲沙隧洞过流量 $1500m^3/s$，右冲沙隧洞过流量 $1000m^3/s$）；左冲沙隧洞过流量 $1500m^3/s$，右冲沙隧洞过流量 $1000m^3/s$；坝区上游段地形按水库运行 76 年基本达到淤积平衡的地形塑造；试验水沙条件为枢纽运用 66 年的水沙过程（1966 年型中水大沙年）。在枢纽过流量 $30000m^3/s$、坝前水位 145m、葛洲坝枢纽坝前水位 63m 的条件下，进行冲沙流量 $2500m^3/s$、$4000m^3/s$ 和 $5000m^3/s$ 三组试验，每组试验冲沙历时均为 24 小时。试验结果表明：冲沙效果随冲沙流量增加而增大，其中以冲沙流量由 $2500m^3/s$ 增大至 $4000m^3/s$，其冲沙率增幅最大（表 11.3.2）；各部位的冲沙率以引航道口门内最大，口门区次之，连接段冲沙率最小；相应 3 种冲沙流量的口门内冲沙率最大值为 58.3%，口门区为 38.7%，连接段为 6.0%。

表 11.3.2　　通航建筑物船闸和升船机上下游引航道冲沙效果

冲沙流量 (m^3/s)	航道	部位	冲沙前淤积量(万 m^3)			冲沙量(万 m^3)			冲沙率(%)		
			长江科学院模型	南京水利科学研究院模型	清华大学模型	长江科学院模型	南京水利科学研究院模型	清华大学模型	长江科学院模型	南京水利科学研究院模型	清华大学模型
2500	上游引航道	口门内	77.3	97.2	107.0	19.6	34.8	16.3	25.4	35.8	15.2
		口门区	30.5	32.9	29.0	6.3	5.8	1.4	20.7	17.6	4.8
		连接段	41.7	30.3		0.0	0.0		0.0	0.0	
		合计	149.5	160.4		25.9	40.6		17.3	25.4	
	下游引航道	口门内	63.8	58.4		16.5	11		25.9	18.8	
		口门区	51.1	59.4		6.0	13.2		11.7	22.2	
		连接段	85.2	93.9		0.0	4.4		0.0	4.7	
		合计	200.1	211.7		22.5	28.6		11.2	13.6	
4000	上游引航道	口门内	77.3	97.2	107.0	37.4	56.7	25.1	48.4	58.3	23.5
		口门区	30.5	32.9	29.0	8.0	6.5	1.5	26.2	19.8	5.2
		连接段	41.7	30.3		0.0	0.0		0.0	0.0	
		合计	149.5	160.4		45.4	63.2		30.4	39.4	
	下游引航道	口门内	63.8	58.4		31.2	25.5		48.9	43.7	
		口门区	51.1	59.4		9.0	16.4		17.6	27.6	
		连接段	85.2	93.9		0.0	4.4		0.0	4.7	
		合计	200.1	211.7		40.2	46.3		20.1	21.9	
5000	上游引航道	口门内	77.3	97.2	107.0	43.0	43.8	29.0	55.6	45.1	27.1
		口门区	30.5	32.9	29.0	9.5	1.8	1.8	31.1	5.5	6.2
		连接段	41.7	30.3		0.5	0.0		1.2	0.0	
		合计	149.5	160.4		53.0	45.6		35.5	28.5	
	下游引航道	口门内	63.8	58.4		34.8	29.1		54.5	49.8	
		口门区	51.1	59.4		11.3	23.0		22.1	38.7	
		连接段	85.2	93.9		0.0	5.6		0.0	6.0	
		合计	200.1	211.7		46.1	57.7		23.0	27.3	

根据以上各设计阶段对三峡水利枢纽船闸与升船机引航道泥沙淤积碍航问题的研究，对引航道防淤清淤措施作如下综合分析。

11.3.2.3　针对上游来沙变化研究通航建筑物引航道防淤清淤措施

(1)三峡水库上游来沙变化

在三峡工程可行性重新论证、初步设计阶段和技术设计阶段，对于引航道泥沙淤积过程和数量的预测均采用 1961—1970 年典型系列年的水沙过程作为进库水沙条件，且不考虑上游干支流新建水库和水土保持工程的拦沙作用。20 世纪 90 年代以来上游来沙量明显减小，而且金沙江溪洛渡、向家坝和嘉陵江亭子口水利枢纽已初期蓄水发电，三峡水库上游来沙量在较长时间内将继续保持减小趋势。引航道泥沙淤积进程和碍航程度将较设计阶段的预测推迟和减轻。

(2)引航道泥沙淤积碍航的时段

三峡水利枢纽上游引航道泥沙淤积碍航主要发生在汛期坝前水位较低的时段，在此期间坝前水位一般保持在防洪限制水位 145m，可能因泥沙淤积而碍航，防淤清淤的目标主要是保证汛期航道畅通。对于下游引航道而言，泥沙淤积碍航主要发生在枯水期枢纽下泄流量较小、坝下游水位较低的时段，可能因前期的泥沙淤积而发生碍航，防淤清淤的目标主要是保证枯水期航道畅通。

(3)引航道泥沙淤积特点

1)上游引航道口门内的泥沙淤积主要为异重流泥沙淤积和船闸充水引起的往复流泥沙淤积，口门外为缓流和回流泥沙淤积；下游引航道口门内的泥沙淤积主要为异重流引起的泥沙淤积，口门外主要为缓流和回流泥沙淤积。吸取葛洲坝水利枢纽二江、三江船闸下游引航道运行经验，三峡船闸泄水直接进入大江，避免因泄水进入下游引航道而产生往复流并导致泥沙淤积。

2)上、下游引航道泥沙淤积量随枢纽运用年限的增长而增加，并随不同水文年来水来沙量不同而变化。

3)枢纽运用 75 年末，上游引航道最大年清淤量为 495.8 万 m^3；上游引航道口门内和口门外的碍航清淤量各约占引航道碍航总清淤量的一半。枢纽运用 75 年末，下游引航道最大清淤量为 330 万 m^3；下游引航道口门内的碍航清淤量约占碍航总清淤量的 30%，且集中在近口门的 1km 范围内。

(4)引航道防淤措施

上述引航道防淤措施均有一定的防淤效果，但需要配置专用设施和水源，汛期内连续运行，还需长期维护。枢纽运用初期 30 年，即使采用 1961—1970 年典型系列年的水沙条件，上、下游引航道的最大年清淤量也各为 50 万 m^3 左右，根据三峡工程施工期临时船闸下游引航道的航道维护实践经验，可以利用冲沙闸引流冲沙和采取机械清淤措施保持航道畅通，不需要新建引航道防淤设施。

(5)引航道引流冲沙措施

引流冲沙是解决引航道泥沙淤积碍航问题的有效措施。上述试验研究成果表明：利用已建的冲沙闸和新建两条隧洞，冲沙流量达到 $5000m^3/s$ 条件下，上、下游引航道口门内的冲沙效率均为 50%左右，口门外的冲沙效率则小于 30%，加上上、下游引航道口门内清淤量分别仅占上、下游引航道总清淤量的 50%和 30%，还需采取其他清淤措施。新建两条隧洞不仅工程投资较大和需要长期维护，而且今后三峡水库上游新建水库群后，汛末冲沙水源难以得到保证。因此，宜充分发挥已建冲沙闸（流量 2500m^3/s）的引流冲沙作用，并辅以机械松动以提高引航道内冲沙效率。

（6）引航道机械清淤措施

根据葛洲坝水利枢纽船闸引航道机械清淤的实践经验，机械清淤是解决引航道泥沙淤积碍航问题的有效措施之一。三峡水利枢纽通航建筑物上、下游引航道直线段的底宽均为180m，机械清淤作业采取半边挖泥、半边通航的作业方式，对通航基本无影响。

综上所述，三峡水利枢纽船闸、升船机引航道的泥沙淤积碍航问题可采取机械清淤为主、冲沙闸引流冲沙为辅（冲沙流量 2500m^3/s，结合机械松动）的综合措施加以解决。

11.3.3 三峡电站前缘泥沙淤积与引水防沙措施

11.3.3.1 三峡电站布置

根据三峡水利枢纽的总体布置，溢流坝位于主河槽，其两侧为左电站厂房和右电站厂房，地下电站位于与右电厂相毗邻的白岩尖山体内。不同正常蓄水位方案的枢纽总体布置基本一致。正常蓄水位 175m 方案，左电厂布置 14 台水轮发电机组，右电厂布置 12 台水轮发电机组，进水口底板高程均为 110m（技术设计阶段改为 108m）；地下电站布置 6 台水轮发电机组，进水口底板高程为 113m，地下电站与右电厂前缘有连通道相通，连通道底部高程为140m，最小宽度为 162m。

11.3.3.2 电站前缘泥沙淤积与引水防沙措施研究

长江科学院、南京水利科学研究院和清华大学的坝区泥沙模型先后进行了正常蓄水位150m、160m、170m、175m 方案的电站引水防沙措施试验研究，对正常蓄水位 175m 方案通航建筑物上游引航道隔流堤小包方案、大包方案、全包方案、全包方案（地下电站联合运行）的电站泥沙问题分别进行了试验研究。模型试验的水沙条件均按长江科学院水库淤积泥沙数学模型计算成果，计算采用 1961—1970 年水沙系列年，且未考虑三峡水库上游干支流新建水库和水土保持工程的拦沙效果。以下简述正常蓄水位 175m 方案的研究成果。

（1）电站前的水流状态

1）左、右电厂前流速流态。三峡水利枢纽运用后，坝区上游段的河势逐步向归顺、微弯方向调整，主流正对溢流坝段。左、右电厂前流速、流态的特点为：一是汛期一般情况下坝前水位维持 145m，洪水从泄洪深孔下泄，左、右电厂前形成两个方向相反的大回流区，非汛期坝前水位逐步抬高至 175m，回流强度大为减弱；二是汛期回流强度随枢纽泄洪流量的加大而增强；三是随着枢纽运用年限的增长，坝前两侧边滩逐渐形成并淤高扩大，回流范围逐渐缩小，回流强度则逐渐增大。

枢纽运用不同时期，左电厂前均形成一逆时针方向的回流区，右电厂前则为顺时针方向的回流区。回流区的最大表面流速随枢纽运用年限增长和枢纽下泄流量加大而增加。枢纽运用不同时期，左、右电厂前和地下电站联合运行条件下，左、右电厂前的最大回流表面流速见表 11.3.3。

表 11.3.3　枢纽运用不同时期左、右电厂前缘最大回流表面流速　（单位：m/s）

部位	枢纽运用 32 年末			枢纽运用 54 年末			枢纽运用 76 年末		
	35000 m^3/s	45000 m^3/s	56700 m^3/s	35000 m^3/s	45000 m^3/s	56700 m^3/s	35000 m^3/s	45000 m^3/s	56700 m^3/s
左电厂前	0.44	0.47	0.51	0.56	0.62	0.67	0.84	0.96	1.16
右电厂前	0.37	0.38	0.45	0.57	0.61	0.84	1.02	1.07	1.12

注：①表中所列流量为枢纽总泄量，坝前水位均为 145m；②地下电站 6 台机组均运行，过流量共 $5400m^3/s$。

2)地下电站前缘流速流态。地下电站的来水由两部分组成，大部分来源于电站引水渠进口，小部分来源于地下电站引水渠与右电厂前之间的连通道。电站前引水渠流态复杂，形成电站前左侧和右侧以及引水渠进口 3 个回流区。随着枢纽运用年限增长，引水渠泥沙淤积增加，电站前回流区范围有所缩小，回流流速有所增加，电站前缘流速也相应加大。枢纽运用 76 年末，电站前缘最大表面流速为 1.25m/s；同时，连通道进流比例加大，流速增加，最大表面流速为 2.27m/s，电站前缘和连通道流速增加，水头损失加大，减少电站发电出力。修建连通道隔流堤（堤顶高程为 150m），使汛期电站进水由正向和侧向混合进流变为正向单一进流，效果较好。

(2)电站前缘泥沙淤积及排沙措施

1)左、右电厂前缘泥沙淤积及防沙措施。根据不运用电站排沙设施条件下的坝区泥沙模型试验成果，枢纽运用初期 30 年末，左、右电厂前缘 30m 最大泥沙淤积高程均低于电站进水口底板高程 110m。枢纽运用 54 年末，左电厂有 2 台机组前缘 30m 处泥沙淤积高程超过 110m，最大淤积高程为 112m；右电厂前缘 30m 处最大淤积高程未超过 110m。枢纽运用 76 年末，左电厂有 5 台机组前缘 30m 处泥沙淤积高程超过 110m，最大淤积高程为 114.3m；右电厂有 6 台机组前缘 30m 处泥沙淤积高程超过 110m，最大淤积高程为 112.6m。因此，在不运用排沙设施条件下，枢纽运用 54 年，左、右电厂前缘虽略有泥沙淤积，但不影响电站正常取水。

左、右电厂排沙设施的布置为：在充分发挥溢流坝深孔泄洪排沙作用的条件下，电厂中部和端部的安装场段下部设置 7 个排沙孔，其中左电厂 3 个，右电厂 4 个。排沙孔直径为 4.5m。排沙孔底高程：靠枢纽左、右两侧的 2 孔为 90m，中间 5 孔为 75m。在坝区泥沙模型上对排沙孔的排沙效果进行了试验研究，左、右电厂在枢纽运用 54 年末和 76 年末，分别两次开启 7 个排沙孔，排沙总流量为 $3500m^3/s$，排沙历时各为 35 小时。排沙后，左、右电站前缘的泥沙淤积高程均低于 110m，并形成冲刷漏斗，其纵坡为 1∶8.3～1∶13.8，横坡为 1∶3～1∶3.8，说明 7 个排沙孔的排沙效果显著，能保证电站长期正常取水。

2)地下电站引水渠泥沙淤积及解决措施。三峡工程蓄水运用后地下电站引水渠发生累积性泥沙淤积。原因之一是随着枢纽运行年限增长,坝区上游段右岸蛋子石以下的边滩持续淤长并向下游延伸,导致地下电站引水渠口门泥沙淤积,引水渠进流口逐渐下移至偏岩子山附近;原因之二是地下电站运行过程中,泥沙在引水渠淤积。

地下电站引水渠累积性泥沙淤积对地下电站运行带来的不利影响:一是电站行近流速加大,发电水头损失增加,在汛期枢纽按防洪限制水位运行时尤为突出;二是随着泥沙淤积增加,引水渠过流面积减小,连通道过流量增加,因其底部高程为140m,故流速较大,增加发电水头损失;三是随着引水渠泥沙淤积,进入地下电站前缘及过水轮机的泥沙也相应增加。

上述地下电站引水渠累积性泥沙淤积的不利影响在三峡枢纽运行后将逐步显现,可采取修建连通道隔流堤(堤顶高程为150m),以改善汛期地下电站进流状态,以及适时实施引水渠机械清淤加以解决。

3)地下电站排沙措施。地下电站排沙设施为分散布置的排沙洞,每2台机组之间设1条排沙支洞,6台机组共3条支洞,后接1条排沙总洞。各条支洞的直径均为4m,进口底板高程为102m,引流量为120m^3/s。

三峡工程右岸地下电站可行性研究阶段,长江科学院在坝区泥沙模型和局部泥沙模型(模型比尺分别为1∶150和1∶50)上对地下电站排沙洞分散布置方案和集中布置方案的排沙效果进行了试验研究。试验条件为:地下电站6台机组进水口底板高程均为116m(技术设计阶段改为113m),排沙洞分散布置方案为3条支洞,进口底板高程为107.4m(技术设计阶段改为102m),总排沙流量为360m^3/s;排沙洞集中布置方案为1条排沙洞,进口底板高程为93m,排沙流量为350m^3/s。试验结果表明:三峡枢纽运用不同时期,两种排沙洞布置方案的排沙效果显著,但分散方案相对较优;分散方案各排沙洞开启后,电站前缘形成冲刷漏斗,其纵坡为1∶6.8～1∶9.3,横坡为1∶2.9～1∶3.7电站前缘泥沙淤积高程均低于电站进水口底板高程,可长期保持电站正常取水。

(3)电站尾水渠泥沙淤积

由于左、右电厂和地下电站尾水渠的边界比较平顺,水流紊动较强,枢纽运用不同年份尾水渠泥沙淤积较少。枢纽运用54年末,左、右电厂尾水渠近坝段300m范围内基本无泥沙淤积,以后随着枢纽运用年限增长,尾水渠内出现局部泥沙淤积。地下电站尾水受右岸电厂尾水的顶托影响,尾水渠内有一定的泥沙淤积,但对尾水出流和尾水位基本无影响。

11.4 三峡大坝下游河道冲刷问题及其对策

11.4.1 三峡大坝下游河道冲刷问题研究

11.4.1.1 长江中下游河道特性

长江中下游干流自宜昌至河口全长1893km(图11.4.1)。宜昌至湖口为长江中游,全长955km,其中从枝城至洞庭湖出口的城陵矶称荆江,荆江又以藕池口为界分为上荆江和下荆江；湖口以下为长江下游，全长938km。

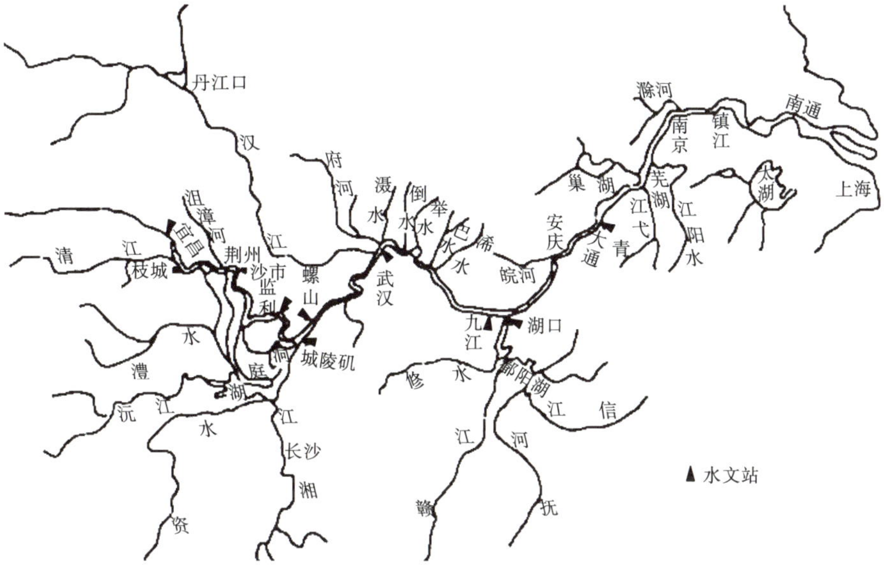

图11.4.1　长江中下游水系

长江中下游两岸有众多支流入汇。较大的支流有：枝城以上清江自右岸汇入；荆江右岸有松滋、太平、藕池、调弦四口分流入洞庭湖(其中调弦口已于1959年堵口建排灌闸，遇大洪水时扒口分洪)，洞庭湖水系的湘、资、沅、澧“四水”，经洞庭湖调节后，于城陵矶汇入长江；中游城陵矶至湖口左岸有汉江入汇，鄱阳湖水系的赣、抚、信、饶、修“五河”经鄱阳湖调节后从右岸湖口汇入；下游左岸有皖河、巢湖水系和滁河汇入，右岸有青弋江、水阳江和太湖水系汇入。

河型是冲积平原河道河床形态和河道演变规律的综合表征。从水流运动、河床形态和河道演变特点等方面分析，可以将冲积平原河道划分为单槽型和多槽型两大类。单槽型河道水流为单一的弯曲水流，河槽单一且较为窄深，河道演变主要表现为各弯道的演变。多槽型河道水流分汊，各汊内的水流除具有弯曲水流的特点外，各汊水流相互影响；河床平面外形较顺直，河槽分汊，主支汊交替消长。根据河床形态和河道演变特点，单槽型河道可分为弯曲型和蜿蜒型河道。两者区别在于前者河床曲折率较小，弯道平缓，且其发展缓慢；后者河床曲折率一般大于2.0，弯道发展过程中常出现撇弯、切滩和自然裁弯现象，整个河段平面上呈蠕移状态。

按照上述河型分类，结合长江中下游干流河道的自然地理环境、河床形态和河道演变特性，可划分为5大段，即宜昌至枝城段、枝城至城陵矶(荆江)段、城陵矶至湖口段、湖口至徐六泾段和长江口段。各段的河道基本特性分述如下：

(1)宜昌至枝城段

长江中游宜昌至枝城河段从长江三峡出口南津关至枝城(1958年前称枝江)，长约60.8km(图11.4.2)，属山区性河道向冲积平原河道过渡的弯曲型河道，右岸有清江入汇。

南津关至云池段河道顺直，南津关下游有西坝、葛洲坝两处江心洲组成的汊道和胭脂坝汊道；葛洲坝水利枢纽位于南津关下游 2.3km 处，在枢纽建设过程中已将葛洲坝挖除。云池至枝城段河道由宜都、白洋、枝城弯道段组成。宜昌至枝城段的河道演变特点是：受两岸边界条件制约，河道平面形态和洲滩格局长期以来保持基本不变，河床冲淤年内呈周期性变化，年际冲淤维持相对平衡；1981 年葛洲坝水利枢纽第一期工程建成运用后，河段内即发生明显冲刷。

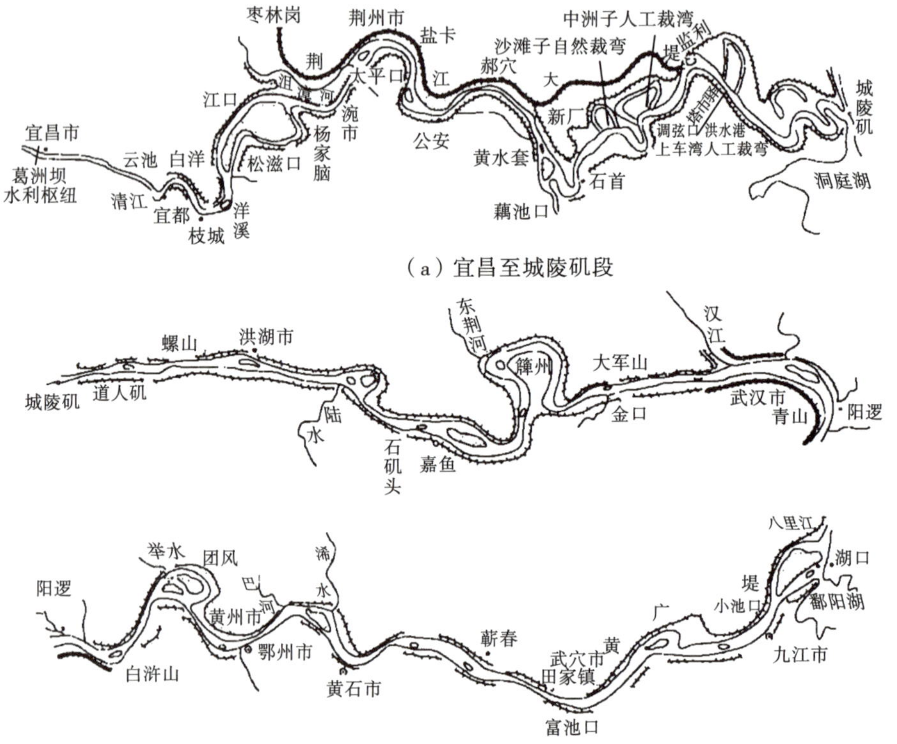

（a）宜昌至城陵矶段

（b）城陵矶至湖口段

图 11.4.2 长江中游干流河道

(2)枝城至城陵矶段

枝城至城陵矶段通称荆江，全长 347.2km(图 11.4.2)。左岸有沮漳河入汇，右岸有松滋口、太平口、藕池口和调弦口分流入洞庭湖，城陵矶附近洞庭湖出流汇入长江。

枝城至藕池口段又称上荆江，属弯曲型河道，长 171.7km，由洋溪、江口、涴市、沙市、公安和郝穴弯道组成，各弯道多有江心洲。全河段平面形态较为平顺，曲折率为 1.72。据 1965 年测图量算，弯道段平滩河宽为 1700m，平滩水深为 11.3m；顺直段平滩河宽为 1320m，平滩水深为 12.9m。河道演变的特点是：弯道凹岸崩坍，凸岸边滩淤长，并可能被水流切割而成江心洲或江心滩；有江心洲的弯道内主支汊地位长期相对稳定，如关洲、董市洲、江口洲、火箭洲、马羊洲等汊道，仅三八滩、金城洲和突起洲分汊段的主支汊曾发生兴衰交替现象。

藕池口至城陵矶段又称下荆江，属典型的蜿蜒型河道，全长 175.5km(图 11.4.2)。20 世纪 60 年代人工裁弯前河道长约 240km，由 12 个弯道组成，河道蜿蜒曲折，曲折率达 2.83，除中洲子、监利和熊家洲弯道有江心洲外，其余均为单一弯道。据 1965 年测图量算，弯道段平滩河宽为 1300m，平滩水深为 11.8m；顺直段平滩河宽为 1390m，平滩水深为 9.86m。河道演变的特点是：弯道凹岸崩坍，凸岸边滩淤长，当弯道发展到一定形态，遇较大洪水年，易发生撇弯切滩或自然裁弯。河湾发生裁弯取直后，河道又重新发展为新的弯道，并引起其下游河势发生较大变化。

(3)城陵矶至湖口段

城陵矶至湖口段长 547km，属分汊型河道(图 11.4.2)，两岸有汉江、鄱阳湖水系及其他支流入汇。河道两岸地质条件具有明显的不均匀性，左岸多为广阔的冲积平原，右岸多为山丘阶地。两岸分布有对河势起控制作用的天然山矶节点，形成藕节状宽窄相间的分汊型河段。河段内共有汊道 20 段，其余为单一段。按汊道平面形状不同，可分为顺直型、微弯型和鹅头型 3 种汊道。最大河宽：顺直型汊道为 8.0km，微弯型汊道为 9.4km，鹅头型汊道为 12.5km。分汊型河段演变的主要特点是：第一，主支汊兴衰交替表现为主支汊原位交替和摆动交替两种形式。前者主支汊地位互换，但其平面位置基本不变，多发生于顺直型和微弯型汊道；后者为支汊通过平面位移和断面冲刷扩大而取代主汊，仅发生于鹅头型汊道。第二，汊道段的主支汊兴衰交替周期较长，大多数汊道段的主支汊地位较长时期保持不变。第三，汊道主支汊兴衰可能引起其下游的单一段和汊道段河势变化。

(4)湖口至徐六泾段

湖口至徐六泾段(包括湖口—南京—徐六泾)，长 756.2km，属分汊型河段(图 11.4.3)，两岸有巢湖水系、太湖水系及其他支流汇入。河道两岸地质条件具有明显的不均匀性，左岸多为广阔的冲积平原，右岸多为山丘阶地。两岸分布有对河势起控制作用的天然矶节点，形成藕节状宽窄相间的分汊型河段。河段内共有汊道 24 段，其中湖口至江阴 21 段，江阴至徐六泾 3 段。其余为单一段。

(5)长江口段

长江口段上起徐六泾，下迄 50 号灯标，全长 181.8km，徐六泾处河宽为 5.7km，口门处自苏北嘴至南汇嘴宽约 90km，平面呈喇叭形。崇明岛将长江口分为南、北两支，南支由长兴岛和横沙岛分为南港和北港，南港在横沙岛尾端由九段沙分为南、北两槽，形成长江口三级分汊，径流由北支、北港、北槽和南槽四汊入海的格局(图 11.4.3)。

长江口河道演变的主要规律是沙洲淤并，河宽缩窄，河口外伸。近 50 多年来，受自然因素和人为因素的影响，长江口段的上端点由江阴下移至其下游 80km 的徐六泾。

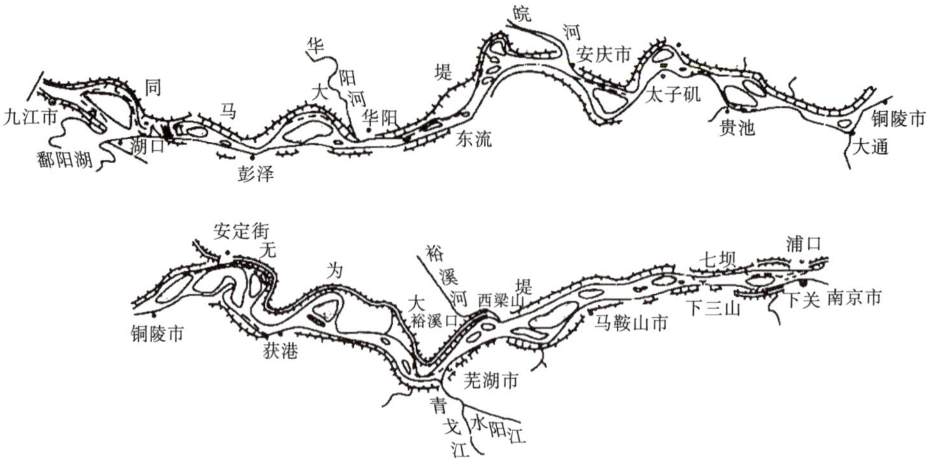

(a) 湖口至南京段

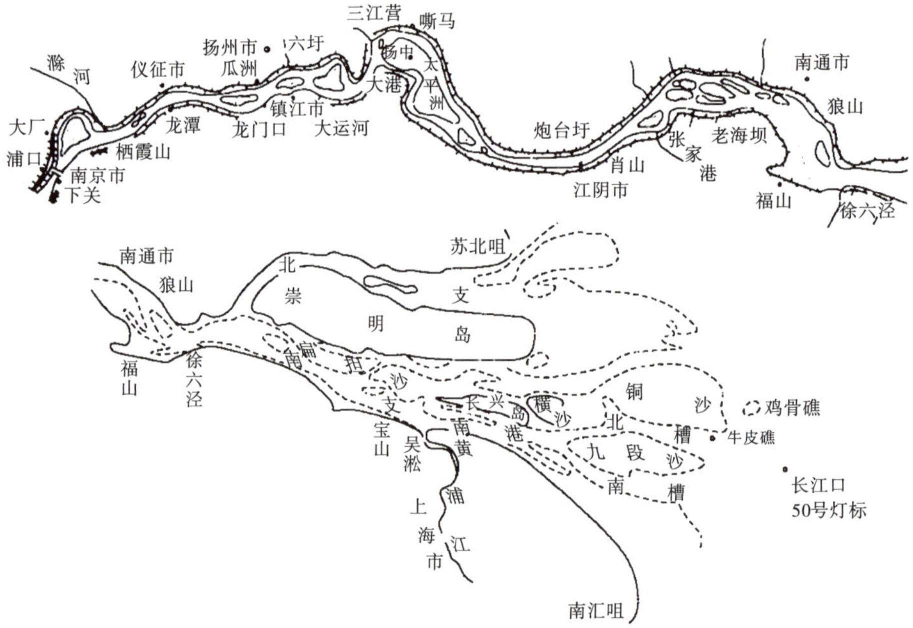

(b) 南京至长江口段

图 11.4.3 长江下游干流河道

11.4.1.2 大坝下游河道冲刷问题研究历程及研究内容

三峡工程坝下游河道冲刷问题包括坝下游河道冲刷发展过程预测、坝下游河道演变及其对防洪、航运的影响等问题。自 20 世纪 50 年代以来，有关部门采用原型观测调查、泥沙数学模型计算和泥沙实体模型试验相结合的研究方法进行研究。1959—1983 年，为研究三峡工程建成后坝下游河床冲刷和水位降低情况，长江委水文局于 1959 年对宜昌至涴市长约 124km 的河段进行了床沙采样和卵石夹沙层厚度探测，对三峡工程运用后河道冲刷过程中宜昌站水位下降值作了估算；20 世纪 70 年代长江科学院曾对三峡工程运用后宜昌站水位下降值进行了多次估算。1959年丹江口水利枢纽施工截流后，长江委水文局开展了坝下游系统的河道演变观测工作。1980—1982年，为探查三峡、葛洲坝水利枢纽建筑砂石骨料来源，长江委勘测处进行了宜昌至宜都长约40km河段的河床钻探。1983—1985年，配合三峡水利枢纽(150m蓄水位方案)的可行性研究和初步设计，长江科学院收集整理坝下游河床组成资料，利用泥沙数学模型进行了三峡建坝后坝下游宜昌至城陵矶河段河道冲刷计算，进一步核算宜昌站水位的降低值。

(1)三峡工程可行性重新论证和可行性研究阶段(1986年6月至1992年4月)

坝下游河道冲刷问题研究重点开展了3项工作：①在继续勘测并整理坝下游河床组成资料的基础上，长江科学院、中国水利水电科学研究院、清华大学和天津水运工程科学研究所等单位对三峡水库下游河床冲刷和水位降低问题进行计算研究；②长江委水文局、武汉水利电力大学、长江科学院、中国水利水电科学研究院、河海大学、长江航道局规划设计研究院等单位对三峡工程建成前后坝下游河道演变进行了原型观测和分析研究；③长江科学院、武汉水利电力大学、清华大学等单位开展了三峡建坝后坝下游河道冲刷对防洪、航运影响的研究。

(2)三峡工程初步设计和单项技术设计阶段(1991—2000年)

1)中国水利水电科学研究院、长江科学院分别进行了宜昌至大通河段河道冲刷计算，天津水运工程科学研究所进行了宜昌至武汉河道冲刷计算，中国水利水电科学研究院和长江科学院分别进行了宜昌至大通河道冲刷计算分析。

2)三峡工程建成后坝下游河道演变及江湖关系变化分析研究。

3)三峡建坝后宜昌至城陵矶河段河道演变及河势控制方案研究。

4)葛洲坝枢纽下游近坝段河道冲刷对船闸运行的影响及对策研究。

5)坝下游河道冲刷对枝城至江口河段浅滩影响及整治研究。

(3)三峡工程开工建设至蓄水运用(1995—2015年)

坝下游河道冲刷问题研究：①对宜昌至湖口河段河道演变进行系统的观测分析，研究坝下游冲刷发展过程、河势变化、护岸险工和航道浅滩变化；②宜昌至杨家垴长115km河段的综合治理方案研究。

11.4.2 坝下游河道冲刷对航运的影响及其对策

11.4.2.1 坝下游河道冲刷对航运影响研究

(1)三峡建坝后坝下游河道冲刷对航运的有利影响及不利影响

三峡水库修建后坝下游河道冲刷对航运的影响表现在水库调蓄水量改变了下游河道汛后和枯水期的流量和航深，冲刷过程中河道演变对浅滩的影响。

关于水库调蓄水量的影响，主要是汛期末因水库蓄水而使流量较建库前减小，对于汛期淤积、枯水期冲刷的浅滩而言，降低汛后浅滩脊的冲刷效果，航道水深减小；枯水期流量较建库前增大，航道水深相应增大。因此水库调蓄对枯水期航道有利是主要的。

坝下游河道演变过程中，河道演变引起的航道有利变化主要有：河床冲刷过程中，河床展宽受护岸工程限制，荆江将以下切为主，因而枯水期水深会有所加大；经过河床冲刷，河床沿程起伏减小，有的浅滩碍航程度可望削弱；经过长期冲刷，支汊发展可能会受到限制，有的浅滩（如分流口门处的浅滩）可能消失。河道演变对航道不利变化主要有：江口以上卵石夹沙河床冲刷较少，水位降低也较少，而其下游沙质河床冲刷较深，水位降低也较多，因此卵石夹沙河床的水面坡降将会加大，流速也会增加，芦家河等浅滩可能出现水浅流急现象；顺直微弯或弯曲河段，如顺直段或过渡段过长，则原有浅滩或者保留，或者形成新的浅滩，并且因床沙变粗，导致顺直段可能出现浅滩移动。

(2)三峡建坝后坝下游河道冲刷对荆江各河段航道的影响

长江科学院、武汉水利电力大学、清华大学和长江航道局等单位重点对三峡建坝后坝下游河道演变对荆江各河段航道的影响进行了分析。

1)上荆江枝城至江口段。

该河段河床由沙、卵石组成，河岸抗冲性好。芦家河浅滩为本河段的重点浅滩，长江科学院研究成果表明："三峡工程建成后，此河段仍将发生冲刷，河床粗化，但沙泓汛期淤积、枯季冲刷的演变规律估计不会改变，但因建坝后流量过程调平，沙泓的淤积得到缓和，航道有可能全年均走沙泓。芦家河浅滩的水面比降是否因其下游沙质河床的冲刷而加大，则应进一步研究。"武汉水利电力大学研究成果表明："三峡建库后，下泄沙量减少，枯水流量调大，对芦家河浅滩来说，既有弊又有利。因河床由卵石组成，顶面高程较高，抗冲力强，下切当有限度，在下游沙质河床大量冲刷的影响下，有可能变得水浅流急，从而恶化航行条件，这是不利的一面，届时可设法通过调整局部范围的水面比降加以解决。其有利的一面是，芦家河卵石浅滩在葛洲坝枢纽以下河道中起着纵向控制基点作用，对于抑制宜昌水位不因荆江河床下切过甚而下降过多有好处。此外尽管因水库汛期排浑运用，沙泓依旧发生淤积，但淤积数量将大为减轻，沙泓有可能成为终年的通航水道，从而改变目前沙石两泓因交替使用而存在青黄不接的紧张局面。"长江航道局研究认为："宜昌至江口的沙、卵石河段河岸抗冲性强，河床下切也受到较大限制，而下游河段的冲刷将引起水位较大幅度降低，有些浅滩的航深会比天然变浅，甚至出现局部急流。这类出浅问题，芦家河、枝江以至稍下的刘巷等处都有可能发生。"

2)上荆江江口至藕池口河段。

该河段为微弯分汊型河段，河床由沙质组成，卵石层深埋床面以下，两岸迎流顶冲部位多已实施护岸工程。长江科学院研究成果认为：三峡建坝后该河段侧蚀可能性较小，仍以深蚀为主，随着水库的调节作用，三口分流进一步减少，航道将有所改善；但运用初期，上游冲刷下来的泥沙转移时，特别是平面放宽段尤需注意航槽的水深变化。武汉水利电力大学研究成果认为：三峡建坝后，上荆江沙质浅滩航道条件将会明显改善，由于枯季水库泄量增大及河床冲刷下切，航道有效水深增加。长江航道局研究认为："对于河岸抗冲性能较好的江口至新厂河段，在河宽适中的顺直微弯段，河床下切深度大于水位降低值，且主泓线不会有大的改变，航道平均水深会有所增加。在过分放宽的顺直河段或大肚子河段，初期可能有所堆积，且颗粒较粗，浅滩可能出现短期恶化，如马家嘴和周公堤至天星洲河段。”

3)下荆江河段。

该河段河床由沙质组成，为典型的蜿蜒型河段，严重崩岸段已初步控制。长江科学院研究成果认为：“三峡建坝后，下荆江旁蚀与深蚀的演变趋势会兼而有之，撇弯与切滩、浅滩恶化现象有可能发生。”武汉水利电力大学研究成果认为：“预计三峡建库后，从总体来说，下荆江的通航条件会有所好转，但藕池口、碾子湾、姚监大及铁铺等水道由于顺直段太长，河道放宽及河宽过大，在河道中出现边滩下移，主流摆动，跨河槽处出浅碍航等情况是不可避免的，只是时间久暂问题。”长江航道局研究认为：“在河岸没有完全防护的下荆江，有些河段原来就过分放宽或过分顺直，当上游急剧冲刷，本段出现淤积增加时，航道很可能恶化；当冲刷范围延伸至本河段时，如果没有河势控制工程和航道整治工程的约束，河道可能发生大的变形，浅滩部位和浅滩数都有可能发生变化。这类情况在古长堤至藕池口河段、碾子湾至莱家铺河段和窑集老至大马洲河段出现的可能性较大，对于临近城陵矶的几个急弯间过渡段也应给予注意。”

三峡工程初步设计与施工阶段有关坝下游河床冲刷对航运的影响问题研究，重点为葛洲坝枢纽下游航运问题综合治理方案研究及葛洲坝枢纽下游枝城至杨家垴河段浅滩整治措施研究。

11.4.2.2 葛洲坝枢纽下游航运问题综合治理方案研究

1996—2000年，为配合三峡工程技术设计，清华大学、天津水运工程科学研究所和长江科学院重点研究了葛洲坝枢纽下游近坝段冲刷对船闸与航道影响及对策。

为保证葛洲坝枢纽三江船闸及其引航道的通航，三峡水库蓄水运用各阶段三江船闸下游引航道出口庙嘴站最低通航水位为：135m蓄水运用期不低于38.0m，156m蓄水运用期不低于38.5m，175m蓄水期逐步恢复到39.0m。

根据泥沙数学模型与实体模型对三峡工程施工期及初期运用阶段宜昌站水位变化的预估，三峡工程135m蓄水运用期水库运用第5年，即至2007年，最低通航流量3200m^3/s时，宜昌水位为37.2～37.6m；三峡工程156m蓄水运用期水库运用第7年，即至2009年流量3200m^3/s时，宜昌水位为37.1～37.4m。因此，葛洲坝枢纽下游河道冲刷对船舶安全过闸不利，需要研究解决措施。

关于葛洲坝枢纽下游航运问题综合治理方案，长江委研究了船闸优化调度、枯水期航运流量补偿水库调度、开挖三江下游引航道和坝下游河道整治工程（筑坝壅水）4种治理措施。清华大学、天津水运工程科学研究所和长江科学院重点对坝下游河道整治措施方案进行了一维、二维数学模型计算和实体模型试验。为进一步比较潜坝和护底工程的壅水效果及其对航运、防洪的影响，在动床模型上进行了潜坝和护底方案试验。

试验结果表明潜坝和护底方案各有优缺点。2004年三峡总公司经论证确定在葛洲坝枢纽下游 6km 的胭脂坝河段开展护底工程试验，探索维持宜昌枯水位相对稳定的工程措施。自 2004 年至 2011 年汛前，先后完成 0 区、1 区、2 区、3 区、4 区、5 区护底工程和胭脂坝头部混凝土网格防护工程（图 11.4.4）。各区护底工程顺水流方向的长度除 0 区为 195m 外，其余各区均为 180m。各区护底工程垂直水流方向的宽度不一，为 463～814m。护底工程结构型式除 0 区部分护底为抛石和抛枕外，其余均为混凝土系结块软体排。护底工程竣工后的实测资料表明：护底工程对河床的保护作用较为明显。

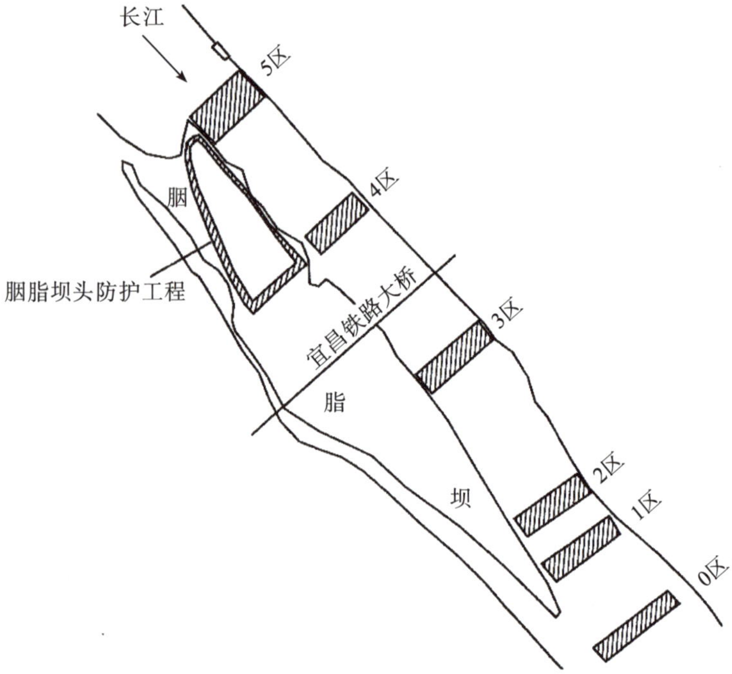

图 11.4.4　胭脂坝河段护底工程布置

11.4.2.3　枝城至杨家垴河段浅滩整治措施研究

(1)芦家河浅滩特征

芦家河浅滩位于枝城以下约 16km 的松滋口下游（图 11.4.5）。浅滩河段有沙泓和石泓两条航道，沙泓位于左侧，为枯水航道，石泓位于河心，为中洪水航道。两泓之间有砾卵石碛坝，中洪水淹没，枯水出露。两泓床面均由砾卵石组成，顶面高程石泓高于沙泓。受松滋口分流影响。沙泓年内洪淤枯冲，冲淤变幅可达 10m 以上。石泓冲淤变幅较小，一般在 3m 左右。若沙泓汛期淤积严重，汛后水位降落过快，冲刷不及，则出现浅情，成为当年枯水到来之前长江中游首先出浅的浅滩，一般出浅时间为 10—11 月。1950 年 11 月出现的航深仅 2.6m。芦家河水道出浅碍航时间一般在一周左右，常需采取清障、疏浚等措施进行维护。自 1954 年以来，先后经历过十年多次较大的疏浚维护，每次维护只能解决当年的燃眉之急，未能从根本上解决问题。

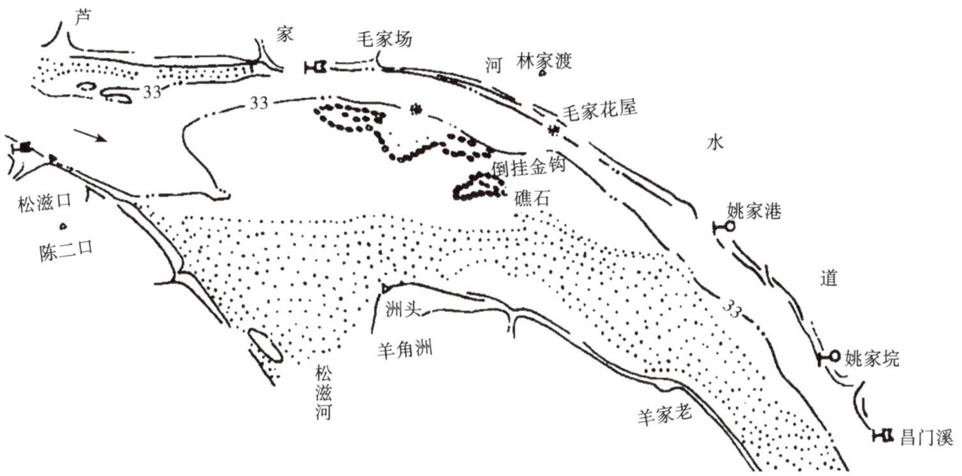

图11.4.5　芦家河浅滩

(2)坝下游河道冲刷对枝城至杨家垴河段航道的影响对策研究

三峡工程建成后坝下游冲刷对枝城至杨家垴河段航道的影响及对策研究，长江航道局、长江航道规划设计研究院、武汉水利电力大学、长江科学院、长江委水文局及长江设计院先后通过关洲至昌门溪河段动床模型、枝城至枝江河段动床模型和枝城至大埠街河段动床模型以及二维数学模型研究，试验结果如下：

1)三峡水库蓄水运用后，枝城至杨家垴(大埠街)河段河床普遍发生冲刷，水库运用初期10年(2003—2012年)为冲刷强烈时期，其冲刷量占水库运用20年冲刷量的80%以上。三峡水库运用20年(2022年)末该河段冲刷基本停止。在冲刷过程中，总体河势没有大的变化；芦家河浅滩洪水期主流走碛坝右侧石泓、枯水期主流走碛坝左侧沙泓的格局没有改变，但主航道全年均位于沙泓；枝江、江口汊道主、支汊相对稳定，但支汊分流比较小，枯水期近于断流。

2)三峡水库蓄水运用后，枝城至杨家垴河段碍航问题将由以航道水深不足为主转变为以坡陡流急为主，兼有航道水深不足。三峡水库175m蓄水运用前，坡陡流急问题已较为突出，芦家河浅滩沙泓枯水期局部比降可达7‰以上，局部流速可达2.9m/s以上，且局部河段航道水深不足2.9m。三峡水库175m蓄水运用后，枝城至杨家垴河段碍航问题主要表现为坡陡流急碍航，而且持续时间长，不利于船舶安全航行，不能满足万吨级船队汉渝直达的通航要求，需要实施相应的治理措施。

针对三峡工程建成后芦家河浅滩的变化，长江设计院提出芦家河水道整治方案，工程包括4部分：切滩工程，切除碛坝头部左侧部分；围堤工程，围堤总长6890m；疏浚工程，挖除40号礁等，挖槽长2180m；加糙工程，在姚港一带深槽回填，顶部高程为25m。长江航道规划设计研究院提出枝城至大埠街河段总体整治方案，芦家河水道整治工程包括口门疏浚，沙泓开挖，鱼嘴、隔流堤、石泓小开挖，姚港深槽回填加糙；枝江水道整治工程包括枝江挖槽，张家桃园丁坝、枝江深槽回填加糙；江口水道整治工程包括柳条洲洲头顺坝、柳条洲护岸、吴家渡护滩带、七星台深槽回填加糙。

实体模型和数学模型研究表明:采取工程措施改善该河段的航道条件是有效的。工程方案实施后,芦家河、枝江、江口水道枯水期航深、航宽均达到通航标准,局部流态有较大改善,但对上游水位和松滋口分流有一定影响,在流量 5000m^3/s 时整治工程引起芦家河浅滩上游陈二口一带水位下降 0.2~0.5m。

鉴于三峡工程已于 2003 年 6 月开始初期蓄水运用,为了确保航道畅通,尽早实施总体整治工程中具备实施条件、主要起减缓坡陡流急作用的控导工程措施,以满足现行船舶(队)的通航要求,且对上游水位和松滋口分流影响很小。控导工程措施为:芦家河水道隔流堤工程及沙泓局部开挖;枝江水道上浅区开挖;江口水道柳条洲洲头顺坝工程。

2009—2011 年,长江航道局在枝江至江口河段实施了航道整治一期工程,包括水陆洲洲头低坝防护工程、水陆洲串沟锁坝工程、水陆洲洲头至右缘中上段护岸工程、水陆洲右缘边滩工程、张家桃园边滩护滩工程,以及柳条洲右缘至尾部护岸工程、吴家渡边滩护底工程、七星台已护岸线的水下加固工程(图 11.4.6),其目的是稳定滩槽格局,对防止水位下降也有一定作用。

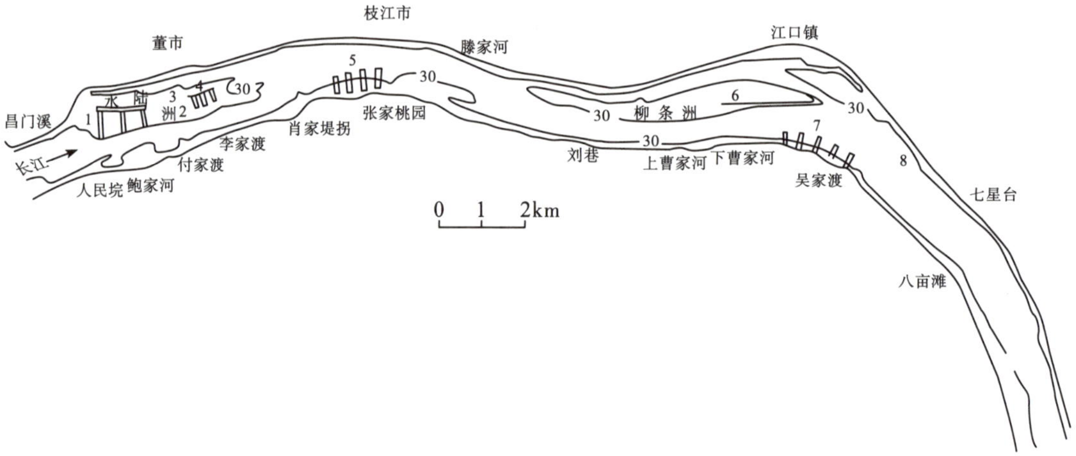

图 11.4.6　枝江至江口河段航道整治一期工程布置

1—水陆洲头低滩护滩工程;2—水陆洲右缘边滩护滩工程;3—水陆洲串沟锁坝工程;4—水陆洲护岸工程;5—张家桃园边滩护滩工程;6—柳条洲护岸工程;7—吴家渡边滩护底工程;8—七星台已护岸线水下护脚工程

11.4.2.4　宜昌至杨家垴河段综合治理措施研究

三峡枢纽下游宜昌至杨家垴河段长 118km,其中宜昌至江口河段长 113km,是由山区向冲积平原过渡的丘陵河段,其两岸地貌主要是低山丘陵、河流阶地和河漫滩。区间内有支流清江入汇与松滋口分流。河床由卵石夹沙组成,间有基岩出露,卵石夹沙层厚度平均为 2.7m。其中砂质床沙组成沿程有所细化,根据 1981—1995 年 7 个测次资料,宜昌至枝城河段平均中值粒径约为 0.234mm,枝城至江口河段为 0.202mm。该河段内分布的宜都浅滩、芦家河浅滩及枝江浅滩是长江中下游仅有的3处砂卵石浅滩，均曾发生不同程度的碍航情况。根据长江航道部门要求：现行航道标准（最小）深度为2.9m，以保证中型客轮（吃水2.6m）和由千吨级驳船组成的船队安全通行。三峡枢纽修建以后，按照万吨级船队自武汉直航重庆的要求，这一河段的航深要求提高到3.5m。因此，研究该河段浅滩演变规律及整治措施是三峡枢纽设计中的一个重要问题。

考虑到宜昌站枯水位降低除与宜昌河段河床冲刷有直接关系外，还受其下游河段冲刷和整治工程的影响，在上述两项研究的基础上，进一步开展宜昌至杨家垴河段的综合治理措施研究。该项研究内容包括两个方面：一是确定宜昌至杨家垴河段中影响宜昌站枯水位变化的控制性河段；二是控制性河段整治工程措施研究。长江航道局、武汉水利电力大学、长江委水文局三峡水文水资源勘测局等单位通过对宜昌至杨家垴河段河道演变进行分析和数学模型研究。

1)对宜昌站枯水位有控制作用的河段主要是在一定流量条件下过水断面面积较小或河底高程相对较高的河段，即卡口段和浅滩段。根据1980—2009年宜昌至杨家垴河段流量5000m^3/s相应的过水断面面积和深泓高程变化分析，目前对宜昌站枯水位有控制作用的河段为：胭脂坝头部、胭脂坝尾部、虎牙滩、古老背、南阳碛上口、关洲上口、芦家河浅滩、董市洲上口、柳条洲上口、杨家垴共10处。大石坝和外河坝两处目前已不起主导控制作用。

2)从宜昌至杨家垴河段实测沿程水面线分析，沿程水面比降较陡的河段为胭脂坝头、宜都弯道的南阳碛和芦家河浅滩段，说明以上3段为全河段中影响宜昌站枯水位变化最为关键的河段。根据数学模型计算，芦家河河段枯水位下降0.2m、0.5m、0.8m和1.0m时，宜昌站枯水位相应下降0.0m、0.19m、0.30m和0.37m，两者为2.7∶1的关系。

3)长江科学院和武汉水利大学分别研究认为在芦家河浅滩上游的控制性河段实施丁家坝、潜坝和护底工程，可有效遏制芦家河等浅滩整治工程所导致的宜昌站枯水位下降，其中以抛石护底型式较优。长江委水文局三峡水文水资源勘测局提出稳定宜昌站水位的工程措施为：胭脂坝头实施护底并辅以抛石，恢复部分过水断面；南阳碛上口抛石，同时采取丁坝和护滩带结合的型式守护南阳碛弯道的左岸沙湾边滩；在关洲进口采取丁坝、护滩带和洲头保护工程对关洲上口节点进行保护；对芦家河浅滩下游的节点采用丁坝、护滩带和护底组合的型式进行了保护。

鉴于宜昌至杨家垴河段综合治理涉及葛洲坝工程船闸及下游引航道水深要求、芦家河等浅滩河段航道改善、松滋口分流控制以及两岸护岸工程稳定等诸多方面，上述数学模型研究取得的初步成果，尚待进一步深入研究。

11.4.3　三峡水库坝下游河道冲刷对河势和防洪影响及其对策

三峡水库修建后，改变了坝下游河道的来水来沙条件，主要表现为洪峰削减、中水流量持续时间增加、枯水流量增大、年内和年际的流量变幅减小；下泄沙量锐减，泥沙组成变细，因而下泄水流含沙量降低，挟沙能力处于不饱和状态，从而引起河床冲刷。随着河床冲刷发展，同流量下水位降低，坝下游河道的河势相应地可能发生不同程度的调整，河床冲刷对防洪亦可能产生一定的影响。通过同类水利枢纽下游河道冲刷及演变实测资料分析、泥沙数学模型计算和河工模型试验，对三峡工程兴建后下游河床冲刷及其对河势和防洪的影响进行了初步研究。

11.4.3.1 三峡水库坝下游河道冲刷对河势的调整研究

三峡水利枢纽兴建后，长江中下游由于沿程各河段河床边界条件、河型及河床冲刷发展情况有较大差别，因此各河段河势亦将呈现出不同的调整趋势。

(1)宜昌至枝城河段

宜昌至枝城河段全长 61km，两岸为低山丘陵，河岸稳定，河床覆盖层主要由细沙、砾、卵石组成，平均厚度 10～12m，其下为基岩。本河段上段宜昌至云池为顺直段，云池至枝城为弯道段，由宜都和白洋两弯道组成。

本河段历年保持相对冲淤平衡状态，平面形态和断面均较稳定，河道演变主要表现为河床周期性冲淤变化。葛洲坝工程兴建后，加上人工开采砂石骨料，河床产生明显的冲刷，中、枯水期同流量的水位下降，但宜昌至枝城段河势、河床冲淤及洲滩和浅滩段演变规律均未见变化。

三峡工程施工期及建成后，宜昌至枝城河段河道冲刷将发生并持续一段时间，据数学模型计算，本河段平均冲刷深度可达 2.1m，同时，枢纽运用后洪峰削减，枯水流量增大，预计宜昌至枝城段河势不会出现较大变化，南阳碛的左汊(沙泓)仍维持为主河槽的地位。宜都弯道右岸有清江汇入，对宜都弯道有一定影响。而清江梯级开发已全面实施，隔河岩水利枢纽、高坝洲水利枢纽、水布垭水利枢纽分别于 1994 年、2000 年和 2008 年建成投产。这些枢纽建成后径流得到调节，洪峰削减，有利于宜都弯道的相对稳定和维持南阳碛左汊的主汊地位。

(2)枝城至杨家垴河段

枝城至杨家垴河段全长 57km，为低山丘陵区向冲积平原区过渡的河段，两岸仍多受低山丘陵控制。河床由沙夹卵石组成，厚 20～25m，下为基岩。河段内有洋溪和江口两个弯道，松滋口分流入洞庭湖，有关洲等 4 个江心洲滩，其中关洲右汊为主汊，但干流流量大于 22000m^3/s 时，左汊分流比大于右汊；百里洲右汊、董市洲和江口洲的左汊均为支汊，且处于淤积萎缩状态。河段内芦家河浅滩航槽分左泓和右泓，一般汛期走右泓，枯期走左泓。

本河段属微弯分汊河段，河道平面和断面形态相对稳定，河道演变主要表现为河床和洲滩的局部冲淤变化。受下荆江裁弯工程和葛洲坝工程的影响，河床发生明显冲刷，但河势及河床演变规律无明显改变。三峡工程施工期和建成后，本河段将发生冲刷下切，平均冲深达 2.9m，同时，洪峰削减，汛末流量平稳减小，枯水流量增大，预计总的河道演变规律和河势不会出现较大变化，洲滩和汊道则将有所调整，主要表现为以下几个方面。

1)全河段床面将粗化，河槽稳定性增强。

2)洋溪弯道仍保持相对稳定，由于关洲右汊位于弯道凹岸一侧，长度仅为左汊的 1.3

倍，中枯水期面迎主流，关洲右汊仍将保持主河槽地位。

3)百里洲右汊采穴河、董市洲的左汊和江口洲的左汊，将继续淤积萎缩。

4)随着松滋口分流比减小、上游来沙减少、河床冲刷和粗化，芦家河浅滩将朝有利于整治的方向发展。三峡工程施工期间，河床尚未完成粗化，右泓和左泓航槽尚存在年内易位过程。

(3)杨家垴至藕池口河段

杨家垴至藕池口河段长110km，包括涴市、沙市、公安、郝穴等4个弯道，太平口、马家咀、新厂等3个长顺直段。河段内有火箭洲、马羊洲、三八滩、金城洲、突起洲等5个江心洲滩。本河段为微弯分汊河道，河床由中细沙组成，两岸有护岸工程，全河段的河势已得到基本控制。河道演变主要表现为随不同水文年的冲淤变化，长过渡段的主泓变动，以及三八滩、金城洲分汊段的主支汊易位。火箭洲、马羊洲、突起洲的左汊均处于淤积萎缩状态，但高水期仍过流。

下荆江裁弯工程和葛洲坝工程实施后，本河段河床发生明显冲刷，同流量下水位降低，河道演变仍遵循原有规律。随着两岸的护岸工程不断维修加固，总体河势基本稳定。近期河道演变有两个特点：一是床面粗颗粒泥沙增多，卵石下移；二是近年来三八滩的右泓和金城洲的右泓均处在发展阶段，历时之长，也是历年少见的。

三峡工程施工期和建成运用后，本河段冲刷幅度较大，河床演变有如下特点。

1)床面将处于较长时期的粗化过程，床面卵石等粗颗粒比例增多，有助于河床稳定。

2)全河段的总体河势仍将维持不变，但局部河势将发生调整，主要是太平口、马家咀、新厂等长顺直段，从而可能引起其下游的三八滩左右泓、突起洲左右泓、藕池口分流口门的分流比例的相应变化，弯道凹岸水流顶冲部位也可能有所变动。同时，河床冲刷对护岸工程的稳定也将产生一定影响，应引起高度重视。

(4)下荆江河段

下荆江属典型的蜿蜒型河段，河床由中细沙组成，河岸为黏性土和沙组成的二元相结构，河道演变主要表现为凹岸崩坍、凸岸淤长、弯顶缓慢下移，在一定的水文条件和河床边界条件下，发生撇弯切滩和裁弯取直。1967年以来，中洲子和上车湾裁弯工程实施和沙滩子河弯自然裁弯后，全河段发生了较剧烈的调整，至80年代初期，这种调整过程已基本完成。1984年以来实施金鱼沟至荆江门河段的河势控制工程，河势得到初步控制，但其上首的石首河段和下端的熊家洲至城陵矶河段，河势目前尚在自然调整，1994年汛期石首河湾发生撇弯，局部河势调整相当剧烈。

三峡工程兴建后，下荆江将发生明显冲刷，同时因三口分流减少，本河段的流量增大，预计河势将出现以下演变趋势。

金鱼沟至荆江门河段，河势已得到初步控制，现有护岸工程的冲刷坑将进一步冲深，弯道水流顶冲部位将发生变化，局部河段的河势将发生调整。石首河段和熊家洲至城陵矶河段，河势尚未进行控制，将加剧演变强度，凹岸崩坍、撇弯切滩比较剧烈。

(5)城陵矶以下河段

城陵矶以下河段为分汊型河道，其河势多受两岸节点控制。三峡枢纽建成后，河道的边界条件除床面冲刷降低外，两岸边界组成未变；一般水文年汛期流量过程较建坝前改变不大，支汊汛期过流历时仍较长，枯期流量有所增加，而且本河段河床冲刷较城陵矶以上河段大为减弱，预计分汊河型仍将维持，各汊道段将相对稳定；但坝下游河床冲刷具有上段冲刷、下段淤积，逐渐沿程发展的特点，因此个别分流比较小的支汊尤其是武汉以下各分汊河段的某些支汊，可能有所萎缩。

11.4.3.2 三峡水库坝下游河道冲刷对防洪的影响及其对策

三峡工程下游河床冲刷对防洪的影响主要由于河床冲深，崩岸加剧，河势调整，影响原有护岸工程的稳定和对河势的控制作用，还可能出现新的险工。尤其荆江河段河床冲刷深度较大。上荆江两岸堤外无滩或滩地很窄的河段，深泓逼岸，形势险要，水流顶冲部位变化或原有护岸工程的基脚受到淘刷均将威胁堤防安全。下荆江河床由中细沙组成，卵石层埋藏很深。河床冲刷后，金鱼沟至荆江门河势初步控制河段和石首、熊家洲至城陵矶河势尚未控制河段，演变均较剧烈。因此，应抓紧编制三峡工程建成后荆江河势控制规划，完成上荆江两岸护岸段的加固工程和下荆江河势控制加固工程。对下荆江河势变化较大的石首河段和熊家洲至城陵矶河段加紧完成整治可行性研究工作，尽早实施整治。三峡工程建成后，要加强监测，密切注视护岸工程的稳定，对护岸工程薄弱的地段适时进行加固。

城陵矶以下河段河床冲刷强度大为减弱，由此引起的河道崩岸及对护岸工程的影响相对较小，但仍需及早实施河势控制工程，三峡工程建成后则应进行监测，及时加固护岸工程。

11.4.4 三峡水库下游河床冲刷对荆江与洞庭湖关系影响

三峡水库下游荆江右岸沿程有松滋口、太平口、藕池口和调弦口(已于 1959 年堵口建闸)分流入洞庭湖，洞庭湖又集湘、资、沅、澧“四水”于城陵矶汇入长江，形成复杂的江湖关系。受自然和人为因素影响，江湖关系在不断地调整变化，深入分析其变化规律，是研究三峡建坝后江湖关系调整变化趋势以及江、湖治理的基础。

三峡工程修建后，下游河道将发生冲刷，但其冲刷的机理与裁弯工程引起的冲刷不同，对河道的影响也有所差别。下荆江裁弯工程并未改变上游来水来沙条件，裁弯段上游河段的冲刷是裁弯后流程缩短、水面比降增大而引起的；其冲刷自下游往上游发展，冲刷强度也是自下往上减弱，影响范围相对较短，限于枝城以下河段，而且影响的时间也相对较短，至 20 世纪 70 年代末、80 年代初这种影响已趋消失；随着河床冲刷，洪、枯水位均有一定降低。三峡工程修建后，下游河床冲刷则是由枢纽下泄水流含沙量减小和泥沙粒径变细而引起的，是含沙量沿程恢复过程的反映；冲刷自上游往下游发展，其冲刷强度也自上往下减弱，但影响范围和时间均很长，可波及坝下游 1000 多千米的河段，需经过近 100 年的时间才能达到新的相对平衡。由于河床发生沿程冲刷，干流河道沿程同流量的水位亦将有不同程度的降低，但洪水位不至于发生大的变化。

随着干流河道冲刷和水位降低，干流同流量下三口分流量必将减少。松滋口至藕池口河段床沙组成的差别，三峡工程修建后，河床冲刷幅度上段小、下段大，水位降低值亦以下段为大，因而三口分流量减少将以藕池口最大，松滋口最小。此外，由于三峡枢纽下泄水流的含沙量较小，三口分流道可能发生一定的冲刷，同一口门水位的分流比相应增大。分流遭冲刷与许多因素有关。据估计，三峡建坝会使三口分流分沙量较自然情况下明显减少，同时让城陵矶水位有一定程度降低，从而将既扩大荆江的泄洪能力，又减少进入洞庭湖的沙量，湖区泥沙淤积也将大为减少，同时还会增大湖区的出流排沙能力，洞庭湖容积缩小的速率也将大为减缓。

荆江三口分流减少后，荆江流量增大，对洞庭湖出流顶托作用增强。但在上游来量相同时，洞庭湖出流减少，而且由于三峡建坝后，城陵矶以下河道水位有一定降低，这更有利于洞庭湖出流。

综上所述，三峡工程修建后，荆江河床冲刷，水位降低，泄量不断扩大；三口分流分沙量将明显减少，洞庭湖泥沙淤积量亦将有较大幅度减少；城陵矶水位降低，湖区出流排沙能力增强，洞庭湖容积缩小的速度大为减缓。江湖关系的这种调整对江、湖防洪均有利。

11.4.5　三峡工程对长江口的影响

11.4.5.1　三峡水库运用对长江口水沙条件的影响

长江下游为江西省鄱阳湖湖口以下江段，湖口至江苏省徐六泾全长 755km，徐六泾以下为长江口。湖口至安徽省大通全长 228km，大通至江苏省江阴江段全长 431km，受潮水影响，其中江阴至徐六泾全长约 96km，长江水沙受涨落潮影响较大。长江口上游起点徐六泾，下迄河口外 50 号灯标，全长约 181.8km（图 11.4.7）。

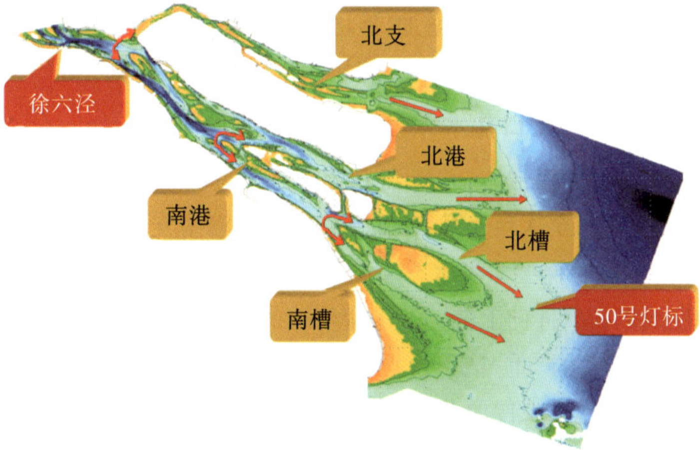

图 11.4.7　长江口平面图

三峡工程对长江口径流的影响不大，仅在汛末蓄水期和枯季库水位消落期略有变化，其他时段保持建坝前的状态，全年入海总水量不变。以三峡工程设计采用的枯、平、丰水典型年为依据，按水库调节增减量直接作为对大通站流量影响值。建库后9月、10月三峡水库蓄水期大通站流量较建库前减小，对长江口径流有一定影响，尤其是枯水年，影响明显。1—3月流量增加，其中以枯、平水年增加较大。三峡水库蓄水前长江口河段南支表现为冲刷，北支则为淤积。1984—2001年南支＋北支河段0m以下河槽淤积1.43亿m^3，年均淤积量为0.084亿m^3。水库蓄水后2001年8月至2019年11月南支＋北支河段0m以下河槽冲刷1.33亿m^3（含河道采砂影响），年均冲刷量为0.074亿m^3，南支、北支河段冲淤趋势尚未发生变化。三峡工程运用初期，排沙比可达30%左右，且泥沙粒径变细。随着水库运用年限的增加，排沙比增大，泥沙组成也逐渐恢复。另外，水库运用后，下游河道发生沿程冲刷，数学模型计算成果表明，三峡水库修建后，大通站输沙量有所减少，但减少量不大，尤其是细沙量恢复较快。三峡工程修建后，长江口地区由潮流带来的泥沙没有变化。

据统计，大通站以下干流区间入江流量占大通站流量的3%左右，大通水文站的流量、泥沙特征基本代表长江下游来水、来沙特征。从年内分配来看，大通站来水来沙集中在汛期，沙峰略滞后于洪峰。从年际变化看，进入20世纪90年代中后期，长江连续出现几次大水，大通站1995年洪峰流量为74500m^3/s，1996年洪峰流量出现75000m^3/s，1998年、1999年洪峰流量分别为81700m^3/s、84500m^3/s。但三峡水库蓄水后长江上游来水来沙出现小水少沙年，大通站2006年后平均径流量和输沙量与三峡水库蓄水前多年均值相比，分别减小9.8%和64.0%。2011年大通站年输沙量仅为0.718亿t，年平均流量为21200m^3/s，是20世纪50年代以来最小的一年。

三峡水库自2003年6月蓄水运行以来，大通站流量过程平坦化，削峰作用明显；中水流量出现频率大大增加，枯水及高水频率减小；同流量下枯水位下降明显；年内汛期输沙率减小幅度明显大于水量的减小。从年内分配水量来看，三峡水库蓄水前1—7月月均流量递增，7月达到最大，7月以后不断递减；1—7月沙量总体呈增加趋势，尤其是6—7月增幅最为明显，蓄水后1—7月各月沙量也不断增加，但增幅有所减小。由此可见，三峡水库蓄水后沙量的大幅减少主要发生在汛期5—10月，尤其是主汛期。

11.4.5.2 三峡工程对长江口盐水入侵的影响

长江口地区海水高盐随潮侵入，并受到上游下泄径流淡水的稀释作用。长江口咸潮入侵一般发生在枯水季11月至次年4月，存在北支咸潮倒灌南支现象。在枯季大潮季节，盐、淡水混合较强烈，属于强混合型。洪水季节遇特别小的潮流时，盐、淡水混合接近成层型。一般情况下等盐度线以楔状伸向上游，5‰等盐度线的坡降约为1‰，盐、淡水混合属弱混合型。长江口盐水入侵已较为严重，枯季盐水一般上溯到吴淞口和浏河口一带。北支近百年来径流分流量逐年减少，盐水入侵加重，在径流量小和潮差大时还有盐水向南支倒灌。南支盐水入侵虽不如北支严重，但也带来了严重影响。从多年情况看，上游径流量与长江口引水船站的盐度有良好的关系（表11.4.1）。其他测站的盐度与大通站流量也有类似的相关关系。

表 11.4.1　长江大通站月平均流量与引水船站月平均盐度对照

月份	1	2	3	4	5	6	7	8	9	10	11	12
流量(m^3/s)	8300	11200	15100	23500	34800	40900	49300	45600	38800	35500	24600	18300
盐度(‰)	20.65	20.90	18.72	15.73	10.77	9.86	8.85	10.45	9.44	9.36	13.66	18.51

三峡水库修建后对长江口盐水入侵的影响主要表现在入侵长度和强度两个方面。由表 11.4.1 可知，三峡水库运用后，汛末 10 月，大通站月平均流量在平、丰水年份仍达 33000m^3/s 以上，吴淞站的月平均氯度尚未达到 100ppm，对长江口盐水入侵影响不大。当大通站流量为 29000～17000m^3/s 时，若下泄流量减小 2000～9000m^3/s，则在南支南港小潮近底层 0.5‰与 5‰等盐线相对增加的上溯距离分别为 2～20km 和 1～13km。1—4 月若大通站流量增加 1000～2500m^3/s，盐水入侵的影响为：当大通站流量小于 15000m^3/s 时，0.5‰和 5‰等盐线分别下移 1～7km 和 1～5km；当流量大于 15000m^3/s 时，遏制盐水上溯作用不明显。

根据引水船站月平均盐度与大通站流量的关系估算，三峡建坝后，枯水典型年大通站 10 月较建坝前减小流量 5450m^3/s，则引水船站相应增加的盐度值为 2.47‰，枯水月份大通站流量由 8000m^3/s 增加到 10000m^3/s，引水船站盐度降低约 1.28‰。

吴淞站枯水年氯度变化分析计算表明，9 月、10 月蓄水，枯水流量提前出现，枯水历时有所加长，总的受咸天数有所增加，但增加后的氯度并不是吴淞站的最大值，未超过上海市对水质含氯度的要求值。枯水期 1—4 月流量增加，在枯水年，吴淞口氯度明显降低，在平水年也有所降低，这对缓解水质盐度污染有利。总之，三峡工程对长江口盐水入侵的影响有利有弊，利略大于弊。枯水期下泄流量增加，长江口水体的氯化物峰值将有所削减，连续取不到合格水的时间减少；在枯水年份的 9 月、10 月下泄流量减小，盐水入侵时间提前，历时加长，总的受咸天数有所增加。

11.4.5.3　三峡工程对长江口河槽稳定和航道的影响

长江口在复杂的动力作用下，滩槽冲淤多变，主槽摆动不定，其中对口外拦门沙航道的维护和保持南支主槽稳定是长江口治理中的两个主要问题。

(1)三峡建坝对拦门沙航道冲淤的影响

长江口拦门沙是盐、淡水交汇部位，即滞流点附近底沙停滞不前，是悬移质易于汇集的区域。其中，汛期悬移质落淤是拦门沙形成的主要原因之一。滞流点的位置随径流和潮流的相对强弱在一定范围内移动，一般上游径流量越大，滞流点下移，反之则上提。而拦门沙的位置，如南槽铜沙、北槽拦门沙滩顶等部位却基本稳定。拦门沙淤积除与潮流和径流有关外，还与上游来沙量及水温等因素有关。长江汛期来沙量约比枯季大 10 倍，且水温高，悬移质絮凝沉降强度大，故在汛期滞流区附近铜沙浅滩发生严重淤积，尤以小潮为甚。而枯季滞流点可上溯至小九段附近，但上游来沙少，水温低，淤积并不严重，铜沙浅滩反而受到冲刷。因此，长江口拦门沙年内变化一般是洪淤枯冲，变幅 0.2～0.9m，多年最大变幅为 1.88m。

三峡工程修建后，由于流量年内调节，洪枯季径流量的变幅减小，洪枯季滞流点移动的范围将比建坝前小，拦门沙纵向长度有所缩短。同时，三峡建坝后，在相当长的时间内，上游进入长江口的泥沙减少，拦门沙地区的淤积将有所减轻，至少不会较建坝前严重，因此，有利于拦门沙航道的维护。

（2）三峡建坝对河槽稳定的影响

长江口南支自徐六泾至吴淞长约 65km，河道急剧放宽，暗沙罗列，变化频繁，尤其是南北港分流口的上下移动更使河槽变化剧烈。南支河段一般汛期冲淤变化大，各个沙体淤涨扩大主要发生在汛期。三峡建坝后，将对大洪水和特大洪水进行调节削峰，下泄流量减小；水库拦沙下泄沙量减少，均是稳定南支河槽的有利因素。

长江口北支水沙倒灌南支，使北支上口形成舌状堆积体伸入白茆沙北水道中，影响该段河槽的稳定。北支水沙倒灌主要发生在枯水大潮期。三峡建坝后，在丰水年和平水年，尽管10 月平均流量减小，但大通站流量仍在 $33000m^3/s$ 以上，对北支倒灌南支影响不大；枯水年份，若遇到 2.5m 以上的潮差，10 月流量减小，可能增加北支倒灌南支的次数。1—5 月枯水季节，建库后流量有所增加，可减轻北支倒灌南支的状况。

11.4.5.4 三峡工程对长江口岸滩的影响

上海市现有岸线 450km，其中侵蚀岸线占 48.44%，已有海塘工程保护，坍势得到基本控制；淤积岸线占 37.94%，主要分布在崇明岛东部和东北部、南汇东滩、长兴岛北岸和杭州湾北岸奉贤边滩；稳定岸线占 13.62%。南汇东滩、杭州湾北部岸滩、崇明东滩等岸滩淤积的泥沙主要由长江补给。三峡工程修建后，上游来沙量的减少及水量年内分配的调整，会使长江口和三角洲岸滩的侵蚀、堆积作用发生相应的变化，淤积岸滩的淤涨速率将减缓，某些冲刷岸段的冲刷作用会加强，将减缓长江口地区特别是上海市的围海造地的速度。

河海大学分析认为，河口口内和口外的冲淤变化是由不同原因造成的，口内如北支的海门、启东的岸滩、崇明岛南部、长兴岛、横沙南部等地区，岸滩受侵蚀是主流摆动所致。口外浅滩如南汇边滩、九段沙、铜沙浅滩的变化往往受上游来沙直接影响，而深槽摆动，对浅滩总体进退影响不大。考虑到南汇边滩直接影响上海市的围垦造地和堤身安全，以及南汇边滩的资料较齐全，故以南汇边滩作代表，探讨上游来沙对河口岸滩的影响。

根据 1963—1985 年共 11 测次长江口全测地形图，在 0m 等深线至 7m 等深线约 25km 的范围内，按北纬 31°和 31°05′两剖面，统计各年间的平均水深，点绘边滩冲淤厚度与相应上游大通站来沙量的关系（图 11.4.8），说明当上游来沙量小于一定值后，来沙越少，冲刷厚度越大；当上游来沙量大于一定值后，来沙越多，淤积厚度越大。当长江主流走北港时，南汇边滩保持不冲不淤所需的上游年来沙量为 4.78 亿 t；长江主流走南港时，南汇边滩保持不冲不淤所需的上游年来沙量为 3.95 亿 t。从较长时间看，可假定主流走南港和北港的时间相等，取年来沙量均值 4.36 亿 t 判断南汇边滩出现冲淤变化，即小于此值，出现冲刷；大于此值，出现淤积。以此来判断三峡工程建成后对南汇边滩的影响。

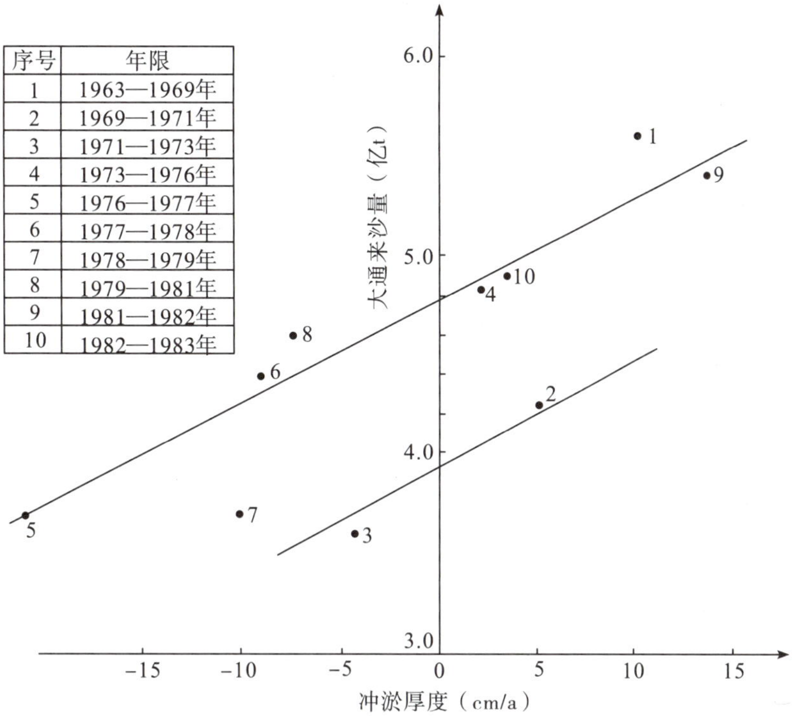

序号	年限
1	1963—1969年
2	1969—1971年
3	1971—1973年
4	1973—1976年
5	1976—1977年
6	1977—1978年
7	1978—1979年
8	1979—1981年
9	1981—1982年
10	1982—1983年

图 11.4.8　南汇边滩冲淤与大通来沙量关系

若按大通站年来沙 4.71 亿 t 与边滩冲淤平衡年来沙 4.36 亿 t 之差值所造成边滩延伸每 40 年 1km 的速率，以线性比例估算来沙减少后的边滩蚀退量，则按正常蓄水位 175m 蓄水方案，大通站来沙 3.85 亿 t，0m 线年蚀退 86.4m，40 年后退 1457m。南汇边滩 0m 线距堤脚 2.5～4.0km，估计不会危及堤身安全。

11.4.6　三峡大坝下游河道冲刷观测资料分析

11.4.6.1　坝下游河道宜昌至湖口河段冲淤变化

三峡水库蓄水前，坝下游宜昌、汉口、大通站多年平均径流量分别为 4369 亿 m^3、7111 亿 m^3、9052 亿 m^3，输沙量分别为 4.92 亿 t、3.98 亿 t、4.27 亿 t。三峡水库蓄水后，2003—2019 年长江中下游各站除监利站水量与蓄水前基本持平外，其他各站水量偏枯 5%～9%；输沙量沿程减小幅度则在 89%～64%，且减幅沿程递减。三峡工程投入运行后，改变了长江中下游的水沙条件，水库下泄水流挟沙能力处于不饱和状态，致使大坝下游河道（图 11.4.9）产生长时间、长距离的冲淤变化。三峡水库投入运行以来，至 2019 年 10 月，宜昌至枝城河段冲刷 1.67 亿 m^3，枝城至城陵矶（荆江河段）冲刷 11.92 亿 m^3，城陵矶至汉口河段冲刷 5.03 亿 m^3，汉口至湖口河段冲刷 6.97 亿 m^3。2008 年 9 月 175m 水位试验性蓄水运行至 2019 年 11 月，宜昌至枝城河段冲刷 0.63 亿 m^3，枝城至城陵矶河段冲刷 8.28 亿 m^3，城陵矶至汉口河段冲刷 4.46 亿 m^3，汉口至湖口河段冲刷 5.98 亿 m^3，见表 11.4.2。宜昌至城陵矶河段河床各年均为冲刷，城陵矶至汉口河段和汉口至湖口河段各年冲淤交替，但总体为冲刷。

图 11.4.9 三峡大坝下游长江干流与洞庭湖及鄱阳湖位置

表 11.4.2 三峡建坝前后宜昌至湖口河段平滩河槽冲淤变化情况

项目	时段（年-月）	宜昌—枝城（60.8km）	枝城—藕池口（171.7km）	藕池口—城陵矶（175.5km）	城陵矶—汉口（251km）	汉口—湖口（295.4km）	宜昌—湖口（954.4km）
总冲淤量（万 m^3）	1975—1996	−13498	−23770	3410	27380	24408	17930
	1996—1998	3448	−2558	3303	−9960	25632	19865
	1998—2002	−4350	−8352	−1837	−6694	−33433	−54666
	2002-10 至 2006-10	−8138	−11683	−21147	−5990	−14679	−61637
	2006-10 至 2008-10	−2230	−4247	678	197	4693	−909
	2002-10 至 2012-10	−14512	−33106	−29012	−12556	−27900	−117086
	2008-10 至 2019-10	−6273	−53664	−29101	−44555	−59759	−193352
	2002-10 至 2019-10	−16641	−69594	−49570	−50348	−69745	−255898
年冲淤量（万 m^3）	1975—1996	−643	−1132	162	1304	1162	853
	1996—1998	1724	−1279	1652	−4980	12816	9933
	1998—2002	−1088	−2088	−459	−2231	−11144	−17010
	2002-10 至 2006-10	−2035	−2921	−5287	−1198	−2936	−14377
	2006-10 至 2008-10	−1115	−2124	339	99	2347	−454
	2002-10 至 2012-10	−1451	−3311	−2901	−1141	−2536	−11340
	2008-10 至 2019-10	−570	−4879	−2646	−4050	−5433	−17578
	2002-10 至 2019-10	−979	−4094	−2916	−2797	−3875	−14661

续表

项目	时段（年-月）	宜昌—枝城（60.8km）	枝城—藕池口（171.7km）	藕池口—城陵矶（175.5km）	城陵矶—汉口（251km）	汉口—湖口（295.4km）	宜昌—湖口（954.4km）
年冲淤强度（万 m^3/km）	1975—1996	−10.6	−6.6	0.9	5.2	3.9	0.9
	1996—1998	28.4	−7.4	9.4	−19.8	43.4	10.4
	1998—2002	−17.9	−12.2	−2.6	−8.9	−37.7	−17.8
	2002-10 至 2006-10	−33.5	−17	−30.1	−4.8	−9.9	−15.1
	2006-10 至 2008-10	−18.3	−12.4	1.9	0.4	7.9	−0.5
	2002-10 至 2012-10	−23.9	−19.3	−16.5	−4.5	−8.6	−11.9
	2008-10 至 2019-10	−9.4	−28.4	−15.1	−16.1	−18.4	−18.4
	2002-10 至 2019-10	−16.1	−23.8	−16.6	−11.1	−13.1	−15.4

注：①表中“＋”为淤积，“－”为冲刷；②平滩河槽是相应宜昌站流量 30000m^3/s、汉口站 35000m^3/s 的水面线以下的河槽；③城陵矶至湖口河段无 2002 年地形资料，采用 2001 年资料统计；④冲淤量由地形资料计算得出，未扣除采砂量。

三峡水库初期蓄水运用前后长江中游宜昌至湖口河段的冲淤变化资料分析表明，该河段冲淤具有以下特点。

（1）1998 年以来河床由淤转冲，2003 年 6 月三峡水库 135m 水位蓄水运用后大坝下游河段冲刷加剧，冲刷集中在宜昌至城陵矶河段

三峡建坝前的 1975—1996 年，宜昌至湖口河段平滩河槽冲淤基本平衡，平均年淤积强度仅为 0.9 万 m^3/km；1996—1998 年，受 1998 年大洪水的影响，全河段年淤积强度增加至 10.4 万 m^3/km。1998—2002 年，宜昌至湖口河段处于冲刷状态，全河段年冲刷强度达 17.8 万 m^3/km（表 11.4.2）。

2002 年 10 月至 2019 年 10 月宜昌至湖口河段（城陵矶至湖口河段为 2001 年 10 月至 2019 年 10 月）平滩河槽冲刷总量为 25.59 亿 m^3，年均冲刷量为 1.47 亿 m^3，年冲刷强度为 15.4 万 m^3/km；2001 年 10 月至 2019 年 10 月，湖口至徐六泾河段累计冲刷量为 19.31 亿 m^3，年均冲刷量为 1.07 亿 m^3。2008 年汛末，三峡水库开始实施 175m 试验性蓄水运行，2008 年 10 月至 2019 年 10 月宜昌至湖口冲刷总量为 19.34 亿 m^3，年冲刷强度为 18.4 万 m^3/km，说明试验性蓄水运行 10 年来，大坝下游河道冲刷加重。2003 年 6 月初期蓄水运用至 2012 年 10 月，宜昌至城陵矶各河段年冲刷强度为 1998 年 10 月至 2002 年 10 月年冲刷强度的 1.3～6.4 倍，而城陵矶至湖口各河段年冲刷强度则较 1998 年 10 月至 2002 年 10 月明显减小。这说明三峡水库初期蓄水运用的 10 年中，坝下游河道冲刷集中在宜昌至城陵矶河段，城陵矶至湖口河段冲刷强度较蓄水前反而减弱。2008 年 10 月至 2019 年 10 月，宜昌至城陵矶河段冲刷强度趋缓，城陵矶至湖口河段冲刷强度增大。

表 11.4.2 中所列三峡建坝后各河段的冲刷量，是根据实测断面地形资料计算得出的，

未扣除同期河道砂石开采量。20 世纪 80 年代以来，随着长江两岸经济建设事业的发展，对河道砂石料的需求和开采数量巨大。为保证长江中下游防洪安全和保持河势稳定，国务院 2001 年 10 月 25 日颁布并于 2002 年 1 月 1 日开始实施《长江河道采砂管理条例》。长江委和沿江各省根据水利部 2003 年批准的《长江中下游干流河道采砂规划报告》加强采砂管理，长江中下游干流河道采砂总体处于可控状态。据不完全统计，2002—2009 年宜昌至湖口河段经长江委和沿江各级水行政主管部门许可的采砂总量为 3220 万 m^3。宜昌至城陵矶河段为禁采区，但据长江委水文局长江三峡水文水资源勘测局实地调查结果，2003—2009 年宜昌至沙市河段建筑骨料开采量为 7137.5 万 t，以干密度 1.5t/m^3 计，折合为 4758 万 m^3。据长江水利委员会水文局河道观测资料，宜昌至湖口河段 2002 年 10 月至 2009 年 10 月平滩河槽冲刷量为 88021 万 m^3（包括砂石开采量在内）。此外，沙市以下至湖口河段还有非法采砂，估计 2002—2009 年宜昌至湖口河段砂石开采量约占平滩河槽冲刷量（含开采量）的 10%。

（2）冲刷强度沿程分布总体上为自上游向下游减小

2002 年 10 月至 2012 年 10 月平均年冲刷强度：宜昌至枝城河段为 23.9 万 m^3/km，枝城至藕池口河段（上荆江）为 19.3 万 m^3/km，藕池口至城陵矶（下荆江）为 16.5 万 m^3/km，城陵矶至武汉河段为 4.5 万 m^3/km，武汉至湖口河段为 8.6 万 m^3/km。

2002 年 10 月至 2019 年 10 月平均年冲刷强度：宜昌至枝城河段为 16.1 万 m^3/km，枝城至藕池口河段为 23.8 万 m^3/km，藕池口至城陵矶为 16.6 万 m^3/km，城陵矶至汉口河段为 11.1 万 m^3/km，汉口至湖口河段为 13.1 万 m^3/km，宜昌至湖口河段为 15.4 万 m^3/km。

三峡水库 2003 年初期蓄水运用以来，宜昌至城陵矶河段河床各年均为冲刷，城陵矶至汉口河段和汉口至湖口河段各年冲淤交替，但总体为冲刷。汉口至湖口河段 2002—2012 年单位长度的冲刷量为城陵矶至汉口河段同期值的 1.91 倍，2002—2019 年单位长度的冲刷量为城陵矶至汉口河段同期值的 1.18 倍，2008—2019 年单位长度的冲刷量为城陵矶至汉口河段同期值的 1.14 倍，两河段河床组成差别不大，是否与实施河道整治工程及砂石开采等因素有关，尚需进一步分析。

（3）冲刷沿时程变化表现为三峡水库初期蓄水运用后的前 3 年（2003—2005 年）最为剧烈，以后有所减弱

宜昌至城陵矶河段前 3 年平滩河槽冲刷量占该河段 10 年冲刷总量的 50%，其中宜昌至枝城河段为 59.1%，枝城至藕池口河段为 37.3%，藕池口至城陵矶河段为 27%。宜昌至枝城河段深泓线与根据地质钻探资料绘制的基岩高程线比较，说明红花套以上河段冲刷已达基岩顶面，继续冲深的余地不大（图 11.4.10）。

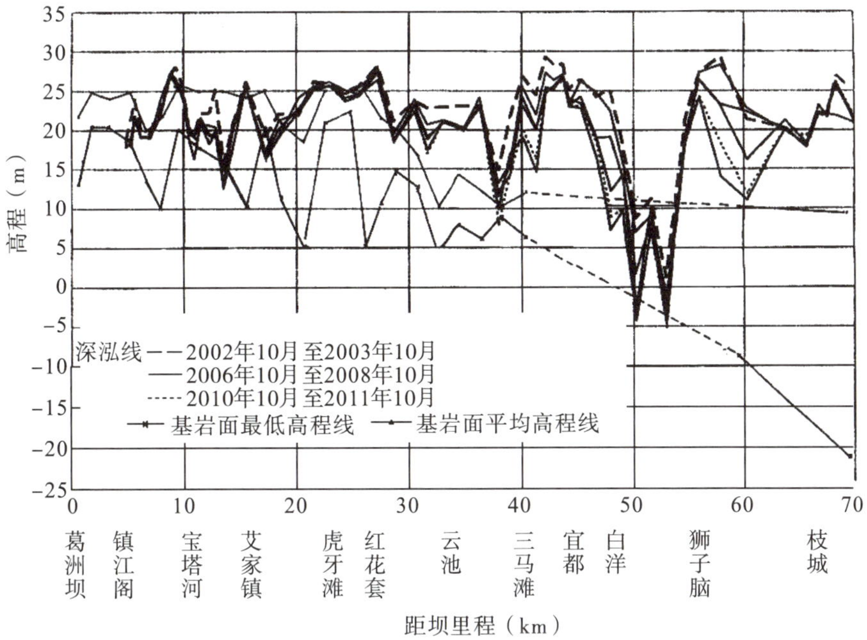

图11.4.10　宜昌至枝城河段深泓线与基岩顶面高程比较

(4)冲刷的横断面分布为滩槽均冲，以枯水河槽冲刷为主。

2002—2012年宜昌至城陵矶河段枯水河槽冲刷量占平滩河槽冲刷量的87.3%。2002年10月至2019年10月，宜昌至湖口河段平滩河槽冲刷总量为25.59亿m^3，从断面冲淤变化看，滩槽均冲，集中在枯水河槽，占平滩河槽冲刷量的91%。枯水河槽冲刷为主的原因为：①三峡水库初期蓄水运用后，坝下游宜昌站的水流含沙量全年汛、中、枯水期均明显减小，全年出现河床持续冲刷现象；②2003—2012年均为中、枯水年，汛期水库调蓄洪水，高水位历时较短，导致中枯水河槽冲刷量相对较大。

(5)河床深泓纵剖面以冲刷下切为主

2002年10月至2012年10月，宜昌至枝城河段和枝城至城陵矶河段深泓纵剖面平均冲刷深度分别为3.8m和1.6m，最大冲刷深度分别为19.6m和13.6m。2001年10月至2012年10月，城陵矶至汉口河段深泓纵剖面平均冲刷深度为0.65m，最大冲刷深度为10.7m；汉口至九江河段深泓纵剖面有冲有淤。

(6)坝下游河道冲刷过程中，枯水期同流量水位有所下降

宜昌站2012年枯水期相应流量5500m^3/s的水位较蓄水前2002年累计下降0.46m，较1973年水位流量关系线累计下降1.76m。

11.4.6.2　坝下游荆江三口分流分沙

荆江河段右岸四口包括松滋口、太平口、藕池口和调弦口分流入洞庭湖（调弦口已于1959年堵口修建排灌闸，遇大洪水时堵口扒口分洪），现称为“荆江三口”。洞庭湖有湘、资、

沅、澧“四水”4 条较大支流入汇，周边还有汨罗江、新墙河等中小河流直接入湖，四口和四水等支流来水来沙经洞庭湖调蓄后，由城陵矶汇入长江。20 世纪 50 年代以来，受荆江上游来水来沙变化、荆江河床冲淤变化、分流口门附近干流河势变化、三口分流道淤积、洞庭湖区淤积等因素的影响，三口分流分沙状态处在调整过程中，主要表现在以下方面。

1)三峡水库蓄水运用前的 50 多年中，荆江三口分流分沙能力总体上呈衰减趋势，1999—2002 年三口年分流比和年分沙比由 1956—1966 年的 29%、35%减小至 14%、16%；三峡水库蓄水运用后三口分流能力仍继续衰减，2003—2019 年三口年分流比由 1999—2002 年的 14%减小至 11%，分沙比则变化不大(图 11.4.11、图 11.4.12)。

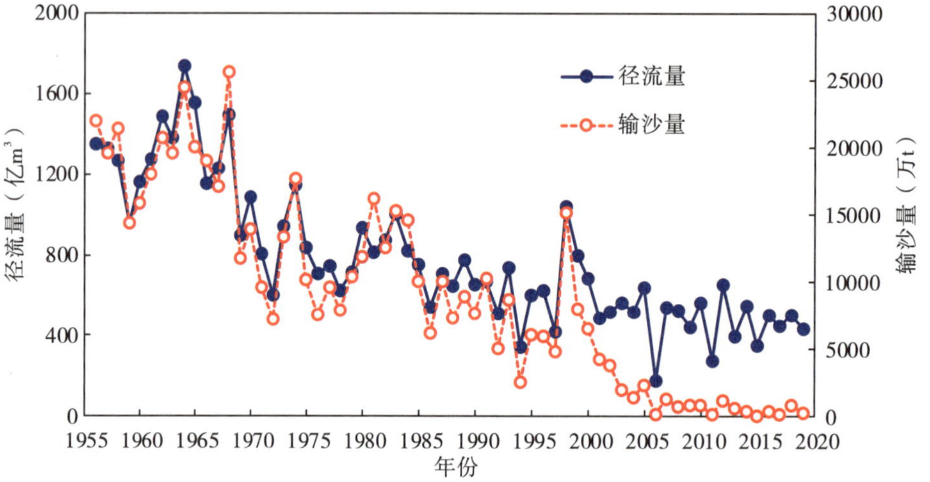

图 11.4.11　1956—2019 年荆江三口分流分沙量变化过程

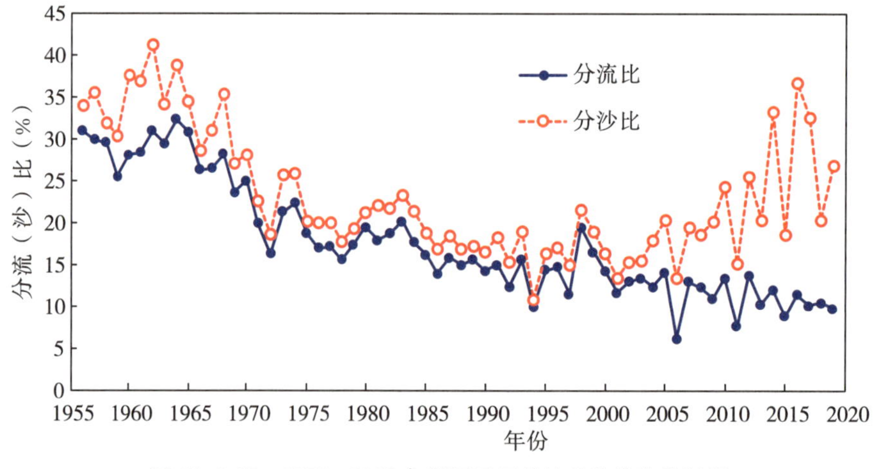

图 11.4.12　1956—2019 年荆江三口分流分沙比变化过程

2)三口分流量和分流比大小与枝城径流量的大小密切相关，年径流量大的年份年分流比也较大(如 1998 年为大水年，分流比达 19.3%)，年径流量小的年份，年分流比则较小(如 2006 年为枯水年，分流比为 6.2%)。汛期分流比较大，枯水期则较小。

3)各口门年分流比随时程衰减过程中，以藕池口减幅最大，1956—1966 年、1999—2002 年的分流比分别为 14.1%、3.5%，三峡水库初期蓄水运用后 2003—2019 年为 2.5%。20 世纪 70 年代以前藕池口分流量在三口中占第一位，之后退居第二位，松滋口转居首位。

4)同流量级条件下三口分流比均沿时程逐步减小，其中松滋口分流比减小幅度相对较小，藕池口减小幅度最大(表 11.4.3)。松滋口分流比变化主要出现在下荆江系统裁弯以后，葛洲坝水利枢纽建成后，除高洪流量的分流比有所减小外，其他各级流量的分流比相对稳定。太平口分流比一直处于减小过程中，葛洲坝水利枢纽建成后，其分流比减小速度趋缓。

三峡水库初期蓄水运用后的 2003—2012 年，与 1981—2002 年相比，枝城站流量小于 50000m^3/s 时，三口分流比变化不大。

表 11.4.3　　不同流量级荆江三口分流统计

枝城流量级(m^3/s)	时段(年)	松滋口		太平口		藕池口		三口分流量(m^3/s)	三口分流比(%)
		分流量(m^3/s)	分流比(%)	分流量(m^3/s)	分流比(%)	分流量(m^3/s)	分流比(%)		
70000	1956—1966	9750	13.9	3000	4.3	14400	20.6	27150	38.8
	1967—1972								
	1973—1980								
	1981—2002	9300	13.3	3120	4.5	6400	9.1	18820	26.9
	2003—2012	—	—	—	—	—	—	—	—
	2008—2019	—	—	—	—	—	—	—	—
60000	1956—1966	8720	14.5	2950	4.9	13600	22.7	25270	42.1
	1967—1972	9600	16.0	3050	5.1	11200	18.7	23850	39.8
	1973—1980	8430	14.1	2660	4.4	8000	13.3	19090	31.8
	1981—2002	7720	12.9	2450	4.1	4900	8.2	15070	25.2
	2003—2012	—	—	—	—	—	—	—	—
	2008—2019	—	—	—	—	—	—	—	—
50000	1956—1966	7350	14.7	2570	5.1	12000	24.0	21920	43.8
	1967—1972	7300	14.6	2440	4.9	8900	17.8	18640	37.3
	1973—1980	6730	13.5	2250	4.5	6400	12.8	15380	30.8
	1981—2002	5800	11.6	1910	3.8	3660	7.3	11370	22.7
	2003—2012	5040	10.1	1810	3.6	2302	4.6	9152	18.3
	2008—2019	—	—	—	—	—	—	—	—

续表

枝城流量级(m³/s)	时段(年)	松滋口		太平口		藕池口		三口分流量(m³/s)	三口分流比(%)
		分流量(m³/s)	分流比(%)	分流量(m³/s)	分流比(%)	分流量(m³/s)	分流比(%)		
40000	1956—1966	5510	13.8	2040	5.1	9340	23.4	16890	42.3
	1967—1972	5500	13.8	1960	4.9	6720	16.8	14180	35.5
	1973—1980	5200	13.0	1880	4.7	5150	12.9	12230	30.6
	1981—2002	4580	11.5	1520	3.8	2500	6.3	8600	21.6
	2003—2012	4816	12.0	1545	3.9	2229	5.6	8590	21.5
	2008—2019	5111	12.8	1457	3.6	2168	5.4	8736	21.8
30000	1956—1966	4100	13.7	1750	5.8	6600	22.0	12450	41.5
	1967—1972	4100	13.7	1570	5.2	4620	15.4	10290	34.3
	1973—1980	4100	13.7	1570	5.2	4150	13.8	9820	32.7
	1981—2002	3160	10.5	1140	3.8	1470	4.9	5770	19.2
	2003—2012	3461	11.5	1174	3.9	1472	4.9	6107	20.3
	2008—2019	3584	11.9	991	3.3	1450	4.8	6025	20.0

5)近数十年来,由于三口分流比逐渐减小,除松滋口新江口站历年均未发生断流现象外,松滋口沙道观站、太平口弥陀寺站、藕池口的管家铺站和康家岗站连续多年发生断流,且年断流天数有所增加,各站发生断流时枝城相应流量也有所增加(表 11.4.4、图 11.4.13)。其中藕池口康家岗站年断流天数最长,1956—1966 年平均为 213 天,1999—2002 年为 235 天,三峡工程初期蓄水运用后的 2003—2019 年为 273 天,2011 年断流天数为 320 天;2012 年因上游来水偏丰,断流天数减小为 243 天。

表 11.4.4　　不同时段荆江河段右岸三口控制站年断流天数统计

时段(年)	各站分时段多年平均年断流天数(天)				各站断流时枝城相应流量(m³/s)			
	沙道观	弥陀寺	管家铺	康家岗	沙道观	弥陀寺	管家铺	康家岗
1956—1966	0	35	17	213		4290	3930	13100
1967—1972	0	3	80	241		3470	4960	16000
1973—1980	71	70	145	258	5330	5180	8050	18900
1981—1998	167	152	161	251	8590	7680	8290	17600
1999—2002	189	170	192	235	10300	7650	10300	16500
2003—2019	186	137	180	273	9818	7305	9236	15924

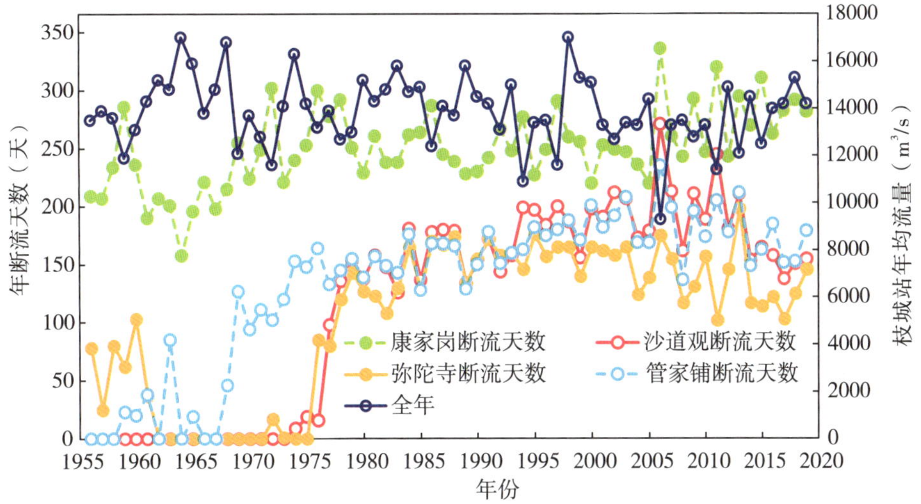

图 11.4.13　荆江三口各控制站年断流天数历年变化情况

11.4.6.3　荆江河段河型和河势变化

三峡水库蓄水运用以来，长江中游荆江河段河型维持不变，河势总体稳定，部分河段河势有不同程度的调整，就河势发生调整的范围和调整幅度而言，下荆江较上荆江更为剧烈。河势变化过程中部分河段发生新的崩岸，荆江大堤和沿江的长江干堤护岸险工段基本稳定，未发生重大崩岸险情；发生崩岸的险工段经过抢护和加固，险情得以控制。

三峡水库蓄水运用以来，上荆江河势总体稳定，部分河段有不同程度的调整。其中，公安河段 2006 年以来突起洲汊道右汊出口至公安县城之间的深泓线左移；突起洲右缘下段和左岸西流堤一带岸线发生崩坍（图 11.4.14），2011 年 2 月西流堤险段崩岸长度为 300m，已实施应急护岸工程。关于荆江大堤护岸工程，三峡水库蓄水运用以来深泓线平均冲深 2m，最大冲深 10m，虽未进行护岸工程加固，但尚未发生重大崩岸险情。有关部门已持续多年对护岸险工段近岸河床变化进行监测，以便及时实施护岸加固工程。

三峡水库蓄水运用以来，下荆江河势总体稳定，部分河段河势调整剧烈。

1）调关、荆江门、七弓岭和观音洲等弯道发生不同程度的撇弯切滩，弯道上半段深泓线偏靠凸岸，凸岸崩坍，凹岸淤积，其中以七弓岭弯道和调关弯道最为典型（图 11.4.15、图 11.4.16）。

2）七弓岭弯道自 2006 年以来八姓洲狭颈西侧主流贴岸，岸线崩坍，狭颈日益缩窄，最窄处已不足 400m，若遇大水年，汛期发生自然裁弯的可能性极大。预计八姓洲狭颈一旦被水流冲穿，将带来类似下荆江历次自然裁弯后下游河势急剧变化的严重后果，下游河势将急剧变化，对防洪、航运和江湖汇流段的河势稳定均极为不利。目前，除抓紧实施八姓洲狭颈西侧应急护岸工程外，应尽早实施熊家洲至城陵矶河段河势控制工程。

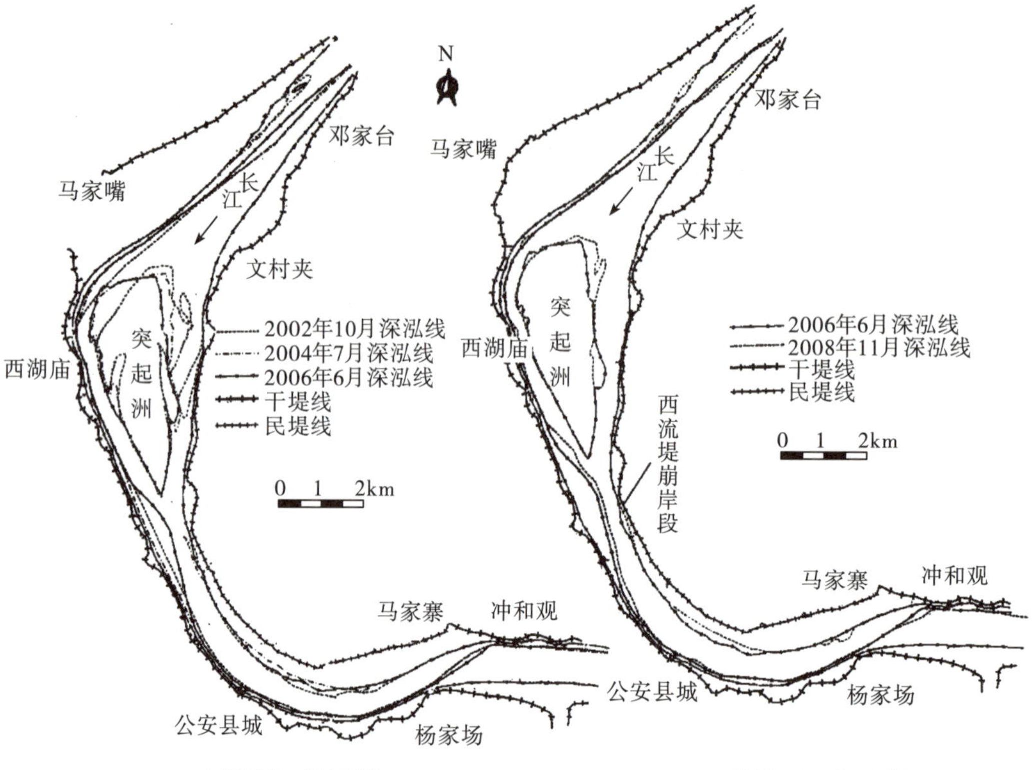

(a)2002—2006 年　　(b)2006—2008 年

图 11.4.14　上荆江公安河段近期河道变化情况

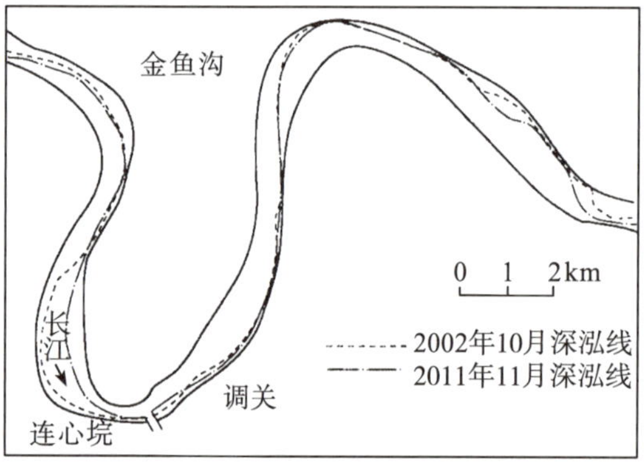

图 11.4.15　调关弯道深泓线变化情况

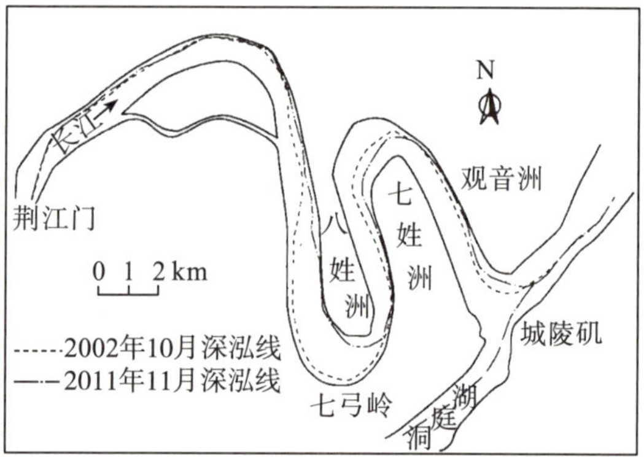

图 11.4.16　七弓岭弯道深泓线变化情况

11.4.6.4　坝下游河道演变实测资料与预测对比

三峡水库初期蓄水运用 10 年来，长江委水文局等单位对坝下游河道演变进行了系统观测和分析，现就已有观测分析成果与已往预测研究成果作以下对比分析。

(1)坝下游河道冲刷对比

三峡工程技术设计阶段，1996 年根据三峡工程泥沙专家组的安排，长江科学院和中国水利水电科学研究院利用各自建立的河道冲淤一维数学模型，在总结以往多次计算成果的基础上，均按 1981—1987 年长江宜昌至城陵矶河段冲刷实测成果，重新进行验证计算后，采用统一的计算条件，进行宜昌至大通河段冲淤计算。计算条件中起始地形为 1992 年 5 月至 1993 年 11 月实测地形，进口水沙条件为 1961—1970 年三峡水库泥沙淤积计算得出的出库水沙过程。鉴于数学模型计算采用的水沙系列年虽具有一定的代表性，但与 2003—2012 年的实测水沙过程有一定差别，因此采用坝下游冲刷实测与预测的年平均值进行比较（表 11.4.5）。

表 11.4.5　三峡水库蓄水前后坝下游河段年平均冲淤量比较　（单位：亿 m^3）

河段	实测值					预测值	
	蓄水前 1975—1995 年	蓄水前 1996—1997 年	蓄水前 1998—2002 年	蓄水后 2003—2012 年	蓄水后 2008—2019 年	长江科学院蓄水后前 10 年	中国水利水电科学研究院蓄水后前 10 年
宜昌至城陵矶	−0.161	+0.21	−0.363	−0.767	−0.810	−0.833	−0.940
城陵矶至武汉	0.130	−0.498	−0.223	−0.114	−0.405	−0.138	−0.177
武汉至九江	0.116	1.282	−1.114	−0.086	−0.481	0.102	0.238

注：中国水利水电科学研究院预测值为方案 1 计算成果，按干密度 1.35t/m^3 换算。

实测值与预测值比较结果表明：宜昌至城陵矶和城陵矶至汉口河段实测值与预测值比较接近；汉口至九江河段实测值为冲刷，预测值为淤积。两者存在差异的原因为：①坝下游冲刷计算的进口水沙条件，系采用 1961—1970 年按初步设计的水库调度方案进行水库淤积计算得出的水库下泄水沙数值，与实测水库上游来水来沙条件和水库调度运用情况有一定差异；②坝下游宜昌至九江河段实测冲刷量系按 2002 年 10 月至 2012 年 10 月两次实测地形图计算得出后未扣除河段内的采砂量，数学模型计算系采用 1992—1993 年实测地形作为起始地形计算的冲刷量，不仅地形条件不同，1998 年起汉口至九江河段由淤积转为冲刷，且其年均冲刷值较蓄水后的冲刷值大，导致实测值与预测值存在定性上的差别。

（2）河型与河势变化对比

三峡水库初期蓄水运用后，宜昌至湖口河段河型未变，总体河势基本稳定，局部河段河势则有不同程度调整，其变化趋势与预测基本一致。

综上所述，三峡水库初期蓄水运用 10 年来，坝下游宜昌至湖口河段的冲刷实测值以及河型、河势变化趋势总体上尚在预测范围内，但因水库运用年限较短，运用期间未遇大水丰沙和特枯年份，有待继续进行水、沙和河道演变观测和对比分析。由于原定的《长江三峡工程 2002—2019 年泥沙原型观测计划》确定的坝下游河段观测范围为宜昌至湖口，有关三峡水库初期蓄水运用后长江下游湖口至长江口河段的水沙变化和河道演变，有待进行系统的观测分析，观测河段范围应从湖口下延至长江口。

11.4.7 三峡工程泥沙问题观测检验分析

11.4.7.1 三峡水库上游来水来沙变化

20世纪90年代以来，长江上游径流量减小较少；受降水条件变化、干支流修建水库、实施水土保持、封山育林及防治石漠化措施，以及河道采砂等综合影响，上游来沙明显减少。三峡工程初步设计水文资料采用坝址下游30km的宜昌站实测资料，多年（1878—1990年）平均年径流量为4510亿m^3，平均年输沙量为5.21亿t。入库水沙资料采用寸滩站（距坝址605.7km，见图11.4.17）与乌江出口武隆站（距乌江出口71km，见图11.4.17）1990年以前实测资料叠加，平均年径流量为4015亿m^3，平均年输沙量为4.914亿t。三峡水库蓄水运行以来，2003—2019年寸滩站+武隆站年平均径流量和悬移质输沙量分别为3757亿m^3和1.42亿t，较初步设计采用值分别减小6%和71%。根据三峡水库主要控制站水文观测资料统计分析（表11.4.6），2003年6月至2013年12月，三峡入库（朱沱+北碚+武隆，下同）悬移质泥沙20.278亿t，出库（黄陵庙站）悬移质泥沙4.969亿t，不考虑三峡库区区间来沙（下同），水库淤积泥沙15.31亿t，近似年均淤积泥沙1.39亿t，仅为论证阶段（数学模型采用1961—1970年预测成果）的40%左右。在三峡工程论证阶段，长江科学院和中国水利水电科学研究院根据寸滩+武隆1961—1970年水沙代表性系列（以下简称“60系列”，其年均水、沙量分别为4202亿m^3、5.03亿t），对三峡水库泥沙淤积进行了预测计算。计算结果表明，水库运用前10年，库区年均淤积泥沙3.28亿～3.55亿t。而三峡水库蓄水运用以来，入库沙量大幅减小，导致水库泥沙淤积量较预计大为减少，如2003年6月至2013年12月寸滩+武隆近似年均入库沙量为1.86亿t，约为60系列均值的38%，水库近似年均淤积泥沙1.4亿t，也仅为原预测值的38%左右（图11.4.18）。

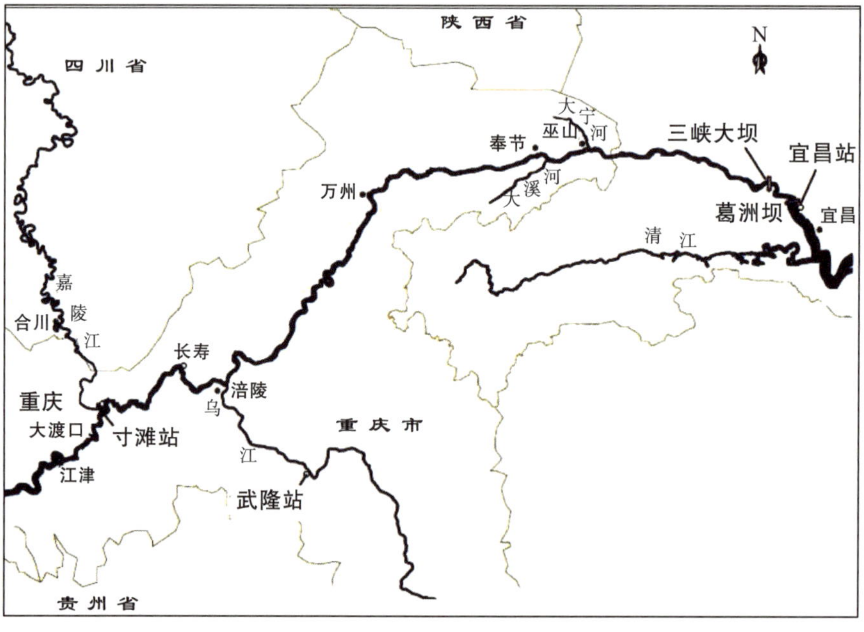

图11.4.17 三峡水库水文站分布

图 11.4.18　三峡水库进出库泥沙与水库淤积量

三峡工程初步设计阶段在论证的基础上补充了 1987—1990 年数据，将系列延长至 1990 年，三峡工程的入库年均水沙量（寸滩＋武隆）分别为 4015 亿 m^3 和 49140 万 t。2003 年 6 月至 2013 年 12 月寸滩＋武隆入库年均径流量与初步设计采用值相比，分别减少 8.3%和 62.1%。三峡水库试验性蓄水阶段 2008—2019 年寸滩＋武隆入库年均径流量为 3796 亿 m^3，年均来沙量为 11700 万 t，与初步设计采用值相比，分别减少 5.4%和 76.2%（表 11.4.7）。可见，三峡水库蓄水运用后，入库水量变化相对较小，入库沙量有较大幅度的减少，减幅均超过 70%，试验性蓄水阶段沙量偏少幅度增大。

表 11.4.6　　　　三峡水库不同时段的入库水沙统计

时段（年）	年均径流量（亿 m^3）	年均来沙量（万 t）
1953—1986	3986	49370
1953—1990	4015	49140
1961—1970	4196	50900
1991—2000	3913	37700
2003—2013（朱沱＋北碚＋武隆）	3582	19600
2008—2019（朱沱＋北碚＋武隆）	3706	12200
2003—2019（朱沱＋北碚＋武隆）	3667	14900
2003—2013（寸滩＋武隆）	3680	18600
2008—2019（寸滩＋武隆）	3796	11700
2003—2019（寸滩＋武隆）	3757	14200

注：1953—1986 年、1961—1970 年、1991—2000 年统计的径流量和来沙量采用寸滩＋武隆。

2003—2013 年寸滩站年均悬移质输沙量为 1.81 亿 t，较初步设计值（1953—1990 年均值）减少 61%，年内各月除 2 月沙量偏少 2%外，其他各月偏少幅度在 20%～76%；2008—2019 年年均悬移质输沙量 1.15 亿 t，较初步设计值减少 75%；2003—2017 年年均悬移质输沙量 1.38 亿 t，较初步设计值减少 70%，见表 11.4.7、图 11.4.19。

表 11.4.7 寸滩站 2003—2019 年输沙量与多年平均对比

时间	1 月	2 月	3 月	4 月	5 月	6 月	7 月	8 月	9 月	10 月	11 月	12 月	全年
多年平均(万 t)	40.8	26.5	41.0	165.0	916	3740	11700	9430	6820	2210	423	99.3	35600
1953—1990 年(万 t)	46.0	29.9	44.5	213.0	1321	4873	14716	12098	9150	2988	544	129.0	46000
1991—2002 年(万 t)	41.0	25.2	32.3	136.0	561	3664	11220	9912	5625	1979	409	93.1	33700
2003—2013 年(万 t)	35.7	23.9	43.6	95.6	321	1560	6940	4310	3550	898	233	46.9	18100
2008—2019 年(万 t)	24.9	18.4	37.6	72.6	190	1050	4930	2840	1770	370	155	25.8	11500
2003—2019 年(万 t)	29.1	19.8	39.1	78.5	260	1270	5390	3290	2590	641	162	36.5	13800
距平百分率 1(%)	−22	−20	−2	−55	−76	−68	−53	−64	−61	−70	−57	−64	−61
距平百分率 2(%)	−46	−38	−16	−66	−86	−78	−66	−77	−81	−88	−72	−80	−75
距平百分率 3(%)	−37	−34	−12	−63	−80	−74	−63	−73	−72	−79	−70	−72	−70

注:①输沙量多年均值统计年份为 1953—2019 年;②距平百分率 1、2、3 分别为 2003—2013 年、2008—2019 年、2003—2019 年均值与 1953—1990 年的相对变化;③全年数据精确到百万位。

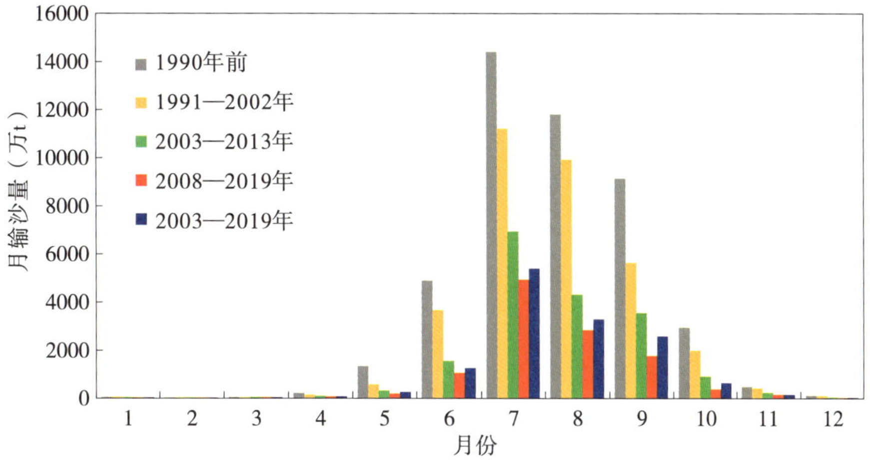

图 11.4.19　长江干流寸滩站月平均输沙量变化

2003—2013 年和 2008—2019 年清溪场站年均输沙量分别为 1.74 亿 t 和 1.10 亿 t，与 1983—1990 年均值相比，来沙量分别偏小了 65%和 78%。

2003—2013 年和 2008—2019 年万县站年均输沙量分别为 1.11 亿 t 和 0.63 亿 t，与 1952—1990 年均值相比，来沙量分别偏小了 78%和 88%。

长江上游径流主要来自金沙江、岷江、沱江、嘉陵江和乌江等河流，而悬移质泥沙主要来源于金沙江和嘉陵江。长江上游强度侵蚀区为：西汉水、白龙江中下游、雅砻江和安宁河的下游、金沙江下游地区；强度侵蚀区面积 11.2 万 km^2，年平均地表侵蚀量约 3.84 亿 t，占长江上游地区年平均总侵蚀量的 24.5%。输沙模数大于 2000t/(km^2 · a)的强产沙区主要分布在嘉陵江上游支流西汉水和白龙江中游、大渡河、岷江和金沙江等河流的下游地区，其中西汉水和白龙江中游地区输沙模数大于 3000t/(km^2 · a)，金沙江下游干流区间的输沙模数超过 2000t/(km^2 · a)。

20 世纪 90 年代以来，长江上游径流量变化不大。2003—2019 年与 1991—2002 年均值相比，水量除嘉陵江北碚站偏多 21%，乌江武隆站减少 17%外，其余各站变化不大(变幅 10%以内)。20 世纪 90 年代以来，输沙量持续减少。与 1991—2002 年均值相比，2003—2019 年年均输沙量除沱江富顺站偏多 44%，岷江高场站和嘉陵江北碚站分别偏少 28%和 25%外，其余各站均减少 50%以上。

随着长江上游控制性水库的建成运用，长江上游的水沙地区组成发生了显著变化。受溪洛渡、向家坝蓄水拦沙影响，主要产沙区域金沙江来沙量明显减少。2013—2019 年金沙江来沙所占寸滩站沙量比例锐减至 2%，其他支流占比均有所增大，尤其是沱江流域，其输沙量占比由 2012 年前的 2%增大至 2013—2019 年的 14%。

长江干流金沙江径流量以周期性波动变化为主；输沙量 1998 年之前周期性波动，1998 年之后趋势性减少。随着金沙江中下游梯级电站的修建，金沙江来沙量则显著偏少。近期水沙关系均发生明显变化，同水量下沙量减小十分明显。石鼓站水沙量年际呈波动性变化，水沙无明显趋势性变化。攀枝花站及其下游各站径流量变化不大，但输沙量大幅度减少。2011—2019年，攀枝花站年平均径流量和输沙量分别为559.8亿m^3和688万t，较多年均值分别减少了1%和84%。

长江支流岷江、沱江径流量略有减少，输沙量减小明显。岷江高场站1956—1990年径流量878亿m^3，输沙量5260万t；1991—2002年径流量815亿m^3，输沙量3450万t；2003—2019年径流量808亿m^3，输沙量2480万t。沱江富顺站1956—1990年径流量126亿m^3，输沙量1150万t；1991—2002年径流量108亿m^3，输沙量370万t；2003—2019年径流量114亿m^3，输沙量536万t。

长江支流嘉陵江以1990年、2010年作为分界，北碚站径流量变化不大，输沙量持续减小（14200万t、3370万t、2740万t），减幅分别为76%、81%。北碚站近期水沙关系发生明显变化，同径流量下输沙量减小十分明显。

长江支流乌江受梯级水库建设影响，各控制站水量变化不大，减幅在10%以内，但沙量减幅在90%以上。以1980年、2005年作为分界，武隆站径流量变化不大，输沙量持续减小（3263万t、1998万t、322万t），减幅分别为39%、90%。武隆站近期水沙关系发生明显变化，同径流量下沙量减小十分明显。

长江上游部分支流暴雨洪水产沙现象突出，洪水产沙量占全年沙量的50%以上，对三峡入库泥沙产生重要影响。例如：2017年汛期，横江流域遭遇洪水，8月25日洪峰流量6800m^3/s，最大断面含沙量达到17.6kg/m^3，8月24—27日输沙量达到了614万t，4天的输沙量占全年输沙量的70%，占2017年三峡入库沙量的18%。2018年7月，受强降雨影响，横江、岷江、沱江、嘉陵江等支流出现较大沙峰过程，来沙量明显增大。2018年7月，受长江上游横江、岷江、沱江、嘉陵江等支流出现“大水大沙”现象影响，输沙量显著大于近年均值。

长江上游干支流汛期径流量占年径流量的71%～81%，主汛期占51%～64%；嘉陵江北碚站径流量年内分配最集中，乌江武隆站年内分配最均匀。输沙量年内分配较径流量更集中，各站最大月输沙量为7月，汛期输沙量占年输沙量的92%～99%，主汛期占75%～96%。寸滩站径流年内分配发生明显变化。1991—2002年与1950—1990年相比，寸滩站年径流量减少177亿m^3，但1—4月径流量增加了20.3亿m^3，9—10月径流量则减少153.2亿m^3。2003—2019年与1991—2002年相比，寸滩站年径流量减少22.32亿m^3，主汛期6—8月径流量减少了143.4亿m^3，1—4月径流量增加了88.68亿m^3，9—12月径流量增加了32.4亿m^3。

三峡水库2003—2019年入库年均径流量3667亿m^3，较1991—2002年均值偏少70亿m^3，偏少幅度2%，寸滩、武隆两站年均径流量之和为3758亿m^3，较论证值偏少257亿m^3，偏少幅度6%。2003—2019年，三峡入库年均沙量仅为1.42亿t，较1991—2002年均值偏少了42%，寸滩、武隆两站沙量之和为1.48亿t，较论证值偏少71%。朱沱站推移质总量由2012年的24.5万t减少为2019年的0.854万t，寸滩站2019年推移质总量为

4.74 万 t，较 2003—2018 年均值（5.31 万 t）减少了 11%。

长江上游干支流地区 1950—2015 年共修建水库 14732 座，总库容为 1673 亿 m^3。大型水库 99 座，库容 1450 亿 m^3（占 87%）；中型水库 475 座，库容 133 亿 m^3（占 8%）；小型水库 14158 座，库容 90 亿 m^3（占 5%）。1956—2015 年，长江上游水库总拦沙量为 69.25 亿 m^3，年均拦沙量 1.17 亿 m^3。以大型水库为主。大、中、小型水库拦沙量分别占 77%、11%、12%。

水库拦沙是长江上游来沙量减小的主要原因，对三峡水库的入库水沙条件产生了重要影响。目前，长江上游水库群年均拦沙量约 3.2 亿 t。金沙江中游梯级水电站 2010 年建成以来，攀枝花站输沙量明显减少，水沙关系出现了显著变化。2011—2016 年，金沙江中游梨园、阿海、金安桥、龙开口、鲁地拉、观音岩等 6 个梯级电站年均拦沙量 0.44 亿 t。金沙江下游溪洛渡、向家坝电站建成以来，2013—2019 年，溪洛渡、向家坝水库共淤积泥沙 5.51 亿 t，年均拦沙量 0.92 亿 t，水库联合排沙比仅 1.5%。宜宾向家坝站输沙量显著减少。

长江上游来沙量减小的原因之二是 2003—2019 年长江上游及其各分区降水量均偏少，偏少幅度为 2%～9%，其中长江上游主汛期减少幅度为 5%。

长江上游来沙量减小的原因之三是水土保持和退耕还林，长江上游水土流失重点区域在金沙江下游、嘉陵江上中游、乌江上游毕节和三峡库区，总面积 35.10 万 km^2，水土流失面积 18.92 万 km^2。1989—2005 年，长江上游“四大片”水土保持累计治理面积 6.63 万 km^2，占长江上游水土流失总面积的 18.8%。水土保持措施对河流出口的减沙量为 4275 万 t，减沙效益 8.2%，以嘉陵江最为明显。1998 年后，长江上游天然林资源保护工程和退耕还林还草工程，对坡度在 25°以上的坡耕地全部要求退耕还林。

长江上游来沙量减小的原因之四是 1990 年以来，长江上游河道采砂活动较为频繁，1993 年、2002 年长江上游干流采砂量为 1215 万 t、1251 万 t，2013 年仅朱沱至涪陵段采砂 2965 万 t。河道采砂多为较粗的砾、卵石，用作建筑材料，一方面减少了上游推移质输沙量，另一方面采砂坑形成后细颗粒泥沙有一定回淤，对悬移质输沙量也有一定影响。

20 世纪 90 年代以来，长江上游径流量变化不大，输沙量减少 50%以上；三峡入库泥沙地区组成显著变化；支流暴雨洪水产沙明显，对三峡入库泥沙影响日益突出。径流、泥沙年内分配发生明显变化。近年来，人类活动是长江上游近期平均沙量大幅度减小的主要因素。与 2006—2012 年相比，2013—2017 年三峡入库泥沙减少 1.31 亿 t/a，主要是上游干支流水库群逐步建成运用所致，其拦沙的减沙贡献权重达 90%以上。

11.4.7.2 三峡水库泥沙淤积实测值与模型试验及计算值对比分析

（1）三峡水库 2003 年 135m 水位蓄水以来水库泥沙淤积实测资料

根据三峡水库库区固定断面资料分析，三峡水库蓄水运用以来，2003 年 3 月至 2019 年 10 月库区干流累积淤积泥沙 16.120 亿 m^3，其中变动回水区（江津至涪陵段，长约 173.4km，占库区总长度的 26.3%）累计冲刷泥沙 0.830 亿 m^3；常年回水区（涪陵至大坝段，长约

486.5km，占库区总长度的73.7%）淤积量为16.950亿m^3。2003—2011年，库区66条支流（计算总长度约为910km）总淤积量为1.800亿m^3。2013年金沙江向家坝水电站和溪洛渡水电站蓄水，出库泥沙显著减少，2013年5月至2019年2月入库悬移质泥沙5.015亿t，出库泥沙1.076亿t，水库淤积量3.940亿t，年均淤积量为0.591亿t；2003年6月至2019年12月，三峡水库泥沙淤积总量为18.325亿t，年均淤积量为1.11亿t。三峡水库不同时段进出库泥沙与水库淤积量实测值见表11.4.8。

表11.4.8　三峡水库不同时段进出库泥沙与水库淤积量实测值　（单位：亿t）

时段	入库沙量	出库沙量	水库淤积量
2003年6月至2006年8月	7.004	2.590	4.414
2006年9月至2008年9月	4.435	0.832	3.603
2008年10月至2013年4月	7.586	1.218	6.368
2013年5月至2019年12月	5.015	1.076	3.939
2003年6月至2019年12月	24.040	5.715	18.325

（2）三峡水库泥沙模型试验及计算淤积量

在三峡工程论证和初步设计阶段，长江科学院和中国水利水电科学研究院计算选用1961—1970年60系列干流寸滩站和乌江武隆站实测水文系列，对三峡水库淤积计算成果表明，三峡水库运用前10年，三峡库区干流年均淤积泥沙2.752亿～3.038亿m^3，水库平均排沙比为31.6%，淤积集中在大坝至丰都河段，年均淤积泥沙为2.725亿m^3，丰都至涪陵、涪陵至重庆、重庆以上河段淤积量分别为0.116亿m^3、0.099亿m^3和0.015亿m^3。

在国家重点科技项目"九五"（1996—2000年）攻关期间，长江科学院和中国水利水电科学研究院在对模型进行进一步改进的基础上，采用60系列，以长江干流朱沱站、嘉陵江北碚站及乌江武隆站的水沙资料作为进口水沙资料对三峡库区的泥沙冲淤进行了计算。结果表明：三峡工程运用前10年，三峡库区干流年均淤积泥沙2.834亿～2.961亿m^3，水库排沙比为32.7%～33.5%，从淤积量的沿程分布来看，大坝至丰都段年均淤积泥沙2.445亿～2.473亿m^3，占总淤积量的83%～87%，丰都至涪陵、涪陵至重庆、重庆以上河段淤积量分别为0.192亿～0.279亿m^3、0.168亿～0.218亿m^3和0.004亿～0.019亿m^3。

在国家重点科技项目"十五"（2001—2005年）攻关期间，两家单位分别将1961—1970年和1991—2000年长江干流朱沱站、嘉陵江北碚站、乌江武隆站的水沙资料作为入库水沙控制条件对库区河道泥沙淤积量及分布进行了计算。1961—1970年系列（主要考虑溪洛渡、向家坝等上游水库拦沙）计算结果表明：三峡工程运用前10年，三峡库区干流年均淤积泥沙2.821亿～2.890亿m^3，水库排沙比为43%～44%，其中大坝至丰都段年均淤积泥沙占总淤积量的86%～92%。1991—2000年系列（考虑上游水库拦沙）计算结果表明：三峡工程运用前10年，三峡库区干流年均淤积泥沙1.677亿～2.266亿m^3，水库排沙比为45%～54%，其中大坝至丰都段年均淤积泥沙占总淤积量的81%～89%。

综上所述，不同阶段的研究成果均表明，在三峡水库运用前10年大坝至丰都河段河床淤积量占库区总淤积量的比例均在80%以上。

175m水位试验性蓄水运行10年实测资料表明，由于入库泥沙大幅减少，三峡水库淤积较原预测值大为减轻，水库年均淤积量仅为原论证预测值的40%左右。三峡水库2003年蓄水运用至2019年底，库区干流共淤积泥沙18.33亿t，多年平均淤积量为1.11亿t，约为论证阶段预测值的34%；围堰挡水发电期年平均淤积量1.34亿t；初期运行期年平均淤积量1.73亿t；175m水位试验性蓄水运行年平均淤积量0.92亿t。按体积法计算，2003—2019年水库淤积泥沙16.120亿m^3，其中：变动回水区冲刷0.830亿m^3，常年回水区淤积16.950亿m^3，2013年以前淤积强度大，之后淤积明显减弱，越往坝前，淤积强度越大，主要发生在奉节至大坝的宽河段和深槽中。从沿高程分布来看，175m高程以下干支流库区总淤积泥沙约17.995亿m^3，占总库容的4.6%，145m高程以下的泥沙为16.715亿m^3，占175m高程下总淤积量的92.8%，占145m高程以下水库库容的9.7%；145m高程以上水库防洪库容内淤积的泥沙为1.280亿m^3，占水库防洪库容的0.58%。但是自试验性蓄水以来，汛期水位抬高提高了水库淤积的比例，水库排沙比降低，2008年10月至2019年12月实测水库平均排沙比为18.2%，2003年6月至2019年12月平均排沙比为23.8%，低于初步设计预测值，致使水库有效库容淤积占同期淤积量的比例有所增加。排沙比减小原因为：①汛期实施中小洪水（洪水流量小于56700m^3/s）拦蓄滞洪调度，致使坝前平均水位抬高，2003—2006年为135.5m；2007—2009年为145.6m；2010—2019年为153.3m。实测资料分析坝前水位上升1m，排沙比减小约0.01。②汛期出库大流量天数减少，出库流量大于30000m^3/s年平均天数，2003—2006年为21天，2007—2009年为25天，2010—2019年为14天。实测资料分析出库流量每减少1000m^3/s，排沙比减小约0.02。③入库泥沙级配的影响，近年来，入库泥沙小于0.016mm细沙比例有所减小，主要是入库水沙条件与原论证阶段发生明显变化。从库区淤积分布来看，175m水位试验性蓄水运行10年三峡水库淤积沿程分布总体特性与原预测值吻合较好。

重庆主城区河段在水库围堰发电期和初期运行期，未受水库壅水影响，呈微冲状态。2008年175m水位试验性蓄水运行以来，重庆主城区河段的冲淤规律发生了变化，天然情况下是汛后10月开始走沙，试验性蓄水后以库水位消落期走沙为主。受入库悬移质和推移质泥沙大幅减少及河道大量采砂等因素的影响，重庆主城区河段总体表现为冲刷，自2008年10月至2019年12月重庆主城区河段累积冲刷量为2268万m^3（含河道采砂量），朝天门以上河段，冲刷1882万m^3；朝天门以下河段，冲刷96万m^3；嘉陵江河段，冲刷290万m^3。未出现论证时担忧的重庆主城区河段泥沙严重淤积的局面，也未出现砾卵石的累积性淤积。寸滩站实测资料表明，三峡水库蓄水运用后汛期水位流量关系没有出现明显变化，说明水库泥沙淤积尚未对重庆洪水位和航运产生影响。

(3)汛期中小洪水滞洪调度和汛末提前蓄水与减少水库泥沙淤积的措施

三峡水库汛期实施中小洪水滞洪调度，库水位抬高致使排沙比降低，水库泥沙淤积量相对增多；水库蓄水提前至汛末 9 月 10 日开始，影响库尾变动回水区河道走（冲）沙，造成该河段泥沙淤积量有所增加。为减少水库泥沙淤积量，采取以下措施。

1)汛期实施沙峰排沙调度。

长江委水文局实测水文资料表明，发生大洪水时，洪峰从寸滩站到达大坝前 12～30 小时，坝前水位越高传播时间越短；沙峰传播时间则为 3～7 天。为减少水库泥沙淤积，2012 年 7 月，通过实时监测和预报，在进行洪水削峰调度的同时，利用洪峰与沙峰传播时间的差异，采用“涨水控泄拦蓄削峰，退水加大泄量排沙”的沙峰排沙调度方式进行了首次沙峰排沙调度试验，使 7 月的排沙比提高到 28%，取得了较好的排沙效果，突破了常规的水库“排浑”运行方式。

2)库水位削落期实施库尾冲(减)淤调度。

为解决库尾重庆市主城区河段走（冲）沙问题，2012 年 5 月 7—24 日和 2013 年 5 月 13—20 日进行了两次库尾泥沙冲淤试验，库水位分别从 161.92m 消落至 154.05m 和从 160.16m 消落至 155.97m，消落幅度分别为 7.87m 和 4.19m，日均降幅分别为 0.46m 和 0.52m，水库回水末端从重庆的大渡口附近（距大坝 625km）逐步下移至长寿附近（距大坝 535km）。库水位消落期间，库尾河段沿程冲刷。重庆大渡口至涪陵河段（含嘉陵江段长 169km）冲刷量分别为 241.0 万 m^3 和 441.3 万 m^3。库尾冲(减)淤调度实践表明，在每年 5 月结合库水位消落实施库尾冲淤调度，可将库尾河段淤积的泥沙冲至水库水位 145.0m 以下河槽内，解决了水库提前至汛末蓄水而影响重庆主城区河段走（冲）沙问题，并在汛期实施沙峰排沙调度，为三峡水库“蓄清排浑”运行探索出一种新模式。

第 12 章　三峡工程人防安全问题及减免灾害对策

12.1　三峡工程人防安全问题研究历程

三峡水利枢纽大坝坝址处于我国腹地，且为高坝大库，发生战争时可能成为敌人的战略目标。党中央、国务院高度重视三峡工程人防问题，早在 1958 年就开始进行研究，主要开展了两个方面的研究工作：一是研究核袭击对大坝的影响及其防护措施；二是研究溃坝洪水对坝下游地区的影响及减免灾害的对策。前者由国防科委组织进行，后者由中国水利水电科学研究院承担，并分别在武汉长江科学院试验场和中国水利水电科学研究院进行化爆模型试验和水力学模型试验。

三峡工程人防安全问题研究分为 3 个阶段。

12.1.1　第一阶段(1959—1972 年)

20 世纪 50 年代末，党中央根据当时国际国内形势变化，毛泽东主席提出“备战、备荒、为人民”。1959 年底，为加强三峡工程人防研究工作的领导，成立了三峡工程防空科研领导小组。同年 12 月在北京召开了三峡工程防空问题科学研究工作会议，决定集中各方面人员成立以军队为主，有长办、中国科学院(力学所、土建所等)、清华大学等单位参加的大坝防护措施研究试验站。嗣后，即研究拟定了几种防护方案，在工程兵科学试验场进行不同爆炸方式的化爆模拟试验。1960 年 4 月，在京召开三峡工程防空领导小组会，听取了研究工作情况的汇报，讨论了三峡工程防空工作的指导思想和主要防护措施。1960 年 8 月，周恩来总理在长江规划工作会议上传达了中央关于调整三峡工程建设步伐的决定，并指示“雄心不变，加强科研，加强人防”，并成立三峡工程防御小组。长办主任林一山根据“加强人防”的精神和前一阶段的研究成果，提出在三峡西陵峡窄河谷的石牌河段修建大体积堆石坝，以提高防护能力的设想。会议认为这个设想方案有研究价值。1961 年初，长办即开始进行“石牌方案”的研究工作。化爆模拟试验研究也暂告一段落，并于 1961 年 1 月由三峡工程防空科研组提出了这一阶段的研究专题报告。

随着我国核武器研制工作的发展，1965 年 3 月，以国防工程研究所为主并调集了长办、中国水利水电科学研究院、清华大学的人员，将三峡工程防护科研工作转入以核效应试验研究为主的阶段。1966 年，在核武器效应试验场首次进行了混凝土重力坝核爆炸效应试验研究。此后，根据国防科委意见，三峡工程防护科研工作转由水电部负责，有军队参加，组成为水电部三峡工程防护组，以长办为主组织实施。1966—1972 年，该组先后对 4 座模型坝进行了核爆炸的效应试验。着重研究在核爆炸条件下冲击波对大坝的荷载特性、坝体动力反应及电厂输变电设备的防护问题。为配合核效应试验研究，长办自 1966 年起又在湖北丹江口市附近建立了化爆试验场，主要试验研究水中爆炸时大坝抗爆性能及防护措施。

12.1.2 第二阶段(1978—1986 年)

1978 年以后重点研究溃坝对下游地区的影响及减轻灾害的措施。由长办负责在湖北蒲圻(现赤壁市)陆水试验场进行了大比尺的溃坝模型试验，先后进行了 1∶500 的正态模型及水平比例尺 1∶500、垂直比例尺 1∶125 的变态模型试验研究。

此外，在不同阶段，围绕三峡工程的防护问题，军内外有关科研单位和高等院校还配合开展了多项试验研究。如在 20 世纪 60 年代，清华大学进行了水中爆炸试验和腹拱重力坝试验；70 年代，长办与工程兵科研三所进行了大型激波管模型试验；80 年代，海军工程设计研究局与中国水利水电科学研究院进行了水面爆炸试验，中国水利水电科学研究院进行了三峡大坝全息光弹试验。为配合试验研究，还对一些有关试验设备、测量仪器、模拟试验手段及计算方法等进行了研究。

1986 年三峡工程论证阶段，在枢纽建筑物专家组内设立了人防小组。结合人防小组的专家复核，研究了多年来三峡防护科研工作成果并考察了陆水三峡大坝溃坝模型试验，1988 年提出了《三峡工程人防专题论证报告》。

12.1.3 第三阶段(1988 年以后)

1988 年以后重点研究三峡工程防御问题，预防各类爆炸物进入三峡坝区，以防爆炸造成大坝溃坝，导致坝下游发生灾害。

12.2 三峡工程防护试验及设计研究

12.2.1 化爆模拟试验和石牌河段筑坝研究

12.2.1.1 化爆模拟试验

1959—1960 年，工程防护研究主要进行了水中爆炸、空中爆炸和直接命中等方式的化爆模拟试验。一方面探索化爆冲击波特性与核爆炸动力特性的差异，另一方面探索各种爆炸方式对混凝土坝、堆石坝、土石坝等多种介质材料的破坏特征。配合试验，初步开展了大坝动应力计算和相似律专题研究；针对爆炸对各种坝型的影响，研究、拟定了相应防护对策和措施。

初步试验表明，混凝土重力坝坝体庞大密实，具有抗御一定距离核爆炸的能力，但要防御大当量核弹的直接命中，常规坝体剖面远满足不了要求。加大坝体剖面，将使宽河谷的三斗坪坝址的坝体工程量大大增加，电站厂房由坝后式明厂房改为地下厂房，也对三斗坪坝址不利。

12.2.1.2　石牌河段筑坝方案研究

石牌河段位于西陵峡下段灯影峡和黄猫峡之间，是一个90°急转弯的河段。石牌坝址位于弯道下游，两岸分布石牌岩及各层灰岩，页岩出露高程较低，其上部为灰岩的陡崖。因此河谷狭窄，有条件采用定向爆破筑坝，左岸陡弯有利于布置泄洪隧洞、地下厂房、地下通航建筑物。为防御核武器的破坏，研究修建特大断面的定向爆破堆石坝，其他建筑物均布置左岸山体内。为深入研究定向爆破筑坝技术，1960年8月提出在窄河谷的石牌采用定向爆破筑坝新技术修建大断面堆石坝的设想。1961年开始对石牌方案进行勘测和设计研究工作，包括地质勘测、枢纽建筑物布置、定向爆破筑坝方案的设计研究等，一方面进行了大坝两岸地质条件的勘察，另一方面以广东南水定向爆破筑坝作为“试验坝”进行定向爆破技术的研究。同时在石牌左岸弯道处布置了一条长1km的勘探平硐，由两端同时掘进，以研究地下建筑物范围的地质条件。南水定向爆破筑坝于1962年12月成功实施，一次爆破筑坝坝体方量约100万m^3。石牌左岸勘探平硐于1961年6月开挖，1963年7月贯通。由于地质条件复杂，不便分期施工，1963年决定放弃石牌“三峡筑坝新方案”，重新研究美人沱坝区的几个窄河谷坝段，即美Ⅰ(美人沱坝段)、美Ⅱ(偏窗子坝段)和美Ⅲ(太平溪坝段)。经初步研究，美Ⅰ、美Ⅱ河谷太窄，既不利于枢纽布置，又不便于施工，于是以太平溪坝段为重点进行了勘察研究。先后在太平溪坝址进行了枢纽布置方案的比较研究和大量的地质勘探，1963—1964年共打钻孔12000余米，平洞340m。太平溪坝址在三斗坪坝址的上游，位于百岁溪至太平溪之间长约1.5km的河段内。两岸山体雄厚，便于兴建地下厂房；中等宽度的河谷，枯水期水面宽180～300m；如采用加大坝体剖面的防护方案，则坝体工程量远较三斗坪坝址小。直到1979年选定三斗坪坝址后，才停止太平溪坝址的勘测设计研究工作。

12.2.2　核效应试验研究与工程防护方案

12.2.2.1　核效应试验研究内容

1964年10月16日我国第一颗原子弹爆炸成功，宣告中华民族掌握了核武器技术。在国防科委的领导下，三峡人防科研组进行准备，参加核效应大坝模型试验研究。1966—1972年，先后进行了3座混凝土重力坝模型和1座大断面混凝土坝模型及有关电力设备等的试验。

重力坝核效应试验主要进行了以下几项研究：①研究核爆炸空气冲击波对重力坝的荷载特性。②研究重力坝在核爆炸冲击波作用下的动应力反应规律，并验证重力坝的动应力计算方法。③研究重力坝在核爆炸冲击波作用下的破坏形式、薄弱部位、防护措施及坝体剖面。

模型坝选取两种剖面，即非溢流坝段和厂房坝段。通过数次核效应冲击波量测分析，对位于规则反射区的坝面受荷特性有了一定的了解，为其他试验（如激波管）和动力计算开展创造了条件。

12.2.2.2　核效应试验研究成果

试验表明，在空中核爆炸时，重力坝显示出良好的抗破坏能力。同时，不同的爆炸荷载，重力坝的破坏特征不同。核爆炸主要以热辐射形式出现，所生成的冲击波超压作用时间长，核爆炸时重力坝的变形主要是第一变位形态，坝体的反应和破坏特征与静力荷载作用的情况接近。化爆则基本上以动能和内能形式出现，冲击波作用时间短暂。在化爆瞬时突加荷载作用时，在弹性范围内坝体则是多种变形态的综合反应。重力坝上游坝面的折坡处，在遭受核爆炸时有明显的应力集中，是薄弱部位，容易首先出现破坏现象。

厂房坝段由于输水管的存在，坝体的稳定受到削弱，当受到核爆炸时，管道内还会产生“水锤”现象，故它的抗爆能力低于非溢流坝段。为加大坝体剖面，将重力坝的上游坝面改用1∶1的倾斜坡度，对提高大坝的抗破坏能力有较明显的作用。这种大断面混凝土坝在抗核爆方面有以下优点：

1)倾斜的上游坝面，在地（水）面爆炸时，把正反射变成斜反射，将冲击波超压分解为水平和垂直两部分，有利于坝体抗滑稳定。

2)由于上游坝坡变缓，在上游方向的地（水）面核爆时，坝面上的反射系数明显降低，减轻了坝体承受的动载，有利于坝体抗破坏能力的提高。如在某一入射超压下，大断面重力坝上游坝面反射超压仅约为常规重力坝的40%，且入射超压越大，二者越悬殊，但对水面以下的坝面，二者的相差则不大。

3)消除了重力坝上游坝面折坡造成的薄弱部位。数次核效应试验结果证明大断面坝的抗破坏能力比常规重力坝有很大的提高。随后为配合核效应试验又进行了化爆模拟试验和激波管模型试验及有限元动力计算。动力计算结果表明，大断面坝以剪切运动为主，剪应力相对较大；常规重力坝则以弯曲运动为主，弯曲拉应力相对较大。

12.2.2.3　三峡工程防护方案

如前所述，为防御核弹破坏曾研究过石牌方案，放弃石牌方案后，为适当加强大坝抗御核武器破坏能力，研究了太平溪坝址加大混凝土坝体断面的防护方案。20世纪70年代，葛洲坝工程开工建设后，为考虑三峡工程的预建工程，需确定三峡工程的坝址。在坝址选择的进一步比较工作中又分别在太平溪和三斗坪两坝址进行了常规坝体断面和加大坝体断面的方案研究。1976年，长办在报送水电部的《三峡水利枢纽初步设计要点补充研究报告》（坝址补充研究）中，即对这两种方案进行了比较，认为在考虑防御核武器采用加大断面的混凝土坝及以地下厂房为主的枢纽布置时，太平溪坝址较为有利。

1979年11月，水电部研究选坝时认为：“防护条件太平溪坝址较优。但是对三峡大坝是否应当为防护加大断面，多数同志引证国内外经验，不同意这样做，认为最有效的措施是预降水位，减少蓄水，在设计过程中还可考虑其他有效措施……根据以上讨论情况，考虑到有关部门的意见，我们建议以三斗坪坝址做初步设计。”1983年5月，国家计委同意选用三斗坪坝址，次年4月经国务院原则批准。此后，三峡工程的人防问题也转入以研究溃坝影响及减少溃坝损失为主的阶段。

12.2.3 大坝溃坝模型试验研究

1958—1959年，中国水利水电科学研究所林秉南教授主持进行了三峡枢纽的溃坝模型试验，建造了一座水工变态模型，但所用比尺较小，水平比尺1∶30000，垂直比尺1∶300，模拟了上自重庆，下至黄石，南至常德望城，北至荆北平原应城这一广大地区，以溃坝前水库水位150～200m、相应库容197亿～732亿m^3、调节下泄流量32700m^3/s为条件，对三斗坪建坝的溃坝水力学特性和溃坝洪水演进对下游的影响范围进行了初步研究和探讨，得出了一些规律性认识。

20世纪80年代，三峡工程人防研究转入以溃坝影响及对策研究为重点。为此，长办在湖北省陆水试验场进行了大比例尺的溃坝试验研究。1978—1982年，用1∶500正态模型试验研究了在太平溪建坝的溃坝水力学特性及溃坝洪水对荆江大堤的影响。三峡坝址选定后，1983—1988年，又用水平比尺1∶500、垂直比尺1∶125的变态模型进行了三斗坪坝址的溃坝试验。

1983—1988年进行了三峡大坝溃坝试验。

12.2.3.1 溃坝试验条件

溃坝试验研究的目的是探求三峡工程不同蓄水位情况下溃坝洪水对下游的淹没影响及减轻损失的对策措施，为战时水库的合理调度运用提供参考。

(1)模型设计和制作

模型设计以重力相似准则为依据，模型长度723m，模型面积14000m^2。奉节至坝址属峡谷库段，窄处宽度仅300～400m，对控制溃坝洪水的宣泄强度至关重要。沙市水位站是荆江河段防洪的一个重要控制站，其水位高低是反映荆江河段防洪安全的主要指标。故模型上游包括全库区，下游至沙市下游6km的唐楼子。

模型制作以1∶10000地形图为依据，按等高线用桩点法施工。一般高程控制相对误差±0.2cm，平面控制相对误差±2cm。但为简化模型制作，坝址至奉节的干流库段按地形模拟；奉节以上库区，依据库容曲线，满足水体相似原则，用等效水池代替；库区支流，按等效槽蓄制作；坝下游河道按地形模拟；上荆江的上、下百里洲，按实际地形模拟；堆金台以上的沮漳河谷泛区及其他可能蓄洪而无出流的支流谷地，按等高线所围面积，做成梯形等效蓄洪区；荆江南岸堤外地形没有实际模拟，采用分段量测分泄水量，按分蓄水量估算溃坝的淹没影响。

(2)水库运用条件

三峡水利枢纽选定的正常蓄水位为175m，防洪限制水位为145m。长江汛期(6—9月)，水库按防汛调度运行，一般情况下，库水位维持在防洪限制水位。当来水大于中下游河道安全泄量时，水库调洪，库水位相应抬高。汛期坝址调节最大下泄流量为56700m³/s。

试验中考虑了两种库水位及流量的条件：①汛期溃坝前下泄流量取60000m³/s，溃坝后入库流量亦取60000m³/s，库水位取135～150m。水文资料统计表明，流量达60000m³/s的时间，平均每年只有0.6天，因此试验采用的这一条件是偏于严重的。②非汛期（10月至次年5月），大部分时间的日平均下泄流量为10000m³/s左右，试验中，溃坝前出库流量和溃坝后入库流量均取10000m³/s，库水位取135～175m。下游水位分别考虑了城陵矶水位32m和34.4m两种顶托影响的情况。

(3)试验的几种破坏情况

三峡大坝为混凝土重力坝，对常规武器的袭击有足够的抗御能力，即使遭破坏也只能造成局部破坏，不会对下游造成严重影响。因此，试验只考虑了核武器破坏的情况。

考虑到大坝的泄洪坝段和厂房坝段设有大量的孔口，坝基高程低于100m高程的河床坝段长约1000m，因此模型试验时，选用了2类6种不同溃口尺寸的破坏情况。

第一类，瞬时大坝全溃，设大坝沿坝基全断面瞬时溃决，溃口尺寸分别为200m、250m、400m、1000m。

第二类，瞬时大坝半溃，设大坝在坝体中部孔口处瞬时破坏，高程110m以下的坝体尚能拦蓄库水，溃坝口门宽度分别为400m、1000m。

(4)下游堤防溃决6种方案

万一大坝遭到核袭击溃坝时，溃坝洪峰出枝城后，进入中游平原，松滋老城至杨家垴一带堤防首当其冲，必然发生不同程度的溃决。由于堤防溃口的大小和溃口的过程无法确定，试验中拟定如下6种溃堤方案进行对比研究。

1)堤防不漫不溃方案。

将模型段内的干支堤防加高至可防御溃坝洪水的最高水位，溃坝后荆江分洪工程北闸也不分洪，研究各种溃坝条件下，溃坝洪水全部由河槽下泄时的演进状况。

2)堤防漫而不溃方案。

按照现有实际堤防堤顶高程模拟堤防，当洪水高于堤顶时自由漫溢，但不决口。

3)堤防南漫北溃方案。

设南岸（包括上百里洲）堤防只漫溢而不决口，北岸堤防（即枝江以下的下百里洲堤防）在溃坝洪水首先漫溢处出现一定宽度决口。

4)堤防漫溢并出现小溃口方案（简称“南北岸堤防小溃口方案”）。

设溃坝洪水首先漫溢堤防，堤顶处模拟400～750m宽的决口。

5)同方案4)，但堤防决口宽度增加1倍，简称“南北岸堤防大溃口”。

6)在方案5)的基础上，于溃坝后12(15)小时内，在杨家垴、涴市、腊林洲3处人工扒口分洪（即根据防御特大自然洪水的分洪规划方案），简称“堤防漫溃加人工扒口”。

2)～6)方案，北闸均在溃坝后4小时左右开启分洪。北闸的分洪能力按设计分洪流量模拟标定。

各方案的干支流堤防溃口、扒口宽度见表12.2.1。

表12.2.1 干支流堤防溃口、扒口宽度 (单位:m)

试验方案	姜家垴	南岸			北岸		杨家垴	涴市	腊林洲
		杨家洲	新场	采穴	枝江	江口			
不漫不溃									
漫而不溃									
南漫北溃					1500	800			
南北小溃口	750	750	500	750	750	400		300	350
南北大溃口	750	1500	1000	1500	1500	800		300	350
漫溃加人工扒口	750	1500	1000	1500	1500	800	500	300	750

12.2.3.2 大坝溃坝模型试验结果

(1)溃坝洪峰流量及其演进过程

1)溃坝洪水洪峰。

在水库水位140～170m大坝溃坝时,坝址处溃坝洪水最大洪峰流量为237万m^3/s,库水位愈高,溃坝洪峰愈大,但三峡水库库容相对不大,又是峡谷河道型水库,溃坝后坝上水面坡降陡峻,突泄水量受峡谷控制,故溃坝洪水洪峰尖削,历时很短,仅数分钟即急剧下降,如库水位170m时,大坝溃坝后3分钟,溃坝洪水流量即由237万m^3/s下降到120万m^3/s,下降约50%。加之坝下游又受峡谷控制,溃坝洪水下泄流量沿程衰减很快,至坝下23km处的石牌,只有35万m^3/s左右,削减了85%。石牌以下衰减较慢,至南津关约31万m^3/s。

溃坝洪水洪峰到达枝城时,洪峰仍很高,并超出历史最大洪水,枝城以上将受到溃坝洪水的严重影响。因此,如在枝城以下采取适当分洪措施,即可将溃坝洪水灾害限制在沙市以上。

2)溃坝洪水演进过程(图12.2.1)。

在大坝瞬时全溃的试验条件下,溃坝洪水演进过程大致为:溃坝洪水受奉节到南津关210km长的峡谷河段约束,下泄洪水前峰约以100km/h的速度到达葛洲坝。大坝溃坝后半小时左右,溃坝洪水越过葛洲坝水利枢纽进入宜昌市区。估计到宜昌时,溃坝洪水流速达18m/s,溃坝后4～5小时,宜昌站水位达64～71m。铁路线在洪水线以上,不致淹没。

溃坝洪水出宜昌后,由于河槽调蓄和沿程阻力作用,流速骤减,约以17m/s的速度流向枝城,1.5小时溃坝洪水前峰到枝城。焦枝铁路的枝江大桥不致淹没,但桥墩将受到最大9m/s流速的冲击。

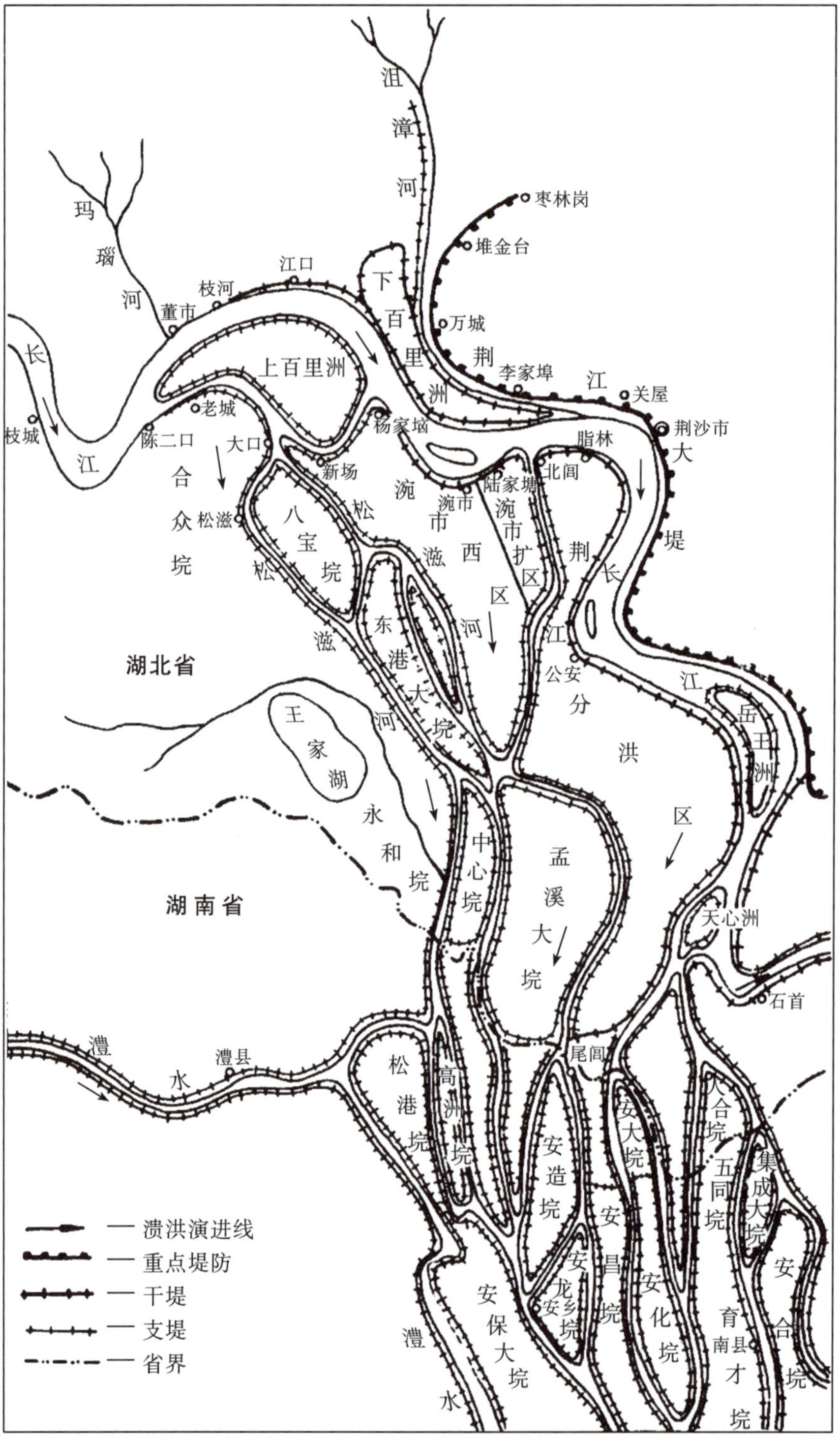

图 12.2.1　三峡大坝溃坝洪水演进

溃坝洪水流过枝城出陈二口后，进入中游平原。江面宽阔，加上松滋河分流，溃坝洪峰进一步坦化，以平均 7m/s 的速度推进。4 小时后溃坝洪水前峰到达沙市。

随着溃坝洪水位上涨，部分洪水自沙市向沮漳河倒灌，在7～13小时后，溃坝洪水前峰到达万城。堆金台至沙市荆江大堤段于溃坝后5～50小时达到最高水位。

溃坝洪水在南津关以上受高山峡谷约束，南津关至陈二口间受低山丘陵约束，其演进路线主要是沿河槽下泄。从陈二口开始，进入有堤防约束的河道。据试验成果，当在库水位高于135m，溃坝洪水出陈二口后，即呈泛滥状态。溃坝洪水的演进状况和破圩堤及破垸堤情况，视大坝溃坝的具体条件和不同的堤防溃决方案而异。

根据各方案的试验成果，为降低荆江溃坝洪水位，荆江分洪区的北闸应在溃坝后4～5小时开闸分洪。在非汛期库水位160m以上或汛期库水位140m以上情况下大坝溃坝时，在溃坝后12小时左右，宜在杨家垴、涴市和腊林洲等3处用人工扒口分洪，以增加南岸分泄溃坝洪水量，降低荆江水位。

非汛期大坝溃坝后，3～5天洪水可全部退至原河槽内。若汛期大坝溃坝，洪水全退出泛区的时间取决于自然洪水的大小及其过程。

从溃坝洪水的演进态势看，由于溃坝洪水的水面坡降远较天然洪水陡，故万城、李家埠一带荆江大堤受溃坝洪水威胁最大，若沙市以上这一段荆江大堤在溃坝洪水作用下不溃决的话，则沙市以下的堤防将是安全的。

(2)不同堤防溃决方案的沿程溃坝洪水位

1)堤防不漫不溃方案。

从试验看出，溃坝洪水最高水位的坡降远比自然洪水大，因此溃坝洪水对堤防的威胁愈近上游愈为严重。如在基流10000m^3/s，大坝全溃口门宽1000m条件下，溃坝库水位130m，沙市溃坝洪水最高水位接近防洪保证水位45m，但陈家湾至松滋老城间的洪水位已超过保证水位0.5m左右。当库水位135m溃坝时，沙市溃坝洪水最高水位仅超过保证水位约0.5m，而陈家湾以上溃坝洪水最高水位已超过堤防堤顶0.5m左右。因此，根据堤防不漫不溃方案的试验成果，可以看出溃坝洪水对荆江上段的堤防威胁最大。此外，如大坝全溃，仅靠降低库水位还不能保证荆江河段堤防安全，必须采取分洪措施。

2)堤防漫而不溃方案。

溃坝洪水只漫溢堤防堤顶而不溃决，是溃坝洪水分流最少，对荆江大堤最不利的情况。在基流10000m^3/s、大坝全溃口门宽1000m、城陵矶水位32m条件下，库水位150m大坝溃坝，沙市最高水位较前述堤防不漫不溃方案降低3m多，库水位160m溃坝，沙市最高水位45.15m，超过保证水位0.15m。试验表明，在非汛期大坝溃坝，如及时运用荆江分洪，则库水位降至160m以下，荆江段部分堤防将漫溢，但荆江大堤的安全不会受到威胁。

在汛期基流60000m^3/s、大坝全溃口门宽1000m、城陵矶水位34.4m条件下，库水位135m时溃坝，自陈家湾以上的南岸沿江干堤普遍漫溢，堤顶最小淹没水深0.1m，最大淹没水深0.45m，沙市水位45.75m。若库水位145m溃坝，南岸堤顶最大淹没水深0.7m，沙市水位45.87m。库水位150m溃坝，沙市水位为46.15m，较堤顶稍低。由此可见，在汛期基流60000m^3/s，库水位135～150 m时大坝溃坝，如适时运用荆江分洪，南岸干堤将普遍漫溢，沿荆江大堤的水位介于保证水位与堤顶高程之间。但由于基流大，高水位历时长，荆江大堤虽不致漫溢，仍存在溃决危险。因此，为缩小汛期大坝溃坝的淹没损失，除降低库水位运用外，还应适时运用荆江分洪，并在南岸扒口分流，以保证荆江大堤的安全。

3)堤防南漫北溃方案。

除运用荆江分洪工程外，还假定南岸堤防除腊林洲、涴市两处在沙市水位超过 45.4m 人工扒口分洪外，其余南岸堤防仅漫顶溢流；江北堤防在枝江、江口两处(实际是下百里洲围堤及沮漳河堤)假定漫堤顶决口 2300m，这样溃坝洪水的主流将通过决口直冲荆江大堤，对荆江大堤极为不利。按此条件试验的结果是，当基流为 10000m³/s，库水位为 150m，大坝全溃口门宽 1000m 时，荆江大堤的李家埠和关庙两处的最高水位分别为 46.6m、45.46m，较堤防漫顶而不溃的第二方案分别抬高 1.65～0.56m；当基流为 60000m³/s，库水位为 145m 时大坝溃坝，李家埠和关庙的水位分别为 46.92m、46.32m，较第二方案分别抬高 0.92m、0.37m。说明溃坝洪水冲决下百里洲围堤及沮漳河右堤，对关庙以上的荆江大堤是不利的。

4)堤防自由漫顶并出现小决口方案。

溃坝试验中，由于大坝下游荆江河段堤防决口大小的不确定性，设想溃坝洪水先漫堤防堤顶，接着在堤防漫溢处冲开一个中等大小的决口，参照一般堤防决口的资料，取南岸堤防漫溃 4 处共宽 2750m，北岸堤防溃漫 2 处共宽 1150m；运用荆江分洪工程，并按沙市水位达 45.40m 时腊林洲、涴市人工扒口分洪。

试验结果表明，基流 10000m³/s，库水位 160m，城陵矶水位 32m，大坝全溃口门宽 1000m，沙市水位 44.9m，接近防汛保证水位，李家埠、关庙等处的堤防也有一定富余超高，荆江大堤不致出险；汛期基流 60000m³/s，沙市水位已达 45m，当水库水位 145m 大坝溃坝时，荆沙水位高达 45.70m，超出防汛保证水位 0.7m。

5)堤防自由漫溢并出现大溃口方案。

根据溃坝洪水峰高、流急、比降大的特点，参照长江堤防历史自然洪水决口宽度，假设溃坝洪水造成的堤防决口比自然洪水决口要大一些。因此，在第四方案的基础上，将南岸堤防的决口宽度扩大到 4000m，北岸扩大到 2300m，沙市水位达 45.4m 时，腊林洲和涴市人工扒口分洪。

试验表明，非汛期库水位 160m 时大坝溃坝后，沙市的最高水位为 44.2m，低于第四方案约 0.7m。加大堤防溃口宽度，对荆江大堤的安全是有利的。

6)堤防大溃口并有人工扒口分流方案。

汛期大坝溃坝时，由于基流水位很高，为尽早降低荆江大堤的水位，在第五方案基础上，于溃后 12 小时内，腊林洲、涴市和姜家垴人工扒口分洪。

假定汛期基流 60000m³/s，城陵矶水位 34.4m，沙市在溃坝前的基流水位已达 45m，从试验成果看出，库水位 135～150m 大坝溃坝后，沙市最高水位超出防汛保证水位 0.55～0.7m，但仍在堤顶高程 47m 以下。假定基流为 60000m³/s 是明显偏大的，因为宜昌天然洪峰出现 60000m³/s 的时间，平均每年仅 0.6 天，110 多年中出现大于 60000m³/s 流量的仅 22

年，平均约 5 年才出现一次。

通过不同溃坝洪水下泄方案的试验说明，在非汛期大坝溃坝，由于下游河槽、湖泊和分洪区具有较大的蓄泄能力，而溃坝水量相对不大，只要采取适当降低库水位和分洪措施，即可控制沙市最高水位不超过防洪保证水位 45.0m。汛期流量 $60000m^3/s$ 时大坝溃坝，由于此时已处于防汛紧张时期，沙市已达保证水位，溃坝后采取分洪措施也可大大降低沙市最高水位，但不可能降至保证水位以下。三峡大坝不同溃坝情况下沙市站最高水位见表 12.2.2。

表 12.2.2　三峡大坝不同溃坝情况下的沙市站最高水位

溃坝情况	溃坝前库水位(m)	溃坝前水库流量、溃坝后入库流量(m^3/s)	库容(亿 m^3)	溃坝后沙市站的最高水位(m)
大坝全溃坝、溃坝口宽 1000m	175	10000	393	45.75
	170	10000	344	45.55
	160	10000	262	44.86
	150	10000	197	44.20
	145	10000	172	43.92
	150	60000	197	45.70
	145	60000	172	45.63
	135	60000	124	45.55
	150	56700	197	45.05
	145	56700	172	44.96
	135	56700	124	44.82
大坝全溃坝、溃坝口宽 400m	145	60000	172	45.55
大坝半溃坝至 110m 高程	150	60000	154	45.37
溃坝口宽 1000m	145	60000	129	45.30
	136	60000	81	45.20
大坝半溃坝至 110m 高程	150	60000	154	45.37
溃坝口宽 400m	145	60000	129	45.30

注：①溃坝前出库流量 $10000m^3/s$，溃坝前沙市水位 37.62m，城陵矶水位按 30.0m 考虑；②溃坝前出库流量 $60000m^3/s$，溃坝前沙市水位 45.0m，城陵矶水位按 34.4m 考虑；③溃坝前出库流量 $56700m^3/s$，溃坝前沙市水位 44.5m，城陵矶水位按 34.4m 考虑。

(3)大坝不同溃坝情况的比较

1)大坝半溃坝。

半溃坝是假定大坝 110m 高程以上造成缺口，其下的坝体仍可拦蓄库水，溃坝决口宽度取 1000m。下游分洪的溃堤条件与前述的大坝全溃相同。如溃坝前下泄流量按规划控制枝城不超过 56700m^3/s,沙市水位 44.50m,则试验结果见表 12.2.3。

表 12.2.3 三峡大坝汛期半溃坝试验结果

溃坝库水位(m)	溃坝库容(亿 m^3)	沙市站最水位(m)
135	81	44.75
140	104	44.80
145	129	44.90
150	154	44.95

注:溃坝前流量 56700m^3/s,溃坝口宽 1000m,溃坝口高程 110m,城陵矶水位 34.4 m。

从表 12.2.3 可以看出,汛期大坝半溃坝,如溃坝前流量不超过 56700m^3/s,则沙市最高水位均在防汛保证水位 45.0m 以下。

2)不同溃坝口门宽度的比较。

试验中取溃坝口门宽 1000m 大坝全溃到河床这一最不利条件作为试验的基础。但从整个库区特征看,在长 200 余千米的狭谷河道中,除坝址处的河谷较为开阔外,其上下游均有很长的天然峡谷。为研究天然峡谷对溃坝洪水约束的影响状况,试验时将溃坝口门缩窄,大坝按全溃到河床,下游分洪扒口条件不变,以观察大坝溃口改变后下游水位的变化情况。试验结果见表 12.2.4。

表 12.2.4 三峡大坝不同溃坝口门宽度比较试验结果

大坝溃口宽度(m)	沙市站最高水位(m)	关庙站最高水位(m)	李家埠站最高水位(m)	南津关最大流量(万 m^3/s)
1000	45.65	45.85	45.60	21.00
400	45.65	45.88	46.55	19.5
250	45.65	45.88	46.55	17.6
200	45.40	45.80	46.55	15.7

注:溃坝前流量 60000m^3/s,城陵矶水位 34.4 m,溃坝库水位 145 m。

从表 12.2.4 可以看出,在库水位及溃坝前流量相同的大坝全溃条件下,坝址的溃坝口宽度从 1000m 缩小到 250m 时,除南津关的瞬时最大流量有所差异外,对较远处的荆江大堤的最高水位不产生明显影响。但当溃坝口宽缩小到 200m 时,荆江大堤的最高水位才开始变化。说明三峡大坝溃坝时,当溃坝口宽度大于 200m 时,受到南津关以上较长的峡谷河段的阻滞作用,溃坝洪水的泄放能力受到了制约。

12.2.3.3 溃坝洪水影响分析

对混凝土坝的防核爆炸破坏问题,研究了大坝瞬时溃坝和下游城陵矶江段最高水位顶托影响等多种不利因素组合,多组爆炸溃坝试验表明:由于三峡大坝下游有约 40km 的峡谷,对溃坝洪水具有显著的约束和控制作用;出峡谷后再经 60km 的丘陵河谷又进入河道宽阔而有较大行洪能力的平原河段，溃坝洪水逐段削弱，其破坏力随之降低。因此，只要在核战争时根据国家军事部门的防空预警、事先降低水库水位运行，就可以把溃坝洪水灾害减少到最低限度，而不致造成大坝下游毁灭性灾害。

三峡大坝若遭受核武器破坏而全溃时，百余亿立方米水库水量短时间内下泄，坝址至沙市区间沿岸，受溃坝洪水波直接冲击，灾害损失严重。葛洲坝水利枢纽将严重受损，宜昌市在铁路线以下地区受淹，枝城，上、下百里洲和荆江分洪区以西洲滩围垸将溃堤受淹。

由试验可以看出，在不同时期（汛期或非汛期）、不同库水位（高水位或低水位）条件下，大坝溃坝洪水影响的范围有所不同。只要能适时降低运行水位并采取适当的分洪措施，就可将溃坝洪水淹没损失限制在一定范围内。

溃坝洪水在大坝全溃的瞬间十分凶猛，对坝下近区的破坏力极大，但溃坝洪水洪峰尖瘦，历时短暂。试验中曾抽测宜昌站的溃坝洪水过程线，在库水位 145m 条件下，洪峰流量大于 60000m^3/s 的时间仅两天多，一般情况下，3～5 天溃坝洪水即全部退至原河槽内。和自然洪水相比，峰高而量小，如 1870 年和 1954 年的长江历史大洪水时，宜昌站的洪水流量长期居高不下，洪量总计超过千亿立方米（图 12.2.2）。

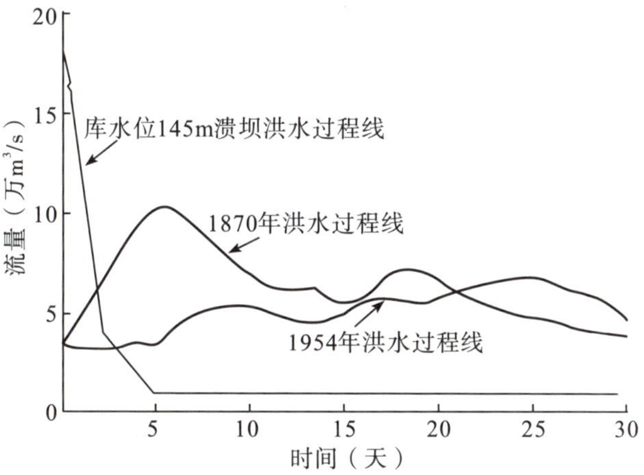

图 12.2.2　宜昌站溃坝洪水与天然洪水过程曲线

据统计，1931 年和 1954 年的长江历史大洪水都造成流域 4999.61 万亩左右农田被淹，2000 万人受灾，其中受灾最重的是湖北、湖南两省，有 2699.8 万亩左右农田被淹，一两千万人受灾（表 12.2.5）。

溃坝洪水影响的范围仅限于湖南、湖北两省局部地区，与 1931 年历史洪灾比较，前者淹没农田约占全流域历史洪灾淹没的 4%，约为湖南、湖北两省历史洪灾淹没的 7.4%，受灾人口分别是 5.8%和 6.9%（表 12.2.5）。

表 12.2.5　　三峡大坝溃坝洪水与历史洪水受灾比较

项目		受灾农田(万亩)		受灾人口(万)	
		全流域	湘鄂	全流域	湘鄂
溃坝洪灾(汛期库水位 145m)		205.04		165	
历史洪灾	1931 年	5089.61	2781.86	2855	2392
	1954 年	4754.68	2700.87	1888	1183
溃坝洪灾与历史洪灾的比值(%)	1931 年	4.0	7.4	5.8	6.9
	1954 年	4.3	7.6	8.7	13.9

12.2.3.4　大坝溃坝试验的结论

1)试验中所选用的水力学条件和边界条件,均系采用不利因素的组合。如非汛期大坝溃坝取城陵矶顶托水位 32m,相当于 5 年一遇的汛期顶托水位,汛期大坝溃坝取城陵矶防洪保证水位 34.4m,基本上是顶托影响的最高值;溃坝后 70 小时全部历时的入库流量均用 60000m^3/s,实际上长江汛期大于 60000m^3/s 的历时年均只有 0.6 天;奉节以上库区没有模拟地形,水体下泄阻力相应偏小;大坝全溃溃口宽度 1000m,坝体全部溃决到河床等。因而,该试验报告所得结论是偏于安全的。

2)试验表明,采取预降库水位和分洪措施后,溃坝洪水的灾害面积可限制在 3000km^2 以内,淹没农田 199.94 万亩,受灾人口 100 多万,远小于历史上一次大洪水的灾害范围。溃坝洪水灾害的范围局限在湖北境内的上荆江一带洲滩围垸内,不致影响到沙市和以下地区,属于局部地区性灾害。

3)大坝受袭溃决,溃坝洪水会造成一定的灾害。库水位愈低,损失愈小。但库水位降到一定限度后,枢纽本身的正常功能就不能发挥。故应选取合理的战时运行水位,使之既不严重影响枢纽功能的发挥,又能在一旦溃坝后使灾害损失限制在最小范围之内。显然荆江大堤如溃决,则可能造成大量人员伤亡,影响范围大。因此,战时降低库水位的运行标准以确保荆江大堤安全为原则。根据溃坝洪水特点,试验研究报告对荆江大堤的安全水位线、分洪顺序、战时运用水位等提出了建议。

4)战时预警措施是减轻大坝溃坝时人员伤亡的重要手段,应予以高度重视并深入研究。对上荆江一带堤垸的修整及其安全措施也应组织研究。

5)对三峡混凝土重力坝的防核爆炸破坏问题,研究了大坝瞬时溃坝和下游城陵矶江段最高水位顶托影响等多种不利因素组合,进行多组爆炸溃坝试验表明:三峡大坝下游有约 30km 的峡谷,对溃坝洪水具有显著的约束和控制作用;出峡谷后再经 60km 的丘陵河谷又进入河道宽阔而有较大行洪能力的平原河段,溃坝洪水逐段削弱,其破坏力随之降低。因此,只要在核战争时根据国家军事部门的防空预警、事先降低水库水位运行,就可以把溃坝洪水灾害减少到最低限度,而不致造成大坝下游发生毁灭性灾害。

12.3　三峡工程人防论证结论与工程防护及减免灾害对策研究结论

12.3.1　三峡工程人防问题论证结论

1986 年 6 月中共中央、国务院决定对三峡工程进行重新论证，由水电部成立三峡工程论证领导小组统一领导论证工作，分设 10 个专题论证专家组。在地质地震与枢纽建筑物专题中设枢纽建筑物论证专家组，张光斗、张昌龄、黄文熙、陈宗基 4 位担任顾问，李浩钧、王三一、王宏硕、许百立、邵长城、严庆权、沈德民、陈道周、陈春庭、郑顺炜、林景铭、须清华、高伟刚、柴挺生、夏颂佑、曹楚生、张定邦、赵佩钰、赵振民、汪景琦、涂启明、霍永基、李鸿民、殷之书、曹惠泉、陈志林等 26 位专家组成专家组成员，李浩钧任专家组组长。为深入论证三峡工程人防安全问题，在枢纽建筑物专家组内成立了人防小组，殷之书担任组长。1986—1988 年三峡工程人防小组审阅了 30 多年三峡工程的防护工作成果资料，并赴湖北省陆水试验场察看了溃坝模型试验条件和试验过程及其成果报告，枢纽建筑物专家组经认真讨论，一致认为三峡工程人防安全问题的试验研究工作充分，资料较全，问题基本清楚。

12.3.1.1　三峡工程人防问题的分析

三峡工程地处我国腹地，坝高库大，战时可能成为敌人的战略破坏目标，应审慎对待。对此，国务院和水电部十分重视，先后组织过化爆模拟试验、核武器效应试验和溃坝模型试验等分析论证工作，资料较全，问题基本清楚。在三峡工程论证过程中，先后召开了三次人防小组会议，邀请了国家人防委员会、总参工程兵部、国防科技大学以及其他科研单位等方面的专家进行了充分的讨论，一致认为：

1)三峡工程属季调节水库，年际水位变幅大，蓄水量悬殊。正常蓄水位 175m 时，相应库容达 393 亿 m^3；汛期防洪限制水位 145m 时，相应库容为 221.5 亿 m^3，此时与我国其他几座已建大型水库的蓄水量大体相当。

2)枢纽泄放条件好，下游允许的安全泄量较大，库水位下降时间短。在汛期库水位控制在防洪限制水位 145m 运行，在非汛期来水量 10000m^3/s 情况下，水库从正常蓄水位 175m 降低到相对安全的下限水位所需时间在 7 天以内(较目前国内其他大型水库降低水位所需的时间短得多)。因此，在高水位大库容时受袭破坏的机遇相对较少。

3)大坝采用混凝土重力坝，坝体厚实，有较强的抗御常规武器的能力，大坝遭受常规武器袭击致局部受损时，对下游无大的影响；若被核武器直接或间接命中，最可能的破坏方式是使部分坝段倾覆或宽数百米的坝段断裂溃决。在此情况下，根据模型试验成果，在非汛期库水位为 175m、160m、150m，且下游河道基流为 10000m^3/s 时，荆江河段沙市的最高溃坝洪水位分别为 46.0m、45.1m 和 44.1m；在汛期库水位 145m，且下游河道基流达 60000m^3/s 时，沙市最高溃坝洪水位相应为 45.6m，比目前荆江大堤堤顶高程 47.0m 低 1.4m；坝址至沙市间因受溃坝洪水直接冲击，灾害损失严重，但对沙市和武汉地区只要库水位泄放至防汛限制 145m 或降至 145m 以下，溃坝洪水不致造成严重灾害。

根据上述情况分析，对三峡工程人防问题基本意见如下：

1）三峡工程人防问题事关重大，实质上属战争风险分析与对策问题，应审慎对待。基于现代战争有征候可察，预警放水是可能的。三峡枢纽建有低高程、大泄量的泄流设施，降低库水位所需时间不长，高水位受袭机遇相对较小；库水位降低后，目标的战略打击价值相对降低。因此，应遵照平战结合和经济合理的原则，采取一些有利于提高大坝抗力，减轻破坏程度的工程措施；战时采取降低库水位运行方式，减少万一溃坝带来的严重损失。并应结合平时防洪需要和下游堤防岁修安排，适当加固加高荆江大堤，健全通信指挥系统，以提高防护和应变的能力。

2）三峡大坝建有低高程、大泄量的泄洪设施，战时可迅速降低库水位运行。大坝为混凝土重力坝，具有较强的抗御常规武器的能力。如若遭受核武器袭击，坝体部分溃决，坝址至沙市以上地区的灾害十分严重，但对沙市及武汉市均无大的影响。从全局分析仍属局部地区性灾害。因此，人防问题不致成为三峡工程可否兴建的决定性因素。

12.3.1.2 三峡工程人防问题论证结论

（1）枢纽建筑物专家组人防小组对三峡工程不同蓄水位方案人防问题论证结论

三峡工程大坝人防问题历来为中央及各方面所重视，并组织过多次的试验研究。20世纪80年代以来，长办在湖北省陆水试验场进行了大比例尺的溃坝水工模型试验研究，取得了不同蓄水位溃坝时溃坝洪水传播过程及其影响范围的资料。

1）三峡工程是我国最大的水利枢纽，战时可能成为敌人实施战略袭击的目标之一，需要有一定的人防对策。基于现代战争有征候可察，且重大工业设施一般非战争的首批攻击对象，有可能预警放水。降低战时水库运行水位，是经战争实践证明水库工程有效的主要人防对策。三峡工程建有大泄量的底孔，下游河道允许泄量大，降低水库水位所需时间很短。计算表明：由正常蓄水位180m、170m、160m、150m，降至各方案的防洪限制水位的时间最多为7天，远小于国内其他大型水库，可基本满足军事部门的要求。

2）降至防洪限制水位后，不同溃坝条件下各蓄水位方案对沙市水位影响差异不大；溃坝时，当下游河道泄量小于50000m^3/s时，沙市水位最高为45.0m；当下游河道泄量已有60000m^3/s，沙市水位最高为45.7m，此时如堤防漫溃影响范围限于宜昌市、枝城及沙市以上两岸洼地和洲滩民垸。大坝全溃又遭遇十年一遇洪水，概率是较小的。为尽量减少溃坝损失，枢纽专家组建议战时水库运行水位控制在145m，必要时短时降低到135m甚至更低。

3）三峡水库为河道型，下游南津关峡谷底宽仅200～300m，对三峡溃坝洪水突泄起约束作用。试验资料表明，溃坝口门过宽，溃坝时对下游流量增加不多。同时，还保留了上游围堰，保护大坝底部不溃。

4）大坝人防实属战争风险分析问题。三峡工程采用上述对策后，溃坝洪水影响仍属局部灾害问题。因此，枢纽建筑物专家组认为大坝人防不致成为三峡水位选择的制约因素。

（2）枢纽建筑物专家组人防小组对三峡工程建与不建的人防问题论证结论

三峡工程人防安全事关重大，应审慎对待。基于现代战争有征候可察，预警放水是可能的。大坝建有低高程、大泄量的泄洪设施，战时可迅速降低库水位运行。大坝为混凝土重力坝，具有较强的抗御常规武器命中的能力。若遭受核武器袭击，坝体部分溃决，溃坝洪水造成坝址至沙市以上地区灾害损失严重，但对沙市及武汉均无大影响。从全局分析仍属局部地区性的灾害。因此，人防问题不致成为三峡工程可否兴建的决定性因素。

12.3.2　三峡工程防护及减免灾害对策研究结论

12.3.2.1　三峡工程人防安全的特点

1)三峡水库库容相对不大，且为典型的峡谷水库，自奉节至南津关长约210km的三峡河段，库区水面平均宽度约1100m，坝址至奉节段的库面平均宽度约500m，且有多处河宽不足300m的狭谷。坝下至南津关又有30km的峡谷河段，两岸陡立，一般峡宽仅250m左右，还转了3个90°的弯。峡谷河道对溃坝洪水突泄有很大的约束作用，使溃坝洪峰衰减很快，当溃坝洪水前峰到达南津关时，洪峰已大幅度降低。再下是60km长的丘陵河谷，到达枝城后，溃坝洪水水势进一步削弱。

2)三峡大坝为混凝土重力坝，坝体抗爆能力强。在坝体内设有大量的泄洪深孔和溢流表孔，泄流能力大，下游河道安全泄量为60000m^3/s左右，每天可安全下泄水体约50亿m^3。满库时，将175m水位降至150m仅要5～6天(按入库流量10000m^3/s考虑，汛期库水位一般维持在145m运行)。在国内已建大型水库中，三峡水库的泄放能力最强。

3)长江中游河段，河势宽阔，可通过的安全泄量为60000～68000m^3/s，泄洪能力大。两岸湖泊、围垸有很大的调洪容量，对减少溃坝灾害是非常有利的。根据长江中游防洪规划，按防御1954年规模的自然洪水要求，分蓄洪区可蓄水442亿m^3，其中荆江分洪区54亿m^3，洞庭湖区160亿m^3，洪湖区68亿m^3，武汉附近68亿m^3。但溃洪峰高，洞庭湖和武汉附近的分蓄洪区不能有效利用，因此为缩小溃洪灾害，需要利用荆江河段南岸的若干圩垸分洪。

12.3.2.2　三峡工程人防安全及减免灾害对策研究结论

1)三峡工程具有防洪、发电、航运、水资源利用等综合效益，对我国经济社会发展具有重要意义。对三峡工程的防护安全和减免灾害对策问题，党中央、国务院和有关部委高度重视。研究人员通过大量试验、研究，认为高水位溃坝造成的灾害较为严重，宜于临战时降低三峡水库水位运行。库水位降低后，可大大减轻万一溃坝造成的灾害损失，同时目标的战略打击价值也相应降低，从而间接达到相对安全运用的目的。

2)基于现代战争有征候可察，预警放水是可能的。三峡大坝有足够的泄洪设施，下游河床亦有较大的安全泄流能力，在非汛期水库蓄水位较高时，降低水库水位至相对安全水位所需的时间不长，可满足必要时预警放水的时限要求。汛期库水位经常处于防洪限制水位145m运行，一般不需要预警放水。

3)按照平战结合和经济合理的设计原则，可采取一些有利于提高大坝抗力、减轻破坏程度的工程措施，如可适当地利用上游横向土石围堰和碾压混凝土围堰拆除遗留的下部堰体，以消减水中爆炸造成的影响。同时宜结合防洪需要，整修中下游堤防，并在有关堤段和圩垸，逐步建立和完善预警、避洪和通信指挥系统，以策安全。

4)万一大坝受袭破坏，以最不利的溃坝情况分析，溃坝洪水对坝下游至沙市以上地区的灾害影响是严重的，但仍属于局部地区性的灾害损失，不致影响沙市和荆江大堤的安全。在采取一些防护措施后，灾害可进一步减轻。

5)从尽量减少溃坝损失考虑，必要时水库运用水位控制在 145m，或短时降低到 135m，甚至更低。

6)我国改革开放 40 多年来，随着国家经济社会的发展和国防力量的加强，大大提高了我国对现代战争的防御能力，采取多种措施防止各类爆炸物进入三峡坝区，以保障大坝防护安全。

12.4 茅坪溪防护坝遭受空炸溃坝的危害影响分析

12.4.1 茅坪溪流域概况及防护坝功能

12.4.1.1 茅坪溪流域概况

茅坪溪位于湖北省宜昌市，主河道全长 25.4km，其出口位于三峡水利枢纽大坝轴线上游约 1.0km 的长江右岸，入江口高程 68.00m。茅坪溪流域面积 113.24km^2，流域内人口 3.1 万，耕地 3.4 万亩。该地区气候温和，多年平均降雨量 1300mm，多年平均径流深 800mm，适宜多种作物的生长，是秭归县产粮区和较为富饶的农业经济区。粮食作物以水稻为主，兼种小麦、玉米等，经济作物有柑橘、花生等。流域内交通方便，有公路直达秭归新县城。

12.4.1.2 茅坪溪防护坝修建目的及主要功能

(1)茅坪溪防护坝修建目的

按三峡工程正常蓄水位 175.00m 计算，茅坪溪流域内受淹面积为 7.50km^2，人口按 20 年一遇回水，并考虑风浪浸没影响，按三峡大坝前水位 177.00m 搬迁人口，耕地按 5 年回水即坝前水位 175.00m 征用。1992 年初，对茅坪溪流域内受淹人口和耕地进行调查复核，淹没区涉及秭归县和宜昌县，需搬迁 6561 人，淹没耕地 4794.6 亩、果园 2601.4 亩、35kV 输电线路 17.0km、10kV 输电线路 48.0km 及县区乡公路 99.8km。秭归县人多地少，坡多田少，移民难度大，地方政府强烈要求采用工程防护措施，保护茅坪溪流域内受淹人口和耕地。为此，1992 年 5 月三峡工程论证领导小组决定将茅坪溪防护工程作为三峡工程的附属项目，与三峡工程同时设计、兴建。茅坪溪防护工程包括防护坝和茅坪溪泄水建筑物。

(2)茅坪溪防护坝主要功能

茅坪溪防护坝坝址在茅坪溪出口处，主要功能是与三峡大坝共同挡三峡水库水位，为三峡水利枢纽的组成部分；防护坝另一功能是保护茅坪溪流域 7.5 万 km^2 内居民、耕地、房屋和企业设施等。

12.4.2 茅坪溪防护坝遭受空炸溃坝的危害影响及其对策

12.4.2.1 茅坪溪防护坝遭受空炸溃坝的危害影响

(1)茅坪溪防护坝遭受空炸溃坝对保护区的危害影响

茅坪溪防护坝遭受空炸溃坝,保护区受淹影响6561人,淹没耕地4794.6亩、果园2601.4亩、35kV输电线路17.0km、10kV输电线路48.0km、县区乡公路99.8km以及近几年在茅坪溪防护坝保护区内兴建的一批楼房和工厂企业设施等。

(2)茅坪溪防护坝遭受空炸溃坝对泄水建筑物的危害影响

茅坪溪防护坝泄水建筑物包括进口明渠段、隧洞段、箱涵段、出口明渠段,轴线全长3014.1m。进口明渠段长174.9m,进口底板高程96.00m,梯形断面,底宽由80.0m至隧洞进口逐渐束窄至12.0m;隧洞段长148.9m,平均纵坡0.85%,进、出口底板高程分别为94.00m、81.21m,洞型为城门形,断面尺寸采用11m×10.6m(宽×高),顶拱半径6.35m,中心角120°,隧洞过流面积106.4m^2;箱涵段长1169.5m,采用矩形3孔箱式,单孔断面尺寸4.0m×8.0m,箱涵过流面积95.4m^2;出口明渠段长278.9m,出口底板高程66.00m,梯形断面,底宽由80.0m至箱涵出口13.6m逐渐扩宽至24.0m。泄水建筑物设计流量854m^3/s,水位106.5m;校核流量1220m^3/s,水位110.0m。茅坪溪防护坝在正常蓄水位175.0m遭受空炸,超过泄水建筑物水位达65m,泄水建筑物进口明渠段的防冲结构、隧洞段衬砌结构、箱涵段3孔结构和出口明渠段的消能防冲结构将遭受不同程度的破坏,因其泄流量较小,不致对大坝下游造成较大危害。

12.4.2.2 茅坪溪防护坝遭受空炸的危害对策

(1)三峡工程战争时防空炸降低水库水位运行

三峡工程水库正常蓄水位175m,汛期(6—9月)防洪要求水库水位降至防洪限制水位145m,大坝设计在坝体布置了23个泄洪表孔(底高程158.0m)和22个泄洪深孔(孔底高程90.0m)。现代战争总是有征候可察的,这就为三峡工程在必要时降低水库水位赢得了时间。当发现有战争征兆时,三峡水库可事先进行预警放水。水库水位从175m降至145m(相应水库库容171.5亿m^3),仅需7天时间,必要时还可将库水位降至135m(相应水库库容124.0亿m^3),从而使茅坪溪防护坝遭受空炸溃坝的危害影响大大减轻。

(2)茅坪溪防护坝保护区建立健全遭受空炸溃坝预警系统

茅坪溪防护坝遭受空炸溃坝的主要危害是保护区居民生命财产安全。在茅坪溪防护坝保护区建立健全遭受空炸溃坝预警系统,现代战争总是有征候可察的,当发现有战争征兆时,保护区各级政府要对居民发出预警,在177m高程以上搭建临时安置点,居民可将贵重物品转移,并做好老人和小孩随时撤退准备;一旦发生茅坪溪防护坝遭受空炸溃坝时,可保证保护区人民生命安全。

12.5 三峡工程大坝人防安全关注的问题

12.5.1 三峡工程大坝在战争时防空炸防御的重点及其对策措施

12.5.1.1 三峡工程大坝在战争时防空炸防御的重点

三峡工程大坝坝址处于我国腹地，且为高坝大库，发生战争时可能成为敌人的空炸战略目标，党中央、国务院高度重视三峡工程防空炸问题，早在20世纪50年代就开始进行研究，主要开展了两个方面的研究工作：一是研究核袭击对大坝的影响及其防护措施；二是研究溃坝洪水对坝下游地区的影响及减免灾害的对策。对于大坝防核袭击问题，1964年10月，当我国第一颗原子弹的蘑菇云升起在罗布泊上空时，三峡工程设计及科研人员就在实地获得了大坝核爆试验的资料。

三峡工程大坝是一座混凝土重力坝，最大坝高181m，坝顶长度2309.5m，混凝土量达1600万m^3，大坝设计时，已采取有利于提高坝体抵抗爆炸的能力，减轻大坝破坏损伤的工程措施。大坝坝体对常规武器和一定当量核武器袭击，有较强的抗御能力。鉴于当代战争对混凝土坝破坏最大的是核武器袭击，因此三峡工程大坝战时防空问题的防御研究重点是如何应对大当量核武器的袭击。

12.5.1.2 三峡工程大坝在战争时防空炸的对策措施

三峡工程大坝防空炸防御大当量核武器袭击最有效的应对措施，是在战时短时间降低水库运行水位。三峡水库正常蓄水位175m，汛期（6—9月）防洪要求水库水位降至防洪限制水位145m，大坝设计时在坝体布置了一些低高程的泄流孔，根据战时防空炸需要还有进一步降低水库水位的措施。防空专家指出，现代战争总是有征候可察的，这就为三峡工程在必要时降低水库水位赢得了时间。当发现有战争征兆时，三峡水库可事先进行预警放水。大量试验表明，水库水位从175m降至145m（相应水库库容171.5亿m^3），仅需要7天时间，较国内一些大型水库降低至汛限水位的时间缩短，必要时还可将库水位降至135m（相应水库库容124.0亿m^3），从而使溃坝影响大大减轻。

12.5.2 三峡工程大坝在战争时遭核武器袭击溃坝洪水影响范围问题

12.5.2.1 三峡大坝上下游的峡谷约束河道水流，减小溃坝洪水影响范围

三峡水库为600多千米狭长的河道型峡谷水库，与埃及尼罗河阿斯旺水库典型的湖泊型水库大不相同，三峡自奉节至南津关长约210km的狭谷河段，库区水面平均宽度约1100m，坝址至奉节段的库面平均宽度约500m，且有多处河宽不足300m的狭谷，两岸悬崖高耸，陡壁夹峙，限制了水库中的水体大量实然下泄，也不会向两岸漫溃。大坝下游从莲沱至南津关为20km长的峡谷河段，两岸高山陡立，一般峡谷宽度仅250m左右，且有急转3个90°的弯道，可以把溃坝形成的最大洪峰流量大大削减，出南津关的流量只有大坝坝址溃坝洪峰流量的1/6左右，溃坝洪水流量出南津关后，地形逐步开阔，水势趋于减弱，三峡工程大

坝上下游的峡谷约束河道水流，可起到减小溃坝洪水影响范围的作用。

20世纪80年代以来，三峡工程大坝防空炸转入以溃坝影响及其对策研究为重点。长办在湖北陆水试验场进行了大比例尺的溃坝试验研究，对三峡混凝土重力坝的防核爆炸破坏问题，研究了大坝瞬时溃坝和下游城陵矶江段最高水位顶托影响等多种不利因素组合，进行多组爆炸溃坝试验，揭示了大坝溃坝洪水演进的基本规律，研究了相应的减轻溃坝灾害的措施。溃坝模型试验表明，三峡大坝上下游的峡谷对溃坝洪水突泄有相当大的约束作用，限制了溃坝洪水的下泄流量，延缓了下泄时间，使溃坝洪峰快速衰减，当溃坝洪水前峰到达坝下游南津关时，溃坝洪峰已大幅度削减，接下来下游河道是长度60km的丘陵河谷，到达枝城后，溃坝洪水水势进一步削弱，其破坏力随之降低。

12.5.2.2　三峡大坝在战争时遭核武器袭击溃坝，不致造成下游毁灭性灾害

三峡大坝溃坝模型试验按最不利的情况，即水库正常蓄水位175m时（相应水库库容393.0亿m^3），大坝遭核武器袭击瞬时彻底破坏，溃坝洪水演进过程表明，灾害影响范围为大坝下游荆江河段沙市以上的局部地区性灾害。三峡水库水位预先降至防洪限制水位145m运行，大坝遭核武器袭击瞬时破坏，溃坝洪水淹没农田205.04万亩，相当于1931年长江流域大洪水淹没农田5089.61万亩的4.0%，也相当于1954年长江流域大洪水淹没农田4754.68万亩的4.3%，远小于历史上大洪水造成的损失。因此，只要在战争时根据国家军事部门的防空预警，三峡工程事先降低水库水位运行，就可以把溃坝洪水灾害减少到最低限度，而不致造成大坝下游发生毁灭性灾害。

第13章 三峡工程优化调度研究及初期运行检验

13.1 汛期运行水位上浮方式研究

三峡水库汛期运行水位小幅上浮，对长江中下游防洪影响不大，但若上浮幅度过大，下游需留出的预泄空间将加大，水位上浮运用的概率将减小；若预泄空间不变，随上浮水位加大，防洪风险加大，会从一定程度上增加长江中下游的防汛负担。

调度方式很大程度上取决于水情预报，而三峡水库水情预报包括上、下游，范围大，区间组成复杂，需要考虑上、下游的相对关系等，存在较多的不确定性。为确保防洪安全，又使方案具有操作性，判别条件不宜太复杂，且要留有充分的安全裕度。三峡水库汛期运行水位可按 146.5m 控制，同时考虑泄水设施启闭时效以及电站日调节需要，水库汛限水位可在 144.9～146.5m 运行。前提条件是上游来水和中下游主要控制站水位满足 2009 年水利部颁发经国务院批准的《三峡水库优化调度方案》规定的三峡水库汛期运行水位上浮条件：

1)在下游沙市和城陵矶站水位均在设防水位（沙市设防水位为 42.00m、城陵矶设防水位为 31.0m）以下时，适当抬高水位运行；

2)在预报沙市或城陵矶站将达到设防水位时，三峡水库加大泄水流量，将水位降至 145m，但应保证在泄水过程中下游沙市和城陵矶站不会因三峡水库出库流量的增加而提前突破设防水位。

13.1.1 汛期运行水位上浮对防洪的影响分析

13.1.1.1 防洪影响计算方法

(1)典型年的选取

根据长江洪水特性及遭遇分析，选取 1949 年后发生的较大的几场洪水：1954 年、1981 年、1982 年、1996 年、1998 年、1999 年，其中 1954 年、1998 年、1999 年洪水为复峰型洪水，1981 年、1982 年和 1996 年洪水为单峰型洪水。

(2)泄水历时(计算时段)

三峡水库采用预泄手段腾空库容,泄水历时考虑预报水平按 1～3 天计算。由于预泄时,来水＋泄水量不得超过 56700m^3/s,抬升水位高的方案,若在 1 天下泄将超出此标准,抬升水位高的方案按 2～3 天计算。

(3)洪水演进计算

采用长江中下游洪水演进水文学数学模型模拟各典型年洪水,当预报中下游沙市或城陵矶(莲花塘)站水位达到设防水位时,即加大三峡水库下泄流量,在 1～3 天内将库水位由上浮的最高水位降至 145m,分析水库加大下泄流量对中下游沿程各站水位过程的抬高影响。

13.1.1.2　三峡水库泄水对下游水位抬高影响分析

对各典型年洪水模拟计算,计算三峡水库在 1～3 天内预泄加大下泄流量引起的中下游各站水位抬高情况,结果表明三峡水库下泄流量增加,将抬高中下游各站水位。表 13.1.1 详细给出了三峡水库预泄加大下泄流量引起的中下游各站水位最大抬高值。

表 13.1.1　　三峡水库预泄引起的中下游各站水位最大抬高值

泄水方案		对水位抬高值(m)			
上浮水位	泄水历时(天)	沙市	城陵矶	汉口	湖口
146.5m	1	0.86	0.27	0.17	0.08
	2	0.80	0.21	0.15	0.08
	3	0.54	0.19	0.14	0.08
147.0m	1	1.14	0.37	0.22	0.11
	2	1.06	0.29	0.20	0.11
	3	0.71	0.26	0.19	0.11
148.0m	2	1.52	0.43	0.31	0.17
	3	1.06	0.38	0.28	0.16
150.0m	2	2.39	0.71	0.52	0.27
	3	1.68	0.63	0.48	0.27

从表 13.1.1 可见,随着水位升高,影响下游水位值加大;随预报期增长,影响下游水位值减小;不同典型年,影响值趋势一致。按最不利的预报时间 1 天计算,146.5m 预泄后,增加的下游水位可控制在 1m 以下。

13.1.1.3　敏感性分析

1)考虑自然涨水过程。上述计算未考虑预泄时下游河道自然涨水过程,为分析影响,拟选 146.5m 和 150m 方案进行预泄时考虑下游河道自然涨水过程的共同影响模拟计算。计算结果见表 13.1.2。

表 13.1.2　三峡水库泄水对中下游水位影响(沙市、城陵矶设防水位控制,考虑自然涨水)

典型年	泄水方案	对水位抬高值(m)						泄水时宜昌流量(不包括加大的下泄流量)(m^3/s)
		沙市			城陵矶			
		泄水时期	总影响	洪峰	泄水时期	总影响	洪峰	
1981	1 库水位从 146.5m 泄至 145m	0.63	0.48	0	0.22	0.36	0.01	32400
	2 库水位从 146.5m 泄至 145m	0.61	0.29	0.01	0.19	0.67	0.02	
	3 库水位从 146.5m 泄至 145m	0.43	0.04	0.01	0.17	0.45	0.02	
	2 库水位从 150m 泄至 145m	1.76	1.44	0.04	0.61	0.83	0.06	
	3 库水位从 150m 泄至 145m				0.55	0.83	0.06	
1982	1 库水位从 146.5m 泄至 145m				0.25	0.76	0.03	50400
	2 库水位从 146.5m 泄至 145m				0.21	0.98	0.03	
	3 库水位从 146.5m 泄至 145m				0.19	1.71	0.03	
	2 库水位从 150m 泄至 145m				0.71	2.23	0.11	
	3 库水位从 150m 泄至 145m	0.91	2.33	0.06	0.61	2.13	0.11	
1996	1 库水位从 146.5m 泄至 145m	1.26	0.87	0.04	0.24	0.14	0	25100
	2 库水位从 146.5m 泄至 145m	0.42	1.63	0.02	0.21	0.02	0	
	3 库水位从 146.5m 泄至 145m	0.39	1.87	0.02	0.19	−0.17	0	
	2 库水位从 150m 泄至 145m	0.28	1.70	0.02	0.65	0.46	0.01	
	3 库水位从 150m 泄至 145m	1.33	2.88	0.06	0.63	0.27	0.01	
1998	1 库水位从 146.5m 泄至 145m	0.77	1.74	0	0.26	1.04	0	18800
	2 库水位从 146.5m 泄至 145m	0.77	2.19	0	0.21	1.56	0	
	3 库水位从 146.5m 泄至 145m	0.51	2.07	0	0.19	2.45	0	
	2 库水位从 150m 泄至 145m	2.32	3.74	0	0.69	2.04	0.02	
	3 库水位从 150m 泄至 145m	1.68	3.24	0	0.58	2.84	0.02	
1999	1 库水位从 146.5m 泄至 145m	0.72	1.46	0.01	0.27	0.96	0.01	30600
	2 库水位从 146.5m 泄至 145m	0.54	2.41	0.01	0.20	1.59	0.01	
	3 库水位从 146.5m 泄至 145m	0.37	2.32	0.01	0.19	2.15	0.01	
	2 库水位从 150m 泄至 145m	1.60	3.47	0.02	0.68	2.13	0.03	
	3 库水位从 150m 泄至 145m	1.12	3.07	0.02	0.63	2.59	0.03	
1954	1 库水位从 146.5m 泄至 145m	0.86	1.57	0	0.23	0.40	0	17400
	2 库水位从 146.5m 泄至 145m	0.80	1.51	0	0.19	0.95	0	
	3 库水位从 146.5m 泄至 145m	0.54	1.65	0	0.18	1.22	0	
	2 库水位从 150m 泄至 145m	2.39	3.10	0	0.62	1.38	0	
	3 库水位从 150m 泄至 145m	1.67	3.08	0	0.59	1.63	0	

由表 13.1.2 可见，下游河道自然涨水过程影响主要反映在距坝较近的沙市站，在共同作用下，150m 水位预泄时沙市水位涨幅将超过 3m，影响较大。

2)考虑按下游警戒水位为控制条件。由于按警戒水位开始预泄时，三峡来水量已较大，三峡水库已开始拦洪，下游水位已较高，河道过流面积加大，虽增加的下游水位比按设防水位控制的小，但由于底水高，加上增加值，将会导致增加中下游超额洪量。

三峡工程正常运行后，遇 1954 年洪水，中下游仍有 300 亿～400 亿 m^3 的超额洪量需要安排。根据前述拟定的汛限水位运行方式，若在洪水到来之前根据预报加大三峡水库下泄流量，将库水位仍降至 145m，分析对 1954 年洪水中下游超额洪量的影响。计算结果表明，以下游沙市及城陵矶警戒水位为控制条件进行加大下泄流量的调度方式，对中下游的超额洪量有一定影响，即遇 1954 年洪水，设想的不同调度方式将增加中下游超额洪量 4.7 亿～19.7 亿 m^3。但以下游沙市及城陵矶设防水位为控制条件进行加大下泄流量的调度方式，对中下游的超额影响不大。

13.1.2　汛期运行水位上浮对泥沙的影响分析

自 2003 年蓄水以后的实践表明，近年来出现了一些新的情况。

1)入库泥沙量比初设预计值明显偏小，且随着上游干支流水库群的建设，今后还会继续减少。

2)入库洪水的预报水平有所提高，可以提前 3 天实现较可靠的预报。在此条件下，为了最大限度地发挥三峡水库的综合效益，在确保防洪安全的前提下，允许汛期运行水位有一定变幅。然而，汛期限制水位的变动必然导致水库泥沙淤积的变化。因此，需要对各种水位运用方案下的水库泥沙淤积进行计算，了解淤积量变化以及对淤积分布的影响。

采用中国水利水电科学研究院的水沙数学模型，以方案 145m—6 月 10 日(汛限水位—达到汛限水位日期)为基准，与整个汛期汛限水位提高 3m(方案 148m—6 月 10 日)和 5m(方案 150m—6 月 10 日)进行比较，对不同汛限水位运用方式对库区泥沙淤积影响进行了计算分析，不同汛限水位的淤积量的差值和差值百分数见表 13.1.3。与 145m—6 月 10 日方案相比，148m—6 月 10 日方案第 10 年末变动回水区淤积增加 0.309 亿 m^3(增幅 23.3%)，150m—6 月 10 日方案增加 0.499 亿 m^3(增幅 37.6%)；第 20 年末相应的增加值分别为 0.386 亿 m^3(增幅 39.5%)和 0.624 亿 m^3(增幅 63.8%)。

表 13.1.3　　不同汛限水位的淤积量　　(单位:亿 m^3)

时间	方案与项目	重庆主城区河段	长江干流变动回水区			全库区
			朱沱—长寿(224km)	长寿—涪陵(45km)	朱沱—涪陵(269km)	
第 10 年末	基本方案淤积量	0.067	0.418	0.908	1.326	14.989
	148m 增减量	+0.002(3.0)	+0.120(28.7)	+0.189(20.8)	+0.309(23.3)	+0.431(2.9)
	150m 增减量	+0.003(4.5)	+0.180(43.1)	+0.319(35.1)	+0.499(27.6)	+0.661(4.4)

续表

时间	方案与项目	重庆主城区河段	长江干流变动回水区			全库区
			朱沱—长寿(224km)	长寿—涪陵(45km)	朱沱—涪陵(269km)	
第20年末	基本方案淤积量	0.134	0.375	0.603	0.978	25.370
	148m增减量	+0.005(3.7)	+0.060(16.0)	+0.326(54.1)	+0.386(39.5)	+0.627(2.5)
	150m增减量	+0.012(9.0)	+0.106(28.3)	+0.518(85.9)	+0.624(63.8)	+1.030(4.1)
第2年内	基本方案淤积量	0.044	0.415	0.163	0.578	2.407
	148m增减量	+0.001(2.3)	+0.008(1.9)	+0.035(21.5)	+0.043(7.4)	+0.047(2.0)
	150m增减量	+0.001(2.3)	+0.018(4.3)	+0.065(39.9)	+0.083(14.4)	+0.069(2.9)

注:表中的增减量为与基本方案淤积量的差值,括号内数值为相对于基本方案的增减百分数(%)。

结果表明:随着汛限水位的提高,全库区淤积量增幅相对较小,变动回水区淤积量明显增加。全库区20年淤积量增加的幅度基本不超过5%,但长江干流变动回水区淤积量增加较为明显。

13.2 中小洪水滞洪调度研究

2009年汛期,三峡水库出现了2004年以来的最大入库洪水过程,根据当时的水雨情及气象预报,应湖北省防汛抗旱总指挥部的申请,长江防总决定三峡水库实施拦洪调度。三峡水库拦洪运用从8月4日18时开始至8月17日10时库水位回落至146.5m,历时近13天。8月6日8时洪峰流量为55000m^3/s,控泄流量39000m^3/s,8月8日14时坝前水位达152.89m。此次拦洪调度是三峡工程试验性蓄水以来的首次防洪调度运用,实现了防洪效益、航运效益、发电效益三赢。2010年5月国家防总在《关于三峡—葛洲坝水利枢纽2010年汛期调度运用方案的批复》中明确:“当长江上游发生中小洪水,根据实时雨水情和预测预报,在三峡水库尚不需要实施对荆江或城陵矶河段进行防洪补偿调度,且有充分把握保障防洪安全时,三峡水库可相机进行调洪运用。”三峡水库实施中小洪水调度,在防洪风险可控的前提下,利用防洪库容拦蓄流量56700m^3/s以下洪水,实质是汛期酌情启用的适时调度。汛期对中小洪水进行滞洪调度,并不是常规性的调度,而是一种汛期酌情启用的机动性调度。

13.2.1 汛期中小洪水滞洪调度方式研究

13.2.1.1 中小洪水滞洪调度运用库容分析

统计三峡坝址1877—2013年长系列日平均流量资料(共136年,其中1880年4—9月缺测),汛期(6—9月)来量连续出现大于40000m^3/s且超过3天的洪水过程共有138次,分别将其选出作为洪水样本。其中,出现日流量不大于55000m^3/s的洪水过程87次,约占63%;出现日流量大于55000m^3/s的洪水过程51次,约占37%。

对上述138次洪水过程,三峡水库按从防洪限制水位145m开始拦洪蓄水,控制下泄流量 40000m^3/s 进行模拟滞洪调度，即采用来水在 40000m^3/s 以下按出入库平衡，40000m^3/s 以上按 40000m^3/s 控泄。对于来量未超过 55000m^3/s 的洪水过程，三峡水库按控制下泄流量 40000m^3/s 进行滞洪调度，在 87 次洪水过程中，水库蓄水位均可不超过 156m，最大蓄洪量约 63.3 亿 m^3，其中蓄水位略超 155m 的仅有 5 次。而对于来量超过 55000m^3/s 的洪水过程，三峡水库按控制下泄流量 40000m^3/s 进行滞洪调度，大部分洪水过程的水库蓄水位超过了 155m，51 次洪水过程中，水库蓄水位高于 155m 的比例达 74.5%，且高水位蓄洪的概率偏大，有的洪水过程需要的蓄洪量达数百亿立方米，如其中的 1954 年、1998 年等长江大洪水。按设计的防洪调度方式，当来水超过 55000m^3/s 时，三峡水库将已开始正常防洪调度，研究对于中小洪水进行滞洪调度的来水上限拟为 55000m^3/s。

分析水库调蓄情况，三峡水库汛期对发生的洪水过程，依据洪水预报分析，对可能出现的最大流量在预计不超过 55000m^3/s 情况下，酌情启用中小洪水滞洪调度预案进行滞洪调度是比较合适的。对于水库运用的中小洪水滞洪库容，以库水位 156m 以下的库容为宜，考虑到三峡水库现阶段兼顾对城陵矶防洪调度的库容为按 155m 水位以下约 56.5 亿 m^3 控制，作用也是在三峡发生一般洪水的情况下对城陵矶地区发挥减灾作用，该部分库容的确定综合协调了不同方面的影响因素，比较安全稳妥，因此现阶段对于水库运用的滞洪库容，可按最大控制在 155m 水位以下约 56.5 亿 m^3 库容内考虑，即与兼顾对城陵矶防洪调度的水位、库容一致。

随着长江上游水库群的投入，配合三峡水库联合防洪调度，使三峡水库开展洪水资源利用的作用更大，但此问题明显更加复杂、系统庞大，是今后需要深入研究的重点和难点问题。考虑到防洪安全稳妥和研究成果全面支持，目前中小洪水运用的库容主要还是按最大控制在 155m 水位以下约 56.5 亿 m^3 库容内考虑。

13.2.1.2　中小洪水滞洪调度原则研究

(1)中小洪水滞洪调度启用

通过对 175m 试验性蓄水运行实践分析，中小洪水滞洪调度启用应满足以下基本条件：①根据实时雨水情和预测预报，三峡水库尚不需要实施对荆江或城陵矶河段进行防洪补偿调度时开展主汛期洪水资源利用调度；②不降低三峡工程对荆江和城陵矶地区的防洪作用和保证枢纽安全，不增加荆江和城陵矶地区的防洪压力；③大洪水来临之前可将水库水位预泄至 145m 为条件；④需要根据下游水位预报、三峡上游实际来水及预测预报情况、防洪形势预判进行机动控制。

(2)中小洪水滞洪调度启用条件

1)荆江和城陵矶水位。汛期在大流量洪水到来前实施预泄，将水库水位降至汛限水位 145m。水库预泄将抬高下游荆江和城陵矶地区的水位，为了不增加下游的防洪压力，需要在下游水位位于警戒水位以下时实施汛期洪水资源利用。

2)三峡水库坝前水位。在汛期洪水调度过程中，如果三峡水库水位前期因防洪调度蓄水，水库水位高于 145m，当大流量洪水来临前需要预泄降低水库水位至 145m。库水位越高，可能预泄的水量越大，预泄将抬高下游水位增加下游防洪压力，同时若不能及时预泄，则占用防洪库容的风险也越大，因此为了控制主汛期中小洪水滞洪调度的防洪风险，需要充分考虑水库当前水位对防洪安全的影响。

3)预报期内三峡水库来水。预报期三峡水库来水量将影响大流量洪水来临前预泄空间。只有在预报期内三峡水库来水较小，可在下泄流量控制范围内将高于汛限水位的水量安全下泄时，才可以实施中小洪水滞洪调度。

4)中小洪水滞洪调度控泄流量。由三峡水库防洪控制条件分析可知，当城陵矶水位为 33.95m 时，对应沙市警戒水位 43.0m 的沙市流量约为 42000m^3/s。考虑到三峡水库对中小洪水滞洪调度的目标是控制中游沿线控制站水位不超过警戒水位，若城陵矶在警戒水位 32.5m 时，对应沙市警戒水位 43.0m 的沙市流量将略大于 42000m^3/s。考虑到中游地区来水组成复杂、水情多变，区间来水的不确定性等，为稳妥安全起见应在警戒水位以下留有一定的水位空间，三峡水库对中小洪水滞洪调度的控泄流量按不超过 42000m^3/s 考虑。

13.2.1.3 中小洪水滞洪调度启动时机和预报预泄

通过分析中小洪水滞洪调度启用条件，拟定中小洪水滞洪调度方式为：当沙市及城陵矶水位低于警戒水位，三峡水库可在水文预报预见期以内将来水量和水库汛限水位以上的水量在安全泄量以内下泄时，可以利用对城陵矶补偿调度的防洪库容实施中小洪水滞洪调度。当预报预见期内来水量和水库汛限水位以上的水量将超过安全泄量时，在安全泄量以内增加泄水量，将水位降至汛限水位。

(1)启动时机

沙市及城陵矶低于警戒水位是实施中小洪水滞洪调度的前提条件，当预报沙市或城陵矶水位高于警戒水位时，停止实施中小洪水滞洪调度，并在控制沙市及城陵矶水位不超警戒水位的情况下加泄水量降低库水位。当不满足启动条件时，则应该停止中小洪水滞洪调度。

具体而言，当下游沙市及城陵矶水位在警戒水位以下时，预见期内三峡水库来水量与水库高于汛限水位水量之和，其在预见期内的平均流量 Q_{ave} 小于判别流量 Q_{con}，方可开始实施中小洪水滞洪调度。

1)预见期平均流量 Q_{ave}：预见期内三峡水库来水流量平均值与水库高于汛限水位水量按预见期预泄至汛限水位的流量，即平均的来水和预泄之和。

2)判别流量 Q_{con}：中小洪水滞洪调度设定流量，当预见期平均流量大于其值时，三峡水库按控泄流量出库。

3)控泄流量 Q_{safe}：当预见期平均流量大于判别流量时，三峡水库中小洪水滞洪调度过程中指定出库流量。

预见期平均流量的计算方法见式(13.2.1)：

$$Q_{ave}=\frac{1}{T}\sum_{t=1}^{T}Q_t+\frac{1}{T}\cdot V/86400 \tag{13.2.1}$$

式中，T 为预见期，d；V 为汛限水位以上库容，m^3；Q_t 为第 t 预见期的三峡水库平均入库流量，m^3/s。

(2)预报预泄调度参数

当预见期内平均流量 Q_{ave} 大于等于判别流量 Q_{con} 时，水库需要加大泄水量以降低库水位，按控泄流量 Q_{safe} 控泄。

(3)预见期分析

一般来说，对于长江上游1～3天、长江中下游3～5天预见期的预报具有较高的精度，可以用于预报调度，结合降水预报，可以提供有一定可靠性的3～5天短期洪水预报，为调度提供保障服务。

结合目前服务于三峡水库汛期调度的水文预报水平，本次研究考虑3～5天的预见期，并分析不同预见期对汛期洪水资源利用的影响。

13.2.1.4 中小洪水滞洪调度规则

三峡水库汛期中小洪水滞洪调度规则，主要是在确保防洪安全的前提下，合理利用洪水资源，科学运用三峡水库防洪库容进行调度。根据洪水资源利用的启动时机和预报预泄措施，结合控制沙市站、城陵矶站水位不超警戒水位的控制条件，以及相应的控制流量数据等条件，拟定三峡水库中小洪水滞洪调度方式。

(1)当三峡水库水位不高于155m且下游水位不高时

1)如果预见期内平均流量不超过机组满发流量：①如果此时库水位在145m，按入库流量下泄；②如果此时库水位高于145m，可按机组最大过流能力下泄。

2)如果预见期内平均流量大于机组满发流量但不超过判别流量，按机组满发流量下泄。

3)如果预见期内平均流量大于判别流量，按控泄流量下泄。

(2)当水库水位高于155m或来水大于55000m^3/s或下游水位将超警戒水位时

停止实施中小洪水滞洪调度，转入防洪调度。

13.2.1.5 中小洪水调度方案

各调度比较方案如下：

(1)设计调度方案

1)方案a1为设计调度方式，即当入库流量小于55000m^3/s时，按入库流量下泄；当入库流量大于等于55000m^3/s时，按55000m^3/s下泄。

2)方案a2为不考虑预报预泄条件的控泄方式，即当库水位不高于155m时，采用下泄流量不超过42000m^3/s控泄，当入库流量小于42000m^3/s时，按入库流量下泄，当入库流量大于等于42000m^3/s时，按42000m^3/s下泄；水库水位高于155m时，转入防洪调度。

(2)中小洪水调度方案

方案 b1～b7 为三峡水库中小洪水滞洪调度方式，即考虑三峡水库预报预见期，根据三峡水库洪水资源利用调度规则实施调度。不同方案的区别在于制定的判别流量和控泄流量不同。主要分为 3 类：①判别流量＝控泄流量，如方案 b1、b3、b7；②判别流量＜控泄流量，如方案 b2、b4、b5；③判别流量＞控泄流量，如方案 b6。以 b1 详细说明如下：①如果 3 天预见期内平均流量不超过 30000m^3/s，(a)如果此时库水位在 145m，按入库流量下泄；(b)如果此时水位高于 145m，可按机组最大过流能力下泄。②如果 3 天预见期内平均流量大于 30000m^3/s 但不超过 42000m^3/s，按 30000m^3/s 下泄。③如果 3 天预见期内平均流量大于 42000m^3/s，按 42000m^3/s 下泄。

13.2.2 2010 年和 2012 年中小洪水调度实例分析

宜昌站长系列流量统计数据完备，但长江中下游区间资料较为缺乏，考虑到三峡水库试验性蓄水以来的实际情况，以 2010 年和 2012 年的汛期实施中小洪水调度作为典型进行深入分析，全面分析了中小洪水调度利用洪水资源后对防洪方面的作用及存在的防洪风险。

13.2.2.1 2010 年中小洪水调度防洪影响和发电效益分析

应用 2010 年实际来水过程，根据拟定的中小洪水调度规则，对 6 月 10 日至 9 月 10 日整体考虑，结合长江中下游洪水演进，分析不同方案的防洪影响，并分析比较不同方案的发电效益。

采用大湖演进模型来模拟计算沙市站、城陵矶站不同调度方案下的水位过程。大湖演进模型简要介绍如下：

长江中下游洪水演进采用“大湖演进模型”，并按宜昌—沙市、沙市—城陵矶(包括洞庭湖)、城陵矶—汉口、汉口—湖口(包括鄱阳湖)4 个河段逐段演算。其中槽蓄曲线采用相应典型年实测河道地形资料、历年水文资料推算。计算方程如下：

对任一河段，根据水量平衡原理有连续方程表达式为：

$$I_1+I_2-O_1+\frac{2V_1}{\Delta t}=O_2+\frac{2V_2}{\Delta t} \tag{13.2.2}$$

式中，I_1、I_2 为时段初、时段末的河段总入流；O_1、O_2 为时段初、时段末的河段总出流；V_1、V_2 为时段初、时段末的槽蓄。

大湖演算模型综合考虑了断面冲淤、主泓摆动、水位顶托和江湖关系的影响，涉及的计算对象众多、模块功能复杂，为了得到较为精确的数值结果，针对中下游河道特点和防洪形势，需要精细的水位流量关系曲线、江湖槽蓄曲线等，且迭代次数多，计算时间较长。

由表 13.2.1 和图 13.2.1、图 13.2.2 可知，对于 2010 年洪水，拟定的中小洪水调度方案 b1～b7 相比于设计方案 a1、不考虑预报预泄条件的分级控泄方案 a2，对比说明如下：

表 13.2.1　　2010 年中小洪水调度发电效益及防洪影响分析

方案	发电量(亿 kW·h)	弃水量(亿 m^3)	下泄流量超过 42000m^3/s 的洪量(亿 m^3)	最高库水位(m)	最大下泄流量(m^3/s)	沙市站最高水位(m)	城陵矶站最高水位(m)
方案 a1	353.58	242.44	78.54	148.96	55000	43.31	33.17
方案 a2	359.56	225.77	0.18	155.00	42206	42.33	32.80
方案 b1	368.76	157.34	0.18	155.00	42206	42.33	32.74
方案 b2	366.41	167.71	0.18	155.00	42206	42.33	32.74
方案 b3	368.51	160.28	4.50	155.00	45300	42.28	32.61
方案 b4	366.41	167.71	0.18	155.00	42206	42.33	32.74
方案 b5	363.15	179.63	32.83	153.36	45000	42.72	33.06
方案 b6	370.31	151.64	4.50	155.00	45300	42.28	32.62
方案 b7	365.54	163.81	31.10	153.36	45000	42.70	33.00

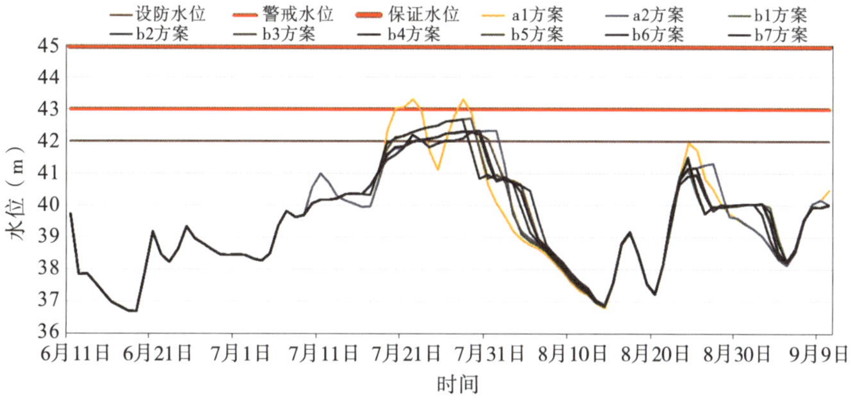

图 13.2.1　不同方案下沙市站 2010 年水位过程

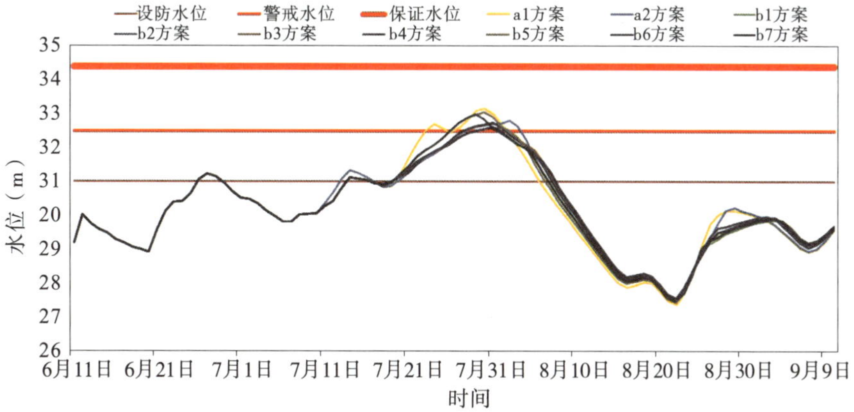

图 13.2.2　不同方案下城陵矶站 2010 年水位过程

1)防洪影响方面。设计方案 a1 的沙市站、城陵矶站最高水位分别为 43.31m(已超警戒水位 43m)和 33.17m(已超警戒水位 32.5m),而方案 b1～b7 相比于方案 a1,降低了沙市最高水位和城陵矶最高水位。还有,方案 b1～b7 的城陵矶最高水位均超过了警戒水位 32.5m,分析表明,由于城陵矶水位受下游区间来水影响较大,在实际调度中可综合考虑城陵矶的调度需求,相机调整预泄控制流量。

2)发电效益方面。方案 b1～b7 相比于方案 a1、a2,发电量均增加、弃水量均减小。对于判别流量、控泄流量均为 42000m^3/s 的方案 b1,相比于方案 a1 和 a2,发电量增加了 15.18 亿 kW·h 和 9.20 亿 kW·h,弃水量减少了 85.10 亿 m^3 和 68.43 亿 m^3。

13.2.2.2 2012 年中小洪水调度防洪影响和发电效益分析

应用 2012 年实际来水过程,根据拟定的中小洪水调度规则,对 6 月 10 日至 9 月 10 日整体考虑,结合长江中下游洪水演进,分析不同调度方案 a1、a2 和 b1～b7 的防洪影响,并分析比较不同方案的发电效益。

由表 13.2.2 和图 13.2.3、图 13.2.4 可知,对于 2012 年中小洪水调度,方案 b1～b7 相比于设计方案 a1、方案 a2,对比说明如下:

1)防洪影响方面。设计方案 a1 的沙市站、城陵矶站最高水位分别为 43.74m 和 33.47m,而对于中小洪水调度方案 b1～b7,在增加发电量的同时降低了沙市最高水位和城陵矶最高水位。但 b1～b7 方案和 a1、a2 方案,沙市站、城陵矶站最高水位均超过了警戒水位。分析表明,当遭遇上下游来水均较大,且洪水持续时间较长的典型来水,为规避防洪风险,需放弃控制下游水位不超警戒水位的中小洪水防洪调度目标。本次计算时,控制最高蓄洪水位为 155m,根据拟定的调度规则,此时已转入防洪调度,相应最大下泄流量在 49600m^3/s。相比于 2012 年实际情况,最高蓄洪水位在 163.11m,如果三峡水库多拦蓄一点,将减少下泄流量,这样会进一步降低下游水位。实际调度中在预报有把握的情况下可相机调整风险对策措施。

表 13.2.2 2012 年中小洪水调度发电效益及防洪影响分析

方案	发电量(亿 kW·h)	弃水量(亿 m^3)	下泄流量超过 42000m^3/s 的洪量(亿 m^3)	最高库水位(m)	最大下泄流量(m^3/s)	沙市站最高水位(m)	城陵矶站最高水位(m)
方案 a1	366.93	381.54	111.46	148.49	55000	43.74	33.47
方案 a2	372.21	372.73	0.00	154.46	42000	42.41	32.83
方案 b1	378.62	327.38	6.74	155.00	49600	42.85	32.86
方案 b2	377.01	341.11	0.00	154.46	42000	42.41	32.83
方案 b3	381.13	322.45	20.57	155.00	49600	43.18	32.96
方案 b4	378.63	378.63	0.00	154.82	42000	42.41	32.77
方案 b5	378.63	328.49	0.00	154.82	42000	42.73	32.93
方案 b6	381.46	321.24	20.57	155.18	49600	43.18	32.97
方案 b7	378.84	317.52	59.62	153.67	45000	42.73	32.94

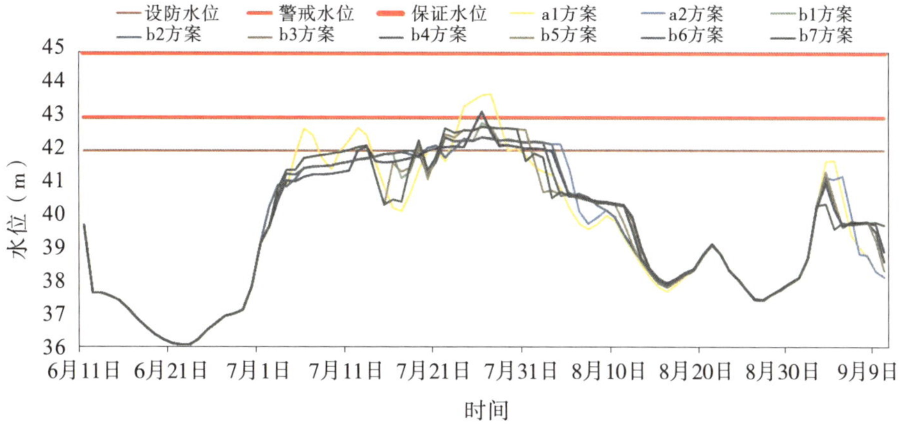

图 13.2.3　不同方案下沙市站 2012 年水位过程

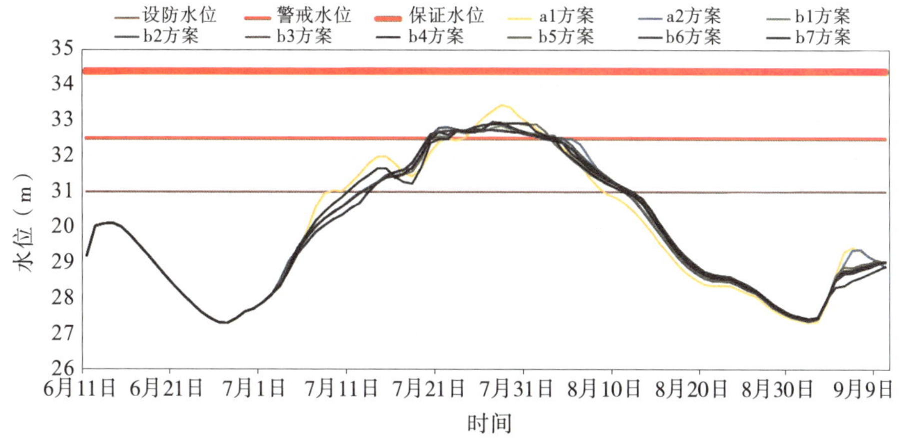

图 13.2.4　不同方案下城陵矶站 2012 年水位过程

2)发电效益方面。中小洪水调度方案 b1～b7 相比于设计方案 a1、a2，发电量均增加、弃水量均减小。对于判别流量、控泄流量均为 42000m^3/s 的方案 b1，相比于 a1 和 a2，发电量增加了 11.69 亿 kW·h 和 6.41 亿 kW·h，弃水量减少了 53.16 亿 m^3 和 45.35 亿 m^3。

这一比较结果与 2010 年中小洪水调度方案的比较结果是一致的。

13.2.2.3　中小洪水调度风险对策措施

对于 2010 年和 2012 年中小洪水调度，方案 b1～b7 均降低了沙市和城陵矶站最高水位，但也出现了略高于警戒水位的情况。2010 年各方案沙市站都不超警戒水位，但 2012 年方案 b3(判别流量、控泄流量均为 40000m^3/s)和 b6(判别流量、控泄流量分别为 42000m^3/s 和 40000m^3/s)沙市站超过了警戒水位。分析表明，控泄流量小，三峡水库出库流量小、库水位逐步抬高，到 155m 后已转入防洪调度，最大下泄流量为 49600m^3/s，使沙市站超出警戒水位。为此，在实际调度中拟订方案时要兼顾三峡水库和中下游的防洪形势，既要不加重当前防洪风险，也要为后续防洪风险作出较好的预判。

需要说明的是，拟订方案时均是考虑 6 月 10 日至 9 月 10 日，按指定的判别流量和控泄流量进行中小洪水调度，由各方案下泄流量计算结果作为大湖演进模型输入，进而得到沙市、城陵矶水位过程，实质是一个单向计算过程，如果计算条件允许，可以将模型水位过程计算结果作为反馈和预警，来调整相关流量参数和启动时机。实际调度中，中小洪水调度均不是应用在整个汛期，而是有条件的相机调度，实际调度中是不会发生这种局面的，已经提早进行了风险防范。

具体而言，在实际调度过程中要结合中下游水位过程、防洪形势进行相应的判别流量和控泄流量启动时机及量级相机调整，或者在下游水位将超警戒水位时适当停止洪水资源利用调度，将防洪安全放在首位。当预报沙市或城陵矶水位高于警戒水位时，或预见期内三峡水库入库水量加水库内高于汛限水位的水量平均流量大于判别流量时，停止实施洪水资源利用调度，并在控制沙市及城陵矶水位不超警戒水位的情况下相机加泄水量降低水位，在大洪水来临之前相机将水位预泄至 145m，从而避免对防洪产生影响。

13.2.2.4　2010 年和 2012 年三峡水库中小洪水调度过程

(1)2010 年三峡水库洪水资源利用调度过程

图 13.2.5、图 13.2.6 分别给出了 2010 年不同方案 a1、a2 和 b1 的三峡水库的流量过程和水位过程。

根据拟定的三峡洪水资源利用调度方式分析：①当荆江、城陵矶地区水位较低、三峡水库入库流量在 30000～42000m^3/s 时，三峡水库按照机组满发流量下泄，通过拦蓄抬高水位、减少弃水量和增加发电量，也不会在后期增加防洪影响；②当荆江、城陵矶地区水位较低、三峡水库入库流量在 42000m^3/s 以上时，三峡水库按照 42000m^3/s 下泄来拦蓄一定的洪水，并在后期通过增加发电流量的方式消落水位，可以在不影响防洪的前提下减少三峡水库的弃水量、增大发电量。

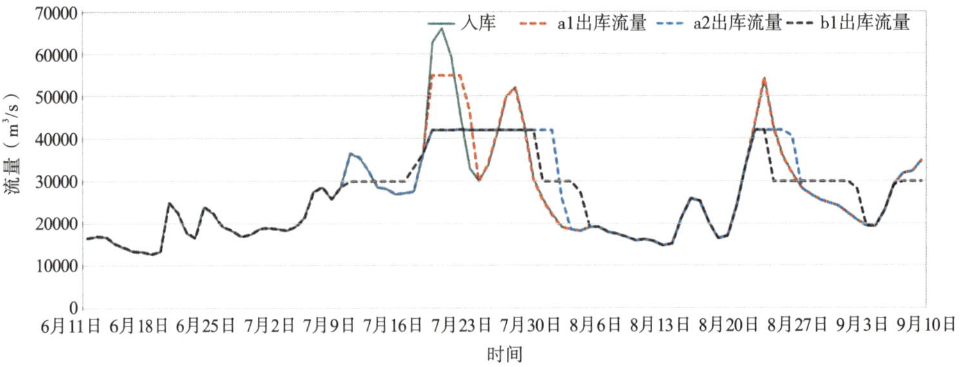

图 13.2.5　2010 年三峡水库不同方案的入库、出库流量过程

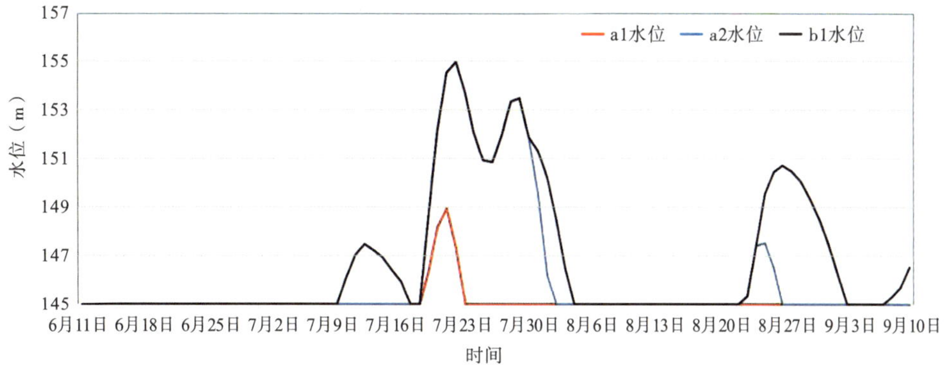

图 13.2.6　2010 年三峡水库不同方案的水位过程

在 2010 年 7 月 10—17 日的调度过程中，7 月 10 日以前三峡水库入库流量均小于 $30000m^3/s$，在 7 月 10 日出现了超过 $30000m^3/s$ 的入库流量，按照 a1 和 a2 方案三峡水库均不会进行拦蓄，此时将产生 12.6 亿 m^3 的弃水量。而 b1 方案将利用防洪库容开始拦蓄抬高库水位、减少弃水，库水位最高达到 147.48m，并在 7 月 13 日在入库流量小于 $30000m^3/s$ 开始增加发电流量来消落水位，将库水位降至 145m，整个过程下泄流量均控制在 $42000m^3/s$ 以下，在不影响防洪调度的同时，增加了 1.22 亿 kW・h 的发电量。

在 2010 年 7 月 19 日至 8 月 4 日的调度过程中，在 7 月 15 日洪水开始起涨至 7 月 20 日达到洪峰，三峡水库入库流量较大，下游荆江或城陵矶地区需要三峡水库拦蓄洪水来降低水位，此时三峡水库按照 $42000m^3/s$ 下泄，库水位抬高；洪峰过后，洪水逐渐衰减，三峡水库入库流量减小。此时 b1 方案在 7 月 22 日达到 155m，然后在预见期以内开始按照 $42000m^3/s$ 下泄缓慢消落水库，至 8 月 4 日降低库水位至汛限水位 145m，以应对下一场洪水的防洪调度需求，相比 a1 和 a2 降至 145m 时间推迟了 12 天和 2 天，该方案利用了水头发电，分别增加发电量 9.1 亿 kW・h 和 3.5 亿 kW・h。整个过程水库水位控制在 155m 以内，下泄流量控制在 $42000m^3/s$，不致影响下游水位，在利用水文预报信息控制防洪风险的同时有效利用洪水资源增加了发电效益。

(2)2012 年三峡水库洪水资源利用调度过程

考虑 3 天预见期，仍采用 b1 方案。图 13.2.7、图 13.2.8 分别给出了 2012 年不同方案下三峡水库的流量过程和水位过程。应该来说，b1 方案针对 30000～$42000m^3/s$ 和大于 $42000m^3/s$ 的入库流量都进行了有效拦蓄，在不影响中下游防洪的情况下增加了发电量，这与 2010 年是基本一致的。

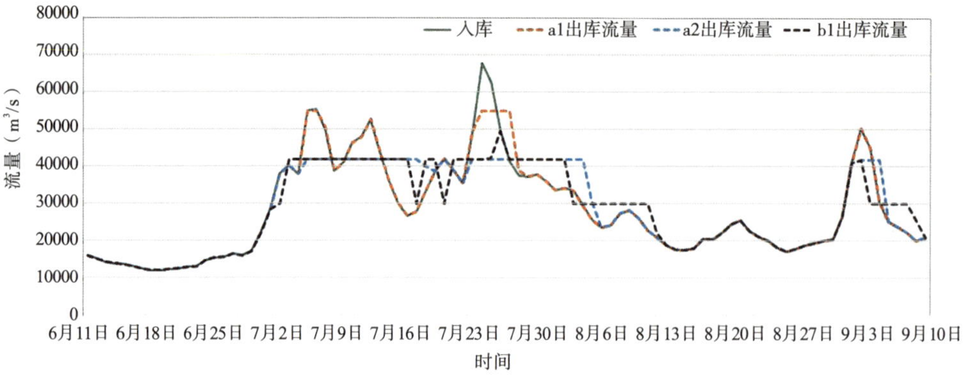

图 13.2.7 2012 年三峡水库不同方案的入库、出库流量过程

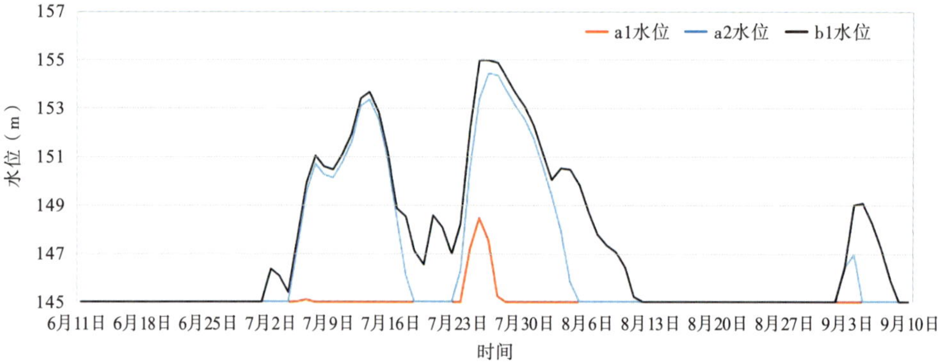

图 13.2.8 2012 年三峡水库不同方案的水位过程

13.2.2.5 考虑预报误差的 2010 年和 2012 年中小洪水调度

三峡水库中小洪水调度采用预报预泄的调度方式，预报对于调度决策至关重要，本节利用 2010 年和 2012 年的实际来水资料，分析预报流量偏小 10％、偏小 20％、偏大 10％、偏大 20％时的发电量、弃水量和防洪影响，成果见表 13.2.3、表 13.2.4。

从表 13.2.3、表 13.2.4 可以看出，如果预报流量偏大，库水位会提前预降，发电量减少，发电效益变小，相应防洪风险减小；而如果预报流量偏小，随着误差增大，发电量和平均弃水量会增加，沙市和城陵矶水位也会抬高，防洪影响增大。对于 2012 年洪水资源利用时，如果预报流量偏小 20％，虽然发电量增加、弃水量减少，但此时水库最高水位会超过 155m，沙市站最高水位在 43.39m，超过警戒水位 0.39m，城陵矶最高水位在 33.04m，超过警戒水位 0.54m，这对防洪是不利的。因此要尽量提高预报精度，并逐步修正预报误差对调度带来的影响，在设定判别流量和控泄流量时，可以针对不同水情、不同防洪形势进行相机调度，适当降低判别流量值，以使中小洪水调度方式对预报误差具有更好的容错性。

表 13.2.3　　考虑预报误差的 2010 年中小洪水调度发电效益及防洪影响分析

方案	发电量（亿 kW·h）	弃水量（亿 m^3）	水库最高水位（m）	最大出库流量（m^3/s）	沙市最高水位（m）	城陵矶最高水位（m）
方案 a1	353.58	242.44	148.96	55000	43.31	33.17
方案 a2	359.56	225.77	155	42206	42.33	32.80
方案 b1	368.76	157.34	155	42206	42.33	32.74
方案 b1（偏小 10%）	370.98	143.26	155	42206	42.32	32.71
方案 b1（偏小 20%）	373.46	132.89	155	42206	42.32	32.71
方案 b1（偏大 10%）	366.41	167.81	155	42206	42.33	32.74
方案 b1（偏大 20%）	364.40	178.08	155	42206	42.33	32.74

表 13.2.4　　考虑预报误差的 2012 年中小洪水调度发电效益及防洪影响分析

方案	发电量（亿 kW·h）	弃水量（亿 m^3）	水库最高水位（m）	最大出库流量（m^3/s）	沙市最高水位（m）	城陵矶最高水位（m）
方案 a1	366.93	381.54	148.49	55000	43.74	33.47
方案 a2	372.21	372.73	154.46	42000	42.41	32.83
方案 b1	378.62	327.38	155.00	49600	42.85	32.86
方案 b1（偏小 10%）	384.09	297.05	155.00	49600	42.87	32.89
方案 b1（偏小 20%）	385.40	290.48	155.97	55000	43.39	33.04
方案 b1（偏大 10%）	379.23	330.74	154.46	42000	42.41	32.83
方案 b1（偏大 20%）	375.20	351.48	154.46	42000	42.41	32.83

13.2.3　中小洪水调度风险影响分析

13.2.3.1　中小洪水调度对防洪的影响分析

三峡水库相机实施中小洪水调度，使库水位超过 145m 的概率增大。2010—2013 年汛期，三峡水库坝前最高滞洪拦蓄水位达 153.84～163.11m，若上游遭遇大洪水时，水库腾库预泄受到下游荆江河段安全泄量的制约，在洪峰到来前库水位下降不及时，可能造成防洪库容不足从而增加防洪风险。如水库超蓄，将造成库尾河段水位抬升，危及移民迁建线以上的城乡居民安全；如加大预泄流量，势必增加荆江河段的防洪压力，加大防洪风险，尤其是遭遇类似 1954 年和 1998 年的大洪水时。1954 年 7 月 5 日至 8 月 31 日宜昌站连续出现 4 次洪峰流量大于 50000m^3/s 的大洪水，其中 2 次超过 60000m^3/s；1998 年 7 月 3 日至 8 月 31 日宜昌站连续出现 4 次洪峰流量大于 50000m^3/s 的大洪水，其中 3 次超过 60000m^3/s，实施中小洪水调度防洪风险更大。

同时，若中小洪水滞洪调度的下泄流量长期控制在小于荆江河道安全泄量 56700m^3/s，致使洪水多年不上滩，可能造成长江中下游河道萎缩退化，洲滩被占用，而不利于发生大洪水时的泄洪安全，也不利于早期发现堤防实际存在的堤基、堤质、白蚁等隐患。一旦发生大洪水、特大洪水，必须加大泄量时，防洪能力可能受到影响，发生意外事件的风险加大。

13.2.3.2 中小洪水调度对泥沙的影响分析

2012 年库区泥沙集中在 7 月，来沙量占全年来沙量的 50%左右。2012 年汛期为减轻长江中下游防洪压力，三峡进行拦洪削峰调度导致汛期水位抬高(最高水位达到 163.11m)，见图 13.2.9。不同入库水沙条件和调度方式改变了库区汛期的水力因子和不同库段的挟沙能力。2012 年 7 月库区淤积部位主要为清溪场—大坝段，淤积占库区总淤积量的 90.3%，较 2010 年和 2011 年分别增多 7%和 11%，库尾更多的泥沙被挟带至常年回水区。

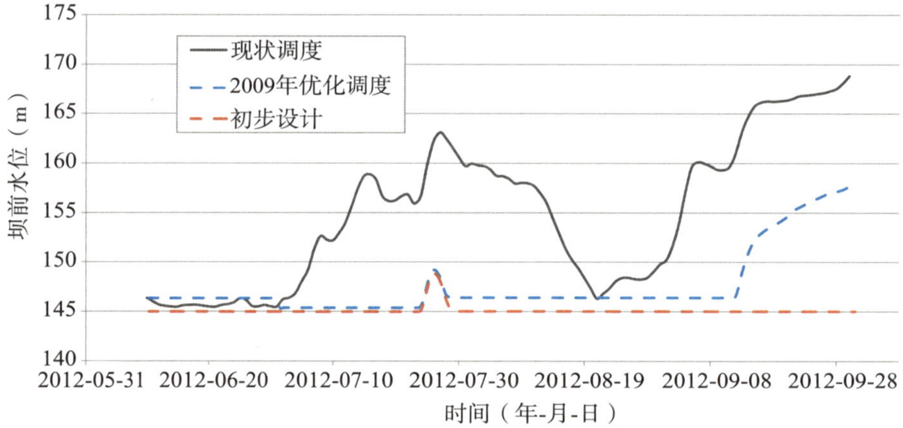

图 13.2.9 不同调度方案三峡水库坝前水位变化过程(2012 年 6—9 月)

对三峡水库 2012 年 6 月 10 日至 9 月 30 日的现状调度方案、2009 年优化调度方案以及初步设计报告中调度方案等 3 种情况下的水库泥沙淤积进行了计算。结果表明，2012 年 6—9 月三峡水库进行中小洪水调度，导致水库寸滩以下库区泥沙淤积量有所增多。其中：与初步设计相比，水库淤积泥沙约增多 3336 万 m^3，增幅为 22%；与 2009 年优化调度方案相比，水库淤积泥沙约增多 2628 万 m^3，增幅为 17%。

从库区淤积分布规律变化情况来看，2012 年汛期调度后，万县以上常年回水区上中段和变动回水区淤积有所增多，万县以下河段泥沙淤积则有所减少，特别是坝前段淤积量减小明显。现状调度方案与初步设计报告中调度方案相比，寸滩—清溪场段(变动回水区)淤积泥沙增多1140万m^3(增幅为142%),清溪场—万县段淤积泥沙约增多2060万m^3(增幅为30%),万县—大坝段淤积则减少约910万m^3(减幅为12%);现状调度方案与2009年优化调度方案相比,寸滩—清溪场段淤积泥沙约增多870万m^3(增幅为80%),清溪场—万县段淤积泥沙约增多1540万m^3(增幅为21%),万县—大坝段淤积则约减少680万m^3(减幅为9%)。

2014年中小洪水调度期间(8月10日至9月7日),坝前河段总体表现为淤积,175m高程下河段淤积量为390万m^3,90m河槽下河段淤积量为225万m^3,主槽淤积量占总淤积量的58%。在实时调度观测期间(8月10日至9月4日),奉节河段总体表现为淤积,175m高程下河段淤积量为219万m^3,110m河槽下河段淤积量为69万m^3,主槽淤积量占总淤积量的31%。

13.2.3.3　中小洪水调度对生态环境的影响分析

中小洪水促进长江中下游鱼类自然繁殖,使产漂流性卵鱼类尤其是“四大家鱼”在发生洪水时有更多的繁殖机会,但中小洪水的拦蓄可能导致长江中下游水文情势发生改变,对鱼类自然繁殖产生不利影响。此外,洪水的发生时间、变幅、传播方式等的改变可能对饵料生物、鱼类护幼场产生影响。

近年来“四大家鱼”产卵盛期在不同年份有所差异:在2008年6—7月、2009年5月、2010年6月及7月下旬均有繁殖发生。入汛后6—7月中小洪水调度若频繁防洪运用,则对“四大家鱼”需要的涨水过程减弱,对“四大家鱼”自然繁殖不利。8月以后“四大家鱼”繁殖已进入尾声,中小洪水调度的影响较小。

13.2.3.4　中小洪水调度试验性运用的评价

三峡工程自2010年汛末试验性蓄水至175m水位运行以来,遵循“长江防洪安全确保,水库泥沙冲淤调控,生态保护措施可行”的调度理念,汛期对流量在56700m^3/s以下的中小洪水进行了试验性滞洪调度运用。实践表明,该方法起到了减轻中游地区的防洪压力的作用,合理利用了一部分洪水资源,全面发挥了三峡工程综合效益。

13.3　汛末提前蓄水研究

根据《三峡水库优化调度方案》,在保证防洪安全和对泥沙影响不大的前提下,合理利用汛末水资源,三峡水库开始蓄水时间由初设的汛后10月初,提前到汛末9月中旬开始蓄水,形成以加大蓄水期间下泄流量的提前蓄水调度方式。水库运行管理部门根据每年水文、气象预报编制的提前蓄水实施计划会明确实施条件、控制水位及下泄流量,该计划经国家防总批准后方可执行。当沙市站、城陵矶站水位低于警戒水位(分别为43.0m和32.5m),且预报短期内不会超过警戒水位的情况下,方可实施提前蓄水方案。蓄水期间,库水位按分段控制的原则,在保证防洪安全的前提下,均匀上升。10月底可蓄至汛后最高蓄水位。

13.3.1 汛末提前蓄水对防洪的影响分析

(1)9 月底控蓄水位分析

采用汛末 9 月 15 日设计洪水进行调洪计算,分析 9 月底不同控制蓄水位对防洪的影响。

按照三峡水库防洪调度方式,以 9 月末不同控制水位起调,按对荆江河段防洪补偿进行水库调洪计算。从调洪计算分析结果可知,当水位在 165m 以下时,各频率、各典型的调洪水位均未超过 1%洪水水库控制蓄洪水位 171m(即按全年设计洪水 1%的调洪水位)。当水位在 169m 以下时,遇 9 月 15 日 1%设计洪水时,调洪高水位不超过 171m。

(2)开始蓄水时间的风险分析

当起调水位(即 9 月 10—14 日的已蓄水位)在 162m 以下时,各频率洪水的调洪水位可不超过 171m。从 9 月 10 日的起蓄水位看,可能的起蓄水位范围为 146.5~155.0m,按照水位逐步上升的原则,到 9 月 15 日,可能的最高蓄水位都不会超过 162m。

从蓄水进程控制看,按照蓄水期间的防洪风险控制措施,蓄水过程中当预报上下游有洪水发生时,水库要停止蓄水转为防洪调度,遵照有条件的控制蓄水原则,可以防范可能的风险。

为缓解集中蓄水对下游的影响,在分段控制蓄水位和控制蓄水位进程的条件下,可考虑 9 月 10 日为水库的起蓄时间。

(3)预蓄对防洪的影响分析

根据长江洪水特性分析,进入 8 月下旬后,城陵矶地区已度过主汛期,处于退水阶段,河道水位逐步降低,需要三峡水库对城陵矶防洪补偿调度的概率较小。三峡水库如果按从 155m 水位(对城陵矶防洪补偿调度的水位)起蓄,相当于兼顾对城陵矶防洪补偿调度库容使用完的情况,如再遭遇洪水按《三峡水库优化调度方案》规定的防洪调度方式,不致影响对荆江特大洪水的防御能力。

13.3.2 汛末提前蓄水对泥沙的影响分析

考虑到提前至 9 月蓄水会增加三峡水库的泥沙淤积,开展了水库提前蓄水对水库淤积影响的研究,进行了不同水库运用方案的数学模型计算。水库开始蓄水的方案有 8 月 21 日、9 月 1 日、9 月 11 日、9 月 21 日。9 月底蓄水位达到 150m、155m 或 160m。计算中采用的入库水沙量为 20 世纪 90 年代的实测资料,第 5 年开始考虑向家坝、溪洛渡水库投入运行。采用中国水利水电科学研究院的水沙数学模型,计算结果如下:

1)对变动回水区(涪陵以上河段)而言,提前蓄水方案前 10 年淤积量为 2.854 亿(921—150 方案,从 9 月 21 日开始蓄水,9 月底蓄水位达到 150m)~3.221 亿 m^3(821—160 方案,从 8 月 21 日开始蓄水,9 月底蓄水位达到 160m),比基本方案(1001—145 方案,从 10 月 1 日 145m 开始蓄水)多 4.2%~17.6%,20 年、30 年则分别多淤积 3.6%~14.9%和

4.4%～11.1%。

2)重庆河段提前蓄水方案前10年淤积量为1330万～1530万m^3，比基本方案的1280万m^3多50万～250万m^3，寸滩流量为60000m^3/s时，重庆水位抬高1.20～1.34m，比基本方案多0.07～0.21m。

3)全库区、变动回水区每年蓄水期均表现为淤积；重庆河段和九龙坡河段基本方案计算得出绝大多数年份为冲刷，911—155提前蓄水方案(从9月11日开始蓄水，9月底蓄水位达到155m)使该河段淤积加强，近2/3的年份淤积，最大淤积量分别为180万m^3和56万m^3。

4)如果考虑金沙江修建溪洛渡、向家坝水库，三峡库区、变动回水区及重庆河段累积及蓄水期的淤积量和水位抬高值略大于或接近基本方案，表明三峡水库运用初期，坝前水位抬高几米乃至十几米，相对于三峡水库巨大的水深变幅并不大，因而仅从泥沙淤积及由此引起的水位抬高来看，提前蓄水对三峡水库的影响不大。

计算结果综合表明，汛末提前蓄水后，库区泥沙淤积较之初步设计会有所增加，泥沙淤积的部位也会发生改变。全库区泥沙淤积增加的幅度相对较小，泥沙淤积增加在变动回水区最为明显。汛末提前蓄水，影响库尾重庆城区河段的走(冲)沙，增加了河道泥沙淤积量，对航运及港口码头运行造成不利影响。考虑上游建库的拦沙作用后，三峡水库的泥沙淤积将有所减缓，减幅仍以变动回水区最为明显。

13.3.3 汛末提前蓄水对生态环境的影响分析

三峡水库蓄水位抬高后，库内水流变缓，污染物滞留时间延长，对水质造成不利影响，库区一些支流河口库湾处易发生水华。

提前蓄水可能导致水库水体交换时间变长，坝下游水温发生变化，从宜昌长系列水温分析结果来看，9月以后，水温过程呈现明显变化趋势。从三峡大坝建设前、大坝建设过程、三峡水库初期蓄水到175m试验性蓄水期水温逐渐升高，水温相差幅度变大。10月175m试验性蓄水比三峡大坝建设前水温偏高1～3℃，11月偏高2～3℃，12月一般偏高2～4℃，尚未超过5℃。

结合历年中华鲟自然繁殖情况(图13.3.1)，自然繁殖规模方面，2003年以来，中华鲟的自然繁殖时期有逐步推迟的趋势，表现为2002年以前首次繁殖时间维持在10月中下旬，2003年开始其繁殖时间推迟到11月上旬，2007—2012年又推迟到11月下旬。自然繁殖规模方面，1998—2012年历次中华鲟产卵雌体数量维持在低水平，并呈下降趋势。

中华鲟自然繁殖水温过程是制约中华鲟性腺发育的关键参数，坝下河段水温周年变化及水文条件变化的影响是三峡水库汛末提前蓄水需考虑的重点问题。

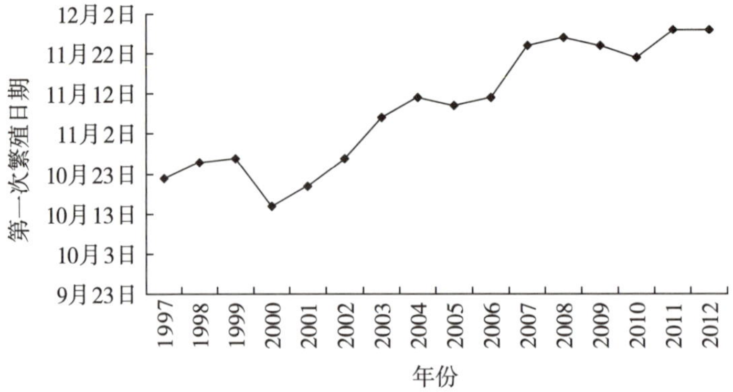

图 13.3.1 历年中华鲟自然繁殖情况

13.4 利用洪水资源减小风险的对策研究及实际运行检验

13.4.1 减小防洪风险的对策及实际运行检验

13.4.1.1 汛期运行水位上浮减小防洪风险的对策

应加强水库控制运用方式研究，在实际运行调度中，可在确保枢纽工程安全和长江中下游防洪安全的前提下，较小幅度抬高水位审慎运用，应加强原型观测，积累经验，进一步优化水库水位运行方案。

同时，由于汛期运行水位上浮采用预报预泄调度方式，应当在水库预报水平与运用分析中加强水文气象预报成果水平分析，并提高水文气象预报水平。

13.4.1.2 中小洪水调度减小防洪风险的对策

(1)设定中小洪水调度启用条件，达到防洪风险可控

为减轻长江中下游防汛压力，在实时调度过程中，根据坝址上下游的水雨情和气象预报，在确保防洪安全的前提下，利用三峡水库适度地对中小洪水进行拦蓄是需要的，也是可行的。实施中小洪水调度应遵循“保障防洪安全、调控泥沙冲淤、改善生态影响”的工程运行调度理念，在防洪风险可控的前提下，科学调度利用防洪库容，充分发挥三峡工程综合效益。

鉴于三峡水库洪水组成较复杂，汛期实施中小洪水滞洪调度，使库水位超过防洪限制水位概率增大，增加了防洪风险。通过对长江上游与中游水文气象特征、暴雨成因、洪水遭遇规律、洪水分期特征、荆江河段河道泄洪能力、水文气象预报水平、预报预泄能力等进行了分析研究，对各种设计洪水、典型大洪水进行了调洪演算及中下游防洪调度分析，在防洪风险可控的前提下，设定启动条件：①城陵矶水位低于设防水位 31.0m；②在可预见的 3～5 天内，长江上游和中游地区无明显强降雨过程，发生入库流量大于 55000m^3/s 的来水可能性很小，城陵矶水位超警戒水位 32.5m 的可能性不大；③在考虑预见期降雨的情况下，且三峡水库超蓄水量在 3 天预见期内预泄至汛限水位后，沙市水位低于警戒水位 43.0m，城陵矶水位低于 32.5m。当三峡水库需要为沙市和城陵矶进行防洪、拦洪削峰等补偿调度时，控制指标

可根据防洪任务，以泄为主、上下游兼顾、分级控制为原则，根据洪水量级按库水位153m、155m、157m分级动态控制。

2010—2013年汛期，在防洪风险可控、确保安全的前提下，依据水文气象预报，三峡水库多次实施了中小洪水调度实践，并取得了较好的成效。

(2)相机适时控泄流量大于50000m^3/s，检验下游堤防抗洪能力，防止河道萎缩

据三峡坝址下游宜昌站1877年以来130多年实测水文资料，汛期洪水流量超过70000m^3/s出现2年，超过65000m^3/s出现4年，超过60000m^3/s出现28年，超过56700m^3/s出现42年。三峡坝址常年遭遇的洪水流量为50000～60000m^3/s。三峡电站32台700MW水轮发电机组全部运行的引用流量为29000～32000m^3/s，汛期日平均流量30000m^3/s的多年平均天数为34.8天，常年汛期尚有2/3的天数日均流量小于30000m^3/s，以致三峡电站32台机组不能全部运行，通过大坝泄洪深孔和排漂孔泄流弃水的时段较短。汛期如出现超过50000m^3/s的洪水时，要求荆江河段两岸做好防洪准备，相机适时控泄流量大于50000m^3/s，全面检验荆江河段堤防防洪能力，以便及早发现堤防隐患并加以处理，降低防洪风险。三峡大坝下泄流量大于50000m^3/s，加上区间流量使荆江河道泄量达到56700m^3/s，河床全断面及洲滩过流，防止长江中下游河道萎缩退化，洲滩被占用，保证河道安全泄洪，减小防洪风险。

13.4.1.3　汛末提前蓄水减小防洪风险的对策

三峡工程是长江防洪的关键工程，保护着中下游广大地区的防洪安全，水库提前蓄水时要充分防范可能出现的风险。宜昌实测年最大洪峰流量为71100m^3/s(1896年9月4日)，年最大洪水第3位洪峰流量为67500m^3/s(1945年9月5日)，均发生在9月上旬。9月上旬宜昌洪水仍会较大，需要防范可能的防洪风险。另外，长江洪水组成非常复杂，不但要考虑上游来洪水的情况，还需考虑下游防洪现状。

(1)水库蓄水位分时段控制

考虑9月洪水风险及上下游洪水组成，提出三峡水库汛末提前蓄水措施要分时段控制蓄水位。考虑到9月15日后的设计洪水尚需进一步论证，同时考虑到可能的天气极端情况，为确保防洪安全，并考虑均匀蓄水，对提前蓄水期间的水库蓄水位上升按分段控制。

在9月上旬，水库采用水位上浮运行的方式，以与汛末蓄水衔接，上浮最高水位按批准的度汛方案执行(一般为155m)，水库开始蓄水的时间和上浮的水位以下游控制站的水位为判别条件，当沙市水位在40m以下、城陵矶(莲花塘)水位在30m以下，并逐步消退时，库水位可上浮至150～155m运行。9月上旬水库仍按汛期的调度方式进行调度，即预报来洪水时，要根据防洪调度的指令，实施预泄。

(2)荆江河段沙市、城陵矶水位作为提前蓄水的制约条件

三峡大坝下游荆河河段重要防洪控制站沙市、城陵矶水位作为水库实施提前蓄水的制约条件。当沙市站、城陵矶站(莲花塘)水位均低于警戒水位(分别为43.0m、32.5m)，并根

据水情预报分析短期内不会出现超过警戒水位的情况下，水库方可实施提前蓄水调度方案。

(3)蓄水过程中的风险控制

在蓄水期间，注意控制水位上升的速率。当沙市站、城陵矶站(莲花塘)水位均低于警戒水位(分别为43.0m、32.5m)，并根据水情预报分析短期内不会出现超过警戒水位的情况下，水库方可实施蓄水方案。同时，在蓄水期间，当预报短期内沙市站、城陵矶站水位将达到警戒水位，或三峡水库入库流量达到35000m^3/s并预报可能继续增加时，水库暂停兴利蓄水，按防洪要求进行调度。

当然，由于长江洪水水情复杂，根据记载宜昌9月上旬发生过较大洪水，为确保防洪安全，蓄水实施方案，要根据当年的上下游水情、预报的雨情以及下游水位等各方面条件，经综合分析研究后提出，并报防汛部门批准执行。

13.4.1.4 减小水库泥沙淤积的对策

(1)优化水库调度，提高枢纽建筑物排沙孔(洞)排沙效果

三峡枢纽大坝左右厂房坝段范围布置7个排沙孔，分别为：左非18号坝段的1号排沙孔，左安Ⅲ坝段的2号、3号排沙孔，右厂排坝段的4号排沙孔，右安Ⅲ坝段的5号、6号排沙孔和右厂26号坝段的7号排沙孔。1号、7号排沙孔进口底高程90.0m，出口底高程60.5m，2～6号排沙孔进口底高程75.0m，出口底高程57.5m。排沙孔进口尺寸宽5m、高7m，喇叭形过渡至圆形，直径5m。排沙孔在库水位150m(单孔排沙孔流量360m^3/s)以下时可兼作泄洪用。

右岸地下电站进口布置6个发电进水塔，在1号与2号、3号与4号、5号与6号发电进水塔之间设置3个排沙进水塔，排沙支管布置在排沙进水塔的下部，为直径4m的圆管，进口为喇叭形过渡至圆形，进口底高程102.0m，3根排沙支管在塔内汇为排沙洞，直径5.0m，向左侧延伸，从右非4号坝段坝基岩体穿越，出口在右厂安Ⅱ段，排沙洞出口底高程60.5m，全长441.2m，排沙流量为3×120m^3/s。排沙洞3个排沙支管同时运行，避免单个支管运用。

右岸临时船闸坝段改建冲沙闸位于左岸非溢流坝8号坝段与9号坝段之间，冲沙闸坝2个冲沙孔，进口底高程102m，冲沙闸孔采用有压短管后接明流泄槽型式，有压段出口宽5.5m、高9.6m，两孔冲沙闸孔的弧形工作门同步，均匀开启，冲沙流量分3级运用：1000m^3/s、1250m^3/s、2500m^3/s。冲沙闸孔主要用于船闸及升船机上、下游引航道冲沙。

三峡水库运行调度，尽量利用枢纽建筑物设置的排沙孔(洞)，并提高其排沙效果。

(2)针对三峡水库特点，试验得出“蓄清排浑”新模式

三峡水库正常蓄水位175m，水库沿长江干流回水至重庆市江津羊角滩，距坝址663km。三峡水库面积1084km^2，总库容450.4亿m^3(校核洪水位180.4m相应的库容)，正常蓄水位175m相应库容393亿m^3；汛期防洪限制水位145m，防洪库容221.5亿m^3；枯季消落最低水位155m，水库兴利调节库容165亿m^3。三峡水库呈狭长条带形，库区奉节以东库段的水

面宽度为500～900m，库区以西库段的水面宽度一般为1200～1500m，少数库段宽达2000m，是典型的河道型水库。三峡坝址控制流域面积100万km^2，初步设计多年平均径流量4510亿m^3，多年平均含沙量1.19kg/m^3，多年平均输沙量为5.3亿t。三峡水库入库站水文资料采用朱沱站、北碚站（嘉陵江入长江的控制站）、武隆站（乌江入长江的控制站）3座水文站1990年以前实测水文资料之和。3座水文站控制流域面积93.4万km^2，多年平均径流量3859亿m^3，多年平均含沙量1.25kg/m^3，多年平均输沙量4.80亿t。

三峡工程初步设计拟定水库采用“蓄清排浑”的运行方式，三峡枢纽建筑物设置的泄洪排沙设施，包括位于河床中部的泄洪坝段布置的23个泄洪深孔和两侧的电站厂房坝段设置的7个冲沙孔、左岸非溢流坝段8号坝段与9号坝段之间的临时船闸坝段改建的2个冲沙闸孔及右岸地下电站进口的排沙洞。汛期（6—9月）入库沙量占全年总量的80%～90%，水量占全年的60%以上。大坝泄洪深孔进口底高程较电站引水孔道底高程低18m，较船闸上游引航道底板低40m，更有利于泄洪排沙。汛期库水位在145m运行，当流量大于56700m^3/s拦蓄超额洪水抬高库水位，洪水过后将库水位降至145m，泄洪深孔泄流可将泥沙排至大坝下游，称为“排浑”；汛后10月初开始蓄水，此时水流的含沙量减小，称为“蓄清”，库水位逐步升高蓄水至175m，12月至次年5月库水位逐渐消落，向下游补水，按电站保证出力泄流，并满足下游航运要求的水深。三峡水库采用“蓄清排浑”运行方式，可将汛期库内泥沙淤积限制在降低的库水位以下，并可减少库尾河段的泥沙淤积，也有利于将泥沙排出库外。根据三峡水库淤积数学模型计算分析，不考虑上游干支流修建水库拦沙作用，采取“蓄清排浑”运行方式，三峡水库运行80～100年，水库冲淤将基本达到平衡，水库仍能保持86%的防洪库容和92%的兴利库容，三峡水库可长期使用。

近20年来，长江上游干支流陆续建设了一批控制性水库，加之实施退耕还林、水土保持工程措施，长江上游的来沙量显著减少，1991—2002年三峡入库3座水文站实测年均输沙量为3.51亿t，较初步设计采用值减少27%；2003—2013年入库年均输沙量为1.96亿t，较初步设计采用值减少60%；2014年入库沙量0.554亿t，较多年平均值和2003—2013年平均值分别减少86%和72%；2015年入库悬移质输沙量0.320亿t，较多年平均值和2003—2014年平均值分别减少92%和83%；2016年入库悬移质输沙量0.422亿t，较多年平均值和2003—2015年平均值分别减少89%和76%。长江上游来沙量减少，为利用洪水资源创造了条件。三峡工程在试验性蓄水运行期间，实施了汛期运行水位上浮、中小洪水调度、汛末提前蓄水等利用洪水资源方式，增加了水库泥沙淤积的风险。三峡水库为峡谷河道型水库，通过汛期沙峰排沙调度试验和消落期库尾减淤调度试验，得出“蓄清排浑”运行新模式，提高了排沙效果，减少了库尾泥沙淤积量。

1）三峡工程汛期沙峰排沙调度。

①汛期沙峰排沙调度原理研究。

由于洪峰和沙峰传播存在差异，洪峰和沙峰到达坝前的时间也是不一致的。不同入库流量和坝前水位条件下，洪峰传播时间是不同的，一般当坝前水位155m以下时，入库洪峰从寸滩到达坝前传播时间为18～30小时，平均约22小时；当坝前水位为155～165m时，传播时间约18小时；当坝前水位为165～175m时，传播时间约12小时。而沙峰传播却滞后洪峰许多，沙峰在库区的传播时间为3～7天。

为此，利用入库洪峰、沙峰在水库内传播时间的差异，采用“涨水拦蓄削减洪峰，退水加大泄量排沙”的方式排浑，根据沙峰到达坝前的预测，适时加大下泄流量，排沙效果良好，探索出“排浑”新模式。

2012年、2013年汛期三峡水库在削峰调度的基础上，结合入、出库悬移质泥沙实时监测与预报成果，利用入库洪峰、沙峰在水库内传播时间的差异，进行减淤调度试验，一方面减轻了长江中下游的防洪压力；另一方面增加了水库的排沙效果，减少水库淤积，取得了较好的成效。

②2012年汛期沙峰排沙调度初步试验。

利用入库洪峰、沙峰在水库内传播时间的差异，2012年汛期三峡水库进行了2次典型的沙峰调度。

(a)6月底至7月初寸滩出现沙峰(峰值出现在7月2日)，至7月5日，日均下泄流量增加到41000m^3/s左右，黄陵庙断面含沙量明显增加，7月7日出现沙峰，当沙峰过坝后，即使枢纽维持较高的下泄流量，黄陵庙断面平均含沙量仍维持较低的水平；

(b)7月24日左右寸滩出现沙峰，7月23—31日，枢纽日均下泄流量维持在43000～45000m^3/s，沙峰过坝后，黄陵庙断面含沙量明显增大。

2012年汛期7月寸滩站和黄陵庙站输沙量见表13.4.1。从表13.4.1可知，2012年7月不同时段排沙效果有显著提高，特别是27—31日水库排沙比达到67%。

表13.4.1　　2012年7月三峡水库排沙比统计

时间段	入库输沙量(万t)	出库输沙量(万t)	水库排沙比(%)
7月1—31日	10833	3024	28
7月4—8日	1689	606	36
7月16—22日	1934	409	21
7月23—26日	2724	422	15
7月27—31日	1089	730	67

③2013年汛期沙峰排沙调度初步试验。

2013年7月，三峡库区上游受强降雨影响，许多地区出现不同程度的洪水和泥石流。从7月19日12时起，三峡水库出库流量增加至35000m^3/s。由于下泄流量的增加，22日11时30分庙河出现沙峰，峰值0.95kg/m^3，23日12时黄陵庙出现沙峰，峰值0.93kg/m^3，直到25日下泄流量减小至30000m^3/s以下，出库含沙量也随之剧减，21—25日黄陵庙一直位于较高的输沙量，日均输沙量为240万t。

统计分析，从入库到坝前沙峰传播了10天，7月10—18日三峡入库沙量约5827万t(寸滩十武隆），按照沙峰传播时间计算，7月19—27日三峡水库排沙约2277万t（黄陵庙），排沙比约39%，成功地进行了水库沙峰排沙调度试验，有效减轻了水库泥沙淤积。

表13.4.2统计了2009年7月至2013年7月水库排沙比同期对比情况，可发现2012年7月和2013年7月排沙比均高于2009—2011年同期排沙比。

表13.4.2　7月三峡入库、出库沙量及排沙比与同期对比

时段	入库沙量（万t）	出库沙量（万t）	水库淤积（万t）	坝前水位（m）	入库平均流量（m^3/s）	水库排沙比（%）
2009年7月	5540	720	4820	145.86	21600	13
2010年7月	11370	1930	9440	151.03	32100	17
2011年7月	3500	260	3240	146.25	18300	7
2012年7月	10833	3024	7809	155.26	40100	28
2013年7月	10313	2812	7501	150.08	30600	27
2014年7月	1529	289	1240	147.62	23640	19
2015年7月	624	182	442	145.9	16580	29
2016年7月	1680	418	1262	153.32	24000	25

2）三峡工程消落期库尾减淤调度。

①消落期库尾减淤调度原理研究。

三峡水库库尾河段床沙属于宽级配非均匀沙，河床冲淤以细颗粒泥沙为主，河床冲淤与床沙颗粒起动条件密切相关。通过2009年以来的消落期实测资料统计分析，并结合数学模型的计算，研究得出：在铜锣峡至涪陵河段，当寸滩站流量大于4300m^3/s时，坝前水位低于169.3m，该河段即开始走沙，当坝前水位继续下降至164m以下，寸滩流量大于4700m^3/s，该河段走沙能力增强，当寸滩站流量大于6700m^3/s，坝前水位下降至161m左右时，该河段走沙能力达到最强。该项研究成果先后在2012年和2013年消落期减淤调度试验中得到了应用。

②2012年库尾减淤调度试验。

2012年5月7日开始，结合三峡水库消落适时开展了针对重庆主城区河段的第一次库尾减淤调度。至5月24日，三峡坝前水位由161.92m消落至154.05m，消落幅度7.87m，日均消落0.46m。实测资料表明，三峡水库库尾整体沿程冲刷，其中重庆主城区河段冲刷101.1万m^3，铜锣峡至涪陵河段冲刷泥沙140万m^3。

与往年同期相比（表13.4.3），2012年三峡水库库尾减淤调度期间，重庆主城区河段河床冲刷强度有所加大，一方面与三峡水库实施减淤调度有关（坝前水位消落幅度较大、速度较快），另一方面也与此期间上游来水较2010年、2011年同期偏大有关。

表 13.4.3　　试验性蓄水以来汛前消落期重庆主城区河段泥沙冲淤统计

起止时间	坝前水位(m)		消落幅度(m)	日均消落幅度(m)	寸滩站平均流量(m^3/s)	冲刷量(万 m^3)
	调度前	调度后				
2009 年 4 月 11 日至 5 月 11 日	159.80	156.05	3.75	0.13	5590	48.3
2009 年 5 月 11 日至 6 月 11 日	156.05	146.26	9.79	0.33	7460	−22.0
2010 年 5 月 11 日至 5 月 25 日	156.18	151.81	4.37	0.29	7860	45.8
2011 年 4 月 22 日至 5 月 18 日	158.56	154.53	4.03	0.16	5310	76.3
2012 年 5 月 7 日至 5 月 24 日	161.92	154.05	7.87	0.46	7570	−101.1
2013 年 5 月 13 日至 5 月 20 日	160.17	156.12	4.05	0.58	6320	−33.3

③2013 年库尾减淤调度试验。

2013 年 5 月 7 日开始实施三峡水库生态调度和兼顾重庆主城区、变动回水区中下段的库尾减淤调度。5 月 7—13 日，三峡水库实施生态调度，下泄流量持续增加，但受上游来水增大影响，三峡水库水位持续维持在 160m 左右波动。5 月 13 日生态调度结束后，三峡水库持续维持日均 15000m^3/s 下泄，库水位从 5 月 13 日 8 时开始持续消落，至 5 月 20 日三峡水库水位从 160.17m 逐渐消落至 156.12m，此后转接汛前消落期调度。

实测资料表明，2013 年三峡水库实施减淤调度期间，库尾大渡口—涪陵段呈冲刷状态，其冲刷量为 441.3 万 m^3(大于 2012 年减淤调度期间实测冲刷量 241.1 万 m^3)。从干流沿程分布来看，重庆主城区干流段仅有少量冲刷，其冲刷量仅为 1.7 万 m^3；铜锣峡至涪陵段则表现为沿程全线冲刷，累计冲刷泥沙 408.0 万 m^3。

2012 年、2013 年连续两年的三峡水库库尾减淤调度试验使库尾铜锣峡至涪陵河段河床冲刷量明显增多(表 13.4.4)，将库尾河段淤积的泥沙冲至汛限水位 145.0m 以下的河槽内。三峡水库每年 5 月相机实施库尾减淤调度，解决了水库提前蓄水而影响库尾变动回水区冲(走)沙问题，降低了重庆主城区河段泥沙淤积导致碍航的风险。

表 13.4.4　　试验性蓄水以来不同时期铜锣峡至涪陵河段泥沙冲淤统计

时段	铜锣峡至涪陵河段河床冲淤量(万 m^3)	备注
2008 年 11 月至 2009 年 4 月	563.0	2009 年汛前消落期
2009 年 4 月至 2009 年 11 月	−900.0	2009 年汛期
2009 年 11 月至 2010 年 4 月	−237.0	2010 年汛前消落期
2010 年 4 月至 2010 年 11 月	2523.0	2010 年汛期
2010 年 11 月至 2011 年 4 月	−748.0	2011 年汛前消落期
2011 年 4 月至 2011 年 11 月	414.0	2011 年汛期
2011 年 11 月至 2012 年 5 月	−862.0	2012 年汛前消落期(含减淤调度)
2012 年 5 月至 2012 年 10 月	41.0	2012 年汛期
2012 年 10 月至 2013 年 6 月	−732.0	2013 年汛前消落期(含减淤调度)
2013 年 6 月至 2013 年 10 月	−134.9	2013 年汛期

总体而言，针对三峡水库泥沙特点，实施了汛期沙峰排沙调度和消落期库尾减淤调度试验，得出“蓄清排浑”运行新模式，达到了排沙冲(走)沙的效果，减小了水库泥沙淤积风险。

④2014—2016年，由于水库变动回水区泥沙淤积量显著减少，未实施库尾减淤调度。

(3)实施工程措施，防治库尾淤积碍航及调控坝下游河道冲刷

为改善三峡水库变动回水区的通航条件，三峡集团和长江航道局先后委托长江重庆航运工程勘察设计院对变动回水区渝北上洛碛至丰都蚕背深120km的航道、涪陵至铜锣峡河段90km的航道以及铜锣峡至娄溪沟河段32km航道进行了整治工程设计，并组织实施了炸礁、疏浚和筑坝等航道治理工程措施，达到了Ⅰ级航道标准。三峡水库175m水位试验性蓄水运行以来，变动回水区航运条件明显改善，但局部库段在枯季库水位消落时出现泥沙淤积碍航情况，通过疏浚等措施保证了通航条件。

三峡大坝下游荆江河段，在2008—2010年实施了下荆江河势控制工程，并对冲刷崩岸进行了应急治理，实施了洪水港、文村夹段护岸工程。交通部门组织实施了坝下游碍航浅滩治理工程，如太平口、马家咀、周公堤、天星洲、姚圻脑和铁铺浅滩等，保障了航道满足航运水条件。实施长江中下游河势控制工程，对调控河道冲刷、缓解河势变化起到了有效作用。

13.4.1.5 减小对生态环境不利影响的对策及实际运行检验

(1)水库实施生态调度，改善坝上游及下游水生态环境

三峡水库蓄水位抬高后，库内干支流河道水流变缓，污染物滞留时间延长，对水质造成不利影响，库区一些支流河口库湾处多次暴发水华。汛期实施中小洪水调度，库水位上下变动，有利于库区干支流水体交换，改善水质；枯水期，研究优化调度，在保障航运安全带和库区地质灾害治理工程安全的前提下，发挥电站日调峰作用，使库水位在0.8m范围内变动，以促进水库干支流水体交换，降低库区水体受污染的程度，有利于减轻支流河口库湾处水华。为解决大坝下游荆江河段“四大家鱼”产卵繁殖问题，在“四大家鱼”产卵高峰期5—6月，通过水库优化调度，在4～5天内使下泄流量由15000m^3/s逐步加大至24000m^3/s，形成“人造小洪峰”，大坝下游河道水位上涨2～3m，可产生较大的鱼苗汛，每年应视鱼类产卵时间、当年的气候条件安排“人造小洪峰”，以促进“四大家鱼”产卵繁殖生长。

(2)加强试验研究和跟踪监测，探索减小生态环境不利影响措施

实施中小洪水调度，汛期库水位变幅加大，有利于水体交换，但汛期洪水漂浮物增多，影响水库水质，监测资料也表明汛期水库水质劣于枯水期水库水质。三峡水库蓄水提前至9月10日，在9月及10月蓄水期间，下泄流量减小，坝下游河道水位降低，使两湖出湖水量增加，枯水期提前，对生态环境用水安全产生一定影响，应加强试验研究和跟踪监测，探索减小生态环境不利影响的措施，以降低生态环境影响风险。

(3)建设生态环境保护工程，减缓对两湖(洞庭湖、鄱阳湖)枯水造成的不利影响

为保护长江中游两湖生态环境，提高湖区的经济和生态承载能力，研究在洞庭湖入江水

道城陵矶附近兴建城陵矶综合枢纽工程，在鄱阳湖入江水道星子县城附近兴建鄱阳湖水利枢纽工程，两工程作为生态环境保护工程，实施“调枯水控洪”的运行方式，抬升湖区枯水期水位，增加枯期蓄水量，减轻上游干支流控制性水库建成运用对两湖水文情势的影响；改善两湖供水条件，缓解湖区水资源供需矛盾；提高湖区航道等级，使之并具有为长江中下游应急补水调度潜力；恢复和调整江湖关系，维系其生态系统，保护两湖的生态环境。

(4)研究长江流域干支流控制性水库联合运行调度，减小对生态环境的不利影响

长江流域上游干支流和中游支流已陆续建设一批控制性水库，应进一步研究干支流控制性水库联合运行调度，减小三峡水库蓄水期间下泄流量降低而对两湖生态环境造成的不利影响；减轻三峡水库蓄水后，引起水温及水文情势变化而对葛洲坝下游中华鲟产卵造成的不利影响。

13.4.2 三峡工程科学调度优化运行在 175m 试验性蓄水运行期间的效益

自 2008 年试验性蓄水以来，除 2009 年因来水偏少最高蓄至 171.41m 外，2010—2018 年连续 8 年完成 175m 蓄水任务，为水库综合效益的发挥奠定了良好基础。

13.4.2.1 拓展了防洪效益

2009—2018 年汛期，三峡工程科学调度优化运行利用了一部分洪水资源，实际运行数据统计表明：累计蓄洪量 1399 亿 m^3，年平均蓄洪量 139.9 亿 m^3；年最大洪水平均削峰率达 35.2%，最大达到 54.8%，降低了下游水位，有效减轻了长江中下游的防洪压力。

2010 年和 2012 年汛期，长江上游发生大洪水，三峡入库最大洪峰流量均超过了 70000m^3/s，其中 2012 年 7 月出现的洪峰流量为 71200m^3/s，为三峡建库以来最大洪峰，三峡水库拦蓄控泄流量分别为 40000m^3/s 和 45000m^3/s，通过拦洪削峰，避免了下游荆南四河超过保证水位，控制下游沙市站水位未超警戒水位，城陵矶站水位未超保证水位，保证了长江中下游的防洪安全。

2016 年汛期，长江中下游地区发生 1998 年以来的最大洪水，国家防总和长江防总实施三峡水库对城陵矶河段防洪补偿调度，为中下游拦洪削峰，共拦蓄洪量 72 亿 m^3，调洪最高水位 158.18m。同时与长江上游及中游控制性水库防洪库容联合运用，通过科学调度，总共拦蓄洪水 227 亿 m^3，分别降低荆江河段、城陵矶附近和武汉以下河段水位 0.8～1.7m、0.7～1.3m、0.2～0.4m，有效减轻了长江中游城陵矶河段和洞庭湖区防汛抗洪压力，避免了荆江河段超警戒水位和城陵矶地区分洪。钱粮湖和大通湖两个蓄滞洪区分洪将淹没耕地 52.5 万亩、转移人口 38 万。2016 年汛期，三峡水库与干支流水库拦蓄洪水，显著发挥了防洪效益。

2017 年汛期，6 月 22 日至 7 月 2 日，长江流域中游地区先后发生两次强降雨过程，洞庭湖“四水”、鄱阳湖“五河”来水 6 月下旬快速上涨，莲花塘站 7 月 1 日 8 时水位超警戒水位，2017 年长江第 1 号洪水在长江中游形成，长江防总在先后向三峡集团发出 5 道调度令，将三峡水库出库流量由 27300m^3/s 逐步减小至 8000m^3/s，成为三峡水库 7 月最小下泄流量。截

至7月6日，三峡水库及长江上游中游水库群共拦蓄洪水量102.39亿m^3，相当于拦截了2个荆江分蓄洪区的分蓄洪水量，其中三峡水库拦蓄49.68亿m^3，显著减轻了洞庭湖区和长江中下游防洪压力，使干流洞庭湖城陵矶站超保证水位时间缩短6天，避免了莲花塘站超过分洪保证水位；降低长江干流汉口河段洪峰水位0.6～1.0m，九江至大通江段水位0.3～0.5m，洞庭湖区及长江干流城陵矶河段水位1.0～1.5m；降低洞庭湖水系湘江常德站水位2.0m，沅江下游桃源站水位2.5m。避免资水下游桃江、益阳等地溃堤灾害，确保了长江中游干流不超保证水位，为中下游各省防汛工作赢得了时机，大大减轻了长江中下游地区防洪抢险压力。

2016年和2017年长江中下游发生了大洪水，长江防总实施以三峡水库为核心，中下游干支流水库群防洪库容联合运用，科学调度拦蓄洪水，显著减轻了洞庭湖区和长江中下游防洪压力，进一步拓展了三峡水库对长江中下游发生大洪水的防洪功能，为长江经济带发展提高了防洪安全保障。

13.4.2.2 科学调度优化运行提高了发电效益

2009—2018年三峡电厂合计发电量9020.4亿kW·h，年平均发电量902.04亿kW·h，给经济社会发展提供了有力的能源支撑。2012年三峡电厂32台700MW水轮发电机组全部投产，按初步设计三峡水库多年(1878—1990年)平均年径流量4510亿m^3，年发电量882亿kW·h。2012—2017年年均径流量4100亿m^3，较初步设计采用值减少410亿m^3，由于科学调度，在确保防洪安全的前提下，通过科学调度、优化运行，合理利用一部分洪水资源，年平均发电量达929.8亿kW·h。自2009年开展中小洪水滞洪调度以来，三峡电厂年平均增发电量34.0亿kW·h。2018年年径流量4570亿m^3，年发电量达1016.2亿kW·h。

13.4.2.3 提高航运通过能力和安全保障

三峡工程使川江和荆江河段变为真正的“黄金水道”，促进了长江航运优质快速发展。三峡船闸2003年7月投入运行，截至2018年底，累计过闸货物14.2亿t，是三峡水库蓄水前葛洲坝船闸投入运行后22年(1981年6月至2003年6月)过闸货运量2.1亿t的6.76倍。其中实施175m水位试验性蓄水运行的2009—2018年累计过闸货物10.38亿t。2011年通过船闸货运量突破1亿t，提前19年达到并超过设计水平年2030年单向5000万t的通过能力指标，2018年三峡船闸过闸船舶货运量1.417亿t，再创历史新高。三峡工程使川江和荆江河段变为真正的“黄金水道”，在促进西南腹地与沿海地区的物资交流方面发挥了经济纽带的重要作用，为长江经济带发展提高了航运安全保障。

13.4.2.4 水资源综合利用，发挥国家重要战略淡水资源库的作用

三峡库区及上游干支流严格控制入江污染源，保障水库水质优良，发挥国家重要战略淡水资源库的作用。

2008年汛末实施175m水位试验性蓄水运行以来，三峡水库水质保持在Ⅱ～Ⅲ类。2016年库区长江干流8个水质监测断面，5个断面水质为Ⅱ类；2017年库区长江干流8个水

质监测断面，7 个断面水质为Ⅱ类。水库水质保持优良状况，说明三峡水库水环境保护效果显著，为库区和大坝下游居民生活、生产及生态用水保障了供水安全。

此外，遇长江中下游发生伏旱灾情，三峡水库也通过调度补水，如 2013 年 7 月下旬至 8 月，长江中下游持续高温少雨天气，三峡水库自 7 月 27 日起持续向中下游补水，其间水库累计补水约 70 亿 m^3，大大缓解了中下游抗旱压力。

13.5 长江流域防洪规划及三峡水库与干支流水库群联合调度研究

13.5.1 长江流域防洪减灾体系规划

13.5.1.1 长江流域防洪规划目标及防洪体系

国务院于 2012 年 12 月 26 日下发《国务院关于〈长江流域综合规划(2012—2030 年)〉的批复》。批复"原则同意《长江流域综合规划(2012—2030 年)》(以下简称《规划》)，请认真组织实施"。依据《中华人民共和国水法》，《规划》是长江流域开发、利用、节约、保护水资源和防治水害的重要依据。流域内各省(自治区、直辖市)人民政府和国务院有关部门要加强领导，密切配合，认真分解落实《规划》提出的各项任务措施，精心组织实施，切实保障流域防洪安全、供水安全、粮食安全和生态安全。《规划》中提出了长江防洪减灾体系规划。

(1)长江流域洪水、洪灾

长江流域的洪灾基本上由暴雨洪水形成。洪灾分布范围广，除海拔 3000m 以上青藏高原的高寒、少雨区外，凡是有暴雨和洪水行经的地方，都可能发生洪灾。按暴雨地区分布和覆盖范围大小，通常将长江大洪水分为两类：一类是区域性大洪水，历史上的 1860 年、1870 年及 1935 年、1981 年、1991 年洪水即为此类；另一类为流域性大洪水，1931 年、1954 年、1998 年和历史上的 1788 年、1849 年洪水即属此类。不论哪一类大洪水均会对中下游构成很大的威胁。此外，山丘区由短历时、小范围大暴雨引起的突发性洪水，往往产生山洪、泥石流、滑坡等灾害，严重威胁着人民生命财产的安全。上游高海拔地区存在冰湖溃决灾害，长江河口三角洲地带受风暴潮威胁最为严重。

长江中下游沿江两岸是我国经济社会发展的重要区域，而两岸平原区地面高程一般低于汛期江河洪水位数米至数十米，洪水灾害频繁、严重，一旦堤防溃决，淹没时间长，损失大。1931 年、1935 年大洪水，长江中下游分别死亡 14.5 万人、14.2 万人；1954 年洪水为长江流域百年来最大洪水，长江中下游共淹农田 4755 万亩，死亡 3 万余人，京广铁路不能正常通车 100 天；1998 年大洪水长江中下游受灾范围遍及 334 个县(市、区)5271 个乡镇，倒塌房屋 212.85 万间，死亡 1562 人。

长江上游和支流山丘区洪水一般具有峰高、来势迅猛、历时短和灾区分散的特点，局部区域性大洪水有时也会造成局部地区的毁灭性灾害，山洪灾害常造成大量人员伤亡。1981 年 7 月，四川、重庆腹地的岷江、沱江、嘉陵江发生特大洪水灾害，受淹农田 1311 万亩，受灾 1584 万人，死亡 888 人。2007 年 7 月 17 日，重庆市发生局部短历时特大暴雨洪灾，山区河流洪水暴涨，农作物受灾面积350万亩，死亡56人。2010年8月8日，甘肃省甘南州舟曲县城发生特大山洪泥石流灾害，死亡1501人，失踪264人。

(2)长江流域防洪形势

经过几十年的防洪建设，长江中下游已基本形成了以堤防为基础、三峡水库为骨干，其他干支流水库、蓄滞洪区、河道整治工程及防洪非工程措施相配套的综合防洪体系，防洪能力显著提高。目前，长江流域共建有堤防约34000km，其中，长江中下游3900余千米干堤基本达到1990年国务院批准的《长江流域综合利用规划简要报告》(1990年修订)确定的标准；为保障重点地区防洪安全，长江中下游干流安排了40处可蓄纳超额洪水约590亿m^3的蓄滞洪区，其中荆江分洪区、杜家台蓄滞洪区、围堤湖垸、澧南垸和西官垸等5处蓄滞洪区已建分洪闸进行控制；已建成以防洪为首要任务的主要水库有三峡、丹江口、江垭、皂市等，具有较大防洪作用的水库还有紫坪铺、五强溪、柘林、柘溪、隔河岩、水布垭、万安、漳河等；全面开展了河道整治，中下游河势基本稳定；流域内已建成报汛站超过7000个，初步建立了水情信息采集系统，其他通信预警系统及各种管理法律法规等非工程措施也正在逐步完善。

随着三峡工程的投入运行，长江中下游防洪能力有了较大的提高，特别是荆江河段防洪形势有了根本性的改善。长江干支流主要河段现有防洪能力大致达到：荆江地区依靠堤防可防御10年一遇洪水，通过三峡水库调蓄，遇100年一遇及以下洪水可使沙市水位不超过44.50m，不需要启用荆江地区蓄滞洪区，遇1000年一遇或类似1870年特大洪水，通过三峡水库的调节，可控制枝城泄量不超过80000m^3/s，配合荆江地区蓄滞洪区的运用，可控制沙市水位不超过45.0m，保证荆江河段行洪安全；城陵矶河段依靠堤防可防御10～20年一遇洪水，考虑本地区蓄滞洪区的运用，可防御1954年洪水，遇1931年、1935年、1954年大洪水，通过三峡水库的调节，可减少分蓄洪量和土地淹没，一般年份基本上可不分洪(各支流尾闾除外)；武汉河段依靠堤防可防御20～30年一遇洪水，考虑河段上游及本地区蓄滞洪区的运用，可防御1954年洪水(其最大30天洪量约200年一遇)，由于上游洪水有三峡工程的控制，可以避免荆江大堤溃决后洪水对武汉的威胁，三峡水库的调蓄、城陵矶附近地区洪水调控能力的增强，提高了长江干流洪水调度的灵活性，配合丹江口水库和武汉市附近地区的蓄滞洪区运用，可避免武汉水位失控；湖口河段依靠堤防可防御20年一遇洪水，考虑河段上游及本地区蓄滞洪区比较理想的运用，可满足防御1954年洪水的需要；汉江中下游依靠综合措施可防御1935年同大洪水，约相当于100年一遇；赣江可防御20～50年一遇，其他支流大部分可防御10～20年一遇洪水。

虽然长江流域的防洪能力有了很大的提高，但长江防洪仍面临着如下主要问题和挑战：一是长江中下游河道安全泄量与长江洪水峰高量大的矛盾仍然突出，三峡工程虽有防洪库容221.5亿m^3，但相对于长江中下游巨大的超额洪量，防洪库容仍然不足，遇1954年大洪水，中下游干流还有约400亿m^3的超额洪量需要妥善安排，而大部分蓄滞洪区安全建设滞后，一旦启用损失巨大；二是长江上游、中下游支流及湖泊防洪能力偏低，山洪灾害防治还处于起步阶段，防洪非工程措施建设滞后；三是三峡及上游其他控制性水利水电工程建成后，长江中下游长河段、长时期的冲淤调整，对中下游河势、江湖关系带来较大影响，尚需加强观测，并研究采取相应的对策措施；四是近年来，受全球气候变暖影响，长江流域部分地区极端水文气候事件发生频次增加、暴雨强度加大，一些地区洪灾严重；五是流域经济社会快速发展与城市化进程加快，人口与财富集中，一旦发生洪灾，损失越来越大。

(3)长江流域防洪治理原则、标准及目标

1)治理原则。

实行洪水风险管理，工程措施与非工程措施相结合，处理好人与洪水的关系；中下游地区是长江流域防洪的重点，应遵循“蓄泄兼筹，以泄为主”的治理方针和“江湖两利，左右岸兼顾，上中下游协调”的原则；上游地区应坚持疏导与水库调蓄相结合，治河与治坡相结合；长江口地区风暴潮灾害防御应坚持工程措施与非工程措施相结合；山洪灾害与冰湖灾害防治应坚持群测群防，以防为主、防治结合，以非工程措施为主、非工程措施与工程措施相结合。

2)防洪标准。

长江中下游是我国重要的商品粮基地，沿江有武汉、南京、上海等大中城市和一批重要的工业企业，京广、京沪、京九等铁路以及京珠、沪蓉高速公路等从区内通过，是我国精华地区之一。根据长江中下游平原区的政治经济地位和 20 世纪及以前曾经出现过的洪水与洪灾情况，长江中下游总体防洪标准为防御中华人民共和国成立以来发生的最大洪水，即 1954 年洪水，在发生类似 1954 年洪水时，保证重点保护地区的防洪安全。根据荆江河段的重要性及洪灾严重程度，确定荆江河段的防洪标准为 100 年一遇，即以防御枝城 100 年一遇洪峰流量为目标，同时对遭遇类似 1870 年洪水应有可靠的措施保证荆江两岸干堤不发生自然漫溃，防止发生毁灭性灾害。感潮河段堤防可考虑潮水和台风影响，按相关规范确定防洪潮标准；上海长江口南岸(含宝山区和浦东新区)、长兴岛堤防及崇明岛城市化地区堤防按 200 年一遇高潮位遇 12 级风标准建设；横沙岛堤防、崇明岛其他堤防、江苏长江口干堤按 100 年一遇高潮位遇 11 级风标准建设。

上游干流及主要支流总体防洪标准应达 20 年一遇，同时对流域内已发生的造成严重灾害的大洪水要有可靠的防御对策，保障重点地区防洪安全。流域内地级城市的防洪标准一般为 50 年一遇，县级城镇的防洪标准一般为 20 年一遇，重要地级、县级城市和工业重点镇的防洪标准可适当提高。

中下游干流沿江的岳阳、武汉、黄冈、鄂州、黄石、九江、安庆、池州、铜陵、芜湖、马鞍山、南京、镇江等 13 个地级以上城市应达到整体防御 1954 年洪水的标准；宜昌市、荆州市防洪标准为 100 年一遇；南通市按 100 年一遇高潮位遇 11 级风进行堤防建设；上海市城区黄浦江干流防洪标准为 1000 年一遇；重庆市主城区(北碚区除外)按照 50 年一遇的防洪标准进行防洪护岸工程建设，通过非工程措施达到 100 年一遇防洪标准；宜宾市、泸州市主城区防洪标准为 50 年一遇，通过防洪护岸工程建设，并结合上游水库的兴建，逐步提高其防洪能力。成都、昆明、贵阳、长沙、南昌、合肥等 6 个支流省会城市的主城区应达到 100～200 年一遇的防洪标准，除主城区外的中心城区重要河段防洪标准应达到 50～100 年一遇，一般河段应达到20～50年一遇的防洪标准。

3)防洪规划目标。

考虑三峡及其他控制性水利水电工程建成后对长江防洪的作用和影响，完善长江综合防洪体系。到2020年，荆江地区防洪能力达到100年一遇防洪标准，遭遇类似1870年特大洪水时，不发生毁灭性灾害。城陵矶及以下干流河段能防御1954年洪水，重要蓄滞洪区能适时按量使用。主要城市、洞庭湖区和鄱阳湖区重点圩垸、上游干流、主要支流基本达到规定的防洪标准。初步建成重点防治区监测、通信、预警等为主的非工程措施与工程措施相结合的山洪灾害防灾减灾体系。

至2030年，进一步完善综合防洪体系，减少蓄滞洪区的运用概率和使用范围，防洪能力进一步提高。遇常遇洪水和较大洪水时，可保障经济发展和社会安全，在遭遇流域性大洪水或特大洪水时，经济社会生活不发生大的动荡，生态环境不遭受严重破坏，灾害损失明显减少，不会对可持续发展进程产生重大影响。基本建成山洪灾害防灾减灾体系。

4)防洪区划分。

防洪区是指洪水泛滥可能淹及的地区。长江流域防洪区面积为15.38万km^2，其中长江上游(主要包括云南、四川、贵州及重庆)面积为1.34万km^2，长江中下游防洪区面积为14.04万km^2。

长江中下游防洪区分为防洪保护区、蓄滞洪区及行洪区3类。

防洪保护区是指遇防御标准洪水应保障防洪安全的地区，主要包括中下游干流堤防保护区、洞庭湖区及鄱阳湖区重点堤垸、主要支流城镇及尾闾地区。长江中下游防洪保护区总面积11.85万km^2、人口约9710万、耕地面积约6750万亩，分别占防洪区的84.4%、90.0%、84.8%。

蓄滞洪区是指包括分洪口在内的河堤背水面以外临时贮存洪水的低洼地区及湖泊等。蓄滞洪区主要分布在长江中下游干流及部分支流，总面积1.35万km^2，内有人口约740万、耕地面积约828万亩，长江中下游干流地区安排了40个蓄滞洪区，总面积1.2万km^2，区内人口约686万、耕地约712万亩，有效蓄洪容积约590亿m^3。

行洪区是指除防洪保护区和蓄滞洪区以外遇大洪水时洪水泛滥淹及的长江干流及主要支流两岸堤防之间的洲滩民垸、洞庭湖及鄱阳湖区的一般圩垸。长江中下游行洪区总面积为8400km^2，内有耕地约384万亩、人口约334万。

(4)长江流域防洪体系及布局

1)中下游干流。

长江中下游采取合理地加高加固堤防，整治河道，安排与建设平原蓄滞洪区，结合兴利修建干支流水库，逐步建成以堤防为基础、三峡水库为骨干，其他干支流水库、蓄滞洪区、河道整治相配合，平垸行洪、退田还湖、水土保持等工程措施与防洪非工程措施相结合的综合防洪体系。

长江中下游4个主要控制站的防洪控制水位分别为沙市45.00m、城陵矶34.40m、武汉

29.73m和湖口22.50m。关于城陵矶防洪控制水位，本次规划从江湖关系变化对城陵矶附近区防洪形势的影响、三峡工程及上游干支流水库建设对城陵矶附近区的防洪作用等方面进行了专题研究，认为上游干支流控制性水库建成后，对中下游河道冲淤和水位的影响，还有待实际洪水检验，总的趋势应是在同等洪水条件下城陵矶附近水位会有所降低。因此，城陵矶防洪控制水位近期仍宜维持在34.40m，今后可根据中下游河湖冲淤调整、江湖关系变化及上游水库建设的实际情况，对城陵矶防洪控制水位再做进一步研究，并论证是否需要调整。

在三峡工程建成前，遇1954年洪水，长江中下游需妥善安排约492亿m^3超额洪量，其中荆江地区54亿m^3，城陵矶附近区320亿m^3（洪湖、洞庭湖区各分蓄16亿m^3），武汉附近区68亿m^3，湖口附近区50亿m^3（鄱阳湖区、华阳河各25亿m^3）。三峡工程建成后，按照三峡工程初步设计的防洪调度方式，遇1954年洪水，长江中下游总分蓄洪量为336亿～398亿m^3。

近年来，江湖关系有所变化，根据现状各方面条件，在三峡工程初步设计的基础上，对三峡水库试验蓄水期防洪调度方案又进行了研究，考虑了对城陵矶补偿的防洪调度方式，遇1954年洪水，相应长江中下游总分洪量约为400亿m^3，其中城陵矶附近分洪量约300亿m^3。若进一步考虑长江上游干支流溪洛渡、向家坝、乌东德、白鹤滩、亭子口等水库相继建成，长江中下游总分洪量将明显减少，但河道冲刷程度不一，导致上下游河段泄流能力增加幅度不一，超额洪量可能出现区域调整，今后要在加强原型观测和科学研究的基础上，采取应对措施。

2)上游干流及主要支流。

长江上游干流及主要支流结合兴利，兴建控制性防洪水库，在承担本地区防洪任务的同时，尽可能承担长江中下游干流的防洪任务；对病险水库分期分批除险加固；整治干支流河道；对需要保护的较重要城镇和重要地区，筑堤护岸；加强中小河流治理和山洪灾害防治；加强水土保持；强化水情测报及其他防洪非工程措施建设。

13.5.1.2 长江流域防洪规划方案

(1)中下游

1)堤防。

根据确保重点、兼顾一般的原则，对长江中下游堤防分等级进行建设。荆江大堤、无为大堤、南线大堤、汉江遥堤以及沿江重点防洪城市堤防等为1级堤防。目前，长江中下游干堤已基本完成达标建设，既需要重点加固与长江中下游干堤形成封闭圈的连江支堤，洞庭湖、鄱阳湖区重点圩垸堤防及支流重要堤防，还需要对仍存在安全隐患的干堤、三峡及上游其他控制性水库建成后受河道冲刷及河势变化影响的干堤及岸坡进行除险加固。

长江中下游堤防堤顶超高一般为：1级堤防2.0m，2级及3级堤防1.5m，其他堤防1.0m。考虑到城陵矶附近的防洪形势在上游干支流水库建成前还不能完全改善，城陵矶附近长江干堤和东、南洞庭湖区堤防的超高在上述标准的基础上再增加0.5m；江苏南京以下长江干堤地处感潮河段，加之江面宽阔、风浪大，镇江、扬州、常州境内堤防堤顶超高2.0m，无锡、苏州、泰州、南通境内堤防堤顶超高2.0～2.5m，洞庭湖及鄱阳湖风浪大、吹程远，重点垸堤防临湖堤超高2.0m，临河堤超高1.5m，蓄滞洪区堤防临湖堤超高1.5m，临河堤超高1.0m。

2)蓄滞洪区。

全面加快蓄滞洪区建设，合理安排居民迁建。按照防御1954年洪水标准，长江中下游干流规划安排了40处蓄滞洪区。其中洪湖蓄滞洪区总面积2797.4km^2，面积较大，一次分洪损失大，运用不便。1998年长江大洪水后，国务院以国发〔1999〕12号文要求在城陵矶附近尽快集中力量建设蓄滞洪水约100亿m^3的蓄滞洪区，按照湖北、湖南对等的原则，洪湖蓄滞洪区划出一块约50亿m^3的蓄滞洪区先行建设。为此，对洪湖蓄滞洪区进行了分块蓄洪规划，将洪湖蓄滞洪区划分成东、中、西3块，优先建设东分块蓄滞洪区。

多年来，长江中下游蓄滞洪区建设进展较慢，建设任务繁重，为指导今后的蓄滞洪区建设，根据目前长江中下游防洪状况，考虑三峡工程及至规划水平年上游控制性水库建成后长江中下游防洪形势的变化，按照蓄滞洪区启用概率和保护对象的重要性，制定蓄滞洪区总体布局。

三峡工程建成后，荆江分洪区运用概率达到100年一遇，但由于其在长江流域防洪中的地位十分重要，是防御荆江地区遇类似1870年特大洪水的重要措施，由国家防总调度，且分洪区内的建设与管理相对完善，运用条件相对较好，确定其为重点蓄滞洪区。将除荆江分洪区以外的长江中下游蓄滞洪区分为重要蓄滞洪区、一般蓄滞洪区和蓄滞洪保留区3类。

重要蓄滞洪区为使用概率较大的蓄滞洪区，2020年前属于这类的蓄滞洪区有12处，分别为：城陵矶附近规划分蓄100亿m^3超额洪量的蓄滞洪区（即洞庭湖区的钱粮湖、共双茶、大通湖东3个蓄滞洪区和洪湖东分块）和洞庭湖区的围堤湖、民主、城西、澧南、西官、建设等6个蓄滞洪区，武汉附近区的杜家台蓄滞洪区，湖口附近区的康山蓄滞洪区。一般蓄滞洪区为防御1954年洪水除重要蓄滞洪区外，还需要启用的蓄滞洪区，2020年前属于这类的蓄滞洪区有13处，分别为：城陵矶附近区的洪湖中分块和洞庭湖区的屈原、九垸、江南陆城、建新蓄滞洪区，武汉附近区的西凉湖、武湖、张渡湖、白潭湖蓄滞洪区，湖口附近区的珠湖、黄湖、方州斜塘和华阳河蓄滞洪区，其中华阳河蓄滞洪区按建闸控制方案重新确定了蓄滞洪区范围，蓄滞洪区面积调整为1307km^2，有效蓄洪容积由62亿m^3调整为25亿m^3蓄滞洪保留区，为用于防御超标准洪水或特大洪水的蓄滞洪区，2020年前属于这类的蓄滞洪区16处，分别为荆江地区的涴市扩大分洪区、人民大垸分洪区、虎西备蓄区，城陵矶附近的君山、集成安合、南汉、安澧、安昌、北湖、义合、安化、和康、南顶、六角山等11个蓄滞洪区及洪湖西分块，武汉附近区的东西湖蓄滞洪区。

2020年以后，根据长江上游干支流控制性水库建设进程、上游控制性水库与三峡水库联合调度情况以及中下游河道冲刷和江湖关系演变的情况，经分析研究，拟将洞庭湖区的建设垸由重要蓄滞洪区调整为一般蓄滞洪区，九垸由一般蓄滞洪区调整为蓄滞洪保留区，取消洞庭湖区的安化、和康、南顶及六角山等4个蓄滞洪区，并对武汉附近区的东西湖蓄滞洪区深入研究论证调减蓄滞洪区范围或取消的可行性。长江上游干支流控制性水库建设进程还存在诸多不确定因素，加之中下游河道冲刷及江湖关系的变化仍需根据观测资料的积累作进一步的分析论证，因此还要继续对流域综合防洪减灾体系和防洪形势进行深入研究，适时对蓄滞洪区的布局进行调整。

对重要蓄滞洪区和一般蓄滞洪区，在进行蓄滞洪区围堤加高加固的同时，在区内进行安全区、安全台等安全建设，调整产业布局和结构，限制人口迁入和新增重要产业。对蓄滞洪保留区可基本不限制其发展，进行围堤加高加固及安全转移道路、通信预警系统等的建设。

对荆江分洪区要加强已建安全设施的管理，其安全建设以转移道路、通信预警设施建设为主，同时考虑三峡工程及上游干支流控制性水库建成后荆江分洪区使用概率逐步减小的实际情况，可放宽对荆江分洪区经济发展的限制，有条件时通过论证，适当扩大主要安全区的范围。武汉附近安排的蓄滞洪区有效蓄洪容积超过规划需要安排的超额洪量，结合经济社会发展的需要，有条件时通过论证后，可适当扩大安全区的范围。

3)水库。

根据总体规划要求，上游干支流建库除承担所在河流(河段)的防洪任务外，还应配合三峡水库对长江中下游发挥防洪作用。规划对长江上游干支流水库采取分期分类预留防洪库容，并结合洪水遭遇情况采取逐步蓄水方式运用。除三峡水库外，7 月长江上游干支流水库共预留防洪库容 340 亿～360 亿 m^3，其中金沙江干流预留防洪库容 220 亿～249 亿 m^3，雅砻江预留防洪库容 50 亿～60 亿 m^3，为落实雅砻江防洪库容 50 亿 m^3 的低限要求，拟将锦屏一级防洪库容进一步扩大；岷江预留防洪库容 30 亿～40 亿 m^3，根据国务院批准的《长江流域防洪规划》中提出的大渡河“具备设置较大防洪库容条件，宜进一步扩大防洪库容”的规划意见，为落实岷江防洪库容 30 亿 m^3 的低限要求，拟将瀑布沟防洪库容进一步扩大；嘉陵江预留防洪库容约 21.89 亿 m^3；乌江预留防洪库容 10.25 亿 m^3。这些水库 7 月 1 日前应消落到预留的最大防洪库容对应的水位；汛期应遵从《中华人民共和国水法》和《中华人民共和国防洪法》的要求，按照有关主管部门批准的汛期调度方案，实施上下游梯级水库联合调度，7—8 月，在满足防洪安全的前提下，有计划地逐步分期蓄水；以避免在汛期同时弃水、汛末同步蓄水导致无水可蓄的被动局面，既使长江中下游成灾洪水多发期长江上游有较大防洪库容用于拦洪，又可实现防洪与水资源综合利用较好地结合。对于金沙江中游梨园、阿海、金安桥、龙开口、鲁地拉、观音岩(部分库容)，雅砻江上游梯级、两河口、锦屏一级、二滩，岷江十里铺、下尔呷、双江口、瀑布沟(部分库容)、上寨等配合三峡水库为长江中下游防洪的水库，7 月可根据防洪要求拦洪蓄水，8 月初至汛末可不再设置专门防洪库容，水库蓄水由防汛主管部门进行调度；对承担所在河流(河段)防洪任务的水库，应在主汛期设置汛期限制水位。汛期水库调度方案，由运行管理单位编制，报有关主管部门审批。对于锦屏一级、瀑布沟等规划需扩大防洪库容的已(在)建水库，应对扩大防洪库容进行专题论证，由相关运行管理单位按有关程序报批。

中下游支流规划兴建清江姚家坪，资水金塘冲，澧水宜冲桥、凉水口、新街，赣江峡江，信江流口及饶河涪溪口等具有防洪作用的水库。对扩大已建的五强溪、涔天河、丹江口（已实施大坝加高工程）、万安、柘林等水库的防洪库容进行专题论证，由相关运行管理单位按有关程序报批。

继续对病险水库（闸）进行除险加固。巩固大中型病险水库除险加固成果，加快小型病险水库除险加固步伐，尽快消除水库安全隐患，恢复防洪库容，增强洪水调控能力；推进大中型病险水闸除险加固。

长江流域承担防洪任务的重要水库基本情况见表13.5.1。

表13.5.1　　长江流域承担防洪任务的重要水库基本情况

水系名称	水库名称	所在河流	控制流域面积（万 km^2）	规划预留最大防洪库容（亿 m^3）	防洪库容合计（亿 m^3）	备注
长江	虎跳峡河段	金沙江	21.84	58.6	452.81	规划新建
	梨园		22.00	1.73		已建
	阿海		23.50	2.15		
	金安桥		23.74	1.58		
	龙开口		23.97	1.26		
	鲁地拉		24.73	5.64		
	观音岩		25.65	5.42		
	乌东德		40.61	24.4		
	白鹤滩		43.03	75.0		
	溪洛渡		45.44	46.5		
	向家坝		45.88	9.03		
	三峡	干流	100.00	221.50		
雅砻江	上游梯级	干流		5.00	50.00	在建
	两河口		6.57	20.00		已建
	锦屏一级		10.26	16.00		已建
	二滩		11.64	9.00		已建
岷江	十里铺	干流	1.35	1.00	30.00	规划新建
	紫坪铺		2.27	1.67		已建
	下尔呷	大渡河	1.55	8.70		规划新建
	双江口		3.93	6.63		在建
	瀑布沟		6.85	11.00		已建
	上寨	绰斯甲河	1.03	1.00		规划新建

续表

水系名称	水库名称	所在河流	控制流域面积（万 km^2）	规划预留最大防洪库容（亿 m^3）	防洪库容合计（亿 m^3）	备注
乌江	构皮滩	干流	4.33	4.00	10.25	已建
	思林		4.86	1.84		
	沙沱		5.45	2.09		
	彭水		6.90	2.32		
嘉陵江	宝珠寺	白龙江	2.84	2.80	21.89	已建
	升钟	西河	0.18	2.70		
	亭子口	干流	6.11	14.4		已建，正常蓄水位以下防洪库容为 10.6 亿 m^3
	草街		15.61	1.99		已建
清江	姚家坪	干流	0.19	0.80	10.80	在建
	水布垭		1.09	5.00		已建
	隔河岩		1.44	5.00		
沮漳河	漳河	漳河	0.22	3.43	3.43	已建
洞庭湖	东江	湘江	0.47	4.28	56.78	已建
	双牌		1.03	0.58		
	涔天河		0.25	3.00		
	洮水		0.08	1.00		
	柘溪	资水	2.26	前汛期 7.0，主汛期 10.6～3.7，后汛期 3.7～1.6		已建
	金塘冲		2.80	1.60		规划新建
	凤滩	沅江	1.75	2.77		已建
	五强溪		8.38	17.05		已建，防洪库容现为 13.6 亿 m^3，拟扩大到 17.05 亿 m^3
	江垭	澧水	0.37	7.40		已建
	皂市		0.30	7.83		已建
	宜冲桥		0.58	2.50		规划新建
	凉水口		0.10	1.32		
	新街		0.06	0.85		
陆水	陆水	干流	0.34	1.63	1.63	已建

续表

水系名称	水库名称	所在河流	控制流域面积（万 km^2）	规划预留最大防洪库容（亿 m^3）	防洪库容合计（亿 m^3）	备注
汉江	安康	干流	3.57	3.60	126.32	已建
	丹江口		9.52	110.20		已建
	鸭河口	白河	0.30	5.21		已建
	潘口	堵河	0.90	6.10		已建
	三里坪	南河	0.20	1.21		
富水	富水	干流	0.25	8.53	8.53	已建
鄱阳湖	柘林	修水	0.93	17.12	44.01	已建
	流口	信江	1.04	3.20		规划新建
	万安	赣江	3.69	10.19		已建，防洪库容现为 5.33 亿 m^3，拟扩大到 10.19 亿 m^3
	峡江		6.27	7.44		已建
	廖坊	抚河	0.71	3.10		已建
	浯溪口	饶河	0.29	2.96		已建
皖河	花凉亭	长河	0.19	8.44	8.44	已建
菜子湖	下浒山	大沙河	0.04	0.44	0.44	已建
青弋江	陈村	青弋江	0.28	9.55	9.55	已建
水阳江	港口湾	西津河	0.11	4.11	4.11	已建
巢湖	龙河口	杭埠河	0.11	3.03	4.17	已建
	大房郢	南淝河	0.02	0.48		
	董铺		0.02	0.66		
滁河	黄栗树	襄河	0.03	1.05	1.88	已建
	沙河集	清流河	0.03	0.83		
全流域合计（亿 m^3）				845.04		

4）河道整治。

河道整治重点是中下游干流。

5）防洪非工程措施。

进一步加强水文、气象预报研究（特别是三峡水库运行后长江中下游洪水预报方案编制）、干支流水库建成后产汇流规律变化研究、水库群预报调度技术方案研究，提高水文、气象监测预报水平；继续推进防汛指挥调度系统建设，研究以三峡水库为骨干的干支流水库群联合调度方案，建立水库联合调度系统；建立完善的长江流域防洪政策法规体系；制定干支流洪水调度方案和超标准洪水的防御对策等。

(2)上游干流及主要支流

上游干流和主要支流的防洪区主要为成都平原、干流沿岸的重要城镇和大片农田、各主要支流中下游河段一级阶地的重要城镇和大片农田等。

上游干流及主要支流可依据各自的治理开发条件,采用工程和非工程措施形成综合防洪体系解决各自的防洪问题。上游干流、岷江中下游、沱江、嘉陵江中下游、乌江中下游建成堤库结合的防洪体系;安宁河、涪江及渠江上游建设调蓄水库,中下游以护岸结合堤防加固为主;汉江中下游在续建丹江口水库扩大其防洪库容的基础上,加固现有堤防,建设蓄滞洪工程;洞庭湖、鄱阳湖水系按规划标准加固现有堤防,新建具有防洪能力的水库,扩大已建部分大型水库的防洪作用,加强蓄滞洪区建设,强化河道整治;青弋江、水阳江及滁河等支流以堤防建设为主,配合建设上游水库和下游蓄滞洪区及分洪道;加强山洪灾害的监测预警及群测群防工作。

(3)主要城市

位于中下游干流沿岸的荆州、岳阳、武汉、黄冈、鄂州、黄石、九江、安庆、池州、铜陵、芜湖、马鞍山、南京、镇江等14个地级城市依靠堤防、蓄滞洪区、水库、河道整治等组成的长江中下游综合防洪体系保障防洪安全;位于长江口的上海、南通等城市防洪以加固堤防为主;重庆、宜宾、泸州、宜昌等城市的防洪安全依靠堤防和上游水库组成的防洪体系;成都、昆明、贵阳、长沙、南昌、合肥等位于支流的省会城市防洪体系以堤防为主,按相应标准加高加固堤防形成防洪保护圈,清除河道障碍,保障防洪安全。

(4)支流(含中小河流)治理

长江流域支流,尤其是中小河流,源短流急,洪水暴涨暴落。许多中小河流沿岸的县城、重要集镇和粮食生产基地的防洪设施少、标准低,甚至很多处于不设防状态,遇到常遇洪水就可能造成较大洪涝灾害。一些中小河流水土流失严重,加之不合理的采砂以及拦河设障、向河道倾倒垃圾、违章建筑侵占河道等,致使河道萎缩严重,行洪能力逐步降低,对所在地区城乡的防洪安全构成严重威胁。

支流治理的重点是河流沿岸易发洪涝灾害的县城、重要集镇及万亩以上基本农田等防洪保护对象。山丘区河流以县城、重要集镇河段为重点,浅丘区河流以沿河人口和农田较集中的河段为重点,平原盆地区河流以洪涝排泄出口河段和河道淤积卡口河段为重点。

支流(含中小河流)治理工程措施以河道整治、河势控导、河道疏浚和清淤、堤防护岸、除涝等为主,根据不同河流的特点,因地制宜、经济合理地采取非工程措施,在合理确定河道的控导线、禁止侵占河道滩地的前提下合理提高治理标准。

(5)山洪灾害防治

长江流域山洪灾害集中在5—9月的汛期,尤其是6—8月主汛期更是山洪灾害的多发期。山洪灾害分布面广，防治区面积达135.6万km^2，占流域总面积的75%。山洪灾害防治区普遍发生溪河洪水灾害，西南地区、秦巴山地区等多伴生泥石流、滑坡灾害，华中华东地区多伴生浅层滑坡灾害。

山洪灾害突发性强，预测预报难度大，具有季节性强、成灾快、易造成人员伤亡等特点。目前流域内的山洪灾害防治还处于起步阶段，山洪灾害已经成为山丘区经济社会可持续发展的重要制约因素之一。

山洪灾害防治应以防为主、防治结合，以非工程措施为主、非工程措施与工程措施相结合。对于受山洪灾害威胁的地区，规划采取建立监测预警系统和群测群防的组织体系、强化风险区管理、编制和落实防御预案、加强宣传教育等非工程措施，结合堤防、护岸、谷坊、拦沙坝、排导沟、水库等工程措施，逐步形成完善的山洪灾害防治体系。对处于山洪灾害危险区、生存条件恶劣、地势低洼而治理困难地方的居民结合移民建镇实施永久搬迁。

13.5.2　三峡水库与长江干支流控制性水库群联合调度研究

13.5.2.1　三峡水库在长江干支流控制性水库群联合调度中的地位

三峡工程首要任务是防洪，其次是发电、航运和水资源利用。坝址控制流域面积100万km^2，多年平均流量14300m^3/s。大坝按1000年一遇洪水流量99800m^3/s设计，相应挡水位175.0m；校核按10000年一遇洪水流量加大10%总流量124300m^3/s，相应水位180.4m，水库总库容450.4亿m^3。汛期防洪限制水位145.0m，防洪库容221.5亿m^3，枯水期消落最低水位155.0m，兴利库容165.0亿m^3。三峡工程位于长江上游和中游的交界处，控制了长江上游的全部来水，是保障长江中下游防洪安全的骨干工程；同时，开发三峡河段水能资源，并改善通航水道，可发挥巨大的发电及航运功能；调节长江的径流，可优化长江流域水资源配置，三峡工程具有“对上（游）可以调蓄，对下（游）可以补偿”的独特作用，能有效拦蓄长江上游洪水，减少中下游分蓄洪量，防洪作用显著，是长江堤防、水库、蓄滞洪区等组成的综合防洪体系中不可替代的控制性骨干工程，在治理开发长江中具有主体地位。

三峡水库是我国最大的战略性淡水资源库，水量充沛，坝址多年平均径流量4510亿m^3，正常蓄水位175.0m，相应的库容393.0亿m^3。水库水质为Ⅱ～Ⅲ类，且调节能力强，对保障三峡库区和长江中下游地区供水安全，实现我国水资源优化配置具有重要战略意义。三峡水库上邻长江上游珍稀特有鱼类国家级自然保护区，下接中下游江湖复合生态系统，是长江流域生态与环境保护和修复的主要控制节点，通过三峡水库的调节，坝下游枯水期可比天然情况下增加流量1000～2000m^3/s，既能较好地改善坝下游的水质和两岸的供水条件，又可改善水生生物的栖息和繁殖条件，发挥生态效益。国家已确定三峡库区在国土主体功能区划中定为限制开发区，并建成为长江流域的重要生态屏障，将对保障三峡水库和长江中下游生态安全发挥重要作用。

根据2012年12月国务院批准的《长江流域综合利用规划(2012—2030年)》,长江干支流已建成或将陆续兴建一大批库容大、调节性能好的水利水电工程,控制性水库总调节库容达1000亿 m^3,总防洪库容超过600亿 m^3(表13.5.1)。三峡水库在长江干支流水库群联合调度中具有主体地位,起到核心和骨干作用,通过三峡水库与干支流水库群联合调度,科学合理利用长江水资源,全面发挥长江流域水库群的综合效益。

13.5.2.2 三峡水库与长江干支流控制性水库群防洪联合调度

(1)长江洪水类型

长江流域洪水主要由暴雨形成,按暴雨时空分布和覆盖面积大小,长江洪水可分为全流域大洪水和区域性大洪水两种类型。全流域大洪水是由连续多场大面积暴雨形成,某些支流雨季提前或推迟,长江上游和中下游干支流雨季相互重叠,干支流洪水遭遇,形成长江中下游峰高量大、历时长、灾害严重的大洪水或特大洪水,如1931年、1954年、1998年大洪水等。区域性大洪水是由一、两次区域性暴雨形成,发生在某些支流或干流某一河段强度大的集中暴雨,形成洪峰高、短时间洪量大的大洪水,在长江上、中、下游均可发生,造成某些支流或干流局部河段的洪水灾害,如"81·7"(1981年7月)长江上游大洪水、"35·7"(1935年7月)长江中游大洪水、"69·7"(1969年7月)湖北清江大洪水、"83·10"(1983年10月)汉江秋季大洪水。此外,还有短历时、小范围特大暴雨引起的突发性洪水,产生泥石流、滑坡、崩塌等地质灾害以及城市渍水、圩垸内涝灾害等。这种灾害范围虽小,但会造成道路通信中断、人员伤亡、毁坏房屋和农田等严重灾害,长江下游台风风暴潮洪水也属此类。但是,由于暴雨范围小、历时短,不致形成长江干流大洪水。

长江流域洪水发生的时间和地区分布与暴雨一致。一般是中下游洪水早于上游,南岸早于北岸。洪水主要出现时间,中下游洞庭湖的湘江、资水、沅江洪水和鄱阳湖水系洪水一般为4—7月,主汛期为4—6月;澧水和清江稍晚,并与上游南岸支流乌江洪水发生时间同为5—8月,主汛期为5—7月;金沙江下游和四川盆地各支流水系为6—9月,长江上游干流受上游各支流洪水的影响,洪水主要发生时间为7—9月;中下游干流因承受上游和中下游支流的洪水,汛期为5—10月,中游北岸支流汉江为7—10月。每年最大洪峰出现时间,以洞庭湖水系的湘江、资水、澧水和鄱阳湖水系的赣江、信江最早,3月就可能出现洪峰。上游干流洪峰集中在7—8月,中下游干流集中在7月。通常一般年份长江干流与各支流洪峰相互错开,中下游干流可顺序承泄中下游支流和上游干支流洪水,不致造成大洪水灾害。但若遇极端天气,长江干支流洪水发生遭遇,即可形成大洪水,导致洪水灾害。

长江流域洪灾分布范围广、类型多,以长江中下游平原区洪灾最为频繁、严重,历来是中华民族的心腹之患。长江中下游平原受堤防保护区的面积约11.85万 km^2,仅占全流域的6.6%,但保护区内人口9710万,占全流域的22.7%,内有上海、南京、武汉等数十座大中城市，是长江流域乃至全国的精华地区，是长江防洪的重点。

(2)三峡水库与长江干支流控制性水库群防洪库容联合运用科学调度

长江干支流水库群防洪库容联合运用科学调度应按长江洪水不同类型，合理安排干支流梯级水库的防洪库容，适时发挥各水库拦洪、削洪、错洪的作用，有效控制洪峰、洪量，在保障堤防安全的前提下，尽量减少启用分蓄洪区，相机利用洪水资源，充分发挥干支流梯级水库综合效益的原则。长江干支流水库的防洪库容，除承担本支流或该区域干流段的防洪任务外，还要配合三峡水库承担长江中下游的防洪任务。长江上游的洪水主要来自金沙江、岷江、沱江、嘉陵江、乌江和宜昌至上游干支流的区间，上游洪水也是中下游洪水的主要来源。三峡工程能扼住上游进入中下游平原洪水的“咽喉”，控制长江上游的全部洪水。上游干支流梯级水库预留防洪库容，与三峡水库联合调度，可削减进入三峡水库的洪量，较好地发挥上游干支流水库对中下游的防洪作用，减少中下游分蓄洪区分洪概率和分蓄洪量，并有效减轻三峡水库防洪压力。

如遭遇全流域性大洪水，或中下游大洪水，需实施长江上游干支流水库及三峡水库与中下游支流水库联合调度，发挥各水库拦洪、削洪、错洪的作用，直接或间接地减轻中下游地区的防洪压力，必要时还需启用分蓄洪区分担洪量，以确保长江堤防安全。

长江干支流水库群防洪库容联合运用科学调度，可利用各支流发生洪水的时段不同，运用现代气象和水文预报技术，在确保防洪安全和减少水库泥沙淤积的前提下，三峡水库适时实施中小洪水调度，利用一部分洪水资源，相机将汛限水位向上浮动，全面发挥三峡工程的综合效益。鉴于长江流域面积大，上游干支流间，上游与中下游之间的洪水组成复杂，在研究干支流梯级水库群防洪联合调度时，要考虑梯级水库洪水叠加累积影响，进行风险分析，并制定应急预案，做到万无一失，确保防洪安全。为有效发挥水库群的防洪作用，科学合理地运用各水库预留的防洪库容，在水库群联合调度中，要根据上下游干支流的水情和预报的雨情，考虑各梯级水库、堤防、分蓄洪区等防洪体系的综合作用。

13.5.2.3　三峡水库与长江干支流控制性水库群生态联合调度

长江干支流水库群生态联合调度应遵循满足干支流、上下游河道生态用水需求，补偿修建梯级水库对河流生态与环境造成的影响，将其不利影响控制到最小的原则，以达到人与自然和谐相处，维护长江干支流健康的目的。水库蓄水后，水流流速减缓，稀释能力降低，库区支流回水区和部分库湾的水体呈现富营养化并发生水华，会影响水库水质；水库消落区由原陆水环境转变为冬水夏陆交替环境，消落区的污染物在地表径流或水库水位抬升时进入水域，对水库水质构成影响；干支流梯级水库改变了长江水文情势，对鱼类等重要水生生物种产卵、繁殖和生长带来影响；水流中的泥沙淤积在水库内，大坝清水下泄，对坝下游河道冲刷，由于中下游河道各河段在各个时期冲淤程度不同，相应引起水位的变化，需研究协调与长江中下游蓄泄关系和江湖关系。在以三峡水库为核心的长江干支流水库群联合调度中兼顾生态需求，将长江上游、三峡库区、长江中下游区域水生态整体性考虑，把河流生态系统结构和功能对水流的需求作为重要的控制性因子纳入水库调度，已成为河流修复的重要手段之一。通过长江干支流水库群生态联合调度，相机适时增加大坝下泄流量，提高水流稀释能力，改善水库水质；针对"四大家鱼"繁殖产卵高峰期在5—6月，可通过三峡—葛洲坝梯级联合调度，将下泄流量在4～5天内由15000m^3/s逐步加大至24000m^3/s，形成"人造小洪峰"，使坝下游荆江河段水位上涨2～3m，促进"四大家鱼"产生较多的苗汛，有利于"四大家鱼"的繁殖生长；模拟鱼类等重要水生物种产卵、繁殖的水文水力条件，协调干支流梯级水库的运行方式，调节各梯级大坝下泄水流的水温、溶解氧，以尽量减小对鱼类等水生物种造成的不利影响；针对长江干支流某河段突发水污染事件，制定联合调度方案，及时实施应对措施，保障水库及其坝下游供水安全及生态安全。

13.5.2.4 三峡水库与长江干支流控制性水库群蓄水及库水位消落联合调度

(1)三峡水库与长江干支流控制性水库群蓄水联合调度

三峡水库是季调节水库，水库库容系数仅为8.7%。三峡水库蓄水集中在9月下旬和10月。因荆江河道冲刷并受水库蓄水下泄流量减小的影响，荆江南岸松滋、太平、藕池三口洪道断流时间提前，断流天数增加；蓄水期间，干流水位降低导致洞庭湖、鄱阳湖区水位下降，使得两湖枯水期有所提前，枯水时段延长，对中下游地区供水造成一定影响。长江干支流水库蓄水需遵循防洪库容分期预留、分时段逐步抬升蓄水位的调度原则。上游干支流水库在7—9月上旬分时段抬升蓄水位至正常蓄水位，与三峡水库蓄水时段错开；中下游支流水库应在各支流的汛末分时段抬升蓄水位至正常蓄水位，以尽量减轻三峡水库蓄水期间对长江中下游地区的不利影响。如遭遇特枯水年，长江流域部分地区发生旱灾，为满足长江中下游地区生活、生态用水和抗旱需要，三峡水库水位可能蓄不到正常蓄水位175.0m，直接影响枯水期坝下游航运和生活、生态供水需求。为缓解长江中下游地区供水及抗旱的需求，要研究发挥中下游支流水库的作用，并制订应急预案，统筹协调安排干支流、上下游梯级水库蓄泄水时机及水量，解决兴利与抗旱供水的矛盾，充分发挥全流域水资源的综合利用效益。在水库群蓄水联合调度时，应充分利用长江上游与中下游各支流洪水发生时段不同的特点，在确保防洪安全的前提下，制定每条支流各梯级水库的蓄水调度计划，协调干支流各梯级水库的蓄水时段及蓄水排序，优化其蓄水方案，提高水库蓄满率，使干支流水库都能蓄至正常蓄水位，以实现全流域水资源的最优配置。

(2)三峡水库与长江干支流控制性水库群水位消落联合调度

长江上游干支流水库在枯水期库水位均匀消落，使下游梯级电站得到有效补偿，增加发电量，合理利用了水资源。若集中在5—6月消落，可能与长江中下游洞庭湖及鄱阳湖水系洪水遭遇，会增加两湖地区防洪压力。为此，三峡水库与上游水库群库水位消落联合调度应遵循下泄流量均匀、有序的原则，并满足地质灾害防治部门控制库水位消落速率每天小于0.6m的要求。在5—6月库水位消落期间，可视长江中下游洞庭湖及鄱阳湖水系洪水水情，控制三峡水库库水位消落下泄流量，防止与两湖地区洪水遭遇，确保长江中下游防洪安全和供水安全。针对三峡水库蓄水提前到汛末9月开始蓄水，影响库尾重庆主城区河道走(冲)沙而导致局部航道及港口泥沙淤积问题，可在库水位消落期，通过金沙江溪洛渡、向家坝等梯级水库联合调度，在每年2—4月相机安排几天时间，将向家坝水电站下泄流量加大到10000m^3/s左右，以提高重庆主城区河道淤积泥沙走(冲)沙效果。

13.5.3　三峡水库与上游干支流控制性水库群防洪库容联合运用科学调度

13.5.3.1　三峡水库与上游干支流已建投入运行的控制性水库群防洪库容联合运用科学调度原则及目标

(1)长江上游干支流已建投入运行的控制性水库

长江上游干支流已建投入运行的总库容在1亿m^3以上的102座重要水库均应纳入水库群防洪和水量统一调度范围，但综合考虑上游水库的建设规模、防洪能力、调节库容、控制作用、建设进度等因素，纳入联合调度范围的水库包括：长江干流金沙江梨园、阿海、金安桥、龙开口、鲁地拉、观音岩、溪洛渡、向家坝；支流雅砻江锦屏一级、二滩；岷江紫坪铺、瀑布沟；嘉陵江碧口、宝珠寺、亭子口、草街；乌江构皮滩、思林、沙沱、彭水；长江干流三峡等21座水库(图13.5.1)，预留防洪库容363亿m^3，调节库容459.19亿m^3。其他水库根据属地管理权限，由有调度权限的防汛抗旱指挥机构负责调度。

(2)三峡水库与上游干支流已建投入运行的控制性水库群防洪库容联合运用科学调度原则与目标

1)上游水库群防洪库容联合运用科学调度原则。

①正确处理水库群防洪与兴利，经济效益与社会效益、生态效益，局部与整体，汛期与非汛期，单库与多库等重大关系。通过水库群防洪库容联合运用科学调度，实现流域上下游协调、干支流兼顾，保障流域防洪安全、供水安全、生态安全，充分发挥水库群综合效益，为推动长江经济带发展提供水安全保障。

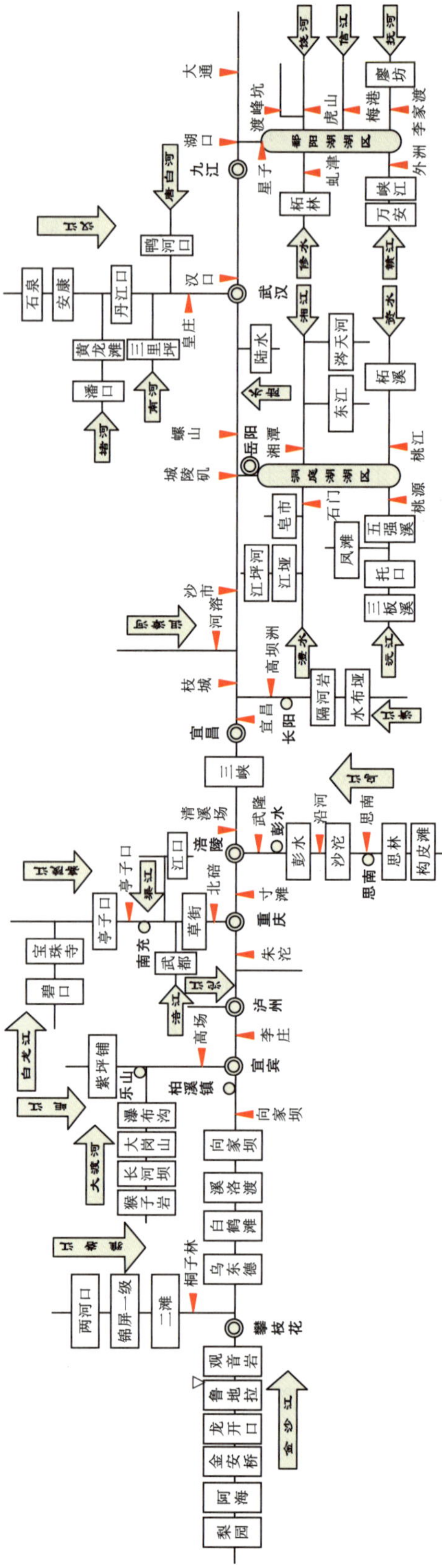

图13.5.1 长江流域水库群联合调度关系

②坚持兴利服从防洪、电调(航调)服从水调的原则。各水库应按照《长江流域综合规划(2012—2030 年)》和《长江流域防洪规划》的要求，汛期留足防洪库容，防洪和水量调度服从有调度权限的防汛抗旱指挥机构的统一调度。

③长江上游水库群实行水库管理单位、省(直辖市)防汛抗旱指挥部(以下简称“省(市)防指”)、长江防总、国家防总等分级调度管理。

④水库群防洪库容联合运用科学调度时，应首先确保各枢纽工程自身安全；对兼有所在河流防洪和承担长江中下游防洪任务的水库，应协调好所在河流防洪与长江中下游防洪的关系，在满足所在河流防洪要求的前提条件下，根据需要承担长江中下游防洪任务；防洪调度应兼顾综合利用要求；结合水文气象预报，在确保防洪安全的前提下，合理利用水资源。

⑤水库蓄水应综合考虑防洪、供水、生态、航运、泥沙、淹没等因素。对配合三峡水库承担长江中下游防洪任务的部分水库，一般情况下可考虑从 8 月开始逐步蓄水；对承担所在河流防洪和长江中下游防洪双重任务的水库，按防洪任务分时段预留防洪库容、控制相应蓄水位，水库蓄水起始时间需根据所在河流防洪和长江中下游防洪两方面任务确定。蓄水期间水库下泄流量按批复的方案执行。

⑥枯水期合理运用调节库容，统筹协调发电与供水、航运、生态等方面对水资源的需求，水库下泄流量不小于规定的下限值。

⑦流域内发生特枯水、水污染、水上安全事故、涉水工程事故等突发事件时，应服从有调度权限的防汛抗旱指挥机构的调度。

2)上游水库群防洪库容联合运用科学调度目标。

①确保各枢纽工程自身安全；通过拦蓄洪水，实现各水库防洪目标，并提高流域整体防洪效益；三峡水库应保证荆江河段防洪标准达 100 年一遇，遇 1000 年一遇洪水或类似 1870 年洪水时，配合使用蓄滞洪区，保证荆江地区不发生毁灭性洪水灾害；三峡上游水库通过拦洪、削峰、错峰，提高攀枝花、宜宾、泸州、重庆主城区、乐山、苍溪、阆中、南充、合川、思南、沿河、彭水、武隆等重要城镇及重要基础设施的防洪能力；三峡上游水库配合三峡水库拦蓄洪水，以减少汇入三峡水库的洪量，进一步减小长江中下游分洪量和蓄滞洪区的使用概率。

②兼顾水库蓄水与防洪、航运、供水、泥沙、水生态环境等方面的需求，统筹上下游、干支流，有序逐步蓄水，提高水库群整体蓄满率，尽量减少集中蓄水对水库下游河段和长江中下游带来的不利影响。

③通过水库群防洪库容联合运用科学调度，减轻特枯水、水污染、水上安全事故、涉水工程事故等突发事件的影响。

④枯水期水库适时补水，加大下游河道主要控制断面的水量。

13.5.3.2 三峡水库与上游已建水库群防洪库容联合运用科学调度方案

(1)防洪库容联合运用科学调度

1)川渝河段。

川渝河段的防洪任务为提高宜宾、泸州的防洪标准至50年一遇,减轻重庆主城区的防洪压力,主要由溪洛渡、向家坝水库承担;必要时梨园、阿海、金安桥、龙开口、鲁地拉、观音岩、锦屏一级、二滩、紫坪铺、瀑布沟、亭子口等水库配合溪洛渡、向家坝水库对川渝河段洪水实施拦洪错峰。

①对宜宾、泸州的防洪调度方式。溪洛渡、向家坝水库预留专用防洪库容14.6亿m^3,对宜宾、泸州进行防洪补偿调度。当预报李庄(宜宾防洪控制站)洪峰流量超过51000m^3/s,或朱沱(泸州防洪控制站)洪峰流量超过52600m^3/s时,通过补偿调度,控制李庄、朱沱两站洪峰流量分别不超过51000m^3/s、52600m^3/s。若遭遇以岷江来水为主的洪水类型时,视水情和防洪形势的需要,瀑布沟、紫坪铺等水库适时配合调度。

②对重庆主城区的防洪调度方式。溪洛渡、向家坝水库预留防洪库容29.6亿m^3,对重庆主城区进行防洪补偿调度。当预报寸滩(重庆防洪控制站)洪峰流量大于83100m^3/s时,利用溪洛渡、向家坝水库对重庆进行防洪补偿调度,尽可能控制寸滩洪峰流量不超过83100m^3/s。当岷江大渡河、嘉陵江上游来水较大时,运用瀑布沟、亭子口水库拦洪错峰,减轻重庆主城区防洪压力。

③溪洛渡、向家坝水库防洪库容联合运用科学调度时,先运用溪洛渡水库拦蓄洪水,当溪洛渡水库水位上升至573.1m后,若溪洛渡入库流量超过28000m^3/s并呈上涨趋势,可继续动用溪洛渡水库拦蓄洪水;若溪洛渡入库流量低于28000m^3/s,溪洛渡水库维持出入库平衡,向家坝水库开始拦蓄洪水;在向家坝水库水位达到380m后,向家坝水库维持出入库平衡,溪洛渡水库继续拦蓄洪水;在溪洛渡水库水位达到600m后,按保枢纽安全方式进行调度。

④在溪洛渡、向家坝开始拦蓄洪水时,视水情和防洪形势的需要,雅砻江、金沙江、岷江、嘉陵江等梯级水库适时配合调度。

2)嘉陵江中下游。

嘉陵江中下游的防洪任务主要由亭子口水库承担,碧口、宝珠寺、草街水库适时配合调度。

当嘉陵江中下游发生大洪水时,亭子口水库适时拦洪削峰,提高嘉陵江中下游苍溪、阆中、南充等城镇的防洪标准,减轻合川、重庆主城区的防洪压力;碧口、宝珠寺等水库在保证枢纽安全和本河段防洪安全的前提下,适时减少亭子口水库的入库洪量。

3)乌江中下游。

乌江中下游的防洪任务主要是提高思南县城防洪标准,减轻沿河、彭水、武隆等城镇的防洪压力，由构皮滩、思林、沙沱、彭水水库承担，其他水库配合运用。

①对思南的防洪调度方式。构皮滩联合思林水库适时拦洪削峰，遭遇20年一遇洪水（洪峰流量16400m^3/s）时尽可能控制思南县城河段的洪峰流量不超过13900m^3/s（10年一遇），与此同时控制沙沱水库坝前水位降低思南县城河段的洪水位；遭遇20年一遇以上洪水时，适当拦洪削峰，尽量减轻思南县城灾害损失。

②对沿河的防洪调度方式。构皮滩、思林、沙沱水库联合调度，适时拦洪削峰，减少进入彭水水库的入库洪量，遭遇20年一遇入库洪水时还应控制彭水水库坝前水位不高于288.85m。

③对彭水、武隆的防洪调度方式。构皮滩、思林、沙沱、彭水水库联合调度，适时拦洪削峰，彭水水库遭遇20年一遇入库洪水时其下泄流量不超过19900m^3/s；遭遇20年一遇以上入库洪水时，适当拦洪削峰，尽量减轻彭水、武隆县城灾害损失。

4）长江中下游。

当长江中下游发生大洪水时，三峡水库根据长江中下游防洪控制站沙市、城陵矶等站水位控制目标，实施防洪补偿调度。当三峡水库拦蓄洪水时，上游水库群配合拦蓄洪水，减少三峡水库的入库洪量。

一般情况下，梨园、阿海、金安桥、龙开口、鲁地拉、锦屏一级、二滩等有配合三峡水库承担长江中下游防洪任务的水库，实施与三峡水库同步拦蓄洪水的调度方式，溪洛渡、向家坝水库在留足川渝河段所需防洪库容前提下，根据长江中下游防洪需要，配合三峡水库承担长江中下游防洪任务。观音岩、瀑布沟、亭子口、构皮滩、思林、沙沱、彭水等承担所在河流防洪和配合三峡水库承担中下游防洪双重防洪任务的水库，当所在河流发生较大洪水时，结合所在河流防洪任务，实施防洪调度；当所在河流来水量不大且预报短时期内不会发生大洪水时，也需减少水库下泄流量，配合其他水库降低长江干流洪峰流量，减少三峡水库入库洪量。

（2）蓄水调度

1）各水库应有序逐步蓄水，水库蓄水期间下泄流量应不小于规定的下限值，减轻对水库下游供水、生态、航运等不利影响。

2）梨园、阿海、金安桥、龙开口、鲁地拉、锦屏一级、二滩等水库8月初开始有序逐步蓄水。溪洛渡、亭子口、草街、构皮滩、思林、沙沱、彭水等水库9月初在留足所在河流防洪要求库容的前提下可逐步蓄水。三峡、向家坝9月中旬可逐步蓄水。紫坪铺、碧口、宝珠寺等水库10月初开始蓄水。观音岩、瀑布沟水库根据防洪库容预留要求分时段逐步蓄水。

3）干支流、上下游水库蓄水应统一协调，以满足长江中下游流量要求。

4）为协调好水库群蓄水与各方面用水的关系，水库管理单位应编制蓄水实施计划并按程序报批。

(3)各水库调度方式

1)梨园水库。

①防洪任务为确保枢纽自身防洪安全;与金沙江水库群联合调度配合三峡水库承担长江中下游防洪任务;必要时,与金沙江中游水库群联合调度配合金沙江下游水库减轻川渝河段防洪压力。

②7月1—31日的防洪限制水位为1605m。一般情况下水库按1605m水位运行。当长江中下游发生大洪水时,与金沙江水库群联合调度拦蓄金沙江来水,减少汇入三峡水库的洪量;当川渝河段发生大洪水时,与金沙江中游水库群联合调度配合金沙江下游水库拦洪削峰,减轻川渝河段防洪压力;当库水位达到1618m后,按保枢纽安全方式进行调度。

③8月1日开始蓄水,逐步蓄至正常蓄水位1618m。

④非汛期水库根据兴利需求进行调度。

2)阿海水库。

①防洪任务为确保枢纽自身防洪安全;与金沙江水库群联合调度配合三峡水库承担长江中下游防洪任务;必要时,与金沙江中游水库群联合调度配合金沙江下游水库减轻川渝河段防洪压力。

②7月1—31日的防洪限制水位为1493.3m。一般情况下水库按1493.3m水位运行。当长江中下游发生大洪水时,与金沙江水库群联合调度拦蓄金沙江来水,减少汇入三峡水库的洪量;当川渝河段发生大洪水时,与金沙江中游水库群联合调度配合金沙江下游水库拦洪削峰,减轻川渝河段防洪压力;在库水位达到1504m后,按保枢纽安全方式进行调度。

③8月1日开始蓄水,逐步蓄至正常蓄水位1504m。

④非汛期水库根据兴利需求进行调度。

3)金安桥水库。

①防洪任务为确保枢纽自身防洪安全;与金沙江水库群联合调度配合三峡水库承担长江中下游防洪任务;必要时,与金沙江中游水库群联合调度配合金沙江下游水库减轻川渝河段防洪压力。

②7月1—31日的防洪限制水位为1410m。一般情况下水库按1410m水位运行。当长江中下游发生大洪水时,与金沙江水库群联合调度拦蓄金沙江来水,减少汇入三峡水库的洪量;当川渝河段发生大洪水时,与金沙江中游水库群联合调度配合金沙江下游水库拦洪削峰,减轻川渝河段防洪压力;在库水位达到1418m后,按保枢纽安全方式进行调度。

③8月1日开始蓄水,逐步蓄至正常蓄水位1418m。

④非汛期水库根据兴利需求进行调度。

4)龙开口水库。

①防洪任务为确保枢纽自身防洪安全;与金沙江水库群联合调度配合三峡水库承担长江中下游防洪任务;必要时,与金沙江中游水库群联合调度配合金沙江下游水库减轻川渝河段防洪压力。

②7月1—31日的防洪限制水位为1289m。一般情况下水库按1289m水位运行。当长江中下游发生大洪水时,与金沙江水库群联合调度拦蓄金沙江来水,减少汇入三峡水库的洪量;当川渝河段发生大洪水时,与金沙江中游水库群联合调度配合金沙江下游水库拦洪削峰,减轻川渝河段防洪压力;当库水位达到1298m后,按保枢纽安全方式进行调度。

③8月1日开始蓄水,逐步蓄至正常蓄水位1298m。

④非汛期水库根据兴利需求进行调度。

5)鲁地拉水库。

①防洪任务为确保枢纽自身防洪安全;与金沙江水库群联合调度配合三峡水库承担长江中下游防洪任务;必要时,与金沙江中游水库群联合调度配合金沙江下游水库减轻川渝河段防洪压力。

②7月1—31日的防洪限制水位为1212m。一般情况下水库按1212m水位运行。当长江中下游发生大洪水时,与金沙江水库群联合调度拦蓄金沙江来水,减少汇入三峡水库的洪量;当川渝河段发生大洪水时,与金沙江中游水库群联合调度配合金沙江下游水库拦洪削峰,减轻川渝河段防洪压力;在库水位达到1223m后,按保枢纽安全方式进行调度。

③8月1日开始蓄水,逐步蓄至正常蓄水位1223m。

④非汛期水库根据兴利需求进行调度。

6)观音岩水库。

①防洪任务为确保枢纽自身防洪安全;提高攀枝花市防洪标准至50年一遇;与金沙江水库群联合调度配合三峡水库承担长江中下游防洪任务;必要时,与金沙江中游水库群联合调度配合金沙江下游水库减轻川渝河段防洪压力。

②7月1—31日的防洪限制水位为1122.3m,8月1日至9月30日的防洪限制水位为1128.8m。观音岩水库预留防洪库容2.53亿m^3,对攀枝花市进行防洪补偿调度,当预报攀枝花水文站流量将超过30年一遇(现状防洪能力,相应流量11700m^3/s)时,适当拦洪削峰,控制攀枝花水文站流量不超过11700m^3/s;当长江中下游发生大洪水时,与金沙江水库群联合调度拦蓄金沙江来水,减少汇入三峡水库的洪量;当川渝河段发生大洪水时,与金沙江中游水库群联合调度配合金沙江下游水库拦洪削峰,减轻川渝河段防洪压力;在库水位达到1134m后,按保枢纽安全方式进行调度。

③10月1日开始蓄水,逐步蓄至正常蓄水位1134m。

④非汛期水库根据兴利需求进行调度。

7)溪洛渡水库。

①防洪任务为确保枢纽自身防洪安全；与向家坝水库联合调度，提高川渝河段宜宾、泸州的防洪标准至50年一遇，减轻重庆主城区的防洪压力；配合三峡水库承担长江中下游防洪任务。

②7月1日至9月10日的防洪限制水位为560m。一般情况下水库按560m水位运行。当预报李庄流量小于51000m^3/s时，若库水位低于573.1m，按25000m^3/s控泄，若库水位高于573.1m，按出入库平衡调度；当预报李庄洪峰流量超过51000m^3/s，或朱沱洪峰流量超过52600m^3/s时，联合向家坝水库对李庄、朱沱进行补偿调度，控制李庄、朱沱洪峰流量分别不超过51000m^3/s、52600m^3/s；当预报寸滩洪峰流量大于83100m^3/s时，联合向家坝水库对寸滩进行拦洪削峰，尽量使其不超过83100m^3/s。

根据长江中下游防洪形势，与向家坝水库联合调度，配合三峡水库承担长江中下游防洪任务。

③在与向家坝水库联合防洪调度时，先运用溪洛渡水库拦蓄洪水，在溪洛渡水库水位上升到573.1m后，若溪洛渡入库流量超过28000m^3/s并呈上涨趋势，可继续动用溪洛渡水库拦蓄洪水；若溪洛渡入库流量低于28000m^3/s，溪洛渡水库维持出入库平衡，向家坝水库开始拦蓄洪水；当向家坝水库拦蓄至380m，溪洛渡水库继续拦蓄洪水至600m；在库水位达到600m后，按保枢纽安全方式进行调度。

④9月上旬开始蓄水，逐步蓄至正常蓄水位600m。

⑤非汛期水库根据兴利需求进行调度。

8)向家坝水库。

①防洪任务为确保枢纽自身防洪安全；与溪洛渡水库联合调度，提高川渝河段宜宾、泸州的防洪标准至50年一遇，减轻重庆主城区的防洪压力；配合三峡水库承担长江中下游防洪任务。

②7月1日至9月10日的防洪限制水位为370m。一般情况下水库按370m水位运行。当预报李庄流量小于51000m^3/s时，若溪洛渡水库水位低于573.1m，向家坝水库按25000m^3/s控泄，在溪洛渡水库水位高于573.1m之后，向家坝水库按出入库平衡调度；当预报李庄洪峰流量超过51000m^3/s，或朱沱洪峰流量超过52600m^3/s时，联合溪洛渡水库对李庄、朱沱进行补偿调度，控制李庄、朱沱两站洪峰流量分别不超过51000m^3/s、52600m^3/s；当预报寸滩洪峰流量大于83100m^3/s时，联合溪洛渡水库对寸滩进行拦洪削峰，尽量使其不超过83100m^3/s。

根据长江中下游防洪形势，与溪洛渡水库联合调度，配合三峡水库承担长江中下游防洪任务。

③在与溪洛渡水库联合防洪调度时，先运用溪洛渡水库拦蓄洪水，在溪洛渡水库水位上升到573.1m后，若溪洛渡入库流量超过28000m^3/s并呈上涨趋势，可继续动用溪洛渡水库拦蓄洪水；若溪洛渡入库流量低于28000m^3/s，溪洛渡水库维持出入库平衡，向家坝水库开始拦蓄洪水；在向家坝水库拦蓄到380m后，按保枢纽安全方式进行调度，溪洛渡水库继续拦蓄至600m。

④9月中旬开始蓄水，逐步蓄至正常蓄水位380m，蓄水期间最小下泄流量为1200m^3/s。

⑤非汛期水库根据兴利需求进行调度。

9)锦屏一级水库。

①防洪任务为确保枢纽自身防洪安全；配合三峡水库承担长江中下游防洪任务；必要时联合二滩等水库减轻雅砻江下游、金沙江下游和川渝河段防洪压力。

②7月1—31日的防洪限制水位为1859m。一般情况下水库按1859m水位运行。锦屏一级水库和二滩水库为长江中下游预留总防洪库容25亿m^3。和二滩水库联合调度，当长江中下游发生大洪水时，适时拦蓄雅砻江来水，减少汇入三峡水库的洪量；当雅砻江、金沙江或川渝河段发生大洪水时，适时进行拦洪、削峰和错峰，减轻雅砻江下游、金沙江下游和川渝河段防洪压力；在库水位达到1880m后，按保枢纽安全方式进行调度。

③8月1日开始蓄水，逐步蓄至正常蓄水位1880m。

④非汛期水库根据兴利需求进行调度，下泄流量不小于122m^3/s，如下游锦屏二级水电站有发电用水需求则不小于373m^3/s。

10)二滩水库。

①防洪任务为确保枢纽自身防洪安全；配合三峡水库承担长江中下游防洪任务；必要时联合锦屏一级等水库减轻雅砻江下游、金沙江下游和川渝河段防洪压力。

②6月1日至7月31日的防洪限制水位为1190m。一般情况下水库按1190m水位运行。二滩水库和锦屏一级水库为长江中下游预留总防洪库容25亿m^3。和锦屏一级水库联合调度，当长江中下游发生大洪水时，适时拦蓄雅砻江来水，减少汇入三峡水库的洪量；当雅砻江、金沙江或川渝河段发生大洪水时，适时进行拦洪、削峰和错峰，减轻雅砻江下游、金沙江下游和川渝河段防洪压力；在库水位达到1200m后，按保枢纽安全方式进行调度。

③8月1日开始蓄水，逐步蓄至正常蓄水位1200m。

④非汛期水库根据兴利需求进行调度。

11)紫坪铺水库。

①防洪任务为确保枢纽自身防洪安全；提高水库下游金马河防洪标准至100年一遇。

②6 月 1 日至 9 月 30 日的防洪限制水位为 850m。

③10 月 1 日开始蓄水，逐步蓄至正常蓄水位 877m。

④非汛期水库根据兴利需求进行调度。

12)瀑布沟水库。

①防洪任务为确保枢纽自身防洪安全；遇水库上游来水为主的洪水时，提高水库下游成昆铁路沙坪段防洪标准至 100 年一遇；必要时减轻乐山市城区和下游重要城镇防洪压力；承担川渝河段防洪任务和配合三峡水库承担长江中下游防洪任务。

②6 月 1 日至 7 月 31 日的防洪限制水位为 836.2m，8 月 1 日至 9 月 30 日的防洪限制水位为 841m。瀑布沟水库为下游河段预留防洪库容 5 亿 m^3。对成昆铁路沙坪段实施补偿调度时，控制沙坪水文站水位不高于 539.6m（相应流量 8780m^3/s，对应成昆铁路沙坪段铁路路基高程 538.25m）；根据实时雨水情和防洪形势，适时控制出库流量减轻乐山市城区和下游重要城镇的防洪压力；当承担川渝河段防洪任务时，一般情况下控制水库水位不高于 844m，如预报水库上游短期内无大洪水，可控制水库水位不高于 845m；当配合三峡水库承担长江中下游防洪任务时，一般情况下控制水库水位不高于 841m，如预报水库上游短期内无大洪水，可控制水库水位不高于 844m；在库水位达到 850m 后，按保枢纽安全方式进行调度。

③10 月 1 日开始蓄水，逐步蓄至正常蓄水位 850m。

④非汛期水库根据兴利需求进行调度。

13)碧口水库。

①防洪任务为确保枢纽自身防洪安全；减轻下游沿岸防洪压力。

②5 月 1 日至 6 月 14 日的防洪限制水位为 697m，其间如遇特殊天气，应根据雨水情及气象水文预报情况，提前将库水位降至主汛期防洪限制水位 695m；6 月 15 日至 9 月 30 日的防洪限制水位为 695m。

③10 月 1 日开始蓄水，逐步蓄至正常蓄水位 704m。

④非汛期水库根据兴利需求进行调度。

14)宝珠寺水库。

①防洪任务为确保枢纽自身防洪安全；减轻下游沿岸防洪压力。

②7 月 1 日至 9 月 30 日的防洪限制水位为 583m。如嘉陵江中下游发生较大洪水，适时适量进行削峰错峰调度。

③10 月 1 日开始蓄水，逐步蓄至正常蓄水位 588m。

④非汛期水库根据兴利需求进行调度。

15)亭子口水库。

①防洪任务为确保枢纽自身安全和施工安全;在确保枢纽自身安全的前提下,适度承担嘉陵江中下游的防洪任务;必要时,配合三峡水库承担长江中下游防洪任务。

②6 月 21 日至 8 月 31 日的防洪限制水位为 447m。一般情况下水库按 447m 水位运行。当入库流量小于等于枢纽总泄流能力时,按入库流量下泄;当入库流量大于枢纽总泄流能力时,按泄流能力下泄。实施承担嘉陵江中下游或长江中下游防洪任务的应急调度时,根据枢纽工况和下游防洪需求,适时拦洪削峰,调洪高水位不宜高于 458m。

③9 月 1 日开始蓄水,逐步蓄至正常蓄水位 458m。

④非汛期水库根据兴利需求进行调度。

16)草街水库。

①防洪任务为确保枢纽自身防洪安全;配合其他水库减轻重庆市防洪压力。

②6 月 1 日至 8 月 31 日的防洪限制水位为 200m。如嘉陵江中下游发生较大洪水,根据防洪需要适时降低坝前水位,减轻上游合川区的防洪压力。

③9 月 1 日开始蓄水,逐步蓄至正常蓄水位 203m。

④非汛期水库根据兴利需求进行调度。

17)构皮滩水库。

①防洪任务为确保枢纽自身防洪安全;承担乌江中下游防洪任务;配合三峡水库承担长江中下游防洪任务。

②6 月 1 日至 7 月 31 日的防洪限制水位为 626.24m,8 月 1—31 日的防洪限制水位为 628.12m。当乌江中下游发生大洪水时,配合思林、沙沱、彭水等水库拦蓄洪水;当长江中下游发生大洪水时,拦蓄乌江来水,减少汇入三峡水库的洪量;在库水位达到 630m 后,按保枢纽安全方式进行调度。

③9 月 1 日开始蓄水,逐步蓄至正常蓄水位 630m。

④非汛期水库根据兴利需求进行调度。

18)思林水库。

①防洪任务为确保枢纽自身防洪安全;将下游塘头粮产区的防洪标准由 2 年一遇提高至 5 年一遇;将 20 年一遇入库流量 16400m^3/s 削减到 13900m^3/s,减轻下游思南县城的防洪压力;与构皮滩、沙沱、彭水等水库联合调度,配合三峡水库承担长江中下游防洪任务。

②6 月 1 日至 8 月 31 日的防洪限制水位为 435m。一般情况下水库按 435m 水位运行。当入库流量小于等于 11500m^3/s 时,下泄流量不超过 9320m^3/s,调洪水位不高于 438.76m;当入库流量大于 11500m^3/s 且小于等于 13900m^3/s 时,按入库流量下泄;当入库流量大于 13900m^3/s 且小于等于 16400m^3/s 时,按 13900m^3/s 下泄;当库水位达到 440m 后,按保枢

纽安全方式进行调度。

③9 月 1 日开始蓄水，逐步蓄至正常蓄水位 440m。

④非汛期水库根据兴利需求进行调度。

19)沙沱水库。

①防洪任务为确保枢纽自身防洪安全；遇较大洪水时不降低思南县城的防洪标准；与构皮滩、思林、彭水等水库联合调度，配合三峡水库承担长江中下游防洪任务。

②6 月 1 日至 8 月 31 日的防洪限制水位为 357m。一般情况下水库按 357m 水位运行。当乌江中下游发生大洪水时，配合构皮滩、思林、彭水等水库拦蓄洪水；当长江中下游发生大洪水时，拦蓄乌江来水，减少汇入三峡水库的洪量；在库水位达到 365m 后，按保枢纽安全方式进行调度。

③当彭水水库水位低于 290.1m 时，沙沱水库最小下泄流量应不小于 228m^3/s；当沙沱水库在死水位以下运行时，如入库流量小于 228m^3/s，下泄流量应不小于入库流量。

④9 月 1 日开始蓄水，逐步蓄至正常蓄水位 365m。

⑤非汛期水库根据兴利需求进行调度。

20)彭水水库。

①防洪任务为确保枢纽自身防洪安全；遇 20 年一遇入库洪水时，在满足库区沿河县城防护要求的前提下，不增加下游彭水县城防护负担；配合三峡水库承担长江中下游防洪任务。

②5 月 21 日至 8 月 31 日的防洪限制水位为 287m。一般情况下水库按 287m 水位运行。当不需要彭水水库配合三峡水库承担长江中下游防洪任务时，若彭水水库入库洪水不大于 20 年一遇，按库水位不高于 288.85m、下泄流量不超过 19900m^3/s 控制；若入库洪水大于 20 年一遇或库水位达到 288.85m，按出入库流量基本平衡调度；当长江中下游防洪需要时，彭水水库配合三峡水库承担长江中下游防洪任务；在库水位达到 293m 后，按保枢纽安全方式进行调度。

③9 月 1 日开始蓄水，逐步蓄至正常蓄水位 293m。

④非汛期水库根据兴利需求进行调度。

21)三峡水库。

①防洪任务是确保三峡和葛洲坝水利枢纽防洪安全；对长江上游洪水进行调控，使荆江河段防洪标准达到 100 年一遇，遇 100 年一遇至 1000 年一遇洪水，包括类似 1870 年洪水时，控制枝城站流量不大于 80000m^3/s，配合蓄滞洪区的运用，保证荆江河段行洪安全，避免两岸干堤漫溃发生毁灭性灾害；根据城陵矶附近地区防洪要求，考虑长江上游来水情况和水文气象预报，适度调控洪水，减少城陵矶附近地区分蓄洪量。

②防洪调度方式。

对荆江河段进行防洪补偿的调度方式，主要适用于长江上游发生大洪水的情况。汛期在实施防洪调度时，如三峡水库低于171m水位，则按沙市站水位不高于44.5m控制水库下泄流量；当水库在171～175m水位时，控制枝城站流量不超过80000m³/s，在配合采取分蓄洪措施条件下控制沙市站水位不高于45m；水库达175m水位后，按保枢纽安全方式进行调度。

兼顾对城陵矶地区进行防洪补偿的调度方式，主要适用于长江上游洪水不大，三峡水库尚不需为荆江河段防洪大量蓄水，而城陵矶（莲花塘站，下同）水位将超过堤防设计水位，需要三峡水库拦蓄洪水以减轻该地区防洪及分蓄洪压力的情况。汛期在因调控城陵矶地区洪水而需要三峡水库拦蓄洪水时，如水库不高于155m水位，则按控制城陵矶水位34.4m进行补偿调度；在水库高于155m水位之后，一般情况下不再对城陵矶地区进行防洪补偿调度，转为对荆江河段防洪补偿调度；如城陵矶附近地区防汛形势依然严峻，可考虑溪洛渡、向家坝等水库与三峡水库联合调度，进一步减轻城陵矶附近地区防洪压力。

当长江上游发生中小洪水，根据实时水雨情和预测预报，在三峡水库尚不需要实施对荆江河段或城陵矶地区进行防洪补偿调度，且有充分把握保障防洪安全时，三峡水库可以相机进行调洪运用。

③汛期运用水位控制。

6月10日至9月30日的防洪限制水位为145m。

6月10日至8月31日，水库在不需要因防洪要求拦蓄洪水时，原则上应按防洪限制水位145m控制运行，实时调度时按照《三峡水库优化调度方案》规定，可在144.9～146.5m水位浮动。当预报三峡水库上游或者长江中游河段将发生洪水时，应按规定及时采取预泄措施，保证水库拦蓄洪水时的起调水位不高于145m。洪水过后，要在不增加下游防洪压力情况下，尽快降至防洪限制水位。

8月31日后，当预报上游不会发生大洪水，且沙市、城陵矶水位分别低于40.3m、30.4m时，结合后期175m试验性蓄水需要，9月10日水库运行水位按上浮到150～155m控制。

④一般情况下，9月中旬开始蓄水，分段控制9月蓄水位上升进程。三峡水库蓄水期间最小下泄流量：9月为8000～10000m³/s；10月为8000m³/s。

⑤枯水期水库根据发电、航运、供水及其他需求逐步消落水位，5月25日库水位不高于155m。5月25日后应根据库岸稳定要求逐步消落水位，每天水位消落不超过0.6m，至6月10日库水位不高于145m。

(4)应急调度

1)当流域发生特枯水、水污染、水上安全事故、涉水工程事故等突发事件时，启动应急调度。

2)实施应急调度方案前,及时向相关部门和单位通报,视情况向社会公告。

(5)上游水库群联合调度权限

1)长江上游水库群防汛抗旱、蓄水、消落、应急情况调水等调度实行分级管理。

①汛期水库水位不高于防洪限制水位、不需要承担防洪任务,或非汛期水库综合利用相关方对水库下泄流量无特殊要求时,由水库管理单位调度。

②水库调度影响范围只涉及水库所在省(直辖市)的调度,由有关省(直辖市)防指负责调度,报长江防总备案。

③水库调度可能影响到两个或两个以上省级行政区域,或需要配合三峡水库承担长江中下游防洪任务时,由长江防总调度。

④三峡水库按照国家防总批复的《三峡—葛洲坝水利枢纽 2016 年汛期调度运用方案》和蓄水实施计划执行。

2)水库汛期(末)蓄水调度由防汛抗旱指挥机构负责。各水库运行管理单位根据当时的防汛形势、水雨情趋势预测及上述水库群蓄水方案编制年度蓄水实施计划,经长江防总审批后实施;三峡水库的年度蓄水实施计划由国家防总审批。

3)有关部门应根据突发事件的影响程度、范围大小,提出应急调度方案,报有调度权限的防汛抗旱指挥机构批准后实施。

(6)信息报送及共享

1)为了加强长江上游水库群联合调度管理,有效发挥水库群综合效益,应不断完善长江上游水库群联合调度信息报送及共享机制,为长江上游水库群联合调度决策提供支撑。

2)长江上游纳入联合调度的水库运行管理单位应及时向长江防总和各级防汛抗旱指挥机构报送水库流域内的实时水雨情、水库调度运行等相关信息,其中影响两个或两个以上省级行政区域以及事关长江干流防汛抗旱、航运、供水、水生态环境等重要信息应同时报送国家防总。

3)每年 5 月 1 日前水库运行管理单位应编制水库消落计划并报送长江防总备案。

13.5.3.3 三峡水库与上游干支流已建和在建及规划建设的控制性水库群防洪库容联合运用科学调度研究

(1)三峡水库上游干支流控制性水库建设进展

长江上游干支流集水面积约 100 万 km^2,规划建设一批库容大、调节性能好的水利水电枢纽工程。水库群总调节库容 100 多亿 m^3,预留防洪库容 500 亿 m^3。国务院 2012 年 12 月批复的《长江流域综合规划(2012—2030 年)》中规划在长江上游干支流建设一批控制性水库,预留防洪库容 340 亿～360 亿 m^3,其中长江干流金沙江预留防洪库容 220 亿～

249 亿 m^3，支流雅砻江预留防洪库容 50 亿～60 亿 m^3，岷江预留防洪库容 30 亿～40 亿 m^3，嘉陵江预留防洪库容 21.89 亿 m^3，乌江预留防洪库容 10.25 亿 m^3。截至 2023 年，长江上游干支流已建成投入运行的大型水利水电枢纽工程有：金沙江梨园、阿海、金安桥、龙开口、鲁地拉、观音岩、乌东德、白鹤滩、溪洛渡、向家坝，雅砻江两河口、锦屏一级、二滩，岷江紫坪铺、瀑布沟，岷江支流大渡河长河坝，嘉陵江碧口、宝珠寺、升钟、亭子口、草街，乌江构皮滩、思林、沙沱、彭水，长江干流三峡等；在建水利水电枢纽工程有金沙江旭龙，大渡河双江口等；规划水利水电枢纽工程有雅砻江上游梯级，金沙江上游梯级，岷江十里铺、下尔呷、上寨等。

（2）三峡水库与上游干支流已建和在建规划的控制性水库群防洪库容联合运用科学调度研究

金沙江中游梨园、阿海、金安桥、龙开口、鲁地拉、观音岩，下游乌东德、白鹤滩、溪洛渡、向家坝，雅砻江上游梯级、两河口、锦屏一级、二滩，岷江十里铺、下尔呷、双江口、瀑布沟、紫坪铺、上寨，嘉陵江碧口、宝珠寺、升钟、亭子口、草街，乌江构皮滩、思林、沙沱、彭水和长江三峡等 30 座水库，总库容 1566 亿 m^3，防洪库容 519 亿 m^3，装机容量 113950MW。

三峡水库与上游干支流控制性水库群联合调度研究包括水库群防洪、供水、生态、发电应急等综合调度方案，提出水库群防洪库容动态预留模式，满足不同用水需求的多维均衡供水模式，创建水库群绿色水电生态调度和应急调度体系，构建长江上游水库群多目标综合调度模型。

13.5.4　三峡水库与干支流控制性水库防洪库容联合运用科学调度实践分析

13.5.4.1　2016—2018 年长江暴雨洪水特征

（1）2016 年长江暴雨洪水特征

2016 年梅雨期受超强厄尔尼诺事件影响，长江流域降雨集中、强度大，暴雨洪水遭遇恶劣，长江中下游地区发生了 1998 年以来最严重的洪涝灾害，干流监利以下全线超警，部分支流发生特大洪水。

2016 年汛期，长江洪水呈现出中下游干流水位高、高水持续时间长、多条支流特大洪水并发等主要特征。6 月下旬，长江中游洞庭湖及鄱阳湖水系多条支流发生超警戒水位。长江下游巢湖、青弋江、水阳江、秦淮河等水系出现超警戒水位。受长江上游来水及区间强降雨影响，形成长江 1 号洪峰，7 月 1 日 14 时，三峡入库洪峰流量 50000m^3/s。7 月初，受长江下游水阳江、西河等支流涨水影响，干流南京站首先超过警戒水位，几天之内，由下至上长江中下游干流监利以下江段和洞庭湖、鄱阳湖两湖湖区全线超过警戒水位。黄石以下江段和洞庭湖、鄱阳湖两湖湖区水位超警时间均在 20 天以上，干流莲花塘站、汉口站、大通站洪峰水位分别位列历史记录的第 5、5、6 位。2016 年洪水长江中下游干流超警范围、超警持续时间均为1998年以来少有。

2016年6月，长江中下游干流汉口、大通来水较历史同期均值偏多10%～30%，平均水位偏高2.01m、1.8m；同时，受长江中下游地区6月3日至7月6日持续强降雨过程影响，洞庭湖及鄱阳湖水系、长江下游水阳江、滁河等支流的来水大幅增加。7月，长江中下游干流附近及两湖水系共23条支流发生超历史洪水，其中清江、资水、鄂东北诸支流、巢湖水系和梁子湖等发生特大洪水，修水、饶河、水阳江等发生大洪水。支流洪水的入汇也造成了长江干流水位持续居高不下。

(2)2017年长江暴雨洪水特征

2017年6月长江流域月雨量图上，大于300mm的笼罩面积为38.5万km^2，大于500mm的笼罩面积为7.5万km^2，其中最大站为湘江的寒婆坳站，月累计雨量883mm。6月长江流域降雨距平百分率图上，乌江及两湖水系的降雨均偏多50%以上。6月长江流域降水偏多30%，其中，长江上游偏多近10%，长江中下游偏多50%，长江流域除长江下游干流区、汉江中下游、岷沱江偏少10%左右之外，其余各分区均偏多，其中，洞庭湖水系偏多近1倍，乌江偏多近60%，鄱阳湖水系偏多50%，长江中游干流区及汉江上游偏多20%，长江上游干流区偏多10%。7月1日，湘江、陆水、修水、长江中下游干流附近有大—暴雨、局地大暴雨。日面雨量：陆水71mm，湘江、修水58mm，长江下游干流38mm，洞庭湖区35mm，青弋水阳江34mm，鄱阳湖区27mm，资水22mm。7月2日，鄱阳湖水系、长江下游干流附近有中—大雨、局地暴雨，日面雨量：青弋水阳江24mm，赣江23mm。7月，长江中游发生区域性大洪水，洞庭湖水系发生特大洪水，鄱阳湖部分支流发生较大洪水。

(3)2018年长江暴雨洪水特征

2018年7月1日起，长江流域自西向东发生一次大—暴雨的降雨过程，受其影响，长江上游、汉江上游来水显著增加。7月7—11日，长江上游西北部地区出现持续强降雨过程。2018年7月长江上游降雨强度大、雨带稳定，位置偏西偏北。7月上旬，长江流域发生两次强降雨过程，降雨集中、强度大，由于副热带高压持续西伸且主体位置偏北，降雨落区也偏西偏北，主要强降雨区位于长江上游青藏高原北部至四川盆地西部一带。其中，7月7—11日，受8号台风"玛莉亚"西行北上影响，推动副热带高压加强西伸，在高空槽和副热带高压外围暖湿气流的共同作用下，长江上游嘉岷流域形成稳定持续5天的强降雨，沱江、涪江、嘉陵江的过程累计面雨量分别为185mm、178 mm、84mm，白龙江碧口站、沱江三皇庙(二)站、涪江南坝站过程累计雨量分别高达411mm、407mm、386mm。

13.5.4.2 三峡水库与干支流水库防洪库容联合运用科学调度分析

(1)三峡水库与干支流水库群防洪库容联合运用科学调度实践

1)2016年长江中下游发生较大洪水，干支流水库群防洪库容联合运用科学调度实践。

2016年6—7月长江中下游发生较大洪水，洪水过程中，在国家防总、水利部的统一领导下，长江防总与长江委及早谋划、周密部署，同流域相关省(直辖市)一道，将三峡水库与干支流水库群防洪库容联合运用，科学调度，积极应对，可分为5个阶段。

第一阶段6月初至6月25日，主要调度目标是控制水库水位在汛限水位附近浮动，为防御主汛期洪水备足防洪库容，上游水库持续消落腾库。

第二阶段6月25—30日，主要调度目标是保持库容，拦蓄后续大洪水。6月25日8时，上游干支流来水增加，入库流量增至31000m^3/s，三峡库水位升至146.5m。短期气象预报6月25—27日三峡区间强降雨，中期预报6月30日起长江流域又有一次强降雨。考虑预见期降雨和金沙江梯级水库加大出库，分析认为：若6月26日0时起出库流量加大至31000m^3/s，其后维持日均出库流量31000m^3/s，则6月28日晚最高库水位在147.5m左右，6月30日库水位会退至146.5m以下；长江中游干流各站水位上涨，城陵矶站6月30日水位涨至30.3m左右，汉口、大通站水位分别涨至24.5m、12.6m左右。据此，6月25日调度三峡出库流量6月26日0时加大至31000m^3/s，之后按日均31000m^3/s控制。此次调度主要是控制三峡库水位在146.0m左右，以应对未来可能出现的更大洪水。实况是6月29日8时库水位145.83m，长江中游干流各站水位快速上涨，城陵矶站6月30日水位涨至30.3m左右，汉口、大通站水位分别涨至24.5m、12.6m左右。

第三阶段7月1—16日，主要调度目标是尽可能拦蓄长江上游洪水，减轻长江中下游防洪压力。7月1日出现长江1号洪峰，三峡入库洪峰流量50000m^3/s，长江中下游包括洞庭湖水系的沅江、资水发生集中强降雨过程。为控制城陵矶水位不超34.40m，调度三峡水库拦洪，最大出库流量31000m^3/s，削峰率38%，实现了长江1号洪峰与长江中下游形成的长江2号洪峰错峰，避免了城陵矶站超保证水位、沙市站超警戒水位。7月4日2时三峡水库出现最高库水位151.57m。在中游水库全力拦蓄洪水的情况下，7月6日莲花塘水位涨至34.20m，逼近保证水位34.40m，长江中下游干流监利以下干流全线超警。为避免莲花塘水位超保证水位，同时缩短长江中下游超警时间，减轻防洪压力，三峡水库出库流量于7月6日、7日相继减小，按25000m^3/s、20000m^3/s控制。为减轻中下游堤防防守压力，直至7月15日，三峡水库持续控制出库流量在20000m^3/s以下。由于三峡水库拦洪幅度较大，库水位上涨较快，尽管当时长江上游地区来水不是很大，并不需要针对上游地区实施防洪调度，但为避免三峡水库水位上涨过快影响后续防洪能力，联合调度金沙江和雅砻江梯级水库减小下泄流量，配合三峡水库拦蓄水量，从而缓解三峡水库防洪压力。还原分析计算，如果三峡水库不减小出库流量至20000m^3/s，莲花塘水位将超保证水位，并将维持在保证水位以上7天之久。

第四阶段7月16—18日，主要调度目标是在不增加长江中下游防洪压力的前提下，缓慢消落三峡水库水位。7 月 16 日三峡水库因前期拦洪水位已接近 154m。考虑到长江中下游干流螺山、汉口站已于 7 月 15 日退出警戒水位，洞庭湖区大型水库五强溪、柘溪等已预泄到汛限水位以下且减小了出库流量，为适度控制三峡水库水位、统筹兼顾长江上下游防洪，在保证出库流量小于入库流量的前提下，三峡水库适时加大出库流量，于 7 月 16 日、17 日分别按 $22000m^3/s$、$25000m^3/s$ 控制。同时，调度上游锦屏一级、二滩、溪洛渡、瀑布沟等水库继续拦蓄，减少三峡入库水量。

第五阶段 7 月 18—21 日，主要调度目标是与洞庭湖来水错峰，尽量控制莲花塘水位返涨幅度。预报 7 月 19—20 日长江中下游干流附近、汉江中游、三峡、清江、澧水至乌江一线有强降雨，洞庭湖湘、资、沅、澧“四水”合成流量将达 $20000m^3/s$ 以上。为避免与清江、澧水等洪水遭遇，尽量控制莲花塘水位返涨幅度，三峡水库出库流量 7 月 19 日起调减至 $23000m^3/s$，至 7 月 22 日水库拦洪最高至 158.18m。与此同时，安排上游水库拦蓄洪水减缓三峡水库水位上涨幅度，中游清江和洞庭湖水系水库全力拦洪。

7 月 23 日长江中下游洪水峰现全面转退，三峡水库水位退至 158m，之后控制库水位逐步下降，8 月 10 日至月底库水位在汛限水位浮动范围内运行。

2)2017 年长江中下游发生较大洪水，干支流水库群防洪库容联合运用科学调度实践。

2017 年 6—7 月长江中下游发生较大洪水，洪水过程中，在国家防总、水利部的统一领导下，长江防总、长江委及早谋划、周密部署，同流域相关省(直辖市)一道，将三峡水库与干支流水库群防洪库容联合运用科学调度。

2017 年 6 月 22 日至 7 月 2 日，长江流域中游地区先后发生两次强降雨过程，洞庭湖“四水”、鄱阳湖“五河”6 月下旬来水快速上涨，莲花塘站 7 月 1 日 8 时水位超警戒水位，2017 年长江第 1 号洪水在中游形成，7 月 1 日 12 时至 7 月 2 日 22 时，长江防总先后向三峡集团三峡枢纽建设运行管理局发出 5 道调度令，将三峡水库出库流量由 $27300m^3/s$ 逐步减小至 $8000m^3/s$，最大削减出库流量超 70%，成为三峡水库 7 月最小下泄流量。三峡水库拦蓄洪水率达 60%以上，有效地减小了城陵矶地区水位上涨速率和幅度。长江防总安排长江上游干流金沙江梯级和支流雅砻江梯级水库同步拦蓄洪水，累计拦蓄水量 25.38 亿 m^3，减少进入三峡水库的水量，控制三峡水库水位上涨速率。长江防总同时指导洞庭湖水系控制性水库联合拦蓄长江中游支流洪水，减少进入洞庭湖的洪水量。截至 7 月 6 日，三峡水库及长江上游中游水库群共拦蓄洪水量 102.39 亿 m^3，相当于拦截了 2 个荆江分蓄洪区的分蓄洪水量，其中三峡水库拦蓄 49.68 亿 m^3，显著减轻了洞庭湖区和长江中下游防洪压力，使干流洞庭湖城陵矶站超保证水位时间缩短 6 天，避免了莲花塘站超过分洪保证水位；降低长江干流汉口河段洪峰水位 0.6～1.0m，九江至大通江段水位 0.3～0.5m，洞庭湖区及长江干流城陵矶河段水位 1.0～1.5m；降低洞庭湖水系湘江常德站水位 2.0m，沅江下游桃源站水位

2.5m。以上举措避免资水下游桃江、益阳等地溃堤灾害，确保了长江中游干流不超保证水位，为中下游各省（直辖市）防汛工作赢得了时机，大大减轻了长江中下游地区防洪抢险压力。

2016年和2017年长江中下游发生较大洪水，长江防总实施以三峡水库为核心，中下游干支流水库群防洪库容联合运用，科学调度拦蓄洪水，显著减轻了洞庭湖区和长江中下游防洪压力，进一步拓展了三峡水库对长江中下游发生大洪水的防洪功能，提高了长江经济带发展防洪安全保障。

3)2018年长江上游发生较大洪水，干支流水库群防洪库容联合运用科学调度实践。

2018年7月5日，长江2018年第1号洪水在上游形成，洪峰流量达到53000m^3/s。7月7—11日，长江上游西北部地区出现持续强降雨过程，岷江大渡河、沱江、涪江、嘉陵江的上游发生大洪水或特大洪水，洪水经长江上游水库群拦洪、削峰、错峰并演进叠加后，在上游形成长江2018年第2号洪水，造成沱江、涪江、嘉陵江下游及长江上游干流寸滩河段水位超保证水位，三峡水库入库洪峰流量达60000m^3/s，为2012年以来最大入库洪水。两次编号洪水，均具有以下特点：一是降雨强度大、雨带稳定，位置偏西偏北。二是支流洪水并发，遭遇恶劣。7月上旬末中旬初，受连续强降雨影响，长江上游岷江、沱江、涪江及嘉陵江等多条支流共51站在11日前后集中并发超警戒水位以上洪水，其中沱江、涪江及嘉陵江暴发超保证水位洪水，富顺站、涪江小河坝（三）站洪峰流量分别位列有实测记录以来第5位、第3位。支流岷江、沱江、涪江及嘉陵江洪水在长江上游干流寸滩河段恶劣遭遇，来水高位叠加，导致寸滩站水位超保证水位，洪峰流量高达59300m^3/s，形成长江2018年第2号洪水。其中，岷江支流大渡河、沱江以及嘉陵江支流涪江、白龙江的主要站水位基本全线超保证，涪江出口控制站小河坝（三）站、嘉陵江下游东津沱站洪峰水位分别超保证水位5.16m、2.59m，长江上游干流寸滩站洪峰水位超保证水位0.55 m，三峡水库入库洪峰流量达60000m^3/s，为2012年以来最大洪水。三是支流上游地区洪水更为严重。7月9—11日，受低槽和副热带高压外围暖湿气流的共同影响，连续强降雨过程覆盖长江上游支流岷江、沱江、嘉陵江及雅砻江等流域源头，受其影响，各支流源头洪水暴发。长江第2号洪水期间，长江上游共28站超警戒、18站超保证、5站超历史，站点集中在岷沱江、嘉陵江流域，特别是其上游地区。部分支流上游洪水量级重现期在50年以上，其中：沱江三皇庙站11日18时40分出现洪峰流量7810m^3/s，重现期超50年；涪江桥站11日10时出现洪峰流量12200m^3/s，重现期约30年，为实测首位特大洪水；嘉陵江支流白水江尚德站11日4时36分出现洪峰流量2300m^3/s，重现期约200年；嘉陵江广元站11日15时30分出现洪峰流量10600m^3/s，重现期约50年。四是支流灾情较重，但无人员伤亡。

在国家防总、水利部的统一领导下，长江防总和长江委及早谋划、周密部署，同流域相关省(直辖市)一道,积极应对,科学调度水利工程,各省广大干部群众顽强拼搏、团结抗洪,成功应对了2018年长江第1、2号洪水,有效减轻了洪涝灾害损失,取得了显著的防灾减灾效益。长江防总自7月2日起每日滚动会商、加密会商频次,及时调整优化水库群联合调度方案,全力做好水库安全度汛工作。长江第1号洪水期间,三峡水库入库洪峰流量达到53000m^3/s,在统筹考虑流域防洪形势和水雨情预报后,经国家防总同意,长江防总7月4日下发调度令,调度三峡水库5日出库流量按40000m^3/s控制,削峰率24.5%,共拦蓄洪量约20亿m^3,保证了荆江河段水位不超过警戒水位,确保了防洪安全。与此同时,长江防总协调四川省防指和相关单位,将岷江、嘉陵江流域重要水库水位尽快降至汛限水位,为迎战后续强降雨赢得主动。长江第2号洪水期间,沱江、涪江、嘉陵江下游及长江上游干流寸滩河段水位超保证水位,三峡水库入库洪峰流量达60000m^3/s,长江防总联合调度三峡、金沙江中游梯级、金沙江下游溪洛渡、向家坝和雅砻江锦屏一级、二滩等控制性水库拦蓄洪水87亿m^3;指导四川、重庆防指调度瀑布沟、紫坪铺、宝珠寺、亭子口、草街等水库提前预泄,降低起调水位,拦蓄洪水23.9亿m^3。紫坪铺、武都、亭子口、三峡等水库削峰率在4.1%~52.8%,其中亭子口水库入库洪峰流量25100m^3/s,最大出库流量16800m^3/s,削峰率达33.1%;三峡水库入库洪峰流量60000m^3/s,最大出库流量43300m^3/s,削峰率达27.8%。上游水库群拦蓄洪量累计111亿m^3,降低岷江高场站洪峰水位0.8m,降低四川省境内嘉陵江中下游干流河段洪峰水位2~4m,降低重庆合川、北碚河段洪峰水位2~3m,降低长江上游干流寸滩河段洪峰水位2.5~3.5m,降低长江中下游干流沙市、莲花塘站洪峰水位分别为2.2m、0.9m,避免了岷江下游和荆江河段水位超警戒水位、嘉陵江下游南充和北碚河段水位超保证水位,大大减轻了相关区域的防洪压力,发挥了显著的防洪作用。长江第1、2号洪水期间,长江流域共有四川、重庆、陕西、甘肃等4个省(直辖市)、198个县(市、区)受灾。受灾545.72万人,紧急转移53.81万人;农作物受灾面积652.80万亩,成灾面积402.12万亩,洪涝灾害造成的直接经济损失275.58亿元。由于1998年大水后防洪工程体系进行了系统性建设,加上预警预报及时、抢险救灾得力,无人员伤亡,因洪涝灾害死亡人口在2010年以来历年同期统计数据系列中排倒数第一。

(2)三峡水库与干支流水库群科学调度,充分发挥防洪作用

2016年长江中下游区域性大洪水期间,以实时水雨情预报为基础,以科研成果为技术支撑,以《三峡水库优化调度方案》等法规性文件为依据,三峡水库为中下游拦洪削峰,发挥了核心作用,共计拦蓄洪量72亿m^3,调洪最高水位158.18m。同时,联合长江上中游30余座大型水库科学调度,共拦蓄洪水227亿m^3,分别降低荆江河段、城陵矶附近区、武汉以下河段水位0.8~1.7m、0.7~1.3m、0.2~0.4m,减少超警堤段长度250km,有效减轻了长江中游城陵矶河段和洞庭湖区防汛压力,避免了荆江河段超警和城陵矶地区分洪,保证了“两

个确保”(确保人民群众生命安全,确保重要堤防和重要设施安全)目标顺利实现。若三峡水库等上中游水库群不拦蓄,长江中游城陵矶莲花塘站水位7月5日将突破保证水位34.4m,洪峰水位将接近35m,超保证水位时间将达7天左右,超额洪量达30亿m^3,需要安排钱粮湖和大通湖东两个蓄滞洪区来妥善蓄纳。此次水库群防洪调度减免52.5万亩耕地受淹,减少受灾人口38万。

(3)进一步加强三峡水库与长江流域控制性水库群科学调度

随着以三峡水库为代表的一批综合利用控制性水库已经或将逐步建成并发挥效益,长江干支流水库群科学调度的重要性日益突显。近年来,三峡及上游控制性水库防洪库容联合运用、协调管理专题研究不断深入,水库群科学调度实践也不断丰富。以三峡及上游控制性水库群科学调度的最新科研成果为技术支撑,2016年的三峡水库及上中游控制性水库联合实时调度取得了良好成效。

一方面,要持续开展水库群科学调度研究。随着长江上游具有防洪作用的乌东德、两河口、双江口等重要大型控制性水库相继建设,水库群的范围将进一步扩大,新情况新问题新要求将逐步突显,需要持续滚动地开展流域水库群科学调度的技术研究,系统、科学、准确认知控制性工程建设运行对流域水文、泥沙、防洪、水资源综合利用、水生态环境等影响,科学制定对策措施,促进经济社会与生态环境协调发展,保障长江经济带国家战略的实施。

另一方面,要建立和完善长江流域控制性水库防洪库容联合运用、协调管理、水库群科学调度体制机制。建立和完善长江流域控制性水库防洪库容联合协调管理、科学调度管理的法律制度;以现有的防汛抗旱组织体系为基础,健全包括水利、电力、交通、环保等部门在内的水库群统一调度协调机制;逐步完善水库群统一调度的信息共享、利益补偿、风险控制、监督管理等机制。进一步加强三峡和流域内控制性水库防洪库容联合运用,通过科学调度管理推进流域统一管理,保护好长江水资源和水生态环境,保障长江经济带发展战略的实施。

主要参考文献

[1] 洪庆余. 三峡工程技术研究概论[M]. 武汉:湖北科学技术出版社,1997.

[2] 陆德源. 三峡工程大坝及电站厂房研究[M]. 武汉:湖北科学技术出版社,1997.

[3] 宋维邦. 三峡工程永久通航建筑物研究[M]. 武汉:湖北科学技术出版社,1997.

[4] 陈德基. 三峡工程地质研究[M]. 武汉:湖北科学技术出版社,1997.

[5] 潘家铮,郑守仁. 中国三峡工程[M]. 杭州:浙江科学技术出版社,1999.

[6] 长江三峡工程论证地质地震专家组. 长江三峡工程地质地震与枢纽建筑物专题地质地震论证报告[R]. 武汉:长江水利委员会,1988.

[7] 包承纲. 三峡工程科学试验和研究[M]. 武汉:湖北科学技术出版社,1997.

[8] 陈济生. 三峡工程泥沙研究[M]. 武汉:湖北科学技术出版社,1997.

[9] 长江三峡工程论证枢纽建筑物专家组. 长江三峡工程地质地震与枢纽建筑物专题枢纽建筑物论证报告[R]. 武汉:长江水利委员会,1987.

[10] 长江三峡工程论证水文专家组. 长江三峡工程水文和防洪专题水文论证报告[R]. 武汉:长江水利委员会,1988.

[11] 长江三峡工程论证防洪专家组. 长江三峡工程水文和防洪专题防洪论证报告[R]. 武汉:长江水利委员会,1988.

[12] 长江三峡工程论证泥沙专家组. 长江三峡工程泥沙与航运专题泥沙论证报告[R]. 武汉:长江水利委员会,1988.

[13] 长江三峡工程论证航运专家组. 长江三峡工程泥沙与航运专题航运论证报告[R]. 武汉:长江水利委员会,1988.

[14] 长江三峡工程论证电力系统专家组. 长江三峡工程电力系统与机电设备专题电力系统论证报告[R]. 武汉:长江水利委员会,1988.

[15] 长江三峡工程论证机电设备专家组. 长江三峡工程电力系统与机电设备专题机电设备论证报告[R]. 武汉:长江水利委员会,1988.

[16] 长江三峡工程论证移民专家组. 长江三峡工程移民专题论证报告[R]. 武汉:长江水利委员会,1988.

[17] 长江三峡工程论证生态与环境专家组. 长江三峡工程生态与环境专题论证报告——对生态与环境影响及对策的论证[R]. 武汉:长江水利委员会,1988.

[18] 长江三峡工程论证综合规划与水位专家组. 长江三峡工程综合规划与水位专题论证报告[R]. 武汉:长江水利委员会,1988.

[19] 长江三峡工程论证施工专家组. 长江三峡工程施工专题论证报告[R]. 武汉:长江

水利委员会,1987.

[20] 长江三峡工程论证投资估算专家组.长江三峡工程投资估算专题论证报告[R].武汉:长江水利委员会,1988.

[21] 长江三峡工程论证综合经济评价专家组.长江三峡工程综合经济评价专题论证报告[R].武汉:长江水利委员会,1988.

[22] 长江流域规划办公室.长江三峡水利枢纽可行性研究报告[R].武汉:长江水利委员会,1989.

[23] 中国水利学会.三峡工程论证文集[M].北京:中国水利电力出版社,1991.

[24] 水利部长江水利委员会.长江三峡水利枢纽初步设计报告(枢纽工程)[R].武汉:长江水利委员会,1992.

[25] 国务院三峡工程建设委员会办公室.三峡水利枢纽工程初步设计专家审查会议文件汇编[R].北京:国务院三峡工程建设委员会办公室,1993.

[26] 水利部长江水利委员会.长江三峡水利枢纽单项技术设计报告[R].武汉:长江水利委员会,1994.

[27] 中国工程院三峡工程试验性蓄水阶段评估项目组.三峡工程试验性蓄水阶段评估报告[M].北京:中国水利水电出版社,2014.

[28] 中国科学院环境评价部,长江水资源保护科学研究所.长江三峡水利枢纽环境影响报告书[R].武汉:长江水资源保护科学研究所,1991.

[29] 陆佑楣,等.长江三峡工程[M].北京:中国水利水电出版社,2010.

[30] 长江水利委员会长江勘测规划设计研究院.三峡工程设计论文集(上册、下册)[M].北京:中国水利水电出版社,2003.

[31] 郑守仁,王世华,等.导流截流及围堰工程[M].北京:中国水利水电出版社,2005.

[32] 周建平,钮新强,贾金生.重力坝设计二十年[M].北京:中国水利水电出社,2008.

[33] 中华人民共和国生态环境部.2018年中国生态环境状况公报[R].北京:中华人民共和国生态环境部,2019.

[34] 中国水电工程顾问集团有限公司.长江三峡水利枢纽工程竣工环境保护验收调查报告[R].北京:中国水电工程顾问集团有限公司,2014.

[35] 水利部长江水利委员会.长江治理开发保护60年[M].武汉:长江出版社,2010.

[36] 郑守仁.三峡工程试验性蓄水175m水位运行的相关问题[J].人民长江,2010(4):1-4.

[37] 钮新强,童迪,宋维邦.三峡工程双线五级船闸设计[J].中国工程科学,2011(13):85-90.

[38] 郑守仁.三峡工程在我国水电可持续发展中的地位及作用[J].人民长江,2011(5):1-6.

[39] 钮新强,覃利明,于庆奎.三峡工程齿轮齿条爬升式升船机[J].中国工程科学.

2011(13):96-103.

[40] 邵建雄，刘景旺，袁达夫. 三峡工程巨型水轮发电机设计与实践[J]. 中国工程科学，2011(13):104-110.

[41] 郑守仁. 三峡工程与长江开发及保护[J]. 科技导报，2005(10):4-7.

[42] 王小毛，徐麟祥，廖仁强. 三峡工程大坝设计[J]. 中国工程科学，2011(13):70-77.

[43] 周述达，谢红兵. 三峡工程电站设计[J]. 中国工程科学，2011(13):78-83.

[44] 陈德基，满作武. 三峡工程几个重大地质问题的研究与论证[J]. 中国工程科学，2011(13):43-50.

[45] 仲志余，胡维忠，丁毅. 三峡工程规划与综合利用[J]. 中国工程科学，2011(13):38-42.

[46] 薛果夫，陈又华. 三峡工程坝址主要地质问题[J]. 中国工程科学，2011(13):51-60.

[47] 郑守仁. 三峡水利枢纽工程安全及长期使用问题研究[J]. 水利水电科技进展，2011(8):1-7.

[48] 翁永红，谢向荣，范五一. 三峡工程施工设计与实践[J]. 中国工程科学，2011(13):111-116.

[49] 石伯勋，尹忠武，王迪友. 三峡工程移民安置规划与实践[J]. 中国工程科学，2011(13):123-128.

[50] 杨爱明，段国学，马能武. 三峡工程建设与运行期建筑物安全监测资料分析[J]. 中国工程科学，2011(13):117-121.

[51] 卢金友，黄悦，王军. 三峡工程蓄水运行后水库泥沙淤积及坝下游河道冲刷分析[J]. 中国工程科学，2011(13):129-135.

[52] 中国长江三峡集团公司. 长江三峡工程整体竣工验收枢纽工程验收工程运行管理报告[R]. 宜昌:中国长江三峡集团公司，2015.

[53] 水电水利规划设计总院. 长江三峡工程整体竣工验收枢纽工程验收竣工验收安全鉴定总报告[R]. 北京:水电水利规划设计总院，2015.

[54] 长江勘测规划设计研究有限责任公司. 长江三峡工程整体竣工验收枢纽工程验收设计报告:第一篇 综合说明[R]. 武汉:长江勘测规划设计研究有限责任公司，2015.

[55] 长江水利委员会水文局. 长江三峡工程整体竣工验收枢纽工程验收设计报告:第二篇 水文气象[R]. 武汉:长江水利委员会水文局，2015.

[56] 长江勘测规划设计研究有限责任公司. 长江三峡工程整体竣工验收枢纽工程验收设计报告:第三篇 工程地质[R]. 武汉:长江勘测规划设计研究有限责任公司，2015.

[57] 长江勘测规划设计研究有限责任公司. 长江三峡工程整体竣工验收枢纽工程验收设计报告:第四篇 工程规划及防洪调度、第五篇 大坝设计要点[R]. 武汉:长江勘测规划设计研究有限责任公司，2015.

[58] 长江勘测规划设计研究有限责任公司.长江三峡工程整体竣工验收枢纽工程验收设计报告:第六篇 坝后电站设计要点[R].武汉:长江勘测规划设计研究有限责任公司,2015.

[59] 长江勘测规划设计研究有限责任公司.长江三峡工程整体竣工验收枢纽工程验收设计报告:第七篇 双线五级船闸设计要点、第八篇 茅坪溪防护工程设计要点[R].武汉:长江勘测规划设计研究有限责任公司,2015.

[60] 长江勘测规划设计研究有限责任公司.长江三峡工程整体竣工验收枢纽工程验收设计报告:第九篇 地下电站设计要点、第十篇 电源电站设计要点[R].武汉:长江勘测规划设计研究有限责任公司,2015.

[61] 长江勘测规划设计研究有限责任公司.长江三峡工程整体竣工验收枢纽工程验收安全监测设计及监测资料分析报告[R].武汉:长江勘测规划设计研究有限责任公司,2015.

[62] 钮新强,宋维邦.船闸与升船机设计[M].北京:中国水利水电出版社,2007.

[63] 文伏波,郑守仁,郑允中.长江葛洲坝工程关键技术研究与实践[M].武汉:长江出版社,2014.

[64] 潘庆燊,陈济生,黄悦,等.三峡工程泥沙问题研究进展[M].北京:中国水利水电出版社,2014.

[65] 长江岩土公司长江三峡勘测研究院.长江水利水电工程地质[M].北京:中国水利水电出版社,2012.

[66] 钮新强.全衬砌船闸设计[M].武汉:长江出版社,2011.

[67] 徐麟祥,杨启贵.三峡船闸高陡岩石开挖边坡设计研究[J].人民长江,1997(10):27-29.

[68] 李江鹰,蒋筱民.三峡永久船闸输水系统设计[J].人民长江,1997(10):30-32.

[69] 钮新强.三峡工程永久船闸水工建筑物设计研究[J].人民长江,1997(10):7-9.

[70] 郑守仁,刘宁.三峡工程大坝及电站厂房设计中的主要技术问题[J].人民长江,1997(10):3-6.

[71] 王小毛,杨一峰.三峡临时船闸1号,3号坝段初期挡水结构设计研究[J].人民长江,1997(10):39-41.

[72] 廖仁强,孔繁涛,吴效红.三峡工程泄洪消能设计研究[J].人民长江,1997(10):1997(10):13-15.

[73] 钮新强,王小毛,陈鸿丽.三峡工程枢纽布置设计[J].水力发电学报,2009,28(6):13-18.

[74] 钮新强.三峡高重力坝技术实践综述[J].水科学进展,2013,24(3):442-448.

[75] 周述达,谢红兵.三峡工程电站设计[J].中国工程科学.2011,13(7):78-84.

[76] 郑守仁.三峡大坝混凝土设计及温控防裂技术突破[J].水利水电科技进展,2009(10):46-53.

[77] 钮新强,杨建东,谢红兵,等. 三峡地下电站变顶高尾水洞技术研究与应用[J]. 人民长江,2009(23):1-4.

[78] 郑守仁,钮新强. 三峡工程建筑物设计关键技术问题研究与实践[J]. 中国工程科学,2011,13:20-27.

[79] 王小毛,陈鸿丽,杨一峰. 三峡大坝设计中的几个关键技术问题[J]. 中国大坝技术发展水平与工程实例[M]. 北京:中国水利水电出版社,2007.

[80] 郑守仁. 中国大坝技术发展水平与工程实例[M]. 北京:中国水利水电出版社,2007.

[81] 刘丹雅,纪国强,安有贵. 三峡水库综合利用关键技术研究与实践[J]. 中国工程科学,2011(13):66-69.

[82] 郑守仁. 我国水能资源开发利用及生态与环境保护问题探讨[J]. 中国工程科学,2006(6):1-6.

[83] 中国工程院三峡工程阶段性评估项目组. 三峡工程阶段性评估报告综合卷[M]. 北京:中国水利水电出版社,2010.

[84] 郑守仁. 高坝工程技术进展[M]. 成都:四川大学出版社,2012.

[85] 水利部长江水利委员会. 长江流域综合规划(2012—2030 年)[R]. 武汉:水利部长江水利委员会,2012.

[86] 长江勘测规划设计研究有限责任公司. 三峡水库水资源有效利用及降低风险对策研究[R]. 武汉:长江勘测规划设计研究有限责任公司,2016.

[87] 中国工程院三峡工程试验性蓄水阶段评估项目组. 三峡工程试验性蓄水阶段评估报告[M]. 北京:中国工程院三峡工程试验性蓄水阶段评估项目组,2014.

[88] 中国长江三峡集团公司. 2014 年三峡枢纽工程建设质量及枢纽运行情况报告[R]. 宜昌:中国长江三峡集团公司,2015.

[89] 中国长江三峡集团公司. 2015 年三峡枢纽工程建设质量及枢纽运行情况报告[R]. 宜昌:中国长江三峡集团公司,2016.

[90] 中国长江三峡集团公司枢纽管理局、中国长江电力股份有限公司三峡梯调通信中心、三峡水力发电厂. 长江三峡水利枢纽 2014 年度枢纽运行及汛末蓄水情况报告[R]. 宜昌:中国长江三峡集团公司枢纽管理局,2015.

[91] 中国长江三峡集团公司. 2016 年三峡枢纽工程建设质量及枢纽运行情况报告[R]. 宜昌:中国长江三峡集团公司,2017.

[92] 中国长江三峡集团公司枢纽管理局,中国长江电力股份有限公司三峡梯调通信中心,三峡水力发电厂. 长江三峡水利枢纽 2015 年度枢纽运行及汛末蓄水情况报告[R]. 宜昌:中国长江三峡集团公司枢纽管理局,2016.

[93] 中国长江三峡集团公司枢纽管理局,中国长江电力股份有限公司三峡梯调通信中心三峡水力发电厂. 长江三峡水利枢纽 2016 年度枢纽运行及汛末蓄水情况报告[R]. 宜昌:

中国长江三峡集团公司枢纽管理局,2017.

[94] 国务院三峡工程建设委员会三峡枢纽工程质量检查专家组工作组. 三峡枢纽工程质量检查专家组文件、资料汇编(一)~(十八)[R]. 宜昌:国务院三峡工程建设委员会三峡枢纽工程质量检查专家组工作组,2000—2017.

[95] 长江水利委员会三峡工程代表局. 长江三峡水利枢纽工程现场设计工作简报(1992—1994年合订本)、1995—2010年合订本、2011—2012年合订本、2013—2014年合订本、2015—2016年合订本[R]. 宜昌:长江水利委员会三峡工程代表局,1995—2016.

[96] 长江勘测规划设计研究院、武汉大学、南京水利科学研究院、长江科学院. 三峡水库运行后江湖关系变化及其影响研究课题研究报告[R]. 武汉:长江勘测规划设计研究院,2015.

[97] 国务院长江三峡工程整体竣工验收委员会移民工程验收组. 长江三峡工程整体竣工验收移民工程验收报告[R]. 北京:国务院长江三峡工程整体竣工验收委员会移民工程验收组,2015.

[98] 国务院长江三峡工程整体竣工验收委员会枢纽工程验收组. 长江三峡工程整体竣工验收枢纽工程验收文件资料汇编[R]. 北京:国务院长江三峡工程整体竣工验收委员会枢纽工程验收组,2016.

[99] 中国长江三峡集团有限公司. 2017年度三峡枢纽工程建设质量及枢纽运行情况报告[R]. 宜昌:中国长江三峡集团有限公司,2018.

[100] 中国长江三峡集团有限公司安全监测中心. 2017年度三峡水利枢纽主要建筑物安全监测报告[R]. 宜昌:中国长江三峡集团有限公司安全监测中心,2018.

[101] 中国长江三峡集团有限公司. 长江三峡工程运行实录3003—2012[M]. 北京:中国三峡出版社,2013.

[102] 中国长江三峡集团有限公司. 长江三峡工程运行实录2013[M]. 北京:中国三峡出版社,2014.

[103] 中国长江三峡集团有限公司. 长江三峡工程运行实录2014[M]. 北京:中国三峡出版社,2015.

[104] 中国长江三峡集团有限公司. 长江三峡工程运行实录2015[M]. 北京:中国三峡出版社,2016.

[105] 中国长江三峡集团有限公司. 长江三峡工程运行实录2016[M]. 北京:中国三峡出版社,2018.

[106] 中国长江三峡集团有限公司. 长江三峡工程运行实录2017[M]. 北京:中国三峡出版社,2018.

[107] 中国长江三峡集团有限公司. 长江三峡工程运行实录2018[M]. 北京:中国三峡出版社,2019.

[108] 中华人民共和国环境保护部. 长江三峡工程生态与环境监测公报2017[R]. 北

京：中华人民共和国环境保护部，2017.

[109] 中华人民共和国生态环境部. 长江三峡工程生态与环境监测公报 2018[R]. 北京：中华人民共和国环境保护部，2018.

[110] 胡春宏，阮本清，张双虎，等. 长江与洞庭湖鄱阳湖关系演变及其调控[M]. 北京：科学出版社，2017.

[111] 长江勘测规划设计有限责任公司. 三峡水运新通道和葛洲坝航运扩能工程预可行性研究报告[R]. 武汉：长江勘测规划设计有限责任公司，2016.

[112] 中国长江三峡集团有限公司. 2018 年度三峡枢纽工程建设质量及枢纽运行情况报告[R]. 宜昌：中国长江三峡集团有限公司，2019.

[113] 中国长江三峡集团有限公司安全监测中心. 2018 年度三峡水利枢纽主要建筑物安全监测报告[R]. 宜昌：中国长江三峡集团有限公司安全监测中心，2019.